安全工学便覧

(第4版)

安全工学会 編

コロナ社

刊行のことば

　「安全工学便覧」は，わが国における安全工学の創始者である北川徹三博士が中心となり体系化を進めた安全工学の科学・技術の集大成として1973年に初版が刊行された．広範囲にわたる安全工学の知識や情報がまとめられた安全工学便覧は，安全工学に関わる研究者・技術者，安全工学の知識を必要とする潜在危険を有する種々の現場の担当者・管理者，さらには企業の経営者などに好評をもって迎えられ，活用されてきた．時代の流れとともに科学・技術が進歩し，世の中も変化したため，それらの変化に合わせるために1980年に便覧の改訂を行い，さらにその後1999年に大幅な改訂を行い「新安全工学便覧」として刊行された．その改訂から20年を迎えようとするいま，「安全工学便覧（第4版）」刊行の運びとなった．

　今回の改訂は，安全工学便覧が当初から目指している，災害発生の原因の究明，および災害防止，予防に必要な科学・技術に関する知識を体系的にまとめ，経営者，研究者，技術者など安全に関わるすべての方を読者対象に，安全工学の知識の向上，安全工学研究や企業での安全活動に役立つ書籍とすることを目標として行われた．今回の改訂においては，最初に全体の枠組みの検討を行い，目次の再編成を実施している．旧版では細かい分野別の章立てとなっていたところを

　　第Ⅰ編　安全工学総論
　　第Ⅱ編　産業安全
　　第Ⅲ編　社会安全
　　第Ⅳ編　安全マネジメント

という大きな分類とし，そこに詳細分野を再配置し編成し直すことで，情報をより的確に整理し，利用者がより効率的に必要な情報を収集できるように配慮した．さらに，旧版に掲載されていない新たな科学・技術の進歩に伴う事項や，社会の変化に対応するために必要な改訂項目を，全体にわたって見直し，執筆や更新を行った．特に，安全マネジメント，リスクアセスメント，原子力設備の安全などの近年注目されている内容については，多くを新たに書き起こしている．約250人の安全の専門家による執筆，見直し作業を経て安全工学便覧の最新版として完成させることができた．つまり，安全工学関係者の総力を結集した便覧であるといえる．

前述のように，本便覧の改訂には非常に広範囲の分野の方々に原稿執筆，見直しにご努力いただいた。さらに，編集委員の方々には内容編成，原稿確認のみならず，執筆者の検討，旧著者との連絡までご担当いただき多大なご尽力をいただいた。ここに心から御礼を申し上げる。最後に，本書が研究現場，安全配慮が重要な現場で手引きとして活用され，少しでも安全の研究進展，実際の現場での安全確保に役立つことを期待している。

2019年5月

安全工学便覧（第4版）編集委員会
委員長　土橋　律

編 集 委 員 会

委 員 長

土 橋 　 律（東京大学）

委 員

新 井 　 充（東京大学）
板 垣 晴 彦（労働者健康安全機構
　　　　　　　労働安全衛生総合研究所）
大 谷 英 雄（横浜国立大学）
笠 井 尚 哉（横浜国立大学）
鈴 木 和 彦（岡山大学名誉教授）
高 野 研 一（慶應義塾大学大学院）
西 　 晴 樹（消防庁 消防研究センター）
野 口 和 彦（横浜国立大学）
福 田 隆 文（長岡技術科学大学）
伏 脇 裕 一（東京聖栄大学）
松 永 猛 裕（産業技術総合研究所）

（五十音順）

執 筆 者 一 覧

（五十音順）

青 木 康 展（国立環境研究所）Ⅱ-2.1.5〔1〕,〔2〕
青 野 忠 一（元 東急バン株式会社）Ⅱ-4.4.5〔5〕
秋 吉 美也子（産業技術総合研究所）Ⅱ-2.1.2〔3〕(b)
朝 倉 祝 治（横浜国立大学名誉教授）Ⅱ-4.3.2〔2〕
浅 利 敏 夫（元 千代田化工建設株式会社）Ⅱ-4.4.12
新 井 直 人（横河電機株式会社）Ⅱ-5.6.1～5.6.3
有 薗 幸 司（熊本県立大学）Ⅲ-2.5.2〔10〕
飯 田 嘉 宏（横浜国立大学名誉教授）Ⅱ-3.2.6
池 田 　 均（元 日本海事協会）Ⅱ-4.4.5〔6〕
伊 里 友一朗（横浜国立大学）Ⅳ-5.7
石 黒 智 彦（廃棄物処理施設技術管理協会）
　　　　　　Ⅲ-2.5.4
石 附 　 弘（日本市民安全学会）Ⅲ-3.4.3
井 清 武 弘（元 産業技術総合研究所）
　　　　　　Ⅱ-4.2.9〔1〕,〔2〕,Ⅲ-2.5.5
磯 田 　 実（アゼアス株式会社）Ⅱ-6.4.1〔7〕(c)
板 垣 晴 彦（労働者健康安全機構 労働安全衛生総合
　　　　　　研究所）Ⅱ-3.2.7〔4〕, 3.2.10, Ⅱ-3.4,
　　　　　　6.1.1, 6.1.2〔1〕～〔3〕, 6.1.4〔2〕(b),
　　　　　　〔3〕～〔5〕, 6.1.8, 6.2.3, Ⅳ-5.3.1
伊 藤 謙 治（東京工業大学）Ⅱ-6.2.1
伊 藤 順 一（産業技術総合研究所）Ⅲ-3.2.1〔3〕
伊 藤 正 彦（横浜国立大学）Ⅳ-5.7
伊 藤 喜 昌（日本チタン協会）Ⅱ-4.2.1〔2〕(a)
井 上 仁 郎（産業医科大学）Ⅱ-6.4.2〔6〕
今 泉 博 之（産業技術総合研究所）Ⅲ-2.5.5
今 枝 勇 一（元 日本車輛製造株式会社）Ⅱ-4.4.7〔5〕
植 木 紘太郎（元 海上技術安全研究所）Ⅱ-4.2.10

執筆者一覧

上田　邦治（千代田化工建設株式会社）
　　　　　Ⅱ-3.2.7〔2〕,〔3〕, 3.2.9
上原　陽一（横浜国立大学名誉教授）
　　　　　Ⅱ-2.1.2〔3〕(a) 1), 4), 5), 3.1.2
氏田　博士（環境安全学研究所）Ⅱ-7.5.3
臼井　健一（安全索道株式会社）Ⅱ-4.4.6〔7〕
薄葉　　州（産業技術総合研究所）Ⅱ-2.1.1〔7〕
宇田川　理（国立環境研究所）Ⅱ-2.1.4〔7〕
宇野　研一（元 三菱化学株式会社）Ⅱ-7.5.2
梅田　　勇（第一高周波工業株式会社）Ⅱ-4.2.4〔4〕
梅津　豊司（国立環境研究所）
　　　　　Ⅱ-2.1.4〔1〕, 2.1.6〔3〕
浦野　紘平（有限会社環境資源システム総合研究所,
　　　　　横浜国立大学名誉教授）Ⅲ-2.1, 2.2,
　　　　　2.4.1〜2.4.4, 2.5.2〔1〕, 2.5.3〔1〕
榎本　兵治（東北大学名誉教授）Ⅱ-3.2.4
大石　晃嗣（技研興業株式会社，株式会社日本環境
　　　　　調査研究所）Ⅱ-4.2.10
大川　　治（大川治技術研究所，元 千代田化工建設
　　　　　株式会社）Ⅱ-4.4.11
大久保堯夫（日本大学名誉教授）Ⅱ-7.2.2, 7.2.3
大島　榮次（東京工業大学名誉教授）Ⅱ-5.1.2, 5.4
太田　恵久（元 呉羽化学工業株式会社）Ⅱ-4.2.4〔4〕
太田　正志（日本建設機械施工協会）Ⅱ-4.4.7〔6〕
大谷　英雄（横浜国立大学）Ⅰ-3章, Ⅱ-3.2.3〔1〕
大塚　尚武（株式会社ミュー，龍谷大学名誉教授）
　　　　　Ⅱ-4.3.1〔2〕(c)〜(e)
大西　明宏（労働者健康安全機構 労働安全衛生総合
　　　　　研究所）Ⅱ-6.4.2〔8〕
大西　晴夫（元 気象庁）Ⅲ-3.2.1〔2〕
大沼　　学（国立環境研究所）Ⅱ-2.2
大橋　信夫（元 海上労働科学研究所）Ⅱ-7.5.8
大前　和幸（慶應義塾大学名誉教授）
　　　　　Ⅱ-2.1.4〔4〕,〔5〕
岡崎　慎司（横浜国立大学）
　　　　　Ⅱ-2.1.3〔3〕, 4.3.2〔1〕,〔3〕(b), (d)
岡田　　賢（産業技術総合研究所）
　　　　　Ⅱ-2.1.2〔3〕(c), (d)
岡田　有策（慶應義塾大学）Ⅱ-7.2.1〜7.2.3
岡野　　稔（元 三菱航空機株式会社）Ⅱ-4.4.5〔7〕
小川　輝繁（横浜国立大学名誉教授）
　　　　　Ⅱ-3.2.1, 3.2.7〔1〕, Ⅳ-5.3.3
沖山　博通（元 深田工業株式会社）Ⅱ-3.1.4
奥野　　勉（首都大学東京）Ⅱ-6.1.2〔4〕

小嶋　　純（労働者健康安全機構 労働安全衛生総合
　　　　　研究所）Ⅱ-6.1.6
小野真理子（労働者健康安全機構 労働安全衛生総合
　　　　　研究所）Ⅱ-6.1.5〔1〕〜〔5〕, 6.4.2〔7〕
賀川　直彦（元 日揮株式会社）Ⅱ-4.2.1〔1〕
垣本由紀子（有限会社 日本ヒューマンファクター
　　　　　研究所）Ⅱ-7.4
加島　静男（株式会社トーアボージン）Ⅱ-6.4.2〔5〕
梶山　文夫（東京ガスパイプライン株式会社）
　　　　　Ⅱ-4.3.2〔3〕(e)
柏倉　桐子（日本自動車研究所）Ⅲ-2.5.1〔5〕
加藤　和彦（元 安田リスクエンジニアリング株式会
　　　　　社）Ⅳ-5.5.1
加藤　忠一（元 新日本製鐵株式会社）Ⅱ-2.1.3〔2〕
加藤　　寛（元 三菱電線工業株式会社）Ⅱ-4.2.8
加藤　好明（元 株式会社コマツ製作所）Ⅱ-4.4.5〔3〕
亀井　浅道（元 消防庁 消防研究センター）Ⅱ-4.3.1
　　　　　〔1〕,〔2〕(a), (f)
河合　　徹（国立環境研究所）Ⅱ-2.1.4〔8〕
川上　博之（元 安全索道株式会社）Ⅱ-4.4.6〔7〕
川田　邦明（新潟薬科大学）Ⅲ-2.5.2〔9〕
河田　惠昭（関西大学，京都大学名誉教授）Ⅲ-3.1
菊池　武史（株式会社住化分析センター）
　　　　　Ⅱ-3.5, 5.6.4
菊池　　務（出光興産株式会社）Ⅲ-3.2.1〔1〕(g)
北野　　大（秋草学園短期大学学長，淑徳大学名誉
　　　　　教授）Ⅱ-2.1.6〔4〕
北村　憲康（東京海上日動リスクコンサルティング
　　　　　株式会社）Ⅱ-7.5.7
金　　　勲（国立保健医療科学院）Ⅲ-2.5.1〔6〕
木村　菊二（元 大原記念労働科学研究所）
　　　　　Ⅱ-6.1.4〔2〕(b),〔3〕〜〔5〕
木薮　　豊（株式会社カシワバラ・コーポレーション）
　　　　　Ⅱ-4.3.2〔3〕(c) 3)
楠神　　健（東日本旅客鉄道株式会社）Ⅱ-7.5.6
国松　　直（産業技術総合研究所）Ⅱ-4.2.9〔2〕
久保　博子（奈良女子大学）Ⅱ-7.5.11
久保内昌敏（東京工業大学）Ⅱ-4.2.4〔4〕
久保田靖彦（元 小松エニー株式会社）Ⅱ-4.4.7〔2〕
神代　雅晴（産業医科大学名誉教授）Ⅱ-7.5.9
粂　　孝臣（ミドリ安全株式会社）Ⅱ-6.4.2〔9〕
粂川　壮一（元 労働者健康安全機構 労働安全衛生総
　　　　　合研究所）Ⅱ-4.4.1〜4.4.4
桑名　一徳（山形大学）Ⅱ-3.1.1〔4〕

執筆者一覧

源水 秀彦（元 冨士レジン工業株式会社）
　Ⅱ-4.2.4〔4〕
神山 昭男（元 外務省・セネガル大使館）Ⅱ-6.2.2
五箇 公一（国立環境研究所）Ⅲ-2.4.6
輿　 重治（中央労働災害防止協会）
　Ⅱ-6.1.5〔1〕～〔3〕,〔5〕
小島 康弘（元 株式会社キトー）Ⅱ-4.4.6〔8〕
小白井 亮一（国土地理院 地理地殻活動研究センター）
　Ⅲ-2.7
後藤 久美（アスク・サンシンエンジニアリング株式会社）Ⅱ-4.2.7
後藤 厚宏（情報セキュリティ大学院大学）Ⅲ-3.3.2
小林　 剛（横浜国立大学）Ⅲ-2.5.3〔2〕,〔3〕
小林 英男（高圧ガス保安協会, 東京工業大学名誉教授）Ⅳ-5.3.2
小林 英雄（元 千代田化工建設株式会社）Ⅳ-5.7
小松原 明哲（早稲田大学）Ⅱ-7.1
駒宮 功額（元 株式会社防災都市計画研究所）
　Ⅱ-3.4, 6.1.8
小山 富士雄（東京工業大学）Ⅳ-4.2
近藤 重雄（産業技術総合研究所）Ⅱ-3.2.3〔2〕
近藤 太二（元 産業安全技術協会）Ⅱ-4.1
齊藤 徹康（能美防災株式会社）Ⅱ-3.1.3〔7〕
斉藤　 進（元 労働者健康安全機構 労働安全衛生総合研究所）Ⅱ-6.1.2〔1〕～〔3〕
酒井 健二（東洋エンジニアリング株式会社）
　Ⅱ-4.4.8〔2〕,〔4〕
佐久間 哲哉（東京大学）Ⅱ-4.2.9〔1〕
櫻井 健郎（国立環境研究所）
　Ⅱ-2.1.5〔4〕, 2.1.6〔4〕
佐澤　 潔（深田工業株式会社）Ⅱ-3.1.4
佐藤 博臣（元 鹿島建設技術研究所）Ⅱ-3.1.3〔3〕
佐藤 治夫（岡山大学）Ⅱ-5.7.3
真田 良一（元 東洋エンジニアリング株式会社）
　Ⅱ-4.4.8〔3〕,〔6〕
座間 信作（横浜国立大学）Ⅲ-3.2.1〔1〕(a)～(f)
重留 祥一（ニチアス株式会社）Ⅱ-4.2.11
篠田 和英（三菱航空機株式会社）Ⅱ-4.4.5〔7〕
柴田 延幸（労働者健康安全機構 労働安全衛生総合研究所）Ⅱ-6.1.3
島田 信郎（元 耐火物技術協会）Ⅱ-4.2.6
清水 一郎（元 東北建設機械販売株式会社）
　Ⅱ-4.4.7〔1〕
下和田 浩一（横河電機株式会社）Ⅱ-5.6.1～5.6.3

首藤 由紀（株式会社社会安全研究所）Ⅲ-3.2.2
庄司　 浩（株式会社地域開発コンサルタンツ）
　Ⅱ-5.4
白坂 成功（慶應義塾大学大学院）Ⅱ-7.5.5
白崎 彰久（中央労働災害防止協会）Ⅱ-6.3
須川 修身（公立諏訪東京理科大学）Ⅱ-3.1.1〔2〕,〔3〕
杉山 貞夫（関西学院大学名誉教授）Ⅱ-6.2.5
鈴木 和彦（岡山大学名誉教授）Ⅱ-5.1.1, 5.1.3
鈴木 雄二（横浜国立大学）Ⅳ-5.7
関澤　 愛（東京理科大学）Ⅱ-3.1.3〔3〕
関根 和喜（日本高圧力技術協会）Ⅱ-3.3
関野 宏美（横河電機株式会社）Ⅱ-5.6.1～5.6.3
関谷 直也（東京大学）Ⅲ-3.2.2
相馬 孝博（千葉大学）Ⅲ-3.4.1
十亀　 洋（日本航空技術協会）Ⅱ-7.5.4
髙垣 卓哉（東京海上日動火災保険株式会社）
　Ⅳ-5.5.3〔3〕
髙川 智博（海上・港湾・航空技術研究所 港湾空港技術研究所）Ⅲ-3.2.1〔5〕
髙木 伸夫（有限会社システム安全研究所）Ⅱ-3.2.7
　〔2〕～〔4〕, 3.2.9, 3.2.10, 5.5
髙島 武雄（元 小山工業高等専門学校）Ⅱ-3.2.6
髙嶋 武士（深田工業株式会社）Ⅱ-3.1.4
髙田 祥三（早稲田大学）Ⅱ-5.3
髙野 研一（慶應義塾大学大学院）
　Ⅱ-7.4, Ⅳ-3章, 5.1
髙橋 宏治（横浜国立大学）Ⅱ-4.2.1〔3〕
髙橋 秀雄（みんなの保険検定協会）Ⅳ-5.5.2
髙橋　 誠（大阪教育大学名誉教授）Ⅱ-6.1.1
髙橋 幸雄（労働者健康安全機構 労働安全衛生総合研究所）Ⅱ-6.1.3
竹花 立美（高圧ガス保安協会）Ⅱ-4.4.13
田中 克己（元 産業技術総合研究所）
　Ⅱ-3.2.2, 3.2.7〔5〕,〔6〕
田中 正清（元 労働者健康安全機構 労働安全衛生総合研究所）Ⅱ-4.3.1〔2〕(b), 4.4.6〔1〕
田中 通洋（ミドリ安全株式会社）Ⅱ-6.4.1〔1〕～〔7〕, 6.4.2〔1〕～〔3〕,〔5〕,〔9〕～〔11〕
谷井 克則（元 東京都市大学）Ⅱ-7.5.1
田村 昌三（東京大学名誉教授）
　Ⅱ-2.1.2〔3〕(c), (d), Ⅳ-4.1
田村　 叡（日本鉄道車両機械技術協会）

執筆者一覧

千　葉　　　博	（日本防炎協会）Ⅱ-3.1.3〔1〕	
津久井　稲　緒	（長崎県立大学）Ⅳ-5.6	
柘　植　義　文	（九州大学）Ⅱ-5.2	
東　瀬　　　朗	（新潟大学）Ⅱ-7.3	
時　澤　　　健	（労働者健康安全機構 労働安全衛生総合研究所）Ⅱ-6.1.4〔1〕，〔2〕（a）	
土　橋　　　律	（東京大学）Ⅱ-3.1.2, 3.2.3〔5〕	
冨　澤　幸　雄	（株式会社ベストマテリア）Ⅱ-4.3.2〔3〕（a）	
冨　田　庸　公	（日本車輛製造株式会社）Ⅱ-4.4.7〔5〕	
中　井　敦　子	（安全・安心科学研究所）Ⅱ-5.1.1, 5.1.3	
永　石　治　喜	（元 産業安全技術協会）Ⅱ-3.2.9	
中　島　大　介	（国立環境研究所）Ⅱ-2.1.4〔2〕，〔3〕，〔5〕, 2.1.5〔3〕, 2.1.6〔1〕，〔2〕	
中　田　勝　康	（元 日本油脂株式会社）Ⅱ-4.3.2〔3〕（c）3）	
中　村　　　順	（総合安全工学研究所）Ⅲ-3.3.3	
中　村　昌　允	（東京工業大学）Ⅳ-4.3, 4.4, 7章	
中　村　由　行	（横浜国立大学）Ⅲ-2.4.7	
成　瀬　友　宏	（国土交通省 国土技術政策総合研究所）Ⅱ-3.1.3〔2〕	
西　川　光　一	（元 日本化学キューエイ株式会社）Ⅳ-4.1	
西　川　康　二	（安全工学会 会員）Ⅱ-1章	
西　島　茂　一	（元 日本労働安全衛生コンサルタント会）Ⅳ-5.3.1	
西　田　宏太郎	（元 日本貨物鉄道株式会社）Ⅱ-4.4.5〔4〕	
西　野　知　良	（元 興亜エンジニアリング株式会社）Ⅱ-4.2.2, 4.2.3, 4.2.4〔1〕	
沼　野　雄　志	（沼野労働安全衛生コンサルタント事務所）Ⅱ-2.1.6〔2〕	
野　口　和　彦	（横浜国立大学）Ⅲ-1章，Ⅳ-1章，2章，5.2，6章	
野　崎　亘　右	（元 興研株式会社）Ⅱ-2.1.5〔1〕，〔2〕	
野　田　　　賢	（福岡大学）Ⅱ-5.2	
長谷川　晃　一	（元 能美防災株式会社）Ⅱ-3.1.3〔5〕	
花　澤　　　孝	（元 花澤事務所）Ⅱ-4.2.1〔3〕	
馬　場　良　靖	（元 三菱化成株式会社）Ⅳ-4.3	
早　川　和　一	（金沢大学）Ⅲ-2.4.8	
林　　　岳　彦	（国立環境研究所）Ⅱ-2.1.4〔8〕	
半　田　　　安	（元 三井化学株式会社）Ⅴ-5.4	
久　宗　周　二	（神奈川大学）Ⅱ-7.5.10	
日　野　泰　道	（労働者健康安全機構 労働安全衛生総合研究所）Ⅱ-6.4.2〔4〕，〔10〕
平　戸　春　雄	（元 三井海上安全技術センター）Ⅱ-3.5
廣　瀬　靖　夫	（元 日本ファネス工業株式会社）Ⅱ-4.4.10
深　尾　真　則	（元 能美防災株式会社）Ⅱ-3.1.3〔7〕
深　澤　政　博	（日本損害保険協会）Ⅳ-5.5.3〔1〕
福　田　　　隆	（日本高圧力技術協会）Ⅱ-4.2.4〔2〕
富　士　彰　夫	（富士彰夫技術士事務所）Ⅱ-4.2.4〔3〕
藤　江　幸　一	（横浜国立大学）Ⅲ-2.5.2〔2〕
藤　木　　　昇	（元 アスク・サンシンエンジニアリング株式会社）Ⅱ-4.2.7
藤　崎　成　昭	（日本貿易振興機構・アジア経済研究所）Ⅲ-2.4.9
藤　本　典　宏	（防衛医科大学校）Ⅱ-2.1.3〔1〕
伏　脇　裕　一	（東京聖栄大学）Ⅲ-2.5.1〔6〕
古　澤　栄　二	（能美防災株式会社）Ⅱ-3.1.3〔5〕
芳　司　俊　郎	（長岡技術科学大学）Ⅱ-4.1, 4.4.1～4.4.4
細　田　　　裕	（耐火物技術協会）Ⅱ-4.2.6
細　見　正　明	（東京農工大学名誉教授）Ⅲ-2.5.2〔3〕～〔8〕
細　谷　敬　三	（日揮株式会社）Ⅱ-4.2.1〔1〕, 4.2.2
堀　口　貞　茲	（元 産業技術総合研究所）Ⅱ-3.1.1〔1〕, 3.2.7〔5〕，〔6〕
本　間　真佐人	（元 横浜国立大学）Ⅳ-5.7
正　田　　　亘	（立教大学名誉教授）Ⅱ-6.2.4
松　井　英　憲	（元 産業安全技術協会）Ⅱ-2.1.2〔3〕（a）2），3），3.2.3〔3〕，〔4〕
松　岡　俊　介	（HAZOP＆プラント安全促進会）Ⅱ-4.4.5〔2〕, 4.4.9
松　岡　俊　浩	（日本貨物鉄道株式会社）Ⅱ-4.4.5〔4〕
松　島　　　巌	（前橋工科大学名誉教授）Ⅱ-4.3.2〔1〕，〔3〕（b），（d）
松　田　和　秀	（東京農工大学）Ⅲ-2.4.5
松　永　猛　裕	（産業技術総合研究所）Ⅱ-2.1.1〔1〕～〔6〕，〔8〕, 2.1.2〔1〕，〔2〕，〔3〕（e）
松　本　　　理	（国立環境研究所）Ⅱ-2.1.4〔6〕
松　山　　　賢	（東京理科大学）Ⅱ-4.2.5
丸　山　繁　久	（元 港湾荷役機械システム協会）Ⅱ-4.4.5〔1〕
三　浦　伸　彦	（元 労働者健康安全機構 労働安全衛生総合研究所）Ⅱ-6.1.7

執筆者一覧

三　木　　　恵（電力中央研究所）Ⅲ-3.2.1〔4〕
三　宅　淳　巳（横浜国立大学）Ⅱ-3.2.5〔3〕,〔4〕
三　宅　康　史（帝京大学）Ⅱ-6.2.6
三　宅　祐　一（静岡県立大学）Ⅳ-5.3.4
宮　下　　　剛（大日本塗料株式会社）
　　　　　　　Ⅱ-4.3.2〔3〕(c) 1), 2), 4)
宮　野　　　廣（法政大学）Ⅲ-3.3.1
向　殿　政　男（明治大学名誉教授）Ⅰ-1章, Ⅰ-2章
持　丸　正　明（産業技術総合研究所）Ⅲ-3.4.2
森　川　和　昭（安全索道株式会社）Ⅱ-4.4.6〔7〕
森　住　　　晃（東京消防庁）Ⅱ-3.1.3〔6〕
八　木　　　昇（元 群栄化学工業株式会社）Ⅳ-7章
柳　下　真由子（県立広島大学）Ⅱ-2.1.4〔4〕
谷　島　一　嘉（日本大学名誉教授）Ⅱ-6.2.3
安　田　憲　二（元 国立環境研究所）Ⅲ-2.6
箭　内　英　治（元 消防庁 消防研究センター）
　　　　　　　Ⅱ-3.1.3〔1〕
柳　　憲一郎（明治大学）Ⅲ-2.3
山　口　明　久（千代田化工建設株式会社）Ⅱ-4.2.4〔1〕
山　口　　　彰（東京大学）Ⅱ-5.7.1, 5.7.2
山　口　恭　弘（三菱航空機株式会社）Ⅱ-4.4.5〔7〕
山　隈　瑞　樹（産業安全技術協会）
　　　　　　　Ⅱ-3.1.2〔6〕,〔7〕, 3.2.8
山　下　幹　雄（元 茨城県立医療大学）Ⅱ-6.1.7
山　田　常　圭（JXTG エネルギー株式会社）
　　　　　　　Ⅱ-3.1.3〔4〕
山　田　　　實（危険物保安技術協会）Ⅱ-4.2.1〔2〕(b)
山　田　正　治（電線総合技術センター）Ⅱ-4.2.8
山　本　茂　夫（元 日立機電エンジニアリング株式会社）
　　　　　　　Ⅱ-4.4.6〔2〕～〔5〕
横　井　　　正（元 東洋エンジニアリング株式会社）
　　　　　　　Ⅱ-4.4.8〔1〕,〔5〕
横　山　太　郎（損害保険料率算出機構）Ⅳ-5.5.3〔2〕
吉　田　敏　郎（元 酒井重工業株式会社）Ⅱ-4.4.7〔4〕
吉　田　正　典（株式会社爆発研究所）Ⅱ-3.2.3〔6〕
吉　本　千太郎（元 日本リークレス工業株式会社）
　　　　　　　Ⅱ-4.2.11
劉　　信　芳（株式会社高田工業所）Ⅱ-5.4
若　倉　正　英（産業技術総合研究所）Ⅱ-3.2.5〔1〕,〔2〕
若　松　伸　司（愛媛大学名誉教授）Ⅲ-2.5.1〔1〕～〔4〕
和　田　忠　之（元 日本エレベータ協会）Ⅱ-4.4.6〔6〕
和　田　有　司（産業技術総合研究所）Ⅳ-5.3.5
渡　邉　慎　也（千代田化工建設株式会社）Ⅱ-4.2.3
渡　辺　　　正（元 日本建設機械化協会）Ⅱ-4.4.7〔3〕

（2019年4月現在, 会社名以外の団体名
は, 原則として現時点での名称を使用）

《原稿確認》

　　鈴　木　和　彦（岡山大学名誉教授）Ⅱ-5.1.2
　　高　木　伸　夫（有限会社システム安全研究所）Ⅱ-6.2.5
　　中　村　隆　宏（関西大学）Ⅱ-6.2.1, 6.2.2
　　福　田　隆　文（長岡技術科学大学）Ⅱ-4.4.5〔3〕,〔5〕,〔6〕, 4.4.6
　　　　　　　　　〔2〕～〔5〕,〔6〕,〔8〕, 4.4.7〔1〕～〔4〕, 4.4.8〔3〕,
　　　　　　　　　〔6〕, 4.4.12
　　松　永　猛　裕（産業技術総合研究所）Ⅱ-2.1.2〔3〕(a) 1)～5)

凡　　　例

1. 構成および編・章・節・項の区分
（a）全体を4編構成とし，章・節・項はポイントシステムを採用した。
（b）まず，編・章から成る総目次を設け，章・節・項から成る目次を各編の始めに示した。
（c）本文中において，担当箇所の文章末尾に執筆者名を示した。ただし，『新安全工学便覧』の本文に加筆修正した箇所については，第4版の執筆者名と『新安全工学便覧』の執筆者名を並記した。
（d）図・表・式は，各章の中で節ごとの一連番号とした。
（e）ページの付け方は，全体の通しページとした。

2. 用　語
安全工学は多岐の学術分野にわたるため，原則として学術用語集（文部科学省編）『化学編（増訂2版）』，『電気工学編（増訂2版）』，『機械工学編（増訂版）』などに準拠した。
また，片仮名表記や英語の語尾に対応する長音記号の扱いは，原則として JIS Z 8301 に準拠した。

3. 単　位
単位は，国際単位系（SI）を用いることを原則とした。ただし，文献を引用した場合や広く慣用的に用いられている場合は，SI 以外の単位表記を認めている。

4. 文　献
（a）文献は，本文中のその事項の右肩に片カッコ付きの番号を付けて表記した。
（b）文献の記載の仕方は，つぎのとおりとした。
雑誌，論文の場合
　　著者名，(標題)，誌名，巻（Vol.）-号（No.），ページ（発行年）
書籍の場合
　　著者名，書名，ページ，発行所名（発行年）

5. 索　引
巻末に五十音順，アルファベット順で掲載した。

6. 団体名の表記
団体名の冒頭にあって，その団体の法人組織を表示する部分は省略する。
例：特定非営利活動法人 安全工学会 → 安全工学会

総目次

第I編 安全工学総論

1. 安全とは ……………………………………………………………………………… 3
2. 安全の基本構造 ……………………………………………………………………… 6
3. 安全工学の役割 ……………………………………………………………………… 10

第II編 産業安全

1. 産業安全概論 ………………………………………………………………………… 17
2. 化学物質のさまざまな危険性 ……………………………………………………… 22
3. 火災爆発 ……………………………………………………………………………… 136
4. 機械と装置の安全 …………………………………………………………………… 286
5. システム・プロセス安全 …………………………………………………………… 558
6. 労働安全衛生 ………………………………………………………………………… 636
7. ヒューマンファクタ ………………………………………………………………… 736

第III編 社会安全

1. 社会安全概論 ………………………………………………………………………… 823
2. 環境安全 ……………………………………………………………………………… 826
3. 防災 …………………………………………………………………………………… 944

第Ⅳ編　安全マネジメント

1．安全マネジメント概論 …………………………………………………………… 1019
2．安全マネジメントの仕組み ……………………………………………………… 1022
3．安　全　文　化 …………………………………………………………………… 1023
4．現場の安全活動 …………………………………………………………………… 1032
5．安全マネジメント手法 …………………………………………………………… 1050
6．危　機　管　理 …………………………………………………………………… 1158
7．安　全　監　査 …………………………………………………………………… 1161

索　　引 ……………………………………………………………………………… 1165

第I編　安全工学総論

1. 安 全 と は

1.1　安全の定義 …………………………… 3
1.2　安全性の評価 ………………………… 4

2. 安全の基本構造

2.1　安全の論理的構造 …………………… 6
2.2　安全化の行為 ………………………… 7
2.3　安全の基本命題 ……………………… 8
2.4　安全理念と具体策 …………………… 8

3. 安全工学の役割

3.1　安全工学とは ………………………… 10
3.2　安全工学の変遷 ……………………… 10
　　3.2.1　横浜国立大学工学部安全工学科 …… 10
3.2.2　安全工学会 ………………………… 11
3.2.3　社会の動き ………………………… 11
3.3　安全工学の展望 ……………………… 12

1. 安 全 と は

1.1 安全の定義

「安全」という言葉は，日常生活のあらゆるところで使用される。事実，安全は，人類が地球上で生活していくために必然的に身に付いた基本的な概念であると思われる。マズロー（Maslow）の要求5段階説によれば，安全要求は，基底の生理的要求に続く第二層に位置付けられていて，基本的な要求であり，現実には，安全は人間活動のあらゆる分野に広がっている。

辞典によれば，安全は「危なくないさま。物事が損傷・損害・危害を受けない，または受ける心配のないこと」[1]†と定義されている。また，安全と安心に関連して，「安全とは，人とその共同体への損傷，ならびに人，組織，公共の所有物に損害がないと客観的に判断されることである。ここでいう所有物には無形のものも含む」[2]とも定義されている。このように，一般的に，安全とは人の身体的な傷害や財産等の損害がないことであり，危険の反対概念として，「危険でないこと」と解釈されている。危険は，一つひとつ指摘できても，安全は，危険が存在しないという否定形で表現されていて，安全であることを具体的に指摘しづらいことが，安全の概念や定義を難しくしている。特に，どのような危険も存在しないなどということは本質的に証明できるのだろうか，客観的に安全であるとどうやって判断するのであろうか，等々の課題が安全の定義には潜在している。

上の安全の定義は，どの分野でも当てはまるような一般的で定性的な定義であるが，工学の分野のように安全を技術的に構築し，確保し，評価しようとする場合には，できたら定量的で，検証可能な定義が望ましい。それを目指した安全の定義が，製品，システム，プロセス，サービス等を対象にして，ISO（国際標準化機構）とIEC（国際電気標準会議）が共同で発行している安全の規格を書く人のためのガイドラインである『ISO/IEC ガイド 51』[3]に書かれている。そこでは

"安全とは，「許容不可能なリスクがないこと」（「許容できないリスクがないこと」）"

と定義されている。安全工学においては，現在，この定義が最も普遍的である。この安全の定義は，二重否定になっており，かなり難しい概念であることがわかる（英語では，許容できないリスクからの解放（freedom from risk which is not tolerable）となっている）。上記のように工学における安全は，リスクを経由して定義されていて，与えられたリスクが許容できるかできないかの判定で，安全であるか否かが決定される形といっている。この定義をさらに具体的に理解するためには，リスクとは何か，許容可能なリスクとは何かを明確にしなければならない。

『ISO/IEC ガイド 51』におけるリスクと許容可能なリスクの定義を見てみよう。

"リスクとは，「危害の発生確率およびその危害の度合いの組合せ」"

および

"許容可能なリスクとは，「現在の社会の価値観に基づいて，与えられた状況下で，受け入れられるリスクのレベル」"（**表1.1.1**参照）

と定義されている。これらの定義では，まず，危険の可能性の度合いを表すリスクの概念が用いられていて，大きなリスク，小さなリスクなどといわれるように，リスクは基本的に大きさを持ったものとしている。その値が許容可能なリスク（その製品やシステムから受ける利便性等を考えて，仕方がないから受け入れられるリスク）のレベルより小さかったら安全であるということである。安全といってもリスクがゼロの状態をいっているのではなく，リスクは残っている状態を意味している。現実的で，検証可能性を目指した安全の定義といえよう。この定義では，リスクゼロ，すなわち絶対安全の存在はあり得ないことを最初から宣言していると考えられる。

リスクは，上述のように危害を通して定義されてお

表1.1.1 安全，リスク，危害，および許容可能なリスクの定義[3]

安 全	許容不可能なリスクがないこと
リスク	危害の発生確率およびその危害の度合いの組合せ
危 害	人への傷害もしくは健康障害，または財産および環境への損害
許容可能なリスク	現在の社会の価値観に基づいて，与えられた条件下で，受け入れられるリスクのレベル

---

† 肩付き数字は引用・参考文献番号を表す。

り，危害とは，表1.1.1のように，身体的な傷害や健康障害，財産や環境などの損害などを意味する。リスクは，危害の発生する確率および危害のひどさの度合いの組合せであるから，どのくらいの確率（現実的にはどのくらいの頻度）で危害が発生するのか，ということと，発生したときの危害のひどさの度合いを算定，または予測して，その二つの組合せからリスクの大きさを決める，というステップである。過去に多くの危害が発生していれば，統計により確率や頻度を算定することができるかもしれないが，データがない場合や初めての場合には，確率は見い出せない。いろいろな条件から推測するしかないだろう。ここに主観性や不確実性が入り込む余地がある。また，危害のひどさの度合いも，大きな被害とか大したことがない被害のように，明らかに大きさの概念は存在する。しかし，身体的傷害や財産の損失や環境の損害などの質の異なった危害の度合いを一元的に比較したりするのは現実的には難しいだろう。確かに，一意的に金額として数量化すればリスクは互いに比較可能となるが，通常は困難である。特に，人命がかかったような場合，被害の度合いをコスト化するのは心理的にも抵抗が大きい。

つぎに，組合せという言葉の意味であるが，与えられた危害の発生確率とひどさの度合いから，両者を勘案してリスクの大きさを決めることを意味している。なるべく客観的に，合理的に決めるようにすることが望ましい。しかし，現実には，与えられた確率とひどさから，どのような大きさのリスクを割り当てるかは，基本的には，主観や価値観によって定められる。ただし，同じ確率ならば，ひどさがひどくなるほどリスクは大きくなり，また，同じひどさならば頻度が高いほどリスクは大きくなるという単調性は満たさなければならない。確率を過去データから算出し，ひどさの度合いを金額で評価し，組合せを掛け算と解釈するとリスクはすべて金額ベースで評価でき，あらゆるリスクが金額で比較可能となる。しかし，すべてをこう解釈することは，前述のように現実には困難である。

つぎに許容可能なリスクであるが，定義にあるように，そのレベルは，時代によっても，社会によっても，もの（製品，システム，プロセス，サービス等）によっても，誰が使うか，寿命，環境等の条件によってもそれぞれ異なり，一意的には決められない。ここにも主観や価値観の入り込む余地は十分にある。リスクは大きさを持った概念であり，連続的，または多値的になっていると考えられ，前述のように，安全は，許容可能というリスクのレベルを決めて，そのリスクの大きさで切って，最終的に安全か安全でないかを二値的に決めるという考え方に基づいている。リスクの大きさが，たとえ科学的に決められたとしても，どこで切るかの許容可能なリスクレベルは，価値観が関与している。したがって，安全は，科学的にすべてを決めることはできない。価値観が関与しているからである。ただし，安全であると判定する場合には，どのようなステップで安全を決定し，残されたリスクがどのレベルであるか等の情報を開示することによって，できるだけ客観性を保持する努力がなされなければならない。

1.2 安全性の評価

安全であるか否かを評価，判定するには，前節に述べたように，まず，安全の反対概念である危険（具体的にはリスク）に度合いがあることに留意しなければならない（このことは，安全にも本来，度合いがあることを意味している）。リスクの大きさを用いて安全を評価，判定する考え方は，図1.2.1のALARP（as low as reasonably practicable）の原則によく表されている。製品やシステムに内在するリスクが許容可能なリスクよりも大きな場合には，許容できない領域のリスクとして，特別な状態を除いて正当化されないリスクであり，一般的に使用は禁止される。リスク低減策を施して，許容可能なリスクより小さくなれば，安全とみなされる。無視できるリスクのように広く受け入れられるリスク領域になったら，これ以上，リスク低減策を施す必要はない（この境を図1.2.1では，受入れ可能なリスクとしている）。許容可能なリスクと受入れ可能なリスクの間の中間領域は許容可能領域，またはALARP領域と呼ばれる。許容可能領域に達すれば，安全とみなされるが，これ以上リスク低減策を施す必要がないという意味ではない。ALARP領域内でも，できる限りリスク低減に努力しなければならないことをALARPの原則は要請している。リスク低減策がこれ以上実際的でない場合（例えば，機能を喪失し

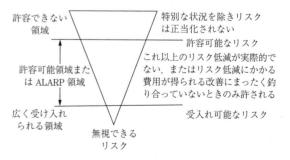

図1.2.1 ALARPの原則

てしまう等）や，これ以上費用をつぎ込んでもリスクが低減しない場合になって，初めてリスク低減を止めてよい。逆に，そこまで，リスク低減に努力すべきであるということを意味している。リスク低減を止める場合には，その理由と残っているリスクの大きさを文書化しておくことが要請されている。安全とは，許容可能なリスクを達成した上で，さらに，リスク低減策を施し続けている動的な状態であるとも考えられる。

リスクの度合いが，数値で表されるような連続濃度であることが理想的であるかもしれないが，現実には厳密な数値的評価は困難である。これは，リスクの要素である危害の発生確率や危害のひどさの度合いを数値で明確に表すことが困難であることによる。さらに，安全には，価値観が関与しているために，一意的に，安全性を計量化して評価することは難しい。人により，社会により，時代によって異なるし，危害の対象である身体的な損傷，健康障害，財産の損失，さらには，利便性の喪失，経済的損失，社会的混乱，等々に関する価値は，それぞれ基準が異なるので比較や統合はできないからである。実際には，あいまいさを受け入れて，発生確率も，ひどさの度合いも，そしてリスクの度合いも，それぞれを有限ないくつかのランクに分類して，評価する簡便な方法を利用する場合が多い。簡単な具体例を一つ紹介してみよう[4]。これは，マトリックス法と呼ばれる手法である。まず，リスクの大きさを**表1.2.1**のように，1 無視可能なリスク，2 許容可能なリスク，3 受け入れられないリスク，4 まったく受け入れられないリスク，の4段階に分類することにする。安全の定義によれば，1と2のランクが安全と判定できるリスクであり，3と4は安全とは判定できないリスクである。発生確率とひどさの方もランク分けされる。例えば，発生確率を**表1.2.2**のように，1 信じられないくらいの頻度，2 起こりそうにないくらいの頻度，3 あまり起こらないくらいの頻度，4 ときどき起こるくらいの頻度，5 かなり起きるくらいの頻度，6 しばしば起きるくらいの頻度，の6段階に，危害のひどさを**表1.2.3**のように，1 無視可能な危害，2 軽微な危害，3 重大な危害，4 破局的な危害，の4段階に分けたとする。リスクは，両者の組合せであるので，表1.2.2の発生確率の各ランクと表1.2.3のひどさの各ランクのそれぞれの組合せに対して，表1.2.1のリスクの大きさのどれかのランクを割り当てることになる。その一例が，マトリックスで表現されている**表1.2.4**である。基本的には，両者の組合せに対してどのようなリスクのランクを割り当てるかは，ステークホルダが参加して合意で決めるのが基本である。一般的には，頻度のランクと危害のひどさのランクに対してなるべく客観的にリスクのランクを決めることが望ましい。現実には，両者のランクの数値から計算で決める方法（加算法や乗算法等）等が多く用いられる。　　（向殿政男）

表1.2.1 リスクの大きさのランク分けの例

1	無視可能なリスク
2	許容可能なリスク
3	受け入れられないリスク
4	まったく受け入れられないリスク

表1.2.2 危害の発生確率（頻度）のランク分けの例

1	信じられない
2	起こりそうにない
3	あまり起こらない
4	ときどき
5	かなり
6	しばしば

表1.2.3 危害のひどさ（度合い）のランク分けの例

1	無視可能
2	軽微
3	重大
4	破局的

表1.2.4 リスクマトリックス法の例

確率 ＼ ひどさ	1 無視可能	2 軽微	3 重大	4 破局的
1 信じられない	1	1	1	1
2 起りそうにない	1	1	2	2
3 あまり起らない	1	2	2	2
4 ときどき	2	2	3	4
5 かなり	2	3	4	4
6 しばしば	3	4	4	4

引用・参考文献

1) 西尾実ほか編，岩波 国語辞典，第2版，岩波書店 (1971)
2) 文部科学省，「安全・安心な社会の構築に資する科学技術政策に関する懇談会」報告書 (2004-4)
3) ISO／IEC Guide 51：Safety aspects-Guidelines for their inclusion in standards
（JIS Z 8051：2014　安全側面——規格への導入指針）（日本規格協会）
4) 向殿政男，よくわかるリスクアセスメント～グローバルスタンダードの安全を構築する，中災防ブックス 003，中央労働災害防止協会 (2017)

2. 安全の基本構造

2.1 安全の論理的構造

 安全には（したがって，危険にも），確率的な意味からも，また内容的な意味からも，度合いがあると考える視点（リスクに基づく視点はこちらである）と，本来は安全である（Yes：1）か，安全でない（No：0）かのどちらかであるという視点とがあり得る（前者を確率論的安全，後者を確定論的安全（決定論的安全）と呼ぶこともある）。前者の視点でも，実際に判定する場合には，ある閾値（許容可能なリスク）を用いて，最終的に安全であるか，安全でないかの二値に分けて判定している。したがって，ここでは，後者の安全であるか否かの二値論理の視点から安全の論理的構造を考えてみる。なお，この視点では，安全の反対概念である危険側も，危険であるか否かの二値論理になる。一般的に

 「安全ならば，危険でない」，および「危険ならば安全でない」

は受け入れられる当然の主張としても

 「危険でないならば，安全である」，および「安全でないならば，危険である」

と一般的にいえるのであろうか。

 安全と危険が二値論理的に厳密な反対概念であれば，確かに成立する。しかし，現実には安全か危険かわからない状態が存在する（**図2.1.1**参照）。この状態を不安な状態と呼ぶことにする。この不安を安全と危険の中間的な度合いであるという視点と，確率的な視点（本来は，安全か危険かであるが，まだわからないという）とでは，取扱いは異なるが，ここでは本来は安全か危険かであるがまだわからないという視点に立とう。このとき，「安全ならば，危険でない」，および「危険ならば安全でない」は成立するが，「危険でないならば，安全である」，および「安全でないならば，危険である」は，必ずしも成立しない。例えば，前者であれば，危険でない（危険は検出されない）と

| 安　全
(S) | 不　安
(U) | 危　険
(D) |

図 2.1.1 安全，危険，不安の関係

しても，不安な状態が存在し得るので，そこには危険の可能性があり，決して安全であるとはいえないからである。後者であれば，安全でない（安全が確認されない）としても，不安な状態が存在し得るので，そこには安全の可能性があり，必ずしも危険であるとはいえないからである。前者の場合が問題であり，安全の分野では，これらは

 "危険でない（危険が検出されない）からといって安全とみなしてはならない"
または
 "不安は危険とみなせ"

という標語になっている。

 つぎに，これに関連して，安全を確保するための二つのタイプ，危険検出型と安全確認型について紹介する[1),2)]。センサ等で危険か安全かを検出して，例えば，ロボットなどの危険を伴う機械を稼働させる場合を想定しよう。危険検出型は，危険が検出されたらロボットの稼働を停止させて安全を確保するタイプである。安全確認型は，安全が確認されているときだけロボットの稼働を許すタイプである。危険検出型は，センサ等の検出装置が故障をすると危険が伝えられず，ロボットが稼働し続けるので，安全は確保されない可能性がある。安全装置の故障は，危険側故障となる。また，前述したように，たとえ，危険が正しく検出されても不安の領域（未知の現象）があるかもしれないので，すべての危険が検出されている保証はないことも問題である。一方，安全確認型は，安全装置が故障すると安全が伝えられず，稼働は停止されて安全が確保される。安全装置の故障は安全側となる（危険な状態なのに安全確認信号を出すような故障がないように，物理現象を利用して安全装置をフェールセーフに構成できることが知られている[1)]）。また，安全領域を見ているので，未知の状態が発生しても原理的に安全は確保されている。安全を確保する構造としては，安全確認型が望ましいのは当然である。危険検出型は，確率的に安全が確保されない可能性を含んでいる。なお，安全確認型では，安全は確保されるが故障等で頻繁に稼働が停止しては本来の業務に支障をきたすので，安全装置の信頼性を高めるという技術的手段で稼働率を高めることができる。

 上記の論理的な考察は，安全，危険，不安等をそれ

ぞれ1か0をとる論理変数で表し，$x \Rightarrow y = \sim x \lor y$ なる定義式を用いると，論理的に確かめることができるので，興味のある方は，試みられたい。また，安全の論理的構造は，上記の基本を踏まえて，さらに発展させられている[2),3)]。

2.2 安全化の行為

安全を考える場合，分野によらず，共通の安全の構造があると考えられる。自分が対象としている安全は
(1) 何の名の下に守るのか（何のために。目的は何か）
(2) 何を守るのか（守るべき対象。危害の内容，事故が起きるとどんな結果になるのか）
(3) 何から守るのか（安全を脅かす原因。危険源，ハザードは何か）
(4) 何によって守るのか（守るための手法。どうやって守るのか）
(5) 誰が安全を守るのか（それぞれ安全を守る役割があるはず）

を明らかにする必要がある。それぞれの異なった分野の安全には，それぞれ独特の内容が存在するだろう。特に，安全工学でいえば，(1) 人命尊重の名の下に，(2) 人間の生命，身体的な傷害，健康障害を，(3) 機械設備の故障や人間のミスから，(4) 人間的行動，組織的活動も含めて主として技術的手段により，(5) 設計者，管理者，使用者等がそれぞれ守る，ということができるだろう。安全工学の中でも，製品安全，プラント安全，労働安全，食品安全等々の分野により，さらにその内容を具体化することができる。また，他の安全の分野，例えば，災害防止，防犯，情報安全等では，また，異なった内容となろう。

上記の安全の構造において，(1) の目的や (2) の守る対象に関しては，安全の思想や価値観に関連している。安全化の行為は，(5) の役割の人が，(3) の各原因に関して，(4) のいかに守るかに関連している。安全化の行為には，大きく分類して三つの側面が関係している。技術的側面（自然科学），人間的側面（人文科学），および組織的側面（社会科学）の三つである[1)]。なお，ここで組織的側面とは，人間が決めたことを正しく行うことを要請する法律，基準，マニュアル，体制等を意味している。上の三側面の役割は，製品を構造的に安全に作り（技術的側面），残った残留リスクを開示して利用者に提供して安全に運用・使用してもらう（人間的側面），これらが規則どおり，正しく行われているかを監視し，チェックをする（組織的側面）という関係である。安全工学では，例えば対象とする製品に対する設計，製造，運用，保全，事故時，廃棄，リサイクル等のライフサイクルすべての段階で安全に配慮する必要があるが，上流で安全に配慮すればするほど，効果的で，効率的で，コストも安く済む傾向がある。すなわち，設計時に製造や運用以降の各ステップで安全に活動できる配慮をして設計しておくことが重要である。

この三つの側面の上位に (1) と (2) に関連する安全の思想や哲学の理念的側面が位置する。安全化には，構造の面（ハードとソフトの構造）とそれを用いて安全を実行する人間の行為の面，およびそのための規則，基準に相当する組織的な面とがある。上記の人間的側面は，製品等を運用する人間の行動を主として意味している。しかし，実は，技術の適用や組織の確立にも人間は関係している。さらに，理念的側面は人間の問題そのものである。こう考えると，安全に関しては，最終的にすべてが人間の行為と思想に還元され，基本的には人間の倫理や道徳が関係してくる。

最後に，スリーステップメソッドと呼ばれる設計における安全化の順番について述べる（**表2.2.1**参照）。製品やシステムに存在するリスクを低減する方策には順番があって，まず，本体そのものを安全に設計する本質的安全設計を第一ステップとする。ここで本質的安全設計とは，(1) 初めから危険源（ハザード）が存在しないように，(2) エネルギーを小さくして危害の規模を小さくするように，(3) 信頼度を高めて修理で人間が近付く機会を少なくするように設計することを意味している。第二ステップは，残ったリスクに対して安全防護柵や安全装置を施すことである。最後の第三ステップは，それでも残ったリスク（残留リスク）も含めて使用上の情報を使用者に提供することで，安全確保を使用者に委任するというものである。使用上の情報提供が最後なのは，間違える可能性のある人間に頼るからであり，安全防護策が二番目なのは，故障することもあり，安全装置が無効化される可能性があるからである。本体そのものに施されているリスク低減策はなくならないから本質的安全設計が最も大事なステップとして，最初に位置付けられている。

表2.2.1 スリーステップメソッド

ステップ1：本質的安全設計によるリスクの低減
ステップ2：安全防護対策（安全装置等）によるリスクの低減
ステップ3：使用上の情報の提供によるリスクの低減

2.3 安全の基本命題

安全に関する基本的な命題をいくつか紹介する。

〔1〕 人間は間違えるもの，機械設備は壊れるもの，ルールは不完全なものである

だからどうするかを考えよ，ということを考えておく必要がある。災害ゼロはあり得ても，リスクゼロ（絶対安全）ということはあり得ないのが安全の常識である。

〔2〕 安全化の行為の主体は人間である

安全は，われわれ人間が作り上げるものであって，放っておいて得られるものではない。安全は天からは降ってこない。

〔3〕 安全はプロセスである

安全は状態として定義されているが，その状態がつねに動的に確保され，改善し続けられていなければならない。安全とは，つねに暫定的な状態であり，発展過程であり，無限の道である。安全向上の努力が止まったとき，安全の劣化が始まる。

〔4〕 安全は価値である

安全の定義には価値観が関与している。また，安全であること自体に価値があると考えるべきである。なお，通常，安全の担当者がなかなか評価されないのは，安全の価値に気付いていないからである。経済や発展等の価値に対して，安全の価値をどのように位置付けるかは選択の問題である。

〔5〕 安全は社会的な概念である

安全は，時代により，社会により，その価値観により変わっていく。許容されている安全の状態は，一種の社会的な現象である。

〔6〕 安全はみんなで創るもの

安全は，誰かが守ってくれるものではない。各人にも安全を守る役割と責任がある。安全は，関係者全員で一緒になって協力，協調して，創り，守るものである。

2.4 安全理念と具体策

安全の理念を具体化しようとするとき，そこには多くの課題が存在する。

〔1〕 安 全 と 安 心

安全には客観性が重んじられるが，安心は主観的な概念である。安全と安心は異なった概念である。企業や国は安全を作り，利用者は安心を求めている。安全と安心をつなぐのは信頼である。安全を作っている組織や人間を信頼することで初めて安心につながる。信頼を得るには，良い情報も悪い情報も積極的に開示して，リスクコミュニケーションを通じて長い時間を必要とする。

〔2〕 安全とベネフィット

製品やシステムの安全レベルをどこまで高めるかは，その物から受けるベネフィット（利便性）にも強く関係する。企業にとって，安全のレベル（残留リスクの大きさ）は，得られる利潤やベネフィット，リスク低減にかかるコスト，技術的可能性，他のリスクとの兼ね合い等々のせめぎ合いで決まり，安全の価値をどのように判断，選択するかという意味では，安全はビジネスの中で判断すべき課題である。取返しがつかないような事故で，例えば人命が失われるようなことがある場合には，人命を犠牲にしてまでも，遂行しなければならない業務は存在しないという価値観がつねに大事である。安全第一，品質第二，生産第三はこのことを表している。

〔3〕 未然防止か再発防止か

事故が起きる前に防ぐ未然防止の方が，事故が起きてから対策を打つ再発防止より大事なことは明らかである。しかし，人間は神ならぬ身，すべてを予測することができないので，想定外の事故はつねに起き得る。そのときには，原因を究明して再発防止策を施すことが大事となる。したがって，ヒヤリハット事象やインシデントの情報から原因を究明して対策を事前に施しておくことは，きわめて重要なことである。ヒヤリハット情報や事故情報は隠してはならない。積極的に情報を開示することは，自社だけでなく他社に対しても未然防止のための重要な情報提供になり，社会貢献にもつながる。事故情報は社会共有の財産である。事故情報を積極的に開示している企業は高く評価されることが望ましい。

〔4〕 エラーと責任

人間は間違えるものであり，人間のエラーは事故の原因ではなく，その背景としての組織，風土，文化を原因とする結果であるという認識は本質的である。事故の再発防止，未然防止の観点から，背景の原因を明らかにするために当事者から生の情報を得ることは重要である。以上のことからも，エラーをした人に対する責任追及や懲罰的な処置は避けなければならない。ただし，同じようなエラーを頻繁にする人に対しては，どのように処遇するかは悩ましい問題である。他の得意な分野に異動してもらうなり，エラーの少ない人をほめるのもよいと思われる。

〔5〕 安全工学と安全学

安全技術は，各分野の物理的・化学的な個別的現象と深く関連しており，本質的に個別であると考えられ

る。したがって，共通した普遍的な安全技術や安全工学は成立しがたいとの考え方もある。しかし，安全技術にも共通する考え方はかなり存在する。また，安全工学は，安全な製品やシステムを作り上げるための安全技術や安全管理を主とするが，広く，法律や基準，標準などの組織的側面も，安全を確保する人間的側面も関係している。本章で述べている安全の議論は，安全に関する包括的な議論であり，安全工学の分野にとどまらない。さらに，安全のためには，安全に関する哲学や思想も必須である。安全に関する学問は，安全工学を超えて，さらに広い立場から安全を包括的に考察する安全学として，新しい学問体系を構築する方向に進むのが望ましいと考える。安全学の中で，安全工学としての位置付けを明確にして，これまでの豊富な実績と経験を体系化して，安全工学としての学問体系を築き，充実させていくことが望ましいと考える。

（向殿政男）

引用・参考文献

1) 向殿政男, 入門テキスト安全学, 東洋経済新報社 (2016)
2) 杉本旭ほか, 安全確認型安全の基本構造〜安全確認（構造）の条件について〜, 日本機械学会論文集, C編, 54-505, pp.2284-2292 (1988)
3) 杉本旭, 蓬原弘一, 向殿政男, 安全作業システムの原理とその論理的構造, 電気学会誌, 107-9, pp.1092-1098 (1987)

3. 安全工学の役割

ここまでの章では，安全について述べたが，それでは安全な社会構築のために工学が果たす役割はどのようなことであろう。以下では，工学分野での安全を担っている安全工学について解説する。

3.1 安全工学とは

安全工学という言葉は何となくイメージはできるので，あまり内容が議論されることはなく使われてきたように思う。安全工学会の定款第3条[1]では，「この法人は，主として産業に係わる安全の諸問題を広く工学的に調査・研究し，各種災害の防止のための知識・技術の向上及び普及を図り，もって産業及び学術の発展並びに社会の安全・安心の獲得に貢献することを目的とする。」と書かれているので，「主として産業に係わる安全の諸問題を広く工学的に調査・研究する学問」を「安全工学」として捉えていることになろうか。ただし，産業は，社会的な分業として行われる製品・サービスの生産・分配に関わるすべての活動を意味し，公営・民営，営利・非営利の関わりなく，教育，宗教，公務などの活動をも含む概念だそうであるので，社会活動すべてと理解してよいと思われる。また，「工学とは数学と自然科学を基礎とし，ときには人文社会科学の知見を用いて，公共の安全，健康，福祉のために有用な事物や快適な環境を構築することを目的とする学問である。工学は，その目的を達成するために，新知識を求め，統合し，応用するばかりでなく，対象の広がりに応じてその領域を拡大し，周辺分野の学問と連携を保ちながら発展する。また，工学は地球規模での人間の福祉に対する寄与によってその価値が判断される。」[2]とされており，工学がすでに安全の概念を含んだものであることがわかる。したがって，「安全工学」とは，工学の分野の一つとして安全に特化したものであり，理系・文系のすべての知見を用いて地球規模も視野に入れた人間の福祉に寄与するための学問分野であることが求められる。

他の学問分野との関連など，安全工学会の安全体系化委員会で議論された内容が『安全工学』誌に掲載されている[3]ので，そちらも参照していただきたい。

3.2 安全工学の変遷

3.2.1 横浜国立大学工学部安全工学科

わが国で安全工学という分野が明確に意識されるようになったのは，横浜国立大学で工学部学生に対し，1962（昭和37）年から1966（昭和41）年まで安全工学Ⅰ［防火，防爆］，安全工学Ⅱ［産業衛生，環境汚染］の講義が行われたのが嚆矢ではないかと思われる。それ以前，すでに1955年前後から電気化学科では安全工学の講義があったとのことであるが，詳細は不明である。1957年には，北川徹三先生らを中心に，横浜国立大学に安全工学研究会（安全工学会の前身）が設立され，安全工学の学外への普及も行われるようになった。

一方で，1965年12月には，日本学術会議は「産業安全衛生に関する諸研究の拡充強化について」の決議をまとめ政府に勧告[4]している。そして，その中には大学工学部における産業安全関連の講義の新設，専門の安全衛生技術者の養成，安全衛生関係の研究の促進などが必要であることを提案している。ちなみに，この勧告では，「安全工学というのは生産工程に随伴して発生する事故または災害を未然に除去することによって，その健全化，能率化，人道化を図ろうとするものであって，災害原因を科学的に究明分析して普遍的法則を見い出し設計計画の段階において，あらゆる災害を防止しようとするものである」とされている。さらには，「災害発生のメカニズムとその防止策の人文，社会科学的研究については著しく不十分である」とも書かれており，広い意味での工学であると認識されていることがわかる。

さらには，1959年に総理府に設置された産業災害防止対策審議会による今後における産業構造および労働事情等の変化に対処する産業災害防止対策に関する諮問についての答申が，1966年3月29日に提出され，その中には「安全および衛生の確保の対策につき科学的基礎を強化し，高等教育において専門職種の養成を図る目的の下に，企業の地域的分布を考慮し，安全衛生に関係ある基礎資料を持つ若干の大学を手始めに，年次別に計画を立て，大学に講座または専門学科を設ける必要がある。この点につき，国は適切な措置

を講ずべきである」としている。

上記の答申などを受けて，横浜国立大学から，安全工学科新設に関する予算要求が数年にわたり，継続して文部省（現 文部科学省）に対して行われた。その努力が実り，1967年度に設置が認可された。

この安全工学科では，「安全工学とは，主として近代工業社会において発生する災害の原因および経過の究明とその防止に必要な科学および技術に関する系統的な知識体系である」と定義されていた。実際には1967年度に一般教育等が設置され，1968年度に反応安全工学および，燃焼安全工学の2講座，1969年度に材料安全工学講座，1970年度に環境安全工学講座，1971年度に公害基礎工学講座，1972年度に公害計測工学講座の各講座が増設された。最後の2講座は，本学内の環境科学研究センターに1973年に移管され，安全工学科は4講座となっている。

その後，1985年度に学科改組に伴い，安全工学科は物質工学科安全工学大講座となり，安全工学を冠する学科はなくなり，現在に至っている。全国的にも原子力などの原子力，環境，食品などのついた安全工学科は存在するが，横浜国立大学に存在した安全工学科のように産業安全を対象とした安全工学科は存在しないのが現状である。これは，横浜国立大学も典型的な例であるが，学部での教育が少し基礎的なものにシフトし，専門性の高い教育は大学院で行うという傾向にあることも一因である。横浜国立大学では，従来の安全工学科を構成した講座は，化学・生命系学科に所属している。それらの講座は大学院では環境リスクマネジメント専攻セイフティマネジメントコースを構成しており（2018年度から人工環境専攻），大学院において広義での安全工学の教育・研究を行っている。

3.2.2 安全工学会

前述した安全工学研究会であるが，1957（昭和32）年7月16日に第1回の研究会が開催されている。規則等が制定され，正式な研究会として発足したのは1961年であるが，その年のうちに安全工学協会に改称されている。1962年4月30日には季刊誌として「安全工学」の創刊号が発行された。1968年からは安全工学研究発表会が，1970年からは他学会等との共催で，安全工学シンポジウムが開催されるようになった。

1973年には本書の前身である『安全工学便覧』（コロナ社）が刊行され，広く安全工学が認知されるようになった。ちなみに，日本学術会議会長を務められた近藤次郎先生が1979年に書かれた『安全を設計する』（講談社）[5]という普及書は，それ自体が安全工学の解説書でもあるが，安全工学という言葉が随所に出てくる。

1957年に設立され，48年間にわたり安全工学研究会，安全工学協会として活発な活動を展開してきたが，その間の安全工学協会の活動は任意団体としてのものであり，社会的存在として認知された団体ではなかった。そのような事情から，社会的に認知された団体としての活動を行うため，2004（平成16）年12月に「特定非営利活動法人 安全工学会」が神奈川県から認可され，現在に至っている。

3.2.3 社会の動き

先述の近藤先生の本にも出てくるが，1975（昭和50）年に出されたマサチューセッツ工科大学ノーマン・C・ラスムッセン教授の『原子炉安全性研究―アメリカ商業用原子力プラントにおける事故の危険性の評価』，いわゆるラスムッセン報告最終版[6]を受けて，FTAやFMEA，ETAなどを使った定量的リスク評価が行われるようになった。

この報告書が発表された当時から，ハードウェア重視のリスク評価には批判があったようであるが，その後1979年1月19日に米国原子力規制委員会（NRC）は，この報告書の支持撤回を発表した。さらに同年3月28日スリーマイル島原子力発電所事故が起こり，ラスムッセン報告への決定的なダメージになったとされている。ただし，定量的リスク評価が否定されたわけではなく，その後も定量的リスク評価は原子力発電所だけでなく，化学産業などでも盛んになってきている。定量的に安全性を表す指標としては現在でも最も有効なものと考えられている。ラスムッセンの報告書で問題であったのは，原子力発電所の安全性を定量的リスク評価のみで議論できるとしたことにあると思われる。この報告書の挫折も踏まえて，原子力発電所を始めとする事業所の安全における安全文化の役割が重視されるようになってきている。

安全文化の概念は，1986年にIAEA（International Atomic Energy Agency）の「チェルノブイリ事故の事故後検討会議の概要報告」の中で「チェルノブイリ事故の根本原因は，いわゆる人的要因にあり『安全文化』の欠如にあった」と初めて言及され，その後，IAEAによって『Safety Culture』[7]という報告書が発行されて定着した。

安全工学会でも，事業者が自主的に安全基盤と安全文化を評価し，強みや弱みを見つけ，自主的に改善を進める仕組みをサポートするために2013年4月に「保安力向上センター」を設立した。

3.3 安全工学の展望

前節で紹介したように，現状での安全工学は定量的リスク評価と安全文化の評価が大きなトピックである。

定量的リスク評価に関しては，定量的に評価するための工学的知見の確立や評価結果の設計への反映等，安全工学の導入当初からの工学的観点の研究は相変わらず必要である。一方で，『大辞林』などの辞典や百科事典では，「安全とは危害または損傷・損害を受けるおそれのないこと。危険がなく安心なさま。」といった説明が一般的であり，おそれや安心の主体は事業主のみではないと思われる。すなわち，事業所の安全のためには，周辺住民が安心できることが必要である。すなわち，安全な状態を達成するためには，事業主，周辺住民を始めとするステークホルダの安心が必須の条件であり，定量的リスク評価は評価実施者のみが納得するものであってはならず，ステークホルダが安心できるものでなければならない。このような安心感醸成のためのリスクコミュニケーションについては，まだ確立された方法論が存在せず，この分野での研究の充実が安全工学に求められると思われる。

安全文化の評価に関しては，前述の保安力向上センターが保安力評価システムの一部として安全文化の評価を行っている。安全文化の見える化のために数十項目について点数評価を行っているが，安全文化を適切に評価できているか，検討や更新を続けることが必要である。なお，安全文化は"Safety Culture"を訳したものであるが，英語圏では最近は"Safety Climate"という言葉もしばしば使われる。こちらは安全風土と訳されることになるが，文化は風土より基盤的な概念であるとされている。日本には日本文化があるが，その表れ方は地方により異なり，これが風土と呼ばれる。つまり言葉としての文化は変わりがたいものであり，風土は環境により変化するものとして使われている。

以上のように，安全工学ではコミュニケーションや文化といった，従来の工学ではほとんど使われなかった概念が重視されるようになってきている。しかし，3.1節で述べたように，「工学とは人文社会科学の知見も用いて，公共の安全，健康，福祉のために有用な事物や快適な環境を構築することを目的とする学問」であるから，まさにこれを体現するのが安全工学であり，これまで以上に人文社会科学の知見，社会心理学，認知心理学，行動経済学，あるいは脳科学といった分野などの知見を取り込んで発展を続けることを期待している。

（大谷英雄）

引用・参考文献

1) 安全工学会定款
http://www.jsse.or.jp/about/association/（2018年10月現在）
2) 工学における教育プログラムに関する検討委員会
http://www.eng.hokudai.ac.jp/jeep/08-10/pdf/pamph01.pdf（2018年10月現在）
3) 野口和彦，安全を検討する構造の俯瞰的整理…安全ルネサンスのために，安全工学，52-2, pp.70-74（2013）
4) 日本学術会議，産業安全衛生に関する諸研究の拡充強化について（勧告）（1960年12月13日）
5) 近藤次郎，安全を設計する―飛行機から身近な装置まで―，講談社ブルーバックス，講談社（1979）
6) Rasmussen, N. C., et al., Reactor safety study. An assessment of accident risks in U. S. commercial nuclear power plants. Executive Summary, Nuclear Regulatory Commission, WASH-1400-MR；NUREG-75/014-MR TRN：77-002146（1975）
7) International Atomic Energy Agency, Safety Culture, No.75-INSAG-4（1991）

第Ⅱ編 産業安全

1. 産業安全概論

- 1.1 産業安全とは何か ……………… 17
- 1.2 産業災害による影響 ……………… 18
  - 1.2.1 発災企業が受ける影響 ……… 18
  - 1.2.2 関係企業が受ける影響 ……… 19
  - 1.2.3 地域社会が受ける影響 ……… 19
  - 1.2.4 国家的施策が受ける影響 …… 19
  - 1.2.5 国際的な影響 ………………… 20
- 1.3 産業災害による損失の防止 ……… 20
- 1.4 リスクベースの発想 ……………… 21

2. 化学物質のさまざまな危険性

- 2.1 危険有害性物質 …………………… 22
  - 2.1.1 法令による危険有害性物質 … 22
  - 2.1.2 危険有害性物質 ……………… 27
  - 2.1.3 腐食性物質 …………………… 97
  - 2.1.4 有害性物質 …………………… 102
  - 2.1.5 有害性の試験方法 …………… 115
  - 2.1.6 有害性諸表 …………………… 121
- 2.2 バイオハザード …………………… 134

3. 火災爆発

- 3.1 火災爆発 ―火災編― ……………… 136
  - 3.1.1 各種火災の性状 ……………… 136
  - 3.1.2 発火源 ………………………… 155
  - 3.1.3 防火 …………………………… 161
  - 3.1.4 消火 …………………………… 179
- 3.2 火災爆発 ―爆発編― ……………… 190
  - 3.2.1 爆発現象 ……………………… 190
  - 3.2.2 爆発の効果と被害 …………… 193
  - 3.2.3 ガス爆発 ……………………… 198
  - 3.2.4 粉じん爆発 …………………… 211
  - 3.2.5 反応性化学物質の爆発 ……… 234
  - 3.2.6 蒸気爆発 ……………………… 239
  - 3.2.7 爆発の予防 …………………… 244
  - 3.2.8 防爆電気機器 ………………… 252
  - 3.2.9 圧力放出設備 ………………… 253
  - 3.2.10 爆発抑制装置 ……………… 257
- 3.3 破裂災害の防止 …………………… 259
  - 3.3.1 強度設計の基本的事項 ……… 259
  - 3.3.2 維持管理による防止対策の基本事項 … 261
- 3.4 災害事例 …………………………… 265
- 3.5 漏洩・拡散 ………………………… 270
  - 3.5.1 危険物質の漏洩と拡散 ……… 270
  - 3.5.2 漏洩時の緊急非常対策 ……… 271
  - 3.5.3 被害想定 ……………………… 273
  - 3.5.4 事故例と分析 ………………… 282

4. 機械と装置の安全

- 4.1 総論 ………………………………… 286
  - 4.1.1 機械安全の歩み ……………… 286
  - 4.1.2 機械安全の国際規格 ………… 286
  - 4.1.3 制御と安全 …………………… 286
  - 4.1.4 材料と安全 …………………… 287
  - 4.1.5 ものづくりの責任 …………… 287

4.2 材料 287
  4.2.1 高強度材料 287
  4.2.2 耐熱材料 304
  4.2.3 耐低温材料 309
  4.2.4 耐食・耐薬品材料 311
  4.2.5 難燃材料 334
  4.2.6 耐火材料 336
  4.2.7 断熱材料 341
  4.2.8 電気絶縁材料 345
  4.2.9 防音・防振材料 353
  4.2.10 放射線遮蔽材 363
  4.2.11 ガスケット，パッキン材料 369
4.3 材料の破損とその防止 375
  4.3.1 破損 375
  4.3.2 腐食損傷 388

4.4 機械装置安全 418
  4.4.1 原動機械 418
  4.4.2 生産機械 419
  4.4.3 工具 431
  4.4.4 付帯設備 432
  4.4.5 運搬機械 433
  4.4.6 揚重機械 446
  4.4.7 建設機械 476
  4.4.8 高圧装置 498
  4.4.9 反応・処理装置 515
  4.4.10 炉 522
  4.4.11 貯蔵槽 527
  4.4.12 配管 544
  4.4.13 高圧ガス容器 549

5. システム・プロセス安全

5.1 プロセスの危険性 558
  5.1.1 生産プロセスとリスク 558
  5.1.2 生産プロセスの危険要因 559
  5.1.3 生産プロセスの安全性 561
5.2 異常診断・アラームマネジメント 563
  5.2.1 プロセスの異常診断 563
  5.2.2 アラームマネジメント 564
5.3 設備診断技術 568
  5.3.1 設備診断技術の概要 568
  5.3.2 振動法 572
  5.3.3 音響法 573
  5.3.4 AE法 574
  5.3.5 油分析法 575
  5.3.6 赤外線放射法 576
  5.3.7 非破壊検査技術 577
5.4 設備の保守・保全 580
  5.4.1 設備の保全方式 580
  5.4.2 設備の寿命予測 582
  5.4.3 RCM，RBI/RBMの考え方 585
5.5 リスクアセスメント 589
  5.5.1 プロセスプラントの危険特性 589
  5.5.2 リスクマネジメントとリスクアセスメント 590
  5.5.3 リスクアセスメント手順 591

  5.5.4 PHA（予備的危険解析） 591
  5.5.5 厚生労働省方式のセーフティ・アセスメント 592
  5.5.6 ダウケミカル社の危険度評価 593
  5.5.7 What-if アナリシス 594
  5.5.8 HAZOP 595
  5.5.9 FMEA 596
  5.5.10 イベントツリーアナリシス（ETA） 597
  5.5.11 フォールトツリーアナリシス（FTA） 599
  5.5.12 非定常リスクアセスメント 602
5.6 安全計装システム 604
  5.6.1 基本プロセス制御システムと安全計装システム 605
  5.6.2 国際規格 IEC 61511 と IEC 61508 606
  5.6.3 安全計装システムの設計 610
  5.6.4 LOPA 616
5.7 原子力施設の安全 620
  5.7.1 発電用原子炉のリスク評価と安全対策 620
  5.7.2 核燃料サイクル施設のリスク評価と安全対策 625
  5.7.3 放射性物質と環境安全 628

6. 労働安全衛生

6.1 作業環境 ………………………………… 636
　6.1.1 工場レイアウトと構内整備 …… 636
　6.1.2 視環境 …………………………… 645
　6.1.3 音環境・振動 …………………… 651
　6.1.4 温熱条件・空気調和 …………… 655
　6.1.5 空気環境 ………………………… 658
　6.1.6 換気 ……………………………… 662
　6.1.7 電離放射線 ……………………… 668
　6.1.8 酸素欠乏 ………………………… 671
6.2 安全工学のための設計 ………………… 674
　6.2.1 事故防止アプローチと安全心理的要因
　　　　 ……………………………………… 674
　6.2.2 人間に関する諸問題 …………… 677
　6.2.3 物理的諸条件に関連する諸問題 ……… 682

　6.2.4 適性配置と適性検査 …………… 689
　6.2.5 安全教育訓練システム ………… 692
　6.2.6 救急医療システムと医療安全
　　　　（リスクマネジメント）……… 695
6.3 労働安全衛生マネジメントシステム …… 701
　6.3.1 OSHMSが誕生した背景 ……… 701
　6.3.2 OSHMSの開発 ………………… 701
　6.3.3 OSHMSの必要性 ……………… 703
　6.3.4 OSHMSとはどういうものか … 704
　6.3.5 おもなOSHMSの箇条と比較 … 704
　6.3.6 OSHMSの効果 ………………… 705
6.4 安全対策（保護具）…………………… 707
　6.4.1 作業服装 ………………………… 707
　6.4.2 個人用保護具 …………………… 713

7. ヒューマンファクタ

7.1 安全人間工学 …………………………… 736
　7.1.1 人と安全 ………………………… 736
　7.1.2 作業者の健康 …………………… 738
　7.1.3 使いやすい設備機器 …………… 740
　7.1.4 安全とヒューマンファクタ …… 741
7.2 不安全性と人的要因 …………………… 743
　7.2.1 ヒューマンエラーのメカニズムと
　　　　その要因 ………………………… 743
　7.2.2 姿勢・動作とこれに起因する事故 … 746
　7.2.3 疲労と心身状態 ………………… 749
7.3 事故と人的要因 ………………………… 755
　7.3.1 事故に絡む4大要因と事故の進展過程
　　　　 ……………………………………… 755
　7.3.2 安全対策と事故の推移 ………… 756
　7.3.3 リスクアセスメントに基づく事故防止
　　　　 ……………………………………… 757
　7.3.4 高齢化と安全対策 ……………… 758
7.4 システムの人間工学的評価 …………… 759

　7.4.1 システムの安全性評価技術法 … 759
　7.4.2 心身状態測定 …………………… 762
　7.4.3 人の安全性評価 ………………… 764
　7.4.4 システムの安全度とその表示法 … 766
7.5 人間要素を中心とした種々のシステム
　　安全とその事例 ………………………… 768
　7.5.1 自動制御システム ……………… 768
　7.5.2 化学プロセスプラント ………… 772
　7.5.3 原子力発電所 …………………… 775
　7.5.4 航空 ……………………………… 779
　7.5.5 宇宙 ……………………………… 783
　7.5.6 鉄道 ……………………………… 787
　7.5.7 ヒューマンファクタから見た交通安全
　　　　 ……………………………………… 792
　7.5.8 船舶運航 ………………………… 802
　7.5.9 産業機械作業 …………………… 805
　7.5.10 農林水産業と不安全 …………… 808
　7.5.11 住まい・家庭での安全 ………… 813

1. 産業安全概論

　産業安全は多くの人の関与によって成り立っている。「人間は一人ひとり皆違う」,「人間は時々刻々変わる」,「人間は周囲の影響を受ける」という人間の多様性,不確定性,融通性を思えば,「安全」という抽象的な概念について考えることは百人百様であり,時代とともに変わってゆく。以下に述べることはその中のモデルの一つとしてお読みいただきたい。

1.1 産業安全とは何か

　「安全」は絵に描いたり実物で示すことができないので,安全を阻害する具体的な事例から,どうすれば安全な状態になるかを推測するしかない。交通安全の講習で最初に悲惨な交通事故の写真から安全の大切さを学び,そのような損失を防ぐための法令や知識や技能を習得することになる。この産業安全概論の具体例として産業災害の影響をまず取り上げるのはそのためである。

　資本と労働と社会は,企業を支える3本の柱である。三脚の台に例えると,どれか1本が短くても台は傾いてしまう。3本のバランスをとるのが経営であろう。

　企業利益で投資家に報いるか,労働者を豊かにするか,低価格で社会に還元するか,原資分配の形で互いに拮抗しながら,三者共存共立して企業を支えている。しかし事故・災害・不祥事による損失は,資本・労働・社会,それぞれに損害を与える可能性があるという点で,産業安全は企業経営の重要な課題となるのである。

　株主や金融機関の信用,労使間の信頼関係,社会からの支持,そのいずれを失っても経営は立ち行かない。

　安全性と経済性は相反するという説がある。安全性を保つためのコストが経済性を損なうという考えである。安全を付加的なコストとして見るからである。一方,安全を当然のこととして原価に含め,それをベースに経済性を考えるべきだという説もある。さらに安全は経済性に寄与しているという説もある。安全のための管理システムが品質や生産の管理システムのパターンに類似するので,安全な企業ほど信頼できるという考えである。

　産業安全の歴史を振り返ると,産業革命後の利益主導経営の下で,労働者が劣悪な環境で働かされたり,大気や水質の汚染をもたらすような時期があった。しかし,人道的な立場からそれを見直す動きもあった。

　100年ほど前,米国の製鉄業での労働災害の多さを改善するために,発想を転換する経営者が現れた。従来の「生産第一,品質第二,安全第三」を「安全第一,品質第二,生産第三」と序列を逆転したのである。日本でも「安全第一」が労働安全の標語になった。

　しかし,物事の序列を付けて考えることに違和感を持つ人たちもいる。生産と品質と安全は人間の身体の臓器のように有機的につながっていて,どれか一つが欠けても全体が成り立たない関係にある。競争力や信用を失って閉鎖された事業所には,最早生産も品質も安全もないのである。

　「安全に良質の製品を効率良く製造して,適正価格で安定して供給すること」が第一で,第二も第三もないという企業理念もある。安全第一ではなく「安全専一」を標語にした鉱山業もある。ご自愛専一に,という思いやりの心であろう。ある鉄道会社の標語「安全第一,何かあったらすぐ停める」というのは,現業部門への具体例によるわかりやすい補強の例である。

　安全の理念や標語は,個々の企業や働く人たちの身に付くように,それぞれが考えることである。

　工業化の初期では労働災害防止が主流であったが,その後の産業の成熟に従い,産業安全の範囲が幅広く捉えられるようになり,環境保全,製品安全,社会的責任等を含めて考える動きが出てきた。労働安全や設備的プロセス安全の達成が目に見えてきた段階で,有能な人材を多能化して活用する方向に向かっている。

　産業の高度成長期には輸出指向の小品種大量生産の重厚長大産業が主流であったが,現在それらの多くは海外に移り,多品種少量生産の市場密着型産業やサービス産業と情報産業がとって代わるようになってきた。産業安全もそのような時代の変化に適合せざるをえない。

　一方,海外に進出する日本企業も増え,海外諸国の風俗習慣や規制に関する情報のニーズも高まり,広義の安全に関しても国際的な交流が増えている。非意図的な事故災害のみならず,意図的に起こされる事態へ

の備えも必要になる。安全工学の範囲も変わってゆくであろう。

　安全を維持向上するために，法律や条例に基づくさまざまな規制がある。その内容は国によってかなりの差があり，貿易上の障害にならぬように調和の努力がなされてきた。しかし，車両の通行が右側か左側かといった，国内だけの規制については，それぞれの国の違いがある。

　日本の産業の高度成長が頂点に達した頃，石油コンビナート等で事故が多発し，規制が強化された。企業の自主的な努力も効果を上げて事故は劇的に減ったが，その後やや増加傾向にある。

　1980年代の日本では行政改革の流れの中で，産業安全についても企業の自主的な努力に任せ，官庁の規制よりも民間の活力を重視するようになった。管理システムが充実している企業に対しては，官庁が行う検査を民間企業に任せるようになった。ちょうどこの頃，海外では大事故が続出し規制強化がなされたが，日本では安全文化の違い等を理由に，行革―民活が進められてきた。

　安全に関する規制を法律によって強化すること自体は，国民一般の共感が得られれば比較的容易であるが，その規制を実行する公務員や規制に従う産業側にとっては，人的あるいは物的負担となる。それは税金や価格上昇による国民の負担となってはね返ってくる可能性もある。

　一方，民間の活力を生かした自主規制に任すことは，産業側に選択の自由を与えることになるが，自己責任の重みが増すことを忘れてはならないのである。

　産業安全の初期段階では事故原因として技術的要因に焦点が当てられる時代が長く続いていた。技術の未熟や設備の欠陥などが事故調査の主流であった。その後，働く人たちの人間要因（ヒューマンファクターズ）の研究が盛んになり，人間の過誤（誤判断や誤操作などのヒューマンエラー）がなぜ起きるか，工学的見地（人間と機械の関係，マン—マシンインタフェース）だけでなく，人間の心理（緊急時の判断や集団行動など）や生理（脳や筋肉の疲労など）がどのように関わってくるか，人文科学的あるいは医学的な見地からの研究にまで，その範囲が広がっている。

　そして，近年脚光を浴びつつあるのは組織要因であり，企業という組織体そのものに欠陥があるのではないかを追及するものである。事故の背後に隠れている企業理念，企業文化，経営や管理の仕組み，従業員の意識などに焦点を当てて研究がなされている。

　企業統制（コーポレイトガバナンス），企業の社会的責任（CSR），社会的規律の順守（コンプライアンス）などが経営者や管理者の関心を呼んでいる。

　CSRの例としては，欧米と日本の化学産業に広がったレスポンシブルケア（責任ある配慮）の活動がある。その出発点は経営のトップが自ら署名した経営理念の公表である。米国の大企業の理念の一つを例示すると，「安全に造れて，安全に使えて，安全に捨てられるものでなければ，わが社は造りもしないし，売りもしない」という宣言である。

　企業の管理システムを国際標準（ISO）に照らして認証する制度も事業の国際化に寄与している。

　日本で組織要因を取り上げた例として，リスクセンス研究会が行う組織の健康診断がある。管理者や従業員の問診票を第三者の目で解析して経営の参考にしてもらう方式で，各種の企業の賛同の下に利用されている。

　最近の日本での取組みとして以下のものがある。

　安全工学会が受けた委託事業の成果を基に，保安力向上センターが発足した。保安力とは，安全文化と安全基盤の上に築かれた安全な状態を維持向上するための，理念と仕組みと人材の総合力であり，一般的な安全とは異なる段階の概念である。安全工学会，総合安全工学研究所，災害情報センターとともに，2016年に4機関の安全工学グループが誕生し，効率的連携が期待されている。

1.2　産業災害による影響

1.2.1　発災企業が受ける影響

　企業の中で災害が発生すると，資産の滅失，労働災害，顧客への供給の停止といった形で影響を与える。

　大きな事故・災害のほとんどは，予期できない不意の出来事として発生する。その結果として生産設備が破壊され，従業員に多数の死傷者が出ることもある。さらにその規模が大きい場合は，工場全体が損壊したり，周辺の地域社会にも影響が及ぶ。原材料や部品を供給していた関連企業も事業休止の損失を受ける。その後の復旧には長い年月と多額の費用，被害者への賠償金の支払いなどが必要になる。長期にわたる生産の停止または減少による事業損失も大きい。長年築き上げてきた市場のシェアを同業者に奪われ，顧客との信頼関係にも傷が付く。その信用の喪失を取り返すのは容易ではない。

　自動化された流れ作業の工場や，連続運転で生産するプラントでは，その一部で事故が発生すると，全工程が停止し，生じた不良品の廃棄を含む損失となる。コンビナートの基幹製品に関する事故災害が，その誘導品の事業継続に影響を与えることもある。

一般に，事故または災害による損失には，保険金算出根拠にもなりうる直接損費のほかに間接損費があり，間接損費の方が直接損費よりもはるかに大きくなる場合がある。

例えば，火災または爆発事故においては，直接損費として，直接火災または爆発によって焼失または破壊した損失，消火活動に伴って生じる破壊，注水による水濡れ損失などを，その時価を基準にして算定したものをいう。また間接損費として，火災の消火に要した経費，被災跡の整理費，原因調査や協議のための会議費，休業のための不労働賃金，生産減退による売上損失，およびその他の総損失を指している。

情報処理技術の発達に伴い，メモリに入力された情報の蓄積は，企業にとって大きな知的財産となっており，メモリの隔離保全がなされていない場合は，火災などによって情報が失われるとその損失が大きい。

従業員の業務上の死傷または疾病に対しては，労働者災害補償保険法によって，休業補償費，障害補償費，療養補償費，遺族補償費などの法定補償が定められているが，このほかに，追加補償金，追加退職金，傷病見舞金などを支出することがある。また被災者以外の人々による救護，見舞，会葬，調査，現場整理，対策協議，作業の手待ちなどのために生じる不労働賃金の支払いなどが，損失として加算される。

なおこのほかに，被災者の職場復帰後における作業能率の低下，人心の混乱による士気の沈滞，生産減退による信用の失墜などの，算定困難な無形の損失が加わることを考えなければならない。

このように，災害コストの算出にあたってはつねに間接損費を計上するようにすれば，企業の経営者は災害による経済的損失を明確に把握することができるので，その損失の意外に大きいことを認識し，災害防止の重要性を悟ることになる。

1.2.2 関係企業が受ける影響

事業所における爆発火災が隣接事業所に及ぶことがある。爆風による損壊や火災の延焼といった直接的損害のみならず，前述のような休業などの間接的な損失を与えることになる。損害保険などでカバーされない損失については，発災企業に対して賠償を求めることもできるが，無形の損失を含めたすべてを補うことは難しい。

原材料や製品の供給ネットワークが発達し，在庫を極力圧縮して合理化が進んできた今日，ネットワークの中の一企業の災害がその供給先に与える影響は大きなものになりうる。製品や部品の種類が多岐にわたり，それぞれの企業の製品が特化して大きなシェアを占める場合，中小の企業といえども関係の企業に与える影響は甚大となる。海外にも特化して輸出している場合は，国際的な影響を与えかねない。

一企業で大きな災害が発生すると，それに対する世の中の批判の高まりから規制が強化され，それが類似の企業にも波及することになる。1970年代前半に日本の石油コンビナートなどで続発した事故によって，各種の規制が強化され，関係のある事業所では防災対策などに相当の投資をする結果となった歴史を忘れてはならない。いまや大事故の影響は，その国内にとどまらず，その情報はいち早く他国にも伝わるので，決して対岸の火事ではなくなってきている。

1.2.3 地域社会が受ける影響

1974年に日本の製油所のタンクから大量の重油が流出し，広範囲の海洋汚染を引き起こした事故により，その油濁除去や漁民への損害補償などの莫大な費用を発災事業所が負担する結果となった。

爆発火災事故の影響が，直接に被害を与えた例は日本では少ないが，爆風による窓ガラスの破損や飛散した破片による住居の破壊などの被害は起こっている。住民に恐怖心を与え世論の批判を高め，事業の再起を難しくすることが多い。1974年の英国化学工場の大爆発では，工場の壊滅的破壊だけでなく，周辺の住居の倒壊も含む被害を与えた。当然ながらこの事業は存続していない。

1976年にイタリアの化学工場で起こった事故の結果，難分解性・生物蓄積性・毒性物質（ダイオキシン類）が広範囲にまき散らされ，土壌が汚染されて立入禁止となった。工場からの事態の広報が遅れたため，汚染地域の人の健康に影響を与え，家畜に被害が出た。この事故は欧州共同体（EC, EUの前身）各国共通の規制の強化につながった。

そして，2011年日本の東北地方を襲った巨大地震・津波によって起きた原子力発電所の事故は，広範囲に放射性物質を拡散し，土地，農地，森林を汚染し，多数の住民が避難を余儀なくされた。

事業所の災害が地域社会に与える影響は，住民に対するものだけでなく，地方公共団体や民間企業の共同防災組織などにも及ぶ。防消火活動，救護活動，避難誘導，広報，調査などに，これらの団体や組織の果たす役割は大きい。

1.2.4 国家的施策が受ける影響

エネルギー産業のように国家的施策の下に行っている企業体の場合，大きな事故災害が発生すると，施策の見直しなどによって企業体の運営形態や助成策が変

わってくることがある。そのように産業の規模が大きい場合，周辺産業に与える影響も大きなものになる。

2011年の日本の原発事故では，当の電力会社のみならず，原子力事業の企業も規制強化の影響を受けた。海外の国でもより安全性を高めるための規制が強まり，輸出産業にも影響を与えた。

1984年にインドの化学工場で毒性ガスの噴出事故が発生し，近くの住民に多数の死者と後遺症に苦しむ患者が出た。この企業の米国の親会社の工場でも類似の事故が発生したこともあって，インドの被害者に賠償金を支払うだけでなく，米国の世論の高まりによって，緊急時の対応に備えた情報公開や緊急態勢を促す法律ができた。

この動きは主要先進国政府の機関OECDや国連環境計画UNEPを動かし，加盟国への指針が発行された。

1.2.5　国際的な影響

1986年に旧ソ連の原子力発電所で発生した爆発事故によって，放射性物質が拡散し，国境を越えて広範囲の土地に沈積して汚染した。その結果，動植物が放射性物質を吸収し，農畜産物を通して住民の健康にも影響を与えた。同じ年にスイスの化学会社の倉庫の火災により，消火用水とともに有害な化学物質が近くの国際河川ライン河に流れ込み，それに接する周辺諸国の生態系に影響を与えた。このように産業災害が地球的規模に広がり，国際的な範囲で損失を与えうることもわかってきた。

海外の産油地やコンビナートの大規模な事故・災害は，そこに原料を頼る国内の企業に対して，品不足や価格高騰による損失を与えることになりかねない。基幹プラントや物流の大型化と産業の国際的ネットワークの形成に伴い，常に海外の情勢に関心を払わざるをえなくなってきている。

1.3　産業災害による損失の防止

安全工学の目的は，このような各種の災害の発生を未然に防止することによって，産業を健全な軌道に乗せ続けることにあるといえる。安全工学がすべての産業にとって必要なことはいうまでもない。また企業の経営者は，当然，災害の防止を必要な業務の一環として考えなければならないのである。それによって社会の信頼と信用を受け，健全な経営を続けることができるのである。

安全の維持向上に必要な根源は，人材の育成と設備の設計とそれらの管理のシステムにある。日本の製鉄所の従業員の発案から発生した「危険予知訓練」は，労働災害をもたらす危険（ハザード）を予知し発見するのに寄与したが，プロセス産業の物理的・化学的危険の予知にも役立つことがわかり，各種産業に広範囲に普及した。

従業員の自主的活動（ボトムアップ）は経営者の支援（トップダウン）と密接に連携することで発揮される。事業の「改革」はトップダウンで，「改善」はボトムアップでなされるという日本の産業風土は，その後も「改善提案制度」や「ヒヤリハット報告制度」に活かされて，それが人材育成や設備とシステムの改善に役立った。

「改善」は安全のみならず，衛生，環境，品質，納期，生産性，作業効率，在庫管理，社会的信用等の広い範囲にまたがるものであり，従業員の視野を広め多能化することにもかない，労使の一体感を醸し出した。

事故・災害による損失の防止には，「発生防止」と「拡大防止」とがある。どちらにも設備費や人件費の形でコストがかかる。産業側の立場からすると，発生に伴う損失と比較すれば発生防止の方が得策であるが，万一発生防止策が機能しない場合に備えて，拡大防止策を重ねることもある。これは損害防止の保険的なコストである。

巨大石油タンクの破損による重油の海上流出事故の教訓から，貯槽の強度基準が強化（発生防止）され，さらに防油堤の能力向上と海上流出油の拡散防止のためのオイルフェンス設置義務（拡大防止）が加えられた。その後大規模な海上流出油事故は日本では起きていない。

安全装置の多重化は諸外国に比べて日本では進んでいる方である。英国での石油基地の大火災（貯槽20基が全焼）の発生は，ガソリンタンクの溢流防止機能の故障により，あふれたガソリンに引火爆発したのが発端であった。安全装置を二重化し，その機能を確かめておけば防げたと考えられる。その費用は貯槽建設費に比べればきわめてわずかである。

事業所としての災害防止策を講じても，大規模な地震によって水やエネルギー等のインフラストラクチャや原料・製品等の物流が途絶えると，事業を一時休止せざるをえないこともある。客先への供給を再開し事業休止損失を少なくするために，事業継続計画（BCP）を平常時に練っておく必要がある。

1.4 リスクベースの発想

　安全工学の範囲が拡大しつつある。その一端は2016年の「安全工学」誌に「テロ対策　特集号」が組まれたことにも表れている。非意図的に起きる事故・災害対象の研究から意図的に起こされるテロのリスクへと進んだことは、産業や社会の関心の大きさに沿うものである。リスク研究の対象も有害化学品、細菌やウイルスなどの微生物、放射線、核物質、爆発物、情報攪乱（サイバーテロ）など多岐にわたっている。

　リスクとは損害の潜在的可能性である。現に顕在化した危険（ハザード）とは性格が異なる。従来の安全工学の研究はハザードが主流であった。引火点、爆発限界などの火災爆発のハザードや、毒物の動物実験による致死率や発がん性のハザードなど、物質ごとの数値化や級別が可能であった。一方、リスクの方は起こりうる損害の大きさと可能性の確率、物質の有害性とそれに触れる可能性の高さなどが関係するので、ハザードの技術的論理のほかに実社会での存在や使われ方などの洞察が必要になる。ハザードの高い物質が社会一般に使われることがほとんどなければ、それによる損害のリスクは小さいと考えられる。

　日本の化学物質の規制の大部分は、法律に明記した物質やハザードの類別に該当する物質、あるいはハザードが不明な新規の物質が対象であった。このハザード管理を、リスクをベースに規制するリスク管理に移行する試みがなされている。

　ハザードに応じて一律に規制するよりもリスクの高さによってメリハリの利いた管理をする方が合理的な一面もあるが、潜在的な可能性立証の難しさもある。

　管理の優先順位を考えて、資金や人材の配分をするにはリスク管理が向いている。リスクベースの設備管理はその一例である。

　リスク管理の発想が日本の産業の安全技術者に入ってきたのは1980年頃である。当時米国のある大企業では、本社にリスクマネジメントの部門があり、事業活動に関わるあらゆるリスクを一元管理していた。生産や販売部門のリスク管理の旗振りから保険会社との交渉、自家保険（内部留保の一種）の提言などを一手に引き受けていた。部門ごとにばらばらだった日本でも、その後統合が進み、間接部門の削減に寄与している。

　リスク管理の手法はあらゆるリスクにほぼ共通であり、リスクの予知・認識、解析・評価、対策・解決（回避、軽減、保持、保険）、残留リスクの伝承、という一連の流れで処理できる。事故・災害のリスク、環境汚染のリスク、品質欠陥のリスク、…と言葉の置き換えをすれば、安全管理、環境管理、品質管理、…を一つのリスク管理概念にまとめることができるのである。

　あらゆるリスクをまとめて、共通する手法で管理する考え方もある。事業の「包括的リスク管理」は、財務、資材、知財、人材、物流、販売、生産、納期、開発、品質、安全、健康、環境、信用、社会的規範等、それぞれに関わるリスクを統括して、落ちのないように管理するというものである。

　海外事業進出や買収・合併の経営判断の欠陥、保身のための不正行為、商品の機能データの偽装などが、大企業の企業イメージを傷付け、その屋台骨を揺るがし、関連産業も含めた従業員の生活にも被害が及ぶ事態が続いた。これも産業社会のリスク管理の対象になる。大きな事業体の分化した管理部門の弊害に伴うリスクである。個人の私生活であれば、火災、盗難、疾病、交通事故、失業、詐欺、家計破綻等のリスクを自己責任で背負う範囲である。包括的管理は不可能ではない。

　家庭内、学校、職場の教育や生涯教育の場で得られるリスクに関する知識が、必要かつ十分な無駄のない安全対策の基礎となり、社会の安心を生み出す根源となる。

（西川康二）

2. 化学物質のさまざまな危険性

2.1 危険有害性物質

2.1.1 法令による危険有害性物質

化学物質の危険有害性は，種々の科学的な評価法により調べることができる。しかし，どの程度までを危険有害性あり（閾値）と判断するか，あるいは，どのように注意して取り扱うべきか等は，科学というよりは「約束」であり，そのような約束の一つが法令である。化学物質の危険有害性に関連したいくつかの法令がある。化学物質が関与する災害を防止するためには，これらの法令の理解が不可欠である。ここでは，国内の代表的な法令を概説する。また，化学物質の危険有害性についての国際的な動向も説明する。

近年，インターネットの普及により，国内外の法令のほぼすべてを見ることができる。個々の法令を解説する前に国内法規を調べる方法について解説する。

現在，国内法令などは，「電子政府の総合窓口」というホームページ（以下，HPと略す）で，ほとんどすべてを見ることができる。これらの法令は，「表現が難解でわかりにくい」という批判が多いが，正確さを期するにはやむを得ない。また，化学物質を扱う業務を行う者にとっては，当然，守るべきルールである。以下に利用法を記す。

適当なWWWブラウザを用いて，https://www.e-gov.go.jp にアクセスする。すると，図 2.1.1 のようなページが現れる。このページの「法令データ検索システム」で各種の法令を検索する。また，このページには，「申請・届出等の行政手続に関する情報」というシステムもあり，化学物質についても各種の申請・届出書のサンプルファイルをダウンロードすることもできる。

図 2.1.1 より，該当部にマウスを合わせてクリックすると，図 2.1.2 のページにジャンプする。例えば，「消防法」と入力する。

図 2.1.2 法令名検索画面

すると，図 2.1.3 のように，「消防法」という名前を含む法令リストが示される。

図 2.1.3 「消防法」を含む法令名検索結果

そこで，調べたい法令，例えば「消防法」をクリックする。すると，図 2.1.4 のように法令全文を見ることができるようになる。このコンピュータ閲覧の便利な点は，左側の下線部で示されているように，法令内はもちろんのこと，引用している関連法令も瞬時に参照できることである。有名な消防法別表第一は，消防法の最後の方に移動すれば見ることができる。

図 2.1.1 電子政府の総合窓口（e-Gov）のトップページ

図 2.1.4 e-Gov で表示される消防法別表第一

e-Gov の法令は2箇月以内に更新されているので，最新情報をつねに見ることができるといえるだろう。したがって，以下に説明する各法令もすぐに見ることができる表などは示さずに，「この法令のこの部分を調べれば見ることができる」という情報を提供する。

〔1〕 **消防法**

この法律の第一条は，「火災を予防し，警戒し及び鎮圧し，国民の生命，身体及び財産を火災から保護するとともに，火災又は地震等の災害に因る被害を軽減し，もつて安寧秩序を保持し，社会公共の福祉の増進に資することを目的とする」と書かれている。

この法律で規制の対象となる危険物質は，「消防」という性質上，「危険物」，「要届出物質」，および，「指定可燃物」の三つに大別されている。

「危険物」は，第一類 酸化性固体，第二類 可燃性固体，第三類 自然発火性物質・禁水性物質，第四類 引火性液体，第五類 自己反応性物質，および第六類 酸化性液体の六つに分類されている（消防法別表第一）。この別表には，各分類に属する品名ばかりではなく，その性状も規定されている。さらに，指定された試験法（危険物の規制に関する政令第一条の三，危険物の試験及び性状に関する省令など）により，その危険性が発現する物品が危険物の対象となる。危険物には「指定数量（危険物の規制に関する政令別表第三）」と呼ばれる一定数量を超えて，貯蔵，取り扱う場合には市町村長等の許可を得ることとされている。

「要届出物質」は，消防法第九条の二において，「圧縮アセチレンガス，液化石油ガスその他の火災予防又は消火活動に重大な支障を生ずるおそれのある物質で政令で定めるものを貯蔵し，又は取り扱う者は，あらかじめ，その旨を所轄消防長又は消防署長に届け出なければならない。ただし，船舶，自動車，航空機，鉄道又は軌道により貯蔵し，又は取り扱う場合その他政令で定める場合は，この限りでない。」と記されている。ここで，「政令」とは，「危険物の規制に関する政令」のことであり，第一条の十において，圧縮アセチレンガス，無水硫酸，液化石油ガス，生石灰，毒物，劇物などが挙げられている。

「指定可燃物」は，消防法第九条の三において，指定数量未満の危険物，および，火災が発生した場合にその拡大が速やかであり，又は消火の活動が著しく困難となるものとして政令で定めるものである。指定可燃物の貯蔵および取扱いの技術上の基準は，市町村条例に委ねられている。具体的な品名は，上述の政令の別表第四に記載されており，綿花類，木毛およびかんなくず，ぼろおよび紙くず，糸類，わら類，可燃性固体類，石炭・木炭類，可燃性液体類，木材加工品および木くず，合成樹脂類が挙げられている。

このほか，消防法では火災を予防するために，製造所，貯蔵所，取扱所の位置，構造および設備の基準など，広範囲な規定が定められている。

〔2〕 **労働安全衛生法**

この法律の第一条は，「労働基準法（昭和二十二年法律第四十九号）と相まって，労働災害の防止のための危害防止基準の確立，責任体制の明確化及び自主的活動の促進の措置を講ずる等その防止に関する総合的計画的な対策を推進することにより職場における労働者の安全と健康を確保するとともに，快適な職場環境の形成を促進することを目的とする。」である。

労働安全衛生法は，まず，事業者等の責務として，最低基準を守るだけでなく，積極的な労働者の安全と健康確保への取組みを求めている。また，機械設備，原材料や建築物の設計，製造，輸入または建築をする者や建築工事の注文者に対して労働災害の発生の防止に努めること，および，労働者もそれぞれの立場において，労働災害の防止のため必要な事項を守らなければならないことを明らかにしている。また，安全衛生管理体制を確立するために，一定の事業場には，総括安全衛生管理者，安全管理者，衛生管理者，安全衛生推進者，産業医や作業主任者を置くこと，および，建設業のような重層下請関係において事業が実施される場合の管理体制や協議組織についても規定している。さらに，危害防止のために，事業者の講ずべき措置，および，下請けに仕事の一部を請け負わせている元方事業者の責任等も明確にしている。その具体的な内容は，「労働安全衛生規則」や「クレーン規則」など多くが規則に委任され定められている。

労働者の就業についても，労働者の雇い入れ時，作業内容変更時，職長教育や一定の危険有害業務についての特別教育などの安全衛生教育を事業者に義務付けている。また，クレーンの運転など一定の業務については，免許や技能講習の修了などの資格者以外の就業を禁じた，いわゆる「就業制限」についての規定がある。このほか，作業環境測定や健康診断の実施等，健康管理についての規定，労働災害防止計画の策定，技術上の指針の公表，安全衛生改善計画，労働基準監督官等の権限，および，罰則などについても定めている。

化学物質については，「危険物」，「製造等が禁止される有害物等」，「製造の許可を受けるべき有害物」，「名称等を表示すべき有害物」，「特定化学物質等」，および，「有機溶剤」が規定されている。各区分の記載箇所および品名参照箇所を**表 2.1.1**に示す。

表 2.1.1　各区分の記載箇所および品名参照箇所

区分	記載	品名など
危険物		施行令別表第一
製造等が禁止される有害物等	法第五十五条	施行令第十六条
製造の許可を受けるべき有害物	法第五十六条	施行令第十七条 施行令別表第三第一号
名称等を表示すべき有害物	法第五十七条	施行令第十八条
特定化学物質等	特定化学物質等傷害予防規則	施行令別表第三第一号
有機溶剤	有機溶剤中毒予防規則	施行令別表第六の二

〔3〕　高圧ガス保安法

「高圧ガス保安法」は、それまでの「高圧ガス取締法」が1996（平成8）年3月31日に改正され、1996年4月1日に施行された法律である。この法律は、第一条によれば、「高圧ガスによる災害を防止するため、高圧ガスの製造、貯蔵、販売、移動その他の取扱及び消費並びに容器の製造及び取扱を規制するとともに、民間事業者及び高圧ガス保安協会による高圧ガスの保安に関する自主的な活動を促進し、もつて公共の安全を確保すること」を目的としている。

高圧ガスの定義については、後述の危険有害性の各論で説明する。

一般高圧ガス保安規則の第二条によれば、高圧ガスは、可燃性ガス、毒性ガス、特殊高圧ガス、および、不活性ガスという分類がされている。可燃性ガスとは、アセチレン、水素など40種および爆発限界が一定の条件を満たすものである。また、毒性ガスとは、一酸化炭素、硫化水素など33種および上限量（許容濃度に相当）が200 ppm以下のもの、特殊高圧ガスは、アルシン、ジシラン、ジボラン、セレン化水素、ホスフィン、モノゲルマン、モノシランの7種である）。不活性ガスは、ヘリウム、アルゴンなど9種がある。

実験室において高圧ガスを使用する場合には、ボンベを利用することが多い。ボンベには、ガスの種類により色分けされ、また、肩部に刻印がされている。これについての規定は、「容器保安規則」に記載されており、第八条によれば、例えば、刻印中で「TP」とは耐圧試験における圧力であることがわかる。また、ボンベの色については、第十条に記載されている。

なお、第一条に記載されている「高圧ガス保安協会（KHK）」とは、高圧ガスの事故を防止するため、業界の自主保安活動を促進するための中核的機関として、また、高圧ガス保安法上、国の定める技術基準の在り方などについて、経済産業大臣への意見具申が唯一認められた特別な保安機関として、1963年に高圧ガス保安法に基づき設立された機関である。KHKは、高圧ガス機器等の検査や企業の保安担当者等に対する各種の講習だけでなく、高圧ガスの製造、販売、消費、移動など、高圧ガスに関するあらゆる局面での安全を確保するための広範な活動を実施している。KHKのURLは http://www.khk.or.jp/ （2018年10月現在）である。高圧ガス保安法関連政省令・告示の改正動向などを迅速に知ることができる。

〔4〕　火薬類取締法

この法律は、「火薬類の製造、販売、貯蔵、運搬、消費その他の取扱を規制することにより、火薬類による災害を防止し、公共の安全を確保することを目的とする（第一条）」。また、この法律において「火薬類」とは、火薬、爆薬及び火工品をいう（第二条）。具体的な物質名は、第二条に定義されているが、後述の危険有害性の所で述べる。

〔5〕　毒物及び劇物取締法

この法律は、「毒物及び劇物について、保健衛生上の見地から必要な取締を行うことを目的とする」（第一条）。この法律では、「毒物」、「劇物」、および、「特定毒物」という三つの分類がされている。「毒物」とは、法の別表第一に掲げる物であって、医薬品及び医薬部外品以外のものをいう。また、「劇物」とは、別表第二に掲げる物であって、医薬品及び医薬部外品以外のものをいう。「特定毒物」とは、毒物であって、別表第三に掲げるものをいう。各別表には、物質リストに加えて、「政令で定めるもの」と追記されており、これは、「毒物及び劇物指定令」のことである。この政令は第三条までしかないが、多数の物質リストが掲載され、また、頻繁に見直されている。化学物質が、上記の3分類に入るか否かは、判定基準が決められている。また、第二条で定義しているように、医薬品及び医薬部外品を除外しているが、それについての考え方も示されている。近年、毒劇物に指定される化学物質は増え続けている。最新情報は、http://www.nihs.go.jp/law/dokugeki/teigi.html （2018年10月現在）で確認できる。

〔6〕　化　審　法

正式名称は「化学物質の審査及び製造等の規制に関する法律」である。この法律は、「人の健康を損なうおそれ又は動植物の生息若しくは生育に支障を及ぼすおそれがある化学物質による環境の汚染を防止するため、新規の化学物質の製造又は輸入に際し事前にその化学物質の性状に関して審査する制度を設けるとともに、その有する性状等に応じ、化学物質の製造、輸

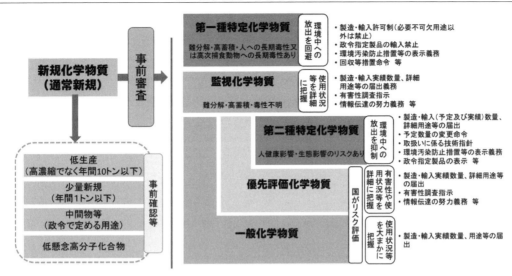

図2.1.5 化審法の体系（経済産業省のHPより）

入，使用等について必要な規制を行うことを目的とする（第一条）」。

まず，初めに化審法の適用から外されるものを列挙する。放射性物質，毒劇法の特定毒物，麻薬，覚醒剤，覚醒剤原料がこれに該当する。これに加えて，つぎの各用途に供せられる化学物質，すなわち，食品，食品添加物，医薬，農薬，飼料，飼料添加物等も除外される。

それ以外の新規化学物質について，化審法は有する性状のうち，「分解性」，「蓄積性」，「人への長期毒性」または「動植物への毒性」といった性状や環境中での残留状況に着目し，これらに応じて規制等の程度や態様を異ならせ，上市後の継続的な管理を実施している。その体系について，経済産業省のHPにわかりやすい図が掲載されているので図2.1.5に示す。

(松永猛裕)

〔7〕 国連危険物輸送及び化学品の分類・表示に関する世界調和システム専門家委員会

国連の経済社会理事会の下に設けられた「危険物輸送及び化学品の分類・表示に関する世界調和システム専門家委員会」は，「危険物輸送に関する勧告」[1),2)]（以後，英語表記を略してTDG勧告と呼ぶ）と，「化学品の分類・表示に関する世界調和システム」[3)]（以後GHSと呼ぶ）を2年ごとに更新している。これらTDG勧告とGHSには，それぞれ担当する小委員会が設置され，年2回のスイスの国連欧州本部での会合を経て更新内容が決定される。

TDG勧告は，輸送される物質や物品の危険有害性の分類とリスト化，およびそれに基づく輸送容器の構造，表示，表札，標識，試験法，承認法等に関する規則の統一モデルを提供するものである。その内容は海上輸送と航空輸送の国際規則（IMDGコードおよびICAO-TI），国内法および日本産業規格（JIS）に取り込まれ，日本の危険物輸送の規制に影響を及ぼしている。TDG勧告における危険有害性分類は，勧告が定める「試験及び判定基準のマニュアル」[2)]に沿って行われ，分類にあたっては輸送容器の性能も考慮される。

GHSは，化学品の危険有害性の分類とリスト化，およびそれをラベルや安全データシート等の情報として伝達するための統一的方法を提供するものである。日本ではGHSの分類法と情報伝達法のほとんどがJISとして定められており[4),5)]，それらの実施は，化学物質排出把握管理促進法と労働安全衛生法によって化学品製造者に義務付けられている。危険有害性分類はGHSが定める判定論理に沿って行われるが，TDG勧告の「試験及び判定基準のマニュアル」が参照される場合がある。分類の対象は原則として化学品のイントリンジックな性質であるが，爆発物などは輸送容器に依存した分類になっている。

TDG勧告とGHSの危険有害性分類を，それぞれ表2.1.2と表2.1.3に示した。

表2.1.2 TDG勧告の危険有害性分類

クラス	区分	定義
1 火薬類	1.1	大量爆発の危険を有する物質および物品
	1.2	大量爆発の危険はないが，飛散危険を有する物質および物品

表 2.1.2 （つづき）

クラス	区分	定義
1 火薬類	1.3	大量爆発の危険はないが，火災危険および弱い爆風危険もしくは弱い飛散危険またはこれら双方の危険を有する物質および物品
	1.4	顕著な危険を有しない物質および物品
	1.5	大量爆発の危険を有するが，非常に鈍感な物質
	1.6	大量爆発の危険を有せず，きわめて鈍感な物品
2 ガス	2.1	引火性ガス
	2.2	非引火性・非毒性ガス
	2.3	毒性ガス
3		引火性液体
4 可燃性固体等	4.1	可燃性固体，自己反応性物質および鈍性化爆発物
	4.2	自然発火性物質
	4.3	水と接して引火性ガスを発生する物質
5 酸化性物質および有機過酸化物	5.1	酸化性物質
	5.2	有機過酸化物
6 毒物および伝染性病原物質	6.1	毒物
	6.2	伝染性病原体等
7		放射性物質
8		腐食性物質
9		環境有害性物質を含むその他の有害性物質および物品

表 2.1.3 GHS の危険有害性分類

危険有害性の種類	クラス	等級/区分/タイプ
物理化学的危険性	爆発物	不安定爆発物
		等級 1.1～1.6
	可燃性/引火性ガス	区分 1 と 2
		自然引火性ガス
		化学的不安定ガス / 区分 A と B
	エアゾール	区分 1～3
	支燃性/酸化性ガス	区分 1
	高圧ガス	圧縮ガス
		液化ガス
		深冷液化ガス
		溶解ガス
	引火性液体	区分 1～4
	可燃性固体	区分 1 と 2

表 2.1.3 （つづき）

危険有害性の種類	クラス	等級/区分/タイプ
物理化学的危険性	自己反応性物質および混合物	タイプ A, B, C&D, E&F および G
	自然発火性液体	区分 1
	自然発火性固体	区分 1
	自己発熱性物質および混合物	区分 1 と 2
	水反応可燃性物質および混合物	区分 1～3
	酸化性液体	区分 1～3
	酸化性固体	区分 1～3
	有機過酸化物	タイプ A, B, C&D, E&F および G
	金属腐食性物質	区分 1
	鈍性化爆発物	区分 1～4
健康に対する有害性	急性毒性	区分 1～5
	皮膚腐食性/刺激性	区分 1A～1C
		区分 2
	眼に対する重篤な損傷性/眼刺激性	区分 1
		区分 2A と 2B
	呼吸器感作性または皮膚感作性	区分 1A と 1B
	生殖細胞変異原性	区分 1A と 1B
		区分 2
	発がん性	区分 1A と 1B
		区分 2
	生殖毒性	区分 1A と 1B
		区分 2
		追加区分（授乳影響）
	特定標的臓器毒性 単回曝露	区分 1～3
	特定標的臓器毒性 反復曝露	区分 1 と 2
	吸引性呼吸器有害性	区分 1 と 2
環境に対する有害性	水生環境有害性 急性	区分 1～3
	水生環境有害性 慢性	区分 1～4
	オゾン層への有害性	区分 1

（薄葉　州）

引用・参考文献

1) 英和対訳-危険物輸送に関する勧告-モデル規則第 19 改訂版, 化学工業日報社（2016）
2) 英和対訳-危険物輸送に関する勧告-試験方法及び判定基準のマニュアル第 5 版, 化学工業日報社（2012）

3) 英和対訳-化学品の分類および表示に関する世界調和システム（GHS）改訂6版，化学工業日報社（2015）
4) JIS Z 7252：2014　GHSに基づく化学物質等の分類方法（日本規格協会）
5) JIS Z 7253：2012　GHSに基づく化学品の危険有害性情報の伝達方法—ラベル，作業場内の表示及び安全データシート（SDS）（日本規格協会）

〔8〕その他
（a）環境関係法令　　図2.1.6に環境関係の法令一覧を示す。このうち，特に水質汚濁防止法および土壌汚染対策法は厳格化してきており，細かい改訂が続いている。したがって，どのような化学物質がどの程度の規定を受けるかなどについては前述のe-Govシステムで最新情報を確認するのが望ましい。また，環境省のHPにはわかりやすい解説も載せているので参考にしたい。

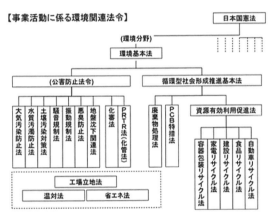

図2.1.6　環境関係法令一覧
（http://www.amita-oshiete.jp/column/entry/002190.php（2018年10月現在）より）

（b）運輸関係法令　　国連勧告で危険物に該当する危険有害化学物質の輸送関係の法令は，国連勧告に従った輸送基準を導入している法令が多い。航空法と船舶法がその代表例である。また，「火薬類を輸送する場合の包装等の基準（内閣府告示第二号）での国連勧告の輸送基準に合致している。

2.1.2　危険有害性物質
〔1〕分　　類
危険物とは，わが国では発火や爆発を起こす物質のことをいい，また，有害物とは中毒や健康を害する物質のことを示していた。一方，諸外国では，これらをまとめて，hazardous materialsと呼ぶことが多い。2000年頃，わが国でも国際化に対応するために，これらの二つを合わせて，「危険有害性」とまとめている。1992年7月1日，労働省（当時）は「化学物質等の危険有害性等の表示に関する指針（労働省告示第60号）」において危険有害性を10種類に分類した。2012年3月29日，この告示は廃止され，前述の表2.1.3に示すGHSの危険有害性分類に統一されている。また，現在，改正あるいは制定された法令を調べると，「危険有害性」あるいは「危険性または有害性」という用語が使われることが多い。

現在，国内の危険有害性化学物質は**表2.1.4**のように分類されている。また，これらの分類に属する物質がいわゆる「告示対象物質」であり，そのSDSの交付が義務付けられている。

表2.1.4　国内の危険有害性化学物質の分類

1	爆発性物質	火薬類取締法（昭和25年法律第149号）第2条第1項第1号に掲げる火薬および同項第2号に掲げる爆薬
2	高圧ガス	高圧ガス保安法（昭和26年法律第204号）第2条に規定する高圧ガス
3	引火性液体	① 消防法（昭和23年法律第186号）別表の第四類の品名欄に掲げる物品のうち1から4までに掲げるものであって，同表に定める区分に応じ同表の性質欄に掲げる性状を有するもの ② 労働安全衛生法施行令（昭和47年政令第318号）別表第1第4号に規定する引火性の物
4	可燃性固体または可燃性ガス	① 消防法別表の第2類の品名欄に掲げる物品で，同表に定める区分に応じ同表の性質欄に掲げる性状を有するもの ② 労働安全衛生法施行令別表第1第2号に規定する発火性の物のうち可燃性を有する化学物質 ③ 労働安全衛生法施行令別表第1第5号に規定する可燃性のガス
5	自然発火性物質	① 消防法別表の第3類の品名欄に掲げる物品で，同法別表備考第8号に規定するもののうち，固体または液体であって，空気中での発火の危険性を判断するための政令で定める試験において政令で定める性状を示すもの ② 船舶による危険物の運送基準等を定める告示（昭和54年9月運輸省告示第549号。以下「危告示」という）別表第6の自然発火性物質の部の品名の欄に掲げる物質（自己発熱性物質およびその他の自然発火性物質を除く） ③ 労働安全衛生法施行令別表第1第2号に規定する発火性の物のうち自然発火性を有する化学物質
6	禁水性物質	① 消防法別表の第3類の品名欄に掲げる物品で，同法別表備考第八号に規定するもののうち，固体または液体であって，水と接触して発火し，もしくは可燃性ガスを発生する危険性を判断するための政令

表 2.1.4 （つづき）

		で定める試験において政令で定める性状を示すもの ② 危告示別表第六のその他の可燃性物質の部の品名の欄に掲げる物質（その他の可燃性物質を除く） ③ 労働安全衛生法施行令別表第 1 第 2 号に規定する発火性の物のうち禁水性を有する化学物質
7	酸化性物質	① 消防法別表の第 1 類および第 6 類の品名欄に掲げる物品で，同表に定める区分に応じ同表の性質欄に掲げる性状を有するもの ② 危告示別表第 7 の酸化性物質の部の品名の欄に掲げる物質（その他の酸化性物質を除く） ③ 労働安全衛生法施行令別表第 1 第 3 号に規定する酸化性の物
8	自己反応性物質	① 消防法別表の第 5 類の品名欄に掲げる物品で，同表に定める区分に応じ同表の性質欄に掲げる性状を有するもの ② 労働安全衛生法施行令別表第 1 第 1 号に規定する爆発性の物
9	急性毒性物質	① 毒物および劇物取締法（昭和 25 年法律第 303 号）第 2 条第 1 項に規定する毒物及び同条第 2 項に規定する劇物 ② 危告示別表第 4 の品名の欄に掲げる物質（その他の毒物を除く） ③ 有機溶剤中毒予防規則（昭和 47 年労働省令第 36 号）第 1 条第 1 項第 2 号に規定する有機溶剤等 ④ 特定化学物質等障害予防規則（昭和 47 年労働省令第 309 号）第 13 条に規定する第 3 類物質等 ⑤ 鉛中毒予防規則（昭和 47 年労働省令第 317 号）第 1 条第 1 項第 1 号に規定する鉛等 ⑥ 四アルキル鉛中毒予防規則（昭和 47 年労働省令第 318 号）第 1 条第 1 項第 3 号に規定する四アルキル鉛等
10	腐食性物質	① 危告示別表第三の品名の欄に掲げる物質（その他の腐食性物質を除く） ② 労働安全衛生規則（昭和 47 年労働省令第 312 号）第 326 条に規定する腐食性液体
11	その他の有害性物質	① 特定化学物質等障害予防規則第 2 条第 1 項に規定する第 1 類物質および第 2 類物質 ② 鉛中毒予防規則第 1 条第 1 項第 1 号に規定する鉛等 ③ 四アルキル鉛中毒予防規則第一条第一項第三号に規定する四アルキル鉛等 ④ 労働安全衛生法（昭和 47 年法律第 517 号）第 28 条第 3 項に基づき指針を公表した化学物質 ⑤ 平成 4 年 2 月 10 日付け基発第 51 号通達等により公表した変異原性が認められた既存化学物質等 ⑥ 平成 3 年 6 月 25 日付け基発第 414 号の三通達等により公表した変異原性が認められた新規化学物質等 ⑦ 化学物質の審査および製造等の規制に関する法律（昭和 48 年法律第 117 号）第 2 条第 3 項に規定する第 2 種特定化学物質および同条第 4 項に規定する指定化学物質

出典：「化学物質の安全性に係る情報提供に関する指針」，労働省／厚生省／通商産業省／告示第 1 号，平成 5 年 3 月 26 日，別表

なお，危険性または有害性の試験法および分類法として，国内では消防法の試験法，分類がある．国際的には GHS の試験法による分類が行われている．

それぞれ「化学物質の爆発安全情報データベース」内の「消防法危険性確認試験データベース」，「危険物確認試験実施マニュアル」

http://explosion-safety.jp/INFOMATION/shoubou_mokuji.htm （2018 年 10 月現在）

経済産業省の「国連 GHS 文書」の Web ページに掲載されている仮訳がある．

http://www.meti.go.jp/policy/chemical_management/int/files/ghs/ghs_text_6th/GHS_rev6_jp_document.pdf （2018 年 10 月現在）

〔2〕 **SDS（安全データシート）**

化学物質の危険有害性を調べる簡便な方法にインターネットによる SDS 検索がある．ここでは最新の JIS Z 7253:2012「GHS に基づく化学品の危険有害性情報の伝達方法―ラベル，作業場内の表示および安全データシート（SDS）」および SDS の概要を紹介する．

この規格（以下，JIS の序文より，引用）は，2009 年に第 1 版として発行された ISO 11014 および "化学品の分類および表示に関する世界調和システム（GHS）改訂 4 版（Globally Harmonized System of Classification and Labelling of Chemicals, Fourth revised edition）" に基づくとともに，JIS Z 7250：2010 の「化学物質等安全データシート（MSDS）―内容及び項目の順序」および JIS Z 7251：2010 の「GHS に基づく化学物質等の表示」を統合し，さらに作業場内の表示も加えて，これら情報の伝達内容および方法について規定した，いわゆる "危険有害性周知基準" ともいうべき日本産業規格である．化学品の危険有害性情報は，化学品による災害の防止対策，事故時の措置などにおいて最も基本的で重要なものである．一般にこの情報の伝達は，それを取り扱う者に対してはラベルで，また，事業者間では安全データシート（SDS）で行われる．作業場内ではラベルに代わる方法が適切な場合もある．この規格では，化学品を取り扱う者に危険有害性情報を包括的にわかりやすく伝え，また，これを適切に管理するためにつぎの事項を規定している．

―ラベルの記載項目

― 作業場内の表示の方法
― SDS の記載項目
― 情報伝達の方法

この規格では，SDS の記載項目とその順番を統一することとしている．また，「危険性分類の要約」として，GHS に基づいた表示が規定されている．国内で流通している化学物質については，日本試薬協会のHP（https://www.j-shiyaku.or.jp/Sds（2018年10月現在））から，試薬販売メーカごとに検索することができ，pdf 形式でダウンロードすることができる．

(松永猛裕)

〔3〕 発火・爆発危検性と試験法
（a） 燃焼危険性
1） 引火点・発火点・爆発限界　　引火点とは，空気中の可燃性液体（昇華性のある可燃性固体を含む）がその表面の近くに，他から引火するのに十分な濃度の蒸気を生じる最低温度をいう．その測定用試験器には，密閉式試験器と開放式試験器があるが，一般に前者は後者より低い値を示すので，通常は密閉式試験器による引火点が採用される．

一方，発火点は，ほかから火炎，電気火花などの着火源を与えない条件で，空気中で加熱することによって可燃性物質が発火する最低温度をいう．

表 2.1.5 に，これまでに報告された可燃性物質の引火点・発火点の代表的データを示す．ただし，引火点は測定法が同一であっても試料の純度，特に微量の低沸点不純物の存在によって，かなりの影響を受ける場合があることに注意を要する．発火点は一般に，一定温度に加熱した容器中に適量の試料を投入して，一定時間後の発火の有無をみる方法によって測定されているが，この際の試料の投入量，発火までの遅れ時間をどう設定するかによって大きな差を生じる．表中の発火点は，発火する最低の温度に近いと思われるが，測定条件などが明らかでない．

表中の数値は文献 1），2) から引用した．表中の引火点の数値は原則として，密閉式試験器による値であり，*印を付けたものは開放式試験器によるものである．

可燃性ガス，および可燃性液体の蒸気が空気または酸素のような支燃性ガスと混合した場合，あるガス組成範囲で着火源の存在によりガス爆発を起こす．この組成範囲を爆発範囲あるいは燃焼範囲と呼び，可燃性物質の濃度の低い方の限界を爆発（燃焼）下限界，高い方の限界を爆発（燃焼）上限界という．これらの二つの限界値は各混合系により定まる値であるが，これを実験的に求める場合には，種々の測定条件の相違によって，一般にかなりの差を示す．そこで，爆発防止の目的で文献値を利用する場合には，できるだけ広い

表 2.1.5　可燃性物質の引火点と発火点の代表的データ

物　　質	室温における状態	発火点〔℃〕	引火点〔℃〕	物　　質	室温における状態	発火点〔℃〕	引火点〔℃〕
アクリル酸	液	438	50*	N-アセチルエタノールアミン	液	460	179*
アクリル酸エチル	液	372	10*	アセチルモルホリン	液		113
アクリル酸-2-エチルブチル	液		52*	アセチルベンゼン	液	571	82*
アクリル酸-2-エチルヘキシル	液		82*	アセトアセチルアニリン	液		185*
アクリル酸デシル	液		227*	アセトアセトアニリド	固		185*
アクリル酸ブチル	液	292	39	アセトアセト-m-キシリジド	固		171*
アクリル酸メチル	液	468	−3*	アセトアルデヒド	液	175	−39
アクリル酸-2-メトキシエチル	液		82*	アセトアルデヒドジエチルアセタール	液	230	−21
アクリロニトリル	液	481	0*	アセトアルドール	液	250	66*
アクロレイン	液	220	−26	アセト酢酸エチル	液	295	57
アクロレインダイマー	液		48*	アセト酢酸ブチル	液		85*
アジピン酸	固	420	196	アセト酢酸メチル	液	280	77
アジポニトリル	液		93*	p-アセトトルイジド	固		168
亜硝酸イソアミル	液	209	<23*	アセトニトリル	液	524	6*
亜硝酸エチル	液	90	−35	アミルフェニルエーテル	液		85
アセタール	液	230	−21	p-tert-アミルフェニルメチルエーテル	液		99
アセチルアセトン	液	340	34	2-(p-tert-アミルフェノキシ)エタノール	液		138
アセチルアニリン	固	540	174*	o-n-アミルフェノール	液		104*

表2.1.5 (つづき)

物　質	室温における状態	発火点〔℃〕	引火点〔℃〕	物　質	室温における状態	発火点〔℃〕	引火点〔℃〕
アミルベンゼン	液		66*	N-アミノエチルモルホリン	液		175*
アミルメチルカルビノール	液		71*	アミノシクロヘキサン	液	293	21
n-アミルメチルケトン	液	533	49*	4-アミノジフェニル	固	450	
iso-アミルメチルケトン	液		43*	1-アミノデカン	液		99
n-アミルメルカプタン	液		18*	dl-2-アミノ-1-ブタノール	液		74*
α, n-アミレン	液	275	-17*	1-アミノプロパン	液	318	-37
アリルアルコール	液	378	21	γ-アミノプロピルアルコール	液		>79*
アリルイソチオシアネート	液		46	α-アミノイソプロピルアルコール	液		77
アリルエーテル	液		-7	N-アミノプロピルモルホリン	液		104*
アリルジグリコールカーボネート	液		192*	アミノベンゼン	液	615	70
アリルビニルエーテル	液		<20*	2-アミノベンゼンチオール	液		79
亜リン酸ジブチル	液		49	2-アミノペンタン	液	312	-18
亜リン酸トリブチル	液		120*	2-アミノ-2-メチル-1-プロパノール	液		67
アルドール	液	250	66*	アミルアミン	液		-1
安息香酸イソプロピル	液		99	アミルアミン（異性体混合物）	液		7*
安息香酸エチル	液	490	88	p-tert-アミルアニリン			102
安息香酸ブチル	液		107*	n-アミルアルコール	液	300	33
安息香酸メチル	液		83	sec-アミルアルコール	液	343	34
アンチフェブリン	固	540	174*	tert-アミルアルコール	液	437	19
アントラキノン	固		185	アミルエーテル	液	170	57*
アントラセン	固	540	121	アミルキシリルエーテル	液		96*
硫黄	固	232	207	アミルチオアルコール	液		18
イソアミルアルコール	液	350	43	アミルトルエン	液		82*
イソオクタン	液	415	-21	エチル-1-プロペニルエーテル			>-7
イソバレロン	液		60	2-エチルヘキサアルデヒド	液	197	52*
イソフタル酸ジブチル	液		161	2-エチル-1-ヘキサノール	液	231	73
イソブチルアミン	液	378	-9	2-エチルヘキサンジ-1,3-オール	液	360	127*
イソブチルアルデヒド	液	196	-18	2-エチルヘキシルアミン	液		60*
イソブチルビニルエーテル	液		-9	2-エチルヘキシルエーテル	液		113
イソブチルメチルケトン	液	448	18	2-エチルヘキシルセロソルブ	液		110*
イソブチルアルコール	液	415	28	エチルベンゼン	液	432	21
アセトニルアセトン	液	499	79	エチルメチルエーテル	気		-37
アセトフェノン	液	570	77	エチルメチルカルビノール	液	406	-10
iso-アセトホロン		462	84*	エチルメチルケトン	液	404	-9
アセトン	液	465	-17	エチルメルカプタン	液	300	<-18
アニソール	液	475	52*	4-エチルモルホリン	液		32*
アニリン	液	615	70	2-エチル酪酸	液	400	99*
アビエチン酸エチル	固		178*	エチレンイミン	液	320	-11
アビエチン酸メチル	液		180*	エチレングリコール	液	398	111
アマニ油	液	343	222	エチレングリコール-ジ-エチルエーテル	液	205	35
β-アミノエチルアルコール	液	410	86	エチレングリコール-ジ-メチルエーテル	液	202	-2
N-アミノエチルエタノールアミン	液	368	102	エチレングリコールフェニルエーテル	液		121
o-アミノエチルベンゼン	液		85*	エチレングリコール-n-ブチルエーテル	液		71*

2. 化学物質のさまざまな危険性

表 2.1.5 （つづき）

物　　　質	室温における状態	発火点〔℃〕	引火点〔℃〕	物　　　質	室温における状態	発火点〔℃〕	引火点〔℃〕
エチレングリコールモノエチルエーテル	液	235	43	2-エチルブタノール	液		57*
エチレングリコールモノメチルエーテル	液	285	39	エチルブチルエーテル	液		4
エチレンクロロヒドリン	液	425	60	エチルブチルケトン	液		46*
エチレンジアミン（無水）	液	385	40	エピクロロヒドリン	液	411	31*
エチレンシアノヒドリン	液		129*	塩化アセチル	液	390	4
エチレンジグリコール	液	229	124	塩化アミル（異性体混合物）	液		3*
2-エトキシエタノール	液	235	43	塩化アリル	液	485	−32
エトキシトリグリコール	液		135*	塩化硫黄	液	234	118
3-エトキシプロピオンアルデヒド	液		38	塩化エチル	気	519	−50
3-エトキシプロピオン酸	液		107	塩化エチレン	液	413	13
エトキシベンゼン	液		63	塩化シクロヘキシル	液		32
イソプレン	液	395	−54	塩化ビニリデン	液	570	−18*
イソプロピルアミン	液	402	−37*	塩化ビニル	気	472	−78*
イソプロピルアルコール	液	399	12	塩化ブチル	液	240	−9
イソプロピルエーテル	液	443	−28	塩化プロピオニル	液		12
イソプロピルカルビノール	液	427	28	塩化プロピル	液	520	<−18
イソプロピルセロソルブ	液		33*	塩化イソプロピル	液	593	−32
p-イソプロピルトルエン	液	436	47	塩化プロピレン	液	557	16
4-イソプロピル-1-メチルベンゼン	液	436	47	塩化ベンジル	液	585	67
イソヘキシルアルコール	液		46	塩化ベンゾイル	液		72
イソホロン	液	460	84*	塩化ペンチル	液	260	13*
イソ酪酸	液	481	56	塩化メタリル	液		−12
ウンデカン	液		65*	塩化メチル	気	632	−50
エタノールアミン	液	410	86	塩酸アニリン	固		193*
エチリデンジエチルエーテル	液	230	−21	1-オクタノール	液		81
N-エチルアセトアニリド	固		52	2-オクタノール	液		88
N-エチルアセトアミド	液		110	2-オクタノン	液		52
N-エチルアニリン	液		85*	オクタン	液	206	13
o-エチルアニリン	液		85*	オクチルアミン	液		60
エチルアミン	気	385	<−18	tert-オクチルアミン	液		
エチルアルコール	液	363	17	オクチルアルコール	液		81
エチルエーテル	液	180	−45	n-オクチルアルデヒド	液		52
N-エチルエタノールアミン	液		71*	tert-オクチルメルカプタン	液		46*
N-エチルジエタノールアミン	液		138*	オクチレングリコール	固		127*
エチルクロトン酸	固		2	1-オクテン	液	230	21*
エチルクロロカルボネート	液		2	2-オクテン	液		21*
エチルシクロヘキサン	液	238	35	オリーブ油	液	343	225
エチルセロソルブ	液	235	94	オレイン酸	液	363	189
エチルチオアルコール	液	299	<−18	オレイン酸アミル	液		186
エチルトリクロロシラン	液		22*	オレイン酸ブチル	液		180*
エチルビニルエーテル	液	202	<−46	オレイン酸メトキシエチル	液		197
エチルフェニルアミン	液		85*	過酢酸（40%）	液		41
エチルフェニルエーテル	液		63				

表 2.1.5 (つづき)

物　　質	室温における状態	発火点 [℃]	引火点 [℃]	物　　質	室温における状態	発火点 [℃]	引火点 [℃]
過酸化アセチル (25%溶液, 溶剤 DMP)	固	63		1-クロロ 1-ニトロプロパン	液		62*
過酸化ジ-tert ブチル	液		18*	2-クロロ 2-ニトロプロパン	液		57*
ガソリン	液	280～471	−46～−38	2-クロロ 4-フェニルフェノール			174
カプリルアルデヒド	液		52	o-クロロフェノール	液		64
カプロアルデヒド	液		32*	p-クロロフェノール	固		121
カプロン酸	液	380	102*	2-クロロ 2-ブテン	液		−19
カラシ油	液		46	3-クロロプロピオニトリル	液		76
ギ酸	液	539	69	1-クロロ 2-プロパノール	液		52*
ギ酸アミル	液		26	1-クロロプロパン	液	520	<−18
ギ酸エチル	液	455	−20	2-クロロプロパン	液	593	−32
ギ酸ブチル	液	322	18	α-クロロプロピオン酸	液	500	107
ギ酸プロピル	液	455	−3	1-クロロプロピレン	液		<−6
ギ酸イソプロピル	液	485	−6	3-クロロプロピレン	液	485	−32
ギ酸メチル	液	449	−19	3-クロロプロピレンオキシド	液	411	31*
2,3-キシリジン	液		97	1-クロロヘキサン	液		35
o-キシレン	液	463	32	クロロベンゼン	液		28
m-キシレン	液	527	27	1-クロロペンタン	液	260	13*
p-キシレン	液	527	27	クロロイソプロピルアルコール	液		52*
牛脚油	液	442	243	ケイ酸エチル	液		52*
牛脂	固		265	軽油	液	210	43～72
きり油	液	457	289	げい (鯨) 油	液	427	230
クエン酸トリブチル	液	368	157	原油	液		−7～32
クメン	液	424	36	ごま油	液		255
グリコールクロロヒドリン	液	425	60*	コールタールピッチ	固		207
クレオソート油	液	336	74	コールタール軽油	液		<27
o-クレゾール	固	599	81	コールタールナフサ	液	277	42
m-クレゾール	液	558	86	コロジオン	液		<−18
p-クレゾール	固	558	86	酢酸	液	463	39
クロトニレン	液		<−20	酢酸-n-アミル	液	360	16
クロトンアルデヒド	液	232	13	酢酸-sec-アミル	液	400	32
クロトン酸	固	396	88*	酢酸エチル	液	426	−4
クロトン酸エチル	液		2	酢酸エチルブチル	液		54*
2-クロロエチルアルコール	液	425	60	酢酸-2-エチルヘキシル	液		88
1-クロロ 4-エチルベンゼン	液		64	酢酸イソプロペニル	液	431	16
クロロギ酸エチル	液	500	16	酢酸イソプロピル	液	460	2
クロロ酢酸エチル	液		64*	酢酸-2-クロロエチル	液		66
2-クロロ 4,6-ジ-tert-アミルフェノール			121	酢酸シクロヘキシル	液	335	58
				酢酸セロソルブ	液	379	47*
1-クロロ 2,4-ジニトロベンゼン	固		194	酢酸ノニル	液		68
p-クロロニトロベンゼン	固		43	酢酸ビニル	液	402	−8
α-クロロトルエン	液	585	67	酢酸フェニル	液		80
1-クロロ 1-ニトロエタン	液		56*	酢酸イソブチル	液	421	18

表 2.1.5 （つづき）

物　質	室温における状態	発火点〔℃〕	引火点〔℃〕	物　質	室温における状態	発火点〔℃〕	引火点〔℃〕
酢酸ブチル	液	425	22	2,6-ジイソプロピルフェノール	液・固		113
酢酸-sec-ブチル	液		31*	ジイソプロピルベンゼン	液	449	77*
酢酸ブチルカルビトール	液	299	116*	ジエタノールアミン	液	662	172*
酢酸ブチルセロソルブ	液		88	N,N-ジエチルアニリン	液	630	85
酢酸フルフリル	液		85	3-ジエチルアミノプロピルアミン	液		59*
酢酸-sec-ヘキシル	液		45	ジエチルアミン	液	312	−23
酢酸ベンジル	液	460	90	ジエチルエーテル	液	180	−45
酢酸メチル	液	454	−10	N,N-ジエチルエタノールアミン	液	320	60*
酢酸メチルカルビトール	液		82*	N,N-ジエチルエチレンジアミン	液		46*
酢酸メチルグリコール	液		44	ジエチルカルビトール	液		82*
酢酸メチルセロソルブ	液		44	ジエチルケトン	液	450	13*
酢酸-4-メチル-2-ペンタノール	液		45*	ジエチルシクロヘキサン	液	240	49
酢酸-3-メトキシブチル	液		77	1,3-ジエチル-1,3-ジフェニル尿素	固		150
サリチルアルデヒド	液		78	N,N-ジエチルステアリン酸アミド	液		191
サリチル酸	固	540	157	ジエチルセロソルブ	液	208	35*
n-サリチル酸アミル	液		132	N,N-ジエチル-1,3-ブタンジアミン			46*
2-サリチル酸ブトキシエチル			157	2,2-ジエチル-1,3-プロパンジオール	固		102*
サリチル酸メチル	液	454	96	ジ-2-エチルヘキシルアミン	液		132*
酸化エチレン	気	429	−20	N,N-ジエチルベンジルアミン	液		77*
酸化プロピレン	気		−37*	o-ジエチルベンゼン	液		57
酸化メシチル	液	344	31	ジエチルメチルメタン	液		−7
1,2-ジアセチルエタン	液	493	79	ジエチル硫酸	液	436	104
ジアセチルメタン	液	340	41*	ジエチレングリコール	液	224	124
ジアセトンアルコール	液	603	64	ジエチレングリコールジエチルエーテル	液		82*
o-ジアニシジン	固		206				
2,2'-ジアミノジエチルアミン	液	399	102*	ジエチレングリコールジブチルエーテル	液	310	118*
1,3-ジアミノブタン	液		52*				
1,3-ジアミノイソプロパノール	液		132	ジエチレングリコールジプロピナート	液		127
1,2-ジアミノプロパン	液	416	33*	ジエチレングリコールジベンゾエート	液		232
1,3-ジアミノプロパン	液		24*	ジエチレングリコールビスアリルカーボネート	液		192*
ジアミルアミン	液		51				
ジアミルエーテル	液	170	57*	ジエチレングリコールビスフェニルカーボネート			238
ジ-tert-アミルシクロヘキサノール	液		132	ジエチレングリコールビスブチルカーボネート	液		189
ジアミルビフェニル（異性体混合物）	液		171				
ジアミルナフタリン（異性体混合物）	液		159*	ジエチレングリコールビス2-ブトキシエチルカーボネート	固		193
2,4-ジアミルフェノール	液		127*				
ジアミルベンゼン（異性体混合物）	液		107*	ジエチレングリコールモノエチルエーテル	液	204	94
ジアミン	液		38*	ジエチレンジアミン（m.p.104℃）	固		
ジアリルエーテル	液		−7	ジエチレントリアミン	液	358	98*
シアン化水素（96%）	液	538	−18	ジエトキシテトラヒドロフラン	液		
シアン化メチル	液	524	6*	1,4-ジオキサン	液	180	12
ジイソプロパノールアミン	固	374	127*	1,3-ジオキシベンゼン	固		127
ジイソプロピルアミン	液	316	−1	1,3-ジオキソラン	液		2*

表 2.1.5 (つづき)

物質	室温における状態	発火点 [℃]	引火点 [℃]	物質	室温における状態	発火点 [℃]	引火点 [℃]
ジオクシトール			94*	ジヒドロピラン	液		-18
ジグリコールクロロヒドリン	液		107*	ジビニルエーテル	液	360	<-30
シクロヘキサノール	液	300	68	ジビニルベンゼン(異性体混合物)	液		76*
シクロヘキサン	液	245	-20	ジフェニルアミン	固	634	153
シクロヘキシルアミン	液	293	31*	1,1-ジフェニルエタン	液	440	>100
2-シクロヘキシルシクロヘキサノール	液		132	ジフェニルオキサイド	液	620	115
o-シクロヘキシルフェノール	固		134	ジフェニルメタン	液	485	130
シクロヘキシルベンゼン	液		99*	N,N-ジブチルアニリン	液		110
シクロヘキセン	液	244	<-7	2-(ジブチルアミノ)エタノール	液		93*
シクロヘプタン	液		<21	ジブチルアミン	液		47*
シクロペンタノール	液		51	ジ-sec-ブチルアミン	液		24*
シクロペンタン	液	361	<-7	ジブチルエーテル	液	194	25
シクロペンテン	液		-29	N,N-ジブチルエタノールアミン	液		93*
ジクロロアセトアルデヒド	液		60	ジ-iso-ブチルカルビノール	液		74
3,4-ジクロロアニリン	固		166*	2,6-ジ-tert-ブチル-p-クレゾール	固		127
ジクロロイソプロピルエーテル	液		85*	ジ-iso-ブチルケトン	液		60
2,2'-ジクロロジエチルエーテル	液	369	55	N,N-ジブチルステアリン酸アミド	液		216
ジクロロエチルベンゼン	液		96	N,N-ジブチル-P-トルエンスルファアミド	液		166
ジクロロエチルホルマール	液		110*				
1,1-ジクロロ 1-ニトロエタン	液		76*	2,4-ジ-tert-ブチルフェノール	固		129
1,1-ジクロロ 1-ニトロプロパン	液		66*	ジブチルフタレート	液	403	157
α-ジクロロヒドリン	液		74*	ジブトキシメタン	液		60
2,4-ジクロロフェノール	固		114	ジブノン	液		177*
1,2-ジクロロブタン	液	275		ジ-iso-プロピリデンアセトン	固		85*
1,4-ジクロロブタン	液		52	ジ-iso-プロピルアセトン	液		60
2,3-ジクロロブタン	液		90*	ジ-iso-プロピルアミン	液		-7
1,3-ジクロロ 2-ブテン	液		27	ジプロピレングリコール	液		121*
1,3-ジクロロ 2-プロパノール	液		74*	ジプロピレングリコールモノメチルエーテル	液		86
1,2-ジクロロプロパン	液	557	16				
1,3-ジクロロプロパン	液		21	ジヘキシルアミン	液		104*
1,3-ジクロロ 2,4-ヘキサジエン	液		76	ジベンジルエーテル	液		135
o-ジクロロベンゼン	液	648	66	3,5-ジメチルヘプタン	液		23
p-ジクロロベンゼン	固	648	66	1,3-ジメチルベンゼン	液	530	25
1,5-ジクロロペンタン	液		>27*	1,4-ジメチルベンゼン	液	530	25
ジクロロメチルアルシン	液		>99	2,3-ジメチルペンタン	液	335	<-7
ジケテン	液		34	2,4-ジメチルペンタン	液		-12
ジシクロヘキシルアミン	液		>99*	ジメチルホルムアミド	液	445	58
ジシクロペンタジエン	固	503	32*	2,6-ジメチルモルホリン	液		44
ジ-tert-ブチルパーオキサイド	液		18*	1,2-ジメトキシエタン	液	202	-2
2,4-ジニトロアニリン	固		224	ジメトキシメタン	液	237	-32*
2,4-ジニトロクロロベンゼン	固		194	p-シメン	液	436	46
o-ジニトロベンゼン	固		150	臭化アミル	液		32
ジヒドロアビエチン酸メチル	液		183	臭化アリル	液	295	-1

表2.1.5 (つづき)

物質	室温における状態	発火点〔℃〕	引火点〔℃〕	物質	室温における状態	発火点〔℃〕	引火点〔℃〕
臭化ブチル	液	265	18	チアルジン	固		93*
臭化ブチル (sec)	液		21	1,4-チオキサン	液		42
臭化プロパルギル	液	324	10*	チオフェン	液		−1
臭化ペンチル	液		32	デカン	液	210	46
臭化ラウリル	液		144	デシルアミン	液		99
シュウ酸アミル	液		118	デシルナフタリン	液		177
シュウ酸エチル	液		76*	テトラエチレングリコール	液		182*
シュウ酸ジアミル	液		118	テトラエチレンペンタミン	液	321	163*
シュウ酸ジエチル	液		76*	テトラエトキシプロパン	液		88*
シュウ酸ジブチル	液		129	1,2,3,5-テトラクロロベンゼン	固		155
シュウ酸ブチル	液		129	1,2,4,5-テトラクロロベンゼン	固		155
酒石酸	固	425	210*	1-テトラデカノール	固		141*
酒石酸エチル	液		93	テトラデカン	液	200	100
酒石酸ジブチル	液	284	91	テトラヒドロナフタリン	液	385	71
硝酸アミル (異性体混合物)	液		52	テトラヒドロピラン	液		−20
硝酸デシル	液		113*	テトラヒドロピロール	液		3
硝酸ブチル	液		36	テトラヒドロフラン	液	321	−14
硝酸プロピル	液	175	20	テトラヒドロフルフリルアルコール	液	282	75*
しょうのう	固	466	66	テトラフェニルスズ	固		232
しょうのう油	液		47	テトラメチレンオキシド	液	321	−17
シリコクロロホルム	液	104	−28	テトラメチレングリコール	液		121*
シルバン	液		−30	テトラリン	液	385	71
スチレン	液	490	31	テレビン油	液	253	35
ステアリン酸亜鉛	固	420	277*	1-ドデカノール	固	275	127
ステアリン酸アミル	液		185*	ドデカヒドロジフェニルアミン	液		>97*
ステアリン酸メチル	液		153	ドデカン	液	203	74
ストロー油	液		157〜183	1-ドデカンチオール	液		128
スピンドル油	液	248	76	p-ドデシルフェノール	液		163
青化水素	液	538	−18	tert-ドデシルメルカプタン	液		96
石炭酸	固	715	79	トリアセチルグリセリン	液	433	138*
石油エーテル	液	288	<−18	トリアセチン	液	433	138
セバシン酸ジオクチル	液		210	トリアミルアミン	液		102*
セバシン酸ジブチル	液	365	178*	トリイソブチルアルミニウム	液	空気中で自然発火のおそれあり	
セロソルブ	液	235	94	トリイソプロパノールアミン	固	320	160*
セロソルブアセテート	液	379	47*	トリエタノールアミン	液		179
ソルビン酸	固		127	トリエチルアミン	液	249	−7*
大豆油	液	445	282	1,2,4-トリエチルベンゼン	液		83*
p-ターフェニル	固		207*	トリエチレングリコール	液	371	177*
たら肝油	液		211	トリエチレングリコールジメチルエーテル	液	670	111*
炭酸ジエチル	液		25				
炭酸ジメチル	液		19*	トリエチレンテトラミン	液	338	135
炭酸プロピレン	液		135*	1,3,5-トリオキサン	固	414	45*

表 2.1.5 (つづき)

物　　質	室温における状態	発火点 [℃]	引火点 [℃]	物　　質	室温における状態	発火点 [℃]	引火点 [℃]
トリオキシメチレン	固	414	45*	ニトロベンゼン	液	482	88
トリグリコールジクロライド	液		121*	m-ニトロトルエン	液		106
1,2,3-トリクロロベンゼン	固		71*	o-ニトロトルエン	液		106
1,2,4-トリクロロベンゼン	液	571	105	m-ニトロベンゾトリフルオライド	液		103*
トリクロロシラン	液		−14*	ニトロメタン	液	418	35
1,2,3-トリクロロプロパン	液		82*	乳酸アミル	液		79
トリブチルアミン	液		86*	乳酸イソプロピル	液		54*
トリプロピルアミン	液	421	41*	乳酸エチル	液	400	46
トリプロピレングリコール	液		141	乳酸ブチル	液	382	71*
トリプロピレングリコールメチルエーテル	液		121	乳酸メチル	液	385	49
				二硫化炭素	液	90	<−30
3,3,5-トリメチルシクロヘキサノール	液		88*	ネオヘキサン	液	405	−48
2,6,8-トリメチル-4-ノナノン	液	410	91*	ネオペンタン	気	450	
3,5,5-トリメチルヘキサノール	液		93*	ネオペンチルアルコール	固		37
2,2,5-トリメチルヘキサン	液		13*	ノナン	液	205	31
2,2,4-トリメチルペンタン	液	415	−21	ノニルナフタリン	液		<93
2,4,4-トリメチル-1-ペンテン	液	391	−5	ノニルフェノール	液		141
2,4,4-トリメチル-2-ペンテン	液	305	2*	ノニルベンゼン	液		99
トリルアミン	液	190		パインピッチ	固		141
トリメチレンジアミン	液		24*	パラホルムアルデヒド	固	300	70
2,4-トリレンジイソシアネート	液		127*	α-ピコリン	液	538	39*
o-トルイジン	液	482	85	γ-ピコリン	液		57*
p-トルイジン	固	482	87	ビシクロヘキシル	液	245	74
トルエン	液	480	4	ビス (2-クロロエチル) エーテル	液	369	55
ナフタリン	固	526	79	ヒドラジノベンゼン	固液		89
ナフタン	液	250	58	ヒドラジン	液	270	38
α-ナフチルアミン	固		157	ヒドロアクリロニトリル	液		129*
β-ナフトール	固		153	ヒドロキシエチルアセトアミド	液	460	179*
trans-二塩化アセチレン	液	460	2	N-2-ヒドロキシエチルエチレンジアミン	液	368	102
二塩化エチレン	液	440	13				
二塩化トリグリコール	液		121*	ヒドロキシルアミン	固		129 爆
二塩化プロピレン	液	557	16	ヒドロキノン	固	516	165
二酸化ジエチレン	液	180	12	ビニルイソブチルエーテル	液		−9
p-ニトロアニリン	固		199	ビニルイソプロピルエーテル	液	272	−32
ニトロイソプロパン	液	428	28	ビニルエーテル	液	360	<−30
ニトロエタン	液	414	28	ビニル-2-エチルヘキシルエーテル	液	202	57*
ニトロシクロヘキサン	液		88*	ビニルカルビノール	液	378	21
o-ニトロジフェニル	固	180	179	ビニルギ酸	液		54*
p-ニトロトルエン	固		106	4-ビニルシクロヘキセン-1	液	269	16
α-ニトロナフタリン	固		164	ビニルトルエン	液	538	53
2-ニトロビフェニル	固	180	179	ビニルトリメチルノニルエーテル	液		93*
1-ニトロプロパン	液	421	36	N-ビニル-2-ピロリドン	液		98*
2-ニトロプロパン	液	428	24	ビニルブチルエーテル	液	255	−9*

2. 化学物質のさまざまな危険性

表 2.1.5 （つづき）

物　質	室温における状態	発火点〔℃〕	引火点〔℃〕	物　質	室温における状態	発火点〔℃〕	引火点〔℃〕
ビニルベンゼン	液	490	31	フタル酸ジアリル	液		166
ビニルメトキシエチルエーテル	液		18*	フタル酸ジオクチル	液	390	215*
α-ピネン	液	255	33	フタル酸ジデシル	液		232*
ビフェニル	固	540	113	フタル酸ジフェニル	固		224
ピペラジン	固		81*	フタル酸ジヘキシル	液		177
ピペリジン	液		16	フタル酸ジメチル	液	490	146
ピペロニルブトキシド	液		171	フタル酸ブチルベンジル	液		199
ひまし油	液	449	229	フタル酸メチル	液	556	146
氷酢酸	液	463	39	2-フタル酸メトキシエチル	液		182
ピリジン	液	482	20	1,3-ブタンジアミン			52*
ピレン	固		199*	1,2-ブタンジオール	液		90
ピロール	液		39	1,3-ブタンジオール	液	305	121*
ピロリジン	液		3	1,4-ブタンジオール	液		121
フェナントレン	固		171*	1,4-ブタンジカルボン酸	固	420	196
フェニルアミン	液	615	70	ブチルアセトアニリド	液		141
フェニルエタノールアミン	液		152*	ブチルアセトアミド	液		116
フェニルエーテル	液	620	115	N-ブチルアニリン	液		107*
α-フェニルエチルアルコール	液		93*	ブチルアミン	液	312	-12
β-フェニルエチルアルコール	液		96	iso-ブチルアミン	液	378	-9
フェニルエチレン	液	490	31	N-ブチルアルコール	液	343	37
フェニルエチレンオキシド	液		74*	sec-ブチルアルコール	液	405	24
フェニルカルビノール	液	436	101	tert-ブチルアルコール	液	478	11
フェニルジエタノールアミン	液	387	196*	ブチルアルデヒド	液	218	<-22
フェニルシクロヘキサン	液		99*	iso-ブチルアルデヒド	液	223	-40
フェニルヒドラジン	液		88	ブチルアルドキシム	液		58
1-フェニルブタン	液	412	71*	ブチルアルドール	液		74*
2-フェニルブタン	液	420	52*	ブチルウレタン			92
1-フェニル-2-ブテン	液		71*	ブチルエーテル	液	194	25
1-フェニルプロパン	液	450	30	ブチルエチルエーテル	液		4
フェニルベンゼン	固	540	113	2-ブチル-2-エチルプロパンジオール-1,3	固液		138*
フェニルメタン	液	536	4	ブチルエチレン	液		-26
フェニルメチルエーテル	液	475	52*	2-ブチルオクタノール	液		110
フェニルメチルカルビノール	液		96	4-tert-ブチルカテコール	固		130
フェニルメチルケトン	液	571	82*	ブチルカルビノール	液		33
p-フェニレンジアミン	固		156	sec-ブチルカルビノール	液		50*
フェネチルアルコール	液		96	p-tert-ブチル-o-クレゾール			118
フェノール	固	715	79	4-tert-ブチル-2-クロロフェノール			107
ブタナール	液	218	<-22	ブチルシクロヘキシルアミン	液		93*
ブタナールオキシム	液		58	ブチルセロソルブ		238	62
1-ブタノール	液	343	37	ブチルデカリン	液		260
フタル酸アミル	液		118	tert-ブチルデカリン	液		338
フタル酸オクチルデシル	液		235*	tert-ブチルテトラリン	液		360
フタル酸ジアミル	液		118				

表 2.1.5 （つづき）

物　　　質	室温における状態	発火点〔℃〕	引火点〔℃〕	物　　　質	室温における状態	発火点〔℃〕	引火点〔℃〕
ブチルトリクロロシラン	液		54*	iso-プロピルアルコール	液	399	12
ブチルナフタリン	液		360	プロピルアルデヒド	液	207	−9〜−7*
tert-ブチルヒドロパーオキシド	液		<27	プロピルエーテル	液	188	21
ブチルビニルエーテル	液	225	−9*	プロピルベンゼン	液	450	30
tert-ブチルパーベソゾエート	液		−7	プロピレングリコール	液	371	99
ブチルフェニルエーテル	液		82*	プロピレングリコール-sec-ブチルフェニルエーテル	液		132
o-sec-ブチルフェノール	液		107				
p-sec-ブチルフェノール	固		116	プロピレングリコールメチルエーテル	液		38
ブチルベンゼン	液	410	71*	プロピレンクロロヒドリン	液		52*
sec-ブチルベンゼン	液	418	52	プロピレンジアミン	液	416	33*
tert-ブチルベンゼン	液	450	60*	プロペナール	液	235	<−18
ブチルメチルケトン	液	533	35*	β-プロペニルアクリル酸	固		127*
ブチルメルカプタン	液		2	1-プロペン-3-オール	液	378	21
tert-ブチルメルカプタン	液		<−29	ブロモ酢酸エチル	液		48
ブチルモノエタノールアミン	液		77*	1-ブロモデカン	液		144
1,2-ブチレングリコール	液		90	o-ブロモトルエン	液		79
1,3-ブチレングリコール	液	305	121	p-ブロモトルエン	固		85
2-ブテナール	液	207	13	3-ブロモプロピレン	液	295	−1
1-ブトキシエトキシ-2-プロパノール	液		121*	ブロモベンゼン	液	565	51
1-ブトキシブタン	液	194	25	ヘキサクロロベンゼン	固	242	
フマル酸エチル	固		104	2,4-ヘキサジエン酸	固		127*
フマル酸ジオクチル	液		185*	ヘキサナール	液		32*
フラン	液		<0	1-ヘキサノール	液	293	63
2-フリルアルデヒド	液	316	60	ヘキサヒドロアニリン	液	293	31*
フルフラール	液	316	60	ヘキサヒドロトルエン	液	250	−4
フルフリルアルコール	液	491	75	ヘキサヒドロピラジン	固		88*
プロパナール	液	207	−9〜−7*	ヘキサヒドロピリジン	液		16
プロパノール	液	421	23	ヘキサヒドロフェノール	液	300	68
2-プロパノール	液	399	12	ヘキサヒドロベンゼン	液	245	−17
プロパノン	液	465	−18	ヘキサメチレン	液	245	−17
プロパン酸	液	513		ヘキサリン	液	300	68
1,3-プロパンジアミン			24*	ヘキサン	液	225	−23
1,2-プロパンジオール		371	99	1,6-ヘキサンジオール	固		130
β-プロピオラクトン			74	2,5-ヘキサンジオール	液		110
プロピオン酸	液	465	52	2,5-ヘキサンジオン	液	449	79
プロピオン酸エチル	液	440	12	1,2,6-ヘキサトリオール	液		191*
プロピオン酸ビニル	液		1*	ヘキシルアルコール	液	293	63
プロピオン酸ブチル	液	426	32	ヘキシルアミン	液		29*
プロピオン酸プロピル	液		79*	ヘキシルエーテル	液	185	77*
プロピオン酸メチル	液	469	−2	ヘキシルセロソルブ	液		91*
iso-プロピルアミン	液	402	−37*	1-ヘキシレン	液		−26
プロピルアルコール	液	421	23	ヘキシレングリコール	液		96*

表 2.1.5 （つづき）

物　　質	室温における状態	発火点〔℃〕	引火点〔℃〕	物　　質	室温における状態	発火点〔℃〕	引火点〔℃〕
1-ヘキセン	液	253	<-7	ホロン	液		85*
ヘプタデカノール	固		154*	マレイン酸ジアミル	液		132
2-ヘプタノール	液		71*	マレイン酸ジエチル	液	350	121*
3-ヘプタノール	液		60*	マレイン酸ジ-2-エチルヘキシル	液		185
2-ヘプタノン	液	393	39	マレイン酸ジブチル	液		141*
3-ヘプタノン	液		46*	マレイン酸メチル	液		113
4-ヘプタノン	液		49	マロン酸ジエチル	液		93*
ヘプチルアミン	液		54*	ミネラルスピリット	液	288	<-18
ヘプチルメチルケトン	液		71	無水酢酸	液	316	53
ベンジルアセテート	液	461	102	無水フタル酸	固	570	152
ベンジルアルコール	液	436	93	無水マレイン酸	固	477	102
ベンジルエーテル	液		135	メシチルオキシド	液	344	31
ベンジル-β-オキシエチルエーテル	液	352	129*	メタクリル酸エチル	液		20*
ベンジルクロリド	液	585	67	メタクリル酸メチル	液		10*
ベンジルベンゾエート	液	481	148	メタアルデヒド	固		36
ベンジルメルカプタン	液		70	メタクリル酸	液	68	77*
ベンジン	液	288	<-18	メタクリル酸ブチル	液		52*
ベンズアルデヒド	液	192	63	メタリルアルコール	液		33
ベンゼン	液	498	-11	メチラール	液	237	-32*
ベンゼンスルフォニフルオライド	液		91	α-メチルアクリル酸	液		-3*
ベンゾイルクロライド	液	585	67	メチルアセテート	液	502	-10
ベンゾイル酢酸エチル	液		141*	2-メチルアニリン	液	482	85
ベンゾトリフルオリド	液		12	4-メチルアニリン	固	482	87
2,4-ペンタジオン	液	340	41	メチルアミルケトン	液	488	49*
1-ペンタノール	液	300	33	メチルアルコール	液	464	12
2-ペンタノール	液	343	34	メチルイソブチルカルビノール	液		41
3-ペンタノール	液	435	41	メチルエタノールアミン	液		74*
3-ペンタノン	液	450	13*	メチルエチレングリコール	液	371	99*
ペンタフェン	液		111	メチルカルビトール	液		93*
ペンタメチレン	液	380	-7	メチルシクロヘキサノール	液	296	68
ペンタメチレンイミン	液		3	メチルシクロヘキサノン	液		48
ペンタン	液	260	<-40	メチルシクロヘキサン	液	250	-4
iso-ペンタン	液		<-51	4-メチル-1-シクロヘキセン	液		-1
1,5-ペンタンジオール	液	335	129	メチルシクロペンタン	液	258	<-7
2,4-ペンタンジオン	液	340	34	メチルスルホキシド	液	215	95*
2-ヘンデカノン	液		89	α-メチルピリジン	液	538	39*
ヘンデカン	液		65*	4-メチルピリジン	液		57*
1-ペンテン	液	275	-18*	1-メチルピロール	液		16
ホウ酸エチル	液		11	メチルフェニルケトン	液	571	82*
ホウ酸トリメチル	液		<27	2-メチル-1-ブタノール	液	385	50*
ホウ酸メチル	液		23	メチルフタリルエチルグリコラート	液		193
ポリビニルアルコール	固		79*	メチル-iso-ブチルケトン	液	459	17
ホルミルジメチルアミン	液	445	58	3-メチル-1-ブテン	液	365	<-7

表2.1.5 (つづき)

物質	室温における状態	発火点〔℃〕	引火点〔℃〕	物質	室温における状態	発火点〔℃〕	引火点〔℃〕
2-メチルフラン	液		-30	ラード油	固	445	202
2-メチルプロパナール	液	223	-40	ラウリルアルコール	固	275	127
2-メチル-I-プロパナール	液	223	-40	ラウリル酸アミル	液		149
2-メチル-2-プロパンチオール	液		<-29	酪酸	液		72
メチル-iso-プロピルカルビノール	液	343〜385	41*	酪酸エチル	液	463	24
2-メチルヘキサン	液	280	<-17	酪酸ビニル	液		20*
メチルヘプチルケトン	液		71	酪酸ブチル	液		53*
α-メチルベンジルアミン	液		79*	酪酸メチル	液		14
4-メチル-1,3-ペンタジエン	液		-34	ラッカー	液		-18〜27
2-メチル-1-ペンタノール	液	310	54	ラッカー希釈剤	液	232〜288	-11
4-メチル-2-ペンタノール	液		41	落花生油	液	445	282
3-メチルペンタン	液	278	<-7	リシノール酸ブチル	液		110
2-メチルペンテン-1	液	300	<-7	硫化ジアミル	液		85*
2-メチルペンテン-2	液		<-7	硫酸ジエチル	液	436	104
4-メチルペンテン-1	液	300	<-7	硫酸ジメチル	液	188	83
4-メチルペンテン-2	液		<-7	リン酸トリエチル	液	454	115*
メチレンジメチルエーテル	液	237	-18	リン酸トリ-o-クレジル	液	385	225
3-メトキシブタノール	液		74*	リン酸トリフェニル	固		220
モノイソプロパノールアミン	液		77	リン酸トリブチル	液		146*
モノエタノールアミン	液		93*	レソルシノール	固	608	127
モノクロロベンゼン	液	29	638	レゾルシン	固	608	127
モノ-N-プロピルアミン	液	318	-37	ロート油	液	445	247
モノメチルアミン	液	430	0	ろう (微結晶)	固		>204
モルホリン	液	290	37*	ロジン油	液	342	130
モルホリンエタノール	液		99*				
やし油	液		216				

〔注〕*：開放式, 無印：密閉式

爆発範囲を与えるような限界値が使用されることが多い。

表2.1.6に、これまでに報告された可燃性物質の空気中の爆発限界の代表的データを示す。これらの数値は文献3)〜5)から引用した。

表2.1.6 可燃性物質の空気中の爆発限界

物質	爆発限界〔vol%〕					
	文献A		文献B		文献C	
	下限界	上限界	下限界	上限界	下限界	上限界
1. 炭化水素類						
メタン	5.0	15.0	5.0	15.0	5.0	15.0
エタン	3.0	12.4	3.0	12.5	3.0 3.2	12.5 15.5
プロパン	2.1	9.5	2.1	9.5	2.1	9.5
n-ブタン	1.8	8.4	1.9	8.5	1.5 2.0	8.5
イソブタン	1.8	8.4	1.8	8.4	1.8	8.5

2. 化学物質のさまざまな危険性

表 2.1.6 （つづき）

物　　質	爆発限界〔vol%〕					
	文献 A		文献 B		文献 C	
	下限界	上限界	下限界	上限界	下限界	上限界
n-ペンタン	1.4	7.8	1.5	7.8	1.4	7.8
イソペンタン	1.4	7.6	1.4	7.6	1.3	7.6
ネオペンタン	1.4	7.5	1.4	7.5	1.3	7.5
n-ヘキサン	1.2	7.4	1.1	7.5	1.2	6.9 7.4
ヘキサン（異性体混合物）	—	—	—	—	1.0	7.0
2-メチルペンタン	1.2	7.0	1.2	7.0	1.2	7.0
3-メチルペンタン	—	—	1.2	7.0	1.2	7.0
2,2-ジメチルブタン	1.2	7.0	1.2	7.0	1.2	7.0
2,3-ジメチルブタン	—	—	1.2	7.0	1.2	7.0
n-ヘプタン	1.1	6.7	1.05	6.7	1.2	6.7
ヘプタン（異性体混合物）	—	—	—	—	1.0	6.0
2,3-ジメチルペンタン	1.1	6.8	1.1	6.7	1.1	6.8
2,2,3-トリメチルブタン	1.0	—	—	—	—	—
n-オクタン	0.95	6.5[*2]	1.0	6.5	0.8	6.5
2,2,4-トリメチルペンタン	0.95	6.0	1.1	6.0	1.0	6.0
n-ノナン	0.85[*3]	—	0.7	4.35	0.7	5.6
イソノナン	—	—	0.71〜0.72	4.43	—	—
2,2,3,3-テトラメチルペンタン	0.80	4.9[*5]	0.8	4.9	0.8	4.9
3,3-ジエチルペンタン	0.70[*6]	5.7[*5]	0.7	5.7	0.7	5.4
4-エチル-2-メチルヘキサン	—	—	—	—	0.7	—
n-デカン	0.75[*3]	5.6[*4]	0.8	5.4	0.7	5.4
n-ドデカン	0.60[*1]	—	0.8	5.9	0.6	—
n-テトラデカン	0.50[*1]	—	0.8	6.8	0.5	—
n-ヘキサデカン	0.43[*1]	—	0.8	7.8	—	—
エチレン	2.7	36	2.7	36	2.7	28.5 34
プロピレン	2.4	11	20	11.1	2.0	11.7
1-ブテン	1.6	10	1.6	10	1.6	9.3 10
2-ブテン	1.7	9.7	cis 1.7	9.0	cis 1.7	9.7
			trans 1.8	9.7	trans 1.7	9.7
イソブチレン	—	—	1.8	9.6	1.8	8.8
1-ペンテン	1.4	8.7	1.5	8.7	1.4	8.7
2-ペンテン	cis 0.66	2.42	—	—	—	—
	trans 0.67	2.42				
3-メチル-1-ブテン	1.5	9.1	1.5	9.1	—	—
1,3-ブタジエン	2.0	12	2.0	12	1.1 2.0	10 12.5

表 2.1.6 (つづき)

物質	爆発限界〔vol%〕					
	文献 A		文献 B		文献 C	
	下限界	上限界	下限界	上限界	下限界	上限界
イソプレン	2.0	9	1.5	8.9	1 1.5	7 9.7
1,4-ヘキサジエン	—	—	2.0	6.1	—	—
アレン	2.2	—	—	—	—	—
アセチレン	2.5	100	2.5	100	1.5	82 100
ビニルアセチレン	—	—	21	100	2	100
メチルアセチレン	1.7	—	1.7	—	1.7	—
ベンゼン	1.3[*6]	7.9[*6]	1.2	7.8	1.2	8.0
トルエン	1.2[*6]	7.1[*6]	1.1	7.1	1.2	7.0
o-キシレン	1.1[*6]	6.4[*6]	0.9	6.7	1.0	6.0 7.6
m-キシレン	1.1[*6]	6.4[*6]	1.1	7.0	1.1	7.0
p-キシレン	1.1[*6]	6.6[*6]	1.1	7.0	1.1	7.0
エチルベンゼン	1.0[*6]	6.7[*6]	0.8	6.7	1.0	—
プロピルベンゼン	—	—	0.8	6.0	0.8	6.0
クメン	0.88[*6]	6.5[*6]	0.9	6.5	0.8	6.0
ブチルベンゼン	0.82[*6]	5.8[*6]	0.8	5.8	0.8	5.8
イソブチルベンゼン	0.82[*6]	6.0[*8]	0.8	6.0	0.8	5.8
sec-ブチルベンゼン	0.77[*6]	5.8[*6]	0.8	6.9	0.8	6.9
tert-ブチルベンゼン	0.77[*6]	5.8[*6]	0.7	5.7	0.8	5.6
ジフェニルベンゼン	0.96[*1]	—	—	—	—	—
p-ジエチルベンゼン	0.80[*6]	—	0.7	6.0	—	—
p-シメン	0.85[*6]	6.5[*6]	0.7	5.6	0.7	5.6
スチレン	1.1[*7]	6.1[*5]	0.9	6.8	1.1	6.1 8
メチルスチレン	0.7[*5]	—	—	—	0.9	—
1-メチル-1-フェニルエテン	—	—	1.9	6.1	—	—
メチルシクロペンタジエン	1.3[*6]	7.6[*6]	1.3	7.6	1.3	7.6
シクロヘキセン	1.2[*6]	—	—	—	—	—
ナフタリン	0.88[*4]	5.9[*7]	0.9	5.9	0.9	5.9
1-メチルナフタリン	0.80[*1]	—	—	—	—	—
テトラリン	0.84[*6]	5.0[*9]	0.8	5.0	0.8	5.0
デカリン	0.71[*6]	4.9[*6]	0.7	4.9	cis 0.7 trans 0.4	4.9 4.9
ジメチルデカリン	0.67[*6]	5.4	0.7	5.3	—	—
アントラセン	0.65[*1]	—	0.6	—	0.6	—
ビフェニル	0.60[*6]	5.8[*9]	0.6	5.8	0.7	3.4
ジフェニルメタン	0.7[*1]	—	—	—	—	—
2-イソプロピルビフェニル	0.53[*8]	3.2[*10]	0.5	3.2	—	—
ビシクロヘキシル	0.65[*6]	5.1[*9]	0.7	5.1	—	—
イソプロピルビシクロヘキシル	0.52[*9]	4.1[*10]	0.5	4.1	—	—

2. 化学物質のさまざまな危険性

表 2.1.6 (つづき)

物　質	爆発限界〔vol%〕					
	文献 A		文献 B		文献 C	
	下限界	上限界	下限界	上限界	下限界	上限界
ジペンテン	0.75[*9]	6.1[*9]	0.7	6.1	—	—
ピナン	0.74[*8]	7.2[*8]	0.7	7.2	—	—
シクロプロパン	2.4	10.4	2.4	10.4	2.4	10.4
シクロブタン	1.8	—	1.8		1.8	
シクロペンタン	1.5	—	—			
シクロヘキサン	1.3	7.8	1.3	8	1.2	8.3
エチルシクロブタン	1.2	7.7	1.2	7.7	1.2	7.7
シクロヘプタン	1.1	6.7	1.1	6.7	—	—
エチルシクロペンタン	1.1	6.7	1.1	6.7	1.1	6.7
メチルシクロヘキサン	1.1	6.7	1.2	6.7	—	—
エチルシクロヘキサン	0.95[*7]	6.6[*7]	0.9	6.6	1.1	
ジエチルシクロヘキサン	0.80[*2]	6.0[*6]	0.8	6.0	—	—
テレピン	0.7[*6]	—	0.8	—	—	—
2.　アルコール類						
メタノール	6.7	36[*2]	6.0	36	5.5	26.5
エタノール	3.3	19[*2]	3.3	19	3.5	15
1-プロパノール	2.2[*3]	14[*6]	2.2	13.7	2.1	13.5
2-プロパノール	2.2	12[*6]	2.0	12.7	2.0	12
1-ブタノール	1.7[*6]	12[*6]	1.4	11.2	1.4 / 1.7	10 / 11.3
イソブチルアルコール	1.7[*6]	11[*6]	1.7	10.6	1.7	—
2-ブタノール	1.7[*6]	9.8[*6]	1.7	9.8	—	—
tert-ブチルアルコール	1.9[*6]	9[*6]	2.4	8.0	2.3	8.0
1-ペンタノール	1.4[*6]	10[*6]	1.2	10.0	1.3	10.5
イソペンチルアルコール	1.4[*6]	9[*6]	1.2	9.0	—	—
2-ペンタノール	—	—	1.2	9.0	1.2	8
tert-ペンチルアルコール	1.4[*1]	—	1.2	9.0	—	—
3-ペンタノール			1.2	9.0	1.2	8
2-メチル-1-ブタノール			—	—	1.2	8
3-メチル-2-ブタノール			—	—	1.2	8
ネオペンチルアルコール			—	—	1.2	8
n-ヘキシルアルコール	1.2[*6]	—	—	—	—	—
シクロヘキシルアルコール	1.2[*4]	—	—	—	—	—
1-メチルシクロヘキシルアルコール	1.0[*4]	—	—	—	—	—
メチルイソブチルカルビノール	1.0[*5]	5.5[*5]	1.0	5.5	—	—
ジイソブチルカルビノール	0.82[*6]	6.1[*6]	0.8	6.1	—	—
アリルアルコール	2.5	18	2.5	18.0	2.5	18
3-オキシメタナール	2.0[*1]	—	—	—	—	—
アリルカルビノール	—	—	—	—	4.7	34
プロパルギルアルコール	2.2[*3]	14[*6]	—	—		
フェノール	—	—	1.8	8.6	—	—
フルフリルアルコール	1.8[*2]	16[*6]	1.8	16.3	1.8	16.3

表 2.1.6 (つづき)

物質	爆発限界〔vol%〕					
	文献 A		文献 B		文献 C	
	下限界	上限界	下限界	上限界	下限界	上限界
テトラヒドロフルフリルアルコール	—	—	1.5	9.7	1.5	9.7
エチレングリコール	3.5[*1]	—	3.2	—	3.2	—
1,2-プロパンジオール	2.6[*4]	12.5[*5]	2.6	12.5	2.6	12.6
1,3-プロパンジオール	1.7[*1]	—	—	—	—	—
1,3-ブタンジオール	1.9[*1]	—	—	—	—	—
トリエチレングリコール	0.9[*9]	9.2[*8]	0.9	9.2	0.9	9.2
3. アルデヒド類						
ホルムアルデヒド	7.0	73	7.0	73	7.0	73
アセトアルデヒド	4.0	60	4.0	60	4	57
パラアルデヒド	1.3	—	1.3	—	1.3	—
プロピオンアルデヒド	2.9	17	2.6	17	2.3	21
ブチルアルデヒド	2.5	12.5	1.9	12.5	1.4 2.5	12.5
イソブチルアルデヒド	—	—	1.6	10.6	—	—
2-エチルブチルアルデヒド	—	—	1.2	7.7	—	—
アクロレイン	2.8	31	2.8	31	2.8	31
クロトンアルデヒド	2.1	16[*2]	2.1	15.5	2.1 3.0	15.5
ベンズアルデヒド	—	—	—	—	1.4	—
フルアルデヒド	2.1[*5]	19.3[*5]	2.1	19.3	2.1	19.3
4. ケトン類						
アセトン	2.6	13	2.5	12.8	2.5	13.0
メチルエチルケトン	1.9	11	1.4	11.4	1.8	9.5 11.5
ジエチルケトン	1.6	—	1.6	—	—	—
メチルプロピルケトン	1.6	8.2	1.5	8.2	1.5	8.2
メチルブチルケトン	1.2[*3]	8[*6]	—	8	1.2	8.0
メチルイソブチルケトン	1.4	7.5	1.2	8.0	1.2 1.4	7.5 8.0
エチルプロピルケトン	—	—	—	—	1	8
ジイソブチルケトン	0.79[*6]	6.2[*6]	0.8	7.1	—	—
メチルイソプロペニルケトン	1.8[*3]	9[*3]	1.8	9.0	—	—
2,4-ヘキサジエナール	—	—	1.3	8.1	—	—
シクロヘキサノン	1.1[*6]	—	1.1	9.4	1.3	9.4
アセチルアセトン	1.7[*1]	—	—	—	—	—
アセチルベンゼン	1.1[*1]	—	—	—	—	—
イソホロン	0.84[*5]	—	0.8	3.8	0.8	3.8
しょう脳	—	—	0.6	3.5	0.6	4.5
ジアセトンアルコール	—	—	1.8	6.9	—	—
5. エーテル類						
ジメチルエーテル	3.4	27	3.4	27.0	2.0 3.4	18 27
メチルエチルエーテル	2.0	10	2.0	10.1	2.0	10.1
ジエチルエーテル	1.9	36	1.9	36.0	1.7	36

2. 化学物質のさまざまな危険性

表 2.1.6 （つづき）

物　質	爆発限界〔vol%〕					
	文献 A		文献 B		文献 C	
	下限界	上限界	下限界	上限界	下限界	上限界
エチルプロピルエーテル	1.7	9	1.7	9.0	1.9	24
ジイソプロピルエーテル	1.4	7.9	1.4	7.9	1.4	21
ジブチルエーテル	1.5	7.6[*5]	1.5	7.6	0.9	8.5
アミルエーテル	0.7[*1]	—	—	—	—	—
ヘキシルエーテル	0.6[*1]	—	—	—	—	—
ジビニルエーテル	1.7	27	1.7	27	1.7	27 36.5
メチルビニルエーテル	2.6	39	—	—	—	—
エチルビニルエーテル	—	—	1.7	28	—	—
ジフェニルエーテル	0.8[*1]	—	0.7	6.0	0.8	15
酸化エチレン	3.6	100	3.0	100	3.0	100
酸化プロピレン	2.8	37	2.3	36	1.9	15 24
酸化ブチレン	—	—	1.5〜1.7	18.3〜19	1.5	18.3
p-ジオキサン	2.0	22	2.0	22	1.9	22.5
トリオキサン	3.6[*5]	29[*5]	3.6	29	3.6	29
アセタール	1.6	10	1.6	10	1.6	10.4
フラン	2.3	14.3	2.3	14.3	2.3	14.3
テトラヒドロフラン	2.0	—	2	11.8	1.5	12
過酸化ジエチル	—	—	2.3	—	—	—
エチレングリコールモノメチルエーテル	2.5[*7]	20[*9]	1.8	14	2.5 3.0	14 20
エチレングリコールモノエチルエーテル	1.8[*5]	14[*5]	1.7	15.6	1.8 2.6	14.0 15.7
エチレングリコールモノブチルエーテル	1.1[*9]	11[*6]	1.1	12.7	1.1	10.6
6. 酸およびエステル						
酢酸	5.4[*6]	16[*6]	4.0	19.9	4.0 5.4	17
無水酢酸	2.7[*3]	10[*1]	2.7	10.3	2.0 2.7	10.2
酪酸	2.0[*5]	10[*5]	2.0	10.0	—	—
アジピン酸	1.6[*1]	—	—	—	—	—
無水マレイン酸	1.4[*5]	7.1[*5]	1.4	7.1	—	—
無水フタル酸	1.2[*9]	9.2[*10]	1.7	10.5	1.7	10.5
ギ酸メチル	5.0	23	4.5	23	5.0 5.9	20 23
ギ酸エチル	2.8	16	2.8	16.0	2.7 3.5	13.5 16.5
ギ酸ブチル	1.7	8.2	1.7	8.2	1.7	8
ギ酸イソブチル	—	—	1.7	8	1.7	8
ギ酸イソアミル	—	—	—	—	1.7	10
酢酸メチル	—	—	3.1	16	3.1	16
酢酸エチル	2.2	11	2.0	11.5	2.1 2.5	11.5

表 2.1.6 (つづき)

物質	爆発限界〔vol%〕					
	文献 A		文献 B		文献 C	
	下限界	上限界	下限界	上限界	下限界	上限界
酢酸プロピル	1.8	8[*4]	1.7	8	1.7 2.0	8
酢酸イソプロピル	1.7[*1]	—	1.8	8	1.8	8.0
酢酸ブチル	1.4[*3]	8[*6]	1.7	7.6	1.2	7.5
酢酸イソブチル	2.4	10.5	1.3	10.5	2.4	10.5
酢酸 sec-ブチル	—	—	1.7	9.8	1.7	—
酢酸アミル	1.0[*6]	7.1[*6]	1.1	7.5	1	—
酢酸イソアミル	1.1[*6]	7[*6]	1.0	7.5	—	—
酢酸メチルセロソルブ	1.7[*9]	8.2[*5]	1.7	8.2	1.7	8.2
酢酸エチルセロソルブ	—	—	—	—	1.7	—
酢酸ビニル	2.6	13.4	2.6	13.4	2.6	13.4
酢酸シクロヘキシル	1.0[*1]	—	—	—	—	—
プロピオン酸メチル	2.4	13	2.5	13	2.4	13
プロピオン酸エチル	1.8	11	1.9	11	1.8	11
プロピオン酸アミル	1.0[*1]	—	—	—	—	—
ステアリン酸ブチル	0.3[*1]	—	—	—	—	—
酪酸ビニル	—	—	1.4	8.8	—	—
アクリル酸メチル	2.8	25[*5]	2.8	25	2.8	25
アクリル酸エチル	—	—	1.4	14	1.8	—
メタクリル酸メチル	—	—	1.7	8.2	2.1	12.5
メタクリル酸エチル	—	—	—	—	1.8	—
乳酸メチル	2.2[*6]	—	2.2	—	2.2	—
乳酸エチル	1.5[*6]	—	1.5	—	1.5	—
安息香酸エチル	—	—	—	—	1.0	—
安息香酸ベンジル	0.7[*1]	—	—	—	—	—
硝酸エチル	4.0	—	4.0	—	3.8	—
亜硝酸エチル	3.0	50	4.0	50	3.0	50
硝酸プロピル	1.8[*7]	100[*7]	2	100	—	—
硝酸アミル	1.1[*5]	—	—	—	—	—
亜硝酸アミル	1.0[*1]	—	—	—	—	—
キサントゲン酸カリウム	—	—	—	9.6	—	9.6
7. 窒素化合物						
メチルアミン	4.9	20.7	4.9	20.7	5	20.7
ジメチルアミン	2.8	14.4	2.8	14.4	2.8	14.4
トリメチルアミン	2.0	12	2.0	11.6	2.0	11.6
エチルアミン	3.5	14	3.5	14.0	3.5	14.0
ジエチルアミン	1.8	10	1.8	10.1	1.7	10.1
トリエチルアミン	1.2	8	1.2	8.0	1.2	8.0
プロピルアミン	2.0	10.4	2.0	10.4	2.0	10.4
ブチルアミン	1.7	9.8	1.7	9.8	1.7	10
tert-ブチルアミン	1.7[*6]	8.9[*6]	1.7	8.9	—	—
アミルアミン	2.2	—	2.2	22	—	—

2. 化学物質のさまざまな危険性

表 2.1.6 （つづき）

物　　質	爆発限界〔vol%〕					
	文献 A		文献 B		文献 C	
	下限界	上限界	下限界	上限界	下限界	上限界
アリルアミン	2.2	22	2.2	22	2.2	22
エチレンイミン	3.6	46	3.3	54.8	3.6	46
アニリン	1.2[*9]	8.3[*9]	1.3	—	—	—
ジメチルアニリン	—	—	—	—	1.2	7.0
ジエチルアニリン	0.8[*1]	—	1.0	5.0	—	—
p-フェニレンジアミン	—	—	—	—	1.5	—
o-フェニレンジアミン	—	—	1.5	—	—	—
アミノビニフェニル	0.7[*1]	—	—	—	—	—
2-アミノビニフェニル	0.8[*1]	—	—	—	—	—
ピリジン	1.8[*2]	12[*3]	1.8	12.4	1.7	10.6
α-ピコリン	—	—	—	—	1.4	8.6
β-ピコリン	1.4[*1]	—	—	—	—	—
キノリン	1.0[*1]	—	—	—	—	—
ニコチン	0.75[*6]	—	0.7	4.0	0.7	4.0
N,N-ジメチルホルムアミド	1.8[*6]	14[*6]	2.2	15.2	2.2	16
アセトニトリル	4.4	16	3.0	16.0	3.0	—
プロピオニトリル	—	—	3.1	—	3.1	—
アクリロニトリル	3.0	17	3.0	17	3.0	17
アセトンシアンヒドリン	2.2[*5]	12[*5]	2.2	12.0	—	—
アセトアニリド	1.0[*1]	—	—	—	—	—
ヒドラジン	4.7[*5]	100[*5]	2.9	98	4.7	100
モノメチルヒドラジン	4.0	—	2.5	92	—	—
unsym-ジメチルヒドラジン	2.0	95[*6]	2	95	—	—
ニトロメタン	7.3[*5]	—	7.3	—	—	—
ニトロエタン	3.4	—	3.4	—	—	—
1-ニトロプロパン	2.2[*5]	—	2.2	—	—	—
2-ニトロプロパン	2.5[*5]	—	2.6	11.0	—	—
ニトロベンゼン	1.8[*4]	—	1.8	—	1.8	—
8. ハロゲン化合物						
塩化メチル	10.7	17.4	8.1	17.4	7.1	18.5
塩化メチレン	15.9[*6]	19.1[*6]	13	23	13	22
塩化エチル	3.8	15.4	3.8	15.4	3.6	14.8
塩化アセチレン	—	100	—	—	—	—
塩化アセチル	5.0[*1]	—	—	—	—	—
1,1-ジクロロエタン	—	—	5.4	11.4	5.6	16
1,2-ジクロロエタン	4.5[*6]	17.3[*6]	6.2	16	6.2	16
塩化ビニル	3.6	33	3.6	33.0	3.8	29.3
1,1-ジクロロエチレン	9.7	12.8	6.5	15.5	5.6	13 16
cis-1,2-ジクロロエチレン	—	—	5.6	12.8	6.2 9.7	13 16
trans-1,2-ジクロロエチレン	—	—	5.6	12.8	9.7	12.8
トリクトルエタン	6.8	—	7.5	12.5	—	—

表 2.1.6 (つづき)

物　　質	爆発限界〔vol%〕					
	文献 A		文献 B		文献 C	
	下限界	上限界	下限界	上限界	下限界	上限界
トリクロロエチレン	12.0	40[*6]	7.8〜8	10.5〜52	7.9	—
塩化プロピル	2.6	11	2.6	11.1	2.6	10.5 11.1
塩化イソプロピル	—	—	2.8	10.7	2.8	10.7
塩化プロパルギル	—	100	—	—	—	—
1,2-ジクロロプロパン	3.4	14.5	3.4	14.5	3.4	14.5
1,2,3-トリクロロプロパン	—	—	3.2	12.6	3.2	12.6
1-クロロプロペン	4.5	16	4.5	16	4.5	16.0
塩化アリル	2.9	11	2.9	11.1	3.2	11.2
塩化ブチル	1.8	10[*6]	1.8	10.1	1.8	10.1
塩化イソブチル	2.0	8.8	2.0	8.8	2.0	8.8
1-クロロ-2-ブテン	4.2	19	4.2	19	4.2	19
2-クロロ-2-ブテン	2.9	9.3	2.3	9.3	2.2	9.3
1-クロロ-2-メチルプロペン	—	—	—	—	2.3 3.2	8.1
塩化アミル	1.6[*3]	8.6[*6]	1.6	8.6	1.4 1.6	8.6
塩化イソアミル	—	—	1.5	7.4	1.7	10
塩化-tert-アミル	1.5[*4]	7.4	1.5	7.4	—	—
クロロプレン	—	—	4.0	20.0	—	—
エチレンクロロヒドリン	4.9[*5]	15.9[*5]	4.9	15.9	5	16
クロロ酢酸	—	—	—	—	8	—
クロロベンゼン	1.4	7.1	1.3	9.6	1.3 1.5	7.0 11.0
o-ジクロロベンゼン	2.2[*5]	9.2[*5]	2.2	9.2	2.2	9.2 12
塩化ベンジル	1.1[*5]	—	1.1	—	1.1	—
1-クロロ-2,4-ジニトロベンゼン	—	—	2.0	22	1.9	22
臭化メチル	10	15	10	16.0	8.6	20.0
臭化エチル	6.7	11.3	6.8	8.0	6.7	11.3
臭化ブチル	2.5[*6]	6.6[*6]	2.6	6.6	4	—
臭化プロパルギル	3.0	100	3.0	—	—	—
1-ブロモ-2-ブテン	6.4	12	4.6	12.0	6.4	12
臭化アリル	4.4	7.3	4.4	7.3	4.7	7.3
ブロモベンゼン	1.6[*1]	—	—	—	—	—
1-クロロ-1,1-ジフルオルエタン	—	—	6.2	17.9	6.2	17.9
クロロトリフルオロエチレン	—	—	8.4	16.0	24.0	40.3
9. その他の有機化合物						
o-クレゾール	—	—	1.4	—	1.3	—
m-クレゾール	1.1[*9]	—	1.1	—	1.0	—
p-クレゾール	—	—	1.1	—	1.0	—
β-プロピオラクトン	2.9[*2]	—	2.9	—	—	—
γ-ブチロラクトン	2.0[*9]	—	—	—	—	—
硫化ジメチル	2.2	20	2.2	19.7	2.2	19.7

2. 化学物質のさまざまな危険性

表 2.1.6 (つづき)

物　　　質	爆発限界〔vol%〕					
	文献 A		文献 B		文献 C	
	下限界	上限界	下限界	上限界	下限界	上限界
メチルメルカプタン	3.9	22	3.9	21.8	4.1	21
エチルメルカプタン	2.8	18	2.8	18.0	2.8	18
ジメチルスルホキシド	2.6[*5]	28.5[*5]	2.6	42	—	—
セレン化ジエチル	—	—	2.5	—	2.5	—
メチルトリクロロシラン	—	—	7.6	>20	7.6	—
ジメチルジクロロシラン	—	—	3.4	>9.5	3.4	>9.5
テトラメチルスズ	—	—	1.9	—	1.9	—
テトラメチル鉛	—	—	—	—	1.8	—
テトラエチル鉛	—	—	1.8	—	1.8	—
10. 無機化合物						
水　素	4.0	75	4.0	75	40	75.6
重水素	4.9	75	5	75	—	—
一酸化炭素	12.5	74	12.5	74	12.5	74
アンモニア	15	28	15	28	15	28
硫化水素	4.0	44	4.0	44.0	4.3	45.5
二硫化炭素	1.3	50	1.3	50.0	1.0	60
硫化カルボニル	—	—	12	29	11.9	29
ジシアン	6.6	32	6.6	32	6.0	32〜43
シアン化水素	5.6	40	5.6	40.0	5.4	46.6
ニッケルカルボニル	—	—	2	—	2	—
一酸化塩素	—	—	23.5	100	23.5	100
ジボラン	0.8	88	0.8	88	—	—
テトラボラン	0.4	—	—	—	—	—
ペンタボラン	0.42	—	0.42	—	—	—
デカボラン	0.2	—	—	—	—	—
11. 混合物						
ピッツバーグ天然ガス	〜4.8	〜13.5	—	—	—	—
他の天然ガス	3.8〜6.5	13〜17	3.8〜6.5	13〜17	—	—
ベンジン	—	—	1.1	5.9	—	—
ガソリン	1.2〜1.3	7.1	1.4〜1.5	7.4〜7.6	—	—
ナフサ	—	—	0.9〜1.0	6.0〜6.7	—	—
ケロシン	0.7[*6]	4.8[*6]	1.2	9.0	—	—
石炭ガス	〜5.3	〜32	5.3	32	—	—
コークス炉ガス	—	—	4.4	34	—	—
溶鉱炉ガス	—	—	35	74	—	—
発生炉ガス	—	—	20〜30	70〜80	—	—
水性ガス	—	—	7.0	72	—	—
増熱水性ガス	—	—	5.6	46.2	—	—

〔注〕　文献 A　Kuchta, J.M., Investigaton of Fire and Explosion Accidents in the Chemical, Mining, and Fuel-Related Industries-A Manual, U.S. Bureau of Mines, Bulletin 680 (1985)
　　　文献 B　National Fire Protection Association, National Fire Codes
　　　文献 C　Nabert, K. and Schon, G., Sicherheits-technische Kennzahlen Brennbarer Gase und Dampfe', 2 Arfl., 36, Physikalisch-Technischen Bundesanstalt (1963)
　　　＊1：計算値，＊2：60℃，＊3：45〜55℃，＊4：80〜95℃，＊5：25℃以上，＊6：100〜115℃，＊7：120〜135℃，＊8：160〜175℃，＊9：140〜155℃，＊10：200℃

表 2.1.7 に，可燃性物質の酸素中の爆発限界の代表的データを示す。これらの数値も文献 1) から引用した。

爆発限界に及ぼす温度の影響は，一般に温度が上昇すると下限界が低くなり，上限界が高くなる。したがって爆発範囲は拡大する。これらの限界値と温度の間にはほぼ直線関係のあることが比較的多くの物質について認められている。図 2.1.7～図 2.1.19 に，爆発限界に及ぼす温度の影響を示す。これらの爆発限界に関する図は文献 6) から引用した。

表 2.1.7　可燃性物質の酸素中の爆発限界

物　質	爆発限界〔vol%〕	
	下限界	上限界
メタン	5.0	61
エタン	3.0	66
プロパン	2.3	55
n-ブタン	1.8	49
n-ヘキサン	1.2	52*1
n-ヘプタン	0.9	47*1
アセチレン	<2.5	100
エチレン	2.9	80
プロピレン	2.1	53
1-ブテン	1.8	58
シクロプロパン	2.5	60
ベンゼン	<1.3	―
メタノール	<6.7	93*2
ジエチルエーテル	2.0	～82*2
ジイソプロピルエーテル	<1.4	69*2
ジビニルエーテル	<1.7	～85*2
アセトアルデヒド	4.0	93
アセトン	<2.6	60*1
塩化メチル	～8.0	～66
塩化メチレン	13.6	68*1
塩化エチル	4.0	67
塩化エチレン	5.6	68*1
塩化ブチル	1.8	49
塩化ビニル	4.0	70
トリクロロエタン	6.6	57*1
トリクロロエチレン	7.5	91*1
1-クロロイソブチレン	4.2	66*2
臭化エチル	6.7	44
1-ブロモイソブチレン	6.4	50*2
水素	4.0	94
一酸化炭素	<12.5	94
アンモニア	～15	～79

〔注〕＊1：100℃，＊2：25℃以上

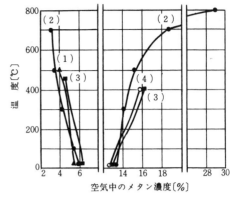

〔注〕（1）　100 mL のヘンペルピペット
　　（2）　直径 2 cm，長さ 50 cm の密閉管
　　（3）　直径 2.5 cm，長さ 150 cm の密閉管
　　（2）　直径 1.8 cm，長さ 150 cm の密閉管

図 2.1.7　メタン-空気系の爆発限界に及ぼす温度の影響（下方伝播）

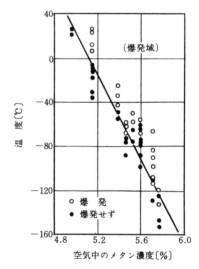

図 2.1.8　メタン-空気系の爆発下限界に及ぼす低温の影響（直径 5 cm の管中の上方伝播）

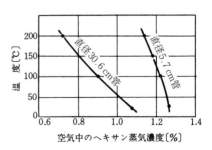

図 2.1.9　ヘキサン蒸気-空気系の爆発下限界に及ぼす温度の影響（上方伝播）

2. 化学物質のさまざまな危険性

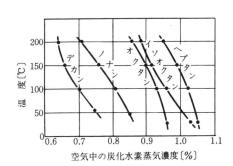

図2.1.10 パラフィン系炭化水素蒸気-空気系の爆発下限界に及ぼす温度の影響（直径5.7 cmの管中の上方伝播）

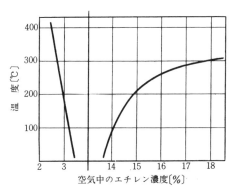

図2.1.11 エチレン-空気系の爆発限界に及ぼす温度の影響（直径2.5 cmの管中の下方伝播）

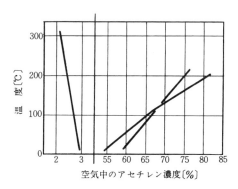

図2.1.12 アセチレン-空気系の爆発限界に及ぼす温度の影響（直径2.5 cmの管中の下方伝播）

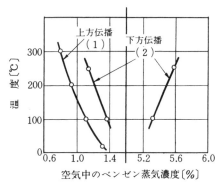

〔注〕（1） 直径30.6 cm, 長さ39 cmの管
　　（2） 直径9 cm, 長さ45 cmの管

図2.1.13 ベンゼン蒸気-空気系の爆発限界に及ぼす温度の影響

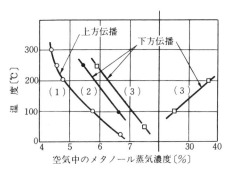

〔注〕（1） 直径30.6 cm, 長さ39 cmの管
　　（2） 直径9 cm, 長さ45 cmの管
　　（3） 容積2.5 Lの容器

図2.1.14 メタノール蒸気-空気系の爆発限界に及ぼす温度の影響

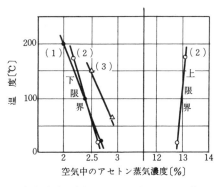

〔注〕（1） 直径30.6 cm, 長さ39 cmの管
　　（2） 直径10.2 cm, 長さ96 cmの管
　　（3） 容器の寸法不明

図2.1.15 アセトン蒸気-空気系の爆発限界に及ぼす温度の影響（上方伝播）

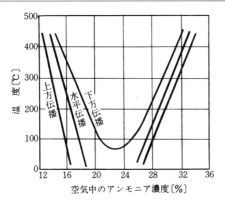

図2.1.16 アンモニア-空気系の爆発限界に及ぼす温度の影響（直径5cmの管）

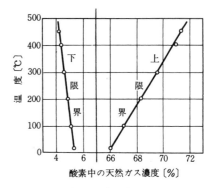

図2.1.19 天然ガス-酸素系の爆発限界に及ぼす温度の影響（直径6.5cm管中の上方伝播）

爆発限界に及ぼす加圧の影響は，一般に圧力が上昇すると下限界が低くなり，上限界が高くなる。したがって爆発範囲は拡大する。しかし，限界値と圧力の関係は，温度の影響の場合のように比較的単純ではなく，それぞれの混合系に特有の複雑な変化を示すことが多い。また，圧力の上昇によって爆発範囲が縮小する場合もある。図2.1.20～図2.1.30に爆発限界に及ぼす加圧の影響を示す。

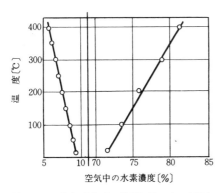

図2.1.17 水素-空気系の爆発限界に及ぼす温度の影響（直径2.5cmの管中の下方伝播）

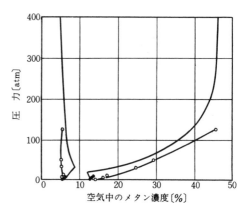

図2.1.20 メタン-空気系の爆発限界に及ぼす加圧の影響

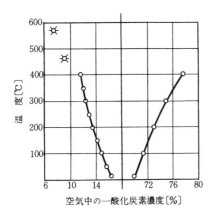

図2.1.18 一酸化炭素-空気系の爆発限界に及ぼす温度の影響（直径2.5cmの管中の下方伝播）

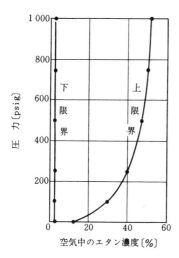

図 2.1.21 エタン-空気系の爆発限界に及ぼす加圧の影響（直径 5 cm の管中の上方伝播）

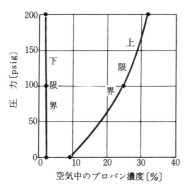

図 2.1.22 プロパン-空気系の爆発限界に及ぼす加圧の影響（直径 5 cm の管中の上方伝播）

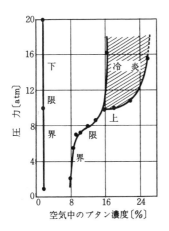

図 2.1.23 ブタン-空気系の爆発限界に及ぼす加圧の影響（100℃, 直径 3.8 cm の管中の水平伝播）

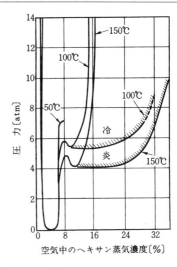

図 2.1.24 ヘキサン蒸気-空気系の爆発限界に及ぼす加圧と加温の同時影響（直径 3.8 cm の管中の水平伝播）

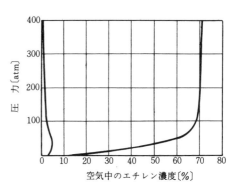

図 2.1.25 エチレン-空気系の爆発限界に及ぼす加圧の影響（下方伝播）

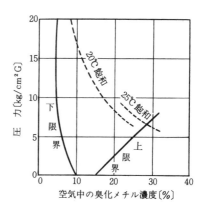

図 2.1.26 臭化メチル-空気系の爆発限界に及ぼす加圧の影響（直径 10 cm の管中の下方伝播）

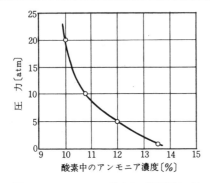

図 2.1.27 アンモニア-酸素系の爆発限界に及ぼす加圧の影響（容積 50 L のボンベ中の中央点火）

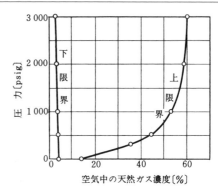

図 2.1.30 天然ガス-空気系の爆発限界に及ぼす加圧の影響（直径 5 cm の管中の上方伝播）

爆発限界に及ぼす減圧の影響は，一般に圧力が数十 kPa 以下になると下限界が高くなり，上限界が低くなって，爆発範囲は縮小する．さらに，10 kPa 以下の低圧になると，下限界と上限界が急速に接近してついに合致し，この圧力以下では爆発は起こらない．この限界圧力を爆発限界圧力といい，この値が数 kPa 程度まで下がる物質もある．しかし，このような低圧下では，着火に用いる火花放電がグロー放電に変質して着火能が低下するので，けっきょく低圧下で両限界が接近する動向は，着火源の強さによって支配されると考えられる．図 2.1.31 ～ 図 2.1.37 に爆発限界に及ぼす減圧の影響を示す．

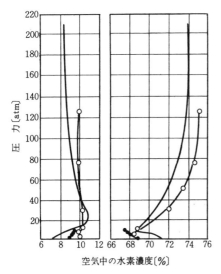

図 2.1.28 水素-空気系の爆発限界に及ぼす加圧の影響

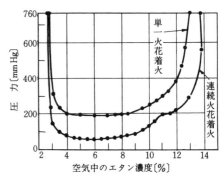

図 2.1.31 エタン-空気系の爆発限界に及ぼす減圧の影響（直径 4 cm の管中の上方伝播）

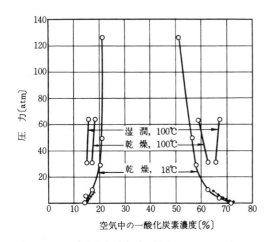

図 2.1.29 一酸化炭素-空気系の爆発限界に及ぼす加圧の影響

2. 化学物質のさまざまな危険性

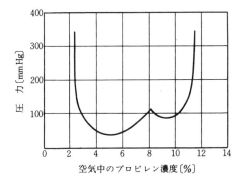

図2.1.32 プロピレン-空気系の爆発限界に及ぼす減圧の影響（直径5cmの管中の上方伝播）

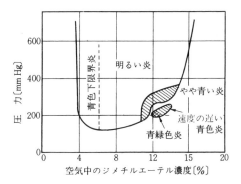

図2.1.33 ジメチルエーテル-空気系の爆発限界に及ぼす減圧の影響（直径5cmの管中の上方伝播）

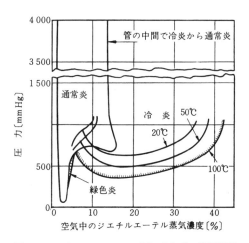

図2.1.34 ジエチルエーテル蒸気-空気系の爆発限界に及ぼす減圧の影響（直径2.5cmの管中の水平伝播）

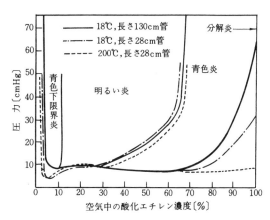

図2.1.35 酸化エチレン-空気系の爆発限界に及ぼす減圧の影響（直径5cmの管中の上方伝播）

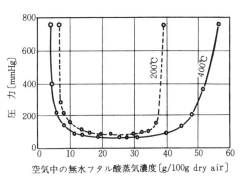

図2.1.36 無水フタル酸蒸気-空気系の爆発限界に及ぼす減圧の影響（直径2.5cmの管中の水平伝播）

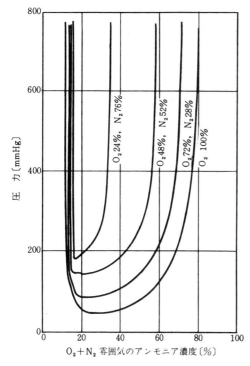

図 2.1.37 アンモニア-〔O_2+N_2〕雰囲気系の爆発限界に及ぼす減圧の影響（直径 5 cm の管中の上方伝播）

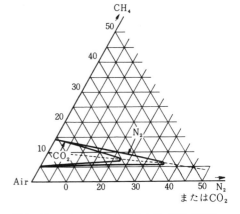

図 2.1.38 メタン-空気-窒素または二酸化炭素系の爆発範囲（直径 25 cm の管中の上方伝播）

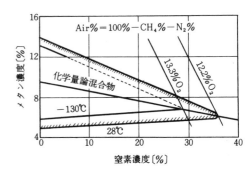

図 2.1.39 メタン-空気-窒素系の爆発範囲に及ぼす低温の影響（直径 5 cm の管中の上方伝播）

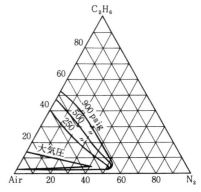

図 2.1.40 エタン-空気-窒素系の爆発範囲に及ぼす加圧の影響（直径 5 cm の管中の上方伝播）

3成分系の爆発限界は，一般に三角図により下限界曲線と上限界曲線を表示し，この両曲線に囲まれた組成域を爆発範囲という。

可燃性ガス-支燃性ガス-不活性ガス3成分系の爆発範囲は，三角図内部に頂点を持つほぼ三角状の組成域であり，この頂点にあたる不活性ガスの濃度をピーク濃度と呼ぶ。すなわち，不活性ガス濃度がこれ以上の組成では，この混合気には爆発性がない。この原理はガス爆発防止の実際面に広く応用される。**図 2.1.38**〜**図 2.1.63**にこの3成分系に相当する各混合系の爆発範囲の測定例を示す。

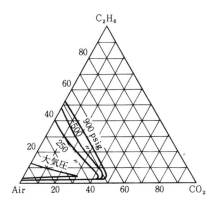

図2.1.41 エタン-空気-二酸化炭素系の爆発範囲に及ぼす加圧の影響（直径5 cmの管中の上方伝播）

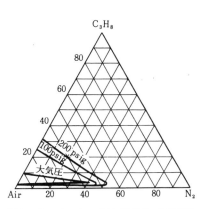

図2.1.42 プロパン-空気-窒素系の爆発範囲に及ぼす加圧の影響（直径5 cmの管中の上方伝播）

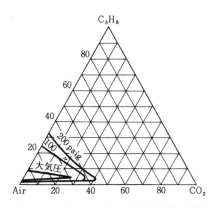

図2.1.43 プロパン-空気-二酸化炭素系の爆発範囲に及ぼす加圧の影響（直径5 cmの管中の上方伝播）

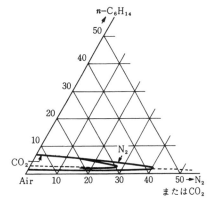

図2.1.44 ヘキサン蒸気-空気-窒素または二酸化炭素系の爆発範囲（直径5 cmの管中の上方伝播）

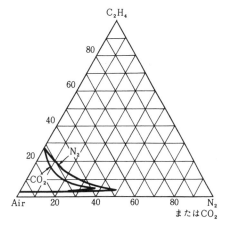

図2.1.45 エチレン-空気-窒素または二酸化炭素系の爆発範囲（直径5 cmの管中の上方伝播）

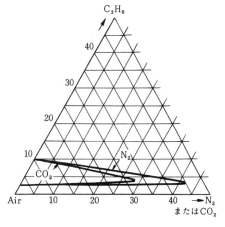

図2.1.46 プロピレン-空気-窒素または二酸化炭素系の爆発範囲（直径5 cmの管中の上方伝播）

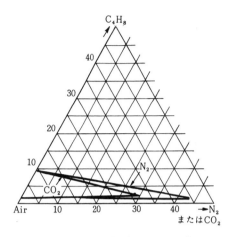

図2.1.47 1-ブテン-空気-窒素または二酸化炭素系の爆発範囲（直径5 cmの管中の上方伝播）

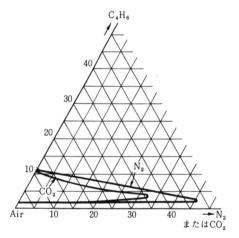

図2.1.48 1,3-ブタジエン-空気-窒素または二酸化炭素系の爆発範囲（直径5 cmの管中の上方伝播）

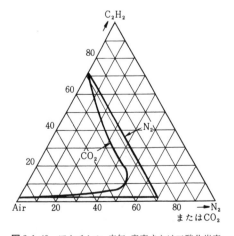

図2.1.49 アセチレン-空気-窒素または二酸化炭素系の爆発範囲（直径5 cmの管中の上方伝播）

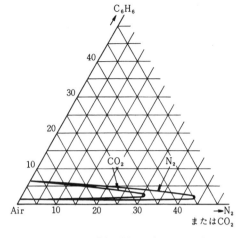

図2.1.50 ベンゼン蒸気-空気-窒素または二酸化炭素系の爆発範囲（直径5 cmの管中の上方伝播）

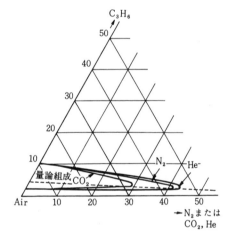

図2.1.51 シクロプロパン-空気-窒素または二酸化炭素, ヘリウム系の爆発範囲（直径5 cmの管中の上方伝播）

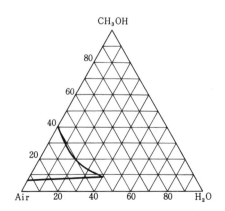

図2.1.52 メタノール蒸気-空気-水蒸気系の爆発範囲（100℃, 直径5 cmの管中の上方伝播）

2. 化学物質のさまざまな危険性

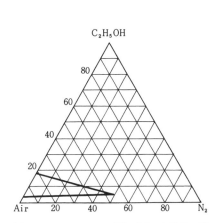

図 2.1.53 エタノール蒸気-空気-窒素系の爆発範囲（80℃，300 mL の容器中の上方伝播）

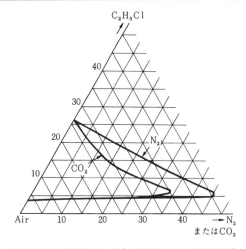

図 2.1.56 塩化ビニル-空気-窒素または二酸化炭素系の爆発範囲（直径 5 cm の管中の上方伝播）

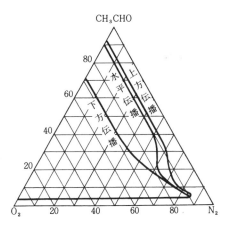

図 2.1.54 アセトアルデヒド蒸気-酸素-窒素系の爆発範囲（直径 5 cm の管中）

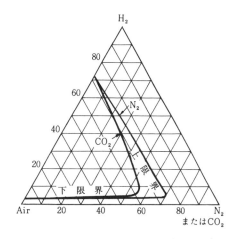

図 2.1.57 水素-空気-窒素または二酸化炭素系の爆発範囲（直径 5 cm の管中の上方伝播）

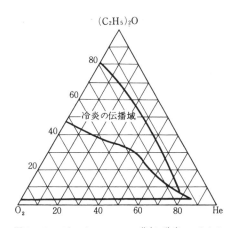

図 2.1.55 ジエチルエーテル蒸気-酸素-ヘリウム系の爆発範囲（直径 5 cm の管中の上方伝播）

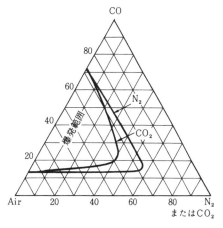

図 2.1.58 一酸化炭素-空気-窒素または二酸化炭素系の爆発範囲（直径 5 cm の管中の上方伝播）

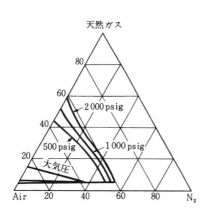

図2.1.59 天然ガス-空気-窒素系の爆発範囲に及ぼす加圧の影響(直径5cmの管中の上方伝播)

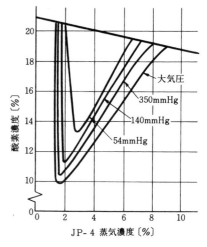

図2.1.61 JP-4蒸気-空気-窒素系の爆発範囲に及ぼす減圧の影響($0.35 m^3$の容器中の下方伝播)

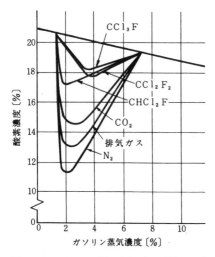

図2.1.60 ガソリン蒸気-空気-各不活性ガス系の爆発範囲(直径5cmの管中の上方伝播)

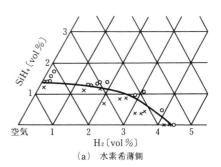

(a) 水素希薄側

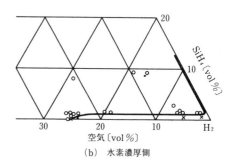

(b) 水素濃厚側

室温,大気圧 ○:爆発,×:爆発せず

図2.1.62 シラン-水素-空気系の爆発範囲

2. 化学物質のさまざまな危険性

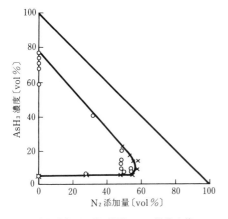

室温大気圧　○：爆発，×：爆発せず
図2.1.63　アルシン-空気-窒素系の爆発範囲

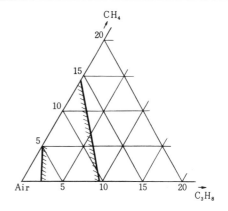

図2.1.64　メタン-プロパン-空気系の爆発範囲
（直径5cmの管中の上方伝播）

多種の可燃性ガス（または蒸気）の混合気が一つの支燃性ガスと混合した場合の爆発限界は，各可燃性ガス単独の爆発限界がわかっていれば，Le Chatelierの式と呼ばれる次式を用いて予測することができる。

$$L = \frac{100}{\dfrac{v_1}{L_1} + \dfrac{v_2}{L_2} + \dfrac{v_3}{L_3} + \cdots} \quad (2.1.1)$$

ここに，L：混合気の爆発限界
　　　　$L_1, L_2, L_3, \cdots$：混合気中の各単独成分の爆発限界
　　　　$v_1, v_2, v_3, \cdots$：混合気中の各単独成分の割合〔%〕
である。

すなわち，$v_1 + v_2 + v_3 + \cdots = 100$

式（2.1.1）は，空気中や酸素中における下限界と上限界の両方に適用できるが，実験結果の示すところによれば，下限界では実測値とよく一致するが，上限界では一般に下限界ほどよく一致しない。また，可燃性ガスの燃焼性が異なる場合には，大きく外れることもある。

可燃性ガス[A]-可燃性ガス[B]-支燃性ガス3成分系に，上記Le Chatelierの式の適用が検討された。この系の三角図では，各可燃性ガス単独の上，下の限界点をそれぞれ結ぶ帯状の組成域が爆発範囲となるが，限界線が直線であれば，その系にはLe Chatelierの式が正しく適合することを示す。図2.1.64～図2.1.76にこの3成分系に相当する各混合系の爆発範囲の測定例を示す。Le Chatelierの式が，特に上限界においてまったく適合しない系があることがわかる。ただし，図2.1.75および図2.1.76は分解爆発性ガスを含んでいるので，爆発範囲の形態がやや異なる。

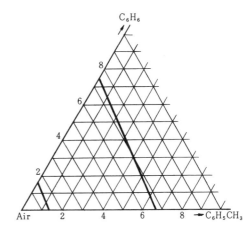

図2.1.65　ベンゼン蒸気-トルエン蒸気-空気系の爆発範囲（直径5cmの管中の上方伝播）

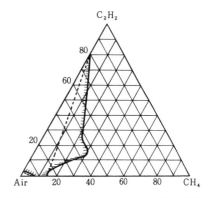

図2.1.66　メタン-アセチレン-空気系の爆発範囲（直径5cmの管中の上方伝播）

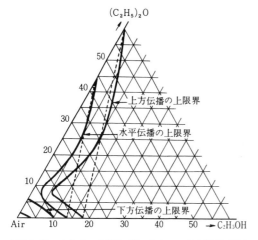

図 2.1.67 エタノール蒸気-ジエチルエーテル蒸気-空気系の爆発範囲（直径 5 cm の管中）

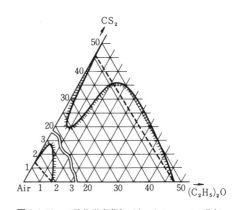

図 2.1.70 二硫化炭素蒸気-ジエチルエーテル蒸気-空気系の爆発範囲（直径 5 cm の管中の上方伝播）

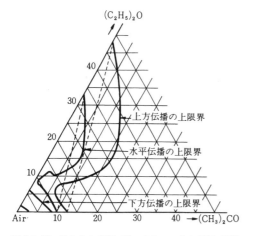

図 2.1.68 アセトン蒸気-ジエチルエーテル蒸気-空気系の爆発範囲（直径 5 cm の管中）

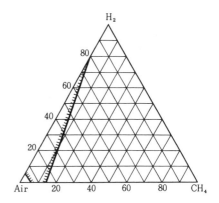

図 2.1.71 水素-メタン-空気系の爆発範囲（大きい容器中の上方伝播）

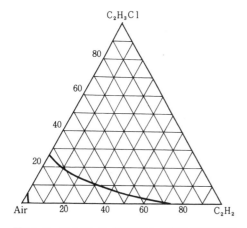

図 2.1.69 アセチレン-塩化ビニル-空気系の爆発範囲（直径 5 cm の管中の上方伝播）

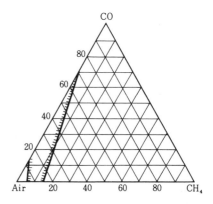

図 2.1.72 一酸化炭素-メタン-空気系の爆発範囲（大きい容器中の上方伝播）

2. 化学物質のさまざまな危険性

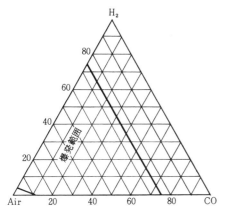

図 2.1.73 水素−一酸化炭素−空気系の爆発範囲（直径 5 cm の管中の上方伝播）

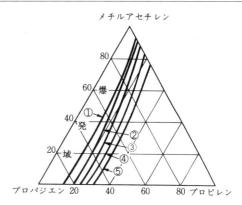

注：① 5.0 cm 管，50 psig　② 2.5 cm 管，100 psig
　　③ 5.0 cm 管，100 psig　④ 10 cm 管，100 psig
　　⑤ 30 cm 管，100 psig

図 2.1.76 メチルアセチレン−プロパジエン−プロピレン系の爆発範囲（120℃，上方伝播）

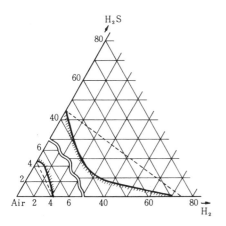

図 2.1.74 水素−硫化水素−空気系の爆発範囲（直径 5 cm の管中の上方伝播）

酸素または空気以外にも，多くの物質に対する支燃性ガスとして，塩素，窒素酸化物などがある。しかし，塩素の一部の場合を除き，これらの支燃性ガスが可燃性ガスと大量に接触する機会はまれであったので，爆発限界が知られている例も少ない。ただし，近年半導体産業などでこれらを含めて各種の支燃性ガスが使用されるようになり，そのような支燃性ガス中での爆発限界も安全工学研究発表会などで発表されるようになってきた。

可燃性ガス−支燃性ガス［A］−支燃性ガス［B］3 成分系の爆発範囲は，先の可燃性ガス［A］−可燃性ガス［B］−支燃性ガス 3 成分系の場合と基本的には同じであり，各支燃性ガス中の単独の上，下の限界点を結ぶ帯状の組成域である。図 2.1.77 〜 図 2.1.82 にこの 3 成分の爆発範囲の測定例を示す。実際の限界線は各系に特有な種々の状態を示すことがわかる。

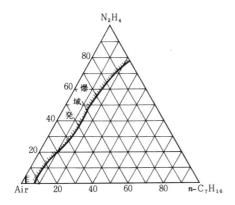

図 2.1.75 ヒドラジン蒸気−ヘプタン蒸気−空気系の爆発範囲（125℃，直径 3.2 cm の管中の上方伝播）

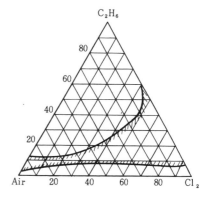

図 2.1.77 エタン−空気−塩素系の爆発範囲（380 mmHg，直径 7.5 cm の管中の上方伝播）

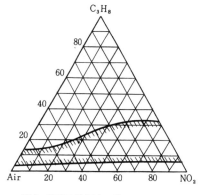

〔注〕濃度の単位は wt%

図 2.1.78 プロパン-空気-過酸化窒素系の爆発範囲（直径 4.3 cm の管中の上方伝播）

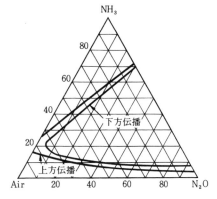

図 2.1.81 アンモニア-空気-亜酸化窒素系の爆発範囲（直径 5 cm の管中）

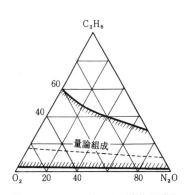

図 2.1.79 シクロプロパン-酸素-亜酸化窒素系の爆発範囲（直径 5 cm の管中の上方伝播）

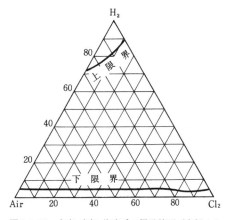

図 2.1.82 水素-空気-塩素系の爆発範囲（直径 4.2 cm の管中の上方伝播）

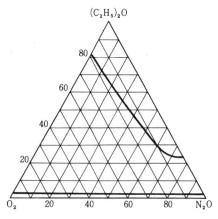

図 2.1.80 ジエチルエーテル蒸気-酸素-亜酸化窒素系の爆発範囲（直径 5 cm の管中の上方伝播）

ある種のガスまたは蒸気は，支燃性ガスの存在しない純粋な状態で，その分解により爆発を起こす。この性質を持つためには，分解が発熱反応で，しかもある程度以上に大きな発熱があることが必要である。このような物質を分解爆発性ガスと呼び，アセチレン，メチルアセチレン，プロパジエン，エチレン，酸化エチレン，ヒドラジン，オゾン，亜酸化窒素，ゲルマンなどが知られている。

分解爆発性ガスに非爆発性のガスを希釈剤として添加していくと，ついには爆発性が消失する。この原理は爆発防止の実際面に応用されている。この場合の限界のガス組成を，分解爆発性ガス-希釈ガス系の爆発限界という。また，分解爆発性は一般に圧力の上昇によって助長されるので，常圧下で爆発しない物質も加圧下では爆発するようになる例が多い。したがって，この 2 成分系では爆発限界と圧力の関係を知る必要がある。**図 2.1.83**〜**図 2.1.85** にその測定例を示す。

（松永猛裕，上原陽一）

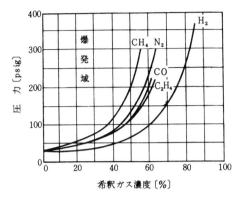

図 2.1.83 アセチレン–各希釈ガス系の爆発限界に及ぼす加圧の影響（直径 27 cm の管中の下方伝播）

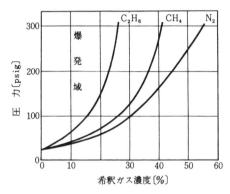

図 2.1.84 メチルアセチレン–各希釈ガス系の爆発限界に及ぼす加圧の影響（120℃，直径 5 cm の管中の上方伝播）

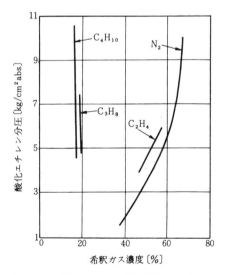

図 2.1.85 酸化エチレン–各希釈ガス系の爆発範囲に及ぼす加圧の影響（125℃，直径 11.4 cm の管中の上方伝播）

引用・参考文献

1) 日本化学会編，化学防災指針集成Ⅱ データ・取扱編，丸善（1986）
2) Sax, N. I. and Lewis, R. J. Jr., Dangerous Properties of Industrial Materials, Van Nostrand Reinhold, New York（1989）
3) Kuchta, J. M., Investigation of Fire and Explosion Accidents in the Chemical, Mining, and Fuel-Related Industries-A Manual, U. S. Bureau of Mines, Bulletin 680（1985）
4) National Fire Protection Association, NFPA 325M "Fira Hazard Properties of Flammable Liquid, Gasses and Volatile Solids"（1991）
5) Nabert, K. and Schön, G., Sicherheits-technische Kennzahlen Brennbarer Gase und Dämpfe, 2Aufl., 36, Physikalisch-Technischen Bundesanstalt（1963）
6) 柳生昭三，ガスおよび蒸気の爆発限界，安全工学協会（1977）

2) 最小発火エネルギー 最小発火エネルギー（minimum ignition energy）とは，可燃性混合気中において，火炎伝播を起こさせるために，その系に与えるべきエネルギーの最小量である。その値は熱の供給速度と方法，熱源の幾何学的形状によって大きく影響される。このことは，粉体-空気系についてもいえる。これまでに数多くのエネルギー源，異なる形状の点火源を用いた測定が行われている。最も多く用いられている点火源は電気火花によるものである。その測定法には容量放電型と誘導放電型があるが，発火エネルギーの測定には前者が用いられる。これは，容量火花がどの可燃性混合気に対しても，最小の発火エネルギーを示し，点火源形状や，初期火炎の時間的変化が数学的解析とよく一致するためである。

発火エネルギーを実験的に測定するには，電気容量 C のコンデンサに充電したエネルギーを，電極間に放電させ，火花が飛ぶ寸前のコンデンサ電圧 V を計測して，発火エネルギーを，$E=CV^2/2$ の計算で求める。この場合，コンデンサに蓄えられたエネルギーの全部が発火に使われることを前提としている。この前提条件を満足するためには，火花の抵抗以外の放電回路中の抵抗はできるだけ小さくし，また，コロナ損失を防ぐため電極先端は丸くするか，平板電極を用いるのがよい。放電のトリガは，機械的スイッチを用いると，そこでの抵抗によるエネルギー損失が生じるので，エネルギー損失の少ない真空スイッチを用いることがある。一般には，コンデンサ容量，充電電圧，電極距離のいずれかを変化させることによる自発放電の

方法がとられる。このような方法により，任意の充電エネルギーの90%以上を，10^{-5}s以内に電極間に火花エネルギーとして放出することができる。図2.1.86に測定の原理を示す。

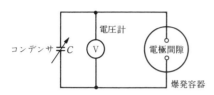

図2.1.86 容量放電による最小発火エネルギー測定の原理

発火エネルギーを正確に計測するために，最近では別の方法も行われている。放電電極間の放電中の電圧$V(t)$と，電流$i(t)$を同時に計測することにより，$E=\int V(t)i(t)dt$から，放電エネルギーEを求める方法である。この方法は，回路にインダクタンスや抵抗を入れることにより放電波形を変化させることができ，放電抵抗以外の回路のエネルギー損失に依存しないという利点がある。このような計測法は，最近の計測器の高速・高分解能化や，パソコンの普及に負うところが大きい。このような方法で測定された最小発火エネルギーの値は，従来$CV^2/2$法で測定された値とほぼ一致している[1]。

最小発火エネルギーは，電極形状および電極距離によって大きく影響される。この間の状況を図2.1.87に示す。電極距離が小さくなりすぎると，電極への熱損失の割合が大きくなり，見掛けの発火エネルギーが急激に増加する。フランジ付き電極を用いた場合の，火炎伝播が生じなくなる限界のフランジ間隙を，その火炎の平板消炎距離という。一方，電極距離が大きくなりすぎると，点火スパークの形状が線状となり，火炎の形状は円筒状に広がることになる。その結果，単位スパーク長さ当りのエネルギー密度が減少するため，見掛けの発火エネルギーは直線的に増大する。したがって，最小の発火エネルギーを測定するために

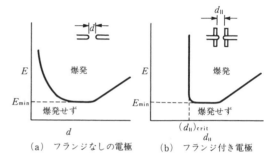

(a) フランジなしの電極　(b) フランジ付き電極

図2.1.87 電極距離と容量放電による発火エネルギー

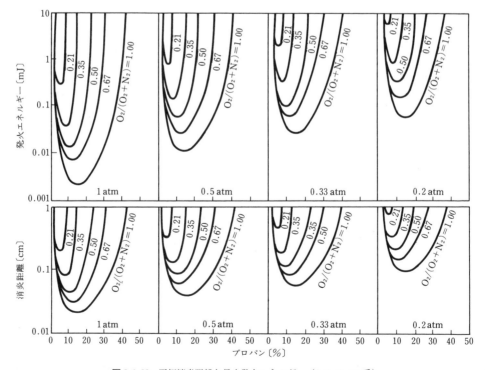

図2.1.88 平板消炎距離と最小発火エネルギー（C_3H_8-O_2-N_2系）

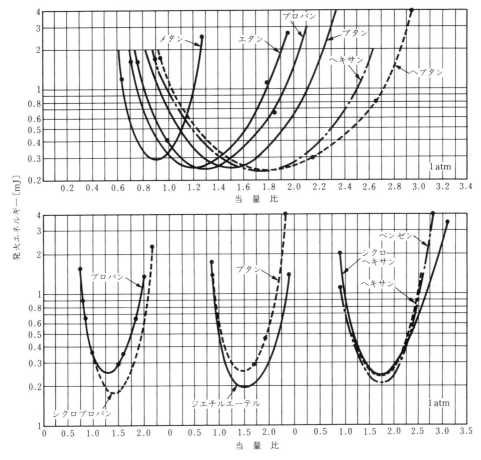

図2.1.89 混合気濃度と最小発火エネルギーの関係

は，電極距離を変化させて，最小値を求めなければならない。プロパン-酸素-窒素混合気について，種々の初圧で，容量火花法を用いて測定された平板消炎距離と最小発火エネルギーを図2.1.88[2)]に示す。一般に，酸素中での発火エネルギーは空気中のそれより2桁小さくなる。また最小発火エネルギーE_{min}と，平行平板消炎距離d_{11}との間には$E_{min} \propto d_{11}^2$の関係が得られる。

最小発火エネルギーは，可燃性混合気濃度によって異なるが，必ずしも理論混合比濃度において最小値を示さない。分子量の大きい重いガスほどE_{min}の理論混合比からのずれは大きくなる。これは，火炎面における燃料と酸化剤の選択拡散によるものと説明されている[3)]。各種燃料と空気との混合気について，混合気濃度と最小発火エネルギーの関係を図2.1.89[2)]に示す。

発火エネルギーは，混合気の温度の上昇に伴い，一般に著しく減少する。発火エネルギーE_{ig}と，混合気の初期温度T_0との間にはつぎの実験式[4)]がある。すなわち，$E_{ig} = C \exp(kT_0)$，ここに，Cおよびkは，可燃性物質による定数である。また，発火エネルギーの圧力依存は次式で与えられる。$E_{ig} P^b =$ 一定である。ここに，Pは混合気の圧力である。一般の炭化水素類では$b \fallingdotseq 2$であるが，必ずしも一定ではない[5)]。

表2.1.8に，空気中の可燃性ガス・蒸気の最小発火エネルギーの測定値[4), 6)]を示す。

引用・参考文献

1) 小川輝繁ほか，マイコンを利用した電気火花発火エネルギー測定装置，工業火薬協会誌，42-3，p.170（1981）
2) Lewis, B. and von Elbe, G., Combustion, Flames and Explosions of Gases, 2nd ed., Academic Press, N. Y. (1961)
3) Strehlow, R. A., Fundamentals of Combustion (1968)，水谷幸夫訳，R. A. ストリーロ，基礎燃焼学，p.219，森北出版（1972）
4) Barnett, H. C., et al., NACA Rept., p.1300（1957）
5) 雲岡義雄ほか，n-ブタン-空気混合気の最小発火エ

表2.1.8 空気中の可燃性ガス・蒸気の最小発火エネルギー[4), 6)]の測定値

物質名	化学式	最小発火エネルギー [mJ]			
		$\phi=1^*$	濃度 [vol%]	最小値	濃度 [vol%]
アクリロニトリル	$CH_2=CHCN$	0.36	5.28	0.16	9.0
アクロレイン	$CH_2=CHCHO$	0.13	5.64		
亜硝酸エチル	C_2H_5ONO	0.23	8.51		
アセチレン	$HC\equiv CH$	0.02	7.72	0.017	10.5
アセトアルデヒド	CH_3CHO	0.376	7.72		
アセトニトリル	CH_3CN	6.0	7.02		
アセトン	CH_3COCH_3	1.15	4.97	0.8	6.0
アンモニア	NH_3	680	21.8		
イソオクタン	C_8H_{18}	1.35	1.65		
イソブタン	$(CH_3)_3CH$	0.52	3.12		
イソプロピルアミン	$(CH_3)_2CHNH_2$	2.0	3.82		
イソプロピルアルコール	$CH_3CH(OH)CH_3$	0.65	4.44		
イソプロピルエーテル	$((CH_3)_2CH)_2O$	1.14	2.27		
イソペンタン	$(CH_3)_2CHCH_2CH_3$	0.7	2.55	0.21	3.8
エタン	C_2H_6	0.31	5.65	0.25	6.5
エチルアミン	$C_2H_5NH_2$	2.40	5.28		
エチルエーテル	$(C_2H_5)_2O$	0.49	3.37	0.19	5.1
エチレン	$CH_2=CH_2$	0.096	6.52	0.07	
エチレンイミン	CH_2CH_2NH	0.48	6.05		
エチレンオキシド	C_2H_4O	0.085	7.72	0.065	10.8
エピクロロヒドリン	CH_2CHCH_2ClO	0.43	5.64		
塩化イソプロピル	$(CH_3)_2CHCl$	1.55	4.44		
塩化 n-ブチル	C_4H_9Cl	1.2	3.37	0.33	
塩化 n-プロピル	C_3H_7Cl	1.08	4.44		
ギ酸メチル	$HCOOCH_3$	0.62	9.47		
酢酸エチル	$CH_3COOC_2H_5$	1.42	4.02	0.46	5.2
酢酸ビニル	$CH_2=CHCH_2COOH$	0.70	4.44		
ジイソブチレン	C_8H_{16}	0.96	1.71		
ジヒドロピラン	C_4H_6O	0.36	3.12		
シクロプロパン	C_3H_6	0.24	4.44	0.17	6.3
シクロヘキサン	C_6H_{12}	1.38	2.27	0.22	3.8
シクロヘキセンオキシド	$C_6H_{10}O$	1.3	2.63		
シクロペンタジエン	C_5H_6	0.67	3.12		
2,2-ジメチルブタン	$(CH_3)_3CCH_2CH_3$	2.16	1.64	0.25	3.4
水素	H_2	0.02	29.5	0.019	28
テトラヒドロピラン	$C_5H_{10}O$	1.21	2.90	0.22	4.7
テトラヒドロフラン	C_4H_8O	0.54	3.67		
トリエチルアミン	$(C_2H_5)_3N$	1.15	2.10		
トリクロロエチレン	$Cl_2C=CHCl$			740	27
トルエン	$C_2H_5CH_3$	2.5	2.27		
ニトロエタン	$C_2H_5NO_2$	0.31	8.51		
二硫化炭素	CS_2	0.015	6.52	0.009	7.8
ネオペンタン	$C(CH_3)_4$	1.57	2.55		

2. 化学物質のさまざまな危険性

表 2.1.8 (つづき)

物質名	化学式	最小発火エネルギー [mJ]			
		$\phi=1^*$	濃度 [vol%]	最小値	濃度 [vol%]
ビニルアセチレン	$CH_2=CHC\equiv CH$	0.082	4.02		
ピネン	$C_{10}H_{16}$	2.7	1.65		
ピロール	C_4H_5N	3.4	3.83		
1,3-ブタジエン	$CH_2=CHCH=CH_2$	0.17	3.67	0.13	5.2
n-ブタン	C_4H_{10}			0.25	4.7
プロパギルアルコール	$CH\equiv CCH_2OH$	0.23	5.64		
プロパン	C_3H_8	0.31	4.02	0.25	5.2
プロピオンアルデヒド	C_2H_5CHO	0.32	4.97		
プロピレン	$CH_3CH=CH_2$	0.282	4.44		
プロピレンオキシド	C_3H_6O	0.19	4.97	0.13	7.5
n-ヘキサン	C_6H_{14}	0.95	2.16	0.24	3.8
n-ヘプタン	C_7H_{16}	0.70	1.87	0.24	3.4
1-ヘプチン	$CH_3(CH_2)_4C\equiv CH$	0.65	2.05		
ベンゼン	C_6H_6	0.55	2.72	0.20	4.7
n-ペンタン	C_5H_{12}	0.49	2.55	0.28	3.3
cis-2-ペンテン	$CH_3CH_2CH=CHCH_3$	0.70	2.71	0.18	4.4
メタノール	CH_3OH	0.215	12.24	0.14	14.7
メタン	CH_4	0.33	9.48	0.28	8.5
メチルアセチレン	$CH_3C\equiv CH$	0.152	4.97	0.11	6.5
メチルエチルケトン	$CH_3COC_2H_5$	0.53	3.67	0.27	5.3
メチルエーテル	CH_3OCH_3	0.29	6.52		
メチルシクロヘキサン	$CH_3C_6H_{11}$			0.27	3.5
硫化メチル	$(CH_3)_2S$	0.48	4.44		
硫化水素	H_2S	0.077	12.24		

[注] $*\phi=1$ は，化学量論組成における最小発火エネルギーを示す。

ネルギー，安全工学，26-2, p.79 (1987)
6) Berufsgenossenschaft der Chemischen Industrie ed., Richtlinien zur Vermeidung von Zündgefahren infolge elektrostatischer Aufladungen (1980); 芳賀武志訳, 静電気帯電による着火危険の防止指針, 高圧ガス, 20-1, p.33 (1983)

3) 火炎逸走限界

火炎逸走限界とは，爆発性雰囲気の中に置かれた標準容器の接合面の隙間を通って爆発の火炎が内部から外部へ伝播することを阻止し得る最大の隙間の値をいい，可燃性ガスおよび可燃性液体の蒸気の種類によって異なる。火炎逸走限界は，可燃性ガス・蒸気の分類を目的としたものであり，耐圧防爆構造[†1]の電気機器の選定に関連するものである。火炎逸走限界は，IEC 規格でいう最大安全隙間 (maximum experimental safe gap, MESG) と等価なものであり，その測定は，IEC 79-1A Appendix D[1] (MESG 確認のための試験方法) に規定された試験方法によるとされている[2]。また，MESG を測定するための装置の一例として，図 2.1.90 のような標準容器を用いることが同規格で指定されている。以下に同装置を用いた MESG の測定法の概略を示す。

図 2.1.90 に示す爆発容器は，内室および外室から成り，内室は容積 20 cm³ の球形である。外室は円筒状で，内径 200 mm, 高さ 75 mm である。内室は外室に対して，中心水平部全周に奥行 25 mm のすき (隙) を有しており，すきをマイクロメータで微調整することができるようになっている。爆発容器の内室および外室へ，可燃性ガスまたは蒸気と空気との混合ガスを大気圧 (10^5 Pa) まで導入し，内室中心部の電極において，自動車エンジン点火用の電気スパークで着火する。周囲温度は 20℃ ±5℃ [†2 (次ページ参照)] とする。内室での着火および外室への火炎逸走の可否は，外室の壁

---

†1 耐圧防爆構造とは，全閉構造で，容器内部で可燃性ガス・蒸気の爆発が起こった場合に，容器がその圧力に耐え，かつ外部の可燃性ガスに引火するおそれがないようにした構造をいう。

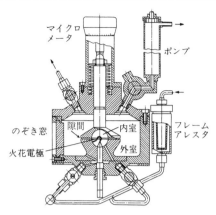

図 2.1.90 火炎逸走限界測定試験装置の一例

面に取り付けられたのぞき窓から目視判定する。実際に，ある可燃性ガスまたは蒸気の MESG 値を決定する手順は，まず，化学量論組成近くの一定のガス濃度において，すきを 0.02 mm 間隔で変化させ，それぞれのすきにおいて 10 回の着火試験を行い，火炎逸走が生じない最大のすき (g_0) と，火炎逸走が 100% 生じる最小のすき (g_{100}) を測定する。ついで，ガス濃度を変化させて，同様の試験を繰り返し，当該ガスに対する最小の $(g_0)_{min}$ と $(g_{100})_{min}$ を決定する。ここで，$(g_{100})_{min} - (g_0)_{min}$ が，おおむね 0.04 mm 以下であれば，$(g_0)_{min}$ の値を，精度の保証された最も危険な濃度における MESG 値として採用することができる。このようにして測定された MESG 値の代表例[1] を**表 2.1.9**に示す。

表 2.1.9 火炎逸走限界（MESG）[1] 値の代表例

物質名 (可燃性ガス・蒸気)	化学式	ガス・蒸気濃度 〔空気中 vol%〕	MESG 〔mm〕	$g_{100} - g_0$ * 〔mm〕
水素	H_2	27	0.29	0.01
一酸化炭素	CO	40.8	0.94	0.03
二硫化炭素	CS_2	8.5	0.34	0.02
シアン化水素	HCN	18.4	0.80	0.02
メタン	CH_4	8.2	1.14	0.11
エタン	C_2H_6	5.9	0.91	0.02
プロパン	C_3H_8	4.2	0.92	0.03
n-ブタン	C_4H_{10}	3.2	0.98	0.02
n-ペンタン	C_5H_{12}	2.55	0.93	0.02
イソペンタン	C_5H_{12}	2.45	0.98	0.02
n-ヘキサン	C_6H_{14}	2.5	0.93	0.02
n-ヘプタン	C_7H_{16}	2.3	0.91	0.02
n-オクタン	C_8H_{18}	1.94	0.94	0.02
イソオクタン	C_8H_{18}	2.0	1.04	0.04
アセチレン	C_2H_2	8.5	0.37	0.01
エチレン	C_2H_4	6.5	0.65	0.02
プロピレン	C_3H_6	4.8	0.91	0.02
1,3-ブタジエン	C_4H_6	3.9	0.79	0.02
酸化エチレン	C_2H_4O	8	0.59	0.02
酸化プロピレン	C_3H_6O	4.55	0.70	0.03
ジメチルエーテル	C_2H_6O	7.0	0.84	0.06
ジエチルエーテル	$C_4H_{10}O$	3.47	0.87	0.01
ジ-イソプロピルエーテル	$C_6H_{14}O$	2.6	0.94	0.06
ジ-n-ブチルエーテル	$C_8H_{18}O$	2.6	0.86	0.02
ジオキサン	$C_4H_8O_2$	4.75	0.70	0.02

---

†2 常温では可燃性液体の蒸気圧が低すぎて，必要な蒸気濃度が得られない場合には，必要な蒸気圧が得られる温度より 5℃ 高い温度において測定することが許容される。

表2.1.9 (つづき)

物質名 (可燃性ガス・蒸気)	化学式	ガス・蒸気濃度 〔空気中 vol%〕	MESG 〔mm〕	$g_{100}-g_0$ * 〔mm〕
メチルエチルケトン	C_4H_8O	4.8	0.92	0.02
メチルイソブチルケトン	$C_6H_{12}O$	3.0	0.98	0.03
アセチルアセトン	$C_5H_8O_2$	3.3	0.95	0.15
シクロヘキサノン	$C_6H_{10}O$	3.0	0.95	0.03
メタノール	CH_3OH	11.0	0.92	0.03
エタノール	C_2H_5OH	6.5	0.89	0.02
イソプロパノール	C_3H_7OH	5.1	0.99	0.02
ヘキサノール	$C_6H_{13}OH$	3.0	0.94	0.06
酢酸エチル	$C_4H_8O_2$	4.7	0.99	0.04
アクリル酸メチル	$C_4H_6O_2$	5.6	0.85	0.02
アクリル酸エチル	$C_5H_8O_2$	4.3	0.86	0.04
グリコール酸ブチル	$C_6H_{12}O_3$	4.2	0.88	0.02
酢酸ビニル	$C_4H_6O_2$	4.75	0.94	0.02
アセトニトリル	CH_3CN	7.2	1.50	0.05
アクリロニトリル	$CH_2=CHCN$	7.1	0.87	0.02
塩化ビニル	C_2H_3Cl	7.3	0.99	0.04
塩化ビニリデン	$C_2H_2Cl_2$	10.5	3.91	0.08
1,2-ジクロロエタン	$C_2H_4Cl_2$	9.5	1.80	0.05
n-塩化ブチル	C_4H_9Cl	3.9	1.06	0.04
フェニルトリフロロメタン	$C_6H_5CF_3$	19.3	1.40	0.05

〔注〕 * $g_{100}-g_0$ は,測定精度を示す。説明は本文参照。

MESG値の測定は,危険場所で使用する耐圧防爆構造の電気機器の選定の根拠となる可燃性ガス・蒸気の分類を目的とするものであるが,火炎防止器の設計など,これ以外の目的のために火炎逸走限界を測定する場合には,その測定試験装置は目的に応じて前述のものとは異なったものが用いられる。そのような場合には,火炎逸走限界は,測定装置の構造や測定方法の違いによって影響される。火炎逸走限界に影響を及ぼす諸因子のうち,そのおもなものは,混合ガスの組成および圧力,試験容器のすきの奥行,ならびに点火位置である。そのほかに混合ガスの温度および湿度,試験容器の容積,隙間部近くに存在する障害物などが火炎逸走限界に若干影響を及ぼすことが知られている。

なお,火炎逸走限界と類似の特性値に,消炎直径 (d_0 : quenching diameter) や消炎距離 (d_{11} : quenching distance) と呼ばれるものがあるが,これは背圧の影響がほとんどない状態 (定圧下) で,火炎が細管中や平行板の間を自己伝播できなくなる限界寸法 (管の直径または平行平板間の隙間) であって,火炎逸走限界とは数値的にはかなり異なるが,いずれもほぼ同様の消炎機構を有するため,互いの数値の間には相関が見られる。すなわち,MESG,円管消炎直径 d_0,平行平板消炎距離 d_{11} の間には概略

$$\text{MESG} \cong 0.5\, d_{11}, \quad d_{11} \cong 0.65\, d_0$$

の関係が見られる。また,一般に消炎距離 d と圧力 p との間には,$pd \cong$ 一定となることが知られている。

(松永猛裕,松井英憲)

引用・参考文献

1) IEC規格 79-1A (1975), First supplement, Appendix D, Method of test for ascertainment of maximum experimental safe gap
2) 新・工場電気設備防爆指針 (ガス防爆) (1985),産業安全研究所技術指針 RIIS-TR-85-1 (1985)

4) 燃焼速度 静止した気体中を火炎面が伝播する速度を燃焼速度と呼ぶ。現実には燃焼ガスの膨張,対流などのために未燃焼気体中に流れを生じ,それが火炎伝播に大きな影響を及ぼすので,条件により火炎伝播速度は著しく変動する。したがって,燃焼速度の正しい測定はかなり困難で,測定法により,また同じ方法でも解釈の仕方で相当の開きを生じる。測定法にはブンゼンバーナ法,平面火炎バーナ法,石けん泡法,管中の火炎伝播速度より求める方法などがある

が，燃焼速度の従来のデータはブンゼンバーナ法または管中の火炎伝播法で求められたものが多い。

燃焼速度の最も大きいのは水素とアセチレンで，これらが酸素と混合されたときが最も大きく，その速度は1000 cm/s 程度である。炭化水素類と空気の混合気は，多くの場合 25～100 cm/s である。一般に，化学量論組成よりも少し燃料過剰の組成の場合に燃焼速度は最大となる。また，一般に初期温度が高いほど燃焼速度は大きくなる。

表 2.1.10 に炭化水素類の空気中における燃焼速度の代表的データを，図 2.1.91 ～図 2.1.106 に水素，一酸化炭素，炭化水素類などの燃焼速度とガス組成の関係および他の燃焼速度に関するデータを示す。

5) **燃焼熱**　表 2.1.11 に可燃性物質の酸素による燃焼熱を示す。この燃焼熱は，特別の指定がない限り，標準定圧燃焼熱を示す。このデータは文献 1) よ

表 2.1.10　炭化水素類の空気中における燃焼速度（管中の火炎伝播法）の代表的データ

物　質	最大燃焼速度〔cm/s〕	最大燃焼速度における濃度〔%〕	物　質	最大燃焼速度〔cm/s〕	最大燃焼速度における濃度〔%〕
メタン	33.8	10.0	2,3-ジメチル-1-ブテン	39.2	3.8
エタン	40.1	6.3	2,3-ジメチル-2-ブテン	37.2	3.4
プロパン	39.0	4.5	1-デセン	41.2*	1.6
n-ブタン	37.9	3.5	アセチレン	141	10.1
イソブタン	34.9	3.5	プロピン	69.9	5.9
n-ペンタン	38.5	2.9	1-ブチン	58.1	4.4
イソペンタン	36.6	2.9	2-ブチン	51.5	4.4
ネオペンタン	33.3	2.9	1-ブテン-3-イン	75.5	4.4
n-ヘキサン	38.5	2.5	1-ペンチン	52.9	3.5
2-メチルペンタン	36.8	2.5	2-ペンチン	51.3	3.4
3-メチルペンタン	36.7	2.5	1-ヘキシン	48.5	3.0
2,2-ジメチルブタン	35.7	2.4	3-ヘキシン	45.4	3.1
2,3-ジメチルブタン	36.3	2.5	4-メチル-1-ペンチン	45.6	2.9
n-ヘプタン	38.6	2.3	3,3-ジメチル-1-ブチン	47.7	2.9
2,2-ジメチルペンタン	34.8	2.1	プロパジエン	73.8	6.0
2,3-ジメチルペンタン	36.5	2.2	1,2-ブタジエン	58.1	4.3
2,4-ジメチルペンタン	35.7	2.2	1,3-ブタジエン	54.5	4.3
3,3-ジメチルペンタン	35.3	2.1	1,2-ペンタジエン	51.8	3.5
2,2,3-トリメチルブタン	35.9	2.2	cis-1,3-ペンタジエン	46.5	3.5
2,2,4-トリメチルペンタン	34.6	1.9	trans-1,3-ペンタジエン	45.6	3.4
n-デカン	40.2*	1.4	1,4-ペンタジエン	46.6	3.3
n-ヘキサデカン	40.7*	0.9	2,3-ペンタジエン	50.7	3.4
エチレン	68.3	7.4	2-メチル-1,3-ブタジエン	45.0	3.4
プロピレン	43.8	5.0	1,5-ヘキサジエン	44.2	2.8
1-ブテン	43.2	3.9	2-メチル-1,3-ペンタジエン	39.0	2.8
イソブチレン	37.5	3.8	2,3-ジメチル-1,3-ブタジエン	41.6	2.9
1-ペンテン	42.6	3.1	ベンゼン	44.6*	2.9
2-ペンテン	43.1	3.4	トルエン	33.8*	2.4
2-メチル-1-ブテン	39.0	3.1	o-キシレン	34.4*	2.1
3-メチル-1-ブテン	41.5	3.1	1,2,4-トリメチルベンゼン	34.3*	1.9
1-ヘキセン	42.1	2.7	n-ブチルベンゼン	35.9*	1.7
2-メチル-1-ペンテン	39.6	2.8	tert-ブチルベンゼン	36.6*	1.6
4-メチル-1-ペンテン	40.5	2.6	ジフェニルメタン	33.2*	1.4
2-エチル-1-ブテン	39.3	2.7	テトラリン	36.2*	1.6

表 2.1.10 (つづき)

物 質	最大燃焼速度 [cm/s]	最大燃焼速度における濃度 [%]	物 質	最大燃焼速度 [cm/s]	最大燃焼速度における濃度 [%]
trans-デカリン	33.9*	1.6	シクロペンテン	40.4	3.5
シクロプロパン	49.5	5.0	シクロヘキサン	38.7	2.7
シクロブタン	56.6	3.9	メチルシクロペンタン	36.0	2.8
メチルシクロプロパン	49.2	3.9	エチルシクロブタン	44.7	2.6
シクロペンタン	37.3	3.2	1,1,2-トリメチルシクロプロパン	43.5	2.6
メチルシクロブタン	44.6	3.2	2-シクロプロピルプロパン	42.7	2.7
エチルシクロプロパン	47.5	3.4	2-シクロプロピルプロペン	44.9	2.9
cis-1,2-ジメチルシクロプロパン	46.5	3.2	シクロヘキセン	40.3	—
trans-1,2-ジメチルシクロプロパン	46.2	3.2	イソプロピルシクロブタン	39.1	2.7
メチレンシクロブタン	51.5	3.6	2-シクロプロピルブタン	39.8	2.5
スピロペンタン	59.9	3.5	2-シクロプロピル-1-ブテン	42.5	2.4

〔注〕 *ブンゼンバーナ法による測定。この方法は管中の火炎伝播法より約10%大きい値を与える。

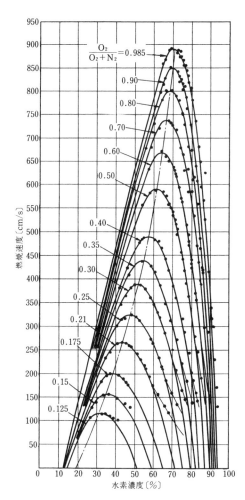

図 2.1.91 酸素-窒素混合気中における水素の燃焼速度 (常温, 常圧, ブンゼンバーナ法)

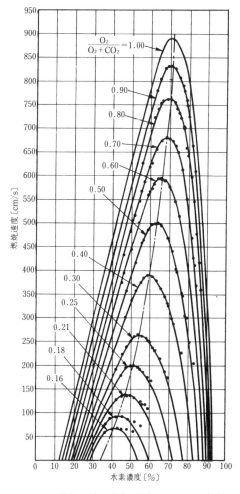

図 2.1.92 酸素-二酸化炭素混合気中における水素の燃焼速度 (常温, 常圧, ブンゼンバーナ法)

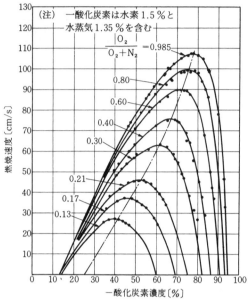

図2.1.93 酸素-窒素混合気中における一酸化炭素の燃焼速度（常温，常圧，ブンゼンバーナ法）

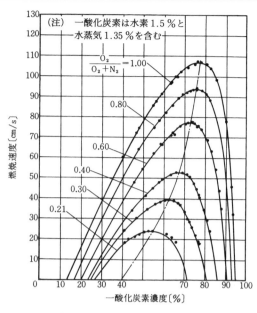

図2.1.94 酸素-二酸化炭素混合気中における一酸化炭素の燃焼速度（常温，常圧，ブンゼンバーナ法）

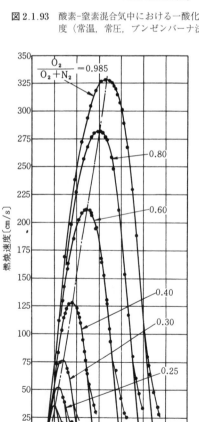

図2.1.95 酸素-窒素混合気中におけるメタンの燃焼速度（常温，常圧，ブンゼンバーナ法）

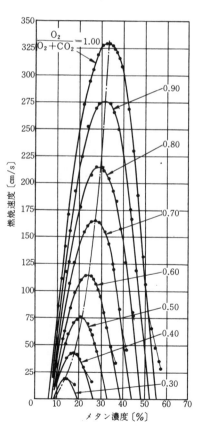

図2.1.96 酸素-二酸化炭素混合気中におけるメタンの燃焼速度（常温，常圧，ブンゼンバーナ法）

2. 化学物質のさまざまな危険性

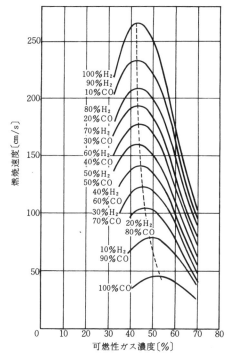

図 2.1.97 空気中における水素-一酸化炭素混合物の燃焼速度

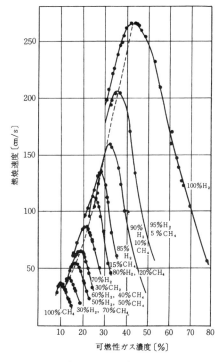

図 2.1.98 空気中における水素-メタン混合物の燃焼速度

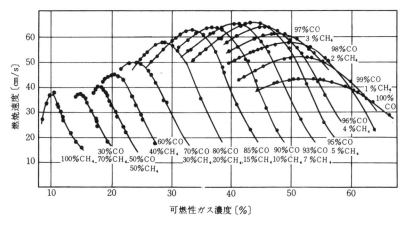

図 2.1.99 空気中における一酸化炭素-メタン混合物の燃焼速度

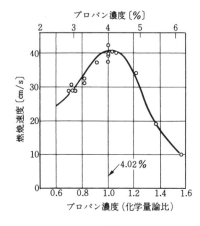

図2.1.100 空気中におけるプロパンの燃焼速度

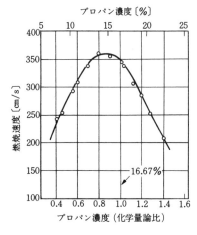

図2.1.101 酸素中におけるプロパンの燃焼速度

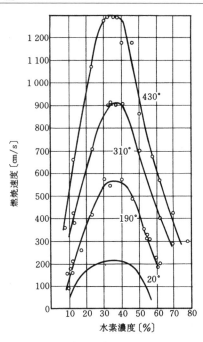

図2.1.103 空気中の水素の燃焼速度に及ぼす温度の影響

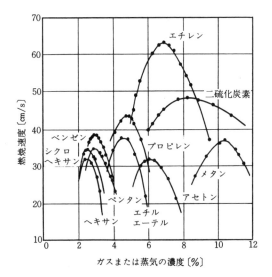

図2.1.102 空気中における種々の物質の燃焼速度

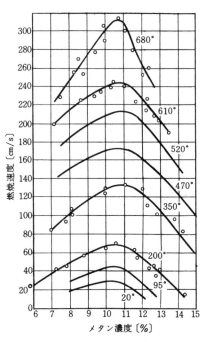

図2.1.104 空気中のメタンの燃焼速度に及ぼす温度の影響

2. 化学物質のさまざまな危険性

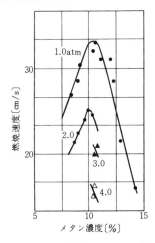

図2.1.105 空気中のメタンの燃焼速度に及ぼす圧力の影響

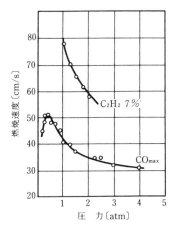

図2.1.106 空気中の一酸化炭素およびアセチレンの燃焼速度に及ぼす圧力の影響

表2.1.11 可燃性物質の酸素による燃焼熱

物　　質	状態	焼燃熱〔kJ/mol〕	物　　質	状態	焼燃熱〔kJ/mol〕
アクリロニトリル	液	1 756.4	ジニトロベンゼン	固	2 894.1
アセトニトリル	液	1 247.2	テトラメチルチオ尿素	固	4 246.7
アセトン	気	1 821.4	α,α,α-トリフルオロトルエン	液	3 369.4
trans-アゾベンゼン	液	6 461.5	トルエン	液	3 909.9
p-アミノ安息香酸	固	3 345.0	ナフタレン	固	5 156.2
安息香酸	固	3 226.9	二硫化ジエチル	液	4 087.7
アントラセン	固	7 067.5	ピリジン	液	2 782.4
イソキノリン	液	4 686.5	ピロール	液	2 351.7
エタノール	液	1 367.6	フェニルヒドラジン	液	3 645.4
エタン	気	1 560.7	フェノール	固	3 053.5
エチレン	気	1 411.2	1,3-ブタジエン	気	2 540.4
塩化ブチル	液	2 695.8	ブタン	気	2 877.5
塩化メチル	気	764.0	1-フルオロ安息香酸	固	3 063.2
グリシン	固	973.1	フルオロホルム	気	755.9
α-D-グルコース	固	2 803.3	プロパン	気	2 219.2
p-クロロ安息香酸	固	3 064.9	プロパンアミド	固	1 842.8
酢酸	液	874.3	1-プロパンチオール	液	2 826.3
酢酸エチル	液	2 238.5	プロピルアミン	液	2 365.3
ジエチルエーテル	気	2 751.1	ヘキサクロロベンゼン	固	2 375.3
ジエチルスルホキシド	液	3 337.5	ヘキサン	液	4 163.2
ジエチルスルホン	液	3 090.0	ベンズアルデヒド	液	3 525.0
1,4-ジオキサン	液	2 362.2	ベンゼン	液	3 267.5
シクロブタン	液	2 721.1	ベンゼンチオール	液	3 884.6
シクロプロパン	気	2 091.3	ベンゾキノン	固	2 746.1
シクロヘキサン	液	4 163.2	ベンゾトリアゾール	固	3 325.6
L-システイン	固	2 267.7	ペンタン	液	3 509.1
シトシン	固	207.3	ホルムアルデヒド	気	570.8

表 2.1.11 （つづき）

物　質	状態	焼燃熱〔kJ/mol〕	物　質	状態	焼燃熱〔kJ/mol〕
メタノール	液	725.7	デカフルオロシクロヘキサン	液	2 185.2
メタン	気	890.7	ヨウ化テトラエチルアンモニウム	固	5 706.1
N,N-ジメチルアニリン	液	4 767.8	ヨードベンゼン	液	3 192.8
臭化ブチル	液	2 705.2	硫化ジエチル	液	3 486.1
チオフェン	液	2 828.8			

〔出典〕 日本化学会編，化学便覧基礎編 II 改訂 4 版，丸善（1993）
〔注〕 本表の値は種々のタイプの有機化合物の標準燃焼熱の実験値である。その他の化合物についても，酸素中での燃焼反応を表す式を立て，有機化合物の標準生成エンタルピーから算出することができる。
本表の標準燃焼熱は下記の理想燃焼反応の標準エンタルピー変化である。反応式の右辺の，例えば H_2SO_4（115 H_2O）は，115 mol の水に溶けた 1 mol の H_2SO_4 を示す。
(1) 含有元素が C, H, O, N に限られる化合物
$$C_aH_bO_cN_d + (4a+b-2c)/2O_2[g] = aCO_2[g] + b/2H_2O[L] + d/2N_2[g]$$
(2) 含有元素が C, H, O, N, S に限られる化合物
$$C_aH_bO_cN_dS_e + (4a+b-2c+6e)/4O_2[g] = aCO_2[g] + (b/2-e)H_2O[L] + d/2N_2[g] + e[H_2SO_4(115H_2O)][L]$$
(3) 含有元素が C, H, O, N, F に限られる化合物
$$C_aH_bO_cN_dF_f + (4a+b-2c-f)/4O_2[g] = aCO_2[g] + (b-f)/2H_2O[L] + d/2N_2[g] + f[HF(nH_2O)]$$
(4) 含有元素が C, H, O, N, Cl に限られる化合物
$$C_aH_bO_cN_dCl_g + (4a+b-2c-g)/4O_2[g] = aCO_2[g] + (b-g)/2H_2O[L] + d/2N_2[g] + g[HCl(600H_2O)]$$
(5) 含有元素が C, H, O, N, Br に限られる化合物
$$C_aH_bO_cN_dBr_k + (4a+b-2c)/4O_2[g] = aCO_2[g] + b/2H_2O[L] + d/2N_2[g] + h/2Br_2[L]$$
(6) 含有元素が C, H, O, N, I に限られる化合物
$$C_aH_bO_cN_dI_i + (4a+b-2c)/4O_2[g] = aCO_2[g] + b/2H_2O[L] + d/2N_2[g] + i/2I_2[cr]$$
本表以外の化合物の標準燃焼エンタルピーを標準生成エンタルピー（ΔH_f^0）から算出する場合に必要な補助データはつぎのとおりである。
$\Delta H_f^0(CO_2,g) = -393.51$ kJ/mol，$\Delta H_f^0(H_2O,l) = -285.830$ kJ/mol，$\Delta H_f^0[H_2SO_4(115H_2O)] = -887.82$ kJ/mol，
$\Delta H_f^0[HCl(600H_2O)] = -166.5$ kJ/mol，$\Delta H_f^0[HF(20H_2O)] = -321.9$ kJ/mol

り引用した。　　　　　　　（松永猛裕，上原陽一）

引用・参考文献

1) 日本化学会編，化学便覧・基礎編 II，丸善（1984）

（b） 爆発危険性

1) 発熱分解エネルギー　反応性化学物質が分解時に発生する発熱量（発熱分解エネルギー）と火災・爆発性とには相関性が認められている。発熱分解エネルギーは，国際的には危険物輸送に関する国連勧告において，化学物質が爆発危険性を有するか否かを判定するためのスクリーニング法として使用されている[1]。また，わが国においても，消防法において化学物質が危険物第 5 類（自己反応性物質）に該当するか否かを判断する際に使用される[2]。

発熱分解エネルギーは，示差走査熱量測定（differential scanning calorimetry, DSC，以後 DSC と表記）により評価することができる。DSC について簡単に説明する。DSC は，測定試料および基準物質（加熱されても発熱反応および吸熱反応を起こさない物質）を一定速度で加熱し，このときの両者の熱量差を計測する熱分析の手法である。化学物質の熱変化（化学的，物理的変化）の過程やその際の熱の出入りを定量的に評価することができる。

DSC 装置には入力補償型 DSC 装置と熱流束型 DSC 装置の 2 種類があるが，ここでは熱流束型 DSC の装置構成を説明する（**図 2.1.107** 参照）。DSC では試料（S）と基準物質（R）を同一の熱的条件で加熱あるいは冷却し，両者の間に生じる温度差 ΔT を温度 T に対して記録することで，変化が起こる際の温度，熱の

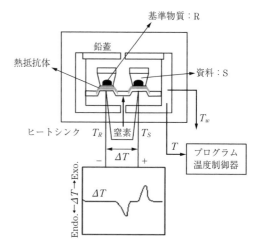

図 2.1.107　熱流束型 DSC 装置の構成

出入りを知る。温度差 ΔT は試料と基準物質に熱電対を密着させ，両者の温度差に比例する熱起電力を測定することによって得る。熱抵抗体を接地することで定量的に熱の出入りを評価する。図 2.1.108 のような DSC 曲線が得られる。測定によって得られるピークを時間に対して積分する（図 2.1.108 灰色部分：ベースラインとピークで囲まれる面積を求める）と発熱分解エネルギー（Q_{DSC}）が得られる。分解による発熱開始温度は，ピークの立上り温度（T_a，以後 T_a と表記）と発熱曲線の接線とベースラインとの交点を示す温度（T_o，以後 T_o と表記）の 2 種類がある。T_a は，試料の状態などの影響を受けやすいため，T_o を発熱開始温度とすることが多い。国際熱分析連合（International Confederation for Thermal Analysis and Calorimetry, ICTAC)[3] では，T_o が熱力学的平衡温度に近いとしている。

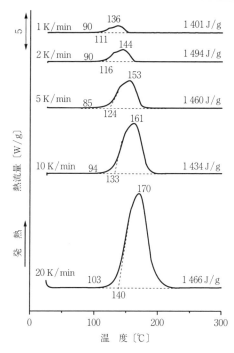

図 2.1.109 DSC 曲線への昇温速度の影響（ペルオキシ安息香酸 t-ブチル）

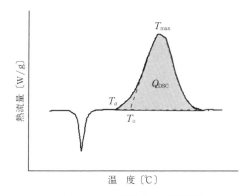

図 2.1.108 DSC 曲線データ（模式図）

DSC 曲線は，測定条件の影響を受けることが知られている。例えば，昇温速度が大きくなるとピーク位置は高温側にずれる（**図 2.1.109** 参照）。すなわち，T_a，T_o，T_{max}（ピークの最大温度）は高温側にシフトする。これらの値は絶対的な数値ではないので注意が必要である。そもそも，分解反応がアレニウス式（$K = A \cdot \exp(-E/RT)$，A：頻度因子，E：活性化エネルギー，R：気体定数，T：温度）に従うものとすると，原理的には常温においても反応速度は 0 にはならない。分解開始温度という物性値は存在しないことになる。測定装置の種類や発熱の検出方法，検出感度などの装置特性を考慮して，便宜上分解開始温度を決めているにすぎない。ただし，図 2.1.109 に示すように，発熱分解エネルギーは昇温速度によって影響を受けていない。多くのケースで，発熱分解エネルギー値は昇温速度の影響を受けないことが多い。

また，DSC 曲線は試料容器の種類によっても影響を受ける。DSC 測定用の試料容器は，高圧用密封試料容器および低圧用密封試料容器，開放容器が種々のメーカから販売されている。日本国内で販売される高圧用密封試料容器は，消防法で危険物第 5 類（自己反応性物質）の判定法として定められている熱分析試験を想定して，破裂圧力が 50×10^5 Pa 以上という条件で設計されている[2]。材質はステンレス製である。低圧用密封試料容器にはさまざまな材質の容器が販売されているが，そのまま低圧用密封容器として使用する場合と，蓋に数 µm〜1 mm 程度の孔をあける場合（ピンホール型試料容器）とがあり，さらに加圧可能な DSC 装置を用いて外部から圧力をかけながら使用する場合もある。材質はアルミニウム製となっている。開放容器には，ステンレス，白金，アルミナなど，金属から不活性材質まで種々の材質のものが販売されている。測定する容器の選択によって，結果は大きく影響を受ける。

図 2.1.110 には例として，(a) t-ブチルパーオキシド，(b) 3-ピコリン-N-オキシドの DSC 曲線を示す。測定容器に高圧用密封試料容器（以後，SS と表記）とピンホール型試料容器（以後，PH と表記）を使用した場合で比較した。ここで，SS 容器での結果は産業技術総合研究所での測定データ[4] を，PH 容器での結果については，労働安全衛生総合研究所（旧産業安

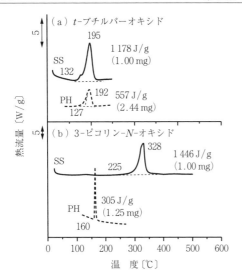

図 2.1.110 高圧用密封試料容器とピンホール型容器で得られる DSC 曲線の比較例

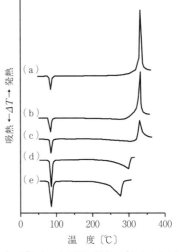

(a) ピンホール1個, (b) ピンホール4個
(c) ピンホール8個, (d) 3/4密封
(e) 開放系

図 2.1.111 DSC 曲線に及ぼすピンホールの影響(トリニトロトルエン, 20 K/min, 試料量 5 mg)

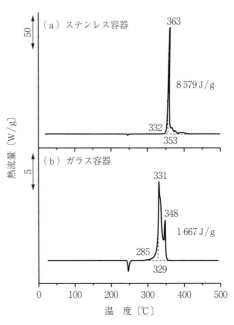

図 2.1.112 ステンレス容器とガラス容器で得られる DSC 曲線の比較例

全研究所)にて発刊された"反応性物質のDSCデータ集(RIIS-SD-87-1)"にある DSC(示差走査熱量計)データを使用している(3 MPa 加圧下での測定データ)[5]。(a)t-ブチルパーオキシドにおいて,2種類の容器で得られるピーク形状は同じである。しかし,PH 容器を使用した場合ではピークが小さくなり,発熱量も低くなっている。t-ブチルパーオキシドには揮発性があり,この性質が結果に影響を及ぼしている。低圧用密封試料容器は,耐圧性能が低いため,試料の揮発や分解による生成ガスの発生により,測定途中でガス漏れを起こし,発熱量は大きく影響を受ける。さらに,図 2.1.111 に DSC 曲線に及ぼすピンホールの影響をまとめる[6]。同図はトリニトロトルエンでの結果で,この物質は80℃で融解後,気化しやすい。針で蓋に孔を開ける際に,その数で密封度を加減したものであるが,密封度が小さくなると蒸発のみで発熱反応は認められない。すなわち,ピンホールの大きさによっても熱挙動は影響を受ける。一方,図 2.1.110 (b)3-ピコリン-N-オキシドの場合,ピーク位置や形状が明らかに異なっている。このケースでは,容器材質の影響を明らかに受けている。さらに,図 2.1.112 には過塩素酸アンモニウムをステンレス容器とガラス容器で評価した際に得られた DSC 曲線[7]を比較した。縦軸はスケールが異なるので注意が必要である。ピーク形状,発熱量ともに大きく異なる。例に示した化学物質は構造中にハロゲンを有しており,一般的にハロゲンはステンレスと反応することが知られている。このように,危険性評価を行う際には,容器材質が反応に影響を及ぼす可能性があることを認識しておかなければならない。

さて,危険物輸送に関する国連勧告試験[1]においては,化学物質が火薬類(クラス1)に該当するか(爆発危険性を有するか)否かを判定試験(シリーズ1な

らびにシリーズ2）により判断する。判定試験は国連ギャップ試験，ケーネン試験，時間/圧力試験（あるいは内部点火試験）の三つの試験で構成されている。三つの試験のうち，一つでも「爆」判定となるとさらなる上位シリーズに移行する必要がある。これらの判定試験はスケールが大きく（キログラムオーダスケール），実施項目が多いため，すべての化学物質（例えば，開発途中の化学物質）に適用させるのは困難である。大規模な分類試験を実施することなく，適切な危険性評価を行うことを可能にするために，1999年にAppendix 6としてスクリーニング手順が追加された。さらに2009年第5版でスクリーニング手順が修正され，現在は図2.1.113に示すフローチャートの手順となっている。同図からわかるように，まずはDSC評価を行い，発熱分解エネルギー値を求める。得られた発熱分解エネルギー値が800 J/g以上である場合には，さらに中規模試験（MkⅢD弾道臼砲試験，弾道臼砲試験，BAMトラウズル試験のいずれか一つ）を行う。ここで「爆」判定となった場合には，シリーズ1，2の試験を行うことが決められている。ただし，表2.1.12に示す，構造内に爆発性を示す化学基を有する場合や，酸素バランス（式(2.1.2)参照）が－200 g/(100 g)以上となる場合には発熱分解エネルギーの閾値は500 J/gと低くなる。また，国連勧告試験においては，クラス4.1の自己反応性物質についても，発熱分解エネルギー値が300 J/gを超えるものをその対象としている。

$$C_xH_yO_z + [X+(y/4)-(z/2)]O_2$$

表 2.1.12 有機物質で爆発性を示す化学基の例

化学構造	例
C=C不飽和結合	アセチレン，アセチリド，1,2-ジエン
C-金属原子，N-金属原子	グリニャール試薬，有機リチウム化合物
隣接窒素原子	アジド，脂肪族アゾ化合物，ジアゾニウム塩，ヒドラジン，スルホニルヒドラジド，N-ニトロソ化合物，N-ニトロ化合物，多窒素化合物（テトラゾール）
隣接酸素原子	過酸化物，オゾン化物
N-O	ヒドロキシルアミン，硝酸エステル，ニトロ化合物，窒素酸化物，1,2-オキサゾール
N-ハロゲン	クロラミン，フルオラミン
O-ハロゲン	塩素酸塩，過塩素酸塩，ヨードシル化合物

$$\Leftrightarrow XCO_2 + (y/2)H_2O$$
$$酸素バランス = -1600 \times (2X+(y/2)-Z)/分子量 \quad (2.1.2)$$

国連勧告試験の中で，発熱分解エネルギーは，反応危険性，爆発危険性のスクリーニングの位置付けにあるが，この求め方について厳密な測定条件への指定はない。第2部危険区分4.1（自己反応性物質），危険区分5.1（有機過酸化物）に関する試験方法ならびに判定基準の中で（20.3.3.3項参照）[1]に簡単な記載があるのみである。以下，その訳文を示す。

「熱安定性および発熱分解エネルギーは，示差走査熱量測定（DSC）など適切な熱量測定技術を使って評価することができる。評価する際には，結果に影響を及ぼす因子として，つぎのことに留意すべきである。
・試料のサンプリングと混合物の評価。
・容器材質が結果に影響を及ぼすかもしれない。
・発熱反応の直前に，吸熱反応が起こるとき。
・成分の揮発は，発熱量を低くするかもしれない（密封型試料容器を通常使用するべきである）。
・空気の存在は，測定された分解エネルギーに影響を及ぼすかもしれない。
・反応物と生成物の熱容量が大きく変化することがある。
・速い加熱速度を使用すると結果に影響を及ぼすかもしれない（通常は，2〜5 K/minで測定した方がよい）。」

このように，注意喚起はあるものの，測定方法は分析者の判断に委ねられている。発熱分解エネルギーは，わが国においても，従来爆発（発火）危険性の指標として使用されてきたが，測定条件が統一されていないため，測定箇所で整合性がとれないことが多い。わが国においては，諸外国とは異なり，大規模な爆発

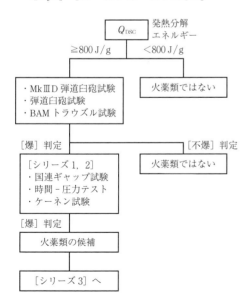

図 2.1.113 国連勧告試験のフローチャート

性評価試験を簡単に実施できる環境は整備されていない。したがって，爆発性評価試験をやるまでもない場合を決定するための，小スケール試験（ミリグラムスケール）による判断法の確立は大きな意味を持つ。このことから，国連勧告試験を基に，評価のための試験方法を明確にするべく，JIS「化学物質の爆発危険性評価手法としての発熱分解エネルギーの測定方法」が制定されている（JIS K 4834[8]）。この規格は TDG 国連試験との整合性を考慮しつつ，わが国における試験法を規格化したものである。また，同規格は消防法における危険物第5類（自己反応性物質）に該当するか否かを判断する際の判定試験とも整合性がとられている。

引用・参考文献

1) United Nation, Recommendation on the Transport of Dangerous Goods-Manual of Tests and Criteria, sixth revised edition (2015)
2) 危険物技術委員会編，危険物確認試験実施マニュアル，新日本法規出版（1989）
3) International Confederation for Thermal Analysis and Calorimetry HP
   http://www.ictac.org/ （2018年10月現在）
4) 化学物質の爆発安全情報データベース
   http://explosion-safety.jp/ （2018年10月現在）
5) 労働者健康安全機構 労働安全衛生総合研究所，反応性物質の DSC データ集
   https://www.jniosh.go.jp/publication/houkoku/houkoku_2007 03 list.html （2018年10月現在）
6) 長田英世編，火薬ケミストリー，p.135，丸善（2003）
7) Akiyoshi, M., Okada, K., Usuba, S., and Matsunaga, T., Comparison between Glass and Stainless-Steel Vessels in Differential Scanning Calorimetry Estimation, American Journal of Analytical Chemistry, January 4 (2017)
   http://www.scirp.org/journal/ajac/ （2018年10月現在）
8) JIS K 4834：2013 化学物質の爆発危険性評価手法としての発熱分解エネルギーの測定方法（日本規格協会）

2) TMR（最大の反応速度に達するまでの時間）

化学物質を，ある一定の温度で貯蔵しているとき，断熱（蓄熱される）状況下でどの程度の期間放置すれば爆発的な分解に至るかを予測することは重要である。ある温度に放置した際に，反応が最大反応速度に達するまでの時間を TMR（time to maximum rate）という。このとき，化学物質は「発火」もしくは「爆発」すると考えられる。工業プロセスを含め，断熱状態になることは起こり得る最悪のシナリオといえる。

TMR は断熱熱量計を使って予測することができる。断熱熱量計は，密封試料容器内で試料を断熱的に分解させる熱量計で，試料が発熱する間，雰囲気温度が試料温度と同じになるように制御する。現在，国際的には数種類の断熱熱量計が存在するが，いずれも加熱（heat）-待機（wait）-探索（search）サイクルで制御される。制御の概念図を**図 2.1.114**に示す。試料をあらかじめ設定した初期温度まで加熱し，熱平衡に達するまでの一定の待機時間を置く。その後，自己発熱速度が設定値（通常は 0.02℃/min）を超えるかどうかのチェックを行い，発熱が検知されない場合はあらかじめ設定された値だけステップ加熱し，同様のステップ探索を行う。この操作は，自己発熱が検出されるか，もしくは装置上限温度（あるいは設定温度）に達するまで，自動的に繰り返される。一度発熱が検知されると，アルゴリズムに従い，自動的に厳密な断熱制御に入る。

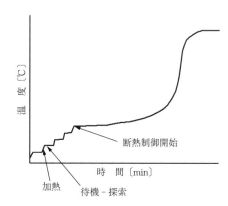

図 2.1.114 加熱(heat)-待機(wait)-探索(search)サイクル

断熱熱量計で評価可能な項目を**表 2.1.13**にまとめる。**図 2.1.115**には自己発熱速度曲線を模式的に示した。自己発熱速度のデータより，各温度での TMR 曲線（**図 2.1.116** 参照）を描くことが可能となる。低温側での TMR は，実測で得られる TMR 曲線（実線）を低温側に外挿（点線）して予測する。

Stoessel[1] は，TMR や断熱温度上昇値（ΔT_{ad}）より，反応危険性ランクと暴走反応の起こりやすさ，影響の大きさのランクを**表 2.1.14**，**表 2.1.15** のように決定している。

市販されている断熱熱量計には種類があるので，いくつか紹介する。

ⅰ) ARC（accelerating rate calorimeter）[2,3]

ARC 装置は Dow Chemical によって，1975 年にプロトタイプが開発され，システムを CSI 社（Columbia

2. 化学物質のさまざまな危険性

表 2.1.13 断熱熱量計で評価可能な項目

実測値	解析値
発熱開始温度	断熱温度上昇（ΔT_{ad}）
断熱到達温度	
圧力 （圧力上昇速度）	
自己発熱速度	反応速度定数，活性化エネルギー，頻度因子 TMR，T_{NR}（暴走限界温度），SADT（自己加速分解温度）

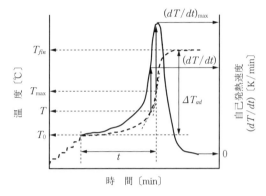

図 2.1.115 自己発熱速度曲線（模式図）

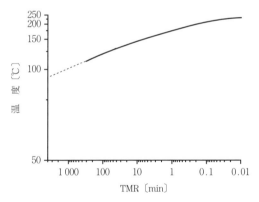

図 2.1.116 TMR 曲線（例）

表 2.1.14 暴走反応の起こりやすさランク

高	TMR＜8 h
中	8＜TMR＜24 h
低	TMR＞24 h

表 2.1.15 暴走反応の被害の大きさランク

高	ΔT_{ad}＞200℃ または沸点超過
中	50＜ΔT_{ad}＜200℃
低	ΔT_{ad}＜50℃

Scientific Industries）がまとめ，CSI-ARC として販売された。CSI の技術は THT（Thermal Hazard Technology）社と Ather D. Little（ADL）社に引き継がれた。その後，ADL 社の技術開発部門は TIAX LLC によって引き継がれ，現在は NETZSCH 社の熱解析事業に統合されている。ARC は最も一般的な断熱熱量計であり，全世界で数百台は活躍している。化学物質の熱暴走危険性評価に有効な装置であることは多くの文献で報告されている。

ARC 装置概念図を**図 2.1.117** に示す。熱をヒータにより供給することで，系全体を断熱状態に保つように制御される。温度を制御するための熱電対は上部，底部，側面ならびに試料容器に取り付けられている。しかし，試料温度は容器の側面に付けられている熱電対により計測するため，発生した熱の一部は容器に吸収される。結果を整理する際には，熱補正係数（ϕ）を求め，容器に放出される熱量を補正する必要がある。

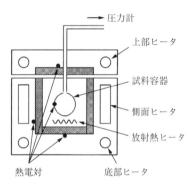

図 2.1.117 ARC 装置概念図

熱補正係数は，式 (2.1.3) で算出する。

$$\phi = 1 + \frac{M_b \cdot Cp_b}{M_s \cdot Cp_s} \tag{2.1.3}$$

ここで
 M_b：試料容器の質量〔g〕
 Cp_b：試料容器の定圧比熱〔J・g^{-1}・K^{-1}〕
 M_s：試料の質量〔g〕
 Cp_s：試料の低圧比熱〔J・g^{-1}・K^{-1}〕
である。

ARC の試料容器は内容積 9 mL 程度である。ARC では，激しい反応性を有する試料では試料容器が破裂し，装置故障につながる。これを回避するには試料量を少なくする必要があるが，熱補正係数 ϕ は大きくなる。すなわち，補正項が大きくなるため，データの信頼性は低くなる。信頼性を上げるためには試料量を多くする必要があるが，激しい爆発性を有する物質を測定する場合には試料量が制約されるという欠点を持

測定は，加熱（heat）-待機（wait）-探索（search）サイクルで制御される。

ii） SYSTAG 社製断熱熱量計[4]　スイスの SYSYTAG 社により開発された断熱熱量計で，測定原理は前述した ARC と同じである。同社製 SIKAREX の装置概念図を図 2.1.118，RADEX の装置概念図を図 2.1.119 に示す。両者ともに反応容器はジャケットの中心部に設置する。容器とジャケットは互いに孤立した系であるが，密接している。試料からの発熱は試料容器内に直接挿入した白金抵抗体（$T_{試料}$）で検出する。白金抵抗体の先端部が充塡試料の中心となるように試料量を調整する。試料の充塡高さを変化させる場合は，高さごとに装置校正をすることになっている。白金抵抗体は低温測定では熱電対より精度が高いとされるが，速い応答性が要求される場合は，追随できない可能性がある。

SYSTAG 社製の断熱熱量計の特徴は，試料容器が剛直な構造であることにある。SIKAREX，RADEX ともに容器に破裂板を有して（あるいは接続して）おり，耐圧性はおのおの 150 bar，200 bar で，爆燃にも耐える構造となっている。激しい反応性を有する試料の危険性評価に期待される装置である。SIKAREX は日本国内には 1 台しか存在しない珍しい装置であるが，ヨーロッパでは軍関連で利用されているようである。

SIKAREX，RADEX においても，剛直な試料容器であるため，当然，熱補正係数 ϕ は大きくなる。このことに関して SYSTAG 社は「試料容器への熱の分散により，ジャケット内の温度勾配は小さくなる。そのため，速い発熱速度を示す試料に対しても，より精度の高い断熱制御が可能となる」と解説している。したがって，得られた結果については，熱補正係数 ϕ の観点からだけでなく，反応により発生した熱量が容器に吸収されることを想定し，容器の水当量を考慮した補正を行うようになっている。制御プログラムには試料容器の比熱容量の温度関数が組み込まれている。また，容器比熱は式（2.1.4）に示すように，温度の関数で正確に配慮する。通常，未知試料の場合，比熱の情報がないことが多く，ここに大きな誤差を生じる。しかし，SYSTAG 社の断熱熱量計では，試料容器が剛直であるため，容器質量が大きな値となり，試料の正確な比熱は必要ないと説明する。この結果，ϕ 値に及ぼす試料比熱の影響は小さくなる。真偽は別として，これも SYSTAG 社製断熱熱量計の特徴として挙げられる。

$$Cp_s = a \cdot T^3 + b \cdot T^2 + c \cdot T + d \quad (2.1.4)$$

ここで，Cp_s：試料の定圧比熱〔$J \cdot g^{-1} \cdot K^{-1}$〕である。

通常 SIKAREX では試料量は 4〜5 g，RADEX の場合は 1 g 程度となる。制御は ARC 同様に，加熱（heat）-待機（wait）-探索（search）サイクルで運転される。

iii） DARC[5]　装置概念図を図 2.1.120 に示す。同装置は前述の ARC（加速速度熱量計）では測定困難である熱補正係数が 1 での測定が可能な装置として

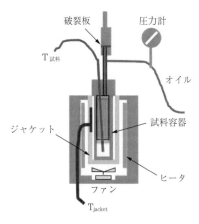

図 2.1.118　SIKAREX 装置概念図

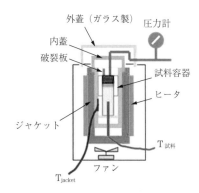

図 2.1.119　RADEX 装置概念図

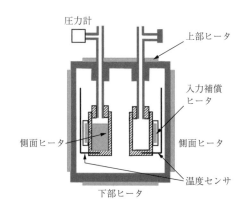

図 2.1.120　DARC 装置概念図

Omnical 社により開発された。装置は示差型となっており、容器には入力補償ヒータがセットされる。試料が発熱すると、試料側とリファレンス側の温度差がゼロになるように入力補償ヒータに電流が流れる。試料温度は容器の底面に付けられている熱電対により計測するが、ARC とは異なり、発生した熱量は容器の温度上昇には使われない。

試料容器の内容積は約 8 mL である。この装置も ARC 同様に激しい反応性を有する試料では試料容器が破裂し、装置故障につながる。熱補正係数を考慮する必要はないが、激しい爆発性を有する物質を測定する場合には試料量は制約される。しかしながら、容器容積の 20％以上に試験物質を充填することが推奨されており、穏やかな反応性を有する物質の評価に向いている。

NETZSCH 社でも、熱補正係数を考慮した ARC 装置が販売されている[6]。

引用・参考文献

1) Stoessel, F., What is Your Thermal Risk?, Chem. Eng. Progress, 89-1, pp.68-75（1993）
2) 菊池武史、ARC による反応性化学物質の熱暴走危険性の評価、住友化学、1, pp.61-81（1989）
3) 火薬学会、エネルギー物質ハンドブック、共立出版（1999）
4) https://www.systag.ch/home.html（2018 年 10 月現在）
5) http://www.palmetrics.co.jp/omnical/SuperARCPR.html（2018 年 10 月現在）
6) http://netzsch.co.jp/products/arc/index.html（2018 年 10 月現在）

3) 自己加熱分解速度 自己反応性を有する物質は、長時間高温な環境下に置かれると反応が徐々に進行し、反応熱が内部に蓄熱して熱爆発に至ることがある。この自己加速分解を起こす最低温度を SADT（self-accelerating decomposition temperature）と呼ぶ。発火・爆発性物質の SADT を知ることは、これらの物質を取り扱う上で重要である。SADT を求める試験は、国連勧告試験の危険物分類クラス 4.1（自己反応性物質）の中でシリーズ H[1] としてまとめられている。また、SADT は断熱熱量計を使って予測する方法もある。方法をいくつか紹介する。

 ⅰ）断熱貯蔵試験（試験 H.2） 1.0 L または 1.5 L のガラス製デュワー瓶に試料を入れ、試料温度を 0.1℃の温度範囲内で制御可能なオーブン内にセットする。測定は－20 ～ 220℃の範囲で実施され、温度上昇の検出限界は、15 mW/kg の発熱速度に相当する。断熱貯蔵試験装置の概略を**図 2.1.121** に示す。

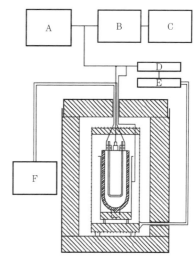

A：多点記録計および温度制御器（10 mW），
B：外部零接点，C：高精度記録計，D：制御器，
E：リレー，F：内部予熱器

図 2.1.121 断熱貯蔵試験装置の概略

試料中央の温度ならびに同じ高さでの雰囲気温度を測定する。検出可能な自己発熱が起こる設定温度まで内部ヒータにより試料を加熱する。内部加熱を停止した後、24 時間自己発熱による温度上昇が検知されないか温度を監視し、検知されない場合は設定温度を 5℃高くする。自己発熱が検出されるまで試験を繰り返す。装置校正を行い、デュワー瓶の熱容量、熱損失を算出し、試料の比熱容量を算出する。また、5℃ごとの試料発熱速度を算出して、単位重量当りの発熱速度を温度の関数としてプロットして曲線を描き、この曲線に接する特定の包装に対する単位重量当りの熱損失直線を描く。この直線と横軸の交点が自己加速分解を起こさない最高温度である。H.2 試験では、この温度より高い 5℃刻みの温度で丸めた温度を SADT としている。SADT の求め方の例を**図 2.1.122** に示す。

 ⅱ）蓄熱貯蔵試験（試験 H.4） IBC 容器（intermediate bulk containers, IBCs）や 2 m³ までの小型タンクを含む包装された物質の SADT を求めるために用いられる試験である。

500 mL 以上のガラス製デュワー瓶を使用し、容積 80％まで試験物質を充填する。50 kg 包装品相当については、400 mL の試料を入れ、80 ～ 100 mL・kg^{-1}・K^{-1} の熱損失を有するデュワー瓶が適している。蓄熱貯蔵試験用デュワー瓶の一例を**図 2.1.123** に示す。試料の中央に温度センサを挿入する。試料を加熱し、試料な

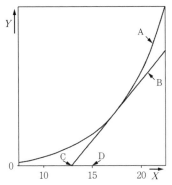

A：試料発熱曲線，B：熱損失速度と同じ傾きの発熱曲線に対する接線，C：臨界雰囲気温度（横座標と熱損失直線の切片），D：自己加速加熱温度（SADT），X：温度，Y：単位時間当りの熱流量

図 2.1.122 SADT の求め方の例

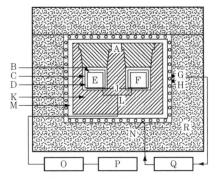

A：白金抵抗温度計，B：試料容器，C：円筒ホルダ，D：空隙，E：試料，F：不活性物質，G：温度制御用白金抵抗センサ，H：安全管理用白金抵抗センサ，J：ペルティエ素子，K：アルミニウム製ブロック，L：電気回路，M：空隙，N：電熱線，O：増幅器，P：記録計，Q：温度制御器，R：ガラスウール

図 2.1.124 等温貯蔵試験装置の概略

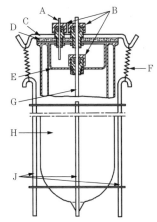

A：PTFE 製キャピラリ，B：O リング付き専用ねじ込み継手（PTFE 製またはアルミ製），C：金属帯網，D：ガラス製蓋，E：ガラスビーカー底部，F：ばね，G：ガラス保護管，H：デュワー瓶，J：鋼製保持器

図 2.1.123 蓄熱貯蔵試験用デュワー瓶の例

らびに試験チャンバー温度を連続的に観測する。試料温度が試験チャンバー温度より 2℃ 低い温度に達した時間を記録する。それから，7 日間または試料温度が試験チャンバー温度より 6℃ 以上に上昇するまで試験を続ける。試料温度が試験チャンバー温度より 2℃ 低い温度から最高温度に上昇するのに要した時間を記録する。5℃ ごとに貯蔵温度を変化させて，新しい試料で試験を繰り返す。試料温度が試験チャンバー温度を 6℃ 以上超える最も低い温度として SADT を記録する。

　iii）等温貯蔵試験（H.3）　等温貯蔵試験装置の概略を**図 2.1.124**に示す。装置は温度制御により恒温可能な空気断熱型のアルミニウム製ブロック（シンク）で構成される。試料ならびに不活性物質を容積 70 cm³ のガラスあるいはステンレス製のホルダに，おのおの 20 g ずつ充填する。試料と不活性物質からシンクに流れる熱流速の差により生じる電位差を記録する。装置は，校正が必要である。所定の温度で発熱速度を監視するが，最初の 12 時間は温度が平衡に達するに必要な時間なので，この間のデータは使用しない。試験は温度平衡に達する 12 時間から 24 時間以上継続するが，発熱速度が最大値より低下し始めるか，もしくは発熱速度が 1.5 W·kg^{-1} より大きくなった場合に中止する。15 〜 1500 mW·kg^{-1} 間で 7 個の試験結果（最大発熱速度）が得られるように，5℃ 間隔で温度を変化させて，試験を繰り返す。試験ごとに，試料は新しいものに交換する。単位時間当りの最大発熱速度を温度の関数としてプロットし，それらの点を通る最適曲線を作成する。断熱貯蔵試験と同様な方法で SADT を求める。

　iv）断熱熱量計測定による算出[2]

　断熱熱量計による測定データから SADT を求めるには，式 (2.1.5) を使用する。断熱熱量計については，2) 項で説明している。

$$\mathrm{SADT} = T_{NR} - \left(\frac{R \cdot T_{NR}^{2}}{E} \right) \qquad (2.1.5)$$

ここで

T_{NR}：Semenov モデルにおける熱暴走限界温度（temperature of no return）

E：活性化エネルギー（kJ·mol^{-1}）

R：気体定数（kJ·mol^{-1}·K^{-1}）

である。

　同式に使用する T_{NR} は断熱熱量計による測定で実

2. 化学物質のさまざまな危険性

測した TMR（time to maximum rate, 最大の反応速度に達するまでの時間）曲線より得ることができる。

図2.1.125 に示すように，実測で得られる TMR 曲線を外挿（図2.1.125 点線）し，包装品の時定数（装置の時定数）での温度を求める。包装品の時定数 T（装置の時定数）は式（2.1.6）で求める。なお，各種スケールの容器における，有機液体に対する時定数の計算例を表2.1.16 に示す[3]。図2.1.126 には T_{NR} と SADT の関係を示す。図2.1.126 は図2.1.122 と同じである。

$$T = \frac{M_s \cdot Cp_s}{60 \cdot U \cdot S} \quad (2.1.6)$$

ここで
U：総括伝達係数〔W·m^{-2}·K^{-1}〕
S：伝熱面積〔m^2〕
M_s：試料の質量〔g〕
Cp_s：試料の定圧比熱〔J·g^{-1}·K^{-1}〕
である。

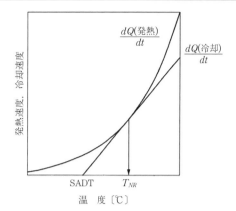

図2.1.126 T_{NR} と SADT の関係

引用・参考文献

1) United Nation, Recommendation on the Transport of Dangerous Goods-Manual of Tests and Criteria, sixth revised edition（2015）
2) 菊池武史，ARC 測定データの実装置への適用方法，安全工学，40-1, pp.100-107（2001）
3) 菊池武史，ARC による反応性化学物質の熱暴走危険性の評価，住友化学，1989（1），pp.61-81（1989）

4） 打撃感度，摩擦感度 打撃や摩擦などの機械的，外的な刺激に対して，どの程度発火あるいは起爆しやすいかを知ることは発火・爆発性物質を取り扱う際に重要な尺度となる。

ⅰ） 打撃感度 打撃感度は落槌感度試験機によって計測，評価される。落槌感度試験は鉄槌をある高さから落下させ，危険物に打撃を与えた場合の爆発性により判定する。わが国の火薬類は日本産業規格（JIS K 4810）[1]により分類される。落槌感度試験機は，図2.1.127 に示すように，5 kg の鉄槌（落槌）が垂直に自由落下し，二度打ちや片落ちしない構造となっている。試料は，直径 20 mm の円形スズ箔を押型でへこませた直径 12 mm の皿に，容量で 0.10〜0.12 mL の半球状のさじ 1 杯程度を入れる。スズ箔皿に入れた試料は，直径 12 mm，高さ 12 mm の 2 個の鋼製直円筒ころによって上下から挟み，円筒コロの上に鉄槌を落下させる。同一落高で 6 回試験を行い，1 回だけ爆発するか，または 1 回だけ爆発すると推定される落高を求め 1/6 爆点とする。判定基準は表2.1.17 に示している。結果は，鋭敏な順に 1 から 8 等級に分類される（表2.1.18 参照）。表2.1.19 にはいくつかの物質における JIS による落槌感度等級例を示す。

国連による危険物の輸送に関する勧告では，クラス

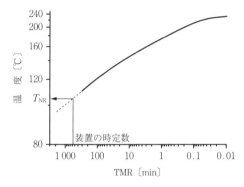

図2.1.125 TMR 曲線例

表2.1.16 有機液体に対する時定数の計算例[3]

容器		時定数〔min〕
1 L	フラスコ	12.5
4.5 L	缶	250
25 L	缶	571
210 L	ドラム	1 000
1 000 L	タンク	2 222
10^4 L	タンク	4 447
10^5 L	タンク	9 553
10^6 L	タンク	22 323
10^7 L	タンク	49 020

表 2.1.18 JIS 落槌感度試験の等級（JIS K 4810）

落槌感度（等級）	1/6 爆点〔cm〕
1 級	5 未満
2 級	5 以上～10 未満
3 級	10 以上～15 未満
4 級	15 以上～20 未満
5 級	20 以上～30 未満
6 級	30 以上～40 未満
7 級	40 以上～50 未満
8 級	50 以上

表 2.1.19 JIS K 4810 落槌感度等級例

火薬類	1/6 爆点による級
ペンタエリスリトールテトラナイトレート（PETN）	3
シクロトリメチレントリニトラミン（RDX）	3
シクロヘキサメチレンヘキサニトラミン（HMX）	3
ニトロセルロース（窒素 13.4％）	3
テトリル	8
トリニトロトルエン（TNT）	8
コンポジション C-4	6～7
黒色火薬	8
硝安油剤爆薬（ANFO）	8

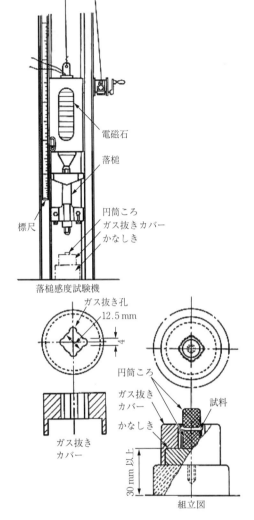

図 2.1.127 JIS 落槌感度試験器（JIS K 4810）

表 2.1.17 JIS 落槌感度試験の判断基準（JIS K 4810）

区　分	判断基準
爆	完爆：爆音，煙を発し，試料は完全になくなる。試験後円筒ころの面に爆痕が残り，布で軽く拭いてもとれない。 半爆：爆音，煙を発し，試料は多少なくなる。試験後円筒ころの面に爆痕が残り，布で軽く拭いてもとれない。 分解：爆音，煙を発せず，試料はほとんど残る。試験後円筒ころの面に黒い線状の爆痕が残り，布で軽く拭いてもとれない。
不爆	不爆：爆音，煙を発せず，試料に変化を認めない。円筒ころの面に黒い線状の爆痕のようなものが残ることもあるが，布で軽く拭くととれる。

1 の爆発性物質の分類試験として輸送上の安全性を確かめるためのシリーズ 3 の試験[2]にいくつかの落槌および摩擦感度試験が公認されている。ドイツ材料試験所（BAM）の落槌試験機は JIS に比べて試験容器部の密閉性が高く，打撃面積が小さい点に特徴があり，JIS では計測できないような鈍感な爆発性物質の感度が評価できる。この方法では 1 kg（落高 10, 20, 30, 40, 50 cm；感度 1～5 J），5 kg（落高 15, 20, 30, 40, 50, 60 cm；感度 7.5～30 J）および 10 kg（落高 35, 40, 50 cm；感度 35～50 J）の鉄槌が使用される。試料は，粉末の場合はメッシュ 0.5 mm のふるいを通過したもの，固形物については粉砕し，1 mm を通過し 0.5 mm を通過しないようなもの，成型して使用されるものは 4 mm 径，3 mm 厚の円盤状のものを使用する。試料は直径 10 mm，高さ 10 mm の直円筒に挟んで試験され，打撃試料の色，におい，火炎の発光，音により未反応または分解を判定する。感度は鉄槌の重量と高さの積によるポテンシャルエネルギーで表される。国連勧告の試験では BAM 法で 2 J 以下の感度の物質は輸送できないとされている。表 2.1.20 に BAM 試験機による落槌感度を示す。

2. 化学物質のさまざまな危険性

表 2.1.20 BAM 落槌感度試験器による感度例[2]

物　質	感　度〔J〕
アジ化鉛	2.5
スティフニン酸鉛	5
過塩素酸ヒドラジン	10
雷酸水銀	1
ペンタエリスリトールテトラナイトレート（PETN）	3
PETN/WAX＝95/5	3
PETN/WAX＝90/10	4
硝酸エチル	1
六硝酸マンニトール	1
テトリル	4
ニトログリセリン	1
シクロトリメチレントリニトラミン（RDX）	5

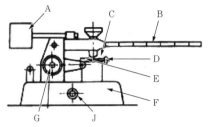

A：おもり，B：天秤さお，C：磁製板，
D：試料位置調整器，E：摩擦可動部，
F：台（鋼製），G：駆動モータ

(a) 全体図

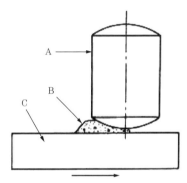

A：磁製きね，B：試料，C：磁製板（25 mm×25 mm×5 mm）

(b) 試料部

図 2.1.128　JIS 摩擦感度試験器（JIS K 4810）

ⅱ）摩擦感度　摩擦に対する感度は，摩擦感度試験器を使用して行う。わが国の摩擦感度試験法は日本産業規格（JIS K 4810）[1]に定められており，ドイツ材料試験所（BAM）と同一形式である。BAM による試験法は国連の危険物輸送勧告における分類試験法としても採用されている[2]。試験は図 2.1.128 に示す天秤のような装置であり，25×25×5 mm の磁製板と丸い端面を持った 10 mm 径×15 mm の磁製きねの間に試料を挟み，磁製きねに分銅で荷重を加え，電動モータで磁製板を最高 7 cm/s の速度で往復駆動し爆否を判定する。分銅はカウンタバランス用分銅で天秤のバランスさおをとった後，さおの 6 分割された位置（11，16，21，26，31，36 cm）に最大 10 kg までの 9 種類の分銅を吊り下げ，試料への荷重を 0.5〜36 kg まで変化させる。感度は試料が発火する最低の荷重〔N〕で表す。試料は吸湿していないものを用い，吸湿しているものは十分に乾燥して用いる。1 回の試験薬量は，専用のさじを用いて，約 0.01 ml とする。爆否の判定は（表 2.1.21 参照），爆音または炎，発煙が認められた場合を爆発とし，試料の溶融，変色またはにおいのある場合（分解）および試料に何らかの変化が認められない場合（未反応）は不爆とする。試験は同一荷重で 6 回行い，1 回だけ爆発するか，または 1 回だけ爆発すると推定される荷重を求め 1/6 爆点とする。結果は，鋭敏な順に 1 から 7 等級に分類される（表 2.1.22 参照）。表 2.1.23 に JIS K 4810 摩擦感度等級結果例を示す。

表 2.1.24 には国連勧告試験での BAM 摩擦感度試験の結果例[2]を示す。同試験では，6 回の試験において「爆発」が 1 回以上起こる最低摩擦荷重が 80 N 未満で

表 2.1.21　JIS 摩擦感度試験の判断基準（JIS K 4810）

区　分	判断基準
爆	爆音：爆音を発生する。 発火・発煙：爆音は認められないが，炎または煙が認められる。
不爆	部分変化：試料が溶融または変色するが，爆音・炎・煙などは認められない。 無反応：爆音・炎・煙を発せず，試料に変化が認められない。

表 2.1.22　JIS 摩擦感度試験の等級（JIS K 4810）

摩擦感度（等級）	1/6 爆点〔N〕
1 級	9.8 未満
2 級	9.8 以上〜19.6 未満
3 級	19.6 以上〜39.2 未満
4 級	39.2 以上〜78.5 未満
5 級	78.5 以上〜156.9 未満
6 級	156.9 以上〜353.0 未満
7 級	353.0 以上

表 2.1.23　JIS K 4810 摩擦感度等級例

火薬類	1/6爆点による級
ペンタエリスリトールテトラナイトレート（PETN）	3
シクロトリメチレントリニトラミン（RDX）	3
シクロヘキサメチレンヘキサニトラミン（HMX）	3
ニトロセルロース（窒素 13.4％）	3
テトリル	8
トリニトロトルエン（TNT）	8
コンポジション C-4	6〜7
黒色火薬	8
硝安油剤爆薬（ANFO）	8

表 2.1.24　BAM 摩擦感度試験器による摩擦感度例

物　質	感度〔N〕
アジ化鉛	10
スティフニン酸鉛	2
過塩素酸ヒドラジン	10
雷酸水銀	10
ペンタエリスリトールテトラナイトレート（PETN）	60
PETN/WAX＝95/5	60
PETN/WAX＝90/10	120
ニトロセルロース（窒素 13.4％）	240
オクトール	240
シクロトリメチレントリニトラミン（RDX）	120
シクロトリメチレントリニトラミン（湿状 RDX）	160
シクロヘキサメチレンヘキサニトラミン（HMX）	80
トリニトロトルエン（TNT）	360
ヘキサニトロスチルベン	240
ピクリン酸	360

ある場合，輸送は危険であると定義している。

引用・参考文献

1) JIS K 4810:2003　火薬類性能試験方法（日本規格協会）
2) United Nation, Recommendation on the Transport of Dangerous Goods-Manual of Tests and Criteria, sixth revised edition（2015）

5）　爆発評価試験（威力評価試験）　反応性化学物質による発火・爆発の危険性は，発火・爆発の起こりやすさと被害の大きさとで整理される。前述の1）〜 4）は，おおむね起こりやすさの尺度となるものであるが，爆発危険性の大きさや激しさ（威力）を評価し，それを防止するための適切な対策をとる必要がある。各種威力評価試験[1]について，いくつか紹介する。これらの試験は国連勧告試験の火薬類（クラス1），自己反応性物質（等級4.1）ならびに有機過酸化物（等級5.2）の分類試験に採用されている試験である。いずれも大規模な評価試験であり，実施できる環境は国内では限られている。

　ⅰ）　トラウズル試験　試験試料を鉛ブロックの孔に密封し，試料中で雷管にて起爆する。爆発威力は10 g 当りの鉛ブロック中の空洞の増加容積の形で表現する。試験には，直径200 mm，高さ200 mm の円筒形の標準トラウズル鉛ブロックを使用する（図2.1.129参照）。試験終了後，残留物を取り除いてブロックを空にし，水を使って膨張した空洞容積を測定

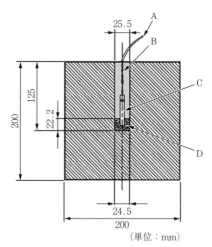

A：雷管リード線，B：乾燥砂（込め物），
C：欧州標準雷管，D：試験試料

（a）　試験前

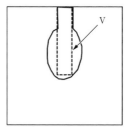

V：膨張した空洞容積

（b）　試験後

図 2.1.129　トラウズル試験

する。10 g の試料により生じた膨張を式（2.1.7）にて算出する。

$$10 \times \left[\frac{\text{膨張した空洞体積〔cm}^3\text{〕}-61}{\text{試料重量〔g〕}} \right] \quad (2.1.7)$$

判定基準は，鉛ブロック膨張が試料 10 g 当り 25 cm³ 以上では "Not Low"，10 cm³ 以上 25 cm³ 未満では "Low"，10 cm³ 未満では "No" 判定となる。トラウズル試験は，国連勧告試験において自己反応性物質および有機過酸化物の判定に使用される。また，クラス 1 判定時の発熱分解エネルギーによるスクリーニングで 800 J/g の発熱量を示した物質に対して，次段階での中規模試験として使用される。

ⅱ）MK Ⅲ 弾道臼砲試験　臼砲の孔に密閉した試験試料中で雷管を起爆させ，臼砲の反動（振れ）を測定する（**図 2.1.130** 参照）ことで爆発威力を計算する。英国の HSE で開発された試験である。ホウ酸およびピクリン酸で得られる平均振れ幅より，補正する。

D_t：基準薬 TNT の振れ幅
D_b：不活性物質（ホウ酸）で試験したときの振れ幅である。

ⅲ）国連ギャップ試験　鋼管内の試料が，ブースタの爆轟を伝播するかどうかを調べる試験である。**図 2.1.131** に模式図を示す。外径 48±2 mm，厚さ 4.0±0.1 mm，長さ 400 mm±5 mm の継ぎ目なし炭素鋼鋼管（C）に試験試料を充填する。鋼管をたたきながら充填し，重量を求め，計測しておいた内容積から比重を求める。ブースタ E（伝爆薬）は 160 g の RDX／ワックス（95／5）または PETN／TNT（50／50）で，直径 50±1 mm，密度 1 600±50 kg/m³ とし，長さは約 50 mm である。150 mm±10 mm 角，厚さ 3.2±0.2 mm の軟鉄の証拠板（B）を，厚さ 1.6 mm±0.2 mm のスペーサ（A）を介して，鋼管の上端に乗せる。雷管により起爆し，鋼管の破片の状況と証拠板に孔があくかどうかを調べる試験である。テストに要するサンプル量は約 1 kg 程度である。

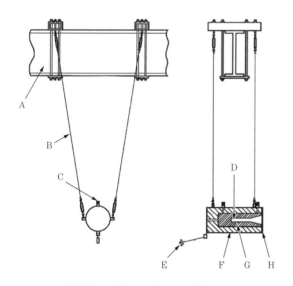

A：懸垂梁，B：サスペンションワイヤ，
C：ライナ固定ねじ，D：薬室，E：ペン，
F：臼砲本体外殻，G：ライナ，H：環状固定板

図 2.1.130　MK Ⅲ 弾道臼砲試験

臼砲振り子の質量は 113 kg で，込め物として 57 g の砂を使用する。試験結果は次式で求められる弾道臼砲値 B（単位：％）で表す。

$$B = \frac{D_s - D_b}{D_t - D_b} \times 100$$

ここで
D_s：試料を試験したときの振れ幅

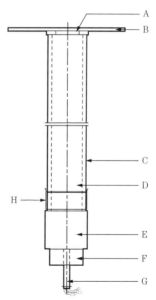

A：スペーサ，B：証拠板，C：鋼管，
D：試験試料，E：伝爆薬，
F：雷管ホルダ，G：雷管，
H：プラスチック膜

図 2.1.131　国連ギャップ試験

ⅳ）時間／圧力試験　密閉下で試料に着火した場合に爆燃を起こすかどうか，また爆燃した際の圧力上昇速度を測定して，燃焼の激しさを評価する試験である。国連勧告試験では，火薬類（クラス 1），自己反応性物質（等級 4.1）および有機過酸化物（等級

5.2)に採用されている。

試験装置は，長さ89 mm，外径60 mmの円筒形の鋼製圧力容器から成る。装置の概略は**図 2.1.132**に示す。試料は5 gで点火部に接触するように充填し，装置下部には点火プラグ，上部には破裂板（厚さ0.2 mm，破裂圧力約2 200 kPaのアルミニウム製）を設置する。圧力測定装置は5 ms未満の690～2 070 kPaの圧力上昇に応答可能でなければならない。発破器を点火プラグの外部端子に結線し，点火する。試験は3回行い，圧力が690 kPaから2 070 kPaまで上昇する際に要する時間を記録する。国連勧告試験では，90～2 070 kPaまで上昇する際に要する時間が30 ms未満では「激しい（rapidly）」爆燃，30 ms以上では「穏やか（slowly）」な爆燃，2 070 kPaに達しない場合は爆燃しない（No）と分類する。

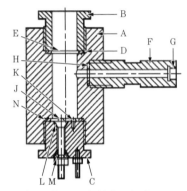

A：圧力容器本体，B：破裂板押さえプラグ，
C：点火プラグ，D：鉛ワッシャ，E：破裂板，
F：枝管，G：圧力変換器用ねじ山，H：銅ワッシャ，
J：絶縁された電極，K：接地電極，L：絶縁体，
M：鋼製コーン，N：ワッシャ溝

図 2.1.132 時間/圧力試験

ⅴ）ケーネン試験　密閉下での燃焼の激しさを評価する試験である。国連勧告試験では，火薬類（クラス1），自己反応性物質（等級4.1）および有機過酸化物（等級5.2）に採用されている。**図 2.1.133**にケーネン試料容器を示す。オリフィス板は耐熱性クロム鋼で，1.0，1.5，2.0，2.5，3.0，5.0，8.0，12.0，20.0 mmの直径の孔を持つものを準備する。加熱試験は，防護された箱（**図 2.1.134**参照）の中で行う。試験試料を充填した鋼管は，箱の向かい合った壁に開けられた孔を通した2本の棒の間に吊るす。熱は燃料ガスの燃焼によって供給する。試料は，上端より15 mmの位置まで満たされるように充填し，所定のオリフィス板を挟み，ナット等で開放端を閉じる。燃料ガスを供給し，点火後反応開始までの時間と反応の持続

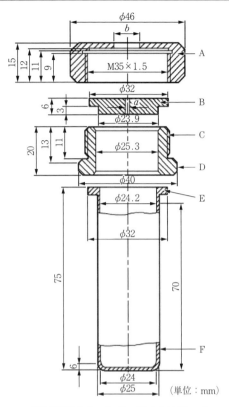

A：締付け面付きナット（b=10または20 mm），
B：オリフィス板（a=1.0→20.0 mm 直径），
C：ねじ付きカラー，D：締付け面，
E：フランジ，F：鋼管

図 2.1.133 ケーネン試験容器

時間を測定する。鋼管の破片があれば集めて重量を測る。

試験結果はつぎのように分類する。O：変化なし，A：底部が膨らむ，B：底部と側面が膨らむ，C：底部が裂ける，D：側面が裂ける，E：二つの破片に裂ける，F：三つ以上の大きな破片になり，場合によっては細長い部分でつながっている，G：数多くの小さな破片になるが，閉じ具は損傷していない，H：数多くの非常に小さな破片になり，閉じ具が膨らむか破片になる。**図 2.1.135**に，「D」，「E」，「F」の例を示す。「O」から「E」は「不爆」，「F」から「H」は「爆」と判定する。

試験はオリフィス板20.0 mmから始め，「爆」の場合はオリフィス板なしで行う。「不爆」の場合は，オリフィス径を小さくして，「爆」となるまで，各1回ずつ試験を行う。続いて，オリフィス径を増加させながら，同じオリフィス径で「不爆」のみが3回観察されるまで試験を行う。一連の試験で「爆」が観察され

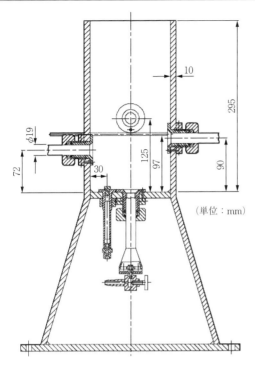

図 2.1.134 ケーネン試験外観

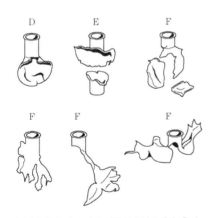

図 2.1.135 ケーネン試験における破片「D」，「E」，「F」

るオリフィス径を限界孔径とする。限界孔径が 2.0 mm 以上のときは，「Violent」，1.5 mm のときは「Medium」，1.0 mm 以下で試験結果が「O：変化なし」以外のときは「Low」，」1.0 mm 未満で試験結果がすべて「O：変化なし」のときは「No」と分類する。

(秋吉美也子)

引用・参考文献

1) United Nation, Recommendation on the Transport of Dangerous Goods-Manual of Tests and Criteria, sixth revised edition (2015)

(c) 発火危険性

1) 自然発火性 液体および固体の自然発火性を調べる試験として，国連勧告 (Division 4.2) による方法[1]がある。自然発火性について，以下の2種類に分類している。

① 混合物もしくは液体・固体を含有している物質で，空気に触れると5分以内に発火するものを自然発火性物質という

② エネルギー供給なしに，キログラムオーダで長時間放置しておくと，自己発熱により着火する物質を自己発熱物質という。

上記の ① はオレンジブックで指定される，Test N.2 (固体の自然発火性) と Test N.3 (液体の自然発火性) による試験法で判定される。

Test N.2 の試験法は以下のとおりである。1～2 mL の固体試料を 1 m の高さから不燃性物質の表面に落下させ，5分以内の発火を確認する。6回の実験を行い発火するかどうかを確認する。

Test N.3 の試験法は以下のとおりである。試験は磁器カップ (外径 100 mm) の中に 5 mm の高さにけいそう土またはシリカゲルを入れ，5 mL の液体を注ぎ，5分以内に発火するかを確認する。6回実験を行い発火しない場合は，以下のとおり沪紙を使って実験を行う。気温 25±2℃，湿度 50±5％ の環境で，沪紙に 0.5 mL の試料を滴下し，5分以内に何度か試料を追加して，発火を確認する。沪紙を交換して，3回実験を行う。

上記の ② はオレンジブックで指定される Test N.4 による試験法で判定される。固体試料の自己発熱による発火を調べるための自己発熱性試験は，1辺が 10 cm の上部が開口した立方体の試料容器 A に試料を充填し，0.3 mm 直径の K 熱電対を試料の中心と容器と恒温槽の間に設置する。試料容器は，メッシュ開口部が 0.05 mm のステンレス製容器を使用する。空気の対流を防ぐために，メッシュ開口部 0.595 mm の 150×150×250 mm のステンレス容器で外側を覆う。140℃ に設定した内容積 9 L 以上の恒温槽に 24 時間入れ，試料温度を記録するとともに，発火するか否かを観察する。実験を実施して，サンプルが発火した場合，もしくは，試料温度が恒温槽に比べて 60℃ 以上となった場合は，「爆」の判定となり，追加の試験が必要となる。「爆」の場合は試料容器 B (1辺が 2.5 cm の立方体のもの) を用いて同様の試験を行う。

この場合の判定法としては，固体試料が発火したも

のまたは温度が200℃を超えたものを自然発火性物質の一種である自己発熱性物質としている。

消防法の自然発火性試験②は国連勧告による自然発火性試験を基にしたものである。

気体の自然発火性を調べるための試験法としては，断熱圧縮法，流動法，ボンベ法，衝撃波管法などの測定法が知られているが，これらは空気中において点火源なしで自然発火する温度を求めるものである。しかし，自然発火温度は実験条件下での発熱と放熱との釣合いにより決まるので，その値は測定法により差異がある。

2) **禁水性** 水と接触して発火したり，可燃性ガスを発生したりして危険性を調べるための方法として，国連勧告によるTest N.5と呼ばれる試験方法[1]がある。自然着火が起きなければ以下の試験を順々に進めていく。

直径2mm程度のサンプルを純水に落下させる。
（a）ガスが発生する場合，（b）着火性のガスが発生する場合

直径2mm程度のサンプルを20℃で純水の上に沪紙を浮かべその上に落下させる。
（a）ガスが発生する場合，（b）着火性のガスが発生する場合

試料を高さ20mm，直径30mmに積み上げ，上に穴を開ける。この穴に，数滴の水を加える。
（a）ガスが発生する場合，（b）着火性のガスが発生する場合

固体については，500μm以下の粒子について，検討すべきである。本試験は20℃で3回実施する。最大25gの試料に水を漏斗で入れ，100〜250mLのガスが発生するかを確認する。発生ガス量を1時間ごとに7時間にわたり測定する。7時間以降もガス量が増加する場合は，5日間測定を行う。判定法としては，発生ガスが発火するか，または可燃性ガスの発生量が1kgにつき，1時間当り1Lを超えるものを禁水性物質としている。

一方，消防法による禁水性試験[2]は国連勧告による方法[1]を基本としたものである。これは少量の試料（固体の場合は，直径2mm程度，液体の場合は，約5mm^3）あるいは，量を増やした試料（固体の場合は，2倍程度の直径のもの，液体の場合は，約50mm^3）を純水で湿らせた，直径7cmの沪紙上に置き，10分以内に発火したり，発生するガスが火炎により着火するか否かを観察したり，また，最大2gの試料を100cm^{3}の丸底フラスコに入れ，50cm^{3}の40℃の純水をすみやかに加え，かき混ぜながら，可燃性ガスの発生量を調べ，その最大ガス発生量から禁水性を評価している。発生ガスが発火したり，可燃性があることが確認されたり，また，発生ガスの最大ガス発生量が試料1kgにつき1時間当り0.2m^{3}以上であった場合，危険物としている。

引用・参考文献

1) United Nations, Recommendations on the Transport of Dangerous Goods, Manual of Tests and Criteria, 6th Rev. Ed., ST/SG/AC.10/11/Rev.6 (2015)
2) 自治省消防庁，危険物の規制に関する政令等の一部を改正する政令関係資料 (1988)

(d) 酸化危険性 酸化危険性としては，酸化性物質が可燃性物質と混触したときにただちに発熱・発火する場合と，それらの混合物が熱，火花，火炎，打撃・摩擦，衝撃起爆などにより発火・爆発する場合とがある。

1) 可燃性物質との混触による発火・爆発危険性

酸化性物質には可燃性物質と混触したとき，ただちに発熱・発火する場合の混触危険を評価する方法として，改良鉄皿試験などがある[1]。改良鉄皿試験[2]は直径15cmの半球上のステンレス皿の一方に薬品を入れ，それに別のカップに入れた他方の薬品を遠隔で加えることによる混触反応性を発火および発熱の有無から調べるもので，安全かつ簡便で，つぎの3種類の試験を段階的に行い，混触による発火・発熱を観察するものである。すなわち，それらは各2.5gの試料の室温での混触（Ⅰ），各2.5gの試料の100℃での混触（Ⅱ）および最大反応熱を示す混合組成物10gと5gの強酸との室温での混触（Ⅲ）である。

2) 可燃性物質との混合物の発火・爆発危険性

酸化性物質と可燃性物質との混合物が熱，火花，火炎，打撃・摩擦，衝撃起爆を受けたときの発熱・発火，燃焼，爆発に対する感度と威力を調べるための試験法としては，爆発性物質の場合に適用されるものと同様のものが用いられる。

消防法では，酸化性固体の衝撃に対する感度を調べるため，酸化性物質と可燃性物質との混合物について，粉粒状のものは落球式打撃感度試験，また，成型物などの粉粒状以外のものは鉄管試験を用いる落球式打撃感度試験は酸化性物質と赤リンとの混合物に所定の高さから所定の鋼球を落下させ，50％爆点エネルギーから打撃に対する感度を調べるものである。また，鉄管試験は酸化性物質とセルロースとの混合物を内径5cm，長さ50cmの鉄管に入れ，6号電気雷管と伝爆薬を用いて起爆させ，その鉄管の破壊状態から

衝撃に対する感度を調べるものである。

一方，酸化性固体の酸化力の潜在的危険性を調べるため，酸化性物質と木粉との混合物について，粉粒状のものは燃焼試験，また，成型物などの粉粒状以外のものは大量燃焼試験を用いて，燃焼の激しさから酸化性物質の発火・爆発危険性を評価している[2]。また，酸化性液体の酸化力の潜在的危険性も燃焼試験により評価されている燃焼試験は 30 g の酸化性物質木粉混合物（80-20 または 50-50 wt％）の円錐形堆積に約 1 000℃の円輪状ニクロム線を最大 10 秒間接触させて着火燃焼させ，その燃焼時間から燃焼の激しさを評価するものである。また，大量燃焼試験は 500 g の酸化性物質木粉混合物（50-50 wt％）の円錐形堆積について同様な燃焼試験を行うものである。一方，国連勧告では危険物クラス 5，区分 5.1 の酸化性物質の危険性を評価する方法として，酸化性固体については，酸化性物質とセルロースとの混合物の燃焼試験を用いて評価し，酸化性液体については，酸化性物質とセルロースとの混合物の時間圧力試験を用いて評価することが行われている。時間-圧力試験は 20 mL 程度の圧力容器に 5 g の試料を入れ，着火剤を用いて着火爆燃させ，一定圧力に到達するまでの圧力上昇時間から爆燃の激しさを調べるものである。

（岡田　賢，田村昌三）

引用・参考文献

1) National Academy of Sciences, Compatibility guide for adjacent loading of bulk liquid cargoes (1975)
2) 吉田忠雄編著，化学薬品の安全，大成出版 (1982)

（e）混合危険性

1) 混合危険とは　混合危険とは，2 種類以上の化学物質が反応することにより，発火・爆発が起こる危険性をいう。混触危険あるいは反応危険ということもある。混合危険は以下のように分類される。

　化学反応による発火・爆発
　水や湿気との接触による発火・爆発
　空気中の酸素との混合による発火・爆発
　混合による爆発性物質の生成・爆発

発火および爆発という現象は基本的に発熱反応により発生する。2 種類以上の化学物質を混合することにより熱が発生し，発熱が放熱を上回ると発火や爆発が起こる。発熱反応が起こる代表例は酸化剤と可燃物との混合である。燃やす物質（＝酸化剤）と燃える物質（＝可燃剤）が存在するため，発熱し，燃焼する。激しい爆発に至ることもある。

自然発火性物質や禁水性物質は，相手物質が水や湿気の場合といえる。また，燃えやすい物質が空気中の酸素により発火・爆発することがある。予測しにくいのは混合により爆発性物質が生成し，爆発に至る例である。幸いにも，最近ではインターネットを利用して個別の化学物質の SDS（safety data sheet，安全データシート）を入手することができる。SDS には個別の混合危険について記載されているので有用である。

2) 混合危険を調べる方法　混合危険情報を知るために，最も有用な文献の一つに『危険物ハンドブック』（丸善）がある。英語名は Bretherick's Handbook of Reactive Chemical Hazards である。Bretherick は British Petroleum 社の技師であり，その後，化学安全問題のコンサルトをしていた。彼はその間，発火・爆発のある物質および反応について膨大な情報を集めて整理し，1975 年にハンドブックの初版を出版した。彼の引退後も Urben が集積，整理作業を行い，現在は第 7 版が出版されている。

例として，次亜塩素酸ナトリウムについて混合危険を調べてみる。図 2.1.136 のように次亜塩素酸ナトリウムについて，照合のための番号，組成式，CAS 番号等の情報の後，文献情報があり，混合危険を起こした事例が示されている。図は抜粋であるが，実際のハンドブックには，アミン，アンモニウム塩，アジリジン，乾留残渣，エタンジオール，ギ酸，フルフラールアルデヒド，イミノエステル，メタノール，フェニルアセトニトリル，写真現像液，エチレンジアミン四酢酸四ナトリウム塩，水の例が紹介されている。

前述したように，取り扱う化学物質の SDS を検索するのも有効である。2016 年 9 月 1 日，福井県で塩素系消毒剤をプールに投げ込み，廃棄しようとしたところ，爆発が起こったという事故があった。これまでの研究から，特定の塩素系消毒剤を水に溶かすと三塩化窒素が発生することがわかっている。この事故も三塩化窒素が関与している可能性がある。塩素系消毒剤の SDS を調べてみる。プールのぬめり取り剤の一つとして三塩化イソシアヌルという化学物質がある。それを水に溶かすと三塩化窒素が発生する。Web の検索エンジンで「三塩化イソシアヌル　SDS」と入力してみると，いくつかの SDS が検索できる。その中で日本エヌ・シー・エイチ株式会社の SDS を見てみる。その 10 項目に「安定性及び反応性」についての記述があり，「少量の水と反応して爆発性の有毒ガス（三塩化窒素）を発生する」と書かれている。このように SDS を調べることによって，混合危険を事前に調べることができる。なお，SDS は各製造業者によって記述が異なる。中には，三塩化窒素の発生についての

```
3984  ClNaO  NaOCl
次亜塩素酸ナトリウム
Sodium Hypochrite  [7681-52-9]

1. Brauer, 1963, Vol.1, 311
2. Sorbe, 1968, 85

アミン
　第一級脂肪族あるいは芳香族アミンは，次亜塩素酸ナトリウム（あるいはカルシウム）と反応して，N-モノあるいはジクロロアミンを生成するが，これらは爆発性の不安定物質である。しかし，三塩化窒素よりも爆発性は弱い。

アンモニウム塩
　この物質を含む排液の排出口でのアンモニウム含有物と酸との接触は，三塩化窒素の生成につながり，爆発的な分解を起こした。
ギ酸
　次亜塩素酸ナトリウム溶液を用いて工業排水からギ酸を除去する過程は55℃で爆発的となる。
メタノール
　メタノールおよび次亜塩素酸ナトリウムによる爆発事例の原因は，特に酸あるいは他のエステル化触媒が存在する場合には，次亜塩素酸メチルによるものとされている。
```

図2.1.136　Bretherickの危険物ハンドブックの例：次亜塩素酸ナトリウム（抜粋）

記述がないものも見られる。したがって，同じ化学物質について複数のSDSを見ることが勧められる。

3) **混合危険の具体的事例**

ⅰ)　過酸化水素 H_2O_2 ＋金属イオン　　30％過酸化水素は化学実験室でよく使われている。過酸化水素は身近にある化学物質の中では最も爆発威力の大きな化学物質といってよい。その理由は30％の過酸化水素が分解する反応で，残り70％の水を沸騰させることができる。また，分解してできる水蒸気は分子量が小さいため，多量のガスとなる。鉄イオンを用いるフェントン酸化では，分解反応はすぐに始まり，過酸化水素は適正に制御できる。しかし，微量の銅イオンが含有する場合，反応はすぐには起こらず，数時間後に反応が暴走することがある。

1999年，28％過酸化水素廃液500Lを積載したタンクローリが首都高速道路で突然，爆発した。そのタンク破片は約50m離れた4階建ビルの屋上まで飛散した。原因は微量の銅イオンが混入し，輸送途中で徐々に分解反応が促進し，数時間後に暴走したと見られている。

2009年，京都市南区の製薬会社の敷地内で，廃液処理中のドラム缶が爆発した。ドラム缶はJR東海道線西大路駅や東海道新幹線の高架を越えて約120メートル飛び，民間の駐車場に落下した。このドラム缶には過酸化水素を含む冷却剤が入っており，これを中和するために水酸化ナトリウムを加えたところ，急激な分解が起こったと見られている。

-O-O-の片方あるいは両方に有機の置換基が結合したものを有機過酸化物という。有機過酸化物も同様に金属イオン等が触媒として働き，反応暴走をすることがある。

こうした過酸化物の反応暴走を調べるには各種熱量計を使うのが有効ではない。ほとんどの熱量計の試料容器は金属製であり，過酸化物は試料容器と反応するため，適正な計測ができないからである。金も過酸化物と反応するため，金めっき容器は使えない。過酸化物はこうした性質があるので注意が必要である。

ⅱ)　金属ナトリウム＋水　　リチウム，ナトリウム，カリウムといったアルカリ金属は水と激しく反応して爆発することがあり，大学の研究室等で廃棄中に爆発事故を起こしている（**図2.1.137**参照）。ルビジウム，セシウムは上記のアルカリ金属よりもさらに反応性が高く，通常，密封容器に保管されている。

図2.1.137　金属ナトリウムに水を添加する実験

最近，起こった事故例を紹介する。
・2010年12月22日　東京大学
大学院生らがリチウムと水を混ぜる処理中に爆発した。近くにいた大学院生ら3人が水酸化リチウム（リチウムが水に溶けて生成した）を顔などに浴び，やけどの軽傷を負った。リチウムは水と穏やかに反応するため，少量ずつ徐々に水に投入すれば適正に処理できる。この事故は一度に大量のリチウムを投入したと思われる。
・2011年5月16日　東京工業大学

実験に使ったナトリウムを廃棄するため，有機溶媒のヘキサン溶液に入れてメタノールで中和処理していたところ，爆発した。学生3人が重軽傷。ナトリウムをアルコールと反応させてナトリウムアルコキシドとして処理する方法はよく行われる。しかし，発熱が大きいのでメタノールのような分子量が小さいアルコールではなくプロパノール等分子量の大きいアルコールが望ましい。

iii) **銀化合物＋アンモニア水** 高校の授業でも取り上げられている銀鏡反応という有名な反応がある。銀化合物をアンモニア水に溶かすとジアンミン銀(I)イオン（$[Ag(NH_3)_2]^+$）となり，これにアルデヒドを作用させると銀が還元されて析出するという反応である。ガラス容器の内側にきれいに銀が析出するので，人気の化学実験である。

しかし，銀鏡反応の実験中に爆発が起こる事故が過去に数多く起こっている。アンモニア分が蒸発すると爆発性の高い雷銀（窒化銀：Ag_3N）が生成するためである。雷銀はとても感度が高く，大きな声や水を落とす程度の刺激で容易に爆発する。図2.1.138は2g相当の雷銀が生成する想定で，ガラスシャーレ内で酸化銀をアンモニア水に溶かし，1時間程度，自然放置した後，遠隔から水滴を落とす実験をしたものである。水滴を落とす程度の刺激で爆発が起こり，シャーレが粉々になり，ガラス片が飛散している。もし，何の疑いもなく，目の前でガラス器具を扱っていたら…大怪我をするに違いない。

 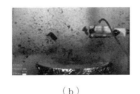

（a） （b）

図2.1.138 シャーレに雷銀を生成させ，遠隔で水滴を落とす実験

事故を防ぐにはどうすればよいか？まずは，銀鏡反応にはこういう危険性があることを知識として知っておくことである。アンモニア分が十分にあれば雷銀は生成しないので，溶液を作り置きしない，実験後は塩酸を加えて，安定な塩化銀にしておく等の注意が必要である。また，近年，ナノ銀粒子の研究や銀のリサイクルが盛んに行われている。この中で，銀化合物をアンモニア水に溶解するという操作も日常的に行われているであろう。雷銀の爆発危険はつねに意識する必要がある。

銀の化合物は不安定で爆発危険があるものがある。上述のナノ銀粒子生成に使われているシュウ酸銀には爆発性がある。また，硝酸銀水溶液とアルコールの混在下では爆発性の高い雷酸銀（AgCNO）が生成することがある。銀とその化合物を取り扱う場合には注意が必要である。

iv) **アンモニウム含有溶液＋次亜塩素酸ナトリウム** 前出の三塩化窒素の別の事故例を紹介する。この事故ではアンモニウム含有廃液に次亜塩素酸ナトリウム溶液を加えた際に突然，爆発が起こった。これを再現するために，耐爆実験室内でアンモニウム含有廃液を強化プラスチックのボトルに入れ，遠隔で電磁弁を使い次亜塩素酸ナトリウム溶液を添加した（図2.1.139参照）。混合直後に三塩化窒素が発生し，光を伴う爆発が起きた。三塩化窒素は不安定であり，その性質があまり知られていない。個々のSDSを調べるのは重要である。

（松永猛裕）

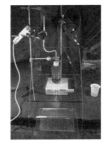 

（a） 遠隔添加装置 （b） 三塩化窒素の発生による爆発

図2.1.139 三塩化窒素の生成／爆発実験

2.1.3 腐食性物質
〔1〕 **生体に対する腐食性**

現在，わが国で取り扱われているおもな化学物質は約6万あり，新規に届出される物質が年間約1500に上る。「化学物質による生体の腐食」とは，原因となる化学物質に直接接触することにより引き起こされる皮膚や粘膜の急性組織障害である。高温による熱傷と同様の症状を呈することから一般的には化学熱傷（chemical burn），そのほか化学的損傷，化学傷，薬傷などと呼ばれることもある。原因物質の接触による免疫反応を介した皮膚炎や化学物質の慢性的作用による傷害は除外する。また，いったん吸収された化学物質による皮膚や粘膜に生じた障害は，一般に中毒と呼ばれている[1), 2)]。

化学物質による熱傷の分類は，多くは原因物質の化学的性状から分類されるが，作用機序から分類される

こともある。原因となる化学物質は表2.1.25に示すように酸，アルカリ，腐食性芳香族化合物，脂肪酸化合物，金属およびその化合物，非金属およびその化合物の種類に分類される[6]。また，原因となる化学物質の生体に対する作用機序による分類では，表2.1.26のように酸化剤，還元剤，腐食剤，原形質毒，脱水剤，水疱形成剤などがある[2]。

表2.1.25 化学熱傷の原因化学物質

酸	塩酸，硫酸，硝酸，フッ化水素酸，リン酸
アルカリ	水酸化ナトリウム，水酸化カリウム，水酸化カルシウム
腐食性芳香族	フェノール，フェニルヒドロキシルアミン，ピクリン酸，無水フタル酸，フェニルヒドラジン
脂肪族化合物	ホルムアルデヒド，イソシアネート，酸化エチレン，エチレンイミン，三塩化酢酸，パラコート，脂肪族炭化水素（灯油，ガソリン），臭化メチル
金属と化合物	ナトリウム，酸化カルシウム，酸化亜鉛，ベリリウム塩，四塩化チタニウム，マグネシウム，炭化ナトリウム，次亜塩素酸ナトリウム，水銀およびその化合物
非金属と化合物	リン，リン化合物，硫化水素，塩化硫黄，フッ素化合物，過塩素酸，臭素，四塩化炭素
その他	イペリット，ルイサイト

表2.1.26 化学熱傷の作用機序による分類

酸化剤	クロム酸，次亜塩素酸ナトリウム，過マンガン酸カリウム
還元剤	アルキル化水銀，塩酸，硝酸
腐食剤	フェノール（クレゾール），リン（白リン），重クロム酸塩，金属ナトリウム，アルカリ（水酸化ナトリウム，水酸化カリウム，水酸化カルシウム，水酸化アンモニウム，水酸化リチウム，水酸化バリウム）
原形質毒	塩形成（タングステン酸，ピクリン酸，スルホサリチル酸，タンニン酸，トリクロロ酢酸，クレゾール，酢酸，ギ酸）
	代謝拮抗剤，代謝阻害薬（シュウ酸，フッ化水素酸）
脱水剤	硫酸，塩酸
水疱形成剤	カンタリス，DMSO，マスタードガス，ルイサイト

（a）**酸による化学熱傷** 酸から遊離される水素イオンが組織タンパクと密に結合し，凝固壊死が引き起こされる。水素イオン量の大きい強酸ほど深部まで到達するが，一般的に酸はその強い吸水性のため硬い乾性の痂皮を形成し，組織凝固が速やかに進行するためにアルカリに比べて深達度は低い。しかし，フッ化水素酸，酸無水物，重クロム酸や過マンガン酸などの重金属を含む酸では，深い難治性潰瘍を形成する。広範囲に酸曝露を受けると，肝臓・腎臓に対する有害物質の生成が起こり，重篤となることがある。

1）**硫酸** 硫酸による皮膚の化学熱傷では，激痛を伴って白色，続いて黄褐色の痂皮を形成する。濃硫酸は強い脱水作用を呈するため皮膚組織を炭化し，深い黒褐色の凝固壊死を形成する。眼に付着した場合は深く浸透し，角結膜壊死，角膜穿刺，眼球癒着，角膜潰瘍，角膜混濁，白内障や緑内障などを起こす[3]。

2）**硝酸** 硝酸による化学熱傷では激痛を伴い，タンパクと反応しキサントプロテイン反応により局部を黄変させ，黄褐色の痂皮を形成する。眼の粘膜に対しても同様に作用するが，硫酸よりは深部に浸潤しにくい[3]。

3）**塩酸** 濃塩酸では白色～灰白色の痂皮を形成する。眼粘膜には，濃塩酸は硫酸同様の腐食作用を示す。pH2.5の等張希塩酸でも塩素イオンはタンパク親和性が高いために角膜障害の程度は重い。非常に高濃度の塩化水素ガスに曝露した場合にも，角結膜の損傷を来す[3]。

4）**フッ化水素酸（フッ酸）** フッ化水素の水溶液で弱酸だが，強力かつ持続的な組織破壊性を持ち，蒼白色を呈する化学熱傷や潰瘍を生じる。曝露経路にかかわらず容易に体内に吸収され，カルシウムと速やかに結合し，低カルシウム血症を起こす。初期には不快感を伴う軽度の紅斑や腫脹が認められるにすぎないが，未治療で放置すると深部の組織障害が進行し，壊死や骨破壊，低カルシウム血症など高濃度曝露と同様の経過をたどる。それゆえ，フッ素イオンの侵入防止のための初期治療が重要で，グルコン酸カルシウムゼリーの塗布および局所への注入が必要である[1]。

5）**六価クロム** 遷移金属であるクロムの毒性はその価数や化合物によって差があり，産業現場では強い酸化力を持つ6価クロムのミストの長期曝露による肺がんが問題となる。さらに，腐食性が非常に強く，単回曝露で難治性の化学熱傷を生じ，初期には軽度に見えても重篤になることが多い。鼻粘膜に作用して鼻中隔穿孔を起こすことも知られているが，粘膜表面の神経を障害するために穿孔は無痛性に推移する。微細な搔破痕，擦過傷等のある皮膚に作用するとクロムホール（chrome hole）といわれる難治性皮膚潰瘍（数ミリメートルの辺縁が隆起し，中心部が窪んだ小円形潰瘍）を起こす。これは手指背等に好発する。

（b）**アルカリによる化学熱傷** アルカリは吸水作用を有し，細胞の脱水をきたす。アルカリによる化学熱傷では刺激を感じずに一見軽症のように見えるが，進行性で深部にまで障害が及ぶ。OH⁻イオンはタ

ンパクと結合するが，疎な結合のため水の存在下で再遊離し，より深部へと到達し深い組織損傷を起こす。さらにアルカリには深部の脂肪組織を変質し，機能を奪うけん化作用を有している。けん化反応の進行に伴い熱が発生し，周囲に組織傷害が波及する。OH⁻イオンとアルカリ金属イオンは深部組織にまで到達し，進行性の柔らかいゲル状の融解壊死となり，酸による凝固壊死と比べて重症化する傾向が高い。つまり，アルカリは組織を可溶性タンパクに変えるため，短時間で薬剤が深部に浸透しやすく重症化する。眼に付着した場合は，本来，透明である角膜が白濁することも多く，きわめて予後不良となる（表 2.1.27 参照）。経過として急性期と瘢痕期に大別され，重症度分類されている[4]（表 2.1.28，表 2.1.29 参照）。急性期の状態と治療が，その後の視機能を決定する。状態については，例えば POV（palisades of vogt；この部位に角膜上皮 stem cell が存在するといわれている）が完全に消失しているような重度の化学外傷（Grade 3b〜4）においては，やがて新生血管を伴った線維結合組織と結膜上皮によって被覆される[4]。角膜の障害の程度のみならず結膜や輪部の受傷程度を重要視するのは，障害部位の修復・再生に不可欠な栄養血管の障害程度が，予後に重大な影響を及ぼすためである。

1) **水酸化ナトリウム，水酸化カリウム** 皮膚に付着すると低濃度液でも発赤・水疱が形成され，高濃度では腐食が進行し，乳白色のアルカリ痂皮を生じる。深部まで進行性である[3]。

2) **酸化カルシウム（生石灰）** 皮膚粘膜表面の水分と反応し，水酸化カルシウムに変化して強アルカリとしての化学熱傷と，発熱反応による高温熱傷の相互作用によって，腐食は増強される。眼粘膜上ではカルシウム誘導体として角膜，結膜に固着し，その部分を強く混濁させ，除去は困難になる[3]。

3) **アンモニア** アンモニア溶液は，強アルカリとして深い化学熱傷を起こす。1%アンモニアガスは湿った皮膚に軽度の刺激を与え，3%では数分間で水疱を形成する。眼に作用した場合には，角膜知覚が損傷され，自覚症状を欠き，激しい症状が出現する重症になるまで放置されてしまう場合があり，危険である。症状の有無にかかわらず，十分な時間，眼の洗浄を行わなければならない[3]。

(c) その他の物質による化学熱傷

1) **芳香族化合物** 皮膚タンパクを凝固させ灰白色の痂皮を形成する。高濃度では皮膚，粘膜の凝固壊死が起こり，側鎖の種類によって酸，アルカリの作用も追加されることになる。

　フェノール　皮膚タンパクを凝固させ灰白色の痂皮を形成する。やがて赤褐色に変化し脱落するため，さらに深部まで障害が進む。初めは疼痛を訴えるが，知覚が麻痺し無感覚になる。

2) **脂肪族化合物** 脱脂作用，タンパク変性作用により皮膚粘膜を侵し，腐食を起こす。

　ハロゲンガス類　皮膚粘膜の表面の水分と反応しハロゲン化水素酸となり強酸として作用する。

3) **金属塩とその化合物** 皮膚に刺激性，腐食性に作用し，その機序により以下の4通りに分類されている[5]。

① 水と反応して生じた強アルカリや反応熱により組織傷害をもたらすもの：金属ナトリウム Na，酸化カルシウム（生石灰：CaO）

② 水と反応して強酸と熱を生じるもの：四塩化チタン $TiCl_4$

③ 金属塩の水溶液が酸やアルカリとして作用するもの：硝酸バリウム $Ba(NO_3)_2$，炭酸ナトリウム Na_2CO_3

④ 水と反応して生じる水素ガスが気泡となって組織傷害をもたらすもの：金属マグネシウム Mg

表 2.1.27　アルカリ外傷の程度分類（Roper-Hall）

Grade	症　　状	予　後
1	角膜上皮障害，輪部の虚血なし	良
2	角膜混濁あるが虹彩細部透見可 輪部の虚血は 1/3 周以下	良
3	角膜上皮はすべて脱落 角膜混濁のため虹彩の詳細不明 輪部の虚血は 1/3 から 1/2 周まで	やや不良
4	角膜混濁，虹彩・瞳孔透見不可 輪部の虚血は 1/2 周以上	不良

表 2.1.28　化学熱傷による眼障害の急性期重症度分類

Grade 1	結膜出血，角膜上皮欠損なし
Grade 2	結膜出血，角膜上皮欠損あり（部分的）
Grade 3a	結膜充血あるいは部分的壊死。全角膜上皮欠損あり。palisades of vogt 一部残存
Grade 3b	結膜充血あるいは部分的壊死。全角膜上皮欠損あり。palisades of vogt 完全消失
Grade 4	半周以上の輪舞結膜壊死。全角膜上皮欠損あり。palisades of vogt 完全消失

〔注〕Grade 1〜3a は保存的療法が可能であり，3b，4 は手術適応になることが多い。

表 2.1.29　化学熱傷による眼障害の瘢痕期分類

type A	角膜上を角膜上皮が被覆し，輪部上皮が残存している場合（palisades of vogt が認められる）
type B	角膜上を角膜上皮が被覆し，輪部上皮が完全に消失している場合

4) 非金属およびその化合物 フッ素，塩素，リンなどは強い酸化作用を持つため，各種物質を酸化すると同時にそれ自体も強酸として作用し組織傷害をきたす。

5) イペリット，ルイサイト 毒性が強く，びらん性ガスである。

(d) 応急処置 応急処置としては，付着した化学物質を一刻も早く希釈・除去することである。その際，化学物質がどのような化学物質であっても大量の流水（水道水がよい）で付着局所を洗い，皮膚粘膜からすみやかに除去する。その後は数時間，少量の水でゆっくり洗い流し続け，中止して頭痛や局所熱感が再発する場合には水洗を再開する。高温による熱傷の場合は「冷やすこと」が主眼となるため冷水に患部を浸すのみでもよいが，化学熱傷の場合は付着した物質の希釈・除去が救急処置の目標となる。水洗いには化学反応の鈍化や消炎効果，吸湿性への拮抗，組織pHの正常化などの目的もある[5]。また，中和剤の使用は，それ自体による傷害を招くおそれがあるため，原則的には施行しない。しかしながら，フッ化水素酸による熱傷の場合，十分な水洗いの後，マグネシウム製剤やカルシウム製剤による中和が行われることも多い。また，クロム酸は狭い範囲に浸透しただけでも各種内臓障害をきたすことが知られているので，障害を受けた皮膚を早期に切除する必要がある[2]。眼に付着した場合には，一刻も早く，まぶたを指でつまみ上げるなどして十分開眼し，水道の蛇口に目を近付けて，角膜，結膜，結膜円蓋を10～15分以上流水で洗浄する。着衣に付着している場合は，大量の流水で洗い流しながら着衣を脱がせる。油性物質の場合は，水道水で物理的に洗い落とし，せっけんを使用してさらに洗い落とす。水を加えることによって発熱反応を起こす生石灰などの物質の場合は，すみやかにできるだけ多くの物質をブラシなどで除去し大量の水で冷却しながら残存物質を洗い流す[3]。応急処置を終えたらできるだけ早く皮膚科・眼科を受診させる必要があるが，全身管理ができる医療施設が望ましい。 （藤本典宏）

引用・参考文献

1) 圓藤陽子，化学物質による障害，日本臨床，72-2，pp.216-220（2014）
2) 玉置邦彦ほか編，化学物質による熱傷，最新皮膚科学体系2，pp.247-250，中山書店（2003）
3) 安全工学協会編，新安全工学便覧，pp.184-186，コロナ社（1999）
4) 木下茂ほか編，化学腐食，熱傷角膜疾患への外科的アプローチ，pp.46-49，メディカルビュー社（1992）
5) 岡田芳明，化学熱傷，最新の熱傷臨床―その理論と実際，pp.422-427，克誠堂（1994）
6) 山元修，職業性皮膚疾患 皮膚科の臨床47-4，pp.539-549（2005）

[2] 材料に対する腐食性

(a) はじめに 腐食はあらゆる実用材料に生じるが，ここでは，特に課題の大きい金属材料に限定し，ある物質を取り扱う際に材料に与える腐食面での影響をチェックする際に必要な点を記述する。

(b) 腐食の分類と原理 金属材料に生じる腐食は，大別すると湿食と乾食に分類される。腐食というと普通は湿食を指すが，これは文字どおり水が関与した環境において生じるもので，おもに電気化学的原理によっている。

簡単に述べると，図2.1.140に示すように，金属が水溶液環境に置かれた場合，表面の不均一性に起因してアノード部とカソード部とが形成し，互いの間にできた局部電池作用のため，アノード部の金属がイオンとなって溶解する。

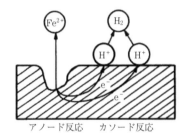

図2.1.140 金属の水溶液中での腐食の原理（酸性水溶液中における鉄の腐食を一例として）

すなわち，金属が鉄，置かれた環境が薄い酸溶液であれば，つぎのような電気化学反応が鉄表面で生じる。

$$Fe \rightarrow Fe^{2+} + 2e^- \quad \text{アノード反応}$$
$$2H^+ + 2e^- \rightarrow H_2 \quad \text{カソード反応}$$
$$\text{（酸素がない場合）}$$
$$2H^+ + 1/2\,O_2 + 2e^- \rightarrow H_2O \quad \text{カソード反応}$$
$$\text{（酸素がある場合）}$$

この場合の腐食速度は，速度論的にアノード，カソード分極曲線を測定すれば，ファラデーの法則に基づき計算することができる。また，PourbaixらによりPourbaix作成されたPourbaix線図（図2.1.141参照）[1]を用いれば，金属の電位と環境のpHとから腐食が生じるかどうか平衡論的に予測することができる。逆に，ある物質の腐食性は，環境条件により変化することに留

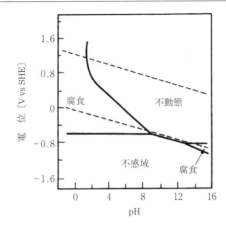

図 2.1.141　Pourbaix 線図

意しなければならない。

一方，乾食はつぎのような単純な酸化反応であり，乾食が生じる可能性を熱力学的に予測することも比較的容易である。

$$2nM + O_2 \rightarrow 2MnO \quad M：金属$$

腐食の分類，原理の詳細は，他の成書の利用を薦める[2〜5]。

(c)　水溶液の腐食性

1)　水　　水は湿食の基本因子であるが，水中腐食の挙動は淡水と海水で大きく異なる。淡水中では，pH，溶存酸素，溶解成分，温度，流速などが大きな影響を及ぼす。すなわち，低 pH，多溶存酸素，高温，高流速になるほど腐食性が増す。溶解成分では，Cl^- イオンの影響が大きく，孔食，応力腐食を生じる場合もある。海水は，Cl^- イオンを始め多量の塩類を含んでいるので，激しい腐食性を有する。塩類濃度，pH，溶存酸素は，ほぼどの海水も同じであるので，流速が最も影響する。また，飛沫帯では，酸素の供給が多いので，海水中の数倍もの腐食が生じる。

2)　酸，アルカリ水溶液　　上述したように，H^+ イオンがカソード反応に関与するので，H^+ イオンを多量に含む酸水溶液は一般に腐食性が大きい。無機酸では，硝酸は高濃度ではその強い酸化力のため不動態化能力が大きいが，低濃度では強い腐食性がある。塩酸はアニオンが Cl^- であるため最も腐食性の強い酸の一つで，タンタル，ジルコニウムなど強固な不動態皮膜を有する金属以外腐食する。そのほか，硫酸は不動態化しない金属には強腐食性であり，リン酸，フッ酸などすべて腐食性である。

有機酸の中では，ギ酸が最も強い腐食性の酸であり，鉄，アルミニウム，チタンなどを侵す。高濃度，高温の酢酸はステンレスに対して腐食性物質となる。

アルカリ水溶液は酸に比べて腐食性は小さいが，ボイラ蒸発管のアルカリ腐食として知られているように高温・高濃度の NaOH は鉄に対する強い腐食性物質である。また，アルミニウム，亜鉛などの両性金属も OH^- イオンにより金属酸アニオンとして溶解するので，アルカリ水溶液はこれらの金属に対してきわめて強い腐食性を示す。

(d)　大気腐食，土壌腐食などでの腐食性物質

前述の水溶液腐食以外の湿食のおもなものに，大気腐食と土壌腐食がある。大気腐食は，大気中にさらされた金属の腐食であり，主要因の雨や結露による水と空気中の酸素のほかに，腐食性を高める物質としては，海塩粒子（主として NaCl, $MgCl_2$），大気汚染物質（SO_x, NO_x, ダストなど），あるいは最近の酸性雨，酸性霧が知られている。自動車の腐食では，凍結防止のための塩分が最も大きな腐食因子である。

土壌腐食は，土の中の水分に起因して生じるが，いわゆる土質（組成，粒度，通気性，含水量，含有ガス，含有バクテリアなど）に影響される複雑な腐食である。土壌腐食のようにバクテリアが腐食性物質となる場合もあり，第一鉄を水酸化第二鉄とする鉄バクテリアや，水素，硫黄，硫酸塩還元バクテリアといったものが知られている。また，ジェット機のアルミニウムが微生物により腐食した例も昔から知られている。

(e)　高温腐食での腐食性物質

1)　燃焼ガス　　ボイラに代表される燃焼ガスにさらされる金属も腐食を生じる。腐食の形態としては，低温腐食と高温腐食とに分類される。

低温腐食は，燃料中の硫黄分が燃焼して，$SO_2 \rightarrow SO_3$ と酸化し，露点以下のところで H_2SO_4 を生じて起きるものである。したがって，硫黄分の少ない燃料や，LNG などでは生じない。高温腐食は，燃料中の V, Na, S に起因し，V_2O_5 の激しい腐食性に加え，Na_2SO_4 との相乗効果で 600℃付近以上で起こるものである。

2)　溶融金属，溶融塩　　溶融金属中で固相金属は，溶解現象と質量移行現象によって腐食する。原子炉の冷却材として使用されているナトリウムによる原子炉材料としてのステンレスの腐食は，その安全性の確保のため幅広く調査されている。そのほか，やはり冷却材としてのリチウムも腐食性は大きい。

雰囲気中に酸素や水分のある場合のハロゲン化物などの溶融塩も強い腐食性物質である。

3)　高温水蒸気　　ボイラや原子炉では，高温（600℃以上）高圧（10 MPa 以上）の水蒸気環境となる。この場合使用される鉄系材料は

$$3Fe + 4H_2O \rightarrow Fe_3O_4 + 4H_2$$

の反応を生じるが，溶存酸素，Cl^-イオン，pH などによっては緻密な Fe_3O_4 が形成しないので，腐食が激しくなる。

オーステナイト系ステンレスを高温水環境で使用すると応力腐食割れが生じる場合がある。この場合，最も大きく影響するのは，溶存酸素濃度，Cl^-イオン濃度であることが知られている。

（f）水素による脆化 水素が材料劣化因子として働く重要なものに水素脆化がある。金属が水溶液，ガス雰囲気から原子状水素を吸収して脆化するもので，高張力鋼などに見られる。ラインパイプの H_2S 起因の割れもこの現象によって説明されている。

（g）む　す　び 金属の腐食に限定して腐食性物質のおもなものを述べた。腐食は金属側の因子と環境側の因子とにより決定されるきわめて複雑な現象である。したがって，本項は初歩的ガイドブックとならざるを得なかったが，近年は腐食データもそろっているので，詳細はそれらデータブックに委ねたい[6)～8)]。

（岡崎慎司，加藤忠一）

引用・参考文献

1) Pourbaix, M., Atlas of Electrochemical Equilibriam in Aqueous Solutions, Pergamon Press, New York (1966)
2) H. H. ユーリック，R. W. レヴィー共著，松田誠吾，松島巖共訳，腐食反応とその制御，第3版，産業図書 (1989)
3) 伊藤伍郎，改訂 腐食科学と防食技術，コロナ社 (1979)
4) NACE, Corrosion Basics-An Introduction, National Association of Corrosion Engineers (1984)
5) Fontana, M. G., Corrosion Engineering 3rd Ed., McGraw-Hill Company (1986)
6) 腐食防食協会編，防食技術便覧，日刊工業新聞社 (1986)
7) Schweitze, P. A., Corrosion Resistance Tables 5th Ed., CRC Press (2004)
8) DECHEMA, Corrosion Handbook, Vol.1 ～ 13, Wiley-VCH (2009)

2.1.4　有害性物質
〔1〕　有害性物質の健康影響

WHO は，有害作用 adverse effect を "Change in the morphology, physiology, growth, development, reproduction, or life span of an organism, system, or (sub) population that results in an impairment of functional capacity, an impairment of the capacity to compensate for additional stress, or an increase in susceptibility to other influences" と定義している[1)]。

OECD は毒性 toxicity を "The ability of a substance to cause poisonous effects resulting in severe biological harm or death after exposure to, or contamination with, that substance" と定義している[2),3)]。

16世紀の医師 Paracelsus による指摘以来，すべての物質に有害作用あるいは毒性があると考えられているが，一般的な社会通念としては比較的限られた化学物質群が有害性物質あるいは毒 poison として認識されている。毒には生物由来である自然毒 naturally occurring poison（あるいは毒素 toxin）が含まれる。日本においては，毒物及び劇物取締法および毒物及び劇物指定令[4)]により，医薬，医薬部外品用以外の工業用・産業用・実験用の物質の中で，生命に重篤な影響を及ぼす物質は毒物，毒物ほどではないが不都合を与え得る物質は劇物に指定され，規制されている。医薬品医療機器等法[5)]は，医薬品に指定されている物質のうち，効能を示す量と毒性を示す量の差が小さい物を毒薬あるいは劇薬に指定し，規制している。その他，食品衛生法[6)]，化審法[7)]，労働安全衛生法[8)]，農薬取締法[9)]などにより規制されている化学物質も有害性物質と認識されている。

毒性は一般毒性と特殊毒性に分けられる。一般毒性は，血液検査，尿検査，病理組織学的検査など一般毒性試験で観察される毒性をいう。急性毒性，亜急性（亜慢性）毒性，慢性毒性に分けられる。

特殊毒性は，吸入や経皮などの特殊な投与方法によって現れる毒性や特殊な観察法によって観察される毒性をいう。特殊毒性としては，刺激性，免疫毒性，神経毒性，発がん性，遺伝毒性（変異原性），催奇形性（発生毒性），生殖毒性（繁殖毒性）等がある。

化学物質の量の変化に伴う，化学物質によりもたらされる反応の程度の変化を用量（濃度）-反応関係 dose-response relationship という。原則として，用量（濃度）が増大するほど，反応の程度は増大する。反応が連続尺度として測定される場合は計量的用量-反応関係 graded dose-response relationship，反応が頻度として測定される場合は計数的用量-反応関係 quantal dose-response relationship という。例えば体温，血圧などの生理学的指標や血液生化学検査値に及ぶ影響の程度は連続尺度として測定でき，致死作用や発がん性の程度は集団における発生頻度として把握される。

OECD 毒性試験ガイドライン[10)]は，陰性対象群と3用量以上の化学物質投与群を設定することにより用量（濃度）-反応関係を把握することとしている。横軸（x 軸）を用量（濃度），縦軸（y 軸）を反応とする座標系に各用量（濃度）における反応をプロットすると，

用量（濃度）-反応関係をグラフとして把握できる（**図2.1.142**参照）。横軸を対数表示とするのが一般的である。ここで，黒丸は実験データの平均値，縦線はその標準誤差を表している。S字状の曲線はこれらの実験データに最適の用量-反応関係曲線を示している。横軸（用量）を対数表示とすると，多くの場合用量-反応関係曲線はS字状（シグモイド）となり，ロジスティック関数やプロビット関数を当てはめられる。用量Aは無作用量 no-observed-effect level（NOEL），用量Bはベンチマークドーズ benchmark dose（ED10と同じ），用量Cは最小毒性量 lowest-observed-adverse-effect level（LOAEL），用量Dは50％効果用量 half maximal（50％）effective dose（ED50）に該当する。

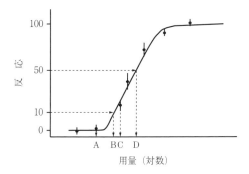

図2.1.142 用量-反応関係図

安全性評価の立場から考えると，化学物質の持つ毒性の程度を示す指標として，1）毒性の強さに関する数値と，2）安全限界に関する数値を確認もしくは推定することが望ましい。

毒性の強さに関する数値の代表例は50％効果用量（濃度）half maximal（50％）effective dose（ED_{50}）（half maximal（50％）effective concentration（EC_{50}））である。ED_{50}（EC_{50}）とは，計量的用量（濃度）-反応関係の場合では，最大反応の50％の反応をもたらす用量（濃度）をいう。計数的用量反応関係においては，集団の50％に反応が生じる用量（濃度）をいう。致死作用 lethal effect の ED_{50}（EC_{50}）はすなわち LD_{50}（LC_{50}）である。

安全限界に関する数値の例として以下のものがある[11),12)]。

・benchmark dose lower confidence limit（BMDL）
ベンチマークドーズ benchmark dose（有意な影響があると判定できる程度の反応 benchmark response（BMR）をもたらす用量。ED_5 あるいは ED_{10} が適用される）の95％信頼区間の下限値。

・無作用量 no-observed-effect level（NOEL）

最大有害無作用レベル，最大無毒性量と訳すこともある。何段階かの投与用量群を用いた毒性試験において有害影響が観察されなかった最高の曝露量。

・最小毒性量 lowest-observed-adverse-effect level（LOAEL）
毒性試験において有害な影響が認められた最低の曝露量。

・最小中毒量 toxic dose lowest（TDLo）
ヒトまたは実験動物に中毒症状を起こさせた吸入曝露以外の経路による投与量の最小値。

遺伝子毒性（発がん性，催奇形性の一部，変異原性などが該当する）の用量（濃度）-反応関係については，「閾値が存在する」ことが証明されない限り，「閾値はない」と想定している。そのため，上述のBMDL，NOEL，LOAEL，TDLo を求めることはできない。発がん性の場合，実質安全量 virtually safe dose（VSD）が使用される。生涯にわたり摂取した場合のリスクが許容できるレベルとなるような用量（濃度）を実質安全量という。発がん性の場合，10万分の1あるいは100万分の1というような低い確率で発生させる用量（濃度）であり，通常の生活で遭遇するまれなリスクと同程度の非常に低い確率となる（すなわち実質的に安全といえる）用量（濃度）と解釈される。

曝露後の化学物質の生体内への吸収 absorption，生体内での分布 distribution，代謝 metabolism および排泄 excretion（略して ADME）という一連のプロセスを体内動態という[13)]。ADME 各因子が用量と組み合わさり，化学物質の標的部位での濃度を決定し，したがって，時間の関数として反応の程度を決定する。ADME は生理学的要因や遺伝学的要因，環境要因等さまざまな要因の影響を受ける。それが化学物質の影響の動物種・系統差，年齢差，性差，個体差や，実験環境や遺伝学的要因による差異の背景となっている。原体には強い毒性はないが，代謝物が毒性を発揮する物質もまれではない。体内に吸収された化学物質の（血液中）濃度が半減するのに要する時間を生物学的半減期という。重金属のように生物学的半減期の長い物質は体内に蓄積しやすい。化学物質の曝露経路には，経口，吸入，経皮等がある。曝露経路に応じてADME は変わり，現れる影響も変わる。（梅津豊司）

引用・参考文献

1) WHO, IPCS Risk Assessment Terminology, Geneva, Switzerland（2004）
2) OECD
https://stats.oecd.org/glossary/detail.asp?ID=2734

3) OECD
   https://stats.oecd.org/glossary/detail.asp?ID=672
4) 毒物及び劇物取締法および毒物及び劇物指定令
   http://law.e-gov.jp/htmldata/S25/S25HO303.html
   http://law.e-gov.jp/htmldata/S40/S40SE002.html
5) 医薬品医療機器等法
   昭和三十五年法律第百四十五号
   医薬品, 医療機器等の品質, 有効性及び安全性の確保等に関する法律
   http://elaws.e-gov.go.jp/search/elawsSearch/elaws_search/lsg0500/detail?lawId=335AC0000000145
6) 食品衛生法
   http://law.e-gov.jp/htmldata/S22/S22HO233.html
7) 化審法
   http://law.e-gov.jp/htmldata/S48/S48HO117.html
8) 労働安全衛生法
   http://law.e-gov.jp/htmldata/S47/S47HO057.html
9) 農薬取締法
   http://law.e-gov.jp/htmldata/S23/S23HO082.html
10) OECD, Guidelines for the testing of chemicals, http://www.oecd.org/chemicalsafety/testing/oecdguidelinesforthetestingofchemicals.htm
11) 環境省, 化学物質の環境リスク評価 第3巻 参考2 用語集等 (2004)
    https://www.env.go.jp/chemi/report/h16-01/
12) 食品安全委員会, 食品の安全性に関する用語集 (第5.1版)
    https://www.fsc.go.jp/yougoshu.html
13) グッドマン・ギルマン, 薬理書 第8版 (上), 藤原元始ほか監訳, 廣川書店 (1992)
    (上記 URL は 2018 年 10 月現在)

〔2〕 毒物・劇物

毒物および劇物とは, 毒物及び劇物取締法または毒劇物指定令で指定されている。その判定基準は, (1) 動物における, 急性毒性, 皮膚に対する腐食性, 眼等の粘膜に対する重篤な損傷, (2) ヒトの事故例等の知見, (3) 化学物質の物理化学的性質, 有効な in vitro 試験等による知見に加え, 物性, 解毒法の有無, 通常の使用頻度および製品形態等を考慮して判定される。なお毒物のうちで毒性がきわめて強く, 危害発生のおそれが著しいものは特定毒物とされる。毒物・劇物の分類基準は原則として表 2.1.30 のように定められている。

蒸気のように毒物・劇物はおもに急性毒性等による判定基準が示されているが, 近年では欧州を中心に動物愛護の観点から動物実験を廃止する動きがあり, 動物実験代替法の検討が進められており, 特に皮膚腐食性については OECD テストガイドラインによる代替法が推奨されている。

表 2.1.30 毒物・劇物の判定基準[1]

指標	毒物	劇物
経口 LD_{50}	50 mg/kg 以下	50 mg/kg を超え 300 mg/kg 以下
経皮 LD_{50}	200 mg/kg 以下	200 mg/kg を超え 1 000 mg/kg 以下
吸入 (ガス)	500 ppm (4 h) 以下	500 ppm (4 h) を超え 2 500 ppm (4 h) 以下
吸入 (蒸気)	2.0 mg/L (4 h) 以下	2.0 mg/L (4 h) を超え 10 mg/L (4 h) 以下
吸入 (ダスト・ミスト)	0.5 mg/L (4 h) 以下	0.5 mg/L (4 h) を超え 1.0 mg/L (4 h) 以下

〔注〕 LD_{50}: 50%致死量
LD_{50} (4 h): 4 時間曝露による 50%致死量

引用・参考文献

1) 毒物劇物の判定基準の改訂について (通知), 薬生薬審発 0613 第 1 号 (平成 29 年 6 月 13 日), 厚生労働省医薬・生活衛生局, 医薬品審査管理課長

〔3〕 有害物質による健康影響

1996 年の業務上の負傷に起因する疾病は 5 598 人であり, このうち化学物質による疾病は 216 人, うちがんによるものは 3 人であった。製造業におけるものがその半分程度であり, うち食品製造業や化学工業で多い傾向がある[1]。

有機溶剤による中毒では, 建造中の船内部のエチルベンゼン吹付け塗装中の事例, 看板字消し作業中のジクロロメタンによる中毒事例, めっき液タンク内の析出ニッケルの剥離作業中の二酸化窒素中毒, アンモニア水の吹出しによる被曝および吸引による事例などが報告されている。換気設備不十分, 呼吸用保護具の未着用, 安全衛生教育の未実施・不十分, リスクアセスメントの未実施などがその発生原因である。

また一酸化炭素による中毒も複数の報告があり, 化学工業だけでなく排水管改修工事においても事故が発生している。呼吸用保護具の未着用・点検不十分, 換気設備不十分, 酸素欠乏危険作業者の特別教育の未実施などがその原因に挙げられている[2]。

その他の化学物質では, ブタンの吸入による中毒, 橋梁塗装補修作業における鉛中毒などの事例がある。

化学物質の災害事例については, 厚生労働省の「職場のあんぜんサイト」に詳しい[3]。

労働安全衛生法 (労安法) では, 危険物および有害物を提示しており, そのうち黄リンマッチ, ベンジジン, ベンジジンを含有する製剤その他の労働者に重度の健康障害を生ずるものについては製造禁止物質と

し，原則として製造や使用が禁止されている（同法第55条，同法施行令第16条）。またジクロルベンジジン，ジクロルベンジジンを含有する製剤その他の労働者に重度の健康障害を生ずるおそれのある物を第一類特定化学物質として（第56条，施行令別表第三），ベンゼン，ベンゼンを含有する製剤その他の労働者に健康障害を生ずるおそれのある物を第二類特定化学物質として（第57条，施行令第18条）政令で定め，規制している。そのほか，大量漏洩により急性中毒を引き起こすものを第三類としてアンモニア，一酸化炭素および塩化水素等を施行令別表第三に指定している（**表2.1.31参照**）。

有機溶剤は揮発しやすい性質を持つことから，労働者が吸入曝露によりめまい，吐き気，けいれんなどの

表2.1.31 労働安全衛生法 特定化学物質（労働安全衛生法施行令 別表第三）平成三十年七月一日施行

第一類物質		
	1	ジクロルベンジジン及びその塩
	2	アルフア-ナフチルアミン及びその塩
	3	塩素化ビフエニル（別名PCB）
	4	オルト-トリジン及びその塩
	5	ジアニシジン及びその塩
	6	ベリリウム及びその化合物
	7	ベンゾトリクロリド
	8	1から6までに掲げる物をその重量の一パーセントを超えて含有し，又は7に掲げる物をその重量の〇・五パーセントを超えて含有する製剤その他の物（合金にあつては，ベリリウムをその重量の三パーセントを超えて含有するものに限る。）
第二類物質		
	1	アクリルアミド
	2	アクリロニトリル
	3	アルキル水銀化合物（アルキル基がメチル基又はエチル基である物に限る。）
	3の2	インジウム化合物
	3の3	エチルベンゼン
	4	エチレンイミン
	5	エチレンオキシド
	6	塩化ビニル
	7	塩素
	8	オーラミン
	8の2	オルト-トルイジン
	9	オルト-フタロジニトリル
	10	カドミウム及びその化合物
	11	クロム酸及びその塩
	11の2	クロロホルム
	12	クロロメチルメチルエーテル
	13	五酸化バナジウム
	13の2	コバルト及びその無機化合物
	14	コールタール
	15	酸化プロピレン
	15の2	三酸化二アンチモン
	16	シアン化カリウム
	17	シアン化水素
	18	シアン化ナトリウム
	18の2	四塩化炭素
	18の3	一・四-ジオキサン
	18の4	一・二-ジクロロエタン（別名二塩化エチレン）
	19	三・三′-ジクロロ-四・四′-ジアミノジフエニルメタン
	19の2	一・二-ジクロロプロパン
	19の3	ジクロロメタン（別名二塩化メチレン）
	19の4	ジメチル-二・二-ジクロロビニルホスフェイト（別名DDVP）
	19の5	一・一-ジメチルヒドラジン
	20	臭化メチル
	21	重クロム酸及びその塩
	22	水銀及びその無機化合物（硫化水銀を除く。）
	22の2	スチレン
	22の3	一・一・二・二-テトラクロロエタン（別名四塩化アセチレン）
	22の4	テトラクロロエチレン（別名パークロルエチレン）
	22の5	トリクロロエチレン

表 2.1.31 （つづき）

第二類物質		
	23	トリレンジイソシアネート
	23の2	ナフタレン
	23の3	ニッケル化合物（24に掲げる物を除き，粉状の物に限る。）
	24	ニッケルカルボニル
	25	ニトログリコール
	26	パラ-ジメチルアミノアゾベンゼン
	27	パラ-ニトロクロルベンゼン
	27の2	砒（ひ）素及びその化合物（アルシン及び砒（ひ）化ガリウムを除く。）
	28	弗（ふっ）化水素
	29	ベーターブロピオラクトン
	30	ベンゼン
	31	ペンタクロルフエノール（別名PCP）及びそのナトリウム塩
	31の2	ホルムアルデヒド
	32	マゼンタ
	33	マンガン及びその化合物（塩基性酸化マンガンを除く。）
	33の2	メチルイソブチルケトン
	34	沃（よう）化メチル
	34の2	リフラクトリーセラミックファイバー
	35	硫化水素
	36	硫酸ジメチル
	37	1から36までに揚げる物を含有する製剤その他の物で，厚生労働省令で定めるもの
第三類物質		
	1	アンモニア
	2	一酸化炭素
	3	塩化水素
	4	硝酸
	5	二酸化硫黄
	6	フエノール
	7	ホスゲン
	8	硫酸
	9	1から8までに揚げる物を含有する製剤その他の物で，厚生労働省令で定めるもの

症状を起こすことがある。高濃度の吸入曝露では急性中毒に，低濃度でも長期間の曝露によって慢性影響がみられることがある。これらについては有機溶剤中毒予防規則でその防止が図られている。有機溶剤は施行令別表六の二に提示されており，第一種，第二種および第三種に分類されており，有機溶剤業務をする場合に必要な設備が規定されている。

化学物質による健康影響の低減に向けたわが国の法体系は複雑である。毒物劇物取締法，労安法，農薬取締法，食品安全法，化学物質審査規制法（化審法），化学物質排出把握管理促進法（PRTR法），大気汚染防止法，水質汚濁防止法，土壌汚染対策法，廃棄物処理法ほか，多数の法律で規制されている。労安法においては第一類から第三類特定化学物質（特化物），化審法においては第一種または第二種特定化学物質，PRTR法においては第一種または第二種指定化学物質が規定されており，それぞれ異なる分類であることに留意する必要がある。 （中島大介）

引用・参考文献

1) 労働衛生のしおり，平成29年度
2) 厚生労働省，業務上疾病調
3) 厚生労働省，職場のあんぜんサイト
http://anzeninfo.mhlw.go.jp/user/anzen/kag/saigaijirei.htm（2018年10月現在）

〔4〕 有害性粒子状物質

粒子状物質は表2.1.32に示すようなさまざまな分類定義があるが，生体影響の観点からは粒子状物質の空気力学的直径およびその化学的性質が重要である。鼻孔から吸入された粒子状物質は，その空気力学的な粒子径によって，気管から肺胞のいずれかの部位に沈着，またはそのまま呼気として排出される（図2.1.143参照）。

大気中の粒子状物質のうち，相対沈降径が10μm以上のものは発生してもすぐに沈降するため，人の呼吸器官に吸い込まれることは少ない。しかし，5μm程度の粒子状物質は気道の粘液と有毛細胞の線毛に捕

2. 化学物質のさまざまな危険性

表 2.1.32 粒子状物質の定義

[工学における定義]	
粉じん（dust）	固体が機械的作用により粉砕されてできた微粒子で、その組成はもとの物質と同じ
ヒューム（fume）	固体が溶解し蒸発した蒸気が凝固してできた固体の微粒子で、組成は元の物質と変わっていることがある
ミスト（mist）	液体が粉砕されてできた液体の微粒子で、空気中に浮遊している
煙（smoke）	有機物の燃焼昇華によりできた固体と液体の混合した粒子状物質の懸濁質
灰（ash）	燃焼の過程でできた固体の不燃性粒子
[作業環境における定義]	
粉じん	① ものの粉砕、ふるい分け、仕上げなどの機械的処理に伴って発生する固体の粒子状物質 ② 堆積している上記の粒子状物質が舞い上がったもの ③ ヒュームも含まれる
[大気汚染における定義]	
ばい煙	① 燃料その他のものの燃焼に伴い発生する硫黄酸化物 ② 燃料その他のものの燃焼または熱源としての電気の使用に伴い発生する"すす"その他の粉じん ③ ものの燃焼、合成、分析、その他の処理（ただし、機械的処理を除く）に伴い発生する有害物質で、政令に定めるもの
粉じん	ものの破砕選別その他の機械的処理または堆積に伴い発生し、また飛散する物質
石綿（アスベスト）	鉄骨建築物等の軽量耐火被覆材として使用されていた、特定粉じん
[環境基準における定義]	
浮遊粒子状物質	大気中に浮遊する粒子状物質で、その粒径が 10 μm 以下のもの（suspended particulate matters）
微小粒子状物質	大気中に浮遊する粒子状物質で、その粒径が 2.5 μm 以下のもの（PM$_{2.5}$）

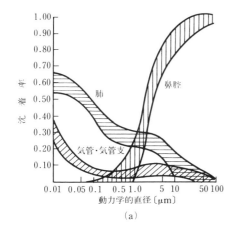

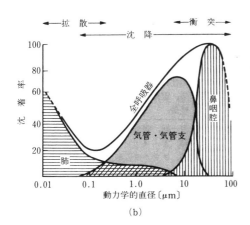

図 2.1.143 粒子状物質の呼吸器内沈着

捉され、粘液線毛運動によって排出される。したがって、肺に沈着し人体に有害な影響を及ぼす粒子状物質は通常 1 μm 以下の大きさである。

環境省は大気汚染に係る環境基準を定め、浮遊粒子状物質（suspended particulate matter）は 1 時間値の 1 日平均値が 0.10 mg/m^3 以下であり、かつ、1 時間値が 0.20 mg/m^3 以下であることとした。これに加え、2009（平成 21）年には微小粒子状物質（PM$_{2.5}$）について 1 年平均値が 15 μg/m^3 以下であり、かつ、1 日平均値が 35 μg/m^3 以下であることとした。

また作業環境や作業衛生の点からじん肺の原因として懸念されているヒュームは、粒子状物質の大きさが 0.1～1 μm であり、金属などの蒸気が空気中で凝固あるいは化学変化を起こし固体の微粒子に変化して吸気中を浮遊しているものであり、煙のように見える。じん肺の症状としては初期ではほとんど自覚症状がないが、長期間高濃度曝露により咳が出たり、息切れをするようになる。じん肺の合併症として、肺結核、結核性胸膜炎、続発性気管支炎、続発性気管支拡張症、続発性気胸、原発性肺がんの六つがじん肺法により定められている。わが国の粉じん作業従事者は 1975 年をピークに減少し、じん肺有所見者も 1982 年と比べ減少している。しかし、じん肺またはその合併症で療養が必要と認定されるじん肺患者は毎年約千名発生している。じん肺の予防としては粉じん発散および粉じんへの曝露量を低減することや粉じん作業従事労働者に対する健康管理をすることが挙げられる。

さらに、1968 年の大気汚染防止法では「粉じんの

うち石綿その他人の健康に係る被害を生ずるおそれがある物質で政令で定めているもの」を特定粉じんとした。石綿による大気汚染で発がん等の健康影響が社会問題化したことを受け、石綿製品製造工場で排出抑制対策が確実に実施されるよう規制をしたものである。石綿を吸い込み、肺の内部に入ると組織に刺さり、15～40年の潜伏期間を経て肺がん、悪性中皮腫などを発症するおそれがある。1955年頃から使用され始め、ビルの高層化や鉄骨構造化に伴い、鉄骨建築物等の軽量耐火被覆材として昭和40年代の高度経済成長期に多く使用されていた。1994年時点では約20万トンの石綿が使用されていた。飛散を防止するため、石綿が使用されている可能性のある建築物の解体等を行う際には石綿使用の有無を事前調査する必要がある。

(柳下真由子, 大前和幸)

〔5〕 **感 作 性 物 質**

生体には外的異物の侵入に対する防御機構として免疫機能がある。免疫機能の中で外的異物によるヒトの健康に不利と考えられる免疫反応を感作といい、外的異物を抗原という。一般的に抗原性を有するのは、生物（かび、ダニ、花粉など）や生物の生体成分の高分子化合物であるが、低分子化合物であっても生体内のタンパク質などと結合し、抗体が生成してしまうことがある。また生体成分を変性させることによって抗原性を表す物質もある。

感作作用については気道および皮膚・粘膜が障害の発現の場である。他の部位でも感作による障害が起きていると考えられるが、明らかではない。抗原曝露時に免疫反応により抗体が産出されることにより感作が成立し、感作成立以後の曝露で抗原と交代が反応することにより、感作性皮膚炎・喘息が発症する。通常は感作成立に必要な濃度よりかなり低い濃度の曝露によって、感作性皮膚炎・喘息が発生する。感作成立については個体間差が大きく、物質によって感作率が異なる。また、感作性物質は同時に刺激性を有する場合が多く、感作性皮膚炎に一次性刺激皮膚炎が混在したり、喘息に刺激による気道反応が混在することがあり、診断困難な場合がある。表2.1.33に日本産業衛生学会がまとめた感作性物質を示す[1]。この表では、感作性物質を反応の場としての気道と皮膚に分けて基準を設けており、第1群は「人間に対して明らかに感作性がある物質」、第2群は「人間に対しておそらく感作性があると考えられる物質」、第3群は「動物実験などにより人間に対して感作性が懸念される物質」に分類されている。それらの分類基準については文献を参照されたい[1]。

(中島大介, 大前和幸)

表2.1.33 感作性物質

気道	第1群 　グルタルアルデヒド 　コバルト＊ 　コロホニウム（ロジン）＊ 　ジフェニルメタン-4,4'-ジイソシアネート（MDI） 　トルエンジイソシアネート（TDI）類＊ 　白金＊ 　ヘキサン-1,6-ジイソシアネート 　ベリリウム＊ 　無水トリメリット酸† 　無水フタル酸 　メチルテトラヒドロ無水フタル酸 第2群 　エチレンジアミン 　クロム＊ 　クロロタロニル 　ニッケル＊ 　ピペラジン 　ホルムアルデヒド 　無水マレイン酸 　メタクリル酸メチル
皮膚	第1群 　アニリン 　エチル水銀チオサリチル酸ナトリウム（チメロサール） 　エピクロロヒドリン 　過酸化ジベンゾイル 　m-キシリレンジアミン 　グルタルアルデヒド

表 2.1.33 （つづき）

クロム＊
クロロタロニル
コバルト＊
コロホニウム（ロジン）＊
4,4-ジアミノジフェニルメタン
2,4-ジニトロクロロベンゼン（DNCB）
水銀＊
チウラム
テレビン油＊
トリクロロエチレン
N,N',N''-トリス（β-ハイドロキシエチル)-ヘキサヒドロ-1,3,5-トリアジン
トリプロピレングリコールジアクリレート
ニッケル＊
白金＊
ヒドラジン＊
p-フェニレンジアミン
ホルムアルデヒド
4,4'-メチレンジアニリン
レゾルシノール

第2群
アクリルアミド
アクリル酸エチル†
アクリル酸ブチル
アクリル酸メチル
ウスニック酸
エチレンオキシド
エチレンジアミン
ジエタノールアミン†
ジクロロプロパン
ジシクロヘキシルカルボジイミド
銅＊
トルエンジアミン
トルエンジイソシアネート（TDI）類＊
ノルマル-ブチル-2,3-エポキシプロピルエーテル
ピクリン酸
ヒドロキノン
フタル酸ジブチル
ベノミル
ベリリウム＊
ポリ塩化ビニル可塑剤＊
無水マレイン酸
メタクリル酸メチル
ヨウ素＊
ロジウム＊

第3群
イソホロンジイソシアネート†
m-クロロアニリン
ジメチルアミン
m-フェニレンジアミン
o-フェニレンジアミン

〔注〕本表は，1998年に提案された感作性物質と，それ以降に提案された感作性物質を新分類基準で見直したものであり，全物質を見直したリストではない。なお，すべての物質に許容濃度が勧告されているわけではない。
＊当該物質自体ないしその化合物を示すが，感作性に関わるすべての物質が同定されているわけではない。
†暫定物質

引用・参考文献

1) 許容濃度等の勧告（2017年度），産業衛生学会誌，59-5, pp.153-185（2017）

〔6〕 発がん物質・変異原性物質

（a） 発がん物質 生物にがん（悪性腫瘍）を発生させる性質・能力を発がん性といい，発がん性を示す化学物質を発がん物質という。「発がん性」は「がん原性」ともいい，発がん物質は発がん性物質，がん原（性）物質とも呼ばれるが，本項では統一して「発がん物質」と記載する。（法律等において使用されている語を引用する場合はそのまま記載する。）

発がん性を有するものには，化学物質のほかに，物理的要因（放射線，紫外線等）と生物的要因（ウイルス等）がある。世界保健機関（WHO）の国際がん研究機関（IARC）は多くの物質・要因等の発がんリスクを評価し，その結果をIARCモノグラフとして公表している。このモノグラフでは，人に対する発がんリスクを発がん性の証拠の強さにより評価し，以下のように分類している。この分類には上記の要因のほかに労働環境や生活習慣のような環境要因も含まれる。

（https://monographs.iarc.fr/agents-classified-by-the-iarc/）（2018年10月現在）

グループ1：人に対して発がん性がある（carcinogenic to humans）
グループ2A：人に対しておそらく発がん性がある（probably carcinogenic to humans）
グループ2B：人に対して発がん性があるかもしれない（possibly carcinogenic to humans）
グループ3：人に対する発がん性を分類できない（not classifiable as to its carcinogenicity to humans）
グループ4：人に対しておそらく発がん性はない（probably not carcinogenic to humans）

この分類は，発がん性の証拠の確からしさに重点を置いた評価であり，発がん性の強弱による分類ではないことに注意が必要である。初期の評価では，ヒトに対して発がん性があるとするグループ1への分類の判定基準は十分な疫学的証拠の存在に限定されていたが，近年では実験動物における知見や変異原性や発がんメカニズムなどの関連するデータも併せて考慮する場合もある。現在の各グループへの分類の判定基準を**表2.1.34**に示す。

表2.1.34 IARCによる発がん物質分類の判定基準（IARCモノグラフ前文（2006）に基づき作成）

Group	Carcinogenicity in humans	Carcinogenicity in experimental animals	Mechanistic and other relevant data
1 carcinogenic to humans	*sufficient evidence* （＋）	―	―
	less than *sufficient evidence*（＋）	*sufficient evidence* （＋）	strong evidence （＋）*1
2A probably carcinogenic to humans	*limited evidence* （＋）	*sufficient evidence* （＋）	
	inadequate evidence	*sufficient evidence* （＋）	strong evidence （＋）*2
	limited evidence （＋）	―	―
2B possibly carcinogenic to humans	*limited evidence* （＋）	less than *sufficient evidence* （＋）	―
	inadequate evidence	*sufficient evidence* （＋）	
	inadequate evidence	less than *sufficient evidence* （＋）	supporting evidence （＋）
	―		strong evidence （＋）
3 not classifiable as to its carcinogenicity to humans	*inadequate evidence*	*inadequate* or *limited evidence*（＋）	
	inadequate evidence	*sufficient evidence* （＋）	strong evidence （－）*3
	Agents that do not fall into any other group		
4 probably not carcinogenic to humans	*evidence suggesting lack of carcinogenicity*	*evidence suggesting lack of carcinogenicity* （－）	―
	inadequate evidence	*evidence suggesting lack of carcinogenicity* （－）	consistent and strong supporting evidence （－）

□ commonly　▨ in some cases　▧ exceptionally

*1 strong evidence in exposed humans that the agent acts through a relevant mechanism of carcinogenicity
*2 strong evidence that the carcinogenesis is mediated by a mechanism that also operates in humans
*3 strong evidence that the mechanism of carcinogenesity in experimental animals does not operate in humans
（＋）：発がん性またはそれに関連する知見があること；（－）：発がん性またはそれに関連する知見の認められないこと

2018年7月までに，1 006の物質・要因が評価され，そのうちおよそ半数の504物質・要因が，グループ1，2A，2Bに分類されている。グループ1には，アスベスト，1,3-ブタジエン，ベンゼン，ベンゾ[a]ピレン，ポリ塩化ビフェニル，ホルムアルデヒド，2,3,7,8-四塩素化ジベンゾ-パラ-ダイオキシン，トリクロロエチレン，塩化ビニル等の化学物質やヒ素化合物，六価クロム化合物等の物質群，すす，コールタール，タバコ煙等の混合物，放射線，紫外線等の物理的要因のほかに，喫煙，飲酒などの生活習慣，肝炎ウイルスやエイズウイルス，ピロリ菌等の感染，一部の抗がん剤，鉄・鋼鉄鋳造，ペンキ塗装等の作業における職業曝露から屋外大気汚染まで，120の要因が分類されている。グループ2Aには82，グループ2Bには302の要因が分類されており，その他のほとんどの要因はグループ3に分類されている。グループ4に分類されている物質はいまのところ1物質にとどまっている。

（b）**発がん物質の管理**　日本においては，これまでも複数の法律により化学物質の製造・輸入，取扱い・管理，排出，廃棄物等に関する規制が行われてきたが，ヨハネスブルグ・サミット（2002年）におけるWSSD 2020年目標の採択，化学品の分類および表示に関する世界調和システム（GHS）の国連勧告としての採択（2003）など近年の国際的な化学物質管理の取組みに合わせ，SAICM（国際的な化学物質管理のための戦略的アプローチ）国内実施計画等の取組みが進められている。

新規の化学物質の製造・輸入に関しては，化学物質の審査及び製造等の規制に関する法律（化審法）により事前審査の制度が設けられており，また2009年の改正により既存化学物質も含めたリスク評価の実施，上市後の化学物質の継続的な管理が進められている。難分解性，高蓄積性および長期毒性（人または高次捕食動物）を有するおそれのあるPCB，DDT，ペンタクロロフェノール等の31物質が第一種特定化学物質に指定されており，これらは製造・輸入は許可制で原則禁止となっている。特定の用途以外での使用や政令で指定した製品の輸入も禁止されている。

一般環境への化学物質の排出等に関する規制としては，PRTR（化学物質排出移動量届出制度）を中心とする特定化学物質の環境への排出量の把握等および管理の改善の促進に関する法律（化管法）により，化学物質の環境への排出量等の把握，化学物質を取り扱う事業者の自主的な化学物質管理の改善の促進，化学物質による環境の保全上の支障の未然防止を目的として，2001年より制度が開始した。制度の対象化学物質は，人や生態系への有害性（オゾン層破壊性を含む）があり，環境中に広く存在する（曝露可能性がある）と認められる物質として，462物質が「第一種指定化学物質」として指定されている。さらにその中で，発がん性，生殖細胞変異原性および生殖発生毒性が認められる「特定第一種指定化学物質」として15物質が指定されている。これらは使用する原材料，資材等に含まれる対象物質の含有率あるいは年間取扱量等の届出の要件が異なる（特定でない第一種指定化学物質より少量から届出の必要がある）。15物質中13物質がIARCの発がん物質分類でグループ1または2Aの物質である。

職場における労働者の安全と健康の確保および快適な職場環境の形成促進を目的とする法律である労働安全衛生法（安衛法）では，第五章で危険物および有害物に関する規制が定められている。製造・輸入・使用等が原則禁止されている有害物質としては，ベンジジン，4-アミノジフェニル，石綿，2-ナフチルアミン等7項目とベンゼン含有ゴムのり（溶剤の5％を超えるもの）が挙げられている。これらのほとんどはIARCの発がん物質分類でグループ1に分類される物質である。また同法の下で，化学物質による労働者の健康障害の予防を目的とした特定化学物質障害予防規則（特化則）により，労働者に健康障害を発生させる（可能性が高い）物質として「特定化学物質」が定められている。微量の曝露でがん等の慢性・遅発性障害を引き起こす物質のうち，特に有害性が高く労働者に重度の健康障害を生じるおそれがあるものを第1類物質，残りを第2類物質，大量漏洩により急性障害を引き起こす物質を第3類物質として製造・取扱い等にさまざまな基準が定められている。第1類物質7物質中6物質，第2類物質58物質中36物質ががん原性物質またはその疑いのある「特別管理物質」である。曝露からがんの発症までには長い時間がかかる場合もあり，気付くのが遅れかねない。発がん物質の管理は化学物質管理の中でも特に重要である。

世界で最初の職業性発がんの報告例は，Pottによる煙突掃除人の陰嚢がんの報告であり，彼は煙突内のすすが原因物質であると考えた[1]。19世紀には石炭化学工業の発達に伴いタール蒸留の従事者の皮膚がんが注目されるようになった。YamagiwaとIchikawa[2]によるウサギを用いたコールタールによる実験的発がんの成功やCookら[3]，Kennaway[4]によるタール中の芳香族炭化水素の分離・同定により，ベンゾ[a]ピレンなどの芳香族炭化水素の強力な発がん性が明らかになった。さらに化学物質の発がん性や管理に対する認識不足による職業がんの発生は，19世紀末からの染

料製造工業におけるベンジジン，2-ナフチルアミンによる膀胱がん[5),6)]，1940年代からのベンゼンによる急性骨髄性白血病[7),8)]等が続く。これらの例のように，世界各地で同様の事例が発生してようやく原因物質の製造中止や曝露量の抑制などの対策がとられることも多い。2012年に明らかになった校正印刷会社における1,2-ジクロロプロパン，ジクロロメタンによると思われる胆管がん[9)]，2015年の染料中間体製造事業場におけるオルト-トルイジンによる膀胱がん[10)]の発生はまだ記憶に新しい。日本ではこれらの不幸な事例を受けて，安衛法の制定（1972年），特化則の改正（2013年，2017年）等により健康障害防止対策を強化してきたが，後手に回っていることは否めない。芳香族アミンによる膀胱がんの経験が生かされていなかったこともたいへん残念なことである。IARCも日本における胆管がん発生の事例を重く見て，1,2-ジクロロプロパンをグループ3から1に，ジクロロメタンを2Bから2Aに引き上げた。現在規制が十分でない物質でも，過去の類似化合物等による事例を省みて，その使用にあたっては十分なリスクアセスメントと予防的対策を講じることが肝要であると思われる。

（c）**変異原性物質**　DNAに作用して遺伝子突然変異を誘発する性質を変異原性といい，これらの性質を示す物理的・化学的・生物的要因を総称して変異原という。変異原性の語は染色体異常やDNA損傷の誘発等を含む遺伝（子）毒性，遺伝子障害性などの語と同義で広く使われることもあるが，最近では遺伝子突然変異を誘発する場合に限定して使用する場合が多い。変異原である化学物質を特に変異原性物質と呼ぶ。

発がん物質には変異原性を有するものが多いため，変異原性を検出する試験が発がん物質の短期スクリーニング試験として用いられている。しかし，突然変異により発がんの最初の段階とされるイニシエーションを引き起こす作用を持たない発がん物質も多く見つかってきており，スクリーニング試験としての感受性は60%から80%とされている。

変異原性試験の代表として，サルモネラ菌株を使用するAmes試験[11)]があるが，近年では培養細胞やマウス等の動物を用いる試験系も開発されてきた。これらの遺伝子突然変異を検出する試験系は，染色体異常検出系（小核試験等）やDNA損傷検出系（Recアッセイ等）と併せて短期スクリーニング試験として用いられている。変異原性試験の詳細については2.1.5項〔3〕を参照されたい。

厚生労働省は，安衛法の規定に基づく有害性調査の結果より「強度の変異原性が認められた化学物質又はこれを含有するもの」の取扱いについて，労働者の健康障害を防止するための適切な措置を講ずるよう努めるべきとして「健康障害を防止するための指針」を定めている。該当する化学物質は新規届出化学物質で952，既存化学物質で235となっている[12)]（http://anzeninfo.mhlw.go.jp/user/anzen/kag/ankgc02.htm（2018年10月現在））。このうち一部の物質は，発がん性に着目した健康障害防止対策を講ずることとされている「がん原性指針」の対象物質でもある。

（松本　理）

引用・参考文献

1) Pott, P., Chirugical Observation Relative to the Cataract, Polypus of the Nose, the Cancer of the Scrotum, the Different Kinds of Ruptures and Mortification of the Toes and Feet, L. Hawes, W. Clark, and R. Collins, London (1775) (Melicow, M. M., Percivall Pott (1713-1788)：200th Anniversary of the First Report of Occupation-Induced Cancer of Scrotum in Chimney Sweepers (1775), Urology, 6, pp.745-749 (1975) より引用)

2) Yamagiwa, K. and Ichikawa, K., Experimental Study of the Pathogenesis of Carcinoma, J. Cancer Res., 3-1, pp.1-29 (1918)

3) Cook, J. W., Hewett, C. L., and Hieger, I., The Isolation of a Cancer-producing Hydrocarbon from Coal Tar. Parts I, II, and III, J. Chem. Soc., pp.395-495 (1933)

4) Kennaway, E., The Identification of a Carcinogenic Compound in Coal-Tar, Br. Med. J., 2-4942, pp.749-752 (1955)

5) Spitz, S., Maguigan, W. H., and Dobriner, K., The Carcinogenic Action of Benzidine, Cancer, 3, pp.789-804 (1950)

6) Case, R. A. M., Hosker, M. F., MacDonald, D. B., and Pearson, J. T., Tumours of Urinary Bladder in Workmen Engaged in the Manufacture and Use of Certain Dyestuff Intermediates in the British Chemical Industry Part I. The Role of Aniline, Benzidine, Alpha-Naphthylamine, and Beta-Naphthylamine. Brit. J. Industr. Med., 11, pp.75-104 (1954)

7) Rinsky, R. A., Smith, A. B., Hornung, R., Filloon, T. G., Young, R. J., Okun, A. H., and Landrigan, P. J., Benzene and leukemia - An Epidemiologic Risk Assessment. N. Engl. J. Med., 316, pp.1044-1050 (1987)

8) Paustenbach, D. J., Bass, R. D., and Price, P., Benzene Toxicity and Risk Assessment, 1972-1992：Implications for Future Regulation, Environ Health Perspect 101 (Suppl 6), pp.177-200 (1993)

9) Kumagai, S., Kurumatani, M., Arimoto, A., and Ichihara, G., Cholangiocarcinoma among offset colour proof-printing workers exposed to 1,2-dichloropropane

and/or dichloromethane, Occup. Environ. Med., 70-7, pp.508-510（2013）
10) 厚生労働省,「芳香族アミン取扱事業場で発生した膀胱がんの業務上外に関する検討会」報告書 膀胱がんとオルト-トルイジンのばく露に関する医学的知見 平成28年12月（2016）
11) Ames, B. N., McCann, J., and Yamasaki, E., Methods for Detecting Carcinogens and Mutagens with the Salmonella/Mammalian-Microsome Mutagenicity Test, Mutat. Res., 31, pp.347-364（1975）
12) 中央労働災害防止協会編, 労働衛生のしおり 平成29年度, 中央労働災害防止協会, pp.324-327（2017）

〔7〕 生殖・発生毒性物質

生殖とは、種の継続を保証するための生物学的なプロセスのことであり、生殖は発生を内包する。したがって、生殖毒性とは、本来生殖能力を有するべき成体の雌雄の性機能や繁殖能に対する悪影響と同時に児・仔の発生および成育への悪影響を意味する[1]。すなわち、生殖毒性物質とは、性欲、性周期、性行動、精子や卵子の形成過程のあらゆる局面・受精能を左右するホルモン活性や生理的応答・受精反応そのもの、着床前あるいは着床した受精胚の胚発生・出産など、両性の生殖に関する機能や能力に対して悪影響をもたらす物質といえる。

一方で、発生毒性物質とは、受胎を受けた胚あるいは児に対して何らかの悪影響を与える物質であり、例えば受精胚や児の死亡・奇形・成長遅滞・出生後の著しい機能異常などをもたらす物質となる。発生毒性物質が作用する段階は大きく分けて二つある。

一つは、妊娠成立以前に両親が曝露されるもの、もう一つは、妊娠によって生じた出生前の受精胚や胎児あるいは出生後の児、いわば受胎産物側が直接的または胎盤や乳汁などをそれぞれ介して間接的に曝露されるものである。生後の児の曝露期間については児自身が性的に成熟するまでを基本に想定しているが、これら悪影響は児の人生全般のいずれの時期に対しても顕在化し得るものである[2]。しかしながらあくまで発生毒性は妊婦や生殖能力を有する男女に対して有害性を警告することが主眼に置かれているという背景があり、妊娠前あるいは妊娠中の曝露によって誘発される悪影響のことを本質的には意味し、実際的なところ化学物質の分類目的のための用語という側面が存在する。以下、どのような観点に基づき各化学物質が生殖毒性物質として分類されているか記述する。化学品の分類・表示および安全データシートに関し、日本政府が現在適用している世界調和システムを国連GHS（Globally Harmonized System for the classification and labelling of chemicals）という。GHSは経済協力開発機構（OECD）、国際労働機関（ILO）などを母体とする国際機関間プログラム（IOMC）によりプロトタイプが構築されたものであり、最も世界基準として捉えられ得るものであろう。生殖毒性物質の分類基準における有害性の区分の詳細は詳訳[3]が閲覧可能であるので、ここでは要点と概略に絞って紹介する。

まず、母体に対する毒性は慎重な考慮が必要である。授乳を例に挙げるならば、物質への曝露により母体のストレスや恒常性バランスの乱れなどの要因によって母乳の分泌量が変化し、間接的に胎児の発育に影響が生じる可能性が考えられる。あるいは母体の代謝過程を経て毒性のより強い活性化体が授乳されることが胎児の発育に直接的な影響を与える可能性も想定される。もしも曝露を受けた母動物とその仔のペアについて、対照群のそれと相互に交換（クロスフォスタリング）し離乳期まで育成した知見が存在すれば、ある程度物質の作用について鑑別が可能かもしれない。母体に対する毒性と発生への影響は必ずしも関係が明らかではないため寄与を明確にすることは一般に難しいが、たとえ母動物に全身毒性を示す容量において認められる発生毒性についても安易に無視せず、出生前あるいは発育中の仔への有害影響は慎重に検討するべきとされる。なお、授乳に対するまたは授乳を介した悪影響を及ぼす物質についてGHSでは、特別に分類が設けられており、特に重要視されている。実験動物を活用した知見はこの例のように貴重な情報をも提供する。

一方で、ヒトには無関係な毒性発現機序が動物実験で得られている場合には生殖毒性物質として分類することは不適と考えられているように、個々の評価対象物質の物性に応じてヒトでの曝露経路・作用機序などを考慮し、慎重に使用動物の薬物代謝能の特徴や使用動物への投与方法などに関する情報の妥当性を吟味する必要があり、これらはいわゆる証拠の重み（weight of evidence）に直結するものである。

これらの要点をふまえ、あくまでヒトの安全・健康に資する規制のための生殖毒性物質の分類においては、交絡因子やエンドポイントの数など統計学的な質が担保されたヒトの疫学調査研究など、はっきりとした生殖毒性が生じることが示された物質のデータは最も強力な証拠（区分1A）となる。動物実験は証拠の重みに応じていわば補助的に使用され、ヒトに対して生殖毒性があると判断される物質（区分1B）あるいは、ヒトに対する生殖毒性が疑われる物質（区分2）の分類でおもに用いられている。ただし、ヒトデータでも証拠の不十分なものは区分2となりうる。日本産

業衛生学会でも詳細な検討が行われており，労働者の健康障害を予防するための手引きとして情報が入手可能である。GHS 区分 1 A, 1B, 2 と同様に第 1, 2, 3 群とそれぞれ分類されている[4]。　　　　　　（宇田川理）

引用・参考文献

1) 米国労働省，職業安全衛生管理局（OSHA），Hazard communication standard（2012）
2) OECD Environment, Health and Safety Publications Series on Testing and Assessment, Draft guidance document on reproductive toxicity testing and assessment, No.43, pp.11-19（2004）
3) 経済産業省 HP，GHS 文書，改訂第 6 版（2015）http://www.meti.go.jp/policy/chemical_management/int/ghs_text.html（2018 年 10 月現在）
4) 日本産業衛生学会編，産業衛生学雑誌，60-5, pp.135-136（2018）

〔8〕 化学物質の環境動態と生態影響

化学物質の有害性は残留性，移動性，蓄積性，毒性の観点から多角的に考える必要がある。環境中に放出された化学物質は，その後，大気圏，水圏，陸圏，生物圏に分配される。この過程では，化学プロセス（形態変化，分解，相分配等），物理プロセス（移流拡散，沈着や拡散による媒体間の輸送等），生物学的プロセス（生物ポンプに伴う鉛直循環等）が複雑に関与する（**図 2.1.144** 参照）。このため，環境中における化学物質の動態は，例えば半減期や分配係数のような個々の物理化学特性ではなく，動態モデルを用いて評価される。多数の化学物質の仕分け段階で用いられる残留性と移動性の指標は総括残留性（overall persistence, Pov）と長距離移動特性（long-range transport potential, LRTP）である。Pov は環境中からのシンク量に対する環境中における含有量の比として定義される。一方，LRTP の指標は複数あり，濃度が一定レベルまで減少する場所までの距離として定義される輸送志向（transport-oriented）の指標と，極域等の特定の遠隔地の表層媒体に輸送される割合として定義される目標志向（target-oriented）の指標に大別される。Pov と LRTP を計算する動態モデルとして，代表的なものには，OECD（経済協力開発機構）のスクリーニングツール[1]があり，広く用いられている。このツールでは，化学物質の分子量，分配係数，空気/水/土壌中の半減期を入力し，Pov と，輸送志向の LRTP である CTD（characteristic travel distance），目標志向の LRTP である TE（transfer efficiency）が計算される。一般に，空気/水分配係数とオクタノール/水分配係数が大きいほど，水域と土壌への分配が大きく，また，オクタノール/空気分配係数とオクタノール/水分配係数が大きいほど，陸域植生と水棲生物への蓄積性が増す場合が多い。

大気圏，陸圏，水圏に分配された化学物質は，その後，生態系に移行する。生態系は物理化学的な環境とそこに生息する生物群集の相互作用から構成されるシステムであり，その場所により水域生態系や陸域生態系などに区分される。化学物質の生態系への影響は，

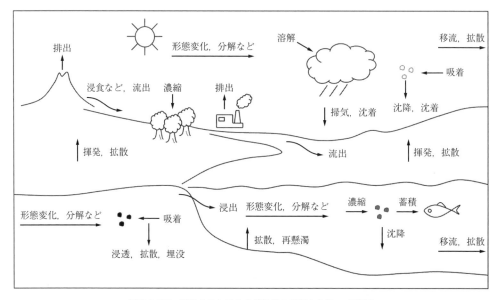

図 2.1.144 環境中における化学物質の動態と生物への移行

生態系を構成する生物（個体・個体群・群集）そのものへの影響，および生態系が持つさまざまな機能（生物体の再生産やエネルギー循環など）への影響として捉えることができる。

化学物質の生物への影響を調べる方法を大別すると，実際に化学物質での汚染が疑われる地域で生物の生息調査を行う方法と，毒性試験により統制された条件下で化学物質の曝露を行い，その影響を調べる方法がある。毒性試験の中にも，in vitro 系を用いて分子レベルでの影響を調べるものから，模擬実験生態系を用いて群集レベルでの影響を調べるものまで，対象となる生物学的階層に応じてさまざまな方法が存在する（表 2.1.35 参照）。現在までのところ，試験の容易さ・再現性・有害性の解釈の明快さのバランスから，行政による生態リスク管理に関する判断のほとんどは，個体の生死・生長・繁殖などへの影響を見る個体レベルの室内毒性試験の結果に基づいて行われている[2]。

表 2.1.35 生物学的階層と対応する毒性試験の例

生物学的階層	毒性試験の例
生態系	模擬実験生態系（メソコズム）を利用して多種系への曝露を行い種組成等への影響を調べる
群集	
個体群	単種系への曝露を行い個体や個体群（藻類の場合等）の致死・繁殖・生長への影響を調べる
個体	
器官	in vitro 系での曝露を行い対象とする器官・組織・分子等における構造的・機能的変化への影響を調べる
組織	
分子	

ヒトの健康への影響評価と生態系への影響評価（生態影響評価）との大きな違いの一つは，前者ではヒトという一生物種への影響のみが評価されるのに対し，生態影響評価では環境中に生息するさまざまな生物種への影響を考慮する必要があることにある。化学物質のリスク管理を目的とした生態影響評価は，最も一般的には，生態系の構成種の代表として三つの異なる栄養段階の生物種（例えば，藻類・ミジンコ・メダカ）からの毒性データに基づき行われる。毒性データとしては，室内毒性試験から得られた 50％影響濃度（50％の個体に影響がみられる濃度）や無影響濃度（曝露による影響に有意差がみられない最大の濃度）などが一般に用いられる。これらの値は小さいほど強い有害性があることを意味する。環境中の生物に影響がないと予測される濃度（予測無影響濃度）の算出にはさまざまな方法があるが，最も一般的には，上記三つの生物種から得られている毒性値（50％影響濃度や無影響濃度）のそれぞれを不確実係数で除し，得られた値の中で最小の値が予測無影響濃度として採用される[2]。

ここでの不確実係数の値には，用いられる毒性値の性質に応じて異なる値が採用される。例えば，メダカの急性毒性試験からの半数致死影響濃度が毒性値として用いられる場合には，急性毒性と慢性毒性の違いに対応する不確実性として「10」，室内試験環境と野外環境の違いに対応する不確実性として「10」が考慮され，不確実係数の値は「$10 \times 10 = 100$」となる。

生態系への影響の有無は，予測無影響濃度と予測環境中濃度の比較から判断される。例えば，予測無影響濃度が 10 ppm，その物質の予測環境中濃度が 0.1 ppm であれば，$10 \div 0.1 = 100$ 倍の安全マージンを持つものとして，リスクの懸念は低いと一般に判断し得る。

（河合 徹，林 岳彦）

引用・参考文献

1) Wegmann, F., Cavin, L., MacLeod, M., Scheringer, M., and Hungerbühler, K., The OECD software tool for screening chemicals for persistence and long-range transport potential, Environ. Model. Soft., 24, pp.228-237 (2009)
2) 日本環境毒性学会編，生態影響試験ハンドブック，朝倉書店（2003）

2.1.5 有害性の試験方法
〔1〕 急性毒性試験

急性毒性試験の結果は，化学物質の生体有害性の強さを示す代表的な指標である 50％致死量 LD_{50} 値（50% lethal dose）の決定のほかに，化学物質の主要反応臓器の検索や代謝パターンの見当付けなどに用いられてきた。しかし近年は，動物愛護の動きに対応し，試験に供する動物数の削減や苦痛の軽減を図ることが求められており，LD_{50} に換わる指標が検討されている。急性毒性試験は，作業環境や農場，輸送・隧道災害などでしばしば発生する短時間高濃度曝露に対する許容基準として貴重な知見を与える。さらに，期間の長い反復投与試験に向けて，試験の曝露濃度設定条件を提供する。

急性試験の本質は単回投与後，ごく短い期間の生体影響を検出することにある。動物は投与量に応じて生体反応するが，この反応のうち中毒症状の発現から致死までの狭い範囲の量-反応関係を求めることが，主要な目的である。

毒性試験における代表的な投与経路は，経口投与であるが，経気道投与や経皮吸収が選択される場合もある。医薬品や食品添加物の試験では一般に経口投与が用いられる。一方，作業環境や工事現場，農場などで扱われる化学物質や農薬に対しては，経気道投与（吸

入）と経皮試験（皮膚塗布）の方がより曝露の実体を反映している。急性毒性試験に限らず，毒性試験を実施する上で国際調和は重要であり，信頼性を確保するためにさまざまな機関で毒性試験法の標準化が検討されている。化学物質の毒性試験については，その多くが The OECD Guidelines for the Testing of Chemicals (OECD TG) に準拠し実施されている。

経口投与試験の場合，被験物質は液体か，粘性の低いコロイダルに調製する。動物は哺乳動物のげっ歯類の中からラットが最も利用される。実験動物として質的に均一で動物の背景データが豊富，微生物統御された SPF（specific-pathogen free）が用いられている。1群5匹以上で濃度段階は一般に等比級数の数列で3群以上用いる。雌雄両性を使用すると全動物は30匹以上になる。急性試験ではトップ濃度は相当高い。検査対象の化学物質の爆発限界濃度値に隣接する場合があり，また，蒸発・揮散により投与濃度が変化することなども注意事項の一つである。実験動物は絶食後，胃ゾンデなどを用いて強制的に1回投与する。投与後，昏睡，あえぎなどの臨床症状を記録する。観察は2週間続ける。遅延毒性が現れたときは症状観察期間を延長する。

その後，解剖，生化学検査，肉眼所見，病理組織学的検索などに入るが，急性試験は投与濃度レベルが異常に高いので，むしろ臨床症状，生死状況，解剖時肉眼所見が最も重要視される。1回の投与量は胃の大きさで制限される。ラットは液体でおおよそ1 mL/100 g体重が限度である。単回投与で中毒症状が得られないとき，条件を変えて再試験を考えるが，動物愛護の問題もあり，必ずしも動物の死を見届けなくとも試験成績が成立するとする限界試験がある。その用量は2 000 mg/kg体重を投与限界値としている。LD_{50}値の計算法に規定はない。リッチフィルド-ウィルコクスン法が一般的である。ブライス法は計算がやや複雑であるが鋭敏な結果を与える。

現在では，急性毒性試験の成績は GHS（globally harmonized system）などにおける化学品の分類にも用いられるため，OECD TG においても化学物質の毒性のクラス分けを意図した TG 420，TG 423，TG 425 が規定されている。これらの TG の大きな目的の一つが試験に使用される動物数の低減である。TG 423 (acute toxic class method) を例にとると，この TG では，正確な LD_{50} 値を算定することを目的とはしておらず，クラス分けに必要な LD_{50} 値の範囲を求めることを目的としている。

TG 423 では，感受性が高いと考えられる性（一般には雌）の1群3頭ラットに，化学物質を経口単回投与する。初回投与用量は5，50，300，2 000 mg/kgから，検査対象とする化学物質の情報を基に選択するが，情報が得られない場合は300 mg/kgの用量から試験を開始する。投与後14日間は動物の状態を観察する。例えば300 mg/kgの投与の結果，死亡あるいは瀕死の状態にある動物が2頭あるいは3頭である場合は，1段階低い用量である50 mg/kgで投与実験を行うが，0あるいは1頭である場合は，300 mg/kgで追試する。追試の結果，再び死亡あるいは瀕死の状態にある動物が2頭あるいは3頭である場合は，1段階低い50 mg/kgの用量で投与実験を行い，0頭あるいは1頭である場合は，1段階高い用量である2 000 mg/kgで投与実験を行う。50 mg/kgの用量で，死亡あるいは瀕死の状態にある動物が0あるいは1頭である場合は，LD_{50} 値を50〜300 mg/kgと分類する。一方，2 000 mg/kgの用量で，死亡あるいは瀕死の状態にある動物が2頭あるいは3頭である場合は，LD_{50} 値を300〜2 000 mg/kgと分類する。このような，段階的に用量を変えた投与実験から，LD_{50} 値の範囲を分類していく。

また，TG 420 は，TG 423 より簡略な LD_{50} 値の分類を行う試験法であり，一方，TG 425 は試験に供する動物数を削減しつつ，統計的手法を用いて LD_{50} 値を算定する試験法である。

〔2〕 反復投与毒性試験・慢性毒性試験

反復投与毒性試験の本質は，無作用レベルから中毒症状が発現するまでの比較的広い範囲の量-反応関係を定量的に検出することにある。それは微量で長期にわたる反復投与を意味し，無影響レベルから中毒量までの段階的用量を動物実験によって証明することである。そのためには投与濃度と投与期間を変えたいくつかのシリーズの反復試験を経た後，総合判定する。そして安全性チェックのための前臨床試験や，化学物質の有害性を警告する許容濃度設定の資料としても，この反復投与毒性試験の結果が最も重要な試験情報である。

反復投与毒性試験における投与期間は，試験の目的により多くの場合28日間，90日間，24箇月間が選択される。24箇月はおおむね，げっ歯類の寿命に近い期間であり，12箇月間以上の反復投与毒性試験は慢性毒性試験と呼ばれる。また，90日間反復投与はしばしば亜慢性毒性試験とも呼ばれる。以下，OECD TG に倣い試験法を概観する。多くの場合，試験は経口投与により行われるが，化学物質の性質や化学物質の使用形態を考慮し，吸入試験や経皮試験も行われる。

（a） 28日間反復経口投与毒性試験　　長期投与

試験の予備的試験と位置付けられる試験法であるが，他の試験と比べて簡易であるが基本的な毒性情報が得られることから，多くの物質について，この試験が実施されている。例えば，化学物質審査規制法の新規化学物質の審査では，28日間反復投与毒性試験のデータが求められている。また，この試験法からは，神経系，免疫系，内分泌系への影響など短期間の曝露で影響が現れる有害性の知見を得ることができる。

OECD TG407によれば，試験動物として一般にはラットが推奨されるが，妥当性が認められる場合には，他のげっ歯類が用いられる場合もある。試供物質の投与は，その性状に合わせて強制経口投与，混餌投与，飲水投与を選択する。必要により，試供物質は適切な溶媒に溶解もしく懸濁する。水溶液の調製を第一選択とするが，必要により，コーン油などの油への溶解も検討する。

供試動物は若齢の健康な個体を選び，3群の投与群と対照群を置く。各群当り最低10頭（雄5頭，雌5頭）を試験に供する。用量は2倍から3倍の公比でしばしば設定されるが，さらに大きい公比が設定される場合もある。1 000 mg/kg体重/日で影響が観察できないと予想された場合は，この用量で限度試験を行うことできる。また，対照群と最高用量群について回復群を置き，投与終了日から少なくとも14日後の影響における観察をする場合もある。

投与途上では，個々の動物の健康状態を毎日観察し，変化を記録する。また，少なくとも週に1回は，体重，摂餌量，飲水量を記録し，さらに，動物の健康状態を示す外見の変化，運動能力の変化等も観察し，記録する。

投与終了時には採血し，ヘマトクリット値，ヘモグロビン濃度，血球数などの血液学的データ，および，グルコース，コレステロール，尿素，クレアチニン，胆汁酸，ビリルビンなどの濃度，肝臓からの逸脱酵素などの酵素活性などの血液に関する生化学データを測定する。尿の生化学データを得る場合もある。内分泌撹乱作用を評価する際には，甲状腺ホルモンや甲状腺刺激ホルモンの濃度を測定する場合もある。さらに，動物を解剖して，肝臓や腎臓を始め全身の臓器の重量を測定し，外観の変化を記録する。さらに，病理学的検査に備えて，ホルマリン液中などで固定，保存する。内分泌撹乱作用を評価するときは，生殖器官の変化に注目する。保存したすべての臓器について，まず，最高用量群と対照群の病理組織学的観察を行い記録する。最高用量群で変化がみられた臓器について，すべての群の病理組織学的観察を行う。

数値データが得られる知見については，適切な統計手法により，有意差の検定を行う。

（b）**28日間吸入曝露毒性試験** エアロゾル，蒸気，ガス状物質の吸入曝露による毒性を評価するための試験法である。OECD TG412によれば，28日間反復経口投与毒性試験と同様に，試験動物としてラットの使用が推奨されている。少なくとも各群，雄5頭，雌5頭の動物に，3濃度かそれ以上数の濃度群を設定した試供物質と清浄空気（陰性対照）もしくは溶剤を，1日6時間，28日間にわたり，適切な曝露装置を用いて曝露する。曝露は一般に1週当り5日行われるが，1週当り7日の曝露も行われている。もし一方の性の動物の感受性が高いことが知られている場合は，性別ごとに異なった濃度で曝露することもできる。

試験項目は経口投与試験と同様であるが，試供物質の毒性をより適切に評価できるよう，肺胞洗浄液の血液学データや生化学データ，神経学的試験のほか必要な病理学的試験が追加される。

（c）**90日間反復経口投与毒性試験** 急性毒性試験，あるいは28日間反復経口投与毒性試験で毒性情報が得られている化学物質について，動物が性成熟し，また，十分に成長した時期への反復投与により起こり得る健康影響を評価する情報が得られる試験法である。

OECD TG481によれば，試験動物としてラットを推奨し，投与方法は試験の目的と試供物質の性状により，強制経口投与，混餌投与，飲水投与を選択する。1群当り最低20頭（雄10頭，雌10頭）の動物を用いるが，投与期間途中でデータを得ることを計画する場合には，動物の数を増やす必要がある。また，対照群と最高用量群に回復群（雄5頭，雌5頭）を置く場合もある。投与群は最低3用量群を置く。投与用量は，これまでの実施された試験から得られた知見に従って選択するが，用量反応関係を示すことができるように，また，最低用量がNOAELとなるように設定できるようにすべきである。投与用量の設定は2から4の公比が適切であるが，より大きい公比をとる場合もある。給餌投与の場合，試供物質の投与により摂餌量が減少する場合があるが，摂餌量を調整した対照群を置くこともある。

投与は1週当り7日行うが，1週当り5日など，他の投与スケジュールを設定することも可能である。28日間反復経口投与毒性試験と同様の項目について，試供物質の影響を観察し，投与終了時には，血液学，生化学，組織病理学のデータを得る。

「90日間吸入曝露毒性試験」は上述した「28日間吸入曝露毒性試験」と同じ考え方で実施されているが，

OECD TG413に試験法の考え方と試験の概要が示されている。

(d) **慢性毒性試験とがん原性試験** 慢性毒性試験はOECD TG452に規定され，12箇月以上の期間にわたり化学物質を投与することで慢性影響やその標的臓器を同定し，さらに，用量作用関係を明らかにするために実施される。また，化学物質のがん原性試験はOECD TG451に規定され，おおむね24箇月にわたる投与の後，病理学的検査など必要な検査を行い，発がんの標的臓器やがんの性質の同定を行うとともに，発がんの用量作用関係を明らかにする。また，慢性毒性試験の大きな目的が，化学物質のがん原性の同定であることから，慢性毒性試験とがん原性試験の特徴を取り込んだOECD TG453も規定されている。

OECD TG453を例に挙げれば，試験動物としてラットを推奨しているが，マウス等のげっ歯類を用いることも可としている（注：化学物質のがん原性試験では，ラットとマウスをともに用いている場合が多い）。投与方法は他の試験と同じように，目的と試供物質の性状により，一般に強制経口投与，混餌投与，飲水投与を選択する。動物は雄と雌を用い，がん原性を評価するためには，それぞれの性の1群当り少なくとも50頭を用いるが，低用量群では動物数を50頭より増やす場合もある。さらに，慢性影響を評価する群を設定し，それぞれの性の1群当り少なくとも10頭の動物を供する。がん原性を評価するには24箇月（C57BL/6Jなどのマウスでは18箇月）にわたり投与する。また，慢性影響の評価には12箇月間投与するが，さらに，より短い（6箇月間，9箇月間など）あるいは長い期間（18箇月間，24箇月間）の経過観察のための投与群を設定することもある。投与群は最低3用量群を置くが，投与用量は，用量反応関係の評価ができるようにし，試供物質の作用機序，あるいはNOAEL等を求めるなどの目的に応じて設定する。また，必要がある場合を除き，最高用量は1 000 mg/kg体重/日とすることが認められる。

投与用量の設定は2から4の公比が適切であり，より大きい公比をとる場合もあるが，4用量群を設定して，大きな公比での用量設定を避けることも行われており，10以上の公比は避けるべきである。経口投与は1週当り7日行う。しかし，1週当り5日など，他の投与スケジュールを設定することも可能である。経皮投与の場合は，少なくとも1日6時間，週7日動物を処理することが一般的である。吸入曝露では，1日6時間，週7日曝露するが，週5日とすることもできる。

すべての動物の状態を毎日観察する。動物の状態の観察には標準的方法を定めて，観察者ごとの差が最小限となるようにする。28日間あるいは90日間反復経口投与毒性試験で神経への影響が疑われた場合には，刺激への応答，運動能等必要な試験を行う。

慢性影響については，観察期間および投与終了時に血液学，生化学のデータを得る。さらに，組織学的観察のために全身の臓器の重量を測定し，臓器の状態を観察した後に，組織を固定して，毒性病理学的な観察を行う。がん原性試験についても，投与終了時に血液学，生化学のデータを得る。さらに，臓器の状態を観察した後に，組織を固定して，毒性病理学的な観察により，腫瘍の発生が見られた臓器と発生した腫瘍の種類を同定する。得られたデータから，試供物質の用量作用関係，NOAEL等の毒性情報，さらに，作用機序の情報に関する考察を行う。（青木康展，野崎亘右）

〔3〕 **遺伝毒性試験**

遺伝毒性試験では，化学物質等の曝露を受けた細胞のゲノムに対する潜在的な可逆的影響である遺伝毒性（genotoxicity）と，曝露を受けた細胞のつぎの世代の細胞ゲノムに対する不可逆的影響である変異原性（mutagenicity）を検出する。すなわち，遺伝毒性は変異原性よりも広義である。遺伝毒性試験では，体細胞および生殖細胞に遺伝子変化（突然変異）を引き起こし，ヒトの健康へ深刻な影響を及ぼす可能性がある物質を同定し，またその定量的な評価を行う。体細胞における遺伝子変化はがんを引き起こす可能性があるため，化学物質のハザード評価上重要な毒性であると認識されている。しかし発がん性試験はコスト的にも時間的にも負担が大きいことから，その前段階におけるスクリーニング試験として遺伝毒性試験が広く利用されている。行政上においても，化学物質の審査及び製造等の規制に関する法律（化審法）[1]，労働安全衛生法[2]，薬事法[3]等において遺伝毒性試験が利用されている。

化学物質の遺伝毒性を検出するための試験法として，OECDでは20種類がガイドライン化されている[4]。代表的な遺伝毒性試験法を表2.1.36に示す。

(a) **細菌を用いる復帰突然変異試験** ネズミチフス菌（*Salmonella typhimurium*）または大腸菌（*Escherichia coli*）のアミノ酸要求株を用いる試験である。1970年代にAmes B.N.によって開発された*S. typhimurim*を用いる試験（Ames試験[5]）がその代表である。試験株にはヒスチジン合成遺伝子に突然変異が生じたヒスチジン要求株を用い，化学物質との作用によるヒスチジン非要求株への復帰突然変異の有無および強さを評価する。実際には，ヒスチジンを含まない培地上で化学物質と試験株を混合して培養し，生

2. 化学物質のさまざまな危険性

表2.1.36 代表的な遺伝毒性試験法

	in vitro 試験	in vivo 試験
突然変異誘発性	細菌を用いる復帰突然変異試験	トランスジェニック動物突然変異試験
	マウスリンフォーマ TK 試験（MLA）	Pig-a 突然変異試験
	培養細胞を用いる体細胞突然変異試験	
染色体異常誘発性	ほ乳類細胞を用いる染色体異常試験	小核試験
	ほ乳類細胞を用いる小核試験	染色体異常試験
DNA 損傷性	コメット試験	コメット試験
	姉妹染色分体交換試験	姉妹染色分体交換試験
	不定期 DNA 合成試験	不定期 DNA 合成試験
生殖細胞遺伝毒性		トランスジェニック動物突然変異試験
		精原細胞を用いる染色体異常試験
		げっ歯類を用いる優勢致死試験
		マウスを用いる遺伝子相互転座試験

表2.1.37 細菌を用いる復帰突然変異試験に使用される菌株の例

試験菌株		変異型	膜変異性（rfa）	薬剤耐性*	紫外線感受性	変異検出部位
ネズミチフス菌 (his⁻)	TA1537	フレームシフト型	○	—	uvrB	G-C
	TA97／TA97a		○	pkM101	uvrB	G-C
	TA98		○	pkM101	uvrB	G-C
	TA1535	塩基対置換型	○	—	uvrB	G-C
	TA100		○	pkM101	uvrB	G-C
	TA102		○	pkM101＋pAQ1	—	A-T
大腸菌 (trp⁻)	WP2		—	—	—	A-T
	WP2uvrA		—	—	uvrA	A-T
	WP2uvrA／pkM101		—	pkM101	uvrA	A-T

〔注〕 ＊pkM101：アンピシリン耐性，pAQ1：テトラサイクリン耐性

育してくるコロニー数の多寡で突然変異の強弱を調べる系である。大腸菌を用いる試験系は，トリプトファン要求性の株を使う。本法で用いられるおもな試験株を表2.1.37に示す。化学物質がDNA上の塩基と化学反応するなどして修飾を受け，複製の際に他の塩基と置換する変異を「塩基対置換型変異」，塩基配列上で塩基の引抜きや挿入が生じて配列がずれる変異を「フレームシフト型変異」と呼ぶ。試験株はそれぞれ検出できる変異の種類，変異の位置などの特性があるため，化学物質の作用機序を類推でき，また異なる特性を持つ菌株を複数組み合わせて試験することで幅広い変異原をスクリーニングすることができる。Ames 原法のほか，プレインキュベーション法[6]，マイクロサスペンジョン法[7]などの高感度化法も広く利用されている。またニトロアレーン化合物に対する高感受性株[8,9]等，さまざまな試験菌株が開発されている。

なお，化学物質のDNA損傷性遺伝毒性は，1分子が1箇所のDNAと反応して最終的に突然変異をもたらす。すなわち，突然変異は化学反応論的に確率的であり，その確率はゼロにはならない。したがってその毒性には閾値が存在しないとされているが，DNAの修復機能や代謝反応などの生物学的防御機構の存在を根拠に，遺伝毒性物質の閾値についての議論が近年活発に行われている。

（b）培養細胞を用いる染色体異常試験　この試験は，ほ乳類の培養細胞としてチャイニーズハムスター細胞株（CHL／IU 細胞，CHO 細胞，V79 細胞等）がその扱いやすさや解析の容易さから用いられることが多い。溶媒対照（陰性対照）と陽性対照を設定し，被験物質の染色体異常の程度が比較される。陽性対照にはマイトマイシンCや代謝活性化が必要な場合はベンゾ［a］ピレン等が用いられる。増殖期にある細胞に被験物質を加えて一定時間培養した後，染色体標本を作製して観察する。染色体異常には構造異常と数的異常があり，構造異常には染色体型と染色分体型に分けられる。化学物質が引き起こす染色体異常の多く

は染色分体型異常であるが，染色体型異常もみられる。数的異常には異数性と倍数性がある。

（c）げっ歯類を用いる小核試験　この試験は，マウスなどのげっ歯類の骨髄細胞や末梢赤血球を観察することで，化学物質の染色体異常誘発性を評価する *in vivo* 試験である。実験動物は1群5匹以上とし，被験物質を強制経口投与，腹腔内投与または吸入による経気道投与する。投与後適切な間隔をおいて最低2回の標本を作製し，小核を有する未成熟赤血球の出現頻度を評価する。骨髄の場合は個体当り2 000個以上，末梢血の場合は1 000個以上の赤血球を観察する。
（中島大介）

引用・参考文献

1) 化審法におけるスクリーニング評価手法について（改訂第1版）（平成29年11月24日）
   http://www.meti.go.jp/policy/chemical_management/kashinhou/files/information/ra/screening.pdf（2018年10月現在）
2) http://www.mhlw.go.jp/bunya/roudoukijun/anzeneisei06/04.html（2018年10月現在）
3) 厚生労働省医薬食品局審査管理課長通知，医薬品の遺伝毒性試験及び解釈に関するガイダンスについて（平成24年9月20日）
4) Guidance Document on Revisions to OECD Genetic Toxicology Test Guidelines, Genetic Toxicology Guidance Document, Second Commenting Round. (Nov 30, 2015)
5) Mortelmans, K. and Zeiger, E., The Ames Salmonella/microsome mutagenicity assay. Mutat. Res., 455 (1-2), pp.29-60 (2000)
   doi：10.1016/S0027-5107 (00) 00064-6
6) Yahagi, T., Nagao, M., Seino, Y., Matsushima, T., Sugimura, T., and Okada, M., Mutagenicities of N-nitrosoamines on Salmonella, Mutat. Res., 48, pp.121-129 (1977)
   doi：10.1016/0027-5107 (77) 90151-8
7) Kado, N.Y., Langley, D., and Eisenstadt, E., A simple modification of the Salmonella liquid incubation assay, Increased sensitivity for detecting mutagens in human-urine, Mutat. Res., 121 (1), pp.25-32 (1983)
   doi：10.1016/0165-7992 (83) 90082-9
8) Watanabe, M., Ishidate, M, Jr., and Nohmi, T., A sensitive method for the detection of mutagenic nitroarenes；construction of nitroreductase-overproducing derivatives of Salmonella typhimurium strains TA98 and TA100, Mutat. Res., 216 (4), pp.211-220 (1989)
   doi：10.1016/0165-1161 (89) 90007-1
9) Watanabe, M., Ishidate, M, Jr., and Nohmi, T., Sensitive method for the derection of mutagenic nitroarens and aromatic amins；new derivatives of Salmonella typhimurium tester starains possessing elevated O-acetyltransferase levels, Mutat. Res., 234 (5), pp.337-348 (1990)
   doi：10.1016/0165-1161 (90) 90044-0

〔4〕難分解性と蓄積性

環境中での化学物質の分解性と生物蓄積性について述べる。これらは化学物質の管理の際に毒性と併せて考慮する性質である。

（a）難分解性　有機化合物の分解は非生物的過程と生物過程に大別され，前者としては加水分解，酸化還元反応，光分解，光酸化種による酸化などがある。後者では微生物が分解者として主要である。

わが国の，化学物質の審査及び製造等の規制に関する法律（化審法）の下では，経済協力開発機構（OECD）の化学品テストガイドライン301C「易生分解性（ready biodegradability）」にも記載の試験法（修正 MITI 法（I））に主として基づき分解性を評価している[1]。この試験方法は，水中での微生物による分解性を評価するものである（図2.1.145参照）。生物化学的酸素消費量（BOD）による分解度が三つの試験容器のうち二つ以上で60％以上であり，かつ三つの平均が60％以上であること，また分解生成物が生成していないことが確認されることをもって，対象化合物は良分解性と判定される。良分解性でない化合物は難分解性と判定される。

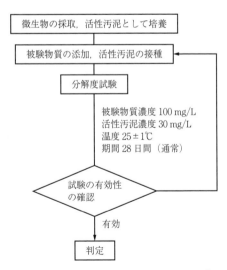

図2.1.145　化審法における分解度試験の概略[1]

（b）蓄 積 性　生物内への化学物質の蓄積は，吸収，体内分布，代謝，排出の諸要因により定まる動的な過程である。動物への化学物質への吸収は呼

吸と摂食が主要経路である。生物蓄積（bioaccumulation）は，経路を問わない総体としての体内への蓄積を指す。生物増幅（biomagnification）は食物からの吸収による体内への蓄積を指し，生物濃縮（bioconcentration）は特に水生生物における水からの吸収による体内への蓄積を指す[2]。

化審法の下では，OECDの化学品テストガイドライン305「魚における生物蓄積」に基づく試験方法等により，化学物質の生物濃縮性を評価している[1]。このうち水曝露法に基づく試験方法は，魚類体内への水を介した化学物質の蓄積を評価するものである（表2.1.38参照）。化学物質が溶解した試験水で試験魚を飼育して（取込期間），試験水および試験魚中における化学物質濃度を測定し，定常状態における生物濃縮係数（BCF_{SS}）を算出する。また，必要に応じて取込期間に続いて取込期間終了後の試験魚を化学物質が含まれない試験水で飼育する排泄期間を設ける。この場合には，取込・排泄の両期間を通じての速度論による生物濃縮係数（BCF_K）を算出することができる。有効性が確認された試験において，生物濃縮係数が5 000以上である場合に，高濃縮性と判定される。生物濃縮係数が1 000以上5 000未満の場合には，必要に応じ部位別の濃縮係数，排泄試験の結果等を併せて総合的な判断により高濃縮性かどうか判定される。

OECDのテストガイドライン305には，水溶解度がきわめて低い化合物の生物蓄積性の評価に適切と考えられる食餌曝露による魚への生物蓄積試験が2012年の改正で加えられた。この試験では生物濃縮係数ではなく生物増幅係数が得られる。化審法へも餌料投与法として2018年に導入された。なお，餌料投与法による判定に関しては，引き続き知見を収集し，必要に応じて見直すこととされている。

試験による生物濃縮性に基づく評価は，一定条件での化合物間の比較の利点を有する。一方，実際の環境中での生物蓄積は，生物種，環境条件，生態系，個体状況等，またその時間変化に依存することに留意が必要である。

（櫻井健郎）

引用・参考文献

1) 厚生労働省医薬食品局長，経済産業省製造産業局長，環境省総合環境政策局長「新規化学物質等に係る試験の方法について」（2011），およびその改正通知
2) Gobas F. A. P. C., de Wolf W., Burkhard L. P., Verbruggen E., and Plotzke K., Revisiting bioaccumulation criteria for POPs and PBT assessments. Integr. Environ. Assess. Manag., 5, pp.624-637（2009）

2.1.6 有害性諸表
〔1〕 化学物質の曝露限度

化学物質の曝露限度には，労働者の健康管理の手引きとなる有害物質の空気中濃度で設定する許容濃度と，血液や尿中濃度による生物学的モニタリングのための生物学的曝露限界がある。その代表的なものに，アメリカのACGIH（American Conference of Governmental Industrial Hygienists：アメリカ合衆国産業衛生専門家会議）が勧告する許容閾値（threshold limit value, TLV）と生物学的曝露指標（biological exposure indices, BEI）[1]がある。

TLVは，大多数の健康な労働者が通常の勤務条件（1日8時間，1週40時間）で継続的に働き続けても，それが原因となって著しい健康障害を起こさないような曝露濃度を表す。TLVにはTWA（time weighted average，時間加重平均値）：大気中濃度とその持続時間の積の総和を総時間数で除したもの，STEL（short term exposure limit，短時間曝露限界値）：TWAがTLV範囲内であっても15分間の時間加重平均値が越えてはならない値，CV（ceiling value，天井値）：作業中のどの時点においても越えてはならない値，がある。

日本では日本産業衛生学会が独自の検討による許容濃度を毎年勧告している。表2.1.39，表2.1.40におもな化学物質の許容濃度を示す。数値の出典は文献1)

表2.1.38 水曝露法による魚を用いた濃縮度試験の実施条件の例[1]

生物種	コイ（*cyprinus carpio*）
全　　長	8.0±4.0 cm 推奨
個体数	試験区ごとに試料採取ごとに最低4個体が確保できる数
交換水量	流水式を推奨（1日に試験水槽容量の5倍以上が好ましい）。魚体重1.0 g-wet 当り1〜10 L/日を推奨。
試験温度	推奨範囲20〜25℃，変動±2℃未満
試験期間	取込期間：原則28日間（定常状態に達しない場合延長あり）。排泄期間：試験魚中の化学物質濃度が十分に減少するまでの期間。
試験区	対照区および少なくとも2濃度区
濃度設定	毒性値および分析の定量下限を考慮。濃度区ごとに10倍変える。
試験魚の分析	取込期間中に少なくとも5回。排泄期間中に少なくとも4回（排泄期間を設定した場合）。1試験区当り最低4尾，個体ごと。個体ごとの分析が困難な場合には複数尾まとめる（2群以上が望ましい）。
試験結果	BCF_{SS}＝試験魚中濃度（定常状態）÷水中濃度 BCF_K＝取込速度定数÷排泄速度定数

表 2.1.39 おもな化学物質の許容濃度 (2017)[1]

化学物質名 [CAS No.]	許容濃度 [ppm]	許容濃度 [mg/m³]	経皮吸収	発がん分類	感作性 気道	感作性 皮膚
アクリルアミド [79-06-1]	—	0.1	皮	2A		2
アクリルアルデヒド [107-02-8]	0.1	0.23				
アクリル酸メチル [96-33-3]	2	7				2
アクリロニトリル [107-13-1]	2	4.3	皮	2A$^\Psi$		
アセトアルデヒド [75-07-0]	50*	90*		2B		
アセトン [67-64-1]	200	470				
アトラジン [1912-24-9]		2				
o-アニシジン [90-04-0]	0.1	0.5	皮	2B		
p-アニシジン [104-94-9]	0.1	0.5	皮			
アニリン [62-53-3]	1	3.8	皮			1
2-アミノエタノール [141-43-5]	3	7.5				
アリルアルコール [107-18-6]	1	2.4	皮			
アルシン [7784-42-1]	0.01 0.1*	0.032 0.32*				
アンチモンおよびアンチモン化合物 (Sb として，スチビンを除く) [7440-36-0]	—	0.1				
アンモニア [7664-41-7]	25	17				
イソブチルアルコール [78-83-1]	50	150				
イソプレン [78-79-5]	(表 2.1.40 参照)			2B		
イソプロチオラン [50512-35-1]	—	5				
イソプロピルアルコール [67-63-0]	400*	980*				
イソペンチルアルコール [123-51-3]	100	360				
一酸化炭素 [630-08-0]	50	57				
インジウムおよびインジウム化合物 [7440-74-6]	(表 2.1.41 参照)			2A		
エチルアミン [75-04-7]	10	18				
エチルエーテル [60-29-7]	400	1 200				
2-エチル-1-ヘキサノール [104-76-7]	1	5.3				
エチルベンゼン [100-41-4]	50	217		2B		
エチレンイミン [151-56-4]	0.5	0.88	皮	2B		
エチレンオキシド [75-21-8]	1	1.8		1$^\Psi$		2
エチレングリコールモノエチルエーテル [110-80-5]	5	18	皮			
エチレングリコールモノエチルエーテルアセテート [111-15-9]	5	27	皮			
エチレングリコールモノブチルエーテル [111-76-2]	(表 2.1.40 参照)					
エチレングリコールモノメチルエーテル [109-86-4]	0.1	0.31	皮			
エチレングリコールモノメチルエーテルアセテート [110-49-6]	0.1	0.48	皮			
エチレンジアミン [107-15-3]	10	25	皮		2	2
エトフェンプロックス [80844-07-1]	—	3				
塩化水素 [7647-01-0]	2*	3.0*				
塩素 [7782-50-5]	0.5*	1.5*				
黄リン [7723-14-0]	—	0.1				

表 2.1.39 （つづき）

化学物質名 [CAS No.]	許容濃度 [ppm]	許容濃度 [mg/m³]	経皮吸収	発がん分類	感作性 気道	感作性 皮膚
オクタン [111-65-9]	300	1 400				
オゾン [10028-15-6]	0.1	0.2				
ガソリン [8006-61-9]	100[a]	300[a]		2B		
カドミウムおよびカドミウム化合物（Cd として）[7440-43-9]	—	0.05		1[W]		
カルバリル [63-25-2]	—	5	皮			
ギ酸 [64-18-6]	5	9.4				
キシレン（全異性体およびその混合物）	50	217				
銀および銀化合物（Ag として）[7440-22-4]	—	0.01				
グルタルアルデヒド [111-30-8]	0.03*				1	1
クレゾール（全異性体）	5	22	皮			
クロムおよびクロム化合物（Cr として）[7440-47-3]					2	1
金属クロム	—	0.5				
3 価クロム化合物	—	0.5				
6 価クロム化合物	—	0.05				
ある種の 6 価クロム化合物	—	0.01		1[W]		
クロロエタン [75-00-3]	100	260				
クロロジフルオロメタン [75-45-6]	1 000	3 500				
クロロピクリン [76-06-2]	0.1	0.67				
クロロベンゼン [108-90-7]	10	46				
クロロホルム [67-66-3]	3	14.7	皮	2B		
クロロメタン [74-87-3]	50	100				
クロロメチルメチルエーテル（工業用）[107-30-2]	—	—		2A		
鉱油ミスト	—	3		1[W]		
五塩化リン [10026-13-8]	0.1	0.85				
コバルトおよびコバルト化合物（Co として）（タングステンカーバイドを除く）[7440-48-4]		0.05		2B	1	1
酢酸 [64-19-7]	10	25				
酢酸イソプロピル [108-21-4]	（表 2.1.40 参照）					
酢酸エチル [141-78-6]	200	720				
酢酸ブチル [123-86-4]	100	475				
酢酸プロピル [109-60-4]	200	830				
酢酸ペンチル類 [628-63-7；123-92-2；626-38-0；620-11-1；625-16-1；624-41-9；926-41-0]	50	266.3				
	100*	532.5*				
酢酸メチル [79-20-9]	200	610				
三塩化リン [7719-12-2]	0.2	1.1				
酸化亜鉛ヒューム [1314-13-2]	（検討中）					
三フッ化ホウ素 [7637-07-2]	0.3	0.83				
シアン化カリウム（CN として）[151-50-8]	—	5*	皮			
シアン化カルシウム（CN として）[592-01-8]	—	5*	皮			
シアン化水素 [74-90-8]	5	5.5	皮			
シアン化ナトリウム（CN として）[143-33-9]	—	5*	皮			

表 2.1.39 (つづき)

化学物質名 [CAS No.]	許容濃度 [ppm]	[mg/m³]	経皮吸収	発がん分類	感作性 気道	皮膚
ジエチルアミン [109-89-7]	10	30				
四塩化炭素 [56-23-5]	5	31	皮	2B		
1,4-ジオキサン [123-91-1]	1	3.6	皮	2B		
シクロヘキサノール [108-93-0]	25	102				
シクロヘキサノン [108-94-1]	25	100				
シクロヘキサン [110-82-7]	150	520				
1,1-ジクロロエタン [75-34-3]	100	400				
1,2-ジクロロエタン [107-06-2]	10	40		2B		
2,2′-ジクロロエチルエーテル [111-44-4]	15	88	皮			
1,2-ジクロロエチレン [540-59-0]	150	590				
3,3′-ジクロロ-4,4′-ジアミノジフェニルメタン (MBOCA) [101-14-4]	—	0.005	皮	2A^Ψ		
ジクロロジフルオロメタン [75-71-8]	500	2 500				
2,2-ジクロロ-1,1,1-トリフルオロエタン [306-83-2]	10	62				
1,4-ジクロロ-2-ブテン [764-41-0]	0.002			2B		
1,2-ジクロロプロパン [78-87-5]	1	4.6		1		2
o-ジクロロベンゼン [95-50-1]	25	150				
p-ジクロロベンゼン [106-46-7]	10	60		2B		
ジクロロメタン [75-09-2]	50	170	皮	2A		
	100*	340*				
1,2-ジニトロベンゼン [528-29-0]	0.15	1	皮			
1,3-ジニトロベンゼン [99-65-0]	0.15	1	皮			
1,4-ジニトロベンゼン [100-25-4]	0.15	1	皮			
ジフェニルメタン-4,4′-ジイソシアネート (MDI) [101-68-8]	—	0.05			1	
ジボラン [19287-45-7]	0.01	0.012				
N,N-ジメチルアセトアミド [127-19-5]	10	36	皮			
N,N-ジメチルアニリン [121-69-7]	5	25	皮			
ジメチルアミン [124-40-3]	2	3.7				3
N,N-ジメチルホルムアミド (DMF) [68-12-2]	10	30	皮	2B		
臭化メチル [74-83-9]	1	3.89	皮			
臭素 [7726-95-6]	0.1	0.65				
硝酸 [7627-37-2]	2	5.2				
シラン [7803-62-5]	100*	130*				
人造鉱物繊維**						
ガラス長繊維, グラスウール, ロックウール, スラグウール		1 (繊維/mL)				
セラミック繊維, ガラス微細繊維	—	—		2B		
水銀蒸気 [7439-97-6]	—	0.025				
水酸化カリウム [1310-58-3]	—	2*				
水酸化ナトリウム [1310-73-2]	—	2*				
水酸化リチウム [1310-65-2]	—	1				
スチレン [100-42-5]	20	85	皮	2B		

2. 化学物質のさまざまな危険性

表 2.1.39 （つづき）

化学物質名［CAS No.］	許容濃度 [ppm]	許容濃度 [mg/m³]	経皮吸収	発がん分類	感作性 気道	感作性 皮膚
セレンおよびセレン化合物（Seとして，セレン化水素，六フッ素化セレンを除く）［7782-49-2］	—	0.1				
セレン化水素［7783-07-5］	0.05	0.17				
ダイアジノン［333-41-5］	—	0.1	皮			
チウラム［137-26-8］		0.1				1
テトラエチル鉛（Pbとして）［78-00-2］	—	0.075	皮			
テトラエトキシシラン［78-10-4］	10	85				
1,1,2,2-テトラクロロエタン［79-34-5］	1	6.9	皮	2B		
テトラクロロエチレン［127-18-4］	（検討中）		皮	2B		
テトラヒドロフラン［109-99-9］	50	148	皮			
テトラメトキシシラン［681-84-5］	1	6				
テレビン油	50	280				1
トリクロルホン［52-68-6］		0.2	皮			
1,1,1-トリクロロエタン［71-55-6］	200	1 100				
1,1,2-トリクロロエタン［79-00-5］	10	55	皮			
トリクロロエチレン［79-01-6］	25	135		1^Ψ		1^+
1,1,2-トリクロロ-1,2,2-トリフルオロエタン［76-13-1］	500	3 800				
トリクロロフルオロメタン［75-69-4］	1 000*	5 600*				
トリシクラゾール［41814-78-2］	—	3				
トリニトロトルエン（全異性体）	—	0.1	皮			
1,2,3-トリメチルベンゼン［526-73-8］	25	120				
1,2,4-トリメチルベンゼン［95-63-6］	25	120				
1,3,5-トリメチルベンゼン［108-67-8］	25	120				
o-トルイジン［95-53-4］	1	4.4	皮	1^Ψ		
トルエン［108-88-3］	50	188	皮			
トルエンジイソシアネート類（TDI）［26471-62-5］	0.005 0.02*	0.035 0.14*		2B	1	2
鉛および鉛化合物（Pbとして，アルキル鉛化合物を除く）［7439-92-1］	—	0.03		2B		
二塩化二硫黄［10025-67-9］	1*	5.5*				
二酸化硫黄［7446-09-5］	（検討中）					
二酸化炭素［124-38-9］	5 000	9 000				
二酸化チタンナノ粒子［13463-67-7］	—	0.3		2B		
二酸化窒素［10102-44-0］	（検討中）					
ニッケル［7440-02-0］	—	1			2	1
ニッケルカルボニル［13463-39-3］	0.001	0.007				
ニッケル化合物（総粉じん）（Niとして）［7440-02-0］				2B		
ニッケル化合物，水溶性		0.01				
ニッケル化合物，水溶性でないもの		0.1				
p-ニトロアニリン［100-01-6］	—	3	皮			
ニトログリコール［628-96-6］	0.05	0.31	皮			
ニトログリセリン［55-63-0］	0.05*	0.46*	皮			
p-ニトロクロロベンゼン［100-00-5］	0.1	0.64	皮			

表 2.1.39 （つづき）

化学物質名 [CAS No.]	許容濃度 [ppm]	[mg/m³]	経皮吸収	発がん分類	感作性 気道	皮膚
ニトロベンゼン [98-95-3]	1	5	皮	2B		
二硫化炭素 [75-15-0]	1	3.13	皮			
ノナン [11-84-2]	200	1 050				
n-ブチル-2,3-エポキシプロピルエーテル [2426-08-6]	0.25	1.33		2B		2
パーフルオロオクタン酸 [335-67-1]		0.005^b		2B$^+$		
白金（水溶性白金塩，Pt として）[7440-06-4]	—	0.001			1	1
バナジウム化合物						
五酸化バナジウム [1314-62-1]	—	0.05		2B		
フェロバナジウム粉じん [12604-58-9]	—	1				
パラチオン [56-38-2]	—	0.1	皮			
ピクリン酸 [88-89-1]	—	—				2
ピリダフェンチオン [119-12-0]	—	0.2	皮			
フェニトロチオン [122-14-5]	—	1	皮			
m-フェニレンジアミン [108-45-2]	—	0.1				3
o-フェニレンジアミン [95-54-5]	—	0.1				3
p-フェニレンジアミン [106-50-3]	—	0.1				1
フェノール [108-95-2]	5	19	皮			
フェノブカルブ [3766-81-2]	—	5	皮			
フェンチオン [55-38-9]	—	0.2	皮			
フサライド [27355-22-2]	—	10				
1-ブタノール [71-36-3]	50*	150*	皮			
2-ブタノール [78-92-2]	100	300				
フタル酸ジエチル [84-66-2]	—	5				
フタル酸ジ-2-エチルヘキシル [117-81-7]	—	5		2B		
フタル酸ジブチル [84-74-2]	—	5				2
o-フタロジニトリル [91-15-6]		0.01	皮			
ブタン（全異性体）[106-97-8]	500	1 200				
ブチルアミン [109-73-9]	5*	15*	皮			
t-ブチルアルコール [75-65-0]	50	150				
フッ化水素 [7664-39-3]	3*	2.5*				
ブプロフェジン [69327-76-0]	—	2				
フルトラニル [66332-96-5]	—	10				
フルフラール [98-01-1]	2.5	9.8	皮			
フルフリルアルコール [98-00-0]	5	20				
プロピレンイミン（2-メチルアジリジン）[75-55-8]	（表 2.1.40 参照）		皮	2B		
1-ブロモプロパン [106-94-5]	0.5	2.5		2B$^+$		
2-ブロモプロパン [75-26-3]	1	5	皮			
ブロモホルム [75-25-2]	1	10.3				
ヘキサクロロブタジエン [87-68-3]	0.01	0.12	皮			
ヘキサン [110-54-3]	40	140	皮			
ヘキサン-1,6-ジイソシアネート [822-06-0]	0.005	0.034			1	
ヘプタン [142-82-5]	200	820				

2. 化学物質のさまざまな危険性

表 2.1.39 （つづき）

化学物質名 [CAS No.]	許容濃度 [ppm]	許容濃度 [mg/m³]	経皮吸収	発がん分類	感作性 気道	感作性 皮膚
ベリリウムおよびベリリウム化合物（Be として）[7440-41-7]	—	0.002		1$^{\Psi+}$	1	2
ペンタクロロフェノール [87-86-5]	—	0.5	皮			
ペンタン [109-66-0]	300	880				
ホスゲン [75-44-5]	0.1	0.4				
ホスフィン [7803-51-2]	0.3*	0.42				
ポリ塩化ビフェニル類	—	0.01	皮	1$^{\Psi+}$		
ホルムアルデヒド [50-00-0]	0.1	0.12		2A	2	1
	0.2*	0.24*				
マラチオン [121-75-5]	—	10	皮			
マンガンおよびマンガン化合物（Mn として，有機マンガン化合物を除く）[7439-96-5]		0.2				
無水酢酸 [108-24-7]	5*	21*				
無水トリメリット酸 [552-30-7]		0.0005	皮		1	
		0.004*				
無水ヒドラジンおよびヒドラジン一水和物 [302-01-2/7803-57-8]	0.1	0.13 および 0.21	皮	2B		1
無水フタル酸 [85-44-9]	0.33*	2*			1	
無水マレイン酸 [108-31-6]	0.1	0.4			2	2
	0.2*	0.8*				
メタクリル酸 [79-41-4]	2	7.0				
メタクリル酸メチル [80-62-6]	2	8.3			2	2
メタノール [67-56-1]	200	260	皮			
メチルアミン [74-89-5]	10	13				
メチルイソブチルケトン [108-10-1]	50	200		2B		
メチルエチルケトン [78-93-3]	200	590				
メチルシクロヘキサノール [25639-42-3]	50	230				
メチルシクロヘキサノン [1331-22-2]	50	230	皮			
メチルシクロヘキサン [108-87-2]	400	1600				
メチルテトラヒドロ無水フタル酸 [11070-44-3]	0.007	0.05			1	
	0.015*	0.1*				
N-メチル-2-ピロリドン [872-50-4]	1	4	皮			
メチル-n-ブチルケトン [591-78-6]	5	20	皮			
4,4'-メチレンジアニリン [101-77-9]	—	0.4	皮	2B		1
メプロニル [55814-41-0]	—	5				
ヨウ素 [7553-56-2]	0.1	1				2
硫化水素 [7783-06-4]	5	7				
硫酸 [7664-93-9]	—	1*				
硫酸ジメチル [77-78-1]	0.1	0.52	皮	2A$^{\Psi}$		
リン酸 [7664-38-2]	—	1				
ロジウム（可溶性化合物，Rh として）[7440-16-6]	—	0.001				2

〔注〕 1. ppm の単位表示における気体容積は，25℃，1気圧におけるものとする。ppm から mg/m³ への換算は，3桁を計算し四捨五入した。
   2. 記号の説明
      * : 最大許容濃度。常時この濃度以下に保つこと。

**：メンブレンフィルタ法で補集し，400倍の位相差顕微鏡で，長さ5μm以上，太さ3μm未満，長さと太さの比（アスペクト比）3：1以上の繊維．
Ψ：発がん以外の健康影響を指標として許容濃度が示されている物質．Ⅲ．発がん性分類の前文参照．
a：ガソリンについては，300 mg/m³を許容濃度とし，mg/m³からppmへの換算はガソリンの平均分子量を72.5と仮定して行った．
b：妊娠可能な女性には適用しない．
＋：暫定

表 2.1.40　許容濃度（暫定）[1]

化学物質名［CAS No.］	許容濃度		経皮吸収	発がん分類	感作性	
	[ppm]	[mg/m³]			気道	皮膚
イソプレン［78-79-5］	3	8.4		2B		
エチレングリコールモノブチルエーテル［111-76-2］	20*	97*				
酢酸イソプロピル［108-21-4］	100					
プロピレンイミン（2-メチルアジリジン）［75-55-8］	0.2	0.45		2B		

〔注〕ppmの単位表示における気体容積は，25℃，1気圧におけるものとする．
＊：最大許容濃度．常時この濃度以下に保つこと．

による．文献には発がん性分類の物質等，表2.1.39に収録されていない物質も記載されているので，必要な物質が表2.1.39にない場合は文献を参照すること．なお許容濃度の使用にあたっては，「許容濃度等の勧告」に記載されている「許容濃度等の性格および使用上の注意」[2]を十分理解する必要があるため，原本を必ず参照されたい．

許容濃度の定義は以下のとおりである．

許容濃度とは，労働者が1日8時間，週間40時間程度，肉体的に激しくない労働強度で有害物質に曝露される場合に，当該有害物質の平均曝露濃度がこの数値以下であれば，ほとんどすべての労働者に健康上の悪い影響が見られないと判断される濃度である．曝露時間が短い，あるいは労働強度が弱い場合でも，許容濃度を越える曝露は避けるべきである．なお，曝露濃度とは，呼吸保護具を装着していない状態で，労働者が作業中に吸入するであろう空気中の当該物質の濃度である．労働時間が，作業内容，作業場所，あるいは曝露の程度に従って，いくつかの部分に分割され，それぞれの部分における平均曝露濃度あるいはその推定値がわかっている場合には，それらに時間の重みを掛けた平均値をもって，全体の平均曝露濃度あるいはその推定値とすることができる．最大許容濃度とは，作業中のどの時間をとっても曝露濃度がこの数値以下であれば，ほとんどすべての労働者に健康上の悪い影響が見られないと判断される濃度である．一部の物質の許容濃度を最大許容濃度として勧告する理由は，その物質の毒性が，短時間で発現する刺激，中枢神経抑制等の生体影響を主とするためである．最大許容濃度を超える瞬間的な曝露があるかどうかを判断するための測定は，厳密には非常に困難である．実際には最大曝露濃度を含むと考えられる5分程度までの短時間の測定によって得られる最大の値を考えればよい．

また，生物学的許容値については以下のとおり定義してその値を勧告している（**表 2.1.41 参照**）．

労働の場において，有害因子に曝露している労働者の尿，血液等の生体試料中の当該有害物質濃度，その有害物の代謝物濃度，または，予防すべき影響の発生を予測・警告できるような影響の大きさを測定することを「生物学的モニタリング」という．「生物学的許容値」とは，生物学的モニタリング値がその勧告値の範囲内であれば，ほとんどすべての労働者に健康上の悪い影響がみられないと判断される濃度である[2]．

ACGHIのTLVおよびBEIはACGHIの会員に無料で配布されるほか，会員以外の場合はウェブサイト（http://www.acgih.org）から有償でアクセスできる．

（中島大介）

引用・参考文献

1) ACGIH, 2017 TLVs and BEIs
2) 許容濃度等の勧告（2017年度），産業衛生学会誌，59-5，pp.153-185（2017）

〔2〕作業環境気中濃度の指標（管理濃度）

日本の労働安全衛生法は，環境気中濃度を下げることによって作業者の曝露を抑えることを目的として，有機溶剤，鉛化合物，特定化学物質，じん肺を起こす粉じんの関係する作業場に対し，定期的な環境気中濃度の測定と評価を義務付けている．この評価の指標と

2. 化学物質のさまざまな危険性

表 2.1.41 生物学的許容値[1]

物 質 名	測定対象 試料	測定対象 物 質	生物学的許容値	試料採取時期
アセトン	尿	アセトン	40 mg/L	作業終了前2時間以内
インジウムおよびインジウム化合物	血清	インジウム	3 μg/L	特定せず
エチレングリコールモノブチルエーテルおよびエチレングリコールモノブチルエーテルアセテール	尿	総ブトキシ酢酸	200 mg/g・Cr	作業終了時
キシレン	尿	総メチル馬尿酸（o-, m-, p-三異性体の総合）	800 mg/L	週の後半の作業終了時
クロロベンゼン	尿	4-クロロカテコール（加水分解）	120 mg/g・Cr	作業終了時
コバルトおよびコバルト無機化合物（酸化コバルトを除く）	血液	コバルト	3 μg/L	週末の作業終了前2時間以内
	尿	コバルト	35 μg/L	週末の作業終了前2時間以内
3,3'-ジクロロ-4,4'-ジアミノジフェニルメタン（MBOCA）	尿	総MBOCA	50 μg/g・Cr	週末の作業終了時
ジクロロメタン	尿	ジクロロメタン	0.2 mg/L	作業終了時
水銀および水銀化合物（アルキル水銀化合物を除く）	尿	総水銀	35 μg/g・Cr	特定せず
スチレン	尿	マンデル酸とフェニルグリオキシル酸の和	430 mg/L	週の後半の作業終了時
	血液	スチレン	0.2 mg/L	週の後半の作業終了時
テトラヒドロフラン	尿	テトラヒドロフラン	2 mg/L	作業終了時
トリクロロエチレン	尿	総三塩化物	150 mg/L	週の後半の作業終了前2時間以内
	尿	トリクロロエタノール	100 mg/L	週の後半の作業終了前2時間以内
	尿	トリクロロ酢酸	50 mg/L	週の後半の作業終了前2時間以内
トルエン	血液	トルエン	0.6 mg/L	週の後半の作業終了前2時間以内
	尿	トルエン	0.06 mg/L	週の後半の作業終了前2時間以内
鉛	血液	鉛	15 μg/100 mL	特定せず
	血液	プロトポルフィリン	200 μg/100 mL 赤血球 または 80 μg/100 mL 血液	特定せず（継続曝露1箇月以降）
	尿	デルタアミノレブリン酸	5 mg/L	特定せず（継続曝露1箇月以降）
二硫化炭素	尿	2-ジチオチアゾリジン-4-カルボキシル酸	0.5 mg/g・Cr	作業終了時（アブラナ科植物を摂取しない時期）
フェノール	尿	総フェノール（遊離体，グルクロン酸抱合体，硫酸抱合体）	250 mg/g・Cr	作業終了時
ヘキサン	尿	2,5-ヘキサンジオン	3 mg/g・Cr（酸加水分解後）	週末の作業終了時
	尿	2,5-ヘキサンジオン	0.3 mg/g・Cr（酸加水分解なし）	週末の作業終了時
ポリ塩化ビフェニル類（PCB）	血液	総PCB	25 μg/L	特定せず
メタノール	尿	メタノール	20 mg/L	作業終了時
メチルイソブチルケトン	尿	メチルイソブチルケトン	1.7 mg/L	作業終了時
メチルエチルケトン	尿	メチルエチルケトン	5 mg/L	作業終了時または高濃度曝露後数時間以内

表 2.1.42 作業環境の管理濃度[1]

	物 の 種 類	管理濃度等
1	土石,岩石,鉱物,金属または炭素の粉じん	つぎの式により算定される値 $E=3.0/(1.19Q+1)$ この式において,E および Q は,それぞれつぎの値を表すものとする. E：管理濃度（単位：mg/m³） Q：当該粉じんの遊離ケイ酸含有率（単位：％）
2	アクリルアミド	0.1 mg/m³
3	アクリロニトリル	2 ppm
4	アルキル水銀化合物（アルキル基がメチル基またはエチル基である物に限る）	水銀として 0.01 mg/m³
4-2	エチルベンゼン	20 ppm
5	エチレンイミン	0.05 ppm
6	エチレンオキシド	1 ppm
7	塩化ビニル	2 ppm
8	塩素	0.5 ppm
9	塩素化ビフェニル（別名 PCB）	0.01 mg/m³
9-2	オルト-トルイジン	1 ppm
9-3	オルト-フタロジニトリル	0.01 mg/m³
10	カドミウムおよびその化合物	カドミウムとして 0.05 mg/m³
11	クロム酸およびその塩	クロムとして 0.05 mg/m³
11-2	クロロホルム	3 ppm
12	五酸化バナジウム	バナジウムとして 0.03 mg/m³
12-2	コバルトおよびその無機化合物	コバルトとして 0.02 mg/m³
13	コールタール	ベンゼン可溶性成分として 0.2 mg/m³
13-2	酸化プロピレン	2 ppm
13-3	三酸化二アンチモン	アンチモンとして 0.1 mg/m³
14	シアン化カリウム	シアンとして 3 mg/m³
15	シアン化水素	3 ppm
16	シアン化ナトリウム	シアンとして 3 mg/m³
16-2	四塩化炭素	5 ppm
16-3	1,4-ジオキサン	10 ppm
16-4	1,2-ジクロロエタン（別名二塩化エチレン）	10 ppm
17	3,3'-ジクロロ-4,4'-ジアミノジフェニルメタン	0.005 mg/m³
17-2	1,2-ジクロロプロパン	1 ppm
17-3	ジクロロメタン（別名二塩化メチレン）	50 ppm
17-4	ジメチル-2,2-ジクロロビニルホスフェイト（別名 DDVP）	0.1 mg/m³
17-5	1,1-ジメチルヒドラジン	0.01 ppm
18	臭化メチル	1 ppm
19	重クロム酸およびその塩	クロムとして 0.05 mg/m³
20	水銀およびその無機化合物（硫化水銀を除く）	水銀として 0.025 mg/m³
20-2	スチレン	20 ppm
20-3	1,1,2,2-テトラクロロエタン（別名四塩化アセチレン）	1 ppm
20-4	テトラクロロエチレン（別名パークロルエチレン）	25 ppm
20-5	トリクロロエチレン	10 ppm
21	トリレンジイソシアネート	0.005 ppm
21-2	ナフタレン	10 ppm
21-3	ニッケル化合物（ニッケルカルボニルを除き,粉状の物に限る）	ニッケルとして 0.1 mg/m³

表 2.1.42 （つづき）

	物の種類	管理濃度等
22	ニッケルカルボニル	0.001 ppm
23	ニトログリコール	0.05 ppm
24	パラ-ニトロクロルベンゼン	0.6 mg/m^3
24-2	ヒ素およびその化合物（アルシンおよびヒ化ガリウムを除く）	ヒ素として 0.003 mg/m^3
25	フッ化水素	0.5 ppm
26	ベータ-プロピオラクトン	0.5 ppm
27	ベリリウムおよびその化合物	ベリリウムとして 0.001 mg/m^3
28	ベンゼン	1 ppm
28-2	ベンゾトリクロリド	0.05 ppm
29	ペンタクロルフェノール（別名PCP）およびそのナトリウム塩	ペンタクロルフェノールとして 0.5 mg/m^3
29-2	ホルムアルデヒド	0.1 ppm
30	マンガンおよびその化合物（塩基性酸化マンガンを除く）	マンガンとして 0.2 mg/m^3
30-2	メチルイソブチルケトン	20 ppm
31	ヨウ化メチル	2 ppm
31-2	リフラクトリーセラミックファイバー	5マイクロメートル以上の繊維として 0.3 本/cm^3
32	硫化水素	1 ppm
33	硫酸ジメチル	0.1 ppm
33-2	石綿	5マイクロメートル以上の繊維として 0.15 本/cm^3
34	鉛およびその化合物	鉛として 0.05 mg/m^3
35	アセトン	500 ppm
36	イソブチルアルコール	50 ppm
37	イソプロピルアルコール	200 ppm
38	イソペンチルアルコール（別名イソアミルアルコール）	100 ppm
39	エチルエーテル	400 ppm
40	エチレングリコールモノエチルエーテル（別名セロソルブ）	5 ppm
41	エチレングリコールモノエチルエーテルアセテート（別名セロソルブアセテート）	5 ppm
42	エチレングリコールモノ-ノルマル-ブチルエーテル（別名ブチルセロソルブ）	25 ppm
43	エチレングリコールモノメチルエーテル（別名メチルセロソルブ）	0.1 ppm
44	オルト-ジクロルベンゼン	25 ppm
45	キシレン	50 ppm
46	クレゾール	5 ppm
47	クロルベンゼン	10 ppm
48	酢酸イソブチル	150 ppm
49	酢酸イソプロピル	100 ppm
50	酢酸イソペンチル（別名酢酸イソアミル）	50 ppm
51	酢酸エチル	200 ppm
52	酢酸ノルマル-ブチル	150 ppm
53	酢酸ノルマル-プロピル	200 ppm
54	酢酸ノルマル-ペンチル（別名酢酸ノルマル-アミル）	50 ppm
55	酢酸メチル	200 ppm
56	シクロヘキサノール	25 ppm
57	シクロヘキサノン	20 ppm
58	1,2-ジクロルエチレン（別名二塩化アセチレン）	150 ppm
59	N,N-ジメチルホルムアミド	10 ppm

表 2.1.42 (つづき)

	物 の 種 類	管理濃度等
60	テトラヒドロフラン	50 ppm
61	1,1,1-トリクロルエタン	200 ppm
62	トルエン	20 ppm
63	二硫化炭素	1 ppm
64	ノルマルヘキサン	40 ppm
65	1-ブタノール	25 ppm
66	2-ブタノール	100 ppm
67	メタノール	200 ppm
68	メチルエチルケトン	200 ppm
69	メチルシクロヘキサノール	50 ppm
70	メチルシクロヘキサノン	50 ppm
71	メチル-ノルマル-ブチルケトン	5 ppm

〔備考〕この表の右欄の値は,温度25℃,1気圧の空気中における濃度を示す。
〔注〕 表に掲げる管理濃度等とは,作業環境評価基準(昭和63年労働省告示第79号)の別表に掲げる管理濃度および労働安全衛生法第28条第3項の規定に基づき厚生労働大臣が定める化学物質による健康障害を防止するための指針に基づき作業環境の測定の結果を評価するために使用する評価指標をいう。

して使われる値は労働省の告示によって定められ,管理濃度と呼ばれる。表 2.1.42 に管理濃度を示す。

(中島大介,沼野雄志)

引用・参考文献

1) 平成29年4月27日厚生労働省告示第186号,作業環境評価基準

〔3〕致 死 量

化学物質や放射線等が生物を死に至らしめる作用を致死作用 lethal effect といい,致死作用を発揮する用量(濃度)を致死量(濃度) lethal dose (LD) (lethal concentration (LC)) という。

半致死量 lethal dose 50 (LD_{50}) あるいは半致死濃度 lethal concentration 50 (LC_{50}) は,化学物質の急性毒性の指標として古くから頻用されてきた。この値が小さいほど致死作用は強いと判断される。日本の環境省は LD_{50} を「1回の投与で1群の実験動物の50%を死亡させると予想される投与量」, LC_{50} を「1回の曝露(通常1時間から4時間)で1群の実験動物の50%を死亡させると予想される濃度」と定義している[1]。LD_{50} では体重kg当りの化学物質量 (mg/kg), LC_{50} では ppm または mg/m^3 が単位として使用されることが多い。一般急性毒性試験で LD_{50} あるいは LC_{50} を求める場合,3用量以上の化学物質投与群を設定して致死作用についての用量-反応関係を求め,ロジスティック関数やプロビット関数等を利用して解析することにより,母集団における LD_{50} あるいは LC_{50} を推定する。推定精度を高めるためには多数の動物が必要となる。

致死作用に関する他の指標としては最小致死量 lethal dose lowest (LDLo) や最小致死濃度 lethal concentration lowest (LCLo) がある[2]。LDLo とは,ヒトまたは動物を致死させた吸入曝露以外の経路による投与量の最小値をいう。関連した報告値の中での最小の致死量 lowest published lethal dose の意味に用いられることもある。LCLo とは,特定の曝露時間での吸入によりヒトまたは動物を致死させた曝露濃度の最小値をいう。関連した報告値の中での最小の致死濃度 lowest published lethal concentration の意味に用いられることもある。

毒物及び劇物取締法は,経口投与時の LD_{50} を基礎として毒物や劇物を指定している。また,毒性試験を実施するにあたり用量の設定を決める際に,LD_{50} あるいは LC_{50} が参考とされる。

他の種類の有害作用や毒性と同様に,生体内への吸収 absorption,生体内での分布 distribution,代謝 metabolism および排泄 excretion (略して ADME) の各因子が用量と組み合わさり,化学物質の標的部位での濃度を決定し,致死作用の発現を決定する。ADME は生理学的要因や遺伝学的要因,環境要因等さまざまな要因の影響を受けるため,致死量(濃度)の動物種・系統差,年齢差,性差,個体差,実験環境や遺伝的要因による差異の背景となっている。曝露経路に応じて ADME は変わり,致死量(濃度)も変わる。経口の場合は消化管,吸入の場合は呼吸器への直接作用

により致死作用が現れる場合もあり，それにより致死量（濃度）が決まる。したがって，致死作用の強さを固定的に把握することは難しい。

現在では正確な半数致死量（濃度）を求める研究はほとんど行われない。正確な値を求めることの学術上の意義が希薄であるためである。また，動物愛護の観点から反対意見が強く，使用動物数を少なくすることが求められるためでもある。OECD 毒性試験ガイドライン[3)〜5)]では，概算値を求める方法（上げ下げ法，毒性等級法，固定用量法）が採用されている。

(梅津豊司)

引用・参考文献

1) 環境省，化学物質の環境リスク評価 第3巻 参考2 用語集等（2004）
   https://www.env.go.jp/chemi/report/h16-01/
2) 食品安全委員会，食品の安全性に関する用語集（第 5.1 版）
   https://www.fsc.go.jp/yougoshu.html
3) OECD, Test No.420
   http://www.oecd-ilibrary.org/environment/test-no-420-acute-oral-toxicity-fixed-dose-procedure_9789264070943-en
4) OECD, Test No.423
   http://www.oecd-ilibrary.org/environment/test-no-423-acute-oral-toxicity-acute-toxic-class-method_9789264071001-en
5) OECD, Test No.425
   http://www.oecd-ilibrary.org/environment/test-no-425-acute-oral-toxicity-up-and-down-procedure_9789264071049-en
   （上記 URL は 2018 年 10 月現在）

〔4〕 難分解性と蓄積性

(a) 難分解性 化学物質の審査及び製造等の規制に関する法律（化審法）での修正 MITI 法（I）における生分解性の試験結果は，同一試験方法による最大規模の生分解性実測データ集として世界的に認知されており[1)]，難分解性と良分解性を識別する経験式による予測モデルがこのデータを用いて作成されている。これらモデルの性能は，誤分類率として 20％程度[2),3)]である。欧州の REACH 規則では，年間 1 トンあるいは 10 トン以上（条件による）製造または輸入される化学物質について易生分解性（ready biodegradability）の情報を要求していることもあり，このような予測モデルの研究が引き続き行われている。ここでは以下，化学物質の生分解性に影響を与える因子について一般論を述べる。なお，実環境中での生分解性は，分解微生物群集の性質等が関係し，また諸環境要因によって大きく左右される。

1) 分子量 分子量の増大は化学物質の生分解性を悪くする。化審法に基づき届出をされた化学物質，2500 物質の調査では，分子量が 500 を超えると生分解される割合は 10％以下となる。ちなみに分子量が 200 以下では生分解される割合は 40％である（**表 2.1.43** 参照）。

表 2.1.43 分子量と分解性

分子量範囲	良分解	難分解
200 以下	388（40.2）	576（59.8）
200〜300	149（24.8）	453（75.2）
300〜400	73（19.6）	300（80.4）
400〜500	44（21.0）	166（79.0）
500〜600	10（ 7.3）	127（92.7）
600〜700	4（ 5.5）	69（94.5）
700〜800	1（ 2.2）	45（97.8）
800〜900	3（ 8.8）	31（91.2）
900 以上	7（13.5）	45（86.5）
計	679（27.3）	1 812（72.7）

〔注〕（ ）内は割合〔％〕を示す。

2) 化学構造

① アルカンの枝分れは分解性に対し負の効果を与える。シクロアルカンは対応するアルカンより分解性が悪くなる。

② アルカンのハロゲン置換は分解性に負の効果となる。ただし，臭素置換の場合，水中で加水分解され対応するアルコールが微生物以外の作用で生じる場合にはこの限りではない。

③ アルコール類は炭化水素と並び，最も分解性が良いグループである。この場合，分子中に 3 級以上の炭素原子を含むと分解性は悪くなる。

④ エーテル，カルボン酸，アルデヒド，エステル類は生分解されやすいグループであるが，分子中での 3 級以上の炭素の存在，ハロゲン原子の存在は分解性に負の効果を与える。

⑤ アミン類は 1 級，2 級，3 級になるに従い分解性が悪くなる。アミド，イミド類では水中での加水分解性により分解性が決定される。

⑥ 一置換ベンゼンでは置換基の種類により分解性が決定される。すなわち，直鎖アルキル基，水酸基，カルボキシル基，アミノ基，ニトリル基などは良分解性の官能基であるのに対し，ハロゲン，ニトロ基，メルカプト基は難分解性の官能基である。

⑦ 二置換ベンゼンの場合，良分解性の官能基と難分解性の官能基が共存すると難分解性官能基の影響の

方が強く出る。

⑧ 三置換以上のベンゼンは一般的に難分解性である。

⑨ ビフェニルの分解性はおのおののフェニル基の分解性で考えることができる。一方，ビフェニルエーテル，ビフェニルアミンとそれらの誘導体はいずれも難分解性である。

⑩ ビシクロおよび多環のシクロアルカンは難分解性であり，芳香族縮合環化合物，複素環化合物も難分解性のものが多い。

（b）蓄積性　生物濃縮係数（BCF）については世界中でこれまでに多数の報告がある[1]。表2.1.44に残留性有機汚染物質（POPs）のいくつかの化合物についての値の例を示す。ArnotとGobasによる総説では，魚におけるBCFの報告のうち一定の信頼性基準を満たすデータについて，BCFの常用対数値はおよそ－1から6（BCFとして0.1から100万）の範囲にあり，1-オクタノール/水分配係数（K_{ow}）の対数値とBCFの対数値が，$\log K_{ow}$が1からおよそ8の範囲では大まかに線形の関係にあることを示している（$\log \mathrm{BCF} = -0.23 + 0.60 \log K_{ow}[n=2\,393, r^2=0.52]$）[4]。ただし全体に，ある$K_{ow}$に対するBCFの値が2～3桁程度ばらついていることに留意が必要である。このばらつきには，実験にかかる不確実性に加え，生物種，個体の大きさ等の生物的要因，また水温，水質等の実験条件が寄与しており，さらにK_{ow}のみでは適切に記述できない重要な因子の一つとして，魚体内での代謝の影響もある。化学物質の構造や物性から代謝速度を予測する方法については研究が進められている段階である。スクリーニング等におけるBCFの予測には，対象魚種についての，構造等の類似した化合物群を対象とした経験式を適用することが現実的な選択と考えられる。

表2.1.44　残留性有機汚染物質（POPs）の生物濃縮係数（BCF）の値の例（常用対数値）

化合物（群）	log（BCF）
アルドリン	2.9～4.3[5]
デカブロモジフェニルエーテル	－0.52～<1.7[5]，<3.7[6]
DDT	2.8～4.9[5]
ディルドリン	3.5～4.2[5]
エンドリン	3.7～4.2[5]
ヘキサクロロベンゼン	3.2～4.5[5]
リンデン（γ-HCH）	2.1～3.3[5]，1.0～3.8[6]
PFOS	2.3～3.2[5]
ポリ塩化ビフェニル（PCB）	4.4～6.2[5]
ポリ塩化ナフタレン	3.4～4.5[6]

（櫻井健郎，北野　大）

引用・参考文献

1) Organisation for Economic Co-operation and Development（OECD）, European Chemicals Agency（ECHA）, QSAR Toolbox https://www.qsartoolbox.org/home，Version 4.1（2017）（2018年10月現在）
2) Loonen, H., Lindgren, F., Hansen, B., Karcher, W., Niemelä, J., Hiromatsu, K., Takatsuki, M., Peijnenburg, W., Rorije, E., and Struijś, J., Prediction of biodegradability from chemical structure：Modeling of ready biodegradation test data. Environ. Toxicol. Chem., 18, pp.1763-1768（1999）
3) Tunkel, J., Howard, P. H., Boethling, R. S., Stiteler, W., and Loonen, H., Predicting ready biodegradability in the Japanese ministry of international trade and industry test. Environ. Toxicol. Chem., 19, pp.2478-2485（2000）
4) Arnot, J. A. and Gobas, F. A. P. C., A review of bioconcentration factor（BCF）and bioaccumulation factor（BAF）assessments for organic chemicals in aquatic organisms. Environ. Rev., 14, pp.257-297（2006）
5) TOXNET HSDB（Hazardous Substances Data Bank） https://toxnet.nlm.nih.gov/cgi-bin/sis/htmlgen?HSDB（2018年10月現在）
6) United Nations Environment Programme（UNEP）, Addenda to Persistent Organic Pollutants Review Committee Reports, Risk Profile http://chm.pops.int/Default.aspx?tabid=2301（2018年10月現在）

2.2　バイオハザード

バイオハザードとは，病原微生物およびその構成成分や産生物などによって起こる人体への健康被害を指す。典型的なものは，病原微生物を培養中に作業者がその病原体に感染する，動物由来感染症の病原微生物を実験的に感染させた実験動物から作業者へ感染が広がる，という事例である。病原微生物によるバイオハザードは実験室ばかりではなく，医療機関において医療廃棄物等によっても発生している（例えば使用済み注射針による針刺し事故）。

バイオハザードを防止するために行うさまざまな対策をバイオセーフティと呼ぶ。バイオセーフティの基本は，作業者が病原微生物に感染する機会を低減させることである。そのためには，作業者が病原微生物の特徴（特に感染経路）の知識を持つ，作業中は手袋やマスクを使用する等の適切な防護策を実施する，と

いった対策が最初に必要である。加えて，病原微生物の危険度に応じた物理的封じ込めが実施できる実験室で，病原微生物を取り扱う必要がある。

病原微生物の危険度については「実験室バイオセーフティ指針（WHO 第 3 版）」（以下 WHO 指針）[1] に標準的な分類基準が記載されている。WHO 指針では危険度に応じて病原微生物（WHO 指針の中では「感染症微生物」としている）を 4 群（WHO リスク群 1, 2, 3, 4）に分類している。また，WHO 指針では物理的封じ込め設備や設置機器の種類等に応じて，実験施設についてもバイオセーフティレベル（BSL）1，BSL2，BSL3（封じ込め実験室），BSL4（高度封じ込め実験室），という四つに分類し，それぞれの実験施設で取扱いが可能な病原微生物の危険度を規定している。以下に WHO 指針に基づいた病原微生物の危険度分類と実験施設のバイオセーフティレベルの関連を示す（作業内容により，BSL を適切に変更する必要がある）。

リスク群 1（個体および地域社会へのリスクはない，ないし低い）：ヒトや動物に疾患を起こす可能性のない微生物。実験施設：BSL1

リスク群 2（個体へのリスクが中等度，地域社会へのリスクは低い）：ヒトや動物に疾患を起こす可能性はあるが実験室職員，地域社会，家畜，環境にとって重大な災害となる可能性のない病原体。実験室での曝露は，重篤な感染を起こす可能性はあるが，有効な治療法や予防法が利用でき，感染が拡散するリスクは限られる。実験施設：BSL2

リスク群 3（個体へのリスクが高い，地域社会へのリスクは低い）：通常，ヒトや動物に重篤な疾患を起こすが，通常の条件下では感染は個体から他の個体への拡散は起こらない病原体。有効な治療法や予防法が利用できる。実験施設：BSL3

リスク群 4（個体および地域社会へのリスクが高い）：通常，ヒトや動物に重篤な疾患を起こし，感染した個体から他の個体に，直接または間接的に容易に伝播され得る病原体。通常，有効な治療法や予防法が利用できない。実験施設：BSL4

この分類は基本的概念を示したものであり，WHO 指針では，各国の状況を考慮し，国内用の実践指針の策定を勧奨している。日本国内の例では国立感染症研究所が「国立感染症研究所病原体等安全管理規定第三版」[2] を策定するとともに，各 BSL で取扱いが可能な病原微生物を規定している[3]。具体的な病原微生物の例は以下のとおりである。

BSL1
弱毒生ワクチン（細胞培養痘そうワクチン以外の痘そうワクチンを除く），*Adeno-associated virus* および BCG ワクチン株等。

BSL2
Hepatitis B virus, *Clostridium tetani*, *Aspergillus fumigatus* 等。

BSL3
Human immunodeficiency virus 1, *Mycobacterium bovis*（BCG を除く），*Blastomyces dermatitidis* 等。

BSL4
Arenavirus, *Ebola virus*, *Nairovirus* 等

病原微生物による人体への健康被害に加え，遺伝子組換え実験によって作出された生命体が環境中に拡散し，人体への被害や自然環境の改変を引き起こすこともバイオハザードに含められようになった。遺伝子組換え実験によって作出された生命体に対する日本国内の各種規制は，「遺伝子組換え生物等の使用等の規制による生物の多様性の確保に関する法律」にも基づいて行われている。

（大沼　学）

引用・参考文献

1) 世界保健機関（WHO），実験室バイオセーフティ指針－第 3 版（2004）
2) 国立感染症研究所バイオリスク管理委員会，国立感染症研究所病原体等安全管理規定第三版（2010）
3) 国立感染症研究所，国立感染症研究所病原体等安全管理規定別冊 1「病原体等の BSL 分類等」（2010）

3. 火災爆発

3.1 火災爆発 ― 火災編 ―

3.1.1 各種火災の性状
〔1〕 可燃性気体の火災
（a） 可燃性ガスの火炎と爆発　　可燃性ガスの火災は可燃性ガスが大気中に漏洩あるいは流出して，何らかの着火源が存在したために着火して火災となったものである。これに対して漏洩あるいは流出が続いた後に着火すると，周囲に可燃性ガスと空気の混合ガスの雰囲気が形成されているため，可燃性混合ガス中を瞬間的に火炎が伝播し，爆発となって被害が大きくなる。

可燃性液体の場合にも高温高圧状態のものが流出するとこれと同じ状況になるが，沸点の高い液体や固体は流出による爆発の危険性は低い。可燃性ガスに対しては火災と爆発をつねに考えなければならないが，爆発に関しては別章に詳細を記載してあるのでここでは触れない。

都市ガスやLPガスのバーナは正常に使用していれば火災にならず安全に燃焼を利用することができるが，使用法を誤ると火炎が大きくなったり過熱により付近の可燃物に燃え移り火災となる。

可燃性ガスのみが火災となっている状態では，可燃性ガスの漏洩あるいは流出を止めれば火災は消えるので，可燃性ガスの火災の消火の基本はガスの漏洩あるいは流出を止めることである。

逆に可燃性ガスの漏洩あるいは流出を止めずに消火を行ったとしても，可燃性ガスの漏洩あるいは流出が継続していれば空気と混合して現場付近に可燃性混合ガスの雰囲気が形成され，再着火した場合に爆発となる危険性がある。このような特徴も他の液体火災や固体火災には見られないものである。

（b） 火炎の特性
1） 火炎の長さ　　可燃性ガスの火災における火炎の特性は，通常の可燃性ガスのバーナ火炎と同じものと考えてよい。ブンゼンバーナなどではバーナのもとに空気吸込口があり，これによって空気の供給量を変化させて火力の調節を行うが，これを完全に閉止してできる拡散火炎が可燃性ガスの火災における火炎である。

拡散バーナ火炎の長さ（高さ）はガスの種類や流量の影響を受ける。流量が小さい範囲では流出するガスは層流となる。層流拡散火炎では，火炎の長さ L は式 (3.1.1) で求められる[1]。ここに，d はノズル直径，U は流速，D は拡散係数，V は体積流速である。

$$L = \frac{d^2 U}{4D} = \frac{V}{\pi D} \tag{3.1.1}$$

ガスの流量が大きくなると火炎は乱流となる。図3.1.1はバーナ火炎の形状がガス流速により変化する様子を示している。

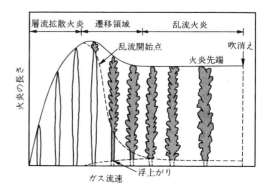

図3.1.1　ノズルから流出するガスの流速と火炎の長さの関係（文献2），3）を基に作成）

ガスの流速を増すと火炎の先端部に乱れが発生し，それとともに火炎の長さは低下する。さらにガス流速を増すと火炎の乱れは基部に向かって広がり，火炎の長さはさらに低下するとともに火炎の基部はバーナから浮き上がる。そして火炎のほぼ全体が乱流となる。

乱流拡散火炎では図3.1.1のように火炎の長さはガス流速に関係せずほぼ一定の値になる。このとき火炎の長さは式 (3.1.2) で得られる[4]。ただし，C は量論濃度，M_n はガスの分子量，M_s は空気の分子量，T_f は断熱火炎温度，T_n はガスの温度，α は量論組成の未反応混合ガスのモル数と反応後のモル数の比である。

$$L = \frac{5.3d}{C}\left[\frac{T_f}{\alpha T_n}\left\{C+(1-C)\frac{M_s}{M_n}\right\}\right]^{0.5} \tag{3.1.2}$$

層流から乱流への変化はガスの種類だけでなくノズル径により影響されるが，その例を**表3.1.1**に示す[2]。

表 3.1.1 可燃性ガスの火炎の層流拡散火炎から乱流拡散火災に遷移するレイノルズ数[2]

可燃性ガス	レイノルズ数（Re）（概数）
水　　素	1 900 ～ 2 000
都市ガス	3 300 ～ 3 900
一酸化炭素	4 700 ～ 5 000
プロパン	8 900 ～ 10 000
アセチレン	8 900 ～ 10 000

〔注〕 ノズル内径：1/8 ～ 1/4 インチ

乱流火炎では，可燃性ガスと空気との混合が進むため火炎内部での反応の開始が早くなり予熱帯が縮小されるので，炭化水素系の可燃性ガスでは熱分解が抑えられる結果，後で述べるような炭素の生成が低くなり火炎の輝度が低下する。

さらにガス流速が速くなると，ガスの燃焼速度が流速に追いつかず，火炎は吹き消えてガスがそのまま流出する。シランは空気中で自然発火を起こすが，流出時のガス流速が速くなると自然発火を起こさず，ガスがそのまま流出する。

図 3.1.2 は窒素で希釈したシランを室温で流出させたときの発火限界と吹消え限界を示している[5]。シランの濃度が高くなると発火を起こす流速の範囲が広くなるが，同時に吹消えを起こす流速は大きくなる。100%濃度のシランを流出させて発火が起こった場合でも流速が約 370 m/s になると吹消えを起こす。

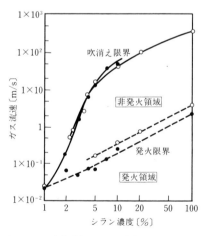

図 3.1.2 窒素希釈シランを空気中に流出させたときの発火限界と吹消え限界

可燃性液化ガスのタンクからガスが噴出した際に生じる火炎に対しては，噴出口径 d と L との比は式 (3.1.3) で近似できる[6]。ここに，A は可燃性ガスにより決定される定数で，Fr はフルード数（$Fr = u^2/(gd)$，g は重力加速度）である。

$$\frac{L}{d} = A Fr^{0.2} \quad (3.1.3)$$

A の値として，プロパンでは 40，メタンおよび天然ガスでは 29 が与えられる。式 (3.1.3) はタンク直径が 10 ～ 100 m に対するものであるが，それを超える大規模なものでは，Fr 数にかかわらず，プロパンの場合は L/d を 2 とし，メタンや天然ガスでは 3 とみなしてよい。高圧の水素ボンベからガスが噴出して生じた火炎に対しても式 (3.1.3) を適用することができるが，その場合 A の値は 6.89 である[7]。

火炎の幅（直径）Z は，ノズル状の火炎に対して式 (3.1.4) で近似できる[1]。ここで，x は軸方向のノズルからの距離である。

$$Z = 0.29 x \left\{ \ln\left(\frac{L}{x}\right) \right\}^{0.5} \quad (3.1.4)$$

したがって，最大幅 Z_{max} は以下のようになる。

$$Z_{max} = 0.12 L \quad (x = 0.61 L \text{ において})$$

高圧の水素ボンベからガスが噴出してできた火炎の幅は式 (3.1.5) で近似できる[7]。

$$\frac{Z_{max}}{d} = 0.487 Fr^{0.232} \quad (3.1.5)$$

40 MPa までの高圧水素の噴出による噴流火炎では，圧力 P〔MPa〕を用いた下式が使える[11]。

$$\frac{L}{d} = 411.2 P^{0.455}$$

また，P が 0.2 ～ 90 MPa，d が 0.4 ～ 10 mm の各種の実測値から，L および Z_{max} は火炎のない水素噴流中の水素濃度が 11% に該当する距離とほぼ一致する[12]。

2）火炎温度　拡散バーナ火炎の火炎温度の最高値は，予混合火炎の場合にほぼ近い値になると考えられる。**表 3.1.2** に実測値と断熱火炎温度の計算値を示した。一般の炭化水素系のガスでは 1 900 ～ 2 000℃ になる。しかし，アセチレンでは 2 300℃ を超え，シランではさらに高温になる。一方，火炎温度の低いものではアンモニアの場合 1 700℃ である。

乱流拡散火炎に比較して層流拡散火炎では熱損失の影響が大きくなるので，実際の火炎温度も低くなる。大規模な火炎では空気の供給が不足するので火炎温度も低下する。

3）放射熱　火炎からの放射にはガス放射と固体放射がある。ガス放射は主として CO_2 および H_2O などの高温の反応生成物や C_2，CH および OH などのラジカル化学種から放射されるものであり，固体放射は高温の炭素などの粒子の固体表面から放射される。このうちガス放射は各化学種に応じて赤外，可視および紫外の領域の放射を示すが，放射熱が問題になるのは

表 3.1.2 空気中の各種可燃性ガスの火炎温度の実測値と断熱火炎温度の計算値〔℃〕

可燃性ガス	火炎温度実測値[8]		断熱火炎温度計算値	
	火炎温度	量論比	量論比=1における値[8],[9]	最大燃焼速度が得られる組成における値[10]
水　　素	2 046	1.07	2 097	
一酸化炭素			2 108	
メ タ ン	1 875	1.05	1 950	1 963
エ タ ン	1 895	1.02		1 971
プロパン	1 925	1.03	1 988	1 977
ブ タ ン	1 895	1.02		1 982
エチレン	1 975	1.40	2 088	2 102
プロピレン				2 065
アセチレン	2 325	1.16	2 262	
酸化エチレン				2 138
酸化プロピレン				2 043
シ ラ ン			2 726	
アンモニア	1 700	0.96		

固体放射の大きな火炎である。

炭化水素系のガスの場合は液体に比較して含有する炭素量が少ないため，火炎中の炭素粒子やすす（煤）の生成が少ない。そのため高温の固体が発光して形成される輝炎も弱く，放射熱は小さい。なお，輝炎では放射率は 80〜90% になるが，非輝炎では 10〜30% であり，水素火炎では 10% 以下である。放射熱については 3.1.1 項〔2〕も参照のこと。

（c）**蒸気雲爆発**　低温液化ガスなどの貯槽が破壊して短時間に大量の可燃性ガスが流出した後，着火すると空間に滞留する可燃性蒸気雲が爆発的に燃焼する。この現象を特に蒸気雲爆発と呼ぶ。蒸気雲爆発事故に関与した可燃性ガスには LPG，エチレン，塩化ビニルモノマー，ブタジエン，水素などが挙げられる。蒸気雲爆発に関する詳細は，3.2.3 項〔5〕を参照のこと。　　　　　　　　　　（堀口貞茲）

引用・参考文献

1) Lees, F. P., Loss Prevention in the Process Industries, p.517, Butterworths（1980）
2) Hottel, H. C. and Hawthorne, W. R., Diffusion in Laminar Flame Jets, 3rd Symp. on Combustion Flame Explosion Phenomena, p.254, Williams & Wilkins（1949）
3) Gugan, K., Flixborough-A Combustion Specialists View, Chem. Engineer, 309, p.341（1976）
4) Hawthorne, W. R., Weddell, D. S., and Hottel, H. C., Mixing and Combustion in Turbulent Gas Jets, 3rd Symp. on Combustion Flame Explosion Phenomena, p.266, Williams & Wilkins（1949）
5) 堀口貞茲，可燃性ガス類の発火と爆発危険性，クリーンテクノロジー，1-11, p.24（1991）
6) Werthenbach, H. G., Ausbreitung von Flammen an zylindrischen Behältern（Tanks）für flüssige Kohlenwasserstoffe, gwf-gas/erdgas, 112, p.383（1971）
7) 岩阪雅二，浦野洋吉，橋口幸雄，高圧水素の噴出による火炎発生の危険性，高圧ガス，16, p.333（1979）
8) Lewis, B. and von Elbe, G., Combustion, Flames and Explosions of Gases, 3rd Ed., p.717, Academic Press（1987）
9) Britton, L. G., Combustion Hazards of Silane and Its Chlorides, Plant Operations Progress, 9, p.16（1990）
10) Lewis Propulsion Laboratory, Basic Considerations in the Combustion of Hydrocarbon Fuels with Air, NACA Report, 1 300, p.451（1957）
11) 武野計二，橋口和明，岡林一木，千歳敬子，串山益子，野口文子，安全工学，44, p.398（2005）
12) Molkov, V. and Saffers, J-B., Int. J. Hydrogen Energy, 38, p.8141（2013）

〔2〕**可燃性液体の火災**

（a）**概　　論**　液体燃料は，一般に易燃性で多くは 1 mJ 以下の小さなエネルギーで着火し，高い発熱量と熱放射を発生し，火災時には隣接するプラント設備，建物，機器，家具，家屋に対する高い火害性を持つが，可搬性の良さ，単位重量当りのエネルギー密度（約 4.2 MJ/kg）が高く，内燃エンジンの燃料として多用されるだけでなく，重要な化学工業原料である。

効率良く熱エネルギーを取り出すために燃焼性状は精力的に研究されてきたが，自由空間へ拡散し大気と混合しながら燃焼する火災時の燃焼性状についての研究は 1950 年代後半から始まった。これは，石油類を重要な化学工業原料として安全に保管・運搬し，効率的に運用する点からも防災面での十分な注意が必要となったためである。特に，1970 年代後半からは備蓄・運搬上の火災安全性や燃焼生成物の環境への影響などの研究も進められてきた。ここでは，液体燃料が火災を生じた場合の代表的な問題点について述べる。

（b）**燃焼速度**　液体燃料が漏洩して火災を生じると，① 燃焼範囲が限定される容器内（あるいは堤内）での燃焼の場合，② 水面上に漏洩した場合のように燃焼範囲が一義的に決まらず漏洩質量速度と燃焼面積とで燃焼速度が決まる場合とがある。また，燃焼速度は，燃料液面にどれだけ燃焼熱のフィードバックがあるかに依存するので，トンネルや区画内などの半開鎖空間での燃焼や，近接して他の火源の存在があれば放射熱が有効にフィードバックする場合は増大し，逆に火源の径が大きくなって発煙量が増大し液面への放射熱量が相対的に小さくなる場合は，燃焼速

度が一定値に漸近していくなど，燃焼状況に応じて燃焼速度は変化することとなる。

1) 容器系の変化に対する燃焼速度の変化

BlinovとKhudiakov[1]は液面燃焼の先駆的な研究を実際規模（プール径：3～23m）で行い，有用な結果を提供した。燃焼速度はプール径によって変化し，径が10cmぐらいまでは径の増加につれて燃焼速度は減少し，これ以上の径では燃焼速度は増大するが，径が1mを超えるようになると燃焼速度はほぼ一定の値に近付く[1)~4)]。径が約3cm～約1mでは，火炎は層流と乱流の遷移領域の様相を示す。

図3.1.3[1)]，図3.1.4[8)]には径の増大につれて燃焼速度が一定値に漸近する様子を示す。燃焼速度の値は燃料種によって異なるが，プール径の変化に伴う燃焼速度の変化は燃料種に依存しないことが多くの研究者らによって明らかにされている。火源径が小さい場合は，火炎から液面への熱伝達に容器が主要な役割を果たしているのに対し，径が大きくなると炎からの放射熱伝達が支配的要因となる。ボイルオーバなど容器外での燃焼がなければ，液体燃料の燃焼速度は蒸発速度に等しいので気化熱の構成を分けて燃焼速度は記述される。

$$R \equiv \frac{\dot{m}''}{\rho_L} = \frac{\dot{Q}''_{cond} + \dot{Q}''_{conv} + \dot{Q}''_{rad} - \dot{Q}''_L}{\rho_L L_v} \quad (3.1.6)$$

ここに，R：燃焼速度（液面の下降速度〔mm/min〕で表現），$\dot{Q}''_{cond}$：容器の端からの伝導熱量，液面への対流熱量と放射熱量はそれぞれ$\dot{Q}''_{conv}$と$\dot{Q}''_{rad}$，$\dot{Q}''_L$は蒸発熱量，ρ_Lは液体燃料の密度，L_vは蒸発潜熱である。

容器が小さい場合は液面への熱伝達は主として対流と伝導によると考えられ，Spalding[5)]は層流火炎と乱流火炎の定常時の燃焼速度式(3.1.7)を与えている。

$$\frac{vD\rho_t}{k/C_p} = AB^{3/4}\left(\frac{gD^2\rho_g^2}{k^2/C_p^2}\right)^n \quad (3.1.7)$$

ここに，vは燃焼速度，Dは燃焼容器径，ρ_tとρ_gは燃料および空気密度，kは空気の熱伝導率，C_pは空気の比熱，Bは燃焼熱と蒸発熱の比である物質移動数，Aとnは定数である。層流状態では$A=0.45$，$n=1/4$をとり，乱流状態では$A=0.117$，$n=1/3$としている。

50cm程度まで容器径が大きくなると定常燃焼時において$\dot{Q}''_{cond}$は他の二つの伝熱量に比例して小さく無視できるようになり，蒸発量は主として燃料面への放射熱によって支配されるようになる。

Rashbash[6)]らによれば，メタノールを除いて火炎から液面への放射熱伝達はほぼ全熱伝達量に等しいとしている。しかし，湯本[10)]は容器径を燃焼速度が容器径に依存しない3mまで大きくし，燃焼速度を決定する全熱伝達量に対する$\dot{Q}''_{rad}$と$\dot{Q}''_{conv}$の割合を明らかにし，ヘキサンの場合はそれぞれ70％と23％，ガソリンの場合はそれぞれ61％と34％に漸近することを示した。いずれにしても容器径が大きくなれば$\dot{Q}''_{rad}$が60～70％になるので，乱流自然熱伝達に基礎を置いて燃焼速度式を与えるSpalding[5)]の説も妥当と考えられる。

また，Burgess, et al.[7)]は燃焼速度を式(3.1.8)のように示している。

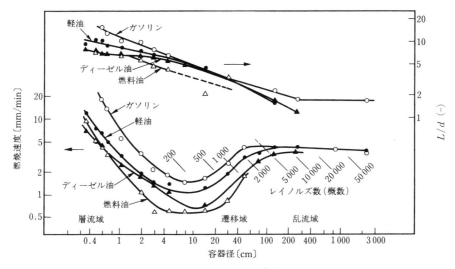

図3.1.3 燃焼速度の火源径依存性[1)]（文献8）による）

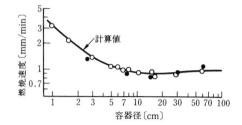

図中の曲線は $v=\dfrac{2(T_j-T_b)}{\rho_r \Delta H_v}\left\{\left(\dfrac{K_f}{\gamma_f}\right)\right.$
$\left.+\dfrac{U_f}{\alpha}\left[1-\alpha^{-1}\left(1-e^{-\alpha}\right)\right]\right\}$ による[7]

図3.1.4 容器径が小さい場合の燃焼速度の依存性 (○[8], ●[4])

$$v=v_{\infty}\left[1-\exp(-xD)\right]$$
$$m_f=m_{f\infty}\left[1-\exp(-xD)\right] \quad (3.1.8)$$

ここに, v_{∞}, m_{∞} は直径が無限大のときの燃焼速度, x は火炎の吸収係数である。古積[8] は, ヘプタンの燃焼に対して v_{∞} の値に直径が 10 m のときの燃焼速度 8.6 m/min を用いて $x=0.60$ m^{-1} とし[9], また原油について $v_{\infty}=4.2$ mm/min, $x=0.62$ m^{-1} として直径 30 m までの測定結果に適応して, 良い一致を得ている。アルコール類やアセトン類は放射分率が小さいので[8], 式 (3.1.8) はうまく当てはまらないと思われる。

2) **水面上に流れ出た液体燃料の燃焼速度** 湯本[10] は燃料を水面に流出させるのと同時に着火し, 流出速度と燃焼面の直径との関係を実験的に調べた。その結果, 容器（タンク）内の液体燃料が示す燃焼性状と同様に, 燃料直径が増大するにつれて燃焼速度は減少し, さらに燃料面の直径が大きくなると燃焼速度が増大することを報告している。**表 3.1.3** は, 流出速度と液面径の関係をまとめたものである。

表3.1.3 流出速度と液面径の関係[10]

燃 料	流出量の範囲	実験式
ヘキサン	$0.37<Q<3.0$	$r=1.331Q^{0.626}$
	$0.37<Q<300$	$r=1.567Q^{0.465}$
	$0.37<Q<15\,100$	$r=2.445Q^{0.399}$
ベンゼン	$0.38<Q<3.0$	$r=1.563Q^{0.554}$
	$3.7<Q<1\,290$	$r=1.834Q^{0.445}$
ガソリン	$1\,700<Q<14\,700$	$r=2.782Q^{0.398}$

〔注〕 Q は体積流出速度〔cm^3/min〕, r は燃焼面の半径〔cm〕

液面径の増加につれて燃焼速度が減少する範囲では, 炎から燃料への燃焼熱のフィードバックは主として対流熱伝達に依存する（**図 3.1.5** 参照）。水面に流出した燃料面の径が小さい場合には, その液層の厚み

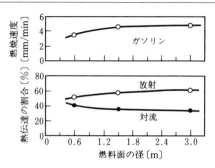

図3.1.5 燃焼速度の依存性と液体燃料へのフィードバックの割合

が非常に薄いこと, 容器の壁体を通じての伝導熱はないことから Spalding モデル[11] に近い状態での燃焼が生じていると考えられ, 燃焼速度と燃料面の径の関係は式 (3.1.7) で $A=0.45$, $n=1/4$ となる。しかし, 燃料面の径が約 7 cm 以上になると炎から燃料面への放射熱伝達が無視できなくなり, n の値は 0.25 以上の値をとり, さらに $n\to 2/5$ に漸近し, Spalding モデルは当てはまらなくなる。

（**c**） **発 煙 （煤）** 液体燃料が燃焼した場合, 多量のばい（煤）煙によって自然環境が広域に汚染される懸念がある。燃焼規模と発煙率 (smoke emission rate or smoke yield) の関係を明確にする研究がなされてきている。一般に, 容器径（あるいは燃焼面積）が大きくなると, 燃焼量と酸素との反応域である火炎への周囲空気の巻込み (air entrainment) が相対的に減ることが知られている。燃料容器の径が 1 m 程度では 90% の燃焼効率を示した原油は, 径が 2.7 m 程度では 80% まで燃焼効率が低下[12] して相対的にすすの発生量が増加し, 火炎から周囲への放射加熱量が減少する。

図 3.1.6 は燃焼径に対する煙発生率を示すもの[8]

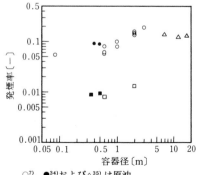

○[7], ●[34] および △[35] は原油,
□[7], ■[34] はヘプタンが燃焼した場合

図3.1.6 燃焼径に対する煙発生率

で，燃焼面の規模が大きくなると煙の発生が増加することを示しているが，1 m径以上では煙発生率はほぼ同じ値に漸近している。煙を構成するすすは，アラビア原油を大気中で燃焼させた場合，0.2〜0.3 μmにピークを持ち[12)〜14)]，粒状のものが凝集した形になるが凝集が進むと 5 μm 程度まで育つ場合もある。この凝集形や粒径はアセチレン[14)]やアラスカ原油[15)]の燃焼によるものと大差ないだけでなく，木材[16)]からの煙の凝集とも非常に似通っている。

(d) 火炎からの放射熱　火炎からの放射熱は近接する燃料タンク，家屋，装置への燃焼危険性を考える上で重要な因子である。燃焼面積が大きくなると径によらず燃焼速度は一定値に漸近するので，炎からの放射量も一定値に漸近することが示唆され，また測定結果[10)]もこれを裏付けている。

容器径が大きい場合，火炎から任意の点における放射強度 E〔kW/m^2：irradiance〕は燃料種による放射発散度 R_f〔kW/m^2：radiant emitance〕を定数とみなして $E = \phi R_f$ と書ける。ここに，ϕ は形態係数（geometrical factor）である。

火炎は周囲的に伸縮し表面は滑らかでなく黒煙に包まれ，形態は不定である。一般に火炎形状は円柱形あるいは立方で近似して形態係数をとる場合が多い。火炎からの放射の詳細は赤外線を使った測定によって，火炎の平均的な表面構造を含めて解析が進んでいる[17)]。

大きな直径（30 m，50 m）を持つ石油タンク（実験には灯油が用いられた）の火災を想定した実験で得られた炎からの放射強度の距離に対する変化を**図 3.1.7**[18)]に示す。直径が 0.65 m，1.12 m，1.5 m，3.0 m および 6.0 m のタンク上の火炎からの放射強度の距離変化を**図 3.1.8**[19)]に示す。燃料が同じであれば，径が 6 m 程度までは放射強度と無次元距離の関係はほぼ一直線上にある。しかし，図 3.1.7 と図 3.1.8 の

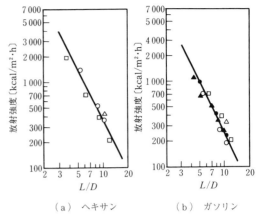

(a) ヘキサン　　(b) ガソリン

○：6.0 m径，△：3.0 m径，□：1.5 m径，
●：1.12 m径，■：0.65 m径

図 3.1.8　ヘキサンおよびガソリンを燃焼させた場合の放射強度の距離による減衰[19)]

放射強度を比較すると，タンクが大きくなると同一無次元距離（L/D）における放射強度は低下することがわかる。ちなみに直径 1 m の容器で灯油を燃焼させ，容器中心から 5 m 離れた液面と同じ高さの位置での放射強度は 1.15×10^{-4} kW/m^2 である。

(e) 火傷あるいは熱傷

1) 概論　東京都熱傷救急連絡協議会のデータ[20)]によれば，1984〜2010 年までに受け入れた受傷者数 9 222 人の中で，火災やコンロ・たき火から着衣に着火するなど炎による受傷者は 3 909 人（約 42 %）を占める。次いで風呂，ポット，やかん，高温の飲食物などの高温液体による受傷者が 2 695 人（約 29 %）である。また，火炎熱傷の死亡率は約 25 %，高温液体のそれは約 6 % であった。火傷による体表の受傷面積にほぼ比例して死亡率が増えており，受傷面が 50 % を越すと半数以上が死亡している。火炎による火傷はきわめて致死率が高い。

火炎による火傷の発生数は，火災の発生が多い 12 月〜3 月に多い傾向が見られるが，7，8 月には薄着で野外での火気使用が増えるせいか，火災のように夏期に減少する傾向はない。また受傷者の年齢構成は，0〜2 歳の幼児（高温液体：熱湯，熱油によるが多い），40〜79 歳（火災火炎による）の成年〜高齢者に広く出現している[21), 22)]。

熱傷の重症度は，上述の熱傷面積と熱傷深度に依存する。熱傷面積の推定は 9 の法則（rule of nines）[23)]によって評価され，頭部：9 %，両腕：それぞれ 9 %，胴体前後：それぞれ 18 %，性器：1 %，両脚：それぞれ 18 % と案分される。ちなみに手掌が 1 % である。熱

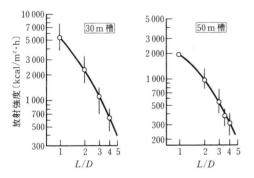

図 3.1.7　30 m 直径および 50 m 直径のプール火源からの放射強度の距離による減衰[18)]

傷深度は，Ⅰ度（first-degree burns），浅達性Ⅱ度（shallow dermal burn, SDB），深達性Ⅱ度（deep dermal burn, DDB）であり，Ⅰ度は表皮が赤くなる程度，Ⅱ度熱傷は真皮に達する熱傷で水疱形成が特徴である。Ⅲ度（deep burn, DB）熱傷は，皮膚全層の熱傷で，知覚のない硬い焼痂（注：熱により壊死した組織）が特徴の3段階に分けられる。皮膚の表面（表皮，epidermis），真皮（dermal）の浅い部分か深い部分か，さらに深い組織（connective tissue ～ muscle）部分まで熱による損傷が達しているかによって分けられる。このような熱損傷の深度推定には，レーザドップラー血流計測による臨床例[24),25)]が多く報告され，精度も高い。

2) 熱傷の生理的側面 高温度の熱気に短時間さらされた場合は，血流や発汗（皮膚，口腔の粘膜，喉や肺の体液）によって通常体温（36℃程度）を保持できるが，体温（body temperature）が43℃を越すと脳は機能を停止し，意識を失う。乾燥した高温度の空気（120℃あるいは以上）にさらされると，数分で体温を通常の体温に保持する機能を失い，熱中症（体温は40℃程度）状態になり，次いで致命的に温度調整性や生理機能を順次失う[26)]。このような致命的な状況は，火災時では建築構造材やプラスチック製品などの炭化水素系可燃物が燃焼し，CO_2やCOのような燃焼生成物だけでなく，含有水素の燃焼による高温の水蒸気発生によって高湿度の雰囲気が発生するため，さらに促進される。すすのような高温度の微細な固体粒子（煙）は熱煙気流とともに建物内に流れ拡散し，あるいは充満する。この高温で高湿度の火災雰囲気によって，発汗による体温低下ができない，あるいは効率的に行えない状態となれば，通常の体温維持が不可能になり，さらに早く致命的状態が生じる。

火災時の熱による火傷は，皮膚（表皮）だけでなく，喉・気管（気道 airway）にも及ぶ。熱気は上気道を通過する際にある程度冷却されるし，熱気吸入の際，声門が閉じる。しかし，火災室に一定時間とどまる状況になった場合，CO中毒で意識が低下した場合，あるいはフラッシュオーバによって一気に熱風が押し寄せる場合などでは，声門下気道にまで熱損傷（火傷）が生じ，気道狭窄などが生じるのでさらに重篤な状態が生じる。

また，電撃，化学薬品，高温液体（例えば熱湯，熱油）・固体（例えばストーブ，アイロン，火花）による火傷などもあるが，いずれも皮膚全層や気道に高温度の流体や物体（すす粒子，熱分解で生じた化学物質，電流による発熱）から熱伝導が生じて火傷が生じる。特に電撃傷（arc burn, electric burn）は通電経路全体の損傷を引き起こし，外表面の小さな範囲にとどまらない強い内部熱損傷がある[27)]。

3) 避難と火災燃焼が与える雰囲気温度 上記の生理的重篤さを生じる高温度の状態と受熱側である身体状況を踏まえ，火災の雰囲気中を避難する場合の周囲温度を想定する。火傷になる熱気の雰囲気温度を以下の対流熱伝達の式に基づいて推定する。上述のように生理機能が著しく低下し危険な状態として体の温度が43℃と想定されるから，その前段で皮膚温度が43℃程度にさらされる状態を式(3.1.9)により想定する。

$$T_{smoke} = \dot{q}''/h + T_{skin}$$
$$= (4 \times 10^3 \text{ W/m}^2)/(10 \text{ W}/(\text{m}^2 \cdot ℃))$$
$$+ 43℃$$
$$= 443℃ \qquad (3.1.9)$$

身体を取り囲む雰囲気（火災気流を含む）からの放射熱伝達量が4 kW/m² 程度（表皮に火傷による水疱が生じる放射熱[28),29)]）になると，それは火災による雰囲気温度がおおよそ400℃であると推定され，短時間（30秒程度）で火傷を負い危険な状態（Ⅱ度の火傷）になると想定される。ここで，対流熱伝達係数として$h = 10$ W/(m²・℃) は，空気中を浮力によって流動する流れ（火災による熱気流）と仮定した。

ところで，皮膚が痛みを感じ始めるのは1×10^3 W/m² 以上（夏の砂浜で太陽の強い日射を受けた場合に相当[29),30)]）に受熱したときであるから，これを避難困難になり始める状態とすれば，そのときの雰囲気温度はつぎの式(3.1.10)により推定される。

$$T_{smoke} = \dot{q}''/h + T_{skin}$$
$$= (1 \times 10^3 \text{ W/m}^2)/(5 \text{ W}/(\text{m}^2 \cdot ℃)) + 36$$
$$≒ 200 \sim 236℃ \qquad (3.1.10)$$

火災初期の段階では，火災気流の温度がいまだ十分に高温度ではなく，かつその流速も小さいと想定して$h = 5$ W/(m²・℃)とし，空気中の浮力による流れ（buoyant flows in air）が示す小さい方の対流熱伝達係数を採用した。室内や天井下の熱気層がおおよそ200℃程度になれば，在室者はすぐに皮膚の痛みを感じ，Ⅰ度の火傷になると推定される。図3.1.9[29),30)]にあるように，1 kW/m²（真夏の砂浜で日射）程度で，かつ十分に発汗ができれば，相当長い時間（図3.1.9では無限遠になる～数時間程度）は耐えられ，かつ活動できると推定されるものの，火災雰囲気中は1 kW/m²であっても高湿度であるため，発汗による体温維持が困難となる。したがって，熱煙中を短時間曝露（長くて10～30秒程度）で避難するときの限界雰囲気温度は，約200℃程度と考えられる。

3. 火災爆発

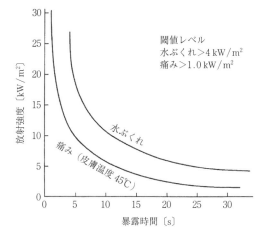

図 3.1.9 放射熱と曝露時間の関係（水ぶくれと痛みの症状の場合）

（f）火炎規模

1）単一火源　燃料蒸気が面積に比例して供給されるとすれば，燃焼面積が大きくなると火炎高さも大きくなることは，液体燃料だけでなく，固体や気体の燃料の場合にも同様で実験的にも知られている。一般に，無次元火炎高さ L_f/D は燃料供給量 $\dot{m}''$（質量当りの発熱量を乗じることによって発熱速度に相当）と浮力との釣合いの関数として表現され，$L_f/D = \mathrm{func}\,[\dot{Q}^2/(\rho^2 g D^5 \beta \Delta T)]$ と書ける。円形あるいは平方状に組んだ固体やガス拡散火炎などの実験から，無次元火炎高さは無次元発熱速度 $Q^{*\,31)}$ の関数として $L_f/D = 3.3 Q^{*\,2/3}$，$Q^* > 1$ となる。ここに，$\dot{Q}$ は発熱速度，Q^* は無次元発熱速度，$\beta = 1/273\,\mathrm{K}^{-1}$，$L_f$ は火炎高さ，D は燃焼域の直径，ΔT は雰囲気温度と平均火炎温度の差，g は重力加速度を示す。この式は $\dot{Q} \propto \dot{m} \propto D^2$ を前提としているが，液体燃料の燃焼速度 $\dot{m}$ は必ずしも容器の径に比例せず，径が 1 m 程度より大きくなると燃焼速度および無次元火炎高さは 1.5～2.0 の値をとってほぼ一定になる[12] ことから，容器径が大きくなると中心部の温度も高くなる[8] ので蒸発が促進され，気相中の燃焼増加によって火炎高さは高くなると推定される。しかし，大容器の実験結果[18] に示されているように，黒煙が火炎を包むように発生し，火炎先端高さが明確に観測されないことから，上式あるいは目視観測による火炎高さが把握できるのはおおよそ直径 2～3 m までの範囲である。

2）複数火源　堤（dike）の中に複数のタンクが入っており，同時に二つ以上のタンクが火災を起こした場合を想定した実験がなされている。古積，湯本[19] は堤内に直径 60 cm の模型タンクを 4 個入れてその間の距離を変え，四つの火炎が伸長・融合したときの火炎高さを調べている（図 3.1.10 参照）。このような複数の同径タンクが対称に配置されている場合に火源上に形成されている融合火炎高さは，須川ら[32] によってモデル化され，式（3.1.11）で表される（図 3.1.11 参照）。

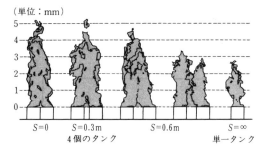

図 3.1.10　60 cm 径のタンク模型を 4 個燃焼させた場合の火炎融合状態

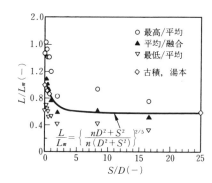

図 3.1.11　4 個のプール火源からの融合火炎高さのプール間距離による変化

$$\frac{L_f}{D_m} = 3.3 \left\{ \frac{Q_m^*(S^2 + nD^2)}{n(S^2 + D^2)} \right\}^{2/5} \quad (3.1.11)$$

ここに，S は容器間の距離，D はタンク径，n はタンクの個数で実験から 2，3，4 個までの範囲である。D_m と Q_m^* はタンク間距離がゼロとなり，火炎が融合しているときの代表径と無次元発熱速度である。

タンク径の 2 倍程度以内の融合距離では火炎は互いに影響し合い，融合や伸長が生じる。タンク間の距離が近付けば，燃料液面への放射熱伝達量が増加するので燃焼速度の増加をもたらし，この効果も火炎伸長に寄与する。

（g）燃焼速度に対する風の影響　一般に，風速が大きくなると燃焼速度（液面降下速度）は大きくなり，火炎は風下側へ傾斜するが，その傾斜角度は，燃焼によって発生した浮力と風の慣性力の釣合いであ

るフルード数の関数として与えられる[10),33)]。しかし，タンク径が60cmの場合，風速が5m/s程度以上になるともはや燃焼速度の増大はなくなり，図3.1.12に見るように無風時の燃焼速度の2.1倍程度で止まってしまう[10)]。風速が小さい間は，風上側では燃料と空気との融合が進み燃焼速度の増大が生じるが，さらに風速が進むと火炎が風下側へ傾斜し，燃焼面への乱流熱伝導，放射熱伝達による熱のフィードバックが上限を持つようになるからと考えられる。

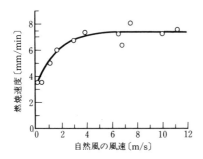

図3.1.12 外気風の影響を受けた場合の燃焼速度の変化（60cm径タンクの場合）

多数の火炎が同時に存在する場合や大きな油漏洩火災[34)]は，上記のように単純ではなく，火炎は大きく融合して竜巻状の火炎（fire whirl）を生じる場合があり，事前風の影響や地形・建物による気流の渦の影響が大きい。Somaら[35)]は縮尺模型実験によって多くの竜巻状火炎を再現し，機構について議論している。

(h) 温 度 分 布

1) 燃料内温度分布　炎から燃料への放射熱伝達を無視し燃料内の熱伝導によって上から下への熱の流出入があるとすれば $\chi(\partial^2 T/\partial x^2) + v_f(\partial T/\partial x) = \partial T/\partial t$ なる熱収支式が得られ，温度分布はこの式を解いて求められる。ここに，χ は熱拡散率 $[m^2/s]$，v_f は液面降下速度，x は液面からの深さ（深部方向に+）である。T_0 は燃料の初期温度，T_s は表面温度として $t=0$，$y=\infty$ のとき $T=T_s$ の条件下で定常状態として上式を解けば，つぎの温度分布式が得られる。

$$\frac{T-T_0}{T_s-T_0} = \exp(-Xx) \qquad (3.1.12)$$

ここに，X は $v_f C_p \rho/k$ に等しく，燃料の物性によって液面降下速度が決まる。表3.1.4は，Blinov and Khudiakov による χ の値[36)]であるが，容器の材質，風速，壁の厚みなどで変わる。温度分布の計算値と実験値の良い一致が見られる場合もあるが，本質的には炎からの放射熱伝達を無視し，燃料内の対流が無視できない[10),36)]ので，式(3.1.12)で求める温度分布と測

表3.1.4 タンク直径と X $[cm^{-1}]$ との関係[10),36)]

直径	8	14.8	30	50	80
トラクタケロシン	0.38	0.50	0.71	0.81	—
ケロシン	0.52	0.52	1.09	0.98	—
トランス油	—	0.56	—	—	—
ジーゼル油	0.50	0.56	—	—	0.24
ソーラー油	0.36	0.48	0.63	1.19	—
ガソリン	—	0.42	0.48	0.54	—
原油	0.47	0.53	—	—	—

定値の一致は一般に乏しいと考えておく必要がある。

2) 火炎中の温度　液体燃料の上に形成された火炎は，ガス拡散火炎や固体燃料上に形成される火炎の温度と同様で，連続火炎（flame），間歇（けつ）火炎（intermittent flame），そして火炎柱（plume）と三つの領域に分けられ，この火炎中の中心軸に沿った温度も3領域で異なった減衰性状を示す。

液面直上においては蒸発温度に近いが，火炎からの放射熱を受けて燃焼反応が開始されると急激に火炎温度（800～1200℃：火源径によって異なり大きいほど高い温度を示す傾向がある）に漸近するが，この高さは平均火炎高さのおよそ1/3である。この高さから $z/Q^{2/5} < 0.08$ までの高さの領域は連続火炎域で $\Delta T \approx \text{const.} = 800 \sim 1200℃$ であり，$0.08 < z/Q^{2/5} < 0.2$ では間歇火炎域であり $\Delta T \propto Z^{-1}$ で減衰し，$z/Q^{2/5} > 0.2$ のプリューム域では $\Delta T \propto Z^{5/3}$ で減衰する。これらの温度分布についてのモデルは McCaffrey[37)] によれば

$$\Delta T = T_0 \frac{1}{2g} \left(\frac{k}{C}\right)^2 \left(\frac{z}{Q^{2/5}}\right)^{2\eta-1} \qquad (3.1.13)$$

と表現され，この係数は表3.1.5のとおりである。

表3.1.5 McCaffreyの係数[37)]

領域	k	η	$z/Q^{2/5}$	C
連続火炎	$6.8\,m^{1/2}/s$	1/2	<0.08	0.9
間歇火炎	$1.9\,m/kW^{1/5}\cdot s$	0	0.08～0.2	0.9
火炎柱	$1.1\,m^{4/3}/kW^{1/5}\cdot s$	−1/3	>0.2	0.9

(i) ボイルオーバ　原油や液体燃料のいくつかは容器内で燃焼しているとき，燃焼している液体を容器外に噴出する，すなわちボイルオーバ（boilover）を生じることがある。このような現象は消防活動上の問題だけでなく炎暑危険性も多大であるため，実験研究は，古くは Hall[38)]，Burgoyne and Katan[39)]，Blinov and Khudiakov[36)] の研究があり，最近では Risinger[40)]，

3. 火災爆発

SKUM[41], 長谷川[42], 古積ら[43] や Liao, et al.[44] の報告がある。

Blinov and Khudiakov[36] の実験例では, 径2.6mで深さ4mまでの原油が空中に12mも噴出し, こぼれた原油が1 000 m^2 にも広がった。また, この報告では種々の燃料を用いて燃料下に水や水銀を張り, ボイルオーバがどのような状態で生じるかを観察し, 長谷川, 古積らの実験研究にもあるように, 燃料中に含まれる水分や軽質油が高温度になり沸騰することによってボイルオーバは生じることを示している。したがって, 燃料中の高温度層の形成と発達および水分や軽質分の含有がボイルオーバの機構を考える上で重要な要因であることは明白である。

高温度層の形成は容器径やその材質（熱伝導率）, 燃料油の粘性が支配的な要因となっている。軽質分の含有率と高温層の深部報告への発達速度, およびその温度, ならびにボイルオーバの生じる時間などの関係を図3.1.13に示すが, 同様な内容の古積ら[45), 46)] の報告もある。また, Liao, et al.[44] は, 燃料層下部の水層が高温度になる際の沸騰音を捉えてボイルオーバがいつ起こるのかの指標に役立てようとの研究を行っている。

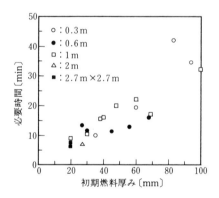

図3.1.13 ボイルオーバが生じるまでの時間と初期燃料厚みの関係

燃料表面から深部方向への高温層の発達は, 燃料層内の対流による渦の形成・発達が大きな要因であり, 温度差による表面張力勾配による水平方向流れは Marangoni（Ma）数, 浮力による流れは Rayleigh（Ra）数によって整理され, 燃焼初期には Ra 数で代表される流動は燃焼速度を抑制し, Ma 数で代表される流動は燃焼速度を促進している。

引用・参考文献

1) Blinov, V. I. and Khudia, G. N., Dold, Akad., Nauk SSSR, 113-5, p.1094（1957）
2) Koseki, H. and Mulholland, G., Fire Technology, pp.54-65（Feb. 1991）
3) Tanaka, T., Kobasawa, W., Saotome, Y., and Fujizuka, M., Proc. of the 1st Int. Symp. On Fire Safety Science, pp.799-808（1986）
4) Burgess, D. S., Strasser, A., and Grumer, J., Fire Research Abstract and Reviews, 3-3, pp.177-192（1961）
5) Spalding, D. B., Fire Research Abst. And Review, 4-3, p.234（1962）
6) Rashbash, D. J., Rogowski, Z. W., and Stark, G. W. V., Fuel, 31, pp.94-107（1956）
7) Burgess, D. S., Strasser, A., and Grumer, J., Fire Research Abstract and Reviews, 3-3, pp.177（1961）
8) 古積博, 博士論文（東京大学）, 第3章（1996）
9) Babrauskas, V., Fire and Technology, 19-4, p.251（1983）
10) 湯本太郎, 博士論文（東京理科大学）, 第2章（1977）
11) Spalding, D. B., Fourth Symp.（Int.）on Combustion, p.847（1953）
12) 古積博, 安全工学, 29-2, p.95（1990）
13) Notarimi, K. A., Evance, D., Walton, W. D., and Koseki, H., INTERFLAME'93, p.111（1993）
14) Samson, R. J., Mulholland, G. W., and Getty, J. W., LANGMUIR, 3, p.272（1987）
15) Evance, D., Mulholland, G. W., Gross, D., and Baum, H., Proc. of 10th Arctic Marine Oil Spill Program Technical Seminar（1987）
16) 半田隆, 高橋淳, 長嶋敏明, 武部博之, 池田康久, 斉藤実, 日本火災学会論文集, 26-1～2, p.15（1974）
17) Hayasaka, H., Koseki, H., and Tasiro, Y., Fire Technology, 28-2, pp.110-122（1992）
18) 安全工学協会, 石油燃焼実験報告書（1981）
19) Koseki, H. and Yumoto, T., Proc. 2nd Inter. Assoc. On Fire Safety Science, p.231, Hemisphere（1989）
20) 樋口良平, 熱傷の統計, 熱傷治療マニュアル改訂2版, p.3, 中外医学社（2013）
21) 中永士師明, 秋田県における火傷患者の現状, 日職災医誌, 51, p.202（2003）
22) 嘉鳥信忠ほか, 当院における過去4年間の熱傷統計, 整形外科と災害外科, 43-4, p.1457（1994）
23) Wallace, A.B., The exposure treatment of burnes, Lancet, 6653, p.501（1951）
24) Waxman, K., et al., Heated Laser Dopper flow measurements to determine depth of burn injury, Am. J. Surg., 157-6, p.541（1989）
25) Heimbach, D., et al., Burn depth : A review, World J. Surg., 16-1, p.10-15（1992）
26) DeHaan J. D., Kirk's Fire Investigation 6th Ed., p.594, Reason Education（2007）

27) 田中隆二，市川健二，産業安全研究所安全資料，電撃危険性と危険限界，労働省産業安全研究所（1970）
28) Quintiere, J. G., Principles of Fire Behavior 2nd Ed., p.83, CRC Press (2017)
29) Quintiere, J. G., Fundamentals of Fire Phenomena, p.166, Wiley (2006)
30) Stoll, A. M. and Greene, L. G., Relationship between Pain and Tissue Damage Due to Thermal Radiation, J. App. Physiology, 14-3, p.373 (1959)
31) Zukoski, E. E., Kubota, T., and Cetegen, B., Fire Safety Journal, 5, p.103 (1983)
32) Sugawa, O. and Takahashi, W., Fire and Materials, 17, p.111 (1993)
33) Thomas, P. H., Forestry, 40-2, p.139 (1967)
34) 北海道新聞（1965.5.23）
35) Soma, S. and Saito, K., Int. Symp. On Scale Modeling, JASME, p.535 (July 1988)
36) Blinov, V. I. and Khudiakov, G. N., Diffusion Burning of Liquid, Academic Science, Moscow (1961)，火災，19-2, p.40（湯本太郎による抄訳）(1969)
37) McCaffrey, B., NBSIR 79-1910 (1979)
38) Hall, H. H., Mech., Eng., 47-7, p.540 (1945)
39) Burgoyne, J. H. and Katan, L., Journal of the Institute of Petroleum, 33, p.158 (1947)
40) Risinger, J. F., Fire Protection Manua for Hydrocarbon Processing Plants, 2nd ed., Gulf Pub. Co. (1973)
41) SKUM, Svensaka Skumslackings aktiebolaget：Oil Tank Fire Extinguishing, Sweden (1969)
42) Hasegawa, K., Proc. of the 2nd Int. Symp. On Fire Safety Science, p.122., edt. By T. Wakamatsu, Hemispher Pub. Co. (1989)
43) Koseki, H., Kokkala, M., and Mulholland G. W., Proc. of 3rd Int. Symp. On FireSafety Science, p.865 edt. By T. Wakamatsu, Hemispher Pub. Co. (1991)
44) Liao, G., Hua, J., Wang, H., Zhao, W., Kin H., De, Y., Chen, M., Fan, W., and Li Y., Proc. of the 1st Asian Conference on Fire Safety Sci. and Tech., p.422, edt. by Fan Weicheng (1992)
45) Koseki, H. and Mulholland, G. W., Fire Technology, p.54 (1991)
46) Mulholland, G., Henzel, V., and Babrauskas, V., Fire Safety Science, 2, p.347 (1989)

〔3〕 可燃性固体の火災

（a） 概論　火災に関連した固体の燃焼は，燃焼に至る時間の長短で概観すると，① 直接火炎を受けるなど強い熱放射や対流熱にさらされて燃焼を生じる比較的短時間での燃焼，② 可燃性固体の内部での酸化発熱が熱放散を上回って蓄熱し火災燃焼に至るなど長時間にわたる場合，に分けられよう。いずれも燃焼熱の発生速度と熱放散速度の大小によって燃焼に至るかどうかが決定される。特に，前者は燃焼反応が短時間で発生，進行し，多量の煙・ガスを発生するので，火災時の避難安全上重大な要因であり，後者は火災危険性に気付かない場合や発生場所・時間が想定しにくいなど大きなリスクがある。いずれの場合も，固体の火災現象として重大な問題である。

空気中にあるほとんどの天然あるいは合成高分子は，外部から加熱されると着火する。例えば，木材のような繊維質固体や合成高分子のような固体可燃物は加熱を受けると熱分解して，炭化物の残渣と，燃料となる可燃性気体を発生する。木材はリグニン，ヘミセルロースそしてセルロースが主成分であり，加熱を受けると100℃までは水分の蒸発があり，180℃付近から熱分解が開始され，CH_4，H_2，COなどが発生し，250℃程度で加熱された分解ガスを生じているところに口火があれば有炎燃焼する。このため，この付近の温度を木材の引火点と呼ぶ場合がある。耐火・防火壁などの下地木材部分の温度が250～260℃を超えてはならないとされるのはこのためである。口火なしで木材が発火するのは，後述の表3.1.6に示すように樹種によって異なるが350～450℃である。合成高分子の熱分解[1]は，低分子量化し最終的には気体になる場合と，かなりの量が炭化残渣になるものとに大別される。

低分子量化は主鎖が切断されるために生じるが，その切れ方でランダム分解と解重合に分けられる。ランダム分解では主鎖の不特定の部位が順不同に切断され，急激な分子量の低下が起こり，引き続いてさらに低分子量化が進み気化して可燃ガスとなる。このため，分解生成物は種々の大きさのオリゴマーやその変化物でモノマーの割合は少ない。ポリエチレン，ポリプロピレン，ポリエーテル，そして重合系ポリマーの多くがランダム分解を生じる。

解重合は主鎖が1箇所切断すると，そこを起点としジッパを開けるようにつぎつぎモノマー化しながら切れていく熱分解である。PMMA（アクリル樹脂）はこの代表的なポリマーである。解重合は重合成長の逆になり，主生成物はモノマーであり炭化残渣は残りにくい。最初の切断が主鎖のランダムな位置で起こるランダム開始解重合とポリマー末端から生じる場合がある。主鎖の切断より前に側鎖が離脱，分解，その他の反応を示すものがある。例えば塩化ビニル，ポリ酢酸ビニルなどである。この分解過程では脱塩化水素反応が生じ，残存ポリマーは共役二重結合を含むものになり，さらなる加熱で芳香族化合物や橋架け構造から炭化へと進む。一般に炭化物の燃焼速度は緩慢である。

固体の着火までの過程をまとめると，① 可燃性気体の発生を生じる熱分解，解重合などの熱分解反応，② 可燃性気体と酸化剤気体（通常は空気中の酸素）

との混合，③ 燃焼反応が継続するのに十分なレベルでの温度および可燃性ガス組成供給が継続，と考えられる。そして，①〜③が循環的に生じれば，外部からの熱供給がなくても，自己加速的に酸化発熱反応（酸化燃焼反応）が持続され，未燃部分を加熱分解し燃焼過程を継続し拡大する。上記の ① 可燃性物質，② 酸素供給体，③ 熱源を燃焼の3要素といい，さらにこれらの循環を加えて燃焼の4要素ということもある。

上記 ① において，外部からの熱源として口火（他の燃焼域からの火炎，電熱線，電気スパークなど）によって可燃性気体の発生がもたらされ着火する場合，口火着火あるいは強制着火と呼ばれる。口火がない場合，自熱着火あるいは自動（あるいは自発）着火と呼ばれる。着火は必要最低限の加熱で発生するが，加熱がなくなると火炎（あるいは燃焼）は持続されない場合がある。これが一時的着火あるいは遷移的着火であり，液体燃料におけるフラッシュポイントに似ている。外部加熱がなくても燃焼が継続するには，自己の発生する熱エネルギーで上述の ①〜③ が継続的に生じることが必要である。

加熱形態は，放射熱（加熱ランプ，ガスを燃焼させた放射パネル，火炎など），対流熱（熱気流），そして伝導熱（火の粉の接触など固体—固体）がある。実火災時には，これら三つの加熱形態は同時に生じる。これらの熱を受けて燃焼発熱反応（酸化燃焼反応）が始まるが，これが固体の準表面層（固体内の薄い表面層）で生じる場合には「燻(くん)焼燃焼」，固体—気体の界面で生じる場合には「赤熱燃焼」，気相で生じる場合には「有炎燃焼」と呼ばれる。これらの燃焼形態が示す平均温度には大きな違いがあり，くん焼はおよそ260〜300℃，有炎燃焼は450℃以上であり，このため有炎燃焼では単位燃焼重量当りの発煙量は少ないが，くん焼時は多量となる（後述の表3.1.9参照）。

(b) **固体の着火** どのような条件がそろったときに加熱された固体の着火が起こるかは，火災の燃焼拡大や燃焼量を見積もるには重要な要因である。多くの研究者が，木材を代表的な固体燃料として着火臨界がどのように記述できるのか研究を行っている。Bamford[2] は，熱分解による固相から気相への放出速度が 2.5×10^{-4} g/cm^2·s に達したときに着火すると報告している。

Martin[3] や秋田[4] は，放射熱を受けた木材の表面温度が臨界温度 T^* に達するかどうかで判断する。広い範囲にわたって天然および合成高分子固体の遷移着火の T^* は，自然着火が放射熱のみで生じる場合は約600℃，対流と放射熱による加熱を受ける場合は約550℃，口火があり放射加熱を受ける場合には約410℃，また口火があり対流熱加熱を受ける場合は約450℃に達したとき着火する。これらは概算値であり，垂直に置かれた小さな試験体を用いた実験によって示された値であることに注意が必要である。

実火災では設置状況によって熱上昇気流の固体への衝突も変化するので，壁・天井・床などの用いられた部位によって着火・燃焼性状は異なる。固体可燃物の分子構造および組成に物理化学的な相違があっても有機固体の活発な熱分解温度は，おおよそ 325 ± 50℃ の狭い範囲にある。木材は密度や熱伝導率によっても着火温度は異なる。代表的な木材種の比熱と着火温度の関係，および代表的なプラスチック材の着火温度を**表3.1.6**[5),6)] に示す。

表3.1.6 比重と着火温度の関係[5),6)]

樹種	密度〔g/cm³〕	着火温度（空気中）〔℃〕	320℃での着火までの時間〔s〕	熱伝導率 κ〔W/mK〕
バルサ	0.15	360	30	0.058
シルムバウム	0.17	380	60	0.064
スギ	0.32	240		0.087
アサック	0.41	410	95	0.11
セコイア	0.41	430	105	0.11
モミ	0.44*	254		0.095
ヒノキ	0.45	250		
ドロ	0.48	450	138	0.128
ツガ	0.50	253		0.106
サクラ	0.55	490	144	0.14
マツ	0.66	490	187	0.163
ブナ	0.69	470	151	0.175
ニレ	0.62	440	164	0.153
カバ	0.70	500	179	0.175
カシ	0.73	540	272	0.186
カキ	0.84	420	197 (350℃)	0.198
ボンゴシ	1.00	590	462	0.233
合板（12 mm）	0.54	390		0.12
合板（6 mm）	0.54	620		0.12
チップボード		390		
パーティクルボード		390〜412		0.11〜0.116
ハードボード		約380		
ポリエチレン	0.925	516		0.058
高発泡ポリエチレン	0.065〜0.1	約500		0.052
塩化ビニル	約1.4	507		0.16
ポリウレタン		415		

固体が定常的に着火していく，すなわち定常燃焼するには，連続的な基質材料の熱分解を起こすために材料の熱分解温度を上回る平均温度にまで固体表面の最小厚み部分を加熱する必要がある。熱波が固体可燃物

へ進行していく性状から，固体燃焼特性は，熱的に薄い材料と厚い材料に分けられて考えられ，固体の厚みやその熱物性によって着火までの時間に違いが生じる．すると着火温度までの上昇温度をとった熱容量で除して時間 t_i が算出される．すなわち

$$\frac{1}{t_i} = \frac{\dot{q}_e''}{\rho C_p \omega \Delta T_{ig}} \quad (3.1.14)$$

熱的に厚い場合，加熱を受けた固体の燃焼に至る時間は式(3.1.15)のように表される．

$$\sqrt{\frac{1}{t_i}} = \sqrt{\frac{4}{\pi}} \frac{\dot{q}_e''}{(x\rho C_p)^{1/2} \Delta T_{ig}} \quad (3.1.15)$$

放射加熱および対流加熱による固体（木材や合成樹脂の棒）の有炎着火についての研究は，Gandhi[7],[8] や Kanury[9],[10] らによって進められてきた．固体の熱物性を考慮した着火メカニズムのモデルによって，固体が加熱された場合，着火の可能性があるかどうか，その着火は一時的か継続的なものか，なども計算できる．文献10)中の例題に従い，すなわち厚さ1 cm，高さ2 cmのモミ（樅）材が初期温度300℃で同じ温度の空気中にあり，2 W/cm² の放射加熱を1 000秒受けた場合，自然発火の可能性があるかどうかを考えてみる．

モミの熱物性は，熱伝導率0.17 W/(m・K)，比熱 2 500 J/(kg・K)，密度600 kg/m³，熱拡散係数11.3×10⁻⁸ m²/s である．また，対流熱伝達係数は約15 W/(m²・K) と見積もれば

$$\text{ビオー数}：B_i = \frac{hl}{\chi} = \frac{15 \text{ W/cm}^2 \times 1 \text{ cm}}{0.17 \text{ W/m}\cdot\text{K}} \approx 0.88 \quad (3.1.16)$$

$$x \equiv \frac{i_0 l}{\chi(T^* - T_0)} \approx \frac{2 \text{ W/cm}^2 \times 1 \text{ cm}}{0.17 \text{ W/m}\cdot\text{K}(873-300)\text{K}}$$
$$\approx 2.05 \quad (3.1.17)$$

$$y \equiv \frac{i_0 \alpha t}{\chi(T^* - T_0) l}$$
$$\approx \frac{2 \text{ W/cm}^2 \times 1.3 \times 10^{-8} \text{ m}^2/\text{s} \times 1\,000 \text{ s}}{0.17 \text{ W/m}\cdot\text{K}(873-300)\text{K} \times 1 \text{ cm}} \approx 2.67 \quad (3.1.18)$$

臨界温度 $T^* = 873$ K (600℃) は，放射加熱による自熱着火に相当する．上記のビオー数，x および y の値を図3.1.14に当てはめると，この熱放射強度では図中の●印に位置し，定常的な着火が生じると推定できる．放射時間が400秒と短い場合，y 軸の値は

$$y \equiv \frac{i_0 \alpha t}{\chi(T^* - T_0) l}$$

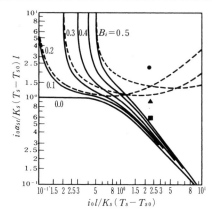

図3.1.14 固体が外部から加熱された場合，着火燃焼に至るかどうかを判断する．図中の B_i はビオー数，x 軸および y 軸は式(3.1.16)～(3.1.18)を参照

$$\approx \frac{2 \text{ W/cm}^2 \times 1.3 \times 10^{-8} \text{ m}^2/\text{s} \times 400 \text{ s}}{0.17 \text{ W/m}\cdot\text{K}(873-300)\text{K} \times 1 \text{ cm}}$$
$$\approx 0.93$$

となり（図中の▲印），着火は一般的（あるいは遷移的）であると推定される．放射加熱時間をさらに短くすると，例えば260秒では図中の■印となり，これ以下では y 軸の値は約0.6以下となり，着火しないことが推定される．

同じ固体材料で，厚みを変化させた場合も，同様に着火の可能性および継続的であるかどうかが推定でき，厚みが0.1 cmで約400秒の放射加熱を受けた場合，y 軸の値は9.28となり継続的な着火が生じると推定される．固定可燃物の熱物性および火災時の加熱状態から，燃焼範囲が推定されるので図3.1.14は火災安全評価には有用である．

（c） **固体から液体へ相変化する可燃物の燃焼性状**

熱可塑性を示す合成高分子材は燃焼前には固体であるが，加熱されると融解して粘性の高い液体に変化し，滴下あるいは付着して燃焼する．洞道内の電話線ケーブルの被覆材であるポリエチレンが滴下燃焼し，短時間のうちに全ケーブルに延焼し[11]，通信機能が喪失した例がある．融解し床面に滞留したプラスチックの燃焼性状は厚みを持つ液体燃焼の形態に近い．

発泡ポリスチレンはクッション材や生鮮食品の冷蔵容器として多数使用されており，使用後は積み上げた堆積物（pile）で貯蔵・保管されることが多く，火災安全上易燃性だけでなく多量の発煙が問題になる．ここでは，固体から液体へと変化する可燃物の燃焼速度と堆積形状の関係を示す．

箱状の発泡ポリスチレンが $2\times2\times1$ 個から 10×20

×5個まで，その底面積と高さを変えた種々の堆積物が示した燃焼性状である．**図3.1.15**の横軸は無次元堆積形状（H：高さ，A：底面積），縦軸は燃焼の激しさ，すなわち最大燃焼速度を初期の堆積物重量で規格化したものである．積み上げた固体が液体状に変化し燃焼する場合の加害因子の大きさ，すなわち最大燃焼速度は堆積形状を考慮した可燃物総量に比例する一次反応を示すことを示唆している．ただし，さまざまの形状に堆積された熱可塑性固体の燃焼速度を推定するには，可燃物質の発熱量だけでなく堆積物個々の間隔などに応じて実験的なアプローチが必要である．ラック倉庫の荷物のように立体的に堆積された固体の燃焼性状を理解する上で，可燃物の配置形状位置を考慮した燃焼速度のモデルは有用であろう．

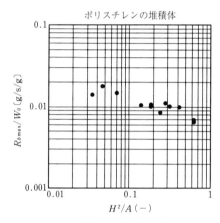

図3.1.15 熱可塑性固体燃焼物の堆積体の無次元堆積形状と初期重量で規格化した最大燃焼速度の関係

（d）自然（自己加熱）発火[12)～14)] 多孔性の活性固体物質（例えば堆積された石炭の小塊，おがくず，廃車のシュレッダダスト，天かす，油の染み込んだウエスなど）が空気中にさらされている場合，内部での微小な燃焼熱の発生速度が，その堆積物から大気への発散（あるいは損失）速度よりも大きければ，自己酸化による加熱から蓄熱火災に至る可能性がある．自己酸化加熱による蓄熱は比較的長時間（数時間～数箇月）かかり，目に見える形での火災危険性が出現しづらいために危険性に気付かないことが多い．

自己加熱での発生した熱エネルギー損失は，一般には伝導および対流である．多孔質物質中での対流の持つ移動速度はきわめて小さいが，熱伝達率が高くなれば，放散エネルギーは大きくなり，同時に表面への酸素供給も増加し燃焼を助長するので，全体的な発熱，蓄熱そして放散熱のバランスは非常に複雑になる．一般的にはFrank-Kamenetskii[15)]の理論的モデルに基づいて，種々の堆積形状での定常状態が仮定できるとして，発熱と熱発散の釣合いを考えて発火するかどうかの臨界パラメータ（δ_c）が知られており，**表3.1.7**に示す．θ_0は堆積体の無次元中心温度を示し

$$\theta_0 = \frac{E}{RT_R^2} \cdot (T - T_R)$$

である．$\delta > \delta_c$ の場合，この中心部の温度は理論的には無限大となる．

表3.1.7 さまざまな堆積形状に対する臨界パラメータ（δ_c）の値[16)]

形状	大きさ	δ_c	θ_0
無限に広い平板	厚さ：$2r$	0.878	1.12
直方体	辺長を$2r$, $2l$, $2m$とし，$r<l, m$	$0.873\left(1+\dfrac{r^2}{l^2}+\dfrac{r^2}{m^2}\right)$	
立方体	辺長：$2r$	2.52	1.89
無限に長い円柱	半径：r	2.00	1.39
短い円柱	半径：r 長さ：$2l$	$2.00+0.841\dfrac{r^2}{l^2}$	
径と高さが同じ円柱	半径：r 長さ：$2l$	2.76	1.78
球	半径：r	3.32	1.61

実際に堆積物が燃焼を起こす可能性があるかどうかは，式（3.1.19）でδを求め，その値や臨界パラメータ δ_c より大きいかどうかで評価される．

$$\delta = \frac{E}{R} \cdot \frac{\rho Q}{\chi} \cdot \frac{r^2}{T_R^2} A\exp\left(\frac{-E}{RT_R}\right) > \delta_c \quad (3.1.19)$$

ここに，Q は反応熱，A は頻度因子，E は見掛けの活性化エネルギー，r は堆積物の代表径で表3.1.7に示した採り方によるもの，χ は熱伝導率，T_R は堆積体の周囲温度，ρ は堆積体の充塡密度である．

火災の危険性の判断が必要な堆積体は種々の物質が混合した産業廃棄物のような場合が多く，δを算出するのに必要な熱物性値を文献から得られることはまれで，実験で求める場合が多い．ここでは**表3.1.8**に空気中での天かすや食油で揚げた食品の値[17)]および産業廃棄物である自動車タイヤチップの熱物性値を示す．

表3.1.8 熱物性値の例[17)]

	天かす，ポテトチップ	ゴムタイヤ，シュレッダダスト
見掛けの活性化エネルギー	126 kJ/mol	119.78 kJ/mol
反応熱	740～1 220 J/g	約42 000 J/g
頻度因子	$2.4\times10^{12}\,\mathrm{s}^{-1}$	$20.9\times10^{12}\,\mathrm{s}^{-1}$
密度	150～300 kg/m^3	400～600 kg/m^3

式 (3.1.19) とこれらの物性値を用いた計算結果と実験測定結果を**図 3.1.16** および**図 3.1.17** に示す。これらの図から，Frank-Kamenetskii モデルに基づく式 (3.1.19) は自己酸化に基づく火災発生の可能性を検討する上で有効であることがわかる。しかし，この式は定常状態を仮定して得たものであることから，着火に至るまでの時間については別の評価が必要である。これは Boddington[18), 19)] らによれば式 (3.1.20) によって求められる。

$$t_i = Mt_{ad}\left(\frac{\delta}{\delta_c}-1\right)^{-\frac{1}{2}}$$
$$t_{ad} = \frac{RT_R^2}{E}\cdot\frac{C}{QA}\exp\left(\frac{E}{RT_R}\right)$$
(3.1.20)

ここに，t_i は着火までの時間，t_{ad} は断熱時間，C は比熱である。係数 M は，平行平板で 1.534，無限円筒は 1.429，球は 1.316 をとり，他の形状については 1.634 をとる。

車両のシュレッダダスト，タイヤチップ，廃プラスチック材などの産業廃棄物が多量に堆積され発火した事例がある。これらの可燃物が燃焼すると消火に長時間要するだけでなく多量に発生する煙やガスが著しく環境汚染を引き起こす。単に火災安全だけでなく，総合的な社会安全工学の観点からも固体の火災延焼を考え，評価していく必要がある。

（e）発 煙 性　煙濃度の測定は吸引・沪過して重量を測る方法，粒子の個数濃度を散乱光の測定によって求める方法，煙による光の透過減少率を濁度として求める方法などがある。避難時の煙中での見通し距離の推定は重要な物理量であることや実用上測定しやすい点から，光の減衰によって濃度を表すことが多い。代表的な高分子の発煙性を**表 3.1.9** に示す。光学的煙濃度 K（あるいは C_s：減光係数）は，煙中を単位長さ（1 m）だけ光が進むときにどれほど減衰するかで定量的に評価する。すなわち，$I=I_0\exp(-KL)$ にて算出される光学的な量を煙濃度とする。この式形

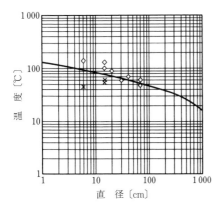

図 3.1.16　油で揚げた食品廃棄物の自己発火の検討。雰囲気温度と発火に至る代表径の関係。×印は着火しなかった測定例，他の印は着火した例

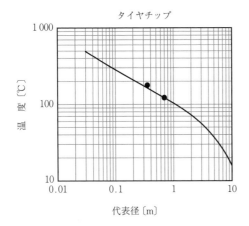

図 3.1.17　乗用自動車のタイヤチップが自己発火によって発火に至る可能性の検討例。線より上側は発火の可能性がある（●印は実験値で発火した場合）

表 3.1.9　代表的な高分子の発煙性[20)～22)]

物質名	厚さ〔cm〕	D_{sm} 発炎	D_{sm} 無炎	t_{16}〔min〕発炎	t_{16}〔min〕無炎
ポリエチレン	0.31	387	719	0.91	2.74
ポリプロピレン	0.63	119	780	4.18	3.00
ポリ塩化ビニル	0.03	98	180	0.45	
ポリ塩化ビニル	0.05	153	23	0.28	2.66
ポリ塩化ビニル	0.10	326	139	0.40	1.16
ポリ塩化ビニル	0.63	780	315	0.49	3.25
スチレンアクリロニトリル	0.63	249	389	1.11	4.13
スチレンアクリロニトリル（40%ガラス）	0.25	684	687	0.47	2.28
ABS	0.63	780	780	0.57	2.98
ナイロン（40%ガラス）	0.25	41	487	9.20	3.63
ナイロンカーペット	0.8	270	320		
ポリカーボネート	0.63	324	48	1.95	10.85
ポリエステル	0.31	780	780	0.59	2.66
ポリスチレン	0.63	780	395	0.63	4.00
ポリウレタン	1.3	150～210			
ポリウレタンフォーム	1.3	20	16		
PMMA	0.6		720		
ハードボード	0.6	67	600		
合板	0.6	110	290～530		

状はランバート・ベール（Lambert-Beer）の法則として知られており，煙濃度についても同じ物理的評価を行う。ただし，きわめて濃煙の場合にはこの式は適応できない。ここで I_0 は元の光の強さ，I は光が煙中を長さ L だけ進んだ後の強さ（あるいは光量），K は煙の（光学的）濃度，L は光源と受光部の距離であり，通常は単位長に 1 m をとる。煙濃度を示す減光係数 K は，煙粒子の密度 ρY_i と，可燃物（燃料）に依存する質量当りの減光係数 K_m の積として計算される。すなわち，$K = K_m \cdot \rho Y_s$ である。ここで，K_m は可燃物の単位質量当りに発生する煙量で，表 3.1.9 の D_{sm} と同じ量である。ρY_s は煙粒子の密度（density of smoke particulates）である。また，多くの可燃物の混合した状態での有炎燃焼において，K_m の値は 8 700 m²/kg ± 1 100 m²/kg をとることが実験的に知られている[23]。

煙中の見通し距離 s は，煙粒子数と光の量によって決まる。外の光が入ってくる窓のように明るい対象物（ガラス窓）が煙中を通して見える場合（$S = C/K$ で $C = 5 \sim 10$，平均で 8 をとる），壁のように自らは光を出さない反射する対象物（例えば壁）が煙中を通して見える場合（$S = C/K$ で $C = 2 \sim 4$，平均で 3 をとる）と周囲の光量で視程は異なる。視程（見通し距離）S と煙濃度 K との関係は，$S = C/K$ で算出される[24]。視程の予測モデル値（C）は，実火災実験や模擬火災実験で人が実際に見えるかどうかで決められた。煙に含まれるアルデヒドなどによって生理的刺激を受け，避難行動に支障を来す[25]。刺激が強い煙は燻焼時に発生する場合が多いが，実火災の煙は多種の可燃物の混在と，燃焼が進んだ部分と開始し始めの部分が混在するので，目や喉の粘膜に強い刺激を与えるのが通常である。

実火災の事例研究によれば，建物内で煙が充満する中を避難呼びかけ行動（火事ぶれ）を諦めたときの煙濃度は，おおよそ $K = 0.15 \text{ m}^{-1}$ と推定された。この事例では，可燃物として治療用のベッドや丸椅子に塩化ビニル等が多く，また多くの紙書類があったことから，可燃物としては天然および合成高分子が混在していたと想定される。この事例での煙濃度に基づき図3.1.18[26] から避難時の煙中の見通し距離（視程）を算定すると，危険側の想定（＝最も煙濃度が薄いときに避難すると想定した評価）として，約 20 m であった。

（須川修身）

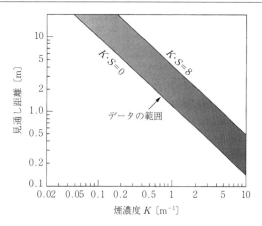

図 3.1.18　煙濃度と見通し距離の関係

引用・参考文献

1) 神戸博太郎，高分子の熱分解と耐熱性，培風館 (1974)
2) Bamford, D. H., Crank, J., and Malan, D. H., Proc. Cambridge Phil. Soc., 42, p.166 (1946)
3) Martin, S. B., Diffusion Controlled Ignition of Cellulosic Materials by Intense Radiant Energy, 10th Symp. (Int.) on Comb., Combustion Inst., p.877 (1965)
4) 秋田一雄，消防研究所報告，9 号 (1959)
5) 梶田茂編，木材工学，養賢堂 (1971)
6) Jurger, T., International Plastics Flammability Handbook (1990)
7) Gandhi, P. D., Spontaneous Ignition of Organic Solids by Radiant Heating in Air, Ph. D. dissertation, South Bend (1984)
8) Gandhi, P. D. and Kanury, A. M., Comb, Sci. and Tech., 50, p.233 (1984)
9) Kanury, A. M., Fire Res. Abs. and Rev., 14, p.24 (1971)
10) Kanury, A. M., SFPE Handbook of Fire Prot. Eng., Section 1/ Chapter 21 (1988)
11) Sugawa, O. and Handa, T., Fire Behavior of Telephone Cable, Proc. 2nd Symp. of Int. Fire Safety Science, Fire (1989)
12) Semenoff, Chemical Kinematics and Chain Reactions, Oxford Univ. Press, London (1935)
13) Thomas, P. H., On the Thermal Conduction Equation for Self-Heating Materials with Surface Cooling, Trans Faraday, Soc., 54-421, pp.60-65 (1958)
14) Thomas, P. H., Some Approximations in the Theory of Self-Heating and Thermal Explosion, Trans Faraday, Soc., 56, part6, pp.833-839 (1960)
15) Frank-Kamenetskii Actaphysico Chem., 16, p.357 (1942)
16) Beever, P. F., Self-Heating and Spontaneous Combustion, Sectional, Chapter 2-12 SFPE Handbook of Fire Protection Engineering, pub. SFPA and NFPA, second edition (1995)
17) Sugawa, O., Short Communication on Self-Ignition of Potato Chips Waste, J. Fire Sci. and Tech., 12-1, pp.1-6 (1992)

18) Boddington, T., Febg, C-G, and Gray, P., Proc. Roy Soc., A385, p.289（1983）
19) Boddington, T., Febg, C-G and Gray, P., Proc. Roy Soc., A391, p.269（1984）
20) Hilado, C., J. Fire and Flammability, 1-217（1970）
21) Gross, D., Loftus, J. J., and Robertson, A. F., ASTM STP 422（1967）
22) Seader, J. D. and Chien, W. P., J. Fire and Flammability, 5-151（1974）
23) Mullholland, G.W. and Croarkin, C., Specific Extinction Coefficient of Flame Generated Smoke, Fire and Materials, 24, p.227（2000）
24) 日本火災学会編，火災と建築，p.105, 共立出版（2002）
25) 東京消防庁消防化学研究所監修，火と煙と有毒ガス，p.97（1986）
26) Quintiere, J. G., Principles of Fire Behavior, 2nd Ed., Figure8.6, p.259, CRC Press（2017）

〔4〕 火災のシミュレーション

　火災は一般に大規模な現象である。たとえ何かが燃え出したとしても、数センチメートル燃えただけで消すことができれば、「火事にならなくてよかった」とほっとするのが普通である。つまり、少なくとも数十センチメートルの範囲で燃焼し、もっと広い範囲で煙の流動などが起こるのが火災というものである。大きな建物や大規模都市火災などでは、影響範囲が数百メートルや数キロメートルあるいはそれ以上に及ぶこともあり得る。

　さて、大規模現象である火災の特性、つまり、火災時の煙流動や火災拡大の様子、あるいは発熱速度の経時変化などを予測したいとする。このような場合、大規模な火災実験はいろいろな意味で困難なことが多いため、シミュレーションに依存せざるを得ないことが多い。火災では化学反応や熱移動を伴う流体現象（例えば燃焼に伴う煙の発生や浮力による流動）が重要であり、このような現象は反応性熱流体力学の基礎式（偏微分方程式）で記述される。したがって、これらの基礎式を数値的に解く、いわゆる数値流体力学（computational fluid dynamics, CFD）シミュレーションを実施すれば、物性値や化学反応速度定数がわかっている必要があるものの、原理的にはいかなる火災でもシミュレーションできるはずである。しかし、CFD シミュレーションでは、基礎式である偏微分方程式を離散化して代数方程式に変換してから近似解を求めるということが行われるため、シミュレーション対象の空間（計算領域）を細かく分割しなければならない。そして、一般には計算領域を細かく分割すればするほどシミュレーション精度が向上する。数値流体力学の専門書（例えば Oran と Boris による Numerical Simulation of Reactive Flow[1]など）には、分割数（格子点数あるいはセル数と呼ばれる）が10億のシミュレーションも可能などと書いてあるが、そこまで大規模なシミュレーションはそう簡単には実施できない。少なくとも本項の筆者が実施する CFD シミュレーションのセル数はせいぜい数百万程度である。

　ここで、火災の CFD シミュレーションに必要なセル数を概算してみたい。例として、100メートル×100メートル×10メートルの計算領域を考える。仮にこの領域を10センチメートル間隔で分割するとセル数は１億である。10センチメートル間隔の分割というのは、燃焼反応を伴う CFD シミュレーションとしてはかなり粗く、本気で火炎の詳細構造を解像しようとすれば（このようなシミュレーションは直接数値計算、あるいは direct numerical simulation を略して DNS と呼ばれる）、1ミリメートル以下の分割が必要であり、そのような CFD シミュレーションは現実的ではない。したがって、大規模火災の CFD シミュレーションを実施するためにはセル数を下げられるような工夫（モデル）が必要である。

　以上にみたように、精度の高い CFD シミュレーションは非常に計算負荷が高い。一方、火災研究の分野では、従来からゾーンモデルによる火災シミュレーションが実施されてきた。例えば二層ゾーンモデルでは、区画内（部屋など）の上部に煙層が形成されることを前提とし、それぞれの区画を高温の煙層と下部の空気層に分割する。そして、各層（ゾーン）の質量や熱のバランスから温度や煙層の降下速度などが計算される。ゾーン間の質量や熱のやり取りの計算には半経験式が多く用いられる。区画を二分割というのは先ほどの CFD シミュレーションと比べるとずいぶん大雑把なように思えるかもしれない。しかし、区画内の火災では煙が水平方向に成層化し、温度も水平方向にほぼ均一になることが多いため、思ったより現実的な火災モデルなのである。二層ゾーンモデルの発展型として、多層ゾーンモデルも提案されている。ゾーンモデルは複数の区画から成るような場合に対しても容易に拡張でき、しかも CFD シミュレーションと比べて計算時間がきわめて短くてすむので、建物火災の性状予測に広く用いられている。

　以上をまとめると、火災のシミュレーションは、より普遍的ではあるが計算負荷が高くなりがちな CFD シミュレーションと、簡便ではあるが多くの経験則に依存するゾーンモデルによるシミュレーションに大別できる。以下では、それぞれについてもう少し詳しく記す。

(a) **火災のCFDシミュレーション** 火災のCFDシミュレーションでは，質量や運動量，煙を含む化学種そしてエネルギーの各保存式に加えて，輻射の輸送方程式を解かなければならない。このような計算のプログラムを自分でコーディングすることももちろん可能だが，既存のCFDソルバを利用することもできる。有料のものも無料で公開されているものもあるが，火災研究の分野では，米国の国立標準技術研究所（NIST）が開発・公開しているFire Dynamics Simulator（FDS）[2]が広く用いられている。先にも述べたとおり，火災のCFDシミュレーションではセル数をなるべく小さくするための工夫が不可欠である。ここでは，FDSで用いられているモデルについて簡単に説明する。

大規模現象である火災のCFDシミュレーションでは，格子間隔を数センチメートル以上にせざるを得ない。ところが実際の流れは乱流であり，流れの詳細な構造は格子間隔よりもずっと小さい。このような場合は乱流モデルを用いて，計算格子で解像できない流れの効果を考慮しなければならない。FDSのデフォルト設定では，large-eddy simulation（LES）により乱流の効果が考慮される。LESでは計算格子で解像できないスケール（subgrid scale, SGS）の影響が乱流粘性係数を用いてモデル化される。乱流の効果により運動量の輸送が促進されるので，あたかも粘性係数が大きくなったかのように考えるのである。物質の拡散やエネルギー輸送にも同様の考えが適用される。FDSのバージョン1～5ではSmagorinskyモデルにより乱流粘性係数が計算されていたが，バージョン6ではDeardorffモデルがデフォルトに採用された。いずれのモデルでも，格子間隔が小さくなるほど乱流粘性係数も小さくなり，つまりはDNSに近付く。

火炎は非常に薄くて数センチメートルの格子間隔ではとても解像できないため，燃焼反応もモデル化が必要である。火災のシミュレーションでは，酸素と可燃物（例えば固体の熱分解により生じた可燃性気体）が別々に供給される拡散燃焼（非予混合燃焼とも呼ばれる）を対象とすることが多い。拡散燃焼では酸素と可燃性気体の混合が律速段階であることが多く，それに比べて燃焼反応は無限に速いとみなすことができる。そこでFDSは，反応速度が乱流混合の特性時間に反比例すると仮定する渦消散コンセプト（eddy dissipation concept, EDC）を採用している。乱流混合の特性時間はLESのSGSモデルから求めることができる。

FDSではほかにもいろいろなモデルを利用できるので，シミュレーションの条件や目的に合わせて適切なモデルを選択すればよい。火災のシミュレーションに特化したCFDソルバなので，可燃性固体の熱分解やすすの生成など，火災では必須であるが一般のCFDではあまり対象とされない現象を簡単に考慮することができる。

FDSを用いた火災のCFDシミュレーションの例を**図3.1.19**に示す。広さ4m×4mで高さ3mの火災室の中央に160 kWの火源があるケースを想定し，2m×2mの開口部でつながる隣室と，そのさらに外側の空間も含めてシミュレーションを実施した。計算格子間隔は10 cmとした。セル数は約11万である。

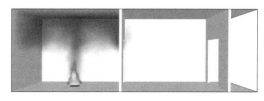

（a） 燃焼と煙の様子（$t=10$ s）

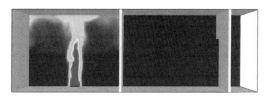

（b） 温度分布（$t=10$ s）

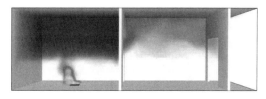

（c） 燃焼と煙の様子（$t=30$ s）

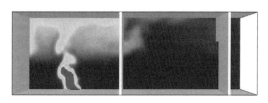

（d） 温度分布（$t=30$ s）

図3.1.19 FDSを用いた火災のCFDシミュレーションの例

図3.1.19（a），（b）に示したのは燃焼開始後10秒の様子で，図（c），（d）は30秒の結果である。火災室の天井下に充満した煙層が徐々に厚くなり，やがて開口部を通じて隣室へと流れ出る。そして隣室の天井下にも煙層が形成される，という一連の流れがシ

ミュレーションにより再現されている．また，これらの結果から，煙の分布と温度分布がよく似ていることがわかる．そして，$t=30\,\text{s}$のときの火災室の温度分布で特に顕著であるが，天井下に高温の煙層が存在し，その下に低温の空気層が存在するという二層モデルで室内の様子を大雑把に捉えられることがわかる．このような火災のCFDシミュレーションを実施すれば，図3.1.19に示したような煙や温度の分布だけでなく，速度や圧力，考慮しているすべての化学種の濃度分布まで経時変化を求めることができる．

（b）ゾーンモデルによる火災シミュレーション

図3.1.19に示したCFDシミュレーションでは，普通のPCで数十分から1時間前後の計算時間が必要である．より大規模な火災であればシミュレーションにもっと時間がかかるわけで，条件を変えながらたくさんシミュレーションをするのは容易ではない．そこで，室内の煙や温度の分布が水平方向に成層化されることに着目したゾーンモデルによる解析が従来から行われてきた．

二層ゾーンモデルの概念図を**図3.1.20**に示す．二層ゾーンモデルでは，各区画が上下の二層に分割される．そして，各ゾーンの熱および質量の保存則から導出される連立常微分方程式の初期値問題が数値的に解かれる．ゾーン間の熱・物質移動は経験式により評価される．ゾーンモデルを用いた火災シミュレーションプログラムとして，建築研究所が開発したBRI2002[4]やNISTが開発したCFAST[5]などが挙げられる．

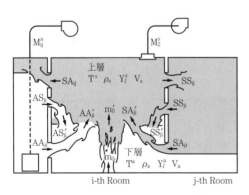

図3.1.20 二層ゾーンモデルの概念図[3]

ゾーンモデルでは，まず火源からの熱気流（プルーム）を正確に予測することが大切である．プルームにより質量が区画間を移動する速度や温度，上昇気流速度は例えばHeskestadの相関式[6]を用いて評価することができる．火源が壁際やコーナーにある場合は，適宜調節が必要である．また，プルームが天井にぶつかると天井に沿って流れが生じ，天井のすぐ下の温度は煙層温度よりも高くなるため，天井の存在もプルームの性状に大きな影響を与える．そのような挙動は図3.1.19のCFDシミュレーション結果でも確認できる．ゾーンモデルを用いて天井温度を計算するときは，このような天井流の効果も考慮しなければならない．以上のようなプルームの性状評価以外にも，開口部を通じた熱や質量の移動など，さまざまな相関式を用いて火災がシミュレーションされる．

ゾーンモデルによる火災のシミュレーションでは，入力パラメータとして通常つぎのようなデータを設定できる．物性値や化学反応データ（壁材の熱物性値や燃焼反応の量論係数など），各区画のサイズと位置，開口部（ドアや窓，換気口など）のサイズと位置，強制換気の状態，火源の状態（発熱速度の経時変化など），スプリンクラーや検知器の位置や性能などである．そして，シミュレーションの結果として，各ゾーンにおける温度や酸素・煙濃度，プルーム温度，壁・天井・床の温度や熱流束などが計算される．温度や熱流束を計算できるので，スプリンクラーや検知器が作動するタイミングも知ることができる．**図3.1.21**に示したのはゾーンモデルによる火災シミュレーション結果の例であり，CFASTを用いて計算した．対象とした火災は，図3.1.19に示したFDSによるCFDシミュレーションと同じである．ゾーンモデルによるシミュレーションでは，CFDシミュレーションのように詳細な温度や濃度分布などはもとより計算できない．しかし，各部屋の温度の経時変化や煙層が降下する様子をおおむね再現できている．何より，ゾーンモデルによるシミュレーションは，CFDシミュレーショ

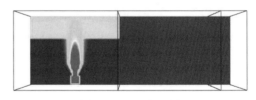

（a）温度分布（$t=10\,\text{s}$）

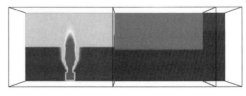

（b）温度分布（$t=30\,\text{s}$）

図3.1.21 CFASTを用いたゾーンモデルによる火災シミュレーション結果の例

ンに比べて計算負荷がきわめて低い。図3.1.21のシミュレーション程度であれば，数秒で計算できる。かなり規模の大きい火災のシミュレーションでも数十秒から数分もあれば計算できるのが普通である。そのため，ゾーンモデルを用いた火災のシミュレーションが広く行われている。しかし，ゾーンモデルによるシミュレーションでは経験式が多く用いられており，これらの経験式が妥当である条件範囲は限られている。したがって，ゾーンモデルを用いたシミュレーションを実施する場合は，使用されている経験式が成立する条件であることに留意しなければならない。

〈桑名一徳〉

引用・参考文献

1) Oran, E.S. and Boris, J.P., Numerical Simulation of Reactive Flow (2nd ed.), Cambridge University Press (2005)
2) McGrattan, K., Hostikka, S., McDermott, R., Floyd, J., Weinschenk, C., and Overholt, K., Fire Dynamics Simulator, Technical Reference Guide (6th ed.), National Institute of Standards and Technology (2013)
3) Nakamura, K. and Tanaka, T., Fire Safety Science—Proceedings of the Second International Symposium, pp.907-916, International Association for Fire Safety Science (1989)
4) BRI2002：二層ゾーン建物内煙流動モデルと予測計算プログラム，建築研究振興協会 (2003)
5) Peacock, R.D., McGrattan, K.B., Forney, G.P., and Reneke, P.A., CFAST-Consolidated Fire and Smoke Transport (Version 7), National Institute of Standards and Technology (2015)
6) Heskestad, G., SFPE Handbook of Fire Protection Engineering (5th ed.), pp.396-428, Springer (2016)

3.1.2 発 火 源

〔1〕 発火源の分類と出火の状況

(a) 発火源の分類　可燃性ガスや可燃性固体の燃焼や爆発は，引火（口火のある発火）や自然発火の形で起こるが，いずれにしても何らかの形の発火源が必要である。

発火源は見掛け上，種々の形態のものがあるが，つぎのように分類される。

① 高温ガス（火災など），② 高温液体（溶融金属，溶接・溶断火花など），③ 高温固体，④ 摩擦・衝撃（機械的火花など），⑤ 電気火花，⑥ 静電気火花，⑦ 自然発火（化学エネルギーなど），⑧ 放射熱。

(b) 危険物施設における火災の発火源[1]　表3.1.10は，総務省消防庁危険物規制課が発表した，

表3.1.10　危険物施設における火災事故の着火原因

発火源	2013年	2014年	2015年
裸火	15	13	14
高温表面熱	19	33	40
溶接・溶断等火花	8	17	11
静電気火花	35	42	23
電気火花	21	19	21
衝撃火花	6	4	7
自然発熱	12	12	6
化学反応熱	5	6	7
摩擦熱	12	11	11
過熱着火	28	22	22
放熱熱	2	5	7
その他	9	11	20
不明	16	5	18
調査中	6	3	8
合計	188	203	215

2013年，2014年および2015年中の危険物施設における火災事故の着火原因である。ここでの分類は上記のそれと少し異なるが，おおよそのところは理解できる。

事故を引き起こした火源のうち最も多いのは，火炎のような裸火で，マッチ，ライタの類やボイラの火などが多い。ついで溶接・溶断火花，高温表面熱，電気火花と続き，摩擦熱や加熱による発火がその後にくる。

〔2〕 高温ガス

高温ガスの代表は火炎である。火炎は温度が1 000℃を超える高温ガスであるとともに燃焼反応を進める活性化学種を含むため，可燃性ガスや固体を十分着火させる能力がある。**図3.1.22**に都市ガスの火炎の温度を光学的に測定した例を示す[2]。光学的に測定した温度は，熱損失のある熱電対での測定値よりもかなり高めである。

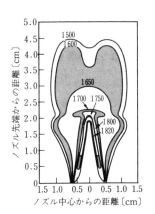

図3.1.22　都市ガス火炎の温度分布

工場で使用される火炎には，作業上必要なものとそうでないものが含まれる。作業上やむを得ない火気として重要なものは，ボイラ，種々の加熱炉および直火加熱装置のための火炎あるいはフレアスタック用の火炎で，しばしば化学プラントの火災，爆発の原因となる。この火炎を工場から排除することはできない。したがってレイアウトで考慮するなり，異常時の緊急遮断システムを完備したり，あるいは可燃性ガスの流入を防ぐための水幕装置を設けるなどの方法をとって防護するしかない。

一方，作業上必要のない火気の代表はタバコであろう。タバコ自体は，水素などを除いてふつうの可燃性ガスの発火源となることはないが，それに火をつけるためのマッチやライタは発火能力を有しており，また可燃性固体には十分着火できるので，構内への持込みを禁止すべきである。喫煙場所を適切な位置に設けて，その場所でのみ喫煙を許すのが解決策である。そのほか，この種の火源として社員食堂の炊事用の火などがあるが，これは配置で解決すべきである。

〔3〕 **高温液体**

高温液体の代表として，溶融金属や塩があるが，実際には溶接および溶断の際の溶融火花が問題である。鉄の融点は1 535℃なので，溶接や溶断をした直後の火花は液状である。火花はしだいに温度が下がるが，固体化したとしても高温固体として着火能力を有している。したがって，溶接や溶断作業に伴うアークや火花は十分発火源となる。また，この火花は跳ねて広範囲に広がるので，落下地点付近にぼろ布のような可燃物を置くべきではない。

20 mの高さから落下した溶断火花が，直下から7 m離れた位置に置いたガソリンを発火させた実験例もある[3]。この作業は必ず許可制とし，安全担当者が立ち会うことが望ましい。

〔4〕 **高温固体および高温面**

くん焼している物質の温度は，火炎ほど高くはないが，やはり十分発火源となり得る。高温の流体が流れているプロセス配管の表面は，発火温度の低い物質に対しては発火源となる。取り扱う物質との位置関係に注意を払うべきである。また，保温材に染み込んだ油類が高温によって発火することもある。

軸受部にガタがきたり，油切れで高温になっている場合，その部分が発火源となることがある。正常に回転していたタービン軸のオイルリングが突然破損したため，軸が高温となり，装置を破壊するとともに発火した事例もある。

〔5〕 **摩擦・衝撃**

火花には機械的なものと電気的なものとがある。前者は主として摩擦・衝撃によって生じる。後者には，電気設備によるものと静電気によるものがある。

機械的火花は，金属製工具，落下物，ライタ用の火打石などで発生する。摩擦をも含めてけっきょく高温，高熱が着火の原因である。

鋼製の工具は火花を発するが，これを軟らかい非鉄金属製とすれば防止できる。しかし，軟らかい金属の中に硬い金属が紛れ込んでいる場合もあるので，絶対に火花が発生しないとはいえない。落下物も同様である。メタン雰囲気にマグネシウム合金鋳物を落下させたときの発火の有無についての実験例がある[4]。しかし，一般の工具でも炭化水素系ガスを対象としたときには，それほど危険はない。

機械的火花の一つとして，地震時における装置間の接触がある。1964年の新潟地震で，フローティングルーフタンクの屋根が倒板と衝突したために発火し，1983年の日本海中部地震では，同じく屋根が固定消火設備に激突して火災となった。

（土橋　律，上原陽一）

〔6〕 **電気設備による火花**[5]

電気設備には正常に運転しているときに，または事故時に電気火花を発生するものがある。そのおもなものを挙げるとつぎのとおりである。

・正常な運転中火花を発生するもの：直流モータの整流子，巻線形誘導モータのスリップリング
・通常の作動時に火花を発するもの：スイッチ類の開閉
・保護装置としての作動時に火花を発するもの：遮断器の接点，保護リレーの接点，ヒューズ
・損傷または事故時に火花を発するもの：配線や機器のショート

これらの火花は，可燃性混合気が存在すると発火源となることが多い。商用電源の負荷回路で発生する火花はまずすべて発火源になるとしてよいが，計測，制御，通信のような低電圧，微小電流の場合には必ずしも発火源になるとは限らない。むしろ発火能力がないものの方が多い。

火花に発火能力があるかどうかは，可燃性混合気が発火するために必要な最小発火エネルギー以上のエネルギーを，その火花が有するかどうかで判断できる。いくら火花が出ても，エネルギーが小さく，発火源にならない機器を本質安全機器という。

火花のエネルギー E は，電圧を V，回路の容量を C とすると

$$E = \frac{1}{2}CV^2 \qquad (3.1.21)$$

で与えられる。しかし，具体的にある機器や回路が発

火能力を持つかどうかを机上で判定するのは困難で，回路の電圧，電流，周波数，リアクタンス，火花発生部の形状，寸法，材質，開閉モードおよび速度など多くの因子が関連する。このため実際には，対象の機器や回路を可燃性ガス混合気の雰囲気に置き試験する方法をとるのが，最終的には良い。

限界値のもう一つの捉え方として，最小発火電流と最小発火電圧がある。最小発火電流は，誘導または抵抗回路を開閉したとき，発火させる最小電流であり，最小発火電圧は，容量回路を閉にするときに発生する火花によって，発火を起こすコンデンサの最低充電電圧である。

コンデンサの容量と充電電圧を変えて，その放電火花による発火限界を測定した例を図3.1.23に示す。容量を大きくしても，最小発火電圧がそれほど小さくならないことがわかる。これが容量回路による火花の発火危険性を小さくするこつである。

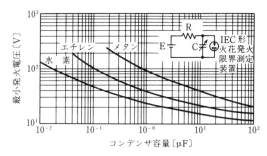

図3.1.23 容量回路火花の発火限界

また抵抗回路の場合の発火限界について，電源電圧と最小発火電流の関係を図3.1.24に示す。電源電圧の増大に伴う発火限界値の低下が目立つ。

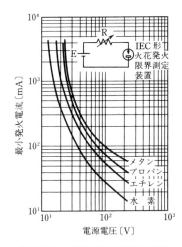

図3.1.24 抵抗回路火花の発火限界

〔7〕 静　電　気[6)〜8)]

（a）**静電気の発生と帯電**　静電気は，異種物体の接触と剥離によって，一方が正の，そして他方が負の電荷を帯びたときに発生する。その様子を図3.1.25に示す。物体が電気の良導体だと電荷は自由に移動し，元の中和状態に戻る。しかし，物体が不良導体だと，緩和に長時間かかる。

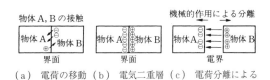

(a) 電荷の移動　(b) 電気二重層の形成　(c) 電荷分離による静電気の発生

図3.1.25 接触による静電気の発生

静電気の発生しやすいプロセスの例を表3.1.11に示す。一般にパイプ輸送，ローリ車への充填，粉砕，ふるい分け，空気輸送，蒸気洗浄，コンベヤベルト，人体などが危険要因である。

表3.1.11 静電気の発生しやすいプロセスの例

系	プロセス
液体-固体	配管内流動，フィルタ通過，タンクへの充填時の飛沫同伴
液体-液体	非混合性2液体のかくはん，液滴の他液中での沈降
気体-液体	湿性スチームでの洗浄，水による噴霧，湿性スチームの漏洩
気体-固体	空気圧送機，流動床
固体-固体	回転ベルト，紙およびプラスチックフィルムの巻取り，人体

液体の電荷分離の程度は，液体の固有抵抗によって決まる。固有抵抗が小さいと荷電粒子であるイオンの濃度が高いので，電荷分離は容易に起こるが，同様に再結合もしやすい。反対に，抵抗が無限に大きければ，イオンがないので電荷分離は生じない。

物体に静電気が発生しても，それがすべて物体に蓄積されるわけではなく，一部は消滅する。これを静電気の漏洩または電荷の緩和という。このため，物体に静電気が発生しても，それが持続しなければ，発生した静電気は時間とともに減衰する。静電気の漏洩は，物体の固有抵抗（または逆数の導電率〔S/m〕）および発生した静電気の電荷密度に依存し，これを定量的に定めることは難しい。

一般に初期電荷をQ_0〔C〕としたとき，t秒後の残存電荷Q〔C〕の目安は，次式で与えられる。

$$Q = Q_0 \exp\left(-\frac{t}{\tau}\right) \quad (3.1.22)$$

$$\tau = \varepsilon_s \varepsilon_0 \rho = RC \qquad (3.1.23)$$

ただし，R〔Ω〕，ρ〔Ω・m〕は，それぞれ物体の抵抗および固有抵抗，C〔F〕，ε_s，ε_0〔F/m〕は，それぞれ物体の静電容量，比誘電率および真空の誘電率で，τ〔s〕はこの系の時定数である．発生した静電気は，指数関数的に減少し，抵抗や固有抵抗の大きい物体ほど発生した静電気がより長時間物体に蓄積する．

固有抵抗が 10^{10} Ω・m 以上（導電率では 10^{-10} S/m 以下），または表面固有抵抗が 10^{12} Ω 以上の物体を帯電性物体という．表 3.1.12 に物体の導電率，表面固有抵抗と帯電性の関係を，表 3.1.13 に各種物質の固有抵抗と比誘電率を示す．

表 3.1.12 物体の導電率（固有抵抗の逆数），表面固有抵抗と帯電性

帯電性の区分	導電率〔S/m〕	表面固有抵抗〔Ω〕
非帯電性物体	10^{-8} 超過	10^{10} 以下
低帯電性物体	10^{-10} 超過 10^{-8} 以下	10^{10} 超過 10^{12} 以下
帯電性物体	10^{-12} 超過 10^{-10} 以下	10^{12} 超過 10^{14} 以下
高帯電性物体	10^{-14} 超過 10^{-12} 以下	10^{14} 超過 10^{16} 以下
超帯電性物体	10^{-14} 以下	10^{16} 超過

表 3.1.13 各種物質の固有抵抗と比誘電率

物質名	固有抵抗 ρ〔Ω・m〕	比誘電率 ε_s
純水	2.5×10^7	80
水道水	$10^3 \sim 10^4$	80
ヘキサン	1.7×10^{17}	1.89
ベンゼン	4.8×10^{13}	2.28
アセトン	1.7×10^4	20.7
トルエン	1.2×10^{14}	2.37
メチルアルコール	6.7×10^8	32.6
アクリル	6.0×10^{14}	3.7
ナイロン	4.0×10^{13}	4.0
ポリエチレン	$10^{14} \sim 10^{16}$	2.3
ポリカーボネート	2.1×10^{15}	3.0

〔注〕 $\tau = \rho \varepsilon_0 \varepsilon_s$，$\varepsilon_0 = 8.85 \times 10^{-12}$ F/m

配管中を流れる流体に発生する静電気電流は

$$I = \kappa D^m \bar{v}^n \qquad (3.1.24)$$

で与えられる．ただし，I は電流〔A〕，κ は主として導電率に関係する定数，D は管の直径〔m〕，$\bar{v}$ は平均流速〔m/s〕，m，n は定数で，$m = n = 1.5 \sim 2.0$ である．この式より明らかなように，電流は流速のほぼ 2 乗に比例して発生する．このため，流体の静電気発生を抑えるには，管の径を大きくして，流速を小さくするのがよい．しかし，実際に問題となるのは輸送の初期と最終段階なので，このときは制限する必要があるが，途中はこれよりも速い流速で送るのがふつうである．

この液体が流れ込むタンクでは，電荷の滞留時間が重要である．タンク内の静電気電荷量 Q〔C〕は

$$\frac{dQ}{dt} = I - \frac{Q}{\tau} \qquad (3.1.25)$$

で与えられる．ここに，τ は緩和時間である．流体が流れ込まなくなったときのタンクでは，電荷は前述のように

$$Q(t) = Q_0 \exp\left(-\frac{t}{\tau}\right) \qquad (3.1.26)$$

で与えられることになる．ここに，Q_0 は初期電荷量である．

タンクのような容器は接地を行うことで電荷を蓄積しないようにすることが大切だが，実際には金属製であっても，地面と絶縁したものや，プラスチックのような非導電性のものもある．接地していても，大量の電荷があるときは，すぐには緩和されず，少なくとも τ の 3 倍の時間を要する．

（b） **静電気放電**　帯電した導電性物体が放電するときのエネルギーは，先の式 (3.1.21) で同様に計算できる．明らかに電圧と静電容量が重要である．おもな対象物の静電容量の概略を表 3.1.14 に示す．これと最小発火エネルギーから発火に必要な電圧を求めることができる．

表 3.1.14 おもな対象物の静電容量〔pF〕

金属製小物（スコップ，ホースノズル）	$10 \sim 20$
小容器（バケツ，20 L 缶）	$10 \sim 100$
中容器（ドラム缶）	$50 \sim 300$
接地体に結合している装置（反応容器）	$100 \sim 1\,000$
人体	$100 \sim 300$

静電気の放電は，電界強度が限界値を超えたときに起こる．空気中での平行電極における限界電界強度を表 3.1.15 に示す．

表 3.1.15 電極間距離と電界強度の限界値

電極間距離〔mm〕	限界値〔kV/m〕
0.6	5 220
10	3 150
100	2 650
距離大	2 230

静電気放電は，完全な電気的破壊を伴う火花放電と，部分的破壊によるコロナ放電の二つに大別できる．前者は非常に短時間のうちに起こり，パシッという音がする．後者は比較的長時間にわたって生じ，シューッという音を発し，ぼんやりした輝きを呈する．これは発火能力がないとはいえないが，水素およびアセチレン以外には危険性は少ない（図 3.1.26 参照）．

（c） **静電気対策**　静電気による発火を防止する

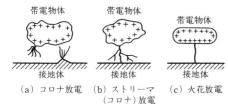

図3.1.26 発光形態から見た静電気放電の種類

(a) コロナ放電
(b) ストリーマ（コロナ）放電
(c) 火花放電

には，可燃性混合気の除去，電荷発生の抑制，電荷蓄積の抑制およびすみやかな除去，そして放電エネルギーの微小化が対策として挙げられる。

対策の一つとして接地を行って，静電気を地中へ逃がす方法がある。接地とは，物体と大地とを金属線のような電気抵抗の小さい導体によって接続することをいう。接地の効果は理想的には物体と大地が同電位になることだが，実用的には10V程度以下ならよい。また，物体間の電位差をなくすために二つの物体間を導線で接続する方法がある。これをボンディングという。これによって複数の物体を1箇所の接地で済ませることができる。図3.1.27に帯電物体である配管におけるボンディングと接地の様子を示す。

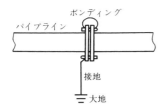

図3.1.27 ボンディングと接地

接地はどのような場合にも有効なわけではない。具体的には固体であれ，液体であれ，固有抵抗が$10^8\Omega\cdot m$以下のものが，静電気上の導体である。抵抗と接地による帯電防止効果の関係を表3.1.16に示す。

帯電防止のもう一つの方法として，帯電防止剤の活用がある。帯電防止剤は，高分子物質，紙，炭化水素系液体など，固有抵抗の大きいものに添加して，これらの導電性を改善しようとするものである。帯電防止剤の使用法と用途を，表3.1.17に示す。

そのほか，環境を多湿化したり，高電圧や放射線を利用して，雰囲気をイオン化して除電する方法がある。ただし，高電圧の場合は自身が発火源になる危険があるので防爆形除電器を選定するのがよい。

（土橋　律，山隈瑞樹，上原陽一）

〔8〕**自然発火**（化学エネルギー，反応暴走など）[9]
いずれも化学反応に伴って発生するエネルギーが，発火源となる。

表3.1.16 抵抗と接地による帯電防止効果の関係

固有抵抗〔$\Omega\cdot m$〕	10^8	10^{10}	10^{12}	10^{14}
導電率〔S/m〕	10^{-8}	10^{-10}	10^{-12}	10^{-14}
表面固有抵抗〔Ω〕	10^9	10^{11}	10^{13}	10^{15}
漏洩抵抗〔Ω〕	10^3	10^8	10^{10}	10^{12}
接地した物体の帯電性	なし	低い	ふつう	高い	非常に高い
帯電防止性能ランク	A	B	C	D	E
接地による帯電防止の可能性	可能	発生が小さければ可能	静置時間により可能	静置時間により一部可能	不可能
			中間領域		
必要な静電気対策	一般に接地するだけでよい	接地以外の対策が必要
接地の効果	大きい	小さい

表3.1.17 帯電防止剤の使用法と用途

使用法	用途
外部用（塗布，噴霧）	プラスチック，紙，繊維，皮革，木材，ガラスなど
内部用（練込み）	プラスチック，ゴム，繊維
液体用	石油類，有機溶剤

（a）**硫化鉄**　これは石油精製工場でしばしば問題となる物質である。原油の中には硫化水素が含まれており，これが鋼製容器と反応して硫化鉄のスケールを生じる。この物質は周囲が乾燥し，温度が高いと発火して炭火のように赤くなる。これが発火源として作用する。したがって，絶えず注意して物質の除去に努めるとともに，雰囲気を乾燥させないことが重要となる。

（b）**自然発火**　自然発火には，空気に触れてただちに発火するもの（アルキルアルミニウム，黄リンなど）と，長期にわたる微小な発熱が蓄積されて発火するもの（アマニ油，原綿など）の二つに分けられる。

自然発火を起こしやすい物質としては
① 酸素吸収または酸化反応によって発熱するもの（油の染み込んだぼろ布や断熱材，活性炭など）
② 自然分解により発熱するもの（硝化綿など）
③ 重合熱，発酵熱などで発熱するもの（酢酸ビニル，スチレン，液化シアン化水素など）
④ 発火温度の低いもの（黄リン，アルキルアルミニウムなど）

が挙げられる。自然発火の狭義の定義は，上記①，

②および③のように常温の空気中で自然に発熱し，その熱が長時間にわたって蓄積され，燃焼までに発展する現象である。

これに基づいて，いま反応次数を0次として，自然発熱の式を書き下すと

$$C_p \rho \frac{\partial T}{\partial t} = \chi \nabla^2 T + Q \quad (3.1.27)$$

$$Q = Q_0 \rho A \exp\left(-\frac{E}{RT}\right) \quad (3.1.28)$$

ここに，A：頻度因子，C：比熱，E：活性化エネルギー，χ：熱伝導率，Q：単位体積当りの反応熱，Q_0：単位質量当りの反応熱，R：気体定数，T：絶対温度，ρ：密度である。自然発火が起こるかどうかの限界は

$$\frac{\partial T}{\partial t} = 0 \quad (3.1.29)$$

の条件下で式(3.1.25)を解けばよい。そしてFrank-Kammenetskyのパラメータδを次式のように定義すると

$$\delta = \frac{Q \rho A}{\chi} r^2 \frac{E}{RT} \exp\left(-\frac{E}{RT}\right) \quad (3.1.30)$$

試料が円筒形の場合，表面温度が一定なら

$$\delta_c = 2.00 \quad (3.1.31)$$

が発火の限界となる。ただしrは試料円筒の半径である。反応速度論的パラメータが実験的に与えられれば，式(3.1.29)から限界発火温度が求まる。

もし実験に立方体を用いるなら，上と同じ条件でのδ_cは2.60である。これらの検討例では，発火はいずれも試料の中心部で起こる。

化学反応が暴走する結果，高温物が反応槽から噴出し，火災，爆発を起こすことがあるが，これは熱発生速度が，冷却水による冷却速度を上回るために起こる。したがって発熱反応はすべて，暴走反応につながる可能性がある。暴走反応の解析は，自然発火についての方法論で行うことができる。

〔9〕放射熱[10),11)]

ガスや蒸気は放射熱に対してほぼ透明（吸収しない）なので，これによる発火は考えられないが，固体の場合にはその危険性がある。木材やプラスチックではこの種の発火事例が多い。

放射熱が固体に与えられると表面が熱せられ，その熱は固体内部および外部（空気側）に伝えられる。固体は熱分解を起こして可燃性ガスを出す。表面付近では燃焼限界内の可燃性混合気を生じる。そして温度の上昇によって発熱し，ついには発火に至る。この様子を図3.1.28に示す。同図(a)のように放射熱の強度が低いときは，可燃性ガスの放出よりも表面温度の上

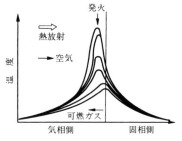

(a) 放射強度の低い場合

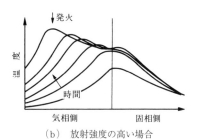

(b) 放射強度の高い場合

図3.1.28 放射熱による可燃性固体の発火挙動

昇が遅れるため，固体表面温度が支配的である。一方，図(b)のように放射熱強度が高いと表面温度の上昇は速いので，発火には気相中の化学反応の方が支配的である。両図を比較すると気相中での発火の位置が違うのが見られる。

発火までの誘導時間は，放射強度の増大とともに指数関数的に低下するが，非常に大きい放射熱を与えると，不連続的に小さい値になる。これは固体表面から可燃性ガスがジェット状に吹き出すからであると説明されている。

（土橋　律，上原陽一）

引用・参考文献

1) 消防庁ホームページ，危険物に係る事故の概要
2) Fristrom, R.M. and Westenbrrg, A.A., Flame Structure, McGraw-Hill (1965)
3) 樋川貞夫ほか，安全工学, 5, p.112 (1966)
4) 高岡三郎，安全工学, 4, p.225 (1965)
5) 田中隆二，防爆電気設備の基礎知識（改訂2版），オーム社 (2013)
6) 労働安全衛生総合研究所技術指針，静電気安全指針，TR-No.42 (2007)
7) 田畠泰幸，静電気放電による着火と対策，安全工学協会，セミナーテキスト (1980)
8) 日本化学会編，化学防災指針集成，Ⅱ (1996)
9) 上原陽一，自然発火，安全工学協会，セミナーテキスト (1980)
10) 秋田一雄，着火源と対策，安全工学協会，セミナーテキスト (1980)

11) Bond, J., Sources of Ignition, Butterworth-Heinemann (1991)

3.1.3 防　　火

住居内のカーテン，じゅうたん，内装壁材（合板），天井材などは，火災の際に防炎，防火性能を持つか持たないかで，その後の火災の進展に大きく影響を与える．すなわち，防炎・防火性能を持つ材料を用いてあれば火災初期の間に未然に防ぐことができるが，そうでなければ火災は急速に発展してしまう．このような観点から，材料の防炎・防火性能は建物の火災性状や防火対策を考える上での重要な基本的要素といえる．

建物内の防火材料の規制は，消防法・同施行令による防炎規制と建築基準法・同施行令による内装制限がある．前者により規制されている材料は一般に防炎材料と呼ばれ，後者により規制されている材料は防火材料と呼ばれている．防炎材料には法規制の対象となる防炎物品と行政指導の形で普及推進を図っている防炎製品がある．また，防火材料には，防火性能の基準によって大きく分類すると不燃材料，準不燃材料，難燃材料がある．以下，これらの材料についてもう少し詳細に述べる．

〔1〕　**防　炎　材　料**

（a）**防炎物品**　消防法・同施行令では31 mを超える高層建築物，地下街，劇場，キャバレー，旅館，病院，工事中の建築物など（防炎防火対象物）の不特定多数の人々が集合する場所で使用するカーテン，暗幕，どん帳，布製ブラインド，じゅうたんなどの床敷物，展示用合板，舞台において使用する幕および大道具用の合板，工事用シートなどは，防炎性能を持つ物品（防炎物品）を用いなければならないと規定されている．

これらの物品は，消防法施行規則（以下，「消規則」と表記）第4条の3で規定されている燃焼試験方法に合格したものでなくてはならない．この試験方法は，45°の角度にセットした試料にカーテン，どん帳，展示用合板などにあっては下から，じゅうたんなど，床敷物にあっては上からバーナを接炎し，燃焼後の炭化面積，残炎時間，残じん（塵）時間などの材料の燃焼性状を測定する．JIS L 1091やJIS Z 2150にもほとんど類似の試験方法が規定されている．燃焼試験方法に合格した物品には，防炎ラベルが付されている．これら防炎物品の品質を確保するために，防炎ラベルを付けることのできるのは，消防庁長官の登録を受けた者に限られている．

（b）**防炎製品**　防炎製品は，防炎規制の基本である「火を出さない」ということだけでなく，人命安全や財産保護の観点から，広く一般に普及しようとするものである．現在，日本防災協会において防炎製品の認定が行われている．認定を行う際の検査項目にはつぎのようなものがある．

・防炎性能を有すること．
・経口毒性，皮膚接触障害などを起こさないこと．
・使用状態において等温，保温性，触感などの元来持っている物理的性質の機能の低下がないこと．

防炎製品の対象品目には，寝具類，防炎頭巾（ずきん），布張家具等，非常持出袋，テント類，シート類，幕類などがある．これらの製品は，製品ごとに燃焼試験法が定められており，試験基準に合格したものには防炎製品ラベルが付されている．　　　（千葉　博，箭内英治）

〔2〕　**防　火　材　料**

建築基準法では不燃材料，準不燃材料，難燃材料が定義されており，これらの総称として用いられる防火材料について以下に示す．防火材料には，建築基準法の技術的基準によりつぎの①〜③の要件（屋外の仕上げに使う場合は，①と②）を満たすことが求められる．

① 燃焼しないこと．
② 防火上有害な変形，溶融，亀裂等を生じないこと．
③ 避難上有害な煙またはガスを発生しないこと．

これらの要件は，通常の火災による火熱が加えられてから不燃材料には20分間，準不燃材料には10分間，難燃材料には5分間満たすことが建築基準法で定められており，図3.1.29に示すように包含される．

図3.1.29　防火材料の包含関係

また，防火材料には，国土交通省告示に例示された材料と，国土交通大臣により個別に認定を受けた材料がある．国土交通大臣の認定は，国土交通大臣により指定された性能評価機関において，それぞれが定めて，国土交通大臣が認定した業務方法書に基づいて性能評価（一般には試験を伴う）を行い，性能評価機関の発行した性能評価書を添えて申請を行う．そのため，防火材料の要件を確認するための試験法は，告示

等では位置付けられておらず，各性能評価機関の業務方法書に記載されている。

現在，四つの指定性能評価機関で防火材料の性能評価が行われており，①と②の要件を確認する試験法には，発熱性試験（ISO 5660-1 に準拠），不燃性試験（ISO 1182 に準拠），模型箱試験（ISO TS 17431 に準拠）のいずれかが使用されている。また，③については，2000（平成 12）年まで昭和 51 年建設省告示第 1231 号（現在は廃止）で規定されていたガス有害性試験が使用されている。

このように防火材料は，建築基準法で上記 3 要件と要求時間により定義されており，それらを建築物の部位や空間，防火の目的により要求される性能に応じて使用したり，あるいは性能を満たすものとして告示で例示されている。

例えば，出火防止の観点から火気使用室の内装には準不燃材料が要求され，避難安全の観点から居室の内装には難燃材料（床から 1.2 m の高さまでは除く）が，通路の内装には準不燃材料が要求される。さらに避難・消防活動支援上の観点から避難階段の内装には不燃材料が要求される。また，居室内の避難安全上の観点でいえば，天井を準不燃材料で仕上げることで壁を木材等で仕上げることが許容されるなど，空間の特性に応じて材料の組合せが認められている。

また，防耐火構造の告示において「間柱および下地を不燃材料で造り」，「不燃材料で造ったもの」といった仕様が例示されている。

屋根の葺き材については，防火地域または準防火地域内の建築物の屋根の構造の例示仕様として「不燃材料で造るかまたはふくこと」が，告示に位置付けられている。

排煙設備，排煙口，排煙風洞等の設備には，「不燃材料で造る」ことが要求され，換気や暖房等の一般の風洞等が防火区画を貫通する部分に防火設備（防火ダンパ）を設ける場合は，風洞を不燃材料で被覆することが要求される。

このように防火材料は，構造耐力を負担する部分，防耐火被覆，下地，内装仕上げ，設備材料，屋根の葺き材等建築基準法の防火関係規定において非常に多く引用されていることがわかる。

以下，告示において例示されているおもな材料を示す。

・不燃材料（平成 12 年建設省告示第 1400 号）：コンクリート，れんが，瓦，陶磁器質タイル，繊維強化セメント板，厚さが 3 mm 以上のガラス繊維混入セメント板，厚さが 5 mm 以上の繊維混入ケイ酸カルシウム板，鉄鋼，アルミニウム，金属板，ガラス，モルタル，しっくい，石，厚さが 12 mm 以上のセッコウボード（ボード用原紙の厚さが 0.6 mm 以下のものに限る），ロックウール，グラスウール板

・準不燃材料（平成 12 年建設省告示第 1401 号）：厚さが 9 mm 以上のセッコウボード（ボード用原紙の厚さが 0.6 mm 以下のものに限る），厚さが 15 mm 以上の木毛セメント，厚さが 9 mm 以上の硬質木片セメント板（かさ比重が 0.9 以上のものに限る），厚さが 30 mm 以上の木片セメント板（かさ比重が 0.5 以上のものに限る），厚さが 6 mm 以上のパルプセメント板

・難燃材料（平成 12 年建設省告示第 1402 号）：難燃合板で厚さが 5.5 mm 以上のもの，厚さが 7 mm 以上のセッコウボード（ボード用原紙の厚さが 0.5 mm 以下のものに限る）　　　　　　　　（成瀬友宏）

〔3〕 **建物火災の防火**

（a） **建物火災の傾向**　わが国における建物火災は全火災の 6 割強を占め，出火件数は年間約 30 000 件であるが，ここ最近は減少傾向を示している。火災による死者数は 1 300 人前後（放火自殺者を除く）で高齢者の割合が年々増加している。また，建物構造別の出火件数の比率は木造 2 に対して耐火造 1 であり，建物用途別で見ると居住用途が全体の約 55％を占める。出火原因では，調理器具による火災が 1 位ではあるが「放火，および放火の疑い」がこれに次いで多い[1]。

（b） **建物の種類と火災**　建物の種類は，その構造形式により主として可燃性の材料から成る木造と鉄筋コンクリート造や耐火被覆を施した鉄骨造などの耐火構造の建物に大別される。

建物火災は，この構造種別により特徴的な状況を呈する。何らかの原因で発生した建物火災は，周囲の可燃物に燃え広がりながら，火炎の長さや範囲を成長させ，その空間内部に煙を充満させて拡大する。早い時期に火災を発見し，消火を確実に行えば，被害は最小限に止めることができる。

住宅などに多い木造建物のように骨組みだけではなく壁や天井も可燃物で構成され，かつ，隙間の多い場合には，初期消火に失敗すれば，それらに容易に着火・拡大し，新鮮な空気の供給が十分であるため，比較的短い時間で建物全体火災に発展する。この短時間での火災の拡大を防止する目的で，内装として不燃のセッコウボードを貼るなど種々の防火対策が講じられ，耐火造の建物の火災性状に類似する挙動を持つ木造建物も出現し，火災安全上の効果を上げている。

一方，多数の人々が利用する用途の耐火造建物では，一般に骨組みだけではなく壁や天井も不燃物で構

成され，新鮮空気の取入れ口も窓などの開口部だけにとどまる。そのため火災の初期においては，急激な火災の拡大は起こりにくくなっている。この状態のときに火災を発見し，消火を確実に行えば被害は最小限にとどまる。

しかし，初期消火に失敗すれば，木造同様に充満した煙と拡大した火炎からの輻射熱により出火空間全域に火災が拡大し，窓ガラスが破れて黒煙や火炎が開口部から外部に噴出する，いわゆるフラッシュオーバと呼ばれる現象を呈する。これ以降，開口部から流入する新鮮空気の量と可燃物の表面積など燃えやすさの要因に支配され，換気支配型の燃焼，あるいは燃料支配型の燃焼のいずれかをとりながら活発な燃焼を，可燃物がなくなるか消火が成功するまで数十分のオーダで続き，空間の温度は約1 000℃程度となる。このとき，区画の耐火性能が不十分であれば隣接する区画へ拡大したり，開口部からの噴出火炎により上階にも延焼する場合が出てくる。

また，区画内部への煙の封じ込めに失敗すれば，さまざまな隙間を経て煙は建物内部の各所に広範囲に広がり，大きな人的被害の原因ともなる。この耐火造建物の火災性状を支配する要因は，**図3.1.30**に示すように建物空間の形状，規模，開口部の条件，周壁の熱的性質など建築的な要因と利用状況に関連する可燃物の量，性質，配置，出火源の種類などの条件，防火設備，消防設備や維持管理の状態など多岐にわたる。したがって，発生する火災の拡大状況は建物個々の条件によって異なる。

　（c）　**建物火災と人間**　建物火災において人間は，さまざまな立場をとる[2]。ある人は出火の原因を作り，また，ある人はそれを制御・鎮圧する役割を果たす。そして，多くの人々は煙・熱・毒性ガスの影響を受ける被害者となる。火災を制御・鎮圧する役割を果たす防災センターや公設消防隊員には習熟した知識に基づく混乱のない確実な行動が求められる。

人が，煙・熱・ガスに生理的・心理的に耐えられる時間や許容限界についてそれほど十分な資料はない[2),3)]。一例として輻射熱については，150℃の空気にさらされた場合，男性に比べて強い女性でも2分しか耐えられないこと，煙については視程27 mが推奨されていること，CO（一酸化炭素）については13 000 ppmで短時間で死に至ることなどがある程度である。しかし，超高齢社会という状況下で高齢者らの避難行動要支援者に配慮した優しい建築づくりが提唱されている現状においては，これまでの目安の値を設計に採用することは現実的ではない。合理性を持った火災安

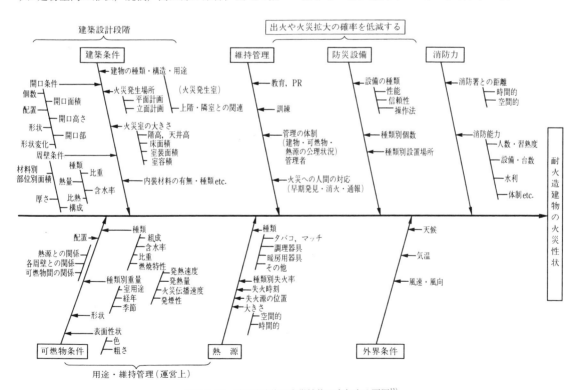

図3.1.30　耐火造建物の火災性状に寄与する要因[11]

全設計を行うためには，むしろどんな人でも脅威に感じない，あるいは行動が制約されない大きさの火災はどの程度であるかといった社会合意のための系統だった研究も必要となろう。

一方，行動能力については歩行速度と群衆流動係数が着目されている[3]。歩行速度については年齢や性別にもよるが，単独行動での水平歩行の中心値は1.3 m/s，群衆歩行の場合は遅い人の速度に近い値で密度に依存し，1.5人/m²のときに廊下では1.0 m/s，階段では0.5 m/sが推奨され，群衆流動係数については出入口で1.5人/m·s，階段で1.3人/m·sが防災計画書の避難計算に採用されている。これらの値についても，高齢化や避難行動要支援者を配慮した数値の設定やディテールの見直しが必要になるかもしれない。

防災計画の基本に，フェールセーフ，フールプルーフという二つの考え方がある。これらは利用する人間の災害時の対応の不確実さについての懸念をいくらかでも解消しようとの趣旨であり，2方向避難やプランの単純さなど建物の平面・断面計画での基本的な対応の推進につながる。

避難行動の意思決定の根源に関わる本能については，フールプルーフの観点から帰巣性，退避性，向光性，追従性などが指摘されており，設計の段階ではこれらの点を踏まえた日常性や単純明快さのある平面・断面計画が望まれ，これが二次災害としてのパニックを防止する上で重要になる[3]。

建物が高層化したり，大規模化したりすると避難行動を音声情報によってゾーンや状況に分けてタイミングよく制御することが必要となる。このとき，高齢者や聴覚障害者への配慮や，今後増大することが予想される外国人への情報伝達についても考慮する必要がある。

（d）**火災安全の目標と関連法規**　火災安全の目標は，対象とする建物を利用する人々に対して火災による煙や熱から人命の安全確保を図ることが第一であることはいうまでもない。しかし，耐火造建物の火災拡大要因は，図3.1.30に示したように多様であるし，また利用する人々の災害時の行動特性も一様ではなく，さらに建物によっては公共性の観点などからの重要性も異なるので建物ごとにその目標は異なってよい。しかし，建築基準法の第1条では，「建築物の敷地，構造，設備及び用途に関する最低の基準を定めて，国民の生命，健康及び財産の保護を図り，もって公共の福祉の増進に資することを目的とする」と規定されている。したがって，通常の建築物の火災安全を考える場合には，第一の目標に加えて建物内への延焼防止による財産（情報を含む）の保護や市街地火災拡大防止など周辺建物・人命への影響の防止についても考慮することが必要になる。さらに火災安全の目標を達成するためには，公設消防の消火・救助活動に依存する部分も残る。

したがって，建築物が成立する要件の一つとして建築空間の構造，規模，仕上げ，避難施設の規模・配置などについて上記の建築基準法を満たすとともに，主として防災設備面や維持管理面について消防法を満足していることが要求される。

（e）**火災の進展過程と火災安全対策**　耐火造建物火災はさまざまな要因に支配されて進展する。一方，何をどの程度守るかの火災安全の目標も本来は建物ごとに異なるから，その安全対策も基本的には建物固有の方法でよい。この建物固有の火災安全対策を考える場合に，建物の用途に着目した人間と火災の関係，特に守るべき人間の火災に対する諸能力とその人数や配置状況の把握，および建物固有の各段階での火災挙動の推定の三点が重要である。また，それらが時系列上でどのように関わり合っているかの総合的な把握も，建物が大規模になるほど大切になる。

図3.1.31は火災の進展段階ごとに，建築的，設備的な対策，人間や組織の対応を総合的に時系列上で示した例である。火災拡大の初期に有効な対策を施すことがいかに大切かがこの図からも読み取れよう。また，**表3.1.18**は火災進展の各段階の安全目標について，現状の性能設計に用いられている予測技術との関連を含めて示したものである。

1）**初期火災対策**　何らかの原因で発生した区画内の火炎およびプルームは，周りの空気を巻き込んで成長し続け，ついには天井に衝突し，天井面に沿った流れを起こすとともに，高温煙層を区画内天井付近に蓄積させる。また，この火炎は周囲に熱放射を行う。このときの火炎の長さは火源面積・形状と発熱速度に依存する。したがって，何がどの範囲で燃えるかを設定することが安全対策を検討する上で最初に必要となる。防災性能評定などにおいては，標準的な設計火源[5]を用いて火災危険の予測や火災安全対策の検討が行われている。

火炎が急激に成長し，可燃性の内装天井や壁に接するとその区画の避難安全上の余裕が少なくなるのは自明で，そのために用途や規模によって内装材料の制限が建築基準法で規定されている。しかし，天井高さや避難出口の個数，あるいは発見や消火設備が確実であれば，これらのトレードオフにより必ずしもすべてを不燃化する必要はない。天井に沿った気流の性質も予測できる[4]ので，この成果を利用すれば設置対象区画

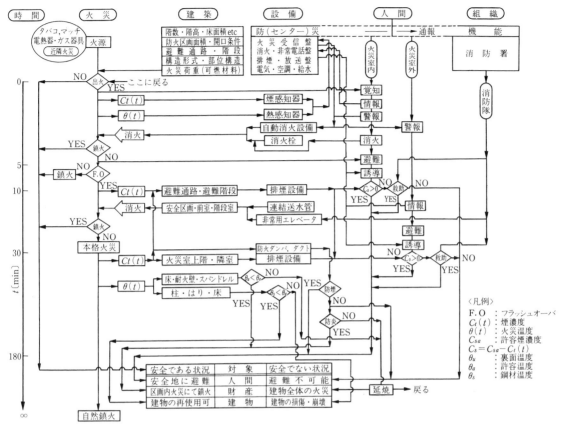

図 3.1.31 火災の進展段階ごとの建築的,設備的な対策,人的・組織的対策の対応[12]

の要求性能に合致した火災感知器やスプリンクラーの設計が可能である。

火災初期の区画内部での煙層の蓄積状況の予測は,避難を確実なものとするために重要である。この予測には通常は田中の二層ゾーンモデル[6]が用いられている。このモデルでは,発熱速度,火源面積のほかに,区画の形状・寸法,周囲の壁体の熱的性質,開口部の条件が入力データとして要求される。

避難計算については人の動きを個々にコンピュータを用いて詳細に求める方法もある[7]が,前述の歩行速度などを用いて簡便に検討し,空間の面積や高さから定めた避難許容時間と比較する方法もある[6]。なお,2000年の建築基準法の改正によって,建築物の避難安全に関して従来の仕様規定に加え,新たに性能規定が追加された。避難規定に関しては,政令や告示で定められた計算式によって安全性を検証する避難安全検証法が定められており,「階避難安全検証法」と「全館避難安全検証法」の二つがある[8]。それぞれの検証法によって避難安全の性能を確認することができ,従来の仕様規定では求められていた排煙設備,直通階段までの距離,内装制限,竪穴区画,高層区画などの規定の適用除外を受けることができる。

初期火災から盛期火災へと火災性状が劇的に変化する境界をフラッシュオーバと呼ぶ。その抑制に効果があるのは内装材料の不燃化であるが,開口条件や収納可燃物の量・設置状況も影響する。

2) 盛期火災対策 盛期火災の性状は,図3.1.30に示すように多数の要因に影響される。このうち可燃物に関する条件と区画の形状・寸法・周壁の熱的性質,開口条件など建築的条件が特に支配的である。川越,関根は特に開口部の条件に着目し,燃焼速度 R は開口部面積 A,開口部高さ H の関係として,$R = 5.5AH^{1/2}$ を導き,簡便に火災の継続時間や温度を求める方法を提案した[9]。その後の研究により開口部の面積が可燃物の表面積に比べて相対的に大きい場合には燃焼速度は燃料に支配されることが示され,両者を選択しながら火災の時間-温度曲線を求める方法も利用されている。いずれにしても火災の継続時間と温度の予測によって,対象とする区画や骨組みの工法の耐火性能が十分かどうかを検討することができる。

表 3.1.18 火災の進展段階，火災安全目標と予測のための入力ならびに出力

火災の程度と安全目標	状態のイメージ	予測のための入力と検討結果の出力
火災初期① ・火災の急激な拡大防止 ・火災早期発見 ・スプリンクラーの確実な作動		（入力） ・天井高さ，内装材料の性質，可燃物の種類（燃えやすさ），量，可燃物の配置，面積 （出力） ・火炎の高さ ・天井着炎の有無 ・壁への輻射
火災初期② ・避難安全性の確保 ・区画の遮煙性や破損防止性確保		（入力） ・天井高さ，空間寸法，開口条件，可燃物の量，種類 （出力） ・避難状況の時刻変化 ・煙層の降下状況（温度，厚さ）
火災盛期① ・構造体や区画の耐火性の確保		（入力） ・天井高さ，空間寸法，開口条件，可燃物の量，種類，位置，区画部材，構造部材の性能 （出力） ・火災の時間-温度曲線 ・区画や構造部材の温度上昇 ・架構の熱挙動結果
火災盛期② ・上階延焼防止性の確保		（入力） ・開口条件 ・火災性状予測値（可燃物量） ・上階開口部の位置や区画性能 （出力） ・火炎の長さ，膨らみ ・区画や破損の有無

開口部から噴出する火炎の性質を知ることも，火災を上階に延焼させないためには重要である。これについては横井の研究成果[10]があり，スパンドレルの長さや袖壁・ひさしの深さの規定に反映されている。

これ以外にも建物に必要な貫通部がある。例えば，ダクトおよび配線や，エレベータ，エスカレータである。前者については貫通部周りの処理やダンパの性能・配置に配慮が必要である。後者については煙の上階への拡大経路とならないような対策が要求される。

（f） 施工や維持管理と火災　火災安全計画の立案や具体化のための施工については当然のことながら完全・確実さが望まれる。そうでなければ，これらに携わった人々は火災拡大を助ける役回りとなる。また，建物火災安全のための計画や対策がいくら優れていても，その維持管理や利用の仕方が適切でなければ効果は半減する。防火計画の趣旨を生きたものにするためには，防災計画書などを基に設計者と建物管理者，さらには利用者を含めた共通の理解のための環境づくりと，安全管理に対する常日頃の地道な努力が必要不可欠である。　　　　　　（佐藤博臣，関澤　愛）

引用・参考文献

1) 消防庁編，平成29年版消防白書（2017）
2) 室崎益輝，現代建築学　建築防災・安全，鹿島出版会（1993）
3) 日本建築センター編，新・建築防災計画指針，新日本法規社（1985）
4) 耐震・防火建築ハンドブック編集委員会編，最新耐震・防火建築ハンドブック，建設産業調査会（1991）
5) 建設省，建設省総合技術開発プロジェクト「建築物の防火設計法の開発」報告書，日本建築センター（1988）
6) 田中哮義，建築火災安全工学，日本建築センター（1993）
7) 日本建築学会新建築学大系編集委員会編，建築安全論，新建築学大系12，彰国社（1983）
8) 国土交通省，階避難安全検証法に関する算出方法等を定める件，全館避難安全検証法に関する算出方法等を定める件，建設省告示第1441号および1442号（2000）
9) 川越邦雄，関根孝，壁体の熱伝導率のちがいによるコンクリート造建物内の火災温度曲線の推定，日本火災学会論文集，13-1（1963）
10) Yokoi, S., Study on the Prevention of Fire Spread Caused by Hot Upward Current, 建築研究報告,

No.34, 建設省建築研究所 (1970)
11) 佐藤博臣, 内装設計と初期消火, 建築技術 (1988)
12) 牟田紀一郎, 佐藤博臣, 火災時総合防災システムに関する研究 (第1報), 鹿島建設技術研究所年報, 第26号 (1978)

〔4〕 煙 の 制 御

(a) 目 的　　火災による死者（自殺者を除く）の約4割[1]が, 一酸化炭素中毒・窒息によるものであるが, それ以外にも煙により退路を絶たれ焼死に至った例も少なくない. 火災時の煙対策は防火安全上重要な課題である. 煙制御は, 建物火災時に屋内に大量に発生し充満する煙による被害軽減を目的としており, 現行法令上は, ① 避難者の安全確保（建築基準法）と② 消防救助活動時の支援（消防法）が主要な目的となっている.

煙制御では, 屋内からの煙の排除と拡散防止が基本であり, 制御方法として大きく以下の四つに分類できる[2].

1) 煙を閉じ込める（密閉方式）　　防火・防煙性能の高い扉などで火災室を密閉して閉じ込める. 燃焼の抑制により煙の発生量も少なくできる反面, 不用意に開放するとバックドラフトと呼ばれる急激な燃焼を生じさせるおそれがある.

2) 煙を排出する（排煙方式）　　屋内の煙を火災室など煙汚染区域から屋外へ, 後述する自然あるいは機械的駆動力を用いて排出する.

3) 煙の侵入を防止する（遮煙方式）　　室間に圧力差を設け, 火災室などの煙汚染区域から非汚染区域への煙の拡散を防止する.

4) 煙をためる（蓄煙方式）　　吹抜け空間, 屋内競技場のような大規模な空間では, 天井直下に煙だまりを設けて蓄煙し, 避難が完了するまで支障となる高さまでで煙が降下しないようにする.

(b) 防煙区画と安全区画　　煙の制御の対象となる単位空間は防煙区画と呼ばれ, 防火安全設計上, 避難や消防活動計画上重要な安全区画と対応して計画される. なお安全区画とは当面の危険を回避できる安全措置が講じられた空間のことで, 各居室からの避難経路の, 廊下を第一次安全区画, 階段前室の付室を第二次安全区画と呼ぶ. 防煙区画は, 現行建築基準法令で面積の上限 (500 m^2) が定められ, 間仕切壁や垂れ壁によって煙が隣接区画へ拡散しない構造となっている. おのおのの防煙区画は, その床面積に応じた有効な排煙風量や開口面積の確保が規定されている. なお煙の制御は, 他階への煙伝播が起こらないように階段室やパイプシャフトなど垂直につながった空間（竪穴区画）に煙を侵入させないことが大原則である.

(c) 煙の制御方式　　煙の制御は, 大きく自然排煙と機械排煙の2方式に分けられる. 前者は高温の煙の浮力を利用する自然換気によって, 後者は送・排風機を用いる強制換気によって煙の制御を行うものである.

1) 自然排煙方式（図3.1.32 (a) 参照）　　建物火災で煙による被害が大きくなってきた理由の一つに, 建物自体の気密性が高くなる一方, 窓など屋外に面する開口部が確保できず, 行き場を失った煙が建物内に急速に充満するようになったことが挙げられる. 火災室から発生する大量の煙を屋内に拡散させないためには, 火災室に屋外へ煙を直接排出する開口を設けることが最も簡明な対策である. 現行建築基準法では, 防煙区画ごとに, 当該床面積の1/50相当の開口面積をもって排煙上有効な開口と定められている. ただし自然排煙では, 廊下など他の防煙区画と火災室間の扉が開放されている場合, 屋内への煙の拡散は避けられない. また煙の排出量は外気風に大きく依存するため, 煙制御としては安定性に欠けるなどの欠点がある. そのほか, 煙の排出をしない蓄煙方式も, この自然排煙の一種である.

2) 機械排煙方式　　高層事務所ビルのように外気に面する窓が開閉できない居室や中廊下の防煙区画では, 送・排風機による機械力による煙制御が用いられ

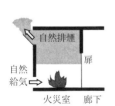
(a) 自然排煙

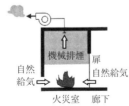
(b) 機械排煙（吸引）

(c) 機械排煙（加圧）

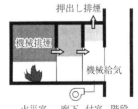
(d) 機械排煙（押出し）

図3.1.32　煙の制御方式の模式図　（文献2)に一部加筆）

る。従来の機械排煙では，火災室の煙を直接屋外へ排出することに主眼が置かれていたが，最近では火災室など煙汚染室から隣接空間への煙の流出を防止する遮煙が普及してきている。

いずれの場合においても，安全区画などへ煙が流出しないよう煙汚染室が隣接空間に対して相対的に負圧になるように圧力差をつけ，火災室あるいは煙汚染室から煙を屋外に排出することには変わりない。この圧力差のつけ方で，火災室で煙を屋外へ吸い出す吸引方式と，階段や付室のように避難や消防活動上重要な部位に給気し煙を屋外へ押し出す加圧排煙方式がある。

ⅰ) 吸引による排煙方式（図3.1.32（b）参照）
現行建築基準法の一般的な機械排煙は，この方式である。排煙風量は火災初期の火源から発生する熱気流量にほぼ相当するもので，建築基準法令では防煙区画の単位面積当り毎分1 m^3 と定められている。煙は火災室などの煙汚染室から直接排出されるため，確実に屋外へ排出される。しかしながら，機構上，排煙ダクトや排煙機が高温の煙にさらされるため，熱的損傷を受けやすく他の区間への延焼拡大を招くおそれがある。このため，排煙口や区画貫通部に防火ダンパー（公称作動温度280℃）が設けられ，高温になると排煙が停止するため，火災初期の避難には有効だが，盛期火災時の消防活動支援のための煙制御としては不向きである。

ⅱ) 加圧排煙方式（図3.1.32（c）参照） 付室・階段室のような避難方向の安全区画から新鮮空気を給気し，煙を火災室などの煙汚染室に押し込め，安全区画への遮煙を図るのがこの加圧排煙方式である。吸引排煙に比べて排煙機器に直接熱の影響が及ばないため，火災盛期においても運転可能であり消防活動時の煙制御としても期待されている。また，ダクトなどのスペースの節約や遮煙条件を満足するための風量が従来の吸気による排煙に比べ少なくて済むことなど，経済的メリットがあり普及してきている。

一方で，加圧時に，複数室にわたる圧力調整を適正に行わないと火災室へ過度な新鮮空気を吹き込むことによる火勢の助長，扉の開閉障害など，防火上の新たな危険を及ぼす。このため，わが国では導入が遅れたが，圧力調整に関する技術開発や建物の気密性など設計に必要な技術データが蓄積され，加圧による煙制御設計法[2),3)]も整備され普及が進んできている。

ⅲ) 押出し排煙（2種排煙）（図3.1.32（d）参照）
加圧による排煙の一種ともいえるが，遮煙するというより，新鮮空気を煙汚染室に供給し，屋外に煙を押し出し自然排煙の効果を上げることを目的としている方式である。2000年の建築基準法の改正により新たに導入された。各室において給気および排煙を行う場合は，排煙口面積および排煙量の上限が法令で定められているため，実用的で使い勝手の良い方式である。一方，複数の室を統合して給排気する場合は，すべての部屋に自然排煙口を設けなければならず，採用には制約があるといわれている。

ⅳ) 機械排煙の課題 煙制御では，必ずしも排煙風量を大きくすればよいというわけではない。避難者や消防隊員が使用する扉の開閉障害をなくす圧力制御も煙制御の重要な課題である。100 Pa程度の圧力差でも，扉には，数百Nの力がかかり，子供や老人などでは容易に避難扉が開閉できなくなるおそれがあるため，避難用の扉を開けるには133 N以下に抑える[4)]こととされている。排煙風量を大きくすると，圧力差も大きくなるため，この両者のバランスをいかにとるかが，煙制御の技術上の課題であったが，室間に圧力調整用のダンパを設置し過度な圧力を解放したり，送風機の回転数制御により送風量を調整する技術も一般化してきている。

（山田常圭）

引用・参考文献

1) 自治省消防庁，消防白書 平成29年版，p.71
http://www.fdma.go.jp/html/hakusho/h29/h29/html/1-1a-2-2.html（2018年10月現在）
2) 日本建築学会，建築物の煙制御計画指針（2014）
3) 日本消防設備安全センター，加圧防排煙設備の設計・審査に係る運用ガイドライン
http://www.fesc.or.jp/04/pdf/guideline-1212.pdf
（2018年10月現在）
4) NFPA101：Life Safety Code, National Fire Codes, 101-52（2013）

〔5〕 石油類火災の防火

(a) 石油類 石油類とは，一般的には原油または原油から分留・精製されたガソリン・灯油・軽油・重油・潤滑油などの引火性の液体を指す（広義には，石油系天然ガスなどの気体あるいはアスファルトのような固体を含める場合もある）。

消防法においては石油類を中心とした引火性物品を危険物として指定している。石油類は，危険物の第4類に該当し，引火点の温度の違いにより4種類に分類されている。表3.1.19に，石油類の分類を示す。

(b) 石油類火災の実態 石油類火災は，大規模なものになるとその消火が非常に困難なものとなる。また，小規模なものでも爆発などを伴う危険なものと考えなければならない。

『消防白書』によると危険物施設などによる災害は，

3. 火災爆発

表 3.1.19 石油類の分類

種　類	引火点（1気圧）	代表的な物質
第1石油類	21℃未満	ガソリン，シンナーなど
第2石油類	21℃以上 70℃未満	以上灯油，軽油など
第3石油類	70℃以上 200℃未満	切削油，重油など
第4石油類	200℃以上	エンジン油，ギヤ油など

毎年190件前後発生しており，その被害は最近5年間で損害額約107億円，死者14人，負傷者約340人に達している（**表 3.1.20** 参照）。このうち，石油類が出火原因となった件数が全体の50％以上を占めており，石油類の中では引火点の低い第1石油類が出火原因となるケースが最も多い（**表 3.1.21** 参照）。

表 3.1.20 危険物施設などにおける災害
（平成27年版消防白書）[2]

年　度 （平成）	損害額 〔百万円〕	死者数 〔人〕	負傷者 〔人〕	火災発生 件数
22	556	1	66	179
23	994	1	51	189
24	2 698	4	105	198
25	4 334	7	55	188
26	2 140	1	64	203
合　計	10 722	14	341	957

表 3.1.21 石油類による出火原因件数
（平成27年版消防白書）[2]

出火原因		件　数 平成26	小　計	比　率〔％〕
危険物	危険物第4類 第1石油類	53		
	第2石油類	18	106	52.2
	第3石油類	14		
	第4石油類	21		
	その他	2	2	1.0
	第4類以外	8	8	4.0
危険物以外のもの		87	87	42.9
火災件数		203	203	100.0

（c）石油類火災の防火対策　石油類火災の防火対策は，石油類物質の種類・取扱い量によって異なるが，一般的には「発火防止対策」および「火災・爆発の局限化対策」に大別される。なお，防火対策を立てる場合は，初めにつぎの諸事項を十分把握しておかなければならない。

① 石油類の種類，危険性（引火点，爆発限界など）
② 石油類の取扱い量および位置
③ 石油類貯蔵容器およびプラントシステムの仕様
④ 石油類漏洩の可能性
⑤ 発火源の有無
⑥ 防災監視システム・消火設備などの仕様

1) 発火防止対策

ⅰ）漏出対策　石油類の漏出対策としては，石油類の貯蔵に密閉容器を使用すること，および貯蔵容器から作業所への搬入にできるだけ配管を使用することが挙げられる。

ⅱ）爆発性混合ガスの形成防止（換気）　密閉容器を使用できない場合，あるいは塗装ブース，印刷機など使用状態において液体が大気中に露出している装置類には，換気装置を設け，蒸気濃度を安全な濃度以下まで下げておくことが必要である。

ⅲ）発火源の除去　石油類が引火して火災を起こすときの発火源は，化学的（裸火など），熱的（高温表面熱，過熱着火など），電気的（静電気火花，電気火花など），機械的（摩擦など）の4種類に大別できる。このうち，裸火，溶接，電気火花によるものは特に多いので，少なくともつぎの対策は必要となる。

① タバコ，マッチ，ライタなどの一般火気使用は厳禁とする。

② 溶接作業を行う場合は，修理部分を取り外し，安全な場所に運んで溶接を行うか，現場で行う場合は，容器内の石油類を完全に除去し，かつ可燃性蒸気を排除するなどの安全処置を講じてから行う。

③ 電気設備を危険場所に設置する場合は，その場所に適応した防爆工事を行う。

④ 静電気火災のリスクがある場合，アース設置，加湿（乾燥防止），帯電防止機能を有する靴や衣類の着用などで，静電気の発生を防止する。

2) 火災・爆発の局限化対策　火災・爆発の局限化対策としては，石油類の取扱い場所を独立の専用建物とすること，および万が一石油類が流出しても広がらないよう，石油類を取り扱う設備の周囲に溝を設け，流出油を安全な位置に設置された処理槽まで導くなどの対策がある。

上記のほか，防災上の対策として，つぎの設備を設置することも必要である。

ⅰ）防災監視システム　防災監視システムは，火災，漏洩，爆発などの災害の発生に関する情報を現場に行って確認することなく，早期に発見し，その情報を迅速に，かつ自動的に関係者に通報連絡できる機能を有するもので，災害の現象を検知する監視センサ，監視センサからの信号を受信・処理・表示などをする防災監視盤，および必要な情報を消防関係機関などへ連絡通報する装置から成り立つ。

監視センサは，災害の種類（火災，漏洩，爆発な

ど）に応じて，当該現象を適切に検出できるものであることが要求される．特に火災センサの場合は，種類が多いため，用途・設置場所に応じた選定が必要となる．例えば，爆発性化学物質を取り扱う場所では，防爆型感知器を，腐食性化学物質を取り扱う場所では，腐食防止のため空気管をステンレス製（通常は銅管）にした差動式分布型熱感知器を使うなどである．防災監視盤は，その前に人が座り，見る，操作するなど一連の動作が伴うもので，操作員にとって親和性の良い盤であるとともに，業務形態に応じて適切な監視機能を有するものでなければならない．機能的な総合防災盤としてつぎの2例を紹介する．

① グラフィックパネル方式　施設および設備全体を大きなパネルに描き，その上に異常が検出された位置をランプなどで表示する方式である．監視員がひと目で設備全体の状態を知ることができ，比較的小規模の設備に適しており，シンプルでわかりやすく操作が簡単である．

② LCD方式　防災監視盤の情報をLCDに表示し，担当者が専有して使うことができる方式である．狭い場所でも対応できるため，省スペース化が可能な防災監視盤となる．また，LCD画面からタッチパネル，マウスなど補助入力装置により制御を行うことができる．

ii）延焼・出火防止設備　延焼・出火防止設備には，冷却散水設備（冷却散水による延焼・出火防止）および水幕設備（輻射熱遮断による延焼防止）がある．

冷却散水設備は，粗粒の水滴を防護対象物に分散放水して冷却し，延焼・出火防止するもので，水源・ポンプ・配管・バルブ類・散水ノズルから構成されている．防護面積当りの散水量は保安関係法令で定められているが，$2 \sim 10 \, \text{L/min} \cdot \text{m}^2$が一般的であり，防護対象面に均一に散水されるようにノズルが配置されている．

水幕設備は，地上または天井から水を放射して，火災と防護対象物の間に，板状，棒状，噴霧状の水による間仕切り（水幕）を形成し，水幕により輻射熱を吸収あるいは反射して防護対象物に到達する輻射熱を軽減し，延焼防止，温度上昇による強度の低下を防止するものである．

iii）消火設備　石油類の消火に適した消火設備としては，水噴霧消火設備（消火のほか火勢抑制，延焼・出火防止効果あり），泡消火設備（可燃性・引火性液体に有効，燃焼液面を流動展開），不活性ガス消火設備（汚損なし，耐電圧大，梁部火災に有効），ハロゲン化物系消火設備（汚損なし，耐電圧大，梁部火災に有効），粉末消火設備（表面火災に有効，消火速度大），その他（消火器，乾燥砂など小規模火災に有効）がある．

（古澤栄二，長谷川晃一）

引用・参考文献

1) 日本火災学会編，火災便覧第3版，pp.1497-1502（化学工場の防消火，長谷川晃一），共立出版（1997）
2) 平成27年度版 消防白書，消防庁，p.87（2015）

〔6〕**防火防災管理**

（a）**防火管理制度**　防火管理とは，火災の発生を防止し，かつ，万一火災が発生した場合でも，その被害を最小限に止めるため，必要な対策を立て，実践することである．

しかし，過去には，防火管理体制に不備があったために火災が発生，拡大した結果，尊い人命や貴重な財産が失われた事例が多数ある．

防火管理制度は，消防法第8条等の規定により，防火管理の実施を義務付ける制度である．消防法第8条第1項では，多数の者を収容する防火対象物の管理について権原を有する者は，一定の資格を有する者から防火管理者を定め，防火管理上必要な業務を行わせなければならないと規定している．

1）防火管理義務対象物　消防法施行令（以下，「消政令」という）第1条の2により，つぎの①から⑤までの防火対象物に義務付けている．このほかにも，各市町村の条例で別に定めている場合がある．

① 火災発生時に自力で避難することの困難な者が入所する社会福祉施設等（以下，「避難困難施設」という）がある防火対象物は，防火対象物全体の収容人員が10人以上のもの

② 劇場，飲食店，店舗，ホテル，病院など不特定多数の人が出入りする用途（以下，「特定用途」という）がある防火対象物を特定用途の防火対象物といい，防火対象物全体の収容人員が30人以上のもの

③ 共同住宅，学校，工場，倉庫，事務所などの用途（以下，「非特定用途」という）のみがある防火対象物を非特定用途の防火対象物といい，防火対象物全体の収容人員が50人以上のもの

④ 新築の工事中の同条所定の大規模な建築物で，収容人員が50人以上のもののうち，総務省令で定めるもの

⑤ 建造中の旅客船で，収容人員が50人以上で，かつ，甲板数が11以上のもののうち，総務省令で定めるもの

2）管理権原者　消防法上の管理について権原を

有する者をいい，防火対象物について正当な管理権を有し，当該防火対象物の管理行為を法律，契約または慣習上当然行うべき者である．防火管理上の最終的な責任を有し，防火管理者が有効に防火管理業務を遂行できるよう指導，支援，協力を行い，実効ある防火管理に努める必要がある．管理権原者の消防法上の責務はつぎのとおりである．

① 防火管理者の選任義務
② 防火管理業務の監督義務
③ 防火管理者の選解任時の届出義務

3） **防火管理者** 防火対象物内における防火管理業務の推進をその職務とする者で，火災の発生を未然に防止し，かつ，万一火災が発生した場合でもその被害を最小限に止めるべく万全を期する職責を有する．このため，事業所において防火管理者は，従業員に対し指示命令ができる地位にあり，かつ，管理権原者に直接指示を求めることができる立場にある者でなければならない．このことから，消政令第3条では，「管理・監督的な地位にある者」の選任を規定している．また，防火管理者は，広範にわたる防火管理業務を確実かつ円滑に行うために一定の知識・技術を有していることが必要である．そのため，防火管理者は，消防長等が実施する「防火管理講習」の課程の修了者や法令に定める学識経験者でなければならない．

ⅰ） 防火管理者の資格区分　防火管理者の資格は，甲種防火管理者と乙種防火管理者の二つがあり，**表3.1.22**のとおり，防火対象物の規模や収容人員等により，必要な防火管理者の資格が区分されている．さらに，テナントの防火管理者の資格は**表3.1.23**のとおり区分されている．

ⅱ） 防火対象物の区分　防火対象物は，用途と規模により，甲種防火対象物と乙種防火対象物に区分されている．

表3.1.22 防火対象物と防火管理者の資格区分

用途	特定用途の防火対象物		非特定用途の防火対象物	特定用途の防火対象物	非特定用途の防火対象物
	避難困難施設	左記以外			
建物全体の延べ面積	すべて	300 m² 以上	500 m² 以上	300 m² 未満	500 m² 未満
建物全体の収容人員	10人以上	30人以上	50人以上	30人以上	50人以上
区分	甲種防火対象物			乙種防火対象物	
資格区分	甲種防火管理者			甲種または乙種防火管理者	

表3.1.23 テナントの防火管理者の資格区分

区分	甲種防火対象物のテナント					乙種防火対象物のテナント
	特定用途			特定用途		
テナント部分の用途	避難困難施設	左記以外	非特定用途	避難困難施設	左記以外	非特定用途	すべて
テナント部分の収容人員	10人以上	30人以上	50人以上	10人未満	30人未満	50人未満	すべて
資格区分	甲種防火管理者			甲種または乙種防火管理者		

甲種防火対象物とは，避難困難施設が入っているすべての防火対象物，特定用途の防火対象物で延べ面積が300 m²以上のもの，非特定用途の防火対象物で延べ面積が500 m²以上のものである．一方，乙種防火対象物とは，甲種防火対象物以外のものである．

ⅲ） 防火管理者の責務　防火管理者は火災等の災害からの従業者の生命や企業の財産の保護はもとより，防火対象物の利用者および周辺住民の生命，財産に影響を及ぼすことのないよう危険を排除する義務と責任を有する．防火管理者は，災害発生防止のための「予防管理業務」と災害発生時の対応である「自衛消防業務」を推進する責任者であり，つぎの業務を行う．

① 消防計画の作成
② 消火，通報および避難の訓練の実施
③ 消防用設備等の点検および整備
④ 火気の使用または取扱いに関する監督
⑤ 避難または防火上必要な構造および施設の維持管理
⑥ 収容人員の管理
⑦ そのほか防火管理上必要な業務

（**b**） **防災管理制度**　地震発生時には，避難経路となるべき廊下や階段の破損，家具や什器の転倒などにより避難が困難になることや，倒壊建物からの救出事案等が同時期に多数発生することが予想される．そのため，消防法第36条に基づき，多数の者が利用し，円滑な避難誘導が求められる大規模な防火対象物等に対し，防災管理者の選任，防災管理に関する消防計画の作成などを義務付けている制度が防災管理制度である．

1） **防災管理義務対象物**　建築物その他の工作物で，消政令第46条に規定する規模のものに防災管理が義務付けられる（**表3.1.24**参照）．

表3.1.24 防災管理義務対象物

用　　途	階層・床面積等の条件
消政令別表第1（1）項から（4）項まで，（5）イ，（6）項から（12）項まで，（13）項イ，（15）項および（17）項（以下「対象用途」という。）に掲げる防火対象物	・対象用途が11階以上にあり，対象用途の床面積の合計が1万 m^2 以上 ・対象用途が5階以上10階以下にあり，対象用途の床面積の合計が2万 m^2 以上 ・対象用途が4階以下にあり，対象用途の床面積の合計が5万 m^2 以上
消政令別表第1（16の2）項に掲げる防火対象物で，対象用途を含むもの	延べ面積 1 000 m^2 以上

2）防災管理者　消防法第36条第1項において準用する消防法第8条第1項は，「管理権原者は，火災その他の災害の被害の軽減に関する知識を有する者で政令で定める資格を有する者のうちから防災管理者を定め，消防計画の作成，当該消防計画に基づく避難の訓練の実施その他防災管理上必要な業務を行わせなければならない」としている。

ⅰ）**防災管理者の資格**　消政令第47条に定める防災管理者の資格を有する者で，防災管理義務対象物において防災管理上必要な業務を適切に遂行できる管理的または監督的な地位にある者を選任する。

なお，消防法第36条第2項の規定により，防災管理者と防火管理者は同一の者であることが必要である。

ⅱ）**防災管理者の責務**　防災管理者は，防災管理上必要な業務を行うときは，必要に応じて当該防災管理義務対象物の管理について権原を有する者の指示を求め，誠実にその職務を遂行しなければならない。

また，防災管理者は，防災管理に係る消防計画を作成し，これに基づいて避難の訓練を定期的に実施しなければならない。

（**c**）**消防計画**　消防計画には，消防法第8条第1項に基づいて防火管理者が作成する「防火管理に係る消防計画」と消防法第36条第1項において準用する同法第8条第1項に基づいて防災管理者が作成する「防災管理に係る消防計画」がある。

1）防火管理に係る消防計画　事業所の火災の発生等を未然に防止するため，建築物，火気使用設備器具等の火災予防上の自主検査や消防用設備等の点検および整備等の行動規範を文書にしたものである。これには日常の予防管理組織のほか，万一災害が発生した場合に，被害を最小限に止めるために必要な自衛消防の組織の編成，その活動要領や任務等も定められる。

2）防災管理に係る消防計画　事業所の地震および特殊な災害による被害を軽減するため，避難施設等の自主検査や震災対策に係る資器材の点検および整備等の行動規範を文書にしたものである。これには自衛消防組織の編成，その活動要領や任務等が定められる。

（**d**）**統括防火管理・統括防災管理制度**

1）統括防火管理制度　一つの防火対象物に複数の事業所が入り，管理について権原が分かれている場合，それぞれの管理権原者が相互に連絡協力し合う体制がなければ，災害時に混乱を招くおそれがある。

消防法第8条の2第1項に規定する防火対象物で，管理について権原が分かれているものは，協議して統括防火管理者を定め，避難訓練の実施，避難施設の管理等，防火対象物全体の防火管理業務を行わせるとともに各防火管理者に対して必要に応じて指示することにより，建物全体の防火管理業務を一体的に推進することとしている。

2）統括防火管理義務対象物　つぎのいずれかに該当するもので，管理について権原が分かれているものは，統括防火管理を行わなければならない。

① 高層建築物（高さ31mを超えるもの）
② 地下街（消政令別表第1（16の2）項に掲げる防火対象物で消防長または消防署長が指定するもの）
③ 消政令別表第1（6）項ロおよび（16）項イに掲げる防火対象物（同表（16）項イに掲げる防火対象物にあっては，同表（6）項ロに掲げる防火対象物の用途に供される部分が存するものに限る）のうち，地階を除く階数が3以上で，かつ，収容人員が10人以上のもの
④ 特定用途の防火対象物（前①から③を除く）のうち，地階を除く階数が3以上で，かつ，収容人員が30人以上のもの
⑤ 消政令別表第1（16）項ロの複合用途防火対象物（前①から④を除く）のうち，地階を除く階数が5以上で，かつ，収容人員が50人以上のもの
⑥ 準地下街（消政令別表第1（16の3）項に掲げる防火対象物

3）統括防災管理制度　防災管理制度についても，管理について権原が分かれている場合は，協議して統括防災管理者を定め，避難訓練の実施，避難施設の管理等，建築物その他の工作物全体の防災管理業務を行わせるとともに，各防災管理者に対して必要に応じて指示することにより，全体の防災管理業務も一体的防災管理を推進することとしている。

4）統括防災管理義務対象物　防災管理を要する建築物その他の工作物のうち，管理について権原が分

かれているものは，統括防災管理を行わなければならない。

5）全体についての消防計画 全体についての消防計画には，消防法第8条の2第1項に基づいて統括防火管理者が作成する「全体についての防火に係る消防計画」と消防法第36条第1項において準用する同法第8条の2第1項に基づいて統括防災管理者が作成する「全体についての防災に係る消防計画」がある。

全体についての消防計画では，管理権原の範囲の明確化や防火対象物全体の総合的な訓練の実施などの事項を定めることが義務付けられている。

（e）自衛消防組織制度 大規模な防火対象物では，避難時の移動距離が非常に長くなること，群集心理によりパニックを生じやすいことなどから，災害時に適切な自衛消防活動が実施されない場合の防災上のリスクがきわめて高くなり，自衛消防活動も高度かつ複雑なものとなる。

このため，防火管理義務対象物のうち，大規模なものの管理権原者には，消防法第8条の2の5に基づき，自衛消防組織の設置が義務付けられている。

1）自衛消防組織設置対象物 消政令第4条の2の4に規定され，設置が義務付けられる防火対象物は，前述の防災管理義務対象物と同じであるが，複合用途の場合，自衛消防組織設置防火対象物の用途に供される部分にのみ設置義務が生じる。

2）自衛消防組織の設置の届出 自衛消防組織の設置を要する防火対象物の管理について権原を有する者は，自衛消防組織を設置したときは，遅滞なく自衛消防組織の要員の現況その他消防則第4条の2の15第1項に定める事項を，管轄する消防長または消防署長に届け出なければならない。当該事項を変更したときも同様とされている。

3）自衛消防組織の業務 自衛消防組織の基本目的は，火災等の災害について自衛消防活動を行うことである。

防火管理に係る消防計画および防災管理に係る消防計画に基づき，火災等の災害発生時には，消防機関が到着するまでの初期消火，通報・連絡，避難誘導等の活動を行う。

4）自衛消防組織の要員 自衛消防組織は，統括管理者および自衛消防要員により編成する。

ⅰ）統括管理者　自衛消防組織を統括する者であり，全体についての防火管理に係る消防計画および全体についての防災管理に係る消防計画には，統括管理者がその役割を果たすため必要な責務・役割を定めておくことが必要である。統括管理者には，自衛消防業務講習を修了した者等の有資格者をもって充てなければならない。

ⅱ）自衛消防要員等　自衛消防組織には，つぎの業務ごとに，おおむね2人以上の自衛消防要員を置かなければならない。
① 火災の初期段階における消火活動
② 情報の収集および伝達ならびに消防用設備等の監視等
③ 在館者が避難する際の誘導
④ 救出および救護

自衛消防要員の数は，消防計画作成時における被害想定，自衛消防訓練の検証結果等を踏まえ，消防計画に定める対応が実施できる体制を確保する。

（森住　晃）

〔7〕警報設備

（a）警報設備の種類 警報設備とは，火災時に火災の発生を報知するために設置される機械器具または設備の総称であって，つぎの設備をいう。
① 自動火災報知設備
② ガス漏れ火災警報設備
③ 漏電火災警報設備
④ 消防機関へ通報する火災報知設備
⑤ 警鐘，携帯用拡声器，手動式サイレンその他の非常警報器具および非常警報設備

これらの警報設備はそれぞれ消防法，同施行令および同施行規則により防火対象物ごとに設置が義務付けられており，かつ機械器具などは技術上の規格によって構造，機能が定められている。

なお，③漏電火災警報設備，④消防機関へ通報する火災報知設備については，近年使われなくなっているため省略する。

（b）関係法規 前記のように警報設備の設置については消防法第17条第1項において，防火対象物の種別ごとに同施行令で定める基準に従って設置および維持することが防火対象物の関係者に義務付けられている。また近年のように防火対象物が大規模化し，その形態および利用状況が多様化しており，それとともに設置される警報設備と新しい機器，およびシステムが開発されてきている。

本項では，関係法規を含め新システムについても述べることにする。

（c）自動火災報知設備 火災により生じる熱，燃焼生成物（煙）または炎によって自動的に火災の発生を感知する感知器，手動により火災の発生を報知する発信機，感知器または発信機の動作によって信号を出力する中継器，これらの信号を受信し火災発生区域を表示する受信機，および防火対象物の関係者に火災

の発生を報知する地区音響装置で構成される。

(d) 受信機の構成

1) P型受信機　感知器または発信機から発せられた火災信号を，直接または中継器を介して共通の信号として受信し，火災の発生を防火対象物の関係者に報知するものをいう。地区表示部にはおもに窓式が採用され，地区名称を記入し，当該火災の発生した区域を自動的に表示する機能を持つ。最近の傾向として窓表示部のほかに液晶などの表示部も併せ持つ受信機や表示部が窓式ではなく地図式の受信機も出てきており，火災発生区域のより詳細な情報や場所を一目で特定して関係者に報知できるようになっている。

2) R型受信機　感知器または発信機から発せられた火災信号を，直接または中継器を介して固有の信号として受信し，火災の発生を防火対象物の関係者に報知するものをいう。火災発生区域の詳細情報は液晶などで文字表示され，関係者により具体的な区域を報知することができるとともに，警戒する区域が多くても受信機の外観寸法は一定でコンパクト化が図られている。

R型火災報知設備はP型に比べて総線路長を短くすることができ，将来の拡張性に富むなどの利点が多いため大規模建物や広い構内を有する工場群などの制御監視設備として多用されている。

3) M型受信機　M型発信機から発せられた火災信号を受信し，火災の発生を消防機関に報知するものをいう。

現在一般に設備されている受信機は，自動火災報知設備のほかに防火戸，防火シャッタ，防火防煙ダンパ，排煙設備などの制御監視を行う防火・防排煙設備連動制御器の機能を備えた複合盤が最も多く採用されている。また，M型受信機は電話回線が普及している現在はほとんど採用されていない。

受信機は図3.1.33に示すようにそれぞれの性能に応じて蓄積式，非蓄積式の機能を持つ。

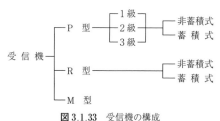

図3.1.33　受信機の構成

i) 蓄積式　感知器からの火災信号の継続を一定時間確認した後，感知器の作動を再確認して火災警報を発する機能で，蓄積時間は5秒を超え60秒以内

と規定されている。なお発信機からの火災信号は，人為的に操作された結果であるため，蓄積機能を自動的に解除して火災警報を発することとされている。

ii) 非蓄積式　前記蓄積機能を持たない受信機で感知器の作動によって即時に火災警報を発する。

非火災報を防止するため確実に火災を感知して関係者に報知することができる蓄積式の受信機が近年多く採用されている。

(e) 熱感知器の構成　火災により生じる熱を利用して自動的に火災の発生を感知し，これを受信機に発信するものをいい，火源からの温度上昇によって一定の温度以上になったときに作動する定温式，温度の上昇率が一定の率以上になったとき作動する差動式，および定温式と差動式の両方の機能を持った熱複合式の3タイプに分けられる。

また，差動式の感知器は一局所の周囲温度を捉えるスポット型，および広範囲の熱効果の累積によって作動する分布型に分けられる。図3.1.34に熱感知器の構成を示す。

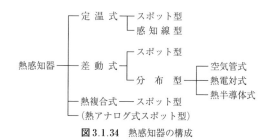

図3.1.34　熱感知器の構成

1) 定温式感知器　感知器設置場所周囲の異常温度によって作動するもので，形状によりスポット型と感知線型に分類される。スポット型は，バイメタルの変位，金属の膨張，可溶絶縁物の溶融などを利用している。感度に応じて特種，1種の種別を持っており，周囲温度より20℃以上高い作動温度を持った感知器が選択される。図3.1.35に定温式感知器の構造の一例を示す。

感知線型は外観が電線状のものをいい，スポット型が線状に連続しているものとしてみなされる。構造は

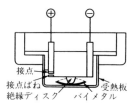

図3.1.35　定温式スポット型感知器の構造例

可溶絶縁物の溶融を利用した感知器で，繰返し動作ができない非再用型であり，ケーブルラックなど，電線の火災感知に適している。

スポット型が採用される場所としては，常時高温となるボイラ室，乾燥室，厨房などや，くん焼火災となる押入れ，そのほか防爆区域に設置する場合に適している。また，まれに単独もしくは後述の煙感知器とのAND回路で，消火設備の連動用としても使用されている。

定温式スポット型感知器の設置基準は，表3.1.25のように耐火構造の4m未満天井で1種では60 m^2 につき1個以上の割合で設置される。

表3.1.25　定温式スポット型の感知面積

天井高	4 m 未満		4 m 以上 8 m 未満	
構造	耐火	非耐火	耐火	非耐火
特種	70 m^2	40 m^2	35 m^2	25 m^2
1種	60 m^2	30 m^2	30 m^2	15 m^2

2) 差動式感知器　感知器設置場所周囲の温度の上昇率が一定の率以上になったとき作動するもので，形状によりスポット型と分布型に分類される。温度上昇率を捉える構造となっており，高温にならない前に動作するので定温式に比べ火災検出感度が速く，一般の事務所などに広く用いられている。

スポット型は一局所の熱効果によって作動するものをいい，空気の膨張を利用したもの，温度により抵抗値が変化するサーミスタを使用したものがある。感度に応じて1種および2種に分かれており，図3.1.36に一般的に広く採用されている空気の膨張を利用した感知器の構造の一例を示す。

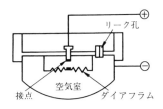

図3.1.36　差動式スポット型感知器の構造例

空気の膨張を利用したスポット型感知器は，図3.1.36のように空気室，ダイアフラム，リーク孔および接点機構などで構成され，火災の際急激な温度上昇を受けると，空気室内の空気が感知器周囲の温度上昇に伴って膨張し，ダイアフラムを押し上げ接点を閉じて受信機に火災信号を送る。暖房などの緩慢な温度上昇に対しては，膨張した空気はリーク孔から逃げ，外圧と釣合いを保ち接点が閉じないようになっている。

スポット型感知器の感度は，規格省令で細かく定められているが，一般に多用されている2種の感知器では15℃/minの割合で直線的に上昇する水平気流に対して，4.5分以内で火災信号を発信するように規定されている。

差動式スポット型感知器の設置基準は，表3.1.26のように耐火構造の4m未満の天井で2種では70 m^2 につき1個の割合で設置される。

表3.1.26　差動式スポット型の感知面積

天井高	4 m 未満		4 m 以上 8 m 未満	
構造	耐火	非耐火	耐火	非耐火
1種	90 m^2	50 m^2	45 m^2	30 m^2
2種	70 m^2	40 m^2	35 m^2	25 m^2

分布型感知器は周囲温度の上昇率が一定の率以上になったときに作動するもので，広範囲の熱効果の累積によって作動するものをいい，空気管式，熱電対式，熱半導体式がある。分布型感知器の代表的な例として，空気管式感知器の構造を図3.1.37に示す。

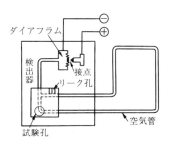

図3.1.37　差動式分布型（空気管式）感知器の構造例

空気管式感知器は工場，体育館などの高天井の部分に敷設されることが多い。これは点検時の加熱試験として直接燃焼皿を用いることなく，図3.1.37の試験孔からテストポンプによる加圧で簡単に試験できるからである。また一般の居室に設置する場合，複数の居室を警戒できるが，部屋の模様替えを行う際には空気管がつぶれたりして機能に障害が起きやすい。しかもスポット型に比べ施工費が高いため，前述の高天井部分や点検のしやすさから一般の居室より危険物などを扱う場所に敷設される場合が多い。

空気管は外径2mm，内径1.4mm程度の銅パイプでビニル被覆されており，鉄骨にワイヤを張りバインド線で空気管を留める工法がとられている。近年ではこのワイヤと空気管が一体となった自己支持型の空気

管が広く用いられており、簡単に施工できるよう工夫がなされている。1台の検出器に接続できる空気管の総長は100m以下で、1感知区域当りの空気管の露出長は20m以上と規定されている。また、空気管の敷設にあたり相互間隔は主要構造物を耐火構造とした建物で9m以下、その他の場合で6m以下となるように設置される。

空気管の感度は、一般に用いられる2種の感知器で検出部から最も離れた空気管の部分20mが15℃/minの割合で直線的に上昇したとき、1分以内に火災信号を発信できるものとされている。

3) **熱複合式スポット型感知器** 前出の定温式と差動式スポット型感知器両方の性能を有しており、機能の違いによって、多信号機能を有する熱複合式感知器と有しない補償式感知器とに分けられる。

熱複合式感知器の感度は定温式スポット型と差動式スポット型感知器の両方の感度が必要であり、設置方法は、種別に応じて表3.1.25および表3.1.26に定められている面積のうち最も大きい面積に1個以上設置することとされている。また、補償式感知器の設置方法は差動式スポット型感知器と同様である。

4) **熱アナログ式スポット型感知器** いままで述べてきた感知器は、感知器自体に火災かどうかを判定するスイッチング回路があり、スイッチングするための温度の閾値を超えるとスイッチング回路が作動し、受信機に対して火災信号を送信する方式であった。これに対してアナログ式は感知器が温度情報をアナログ量として絶えず受信機に送り続けるセンサとして機能し、受信機はこの情報を解析して火災か否かを判断する。

熱アナログ式スポット型感知器の公称感知温度範囲は、上限値は60℃以上165℃以下、下限値は10℃以上上限値より10℃低い温度以下、と規定されており、温度範囲の下限値から上限値に達するまでその温度が2℃/min以下の一定の割合で上昇する温度に対応した火災情報信号を発信するものとされている。

近年の建物は構造用途の多用化、インテリジェント化など高度な諸設備が必要とされてきており、後述の光電アナログ式スポット型感知器と併せ、多く採用されている。

（f）**煙感知器の構成** 火災により生じる燃焼生成物（以下「煙」という）を感知し、これを受信機に発信するものをいう。煙を検出する原理の違いによって図3.1.38のように分類されている。

1) **イオン化式スポット型感知器** イオン化された空気分子の移動で生じるイオン電流の変化を検出することで煙の存在を感知する。微量な放射線源 Am^{241}

図3.1.38 煙感知器の構成

から放射された α 線が空気分子をイオン化する。その雰囲気の二つの平行板電極に電界をかけると、イオンが電極に向かって移動し、電極間を通して微小電流が流れる。そこに火災などからの煙粒子が侵入すると分子イオンが煙に吸着し、イオンの移動度が小さくなりイオン電流が減少する。このイオン電流の減少率は煙濃度に比例し、決められたイオン電流の減少で警報を発することで火災信号を発信する。

2) **光電式煙感知器** 煙による光の散乱や吸収の性質を利用しているもので、散乱光式は文字どおり煙による光の散乱の性質を利用している。散乱光式煙感知器は、光源（送光部）、受光部および判定回路などから構成される。外部の光を遮断した暗箱内で、光源から発光した光は火災からの煙粒子によって散乱する。その散乱光を受光部が検出し、あらかじめ決められた光量が超えたときに火災信号を発信する。散乱光式煙感知器の外観形状はスポット型で、他のスポット型と同様に一局所の煙による受光量の変化により作動する。この感知器は、前述のイオン化式のように放射線源を採用していないため現在広く一般に採用されている。

減光式は煙による光の減衰の性質を利用している。減光式煙感知器は、光源（送光部）、受光部および判定回路などから構成される。光源から発光した光がある一定の距離（光路長）を通過し受光部に至るが、途中で火災などからの煙粒子によって遮られると透過する光量が減少する。あらかじめ決められた減少量を超えたとき火災信号を発信する。また、送光部と受光部が分割されているものが分離型と呼ばれ、5mから100mまでの光路長を持ち、アトリウムなどの大空間によく用いられる。

3) **煙複合式スポット型感知器** イオン化式スポット型感知器の性能および光電式スポット型感知器の性能を併せ持つもので、組合せの例としてはイオン化式2種と光電式2種、あるいはイオン化式2種と光電式3種などである。

一般的な建物では煙感知器は廊下に設置される。それは避難路の確保に関係している。標準的な煙感知器の感度は、非常時（火災時）に人が避難できる煙濃度といえる。感知器の動作試験に使用される煙は沪紙の

くん焼から発生する煙である。感知器の種類で感度が異なるが，煙濃度とは2種の光電式スポット型感知器の場合，減光率10％/mと表現される。避難するときは減光率という表現より，どのくらいの視界が見通せるかという表現の方がわかりやすい。2種感度の煙とは，見通し距離20mほどであり，避難口誘導灯などの発光標識に対しては，約50mとなる。一般には廊下に流れてきた火災の煙は天井面が濃度が高く，人間の目の高さではより見通し距離は長くなる。

表3.1.27に煙スポット型感知器の感知面積を示す。煙感知器は熱感知器よりも火災に対して早い段階（くん焼火災）で検知できることから，不特定多数の人が多く利用する劇場・キャバレー・飲食店・ホテル・デパート・地下街・複合用途ビルなどの地階・無窓階，および11階以上の場所，廊下・階段・エレベータ昇降路などの煙の流通経路で避難に支障を及ぼす場所に設置される。そのほか熱感知器では火災を捉えにくい高天井（20m未満）の火災検知に用いられる。

表3.1.27 煙スポット型感知器の感知面積

天井高	4m未満	4m以上 15未満	15m以上 20m未満
1種	150 m²	75 m²	75 m²
2種	150 m²	75 m²	—
3種	50 m²	—	—

4）光電アナログ式スポット型感知器　煙感知器は近年，熱感知器と同様に構造用途の多用化，インテリジェント化などで多機能のものが要求されてきている。従来の感知器自体に火災かどうかを判断する回路を持たせた感知器ではなく，煙濃度に応じた濃度情報をアナログ量として絶えず受信機に送り続ける感知器がインテリジェントビルでは主流となりつつある。

光電アナログ式スポット型感知器は火災時に発生する煙を検出し，一定の範囲内の煙を含むに至ったときに当該濃度に対応する火災情報信号を受信機に発信するもので，一局所の煙による光電素子の受光量の変化を利用している。受信機では感知器の設置場所の環境条件に応じて感知器ごとに煙濃度を設定することができ，より信頼性の高いシステムが構築できる。

このほかアナログ式感知器は，光電アナログ式分離型感知器がある。

（g）炎感知器の構成　火災により生じる炎を利用して自動的に火災の発生を感知し，火災信号を受信機に発信するものをいう。検出する炎の波長の種類によって**図3.1.39**のように分類されている。

1）赤外線式スポット型炎感知器　炎から放射さ

```
炎感知器 ┬ 赤外線式スポット型
         ├ 紫外線式スポット型
         ├ 紫外線赤外線併用式スポット型*
         └ 炎複合式スポット型
```
* 紫外線式の性能と赤外線式の性能の組合せ

図3.1.39 炎感知器の構成

れる赤外線の変化が一定の量以上になったとき作動するもので，一局所の赤外線による受光素子の受光量の変化により作動するものをいう。燃焼時に発生する炎には，多量の二酸化炭素から共鳴放射される波長4.4 μmにピークを持つ赤外線が多く含まれ，さらに1～15Hzの範囲でちらつきながら放射される顕著な現象がある。これは一般の高温物質からの放射エネルギーの相対強度と大きく異なり，物質が発炎燃焼するときにのみ現れる現象で，CO_2共鳴放射といわれている。赤外線式感知器は，特殊な光学的フィルタを通じて，波長4.4μm帯域のみの赤外線を捉え，これを光電変換して電気的フィルタを通し，ちらつき成分を検出する方法を原理としている。

2）紫外線式スポット型感知器　炎から放射される紫外線の変化が一定量以上になったとき作動するもので，一局所の紫外線による受光素子の受光量の変化により作動するものをいい，紫外線のみに感度を有する紫外線検出管（感度波長180～260mm）の光電効果を利用し，検出管の放電回数をパルスカウントして火災検出をするので，初期火災の炎を検出することに適している。

炎感知器は，火災により生じる炎から放射される紫外線または赤外線をじかに感知するため，高天井に取り付けた場合，熱・煙感知器が熱・煙の拡散の影響を受けるのに対して火災検出が速く，正確に行える。したがって，従来感知器の設置ができなかった高天井の空間においても，炎感知器は設置できることとされている。また外部の気流が流通する場所で，従来の感知器では検知できないこととされていた場所にも有効に動作することができる。

（h）そのほか火災検知に用いられるもの　感知器は従来から熱・煙または炎を感知して火災を検出するものとして，法令上の規格によって作られてきたが，近年の建物構造の多用化に伴い従来の感知器では機能上有効に火災を検出できない建物も出現してきている。例えば，大空間を有する大規模屋内競技場のフィールドエリアはいままでの感知器でも火災の検出は不可能であった。近年は，高感度な赤外線センサを3個使用することにより，監視距離が長く，太陽光などの影響を受けにくいように開発された，赤外線3波長式検知器が火災感知器の代替として利用されてい

（i） **発信機の構成**　発信機は，火災信号を受信機に手動により発信するもので，機能によってP型およびT型に分けられる。また，防滴性の有無によって屋外型，屋内型にも分類される。

P型1級発信機は，押しボタンスイッチとスイッチの前方に設ける透明な保護板，受信機が信号を受信したことを操作者が確認できる応答ランプ（現在はLED），および受信機と発信機相互に電話連絡できる電話ジャックを有している。外箱の露出部の色は赤色と規定され，通常P型1級受信機，またはR型受信機に接続し使用される。

P型2級発信機は，押しボタンスイッチと保護板のみでP型2級受信機に接続し使用される。

発信機は，消規則により設置位置等について下記のように定められている。

① 各階ごとに，その階の各部分から発信機までに歩行距離が50m以下となるように設けること。
② 床面からの高さが0.8m以上1.5m以下の位置に設けること。
③ 発信機の直近に表示灯を設けること。
④ 表示灯は，赤色の灯火で，取付け面と15度以上の角度となる方向に沿って10m離れたところから点灯していることが容易に識別できるものであること。

T型発信機は，送受話器を取り上げたときに受信機に火災信号を発信するもので，発信と同時に受信機との間で通話が可能なものをいうが，火災時に受信機設置場所に人がいるとは限らないため，現在ではあまり使用されていない。

（j） **表 示 灯**　発信機の直近に設ける表示灯は，一般的に発信機と別に設け，円錐型の形状をしたもの（図3.1.40参照）が多いが，現在では上記④の機能を満たしているものであれば，建物内の美観を損なわない平面型や発信機と一体に設置するリング型（図3.1.41参照）のものが主流になりつつある。

（k） **中 継 器**　感知器もしくは発信機から発信された火災信号，アナログ式感知器のように火災による熱もしくは煙の程度にかかる信号，または後述のガス漏れ検知器から発信されたガス漏れ信号を受信し，これらを受信機に発信するとともに，消火設備，排煙設備など防災のための設備に制御信号を発信するものをいう。おもに感知器などの信号を固有の符号に変換して伝送するもので，伝送の方式には各種あり，通常は受信機の受信制御機能に合った中継器が使用される。

（l） **ガス漏れ火災警報設備**　燃料用ガスまたは自然発生する可燃性ガスの漏れを検知し，防火対象物の関係者または利用者に警報する設備で，設置が必要な防火対象物については自動火災報知設備同様，消政令に定められている。ただし，検知するガスの対象が液化石油ガスについては消防法の規定する範疇ではなく，別途定められている。

ガス漏れ火災警報設備は，ガス漏れ検知器および受信機または検知器，中継器および受信機で構成されたものに警報装置を付加したものをいい，その構成を図3.1.42に示す。

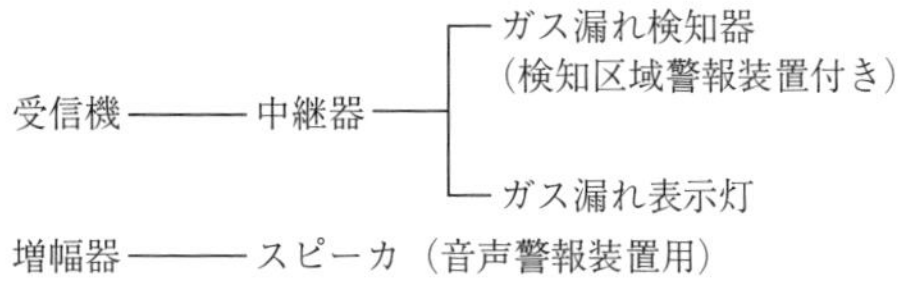

```
受信機───中継器┬─ガス漏れ検知器
                │  （検知区域警報装置付き）
                └─ガス漏れ表示灯
増幅器───スピーカ（音声警報装置用）
```

図3.1.42　ガス漏れ火災警報設備の構成

検知器は，ガス漏れの発生を音響により警報するとともに受信機にガス漏れの信号を発信する。その検知方式としては半導体式，接触燃焼式，熱線型半導体式および電気化学式があり，ガスの性状に応じて燃焼器が使用されている室内，ガスの導管が建物の外壁を貫通する屋内側の付近ならびに可燃性ガスが発生するおそれがある場所に設置される。検知濃度は，爆発下限界の1/200～1/4と定められているが，爆発下限界の1/4以下の濃度で警報すれば，危険な濃度に達する前に換気をしたり，ガスを止めるなどの時間的な余裕があると考えられる。実際の検知器の検知濃度は，メタンガス濃度が0.2～0.5%程度で検知するように設定されているものが多く，これは爆発下限界の1/25～1/10に相当する。

現在多く使用されている検知器は，ガス漏れを検知すると検知器から受信機に対して，DC 12 Vの電圧を出力する。これは有電圧出力方式と呼ばれ，通常監視

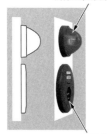

図3.1.40　円錐型表示灯

図3.1.41　リング型表示灯（発信機と一体型）

時はDC6V，断線などの故障時にはDC0Vが出力され，受信機ではそれぞれの電圧を判別することにより，監視，検知，故障の識別が可能となる。

(m) 非常警報設備 法令上の設置基準として自動火災報知設備が防火対象物の延べ床面積で規定されるのに対して，非常警報設備はその建物の収容人員で決められる。簡単な設備としては警鐘，携帯用拡声器および手動式サイレンなどがあり，これらを使って建物内の人々に火災を報知するものである。

おもに共同住宅ではこれらが設備として設置され，建物各所に設置された非常警報押しボタンの作動によって，火災を報知する。なお，建物の収容人員が多いデパートなどでは，自動火災報知設備の感知器の作動と連動して非常放送設備のスピーカから音声を鳴動させている。　　　　　　　　（齊藤徹康，深尾真則）

引用・参考文献

1) 火災報知設備の感知器および発信機に係る技術上の規格を定める省令，昭和56年6月20日，自治省令第17号
2) 中継器に係る技術上の規格を定める省令，昭和56年6月20日，自治省令第18号
3) 受信機に係る技術上の規格を定める省令，昭和56年6月20日，自治省令第19号
4) 消防庁予防課監修，自動火災報知設備・ガス漏れ火災警報設備工事基準書，日本火災報知機工業会（1998）

3.1.4 消　　　火

〔1〕**消火の原理**

消火は燃焼の逆の現象として，燃焼の要素である可燃物，酸素源，着火エネルギー，連鎖反応による連鎖担体のうちの一つを取り除くことで達成される。燃焼が継続するためには，可燃物が発火し，酸素と化合して熱が発せられ，その反応エネルギーによって高温に保持されなければならない。そこで，燃焼を中断させるには，① 可燃物や酸素源となる反応物質の組成を変える，② 冷却により熱エネルギーを除去する，③ 強制対流等による物理的方法と，④ 添加物質の化学抑制効果による化学的方法がある。表3.1.28に消火原理と消火法を示す。

〔2〕**消火の方法**

火災（火事）は「燃焼現象におけるエネルギーの暴走であって，人の意に反してものが燃え続ける現象であり，これを放置しておくと人や財産に損害を与えるものであるため，強制的に燃焼を停止しなければならない。火災を消火するには，消火の原理を複合利用し

表3.1.28　消火原理と消火法

消火の原理	作　用	消火の方法	消火の実際
熱エネルギーの除去	物理的	冷却	・水による冷却消火
反応物質の供給量の抑制（可燃物の除去）	物理的	除去 希釈	・ガスの供給停止 ・水による濃度希釈
反応物質の濃度の減少（空気遮断，酸素の希釈）	物理的	窒息 希釈	・泡による窒息消火 ・建物の密閉消火 ・窒素，CO_2による希釈
炎の不安定化	物理的	吹消し	・炎の吹消し
反応の中断（連鎖反応の抑制）	化学的	抑制	・ハロゲン化物，粉末消火剤による消火

た冷却消火，窒息消火，希釈消火，抑制消火，除去消火，吹消しなどの消火法がある。

(a) 反応物質の供給停止，抑制（窒息，希釈，除去） 可燃物を除去したり，その供給を停止，抑制したりすることによって消火する方法は，燃えている薪を取り除くことや，ガスや油配管の遮断弁を閉め，可燃物の供給を止めるなどがその例である。バルブやフランジの損傷によるガスの噴出の火災や，加温，加圧された可燃性液体の火災は，危険できわめて消火困難である。火災を消しても，可燃性ガスや加温された液体が噴出したり流下したりして，周囲の高温物体に触れると再着火する。

可燃性液体は，引火点以下では燃焼範囲から外れ，十分な可燃性蒸気が発生できないから燃焼しない。すなわち，引火点以下に冷却することは可燃性蒸気の発生を停止したり，抑制したりすることにもなる。

山火事は，おもに草木の伐採によって延焼を阻止するが，これは可燃物を除去して消火することである。また，小規模の容器の中の油火災はふたをして消火できる。これらは，可燃物除去でもあり，窒息消火でもある。なお，着火から時間が経過し，油温が引火点以上に達している場合は，可燃性蒸気が発生し続けるため，窒息消火しても可燃物除去とはならず，再着火の危険性がある。

(b) 反応物質の濃度の減少（窒息・希釈）

1) 空気を遮断する（窒息） 空気中の酸素濃度を希薄にして消火するのが窒息消火である。不燃構造の小部屋で窓が小さく，出入り口を封鎖することで，窒息消火できる。地下室，船室なども，密閉したり，水蒸気や高発泡泡を満たしたりして消火する方法もある。高発泡泡は空間に充満して窒息消火する。

油火災のとき液面を泡で覆って消火することや金属火災用の粉末消火剤も，空気を遮断して窒息消火する

が，泡や粉末消火剤で可燃性ガスを遮断して可燃物を除去消火するということでもある。

2) **酸素濃度の希釈（希釈・窒息）**　窒素や水蒸気，不活性ガスなどを放射すると，空気中の酸素濃度が下がり，消火する。前述の地下室，船の機関室に設ける高発泡設備も，泡の水分が蒸発し，その水蒸気が酸素を希釈し，窒息消火することになる。

（c）**熱エネルギーの除去（冷却）**　燃焼反応によって発生した熱エネルギーを除去し，可燃物を発火温度以下にするのが冷却消火である。家屋の火災に水を放出して消火するのは最も一般的な冷却消火である。水を遠くへ飛ばすときにはノズルを用いるが，水噴霧にすると広角度，広範囲に注水することができる。細かい水の粒子は，効率良く蒸発潜熱が得られ，発生する水蒸気は，冷却と同時に雰囲気の酸素濃度を低下させ希釈消火する。

可燃性液体は，燃焼範囲の下限界に達すると，一般的に可燃性蒸気の発生がきわめて低くなるため，冷却し温度を低下することによって消火できる。引火点の高い可燃性液体が燃焼する場合，液面を噴霧注水によって冷却する方法や，また燃焼している油タンクをかくはんし，表面温度を引火点以下にすることによって，消火する方法がある。

泡は水で構成されるため，冷却作用があるといわれるが，液体火災に対する泡の冷却効果は，直接的な消火効果とはいえず，泡による窒息消火後に泡の水によって液面温度を下げて可燃性蒸気を抑える間接的な効果である。

（d）**吹消し消火**　ろうそくの火の吹消しに見られるように，火炎の不安定化等（強制対流による火炎温度の低下，可燃性混合気の排除）による消火である。油田火災では爆薬で火災を吹消し，井戸に粘土を詰めてガスの噴出を止めて消火する。また，ジェット機のエンジンが飛行中に発火したときには，すぐに消火剤を放射せずに，スピードを上げて，吹消し消火を試みる。

小さな石油タンク火災は，水を高圧で勢いよく注水すると消火することができる。高圧水噴霧設備や水とガスを高圧で混合放射する設備は，水による冷却，水蒸気の窒息，希釈効果と吹消し効果を利用したものである。この場合，冷却作用とともに，噴霧放出の際の周囲気流の流れによる吹消しが作用している。

（e）**反応の中断（連鎖反応の抑制）**　可燃物が燃焼するときは，それが固体，液体のいずれであっても，分解，蒸発によって生成した気体が酸素と結合し，さらに分解，結合によって連鎖反応を続けるものである。連鎖反応抑制作用を有する物質を添加し，この反応の進行を妨げ，または，ラジカルを再結合し，酸素と結合しないようにすれば，反応を停止し消火することができる。

ハロゲン化物やアルカリ金属塩，リン酸塩などは，炎に対する抑制作用が大きく，これらは燃焼の連鎖反応を抑制，阻止するものであるとされている。成分中のアルカリ金属やハロゲン原子は，燃焼を継続させる化学的活性種であるH，OHなどのラジカルを捕捉して燃焼を中断し消火する。しかし，この場合，これらの物質が燃焼反応系に十分に混合されている必要があることを考えると，塩素や臭素を含まないハロゲン化物やこれらの塩類の消火効果は，分解生成物による希釈，窒息，冷却効果も大きいと考えられる。

〔3〕**消火剤**

消火作用を有する物質は多いが，消火剤といわれるものでも，実際に使われているものは限定されている。その種類と消火作用を**表3.1.29**にまとめて示す。

（a）**水**　最も有効な消火剤は水である。水は熱エネルギーを取り去るための冷却効果が最も大きく，手近で容易に入手できる消火剤で，他の消火剤は，水が有効でない場合に用いられる。

消火剤には多くの種類があり，成分，物性，用途が規格で示されているが，水は消火剤として製造販売されないので，消火剤としての規格はない。

水は比熱が大きく，火から熱を奪って自らの温度は上昇する。同時に，蒸発して水蒸気になるとき，水の蒸発熱に相当する分の熱を奪って炎の温度を著しく低下させる。水から蒸発する水蒸気は，空気中の酸素と可燃性ガスの濃度を希釈し，雰囲気を窒息させ消火する効果もある。

水を有効に使用するには，棒状注水（ストリーム），噴霧注水（スプレー），水滴散水（スプリンクラー）などを選択する。水道ホースからそのまま出る水の状態をストリームと呼び，屋内消火栓設備，屋外消火栓設備に用いられる。ホースやパイプの先を平たくつぶして散水する方式を用いるのがドレンチャー設備である。

水噴霧は，粒子の大きい散水がスプリンクラー設備で，細かい粒子（スプレー）が水噴霧設備，霧状がフォグ，ミストは煙霧というように，水滴の大きさで概念的に区分している。水は細かい霧になると，その表面積は大きくなって，一挙に多量の蒸発潜熱を炎から奪うので，大きな冷却効果が得られる。

なお，マグネシウムやナトリウム，カリウムなどの金属火災では，水と激しく反応するため，水を用いて消火活動を行うことはできない。すべての火災において水は有効な消火剤とはいえない場合もあるため，注

表 3.1.29 消火剤の種類と消火作用

名　　称		主　成　分	消火作用	使用方法
気体消火剤	不活性ガス（不燃性ガス）	窒素 アルゴン 水蒸気 二酸化炭素※1	窒息・希釈	消火剤をそのまま放出する
	ハロゲン化物	ハロゲン化物※2	抑制・希釈	
液体消火剤	水	水	冷却	
	水溶液　強化液 　　　　濡れ水 　　　　クラスAフォーム 　　　　増粘剤 　　　　乳化剤	アルカリ金属塩類，有機酸塩類 炭化水素系界面活性剤 炭化水素系界面活性剤 CMC，ポリビニルアルコール 炭化水素系界面活性剤	冷却 冷却 冷却 冷却 乳化	
	泡　　　たん白泡 　　　　フッ素たん白泡 　　　　合成界面活性剤泡 　　　　水成膜泡	タンパク質加水分解物に安定剤（鉄塩）添加 タンパク質泡にフッ素界面活性剤を添加 炭化水素系界面活性剤（フッ素系混合の場合あり） フッ素系と炭化水素系界面活性剤混合物	窒息	水溶液を発泡器で泡として放射する
固体消火剤	粉末	炭酸水素ナトリウム（第1種粉末） 炭酸水素カリウム（第2種粉末） リン酸塩類（第3種粉末） 炭酸水素カリウムと尿素の反応物（第4種粉末） 塩化ナトリウム 硫酸カリウム，硫酸アンモニウム	抑制・希釈	消火剤をそのまま放射する
	特殊固体	膨張ひる石 膨張真珠岩 乾燥砂	窒息	対象物に振りかけ被覆する

〔注〕※1 二酸化炭素は，窒息危険性と地球温暖化から，安全性，使用制限を検討開始。
　　　※2 塩素，臭素，ヨウ素を含むハロン CFC，HCFC は，オゾン層を保護のため生産中止。
　　　　　フッ化炭化水素（HFC）も，地球温暖化防止のため，使用制限，または管理下にて使用。

意が必要である。

（b）ウェットケミカル（添加剤水溶液）　アメリカでは，粉末の化学消火剤をドライケミカルと呼び，これに対して，そのまま火点に放射する水の添加物（水溶液）をウェットケミカルという。泡消火薬剤は，機械的に発生させた泡により窒息消火するものなので，液体であるがウェットケミカルには属さない。

1）強化液　強化液は，高濃度の炭酸カリウムの水溶液を成分とする消火器用の消火剤である。−20℃以下の凝固点を有するため，寒冷地で使用できる消火器であるが，pH12程度の強アルカリ性であるので，取扱いや腐食，塩害には注意を要する。

強化液の消火効果は，アルカリ金属塩による化学的抑制作用であるとされているが，放射された塩類水溶液が火熱で分解し，効果を発揮する状況ではなく，実質的な効果は，水による冷却作用であるといえる。

米国では，強アルカリ性を改善した，有機酸の塩類水溶液を成分としたものが開発され，日本でも中性の強化液として用いられているが，炭酸カリウムよりもアルカリの度合いは小さいが中性ではない。

強化液という名称は，「loaded stream」（消火器）を翻訳した業界用語が，法令でも呼称されているものであるが，米国の消防業界では，製品を印象付けるため，科学的でない名称でも規格のタイトルにしてしまう傾向がある。ドライケミカル（粉末消火剤）はその代表的なものであるが，最近でもクリーンエージェント（ハロン代替ガス）やクラスAフォーム（炭化水素界面活性剤泡），水成膜泡（フッ素界面活性剤泡）などがある。

2）濡れ水　これも wetting agents の翻訳である。濡れ水は効果のあるウェットケミカルで，原綿やロールペーパなど，水が染み込みにくい可燃物に濡れ水を使うと，水が内部にまで入り込んで冷却消火する。

しかし，どれだけの量を放水すると，どの程度の火災が消火できるのかが判断できないので，消火剤として日常的に備えている例は少ない。むしろ，泡消火薬剤の中に，浸透性を有する界面活性剤を成分として含有するものがあり，これら泡消火薬剤で対応すれば浸透効果があり，綿や紙などの火災を有効に消火できる。

放射した泡に水を放射すると，泡の浸透成分が水に置換して，水に浸透性を与える。

濡れ水の成分となる浸透性のある界面活性剤は数多

くあるが，おもにポリグリコールエーテル，アルキルエーテルサルフェート，アルキルスルホサクシネートなど炭化水素系界面活性剤の水溶液が用いられる。

濡れ水は，法令上の消火設備ではなく，製紙工場の木材チップ貯蔵場，セメントや石炭のサイロ，野積みの貯炭場，コンベヤ，あるいはごみ焼却場などの火災防止や粉じん抑制，モニタや散水装置を設置して利用されている。

3) **増粘水** これは日本で考案したものである。水は立体面に付着しにくくすぐに流れ落ちてしまう。また，遠方や高所から落とすと，散らばってしまって，狙ったところに放射できない。増粘水は，水を有効に使う補助的効果を狙って試みたものである。

増粘水は，ポリビニルアルコールやCMC（カルボキシメチルセルロース）など，水の粘度を増す薬品を添加したもので，さらにリン酸塩類を加えて，森林火災消火剤として用いている。

増粘剤を加えた森林火災消火剤は，空中散布の水の分散ロスを防ぎ，水とリン酸塩類で消火するとされている。

4) **クラスAフォーム** 後述の合成界面活性剤泡消火薬剤の一種であり，特別なものではないが，阪神・淡路大震災に際しマスコミが取り上げ，ヘリコプタ消火で話題になったものである。

クラスAフォームの名称は，NFPA規格によるもので，通常B火災（油火災）に用いる泡消火薬剤（NFPA 11）を一般可燃物のA火災に用いるために，人体に対する有害性の確認試験を付加し，別の規格（NFPA 298）として1994年に新しく制定したものである。近年，日本国内においてもA火災専用の合成界面活性剤泡消火薬剤として特例型式を取得した製品が販売されている。

クラスAフォームは，フォームといっても，泡ではなく水の消火効果を利用するため，油火災用の泡と違って，安定性が悪く，発泡倍率も低く，粒子が大きく，すぐに水に還元するような泡が要求される。そのため，通常の泡消火薬剤あるいは安定剤を添加しない泡消火薬剤を，発泡器でなく水ノズルやスプリンクラー，スプレーヘッドなどから放射する。

泡水溶液は，発泡器を用いずに，高所から水溶液のまま落下させると，落下する間の空気抵抗や地面との衝突で泡となる。立体面での流下防止や木材の濡れ効果，人体への落下衝撃の緩和などが目的である。

5) **乳化剤** 沸点，引火点が高いなど，油の種類によっては，乳化剤水溶液を放射すると，吹消しの効果もあって消火できることがある。しかし，理論的にはともかく，石油を乳化するには高いかくはんエネルギーが必要で，実際にはアイデアの域を脱していない。

乳化作用のある界面活性剤には，ポリオキシエチレンアルキルエーテル，エステル類，ソルビタンなどのほか数多くの種類がある。

同類にタンカー事故の「油処理剤」があるが，流出油に対し大量に使用しても，水面上の油をノズルの放水だけで乳化分散するのは困難であり，その効果は疑問視されるばかりでなく，環境破壊や魚介類に対する有害性から使用が敬遠されていた。その後，界面活性剤をノルマルパラフィンに溶解した「浮遊型」や，最近ではグリコール系両親媒溶剤に脂肪酸系の非イオン型界面活性剤を配合したものが使用されている[1]。

(c) **泡消火薬剤** 泡消火薬剤は，他の消火剤と違って，消火剤そのものを火災部に放射するのではなく，いったん水に溶かして水溶液とし，これを発泡器に送って空気とかくはんして発生した泡を火災部へ送り，対象物を泡で覆って窒息消火するものである。したがって，泡の性能は発泡器に依存するので，泡消火薬剤だけで性能を論じても意味がなく，泡消火薬剤と発泡器の組合せが重要であるが，この認識での議論は少ない。特に法令によって泡消火薬剤の「検定」が実施されるようになって，さらに発泡器との関連は考慮されなくなった。

消火設備用の泡を成分により分類すると，タンパク質加水分解物を基剤とするたん白系の泡と界面活性剤を基剤とする合成系の泡の2種に大別されるが，これらの成分は混合使用されているので，その区分は曖昧なものである。検定上，泡消火薬剤は，たん白泡，合成界面活性剤泡，水成膜泡の3種類に分類され，その他に用途により大容量泡放水砲用泡と検定対象外の水溶性液体用泡がある。フッ素たん白泡は，検定上の分類ではたん白泡に含まれる。

消火器用の泡は，フッ素系界面活性剤と炭化水素系界面活性剤を混合して水溶液としたもので，水溶液のまま，長時間保存できること，低温でも凍結しないことが消火器用泡消火薬剤の条件である。

フッ素系界面活性剤にはPFOS（ペルフルオロ（オクタン-1-スルホン酸））を含むものがある。PFOSは，難分解性や生物蓄積性が認められたことから，残留性有機汚染物質に関するストックホルム条約（POPs条約）において規制対象となり，国内では2009年5月に改正された化審法（化学物質の審査及び製造等の規制に関する法律）により，同年10月に第一種特定化学物質（製造・輸入の事実上禁止，特定用途以外での使用禁止，政令指定製品の輸入禁止等）に指定され，以降，PFOS含有の泡消火薬剤は生産されていな

い。

　検定実施以降のPFOS含有泡消火薬剤の一覧は公開されており，これらは速やかに非含有の泡消火薬剤に取り替えられるべきであるが，これまで流通量の多さなどから，即時使用禁止ではなく，取扱い上の技術基準の適合義務，および譲渡・提供する場合の表示義務を果たすことで，当分の間は既設消火設備の存続が可能となっている。

　なお，これらの義務の運用方法については経済産業省や環境省の広報資料，また，PFOS含有泡消火薬剤を使用する泡消火設備の点検上の留意事項については消防庁の通知で運用指針が示されている。

　1）　**たん白泡消火薬剤**　たん白泡は，大豆や獣血粉，蹄角など，動植物タンパク加水分解生成物を主成分とし，これに鉄塩などの泡安定剤を加えたものである。

　耐熱性が優れた泡であるが，高圧で発泡すると流動性が劣り，消火に要する時間が長くなる。また，泡が油で汚染されると能力が低下するので，油の液表面をかくはんしないように放射するのが使用条件となっている。

　現在の固定設備用の発泡器は，たん白泡用に作られたもので，この欠点をカバーした構造となっていて，流動しやすい泡を発生するが，消防隊の高圧放水器具はまだ十分でない。

　2）　**フッ素たん白泡消火薬剤**　たん白消火薬剤に少量のフッ素界面活性剤を添加し，たん白泡の流動性および耐油汚染性を改善したものである。欧米では消火泡の主流となっているが，日本では検定上，たん白泡と同一の種別に分類され，おもに泡供給時の油汚染が大きい用途の泡消火設備で使用されている。

　3）　**合成界面活性剤泡消火薬剤**　炭化水素系界面活性剤を主成分としたもので，中発泡，高発泡として有効である。中発泡，高発泡は，油の液表面に緩やかに落下するので，油に汚染されることなく，また大量の泡となって一挙に供給されることで火災を消火するものである。

　成分として多種の界面活性剤が使われるが，最近は価格や公害の面から，生分解性の良いシャンプーなどの成分である高級アルコール系あるいはエーテル結合高級アルコール系界面活性剤が用いられている。

　4）　**水成膜泡消火薬剤**　合成界面活性剤泡の耐油性を向上させるため，炭化水素系界面活性剤にフッ素系界面活性剤を添加したものである。

　泡は流動性に富むので，消防隊が使用するには最適の泡であるが，泡の耐熱性が劣るので，石油タンク火災に使用する場合には，タンクの壁を水で冷却することなどが必要である[2]。また，泡の中に油の蒸気を包含しやすく，泡そのものが引火しやすいので，消火後に接近するときなどは注意すべきである。

　現在の発泡器は，たん白泡用に作られているので，それを用いて水成膜泡を発泡すると，発泡倍率が大きく，泡の耐熱性がさらに劣るものとなる。

　水成膜泡は，常温のシクロヘキサンの液面に，薄い水膜を形成するので，その膜が火災を消火すると錯覚し，開発者は，aqueous film forming foams（水性の膜を形成する泡）と名付けた。「水成膜泡」は，これを直訳した，いわば法令用語である。

　しかし，ガソリンやヘキサンなど，蒸発しやすい油や水溶性液体可燃物には常温でも膜は存在しない。また，膜が形成されたとしても，温度が上がれば壊れてしまうことや，水の膜であれば，60℃以上では蒸発して液面には存在できない。したがって，水成膜泡の消火効果は，水成膜によるものではなく流動性に優れた泡によるものである。

　5）　**大容量泡放水砲用泡消火薬剤**　大容量泡放水砲用泡は，石油コンビナート等災害防止法施行令（昭和51年政令第129号）第14条第5項に規定された泡消火薬剤のことである。大容量泡放水砲専用の泡消火薬剤であり，その他の泡消火設備では法令上使用できない。

　6）　**水溶性液体用泡消火薬剤**　水溶性液体用泡は，アルコール類，ケトン類などの水溶性可燃性液体の消火に用いる泡消火薬剤である。通常の泡は，アルコールなどの水溶性液体上に乗せてもすぐに消泡してしまうため，十分な消火効果が得られない。そこで，水溶性液体の消火には，水溶性液体に触れても消泡しない特別な泡を使用する必要がある。水溶性液体用泡は，耐アルコール泡とも呼ばれる。

　水溶性液体用泡消火薬剤は，「検定」による技術基準が定められていない。ただし，危険物施設において水溶性液体を対象とする泡消火設備で使用する際には，総務省告示第559号（平成23年12月21日）による消火性能基準を満足する水溶性液体用泡を使用する必要がある。

　（**d**）　**粉末消火剤**　別名をドライケミカルというように，文字どおりサラサラと乾燥した状態の粉末化学消火剤である。成分は，ナトリウム，カリウムなどのアルカリ金属の炭酸塩，炭酸水素塩などの塩類やリン酸塩類，硫酸塩類，アンモニウム塩，塩化物などで構成されている。貯蔵中の吸湿固化の防止と放射の流動性付与の目的で，高分子シリコンが添加されている。

　粉末消火剤は，瞬時に火災を消火するため，その効

果は化学的抑制作用によるとされている。成分中のアルカリ金属が，化学的活性種であるH，OHを捕捉して連鎖反応を断ち切るというのであるが，その抑制機構は明らかにされていない。

　粉末消火剤の効果は，粉末粒子の大きさに影響され，素早く消火するためには，微粒として炎の中に完全に分散させる必要があるが，あまり細かすぎると遠方の炎に届かないことになる。法令でも消火器用と消火設備用の粉末を個別に規定している。

　（e）　ハロゲン化物消火剤　　ハロゲン化物消火剤は，ハロンという名称でよく呼ばれ，消規則では，ハロン1301，1211，2402が規定されている。

　ハロゲン化物の消火は化学的抑制効果によるが，かつて，常温で液体のハロゲン化炭化水素が，消火器に用いられていたときには，火炎によって蒸発した不燃性の気体の窒息効果によるものとされていた。そのため，法令では「蒸発性液体消火剤」と呼んでいた。

　その後，ハロゲン化炭化水素のうち，組成中に臭素を持つものが，塩素やフッ素よりも有効であることから，遊離したBrラジカルが火炎中のH，OHといった活性種を捕捉して燃焼反応を中断させることがわかった。

　臭素，塩素を含むハロンは，消火性能が高く，化学的安定性，電気絶縁性が良いことから，電気，電子機器設備に不可欠な消火剤として過去約30年間使用されてきたが，塩素，臭素，ヨウ素を含む炭化水素がオゾン層を破壊することから，モントリオール議定書により生産が全廃された。ハロンの生産は全廃されたが，既存機器への補充，クリティカルユースでの使用は認められている。日本国内では，オゾン層保護のためにハロンがむやみに大気中に放出されることがないよう，ハロンを使用する既存設備を撤去する際の回収，再利用，廃棄を適切に行うための取組みがシステム化されており，消防環境ネットワークにより運営されている。

　ハロン生産中止後，HFC-23，HFC-227eaなどのハロゲン化物消火剤が代替ハロンとして開発され，消規則にも規定された。これらは新ハロンとして期待されたが，塩素，臭素を含まないため，消火性能は従来のハロンに遠く及ばず，また分解生成物のフッ化水素の腐食性や刺激有害性については，他のハロゲン化物消火剤同様に注意を要する。

　これらはオゾン層を破壊しないものの，一方の大きな環境問題である地球温暖化係数がきわめて大きいことから，京都議定書発効以降は，排出抑制に取り組むこととなっている。近年，オゾン層を破壊せず，地球温暖化係数が比較的小さいハロゲン化物消火剤として，FK-5-1-12が新たに消規則に規定化された。

　（f）　不活性ガス消火剤　　不活性ガス消火剤には，二酸化炭素，窒素，IG-55（窒素：アルゴン＝50：50），IG-541（窒素：アルゴン：二酸化炭素＝52：40：8）がある。

　二酸化炭素は，化学的安定性，電気絶縁性，消火後の汚損がないことなどから，電気設備，コンピュータ，立体駐車場，美術品などを対象に設置されている。二酸化炭素は，低温で低圧のときや常温で高圧の加圧状態のときは液体（液化炭酸）であるので，ガスよりも貯蔵容器のスペースをとらない。

　二酸化炭素そのものは無色無臭であるが，密閉空間へ消火剤を放出する場合は，人の窒息危険に注意しなければならない。また，低温の液体状態から放出され，気化する際に蒸発潜熱を奪うため，大量の霧状の水滴が発生し，視界がきかなくなる危険性がある。

　二酸化炭素設備は，起動から放出までに遅延時間をとって，この間に避難できるようにするなど，安全対策が義務付けられているが，誤操作による人身事故が絶えない。不特定多数の人が関係する場所への設置は避けるべきである。

　一方，窒素，アルゴンに代表される不活性ガスは，空気中に酸素とともに存在する安全なガスで，古くからクリーンな消火剤として用いられていた。二酸化炭素とは異なり，窒素，アルゴンそのものは無害であり人体に対する危険性はないが，放出時の酸素濃度低下による窒息危険には十分注意が必要である。ハロンが生産を中止し，代わって登場した代替ハロンや二酸化炭素が，地球温暖化問題を抱え排出の抑制や禁止が予測されることから，最近，再び脚光を浴びるようになった。

〔4〕　消　火　設　備

　消火設備は，火災を初期の段階で消火し，損害を最小限にとどめるもので，法律で設置が義務付けられているものと，自主的に設置するものとがある。

　法令は最低基準を示すものであるが，設置から点検までの細部を規制しているため，これで十分であると認識しがちである。しかし，産業施設が複合化，大型化など，大きな変化をしてくると，法令に従っていても十分ではなくなってくる。その場合，施設に適合する消火設備を自主的に設置する必要がある。

　消防法では一般防火対象物と危険物施設について，それぞれ消防法第17条と第10条において規制している。関連法令には石油コンビナート等災害防止法，建築基準法，高圧ガス保安法，船舶安全法，航空法などがある。

（a） 消火設備の分類

1） 消火剤の種類による分類　消火設備は，その構成によって，水や泡消火薬剤をポンプで加圧送水する水系設備と，ガスまたは粉末消火剤をガス圧で放出するガス系設備に分けられる（**表3.1.30**参照）。

表3.1.30　消火剤の種類による消火設備の分類

分　類	消火設備の種類
水系消火設備	屋内消火栓設備，屋外消火栓設備，スプリンクラー設備，水噴霧消火設備，泡消火設備，動力消防ポンプ設備，散水設備，連結散水設備，連結送水管
ガス系消火設備	ハロゲン化物消火設備，粉末消火設備，不活性ガス消火設備

ガス系消火設備は，容器に充填した消火剤を放出してしまうと再充填しなければ使用できないバッチ式の設備であるため，一度の放出で確実に消火できるような設計が必要である。これに対し，水系消火設備は，水源と消火剤がある限り，ポンプによって連続して送水することができる。

図3.1.43に水系消火設備，**図3.1.44**にガス系消火設備の基本構成を示す。

2） 活動方式による分類　設備を消火活動から分類すると，可搬式，移動式，固定式，車載式に分けられる。それぞれの方式と設備の種類を**表3.1.31**に示す。

（b） 消火設備の種類

消防法では，一般防火対象物と危険物施設に設置される消火設備を別個に規定しているが，設備の構成はほぼ同一である。なお，法令では消火器も消火設備とされている。**表3.1.32**，**表3.1.33**に消防法第17条と第10条に規定する消防用設備をまとめた。

1） 消火栓設備　屋内・屋外消火栓設備は，固定された消火栓のホース弁に接続された消火用ホースとノズルを，火災時に人が消火栓箱から取り出し，ノズルを手に持って火災部に近付いて放水するもので，初期段階の消火作業を行うための設備である。両者は基本的にはまったく同一のもので，ノズルの放水量と屋内か屋外か設置場所の違いだけである。

消火栓設備は，水源，加圧送水装置，消火栓のホース弁および消火用ホース，ノズルなどの放水器具，これらを接続し送水するための配管，起動装置，非常電源などから構成されている。

2） スプリンクラー設備　スプリンクラー設備は，最もよく知られた水系消火設備で，起動方式によって相違があるが，基本的には水源，加圧送水装置，制御盤，流水検知装置（自動警報弁，流水作動弁など），一斉開放弁，スプリンクラーヘッドおよびこれらを接続する配管から構成されている。

使用するスプリンクラーヘッドによって閉鎖型と開放型，放水型の設備がある。閉鎖型には一般に用いられる湿式方式，寒冷地に設置する乾式方式，放水による損害が深刻となる場所で用いられる予作動式がある。スプリンクラー設備の系統図例を**図3.1.45**に示す。

3） 水噴霧，ドレンチャー，散水設備　水噴霧設

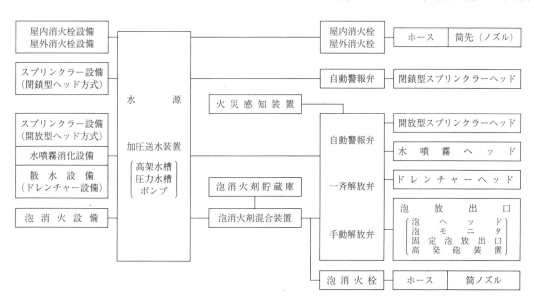

図3.1.43　水系消火設備の基本構成

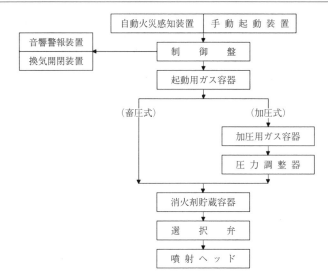

図 3.1.44 ガス系消火設備の基本構成

表 3.1.31 消火活動方式による消火設備の分類

方式	方式の説明	設備の種類
可搬式	機械全体を火災現場へ運んでいき，消火活動に使用する方式	消火器 簡易消火用具
移動式 (ホース式)	設備の一部または全部が建物や床面，地面などに固定されていて，接続口にホースとノズルを取り付け，これを火災現場へ延長移動して使用する方式。ノズルを移動させることから移動式と呼ばれる。	屋内消火栓設備 屋外消火栓設備 連結送水管 ホースノズル方式（消火栓およびホースリール方式）の泡，二酸化炭素，ハロゲン化物，粉末消火設備
固定式	ノズル，ヘッドを含め，設備の全部が建物や床面，地面などに固定されている方式。	スプリンクラー設備 水噴霧消火設備 連結散水設備 不活性ガス消火設備 ハロゲン化物消火設備 （モニタターレット方式，ヘッド方式，放出口方式）
車載式	消防車やトレーラ，スキッドに設置する方式。	モニタノズル方式の泡および粉末消火設備

〔注〕 出典：沖山博通，図解 危険物施設の消火設備，p.59，オーム社（1987）

3. 火災爆発

表3.1.32 防火対象物に対する消防用設備（法17条，政令7条）

区分・種類		設備の種類	区分・種類		設備の種類
消防用設備等	消防の用に供する設備 / 消火設備	消火器および簡易消火用具（水バケツ，水槽，乾燥砂，膨張ひる石，膨張真珠岩） 屋内消火栓設備 スプリンクラー設備 水噴霧消火設備 泡消火設備 不活性ガス消火設備 ハロゲン化物消火設備 粉末消火設備 屋外消火栓設備 動力消防ポンプ設備	消防用設備等	消防の用に供する設備 / 警報設備	非常警報器具（警鐘，携帯用拡声器，手動式サイレン） 非常警報設備（非常ベル，自動式サイレン，放送設備）
				避難設備	避難器具（滑り台，避難はしご，救助袋，緩降機，避難橋，その他の避難器具） 誘導灯および誘導標識
	警報設備	自動火災報知設備 ガス漏れ火災警報設備 漏電火災警報器 消防機関へ通報する火災報知設備		消防用水	防火水槽，これに代わる貯水池その他の用水
				消火活動上必要な施設	排煙設備 連結散水設備 連結送水管 非常コンセント設備 無線通信補助設備

表3.1.33 危険物施設に対する消火設備，警報設備，避難設備（法10条，危政令20条）

区分	種別	設備の種類
消火設備	第1種	屋内消火栓設備，屋外消火栓設備
	第2種	スプリンクラー設備
	第3種	水蒸気消火設備，水噴霧消火設備，泡消火設備，不活性ガス消火設備，ハロゲン化物消火設備，粉末消火設備
	第4種	消火および放射状態によって異なる各種の大型消火器
	第5種	消火剤および放射状態によって異なる各種の小型消火器，水バケツ，水槽，乾燥砂，膨張ひる石，膨張真珠岩
警報設備 避難設備		自動火災報知設備，消防機関に放置できる電話，非常ベル装置，拡声装置，警鐘，誘導灯

備は，細かい水粒を噴霧し，その冷却，窒息効果により機能を発揮するものである。ドレンチャー設備は，水噴霧より大きな粒子の流水で壁を濡らす設備である。また，散水設備は，水を噴水のように吹き上げ，対象物を輻射熱から防護するのが目的である。

水噴霧設備，ドレンチャー設備は，水源，加圧送水装置，火災感知装置，起動装置，水噴霧または散水ヘッド（ノズル），これらを連結する配管，弁類から成っている。設備の構成としては，開放型ヘッドを用いるスプリンクラー設備と同様である。水噴霧消火設備の系統図例を**図3.1.46**に示す。

4） 泡消火設備 泡消火設備は，おもに液体火災の消火に用いられる設備で，特に屋外の大規模危険物施設は，泡以外には有効な設備はない。

泡消火設備は，水源と加圧送水装置，泡消火薬剤の混合装置，発泡器と泡放出口，これらを連結する配管と区画弁などから構成されている。設備を自動化する際は，これらに火災感知装置，警報装置などを設置する。混合装置と発泡器の部分を除けば，消火栓設備，スプリンクラー設備，水噴霧設備などの水系設備と同様の構成であるが，石油タンクに底部泡放出口が設置されている場合は，送泡用の配管や緊急遮断弁が設けられる。これらは，送泡設備と呼ばれ，泡消火設備のみにみられる。**図3.1.47**に泡消火設備の系統図例を示す。

危険物施設における石油類に対する泡消火設備では，合成界面活性剤泡の使用は認められていない。

5） 不活性ガス消火設備，ハロゲン化物消火設備
これらは，電気絶縁性や機械器具を汚損しないことから，電気設備やコンピュータ，通信機器などの電子

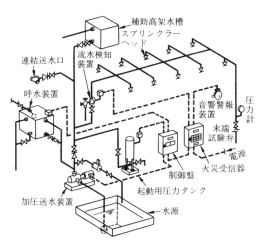

図3.1.45 スプリンクラー設備の系統図例

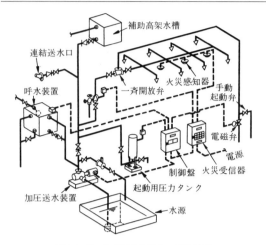

図3.1.46 水噴霧消火設備の系統図例

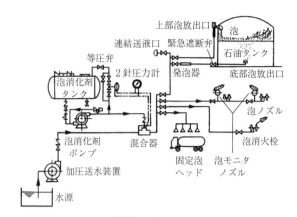

図3.1.47 泡消火設備の系統図例
（出典：深田工業株式会社資料）

機器設備に用いられるガス系の消火設備で，消火剤貯蔵容器，容器弁，開放装置，起動用ガス容器，選択弁，噴射ヘッドなどから構成される。不活性ガス消火剤には，二酸化炭素，窒素，IG-55，IG-541がある。これらの不活性ガス消火剤は無色無臭のガスであるが，火災でないときの密閉空間への誤放出による人身事故が絶えないので，安全対策が重要である。さらに，二酸化炭素とハロゲン化物は，オゾン層破壊，地球温暖化などの環境問題があり，消火設備としての使用を見直す時期にある。設備の系統図例を**図3.1.48**に示す。図3.1.48の二酸化炭素消火剤を用いる不活性ガス消火設備は，局所放出方式の例である。ガス系の消火設備には，局所放出方式と全域放出方式があり，消規則や総務省の告示に設備基準が示されている。なお，局所放出方式，および全域放出方式の両方の基準が存在するものは，二酸化炭素消火剤とハロゲン化物消火剤（代替ハロンを除く）のみであり，他の消火剤は全域放出方式のみである。

6） **粉末消火設備**　粉末消火設備は，野外でも使用できるガス系消火設備で，特にモニタ方式によって遠方への放射が可能なため，港湾荷役施設や化学消防車に設置される。また，LNGなどの可燃性の液化ガスを取り扱う設備にも設置される。

しかし，放射した粉末によって設備機器が汚損されるので，速消性が必要な危険物施設などに限って設置される。また，その速消性を生かして，泡消火設備の補助としても併設される。

設備は，消火剤貯蔵容器，加圧用ガス容器およびその容器弁の開放装置，定圧作動装置，噴射ヘッド（ノズル）などから構成される。粉末消火設備の局所放出方式における系統図例を**図3.1.49**に示す。

粉末消火設備には，局所放出方式と全域放出方式があり，消規則や危険物関連の運用通知に設備基準が示されている。

7） **消火器具**　法令上の消火器具は，初期の小火

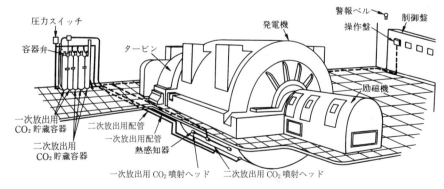

図3.1.48 二酸化炭素消火設備の系統図例（発電機に設置した例）
（出典：深田キデイ株式会社資料）

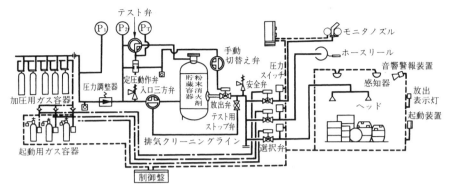

図 3.1.49 粉末消火設備の系統図例
(出典:深田工業株式会社資料)

災を消火する目的で人が操作する器具であって,消火器と簡易消火用具がある。

消火器には,水消火器,酸アルカリ消火器,強化液消火器,泡消火器,ハロゲン化物消火器,二酸化炭素消火器,粉末消火器などがあり,消防法(21条の2)に基づき検定対象として規格が定められている。

現在市販されている消火器のうち,その大半は粉末消火器が占めており,ほかに,強化液,機械泡,二酸化炭素消火器が特殊な目的に使用される程度である。二酸化炭素消火器は,高圧ガス容器に液化炭酸ガスが充填されており,液化炭酸ガス自体の蒸気圧で蓄圧されている。その他の消火器は,消火剤を加圧ガスのガス圧によって放射するものであるが,加圧用の小型容器を内部に備えた加圧型と,消火剤を6割ほど充填

し,残りの気相を窒素などで常時蓄圧する蓄圧式に大別される。消火器の構造,機能の一例を**表 3.1.34**にまとめて示す。

加圧式の消火器は,腐食などの老朽化により,操作時に容器が破裂してきわめて危険である。必ず定期点検(法令点検)を実施し,腐食,きず,変形などがみられる消火器はただちに交換する必要がある。

なお,2010年3月以前に製造された消火器(消火器用消火剤)には,PFOSを含有するものもあり,前述のPFOS含有泡消火薬剤と同じ取扱い規制となる。

簡易消火用具には,水バケツ,水槽,乾燥砂,膨張ひる石,膨張真珠岩などがある。

8) 自動消火装置 これまで記した設備のほかに,パッケージ型自動消火設備,パッケージ型消火装

表 3.1.34 消火器の構造,機能例

分類		加圧式消火器	蓄圧式消火器	二酸化炭素消火器
構造概要		(図)	(図)	(図)
ガス系消火器	二酸化炭素消火器	—	—	○ (B, C)
水系消火器	強化液消火器	○ (A, B, C※)	○ (A, B, C※)	—
	中性強化液消火器	○ (A, B, C※)	○ (A, B, C※)	—
	機械泡消火器	○ (A, B)	○ (A, B)	—
	水(浸潤剤等入)消火器	—	○ (A, C※)	—
粉末消火器	粉末消火器	○ (A, B, C)	○ (A, B, C)	—

〔注〕 ※霧状に噴射するものはC火災に適用可 火災種別 Ⓐ普通 Ⓑ油 Ⓒ電気

置，住宅用下方放出型自動消火設備，住宅用粉末消火設備，簡易自動消火装置など，日本消防検定協会や日本消防設備安全センターの鑑定，認定，評定を必要とする，特定の用途に使用する自動消火装置というものがある。

これらはどれも特殊なものではなく，いわば消火器を固定して使うようなもので，消火器と消火設備の間を埋める，法令対象でない「局所式の小型消火器具」である。　　　　　　　（高嶋武士，佐澤　潔，沖山博通）

引用・参考文献

1) 海洋汚染対策の現状と課題，安全工学，50-2，p.78（2011）
2) 石油タンク火災の安全確保に関する研究報告書，消防研究所研究資料第 73 号，p.23（2006.3）

3.2　火災爆発 ── 爆発編 ──

3.2.1　爆発現象
〔1〕爆発とは

学術用語としての爆発の定義は，明確に統一されているとはいいがたい。一般用語としては，広辞苑[1]には「急に激しく破裂すること。急速に進行する化学反応により，多量のガスと熱を発生し，爆鳴・火焰および破壊作用を伴う現象」，Webster's Dictionary[2]には「a violent bursting with noise, following the sudden production of great pressure, as in the case of explosives or a sudden release of pressure, as in the disruption of steam boiler」と記されている。すなわち，破裂や化学反応などにより，大きな音を出して，物質（主として気体）が急速に膨張する現象と定義している。しかし爆発災害防止の観点からは，一般に「爆発」と呼ばれる現象はもっと広く定義されており，つぎのような現象を「爆発」としている。

① 高速の化学反応や相変化などにより瞬時の温度上昇やガス化が起こり，気体が高速で膨張する。
② 容器内の圧力が何らかの原因で上昇したり，容器の破損が起こり，容器が大破して高圧の内容物が高速で膨張する。
③ 密閉容器内で高速の化学反応が起こり，容器内圧力が急上昇する。
④ 大きな荷重を受け，大きなひずみが生じている材料が破壊し，破壊片が飛散する。
⑤ 核分裂や核融合エネルギーにより瞬時に温度上昇や気化が起こって気体が急激に膨張する。

③については，容器が破損しない限り，音を発する以外は外部には影響を与えないが，内部で急激な化学反応による圧力上昇があるので，爆発現象として取り扱われる。⑤については核爆弾の爆発で，特殊な問題であり，わが国の爆発災害を論じる場合は必要がないが，爆風による被害については，核爆発実験でのデータが多いため，通常の爆発による爆風被害を検討するとき，このデータを参考にすることがある。

爆発現象に結び付く化学反応には，激しい酸化還元・分解反応（燃焼）や反応暴走がある。また，爆発の範疇に入る燃焼は，前述のように爆燃と爆轟に分類される。さらに，別の分類としては，反応物の状態により爆発現象や爆発災害防止対策が異なるので，ガス爆発，ミスト爆発，粉じん爆発，液体爆発および固体爆発に分類される。

まとまった量の液体に大量の熱が流入し，瞬時に蒸発すると，蒸発気体が急速に膨張して爆発現象が起こる。これは蒸発爆発と呼ばれ，典型的な相変化による爆発である。この例として古くはボイラの爆発や製鉄所などで発生した水蒸気爆発がある。また，近年ではBLEVE（boiling liquid expanding vapour explosion）が大きな問題となっている。

以下にこれらの爆発現象の概要を述べる。なお，各現象の詳細は後の節に記載する。

（a）**閉囲空間でのガス爆発**　容器内での可燃性混合気体の爆発や分解爆発，あるいは部屋や建屋内で可燃性ガスや蒸気が漏洩爆発するなど，閉囲空間での爆発事故により大きな災害になることがしばしば見られる。

完全に開放された空間での爆燃では，ほとんど圧力上昇は生じない。これは爆燃による発熱反応や分解によるガス化や気体分子数の増加によって圧力上昇があっても，ただちに音速で伝播する圧力波により，圧力解放が行われるためである。密閉空間では全体として膨張できないので，圧力が上昇する。球形容器の中心で点火し，燃焼波面が球状に広がると仮定すると，圧力上昇は次式で与えられる[3]。

$$p_{\max} = p_0 \frac{n_b T_b}{n_u T_u} = p_0 \frac{M_u T_b}{M_u T_u} \tag{3.2.1}$$

$$p(t) = \frac{4}{3}\pi \left(\frac{n_b T_b}{n_u T_u}\right)^2 \left(\frac{n_b T_b}{n_u T_u} - 1\right) Y \frac{s_b^3 t^3}{V} + p_0 \tag{3.2.2}$$

ここに，p：圧力，$p_{\max}$：最大圧力，p_0：初期圧力，n：モル数，T：絶対温度，V：容器内容積，s_b：燃焼速度，M：分子量，t：時間，下付き u は未燃ガス，下付き b は燃焼後のガスの状態を示す。

図 3.2.1 に示すように，複数の容器や部屋がパイプ

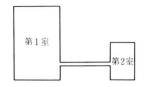

図 3.2.1 圧力重積が発生しやすいシステム

で連結されていたり，密閉容器や部屋が小さな穴を持つ隔壁で仕切られていると，最大圧力が一般の密閉容器内の爆発圧力の理論式で求められるものよりはるかに大きくなることがあることに注意する必要がある。この現象は圧力重積（pressure piling）と呼ばれており，第1室で爆燃が始まるとその部屋の未燃ガスが押されて第2室に移動し，第2室が爆燃するときには密度や初期圧が高くなるために起こる現象である。もちろん第2室が爆燃を始めて圧力が上昇すると，生成ガスが第1室に流れるが，パイプや小孔での抵抗が大きく流量が十分でない場合，第2室の最大圧力は大きくなる。

完全密閉でなく，開口部分のある容器や部屋の中での爆燃における圧力上昇は燃焼・分解速度，反応面の面積，発熱量など圧力上昇速度を支配する因子と開口部からの気体の流出速度に依存する。

爆燃から爆轟への転移は開放空間では，ほとんど起こらないと考えてよいが，閉囲空間，特にパイプラインなど細長い空間では，比較的容易に起こる。アセチレン，水素，エチレンなどは容易に爆轟する物質として知られている。

(b) **開放下での蒸気雲爆発**　大量の可燃性ガスや蒸気が大気中に漏洩し，空気と混合して着火爆発する現象を開放系蒸気雲爆発（unconfined vapor cloud explosion）と呼んでいる。これは比較的新しい災害であり，石油化学の発達で大量の可燃性気体・液化ガス，過熱液体や引火性液体を取り扱うプラントが増えるのに伴い，発生するようになった。また，化学産業の最近の大きな災害の中で蒸気雲爆発の占める割合が高い。

開放系蒸気雲爆発は，圧力上昇や爆風を伴わないような爆燃から，強い爆風を発生し爆轟が起こったのではないかという議論がなされるような非常に激しい爆燃まで千差万別である。開放系蒸気雲爆発の激しさは，漏洩して気体になった可燃物の量・種類・漏洩速度，漏洩から着火までの遅れ時間，蒸気雲が滞留している場所の施設，設備などの構造物の状況などによって左右される。施設の構造物や配管類は複雑に入り組んでいるような場所で，大量の可燃性ガス・蒸気が漏洩して，空気と混合して爆発範囲内の組成の爆発混合気が大量に生成した段階で着火すると，火炎面が入り組んだ構造物などで乱され，燃焼が加速することにより激しい爆発を引き起こした事故事例も多い。また，非常に強い着火源で起爆した場合に激しい蒸気雲爆発を起こす。

(c) **蒸気爆発および BLEVE**　液体が過熱状態となり，爆発的に沸騰する現象を蒸気爆発という。蒸気爆発を起こす例は溶融金属と水の接触，溶融塩と水の接触，高温油と水の接触，低温液化ガスと水の接触などがある。

液体の貯槽が周囲の火災で加熱され，容器内部圧力が上昇するとともに容器材料の強度が低下して破壊したとき，内部の液体は過熱状態となっているため爆発的に蒸発する現象を特に BLEVE と呼んでいる。内部の液体が可燃物である場合は蒸発した蒸気が空気と混合して燃焼し，ファイアボールとなり，量が多いと二次的な爆発が起こる。

(d) **粉じん爆発**　可燃性粉体が空気中に浮遊した状態で爆発する災害が発生するが，これを粉じん爆発と呼んでいる。粉じん爆発を起こす粉体種類は金属粉，食品，飼料，化学薬品，染料，プラスチック粉，繊維類，石炭など多岐にわたっている。

粉じん爆発はガス爆発と類似した特徴を持っているが，つぎのような相違点がある。

① ガス爆発に比較して，燃焼速度は小さいが，燃焼時間が長く，単位容積当りの発熱量が大きいため，破壊力が大きい。
② 最初の部分的な爆発により，堆積している可燃性粉じんが舞い上がり，つぎつぎ爆発的な燃焼が持続し，被害が大きくなる。
③ 一般に，最小発火エネルギーはガス爆発に比べて大きい。
④ 爆発性混合ガスでは燃料分子と酸化性ガス分子が均一に混合するが，爆発性粉じん雲では可燃性固体粒子と酸化性ガスの混合体であるため，分子レベルでの均一混合は不可能である。そのため，不完全燃焼を起こしやすく，有機物粉じんの爆発生成ガス中に一酸化炭素が多量に含有し，一酸化炭素中毒を起こしやすい。
⑤ 爆発の際，粒子が燃えながら飛散するので，これを受ける可燃物は局部的にひどく炭化したり発火する可能性がある。特に人体に降りかかった場合，火傷がひどい。

(e) **凝相の反応性化学物質の爆発**　化学物質の中には，ある温度より高い環境下に置くとその温度で発熱分解したり，あるいは衝撃，摩擦あるいは加熱

などのエネルギーを加えると激しい発熱反応を起こし，火災・爆発を起こす物質がある。これらは不安定物質あるいは反応性化学物質と呼ばれている。このような物質の代表的なものは火薬類である。そのほか有機過酸化物，発泡剤，過酸化水素，ニトロセルロース製品などや，反応中間体や医薬品原料などにもこのような物質が見られる。特に最近では，付加価値を高めるために反応性の強い物質と合成することが多いが，この種の物質には不安定物質が多い。

〔2〕 **爆発エネルギー**

爆発による効果は，化学的・物理的に蓄えられたエネルギーが急激に解放されるために生じる。爆発時に解放されるエネルギーは，① 化学エネルギー，② 流体の膨張エネルギー，③ 固体材料ひずみエネルギー，④ 核エネルギーなどである。

化学的爆発のエネルギー解放は，反応物質や生成物の状態や性質が明確であれば正確に求めることができる。ところが，一般には爆発反応直後の生成物を正確に捉えることが困難であるため，爆発エネルギーを正確に計算することは難しい。そこで，一般的には生成物を仮定して爆発エネルギーを算出する。

爆発エネルギーは，爆発の膨張による仕事W_eである。

$$W_e = \int_1^2 pdv \qquad (3.2.3)$$

ここに，W_eは膨張による仕事，pは絶対圧，vは体積である。

式(3.2.3)の積分値を求めることは容易ではないので，一般には熱力学的状態量の初期値と終値から計算される。爆発現象が可逆変化であれば，爆発エネルギーはヘルムホルムの自由エネルギーの変化($-\Delta F$)で与えられる。しかし，実際の現象は可逆的でないので，これよりはいくぶん小さく，ギブスの自由エネルギーの変化($-\Delta G$)で与えた方が誤差は少ない。

$$\Delta F = \Delta E - T\Delta S \qquad (3.2.4)$$
$$\Delta G = \Delta H - T\Delta S = \Delta F - P\Delta V \qquad (3.2.5)$$

ここに，ΔHはエンタルピー変化，ΔEは内部エネルギー変化である。

また，内部エネルギー変化ならびにエントロピー変化は，反応物と生成物の物性値から次式によって得られる。

$$\Delta E = [\Delta E_f^0]_p - [\Delta E_f^0]_r \qquad (3.2.6)$$
$$\Delta S = [S]_p - [S]_r \qquad (3.2.7)$$
$$S = S^0 - R\ln P \qquad (3.2.8)$$

ここに，添字のpおよびrはそれぞれ生成物および反応物の物性値であることを示す。これらの計算に必要な物性値は化学便覧などに示されている。

一方，高圧ガスや液体の容器が破壊して起こる爆発で解放されるエネルギーはその流体の膨張エネルギーである。Kinneyは等温膨張とみなして破裂による解放エネルギーを次式で与えている。

$$W_e = \int_1^2 pdv \fallingdotseq T\Delta S = RT\ln p \qquad (3.2.9)$$

ここに，添字1は初期状態，2は最終状態を示す。

しかし，実際の現象は等エントロピー変化に近いので式(3.2.9)は過大な値を与える。そこで等エントロピー変化とすると次式で与えられる。

$$W_e = \int_1^2 pdv = \frac{p_2v_2 - p_1v_1}{\gamma - 1} \qquad (3.2.10)$$

R. A. StrehlowとR. E. Ricker[4]は，これらの式について検討した結果，式(3.2.9)は過大値を，また式(3.2.10)は過小値を与えるとし，Brodeが提案した次式により適切な値が得られると述べている。

$$W_e = \int pdv = \frac{(p_2 - p_0)v_0}{\gamma_1 - 1} \qquad (3.2.11)$$

ここに，添字0は周囲ガスの初期条件，添字1は$p=p_0$のガスの状態，添字2は破裂した瞬間のガス球の状態を表す。

液体の爆発の爆発膨張による解放エネルギーは次式で与えられる。

$$U_j = \frac{1}{2}\beta\rho V \qquad (3.2.12)$$

ここに，U_jは液体のひずみエネルギー，Vは容器の容積，βは液体の圧縮率である。

固体材料のひずみエネルギーについては円筒容器の場合，両端の影響を無視すれば次式で表される。

$$U_m = \frac{p^2 V\{3(1-2\nu) + 2K^2(1-\nu)\}}{2E} \qquad (3.2.13)$$

ここに，U_mは材料のひずみエネルギー，Eはヤング率，Kは直径比，νはポアソン比である。

また，全爆発エネルギーU_rは化学エネルギーU_c，流体の膨張エネルギーU_Fおよび固体材料のひずみエネルギーU_mの和である。

〔3〕 **爆燃と爆轟**

爆燃は，前述のように激しい燃焼反応であるが，燃焼速度や分解速度10^{-1}〜10^2m/sのオーダである。一方爆轟は，爆発反応面と衝撃波面がほぼ一体となって伝播する現象である。すなわち衝撃波のエネルギーが爆発反応を生起し，その衝撃波は爆発反応熱からエネルギーを補給して減衰することなく維持される現象である。そのため，爆轟速度は燃焼速度よりはるかに大きく，ガス爆発の爆轟速度は2 000〜3 000 m/s台であり，液体や固体の爆轟では3 000〜8 000 m/s程度である。

爆轟は爆燃より圧力が大きく，破壊力もはるかに大きい。例えば，炭化水素-空気系の爆轟圧力は初期圧の20倍程度となるが，密閉空間内での爆燃では大きくても初期圧の8倍程度である。また，密閉空間での爆燃による圧力上昇は静的圧力であるが，爆轟圧は衝撃波の圧力であり，この波の進行方向に直角な面に対しては反射圧として作用するため爆轟圧の2倍以上の圧力が作用する。

爆轟は衝撃波がなければ発生しない。そのため，爆轟の発生は，①雷管や爆薬などにより強い衝撃波が加えられたとき，②爆燃の火炎面が加速されてピストン効果により強い衝撃波が生じたときに見られる。特に後者のように爆燃から爆轟への転移が起こる場合は定常爆轟の場合より強い破壊力がある。

図3.2.2は，密閉管の中での爆発が起こった場合の爆燃と爆轟での圧力分布の違いを示したものである。爆燃の場合は，反応が進むと密閉管内の圧力は一様に上昇する。爆轟の場合は，爆轟波面が超音速で伝播するため未反応部はまったく元のままの状態であり，波面のところで不連続的に最高圧まで上昇する。

（小川輝繁）

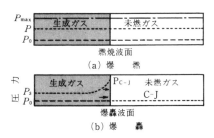

図3.2.2 密閉管内での爆燃と爆轟の圧力分布

引用・参考文献

1) 新村出編，広辞苑，第二版補訂版，岩波書店（1976）
2) Webster's New Interational Dictionary with Reference History, Second edition, G & C Merrian Co.（1957）
3) Zabetakis, M. G., Bureau of Mines 1965 Bull. 627(1965)
4) Strehlow, R. A. and Ricker, R. E., The blast wave from a bursting sphere, Loss Prevention, 10, p.115（1976）

3.2.2 爆発の効果と被害

〔1〕 爆風-爆風特性

爆風とは爆発により生じた空気の高速の流れと衝撃波である。衝撃波の到達後，高速の空気の流れが化学製造プラントや建物に荷重が加わることにより，被害を与える。

爆風は**図3.2.3**のように正圧と負圧の繰返しの波形

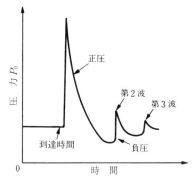

図3.2.3 爆風の圧力波形

になる。負圧の生じる原因は爆発ガスが膨張して周囲の圧力以下になると爆発ガスが収縮し，再度高圧になることによりまた膨張する。これを繰り返すことにより圧力波形が振動する。この脈動現象は水中爆発においても観測される。脈動周期は周囲の物質を剛体と仮定した場合は密度の平方根に比例することが理論的にわかっている。爆風では空気の密度が水の1/1000程度と低いので周期も30～40倍短い。負圧の部分では空気の流れは爆心方向へ向かっており，また温度も若干ではあるが大気温度より低い。爆発事故などで損壊した建物の一部が爆心方向へ向かっている場合があるのは負圧の発生によるとされている。

爆風の特性はスケール則により定量的に評価される。スケール則は流体力学の質量，エネルギー，運動量保存式より導かれる。すなわち爆風が一次元球面波であること，爆源を点とみなせること，空気の密度ρと圧力Pの関係が$P/P_0 = (\rho/\rho_0)^\gamma$で与えられると仮定する。ここで，$\gamma$は気体の比熱比，0は初期状態を表す。爆発性物質の爆風に対する爆風エネルギーをQとすると，無次元化距離λおよび無次元化時間τを実スケールの距離Rと時間tに対して

$$\lambda = \frac{R}{(Q/P_0)^{1/3}} \tag{3.2.14}$$

$$\tau = Mt \quad \left(M = \frac{c}{c_0}\right) \tag{3.2.15}$$

ここに，Mはマッハ数，cは空気の音速である。式（3.2.14）および式（3.2.15）を流体力学の連続の式に適用すると無次元化できる。スケール則が成立する場合では，爆風特性は空気の初気圧を大気圧と仮定すれば，爆発性物質の爆風エネルギーにより一意的に定まる。したがって，爆風理論では爆発源の種類によらず爆風特性は爆源のエネルギー量により一意的に圧力などの時間変化も含めて定まる。式（3.2.14）の爆風エネルギーQは火薬の場合，薬量Wに比例するため換

算距離 r は下式のように表せる。

$$r = \frac{R}{W^{1/3}} \quad (3.2.16)$$

これをリューデンベルグ式による換算距離と呼び，火薬庫などの薬量と保安距離の関係を定める根拠としている。

爆風エネルギーは，2 章の危険有害性物質で述べられている爆発エネルギーの一部であり，一般的に同等の爆風威力を与える TNT 量で評価されることが多い。爆発性物質の爆風威力は爆轟の場合，おおむね物質固有であり，これを TNT 換算率または TNT 当量で表す。

TNT 換算率は理想的な爆発の場合の単位当りの爆風エネルギーの TNT に対する重量比であり，TNT 当量（換算量）は爆発時の爆発性物質と同等の爆風を発生する TNT 量である。TNT の 1 kg 当りの爆風エネルギーは実験および爆轟理論より約 4.5 MJ/kg である。すなわち，爆発事故などにおいて，ある距離での爆風圧が評価されると相当する TNT 量がわかる。これより，爆発事故などで破壊された窓ガラスの最大距離や，飛散物等の飛散距離などの外観と過去の経験から事故時の TNT 当量を推測することもできる。もし爆発物の絶対量が判明していれば，爆発物の事故時の TNT 換算率が評価される。

TNT の爆風圧と距離の関係についての基準は，キンガリー（Kingery）[1]，アメリカ海軍陸上兵器研究所（NSWC）[2]，ベーカー（Baker）[3] らによるものがある。このうち最もよく使用されるキンガリーの実験値は 5〜500 t の TNT の地表爆発による実験結果で以下のように表される。

ピーク過圧 P_s を爆風のピーク圧力 P_m と初圧 P_0 の差

$$P_s = P_m - P_0$$

とすると

$$\ln P_s = 7.0450 - 1.6278r - 0.27399r^2$$
$$- 0.065973r^3 + 0.0065413r^4$$
$$+ 0.048236r^5 - 0.020073r^6$$
$$+ 0.0030190r^7 - 0.00015984r^8$$
$$(r < 40\,\text{ft}/1\,\text{bs}^{1/3})$$

$$\ln P_s = \frac{400}{r} \quad (r > 40\,\text{ft}/1\,\text{bs}^{1/3}) \quad (3.2.17)$$

ここに，P_s の単位は psi (= 6.9 kPa)，r は換算距離で

$$r = \frac{R}{W^{1/3}} \quad R(\text{ft} = 0.3\,\text{m}), W(1\,\text{bs} = 0.45\,\text{kg})$$

である。自由空間での爆風の場合は，式 (3.2.17) の爆発量 W を 1/2 とする。

田中[4] による TNT の爆源の大きさ，空気の実在ガス効果および改良木原-疋田式による爆轟ガスの膨張特性を考慮した解析では，式 (3.2.17) の無次元換算距離 λ と無次元ピーク圧力 $P_s = P_s/P_0$ および衝撃波の到達時間の関係は

$$\ln P_s = -0.682393 - 1.82189\ln\lambda$$
$$+ 0.262238(\ln\lambda)^2$$
$$- 0.0117914(\ln\lambda)^3 \quad (3.2.18)$$
$$\tau_s = -0.182366 + 0.549376\lambda$$
$$+ 0.133163\lambda^2 - 0.0140528\lambda^3 \quad (3.2.19)$$

となる。

旧通産省物質工学工業技術研究所主催の野外実験により計測された TNT の爆風圧と換算距離の結果とキンガリー，ベーカー，田中の結果は図 3.2.4 のようになる。図 3.2.4 の実験結果のばらつきは地形効果や地盤の硬さによるクレータ（漏斗孔）のでき方などの実験条件による。表 3.2.1 は通産実験などによる各種爆薬の TNT 換算率である。

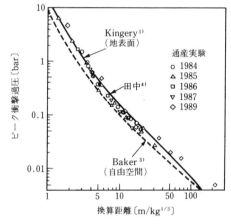

図 3.2.4　TNT の爆風圧

煙火原料薬である雷薬（轟音を発生する打上げ花火に使用）は遠方で TNT 換算率が増加し，式 (3.2.17) および式 (3.2.19) は厳密には適用できないが，最大の TNT 換算は 50% である。また黒色小粒火薬は薬量によって異なっており，100 kg では約 25%，400 kg では約 35% である。雷薬は爆轟性の火薬で，爆発熱は TNT の 2 倍程度と高いが，おもな爆発生成物は酸化アルミニウム，酸化チタンなどの固体生成物と，気体および固体の塩化カリウムと若干の酸素である。したがってガス発生量が少ない一方爆発温度が高く，ガスが大気圧まで膨張しても温度低下が少なく，空気中への放出エネルギー量が爆薬より低いため TNT 換算量が小さい。爆風の計測例と解析の比較を図 3.2.5 に

3. 火災爆発

表3.2.1 旧通産省火薬類保安技術実験における各種火薬類の爆風のTNT換算率

	TNT換算率〔%〕
炭鉱用含水爆薬	50
エマルション爆薬	70
TNT	100
ペントライト	120
H-6	140
雷薬	50
黒色火薬	25～35

〔注〕 炭鉱用含水爆薬：硝酸アンモニウムを主とし，水および硝酸ナトリウムなどから成る爆薬
エマルション爆薬：含水爆薬の一種で，過飽和硝酸アンモニウム水溶液とパラフィンなど炭化水素から成る産業用爆薬
ペントライト：トリニトロトルエン50，ペンタエリスリトールテトラナイトレート50から成る鋳造高性能固体爆薬
H-6：TNT，RDXおよびアルミニウムから成る固体爆薬
雷薬：Ti 15, Al 15, 過塩素酸カリウム70の粉状煙火原料薬

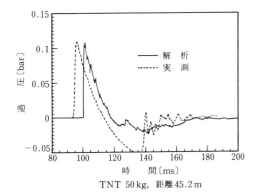

図3.2.5 TNT 50 kgの爆源から45 mにおける爆風圧波形（通産実験）（雷管に通電したときを起点）

示す。

黒色火薬は爆燃性であり，爆轟しない。爆風特性は放出エネルギー量により決まり，爆発圧力にはよらないが，エネルギー放出が爆燃のように比較的遅い場合，およびガス爆発のように爆源の大きさが無視できないような場合，爆源近傍では前述のスケール則が成り立たない。黒色火薬は爆燃とはいえ火炎伝播速度は数百 m/sに達し，ガス爆発の爆燃に比べて速いのでスケール則の適用が可能である。しかし，ガス爆発のように爆燃から爆轟への転移距離が長い現象では爆発初期において衝撃波が形成されないこともあり，スケール則が適用できない場合もある。

爆風において形成される衝撃波の特性は，爆燃においては燃焼速度が支配的因子となる。爆燃では爆轟に比べて緩やかにエネルギーを放出する。この場合，最初，圧力波は正弦波のように波面での圧力上昇が比較的緩やかであるが，圧力波が伝播するにつれて波面後方の強い圧力が前方を伝わる圧力波に追いつき，不連続な圧力の立上りを持つ衝撃波が形成される。爆風ではしばしば遠方で衝撃波が発生する。圧力波の立上りが緩やかな場合は，建物などの構造物に対する荷重も緩やかであり，強風が吹き付けるように軽量の物質が飛散する程度の被害になる。しかし，爆風において遠方で衝撃波が発生すると構造物に対しては瞬間荷重が加わり，破壊的被害が生じる。ガス爆発事故では多くの場合が爆燃であるため，爆源近傍に比べて遠方で被害が発生することがあるのはこの理由による。

〔2〕 爆風の伝播特性

爆風の伝播特性は衝撃波伝播理論により説明される。垂直衝撃波，つまり平面衝撃波の伝播速度 U_s と圧力 P_s，温度 T および波面背後の流れの速度 u の関係は c を音速とし，マッハ数を $M(=U_s/c)$ とすると

$$\frac{P_s}{P_0} = 1 + \frac{2\gamma(M^2-1)}{\gamma+1}$$

$$\frac{T_s}{T_0} = \frac{\{2+(\gamma-1)M^2\}\{2\gamma M^2-(\gamma-1)\}}{(\gamma+1)M^2}$$

$$u = \frac{2c(M-1/M)}{\gamma+1}$$

で与えられる。通常の爆風は爆風が構造物の壁面にあたった場合，流れは静止し入射波と反対方向へ伝播する反射波を生じる。平面衝撃波の反射では反射衝撃波の強さは入射波の2倍以上で空気では最大8程度に達する。衝撃波の伝播速度が音速に近い場合（$M=1$）では圧力跳躍は2倍である。

平面反射衝撃波の圧力 P_r は入射衝撃波の圧力 P_s より

$$\frac{P_r}{P_0} = \frac{(P_s/P_0)\{(3\gamma-1)(P_s/P_0)-(\gamma-1)\}}{(\gamma-1)(P_s/P_0)+1}$$

(3.2.20)

で与えられる。

衝撃波が壁面へ斜めに衝突する場合を斜め反射という。図3.2.6に示すように入射衝撃波面と壁面の間の衝突角度が低いとき（42°以下）は，正常反射となり，

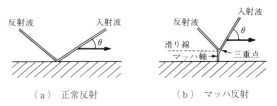

(a) 正常反射　　(b) マッハ反射

図3.2.6 衝撃波の壁面における正常反射とマッハ反射（$\theta=42°$）

反射波と入射波はV形のような構造をとる。衝突角度が大きくなると入射波と反射波に加えてマッハ軸と呼ばれる第3の衝撃波が現れ，この三つの波はY形のような構造をとる。マッハ軸形成の角度は入射波の強度に依存するが，式（3.2.20）の入射波の正面反射の場合よりさらに高い圧力となる。爆源が高い場合には地表面にある所からマッハ反射が起こる。

衝撃波の反射波は異なる密度，音速の媒体を伝播する場合にも現れる。例えば雲や逆転層がある場合には爆風は反射され，遠方で反射衝撃波が集中し被害を与えることがある。

爆風の持続時間が長いと構造物には抵抗圧力またはドラッグ圧力が発生する。これは高速気流中の物体にかかる圧力である。流れに沿ってすべての点で平衡状態にあると仮定すると，Joule-Thomson過程に従ってエンタルピー H と流れの速度 u （風速）の間には $H+(1/2)u^2=$ 一定という関係が成り立つ。$u=0$ の点をよどみ点という。これは高速気流中の鈍頭体の先端部に相当する。よどみ点の圧力 P_{stag} は高速気流中の圧力（局所圧力）を P とし，流れのマッハ数を $M_u(=u/c)$ とすると

$$\frac{P_{stag}}{P}=\left(1+\frac{\gamma-1}{2M_u^2}\right)\frac{\gamma}{\gamma-1} \quad (3.2.21)$$

により与えられる。

円柱などの物体回りの流れがはがれない場合は物体後部での圧力もよどみ圧になり，物体は爆風の抵抗を受けない。しかし，物体後部で流れがはがれることにより圧力が低下し，物体は流れによりある圧力で押されることになる。この圧力を抵抗圧力またはドラッグ圧力 P_{drag} という。P_{drag} は動圧力 P_{dyn} により求められる。

$$P_{dyn}=\frac{1}{2}\rho u^2=\frac{1}{2}\gamma M_u u^2 \quad (3.2.22)$$

動圧力は式（3.2.21）より流れのマッハ数が低い場合のよどみ圧と局所圧力の差になる。ドラッグ圧力は

$$P_{drag}=C_d P_{dyn} \quad (3.2.23)$$

で与えられる。ここで C_d は抵抗係数で物体の形状により決まる定数で，風洞実験などで計測される。

〔3〕 **開放空間での爆燃による爆風**

爆轟の場合，ほとんど瞬間的にすべての爆発エネルギーが発生するが，爆燃の場合はある有限時間内でエネルギーを放出する。多くの気体爆発では爆風は爆燃により発生し，エネルギーは連続的に圧力波の背後から前方へと供給されていく。その結果，爆風はTNTの爆風特性と若干異なり，遠方になるほどTNT当量が増加する。

ガス爆発に関する実験がほとんどないため，爆風威力は同じ効果を与えるTNTとの比較で示される。事故の場合では，爆発規模はTNT当量（TNT換算量）およびTNT収率（TNT換算率）で表されることが多い。

TNT当量は，爆発性混合気が理想的に燃焼した場合の放出エネルギーをTNT重量に換算した量で表す。火薬では物質自体に可燃剤と支燃剤が含まれており，爆発威力は火薬の単位重量当りのエネルギー量で表される。しかし，気体の場合には爆発エネルギーは可燃剤と支燃剤の混合割合により異なる。一般的には，事故の場合はこの混合割合は可燃性気体の漏洩時間，着火時間，気象条件による蒸発速度，拡散速度により異なるため複雑である。また爆発威力は主として空気と混合を前提としているため単位重量当りの可燃剤量当りのエネルギー量または当量のTNT量で表される。

TNTの爆発による放出エネルギーは1kg当り約4.5MJである。実際のガス爆発では，可燃性ガスと空気の混合における濃度分布，規模，着火条件によりエネルギー発生量や発生速度が異なり，爆風威力も異なるのでTNT収率，すなわちTNT当量に対して実際に観測された爆風と同等の威力のTNT量に対する比より事故規模を評価する。TNT収率，すなわち爆発に関与した可燃性ガスの割合は多くのガス爆発事故における被害例より評価されている。実際に起こった事故例ではスチレン，ブタジエン，塩化ビニルで0.3〜4%，プロパンで7.5%，イソブチレンで10%などの報告がある。

1969年に実施された旧通産省によるエチレン4kgと空気54kgの爆風実験を例にとって説明する[5]。化学量論比のエチレンと空気の混合気の爆轟による爆発エネルギーはエチレン1モルの標準生成熱を+52.42kJとすると

$$C_2H_4+15\,Air(0.2O_2+0.8N_2)$$
$$\rightarrow 2CO_2+2H_2O+12N_2$$

より1Mのエチレンより1321kJのエネルギーが発生する。したがって，エチレン1kg当りの爆発エネルギー量は約47MJとなり，エチレンの理想的TNT当量はTNTの約1000%となる。これはエチレンと空気の混合気1kgに対しては約2.9MJでTNT1kgの約60%となる。しかし，このようにして求められたTNT当量は過大評価である。大気圧の化学量論比に近いエチレン4kg/空気54kgの爆轟では，チャップマン・ジュゲーの理論より求められた理想的な爆轟圧力，温度，速度はおのおの19気圧，3008K，1856m/sである。

爆轟温度はTNTと同程度の高温であるが，爆轟圧

力はTNTの1万分の1程度であるため，爆発ガスが大気圧まで膨張してもガスの温度は1850Kと高く，ガス内にエネルギーが残存するため，空気中に放出されるエネルギーはエチレン1kg当り20MJで，理想的なTNT当量は上述の値よりさらに低く440%になる。エチレン/空気の混合気1kg当りのTNT当量は理論的には30%程度となる。この考えを旧通産省によるエチレン4kg/空気54kgの開放空間で爆轟させた場合を適用し，チャップマン・ジュゲー爆轟理論に基づく衝撃波理論により解析した結果を**図3.2.7**の破線に示す。実線で示される爆源から10mの位置でのピエゾ圧力素子により計測された圧力波形では，ピエゾ圧力素子先端における反射衝撃波が観測されているが，数値流体力学による解析例とよく合っている。

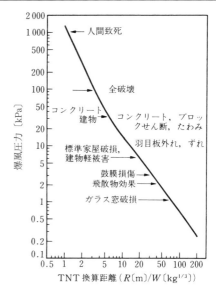

図3.2.8 爆風被害の爆風圧力と距離に対する被害

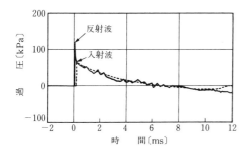

図3.2.7 エチレン4kgと空気54kgの爆発による10m地点での爆風波形[5]

〔4〕 **爆風による被害**

爆風は伝播速度が速いため，爆発事故では避難が難しい。爆発事故における爆風による周辺の構造物などへの被害効果は主として爆発物量，爆風圧力，衝撃インパルスによるとされている。これらは爆発物の特性と密接に関連しており，独立ではない。**図3.2.8**にTNT爆発における爆風圧力と距離の関係と被害の関係を示す。これは経験的なもので，同じ爆風圧でも爆発物量により被害は異なる。構造物の強度は一定ではなく特定できるものではない。爆風による破壊効果は衝撃波の特性と構造物の強度に依存する。特に，代表的な建築材料である鉄筋コンクリートやガラスの材料強度特性はもろい材質で，用途により設計されており，外部からの一定以上の応力負荷に対して脆性破壊を起こす特徴を持っており，爆風に対して一様な応答をするものではなく，確率的な問題である。

爆風の被害の目安としてはガラス窓の破壊が指標とされることが多い。爆発事故においてはガラス窓は事故経験から0.2psi（=15hPa）の衝撃過圧に対して1000枚の種々のガラス中2～3枚のガラスが破壊されるとされている。0.2psiの爆風圧はTNT1kgの爆発においては70mの位置に相当し，一般の人は相当の驚きと衝撃を感じるものの人体への影響はほとんどない。しかし，爆発が堅固な構造物内で起こった場合重量飛散物による被害が顕著となる。特に建築構造物は急激な内圧上昇に対してはほとんど無力であるため，重量飛散物はかなり遠方に飛ばされ大きな被害をもたらす。

爆発事故が起きたとき，概略の爆発規模は図3.2.8の被害より推定される。**表3.2.2**（英国 Health and Safety Executive[6]）に爆風の被害における爆風圧とTNT1tの爆発の場合の距離についての関係を示す。これは爆発事故や第二次世界大戦中の英国での被害を基にした経験的なものである。被害規模は爆発物量に依存するため，実際の評価には破壊程度だけではなく，壊れ方や飛散物の飛散距離，熱輻射効果などあらゆる要素を勘案して評価する必要がある。

火薬類の事故では爆発圧力が気体爆発の場合の約1000倍程度高いため，爆源近傍での破壊・損傷が大きく，爆発物に接触している場所でのコンクリートの破損や地面に生じたクレータの大きさから事故原因，事故規模の推定が行われる。しかし，遠方では爆風効果による爆風圧やインパルス（正圧力の時間積分値）は爆源のエネルギーにのみ関係し，爆源の圧力とは無関係となる。

〔5〕 **爆発による飛散物**

爆発による飛散物の飛散距離は安全を確保するため

表3.2.2 爆風による被害（英国 Health and Safety Executive[6]）

爆風圧〔kPa〕	距離(TNT 1 t)〔m〕	被害
0.1	～4 000	低周波（10～15 cps）では不快な騒音
0.2	～3 000	応力の負荷された窓ガラスが割れる可能性
0.3	2 500	ソニックブーム程度の大きい騒音で窓ガラスが落下
0.7	1 000	応力の負荷された窓ガラスの破壊
1	800	窓ガラスの落下
2	450	重大な被害は生じない。最低飛散物飛散距離
		家屋の屋根の軽微な被害。窓ガラスの破損確率10%
3	350	家屋の軽微な構造的被害
3～7	180～350	窓ガラスが粉々に破壊。窓枠の破損
5	230	家屋の軽度の構造的被害
7	180	居住不能な家屋の部分的倒壊
7～14	100～180	スレートの破壊などの家屋の重大被害
9	150	鉄筋構造物のビルにゆがみ
14	100	家屋の壁，屋根の部分的崩壊
14～20	80～100	モルタル塀，コンクリートブロック崩壊
16	100	構造物の重度の被害の可能性
17	90	れんが造りの家屋の破壊確率50%
20	80	鉄筋構造のビルの重大な損傷
20～25	70～80	石油タンクの破裂
35	60	樹木，電柱の倒壊
35～50	50～60	ほとんどの家屋全壊
50	60	無蓋貨物積載貨車の転覆の可能性
50～60	10～50	無筋の20～30 cm厚のれんが壁破壊
65	40	無蓋貨物積載貨車の脱線，転覆
70	40	ビル全壊
2 100	10	クレータの形成，人間致死

に重要な因子である。爆風の伝播速度に比べると飛散物の飛翔速度は遅いため，注意すれば避けることは可能である。しかし，周辺の建築物や固定された避難不可能な物件に対しては大きな被害を与える。被害程度は破損物質の重量，形状と爆発物の有する爆発圧力および推進効果に関係している。飛散物は密閉効果の影響もあり，堅固な作業室などでの爆発では爆轟への転移がなくても遠方へ飛散物が飛ばされる。

旧通産省主催の野外爆発実験では，事故経験から爆発により生じた飛散物に対する保安距離〔m〕は $100W〔kg〕^{1/3}$ としている。この距離は，飛散物を可能な限り発生しない条件の場合で，工室内での爆発では密閉強度によっては不慮の飛散物が遠方で飛び散る場合もある。 （田中克己）

引用・参考文献

1) Kingery, C.N., Air Blast Parameters Versus Distance for Hemispherical TNT Surface Bursts, BRL report No.1344 Aberdeen Proiving Ground, MD, USA (1966)
2) Swisdak, M.M. Jr., Explosion Effects and Properties: Part 1 Explosion Effects in Air, NSWC／WOL／TR 75-116, Naval Surface Weapon Center, White Oak, Silver Spring, MD, USA (1975)
3) Baker, W.E., Explosions in Air, University of Texas Press (1973)
4) 田中克己，火薬類の爆風に関する研究，化学技術研究所報告，85-6, p.209 (1990)
5) 工業技術院資源技術試験所編，昭和44年度「エチレン野外実験報告書」，通商産業省化学工業局 (1970)
6) Health and Safety Executive, U.K., A Report of the Investigation by the Health and Safety Executive into the Explosion of a Vehicle Carrying Explosives at Fengate Industrial Estate, Peterborough (1988)

3.2.3 ガス爆発
〔1〕混合気爆発
（a）爆発限界　可燃性液体の蒸気や可燃性気体などの可燃性ガス（以下では蒸気または気体をまとめてガスと呼ぶ）と，空気または酸素のような支燃性ガスとの混合気は，その組成がある範囲にあればある程度のエネルギーを加えることによって爆発する。この爆発可能な組成（濃度）限界は爆発限界または燃焼限界と呼ばれ，通常空気との混合気中の可燃性ガスの体積百分率（vol%）で表示される（表3.2.3参照）。空気以外にも酸素やハロゲン系のガスなどと可燃性ガスの混合気の爆発限界も部分的には知られている[1]。

表3.2.3 各種可燃性ガスの爆発限界[5]

可燃性混合気		爆発下限界〔vol%〕	爆発上限界〔vol%〕
可燃性ガス	支燃性ガス		
水素	空気	4.0	75.0
水素	酸素	4.7	93.9
一酸化炭素	酸素	15.5	94.0
アンモニア	酸素	13.5	79.0
アセチレン	空気	2.5	81.0
アセチレン	酸素	2.5	—
プロパン	酸素	2.3	55.0
エチルエーテル	空気	1.85	48.0
エチルエーテル	酸素	2.1	82.0

このような限界が生じるのは，混合気中の可燃性ガスまたは酸素のどちらかが不足すると，燃焼反応による発熱量が燃焼反応を維持するのに必要な量を下回るようになるためと考えられる。したがって，この限界は可燃性ガスが少なすぎる側と多すぎる側（酸素が少なすぎる側）の両方に存在する。前者を（爆発）下限界，後者を（爆発）上限界と名付け，この限界の間，つまり爆発可能な濃度範囲を爆発範囲または燃焼範囲と呼ぶ。

現在までにかなりの数の可燃性ガスについて空気中の爆発限界が測定されているが，爆発限界は温度や圧力のような測定条件や測定装置によっても異なるので，爆発限界の値を引用する場合は測定条件などを確認する必要がある。

（b）**爆発限界の圧力や温度への依存性**　圧力や温度の上昇は燃焼反応の速度を増加させる。したがって，圧力や温度の上昇は爆発範囲を広げる傾向にある。

圧力が上がると下限界はあまり変化しないが，上限界は大きくなって爆発範囲が広がる。逆に圧力が下がると上限界と下限界がしだいに接近して爆発範囲は狭くなり，ある圧力で両者は一致し，それ以下の圧力では爆発が起こらなくなる。この圧力はいわば圧力の下限界に相当し，通常の炭化水素と空気の混合気では 50 mmHg（6.7 kPa）前後の値である。これらの代表的な例を図 3.2.9，図 3.2.10 に示す。

一方，温度についても図 3.2.11 に示すように上限界，下限界ともに温度の上昇につれてほぼ直線的に変化し，爆発範囲は広がる。

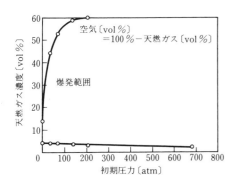

図 3.2.9　天然ガス爆発限界の圧力依存性（高圧側，初期温度 28℃）[2]

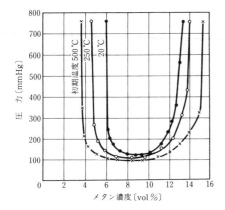

図 3.2.10　メタン爆発限界の温度依存性（低圧側）[3]

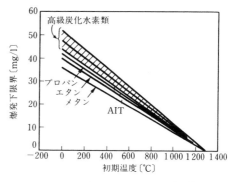

図 3.2.11　爆発下限界の温度依存性[4]

（c）**爆発限界の予測**　混合気の燃焼は未燃の混合気が燃焼反応で発生する熱で加熱されることにより継続するので，燃焼熱が大きい方が燃焼を継続するには有利である。したがって，燃焼熱の大きい可燃性ガスほど爆発範囲も広くなることが予想される。図 3.2.12 に各種の可燃性ガスについて爆発下限界の逆数と燃焼熱との関係を示すが，燃焼熱の大きいものほど下限界が小さく，両者にはほぼ直線関係があることがわかる。下限界を vol%，燃焼熱を kJ/mol の単位で表すと，性質の似通ったアルカン類では両者の積は 4 600 くらいになる。この関係はバージェス・ウィーラー（Burgess-Wheeler）の法則[7]と呼ばれ，燃焼熱から下限界を推定するのに用いられる。

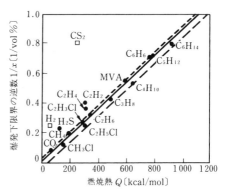

図 3.2.12　各種可燃性ガスの燃焼熱と爆発下限界の逆数との関係[6]（1 kcal = 4.186 kJ）

（d）**多成分系の爆発限界**　爆発限界は単一成分の可燃性ガスと空気の混合気の場合に限らず，多成分の化学物質を含む場合にも存在する。しかし，この場合には個々の化学物質が可燃性か不燃性かによって違いがあるので，以下では二つに分けて考える。

まずいくつかの可燃性ガスが混合されているときには，多成分系の限界値は次式によって各成分の限界値

から近似的に推定できる。

$$L = \frac{100}{\sum(N_i/L_i)}$$

ここに，L は多成分系の爆発限界〔vol%〕，N_i は i 成分の割合〔vol%〕，L_i は i 成分単独のときの限界値〔vol%〕である。

この式は下限界だけでなく上限界にも適用できるとされている。上式の関係は，ルシャトリエ（Le Chatelier）の式[8]と呼ばれている。ただし，この式がよく合うのは，例えばアルカン類といったように性質の類似した物質のみが混合されている場合である。特殊材料ガスなどは炭化水素に比べると爆発限界付近での火炎温度が極端に低いことが知られている[9]。このような物質では火炎を維持するのに必要な熱量が他の可燃性ガスより極端に小さいため，このようなガスが含まれているとルシャトリエの式は当てはまらない。

不燃性の物質を加えた場合には，図3.2.13のように下限界はあまり変化しないが上限界は著しく低下し，爆発範囲は不燃性物質の量の増加とともにしだいに狭くなる。そして不燃性物質の量がある値に達すると上限界と下限界が一致し，それ以上不燃性物質が多いとまったく爆発しない。このときの不燃性物質の量は爆発限界のピーク値と呼ばれ，混合系の成分と不燃性物質の種類によって決まる値である。窒素，水蒸気，二酸化炭素などの不活性ガスは物理的に混合気を薄める効果しかないとされており，ピーク値は大きい。同じ不活性ガスでも種類によってピーク値が異なるのは比熱の違いなどによると考えられている。

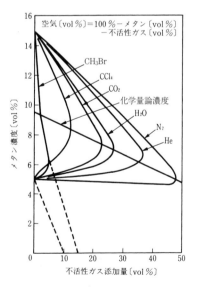

図3.2.13 メタン/電気混合気に不活性ガスを添加したときの爆発限界[10]

一方，ハロゲン化物などは化学的に燃焼反応を抑制する効果を有するためピーク値が小さく，少量加えただけで爆発しなくなる[11]。従来消火剤として使用されてきた特定ハロンはすでに製造が禁止されているが，可燃性混合気に不活性ガスを添加することは可燃性物質を扱う場所での爆発防止に広く用いられており，防災上重要である[12]。

（e）**発火エネルギー**　爆発が起こるためには組成条件だけではなく，エネルギー条件も満足される必要がある。発火源となり得るものには電気火花，熱面，裸火，高温ガス，断熱圧縮などが考えられるが，ここでは混合気の発火源として一般的な電気火花について述べる。

電気火花により発火するためには，加えられる放電エネルギーが，可燃性混合気の燃焼反応を維持し得る温度まで加熱できるものでなければならない。つまり，これ以下の放電エネルギーでは発火を生じないという最小発火エネルギーが存在する。この値は**表3.2.4**に示すように物質により異なる値となる。

表3.2.4 各種可燃性ガスの最小発火エネルギーと消炎距離[13]

可燃性ガス	最小発火エネルギー〔mJ〕	消炎距離〔mm〕
エタン	0.26	1.5
プロパン	0.26	1.75
ベンゼン	0.22	1.95
n-ブチルクロライド	0.33	2.2
メチレンクロライド	133（80℃）	5.46
エチレンクロライド	2.37	4.57
二硫化炭素	0.015	0.55
エチルエーテル	0.20	1.85
酸化エチレン	0.062	1.18
メタノール	0.14	1.5
酸化プロピレン	0.14	1.3

最小発火エネルギーは物質の種類のほか，混合気の圧力，温度，組成などにより変化する（**図3.2.14**参照）。特に，最小発火エネルギーは混合気の組成によって変化することに注意する必要がある。数表においては最小発火エネルギーとして化学量論濃度での値が書かれていることがあるが，その値が必ずしもその物質に対する最小値ではない。

また，最小発火エネルギーは**図3.2.15**に示すように点火に使用される電極の間隔にも依存し，電極間距離が短くなると必要エネルギーは低下するが，電極間距離がある値以下に狭くなると発火しなくなる。この距離を消炎距離（表3.2.4参照）というが，これはガラス円盤への放熱が大きくなり，火炎が冷やされることによって起こる。したがって，電極の形状や材質にも影響される[15]。これと同じ現象は，伝播している火

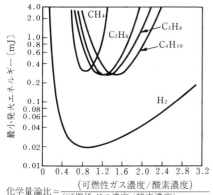

図 3.2.14 最小発火エネルギーと混合気組成[14]

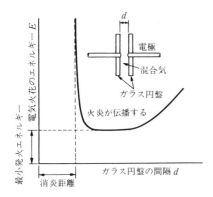

図 3.2.15 最小発火エネルギーと電極間距離の関係[14]

炎が板の隙間や金属板に開いた孔，金網などを通過する場合にも起こり，隙間の大きさが消炎距離より短いと火炎が通過しないという原理が消炎素子などに利用されている。

（大谷英雄）

引用・参考文献

1) ダボーサ，F. T. 著，緒方純俊訳，爆発防止技術の実際，pp.26-28，海文堂（1984）
2) Zabetakis, M. G., U. S. Bureau of Mines, Bulletin 627, p.27（1965）
3) Coward, H. F. and Jones, G. W., U. S. Bureau of Mines, Bulletin 503, p.42（1952）
4) Zabetakis, M. G., U. S. Bureau of Mines, Bulletin 627, p.24（1965）
5) 北川徹三，化学安全工学，p.74，日刊工業新聞社（1974）
6) 北川徹三，化学安全工学，p.77，日刊工業新聞社（1974）
7) 平野敏右，ガス爆発予防技術，p.114，海文堂（1983）
8) 疋田強，秋田一雄，燃焼概論，第4版，p.30，コロナ社（1976）
9) 日本化学会編，化学実験の安全指針，改訂3版，pp.47-48，丸善（1991）
10) Zabetakis, M. G., U. S. Bureau of Mines, Bulletin 627, p.29（1965）
11) 平野敏右，燃焼学，p.134，海文堂（1986）
12) 安全工学協会編，爆発，pp.46-52，海文堂（1983）
13) Kuchta, J. M., U. S. Bureau of Mines, Bulletin 680, pp.33-34（1985）
14) 平野敏右，ガス爆発予防技術，p.44，海文堂（1983）
15) 安全工学協会編，火災，pp.38-43，海文堂（1983）

[2] 分 解 爆 発

通常のガス爆発が可燃性ガスと支燃性ガスとの反応によって生じるのに対し，特定のガスが支燃性ガスなしに単独で爆発を起こす場合を分解爆発という。分解爆発を起こすガスの多くは生成熱が正の吸熱化合物であり，構成元素への分解の際に大きく発熱し，それが燃焼熱の代わりとなって爆発火炎を維持することになる。事実，アセチレン，一酸化窒素，亜酸化窒素，ゲルマン，オゾンなどの分解爆発性ガスは，生成熱が正で大きいものが多い。しかし中にはエチレン，エチレンオキシドなどのように，生成熱があまり大きくなくても分解爆発を起こすものがある。その場合は，分解によって生成するものが構成元素ばかりでなく他の分子を含むようになる。そしてそのことが，反応熱を大きくするのである。表 3.2.5 に，各種分解爆発性ガスとその分解熱を示す。ただし，実際の爆発反応は表 3.2.5 にあるような単純なものとは限らず，かなり複雑な反応になる場合が多い。それに従って発熱量も表の値から変化する。

表 3.2.5　各種分解爆発性ガスとその分解熱

ガス名	分解反応式	分解熱 [kcal/mol]	限界圧力 [atm]
アセチレン	$C_2H_2 = 2C(s) + H_2$	54.2	1
一酸化窒素	$NO = \frac{1}{2}N_2 + \frac{1}{2}O_2$	21.6	15
亜酸化窒素	$N_2O = N_2 + \frac{1}{2}O_2$	19.6	2.5
ゲルマン	$GeH_4 = Ge(s) + 2H_2$	21.7	0.15
オゾン	$O_3 = \frac{3}{2}O_2$	34.1	<1
エチレン	$C_2H_4 = C(s) + CH_4$	30.4	52
エチレンオキシド	$C_2H_4O = CO + CH_4$	31.7	0.4
ヒドラジン	$N_2H_4 = \frac{4}{3}NH_3 + \frac{1}{3}N_2$	37.5	<1

これまでに分解爆発が確認されているガスは，いずれも 20 kcal/mol 以上の分解熱を発生する。20 kcal/mol 以下で分解爆発が確認されている例はほとんどな

い。そこで，この数字が何となく一人歩きし，分解爆発の有無を判定する基準のようにとられる向きがないでもないが，この数値に特に根拠があるわけではない。

そもそも，火炎伝播が可能であるかどうかは二つのファクタの兼ね合いで決まる。一つは分解反応に伴う発熱によって分解生成物の温度がいくらになるかということであり，もう一つは分解生成物が何度（火炎維持限界温度）以上になれば火炎伝播が可能になるかということである。火炎温度が火炎維持限界温度以上になれば火炎は伝播できる。限界温度は圧力の増大とともに顕著に低下し分解爆発は起こりやすくなる。逆に，圧力を下げていくとそのうち発火エネルギーと関係なく火炎そのものが伝播しなくなる。その限界を分解爆発の限界圧力という。表3.2.5にはその値も示す。図3.2.16は，アセチレンの分解爆発の最小発火エネルギー E〔mJ〕が圧力 P〔kgf/cm²〕により，どのように変化するかを示したものである。これは式で表すと

$$E = 1.140 P^{-2.65}$$

となる[1]。

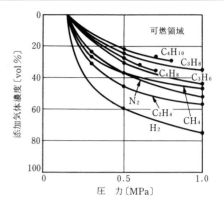

図3.2.17 アセチレン分解爆発の限界圧力と希釈ガス効果

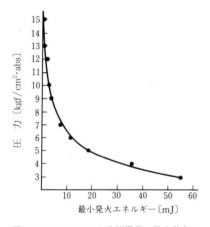

図3.2.16 アセチレン分解爆発の最小発火エネルギーと圧力条件

加圧下では，ガスが液化している場合が多い。そのような場合に，爆発火炎が液相にまで及ぶと非常に大きな圧力を発生する。アセチレンは有機溶媒に溶かした状態で流通しているが，圧力が7 kgf/cm²以上では，気相で発火すると分解爆発は溶解したアセチレンにも及ぶといわれる。

可燃性ガスの爆発と同様，分解爆発の防止には不活性ガスによる希釈が有効である。図3.2.17は，アセチレンを種々のガスで希釈した場合の希釈度と限界圧力の関係を示したものである[2]。希釈度は火炎温度の変化に対応しているとみなすこともできるので，この図は，定性的に圧力と限界火炎温度の関係を表していると考えることもできる。分解爆発の場合は，希釈ガスとして可燃性ガスを用いることも可能である。その場合，窒素やアルゴンなどに比べて比熱が大きいものが多いので爆発防止効果も大きい。

アセチレンは分解爆発しやすいガスであるが，溶解度が大きいので有機溶媒に溶解した状態で流通している。耐圧容器の中にケイ酸カルシウム系の多孔質物を詰めてアセトンまたはジメチルホルムアミドを染み込ませ，それにアセチレンを加圧溶解して充填するのである。また，ゲルマンなどは非常に分解爆発しやすいため，万一爆発しても爆発圧力が容器の耐圧を超えないようにということで充填量の基準が定められている。

〔近藤重雄〕

引用・参考文献

1) 橋口幸雄，藤崎辰夫，工業化学雑誌，61，p.515（1958）
2) 橋口幸雄，小河原徳治，安全工学，4，p.32（1965）

〔3〕 爆　　轟

爆轟（detonation）は，燃焼伝播の一形式であり，これは高速の燃焼反応に支えられた衝撃波である。したがって，その波面速度は未燃媒質中の音速より大きく，一定条件下では定速で伝播する。

可燃性混合気において，爆轟が生じると，それが爆燃した場合に比べて破壊力は格段に大きくなる。災害防止の見地からは，ある条件において，爆轟が生じるか否かが問題となる。管中のような一次元の空間では爆轟の伝播限界条件が，広い三次元の空間では起爆の限界条件が安全上重要である。

（a） 爆轟波の発生　爆轟が生じる過程には2

通りの場合がある。一つは通常の火炎が徐々に加速して火炎から爆轟へと転移する場合で，これはDDT (deflagration to detonation transition) と呼ばれる。この場合，爆轟誘導距離 (detonation induction distance, DID) が爆轟の生じやすさの目安になる。

もう一つは，発火源から直接に爆轟が生じる場合で，これを直接起爆 (direct initiation)，あるいはこのときには発火源からの衝撃波が主要な役割を演じるので，衝撃波起爆 (blast initiation) とも呼ばれる。この場合には，直接起爆の限界エネルギーが爆轟の生じやすさの指標となる。最も一般的な爆轟波発生の過程は火炎から爆轟への転移である。管の中のような制限された狭い空間で可燃性混合ガスの発火が起こると，燃焼によるガスの膨張の結果，未燃ガスの流動による乱れとそれに伴う火炎の加速によって，未燃ガス中で強い爆発が生じ，この爆発が前方の衝撃波中へ進入してこれを強め，安定な爆轟波を形成する。**図3.2.18**はこのときの状況を距離-時間の関係で示したものである。

表3.2.6 気体爆轟波の伝播特性値[1]
(初圧 101.3 kPa, 初温 298 K)

混合ガス		爆轟波の伝播特性値		
		速度 [m/s]	圧力 [MPa]	温度 [K]
H_2	29.5%空気	1 967	1.58	2 951
CH_4	9.5%空気	1 801	1.74	2 783
C_2H_6	5.7%空気	1 805	1.83	2 824
C_3H_8	4.0%空気	1 795	1.84	2 819
$n\text{-}C_4H_{10}$	3.1%空気	1 796	1.86	2 828
C_2H_4O	7.7%空気	1 831	1.97	2 949
C_2H_4	6.5%空気	1 819	1.85	2 922
C_3H_6	4.4%空気	1 809	1.87	2 892
C_2H_2	7.7%空気	1 863	1.94	3 111
*C_2H_2	100%	2 004	2.12	3 201
H_2	$+0.5O_2$	2 834	1.90	3 682
CH_4	$+2O_2$	2 392	2.98	3 727
C_2H_6	$+3.5O_2$	2 378	3.47	3 813
C_3H_8	$+5O_2$	2 360	3.68	3 830
$n\text{-}C_4H_{10}$	$+6.5O_2$	2 353	3.81	3 843
C_2H_4O	$+2.5O_2$	2 313	3.68	3 853
C_2H_4	$+3O_2$	2 376	3.39	3 938
C_3H_6	$+4.5O_2$	2 356	3.64	3 915
C_2H_2	$+2.5O_2$	2 426	3.43	4 215
*C_2H_2	$+O_2$	2 936	4.67	4 512

〔注〕 *印以外はすべて化学量論組成混合ガス

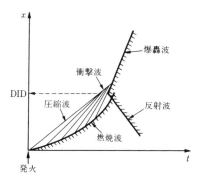

図3.2.18 距離 (x) と時間 (t) 線図における火炎から爆轟への移転状況

(b) 爆轟波の伝播特性 爆轟波そのものの強さを示す指標として爆轟波面の速度，圧力や温度などがある。これらの値の計算は，燃焼反応の化学平衡が無限に速く達成されるとして，一次元衝撃波の理論式に，爆発生成ガスの熱力学的状態を決める関係式と，Chapman-Jouguet条件式(実際の波面速度は局所音速と粒子速度の和となり，これは理論的に可能な値のうち最小のものであるとする仮説)を加えることによって可能である。定常な爆轟波面の速度，圧力などの計算値は，実測値と良い一致を示す。**表3.2.6**[1] に計算で求めた気体爆轟波の伝播特性値を示す。

(c) 爆轟波の伝播限界 爆轟波の伝播限界には，組成限界，管径限界，圧力限界などがある。安全工学の観点からは，空気中，大気圧下での濃度限界が重要である。可燃性ガスの爆轟波は，酸素との混合ガス中で容易に発生するので，測定値も多く見られる。空気との混合ガスでは，起爆方法や管路の形状，大きさによって測定値が異なるため，産業現場に即した報告例は少ない。

爆轟濃度限界は通常，管路においてドライバとして燃料/酸素混合ガスの爆轟波を用いて，試料混合ガスを直接起爆して求める。この方法による可燃性ガス-酸素-窒素の3成分系の爆轟組成限界の測定結果の一例[2]を**図3.2.19**に示す。この系で燃料が一般の炭化

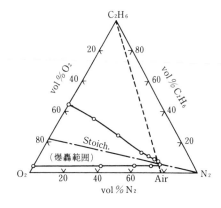

(管中 $2H_2+O_2$ 爆轟波で起爆)

図3.2.19 $C_2H_6\text{-}O_2\text{-}N_2$系混合ガスの爆轟組成限界[2]

水素の場合，一般につぎのことがいえる。① 爆轟組成限界は，おおむね直線で囲まれた三角形の範囲で示される。② 爆轟下限界は，酸素中でも空気中でもほとんど変わらない。③ 窒素による最大希釈限界組成は，燃料と酸素の混合比が化学量論比近くで得られる。これらの特性から，酸素中の濃度限界がわかれば，同様の測定方法に対応した空気中の濃度限界を推算することができる。推算結果は実測値にかなり近い結果を示す。表3.2.7に可燃性ガスの酸素中および空気中の爆轟濃度限界の測定例を示す。ここでは，起爆源（ドライバ）の衝撃波が強いほど，管径が大きいほど広い爆轟濃度範囲が得られることに留意する必要がある。

表3.2.8 広い空間での可燃性ガス-空気混合ガスの直接起爆に要する最少の爆薬量[1)]

可燃性ガス	使用爆薬	限界薬量	測定者
水　素	ペンスリット	1.2 g	Bull ら
酸化プロピレン	シート爆薬	3.5 g	Vanta ら
エチレン	ペンスリット	10 g	旧通産省
エチレン	テトリル	15 g	Bull ら
エタン	テトリル	40 g	Bull ら
プロパン	テトリル	80 g	Bull ら
ブタン	テトリル	80 g	Bull ら
メタン	テトリル	22 kg	Bull ら
メタン	シート爆薬	4 kg	Benedick

表3.2.7 酸素中および空気中での爆轟濃度限界（大気圧）

可燃性ガス	酸素中の測定値[3)]		空気中の測定値[4)]	
	温度〔℃〕	下限界〔vol%〕	上限界〔vol%〕	下限界〔vol%〕	上限界〔vol%〕

可燃性ガス	温度〔℃〕	下限界〔vol%〕	上限界〔vol%〕	下限界〔vol%〕	上限界〔vol%〕
水素	20	15.5	92.6	14.0	61.0
メタン	20	8.2	56.0	7.2	11.2
アセチレン	20	2.9	92.0		
エチレン	20	4.1	60.0	3.3	14.7
エタン	20	3.6	46.5	2.9	12.2
プロピレン	20	2.5	50.0	3.5	10.4
プロパン	20	2.5	42.5	2.6	7.4
n-ブタン	20	2.0	38.0	2.0	6.2
ネオペンタン	20	1.5	33.0		
ベンゼン	100	1.6	35.5		
シクロヘキサン	100	1.4	29.0		
キシレン	160	1.1	26.5		
n-デカン	160	0.7	21.0		

〔注〕 酸素中の濃度限界の測定値は2.5 cmφの管中で，$2H_2+O_2$の爆轟波で起爆して得られた[3)]。空気中の測定値は7 cmφの管中で，$C_3H_8+5O_2$の爆轟波で起爆して得られた値[4)]であるが，水素は2.8 cmφ，$2H_2+O_2$，メタンは2.8 cmφ，$C_2H_2+O_2$の爆轟波起爆での測定値[5)]である。

（d） **爆轟波の起爆限界**　径の大きな容器内や開放空間では，一般に火炎面の乱れを促進する要因に乏しく，火炎の加速による爆轟への転移は起こりにくい。表3.2.8に広い空間での可燃性ガス-空気混合ガスの直接起爆に要する最少の爆薬量の測定値を示す[1)]。

〔4〕 **閉囲空間でのガス爆発**

密閉容器内において，爆発範囲内にある可燃性ガスまたは液体の蒸気と空気との混合物に発火源を与えると，容器内で火炎の伝播を生じ，内部の気体が熱膨張して容器内の圧力が急激に上昇する。容器の強度がその内圧に耐えられなければ，容器は破壊し，内容物の流出に伴って，さらに火災となる場合がある。

（a） **密閉容器内でのガス爆発圧力特性**　密閉容器内でのガス爆発時の最大爆発圧力（P_{max}）は，近似的に次式によって示される。

$$P_{max} = P_1 \frac{n_2 T_2}{n_1 T_1} \qquad (3.2.24)$$

ここに，P_1はガスの初圧，n_1，n_2は爆発前後のガスのモル数，T_1，T_2は爆発前後のガスの温度である。P_{max}を計算するにはn_2とT_2の値がわかれば可能であるが，これを求めるには，通常，コンピュータを用いて化学平衡計算によって爆発時の平均分子量と最高火炎温度を算出する[6)]。計算結果は，器壁などへの熱損失を考慮しない断熱火炎温度となるため，実際の火炎温度より約1割ほど高い値となる。したがって，ガス爆発（定容燃焼）の最大爆発圧力は，ガスの種類，ガス濃度，初圧，初温，容器容積などによって異なる。

最も高い爆発圧力を生じるガス組成は，空気中の酸素と過不足なく反応する組成（化学量論組成）よりわずかに可燃性物質の過剰側にある。一般の炭化水素では，$n_2/n_1 ≒ 1$で，平均火炎温度T_2は1 000〜2 000℃であるから式（3.2.24）により，燃焼生成ガスは，初めの体積の4〜8倍に膨張し，密閉容器内では，爆発圧力も初圧の4〜8倍になる。最大爆発圧力は，初圧に比例し，初温に反比例して増大する。また，容器の容積が大きくなると，単位容積当りの器壁面積が小さくなり，壁面からの熱損失の割合が減少するため，最大爆発圧力は少し高くなるがその差はわずかである。しかし，容器容積の増大とともに，最大爆発圧力に達するまでの時間が長くなるため，圧力上昇速度は遅くなる。図3.2.20に異なる容積の密閉容器内の爆発圧力波形の測定例[7)]を示す。

容器内の可燃性混合気が擾乱状態にある場合や，容器内の空間が複雑な形状を有しているような場合には，未燃混合気の乱れによる火炎面積の増大によって火炎速度が速くなるため，圧力上昇速度も増大する。

複数の容器が相互に連結されている系で爆発が生じ

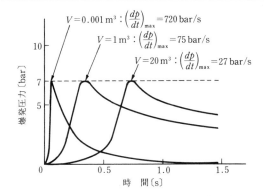

図 3.2.20 異なる容積の密閉容器内の爆発圧力波形の測定例[7]（プロパン／空気 化学量論組成混合ガス）

ると，一つの容器内の爆発で生じたガスの膨張により，未燃ガスが急速に他の容器内へ進入するため，他の容器内の未燃ガス圧が上昇するとともに容器内に擾乱が生じる。そこへ火炎が伝播してくるため，その容器での爆発圧力上昇は急激で，かつ最大圧力も過大なものとなる。このような現象は圧力重積（pressure piling）と呼ばれる。

（b） **ガス爆発危険性の評価** 可燃性のガス・蒸気の爆発危険性を評価するには，爆発濃度範囲のほか，爆発の起こりやすさ（感度）の指標となる最小発火エネルギーや発火温度，また，爆発の激しさ（威力）の指標となる最大爆発圧力，最高火炎温度，燃焼速度，K_G 値などが用いられる。中でも，密閉容器内における爆発圧力特性の測定によって得られる K_G 値は，爆発指数（explosion index）と呼ばれ，ガス・蒸気の爆発の威力を示す指標として重要なものである。

K_G 値は，次式によって定義される。

$$K_G = \left(\frac{dP}{dt}\right)_{max} V^{1/3} \quad [\text{bar}\cdot\text{m/s}] \quad (3.2.25)$$

ここに，$(dP/dt)_{max}$ は最大昇圧速度，V は爆発容器の容積である。この式は，容積の異なる爆発容器でも，同じ条件（① 同一圧力，同一混合ガス，② 同じ形の爆発容器，③ 同程度の擾乱状態，④ 同一の発火源と発火位置）で爆発が生じた場合には，同じ K_G 値が得られることを意味している。またこの式は，爆発圧力は時間の3乗に比例して増大するという，いわゆる3乗則（cubic law）に基づいている。K_G 値そのものは，1m^3 の爆発容器における最大昇圧速度ということもできる。この式を用いると，小さな容器の爆発実験で求めた最大圧力上昇速度から，大容量の容器における最大圧力上昇速度を推算することができることを示している。式（3.2.25）の単位の次元からわかるように，K_G 値は圧力〔bar〕（爆発圧力）と速度〔m/s〕（火炎速度）の要素から成っており，火炎速度の大きな爆発性混合物ほど大きな値を示す。また，火炎温度が高い（最大爆発圧力が高い）物質ほど大きな値となり，ガス爆発や粉じん爆発（粉じんでは K_{ST} で示し，ガスの場合の K_G と区別して用いる）の威力を示す指標となる。

K_G 値は，化学装置や容器内で生じる万一の爆発に対して，安全装置として用いられる爆発圧力放散口の開口面積を決定する際にきわめて有用である（3.2.7項〔4〕参照）。表3.2.9に代表的な可燃性ガス・蒸気の最大爆発圧力および K_G の測定値[8]を示す。

これらの K_G の値から，水素はメタンに比べて10倍の爆発威力があり，可燃性混合気が擾乱状態にあると，静止している場合に比べて1桁程度爆発の威力が増大すると見なければならない。また，一般の有機溶媒蒸気は，プロパンと同程度の爆発威力を持つといえる。

（松井英憲）

表3.2.9 可燃性ガス・蒸気の最大爆発圧力および K_G の測定値[8]

可燃物	最大爆発圧力〔bar〕		K_G〔bar・m/s〕	
	静止下	流動下	静止下	流動下
メ タ ン	7.3	8.7	55	460
プ ロ パ ン	7.3	8.7	75	500
都市ガス（6B）	7.3	8.5	140	650
水 素	7.0	7.7	550	1 270
酢酸プロピル	7.5		40	
メチルエチルケトン	8.3		56	
トルエン	7.2		56	
メタノール	7.0		66	
酢酸エチル	8.5		67	

〔注〕 1 bar = 100 kPa

引用・参考文献

1) 難波桂芳ほか監修，爆発防止実用便覧，pp.456-467, サイエンスフォーラム（1983）
2) Ferri, A. (ed), Fundamental Data Obtained from Shock Tube Experiments, p.339, Pergamon Press (1961)
3) Faraday, A., Ph. D. Thesis of the University of London (1971)
4) Borisov, A. A. and Laban, S. A., Detonation Limits of Hydrocarbon-air Mixtures in Tubes, Combust. Explos. Shock Waves (USSR), 13-5, pp.618-621 (1977)
5) 松井英憲，気体爆ごう波の起爆と伝ぱの条件について，燃焼研究，No.56, pp.20-40（1983）
6) 三山創，電子計算機による燃焼温度，圧力および組成の計算，安全工学，7-1, pp.1-6（1968）
7) Bartknecht, W., Explosions, p.10, Springer Verlag, New York (1981)

8) National Fire Codes, 14, Guide for Explosion Venting, NFPA-68 (1979)

〔5〕 蒸気雲爆発

(a) 現象の説明　最初に，蒸気雲爆発の現象について用語の定義を示すことで説明する。蒸気雲爆発とともに関連する現象であるファイアボール，BLEVE の三つの用語について説明する。用語の定義については，Yellow Book[1] での記述を用いた。

1) 蒸気雲爆発（VCE）　英語では，vapor cloud explosion であり，しばしば VCE と略称で呼ばれる。Yellow Book[1] での定義によると

「可燃性蒸気，ガス，噴霧と，空気の予混合雲（雲状に形成された塊状の媒体をしばしば雲と呼ぶ）への着火により発生する爆発で，重大な圧力上昇を発生させるだけの十分な速度に火炎が加速される場合をいう。」

となっている。

蒸気雲爆発の言葉からは，揮発性の高い可燃性液体や，可燃性の液化ガスが"蒸発"して発生した可燃性気体による爆発と思われがちであるが，プラントや貯蔵施設で発生する可燃性物質の大規模爆発全体を包含する言葉であり，初めから気体の可燃性ガスや可燃性液体噴霧も含んで蒸気雲爆発と呼んでいる。

2) ファイアボール（fireball）　Yellow Book[1] での定義によると

「燃えている媒体が雲状あるいはボール状に空気中を上昇してゆく高速に燃焼する火災」

となっている。

定義では火災となっているので，基本的にファイアボールは可燃性ガス等の塊の周囲に非予混合火炎を形成しながら浮力で浮き上がってゆく現象であり，予混合媒体中を火炎が伝播する蒸気雲爆発とは少し違う現象となる。しかし，蒸気雲爆発においても，蒸気雲の一部に空気との混合が不十分な部分があればそれは非予混合火炎として燃焼するため，蒸気雲爆発時にファイアボールが発生することは起こり得ることであり，また予混合雲の燃焼でも大規模だとある程度の時間をかけて火炎がボール状に上昇するので，蒸気雲爆発とファイアボールは不可分の現象とも考えることができる。

3) BLEVE　boiling liquid expanding vapour explosion の略であり，Yellow Book[1] での定義によると

「大気圧下での沸点を十分超えた温度で圧縮状態の液体を蓄えた容器が突然破壊したとき，その結果として発生する沸騰液体の膨張による蒸気爆発」

となっている。詳細は，本章 3.2.6 項「蒸気爆発」に説明されている。

BLEVE 自体は，急激な相変化による蒸気爆発，つまりは物理的な爆発を意味する。ただし，実際の事故の多くは可燃性の液化ガス貯槽等で発生し，BLEVE 発生時に大量に放出された可燃性ガスが燃焼して蒸気雲爆発やファイアボールが発生することが多い。

(b) 事故事例　可燃性液体や気体の大量な漏洩により蒸気雲爆発は発生するため，これらを大量に取り扱ったり貯蔵したりする施設等で発生する。過去に発生した重大な事故のいくつかを表 3.2.10 に挙げておく[2~4]。

表 3.2.10　蒸気雲爆発のおもな事故事例[2~4]

発生年	場所	可燃性物質	死者／負傷者数	その他
1966	Freyzin France	LPG	18/83	製油所 BLEVE 発生
1974	Flixborough UK	シクロヘキサン	23/76	化学プラント
1984	Mexio City Mexico	LPG	550/23	ガス貯蔵施設 BLEVE 発生
1987	Poper Alpha 北海油田	炭化水素	167/55	海上油田プラットフォーム
2005	Buncefield UK	ガソリン	0/43	油槽所
2011	千葉県 日本	LPG	0/6	製油所 BLEVE 発生

表 3.2.10 に挙げたものは，過去の事故のごく一部であるが，大量漏洩した可燃性物質の爆発により大きな被害が発生していることがわかる。また，BLEVE により大量漏洩が発生した事例も掲載しておいた。可燃性の液化ガス貯槽等が火災により加熱され，内部圧力上昇→加熱によるタンク構造材料の強度低下による破壊→平衡破綻型蒸気爆発（BLEVE）→可燃性ガスの大量漏洩→周囲の火災により着火→蒸気雲爆発発生，という経過をたどることが発生している。

(c) 発生過程　蒸気雲爆発の発生過程を図 3.2.21 に示す。過程の進行に沿って説明する。

1) 漏洩→可燃性予混合雲形成　蒸気雲爆発の最初の過程は，可燃性物質の大量の漏洩である。大量漏洩は，大きな亀裂や配管破断部などからの漏洩や，加圧された貯槽の破壊開放などにより発生する。漏洩が低速の場合は，空気中への漏洩後に拡散や流動のために可燃性濃度に達している予混合雲が大量に形成できないため大規模な蒸気雲爆発は発生しにくい。また，大量漏洩しても，空気との混合が進まない状況で着火した場合は，予混合雲はすぐに燃え尽きてしまい，そ

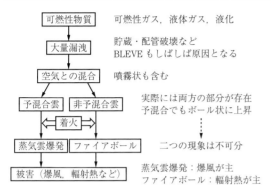

図 3.2.21 蒸気雲爆発の発生過程

の後非予混合燃焼となる。予混合燃焼の場合は火炎が高速に伝播する爆発現象となるが，非予混合燃焼の場合は可燃性気体と空気の接触部分で燃焼が起こるため爆発というよりは火災現象となる。実際には，予混合燃焼と非予混合燃焼が両方起こる場合が多いと考えられる。非予混合燃焼が大規模に起こるものがファイアボールということになる。

前項で述べたように BLEVE はこの大量漏洩の一つの形態であり，実際の可燃性物質の BLEVE が発生した事故では引き続いて蒸気雲爆発やファイアボールが発生している。

2）着火 つぎに，形成された予混合雲に着火して爆発が発生する。着火は，予混合雲の一部にエネルギーが加えられ燃焼が開始することで起こり，着火場所から火炎が伝播して蒸気雲爆発現象となる。着火源としては，火炎，電気スパーク，衝突時の火花，高温物体などが挙げられる。大量漏洩した場合には，発生した予混合雲が広範囲に広がり，このような着火源のある場所まで到達してしばしば着火に至り蒸気雲爆発が発生する。

同様の漏洩が発生しても，着火のタイミングにより発生する蒸気雲爆発の現象は異なってくる。予混合雲がより大量になってから着火が起こる場合には，予混合燃焼が大規模に起こるが，予混合雲が大量になる前に着火が起こった場合には，予混合燃焼は小規模で爆発も小規模となる。

3）火炎伝播→被害発生 着火が起こった後，着火地点から周囲の予混合雲に火炎が伝播してゆく。このとき燃焼した媒体は体積膨張を起こすため圧力波が発生し周囲に伝播してゆく。この圧力波を爆風と呼ぶ。圧力波は，燃焼が速く起こる予混合燃焼の場合により強く発生する。蒸気雲爆発は，空気中に漏洩した可燃性物質により生じるため，開放系の爆発であり，密閉空間の破壊時に強い爆風が発生する密閉系の爆発

より爆風の強度はかなり弱いが，爆発の規模が大きくなると爆風も強くなり重大な被害を発生するものとなる。火炎の乱れ発生などにより火炎伝播は加速され爆風強度も増加する。

伝播する火炎の温度は燃焼時には2 000℃にも達するため，熱的影響により被害を生じさせる。燃焼ガスは浮力で空中を上昇してゆくため，輻射による被害が主要なものとなる。輻射については，すすが発生しやすく，燃焼している時間が長い非予混合燃焼（ファイアボール）の場合により強く発生する。すすの発生が多いと輻射率の高い火炎（輝炎と呼ばれる）が形成され，輻射が強くなる。

（d）被害と発生防止・抑制対策 （c）項3)で述べたように，蒸気雲爆発による被害としては，爆風によるものと輻射熱によるものが主要なものとなる。それぞれについて以下に記す。

1）爆風による被害 爆風は爆発時の体積膨張によって発生する衝撃波あるいは強い圧力波であり，爆発地点から周囲に広がるため広範囲に被害を及ぼす原因となる。爆風により，人や物が飛ばされたり，建物などの構造物が破壊されたりする。ガラス窓は強度が弱いため，広範囲で破壊されることがしばしば発生する。建物内など閉空間で爆発が発生する場合は，空間内の圧力上昇により閉空間を囲む建物などが破壊され，そのとき開放された圧力が強い爆風を発生させるが，前述したように，蒸気雲爆発は通常開放大気中に蒸気雲が形成されて爆発するため開放系の爆発となり，爆風はそれほど強くならないが，規模が大きくなると問題となる。

開放大気中での蒸気雲爆発により発生する爆風の強度は，爆発時に蒸気雲が発生するエネルギー（燃焼熱）により予測することが多い。同じ燃焼熱を持つ TNT の量（TNT 当量）を用いて，爆風強度を TNT の爆風を基準として予測するモデル（TNT Equivalency Model）が基本的なものであるが，蒸気雲爆発は TNT の爆発（爆轟）に比べて爆発する物質が広く分布し爆発持続時間も長いため，そのような状況を考慮した Multi Energy Model が考案されている。Multi Energy Model では，爆発地点からの距離 r を

$$r' = \frac{r}{(E/p_a)^{1/3}}$$

の式で燃焼熱 E により規格化したスケール化距離 r' とすることで，爆風強度が一つの図（**図 3.2.22** 参照）で整理できるとしたものである。ここに p_a は大気圧であり，図の縦軸は爆風のピーク圧力 P_s を大気圧で割った無次元のピーク圧力 P'_s である。図中の 1～10

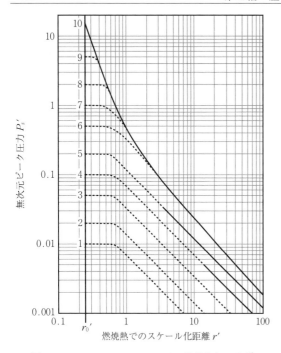

図 3.2.22 Multi Energy Model による爆風強度の予測[1]

の線は，爆発のレベルを表しており，10 は爆轟で 1 は一番弱い爆燃となっている。ここで，図を見ると 1 と 10 では爆風強度が数百倍異なっており，このレベルをいかに適切に設定するかが重要である。

爆燃により発生する爆風は，燃焼熱のみでなく，その発生速度に強く依存するため，燃焼熱だけで爆風強度を予測するのは困難と考えられる。そこで，燃焼による膨張現象から発生する音波を計算して爆風強度を予測するモデルも検討されている[5),6)]。爆風強度は，火炎の伝播速度に強く依存し，火炎伝播速度は火炎の乱れにより加速されるため，乱れ発生機構を明確にすることが重要であり，その点がまだ研究段階である。

どのくらいの大きさの爆風強度でどの程度の被害が発生するかについては，本章 3.2.2 項「爆発の効果と被害」に説明されている。例えば，ガラス窓が割れるのは爆風強度が 1 kPa 程度となる。また，事故の影響評価をまとめた Green Book[7)] にも記載がある。

2）輻射熱による被害 蒸気雲爆発では火炎の規模が大きくなるため，火炎からの輻射熱が強くなり，それによる被害が問題となることが多い。可燃性物質の空気との混合が進み予混合燃焼として燃える場合は，火炎からの輻射は比較的弱く，また燃焼持続時間も比較的短いため輻射の影響は弱い。一方，空気との混合が不十分で非予混合燃焼として燃える場合は，火炎はすすを多く含む輻射の強い輝炎となり，燃焼持続時間も長いため，輻射の影響は強くなる。すなわち，ファイアボールの場合に輻射熱が強くなることとなる。

ファイアボールの場合の輻射強度については，予測手法が提案されており，Yellow Book[7)] にもその手法が解説されている。また，輻射熱の強度により，人体等にどのような影響があるかについては，Green Book[7)] に記載されている。

3）発生防止・被害抑制対策 蒸気雲爆発の発生防止についてであるが，燃焼の発生要件である可燃性物質，酸素，着火源の 3 要件が同時にそろわないようにするのが基本的な考えとなる。蒸気雲爆発は，大気中への可燃性物質の大量漏洩で発生するものであるため酸素の遮断は不可能である。着火源については，漏洩可能性のある場所では着火源を存在させないようにすべきである。しかし，漏洩範囲は広くなるため，完全に着火源をなくすのは困難である。したがって，漏洩を起こさないことが重要な対策となる。関連する設備の設計，設備管理を適切に行うことや，貯蔵施設周辺で大きな火災を起こさないこと，ローリのような移動式の貯槽の場合は交通事故を防ぐことなどが重要である。

また，被害抑制対策としては，漏洩を検知し漏洩を最小限で止める仕組みの導入や，事前に影響予測を行って防護壁等の設置，設備や人員の配置等を被害が低減できるように検討することなどが挙げられる。

（土橋　律）

引用・参考文献

1) Committee for the Prevention of Disasters, Yellow Book "Methods for the calculation of Physical Effects Due to releases of hazardous materials (liquids and gases)"-Third edition Second revised print（TNO のホームページより入手可能）(2005)
2) Khan, F. I. and Abbasi, S. A., Major accidents in process industries and an analysis of causes and consequences, Journal of Loss Prevention in the Process Industries, 12, p.361 (1999)
3) Atkinson, G., et al., A review of very large vapour cloud explosions: Cloud formation and explosion severity, Journal of Loss Prevention in the Process Industries, 48, p.367 (2017)
4) Dobashi, R., Fire and explosion disasters occurred due to the Great East Japan Earthquake (March 11, 2011), Journal of Loss Prevention in the Process Industries, 31, p.121 (2014)
5) 土橋律，可燃性気体の爆発・火災現象と影響度評価，日本燃焼学会誌，56-177，p.234 (2014)
6) Dobashi, R., et al., Consequence analysis of blast wave

from accidental gas explosions, Proceedings of the Combustion Institute, 33-2, p.2295（2011）
7) Committee for the Prevention of Disasters, Green Book "Methods for the determination of possible damage"-First edition（TNOのホームページより入手可能）（1992）

〔6〕 ガス爆発危険性の予測と評価

可燃性ガスの爆発危険性は，いろいろな側面から予測・評価しなければならないが，ここでは爆発感度と爆発威力（もしくは爆発強度）の二つの観点から整理する。

（a） 爆 発 感 度

1） 爆発限界　爆発限界（explosive limit）と燃焼限界（flammability limit）とは同義語である。ここでは，爆発限界の用語を使う。

表3.2.11にいくつかの可燃性ガスの爆発限界を示す。水素・アセチレンは非常に爆発範囲が広い。アセチレンは単独でも分解爆発し得る。

表3.2.11 可燃性ガスの爆発限界と最小着火エネルギー（MIE）。MIEはガス濃度に依存する。表中の値は爆発範囲内での最小値

ガス	化学式	下限界〔vol%〕	上限界〔vol%〕	MIE〔mJ〕
メタン	CH_4	5.0	15.0	0.28
エタン	C_2H_6	3.0	12.4	0.24
プロパン	C_3H_8	2.1	9.5	0.25
ブタン	C_4H_{10}	1.8	8.4	0.26
水素	H_2	4.0	75	0.011
アセチレン	C_2H_2	2.5	100	0.017

水素以外の炭化水素では，単位重量当りの発熱量がほぼ同じであるため，爆発下限界の重量濃度〔g/m³〕もほぼ一定となり，爆発下限界〔vol%〕をL，モル当りの燃焼熱をQ_cとすると

$$LQ_c = \text{const.}$$

が成り立ち，この式はBurgess-Wheeler則と呼ばれている。また混合ガスの爆発下限界の推定にはルシャトリエの法則から，混合ガスの濃度・下限界をそれぞれc_i, L_iとすると，以下の式が適用できる。

$$\frac{100}{L} = \sum_{i=1}^{n} \frac{c_i}{L_i}$$

2） 最小着火エネルギー　最小着火エネルギー（minimum ignition energy, MIE）もガス爆発の感度を示す重要な数字である。コンデンサに蓄えた電荷をスパーク放電させ，着火させ得る最小エネルギーを測定する。

MIEは可燃性ガスの濃度に大きく依存する。表3.2.11に爆発範囲で最小のMIEを示す。爆発範囲が広い水素とアセチレンはMIEが非常に小さい値であり注意が必要である。

（b） 爆 発 威 力　被害の観点からガス爆発危険性を考えるとき，爆発威力の予測と評価が重要となるが，ガス爆発威力の定量的評価は非常に難しい。爆発の激しさを決める因子としては，ガスの種類，ガス雲の大きさ，濃度分布のほかに，開放空間か密閉空間か，空間に存在する物体の乱雑度（congestion）などがあり，特に乱雑度によって乱流による火炎加速と爆発威力が大きく左右される。また密閉か準密閉状態の場合は，圧力重積（pressure piling）と呼ばれる現象によって，爆轟圧力よりはるかに高い圧力も局所的に発生し得る。以下，火炎伝播，爆発圧力，圧力重積について説明する。

1） 火炎伝播　ガスが着火されると，最初火炎は層流火炎速度で伝播する。反応機構と熱・物質の拡散速度がわかっていれば層流火炎速度は計算可能である。

図3.2.23にcantera[1]によって計算したメタン/空気の層流燃焼速度の計算結果を示す。化学反応機構はGRI-Mech 3.0[2]を用いた。計算は管壁への伝熱などの損失項を考慮に入れていないため爆発限界を越えた領域でも火炎速度が表示されている。

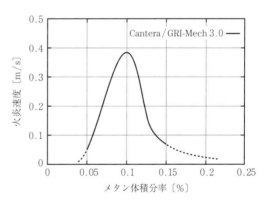

図3.2.23 メタン/空気の層流燃焼速度の計算結果

層流火炎速度は水素/空気の場合でも約3 m/s程度である。

実験的には，火炎波面の直接観察や，球状容器の中心着火で圧力上昇の時間変化を記録することによって層流火炎速度を求められる。

火炎が伝播していくにつれ，火炎の不安定性や乱流加速によって，火炎速度は速くなる。火炎速度が速くなると，火炎前方に衝撃波が形成される。火炎速度の加速とともに火炎面は衝撃波面に追いつき，ついには，反応波面と衝撃波面が一体化し爆轟（detonation）

波面となる。

図 3.2.24 に火炎伝播の典型的様相を図示した[3]。

層流火炎速度が m/s 程度であるのに対し，乱流火炎速度は数百 m/s にもなるため，爆発危険性の予測と評価は，乱流による火炎加速をどれほど正確に予測評価できるかに依存している。

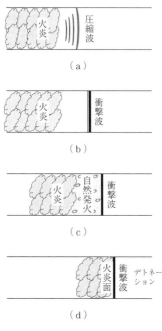

図 3.2.24 火炎伝播の曲型的様相

乱流火炎速度の予測モデルとしては数多くのモデルが提唱されている[4),5)]が，いまだに研究対象であり，また多くのモデルは適用範囲が限定的であるなど，決定的なモデルはない。多くのモデルは乱流燃焼速度を層流燃焼速度と乱流強度をパラメータとしており，図 3.2.23 のようなデータが必要となる。石油プラントや化学工場などの爆発危険性に対象を絞った数値計算コード[6)]は，多くの実験に基づいたパラメータチューニングがなされており，いくつかの制約はあるものの比較的良好な計算結果が得られる。

図 3.2.24 で示したように，火炎伝播の最終到達点は爆轟である。爆轟は流体力学的に安定な伝播形態であり，初期条件が決まれば爆轟速度圧力などのパラメータは計算可能である。

2) 爆発圧力 定容積燃焼と爆轟のパラメータは比較的簡単に計算でき，多くの爆発において，爆発威力の指標ともいえる。何もない密閉空間で火炎が断熱で静かに燃え広がった場合の最終状態は定容積燃焼で計算した状態に対応する。水素や多くの炭化水素で，化学量論組成で空気との混合状態にある場合，定容積燃焼圧力は絶対圧で 0.7～0.9 MPa 程度となる。

図 3.2.25, **図 3.2.26** に，メタン／空気，水素／空気の定容積燃焼圧力・爆轟圧力・爆轟速度を示す。計算プログラム，反応機構は [1, 2, 7, 8] を用いた。定容積燃焼圧力は爆発限界内で，また爆轟圧力，爆轟速度は爆轟限界内で計算プロットした。化学量論混合気体（stoichiometric mixture）よりも燃料が多い方が温度・圧力とも高くなる。

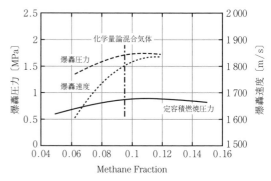

図 3.2.25 メタン／空気の定容積燃焼圧力・爆轟圧力・爆轟速度

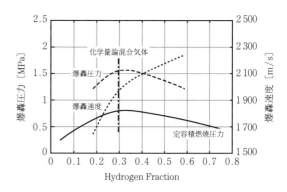

図 3.2.26 水素／空気の定容積燃焼圧力・爆轟圧力・爆轟速度

3) 圧力重積 密閉（あるいは準密閉）状態で可燃性ガスが着火すると，火炎面前方の圧力波は逃げ場がなく，密閉空間全体の圧力が上昇する。したがって，火炎は高い圧力場に伝播し，圧力はさらに上昇する。これが圧力重積である。

乱流によって局所的に圧力が高くなったり，空間内の構造が原因で二つ以上の火炎面が衝突したりする場合は非常に高い圧力が観測され，CJ 爆轟圧力よりもはるかに高い数十 MPa の圧力が観測されることもある。防爆機器の試験[9)]においては，観測された最大圧力の 1.5 倍の水圧で耐圧試験を行うことが求められるなど，圧力重積による高圧を低減することが必要とな

るが，数値計算コード[6]によって対策を模索することも有効である。　　　　　　　　　　　　（吉田正典）

引用・参考文献

1) https://www.cantera.org/（2018年10月現在）
2) http://combustion.berkeley.edu/gri-mech/releases.html（2018年10月現在）
3) 疋田強，爆発，コロナシリーズ，コロナ社（1963）
4) Lipatnikov, A. N. and Chomiak, J., Turbulent flame speed and thickness：phenomenology, evaluation, and application in multi-dimensional simulations, Progress in Energy and Combustion Science, 28, pp.1-74（2002）
5) Burke, E. M., et al., A Comparison of Turbulent Flame Speed Correlation for Hydrocarbon Fuels at Elevated Pressures, Proceedings of ASME Turbo Expo 2016（2016）
6) Hanna, S. R., et al., FLACS CFD air quality model performance evaluation with Kit Fox, MUST, Prairie Grass, and EMU observations, Atmospheric Environment, 38, pp.4675-4687（2004）
7) Antonio L. Sanchez, Forman A. Williams. Recent advances in understanding of flammability characteristics of hydrogen. Progress in Energy and Combustion Science 41 (2014) 1-55
   http://www.gexcon.com/flacs-software/article/FLACS-Overview（2018年10月現在）
8) http://shepherd.caltech.edu/EDL/PublicResources/sdt/（2018年10月現在）
9) IEC60079-1（JIS C60079-1）
   http://kikakurui.com/c6/C60079-1-2008-01.html（2018年10月現在）

3.2.4　粉 じ ん 爆 発

〔1〕　粉じん爆発災害の発生状況からみた危険性

労働省産業安全研究所（現 労働安全衛生総合研究所）の松田東栄氏のまとめによるわが国の粉じん爆発災害発生統計[1]に，その後公表された資料を基に筆者が追加したものを表3.2.12に示す．これによると，1952年から2004年までの53年間に326件の事故が発生し，124名の死者と672名の負傷者が出ている．平均して発生件数は6.2件/年，死者は2.3人/年，0.38人/件，負傷者は12.7人/年，2.06人/件，罹災者は15.0人/年，2.44人/件である．無事故・無災害にはほど遠い．

発生傾向を見るために5年ごとにまとめたものを図3.2.27に示す．1980年を境にして傾向が異なることがわかる．

エネルギー危機以降，景気の停滞と省エネルギーへの傾注から粉じん爆発の発生は一時低下したものの，

表3.2.12　わが国における粉じん爆発発生状況

発生年度	発生件数	死傷者数	（死）	（負傷）	発生年度	発生件数	死傷者数	（死）	（負傷）
1952	6	33	7	26	1979	9	28	2	26
1953	9	17	1	16	1980	3	8	0	8
1954	9	20	1	19	1981	2	7	0	7
1955	4	0	0	0	1982	3	5	3	2
1956	7	21	7	14	1983	3	6	0	6
1957	4	8	2	6	1984	3	0	0	0
1958	8	22	4	18	1985	5	9	3	6
1959	7	12	3	9	1986	8	15	3	12
1960	6	1	0	1	1987	1	0	0	0
1961	3	6	0	6	1988	3	9	0	9
1962	8	26	3	23	1989	1	0	0	0
1963	11	32	2	30	1990	6	11	0	11
1964	7	11	2	9	1991	4	8	1	7
1965	12	42	1	41	1992	4	9	2	7
1966	6	23	3	20	1993	1	2	1	1
1967	8	48	9	39	1994	5	31	6	25
1968	12	21	4	17	1995	7	8	0	8
1969	8	17	6	11	1996	6	17	4	13
1970	6	12	7	5	1997	6	6	2	4
1971	7	14	2	12	1998	3	5	2	3
1972	7	28	6	22	1999	4	14	3	11
1973	12	55	2	53	2000	11	14	5	9
1974	7	13	3	10	2001	7	14	0	14
1975	9	17	3	14	2002	4	8	0	8
1976	4	3	0	3	2003	9	14	2	12
1977	6	4	2	2	2004	9	30	2	28
1978	8	12	3	9	合計	326	796	124	672

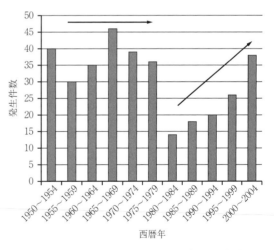

図3.2.27　5年ごとにまとめた粉じん爆発事故発生件数の推移（1950～1954年は1952～1954年の24件を5年に拡大）

事故が発生しなかった年はなく，近年になって逆に増加している．今後も新分野の出現や新たな素材・技術の導入などの変化に伴って増えることが推測される．

図3.2.28に，粉じんの種類別発生割合を示す．金属粉が最も多い．もともと金属粉の爆発事故は少なくなかったが，特に近年，携帯電話等の函体を軽合金で作るようになり，その研磨時の事故が急増している．

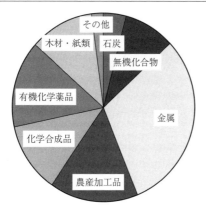

図 3.2.28 粉じん爆発事故の粉じんの種類別発生割合（1952～2004 年）

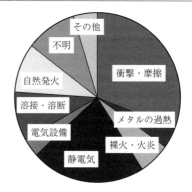

図 3.2.30 粉じん爆発事故の着火原因別発生割合（1952～2004 年）

金属, 農産加工品, 化学合成品, 有機化学薬品, 木材・紙類が特に危険な物質であることは近年も変わりはないが, 金属粉は静電気で着火しやすいし, 軽金属は堆積状態で着火すると急激な発熱による気体の堆積膨張で粉が舞い上げられ, 堆積粉体の火災から粉じん爆発へと移行するので危険である。飛散しやすい粉じんは同様の危険性がある。

図 3.2.29 に, 工程別発生割合を示す。粉体を取り扱う, あるいは粉じんを発生するすべての工程で爆発事故が発生すると考えるべきである。粉砕・製粉, 集じん・分離および乾燥工程は爆発・火災事故が起こりやすい工程として認識されているが, そのほかに, 投入・清掃・点検, 修理・解体等の不定期作業での事故の発生が多いことは見逃されがちである。特に, 清掃・点検時の帯電や静電誘導, および開袋時に不導体の袋に発生した静電気による静電誘導で人体に蓄えられた静電気による事故が多いので注意が必要である。金属粉に関しては研磨作業での事故が圧倒的に多い。

図 3.2.30 に, 着火原因別発生割合を示す。衝撃・摩擦が原因となった事故が最も多い。このうち 1/3 は混入異物によるが, 2/3（全事故の約 20％）は不具合によるもので, これは日常の保守・点検等によって防げた可能性が高い。そのほか, 着火・爆発はいろいろな原因で発生しているが, 近年 10 mJ 以下のエネルギーで着火するきわめて危険な粉体がいろいろな場面・場所で使用されるようになり, 静電気が原因の事故の発生が多くなっているように見られる。

一般に静電気放電は放電時間がきわめて短く, そのため, エネルギーとしては十分であっても粉じんへの着火は困難な場合が多いが, 10 mJ 以下のエネルギーで着火する粉体の場合は放電時間が短くても着火しやすいので, 静電気放電による着火の危険性は非常に高くなる。

また堆積状態と浮遊状態で比較すると, 有機粉じんのような非導電性の粉体は浮遊状態の方が小さい放電エネルギーで着火するが, 金属粉には堆積状態の方が小さい放電エネルギーで着火するものがある。金属表面の薄い酸化被膜は高い電圧に対して電気抵抗を示さないので, 粒子どうしが接する堆積状態では金属粒子の内部を放電電流が流れ, 粒子の加熱に効果的に働くためと考えられる。

〔2〕 粉じん爆発の特徴と危険性

粉じん爆発において反応に関与する可燃物は固体の粒子である。ガス爆発との比較における粉じん爆発の特徴はすべてこのことに起因する。多面的に見た粉じん爆発の特徴は以下のようである。

（a） 反応機構から見た特徴と危険性　　粉じん爆発における単一粒子の反応形式として, (1) 固体粒子が加熱され, 蒸発あるいは熱分解して可燃性の気体を発生し, この発生気体が気相中の酸素と混合して燃焼する気相反応と, (2) 酸素が固体表面に吸着し, 固体表面上で反応する表面反応の2通りがある。多くの

図 3.2.29 粉じん爆発事故の工程別発生割合（1952～2004 年）

物質の反応は（1）の形式をとると考えられている。

燃焼反応として（2）の形式をとるものは蒸発温度がきわめて高いものや酸化生成物の沸点がもとの物質の沸点よりも低いもので，表面反応は反応速度が低いので空気中では爆発しないものが多く，この例としては炭（炭素）が挙げられる。鉄やチタン等の金属も表面反応であるが，これらの燃焼熱は大きいので爆発する。金属粉じんのうちアルミニウムとマグネシウムは純金属の沸点が酸化物の沸点より低いので気相反応である。

このように，一般に燃料として利用されているものでも表面反応をするものには爆発しないものもあり，また，表面反応であっても高濃度酸素雰囲気中や発熱量の大のものには爆発するものもある。

（b）**爆発発生条件から見た特徴と危険性** 爆発発生条件は燃焼の発生条件に対応させて考えることができる。すなわち，燃料，酸素，それに着火源である。対策としてはこの3条件のうちの一つ以上が成り立たないようにすればよい。

まず燃料に対応するのは固体粒子である。上述のように，可燃物であっても爆発しない物質もある。また，一般に粒径が500 μm以上のものは爆発しないし，爆発性の低い物質では100 μm程度の細粒であっても爆発しないものもある。

粉じん爆発が発生するには，各粒子に酸素が十分に供給される状態にあることが必要である。すなわち，各粒子は空間に分散し，粉じん雲を形成していなければ爆発しない。爆発性粉じんでも堆積状態にあるとそのままでは爆発しないが，何らかの方法で空間に分散・浮遊すると爆発するようになる。また，爆発が発生するということは粉じん雲中で局所的に発生した粒子あるいは粒子群の燃焼反応が粉じん雲中に伝播するということであり，このためには，浮遊する隣接粒子間距離がある限界値以下でなければならず，この限界距離に対応する浮遊粒子密度，すなわち粉じん雲濃度の最低値が存在する[2]。これが粉じん爆発の爆発下限濃度LECである。また可燃物の量が多くなりすぎると反応を維持するに必要な酸素量が確保できなくなる。この限界が爆発上限濃度UECである。このことから，爆発上限濃度は気相中の酸素濃度の影響を強く受ける[3]ことが理解できる。

酸素濃度をいかなる粉じん雲濃度であっても爆発が発生しないという限界の爆発限界酸素濃度LOC以下に低下させると爆発は発生しなくなる。このことから，酸素濃度をLOC以下に維持する方法が，確実な防止方法として利用される。しかし，供給・排出時や点検時など，装置を開放する際に空気が入り込み，事故が発生しているので，安易な採用は禁物である。また，LOCまで低下させなくても，酸素濃度を低下させると爆発上限濃度UECは大きく低下するので，粉じんの爆発濃度範囲は狭くなる[3]。

爆発を発生させるにはある程度以上のエネルギーを与えて反応を開始させることが必要である。この着火に必要なエネルギー（着火エネルギー）は粉じん雲濃度によって変化し，高い濃度や低い濃度では高くなり，ある濃度範囲ではほぼ一定の値を示す。これを最小着火エネルギーMIEという。この着火エネルギーがMIEとなる濃度範囲は，一般に，粉じん雲濃度が100 g/m^{3}から1 000 g/m^{3}の範囲にある。また，着火エネルギーは粉じん雲濃度のほかに，気相中の酸素濃度によっても変化する。一般に，静電気による火花放電エネルギーは100 mJより小さいので，気相中の酸素濃度をわずか低下させることで着火エネルギーが100 mJ以上になれば，危険性は十分に低下することになる。

（c）**マクロ的現象から見た特徴と危険性** ガス爆発との比較で見た粉じん爆発のマクロ的現象の特徴もやはり可燃物が固体であるということによる。

一般にガス爆発事故が発生するような状況での可燃性ガスの存在範囲は限定的であるので，ガス爆発の影響空間範囲も限定的である。これに対して，粉じん爆発事故が発生するような環境では装置間の連結ダクト内や装置周辺に粉じんが堆積していることが多く，爆発火炎に先行する圧風でこの堆積粉じんが巻き上げられて粉じん雲を形成したところに火炎が到達するという状況が起こり，被害が工場全域に及ぶことも少なくない。指で触れて跡がつく程度の粉じんの堆積があれば危険である。

つぎに，ガスに比べ固体の燃焼では燃焼速度が遅いため，粉じん爆発における圧力の上昇速度は低いが高圧力が持続する時間は長くなる。また粉じん爆発が発達して爆轟へ遷移するのは困難である。しかし，燃焼帯の幅は広くなり，実規模坑道試験での燃焼帯の幅は坑道の直径と同程度の大きさである[4]。このため高温にさらされている時間が長く，また，未燃焼の高温固体が残るため，爆発後に火災が発生することが多い。

さらに，気相反応形式をとる粉じんの場合，燃焼帯の通過後に残留する高温固体粒子から発生する可燃性気体が爆発後の跡ガス中に多量存在し，これが空気と混合して爆発性混合気を形成して，二次，三次爆発を発生することもある[5]。有機粉じんの場合，CH_4やH_2のほかにCOも発生するため，爆発跡ガスは一般に有毒である。

〔3〕 爆発危険性評価のための爆発特性値

(a) 爆発特性値と影響因子

危険性を評価するには評価のための指標が必要である。この評価指標を爆発特性値といい，爆発危険性の相対評価，対策の選択や効果，優先順/必要性判断の指標とする。評価の目的によって関係する特性値は異なるが，粉じん雲の爆発特性値の代表的なものを**表 3.2.13** に示す。爆発特性値には，爆発の発生の難易に関するもの（爆発発生特性）と，発生した爆発の激しさに関するもの（爆発強度特性）とがある。

表 3.2.13　粉じん雲の爆発特性値

爆発発生特性	爆発強度特性
(1) 爆発下限濃度	(a) 最大爆発圧力
(2) 爆発上限濃度	(b) 最大圧力上昇速度
(3) 発火温度	（爆発指数）
(4) 最小着火エネルギー	(c) 火炎（伝播）速度
(5) 爆発限界酸素濃度	

表 3.2.14 に，危険性に影響を与える因子について，粉じんの性質，粉じん雲の状況，その他に分けて示した。危険性の相対評価には特定の定められた条件（基準条件）下で求められた数値を用いる。近年，欧州で爆発特性値のデータベース（BIA-Report 13/97）が公表され[6]，その一部がわが国でも紹介されている[7]が，これらは基準条件下で求められたものである。

表 3.2.14　爆発特性値と現象に影響を及ぼす諸因子

粉じんの性質	粉じん雲の状況	その他
(1) 種類	(a) 粉じん雲濃度	(A) 着火源の位置
(2) 粒度	(b) 酸素濃度	(B) 着火源の大きさ
(3) 形状	(c) 不燃性物質	(C) 容器・空間の形状
(4) 飛散性	(d) 可燃性気体	(D) 容器・空間の密閉度
(5) 含有不燃物（灰分，水分等）	(e) 初期圧力	
(6) 表面酸化	(f) 温度	(E) 発じん区域の空間占有率
(7) 燃焼形態	(g) 粉じん雲の均一性	(F) 発じんの時間存在率
(8) 堆積抵抗率	(h) 粉じん雲の流動	(G) 着火源の時間存在確率

他方，現場における危険な状態を具体的に把握し，対策を立てるにあたっては，表 3.2.14 に掲げた影響因子について，現場がどのような状態にあるのかを明確に認識し，その影響を評価することが必要である。爆発特性値のうちから，爆発下限濃度（LEC）C_L，爆発上限濃度（UEC），最小着火エネルギー（MIE），爆発限界酸素濃度（LOC），最大爆発圧力 P_m，爆発指数 K_{st} を取り上げ，いくつかの因子の影響について，以下に述べる。

(b) 爆発下限濃度

1) 測定方法　爆発下限濃度の測定法の国際規格はないが，わが国では粉じん雲の均一性が良いとされる[8]篩落下式を基本とし，基準粉体についてこれと同様の測定結果が得られる装置を使用することがJIS[9]で規定されている。この代替装置の一つとして，細部まで規定された吹上げ式装置（一般にハートマン式と称される）がJISに記載されており，簡便型で使いやすく，試料量も少なくてすむため，これにより測定されることが多い。この装置の構成を**図 3.2.31** に示す。

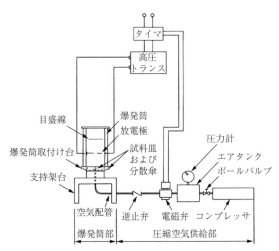

図 3.2.31　吹上げ式粉じん爆発試験装置の構成

この装置では，まず内径 70 mm の透明爆発筒を取り外し，底部の試料受け皿に秤量した試料をできるだけ均一に装填した後，爆発筒を元に戻して固定し，爆発筒の上端をティッシュペーパのような通気性のある薄い紙（通常はキムワイプ2枚重ね）で覆う。この試料を所定のエアタンク内の空気で爆発筒内に飛散させて粉じん雲を形成し，それをネオントランスにより放電電極間に火花放電を発生させて着火を試みる。粉じん雲濃度は装填した試料量を爆発筒の容積 1.2 L で除して求める。例えば，装填量が 0.6 g であれば，粉じん雲濃度は $0.6/1.2 \times 10^{-3} = 200 \text{ g/m}^3$ になる。着火後火炎が電極位置から粉じん雲中を上方に 100 mm 以上伝播すると爆発したと判断される。この操作を5回あるいは10回繰り返し，1回以上爆発したときの最小の粉じん雲濃度を爆発下限濃度とする。

諸外国でもハートマン式と称される装置が使用されることが多いが，本家本元の米国鉱山局でハートマンらが測定した結果以外の多くは測定値が合わない。しかし，近年欧州で公表され[6]，その一部がわが国でも

紹介されている[7] BIA-Report 13/97 のデータは，わが国の方法で測定した結果と合うことが多いので参考になる。

2） 各種パラメータの影響　図3.2.32[10]に，爆発下限濃度（LEC）に及ぼす粒子径の影響を示す。この試料の場合粒子径が小さくなると，数十μm程度までは粒子径の減少とともにLECも減少する。さらに微粒になると粒子の凝集が起こり実験が困難になるため，独立して粒子が分散する粉じん雲のLECは知られていない。しかし，炭化水素ガスの爆発下限濃度が30〜45 g/m³ 程度であることから推察すると，粒子径がさらに小さくなっても，粒子が凝集しないで分散・浮遊する粉じん雲のLECは30 g/m³ から大きく変化しないものと考えられる。

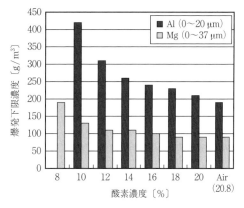

図3.2.33　アルミニウムとマグネシウム粉のLECに及ぼす酸素濃度の影響（$\rho_{Al}/\rho_{Mg}=1.55$）

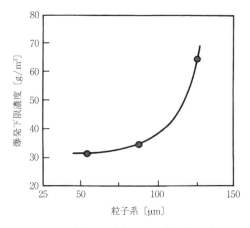

図3.2.32　爆発下限濃度に及ぼす粒子径の影響（ダイアナールの場合）

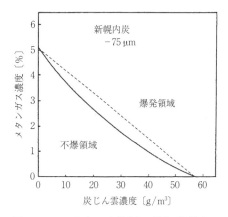

図3.2.34　ハイブリッド混合気の爆発下限濃度の例（炭じん-メタン混合気の場合）

また逆に，粒子径が大きくなるとLECは増加し，ある粒子径以上になると爆発しなくなる。図3.2.32の測定では着火源に1〜10 J 程度のエネルギーの放電火花（着火源としては中程度の大きさ）が用いられているが，この場合，粒子径が140μmより大きくなると爆発しなくなる。一般に，500μmより粗粒の粒子は爆発しないとされている。

図3.2.33[11]に，中程度の大きさの着火源を用いた場合のアルミニウムとマグネシウム粉のLECに及ぼす酸素濃度の影響を示す。酸素濃度が減少するとLECは増加することがわかる。また，マグネシウム粉は酸素濃度8％で爆発するが，アルミニウム粉は酸素濃度が8％では爆発しないこともわかる。

図3.2.34[12]に，可燃性粉じんに可燃性気体が共存するハイブリッド混合気の爆発下限濃度の例を示す。縦軸にメタンガス濃度が，横軸に炭じん雲濃度がとっ

てある。爆発下限界は下に凸の曲線で示されている。図中の破線は可燃性ガスがない場合の粉じんの爆発下限濃度と粉じんがない場合のガスの爆発下限濃度を結ぶ直線であり，例えば，可燃性気体でメタンとプロパンのような似た者どうしの混合気の場合は，爆発下限界はこの破線で示されるが，ハイブリッド混合気では下に凸になり爆発領域が拡大することがわかる。

爆発限界の測定では粉じん雲の均一性が結果に大きく影響する。このため，測定方法の確認が必要となる。特に，相対比較をする場合は重要であり，そのため，相対比較は規定された方法で測定された値を用いなければならない。

（c）爆発上限濃度　実験技術として高濃度均一粉じん雲の作成が困難なため，爆発上限濃度UECに関する研究報告は少なく，UECが知られている物質は少ないが，歴青炭じんでは約3 000 g/m³ であり（図3.2.35参照），農産物等のその他多くの有機物では基準状態で7 000〜8 000 g/m³ 以上と非常に高い濃度[13]

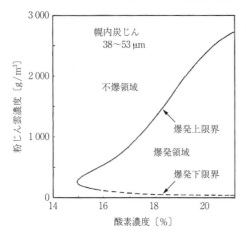

図3.2.35 爆発領域に及ぼす雰囲気酸素濃度の影響
(空気を窒素で希釈した場合)

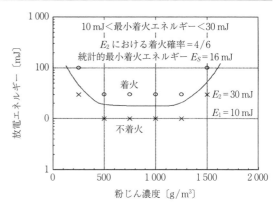

図3.2.36 最小着火エネルギーの求め方

であることがわかっている。

図3.2.35[14]に,中程度の着火源を用いた場合の歴青炭の爆発上限濃度および下限濃度に及ぼす酸素濃度の影響を示す。酸素濃度が低下すると,前述のようにLECは上昇するが,UECは低下する。また,LECの変化と比べ,UECの変化が著しいことが示されている。

多くの物質のUECは非常に高い濃度であり,操業中の粉体濃度を爆発上限濃度以上の濃度範囲として爆発危険性を低下させるというのは困難な場合が多いが,酸素濃度をいくらかでも低下させるとUECは大きく低下してくるので,操業濃度をUEC以上とすることが可能になる。図3.2.35の場合,酸素濃度を3%下げて18%にすれば,爆発上限濃度は空気中の約1/2にまで低下している。気相中に高濃度で粉体が分散する装置では,例えば低酸素濃度の気体として燃焼排ガスを利用するなどは一考に値する。

(d) 最小着火エネルギー　最小着火エネルギーの測定でも爆発試験装置には爆発下限濃度測定装置を使用する。着火エネルギーはコンデンサに蓄えた電気エネルギーを火花放電させて着火の有無を観察することで測定するが,放電回路の構成など火花放電発生装置によって大きく異なることがある。そのため,相対比較を目的とする場合,規定の方法で測定することが必要である。最小着火エネルギー測定法についてはJIS規格[15]があり,これは国際規格[16]と整合している。国際的に広く使用されている方法による測定例を図3.2.36[15]に示す。図には爆発した場合を○,爆発しなかった場合を×で示してある。

図3.2.36に示すように,粉じん雲濃度を変化させて測定し,着火限界は着火した場合としなかった場合の間にあるとして示す。図の例では,10 mJ＜MIE＜30 mJとなる。また,実験での着火・不着火の回数割合から統計的最小着火エネルギーを求めることもできる。

着火に必要なエネルギーは粉じん雲濃度の増加とともに低下し,ある濃度範囲で一定値をとった後,粉じん雲濃度の増加とともに増加する。この一定で最小の値を最小着火エネルギーMIEという。特性値としてはこのMIEを用いるが,危険性排除の観点からはこの着火エネルギーが最小となる濃度範囲を避けることが望まれる。

図3.2.37[17]に,MIEに及ぼす粒子径の影響を示す。これは,上記のMIEを範囲で求める方法とは異なり,数値として求められる実験方法で測定したものである。MIEは粒子径の減少とともに減少するが,ある粒子径以下では変化が小さくなっている。ただし,炭化水素ガスのMIEの100倍も大きいので,さらに細粒になるとMIEもさらに低下するものと推測されるが,測定値の報告は見当たらない。

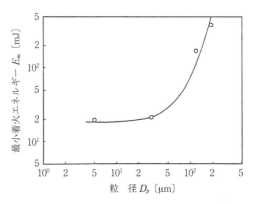

図3.2.37 MIEに及ぼす粒子径の影響(ポリエチレン粉じんの場合)

図3.2.38[18]に, MIEに及ぼす雰囲気温度（粉じん雲の温度）の影響を示す。MIEは雰囲気温度の上昇とともに低下し, 高温で1点に収束するような変化を示す。つまり, 常温でMIEが高い物質ほど雰囲気温度の影響が大きく, 常温では着火エネルギーが大きいため爆発しにくい物質でも高温では容易に爆発するようになる。少なくとも50℃以上の雰囲気では温度の影響を無視してはならない。

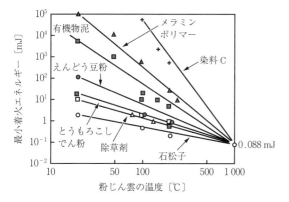

図3.2.38　MIEに及ぼす雰囲気温度の影響

図3.2.39[19]に, MIEに及ぼす不燃性粉じん混合の影響を示す。不燃性物質混合率は10%と低いが, MIEへの影響は大きいことがわかる。なお, $CaCO_3$粉と岩粉（石灰石粉）は化学組成がほぼ同じものであるが, $CaCO_3$粉が試薬で微細であるのに対し岩粉は炭じんと同程度の大きさの粒度であり, 顕微鏡観察の結果, $CaCO_3$粉は炭じんの表面に付着していることがわかった。ベントナイトも$CaCO_3$と同程度の微粉であるが, 炭じん表面に付着していなかった。この粉じんの場合, そのままではMIEが20 mJ以下なので静電気による着火危険性が高いが, $CaCO_3$粉を10%混合するだけでMIEは100 mJになり, 静電気着火の危険性は大幅に低下することになる。このように, 例えば, 小麦粉砕の後工程で食塩を混合するというような場合, 食塩を入れて粉砕を行うと危険性は低下するし, 食塩水として固体に吸着・浸透させておくと乾燥後でも効果はさらに高くなることが推測される。石炭が含有する灰分と不燃性混合粒子の影響の相違[20]や水分の影響[20]の例が知られている。

発現着火源としてkJオーダの中程度（Jオーダ）より大きいことが想定される場合は, 爆発を抑制するのに必要な不燃性物質混合割合は高くなる。一般に, 着火源が中程度より大きい場合, 不燃性物質混合率を増加させていくと混合粉じんの爆発濃度範囲は狭くなっていき, ついには爆発しなくなるが, このときの不燃性物質混合率は50〜80%と高く, 可燃性粉じんと同等以上の量（1〜4倍）を混合させないと不爆性にはできない。しかし, 着火エネルギーが静電気に対応するmJのオーダでは, 上記のように, 不燃性物質混合の影響は大きい。

図3.2.40[21]に, 着火エネルギーに及ぼす雰囲気酸素濃度の影響を示す。図には3種類の試料についての結果が示されているが, そのうちの最も危険な粉のパラホルムアルデヒドを例にとって効果を説明してみよう。空気中におけるMIEは約10 mJであるが, 酸素濃度が18%程度まで低下するとMIEは100 mJに, 16%程度まで低下すると1 000 mJにまで増加することがわかる。静電気火花放電に対してはMIEが100 mJ以上であれば危険性は大幅に低下するし, 1 000 mJであれば静電気による着火の危険性は無視できるので, きわめて大きな着火源（1 kJ以上）でも着火・爆発しなくなる爆発限界酸素濃度まで酸素濃度を低下させないでも, 場合によっては十分な対策になること

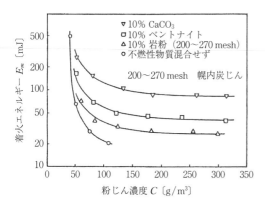

図3.2.39　幌内炭じんに各種不燃性粉じんを10%混合した混合粉じんの着火エネルギーに及ぼす粉じん雲濃度の影響

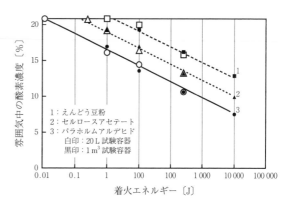

図3.2.40　着火エネルギーに及ぼす雰囲気酸素濃度の影響

図3.2.41[21]に，MIEに及ぼす可燃性ガス混合の影響を示す。0.25 mJはプロパンのMIEで，この値と各粉じんのMIEとを結ぶ片対数の直線に沿って，可燃性ガスの濃度の増加とともに減少することが示されている。有機溶剤を除去する乾燥工程では可燃性蒸気と高温度の両方が危険性を増加させる方向に作用するので，危険性が高い工程ということになる。

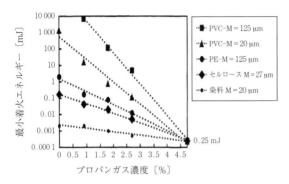

図3.2.41　ハイブリッド混合気のMIEに及ぼす可燃性ガス濃度の影響

現場で起こり得る静電気の放電は容量放電である。容量放電では，放電回路のインダクタンス（誘導成分）やレジスタンス（抵抗成分）が小さいと放電は1μs以下程度の短時間で終了するので，ガスの場合とは異なり，粉じんの場合は静電気放電による着火は比較的困難である。図3.2.42[22]に，放電回路に抵抗を入れて放電持続時間を制御できる着火エネルギー測定装置で放電持続時間τの影響を調べた結果を示す。この粉じんの着火に必要なエネルギーは，τが十分に長いと18 mJであったが，τが0.2 ms以下であると100 mJ以上になり，静電気火花放電による着火は困難になることがわかる。しかし，標準測定法で測定したMIEが10 mJ以下の着火性の高い粉じんでは，放電持続時間が短くても着火しやすくなるので，静電気着火の危険性はきわめて高くなることになる。

（e）**爆発限界酸素濃度**　不活性気体で希釈して酸素濃度を減ずる場合，使用する不活性気体によって爆発限界酸素濃度LOCは異なり，有機物粉には窒素よりも二酸化炭素の方が効果は高いが，金属粉には純二酸化炭素中でも着火するものがあるので注意が必要である。

図3.2.35に，窒素希釈で酸素濃度を減じた場合の爆発領域の変化の例を示した。この図で，さらに酸素濃度を減少させていくと，ついには爆発下限界線と上限界線とが合致する酸素濃度が出てくる。この濃度が爆発限界酸素濃度LOCである。

また図3.2.33から，アルミニウム粉では酸素濃度が8％で爆発せず，LOCは8％と10％の間にあることがわかる。さらに，アルミニウム粉もマグネシウム粉も有機物粉よりもLOCが低く，マグネシウム粉はアルミニウム粉よりもさらに低いことがわかる。

酸素濃度をLOC未満に管理するとその雰囲気中では爆発は発生しないことになるので，ほかに有効な方法がない場合は防爆対策として酸素濃度をLOC未満に管理する方法が採用されることがある。

図3.2.40に着火エネルギーに及ぼす酸素濃度の影響を示したが，この図はまた着火エネルギーによって爆発限界酸素濃度がどのように変わるかを示しているとみることができ，着火エネルギーがジュールオーダの中程度の大きさの着火源ではLOCが14～16％であるが，電気炉のような強力な着火源を用いると10％程度まで低下することがわかる。想定される着火源の大きさを正しく見積もることが肝要である。

図3.2.43[23]に，LOCに及ぼす雰囲気温度の影響を示す。雰囲気温度の上昇とともにLOCは減少することがわかる。歴青炭も常温でのLOCは14～16％であるが，150℃では13～15％に低下している。揮発分値が低いコールマウンテン炭は常温では爆発性は低いが高温では他の炭じんと同程度の爆発限界酸素濃度になる。このことから，常温で爆発性の低い粉じんほどLOCに及ぼす温度の影響が大きいことが推測される。

（f）**最大爆発圧力と爆発指数**　図3.2.44[24]に，内容積1 m³の密閉円筒型爆発試験装置を示す。この容器内に粉じん雲を形成させて着火・爆発させると，容器内の圧力は図3.2.45[25]に示すように変化する。

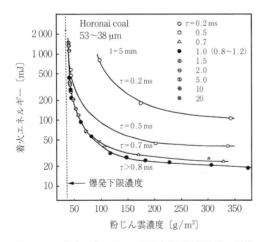

図3.2.42　着火エネルギーに及ぼす放電持続時間の影響
（38～53μmの幌内炭じんの場合）

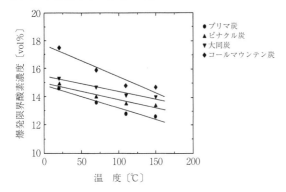

図 3.2.43　炭じんの爆発限界酸素濃度に及ぼす雰囲気温度の影響

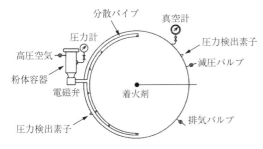

図 3.2.44　1 m³ 円筒型粉じん爆発試験装置（断面図）

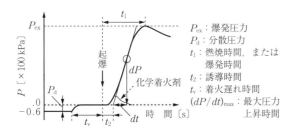

図 3.2.45　密閉容器での爆発実験における容器内圧力-時間曲線の例

この圧力変化曲線の勾配の最大値を最大圧力上昇速度 $(dP/dt)_m$ という。この値は粉じん雲濃度によって変化するので，粉じん雲濃度を変化させた実験でその中の最大値 $(dP/dt)_{m,m}$ を求める。この最大爆発圧力上昇速度の最大値 $(dP/dt)_{m,m}$ は実験容器の大きさの影響を受けて変わるので，以下の式によって補正する。

$$K_{st} = (dP/dt)_{m,m} V^{1/3}$$

この K_{st} を爆発指数といい，爆発の激しさを表す指数として用いる。K_{st} の単位は ×100 kPa·m/s とし，3桁までの数値で表す。

図3.2.45で，ピークの圧力を爆発圧力 P_{ex} という。P_{ex} もまた粉じん雲濃度によって変化し，その最大値を最大爆発圧力 P_m という。P_{ex} が P_m となる粉じん雲濃度は多くの場合 500～1500 g/m³ の範囲にあり，$(dP/dt)_m$ が $(dP/dt)_{m,m}$ になる，すなわち K_{st} が得られる粉じん雲濃度は P_{ex} が P_m となる粉じん雲濃度と同じかそれよりも少し高い濃度である[25]。

P_m も K_{st} も粉の種類の影響が大きいが，P_m は 12 bar を超えるものはほとんどないため，後述の耐爆発圧力衝撃構造の装置の設計には 12 bar 対応のものが多い。K_{st} は後述の爆発クラスで分類すると，天然有機物はクラス1のものが多く，化学合成物質はクラス2のものが多いが，クラス1～3まで広く分布する。アルミニウムとマグネシウムおよびそれらの合金はきわめて激しい爆発を起こし，クラス3である。クラス3のものには，各種の爆発被害軽減方法で対応が困難なものが多い。

爆発の激しさは形成された粉じん雲の流動状態や乱れによる影響が大きいため測定法によって値が大きく異なるので，規格にのっとった方法で測定しなければならない。わが国には JIS 規格[26] があり，これは国際規格[27] と整合している。

〔4〕　**危険性評価と対策**

現場における危険性を評価し，対策をとることは実務として重要であり，何をどのように評価すればよいのか，またシステムとしての評価に見落としがないかなどの見直しに役立つ指針となるものがあれば心強い。そこで，その骨格[28] となるものを以下に掲げる。

これは一例であって過不足があるので，適切に修正して利用いただきたい。またこれは，粉体機器メーカにもユーザにも利用できるようになっているので，立場によって項目の取捨選択が必要である。

（a）**粉じん爆発対策と爆発危険性・リスク管理の概要**　図 3.2.46 に概要と手順（流れ）を示す。管理は 5 段階になっており，それぞれの内容と段階（目的）が示されている。管理としては，まずは取扱い粉体の爆発性の有無と相対的危険性の評価（Step 1）をする。国際的には，たとえ粉体が実質不爆性であっても，そのことを証明しなければ，爆発性がある粉体として取り扱わなければならないと定められている場合が多い。

Step 1 によって当該粉体が爆発性であると判定されたら，つぎに（Step 2），現場における危険性を具体的に評価する。この結果を基に具体的対策を実施するのがつぎの段階（Step 3）である。状況によっては Step 3 での対策の効果を評価するために Step 2 に戻り，不足のデータの追補など調査・評価のやり直しをすることもあろう。このため，Step 2 と 3 の間は両方向の矢印が入っている。対策がなされたら，Step 4 でリスクが許容できるまで低下しているかを評価する。

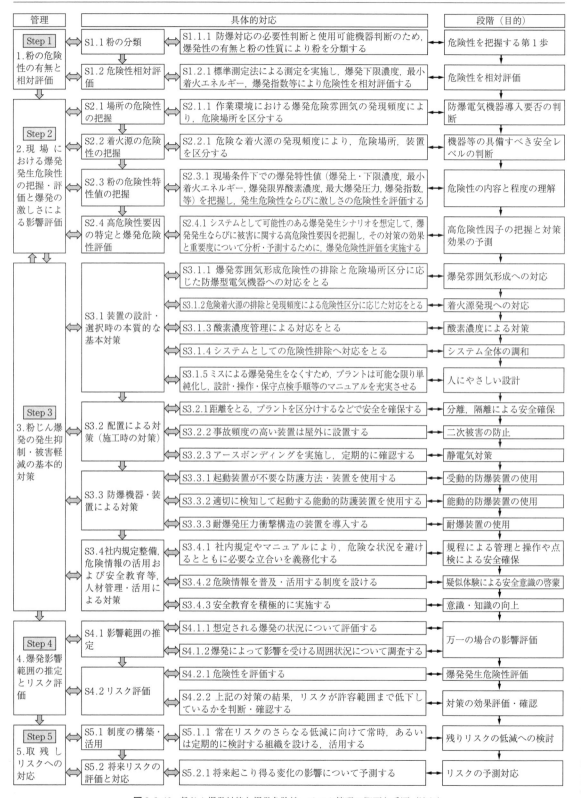

図 3.2.46 粉じん爆発対策と爆発危険性・リスク管理の概要と手順(流れ)

リスクが十分に低くなっていないと評価されると，Step 2に戻り，これらの手順を繰り返す。最後に（Step 5），さらなるリスク低減への対応，操業上発生した状況変化による危険性・リスク変化への対応，未評価の危険性・リスクの洗い出しと評価，容易に想定される状況変化によるリスクの評価等へ，定期的あるいは日常的に実施する安全管理組織を設けての対応がある。ここでは安全管理に関する社内規定等の制定・改正等も業務の対象になろう。

（b）**具体的対応の流れと内容** 以下，図3.2.46に示した流れに沿って，内容を具体的に説明する。なお，以下の説明においては，Stepの段階ごとに番号を付け，整理した。

Step 1 粉の危険性の有無と相対評価

S1.1 粉の分類

S1.1.1 防爆対応の必要性判断と使用可能機器判断のため，爆発性の有無と粉の性質により粉を分類する[29]

◎ **爆発性雰囲気が生ずる危険な物質の判定**[30]

粉が爆発しないものであれば，防爆対策は不要である。したがって，爆発性か不爆発性かの判断が最初になる。

ヨーロッパ[31]では，「引火性および/あるいは可燃性の物質は，それらの物質の性質の調査結果が，それらが空気と混合して形成する混合気が単独では爆発を伝播させることができないということを示さない限り，爆発性雰囲気を形成する物質とみなす」ことになっており，国際規範と捉えるべきであろう。

◎ **可燃性粉じん（combustible dust）**

可燃性粉じんとは微細固体粒子であって公称粒子径が500 μm以下のものであり，大気中に浮遊するか，自重により大気から分離して堆積するか，空気中で有炎燃焼または無炎燃焼し，（大気圧・常温において）空気と混合して爆発性混合物を形成することがある。固体粒子とは常温で固相の粒子を意味し，気相または液相の粒子のことではないが中空の粒子は含まれる。

◎ **導電性粉じん（conductive dust）と非導電性粉じん（non-conductive dust）**

導電性粉じんとは可燃性粉じんであって，電気抵抗率が $1.0×10^3$ Ω·m以下のものを，また非導電性粉じんとは電気抵抗率が $1.0×10^3$ Ω·mを超えるものをいう。ISO/IEC 80079-20-2に，粉じんの電気抵抗率を決定する試験方法が規定されている。

◎ **可燃性浮遊物（combustible flyings）**

可燃性浮遊物とは繊維を含む固体粒子であって公称粒子径が500 μmを超えるものをいい，空気中に浮遊することがあり，自重によって大気から分離して堆積し得るものをいうが，塊状で500 μmより粗粒のものは爆発性を有しないので，可燃性浮遊物は繊維状あるいは箔状のものを指すことになる。浮遊物の例には，レーヨン，綿（コットンリンターおよび綿くずを含む），サイザル麻繊維，ジュート繊維，麻繊維，カカオ繊維，麻などをほぐしたもの，梱包用カポック繊維が含まれる。

S1.2 危険性相対評価

S1.2.1 標準測定法による測定を実施し，爆発下限濃度，最小着火エネルギー，爆発指数等により危険性を相対評価する

◎ **爆発下限濃度 C_L による評価**[32]

爆発下限濃度は，爆発の基となる粉じん雲の燃焼で火炎の伝播の容易さを総合的に表す指標であり，ここでは爆発発生の難易を評価する指標として利用する。

爆発下限濃度を正確に求めるのは容易ではなく，測定装置や測定条件によって値が異なってくるので，この相対評価では規格[9]にのっとった方法（標準測定法）で求めなければならない。

爆発下限濃度による評価は以下による。

爆発下限濃度	爆発発生危険性
40 g/m³ 以下	大
40 ～ 100 g/m³	中
100 g/m³ 以上	小

爆発発生危険性が大の粉じんは何らかの対策をとらないと爆発事故発生の危険性がきわめて高いものであり，逆に小の粉じんは清掃や接地などの基本的対応がなされていれば危険性は低いと判断される。また，これまで安全に取り扱ってきた経験を有する粉と比較して，さらなる対策が必要かどうかなどの比較に用いることができる。

この評価には個数濃度に対応する C_L/ρ を用いるのが適切であるが，一般に有機粉の評価にはこの C_L が用いられる。しかし，比重が高い金属粉には C_L/ρ を用いないと誤った評価になる。ここに ρ は固体の比重である。図3.2.33で，アルミニウム粉とマグネシウム粉のLECには大きな差があるが，比重を考慮するとその差は小さくなる。ただし，それでもマグネシウム粉の方が低く，アルミニウムよりも危険であることがわかる。

◎ **最小着火エネルギーによる評価**[15]

最小着火エネルギーによる相対評価は必要に応じて実施する。測定は標準測定法で行い，評価は以下による。

最小着火エネルギー	爆発発生危険性
10 mJ 以下	大
10～100 mJ	中
100 mJ 以上	小

爆発発生危険性が大の粉じんは，何らかの対策をとらないと，爆発事故が発生する危険性がきわめて高いものである。逆に，100 mJ 以上のエネルギーの静電気火花放電はほとんど発生しないことから，爆発発生危険性が小の粉じんは清掃や接地などの基本的対応がなされていれば，静電気による着火・爆発の危険性は低いと判断される。

◎ **爆発の激しさの相対評価（爆発指数）**[26]

発生した爆発の激しさは，標準測定法で求めた爆発指数により，以下のように評価する。

St（爆発クラス）	K_{st}（×100 kPa・m/s）	爆発の激しさ
0	0	爆発せず
1	1～200	弱
2	201～300	強
3	＞300	激

爆発の激しさの評価による激，強，弱は被害軽減対策をとる場合の方法の選択や設計の基礎値として必要なものであり，必ずしも被害の大小に対応するものではないので注意が必要である。

Step 2　現場における爆発発生危険性の把握・評価と爆発の激しさによる影響評価

S2.1　場所の危険性の把握

S2.1.1　作業環境における爆発危険雰囲気の発現頻度により，危険場所を区分する[33]

◎ **危険場所の区分**

危険な場所の区分は以下による。

ゾーン　20（ガスの場合はゾーン0）　可燃性粉じんが空気中に粉じん雲の形で存在する爆発性雰囲気が連続して，あるいは長期間にわたり，あるいは頻繁に存在する場所

　例：ほとんどの粉体取扱い機器内

ゾーン　21（ガスの場合はゾーン1）　可燃性粉じんが空気中に粉じん雲の形で存在する爆発性雰囲気が正常な作業中に時折起こると思われる場所

　例：内部に爆発性雰囲気が形成される装置・容器の外側であるが頻繁に開閉するドアの近く，搬入・搬出場所近傍，ベルトコンベヤの乗換え地点，粉じんが堆積していて舞い上がる危険性のある場所

ゾーン　22（ガスの場合はゾーン2）　可燃性粉じんが空気中に粉じん雲の形で存在する爆発性雰囲気が正常な作業中に起こりそうにないが，たとえ起こったとしても存続時間が短い場所

　例：トラブルがあったときに粉じんが漏れてくる可能性のあるバグフィルタの排気口，頻繁には開けない装置の近傍，空気輸送管やフレキシブル管のような損傷を受けたときに容易に粉じんが噴出すると経験上考えられる場所，ゾーン21の場所で換気や排気等の防爆対策がなされているところ

注記（1）：可燃性粉じんの薄い堆積層（layers），沈積体（deposits）および堆積体（heaps）は爆発性雰囲気を形成するその他の発生源とみなさなければならない。

注記（2）：正常な作業とは，設備が設計条件の範囲内で使用されている状況を意味する。

S2.2　着火源の危険性の把握

S2.2.1　危険な着火源の発現頻度により，危険場所，装置を区分する

◎ **可能性のある着火源の抽出**

粉じん爆発の着火源となる可能性のあるものを表3.2.15[34]に掲げる。これを参考にし，当該システムにおいて発現可能性のあるものを抽出する。

◎ **着火源の発現頻度による危険性の分類**

おもに電気機器以外の着火源が発現する危険性について，その頻度によって以下のように区分する。

a．着火源が連続的，あるいは頻繁に発生する
b．着火源がまれに発生する
c．着火源が非常にまれな状態で発生する

あるいは

a．機器類が正常な状態で着火源が発生する
b．機器類が機能不全の結果として着火源が発生する
c．まれに起きる機能不全の結果としてのみ着火源が発生する

これらの状態に対応して使用可能な機器の保護レベル（EPL）は以下のようになっている。なお，この保護レベルはゾーン20，21，22で使用可能な電気機器

表 3.2.15 着火源の種類とその例

着火源	エネルギーの種類	例
火炎, 高温ガス, 放射熱, 燃焼粒子, 高温固体面, 自然発火, 電熱線, マッチ, ライタ	熱	燃焼室, 加熱炉内火炎, 裸火, 高温固体面, ボイラ, ヒータ, モータ, 空気圧縮機, ブロワ, 熔接, 溶断, 堆積粉体, 火災, マッチ, ライタ, 可燃性ガスケット, 電球フィラメント
赤外線, 紫外線, 太陽光線	光	加熱, 集光
摩擦, 接触, 破壊, 流体噴出	機械	摺動, 振動荷重, 衝撃破壊・破裂・切損, 接触・激突・転倒, 圧力変化, 噴出
触媒, 化学変化, 分解, 酸化, 重合	化学	各種分子の緩急分子結合
静電気放電, 直流・交流放電, アーク	電気	静電気火花放電, コーン放電, 沿面放電, 直流・交流放電, 電気溶接, 落雷

にもそれぞれ対応する。

EPL Da "非常に高い"保護レベルを有し, 通常運転中でも想定内の故障に対しても, あるいは, まれに発生する故障であっても着火源とはならない, 爆発性雰囲気（粉じん）で使用可能な（電気）機器。

EPL Db "高い"保護レベルを有し, 通常運転中も, 想定内の故障であっても着火源とはならない, 爆発性雰囲気（粉じん）で使用可能な（電気）機器。

EPL Dc "少し高い"保護レベルを有し, 通常運転では着火源とはならず, 通常想定内の故障であっても着火源とはならない追加の保護を施した, 爆発性雰囲気（粉じん）で使用可能な（電気）機器。

S2.3 粉の危険性特性値の把握[35]

S2.3.1 現場条件下での爆発特性値（爆発上・下限濃度, 最小着火エネルギー, 爆発限界酸素濃度, 最大爆発圧力, 爆発指数, 等）を把握し, 発生危険性ならびに激しさの危険性を評価する

◎ 爆発危険性は爆発特性値で評価

対策の必要性や優先順判断の指標とするため, 関係する特性値を抽出する。爆発特性値の代表的なものは表 3.2.13 に示した。

◎ 粉じんの状態や温度・圧力などの環境条件について, 現場条件を明確化

表 3.2.14 に, 危険性に影響を与える因子について示したが, 具体的に危険な状態を把握し, 対策を立てるにあたっては, これらの環境条件について, 現場がどのような状態にあるのかを明確に認識することが必要である。

◎ 関係する特性値を数値的に把握

操業条件下の粉の危険性を把握するため, 上記で明らかにした状態・条件下における必要な特性値を数値として求める。

同じ爆発特性値であっても Step 1 では標準状態での値を求めるのに対して, ここでは当該現場条件下での値を求める。しかし, そのためには特異条件での測定を必要とすることになり, 多くの場合に測定会社へ測定を依頼することになるが, 対応できない場合もあろう。その場合は推定することになるが, 精度が低下するので, 可能であれば, そのような条件下での操業は避けたい。

影響因子として特に注意が必要なのは, 粉に関しては粒子の大きさ, 環境（粉じん雲の状況）では温度と酸素濃度, その他では着火源の大きさである。これらの影響については一部前述したが, 詳細については成書[36]〜[39]を参照いただきたい。また, 文献40) も役に立つし, 日本粉体工業技術協会と労働安全衛生総合研究所主催の粉じん爆発・火災安全研修（中級）講義資料[41]にもまとめられている。

S2.4 高危険性要因の特定と爆発危険性評価

S2.4.1 システムとして可能性のある爆発発生シナリオを想定して, 爆発発生ならびに被害に関する高危険性要因を把握し, その対策の効果と重要度について分析・予測するために, 爆発危険性評価を実施する

◎ 特に危険性が高い影響因子・状況と工程の抽出

S2.3節で把握した爆発特性値から, 特に危険性が高い影響因子・状況を抽出する。

例えば, 装置稼働条件下において爆発下限濃度が $40 g/m^3$ 以下あるいは最小着火エネルギーが $10 mJ$ 以下であれば, 危険性はきわめて高いと判断する。また, 握ろうとしても手の内から逃げてしまい団子にならない粉は飛散性が高く, このような粉も危険性が高いと判断される。そして, そのような危険な状況が存在する可能性のある工程を抽出する。工程別操業条件下の危険性の把握には成書[42]が参考になる。

◎ システム全体の爆発発生・被害拡大の高危険性要因の特定と対策への情報提供

つぎに, システムの危険性把握のため, 上記で抽出した危険な工程など, 可能性のある爆発発生シナリオを想定して, 粉を取り扱う装置・システム全体の爆発発生・被害拡大の高危険性要因を特定する。雰囲気温

度，着火源の流入・持込み危険性，着火源の発現危険性，堆積粉体の形成危険性，装置の連結等の爆発発生・被害拡大危険性について検討し，その影響の判断に必要な情報を提供する。

◎ **効果の分析・評価と対策への情報提供**

上記で特定した高危険状態の回避への対策として，例えば，危険性が高い装置の隔離，遮断，防爆装置の導入，あるいは粉体取扱い条件の変更，酸素濃度や温度等の操業条件の変更等について，その効果ならびに重要度を分析・予測し，十分な安全性を確保するために必要な情報提供をする。

Step 3　粉じん爆発の発生抑制・被害軽減の基本的対策

Step 2での検討結果を受け，Step 3では，必要な安全性を確保するため，装置の設計/導入検討時あるいはシステムの構築時に，具体的に対応を実施する。その内容を以下にまとめる。このうち可能なもの，必要なものを実施する。この章全体を網羅する文献はないが，参考になるもの[43]〜[46]を挙げておく。

S3.1　装置の設計・選択時の本質的な基本対策

爆発は，(1) 爆発濃度範囲の粉じん雲の形成，(2) 着火能力のある着火源の存在，および (3) 燃焼反応が継続するのに必要な酸素の存在，の3条件がそろったときに発生する。逆にいえば，これらの3条件のうちの一つでも成り立たなければ爆発は発生しない。このことを基本として装置設計や装置採択の際に，より安全性が高くなるようにする。以下，この3条件について，考慮すべき事項を挙げる。

S3.1.1　爆発雰囲気形成危険性の排除と危険場所区分に応じた防爆型電気機器への対応をとる

◎ **粉の飛散抑制**

粉じんは空間に分散・浮遊して粉じん雲を形成しないと爆発しないので，できる限り飛散しないようにする。

例えば，タンタルは最小着火エネルギーが0.1〜1mJ程度と小さく，きわめて着火しやすい物質であるが，密度が水銀と同程度に高く，開袋・落下させるとそのままの状態で落下し，爆発濃度の粉じん雲を形成しないので，火災事故は発生しているものの，爆発事故は発生していない。しかし，これを強制的に分散させるような取扱いをすると激しい爆発が発生する危険性が高くなる。

このように，粉じんの空間への分散・飛散防止について，適切な対応をとることによって危険性は低減する。当該システム・装置が，粉が飛散しにくい投入方法になっているか，不要な落下距離になっていないか，凝集させて飛散を防ぐことはできないか，流動速度・混合速度は適切か，集じんは適切になされているか，等々について可能な対応をとる。また，不要な場所で粉が飛散・分散することはないかの確認も必要である。

◎ **危険な粒度の粉体の排除**

前述のように，粉じんは細粒なものほど粉じん雲を容易に形成し，着火エネルギーも低いなど，爆発危険性が高くなるので，可能な限り微細粉を含まないようにする。

逆に粗粒にすると爆発危険性は低下する。さらに，粗粒になると爆発しなくなるという粒子径があり，それ以上の粒子径で取り扱うことができれば，危険性は大幅に低減する。不要な微粉化・過粉砕の防止，顆粒化や凝集などでの粗粒化，危険な微粒子の分離取扱い，などが危険性を低下させる。

◎ **粉の粗粒化による爆発性低減と不爆性化**

図3.2.32, 3.2.37に示したように，粉じんは粒子径が大きくなると爆発危険性は低下し，ある粒子径より大のものは爆発しなくなるので粗粒化が可能であれば，有効である。

一般に，500 μmより粗粒の粉体は爆発しない。

◎ **不燃性物質混合による粉の爆発性低減と不爆性化[28]**

可燃性粉じんに不燃性粉じんを混合すると爆発性が低下する。

水や食塩のような不燃性物質の混合は爆発濃度範囲を狭め，着火エネルギーを増加させ，爆発指数を小さくするなどの効果があり，危険性を低下させるし，不燃性物質がある量以上混在すると爆発しなくなる。炭じんでは灰分が多いものほど爆発性は低下するし，石炭鉱山では岩粉混合により炭じんを不爆性化させる方法が義務化されている。活性の高い金属粉の集じんで不活性の石灰粉を混合して危険性を低下させる方法も有効である。

◎ **堆積粉体の排除**

堆積粉体を作らない，またやむを得ず形成した堆積体は速やかに除去する。

吸引清掃用の配管は必需であろう。周囲に堆積する粉体の存在は被害拡大の最大原因である。危険場所認定でも堆積粉体が存在すると，危険ゾーン21もしくは22になる。さらに，乾燥機や集じん機などでの堆積体は自然発火の危険性が高くなる。

3. 火災爆発

◎ 浮遊粉じん濃度の制御
浮遊する粉の量を制御して爆発濃度範囲にならないようにする。

装置内の粉体量あるいは濃度を制御することで，危険性を低減させるため，操業濃度を爆発濃度範囲外にする設計を検討する。雰囲気酸素濃度を低下させる方法と併用すると，特に高濃度領域で効果が高い。ただしこの場合でも，プロセスの起動時と停止時には爆発濃度範囲に入ることがあるので注意が必要である。適切な換気設備および粉砕機，乾燥機，サイロ等では適切な除じん装置を設ける方法も有効である。

◎ 不要空間の極小化
不要空間を極小化して危険性を低下させる。

粉じん雲が形成される空間の拡大は爆発危険性を増大させる。特に，微粒の粉じんが選択的に浮遊する装置内上部の空間は可能な限り狭くすることが有効である。しかし基本は，不要な空間がない，適切規模の装置の設計・採用である。

◎ 電気器具・設備に防爆型を採用
S2.1.1項で述べた場所の危険性によってなされた危険ゾーン区分に従って，使用可能な防爆型電気機器を採用する。

国際規格に粉じん防爆電気機器の規定[47]があり，わが国は独自規格と国際規格の両方を採用した[48]。これによって，粉じん防爆型電気機器の構造規格[49]が国際レベルで整備された。爆発危険性のある場所へ新たに導入する電気機器は，危険場所のゾーン区分に従って適切な防爆構造を有する電気機器を採用しなければならない。国際規格に準拠した防爆電気機器の安全設計とエンジニアリングに関しては解説書[50]が市販されている。

S3.1.2 危険着火源の排除と発現頻度による危険性区分に応じた対応をとる

◎ 着火源の発生防止
不具合，異常の発見で着火源の発生を防止する。

着火原因の第1位は，衝撃・摩擦（31%）である。そのうち可動部の破損等の機械の不具合によるものが最多で，全事故の約20%を占める。不具合とは整備不良や不具合の見落とし等が原因であり，人為的ミスといわざるを得ない。不具合の検出や点検・整備・交換等の作業が容易な構造にし，見落としがないようにすることが重要である。

静電気は火花放電（絶縁導電体），沿面放電（8 mm厚以下の絶縁体），コーン放電（0.8 mm以上の粒子との混合微粉）に注意が必要である[51),52]。アース，ボンディング，堆積体の抵抗率，粒子径，容器の大きさ等が影響する。

不具合，静電気を含め，異物の混入，電気器具，自然発火，火災等の異常な状態の早期発見への体制づくりが必要である。任意でなく，制度的に対応することが望ましい。

◎ 着火源の持込防止
金属片や火の粉などを検知・排除する装置により着火源の流入・持込みを防止する。

金属破片等が入ると機械類を損傷し，着火源となる衝撃火花や高温加熱部，火種が発生するので，異物の混入は避ける対策が必要である。この事故事例は多い。また，金属破片等の導電性物体は帯電粉じん雲から静電誘導を受ける，あるいは帯電粉体から静電気が集まるなどで，危険な放電を発生する危険性がある。

さらに，くすぶり火種や火の粉は移送粉体とともに移動して，発生場所とは異なる場所で着火源となることがある。集じん機での事故にはこの例が見られる。

これらの着火原因の侵入阻止，移動防止のため，金属探知・排除機や火種の伝播遮断装置などの検知・排除・消火システムが考案されている[53]。

◎ 火気の取扱い制限
火気の管理は社内規制等により実施することが重要である。

危険区域での高温炉の使用禁止，溶接等の臨時作業時の管理体制，可搬照明器具の取扱い，ライタ等の持込禁止などについて，社内規程で規制する。

◎ 対応防護レベル機器類の採用
爆発危険性雰囲気ではその危険性に対応した防爆レベルの機器類を使用する。

S2.1.1項で定義した危険ゾーンと電気機器の保護レベルについては解説書[50]にまとめられている。

S2.2.1項で着火源の発現頻度によって危険区分をしたが，これはおもに非電気機器に適応するもので，ISO/IEC 80079-36[54]に規定されている。これに従って，使用できる装置にも制限がある。発現頻度による危険度が高い方から Da, Db, Dc とすると，それぞれゾーン20, 21, 22 に対応して使用できるように，例えば，ISO/IEC 80079-36 ではそれぞれに対し，可能性のある着火源として

- 高温固体表面
- 火炎・高温ガス
- 機械的に発生した火花
- 電気機器
- 迷走電流・カソード防触電流
- 静電気
- 照明
- $10^4 \sim 10^{12}$ Hz のラジオ波

・可視光を含む電磁波
・イオン化放射
・超音波
・断熱圧縮・衝撃波
・自然発火を含む発熱反応

を取り上げ，それぞれについて詳細な規定を設けている。

S3.1.3 酸素濃度管理による対応をとる
◎ 雰囲気酸素濃度の低下

図3.2.35に示したように，気相中の酸素濃度の低下は爆発下限濃度を高くし，上限濃度を低くするので，粉じん雲の爆発濃度範囲は狭くなり，危険性を低下させる。特に，上限濃度の低下が著しい。

また図3.2.40に示したように，酸素濃度の低下とともに着火エネルギーは増加するので，不活性気体により雰囲気酸素濃度を低下させる方法は有効である。最小着火エネルギーを100 mJまで増加させると，静電気による着火の危険性が大幅に低下する。

◎ 爆発限界酸素濃度 LOC 未満管理

さらに気相中の酸素濃度を下げて，爆発限界酸素濃度未満にすれば爆発は発生しないので，酸素濃度をLOC未満にする方法は，ほかに効果的な防護方法がない場合には，最後のよりどころとなる。酸素濃度の管理方法の違いなどによる具体的な対応方法についてはNFPA規格[55]がある。

突出して爆発危険性が高いジルコニウムのレーザ加工（3Dプリンタ）などでは窒素やアルゴン雰囲気中でないと作業は不可である。

S3.1.4 システムとしての危険性の排除へ対応をとる
◎ 換気，清掃

施設・区画ごとに換気，清掃が効果的に実施できるように設備し，これにより危険な状態を回避するようにする。

労働安全衛生規則第261条において，通風・換気・除じん等の爆発・火災防止処置を講ずることが規定されている。堆積粉じんが存在せず，換気等により粉じん雲の形成の可能性がない場所は危険な場所にならない。これが危険性回避の基本であろう。設備として，吸引清掃用の配管網の設置が望ましい。

◎ 工程特有の危険性への対応とシステムとしての調和

ユニットプロセスとしての安全はもとよりシステムとしての安全を図る，高めることが必要である。

このため，膨大な種類の粉を取り扱うところで，粉の危険性を既定の方法で評価し，それに基づいて装置・システムの安全対策を決定するという事例がある[56]。

各工程にはそれぞれ特有の危険性があり，工程ごとの危険性と対策については文献42）が役立つ。サイロ・ビンの充填・排出作業の対策については指針[57]がある。

爆発伝播防止対策を実施することで，たとえ事故が起きても被害を局限化させ，被害の拡大を防止する。このための爆発伝播遮断装置の導入が進んでいるようである。

装置どうしの能力や安定性の不均衡が事故原因の一つと考えられる事例がある。能力の異なる輸送機器による連続搬送では積み残しや断続搬入などが原因と考えられる事故が発生している。システムの調和が望ましい。

また，1装置の不具合が他の装置の危険性を増大させないような対策が必要である。非常時にはシステム全体，あるいは影響を及ぼす箇所を同時に運転停止にする。

個々の対策は，対策が相乗効果を発揮するように考える。必要に応じて二重三重のバリアを整える。

◎ より安全な方法を採用

生産機能面に加え，安全機能面からの機種，方法の選択も考慮すべきである。

例えば，粉砕機には多くの種類があるが，すべての粉砕機の危険性は同一ではない。粉じん（雲）の発生の少ない方法，静電気の発生の少ない方法など，安全な方法を採用する。

また，穀物サイロなどでのバケットエレベータは多くの事故を発生させており，特に危険性の高い装置として知られているが，利便性から採用頻度は高い。確実に安全な方法とはいい切れないが，付随対策をとることなどで，空気輸送をより安全な方法として採用しているところもある。

◎ 粉じん漏洩・飛散が少ないプロセス・機器の採用

危険な粉じん雲の発生・漏洩が少ない機器を採用することで，爆発発生危険性を排除する。

漏洩して堆積した粉じんにより，爆発発生の危険性や被害が拡大する危険性が高くなる。この事例は多い。指でなぞって跡がつくような粉の沈積状態は危険である。日常の丁寧な清掃は基本中の基本である。

◎ 新設時の防止・防護対策

危険防止・防護対策は設備の新設時に導入するのが望ましい。

防爆装置の後付けは場所等で制限を受け，対応が不可能であったり，不適切な場所に設置せざるを得なかったり，また十分な機能を持たせることができな

かったり，場合によっては新たな危険の発生が危惧されるなど，適切な対応が困難になることが懸念される。また，後付けは生産性へ影響が出たり，経費的にも高くつくことが多い。

万一の不測の事態が発生した場合の対応のみならず，点検による不具合の発見や点検時の事故防止などのため，点検が容易・安全な構造にすることへの配慮も必要であり，さらには異常検知器を設置するなど，事故を未然に防ぐための対策も重要である。

◎ 適正規模の空間

部屋，サイロ等は適切な大きさに分割し，1箇所当りの可燃物量を少なくするなど，取扱い量と装置の適正化を図る。

静電気発生量は粉体質量に比例するので，大型装置ほど危険性が高くなり，余分な空間は危険性を増大させる。一般的工業規模装置では雷状放電は発生しないことが知られており，穀物サイロで最も注意が必要なコーン放電も狭い区画では発生しにくい。また，帯電堆積体からの除電（帯電緩和時間）には堆積体の大きさが影響する。これを無視したことによると推察されるシステム停止時の事故は少なくない。装置内にとどまる事故は装置規模が小さいほど被害も小さいことは言を俟たない。

◎ 高危険性物質の少量・安全規模取扱い

やむを得ない危険性の高い物質・工程での作業は可能な限り，少量，安全な規模・形式とする。

万一事故が発生した場合にも装置規模が小さいと被害も小さく抑えることができる。また，小規模装置の爆発防止対策は比較的容易であり，安価になるので，経済的に対応が容易になり，徹底した対策がとりやすくなる。さらに，万一事故が発生しても他への影響を抑制するような対策も容易になる。

◎ 安全な物質，安全な工程への転換

可能であれば，危険性の高い物質や工程をより安全な物質・工程に替えることを検討する。

危険性の低い代替物があれば，たとえ多少高価であっても，その利用を検討する価値がある。また，事故の発生しやすい装置を事故のより少ない装置に変更することも一考の価値があろう。新物質の開発時や装置の設計時に，機能性のみならず安全性の観点から検討することも，商品価値を高めることになる時代である。

◎ 安全形態物質，安全条件稼働

物質はより安全な形態で用い，プロセスはより安全な条件下で稼働するようにする。

正常稼働時の粉じん雲濃度が爆発濃度範囲を外れる，あるいは爆発発生が困難な濃度とする設計（3～5 kg/m^{3}以上を目標），微粉を顆粒にする，造粒する，凝集させることで粉の爆発性を抑制（500 μmより粗粒が目標），爆発性が低下する含水，食塩・石灰粉混合粉じん（混合率20％以上目標）での取扱いなどへ配慮することで爆発発生危険性を低下させることができる。低酸素濃度下，減圧下での取扱いも危険性を減少させる。

S3.1.5 ミスによる爆発発生をなくすため，プラントは可能な限り単純化し，設計・操作・保守点検手順等のマニュアルを充実させる

◎ ミスを防ぐ配慮

人は誤りを犯す可能性があるとして，誤りを起こしにくいように配慮する。

スイッチやバルブの配置等は誤操作が起こりにくいよう工夫されているか，誤りを起こしにくいように色・形などで区別されているか，慣れによる誤りが起こらないような工夫がされているか，警報などで誤りを早期に発見できるように工夫されているか，などへの配慮は基本であろう。

◎ プロセスや手順の単純化・規格化

複雑な操作はミスを起こしやすいので，可能な限り単純化する。

物や配置のパターン化は識別を容易にし，操作のパターン化は誤操作を少なくする。また，チェックリスト等の活用により，個人差を少なくし，見逃しを防ぐなどで，一定レベルの安全を保持する。

◎ 改修・変更による危険性を回避

改修・変更はプロセスを複雑にし，ミスを起こしやすくするので要注意である。

変更直後の事故は多く，変更への対応の訓練不足が事故を引き起こしていると考えられる。

また，途中変更では安全対応で手落ちが生じやすい。安全マニュアル改定等への対応に加え，新たな危険性の有無についても対応が必要である。

◎ 防爆機器の後付け

前述のように，後付けの防爆機器類は機能が十分発揮できない，あるいは操作を複雑にする要因なので，要注意である。

防爆機器の後付けは，種々の制限から十分な機能を持たせることが困難となり，十分な対策にならない場合があり，また生産性が低下したり，操業に影響が出ることもある。さらに，安全機器の後付けは生産，清掃，保守作業等を複雑にすることになり，危険性を増加させる原因となりかねないので配慮が必要である。

S3.2 配置による対策（施工時の対策）

S3.2.1 距離をとる，プラントを区分けするなどで安全を確保する

◎ 発じん作業場・工程の分離・隔離

粉じんを発生する作業場，工程は他の作業場とは分離し，別工場，別棟，または別室とする。

これによって，安全な場所と危険な場所を明確に区分し，危険な場所を狭小化することで，方法・規模等で適正な安全対策を取りやすくし，万一の事故による被害も局限化する。

◎ 建物配置，爆発圧力の上方空間開放，安全空間の設定等で二次被害を防止

安全空間を設ける，建物配置へ配慮するなどで二次被害の防止を図る。

S3.3.1項で述べる爆発放散口が作動した場合に爆風とともに火炎も外部に放出されるので，その方向への人の侵入や建物の配置は二次被害の危険性がある。また，容器の破壊など瞬時に圧力が開放される際に発生する衝撃波は方向性を持ち，近接建物のみならずその壁面反射により思わぬ場所で被害が発生する危険性がある。可能であれば，爆発圧力は建物外で上方開放空間への放出が望ましい。

S3.2.2 事故頻度の高い装置は屋外に設置する

◎ バグフィルタ，バケットエレベータ，ビン等の筐体・容器の屋外設置

バグフィルタとバケットエレベータは危険箇所のトップである。また静電気による着火危険性が懸念される容量 $0.2 m^3$ 以上のビン等の容器は可能であれば屋外設置が望ましい。

S3.2.3 アース・ボンディングを実施し，定期的に確認する[51]

◎ 大地から絶縁されている導体がないことの確認と確実な実施

すべての導体にはアース・ボンディングを実施し，その状態の確認を定期的に実施する。

危険場所や電撃が問題となる場所では作業者の接地と帯電防止を実施しなければならない。静電気管理用資材・測定管理規格としては国際整合規格 JIS C 61340 シリーズ（IEC 61340 シリーズ）があり，床と履物による静電気保護特性評価方法や衣類の試験方法などが既定されている。さらに，作業靴[58]，作業服[59]には JIS 品質規格がある。静電気防止マットは，作業者の行動範囲を確実にカバーするように広めに設ける。

S3.3 防爆機器・装置による対策

連結装置で爆発が伝播すると，連結先の装置では元の装置よりも圧力が高くなった状態で爆発が起こることになる（圧力の重積）ので，単独爆発で予測される状態とは違ったきわめて激しい爆発になる。このため，爆発をきわめて初期の段階で抑制する，あるいは爆発の伝播を遮断するなどの対策が必要となる。対策には，受動型と能動型の被害抑制法と爆発を容器内に閉じ込める方法がある。

S3.3.1 起動装置が不要な防護方法・装置を使用する

◎ 爆発放散設備（ベント）[60]

ベントの設計・設備については指針[61],[62] がある。

ベントは比較的安価で適応性も良いが，爆風・火炎・内容物を外部へ放出するので，それによる二次被害がないようにする。このための消炎型ベント[63] が注目されているがベント面積が大きくなることと，金属粉のような St クラスが 3 の激しい爆発には対応できない場合もある。しかし，消炎型ベントは室内にも放出できるため，通常型ベントの設置が困難な外壁面から距離のある場所でも設置が可能である。

◎ 逆止弁

風圧によって作動する耐圧型火炎伝播防止逆止弁は爆発の伝播遮断に有効である。

粉体取扱い装置はパイプ等で連結されていることが多く，システムのどこかで発生した爆発がこれらの連結管などを伝わって他の装置へつぎつぎと伝播し，工場全体が破壊されるという事例も少なくない。これを防止するための方法として，爆発が発生すると，連結管を遮断して爆発の伝播を抑制する防護法の重要性が認識されるようになってきている。その一つとして，火炎に先行して到達する風圧によって作動する耐圧型火炎伝播防止逆止弁が開発されている。数インチ管程度の小規模装置用ではあるが，簡易型で比較的安価であり，保守が容易などで注目される。

◎ 伝播遮断機能装置の活用[64]

スクリューコンベヤやロータリバルブを適切・適正に使用する。

スクリューコンベヤやロータリバルブは適切・適正に使用すると，爆発の伝播を遮断する機能を持たせることができる。これらの装置を適切に配置利用することで，連結する装置への爆発伝播を防止する。

S3.3.2 適切に検知して起動する能動的防護装置を使用する

◎ **爆発抑制装置**[65]

爆発の発生をきわめて初期の段階で感知し，消火剤を噴霧することで抑制する方法がある。

比較的高価ではあるが，装置が作動したあとにも着火・爆発の痕跡がほとんど見られないほど初期の段階で抑制するため，実質的に爆発の発生を見ずにすむという大きな利点がある。

◎ **爆発伝播遮断装置**[66]

爆発の発生を検知し，駆動装置を起動させて遮断する装置を使用する。

爆発伝播遮断装置には上記の受動的装置のほかに，爆発の発生を検知して能動的に作動する伝播遮断装置もある。これはかなり大規模のものまであり，機械的あるいは化学的な手段で，爆発の伝播を防止する。

◎ **火種伝播遮断装置**

気流に乗って移動中の火種を検知し，消火剤を噴霧して消火する装置を使用する。

粉砕機で発生した火種や高温研磨金属粉じんなどがパイプ内を気流に乗って移動し，移動先で着火源となることを防止する装置として，火花検知消火システムがある。火種の持込みはきわめて危険であり，集じん機での爆発にはこの例が見られる。

S3.3.3 耐爆発圧力衝撃構造の装置を導入する

◎ **耐爆発圧力衝撃構造**[67]

容器の変形は許すが破壊しない構造（耐爆発圧力衝撃構造）とし，爆発が発生しても容器内に爆発を封じ込める。

これは，爆発を封じ込め，内容物を外部に出さない耐圧装置であるが，容器の変形を許容することで価格を抑えるようにしたものである。また，一般に粉体取扱装置はその前後工程の装置と接続されていることが多いので，それらの間も遮断・密閉するため上記の爆発伝播遮断装置も使用することになる。

ヨーロッパでは普及が急速に進行していて，製造される流動層乾燥機はほとんどがこの型のものとのことであり，この構造の粉砕機や集じん機も製造されている[68]。わが国では流動層乾燥機にはベントの設置が義務化されているが，労働安全衛生総合研究所が「耐爆発圧力衝撃型乾燥設備技術指針」[69]を作成し，わが国も法規制のある流動層乾燥機に耐爆発圧力衝撃構造流動層乾燥機の使用が認可された。

S3.4 社内規定整備，危険情報の活用および安全教育等，人材管理・活用による対策

これは，上記3項とは異なり，ソフト面での対策である。ハードを生かすのはソフトであり，ハードの隙間を埋めるのもソフトである。これまで，わが国はこのソフト面が諸外国に比較して良く機能し，爆発事故・災害の発生を少なくしていると考えられるが，事故撲滅のためにはソフト面のさらなる充実が最重要課題の一つである。

S3.4.1 社内規定やマニュアルにより，危険な状況を避けるとともに必要な立合いを義務化する

◎ **危険作業時や臨時作業時の管理者等の立合い**

修理・解体等の不定期・臨時作業時の事故がきわめて多い。下請け業者を含め，危険な臨時作業には安全確保に必要な社内手続きをとることを規定し，必要に応じて管理者の立合いを義務化する。

◎ **作業・操作マニュアルの整備**

作業・操作マニュアルを充実させるために，作業手順の説明にとどまらず，起こしがちな誤操作についても注意を促すようにする。誤操作がどのような危険を引き起こすかについても周知できるようにする。

◎ **点検作業のマニュアル・チェックリストの整備**

機械の不具合による事故が最も多く，そのほとんどは点検作業で発見しなければならないものと考えられる。すなわち，点検作業は最も重要な安全対策である。このため，点検作業についてもマニュアル，チェックリストを整備し，最低限の安全確保ができるようにする。さらに，チェックリストで実施内容を確認し，責任を明確にすることで作業の質を高める。

◎ **非常時対応マニュアルの整備**

異常事態発生時の当該作業員・操作員用のマニュアルの整備は必須である。また，全社共通の非常時の対応についても情報の共有を徹底する。

S3.4.2 危険情報を普及・活用する制度を設ける

◎ **ヒヤリハット情報**

些細なことでも，ヒヤリハットの経験は報告を義務化するとともに，その情報を全社員で共有する制度を設ける。

◎ **危険情報，事故事例の収集と活用制度の整備**

個人が実際に事故や危険な状態を経験することは多くない。そのため，少ない実体験に加えて，危険情報や事故事例に接しての疑似体験は教育効果が高い。このため広く危険情報，事故情報等を収集し，社内での

情報共有・有効活用を制度的に実施する。

S3.4.3 安全教育を積極的に実施する
◎ 作業員等の教育・訓練

全社員および関係作業員等の教育・訓練を安全認識の希薄化防止，知識の再確認等のため，定期的に実施する。

◎ 講習会，研修会等の活用

広く全社員へ安全認識の浸透を図るとともに，高度専門家を育成するため，各種の講習会や研修会等を利用する。全社員の安全認識の高さが，高度安全教育受講技能操作員や保守・点検作業者の異常回避・発見能力を高度に発揮させる基盤となる。

◎ 非常時の定期的対処・避難訓練

人の行動は実体験・疑似体験に影響されることが多いので，マニュアルの整備と訓練は非常時の人の行動の最大の武器といえる。異常発見時の対応判断能力の向上と安全確保のための行動は非常時対応訓練により培われる。定期的実施を制度として保証する。

◎ 危険感知能力の向上

点検作業をマニュアル化しても，異常・危険を感知するには作業員の能力に頼らざるを得ないこともある。また，機械も人が設計・設備することであり，安全の確保は，けっきょくは社員の異常・危険を感知・判断する能力に依存するということになる。全社挙げての取組みが重要なゆえんである。

通常作業の適正遂行技能向上のための教育・訓練に加え，安全教育・研修での疑似体験等により，社員の危険を感知・判断する能力の向上が安全確保の入口であり，かつ最後の砦である。

Step 4 爆発影響範囲の推定とリスク評価

Step 4では万一事故が発生した場合にその影響がどのようにして，どこまで，どの程度まで及ぶかについて推定し，被害軽減のための対策に役立てる。これについても全体を網羅する文献はないが，文献43)が参考になる。

なお，JIS Z 8051：2004[70]（国際規格 ISO/IEC Guide 51：1999に対応）に以下のような，安全，リスクの定義があり，ここでもこの定義を採用している。

　安全（safety）：受容できないリスクがないこと
　リスク（risk）：危害の発生確率およびその危害の
　　　　　　　　　程度の組合せ
　危害（harm）：人の受ける身体的傷害もしくは健康
　　　　　　　　傷害，または財産もしくは環境の受
　　　　　　　　ける害

S4.1 影響範囲の推定

不幸にして事故が発生した場合を想定し，その状況と周囲への影響について，分析・評価しておく。

S4.1.1 想定される爆発の状況について評価する
◎ 爆発の状況

爆発が発生した場合の状況に関し，以下のことについて検討しておく必要がある。
1) 火炎
2) 熱放射
3) 圧力，爆風
4) 飛散破片
5) 危険物質の室内，大気への放出
6) 爆発跡ガスの可燃性と毒性

S4.1.2 爆発によって影響を受ける周囲の状況について調査する
◎ 周囲の状況

以下のことについても調査しておく。
a) 周辺に存在する可燃性物質の物理・化学的性質（燃焼・爆発性，飛散性，毒性等）および燃焼・爆発跡ガスの性質（被害の拡大・二次被害の防止）
b) 一次爆発の影響範囲（検討対象範囲の推定）
c) 周辺の幾何学的状況（特に，予測される火炎や爆風の放出方向）
d) 当該装置・容器およびその支持構造物の強度（放出圧力波の強さ，構造物の被害の予測）
e) 周囲環境に存在して爆発火炎・爆風にさらされる物質・構造物の特定とその耐性（被害の推定）

S4.2 リスク評価

S4.2.1 危険性を評価する
◎ 爆発危険性

爆発発生危険性は次式によって表される性質のものである。

爆発発生危険性
　＝爆発濃度範囲の粉じん雲の存在確率（Ⅰ）
　　×着火能力を有する着火源の存在確率（Ⅱ）
　　×爆発に必要な酸素濃度の存在確率（Ⅲ）

ただし，（Ⅰ），（Ⅱ），（Ⅲ）は互いに独立ではない。

そこで，まずは酸素濃度を固定して（Ⅲ）を1.0とし，その酸素濃度における（Ⅰ）と（Ⅱ）から爆発危

3. 火災爆発

険性を評価する。その際, (Ⅰ) の評価に必要な危険な粉じん雲の濃度範囲を求めるための着火源としては, 実装置で想定される大きさの着火源を対象にすればよいが, 一般には静電気放電 (mJ オーダ) や火災・爆発火炎 (1 kJ 以上) のような両極端なものでなく, マッチの炎やトーチなどの中程度 (J オーダ) の着火源を用いる。また (Ⅱ) の評価時の粉じん雲濃度としては着火エネルギーが最小になる濃度 ($100 \sim 1\,000\,g/m^3$) とする。

◎ 対応結果の評価

爆発危険性を定量的に評価するにはそれぞれの存在確率を相対値ではなく絶対値として求めることが必要であるが, これはきわめて困難である。そのため, 対応を実施した結果あるいは実施した場合としなかった場合について, 爆発危険性がどのように変化するかを相対的に評価するのが実用的である。例えば, 気相の酸素濃度を 18% まで低下させる場合の評価として, 空気中 (酸素濃度 21%) の場合と比較して爆発危険濃度範囲がどの程度狭くなり, 操業濃度との関係で危険確率がどの程度低下するかを相対評価する。同様に, 着火エネルギーはどの程度低下し, 想定される着火源との関係で危険な着火源の発現確率がどの程度低下するかを評価する。爆発危険性は (Ⅰ) と (Ⅱ) の積で評価され, 酸素濃度の低下は (Ⅰ) と (Ⅱ) の両方に影響を与えるので, きわめて効果的な手段であることがわかる。特に, 静電気火花放電のみが着火源として想定されるのであれば, 着火エネルギーが 100 mJ 以上になるまで酸素濃度を低下させるだけで, 危険性確率は大きく低下する。酸素濃度 15% 程度以上であれば, 酸欠のリスクは小さい。

S4.2.2 上記の対策の結果, リスクが許容範囲まで低下しているかを判断・確認する

◎ リスク評価

管理・優先度等の意思決定のためのリスク評価をする。リスクは次式によって表される。

リスク = 爆発発生危険性 × 危害の程度 (重要度)

◎ 重要度

重要度には表 3.2.16 に示すようなものが挙げられよう

◎ 以上の対応でまだリスクが許容範囲にまで低下しない場合

危険性分析で判明した結果を用いながら, 爆発危険性・リスクが許容範囲に低下するまで, Step 2 および Step 3 の基本対策, 施工時の対策, 機器による対策, 人材管理・活用による対策について, 重要な対策や影響度の高い対策から順次繰り返し検討し, 対応をと

表 3.2.16 重要度の例

(1) 被害や周囲環境への影響 ・爆発の激しさ ・周囲環境への影響 ・物損額 ・その他, "爆発がもたらす (社会的) 影響"の程度
(2) 経営や生産活動への影響 ・市場 (clients) への影響 ・生産への影響 ・代替設備の有無, 迅速対応の可否, 等
(3) その他

る。

Step 5 取残しリスクへの対応

受容できるリスクは社会状況や技術の進歩等によって変化する性質のものであるので, 安全な状態 (受容できないリスクがない状態) はつねに変化すると考えるべきである。Step 5 では, そのようなリスクへの対応をとる。

S5.1 制度の構築・活用

S5.1.1 常在リスクのさらなる低減に向けて常時, あるいは定期的に検討する組織を設ける, 活用する

以上の対応でリスクが許容範囲にまで低下しても, 安全に確率ゼロの"絶対"は存在しない。したがって, つねに現状の見直しとさらにリスクを低下させるための対応が求められる。

◎ リスク評価組織

見逃された危険性の有無やリスクの高い工程, 装置, 稼働条件等について, 常時あるいは定期的に検討するシステムを構築する。

◎ 情報の収集・活用・管理組織

安全管理室の設置およびその機能強化などにより, ヒヤリハット事例を集積するとともにその情報を現場へフィードバックするシステムを構築し, 情報の活用を図る。

フィードバックの在り方によって, ヒヤリハット危険状態の疑似体験の仕方に, 現場で差が出てくることが懸念される。必要に応じて実演・実習を取り入れる。

◎ 社内規定管理組織

さらに, 安全に関する社内規定の順守を図るとともに, その制定・改正等の実務を担当する組織も求められる。

S5.2 将来リスクの評価と対応

S5.2.1 将来起こり得る変化の影響について予測する
◎ 容易に起こり得る変化
粉の粒子径分布が変化するなどの，比較的起こりやすい変化がリスクに及ぼす潜在的影響について予測し，危険性を予知・周知する。

◎ 計画的変更
装置，環境，材料等の変更に際し，危険性の変化を評価し，必要な対応を提言する。

◎ 予測される事態
さらに，将来的に起こり得る（想定される）変化・変更の危険性への影響を予測・検討する。危険性の予測はプロセスの新設・変更時の計画段階初期において，重要な情報を提供することができる。

◎ 重要度の見直し
リスク評価に影響する重要度は社会情勢や周囲環境等の変化で変わり得るので，必要な見直しは必須である。

〔5〕ま と め
粉じん爆発に関する基礎知識・情報は専門書のほか，講演会，講習会あるいは研修会など，得られる機会が増えたように思われる。しかし，防爆・安全のために，それらの知識を有機的に結合し，どのように活用するか，またシステムとしての安全の確保に知識・対応の欠落がないか，等々についてまとめられたものは見当たらないようである。実務者・管理者として担当事項の見落としはあってはならないことであり，そのための指針のようなものがあれば，欠落不安の排除と，よりいっそうの安全確保に役立つと思われる。

そこで，ここでは，粉じん爆発の特徴やガス爆発との相違点等を理解するとともに，実務者や管理者が安全を確保するに必要と考えられる事項について整理し，欠落の認識や追補の必要性の有無を確認するのに役立てられるようにまとめてみた。しかし，これも完成にはほど遠いものであるので，各自の知識で補強をし，種々選択をして活用いただければ幸いである。なお，個々の項目に関する情報は〔3〕爆発危険性評価のための爆発特性値で一部記載したが，必要に応じてそれぞれの専門書や論文を参照いただきたい。

(榎本兵治)

引用・参考文献

1) 日本粉体工業技術協会粉じん爆発委員会編，粉じん爆発・火災対策，pp.2-7（松田東栄），オーム社 (2015)
2) 日本粉体工業技術協会粉じん爆発委員会編，粉じん爆発・火災対策　pp.40-41（榎本兵治），オーム社 (2015)
3) Enomoto, H. and Matsuda, T., Dust Explosibility in Pneumatic System, Encyclopedia of Fluid Mechanics, Volume 4 Solids and Gas-Solids Flows, ed. N. P. Cheremisinoff, p.580, Gulf Publishing Co. (1986)；粉じん爆発・火災対策，pp.96
4) Essenhigh, R. H., Problems of Ignitions and Propagations of Dust Clouds, Proc. of International Symposium on Grain Dust Explosions, Grain Elevator and Processing Society (1977)；日本粉体工業技術協会監修，粉じん爆発—危険性評価と防止対策—，p.12，オーム社 (1991)
5) 石浜渉，榎本兵治，山尾信一郎，爆発実験容器中における炭じん雲の爆発跡ガスについて，日本鉱業会誌，93，pp.483-488 (1977)
6) Beck, H., Glienke, N., and Mohlmann, C., Combustion and explosion characteristics of dusts, BIA-Report, 13/97 (1997)
7) 日本粉体工業技術協会粉じん爆発委員会編，粉じん爆発・火災対策，pp.217-234，オーム社 (2015)
8) Essenhigh, R. H., Fire Research Abstracts and Reviews, 8-2, pp.87-92 (1966)
9) JIS Z 8818：2002　可燃性粉じんの爆発下限濃度測定方法（日本規格協会）
10) 日本粉体工業技術協会粉じん爆発委員会編，粉じん爆発・火災対策，p.91（榎本兵治），オーム社 (2015)
11) 荷福正治，東京粉工展2012，「粉じん爆発情報セミナー」講演資料
12) Ishihama, W., Studies on the Lower Critical Explosion Concentration of Coal Dust Cloud, presented at 11th International Conference of Directors of Safety in Mines Research, Poland (1961)：日本粉体工業技術協会監修，粉じん爆発—危険性評価と防止対策—，p.18，オーム社 (1991)
13) 榎本兵治，粉じん爆発・火災安全研修【中級】—パワーポイント資料—，p.12，日本粉体工業技術協会，労働安全衛生総合研究所共催（平成27年3月12日〜13日）
14) Enomoto, H. and Matsuda, T., Dust Explosibility in Pneumatic System, Encyclopedia of Fluid Mechanics, Volume 4 Solids and Gas-Solids Flows, ed. N. P. Cheremisinoff, pp.580 Gulf Publishing Co. (1986)　日本粉体工業技術協会粉じん爆発委員会編：粉じん爆発・火災対策，p.96，オーム社 (2015)
15) JIS Z 8834：2016　粉じん・空気混合物の最小着火エネルギー測定方法（日本規格協会）
16) IEC 61241-2-3 Method for determining minimum ignition energy of dust/air mixtures
17) 榎本兵治，粉じん爆発・火災安全研修【中級】—パワーポイント資料—，p.29，日本粉体工業技術協会，労働安全衛生総合研究所共催（平成27年3月12日〜13日）
18) Glarner, Th., Temperatureinfluss auf das Explosions-

und Zundverhalten brennbarer Staub, Diss. ETH, Zurich Nr. 7350 (1983)：日本粉体工業技術協会粉じん爆発委員会編：粉じん爆発・火災対策, p.111, オーム社 (2015)
19) Enomoto, H. and Matsuda, T., Dust Explosibility in Pneumatic System, Encyclopedia of Fluid Mechanics, Volume 4 Solids and Gas-Solids Flows, ed. N. P. Cheremisinoff, pp.588 Gulf Publishing Co. (1986)；粉じん爆発・火災対策 pp.112
20) 日本粉体工業技術協会粉じん爆発委員会編，粉じん爆発・火災対策, p.113, オーム社 (2015)
21) Siwek, R. and Cesana, C., Ignition Behavior of Dusts：Meaning and Interpretation, Process Safety Progress 14-2 (1995)
22) 榎本兵治，日本粉体工業技術協会粉体工業技術センター教育部門，労働安全衛生総合研究所主催，粉じん爆発・火災安全研修［中級］―パワーポイント資料―, p.26 (平成27年3月12日～13日)
23) 日本粉体工業技術協会粉じん爆発委員会編，粉じん爆発・火災対策, p.123, オーム社 (2015)
24) 日本粉体工業技術協会粉じん爆発委員会編，粉じん爆発・火災対策, p.78, オーム社 (2015)
25) 日本粉体工業技術協会粉じん爆発委員会編，粉じん爆発・火災対策, p.135, オーム社 (2015)
26) JIS Z 8817：2002 可燃性粉じんの爆発圧力及び圧力上昇速度の測定方法 (日本規格協会)
27) ISO 6184：Explosion Protection Systems-Part 1：Determination of explosion indices of combustible dusts in air
28) 小波盛佳，松本幹治監修，粉体・ナノ粒子の創製と製造・処理技術，粉じん爆発とその防止 (榎本兵治)，テクノシステム (2014)
29) ISO/IEC 80079-20-2:2016 Explosive atmospheres-Part 20-2：Material characteristics-Combustible dusts test methods
30) 労働安全衛生総合研究所技術指針 JNIOSH-TR-46-1 2015 工場電気設備防爆指針 (国際整合技術指針)
第1編　総則
IEC 670079-0　EXPLOSIVE ATMOSPHERES Part 0：Equipment - General Requirement
31) DIRECTIVE 1999/92/EC OF THE EUROPEAN PARLIAMENT AND OF THE COUNCIL of 16 December 1999 on minimum requirements for improving the safety and health protection of workers potentially at risk from explosive atmospheres (15th individual Directive within the meaning of Article 16 (1) of Directive 89/391/EEC)
32) 日本粉体工業技術協会粉じん爆発委員会編，粉じん爆発・火災対策, pp.67-76 (榎本兵治)，オーム社 (2015)
33) IEC 670079-10-2 EXPOSIVE ATMOSPHERE, Classification of areas, Explosive dust atmospheres
34) 日本粉体工業技術協会監修，粉じん爆発―危険性評価と防止対策―, p.85 (狩野武) オーム社 (1991)
35) 日本粉体工業技術協会粉じん爆発委員会編，粉じん爆発・火災対策, pp.62-82 (榎本兵治) オーム社 (2015)
36) Enomoto, H. and Matsuda, T., Dust Explosibility in Pneumatic System, Encyclopedia of Fluid Mechanics, Volume 4 Solids and Gas-Solids Flows, ed. N. P. Cheremisinoff, pp.563-609, Gulf Publishing Co. (1986)
37) 日本粉体工業技術協会監修，粉じん爆発―危険性評価と防止対策―, オーム社 (1991)
38) 日本粉体工業技術協会粉じん爆発委員会編，粉じん爆発・火災対策, オーム社 (2015)
39) 日本粉体工業技術協会粉じん爆発委員会編，実務者のための粉じん爆発・火災安全対策, オーム社 (2009)
40) Siwek, R. and Cesana, C., Ignition Behavior of Dusts：Meaning and Interpretation, Process Safety Progress 14-2 (1995)
41) 日本粉体工業技術協会粉体工業技術センター教育部門，労働安全衛生総合研究所主催，粉じん爆発・火災安全研修［中級］―パワーポイント資料― (平成27年3月12日～13日)
42) 日本粉体工業技術協会粉じん爆発委員会編，実務者のための粉じん爆発・火災安全対策, pp.71-109, オーム社 (2009)
43) BS EN 1127-1：Explosion atmospheres-Explosion prevention and protection：Part 1 Basic concept and methodology (日本語訳「爆発性雰囲気―爆発の予防及び防護第1部：基本概念及び方法論」(2007年版, 30ページ, 日本規格協会)
44) NFPA 69：Standard on Explosion Prevention Systems
45) NFPA 654：Standard for the Prevention of Fire and Dust Explosions from the Manufacturing, Processing, and Handling of Combustible Particulate Solids
46) Abuswer, M., Amyotte, P., and Khan, F., A Quantative Risk Management Frame Work for Dust and Hybrid Mixture Explosions, 8th ISHPMIE, Sept. 5-10 (2010)
47) IEC 60079　Series
48) 電気機械器具防爆構造規格
49) 労働安全衛生総合研究所技術指針 JNIOSH -TR-46-1 ～ 10 工場電気設備防爆指針 (国際整合技術指針) 第1編～第10編
50) IDEC 防爆安全技術研究会編，国際規格に準拠した防爆電気機器の安全設計とエンジニアリング，日刊工業新聞社 (2013)
51) 日本粉体工業技術協会粉じん爆発委員会編，実務者のための粉じん爆発・火災安全対策, pp.44-49 (山隈瑞樹)，オーム社 (2009)
52) 労働安全衛生総合研究所技術指針　JNIOSH - TR - No.42：静電気安全指針 (2007)
53) 日本粉体工業技術協会粉じん爆発委員会編，粉じん爆発・火災対策, pp.205-207, オーム社 (2015)
54) ISO/IEC 80079-36:2016 Explosive atmospheres ― Part 36：Non-electrical equipment for explosive atmospheres ― Basic method and requirements
55) NFPA 69：Standard on Explosion Prevention Systems
56) 日本粉体工業技術協会粉じん爆発委員会編，実務者

のための粉じん爆発・火災安全対策, pp.156-161, オーム社（2009）
57) Siwek, R. and Cesana, C., Ignition Behavior of Dusts : Meaning and Interpretation, Process Safety Progress 14-2（1995）
日本粉体工業技術協会粉じん爆発委員会編：粉じん爆発・火災対策, 第1版第3刷 p.169, オーム社（2015）に紹介
58) JIS T 8103：2010　静電気帯電防止靴（日本規格協会）
59) JIS T 8118：2001　静電気帯電防止作業服（日本規格協会）
60) 日本粉体工業技術協会粉じん爆発委員会編, 粉じん爆発・火災対策, pp.188-197, オーム社（2015）
61) 労働安全衛生総合研究所技術指針 TR-No.38（2005）：爆発圧力放散設備技術指針（改訂版）
62) NFPA 68：Standard on Explosion Protection by Deflagration Venting
63) 日本粉体工業技術協会粉じん爆発委員会編, 粉じん爆発・火災対策, pp.211-213, オーム社（2015）
64) 日本粉体工業技術協会粉じん爆発委員会編, 粉じん爆発・火災対策, pp.208-209, オーム社（2015）
65) 日本粉体工業技術協会粉じん爆発委員会編, 粉じん爆発・火災対策, pp.197-205, オーム社（2015）
66) 日本粉体工業技術協会粉じん爆発委員会編, 粉じん爆発・火災対策, pp.205-207, オーム社（2015）
67) 日本粉体工業技術協会粉じん爆発委員会編, 粉じん爆発・火災対策, pp.214-215, オーム社（2015）
68) ホソカワ製品ハンドブック, ホソカワミクロン株式会社（2013）
69) 労働安全衛生総合研究所技術指針 TR-No.47（2016）：耐爆発圧力衝撃型乾燥設備技術指針
70) JIS Z 8051：2004（ISO/IEC Guide 51：1999）　安全側面—規格への導入指針（日本規格協会）

3.2.5　反応性化学物質の爆発
〔1〕　爆 発 性 物 質

　爆発とは定義が曖昧な一般用語であり，本項では爆轟（音速を超える衝撃波を伴う爆発現象）と爆燃（衝撃波を伴わない高速の燃焼）を指すものとする。爆轟や爆燃は化学プラントなどの製造施設の破壊だけではなく，設備の破壊によって漏出する可燃物による二次的な火災や爆発，また，有害物が漏出された場合の市民の被害や環境汚染などの社会的影響を伴うことがある。多くの爆発は可燃性物質と酸化性物質（酸素や空気，酸化性固体など）の混合と点火源により引き起こされるが，不安定物質単独，または複数の化学物質の混合で発生する発熱的分解反応によるものもある。熱や光，火花，機械的刺激（摩擦や衝撃）等のエネルギーによって爆発を起こす性質を持つ物質を爆発性物質という。

（a）　**自己反応性物質**　　酸化性物質が共存せず，また点火源がなくとも単独で激しい分解や爆発を引き起こす物質は自己反応性物質と呼ばれる。化学物質の分解危険性や安定性をその構造から完全に予測することはまだ限界があるが，分子中に含まれる固有の原子団により，ある程度の危険性の推定が可能である。分解爆発の危険性に関連する原子団の例を**表3.2.17**に示す。また，消防法では自己反応性物質（五類危険物）を**表3.2.18**のように分類している。

表3.2.17　反応性物質に固有の原子

原　子　団	分　　類
$-C\equiv C-$	アセチレン化合物
$>CN_2$	ジアゾ化合物
$\geqq C-N=O$	ニトロソ化合物
$\geqq C-NO_2$	ニトロ化合物
$\geqq C-O-N=O$	亜硝酸アシル，亜硝酸アルキル
$\geqq C-O-NO_2$	硝酸アシル，硝酸アルキル
$>N-N=O$	N-ニトロソ化合物
$>N-NO_2$	N-ニトロ化合物
$\geqq C-N=N-C\leqq$	アゾ化合物
$-N=N-N-$	多窒素化合物，テトラゾール
$-N_3$	アジド（アザイド）
$>C=N-O-$	金属雷酸塩，aci-ニトロ塩
$-O-O-$	過酸化物
＞C−O−O−C＜（環状）	オゾニド化合物

表3.2.18　自己反応性物質の分類
（消防法第五類）

	品　　名
1	有機過酸化物
2	硝酸エステル類
3	ニトロ化合物
4	ニトロソ化合物
5	アゾ化合物
6	ジアゾ化合物
7	ヒドラジンの誘導体
8	その他のもので政令で定めるもの
9	前各号に掲げるものを含有するもの

　その多くは熱や光，衝撃などにより爆発的に分解するが，微量に含有される金属，金属化合物，酸，アルカリなどの不純物が分解反応の引き金となる例もある。また，反応や蒸留工程では予期しない不安定物質が生成し，分解反応の原因となることもある。

　工業的に広く用いられ，災害事例が少なくない[1] 原子団の概要を以下に示す。

　1）過酸化物　　ペルオキシ結合（O-O）を有する化合物で有機過酸化物，無機過酸化物，金属過酸化物などがある。有機過酸化物は医薬原料や重合等の反応促進剤などとして広い分野で使われている。爆発特性はTNTなどの爆薬類に比べて弱いものが多いが，衝撃や熱に対して敏感であり，多量に使用するときや可

燃物との共存下で特に危険である。

アルコールやエーテル，アルデヒド，アリル化合物，ビニル化合物などは，酸素などが存在する系での連続使用や貯蔵中に過酸化物が生成し，濃縮すると爆発を引き起こす危険がある。

過酸化水素は高濃度での取扱い中の分解爆発事故が少なからず発生しているが，比較的低濃度でも金属化合物などと共存すると分解爆発を引き起こすことがある。また，酸化剤や脱色剤としての使用中に有機物と接触すると，不安定な過酸化物を生成し，化学災害の原因となることがある。

また，固体の過酸化物は少量でも摩擦などの機械的刺激によって激しく爆発するため，製造工程だけではなく，実験室などでの取扱いには細心の注意を払う必要がある。固体の過酸化ベンゾイルは高純度で乾燥した状態で非常に不安定で，激しい爆発事故が何度も発生している。金属過酸化物は空気中で発火するものもある。

2) **オゾニド化合物**　不飽和有機物にオゾンを作用させ，二重結合にオゾンが付加した化合物で，医薬原料等に利用されるが，爆発性を持つものもある。

3) **酸化エチレン（C_2H_4O）**　酸化エチレンは石油化学の原料として広く利用されており，蒸留中や貯蔵時に大きな爆発事故が，時折報告される。金属やその化合物，アルカリなどの触媒作用により急激に重合して重合熱が蓄熱したり，不純物による直接的な分解が引き金となって爆発に至ると推定されている。

4) **ニトロ化合物**　窒素または炭素にニトロ基が結合した有機物の多くは爆発性が高く，芳香族ニトロ化合物は爆薬として利用される。ニトロアルカンは通常比較的穏やかな酸化剤であるが，高温高圧下では激しく反応する。

一方，トリニトロメタンやその塩，ポリニトロアルカン類は爆発危険性が大きく，その取扱いには注意を要する。硝酸アミドに代表されるN-ニトロ化合物はN-N結合の結合エネルギーが小さいことから，有機ニトロ化合物に比べてより不安定である。

5) **硝酸アンモニウム（NH_4NO_3，硝安）**　過去多くの悲劇的な災害を引き起こしており，安定化に関する研究例も多いが，21世紀以降もフランスのツールーズ（2001年）やアメリカのテキサス（2013年）の化学工場で多数の死傷者を含む爆発事故が起きている。

硝安と硫酸アンモニウム（硫安）の混合物が激しい爆轟を起こすこともよく知られており，爆薬としても用いられる。アルキル硝酸は貯蔵条件下では安定なものが多いが，加熱や衝撃で爆発的に分解する。また，硝酸セルロースは容易に発火し，爆発的に燃焼する。

6) **ジアゾニウム塩（$C_6H_5N\equiv NX$，X：ハロゲン）**
　一般的に固体のジアゾニウム塩は不安定であるが，液体で不安定な化合物もある。特に，過塩素酸塩，硝酸塩，アジ化物など，衝撃や光，熱などにより激しく爆発する誘導体も多い。

7) **アゾ化合物**　アゾ化合物は染料として広く用いられているが，爆発性を有する物質もあり，金属などとの接触によりその危険性は増大する。

8) **アジ化物**　金属やハロゲンのアジ化物は熱や光に対して敏感である。ハロゲン化アジ化金属は特に爆発危険性が大きい。また，有機系アジ化物で窒素含量が25％以上の低分子量化合物は濃縮された状態で，爆発性がきわめて大きい。

9) **窒化物**　金属窒化物はアジ化物ほど不安定ではないが，金や銀などの窒化物は乾燥や摩擦により爆発する。

10) **イミド（1級アミンまたはアンモニアにカルボニル基が二つ結合した物質）**　イミド金属やハロゲンのイミド化合物は乾燥や空気との接触により激しく爆発する。

11) **オキシムブタノキシムなどオキシム結合**（-CNOH）を持つ化合物は加熱条件下で爆発しやすい。また，アルデヒドはオキシム共存中の蒸留により，比較的容易に過酸化物が生成し爆発する。

12) **雷酸塩**　単離された雷酸は不安定である。多くの銀化合物が不安定で爆発しやすく，雷酸銀は窒素誘導体貴金属の中で最も強力な爆発性を持つ物質である。雷酸ナトリウムは，ガラス棒で軽く触れると爆発するほどに鋭敏である。

13) **トリアゼン**　分子構造の末端窒素にN，CN，OH基を有するトリアゼン化合物は不安定で爆発しやすい。アセチルスルフォニルテトラゼン，ベンジルトリアゼンなど多くのトリアゼンが，加熱中または衝撃により爆発する。

14) **ヒドラジン誘導体**　ヒドラジン（N_2H_4）の誘導体のうち，塩素酸塩，硝酸塩などの塩類は不安定である。コバルト，ニッケルなどの硝酸塩のヒドラジン錯体も鋭敏で起爆性が高い。

15) **N-S化合物**　クロロチアジアゾールなど，N，S結合を有する化合物にも反応性の高い物質が多い。

16) **ひずみ環化合物**　小さくねじれた環を有する化合物（小員環化合物）は不安定で爆発しやすい。シクロプロパン，シアノシクロプロパン，ベンゼンの異性体であるベンズバレンなどが代表的な物質である。

17) **アセチレン化合物** アセチレンは爆発範囲がきわめて広く，爆発事故の原因物質となることが多いが，ハロゲンを含有するアセチレン化合物はより分解しやすく，臭化アセチレンの蒸留中の爆発などが報告されている。

アセチレン結合に金属が付加した金属アセチリドも不安定で，銅アセチリドの危険性はよく知られており，銀や水銀のアセチリドも爆発しやすい。

18) **過塩素酸（$HClO_n$, $n:1〜4$）** 可燃性物質と過塩素酸塩類との混合はきわめて危険である。グリコールなどの比較的安定な有機物との混合物でも爆発することがある。過塩素酸塩自体も分解の危険性がある。

19) **ヒドロキシルアミン（NH_2OH）** 100年以上前に開発された物質で医薬や機能性材料の原料として利用されてきたが，2000年にヒドロキシルアミン製造施設で激しい爆轟が発生した。この事故の後，ヒドロキシルアミンとその塩類は消防法危険物に追加された。

自己反応性物質ではハロゲンや金属が付加したり，上記の固有な原子団の含有比率が高い場合，危険性が特に高まることが多い。

（b）**火薬・爆薬・火工品** ニトロ基やジアゾ基などを有する反応性化学物質単独，または複合物の爆発性を利用したものが火薬，爆薬である。

火薬類取締法では火薬と爆薬は区別されており，火薬類のうち爆発の威力が大きく，爆轟を起こすものを爆薬としている。火薬には，黒色火薬などの硝酸塩，無煙火薬，硝酸エステルなどがある。また，主要な爆薬を以下に示す。

トリメチルトリニトロアミン，ジアゾニトロフェノール，ダイナマイト，テトリル，トリシネート，ジニトロレゾルシン鉛，トリニトロベンゼン，トリニトロトルエン，ヘキソーゲン，ペンスリット，ニトログリセリン，ニトログリコール。

また，火工品は火薬類取締法で「火薬，爆薬を使用して，目的に適するよう加工したものであって，法令で定めるもの」と規定されており，雷管類，火線類（導火線など），煙火（花火）などがある。

煙火原料の単独での危険性については，火薬類の危険性評価法に基づいて確立されてきているが，煙火製造工程での事故は依然として発生している。煙火には発色・発音剤としてアルミニウムなど燃焼性の高い金属粉末が添加されており，爆発威力が大きい。主要工程が手作業であることも被害の大きさにつながっている。

〔2〕**熱 安 定 性**[2),3)]

爆発性物質は熱，光，摩擦や衝撃等の機械的刺激，山や金属などの微量成分などにより急激に分解する，安定性の低い化学物質である。可燃性ガスなどの爆発を含めて，すべての爆発が化学反応により起きるのではなく，凝縮相の急激な解放（水蒸気爆発）など物理的要素に起因するものもある。分解爆発の危険性は分解反応の起きやすさと，反応が開始された後の反応の激しさの両面から検討する必要がある。物質の熱安定性の評価は発熱開始温度，発熱量，発熱速度，ガス成分の発生速度（圧力発生速度），活性化エネルギー等の速度因子や，物質の熱伝導率，比熱などからの総合的な判断が求められる。分子軌道法による計算による生成熱の算出や種々の熱計算ソフトなどが提案されているが，実際の事故の発生予測は難しい。

そのため危険性を予測するためのさまざまな熱測定装置の開発と，測定結果と実際の危険性との相関の検討が進められている。ミリグラム単位の試料による熱安定性の評価が可能なDSC（示差走査熱量計）が利用されている。発熱開始温度と発熱量が消防法第五類（自己分解性物質）の判定にも採用されている。一方，DSCは微少量での測定であるため，実規模量での危険性の関連が重要である。ROCHE社（スイス）の「危険性マニュアル」[4)]によれば，熱危険性が想定される試料については，DSCで得られた発熱開始温度よりおおむね50℃低い値から，正確な発熱開始温度を得るための定温試験を行うと規程している。また，分解熱は500J/gを越える物質を危険性ありとしている。またDOW社（アメリカ）は発熱開始温度と水との反応性や機械的感度の有無によって，反応性物質の危険性を分類している（**表3.2.19**参照）。

表3.2.19 DOW社による物質の危険性評価基準[5)]

危険度クラス	T_{DSC}*	項目
0	>300℃	直火でも安定／水と反応しない
1	150〜300℃	高温・高圧下で不安定 空気・水・光で変化もしくは分解
2	<150℃	高温高圧下で激しく化学変化 水と激しく反応もしくは爆発性物質の生成
3	<150℃	密閉下の加熱・強力な着火源で爆燃または爆轟 高温高圧下で熱や機械的衝撃に鋭敏

〔注〕 ＊DSCによる発熱開始温度

一方，反応性物質の危険性は発生するエネルギーの大きさによる評価も必要であり，国連の「危険物の輸送に関する勧告，試験方法及び判定基準のマニュア

ル」では，爆発生物質を区分 4.1（自己反応性物質及び関連物質並びに鈍性化固体爆発物）と分類し，主として威力の面から危険性評価装置を標準化し，評価法や判定基準を定めている。

また，反応性化学物質の断熱時の発熱や圧力の発生挙動から，分解反応等の大きさを評価する機器として，ARC（断熱反応装置）なども広く利用されている。

反応を含めた危険性予測のための試験法や機器の詳細は2章2.1.2項〔3〕「発火・爆発危険性と試験法」を参照されたい。　　　　　　　　　　　（若倉正英）

引用・参考文献

1) Bretherick, L. 著，田村昌三監訳，危険物ハンドブック，丸善（2004）
2) 安全工学会監修，物質安全の基礎，実践・安全工学シリーズ，化学工業日報社（2012）
3) 上原陽一，小川輝繁編，新版防火防爆対策技術ハンドブック，テクノシステム（2004）
4) 若倉正英，菊池武史，ROCHE 社安全実験室における危険性評価マニュアル，安全工学, 34-4, pp.269-280（1995）
5) American Institute of Chemical Engineers, Dow's Fire & Explosion Index Hazard Classification Guide, Seventh Edition（1994）

〔3〕起爆感度

爆発性物質の分解，発火，爆発は自己発熱によるか，または外部から加えられるエネルギーによって引き起こされる。この分解，発火，爆発に必要な外部エネルギーの大きさは爆発性を評価する上での重要な因子であり，これを「感度」と呼んでいる[1]。外部から与えられるエネルギーには，熱，摩擦，打撃，爆轟衝撃，電気火花，放射線などがあり，それぞれに対応する感度の種類がある。これら各種の感度間には何らかの相互関係が存在するはずであるがいまだ十分には解明されておらず，一見無関係に思えることが多い。また，同じ物質であっても外部刺激の種類により感度の順序が異なることはよく知られている。したがって，ある物質の感度評価を行うには，複数の試験を実施し，それらの結果を総合的に判断しなければならない。

化学構造や混合組成から危険性はある程度推定されるが，分子内に特定の原子団があったとしても必ずしも爆発性があるとは限らない。また，本質的には活性化エネルギーや反応熱などからも危険性は推定されるはずであるが，必ずしも確実には断定できない。それは「感度」は上記のような化学的因子のみならず，表面状態，結晶構造，格子欠陥，粒度，密度，気泡の分布状態など，物理的因子にも大きく依存するからである。

起爆の機構に関しては，一般に，外部から与えられたエネルギーが断熱圧縮や分子振動によって分子の内部エネルギーを高め，分解を生じ，これが連鎖反応機構によって隣接分子につぎつぎに伝播することにより，やがて物質全体が発火・爆発に至ると考えられている。

化学反応論によれば1分子が分解するためにはその内部エネルギーが一定の値以上に高められることが必要であり，このような臨界値を活性化エネルギーという。

外部エネルギーにより爆発性物質の塊内の一局部で隣り合った多数の分子の同時分解によってこの物質の爆発中心が形成され，爆発反応が全体へ伝播する。すなわち，爆発性物質の場合，爆発中心の生成に必要なエネルギーが与えられれば全体が爆発してしまうが，このような爆発中心を形成する分子の数を N，温度 T にある分子の持つ平均エネルギーを E，活性化エネルギーを E_A で表せば，この温度にある分子を活性化するのに必要な平均エネルギーは $E_A - E$ である。したがって，爆発性物質の場合には，この温度にある分子塊の起爆に必要なエネルギーは $N(E_A - E)$ である。

いま，爆発性物質に A なるエネルギーが外部から加えられたとき，そのうちの $1/s$ だけが試料内に爆発中心を形成するために有効に消費されると考えると，A が次式を満足するときには試料の爆発が起こり，それ未満のときには起爆には至らないことになる。

$$\frac{A}{s} = N(E_A - E) \qquad (3.2.26)$$

これが起爆の臨界条件，すなわち感度の理論式となる[2]。この式を見ると，爆発性物質の感度は，試料の物理的性質および試験条件によって決まる物理的因子 s と爆発させるのに要するエネルギー，すなわち化学的因子 $N(E_A - E)$ の2因子に分析され，この両因子の大小関係によって特徴付けられていることになる。

爆発性物質の感度とその分子構造，生成熱，爆発熱などの物理化学的性質との間の関係を論じる場合には，化学的因子または活性化エネルギーを考慮しなければならない。また，同一物質について異なる試験を実施した場合の感度の差異は，物理的因子に起因するものである場合が多い。例えば，衝撃感度と摩擦感度との間の関係はこの両試験に関する物理的因子の相違によって与えられるであろう。なお，結晶系の変化に

よる感度の差異は物理的因子の差異に起因することは明らかであるが，同時に化学的因子の差異にも起因するものである。それは，結晶系の変化のために分子およびこれを構成する原子の空間配置状態が変化し，N, E_A および E のいずれもが変化するからである。

硝酸アンモニウムは常温において複雑な相変化を示し，転移点付近では感度が鋭感になる[3]。これは，転移の際に生じる容積変化に伴って結晶間の摩擦や格子欠陥が分子全体にわたるという物理的因子とともに，転移潜熱の放出により，化学的にも不安定な状態になるためである。

以上は爆発性化合物の場合であるが，これは各成分がそれぞれ非爆発性である化合物の混合物，例えば酸化剤と被酸化剤との混合物についても同様に考えられる。固体の酸化剤と固体の被酸化剤とを密に混合した物（例えば混合火薬類など）の場合には，爆発は固相間の化学反応によるのであって，その反応は必ずその接触面で起こる。固相の温度が高くなるにつれて分子の熱運動はしだいに活発となり，ついに分子が十分なエネルギーを得て相接する両固相の分子の持つエネルギーがある臨界値以上となって，結晶格子を構成する原子またはイオンの振動がある程度以上に激しくなると，この両固相に属する原子が互いに位置交換を行い得るようになり，化学反応が起こる。

混合火薬類が単体の爆発性化合物と異なるところは，反応が必ず両固相の接触面で起こることである。相接する分子の有するエネルギーの和が混合火薬についてそれぞれ固有な一定の臨界値以上になれば両固相の反応が起こり，このような分子が一局所で十分多数，同時に発生することが起爆である。

なお，エネルギー連鎖に関しては，反応進行に伴って放出される反応熱と活性化エネルギーの関係から連鎖の確率を基に起爆限界を考えることができるが，そのきっかけとなる局部的な高温部を反応の起点とするホットスポット理論は，特に不均質系物質の起爆には欠かせない概念である[4]。ニトログリセリンやニトロメタンのような均質系の液体物質を直接起爆するには，10 GPa 程度以上の衝撃圧力が必要であるが，気泡が存在する場合には衝撃波面の乱れを生じ，ホットスポットを形成するため，数百 MPa 程度の比較的弱い衝撃圧力で起爆することが知られている[5]。

感度は種々の因子に依存しており，その試験は実情に即したものでなければならない。外部から与えられるエネルギーにはさまざまな形態があり，それらに対応する感度の種類がある。さらに感度の種類に応じて数多くの試験法・評価法が提案[6]~[8]されている。

〔4〕 爆 発 威 力

反応性化学物質や爆発性物質の爆発威力は，「物質が爆発した際に，外界に及ぼす物理的効果」と考えることができ，おもに発熱量，爆轟速度，発生圧力，到達温度などの測定や計算により，分解，発火，爆発反応の激しさをもって評価する。

爆発威力は衝撃波による動的な威力と，発生ガスによる静的な威力に大別されるが，トータルの爆発エネルギーに対する寄与率は物質の種類のみならず，起爆条件や爆轟の状態によっても大きく変化し，理論計算による予測と必ずしも一致しない。特に爆発威力のスケール効果に関する検討は安全上きわめて重要である。また，実際に外界に及ぼす物理的な効果は対象物質の強度や特性に依存するため，通常は爆発性物質の爆発威力として爆轟特性値（パラメータ）によって表現することが多い（3.2.2項参照）。

火薬類に限らず，一般に用いられる化学物質であっても特定の条件が満たされれば爆轟を生じる場合がある。爆轟（detonation）は衝撃波を伴った燃焼波であり，燃焼波面が未反応媒質の音速を超えて定常に伝播する現象である。爆轟現象は一次元の爆轟理論により理論的に説明されるが，現実には反応速度が無限大（すなわち反応時間がゼロ）になることはなく，また有限の装薬径で生じるため，理想的な一次元の構造にはならず，理論計算のとおりには進まない。そこで定常爆轟ではあっても，それ以下では爆轟が定常的に進行しない限界薬径 d_c と，それ以上で理想爆轟となる最小薬径 d_m の間の領域において非理想爆轟となる[9]。

爆轟特性値は，熱力学，流体力学および高温高圧下での状態方程式を基に，C-J 条件を適用して求められるが，非理想爆轟挙動の予測は困難であり，装薬状態や密閉強度を変化させて実測する以外に方法はない。

表 3.2.20 に種々の爆発性物質の爆轟特性計算値を示す[10]。高性能爆薬の爆轟特性計算値は実測値と比較的良好な一致を示し，用いる計算コードによる相違もあまりないが，硝酸アンモニウムのような無機塩系の物質は計算に用いる仮定や状態式によって相違が見られ，また計算値と実験値はあまり一致しない。これは硝酸アンモニウムの分解反応が遅いため，爆轟波面で完全に爆轟していないためと考えられている[11]。

図 3.2.47 に種々の爆発性物質の，装薬径に対する爆轟速度の測定結果を示す[12]。装薬径が大きくなるほど爆轟速度も上昇し，物質固有のある装薬径を超えると爆轟速度は一定となる。図中，装薬径の増加に伴い爆轟速度が上昇している領域が非理想爆轟領域，一定となった値が実験的に求められる理想爆轟速度である。非理想爆轟領域の広い硝酸アンモニウムのような

3. 火災爆発

表3.2.20 爆発性物質の爆轟特性計算値[10]

物質名	密度 〔g/cc〕	C-J 速度 〔m/s〕	C-J 圧力 〔GPa〕	C-J 温度 〔K〕	爆発熱 〔J/g〕
ニトログリセリン	1.591	7 650	23.5	3 871	6 082
ペンスリット	1.76	8 289	30.1	3 668	6 270
ニトロメタン	1.128	6 264	12.2	3 300	5 403
TNT	1.64	6 969	20.3	3 420	5 325
RDX	1.80	8 743	33.6	3 488	6 195
テトリル	1.70	7 571	25.0	3 791	5 860
DDNP	1.58	6 098	14.2	2 448	3 336
過塩素酸アンモニウム	1.40	5 396	9.7	1 069	1 449
硝酸アンモニウム	1.05	4 883	6.1	1 127	1 478
硝酸アンモニウム*	1.05	4 685	5.4	1 623	1 465

〔注〕* JCZ3状態式を用いた場合の計算値（その他はKHT式）

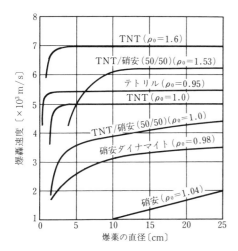

図3.2.47 装薬径と爆轟速度の関係

物質は，実験的に理想爆轟領域を決定することが困難で，その場合には，装薬径の逆数に対して爆轟速度をプロットし，装薬径を無限大に外挿することにより理想爆轟速度を求める方法が一般的に認知されている[13]。

爆発性物質の危険性評価においては，理論計算による予測が理想的であるが，理論的に予測することが困難な現在，最も確実な方法は複数の試験を実施し，その結果を総合的に判断することである。そのためには，過去の事故事例やデータベースの活用に始まり，少量のスクリーニング試験から徐々にスケールアップした試験を実施するとともに，より定量的な情報を得ることのできる評価方法の確立が必要とされている。

（三宅淳巳）

引用・参考文献

1) 岡崎一正，安全工学，5，pp.178-186（1966）
2) 三宅淳巳ほか，工業火薬，46，pp.57-62（1985）
3) 福山郁生，安全工学，10，pp.253-260（1971）
4) Bowden, F.P. and Yoffe, A.D., Initiation and Growth of Explosion in Liquids and Solids, Cambridge University Press（1952）
5) 火薬学会編，エネルギー物質ハンドブック，第2版，共立出版（2010）
6) 疋田強監修，火災・爆発危険性の測定法，日刊工業新聞社（1978）
7) 福山郁生監修，安全工学実験法，日刊工業新聞社（1983）
8) 吉田忠雄監修，化学薬品の安全，大成出版（1982）
9) Cook, M.A., The Science of High Explosives, Reihold（1958）
10) 田中克己，爆薬の爆轟特性解析，化学技術研究所（1983）
11) Mader, C.L., Numerical Modeling of Detonation, University of California Press（1979）
12) 大久保正八郎，須藤秀治，田中一三，火薬と発破，オーム社（1971）
13) 三宅淳巳ほか，工業火薬，51，pp.336-342（1992）

3.2.6 蒸気爆発
〔1〕 蒸気爆発現象

多くの爆発現象は化学反応の急速な進行によって起こるが，蒸気爆発は化学反応が関係しない熱物理的現象である。蒸発性液体（水も含む）が何らかの原因によって強い非平衡（高い過熱）状態になって急速に蒸発・膨張する結果，急激な圧力上昇を発生させるものである。

この現象を分類すると，**表3.2.21**に示すように2種に大別される。一方は，高温の液体と低温の液体の

表3.2.21 蒸気爆発現象の分類と発生環境

現象の分類と呼称	発生環境の分類		関連分野
	〈高温液〉	〈低温液〉	
蒸気爆発（通常の意味での蒸気爆発：熱移動型蒸気爆発）	鉄鋼，銅	水	鉄鋼金属業
	アルミニウム	水	アルミ工業
	スメルト	水	製紙工業
	水，海水	LNG	LNG工業
	水，油	冷媒	
	アルミニウム	水	原子力工業
	溶融燃料	水	原子力工業
	溶融燃料	ナトリウム	原子力工業
	高温マグマ	地下水，湖水，海水	自然界
平衡破綻型蒸気爆発	高圧容器の破壊に起因する爆発，火山の水蒸気爆発		化学工業ほか 自然界

2種類の液体間で起こる現象であり，両液が接触した場合に高温側から急速に大量の熱が移動して低温液が局所的に強い非平衡になり，急激に蒸発して爆発現象を呈する。他方は1種類の液体が起こすもので，ボイラの爆発事故のように平衡状態にあった高温・高圧の液体が缶体の破損などによって低圧にさらされ，平衡状態が破綻して全体が非平衡状態になり急速で大量な蒸発を起こす。両方とも蒸気爆発と呼ぶ例はあるが，両者は機構がまったく相違するので区別し，ここでは前者を単に蒸気爆発，後者を平衡破綻型蒸気爆発と呼ぶことにする。なお，低温液が水の場合は水蒸気爆発と呼ぶことが多い。

蒸気爆発（英語では場合によって，vapor explosion, steam explosion, physical explosion, thermal interaction などとも呼ばれる）は，何らかの原因によって高温液と低温液が直接的に接触を起こしたような場合に，限られた条件範囲のことではあるが，発生する爆発現象である[1],[2]。鉄鋼・金属業では古くからかなり数多くの事故が起こっている[3],[4]。これらの場合の高温液は，溶融した銑鉄，アルミニウム，銅，マンガンなどであり，低温液は水である。最近の事故例としては，2015年9月に北九州市の工場で，アルミニウムを溶かす釜に開いた穴からアルミニウムが漏れ，排水路の水に接触して爆発し，火災が発生した事故[6]などが挙げられる。溶融炉の周囲には炉冷却用の水が不可欠であるために，小事故が引き金になって両液の接触が起こり，蒸気爆発を発生させている原因になる。

一方，炉周辺以外で起こる事故には，溶融金属を運搬中に誤って落として水トラップ中や水分を多く含んだ土壌に落として爆発した例として，2012年10月広島市の自動車工場で，溶融鉄を入れた容器が転倒し，流出した鉄が水を含む砂と触れ水蒸気爆発を起こした事故[5]がある。また，工場が火災になったので消火のため注水したら火災で溶けていたアルミニウムとで爆発した例，アルミスクラップを溶融炉に投入したら前日の雨水がスクラップ中に含まれていたため爆発した例，ノロを工場の池に捨てたら爆発した例，など多くの思いがけないケースがある。そして，飛び散った溶銑などで二次災害を起こすこともある。いずれの例でも死者0～数人，負傷者0～数十人，建物の損壊などの被害を出している。なお，高温液がアルミ系などの場合，化学反応も伴っていっそう大きな爆発となることがある。

また，米国やカナダの製紙工場では，Na_2CO_3 をおもに含む溶融塩であるスメルトと水との接触による蒸気爆発事故が多く発生している。研究結果によれば[8]，爆発の発生や威力は，スメルトの組成に大きく依存している。

さらにLNGやその他の液化ガスを扱う工業では，それらを低温液とし，この場合は水または海水を高温液とする組合せの蒸気爆発がある[7]。特に液化ガスがLNGのように可燃性の場合は着火による大きな二次災害を伴うことが考えられ，いまのところ事故例は少ないが重要である。

1970年代以降蒸気爆発の研究が急速に進んだが，その原因は動力用原子炉で蒸気爆発発生の危険性が指摘された上，万一それが起これば極めて過酷な被害発生のおそれがあるため，特に積極的な研究が行われたからである[8],[9]。実際，1952年には軍用原子炉 SL-1 の蒸気爆発事故があった。まず反応度事故があって炉心は溶融し，溶融した燃料被覆アルミニウムと触れた冷却水が急速蒸発し，加速された上部水塊が容器蓋を直撃破壊したことによる。スリーマイル島事故では幸い蒸気爆発は起こらなかったが，恐れられていたものである。チェルノブイリ原発事故では，核分裂の制御ができなくなって出力が急上昇し，核燃料が溶融し，周囲の冷却水に飛散して爆発した，反応度型の水蒸気爆発が発生したとされている[10]。

2011年3月の福島原発事故では，3基の原子炉で炉心溶融を起こしたが，水蒸気爆発の発生はなかったようである。なお，軽水炉のシビアアクシデントに関して2011年に出版された著書[11]では，OECDのSERENA計画（Steam Explosion Resolution for Nuclear Applications）についても触れられ，水蒸気爆発の定義から爆発の過程，爆発エネルギーの評価，解析コード，さらに国際的な連携の下で実験と解析を行うことが解説されている。また高速炉での発生の可能性があるかどうかも大きな問題である。

さらに興味深いことは，火山爆発発生原因の一つが蒸気爆発現象[1],[9]のそれに似ていると考えられていることである。火山噴火においては，マグマに溶け込んでいる水だけでなく，マグマの外にある水が，噴火の原動力になることがあり，高温のマグマが地下水や湖水，海水などと接触して起こるとされ，火山関係ではこの現象をマグマ水蒸気爆発（magmatophreatic explosion）と呼んでいる[12]。クラカトア火山，ピナツボ火山の噴火が有名で，最近では2000年の有珠山，1989年の伊豆東沖の海中爆発などがある。これらは果たして工場での金属・水系爆発と同じ機構か否かいまのところ不明だが，研究が行われている。

平衡破綻型蒸気爆発[13]は，高圧容器の破損に起因する爆発で，高圧容器中で大気圧下での飽和温度以上の高温に保たれた液体が，容器の一部破壊によって大気圧にさらされ，結果として過熱状態になった液体が

一挙に沸騰蒸発して爆発に至るものである。古くから多くの事故の見られたボイラ爆発のほか，容器中の各種化学物質の爆発，同じく液化ガスの爆発などが挙げられる。物質がLPガスなどのように可燃性の場合は，二次的に混合ガス爆発などを起こして被害を一挙に増大させるおそれがある。また，火山爆発の一種は，山体を容器とするこのタイプのものと考えられ，火山関係では水蒸気爆発（phreatic explosion）などと呼ばれている[12]。1888年の磐梯山の噴火や1980年のセント・ヘレンズ山，さらに2014年の御嶽山の噴火は，このタイプの噴火とされている。

〔2〕 蒸気爆発機構の研究

前項で記したように，諸製造業での多くの事故例や原子力工業での発生危険性に対応して，蒸気爆発に関しては非常に多くの実験的・理論的研究があるが，その機構はきわめて複雑である上，発生は高速かつ確率的でさえあるため，現象は十分に解明されているとはいえない。しかし最近の積極的な研究は，同現象がいかに発生し拡大していくかについて概要を明らかにしつつある。

図3.2.48は，Cronenberg[14]の考えに筆者らが多少手を加えた大規模蒸気爆発の機構の概念図である。ここでは，同図に従って関連する諸事項を説明する。番号①〜④の各過程は1980年の原子力関係の専門家会議において，大規模蒸気爆発発生のために必要とされた4過程である。

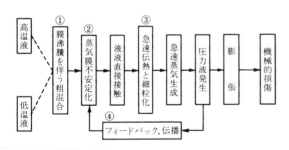

図3.2.48 大規模蒸気爆発の機構の概念図

まず，高温液と低温液が何らかの原因によって接触した場合，いずれかの液体が粗く分散して相手液中に混合するが，温度差が大きい場合には両液間に低温液の蒸気膜が存在する安定な膜沸騰状態になる。ここでその蒸気膜が外部からの圧力波などによる力学的要因やみずからの温度が低下することなどによる熱的要因によって不安定化して崩壊し，両液は直接接触する。両液間の大きな温度差と直接接触によって急速な熱移動が生じ，低温液は大きな非平衡状態となって急激な蒸発を起こす。この急速熱移動の過程の接触初期は熱伝導によるが，非常に高速であるために接触面近くの低温液は均質核生成温度付近まで過熱され，揺らぎ核生成による沸騰蒸発が一挙に起こって爆発的な蒸気発生に至ると考えられている。なお，この過程で高温液は細かい粒子群になることが知られており，この細粒化過程が蒸気爆発機構解明の鍵の一つとされて多くの研究が行われているが，その意味するところはいまのところ正確には解明されていない。

蒸気発生が非常に急速なためにピークを持つ衝撃的圧力波が発生する。大規模爆発にとって重要なことは，この圧力波がいまだ上記の過程を生じていない粗混合域に伝播して全体の高温液滴周りの蒸気膜を不安定化するという現象拡大機構を持つことである。この機構はフィードバック作用をも有する。このため現象は大きな範囲で一挙に起こることになり，急激だけでなくきわめて大量の蒸気発生によって大きな爆発となり，機械的損傷を生じるとされている。

このように蒸気爆発機構は非常に複雑であり，膜沸騰発生条件，粗混合形態への影響，蒸気膜の不安定化条件と圧力波との関係，急速伝熱の原因，細粒化の機構と意味，圧力波の伝播・拡大の条件など，多くの課題について積極的に研究が行われている。

以上の各過程において現象が右方へ進行しない場合には大きな蒸気爆発は発生しないことになるが，発生の有無をある程度定量的に扱えるモデルが二つある。一方は「自発核生成モデル」[15]と呼ばれるもので，両液が接触したときの界面温度が低温液の自発核生成温度以上になる場合のみに蒸気爆発が起こるとするものである。他方はデトネーション理論から類推された「熱的デトネーションモデル」[16]であり，衝撃的圧力波による高温液の細粒化の発生条件を評価しようとしたものである。詳しくは文献を参照されたい。

つぎに溶融金属・水系の蒸気爆発に関して，防災法を簡単にまとめれば以下のようになる。①炉や金属運搬路の周りから水槽，水たまり，溝，水を含む土の露出部などを除く，②炉内に投入するスクラップなどに水がないことを確認，③高温のノロなどを水中に捨てない，④火災時でも金属溶融があるような場合は注水に注意，⑤水の漏出などの保守点検，⑥従業員に対する蒸気爆発知識の教育，などが必要である。なお，労働安全衛生規則では，248条から255条において，水蒸気爆発を防ぐための規則が定められている。

〔3〕 低温液化ガスの蒸気爆発

低温液化ガスの漏出事故時には，周囲にある水・海水その他と接触して蒸気爆発（liquafied gas-water interactionなどとも呼ばれる）を起こすおそれがある。

このうち特に液化ガスが可燃性の場合にはより危険な着火性爆発につながることも考えられる。

液化天然ガス（LNG）については，1970年に米国の鉱山局[17]が行った水への落下実験において，発生回数は少ないながらもかなり大きな爆発が起こって以来，実験を主とした多くの研究が行われるようになった[18),19]。このうち，LNGの成分であるメタン，エタン，プロパン，n-ブタンなどの組成を広く変えて数多くの実験を行ったEngerらの研究[20),21]が有名である。図3.2.49は実験結果の一例で，メタン＋（エタン＋1.6% n-ブタン）＋プロパン系の蒸気爆発発生範囲を示す。これらの結果をまとめれば以下のようである。

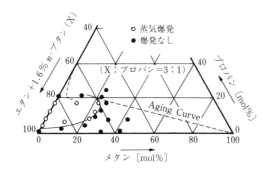

図3.2.49 メタン＋（エタン＋1.6% n-ブタン）＋プロパン系の蒸気爆発発生範囲

蒸気爆発はメタン量が40 mol%以下でしか発生しない。また，LNG中のエタンに対するプロパンのモル割合が1/3以上では発生しないであろう。一般的にいえば，高沸点成分の多いLNGは爆発を起こしやすいが，爆発発生範囲の組成のLNGはどちらかといえば特殊なものであり，メタンリッチなLNGは蒸気爆発を起こしにくい。したがって，海上輸送時の爆発発生の可能性は低い。しかし，図3.2.49中のAging Curveで示したように，メタン成分の多いLNGでもメタンのboil offによってタンク中の組成がしだいに変化していき，場合によっては蒸気爆発発生条件範囲の組成になっていくおそれがあるので，留意する必要がある。また大量に流出した場合には，膜沸騰によって界面近くのLNGの組成が変化し，部分的に小さな蒸気爆発を起こすかもしれない。また，爆発時の機械的エネルギー放出量は小さく，約20 kJ/m²程度である。なお，Vaughanら[22]によればLNG1 t当りの爆発仕事は292 MJ，潜熱効果を含む場合は402 MJになるとしている。

このほかの液化ガスに関しては，Porteousら[23]が，プロパン，プロピレン，イソブタン，n-ブタン，イソブチレン，エタン系混合物などが水やエチレングリコールなどの中に流出したときの実験を行っている。爆発発生範囲を整理したところ，高温液温度と炭化水素の過熱限界温度の比が1.0と1.1の間になったことから，前出の「自発核生成モデル」を支持している。また，浦野らの実験によれば，フロン-水系[24]では水温92℃以上で，プロパン-水系[25]では温度差が91～120℃での爆発発生を示した。Prince[26]は，LNGや液化窒素などを水中または土壌上に漏出させたときの，種々の実験結果をまとめている。

〔4〕 **過熱液体の急速沸騰による爆発（平衡破綻型蒸気爆発）**

このタイプの爆発は，容器内にある液体の温度が大気圧におけるその液体の飽和温度以上になっていた場合には，発生する可能性がある。何らかの原因による容器破損によって液体が大気圧にさらされれば液体全体が過熱状態になるわけで，その非平衡性から急速な沸騰蒸発を起こす。一般に液体が蒸発すれば数十～千数百倍の体積膨張になり，また大きく過熱された液体の蒸発速度は非常に速いために大きな爆発性を示すのである。

最近においては，通常の蒸気爆発ほどの発生頻度はないが，いったん起きると大きな被害を出すことが多い。過去における事故例について，爆発に至る原因過程別に分類すると，① 高圧容器や装置内にある液体が容器壁などの破壊によって大気圧にさらされる場合，② 密閉容器内液体が火災などによる外部からの加熱または内部反応熱で非定常的に高温になった後に大気圧にさらされる場合，に分けられる。

例としては，産業革命以来多くの事故を経験した水ボイラのほか，ダウサムボイラなど，液化アンモニアや酸化プロピレンなどのタンク，湿式空気酸化装置やシクロヘキサン空気酸化反応槽などの化学装置で事故が報告されており，液化ガス用密閉耐圧容器でも可能性がある。非定常的に加熱される場合の例としては，プロパンガスや酸化エチレンの容器やタンク，重合反応装置などがある。

この場合の代表的爆発過程について，北川のスケッチ[13]を基に新たに示すと図3.2.50のようである。①は正常な状態または液体温度が上昇して圧力も上昇している過程である。温度は加えられた圧力での飽和温度かそれ以下である。②は事故の初めで，材料の腐食や疲労などによって缶体一部の耐圧力が低下する結果，容器が部分的に破損したり，内圧上昇によって破損する。小開口部より上部蒸気または内部液が蒸気になって噴出し始める。この段階では噴出流動抵抗があるので内部圧力はあまり低下しない。しかし，③で

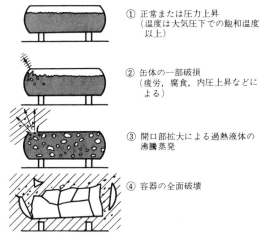

① 正常または圧力上昇
（温度は大気圧下での飽和温度以上）

② 缶体の一部破損
（疲労、腐食、内圧上昇などによる）

③ 開口部拡大による過熱液体の沸騰蒸発

④ 容器の全面破壊

図 3.2.50　平衡破綻型蒸気爆発の過程

噴出流によりしだいに破損部が拡大する過程で開口部が裂開的に広がると，内部液全体が大気圧に近い低圧にさらされる。一方，液体の温度は下がらないために強い非平衡状態になった過熱液体は全体から急激に沸騰蒸発する。さらに④では，沸騰蒸発を続けるとともに，内部で加速された気液二相流の液撃や噴出蒸気流による反動力によって容器が飛散したり，脆性破壊によってさらなる裂開を生じるに至る。

ボイラで大きな爆発を起こす場合は，③での裂開部がボイラの水線より上部の気相部で起こった場合が多いと報告されている。しかし，液相部から起こることもある。Ogisoら[27]は，水を入れた垂直円筒形容器の一部を裂開した場合の圧力波挙動などを調べている。

もしも，容器内液体が可燃性で以上の爆発後に着火した場合には，蒸気雲爆発が続いて発生する場合があり，これを BLEVE（Boiling Liquid Expanding Vapor Explosion）と呼ぶが甚大な被害を起こすおそれがある。また，気化した液体が有毒な場合には広範囲に被害が広がる可能性がある。なお，BLEVEのような場合には，後者の爆発の威力が過大なので，原因である最初の爆発が見逃されることがあり得ることに注意する必要がある。　　　　　　　（高島武雄，飯田嘉宏）

引用・参考文献

1) 「蒸気爆発の動力学」研究グループ，蒸気爆発の動力学—現状と展望，p.1 (1993)
2) 高島武雄，飯田嘉宏，蒸気爆発の科学，p.6，裳華房 (1998)
3) Long, G., The explosions of molten aluminum in water-cause and preventions, Metal Progress, 71-5, pp.107-112 (1957)
4) 小木曽千秋，蒸気爆発についての最近の研究 (1)，安全工学，13-5, pp.283-289 (1973)
5) 魚田慎二，ブログ「産業安全と事故防止について考える」http://anzendaiichi.blog.shinobi.jp/（2018年10月現在）
6) Reid, R., Rapid Phase Transitions from Liquid to Vapor, Adv. Chem. Eng., 12, pp.141-159 (1983)
7) Porteous, W. M. and Reid, R. C., Light Hydrocarbon Vapor Explosions, Chem. Eng. Progr., pp.83-89 (1976)
8) Corradini, M. L., Kim, B. J., and Oh, M. K., Vapor explosion in light water reactors：a review of theory and modelling, Progress in Nuclear Energy, 22-1, pp.1-117 (1988)
9) 成合英樹，ペーパーエキスプロージョンについて，日本機械学会誌，81-721, pp.1277-1282 (1978)
10) 原子力ハンドブック編集委員会編，原子力ハンドブック，p.1193，オーム社 (2007)
11) Sehgel, B. R. Ed., Nuclear Safety in Light Water Reactors：Severe Accident Phenomenology, Elsevier, pp.255-282 (2011)
12) 鎌田浩毅，火山噴火—予知と減災を考える，pp.87-95, 岩波書店 (2007)
13) 小木曽千秋，蒸気爆発に関する最近の研究 (2)，安全工学，13-6, pp.353-359 (1974)
14) Cronenberg, A. W. and Benz, R., Recent Developments in the Understanding of Energetic Molten Fuel-Coolant Interactions, Nuclear Safety, 21-3, pp.319-337 (1980)
15) Fauske, H. K., On the mechanism of uranium dioxide-sodium explosive interactions, Nuclear Science and Engineering, 51, pp.95-101 (1973)
16) Board, S. J. and Hall, R. W., Detonationof fuel coolant explosions, Nature, 254, pp.319-325 (1975)
17) Burgess, D., Murphy, J. N., and Zabetakis, M. G., hazards of LNG Spillage in Marine Transportation, AD-705078, (1970)
18) Burgess, D., Biordy, J., and Murphy, J., Hazards of Spillage of LNG into Water, AD-754498, (1972)
19) Nakanishi, E. and Reid, R. C., Liquid Natural Gas-Water Reactions, Chem. Eng. Progr, 67-12, pp.36-41 (1971)
20) Enger, T. and Hartman, D., Rapid Phase Transformation during LNG Spillage on Water, Proc. the 3rd.-Conf. on Liquafied Natural Gas, Washington DC (1972)
21) Enger, T. and Hartman, D., Mechanics of LNG-Water Interaction, Am. Gas Assn. Distr. Conf., Atlanta (1972)
22) Vaughan, G. J. and Briscoe, F., LNG Water Vapor Explosion-Estimate of Yields, and Pressures, Gastech. 78', pp.135-143 (1978)
23) Porteous, W. M. and Reid, R. C., Light Hydrocarbon Vapor Explosions, Chem. Fng. Progr., 72, pp.83-89 (1976)
24) 浦野洋吉，橋口幸雄，小河原徳治，岩阪雄二，液化フロンの水上流出による爆発，高圧ガス，12-7,

pp.303-308 (1975)
25) 浦野洋吉, 橋口幸雄, 小河原徳治, 岩阪雄二, 液化プロパンの水上流出による爆発, 高圧ガス, 13-7, pp.327-332 (1976)
26) Prince, A. J., Details and results of spil experiments of cryogenic liquids onto land and water, SRD R324 (1985)
27) Ogiso, C., Takagi, N., and Kitagawa, T., On the Mechanism of Vapor Explosion, First Pacific Chemical Engng. Congress, Part 2, p.233 (1982)

3.2.7 爆発の予防
〔1〕 爆発災害防止の原則

爆発災害は産業災害の中でも社会的に大きなインパクトを与える災害であり, 爆発事故が起こると新聞, テレビなどで大きく報じられる。爆発事故の影響は大きく直接的影響と間接的影響に分類できる。

直接的影響は, 直接的な損害を与えることであり, 例えば死傷者を出したり, 施設・設備あるいは原材料・製品の破壊や焼損, 設備を運転不能にしたりすることである。間接的影響は, 爆発事故によって誘発される二次災害の発生, 原材料・製品の消失などによる損失, 施設・設備の再建・復旧費, 操業中断などによる利益損失, 賠償金などの経済的影響, 企業イメージの低下, 地域社会への影響, 同業種産業への影響等の社会的影響などがある。

爆発災害を防止するためには, 爆発現象を詳細に把握し, これが周辺にどのような効果を及ぼすかを知り, 災害防止に必要な適切な対策を講じなければならない。

爆発災害防止の原則は
(1) 災害に結び付くような異常爆発の発生の防止 (予防対策：prevention)
(2) 万一, 異常爆発があっても災害が生じない対策の実施 (防護対策：protection)
である。

前者の爆発予防対策は最も基本的な爆発災害防止対策であり, つぎのような対策がある。
① プロセスの爆発危険性の予知
プロセスの爆発危険性の調査を行い, 爆発危険性物質の存在や生成の可能性, 外力, 温度環境, 圧力, 振動, 化学変化などによる材料劣化やその他の危険性の増大を予知する。
② 爆発性物質の生成防止や除去, 反応暴走の防止
・爆発性化合物生成の可能性の除去
・酸化性物質と還元性物質の均一な混合の可能性の除去
・混触危険の可能性のチェックとその除去
・反応暴走防止のための制御システムの管理
③ 爆発性物質の不活性化
・爆発性物質の希釈
・爆発範囲外の組成を維持する制御システムの導入
④ 発火源の管理
裸火, 高熱物, 衝撃, 摩擦, 断熱圧縮, 自然発火, 化学反応, 電気エネルギー, 静電気, 電磁波, 放射線などが発火源とならないように管理する。
⑤ 高圧容器の破裂防止対策
・容器材料劣化防止対策
・検査, 点検
・安全弁
⑥ 爆発抑制対策
・火炎伝播阻止設備：フレームアレスタ, 自動遮断装置
・爆発抑制システム
・爆圧放散設備
⑦ その他の爆発危険増大因子の除去

爆発予防措置を講じても爆発事故の発生の可能性を皆無にすることが困難な場合が多い。防護は不幸にして爆発が起こった場合でも重要な設備や人に被害が生じないようにする対策である。防護の具体的な手法としては, 閉じ込め, 防爆壁や土塁による隔離, 保安距離などである。閉じ込めは爆発の影響を局部に閉じ込めるもので, 通常十分な強度を持った耐爆構造の部屋を作る必要があり, 経済性の問題もあり, 大きな設備には適用できない。防護壁や土塁による防護については問題ない方向に放爆面を設置し, 爆風や飛散物などを被害が発生しない方向に向けるものである。耐爆構造物や防爆壁が破壊するとこれが飛散物となり, 逆に凶器となるので, 設計や管理に十分注意が必要である。保安距離は施設のレイアウトの問題で, 爆発による被害想定を行い, 重要施設や工場の施設外は爆発による被害が生じない距離になるように配置することである。

〔小川輝繁〕

引用・参考文献

1) 新村出編, 広辞苑, 第二版補訂版, 岩波書店 (1976)
2) Webster's New International Dictionary with Reference History, Second edition, G & C Merrian Co. (1957)
3) Zabetakis, M. G., Bureau of Mines 1965 Bull. 627 (1965)
4) Strehlow, R. A. and Ricker, R. E., The blast wave from a bursting sphere, Loss Prevention, 10, p.115 (1976)

〔2〕 化学プラントの爆発

化学プラントの爆発は，装置内での爆発と装置外での爆発に分けられる。装置内での爆発の多くは，i）可燃性ガスや粉じんと，空気や酸素などとの爆発性混合気の爆発，ii）酸化反応や重合反応などの化学プロセスにおける暴走反応による爆発，iii）不安定物質による爆発などである。これらは化学反応に基づく爆発である。このほかに，高圧系から低圧系に高圧のガスが吹き抜けることで低圧系の容器などが破裂するという物理的な爆発もある。一方，装置外での爆発の多くは，装置から可燃性物質が漏洩，流出し，空気と混合することで形成される爆発性混合気の爆発である。

（a） 装置内での爆発

1） 爆発性混合気の爆発　化学プラントを構成する機器は，加圧下か減圧下のいずれかで運転されるが，加圧下で運転されることが多い。加圧下では外部から装置内への空気の流入により可燃性ガスと空気との爆発性混合気が形成されることはない。しかし，加圧下でも可燃性ガスが爆発可能な濃度範囲（爆発範囲）に近い運転条件下での酸化反応プロセスでは，制御系の故障などによる酸素濃度の上昇や可燃性ガス濃度の低下に伴い運転条件が爆発範囲に入ることで爆発性混合気が形成される可能性がある。このような爆発の防止にあたっては，運転温度・運転圧力における可燃性ガスの爆発範囲を把握した上で可燃性ガス濃度と酸素濃度を監視することが基本である。そして，正常な運転状態からの逸脱を早期に検知し，可燃性ガス，空気や酸素の供給停止，窒素やスチームなどの不活性ガスの緊急注入などを行うインタロックシステムや安全計装システムなどの設置が必要である。また，メンテナンスなどのために装置を大気開放した後は窒素やスチームによる空気のパージが不可欠である。パージ後は静置時間をおいた後に酸素濃度を測定し，酸素濃度が取り扱う可燃性ガスの限界酸素濃度より十分低いことを確認する必要がある。

2） 暴走反応による爆発　重合反応，縮合反応，付加反応，酸化反応，還元反応（水添反応など），ニトロ化反応，スルホン化反応，ハロゲン化反応，ジアゾ化反応，アルキル化反応，エステル化反応，加水分解，中和などのプロセスでは，正常な運転状態から逸脱すると暴走反応を起こすことがある。暴走反応とは，何かの原因で反応温度が上昇すると，反応速度が急激に増大して反応熱によってさらに温度が上昇し，それに伴い蒸発や分解が起こり，圧力が急激に上昇することといえる。これにより反応器が破壊されると，反応器の破片の飛翔，可燃性物質や毒性物質の大量放出などが引き起こされる。暴走反応の原因は，一般的にi）主反応の発熱速度，反応生成物の分解，不安定物質の副生成などに関する事前検討の不足，ii）原料や触媒の過剰供給，iii）不純物の混入，iv）冷却水の喪失，制御系の故障や誤操作などによる冷却不足，v）かくはん不良による局所的な蓄熱や反応不良などが挙げられる。

高圧ガス保安法のコンビナート等保安規則（以下「コンビ則」という）では，高圧ガス設備のうち著しい発熱反応または副次的に発生する二次反応により爆発等の災害が発生する可能性が大きいつぎの8種類の設備を特殊反応設備と定めている。i）アンモニア二次改質炉，ii）エチレン製造施設のアセチレン水添塔，iii）酸化エチレン製造施設のエチレンと酸素または空気との反応器，iv）シクロヘキサン製造施設のベンゼン水添反応器，v）石油精製における重油直接水添脱硫反応器，vi）石油精製における水素化分解反応器，vii）低密度ポリエチレン重合器（常用の圧力が15 MPa以下であるものを除く），viii）メタノール合成反応塔。その上で，コンビ則では，特殊反応設備には反応の状況を的確に計測し，かつ，温度，圧力および流量等が正常な反応条件を逸脱し，または逸脱するおそれがあるときに自動的に警報を発することができる内部反応監視装置を設けることを義務付けている。

また，取扱い物質と化学プロセスの危険特性，すなわち，i）主反応に関する項目として，反応を正常に行える温度・圧力の範囲，必要除熱量，原料や反応生成物の蒸発量，最高到達温度，鉄，鉄さび，水などの不純物との反応性，ii）反応生成物の分解に関する項目として，分解開始温度，分解ガスの発生量，最高到達圧力，分解ガスの毒性，iii）副次的に生成される不安定物質に関する項目として，爆燃や爆轟の起こしやすさと激しさなどを事前に評価した上で対策することが必要である。具体的には，i）バッチ処理からセミバッチ処理または連続処理への変更，ii）暴走反応早期検知システム，iii）反応停止剤，冷却剤，冷却水の緊急投入，iv）冷却システムの多重化，v）緊急放出設備，vi）反応器の設計圧力増し，vii）反応器の格納壁などが必要である。

過去にはつぎのような事故も発生している。i）塩化ビニルモノマー製造施設の塩酸塔還流槽における鉄さびが触媒となっての塩酸と塩化ビニルモノマーとの発熱反応に伴う爆発（2011年），ii）レゾルシン製造施設の酸化反応器における除熱不足による有機過酸化物の発熱分解に伴う爆発（2012年），iii）アクリル酸タンクにおける除熱不足によるアクリル酸の重合反応に伴う爆発（2012年）。これらは緊急措置などの通常は行わない運転における事故であった。このような運

転については非定常HAZOPなどで危険源を事前に特定しておくことが望ましい。

3) **不安定物質の爆発** 不安定物質とは常温よりそれほど高くない温度で発熱分解や燃焼を起こすような物質である。例として、過酸化物（有機過酸化物、過酸化水素など）、ニトロ化合物、ジアゾ化合物、アジ化物、ヒドロキシルアミン、アセチレン化合物、酸化エチレンなどが挙げられる。不安定物質は加熱、濃縮、衝撃、不純物混入などにより発熱分解を開始し、条件によっては発火して爆燃や爆轟を起こすことがある。不安定物質には取扱い上や輸送上、温度や濃度の管理、衝撃や不純物混入の防止などの適切な対策が必要である。

不安定物質の爆発の危険性の予知・予測にあたっては、実験や危険性評価プログラムにより爆燃や爆轟の起こりやすさと激しさなどを事前に評価することが必要であるが、物質の分子構造、酸素バランス、混合危険の組合せ、過酸化物を作りやすいかなどを予備的に評価することも必要である。また、化学プロセスによっては不安定物質が副次的に生成し蓄積することがあるため、事前に調査、実験しておく必要がある。

過去にはつぎのような事故も発生している。i) メタノール精留塔におけるメタノール水溶液中の過酸化メタノールの発熱分解に伴う爆轟（1991年）、ii) ヒドロキシルアミン再蒸留塔における高濃度ヒドロキシルアミン水溶液の発熱分解に伴う爆轟（2000年）。

4) **高圧のガスの吹抜けによる爆発** 化学プラントでは、液体とガスを保有した高圧容器から液面制御弁により液レベルを制御しながら低圧容器に液体を移送する工程が多く見られる。このような工程では、液面制御弁や制御システムの故障により液面制御弁が全開になると、高圧容器内の液レベルが急速に降下し、ついには液レベルが消失し高圧ガスが吹き抜けて低圧容器を破壊し爆発となることがある。これを防止する基本的な対策は、吹抜けで低圧容器に流入するガス量を放出できるサイズの安全弁を低圧容器に設置することである。また、液面制御弁とは別に緊急遮断弁を設置した上で、液レベルが異常低となったことを検知したらただちに緊急遮断弁を閉止するインタロックシステムなどを設置することも考えられる。

上記1)～4)の装置内での爆発は、おもに正常な運転状態から逸脱したときに発生するといえる。このような装置内の爆発の危険性の予知・予測にあたっては、i) 暴走反応や不安定物質などに関する知識、ii) 取扱い物質と化学プロセスの危険特性の事前評価、iii) 運転状態の異常を引き起こすさまざまな原因の特定、iv) 温度計、圧力計、濃度計などの適正配置と多重化などによる運転状態の異常の早期検知、v) 安全対策の目的と限界に関する理解などが基本となる。

(b) **装置外での爆発** 装置外での爆発は、装置から可燃性物質が漏洩、流出することで爆発性混合気が形成され、それが何らかの原因で着火して爆発するものが多い。代表的な漏洩箇所としては、配管のフランジ継手部、ポンプのシール部、ドレン弁などが挙げられるが、配管や装置の腐食（コロージョン）、浸食（エロージョン）に基づく場合もある。

装置外での爆発の危険性の予知・予測にあたっては、可燃性物質の漏洩、流出の早期検知が基本であり、現場での巡回点検、ガス検知器の設置などが挙げられる。また、取扱い物質が漏洩、流出した場合の挙動を事前に推定または計算しておく必要がある。漏洩し拡散するガスが空気より軽いか重いか、また液体として漏洩した場合はフラッシュや入熱による蒸発をしやすいか否かなどにより、可燃性ガスの着火危険範囲は異なる。空気より軽いガスは上方へ拡散するが、空気より重いガスは地上をはうように拡散する。空気より重いガスは側溝などに入り込み、漏洩箇所から離れた思いがけない場所で着火して爆発することもある。装置外での爆発の防止にあたっては、i) 漏洩箇所の削減、ii) 漏洩の早期検知、iii) 漏洩した可燃性ガスの着火危険範囲の予測、iv) 滞留箇所の排除、v) 爆発圧力の増大を招く密閉空間や密集空間の軽減などの対策が必要である。

〔3〕 **漏洩量の低減**

化学プラントは、高圧ガスや危険物を保有する塔槽類や反応器などと、液体またはガスを移送するポンプやコンプレッサなどとが配管で連結されている。そのため、機器の損傷や配管の破断などによる漏洩、過充填などによる塔槽類からのオーバフロー、反応器での異常反応などが発生すると、火災や爆発につながることがある。化学プラントの潜在危険の大きさは、i) 高圧ガスや危険物の保有量、ii) 運転温度・運転圧力の過酷さ、iii) 発熱量の大きな反応の有無などに依存する。

爆発の防止や災害の拡大防止にあたっては、化学プロセスそのものに対する安全設計、設備のレイアウト、防消火設備の在り方などを総合的に検討することが必要であるが、以下のような対策も必要である。

i) 個々の設備や複数の設備群が保有する高圧ガスや危険物の量を可能な限り少なくする（保有量の少量化）。

ii) ある設備の異常や事故を他の設備に波及させないために、また、漏洩時に漏洩量を低減するために、設備間を遮断して物理的に切り離す（緊急遮断装置）。

3. 火災爆発

ⅲ) 設備内の内容物を設備外に緊急かつ安全に移送し処理する（緊急移送処理設備）．

(a) **保有量の少量化** 潜在危険の大きさは，設備内の高圧ガスや危険物の保有量に比例するため，塔槽類や反応器などの個々の保有量は必要以上多くせず，可能な限り少なくすることが本質的な安全対策である．また，設備群としても災害の拡大防止の観点から一定規模に区分けして設置する．

高圧ガス保安法のコンビナート等保安規則（以下「コンビ則」という）またはコンビナート等保安規則関係例示基準（以下「コンビ則関係例示基準」という）では，以下などを義務付けている．

ⅰ) コンビ則が定める特定製造事業所の高圧ガス設備は保安区画（20 000 m² 以下）に区分する．

ⅱ) 保安区画内の高圧ガス設備（配管を除き，当該高圧ガス設備と同一の製造施設に属する可燃性ガスのガス設備を含む）は，その外面から隣接する保安区画内にある高圧ガス設備に対し 30 m 以上の距離を有する．また，その燃焼熱量の数値（コンビ則が定める K と W について，それらの値の積をガスの種類ごとに算出し，それらを合計したものに $4.186\,05 \times 10^3$ を乗じて得られた値）は 2.5 TJ 以下とする．

(b) **緊急遮断装置** 化学プラントの代表的な漏洩箇所には，ポンプやコンプレッサのシール部，配管，フランジ，バルブ，サンプリングノズル，フレキシブルホースなどが挙げられるが，漏洩が発生した際には漏洩量を低減することが必要である．また，ある設備に異常や事故が発生した際には他の設備への波及を防止することも必要である．そこで，緊急遮断装置がつぎの目的で設置される．ⅰ) 異常時や事故時に設備間を遮断して異常や事故の波及を防止する，ⅱ) 漏洩時に他の設備からの流入や逆流を遮断して漏洩量を低減する，ⅲ) 緊急移送時に他の設備からの流入や逆流を遮断して緊急移送を早期に完了するなど．

コンビ則関係例示基準では，以下の設備に緊急遮断装置の設置を義務付けている．

ⅰ) アンモニア二次改質炉，エチレン製造施設のアセチレン水添塔，石油精製における重油直接水添脱硫反応器，石油精製における水素化分解反応器などの 8 種類の特殊反応設備（3.2.7項〔2〕参照）

ⅱ) 燃焼熱量が 2.5×10^{11} J 以上または停滞量が 100 t 以上の高圧ガス設備，停滞量が 30 t 以上の毒性ガスの高圧ガス設備，停滞量が 100 t 以上の酸素の高圧ガス設備

ⅲ) 二つ以上の高圧ガス設備については燃焼熱量の合計または停滞量の合計が上記ⅱ) の数値以上とならない工程の区分ごと

ⅳ) 内容積が 5 000 L 以上の可燃性ガス，毒性ガス，酸素の液化ガスの貯槽

その上で，コンビ則またはコンビ則関係例示基準では，緊急遮断装置について以下などを義務付けている．

ⅰ) 緊急遮断装置は，計器室において操作できるまたは自動的に遮断できること．

ⅱ) 緊急遮断装置は，その遮断により，遮断装置および接続する配管においてウォータハンマを生じないような措置を講じる．

ⅲ) 緊急遮断装置は，貯槽の元弁の外側のできる限り貯槽に近い位置または貯槽の内部に設けるものとし，貯槽の元弁と兼用しない．

ⅳ) 緊急遮断装置の遮断操作を行う位置は，当該貯槽から 10 m 以上離れた位置（防液堤を設けてある場合にあっては，その外側）であり，かつ，予想される液化ガスの大量流出に対し十分安全な場所にあること．

(c) **緊急移送処理設備** 緊急移送処理設備とは，設備に異常が発生したり火災にさらされたりした際に災害の拡大防止のために設備内の内容物を設備外に緊急かつ安全に移送し処理する設備である．

コンビ則では，高圧ガス設備のうちつぎの設備に緊急移送設備の設置を義務付けている．ⅰ) 特殊反応設備，ⅱ) 燃焼熱量が 50.2 GJ を超える高圧ガス設備（貯槽を除く），ⅲ) 緊急時の遮断の措置を講じた製造の主要な工程に属する高圧ガス設備のうちいずれか一つのもの．ただし，緊急移送を行うことが保安上好ましくない場合は除く．その上で，コンビ則関係例示基準では，緊急移送設備について以下などを義務付けている．

ⅰ) 移送した内容物をつぎの方法により処理する．フレアスタックで安全に燃焼させる．除害した後安全に廃棄する．安全な場所に設置した貯槽等に一時的に移送する．ベントスタックで安全に放出させる．

ⅱ) 緊急移送設備には，高圧ガスを放出または移送する場合における減圧等により，空気が流入することを防止する措置を講ずる．

ⅲ) 緊急移送設備には，配管内にドレンの滞留を防止する措置を講ずる．

ⅳ) 2 種類以上の高圧ガスを移送する場合は，移送する高圧ガスの種類，量，性状，温度，圧力等により移送時の混合による異常反応，凝縮，沸騰，逆流等を考慮して移送する． （上田邦治，高木伸夫）

〔4〕 **爆発放散口**
密閉構造物の内部でガス爆発や粉じん爆発が発生し

た際に，構造物の一部に強度的に弱い部分を設けておき，そこから爆発により発生したガスを放散することにより，構造物の破壊を防止することができる。爆発放散口はこの原理を利用したもので，可燃性ガスや粉体を取り扱うサイロや穀物エレベータ，乾燥機，脱臭装置などに設置される。図3.2.51 は爆発放散口の効果を概念的に示したものである。すなわち，爆発放散口が設置されていない装置では，装置内圧力は密閉系での爆発最高圧力まで到達するが，爆発放散口を設置した場合には，放散口は設定破裂圧力で作動を開始し，きわめて短時間で全開し，装置内の上昇圧力を低く抑えることができる。

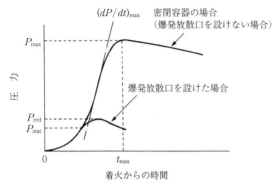

図 3.2.51　爆発放散口の効果

爆発放散口の設計法に関しては，NFPA 68（1994）と VDI 3673（1992）を参考として 1998 年に産業安全研究所（当時）が「爆発圧力放散設備技術指針」を公表した。その後 NFPA 68 が 1998 年，2002 年に改訂されたことを受けて同研究所は 2005 年に改訂版[1]を公表しているので，その内容を以下に概説する。

(a)　爆発放散口の設計の基本的な手順

①　可燃物の種類と爆発特性値，装置の強度と形状，装置の運転・使用条件などに応じて，規定の方法により，装置の内容積，放散圧力およびベントカバーの静的作動圧力を基に，爆発圧力の安全な放散に必要な放散面積を求める。

なお，これらの因子相互の関係を利用すれば，放散面積から放散圧力を求めることなども可能であり，放散面積がある大きさに制限される場合に，装置に要求される強度を逆算することもできる。

②　爆発圧力を直接大気中に放散することができず，やむを得ず放散ダクトを設ける場合には，放散ダクトの影響を考慮して放散面積に補正を加える。

③　所要の構造・機能を有するベントカバーを設計する。

(b)　用語と記号

①　爆発指数（K_G, K_{St}）

爆発指数とは，可燃性ガスまたは粉体の爆発の激しさを表す指数で放散面積算出にあたって重要なパラメータである。爆発指数は爆発実験で最大圧力上昇速度を測定することにより式（3.2.27）で求められる。

可燃性粉じんと可燃性ガス・蒸気について，爆発指数などの例を表3.2.22，表3.2.23 に示す。

表 3.2.22　可燃性粉じんの爆発指数の例

粉じん	粒子径	P_{max}	K_{St}	St
小麦粉	22	9.9	115	1
コルク	42	9.6	202	2
コーンスターチ	7	10.3	202	2
砂糖	30	8.5	138	1
セルロース	33	9.7	220	2
大豆粉	20	9.2	110	1
脱脂ミルク	60	8.8	125	1
トウモロコシ	28	9.4	75	1
木粉	29	10.5	205	2
活性炭	28	7.7	44	1
木炭	14	9.0	10	1
亜鉛	<10	7.3	176	1
アルミニウム	29	12.4	415	3
マグネシウム	28	17.5	508	3
アジピン酸	<10	8.0	97	1
アントラキノン	<10	10.6	364	3
硫黄	20	6.8	151	1
エポキシ樹脂	26	7.9	129	1
低圧ポリエチレン	<10	8.0	156	1
フェノール樹脂	<10	9.3	129	1
ポリアクリル酸メチル	21	9.4	269	2
ポリ塩化ビニル	107	7.6	46	1
ポリプロピレン	25	8.4	101	1
メラミン樹脂	18	10.2	110	1

〔注〕　粒子径：質量基準の中位径〔μm〕，P_{max}：〔×10^2 kPa〕，K_{St}：〔×10^2 kPa・m/s〕
St：粉じん爆発の危険等級

表 3.2.23　可燃性ガス・蒸気の爆発指数の例

ガス・蒸気	P_{max}	K_G
アセチレン	10.6	1 415
アセトフェノン	7.6	109
エタン	7.8	103
エチルアルコール	7.0	78
ジエチルエーテル	8.1	115
水素	6.8	550
トルエン	7.8	94
ネオペンタン	7.8	60
ブタン	8.0	92
プロパン	7.9	100
ペンタン	7.8	104
メタン	7.1	55
メチルアルコール	7.5	75

〔注〕　P_{max}：〔×10^2 kPa〕，K_G：〔×10^2 kPa・m/s〕

3. 火災爆発

$$K = \left(\frac{dP}{dt}\right)_{\max} V^{1/3} \quad [\times 10^2 \text{ kPa} \cdot \text{m/s}]$$
(3.2.27)

ここで，V：容器容積〔m³〕，K：爆発指数で，可燃性ガスの爆発にはK_G〔$\times 10^2$ kPa·m/s〕，可燃性粉じんの場合にはK_{St}〔$\times 10^2$ kPa·m/s〕で示される。

② 装置の長さと内径の比 L/D

装置の中心軸（主軸）に沿って装置形状が変化しない場合，容積の最長の寸法（高さに等しい場合もある）を装置の長さL〔m〕とし，内径D〔m〕に対する装置の長さL〔m〕の比をいう。装置の形状にかかわらず$L \geqq D$の関係にあるとする。円筒形以外の装置では，相当径D_Eを内径とみなす。

③ 最大圧力上昇速度 $(dP/dt)_{\max}$ 〔$\times 10^2$ kPa/s〕

可燃物と空気との混合組成を変化させて，耐圧密閉容器中での爆発により発生する爆発圧力上昇速度の最大値をいう。

④ 最大爆発圧力 $P_{\max}$ 〔$\times 10^2$ kPa〕

可燃物と空気との混合組成を変化させて，耐圧密閉容器中での爆発により発生する爆発圧力の最大値をいう。通常は，初期圧力が標準大気圧のときの発生圧力をいい，特に断らない限り，初期圧力との差で示す。

⑤ 静的作動圧力 P_{stat} 〔$\times 10^2$ kPa〕

静的な圧力によってベントカバーが作動して開口が生じるときの圧力をいう。

⑥ 装置の強度

装置が耐え得る圧力をいう。爆発放散口を設置できる装置の強度は0.1×10^2 kPa以上であることが必要である。

⑦ 相当径 D_E 〔m²〕

断面が円でない場合に用いる代表寸法。つぎの幾何学的な関係式から求める。
$$D_E = 2(A/\pi)^{1/2} \quad A：装置の断面積〔m^2〕$$

⑧ 放散圧力 P_{red} 〔$\times 10^2$ kPa〕

爆発放散口が作動して圧力を放散した際に装置に加わる圧力の最大値をいう。装置は，少なくともこの圧力に耐える強度を有することが必要である。

⑨ 放散面積 A_V 〔m²〕

爆発圧力放散のための開口の面積（設計値）をいう。なお，薄板が破れることにより放散を行う場合は，爆発により生ずる開口の実質的な面積（有効面積）をいう。

(c) 一般装置に設ける爆発放散口の放散面積

ここで対象とする一般装置とは，その装置のL/Dが可燃性ガスについては5以下，粉じんについては6以下であり，かつ0.1×10^2 kPa以上の圧力に耐えられる通常の装置，容器，ダクトなどをいう。

初期条件としてガス爆発の場合は，つぎをすべて満たす場合に適用できる。

a　着火の時点で装置内に初期乱れがない。
b　乱れを生ずるような内在物がない。
c　着火源のエネルギーが10 J以下である。
d　通常の運転・使用中における装置内の圧力は大気圧である。
e　初期圧力が大気圧$\pm 0.2 \times 10^2$ kPaの範囲内にある。

なお，a，b，d，eを満たしていないときは，それぞれ補正を加えることにより適用できる場合がある。

粉じん爆発の場合は，上記のうちのeを満たす場合に適用できる。

ハイブリッド混合物の場合は，可燃性ガス・蒸気と粉じんの成分比がいずれかに大きく偏っていれば，優位の成分のみであるとみなしてよい。そうでない場合は，可燃性ガス・蒸気と粉じんのうちで，最大圧力上昇速度が大きい方に対する計算式を適用する。

なお，ハイブリッド混合物では，ガスと粉じんがどちらも単独では爆発下限界濃度であるが，混合により両者が補い合って爆発が起きる場合がある。この場合は，実験によってK_GあるいはK_{St}値を得て，その値を適用する。

① L/Dが2以下で，可燃性ガス・蒸気の場合
$$A_V = \{(0.127 \log_{10} K_G - 0.0567)P_{red}^{-0.582} + 0.175 P_{red}^{-0.572}(P_{stat} - 0.1)\}V^{2/3} \quad [\text{m}^2]$$
(3.2.28)

ただし，$K_G \leqq 550 \times 10^2$ kPa·m/s，$P_{red} \leqq 2 \times 10^2$ kPa，$0.1 \times 10^2 \text{ kPa} \leqq P_{stat} \leqq 0.5 \times 10^2$ kPaとする。

② L/Dが2を超え5以下で，可燃性ガス・蒸気の場合

式(3.2.28)により算出したA_Vを使い，次式の増分ΔAを求め，元のA_Vに加える。
$$\Delta A = [A_V K_G \{(L/D) - 2\}^2]/750 \quad [\text{m}^2]$$
(3.2.29)

③ L/Dが2以下で，粉じんの場合
$$A_V = (8.535 \times 10^{-5})(1 + 1.75 P_{stat})K_{St} V^{0.75}\{(1 - \Pi)/\Pi\}^{1/2} \quad [\text{m}^2]$$
(3.2.30)

ここで，$\Pi = P_{red}/P_{stat}$である。

ただし，$5 \times 10^2 \text{ kPa} \leqq P_{\max} \leqq 12 \times 10^2$ kPa，10×10^2 kPa·m/s $\leqq K_{St} \leqq 800 \times 10^2$ kPa·m/s，$0.1 \times 10^2 \text{ kPa} \leqq P_{stat} \leqq 0.5 \times 10^2$ kPaとする。

④ L/Dが2を超え6以下で，粉じんの場合

式(3.2.30)により算出したA_Vを使い，次式の増分ΔAを求め，元のA_Vに加える。
$$\Delta A = 1.56 A_V \{(1/P_{red}) - (1/P_{\max})\}^{0.65} \log_{10}\{(L/D) - 1\} \quad [\text{m}^2]$$
(3.2.31)

（d） パイプおよびダクトなどに設ける爆発放散口の設計

① パイプおよびダクトなどの装置に対しては，その装置の断面積以上の放散面積を有する爆発放散口を，複数設けることを基本とする。爆発放散口の位置は，装置の長さ方向に均等に配置することを基本とする。

② 複数の装置がパイプおよびダクトなどで接続されている場合は，いずれかの装置で起きた爆発が装置相互間に伝播するのを防止するために，爆発放散口とは別に，高速遮断弁などの爆発遮断装置を設けることが望ましい。

③ 放散面積は，設置する爆発放散口の数にかかわらず，それぞれの放散面積は装置の断面積以上とする。もし装置の断面積以上とできない場合には，放散面積を分割した爆発放散口とすることができる。

④ ベントカバーの静的作動圧力は，可能な限り低くし，最大でも放散圧力の1/2を超えてはならない。

⑤ 具体的な爆発放散口の最大設置間隔は図を用いて求めるが，同図は省略するので，引用・参考文献1）を参照すること。

（e） 設置にあたっての留意点

爆発放散口は，爆発発生時に確実に作動することが必要である。また，爆発圧力を装置外部に放散するときに人や設備に危害を加えてはならず，設置にあたっては以下の点に留意する。

① 雪，氷，粘着性のある物質，ポリマーなどの沈積による影響がないようにすること。

② ベントカバーはできるだけ軽量のものを使用し，単位面積当りの質量は，特例を除き，12.2 kg/m^2以下とすること。

③ 材質はプロセスで取り扱っている物質やプロセス条件に耐えること。

④ 想定される内圧の変動や振動，機械的応力に耐えること。

⑤ 点検および保守を適切に行い，機能を維持すること。

⑥ 作動した際には，火炎や高温の燃焼生成ガス，未燃焼物が放散されるので，放散口の周辺は立入禁止区域とし，飛散物のおそれがある場合は保護ガードを設置すること。

⑦ 爆発放散口を設ける装置を室内に設置する際は，直接室外に放散できるように建物の内壁に接して設置することが望ましい。

⑧ 内壁に接して設置できない場合は，放散ダクトを介して室外に放出する。放散ダクトは少なくとも爆発放散口の開口の大きさ以上とし，できるだけ短く，かつ，曲がり（ベンドなど）がないまっすぐなものとする。その上で，長さに応じて放散圧力を補正すること。　　（板垣晴彦，高木伸夫）

引用・参考文献

1) 産業安全研究所，爆発圧力放散設備技術指針（改訂版），NIIS-TR-No.38（2005）

〔5〕 遮蔽・隔離・防爆壁[1]

爆発の危険性のある物質や容器を取り扱う場合，周囲の建造物，および人畜への被害を防ぐため，種々の防護策を講じる必要がある。最善の防護策とされているのは爆源から保安物件を十分離すことである。爆発の危険性のある施設に対しては，高圧ガス保安法や火薬類取締法により定められた保安距離の確保が義務付けられている。

防爆壁は爆発の起こった場合の被害の防止もしくは軽減を図るものであり，コンビナート等保安規則第5条第1項の可燃性ガスの製造施設の保安距離において防爆壁を設けた施設に対しては保安距離の短縮が認められている。ただし，防護壁は用地の取得，施設の移転などがきわめて困難な場合，経済産業大臣が適切と認める構造および場所に設置されるものに限られている。火薬類の場合は，実験結果に基づき土堤で囲むことにより貯蔵量や保安距離の規制が緩和されている。

高圧ガスの場合は圧縮機と充填する容器との間に障壁を設けることが規定されている。圧縮水素スタンドでは，圧縮機，蓄圧器，液化水素貯槽，送ガス蒸発器などとディスペンサとの間に障壁を設置することが規定されている。

防爆壁の公式設計基準は明確に規定されていないが，想定される爆風圧に耐え得る構造で飛散物の防止に十分な構造であることが要求される。

〔6〕 保安距離[2]

保安距離は製造，貯蔵，消費の各段階での爆発性物質の爆発危険性と想定される保安物件に対して定められる。火薬類取締法では保安物件を第一種から第四種まで四つに分類し，スケール則により火薬量W〔kg〕の立方根に比例した保安距離D〔m〕$= K_e W^{1/3}$を定めている。

この場合の比例定数Kは，火薬庫の爆薬の最大貯蔵量に対しては第一種保安物件（国宝，市街地，学校，病院など）では$K_e = 16$，第二種保安物件（村落の家屋，公園など）に対しては$K_e = 14$（10：土堤が

ある場合），第三種保安物件（家屋，鉄道，工場など）に対しては $K_e=8(5)$，第四種保安物件（国道，府県道，高圧電線など）に対しては $K_e=5(4)$ となっており，火薬庫の屋頂の 5/4 以上の高さの土堤が設置されている場合は K_e 値が小さくとられている。

保安距離は爆風と飛散物のいずれかのうち大なる方をとるとともに，飛散物は保安距離が確保されていたとしても不慮の重大事故を起こす可能性があるので注意が必要である。

高圧ガスの場合は通常の設備（一般高圧ガス保安規則＝略して一般則）と大規模設備（コンビナート等保安規則＝略して，コンビ則）で異なる。一般則適用の通常の設備では，一般則第6条第1項第2号になり，第一種保安物件（学校，公共施設等）に対しては，貯蔵能力（圧縮ガスは m^3，液化ガスは kg）または処理能力（m^3）に対応する距離（m）で決めているが，それを X として，可燃性ガスと毒性ガスの設備の場合は下記の L1，酸素の設備の場合は L2，その他のガスの設備の場合は L3 の値になる。

1. $0 \leq X < 10\,000$
   → L1 $= 12\sqrt{2}$
   L2 $= 8\sqrt{2}$
   L3 $= \left(\dfrac{16}{3}\right)\sqrt{2}$

2. $10\,000 \leq X < 52\,500$
   → L1 $= \dfrac{3}{25}\sqrt{X+10\,000}$
   L2 $= \dfrac{2}{25}\sqrt{X+10\,000}$
   L3 $= \dfrac{4}{75}\sqrt{X+10\,000}$

3. $52\,500 \leq X < 990\,000$
   → L1 $= 30$
   可燃性ガス低温貯槽では，$\dfrac{3}{25}\sqrt{X+10\,000}$
   L2 $= 20$
   可燃性ガス低温貯槽では，$\dfrac{2}{25}\sqrt{X+10\,000}$
   L3 $= 13(1/3)$

4. $990\,000 \leq X$
   → L1 $= 30$，可燃性ガス低温貯槽は，120
   L2 $= 20$，可燃性ガス低温貯槽は，80
   L3 $= 13/(1/3)$

第二種保安物件（一般家屋）に対しては，可燃性ガスと毒性ガスの設備の場合は，上記の L2 が適用され，酸素の設備の場合は上記の L3 が適用される。その他のガスの設備の場合は下記の L4 が適用される。

$0 \leq X < 10\,000$
→ L4 $= \dfrac{32}{9}\sqrt{2}$

$10\,000 \leq X < 52\,500$
→ L4 $= \dfrac{8}{225}\sqrt{X+10\,000}$

$52\,500 \leq X < 990\,000$
→ L4 $= 8(8/9)$

$990\,000 \leq X$
→ L4 $= 8(8/9)$

コンビ則適用の設備の場合は，第5条第1項第2号により，設備の保安距離は保安物件に対して，最短で 50 m で，以下の式で求まる距離を必要としている。
ホプキンソンの 3 乗根法則より

$$X = 0.480(KW)^{1/3}$$

ここで，X：距離〔m〕，K：ガスの種類および常用の温度の区分に応じて別表第二に掲げる数値，W：貯蔵設備または処理設備の区分に応じてつぎに掲げる数値で，貯蔵設備では，液化ガスの貯蔵設備では貯蔵能力（トン）の数値の平方根の数値，圧縮ガスの貯蔵設備では貯蔵能力（m^3）をそのガスの常用温度圧力におけるガスの質量（トン）に換算して得られた数値の平方根の数値とする。

処理設備では，設備内に滞留するガスの質量（トン）の数値とする。

K は貯槽や反応器の温度圧力を考慮している。0.480 という係数は爆風圧の値から決めている。この式の根拠については資料[4]を参考にされたい。

2013（平成25）年に消防庁から出されたコンビナート防災アセスメント指針[5]がある。東日本大震災による被害を考慮して改訂されたもので，ファイアボールや爆発，放射熱，飛散物，拡散式による有害ガスに対する保安距離の新しい考え方が出ており，参考にされたい。

火薬は燃料と酸素が混合された状態であるが，ガスの場合は拡散による混合状態で燃焼・爆発である。爆発の爆風被害と同等の被害を与える TNT 重量（kg）を TNT 当量という。単位重量当りの可燃性ガスの TNT 当量は水素ガスで 20，プロパン，エチレンで 10 程度に換算される。漏洩した可燃性ガスの爆発事故では被害状況から TNT 当量の換算率は 0.1 程度またはそれ以下と推定されている。したがって漏洩量の 1% 程度が爆発すると推定される[6]。

(田中克己，堀口貞茲)

引用・参考文献

1) 田中克己，防爆壁，高圧ガス，20，p.498，高圧ガ

ス保安協会（1983）
2) 火薬類取締法
3) 一般高圧ガス保安規則
4) 難波桂芳監修，爆発防止実用便覧，サイエンスフォーラム（1983）
5) 消防庁特殊災害室，石油コンビナートの防災アセスメント指針（2013年3月）
http://www.fdma.go.jp/neuter/about/shingi_kento/h24/sekiyu_eikyohyoka/houkokusho/houkokusho_assessment.pdf（2018年10月現在）
6) 疋田強，燃焼・爆発入門，高圧ガス，15，p.550，高圧ガス保安協会（1978）

3.2.8 防爆電気機器

産業用電気機器の中には，電気火花を発する部分や高熱となる部分を持ち，可燃性ガス・蒸気または粉じんが存在する環境（以下，危険場所という）で使用するとこれに着火して爆発・火災を生じるものがある。危険場所においても着火源とはならない構造を持つ電気機器を防爆電気機器という。わが国では，労働安全衛生法および関連法令によって，危険場所では防爆電気機器を使用することが義務付けられており，防爆電気機器は防爆電気機械器具構造規格（以下，構造規格という）に適合することが国家検定によって確認されたもの（検定合格品）でなければならない。

防爆機器の検定は長らく構造規格によってきたが，世界的には国際電気標準会議（IEC）規格（IEC 60079シリーズ）に準拠した電気機器が主流であるので，これらの輸入および国内生産を促進するため，現在では，IEC規格を原則的に採用した国際整合防爆指針[1]に基づく検定も認められている。したがって，国内にはこの2系統の防爆電気機器が存在する。

〔1〕 防爆電気機器に用いられる防爆構造

防爆電気機器の防爆性能は，つぎのいずれかの原理で達成される。
① 電気機器の火花または高熱部を，可燃性物質と接触しないように隔離する。
② 電気機器の内部に可燃性物質が侵入し，着火したとしても，その火炎が外部に漏れて，爆発性雰囲気に伝播しないように，火炎を逸走させない隙を持つ堅ろうな容器内に収容する。
③ 電気機器から放出される放電エネルギーおよび温度を，爆発性雰囲気に対して着火性を持たないレベルまで抑制する。

さらに，防爆電気機器は，それが使用されている期間（通常10年以上）にわたって故障，衝撃火花，静電気帯電，その他の外乱要因が発生したとしてもその防爆性能を維持する必要がある。したがって，機械的強度，耐腐食性，材料組成，耐光性，静電気的特性などについても，一般機器よりも厳しい要件が課されている。現時点では，国内で検定対象になっている防爆構造は**表3.2.24**に示すとおりである。

表3.2.24 防爆構造の種類と概要

防爆構造	概　要
耐圧防爆	内部で発生した爆発に耐え，かつ，火炎を外部に伝播しない特別な容器の中に，着火源となる電気機器を収容した構造。
内圧防爆	着火源となる電気機器を容器に収容し，その容器内部に空気，窒素などの不燃性ガスを所定の圧力で封入または流通させ，可燃性物質の侵入を防止する構造。
油入防爆	着火源となる部分を絶縁油内に浸し，外部の爆発性雰囲気と分離する構造。
安全増防爆	通常の動作・運転中には着火源（電気火花，高温部）を生じないように電気回路を工夫し，構造を強化したもの。
本質安全防爆	電気回路から発生する電気火花が，周囲の爆発性雰囲気に対して着火性を持たない程度のエネルギーに制限する構造。
樹脂充塡防爆	着火源となる部分を絶縁性コンパウンド（熱硬化性樹脂，熱可塑性樹脂，エポキシ樹脂またはエラストマー材料）の中に封入した構造。
非点火防爆	電気機器の通常の運転時および特定の故障時に着火源とはならない機器について，防爆性能を高めたもの。
粉じん防爆	粉じんの侵入しない容器の内部に電気機器を収容する構造。
特殊防爆	新しい原理による防爆技術，新しい構成・材料等の進歩を取り入れた防爆技術等に基づく構造を持ち，試験で防爆性が確認されたもの。

〔2〕 対象となる可燃性ガス・蒸気および粉じん

構造規格で対象とするガス・蒸気は，その火炎が試験装置の細隙を通り抜ける能力によって爆発等級1～3に分類される。IEC規格でも同様の考え方で，グループIIA～IICに分類される[2]。より小さな隙を通り抜ける火炎のガスほど爆発の威力が大きく，かつ，小さな放電エネルギーで着火する傾向がある。一方，粉じんは，構造規格では爆燃性粉じんと可燃性粉じんとに分類される。前者に含まれるものは，アルミニウム，マグネシウムなど一部の金属粉であり，単に爆発の威力が大きいだけでなく，電気機器の内部に侵入すると回路をショートさせて発火するなど機器に対する影響も大きいものであるので，防爆構造上は，防じん性能により厳しい要件が課されている。IEC規格では，粉じんはグループIIIA～IIICに分類されている。IIIAは糸くずなどの浮遊物，IIIBは非導電性粉じん

（抵抗率 $1.0\times10^3\,\Omega\cdot m$ 超），そして IIIC は導電性粉じん（抵抗率 $1.0\times10^3\,\Omega\cdot m$ 以下）である。このように，構造規格と IEC 規格とでは物質の分類方法に若干違いがあるので防爆電気機器の選択にあたっては，対象とする物質がどの分類に該当するものか知っておく必要がある。

〔3〕 **危険場所の分類および使用可能な防爆電気機器**

構造規格では，危険場所は，爆発性雰囲気となる頻度または時間によって特別危険箇所（常時または頻繁に爆発性雰囲気となる），第一類危険箇所（ときどき爆発性雰囲気となる）および第二類危険箇所（頻度が低くかつ短時間）に分類される。産業現場での危険場所の決定にあたっては，可燃性物質の放出の度合い，放出源からの距離，換気条件，リスクの大きさ等を総合的に勘案して適切に行う必要があるので専門家の助言を得て，または文献 3) を参考に実施することが望ましい。

危険場所は，IEC 規格では Zone 0, 1 および 2 に分類（粉じんは Zone 20, 21 および 22）されるが，それぞれ特別，第一類および第二類危険箇所に対応しており，定義も一致している。当然，特別危険箇所（Zone 0）に対応する機器には，特に，故障状態となっても着火源とならない厳しい技術的対策が求められる。構造規格では，防爆構造ごとに対応する危険場所が定められている。一方，IEC 規格に準拠する機器には，その危険場所で使用できるものであるかは，機器表示に含まれる機器保護レベル（EPL）によっても識別できる。これらの関係を**表 3.2.25** に示す。

(注) 特別危険箇所に対応する機器は，第一類および第二類危険箇所でも，また，第一類危険箇所に対応する機器は第二類危険箇所でも使用できる。

〈山隈瑞樹〉

表 3.2.25 防爆構造と使用できる危険場所の関係

防爆構造	構造規格準拠	国際整合防爆指針（IEC 規格）準拠
耐圧防爆	第一類危険箇所	EPL Ga は Zone 0, Gb は Zone 1, Gc は Zone 2
内圧防爆	第一類危険箇所	EPL Gb は Zone 1, Gc は Zone 2
油入防爆	第一類危険箇所	EPL Gb は Zone 1, Gc は Zone 2
安全増防爆	第二類危険箇所	EPL Gb は Zone 1, Gc は Zone 2
本質安全防爆	ia は第一類危険箇所，ib は第二類危険箇所	EPL Ga は Zone 0, Gb は Zone 1
樹脂充塡防爆	ma は第一類危険箇所，mb は第二類危険箇所	EPL Ga は Zone 0, Gb は Zone 1
非点火防爆	第二類危険箇所	EPL Gc は Zone 2
粉じん防爆	特殊粉じん防爆構造は爆燃性粉じん危険場所，普通粉じん防爆構造は可燃性粉じん危険場所	EPL Da は Zone 20, Db は Zone 21, Dc は Zone 22
特殊防爆	検定に合格した防爆性能による	検定に合格した防爆性能による

引用・参考文献

1) 労働安全衛生総合研究所技術指針，工場電気設備防爆指針（国際整合技術指針），JNIOSH-TR-46 (2015)
2) IEC 60079-10-1, Explosive atmospheres-Part 10-1 : Classification of areas-Explosive gas atmospheres (2015)
3) 労働安全衛生総合研究所技術指針，ユーザーのための工場防爆設備ガイド，JNIOSH-TR-No.44 (2012)

3.2.9 圧力放出設備

圧力放出設備は，ボイラ，圧力容器，タンクなどの機器や配管などを過剰圧力による破壊から保護するための設備である。

〔1〕 **圧力放出設備の種類**

安全弁，破裂板，ブリーザバルブ，緊急脱圧弁などがある。

(a) **安 全 弁** 安全弁（safety valve）は，通常，ガス，ベーパ，気液二相流などの圧縮性流体に使用され，弁上流の流体圧力で作動し瞬時に全開する特性を持つ。逃し弁（relief valve）は，おもに液体すなわち非圧縮性流体に使用され，弁上流の流体圧力で作動し流体圧力の増加に比例して弁が開く特性を持つ。安全逃し弁（safety relief valve）は，使用条件に応じて安全弁または逃し弁として使用できる。通常，安全弁というと上記の 3 種類の弁を総称することも多い。

(b) **破 裂 板** 破裂板（rupture disc）は，所定の圧力で破裂して開口する金属または非金属の耐食材料製の平形またはドーム形の円板であり，フランジ部に専用のホルダで挟む形で設置される。機器や配管などが過剰圧力や負圧により破壊することを防止するために使用されるが，特につぎのような場合に適している。i）機器や配管内での爆発や異常反応などによる急激な圧力上昇に対して安全弁では追従できない場合，ii）安全弁からの流体のわずかな漏れも許されない場合，iii）高粘性流体やスラリーの放出の場合，iv）腐食性流体の放出に対して安全弁と併用し，その安全弁が常用時に腐食性流体に接することを防ぐ場合。

（c） ブリーザバルブ　ブリーザバルブは，大気との間で吸排気を自力で行う機構を持つ弁である。内圧が低い石油タンクなどが内容物の受入れや払出し，昼夜の温度変化などによる圧力変動で破壊することを防止するためにタンク屋根部などに設置される。

（d） 緊急脱圧弁　緊急脱圧弁は，安全弁のように流体圧力により自発的に作動するものではなく，計器室からの制御信号などにより開く弁である。安全弁は容器の内圧を運転圧力以下に下げることができないが，脱圧弁はそれが可能である。火災にさらされた容器や異常反応が発生した反応装置の内圧を急速に降下（脱圧）することで破裂を防止するためや，容器などから漏洩が発生した際に脱圧することで漏洩量を低減するために設置される。

容器が火災にさらされると，鋼板の内側が液体に接する部分は液体の蒸発により温度上昇が抑制されるが，鋼板の内側が気体に接する部分は温度上昇が著しいため，鋼板の強度が低下し，容器が内圧に耐えられなくなり短時間に破裂する可能性がある。特にLPGや水などの高圧過熱液体を保有した容器の破裂は，ブレビー（Boiling Liquid Expanding Vapor Explosion（BLEVE））という相平衡破綻型の蒸気爆発を引き起こす可能性がある。容器が火災にさらされてから気相部の鋼板強度が低下し破裂するまでの時間は，火災からの入熱量，鋼板の材質や厚み，脱圧弁作動までの時間，脱圧速度などで決まる。そのため，脱圧弁は鋼板強度が低下するよりも早く脱圧する能力が必要である。API 521[1]は，厚み25.4 mm以上の炭素鋼製の容器がプール火災にさらされた場合は，火災にさらされてから15分以内に設計圧力の50％まで脱圧することを一つの目安としている。しかし，局所的に著しい入熱を与えるジェット火災にさらされた場合は，より短時間により低圧まで脱圧する必要がある。そのため，API 521は，一般の容器がジェット火災またはプール火災にさらされた場合の必要脱圧能力を決定する手法を示している。

また，脱圧弁作動時には液体の蒸発により容器内の温度が低下するため，容器や脱圧弁接続配管に耐低温材料を用いることなどが必要である。脱圧弁を作動するための電気系統や空気系統は火災で機能を喪失しない構造とすることが望ましい。また，脱圧弁作動時に上下流の装置から流入がある場合は緊急遮断弁により切り離す必要がある。

〔2〕 **安全弁の分類**

安全弁は，i）ばねの伸縮を用いて弁を開閉するばね安全弁，ii）パイロット弁の吹出しにより主弁が作動するパイロット式安全弁，iii）てこの一端におもりを付け，てこの原理で開閉するてこ式安全弁などがあるが，中でも信頼性が高いばね安全弁が広く使われている。ばね安全弁は，弁体のリフトの違いから全量式と揚程式に分類され，構造的には普通形（コンベンショナル形）と平衡形（バランス形）に分類される。普通形は，生成背圧が大きいと作動が不安定になりチャタリングなどを起こすため，例えば，安全弁の許容超過圧力が吹出し設定圧力（ゲージ圧）の10％としている場合は生成背圧が吹出し設定圧力（ゲージ圧）の10％以下となる範囲で使用される。一方，平衡形にはピストン形とベローズ形がある。平衡形は，弁体にかかる背圧の影響を受けにくい構造を持つため，背圧（既存背圧と生成背圧の合計）が吹出し設定圧力（ゲージ圧）の50％以下となる範囲で使用されることが多い。なお，既存背圧とは，その安全弁が吹き出す以前に安全弁出口に存在する圧力であり，生成背圧とは，その安全弁が吹き出すことで安全弁出口に発生する圧力である。安全弁から放出されるガスを長い配管でフレアスタックなどに導く場合は，背圧の大きさに応じて安全弁の形式を選定する必要がある。

安全弁は，過剰圧力に対する最終的な安全設備として使用されることが多いが，安全弁も故障などで作動しないことがある。ばね安全弁の信頼性については，100回開くべきときに平均2.12回開かないことがあるという，American Institute of Chemical Engineers（AIChE）による統計もある[2]。低頻度大規模災害防止の観点から安全弁の不作動を前提として，よりいっそうの安全を求める場合は，過剰圧力の発生自体を防止する安全設備や，機器の設計圧力を上げることによる封じ込めなどの採用が望まれる。

〔3〕 **安全弁に関する法規や規格**

安全弁は，その重要性から法規や規格により構造や設置基準などが定められている。安全弁に関する国内の代表的な法規や規格には以下がある。

ⅰ） 労働安全衛生法「ボイラー構造規格」，「圧力容器構造規格」

ⅱ） 高圧ガス保安法「一般高圧ガス保安規則」，「液化石油ガス保安規則」，「コンビナート等保安規則」，「製造施設の位置，構造及び設備並びに製造の方法等に関する技術基準の細目を定める告示」

ⅲ） ガス事業法「ガス事業法施行規則」，「ガス工作物技術基準の解釈例」

ⅳ） 電気事業法「電気事業法施行規則」，「発電用火力設備の技術基準の解釈」

ⅴ） 消防法「危険物の規制に関する規則」

ⅵ） 日本産業規格「JIS B 8210：2009 蒸気用及びガス用ばね安全弁」，「JIS B 8227：2013 気液二相流に

3. 火災爆発

対する安全弁のサイジング」

一方，海外の代表的な規格には以下がある。API 520 Part I と Part II，API 521，API 526，ASME Boiler and Pressure Vessel Code Section I と Section VIII，ISO 4126 Part 1 ～ Part 10 など。

〔4〕 **安全弁の必要吹出し量と必要吹出し面積**

必要吹出し量（所要吹出し量ともいう）とは，機器や配管を保護するために吹き出す必要がある量であり，必要吹出し面積とは，必要吹出し量を吹き出すために必要な吹出し面積である。これらに関する法規や規格の代表的な規定を以下に示す。

（a） **ボイラ構造規格** 蒸気ボイラでは一般に，必要吹出し量は当該ボイラの最大蒸発量以上とする。また，必要吹出し面積は JIS B 8210 で規定される公称吹出し量が必要吹出し量以上となるような吹出し面積をもって必要吹出し面積とする。

（b） **圧力容器構造規格** 第一種圧力容器では一般に，必要吹出し量は圧力容器に流入する気体または圧力容器内において発生する気体の最大量以上とする。また，必要吹出し面積は JIS B 8210 で規定される公称吹出し量が必要吹出し量以上となるような吹出し面積をもって必要吹出し面積とする。

（c） **JIS B 8210：2009 蒸気用及びガス用ばね安全弁** 必要吹出し面積は次式で与えられる公称吹出し量がボイラ構造規格や圧力容器構造規格などで規定される必要吹出し量以上となるような吹出し面積をもって必要吹出し面積とする。

ⅰ） 水蒸気に対する公称吹出し量

$$Q_m = 5.25 C' K_{dr} AP \quad (3.2.32)$$

ここに，Q_m：公称吹出し量〔kg/h〕，C'：水蒸気の性質による係数であり，本規格中の表による，K_{dr}：公称降格吹出し係数（＝測定値×0.9），A：吹出し面積〔mm^2〕，P：公称吹出し量決定圧力〔MPa〕である。

ⅱ） ガスまたはベーパに対する公称吹出し量

$$Q_m = C'' K_{dr} P_1 A K_b \sqrt{M/ZT} \quad (3.2.33)$$

ここに，Q_m：公称吹出し量〔kg/h〕，C''：断熱指数による係数であり，本規格中の数式によるが断熱指数が 1.001 の場合 $C'' = 23.96$，K_{dr}：公称降格吹出し係数（＝測定値×0.9），P_1：吹出し量決定圧力〔MPa〕，A：吹出し面積〔mm^2〕，K_b：背圧補正係数であり，臨界流の場合 1.0，亜臨界流の場合本規格中の数式による，M：分子量，Z：吹出し量決定圧力と温度での圧縮係数，T：吹出し量決定圧力での温度〔K〕である。

（d） **高圧ガス保安法**

1） **所要吹出し量** 所要吹出し量は必要吹出し量と同じ意味である。

ⅰ） 液化ガスの高圧ガス設備では，所要吹出し量は次式で与えられる。

・耐火被覆などの断熱措置が火災時の火炎に 30 分間以上耐えることができ，かつ，防消火設備による放水などの衝撃に耐えることができる場合

$$W = \frac{9\,400\lambda(650-t)A^{0.82}}{\sigma L} + \frac{H}{L} \quad (3.2.34)$$

・その他の場合

$$W = \frac{2.56 \times 10^8 A^{0.82} F + H}{L} \quad (3.2.35)$$

ここに，W：所要吹出し量〔kg/h〕，λ：断熱材の熱伝導率，t：吹出し量決定圧力での温度〔℃〕，A：貯槽の場合は外表面積，蒸留塔などの場合は（液化ガスの液相部の体積）÷（内容積）×（外表面積）〔m^2〕，σ：断熱材の厚さ〔m〕，L：蒸発潜熱〔J/kg〕，H：直射日光などの入熱による補正係数，F：全面に 7 L/m^2·min 以上の水噴霧装置または全面に 10 L/m^2·min 以上の散水装置を設けた場合 0.6，埋設した場合 0.3，その他の場合 1.0 である。

ⅱ） 圧縮ガスの高圧ガス設備では，所要吹出し量は一般に流入する圧縮ガスの流量とする。

2） **必要吹出し面積** 次式で与えられる規定吹出し量が式 (3.2.34) または式 (3.2.35) で与えられる所要吹出し量以上となるような吹出し面積をもって必要吹出し面積とする。

ⅰ） 安全弁ノズル部での流れが臨界流に対する規定吹出し量

$$W = CKp_1 A \sqrt{M/ZT} \quad (3.2.36)$$

ⅱ） 安全弁ノズル部での流れが亜臨界流に対する規定吹出し量

$$W = 5\,580 K p_1 A \sqrt{\frac{\kappa}{\kappa-1}\left\{\left(\frac{p_2}{p_1}\right)^{\frac{2}{\kappa}} - \left(\frac{p_2}{p_1}\right)^{\frac{\kappa+1}{\kappa}}\right\}} \sqrt{\frac{M}{ZT}}$$
$$(3.2.37)$$

ここに，W：規定吹出し量〔kg/h〕，C：κ による係数であり，本規則中の表によるが $\kappa = 1.00$ の場合 $C = 2\,380$，K：吹出し係数，p_1：吹出し量決定圧力であり，圧縮ガスの高圧ガス設備では許容圧力の 1.1 倍以下，液化ガスの高圧ガス設備では許容圧力の 1.2 倍の圧力以下の圧力〔MPa〕，A：吹出し面積〔cm^2〕，M：分子量，Z：吹出し量決定圧力と温度での圧縮係数，T：吹出し量決定圧力での温度〔K〕，κ：断熱指数であり，本規則中の表による，p_2：背圧〔MPa〕である。

なお，安全弁の出口圧力が入口圧力の 0.4 ～ 0.6 倍

（e）American Petroleum Institute（API）規格

1）**必要吹出し量**　API 521 では以下の要因について検討した上で必要吹出し量を決定することとしている。ⅰ）機器出口バルブの閉止, ⅱ）エアフィンクーラ, ポンプ, 制御系などの不調による冷却水の停止, ⅲ）蒸留塔塔頂リフラックスの停止, ⅳ）サイドリフラックスの停止, ⅴ）吸収塔への吸収液の供給停止, ⅵ）非凝縮性ガスの発生, ⅶ）水や揮発性軽質油の熱油への流入, ⅷ）過充填, ⅸ）故障や誤操作による制御弁の不調, ⅹ）リボイラや加熱炉などでの過剰入熱, 高圧容器の液レベル喪失による高圧ガスの吹抜け, 逆止弁からの逆流, ⅺ）内部爆発（爆燃を対象とし爆轟には適用不可）, ウォータハンマ, スチームハンマ, ⅻ）暴走反応, ⅹⅲ）液体の温度上昇による体積膨張, ⅹⅳ）外部火災（プール火災を対象とする。ジェット火災には適用困難）, ⅹⅴ）熱交換器のチューブ切損による高圧流体の流入, ⅹⅵ）電力, 冷却水/冷媒, 計装用空気, スチーム, 熱媒, 燃料, 不活性ガスなどのユーティリティの喪失, ⅹⅶ）メンテナンス中の過剰圧力など。

これらのうち例えば, プール火災に対する必要吹出し量は以下のように与えられる。

ⅰ）液体を保有する容器のプール火災

・プール火災時に安全弁からベーパが放出される場合は, 必要吹出し量は次式で与えられるプール火災の入熱量〔W〕を蒸発潜熱〔J/kg〕で除して得られる。

$$Q = CFA_{ws}^{0.82} \quad (3.2.38)$$

ここに, Q：プール火災からの入熱量〔W〕, C：迅速な防消火活動と可燃性液体の排液設備がある場合 43 200, ない場合 70 900, F：環境係数であり, 断熱措置がある場合は断熱性能に応じて 0.0〜0.3, ない場合 1.0, A_{ws}：火炎から継続的に入熱を受ける容器表面のうち内部が液体に接する部分の面積〔m^2〕である。

・プール火災時に安全弁からガス（臨界温度以上の気体）が放出される場合, 液体が放出される場合, 気液二相流が放出される場合は, 入熱量や顕熱による体積膨張率などに基づいて必要吹出し量を決定する。

ⅱ）気体のみを保有する容器のプール火災　プール火災時の必要吹出し量は一般に次式で与えられる。

$$q = C\sqrt{M}p_1 \left[\frac{A'(T_w - T_1)^{1.25}}{T_1^{1.1506}} \right] \quad (3.2.39)$$

ここに, q：必要吹出し量〔kg/h〕, C：0.277 2, M：分子量, p_1：吹出し圧力〔kPa〕, A'：火炎から継続的に入熱を受ける容器表面の面積〔m^2〕, T_w：容器壁の温度〔K〕であり, 炭素鋼に対する推奨最高温度は 593℃, T_1：吹出し温度〔K〕であり $T_1 = T_n / p_n$ による, p_n：通常運転圧力〔kPa〕, T_n：通常運転温度〔K〕である。

なお, API 521 は, プール火災の火炎の高さは 7.6 m 以上になることもあるが, 経験的には火炎から継続的に入熱を受ける高さはプール形成面から 7.6 m までであるとしている。また, API 521 は, 局所的に著しい入熱を与えるジェット火災に対しては一般に安全弁による保護では不十分なため緊急脱圧弁や耐火被覆などの安全弁以外の対策が必要であるとしており, 留意が必要である。

2）**必要吹出し面積**　API 520 Part I[3)] は必要吹出し量から必要吹出し面積を計算する式を示している。これらの式は等エントロピー流れの理論式を種々の補正係数で補正したものであり, 高圧ガス保安法の式とおおむね同様のものである。

〔5〕**気液二相流吹出しの安全弁**

安全弁で二相流吹出しとなるのは, ⅰ）飽和液または過冷却液が安全弁ノズル部で圧力降下して一部が気化する場合, ⅱ）暴走反応や火災などの入熱により液体中に気泡が発生し安全弁まで液面が上昇して気体と液体が放出される場合などである。二相流吹出しの安全弁は, その必要吹出し量と必要吹出し面積の計算が複雑であるため, 計算式の選択や計算式中の係数の設定を誤ると安全弁サイズが過小または過大となり, トラブルや事故につながる危険性がある。

（a）**気液二相流の必要吹出し量**　API 520 Part I, ISO 4126 Part 10, JIS B 8227 の標準の計算法に, AIChE の下位組織である Design Institute for Emergency Relief Systems（DIERS）の手法がある。DIERS の手法には, ⅰ）暴走反応や火災で気泡が発生し二相流吹出しとなるか, ⅱ）液体の蒸発を伴うか, ⅲ）分解反応で非凝縮性ガスが発生するか, ⅳ）火災の入熱があるかなどの条件に応じて複数の必要吹出し量の計算式がある。これらのうち例えば, 暴走反応で気泡が発生し二相流吹出しとなる場合で, 液体蒸発なし, 非凝縮性ガス発生あり, 火災入熱なしの場合は, 必要吹出し量は次式で与えられる。

$$Q = \Gamma_0 \times M_0 \times \frac{\nu_{g,0}}{\nu_{gl,0}} \quad (3.2.40)$$

ここに, Q：必要吹出し量〔kg/s〕, Γ：液体からの非凝縮性ガス発生速度〔(kg/s)/kg〕であり, 実験で決定するのが望ましい, M：全液体量〔kg〕, ν：比容積〔m^3/kg〕, 添え字は, 0：安全弁サイジング条

件，g：気相，gl：気液二相である．

（b）気液二相流の必要吹出し面積 API 520 Part I，ISO 4126 Part 10，JIS B 8227 の標準の計算法には，DIERS による数値積分法と Leung によるオメガ法がある．数値積分法とオメガ法の基本は，液体の蒸発を伴う二相流（水蒸気-水系や LPG など）や液体の蒸発が無視できる二相流（空気-水系など）に対して，均質平衡流を仮定し気相流と同様に等エントロピー流れの式を適用することにある．これにより，背圧が十分低く臨界流となる場合は理論必要吹出し面積は次式で与えられる．

$$A=\frac{Q}{G}=\frac{Q}{\left[\rho(P_1)\sqrt{-2\int_{P_0}^{P_1}\frac{dP}{\rho(P)}}\right]_{max}} \quad (3.2.41)$$

ここに，A：理論必要吹出し面積〔m^2〕，Q：必要吹出し量〔kg/s〕，G：理論吹出し質量流束〔kg/(s·m^2)〕，$\rho(P)$：密度〔kg/m^3〕であり P の関数，P：圧力〔Pa〕，添え字は，0：安全弁上流よどみ点，1：安全弁ノズル最小断面，max：任意の P_1 に対して得られる最大値である．

式（3.2.41）を計算するには，数値積分法では物性推算などから得られる $\rho(P)$ の数値列を数値積分し，オメガ法では $\rho(P)$ の近似式を用いて解析的に積分する．$\rho(P)$ の近似式としては例えば，気液二相流または飽和液の場合は次式が広く使われている．

$$\left(\frac{\rho_0}{\rho(P)}-1\right)=\omega\times\left(\frac{P_0}{P}-1\right) \quad (3.2.42)$$

ここに，ω：相変化を含む圧力降下による体積膨張のしやすさを表す無次元のパラメータであり，式（3.2.41）の積分区間中は近似的に定数とみなす．ρ：密度〔kg/m^3〕，P：圧力〔Pa〕，添え字は，0：圧力降下前である．

式（3.2.41）は均質平衡流を前提とおり，ノズル長さ 100 mm 以上の安全弁における二相流の場合は均質平衡流とみなせるため式（3.2.41）が一般に使用されている．なお，容器に直接開いた孔から流出する二相流（非平衡の凍結流）の場合や，長い配管中を流れる二相流（非均質の分離流）の場合は，均質平衡流とみなせないため式（3.2.41）は一般に使用できない．

（c）必要吹出し面積に関する留意 安全弁で圧力を放出するには体積吹出し量を確保する必要があるが，二相流吹出しでは一般に吹出し流速が小さくなるため，気相吹出しと同じ体積吹出し量を確保するには大きな吹出し面積が必要となることに留意が必要である．吹出し流速が小さくなる理由は，ⅰ）安全弁ノズル部で圧力に押されて加速される際に密度が大きいと加速度が小さくなること，ⅱ）十分加速されて吹出し流速が臨界流速（質量流束が最大となる流速）に達する場合でも臨界流速が小さいと吹出し流速も小さくなることのためであるといえる．

なお，臨界流速が小さいことはつぎのように音速が小さいことからも説明される．均質平衡二相流では臨界流速と音速が等しくなるが，その音速は次式で表され，その次式において圧力変化 dP に対して密度変化 $d\rho$ が大きいときに音速が小さくなるのである．一般に，均質二相流は圧力変化に対する密度変化が大きいという点で分子量が大きい気体に似ているといえる．

$$a=\sqrt{\left(\frac{dP}{d\rho}\right)_s} \quad (3.2.43)$$

ここに，a：音速〔m/s〕，P：圧力〔Pa〕，ρ：密度〔kg/m^3〕，添え字は，s：等エントロピー過程である．

例えば，空気 50 vol％-水 50 vol％，1 atm，20℃，500.6 kg/m^3 の均質二相流の音速について，式（3.2.43）で1％の微小圧力変化を与えて音速を概算すると次式のように約 20 m/s となり，実験結果に近い値が得られる．このように空気と水から成る均質二相流の音速はその空気の音速よりも小さい．

$$a\approx\sqrt{\frac{P_1-P_0}{\rho_1-\rho_0}}$$
$$=\sqrt{\frac{101\,325\times 0.99-101\,325}{\frac{500.6}{0.5+0.5\times 1.01}-500.6}}=20.2$$
$$(3.2.44)$$

ここに，P：圧力〔Pa〕，ρ：密度〔kg/m^3〕，添え字は，0：圧力変化前，1：圧力変化後である．

〔上田邦治，髙木伸夫，永石治喜〕

引用・参考文献

1) American Petroleum Institute (API) Standard 521, Pressure Relieving and Depressuring System (2014)
2) Center for Chemical Process Safety (CCPS), Guidelines for Process Equipment Reliability Data, with Data Tables, American Institute of Chemical Engineers (AIChE) (1989)
3) American Petroleum Institute (API) Standard 520, Sizing, Selection, and Installation of Pressure Relieving Devices, Part I, Sizing and Selection (2014)

3.2.10 爆発抑制装置[1)〜3)]

爆発抑制装置は，密閉または半密閉構造物内におけるガスまたは粉じん爆発から構造物の破壊を防ぐことを目的とした安全装置であり，ミキサ，粉砕機，集じん機，サイクロン，低圧の貯蔵設備，空気式コンベ

ヤ，スクリューコンベヤ，バケットエレベータなどの設備において可燃性のガスや粉体を取り扱っている場合に適用できる。

〔1〕 爆発抑制装置の原理

爆発抑制装置は，爆発が発生した初期の段階で爆発を検出し，消火剤を急速に放出散布することにより爆発を中断させる装置であり，つぎの原理に基づいている。

① 密閉または半密閉の空間で発生した可燃性物質の燃焼による爆発は，温度と圧力の上昇を伴う。
② 可燃性物質が燃焼を開始してから構造物が破壊するまでには，構造物の大きさ，幾何学的形状，操業圧力，可燃性物質の燃焼速度などにより異なるが一定の時間を要する。
③ 爆発圧力の上昇がわずかな爆発の初期の段階で燃焼を検知し，消火剤を急速に放出散布することにより燃焼を中断させ，最大圧力と最大圧力上昇速度を抑制する。

表 3.2.26 は，$1 m^3$ の容器内で，高い着火エネルギーによって粉じん爆発を発生させ，0.4 bar の圧力で3インチのノズルから消火剤（水）を放出したときの最大圧力および最大圧力上昇速度を抑制剤の有無で比較した例である。

表 3.2.26 爆発抑制効果の例

爆発抑制なし		爆発抑制あり	
最大圧力〔bar〕	最大圧力上昇速度〔bar/s〕	最大圧力〔bar〕	最大圧力上昇速度〔bar/s〕
7.0	80	0.58	8
7.4	80	0.60	12
9.0	120	0.68	17
8.6	133	0.65	16
9.5	180	0.95	24

〔2〕 爆発抑制装置の構成

爆発抑制装置は，爆発の発生を早期に検知する感知器，爆発の進行を中断するための消火剤が入った抑制剤容器，感知器からの信号により抑制剤を放出させる制御装置から構成される。

（a） 感知器　爆発は火炎の発生，圧力の上昇を伴うため，光学式，温度式，圧力式の感知器が利用される。このうち，爆発の進行速度が速い場合には，火炎から放射される赤外線や紫外線を検出する光学式が有効である。ただし，粉体を取り扱う設備では透視性が悪くなり感度が劣化するという問題点がある。

温度式は，回転機器の過熱など発火する場所が特定できる場合や，発火しても圧力が上昇しにくい場合では有効であるが，応答性が遅いという欠点がある。

爆発が発生すると，圧力は音速で全方向に伝播する。圧力式はこの特性を利用したもので，上昇圧力または圧力上昇速度を検知するものであり，密閉あるいは半密閉構造物内であれば爆発初期の段階で検知が可能である。現在では圧力式が一般的で，金属ダイアフラム式やピエゾ式，ひずみゲージ式の圧力計などが利用されている。

（b） 抑制剤と抑制剤容器　抑制剤にはハロゲン化物消火剤，水，粉末消火剤があるが，オゾン層保護の観点からハロゲン化物消火剤は使用できなくなっている。水は消火作用が冷却だけであるが，放出後の安全性の面での問題が少ない。粉末消火剤には主成分がリン酸アンモニウムのものと重炭酸ナトリウムのものがある。抑制効果は大きいが復旧時に粉末の除去が必要となる。

抑制剤を高速で放出する抑制器は，破裂式と圧力式がある。破裂式は，抑制剤を封入した薄い肉厚の板または破裂板が設置された容器から成り，その中に火薬類が装塡されている。感知器の作動により電気的に火薬類を起爆し，その圧力で容器を破壊すると同時に抑制剤を放出散布する。圧力式は抑制剤を封入した容器を窒素または二酸化炭素で加圧しておき，容器を少量の火薬類などで破壊させ，加圧したガスの力で抑制剤を放出散布する。

（c） 制御装置　感知器から受けた信号を処理して爆発の発生を判定し抑制器を作動させる。確実な作動を保証するための故障監視回路および常用電源に加えて，バッテリーなどの予備電源を備える必要がある。

〔3〕 設置にあたっての留意点

爆発抑制装置の設置にあたっては以下の点に留意する。

① 可燃性物質の燃焼特性，防護対象構造物の形状や寸法，運転条件などの諸元を検討し設計する必要がある。
② 感知器および抑制剤放出ノズルは，使用環境あるいは振動による不作動がないように取り付ける。
③ 感知器は爆発の発生をできるだけ早く検知できるように，考えられる発火源に近い位置に設置する。
④ 放出ノズルの位置は防護対象構造物の付属品などを損傷しないようにする。
⑤ 感知器，放出ノズルに異物が堆積しないようにする。

⑥ 防護対象構造物の形状が極端に細長い場合や容積が大きい場合は，複数の感知器を設置する。
⑦ 端子や機械的部分は湿気や不純物から保護する。
⑧ 抑制装置へのすべての電気機器は接地するとともに，他の配線からの影響を防止するため電気的に遮蔽する。また，防爆構造，防爆配線工事とする。
⑨ 定期的に点検し，抑制剤容器の漏れや抑制剤の量を確認する。圧力式抑制器では圧力も確認する。
⑩ 粉じんやガスを扱っている別の機器へ配管やダクトで接続している場合には，爆発が伝播しないように配管やダクトへの設置も考える。

（板垣晴彦，高木伸夫）

引用・参考文献

1) Bartknecht, W., Explosions-Course Prevention Protection-, Springer-Verlag (1981)
2) NFPA 69, Standard on Explosion Prevention Systems, National Fire Protection Association 1992 Edition
3) 上原陽一，小川輝繁監修，那須貴司著，防火・防爆対策技術ハンドブック，テクノシステム (1994)

3.3 破裂災害の防止

内圧や温度またはそれらの変動により負荷を受ける圧力容器や配管の破裂・破壊災害の防止対策は，強度設計上の対策と供用中の維持管理によるものとに大別される。本節ではこれらに関する基本事項について述べる。

3.3.1 強度設計の基本的事項

強度設計ではまず，供用中の力学条件（圧力やその変動幅など）から部材中に発生する応力・ひずみを算定する。そして，その使用環境条件を考慮し，破壊・破裂を生じるような強度限界値を超えないようにするか，あるいは，部材中に何らかの「きず（flaw）・損傷」が存在すること，またはきず・損傷が発生したことを想定して，それらが成長して破壊に至らないようにする。通常はそれらの限界条件に安全上の余裕，すなわち安全率（設計係数ともいう）を上乗せして設計する。

〔1〕 **内圧を受ける圧力設備の応力算定式**

応力の算定には，大きなひずみ（塑性変形）まで考慮する場合，弾塑性解析を必要とし，さらに形状が複雑になれば，有限要素法（FEM）などの数値解析に頼らなければならない（design by analysis）。FEMなどの数値解析手法は，詳部までの解析が可能であるが，ここでは，各種の設計規格や基準の基本式として考えられている弾性論での算定式を**表 3.3.1**に示す。円筒殻と鏡板の接続部などの形状が不連続な箇所では，隣接部材間の拘束などで曲げ応力（二次応力）が発生するが，これらは，表 3.3.1 に示す諸計算式では考慮されていない。表 3.3.1 のような弾性論での基本式を用いて，主要内圧による主応力を算出し，これが許容応力以下になるようにする弾性設計方式（design by rule）は高圧ガス保安法・特定設備検査規則，JIS 圧力容器規格・JIS B 8265 および B 8267，さらに米国機械学会規格 ASME Section VIII, Division 1 等に取り入れている。ただし，この際の許容応力は，材料の強度規格最低値を安全率で除したものとして与えられる。表 3.3.2 に示すように，使うべき安全率は各種の構造規格で異なっているが，最近では改訂・見直し作業が行われつつあり，最新の規格を参照されたい。

〔2〕 **損傷・破壊形態を考慮した設計**

上記で示した弾性設計による許容応力基準は単に部

表 3.3.1 内圧を受ける円筒殻，中空球殻および軸対称殻の応力算定式

（1）内圧 p を受ける薄肉円筒殻 （内半径 r_1，肉厚 t）	$\sigma_t = \dfrac{pr_1}{t}$ $\sigma_z = \dfrac{pr_1}{(2t)}$
（2）内圧 p を受ける薄肉中空球殻 （内半径 r_1，肉厚 t）	$\sigma_t = \sigma_z = \dfrac{pr_1}{t}$
（3）内圧 p を受ける厚肉円筒殻 （内半径 r_1，外半径 r_2，$k=r_2/r_1$）	半径 $r(r_1 \leq r \leq r_2)$ において $\sigma_r = \dfrac{p\{1-(r_2/r)^2\}}{k^2-1}$ $\sigma_t = \dfrac{p\{1+(r_2/r)^2\}}{k^2-1}$ $\sigma_z = \dfrac{p}{k^2-1}$
（4）内圧 p を受ける厚肉中空球殻 （内半径 r_1，外半径 r_2，$k=r_2/r_1$）	$\sigma_r = \dfrac{p\{1-(r_2/r)^3\}}{k^3-1}$ $\sigma_t = \dfrac{p\{1+(r_2/r)^3\}}{k^3-1}$
（5）内圧 p を受ける薄肉軸対称殻 （肉厚 t，子午線方向曲率半径 R_s，周方向曲率半径 R_t）	$\dfrac{\sigma_t}{R_t} + \dfrac{\sigma_h}{R_h} = \dfrac{p}{t}$ $\sigma_t = \dfrac{pR_t}{2t}$ $\sigma_h = \dfrac{(2-R_h/R_t)pR_h}{2t}$

〔注〕 σ_t：周方向応力，σ_r：半径方向応力，σ_z：軸方向応力，σ_h：子午線方向応力

表 3.3.2 各種圧力容器規格における安全率

規格	降伏点または0.2%耐力 (σ_y)	引張強さ (σ_B)
高圧ガス保安法 特定設備検査規則	鋼：$\dfrac{4}{3.2-2r}$ ($r\geq 0.7$) 鋼：2.0 ($r<0.7$)	鋼：4.0 (第1種特定設備) 鋼：3.5 (第2種特定設備)
労働安全衛生法 圧力容器構造規格	圧延鋼：2.5 ($0.7\leq r\leq 0.8$) 圧延鋼：2.8 ($r>0.8$)	圧延鋼：4.0 (一部：3.5)
JIS 圧力容器規格 JIS B 8265 JIS B 8267	鋼または金属材料：1.5	鋼または金属材料：4.0 (JIS B 8265) 鋼または金属材料：3.5 (JIS B 8267)
米国機械学会規格 ASME Section VIII, Division 1 および Division 2	鋼（フェライト系）：1.5 鋼（オーステナイト系）：1/0.9	鋼：3.5 (design by rule) 鋼：2.4 (design by analysis)

〔注〕 $r=\sigma_y/\sigma_B$

材の塑性変形や延性破壊の防止という観点のみに立っている。しかし，使用環境を考慮して，起こり得る損傷・破壊形態を想定した安全性の確認が容器の破裂事故防止設計上必要となる。想定する項目として以下のようなものがある。

（a）**熱応力および他の外力** 容器内および部材中で温度差がある場合や局部的な加熱による熱応力の発生，ラチェット変形の成長，または溶接部の残留応力などがある。溶接部残留応力は，発生応力によって水素割れなどを助長することもあり，溶接方法を工夫したり，応力除去焼なまし等の処理が必要となる。

（b）**応力集中** ノズル部のように，断面形状が不連続に変化する部分は"切欠き（notch）"として応力集中部となる。このような応力集中部は亀裂の発生・成長の起点となる。切欠きによるピーク応力を求めるには，応力集中係数βを知る必要がある。一般に，深さがaで，その先端の曲率半径がρなる半楕円孔（図3.3.1参照）のβはつぎのように与えられる。

$$\beta = 1 + 2\sqrt{\dfrac{a}{\rho}} \tag{3.3.1}$$

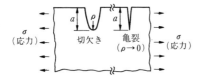

図3.3.1 先端曲率半径ρを持つ半楕円切欠きと亀裂 ($\rho \to 0$)

いろいろな形状の切欠きに対し，βの算定式は文献1）に与えられている。$\rho \to 0$ の局限を亀裂（crack）と呼ぶが，このように先端が鋭い亀裂状のきずが内在する場合についての取扱いは後に詳しく述べる。

（c）**疲　　労** 振動や圧力変化などの繰返し負荷によって，部材に疲労亀裂の発生と成長が生ずる。ここでは，例えば部材の"N-S曲線"から得られる疲労限などを考慮して，ピーク応力が疲労設計応力を超えないようにする。また，疲労亀裂の成長は，後に述べるような破壊力学的な成長則によって評価・推定できる。

（d）**クリープ** 容器が高温環境下にさらされる場合，クリープについての配慮が必要となる。一般に高温で荷重を加えられた鋼などの部材では，一定荷重下でのひずみの時間変化は図3.3.2のようになる。クリープ強さの定義としては，図3.3.2で示されるような使用温度で最小クリープ速度が規定値を超えない最大の応力，または使用温度・所定時間においてひずみ量が規定値（例えば全ひずみが1%）を超える応力，の二つがあり，通常後者の応力を安全率で除した値がクリープに対する許容応力となる。また，最小クリープ速度$\dot{\varepsilon}$ ($d\varepsilon/dt$) と応力σの関係は $\dot{\varepsilon} = B\sigma^m$ なる関係式に従う。Bとmは材料定数である。

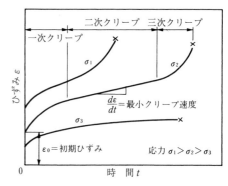

図3.3.2 クリープ曲線

（e）**環境損傷** 応力下にある容器において内容物や外環境が腐食性で，かつ容器材料と腐食環境の組合せによっては，破裂原因として応力腐食割れ（SCC）が考えられる。また，水素吸蔵が生じるような環境下では，水素割れの発生を考慮する必要がある。特に，溶接部近傍の熱影響部では残留応力の効果が重畳され，このような環境割れが発生しやすいので注意を要する。腐食環境下で繰返し荷重が負荷される場合も同様で，環境と材料の組合せによって，疲労亀裂の進展が加速されるいわゆる腐食疲労も考慮対象と

(f) 脆性破壊 のちに示される破壊力学的手法により，ある種の破壊力学的パラメータを求め，それと材料特性の大小関係によって破壊条件を決定し，強度設計に生かせばよい。用いられる破壊力学的パラメータとしては，破壊靱性値（または臨界応力拡大係数値）K_{IC}値や臨界亀裂開口変位$δ_c$値などがある。高強度の材料ほど，また使用温度が低くなるほど，脆性破壊の可能性が増す。

3.3.2 維持管理による防止対策の基本事項

高圧設備や圧力配管の破裂・破壊事故を防止するための保全管理上の重要な手段として点検・検査作業がある。点検・検査にはそれらの作業内容と目的によっていろいろな区分があるが，この中で破裂・破壊事故の防止にとって最も必要なものは，材料の劣化・損傷状態の検知・モニタ（監視）を目的とする，いわゆる非破壊検査（non-destructive inspection, NDI）である。すなわち，破裂・破壊の起点や強度低下の原因となる劣化や損傷を検出し，その結果から材料力学や破壊力学的手法を用いて，部材の残存強度や余寿命などを評価・予測し，容器や設備の保全・補修作業を決定する。

過去における容器や配管などの破裂事故を見ると，NDIによって見逃された割れや腐食減肉といったきず(flaw)が事故の直接原因となっていることが多い。したがって，容器や配管などの長期使用にあたって，安全性を担保するためには，強度信頼性を左右する割れ状きず（亀裂）を主体とするきずの検知・計測手法ときずの存在を考慮した強度評価法が必要となる。

〔1〕 破壊力学による容器部材の残存強度と余寿命評価法

亀裂とは先端の曲率半径$ρ$が無限小になった，いわゆる「割れ」で，強度的に最も危険なきずである。破壊力学では材料の破壊は先在する亀裂の成長・伝播によって生じると考える。したがって，きずのない部材の強度評価には3.3.1項で示したように全断面降伏時の実断面応力（または延性破壊応力$σ_y$）や引張強さ，あるいは最大ひずみといったものが用いられる。その一方，破壊力学では応力拡大係数（stress intensity factor）K，ポテンシャルエネルギー開放率G，亀裂先端開口変位$δ$，さらにJ積分といった概念が必要となる。

非破壊検査により発見された割れに対する破壊力学による安全性評価法はアメリカ機械学会規格（ASME ; boiler and pressure vessel code, section XI）あるいは日本溶接協会規格（WES-2805）等に細かく与えられている。そこで用いられる亀裂に関する破壊力学パラメータは，応力拡大係数K（K_I, K_{II}, K_{III}），亀裂開口変位（$δ$）あるいはJ積分（J）などである。

脆性破壊を対象とする場合，いわゆる"線形破壊力学"が適用され，応力拡大係数K（K_I, K_{II}, K_{III}）または亀裂開口変位$δ$が重要な意味を持つ。ここで，K_I, K_{II}そしてK_{III}とは亀裂のそれぞれ三つの基本変形様式（開口形，面内せん断形，面外せん断形）に対応するKである。一様引張応力$σ$を受ける深さaの亀裂（図3.3.1参照）の先端での応力拡大係数K_Iは，一般に

$$K_I = ασ\sqrt{πa} \qquad (3.3.2)$$

のように表示される。ただし，$α$は亀裂の形状・配置などに依存するパラメータである。

破壊の条件（亀裂が進展を展開する点）は

$$K_I \to K_{IC} \quad または \quad δ \to δ_C \qquad (3.3.3)$$

であり，K_{IC}や$δ_C$は，亀裂が進展する臨界値を意味する材料特性値で，破壊靱性または臨界亀裂先端開口変位と呼ばれるものである。したがって，K_{IC}が一定なら，部材の見掛けの破壊応力$σ_f$は，亀裂サイズaに関して，$σ_f ∝ 1/\sqrt{a}$に従って変化し，亀裂の寸法aが増すと$σ_f$は小さくなる。したがって，非破壊検査を行った後の見逃された最大サイズの亀裂が残存強度を決めることになる。

破壊靱性値K_{IC}や$δ_C$は通常，破壊力学的材料試験によって計測されるが，ヤング率と降伏点$σ_y$がわかっていると，シャルピー衝撃値から推定できる場合もある[2]。

金属材料などのような実用材料では，亀裂先端近傍の応力分布が無制限に大きくなることはなく，亀裂先端近傍では塑性変形が生じる。しかし，生じた塑性域の寸法が亀裂の大きさaに比べ十分小さいという条件下（小規模降伏条件）では，上記のK値を用いた破壊強度の考え方が一応通用する。しかし，亀裂先端前方での塑性域がかなり大きくなる大規模降伏条件下では，破壊条件はJ積分値を利用しなければならなくなる。

すなわち破壊条件は，$J \to J_C$として与えられる。

金属材料などの疲労，腐食疲労，応力腐食割れ（SCC）といったものには，亀裂の進展過程に一定の現象論的な規則性が見い出されている。例えば，静荷重下にある亀裂材が腐食環境にさらされ，すなわちSCCが生ずる場合，ある臨界のK_I値（K_{Iscc}）以上で亀裂の進展が生じ，その進展速度da/dt〔mm/h〕は，亀裂先端での応力拡大係数K_Iに支配される（図3.3.3参照）。図中のA型が一般的な進展現象で，B

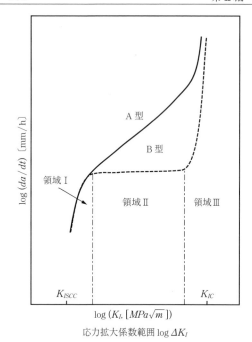

図 3.3.3 応力腐食割れにおける応力拡大係数 K_I と亀裂進展速度（da/dt）との関係

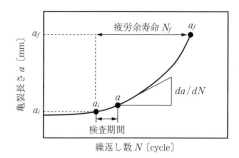

図 3.3.4 疲労における亀裂進展曲線

型は水素吸蔵環境下での高張力鋼等に見られる。

疲労や腐食疲労においては，亀裂進展過程は，部材に生じた亀裂の長さ a の成長の様子を荷重の繰返し数 N に対しプロットした「亀裂進展曲線」で明示される（図 3.3.4 参照）。

この曲線の勾配 da/dN が，亀裂進展速度〔mm/cycle〕となる。亀裂の進展挙動は，亀裂先端近傍での応力とひずみ状態によって決められるはずであるから，亀裂進展速度（da/aN）は応力とひずみを一義的に指定する K 値に支配されていると考えてよい。疲労や腐食疲労の場合，応力の変動（$\Delta\sigma$）があるから，da/dN は K の変動範囲 ΔK，すなわち応力拡大係数範囲の関数として与えられる。このことは

$$\frac{da}{dN} = f(\Delta K) \quad (3.3.4)$$

の形に書ける。したがって，ΔK を一定とする試験をすれば，a は N に比例して増加することを意味する。da/dN と ΔK との関係は両対数グラフにプロットされるのが普通で，一般に図 3.3.5 のように三つの領域に分けられる。図 3.3.5 の中の ΔK_{th} は下限界応力拡大係数範囲といわれるもので，ΔK_{th} 以下の ΔK 値の条件下では亀裂は成長しない。腐食疲労のように材料が腐食環境下にあるときは，空気中やイナートガス中にある場合に比べ da/dN は加速される。図 3.3.5 の領域 II で示される亀裂の安定成長段階では，亀裂成長は

$$\frac{da}{dN} = C(\Delta K)^m \quad (\text{Paris 則}) \quad (3.3.5)$$

なる法則に従うとされる。ここに，C と m は亀裂の進展を支配する材料定数である。また，領域 III の過程では，材料に生じる K_I 値が K_{IC} 値に達し，不安定破壊を起こす過程である。

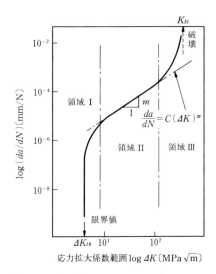

図 3.3.5 疲労亀裂進展速度（da/dN）と応力拡大係数範囲（ΔK）との関係

供用期間中のある時点で，容器部材に存在する最大亀裂の大きさを a_i とすれば，$\Delta K = \alpha\Delta\sigma\sqrt{\pi a_i}$ から残存寿命 N_f や残存強度が求められる（図 3.3.4 参照）。例えば

(1) $\Delta K \leq \Delta K_{th}$ の条件下では，亀裂成長が進行しない。すなわち

$$a_i < \frac{1}{\alpha^2}\left(\frac{\Delta K_{th}}{\Delta\sigma}\right)^2 \quad (3.3.6)$$

ならばその亀裂は成長しない。

3. 火災爆発

(2) $\Delta K > \Delta K_{th}$ 条件下では亀裂が成長する。この場合，疲労余寿命 N_f は

$$N_f = \int_{a_i}^{a_f} \frac{da}{f(\Delta K)} \quad (\text{ただし } a_f \text{ は最終亀裂長さ})$$

(3.3.7)

なる積分で与えられる。亀裂成長則が式 (3.3.5) のように Paris 則で与えられれば，上式を積分することができ，N_f が求まるが，仮に $a_f \gg a_i$ とすれば

$$N_f = \frac{1}{(m-2)C\alpha^m \Delta\sigma^m \pi^{m/2}} \frac{1}{a_i^{(m-2)/2}}$$

(3.3.8)

となる。したがって，繰返し荷重による応力振幅 $\Delta\sigma$ が一定なら，残存寿命 N_f におもに影響を与える因子は材料の引張強さだけではなく，検査によって発見された初期亀裂の長さ a_i とパラメータ m と C である。

また，N 回の荷重変動を受けた後の材料の残存強度 σ_F は $A = (m-2)C\alpha^m \Delta\sigma^m \pi^{m-2}$ とすれば

$$\sigma_F = \frac{K_{IC}}{\sqrt{\pi a_i}} \left(1 - ANa_i^{(m-2)/2}\right)^{1/(m-2)}$$

(3.3.9)

となる。したがって，残存強度も，NDI で発見された最大の初期亀裂長さ a_i によって左右される。

以上のことから，容器材料の余寿命・残存強度評価にとって，a_i の非破壊的計測がいかに重要であることが理解されよう。NDI によって検出・計測されたきずの破壊力学的評価に関する作業フローを図 3.3.6 に示す。

〔2〕 きずの非破壊検査とその信頼性

部材の強度や余寿命は部材中に存在する最大亀裂の大きさ a_i に支配される。そこで，それらの亀裂の形状サイズを正確に検知する必要がある。巨視的な「亀裂」に発達したきずと損傷の検査には，いくつかの非破壊検査技法（NDI 技法）がある。亀裂を主体とするきず検出の非破壊検査方法を表 3.3.3 に示す。

表 3.3.3 きず検出の非破壊検査技法

分類	非破壊検査技法	対象きず
放射線	X 線および γ 線透過試験（RT） (X 線や γ 線を試験体に透過し，きず像をフィルム上に影絵として写す)	内部きず
音響振動	超音波探傷試験（UT） (試験体に超音波パルスを投入し，きず面からの反射パルスを検出する)	きず
音響振動	アコースティックエミッション法（AE 法） (試験体中での割れの開口や伝播時に発生する弾性波を検知する)	割れの開始と伝播
電磁気	磁粉探傷法（MT） (試験体を磁化し，きず近傍空間に生じた漏れ磁界に磁粉を付着させ，きずを磁粉模様として検知する)	表面きず
電磁気	渦流探傷法（電磁誘導法）（ET） (交流を流したコイルによってつくられる渦電流場のきずによる"乱れ"をコイルのインピーダンス変化として捉え，きずを検知する)	表面きず
電磁気	漏洩磁束探傷法（MFLT） (きずによる漏洩磁場をホール素子，磁気テープなどで検出する)	表面きず
電磁気	電気抵抗測定法 (試験体に電流を流し，きずによる抵抗変化を調べ検知する)	表面きず
光	目視（VT） 光学的検査	表面開口きず
浸透（毛細管現象）	浸透探傷法（PT） (試験体表面に開口したきずに浸透液を染み込ませ，それを現象液で吸い出し，きず指示模様を観察する)	表面開口きず

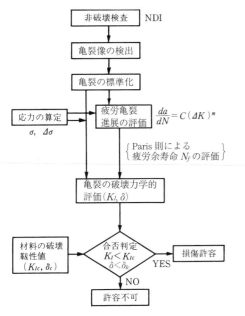

図 3.3.6 きずの破壊力学的評価に関する作業フロー

表 3.3.3 に示されるような NDI 技法を用いて，亀裂の大きさを決定し，与えられた条件下で残存寿命はいくらか，また破裂事故が生じないようにつぎの補修時期はいつにしたらよいか，といったことを破壊力学を用いて計算できる。そのためには，対象とする高圧設備や配管ときずに対し最良の検知性能を持つ技法で，許容値以上の大きさを持つきずを確実に検出すればよい。実際には，採用した技法の原理上，計測上から検出可能とされる大きさ以上の亀裂のすべてを検出できるとは限らない。さまざまな理由により亀裂の見逃しがあり，それは現場への適用を考える際，必ず留

意しなければならないものである。容器の強度信頼性・安全性の評価を破壊力学を用いて定量的に行う場合，採用すべき NDI 技法のきず検出確率（POD）がきずのサイズ（a）を変数としたとき，どのような分布で与えられるか，すなわち検査の信頼性が重要となる。

図 3.3.7 は，Packman[3] らによって報告されている AISI 4340 鋼製シリンダに存在する疲労亀裂を代表的な各種の NDI 技術で検出したときの，亀裂寸法に対するきず検出確率を示すものである（ただし，MT のデータは除いてある）。ほぼ 100％の確率で検出できるのは超音波探傷法で約 6 mm 以上，染色浸透探傷法では約 9 mm 以上の亀裂であると報告されている。この条件下では X 線透過法は他の方法に比べて劣ることが示された。

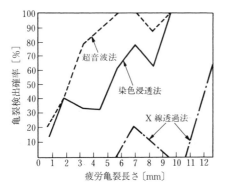

図 3.3.7　各種探傷法における亀裂検出確率

渦流探傷法による亀裂検出確率の分布の実測例を**図 3.3.8** に示す[4]。この図の各測定点は，対象亀裂に対し，60 回の検査を行い，その検出確率がパーセントで表示されている。実線は回帰分析によって求めた確率分布曲線で，破線はその実線に対し 95％の信頼度

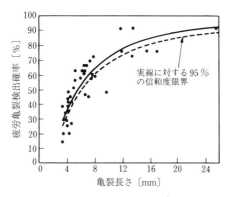

図 3.3.8　各疲労亀裂長さに対する渦流探傷法による亀裂検出確率

限界の曲線である。このとき，検出確率（POD）は，亀裂の長さ a の関数として

$$\text{POD}(a) = \frac{\exp(\alpha + \beta \ln a)}{1 + \exp(\alpha + \beta \ln a)} \quad (3.3.10)$$

で与えられるとした。ただし，α，β は定数で，後出の図 3.3.10 の実線では，$\alpha = -2.9$，$\beta = 1.7$ である。

磁粉探傷試験（MT）による鋼溶接部の表面亀裂検出確率については，球形タンク溶接部の磁粉探傷試験（MT）の実現場実験結果がある[5]。800 MPa 級高張力鋼（板厚 40 mm）で作られた内径 3 m の試験用球形タンクの全溶接線約 40 m を，公式資格（NDI MT2 種，現在のレベル 2 に相当）を有する 2 人の技術者を 1 チームとする合計 6 チームによって，実際の磁粉探傷検査作業に即した要領で検査し，その結果をワーキンググループで分析，その後，再確認実験を行い，誤報などを除いた結果のデータから各検査チーム別に，亀裂寸法（磁粉指示模様の長さ）に対する亀裂検出確率を示したのが**図 3.3.9** である。実現場における MT の検出信頼性が高いのは長さ 4 mm 程度以上ということがわかる。

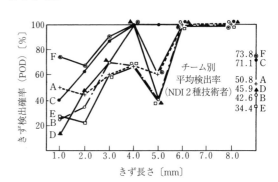

図 3.3.9　球形タンク溶接部の亀裂寸法別検出率
（A～F6 チーム）

検査によって発見された亀裂は必ず補修されるので，材料の強度信頼性は，検査後に残留した亀裂に支配される。残存した亀裂の大きさと数の分布は，最初に存在した亀裂の分布と，前述の NDI の亀裂検出確率（POD）によって定まる。例えば，検査前の亀裂の存在頻度分布が亀裂サイズ a の関数として

$$n(a) = n_0 \exp\left(-\frac{a}{\eta}\right) \quad (n_0, \eta \text{は定数}) \quad (3.3.11)$$

と表されたと仮定すると，検査後に残留する亀裂の存在頻度分布は

$$n_R(a) = [1 - \text{POD}(a)] n_0 \exp\left(-\frac{a}{\eta}\right) \quad (3.3.12)$$

として評価できることになる。式（3.3.12）で示され

る内容について**図 3.3.10** に示すが，ここで，残留した亀裂の存在頻度分布において，許容亀裂サイズ以上の亀裂の存在頻度（図 3.3.10 の斜線で示される部分）をある一定値以下に押さえ込むような保全管理を行う必要がある。　　　　　　　　　　　　　　（関根和喜）

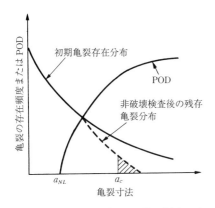

図 3.3.10 亀裂寸法分布と亀裂検出確率(POD)ならびに見逃された残存亀裂分布の模式図

引用・参考文献

1) 西田正孝，応力集中，森北出版（1967）
2) Rolfe, S.T. and Barsom, J.M., Fracture and Fatigue Control in Structures, Application of Fracture Mechanics, p.167, Prentice-Hall Inc., New Jersey, USA (1977)
3) Packman, P.F., et al., J. Materials, 4, p.666 (1969)
4) Lewis, W.H., et al., Reliability of Nondestractive Inspections/final report, Lockheed・Georgia CO., Report. AS-ALC-MME (1978)
5) 丸山温，寺岡英喜，日本非破壊検査協会第三分科会資料，No.3767, p.1 (1984)

3.4 災害事例

爆発事故例や爆発防止技術などの変遷を，年表にまとめてみた（**表 3.4.1** 参照）。事故例は工場だけでなく，病院なども含め，数の多い軍事爆薬や炭鉱の大部分は省略した。事故例の選択は発生年度の新旧，文献の精粗を問わず，全体の流れを見ることを基準とした。自然災害と異なり，同一原因による爆発事故が繰り返し発生していたり，粗雑な事故報告も，内容が人間の予測を許さない特殊なものは対策を考える際に有用である。

表から，19 世紀は爆薬と炭鉱のガス・炭じんが事故の主役で，20 世紀に入りエネルギー需要の激増とともに，炭鉱の事故も増加した。しかも，原因の一つである炭じん爆発説は認知されるまで長期間を要した。

つぎには，石油や天然ガスの開発が成功し，内燃機関，化学製品，発電などの膨大な需要は，石炭と異なり生産現場よりも輸送，貯蔵，配送などで爆発を伴った。20 世紀の後半には自動化など技術の発展により，多数の死者を伴うことは少なくなった。しかし，事故経験が少なく，安全管理の不良な国々で大惨事が近年目立っている。一方，爆発を防ぐために開発された，不燃性合成物質の利用が禁止とされ爆発予防にマイナスとなったが，周辺予防技術の発達により安全化はいっそう促進されている。　　　（板垣晴彦，駒宮功額）

表 3.4.1　事故例年表

西暦年月日	国または場所	概　　要	死亡/負傷（―：不明）
1654.10.12	オランダ	軍用火薬庫が爆発，新興都市の 50% を破壊した火災発生	数百/―
1785	イタリア	製粉所が爆発（初の粉じん爆発の記録）	
6.15	フランス	ロジェら水素と熱空気を組み合わせた気球で英仏海峡横断実施中に爆発	2/0
1812	英 国	フェリング炭鉱で 124 人が入坑中に爆発，遠方まで炭じんなど飛散	92/―
1815	英 国	ディビー，炭鉱のメタン爆発防止に有効な安全灯を発明	
1815	英 国	ウォールセンド炭鉱でメタン爆発	102/―
1818.3.19	米 国	ウィルミントンでデュポンの火薬工場と火薬庫が爆発	40/―
1847.7.14	英 国	綿火薬工場で爆発，1.6 km 離れた町の窓ガラスが割れ 20 年間製造中止	21/―
1864.9.3	スウェーデン	ニトログリセリンが実験室で爆発，ノーベルの弟らが死亡	5/―
1866.4.3	パナマ	大西洋岸でニトログリセリンなどを積んだ貨物船が爆発	47/―
12.12	英 国	オークス炭鉱，気圧低下によるガス発生と発破で爆発。6 年後，炭鉱坑口に気圧計設置が法制化される	361/―

表 3.4.1 （つづき）

西暦年月日	国または場所	概要	死亡/負傷（—:不明）
1878	英国	鉱山監督官ガロンウェー，炭じん爆発説を発表	
5.14	フランス	パリの倉庫で雷銀が爆発，800万枚の紙火薬を吹き飛ばす	14/16
1884.3.13	米国	メタンを発生しないポカホンタス炭鉱で爆発，入坑者全員が死亡	114/—
1896	欧州	ベルリン，パリなどで液化アセチレン容器が爆発，各国が製造を禁止	
1899	英国	塩素酸塩工場の晶出工室で火災，倉庫に延焼し，$KClO_3$ 5tが爆発	5/40
1900 頃	欧州	ガスボンベ誤充填による爆発防止のため，ボンベ元弁を可燃性ガスは左ねじ，そのほかは右ねじに改善	
1905.5.29	日本	小石川，砲兵工廠雷汞乾燥場で雷汞などが爆発	26/65
1906.3.10	フランス	クーリェル炭鉱で発破によると思われる炭じん爆発。入坑者の2/3が死亡	1060〜1099/—
1907.7.20	日本	福岡，豊国炭鉱で灯火からガス・炭じんが爆発。11月11日に火災制圧	365/—
12.6	米国	モノンガ炭鉱で炭車暴走後に炭じん爆発	362/—
1909.10.10	日本	大阪，銃用雷管などを自宅で荷造り中に爆発	20/27
1910.12.21	英国	ハルトン炭鉱で爆発，入坑者345人のほとんどが死亡	343/—
1913.6.26	米国	ニューヨークの製粉工場で粉じん爆発	33/70
10.14	英国	セングヘニーズ炭鉱で信号ベルの火花からガス炭じん爆発。本質安全防爆技術開発の動機となる	439/—
1914.11.28	日本	北海道，新夕張若鍋炭鉱でガス炭じん爆発	422/—
12.15	日本	福岡，方城炭鉱でガス炭じん爆発	687/—
1917.1.1	中国	撫順，大山炭鉱でガス炭じん爆発，復旧作業中も2回爆発	917/—
2	日本	農商務省，石炭坑爆発予防試験所を設立	
12.6	カナダ	ハリファックス港内で貨物船と軍用爆薬輸送船が衝突し爆発。市街が壊滅	1800/8000
12.21	日本	福岡，大浦炭鉱の桐野第2坑でガス炭じん爆発	369/—
1918.7.26	日本	下関港ではしけに爆薬積込み中に爆発	27/65
1919.5.22	米国	アイオワ，でんぷん工場で粉じん爆発	43/
1920.3.17	日本	呉海軍火工廠火薬試験所で無煙火薬粉砕中に発火，爆発	13/—
6.14	日本	北海道，北炭夕張炭坑北上坑でガス炭じん爆発	210/—
	ドイツ	Munster大学の講義実験中にテトラニトロメタンが爆発，学生ら多数死傷	7/多数
1921.9.21	ドイツ	オッパウ化学工場，固化した硫硝安を発破粉砕中に4500tが爆発	669/1952
10.8	日本	大阪，都市ガス用水封式ガスタンクが爆発，隣接タンクに延焼	0/100超
1922	米国	GE社，防爆対策を取り入れた水素冷却タービン発電機を開発	
4.11	日本	圧縮ガスおよびガス取締法公布	
5.8	日本	東京，都市ガス用水封式ガスタンク，腐食が原因で爆発	0/49
1924.3.19	日本	茨城上空で海軍SS3号飛行船，水素爆発で墜落	5/0
12.27	日本	北海道，小樽駅で貨車にダイナマイト積込み中，爆発	89/300
1926.9.13	日本	横浜，造船所に入渠中のタンカー点検作業中，残留原油が爆発	13/—
1929	日本	微量ガソリン測定のため，ガス干渉計を携帯用に改良製品化	
1929	日本	工場危害予防および衛生規則公布	
5.15	米国	クリーブランド，病院X線フィルム爆発火災，発生ガスで中毒	125/224
1930	米国	不燃性絶縁油PCB，モンサント社で製品化。変圧器などの爆発追放	
	日本	エーテル麻酔による病院での爆発火災事故年間100件	
10.21	ドイツ	アルフドルフ炭鉱で爆発，村内民家数十戸倒壊	259/—
1931.5.22	日本	横浜，製粉工場の酸化窒素発生機付近で小麦粉の粉じん爆発	18/40
1931	米国	不燃性冷媒フロン，G.デュポン社らが製品化，アンモニア爆発を追放	
1933	日本	外国が爆発事故で開発を断念した酸素魚雷，日本海軍が試作に成功	

3. 火災爆発

表 3.4.1 (つづき)

西暦年月日	国または場所	概要	死亡/負傷 (—:不明)
1934.8.4	日本	広島，ダム建設工事の発破準備中にカーリットが爆発	25/6
9.23	英国	グレスフォード炭鉱で爆発	264/—
1935.6.13	ドイツ	ラインスドルフ火薬工場でトリニトロトルエンなどが爆発	82/800
1936	日本	高圧ガス協会創立	
1937.3.18	米国	ニューロンドンの高校で暖房用石油系ガスが漏洩爆発	297 超/—
5.6	ドイツ	水素硬式大形飛行船ヒンデンブルグ号，ニューヨーク着陸時に爆発炎上	36/—
11.12	日本	群馬，小串鉱山で山津波により火薬庫がつぎつぎに爆発	163/—
1938.8.24	日本	羽田空港近くで民間機どうしが空中衝突し，墜落，地上でガソリンが爆発	85/76
10.3	日本	大阪，陸軍造兵廠で弾薬解体作業中に発火爆発	120 超/—
10.6	日本	北海道，北炭夕張炭鉱でガス炭じん爆発	161/18
1939.5.9	日本	東京，セルロイドくず運送中のトラックが炎上し，近くの火薬庫が爆発	32/245
1940.12.18	米国	麻酔学会は 230 件の爆発火災事故を発表	
1941	日本	飛行機用ジュラルミン焼入の硝石槽爆発が多発	
1942.4.26	中国	本渓湖炭鉱で爆発	1549/—
1943.1.10	日本	千葉，ケイニッケル鉱精錬用電気炉で水蒸気爆発	16/9
1944.7.29	ドイツ	ルートヴィヒスハーフェン，BASF 工場でブタジエンとブチレンの混合タンク車が爆発	57/439
10.20	米国	クリーブランド，LNG 球形タンクが脆性破壊し，流出メタンが爆発	128 超/—
12.26	日本	和歌山，化学工場で水素添加反応塔の空気圧力テスト中に爆発	13/45
1945.11.12	日本	福岡，鉄道トンネル内の軍用火薬をアメリカ軍が焼却処理中に爆発	145/151
1947.2.20	米国	ロサンゼルス，アルミ電解研磨工場で過塩素酸と無水酢酸が爆発	17/40
4.16-17	米国	テキサス市，硝安を積んだ貨物船が爆発，爆風で付近の化学工場，製油所などが炎上	576/3 000 超
	—	Reina del Pacifico 号のエンジンクランクケースが爆発	28/—
1948.4.19	フランス	炭鉱の圧縮空気配管系で激しい爆発（1952 年に油膜爆轟と発表）	16/30
6.28	ドイツ	ルートヴィヒスハーフェン，BASF 工場でジメチルエーテルタンク車が爆発	207 超/2 500 超
1949.6.24	日本	川崎，アンモニア工場で噴出水素が爆発（プラント露天化の動機）	19/80
1950	日本	新潟，花火工場で打上花火製造中に発火，製品などが誘爆	10/2
1952.12.22	日本	名古屋，ナイロン原料工場で回収の硫硝安が爆発	22/363
1953.2.14	日本	東京，煙火や擬砲音弾などの工場で火薬配合中に爆発し，誘爆	20/2
4.16	米国	シカゴ，研磨布の火花からアルミニウム粉じん爆発	35/38
10.16	米国	空母ロイテの油圧カタパルトが爆発	37/26
1954.5.26	米国	空母ベニングトンの油圧カタパルトの作動油が爆発	102/108
9.23	ドイツ	ビットブルク，地下 JP4 燃料タンクが爆発	37/—
	米国	AN-FO（硝安油剤爆薬）露天掘鉱山での発破に成功	
1955.2.4	日本	静岡，ダム工事の大発破を完застоと誤認，不発 TNT 爆薬が爆発	19/21
4.16	日本	神戸，液体酸素タンクが爆発，タンク断熱材の可燃物が禁止される	3/—
1956.8.11	日本	岡山，大豆油工場で抽出溶剤のヘキサンが噴出し，爆発	11/8
1956	英国	爆発のおそれのないハロセン（不燃性麻酔剤）が実用化	
1957.11.30	日本	千葉，火薬工場のカーリット塡薬工室が爆発	14/16
1958.7.15	日本	東京，製薬工場の火災からニトロマンニットが爆発	13/21
7.30	日本	東京，煙火工場で花火製造中，規定量を超える大量の火薬などが爆発	13/—
1959.7.11	日本	山口，アンモニア工場で保冷分離装置を消火し，可燃性断熱材と液体空気が爆発	11/73
11.20	日本	横浜，火薬工場で TNT 類の精製実験中に発火，屋外の大量の爆薬が爆発	3/380

表 3.4.1 （つづき）

西暦年月日	国または場所	概要	死亡/負傷（一：不明）
1960.3.22	日本	和歌山，発電所トンネル工事現場で保管所の爆薬が爆発	23/9
8.24	日本	東京，油脂工場で米ぬか油製造中，抽出缶からヘキサンが漏れ発火爆発	11/10
1961.1.4	ドイツ	ドルトムント，空気分離装置が発火し，液体酸素を含んだ木材が爆発	15/—
1962.2.7	ドイツ	ザール，ルイゼンタール炭鉱で爆発	298/—
10.3	米国	ニューヨーク，ビル地下室ボイラの自動制御装置欠陥で爆発	23/106
1963.3.9	ドイツ	アルンスベルグ，鍛造工場の低圧空気配管系で油膜爆轟	20/40
11.9	日本	福岡，三池炭鉱で炭じん爆発	453/—
1964.6.11	日本	川崎，化学工場の酸化プロピレンタンクが爆発，増設工事作業者が被災	18/17
7.14	日本	東京，倉庫内硝化綿などの火災を消火中，有機過酸化物（MEKPO）が爆発	19/114
1965.6.1	日本	福岡，山野炭鉱でメタン爆発	237/1
8.5	ペルシャ湾	原油積込み中のタンカーの喫煙室が爆発，同時に船体大破	13/29
8.25	米国	合成ゴム工場でモノビニルアセチレンが圧縮機故障のため分解爆発	12/60
1966.1.4	フランス	フェザン，製油所のLPガスタンクの弁が凍結破壊し，LPガスが流出し爆発	7/130
1968.4.6	米国	リッチモンド，街角の銃砲店地下火薬室が爆発	41/100
1969.12.12	大西洋	21万t級のタンカー，空荷でタンク洗浄中の3隻が爆発	3/3 1隻沈没
1970.4.8	日本	大阪，地下鉄工事現場の都市ガス管からガスが漏れ爆発	79/420
1972.2.21	日本	茨城，貨物船（2500t）の補助ボイラが爆発し沈没	12/2
3.30	ブラジル	製油所のブタン球形タンクで底部バルブが氷結破損，蒸気雲を生じ爆発	37/53
1973.2.10	米国	ニューヨーク，LNGタンク断熱材などの修理中火災・爆発	40/3
1974.6.1	英国	ナイロン原料工場で配管が破損し，シクロヘキサンが漏れ爆発	28/100超
1975.8.30	日本	愛媛，廃油処理工場で廃油タンクから生じた可燃性蒸気が爆発	9/4
11.7	オランダ	エチレンプラントのナフサ分解炉から漏れたプロピレンが爆発	14/106
1976.5.10	日本	山形，農業用水利事業トンネル建設工事中，メタンが爆発	9/1
1977.11.11	韓国	裡里駅で貨物列車のダイナマイトが爆発，家屋約1万戸が被災	59/130超
12.22	米国	トウモロコシ荷役中にサイロが爆発	36/9
12.27	米国	小麦搬送用コンベヤの修理後に半地下室などで粉じん爆発	18/22
1978.7.11	スペイン	過充填された液化ガスタンクローリがキャンプ場付近で爆発	215/—
10.12	シンガポール	造船所で修理中のギリシャ籍タンカーが爆発・炎上	76/67
1979.11.13	イタリア	酸素か麻酔ガスが病院内で爆発	24/30
1980.3.18	ロシア	ボストークロケットへ燃料積込み中に爆発	50/—
8.16	日本	静岡，地下街の小規模なガス爆発の点検中，都市ガスが爆発	15/223
1981.3.14	日本	川崎，機械工場でガソリンを用い部品などを洗浄中に爆発	8/2
1982.12.29	ベネズエラ	タコア火力発電所で燃料タンクの消火作業中，ボイルオーバーが発生，あふれた重油により広域火災	150超/300超
1983.11.12	日本	静岡，レストランでLPガスが大量に漏れ爆発・火災	14/27
1984.7.10	台湾	海山炭鉱で炭車が暴走し炭じん発生，ケーブル火花から爆発	74/8
11.19	メキシコ	LPガス配送ターミナルでガスが漏れ爆発，タンクがつぎつぎに誘爆	500超/4000超
1985.5.17	日本	北海道，南大夕張炭鉱でガス爆発	62/24
5.26	スペイン	ナフサ荷役中のタンカーが爆発し沈没，近くのタンカーが誘爆・炎上	35/39
1986.1.28	米国	スペースシャトル・チャレンジャー号が爆発	7/—
4.29	ロシア	チェルノブイリ原子力発電所で炉心溶融爆発	61超/115超
1988.7.6	北海	海上油井基地で漏れたガスが爆発，施設が炎上・大破	167/
12.11	メキシコ	メキシコ市，露店で花火が爆発	70/90
1989.2.16	日本	横浜，造船所で修理中の貨物船機関室が爆発・炎上	12/11

3. 火災爆発

表 3.4.1 (つづき)

西暦年月日	国または場所	概要	死亡/負傷 (—：不明)
6.3	ロシア	シベリア鉄道沿いのパイプラインからメタンが漏れ，爆発	645超/—
9.24	タイ	バンコク，LPGタンクローリが商店に突入，爆発・炎上	85/100
1992.4.22	メキシコ	市街地の下水道にガソリンが流入し爆発，建物など多数全壊	205/1 440
1993.1.7	タイ	おもちゃ工場でガス漏れ，爆発・炎上	240/550
1994.12.7	韓国	京城，都市ガス供給基地でガス爆発	18/52
1995.4.28	韓国	大邱，地下鉄工事現場で漏れた都市ガスが爆発	98/100超
1996.11.19	日本	広島，火薬製造工場でTNT硝化工室が爆発	0/8
1998.5.19	中国	広東，日系花火工場の製品実験場で爆発	8/46
9.8	ブラジル	横転炎上した軽油積載トラックに巡礼バス等4台が衝突	53/30
10.18	ナイジェリア	パイプラインから漏れた石油が炎上，集まった住民らが被災	1 082/数百
1999.3.24	フランス	モンブラントンネル内でトラックから出火し延焼	39/27
9.8	日本	静岡，造船所でオイルタンカーが爆発	3/8
9.14	日本	山形，ガス供給施設で配管工事中にガス爆発	0/12
9.19	タイ	チェンマイ，果物加工工場で爆発	23/100
9.26	メキシコ	花火倉庫に続いて隣接レストランのガスタンクが爆発	56/76
10.29	日本	東京，首都高速で過酸化水素水を積載のタンクローリが爆発	0/23
2000.3.11	ウクライナ	パラコフ炭鉱でメタンが爆発	80/7
5.13	オランダ	エンスヘデ，花火の保管倉庫で大爆発と火災	20超/900超
6.10	日本	群馬，ヒドロキシルアミンの蒸留塔が爆発	4/58
6.30	中国	広東，花火工場で建物や倉庫がつぎつぎに爆発	32/200超
8.1	日本	愛知，火薬工場で無煙火薬が爆発，周辺住民が被災	0/79
9.27	中国	貴州，コークス用石炭の炭鉱でメタンが爆発。行方不明多数	88超/83超
2001.3.15	ブラジル	世界最大規模の海底油田掘削施設が爆発し水没	10/—
8.1	日本	宮城，携帯電話部品工場でマグネシウム粉が爆発	0/10
9.21	フランス	トゥールーズ，石油化学工場で大規模な爆発	29/2 442
10.24	スイス	アルプス山脈のトンネル内でトラックが爆発して炎上	11/—
10.25	タイ	陸軍の武器庫がつぎつぎと爆発	13/60超
2002.1.27	ナイジェリア	ラゴス，軍の弾薬庫が相次いで爆発し火災	1 000超/—
2.20	エジプト	列車火災に運転士が気付かず7 km走行	373/70超
12.31	メキシコ	ベラクルス，市場の露店で花火が爆発	37超/70超
2003.1.29	米国	ノースカロライナ，プラスチック工場が爆発	3/34
2.1	米国	スペースシャトル・コロンビア号が再突入時に空中分解	7/0
2.18	韓国	大邱，地下鉄内でガソリンをまいて放火	192/148
4.11	日本	鹿児島，花火工場で配合作業中に爆発	10/4
8.14, 19	日本	三重，RDF発電所で2度の爆発，消防士が被災	2/5
8.22	ブラジル	アルカンタラ宇宙基地で最終点検中のロケットが爆発	21/20超
9.3	日本	愛知，製鉄所でコークス炉ガスタンクが爆発	0/15
11.5	日本	神奈川，スーパーの生ごみ処理施設で火災・爆発	0/11
2004.2.18	イラン	ガソリンほかを積載の貨物列車が脱線し火災と爆発	320/460
4.22	北朝鮮	貨物列車が衝突し，積載していた硝安と石油が爆発	154/1 300超
8.1	パラグアイ	スーパーマーケットのレストランで爆発と火災	464/450超
9.18	日本	東京，改装工事中のビルでガス爆発	3/6
2005.3.23	米国	テキサス，製油所で蒸気雲を形成し，火災と爆発	15/170
11.27	中国	黒竜江，年産1 000万t級の炭鉱でガス爆発	169/—

表 3.4.1 （つづき）

西暦年月日	国または場所	概　　　要	死亡/負傷（—：不明）
2006.1.17	日　本	愛媛，原油タンク内でスラッジを清掃中に火災	5/2
2.19	メキシコ	炭鉱内でガス爆発により土砂崩れ	65/12
2007.3.20	日　本	新潟，メチルセルロース工場で爆発と火災	0/17
3.22	モザンビーク	軍の弾薬庫が爆発	93/300超
6.19	日　本	東京，温泉くみ上げ施設の地下室でメタンが爆発	3/3
2008.4.26	モロッコ	カサブランカ，マットレス工場で火災	55/12
2009.3.19	日　本	無届けの老人ホームで火災	10/0
11.21	中　国	黒竜江，炭鉱でガス爆発	108/—
2010.1.7	日　本	化学工場での爆発で高圧釜が吹き飛ぶ	0/12
4.20	米　国	石油掘削施設が爆発し原油が流出	—/—
2011.3.12	日　本	福島，原子力発電所の建屋内で水素が爆発	
2012.3.4	コンゴ	軍の武器庫で複数回の爆発	250超/2 300超
5.24	日　本	新潟，トンネル建設現場でメタンが爆発	4/3
9.29	日　本	兵庫，アクリル酸製造工場でタンクが爆発	1/36
2013.4.17	米　国	テキサス，肥料工場で火災と爆発	14/200超
8.15	日　本	京都，花火大会の露店でガソリンが携行缶から噴出し爆発	3/55
6.3	中　国	吉林，鶏肉工場で液体アンモニアが漏れ爆発火災	119/60
10.11	日　本	福岡，整形外科の病院で火災，患者らが焼死	10/5
11.15	日　本	千葉，廃油再生工場で爆発	2/18
2014.7.31	台　湾	高雄，市街地の地下にあるパイプラインで複数回のガス爆発	26/267
8.2	中　国	江蘇，自動車部品工場で粉じんが爆発	75/185
9.3	日　本	愛知，製鉄所で石炭が自然発火し自動車生産に影響	0/15
2015.4.26	日　本	北海道，キノコ工場で配管溶接中に出火，バックドラフトか	4/0
5.17	日　本	川崎，違法建築の簡易宿泊所で火災	11/17
6.27	台　湾	台北郊外の娯楽施設でイベント中にカラーパウダーが爆発	0/498
8.12	中　国	天津，危険物貯蔵庫で大規模な爆発	173/798
2016.10.12	日　本	埼玉，洞道内の電力ケーブルの火災により大規模停電	
2017.2.16	日　本	埼玉，物流倉庫で火災，危険物などが燃え鎮火は12日後	
6.14	英　国	ロンドン，高層住宅での火災で多数が逃げ遅れ	71/—
10.26	インドネシア	ジャカルタ，花火工場で爆発	47超/40超
12.1	日　本	静岡，インク用樹脂製造工場で爆発火災	1/14

3.5　漏洩・拡散

3.5.1　危険物質の漏洩と拡散

　可燃性・引火性危険物，毒劇物，有害物等を取り扱い，製造・貯蔵する施設では，それら危険物質の漏洩による火災，爆発，中毒，環境汚染の潜在危険性が存在している。万一事故が発生した場合は，みずからの施設内のみならず，近隣の居住地区へ被害を及ぼし，人命や財産に加え動植物にも多大の損害を与えることは過去の数多くの事例が示している。

　危険物質の漏洩による災害は，取扱い・貯蔵施設内に限られたものではなく，タンカー等の船舶やローリ等の車両による原料および製品の輸送中にも発生する。

　火災，爆発，中毒等の代表的な大災害のほとんどが，可燃性・引火性物質または毒劇物の漏洩により起こっているため，漏洩の防止は，災害および公害防止上きわめて重要である。したがって，設備面（設計，材質，製作，施工，制御）および管理面（教育，基準，操作，保全体制）からの体系的な漏洩の予防対策を講じることが大切になる。また，漏洩が発生した場合，いかに被害範囲を小さくするかも重要となる。漏洩の早期発見，緊急遮断による漏洩量の局限化，防油

堤・防液堤による漏洩範囲の限定および消火対策等がこれに該当する。

漏洩の予防対策は，その発生の機会をなくす手段であるが，漏洩時の緊急対策は事故が起きた場合の被害をできるだけ軽減する手段にすぎない。事後対策よりも事前の予防対策の方が賢明であり，効果も多く経済的である。しかし，災害を完全に防止することは困難であり，種々の予防対策を講じるとともに，防護，拡大防止，制圧等の緊急対策を総合的に検討し，いつでも実施できるよう準備しておかなくてはならない。

本章では，危険物質の漏洩時の緊急対策について概要を述べる。

3.5.2 漏洩時の緊急非常対策
〔1〕 緊急時の防災組織と処置要領

緊急時の防災組織が緊急事態に際してその効果を最大限発揮するには，形式的な要素を極力排除し，実戦第一主義を貫くことが大切である。そのためには，成文化し，つねに状況の変化に対応した修正を加えておかなくてはならない。さらに，緊急時にこの防災組織が発動される条件についても，災害の規模に応じて段階的に事前に明確にされていなければならない。

また，工場や貯蔵施設で取り扱われている危険物質の性状，機械設備，貯蔵設備，立地条件等を十分に考慮して緊急通報，緊急呼出し，機械設備の緊急停止，漏洩防止，拡散防止，消火活動，救護，避難誘導，広報等，全般にわたり漏洩時の緊急事態処置要領を策定しておくことが必要である。

これを，従業員に対して周知徹底し，これに基づき定期的な訓練を実施しておくことも大切である。処置要領および訓練は，万一の漏洩緊急事態に対処するためには不可欠である。

（a）**事業場の自衛防災活動** 事業場の総合的な自衛防災活動を展開するために必要な，災害対策本部編成表の一例を**図3.5.1**に示す。HAZMAT (Hazardous Material) チームは，危険物質（放射性，可燃性，爆発性，腐食性，窒息性，生物学的危険性，毒性・有害性，酸化性，病理性，アレルギー発症性，圧縮ガス，高温物質等）を取り扱うために特に訓練された要員である。

大量の漏洩は事業所の構内を越えて広範囲に影響を及ぼすことを考えると，漏洩拡散時の被害範囲を一次，二次，三次と想定して対策を立てておかなくてはならない。したがって，事業場の防災体制については，災害の規模，進展の状況，二次災害発生の危険性等を考慮し，要員招集の範囲についても，一次出動防災体制，二次出動防災体制等，段階的に整備しておくことが望ましい。

特に夜間や休日は比較的手薄のため，災害等の緊急時に冷静かつ機敏に，緊急呼出しや通報等必要な箇所への連絡が抜けなく行えるように，業務処理要領および緊急連絡表等必要なものを整備しておくことが大切

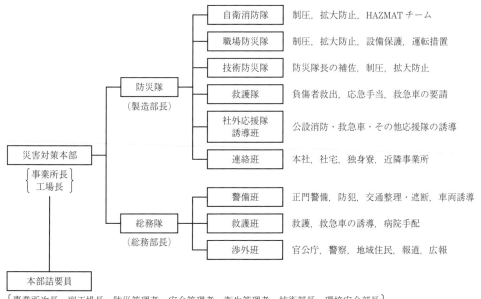

図3.5.1 災害対策本部編成表の例

である。

（b）**事業場外からの応援活動**　公設消防隊，近隣事業所相互の共同防災隊に応援を求める場合は，事故・災害の状況，プラント操業停止および緊急安全処置の実施状況，危険物質の保管状況等，的確に情報を提供することが大切である。事業場の設備，配置，管理状況，危険物質の保管状況，防災資機材の配置状況，応援活動の際の指揮権の問題等，あらかじめ協議して応援活動処置要領を策定し，総合的な訓練を実施しておくことが望ましい。

〔2〕**緊　急　処　置**

（a）**通報・連絡**　事業場内で危険物の漏洩事故または漏洩による火災等を発見した者は，ただちに大声で近くの作業者に知らせるとともに，火災報知器，非常電話，伝令等により事業場の管理・監督者に通報する。

（b）**事故内容の把握**　事故内容の正しい把握は，緊急時の処置の第一歩である。通報を受けた管理・監督者は，事故発生の場所，種類，内容および被害の程度等，迅速かつ正確に把握し，定められた緊急事態処置要領に従って事業場内外の関係者に通報・連絡する。コンビナート等の場合は，外部通報を隣接工場とあらかじめ協議して代行してもらえるよう協定しておくと，事業所責任者が他の緊急時対策に専任できるので望ましい。

災害を小さいうちに制圧できるか否かは，事故をできるだけ早く発見して，一刻も早くそれを制圧する体制をとり得るか否かにかかってくる。いわゆる緊急事態への体制切替えをいかに早く行うかが重要な問題である。この体制切替えは，小さなものは職場単位の数名のものから，事業場全体に及ぶ体制切替え，さらに大きな被害が想定される場合は，コンビナート企業群および公設消防隊の多数出動を要する大規模なものまである。

（c）**初期活動**　事故，災害が発生した職場では，あらかじめ定められた緊急事態処置要領によりプラントの操業停止，漏洩防止活動，消火活動，救急活動等，事態の進展に応じた初期活動を行って事故，災害の拡大防止を図る。危険物質の漏洩による事故・災害は，初期活動の重要性が非常に高く，処置を誤れば被害をさらに拡大する結果になる。特に可燃性ガスの噴出や毒性ガスの漏洩等は，拡散範囲を考慮して，被害想定に基づく訓練を十分に実施しておくことが大切である。

なお，輸送中の漏洩事故の防止およびその緊急処置については，高圧ガス保安法，労働安全衛生法，毒物及び劇物取締法，消防法，公害関係法令等でも義務付けられているので，これらの内容をよく理解し，必要な資機材を整備しておくことと，漏洩時の緊急処置についての教育と訓練の充実が重要である。

（d）**危険物質の種類による防災活動**

1）**可燃性ガスの漏洩・噴出**　可燃性ガスが漏洩した場合は，設備の緊急停止，弁閉止等，ガスの供給源を絶つとともに，付近の火気使用設備を緊急停止する。自然発火や静電気等により着火した場合は，漏洩が停止するまでは直接消火せず，設備やその周辺の建物を散水冷却して延焼拡大を防止する。高圧のガスが大量に噴出し着火していない場合は，蒸気雲爆発等の三次災害の危険性が高くなるので，可能な限り緊急の漏洩防止処置や噴出の局所化および設備の緊急停止，弁閉止等の処置をとった後，人命保護のためただちに避難する。

2）**毒性ガスの漏洩**　あらかじめ定められた毒性ガス漏洩処置要領に基づき，その設備または工程の緊急停止，漏洩の局限化，拡散防止，除害処置等を講じる。処置作業に際しては，必ず自給式呼吸器具等の個人保護具を着用する。漏洩量と風向きによっては，事業場内の避難誘導のみならず，近接事業場または地域住民の避難誘導が必要になる場合がある。公設消防署，警察，関係官庁への緊急通報，広報活動，周辺住民の避難誘導等に迅速に対処することが大切である。

3）**液体の漏洩**　ガスに比べて被害の局限化が比較的容易である。設備の運転停止および弁閉止等，漏洩防止の緊急処置を講じるとともに，防油堤・防液堤，土のう，オイルフェンス等を活用し，流出および拡散防止の処置をとるとともに，漏洩した液体をすみやかに回収する。可燃性液体の場合は，着火するとプール火災の危険性があるので，付近の火気使用設備を緊急停止し，万一の火災発生に備えて消火体制をとっておくことが大切である。また，工場内の側溝や排水口から，消火水等が一般河川や海に流出しないよう，あらかじめ処置方法を検討しておくことが望ましい。

4）**固体の漏洩**　固体状危険物質の漏洩は，設備的または場所的にかなり限定されると考えられるが，危険物質の性状を十分に調査し，漏洩時の緊急事態処置要領を策定しておく。特に，毒性または消火活動による水との反応や熱分解等で有害ガスが発生しないか調査し，危険性状に対応した有効な処置方法を確立しておくことが重要である。

（e）**救　　護**　死傷者が出た場合は，まず被災者を救出して救急処置を施し，必要があれば救急車を要請する。被災者の救出にあたっては，二次災害が発生しないよう現場の状況を的確に判断し，指揮監

督者の指示に従って行動する。救急処置は，医師が医療を開始するまでに時を移さず行われる応急的な処置であるが，この処置によって，被災者の生命を救えることが多い。

止血，人工呼吸，心臓マッサージ，AEDの操作等，かなり高度な技術を必要とするため，救護隊の隊員はもちろん，各職場ごと，各勤番ごとに救急処置について教育，訓練を受け，習熟した者（日赤救急員）を配置しておくのが望ましい。また，被災者の救出と救急処置に必要な送気マスク，防毒マスク，自給式呼吸器具，担架，命綱，救急薬品等の救急資材は，つねに点検，整備しておくことが大切である。

（f）**緊急避難** 危険物質の漏洩が発生した場合は，関係者は漏洩防止処置，火災，爆発，中毒等の二次災害防止処置，被災者の救出等，災害の制圧に努め，被害を最小限に食い止めるため最善の努力を払わなければならない。しかし，事故，災害の規模および事態の進展状況によって人命の危険が想定される場合は，ただちに避難命令を発動し，職場の責任者は，職場保全に必要な処置を講じた後，定められた場所に避難誘導し，点呼を実施する。さらに，事業場外への影響が大きいと判断されるときは，公設消防署，警察，関係官庁への緊急通報，広報活動，地域住民の避難誘導等，迅速に対処する。

（g）**災害発生現場の保存** 漏洩事故，災害が完全に制圧された後は，災害発生現場はロープ等を張り，監視員を配置して現場の保存に努めなければならない。災害に関係ある物件は，とかく生産再開のために整理または処分されがちであるが，これらは災害の原因を究明するための重要な物的証拠であり，原因究明の作業が終了するまで，現場保存に留意しなければならない。法的に現場保存が要求される場合もある。

3.5.3 被害想定
〔1〕 **被害想定の目的**

化学プラントにおける代表的な災害の一つとして有毒気体の拡散が考えられる。これは，有毒物質の漏洩（放出）が引き金となって発生する。また，災害の規模は，物質の毒性，漏洩（放出）流量・時間，保有量はもとより，プラント配置，安全防災設備の有無，発災時の初期対応，気象条件等，複数の要因の影響を受ける。

災害が発生した場合を想定してその影響範囲（被害程度）を事前に予測しておけば，被害拡大防止のための防災設備設計，緊急時の措置計画の策定，緊急避難，効率的な災害防止活動の推進等の面での強力な支援が可能となる。ここでは，有毒物質が漏洩（放出）した場合の影響評価手法について概説する。

〔2〕 **被害想定実施手順**

被害想定は，一般に，つぎの手順で評価する。

・発生源のモデル化：容器や配管から外部へ物質が漏洩する場合に，漏洩物質の形態（気体，液体等）に応じた漏洩量，漏洩流量を計算する。

・現象のモデル化：大気拡散，ジェット拡散を評価する。

・被害のモデル化：有害化学物質による人への被害を評価する。

これらのモデルについては，各国の調査・研究機関，企業から多数のソフトや評価システムが公表されており，一部は市販されている（解析解モデル）。被害想定は，多成分混合物のような特殊な場合を除いてほぼ確立されているが，式を導く考え方や式に含まれる前提を十分理解しておくことが重要である。

（a）**発生源のモデル化** 液体（気液混相流）が漏洩する場合は，フラッシュによる蒸発，エアロゾルの生成，空気の巻込み，エアロゾルの蒸発，液体プールの生成，生成した液体プールの蒸発等を計算する。

1）**評価対象の選定** 例えば，つぎの方法がある。

・保有量 $5 m^3$（または $5 ton$）を超える機器。

・有害性物質の場合，保有量〔kg〕/ERPG-2濃度〔ppm〕の比が $20 kg/ppm$ 以上の機器。

・物質ハザード指数 SHI（Substance Hazard Index）$= E/$ERPG-3濃度〔ppm〕の値が $5\,000\ ppm^{-1}$ を超える物質を保有する機器[1]。ここに，E：20℃における有害物質の蒸気圧を大気圧で割って 10^6 倍したもの〔-〕である。

2）**気体，液体の漏洩計算** 機器や配管に，振動，衝撃等の外的要因が作用したり，腐食等の内的要因により機器の破損，材質の劣化，緩み等が発生すると，開孔部から内容物が圧力差により外部へ漏洩する。圧力差には，蒸気圧や充填気体による圧力と大気圧との差だけでなく，ポンプのヘッド，液体の静圧等も含む。漏洩流量計算には，つぎの項目が影響する。

・漏洩する物質の物性，組成
・初期条件（温度，圧力）
・系内保有量
・漏洩形態（漏洩状態）

漏洩モデルとしては，定常モデルと非定常モデルがある。前者は，温度，圧力を一定とおいて定常漏洩流量を計算する。例えば，ポンプ吐出配管からの漏洩等が該当する。一方，後者は，機器からの漏洩や機器接続配管の破断を想定して，非定常漏洩流量を計算する。液体の連続漏洩の計算条件として，例えばつぎが

ある。
・貯槽に接続された最大口径の液体配管について
　　口径＜50 A の配管またはホース：全開
　　口径 50 ～ 100 A の配管：50 A　配管全開
　　口径＞100 A の配管：断面積の 20 ％開口
瞬間漏洩の場合は，保有量を例えば 5 分で除して平均漏洩流量とする。

3） フラッシュ計算　加熱・加圧された液体が漏洩する場合，フラッシュ気化が生じる。この場合，フラッシュ前を飽和液とし，液体が等エンタルピー膨張して液の顕熱がすべて液の気化に使用され，その蒸発潜熱により液体の温度を沸点まで低下させるとして，フラッシュ率を計算する。フラッシュ率 y〔-〕は，式 (3.5.1) による。

$$y = C_{pL} \cdot \frac{(T_0 - T_b)}{\Delta H_v} \quad (3.5.1)$$

ここに，C_{pL}：液比熱〔J/(kg・K)〕，T_0：液温度〔K〕，T_b：大気圧沸点〔K〕，ΔH_v：沸点での蒸発潜熱〔J/kg〕である。フラッシュしない部分（液体）は，液体の漏洩流量×$(1-y)$ となり，液体プールを形成する。

4） 液体のプール蒸発計算　プール最小深さを指定し，瞬間漏洩の場合は，全漏洩量をプール最小深さで割ってプール面積を計算する。ただし，プール面積は防液堤の面積以上にはならない。一方，連続漏洩の場合は，漏洩速度と蒸発速度がバランスする面積を求める。面積が増加するにつれて蒸発速度も増加する。防液堤に到達すれば，防液堤面積をプール面積とする。面積が最大面積に達する前に漏洩が終了すると，漏洩終了時点から半径が減少し始め，それに伴って蒸発速度も低下する。

プール蒸発速度は，物質移動モデル（液面での風による強制対流），伝熱モデル（土壌と液体プールとの間の伝導伝熱，日照による放射伝熱）を考慮する。液の表面温度の変化も計算できる。液体がプールを形成する場合，防液堤内に一定の面積のプールを形成した後は，漏洩時間よりも液体の蒸発速度が支配的となる。貯槽の場合，液体の温度が低いと貯槽内圧が低下して漏洩流量が低下するだけでなく，液体のプール蒸発速度も低下して拡散距離が減少する。

（b） 現象のモデル化

1） 気象条件　気温は液体の蒸発速度に影響するが，漏洩する液体自体の温度に比べればその影響は少ない。相対湿度は，液体がフラッシュする際の熱を吸収して温度の低下を抑制する。気象条件の中では，風速，大気安定度，地表面粗さが拡散計算に大きく影響する。

ⅰ） 風速　風速（風下方向に一定）は，風下への拡散速度を直接決定するとともに，風速が大きくなると乱れが増大する。基準高度（10 m）以外の高度の風速 U_s〔m/s〕は，式 (3.5.2) で計算する。

$$U_s = U_{ref} \cdot (H/Z_{ref})^p \quad (3.5.2)$$

ここに，U_{ref}：基準高度での風速〔m/s〕，H：高度〔m〕，Z_{ref}：基準高度〔m〕である。べき乗数 p は，大気安定度に応じて，郊外で 0.07 ～ 0.35，都心で 0.15 ～ 0.30 の値をとる[2]。

拡散計算は，地域特有の気象条件を考慮して実施すべきである。国内であれば，地域気象観測システム（Automated Meteorological Data Acquisition System, AMeDAS）の観測データを利用できる。これは，気象庁が，国内約 1 300 箇所に設置しているアメダス観測所で測定したデータで，観測している気象要素は，降水量（0.5 mm 単位），気温（0.1 ℃単位），日照時間（0.1 時間単位），風向（16 方位），風速（0.1 ～ 1 m/s），降雪量（1 cm 単位）である。通常は，観測時刻（正時）の前 10 分間の平均値を 1 時間ごとに報告する。

漏洩が 1 時間以内に終了する場合は，気象条件一定として拡散計算を実施してよい。しかし，漏洩時間，または拡散時間がより大きな場合は，気象条件の変化も考慮に入れるべきである。

ⅱ） 大気安定度　大気安定度は，大気中のエンタルピーが高さ方向でほぼ一定の場合，すなわち，大地と大気間の熱移動が非常に小さい場合に中立条件となる。大気安定度が中立または不安定な場合は混合が促進されるため，安定な場合より拡散距離が減少する。

中立条件でも，上空に行くに従って気圧が下がるため，膨張して空気密度，気温ともに低下する。高度が上がるに従って気温が下がる割合を減率（lapse rate）という。乾燥空気の場合，乾燥断熱減率（dry adiabatic lapse rate）$\Gamma = g/C_{p,air} = (9.8 \text{ m/s}^2)/(1 005 \text{ J/}〔\text{kg・K}〕) = 0.975$ ℃/100 m である。一方，湿潤空気の場合は，気温の影響を受け，湿潤断熱減率（moist adiabatic lapse rate）Γ_s は，0.45 ～ 0.975 ℃/100 m の間で変化する。湿潤断熱過程では，水蒸気の比熱は約 1 900 J/(kg・K) と空気より大きいが，空気中の水蒸気含量は数％であり，影響は小さい。それよりも，上昇して空気が冷えるに従って水が凝縮する際に潜熱が放出される。この潜熱により，減率が小さくなる。湿潤断熱減率 Γ_s〔℃/m〕は，近似的に式 (3.5.3) で計算できる[9]。

$$\Gamma_s = \frac{A}{[1 + B \cdot \exp(C \cdot T^D)]} \quad (3.5.3)$$

ここに，$A=0.01028℃/m$，$B=0.75586$，$C=0.074363$ $℃^{-1}$，$D=0.915735$，T：気温〔℃〕である。

不安定な条件は昼間に生じる。すなわち，地表面が太陽によって加熱され，大気は下から加熱されるため，暖かく軽い空気が，冷たい空気の下に存在するという不安定な密度分布を生じる。暖かい空気は上昇し，断熱膨張して温度を下げながら上昇する。この大きな対流により，垂直方向の混合・有毒気体の希釈が促進される。この部分の減率は断熱減率よりも大きい。拡散雲は鉛直方向に大きく蛇行するため，放出源近くに瞬間的に高濃度が出現する一方，安定条件に比べると遠方での濃度は低くなる。

一方，安定な条件は夜間に生じる。すなわち，地表面と上空との間に放射冷却が生じ，大気は下から冷却されるため，高高度ほど密度が低下するという安定な密度分布を生じる。この状態では，鉛直方向の混合は抑制され，有毒気体の希釈は，不安定な場合の数オーダ小さくなる。拡散雲は水平に広がり，遠方まで拡散雲が到達しやすくなる。

表3.5.1は，風速と太陽放射強度の関数として大気安定度を示したPasquill-Giffordの大気安定度の表である。地表面の粗さ，雲の量，風速が大きくなるほど大気安定度は中立に近付く。この安定度の規定で無視しているのは，乱流境界層（混合層）の高さである。この高さが増すほど大気安定度はF→Aへ移行する。

大気条件は必ずしもPasquill-Giffordの大気安定度で規定できるとは限らない。特に，地表面近傍での漏洩の場合には，Randersonの境界層解析が有用である。すなわち，地表と，上空の比較的穏やかな大気との間に乱流境界層を考える。この境界層の高さは3～2000mの間で変化する。影響する因子は，摩擦速度u^*〔m/s〕，大地での顕熱流束q〔W/m²〕，混合距離，逆転層の高さで，これらによって温度，風速，乱れの程度が決定される。MoninとObukhovによる混合距離L〔m〕は，式（3.5.4）で表され，地表面付近での機械的混合の尺度を表す。混合距離は物理的な長さではなく，安定度の尺度である。

$$L = -\frac{\rho \cdot C_p \cdot T \cdot (u^*)^3}{[k \cdot g \cdot q]} \tag{3.5.4}$$

ここに，ρ：空気の密度〔kg/m³〕，C_p：空気の比熱=1005 J/(kg・K)，T：気温〔K〕，k：von Karman定数$=0.4$〔-〕，$g=9.8$ m/s²である。

混合距離の値は，不安定な条件（$q>0$，大地から大気へ熱を放出）では負の値，安定な条件（$q<0$，大地は大気から熱を吸収）では正の値をとり，中立条件（$q=0$，顕熱移動なし）では∞となる[4]。

また，不安定な条件では，逆転層の高度は対流の生じる高さを規定する。すなわち，夜明けから昼にかけては，太陽から地表へ向かう熱流束が増加するため対流支配領域がゆっくり増加する。昼から夕方にかけては，混合層の高度がほぼ一定となる。そして夕暮れにはこの対流領域が急激に消失する。

逆転とは，高度の上昇に伴い気温が上昇することをいい，これが起こる層を逆転層（inversion layer）と呼ぶ。逆転層は鉛直方向の動きを抑制する。すなわち，逆転層の内部では拡散しにくい。また，部分的に逆転層がある場合，煙は逆転層を通過して拡散しにくい。逆転の一つは，高度100m以下の地表面で起こる放射逆転（radiation inversion）である。これは，放射冷却によって地表近くの大気が熱を失う夜間で，しかも晴天，微風のときに生じやすい。地表付近の逆転層は，地上で放出された気体の上方向への拡散，および高所で放出された気体の下方向への拡散を抑制する。それ以外に，500m以上の高度で生じる逆転があり，気団（高気圧からの下降気流による断熱圧縮），海風，地形，前線等が原因となる。高所の逆転層は，さらに高所への拡散を抑える蓋の働きをする。

ⅲ）地表面粗さ　地表面が粗いと，平坦地よりも混合が促進されるため拡散距離は短くなる。一方では，拡散経路に大きな建屋や丘陵，谷等があると，高濃度の化学物質が局在する領域を形成する可能性があるため注意を要する。

表3.5.1　Pasquill-Giffordの大気安定度（鉛直方向）[3]

風速〔m/s〕	昼間：太陽放射強度〔W/m²〕				日出・日没前後1時間	夜間（雲の比率）	
	強 >600	中 300～600	弱 10～300	曇 <10		部分的雲（<3/8）	大部分雲（≧4/8）
≦2	A	A～B	B	C	D	F	E
2～3	A～B	B	C	C	D	E	D
3～5	B	B～C	C	C	D	D	D
5～6	C	C～D	D	D	D	D	D
>6	C	D	D	D	D	D	D

〔注〕　A：非常に不安定，B：不安定，C：やや不安定，D：中立，E：やや安定，F：安定。
　　　　A～BはAとBの平均値をとる

上空では，気圧分布に代表される気象条件や，地球の自転に伴うコリオリの力が風速に影響するが，地表面では大地との摩擦や，風速分布に伴う剪断力によって風速が低下する。地表面の状態や障害物の存在は，地表面と上空との間に流体力学的な抵抗力を発生し，このため大気中に機械的な乱れが生じる。この乱れの状態は，風速や，障害物の数，高さ，間隔の影響を受ける。地表面粗さは，風力場における地表面の状態の平均的な影響を示す尺度として使用され，0.00001 m（氷上，泥地）～1 m（都会）の値をとる。一般に，地表面粗さが大きく，風速が大きいほど大気中の乱れの程度も大きくなる。

2) **大気拡散** 放出された化学物質が，自由空間を拡散していく現象で，計算方法としては，解析解モデルと三次元数値流体力学（Computational Fluid Dynamics, CFD）シミュレーションモデルがある。前者は，大気中での化学物質の拡散を単純化した場合（気象条件一定，平坦地で構造物なし等）に得られる拡散方程式の解析解を基本モデルとし，この基本モデルの改良や組合せによって，平均的または特定条件での大気中濃度を計算するものである。計算精度はCFDモデルに比べ劣るが，CFDモデルに比べ使用が簡単であり，計算時間もはるかに短い。このため，スクリーニングまたは地形の凹凸や建屋の影響を考慮しない場合の被害想定に有効である。解析解モデルでは，放出する気体の密度に応じて中密度気体（空気と同程度の密度で，大気の運動に完全に乗った挙動を示す場合）の拡散と，高密度気体（空気より密度が大きく，放出源近傍で大気運動とは異なる挙動を示す場合）の拡散を区別する必要がある。

一方，CFDモデルは，障害物や地形の影響を考慮した大気拡散計算を実施できる。ここでは，計算対象の三次元領域を六面体等の細かな図形要素（メッシュ）に分割し，その要素間で，流体の運動に関する偏微分方程式（オイラー方程式，Navier-Stokes式，連続の式，エネルギー保存式，拡散方程式，乱流方程式等）を数値的に解くモデルであり，有限体積法，有限要素法，有限差分法等により離散化（discretization）して，連立一次方程式に変換して解くものである。CFDモデルは，計算領域内に構造物を設定し，拡散を支配する大気の風力場を精度良く計算できるため，対象地域に特化した詳細な被害想定に向いている。多くの高機能なソフトが開発されており，一部は市販されている。モデル作成（メッシュ作成，境界条件設定等）は容易であるが，使用に際しては流体力学の専門知識を要し，計算にも莫大な時間（一般に，数日以上）を要する。

3) **中密度気体の拡散** 中密度気体の拡散に対しては多くの研究がされており，地表面の瞬間点源に対するパフ（煙塊）モデル，定常連続点源に対するプルーム（煙流）モデル，有限時間放出に対しては，パフモデルを時間積分した連続パフモデルの解析解が報告されている。プルームモデルでは，1 m/s以上の風速があることが前提で，放出源から50 km以内の平坦地に適用できる。一方，パフモデルは無風状態にも適用できるため，連続パフモデルを使用すれば，静穏，微風時の放出源近傍の空間濃度分布を求めるのに有効である。一般に，プルームモデル，パフモデルという用語は，中密度気体モデルに対して用いられる。

ここでは，ガウス分布（正規分布）を仮定し，計算には拡散係数（標準偏差，拡散幅）σを使用する。一般的な計算の前提条件は，つぎのとおりである。
- 濃度は風向軸と直角（y）方向，および鉛直（z）方向に正規分布する。
- 一酸化窒素のように，光化学反応等により拡散中に他の汚染物質に変化することはない。
- 地表面で汚染物質は完全反射される（地表面での吸収，吸着，反応はない）。
- 風向は，鉛直（z）方向で変化しない。

プルームモデルでは，放出点源から風下距離x [m]，風向軸と直角にy [m]，鉛直にz [m]の地点の大気中濃度C_a [g/m^3]は，式(3.5.5)および式(3.5.6)で計算する。

$$C_a = \frac{Q \cdot \exp\left[-0.5(y/\sigma_y)^2\right] \cdot V}{2\pi U_s \cdot \sigma_y \cdot \sigma_z} \quad (3.5.5)$$

$$V = \exp\left[-0.5\left\{\frac{(z-h)}{\sigma_z}\right\}^2\right] + \exp\left[-0.5\left\{\frac{(z+h)}{\sigma_z}\right\}^2\right] \quad (3.5.6)$$

ここに，Q：物質の放出速度 [g/s]，U_s：高度hでの風速 [m/s]，σ_y：水平方向の拡散幅 [m]，σ_z：鉛直方向の拡散幅 [m]，h：有効煙突高さ [m]である。

発生源が地表面にあるときは，地表面は反射面として作用するため濃度は2倍となる。有効煙突高さとは，実際の煙突高さに，煙突から排出される気体の運動量で上昇する高さ，および気体と大気の温度差による浮力で上昇する高さを加えたものである。この高さまで上昇後，風による大気拡散を始める。有効煙突高さは放出温度，放出速度，気温，風速等の影響を受け，放出温度が高いほど，放出流速が大きいほど，放

出流量が大きいほど，風速が弱いほど，大気が不安定なほど高くなる。

パフモデルは，式 (3.5.6) および式 (3.5.7) で計算する。

$$C_a = \frac{Q_p \cdot \exp[-0.5(x/\sigma_x)^2] \cdot \exp[-0.5(y/\sigma_y)^2] \cdot V}{(2\pi)^{3/2} \cdot \sigma_x \cdot \sigma_y \cdot \sigma_z}$$
(3.5.7)

ここに，Q_p：物質の放出量〔g〕，σ_x：風下方向の拡散幅〔m〕である。

式 (3.5.5)〜(3.5.7) の計算に用いる拡散係数は，風下方向が σ_x，直角方向が σ_y，鉛直方向が σ_z で表される。これらの値は，大気安定度および風下距離の関数としてグラフや式で与えられる。これらの値は広々とした土地に対してのみ適用可能である。プルームの σ_y の値は非常に良い近似を与えるが，σ_z は誤差が大きい。一方，パフの σ_y，σ_z の値は，データ点数が少ないため精度はあまり良くない。風下方向の距離が大きいほど，また，大気が不安定なほど σ_y，σ_z ともに大きくなる。また，一般的な性質として，σ_y は風速が小さいほど，都市圏ほど，地形が複雑なほど大きくなる。なお，σ_x は σ_y に等しくおく。総じてガウス型拡散モデルには，つぎのような限界が存在する。

・平坦で開放された空間にのみ適用できる。
・障害物による回折，遮蔽効果を考慮することが困難である。
・拡散全距離にわたって気象条件および環境条件は一定と仮定している。
・原理的に空気と同じ密度の気体にのみ適用できる。
・大きな乱れが発生すると計算結果がかなり不正確になる。

4) 高所からの放出　プルームモデルで計算する。着地濃度は有害物質の放出濃度には無関係なため，放出気体を空気で希釈して濃度を下げても，放出流量が変わらない限り着地濃度は下がらない。拡散雲中心が着地後は地表面漏洩として計算する。濃度と他の因子との関係は，一般に，つぎのように説明される。

・着地濃度，最大着地濃度は有害物質の放出流量に比例し，風速に逆比例する。
・最大着地濃度は σ_z に比例し，有効煙突高さの2乗および σ_y に逆比例する。
・最大着地濃度出現距離は，有効煙突高さが高いほど大きく（ほぼ比例する），σ_z が大きいほど（大気が不安定なほど）小さい（ほぼ逆比例する）。

5) 高密度気体の拡散　高密度気体は風下方向ばかりでなく風上方向へも拡散する。また，拡散雲は平坦な形状をしており，空気との混合のメカニズムも異なる。高密度気体の拡散に影響する因子は，つぎによる。

・気体の分子量（空気より大きい）。
・気体の温度（気体の密度は低温ほど増加する）。
・漏洩時のエアロゾル（霧）の生成。
・周囲の空気の温度と湿度（空気が冷却されて水滴を生成する）。

例えば，アンモニアガスは，分子量 17 g/mol で温度が気温と同じときには空気より軽く，沸点（−33℃）で生じた雲も空気より軽くなる。しかし液滴が多量に存在したり，空気の湿度が高い場合には空気より重い気体として振る舞うケースが観察されている。また，フッ化水素は，分子量 20 g/mol でやはり空気より軽いが，高圧，低温の気体は自己重合して空気より重くなる。

高密度気体の拡散計算方法としては，米国 EPA が開発した SLAB，DEGADIS 等のモデルがある。高密度気体が着地した後は，地表面放出する中密度気体のプルームモデルを用いて計算する。

6) ジェット拡散　大気中に気体を高速で噴出すると，ジェットの周辺では大量の空気が巻き込まれ，急速な希釈が行われる。この範囲は，経験的には漏洩口内径の百数十倍程度以内であることが知られている。純粋の可燃性気体を高速で噴出させ，乱流ジェットを生じるような場合には，このジェットの範囲内で気体は爆発下限界にまで希釈される。

大気中に高速で噴出したジェットは，その運動量と粘性によってつぎの三つの領域に区別される。

・ジェット支配領域：放出口から，ジェットが風によって曲がり始めるまでの領域で，ここではジェットの運動量が支配的である。ジェットの中心軸上の距離を S〔m〕とすれば，$S<1$ m 程度である。ジェットと大気の間の強いせん断力によって空気が巻き込み，ジェットが減速する。
・遷移領域：ジェットの運動量支配から風による支配への過渡的な段階で，乱流ジェットは十分に発達し，空気の巻込み量は最大となる（$1 \leq S \leq 5$ m）。
・風による支配領域：ここでは風と直角方向のジェットの動きは小さい（$S>5$ m）。ジェットの噴出速度と風速の比が低下するほど，放出温度が高いほど，気体の分子量が大きいほど，また，放出口内径が大きいほど中心軸上濃度は低下する。

ジェット拡散モデルの特徴はつぎのとおりである。

・定常状態のみを考える。

・ジェットの方向は，風下に対し任意の角度を設定できる。
・気体，液体，気液混相流を扱える。液体の場合は，放出と同時にフラッシュして蒸気またはエアロゾルになると仮定する。したがって液体プールは形成されない。

放出面において放出速度，密度，濃度は一様とし，空気が巻き込まれるとともに次第にガウス分布に変化すると仮定する。また，プルームの断面は円形を維持すると仮定する。風による支配領域では，速度，濃度は完全なガウス分布を示す。この部分では，プルームの断面は楕円に変形する。

7) **平均化時間** 濃度計算における平均化時間は，健康影響を評価するために，拡散雲中の有毒物質の瞬間濃度を曝露時間内で平均するための時間間隔である。有毒物質の急性曝露判定濃度は，特定の平均化時間で与えられているため，それに合わせる必要がある。例えば，ERPGに基づく場合は，平均化時間を60 minとする。ガス検知器測定データと拡散計算を比較する場合には最適平均化時間を入力する。

同じ気象条件下でも，平均化時間が変われば結果は異なってくる。風向と直交する方向の濃度分布は，瞬間値が最も鋭い濃度分布を示し，平均化時間が大きくなるほど最大濃度が低下するとともになだらかな濃度分布となる。

8) **屋内への拡散** 風下の建屋を拡散雲が通過する際の，建屋の換気（空気の出入り）による屋内の平均濃度の変化を推定する。パラメータは換気率（Air Change per Hour, ACH）で，土地の状態，建屋の構造，風速，風向，および屋内と屋外との温度差の関数となる。1時間当りの換気量 $[m^3/h]$ を，建屋の容積 $[m^3]$ で除したものである。計算ではつぎの仮定を行う。

・拡散雲は建屋全体を覆う（実際には，建屋の一部を覆うにすぎないため，計算結果は過大評価となる）。
・屋外濃度は均一（実際には，風と直角方向および鉛直方向に濃度分布が存在する）。
・屋内濃度は均一（実際には，仕切壁や換気により濃度分布が存在する）。
・換気率は一定（実際には，換気装置の入り切りによって変化する）。

屋内平均濃度 $C(t)[mg/m^3]$ の時間変化は，式(3.5.8)で計算できる。

$$\frac{C(t)}{dt} = ACH \cdot [C_{out} - C(t)] \quad (3.5.8)$$

ここに，C_{out}：持続時間で平均した平均屋外濃度で定数 $[mg/m^3]$，ACH：換気率 $[h^{-1}]$ である。

屋内濃度が，避難を要する濃度に達するまでの時間 $t[h]$ は式(3.5.9)で計算できる。ただし，物質によっては，最大濃度だけでなく曝露量 $[ppm \cdot min]$ にも依存するので注意が必要である。

$$t = \left(\frac{1}{ACH}\right) \cdot \ln\left[\frac{C_{out}}{(C_{out} - C_e)}\right] \quad (3.5.9)$$

ここに，C_e：避難濃度 $[mg/m^3]$ で，通常，ERPGを使用する。

換気率は $0.07 \sim 3\,h^{-1}$ の範囲にあり，屋内外の温度差≦5℃の場合，鉄筋コンクリート造りで $0.3 \sim 1\,h^{-1}$，木造で $0.5 \sim 3\,h^{-1}$ である。理論的には，換気率は風速に比例するが，経験的には風速が2倍になっても換気率は $1.5 \sim 1.75$ 倍にしか増加しない。換気率が不明の場合は，大きめの値で評価することが望ましい。表3.5.2に，評価時に使用する換気率を示す。ただし，屋内外の温度差が5℃より大きかったり，屋外風速が6 m/sより大きい場合は，換気率が表の値

表3.5.2 評価で使用する換気率[2]

区 分	建 屋	条 件	換気率 $[h^{-1}]$
プラント内	現場詰所，計器室，分析室，保全詰所等	前室（出入口二重扉）を設置し扉のシールを強化，外気導入入口はダンパ型のルーバではなくバタフライ弁やゲート弁を使用して気密性を向上	$0.1 \leq ACH \leq 0.3$
	上記建屋，一般事務所，設計詰所等	上記のような対策を講じていないもの	$0.3 < ACH \leq 1$
	―	上記において，外気を導入する換気扇，エアコンを稼働した場合，または老朽建屋	$1 < ACH \leq 3$
プラント外	一般住宅	新築，木造洋室	$0.5 \leq ACH \leq 1.5$
	一般住宅	老朽，木造和室	$1 \leq ACH \leq 3$
	一般住宅，病院，学校，公共施設等	ツーバイフォー構造，鉄骨スチール構造，鉄骨鉄筋コンクリート構造	$0.3 \leq ACH \leq 1$

より大きくなる可能性があるので注意を要する。

換気率<1の建屋は，瞬間または短時間の化学物質の漏洩に対して避難所として有効であるが，換気率>3の建屋は避難所には適していない。屋内濃度は，屋外濃度が最大値に達するまでは指数関数的に増加し，それ以降は指数関数的に減少する。屋内濃度の最大値は，漏洩状態（瞬間，連続）にもよるが，屋外濃度のピーク値より低くなる。拡散雲が建屋を覆っている

間，屋内濃度は屋外濃度より低く，拡散雲が通過した後は屋外濃度より高くなる。したがって，拡散雲が通過したら速やかに避難所を出るか，窓を開放して空気の取入れを図る必要がある。屋内濃度の変化速度は換気率が大きいほど大きくなる。また，建屋による隔離効果は漏洩時間が短いほど大きく，漏洩時間が長いと屋内濃度は屋外と同等のレベルに達してしまう。建屋外へ緊急避難するよりむしろ，換気を止めて屋内にとどまる方が適切な場合もある。

換気率の逆数は，建屋の時定数 T_b 〔h〕に相当し，通常，六フッ化硫黄（SF_6）をトレーサとして使用し，その濃度減衰から決定する。トレーサとして六フッ化硫黄を使用する理由は，毒性，臭気，色，味がなく，極端な低濃度（10 ppt）まで測定可能なことによる。

（c）**被害のモデル化**　人に及ぼす被害を確率的に表現すると，刺激（の対数）に対する反応はS字曲線を描く。確率の代わりにプロビット（probit, probability unit）$Pr(-)$ を用いると，式（3.5.10）に示すように刺激（例えば曝露濃度×時間）の対数とプロビットとは直線で表される。

$$Pr = a + b \cdot \ln(刺激) \quad (3.5.10)$$

ここに，a，b は，刺激や被害に対応した定数である。プロビットは正規分布を仮定しているため，求まったプロビット値を，式（3.5.11）の正規分布式を用いて確率 $P(-)$ に変換できる。プロビットは単一の曝露に対してのみ有効である。

$$P = (2\pi)^{-0.5} \int_{-\infty}^{Pr-5} \exp\left(\frac{-u^2}{2}\right) du \quad (3.5.11)$$

1）死亡確率　毒性物質による死亡確率については，大気拡散結果から曝露濃度 $C(t)$〔mg/m^3〕と曝露時間 t_m〔s〕を求め，式（3.5.12）を用いてプロビット $Pr(-)$ を計算する。TNOでは，$b=1$ とおいて（同一曝露濃度では，曝露時間に対する死亡確率の変化の仕方は，物質により変わらないと仮定），n を与えて人の30分曝露での50%致死濃度 LC_{50}〔mg/m^3〕から a 値を式（3.5.13）で計算している[5]。

$$Pr = a + b \cdot \ln\left[\int_0^{t_m} C(t)^n dt\right] \quad (3.5.12)$$

$$a = 5 - \ln(30 \cdot LC_{50}) \quad (3.5.13)$$

計算されたプロビット係数を**表3.5.3**に示す。ただし，人の30分曝露の LC_{50} データはほとんどないため，動物実験データからつぎの方法で人の LC_{50} を推定する。まず，動物実験データを，式（3.5.14）で時間補正して動物種 d の30分曝露の $LC_{50}(d, 30\,min)$ を推定する。

$$LC_{50}(d, 30\,min) = LC_{50}(d, t)\left(\frac{t}{30}\right)^{1/n} \quad (3.5.14)$$

表3.5.3　毒性による死亡のプロビット係数[2]

物　質	LC_{50}（30 min）〔mg/m^3〕	n	b
アクロレイン	304	1	1
アクリロニトリル	2 533	1.3	1
アリルアルコール	779	1	1
		2	1
アンモニア	6 164	2	1
アジンホスメチル	25	1	1
		2	1
臭素	1 075	2	1
一酸化炭素	7 949	1	1
塩素	1 017	2.3	1
酸化エチレン	4 443	1	1
塩化水素	3 940	1	1
シアン化水素	114	2.4	1
フッ化水素	802	1.5	1
硫化水素	987	1.9	1
臭化メチル	3 135	1.1	1
イソシアン酸メチル	57	0.7	1
二酸化窒素	235	3.7	1
パラチオン[a]	59	1	1
		2	1
ホスゲン	14	0.9	1
Phosphamidon[b]	568	0.7	1
ホスフィン	67	1	1
		2	1
二酸化硫黄	5 784	2.4	1
テトラエチル鉛	300	1	1
		2	1

〔注〕　a）　モノチオリン酸-o,o-ジエチル-o-p-ニトロフェニル
　　　b）　o,o-dimethyl-o-[2-chloro-2-diethylcarbamoyl-1-methyl-vinyl] phosphate

ここに，$LC_{50}(d, t)$：動物種 d の t〔min〕曝露の LC_{50}〔mg/m^3〕，t：動物実験の曝露時間〔min〕，d：動物種（ratで1，mouseで2，guinea pigで3，hamsterで4，その他で5）。

人の $LC_{50}(H)$ は，式（3.5.15）または式（3.5.16）で推定する。

・複数の動物種のデータがある場合

$$LC_{50}(H) = \left(\frac{1}{M}\right)\sum^d \left[2f_d \cdot LC_{50}(d, 30\,min)\right] \quad (3.5.15)$$

・単一の動物種のデータしかない場合

$$LC_{50}(H) = f_d \cdot LC_{50}(d, 30\,min) \quad (3.5.16)$$

ここに，M：データのある動物種の数，f_d：ratで $f_1 = 0.25$，mouseで $f_2 = 0.5$，guinea pigで $f_3 = 0.2$，hamster で $f_4 = 0.3$。

一方，表3.5.3中の n は，AEGL-3 から推定できる。すなわち，AEGL が対象とする曝露時間 t_i (10 min, 30 min, 1 h, 4 h, 8 h) と AEGL-3 濃度 C_i との間に，$C_i^n \cdot t_i = k$（一定）の関係が成立すると仮定し，統計的手法により n（と定数 k）を決定する。すなわち，$F(t, C, n) = n \cdot \ln(C) + \ln(t)$ とし，$F(t_i, C_i, n)$ の分散を最小にする n を求める。このように推定した n と，すでに述べた動物実験から推定した $LC_{50}(H)$ がわかれば，式 (3.5.13) より a を推定し，式 (3.5.12) より Pr を計算できる。

2）**閾値による判定**　物質の毒性が強いほど急性曝露濃度が小さくなるため，拡散距離は大きくなる。例えば，急性曝露濃度が 1/100 に厳しくなると，拡散距離は 20 倍になるといわれている。有毒物質の曝露による健康影響としては，刺激，麻酔，窒息，痛み，意識喪失，器官の損傷，致死等が考えられるが，これらの影響程度は曝露濃度と曝露時間の関数となる。化学物質に対する感受性は個々人によって大きく異なり，人体に対する影響データの報告例は少ない。一般には，実験動物に対する研究結果を人体に外挿して予測している。急性曝露濃度の代表例を，つぎに示す。

- 米国国家諮問委員会 NAC の AEGL（Acute Exposure Guideline Levels），曝露時間 10 min, 30 min, 1 h, 4 h, 8 h。
- 米国産業衛生協会 AIHA の ERPG（Emergency Response and Planning Guidelines），曝露時間 1 h。
- 米国エネルギー省 DOE の TEEL（Temporary Emergency Exposure Limits），曝露時間 15 min。
- 米国エネルギー省 DOE の PAC（Protective Action Criteria），曝露時間 1 h。
- 米国国立労働安全衛生研究所 NIOSH の IDLH（Immediately Dangerousto Life or Health），曝露時間 30 min。
- 米国産業衛生専門家会議 ACGIH の TLV-C（Threshold LimitValue-Ceiling limit）および TLV-STEL（Threshold Limit Value-Short Term Exposure Limits），曝露時間 15 min。

例えば，ERPG はつぎのようになる。

- ERPG-1：それ未満では，最大 60 分間の曝露で，ほとんどすべての個人が，軽度の一時的な健康影響や不快臭を生じない気中濃度。
- ERPG-2：それ未満では，最大 60 分間の曝露で，ほとんどすべての個人が，保護具着用等の保護行動能力の低下を伴う恒久的な健康影響を生じない気中濃度。
- ERPG-3：それ未満では，最大 60 分間の曝露で，ほとんどすべての個人が，致死または重大な健康影響を生じない気中濃度。

ある種の物質においては，曝露（ppm・min）が同じでも，高濃度かつ短時間の曝露と，低濃度かつ長時間の曝露とで影響が異なる場合がある。この影響は（濃度）^{n} ×（時間），すなわち，$C^n \cdot t$ で評価できる。n の値は，表3.5.3に示した。$n>1$ の物質では濃度の寄与が大きく，$n<1$ の物質では時間の寄与が大きい。

〔3〕**評　価　例**

煙突から放出する排ガス中の SO_2 および H_2S の大気拡散について，ガウス分布モデル（米国 Safer Systems 社製ソフト TRACE）の結果と，三次元 CFD モデル（フランス Transoft 社製ソフト fluidyn-PANEPR）の結果を比較した事例を紹介する。計算条件をつぎに示す。

- 煙突：径 3 m × 高さ 92 m，流量 6.1 kg/s，SO_2 濃度 1.5 vol%，H_2S 濃度 38 ppm，温度 600℃，放出時間 107 min（放出条件は仮想値）
- 気象条件：風速 1.5 m/s，大気安定度 A（非常に不安定），北西風，気温 33℃，相対湿度 50%，地表面粗さ（TRACE）0.03 m

注記：選定した風速と大気安定度は，風速 1～6 m/s，大気安定度 A～F の各種条件で計算したうちの最悪の条件に相当。

- ERPG-3：15 ppm（SO_2），100 ppm（H_2S）
- ERPG-2：3 ppm（SO_2），30 ppm（H_2S）
- ERPG-1：0.3 ppm（SO_2），0.1 ppm（H_2S）
- 臭気閾値：0.47 ppm（SO_2），0.004 7 ppm（H_2S）
- CFD：182 × 175 × 43 = 1 369 550 不均一メッシュ，計算領域 1 048 × 392 × 500 mH，計算所要時間 37 h（1 条件），観測地点は，地表面上に 76 箇所，高所部に 6 箇所を設定した。

図 3.5.2 および**図 3.5.3** は，SO_2 について，風下中

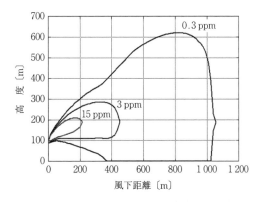

図 3.5.2　風下中心軸上の SO_2 拡散雲高度（TRACE）

3. 火災爆発

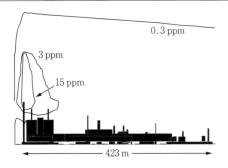

図 3.5.3 風下中心軸上の SO_2 拡散雲高度（CFD）

心軸上の拡散雲高度を TRACE と CFD とで比較したものである。一方，**図 3.5.4** および**図 3.5.5** は，H_2S について，風下中心軸上の拡散雲高度を TRACE と CFD とで比較したものである。**図 3.5.6** に，TRACE と CFD の結果について，風下中心軸上の SO_2 着地濃度と風下距離との関係を示す。一方，**図 3.5.7** に，TRACE と CFD の結果について，風下中心軸上の H_2S 着地濃度と風下距離との関係を示す。

結論をつぎに示す。

- 経験的に TRACE（ガウス分布モデル）は着地濃度を過大評価するが，煙突近傍については（今回の計算では，風下距離 350～450 m 以下），障害物の影響を受けて，CFD の方が TRACE よりはる

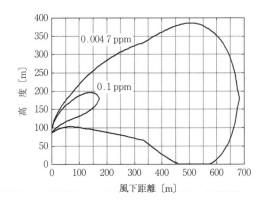

図 3.5.4 風下中心軸上の H_2S 拡散雲高度（TRACE）

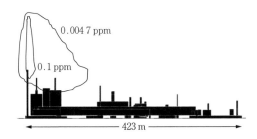

図 3.5.5 風下中心軸上の H_2S 拡散雲高度（CFD）

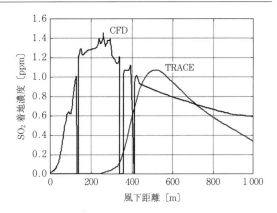

図 3.5.6 風下中心軸上の SO_2 着地濃度の比較

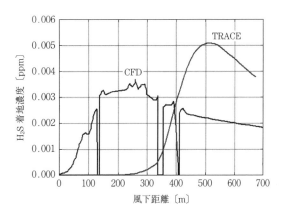

図 3.5.7 風下中心軸上の H_2S 着地濃度の比較

かに大きな着地濃度を示した。

注記：CFD で計算した濃度が 0 まで低下している場所に建屋が存在する。

- CFD で計算した最大着地濃度は，障害物の影響を受けて，必ずしも風下中心軸上で観測されるとは限らない。今回の計算結果では，CFD による SO_2 の最大着地濃度は 1.6 ppm（TRACE の 1.53 倍），H_2S の最大着地濃度は 0.004 ppm（TRACE の 0.8 倍）となった。SO_2 については，ERPG-2 濃度未満であるが，ERPG-1 および臭気閾値を超過した。一方，H_2S については，ERPG-2 および ERPG-1 濃度未満になり，臭気閾値にかなり近いレベルとなった。

- 地表面の観測地点（76 箇所）の濃度は，すべて 8 min 以内に一定値になった。風下中心軸付近の観測点の最大到達濃度は，SO_2 で 1.28 ppm，H_2S で 0.003 3 ppm となり，いずれも同じ地点であった。

- 高所部 6 箇所の SO_2 濃度は 0.03～1.33 ppm の

範囲となり,H_2S 濃度は 0.001 未満～ 0.006 ppm の範囲となった。2箇所で SO_2 濃度が ERPG-1 および臭気閾値を超過した。うち1箇所では H_2S の臭気閾値も超過した（ただし，それぞれの地点に向けて風が吹くと仮定）。

3.5.4 事故例と分析

被害想定には，大気拡散計算とともに，事故例の分析が欠かせない。表3.5.4は，米国CSB（U.S. Chemical Safety and Hazard Investigation Board）が1998年以降，現時点までに米国内で発生した化学事故に関する報告書[6]のうち，漏洩に関するものを抽出して概要を紹介したものである。

表3.5.4　米国内の化学物質漏洩事故[6]

会社名	場所	発生	物質	概要
DuPont Corporation	LaPorte, TX	2014.11.15	メチルメルカプタン	殺虫剤および殺菌剤製造工場で液体メチルメルカプタンが弁から11トン建屋内に漏洩し，漏洩は1.5時間続いた。作業者4名が死亡し，1名が負傷した。
Tesoro Martinez Refinery	Martinez, CA	2014.2.12	硫酸	製油所のアルキル化ユニットで硫酸約38トンが漏洩し，作業者2名が火傷を負って病院へ搬送された。
		2014.3.10	硫酸	アルキル化ユニットの配管撤去作業中，請負業者2名が硫酸のスプレーに曝露し，火傷を負った。この事故は，同じプラントで1999年に発生した事故と同じ原因であった。
Freedom Industries	Charleston, WV	2014.1.9	MCHM, PPH ほか	180 m^3 貯槽の腐食で内液（4-メチルシクロヘキサンメタノール［MCHM］，プロピレングリコールフェニルエーテル［PPH］）が推定38 m^3 漏洩して河川に流出し，30万人もの住民が使用する飲料水を汚染した。2.4 km下流の浄水場では，化学物質の漏洩を確認して5時間に，ようやく住民に飲料水の使用を禁止する警告を発令した。
Millard Refrigerated Services	Theodore, AL	2010.8.23	無水アンモニア	アンモニア冷凍機を再起動する際の水撃作用で300 A配管が破損し，15トンの無水アンモニアが漏洩し，運河を超えて400 m拡散した。4時間後に元弁が閉止された。従業員および請負業者32名が病院で手当てを受け，4名が入院した。
DuPont Corporation	Belle, WV	2010.1.22	塩化メチル	反応器の破裂板が知らないうちに作動し，900 kgの塩化メチルが5日間気付かれずに放出し続けた。負傷者なし。
		2010.1.23	発煙硫酸	25 A配管から発煙硫酸が漏洩した。原因は断熱下腐食であった。1時間後，自衛消防隊が元弁を閉止した。負傷者なし。
		2010.1.23	ホスゲン	1トンホスゲンボンベに接続したフレキシブルホースが破裂し，作業者1名が顔面にホスゲンを浴び，病院へ搬送されたが翌日死亡した。これら3件の事故は，同じ工場で33時間の間に発生した。
CITGO Corpus Christi East Refinery	Corpus Christi, TX	2009.7.19	フッ化水素酸	製油所のアルキル化ユニットの配管のねじ部から炭化水素が漏洩し，フラッシュ火災が発生した。この火災で21トンのフッ化水素酸が漏洩したが，90％はウォーターカーテンで除害され，残りの2トンのフッ化水素酸が拡散した。作業者1名がフッ化水素に曝露して重度の火傷を負った。火災は数日持続した。このウォーターカーテンは，同社で1997.4に発生したフッ化水素酸漏洩事故の対策として設置されたものである。
INDSPEC Chemical Corporation	Petrolia, PA	2008.10.11	発煙硫酸	発煙硫酸受入時に，貯槽のベント配管からオーバフローして貯槽建屋内に漏洩した。漏洩した発煙硫酸は硫酸のミスト雲を生成し，それが建屋内に充満するとともに周辺プラントおよび周辺地域に拡散した。従業員は避難し，周辺住民2 500名に約9時間避難指示が出された。
DPC Enterprises	Glendale, AZ	2003.11.17	塩素	液体塩素を輸送する鉄道タンク貨車から，塩素ガスを移動用トレーラに荷下ろしする作業中に，スクラバから塩素ガスが6時間にわたって漏洩した。スクラバに大量の塩素ガスが放出されたため，アルカリによる処理が不完全になった。周辺住民16名（警官11名を含む）が塩素に曝露して治療を受け，4 km^2 の住民が避難した。
Honeywell International	Baton Rouge, LA	2003.7.20	塩素	冷媒製造工場の原料である液体塩素を鉄道貨車から工場に受け込む配管の，塩素液化熱交換器から3.5時間にわたって塩素ガスが漏洩した。作業者7名が負傷し，半径800 mの住民に自宅待機が指示された。
		2003.7.29	五塩化アンチモン	1トン五塩化アンチモンボンベが空と思って大気パージした際，実際にはフル充填状態であり，作業者1名が曝露して翌日死亡した。五塩化アンチモンは，冷媒製造の触媒として使用していた。

表 3.5.4 （つづき）

会社名	場所	発生	物質	概要
		2003.8.13	フッ化水素酸	フッ化水素酸蒸発器内の残液を除害するために，水エジェクタで吸引して排水ピットへ排出していた。蒸発器へ送る窒素の弁を開閉した衝撃でエジェクタが飛び跳ね，フッ化水素ガスが漏洩して作業者 2 名が曝露した。うち 1 名が入院した。
D. D. Williamson and Co.	Louisville, KY	2003.4.11	アンモニア水	食品用着色剤製造工場のスプレー乾燥機へ原液を供給する $8\,m^3$ かくはん槽（水蒸気加熱用内部コイル付属）が過熱され，過圧により破壊して 11.8 トンの 29.4 wt% アンモニア水が漏洩し，作業者 1 名が曝露して死亡した。周辺住民 26 名が避難し，1 500 名に自宅待機が指示された。
Environmental Enterprises	Cincinnati, OH	2002.12.11	硫化水素	廃液処理設備の沈殿槽から硫化水素ガスが漏洩し，保全作業者 1 名が曝露して負傷した。保全作業者が入室する前の操作は，排水中の重金属（水銀等）を除去するため，まず硫化ナトリウムフレークを 3 kg 投入し，つぎにポリ塩化アルミを 200 L 投入して沈殿を生じさせるもので，この際に硫化水素が発生した。
DPC Enterprises	Festus, MO	2002.8.14	塩素	鉄道タンク貨車から液体塩素を 1 トンコンテナまたは 68 kg ボンベに荷下ろしする際に，25 A ホースが破損し，塩素が漏洩した。緊急遮断弁が故障して 21.8 ton の塩素が 3 時間にわたって漏洩し，周辺住民 63 名が病院で治療を受け，3 名が入院した。4 時間にわたって住民に自宅待機が指示された。
Georgia Pacific Corp.	Pennington, AL	2002.1.16	硫化水素	水硫化ソーダ等の入荷エリアにある排水ピットのマンホールから硫化水素ガスが漏洩し，近くで働いていた請負作業者 2 名が死亡し，請負作業者 8 名が負傷した。ピット内には排水以外に，漏洩した水硫化ソーダ約 19 L が回収されていた。事故当日，pH 調整のために投入した硫酸と反応して，硫化水素が発生した

Bellamy ら[7]は，火災爆発に至った場合を含めた漏洩事故件数を，表 3.5.5 のように分類して報告している。関与した物質としては，アンモニアが最も多い。

Khan ら[8]は，1926 〜 1997 年に発生した化学物質が絡む事故で文献に紹介された事故のうち，損害が 100 万ドルを超えるか，死亡者が発生した 3 224 件の事故を解析して，つぎのように報告している。

データの内訳は，固定設備が 54 %，輸送事故が 41 %，その他（入出荷）が 5 %である。うち，輸送事故の内訳は，鉄道が 37 %，道路が 32 %，導管（工場外）が 20 %，海上が 6 %，内陸水路が 5 %であった。件数からも輸送量からも，鉄道輸送による事故の危険性が高いが，交通量が多い道路で事故が発生した場合の被害を考えると，道路輸送の方が危険性が高いと考えられる。これらに比べて，導管による輸送においては，輸送ルートが慎重に検討されることに加えて，輸送条件（温度，圧力，相）を考慮すれば，比較的安全といえる。輸送事故のうち重大事故をまとめて表 3.5.6 に示す。

一方，固定設備に関する 1 744 件の事故においては，毒性物質の漏洩が 71 %と多く，火災・爆発が 25 %，残りの 4 %が，火災，爆発，毒性物質の漏洩がすべて関与した事故である。毒性物質の漏洩による被害エリアは，火災・爆発に比べはるかに広い。一方，爆発が生じると，避難や緊急措置をする時間はない。しかし，火災については，拡大するには時間を要するため，緊急措置で火災を抑制することは可能である。多くの事故では，火災の結果として爆発が生じたり，爆発の結果として火災が生じる。

火災，爆発，毒性物質の漏洩に関する重大事故を一覧表で示しているが，ここでは毒性物質の漏洩のみ抜粋して表 3.5.7 に示す。ちなみに，毒性物質漏洩の最悪の事故は，1984 年にインド Bhopal で発生したイソシアン酸メチルの漏洩事故であり，陸上設備の最悪の火災・爆発事故は，1984 年にメキシコで発生したLPG の事故である。

引用・参考文献

1) API, Recommended Practice 750, Management of Process Hazards, 1st Ed.（1990）
2) 日本化学工業協会編，化学物質のリスク評価システム Risk Manager，技術解説書，第Ⅰ編，第Ⅱ編（2005）
3) Mannan, S., Lee's Loss Prevention in the Process Industries-Hazard Identification, Assessment and Control, 3rd Ed., Elsevier（2005）
4) DeVaull, G. E., King, J. A., Lantzy, R. J., and Fontaine, D. J., Understanding Atmospheric Dispersion of Accidental Releases, AIChE/CCPS（1995）
5) TNO, Methods for the Calculation of Possible Damage to People and Objects Resulting from Releases of Hazardous Materials, Green Book, Committee for the

表3.5.5 機器および配管からの漏洩事故[7]

分類		件数	分類		件数
発生場所	化学プラント	278	物質	アンモニア	54
	工場	187		炭化水素類	54
	石油精製	96		塩素	50
	貯蔵エリア	47		水素	37
	タンクヤード	28		ベンゼン	33
	給油所	15		原油	28
	その他	38		水蒸気	25
	不明	232		天然ガス	24
	小 計	921		プロパン	20
運転状態	通常運転	343		ブタン	18
	保全	146		燃料油	18
	貯蔵	103		塩酸	16
	入出荷	33		硫酸	16
	請負業者の作業	18		エチレン	16
	改造工事	8		硫化水素	14
	試験	5		水	13
	不明	128		窒素	13
	その他	40		酸素	13
	スタートアップ	42		塩化ビニルモノマー	12
	シャットダウン	18		LPG	12
	小 計	884		スチレン	11
拡散雲に着火せず	可燃性	127		石油ナフサ	10
	毒性	123		小 計	507
	腐食性	97	相	液体	393
	可燃性かつ毒性	47		気体	260
	刺激性	1		蒸気	13
	液体	212		固体	9
	蒸気雲	180		液体+気体（蒸気）	120
	気体	96		固体+気体（蒸気）	3
	漏洩	186		小 計	798
	噴出・ジェット拡散	8			
	エアロゾル	10			
	小 計	1 087			
火災・爆発	火災	145			
	フラッシュ火災	11			
	ファイアボール	7			
	プール火災	4			
	BLEVE	4			
	ジェット火災	1			
	爆発	63			
	爆発および火災	77			
	爆発およびフラッシュ火災	2			
	小 計	314			

表 3.5.6 輸送の重大事故[8]

分類	発生年	発生場所, 国	物質	内容	死亡者/負傷者数
導管	1981	S. Raface, Venezuela	LPG	爆発	18/35
導管	1984	Cubato, Brazil	ガソリン	火災・爆発	508/31
導管	1984	Ghari Dhoda, Pakistan	LNG	爆発	60/11
導管	1988	Mexico City, Mexico	原油	火災・爆発	12/80
導管	1989	Nizhnevartovsk, Russia	LPG	爆発・火災	462/290
道路	1975	Texas, USA	LPG	爆発	16/35
道路	1978	Los Afaques, Spain	プロピレン	爆発・火災	216/400
道路	1978	Xilotopec, Mexico	ブタン	爆発	100/200
道路	1987	Preston, UK	ディーゼル油	火災	12/16
道路	1988	Karo, Nigeria	ペトロール	爆発・火災	15/35
道路	1995	Madras, India	ベンゼン	爆発・火災	115/10
鉄道	1974	Decatur, USA	イソブタン	爆発	7/152
鉄道	1978	Tennessee, USA	プロパン	爆発	25/50
鉄道	1981	Potosi, Mexico	塩素	漏洩	29/1 000
鉄道	1983	Pojuca, Brazil	ガソリン	火災	10/40
鉄道	1983	Dhurabai, India	ケロシン	爆発	47/15
鉄道	1988	Arzanas, Russia	火薬類	爆発	73/230

表 3.5.7 重大事故（毒性物質の漏洩）[8]

発生年	発生場所, 国（米国州）	物質	死亡者/負傷者数
1926	St. Auban, France	塩素	19/105
1928	Homburg, Germany	ホスゲン	10/50
1929	Syracause, New York	塩素	1/100
1939	Zarnesti, Romania	塩素	60/?
1940	Mjodelana, Norway	塩素	3/34
1947	Rauma, Finland	塩素	19/200
1950	Poza Rica, Mexico	硫化水素	22/320
1952	Walsum, Germany	塩素	7/56
1961	La Barre, LA	塩素	1/114
1968	Lievin, France	アンモニア	5/35
1969	Crete, NB	アンモニア	8/20
1971	Emmerich, Germany	アンモニア	4/53
1973	Potchefstroom	アンモニア	18/34
1976	Houston, TX	アンモニア	6/200
1976	Seveso, Italy	2,3,7,8-テトラクロロジベンゾパラダイオキシン	?/300
1977	Colombia, OH	アンモニア	30/22
1977	Mexico	アンモニア	2/102
1978	Chicago, IL	重硫酸塩	8/29
1978	Youngestown, FL	塩素	8/50
1981	Montanas, Mexico	塩素	29/50
1983	Reserve, LA	クロロプレン	3/12
1983	Houston, TX	臭化メチル	2/11
1984	Bhopal, India	メチルイソシアネート	>20 000/558 125
1984	Brazil	ガソリン	508/221
1985	Clinton, IA	アンモニア	5/8
1985	Breed Ford, UK	アンモニア	2/13
1985	Brazil	アンモニア	>5 000 避難
1986	Basel, Switzerland	殺菌剤	?/エコシステムに重大被害
1986	Ohio, USA	塩酸	3/26
1989	USSR	アンモニア	7/57
1993	Panipat, India	アンモニア	3/25

Prevention of Disasters, CPR16E, 1st Ed.（1992）
6) http://www.csb.gov/（2018年10月現在）
7) Bellamy, L. J., Geyer, T. A. W., and Astley, J. A., Evaluation of the Human Contribution to Pipework and In-line Equipment Failures Frequencies., HSE Contract Research Report, 15/1989（1989）
8) Khan, F. I. and Abbasi, S. A., J. Loss Prev. Proc. Ind., 12-5, pp.361-378（1999）
9) Visscher, A. D., Air Dispersion Modeling-Foundations and Applications, Wiley（2014）

（菊池武史，平戸春雄）

4. 機械と装置の安全

4.1 総論

4.1.1 機械安全の歩み

近代における機械災害は，18世紀末のいわゆる産業革命に始まる。不完全な設計と不適切な工作の結果，ボイラはしばしば破裂事故を起こし，露出したベルト，プーリ，歯車などは多くの接触災害を生じた。したがって，初期の機械安全は，大きな安全率や安全弁による強度の保持と，柵，囲いなどによる動力伝動装置の防護であった。その後，英国を始め各国で安全規則が整備され，しだいに作業点の防護や保護装置の設置が必要とされてきた。第二次世界大戦後の新しい機械安全の動きは，1970年の米国のOSHA（職業安全衛生法）の制定による。OSHAによって定められたプレス機械の「ノーハンドインダイ（プレス機械の運転中はスライドの停止中でも金型の間に手を入れてはならないという規定は，それまでの生産優先の考え方に大きな衝撃を与えた。しかし，この規定は，米国でも反対が多く，その後の改正では，手が危険限界に達する前にスライドの下降を停止させるための「安全距離」が規定された。これは，従来の「同一時間における人間と機械の空間的分離（隔離による安全）」に対して，交差点に見るような「同一空間における人間と機械の時間的分離（停止による安全）」という概念を，一般機械に導入したものといえるであろう。

4.1.2 機械安全の国際規格

個々の機械に対する安全対策が整備されるにつれて，すべての機械に共通な安全の基本原理を定めようとする機運が生じ，1971年，ドイツのDIN 31000「工業装置の安全設計：一般原則」が，また1976年，人間の身体寸法に関連して防護装置の寸法を定めるDIN 31000「工業装置の安全規定：防護装置」が制定された。一方，英国でも，1975年，BS 5304「機械の安全防護」が多くの付図によってわかりやすい形で定められた。これは，内容が画期的に改版され1988年には，機械安全のバイブル的規格としてBS 5304「機械類の安全」として発行された。

1991年，旧EC統合による規格の統一化に関する機械指令に基づいて，最初の基本的規格EN 292「機械の安全基本概念，設計原則」が制定され，最新の安全原理の考え方が示された。この規格は，パート1「基本用語および方法論」と，パート2「技術的原則および仕様」とから構成され，「技術的原則および仕様」はさらに，12項目にわたる「設計によるリスクの低減」と，ガードや保護装置の選択および設計・製作に関する「安全防護」とに分かれている。

このようなヨーロッパにおける機械安全に関する規格統合化は，国際標準化機構（ISO）の動きを誘発し，1991年にはISO/TC 199の活動が開始され，EN 292の第1部，第2部を原案とした国際規格化のための作業が進められ，2003年にはISO 12100の第1部，第2部として発行された。2010年には，ISO 12100-1，ISO 12100-2，ISO 14121-1が統合され，新たなISO 12100が制定された。この規格を基に技術的内容および構成を変更することなく日本産業規格JIS B 9700が作成された。

4.1.3 制御と安全

一般に，機械は人間の作業を楽にすることなどを目的に，人間の能力を超えたものが作られる。このことは，時間的，空間的に，人間が抗することができないときがあることを意味する。機械の危険源の多くは，このことに起因するといえる。

危険な機械を安全に用いるためには，図4.1.1に示すように，安全なときに機械を動かし，危険なときには機械を停止するように制御することが求められる。

図4.1.1　安全確認型システムの構成

時間軸で考えると，事故が発生する前に，機械を停止したり，危険源を除去したり，危険源を回避したり，危害の大きさを十分に低下したりすることができれば，事故は発生しない。事故は，事故が発生するまでの間に対処できなかったために発生するといえる。

近年，制御技術が進展し，産業機械，鉄道，化学プラントなどさまざまな機械設備に自動制御が導入されるようになっている。この際，制御回路が故障する

と，大きな事故につながりかねない。制御装置の機能をできるだけ維持するためには，① 素子や機材を故障しにくくしたり（アボイダンス），② 機械装置の一部に不具合が生じても全体としての機能を維持するようにする（フォールトトレラント），③ 作業者が操作ミスをしにくくしたり，ミスをしてもそれが機械装置の機能に影響しないようにする（フールプルーフ）。しかし，決して故障しない機械や，決してミスをしない人間はいない。このため，故障やミスで機械設備の機能が維持されなくても，少なくとも安全は維持することが求められる。このため，壊れにくくする技術（高信頼化技術）とは別に，故障した際には事故に至る前に機械設備を停止するなど安全側に移行することにより安全を確保することが求められる。

また，診断や監視などによりリスク低減を図る安全方策は機能安全といわれ，ISO 13849-1（JIS B 9705-1）や IEC 61508-1（JIS C 0508-1）を始め，IEC 62061（電子制御システムの安全），ISO 11161（統合生産システムの安全），ISO 26262（自動車の機能安全），IEC 62278（鉄道 RAMS）などさまざまな機械設備の国際安全規格が制定されている。

4.1.4 材料と安全

機械の大型化，高速化，省エネルギー化などに対応して，機械重量の軽減の必要性が高まっている。軽量で，しかも必要な強度や安全性の確保は，新材料の開発，CAD・CAM に代表される設計技術や加工技術の高度化とともに，材料や製品を損なうことなく検査できる非破壊検査技術の進歩が不可欠である。

現在の非破壊検査には，放射線，超音波，磁粉，渦流，浸透などの各種探傷法や，ひずみ測定法のほか，使用状態で構造物の欠陥の進行状況を判定できる AE 法や，運転中の機械の軸受や歯車から発生する音響や振動を解析する異常診断技術が保全用として用いられている。また，破壊した部品の破面から破壊力学的手法を用いて過去における応力状態を解明し，破壊原因を究明するフラクトグラフィ技術や，破壊的，非破壊的または解析的手法による構造物の余寿命評価も用いられている。

4.1.5 ものづくりの責任

機械の製造者の使命は，ユーザや社会の要求（ニーズ）に基づいて，良い製品を設計・製造することといえる。この際，安全のことが具体的に要求されなかったからといって，発生した事故について，製造者の責任が免れるとは限らない。特に，第三者に被害が及んだ場合，その責任が厳しく追及されるおそれがある。

製造物責任法（PL 法）では，製造物の欠陥により，他人の生命，身体または財産を侵害したときは，製造物の過失の有無にかかわらず，生じた損害を賠償する責任を負う。このようなしくみのことを無過失責任制度という。故意や過失がある場合には，民法に基づく賠償や刑法に基づく刑罰が科せられるおそれがある。無過失責任制度は，故意や過失がない事故（accident）について，被害者と製造者がすみやかに解決するためのしくみといえる。公害による賠償や，労働災害の補償などにおいても同様の規定がなされており，ものづくりの責任における基本的な考え方となっている。

ところで，これらの補償・賠償の責任は，事後の責任である。しかし，本来，設計者・製造者が果たすべき役割は，設計時・製造時にある。決して壊れない製品（信頼性 100％の製品）を作ることはできない。壊れたとしても大した危害が生じないのであれば信頼性（機能を維持する確率）に依存することで差し支えないが，取返しがつかない危害が生じる場合には十分とはいえない。取返しがつかない危害が生じるのであれば，取返しがつくうちに止まってメンテナンスすることができるような設計が必要であり，故障しないことよりも，むしろ，故障したときに止まる能力がある製品か否かで製造者・設計者の責任能力が問われるといえる。

なお，2010 年に発行された ISO 26000（社会的責任）においても，環境，消費者課題，労働などが中核課題として位置付けられており，機械の製造者は，消費生活用製品の安全，労働安全，環境問題にこれまで以上に配慮することが求められるようになっている。

〔近藤太二，芳司俊郎〕

4.2 材　　　料

4.2.1 高強度材料
〔1〕 鉄　鋼　材　料

鉄鋼系の高強度材料は高張力鋼を代表として，その高強度を利した大型建造物，特に橋梁，高層ビル，船舶，貯槽，パイプライン用配管，反応容器および産業機械などに広範囲に活用されている。これは図 4.2.1 に示すように高強度材料の採用は単に強度が高いことによるコストダウンおよび軽量化が図れるメリットに加えて溶接量も少なくなり，製作工期の短縮が図れる大きな利点がある[1]。また，強度が高いことに加え，溶接性，耐候性および低温靭性に優れ，新しい厚板製造技術（制御圧延，制御冷却）の応用により，数多くの鋼種が各社でそろえられており，使用者の要求特性に対応させた応用拡大が進んでいる。ここでは通常の

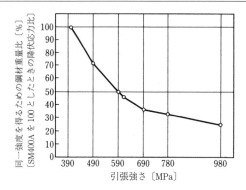

図 4.2.1　高強度鋼板の引張強さと重量比

炭素鋼を中心とした高張力鋼について，特に圧力容器および貯槽に使用される材料を中心に，鋼種，用途，溶接時および内部流体による応力腐食割れの注意点について述べる。

（a）規格と鋼種　ここで述べる高強度材料とは，引張強さが 490 MPa 以上の炭素鋼を主体に限定し，規格の組成に Cr, V, Mo, Ni などの添加元素を加えた鋼種は省いた。表 4.2.1 は国内で一般的に市販されている主要高強度鋼板の規格を示す。高強度鋼板は国内では日本産業規格（JIS）および日本溶接協会規格（WES）が主体であり，国内大手鉄鋼メーカーでも規格に基づいた鋼板を製造販売している。JIS 規格の場合，特に高強度鋼板（高張力鋼板）として定めた規格はなく，表 4.2.1 に示す二つの規格の高強度鋼種が該当する。日本溶接協会で比較的早く高張力鋼板の 490～1 000 MPa の引張強さの鋼種を規格化したのが WES である。これらの高強度鋼板の熱処理は，一般的に圧延のままの状態，焼ならし-焼戻し（NT），焼入れ-焼戻し（QT）および制御圧延（Thermo-Mechanical Control Process, TMCP）が規定されている。

制御圧延は図 4.2.2 に示すように熱処理と圧延を組み合わせた鋼板の製造方法で，広い範囲で種々の鋼種に適用されている。図 4.2.3 に示すように同じ炭素当量（C_{eq}〔%〕）でも制御圧延を行った鋼材の方が圧延鋼材よりもかなり引張強さが高くなる[2]。したがって，同じ強さの鋼材でも低炭素当量で製造できる。そのため熱処理により区別して炭素当量を定めている。

高強度鋼板の場合，焼入れおよび溶接時に硬さがあまり高くならないように炭素当量を，また溶接時に割れが起こりにくいように溶接割れ感受性組成（P_{CM}

表 4.2.1　主要高強度鋼板の規格

規　　　　格		最低強度〔MPa〕		熱 処 理	組成制限（板厚＜50 mm）		用　途
		耐　力	引張強さ		炭素当量〔%〕	溶接割れ感受性組織〔%〕	
JIS G 3106 溶接構造用圧延鋼材	SM 490 A SM 490 B SM 490 C	355 (16～40 t)	490～610 (100 t 以下)	NT QT TMCP	0.44	0.28	石油タンク 圧力容器
	SM 520 B SM 520 C	355	520～640				車　両 石油タンク
	SM 570	450	570～720				橋　梁
JIS G 3115 圧力容器用鋼板	SPV 315 SPV 355	315 355	490～610 520～640	NT QT TMCP	受渡し当事者間の協定による		圧力容器 高圧設備
	SPV 410	410	550～670				
	SPV 450 SPV 490	450 490	570～700 610～740		0.44 0.45	0.28 0.28	産業機械
JIS G 3128 溶接構造用高降伏点鋼板	SHY 685 SHY 685 N SHY 685 NS	685	780～930	QT	受渡し当事者間の協定による	—	圧力容器 高圧設備
WES 3001 溶接用高張力鋼板	HW 355 HW 390 HW 450 HW 490	355 390 450 490	520～640 560～680 590～710 610～730	圧延のまま TMCP NT QT		(0.32) (0.34) 0.28 (0.35) 0.28 (0.36)	石油タンク 球形タンク 橋　梁
	HW 550 HW 620 HW 685 HW 785 HW 885	550 620 685 785 885	670～800 710～840 780～930 880～1 030 950～1 130	QT		0.30 0.31 0.33 0.35 0.36	橋　梁 圧力容器 建設機械 海洋構造物

〔注〕　NT：焼なまし，焼戻し　　QT：焼入れ，焼戻し　　TMCP：制御圧延

4. 機械と装置の安全

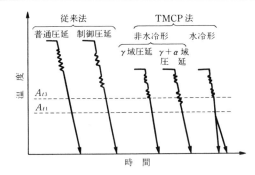

図4.2.2 従来圧延法とTMCP法の比較

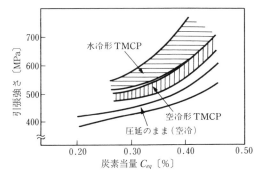

図4.2.3 製造法による炭素当量と引張強さの関係（板厚：20～30 mm）

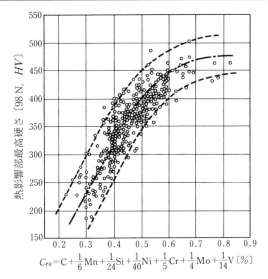

図4.2.4 炭素当量と溶接熱影響部の最高硬さ（1073～773 K（800～500℃まで）の冷却時間：6 s，板厚20 mmの場合，170 A×24 V×150 mm/min の条件に相当）

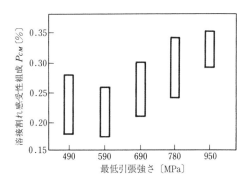

図4.2.5 高張力鋼の最低引張強さと溶接割れ感受性組成値（P_{CM}〔%〕）

〔%〕）をそれぞれ式(4.2.1)，(4.2.2)のようにいずれの規格でも規定されている。

$$C_{eq}[\%] = C + \frac{Mn}{6} + \frac{Si}{24} + \frac{Ni}{40} + \frac{Cr}{5}$$
$$+ \frac{Mo}{4} + \frac{V}{14} \quad (4.2.1)$$

$$P_{CM}[\%] = C + \frac{Si}{30} + \frac{Mn}{20} + \frac{Cu}{20}$$
$$+ \frac{Ni}{60} + \frac{Cr}{20} + \frac{Mo}{15} + \frac{V}{10} + 5B \quad (4.2.2)$$

応用面では高張力鋼板の中でも比較的低強度鋼板は石油精製装置およびガス設備の圧力容器，貯蔵タンクなどに使用されている。また，高強度鋼板は橋梁，海洋構造物および産業機械などに応用されている。

（b）高強度鋼板の溶接 高強度鋼板の溶接は溶接熱影響部（HAZ）が硬化し，溶接後に遅れ割れを起こしやすく，また，圧力容器として使用中の流体により水素脆性型の応力腐食割れも起こりやすくなるので，（a）項で示した溶接割れ感受性組成と炭素当量をできるだけ低めにしたい。図4.2.4は炭素当量と溶接熱影響部の最高硬さを示す[3]。炭素当量が低いほど硬さが低くなり，前記の割れが起こりにくくなる。一方，高張力鋼の最低引張強さと溶接割れ感受性組成値

を図4.2.5に示す[4]。鋼種によっては製造組成により0.10%程度の範囲がある。

高強度の鋼種の場合，溶接条件によっても注意が必要である。図4.2.6は溶接割れ感受性パラメータ P_c と予熱温度の関係を示す[5]。予熱温度が高いほど割れが起こりにくくなるため，溶接割れ防止には予熱が効果的である。強度が高い鋼種ほど，それに見合った高めの予熱温度を設定しなければならない。言い換えれば予熱温度を高くすることは，溶接後の冷却速度を遅くすることになる。この種の割れには溶接後の冷却，特に図4.2.7に示すように300℃以下をかなりゆっくり冷却することが好ましい[6]。

（c）応力腐食割れ 高強度鋼板は強度が高いため腐食環境では水素脆性型の応力腐食割れを起こしやすい傾向にある。すなわち，高強度鋼ほど，割れを発

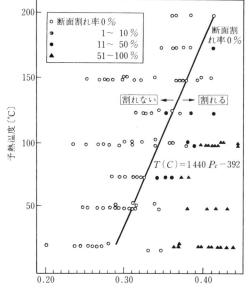

$$P_c = C + \frac{Si}{30} + \frac{Mn}{20} + \frac{Cu}{20} + \frac{Ni}{60} + \frac{Cr}{20} + \frac{Mo}{15} + \frac{V}{10} + 5B + \frac{t}{600} + \frac{H}{60} \ [\%]$$

t：板厚〔m〕
H：溶着金属の拡散性水素量〔cc/100 g〕

図 4.2.6　P_c 値と予熱温度の関係

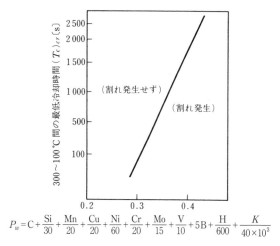

$$P_w = C + \frac{Si}{30} + \frac{Mn}{20} + \frac{Cu}{20} + \frac{Ni}{60} + \frac{Cr}{20} + \frac{Mo}{15} + \frac{V}{10} + 5B + \frac{H}{600} + \frac{K}{40 \times 10^3}$$

K：構造物の拘束度〔kg/mm·mm〕

図 4.2.7　割れ感受性パラメータ P_w と最低冷却時間（300 ~ 100℃）の関係

生した[7),8)]。また，石油精製装置でも湿性硫化水素環境でボルト材に用いられていた高強度鋼（SCM および SNCM）の硬さの高い鋼材に同様な割れを起こした。

このように湿性硫化水素環境では，図 4.2.8 に示すように鋼の硬さが高くなると硫化物応力割れ（Sulfide Stress Cracking, SSC）を起こしやすくなる[9)]。SSC は，硫化水素と鉄の腐食反応で発生する水素が鋼材中に拡散し，材料強度（硬さ）が高い場合に溶接などの残留応力が相まって起きる水素脆性割れの一種である。特に石油・天然ガス生産設備や石油精製装置において考慮すべき事象である。この SSC 防止に関しては，長年使われてきた原油・天然ガス井戸元で使われる材料の SSC 防止規定 NACE MR 0175[10)] とは別に，石油精製装置の SCC 防止を対象にした NACE MR 0103[11)] が 2003 年に発行され，ここでは SSC の起きる環境と各種材料の最高硬さ制限を定めている。炭素鋼に対して，SSC の起きる環境としては，硫化水素濃度（気相中硫化水素分圧 0.3 kPaA 以上）以外にも水中硫化物濃度，pH などが関係していると定義されている。また，最高硬さ制限に関しては，炭素鋼の場合は HRC 22 と規定されており，最高硬さ制限を守るためには，鋼材の炭素当量の制限，溶接施工方法での対応あるいは溶接後熱処理（PWHT）などの対策がとられている。

以上のように高強度鋼の鋼種，溶接および応力腐食割れについて簡単に紹介した。高強度鋼は利点も多く生させるのに必要な鋼中の限界水素量が低いため，割れやすい傾向を示す。ここでは代表的な流体として湿性硫化水素による応力腐食割れについて述べる。

1960 年代初めに国内の LPG 貯蔵球形タンク（HW 785 および 685 製）で LPG 中に不純物として含まれている硫化水素および水分により，溶接部に割れが発

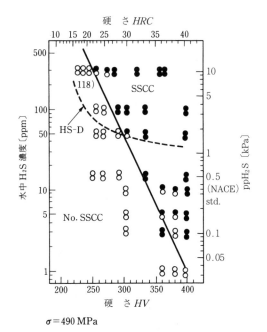

$\sigma = 490$ MPa

図 4.2.8　鋼の硬さと H_2S 濃度の関係（ハッチ付き試験片）

応用が拡大しているが，使い方によっては溶接割れおよび応力腐食割れを生じる危険性も高い．鋼種および使用環境を十分認識して応用することが望ましい．

(細谷敬三，賀川直彦)

引用・参考文献

1) 日本鋼管資料，高張力鋼板，p.3（1992）
2) 新日本製鐵資料，厚板，p.8（1992）
3) 溶接学会編，溶接・接合便覧，p.880，丸善（1990）
4) 住友金属工業資料，高張力鋼板，p.23（1991）
5) 伊藤慶典，溶接学会誌，38-10，p.60（1969）
6) 日本鉄鋼協会編，第3版・鉄鋼便覧VI，p.660（1982）
7) 日本溶接協会，高張力鋼の硫化物応力腐食割れに関する研究（1963）
8) 日本溶接協会，高張力鋼の硫化物応力腐食割れに関する研究，プラントテスト完了報告書（1965）
9) 谷村昌章，圧力容器とその配管の応力腐食割れ，日本高圧技術協会，p.135（1979）
10) International Standard ANSI/NACE MR0103/ISO17945：2015"Petroleum, petrochemical and natural gas industries-Metallic materials resistant to sulfide stress cracking in corrosive petroleum refining environments", ANSI/NACE/ISO（2015）
11) International Standard ANSI/NACE MR0175/ISO15156：2015"Petroleum, petrochemical and natural gas industries-Materials for use in H_2S-containing environments in oil and gas production", ANSI/NACE/ISO（2015）

〔2〕 非鉄金属材料

(a) チタン合金 チタン (Ti) 材料には大きく分けて純チタンとチタン合金がある．純チタンは酸素，窒素，鉄を主たる不純物として99％以上の純度を有するものである．また，チタン合金には純チタンとほとんど同じ強度レベルで耐食性を向上する Pd, Ta などが添加された耐食チタン合金と，高強度化を目的に Al, Sn, Zr, Mo, V などが入れられた高強度チタン合金がある．

1) 純チタン 純チタンはおもに酸素量によって強度調整がなされ，**表4.2.2**に示すように，JISでは引張強さ270 MPaの1種から550 MPaの4種まである．材料別のJIS規格を後述の耐食チタン合金，高強度チタン合金も含めて**表4.2.3**に示すが，ここで耐食チタン合金はTi-0.15 Pd合金のみ，高強度チタン合金はTi-6Al-4 V合金のみがJIS規格として規定されている．高強度になるほど酸素量ならびに鉄の添加量が多くなっており，鉄も強度上昇に寄与している．純チタンの耐食性はチタンの表面に形成される強固な酸化膜 TiO_2 によるもので，チタン中の不純物量にほとんど影響されない．

2) 耐食チタン合金 純チタンはそれ自体耐食性に優れた材料であるが，ステンレス鋼と同様に塩酸や硫酸などの還元性酸の雰囲気では腐食が起こる．**図4.2.9**は Stern らによる耐食材料の耐食領域図を示したもの[1]であるが，純チタンに貴金属系のPdを添加したTi-0.15 Pd合金，またはTaを入れたTi-5Ta合金では還元性酸の領域まで使用可能になっている．

チタン材料の腐食は全面腐食が一般的で，ステンレス鋼のような孔食は起こらない．また，塩素イオン濃度が高く，温度の高い条件では**図4.2.10**に示すように隙間腐食が起こる領域があるが，Ti-0.15 Pd合金を始めとする耐食チタン合金では，この隙間腐食発生限界条件がより高塩素イオン濃度，高温度の安全側に改善されていることがわかる[2]．

3) 高強度チタン合金 チタン合金には，室温で存在する相組成から α 合金，α-β 合金，β 合金の3種類に分けることができる．α-β 合金は組成範囲が広く，特性も幅広いため，さらに α 合金に近いものを near α 合金，また β 合金に近いものを near β 合金と呼んでいる．

純チタンは稠密六方の結晶構造を有する α 相から成っており，高温（885℃以上）では β 相に変化する．この α 相を固溶体強化するのがAlである．高温で存在する β 相を室温まで持ち来すのがV, Mo, Cr, Fe, Cuなどの β 安定化元素である．α 相，β 相の両方に固溶するのがSn, Zrなどの元素である．した

表4.2.2 純チタンの機械的性質

種類		引張強さ〔MPa〕	0.2％耐力〔MPa〕	伸び	硬度 HV	代表用途
純チタン（チタン純度 ≧99％）	JIS 1種	270～410	165≦	≧27％	110～140	プレート式熱交換器
	JIS 2種	340～510	215≦	≧23％	130～180	タンク，パイプ
	JIS 3種	480～620	345≦	≧18％	150～210	
	JIS 4種	550～750	485≦	≧15％	200～240	
チタン合金（代表例）	JIS 60種（6Al-4 V）	895	825≦	≧10％	270～	高強度部材（羽根車など）

表 4.2.3 チタン材の JIS 規格

適用範囲	2012年改正後 JIS番号	改正前 JIS番号	規格名称	記号例	記号の意味
板・条	H 4600	H 4600 H 4605 H 4607	チタン及びチタン合金の板及び条	TP 340 H, TR 270 C TP 340 PdH, TR 270 PdC TAP 3250 H, TAR 3250 C	最初の T＝チタン（Titanium） 数値＝材質あるいは化学成分 P＝板（Plate），R＝条（Ribbon） H＝熱延（Hot），C＝冷延（Cold） Pd＝パラジウム添加合金 A＝チタン合金（Alloyed） T＝管（Tube），P＝配管（Piping） L＝低温焼なまし，F＝完全焼なまし H＝熱交換器用（Heat Exchanger） W＝溶接まま（Welded） WC＝溶接後冷間加工（Welded & Cold Draw） B＝棒（Bar），F＝鍛造品（Forging） W＝線（Wire），C＝鋳造品（Casting）
継目無管	H 4630	H 4630 H 4635	チタン及びチタン合金の継目無管	TTP 340 H, TTP 270 C TAT 3250 L, TAT 3250 F TAT 3250 CL, TAT 3250 CF	
熱交換器用管	H 4631	H 4631 H 4636	熱交換器用チタン管及びチタン合金管	TTH 340 W, TTH 270 WC	
溶接管	H 4635	H 4635	チタン及びチタン合金の溶接管	TTP 340 W, TTP 270 WC	
棒	H 4650	H 4650 H 4655 H 4657	チタン及びチタン合金の棒	TB 340 H, TB 270 C TAB 6400 H	
鍛造品	H 4657	H 4650 H 4655 H 4657	チタン及びチタン合金の鍛造品	TF 340	
線	H 4670	H 4670 H 4675	チタン及びチタン合金の線	TW 340	
鋳物	H 5801	H 5801	チタン及びチタン合金の鋳物	TC 340, TAC 6400	

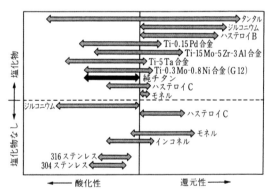

図 4.2.9 耐食材料の耐食領域図[1]

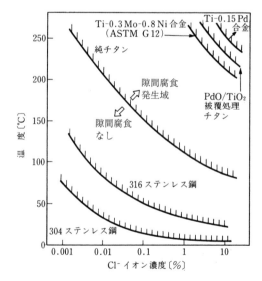

図 4.2.10 塩化物溶液中におけるチタン材およびステンレス鋼の隙間腐食発生限界[2]

がって，α合金には Al, Sn が主体となって入れられており，α-β合金では Al ならびにβ安定化元素の V, Mo などが，β合金では Mo, V が主体になって Sn, Zr, Al がわずかずつ入れられている。これらの合金の種類とそれぞれの機械的性質を**表 4.2.4**に示す。

合金組成が多いほど強度は大きく，合金組成の少ないα合金 Ti-5 Al-2.5 Sn 合金の引張強さ 600 MPa からβ合金の 1500 MPa レベルまで選択が可能である。各合金の特徴をまとめると，**図 4.2.11**のようになる。すなわち，β合金側へ行くほど Ti より比重の大きい Mo, V などが合金組成として入れられるため比重は大きくなり，α合金の 4.41 レベルからβ合金の 5.0

以上まで変化する。しかし，室温におけるβ相が多いほど溶体化，時効などの熱処理性が良くなるので，β合金側ほど高強度化が可能である。

時効相は高温α+β2相域から焼入れされた変態相からの析出β相またはα相（400〜500℃時効）であることから，高温になるほど再固溶することになり，

4. 機械と装置の安全

表 4.2.4 チタンおよびチタン合金の機械的性質

合金	状態	機械的性質									シャルピー衝撃値 [ft-lb]	硬度
		室温				低高温						
		引張強さ [MPa]	引張耐力 [kg/mm²]	伸び [%]	絞り [%]	試験温度 [℃]	引張強さ [MPa]	引張耐力 [kg/mm²]	伸び [%]	絞り [%]		
工業用純チタン												
99.5 Ti	焼なまし	336	24.5	30	55	316	154	9.8	32	80	—	Bhn 120
99.2 Ti	焼なまし	441	35.0	28	50	316	196	11.9	35	75	32	Bhn 200
99.1 Ti	焼なまし	524	45.5	25	45	316	238	14.0	34	75	28	Bhn 225
99.0 Ti	焼なまし	672	59.5	20	40	316	315	17.5	25	70	15	Bhn 265
99.2 Ti (0.2 Pd)	焼なまし	441	35.0	28	50	316	189	11.2	37	75	32	Bhn 200
98.9 Ti (0.8 Ni, 0.3 Mo)	焼なまし	524	45.5	25	42	204	350	25.2	37	—	—	—
						316	329	21.0	32			
α合金												
5 Al-2.5 Sn	焼なまし	875	81.9	16	40	316	574	45.5	18	45	19	Rc 35
5 Al-2.5 Sn (low O₂)	焼なまし	819	75.6	16	—	-196	1 260	117.6	16	—	20	Rc 35
						-253	1 603	144.2	15	—		
near α合金												
8 Al-1 Mo-1 V	二重焼なまし	1 015	96.6	15	28	316	805	63.0	20	38	24	Rc 35
						427	749	57.4	20	44		
						538	630	52.5	25	55		
11 Sn-1 Mo-2.25 Al-5.0 Zr-1 Mo-0.2 Si		1 120	100.8	15	35	316	910	77.0	20	44	—	Rc 36
						427	840	68.6	22	48		
						538	770	59.5	24	50		
6 Al-25 Sn-4 Zr-2 Mo		994	91.0	15	35	316	784	59.5	16	42	—	Rc 32
						427	714	52.5	21	55		
						538	658	49.7	26	60		
5 Al-5 Sn-2 Zr-2 Mo-0.25 Si	970℃ (1/2時間), AC+590℃ (2時間), AC	1 064	98.0	13	—	316	805	57.4	15	—	—	—
						427	791	53.9	17	—		
						538	700	51.1	19	—		
6 Al-2 Nb-1 Ta-1 Mo	圧延まま (1 in plate)	868	77.0	13	34	316	595	46.9	20	—	23 (-80 F)	Rc 30
						427	525	42.0	20	—		
						538	350	38.5	20	—		
6 Al-2 Sn-1.5 Zr-1 Mo-0.35 Bi-0.1 Si	β鍛造+二重焼なまし	1 029	95.9	11	—	482	735	59.5	15	—	—	—
α-β合金												
8 Mn	焼なまし	959	87.5	15	32	316	728	57.4	18	—	—	—
3 Al-2.5 V	焼なまし	700	59.5	20	—	316	490	35.0	25	—	—	—
6 Al-4 V	焼なまし	1 008	93.8	14	30	316	735	66.5	14	35	14	Rc 36
						427	679	58.1	18	40		
						538	539	43.4	35	50		
	STA	1 190	112.0	10	25	316	875	71.4	10	28	—	Rc 41
						427	812	63.0	12	35		
						538	665	49.0	22	45		
6 Al-4 V (low O₂)	焼なまし	910	84.0	15	35	-196	1 540	143.5	14	—	18	Rc 35
6 Al-6 V-2 Sn	焼なまし	1 085	101.5	14	30	316	945	81.9	18	42	13	Rc 38
	STA	1 295	119.0	10	20	316	994	91.0	12	28	—	Rc 42
7 Al-4 Mo	STA	1 120	105.0	16	22	316	889	75.6	18	50	13	Rc 38
						427	861	72.8	20	55	—	Rc 42
6 Al-2 Sn-4 Zr-6 Mo	STA	1 288	119.9	10	23	316	1 036	85.4	18	55	—	—
						427	945	77.0	19	67		
						538	861	66.5	19	70		
6 Al-2 Sn-2 Zr-2 Mo-2 Cr-0.25 Si	STA	1 295	115.5	11	33	316	994	81.9	14	27	—	—
10 V-2 Fe-3 Al	STA	1 295	121.8	10	19	204	1 134	106.4	13	33	—	—
						316	1 120	99.4	13	42		
β合金												
	STA	1 239	119.0	3	—	316	896	80.5	19	—	—	—
13 V-11 Cr-3 Al	STA	1 295	122.5	8	—	427	1 120	84.0	12	—	8	Rc 40
8 Mo-8 V-2 Fe-3 Al	STA	1 330	126.0	8	—	316	1 148	99.4	15	—	—	Rc 40
3 Al-8 V-6 Cr-4 Mo-4 Zr	STA	1 470	140.0	7	—	316	1 050	91.0	20	—	75	Rc 42
						427	952	77.0	27	—		
	焼なまし	896	84.7	15	—	316	735	66.5	22	—	—	—
11.5 Mo-6 Zr-4.5 Sn	STA	1 407	133.7	11	—	316	917	86.1	15	—	—	—

α型	near α型	α+β型	near β型
比重 →			増大
熱処理性 →			向上
クリープ強度増大 →			
ひずみ速度感受性 →			増大
塑性加工性 →			向上
向上 ←		溶接性	→ 向上

図 4.2.11　合金の合金タイプによる特性比較

結果として耐クリープ性は β 合金側ほど良くない。また，塑性加工に関係するひずみ速度感受性も β 合金側ほど強度が高くなることから大きくなり，種々の冷却加工に注意が必要になる。しかし，β 合金を β 単相化した場合には変形抵抗は高くなるが冷間加工はきわめて良く，圧延の例では中間焼なましなしに箔厚さまで延ばすことができる。溶接は単相合金ほど施工しやすく，α 合金，β 合金では α-β 合金に比較して容易となる。以下に各合金タイプについて述べる。

　ⅰ）α 合金　この合金の代表は Ti-5 Al-2.5 Sn 合金であり，実用合金としてはこれのみといってもよい。室温では α 単相で高温でも α+β 2 相域も狭いので，高温における鍛造，圧延が難しい材料である。低温特性，特に液体 He 温度までの極低温特性に優れており，超伝導機器用の構造，容器に利用されている。図 4.2.12 に低温引張特性を示すが[3]，他の合金系では低温になるに従い伸びが低下するのに対して，Ti-5 Al-2.5 Sn 合金では液体 He 温度まで低下することはない。同じく，極低温下の破壊靱性 K_{IC} の点でも有利である。

　ⅱ）α-β 合金　β 相の少ない near α 合金の代表が Ti-8 Al-1 Mo-1 V 合金，Ti-6 Al-2 Sn-4 Zr-2 Mo 合金である。高温強度，耐クリープ性に特徴を有しており，最近の合金ではさらに耐クリープ性を改善するために Si や Bi などが添加されている。図 4.2.13 はラーソン・ミラー線図を示しているが[4]，Si が添加されている IMI 合金シリーズは高温，長時間側で顕著な耐クリープ性を示している。しかしチタン材料でいう耐熱性はせいぜい 500～600℃ までで，耐熱鋼のそれとは異なるので注意が必要である。

　典型的な α-β 合金の代表が Ti-6 Al-4 V 合金である。チタン合金の開発史上最も古く，現在も使用実績が最も多い合金である。Ti-6 Al-4 V 合金は室温で 18% の β 相量を有し，高温での α+β 2 相域も広いので高温における鍛造，圧延が容易である。高温での α+β 2 相域が広いことから熱処理性も比較的良好であるが，深焼入れ性は後述する β rich α-β 合金，β 合金よりも劣る。焼なまし材の引張強さは 950 MPa レベルである

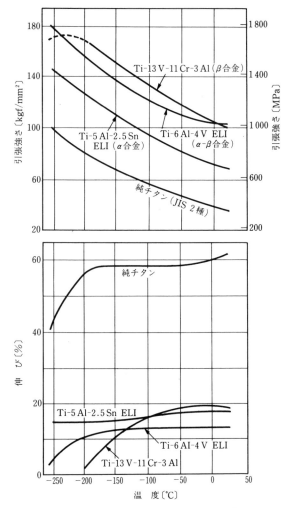

図 4.2.12　各種チタン合金の低温引張性質[3]

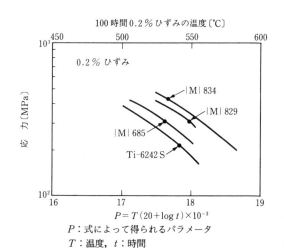

$P = T(20 + \log t) \times 10^{-3}$
P：式によって得られるパラメータ
T：温度，t：時間

図 4.2.13　耐熱チタン合金のラーソン・ミラー線図[4]

のに対し，溶体化時効材では20％くらい上昇し，1 100 MPaが平均的な値である．溶体化温度ならびに溶体化後の冷却速度の選択により，等軸α＋針状αのbi-modal組織にすることができ，針状αを大きめにコントロールすると破壊靱性K_{IC}，応力腐食割れ性を改善することができる．図4.2.14はこの溶体化温度条件と破壊靱性の関係を示している[5]．

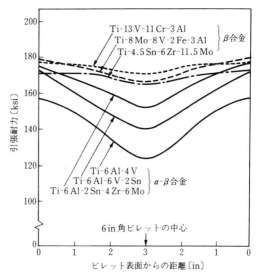

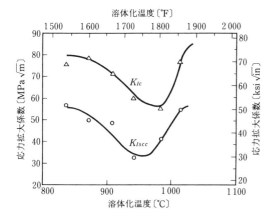

図4.2.14　Ti-6 Al-4 V合金の溶体化温度条件とK_{IC}, K_{ISCC}の関係[5]

Ti-6 Al-4 V合金よりもβ相量の多いβ rich α β合金はTi-6 Al-6 V-2 Sn合金，Ti-6 Al-2 Sn-4 Zr-6 Mo合金，Ti-10 V-2 Fe-3 Al合金などβ安定化元素V，Mo，Feの添加量が多くなっている．Ti-10 V-2 Fe-3 Al合金の室温におけるβ相量は50以上であり，熱処理性はさらに良くなる．図4.2.15は容体化後の焼入れ深さの差異を示しているが，これらの合金はTi-6 Al-4

図4.2.15　合金タイプによる焼入れ深さの差異

V合金よりも大きく改善されている．さらに，これらの合金ではβ変態点が低温側に移るため，α＋β域で行われる微細粒超塑性加工がより低コストで可能になる．熱処理による高強度化は，一方では破壊靱性の低下をまねくが，合金によってこの傾向が異なる．図4.2.16は引張強さと破壊靱性の関係を示すが，Ti-6 Al-6 V-2 Sn合金やTi-8 Mo-8 V-2 Fe-3 Al合金はより高強度・高靱性側にある[6]．

　iii）β合金　β合金は溶体化状態では変形加工が容易な体心立方構造を有するβ相単相になるため，室温でも圧延が可能となり，圧延機に能力さえあれば箔まで加工することが可能である．ひずみ速度の大き

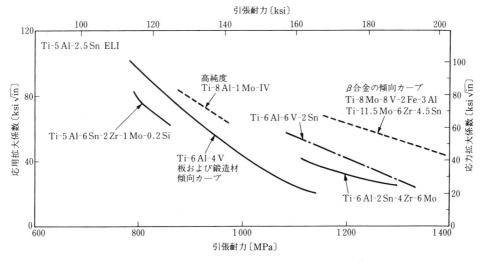

図4.2.16　高強度チタン合金の引張強さと破壊靱性の関係[6]

い加工では加工量に制限があるが，ボルトのヘッディング鍛造なども室温でできる。そして，これらの加工と時効処理を組み合わせれば1 500 MPaを超す高強度化も可能である。

β合金にはTi-V系とTi-Mo系の2種類がある。前者の代表例がTi-15 V-3 Cr-3 Al-3 Sn合金，Ti-13 V-11 Cr-3 Al合金であり，後者にはTi-11.5 Mo-6 Zr-4.5 Sn合金，Ti-15 Mo-5 Zr-3 Al合金がある。Ti-V系合金はTi-Mo系合金に比較して高温，室温における圧延，成形などの加工性は良いが，耐食性，熱処理性は劣る。**図4.2.17**は塩酸雰囲気における高強度チタン合金の耐食性を示すが，Ti-Mo系合金は最も耐食性に優れているのがわかる[7]。　　　　　（伊藤喜昌）

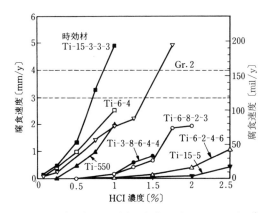

図4.2.17 高強度チタン合金の塩酸雰囲気における耐食性[7]

引用・参考文献

1) Stern, M. and Bishop, C. R., Transactions of the ASM, 52, p.239（1960）
2) 下郡一利，佐藤広士，泊里治夫，日本金属学会誌，42-6, p.567（1978）
3) 西村孝，溝口孝遠，伊藤喜昌，極低温材料としてのチタン材料，神戸製鋼技報，34-3, p.63-66（1984）
4) IMI Titanium"High-Temperature Alloys" 技術資料
5) Curtis, R. E. and Spurr, W. F., Effect of Microstructure on the Fracture Properties of Titanium Alloys in Air and Salt Solution, Trans, ASM, 61, p.115-127（1900）
6) Handbook"Titanium and Titanium Alloys", MIL-HDBK-697A, p.44（1974）
7) Metals Handbook, 13. 9th ed., Corrosion, ASM International（1987）

（b）アルミニウム合金

1）特徴

i）比重　鉄の約1/3であり，構造部材などの軽量化に有効である。

ii）耐食性　大気中の酸素と化合して形成される耐食性の良い酸化皮膜（Al_2O_3）が保護皮膜となり優れた耐食性を示す。

iii）強度　合金の種類および質別によって引張強さは70～600 MPaと変化させることができる。

iv）低温特性　低温になるにつれて強度は上昇し，鋼のような低温脆性を示さない。

2）種類

アルミニウム合金（展伸材）の分類を**図4.2.18**に示す。

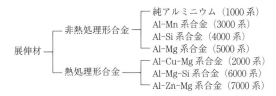

図4.2.18 アルミニウム合金の分類

展伸材は，加工硬化のみにより硬さ，引張強さを高める非熱処理形合金と，熱処理により機械的性質を改善する熱処理形合金に大別される。

しかし，熱処理合金の場合でも，熱処理によって得られる強度よりさらに高い強度を得るため，冷間加工を行うことがある。非熱処理形合金の場合にも，焼なまし，安定化処理のような熱処理が行われることがある。

3）呼称

JISでは，つぎに示す例のような表示でアルミニウム合金材料に呼称を付けている。

A 5052 P-H 34（非熱処理形合金の例）
A 6063 TE-T 6（熱処理形合金の例）

呼称例の先頭のAは，アルミニウム合金を示し，続く4桁の数字は合金分類を示す。この4桁の数字は国際登録合金番号で表示され，第1位の数字は，合金系統を，第3，4位は，合金の識別を示す。第2位の数字は，0が基本合金を示し，1以降の数字については，基本合金の改良または派生合金であることを示す。ただし，わが国で開発され，国際アルミニウム合金に相当する合金を見い出せない場合は第2位の数字に代えてNを付ける。

第4位の数字に続くローマ字は，材料の形状および製造条件を示す記号，あるいは寸法許容度を示す等級記号である。製品形状および製造条件を示すJIS記号を**表4.2.5**[1]に示す。その後のH，Tを持つ数字は材料の調質を示す質別記号である。

4）一般的性質

代表的なアルミニウム合金展伸材の一般的性質を**表4.2.6**[2]に示す。合金系ごとに同様な性質を有している。

i）1000系アルミニウム　1000番台の表示は工

4. 機械と装置の安全

表 4.2.5 製品形状および製造条件を示す JIS 記号

記号	意味	記号	意味
P	板，条，円板	TW	溶接管
PC	合わせ板	TWA	アーク溶接管
H	箔	S	押出形材
BE	押出棒	FD	型打鍛造品
BD	引抜棒	FH	自由鍛造品
W	引抜線	PB	圧延板導体
TE	押出継目無管	SB	押出板導体
TD	引抜継目無管	TB	管導体

表 4.2.6 代表的なアルミニウム合金展伸材の一般的性質[2]

合金	質別	耐食性 *1	耐応力割れ腐食性 *1	成形性 *1	切削性 *2	ろう付け性 *1	溶接性 *1 ガス	溶接性 *1 アルゴン	溶接性 *1 抵抗	鍛造性 *1
1050	H 24	A	A	A	D	A	A	A	A	—
1100	O	A	A	A	E	A	A	B	A
	H 24	A	A	A	D	A	A	A	A
	H 18	A	A	A	C	A	A	A	A
2011	T 3	D	C	C	A	D	D	D	D
	T 8	D	A	D	A	D	D	D	D
2014	T 4	D	C	C	B	D	D	B	C
	T 6	D	C	D	B	D	D	B	C
2017	T 4	D	C	C	B	D	D	B	—
2024	T 4	D	C	C	B	D	D	B	—
2218	T 72	D	C	—	—	D	D	B	D
3003	O	A	A	A	E	A	A	B	A
	H 24	A	A	A	B	A	A	A	A
	H 18	A	A	A	C	A	A	A	A
3004	O	A	A	A	D	B	B	B	—
	H 32	A	A	A	C	B	B	B	—
	H 34	A	A	B	C	B	B	B	—
	H 36	A	A	B	C	B	B	B	—
	H 38	A	A	B	C	B	B	B	—
4032	T 6	C	B	—	—	D	D	B	C
5005	O	A	A	A	E	B	A	A	B
	H 34	A	A	B	B	B	A	A	B
	H 38	A	A	B	B	B	A	A	B
5052	O	A	A	A	D	C	A	A	B
	H 34	A	A	B	C	C	A	A	B
	H 38	A	A	C	C	C	A	A	B
5154	O	A	A	A	D	B	C	A	—
	H 34	A	A	B	C	B	C	A	—
	H 38	A	A	C	C	B	C	A	—
5083	O	A	B	A	D	B	A	A	—
5086	O	A	A	A	D	B	B	A	—
	H 32	A	A	A	B	B	B	A	—
	H 34	A	A	B	B	B	B	A	—
	H 36	A	A	B	B	B	B	A	—
	H 38	A	A	B	B	B	B	A	—
5056	O	A	B	A	D	B	B	A	—
	H 38	A	C	C	C	D	B	A	—
5 N 01	O	A	A	A	E	A	A	B	—
	H 24	A	A	A	D	A	A	A	—
6063	T 5	A	A	C	C	A	A	A	—
	T 6	A	A	C	C	A	A	A	—
6 N 01	T 5	A	A	C	C	A	A	A	—
	T 6	A	A	C	C	A	A	A	—
6061	T 4	B	B	B	C	A	A	A	D
	T 6	B	A	C	C	A	A	A	D
7003	T 5	B	B	B	C	A	A	A	D
7 N 01	T 4	B	B	B	D	A	A	A	—
	T 5	B	B	B	D	A	A	A	—
	T 6	B	C	B	D	A	A	A	—
7075	T 6	C	C	D	B	D	D	C	B	D

〔注〕 *1 良好なものから順に A～D の 4 ランクに分けてある。A および B のものは実用上ほとんど問題がないが，C および D のものには何らかの対策が必要か，あるいは制約条件に注意を要する。成形性，ろう付け性，溶接性が D の場合は，一般にそれらの施工を行わない方がよい。
*2 良好なものから順に A～E の 5 ランクに分けてある。A は切くず処理が容易である。ランクが下位になるほど切削速度などの条件の制約が厳しくなる。

業用アルミニウムを示し，1100，1200 が代表的で，いずれも 99.00％以上の純アルミニウム系材料である。この系の材料は加工性，耐食性，溶接性などに優れるが，強度が低いので構造材には適さない。

ⅱ）2000 系合金　ジュラルミン，超ジュラルミンの名称で知られる 2017，2024 が代表的なもので，鋼材に匹敵する強度を持つ。しかし，比較的多くの銅を含むため耐食性に劣り，腐食環境にさらされる場合には十分な防食処理を必要とする。

ⅲ）3000 系合金　3003 はこの系の代表的合金で，Mn の添加により純アルミニウムの加工性，耐食性を低下させることなく，強度を少し増加させたものである。

ⅳ）4000 系合金　4032 は Si の添加により熱膨張率を抑え，耐摩耗性の改善を行ったもので，さらに Cu，Ni，Mg などの微量添加により耐熱性を向上させ，鍛造ピストン材料として用いられる。4043 は溶融温度が低く，溶接ワイヤ，ブレージングろう材として使用される。

ⅴ）5000 系合金　Mg 添加量の比較的少ないものは装飾用材，器物用材に，多いものは構造材として使用される。この系の合金は冷間加工のままでは強さがやや低下し，伸びが増加するという経年変化を示すので安定化処理が行われる。

ⅵ）6000 系合金　この系の合金は強度，耐食性とも良好で，代表的な構造材料として挙げられる。た

だ，溶接のままでは継手効率が低く，ビス，リベット，ボルト接合による構造組立てが行われることが多い。

vii) 7000系合金　アルミニウム合金の中で最も高い強度を持つAl-Mg-Cu系合金と，Cuを含まない溶接構造用Al-Zn-Mg合金に分類できる。後者はわが国では，いわゆる三元合金として親しまれている。

なお，この系の合金は熱処理が適切でない場合には応力腐食割れを生じることがあるので注意する必要がある。このためJISに示された標準熱処理条件よりは過時効となる条件で焼戻しが行われている。

viii) その他の合金　アルミニウムにLiを添加すると，密度が小さくなり，ヤング率は増大するため，理想的な低密度・高剛性材として航空機その他の大型構造用などとして注目され，Al-Li系，Al-Li-Mg系，Al-Li-Cu系，Al-Li-Cu-Mg系などが実用化を目指して開発されている。

ほかに8000系合金として国際登録されている急冷凝固粉末冶金合金や，その他の新技術の研究開発とともに新合金が数多く開発されている。

5) 調質　アルミニウム合金の性質は，質別によって著しく変化するので材料の使用目的，加工方法により最も適したものを選ぶことが重要である。JIS規格に規定されている質別記号の定義とその意味を**表4.2.7**[1]に示す。また，基本記号Hの細分記号とその意味を**表4.2.8**に，Tのおもな細分記号とその意味を**表4.2.9**に示す[1]。

引用・参考文献

1) JISハンドブック「非鉄」，日本規格協会（2016）

表4.2.7 基本となる質別記号の定義とその意味[1]

記号	定義	意味
F	製造のままのもの	加工硬化または熱処理について特別の調整をしない製造工程から得られるもの
O	焼きなましたもの	最も軟らかい状態を得るように焼きなましたもの
H	加工硬化したもの	適度の軟らかさにするための追加熱処理の有無にかかわらず，加工硬化によって強さを増加したもの
W	溶体化処理したもの	溶体化処理後常温で自然時効する合金だけに適用する不安定な質別
T	熱処理によってF，O，H以外の安定な質別にしたもの	安定な質別にするため，追加加工硬化の有無にかかわらず熱処理したもの

表4.2.8 基本記号Hの細分記号とその意味[1]

記号	意　　味
H1	（加工硬化だけのもの） 所定の機械的性質を得るために追加熱処理を行わずに加工硬化だけしたもの。
H2	（加工硬化後適度に軟化熱処理したもの） 所定の値以上に加工硬化した後に適度の熱処理によって所定の強さまで低下したもの。常温で時効軟化する合金については，この質別はH3質別とほぼ同等の強さを持つ。そのほかの合金については，この質別は，H1質別とほぼ同等の強さを持つが，伸びはいくぶん高い値を示す。
H3	（加工硬化後安定化処理したもの） 加工硬化した製品を低温加熱によって安定化処理したもの。その結果，強さはいくぶん低下し，伸びは増加する。この安定化処理は，常温で徐々に時効軟化するマグネシウムを含む合金にだけ適用する。
H4	（加工硬化後塗装したもの） 加工硬化した製品が塗装の加熱によって部分焼なましされたもの

表4.2.9 基本記号Tの細分記号とその意味[1]

細分記号	意　　味
T1	（高温加工から冷却後自然時効させたもの） 押出材のように高温の製造工程から冷却後，積極的に冷間加工を行わないで，十分に安定な状態まで自然時効させたもの。したがって，矯正してもその冷間加工の効果が小さいもの。
T2	（高温加工から冷却後冷間加工を行い，さらに自然時効させたもの） 押出材のように高温の製造工程から冷却後，強さを増加させるため冷間加工を行い，さらに十分に安定な状態まで自然時効させたもの。
T3	（溶体化処理後冷間加工を行い，さらに自然時効させたもの） 溶体化処理後強さを増加させるため冷間加工を行い，さらに十分に安定な状態まで自然時効させたもの。
T4	（溶体化処理後自然時効させたもの） 溶体化処理後冷間加工を行わないで，十分に安定な状態まで自然時効させたもの。したがって，矯正してもその冷間加工の効果が小さいもの。
T5	（高温加工から冷却後人工時効硬化処理したもの） 鋳物または押出材のように高温の製造工程から冷却後，積極的に冷間加工を行わないで，人工時効硬化処理したもの。したがって，矯正してもその冷間加工の効果が小さいもの。
T6	（溶体化処理後人工時効硬化処理したもの） 溶体化処理後積極的に冷間加工を行わないで，人工時効硬化処理したもの。したがって，矯正してもその冷間加工の効果が小さいもの。
T7	（溶体化処理後安定化処理したもの） 溶体化処理後特別の性質に調整するため，最大強さを得る人工時効硬化処理条件を超えて過剰時効処理したもの。

4. 機械と装置の安全

表 4.2.9 (つづき)

細分記号	意　味
T 8	(溶体化処理後冷間加工を行い，さらに人工時効硬化処理したもの) 溶体化処理後強さを増加させるため冷間加工を行い，さらに人工時効硬化処理したもの。
T 9	(溶体化処理後人工時効硬化処理を行い，さらに冷間加工したもの) 溶体化処理後人工時効硬化処理を行い，強さを増加させるため，さらに冷間加工したもの。
T 10	(高温加工から冷却後冷間加工を行い，さらに人工時効硬化処理したもの) 押出材のように高温の製造工程から冷却後，強さを増加させるため冷間加工を行い，さらに人工時効硬化処理したもの。

(山田　實)

2) アルミニウムハンドブック（第6版），日本アルミニウム協会 (2001)

〔3〕 非金属材料（セラミックス）

（a）はじめに　高強度材料の中心は金属材料であるが，セラミックスは耐熱，高硬度，低密度，耐食性，耐摩耗性などの，金属にはない特性を備えている点で魅力がある。しかし，もろさという致命的欠点のため，その克服が図られてきた。しかし，現在に至るまでもろさの完全な克服には至っていない。それゆえ，実用的には金属との共存を通じてその特性を発揮すべきであろう。ここでは，高強度材セラミックスとしてアルミナ（Al_2O_3），ジルコニア（ZrO_2）などの酸化物セラミックスと，炭化ケイ素（SiC），窒化ケイ素（Si_3N_4）などの非酸化物を主要対象とする。各種構造部材としてセラミックスを使用する際に重要な特性を**表 4.2.10**に示す。以下に，機械的特性を述べた後，各種セラミックスの特徴およびセラミックスの信頼性向上技術について述べる。

表 4.2.10　各種構造部材としてセラミックスを使用する際に重要な特性

基礎物性	密度，熱伝導率，比熱，熱拡散率，熱膨張係数，硬さ，輻射率
熱的・機械的性質	ヤング率（剛性率，ポアソン比を含む），内部摩擦，強さ（引張り，曲げ，圧縮，多軸），破壊靭性値，耐衝撃性（シャルピー），耐熱衝撃性，機械的疲労（静的，動的），熱疲労，亀裂の成長（K_I-V），クリープ
その他	トライボロジー的性質（摩擦，摩耗，潤滑など），耐酸化性，耐食性

（b）セラミックスの機械的性質[1)~4)]
1) 静的破壊強度　一般に，セラミックスの静的破壊強度として，測定の容易さから曲げ強度が測定される場合が多い。曲げ強度試験は**図 4.2.19**に示すように3点曲げあるいは4点曲げで行われ，試験片に生じる最大引張部の破断時の応力が測定される。曲げ強度試験は，JIS R 1601「ファインセラミックスの室温曲げ強さ試験方法」で標準化されている[5)]。しかし，強度試験で得られた値をそのまま設計に使用することができない。その理由を以下で述べ，設計に役立つセラミックスの強さを考える。

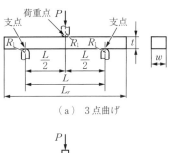

(a) 3点曲げ

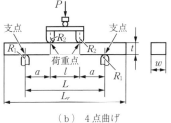

(b) 4点曲げ

$R_1 = 2.0$~3.0 mm　　L : 30 ± 0.5　　全長 L_r : 36 mm 以上
$R_2 = 0.5$~3.0 mm　　l : 10 ± 0.5　　幅　w : 4.0 ± 0.1 mm
　　　　　　　　　　a : 10 ± 0.5　　厚さ t : 3.0 ± 0.1 mm

図 4.2.19　セラミックスの曲げ試験法と試験片形状（JIS R 1601）

焼結体であるセラミックスは，製造時に，気孔，介在物，機械加工きずなどの欠陥が，内部や表面に潜在的に分散された典型的な脆性材料である。そのため，セラミックスの破壊は部材中に内在する欠陥への応力集中によって生じる。欠陥寸法（a）と静的破壊強度（σ_f）との間に$\sigma_f = K_C/(F\sqrt{\pi a})$の関係が成り立つ。ここで，$F$は亀裂の形状などで決まる形状補正係数，$K_C$は破壊靭性値と呼ばれ，材料固有の物性値である。したがって，σ_fは欠陥寸法という偶発的なものによって支配され，統計的なばらつきを示す。そのため，σ_fはワイブル分布に代表される統計的取扱いによって評価され，高強度セラミックス部品の設計に成果を上げている。

しかし，セラミックスの内部欠陥を小さくしても，その強さは前述の関係に従って向上していくものではなく，ある値に収束していくことが見い出された。微

小欠陥寸法の領域では線形破壊力学が成立せず,非線形現象が出現する。微小欠陥領域から巨視的欠陥の領域までの静的曲げ強度を予測する式がいくつか提案されている[6),7)]。

2) 疲労強度　セラミックスを構造部材として長期使用する際には,疲労破壊の問題を解決する必要がある。セラミックスにおいては,以下のように「静疲労」および「繰返し疲労」の二つに区別して疲労強度特性が評価されている。

静疲労とは,一定荷重下において,時間とともに亀裂が徐々に進展して破壊に至る現象である。その原因は,主として材料に含まれるガラス相のSiO_2等が,大気中の水分によって応力腐食割れを起こすことによるものである。

繰返し疲労とは,繰返し荷重下で繰返し数の増加とともに亀裂が進展し破壊に至る現象である。その疲労亀裂進展機構は,亀裂面における架橋が繰返し応力によって損傷するという繰返し応力依存型と,静疲労と同様の応力腐食割れによる時間依存型が重畳して生じる。

繰返し応力により亀裂進展が加速する材料と加速しない材料がある。亀裂進展が加速する材料では,粒界破壊により疲労亀裂が進展する場合が多い。さらに,後述の部分安定化ジルコニアのように,亀裂周辺において相変態を伴う材料においても,疲労亀裂の進展が繰返しにより加速することが知られている。

3) クリープ強度　定温では塑性変形が起こりにくいセラミックスでも,高温ではある程度の塑性変形が可能となり,クリープ現象を生じる。金属の場合には,破断に至るまでのクリープひずみは10%以上に達することが多いが,セラミックスでは数パーセントを超えることはまれである。金属におけるクリープ破壊と同様に,セラミックスにおいても,遷移クリープ,定常クリープおよび加速クリープが認められる。しかし,セラミックスでは,遷移クリープや加速クリープの段階を欠く場合がある。

窒化ケイ素のように,焼結を促進するために加えられる焼結助剤を添加し,粒界にガラス相を有するセラミックスでは,ガラス相の粘性流動がクリープ挙動に影響を及ぼす。このように,クリープ特性には,結晶粒径や粒界相が影響を及ぼすことが知られている。

4) 破壊靱性値　セラミックスでは,亀裂先端においても転位の動きが制限されるため,亀裂先端の損傷領域(プロセスゾーン)の寸法が金属に比べて小さくなり,亀裂先端における応力の緩和が生じにくくなる。そのため,セラミックスの破壊靱性値は,金属材料に比べると大幅に低い。

セラミックスの破壊靱性値(K_C)を測定する方法としては,以下で述べる方法がある。なお,セラミックスの破壊靱性試験方法は,JIS R 1607「ファインセラミックスの室温破壊じん(靱)性試験方法」で標準化されている[8)]。

ⅰ) IF法　IF(indentation fracture)法は,図4.2.20に示したように,研磨した試験片表面にビッカース圧痕を導入し,生じた亀裂長さと圧痕長さから破壊靱性値K_Cを求める方法であり,きわめて簡便かつ小さな試験片に対しても適用できる。そのため,セラミックスにおけるK_Cの測定方法として広く用いられている。

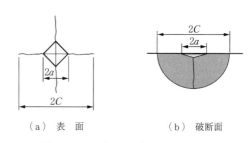

（a）表　面　　　　（b）破断面

図4.2.20　IF法により導入した圧痕と亀裂

ⅱ) SEPB法　SEPB(single edge pre-cracked beam)法は,曲げ試験片にビッカース圧痕を導入した後,BI(bridge indentation)法により亀裂を導入した試験片を用いて曲げ試験を行い,曲げ強度と亀裂寸法からK_Cを算定する方法である。

ⅲ) SEVNB法　SEVNB(single edge V-notched beam)法は,鋭いVノッチを加工した試験片を用いて曲げ試験を行い,曲げ強度とノッチ深さからK_Cを算定する方法である[9)]。

5) ヤング率　セラミックスの熱的・機械的性質を考える上で,ヤング率はきわめて重要な基本物性である。セラミックスのヤング率測定方法は,JIS R 1602「ファインセラミックスの弾性率試験方法」としてまとめられている[10)]。応力(σ),ひずみ(ε)とヤング率(E)との間には$\sigma=E\varepsilon$の関係がある。セラミックスのヤング率は,一般に金属材料の値に比べて大きい。このことは,構造部材に適用する場合には大きな利点となる。しかし,熱応力が発生する場合には,Eが大きいと発生する応力(σ)も大きくなるため,この値の大きい材料は好ましくない場合がある。

ヤング率は,静的破壊強度や疲労強度と異なり,表面粗さや部材を構成する粒子の大きさの影響を受けることは少ない。しかし,セラミックスの部材を構成する相の種類とその分布状況によって変化する。特に,部材中の空孔の影響は大きい。また,温度も影響を及

ぼし，その上昇に伴って減少する．特に，高温では粒界滑りによる急激なヤング率の低下が見られる．焼結助剤から変化したガラス相を粒界に多く含む材料ほど高温でヤング率の低下が著しいのは，このガラスに由来する粒界滑りによるものである．

6）**硬さ** 硬さは局所的な機械的変形に対する材料の抵抗を表す尺度と考えられている．セラミックスに対しては，ダイヤモンド圧子を材料表面に押し込んで圧痕をつける押込み硬さ試験が一般的に行われる．セラミックスの硬さ試験方法は，JIS R 1610「ファインセラミックスの硬さ試験方法」で標準化されている[11]．その試験方法としては，ビッカース硬さ試験とヌープ硬さ試験がある．

金属材料においては，押込み硬さは材料の降伏応力や引張強さと良い相関があることが知られている．一方，セラミックスの場合には経験的にビッカース硬さとヤング率の間に相関があることが知られている．一般的にセラミックスの硬さは金属よりも硬い．また，高温域においては，室温に比べて硬さが低下することが知られている．

7）**耐摩耗性**[12] 一般に，セラミックスは金属に比べ硬いのが特徴である．そのため，セラミックスは耐摩耗性に優れ，ベアリング，切削工具，メカニカルシール，ポンプ・バルブ部品など，セラミックス耐摩耗性部材に欠くことのできない材料となっている．

代表的な摩耗機構として，以下の三つが提案されている．

ⅰ）凝着摩耗 接触部に塑性変形が生じて，その塑性変形部が相手材に付着することで生じる摩耗形態が凝着摩耗である．凝着摩耗には，摩耗量の大小により，シビア摩耗とマイルド摩耗に分類されている．

ⅱ）アブレシブ摩耗 金属では，食い込んだ硬い突起の引っかき作用により塑性変形域が除去されるが，セラミックスでは食い込んだ突起により誘起された微小亀裂によって微視的破壊が進行することでアブレシブ摩耗が生じると考えられている．セラミックスでは硬さおよび破壊靱性値を向上させると，アブレシブ摩耗耐性が向上することが知られている．

ⅲ）疲労摩耗 弾性接触の繰返しにより疲労亀裂が発生・進展して表面剥離が起きる．これが疲労摩耗であり，転がり摩擦などで生じやすい．

8）**耐熱衝撃性** 材料を急激に低温の雰囲気に投入する，あるいは急激に高温にさらすと，材料表面と内部の温度差に起因する熱応力が発生する．セラミックスは高温で使用される場合が多いため，熱応力に由来する熱衝撃についても設計においては考慮に入れる必要がある．

温度変化が生じた場合，材料の表面では環境からの熱伝達によって，表面温度が変化する．同時に材料の熱伝導によって材料内部の温度も徐々に変化することになる．このとき，温度変化 ΔT があまりにも急な場合，内部への熱の侵入以前に表面温度が急激に変化し，表面と内部の温度差 ΔT_m は熱伝導率 k にはほとんど依存しなくなる．一方，温度変化が緩やかであれば，表面の温度変化に内部の温度変化も追随し，ΔT_m は ΔT に比例的に，k には反比例的に変化する．

熱衝撃に対する破壊抵抗係数は，急激な温度変化の場合には，次式で与えられる．

$$R = \frac{\sigma_b(1-\nu)}{\alpha E}$$

ここで，σ_b：材料の静的破壊強度，ν：ポアソン比，α：熱膨張係数，E：ヤング率である．

一方，緩やかな温度変化の場合には，次式で与えられる．

$$R' = kR$$

ここで，k：熱伝導率である．

αE の値は多くの材料でほぼ一定の値である．したがって，急激な温度変化の場合には，上式より σ_b が高い材料が，耐熱衝撃性が高い材料といえる．緩やかな温度変化の場合には，k が大きく σ_b が高い材料が，耐熱衝撃性が高い材料といえる．

（c）**化学的性質** 化学的性質のうち，耐食性を取り上げる．腐食には，腐食液が介在する湿式腐食と介在しない乾式腐食がある．多くの高強度セラミックスは電気絶縁性があるので，金属材料で生じるような電気化学的な湿式腐食を受けにくい．さらに，乾式腐食では，酸化物セラミックスの多くは高温まで空気中において安定で，酸化が進むことが少ない．非酸化物系のセラミックスのうち，窒化ケイ素や炭化ケイ素では，大気中で加熱すると二酸化ケイ素を生成する．それが保護膜となり，さらなる酸化を抑制する場合が多い．しかし，焼結助剤の種類によって酸化挙動は異なるため，非酸化物系の場合，空気中の酸化には注意が必要であり，最高使用温度に制限がある．

セラミックスの腐食は，通常，①腐食媒体への溶解と，②反応生成物の蒸気圧による蒸発とで生じる．そのため，強度，硬さ，不浸透性といった本質的性質のうち何が影響を受けるのかを決めるのが最重要である．さらに，耐食性が表面の不浸透性膜によって与えられることがあるので，その破壊は空孔を持った材料内部への媒体の侵入を許し，曝露面積の増大，すなわち腐食の増大となる．それゆえ，実際個々のケースに対して，その要求に応じた腐食の程度を設定し，これに対処する以外対策はない．

（d） **高強度セラミックスの種類**　セラミックス部品は原料粉末を加圧成形し，目標形状に近い粉末集合体としてこれを高温で焼き固め（焼結と呼ぶ），研削加工して仕上げる方法が標準的製法となっている。さらに，表面の仕上げ精度が製品の強度を支配するので，ダイヤモンド砥石による仕上げ加工が必要となり，生産のコスト高から用途拡大が阻まれてきた。そのため，成形と焼結に工夫が凝らされ，焼結体内部に空孔の残留しない微小欠陥の少ない緻密な最終形状に近い半製品の創製に努力が払われている。その結果，製法やメーカの違いから種々の製品が市場に現れ，日進月歩の改良が加わり，製品の性能データも日々に書き改められている。**表 4.2.11** および **表 4.2.12** に，それぞれ代表的な酸化物系セラミックスおよび非酸化物系セラミックスの諸特性を示す[13]。以下に代表的な高強度セラミックスの特徴を要約する。

1) **Al_2O_3**　高強度セラミックス中で実績があり価格も安い。寸法精度の高さと大型部品の製造が可能なことから，半導体製造分野での伸びが期待される。

2) **ZrO_2**　同素変態のため，これを防止した安定化 ZrO_2 と部分的に変態を残した部分安定化 ZrO_2 がある。後者によりセラミックス中で最高の強度と靱性のある製品が得られるが，高価格が難点となっている。

3) **Si_3N_4**　耐熱材料の主役であり。また，耐摩耗性に優れており，セラミックベアリング等に実用されている。破壊靱性値が $6 \sim 8\ MPa \cdot m^{1/2}$ 範囲のものがあり，代表的な高強度セラミックスである。

4) **SiC**　高温域での強度特性は Si_3N_4 よりも優れているが，破壊靱性値が低い。高度や耐摩耗性に優れ，耐摩耗材料として実績がある。半導体製造ジグ，高温炉関連部材等として期待される。

（e） **構造用セラミックスの信頼性向上技術**

1) **高靱性セラミックスの開発**　セラミックスの破壊靱性値を改善させるためには，材料中に粒子や繊維などを分散させる方法が有効である。これらの分散第二相は主亀裂との相互作用によって，主亀裂先端付近には，**図 4.2.21** に示すようにプロセスゾーンおよびプロセスゾーンウェイクという領域を形成し，主亀裂先端の応力場を低減させる。粒子分散セラミックスの破壊靱性値の向上機構として，以下の機構が知られている[13]。

① 主亀裂先端のプロセスゾーン内での亀裂と分散粒子との相互作用

表 4.2.11　酸化物系セラミックスの各種特性値

	Al_2O_3	MgO	BeO	ZrO_2^* (PSZ)	$3Al_2O_3 \cdot 2SiO_2$（ムライト）	$2MgO \cdot 2Al_2O_3 \cdot 5SiO_2$（コーディエライト）
密度 [g/cm³]	3.98	3.58	3.00	6.04	3.15	2.56
ヤング率 [GPa]	400	310	390	200	210	130
曲げ強さ [MPa]	500	300	260	1 000	370	170
破壊靱性値 K_{IC} [$MPa \cdot m^{1/2}$]	3〜5	2	—	8〜10	3	—
ビッカース硬さ HV	2 000	920	1 200	1 200	1 100	1 000
熱膨張係数 [$10^{-6}\ K^{-1}$] (20〜1 000℃)	7.8	13	8.4	9.6	5.1	1.8
熱伝導率 [W/m・K] (20℃)	27	42	251	1.7	6.1	1.26

〔注〕＊部分安定化ジルコニア（Y_2O_3 添加）

表 4.2.12　非酸化物系セラミックスの各種特性値

	$S\text{-}Si_3N_4$	$RB\text{-}Si_3N_4$	S-SiC	RB-SiC	SiAlON	AlN
密度 [g/cm³]	3.20	2.3〜2.7	3.1	3.1	3.2	3.25
ヤング率 [GPa]	260	175	395	530	310	320
曲げ強さ [MPa]	870	300	500	410	120	500
破壊靱性値 K_{IC} [$MPa \cdot m^{1/2}$]	6.3	2.3〜4	4	3.5	3	—
ビッカース硬さ HV	1 500	1 100	2 800	2 500	2 000	1 200
熱膨張係数 [$10^{-6}\ K^{-1}$] (20〜1 000℃)	3.7	3.0	4.4	4.3	3.8	4.4
熱伝導率 [W/m・K] (20℃)	30	21	46	67	13	140

〔注〕S：常圧焼結　　RB：反応焼結

4. 機械と装置の安全

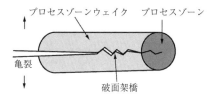

図 4.2.21 亀裂先端付近におけるプロセスゾーンとプロセスゾーンウェイク

② プロセスゾーンウェイクによる領域遮蔽
③ 破面間の接触遮蔽

2) **保証試験**[2]　セラミックスの強度は統計的分布を持っている。そのため，セラミックス部材を使用する場合には，事前に特別な選別をしないで用いると，使用に耐えない部材がある割合で現れる。これを防止するための選別方法の一つが保証試験である。この方法ではセラミックス部材の使用に先立って，ある値の応力（保証応力 σ_p）を負荷し，許容限度以下の強度の部材を破壊して取り除き，許容限度以上の強度を有する部材だけを選別する。保証試験が合理的に行われた場合の部材の強度分布を**図 4.2.22** に示す。保証試験により，保証応力以下の強度を持つ部材は取り除かれ，使用応力 σ_a での短時間破壊は生じにくくなる。

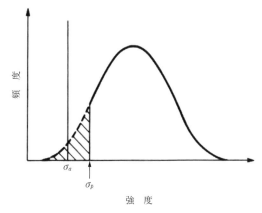

図 4.2.22　保証試験が合理的に行われた場合の部材の強度分布

3) **自己亀裂治癒**　セラミックスの低破壊靭性値を克服する技術として，セラミックスに自己亀裂治癒能力を付与する研究が行われている。アルミナ（Al_2O_3）などの酸化系セラミックス，炭化ケイ素（SiC）および窒化ケイ素（Si_3N_4）などの非酸化物系セラミックスにおいて，亀裂治癒現象が報告されている。酸化物系セラミックスにおける亀裂治癒は，主として再焼結によるものである。一方，酸化物系セラミックスにおける亀裂治癒は，酸化現象によるものと考えられている。これまでに，**図 4.2.23** に示すように，炭化ケイ素（SiC）の粒子やウィスカーを複合した各種セラミックスの亀裂治癒挙動の研究が行われ，使用中を想定した応力下の亀裂治癒挙動が明らかにされている[14]。ただし，亀裂治癒可能な欠陥は表面に存在する欠陥のみである。内部欠陥を有する部材の信頼性向上を目的として，亀裂治癒と保証試験を組み合わせた信頼性向上方法が提案されている。

（高橋宏治，花澤　孝）

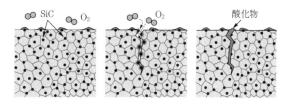

（a）　亀裂治癒前　（b）　表面に亀裂発生　（c）　亀裂治癒後

図 4.2.23　炭化ケイ素を複合した材料の自己亀裂治癒挙動

引用・参考文献

1) 阿部弘ほか，エンジニアリングセラミックス，技報堂出版（1984）
2) 奥田博ほか編，ファインセラミックス―その機能と応用，日本規格協会（1989）
3) 上垣外修己，佐々木巌，入門 無機材料の特性，内田老鶴圃（2014）
4) 淡路英夫，セラミックス材料強度学，コロナ社（2000）
5) JIS R 1601：2008　ファインセラミックスの室温曲げ強さ試験方法（日本規格協会）
6) Usami, S. ほか，Eng. Fract. Mech., 23-4, pp.745-761（1986）
7) 岩佐正明，安藤柱，小倉信和，日本機械学会論文集（A編），56-531, pp.2353-2358（1990）
8) JIS R 1607：2010　ファインセラミックスの室温破壊じん（靭）性試験方法（日本規格協会）
9) 淡路英夫ほか，SEVNB 法による破壊靭性評価，日本機械学会論文集（A編），56-525, pp.1148-1153（1990）
10) JIS R 1602：1995　ファインセラミックスの弾性率試験方法（日本規格協会）
11) JIS R 1610：2003　ファインセラミックスの硬さ試験方法（日本規格協会）
12) 日本トライボロジー学会セラミックスのトライボロジー研究会編，セラミックスのトライボロジー，養賢堂（2003）
13) 日本材料学会編，改訂機械材料学，pp.375-379，日本材料学会（2000）
14) 安藤柱，高橋宏治，中尾航，高温用セラミックスの表面き裂の自己治癒とその応用による品質保証，最

新の自己修復材料と実用例，pp.154-175，シーエムシー出版（2010）

4.2.2 耐 熱 材 料
〔1〕 金 属 材 料
（a） 耐熱鋼および耐熱合金と高温装置　表4.2.13 および表4.2.14 は耐熱鋼，耐熱合金および耐熱非鉄合金について要約したものである。耐熱合金に

表 4.2.13　おもな耐熱鋼および耐熱合金

鋼		種	最高使用温度〔℃〕
フェライト系	炭素鋼		500～550
	1/2 Mo 鋼		500～550
	Cr-Mo 系	1 Cr-1/4 Mo，1 Cr-1/2 Mo	550
		1¼ Cr-1/2 Mo	550
		2¼ Cr-1 Mo	600
		5 Cr-1/2 Mo	600～650
		9 Cr-1 Mo	650～700
	高 Cr 系	13 Cr，13 Cr-Al，13 Cr-Si	700～750
		17 Cr	800～900
		20～30 Cr	900～1 100
オーステナイト系	18 Cr-8 Ni 系	18 Cr-8 Ni，18 Cr-8 Ni-Mo，18 Cr-8 Ni-Nb	800～870
	25 Cr-12 Ni 系	25 Cr-12 Ni，25 Cr-12 Ni-Si	1 000
	25 Cr-20 Ni 系	25 Cr-20 Ni，25 Cr-20 Ni-Si	1 050
超合金	合金 600	15 Cr-8 Fe-Cu（Ni 基）	800～1 040
	合金 625	22 Cr-9 Mo（Ni 基，Fe，Al，Ti，Nb，Ta）	800～1 040
	合金 800H	20 Cr-32 Ni（Al，Ti）	1 050
	合金 80 A	20 Cr-（Ni 基，Fe，Al，Ti）	800～1 040
耐熱鋳鋼	ACl HT	17 Cr-35 Ni（0.35～0.70 C）	1 050
	ACl HU	20 Cr-40 Ni（0.35～0.75 C）	1 050
	ACl HK40	25 Cr-20 Ni（0.35～0.45 C）	1 050
	ACl HP	25 Cr-35 Ni（0.35～0.75 C）	1 050

表 4.2.14　おもな耐熱非鉄合金

合		金	最高使用温度〔℃〕
Al 合金	Y 合金 AC 8 A	Al-4 Cu-2 Ni-1.5 Mg Al-12 Si-1 Cu-1 Mg-1.8 Ni	約 300（ピストン用） 200（原子炉用）
	SAP	Al-Al₂O₃	
Mg 合金	AZ-31 HK 31 A HZ 32 A	Mg-3 Al-1 Zn Mg-3.25 Th-0.7 Zr Mg-3.25 Th-2 Zn-0.75 Zr	350 350
Ti 合金	α 型 (α+β) 型	Ti-5 Al-2.5 Sn Ti-6 Al-4 V	400 400

とって機能と安全技術面から進歩の原動力となったのは航空機用ジェットエンジンおよびボイラである。前者は年代とともに高合金化した。特に高温強度の高い Ni 基合金は 1950 年代以降，真空溶解技術の開発によって鍛造が容易になるとともに，精密鋳造技術の進歩から Al および Ti の添加が可能になり，併せて鋳型としてのセラミック中子の採用による強制空冷方式が可能になることも手伝って，性能および安全対策が飛躍的に向上した。

　フェライト系耐熱鋼はオーステナイト系耐熱鋼に比べ，熱膨張係数が小さく，熱伝導度が高く熱応力面で有利であるため，火力発電プラント用ボイラでは水壁管や熱応力が問題となる主蒸気配管などに使用されている。フェライト系耐熱鋼としては，古くは炭素鋼から高温クリープ強度が優れる Cr-Mo 鋼（2.25Cr-1 Mo など）が用いられるようになり，現在でも広く使われている。一方，高 Cr フェライト系耐熱鋼は Cr 量が 16% 以上になると，変態のない単一のフェライト組織になるが，高温に加熱すると 475℃ 脆性や σ 相脆性（600～800℃）が起こるため，9Cr-1 Mo 鋼や 13% Cr 鋼が広く用いられている。1980 年代には発電プラントの高効率化のために高温高圧運転を実現する材料が求められ，9～13% Cr 鋼を中心に，V，Nb，W の合金元素による析出強化によるクリープ強度を高めた材料開発が盛んに行われ，9Cr-1Mo-V，Nb 鋼（P/T91，火 STPA28）が開発され[1] 蒸気温度 593℃ が実現された。現在でも発電プラントのさらなる効率化のための材料の最適化検討が続いている。

　オーステナイト系耐熱鋼は Cr 含有量が高いため，高温強度が高く耐食性にも優れている。そのため，火力発電プラント用ボイラでは高温高圧かつ苛酷な腐食性環境である過熱器管や再熱器管に用いられる。オーステナイト系耐熱鋼としては，18Cr-8 Ni 鋼（304H）をベースに Mo や Nb を添加した 316H や 347H が，高 Cr 化した 25Cr-20 Ni 鋼（310）が古くから使われている。フェライト系耐熱鋼と同様火力発電プラントの高温高圧化を実現するため，微量添加元素（N，Nb，Ti，Cu など）を合金化したさまざまな改良鋼が開発されてきた。

　超合金はジェットエンジンのタービン翼の開発とともに進歩してきた。Fe 基，Ni 基，Co 基合金があり，650℃ 以上の高温，高圧力下で長時間耐える材料である。なお許容応力は高温の場合，10 万時間のクリープ強度を基準にして耐用温度が決められている。ガスタービン翼開発初期に実用化されたのは Co 基鍛造超合金であった。現在でも静翼に使われている。動翼に関しては，真空溶解技術の進歩により Ni 基超合金中

に Ti や Al を多量に合金化させることができるようになり，さまざまな（Ni$_3$(Al, Ti)）析出強化合金が開発され，γ′相が増えると鍛造ができないため鋳造超合金に移行し，耐用温度を高めるために方向凝固柱状晶，酸化物分散合金にまで使用されている。

耐熱鋳鋼は炭素含有量を高くして鋳造時の溶湯の流動性を良くするとともに，高温加熱によって炭化物の析出を起こし，クリープ強度を高めることを意図している。遠心鋳造管がエチレン製造用熱分解管や水素製造用接触改質反応管に使われている。

耐熱用非鉄合金のうち Al 合金はおもに空冷シリンダやディーゼルエンジンのピストンあるいはコンプレッサのロータに用いられる。Ti 合金は Al や Sn などの α 相安定化元素を添加した α 型合金と β 相安定化元素 V を添加した α+β 型がある。後者では Ti-6Al-4V 合金が強度と比重の比が高いことから航空機用ジェットエンジンに使われている。

主として化学工業における高温装置を**表 4.2.15** に示す。高温高圧装置は炭化水素や水素などの可燃性ガスや有害な硫化水素を扱うことが多いため，安全対策が重要である。

（b） 耐熱金属材料の損傷と安全対策 高温装置に使う耐熱金属材料はボイラ用鋼管の長期にわたる爆発事故を始めとし，幾多の試練を経て今日の安全技術が築かれてきた。ここでは，安全対策が築かれてきた歴史をボイラ脆化（現在はカセイ脆化あるいはアルカリ応力腐食割れと呼ばれている），化学工業の高温装置で問題となってきた水素侵食，焼戻し脆化およびクリープ脆化に関して以下に記す。

1） ボイラ脆化[2] ボイラは産業革命の推進役となったが，事故も頻発した。政治的に初めて問題になったのは 1815 年，ロンドンでの爆発事故である。ボイラ検査が法制化され，ボイラ保険も生まれた（1860 年）。『ボイラブック』と『機関車』というガイドブックも発行された。しかし事故は減らなかった。20 世紀初めまでの約 100 年間に米国だけで約 1 万件，そしてそれと同数以上の死者が出た，という。

1917 年，ようやくにして原因が解明された。それまでの鋼材欠陥説が覆され，高温水中の炭酸塩から作られたカセイソーダによる鋼の応力腐食割れによるものであり，この時点から水質原因説が主流になった。炭酸塩の析出物がたまりやすいリベット継手に代わって溶接継手の出現，蒸気爆発の破壊力を分散するために丸ボイラから水管ボイラへの移行など，いろいろな技術の結集が対策を効果的にした。それ以来，ボイラ圧力が急上昇したが，事故は激減した。

ASME は研究の強力な推進者であった。ASME はボイラコード（定置式）を 1915 年に作成し，続いて圧

表 4.2.15 おもな高温装置

プロセスまたは装置		流体条件			構成材料	製品または目的
		温度〔℃〕	圧力〔気圧〕	組 成		
熱 分 解		700〜950	2〜5	炭化水素，スチーム	インコロイ 800 HK 40, HP	エチレン
接触分解	水素化分解	350〜500	70〜130	水素（50%），炭化水素	Cr-Mo 鋼 SUS 321	LPG, ガソリン, 灯油
	流動接触分解	450〜550	1〜2	ガソリン，軽油，スチーム	Cr-Mo 鋼 SUS 321	ガソリン
接触改質	石油接触分解	420〜580	35〜40	水素（65%），炭化水素	Cr-Mo 鋼	ガソリンの高オクタン化
	水蒸気接触改質	350〜950	5〜40	スチーム（50%），水素（35%），炭化水素，CO	HK 40, HP インコロイ 800 SUS 405	水素 都市ガス
その他	アンモニア合成	350〜600	100〜1000	水素（60%），窒素	Cr-Mo 鋼 SUS 405	アンモニア
	メタノール合成	300〜370	150〜340	水素（30%），CO_2	Cr-Mo 鋼	メタノール
	重質油，石炭のガス化	800〜1600	〜80	石炭，重質油，水素，灰，チャー，CO	耐火物ライニング	水素合成ガス
	脱アルキル	600〜700	20〜40	炭化水素，水素（50%）	Cr-Mo 鋼 SUS 405 インコロイ 800	ベンゼン
	水素化脱硫	200〜500	30〜160	水素（50%），炭化水素，H_2S（0.1〜10%）	SUS 321 SUS 410 Cr-Mo 鋼	重・軽質油の脱硫

力容器のコード化,ボイラ給水の管理法などの規定を作った。圧力容器鋼としての炭素鋼,1/2Mo鋼およびCr-Mo鋼(表4.2.13参照)はその汗の結晶といえよう。産官学の広範な研究を組織したASMEの業績は偉大である。

ボイラ脆性は一応の解決をみたが,設計のために必要な本質的な安全対策の確立にはさらに時を要した。図4.2.24に示すようなアルカリ応力腐食割れに対する炭素鋼の適用限界が明らかになったのは1951年である[3]。現在でもNACE InternationalのNACE SPO403の中で,Caustic Soda Service Chartとして引き継がれている。

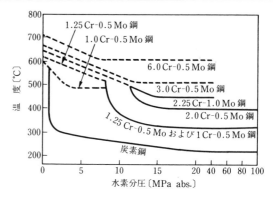

図4.2.25 高温高圧水素中における鋼の使用限界

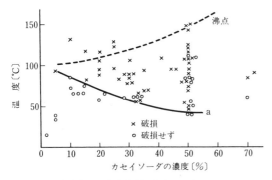

図4.2.24 炭素鋼の応力腐食割れ発生に関するカセイソーダ濃度と温度の関係

2) 水素侵食 高温高圧水素下の水素侵食はアンモニア合成法の開発(1909年)に始まる。鋼中の炭化物が水素によってメタンを生成し,バブルとなって亀裂の核となることが判明した。その起こりやすい炭素鋼の代わりにCr-Mo鋼が登場したのが1936年。それでもアンモニアおよびメタノールプラントで事故が相ついだ。Nelson線図が生まれたのは1949年。初めは経験基盤の弱い内容であった。不十分と知りながらも水素侵食に脅えていた石油および肥料工業がNelson線図にすがり付いたのも自然の勢いであった。折しも高温高圧水素を扱う接触改質および水素化脱硫プロセスが近代的石油精製法の中核として花開き,世界的な規模で活況を呈するに至って,Nelson線図の利用頻度が急増した。図4.2.25に示すNelson線図は水素分圧,温度および鋼種の3因子から成るが,ほかの重要な応力や時間の因子を欠いているため,十分とはいえない側面がある。1970年代から1980年代初期にかけて,安全というべき範囲でも水素侵食が頻発したことから,線図は経験主義的であり,さらに理論的解明が必要である,との批判が主として材料関係の専門家から出てきた。

また,1980年代後半にはアンモニア合成塔の超音波検査の結果から,C-0.5Mo鋼に多くの水素侵食が発見され,炭素鋼と大差なし[4]との報告を受けて,米国石油協会(API)は,APIの発行している水素侵食限界線図から0.5Mo鋼を削除した[5]。

現在でもAPI Recommended Practice 941を基に高温高圧水素環境下で使用する機器の材料が選定されており,APIにおいて定期的な見直しが継続されている。水素化脱硫装置や水素化分解装置は,400℃,15MPaを超える高温高圧水素環境で運転されるため,一般的には1.25Cr-0.5Mo鋼や2.25Cr-1Mo鋼が使われている。一方,超重質油の水素化分解装置の反応器は,450℃を超える高温高圧の水素環境で使用されることから,2.25Cr-1Mo鋼にバナジウムを0.3%程度添加し,熱的に安定なバナジウム炭化物の析出をすることで,高温強度および耐水素侵食性を向上させた2.25Cr-1Mo-V鋼が開発され,使われている。APIの水素侵食限界線図にも2.25Cr-1Mo-V鋼の限界線が追加され,最近では従来安全領域と考えられていた水素環境で炭素鋼の溶接後熱処理(PWHT)をしていない溶接熱影響部で水素侵食による火災事故が報告されたことを受けて実態調査が行われ,炭素鋼溶接部にPWHTの要求をする限界線が追加されている。

3) 焼戻し脆化およびクリープ脆化 Cr-Mo鋼は,高温強度と耐食性が炭素鋼より優れるため,石油精製・石油化学・火力発電分野を中心に広く使用されている。一方,この材料は高温・長時間の使用により脆化することが一般に知られている[6]。焼戻し脆性は,1920年代に低圧タービンのロータ軸に使うNi-Cr鋼に発生して問題になった。1948年,脆化状態の顕微鏡組織から粒界への析出が原因と判明した。1970年,不純物の脆性への寄与度が発表されて一応の対策が立てられるようになった[7]。しかし,1980年代に2.25Cr-1Mo鋼製の反応器において,定期検査の室温で圧

力試験中に破裂する大事故が起こって問題が再燃した。図4.2.26は石油精製装置で高圧装置を扱うCr-Mo鋼製の反応塔や熱交換器に発生した割れの長期間にわたる集計結果である[8]。検討した結果，それらが焼戻し脆化あるいはクリープ脆化によるものと推定された。

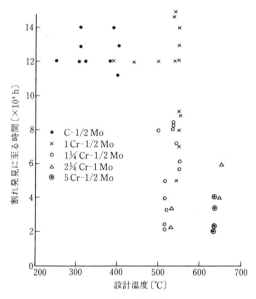

図4.2.26 保全のための定期検査で発見された Cr-Mo鋼の割れ

焼戻し脆化は，約360～575℃の温度域において，P（リン）やSn（スズ）などの不純物元素が結晶粒界に偏析することで生じ，Cr-Mo鋼の中でも2.25 Cr-1 Mo鋼が起きやすく，440℃程度に長時間さらされた場合に最も顕著となる。焼戻し脆化は可逆的な現象であり，約580℃以上（すなわち，溶接後熱処理の温度域）に再加熱することで，回復することが知られている[9]。焼戻し脆化は，母材のみでなく溶接金属でも生じ，一般に，母材よりも溶接金属の方が脆化感受性が高い[10]。

クリープ脆化は，約454℃以上の温度域において生じ，そのメカニズムには，不純物の結晶粒界への偏析と炭化物の析出形態の変化の両方が関係しているといわれている。また，クリープ脆化は"割れ"となって現れることが一般的である。クリープ脆化は，C-0.5 Mo鋼，1 Cr-0.5 Mo鋼，1.25 Cr-0.5 Mo鋼製の機器のノズルやラグ取付け部など，応力集中と溶接熱影響部（HAZ）粗粒域が重なる位置に認められることが多い。一般に，クリープ脆化は運転開始から数年以上で顕在化する[11]。

いずれの脆化現象とも鋼材中の不純物が影響することから，脆化感受性を評価するための指標式がいくつか提案されてきた。現在，最も広く用いられているのは，X-bar[12]，J-Factor[13]，およびCEF（creep embrittlement factor）[14] である。X-bar，J-Factorはおもに石油精製・石油化学分野で，CEFはおもに火力発電分野で用いられている。いずれも不純物元素の偏析に着目した指標であり，値が小さいほど脆化感受性が低い。

$$X\text{-bar} = (10P + 5Sb + 4Sn + As)/100 \quad \text{[ppm]}$$
$$J\text{-Factor} = (Si + Mn)(P + Sn) \times 10^4 \quad \text{[mass\%]}$$
$$CEF = P + 2.4As + 3.6Sn + 8.2Sb \quad \text{[mass\%]}$$

X-barはもともと，"溶接金属"の焼戻し脆化を評価するための指標として提案されたものであり，J-Factorは"母材"の焼戻し脆化を評価するための指標である。現在ではX-bar，J-Factorとも焼戻し脆化のみでなくクリープ脆化の管理指標としても広く使用されており，管理の対象が母材か溶接金属かということも区別されずに適用されることも多い。CEFに関しては，もっぱらクリープ脆化のための管理指標として用いられている。

また，PWHT温度を690℃以上とすることで1 Cr-0.5 Mo鋼および1.25 Cr-0.5 Mo鋼のクリープ脆化感受性を低減させることができる[11]。

Cr-Mo鋼を使用する場合，これらの脆化を完全に防止することは不可能であるものの，製鋼技術の進歩が脆化改善に寄与しており，これまで述べた対策を実施することで，近年では，Cr-Mo鋼を長期にわたって安全に使用することができるようになってきている。

〔2〕 **非金属材料**

セラミックスは金属に比較して融点が高く，高温での力学的特性，熱的特性および耐酸化性が優れている。自動車用排ガス浄化用触媒担体として，コーディエライトや炭化ケイ素が使われていたが，セラミックスの実用化の歴史は新しい。実用化の対象になっているおもな耐熱構造用セラミックスの物性値について**表4.2.16**に示す。なお，比較のため炭素鋼について加えた。

耐熱性の構造材料として実用化の対象になっているセラミックスは窒化ケイ素および炭化ケイ素が主である。1985年以降，自動車レシプロエンジンの渦流室やターボチャージャロータに応用されている。ターボチャージャでは耐熱合金に比べて約40％の軽量化が期待できるし，耐熱性の向上から排気温度の上昇にかなり耐え得る。また，Al_2O_3を焼結助剤として加えた炭化ケイ素が1 300℃，回転数5 000 rpmの高温送風

表 4.2.16　おもなセラミックスおよび炭素鋼の物性値

種　類	密度〔g/cm³〕	ヤング率〔GPa〕	曲げ強さ(室温)〔MPa〕	破壊靱性値〔MPa·m^{1/2}〕	熱膨張係数〔10⁶℃⁻¹〕	熱伝導度〔W/m·K〕	熱衝撃抵抗 ΔT〔℃〕
アルミナ（Al₂O₃）	4.0	350〜400	380〜440	4	7.7〜8.1（〜1 000℃）	25〜31	200
ジルコニア（ZrO₂-3 molY₂O₅）	6.05	200〜300	900〜1 500	8〜12	10.4（〜1 000℃）	2	340
ムライト（Al₂O₃+SiO₂）	3.15	220〜250	130〜270	1.8〜2.7	5.6（〜1 500℃）	5〜10	260
コーディエライト（Al₂O₃-SiO₂-MgO）	2.53	132	200〜250	2.3	1.5〜2.4（〜1 000℃）	1.6〜3	—
炭化ケイ素（SiC+Al₂O₃）	3.2	440	400〜700	3.8	4.8（〜1 100℃）	81（室温）	560
窒化ケイ素（Si₃N₄-Al₂O₃-Y₂O₃）	3.28	313	982	3.8〜5.0	3.3（〜1 000℃）	46	625
窒化アルミニウム（AlN）	3.26	310	300〜500	—	3.9〜5.6（〜1 000℃）	70〜270（室温）	—
炭素鋼	7.82	220	—	135〜163	11.7（20℃）	50〜58	—

機に実用化されている。

セラミックスの破壊応力はかなり低く，実用化の大きな障害になっている。破壊応力 σ_f は式 (4.2.3) で表すことができるが，それに比例する破壊靱性値 K_{IC}

$$\sigma_f = cK_{IC}a^{1/2} \quad (4.2.3)$$

がせいぜい 3〜4 MPa·m^{1/2} 程度である。炭素鋼に比べると，約 1/30 である。焼結体中の柱状晶が交錯するような微細組織で粒子の長径と短径の比が大になると，K_{IC} が 6 MPa·m^{1/2} 程度まで上昇する[15]。セラミックスのもろさを改善するために，セラミックス繊維で強化されたセラミックスを母材とする材料であるセラミックス複合材料（ceramics matrix composite, CMC）が開発されている。現在実用化されている代表的なCMCとして SiC 繊維 / SiC があるが，この破壊靱性値 K_{IC} は，25〜32 MPa·m^{1/2} と高く，炭化ケイ素の K_{IC} 3.8 MPa·m^{1/2} と比較すると大きく改善されている。SiC 繊維 / SiC 複合材料は大量生産が難しいことから最近までその利用は宇宙産業と戦闘機の排気装置に限られていた。しかし，2015 年に民生用のジェットエンジンの燃焼器に CMC を適用する実証試験が開始され，CMC 製燃焼器の実用化は近い将来達成される見込みである。

表 4.2.16 に示す熱衝撃抵抗値は管に熱応力が発生した場合の抵抗性を温度差で示したものである。すなわち，外側を加熱，内側が冷却される円管の周方向に発生する最大熱応力は高温側および低温側の表面温度の差に比例する。また，熱応力は熱膨張係数，熱伝導度およびヤング率に依存するが，非酸化物系セラミックスは小さく，酸化物系は一般に大きい。セラミックスの高温熱交換器への応用にあたって重要な指標となる物性値である。

セラミックスはもろい上に強度のばらつきが著しい。式 (4.2.3) に示した σ_f は統計的なばらつきを呈し，このばらつきを考慮した設計基準や信頼性解析の技術が 1980 年代から進歩してきた。セラミックスの強度は材料欠陥や加工きずによって大きく変動するが，欠陥寸法を極端に小さくしても，式 (4.2.3) に従って σ_f が向上していくのではなく，結晶粒など材料の微視的要素に近付くと，しだいに一定値に収束していく。粒界，微視的亀裂，残留ひずみなどが関与しているのであろうが，もろいがゆえに理解しにくい挙動といえよう。これらがセラミックス特有の構造設計概念を支配している。具体的には応力を下げ，的確な予測が可能な形状にすることであり，セラミックスの分割化と単純化，そして強度の信頼性解析への努力が今後も続いていくであろう。（細谷敬三，西野知良）

引用・参考文献

1) Sikka, V. K., Production, Fabrication, Properties, and Application of Ferritic Steel for High Temperature Application, ASM Conference, Metal Park, OH（1981）
2) 西野知良，安全工学，18-2, p.65（1979）
3) Schmidt, H. W., Corrosion, 7, p.295（1951）
4) Baumert, K. C., Metal Perform., 25, p.3427（1986）
5) API, Publ. 941, 4th ed., API（1990）
6) Watanebe, T. and Sato, K., Mechanical Properties of Cr-Mo Steels after Elevated Temperature Service,

IIW Document (IX)-1116-79 (1979)
7) Bruscato, R., Weld. J., Weld. Res. Suppl., 49, p.148S (1970)
8) 日揮株式会社資料 (1981)
9) JPI-8R-17-2009, 石油学会規格, ホットスタート, p.1 (2009)
10) API Recommended Practice 571 (Second Edition), Damage Mechanisms Affecting Fixed Equipment in the Refining Industry, pp.4-10 (2011)
11) API Technical Report 934-D (First Edition), Technical Report on the Materials and Fabrication Issues of 1¼Cr-½Mo and 1Cr-½Mo Steel Pressure Vessels" (2010)
12) Bruscato, R., Temper Embrittlement and Creep Embrittlement of 2¼Cr-1Mo Shielded Metal-Arc Weld Deposits, AWS Welding Journal (Aril. 1970)
13) Watanabe, J., Shindo, Y., Murakami, Y., Adachi, T., Ajiki, S., and Miyano, K., Temper Embrittlement of 2¼Cr-1Mo Pressure Vessels Steel, 29th Annual Petroleum Mechanical Engineering Conference, Dallas, ASME (1974)
14) Gooch, D. J., Haigh, J. R., and King, B. L., Relationship between Engineering and Metallurgical Factors in Creep Crack Growth, Metal Science, 545 (Nov. 1977)
15) Suzuki, K. and Sasaki, M., Japan-US Seminor on Fundamental Structural Ceramics, Seattle (1984)

4.2.3　耐低温材料

19世紀後半，酸素の液化，ついで空気の液化プロセスが開発され，酸素製鋼の幕開けとなって低温の化学工業が開花した。冷凍，冷蔵，深冷分離，そしてクリーンエネルギーとしての天然ガスの液化が現在脚光を浴びている。加えて，ヘリウムの液化に成功して以来，極低温工業は，超電導技術を始めとした先端技術に寄与することとなる。**表4.2.17**は低温プロセスの種類と温度を示す。

表4.2.17　低温プロセスの種類と温度

種　　類	温　度〔℃〕
溶接構造物（寒冷地）	室温（〜50）
プロパンの液化分離	−40
塩素の液化	−60
石油工業における SO_2 ガスの液化分離	−60
工具鋼の深冷処理	−90
天然ガスの液化	−160
エチレンの深冷分離	−190
液体空気，酸素の製造	−190
ロケット推進剤（水素）の製造	−250
液体ヘリウムの製造	−270

液化天然ガス（LNG）はその貯蔵タンクの構成材料としてオーステナイト系ステンレス鋼や9％Ni鋼が一般的に用いられる。また，Ni量を減らした7％Ni鋼もLNG貯蔵タンクに実用化されている。貯蔵タンク以外では，LNGを輸送する配管で漏洩防止および断熱の観点から，二重管が用いられる場合もあり，内管に耐低温材料が用いられている。気体のメタンが空気に5〜15％混入すると爆発の危険があり，低温技術にとって大きな問題となっている。

超電導技術は液体ヘリウム温度（4.2 K）という極低温であるため，構成材料にとって酸化のような化学反応は無視できるが，液体空気温度になると摩耗粉に酸化物が生成する。近年，比較的高い温度で超電導状態となる超電導体を安定的に生産できるようになり，商業利用のための研究開発が進んでいる。

極低温機器には断熱のために真空構造を有することも多く，破壊すると液化物質の急激なガス化，圧力の急上昇，爆発という災害をもたらす危険がある。この温度範囲では**図4.2.27**に示すように高靱性を失わないオーステナイト系ステンレス鋼が広く使われている。強磁場下での極低温挙動に関しては，特にトカマク型核融合装置の実現に向け研究が行われており，オーステナイト系ステンレス鋼であっても極低温かつ強磁場下では，マルテンサイト変態が起こり，破壊靱性値の低下が予想される。

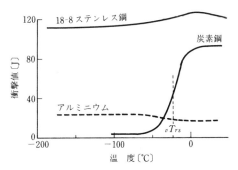

$_vT_{rs}$：脆性破面率が50％となる温度

図4.2.27　低温における衝撃値

〔1〕低温脆性

図4.2.27に示すように，フェライト系の炭素鋼は衝撃値，すなわち靱性がある温度で突然低下する，いわゆる低温脆化現象が起こる。Cu，Alやオーステナイト系ステンレス鋼にはこの種の脆化はない。

1912年，航海中に1517人の死亡者を出したタイタニック号の突然の沈没は氷山に衝突したためといわれているが，やはり大型構造物に起こりやすい低温脆性破壊が主因になっている，と見なければならないであろう。第二次世界大戦中の米国で全溶接で作った約500隻の輸送船，タンカーのうち20数隻が大破した。

さらに 1952 年までに 250 隻が危険な程度の損傷を生じ，真二つに割れたものだけで 19 隻に及んでいる。

炭素鋼では図 4.2.27 に示すように，特定の温度，すなわち延性-脆性遷移温度以下で衝撃値が急激に低下し，低温脆性と称する脆性域に入る。なお，この遷移温度については，衝撃試験片の断面の脆性破面率から求めるほかに，衝撃値の水準や横収縮率の程度で表現するなど，いろいろある。また，ここでいう低温とは対象が表 4.2.17 に示すものだけではない。寒冷地を含めて，遷移温度以下にある室温の場合も低温に該当する。

延性脆性遷移温度は変形の条件，鋼種およびその材質によって著しく変わる。図 4.2.28 にひずみ速度の遅い引張試験における温度を変えた場合の引張性質の変化を示す[1]。温度の降下とともに降伏点は連続的に上昇するが，破壊応力は急激に低下し，降伏点に接近していく。ついには変形することなく破断する。この温度が延性脆性遷移温度であり，ひずみ速度の増加とともに上昇する。応力集中の起こる切欠き材，残留応力のある溶接材，変形を拘束しやすい厚肉材では遷移温度が高くなる。また，図 4.2.29 に示すように，鋼中の結晶粒度は，遷移温度に大きく影響を及ぼす[2]。粒子が大きくなると，粒界の応力集中が大きくなり，遷移温度を高める。

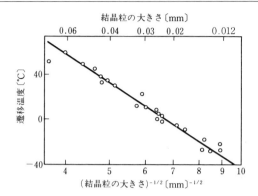

図 4.2.29　低炭素鋼の遷移温度と結晶粒の大きさ

ステンレス鋼については改めて 4.2.4 項〔1〕で述べる。

炭素鋼は Al キルド処理した細粒鋼に限定している。また低温における機械的性質が板厚に敏感なため，板厚または管径によって最低使用温度，引張伸びあるいはシャルピー吸収エネルギー値を規定している。

Al キルド炭素鋼は 1960 年代初期から開発が進み，LPG 船や陸上のタンクに多くの実績がある。ほかに焼入れ・焼戻し処理した引張強さ 60 キロおよび 80 キロ級の高張力鋼があり，いずれも靱性がある。高圧ガス保安協会の「高張力鋼使用基準」の下，LPG 球形圧力容器として普及している。また，高張力ステンレス鋼として，マルテンサイト系と析出硬化系を併せ具備する 17-4PH ステンレス鋼が －196℃ まで使用可能である。

使用頻度の高い 18-8 ステンレス鋼の最低使用温度はおよそ －200℃，Al（Al 1050）が －250℃ であるが，低温脆性がないことから，さらに低温まで使用可能である。18-8 ステンレス鋼の問題点は，第一に溶着部にフェライト相を含むため，低温靱性が母材より劣ること，第二に低温でのマルテンサイト変態が起こることである。おもに加工などの内部ひずみのある箇所に起こりやすいが，低温靱性の面からは実用上支障がないことが多いといってよいであろう。ただし，不均一なマルテンサイト変態による寸法変化があり，低温弁では使用中の漏洩につながる危険性があるため，サブゼロ処理を施す場合もある。

9% Ni 鋼を用いる場合，溶接の際の入熱が増えると溶接熱影響部の靱性が低下し，溶着部の強度も低下するので入熱制限が必要である。また，焼戻し脆化感受性を持つため，溶接後熱処理により靱性が低下するおそれがある。9% Ni 鋼の共金系溶接材料では，マルテンサイト組織を示し靱性が低下するため，オーステナイト単相組織を示し焼入れ硬化性がなく，低温から高

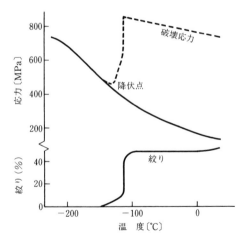

図 4.2.28　低炭素鋼の引張性質の温度変化

〔2〕　**耐低温用金属材料**

表 4.2.18 は低温圧力容器用炭素鋼および Ni 鋼について JIS 規格から抜粋したものである。鋼管について表 4.2.19 に示す。ほかに低温圧力容器用鍛鋼品がある。ステンレス鋼については，低温用，耐食用および高温用に併用できる配管用ステンレス鋼鋼管および配管用アーク溶接大径ステンレス鋼鋼管の規格がある。

表4.2.18 低温圧力容器用鋼板（熱間圧延材）

鋼種	記号	最低使用可能温度*1	化学成分〔%〕*2 C	化学成分〔%〕*2 Ni	降伏点または耐力〔MPa〕	引張強さ〔MPa〕	伸び*3〔%〕	曲げ角度*4	シャルピー吸収エネルギー〔J〕*5	備考
アルミキルド炭素鋼	SLA 325 A	−45	<0.16	—	>325	440～560	>22	180	最高吸収エネルギー値の1/2以上	Al処理細粒キルド鋼
2¼% Ni鋼	SL 2 N 255	−70	<0.17	2.10～2.50	>255	450～590	>24	180	>11	熱処理は焼ならし
3.5% Ni鋼	SL 3 N 275	−101	<0.17	3.25～3.75	>275	480～620	>22	180	>11	熱処理は焼ならし
5% Ni鋼	SL 5 N 590	−130	<0.13	4.75～6.00	>590	690～830	>21	180	>21	熱処理は焼入れ・焼戻し
7% Ni鋼	SL 7 N 590	−196	<0.12	6.00～7.50	>590	690～830	>21	180	>21	熱加
9% Ni鋼	SL 9 N 520	−196	<0.12	8.50～9.50	>520	690～830	>21	180	>18	2回焼ならし後焼戻し
9% Ni鋼	SL 9 N 590	−196	<0.12	8.50～9.50	>590	690～830	>21	180	>21	焼入れ

〔注〕
* 1 温度は板厚によって変わり，6～50mmの場合を示す。ただし，炭素鋼は6～38mm，SL 9 N 590は6～100mm。
* 2 Pは炭素鋼が<0.01%，Ni鋼は<0.025%。Sはいずれも<0.025%。
* 3 板厚6～16mmの場合。
* 4 板厚によって曲げ変形の場合の内側半径の規定値が違う。試験片は厚さ×幅〔mm〕が10×5の場合。
* 5 板厚は6～8.5mm，試験温度は最高使用可能温度。ただし炭素鋼は−40℃。最高吸収エネルギー値とは3個の試験片の脆性破面率がいずれも0となる温度における吸収エネルギーの平均値。試験片は厚さ×幅〔mm〕が10×5の場合。

表4.2.19 低温配管用（STPL）および低温熱交換器用（STBL）鋼管

鋼種	記号	化学成分*1,*2 C	化学成分*1,*2 Ni	降伏点または耐力〔MPa〕	引張強さ〔MPa〕	伸び〔%〕*3 (7mm<厚さ<8mm) 12号試験片縦方向	伸び〔%〕*3 (7mm<厚さ<8mm) 5号試験片横方向	シャルピー衝撃試験*4 試験温度〔℃〕	シャルピー衝撃試験*4 吸収エネルギー〔J〕
アルミキルド炭素鋼	STPL 380 / STBL 380	<0.25	—	>205	>380	>35	>25	−45	>21
3.5% Ni鋼	STPL 450 / STBL 450	<0.18	3.20～3.80	>245	>450	>30	>20	−100	>21
9% Ni鋼	STPL 690 / STBL 690	<0.13	8.50～9.50	>520	>690	>21	>15	−196	>21

〔注〕
* 1 化学成分のうちPおよびSは炭素鋼ではいずれも<0.035%，Ni鋼はいずれも<0.030%。
* 2 炭素鋼は熱可溶性Alを>0.010%，または全Alを>0.015%含有すること。
* 3 STPLの場合を示し，STBLの場合は管の外径によって別途規定。
* 4 試験片の寸法〔mm〕が10×10，そして1組（3個）の平均値の場合を示す。電気抵抗溶接管は鋼管のほかに，溶接部のシャルピー衝撃試験を−45℃で行う。

温まで安定した強度・靱性を示すNi-Cr合金，Ni-Cr-Mo合金またはNi-Mo合金等のNi基合金系溶接材料が用いられている。 （渡邉慎也，西野知良）

引用・参考文献

1) Bigga, W. D., Acta Met., 6, p.694 (1958)
2) Petch, N. J., Fracture, ed. by B. L. Averbach, p.59 (1959)

4.2.4 耐食・耐薬品材料

〔1〕 ステンレス鋼

（a） ステンレス鋼の不動態化と耐食性表面皮膜

環境が酸化性になると，一般に金属は腐食しやすくなるが，酸化性の度合いがある程度以上に強くなると腐食が起こらなくなる。この状態を金属が不動態になったという。

一定濃度の硫酸中で金属を陽極とし，白金を陰極として回路を作り電流を流すと，電位の上昇とともにしだいに電流が増加するが，ある電位以上で電流が急

流れなくなり，腐食が止まってしまう．この状態を不動態という．さらに電位を上げると再び電流が増加していく．腐食の活性状態から不動態に移る臨界電位を不動態化電位という．この電位は不動態化するのに必要な環境の酸化の程度を表し，この値が小さいと金属は不動態化しやすいという．

図 4.2.30 に示すように，Fe-Cr 合金の Cr 含有量の増加とともにこの電位が降下し，Cr12～13％で合金は不動態化しやすくなり，20％にもなるとかなり著しい[1]．この低位の不動態化電位がステンレス鋼の基本的特性であり，13Cr 鋼あるいは 18Cr 鋼など，実用鋼の耐食性の水準がこの図から察することができる．

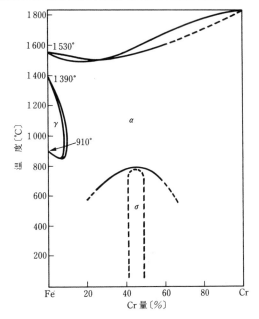

図 4.2.31 Fe-Cr 2 元系の平衡状態図

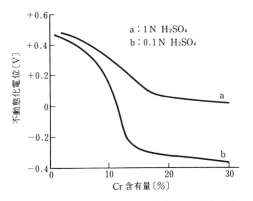

図 4.2.30 硫酸中における Fe-Cr 合金の不動態化電位

不動態化はステンレス鋼表面における，20～30 nm の Cr を主体とする水和オキシ水酸化物を主体とする緻密な皮膜によるものである．環境側からの腐食物質の浸透を防ぎ，ステンレス鋼に耐食性を与える．

ただし，高濃度の無機酸や有機酸環境では不動態皮膜が溶解し全面腐食を生じるようになる．また全面腐食を生じない環境でも，塩素イオンが存在すると局部的に不動態皮膜が破壊され孔食を生じる．耐孔食性を高めるためには Cr 量の増加と Mo，N の添加が有効であり，ステンレス鋼の耐孔食性を示す指標として，耐孔食性指数 PRE（pitting resistance equivalent）が提案され，一般的には PRE＝Cr％＋3.3 Mo％＋16 N％ が使用される．

（b）ステンレス鋼 ステンレス鋼の主要成分である Fe-Cr 2 元系の平衡状態図を図 4.2.31 に示す．Cr 量の増加につれて，中間に σ 相（約 45％）があるが，全域にわたってフェライト相（α 相）を形成する．純鉄の場合，910～1390℃の範囲に存在するオーステナイト相（γ 相）は Cr 量の増加とともに範囲が狭くなり，12.7％以上で存在しなくなる．Cr はフェライト形成元素であり，ほかに Si，Al，Mo，W，Al，Ti などがある．

一方，オーステナイト相域を広げる元素として Ni，Mn，C および N があり，オーステナイト形成元素という．

図 4.2.32 はステンレス鋼の主成分である Fe-Cr-Ni 系の組織図であり，シェフラー組織図[2]という．縦軸および横軸は，それぞれオーステナイト形成元素から成る Ni 当量，およびフェライト形成元素から成る Cr 当量を示している．

18Cr 鋼に Ni を添加すると，8％に至り，室温でオーステナイト相が得られる．実用上はオーステナイト相（図中の A）フェライト相（F）あるいはマルテ

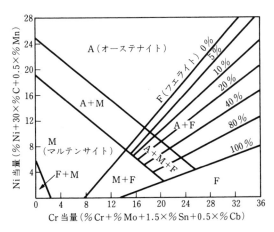

図 4.2.32 シェフラー組織図（溶着金属）

ンサイト相（M）から成る単一のステンレス鋼，そしてAとFから成る2相ステンレス鋼がある。おもなステンレス鋼の化学成分と機械的性質について表4.2.20に示す。

JIS規格では形態別に鋼管，鋼板（熱間および冷間圧延），鋼帯，棒，線材，鋼線，鋳鍛造品，溶接材料

表4.2.20 おもなステンレス鋼の化学成分と機械的性質

構成する相による分類[*1]	JIS記号	化学成分〔%〕						機械的性質[*2]			備考
		C	Ni	Cr	Mo	N	その他	耐力〔MPa〕	引張強さ〔MPa〕	伸び〔%〕	
(A)	SUS 201	<0.15	3.50～5.50	16.00～18.00		<0.25	Mn:5.50～7.50	>275	>520	>40	Ni代替 省資源
	SUS 302	<0.15	8.00～10.00	17.00～19.00				>205	>520	>40	
	SUS 302 B	<0.15	8.00～10.00	17.00～19.00			Si:2.00～3.00	>205	>520	>40	耐酸化性
	SUS 304	<0.08	8.00～10.50	18.00～20.00				>205	>520	>40	18-8鋼
	SUS 304 L	<0.030	9.00～13.00	18.00～20.00				>175	>480	>40	低炭素18-8鋼
	SUS 304 N	<0.08	7.00～10.50	18.00～20.00		0.10～0.25		>275	>550	>35	窒素添加18-8鋼
	SUS 304 LN	<0.030	8.50～11.50	17.00～19.00		0.12～0.22		>245	>550	>40	低炭素窒素添加18-8鋼
	SUS 309 S	<0.08	12.00～15.00	22.00～24.00				>205	>520	>40	
	SUS 310 S	<0.08	19.00～22.00	24.00～26.00				>205	>520	>40	25-20鋼
	SUS 312 L	<0.020	17.50～19.50	19.00～21.00	6.00～7.00	0.16～0.25	Cu:0.50～1.00	>300	>650	>35	6Mo, 高耐食性
	SUS 316	<0.08	10.00～14.00	16.00～18.00	2.00～3.00			>205	>520	>40	含Moオーステナイト鋼
	SUS 316 L	<0.030	12.00～15.00	16.00～18.00	2.00～3.00			>175	>480	>40	低炭素含Moオーステナイト鋼
	SUS 316 LN	<0.030	10.50～14.50	16.50～18.50	2.00～3.00	0.12～0.22		>245	>550	>40	低炭素窒素添加18-8鋼
	SUS 316 J 1 L	<0.030	12.00～16.00	17.00～19.00	1.20～2.75		Cu:1.00～2.50	>175	>480	>40	耐硫酸鋼
	SUS 317	<0.08	11.00～15.00	18.00～20.00	3.00～4.00			>205	>520	>40	
	SUS 317 L	<0.030	11.00～15.00	18.00～20.00	3.00～4.00			>175	>480	>40	低炭素含Mo18-8鋼
	SUS 317 J 1	<0.040	15.00～17.00	16.00～19.00	4.00～6.00			>175	>480	>40	耐塩素
	SUS 836 L	<0.030	24.00～26.00	19.00～24.00	5.00～7.00	<0.25		>275	>640	>40	6Mo, 高耐食性
	SUS 890 L	<0.020	23.00～28.00	19.00～23.00	4.00～5.00		Cu:1.00～2.00	>215	>490	>35	
	SUS 321	<0.08	9.00～13.00	17.00～19.00			Ti<5×C%	>205	>520	>40	Ti添加オーステナイト鋼
	SUS 347	<0.08	9.00～13.00	17.00～19.00			Nb<10×C%	>205	>520	>40	Nbi添加オーステナイト鋼
(A+F)	SUS 329 J 1	<0.08	3.00～6.00	23.00～28.00	1.00～3.00			>390	>590	>18	二相ステンレス鋼
	SUS 329 J 3 L	<0.030	4.50～6.50	21.00～24.00	2.50～3.50	0.08～0.20		>450	>620	>18	
	SUS 329 J 4 L	<0.030	5.50～7.50	24.00～26.00	2.50～3.50	0.08～0.30		>450	>620	>18	耐海水
(F)	SUS 405	<0.08		11.50～14.50			Al:0.10～0.30	>175	>410	>20	13 Cr-Al鋼
	SUS 410 L	<0.030		11.00～13.50				>195	>360	>22	低炭素13 Cr鋼

表 4.2.20 （つづき）

構成する相による分類[*1]	JIS記号	化学成分〔%〕						機械的性質[*2]			備考
		C	Ni	Cr	Mo	N	その他	耐力〔MPa〕	引張強さ〔MPa〕	伸び〔%〕	
	SUS 430	<0.12		16.00～18.00				>205	>450	>22	18 Cr 鋼
	SUS 434	<0.12		16.00～18.00	0.75～1.25			>205	>450	>22	18 Cr-Mo 鋼
	SUS 444	<0.025		17.00～20.00	1.75～2.50	<0.025		>245	>410	>20	耐食性
	SUSXM 27	<0.010		25.00～27.50	0.75～1.50	<0.015	Ni<0.50, Cr<0.20	>245	>410	>22	Ni, Cu またはその他を含有してもよい（低炭素 25 Cr 鋼）
	SUS 447 J 1	<0.010		28.50～32.00	1.50～2.50	<0.015		>295	>450	>22	高耐食性
(M)	SUS 403	<0.15		11.50～13.00			Si<0.50	>205	>440	>20	12 Cr 鋼
	SUS 410	<0.15		11.50～13.00			Si<1.00	>205	>440	>20	12 Cr 鋼, Mo を添加することもある
	SUS 440 A	0.60～0.75		16.00～18.00	(<0.75)			>245	>500	>15	高炭素は 17 Cr 鋼
(P)	SUS 630	<0.07	3.00～5.00	15.00～17.50			Nb 0.15～0.45 Cu 3.00～5.00	>1 175	>1 310	>5（厚さ<5 mm）	900°F（482℃）熱処理 17-4 PH 鋼
	SUS 631	<0.09	6.50～7.75	16.00～18.00			Al 0.75～1.50	>960	>1 140	>3（厚さ<3 mm）	1 050°F（566℃）空冷 17-7 PH 鋼

〔注〕 *1 A：オーステナイト系　F：フェライト系　M：マルテンサイト系　P：析出硬化型
　　　*2 （A）および（A+F）は固溶化熱処理状態。（F）および（M）は焼なまし状態の機械的性質を示す。

などに分け，体系付けられている。

1）　オーステナイト系ステンレス鋼　ステンレス鋼の中で一番多く使われているのは 18 Cr-8 Ni を基本形とする SUS 304 であり，一般に約 1 100℃から急冷する固溶化処理した状態で使用する。単一のオーステナイト相から成り，非磁性，そして焼入れ硬化性がなく，低温から高温の広い温度範囲で強さと靱性を備えている。また，成形や溶接などの二次加工が容易である，などの多くの長所を持っているが，電気抵抗と熱膨張係数が大きく，熱伝導度が小さい点に問題がある。

化学的性質としては大気，硝酸あるいは酸化に対する耐食性が優れているが，硫酸や塩酸のような非酸化性の酸には腐食されやすい。しかし，Mo や N の添加によってステンレス鋼の不動態皮膜が強化され，塩酸に対しては Mo を含む高合金化が効果的となる。オーステナイト系ステンレス鋼の問題点の一つに高温での使用や溶接時に生じる鋭敏化がある。高温時に鋼中の C が Cr と結合して粒界に Cr 炭化物（$Cr_{23}C_6$）として析出することで，粒界近傍の Cr が欠乏し耐食性が低下する現象である。溶接の場合は，熱影響部（HAZ）で鋭敏化が生じ，腐食性の環境で粒界腐食を生じる。固溶化処理によって Cr 炭化物はマトリックスに固溶し耐食性は回復する。

鋭敏化の防止策として C 量を 0.03％以下とした低炭素ステンレス鋼にするか，あるいは Nb や Ti を添加して鋼中の C と結合させて安定化する，いわゆる安定化ステンレス鋼という方策があり，表 4.2.20 中の 304L, 316L, 321 または 347 がその代表例である。図 4.2.33 は 304 および 316 を例として粒界腐食試験の結果から鋭敏化のしやすさを示したものである[3]。304，316 ステンレス鋼では高温で溶体化処理後 650～750℃に加熱すると，炭化物の析出がきわめて短時間内に起こるが，低炭素ステンレス鋼（L材）の場合

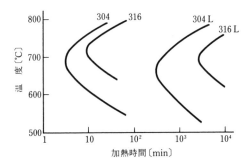

図 4.2.33　オーステナイトステンレス鋼の粒界腐食感受性（C 曲線の右側が感受性の高い範囲）

は析出が長時間側に移行し、鋭敏化が起こりにくくなる。

また、汎用ステンレス鋼であるSUS 316よりCr, Mo, Nを高め、耐食性を向上させたスーパーオーステナイトステンレス鋼として、SUS 312 L（20 Cr-18 Ni-6 Mo-N）やSUS 836 L（23 Cr-25 Ni-6 Mo-N）が実用化されている。耐孔食性指数が42以上あり、海洋構造物や化学プラントなどで使用されている。

オーステナイトステンレス鋼は、以上のほかに耐酸化性のさらなる改善のためにCr＋Ni含有量の増加やSiの添加、切削性の改善のためにS, Pが添加された鋼種や、高価なNiを節約するためにNiをMnに置き換えたSUS 201などの省資源型ステンレス鋼も開発されている。

2） フェライト系およびマルテンサイト系ステンレス鋼 フェライト系ステンレス鋼はCrが11～30％の範囲にあり、SUS 405やSUS 430が代表的な鋼種である。また図4.2.31に示したように、もろいσ相が15～70％ Crにあり、540～815℃の加熱で生じる。加えて、12％ Cr以上のフェライト鋼は370～540℃、特に475℃に加熱すると著しく脆化する、いわゆる475℃脆化が起こる。Al, Mo, TiまたはNbなどはこの脆化を助長する。AOD（argon oxygen decarburization）やVOD（vacuum oxygen decarburization）のような炉外精錬技術の進歩により、C, Nを低くした高純度フェライトステンレス鋼の製造が可能になった。耐食性向上のために高CrでMoが添加されたSUS 444（18 Cr-2 Mo-N）やSUS 447 J 1（30 Cr-2 Mo-N）などは化学プラントなどで使用されている。

マルテンサイト系ステンレス鋼は熱処理が可能であり、大部分は自然冷却で焼入れ可能、すなわち自硬性がある。強度が高いから、耐食性を併せて要求する船舶用、航空機用の機械部品や医療器具に用いられている。

3） 二相系ステンレス鋼 オーステナイトおよびフェライトの二相を含むステンレス鋼である。それらの相対的量により性質が大きく変わるが、前者の優れた靱性、溶接性と後者の耐応力腐食割れ性を併せ具備している。表4.2.20に代表的な二相系ステンレス鋼を示す。第一世代の二相ステンレス鋼であるSUS 329 JIからさらにMo, Nを高めて耐食性を向上させたSUS 329 J3LやSUS 329 J4Lが規格化されている。さらにCr, Mo, Nを高めたスーパー二相系も開発され高強度で高耐食性のステンレス鋼として油井管や化学プラントに使用されている。

一方、Niの節減を目的としてMnを加えたリーン二相系ステンレス鋼も実用化されている。

4） 析出硬化型ステンレス鋼 ステンレス鋼の強度増加は結晶粒の微細化、固溶強化、マルテンサイト変態強化、加工硬化、加工誘起マルテンサイト変態強化、ひずみ時効硬化および析出硬化などの諸方法を利用して得られる。シャフト軸やタービン部品として自動車、車両、電子機器、航空、宇宙などの分野に広く使われている。耐食性、強度、靱性、耐疲労性に加えて溶接性が要求されたり、電子、精密機器分野では磁気特性や成形性が問われたりする。

利用頻度の高い析出硬化型ステンレス鋼は表4.2.20に示すように、マルテンサイト変態を伴うSUS 630（17-4PH鋼）と18-8鋼の耐食性を損なわずにマルテンサイト変態とNiAl系金属間化合物の析出硬化を利用したSUS 631（17-7PH鋼）がある。いずれも析出硬化元素（Ti, Al, C, N, W, V, Nb, Mo, Cu, P）を含む。

5） 耐食用ニッケル合金 硫酸や塩酸溶液のような非酸化性環境では18-8ステンレス鋼は十分な耐食性を示さない。数パーセント以下のMoやCuを添加すると改善されるが、高温高濃度の酸では腐食しやすい。代わって高Ni含有量の合金が使用されている。それらを**表4.2.21**に示す。主としてNi-Mo系、Ni-Cr-Mo系、Ni-Cu系などである。JIS規格に採用されているものもあるが、大部分が商品名で呼ばれている。

Ni-Mo系のハステロイB合金は沸点以下の塩酸に対し、全濃度にわたって耐食性を示すので、塩酸を扱う化学装置用に欠かせない合金である。ただし酸化性環境では腐食されやすい。また高温強度が高いので耐熱用に向くが、Mo酸化物が蒸発しやすい欠点があり、760℃が上限である。ハステロイBのC, Si, Feの含有量を低下させ、溶接熱影響部の耐食性を改善させたハステロイB2が使用されている。

Ni-Cr-Mo系のハステロイCは、酸化性および非酸化性の酸環境に優れた耐食性を示し、塩化物SCCに対しても免疫であるため、塩素あるいは塩化水素、塩酸を含むプロセスで使用されている。またハステロイBと比べて1090℃の高温まで耐える。ハステロイCの耐食性を改善させたハステロイC 276やC 22が使用されている。インコロイ825はステンレス鋼やモネルでは使えないような熱硫酸溶液に、また、硫黄を含む燃焼ガスの冷却装置やパルプ工業に適している。

カーペンター20系の合金は熱間、冷間、そして溶接加工が容易なため、むしろ高級ステンレス鋼として多量に用いられている。応力腐食割れ感受性は低いが、粒界腐食を起こしやすい欠点があるため、厚板を溶接のまま使う場合は、カーペンター20 CbのようなNbを添加した合金を選ぶ必要がある。

表 4.2.21　おもな耐食用 Ni 合金

系別	合金名	概要規格 UNS	主要化学成分〔%〕						特 性
			Ni	Cr	Mo	Cu	Fe	その他	
Ni-Cu 系	モネル 400	N 04400	66	—	—	31.5	1.35		海水用途，硫酸，フッ酸に耐食性あり
Ni-Mo 系	ハステロイ B	N 10001	残	—	28	—	5		塩酸，硫酸など還元性の酸に耐食性あり
	ハステロイ B2	N 10665	残	—	28	—	2		ハステロイ B の溶接熱影響部の耐食性改善
Ni-Cr-Fe 系	インコネル 600	N 06600	75	15.5	—	—	8		耐熱耐食合金，有機酸，アルカリに強い
	インコロイ 800	N 08800	32	21	—	—	残	Al, Ti : 0.3	耐高温酸化，高温強度
Ni-Cr-Fe-Mo 系	カーペンター 20Cb-3	N 08020	35	20	2.5	4	残		耐硫酸，耐硝酸
	インコロイ 825	N 08825	42	21.5	3	2.3	29.5	Ti : 1.0	硫酸，リン酸に耐食性がある
	ハステロイ G	N 06007	残	23.5	7.5	2	20	W : 1	高温の硫酸やリン酸に耐食性あり
	ハステロイ G3	N 06985	44	22	7	2	19.5	W : 1.5	ハステロイ G の低炭素合金
	ハステロイ G30	N 06030	43	30	5	2	15	W : 2.8	ハステロイ G3 よりも高耐食性
Ni-Cr-Mo 系	インコネル 625	N 06625	残	21.5	9		2.5	Nb+Ta : 3.5	耐塩化物 SCC，耐孔食・隙間腐食
	ハステロイ C	N 10002	残	16.5	17		5	W : 4.5	塩酸，塩化物溶液，酸化性，還元性の酸環境で耐食性が優れる
	ハステロイ C276	N 10276	残	16.5	17		5	W : 4.5	ハステロイ C よりも耐食性が優れる
	ハステロイ C22	N 06022	残	22.5	14.5	—	3	W : 3	ハステロイ C276 よりも酸化性環境での耐食性が優れる

（c） ステンレス鋼の損傷と安全対策　ステンレス鋼は表面の不動態皮膜が割れたり不安定化すると，一転して激しい腐食に見舞われることになる。表 4.2.22 は日本[4),5)] および米国[6)] における大手化学会社がそれぞれ自社内で経験した損傷事例の種類と件数についての集計結果である。会社の生産品種によって損傷の傾向がやや違うが，ことに目立つのが応力腐食割れと局部腐食の多いことである。問題の多いオーステナイトステンレス鋼の溶接部に限って集計した結果が表 4.2.23 である。塩化物応力腐食割れの件数が非常に多いが，対策がしだいに講じられてきたこともあって年とともに減少している。なお，表中に示した HAZ の粒界腐食割れは主としてポリチオン酸応力腐食割れである。腐食環境の厳しい石炭ガス化および液化プラントでも応力腐食割れが総件数の約 10% にも達している[7)]。

図 4.2.34 はオーステナイトステンレス鋼の損傷について，問題になり始めた時期から一応の防止策が講じられるまでの歴史的経過を簡単にまとめたものであ

表 4.2.22　化学装置の損傷事例の集計結果

損傷の種類		例 1〔%〕	例 2〔%〕	例 3〔%〕	備 考
化学的損傷	全面腐食	8.9	8.4	15.2	
	応力腐食割れ	25.2	45.8	14.6	腐食疲労割れを含む
	局部腐食	17.2	27.2	18.2	孔食，隙間，粒界，電位差，脱成分などの腐食
	高温腐食	4.2	4.8	1.3	水素損傷，酸化，硫化，バナジウム損傷など
機械的損傷	疲 労	16.8	8.4	14.8	回転機器に多い
	エロージョン	3.9	0.6	9.6	摩耗を含む
	熱応力，クリープ	10.5	—	6.1	
	過荷重，過熱	3.2	—	7.7	
	材質劣化	0.4		0.7	σ 相，焼戻し脆化など
	脆性破壊	8.5	3.0	1.6	水素脆化を含む
	材質欠陥	—	—	1.6	
	製作欠陥			7.9	
	その他	1.6	0.6	0.7	
	総件数	929	166	685	

表 4.2.23　オーステナイトステンレス鋼溶接部の低温損傷事例数[*1,*2]

損傷の種類	1964〜1968 年〔件〕	1969〜1973 年〔件〕	1974〜1978 年〔件〕
HAZ の塩化物応力腐食割れ[*3]	34	14	8
HAZ の粒界腐食割れ[*3]	20	7	16
溶着部の腐食割れ	4	2	0
異種金属の接触腐食	1	0	0

〔注〕　[*1] 日輝株式会社における集計結果
　　　[*2] 低温損傷とは湿性環境での損傷
　　　[*3] HAZ は溶接熱影響部

4. 機械と装置の安全

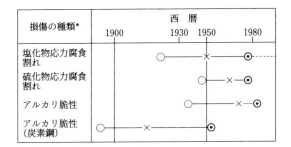

〔注〕 * ：低温の湿性環境での割れ損傷に限定
○：損傷または事故が発表または表面化した時期
×：損傷または事故の性状，特徴が一応判明した時期
◉：一応の防止対策または危険の起こる条件が設定された時期

図 4.2.34 オーステナイトステンレス鋼の割れ損傷発生および防止策作成の時期

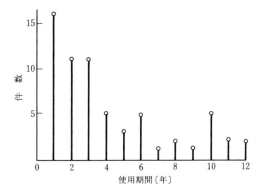

図 4.2.35 ステンレス鋼製冷却器における応力腐食割れの発生頻度（総件数 63 件，その約 70％がシェル，残りがチューブ）

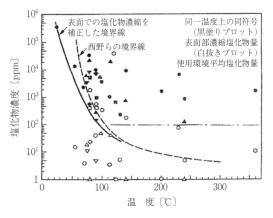

図 4.2.36 オーステナイト系ステンレス鋼の SCC と温度および表面に濃縮された塩化物濃度との関係

る。なお，図中の硫化物応力腐食割れは現在ではポリチオン酸応力腐食割れと呼ばれている。また，参考のため，炭素鋼のアルカリ脆性（ボイラ脆性）についても併せて記した。

1) 塩化物応力腐食割れ オーステナイトステンレス鋼が 1920 年代に開発されると間もなく，応力腐食割れが発生している。第二次世界大戦後，塩化物応力腐食割れの試験溶液として沸騰塩化マグネシウム溶液（154℃）が最適であると評価され，普及した。1950 年代から 1970 年代にかけて相次いで国際会議が開かれて知見が豊富になるとともに，安全対策も整備されていった。しかし，損傷事故は依然として跡を絶たなかった。

応力腐食割れを起こす因子が塩素イオン濃度，応力，温度，溶存酸素濃度など数多くあるためであり，支配因子を探り出しにくかったようである。塩素イオン濃度にしても，試験液である塩化マグネシウム溶液で代表されるような高塩素濃度よりもはるかに低い，極端には高純度水でも発生している。発生するまでの期間も年単位の場合が多く，実験室での時間単位とは桁違いである。実装置における割れに至る期間を調べてみると，**図 4.2.35** に示すようにかなり長期にわたっているが，6 年以内に発生する場合が多い[8]。おもに 304，304 L，316，316 L のステンレス鋼で発生している。

応力腐食割れは微量の腐食成分が強く影響するため，防止のための技術基準としてまとめにくいが，API では応力腐食割れの発生傾向を流体温度，塩素イオン量，pH から半定量的に決める手法について規格としてまとめている[9]。

図 4.2.36 は化学工業における熱交換器の割れ事例を収集した結果についてオーステナイト系ステンレス鋼の SCC と温度および表面に濃縮された塩化物濃度との関係をまとめたものである[10]。西野らの境界線は，冷却水用途の熱交換器に限定した曲線で，SCC を生じるプロセス流体温度と塩化物イオン濃度の関係をまとめたもので，大久保らは表面スケール中の塩化物イオンの分析値から表面での塩化物濃縮を補正した境界線を示した。その結果 50℃以上で塩化物応力腐食割れが生じることが示された。

また，1960 年代半ばに沸騰水形軽水炉の高温高圧水中で応力腐食割れが起こっている。**図 4.2.37** は高温高圧水による応力腐食割れについて溶存酸素と塩素イオン濃度の関係から限界曲線を描いたものである[11]。粒界割れが混在することから，粒内割れの塩化物応力腐食割れとはやや性格が違うが，塩素イオン濃度を極端に少なくしても，溶存酸素が 0.2 ppm 程度あると割れが発生する。

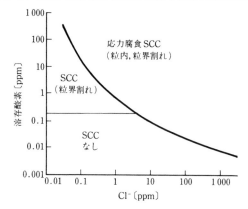

図4.2.37 18-8ステンレス鋼の高温高圧水中での応力腐食割れ限界曲線

1974年，米国は原子炉規制局を中心に調査した結果，この種の割れが発見された。わが国でも調査が行われ，やはり粒界の応力腐食割れとみなした。

2) ポリチオン酸応力腐食割れ 1950年代後半から普及した水素化脱硫プロセスは原料が軽質油からしだいに重質化するにつれて，腐食性の強い高温高濃度のH_2Sを扱う機会が増えた。それに伴ってオーステナイトステンレス鋼のポリチオン酸応力腐食割れが頻発するようになった。

図4.2.34に示すように，1960年代になって損傷に関するだいたいの状況が明らかになってきた。米国石油協会（API）がアンケートを出して調査した結果，運転中に発生する割れは塩化物応力腐食割れ，運転状態から装置を降温して保全検査中に起こる割れがポリチオン酸応力腐食割れ，とおおよその傾向が判明した。その割れに至る期間は1～8年であり，かなりばらつきがあった。わが国でも石油学会が1972年に調査している。割れの発生は水素化脱硫装置の反応塔，加熱炉管，熱交換器および配管，接触改質装置の熱交換器，流動接触分解装置の反応塔など，多岐にわたっている。運転して1年以内の事例も数多い。

割れは粒界腐食感受性の高い18-8鋼に多発している。高温で運転中に粒界にFeSが生成し，降温して雰囲気から湿分を吸収すると，反応してポリチオン酸$H_2S_xO_6$（$x=3, 4, 5$）になり，それが割れを誘起する，との結論がなされるに至った。

腐食鋭敏化しにくい低炭素あるいは安定化ステンレス鋼が選択されるようになった。さらに1970年，米国の腐食技術者協会NACEが防止策を発表した。その後も，1984年再修正され[12]，改定が続けられている。具体的予防策として湿分の浸入を防止するために，降温中における容器内への窒素封入とポリチオン酸を中和するためのアルカリ洗浄，触媒の抜取りおよび充填時の注意事項などが挙げられている。塩化物応力腐食割れと違って，割れの原因となる因子が数少ないためか，防止策が実際に沿ったものであり，対策も立てやすい。ただし，わずかながら数ppm程度の塩素イオンの混入が避けられない場合が多く，粒内割れの混在する事例も見受けられる。

3) アルカリによる応力腐食割れ 炭素鋼のボイラ脆性に始まったアルカリ脆性は1940年代に至ってオーステナイトステンレス鋼でも顕在化してきた。

食塩電解工業は従来，水銀法によりカセイソーダを製造していたが，公害問題から水銀の使用が禁止され，隔膜法に変わった。蒸発，濃縮の段階で高温高濃度のNaOH溶液を扱う。そのため，NaOHおよび塩素イオンの両者を腐食因子とする応力腐食割れが起こるようになった。近年はイオン交換膜法となりカセイソーダの純度が向上し問題は減少した。

アルカリによる応力腐食割れは，さらに石油化学，パルプ工業における問題であるとともに，ボイラでも注目されるようになった。ボイラ水はボイラ腐食対策のためにアルカリ性水質管理がなされ，局部的にアルカリ濃縮が起こるためである。

図4.2.38は，300系オーステナイトステンレス鋼の応力腐食割れを起こす限界についてのNaOH濃度依存性を示す[13]。100℃以上の高温で応力腐食割れが発生し，温度が上昇するほど短期間で割れが生じる。また，SUS 304よりもMo添加したSUS 316の方が

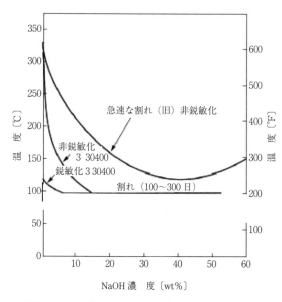

図4.2.38 300系オーステナイト系のNaOH水溶液による応力腐食割れ

耐応力腐食割れ性が優れることを示した報告もある[14]。

4) 局部腐食 孔食や隙間腐食を含めて局部腐食は表4.2.22に示したように頻度が高い。全面腐食は腐食速度をあらかじめ勘案して対処すればよいが、局部腐食は速度の評価が難しいために寿命を予測しにくい。急速に進行して被害を大きくすることがしばしばである。

孔食はステンレス鋼の不動態皮膜が部分的に破壊して、その部分が深く浸食される現象であり、**図4.2.39**に示すように、pHが中性付近で最も発生しやすい[15]。また溶存酸素が平衡する90℃付近で激しくなる。対策としては酸化剤の添加、流速の増大あるいはステンレス鋼へのMoの添加、という方法がある。SUS 316、317またはCarpenter 20合金がその代表例である。ステンレス鋼の耐孔食性を示す指標として、耐孔食性指数PRE（pitting resistance equivalent）が提案され、一般的にはPRE＝Cr％＋3.3Mo％＋16N％が使用される。隙間腐食は金属表面の付着物の下や異物との隙間で選択的に腐食が進行する腐食形態をいう。孔食と共通した現象であり、いずれも塩化物溶液中で生じることが多い。

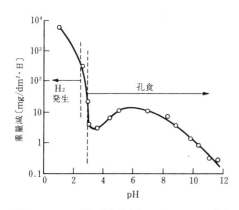

図4.2.39 18-8鋼の孔食発生とpH（4％NaCl、90℃）

孔食や隙間腐食の起こりやすい環境の一つに海水がある。第二次世界大戦以前は熱伝導性の良いCu合金が多く使われていたが、汚染海水による硫化物腐食やエロージョン、アンモニアによる応力腐食割れなどの損傷が起こったために、熱伝導性が不十分ではあるが、ステンレス鋼が選択されるようになった。

1950年代後半から米国でSUS 316が復水器用チューブとして使用されたが、耐孔食性、耐隙間腐食性が十分ではなかった。そのため、ポンプのインペラなど高流速で熱伝導のない部品に限定して使用されている。耐食性の改善にはCrとMoが有効である。**図4.2.40**

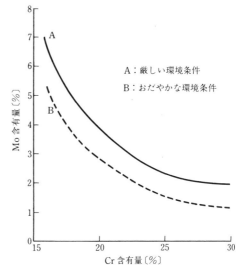

図4.2.40 海水環境におけるステンレス鋼のCrおよびMo含有量と耐食性限界（曲線の上部が耐食性を示す）

は海水環境に適用できる実用合金について耐食性の度合いから区分した結果を基に描いた線図である[16]。腐食環境の度合いによって2本の曲線を描いているが、いずれの場合も曲線の上方が耐食性の優れた成分範囲であり、その中には鋼中のNi含有量の異なる、オーステナイト系、フェライト系、そして二相系が含まれている。SUS 316チューブの代替材として、より耐食性を高めた高純度フェライトステンレス鋼（29Cr-3Mo）、スーパーオーステナイト系ステンレス鋼（6Mo）やスーパー二相ステンレス鋼（25Cr）が使用されている。

5) 粒界腐食 SUS 304は中濃度以下の硝酸環境では優れた耐食性を示すが、強い酸化力を持つ高温高濃度の硝酸環境では粒界腐食を生じる。

軽水炉使用済み核燃料の再処理法では硝酸により燃料の溶解を行い、リン酸トリブチルにより抽出を行う湿式ピューレックス法を採用している。その際、溶解槽では沸騰硝酸（3～8N）によるステンレス鋼の粒界腐食が著しい。初めは純硝酸であっても、溶解が進むにつれて酸化性イオンを含む溶液になる。

ことにCr^{6+}があると腐食は粒界腐食になり、ついには脱粒が起こって腐食が加速する[17]。

図4.2.41は18-8鋼の炭素含有量と沸騰濃硝酸における腐食率との関係を示す[18]。鋭敏化処理すると、炭素量が0.02％以上で腐食率が著しく増す。そのために実際の機器および配管では極低炭素ステンレス鋼（C≦0.02％）あるいは高Cr-Ni系のステンレス鋼（25Cr-20Ni系）が採用されている。ただし、腐食環

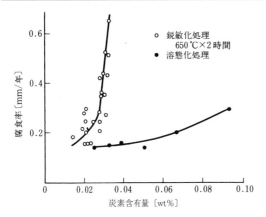

図 4.2.41 18Cr-8Ni ステンレス鋼の炭素含有量と沸騰硝酸における腐食率との関係（65%硝酸，48時間の試験を5回繰り返す）

境が厳しい場合にはさらに安全性を見込んでジルコニウム（Zr）が使用されている。

6）微生物腐食 自然海水中でのステンレス鋼の腐食は人工海水中よりも厳しいことが知られている。自然海水中ではステンレス鋼の腐食電位が時間経過とともに貴化し，その結果，孔食が発生すると考えられる。電位貴化の原因は微生物がステンレス鋼表面で生成する代謝物（バイオフィルム）によるものと説明されている[19]。

このような微生物腐食は海水以外に河川水や湖水，地下水などでも報告されている[19]。

（山口明久，西野知良）

引用・参考文献

1) Bloom, F. K., Corrosion, 9, p.56（1953）
2) Schaeffler, A. L., Met. Progr., 56, p.680（1949）
3) 日本金属学会，鉄鋼材料便覧，p.621（1981）
4) 今川博之，化学プラント技術会議資料，化学工学協会（1979）
5) 酒見善人，新田治，ケミカルエンジニアリング，26，p.198（1981）
6) Collins, J. A., Mater. Bot. & Perform., 12, p.11（1973）
7) Schneider, S. J., 5th Annual Meet. Materials for Coal Conversion and Utilization, p.I-1（1980）
8) 化学工学協会，材料委員会調査資料（1979）
9) API 581 3rd Edition（April 2016）
10) 大久保勝夫，徳永一弘，防食技術，28-162（1979）
11) Spidel, M. O., 1st US-Japan Joint Symp. on Light Water Reactors（1978）
12) NACE, Standard RP-01-70（1970, Rev. 1984）, Mater. Perform., p.51（Feb. 1985）
13) NACE SP0403-2015
14) 大久保勝夫，徳永一弘，化学工業，40，p.577（1976）
15) Uhlig, H. H. and Morill, M. C., Ind. Eng. Chem., 33, p.875（1941）
16) 小若正倫，金属の腐食損傷と防食技術，p.312（1983）
17) 梶村治彦，長野博夫，日本金属学会報，31，p.725（1992）
18) Homes, J. H, A NL-6973（1965）
19) 腐食防食協会，エンジニアのための微生物腐食入門，pp.66-71（2004）

〔2〕クラッド鋼

（a）クラッド鋼の定義と特徴 クラッド（clad）は複合材料の一種で，「ある金属を他の金属で全面にわたり被覆し，かつ，その境界面が金属組織的に接合しているもの。特に金属クラッドともいう。ただし，めっきを除く。」と定義されている[1]。clad は衣服を着せる，ものを覆う，という意味の clothe の過去分子形からきている言葉である。

被覆する金属を合せ材，被覆される金属を母材と呼ぶ。母材は通常，鋼である場合が多く，鋼を母材としたクラッドをクラッド鋼という[1]。ステンレス鋼が合せ材のクラッド鋼は，ステンレスクラッド鋼と呼ぶ。合せ材はステンレス鋼のほかに，ニッケル・ニッケル合金，銅・銅合金，チタン・チタン合金，アルミニウム・アルミニウム合金，等があり，前4種の合せ材から成るクラッド鋼は，いずれも JIS に規定されている。母材は，要求される強度レベルに応じて，軟鋼，炭素鋼系高張力鋼，低合金鋼，等が用いられる。

クラッド鋼は，耐食性を要求される用途に供される場合が多いが，（e）項で後述するように，耐食性材であるとともに，単一の金属では得られない複合化による新しい機能や，より高度な性能を有する金属材料でもある。

（b）クラッド鋼の接合技術 クラッド鋼は，合せ材と母材との接合法の違いによって，JIS ではつぎのように区分されている。

1）圧延クラッド鋼 合せ材と母材を重ね合わせた組合せ体の熱間圧延によって，製造されるクラッド鋼で，大面積で薄肉（100 mm 程度以下）のクラッド鋼板の製造に適している。熱間圧延による接合は，**図 4.2.42**に示した順序で進行するとされている[2]。

2）爆着クラッド鋼 合せ材と母材を重ね合わせて合せ材の上面に火薬をセットし，火薬の爆発力を利用して接合するクラッド鋼である。爆着は冷間で行われるため，接合界面での原子の拡散による異相の生成がほとんどない。そのため，熱間での接合では，接合界面に脆弱な析出相を生成するチタンクラッド鋼のようなクラッド鋼も，爆着法による製造が可能になる。

3）拡散クラッド鋼 母材と合せ材を重ねて加熱

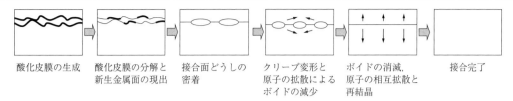

図 4.2.42 熱間圧延接合の進行課程

し，重ね合せ材をほとんど塑性変形させずに圧縮応力を加え，相互の原子の拡散によって合せ材と母材を接合させる。きわめて寸法精度の良いクラッド鋼板が製造できる。

4) 肉盛りクラッド鋼 合せ材と同等の化学成分を有する溶接材料を母材の上に直接，肉盛り溶接を行うことによって製造される。高効率な低希釈溶接技術を用いることにより，溶接肉盛り層は，合せ材に要求される化学成分と同等の化学成分を示す。

2)，3) もしくは，4) のクラッド鋼が熱間圧延される場合，これらのクラッド鋼は圧延工程を経ているため，JIS では特性上，1) の圧延クラッド鋼として扱われている。このほか，上記の接合技術をベースとして，ブレージング圧延法，冷間圧延圧着法，等が開発され，実用化されている。

（c） クラッド鋼の用途と需要動向 表 4.2.24 に，クラッド鋼の用途例を示す[3]。表 4.2.24 は，日本高圧力技術協会/クラッド研究委員会が，2009 年に調査したものである。ステンレスクラッド鋼は，石油産業，化学産業，造船業，等を始めとする幅広い分野で使用されている。海水や強酸性といった過酷な腐食環境には，ニッケル合金，チタン合金，銅合金などのクラッド鋼が適用されている。また，排煙脱硫装置のダクトや煙突には，ニッケル合金クラッド鋼が用いられている。腐食性の厳しい硫化水素や塩化物を含有するサワーガスの輸送には，耐食性に加え，クラッド鋼が高い許容応力と耐応力腐食割れ性を有していることを利用して，ステンレス鋼やニッケル合金のクラッド鋼管が使用されている。その他，鍋などの調理器具は，薄板ステンレスクラッド鋼の主用途であり，合せ材の高い電気伝導性と母材が強磁性体かつ強度部材であることを利用して，銅やアルミニウムのクラッド鋼がリニアモータ方式の地下鉄のリアクションプレートに用いられている。

図 4.2.43 に，クラッド研究委員会がとりまとめた国内メーカのクラッド生産量を示す（2005～2011 年度の集計）[3]。クラッド鋼の国内年間生産量は，6 万トンから 8 万トンで推移している。生産量の変化は，おもに全生産量の 6 割から 9 割を占めるステンレスクラッド鋼の需要変動の影響を強く受けている。一方，ステンレスクラッド鋼以外のニッケル合金，チタン合金，銅合金クラッド鋼等の生産量は，市況の影響を受けるものの，全生産量の大きく落ち込んだ 2011 年度でも，排煙脱硫機器，天然ガス輸送管などの需要増により生産量を伸ばし，2 万トン強になっている。

表 4.2.24 クラッド鋼の用途例

用途	合せ材
石油化学・石油精製プラント：圧力容器，タンク塔槽，熱交換器	ステンレス鋼
天然ガス輸送・脱水，脱塩：ラインパイプ，脱水・脱塩プラント	ステンレス鋼，Ni 合金（クラッド鋼管）
一般化学処理プラント：反応器，熱交換器	ステンレス鋼，Ti 合金，Ni 合金
製紙プラント：蒸発缶，ブリーチングタワー	Ti 合金，耐酸れんが
コークス製造プラント：コークドラム	ステンレス鋼
造船工業，ケミカル・LNG タンカー：貯槽タンク，LNG 輸送容器	ステンレス鋼，Al 合金（Al/Fe 異材継手）
火力発電プラント：復水器，管板，廃ガスダクト，煙突	ステンレス鋼，Cu 合金，Ti 合金
海水淡水化プラント：熱交換器，蒸発缶	ステンレス鋼，Cu 合金
ダム設備：ダムゲート，放流管，水門	ステンレス鋼
その他：リアクションプレート，排煙脱硫（FGD）機器，ダクト，煙突，調理用具	純 Cu，ステンレス鋼，Ni 合金（薄板クラッド）

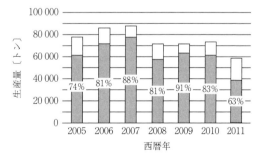

図 4.2.43 クラッド鋼の年次別国内生産量

（d）クラッド鋼の特性　クラッド鋼は，単に高価な耐食性金属を最小限に使用することによる素材のコストダウンの目的のみの材料ではなく，実際は，単一の材料にはない優れた機能性を有している。ここでは，クラッド鋼特有の機能性と，それを支える特性について述べる。

1）許容応力　合せ材に多く用いられるオーステナイト系ステンレス鋼は，耐力規格値が低いことから，降伏点設計の場合，許容応力を高くとれない。また，高温域になると炭素鋼が350℃まで常温の許容応力値を使えるのに対し，オーステナイトステンレス鋼では，高温になるに従って許容応力値が低くなり，炭素鋼の許容応力値を下回るようになる[4]。

このような条件下では，クラッド鋼を用いれば，母材側の炭素鋼の高い設計許容応力によって，オーステナイト系ステンレス鋼単体材に比し，板厚を減少することができる。圧力容器のように，板厚が大きく，高温で使用される用途においては，この板厚低減効果はきわめて大きくなる。

2）破壊安全性　ケミカルタンカー内における底板のクラッド鋼板と隔壁との溶接などにおいては，図4.2.44に示すように，合せ材をはぎとらないで合せ材に直接溶接する（T型溶接継手）ことが多くなっている。この直接溶接方式は簡便な方法であるが，JISの規格値を上回るせん断強度を有するクラッド鋼においても，溶接施工後，底板の合せ材と母材との間に剥離が発生することがある。

この溶接による剥離の発生傾向は，隔壁の降伏強度，およびクラッド鋼試験片の肉厚方向に応力負荷して，破断時の応力を測定して得られる剥離強度と良い相関があるとされており[5],[6]，最近では，隔壁の降伏強度の確認と剥離試験による接合強度評価により，T型直接溶接による剥離の発生がない十分な接合強度を有するクラッド鋼板が，ケミカルタンカーや，インターナル取付け溶接施工される圧力容器，等に供されている。

つぎに，オーステナイト系ステンレス鋼は，塩化物応力腐食割れ感受性が高いとされているが，ニッケルインサートされたオーステナイト系ステンレスクラッド鋼[7]は，高い応力腐食割れ抵抗を示すことが確認されている。

図4.2.45は，沸騰42％ $MgCl_2$ 水溶液中の応力腐食割れ試験結果を示している。応力腐食割れによって生じた亀裂は，316L合せ材中を進展し，ニッケル層で停止しており，境界部の腐食も認められない[8]。しかし，ニッケルインサートを施工していないクラッド鋼の場合は，合せ材と母材の境界部まで達した亀裂の先端で，母材が著しい腐食を受ける。

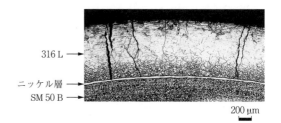

図4.2.45　SUS 316 L クラッド鋼の応力腐食割れ試験結果

3）熱伝導性・熱膨張率　オーステナイト系ステンレス鋼は，熱伝導率が炭素鋼の1/2～1/3と小さく，熱伝導性を要求される用途には不利になる。このステンレス鋼をクラッド鋼に置き換えると，熱伝導率が炭素鋼近くになり，熱伝導性が向上する。そのため，厨房機器ではより均一な温度分布が得られ，プレート熱交換器においては，小型化が可能になる。

つぎに，合せ材と母材の熱膨張差を利用している一例を記す。鋼に比し，熱膨張係数の大きいオーステナイト系ステンレス鋼を鋼管の内面に接合したクラッド鋼管の場合，管の外面温度に比し50℃高い流体が管内を流れると，鋼とステンレス鋼の熱膨張量の差により，管内表面の周方向に1.7 MPaの圧縮応力を生じる[8]。

この内面に残存する圧縮応力は，供用時，内圧により発生する引張作用応力を軽減させるため，クラッド鋼管の破壊に対する安全性の裕度が高まることになる。

4）磁気特性・電気伝導性　強磁性体としての鋼

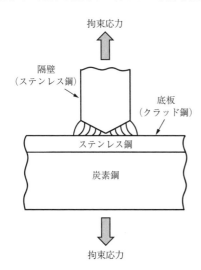

図4.2.44　T型溶接継手

と衛生的なオーステナイト系ステンレス鋼を組み合わせた電磁調理鍋は，薄肉クラッド鋼の主用途であり，強磁性体かつ強度部材である鋼と電気伝導性の大きいアルミニウムや銅とのクラッド鋼は，リニアモーターカーのリアクションプレートに用いられている。

(e) **最近の新しい製造技術とクラッド鋼関連規格** 現在，需要の多い製造法は，圧延圧着法と爆発圧着法であるが，最近，これらの製造法に新しい進展がみられる。下記のような技術・製品が特筆される。

1) **天然ガス輸送用クラッド鋼管** クラッド鋼管は，鋼管の内面にステンレス鋼やニッケル合金を金属接合させた二重管で，高強度・高靱性・高溶接性のクラッド鋼管，および管どうしの現地周溶接技術の開発により，現在では，腐食性の大きい天然ガスの生産および輸送ラインに数多く適用されるようになってきた。

現地周溶接に際しては，溶接が管外面からのみの施工になるため，溶接手順に工夫が必要で，周継手の全層を合せ材相当の化学成分を有する溶接材料で溶接する方法と，**図 4.2.46** に示す純鉄共金溶接方式[9]が提案され，両者とも実用化されている。前者の溶接方法は，ステンレス溶材より高い強度のクラッド鋼管の周溶接には適さないが，後者は，クラッド鋼管の要求強度レベルを問わず，すべてのクラッド鋼管に適用可能である。

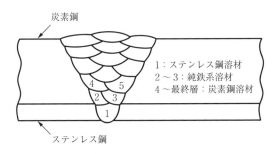

図 4.2.46 純鉄共金溶接方式による周継手

純鉄共金溶接方式は，合せ材側を合せ材相当の化学成分を有するステンレス系溶接材料で溶接した後，純鉄系溶接層を設け，その上を母材鋼用の溶接材料で溶接する方法である。この方式は，高い強度を要求される，例えば，海底ラインパイプ，高温・高圧プラント配管，等の周溶接に適用されている。

2) **圧延法によるチタンクラッド鋼の製造** 従来から，チタンクラッド鋼は爆着法で製造されているが，圧延法の適用によって，薄肉・大面積のチタンクラッド鋼板の製造が可能になった。圧延法によって製造する場合，圧延手順に種々の工夫[10),11)]が必要で，真空処理や，強圧下圧延が適用され，クラッド鋼の接合界面には，脆弱な異相の生成を抑制するインサート材が用いられる場合がある。

海水熱交換器，海洋鋼管杭，船舶用バラスト水処理装置等に，圧延法によるチタンクラッド鋼板が利用されている。

3) **爆着クラッドを用いた異材溶接継手** 溶融溶接が不可能な異種金属どうし，例えば，アルミニウムと鋼などを接合したい場合，あらかじめ爆着法で異種金属どうしを接合した部材を作っておくことで，異種金属どうしの溶接が，同種どうしの溶接でカバーすることができ，異種金属どうしの溶融溶接が可能になった。

異材溶接継手の適用例として，船舶の構造溶接用のアルミニウム／鋼継手や，核燃料再処理プラント配管の接合のためのジルコニウム／ステンレス鋼管継手，等がある。**図 4.2.47** に，ジルコニウム／ステンレス鋼管継手が，ジルコニウム管とステンレス鋼の接合に適用された例を示す[12)]。

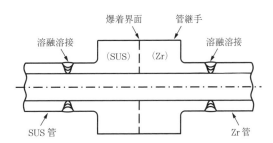

図 4.2.47 ジルコニウム／ステンレス鋼管継手

以上のほか，圧延時に TMCP（熱加工制御法）を適用することにより，圧延後の熱処理が省略でき，高い強度ときわめて優れた溶接性を有するクラッド鋼板の製造が，可能になっている[13)]。

このようなクラッド鋼の製造技術や，溶接技術の進歩ならびに需要の増大に対応させるため，日本高圧力技術協会・クラッド研究委員会では，クラッド鋼関連規格（JIS および HPIS）の整備を進めている。現在までに，材料・二次加工製品関連で 7 件，試験・確認試験方法関連で 5 件，加工技術関連で 4 件の規格の制定・改訂を進めてきている。これら計 16 件の規格の整備により，クラッド鋼の円滑な商取引が可能になり，特に，クラッド鋼管ならびにチタンや銅合金クラッド鋼の規格の制定は，クラッド鋼の用途拡大，需要増大に貢献している。

〔福田 隆〕

引用・参考文献

1) JIS G 0601：2012　クラッド鋼の試験方法（日本規格協会）
2) American Welding Society, Welding Handbook, Chapter 2, Macmillan（1972）
3) 恩澤忠男，福田隆，圧力技術，53-1, p.27（2015）
4) JIS B 8243-1981：圧力容器の構造（日本規格協会）
5) 福田隆ほか，鉄と鋼，76-8, pp.118-125（1990）
6) 福田隆ほか：鉄と鋼，76-8, pp.91-98（1990）
7) 日本製鋼所編，Catalog of Clad Steel
8) 福田隆ほか，京都大学学位論文，p.72（1991）
9) 福田隆ほか，鉄と鋼，76-8, p.1285（1990）
10) 福田隆ほか，鉄と鋼，75-8, p.1162（1989）
11) 津山青史ほか，日本金属学会報，26-5, pp.422-424（1987）
12) 小沼勉ほか，日本原子力学会誌，30-9, pp.793-801（1988）
13) 本田正春ほか，日本鋼管技報，No.116, p.17（1987）

〔3〕耐候性鋼

耐候性鋼は，大気中に曝露されたときの水や酸素によるさびの発生を防止できる材料を称し，歴史的に建築，橋梁，車両，船舶などの分野で使用されている。さびは鉄の唯一の弱点であり，一般の鋼材ではさびの防止は大気と遮断すること，つまり塗装するしかなかった。しかし，橋梁のような巨大な鉄鋼構造物では塗装費も巨額であり，さらに定期的な塗替えのメンテナンスが必要になる。本格的な耐候性鋼は米国では1930年代から，国内でも1955年頃から製造されている。特に建築，橋梁分野での適用例が多く，橋梁では1967年から2014年の間にちょうど7 000橋に適用されている[1]。ただし，1999年の413橋を最大としてその後減少傾向にある。それらの多くは裸使用が理想だが，長寿命化のため黒皮付き，さび安定化補助処理，塗装ほか亜鉛めっき，金属溶射などの処理がされている。

耐候性鋼は，大気中にさらされると鋼中に含まれるP，Cu，Cr，Niなどの合金元素の働きにより時間の経過とともに表面に発生するさび層が保護皮膜となってそれ以後の腐食を大幅に減少させる特長を持つ。このさび層は安定さび層と呼ばれている。鋼素地は，Cu，P，Crなどを含む非常に緻密な連続した非晶質の含水水酸化鉄層で覆われており，この非晶質層が環境因子（水分，酸素など）に対する保護皮膜となって腐食反応が抑制されるといわれている。一般的に合金元素の効果は，表4.2.25のとおりである。

耐候性鋼は，添加された合金元素の合計が数パーセント以下であるような低合金鋼の範囲で，炭素鋼より優れた耐食性を示す鋼をいい，現在のJIS規格では溶接構造用耐候性熱間圧延鋼材（JIS G 3114）[2]および高耐候性圧延鋼材（JIS G 3125）[3]がある。表4.2.26にそれらの化学成分，表4.2.27にそれらの機械的性質を示す。

表4.2.25　鋼の耐候性に対する添加元素の効果

効果	元素	添加量〔mass%〕	特長
非常に効果あり	Cu	0.20～0.55	0.25%以上で効果大，0.3%で飽和
	Cr	0.30～1.25	Cuと共存して特に有効
	P	0.06～0.15	Cuと共存して特に有効
助長効果あり	Ni	0.5以上	Cu, Cr, Pと共存して有効
	Mo	0.5以上	Cu, Crと共存して有効
	Al	0.2以下	Cu, Crと共存して有効
	Ti, Zr	0.5以下	―
やや効果あり	Si	0.20～1.5	―
有害	S	―	少ないほどよい

これら耐候性鋼のJIS規格は長い歴史があるが，近年大規模建設工事や公共事業に活用されており，従来のJISで指定されている引張試験片の大きさでは小型の形鋼や平鋼から採取することが難しいため，国内鋼材メーカやユーザの要望を受けてJISを改正し採取しやすい大きさの試験片も使用できるようになった[4]。規格改正のポイントは，小型（辺または幅が40 mm未満）の形鋼または平鋼から採取する試験片として，従来の定形試験片（5号試験片）に加え，比例試験片（14B試験片）も選択できるようになったことで，引用規格や対応国際規格の改廃を反映するなどの改訂がされた。

耐候性鋼は，裸使用でも十分耐食性はあるが，歴史的には高温多湿の国内では注意が必要であり，さまざまな工夫がされている。もともと1910年代に米国で開発されたCOR-TENは，裸使用であり最近ではその色具合から多くの建築にも適用されている[5]。橋梁では耐候性鋼における防食に対する基本的な考え方として，耐候性鋼材は，適切な環境条件の下では緻密なさびが鋼材表面を覆うことで，やがて，腐食減耗は小さくなる。すなわち，腐食速度が減少するものの完全にゼロにはならない。しかし，耐候性鋼では適用環境条件の選定および適切な維持管理により，供用期間中の鋼材の腐食減耗量をどのように制御するかが重要である。腐食減耗量を適切に制御するためには，橋の構造計画，設計，施工（製作・架設）および維持管理の各段階で適切な配慮や措置を行う必要がある。そこで，例えば裸使用（無塗装）で用いることができる範囲を

4. 機械と装置の安全

表 4.2.26 溶接構造用耐候性熱間圧延鋼材（G 3114-2008）および高耐候性圧延鋼材（G 3125-2015）の化学成分

JIS	種類の記号	C	Si	Mn	P	S	Cu	Cr	Ni
G 3114 溶接構造用耐候性熱間圧延鋼材 (Wは裸, またはさび安定化処理をして使用, Pは通常塗装をして使用)	SMA 400 AW / SMA 400 BW / SMA 400 CW	0.18 以下	0.15～0.65	1.25 以下	0.035 以下	0.035 以下	0.30～0.50	0.45～0.75	0.05～0.30
	SMA 400 AP / SMA 400 BP / SMA 400 CP	0.18 以下	0.55 以下	1.25 以下	0.035 以下	0.035 以下	0.20～0.35	0.30～0.55	—
	SMA 490 AW / SMA 490 BW / SMA 490 CW	0.18 以下	0.15～0.65	1.40 以下	0.035 以下	0.035 以下	0.30～0.50	0.45～0.75	0.05～0.30
	SMA 490 AP / SMA 490 BP / SMA 490 CP	0.18 以下	0.55 以下	1.40 以下	0.035 以下	0.035 以下	0.20～0.35	0.30～0.55	—
	SMA 570 W	0.18 以下	0.15～0.65	1.40 以下	0.035 以下	0.035 以下	0.30～0.50	0.45～0.75	0.05～0.30
	SMA 570 P	0.18 以下	0.15～0.65	1.40 以下	0.035 以下	0.035 以下	0.20～0.35	0.30～0.55	—
G 3125 高耐候性圧延鋼材 (H：熱間 C：冷間)	SPA-H / SPA-C	0.12 以下	0.20～0.75	0.60 以下	0.07～0.15	0.035 以下	0.25～0.55	0.30～1.25	0.65 以下

表 4.2.27 溶接構造用耐候性熱間圧延鋼材（G 3114-2008）および高耐候性圧延鋼材（G 3125-2015）の機械的性質

種類の記号	降伏点または耐力 [N/mm²] 鋼材の厚さ t [mm]						引張強さ [N/mm²]	シャルピー吸収エネルギー		伸び [%] 厚さ・試験片による
	16 以上	16<t≦40	40<t≦75	75<t≦100	100<t≦160	160<t≦200		温度 [℃]	[J]	
SMA 400 AW / SMA 400 AP / SMA 400 BW / SMA 400 BP	245 以上	235 以上	215 以上	215 以上	205 以上	195 以上	400～540	0 / 0	27 以上 / 27 以上	17 以上～23 以上
SMA 400 CW / SMA 400 CP	245 以上	235 以上	215 以上	215 以上	—	—		0 / 0	47 以上 / 47 以上	
SMA 490 AW / SMA 490 AP / SMA 490 BW / SMA 490 BP	365 以上	355 以上	335 以上	325 以上	305 以上	295 以上	490～610	0 / 0	27 以上 / 27 以上	15 以上～21 以上
SMA 490 CW / SMA 490 CP	365 以上	355 以上	335 以上	325 以上	—	—		0 / 0	47 以上 / 47 以上	
SMA 570 W / SMA 570 P	460 以上	450 以上	430 以上	420 以上	—	—	570～720	−5 / −5	47 以上 / 47 以上	19 以上～26 以上
SPA-H (厚さ6mm以下)	355 以上						490 以上	—	—	22 以上
SPA-H (厚さ6mm以上, 形鋼)	355 以上						490 以上	—	—	15 以上
SPA-C	315 以上						450 以上	—	—	26 以上

道路橋示方書[6),7)]では，**表 4.2.28** のような範囲で推奨している。

これは，100 年を目安とする範囲で腐食減耗量が 0.3 mm 以下であることを想定したものである。また，飛来塩分量が 0.05 (mg/100 cm²/day) 以下の地域で無塗装のまま使用できるとしている。

このように裸使用ではある程度の制限が生じるが，

表 4.2.28 橋梁の耐候性鋼の裸使用推奨範囲

地域区分		飛来塩分の測定を省略してよい地域
日本海沿岸部	I	海岸線から 20 km を超える地域
	II	海岸線から 5 km を超える地域
太平洋沿岸部		海岸線から 2 km を超える地域
瀬戸内海沿岸部		海岸線から 1 km を超える地域
沖縄		なし

この弱点を補強するためNi添加（1%Ni，3%Ni）の高耐候性鋼が開発されている[8),9)]。これらは，化学成分でJIS規格を一部はずれるが機械的性質は十分満足し，従来塗装が避けられない地域においても無塗装橋梁の建設が可能になっている。

一方，耐候性鋼を使用した場合，さびが安定するまでの間，初期さびと呼ばれるさび汁が流出飛散し周囲を汚染する問題が生じる。そのため，さび安定化処理技術が適用されている。さび安定化処理された耐候性鋼橋梁の大がかりな調査[10)]や追跡調査[11)]も実施されている。そこで適用された方法を代表例として表4.2.29に示す。

塗装使用は，コンテナ，車両，橋梁などの分野では最も多い使用方法である。耐候性鋼は一般の塗装を施行して使用した場合でも塗膜下で起こる腐食反応は遅く，塗膜の防食寿命延伸効果があることが確認されている。屋根の裏，外壁パネルの裏，柱の根元，鉄骨の交差部など，日照降雨を受けない部位を多く持っている建築物では腐食が進む例があり，塗装による防錆処理が勧められている。しかし，裸使用に比べ経済効果では劣るため，その場合はさび安定化処理が効果的である。

鋼材のほか，耐候性鋼高力ボルト（F10T），海塩粒子の飛来する地域でも適用できる裸使用またはさび安定化処理の海浜海岸耐候性鋼高力ボルト（F10T）なども橋梁に適用されている。

耐候性鋼のさび診断においては，目視による外観評価が代表的であるが，この評価には検査員の熟練度に左右されやすいという欠点がある。安定さび形成過程の調査では，外観（色調，色むら，粗密など），フェロキシル試験（ピンホールの数と大きさ），断面観察（さびの生成，発達状態），偏光顕微鏡による観察，X線マイクロアナライザによる分析（Cu，P，Crなどの濃縮状態），腐食生成物の分析などが行われる。最近では，目視に代わる方法としてイオン透過抵抗法[12)]が，さび安定化処理を施した耐候性鋼橋梁の維持管理に活用されている。

その他，実機に適用するための課題として，溶接性や機械的性質の改良，連続鋳造法，TMCP（制御圧延）などの製造方法，寒冷地向けの高耐候性鋼，凍結防止剤の影響（塩害），さび状態での疲労強度の検討などが行われてきた。

（富士彰夫）

引用・参考文献

1) 日本橋梁建設協会，耐候性鋼橋梁実績資料集，第21版（2014年度受注まで）（2015.11）
2) JIS G 3114：2008 溶接構造用耐候性熱間圧延鋼材（日本規格協会）
3) JIS G 3125：2015 高耐候性圧延鋼材（日本規格協会）
4) 経済産業省，耐候性鋼に関するJISを改正 ニュースリリース（2016.2.22）
5) 新日鐵住金カタログ "COR-TEN"（2014）
6) 日本道路協会，道路橋示方書・同解説1・2共通編・鋼橋編（2012.5）
7) 国総研資料第777号，耐候性鋼橋の適用環境評価手法の高度化に関する研究（Ⅰ）（2014.1）
8) 新日鐵住金カタログ，ニッケル系高耐候性鋼 ver.2 NAW-TEN（2014）
9) KOBELCOカタログ，ニッケル系高耐候性鋼 2016
10) 松崎靖彦ほか，さび安定化補助処理された耐候性橋梁の腐食実態と評価法に関する一考察，土木学会論文集F，62-4，pp.581-591（2006）
11) 佐藤京ほか，数種のさび安定化補助処理された耐候性鋼橋梁の追跡調査，平成25年度土木学会北海道支部論文報告集第70号
12) 新技術情報提供システム NETIS KT-110072-A（2014.2）

〔4〕 高分子材料

高分子材料は，酸，アルカリ，有機溶剤に対して優

表4.2.29 さび安定処理技術の代表例

名　称	ウェザーコート	ラスコールN	ウェザーアクト
タイプ	熟成	熟成	促進
概要	化成処理膜 アクリル樹脂2層タイプ	プライマーコントローラ	ブチラール樹脂2層タイプ
理論	リン酸塩処理効果	イオン透過抑制	金属化合物による酸化
膜厚	30μm以上	30μm（1層） 70〜120μm（2層）	30μm
色調	黒褐色系3色	黒褐色系2色	黒褐色1色
開発年度	1973年	1974年	1995年
製造会社	日本パーカライジング	神東塗料	住友金属

れた耐薬品性を示すことから，種々の形で装置材料として利用されており，その応用分野も化学工業を始めとして鉄鋼，食品，繊維，製紙工業などに幅広く利用されており，さらに下水道を始めとするインフラ分野へと広がりつつある。

（a）**高分子耐食材料**　高分子耐食材料も他の材料同様，以前は安価な材料が短期的なサイクルで使用されていたが，最近では，「メンテナンスフリー」，「長期耐久性」が市場から要求されてきており，イニシャルコストは高価であっても，高信頼性があり，長期耐久性を有する高分子耐食材料が利用される傾向になりつつある。高分子耐食材料を大別すると，高分子単体で利用される場合と金属材料にライニングして利用される場合がある。耐食用途で利用される代表的な高分子材料の略号を**表** 4.2.30 に示す。

1) 高分子単体での利用　高分子単体での利用に関しては，高級金属材料に比べて安価であること，軽量であり，取扱いが容易であることなどから，貯槽類，配管，継手類，バルブ類，ポンプ本体および部品，フランジなどの装置材料として利用されているが，機械的性質，耐熱性，耐圧性など物性上の制約がある。ガラス繊維，カーボン繊維，無機物などの充填材で補強することによって，これらの物性を改質した強化高分子基複合材料が高分子単体とともに利用されるに至って，その利用範囲もさらに広範囲になってきた。ガラス繊維強化高分子材料の熱変形温度と引張強さを**図** 4.2.48 に示す。強化高分子複合材料の物性は，高分子単体に比較するとかなり向上するが，消防法の制約を受けること，また金属材料に比べると物性上まだ及ばない不利な点がある。

2) ライニングでの利用　金属材料と高分子耐食材料との複合構造にすることによって，金属材料の物性（機械的性質，耐圧性など）と高分子材料の物性（耐薬品性など）を兼ね備えるため，装置材料としての性能が向上し，消防法にも適合することから，その利用範囲も貯槽類を始めとして配管，継手類，そのほか耐薬品性が要求される装置材料の各種部品などに広範囲に利用されている。高分子耐食ライニング材料の形態別・施工別分類を**図** 4.2.49，高分子耐食ライニング材料の種類と耐食構造を**表** 4.2.31 に示す。図 4.2.49 に示すように，高分子耐食ライニングの施工法を大別すると，つぎの三つに分類することができる[2]。

ⅰ）高分子シートを接着剤で被着体に接着するか，ビス止めする方法　大型の貯槽類のライニングに適し，現地施工が可能で広範囲に利用されている。

ⅱ）液状高分子またはプレポリマーに触媒あるいは架橋剤を添加し，単独または補強材とともに硬化する方法　高分子耐食材料の強化ライニングは，この部類に属し，それぞれの高分子材料をマトリックスとして，ガラスフレーク，無機充填材などを混練したものでライニングする方法（フレークライニング，レジンモルタルライニング）とガラス繊維，カーボン繊維などとともに積層してライニングする方法（FRPライニング）がある。また押出機で高分子材料を加熱・溶融して皮膜形成させる押出法がある。

ⅲ）粉末状高分子材料を加熱溶融し，皮膜を形成する方法　一般的に焼付けコーティングと呼ばれて

表 4.2.30　耐食用途の高分子材料の略号

ABS	アクリロニトリルブタジエンスチレン共重合体	PAR	ポリアリレート	PSF	ポリサルフォン
		PBT	ポリブチレンテレフタレート	PTFE	4フッ化エチレン樹脂
CR	クロロプレンゴム	PC	ポリカーボネート	PVC	塩化ビニル樹脂
CSM	クロロスルホン化ポリエチレン	PE	ポリエチレン	R-PVC	硬質塩化ビニル樹脂
CTFE	3フッ化塩化エチレン樹脂	PEI	ポリエーテルイミド	S-PVC	軟質塩化ビニル樹脂
ETFE	エチレン-テトラフルオロエチレン共重合体	PET	ポリエチレンテレフタレート	HT-PVC	耐熱塩化ビニル樹脂
		PEEK	ポリエーテルエーテルケトン		
EP	エポキシ樹脂	PFA	テトラフルオロエチレン-パーフルオロアルキルビニルエーテル共重合体	PVDF	フッ化ビニリデン樹脂
EPM	エチレン-プロピレンゴム			SBR	スチレン-ブタジエンゴム
FEP	テトラフルオロエチレン-ヘキサフルオロプロピレン共重合体			SI	シリコーンゴム
		PI	ポリイミド	UP	不飽和ポリエステル
FF	フラン樹脂	POM	ポリアセタール	VE	ビニルエステル樹脂
FRM	フッ素ゴム	PP	ポリプロピレン		
IIR	ブチルゴム	変性PPE	変性ポリフェニレンエーテル		
PA66	ポリアミド 66				
PAI	ポリアミドイミド	PPS	ポリフェニレンスルフィド		

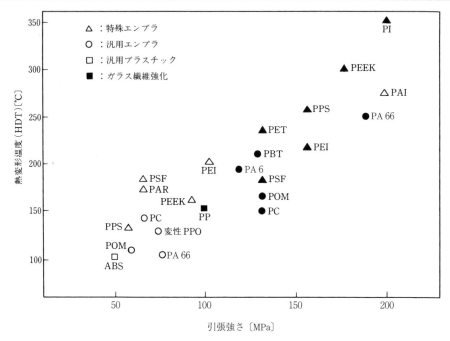

図 4.2.48 ガラス繊維強化高分子材料の熱変形温度と引張強さ[1]

いる施工方法で，流動床浸漬法，ディスパージョン法および静電塗装法などがある。

耐食ライニングに使用される高分子耐食材料は，耐薬品性が優れていることが基本であるが，装置材料として利用される場合，他の物性（耐熱性，耐摩耗性，非粘着性など）が併せて要求されることが多いこと，薬液の浸透拡散，金属との熱膨張係数の差から生じる熱応力の問題などがあり，耐食ライニングの施工にあたっては種々の工夫が必要である。

（b）**高分子耐食材料の選定**　前述のようにおのおのの高分子耐食材料の利用には一長一短があり，高分子耐食材料の選定には，安全率も含め種々の要因を配慮しなければならない。高分子耐食材料の耐薬品性の資料は，評価方法も含めかなり充実してきているが，実験室での結果と実装置での結果が異なる場合が見られる。この現象は，高分子単体を利用する場合よりも耐食ライニングを利用した場合の方に多く見られる。これは高分子材料は，金属材料と異なり，原料の調整から成形，施工に至るまで一貫した技術管理が要求されるため，それだけ関連要因も多く，複雑な技術体系にあること，また耐薬品性の資料は材料選定の必要条件だが，一つの指標にすぎないことがその理由である。

実際に高分子材料を耐食材料として実装置に利用する場合，耐薬品性のみが要求される場合は少なく，耐熱性，耐候性，機械的性質などの物性が耐薬品性と併せて要求される場合が大部分である。例えばスラリー状態のプロセス流体を扱う装置，熱衝撃を受けるような装置，屋外にさらされて使用される装置などは，使用条件に合わせて耐薬品性と他の物性を考慮して設計する必要がある。また耐食ライニング材料の場合は，これらの要因のほかに薬液の浸透拡散の問題も考慮して設計する必要がある。さらに薬液にさらされることによって強度や耐熱性が低下する場合があるので，その経時変化を考慮し，安全率を見込んで設計する必要がある。

このように高分子耐食材料の選定には，その使用環境により，耐薬品性のほかに種々の要因を考慮する必要があり，そのためには高分子材料の物性と使用環境の条件を十分に把握し，両方の条件をマッチさせた設計が必要である。

（c）**高分子耐食材料の特性**　高分子耐食材料には塩化ビニル樹脂，ポリプロピレンなどの汎用樹脂から高級なフッ素樹脂に至るまで数多くの種類がある。機能別に大別すると，熱可塑性高分子耐食材料，熱硬化性高分子耐食材料，合成ゴム耐食材料に分類される。これらの高分子耐食材料は単体または強化複合材料，ライニング材料の形で利用されている。

高分子耐食材料を装置材料として利用する場合の特長としては，つぎの事項が挙げられる[3]。

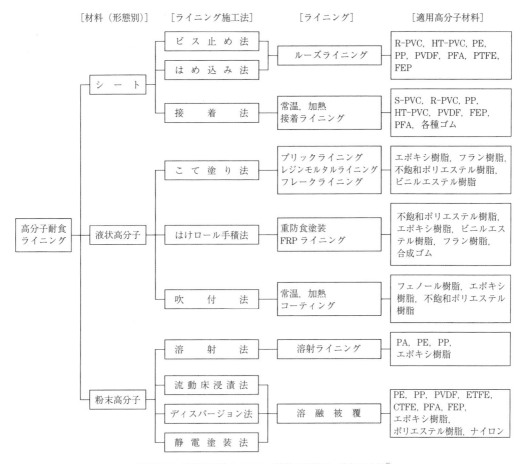

図 4.2.49　高分子耐食ライニング材料の形態別・施行別分類[2]

① 一般的に良好な耐薬品性を有する。
② 軽量である。
③ 材料設計に融通性がある。すなわち広範囲の材料から選定ができ、また変性改質剤、安定剤や充填材の添加など材料設計が自由にできる。
④ コストが比較的安価である。
⑤ 各種寸法が容易に得られる。

1) 熱可塑性高分子耐食材料　シート状または粉末状の高分子材料を用いる。**表4.2.32**に代表的な熱可塑性高分子耐食材料の物性と耐薬品性を示す。表に示すように、熱可塑性高分子耐食材料の種類は数多く存在し、耐熱性も耐薬品性もそれぞれの材料により特徴がある。耐熱性も高く、耐薬品性も良好でしかも機械的性質も良く、性能的に比較的バランスのとれた熱可塑性高分子耐食材料としては、フッ素樹脂、ポリフェニレンサルファイドなどがあるが、成形が難しく、コスト的にも高価である。

2) 熱硬化性高分子耐食材料　熱硬化性高分子耐食材料はガラス繊維、カーボン繊維、黒鉛などの補強材で強化した複合材料の形で利用される場合が多く、その種類としては、不飽和ポリエステル樹脂、エポキシ樹脂、ビニルエステル樹脂、フェノール樹脂、フラン樹脂などがある。その中で代表的な不飽和ポリエステル樹脂とビニルエステル樹脂の耐熱性と耐薬品性を**表4.2.33**に示す。これらの材料は同じ高分子材料でもタイプによって耐熱性、耐薬品性が異なる。また、粉末状高分子として焼付けコーティングで用いることもある。

3) 合成ゴム耐食材料　合成ゴムのうち硬質ゴムは塩酸、硫酸などの酸類に対して優れた耐薬品性を有することから、耐食ライニング材料としてよく利用されている。

合成ゴム耐食材料の用途はパッキン・ガスケット類、ロール、ライニング材料が主であり、この中でライニング材料としてよく利用されるのはクロロプレンゴムである。またフッ素ゴムは、合成ゴム耐食材料の

表 4.2.31 高分子耐食材料の種類と耐食構造[2]

	ライニングの種類	耐食構造
1	コーティング 焼付けまたは常温硬化	0.1〜0.5 mm／コーティング膜／被ライニング体
2	FRP ライニング	0.5〜5.0 mm／トップコート／FRP層（マット，クロス）／プライマー（ルーズの場合なし）／被ライニング体
3	フレークライニング	1.5〜2.0 mm／トップコート／フレークライニング層／プライマー／被ライニング体
4	レジンモルタルライニング	5.0〜10.0 mm／トップコート／レジンモルタル（クロス入りもある）／プライマー／被ライニング体
5	ブリックライニング	25.0 mm以上／1層／表目地セメント／耐酸れんが／裏目地セメント／メンブレンライニング／被ライニング体
6	シートライニング 接着	1.0〜10.0 mm／溶接／プラスチックシート／接着剤（ルーズの場合はビス止め）／被ライニング体
	ビス止め	パッキング／保護カバー／$d \times 1.5 \sim 2$／シート／SS／コンクリート

中では最も優れた耐熱性，耐薬品性を有するので，化学工業を始めとして自動車業界でも耐食性，耐熱性材料として応用されてきているが，コストが高価であるため一般的な用途には利用しきれないという問題も備えている。**表 4.2.34** に合成ゴム耐食材料の諸物性を示す。

（d）高分子耐食ライニングの特性 高分子耐食材料の分類，構造については前述したとおりであるが，おのおのの高分子耐食ライニングの概要と一般的な特性については**表 4.2.35** に示すとおりである。重防食を目的とした高分子耐食ライニングの性能としては，高分子耐食材料の耐薬品性が良好であることが基本である。すなわち本質的な耐薬品性は，薬液の高分子耐食材料への浸入にあることから，浸漬試験で重量変化が小さい（浸入量が少ない）ことが基本である。また，耐食ライニングは被ライニング体である金属材料と高分子耐食材料が複合構造を形成することから，薬品の透過による接着破壊（水膨れのようなブリスターの発生，剥離などの現象）という問題があり，高分子耐食ライニングが長期にわたって金属材料を保護するためには，ライニング皮膜が金属材料との接着力に優れ，薬品の透過量が小さいことが必要である。

もう一つ考慮を要する重要な性能としては，薬品の存在下でのストレスクラックの問題がある。金属材料と高分子耐食材料の熱膨張係数の差から発生する熱応力，ライニング施工時に発生する成形残留応力，また

表 4.2.32 代表的な熱可塑性高分子耐食材料の物性と耐薬品性[4),5)]

		ASTM試験法	R-PVC	高密度PE	PP	POM	PA 66
	成形性	—	◎	◎	◎	◎	◎
機械的性質	引張強さ〔MPa〕	D 638	35～60	20～40	30～40	70	60～85
	伸び〔％〕	D 638	2.0～40	15～100	200～700	15～75	5～10
	引張弾性率〔10^4 MPa〕	D 638	0.25～0.4	0.04～0.11	0.11～0.14	0.25～0.3	0.1～0.3
	圧縮強さ〔MPa〕	D 695	55～90	20～25	40～55	120～130	45～85
	曲げ強さ〔MPa〕	D 790	70～110	5～10	40～55	90～100	85～100
	硬さ〔ロックウェル〕	D 785	70～90（ショアD）	60～70（ショアD）	R 85～110	R 120	R 108～118
	衝撃強さ〔アイゾット kg·cm/cm〕	D 256	2.0～100	8.0～11.0	3.0～30	7.5～12.5	5.5～11.0
熱的性質	熱膨張率〔10^{-5}/℃〕	D 695	5～18	11～13	6～9	8	8
	連続耐熱温度〔℃〕	—	65～80	120	105～150	90	80～150
	熱変形温度〔℃, 18.5 MPa〕	D 648	55～70	40～55	50～60	125	65～105
化学的性質	耐弱酸性	D 543	◎	◎	◎	△	○
	耐強酸性	D 543	△～◎	△	△	×	×
	耐弱アルカリ性	D 543	◎	◎	◎	◎	○
	耐強アルカリ性	D 543	◎	◎	◎	×	○
	耐有機溶剤性	D 543	ケトン, エステル, 芳香族に膨潤, 可溶	耐える（80℃以下）	耐える（80℃以下）	よく耐える	ふつうの溶剤には耐える
	おもな用途		パイプ, 継手類, バルブ類, 雨どい, ライニング材, 建材	パイプ, シーリング材, パッキング材, ガイドロール	フィルム, 家庭用品, パイプ, バルブ類, 電気部品, ライニング材	歯車などの機械部品, 電気部品, 自動車部品	ベアリング, ギヤ, ラジオ・テレビケース, コンベヤロール, 電線被覆, パイプ, ライニング材

		ASTM試験法	PC	PTFE	PFA	PVDF	PPS
	成形性	—	○～◎	△	○	○	○
機械的性質	引張強さ〔MPa〕	D 638	50～70	15～35	25～30	40～55	80～150
	伸び〔％〕	D 638	60～100	200～400	300	100～300	5～10
	引張弾性率〔10^4 MPa〕	D 638	0.2～0.3	0.04～0.06	—	0.08～0.16	—
	圧縮強さ〔MPa〕	D 695	80～90	10～20	10～20	60～80	100～260
	曲げ強さ〔MPa〕	D 790	90～100	10～20	10～20	50～70	90～250
	硬さ〔ロックウェル〕	D 785	R 110	50～60（ショアD）	60～70（ショアD）	R 110～120	R 120～125
	衝撃強さ〔アイゾット kg·cm/cm〕	D 256	65～85	15～17	破壊せず	10～20	5～10
熱的性質	熱膨張率〔10^{-5}/℃〕	D 695	6～7	10	12	12～17	4～7
	連続耐熱温度〔℃〕	—	120	260	260	150	260
	熱変形温度〔℃, 18.5 MPa〕	D 648	130～140	120	120	100	110～200
化学的性質	耐弱酸性	D 543	◎	◎	◎	◎	◎
	耐強酸性	D 543	△	◎	◎	◎	◎
	耐弱アルカリ性	D 543	○	◎	◎	◎	◎
	耐強アルカリ性	D 543	×	◎	◎	◎	◎
	耐有機溶剤性	D 543	芳香族, 塩素系溶剤に可溶	まったくおかされない	まったくおかされない	エステル, ケトン, アミンに可溶	ほとんどの溶剤におかされない
	おもな用途		POMと同用途, 電気絶縁材, フィルム, 照明器具	化学装置の耐食材, 非粘着用途, ドライベアリング, 電気絶縁材料	化学装置の耐食材, 電気絶縁材, 非粘着用途, ほか	化学装置の耐食材, 電気絶縁材, オーバレイ用フィルム, 圧電素子, 糸	電気・電子部品, 自動車部品, 機械部品, 精密部品, 耐食材料

〔注〕◎：優　○：良　△：可　×：不可

溶接などの二次加工時に発生する残留応力は，高分子耐食材料を破壊したり，金属材料との接着力を破壊する力として存在する。高分子耐食材料が薬液の存在下で化学的に劣化した場合，ライニング施工不良や，皮膜に不良部分が存在した場合，また溶接などの二次加工時に不良があった場合，前述の応力によりストレスクラックあるいは応力が関与する接着破壊などの損傷が発生する。したがって焼付けコーティングでは，施工面での膜厚の管理を完全に行うとともに，ピンホールレスの皮膜を形成させること，シートライニングで

はシートの合せ目を溶接施工する際に，溶接効率の高い，信頼性のある溶接を行うことがポイントになる。また焼付けコーティングの場合はプライマー，シートライニングの場合は接着剤の選定も金属材料と強固な接着力を保持する意味から重要である。

これらの特性は，高分子耐食ライニングの基本性能であるが，実際に装置材料として利用する場合，前述のようにこれらの性能に合わせて機械的性質，熱的性質が要求される場合が多い。

（e）まとめ　高分子耐食材料の化学的劣化の基本は薬液の高分子耐食材料への浸入である。この薬液の浸入の大小は，薬液の種類，使用環境，高分子耐食材料の種類，構造により変化する。

薬液の浸入による高分子耐食材料の化学的劣化を系統的に分類すると図4.2.50に示すようになる。図に示すように高分子耐食材料の劣化は，種々の要因が複雑に絡んで進行する。したがって装置材料に高分子耐食材料を選定する場合，これらの要因をすべて考慮し，装置設計を行うことが最近の市場からの要求，すなわち「メンテナンスフリー」，「長期耐久性」に応えるポイントである。

高分子耐食材料は，適正な材料選定と完全なライニ

表 4.2.33 不飽和ポリエステル樹脂，ビニルエステル樹脂の耐熱性と耐薬品性[3]

		不飽和ポリエステル樹脂			ビニルエステル樹脂	
		イソ系	ビス系	ヘット酸系	ビスフェノール型	ノボラック型
耐熱性		150℃	125℃	135℃	110℃	160℃
耐薬品性	耐酸性	◯	◎	△〜◯	◎	◎
	耐アルカリ性	×〜△	◎	×	◎	◎
	耐酸化性	△	◎	◎	◎	◎
	耐溶剤性	△	×	×	◯	◎

〔注〕◎：優　◯：良　△：可　×：不可

表 4.2.34 合成ゴム耐食材料の諸物性[5]

		試験法	SBR	IIR	EPM	CR	CSM	Si	FPM
	加工法	—	◎	△	◯	◎	◯	◯	△
機械的性質	硬さ（JIS）	JIS K 6301*	30〜100	20〜90	30〜90	10〜90	50〜90	30〜90	50〜90
	引張強さ〔MPa〕	JIS K 6301*	5〜20	5〜15	5〜20	5〜25	7〜20	4〜10	7〜20
	伸び〔％〕	JIS K 6301*	100〜800	100〜800	100〜800	100〜1 000	100〜500	50〜500	100〜500
	反発弾性	JIS K 6301*	◯	△	◯	◎	◯	◎	△
	引裂強さ		◎	△	△	◎	◯	△〜×	◯
	圧縮永久ひずみ	JIS K 6301*	◯	△	◎	◯	◯	◎	◎
	耐摩耗性	ASTM D 394	◎	◯	◎	◎〜◯	◯	△〜×	◎
	耐屈曲亀裂性		◯	◎	◎	◎	◯	◯〜×	◯
物理的性質	耐熱性（最高使用温度〔℃〕）	—	120	150	150	130	160	280	300
	耐寒性（脆化温度〔℃〕）	ASTM D 746	−30〜−60	−30〜−55	−40〜−60	−35〜−55	−20〜−60	−70〜−120	−10〜−50
	耐老化性	JIS K 6301*	◯	◎	◎	◯	◎	◎	◎
	耐オゾン性	—	×	◎	◎	◯	◎	◎	◎
	耐候性	ASTM D 518	◯	◎	◎	◯	◎	◎	◎
	ガス透過性（通さない程度）	—	△	◎	◯	◯	◯	×	◎
耐薬品性	耐弱酸性	JIS K 6301*	◯	◎	◎	◯	◎	◯	◎
	耐強酸性	JIS K 6301*	△	◎	◎	△	◯	◯	◎
	耐弱アルカリ性	JIS K 6301*	◯	◎	◎	◯	◎	◯	◎
	耐強アルカリ性	JIS K 6301*	△	◎	◎	◯	◯	◯	×
	耐ガソリン，軽油性	JIS K 6301*	×	×	×	◯	◯	△〜×	◎
	耐ベンゼン，トルエン	JIS K 6301*	×	△	△	×	◯〜△	△〜×	◎
	耐アルコール性	JIS K 6301*	◎	◎	◎	◎	◎	◯	◎
	耐MEK，酢酸エチル性	—	◯〜△	◎	◎	◯〜△	△	◯	×
	おもな用途		タイヤ，履物，ホース，ベルト，工業用品，ほか	チューブ，電線被覆，ホース，ベルト，ほか	電線被覆，型枠ゴム，窓枠ゴム，ほか	電線被覆，型物，防振ゴム，ライニング材，窓枠ゴム，接着剤，塗料	ライニング材，屋外用引布，耐食パッキン，ロール	電気用品，医療用，パッキン，シール材，耐熱耐寒用途	耐熱，耐ホース，パッキン，ライニング材，電気部品

〔注〕◎：優　◯：良　△：可　×：不可
＊ JIS K 6301 は現在廃止されている。参考として，後継の規格を以下に記載するが，試験方法が異なるために後継の規格では数値が変わる場合があることに留意いただきたい。
JIS 6253-3（硬さ），K 6251（引張強さ，伸び），K 6255（弾性），K 6262（圧縮永久ひずみ），K 6257（耐老化性），K 6258（耐薬品性全般）

表 4.2.35 耐食FRPと樹脂ライニングの概要（付，各種ライニング）[6]

工法区分			材料	加工温度〔℃〕	現地施工	母材 鉄	母材 コンクリート	耐熱性〔℃〕 液	耐熱性〔℃〕 ガス	耐食性 酸	耐食性 酸化性酸	耐食性 塩類	耐食性 アルカリ	耐食性 有機溶剤	耐摩耗性	摘要
耐食FRP	ハンドレイアップ法またはFW法		イソフタル酸ポリエステル	常温	△	—	—	80	90	◎	○	◎	×	△	○	強化繊維には，ガラス繊維のほか，合成繊維，カーボン繊維，アスベストなども使用される。成形法は，ハンドレイアップを中心として，FW法，遠心法，プレス法（SMC，BMC，コールドなど），レジンインジェクションなど多様である
			ビスフェノールポリエステル	〃	△	—	—	80	100	◎	○	◎	×	×	○	
			ヘット酸ポリエステル	〃	△	—	—	100	130	◎	◎	◎	×	△	○	
			ビスフェノールビニルエステル	〃	△	—	—	90	100	◎	◎	◎	△	△	○	
			ノボラックビニルエステル	〃	△	—	—	120	150	◎	◎	◎	△	△	○	
			フラン	〃	△	—	—	120	160	◎	×	◎	◎	◎	○	
			フェノール	〃	△	—	—	130	180	◎	×	◎	×	◎	○	
			エポキシ	〃	△	—	—	85	100	○	×	◎	◎	○	○	
			HT，PVC/ポリエステル	(溶接)	△	—	—	90	100	◎	◎	◎	◎	×	○	
樹脂ライニング	コーティング	焼付け法	フェノール	200	○	○	×	150	180	◎	×	◎	×	◎	—	標準膜厚 0.1〜0.5mm 程度をコーティングとしている。施工には，溶液塗布法，ディスパージョン法，溶射法，流動浸漬法，静電塗布法などの区分もある。粉体コーティングでは0.5〜1mmの厚膜もある
			エポキシ	200	○	○	×	100	120	◎	×	◎	◎	◎	—	
			四，六フッ化プロピレン	350	○	○	×	—	160	◎	◎	◎	◎	◎	—	
			四フッ化エチレン	380	○	○	×	—	260	◎	◎	◎	◎	◎	—	
			三フッ化塩化エチレン	270	○	○	×	100	120	◎	◎	◎	◎	◎	—	
			フッ化ビニリデン	250	○	○	×	100	120	◎	○	◎	◎	○	—	
			ポリエチレン	150	○	○	×	60	80	○	△	◎	◎	×	—	
			ポリクロロエーテル	230	○	○	×	100	120	◎	○	◎	◎	○	—	
		常温法	エポキシ	常温	○	○	○	60	80	○	×	○	○	△	—	硬化剤添加による常温反応硬化フレークガラスを充填
			ポリエステル	〃	○	○	○	70	90	◎	×	◎	×	×	—	
			ビニルエステル	〃	○	○	○	70	100	◎	○	◎	×	×	—	
	FRPライニング		イソ系ポリエステル	常温	○	○	○	80	90	◎	○	◎	×	△	○	液状・無溶剤樹脂をガラス繊維などで補強，積層して比較的厚い膜厚をつくる。0.5〜5mm 程度まで幅がある。非密着のルースライニング工法もある。耐熱性はフレークライニングとの併用
			ビス系ポリエステル	〃	○	○	○	80	95	◎	○	◎	×	×	○	
			ビニルエステル	〃	○	○	○	120	140	◎	○	◎	△	△	○	
			フェノール	〃	○	○	○	130	170	○	×	◎	×	◎	○	
			フラン	〃	○	○	○	120	160	◎	×	◎	◎	◎	○	
			エポキシ	〃	○	○	○	70	80	○	×	◎	◎	○	○	
	フレークライニング		イソ系ポリエステル	常温	○	○	○	80	90	◎	○	◎	×	△	◎	フレークガラスを充填したペースト状樹脂で，1〜3mmの膜厚をつくる。薬液浸透に強く，耐熱性も良い
			ビス系ポリエステル	〃	○	○	○	80	100	◎	○	◎	×	×	◎	
			ヘット酸ポリエステル	〃	○	○	○	100	130	◎	◎	◎	×	△	◎	
			ビニルエステル	〃	○	○	○	120	150	◎	◎	◎	△	△	◎	
	セメントライニング		ポリエステル	常温	○	○	○	70	80	◎	○	◎	×	×	◎	高充填モルタル状樹脂を，こてで5〜10mmに仕上げる。耐熱ショック用，耐摩耗用などがある
			エポキシ	〃	○	○	○	60	70	○	×	◎	◎	○	◎	
			ビニルエステル	〃	○	○	○	90	100	◎	○	◎	×	×	◎	
			フェノール	〃	○	○	○	150	200	◎	×	◎	×	◎	◎	
	ブリックライニング	ブリック材	磁器れんが			○	○			◎	○	◎	○	◎	◎	樹脂，ゴム，鉛などのライニング（メンブレーン）層を，機械的摩耗や熱衝撃などから保護するためのライニング。耐酸れんが層だけで耐食性を求めてはならない。磁器れんが，炻器れんがは熱衝撃に注意
			炻器れんが			○	○			◎	○	◎	○	◎	◎	
			カーボンれんが			○	○	170	1400	◎	×	◎	◎	◎	○	
			抗火石			○	○	800	1000	◎	△	◎	△	◎	△	
		目地材	フェノール	常温	○	○	○	160	200	◎	×	◎	×	◎	◎	
			フラン	〃	○	○	○	160	200	◎	×	◎	◎	◎	◎	
			ポリエステル	〃	○	○	○	120	180	◎	○	◎	×	×	◎	
			エポキシ	〃	○	○	○	95	120	○	×	◎	◎	○	◎	
			シリケート	〃	○	○	○	400	800	◎	◎	×	×	◎	△	
			硫黄	〃	○	○	○	85	95	◎	△	◎	×	◎	○	
	シートライニング		塩化ビニル	溶接	○	○	○	80	90	◎	○	◎	◎	×	○	2〜5mm厚のシートを接着，ビス止め。ルース法などにより内張りする。継目は溶接する
			塩化ビニリデン	〃	○	○	○	50	60	◎	○	◎	◎	○	○	
			ポリプロピレン	〃	○	○	○	100	120	◎	○	◎	◎	○	○	
			四，六フッ化プロピレン	〃	○	○	○	150	200	◎	◎	◎	◎	◎	○	
ゴムライニング	シートライニング		軟質ゴム（NR）	150	○	○	×	80	80	◎	×	◎	◎	×	◎	接着剤塗布後，ゴムシートを圧着し加硫して仕上げる。加硫方法にはいろいろあり，普通は4kg/cm²飽和蒸気を使う。標準厚さ 3〜6mm，コーティングもある。現地加硫の場合，性能は下る
			硬質ゴム（NR）	〃	○	○	×	100	100	◎	×	◎	◎	×	◎	
			クロロプレン（CR）	〃	○	○	×	100	100	◎	○	◎	◎	×	◎	
			ニトリル（NBR）	〃	○	○	×	100	100	◎	×	◎	◎	×	◎	
			ブチル（IIR）	〃	○	○	×	100	100	◎	○	◎	◎	×	◎	
			ハイパロン（CSM）	〃	○	○	×	120	120	◎	◎	◎	◎	×	◎	
グラスライニング			グラスライニング1種	800〜900	×	○	×	180	—	◎	◎	◎	△	◎	◎	熱衝撃，機械的衝撃に注意。1〜1.5mm厚。JIS R 4201-1983で，1種，2種に区分される
			2種	〃	×	○	×	—	—	◎	◎	◎	○	◎	◎	
耐食金属			鉛（ホモゲン，ライニング）	溶接	○	○	×	120	120	◎	×	◎	×	◎	○	鉛ホモゲインを除いてステンレス，チタンなどは溶接，ストリップライニングなどの工法による。爆圧接法によるクラッド化もある。
			ステンレス（ライニング，クラッド）	〃	○	○	×			◎	×	◎	◎	◎	◎	
			チタン（ライニング）	〃	○	○	×			◎	◎	◎	◎	◎	◎	

〔注〕 1) 現地施工，母材，○…できる，×…できない，△…ただし書付きでできる。
2) 耐食性 優・良・可・不可の順に◎○△×
［藪本昭五郎，硫酸と工業，40, p.38 (1987) 一部改訂］

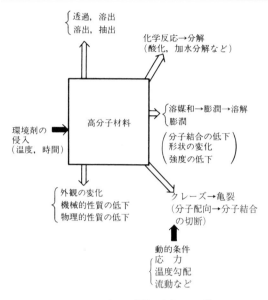

図 4.2.50 高分子材料の劣化の要因[3]

ング施工ができれば，装置材料として非常に有用なものであり，今後，新規高分子耐食材料の開発と相まって期待されるものである．

（久保内昌敏，梅田　勇，源水秀彦，太田恵久）

引用・参考文献

1) 呉羽化学工業，KPS フォートロンカタログ（1988）
2) 樹脂ライニング工業会編，基準・樹脂ライニング，日刊工業新聞社（1988）
3) 奥田聡，プラスチックによる防食技術，日刊工業新聞社（1982）
4) 伊藤公正編，プラスチックデーターハンドブック，工業調査会（1988）
5) 糸乗貞典編，ポリマー辞典，大成社（1986）
6) 化学工学協会編，化学装置便覧，改訂2版，丸善（1989）

4.2.5　難燃材料

〔1〕　材料の防火上の分類

一般に，材料はその燃焼性から大きく可燃材料と不燃材料とに分けられる．難燃材料とは，その間の性能を持つが，一般的な解釈としては，可燃材料の中で燃えにくい性質を持つものということになる．しかしながら，可燃と難燃の閾値は固定的なものではなく，対象によって変化する．建築，自動車，鉄道車両，電気製品を始めとする種々の分野で難燃材料が定義・利用されているが，それぞれで試験方法が異なるため，その性能に違いが生じる．

ここでは，建築分野を例に，難燃材料の定義を説明する．建築基準法では，内装材料の防火性能を試験によって不燃，準不燃，難燃の三つのグレードに分類しており，これを総称して「防火材料」という．具体的には，建築基準法施行令第108条の2，同令第1条第5および6号に防火材料に期待する防火性能の技術基準が示されている．その内容は**表4.2.36**に示すとおりであるが，通常の火災による火熱が加えられた場合に，不燃材料は20分間，準不燃材料は10分間，難燃材料は5分間，(1)〜(3)の要件を満たす必要がある．性能要求として，燃焼性（狭義には発熱性）のみならず，ガス有害性，発煙性も含まれている．

表4.2.36　建築基準法に定められている防火材料の性能要件

防火材料の種類		要　件
不燃材料	20分間	(1) 燃焼しないものであること
準不燃材料	10分間	(2) 防火上有害な変形，溶解，亀裂その他の損傷を生じないものであること
難燃材料	5分間	(3) 避難上有害な煙またはガスを発生しないものであること

準不燃材料および難燃材料は，同令第1条第5号および6号にそれぞれ定義されており，防火性能は一般に前者の方が高い．建築基準法の改正に伴い，防火材料の試験方法については，国土交通省が定める指定性能評価機関が業務方法書を定め，実施することとされた．現実としては，ISO 5660-1 に準拠したコーンカロリーメータによる発熱性試験が頻度の高い評価方法となっている．準不燃材料および難燃材料についても，同様の試験方法が利用されている．

〔2〕　難　燃　性

建築分野における難燃材料は，**表4.2.37**に示される発熱性およびガス有害性に関して評価基準が設けら

表4.2.37　難燃材料と準不燃材料の試験方法および評価基準の例

基準（①および②をいずれも満足すること）	試験方法	各試験の評価基準
① 発熱性試験または模型箱試験のいずれかに合格	発熱性試験	●所定時間の合計発熱量 < 8 MJ/m^2 ●200 kW/m^2 を超える発熱速度が10秒以上継続しないこと （所定時間：準不燃材料10分間，難燃材料5分間）
	模型箱試験	省略
② ガス有害性試験に合格	ガス有毒性試験	●マウス8匹の行動停止までの平均時間－標準偏差 $\geq$ 6.8分

れており，前者は，コーンカロリーメータ（ISO 5660-1 に準拠），模型箱試験のいずれか，後者は，ガス有害性試験にて評価基準を満足しなければならない。発熱性試験のうち，代表的なコーンカロリーメータを例に，さらにガス有害性試験についての要求性能に関して整理する。

（a） **発熱性（燃焼性）について**　コーンカロリーメータを用いた試験では，輻射電気ヒータから試験体（1辺の大きさが99 mm±1 mmの正方形で厚さを50 mm以下）の表面に50 kW/m²の輻射熱が照射される。難燃材料は，この加熱に対して加熱開始後5分間の総発熱量が8 MJ/m²以下，かつ発熱速度が10秒以上継続して200 kW/m²を超えないことが判定基準となる。建築内装材料の難燃化は，着火時間の遅延や火災時の延焼拡大防止がおもな目的である。とりわけ，火災の初期段階で，建物在館者の避難に十分な時間を確保するための対策となる。

（b） **ガス有害性について**　建物火災時の避難上有害な煙またはガスを発生しないものであることを評価するために，ガス有害性試験が実施されている。ガス有害性試験は実験動物（マウス）を使用する試験で，試験体が燃焼した際に発生する燃焼生成ガスをマウスに曝露し，マウスの行動が停止するか否かによって，材料から発生するガスの毒性を確認する試験である。

内装材料に関する火災危険のうち，多量の犠牲者発生に直接結び付くのは，出火室から廊下に放出される煙（主として煙に含まれる一酸化炭素を始めとする毒性ガス）である。火災室から放出される煙に含まれる一酸化炭素濃度は，一般にフラッシュオーバ発生直後にピークを示すことが多いことから，いかに延焼拡大を遅らせるかが在館者の避難安全を確保するために重要なことである。

（c） **その他の難燃材料に必要な性質**　加熱中に著しい変形がないこと，加熱開始後5分間，防火上有害な裏面まで貫通する亀裂および穴がないこと。軟化・溶融温度が低く，早期の著しい垂下や滴下，屋根材などでは，わずかの飛火で穴があくような材料であってはならない。

〔3〕 **難燃化の方法**

有機物は一般に燃焼しやすいが，その程度は化学組成と密接な関係がある。すなわち，ハロゲン元素，リン，窒素などを含む有機材料は，炭素と水素のみから成る有機材料に比べ，緩やかな燃焼特性になる傾向がある。また，酸素を含むことは一部分がすでに酸化されている意味で緩燃となる。以下，有機材料（可燃材料）の難燃化の方法の代表的な例を示す。

（a） **物理的方法**　古くは，木材に対するモルタル塗りから始まり，塩化ビニルに金網を入れたり，ポリエステル板にガラス繊維を加えたりする方法，すなわち不燃材料を可燃材料の表面や内部に用いることで，熱エネルギーの遮蔽・抑制がこの種類である。建材としては，省エネの観点から断熱性能の高い（可燃性）芯材に防火性向上を目的に，おもに金属製板でサンドイッチして難燃化が図られたパネルが利用されることもある。また，化学的方法の一つでもあるが，熱を受けると発泡する種の塗料を材料表面に塗布し，熱を材料に伝えにくくする方法もある。

（b） **化学的方法**　有機材料の材質自体を難燃化するには化学的方法によらなければならない。具体的には，難燃剤を用いて固相あるいは気相において，燃焼を抑制することである。難燃剤は，ハロゲン系化合物，リン系化合物，無機系化合物，窒素系化合物などに分類することができる。不燃性ガスを発生する化合物，ハロゲン類，そのほかリンを含む化合物は広くこの目的に使われ，アンチモン，ホウ素，水和金属などの化合物も有効なことが多い。それぞれの特徴について，つぎに述べる。

1） **ハロゲン系化合物**　臭素化合物，塩素化合物およびハロゲン含有リン化合物がおもに使われている。不燃性ガスが発生することで，有機材料の熱分解で発生する可燃性のガスを希釈により酸素が遮断され，燃焼が抑制される。また，気相におけるラジカルトラップ効果により，燃焼が比較的緩慢になる。三酸化アンチモンとの併用による相乗効果は，優れた難燃効果を示すことが多い。

2） **リン系化合物**　固相における炭化層の生成により酸素および熱が遮断され，また，気相におけるラジカルトラップ効果による難燃機構が示される。窒素系との併用が多い。

3） **無機系化合物**　無機系難燃剤には，代表的なものとして，水和金属化合物（水酸化マグネシウム，水酸化アルミニウム），三酸化アンチモンがある。リン系難燃剤と同様に，非ハロゲン系難燃剤として中心的な役割を果たしている。難燃化機構は，脱水吸熱反応による燃焼抑制，および燃焼残渣により炭化層や酸化金属層が形成され，断熱効果および酸素遮断による燃焼抑制効果である。

以上，主要な難燃化機構について説明したが，有機材料の難燃化は，その材料の長所を最大限に生かすように行わなければならない。また，近年の難燃剤，難燃材料に対する関心は，高難燃性材料の開発である一方，環境安全も大きくクローズアップされるようになってきた。特に，臭素系化合物，重金属含有化合物

は，エコラベルの自主規制が運用され，また WEEE（電気電子機器廃棄物指令），RoHS（特定有害物質使用制限指令）によって規制されている。こうした背景から，現在は，環境対応型低有害性難燃材料，さらにはリサイクルにも配慮した難燃材料の開発実用化が進められている。

〔4〕 難 燃 材 料

建築分野における難燃材料は，2000（平成12）年5月30日建設省告示第1402号「難燃材料を定める件」で定められている。つぎに，これに該当するものを列記する。

① 不燃材料
② 準不燃材料
③ 難燃合板で厚さが5.5 mm 以上のもの
④ 厚さが7 mm 以上のセッコウボード（ボード用原紙の厚さが0.5 mm 以下のものに限る）
⑤ その他，国土交通大臣が認定したもの

〔5〕 難燃化の重要性

難燃材料は，火災という社会的災害の抑制に寄与できる材料であり，非常に重要な役割を担っている。高齢化社会の到来，都市の高層化や地下空間の深度化，交通機関の高速化・大容量化を始め，地震やテロ等による火災発生の潜在的危険性も含め，火災被害の対策がますます必要とされ，今後も建築，鉄道車両，自動車，家電製品を始めとするさまざまな分野で安全性の面から高性能化された難燃材料，不燃材料の必要性はいっそう変わらないことが予想される。（松山　賢）

4.2.6　耐　火　材　料

〔1〕 適 用 範 囲

特に厳密な定義があるわけではないが，一般的には工業窯炉の最高温度とされる1 700～1 800℃に曝露されてもよく耐える非金属材料を耐火材料（refractory materials）と称しており，いわゆる耐火物（refractories）とほとんど同義語に使われている。他方，建築方面では火災の温度である1 100～1 200℃において燃焼しない材料を耐火材料と呼んでおり混同しやすい。この場合は不燃性の意味であるからむしろ防火材料（fire-proof materials）と称すべきで[1]，ここでは含めないことにする。

一方，耐熱材料（heat resisting materials）という用語は，元来，ガラス類や金属類の中で，ふつうよりは耐熱性はあるが，耐火材料に比べ温度限界の低いものについて使われていた。しかし近年，ジェットエンジンやロケットエンジンなどの発達に伴い工業窯炉の温度域をはるかに超え，しかも耐熱衝撃や高温機械的強度を必要とする条件下で使われる，いわゆる超耐火物といわれる分野が開かれた。それらは炉材用材料と区別する意味で一般には耐火材料よりはむしろ耐熱材料あるいは高温材料と呼称されているが[1]～[3]，このような材料も耐火材料の領域が拡大されたと考え，あえて本項に含めることにした。

しかし，その中の金属材料については，文献によっては高融点金属（Nb, Mo, Ta, W）を耐火金属（refractory metal）[4]およびその合金を耐火金属合金（refractory metal alloy）[5]と耐火（refractory）を冠してはいるが，これらは酸化にきわめて弱く，実際にはその用途はもっぱら機械工具の部品などに限られている[6]。ジェットエンジン，タービンブレードなどに使用されてはいるが，Fe, Ni, Co をベースにした，いわゆる超合金（super-alloy）も耐熱合金の範疇に入れるのが一般的であることから[6],[7]，これら金属材料はここでいう耐火材料には含めないことにした。したがって，耐火材料の大分類はつぎのとおりとする。

耐火材料 ─┬─ 耐火物
　　　　　└─ 高温用セラミックス

なお，参考までに日本語の耐火という形容詞はドイツ語の feuerfest の訳語からきたと考えられ，英語の refractory は18世紀の初期に溶融しにくい金属鉱石の性状を記載するために使用され始めたといわれている[1]。

〔2〕 意 義（定 義）

（a） 耐　火　物　高温に耐え，化学的に安定な非金属無機物質またはその製品の総称である。ふつうは耐火度 SK 18（1 500℃）以上の工業用炉材を指し，態様としては定形（れんが）と不定形があり，組成としては酸化物系が一般的であるが，非酸化物系，両者の複合系がある[2]。その本質的な機能は窯炉などの構築材料として用いた場合，高温度において機械的，熱的および化学的作用に安定して耐えるものでなければならない。高温度の基準としては，ドイツ工業規格（DIN）ではゼーゲル錐（SK）26番（1 580℃）以上，米国の ASTM では粘土質耐火れんがの熱的安定性に関し最低温度は1 515℃としている。

一方，わが国の改正前の JIS ではドイツ規格に準拠し，SK 26 以上のものとしていたが，現在は JIS R 2001 で，耐火物とは1 500℃以上の定形耐火物（耐火れんが）および最高使用温度が800℃以上の不定形耐火物，耐火モルタルならびに耐火断熱れんがと規定している。これらの温度を定めた根拠は定かでないが，特に不定形耐火物などの800℃以上は，たぶんこのような製品の実用化が先行していたからではないかと思われる。

いずれにしても通常耐火物が窯炉で使用される場合，単に温度条件だけでなく，それぞれ複雑な使用条件が介在するので，耐熱性に対する一応の目安にすぎない無荷重の軟化変形温度である耐火度のみで使用条件に適合しているかどうかを決定することはできない。〔4〕項で述べるように，それぞれの使用条件に対する必要具備特性と併せて検討しなければならないことはいうまでもない。

（b）**高温用セラミックス** 近年，製鉄を始めとする各種工業窯炉は生産性向上のため使用条件はますます過酷化し，反面寿命の向上，原単位の低減が強く望まれ，その対応が急務となっている。そのため耐火材料は一般に高純度化，高密度化の方向で改良が進められ，特にスラグなどの激しい化学的浸食に耐えるためには組織の緻密化が必須条件である。しかし，いわゆる耐火物では緻密化に限度があり，ファインセラミックス製造の手法である焼結法による緻密質れんがが開発実用化されている[8]。

磁器として分類されることの多い純酸化物系の理化学用磁器[8),9)]も，その優れた耐熱性から，また一方，ガスタービン，エンジン部品などの省エネルギー，軽量化に対応し熱衝撃抵抗，耐食，耐摩耗，疲労といった面でも優れた特性を持つ高温高強度材料として，炭化物，窒化物，ホウ化物などが期待されている[8)]。そしてさらには，繊維状高温材料すなわちセラミックスファイバーを利用した耐火断熱材料もここに加えることにした。なお，**表4.2.38**[10)]では，後者を耐火物の物理的分類に含めている。

また，金属とセラミックスの粉末の混合物を焼結した材料で，セラミックスの耐熱性と金属の靱性を併せ持つ，いわゆるサーメットが開発されている。

〔3〕**種類・特徴・用途**

（a）**耐 火 物** 形態による物理的分類を表4.2.38[10)]に，耐火れんがの化学的分類，特徴および用途例を**表4.2.39**[10)]に示す。

（b）**高温用セラミックス**

1）**緻密質れんが** 耐火れんがに比べ気孔率が小さく，組織，組成が均一で，電鋳れんがのような空洞がなく，常温，熱間強度が大きく耐摩耗性に優れ，各種スラグ，溶融ガラスに対する化学的浸食性に優れ

表4.2.38 耐火物の物理的分類（耐火物の形態による）[10)]

分類	種類		定義・特徴
定形耐火物	耐火れんが	焼成	窯炉などの構造物の構築に用いられる，あらかじめ形を備えた耐火物。
		不焼成	
		電鋳	
	耐火断熱れんが		熱伝導率の低い耐火れんが
不定形耐火物	耐火モルタル	熱硬性	耐火れんがを積むときの目地材料。その硬化の機構から，熱硬性，気硬性および水硬性の耐火モルタルに分類される。
		気硬性	
		水硬性	
	キャスタブル耐火物		耐火性骨材と水硬性セメントまたは化学結合剤を混合した耐火物。水と混ぜて流し込みによって成形でき，そのまま耐火性構造物として使用できる（最近は耐食性に優れる低セメントキャスタブルが開発され，施工法の改善と相まって使用増が著しい）。
	プラスチック耐火物		耐火性骨材に可塑性のある材料を加え，さらに適当な水を混ぜて練り，土状にした耐火物。比較的低温で硬化させるように化学薬品を添加したものもある（どちらかといえばキャスタブルよりは高温用，手ハンマなどで打ち込み施工するが，省力化から使用減傾向）。
	吹付材		ガンを用いた冷間または熱間で構造物表面に吹き付けて施工する耐火材料。
	ラミング材		熱の影響によってセラミックボンドができ，強さを出す粒状耐火材料。比較的可塑性がなくエアランマなどで強打されて施工される耐火材料（プラスチック同様，省力化から使用減傾向）。
	スリング材		スリンガ機で投射され施工される耐火材料（製鋼取鍋用だが，ケイ酸質のため現在はほとんど使われていない）。
	パッチング材		耐火モルタルと同様の性質を持つが，塗布しやすいような適切な粒度に調整されている耐火物。
	コーチング材		
	軽量キャスタブル耐火物		多孔質の軽量骨材と水硬性セメントなどを混合した耐火物。水を混ぜて流し込みによって成形でき，そのまま耐火断熱性構造物として使用できる。
繊維状高温材料	セラミックファイバー		繊維状の人工耐火材料で，加工してブランケット，フェルト，ロープなどの形で用いられる（不定形耐火物の補強材としても使われる）。

〔注〕（ ）内筆者注

表 4.2.39 耐火れんがの化学的分類・特徴・用途[10]

分類		種類	主要化学成分	特徴	用途例
酸化物系れんが	SiO$_2$系れんが	けい石れんが（半けい石を含む）	SiO$_2$ (SiO$_2$, Al$_2$O$_3$)	① 高温強度大, ② 残存膨張性, ③ 比重小, ④ 低温で異常膨張, 高温膨張係数小	電気炉炉蓋, 鋼反射炉, コークス炉, 熱風炉, 均熱炉
		溶融石英れんが	SiO$_2$	① 熱膨張小, ② 耐熱衝撃性大, ③ 熱伝導率, 比重, 比熱小	浸漬ノズル, ロングノズル, コークス炉ドアおよび上昇管
	Al$_2$O$_3$系れんが	アルミナれんが	Al$_2$O$_3$	① 高耐火性, ② 機械的強度大, ③ 各種スラグに対する抵抗力大, ④ 比重大, ⑤ 熱伝導率比較的大	熱風炉, ストッパヘッド, スリーブ, 均熱炉蓋, 加熱炉, セメントキルン
		電鋳			ガラスタンク窯, 高温焼成炉
		高アルミナれんが	Al$_2$O$_3$, SiO$_2$		スライドゲート, アルミ溶解炉, スキッドレール
		電鋳			加熱炉炉床, スキッドレール, セメントキルン, 焼却炉
	SiO$_2$-Al$_2$O$_3$系れんが	ろう石れんが	SiO$_2$, Al$_2$O$_3$	① 品質（成分, 特性値）範囲広い, ② 熱膨張率, 熱伝導率, 比重, 比熱小, ③ 高温強度小, ④ スラグなどの浸透少ない, ⑤ 複雑形状のものも造りやすい, ⑥ 価格比較的安い	取鍋内張り, 湯道, スリーブ, ノズル, ストッパ
		シャモットれんが	SiO$_2$, Al$_2$O$_3$		コークス炉, 焼なまし炉, 加熱炉, セメントキルン, 高炉, 熱風炉, 均熱炉
	ZrO$_2$系れんが	ジルコンれんが	ZrO$_2$, SiO$_2$	① 耐熱衝撃性, 耐スラグ浸食性大, ② 比重大	取鍋内張り, ノズル, ヘッド, スリーブ
		ジルコニアれんが	ZrO$_2$, CaO	① 高融点, 高温揮散小, ② 溶融金属に濡れにくい, ③ ほぼ中性, ④ 熱伝導率小, ⑤ 耐食性大, ④ 比重大	連鋳ノズル, ガラスタンク窯, 高温炉内張り, 金属溶解炉るつぼ
		アルミナ-ジルコニア-シリカれんが	Al$_2$O$_3$, ZrO$_2$, SiO$_2$	① 耐スラグ浸食性大	取鍋内張り, 連鋳ノズル
		電鋳		① 溶融ガラスに対する耐食性大	ガラスタンク窯, 焼却炉
	CaO系れんが	石灰れんが	CaO	① 耐スラグ浸食性大	特殊精錬炉
	MgO系れんが	マグネシアれんが	MgO	① 高耐火性, 高温強度比較的小, ② 塩基性スラグ浸食抵抗大, ③ 温度の急変と湿分に弱い	混銑炉, 炉外精錬装置, ロータリキルン, ガラス窯蓄熱室, 電気炉炉壁
	Cr$_2$O$_3$系れんが	クロムれんが	Cr$_2$O$_3$, FeO	① 高耐火度, ② 高温強度小, ③ 耐熱衝撃性小	酸性, 塩基性れんがの絶縁
	MgO-Cr$_2$O$_3$系れんが	クロム-マグネシアれんが	MgO, Cr$_2$O$_3$, Al$_2$O$_3$	① 耐火度, 荷重軟化点高, ② 塩基性スラグ浸食抵抗大, ③ 低マグネシア品は温度急変に比較的強い, ④ 成分範囲広い, ⑤ ダイレクトボンド, 電鋳品は高温強度大	混銑炉, アーク炉, 炉外精錬容器, 非鉄金属精錬炉, セメント, 石灰, ドロマイト焼成キルン
		不燃性			鋼反射炉天井, スメルタ, アーク炉天井壁, ガラス窯蓄熱室
		電鋳			アーク炉スラグライン, 真空脱ガス装置, 非鉄金属炉
	MgO-CaO系れんが	ドロマイトれんが	MgO, CaO	① 耐火度, 荷重軟化点高, ② 塩基性スラグに抵抗大, ③ 安定化ドロマイト質を除き湿分に弱い, ④ 熱膨張率大	転炉内張り, 電気炉ホットスポット, 炉外精錬容器
	MgO-Al$_2$O$_3$系れんが	スピネルれんが	Al$_2$O$_3$, MgO	① 耐スポーリング性大, ② 高温強度大, ③ 耐スラグ浸食性大	取鍋内張り, セメントキルン用
非酸化物系れんが	C系れんが	炭素質れんが	C(SiC)	① 高耐火性, ② 高耐スラグ浸食性, ③ 酸化抵抗性小	高炉炉底, 電気炉内張り
	SiC系れんが	炭化けい素れんが	SiC	① 高耐火性, ② 熱間強度大, ③ 熱伝導率, 耐熱衝撃性大, ④ 高温で酸化しやすい, ⑤ 各種スラグに対する耐浸食性大	窯道具, 焼却炉
	SiC-C系れんが	炭化けい素-黒鉛れんが	SiC, C	① 高耐火性, ② 熱間強度大, ③ 熱伝導率, 耐熱衝撃性大	高炉炉壁
	SiC-Si$_3$N$_4$系れんが	窒化けい素質れんが	Si$_3$N$_4$, SiC	① 強度大, ② 耐スポーリング性大, ③ 酸化抵抗性比較的大	高炉炉壁, 窯道具
複合れんが	Al$_2$O$_3$-C系れんが	アルミナ-黒鉛れんが	Al$_2$O$_3$, C (SiC)	① 高耐火性, ② 耐熱衝撃性大, ③ 耐食性大	溶銑予備処理用, 混銑炉, 浸漬ノズル, スライディングノズル
	MgO-C系れんが	マグネシア-カーボンれんが	MgO, C	① 耐スラグ浸食性大, ② 耐熱衝撃性大	転炉, 電気炉, 取鍋スラグライン

4. 機械と装置の安全

表4.2.40 緻密質れんがの種類と用途[8]

種類	アルミナ	クロム	ジルコン	ジルコニア	マグクロ
用途	加熱炉炉床（ウォーキングハース）加熱炉スキッドレール カーボンブラック焼成炉 タンディッシュ当り 短繊維ガラス溶解槽	繊維ガラス溶解槽	繊維ガラス溶解槽 ガラス槽窯	繊維ガラス溶解槽	電気炉炉壁 DH, RHなど 脱ガス装置

表4.2.41 酸化物系特殊耐火耐熱材料の種類とおもな用途[9]

種類	用途
BeO	るつぼ、そのほか理化学用耐熱容器として（高温で炭素に還元されにくい）、原子炉の反射材、減速材、核燃料分散材、高温電気絶縁材、高熱伝導性電気絶縁材、鋳型（永久）（バナジウムや合金の）
Al_2O_3	セラミック工具、るつぼ、熱電対保護管、同絶縁管、ボート、炉心管、乳鉢、ボールミル、ボールベアリング、耐磨材料、ロケットノーズコーン、その他
$Al_2O_3 \cdot MgO$	るつぼとして1900℃まで使える（塩基性スラグ、セメントクリンカの溶融に適する。金属溶解にも良い）、比較的熱伝導率が小さいので熱電対保護管に適する（スポーリングに注意）。荷重に強いので構造材としてよい（アルミナより概して良い）。しかし、もろい
ZrO_2	Ti, Inの溶解るつぼ、各種ガラスの溶融（酸性、塩基性とも）、非金属発熱体、れんがとしては炉内張り（酸化還元雰囲気で2000℃以上2500℃まで使える。チタン酸バリウム磁器焼成用セッタとして好適。
$ZrO_2 \cdot SiO_2$	酸性スラグに強い、熱膨張率が小さく熱衝撃に強く、鋳鋼用ノズル、精密鋳型、るつぼ、耐火れんが、スランプ材に良いという
ThO_2	酸化物中最高の融点を持ち、かつ安定で、各種金属の溶解用るつぼに良いが、高温であまり使われない。原子燃料親物質として将来性大である
MgO	高純U, Thの溶解用るつぼ、鉄やその合金の真空溶解用るつぼ

ている。表4.2.40[8]に種類、用途を示す。

2) 純酸化物系（磁器） 表4.2.41[9]に種類と用途の一例を示す。

3) 非酸化物系（炭化物、窒化物、ほう化物）[8],[9]

これらは高温用セラミックスの中で最も高温特性が優れ、特に高強度材料として注目されている。SiC、Si_3N_4系については表4.2.39に示すとおりであるが、そのほか、おもなものとしてSiなどの溶融金属に反応しにくい窒化ほう素（BN）はるつぼ、真空高周波炉の絶縁物など、さらにはロケット、ミサイルにも用いられている。また、窒化アルミニウム（AlN）はアルゴン、一酸化炭素雰囲気中でアルミニウムを蒸発させる容器に最適とされている。

4) セラミックファイバー セラミックファイバーとは、アルミナ（Al_2O_3）とシリカ（SiO_2）を主成分とした人造鉱物繊維の総称であり、非晶質のリフラクトリーセラミックファイバー（RCF）と結晶質のアルミナ繊維およびムライト（$3Al_2O_3 \cdot 2SiO_2$）繊維から成るアルミナファイバー（AF）とがある。また、1990年代になると、生体内での溶解性を付与したバイオソルブルファイバー（bio soluble fiber（BSF）：生体溶解性繊維）が実用化されてきた[12]。表4.2.42に、各種セラミックファイバーブランケットの品質特性例を示す。

5) サーメット（cermet）[9] ceramicsとmetalの最初の3文字をとって作った新造語であり、すなわちセラミックスの特性である硬さ、耐熱性、耐酸化性、耐薬品性、耐摩耗性に加えるに金属の強靭性と可塑性の両方を併せ持つことを狙ったものである。Fe, Ni, Co, Cr, Moなどの金属と各種の炭化物（TiC, ZrC, B_4C, WCなど）、酸化物（Al_2O_3, ZrO_2, ThO_2など）が複合されて使われる。特にTiC基サーメットは特性が優れ、TiC-Ni-Moを中心として切削工具、耐熱部品として用途がある。またAl_2O_3-Fe、Al_2O_3-Crは代表的な酸化物サーメットであり、高温ノズル、保護管などに使われている。

〔4〕 耐火材料の使用技術と評価技術

従来、耐火材料は材質の改良開発が中心であったが、その70％以上が消費される鉄鋼業プロセスの目覚ましい技術革新により、1965年頃からその使用技術の構造にも変化が現れた。すなわち内張耐火材料の構造設計、施工法そして操炉技術も重要な要素となり、それらと材料技術がバランスよく複合化されて成り立っている。言い換えれば材料の選定、耐火構造の設計、れんが形状寸法の決定そして使用中の管理と観察、使用後の調査に至るまで製造者と使用者とが密接に協力することが必須条件といえよう。そしてそれには評価技術が大きく関わってくることはいうまでもな

表4.2.42 各種セラミックスファイバーブランケットの品質特性例[12]

種 類	RCF			AF		BSF	
最高使用温度 [℃]	1 260	1 400	1 500	1 600	1 600	1 100	1 260
真比重	2.6～2.7	2.7～2.8	2.7～2.8	2.9～3.1	3.2～3.6	2.7	2.5
繊維径 [μm]	2～4	3	3	4～7	3～5	3～5	3～5
熱伝導率 [$W \cdot m^{-1} \cdot K^{-1}$]							
400℃	0.07～0.09	0.07～0.08	0.07	—	—	0.10	0.10
600℃	0.12～0.13	0.10～0.12	0.10	0.12～0.16	0.12	0.18	0.15
800℃	0.16～0.19	0.15～0.18	0.15	0.17	0.16	0.28	0.21
1 000℃	0.23～0.28	0.20～0.23	0.20～0.21	0.24～0.33	0.21	—	0.29
1 200℃	—	—	—	0.33～0.48	0.38	—	—
1 400℃	—	—	—	—	0.51	—	—
かさ密度 [$kg \cdot m^{-3}$]	128～130	128～130	128～130	100～130	96	128	130
化学成分 [mass%]							
Al_2O_3	46～48	34～56	40～58	72	80～95	—	—
SiO_2	52～54	44～50	42～58	28	5～20	61～72	70～80
ZrO_2	—	0～16	—	—	—	—	—
CaO + MgO	—	—	—	—	—	24～40	18～27
鉱物組成	—	—	—	ムライト	ムライト, αアルミナ	—	—

い。

耐火材料の評価は個々の単体としての評価と，構造体としての二面がある。前者については，それぞれの一般的な特徴性格の把握と，使用条件を想定した上での適当な試験項目を選び，適切な材料選定の基準とするのがその基本的な目的である。個々の物性値としては比重，気孔率関係，熱膨張率，弾性率，強度などがあるが，例えば，溶融スラグなどの浸食に対しては当然低気孔率のものが望ましいが，半面，同材質で低気孔になればなるほど弾性率は大きくなり，熱衝撃には弱くなるのでその兼ね合いが難しい。だいたい使用条件そのものが千差万別で，いろいろな要素が複雑に交錯しており，しかもその変動が大きいこと，さらには耐火材料が不均一組織であること，そして大部分は構造体として使用されているため，評価と実用結果とが必ずしも一致しない場合が多いのが実情である。言い換えれば，耐火材料は使ってみなければわからないといった側面があることは否めない。

最近では，構造体としてのシミュレーティブな評価法とそのための個々の評価に関する新しい方法が行われている。例えば，それらの例[11]のうち二，三を示すと，① 耐熱衝撃性評価におけるパネルAE法，② シミュレーティブなスラグ浸食試験，③ X線，超音波による非破壊試験，④ 単体れんがならびに構造体の有限要素法による応力解析，などが広く取り入れられているが，評価試験の費用の問題も含め，そのいっそうの改善は，製造者，使用者双方にとって今後の課題といえよう。

繰り返していうが，耐火材料は使用者と製造者，設計者，施工者とが一体になって，適切な評価をすることによって初めて真価が発揮されるのである。

(島田信郎，細田 裕)

引用・参考文献

1) 吉木文平，耐火物工学，技報堂（1962）
2) 久保亮五，井口洋夫編，理化学辞典，岩波書店（1987）
3) 国際科学振興財団編，科学大辞典，丸善（1985）
4) マグローヒル科学技術大辞典編集委員会編，マグローヒル科学技術大辞典，日刊工業新聞社（1985）
5) METALPROGRESS-MID-JUNE（1984）
6) 田中良平，耐熱合金のおはなし，日本規格協会（1990）
7) 日本金属学会編，金属便覧，丸善（1990）
8) 浜野健也編，ファインセラミックスハンドブック，p.530，朝倉書店（1984）
9) 窯業協会編，窯業工学ハンドブック，p.1382，技報堂（1966）
10) 耐火物技術協会，耐火物手帳，pp.25-27（1981）
11) 日本化学会編，化学便覧基礎編，p.536，丸善（1984）
12) 耐火物技術協会，耐火物手帳改訂12版，p.283（2015）

4.2.7 断 熱 材 料

断熱材料の日本産業規格（JIS）は，1952（昭和27）年9月に主要な七つの材料（石綿保温材，石綿入ケイソウ土保温材，岩綿保温材および鉱サイ綿保温材，ガラス繊維保温材，炭酸マグネシア保温材，炭化コルク板，牛毛フェルト）が制定され，その後工業標準化法の定めにより，数回の見直し，改正が行われてきた。

近年では，被保温体である各種プラントの諸設備の適用範囲の拡大および技術革新などにより，断熱材料に要求される物性（使用温度，軽量化，高強度など）の要求が高くなっており，断熱材料メーカは製造技術の革新，新材料の開発などに対処し，現在の日本産業規格（JIS）では主要な4分類（人造鉱物繊維保温材，無機多孔質保温材，発泡プラスチック保温材，セラミックファイバーブランケット）に統廃合されている。

〔1〕 **断熱材料主要4分類の種類および形状等**

断熱材料の主要4分類の種類および形状，日本産業規格の番号を**表 4.2.43**に示す。

また，各断熱材料の製造方法等について示す。

（a） **人造鉱物繊維保温材**

1) **ロックウール保温材**　二酸化けい素と酸化カルシウムを主成分とした高炉スラグや玄武岩，天然鉱物などを高温で溶かし繊維化した人造鉱物繊維である。用途に応じてウールのまま使用したり，バインダを加え，板，フェルト，帯，ブランケット，筒などの成形品に加工され，保温・保冷材や吸音材として使用される。熱伝導率は，低温域では密度 80 〜 150 kg/m^{3}で最低値を示し，100℃以上では温度上昇とともに熱伝導率も二次関数的に上昇する。

2) **グラスウール保温材**　ロックウールと同様，人造鉱物繊維であり，ガラスを高温で溶かし，繊維化し用途に応じて綿状で使用したり，バインダを加え，板，波形板，帯，ブランケット，筒などに加工したものである。また，成形品は繊維が立体状に空隙があるため保温・保冷材ばかりでなく吸音材としても使用される。熱伝導率は密度が小さいほど大きい。

（b） **無機多孔質保温材**

1) **けい酸カルシウム保温材**　けい酸質と石灰質を高温高圧で水和反応させ，補強繊維を加え成形したものである。この材料の特長は比強度（強度/密度）が断熱材中，特に優れ，また微細な結晶で構成されて

表 4.2.43 断熱材料の主要4分類の種類および形状，規格番号

分　類	保温材	種　類	規格番号
人造鉱物繊維保温材	ロックウール	ウール，保温板（1, 2, 3号），フェルト，保温帯（1, 2号），ブランケット（1, 2号），保温筒	JIS A 9504
	グラスウール	ウール，保温板（24 K, 32 K, 40 K, 48 K, 64 K, 80 K, 96 K），波形保温板，保温帯（A, B, C），ブランケット（A, B），保温筒	
無機多孔質保温材	けい酸カルシウム	保温板，保温筒（1号-15, 1号-22, 2号-17）	JIS A 9510
	はっ水パーライト	保温板，保温筒（3号-25, 4号-18）	
発泡プラスチック保温材	ビーズ法ポリスチレンフォーム	保温板（特号，1, 2, 3, 4号），保温筒（1, 2, 3号），継手カバー	JIS A 9511
	押出法ポリスチレンフォーム	保温板（1種b，2種b，3種a・b）	
	A種硬質ウレタンフォーム	保温板（1種1, 2, 3, 4号，2種1, 2, 3, 4号，3種1, 2号），保温筒（1種1, 2, 3, 4号，2種1, 2号）	
	B種硬質ウレタンフォーム	保温板（1種1, 2号，2種1, 2号）保温筒（1種1, 2号，2種）	
	ポリエチレンフォーム	保温板（1種1, 2号，2種，3種）保温筒（1, 2種）	
	フェノールフォーム	保温板（1種1, 2, 3号，2種1A, 2A, 3A号，3種1A, 2A号），保温筒（1種1, 2号，2種1, 2, 3号）	
セラミックファイバーブランケット	セラミックファイバーブランケット	ブランケット（1, 2, 3号）	JIS R 3311

いるので低密度の軽量な成形体となり，断熱性が良く，熱に対し安定である。結晶系では，ゾノトライト系およびトバモライト系があり，使用温度の最高はそれぞれ1 000℃，650℃である。また当初，補強繊維に石綿が使用されていたが，1979年以降は石綿を含まない製品となっている。

　　2）　はっ水性パーライト保温材　　材料は膨張パーライト，バインダ，補強繊維，はっ水剤などを混合した後，板状ならびに筒状に成形し，乾燥したものである。

　（c）　発泡プラスチック保温材　　発泡プラスチック保温材は，当初発泡剤としてフロン類（HFC等）が使用されていたが現在では，水（二酸化炭素）や炭化水素（HC等）を用いて発泡を行った製品に切り替わっている（硬質ウレタンフォーム保温材を除く）。

　硬質ウレタンフォーム保温材は，フロン類を発泡剤として用いていない製品をA種，フロン類を用いている製品をB種として分類している。

　　1）　ポリスチレンフォーム保温材　　製造法としてビーズ法，押出法がある。ビーズ法は一次発泡させたビーズを型内で発泡成形し，乾燥，養生したもので，一般に原料ビーズを30～70倍に発泡させる。押出法はポリスチレン発泡剤，難燃剤などの原料を押出機で溶融，混合して，ノズルから大気中に押し出して発泡させ，所定の寸法に切断後，一定期間養生したもので保温・保冷材とし使用される。成形型は独立気泡構造であることから，毛細管現象で吸水することはない。また，塩素化炭化水素，芳香族炭化水素，脂肪酸炭化水素，エステル類，ケトン類を溶剤として使用した接着剤にはおかされるため，スチレン樹脂用接着剤を使用する必要がある。

　　2）　A・B種硬質ウレタンフォーム保温材　　ウレタンフォームは，ポリイソシアネートとポリオールの重付加反応で生成する反応熱で気化させたり，発泡剤とポリイソシアネートの反応によって発泡硬化させたもので，軟質，半硬質および硬質があり，断熱材としては主として硬質が使用される。発泡剤はおもに揮発性物質と水の2種類あり，揮発性物質単独または水と併用することが多い。揮発性物質は当初HFC類が使用されていたが，「特定物質の規制等によるオゾン層の保護に関する法律」によって1995年末日をもって全廃され，HCFC類が使用されるようになった。また，これらの材料に難燃材を添加し，燃焼性の制御を図ることができる。

　　3）　ポリエチレンフォーム保温材　　ポリエチレンを主原料とし，それを発泡倍率5～50倍程度に発泡したもので，その優れた保温性能，取扱いやすさ，施工性の良さなどにより建築材料，家電機器，空調設備などの保温材として使用されるようになり標準化された。ポリエチレンフォームは独立気泡体であることから，吸水，吸湿がほとんどないので水分による断熱性能の変化は小さい。

　　4）　フェノールフォーム保温材　　フェノール樹脂を発泡硬化させたもので，密度は使用目的に応じて30～500 kg/m³製品がある。また，発泡プラスチック保温材の中では一番使用温度が高い。

　（d）　セラミックファイバーブランケット　　セラミックファイバーは人造鉱物繊維で，アルミナ粉末・シリカ粉末などを高温で溶融し繊維化したものである。使用温度は他の保温材に比べ1 100℃と高く，耐火材としても使用される。また熱伝導率はおもにその繊維径・密度に左右され，繊維径が小さいほど，密度が大きいほど熱伝導率は小さくなる。

　また，近年セラミックファイバーは労働安全衛生法特定化学物質障害予防規則の「特定化学物質　第2類物質 管理第2類物質 特別管理物質」に該当する物質として規定されたことから取扱いに注意を要する。

　なお，近年では上記規則に該当しない生体溶解性セラミックファイバーも開発されている。

〔2〕　使用用途の分類

　断熱材料は，使用温度範囲によりつぎのように分類される。

　（a）　保温材　　常温以上1 000℃近辺までの温度範囲に使用されるもので，おもに無機多孔質保温材，人造鉱物繊維保温材などがある。一般に常温において熱伝導率が0.065 W/(m・K)以下の材料と定められている。

　（b）　保冷材　　常温以下の温度で使用されるもので，おもに発泡プラスチック保温材，人造鉱物繊維保温材などがある。一般に低熱伝導率かつ低透湿係数の材料と定められている。

　（c）　防露材　　保冷の一分野で，おもに0℃以上常温以下の物体の表面に結露を生じさせない目的で使用されるもので，おもに発泡プラスチック保温材，人造鉱物繊維保温材などがある。一般に低熱伝導率かつ低透湿係数の材料と定められている。

〔3〕　断熱材料の選定条件

　断熱材料選定条件は使用用途により異なるが，おもにつぎのようなものがある。

　（a）　使用温度範囲　　各材料の使用温度の最高の決め方は統一されておらず，各材料ごとに基準を決めて設定している（図4.2.51参照）。人造鉱物繊維保温材（ロックウール保温材，グラスウール保温材）は，ある温度での一定荷重による厚さ方向のある変位

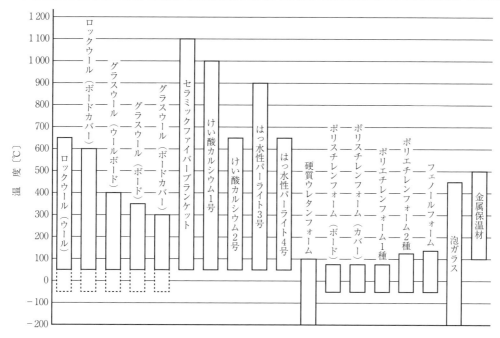

図4.2.51 各種断熱材の使用温度範囲

量をもって,熱間収縮温度としている。無機多孔質保温材(けい酸カルシウム保温材,はっ水パーライト保温材)は,ある温度での収縮率が規定値以下の温度を使用温度の最高としている。また,発泡プラスチック保温材(ビーズ法ポリスチレンフォーム,押出法ポリスチレンフォーム,A・B種硬質ウレタンフォーム,ポリエチレンフォームおよびフェノールフォーム)は,明確な試験方法がないので大きな変形,寸法変化のない経験的な温度を使用温度の最高としている。以上のことから,使用温度の最高の決め方は非常に困難で,使用条件,使用される状態によって大きく異なるので,また湿分,水分の多い箇所で使用するときには,表示の最高使用温度より低い温度域で変形することがあるので,十分使用条件を確認して選定する必要がある。

(b) 熱伝導率 断熱材料は固体物質と気体の混合体であり,熱移動は伝導・対流・放射(輻射)が組み合わされた複雑な機構の下で行われることから,保温材の密度,構造,温度,吸水状態により熱伝導率は変化する。一般に保温材中の空気量が大きくなる(軽量となる)と,放射および対流の影響が大きくなり,熱伝導率は大きくなる(図4.2.52参照)。また,温度が高くなると保温材内部の伝熱,放射が急激に大きくなり,熱伝導率は指数関数的に増大する。

(c) 難 燃 性 無機多孔質保温材や人造鉱物

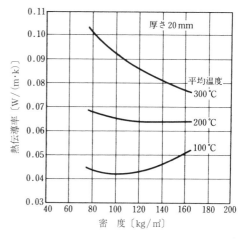

図4.2.52 ロックウール保温材の密度と熱伝導率の関係[1]

繊維保温材は不燃性であるが,保冷材として使用されることが多い発泡プラスチック保温材は,原料が有機質であり,そのままでは燃焼性があることから,難燃剤を添加することにより化学的構造内に難燃化元素を導入し,難燃性を持たせている。

(d) オーステナイト系ステンレス鋼への対応
オーステナイト系ステンレス鋼のうち,SUS 304などはハロゲンイオンにより,応力腐食割れを起こすことがよく知られている。また,可溶性けい酸ソーダはこの割れを抑制することから,保温材中のハロゲンイ

オン (可溶性 Cl+F) を極力少なくし, 可溶性イオン (Na+SiO_3) を増やせば, 腐食のおそれを少なくすることができる (図 4.2.53 参照)。

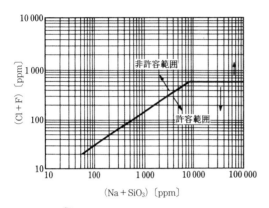

図 4.2.53　可溶性 (Cl+F) と (Na+SiO_3) イオン濃度による保温材の使用範囲[2]

(e) **熱による膨張・収縮**　機器・配管を保温した場合, 機器・配管の温度は高くなり機器・配管は膨張し, 保温材は収縮する (図 4.2.54, 図 4.2.55 参照)。また, 保冷の場合, 機器・配管の温度が低くなることから, 機器・配管および保冷材は収縮する (図 4.2.56, 図 4.2.57 参照)。保温・保冷材を施工する場合, 熱膨張・収縮により保温材間に隙間ができたり, 保冷材が破損しないよう膨張量差・収縮量差に対する考慮が必要である。　　　　(後藤久美, 藤木　昇)

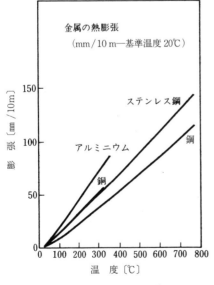

図 4.2.54　金属の熱膨張[3]

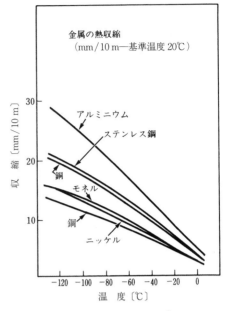

図 4.2.55　金属の熱収縮[4]

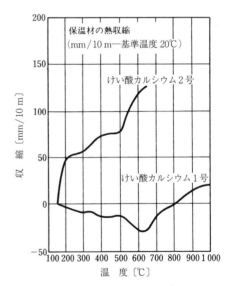

図 4.2.56　保温材の熱収縮[5]

引用・参考文献

1) 日本保温保冷工業協会, 保温 JIS 解説, p.307, 図 1 (2014)
2) 日本保温保冷工業協会, 保温 JIS 解説, p.309, 図 2 (2014)
3) 日本保温保冷工業協会, 保温 JIS 解説, p.326, 図 5 (2014)
4) 日本保温保冷工業協会, 保温 JIS 解説, p.326, 図 6 (2014)

4. 機械と装置の安全

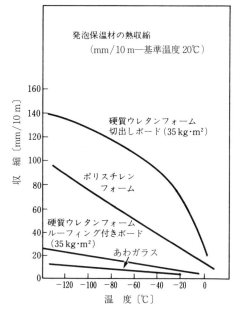

図 4.2.57 発泡保温材の熱収縮[6]

5) 日本保温保冷工業協会, 保温 JIS 解説, p.328, 図 7 (2014)
6) 日本保温保冷工業協会, 保温 JIS 解説, p.328, 図 8 (2014)

4.2.8 電気絶縁材料
〔1〕 使用目的とその種類

電気絶縁材料の使用目的は，主として導体部分を電気的に絶縁することであり，3種類の方法がある。①気体あるいは液体で絶縁する，②固体絶縁物の表面に沿って絶縁する，③固体絶縁物で導体を被覆したり導体間の隙間を充塡して絶縁する。これらの絶縁方式のうち第三の方法が最も普遍的である。

電気絶縁材料の種類は，金属材料を除くほとんどの無機材料あるいは有機材料または気体，液体および固体と多岐多様にわたっている。電気材料の他の分野である導電材料または磁性材料が金属材料に限られていることとは対照的である。

天然産の材料は漸次不足しているが，これに代わるものとして，また，独自の用途としての合成材料の出現はとどまるところを知らない現状である。そこで，まず天然産または合成品，成分・形態別で電気絶縁材料を分類すると**表 4.2.44**のとおりである。一方，電気絶縁材料を耐熱性により分類を行うと**表 4.2.45**のとおりである。なおこの耐熱区分は，主として電気機器の絶縁を対象としている。

〔2〕 **電気絶縁材料に要求される性質**

電気絶縁材料に要求される性質としては，電気的性質，物理的性質および化学的性質に分けることができる。電気的性質としては，絶縁抵抗大，絶縁破壊電圧大，誘電損小，耐アーク性および耐コロナ性大であることなどが望ましい。物理的性質では機械的強度大なること，化学的性質では耐熱性大なることが重要である。使用目的から見て最も重要と考えられる電気的性

表 4.2.44 電気絶縁材料の種類

天然産/合成品	成分別		形態別	おもな種類
天然産	無機材料		気体	空気, 窒素
			固体	雲母, 石英, マグネシウム
	有機材料		液体	鉱物油, 動植物油
			固体	繊維, 樹脂, ゴム
合成品	無機材料		気体	六フッ化硫黄
			固体	ガラス, 磁器
	有機材料		気体	フレオン
			液体	塩素化油, シリコーン油
			固体	繊維, 樹脂, ゴム

表 4.2.45 電気絶縁材料の耐熱区分（JIS C 4003）

絶縁種別	絶縁物種類例	最高許容温度 〔℃〕
Y	木綿, 絹, 紙, ポリエチレン, 加硫ゴム, ビニル, ファイバー	90
A	Y種絶縁物をワニス類で含浸したもの, 電線用油性エナメル, ポリエステル樹脂	105
E	エポキシ樹脂, ポリアミド樹脂, ポリビニルホルマール, ポリエチレンテレフタレート, ポリウレタン樹脂, フェノール樹脂	120
B	マイカ, 石綿, ガラス繊維などを接着剤とともに用いたもの, メラミン樹脂, 各種ガラス	130
F	マイカ, 石綿, ガラス繊維などをシリコンアルキッド樹脂などの接着剤とともに用いたもの	155
H	マイカ, 石綿, ガラス繊維などをシリコン樹脂などの接着剤とともに用いたもの, シリコン樹脂	180
200	生マイカ, 磁器, ガラス, 石綿などを単体で用いたもの, 石英, 耐熱樹脂（フッ素樹脂）	200
220		220
250		250

質についてつぎに記述する。

（a）絶縁抵抗　気体絶縁物に電圧を加えた場合，ほとんど電流は流れない。したがって絶縁抵抗は無限大とみなすことができる。ところが液体または固体絶縁物の場合は，多少の電流すなわち漏れ電流が流れるから，絶縁抵抗を求めることができる。この絶縁抵抗を体積抵抗率 ρ として表し，次式によって計算する。

$$\rho = \frac{A}{t} R \quad [\Omega \cdot cm]$$

ここに，A は電極の有効面積 $[cm^2]$，t は電極間の距離または試料の厚さ $[cm]$，R は絶縁抵抗 $[\Omega]$ である。体積抵抗率は，液体または固体絶縁物において，$10^{10} \sim 10^{18}\ \Omega \cdot cm$ の範囲にある。

なお固体絶縁物においては，その表面の性質または大気の湿気の影響により表面漏れ電流が流れる。この場合の絶縁抵抗を表面抵抗率 ρ' にして表し，次式により計算する。

$$\rho' = \frac{A}{t} R \quad [\Omega]$$

ここに，A は電極の幅 $[cm]$，t は電極間の距離 $[cm]$，R は絶縁抵抗 $[\Omega]$ である。この表面抵抗率は，パラフィンのように水に濡れない材料ではきわめて大きく，水に濡れるベークライトまたは水に溶けるガラスでは比較的小さい。表面抵抗率の値は，前述の体積抵抗率とほぼ同じ範囲にある。

（b）絶縁破壊電圧　絶縁物に高い電圧を加えると，突然に大きな電流が流れ，絶縁性が失われる。これを絶縁破壊という。そのときの破壊電圧を，絶縁破壊の強さ E として表し，次式によって求める。

$$E = \frac{V}{d} \quad [kV/mm]$$

ここに，V は破壊電圧 $[kV]$，d は電極間の距離または試料の厚さ $[mm]$ である。絶縁破壊の強さは，気体絶縁物で $10\ kV/mm$ 以下，液体および固体絶縁物で $10 \sim 100\ kV/mm$ である。

なお，破壊電圧 V と電極間の距離 d の関係は，気体の場合は次式のパッシェンの法則に従う。

$$V \propto Pd$$

ここに，P は気体の圧力 $[mmHg]$ である。元来気体絶縁物の絶縁破壊は，気体分子に対する電子の衝突電離によるものであり，気体分子の電離電圧が比較的低いため，破壊電圧も前述のようにきわめて低い。しかし，上式の関係から気体絶縁物はその圧力を上げることにより，その破壊電圧も上昇させることができる。

液体絶縁物も気体絶縁物と同じく電子の衝突電離による絶縁破壊であるが，分子間の距離がきわめて小さいため，破壊電圧は固体同様高い値が得られる。

つぎに固体絶縁物の場合の破壊電圧 V と試料の厚さ k の関係は，つぎの実験式に従う。

$$V = Cd^n$$

ここに，C, n は定数で，n の値は $1/3 \sim 2/3$ である。固体絶縁物の絶縁破壊は主として発熱による破壊であり，上式はその傾向を示しているものである。また，その破壊電圧は温度上昇とともに次式に従って著しく低下する。

$$V = V_0 e^{B/T}$$

ここに，V_0, B は定数，T は絶対温度である。固体絶縁物の破壊電圧はまた電源の種類によってもその大きさが異なる。すなわち直流の場合は最も高く，交流特に高周波の場合は最も低い。

（c）誘電損　絶縁物に交流を印加した場合，絶縁抵抗による損失に加えて，絶縁物内に生じた誘電分極が交流に追従できないために起こる損失がある。これを誘電損と称し，次式で表される。

$$W = E^2 \omega C_0 \varepsilon_s \tan \delta$$

ここに，W は誘電損，E は印加電圧，ω は角周波数，C_0 は電極間の幾何容量，ε_s は比誘電率，δ は損失角である。したがって誘電損は，$E^2 \omega$ に比例するため，高電圧，高周波では特に問題になる。また，$\varepsilon_s \tan \delta$ は材料の誘電損の大小を決定するもので，これを誘電損率という。なお，絶縁物の種類により ε_s の範囲は 1 ないし 10，$\tan \delta$ の範囲はおおよそ 0.1 ないし 0.000 3 である。したがって，工学的には $\tan \delta$ すなわち誘電正接のみをもって材料の誘電損の大小を決定している。ふつう誘電正接 0.01 以下のものを高周波用とみなす。また温度上昇とともに誘電損は著しく増大する。

（d）耐アーク性と耐コロナ性　固体絶縁物の表面に接近してアークが発生するような場合には，絶縁物の表面が劣化して導電路を形成することがあり，また，絶縁物内部に生じる空所や絶縁物の表面に発生するコロナが機器絶縁の寿命に影響を及ぼすことがあるので，これらに対する材料の耐力は重要な意味を有するものである。一般に無機材料は熱に強く，耐アーク性または耐コロナ性が優れているが，有機材料は炭化されやすく，耐アーク性または耐コロナ性が劣る。

〔3〕**気体絶縁材料**

（a）気体による絶縁　気体の絶縁抵抗はきわめて高く，比誘電率はほとんど 1，また誘電損はほとんどゼロである。なおいったん絶縁破壊を生じても，ただちに元の状態に回復する利点を持っている。ただ絶縁破壊電圧はきわめて低く，空気で $3\ kV/mm$ 程度

4. 機械と装置の安全

である。しかしこの欠点は，高圧気体を用いることにより補うことができる。したがって高圧機器の軽量，小型化が要求される現在，特殊気体の開発はきわめて重要な問題である。なお，気体絶縁材料として具備すべき性質は，つぎの各項目すなわち，① 高い破壊電圧，② 低い沸点，③ 不燃性，④ 不活性，⑤ 高い熱伝導率などである。

(b) 各種気体の性質 現在使用されているものまたは将来実用性の期待される空気以外の気体としては，窒素，フレオン，六フッ化硫黄，過フッ化プロパン，環状過フッ化ブタン，過フッ化ブタンなどである。これらの性質を表4.2.46に示す。このうち窒素はきわめて安定であるが，破壊電圧が空気と同じく低い。また窒素以外のフッ素化合物は，破壊電圧の点で窒素より優れているが，ただ沸点の高いことが欠点である。しかし窒素とフッ素化合物との混合気体は，両者の欠点が改善され，重要な絶縁気体と考えられている。

表4.2.46 各種気体の性質

名 称	化学記号	分子量	破壊電圧比	沸点 〔℃〕	燃焼性
空気	N_2+O_2	29	1	-196	なし
窒素	N_2	28	1	-195.8	なし
フレオン (F-12)	CF_2Cl_2	121	2.4	-29.8	なし
六フッ化硫黄	SF_6	146	2.3	-63.8	なし
過フッ化プロパン	C_3F_8	188	2.2	-36.7	なし
環状過フッ化ブタン	C_4F_8	200	2.8	-6.0	なし
過フッ化ブタン	C_4F_{10}	238	2.8	-2.0	なし

なおこれら絶縁気体は，高圧ガス入ケーブルまたはコンデンサ，遮断器，共振変圧器，静電発電機などに用いられている。

〔4〕 液体絶縁材料

■ **鉱物性絶縁油** 鉱物系原油から分留精製したものである。原油は種々の炭化水素の混合物であり，おもなものは，① パラフィン系，② ナフテン系，③ 芳香族系，④ オレフィン系の四つである。米国の原油は①が多く含まれ，日本およびロシアの原油は③が多く含まれる。一般に絶縁油の原料は，熱劣化の少ないナフテン系の原油が選ばれ，またその精製は，オレフィン系をできるだけ除き，微量の芳香族系を残して劣化を防止するよう処理される。鉱物性絶縁油は，その用途により表4.2.47に表されるように，コンデンサ油，ケーブル油，変圧器油および遮断器油に分けられる。表4.2.48はこれらの特性を示している。

表4.2.47 鉱物性絶縁油の用途（JIS C 2320-2010）

種類	適 用
1号	油入コンデンサ，油入ケーブルなどに用いるもの
2号	主として油入変圧器，油入遮断器などに用いるもの
3号	主として厳寒地以外のところで用いる油入変圧器，油入遮断器などに用いるもの

〔5〕 無機固体絶縁材料

(a) 雲 母 雲母またはマイカは天然に産するケイ酸を主成分とするりん（鱗）片状のもので，優れた耐熱性の電気絶縁物である。現在合成雲母もある。天然に産する雲母は，その厚さにより**表4.2.49**に示すように4種類に分けられ，それぞれの用途に用いられる。また組成上より白雲母（硬質）および金雲母（軟質）に分けられ，**表4.2.50**に示すように，白雲母は硬質で電気的性質に優れ，金雲母は軟質で耐熱性に優れている。合成雲母は組成上含フッ素金雲母であり，結晶水を含まないため，性質は最も優れている。

なお，表4.2.49中のはがしマイカは全生産の約70％であり，これを接着剤で貼り合わせた製品は，主として電気機器方面に使用される。その種類はつぎのとおりである。

電気絶縁用集成マイカ（JIS C 2220），電熱用マイカ板（2254），フレキシブルマイカ（2255），電気絶縁用ガラスクロス補強ドライ集成マイカ（2262），電気絶縁用ガラスクロス補強エポキシプリプレグ集成マイカ（2263），電気絶縁用ポリエステルフィルム補強エポキ

表4.2.48 鉱物性絶縁油の特性（JIS C 2320-2010）

種類	密度 (1.5℃)	動粘度 〔mm²/s〕 40℃	動粘度 〔mm²/s〕 100℃	流動点 〔℃〕	引火点 〔℃〕	全酸価 (KOH) 〔mg/g〕	酸化安定性 (120℃，75時間) スラッジ 〔％〕	酸化安定性 全酸価	破壊電圧 〔kV〕 (2.5 mm)	体積抵抗率 〔TΩ・m〕 (80℃)	誘電正接 〔％〕 (80℃)
1号	0.91以下	13以下	4以下	-27.5以下	130以上	0.02以下	—	—	40以上	0.5以上	0.1以下
2号	〃	〃	〃	〃	〃	〃	0.40以下	0.60以下	30以上	0.1以上	〃
3号	〃	〃	〃	-15以下	〃	〃	〃	〃	〃	〃	—

表4.2.49 マイカの種類と用途

種類	概要	おもな用途
ブロックマイカ (mica blocks)	岩石片, 孔, きずなどの欠点を取り除くためにナイフトリミングした呼び厚さ 0.18 mm 以上のマイカ	真空管その他打抜き用
シンマイカ (thins)	ブロックマイカを 0.05～0.18 mm の範囲で指定の厚さに剝がしたもの	耐熱支持物, コンデンサ
はがしマイカ (mica splittings)	ブロックまたはシンマイカから均一な厚さに剝がしたマイカ薄片で, 10枚重ねた厚さが, 0.28 mm 以下のもの	ヒューズ等の絶縁部品, ヒータ線の支持材料, 耐火電線の絶縁材料等 (貼合せ加工絶縁物)
集成マイカ (mica paper)	マイカを細かいりん片に加工し, 接着剤および補強材を使わずに紙状に構成したもの	

表4.2.50 雲母の性質

	白雲母	金雲母	合成雲母
化学式	$KAl_2(AlSi_3O_{10})(OH)_2$	$KMg_3(AlSi_3O_{10})(OH)_2$	$KMg_3(AlSi_3O_{10})F_2$
比重	2.9	2.8	2.85
硬さ〔Mohs〕	2.8～3.2	2.5～2.7	3～4
引張強さ〔MPa〕	300～500	95～130	—
脱結晶水温度〔℃〕	700	900	なし
耐熱性〔℃〕	550	800	1 100
体積抵抗率〔Ω·cm〕	10^{14}	10^{13}	10^{15}
比誘電率	6～8	5～6	6
誘電正接〔10^{-4}〕, (1 MHz)	1～50	50～500	8
絶縁破壊の強さ〔kV/mm〕	90～120	80～100	—

シプリプレグ集成マイカ (2264), 電気絶縁用プラスチックフィルム・不織布補強ドライ集成マイカ (2265) など。これらマイカの通則と試験方法として, 電気絶縁用マイカ製品通則 (2250), 電気絶縁用マイカ製品試験方法 (2116) がある。

合成マイカの用途 (例) としてはマイカレックスの原料として, ホウ酸鉛ガラスで成形し, 耐熱性 400℃, 誘電正接 0.001 の耐熱高周波用絶縁物などに用いられている。

(b) ガラス　ガラスはケイ酸を主成分とする透明な非晶質の固体であって, 加熱溶融しても一定の融点を示さない。ガラスの種類としては, 主要副成分である金属酸化物の種類により, ソーダ石灰ガラス, 鉛ガラス, ホウケイ酸ガラス, バイコールガラスおよび石英ガラスなどに分けられる。ソーダ石灰ガラスならびに鉛ガラスは軟質ガラスと呼ばれ, 使用温度は 400℃ 程度までで, その他のガラスは硬質ガラスと呼ばれ, 使用温度は 600℃ ないし 1 000℃ 程度までである。これらの電気用ガラスの組成と用途を表4.2.51に, おもな性質を表4.2.52に示す。二つの表に示すように, アルカリを含まないガラスは電気的性質に優れている。また軟質ガラスは軟化温度が低く, 熱膨張係数は大きい。これに比べて硬質ガラスは軟化温度は高く, 熱膨張係数は小さい。硬質ガラスがより耐熱性に優れ, また急冷急熱によって割れにくいことがわかる。

無アルカリガラスを原料として作られるガラス繊維は優れた電気絶縁材料で, いまや天然の石綿繊維に代

表4.2.51 電気用ガラスの組成と用途

種類	SiO_2	Al_2O_3	B_2O_3	CaO, MgO, BaO	Na_2O, K_2O	PbO	用途
ソーダ石灰ガラス	69～72	2～4	0～3	8～10	16～20	—	受信管, 電球, 蛍光灯, ブラウン管
鉛ガラス	50～60	—	—	1～2	10～13	20～30	電球導線封入, コンデンサ
ホウケイ酸ガラス	70～80	2～7	12～22	0～4	4～6	0～6	送信管, X線管
無アルカリガラス	55～60	16～23	0～7	17～22	0～1	—	高圧水銀灯, ガラス繊維
バイコールガラス	96	—	4	—	—	—	耐熱高周波用
石英ガラス	100	—	—	—	—	—	耐熱高周波用

4. 機械と装置の安全

表 4.2.52 電気用ガラスの性質

	ソーダ石灰ガラス	鉛ガラス	ホウケイ酸ガラス	バイコールガラス	石英ガラス
比　　　　　重	2.4〜2.8	2.8〜3.6	2.2〜2.3	2.18	2.20
硬　さ〔Mohs〕	5	5	5	5	7
軟化温度〔℃〕	550	500	700	1 300	1 300
熱膨張係数〔10^{-6}/deg〕	8〜9	8〜9	3.2〜3.6	0.8	0.54
熱伝導度〔cal/cm・s・℃〕	0.002 5	0.002 0	0.002 6	—	0.003
体積抵抗率〔Ω・cm〕	10^{13}	10^{13}	10^{14}	10^{16}	10^{18}
比 誘 電 率	6.5〜7.5	6.5〜9	4.5〜6.5	3.8	3.6
誘電正接〔10^{-4}〕, (1 MHz)	100	5〜40	15〜35	5〜9	1〜3
絶縁破壊の強さ〔kV/mm〕	5〜20	6〜20	20〜35	—	25〜40

わろうとしている。太さ5〜7μmくらいで，これを集めて糸とし，また紡績して布やテープとする。ガラス繊維は引張強さが著しく大で，200 kg/mm²程度であり，また耐熱性に優れ，500℃以上の温度で変化を起こさない。電線の被覆用に，あるいは適当な絶縁物を含浸し，またはマイカを接着などして，B種，F種，H種絶縁に使用される。

（c）磁　　器　　磁器は金属酸化物の微小結晶とガラス質などを組み合わせて集合したものである。その焼成温度はふつう1 250℃ないし1 400℃で，またこれら金属酸化物の融点は，1 500℃ないし2 000℃の範囲にある。したがって耐熱性については最も優れた電気絶縁物で，その最高使用温度も1 000℃あるいはそれ以上である。各種碍子，高周波絶縁物，電子管絶縁物またはコンデンサ誘電体などに用いられている。粘土を主原料とし，これに長石とけい（珪）石を加えて焼成した長石磁器は最も一般的で，低周波用として電力または通信用の碍子，碍管などに広く用いられる。高周波用としてはステアタイト磁器およびフォルステライト磁器があり，耐熱高周波用としてはアルミナ磁器，コージェライト磁器，ジルコン磁器などがある。なお，そのほかにコンデンサ用として酸化チタン磁器，チタン酸マグネシウム磁器，チタン酸バリウム磁器がある。これらの磁器の主成分（結晶）および用途を表 4.2.53 に，その性質を表 4.2.54 に示す。

磁器の急冷急熱に耐える力すなわち耐熱衝撃性を左

表 4.2.53 電気用磁器の主成分（結晶）および用途

種　　類	主成分（結晶）	用　　途
長石磁器	$3Al_2O_3・2SiO_2$ および SiO_2	低周波用
ステアタイト磁器	$MgO・SiO_2$	高周波用
フォルステライト磁器	$2MgO・SiO_2$	〃
アルミナ磁器	Al_2O_3	耐熱高周波用
コージェライト磁器	$2Al_2O_3・2MgO・5SiO_2$	〃
ジルコン磁器	$ZrO・SiO_2$	〃
酸化チタン磁器	TiO_2	コンデンサ用
チタン酸マグネシウム磁器	$2MgO・TiO_2$	〃
チタン酸バリウム磁器	$BaO・TiO_2$	〃

表 4.2.54 電気用磁器の性質

	長石磁器	ステアタイト磁器	フォルステライト磁器	アルミナ磁器	コージェライト磁器	ジルコン磁器	酸化チタン磁器	チタンマグネシウム磁器	チタン酸バリウム磁器
比　　　重	2.3〜2.7	2.7	2.8	3.5〜3.9	2.0	3.5	3.5〜3.9	3.1〜3.2	4.7〜5.4
硬　さ〔Mohs〕	8	8	—	9	7	8	8	8	—
曲げ強さ〔MPa〕	30〜150	120	140	300	85	160	70〜150	—	90〜150
耐熱性〔℃〕	900〜1 000	1 000	1 000	1 400	1 100	1 100	—	—	—
熱膨脹係数〔10^{-6}/deg〕	3〜6	6〜8	11	5〜7	1〜3	3〜5	6〜8	6〜10	7〜10
熱伝導率〔cal/cm・s・deg〕	0.004	0.005	0.008	0.07	0.003	0.01	0.01	0.01	0.008
体積抵抗率〔Ω・cm〕	$>10^{10}$	$>10^{14}$	$>10^{14}$	$>10^{12}$	10^{12}	$>10^{14}$	$>10^{14}$	$>10^{14}$	$>10^{11}$
比誘電率	5〜7	6	7	10	5	10	30〜80	12〜16	1 000〜2 000
誘電正接〔10^{-4}〕, (1 MHz)	50〜100	3〜5	3	7	20	15	3〜20	0.5〜3.0	150
絶縁破壊の強さ〔kV/mm〕	30〜35	30〜45	—	15	10〜20	30〜45	10〜20	10〜20	—

右するおもな要因は，磁器の熱膨張係数と熱伝導率である。表4.2.54に示すように，コージェライト磁器はその小さい熱膨張係数により，またアルミナ磁器はその大きい熱伝導率により，耐熱性絶縁物としての特徴を表している。またフォルステライト磁器は高周波用としては優れているが，熱膨張係数が大きく耐熱衝撃性も劣るので，これにジルコン磁器またはコージェライト磁器を加えることにより，その耐熱性を改善することができる。

なお，チタン酸マグネシウム磁器は酸化チタンにマグネシアを加えたもので，比誘電率は小さいが温度によってほとんど変わらない安定なコンデンサ材料である。またチタン酸バリウム磁器は強誘電体で，比誘電率はきわめて大きいが，その温度依存性が大きい欠点がある。

〔6〕 有機固体絶縁材料

(a) **繊維質絶縁材料**　綿糸，絹糸および絶縁紙がおもなものである。綿糸ならびに絹糸は電線被覆用として使用され，これらを加工した各種の織物類は多くの電気的目的に使用される。そして多くはワニス，コンパウンドなどを含浸して用いられる。なお電気的性質ならびに耐熱性については，絹糸の方が優れている。

つぎに絶縁紙は安価であると同時に，機械的ならびに電気的性質が良いため多量に使用されている。その原料は主として天然繊維で，和紙（ミツマタ紙），洋紙（クラフト紙およびアルファイト紙），マニラ紙，コットン紙などが用いられる。絶縁紙の種類は用途別に**表4.2.55**に示すとおりである。このうち電解コンデンサ紙，高圧コンデンサ薄紙，電力ケーブル用絶縁紙は特に電気的性質の良いもの，コイル絶縁紙，プレスボード，フィッシュペーパは特に機械的性質の良いものである。これらの絶縁紙の性質は一般的に**表4.2.56**に示すとおりである。

なお，絶縁紙はふつうの状態で約10％の水を含んでいる。したがってあるものは導体を絶縁してから乾燥し，さらに絶縁コンパウンドなどを含浸して用いられるので，機械的強度のほか，含浸に適する密度や通気性があることが要求される。そのためにも一般の紙と異なり，絶縁紙では結着剤，光沢剤，着色剤などは使用されないのがふつうである。

(b) **合　成　樹　脂**　合成樹脂は樹脂状をした有機合成高分子化合物で，分子量は数万ないし数百万にも達し，工業材料としては広く使用され，電気絶縁材料としても好適な材料である。分子の構造から分類すると，熱可塑性樹脂と熱硬化性樹脂の二つに分けられる。熱可塑性樹脂は，不飽和化合物を基本体（これを単量体という）とし，主として重合反応により合成された樹脂（これを重合体という）で，鎖状分子を形成し，加熱により軟化して可塑性を示し，適当な溶剤には溶解する性質を持つ。製品の形状は，繊維，フィルム，成形物などがあり，広範な用途に適する。

一方，熱硬化性樹脂は，2種の化合物が主として脱水反応を行いつつ重合されたもので（これを縮重合反応という），立体的網状分子を形成し，加熱すると一応軟化するが，反応はいっそう進められ，漸次硬化して溶剤にも不溶の状態になる。熱硬化性樹脂は，反応初期の縮合体が液状または溶剤に溶解するのを利用して，絶縁ワニスまたはコンパウンドとして使用することができる。また適当な充填剤を選べば，成形品または積層品が得られる。ただし繊維状あるいはフィルム状の製品は得られない。熱可塑性樹脂および熱硬化性樹脂のおもな種類ならびに性質を**表4.2.57**および**表4.2.58**に示す。

表4.2.57に示す熱可塑性樹脂のうち塩化ビニル樹脂 $(CH_2=CHCl)_n$，ポリスチロール $(CH_2=CHC_6H_5)_n$，ポリエチレン $(CH_2=CH_2)_n$，フッ素樹脂 $(CF_2=CF_2)_n$，

表4.2.56　絶縁紙の一般的性質

密　度	$0.7\sim1.2$
引張強さ〔MPa〕	$50\sim80$
比誘電率	$1.5\sim2.6$
誘電正接〔10^{-4}〕	$30\sim70$
絶縁破壊の強さ〔kV/mm〕	$5\sim10$
耐熱性〔℃〕	90

表4.2.55　絶縁紙の種類

名　称	繊維の種類	厚さ〔mm〕	用　途
電解コンデンサ紙	—	$0.008\sim0.13$	—
高圧コンデンサ薄紙	亜麻，クラフトパルプ	$0.008\sim0.012$	低圧用
絶縁薄紙	ミツマタ，マニラ麻，クラフトパルプ	$0.02\sim0.06$	電線，マイカ紙，ワニスペーパ
コイル絶縁紙	マニラ麻，クラフトパルプ	$0.05\sim0.50$	機器コイル絶縁
プレスボード	木綿，クラフトパルプ	$0.13\sim6.4$	変圧器
高圧コンデンサ紙	クラフトパルプ	$0.05\sim0.125$	コンデンサ用
電力ケーブル用絶縁紙	〃	$0.1\sim0.15$	電力ケーブル用
通信ケーブル用絶縁紙	〃	$0.03\sim0.13$	通信ケーブル用
フィッシュペーパ	木綿，サルファイトパルプ	$0.10\sim0.80$	電気機器

4. 機械と装置の安全

表 4.2.57 熱可塑性樹脂の種類ならびに性質

	塩化ビニール樹脂	ビニルホルマール樹脂	ポリスチロール	ポリエチレン	フッ素樹脂	テレフタル酸ポリエステル	ポリアミド樹脂	アクリル酸樹脂
比　重	1.4	1.4	1.1	0.91〜0.96	2.2	1.4	1.1	1.2
引張強さ〔MPa〕	35〜64	21〜35	35〜64	7〜40	10〜20	120〜170	50〜80	60〜80
伸　び〔%〕	5〜15	5〜20	1.0〜2.5	15〜600	100〜200	70〜130	90	3〜10
耐熱性〔℃〕	50〜70	50〜70	70〜80	100〜120	250	150	150	70〜90
体積抵抗率〔Ω·cm〕	10^{16}	—	10^{18}	10^{16}	10^{18}	10^{18}	10^{14}	10^{14}
比誘電率	3〜4	3〜4	2.4〜2.7	2.3〜3.0	2	3	4	3〜4
誘電正接〔10^{-4}〕,（1 MHz）	60〜200	500〜800	3	3	3	60	400	200〜300
絶縁破壊の強さ〔kV/mm〕	25〜30	20	15〜20	20〜25	20	150	15〜20	20

表 4.2.58 熱硬化性樹脂の種類ならびに性質

	フェノール樹脂	尿素樹脂	メラミン樹脂	アニリン樹脂	グリプタル樹脂	不飽和ポリエステル	シリコーン樹脂	エポキシ樹脂
比　重	1.3	1.5	1.5	1.2	1.4	1.1〜1.4	0.9	1.2
引張強さ〔MPa〕	49〜56	43〜32	35〜63	61〜72	60〜74	42〜70	—	85
伸　び〔%〕	1.0〜1.5	0.5〜1.0	0.6	—	—	5	—	—
耐熱性〔℃〕	120	80	120	80〜90	120	120	200	150
体積抵抗率〔Ω·cm〕	10^{12}	10^{13}	10^{13}	10^{16}	10^{15}	10^{15}	—	10^{16}
比誘電率	5	7	7	4	4	4	3〜4	4
誘電正接〔10^{-4}〕,（1 MHz）	150〜300	280〜320	320〜600	60〜80	250〜350	60〜260	15	200
絶縁破壊の強さ〔kV/mm〕	10〜14	10〜12	10〜14	16〜24	12〜14	10〜16	20〜28	15

アクリル酸樹脂〔$CH_2=C(CH_3)COOCH_3$〕$_n$の五つの樹脂は，いずれも重合によって得られるエチレン系の鎖状分子である（かっこの中は単量体を示す）。その他の樹脂はいずれも縮重合によって得られる鎖状分子である。

また，表 4.2.58 に示した熱硬化性樹脂のうち始めの 4 種はそれぞれフェノール，尿素，メラミンまたアニリンとホルマリンとの縮重合により，またグリプタル樹脂はフタール酸とグリセリンとの縮重合によって得られる網状分子である。不飽和ポリエステルおよびエポキシ樹脂は，縮重合によって得られた鎖状分子をさらに架橋重合によって網状分子にしたものである。シリコーン樹脂はシロキサン結合（Si-O-Si）を有する立体的有機ケイ素化合物である。

なおこれらの表に示すように，分子構造の相違がその性質に現れていることがわかる。まず熱可塑性樹脂の耐熱性については，フッ素樹脂のように優れているものもあるが，概して熱硬化性樹脂より劣っている。しかし電気的性質，特に誘電損の少ない高周波用に適するものは熱可塑性樹脂の中から選ばれる。ポリエチレンおよびフッ素樹脂はその対称的構造により極性はほとんどなく，ポリスチロールも極性はきわめて小さいのである。したがって前記 3 種の合成樹脂は誘電正接がきわめて小さい。これに比べて熱硬化性樹脂は一般にその非対称的構造または OH 基の存在により誘電正接の値の大なるものが多く，このうちから特に高周波用に適するものを求めることは難しい。

（c） ゴム絶縁材料　天然ゴムと合成ゴムに分けられる。特に合成ゴムは，天然ゴムの代用品という当初の目標とまったく異なった新しい工業材料として発展している。絶縁材料としても，天然ゴムの使用量は漸減し合成ゴムの使用量が伸びている。合成ゴムが特に耐熱性または耐老化性において天然ゴムより優れていることがおもな理由である。

天然ゴムはゴム樹から採取されたラテックスから得られる。組成はイソプレン分子

$$(CH_2=C(CH_3)-CH=CH_2)$$

の重合体で，これに硫黄約 3% を加えたものが軟質ゴム，また硫黄約 30% を加えたものが硬質ゴム（エボナイト）である。軟質ゴムは電線被覆，ゴムテープ類，電気工事用絶縁具などに用いられる。

合成ゴムのおもなものは，SBR，クロロプレンゴム，エチレンプロピレンゴムおよびシリコーンゴムである。SBR は前記イソプレン分子のメチル基を水素で置換して重合されたブタジエンゴムとスチロール（20〜30%）の共重合体で，クロロプレンゴムはイソプレン分子のメチル基を塩素で置換したものの重合体である。またエチレンプロピレンゴムは，エチレンとプロピレンの共重合体である EPM と，さらに少量の

表4.2.59 ゴムの性質

	天然ゴム	SBR	クロロプレンゴム	エチレンプロピレンゴム	シリコーンゴム
比 重（生ゴム）	0.91	0.93	1.23	0.92	0.98
引張強さ〔MPa〕	7～42	7～28	7～32	3.5～21	2～10
伸 び〔％〕	300～700	300～700	300～700	300～700	40～300
耐熱性〔℃〕	60	80	80	80	180～200
耐寒性〔℃〕	-50	-50	-30	-40	-70
耐老化性	可	良	優	優	優
耐油性	不可	不可	良	良	可
体積抵抗率〔Ω・cm〕	10^{15}	10^{14}	10^{12}	10^{16}	10^{15}
比誘電率	3～4	3～5	6～8	3～4	4～5
誘電正接〔10^{-4}〕，（1MHz）	30～50	50～100	100～200	40～100	50～100
絶縁破壊の強さ〔kV/mm〕	20～30	20～30	10～20	20～30	20～30

第3成分を含む三元重合体 EPDM の2種類がある。シリコーンゴムはシロキサン結合（Si-O-Si）を主鎖とする有機ケイ素化合物である。SER およびエチレンプロピレンゴムは硫黄または過酸化物を加えることにより，クロロプレンゴムは加熱により，またシリコーンゴムは重合度を増すことにより，いずれも硬化することができる。

なお SBR は電線被覆に，クロロプレンゴムおよびエチレンプロピレンゴムは特にケーブル絶縁被覆に，またシリコーンゴムは最も耐熱性に優れ，ガラスクロスなどに含浸して H 種絶縁として用いられている。これらの性質は**表4.2.59**に示すとおりである。また，ブチルゴムは1970年頃に絶縁材料として広く使用されたが，耐水性，特に高温での耐水性が劣り，浸水により絶縁抵抗および絶縁破壊電圧が低下することから，エチレンプロピレンゴムの実用化でその使命を終えた。

（d）**絶縁ワニスおよびコンパウンド** 絶縁ワニスは絶縁組織の内部を強固に固め，振動，衝撃による破損を防ぎ，または湿気など外部からの作用を防ぐ目的に使用される。その種類は**表4.2.60**に示すように，用途，組成，乾燥性などにより分類される。一般に溶剤を必要とするもので，これは乾燥によって除かれる。

なお，組成の点では合成樹脂系が広く利用され，絶縁ワニスの性能が著しく向上した。**表4.2.61**におもな合成樹脂ワニスの性質を示す。これらは E 種，B 種，F 種または H 種絶縁に用いられる。

絶縁コンパウンドはアスファルト，樹脂あるいは乾性油などの原料を加熱溶融した状態で含浸または充填し，冷却してほぼ固化した状態で使用されるものである。溶剤を用いないため，絶縁組織の空隙を埋め，または組織の外面を被覆する性能に優れている。コンパウンドに対しても合成樹脂がキャストレジンとして広く用いられている。不飽和ポリエステルあるいはエポキシ樹脂は，溶剤なしで低粘度が得られるため，これに熱や硬化剤を加えると，化学反応を起こして固化するのが特徴である。細部までの含浸または充填に適

表4.2.60 絶縁ワニスの分類

分類方法	種 類
用 途	コイル含浸用 仕上用 接着用 ワニスクロス用 マグネットワイヤ用 電気鉄板用
組 成	天然樹脂系 油性系 アスファルト系 合成樹脂系
乾 燥	自然乾燥 加熱乾燥
硬化機構	溶剤蒸発形 酸化乾燥形 熱硬化形 反応形

表4.2.61 合成樹脂ワニスの性質

		フェノール樹脂ワニス	メラミン樹脂ワニス	グリプタル樹脂ワニス	エポキシ樹脂ワニス	シリコーン樹脂ワニス
硬化乾燥温度〔℃〕		120	120	150	150	200
体積抵抗率〔Ω・cm〕	常温	10^{15}	10^{15}	10^{15}	10^{15}	10^{16}以上
	浸水後	10^{14}	10^{15}	10^{14}	10^{15}	10^{16}以上
絶縁破壊の強さ〔kV/0.1mm〕	常温	9.4	8.5	10.0	9.8	8.9
	浸水後	8.8	8.3	9.2	8.9	8.3

し，また従来のコンパウンドが熱可塑性であるのに対し，これは熱硬化性であるため，耐熱性に優れている。これらは回転機や乾式変圧器などの機器コイルの絶縁組織に注入充填し，あるいは，コンデンサ，抵抗器，そのほか通信機器用回路素子などをまとめて含浸一体化するのに用いられる。(山田正治，加藤　寛)

4.2.9　防音・防振材料
〔1〕**防音材料**

建築・土木構造物の音響設計では，材料や部材の音響的性質として，音波を吸収する性能（吸音性能）と音波を遮断する性能（遮音性能）を測定し，それらの性能を利用して音環境を制御する。

防音材料は，吸音材料と遮音材料の総称であるが，両者を区別して使用する必要がある。おのおのの性能を示すため，吸音材料に対しては吸音率，遮音材料に対しては透過損失が一般的に用いられる。**図4.2.58** に示す条件において，材料の吸音率 α と透過率 τ はおのおの次式で定義される。

$$\alpha = \frac{E_i - E_r}{E_i} = \frac{E_a + E_t}{E_i}$$

$$\tau = \frac{E_t}{E_i}$$

ここで，E_i は材料に入射する音のエネルギー，E_r は材料から反射する音のエネルギー，E_t は材料から透過する音のエネルギー，E_a は材料中で吸収される音のエネルギーである。透過損失 R（または TL）は，透過率の逆数を dB（デシベル）で示したものであり，次式で定義される。

$$R = 10 \log_{10} \frac{1}{\tau} \quad [\text{dB}]$$

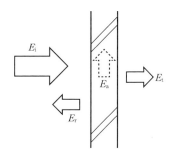

図4.2.58　材料による音の反射・吸音・透過

一般に，吸音率や透過損失は音波の周波数と入射角度によって変化し，材料自体の性質のほかに，材料背面の条件（背後空気層の有無と厚さ）や施工条件によっても変化する。このために実用上は，全方向からの入射音波を想定した拡散入射条件における各周波数帯域の値が用いられる。

吸音率や透過損失の測定には，拡散音場を近似的に実現するために，壁面を反射性に仕上げた残響室が用いられる。吸音率の測定方法は，残響室法（JIS A 1409）として規定されている。透過損失の測定方法は，結合残響室を用いる残響室-残響室法（JIS A 1416）として規定されている。防音材料とその測定・評価方法に関する日本産業規格（JIS）からの抜粋を**表4.2.62**に示す。

表4.2.62　防音材料に関する日本産業規格

A 1405	音響管による吸音率及びインピーダンスの測定
A 1409	残響室法吸音率の測定方法
A 1416	実験室における建築部材の空気音遮断性能の測定方法
A 1417	建築物の空気音遮断性能の測定方法
A 1419	建築物及び建築部材の遮音性能の評価方法
A 1430	建築物の外周壁部材及び外周壁の空気音遮断性能の測定方法
A 1520	建具の遮音試験方法
A 6301	吸音材料

（**a**）**吸音材料**　吸音材料は，音波を吸収し，反射を弱める材料である。

1)　**吸音材料の用途**
- 室内の音の響き（残響）を調整する。
- 室内で生じる有害な反射音を抑える。
- 室内で発生する，または室内に侵入する騒音を弱める。
- 室内の一部に騒音の小さいスペースを作る。
- ダクトなどに内張りして，内部を伝搬する騒音を弱める。

2)　**吸音機構と吸音率の周波数特性**　吸音率の周波数特性は，おもに吸音機構によって定まる。吸音機構を大別すると，多孔質型，共鳴器型，板振動型の3種類がある。**表4.2.63**におのおのの断面構造と吸音特性を示す。

ⅰ）**多孔質型吸音**　通気性を有する繊維材や発泡材などの多孔質材は，空隙部の粘性摩擦や材料の振動によって音のエネルギーを吸収する。一般に，多孔質材の吸音率は低音域で低く，高音域で高い。材料が厚いほど吸音率は高く，材料背後の剛壁との間に空気層を設けると，低音域まで吸音性能が高められる。繊維材ではグラスウール，ロックウール，フェルト，木毛セメント板，軟質繊維板など，発泡材では軟質ウレタンフォーム，パーライト板などが用いられる。

ⅱ）**共鳴器型吸音**　小さい孔を有する空洞は，孔部分（ネック部）の空気を質量，空洞部をばねとす

表 4.2.63 吸音機構の種類と特性[1]

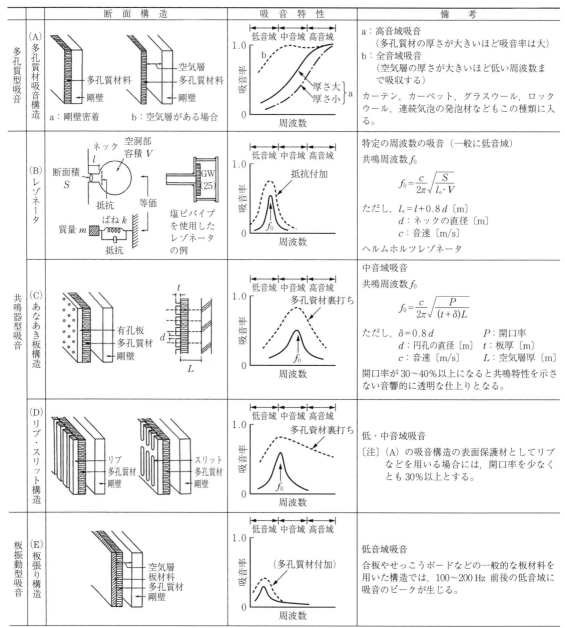

る単一共鳴系を構成し，共鳴周波数付近で高い吸音性能を持つ。この原理に基づくレゾネータ（ヘルムホルツ共鳴器）は，一般に低音域の特定の周波数を対象として設計される。これに対して，あなあき板構造やリブ・スリット構造は，孔を有する表層材と背後空気層から成り，多数の共鳴器が配列された吸音材とみなせる。開口率，板厚，空気層厚の調整によりおもに中音域を対象として設計され，表層材への多孔質材の裏打ちにより吸音性能は大幅に高まる。

ⅲ）板振動型吸音　剛壁から離して設置される板材または膜材は，材料の質量と背後空気層のばねによって共振系を構成し，共振周波数付近で若干の吸音性能を持つ。板材を下地枠材に取り付けると，板の曲げ剛性がばねとして加わり，板の内部摩擦や取付け部の摩擦によって吸音が生じる。合板やせっこうボードなどの一般的な板材を用いた構造では，中高音域の吸

音率は低いが，低音域の吸音材としては有用であり，板背後への多孔質材の挿入により吸音性能は高まる。

3) 吸音による残響調整　室内音響設計では，室内の響きに関する重要な物理指標として，残響時間が用いられる。残響時間は，室内で音が定常状態に達してから音の放射を停止した後，室内の音圧レベルが60 dB（音のエネルギーが$1/10^6$）減衰する時間として定義される。

残響時間は，室容積および壁，天井，床などの室の境界面の吸音率と関連付けられる。音のエネルギーが室内に一様に分布し，あらゆる点でエネルギーがすべての方向に均等に伝搬する，という拡散音場の仮定から導かれるEyringの式が，残響時間の計算に広く用いられている。

$$T = \frac{KV}{-S\log_e(1-\bar{\alpha})} \ [\mathrm{s}]$$

ここで，Vは室容積〔m³〕，Sは室表面積〔m²〕，$\bar{\alpha}$は平均吸音率（$\bar{\alpha} = A/S$，Aは室内の等価吸音面積），Kは音速c〔m/s〕に関係する定数（$K = 55.3/c$）であり，20℃では$K = 0.161$である。また，等価吸音面積は，室内各面の吸音率α_iと面積S_iから次式で定義される。

$$A = \sum_i S_i \alpha_i \ [\mathrm{m}^2]$$

残響時間の望ましい値は，室用途や室容積などによって異なる。残響設計では，中音域に相当する500 Hz帯域の残響時間に対して，図4.2.59に示すような各種の室用途に対する最適残響時間の例を参考に目標値を設定し，その目標値に近付くように室内各面の吸音材料を選定する。

（b）遮音材料　遮音材料は，音波を遮断し，背後への透過を弱める材料である。

1) 遮音材料の用途
- 隣室から侵入する騒音を遮断する（内壁）。
- 外部から侵入する騒音を遮断する（外壁・屋根・開口部）。
- 機器類などの騒音源を覆って，騒音の放射を弱める（防音カバー）。
- 塀などによって騒音の伝搬を軽減する（防音壁）。
- ダクトの外板やパイプシャフトの壁などにより，騒音の漏れを防ぐ。

2) 遮音機構と透過損失の周波数特性　透過損失の周波数特性は，遮音層を構成する材料の組合せによって変化する。一重壁では，図4.2.60に示すように質量則を基本特性として，コインシデンス効果により高音域側で透過損失が低下する。また，二重壁では，同じ質量の一重壁と比べて，図4.2.61に示すように中高音域で高い遮音性能となるが，低音域では共鳴透過が生じ，透過損失が低下する。

　i) 質量則　壁の透過損失は，材料の質量が重

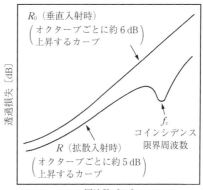

図4.2.60　一重壁の透過損失の一般的傾向[2]

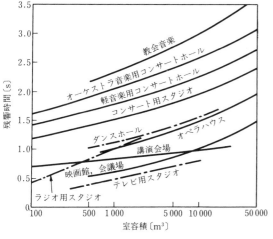

図4.2.59　室容積と最適残響時間の関係

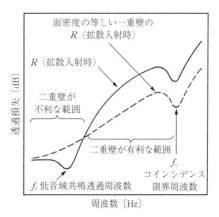

図4.2.61　二重壁の透過損失の一般的傾向[2]

いほど，また周波数が高いほど大きくなり，垂直入射条件の透過損失 R_0 は理論的に次式で表される。

$$R_0 = 20\log_{10}(f \cdot m) - 43 \quad [\text{dB}]$$

ここで，m は壁の面密度〔kg/m²〕，f は周波数〔Hz〕である。また，拡散入射条件の透過損失は次式で表される。

$$R = R_0 - 10\log_{10}(0.23R_0) \quad [\text{dB}]$$

ii）コインシデンス効果　剛性を有する壁に音波が斜めに入射すると，壁に屈曲波が生じ，その波長が音波の壁面上での見掛けの波長に一致する周波数では，音のエネルギーが非常に透過しやすくなる。この現象をコインシデンス効果と呼び，次式のコインシデンス限界周波数 f_c より高い周波数で生じる。

$$f_c = \frac{c^2}{2\pi h}\sqrt{\frac{12\rho(1-\sigma^2)}{E}} \quad [\text{Hz}]$$

ここで，h は壁の厚さ〔m〕，ρ，E，σ はおのおの材料の密度〔kg/m³〕，ヤング率〔N/m²〕，ポアソン比である。同じ材料であれば，壁が厚いほど限界周波数は低くなる。

iii）二重壁の共鳴透過　中空の二重壁は，二つの壁の質量と空気層のばねにより共振系を構成し，低音域において次式で表される共振周波数 f_r 付近で透過損失が低下する。

$$f_r = \frac{1}{2\pi}\sqrt{\frac{\rho_0 c^2}{d}\left(\frac{1}{m_1}+\frac{1}{m_2}\right)} \quad [\text{Hz}]$$

ここで，d は空気層の厚さ〔m〕，ρ_0 は空気の密度〔kg/m³〕，m_1 と m_2 は各層の壁の面密度〔kg/m²〕である。

iv）積層壁の音響透過　二重壁の間に材料を充填した積層壁では，図4.2.62に示すように，芯材の性質によって遮音性能が大きく異なる。多孔質材料のような抵抗材を充填した壁では，中間層で音のエネルギーが吸収され，全音域で中空壁より遮音性能が高まる。発泡樹脂などの弾性材を充填した壁では，空気層のばねが材料のばねに置き換わり，中音域で共鳴透過が生じる。また，ハニカム材などの剛性材を充填した壁では，全体が一体的に振動し，一重壁の特性に類似する。

3）遮音による騒音低減　遮音設計では，騒音源の出力レベルと受音点（室）における許容騒音レベルから必要な遮音性能を決定し，遮音材料を選定する。騒音伝搬の計算方法は，図4.2.63に示すような屋外から室内，室内から屋外，室間の伝搬経路によって異なる。ただし，いずれの場合も受音点の騒音レベルは，壁の遮音性能と室の吸音性能によって決まる。音源のパワーレベル L_w と壁の透過損失 R だけでなく，

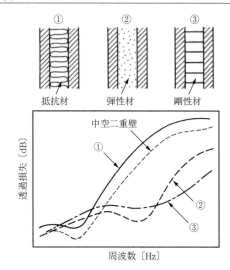

図4.2.62　積層壁の透過損失の一般的傾向[2]

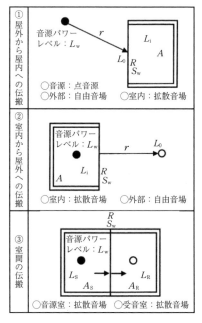

図4.2.63　騒音の伝搬経路

壁の透過面積 S_w〔m²〕と室内の等価吸音面積 A〔m²〕によって決まる。

i）屋外から室内への伝搬　屋外に点音源がある場合，外部壁面上の音圧レベルは次式で表される。

$$L_0 = L_w - 20\log_{10} r - 11 \quad [\text{dB}]$$

ここで，r は音源と壁の距離である。さらに，壁からの透過音による室内の音圧レベルは次式で表される。

$$L_i = L_0 - R + 10\log_{10}\frac{S_w}{A} + 6 \quad [\text{dB}]$$

ii）室内から屋外への伝搬　室内に音源がある場合，室内の音圧レベルは次式で表される。

$$L_\mathrm{i} = L_\mathrm{w} - 10\log_{10}A + 6 \quad [\mathrm{dB}]$$

さらに，壁からの透過音による屋外受音点の音圧レベルは次式で表される。

$$L_\mathrm{o} = L_\mathrm{i} - R + 10\log_{10}S_\mathrm{w} - 20\log_{10}r - 14 \quad [\mathrm{dB}]$$

iii）室間の伝搬　音源室と受音室が隣接する場合，壁からの透過音による受音室の音圧レベルは次式で表される。

$$L_\mathrm{R} = L_\mathrm{S} - R + 10\log_{10}\frac{S_\mathrm{w}}{A_\mathrm{R}}$$

$$= L_\mathrm{w} - R + 10\log_{10}\frac{S_\mathrm{w}}{A_\mathrm{S}A_\mathrm{R}} + 6 \quad [\mathrm{dB}]$$

ここで，L_Sは音源室の音圧レベル，A_SとA_Rは音源室と受音室の等価吸音面積である。

（佐久間哲哉，井清武弘）

引用・参考文献

1) 日本建築学会編，建築設計資料集成［環境］，丸善（2007）
2) 日本建築学会編，建築環境工学用教材 環境編，日本建築学会（1995）

〔2〕防振材料

材料は用途に応じて種々の使用環境，使用条件の下，引張強度などの材料特性を考慮して最適なものが選択され，使用される。ここでは防振材料について，振動の伝達経路で振動を低減するために使用される振動絶縁材料（防振材料）と，振動をその材料の内部で吸収して振動を小さくする振動減衰材料（制振材料）の二つに分けて記述する。

（a）振動減衰材料（制振材料）　制振材料は振動エネルギーを内部で吸収し，熱エネルギーに変換する機能を有する材料であり，固体音低減にも有効である。制振性能を表す量としては各専門分野によって使用される量（損失係数，減衰比，減衰定数，対数減衰率，減衰度，半値幅，Q（共振の鋭さを表す量））が異なるが各量には簡単な関係が成り立つ。制振材料に対する制振性能は一般に損失係数で表される。

損失係数ηは，振動エネルギーをEとし，振動1サイクル中に熱に変換するエネルギーをΔEとすると

$$\eta = \frac{\Delta E}{2\pi E}$$

で定義される[1]。損失係数はいかなる材料でもある程度の値は有しており，損失係数が0の材料は存在しないが，損失係数の一般的な傾向として，金属などの弾性率の高い材料は小さく，ゴムやプラスチックなど弾性率の低い材料は大きいといわれている。

しかし，機械などでは金属材料が用いられるので，それらの特性を生かしながら振動を抑制する制振材料が求められる。

制振材料には，構造を構成する部材（構造部材）自体が振動吸収性の高いものと構造部材に付加的に損失の高い材料を貼るものの二つに大きく分類される。

前者には制振合金，制振樹脂，木質系制振板などがある。

・制振合金：2種類以上の金属を溶かし，混合し，これに高い振動吸収性を付与したもので，複合型，強磁性型，転位型，双晶型，焼結型，結晶粒界腐食型，複合材型などに分類される。

・制振樹脂：ポリマー（高分子の有機化合物）を2種類以上混合し，耐衝撃性や耐候性などを改良した材料（ポリマーアロイ）にさらに制振性を付与したもので，ポリプロピレン，ポリエチレン，ABS樹脂などが市販されている。金属に比べて軽量性，加工性において優れ，制振性能も大きい。

・木質系制振板：木質系の材料に制振性を付与した板材であり，木粉や木片と制振性付与剤としての樹脂などを混合し熱成形した材料である。

後者は貼付け型制振材料と呼ばれ，単層貼付け型（非拘束型），二層貼付け型（拘束型），三層サンドイッチ型（拘束型）の3種類に分けられる。**表4.2.64**は材料構成および制振機構の概要である。

・単層貼付け型（非拘束型）：金属板などに貼り付けて本体の見掛けの損失を増す。主剤にはアスファルト・ゴム・樹脂が使われる。曲げ振動する基材に貼られた制振材が伸縮することでエネルギーが吸収され，基材の振動を抑える。非拘束型の場合，制振材は基材に対して等厚以上である必要がある。

・二層貼付け型（拘束型）：非拘束型では制振層を厚くする必要があるので，拘束型にすることにより薄型化・軽量化が可能となる。曲げ振動する基材に貼られた拘束層付きの制振材料は拘束層との間でせん断変形を起こし，その内部でエネルギー吸収が生じる。

・三層サンドイッチ型（拘束型）：一般に等厚の鋼板やボード類の中間材として制振層を配置したパネル材で，制振鋼板・制振ボードと呼ばれる。制振鋼板には，普通鋼板の間に樹脂を挟む樹脂サンドイッチ型制振鋼板と，金属材料そのものに制振効果のある合金型制振鋼板がある。樹脂サンドイッチ型制振鋼板の樹脂には幅広い使用温度に対応するために，熱可塑性樹脂（常温用）や熱硬化性樹脂（高温用）が使用されている。

表 4.2.64 貼付け型制振材料の構成および制振機構[2]

種類	構成	メカニズム
単層貼付け型（非拘束型）	シート状制振材（プラスチック系・ゴム系・アスファルト系）／接着材または粘着材／振動基板（接着材・粘着材を用いない熱融着型制振材もある）	基板の屈曲振動 → 制振材の伸縮変形 → 熱エネルギー
	磁石／振動基板	基板の屈曲振動 → 基板と磁石境界面での滑り摩擦 → 熱エネルギー
二層貼付け型（拘束型）	拘束板／ゴム系シート｝制振材／接着材／振動基板	基板の屈曲振動 → 基板と制振材境界面でのずり変形 → 熱エネルギー
三層サンドイッチ型（拘束型）	（制振鋼板）鋼板／熱可塑性樹脂シート・熱硬化性樹脂シート／（制振ボード）ゴム系シート／セッコウボード・フレキシブルボード	制振材の屈曲振動 → 中間層でのずり変形 → 熱エネルギー

新しい制振材料として，圧電セラミック粉体と導電材料を高分子材料に混練した複合材料を使い，圧電効果で振動エネルギーを電気エネルギーに変換し，ジュール熱で振動を吸収するものも開発されている。

(**b**) **振動絶縁材料（防振材料）** 振動の伝達経路での振動低減にはいろいろな方法が考えられている。地震の場合，地震の揺れは建築物外部から伝達され，対策として耐震，制震，免震技術が開発されている。

一方，交通・機械振動対策では，防振や除振という言い方で振動伝達を低減する方法が考えられている。

1）弾性支持（防振支持）に用いられる材料，装置
振動の伝達経路で振動を低減することを振動絶縁といい，工場機械について行われる振動源対策である防振対策としては，機械の加振力を基礎に伝えにくくする方法，すなわち弾性支持による対策が主体である。

図 4.2.64 は機械などの上部構造を剛体と考え，防振材料がばねとダンパで表現された弾性支持の等価モ

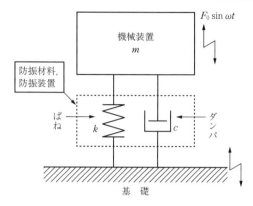

図 4.2.64 弾性支持の 1 自由度系の振動モデル

デル（1 自由度系の振動モデル）である。ここに，m は機械の質量，k はばねのばね定数，c は運動に減衰を与える抵抗である。この系の機械装置に $F_0 \sin\omega t$ の力が加わったときに，過渡的な状態を経過した定常状態で，防振装置を介して基礎側に伝達される力 F_T については，運動方程式を解くことにより，振動伝達率（τ）を求めることができる。

振動伝達率＝基礎に伝わる力／機械が発生する力
$$\tau = F_T / F_0$$

図 4.2.65 は減衰比（ζ）をパラメータとして計算された，振動数比（f/f_0）と振動伝達率との関係である。ここに，f_0 は系の固有振動数である。この図からつぎのことがわかる。

・$f \ll f_0$ の領域　減衰の有無や，減衰の大きさに無関係に τ は 1 に近い値となり，基礎に伝わる力（伝達力）は機械が発生する力（加振力）とほぼ同じ大き

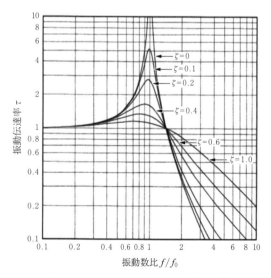

図 4.2.65 振動数比と振動伝達率との関係[3]

さとなる。したがって、加振力はそのまま基礎へ伝えられる。

・$0<f<\sqrt{2}f_0$ の領域　τ はつねに1よりも大きくなり、加振力よりも伝達力の方が大きくなる。防振対策上は好ましくない領域である。

・$f≒f_0$ の領域　共振状態である。防振対策ではこの状態を極力避けるように設計しなければならない。

・$f≒\sqrt{2}f_0$ の領域　減衰の有無や、減衰の大きさに無関係につねに $\tau≒1$ となり、伝達力は加振力と同じ大きさとなる。

・$f>\sqrt{2}f_0$ の領域　減衰の有無や、減衰の大きさに無関係に τ はつねに1よりも小さくなり、伝達力は加振力よりも小さい。いわゆる防振支持となる。また、τ は振動数比が高いほど小さく、減衰が小さいほど小さくなる。

すなわち、τ が1よりも小さくなるように、弾性支持材料（装置）で支える質量と、ばねの強さで決まる系の固有振動数を、加振の周波数よりも十分低くなるように設計する。ただし、防振支持の固有振動数を低くしすぎると、共振時の変位が大きくなる。また、共振時の変位を抑えようと減衰比を大きくすると、防振効果は低減する。

振動系の外部から振動系が加振される場合も振動の伝達率を表す式は同じである。

 ⅰ）弾性支持材料の種類と特性および特徴　弾性支持材料は、ゴムを主体としているゴムばね、金属を主体としている金属ばね、空気の弾性を利用する空気ばね、その他に分類される。

　a）防振ゴム　JIS K 6386：1999 において、防振ゴムは「振動及び衝撃の伝達防止、吸振又は、緩衝の目的で使用される加硫ゴム製品のゴム材料」として規定されている。その特徴を以下に列記する。

・形状の選択が比較的自由で、1個の防振ゴムで3方向のばね定数や、回転方向のばね定数を広く選択することができる。

・ばね特性は内部摩擦によりヒステリシスループを描く。そのため、設計に際しては動的ばね定数を考慮する必要がある。

・復元力特性には振幅依存性、振動数依存性がある。

・構造上ばね定数を低くとることが難しく、一般に固有振動数の下限は 4～5Hz である。

・金属ばねに比べて大きな内部摩擦特性を持ち、低い振動数からかなりの高域まで減衰効果が期待できる。この特性は共振応答、衝撃による自由振動の早期停止などに有効である。

・一般に軽量、小型で、受圧面に取付金具を有しており、取付けも容易で支持装置を簡素に設計することができる。

・金属ばねに比べて耐熱性、耐寒性に劣る。大気中で自然劣化し、特に直射日光にさらされると劣化が促進される。常用温度範囲は $-30～120℃$ 程度といわれている。

・耐油性について、油に浸漬すると膨張して軟化する。

・表 4.2.65 は JIS K 6386 に定められている防振ゴムとして使用される防振ゴム材料の種類である。

　b）金属ばね　金属ばねは古くから自動車などの機械部品として多用されている。その特徴を以下に列記する。

・金属ばねはコイルばね、重ね板ばね、皿ばねなど種類が多い。

・ばね種別ごとに計算式もよく整備されている。

・固有振動数が 1～10Hz 程度の広い範囲で設計することが可能で、防振装置用としての実用振動数範囲を十分包含している。

・一般に主負荷方向以外の 2 軸、または 3 軸方向のばね定数を任意に設定することは困難であり、種別によっては、主負荷方向以外はばね作用を有しないか、または著しく剛である。

・金属自体の内部摩擦はゴムに比べて著しく小さいので、構造上金属間摩擦を有するばね（重ね板ばね、組合せ皿ばね）以外では減衰を別のダンパで付

表 4.2.65　防振ゴムのゴム材料の種類

記号	種類	ゴムポリマーの例
A	一般の加硫ゴム（B，C，D，E に含まれないもの）	NR, IR, BR, SBR
B	特に耐油性を要求される加硫ゴム	NBR
C	特に耐候性（または軽度の耐油性）を要求される加硫ゴム	CR
D	特に大きな振動減衰能を要求される加硫ゴム	IIR
E	特に耐熱性を要求される加硫ゴム	EPDM

〔注〕防振ゴムの材料は原則として種類の記号と静的横弾性係数（単位：N/m^2）とを列記して表示される。例：A16, D12, E08
　　NR：天然ゴム，IR：イソプレンゴム（合成天然ゴム），BR：ブタジエンゴム，SBR：スチレン-ブタジエンゴム，
　　NBR：アクリロニトリル-ブタジエンゴム（ニトリルゴム），CR：クロロプレンゴム，
　　IIR：イソプチレン-イソプレンゴム，EPDM：エチレン-プロピレン-ジエン共重合体

与する必要がある。

・構造上金属間摩擦を有するばねは，動的ばね定数が振幅に依存して変化する。振幅が小さい場合，静的ばね定数に対して動的ばね定数は著しく大きくなるので注意が必要である。

・ばね1個の支持荷重は，$10^{-2} \sim 10^5$ N まで広範囲である。

・一般的に構造は簡単で，取付けも容易である。

・広い環境条件の中で安定しており，耐久性も優れている。特に耐高温・低温性，耐油性，耐薬品性，耐候性などの面で防振ゴムや空気ばねに比べて優れている。

・金属ばねは種別ごとに多くの JIS 規格がある。以下に一例を示す。

JIS B 2704　コイルばね
JIS B 2706　皿ばね
JIS B 2710　重ね板ばね

— コイルばね：引張り，圧縮，ねじりコイルばねがあり，振動防止に用いられるのは圧縮コイルばねが多い。

— 皿ばね：中心に穴の開いた円盤状の板を円錐状にし，底のない皿のような形状にしたばねで，単体および複数枚組み合わせて使用する。

— 重ね板ばね：長方形断面の長さの異なる板を数枚重ねたもので，古くから鉄道車両やトラックのサスペンションとして使用されている。

c）　空気ばね　　空気ばねは空気の圧縮弾性を利用したもので，自動車，鉄道車両，半導体生産設備の微振動対策など幅広く利用されている。ゴム膜の形状により，ベローズ型とダイアフラム型がある。その特徴を以下に列記する。

・設計にあたり，ばねの高さ，耐荷力，ばね定数をおのおの独立に，かなり広範囲に選ぶことができる。

・防振装置としては1〜4Hz 程度の固有振動数のものが多い。補助タンクの併用により，きわめて柔らかいばねを設計できる。

・自動高さ調整弁を用いることにより，つねにばねの高さを一定に保つことができる。この場合，荷重の変化にかかわらず固有振動数も一定に保つことができる。

・空気ばね本体のほかに，補助タンク，高さ調整弁および配管が必要であり，構造は複雑である。また空気源として圧縮機が必要である。

・補助タンクを用いる場合，空気ばね本体と補助タンクの接続部に絞りを設けることにより，減衰効果が得られる。

・高周波数振動に対する絶縁性が良い。

・ゴム膜を使用しているので，防振ゴムと同様の使用環境上の注意が必要である。

d）　その他　　ゴムパッドやコルク，フェルトなどは古くから防振材料として用いられているが，固有振動数を低くすることが困難であり，主として高周波数振動の絶縁として使用されている。

ii）　ダンパの種類と特性および特徴　　ダンパは振動系において，自由振動，過渡振動の減衰や強制振動の共振振幅の減少を図る目的で使用される減衰要素で

［履歴減衰型］：鋼製弾塑性ダンパ，鋼棒ダンパ，鉛ダンパ，摩擦ダンパなど，主として変形履歴に伴うエネルギー消費を利用するもの

［粘性減衰型］：オイルダンパ，粘性ダンパ，粘弾性ダンパなど，主として速度依存型の粘性抵抗を利用するもの

に大別される。その他，磁気ダンパ，複合ダンパなどがある。

機械類に対する防振装置として使用されるダンパにはおもに摩擦ダンパ，オイルダンパなどがある。

a）　摩擦ダンパ　　摩擦ダンパは，ステンレス板と複合材料から成る摩擦材に軸力を与えて摺動面に摩擦力を発生させて地震の揺れのエネルギーを低減させる。摩擦力は軸力で調整する。空気ばねやエアーシリンダを用い，圧力をコントロールして摩擦力を調整するタイプと，防振ゴムやコイルばねを用いて，伸縮量で摩擦力を調整するタイプがある。その特徴を以下に列記する。

・微小振幅中でも必ず作用する。

・減衰力を正確に与えることや，長期にわたって同一値を保持することは困難である。

・防振装置の一部として組み込むことができる。

b）　オイルダンパ　　オイルダンパは，シリンダ内に設けたバルブを通過する流体の粘性抵抗によって，運動体に必要な減衰力を発生する装置である。その特徴を以下に列記する。

・減衰力はピストン速度とオリフィス（流体の通る穴）の大きさの関数となる。

・オイルの圧縮性により，初期剛性は多少ばらつく。

・減衰力は広い周波数範囲で安定している。

2）　**制震・免震機構に用いられる材料，装置**　　地震の揺れによる力（地震力）から建築物の健全性を確保するために，建築物は構造体としての強度を保有し，構造的に耐震構造，制震（制振）構造，免震構造に大きく分けられる。

4. 機械と装置の安全

耐震は，地震力に対して，構造体の力で耐える技術であり，構造を丈夫にし，地震力を受けても倒壊しないようにする考え方である。

耐震構造は，壁や柱を強化したり，補強材を入れることで建築物自体を堅くして振動に抵抗するもので，建築基準法に基づいて建てられた建築物は，定められた耐震性を保有している。耐震構造は，「剛構造」と「柔構造」に分けられる。

「剛構造」とは，地震力を受け止めるように柱や梁等を太くし，しっかり固定して，建築物の形を変えずに建築物全体が揺れる構造で，地面の揺れに従って建築物も揺れる。

一方，「柔構造」は，しなやかで柔らかい構造で，接合方法は剛構造と同様であるが，部材が細く，地震力に抵抗せずに，しなって，地面が揺れると，下の階から時間差で揺れていく。そして，地面が逆方向に揺れると，それに合わせてまた下の階から動いていく。この構造の方が骨組みにかかる力が小さいので，超高層ビルに多く使われている。

ⅰ) 制震構造　地震力をエネルギーとして捉え，地震のエネルギーが入力しても建築物自体に組み込んだ制震（制振）ダンパと呼ばれるエネルギー吸収機構を有する制震（制振）装置により，地震の揺れを抑制する構造である。制震装置には，駆動時のエネルギーの入力の有無によって，パッシブ制震（エネルギーの入力をいっさい必要としない）/セミアクティブ制震（少量のエネルギーの入力を必要とする）/アクティブ制震（多くのエネルギーの入力を必要とする）に分類されている。装置としては，以下のようなものがある。

a) パッシブ制震装置　振動を制御したい建築物や機械に対して，mass（おもり・付加重量）をdamper（ダンパ）とばねを介して取り付け，重量調整やばねを調整して固有振動数を最適に調整し，建築物や機械が受ける風や地震力，あるいは他の振動をmassが揺れることで相互作用によって地震のエネルギーを吸収して，建築物や機械の振動を抑える装置で，動吸振器またはTMD（tuned mass damper）と呼ばれる。

・自ら駆動装置を持たない
・建築物の揺れにより自然に作動
・倒立振り子式TMD（電波塔，展望塔ほか）
・振り子式TMD（鉄塔，煙突ほか）
・ハイブリッドTMD（ランドマークタワーほか）

b) セミアクティブ制震装置　おもりと建築物を連結するばね（または振り子）やダンパを動的に制御し調節する装置で，ATMD（active tuned mass damper）と呼ばれる。

・オイルダンパのオイルの流量の調節などを行う。

c) アクティブ制震装置　コンピュータにより解析を行い，おもりをアクチュエータやリニアモータで，応答を制御するのに適した動きをさせる装置で，AMD（active mass damper）と呼ばれる。

・自らの駆動装置を持つ
・自ら大きく揺れることで構造物の揺れを低減させる
・ランダム的な外力に対して応答制御可能である。
・建築物の固有振動数変化に対して応答制御可能である。

制震装置には，オイルダンパ，摩擦ダンパ，粘弾性ダンパ，摩擦ダンパと粘弾性ダンパを組み合わせたハイブリッドダンパなどが用いられる。

ⅱ) 免震構造　地盤と建築物の間に揺れを受け流す免震装置を設置し，建物の固有周期を長くして建築物への地震力の伝達を低減する構造である。この構造では，基礎部分に周期の短い激しい揺れを長い周期の揺れに変える役割を持つアイソレータとゆっくりした揺れに変わった建築物を，早く止めるためのエネルギー吸収装置であるダンパを敷き，その上に建築物を設置する。

振動を早期に収束させるために，ダンパに適切な減衰能力を付与することにより，免震層の応答変位のみならず，上部構造の応答加速度も十分に低減させることが可能となる。

ダンパは種々の形状，機構，材質を持つものがいろいろと考案され，使用されてきている。現在ではアイソレータにダンパ機能を複合したアイソレータも利用されている。これらの複合型アイソレータには荷重支持能力が求められるが，アイソレータと独立したダンパには荷重支持能力は基本的に必要ない。

a) アイソレータ　アイソレータは，積層ゴム，転がり支承，滑り支承に分類される。

・積層ゴム　ゴムと鋼板を交互に重ねた構造で，ゴムの柔らかい性質が地震力を吸収し，積層ゴムが水平方向に揺れることで建築物に加わる地震力のエネルギーを軽減させる。また，ゴム層と交互に挟まれる鋼板は鋼板自体の硬さによって免震装置の上部に建てる建築物の重さを支え，かつ積層ゴムの揺れを早く停止させる役割を持っている。

以下におもな種類とその特徴を列記する。

—天然ゴム系積層ゴム　履歴特性は，軸力の変動や変位履歴による依存性がほとんどない。微小変形から大変形まで安定したばね特性を示す。

—高減衰積層ゴム　ゴム材料に特殊配合のゴムを使用することで，ゴム材料の粘性を高くして，そ

れ自体でエネルギー吸収を行う減衰機能一体型である。省スペース型であり，施工性の利点を有している。

―鉛プラグ挿入型積層ゴム　内部の鉛プラグが純せん断に近い変形で塑性変形することによりエネルギーを吸収する減衰部材内蔵型の積層ゴムである。繰返し変形に対しても安定したエネルギー吸収能力を発揮できる。エネルギー吸収機能一体型であるため省スペース型であり，施工性上の利点を有している。

・転がり支承　レールの上にベアリングを載せた構造で，レールは十字型や井型など建築物の性質に合わせた配置を組むことが可能となっており，地震時にレールの上に設置されたベアリングが転がることで建築物への地震力のエネルギーの影響を軽減させる。大型建築物に設置するには不向きな構造である。

・すべり支承　柱の下に特殊な滑り材を基礎との間に挟み込んだ構造で，基礎の上に鋼板およびステンレスを積層し表面を四フッ化エチレン樹脂（商品名：テフロン）を主成分とした表面処理を施し，鋼板の上を滑らせることで地震力のエネルギーを軽減させる。大型建築物に設置するには不向きな構造である。

表4.2.66におもな免震装置の種類と特徴を示す。

b）ダンパ　免震構造に対して使用されるダンパはパッシブダンパであり，先に記したように，作動原理から履歴減衰型と粘性減衰型に分類される。

履歴減衰型は鋼材や鉛材などの塑性変形を利用したものであり，比較的簡単な機構により必要な減衰力を得ることができる。復元力特性は素材の特性により変化するが，軟鋼を用いたダンパでは滑らかな紡錘型を示す。履歴減衰型（弾塑性型）に用いられる素材は古くから建築で使用されてきた鋼材や，自然界で最も安定した鉛などであり，耐久性に関しては問題がなく，メンテナンスも簡単な対策で対応可能である。

粘性減衰型にはピストンシリンダ構造を持ち，流体の乱流抵抗を利用するオイルダンパと，粘性体のせん断変形を利用する粘性ダンパなどがある。このタイプでは，速度のべき乗にほぼ比例した減衰力が得られている。復元力特性は滑らかな楕円形状を示し，フロアレスポンス（地震力により床部分に発生する応答加速度）の観点からは有利である。しかし，使用している粘性材料の経年変化（メンテナンスの問題）や抵抗力の温度依存性，速度依存性など取扱いには注意が必要である。

以下におもな種類とその特徴を列記する。

・履歴減衰型：鋼棒ダンパ　特殊鋼材を鋳造により一体成形，熱処理したロッドから構成され，変形によりエネルギーを吸収する。

表4.2.66　おもな免震装置の種類と特徴[4]

免震方式	滑り併用 複合免震方式	鉛プラグ入り 積層ゴム支承方式	高減衰積層ゴム 支承方式	積層ゴム支承 ＋ダンパ方式
装置	弾性滑り支承／滑り板／積層ゴム	鉛プラグ／積層ゴム	高減衰積層ゴム	積層ゴム／弾塑性ダンパ
アイソレータ	弾性滑り支承 ＋積層ゴム支承	天然ゴム系 積層ゴム支承	高減衰 積層ゴム支承	天然ゴム系 積層ゴム支承
ダンパ	滑り摩擦	鉛プラグ	高減衰ゴム	鋼棒・鉛など
長周期化	大地震時に滑ることで長周期を実現　軟弱地盤，高層ビルにも適用可能	建物重量に耐えられるゴム形状に制限があるため長周期化に制約あり	建物重量に耐えられるゴム形状に制限があるため長周期化に制約あり	建物重量に耐えられるゴム形状に制限があるため長周期化に制約あり

・履歴減衰型：鉛ダンパ　鉛の剛塑性的な特質により，耐力の限界点に達するときわめて柔らかく変形し，エネルギーを吸収する。

・粘性減衰型：粘弾性ダンパ　特殊なゴムの粘弾性体が平行な鋼板の間に挟み込まれており，鋼板が平行移動することにより粘弾性体がせん断変形して抵抗力を発揮して振動や地震のエネルギーを吸収し，建築物の水平方向の揺れを低減する。

〔国松　直，井清武弘〕

引用・参考文献

1) 時田保夫，森村正直監修，防振制御ハンドブック，pp.388-501，フジ・テクノシステム（1992）
2) 日本騒音制御工学会編，騒音制御工学ハンドブック［資料編］，pp.41-54，技報堂出版（2001）
3) 公害防止の技術と法規編集委員会編，公害防止の技術と法規［振動編］，産業環境管理協会（2016）
4) 耐震ネット，免震装置の種類と特徴
http://www.taisin-net.com/solution/online_seminer/mensin/b0da0e000000cp6t.html（2010年11月現在）

4.2.10　放射線遮蔽材
〔1〕　概　説

原子力・放射線施設（原子炉，再処理工場，研究施設あるいは放射線医療など）では，それらを取り扱う作業者や施設周辺住民などの放射線被曝を防ぐため，いろいろな方策を講じる必要がある。放射線被曝を大別すると，放射性物質を体内に取り込むことによって人体の器官や組織が被曝するところの内部被曝と，核分裂，核融合あるいは放射性物質などから発生する放射線に人体がさらされることによって被曝するところの外部被曝があるが，ここで取り上げる遮蔽材はもっぱら放射線を減衰させるために用いるもので，本項では外部被曝を対象とする。

外部被曝を低減するための3原則として，①線源から離れる（放射線の強度は距離の2乗に反比例するといわれているが，これは誤りであり，それぞれの線源の形状や線源周囲の遮蔽構造によって異なる），②被曝時間の短縮，そして③適切な遮蔽材の使用がある。

放射線の種類にはα線，β線（電子），γおよびX線（両者を含め光子），中性子，陽子，重粒子，ハドロンなど数限りなくあるが，ここでは一般的な原子力・放射線施設ということで，γ（X）線および中性子のみとし，β線については制動放射（bremsstrahlung）によって発生するX線を対象とする。エネルギーについてもγおよびX線，中性子ともおおむね20 MeV以下とする。

γ線の遮蔽には一般に鉛が良いとされているが，これは，γ線は電子と相互作用してエネルギーを失うので，電子をより多く持っている原子番号の大きい鉛などが良いことになる。一方，中性子については水のような軽い物質が良いとされているが，これは中性子が水素と弾性散乱したときに失うエネルギーの割合が大きいことによるものである。エネルギーの高い中性子（1 MeV以上のエネルギーを持った中性子を高速中性子，1 keV～1 MeVの中性子を中速中性子，およそ0.025 eVの中性子を熱中性子，0.5 eVの中性子を熱外中性子，0～1 keVの中性子を低速中性子という）に対しては，むしろFe，Ni，Crなど中重核の非弾性散乱によってエネルギーを失わせた方が有効であり，構造材として使用されている鋼板やステンレス鋼の遮蔽効果も加味することができる。

現在，一般的に使用されている遮蔽材としてはγ線に対しては鉛があるが，建屋を構成しているコンクリートもγ線の遮蔽に効果がある。また，中性子に対してはほとんどの場合コンクリートが使われている。これは，陸上に固定された場合，重量と空間に対する制約がほとんどないので経済性に優れ，しかも機械的強度部材であるためコンクリートが必然的に使用されることになる。

しかし，例えば使用済み核燃料輸送容器の場合，容器は原子炉建屋内のクレーンで移動可能なこと，トラックによる陸上輸送あるいは専用運搬船による海上輸送が可能なこと，さらに輸送中の落下や火災といった事故に対する対策を施す必要もあり，重量と空間に対する制約からコンクリートよりも中性子遮蔽性能に優れたレジン系の樹脂が使われている。しかしこの樹脂はコンクリートよりはるかに高価である。

原子力施設にあっては，γ線だけあるいは中性子だけが存在する場は少なく，むしろその両者が存在する方が一般的である。ここで特に注意していただきたいことは，中性子の遮蔽材として水素を含んだ水やポリエチレンは中速中性子に対しては確かに優れた遮蔽性能を持っているが，水素は熱中性子を吸収しやすく，そのとき2.2 MeVのかなり高エネルギーの二次γ線が発生する。この二次γ線の寄与は水とポリエチレンが厚くなればなるほど大きくなり，水の場合，数十センチ透過すると中性子による寄与よりも大きくなる。

なお，水やポリエチレンの中にボロン（ホウ素）を負荷すると熱中性子が吸収され，二次γ線の発生がかなり低減できる。

このように，放射線の遮蔽は放射線を取り扱う施設の構造や形状，遮蔽材の組合せなどが複雑であるばか

りでなく,中性子にあっては二次粒子の発生を伴うなど物質中で複雑な挙動を示す。

放射線遮蔽はこのような状況にあるにもかかわらず,従来,計算手法が確立していなかったり,計算コストが高いことから,簡易計算法や一次元ディスクリートオーディネート法によって遮蔽体系を極端にモデル化した計算が行われてきた。しかし,ワークステーションを中心にして計算環境は大きく進展しており,1980年代の前半まではまったく現実性がないと考えられていた,連続エネルギーモンテカルロ法による詳細な遮蔽解析あるいは設計が,今日,例えば国産のPHITS[1]コードを用いることにより,WINDOWSやLINUXベースのPCでもできるようになってきている。

モンテカルロ法による三次元計算は従来の簡易計算や一次元計算に比べ,はるかに詳細かつ克明なデータを提供することができる。また,モンテカルロ法による計算には簡易計算法,一次元あるいは二次元計算では取り入れることができない,あるいは簡略化せざるを得ない構造物や体系が現況に忠実にモデル化することができるので,それだけ計算された値(線量当量率など)は過大評価になることがなく,より合理的な遮蔽設計がもたらされ,ひいてはコストの低減化という課題も解決されることになる。

〔2〕 放 射 線 源

先に述べたように,一般に原子力施設において遮蔽の対象となる放射線はγ線と中性子であるが,その発生源にはつぎのようなものがある。

(a) 即 発 γ 線　　核分裂とほとんど同時に放出されるγ線で,2 MeV以下が大半である。図4.2.66に^{235}Uの核分裂によって発生するγ線のエネルギースペクトルを示す[2]。

(b) 核分裂生成物(FP)γ線　　使用済み核燃料中に含まれるFP(fission products:核分裂生成物)からは非常に強いγ線が発生するが,輸送容器の遮蔽上重要な核種は^{144}Prで,2.2 MeVのγ線を放出する。

(c) 放射性同位元素(RI)γ線　　^{60}Coであれば1.17 MeVおよび1.33 MeVのγ線,^{137}Csであれば0.667 MeVのγ線が放出される。RI(radio isotope:放射性同位元素)使用施設では,このように単色エネルギーのみを取り扱う施設も多い。

(d) 制動放射線　　高速で運動する電子が原子核の近傍を通過するときに,その電界によって減速され,その際失ったエネルギーを光子(X線)として放出する。このように電子と強い電磁界との相互作用でX線が放出される現象を制動放射といい,放出される電磁波を制動放射線または制動X線という。身近な

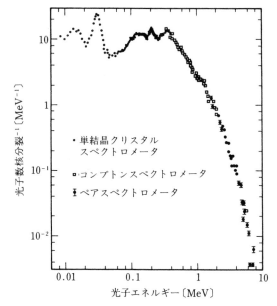

図4.2.66　^{235}Uの核分裂によって発生するγ線のエネルギースペクトル

例では,がん治療リニアックがあるが,この装置は電子を加速して銅やタングステンのターゲットに照射し,発生する制動X線をがん治療に用いる装置である。なお,制動X線のエネルギーのスペクトルは連続である。

(e) 核分裂中性子　　^{235}Uの核分裂では平均2.4個の中性子が,また^{239}Puでは平均2.9個の中性子が発生する。^{235}Uの核分裂で発生する中性子のエネルギースペクトルの測定値を図4.2.67に示す[3]が,平均エネルギーは約1.94 MeVである。また,エネルギースペクトルは次式によっても近似的に表される[4]。

$$N(E) = 0.453 \sinh\left(\sqrt{2.29E}\right) \exp(-1.036E)$$

ここに,$N(E)$:核分裂当り放出される中性子数,E:中性子のエネルギー〔MeV〕である。

(f) 自発核分裂中性子　　使用済み核燃料中に含まれる超ウラン元素から,自発核分裂によって中性子が発生する。輸送容器の遮蔽上重要な核種は^{244}Cmである。使用済み核燃料を精錬する過程で抽出される^{252}Cfは手軽な中性子源として遮蔽実験などに利用される。これらの超ウラン元素から発生する中性子のエネルギースペクトルは,^{235}Uよりも少し硬い(平均エネルギーが少し高い)。

(g) 核融合中性子　　核融合反応(D-T)によって発生する中性子は,約14 MeVのエネルギーを持っている。14 MeVの中性子は核分裂で発生する平均約2 MeVの中性子に比べ透過力が強いので,鋼板やステ

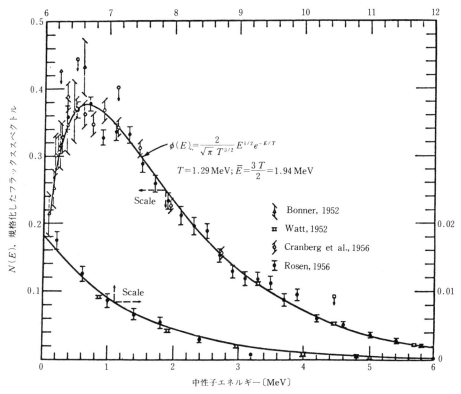

図4.2.67 実験で求めた^{235}Uの核分裂エネルギースペクトルおよびマクスウェル分布への適合

ンレス鋼を用い非弾性散乱によって中速中性子にして，それから水やポリエチレンによって熱中性子に減速させ，吸収によって発生する捕獲γ線（二次γ線）を再び鋼板やステンレス鋼によって遮蔽するなどの遮蔽材の配列の工夫をしてやるか，あるいはさらに最適遮蔽の構築が求められる。

(h) 光中性子　光子（γ線，X線）のエネルギーが高くなると，光子がターゲット物質に照射された際に，中性子を発生する。この中性子を，光中性子と呼ぶ。ターゲット物質が鉛では7 MeV，鉄では10 MeVを超える場合，光中性子の発生に注意が必要となる[5]。この現象は，一次放射線が中性子の場合の二次γ線の発生に対して，一次放射線が光子である場合の二次中性子の発生に相当するが，高エネルギーの光子でないと生じない閾値がある反応であり，発生中性子のエネルギースペクトルは核分裂中性子に近いスペクトルである。

〔3〕 遮蔽材料の特徴

われわれが手にすることのできる材料は，数限りなくある。その中から，特に中性子に対する遮蔽性能の良いもの，γ線に対して遮蔽性能の良いもの，本来構造材として用いられているが，遮蔽材の役目も持っている材料について，その特徴を紹介する。

(a) 水　水は最も経済的な中性子遮蔽材であるが，100℃で沸騰して気体になる。水素の含有量が多いので中性子の減速効果に優れているものの，熱中性子に対する中性子捕獲断面積もかなり大きいので，多数の二次γ線が発生する。水を用いた場合はこの二次γ線を考慮し，外側に鉛板などを設置するとよい。

(b) ポリエチレン　ポリエチレンも比較的経済的（1 kgで4 000～5 000円程度）な中性子遮蔽材であるが，熱に弱く，軟化点が約40℃である。ポリエチレンは水よりも水素の含有量が多いので，中速中性子に対する減速効果は非常に良いが，反面，水よりも二次γ線の発生量が多くなる。ポリエチレンに少量のボロンを加え，二次γ線の発生を低減した材料も市販されているが，ボロンはかなり高価である。水の場合と同様，外側に鉛板などを設置するのも二次γ線対策としては有効である。

(c) 普通コンクリート　中性子遮蔽を目的とした材料ではないが，経済性に優れ，スペースさえあれば厚さ2 m以上の遮蔽体を造ることも容易である。普通コンクリートは骨材にもよるが，密度2.2 g/cm^{3}くらいで水素を0.5 wt％程度含んでいる。中性子遮蔽

性能はあまり良くないが，連続使用温度は約93℃であり，かなり高温での使用が可能である。二次γ線の発生よりむしろ放射化が問題になる。

（d）**蛇紋岩コンクリート**　骨材となる石の表面がヘビの表皮に似ているところから，この名が付けられた。蛇紋岩コンクリートは密度が2.3 g/cm³くらいで，そのほか機械的特性や耐熱性などは普通コンクリートと同様であるが，水素の含有量が普通コンクリートの0.5 wt%に対し1.9 wt%と多いので，普通コンクリートに比べかなり良い中性子遮蔽効果を有している。1996年，使用済み核燃料運搬船として建造された「六栄丸」（原燃船舶株式会社所有，総トン数約5 000 t）の中性子遮蔽材として採用されている。

（e）**ステンレス鋼**　ステンレス鋼も，もっぱら構造材として使われている。密度が7.9 g/cm³あるのでγ線に対してはかなり良い遮蔽材になるが，中性子遮蔽に対しては単独使用の場合，遮蔽性能は良くない。しかし，ステンレス鋼はFe，Ni，Crなどの中重核で構成されているので，1 MeV以上の高速中性子を素早く中速中性子に減速するところの非弾性散乱断面積が大きい。ステンレス鋼とポリエチレンのような水素の含有量の多い材料とを組み合わせることによって，その材料を単独で使用した場合よりも単位厚さ当りの中性子遮蔽性能（例えば1/10価層）を向上させることができる。この現象をステンレス鋼の高揚効果（enhancement effect）と称する[6]。ふつうの炭素鋼についても同様な中性子遮蔽特性が見られる[7]。

（f）**レジンF**　レジンFはフランスのCOGEMA社が開発したポリエステル系レジンであり，熱中性子による二次γ線の発生を低減するためにボロンが加えられている。フランスから輸送される高レベルガラス固化体輸送容器の中性子遮蔽材として使用されている。

（g）**NS-4-FR**　NS-4-FRはわが国の原電工事株式会社が技術的ノウハウを持っているエポキシ系レジンであり，熱中性子による二次γ線を低減するために1.2 wt%のボロンカーバイド（B_4C）を加えている。わが国の高燃焼度使用済み燃料輸送容器の中性子遮蔽材として使用されている。

（h）**ホウ化チタン**　ホウ化チタン（TiB_2）はセラミックスであり，非常に硬く，軟化温度が2 800℃と特に耐熱性に優れている。また，チタンが高速中性子に対して比較的大きな非弾性散乱断面積を持ち，ボロンが熱中性子に対し非常に大きな捕獲断面積を持つなど，中性子遮蔽材としても利用可能であるが，最大の弱点は1 kg当り数万円以上であることである。

（i）**窒化ホウ素**　窒化ホウ素（BN）もセラミックス材であり，軟化温度が2 200℃と高く，特に熱伝導率が良い。ボロンを多量に含んでいるので，二次γ線の低減効果が大きいものの，セラミックス材であるためホウ化チタンほどではないが，やはりコストが高い。

（j）**タングステン**　特殊な材料として密度の高いタングステン（比重19.1）があるが，素材が希少金属であり加工しにくく，非常に高価な材料であるため，がん治療装置のガンマナイフ等限られた使用にとどまっている。

（k）**無鉛材料**　最近では，放射線遮蔽材として従来使用されていた鉛の代わりに，鉛を使用しない無鉛放射線遮蔽材が環境にやさしく，人体に無害な遮蔽材として開発され使用されるようになってきている[8]。

材料としては，コンクリートをベースにバライトを混入したり，石膏ボードをベースにバリウムを混入させたりして，鉛に代わる遮蔽材料が開発されている。これらの遮蔽材料は，一般のセッコウボードと同様に一般廃棄が可能である点，廃棄時の取扱いは有利である。

〔4〕**遮蔽材の性能**

本項では種々の遮蔽材のγ線および中性子に対する遮蔽性能について述べる。**図4.2.68**は種々の遮蔽材に細いビーム状のγ線が入射した場合の1/10価層を示したものである[9]。1/10価層とは，γ線や中性子の線量当量（吸収線量）を1/10に減衰させるために必要な物質の厚さである。図4.2.68から，1 MeVのγ線の場合，1/10価層は水（比重1.0）32 cm，コンクリート（比重2.2）12 cm，鉄（比重7.8）5 cm，鉛（比重11.3）2.8 cm，ウラン（比重19.0）1.6 cmである。このように，1 MeVくらいのγ線に対しては，比重19.0（ウラン）/1.0（水）＝19に対し，1/10価層は，ウラン1.6 cm/水32 cm＝1/20であり，ほぼ比重に反比例している。これは，比重が大きい物質ほど原子番号も大きく，原子核を取り巻く電子の数も原子番号に比例して多くなり，γ線はこの電子との相互作用によってエネルギーを失うからである。そして，1 MeVくらいのγ線は主としてコンプトン散乱によってエネルギーを失うことも，1/10価層が比重に反比例する要因になっている。

つぎに中性子について述べる。**表4.2.67**は^{252}Cfから発生する中性子（平均エネルギー2.35 MeV）の1/10価層を示したものである[10]。また，**図4.2.69**は表4.2.67の1/10価層の基となった実験（一部計算）データで，同図の中性子は細いビームではなくて，^{252}Cfの点等方線源が前方に置かれている。表4.2.67

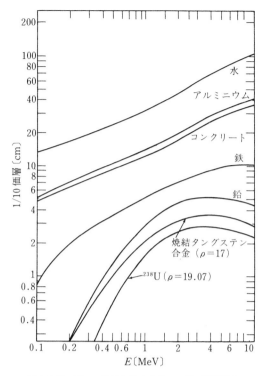

図 4.2.68 種々の材料に対する細いγ線の遮蔽性能

表 4.2.67 ²⁵²Cf 中性子源を用いた実験で得られた遮蔽材に対する 1/10 価層

遮蔽材	1/10 価層 [cm]
ポリエチレン	12.5
レジン-F	15.0
NS-4-FR	14.5
KRAFTON-HB	14.5
水	16.5 (計算値)
蛇紋岩コンクリート	20.0
普通コンクリート	35.0 (計算値)
ホウ化チタン	23.0
炭化クロム	24.0 (計算値)
窒化ホウ素	30.5
SUS 304	37.5

では最も遮蔽性能の良い材料はポリエチレンで 12.5 cm, 中性子遮蔽材として開発されたレジン系の樹脂（レジン-F, NS-4-FR など）で 14.5～15 cm, 水は 16.5 cm, 水分を多く含んだ蛇紋岩コンクリートは 20 cm, 普通コンクリートになると 35 cm, ステンレス鋼 (SUS 304) では 1/10 に減衰させるために 37.5 cm の厚さが必要になる。一般的な鋼材もステンレス鋼とほぼ同じである。

中性子と物質との相互作用はγ線と異なり, 原子核と直接的に行われるので, γ線よりも複雑な過程がある。このため 1/10 価層についてもγ線のような規則

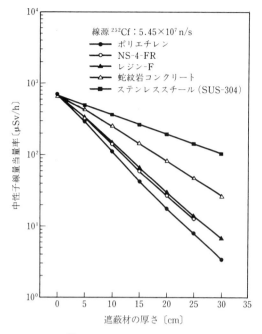

図 4.2.69 ²⁵²Cf 中性子源を用いた遮蔽実験で得られた各種材料の中性子線量当量率減衰特性

性を持たない。最も短いポリエチレンの 12.5 cm に対し最も長いステンレススチールで 37.5 cm であり, その比はおよそ 3 で, γ線の 20 と比べるとずっと小さい。

図 4.2.70 は 2 MeV の中性子（²³⁵U の核分裂中性子の平均エネルギーに相当）がいろいろな角度でポリエチレンに平行に入射した場合の線量減衰係数を示したものであり, ポリエチレンの厚さ 0 cm で 1.0 に規格化している。水やコンクリート, 土については係数を掛けてポリエチレン相当厚にしている。中性子の入射角が 0°→45°→70° になるに従って線量減衰係数が急激に小さくなる傾向を示しているが, これは, ポリエチレンの厚さは一定でも, 入射角が大きくなると実質的な中性子の透過距離が長くなるので, それだけ中性子の減衰効果が大きくなるからである。

高速中性子が減速されて熱中性子になり, 物質に吸収されて発生する捕獲γ線の重要性について図 4.2.71 に示す。図は水中に置かれた²⁵²Cf 点等方中性子源から毎秒 1 個の中性子が等方に発生した場合の, 線源から r [cm] における線量当量率 [cSv·s⁻¹] を示したものである[11]。ここで, 一次γ線があるが, これは²⁵²Cf は即発中性子ばかりでなくγ線も同時に発生していることを示している。当然のことながら, 線源の近傍 20 cm 付近までは高速中性子の寄与が圧倒的に大きく, また一次γ線の寄与もかなり多いこと

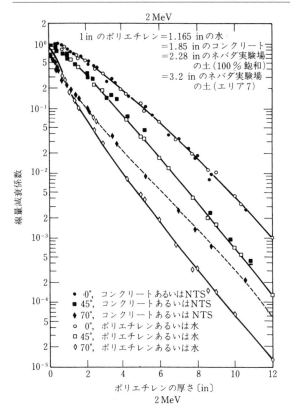

図 4.2.70 2 MeV 中性子に対するポリエチレン中の中性子線量の減衰（1 in＝25.4 mm）

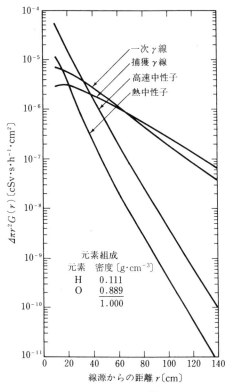

図 4.2.71 無限の水中に置かれた ^{252}Cf 点等方線源から毎秒 1 個の中性子が放出された場合の線源から距離 r [cm] における線量当量率 [cSv·s·h^{-1}]（$G(r)$はファントムに関連した線量当量カーネル）

がわかる。

水は中性子に対して遮蔽性能が良く，γ線に対しては悪く，そして熱中性子吸収による捕獲γ線の発生が多いことから，高速中性子や熱中性子に対する線量当量率は線源からの距離が大きくなるとともに急激に減衰するが，一次γ線はあまり減衰せず，$r=27$ cm くらいからは高速中性子よりも一次γ線の線量当量の方が大きくなる。

また，捕獲γ線については線源の近傍 20 cm くらいまでは他と比べ最も線量当量率への寄与が少ないが，$r=40$ cm くらいでは高速中性子よりも大きくなり，70 cm を超えると一次γ線よりも寄与が大きく，最も線量当量率に占める割合が大きくなる。

このように，水素を多く含む物質ではボロンを混合する，あるいはその物質の後方（線源と反対側）に鋼材や鉛板等を置くなどの対策を講じないと，中性子に対しては万全であっても，捕獲γ線による被曝が問題になる。この捕獲γ線対策の例として〔3〕項で述べた NS-4-FR というエポキシ系レジンでは 1.2 wt% のボロンカーバイト（B$_4$C）が加えられている。捕獲γ線の低減のためにはボロン濃度はこの程度で十分であり，あまり増やしてもその材料がもろくなったり，加工性を悪くする。また，ボロンは熱中性子に対する吸収断面積が非常に大きく（^{10}B の熱中性子に対する (n, α) 反応断面積は数千バーン[12]），より多く付加してもその効果が飽和する傾向を示す。

〔5〕 **遮蔽材の放射化についての留意点**

2012（平成 24）年 3 月の放射線障害防止法の改正により，加速器等による放射化物は，基本的に放射線同位元素によって汚染されたものと同様の規制を受けることになった。したがって，遮蔽設計の際には将来の施設の廃止時の放射性廃棄物の評価も併せて行うことが重要な課題となる。

遮蔽材により中性子やγ線が遮蔽されるということは，遮蔽材と放射線とが相互作用することを意味している。そこで問題となるのが，中性子やエネルギーの高いγ線，陽子線などの粒子線が遮蔽材と相互作用した際に核変換により，遮蔽材の構成元素の一部が放射性同位元素に変換され放射化することである。

この放射化反応は，遮蔽材の構成元素の持つ固有の

物理的性質に起因し，特に注意すべき点は対象となる決定元素が，コバルトやユーロピウムなどの不純物であることにある。これら不純物は，一般には成分分析結果が入手できないため，放射化が問題になる場合にはこれら不純物の評価は重要となる。

（大石晃嗣，植木紘太郎）

引用・参考文献

［遮蔽全般に関するもの］
- 兵藤知典，放射線遮蔽入門，丸善（1972）
- Jaeger, R. G. ed., Engineering Compendium on Radiation Shielding, Springer Verlag（1975）
- Schaeffer, N. M. ed., Reactor Shielding for Nuclear Engineers, U.S. Atomic Energy Commision（1973）
- Profio, A. E., Radiation Shielding and Dosimetry, John Wiley & Sons（1979）
- Chilton, A. B., Shults, J. K., and Faw, R. E., Principles of Radiation Shielding, Prentice Hall, Inc.（1984）
- 原子力安全技術センター，放射線施設のしゃへい計算実務マニュアル（2015）
- 日本原子力学会，放射線遮蔽ハンドブック―基礎編―（2015）

1) Sato, T., Niita, K., Matsuda, N., Hashimoto, S., Iwamoto, Y., Noda, S., Ogawa, T., Iwase, H., Nakashima, H., Fukahori, T., Okumura, K., Kai, T., Chiba, S., Furuta, T., and Sihver, L., Particle and Heavy Ion Transport Code System PHITS, Version 2.52, J. Nucl. Sci. Technol., 50-9, pp.913-923（2013）
2) Voitvetskii, V. K., et al., JETP 5, pp.184-188（1957）
3) Keepin, G. R., Physics of Nuclear Kinetics, Addison Wesley, Reading, Wass（1965）
4) Cranberg, L., et al., Phys. Rev., 103, p.662（1956）
5) 大石晃嗣，小迫和明，小林有希，園木一誠，中村尚司，エネルギーが 10 MeV を超える医療用リニアック施設の遮へい設計上の留意点．RADIOISOTOPES. 57-5, pp.277-286（2008）
6) Ueki, K., et al., Nucl. Sci. Eng., 124, pp.455-464（1996）
7) Ueki, K. and Namito, Y., Nucl. Sci. Eng., 96, pp.30-38（1987）
8) 例えば，http://www.gikenko.co.jp/techno/radiation.html，http://www.jaif.or.jp/161013-1/（2018 年 11 月現在）
9) Schaeffer, N. M. ed., Reactor Shielding for Nuclear Engineers, Chapter 8（1973）
10) Allen, F. J. and Futterer, A. T., Nucleonics, 21, p.120（1963）
11) Stoddard, D. H. and Hootman, H. E., 252Cf Shielding Guide, AEC Savannah River Laboratory Report, DP 1246（1971）
12) Nakagawa, T., Asami, T., and Yoshida, T. eds., Curves and Tables of Neutron Cross Sections Japanese Evaluated Nuclear Data Library Version 3, JAERI M,

pp.90-99（1990）

4.2.11 ガスケット，パッキン材料

〔1〕 シール材と分類

シール材とは，環境上使用流体の漏れを許容できる範囲までにコントロールするもので，使用箇所の挙動の有無により2種類に大別される。すなわち，管フランジ継手のように動きのない部分に使用されるシール材をガスケット（固定用シール），また回転ポンプのように動きのある部分に使用するものをパッキン（運動用シール）と呼び，分類されている。

こうしたシール材は，用途，使用条件，使い勝手，および経済性など，いろいろな要求事項に対応するため各種各様の製品が開発されている。その代表的な分類を図 4.2.72 に，また，種類を表 4.2.68 および表 4.2.69 に示す。

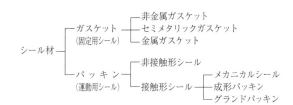

図 4.2.72 シール材の分類

〔2〕 シール材の重要性

一般家庭向け製品から原子力発電設備まで，広い分野にわたって膨大な量と種類のシール材が使用されている。これらのシール材の構造や形態は比較的単純で価格も安いため，とかく使用者側に軽視されやすい傾向にある。しかし，一度継手部や摺動シール部から漏れが生じると，プラントの運転も止めざるを得ない事態が起こり，また，最悪のケースでは人身事故や爆発事故に結び付くこともあり得る。漏れトラブルのためにプラントの運転を止め，1万円もしないシール材を交換するだけで1億円を超す費用がかかるケースもある。したがって，シール材を単なる消耗品と考えず，重要保安部品との認識を持ち，材料の選定，取扱い，および保全作業にあたるべきである。

〔3〕 シール特性の認識

これまでの概念では，流体の漏れを止めるためにシール材を使用するものと考えられてきた。しかし，厳密に見ると，一般的な（特殊な設計によるものを除く）シール材は完全に漏れを止めることはできず，つねに微量な漏れが生じていることを認識すべきである。例えば，緻密性が高いといわれる軟質ゴム弾性体でも，常温における水素ガスの透過性は 1.0×10^{-7}

表 4.2.68 ガスケットの種類とその使用範囲・使用箇所の適否

分類	名称	使用範囲[*1] 温度 $[℃_{max}]$	使用範囲[*1] 圧力 $[MPa_{max}]$	使用箇所の適否[*2] 管フランジ	大口径フランジ	異形フランジ	熱交フランジ	ダクトフランジ
非金属ガスケット	ゴムシート	材質による (80～230)	1	○	△	○	△	◎
	ゴム O-リング		29.4～98	△[*3]	△[*3]	△[*3]	×	
	布入りゴムシート	80～120	1	○	△	○	△	○
	ジョイントシート	100～200	2.9	◎	△	◎	△	×
	PTFE ソリッドガスケット	100	1	△	×	△	△	×
	充塡材入り PTFE ソリッドガスケット	150～260	2～2.9	◎	○	◎	△	×
	PTFE ジャケット形ガスケット	100～180	2	◎	○	×	△	×
	織布ガスケット	400～800	—	×	△	△	×	◎
	膨張黒鉛シートガスケット	400	2.9	○[*4]	○	○[*4]	×	×
	液状シール[*5]	材質による	—	×	×	×	×	×
	PTFE 未焼成テープ[*6]	260	—	×	×	×	×	×
セミメタリックガスケット	無機質紙渦巻形ガスケット	350～400	25.9	◎	◎	△[*4]	◎[*1]	
	膨張黒鉛渦巻形ガスケット	450～(600)	43.1	◎	◎	△[*4]	◎[*1]	
	PTFE 渦巻形ガスケット	260～300	10.3	◎	◎	△[*4]	◎[*1]	
	メタルジャケット形ガスケット	250～1300	2～5.9	△	◎	◎	◎	
	金属板入り膨張黒鉛シートガスケット	400	5.2	◎	◎	◎	◎	
	波形金属板入り膨張黒鉛ガスケット	400	5.2	◎	◎	◎	◎	
	膨張黒鉛貼りカンプロファイルガスケット	400	43.1	○	◎	×	◎[*1]	×
金属ガスケット	金属平形ガスケット	材質による	29.4	△	△	×	×	×
	金属のこ歯形ガスケット		9.8	○	×	×	△	×
	リングジョイントガスケット		29.3～98	○[*1]	△	×	×	×
	レンズリングガスケット		31.4	○[*1,*3]	×	×	×	×
	デルタリングガスケット		34.3	×	○[*1,*3]	×	△[*1,*3]	×
	金属中空 O リング		6.8～392	○[*1,*3]	○[*1,*3]	○[*1,*3]	×	×

〔注〕 *1 最高使用温度と最高使用圧力とが同時に作用する条件で使用できないこともある.
*2 使用箇所の適否評価 ◎：最適 ○：適当 △：条件により可 ×：不可
*3 特殊溝加工が必要
*4 寸法や形状に制約あり
*5 一般工業用には単独で使用せず，他のガスケットと併用し，補助シールとする.
*6 PT ねじ継手専用

$(cm^2/s)/atm$ 程度であり，微量のガス分子がゴム材料の中を透過して漏れ出てくることがわかる.

また，軟質ガスケットの代表的な材料の一つであるジョイントシートは，耐熱性有機繊維や無機繊維などが配合されているため，ミクロの目で見ると多数の空隙が内在し，分子量の小さいガス体は容易に材料の中を透過してくる.しかし，気体と比較して粘性の大きな水や油などの流体は，透過しにくいため，実用上問題となる漏れに至らない.

JIS B 2490：2008「管フランジ用ガスケットの密封特性試験方法」の解説では，"漏れのないこと"を定量化している.ここでは，フランジ継手の気密検査で要求されるせっけん水法の検出限界を"漏れのないレベル"として，定量化している.JIS 30 K 40 A のジョイントシートガスケットに所定の圧縮荷重を負荷させた後，ヘリウムガスを所定の内圧として負荷させた状態で，漏洩量をせっけん膜流量計で測定した後，せっけん水を塗布して発泡状態を確認している.その結果，**表 4.2.70** に示した実験結果から，せっけん水法で漏れを検出できるレベルは $3×10^{-4}$ Pa・m^3/s（0.2 atm・cc/min）程度である.せっけん水法での検出限界以下にするためには，30 MPa を超える初期締付面圧を与える必要がある.

仮に，JIS 10 K の標準フランジで，ボルト材質 SNB 7 の設計応力値 172 MPa でジョイントシートを締め付けた場合，呼び寸法にもよるが，**表 4.2.71** に見ら

4. 機械と装置の安全

表 4.2.69 パッキンの種類と使用範囲・使用箇所の適否

分 類	名 称		使用範囲[*1]			使用箇所の適否[*2]			その他
			温度[*3] ($℃_{max}$)	圧力 (MPa_{max})	PV値 ($MPa\cdot m/s$)	バルブ	回転ポンプ	往復動ポンプ	
メカニカルシール	メカニカルシール	不平衡形	素材による 700	1	6.5 (150 m/s)	×	◎	×	かくはん機, 船舶
		平衡形		44					
成形パッキン	ゴムモールドパッキン		材質による 80～100	2.9～29.4	—	△	×	◎	油・空圧シリンダ
	布入りゴムモールドパッキン		120	98～196	—	×	×	◎	油・空圧シリンダ
	PTFE製V形パッキン		120～150	2.9～29.4	—	◎	×	○	開閉器
グランドパッキン	PTFE含浸PTFE繊維ブレードパッキン	油あり	260	2	16.2	×	◎	×	
		油なし	260	4.9	3.9	◎	○	○	かくはん機
	PTFE含浸炭素繊維ブレードパッキン	油あり	260	4.9	16.2	×	◎	×	
		油なし	300	4.9	—	○	△	○	
	PTFE含浸黒鉛入りPTFE繊維ブレードパッキン	油あり	260	1～2	14.7	×	◎	×	
		油なし	—	—	—				
	膨張黒鉛ヤーンブレードパッキン	油あり	300～350	2	—	△	△	△	
		油なし	350～400[*4]	25.5	—	◎	○	×	スートブローワ
	膨張黒鉛テープモールドパッキン		400[*4]	43	—	◎[*5]	×	○[*5]	

〔注〕
*1 最高使用温度と最高使用圧力とが同時に作用する条件で使用できないこともある.
*2 使用箇所の適否評価 ◎: 最適 ○: 適当 △: 条件により可 ×: 不可
*3 回転シールの場合, 摩擦熱でシール面の温度が高くなるときは, 予測される昇温分を差し引いた温度を限界とする.
*4 空気を含め, 酸化雰囲気中での使用限界温度を示す.
*5 単独で使用しない. 適当なスペーサパッキンや他のパッキンと組み合わせて使用する.

表 4.2.70 漏れ量とせっけん水法による検出限界との関係[1)]

有効締付圧 σ_e [N/mm²]	内圧 P [MPa]	漏れ量 [L]		せっけん水法による検出
		[Pa·m³/s]	[atm·cc/min]	
10	1	8.97×10^{-3}	5.31	○
20	1	1.62×10^{-3}	0.96	○
30	1	4.39×10^{-4}	0.26	○
40	1	1.86×10^{-4}	0.11	×
40	2	3.04×10^{-4}	0.18	×

れるように最大締付面圧が 40.3 MPa, 最小で 18.70 MPa になり, JPI-7S-81「配管用ガスケットの基準」の規格の中で記述されている. ガス体をシールするのに必要な 39.2 MPa 以上の締付面圧を与えるのは難しい. 特に, ボルトの本数やサイズが変わる前の呼び寸法, 65, 400, 500, 750 A などで締付面圧が小さくなり, 漏れやすい寸法といえよう (表 4.2.71 参照). 一方, 運動シールの場合, シール面での動きが要求されるため, ガスケットより漏れ量が多くなるのは避けられない. より漏れを少なくしようとして, 強くパッキンを締め付けると軸が動かなくなってしまい, 故障や事故の原因となる.

回転ポンプのように, 軸回転速度が速い場合, 潤滑と冷却効果を維持するには, 原則として内部流体を漏らして運動しなければならない. 環境上内部流体の漏れを許容できない場合は, 強制注水および注油装置を付属したポンプを選定し, 内部流体の代わりに水や油を漏らして運転したり, また, 特殊設計のポンプ(キャンドポンプなど)を採用する必要がある.

シール材には, 固有のシール特性があり, それ以上の性能を期待すると, 気体漏れ試験で微量の漏れが問題になったり, 機器の改造や保全などの経費・負担が増えることになる. また, 以上のように, シール材からの漏れは皆無でないことを認識した上で, 装置の運転や保全の徹底, 安全管理にあたることを勧める.

〔4〕 材料の選定と手順

シール材の漏れトラブルや事故・災害をなくすためには, 以下の諸項目が正しく行われていなければならない.

① 設 計
② 使用機器の製作と管理
③ シール材の製作と管理
④ 適切なシール材の選定
⑤ 取扱いと保管
⑥ 点検と保全

これらのうち, ①～③までの項目は, 正しく設

表 4.2.71 ボルト材 SNB 7 設計応力締付時のガスケット面圧

ガスケット				ボルト			ガスケット面圧 O_g [MPa]
外径 D_o [mm]	接触外径 R [mm]	内径 D_i [mm]	シール面積 A_g [mm²]	本数-呼び径 [n-M]	総断面積 A_b [mm²]	総締付応力 H [Nf]	
58	51	22	1 663	4-M 12	321	55 184	33.2
74	67	35	2 564	4-M 16	601	103 427	40.3
84	76	43	3 084	4-M 16	601	103 427	33.5
104	96	61	4 316	4-M 16	601	103 427	24.0
124	116	84	5 027	4-M 16	601	103 427	20.6
134	126	90	6 107	8-M 16	1 203	206 854	33.9
159	151	115	7 521	8-M 16	1 203	206 854	27.5
220	212	167	13 395	8-M 20	1 879	323 222	24.1
270	262	218	16 588	12-M 20	2 819	484 834	29.2
333	324	270	25 192	12-M 22	3 508	603 452	24.0
378	368	321	25 434	16-M 22	4 678	804 602	31.6
423	413	359	32 742	16-M 22	4 678	804 602	24.6
486	475	410	45 180	16-M 24	5 412	930 809	20.6
541	530	460	54 428	20-M 24	6 765	1 163 511	21.4
596	585	513	62 090	20-M 24	6 765	1 163 511	18.7
650	640	564	71 867	20-M 30	11 242	1 933 590	26.9
700	690	615	76 871	24-M 30	13 490	2 320 308	30.2
750	740	667	80 669	24-M 30	13 490	2 320 308	28.8
810	800	718	97 763	24-M 30	13 490	2 320 308	23.7
870	855	770	108 483	24-M 30	13 490	2 320 308	21.4

計・製作されたものとし，以下にシール材の選定，取扱いおよび保全上の注意事項をまとめてみた．

シール材の選定を検討する場合，各種材料の特性，特徴（特に短所），取扱い上の注意などの知識が必要であるが，ここでは紙面の都合で記述できないため，他の文献 2）～ 9）に譲り，選定の手順について述べる．各用途に最適なシール材料を選定するためには，図 4.2.73 に示すような 3 段階のステップを踏んで検討していくことを勧める．

まず第 1 ステップとして，使用箇所と運転条件の確認から始める．固定用シール（ガスケット）の場合，管フランジ，熱交フランジ，だ（楕）円形のマンホールフランジ，形状の複雑な機器フランジなど，使用条件が仮に同じでも最適材料は違ってくる．

運動用シール（パッキン）でも同じことがいえる．これは用途および機器によって，要求事項が異なるためである．そこで，表 4.2.68 と表 4.2.69 にシール材の使用可能範囲と用途への適否を付記したので，この中から◎と○印の評価材料を選び出し，つぎに使用流体，温度，および圧力に耐えるものを抽出する．

第 2 ステップでは，第 1 ステップでリストアップされた材料に対し 9 項目の検討を加え，選定条件を満たすものを選別していく．しかし，この時点で 100％必要条件を満たしてくれる候補材料がなくなることもある．このような場合，選定条件に優先順位を付け，重要選定条件を満たしてくれる材料の中で，残った問題点を妥協して使用するか，また，設計変更の可能性や取扱い上の工夫を検討するなど，総合的な判断をする必要がある．

例えば，400℃，1 000 mmAq の排気ガスを，1 000 mm 口径のフランジでシールするための設計では，JIS B 8265 や ASME Code Sec. VIII の設計基準によると，比較的薄いフランジに織布ガスケットが使用でき

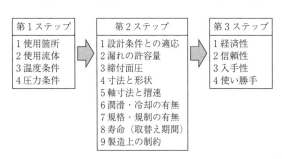

図 4.2.73 シール材の選定手順と検討事項

ることになる。しかし，実際に使ってみると，気体漏れ試験時に漏れが生じ不合格となる。内部流体が排気ガスであることから，多少の漏れは許容して使うか，設計変更し圧力クラス JIS 10 K 以上のフランジに，メタルジャケット形ガスケットに耐熱性ガスケットペーストを併用して使うことになる。設計変更せずに，ガスケットだけ変えても，締付面圧不足で漏れは止まらない結果に終わる。

最後の検討ステップは，複数の材料の中から一つの材料を決めるためのチェックで，必要条件ではない。すなわち，イニシャルコストが高くても，シールの安定性，使い勝手（メンテナンス時の作業性）を重視する選定を行ったり，また，入手性や融通性を考慮して材料・グレードの統一や標準寸法の採用などが考えられる。

なお，シール材の使用基準については，文献 9) やいくつかの公的資料[10]~[13] とメーカの資料があるので参照されたい。

〔5〕 取扱い上の注意事項
（a） ガスケット材料
1） **締付管理**　シール機能を十分に発揮させるためには，適正な締付面圧を均等に与えなければならない。いろいろな締付管理方法があるが，一般的なガスケット材料は圧縮ひずみ量が小さく，圧縮代（締め代）管理は誤差が大きく勧められない。したがって，ボルトの締付トルクやボルト長さの伸び量から締付応力を算出することが望ましい。

一般的なトルクレンチを利用した締付管理方法は，ボルト・ナットの表面状態が荒れていたり，さびや油膜の有無などで摩擦特性が変わってくるため，つねに点検と整備に気を付けなければならない。

2） **許容締付面圧**　過大な締付荷重を与えると，ガスケット材料は大きな変形を起こしたり，破壊することがある。この圧縮破壊を起こさない最大の面圧を許容締付面圧といい，材料によって異なるためあらかじめ調べておく必要がある[11]。しかし，ガスケットペーストの塗布やガスケット厚さの大きいものを使うと許容締付面圧値が低下し，圧縮破壊を起こしやすくなる。

3） **ガスケットペーストの効用と弊害**　ガス漏れ対策として，ガスケットペースト（液状パッキンなどを含む）などをガスケットの表面に塗布することがよく行われている。

締付面圧が不足する場合，フランジとよくなじんでいない部分に介在して漏れ路をふさぎ，また，ジョイントシートに内在する空隙に染み込んで浸透漏れを防ぐ効果がある。しかし，ガスケットペーストがシール面に介在すると，接触面の滑りが良くなり，また，溶剤を含む液状シールはジョイントシートを軟化させ，許容締付面圧値より低い荷重でガスケット材料を圧縮破壊させるので注意が必要である。例えば，JPI クラス 150 1-1/2B 以下の小口径ガスケットは，接触面積が小さく締付面圧が大きくなる傾向があるので注意が必要である。

（b） パッキン材料
1） **弁用パッキンにはリング成形品**　低応力緩和，緻密性，締付力の均等分布，締付力の伝達性などを向上させるために，弁用パッキンはあらかじめ金型で圧縮成形されたリング成形品の使用を勧める。

2） **締付管理**　ガスケットと同様，本来のシール性能を発揮させるためには，パッキンに適正な締付力を均等に与える必要がある。

回転ポンプの場合，パッキンが軟らかく，圧縮ひずみ量が大きいため，一気に締め込むと片締めになる。また，強く締め付けず，流体の漏れ量を見ながらわずかずつ締め付けていくのがポイントである。

弁用パッキンの場合は，漏れ量の許容が小さいため，トルクレンチでメーカが提示する締付面圧を与える必要がある。

3） **適正な組合せ**　パッキンは，単独種のみで使用するとは限らない。パッキンの欠点を補い，長所を有効に利用するため，2 種類以上のものを組み合わせて使うことがある。この場合，組合せの順序や挿入方法を間違うと性能に影響するので注意が必要である。

4） **装塡方法**　漏れ路を遮断するため，パッキンの切口の位置が重ならないよう 90 ～ 120° ずらす必要がある。また，パッキンは 1 リングずつ挿入し，適当なジグを使ってスタフィングボックスの奥にしっかりと押し込む。

弁用パッキンは，締付力を均等にするため，挿入ごとにボルトで締め付ける。

リップパッキンの場合，リップ摺動部に少量の潤滑剤を塗布し，薄い竹べらや金属片を添えて挿入すると内部ガスが抜け正しい位置に収まる。

5） **膨張黒鉛パッキンと摺動抵抗**　膨張黒鉛パッキンはシール性能が優れている半面，摩擦係数が大きく，他の材料と比較するとステム摺動抵抗は大きくなる。長期間放置したままにするとスティック現象を起こし，始動するのに大きな起動トルクが必要になる。

パッキンの数を 2 ～ 4 リングと少なくしてスペーサパッキンをその前後に 1 リングずつ組み合わせるのがよい。

〔6〕 メンテナンス上の注意事項
（a） ガスケット
1） **材料交換時期の設定**　漏れが生じてからガスケット材料を交換すると，膨大な補修費用が必要になる。したがって，従来の運転実績とメーカの推奨期間を加味し，使用条件別にガスケット材料の寿命を想定し，交換期間をあらかじめ設定して，プラントの定修時期に合わせて実施すべきである。

2） **点検作業と漏れの早期発見**　早い時期の漏れは，ボルトの増し締めで対応できるが，時間が経過すると漏れ路は拡大し，またフランジ面にも傷が付き，増し締めしても漏れは止められなくなる。ボルトの緩みと併せ，つねに点検作業の徹底が肝要である。

3） **フランジとボルトの状態のチェック**　ガスケット材料を交換するとき，フランジのたわみ，平行度，面間距離，シール面の粗さ，ボルトおよびナットの状態をよくチェックし，必要があれば補修し，また，補修不可能なものは必ず新品と交換する。特に，フランジの面間距離が大きかったり，平行度が悪いと，ボルトの締付力がフランジを引き寄せるための力に費やされ，有効な締付力がシール面に作用しなくなり，漏れ発生の原因となる。

4） **圧力クラスと寸法のチェック**　圧力クラスや呼び寸法を間違えると，ガスケットが正しい位置にセットできず，片締めや締付面圧分布が不均等になり，材料の破壊や漏れの原因となる。

例えば，クラス150 1・3/4Bのジョイントシートをクラス300 1・3/4Bのフランジに間違えて装着するとガスケットの外径が小さいため，正しい位置からずれてしまう。

5） **温度分布を均一に**　継手部や装置に，ドレンや低温の液化ガスなどが滞留すると，フランジに温度差が生じ，ひずみやガスケットの面圧低下が起こり，漏れの原因になる。こうした条件の箇所には，設計段階で継手を配置しないようにする必要がある。すでに既存する継手には，復元量の大きい渦巻形ガスケットなどの使用を勧める。

（b） パッキン
1） **回転シールは漏らしながら運転**　潤滑剤を含浸したブレードパッキンは，初期運転時の潤滑効果は期待できても，長期間にわたって維持することはできない。そのため，内部流体（液体）も一定量漏らし潤滑と冷却の効果を得ている。一般的には，漏れ量をシャフト径25 mm当り$3 \sim 6 \, cm^3$/分とするのがよい。

漏れを許容できない場合は，特殊なシール機構を備えた装置を使用する必要がある。

2） **回転ポンプの締付けはフィンガータイト**　弁用パッキンと異なり，回転ポンプ用パッキンに強く締め込むことは厳禁である。パッキンをスタフィングボックスに挿入した後，なじませるために一度強く締め，その後シャフトが手で回る程度まで締付ナットを緩める。スタート直後は内部流体を漏らしながら運転し，徐々にナットを1/12回転ずつ締め付けて漏れ量を観察していく。漏れ量が$3 \sim 6 \, cm^3$/分に安定するまで締付操作を調整する。こうした作業をならし運転といい，30分以上かけて調整するのがよい。

3） **弁の点検時に弁棒を摺動**　漏れの有無と締付ボルトの緩みチェックは当然のことながら，年に1～2回ステムの開閉操作を実施し，パッキンの焼付き現象を防ぐ必要がある。特に，膨張黒鉛パッキンは，スティック現象が起こるため，ステムが回りにくくなるので，この操作が必要となる。

4） **弁用パッキンの増し締め管理**　パッキンに作用する締付圧力の分布は，スタフィングボックスの奥へ行くほど小さくなる。したがって，時間経過とともに締付面圧は低下し，昇温するとさらに進行する。運転直後および昇温状態時に増し締めし，必要面圧の確保とシール性能の安定化を図ることを勧める。

（重留祥一，吉本千太郎）

引用・参考文献

1） JIS B 2490：2008　管フランジ用ガスケットの密封特性試験方法，解説，p.解5（日本規格協会）
2） 日本規格協会，JIS使い方シリーズ，密封装置選定のポイント，p.71-242（1989）
3） 古賀徹，フランジ用ガスケット，配管・装置・プラント技術，p.17（1995）
4） 吉本千太郎，シール材の非石綿化の傾向，配管技術，p.94（1995）
5） 近森徳重，岩浪繁蔵，パッキン技術便覧，産業図書（1976）
6） 上田隆久，バルブ用グランドパッキン，配管・装置・プラント技術，p.23（1995）
7） 武田貞男，蒸気用高圧弁の保全と修理，配管・装置・プラント技術，p.24（1995）
8） 吉本千太郎，バルブ用パッキンの種類と選定上の注意，配管技術（1982）
9） 似内昭夫，澤俊行監修，最新シーリングテクノロジー，密封・漏れの解明とトラブル対策，テクノシステム（2010）
10） JPI-7S-77-2010　石油工業用プラントの配管基準，石油学会（2010）
11） JPI-7S-67-2006　石油工業用バルブの基盤規格，付属書7 バルブ用ガスケット及びパッキン，石油学会（2006）
12） JPI-7S-81-2015　配管用ガスケットの基準，石油学会（2015）

13) JPI-7R-76-2006　バルブのユーザーガイド，7. ガスケットとパッキン，石油学会 (2006)

4.3　材料の破損とその防止

4.3.1　破　　　損
〔1〕　破損の分類法

　機器や建造物には微視的なものから巨視的なものまでいろいろな損傷が認められる。損傷には，供用前にすでに存在していたものと供用中に発生・進展したものとがある。供用前の損傷はさらに素材の段階ですでに存在したものと，加工や組立ての段階で発生したものに分けられる。これが供用中に発生・進展する損傷の発生源となるものもある。おもな損傷の形態を表4.3.1に示す。物理的要因による損傷は破損と呼ばれ，破壊，摩耗，変形などが挙げられる。

　破壊は，機器の保守・管理上とりわけ重要な課題となっていることもあって，さまざまな観点から研究がなされてきた。破壊は負荷の形式，雰囲気や環境，破断面の様相などそれぞれの視点ごとに特徴的な現象を呈する。表4.3.2に破壊現象の分類法とそれぞれの分類における破壊の形式を示す。

〔2〕　各種破損の特徴とその対策
（a）　変形・座屈
1）　変　形　　軟鋼などの金属材料でできた一様な断面を持つ棒の両端に荷重Fを作用させると，内部に力が誘発される。棒の軸に垂直な任意断面に作用する力は荷重と同じ大きさFである。棒の断面積をAとするとき，F/Aを応力という。荷重を増加させると棒は伸びる。伸びた量をuとする。初めの棒の長さをLとしたとき，u/Lを工学ひずみ，$u/(L+u)$を真のひずみという。$L \gg u$とみなせない場合は真のひずみを使わなければならない。

　一定の大きさまで荷重を増加させ，そこから除荷すると元の状態に戻るが，ある荷重以上に増加させると元に戻らなくなる。この点を降伏点といい，そのときの応力を降伏応力，ひずみを降伏ひずみという。さらに荷重を増していったとき，その時点のひずみを全ひずみといい，この時点で除荷したときに残ったひずみを塑性ひずみ（あるいは，永久ひずみ）という。全ひずみから塑性ひずみを差し引いたひずみが弾性ひずみである。このような挙動をする材料を弾塑性体と呼ぶ。

　任意の形状を持つ部材のどこかに塑性ひずみが出現したとき，これを弾性破損ということがある。

　物体内の応力状態は考えている点を含む微小な立方体の面に作用する応力のセットで表される。棒の場合

表4.3.1　損傷の分類

供用前の損傷		供用中に発生・進展する損傷	
素材の欠陥	加工，組立て時の損傷	部材の劣化形態	最終的損傷の状態
偏析 介在物 不良組織 など	加工きず 溶接欠陥 など	亀裂 疲労 脆化 高温劣化 塑性変形 など	破壊 摩耗 変形・座屈 など

表4.3.2　破壊現象の分類法とそれぞれの分類における破壊の形式

分類の方法	分類の項目	破壊の形式
負荷の経時変動	・準静的な単調増加の負荷 ・瞬間的に作用する負荷 ・繰り返し作用する負荷 ・変動しない負荷	静的破壊 衝撃破壊 疲労破壊 クリープ，遅れ破壊
破断部近傍の変形量	・比較的大きな塑性変形 ・外見上ほとんど塑性変形を伴わない	延性破壊 脆性破壊
結晶粒と亀裂の位置関係	・亀裂が結晶粒内を通る ・亀裂が結晶粒界を通る	粒内破壊 粒界破壊
破壊面の微視的形成機構	・へき開面間の分離による ・空洞成長，合体による ・滑り面での分離による	へき開破壊 延性破壊 せん断破壊
雰囲気の温度	・高温下 ・低温下	高温疲労，熱疲労，クリープ 低温疲労，低温脆性
使用環境の腐食性	・溶解を発生する環境下 ・水素を吸蔵する環境下	APC（active path cracking） HE（hydrogen embrittlement）
亀裂の進展に伴う系の安定性	・亀裂は系の安定が保持されたまま拡大する ・亀裂の拡大が系を不安定にさせる	安定破壊 不安定破壊（脆性不安定破壊，延性不安定破壊）

（一次元）は立方体の一つの面における応力だけで一義的に決まる。平板の場合（二次元）は立方体の一つの面を板の表面に平行にとったとき，他の直交する二つの面に作用する応力のセットで定められる。任意形状の部材の場合（三次元）は三つの互いに直交する面に作用する応力のセットで表される。物体内の立方体の向きは任意であるが，通常，立方体の各面の向きは物体に設定された座標軸の方向にとられる。便宜上，応力はベクトル的に面に垂直方向の成分と平行方向の成分に分けられる。前者を垂直応力，後者をせん断応力という。せん断応力はさらに二つの座標軸の方向の成分に分けられる。したがって，立方体には18の応力成分が作用しているということもできる。ここで，向かい合う面に作用する応力成分は互いに大きさが等しく向きが反対であることと，立方体は回転しないことを考慮すると，独立の応力成分は6になる。

三次元応力状態において降伏が開始されるとき，もしくは塑性変形が継続されるとき，応力成分間に成り立っている関係が降伏条件式である。降伏条件式としてミーゼスの式やトレスカの式がある。

金属材料は降伏点を超えて変形（塑性変形）が進むほど硬化する性質がある。このため変形を進ませるためには負荷応力を増加させる必要がある。

ワイヤロープや棒に引張荷重による伸び変形を与えていくと，ある時点でくびれを生じ破断に至る。くびれが発生するひずみまでは荷重の増加とともに変形が進むが，くびれが発生する時点を境にしだいに小さな荷重（注：応力ではない）で変形が進行する。すなわち，くびれが発生した時点の荷重をその後は支えきれない。これを塑性崩壊という。この現象は支持断面積の減少速度が材料の硬化速度を上回ることに起因する。

2) 座 屈 圧縮やねじれなどの荷重を受けている安定な弾性変形状態にある柱や板などの部材が，さらに荷重を負荷されて別のモードの変形状態に不安定に移行する現象を座屈という。

図4.3.1に示すような圧縮荷重Pが作用する柱の変形を考える。図（a）は短柱（柱の断面寸法に対して長さが比較的短い柱）の場合で，柱はPにより短縮変形をする。これに対して図（b）のような長柱の場合は，ある荷重まで短縮変形した後，急に湾曲変形に移る。これは長柱にもともと存在したごくわずかな湾曲や柱端部支持条件のアンバランスもしくは柱の軸に作用する微小な横荷重などがきっかけとなって発生する。

湾曲した状態が弾性変形範囲内のとき弾性座屈と呼び，弾塑性曲げ状態になっているとき塑性座屈と呼ぶ。

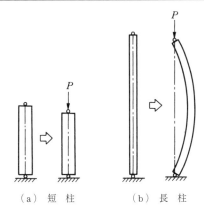

（a） 短 柱　　　（b） 長 柱

図4.3.1 圧縮力を受ける柱の変形

圧縮荷重を受ける柱や薄肉円筒など，実用的なケースについては座屈荷重が求められている。

図4.3.2（a），（b）に地震による石油タンクの側板に発生した座屈の事例を示す。図4.3.2（a）はダイヤモンド座屈，図4.3.2（b）は象の足座屈である。降伏応力に比べて内圧に起因する側板の円周方向引張応力が比較的小さいときにはダイヤモンド座屈になりやすく，逆の場合には象の足座屈になりやすいといわれている。

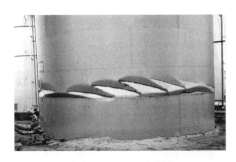

（a） ダイヤモンド座屈

（b） 象の足座屈

図4.3.2 円筒タンクの座屈事例[1]（1995年兵庫県南部地震による）

（亀井浅道）

引用・参考文献

1) 消防庁消防研究所, 阪神淡路大震災資料（1995）

(b) 延性破壊

1) 意味とその特徴　金属を始めとする固体材料の破壊には，着目する特性によっていろいろな分類法があるが，本項の延性破壊とそれに対応するつぎの（c）項の脆性破壊は，破壊部近傍の塑性変形の有無による分類であって，塑性変形を伴う場合を延性破壊，それが認められない場合を脆性破壊と呼んでいる。通常は機械・構造物の要素あるいは試験片の寸法規模，すなわち巨視的なレベルでの破壊形態の分類として用いられている。

図 4.3.3 には，標準的な丸棒あるいは板状試験片の引張試験によって求めた巨視的な破壊形態の典型例を示す。ほとんどの機械・構造用金属材料は図（b）あるいは図（c）のタイプの破壊形態を示すが，極端に塑性変形しやすい純金属などではまれに図（d）の点状あるいは刃状の破壊形態をとり，これらは延性破壊に属する。他方，焼入れした鋼や鋳物類などは図（a）のような横断面形（垂直形，引張形）の脆性破壊を生じることが多い。このような標準的試験片で延性破壊する材料を延性材，脆性破壊する材料を脆性材と呼んでいる。材料特性としての塑性変形能は，おおまかには上記のような標準試験片の破壊形態の違いで評価できるが，定量的には伸びおよび絞りの値で表される。

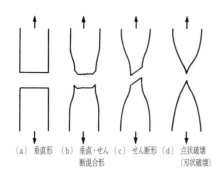

(a) 垂直形　(b) 垂直・せん断混合形　(c) せん断形　(d) 点状破壊（刃状破壊）

図 4.3.3　巨視的な破壊形態の典型例（丸棒あるいは板状試験片の引張破壊）

安全工学的見地から両破壊様式を見ると，脆性破壊の場合には，発生までの変形がきわめて小さく現象が突発的でその発生を予知することが非常に難しく，破壊強度のばらつきが大きいため強度の信頼性が低く，また破壊時に解放されるエネルギーが大きいなど危険な因子となることが多い。これに対し，延性破壊の方は，大きな塑性変形を検出して破壊を防止することが可能なことが多いばかりではなく，材料が持っている強度的特性を十分にあるいはかなりの程度に発揮した破壊様式であって，強度が比較的安定し最終破断時に解放されるエネルギーが小さいため，脆性破壊に比べれば危険因子となる可能性が少ない。

換言すれば，延性破壊はその材料にとっての過負荷で生じる破壊様式である。したがって，これを防止する対策として特別なものがあるわけではなく，けっきょく，より高い強度の材料を用いるか寸法・形状を変えて要素の強度を向上させること，あるいは荷重を減少させることのいずれかによってその過負荷状態を排除するしかない。

ところでその最初の対策である高強度材を使うにしても，一般には材質的に強度が高くなるほど要素中の切欠き，亀裂および介在物を起点とする脆性破壊発生傾向が大きくなり，しかもその場合の定量的強度評価が非常に難しいという事情があり問題は単純ではない。高性能の機器要素の材質の選択が一般に非常に厄介な問題となっているのはこのためである。そのような問題を解決するための脆性破壊発生特性（切欠き靱性や破壊靱性）の評価法についてはつぎの（c）項を参照されたい。

2) 延性破壊の機構　延性破壊では荷重が弾性限を超えた時点からまず伸びの形で，次いでそれにくびれの加わった形で塑性変形が進行し，その過程中に形成され拡大した多数の微小空洞が最終段階で急速に合体して破断に至る。図 4.3.4 には，その過程を炭素鋼などの丸棒試験片の引張りの場合について模式的に示す。このように一般的延性材では図 4.3.3（b）に示すようなカップアンドコーン形破壊を生じ破断面は灰白色の粗い表面状態（繊維状）を呈する。

この破断面は，微視的には微小空洞の合体によって形成されたディンプルと呼ばれる形態から成っている。その形態は破断面が形成されるときに作用した荷

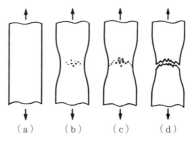

(a)　(b)　(c)　(d)

図 4.3.4　典型的延性破壊の過程（微小空洞の成長・合体機構）

重の種類によって，図4.3.5に示すように三つの基本的な形をとる。カップアンドコーンの中心部は図（a）の形の均一引張りによる等軸ディンプル，周辺のシヤリップと呼ばれる最終破断部は図（b）のせん断による伸長ディンプルで構成されている。図4.3.6（a），（b）はそれぞれ等軸ディンプルおよび伸長ディンプルの電子顕微鏡写真の例を示す。

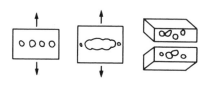

（a） 均一引張り：等軸ディンプル

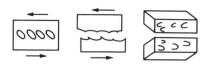

（b） せん断：伸長ディンプル

（c） 不均一引張り（引裂き）：伸長ディンプル

図4.3.5 各種ディンプルの形成機構[1]
（Beachemによる模式図）

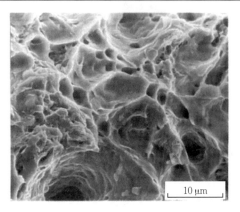

（a） 等軸ディンプル

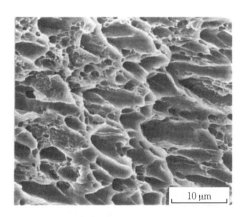

（b） 伸長ディンプル

図4.3.6 鋼材のディンプル破面の例

多結晶構造から成る金属材料の破壊現象は基本的には，図4.3.7に示すように，結晶面での滑りと，結晶面や結晶粒界での剥離とから生じる。延性破壊の初期からの伸びや絞りの巨視的変形過程も，また，上記の微小空洞の成長・合体というミクロな破壊からマクロな破壊への進行過程もともに結晶面での滑りが基本となっている。図4.3.6からもわかるように，ディンプルどうしの境界は鋭い刃先のような形態であるが，これは図4.3.3（d）の巨視的形態とまったく同じ滑り面分離機構によって形成されたものである。これに対し，結晶面や結晶粒界での剥離は，微視的にはへき開破面や粒界破面などで代表され，これらは主として脆性破壊の基本的機構となっている（つぎの（c）項参照）。

以上は最も一般的な延性材での破壊機構であるが，一部の材料，例えばクロム材などでは，伸びは通常の鋼材以上であるにもかかわらず，最終的微視破壊は脆性破壊の典型であるへき開破壊機構によって生じるも

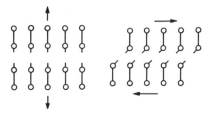

（a） 引張分離　　（b） 滑り（滑り面分離）

図4.3.7 原子（結晶構造）の規模での破壊機構

のがあり，また逆に，脆性破壊形態を示す材料でも微小空洞の合体すなわち微視的延性破壊により破壊するものもあって，巨視と微視では延性・脆性が必ずしも1対1に対応していないことを十分認識しておく必要がある。

（田中正清）

引用・参考文献

1) Beachem, C. D., Trans. ASM, 56, p.318（1963）

（c）脆性破壊 材料が巨視的にほとんど塑性変形を伴わずに破壊することを脆性破壊（brittle fracture）という。脆性破壊は通常，前ぶれなしに突然破壊し，人命に影響するような大きな損害を与えることが多いので，構造物の安全確保の上から，脆性破壊の発生を許さないようつねに心掛ける必要がある。

一般に脆性破壊を生じやすい材料を脆性材料といい，そうでない材料を延性材料という。脆性材料には焼入れした鋼や鋳鉄，コンクリート，岩石，セラミックス，ガラスなどがある。ただし，脆性破壊は材料に固有の性質でなく，体心立方格子や稠密六方格子の金属材料は高温で延性破壊するものが，温度が低下するに伴い脆性破壊するようになる。この現象を延性-脆性遷移といい，負荷速度（ひずみ速度）の増大や，切欠きなどによる変形の拘束，亀裂などの欠陥の存在などによっても生じる。

溶接構造物中の溶接継手では，溶接の熱履歴による材質の脆化や，不連続な溶接形状や溶接欠陥による応力集中と溶接残留応力の発生などにより，脆性破壊が生じやすくなるので，その発生防止に注意を払う必要がある。

比較的低強度の鋼の破壊応力を材料の降伏応力で無次元化し，その温度依存性を標準的な板厚について模式的に表した破壊解析図を**図 4.3.8** に示す[1]。横軸の温度の原点は，巨視的な塑性変形を伴わずに破壊する最高温度であり，無延性遷移温度（nilductility temperature, NDT）という。破壊応力は亀裂寸法および板厚の増大につれて低下し，亀裂寸法に依存しない下限線は亀裂阻止曲線（crack arrest curve, CAT）と呼ばれる。CAT 曲線が降伏応力と交わる点を弾性-破壊遷移（fracture-transition elastic, FTE），破断応力が引張強さに等しくなる点を塑性-破壊遷移（fracture-transition plasitc, FTP）という。

脆性破壊を発生させないためには，構造物の最低使用温度を NDT 温度以上に制限する NDT 基準が一般的であるが，安全性が特に厳しく要求される構造物で

は，（FTE 温度）≒NDT＋60°F（33 K），または（FTP 温度）≒NDT＋120°F（67 K）をその最低使用温度以下に抑える FTE または FTP 基準が用いられる。

原子炉設備に使用される ASME 規格では，FTE 基準に基づき，原則的につぎの 2 条件を満足する温度を NDT 温度と定めている[2]。

（1） **図 4.3.9** の落重試験において，2 個の試験片ともに溶接ビードの切欠き底部のみに割れが生じ，かつ溶接ビードを溶接した面のいずれの端までにも割れが進行していない場合：

$$\text{NDT 温度} = \text{落重試験温度} - 5 \text{ K} \quad (4.3.1)$$

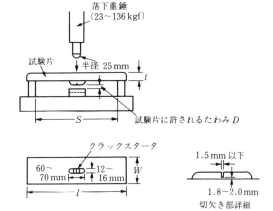

図 4.3.9　落重試験

（2） **図 4.3.10** のシャルピー衝撃試験において，3 個の試験片ともに吸収エネルギー≧67.7 J（6.9 kgf·m），横膨出≧0.9 mm である場合：

$$\text{NDT 温度} \geq \text{シャルピー試験温度} - 33 \text{ K} \quad (4.3.2)$$

高強度材では，亀裂などの欠陥の寸法が大きくなるにつれて破壊強度が急激に減少し，ある寸法以上では低強度材の破壊強度より低くなる逆転現象が現れる。亀裂を有する材料の破壊条件は破壊力学（fracture mechanics）を用いて評価することができる。破壊力学には，応力拡大係数の概念に基づく線形破壊力学と，J 積分や COD 概念などによる弾塑性破壊力学があるが，実用上の簡便さから前者が用いられることが多い。

線形破壊力学では亀裂の変形は**図 4.3.11** の 3 種類に分類され，任意の亀裂先端付近の応力と変位は三つの変形様式ごとに与えることができる。亀裂先端を原点にした図 4.3.11 の直交座標系をとると，実用上最も重要なモード I（開口形変形）の場合の応力成分は式（4.3.3）で表される。

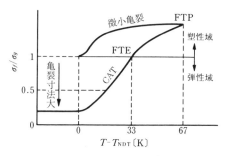

図 4.3.8　破壊解析図[1]

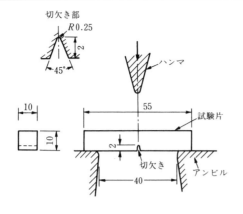

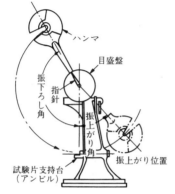

図 4.3.10 シャルピー衝撃試験

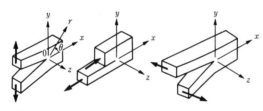

(a) モードⅠ　(b) モードⅡ　(c) モードⅢ

図 4.3.11 亀裂の変形

$$\begin{Bmatrix} \sigma_x \\ \sigma_y \\ \tau_{xy} \end{Bmatrix} = \frac{K_I}{\sqrt{2\pi r}} \cos\frac{\theta}{2} \begin{Bmatrix} 1 - \sin\frac{\theta}{2}\sin\frac{3\theta}{2} \\ 1 + \sin\frac{\theta}{2}\sin\frac{3\theta}{2} \\ \sin\frac{\theta}{2}\cos\frac{3\theta}{2} \end{Bmatrix}$$

$$\sigma_z = \begin{cases} 0 & \text{(平面応力状態)} \\ \nu(\sigma_x + \sigma_y) & \text{(平面ひずみ状態)} \end{cases}$$

$$\tau_{yz} = \tau_{zx} = 0 \qquad (4.3.3)$$

ここに，係数 K_I はモードⅠの場合の応力拡大係数であり，ν はポアソン比である．応力拡大係数は一般に

$$K_I = \sigma\sqrt{\pi a} f(a) \qquad (4.3.4)$$

で表される．ここに，a は亀裂の寸法，σ は作用応力である．$f(a)$ は亀裂と構造物の形状に依存する係数であり，種々の境界条件について解析解や近似解が求められている[3),4)].

表 4.3.3 に基本的な亀裂形状と負荷応力の場合について応力拡大係数の計算式を示す．K_I によって脆性破壊条件は

$$K_I \geq K_{IC} \qquad (4.3.5)$$

と記述できる．ここに，K_{IC} は平面ひずみ破壊靱性と呼ばれ，材料の破壊に対する抵抗値（破壊靱性）の最小値である．

式 (4.3.5) は破壊事故やトラブルの原因調査の際に，強力な判定手段となり重要である．また，構造物が脆性破壊しないための安全設計では，安全係数を α （<1）として

$$K_I \leq \alpha K_{IC} \equiv K_{IR} \qquad (4.3.6)$$

とすればよい．α の値が不明の場合は BSI 規格に与えられている $1/\sqrt{2} = 0.707$ の値が便宜的に用いられることが多い[5)]．平面ひずみ破壊靱性は，破壊靱性試験によって求められるが，原子炉容器に使用される JIS 規格 SQA2A（ASTM 規格 SA533B）鋼では式 (4.3.6) の右辺の関連適合温度についてつぎの推定式が与えられている[2)]．

$$K_{IR} = 94.89 + 4.333 \exp\{0.261(T - RT_{NDT} + 88.9)\} \text{[kgf/mm}^{1.5}\text{]} \qquad (4.3.7)$$

ただし，T は使用温度 [K]，RT_{NDT} は式 (4.3.1) および式 (4.3.2) を満足する NDT 温度である．

水添脱硫装置反応塔の気密試験時に生じた破壊事故に式 (4.3.5) を適用した例を図 4.3.12 に示す[6)]．本反応塔の破壊起点は溶接補修箇所に該当し，ここには深さ $a = 29$ mm の割れが気密試験前にあらかじめ存在していた．気密試験温度 286 K における同材料の平面ひずみ破壊靱性は $K_{IC} = 53$ MPa$\sqrt{m}$ であるので，図 4.3.12 から，内圧による反応塔の周方向膜応力 73 MPa に溶接による残留応力 116 MPa が作用して破壊に至ったと推定された．この例から，脆性破壊の防止を図るには，特に溶接部などの継手部に割れなどの欠陥がないことを確認する定期的な非破壊検査と，十分な破壊靱性を有する材質の確保が重要であり，溶接部では残留応力の影響が無視できないことがわかる．

（d）疲労破壊 ほとんどの実用構造物は，つぎに挙げるような何らかの応力の繰返しを受ける．

① 運転中に生じる負荷や温度の変動
② 内部を流れる液体や駆動装置の回転運動，往復運動による振動

4. 機械と装置の安全

表 4.3.3 応力拡大係数の代表計算式例

No.	形状と負荷応力	応力拡大係数
1	(無限板中に長さ $2a$ の貫通亀裂、応力 σ)	[無限板中の板厚貫通亀裂] $K_1 = \sigma\sqrt{\pi a}$
2	(半無限板の縁に深さ a の亀裂、応力 σ)	[半無限板の縁にある貫通亀裂] $K_1 = 1.12\sigma\sqrt{\pi a}$
3	(幅 B の帯板中央に $2a$ の貫通亀裂、応力 σ)	[帯板中の中央貫通亀裂] $K_1 = \sigma\sqrt{\pi a \sec(\pi a/B)}$
4	(幅 B の帯板の縁に深さ a の亀裂、引張応力 σ_m および曲げ応力 σ_b)	[帯板の縁にある貫通亀裂] 引張り：$K_1 = \sigma_m\sqrt{\pi a}\, F_m(\xi)$ 曲げ：$K_1 = \sigma_b\sqrt{\pi a}\, F_b(\xi)$ $F_m(\xi) = G(\xi)\left\{0.752 + 2.02\xi + 0.37\left(1 - \sin\dfrac{\pi\xi}{2}\right)^3\right\}$ $F_b(\xi) = G(\xi)\left\{0.923 + 0.199\left(1 - \sin\dfrac{\pi\xi}{2}\right)^4\right\}$ $G(\xi) = \dfrac{\sqrt{\dfrac{2}{\pi\xi}\tan\dfrac{\pi\xi}{2}}}{\cos\dfrac{\pi\xi}{2}}$ $\xi = \dfrac{a}{B}$

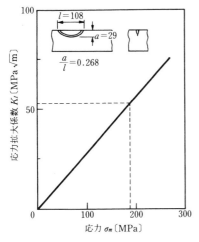

図 4.3.12 溶接割れによる応力拡大係数と容器に作用する応力との関係[6]

③ 装置の起動，停止の繰返し
④ 風や地震などの外力の変化

このような場合，変動する応力の振幅が材料の静的な引張強さや降伏点以下であっても，損傷や破壊が生じることがある。この現象を疲労 (fatigue) といい，安全対策上，重要である。金属材料は突然疲労破壊するということがなく，破壊に先立って亀裂の発生と成長を伴うのがふつうである。そのため，使用中に亀裂の有無を注意深く検査することによって疲労による事故を未然に防ぐことができ，重要な装置については法規などにより定期検査が義務付けられている。

材料が塑性ひずみの繰返によって $10^3 \sim 10^5$ 回以下の回数で疲労破壊する場合を低サイクル疲労，破壊までの繰返し回数がそれ以上であってマクロ的な塑性変形が無視できる場合を高サイクル疲労という。

高サイクル疲労の寿命は応力との関係で論じられる。繰返し応力の最大値を $\sigma_{\max}$，最小値を $\sigma_{\min}$ としたとき，平均応力 $\sigma_m = (\sigma_{\max} + \sigma_{\min})/2$ が一定の場合の応

力振幅 $\sigma_a=(\sigma_{max}-\sigma_{min})/2$ と疲労破壊寿命 N_f との関係を示す曲線を S-N 曲線という。一般の鉄鋼材料では，ある応力振幅以下では疲労破壊せずに S-N 曲線が水平となる。このような応力振幅の最大値を疲労限度または耐久限度といい，機器の耐疲労設計の重要なパラメータである。

一般に疲労寿命はばらつきが多く，実験室で行う小型試験片による疲労試験結果と実機の疲労寿命との間には種々の不確定因子が影響する。そこで前者の応力振幅に 2，疲労寿命に 20 の安全率をとり，そのいずれか低い方を連ねた曲線を設計用の疲労線図に用いることが多い。図 4.3.13 に低合金鋼などの設計疲労線図の例を示す[7]。

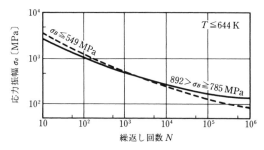

図 4.3.13 設計疲労線図の例（低炭素鋼，低合金鋼，高張力鋼）[7]

疲労寿命は，このほか材料の機械的性質や熱処理条件，平均応力や変動応力，切欠きによる応力集中，使用温度や雰囲気など，種々の因子の影響を受ける。そのため，構造物の疲労破壊を防止するには，構造物の使用条件の把握とそれらが疲労強度に及ぼす影響を十分に理解することが重要である。例えば，疲労限度は材料の降伏点，引張強さなどの強度や硬さが増大するにつれて大きくなる。図 4.3.14 に，鉄鋼材料の引張強さと疲労限度の関係を調べた例を示す[8]。

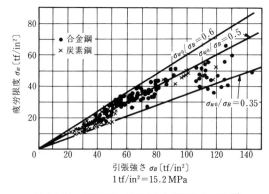

図 4.3.14 鉄鋼材料の引張強さと疲労限度の関係[8]

また，横軸に平均応力 σ_w，縦軸に応力振幅 σ_a をとり，疲労限度に及ぼす平均応力の影響を表した疲労限度線図と呼ばれる関係を図 4.3.15 に示す。図の複数の曲線は比較的よく用いられる実験式を示し，σ_w は両振りの場合の疲労限度を，横軸上の σ_{YS}，σ_B，σ_T はそれぞれ降伏点，引張強さ，真破断応力である。

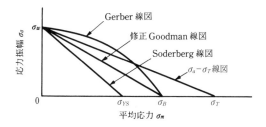

図 4.3.15 疲労限度線図

切欠きを有する部材の疲労限度は，応力集中のため通常は平滑材より低くなるので，その低下割合を

$$K_f=\frac{\text{平滑材の疲労限度}}{\text{切欠き材の疲労限度}} \quad (4.3.8)$$

で定義し，これを切欠き係数または疲労強度減少係数という。また，切欠き係数 K_f と弾性解析による応力集中係数 K_t との関係を表す

$$\eta=\frac{K_f-1}{K_t-1} \quad (1>\eta>0) \quad (4.3.9)$$

を切欠き感受性という。

図 4.3.16 に示すように，一般に材料の強度が高くなるにつれて同じ応力集中係数に対して切欠き係数が大きくなり，切欠き感受性が増す傾向がある[9]。これらの関係が不明の場合は，$\eta=1$，すなわち $K_f=K_t$ とすれば安全側に見積もることができる。疲労破壊の防止には，切欠き感受性の低い材料の選択と，切欠き箇所をできるだけなくし，切欠き形状を変えて応力集中の軽減を図ることが有効である。

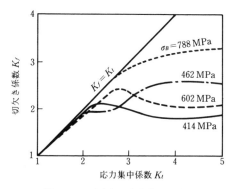

図 4.3.16 炭素鋼の応力集中係数と切欠き係数の関係[9]

低サイクル疲労では，ひずみが疲労寿命を左右する主要なパラメータとなり，実用上の簡便さからひずみに材料の縦弾性係数を乗じた見掛けの応力が用いられることが多い。低サイクル疲労の寿命を簡便に推定する方法につぎのマンソン・コフィンの式がある[10),11)]。

$$\varepsilon_p N_f^\alpha = \frac{1}{2}\ln\frac{100}{100-\phi} \qquad (4.3.10)$$

ここに，ε_p は塑性ひずみ範囲（全ひずみ振幅から弾性ひずみ成分を差し引いたもの），ϕ は材料の絞り〔％〕であり，α は定数で 0.5 の値が用いられることが多い。低サイクル領域では塑性ひずみ範囲は全ひずみ範囲にほぼ等しいと置けるので，式 (4.3.10) に縦弾性係数 E を乗じ，σ_w を疲労限度とすれば，疲労寿命 N_f に対する応力振幅 σ_a が式 (4.3.11) で算定できる[12)]。

$$\sigma_a = \frac{E}{4\sqrt{N_f}}\ln\frac{100}{100-\phi} + \sigma_w \qquad (4.3.11)$$

疲労による亀裂の進展は，降伏点よりかなり低い作用応力が変動し，滑りによる塑性変形が繰り返されることによって生じるので，線形破壊力学の概念に基づく式 (4.3.4) の応力拡大係数を用いて評価できる。繰返し応力の最大値 σ_{max} と最小値 σ_{min} に対応する応力拡大係数を K_{max} および K_{min} とすると，亀裂進展速度 da/dN と応力拡大係数の変動範囲 $\Delta K = K_{max} - K_{min}$ の関係に及ぼす応力比 $R = K_{min}/K_{max}$ の影響は模式的に図 4.3.17 となる。図の ΔK_{th} は亀裂が進展開始するために必要な下限値，すなわち下限界応力拡大係数範囲であり，K_c は不安定破壊が開始する際の破壊靱性である。両者の中間では実験的に得られた式 (4.3.12) が近似的に成立する[13),14)]。

$$\left.\begin{array}{l}\dfrac{da}{dN} = C(\Delta K)^m \\ \text{または} \\ \dfrac{da}{dN} = \dfrac{C(\Delta K)^m}{(1-R)K_c - \Delta K} = \dfrac{C(\Delta K)^m}{(1-R)(K_c - K_{max})}\end{array}\right\} \qquad (4.3.12)$$

ただし，C および m は定数である。m は 2～7 程度の値をとり，パリス (Paris) らは $m=4$ とした[13)]。上式を初期亀裂長さ a_0 から最終亀裂長さ a_c まで積分すれば，この亀裂進展に要する繰返し回数，すなわち残存疲労寿命を推定することができる。この手法は，使用中の機器に割れなどの欠陥が発見された場合に，補修計画を立てるのに役立つ。

（e）**環境破壊**　材料の破壊強度は，その使用環境によって材質が経年劣化し，使用前に比べて著しく低下することがある。環境による劣化の種類と劣化の程度は，材料と使用環境条件の組合せによって複雑に変化するので，個々の使用条件ごとにその影響を考慮する必要がある。表 4.3.4 に化学プラントに使用される鋼材が受けるおもな経年損傷を分類した例を示す[15)]。ここでは，金属材料が環境の影響を受けて劣化する代表的な損傷例を紹介する。ただし，低温によって材料の破壊強度が低下する低温脆化は（c）脆性破壊を，負荷応力が繰り返し作用することによる疲労損傷は（d）疲労破壊を参照されたい。

環境による損傷で多く見られるものに，環境とのアノード反応により金属が溶解し減肉する腐食がある。腐食には，材料の表面が広範囲で均一に腐食する全面腐食と，局部的な腐食によって生じる孔食や隙間腐食，粒界腐食などがある。前者の場合は，肉厚が減少することによる応力の上昇が問題になるので，腐食速度から耐用期間内の減肉量を推定し，これを腐れ代として必要肉厚にあらかじめ余分に加えておくことにより対処できる。後者の局部腐食では，減肉の問題のほかに，腐食が局部的に加速されて割れに発展することが問題となる。このとき，構造物に発生する最も深い局部腐食（ピット）の大きさを求めてこの経時変化を監視する必要がある。しかし，大きな構造物では，最大のピット深さを見つけ出すことが困難となる。このような場合には，小面積の損傷測定結果から構造物全体の最大損傷量を推定する極値解析の手法が有効である。

図 4.3.18 に，海水の乾湿交番環境で使用された鍛鋼製タンクのエポキシ塗装面の局部腐食について，4年，6年および 12 年間使用されたタンク数十基の最大ピット深さ x をグンベル (Gumbel) 確率紙にプ

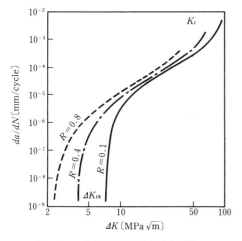

図 4.3.17　亀裂進展速と応力拡大係数の変動範囲の模式的関係

表 4.3.4 化学プラントにおける鋼材のおもな経年損傷[15]

分類	おもな損傷原因発生条件	損傷名	おもな対象鋼種
高温損傷	約550℃以下	焼戻し脆化，熱時効	低合金鋼
	約450～550℃	475℃脆化	高Crステンレス鋼
	約600～800℃	σ相脆化	
	クリープ温度域	クリープ損傷，クリープ脆化	一般
可逆的水素損傷	溶接，めっき，酸洗い，高温高圧水素	水素脆化，遅れ破壊	低合金鋼，ステンレス鋼，チタン
	常温高圧水素＋塑性変形	（常温）水素環境脆化	低合金鋼 ステンレス鋼
	高温常圧水素＋クリープ変形	高温水素環境脆化	
非可逆的水素損傷	高温高圧水素＋鋼中C	水素侵食	炭素鋼 低合金鋼
	製造工程	白点，偏析	
水素脆化割れ（非可逆的水素損傷）	湿性H_2S＋外部応力	硫化物応力腐食割れ	高強度鋼
	湿性H_2S＋非金属介在物	水素誘起割れ	圧延炭素鋼，低合金鋼
	高温高圧水素＋オーバレイ	オーバレイ剥離	ステンレス鋼オーバレイ
	上述各水素環境	水素助長割れ	上述各種
腐食損傷	均一腐食	全面腐食	一般
	局部腐食	孔食，隙間腐食，粒界腐食など	
	腐食＋静的応力	応力腐食割れ	合金
疲労損傷	繰返し応力	疲労，疲労破壊	一般
	繰返し応力＋腐食	腐食応力	

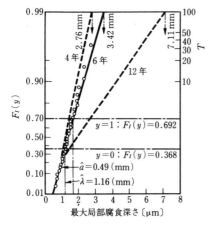

図 4.3.18 鍛鋼製タンクの最大局部腐食深さのグンベル分布[10]

ロットした例を示す[16]。図中の確率変数 y およびグンベル分布関数 $F_I(y)$，再帰期間 T は，位置パラメータおよび尺度パラメータを λ, α としたとき，式（4.3.13）で表される。

$$y = \frac{x-\lambda}{\alpha}, \quad F_I(y) = \exp\{-\exp(-y)\},$$
$$T = \frac{1}{1-F_I(y)} \qquad (4.3.13)$$

これから，タンク100基中に生じる最大ピット深さを求めると，4, 6, 12年でそれぞれ 2.8, 3.4, 7.1 mm と推定される。

腐食環境下の材料に静的な応力が作用するとき，ある潜伏期間の後に割れが発生，進展して破壊に至る現象を応力腐食割れ（stress corrosion cracking, SCC）という。応力腐食割れは表 4.3.5 に示すように，耐食材料とされるオーステナイト系ステンレス鋼を含めて，特定の材料と腐食環境と応力の3要素が組み合わさった場合に生じる[17]。

応力腐食割れは通常，塑性変形による滑り帯上でアノード反応により生じる腐食ピットや腐食溝が起点となり，割れの発生後はその先端での応力集中により進展速度が速くなる。応力腐食割れによる亀裂の進展は，疲労の場合と同様，式（4.3.4）の応力拡大係数を用いて評価できる。ただし，応力腐食割れは一定応力の下で生じるので，この応力に対応する応力拡大係数 K_I がパラメータとなり，その進展速度は時間に依存するので da/dt となる。これらの関係を模式的に表すと図 4.3.19 となる。図の K_{ISCC} は応力腐食割れが進展開始する下限界応力拡大係数であり，図 4.3.17 と異なり亀裂進展速度がほぼ一定となる領域 II が現れる。この領域以外では，亀裂進展速度は式（4.3.12）に対応して式（4.3.14）で近似できるので，この式を初期亀裂長さ a_0 から最終亀裂長さ a_c まで積分することにより，残存寿命を推定することができる。

表 4.3.5 応力腐食割れの代表例[17]

材料	おもな腐食環境
オーステナイト系ステンレス鋼（SUS 304 など）	・塩化物水溶液（沸騰，$MgCl_2$，$CaCl_2$ 水溶液），海水 ・ボイラ給水，高温高圧水（沸騰水型原子炉冷却水） ・石油中の H_2S（ポリチオン酸 $H_2S_2O_4$ の生成による） ・高熱アルカリ（NaOH，KOH）溶液
アルミニウム合金〔Al-Mg（3%以上）〕高力アルミニウム合金（Al-Cu，Al-Zn-Mg）	・Cl，Br，I イオンを含む溶液（海水など） ・塩分を含む湿った大気
軟鋼	・高温アルカリ（NaOHなど）水溶液 ・高温硝酸塩水溶液・液体アンモニア
銅合金（Cu-Zn，Cu-Zn-Sn，Cu-Zn-Ni など）	・アンモニア水溶液 ・アンモニア蒸気
チタンおよびチタン合金	・海水 ・塩酸 ・赤色硝酸 ・メタノール ・トリクロロエチレン

非可逆的水素脆化には，鋼中に侵入した原子状水素が結晶粒界などでメタンガスとなる水素侵食と，潜在的欠陥部で水素ガスが発生する水素誘起割れ，硫化物応力腐食割れなどの水素脆化割れがある。これらの脆化はある潜伏期間を経た後に発生し，一度脆化を開始すると加速度的に進行し，さらに割れの発生・進展を経て最終破断に至る。そのため，潜伏期間の予測と脆化が顕在化する兆候を事前に検出する非破壊的評価方法が重要である。水素脆化割れの亀裂進展速度は応力腐食割れの場合と同様，式 (4.3.14) が成立するので，これを余寿命の推定に役立てることができる。ただし，この場合は一般に図 4.3.19 の領域 II は現れない。また，このときの亀裂進展の下限界応力拡大係数 K_{IH} は，図 4.3.20 に示すように，環境中の水素濃度や材料の静的強度レベルなどの影響を受ける[18]。

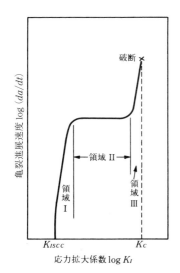

図 4.3.19 応力腐食割れの進展速度と応力拡大係数の関係の模式図

$$\frac{da}{dt} = DK_I^n \qquad (4.3.14)$$

化学プラントなどで水素を扱う装置では，水素とのカソード反応により水素が鋼材内に侵入・拡散し，損傷を受ける。水素損害には，脱水素の熱処理によって損傷が回復する可逆的水素脆化と，回復しない非可逆的水素脆化に分けられる。前者の水素脆化は材料の引張強さや硬さに目立った変化は見られないが，延性や靱性が著しく低下するので，注意を要する。

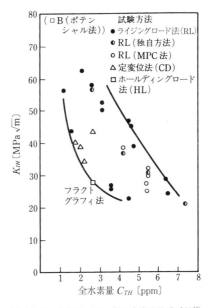

図 4.3.20 2.25 Cr-1 Mo の水素脆化感受性[18]

水素侵食の発生は，水素分圧 P_{H2}・温度 T の環境条件と材料の影響をおもに受ける。そこで，実機の水素侵食事例を収集・整理し，その発生限界とこれらのパラメータとの関係を示した図 4.3.21 のネルソン（Nelson）曲線が実用上有用である[19]。

低合金鋼が約 350～550℃（623～823 K）間に保持または徐冷されたときに脆化する現象を焼戻し脆化という。焼戻し脆化は材料中の不純物元素の粒界平衡偏析により生じ，合金元素により加速される。そこで，材料の焼戻し脆化に対する感受性を定量的に評価するために，表 4.3.6 に示すような焼戻し脆化係数が提案され用いられている[15]。

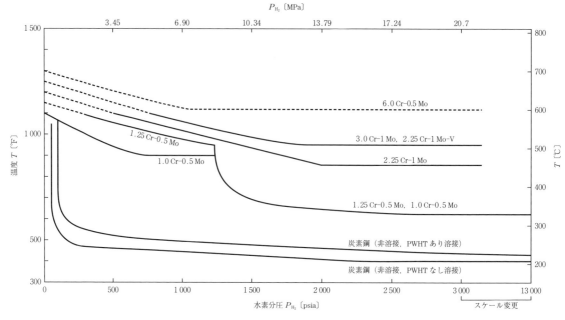

図 4.3.21 ネルソン曲線[19]

表 4.3.6 焼戻し脆化係数の例[15]
（元素の単位は wt%）

番号	焼戻し脆化係数
1	$\overline{X} = (10P + 4Sn + 5Sb + As) \times 10^2$
2	$\overline{Y} = (10P + 5Sn + Sb + As) \times 10^2$
3	$(8P + 4Sn + 10Sb + As) \times 10^2$
4	$(Si + Mn + 20Sn) \times 10^2$
5	$(4Si + Mn) \overline{Y}$
6	$(Si + Mn + Cu + Ni) \overline{Y}$
7	$J = (Si + Mn)(P + Sn) \times 10^4$
8	$K = (2Si + Mn) \overline{X}$
9	$(Si + Mn) \overline{X}$

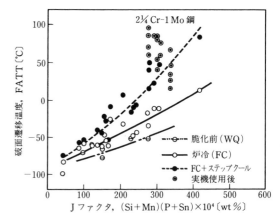

図 4.3.22 2.25 Cr-1 Mo 鋼の焼戻し脆化による破面遷移温度の変化[20]

焼戻し脆化を受けると材料の靱性が低下し，延性-脆性遷移温度が上昇する。図 4.3.10 のシャルピー衝撃試験で，温度の低下につれて破面形態が延性から脆性に遷移する中間（50%脆性破面）の温度を破面遷移温度という。この遷移温度を 2.25Cr-1 Mo 鋼について実機の使用前後で測定してそれぞれ $FATT_0$，$FATT$ とし，これをステップクールと呼ばれる加速脆化試験後の結果と比較した例を図 4.3.22 に示す[20]。この結果から，長時間焼戻し脆化を受けた材料の破面遷移温度を式 (4.3.15) により推定できる。

$$FATT = FATT_0 + \alpha \Delta FATT \quad (4.3.15)$$

ただし，$\Delta FATT$ はステップクール処理による破面遷移温度の変化量であり，α は定数で 2 が用いられることが多い。

材料がある温度以上の高温で使用されると，時間の経過とともに変形が進行し破断に至るクリープ損傷と，延性と切欠き強度が低下するクリープ脆化が問題となる。また，クリープと疲労が重畳して現れるクリープ・疲労相互作用や，高温下で亀裂が進展するクリープ亀裂などが問題となることもある。これらの現象が現れる下限界の温度をクリープ温度といい，通常の金属材料では，材料の融点を T_m [K] とすると $0.3 T_m \sim 0.4 T_m$ [K] 程度の値となる。

一般に問題となるクリープ損傷は，比較的低温，高

い応力下で生じる結晶粒内破壊による場合と，高温，低応力下での結晶粒界破壊による場合がある。材料のクリープによる変形および破断強度の特性は，引張試験片と類似の試験片に，一定温度で一定荷重を長時間負荷するクリープ試験により求められる。このクリープ特性は，温度 T 〔K〕と時間 t 〔h〕の影響をおもに受けるので，これらを組み合わせたいくつかのクリープパラメータが提案されており，式 (4.3.16) のラーソン・ミラー（Larson-Miller）のパラメータはその代表例である[21]。

$$P = T(C + \log_{10} t) \times 10^{-3} \quad (4.3.16)$$

ただし，C は定数で，20 の値が用いられることが多い。式 (4.3.16) は特に，短時間のクリープ試験結果から長時間のクリープ特性を外挿するのに便利である。ステンレス鋼のクリープ破断応力をラーソン・ミラーのパラメータで整理した例を**図 4.3.23**に示す[17]。

〔大塚尚武〕

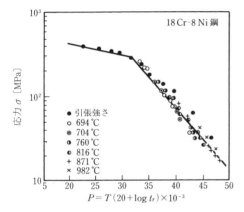

図 4.3.23 18 Cr-8 Ni ステンレス鋼のクリープ破断応力[17]

引用・参考文献

1) Puzak, P. P., Eschbacher, E. W., and Pellini, W. S., Welding Journal, 31, p.561 (1952)
2) Boiler and Pressure Vessel Code, Section III, Appendix G, American Society of Mechanical Engineers (1994)
3) Tada, H., Paris, P. C., and Irwin, G. R., The Stress Analysis of Cracks Handbook, Del Research Corporation (1973)
4) Murakami, Y., et al., Stress Intensity Factors Handbook, Pergamon Press (1986)
5) Guidance on Methods for Assessing the Acceptability of Flaws in Fusion Welded Structures, PD 6493, p.22, British Standard Institution (1991)
6) 高圧ガス保安協会，出光興産株式会社徳山製油所・第二接触水添脱硫装置反応塔・事故調査報告書 (1980)
7) JIS B 8250：1983 (1991) 圧力容器の構造（特定規格）（日本規格協会）
8) Laird, C., Tien, J. K., and Ansell, G. S., Alloy and Microstructural Design, Academic Press, p.175 (1976)
9) 小野正敏，小野鑑正，日本機械学会論文集，7-29, p.20 (1941)
10) Manson, S. S., NACA TN 2933 (1953), NACA TR 1170 (1954)
11) Coffin, L. F., ASTM STP 151 (1953), Trans. ASME, 76-6, p.931 (1954)
12) Langer, B. F., Trans. ASME, Ser. D, 84, p.389 (1962)
13) Paris, P. C. and Erdogan, E., Trans. ASME, Ser. D, 85-4, p.528 (1963)
14) Forman, R. G., et al., Trans. ASME, Ser. D, 89-3, p.459 (1967)
15) 大塚尚武，動力プラント・構造物の余寿命評価技術，pp.165-166, 技報堂出版 (1992)
16) 拓植宏之，プラント・構造物・機器の経年損傷と寿命予測，p.25, 日本高圧力技術協会 (1984)
17) 日本材料学会，材料強度学，pp.153-183 (1992)
18) Susceptability of 2 1/4 Cr-1 Mo Steel to Hydrogen Embrittlement Cracking, p.37, Japan Pressure Vessel Research Council (1989)
19) Steels for Hydrogen Service at Elevated Temperatures and Pressures in Petroleum Refineries and Petrochemical Plants, API Pblication 941, 8th Edition, American Petroleum Institute (2016)
20) Murakami, Y., Nomura, T., and Watanabe, J., ASTMSTP 755, p.383 (1982)
21) Larson, F. R. and Miller, J., Trans. ASME, 74, p.765 (1952)

（f）摩　耗　金属の表面が摩擦により少しずつ減量する現象を摩耗という。通常，摩耗粉と呼ばれる微細粒子の発生を伴う。摩耗を生じると，機械部品の形状・寸法が変化し機械の性能の低下を招くのみならず，その発生が集中的であると破壊の原因となることもある。

摩耗は機械的につぎの 4 種類に分類できる。

1) 凝着摩耗（adhesive wear）　表面が微視的な接触部で凝着とせん断による離脱を繰り返して起こる。

2) 研削摩耗（abrasive wear）　表面が微小な切削作用により掘り起こされる現象である。岩石や砂などとの摩耗もしくは摩擦面間に硬い異物粒子が介在して起こる。

3) 腐食摩耗（corrosive wear）　摩擦により活性化された金属表面と環境との化学反応が関与する摩耗である。腐食皮膜の摩耗による破損と腐食作用による皮膜の修復の繰返しにより発生する。

4) 疲労摩耗（fatigue wear）　繰返し滑り摩擦を受ける金属表面の微小な凹凸が疲労により破損, 剝離する現象である。　　　　　　　　　（亀井浅道）

4.3.2　腐　食　損　傷
〔1〕　腐食損傷の種類とその特徴
（a）　腐食形態　腐食形態はつぎのように区分できる。

1）　均一（全面）腐食　対象表面の全面で均一に生じる腐食であって, 腐食度はどの部分においても同一である。腐食度の表示には, mdd（mg·dm^{-2}·day^{-1}）, g·m^{-2}·h^{-1}, mm·y^{-1} などが用いられる。mm·y^{-1} で示す場合, 侵食度ともいう。これらの表示は, 腐食減量から求められた平均腐食速度に対応する。しかし, 腐食速度は一般的に時間によって大きく変動するため, これらを用いるときは腐食度あるいは侵食度を求めるために行った浸漬試験時間等を併記することが望ましい。また, 腐食モニタリング等では腐食速度は実時間で得られた瞬時値を示す場合が多く, 腐食度あるいは侵食度と明確に分けて取り扱われる場合もあるので, 各値の取扱いには注意する。

2）　局部腐食　部分によって侵食深さが異なる形態の腐食をいう。腐食度, 侵食度は腐食を全面均一にならして mdd, g·m^{-2}·h^{-1}, mm·y^{-1} で示した平均腐食度, 平均侵食度だけでは損傷の程度を表すのに不十分であり, 最も深い侵食部分について求めた最大侵食度（mm·y^{-1}）などを併記する。種々の作用機構がある。なお, 最大侵食度を全面腐食と仮定して求めた侵食度で除した値は孔食係数と呼ばれ, 局部腐食の程度を示す指標として用いられることがある。

3）　腐食割れ　金属の種類によって特定のいくつかの腐食環境中で引張応力が加わっているとき, 引張強さ以下の応力下でも時間の経過後に亀裂を生じる応力腐食割れと, 腐食環境一般の中で繰返し応力を受けて亀裂を生じる腐食疲労がある。

4）　粒界腐食　ステンレス鋼などがある条件（温度, 時間）で加熱されるとき結晶粒界の耐食性が低下し（鋭敏化）, その後, 腐食環境にさらされるとき結晶粒界に沿って選択的に生じる腐食のことをいう。

5）　脱成分腐食　黄銅に生じる脱亜鉛腐食が代表的で, 合金中から亜鉛だけが選択的に溶出し, あとに多孔質の銅と亜鉛の腐食生成物を残す腐食のことをいう。強度は低下するが元の形状をとどめていることが多い。

（b）　均　一　腐　食　金属が完全に均一に腐食することは実際にはほとんどないが, 酸に溶解したり, 高温で酸化や硫化を生じたりするときはほぼ均一に腐食する。多少の凹凸はあってもそれが材料の損傷上ほとんど意味を持たない場合は均一腐食として扱える。不動態でない金属（炭素鋼, 亜鉛, 銅など）が大気中で腐食するときがこれにあたる。環境に接する表面全体ではないが, かなりの面積が均一に腐食している場合, その部分を指して均一腐食と呼ぶことがある。炭素鋼が水中や土壌中で腐食するとき基本的には均一腐食が生じるが, これに加えて局部的に深い侵食を生じることが多く, このような場合は局部腐食に実用上の意味があるので, 局部腐食が生じたものとして扱う。

湿食（水が関与する腐食）の場合, 均一腐食が生じるのは無数のミクロな電池が構成され, その金属の溶解反応を生じる ⊖ 極部分が表面全体にランダムに位置を変えつつ溶解する結果であり, これをミクロセル（ミクロ腐食電池）腐食と呼ぶ。なお, 腐食状態において ⊕ 極と ⊖ 極は電気良導体である金属側で短絡された状態になって腐食反応が進行していることに留意してほしい。

（c）　局　部　腐　食　湿食において巨視的な寸法を持つ ⊕ 極と ⊖ 極から成る腐食電池が構成され, ⊖ 極の位置が固定されたまま腐食反応が継続するとき, ⊖ 極部分が局部的な侵食を受ける。これをマクロセル（マクロ腐食電池）腐食という。この結果生じる局部腐食は, しばしば均一腐食に比べはるかに実用上重大な損傷を与える。マクロセルの構成を解消させることが対策の基本であるが, その構成原因は金属の種類によってかなり異なる。

1）　炭素鋼　炭素鋼の代表的な局部腐食（マクロセル腐食）の種類を**表 4.3.7**[1] に示す。異種金属接触腐食（ガルバニック腐食）は炭素鋼がステンレス鋼, 銅, 銅合金, ニッケル, ニッケル合金, チタン, 白金などと接触して水中や土中に存在するとき炭素鋼に生じる腐食であり, 炭素鋼の面積比率が低いほど損傷の程度は大きい。

溶接などにより局部的に熱影響を受けて金属組織が変化するとき, その部分が母材部に対し ⊖ 極となって局部腐食を生じる場合がかなりある。電縫鋼管の電縫部が選択的に溝状に腐食した例を**図 4.3.24** に示す。

表面性状が異なるために生じる局部腐食の代表例は, ミルスケールの付着したままの炭素鋼を水中に浸した場合などに生じるミルスケールの割れ目, 脱離部分の侵食である。土壌中でさびた鋼管と新管とをつなぐときにも生じ得る。

実用的に炭素鋼が均一であっても, 水中や土中で表面の一部への溶存酸素の補給が悪い場合, その部分を ⊖ 極とするマクロセル（この場合を通気差電池という）を生じて局部腐食を生じる。水配管などでさびこ

表 4.3.7 炭素鋼の代表的な局部腐食（マクロセル腐食）の種類（中性の水，海水，土壌などの場合）[1]

	種類	例	原理図	実際例の図
金属側因子の作用	異種金属接触 より貴な金属との接触，接合	炭素鋼-ステンレス鋼 炭素鋼-銅 炭素鋼-低合金鋼 いずれも炭素鋼が⊖極，他方が⊕極	(a) 導線／電流／ステンレス鋼／（腐食）／炭素鋼／食塩水	(b) 電流（腐食）／ステンレス鋼⊕／⊖鋼／海水
	組織不均一 部分的に異なった金属組織	接合金属（⊖） 　-母材（⊕） 熱影響部 　-溶接金属（⊕） 電縫部（⊖） 　-母材（⊕）	同上	(c) 水 電流 水／⊕母材部 ⊖ ⊕母材部／電縫部
	表面性状不均一 部分的に異なった表面性状	ミルスケールの付いた鋼材において，ミルスケールの割れ目，脱離部で鋼が露出しているとき，鋼露出部（⊖）-ミルスケール部（⊕）	同上	(d) （腐食）海水 電流 黒皮／⊕ ⊖ ⊕ ⊖ ⊕／鋼
環境側因子の作用	通気差 部分的な溶存酸素供給不良	さびこぶ下（⊖） -周辺部（⊕） 溶存酸素供給不良部分が⊖極となる	(e) 空気 電流 窒素／鉄 （腐食） 鉄／食塩水 食塩水	(f) 水／溶存酸素 さびこぶ 溶存酸素／⊕ 腐食 ⊕／⊖ 鉄 電流
	pH差 大部分がアルカリ性，一部分で中性	土壌埋設鋼管がコンクリート中の鉄筋に接触しているとき，埋設管（⊖）-鉄筋（⊕） 中性部分が⊖極となる	(g) 導線／⊕モルタル 電流 ⊖鋼／（腐食）／鋼／食塩水	(h) 鉄筋／鉄筋コンクリート／土壌 電流／（腐食）（腐食）配管／土壌

ぶを生じると，その下の部分がえぐられるのはこの理由による（**図 4.3.25** 参照）。同じ原理による局部腐食は，炭素鋼配管が通気性の異なる2種の土壌にまたがって埋設されているときにも生じ得る。形状は孔食となる。

中性環境（pH 5～9）とアルカリ性環境（pH＞10）にある炭素鋼がつながっている場合，後者が不動態化して前者に対し⊕極となるため，前者が腐食する。土壌埋設配管（中性環境）とコンクリート鉄筋（アルカリ性環境）が接触している場合，配管に生じる腐食がその代表である。（**図 4.3.26** 参照）。配管からの電流流出が不均一なため孔食となりやすい。

上記五つのケースはいずれも自然に構成された腐食電池による腐食電流が⊖極から環境へ流出することが腐食の原因であるが，直流電鉄の軌条から大地へ流出した迷走電流が付近の土壌埋設配管に流入し，配管の別の箇所から土壌中へ流出するときにも局部的な腐食を生じる（迷走電流による腐食）。

2）ステンレス鋼　各系統のステンレス鋼に共通して生じ得る局部腐食は，孔食と隙間腐食である。

ⅰ）孔　食　水中など湿性環境中に塩化物イオンがかなりの濃度で存在し，あるいは濃度は低くても伝熱面などで蒸発して局部的に濃縮するとき，ステンレス鋼表面を覆う不動態皮膜が局所的に破壊され，その部分が他の健全な部分に対して⊖極となるため，**図 4.3.27**[2] のようなマクロセルが構成され，孔食が進

(a) 外　　観

(b) 断　面（×10）

図 4.3.24　給水配管に生じた電縫鋼管の電縫部の溝状腐食

(a)

(b)

図 4.3.25　給水配管に生じたさびこぶ（図（a））とさびこぶ下の孔食（図（b））

図 4.3.26　埋設鋼管に生じた C/S 系マクロセルによる孔食

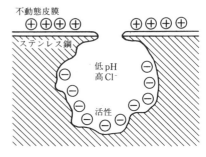

図 4.3.27　ステンレス鋼の孔食モデル[2]

行する。耐孔食性はステンレス鋼中の Cr, Mo, N 成分の含有量に強く依存し，孔食指数（Cr＋3.3 Mo＋16 N〔％〕；ただし，N については文献等によって異なる場合がある。また，フェライト系ステンレス鋼では N は除外される。）が高いほど大きく，約 35％以上ではかなり強い。約 18％である SUS 304 では感受性は大きい。事例を図 4.3.28 に示す。

ⅱ）隙間腐食　塩化物イオン環境にあるステンレス鋼表面に接触物や付着物（パッキング，ごみ，貝など）が存在すると，接触物や付着物の接触面に生じる隙間部分に隙間腐食を生じる。原理は図 4.3.29 に示すとおりで，通気差電池によって隙間内に蓄積する塩化物イオンと，隙間内でわずかに生じる溶解クロムイオンの加水分解による pH 低下の両方の作用で隙間

図4.3.28 SUS 304 海水配管に生じた孔食

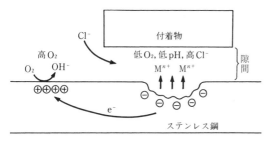

図4.3.29 ステンレス鋼の隙間腐食モデル

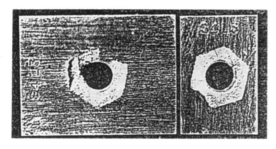

図4.3.30 SUS 304 に海水中で生じたボルト下の隙間腐食

内表面の不動態皮膜が破壊され，この部分が自由表面に対し ⊖ 極となって腐食するものである（図4.3.30参照）。

3） その他の金属

ⅰ） 銅，銅合金　銅管は給湯配管として一般に優れた耐食性を示すが，重炭酸イオンが少なく硫酸イオンや塩化物イオンが多い水質によって孔食を生じ得る。また，塩素を含む溶剤を配管の洗浄に用い，これが残存するとき，分解生成分物（ギ酸など）によってアリの巣状に内部に分岐した多数のトンネルを持つ腐食（アリの巣状腐食）を生じ得る。銅や銅合金は炭素鋼同様，通気差腐食を生じ得る。また，銅合金の凝縮器管は冷却海水が衝突によって機械的作用を与えると保護皮膜が破壊されて衝撃腐食を生じ得る。

ⅱ） アルミニウム，アルミニウム合金　不動態金属でありステンレス鋼と同様，塩化物イオンによる孔食を生じる。隙間部分でその傾向が大きい。また，Cu^{2+}やFe^{3+}を微量（～0.1 ppm）含む水の場合その傾向が著しい。

ⅲ） チタン，チタン合金　強固な不動態皮膜を形成するため，常温の海水によって孔食や隙間腐食を生じない。高温高塩化物イオン濃度環境では，隙間腐食が生じ得る。

4） その他の局部腐食　一方または両方が金属である二つの面が接触しており振動などによって相互にごくわずかな動きを繰り返すと，生じた酸化物の機械的な作用によって孔食を生じることが炭素鋼，銅，ニッケルなどで知られている。吊りばね，ボルト頭，宝石軸受，可変ピッチプロペラ，電気リレー接点，振動機械の多くの部分で生じ，疲労や腐食疲労の原因となる。これらを擦過腐食と呼ぶ。ポンプのロータやプロペラの背面のように流動する液体が金属表面で気泡の生成，崩壊を繰り返すと，キャビテーション・エロージョンによる深い孔食状の損傷が生じる。

（d） 腐食割れ

1） 応力腐食割れ　種々の金属に応力腐食割れ（stress corrosion cracking, SCC）を生じ得る環境を表4.3.8に示す。SCCには結晶粒内または粒界を通る経路に沿って腐食による溶解が生じる結果として割れが進展する活性経路溶解形（active path corrosion, APC）のものと，腐食（または外部電流）によって金属表面から水素が発生するとき，原子状の水素が金属に侵入して水素脆化（hydrogen embrittlement, HE）による割れを生じさせる形のものがある。HE形の割れは高張力鋼，マルテンサイト系ステンレス鋼などに限られる。HE形の割れもSCCに含めて扱うことが多いが割れ生成機構がまったく異なるため，区別して扱う場合もある。

HE形の割れは常温で生じ，100℃に近付くと割れにくくなるが，APC形のものは一般に温度が高くなると生じやすく，多くの場合，温度がある程度高くないと生じない。

最も事例が多いのはオーステナイト系ステンレス鋼が塩化物イオン環境に置かれた場合でのSCCであり，鋭敏化していないステンレス鋼の場合，原則的に粒内割れである。50～60℃以上で生じる。SCCを生じる塩化物イオン濃度は，塩化物イオンが孔食や隙間腐食の生成に伴って，あるいは伝熱面での蒸発によって金属表面に濃縮するので特定できない。図4.3.31[3]に基づいて求めたSCC生成条件であるが，水中の塩化物イオン濃度が10 ppm程度でも濃縮によってSCCを生じることを示している。保温材を施した屋外のタンクや配管が保温材に含まれる微量の塩化物イオンが降雨に溶けて金属表面に運ばれ，熱い表面での蒸発によって濃縮し，SCCを生じる事例も多い。割れはし

表4.3.8 応力腐食割れを生じる代表的な環境

材料	環境	環境の具体例
炭素鋼	硝酸塩溶液	沸騰 60% Ca$(NO_3)_2$+3% NH_4NO_3（促進試験液）熱濃硝酸塩を扱う化学プラント
	カセイアルカリ溶液	カセイソーダタンク（例）50% NaOH, >50℃；10% NaOH, >80℃
高張力鋼	湿性硫化水素（水素脆化）	H_2Sを含む油井管 粗製LPGタンク
オーステナイト系ステンレス鋼	塩化物溶液	高温海水を扱う装置 淡水冷却熱交伝熱管（>80℃, 10 ppm-Cl）
	カセイアルカリ溶液	熱濃カセイソーダ環境
黄銅	アンモニア，アミン	アンモニアガスを含む大気環境
チタン合金	ハロゲン化合物溶液	海水（ただし，合金中の酸素含有量が高いとき）
アルミニウム合金（Al-Cu系高力合金）	湿性環境	海水，感受性が高い合金は水だけで割れる

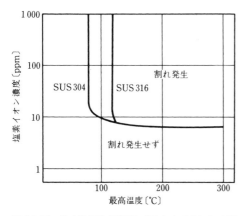

図4.3.31 淡水冷却熱交換器に使われたステンレス鋼管に応力腐食割れが生じた塩化物イオン濃度と温度の範囲[3]

ばしば孔食を起点としている．鋭敏化している場合，粒界割れになりやすい．Ni量が多いほど割れにくいが，ほとんど感受性がなくなるには45%以上のNiを要する．

APC形のSCCはそれぞれに事例はかなりあるが，比較的実例が多いのは，上記のオーステナイト系ステンレス鋼のほか炭素鋼のカセイアルカリによる割れ，黄銅のアンモニアなどによる割れである．

HE形の割れで圧倒的に事例が多いのは湿性硫化水素環境（サワー油田，石油精製プラントなど）で生じるもので，硫化物応力腐食割れ（sulfide stress corrosion cracking, SSCCまたはSSC）と呼ぶ．高張力鋼に生じ，強度上昇とともに割れ感受性が増大する．腐食反応によって生じる水素発生反応において，硫化水素に関連する表面吸着種が，中間生成物である原子状水素（H）が水素ガス（H_2）になる反応の触媒毒となるため，鋼中へのHの吸蔵が助長されるものと考えられている．マルテンサイト組織の鋼のHE感受性が強く，これを焼戻しすることにより感受性を低下させ得る．

400 MPa程度以下の炭素鋼に同様にHが吸蔵されるときは，無応力下でも鋼中のMnS介在物付近に小さな亀裂が生じ，場合によってはこれらが階段状につながって割れに至る．これを水素誘起割れ（hydrogen induced cracking, HIC）と呼ぶ．

SCCの原因となる応力は引張応力で，外部応力のほか溶接残留応力，冷間加工の残留応力などによって与えられる．応力水準が高いほど割れを生じやすい．応力低減は割れを生じにくくはするが，実用的な下限は定めにくい．

2) **腐食疲労** 引張強さ以下の応力が金属に繰り返し与えられると亀裂を生じ，その伝播によって破断に至る現象を疲労と呼ぶが，これが腐食環境中で生じるときは同じ応力水準下での割れに至る応力繰返し数は少なく，また，疲労の場合と異なり割れを生じないための応力の下限が存在しない．これを腐食疲労と呼ぶ．割れは通常，結晶粒内を経路とする．腐食環境は特定ではなく，腐食性が強いほど割れに至る繰返し数は小さい．腐食の役割は孔食を生じて応力を集中させる，疲労亀裂が進展するときこれに逆らう塑性変形領域を溶かし去るなどである．

応力の繰返し周期が長いと，腐食が作用する期間が長くなるので同一応力水準下で割れに至る繰返し数は減る．腐食疲労はどの金属にも生じ得るが，実用的に問題が大きいのは，油田のサッカーロッド，海洋構造物，振動を伴う機械類などである．材料の機械的性質の改善では対処できず，耐食性の改善や防食が防止上のポイントとなる．

（e） 粒界腐食

1） オーステナイト系ステンレス鋼　通常の炭素含有量の鋼種のものを750～800℃を中心とする特定幅の温度領域で，温度によって異なる特定の時間以上加熱するとき，結晶粒界に沿ってクロムを主体とする炭化物が析出し，その近傍で耐食性に有効なクロム濃度が減少する。これを鋭敏化と呼ぶ。鋭敏化した材料は腐食環境にさらされると，結晶粒界に沿った選択腐食を生じる。これを粒界腐食という。図4.3.32[4]にSUS 304，316などが鋭敏化する条件を示す（TTS曲線）。

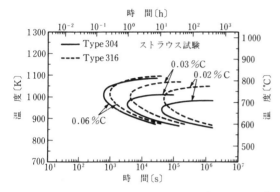

図4.3.32　SUS 304系および316系ステンレス鋼のTTS曲線[1]（多数のTTS曲線から求めた中庸的な曲線。ストラウス試験結果による）

引張応力が加わっていると粒界腐食は促進され，粒界の侵食に伴う強度低下によって破断に至り得る。一方，BWRの高温水環境，石油脱硫装置のポリチオン酸生成環境などでは鋭敏化していても粒界腐食は生じないが，応力下では粒界を通る応力腐食割れを生じる。また，鋭敏化した材料は塩化物による孔食を生じやすい。

材料の圧延中に生じる鋭敏化は製造の最終段階で行う溶体化処理によって解消されているが，加工時の溶接部近傍の熱影響あるいは不適当な条件（温度，時間）下でのひずみ取り熱処理によって鋭敏化する。また，溶接熱影響によって炭化物がある程度析出していると鋭敏化自体は軽度で粒界腐食を生じるほどのものではなくても，その後ふつうは鋭敏化を生じない比較的低い温度（300～500℃）で長時間加熱されるとき，すでに析出している炭化物が核となって析出が進み鋭敏化する（低温鋭敏化）。

炭素含有量を低下させた鋼種（例：SUS 304 L，316 L）は鋭敏化に至る時間が長いので（図4.3.31参照），溶接や短時間の熱処理によって鋭敏化しない。TiやNbを添加して炭素を固定化した鋼種（それぞれSUS 321，347）の鋭敏化に至る時間はさらに長いが，溶接部のごく近傍では高温の熱影響によってTiCやNbCが分解し，ある程度の遊離の炭素を生じるため，その後，鋭敏化温度域で再加熱されるとその部分で鋭敏化する。

2） その他の金属　SUS 430などの一般的なフェライト系ステンレス鋼は，フェライト組織中の炭素やクロムの拡散が速いためごく短時間で鋭敏化する。高温で溶体化しても急冷時に鋭敏化する。他方，クロムの再拡散によるクロム欠乏層の回復も速いので，780～850℃で焼きなますと炭化物析出は多いが粒界腐食感受性は消失する。

高純度フェライト系ステンレス鋼は炭素，窒素の含有量が低いので溶接などふつうの加熱によって鋭敏化することはない。

数パーセントの銅を含む高力アルミニウム合金は，急冷状態から120℃以上に加熱すると粒界に$CuAl_2$が析出して近傍の銅が欠乏し粒界腐食感受性を生じる。

（f） 脱成分腐食と黒鉛化腐食

1） 黄銅　黄銅など15％以上の亜鉛を含む銅合金は海水，淡水などによって脱亜鉛腐食を生じる。局所的な場合と全面的な場合がある。侵食された部分は亜鉛の腐食生成物と銅が詰まっているため変色はするが減肉は見られない。水配管などで局部的脱亜鉛腐食が全肉厚に及ぶと圧力上昇に伴って侵食部分が栓状に抜け，貫通孔を生じ得る。1％程度のスズと微量のアンチモンあるいはリンを添加した合金はこの種の腐食を生じにくい。

2） ねずみ鋳鉄　海水，淡水，土壌などに接するねずみ鋳鉄が腐食するとき，黒鉛のネットワークを鉄さびが埋める黒鉛化腐食を生じ得る。外観的には減肉しないが強度はきわめて低くなり，長期間使用した海水配管など外観上変化はなくても，この種の腐食が全肉厚に達し，衝撃によって破損することがある。

（岡崎慎司，松島　巖）

引用・参考文献

1) 松島巌，溶接部の腐食（I）腐食反応の特性と溶接部，溶接学会誌，60-8，p.627（1991）
2) 松島巌，錆と防食のはなし（第2版），p.48，日刊工業新聞社（1993）
3) 化学工学協会，腐食防食協会，ステンレス協会共同分科会，多管式ステンレス鋼熱交の応力腐食割れ使用実績データ集，p.32，化学工学協会，腐食防食協会，ステンレス協会（1979）
4) 腐食防食協会ステンレス鋼の鋭敏化曲線評価分科会，ステンレス鋼の鋭敏化曲線の収集と解析，防食

技術, 39, p.641 (1990)

〔2〕腐食測定
（a）腐食現象の特徴と腐食測定およびその重要性　腐食とは装置や構造物を構成している材料がそれに接する環境物質と化学反応を起こして元の材料とは異なった物質に変化する現象である。腐食が起こると元の材料に求められている諸性能が維持できなくなるので破損や破壊などいろいろ問題を引き起こす。材料そのものの劣化現象とは異なり、環境物質との相互作用によって引き起こされることがその特徴である[1]。したがって、劣化の機構は多岐にわたり、腐食現象の解明や予測を著しく困難なものにしている。腐食測定はこのような複雑な現象を解明し、対策を行うための強力な手段となる。実際に用いられている材料は金属材料、無機材料、高分子材料、など多数あるが、その腐食劣化機構はまったく異なる。ここでは多用されている金属材料の腐食測定を中心に述べる。

腐食測定を行うには腐食機構のあらましを理解しておく必要がある。金属材料についてそれを概説する。金属材料が大気中で使用される場合、それは酸素と反応して酸化物に変化する。また、水の存在下では水酸化物などに変化する。金属腐食には水の存在下で起こる湿食と水がまったく存在しない環境中で起こる乾食の2種類がある。常温下では乾食は軽微であるが湿食は激しい。乾食は金属表面に形成された酸化皮膜中を物質が移動して起こる。一方、湿食反応は電気化学反応で起こる。湿食環境下でも表面が不動態になっている場合、腐食は軽微である。湿食の難しさは条件が同じであっても均質な劣化が起こらないことが多いことである。すなわち確率的に発生する局部腐食現象が他の分野にはない困難さをもたらしている。このように、腐食現象を理論的に解明し、それのみによって材料設計や腐食対策を策定することはできない。当然、事前に腐食現象を予測することは難しい。したがって、腐食現象を測定によって追尾することが腐食対策の強力な手段となる。すなわち、腐食測定は腐食機構解明、材料耐食性評価、腐食危険の検知と予知、材料の寿命予知、などの予知保全の側面から重要である。さらに、装置運転中に、腐食状況をリアルタイムで知ることができれば、他の運転情報、例えば、温度、圧力、pHなどと同等に扱うことができ、装置の安全運転に寄与するところが大きい。

現在、腐食測定で得られた情報が「モノのインターネット IoT」に組み入れられる方向にある。腐食測定はここに述べた腐食機構を多様に利用して行われる。ところで、参考までに腐食による損失について触れる。各国で評価が行われているが、ほぼGDPの5％程度といわれている。日本では3～4％、米国では3.1％という[2],[3]。このうちの25～40％が現有の防食技術で抑止できるといわれる[4]。現有の腐食抑止技術を有効に活用するためにも腐食測定は重要な役割を演ずる。

（b）腐食測定法の分類　腐食測定の目指すところはいろいろあり、測定法も多数ある。利用目的に応じて選択することが必要である。利用目的として考えられるのは、① 材料の腐食特性・機構解明、② 使用環境と材料の組合せの妥当性、③ 稼働中の装置や施設の腐食状態の把握、④ 材料の余寿命評価、⑤ 腐食を抑制する運転管理、⑥ その他、などである。これらに対して提供できる測定法は腐食の現象や機構に根ざしている。なお、腐食測定法にはいくつかの呼称がある。一般には腐食モニタリングがよく使われている。これは腐食が起こっている場所において連続的に情報を取得する手法と考えてよい。そのほか、利用者や利用分野に固有な呼び方もあるので、内容を理解した上で対応する必要がある[5]。特に非破壊検査法とは関わりが多いので注意されたい。本項ではいくつかの側面から腐食測定法を分類し、それが利用される例について述べる。

（c）腐食現象の基礎的測定法　実験室などで腐食に対する金属材料の基礎的性質を捉えるための測定方法を述べる。

1）測定によらずに金属の腐食性・耐食性を理論的に評価する方法　腐食は金属と環境物質の化学反応であるから、腐食が起こるか否かの可能性は予想できる。すなわち、腐食反応を熱力学的に評価すればよい[7]。各種の金属が酸素の存在下で腐食するか否かを酸素分圧と温度の関数で表示したものにエリンガムダイアグラムがある[8]。ただし、この方法では腐食速度はわからない。

2）試験片の腐食を測る方法——テストピース法・テストクーポン法——　試験片を腐食環境である溶液や気相あるいは土壌などに接触させて、それを取り出して、表面の腐食状況を観察あるいは測定する方法である。最も単純で簡易であり、しかも直接測定であるから信頼性が高い。腐食評価は腐食生成物を完全に除去してから重量減少を測ることにより行うことが多い。この値から得られる情報は腐食減肉量の平均値である。局部腐食の情報は得られない。局部腐食を評価する場合は腐食深さをデプスゲージあるいは光学的方法で測ればよい。稼働している装置などにも試験片を挿入し、定期的に取り出して腐食を測ることも行われている。割合知られていないが、腐食生成物の除去が

容易ではない．また，試片の取出しと設置を繰り返し行う煩雑さがある．この方法で注意しなければならないのは再現性である．腐食現象は物理現象などに比べてばらつきが大きく，これを避けることができない．そのため，3～5 験体について試験を行い，再現性を確認する．統計処理を行う場合は最低 5 回の結果を用いる必要がある[6]．

3) 腐食電位測定とそれによる腐食の有無の評価
湿食環境中で腐食電位を測ると腐食の可能性を評価することができる．湿食環境には ① 水中（海水，河川水，上水・下水，工業用水），② 土壌，③ コンクリート，④ 湿潤大気，⑤ 工業用電解質溶液，などがある．腐食電位測定の原理を**図 4.3.33**に示す．

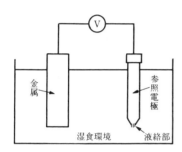

図 4.3.33　腐食電位測定の原理[7]

腐食電位は参照電極と呼ばれる電極と腐食評価をしようとする金属の間に生ずる電位差を測ることにより求められる．この電圧計は入力抵抗が高いエレクトロメータであることが必要である．M.Poubaix は熱力学的理論計算から，湿食環境中での腐食の可否は環境のpH と腐食電位で判別できることを導いた[9]．**図 4.3.34**のように腐食電位を縦軸に環境の pH を横軸にプロットすると三つの領域に分類できる．腐食領域では腐食が起こり，不活性領域と不動態領域では腐食が起こらない．この線図のことを電位 pH ダイアグラムあるいはプルベダイアグラムと呼ぶ．鉄について理論的予測された腐食領域，不動態領域，不活性領域を図 4.3.34に示す．

同時に，各種の条件で実際に腐食の可否を測定し，それをこのダイアグラム上にプロットしてある．腐食の有無をよく評価していることがわかる[10]．この方法は腐食条件のいかんによらず，単に腐食電位と pH がわかれば腐食の可否を判断することができる点が特徴である．例えば，環境中にはいかなる物質が存在しても適用できる．また，電気防食がかかっている場合，迷走電流がある場合，異種金属が接触している場合，などすべての場合に適用できる[10]．電気防食は金属を不活性領域に置くことによって行われている防食方法

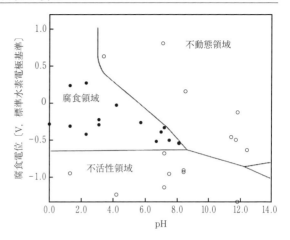

○ 実際に腐食が観察されなかった例
● 実際に腐食が観察された例
図 4.3.34　鉄のプルベダイアグラム

なので，腐食電位を測れば防食されているか否かを簡便に測定できる．

現在すべての金属についてプルベダイアグラムが作成されている．ただ，不活性領域では耐食性であることは保証されているが，不動態領域では不動態破壊イオンの影響で孔食などが発生する場合がある．

4) 分極測定とそれによる腐食性評価と腐食機構の解明　湿食条件下の腐食測定に適用できる．**図 4.3.35**に分極測定装置と分極曲線を示す．

対極と測定対象となる金属の間に電流を流す．参照電極に対する電位は電流の大きさによって変化する．電流が流れていないときの電位（腐食電位 E_{corr}）から電流を流すことによって電位が変化する現象を分極という．電位と電流の関係を示したものを分極曲線という．分極曲線の解析からはいろいろな情報が得られる．

i) **分極曲線からの腐食速度の推定**　湿食反応は 2 種類の反応（カソード反応とアノード反応）の複合電極反応であることを用いた解析方法である．図4.3.35（a）において，電流を I，E を計測された電位とするとつぎの関係が成り立つ．

$$I = I_{corr}\{\exp(\alpha\Delta E) - \exp(-\beta\Delta E)\} \quad (4.3.17)$$

ここで，$\Delta E = E - E_{corr}$，I_{corr}（腐食速度に相当，腐食電流という）である．α, β は測定系に固有な定数である．I と E を変化させ，式（4.3.17）に適用すると腐食速度や腐食機構に関連する情報を α, β から求めることができる．腐食反応が単純な場合には電流の絶対値の対数と電位をプロットすると，カソード反応とアノード反応に対応する直線（ターフェル直線）が現れる．その直線の外挿線の交点，および $\Delta E = 0$ との

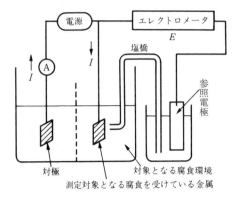

(a) 分極測定装置[10]

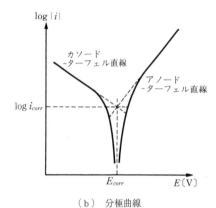

(b) 分極曲線

図 4.3.35 分極測定装置と分極曲線

交点から，腐食電流 I_{corr}（腐食速度に相当）を求めることができる[5]。

ⅱ）分極抵抗法　式 (4.3.17) について ΔE の絶対値を十分小さくし，指数項を一次近似する。ΔE に対する電流の変化を ΔI とする。

$$I_{corr} = \frac{\Delta I / \Delta E}{\alpha + \beta}$$
$$= (\alpha + \beta)^{-1} \cdot R_p^{-1} = K \cdot R_p^{-1} \quad (4.3.18)$$

$R_p = \Delta E / \Delta I$ であり，電気抵抗の次元を持つので分極抵抗と呼ぶ。また，K を変換係数と呼ぶ。$|\Delta E| < 10$ mV になるような条件で分極抵抗を求めれば，簡単に腐食速度を求めることができる。ただし，α と β で決まる変換係数 K は測定系によって異なる。反応機構がわかっていれば理論的に決めることができる。機構が不明な場合は，対象となる測定系に対して事前に実験を行い，変換係数を定めることもできる。後者の場合は機構解明を行う必要はない。この方法は微弱な電流を加えるだけなので，分極による表面変化を最小限にとどめることができる。また，微弱電流印加に対する電位の変化のみを用いるので，測定，解析ともにきわめて容易であるので，実用的に多用されている。

ⅲ）孔食の発生条件の導出・孔食電位の測定[11]
ステンレス鋼のように不動態で耐食性を保っている金属は皮膜が局部的に破壊されると激しい局部腐食（孔食）を起こす。孔食が発生する電位を孔食電位という。電流が測定対象となる電極から対極に溶液中を流れるような分極測定を行う（アノード分極）と不動態破壊に伴う電流増加が観察される。これのときの電位が孔食電位である。

ⅳ）ステンレス鋼の鋭敏化の測定　ステンレス鋼は溶接のような熱刺激が与えられると結晶粒界にクロム欠乏層が生じ，その部分では不動態が保持できなくなり，その部分が選択的に侵される粒界腐食が発生する。これをステンレス鋼の鋭敏化現象という。鋭敏化が起こるか否かは材料に与えられた熱履歴によって敏感に変化する。熱影響によって鋭敏化した部分を HAZ（熱影響部分）という。鋭敏化度は熱影響を受けたステンレス鋼を，チオシアン酸カリウムを含む硫酸溶液中に浸漬して腐食電位からアノード分極曲線をとる（往路）。不動態化を確認したら今度はその電位から逆の方向，すなわち腐食電位に向かって電位を変化させる（復路）。この分極は電位を一定の速度で変化させて行う。この方法を EPR 法（electrochemical potentiokinetic reactivation）という。図 4.3.36 に EPR 法で観察される分極曲線を示す。

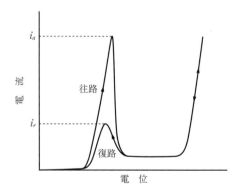

図 4.3.36　EPR 法で観察される分極曲線（粒界腐食割れ感受性の評価の例）

往路の最大電流値 i_a，復路のそれを i_r として再活性化率 R_m を $R_m[\%] = i_r / i_a \times 100$ と定義する。この値が鋭敏化の度合いを示している[12]。

ⅴ）腐食防食機構解明と腐食測定　上記したアノード分極曲線とカソード分極曲線を調べると，ある腐食状態においてどちらの反応が支配的かわかるの

で，腐食機構の解明と同時に有効な対策を導ける。式（4.3.17）はアノード反応とカソード反応が，単純な表面反応律速の場合を挙げた。反応に関係する物質の移動速度や表面に皮膜が生成する場合など多くの場合，分極曲線の形で機構を解明できる。例えば，腐食抑制剤の作用機構を解明し，それが正しく腐食抑制機能を果たしているか否かを評価できる。

vi） 交流インピーダンス法[13]　正弦波の電位あるいは電流を湿食が起こっている系に加えて，分極させ，その応答を測る方法である。その応答から，インピーダンス（交流抵抗・位相差を含めた抵抗）を求め，その周波数依存性を解析する。インピーダンスを複素平面上に表示する。周波数を変えて複素平面上でインピーダンス軌跡を追跡する（ナイキストプロット）。腐食を起こしている電流（腐食電流）や腐食性物質の移動速度，また腐食抑制剤の表面への吸着状態，など多様な情報を引き出すことができる。

5） **電気化学ノイズ法**[21)～23), 26)]　1)～4)項の方法はいずれも外部から電気的な刺激を湿食系に与えて腐食情報を得るものであった。電気化学ノイズ法（electrochemical noise 法）は湿食系が自発的に発生する電位あるいは電流のノイズのみで腐食過程の情報を得ようとするものである。湿食反応はアノード反応とカソード反応が同時に起こっている電気化学反応である。いろいろな理由でこの二つの反応は揺らいでいる。これらが揺らぐと腐食電位も揺らぐ。腐食電位の時間変化を追跡すると腐食が進行している過程を追尾できる。例えば，ステンレス鋼の不動態皮膜が局所的に破壊されると急な電位低下が起こり，再不動態化により，ゆっくりと電位が回復する現象（電位のスパイク波形）が観察される。同様な現象は腐食している金属を定電位に保ち，そこから生ずる電流ノイズを観測したり，同種の金属を腐食性溶液に浸して，その間に流れる電流を無抵抗電流計を用いて解析する方法も研究されている。さらに一歩進めて，同じ金属でできている二つの電極を無抵抗電流計で結び，その間に流れる電流を測定すると同時にそれらの電位を参照電極を入れて測定する方法も検討されている。ここで，二つの金属電極は無抵抗電流計で結ばれているので同じ電位にあることに注意する。ここで求められた電流の揺らぎ標準偏差をσ_I，電位の揺らぎのそれをσ_Vとする。$R_n = \sigma_V/\sigma_I$は揺らぎによって生じた分極抵抗と考えられるので分極抵抗R_pに類似すると考えられる。この方法によれば，外部から電気的刺激（外乱）を加えることなく分極抵抗を推定できる。

（d） **腐食環境を測定することによる腐食評価**

1） **環境の物理的性質および化学成分の分析による方法**　環境の物理的性質で腐食に影響を与える要素には，温度，流速，流動形態，電気伝導度，などがある。大気腐食の場合は，湿度も支配的な影響を与える。これらの変数は他の情報と組み合わせて腐食評価に用いられることが多い。化学成分で腐食に大きな影響を与えるのがpHである。環境中に存在する化学成分と金属の反応を理論的あるいは経験的に結び付けるいろいろな目安がある。多くの場合金属の種類によって作られている。淡水の場合にはa. 飽和度，b. ランゲリア指数，c. リスナー指数，d. ラーソン比，e. マトソン比などが知られている。a，b，cはカルシウム成分などの沈積による腐食抑制作用についての評価であり，比較的多種類の金属に適用される。dは鉄について，eは銅についての評価がよく行えるという[14]。海水についてはpH，溶存酸素濃度，電気伝導度，塩化物イオン，硫酸イオン，硝酸イオン，硫化物イオンなどの腐食性評価が炭素鋼，ステンレス鋼，銅合金などについて行われている[15]。大気腐食は金属表面に薄い水膜ができることによって起こる湿食である。水蒸気が飽和濃度に達しなくとも表面の汚れなどにより水膜ができる。したがって，湿度は大気腐食にとって重要な要素である。水膜の生成により急に腐食速度が上昇する湿度を臨界湿度という。この値は海水ミストや二酸化硫黄，などの成分に影響される。したがって，大気の湿度と腐食性ガスなどの測定により大気の腐食性を評価できる。電子部品の腐食では昇温によりプラスチックの分解で発生するガス（アウターガス）も腐食性である。

このほかに，腐食環境を与えている溶液が流動している場合には，腐食によって溶液中に溶出する装置材料の金属イオンを分析することにより腐食速度あるいは腐食量を求める方法もある。

2） **ACMセンサ**[16]　大気の腐食性を測定するセンサ（atmospheric corrosion monitor）である。図4.3.37にその構造を示す。

大気腐食はおもに金属表面に薄い水膜ができて起こる湿食である。表面に2種類の金属を隣接して置き，その金属の間に流れる電流を測定する。この電流がその雰囲気にある金属体の腐食速度と相関関係にあることを利用して大気の腐食性を評価する。組合せの金属や構造は想定対象とする金属や環境条件によって異なり，最も信頼性が高い結果が出るように作製されている。例えば，炭素鋼の大気腐食速度の対数と同じ場所に設置されたACMに流れた電気量の日平均値の対数は直線関係にあることが知られている。ACMは大気腐食に重要な，濡れ時間，塩分付着量，相対湿度などを連続的検知することもできる。

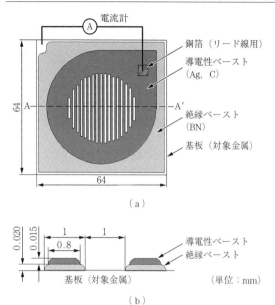

図 4.3.37　ACMセンサの構造[27]

3）**水晶振動微量天秤法**[17]　きわめて高感度な腐食測定法である。

QCM（quartz crystal microbalance）法の名称で用いられている。大気の腐食性および水溶液の腐食性などの研究に用いられている。水晶振動子の固有振動周波数は振動子の質量によって変化する。この方法による質量検出の感度はきわめて高い。例えば，大気腐食の機構に重要な役割を演ずる金属表面の微量の水について検出している。金めっき膜を付着させた振動子は表面への水分子の吸着や離脱を検出することができた。また，銅薄膜については乾燥状態ではほとんど腐食しないが，微量の水分で大きく加速されるなどの結果を得ている。水溶液中では金属薄膜の溶解と他の電気化学的パラメータの関連などを調べている。

4）**土壌腐食測定法**　土壌中には多くの金属のインフラ構造物が埋設されており，その腐食も大きな問題となっている。土壌は雑多の成分を含む粒子で成り立っており，粒子径もまちまちである。したがって，腐食は多くの因子によって支配されるので，その評価方法は難しい。土壌の因子による腐食性の評価方法[18]にはANSI法（American National Standards Institute A21.5（1972））およびDIN法（DIN 50929, Korrosion der Metalle Korrosionwahrscheinlichkeit metalliscer Werkstoffe bei ausserer Korrosionsbelastung Rohrleitungen und Bauteile in Boden und Wassern, (Normenausschuss Materialprufung（NMP）im DIN Deutsches Institut fur Normung e. V. Normenausschuss Gastechnik（NAG as）im DIN））p.3（1985）と呼ばれる評価方法が知られている。これらの方法は土壌を採取して分析する必要があり，採取時とは土質が異なってしまうので正しい評価はなかなか行えない。現地での土壌抵抗率や酸化還元電位を測る試みも行われているが，実際の腐食性との関連は必ずしも高くない。ANSI法による定量的評価の具体例もある[20]。最近，現地でパルス分極法を用いて土壌抵抗率と通気性を評価し，これから得られた複数の変数から土壌腐食性を評価する方法も試みられている。鋳鉄および亜鉛めっき鋼管について比較的良い結果を得ている[19]。

（e）**シミュレーションによる腐食評価**　腐食評価しようとする装置あるいは設備と同じ材料で作られた試片をそれらが置かれている環境に浸漬あるいは接触させておく。試片の腐食は装置あるいは設備を構築している材料と同じように腐食すると想定し，試片の腐食状況をいろいろな方法で測定し，本体の腐食状況を評価する方法である。すなわち，試片を装置や設備の材料の腐食シミュレータとして用いるわけである。したがって，シミュレータは装置や設備が置かれている状況と物理的にも化学的にもまったく同じ状況に置かなければならない。

1）**すでに述べた方法の適用**　（c）項2）で述べたテストピース法を実際の系に適用すれば腐食シミュレータとなる。この方法は液相中，大気中，土壌中など広く用いられている。（c）項3）で述べた電位測定法もよく用いられている。電気防食の適正な稼働状態を監視するためによく用いられている。また，（c）項4）で述べた分極抵抗法も腐食状況の推定に用いられることが多い。これらの方法の原理や限界などは対応する箇所を参考にされたい。

2）**電気抵抗法（ER法）**　装置あるいは設備と同じ材料で作られた，肉厚δ，幅d，長さlの長方形の板を考えよう。長さ方向の電気抵抗Rはρをその材料の抵抗率として，$R=\rho l/A=\rho l/d\cdot\delta$，で与えられる。$A$は試片の長手方向の断面積（$=d\cdot\delta$）である。長さ$l$と幅$d$の長方形の側面のみが腐食環境に接触するようにしておく。lとdは腐食により変化しないがδは腐食により減少してゆく。したがって，Rを測れば，肉厚δを求めることができる。抵抗率ρは材料の種類と温度が決まれば一定である。ρの温度依存性は材料について求められているので，その値を使うことができる。したがって，Rを測ればδを求めることができる。電気抵抗法の利点は① 動作原理および測定が容易であること，② 保守管理が容易であること，③ 連続的に実時間で情報が得られること，すなわち必要なときに情報を得ることができること，④ 信頼

性が高いこと，⑤ データ解析が容易なこと，⑥ 設置が容易なこと，⑦ テストピース法に比べて取出しの必要がないこと，⑧ 残肉厚さが直接求められること，⑨ 安価なこと，⑩ 電気化学測定法に比べて大気やイオン伝導性のない媒体中でも測定できること，⑪ 電気防食が施されている場合にも適用できること，などが挙げられる。腐食速度に変換するには，δ の時間微分の絶対値をとればよい。δ の精度（解像度）は 1 μm 程度といわれている。この方法は試片の均一腐食を想定している。したがって局部腐食は評価しにくい。特に，孔食，隙間腐食，応力腐食割れ，粒界腐食，などは求められない。また，検出部分に析出物がある場合は問題が起こる場合がある。すなわち，析出物に電子伝導性がない場合は問題ないが，電子伝導性がある場合は残肉厚さを過大に評価することになる。特に，硫化水素雰囲気で形成される硫化鉄は生成条件によって電子伝導性を持つので注意が必要である。ダクタイル鋳鉄管の土壌腐食の評価に用いられている（図 4.3.38 参照）[24]。

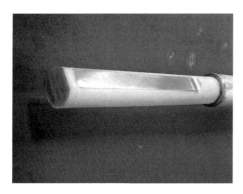

図 4.3.38　ER 法を用いた土壌腐食センサ

3）金属への水素侵入測定プローブ　腐食環境中に存在する高圧水素分子あるいは腐食反応によって生じた水素原子は装置の金属材料に侵入し水素脆性を始めとする水素損傷を起こす[25]。水素の金属への侵入過程は条件により大いに異なる。そこで，装置と同じ材料で作られた金属膜を通過してくる水素を膜の外側に置かれた密封された容器圧力計をつないで検出する方法である[5]。通過水素を電気化学的に検出する方法もある。

4）シミュレーション法を用いる場合の留意点
一般的にはシミュレーションによる腐食評価方法ではシミュレータの材料と被評価対象の材料は同じように腐食するという大前提を問題なく受け入れている。しかし，必ずしもこれは正しくない。両者のアナロジーについての研究はきわめて少ない。土壌腐食の評価について，テストピース法による結果と評価対象となった構造物の実測値との相関関係の報告がある。テストピース法の最大腐食速度と実際の構造物の測定値との間には最大 12.5 倍の開きがあることが報告されている[20]。腐食の形態など十分に検討した上でシミュレーション法を用いる必要がある。

（f）腐食を受けている装置そのものを対象とした測定法と非破壊検査　装置を止めて非破壊検査で腐食による劣化状態を調査することは通常に行われているので本書の該当する箇所を参照されたい。ここでは腐食測定の側面から述べる。最近は稼働中の装置の腐食状態を非破壊検査による調査が盛んに行われている。それにより，減肉量や腐食環境の強度などを知り，稼働条件の制御や余寿命を評価して安全な維持管理を行うとするものである。特に装置の内面や断熱材下の腐食状況を外側から知る方法がよく用いられている。

1）超音波モニタリング法　超音波の送信子と受信子から成るトランスデューサを対象となる装置の部分に設置して肉厚や割れなどを検出する。検出できる範囲が狭いことが問題である。

2）渦電流によるモニタリング　石油産業で用いられた例としては，管路の壁を断熱材で覆い，その上に金属シートを設置した例が報告されている。つぎの条件で連続測定されたという。管路は低合金鋼のパイプで 50 mm より大きい直径，肉厚 6〜60 mm，断熱材厚み 150 mm 以下，断熱材表面のステンレス鋼，アルミニウムのシートの厚みは 1 mm 以下，測定対象物の温度は $-100 \sim +500$℃ である。

3）アコースティックエミッション　金属やコンクリートなど構造体が部分的に破壊するときに発生する超音波を圧電素子などで検出する方法である。他の非破壊検査法は測定対象にいろいろな刺激を与えることによって情報を取得するが，この方法は自発的に発生する信号を検出する点が特徴的である。例えば，鉄筋コンクリート中の鉄筋が腐食によって発生する生成物（さび）によって体積が増加し，そのためにコンクリートにひび割れを発生させるときに超音波を発生させる。これを検出して腐食や破損の状態を推定する。ステンレス鋼の粒界腐食や，応力腐食割れの発生を検出することもできる。前者の場合は粒界に発生したクロム欠乏層のために結晶粒が剥がれ落ちるときに発生する超音波を検出する。腐食生成物のひび割れや腐食を伴って発生する水素ガスの発生する超音波を検出する方法もある。一般に発生する超音波は微弱であるから，周囲のノイズに攪乱されて読み取りにくいという欠点がある。しかし，発生する超音波を伝達する金属

構造物を設置して感度を上げる方法もある。この方法は自発的に超音波を発生するので破壊が進む場所を見つけてセンサを設置する必要はない。また，破壊が起こっている場所が高温であっても構造物を伝わってくる信号を常温の場所で検出すればよい。これらは利点である。一方，得られる情報が定性的であることと雑音除去技術に注力しなければならないことなどが問題点である。しかし，将来的に期待される方法である。特に，橋梁の保全に期待が高い。

4) 赤外線サーモグラフィー この方法は，表面温度の計測が安価かつ精密に行えるようになったので広く用いられている。装置の壁面の厚みが変わると熱伝導率が変わる。すると外壁面の温度も変わるので，サーモグラフィーで温度がわかれば装置の肉厚がわかる。肉厚の情報は壁面の構造，材料の熱伝導率，および外面の放熱速度などによって変わる。いずれにしても，装置壁近傍の熱伝導の取扱いが精度の良い情報を得る要点である。

5) 弾性導波を用いる方法 弾性体に可聴音波あるいは超音波を与えると構造物の中を音波が伝播する。音波の伝達は対象物の物性や構造によって大きく影響される。伝播の様子を検討して肉厚などを評価しようとする方法である。強磁性体の磁歪現象を利用した素子を組み込んだセンサが開発されている。パイプラインの腐食評価などに用いられた報告がある。広範囲にわたって情報を取得するのに適している。

6) 電場紋様法（field signature method） オスロ大学で開発された方法である。測定対象の構造物，例えば配管などの表面などに，肉厚の2〜3倍の幅で金属製のピンを立てる。その間に電流を流し電場を発生させ，電圧分布をとる。腐食が起こっていないときの紋様と腐食が起こったあとの紋様を比較して肉厚の減少を知る方法である。肉厚が小さいところの電位差は大きくなる。管内で肉厚が減少しているのを管外から測定できる。海底配管や石油精製プラントの配管に適用され良い結果を得ている。

（g）参　考 本項を補足するために前版の『安全工学便覧』の関係部分を参照されたい[5]。

（朝倉祝治）

引用・参考文献

1) 長秀雄，材料と環境，61，p.1（2012）
2) 長秀雄，材料と環境，50，p.490（2002）
3) United States Federal Highway Administration, Corrosion Cost and Preventive Strategies in United States, FHWA-RD-01-156 National Information Service 2001, Springfield, VA
4) MP editorial, Corrosion-A Natural but Controllable Process, Supplement to Materials Performance, p.3 (July 2002)
5) 安全工学協会編，新安全工学便覧，pp.644-650，コロナ社（1999）
6) JIS Z 2371：2015　塩水噴霧試験方法（日本規格協会）
7) 石原只雄監修，腐食事例解析と腐食診断法，テクノシステム，pp.5-8（2008）
8) 腐食防食協会編，腐食・防食ハンドブック，pp.3-7およびpp.31-33，丸善（2000）
9) Pourbaix, M., Atlas of Electrochemical Equilibria in Aqueous Solutions, NACE, Cebelcor
10) 株式会社ベンチャー・アカデミア社内資料
11) JIS G 0577：2014　ステンレス鋼の孔食電位測定方法（日本規格協会）
12) JIS G 0580：2003　ステンレス鋼の電気化学的再活性化率の測定方法（日本規格協会）
13) 板垣昌幸，電気化学インピーダンス法，丸善（2008）
14) 石原只雄監修，腐食事例解析と腐食診断法，p.506　テクノシステム（2008）
15) 石原只雄監修，腐食事例解析と腐食診断法，pp.506-507，テクノシステム（2008）
16) 篠原正，材料と環境，64，pp.26-33（2015）
17) 瀬尾眞浩，材料と環境，53，pp.162-166（2004）
18) 腐食防食協会編，腐食・防食ハンドブック，pp.201-205，丸善（2000）
19) 朝倉祝治，電気化学的過渡応答を利用した土壌腐食性の評価，平成27年度全国会議（水道研究発表会）pp.5-48，日本水道協会（2015）
20) 小西孝之，清塚雅彦，嶽仁志，朝倉祝治，腐食センターニュース No.074（2016）
21) 井上博之，材料と環境，52，p.444（2003）
22) 井上博之，山川宏二，材料と環境，47，p.230（1996）
23) 宮澤正純，材料と環境，49，p.337（2000）
24) 朝倉祝治，小西孝之，清塚雅彦，嶽仁志，平成29年度全国会議（水道研究発表会），5-28，日本水道協会（2017）
25) 石原只雄監修，腐食事例解析と腐食診断法，p.315，テクノシステム（2008）
26) 井上博之，材料と環境，67，pp.59-64（2018）
27) 篠原正，ふぇらむ，ACMセンサによる大気環境の腐食性評価，11-4，pp.27-33，Fig.5（2006）

〔3〕腐食防食法

（a）金属被覆 耐食性のある金属で金属表面を覆い，腐食環境から遮断することは，通常行われている有効な防食技術である。図4.3.39に金属被覆方法の分類を示す。多くの金属被覆方法と被覆金属があるが，使用環境と被処理物に対して，適正な被覆方法および被覆金属の選択が大切である。代表的な金属被覆方法を取り上げ，以下に述べる。

1) 溶融めっき 高温に保持した溶融金属浴中

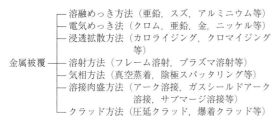

図 4.3.39　金属被覆方法の分類

に，めっきしようとする被処理物（おもに鉄鋼）を浸漬して，その表面に金属を被覆する方法を溶融めっきという。めっきの付着性を増すために，溶融金属浴中に塩化物水溶液や溶融塩のフラックスを用いる。溶融亜鉛めっきは，鉄鋼の表面に卑な亜鉛を被覆することにより，素地を防食する。亜鉛めっきが鉄鋼を防食するのにきわめて良好な効果を示す理由は，Zn が Fe に比べて卑な金属であるため，たとえめっき層にピンホールなどの欠陥があっても，強いカソード防食効果を受けるとともに，亜鉛の防食生成物そのものが緻密で耐食性ある化合物であるためである[1]。

溶融アルミニウムめっきは，原理的には溶融亜鉛めっきと同じ方法である。鉄鋼表面に耐酸化性および耐硫化性の優れた Fe-Al 合金相が形成するため，熱処理炉部品や自動車用マフラ材，化学工業用材料などに用いる。鉄鋼にスズをめっきしたものは，通称ブリキとして知られている。耐食性が良いことから，缶詰用の缶材や食品用容器材料に用いられている。

2）電気めっき　電気めっきはめっきする金属を陰極として，陽極に電着させる金属またはグラファイトのような不溶性電極を用い，イオン水溶液中で電解によって行う方法である。外部電源によって両極間に電圧をかけると，陽極の金属が溶解して金属イオンとなって浴中に入り，陰極表面に金属原子として析出する。めっきによって緻密で均一な皮膜を得るための因子は，めっき浴の化学的組成，温度管理，電流密度などがある。めっき浴はアノード金属と同じ元素の塩を含み，一般に酸性領域の pH に緩衝剤で調整している。

クロムめっきは耐食性と耐熱性に優れ，また耐摩耗性も良好である。ただ微細な亀裂が生じるために，その下にニッケルを被膜する。無水クロム酸を主とした硫酸酸性浴（Sargent 浴）が代表的なものである[2],[3]。電気亜鉛めっきは $ZnSO_4$ 主成分の硫酸酸性浴を用いる[2]。溶融めっきと比べて薄い皮膜を形成できる。

3）浸透拡散処理　高温で長時間加熱することにより，金属元素を表面に拡散浸透させる方法である。パック法（粉末充填法）が最も広く行われている。アルミニウム浸透拡散法は，還元性気体の入った容器の中に Al 粉末と Al_2O_3（焼付け防止剤），NH_4Cl（促進剤）の混合物中に被処理物を入れ，高温で加熱する。この反応によって耐熱性の良い Fe-Al 合金層が形成される。ボイラ部品や化学プラント用部品などに使用される。クロマイジングはクロムを浸透させる方法であり，クロムまたはフェロクロム粉末と Al_2O_3 を混ぜ，真空炉または不活性ガス中で加熱する。表面はクロムが富化し，耐食性と耐熱性の良い皮膜が得られる。

4）溶射法　高速度で飛散する溶融または半溶融状態の溶滴を被処理物の表面に吹き付けて，皮膜を形成する方法を溶射という。溶射法の特徴としては，金属材料を始めとして，無機材料や有機材料などのあらゆる材料の表面に溶射ができ，溶射材料も種類が広範である。広い基材表面に溶射でき，皮膜の形成速度も大きい。しかし皮膜は粒子群の積層によって形成されるために，本質的に多孔質である。一般に溶射方法は熱源の種類によって分類する。酸素と燃料ガスの混合による燃焼または爆発のエネルギーを用いるガス式溶射と，アーク，プラズマなどの電気エネルギーを用いる電気式溶射に大別できる。

フレーム溶射は酸素とアセチレンなどの燃料ガスによる燃焼炎を熱源にして，皮膜を形成させる。フレーム溶射は装置が簡単であり，操作も容易であるが，燃焼炎のために溶滴の飛行速度が比較的遅く，形成される皮膜もポロシティが多い。皮膜の緻密性や結合力を改善するために，作動ガスとして例えば酸素とプロピレンを混合ガスとして高速燃焼炎を用いる高速ガスフレーム溶射技術が実用化している[5),6)]。

自溶性合金（Ni-Cr-B-Si 系）は，溶射の後でさらに酸素アセチレン炎などを用いて溶射皮膜に溶融処理を行って皮膜の緻密化を図っている。爆発溶射は，酸素とアセチレンの混合ガスが爆発的に燃焼するような比率の混合ガスに点火して，高温高速のフレームを形成し，これを熱源とする溶射方法で，緻密で結合力の高い皮膜が得られる[7]。

アーク溶射は，2 本の線材の先端の間でアークを発生させて材料を溶融し，これを圧縮空気ジェットで吹き飛ばすことにより，皮膜を形成させる。この方法の特徴は，大量かつ高能率な溶射が可能であり，大型部材への防食溶射などに用いられる。

プラズマ溶射はタングステン電極（陰極）と銅ノズル（陽極）の間で発生させたアークによってアルゴンなどの作動ガスをプラズマ化し，ノズルより噴出させてジェットを形成させる[8]。プラズマジェットはきわめて高い温度であるために，他の溶射方法では困難であった W や Mo などの高融点金属はもとより，ZrO_2

やMgOなどの各種高融点セラミックスの溶射が可能になった。さらにより高性能な皮膜を目指して，装置の高出力化および溶射の自動化・ロボット化を行っている。また，減圧プラズマ溶射は減圧チャンバー内でプラズマ溶射を行う技術で，プラズマジェットは大気中より高温かつ高速化し，酸化による変質がないため，ほとんどポロシティのない結合力の高い皮膜が得られる[9]。

5) 気相方法 ドライめっきとも呼ばれ，物理的蒸着（PVD）および化学的蒸着（CVD）に大別される。真空蒸着はPVDの中でも作業が容易で，最も一般的な方法である。高真空に保った容器中で加熱用のタングステン線に吊るすか挿入し，線条を通電することにより生じた金属蒸気を基板に蒸着させ，非常に薄い膜ができる。金属はもとよりプラスチックやガラスの上にも金属皮膜が可能である[4]。蒸着金属はAl，Cu，Ni，Ag，Auなどが用いられる。

陰極スパッタリング法は，真空タンクの中で陰極金属をスパッタさせる方法で，陰極から出る電子によりタンク内の気体はイオン化し，陽イオンと陰イオンに分かれる。この陽イオンが陰極に衝突することによって，陰極の金属電子は運動エネルギーをもって放出され，陽極に置かれた基板に薄膜が形成される。

6) 溶接肉盛 ガス溶接，金属アーク溶接，ガスシールドアーク溶接，サブマージアーク溶接，プラズマ溶接などの各種溶接方法により母材表面に肉盛りする方法をいう。溶接施工法は安定した作業性を持つとともに，溶着速度も大きい。溶接肉盛金属は母材との接着強度が大きく，肉盛金属中の欠陥もきわめて少ない。しかし，被覆金属は母材の希釈を受けることおよび大きな溶接ひずみおよび残留応力を伴うために，注意が必要である。

7) クラッド板 クラッド板は2種以上の金属を貼り合わせておのおのの金属の特徴を生かした性能を持たせた材料である。ステンレス鋼と炭素鋼，銅合金と炭素鋼などを組み合わせた材料が一般に用いられている。例えば腐食環境に薄いステンレス鋼合せ材などを使用し，強度メンバーに炭素鋼を使用する。安価で加工性が良く，溶接なども容易になる。クラッド鋼の作り方は，圧延，溶接，爆着などの方法がある。

〈冨澤幸雄〉

引用・参考文献

1) 岡本剛, 井上勝也, 新版 腐食と防食, p.131, 大日本図書 (1977)
2) 加瀬敬年, 最新めっき技術, p.102, 産業図書 (1983)
3) 興水勲, 硬質クロムめっきによる耐摩耗性皮膜の形成, 表面技術, 41-11, p.15 (1990)
4) 上田重朋編, NPシリーズ, ドライプレーティング, 槙書店 (1989)
5) 原田良夫, 極超音速粉末式フレーム溶射（ジェットコート）, 溶射技術, 9-3, p.98 (1990)
6) Kreye, H., Characteristics of coatings produced by high velocity flame spraying, Proc. 12th. Int. Termal Spray Conf. ITSC, p.313 (1989)
7) Funk, W. and Goebe, F., Comparison of Plasma and D-Gun Sprayed WC-Cermets, 2nd Plasma-Technik-Symposium, 1, p.277 (1991)
8) ヴェ・イ・コスチコフ，ユ・ア・シェステリン，プラズマ溶射法，日ソ通信社 (1978)
9) 廣田法秀, 杉本裕策, 山本茂樹, 減圧プラズマ溶射装置とその加工現象, 溶接学会誌, 59-4, p.269 (1990)

(b) 無機被覆

1) 化成処理皮膜 化成処理皮膜は処理液と金属の化学反応または電気化学的反応によって金属表面に生成する無機皮膜であって，それ自体耐食性を持ち，あるいは塗装下地として優れた特性を与えるものである。

ⅰ) リン酸塩処理皮膜　鋼，亜鉛めっき鋼，アルミニウムに適用される。対象物の形状はボルト，ナットのような小さなものから製鉄所における鋼板などの製品あるいは家電製品のキャビネット，自動車のボディのような大きなものまで幅広い。処理液は亜鉛，鉄，マンガンなどの薄いリン酸溶液で，通常反応促進のために硝酸塩，亜硝酸塩，過塩素酸塩などのいずれかを酸化剤として含んでいる。リン酸亜鉛処理が最もよく用いられる。厚さは一般に3μm以下から50μmである。

皮膜は処理液に含まれる金属イオンの種類に応じて，リン酸亜鉛，リン酸鉄，リン酸マンガンの結晶である。処理液は酸性であり，処理される金属が酸によって腐食するとき金属表面でpHが上昇し，処理液中の金属のリン酸塩の溶解度が低下して金属表面に析出する。加温された処理液中に浸漬するかスプレーして反応させる。

リン酸塩処理皮膜それ自体の耐食性は限られており一時防錆的性質のものであるが，この皮膜の上に塗装すると塗膜の密着性を向上させることができ，塗膜の傷や切断端面からの腐食の広がりが抑制される。家電製品，自動車車体などに広く用いられ，最近では鋼板/亜鉛めっき/リン酸塩処理皮膜/塗装という系が高耐食性の仕様としてよく用いられる。

ⅱ) クロメート処理　亜鉛めっき鋼板およびスずめっき鋼板に広く用いられる。前者では高湿条件の

大気中で生じる白さび生成の防止および塗膜密着性の向上，後者では魚肉缶における黒変（硫化物生成）や炭酸飲料缶における塗膜下腐食の防止が目的である。

処理液はクロム酸または重クロム酸塩を主成分とし，皮膜の特性を向上させるために水溶性高分子あるいはシリカゾルを加えたものがある。

亜鉛めっき鋼板のクロメート処理はクロム酸と亜鉛の反応によってクロム酸が還元されて3価のクロムに，亜鉛が酸化（腐食）されて亜鉛イオンとなり，それぞれ水和酸化クロム，クロム酸亜鉛として皮膜を形成する。液に触れて自然に反応が進むが，製鉄会社の化成処理ラインでは電解法を用いる例が多い。

スズめっき鋼板のクロメート処理は，電解還元によってクロム酸中のCr^{6+}をCr^{3+}に還元して行う。クロメート処理はアルミニウムやカドミウムめっきにも適用される。ただし，近年では欧州を中心にCr^{6+}を始めとした有害物質の使用制限が厳しくなったため，Cr^{3+}を用いたクロメート処理への代替が進んでいる。

iii）陽極酸化（アノーダイジング）　主としてアルミニウムおよびアルミニウム合金に適用する。クロム酸，硫酸あるいはシュウ酸溶液中で数十分間以上アルミニウム（合金）を陽極として通電して得られるアルミニウムの酸化物皮膜であり，耐食性を向上させると同時に着色が可能である。陽極酸化で得られる酸化物皮膜は$2.5 \sim 25 \mu m$程度の厚さの多孔性の皮膜で，蒸気，熱湯，クロメート溶液などに触れさせる（封孔処理）と，皮膜は水化してベーマイト（$Al_2O_3 \cdot H_2O$）となり，耐食性が向上する。

サッシ，外装パネルなどの建材，アルミ車両，家電製品などのアルミニウム製品はほとんど陽極酸化処理されている。アルミニウムはウォッシュプライマなどを下地に用いなければ塗装できないが，陽極酸化処理を施せば塗装下地として良い特性を示す。建材など一見塗装されていない陽極酸化処理を施したアルミニウム製品にも，クリア塗装してある場合が多い。

陽極酸化はステンレス鋼の着色法の一つでもあるが，この場合も耐さび性を向上させる効果がある。

2）ほうろうとグラスライニング　これらは基本的に同じホウケイ酸アルカリ金属系の被覆であるが，化学工業や醸造工業に用いる耐薬品性の強いものをグラスライニングや耐酸ほうろうと呼び，衛生器具，調理器具などに用いる普通ほうろうと区分している。ほうろうやグラスライニングは鋼，鋳鉄，アルミニウムなどに施され，耐食性を与える。普通ほうろうでは外観的美しさを与えることも重要である。被覆に用いる釉薬（フリット，うわぐすり）は，けい石，長石，ホウ砂などを主成分とし，目的に応じて種々の酸化物を加えた原料を加熱溶融させ，水砕ののち，ボールミルで粉砕したものである。成形した金属に脱脂，酸洗いののち，水を加えて泥しょう（漿）状にした釉薬を施し，乾燥後 $800 \sim 900$℃の範囲の適当な温度で焼成する。

鋼のほうろう被覆のポイントは，泡，つま飛びなどの欠陥の防止である。前者は焼成時に鋼から生じる二酸化炭素によって生じる。後者は加熱時に釉薬成分が分解して生じた水素が鋼に吸収され，被覆後3日～10箇月して被覆-鋼の界面に集まり，その圧力によって被覆をはじき飛ばすことが原因である。素地を極低炭素として二酸化炭素の発生を抑えると同時に，水素をトラップする特性を与えた鋼を用いる。

洗面ボール，なべ，かま，浴槽など水に接して使用する器具の場合，下がけと上がけの2回被覆を施す。下がけは素地密着性が重要で，この特性を高めるため酸化コバルトを釉薬に加える。上がけは乳濁剤として二酸化チタンを加えたものを用いる。2回がけで被覆厚さは$250 \mu m$程度以上である。流しパネル，電子レンジ，ガステーブル，ストーブなどは上がけに相当するものを直接鋼に施す。密着性を上げるためにニッケルをフラッシュめっきするが，泡，つま飛びの防止のため，素地の鋼の特性に対する要求は特に高い。給湯タンクなども1回がけであるが，ほうろう被覆は片面だけであるため，比較的欠陥を生じにくい。

フリットの組成配合によって耐酸性を向上できる。化学工場の反応槽や蒸留塔に用いる強耐酸性用のものをグラスライニング，酒造用タンクなど弱耐酸性用のものを耐酸ほうろうという。フリットの原料は，長石，ホウ砂，けい石，ソーダ灰などで，ブラストなどで素地調整した鋼表面に吹き付けて塗布し，$100 \sim 200$℃で$10 \sim 20$分間乾燥させたのち焼き付ける。密着性向上のための下がけののち，耐酸性の上がけを$3 \sim 8$回施す。

グラスライニングは，全濃度の硫酸，硝酸，発煙硝酸，塩酸，リン酸，酢酸，モノクロロ酢酸，クロム酸，クエン酸などの酸に対し，高温まで良い耐食性を示す。通常のものはアルカリにはあまり強くないが，耐アルカリ性を付与したものもある。機械的特性，耐熱衝撃性に弱点がある。

3）モルタルライニング　セメント，水，細骨材，混和剤を混練したモルタルは，上水道で用いられる鋼管や鋳鉄管，工業用水配管，鋼管ぐいなどに用いられる。モルタルには水が浸透するが，その pH は約12.5 と高いため，鉄や鋼は不動態化するため耐食性を示す。

モルタルは空気中の二酸化炭素によって表層から中

性化し，長期間のうちには中性化が鉄や鋼の表面に達して腐食が開始するので，この速度を抑えるには水セメント比を小さくする。また，被覆が厚いほど中性化領域が金属表面まで貫通する期間が長い。透水性を抑えるため，有孔度を低くする必要がある。

モルタルライニング中に塩化物イオンが存在し，あるいは外部から浸透して鉄や鋼の表面に達すると不動態皮膜が破壊されて腐食が始まる。生成するさびはもとの金属より体積が大きいためモルタルライニングに亀裂が生じ，さらには部分的に破壊するなどして腐食の進行が促進される。原料中の塩化物イオンは基本的に $0.3\,kg/m^3$ 以下に抑える必要がある。モルタルライニングは港湾施設の鋼材の海水飛まつ部にも使用されるが，塩分の浸透を避けるためモルタル層を 100 mm 程度に大きくとる。

モルタルライニングは機械的衝撃などによって局部的に破壊しやすい。モルタルライニングが部分的に脱離し，あるいは亀裂生成などによって局部的に中性化すると，その部分の不動態皮膜が破壊され，モルタルライニングが健全で不動態を維持している部分に対しマクロセルの $\ominus$ 極となるため，急速な腐食が進行する。モルタルライニングの採用にあたっては，このような状況を生じる可能性の大小やその結果生じる腐食損傷の影響度を検討する必要がある。

4) セラミックコーティング セラミックコーティングは金属表面に鉱物を焼成により被覆したもので，ほうろうやグラスライニングなどもこの定義に入るが，実際には酸化物（Al_2O_3, Cr_2O_3, TiO_2, ZrO_2 など），炭化物（TiC, SiC, WC, Cr_3C など），窒化物（TiN, BN など），ホウ化物（SiB など），ケイ化物（TiSi など），ケイ酸塩（$ZrSiO_4$ など）のファインセラミックスによる被覆を指すことが多い。その種類によって，耐食性，耐熱性，耐摩耗性，電気ないし電子的特性の付与を目的としている。

被覆の方法としては，ガス，アーク，プラズマなどによる溶射が多いが，塗布金属塩の酸化，低温焼成（<200℃），CVD, PVD なども用いられる。

耐食性を目的としたセラミックコーティングのおもなものは，Al_2O_3, Cr_2O_3, ZrO_2 であり，溶射によることが多い。溶射のままでは多孔性であるためシーリングが行われる。200℃以下での使用にはフェノール，エポキシ，アクリルなどの樹脂，400℃まではシリコーン樹脂，400℃以上では水ガラスなどの無機物が用いられる。耐摩耗性を兼ねてメカニカルシール，プランジャ，ポンプスリーブ，バルブなどに用いられることが多い。

高温での耐酸化性を目的とする場合には，高 Ni 合金（Ni-Cr, Ni-Al）を下地とし，ZrO_2, Al_2O_3, アルミナシリコンなどを施す。熱サイクルによる剥離に対処するため 300 μm 以下の厚さとする。高温腐食対策に用いるには気孔処理が問題で，900℃以上といった高温では，剥離を生じやすい。

(岡崎慎司，松島 巖)

（c）有機被膜 塗料は"塗る"という行為によって被膜を形成し，美装や保護を比較的簡単かつ経済的にできる材料としてさまざまな方面で利用されている。とりわけ社会インフラを形成する鋼材やコンクリートなどの複合材の環境遮断に際しては，過去からさまざまな材料を適用し，その時代時代のニーズに合った変遷により進化し，つぎつぎと新しい提案がなされてきた。

"重防食塗装"という言葉が使われ始めたのはまだ歴史は浅く，また，はっきりとした定義付けを行った著書は『重防食塗装の実際』（日本鋼構造協会編，1998 年）[1] が最初であろう。ここでは，重防食塗装系を『海岸または海面上のような厳しい腐食環境に建設される鋼構造物の塗替え周期が 10 年以上となる性能を有する塗装系をいう』と定義付けしている。ここに至る過程において亜鉛を高濃度に用いた防食下地と呼ばれる塗料（のちにジンクリッチペイントと呼ばれる）の発明は革新的であり，これまでの防食でおもに行われてきた"遮断"と"抑制"とは異なる亜鉛を犠牲陽極とする積極的な防食法として，今日までその基礎を担っている。

本項ではおもに 1980 年以降の内容を中心に重防食分野における近年の市場要望と材料変遷を解説し，将来に向けた展望を述べる。

1) 重防食塗装の始まり 重防食塗装を達成する上で，ジンクリッチペイントは非常に重要な材料である。

ジンクリッチペイントは，1973 年オーストラリアのダイメット社が初めて塗料化に成功した。日本では海軍技術研究所において，宮川秀人が水ガラスを用いた金属亜鉛末塗料を開発し，1943 年に特許が登録されている。しかしながら，当時はまだ広く応用されるには至らなかった。日本国内においては，1970 年代に亜鉛メタリコンとフェノール MIO を利用した重防食塗装系が採用されている（例えば関門橋（1973 年））。1980 年代になるとジンクリッチプライマーを採用し，エポキシ樹脂系下塗にウレタン樹脂塗料上塗を組み合わせた，現在の原型となる重防食塗装系が，特にメンテナンス周期を延ばしたい長大橋（例えば大鳴門橋（1985 年）など）に積極採用されるようになった。その後，塗料の改良により 75～100 μm でも塗

膜の割れが発生しない厚膜形ジンクリッチペイントが開発され，普及することとなる。エポキシ樹脂の厚膜化技術も塗装作業性のバランスを鑑みつつ発展してきた結果，橋梁では鋼道路橋塗装便覧に代表する総膜厚250μmのポリウレタン樹脂塗料を上塗とした塗装系が，塩害など厳しい環境へ適用されてきた。

1980年代後半になると，さらなる塗替え周期の延長を期待したフッ素樹脂塗料上塗の採用が始まる。

1991年にフッ素樹脂塗料上塗が全面的に適用された生月大橋は，当時のさまざまな施工性に関する確認による適切な施工管理基準の制定[2]により，フッ素樹脂塗料[3]の実力を立証し，20年以上の耐久性が確認されており，塗替え周期の延長が実現している。表4.3.9にこれらの変遷を抜粋し，まとめた。

2005年，日本道路協会より発刊された『鋼道路橋塗装・防食便覧[4]』において，新たに建設される道路橋は，表4.3.10に示すC-5塗装系を適用することが望ましいとした。C-5塗装系は，エポキシ樹脂塗料下塗を1回で120μm塗装することで省工程化を図っており，また，上塗塗料をフッ素樹脂塗料とすることで塗替え周期の延長を図ることが可能となり，LCC（ライフサイクルコスト）の低減を果たしている。

2) 重防食塗装の動向

ⅰ) 環境負荷低減

a) VOC削減塗料（無溶剤形，低VOC，水系塗料）

有機溶剤による地球温暖化などの環境影響に配慮し，欧米では厳しいVOC（volatile organic compounds：揮発性有機化合物）排出規制がある[5]。VOC規制は地球規模での環境保全対策の必要性からより強化される方向にあり，わが国でも2004年の大気汚染防止法の改正において，塗料および塗装産業も規制の対象となっている。この動向を受け，日本塗料工業会では2003年の排出量を基準に3年後に30％，5年後に50％のVOC削減目標を掲げ，積極的に取り組んできた結果，一定の成果を上げている。

塗料におけるVOC対策としては，無溶剤形塗料や水系塗料の適用が有効である。構造物塗料分野における無溶剤形塗料は，鋼製橋脚内面などで実績のある変性エポキシ樹脂塗料や海上橋の橋脚部・海洋構造物の干満部などに適用されている超厚膜形エポキシ樹脂塗料・ポリウレタンエラストマー塗料，原油タンク内面に使用されているガラスフレーク含有塗料などがあり，専用塗装機の開発と相まって実用化されている。これらの塗料は比較的過酷な腐食環境に対して，今後VOC対策材料として需要が高まっていくものと考えられる。

今後，他の樹脂系塗料や他の分野に対しても無溶剤化・低VOC化（ハイソリッド化）が進むであろうと予測される。

水系塗料は建築用途，一部の自動車用途および工業用途などですでに実用化されているが，重防食塗装分野においては徐々に市場に浸透してきた段階にある。現在，実構造物や模擬構造物に対する試験施工も実施され，その性能や課題も明確になりつつあり，材料面・施工面での歩み寄りにより市場への展開が期待される。

b) 環境に優しい塗替え用塗料　近年では膨大な社会資本ストックに対する維持管理業務（塗替え塗装）が増大し，その際の塗料の環境負荷低減，周辺地域への臭気対策がいままで以上に強く求められるようになっている。エポキシ樹脂やポリウレタン樹脂塗料・フッ素樹脂塗料に含有される溶剤はこれまではそのほとんどが第2種有機溶剤（トルエン・キシレン・アルコール類・ケトン類など40品種）に分類される溶剤であり，これらの溶剤は溶解力が強い半面，引火性および有害性が高い。

そこで，これらの第2種有機溶剤に溶解していた塗料用樹脂を改良することにより，溶解力は弱いが引火性および有害性のより低い第3種有機溶剤（ミネラルスピリット・石油ナフサ・石油ベンゼンなど7品種）でも溶解し，希釈が可能な弱溶剤形塗料が開発され，実用化されている。

第3種有機溶剤を使用するメリットとしては，① 溶解力が低いため旧塗膜への影響が少なく，作業時の溶剤臭気が少なく感じられる。② 大気に揮散するVOC量が同じ場合，従来の芳香族系有機溶剤と比べ発生するオゾン生成能が低いとされており，その結果，光化学オキシダント濃度を低くすることが知られている。

VOCのオゾン生成能評価の一つとして用いられるMIR（maximum incremental reactivity）の値を表4.3.11[6]に示す。この表からも，従来用いてきた第2種有機溶剤よりもミネラルスピリットを代表した第3種有機溶剤の方が，オゾン生成能が低いことがわかる。

ⅱ) LCCの低減　近年，LCC（ライフサイクルコスト）を算出し，最も経済的な手段を講じることが望まれており，製作される重要大型構造物は計画的な維持管理を義務付けている場合もある[7]。

LCCを提言する手法として

(1) 耐久性の高い材料の適用により，次回のメンテナンスまでの期間を延長する方法

(2) 従来の工程を省略できる材料の適用により，1回の施工コストを削減する方法

(3) 施工上の工夫により耐久性を上げる，あるい

表 4.3.9　わが国の防食塗装変遷（抜粋）

西暦	和暦	おもな社会背景および周辺技術	塗装系の変遷
1854	安政元年	ペリー再来	
1868	明治元	日本初の鋼橋「くろがね橋」架設	
1881	14	茂木重次郎「光明社」設立 日本の塗料工業の起源となる	
1885	18	堀田琉松「堀田さび止め塗料および塗装」特許第一号登録	
1920	大正 9	島津源蔵「易反応性鉛粉製造法」特許登録	
1923	12	根岸信「鉛粉さび止め塗料」の研究開始	
1928	昭和 2	亜酸化鉛さび止め塗料が世界 8 箇国の特許を取得	
1937	12	ダイメット社による無機ジンクリッチペイントの発明	
1943	18	宮川秀人による水ガラスを用いた高濃度亜鉛末塗料の特許登録	
1951	26		裸鋼材を手工具・電動工具ケレン後，現場調合鉛丹ペイント＋調合ペイント
1953	28	エアレス塗装機を米国から輸入	
1957	32	エアレス塗装機の国産化始まる 大規模石油精製プラント，備蓄タンク建設始まる	同上ケレン＋既調合鉛丹ペイント＋長油性フタル酸樹脂中塗・上塗
1960	35	ショッププライマー（W/P）の普及	［工場］W/P＋鉛さび止め（含鉛丹）［現地］長油性フタル酸樹脂中塗・上塗
1961	36		内面：鉛丹ペイント＋またはシルバーから徐々にタールエポキシへ移行
1964	39	東京オリンピック，東海道新幹線開通 重防食用エポキシ樹脂系防食塗料 重防食用ジンクリッチペイント開発	
1965	40	大気汚染広がる 橋梁規模の大型化（工場―現地塗装間隔長期化）	
1966	41		内面：タールエポキシ塗装系が主流となる
1967	42	鋼床板構造始まる	
1968	43		塩化ゴム系塗料採用始まる ジンク＋油性さび止め層間剝離（東名高速）
1970	45	大阪万国博，自動車公害	ジンク＋塩化ゴム塗装系採用（現 NEXCO）
1971	46	『鋼道路橋塗装便覧』発刊	
1972	47	山陽新幹線開通	鉛さび止め＋MIO＋塩化ゴム
1973	48	第一次オイルショック 海上長大橋ラッシュ	関門橋 亜鉛溶射＋フェノールジンククロメート＋フェノールMIO＋塩化ゴム中塗・上塗
1976	51	海外物件の増加，石油備蓄法制定	
1978	53	本州四国連絡橋塗装開始	
1979	54	第二次オイルショック	
1981	56	造船不況	箱桁内面塗替えに無溶剤タールエポ採用（阪神高速，JR）
1983	58		因島大橋 無機ジンクリッチ＋エポキシ樹脂下塗＋ポリウレタン樹脂中塗・上塗
1985	60	重防食塗装系および工場仕上げの増加	大鳴門橋 無機ジンクリッチ＋エポキシ樹脂下塗＋エポキシ樹脂MIO＋ポリウレタン樹脂上塗
1986	61		大型海上橋にフッ素樹脂塗料採用（首都高速　葛飾ハープ橋）
1987	62	関西新空港連絡橋塗装開始，橋脚：超厚膜形エポキシ塗料採用	葛飾ハープ橋　無機ジンクリッチ＋エポキシ樹脂下塗＋フッ素樹脂中塗・上塗
1988	63	本州四国連絡橋Dルート全線開通	瀬戸大橋　無機ジンクリッチ＋エポキシ樹脂下塗＋ポリウレタン樹脂上塗
1989	平成元		海上長大橋フッ素塗装系全面採用（長崎県生月大橋）
1990	2	『鋼道路橋塗装便覧』全面改訂	
1991	3	バブル景気崩壊	生月大橋　無機ジンクリッチ＋エポキシ樹脂下塗＋フッ素樹脂中塗・上塗
1994	6	関西新空港開港	
1995	7	阪神・淡路大震災，橋脚耐震補強工事各地で開始	
1997	9	温室効果ガスの排出削減義務を定めた京都議定書採択	東京湾アクアライン　無機ジンクリッチ＋エポキシ樹脂下塗＋フッ素樹脂中塗・上塗
1998	10		明石海峡大橋　無機ジンクリッチ＋エポキシ樹脂下塗＋フッ素樹脂中塗・上塗
1999	11	化学物質管理促進法制定	来島第三大橋　無機ジンクリッチ＋エポキシ樹脂下塗＋フッ素樹脂中塗・上塗
2001	13	グリーン購入法制定	
2003	15	建築基準法改正，イラク戦争開戦	
2004	16	原油価格高騰，大気汚染防止法改正	
2005	17	中部国際空港開港，『鋼道路橋塗装・防食便覧』発刊	
2006	18	しまなみ海道（西瀬戸自動車道）全線開通	
2008	20	リーマンショック	
2010	22	羽田空港D滑走路供用開始	羽田空港D滑走路　耐海水ステンレス被膜＋C-5，D-5塗装系
2011	23	東北地方太平洋沖地震，福島第一原子力発電所事故	
2012	24	東京スカイツリー完成 東京ゲートブリッジ完成	東京スカイツリー　有機ジンクリッチ＋厚膜形エポキシ樹脂下塗＋厚膜形フッ素樹脂上塗 東京ゲートブリッジ　C-5塗装系

表4.3.10 一般外面の塗装仕様（C-5塗装系）

	塗装工程	塗料名	使用量〔g/m²〕	目標膜厚〔μm〕	塗装間隔（20℃）
製鋼工場	素地調整	ブラスト処理 ISO Sa2 1/2			4時間以内
	プライマー	無機ジンクリッチプライマー	160	(15)	6箇月以内
橋梁製作工場	二次素地調整	ブラスト処理 ISO Sa2 1/2			4時間以内
	防食下地	無機ジンクリッチペイント	600	75	2～10日
	ミストコート	エポキシ樹脂塗料下塗	160	—	1～10日
	下塗	エポキシ樹脂塗料下塗	540	120	1～10日
	中塗	フッ素樹脂塗料用中塗	170	30	1～10日
	上塗	フッ素樹脂塗料上塗	140	25	—

表4.3.11 各種溶剤のMIR値比較

化学種	MIR値	種別
トルエン	3.93	第2種有機溶剤
o-キシレン	7.58	
m-キシレン	9.73	
p-キシレン	5.78	
n-ブチルアルコール	2.77	
メチルエチルケトン	1.45	
ミネラルスピリット	1.06～1.73	第3種有機溶剤

は工程を短縮し，結果としてLCCを低減する方法
(4) 塗膜診断などを活用し，適正な塗替え周期を把握する方法

が挙げられる．以下にこの四つの手法を解説する．

a) 高耐久性材料の適用　既述のとおり，LCCを低減するには高耐久性材料の適用により，塗替え周期を長くするのが効果的である．

一方，重防食塗装の場合，この性能を最大限に発揮するためには無機ジンクリッチペイント塗膜を健全な状態に維持しなければならない．

したがって，塗装系の上塗および中塗の消耗速度が塗替え周期を左右する大きな要素となる．『因島大橋塗膜調査』本四技報 Vol.16, No.61（1992年）[8]や『海浜暴露による塗膜の衰耗速度を求める方法に関して』（防錆管理 Vol.32, No.3（1988年））[9]によれば，ポリウレタン樹脂塗料上塗の消耗速度は2μm/年であり，フッ素樹脂塗料とポリウレタン樹脂塗料の消耗速度の比率は光沢保持率の対比が1：4であることから，フッ素樹脂塗料の消耗速度は0.5μm/年と報告している[10]．

フッ素樹脂塗料上塗は，分子間の結合エネルギーが高く，紫外線の劣化を受けにくいため，橋梁に使用されて20年以上経過している今日においても良好な耐候性を示している．『重防食塗料ガイドブック』[11]で

は，塗膜の消耗は光沢低下が始まった時点から起こるとしているが，海洋施設での曝露試験結果から，光沢低下が始まるまでの期間（誘導期間）は図4.3.40のようにフッ素樹脂塗料上塗の場合で7年，ポリウレタン樹脂塗料上塗では2年となる．

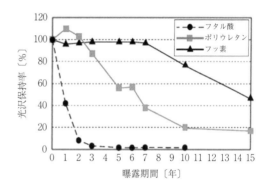

図4.3.40 駿河湾海上曝露試験結果（色相：グリーン）

一方，フッ素樹脂塗料上塗の消耗速度は同場所で0.33～0.43μm/年であり，安全サイドの数値を採用しても0.5μm/年となる．塗膜厚のばらつきから有効膜厚は標準膜厚の80％と考えると，ポリウレタン樹脂塗料上塗の消耗期間は2（誘導期間）＋25（膜厚）×0.8（有効膜厚係数）÷2（消耗速度）≒12年となる．

同様に，フッ素樹脂塗料上塗の消耗期間は7＋25×0.8÷0.5≒47年となり，フッ素樹脂塗料上塗を適用すれば40年以上の耐久性が期待できることになる．

b) 省工程形塗料の適用　重防食塗装の分野においても施工コストの削減が強く求められているが，その手段の一つとして省工程化による塗装工期の短縮が挙げられる．

塗料および塗装技術の進歩により，1層当りの塗膜厚を大きくすることが可能となったことで，塗装回数を削減する省工程システムが確立され，従来2回で塗装していた膜厚を1回で塗装可能な厚膜形塗料，下中

兼用塗料，中上兼用塗料あるいは下上兼用塗料といった塗料が開発されている。

これらの塗料を塗装仕様に組み込むことで，従来5工程であったものを3工程に短縮し，1回の施工コストを削減することでLCCの低減が可能となった。

これらの塗料は一度に多くの膜厚をつける都合上，有効成分量も多く，結果としてVOC排出量が少なくなるため環境負荷低減にも一役買っているものが多い。

c）施工上の工夫によるLCC低減　構造物を長期にわたり保護する場合，その構造から比較的早期発錆する弱点部が従前の塗膜調査や模擬桁の曝露試験などから確認されている。

弱点となる部位は

① ボルト接合部やフランジのエッジなどの隅角部の多い構造
② 腐食促進物質である塩化物イオンなどが堆積しやすく，雨掛かりがしにくく，容易に洗い流されないような下フランジ下面
③ 水分影響を長期間受ける支承部周辺

などが挙げられる。

こういった弱点部に対して，あらかじめ十分な防食性を有する適切な塗装仕様を適用し，全体的な発錆を抑制する工夫がなされている。また，フランジなどエッジ処理についても『鋼道路橋塗装・防食便覧』で規定されている例を代表として2Rの面取り加工がなされており，これによる膜厚不均一を極力避け，局部劣化が発生しにくい構造となっている。

その他の弱点部に対しても，例えば溶接線周りの塗装前処理の適正化，構造的に結露水が堆積しない，あるいは高湿度とならないような内面構造や内面空調管理などが挙げられ，設計・施工側面における早期発錆の抑制に対する工夫が随所に垣間見られる。近年，建設あるいは補修される橋梁では，LCCの低減に対してこの施工上の工夫も重要な要素であり，防食材料との相乗効果により，より良い防食状態を長期間維持している。

d）塗膜診断による適正な塗替え時期の把握

鋼構造物の防食状態を正しく把握し，塗替え時期を適正化するために塗膜診断が活用されている。塗膜診断はこれまで，外観観察・付着性試験・色調・光沢の記録などを行うことで判断されてきた。近年では，塗膜下の鋼材の状態を非破壊で確認できるカレントインタラプタ法[12]（ISO 13129）を用いた塗膜診断も提唱され，見た目とともに鋼材の健全度を数値化評価することで構造物の防食状態の健全性を担保する技術も活用され始めている。

適切な塗替え時期を判断し，最も経済的な塗替え時期に，環境に合った補修を行うことで，LCCを低減することが可能となる。　　　　　　　（宮下　剛）

引用・参考文献

1) 日本鋼構造協会編，重防食塗装の実際，山海堂（1990）
2) 犬束洋志ほか，長大トラス橋生月大橋へのふっ素樹脂塗装全面採用の考察，土木学会論文集，No.522/VI-28, pp.69-76（1995）
3) 日本鋼構造協会，重防食塗装，技報堂（2012）
4) 日本道路協会編，鋼道路橋塗装・防食便覧（2005）
5) 北畠道治，揮発性有機化合物（VOC）大気排出抑制に係わる海外法規制,塗料の研究　No.145(Mar.2006)
6) 鉄道総合技術研究所，鋼構造物塗装設計施工指針（2013）
7) 港湾空港建設技術サービスセンター発行，港湾の施設の維持管理計画書作成の手引き（2007）
8) 山本紀夫ほか，因島大橋塗膜調査，本四技報，16-61（1992）
9) 横地忠五ほか，海浜暴露による塗膜の衰耗速度を求める方法に関して，防錆管理，32-3（1988）
10) 日本鋼構造協会，鋼橋塗装のLCC低減のために，JSSCテクニカルレポート，No.55（2002）
11) 日本塗料工業会，重防食塗料ガイドブック第4版（2013）
12) 堀田裕貴ほか，カレントインタラプタ法による屋外暴露塗膜の耐久性評価，第33回防錆防食技術発表大会，日本防錆技術協会（2013）

3）重防食塗装の実際　ここでは，石油タンクを例に重防食塗装の現場での活用について解説する。

ⅰ）浸液部への塗装系の選択　浸液部の塗装は，一般外面に比べ，膨れ・はがれなどの塗膜欠陥が発生しやすい。その理由は，同じ樹脂系の塗料でも銘柄によって性能が異なること，また，同一塗料であっても耐酸性，耐アルカリ性，耐溶剤性，耐食性などの諸性能をいずれも満たすようないわゆる万能塗料はないためである。

したがって，浸液部の塗装系の選定にあたっては適用箇所の使用条件や塗料の性能をあらかじめ把握してその環境に適合した塗装系を選ぶことが必要である。

表4.3.12に各樹脂系塗料ごとの耐食性，耐溶剤性，耐薬品性を示したが，これをまとめるとつぎのようになる。

① 汎用的なエポキシ樹脂塗料は耐アルカリ性は優れているが，耐酸性は悪い。一方，ノボラック系エポキシ樹脂塗料は耐酸性，耐溶剤性は良いが耐アルカリ性はやや悪い。

4. 機械と装置の安全

表4.3.12 タンク内面における性能一覧

項目		樹脂系 仕様 膜厚	ビス系 ビニルエステル ガラスフレーク 350 μm	ノボラック系 ビニルエステル ガラスフレーク 350 μm	エポキシ 350 μm	ノボラック系 エポキシ 350 μm
特徴	長所		耐酸性	耐溶剤性 耐酸性 耐熱性	耐アルカリ性	耐溶剤性 耐酸性
	短所		耐アルカリ性	耐アルカリ性	耐酸性	耐アルカリ性
耐食性	60℃促進耐食性（MHI法）2箇月		◎	◎	×	◎
	温度差耐水試験（25℃/50℃）30日		◎	◎	×	◎
	塩水噴霧 100 000 h		◎	◎		◎
耐溶剤性（10年）	ガソリン，灯油		◎	◎	△	◎
	クルードナフサ		◎	◎	△	◎
	重油	常温	◎	◎	△	○
	原油	常温	◎	◎	△	○
		60℃	○	○	△	○
耐薬品性（3箇月）	酢酸 （10%）		◎	◎	×	◎
	塩酸 （20%）		◎	◎	○	◎
	硫酸 （20%）		◎	◎	△	◎
	水酸化ナトリウム（10%）		○	△	◎	○
	アンモニア （Conc）		○	△	○	△

② ビニルエステル樹脂系ガラスフレーク塗料は，使用する樹脂によってビス系ビニルエステル樹脂塗料とノボラック系ビニルエステル樹脂塗料に大別される。ビス系ビニルエステル樹脂塗料は耐溶剤性，耐酸性に優れており，ノボラック系ビニルエステル樹脂塗料は耐溶剤性，耐酸性がよりいっそう優れており，さらに耐熱性も良い。

ii) 原油タンク底板でのビニルエステル樹脂系ガラスフレーク塗料の塗膜診断と余寿命予測　かねてから，タンク開放時に現在塗装されている塗膜が次回開放時まで健全であるか否かを予測する方法が求められていた。この方法が確立されれば，タンク開放時に塗膜診断を行い余寿命を予測し，つぎの三つのうちいずれかの処置を選択することが可能になる。

(1) 現塗膜が次回開放時まで十分に性能を維持できると予測される場合はそのままにする。

(2) 次回開放時に塗膜性能が限界値に達する可能性がある場合は，適正な補強塗装を行い現塗膜の延命を図る。

(3) 現塗膜に補強塗装を行っても，次回開放時の塗膜が限界値を下回ると予測される場合は，現塗膜を剥離して新設仕様と同様の工程を行う。

iii) ビニルエステル樹脂系ガラスフレーク塗料の余寿命予測の例　ビニルエステル樹脂系ガラスフレーク塗料が原油や重油タンク内面に本格的に採用されるようになったのは1983年頃からであり，これらのタンクの開放時に行った塗膜診断結果から，$\tan\delta$（塗膜に流れる充電電流と損失電流の比に相当するもので，イオン透過に対する遮断性の尺度を記すパラメータ）の塗膜劣化線を作成し余寿命を予測した例を図4.3.41に示す。

a) 劣化線の作成プロセス

① 解析の精度を上げるために，できるだけ多くのタンクと塗料銘柄について調査を行う。

② 測定対象銘柄のオイルイン期間を明らかにする。

③ $\tan\delta$を測定し平均値を算出する。測定箇所は多い方が望ましい。

④ 図4.3.41に示すようなグラフ用紙に上記②，③をプロットする。

⑤ 銘柄別に回帰線を作成し，これを基準線とする。

⑥ 膨れが発生しているタンクの測定値をもって膨れ限界値と仮定する。ただし，ここでは膨れの発生した時点を塗膜の寿命と仮定したが，現実には塗膜に膨れがあっても鋼板に腐食がなければ所期

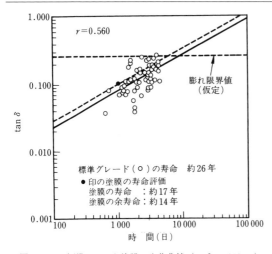

図 4.3.41 標準グレード塗膜の劣化曲線（tanδ, 1 000 Hz）

の目的は達していることになる。

b) 現物タンクの余寿命予測例

① 余寿命を予測したいタンクのオイルイン期間と平均 tanδ をグラフにプロットする（●印）。このときの条件はつぎのとおりとする。

　　オイルイン期間：1 000 日
　　tanδ（1 000 Hz）：0.1

② ●を通った標準グレード（○印）の基準線に平行線を引き予想劣化線とする。

③ 上記●印塗膜の予想劣化線と膨れ限界値（tanδ＝0.25 と仮定）との交点がこの塗膜の寿命（日）である。

この場合，計算によれば，塗膜が寿命に到達するのはオイルイン期間が 6 100 日（約 17 年）経過した時点となる。

④ 余寿命は上記③の寿命（日）よりオイルイン期間を減じたものである。すなわち 6 100 − 1 000 ＝5 100〔日〕≒14〔年〕となる。

（木薮　豊，中田勝康）

4) 材料開発における重防食塗装の展望　　本来重防食を考えた場合，耐食性金属被覆や電気防食，溶射なども重要な技術である。塗装は，比較的安価で経済性の高い材料として利用されてきたが，今後は特にメンテナンスのしにくい場所においては LCC の観点より，初期投資費用が高くとも耐久性の高い材料の適用が望まれると考える。そのためには材料開発もさることながら，新しい耐食性材料を適切に評価する方法，実績を追跡し実証していく活動，耐食性材料の持つ弱点の克服と適切な適用も重要な課題になると考える。

重防食塗装材料の側面においては，現在最も依存している亜鉛の代替を考慮しておく必要がある。亜鉛の既存埋蔵量可採年数＝現有埋蔵量／年間消費量を単純に計算すると 24 年という数字が確認できる[1]。枯渇と直結する数字ではないが逼迫していることは十分にうかがえる値である。現在確認されている埋蔵量と消費量，埋蔵量ベースといわれる技術的に採掘可能であるが経済的理由などでいまだ採掘されていない量を考慮しても 2050 年には不足する状況が予測されている。鉄に電子を与え犠性防食作用のある現在の重防食の考えを踏襲可能な新たな防食下地を開発するか，まったく異なる方法で長期耐久性を示す材料開発が望まれる。

一方，今後 50 年を超える架設橋梁数は増加傾向にあり，膨大な社会資本ストックに対して，より経済的なメンテナンス方法の開発，より良い材料開発が求められる。とりわけ鉄が塩化物イオンの影響を受け，さびた状態に対してどのようにメンテナンスを行うことが最良なのかは，現時点では，まだ開発途上であり，今後の補修材料の革新が期待される。　　（宮下　剛）

引用・参考文献

1) 物質・材料研究機構，材料と全面代替戦略，p.11（2007）

（d）腐食環境の改善

1) 改善方法の区分　　腐食環境の改善を「環境処理」と呼ぶことが多い。環境処理は 2 種類に区分することができる。すなわち，① 腐食の原因物質および（または）促進物質を除去ないし無害化する方法，および ② 腐食を抑制する物質を環境中に添加する方法である。② において添加する物質を防食剤，腐食抑制剤，インヒビタなどと呼ぶ。大気中（包装を含む）でさびが発生するのを防止する物質の場合は防錆剤，さび止め剤などと呼ぶ場合もある。

2) 腐食性物質の除去，無害化　　腐食環境はさまざまであり，それぞれの環境において腐食反応を進行させる物質が存在する。また，それらの物質の作用が，ある種の促進作用物質の共存下で特に大きく，これを除去ないし無害化すれば，腐食は実用的に許容できる程度にまで低下する場合もある。これらの腐食反応物質および（または）腐食促進物質を除去また無害化することにより，防食の目的が達せられる。

大気，水，土壌など，いわゆる中性の自然環境中における腐食反応物質は水および酸素であり，大気中においては主として水の除去が，水中においては酸素の除去ないし無害化が行われている。

i) 水分の除去　　大気中で水分を与えるものは，

降雨および大気中の湿分の凝縮である。湿分の凝縮は非常に複雑であり，つぎのような反応により凝縮が生じる。① 環境の相対湿度が100％のとき，② 環境の相対湿度は100％以下であっても，金属表面が冷たく，その表面では相対湿度が100％以上になるとき，③ 環境の相対湿度が100％以下であってもある程度以上（多くの場合50～70％以上）の場合，さびやごみが付着して毛細管凝縮を生じ，あるいは塩類が付着して化学凝縮を生じる。**表4.3.13**に毛細管の曲率半径と凝縮が生じる臨界湿度を，**表4.3.14**に塩類の種類と化学凝縮が生じる臨界湿度をそれぞれ示した。これらより海塩粒子や汗の付着によっても化学凝縮が生じることがわかる。また，気体成分であっても化学凝縮を引き起こす物質もある。例えば，大気中のSO_xは金属表面に付着して硫酸または硫酸塩として化学凝縮を生じる。

表4.3.13 毛細管の曲率半径と凝縮が生じる臨界湿度の対応関係（20℃）

曲率半径 r [cm]	臨界湿度 [％]
∞	100
50×10^{-7}	98
20×10^{-7}	95
10×10^{-7}	90
5×10^{-7}	81
3×10^{-7}	70
2×10^{-7}	58
1×10^{-7}	34

表4.3.14 塩類の種類と化学凝縮が生じる臨界湿度（20℃）

塩の種類	臨界湿度 [％]
$ZnCl_2$	10
$CaCl_2$	35
$Zn(NO_3)_2$	42
NH_4NO_3	67
$NaNO_3$	77
$NaCl$	78
NH_4Cl	79
Na_2SO_4	81
$(NH_4)_2SO_4$	81
KCl	86
$CdSO_4$	89
$ZnSO_4$	91
KNO_3	93
K_2SO_4	99

実務において毛細管の曲率半径や付着塩類の種類を個々に求めることはできないので，臨界湿度を相対湿度50～70％として扱う。しかし，付着物の種類によってはこれ以下の相対湿度で凝縮を生じ得るので注意を要する。

水分の除去方法にはつぎのようなものがある。

a) 空調　空調によって環境の相対湿度を50～60％以下に保つ。

b) 加温　大気中の水分の飽和蒸気圧（相対湿度100％に相当）は温度が高いほど大きい。環境の温度を上げることによって相対湿度は低下する。

c) 乾燥剤　缶，防湿性包装物などにおいて，その対象容積が小さい場合，シリカゲルなどの乾燥剤を封入する（JIS Z 0701「包装用シリカゲル乾燥剤」）。

d) 有害成分の除去　建築物内外装，車両などからの汚れの除去清掃や精密部品の加工，組立工場や保管倉庫の空気のろ過，洗浄（通常aと併用）は付着物による水分凝縮を防止するので腐食の軽減，防止に有効である。

ⅱ) 酸素の除去　大気中での酸素の除去はあまり一般的ではないが，つぎのような方法が場合によって可能である。

a) ガス置換　密閉した包装物や化学プラントなどにおいて空気を排除し，不活性なガスを封入する。窒素がよく用いられるが，高温では鉄などの窒化物を作るので適用条件によっては適用できない。二酸化炭素は水分が共存すると水に溶けて腐食作用を示し，高温では酸化作用を示すので，一般に不適当である。アルゴンなどの不活性ガスも使用できるが高価である。

b) 酸素除去剤　食品包装に実績を持つ活性酸化鉄（鉄粉の表面をある程度酸化させて急激な酸化反応を抑えたもの）が防錆包装にも使用できる。酸素と反応して発熱すること，こぼれて金属製品に付着するともらいさびの原因になることに注意を要する。

水中の溶存酸素を除去すると常温付近では腐食を効果的に抑制することができる。冷却水では，常温では0.3 ppm，70℃では0.1 ppm以下とすれば実用的に腐食を軽減できる。ボイラ水は高温となるため蒸発管は水と反応してマグネタイトを作るが，酸素が共存しなければ良好な保護皮膜となって腐食が抑制されるため，低圧ボイラでは0.1 ppm，高圧ボイラでは0.005 ppm程度まで溶存酸素を除去する。最近ではある程度酸素が存在する方が保護性が上がるとして溶存酸素濃度を最適レベルに維持する酸素処理（combined water treatment, CWT）技術が開発され，その適用が広がっている。

溶存酸素の除去方法にはつぎのような種類がある。

a) 化学的脱酸素法　亜硫酸ナトリウムやヒドラジンを水に添加する。反応はつぎのとおりである。

$$Na_2SO_3 + 1/2\, O_2 = Na_2SO_4$$
　　　　（Na_2SO_3 7.9 ppm が酸素1 ppmと反応）
$$N_2H_4 + O_2 = 2H_2O + N_2$$
　　　　（N_2H_4と酸素の重量比は1：1）

後者は塩類を生成しない利点があるが，室温では反応が緩慢であり，触媒などを用いて反応速度を増加させる場合がある。ただ，ヒドラジンは毒性が高いため，近年ではその使用を控える傾向にある。また，グルコースなどの有機化合物の酸化反応を利用して溶存酸素を除去することも可能であり，安全性の高い脱酸素剤として代替される場合もある。また，触媒を担持した特殊なイオン交換樹脂を用いた方法，広い表面積を持つ鉄（スクラップなど）と触れて反応させる方法（あまり実用的ではない）などもある。

b) 物理的脱酸素法　加熱または減圧による方法である。蒸気と向流させて水を流す蒸気加熱脱気，ポンプか蒸気エジェクタで減圧する真空脱気がある。特定ガスの選択的透過性機能を有したガス分離膜を使用した方法もある。

iii) 水質調整　溶存酸素を無害化させるための薬剤を加えて水質調整を行う方法で，これらの薬剤は防食剤とは呼ばないのがふつうである。

a) pHの調整　常温付近の鉄の腐食は，pHを10程度以上にすると不動態化によって著しく軽減される。また，ボイラ水など高温の場合も，マグネタイト皮膜の生成が良好になることなどにより蒸発管の腐食が防止できる。水中の亜鉛の腐食はpH 7～12の範囲で小さいため，淡水のpHが7以下にならないよう調整すると有効である（実用例は少ない）。ただし，カセイアルカリの添加は水中の塩類濃度を増し，高温で局部濃縮すると鉄のアルカリ腐食やアルカリ脆化（応力腐食割れ）の原因になるので注意を要する。

b) 飽和指数の調整　水のpH，アルカリ度，カルシウム濃度がある範囲になると飽和指数（金属表面に$CaCO_3$が析出する傾向があるかどうかを示す指数）が正となって$CaCO_3$皮膜を金属表面に析出させ，この皮膜が溶存酸素の拡散障壁となるため腐食は軽減される。ただし，伝熱面では$CaCO_3$スケールが過度となってスケール障害を生じるので配慮が必要である。固形炭酸カルシウムに水を接触させpHを調整するなどして飽和指数の調整を行う場合がある。

3) 防食剤の使用

i) 防食剤の種類　防食剤は作用原理上，つぎの3種に大別される。鋼の防食を対象にしているものが多い。

a) 不動態化剤　鉄や鋼を不動態化させて腐食を軽減する。クロム酸塩，亜硝酸塩などが用いられる。

b) 沈殿皮膜形成剤　鉄や鋼の表面に沈殿して（しばしば水中の成分を取り込む）酸素の拡散障壁となり腐食を軽減する。

c) 吸着皮膜形成剤　アミンなどの極性部分と長い鎖状部分を持つ有機化合物であって，金属表面に極性部分が吸着し非極性の鎖状部分が水中に突出して酸中のH^+の放電を妨げることにより，主として酸による腐食を防止する。

ii) 防食剤に求められる性能　防食剤が実用的に使えるためには，いくつかの特性を備えていなければならない。

a) 少量で有効であること　有効な防食剤は，どんな腐食環境にも存在するわけではない。また，環境に大きな変化をもたらさず，また経済的であるために，少量の添加で有効でなくてはならない。

b) 安価であること　使用量が少量であるにせよ，防食剤は安価でなくてはならない。また，単位価格が低くても大規模な施設を対象とした場合，その使用量は増大するので，コスト面でより厳しい制約が生じる。

c) 共存する金属の腐食を促進しないこと　防食剤は鉄や鋼の防食に有効であるからといって他の金属に対して有害でないとは限らない。防食剤を用いる環境には防食対象金属以外の金属がしばしば共存するので，その金属の耐食性に悪影響を及ぼさないことが必要である。

d) 環境に悪影響を与えないこと　防食剤を加えることによって，その環境の他の特性に悪影響があってはならない。着色，スケール析出増大などによってその環境の美観など有用な性質が阻害されることや，人体や地球環境に対して害を及ぼすようなことがあってはならない。

iii) 防食剤の利用　現在実用されているおもな防食剤と利用分野を図4.3.42に示す。おもな用途のうちいくつかの重要性の高いものについて，つぎに述べる。

```
開放循環冷却水
ボイラ水
酸洗い
石油精製（常圧蒸留装置）
給水，給湯
油井
原油パイプライン
水圧試験
切削油
機械部品一時防錆
塗料（プライマー）
```

図4.3.42　防食剤の利用分野

a) 冷却水　一般には循環冷却水に用いる。クロム酸塩は良好な防食性能を有し，開放系循環冷却水に例えばNa_2CrO_4の形で0.04～0.1%添加される。孔

食などを避けるために重合リン酸塩との併用が信頼性を与えた。しかし，クロム酸塩は環境規制上排水として放出できず，これを処理する装置も高価であるため，現在はほとんど使用されない。おもに用いられているのは重合リン酸塩または有機ホスホン酸塩である。重合リン酸塩を使用する場合，カルシウムの共存が有効とされている。有機ホスホン酸塩は温度が高くても加水分解しない特性を有し，亜鉛イオンを共存させると防食効果が良いとされている。内燃機関のラジエータ冷却水（密閉循環式）には，クロム酸塩，亜硝酸塩，重合リン酸塩，ケイ酸塩，安息香酸塩，モリブデン酸塩，ホウ酸塩などさまざまな防食剤が混合されて用いられる。

b) 酸洗い　酸洗いによってミルスケールなどを除去するために塩酸や硫酸が用いられる。下地の鋼材の溶解を防ぐために酸に加える防食剤として，有機アミン，チオ尿素，プロパギルアルコールなどの系統のものがある。酸濃度を適切に保ち，鉄イオン濃度を限度以下に保つとともに防食剤濃度が不足とならないように管理しなければ，局所的なえぐれを生じるなどのトラブルを生じやすい。防食剤の選定にあたっては，酸中での安定性，廃酸回収工程への影響（発泡など），濃度管理の難易，毒性などを考慮しなければならない。

c) 気化性防食剤　防錆包装，保管中のパイプ内面などにさびが出ないように密封系に加えておく気化性防食剤は適当な蒸気圧を持つ固体であって，その蒸気が密封系を満たしており，保護すべき金属表面に吸着して，水が凝縮してもさびないような作用をする。亜硝酸ジシクロヘキシルアンモニウム（DICAN），炭酸シクロヘキシルアミンなどが用いられる。包装用紙の内面に気化性防食剤を，外面に防食剤の蒸気が逃げるのを防ぐ物質を塗布したものが防錆紙である。

〔岡崎慎司，松島　巖〕

(e)　電気防食法　地下に埋設された構造物の防食に外部電源から防食電流を発生させる最初の試みは，1910〜1912年頃，英国と米国で行われた[1]。その後，1933年，Kuhnが鋼の防食電位として-0.850 V_{CSE}（飽和硫酸銅照合電極CSE基準）を提出したこともあって[2]，電気防食法は経済発展とともに急速に各国に普及することになった。Kuhnが提出した防食電位は86年経過した今日においても用いられている。わが国においては，1962年，最初の高圧5 MPa，長距離330 kmの天然ガスパイプラインが建設された。長年の実績により，構造物の腐食防止のためには，コーティングと電気防食を併用することが最も確実で信頼性が高いという世界の共通認識が得られている。

現在，電気防食法は，パイプライン，港湾鋼構造物，地下タンク，地上タンクの底板，コンクリート中の金属構造物，運河の水門，船体，復水器，貯水タンク，化学装置等，非常に多くの対象に用いられている。

電気防食法は，あらゆる腐食リスクを許容レベルにしなければならない。1986年，ドイツで15 kV, 16-2/3 Hzの交流電気鉄道システムと並行して埋設されていたポリエチレン被覆ガスパイプラインが埋設わずか6年で交流腐食によって穿孔したことがPrinzによって報告された[3]。これは，パイプラインに発生した最初の交流腐食である。その後，スイス，フランス，英国，北米において交流腐食が発生した。いずれも高抵抗率のコーティングが施されたパイプラインが交流電気鉄道システム／高圧交流送電線と並行して埋設されたパイプラインに交流電圧が誘導され，コーティング欠陥部が腐食したものであった。並行距離が長いほど交流電圧は高くなるので，交流腐食はパイプラインのみに発生している。交流腐食の最大速度は，コーティング欠陥部の面積が1 cm^{2}でみられたことが調査の結果で明らかになっている[4]。パイプラインの交流腐食事例は，梶山によってまとめられている[5]。1980年代中頃以降発生した交流腐食は，それまで発生したことのない腐食であるが，2015年，ISOで交流腐食基準が制定された[6]。ここでは，最新の知見により，交流腐食リスクをいかに電気防食法により許容レベルにするのかについても盛り込むことにする。

1)　電気防食法の原理　金属が土壌や海水のような電解質と接触した時点から，自然の摂理として自発反応である腐食反応が進行する。鋼を例に挙げると，鋼が中性の土壌または海水に埋設または浸漬されると，鋼材料の成分元素の不均質な分布，土壌中または海水中の酸素濃度，塩分濃度の不均質が要因となって鋼に腐食部位であるアノードと防食部位であるカソードが存在することになる。以下に示すように，アノードで発生するアノード反応は鋼の溶出反応，カソードで発生するカソード反応は溶存反応の還元反応または水の還元反応である。

アノード反応：$Fe \rightarrow Fe^{2+} + 2e^-$
カソード反応：$1/2 O_2 + H_2O + 2e^- \rightarrow 2OH^-$
　　　　または　$2H_2O + 2e^- \rightarrow H_2 + 2OH^-$

ここで，重要なことは，いずれのカソード反応でも，アルカリ性の水酸化物イオンOH^-が生成する点である。電気防食法は，図4.3.43に示すようにアノードとカソードが存在する自然腐食状態から，防食対象物と同一の電解質中の電極（対極）から防食対象物に電流を流すことにより，防食対象物をカソード分極（金

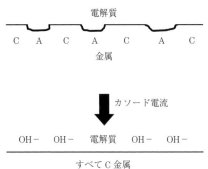

図 4.3.43 自然腐食状態（上図）と電気防食状態（下図）

属対電解質電位をマイナス方向にシフト）させ，すべてカソードにし防食対象物表面のアルカリ度を上昇させることにより腐食を防止する方法を指す。

図 4.3.44 は，Pourbaix によって考案された鉄の電位-pH 図を示したものである[7]。ここでは，Fe_2O_3 を不動態と考えている。電気防食適用前の腐食域にある自然腐食状態から，アルカリ性の不動態域または不活性域に持ち込むことにより腐食防止が達成される。微生物の活性が高い土壌に埋設された鋼に対する電気防食について，不動態域または不活性域で達成される例が報告されている[8]。以上は，鋼の交流腐食リスクを考慮する必要がない場合であるが，ある場合，鋼は後述する交流腐食防止基準に合格しなければならない。

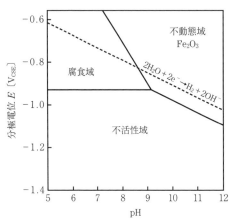

図 4.3.44 鉄の電位-pH 図

2）クーポンを用いた電気防食レベル評価 近年，パイプライン等の構造物の外面に高抵抗率のコーティングが施されている。その目的は，構造物の外面と電解質との接触を避けることと，防食電流を極力小さくすることにある。コーティングに欠陥がない場合，構造物に電気防食を適用してもカソード分極しないので，電気防食レベルの評価が不可能となる。そこで，コーティング欠陥を模擬した，構造物と同材料のクーポンを常時，構造物と電気的に接続しておく。図 4.3.45 は，クーポンを用いたパイプラインの電気防食レベル評価方法の例を示したものである。図 4.3.46 が示すようにクーポンと構造物（パイプライン）を電気的に遮断（オフ）した直後，防食電流 I と電解質の抵抗 R との積である IR がただちに消失することから，照合電極の位置に依存しない分極電位であるクーポンインスタントオフ電位を求めることができる。ただし，遮断直後は，スパイクが発生し，誤評価をする場合があるので，必ず遮断後のクーポン電位の波形を把握することが必要である。図 4.3.45 の評価方法は，クーポンとパイプの間に流れるクーポン電流の計測よりクーポン交流電流を求めることも可能であるので，パイプラインの交流腐食リスクを評価するこ

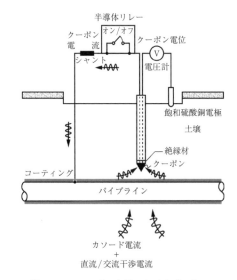

図 4.3.45 クーポンを用いたパイプラインの電気防食レベル評価方法

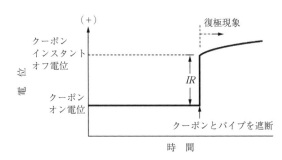

図 4.3.46 クーポンインスタントオフ電位の求め方

とができる大きな利点を有する。クーポンとパイプラインの電気的オン/オフは，半導体リレーにより行われる。クーポンとパイプラインとの間に流れるクーポン電流は，商用周波数の1周期の時間帯を0.1 ms（ミリ秒）間隔のシャントで計測され，クーポン電流の計測時間平均値がクーポン直流電流となる。その後，クーポン直流電流を用いて交流成分であるクーポン交流電流を求め，それぞれをクーポンの表面積で除して，最終的にクーポン直流電流密度 J_{dc} とクーポン交流電流密度 J_{ac} を得る。シャント抵抗は，現状の電気防食状態を乱さないために，できるだけ抵抗を低く（例：0.1 Ω）しなければならない。飽和硫酸銅電極に対するクーポン電位（クーポンオン電位およびクーポンインスタントオフ電位）も0.1 ms間隔で計測する。以上述べた計測方法および計測器によるパイプラインの交流腐食リスク計測評価方法は[11]，日本がISOに提案したもので，2015年6月に制定されたISO 8086に盛り込まれている[6]。

3) **電気防食基準** 電気防食基準は，金属の交流腐食リスクを考慮する必要がない場合とある場合とに分けられる。ここでは，電気防食の対象例として，鋼を取り上げる。

・交流腐食リスクを考慮する必要がない場合

40℃未満の鋼の分極電位 E をISO 15589-1：2015表1で定める下記の防食電位 -850 mV$_{CSE}$ と限界臨界電位（過防食防止電位） $-1\,200$ mV$_{CSE}$ の範囲内になるようにする[9]。

$$-1\,200 \leq E \leq -850$$

ただし，硫酸塩還元菌および他の腐食に関与する微生物が生息する場合，防食電位を -950 mV$_{CSE}$ にする。防食電位は，金属の腐食速度が0.01 mm/y未満となる金属対電解質電位である。上記の分極電位による基準は，金属/電解質界面において適用するもので，照合電極の位置に依存しない。

・交流腐食リスクを考慮する必要がある場合

ここで重要なことは，交流腐食リスクのレベルによっては，鋼が既述した分極電位の範囲に合格しても交流腐食は起こり得るということである。交流腐食リスクを考慮する必要がある場合，以下のプロセスが必要となる[6]。

まず，パイプラインの交流電圧を15 V$_{rms}$以下にする。この値は，計測時間（例：24時間）の平均値である。

つぎに，分極電位 E を上記の分極電位の範囲内になるようにする。この状態で，下記の①～③のいずれかに合格するようにする。

① 1 cm^{2}のクーポンまたはプローブに対して，計測時間（例：24時間）を通して交流電流密度を30 A/m^{2}より小さく維持する。

② 交流電流密度が30 A/m^{2}より大きい場合，1 cm^{2}のクーポンまたはプローブに対して，計測時間（例：24時間）の平均カソード電流密度を1 A/m^{2}より小さく維持する。

③ 計測時間（例：24時間）を通して，交流電流密度 J_{ac} と直流電流密度 J_{dc} との間の比 J_{ac}/J_{dc} を5より小さく維持する。③に関しては，注釈として「J_{ac}/J_{dc} が3と5の間であれば交流腐食リスクは低い。しかしながら，腐食リスクを最小とするために，J_{ac}/J_{dc} は3より小さいことが望ましい。」ことが記述されている。

パイプラインの交流電圧を15 V$_{rms}$以下にするのは，交流腐食防止を目的としたものではなく，人体に対する感電防止のために設定されたものである。交流電圧は交流腐食の駆動力であるが，交流腐食防止基準の指標にならない。その理由は，交流電圧が低くてもコーティング欠陥部の表面積が小さく，この部位に接触する電解質の抵抗率が低ければ結果としてクーポン交流電流が大きくなるからである。1 cm^{2}のクーポンで計測するのは，既述したように交流腐食の最大速度がこの面積のコーティング欠陥部でみられたことによる。ただし，1 cm^{2}のクーポンは土壌との良好な接触が得られない場合があるので，実際にはこれより大きい表面積のクーポンが用いられることが多い。上記の J_{ac} に関する基準で，J_{ac} は交流腐食に影響を及ぼすものでなければならないことに注意が必要である。商用周波数の1周期の時間単位で求められた交流腐食に影響を及ぼす J_{ac} は

— 極性に反転（アノードとカソード電流を有する）がみられる

— 商用周波数と一致している（最大値と最小値の出現時刻の時差が1周期の時間の半分である）

— 波形のひずみが小さい（きれいな正弦波である）

の3条件を満たさなければならないとされている[10]。そのためには，商用周波数の1周期の時間単位において高速のデータサンプリング速度（例：0.1 ms）を有する計測器が必須である。日本が世界に発信した，J_{ac} の求め方を含めた計測器の内容が公開されている[6,11]。

交流腐食のメカニズムについてフィールドデータを詳細解析し，以下の結論が報告されている。すなわち，商用周波数の1周期の時間単位において，アノード電流密度のピーク値がより大きく，かつより長いアノード電流時間帯で起こるアノード反応が交流腐食により深く関与する。J_{ac} がより大きい状態はFe表面を

より粗くし，鋼/電解質界面においてアノード反応である鋼の溶出反応を進行させるとしている[12]。

4) 交流誘導低減方法 交流誘導低減方法として，図4.3.47に示すパイプラインに接続されたアース電極の分散設置と，パイプラインと防護鉄板，鋼製ケーシング等の低接地物との間にコンデンサを内蔵する交流誘導低減器の設置と二方法がある。わが国では交流誘導低減器のコンデンサの電気容量として33 000 μFが用いられ，50 Hzに対するリアクタンスは0.096 5 Ωとなり，大きな交流誘導低減効果が得られている例が報告されている[13]。

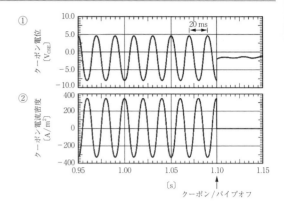

（a）「交流誘導低減器」設置前①，②

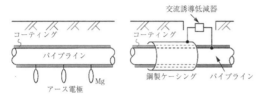

（a）アース電極（Mg電極等）の分散設置　　（b）交流誘導低減器の低接地体（鋼製ケーシング等）への設置

図4.3.47 交流誘導低減方法

図4.3.48は，交流誘導を受けているパイプラインに対して，交流誘導低減器設置前後のクーポン電位とクーポン電流を比較したものである。どちらも既述したように0.1 ms間隔で計測されたものである。設置後，クーポン電流が1桁小さくなり明らかな交流誘導低減効果がみられたといえる。図4.3.48が示すように，交流誘導低減器設置前のクーポン電流密度は50 Hzの1周期の20 msの時間単位において，極性が反転し，ひずみの小さい正弦波で交流腐食に影響を及ぼすJ_{ac}であった。しかし，交流誘導低減器設置後，クーポン電流密度は，変動幅が小さく，極性が反転せずプラスのカソード電流のみとなり，交流腐食に影響を及ぼさないことが明らかになった。

5) 電気防食法の方式 電気防食法には，電気防食対象へのカソード電流の供給方法によって，流電陽極方式と外部電源方式の二つの方式がある。また，外部電源電気防食システム稼働前の長距離パイプラインの腐食防止，地震・台風等の自然災害，故障による外部電源電気防食システムの稼働停止に対応するために，流電陽極方式と外部電源方式を併用したハイブリッド方式も用いられる。大まかにいって，所要防食電流が1Aより小さい場合に流電陽極方式を，1A以上の場合に外部電源方式となる。

i）**流電陽極方式** 図4.3.49は，流電陽極方式を示したものである。鋼製パイプラインと，それよりも腐食電位のよりマイナスな流電陽極を結線し，両者

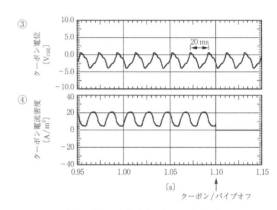

（b）「交流誘導低減器」設置後③，④

図4.3.48 交流誘導低減器による低減効果

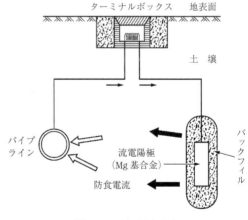

図4.3.49 流電陽極方式

の電位差を駆動力として流電陽極から防食電流を発生させる。土壌中の流電陽極としてMg基合金がよく用いられる。防食電流を大きくするために，流電陽極をバックフィルで包むことにより，流電陽極の接地抵抗

を低くする．ここで，注意しなければならないのは，レール漏れ電流のような迷走電流が接地抵抗の低い流電陽極に流入するとパイプラインの腐食を誘起するので，その場合，流電陽極とパイプの間にダイオードを挿入することが必要となる．その際，ダイオードのカソードを流電陽極側に接続する．流電陽極方式は，電源が不要であるという大きな利点があるが，所要防食電流が大きい場合，適用不可能という欠点がある．海水中の流電陽極としては，Al基合金が用いられる．

ⅱ）外部電源方式　この方式は，**図4.3.50**に示すように，直流電源装置のプラス極を不溶性電極に，マイナス極を防食対象に結線し，所要の電流が防食対象に流入するように直流電源装置の出力を調整するものである．図4.3.50では，Mg照合電極に対する管対地電位を一定にする定電位制御の例を示している．制御方法はこのほかに定電圧制御，定電流制御等がある．最近，直流電気鉄道の踏切直下に埋設された高抵抗率コーティングが施されたパイプラインのローカルな電気防食方法として，クーポン直流電流密度制御型外部電源電気防食システムが開発され用いられている[14]．不溶性電極も流電陽極同様，接地抵抗を低くしているので，外部から迷走電流が流入しないように不溶性電極と直流電源装置のプラス極の間にダイオードを挿入することが必要となる．その際，ダイオードのカソードを不溶性電極側に接続する．これまで不溶性電極として，磁性酸化鉄電極，高ケイ素鋳鉄電極が多く用いられてきたが，近年，これまでの電極に替わって，土壌，海水，コンクリート等の環境で，MMO（mixed metal oxide anode，金属酸化物被覆）電極が用いられることが多くなってきている．この電極は，Ti基材に白金族系および非白金族系の複合酸化物をコーティングしたもので，消耗度が非常に低い．図4.3.50のACが入力されDCを出力する直流電源装置は，変圧器/整流器機能を有する．わが国では，この装置の定格は60 V/30 Aであるが，ISOでは定格50 Vとなっており[9]，わが国は，定格出力電圧を低くする対応が迫られる．外部電源方式は電源を要するが，近年，外部電源電気防食システムの稼働状態を遠隔監視・制御する技術が開発され，適用されつつある．この技術は，特に，高抵抗率コーティングが施されているために小さい防食電流を，回生制御を有する高速直流電気鉄道のレール漏れ電流の影響を受ける環境下にあるパイプラインに対し，常時制御し，パイプラインを良好な電気防食状態に維持するために要求されている．本システムは，エレクトロニクスとコンピュータを中心とする，ディジタル技術の日進月歩により，今後さらに高精度・高速制御・低消費電力のものが出現

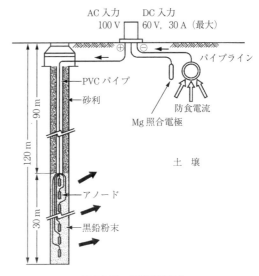

図4.3.50 外部電源方式

すると考えられる．　　　　　　　　　（梶山文夫）

引用・参考文献

1) Wilson, L., J. Electrochem. Soc., 983c（1951）
2) Kuhn, R. J., Cathodic Protection of Underground Pipe Lines from Soil Corrosion, API Proceedings, 14, Section 4, pp.153-167（1933）
3) Prinz, W., AC-Induced Corrosion on Cathodically Protected Pipelines, UK Corrosion'92（1992）
4) Heim, G. and Peez, G., Gas・Erdgas, 133-3, pp.137-142（1992）
5) 梶山文夫，カソード防食された土壌埋設コーティングパイプラインの交流腐食―海外の事例解析も織り込みながら―，鉄道と電気技術，16-9, pp.3-12（2005）
6) ISO 8086 Corrosion of metals and alloys ― Determination of AC corrosion ― Protection criteria
7) Pourbaix, M., Atlas of Electrochemical Equilibria in Aqueous solutions, p.312, NACE International, Houston, TX（1966）
8) 梶山文夫，電位-pH図からみた埋設鋼製パイプラインのカソード防食，第36回防錆防食技術発表大会講演予稿集，日本防錆技術協会，pp.121-124（2016）
9) ISO 15589-1：2015：Petroleum and Natural Gas Industries ― Cathodic Protection of Pipelines Transportation Systems ― Part 1：On-land Pipelines, Geneva, Switzerland（2015）
10) Kajiyama, F., Alternating current corrosion likelihood of cathodically protected steel pipelines by analyzing coupon current for a single period, CEOCOR, Paper 2014-10（2014）
11) Kajiyama, F. and Nakamura Y., Development of an Advanced Instrumentation for Assessing the AC Corro-

sion Risk of Buried Pipelines, NACE Corrosion 2010, Paper No. 10104 (2010)
12) Kajiyama, F., Proposal for a. c. corrosion process of cathodically protected steel pipelines by analyzing anodic and cathodic coupon current densities, Paper 2015-05 CEOCOR (2015)
13) 梶山文夫, 埋設された鋼製パイプラインの交流誘導低減及び雷衝撃保護器の開発, 防錆管理, 47-9, pp.336-339 (2003)
14) 梶山文夫, クーポン流入直流電流密度制御による踏切下に埋設されたパイプラインのカソード防食方法, 第31回 防錆防食技術発表大会講演予稿集, 日本防錆技術協会, pp.79-82 (2011)

4.4 機械装置安全

4.4.1 原動機械
〔1〕原動機
原動機は, 使用する動力源の種類により一般につぎの四つに分類される。
① 力学的エネルギーを利用するもの（風車, 水力タービンなど）
② 熱エネルギーを利用するもの（蒸気タービン, ガスタービン, 内燃機関など）
③ 原子核エネルギーを利用するもの（原子力機関）
④ 電気エネルギーを利用するもの（電動機など）
原動機は, これらのエネルギーを機械的エネルギーに変換する変換機であり, 本質的に大きなエネルギーを保有することとなるので, それによる災害を発生させることのないような安全対策がなされなければならない。また, 原動機の多くは変換した機械的エネルギーを効率良く出力するために, フライホイールを装備しているが, フライホイールは慣性が大きいから誤って触れないよう柵やカバーを設置して防護することが必要である。これらの防護カバーなどの開放に対しては, エネルギー源の供給を遮断し, フライホイールなど可動部が停止したことを確認して解錠する施錠式インタロック付きガードが備えられなければならない。なお, 原動機を停止する非常停止装置は JIS B 9703 に基づき確実かつ容易に操作できるものとする一方, 起動操作は振動や不意の接触により誤って起動することのないような構造とする。また, 起動に際しては, 柵内に人がいないなど安全の条件が整ったことを確認してから起動することが重要である。

〔2〕動力伝達装置
動力伝達装置は原動機の発生する動力を有効に駆動部に伝える装置の総称であり, そのおもな例としては, クラッチ, 伝達軸, プーリとベルト, ギヤとピニオン, チェーンとスプロケット, リンク機構, カム機構などが挙げられる。このような動力伝達装置では, 作業中に接触するとかみ込まれたり, 巻き込まれたりすることによる重傷災害発生の危険性が大きい。そこで, 労働安全衛生法第43条に基づく労働安全衛生規則第25条において, 防護のための覆いや囲い（ガード）を設けることと規定されている。覆い等の材料は, 図4.4.1に示すように, 金網, エクスパンデッドメタル, 穴あき板など各種のものがあるが, 覆い等や囲いの位置, 柵の間隔や金網の目や開口部の大きさは, ISO 13857 (JIS B 9718)「危険区域に上肢及び下肢が到達することを防止するための安全距離」などに基づき, 作業者の手や身体の到達距離を検討して, 覆い等に設けられた開口部や隙間などから, 手指などが危険部分に到達するおそれのないようにすることが必要である。

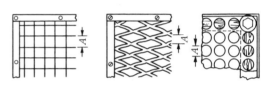

(a) 金網　(b) エクスパンデッドメタル　(c) 穴あき板

図4.4.1　覆いの材料

図4.4.2 はベルトとプーリの固定式ガードの例である。また, 図4.4.3 はチェーンとスプロケットのかみ込み防止のためのガードであるが, 図 (a) は不適当であり, 図 (b) はチェーンの進行部分と返送部分との隙間をふさぎ, かつ歯の根元より内側まで覆い, かみ込みを防止するガードの例である。また, 動力伝達軸など作業者の衣類を巻き込む危険部分に対しても適

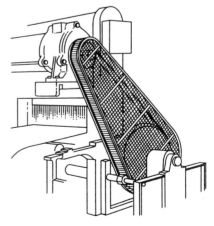

図4.4.2　ベルトとプーリの固定式ガード (BS 5304)

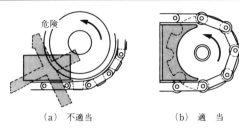

(a) 不適当　　　　(b) 適　当

図4.4.3　チェーンとスプロケットのガード (BS 5304)

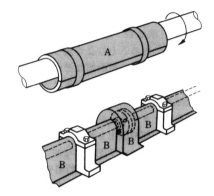

図4.4.4　回転軸とカップリングのガード
　　　　(BS 5304)

切な防護が必要である。図4.4.4は回転軸およびカップリングの巻き込まれ防止のためのガードの例である。

4.4.2　生　産　機　械
〔1〕　生産機械一般

　生産現場で使われている機械は，ITなど関連する技術分野の技術革新に伴って，つぎつぎと新しい機能を持つものが導入されてきている。しかしながら，導入されたそれらの機械は，大きなエネルギーを出すことで生産性の向上を目指しており，直接これらの機械と向かい合って仕事をしている現場作業者の安全確保は何より重要である。すなわち，機械の運転による危険なエネルギーが誤って作業者に対して出力されることが，機械災害の発生となるが，それを防止して作業者の安全を確保するためには，正しい技術的方策が必要となる。

（a）**安全方策の実施手順**　機械災害の防止のための対策を実施する手順に関しては，ISO 12100（JIS B 9700）（機械類の安全性－設計のための一般原則－リスクアセスメント及びリスク低減）では，図4.4.5のようにつぎに示す措置を順に実施することとしている。

①　機械の制限を決定する（意図する使用および合理的に予見可能な誤使用を含む）。

②　危険源および危険状態を同定する。
③　同定されたそれぞれの危険源および危険状態に対してリスクを見積もる。
④　リスクを評価し，リスク低減の必要性について決定する。
⑤　保護方策によって危険源を除去するか，または危険源に関連するリスクを低減する。

（b）**保護方策と保護装置**　上に述べた機械災害の防止のための対策の手順を順序よく繰り返し実施することによって，作業者の安全を確保することとなるが，そのうちの⑤の「保護方策」の具体的手段の一つが保護装置ということになる。これについては，ISO 12100（JIS B 9700）の用語の定義の中に示されている。

1）**保護方策**（protective measure）　リスク低減を達成することを意図した方策である。つぎによって実行される。

　　―設計者による方策（本質的安全設計方策。安全防護および付加保護方策，使用上の情報）
　　―使用者による方策〔組織（安全作業手順，監督，作業許可システム），追加安全防護物の準備および使用，保護具の使用，訓練〕

2）**安全防護**（safeguarding）　本質的安全設計方策によって合理的に除去できない人を事故から防護するために設計されたガードまたは装置である。

3）**ガード**（guard）　危険箇所または危険領域への近接を防止するかまたは減らす物理的障壁である。

4）**保護装置**（protective device）　ガード以外の安全防護物である。

　安全防護物（safeguard）はガードまたは保護装置とされており，生産機械の安全防護としては，ガードまたは保護装置がそれぞれ単独で使用される場合もあるが，両方の組合せによって構成される場合が多い。

（c）**機械災害の発生メカニズムとその防止の基本**

　機械により発生した労働災害を分析してみると，そのほとんどが「挟まれ・巻き込まれ」や「切れ・こすれ」の災害の型であることはよく知られているところである。これは，機械の可動部などに作業者が接触することによって発生する災害が非常に多いことを示しており，機械を扱う作業者の安全確保のためには，これらの災害を防止することが大きな課題である。

　この機械の可動部や放出されるエネルギー（ウォータジェット加工機やレーザ加工機など）によって，作業者が受ける災害は，「機械（可動部や放出されるエネルギー）が運転中である」という機械側の条件と，「作業者の身体が可動部や放出されるエネルギーの出力範囲に存在する」という人間側の条件とが重なった

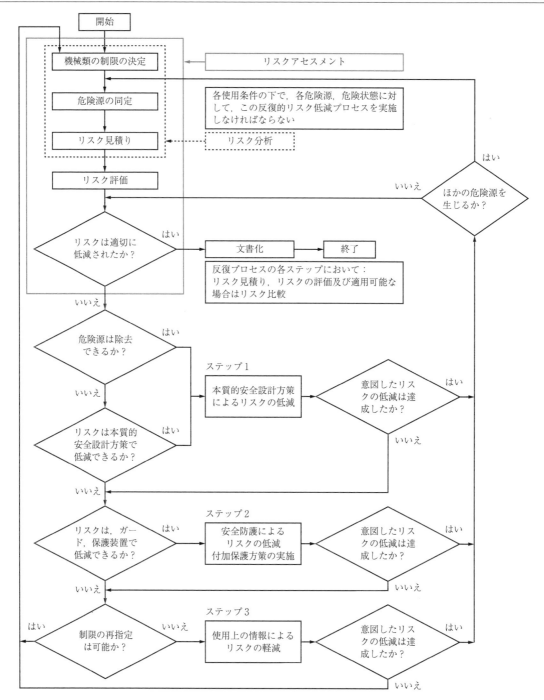

図 4.4.5 反復的リスク低減プロセス（JIS B 9700：2013）

場合に発生しているが，これを人間-機械系として考えてみる。

1) **機械災害の発生メカニズム**　機械とそれを扱って作業を行う作業者との関係を，人間-機械系として考えると，一般に機械による災害は，機械が運転されることによって出力されるエネルギー（可動部の作動や高圧水・レーザ光などの放出）が人間に到達することによって発生する（ただし，搭乗式の機械にお

ける搭乗者は別に考えることとする）。

機械の運転によって出力されるエネルギーは，プレスのスライドのストロークの空間や産業用ロボットのアームの作動空間のように機械の作業空間を占める。一方，人間もプレス作業における加工物の送給・取出シャー起動操作などの作業を行うための空間のように人間の作業空間を占める。そして，この両者の空間が重なりを持つ場合には**図4.4.6**に示すようなモデルで表すことができる。この図では，機械の作業空間と人間の作業空間とが重なった空間を危険領域と呼ぶ。

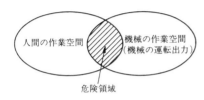

図4.4.6 人間と機械の作業空間

図4.4.6を見ればわかるように，人間が機械を使用して行う作業においては，「人間と機械の出力が同一空間内に，同時に存在する場合に，機械の可動部などに人間が接触し，人間は災害を受ける」こととなる。すなわち，この条件が機械災害の発生メカニズムということになる。

2）機械災害の防止の基本　人間–機械系では，1）項に述べた災害発生メカニズムの条件が成立しないようにすることが，機械災害の発生を防止することになる。すなわち，「人間と機械の出力が同一空間内に，同時に存在しない場合には，人間が機械の可動部などに接触することはないので人間は災害を受けることはなく，安全な状態にある，したがって，この条件が，機械災害の防止の基本といえる。人間と機械の出力とが空間的に分離する（人間の作業空間と機械の作業空間とを安全に分けて，危険領域を持たない）ことが，あるいは，時間的に分離する（人間が作業を行うときには機械が停止する，または，機械が作業を行うときには人間は作業を行わない）ことが，機械災害の防止の条件であり，言い換えると，人間と機械の出力との時間的・空間的な分離が安全確保の基本といえる。

（d）機械における安全防護　人間が機械を使用する作業における安全の状態は，（c）項2）で述べたように人間と機械の出力とが同一空間に同時に存在しないように空間的または時間的に分離することによって確保されることになる。この二つの安全確保のための手段が機械作業における作業者の安全防護である。

1）ガード　ガードは，機械の作業空間と人間の作業空間とを構造的に分離することにより，機械の運転による危険に対する人間の安全を確保する方法であり，機械の作業空間の外側に防護壁や防護柵・囲いなどを備えて，人間の進入を防止して人間と機械との危険領域を持たない作業システムを構成するためのものである。

この場合のガードは，放出危険性に対する防護壁のように開口部を持たない遮蔽物とするか，または接触危険性に対する場合の防護囲いや柵のように開口部を持つ障壁による場合には，開口寸法に応じた身体の進入可能な距離の分を見込んだ外側に障壁を設置しなければならない。これについては，ISO 13857（JIS B 9718）（危険区域に上肢及び下肢が到達することを防止するための安全距離）などが参考となる。遮蔽物や障壁の強度・剛性および耐久性などは対象とする機械の寿命に対し十分であることが前提とされる。

2）保護装置　保護装置は，機械の作業空間と人間の作業空間との重なり（危険領域）を持つ場合に，人間と機械の出力とのどちらか一方が，時間的に存在しない状態をインタロックで構成することにより，人間の安全を確保するためのものである。なお，危険領域への人間の進入に対しては，保護装置により防護されている開口部以外からは進入できない構造がガード（柵や囲いなど）の設置などによって実現されていることが前提となる。

保護装置には，つぎのような二つの方式があり，以下に述べるように，危険検出型の保護装置は高い安全性能が求められる機械（高リスクの機械）には用いられない（**図4.4.7**参照）。

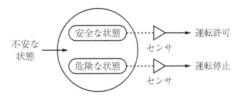

図4.4.7 安全確認型と危険検出型の概念

① 機械側に人間が危険領域の内部に存在することや接近することなど危険な状態を検出するためのセンサなどの検出手段を備える方式であり，危険（人間が危険領域の内部に存在することや接近すること）が，センサなどによって検出された場合のみ，その検出信号によって機械の運転の停止を行い，災害の発生を防止する方式の保護装置であり，危険検出型の保護装置と呼ばれる。

② 機械側に，人間が危険領域内部に存在しないことや接近していないことなど，安全な状態を検出確認するセンサなどの確認手段を備える方式であり，安全（人間が危険領域の内部に存在しないことや接近していないこと）がセンサなどによって確認された場合のみ，その確認信号によって機械の運転の許可を行い，災害の発生を防止する方式の保護装置であり，安全確認型と呼ばれる。

①の危険検出型の保護装置による方式では，危険を検出するセンサが故障を生じる（例えば，センサからのリード線が切断する）と機械の運転の停止ができず，その結果として災害を発生してしまうことになる。すなわち，この方式では危険を検出するための保護装置が正常な場合は，安全機能が有効であるが，故障など異常を生じた場合には，安全機能が有効とならない。

一方，②の安全確認型の保護装置による方式では，保護装置自体が正常なときに確認信号を発することができ，安全を確認する保護装置が故障した場合には，確認信号が出力されない（安全側に非対称故障特性とする）ために，機械の運転を実行することができず，運転停止となるので，保護装置が正常な場合はもちろんのこと正常でない場合にも安全機能が有効であり，確定論的に災害の発生を防止することができる。したがって，保護装置は安全確認型の方式とすることによって，保護装置が故障を起こした場合でも作業者の安全が確保されるわけである。

すなわち，生産機械を扱う作業における人間の安全を確保するための防護対策は，「人間の作業空間と機械の作業空間とを，空間的に確実に分離する手段（ガード）を設ける」か，または，「時間的に相互の重なりを持たないように，確実に分離する手段を安全確認型の保護装置を適用して構成する」ことにより実現できる。

〔2〕工 作 機 械

（a）旋　　　盤　　旋盤が起因物になり発生する死亡災害がしばしば発生している。その多くは，加工中のワークがチャックから外れたり，ワークが振れ回って作業者に激突することや，作業者が主軸に巻き込まれることで発生している。産業現場では，一般に図4.4.8のようなCNC旋盤が用いられているが，多くの死亡災害では，扉が閉じていないと主軸が回転しないようにインタロックガードが設けられているにもかかわらず，この機能を無効化し，扉を開けたまま作業し被災している。工作機械メーカにおいては，保護装置が容易に無効化されないことや，簡単に危険側故障を生じないことに配慮した機械を設計・製造するこ

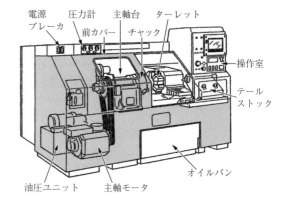

図4.4.8　CNC旋盤（出典：井上孝司，Petros Abraha，酒井克彦，生産加工学―ものづくりの技術から経済性の検討まで―, p.6（図1.3），コロナ社（2014））

とが求められる。一方，ユーザの職場においては，職場巡視等の機会を用いて，保護方策が無効化されていないか，危険側故障が生じていないか点検することが求められる。

（b）プ レ ー ナ　　プレーナやシェーバでは，往復動するテーブルとフレームとの間に挟まれる危険性が特徴的である。これを防止するために，図4.4.9に示すようなテーブルの移動範囲に作業者が立ち入らないようにするための柵や囲いを設けることが必要である。

（c）ボ ー ル 盤　　ボール盤では，回転中のドリ

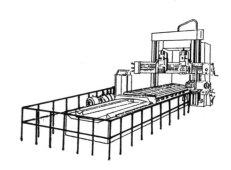

（a）プレーナの防護柵

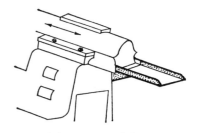

（b）シェーバの防護囲い

図4.4.9　プレーナの柵とシェーバの囲い

ルやチャックに作業者の手指や髪の毛が巻き込まれて傷害を受けることが多い。これを防止するために，**図4.4.10**に示すような回転するドリルに対する防護ガードが必要となる。この例のボール盤用調整ガードは，加工面の位置に応じて伸縮自在であり，またドリル交換時にチャック部に近接できるように垂直なヒンジに取り付けられている。また，加工物の振れ回りによる傷害も多いので，加工物を確実にクランプする必要がある。

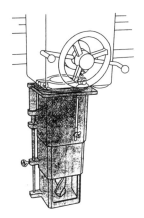

図4.4.10 ボール盤用調整ガード（BS 5304）

（d） **フライス盤** フライス盤においても回転するフライスカッタとの接触やアーバに巻き込まれて傷害を受ける災害が多い。これを防止するために，テーブルとともに上下できるガードや**図4.4.11**に示すような防護ガードが必要である。この例の固定ガードと補助テーブルを組み合わせた防護ガードでは，補助テーブルは横送りテーブル上に取り付けられて，補助テーブルの下の隙間から切削くずを除去することができる。

（e） **研 削 盤** 研削盤による災害は，① 回転中の砥石が割れて，顔面や胴体に直撃する，② 目に研削粉が飛び込む，③ 回転中の砥石に手指などが触れる，④ 研削中の加工物を足の上に落とす，などによるものがあるが，特に ① によるものは死亡災害や重傷災害となりやすい。

研削加工は，工具である砥石が加工物を研削することにより砥粒が破砕したり脱落してつぎつぎと新しい切刃を生じることが特徴であり，他の工作機械には見られない工具としての砥石の局部的破壊を伴う加工方式である。このような本質的な危険性を潜在するものであることから，他の工作機械に先駆けて研削盤等構造規格が整備されている。

回転中の研削砥石が破壊する原因は，① 砥石の強度上の欠陥（潜在亀裂や強度劣化など），② 研削盤に取り付ける砥石の選定が不適性（砥石の最高使用周速度に対して研削盤の回転速度が高すぎたり，砥石外径が大きすぎてオーバスピードとなることなど），③ 砥石の取付方法が不適切（砥石軸径と砥石孔径との不一致や不備なフランジによる締付けなど），④ 使用方法が不適切（平形砥石の側面での研削など）など，いろいろあるが，研削盤および研削砥石の安全な使用方法や構造・試験については，労働安全衛生規則および研削盤等構造規格により規定されている。

例えば，研削砥石については破壊回転試験に基づく最高使用周速度の決定方法などが製造者側に対して規定されている。また，最高使用周速度を超えて使用してはならないこと，平形砥石の側面使用の禁止使用の段階での確認のため始業開始前および砥石取替え時における試運転，砥石取替え時の特別教育などが使用者側に対して規定されている。

研削砥石の破壊事故の主原因は，上記のようにオーバスピードであるので，研削盤の砥石軸回転数 N〔rpm〕と取り付ける研削砥石の表示にある最高使用周速度 V〔m/min〕との関係が次式を満足することを確かめることが必要である。

$$V \geqq \pi DN$$

ここに，D：砥石外径〔m〕である。

回転中の砥石が破壊した場合に，その破片の飛散による災害を防止するための防護として，砥石の防護カバーがある。防護カバーは砥石の破片の衝突に対して十分な強度を有することと同時に，開口部からの破片の逸出を防ぐ機能が必要である。これについても研削盤等構造規格で防護カバーの材料，形状（**図4.4.12**参照），寸法などが規定されている。

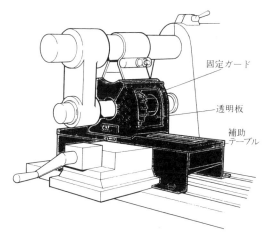

図4.4.11 フライス盤用防護ガードの例（BS 5304）

(a) 円筒研削盤, 心なし研削盤, 工具研削盤, 万能研削盤その他これらに類する研削盤

(b) 携帯用研削盤, スイング研削盤, ビレット・スラブ研削盤その他これらに類する研削盤

(c) 平面研削盤, 切断用研削盤その他これらに類する研削盤

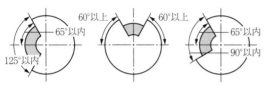

(d) いばり取り作業等に使用することを目的とする卓上用研削盤または床上用研削盤

(e) 研削といしの上部を使用することを目的とする卓上用研削盤または床上用研削盤

(f) 図(d)および図(e)以外の卓上用研削盤, 床上用研削盤その他これらに類する研削盤

図4.4.12 砥石の覆い

図4.4.13は卓上(床上)用グラインダなどに標準的に装備される砥石の防護カバーなどの取付け状態を示すものである。ワークレストと砥石の間への加工物の食込みや砥石破片の飛出しを防ぐために, Pは3mm以内, lは10mm以内になるようにワークレストや調整片をそれぞれ砥石の摩耗に応じて調節しておくことが必要である。

砥石の防護カバーの効果は, その取付け状態が確実であることが重要である。砥石破片の衝突により, カバーが脱落したり, 大きく回転移動してしまうことのない取付けの構造が必要である。

図4.4.14は, 内面研削盤などで固定カバーを使えない場合の対策例である。砥石ヘッドの後退時にフレームに取り付けたタングでバルブを動かし, エアシリンダを作動させ, その結果その軸の先端に取り付けた砥石カバーが移動して砥石の外周を覆う。

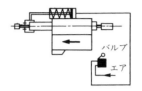 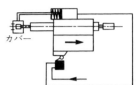

(a) 砥石ヘッド前進時　　(b) 砥石ヘッド後退時

図4.4.14 内面研削用自動式砥石カバー

乾式研削での研削粉に対しては保護シールドを装備し, シールドを定位置にすると動力が入るように, モータとインタロックをとるのがよい。その上で, 保護メガネを着用することも必要である。

〔3〕 製造機械

(a) プレス　産業現場で用いられるプレスには, おもなものとして, 機械プレス, 液圧プレス, 空圧プレスがある。プレスとは, 2個以上の対をなす工具を用いて, それらの工具間に加工材を置いて, 工具で加工材に強い力を加えることにより成形加工を行う機械である。したがって, その間に作業者の手指などが挟まれると悲惨な災害となる。

プレス作業は, ノーハンドインダイ方式とハンドインダイ方式に分けられる。

1) ノーハンドインダイ方式　材料の送給や取出しをホッパ(図4.4.15参照), シュート, コンベヤ, ダイヤルフィード, プランジャフィードやノックアウト, ショベルエジェクタ, キッカなどを設置し機械的

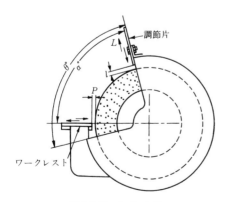

図4.4.13 カバーの例

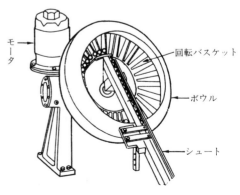

図4.4.15 モータに直結したホッパフィーダの例

に行うことにより，手が危険限界に近接する必要をなくした作業方式である。この方式を安全の面から見ると，①危険限界に手などが入らない方式（安全囲いの設置，安全金型の使用やこれらの性能を機械本体の構造としている専用プレスなど），②危険限界に手を入れる必要のない方式（自動送給，排出機構をプレス自体が備えている自動プレスやこれらを後付けしたプレス），とに分けられる。

①は安全確保ができるが②の方式の場合には，手などが危険限界に入れることができるため，これを防止する固定の安全囲いなどを設置することにより，①と同様に安全確保ができる。

2）ハンドインダイ方式　材料の送給や取出しを作業者が行うため，作業中に危険限界に作業者の手などを入れる必要のある作業方式である。このハンドインダイ方式には，安全対策としてつぎのような方式がある。

①　スライドの下降中には，作業者の手が危険限界に入るおそれが生じないが，スライドが上昇中または停止中に作業者の手が危険限界に入る方式であり，プレスの危険限界をガードですっぽりと防護するなどして，手を入れる必要のある部分の可動ガードの開閉とスライドの運転下降とをインタロックしたものである。例えば，動力プレス機械構造規格第36条第1項第1号（スライドの作動中に身体の一部が危険限界に入るおそれが生じないもの）および第37条によるインタロックガード式安全プレスである（**図 4.4.16**，**図 4.4.17** 参照）。

②　スライドを作動させるための押しボタンから離れた手が危険限界に到達するまでの間にスライドの作動を停止する方式であり，安全一行程機構を有しているプレスでの両手押しボタンなどにより，危険限界から両手を隔離する方式などである。例えば，同規格第36条第1項第2号（スライドを作動させるための押しボタンなどから離れた手が危険限界に達するまでの間にスライドの作動を停止できるもの）および第38条による両手操作式の安全プレスである（**図 4.4.18** 参照）。

③　スライドの下降中に作業者の手が危険限界に接近したときにスライドの作動を停止する方式であり，急停止機構を有するプレスでの感応領域に手が入ると検出機構が検知してスライドの作動を急停止させる方式のものである。例えば，構造規格第36条第1項第3号（スライドの作動中に身体の一部が危険限界に接近したときにスライドの作動を停止するもの）による光線式の安全プレスである（**図 4.4.19** 参照）。

このほかに，スライドの下降中に作業者の手が危険

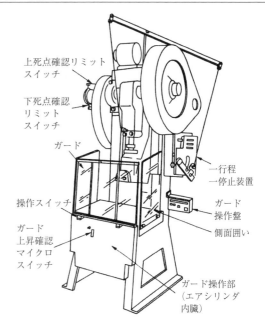

図 4.4.16　ガード式安全装置の例（上昇式）

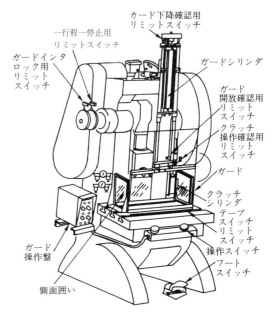

図 4.4.17　ガード式安全装置の例（下降式）

限界に達すると強制的に手を危険限界から排出する手引き式の保護装置がある。これは主として機械的な機能によるものとはいえ，作業者の手への装着や調節を適正にすることが必要となり，確実性に問題が残る方式である。

④　近年，加工性能の向上のため，サーボプレスが普及している。サーボプレスについては，制御装置の

シヤー作業の自動化が重要であるが，一般には，その作業の性質上自動化することが困難なものも多く，手作業でのシヤーによる作業が行われている。シヤーの安全対策としては，一般には，刃部，板押え部などに安全囲い（図4.4.20参照）を設けて，手指などが危険限界に入らないようにしているが，特に厚板を断裁するシヤーでは危険限界に身体の一部が入らないように，また入った場合，急停止をするような構造とするために，保護装置を備える必要がある。保護装置は「プレス機械又はシヤーの安全装置構造規格」に適合するものを用いる。

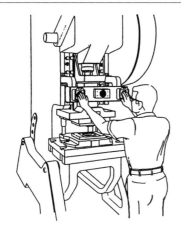

図4.4.18 両手操作式安全装置の例

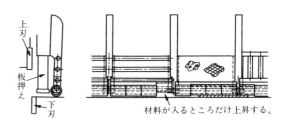

図4.4.20 金属シヤー用安全囲い（自重式）の例

2) **紙断裁機** 保護装置として，両手操作式安全装置が多く用いられている。両手操作式安全装置の押しボタンは，「プレス機械又はシヤーの安全装置構造規格」に基づき押しボタンの間隔を 300 mm 以上開けるか，またはカバーを設けるなどにより，両手で同時に押したときのみ起動信号が出るようにする。このほか，光線式安全装置や安全囲いなども安全防護として用いられる。

（**c**）**ロ ー ル** ロールを用いた製造機械では，挟まれ，巻き込まれ災害の危険がある。ロールの作業点の防護としては，かみ込み点に手は入らないが材料だけが入るような固定カバーを設置するか，これが不可能な場合には全体を防護カバーで覆い，それが閉じている場合のみロールが回転でき，カバーを開けたい場合には電源を遮断し，ロールの回転が停止したことを確認して解除ができる施錠式インタロック付きガードを設置する。これは，慣性の大きいロール機では電源遮断をしてもただちに回転が停止しないことから必要なインタロックである。また，機械的制動や電気的制動による急停止装置については，「ゴム，ゴム化合物又は合成樹脂を練るロール機及び急停止装置の構造規格」に適合するものを用いる。

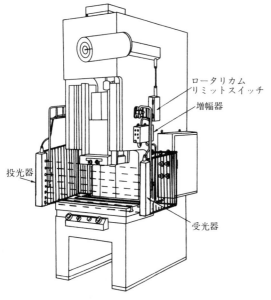

図4.4.19 光線式安全装置の例

不具合が重大な事故を引き起こしかねない。このため，2009年に JIS B 6410「サーボプレスの安全要求事項」が発行され，急停止時間や監視機能などが規定された。

また，従来，プレスブレーキ（ベンダー）には光線式安全装置は使いにくいとされていたが，レーザ光線を用いるプレスブレーキ用の安全装置が開発され，労働安全衛生規則およびプレス機械またはシヤーの安全装置構造規格に規定された。

（**b**）**せん断機**

1) **金属シヤー** 金属を断裁するシヤーは，プレス同様危険な機械である。シヤーによる災害を防止するためには，自動の材料送給装置や取出し装置による

練りロール機の急停止装置は，ロールを無負荷で回転させた状態において表面速度に応じて定められた，それぞれの停止距離以内でそのロールを停止させることができる性能を持つことと規定されている。また，

油圧ダイレクト駆動のロール機の場合では，急停止装置を別途備えず駆動媒体の作動油を遮断することで，急停止を効率良く行うことのできるものもある．

(d) 木工機械 おもな木工機械としては，丸のこ盤，帯のこ盤，かんな盤，面取り盤が挙げられるが，これらによる災害防止のために「木材加工用丸のこ盤並びにその反ぱつ予防装置及び歯の接触予防装置の構造規格」および「手押しかんな盤及びその刃の接触予防装置の構造規格」が制定されている．丸のこ盤では，ひき材がのこ歯に引っかかってはね返されて起きる災害を防ぐため反ぱつ予防装置の割刃や反ぱつ防止爪が必要であり，また，回転するのこ歯への接触予防装置などの安全装置（**図4.4.21**参照）や動力を遮断したときのブレーキの要件などが規定されている．帯のこ盤では，のこ歯に接触することによる災害，およびのこ歯が外れたり切断することによる災害を防ぐため，覆いまたは囲いを設けることが必要である（**図4.4.22**参照）．手押しかんな盤では，回転刃に接触することによる災害を防ぐため接触予防装置が必要である．**図4.4.23**は，防護カバーが加工材の送給に応じて自動的に開閉する可動式接触予防装置の例である．

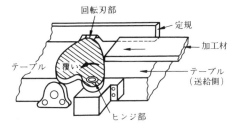

（a）カバーが水平に動くもの

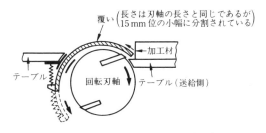

（b）カバーが回転刃周辺に沿って動くもの

図4.4.23 手押しかんな盤の可動式接触予防装置の例

〔4〕**自　動　機　械**

近年の自動機械は，大型化とともにコンピュータによって制御されるもの（ME機械またはメカトロ機械と呼ばれている）が多く，それによる機械の動作は複雑化しており，作業者にとって不意の作動による「挟まれ・巻き込まれ」などの災害発生が少なくない．

自動機械では，自動運転中における安全確保とともに保全・調整・点検など非定常作業中における安全確保も重要である．ここでは，ME機械の代表的なものとして産業用ロボットを例にとり，その安全対策などについて述べる．

(a) 産業用ロボット 産業用ロボットは，他の工作機械とは大きく異なり，腕を伸ばして，広い範囲で作業を行うことができる．産業用ロボットは周辺機械と組み合わせて用いられ，プログラムに基づき，これらの機械の動作のタイミング等に応じて動くことから，ロボットの腕がどのようなパターンで動くのか，またいつ起動するのかは作業者にとって予測し難い．現場における生産条件や環境条件が変化することによって，危険な箇所やそのタイミングが変わる．

このような危険性があることから，JIS B 8433-1,-2のほか，労働安全衛生規則に安全要求事項が規定されている．

保守作業者や教示作業者は，アクチュエータへ動力

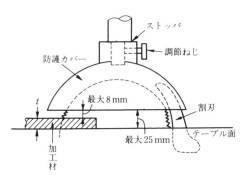

図4.4.21 丸のこ盤の歯の接触予防装置

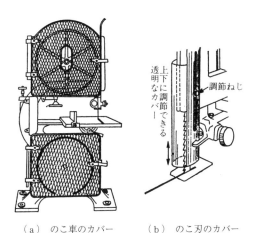

（a）のこ車のカバー　　（b）のこ刃のカバー

図4.4.22 帯のこ盤の歯の接触予防装置

が加わる状態で制限空間（最大空間の一部で，ロボットシステムにどんな故障・誤動作が生じても超えることがない限界を設定するリミット装置によって制限された空間）に入ることが必要となる場合がある。ロボットの制限空間は，他のロボットの制限空間や他の産業機械・関連機器の作業空間と重なっている可能性がある。このため，衝突，挟み込み，把持部から外れて飛び出した物体などによって危険が引き起こされる可能性がある。

安全防護対策の設計および選択は，ロボットのタイプや用途，および他の産業機械や関連機器との関係によって影響を受ける。したがって，安全防護対策は，行われる作業に適切でなければならず，安全防護対策によって教示，準備，保守，プログラムの確認やトラブルシューティング作業などが安全に実施されなければならない。適切な安全防護対策を設計選択する前に，危険を識別し，それから生じるダメージを査定することが必要である。

産業用ロボットの保護方策は，基本的につぎの原則に基づいて行う。

・自動運転中には安全防護領域に人がいないこと。
・教示作業やプログラムの確認作業などのために安全防護空間の中に入るときは，危険を完全に取り除くか，少なくとも作業者が十分対応可能のものにすること。
・協働作業を行う場合は，安全監視による停止，ハンドガイド速度と距離の監視，もしくは力等の制限による安全対策を講じること。

これらの原則を遵守するために，つぎの処置を講じることが必要である（**図 4.4.24** 参照）。

・安全防護空間および制限空間を定める。

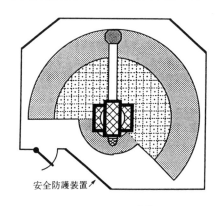

図 4.4.24 制限領域および安全防護領域の例
（JIS B 8433：1993）

・安全防護空間の外部からほとんどの作業ができるようにロボットシステムを設計する。
・安全防護空間に入る場合には，安全を確保するための手段を準備する。

保護方策は，ロボットの設計段階で組み込まれる手段と使用者によって組み込まれる手段とがある。使用者が講じる保護方策には，インタロック付きガードを設けることや作業手順を見直すことなどが含まれる。ロボットシステムの主要構成要素を**図 4.4.25** に示す。

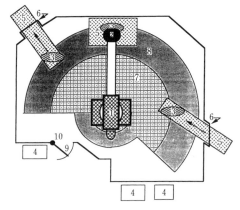

1 ロボット
2 エンドエフェクタ
3 ワーク
4 制御装置または動力供給装置（制御パネル，油圧機器群）
5 関連装置（コンベヤ，ロータリテーブルなど）
6 安全防護装置（ガードまたは存在検知装置）
7 制限領域
8 （+7）最大領域
9 インタロック付きガード
10 インタロック装置

図 4.4.25 ロボットシステムの主要構成要素を示す概念図
（JIS B 8433：1993）

1) ガード

ⅰ) 固定ガード　固定ガードは，つぎの事項を満たさなければならない。

・インタロック装置または存在検知装置が付いている入口以外からの安全防護領域への進入を防止するものであること。
・JIS B 8433-1，2 の規定に適合するよう設置すること。

ⅱ) インタロック付きガード　インタロック付きガードは，つぎのように設計，据付け，調整することが望ましい。

・ガードが閉じるまでインタロックによってロボットシステムの自動運転ができないようにしておく

こと。ガードが閉じることだけで自動運転が再始動しないこと。自動運転の再始動は，制御ステーションにおける慎重な操作によること。
・施錠式インタロック付きガードでは，ロボットが停止するまでガードが開けられないこと。この場合の停止カテゴリは協働運転の場合を除き，0または1とする。
・インタロック付きガードを用いる場合には，作業者がロボットに接触する前にロボットが停止すること。

2) **存在検知装置**　存在検知装置を用いるときは，つぎの事項を満たさなければならない。
・存在検知装置は，人がその装置を作動させることなくしては危険空間に入れないように，または危険な状態がなくならないうちは制限空間に入れないように据付けおよび配置させること。存在検知装置と一緒に用いられるガードは，存在検知装置を迂回して通ることができないように設置する。
・存在検知装置の作動は，システムに想定されるいかなる環境からも悪影響を受けないこと。
・検知領域から人がいなくなってからロボットを再始動すること。人の退去だけで自動運転を開始しないこと。

3) **保護装置のリセット**　インタロック付きガードまたは存在検知装置のリセットがロボットの自動運転を再始動させないこと。安全防護空間の外部において慎重に操作することによってのみ，システムの再始動ができること。再始動装置は，安全防護空間内から手が届くことなく，安全防護空間内にだれもいないことを容易に確認できる位置に設置すること。

4) **協働作業における安全方策**　協働作業では，ロボットの駆動源がONのまま作業者がロボットに接近することがあるので，ちょっとしたトラブルでも致命的な危害を及ぼしかねない。メーカは，JIS B 8433やTSB 0033に基づく保護方策を講じ，妥当性確認を行う。また，ユーザは，メーカから示された技術ファイルや適合宣言書に基づいて保護方策を講じ，作業者に必要な安全教育を行う。

〔5〕**搬 送 機 械**
材料や製品を搬送する作業は，重量物や大量のものを取り扱うことが多いため，フォークリフト，コンベヤや無人搬送車などによる機械化がなされてきている。これらの搬送機械を使用する作業では，有人運転の場合の「墜落・転落」，搬送機械にひかれたり，フォークリフトのマストとフレームとの間，ベルトコンベヤのベルトとプーリの間などの可動部に挟まれる「挟まれ・巻き込まれ」，走行中の搬送機械に激突されたり，搬送機械が壁などにあるいは搬送機械どうしが激突する「激突または激突され」，急激な旋回や乗上げなどによる搬送機械の「転倒」，搬送中の急ブレーキや荷崩れなどによる「飛来・落下」などの災害が発生している。

搬送機械の使用にあたっては，これらの災害の発生を防止することが重要であり，技術的安全対策と作業管理的安全対策が必要である。

（**a**）**コンベヤ**　コンベヤの挟まれ・巻き込まれによる災害を防止するには，コンベヤ全体に防護覆いやインタロック式ガードを設けた上で作業を行う方法が効果的である。

例えば，図4.4.26は，食品機械用のコンベヤに備えたインタロック式ガードの例である。しかし，作業の性質上，防護覆いやインタロック式ガードを設置することが困難な場合もある。このような場合に，コンベヤに沿って設置するロープスイッチを利用したトリップロープ式安全機構が用いられる。

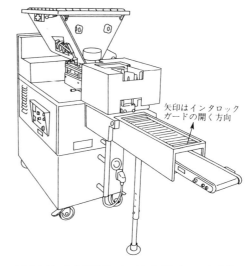

図4.4.26　食品機械用コンベヤのインタロック式ガードの例（BS 5304）

トリップロープ式安全機構は，コンベヤへの人体の近接を検出するためのロープスイッチと，ロープスイッチからの信号に基づいてコンベヤを急停止させるブレーキ装置から構成されている。

1) **ロープスイッチ**　この装置は，コンベヤへの人体の接近（または，引っ張られたこと）を検出するためのロープと，ロープの張力の程度に応じて接点をON～OFFするスイッチにより構成されている。スイッチは，人体が接触して（または引っ張られて）ロープに張力が生じたときだけでなく，ロープが緩ん

だり，切れたりしたときにも，接点をOFFにする構造となっている（図4.4.27参照）。

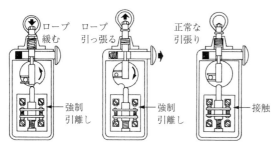

図4.4.27 ロープスイッチの構成例

2） **ブレーキ装置** この装置は，ロープスイッチからの出力信号がOFFとなったときにコンベヤを急停止させるブレーキ装置であり，電源を切ったときにブレーキが作動する無励磁作動式（負作動形）のブレーキ装置である。

ロープは危険領域全体を防護できるように適した長さのものを選定しなければならないが，その設置にあたっては，ロープの一端を固定ボルトで止めただけではスイッチが作動しないことがある（図4.4.28（a）参照）ので，ロープの両端に各1個のロープスイッチを設置するとよい（図4.4.28（b）参照）。

なお，この機構においてもいったんロープスイッチ

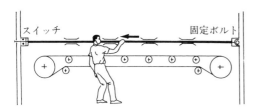

スイッチが1個だけのため，ロープが図の方向へ引かれたときは，コンベヤが停止しないことがある。

（a） スイッチが1個だけ

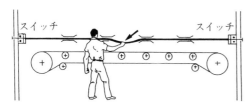

スイッチが2個設置されているため，ロープが左右どちらの方向へ引かれても，コンベヤを停止できる。

（b） スイッチを左右両端に設置

図4.4.28 ロープスイッチのコンベヤへの適用
（BS 5304）

が作動してコンベヤが急停止した後は，ロープの張力が正常に戻ったとしても，もう一度作業者が起動装置を操作しない限りコンベヤが起動しない機能とする。

（**b**） **無人搬送車** 連続的な搬送手段としてのコンベヤなどに対して，要求されている場所から必要な場所へ，必要なタイミングで搬送できる手段として用いられている代表的な搬送機械が無人搬送車である。

無人搬送車には，レール上を走行する軌条式のものと，無軌条式のものとがあるが，後者は，一般の作業者と共通な床面を走行するものであり，無人搬送車や自動移載装置などの周辺設備と作業者との接触による災害の発生が大きな安全上の問題である。

これについては，JIS D 6802「無人搬送車システム―安全通則」の規格において，無人搬送車を中心とした搬送システムの導入計画段階から設置運用までの安全確保に関する一般事項について規定しており，ここではその主要なものについて述べる。

［無人搬送車システムの安全確保の基本］

無人搬送車システムは，その稼働領域を人と共存，共有する無人搬送車を用いて，物の搬送，荷役を行う自動搬送システムである。人との共存において，重要なことは人の安全である。人の安全を確保するため，システム作りの目標として望まれることは安全確認型のシステム構成であり，したがって，安全のためのインタロックに使用するセンサは，フェールセーフであることが望ましい。しかし，技術の開発・進歩によってもすべてを安全確認型にすることは，困難な場合があり，この場合は安全の確率をより大とする安全装置と現場における運用規制の両面から，製造業者および使用者が互いに協議して安全の限界を認識して慎重に対処し，安全を確保しなければならない。

JIS D 6802には安全に関するつぎの用語が定義されている。

1） **安全確認型** 人と機械の共存システムにおいて，人の安全が確認されているときだけ，その機械装置やシステムの運転開始または継続を許可する構成。

2） **フェールセーフ** 人と機械の共存の場において，機械や機器に故障などの異常が発生した場合，人や周辺環境の安全・保護を損なうことなく，その機械がつねに作用すること。フェール（fail：失敗，故障）を生じたら，必ずセーフ（safe：安全）側に作動する機能。

また，障害物接触バンパと衝突防止については，衝突の衝撃から作業者，搬送物および周辺設備の安全を確保するため，その機能はフェールセーフ構造となるように努め，つぎの各項目に基づく障害物接触バンパ

を装備しなければならないと規定されている。
- 接触に対して作業者および周囲に危害を与えない安全な形状，構造であること。
- その幅は進行方向の車体幅（移載動作範囲を含まない）と同等以上であること。
- 障害物接触バンパの反力，ストロークおよびスイッチの作動点を無人搬送車の安全に停止できる速度，距離を勘案して選定し，接触時に無人搬送車を停止させる構造であること。

このほか周囲の作業者に無人搬送車の動きを知らせ，注意を喚起するため，つぎの警報装置を本体に設けることなどが規定されている。
- 自動運転表示灯無人搬送車が自動運転中は表示灯を点灯，または点滅させること。
- 発進警報器無人搬送車が停止状態から走行状態に入る場合，発進する前に警報を発すること。
- 走行警報器無人搬送車は，走行および自動移載中に使用環境に適した警報装置を連続または断続して作動すること。
- 異常警報器無人搬送車に異常が発生した場合は，警報灯の点灯，警報器の吹鳴などによって作業者に異常を知らせること。
- 左折，右折表示灯無人搬送車の左折または右折方向を識別する必要があるときは表示灯を点灯すること。

4.4.3 工　　　具
〔1〕手　工　具

手工具は，作業者が直接手に持って扱うものだけに，その取扱いを誤ると本人はもとより，周囲の第三者にも災害を及ぼすことになる。とかく安易に取り扱われがちであるが，災害防止の一つのキーポイントとなるものである。

手工具による災害は，① 使用する手工具の選定を誤った，② 使用前の点検，手入れが不十分であった，③ 使い方に慣れていなかった，④ 使い方を誤った，などの場合に発生している。このようなことによる災害を防止するためには，つぎのような対策が必要である。

（a）**手工具の保管管理**　手工具の保管管理が悪いと，使用の際に取り違えたり，作業対象となる部品を損傷させたり，作業能率を低下させることにもなる。このため，工具室を設けたり工具管理担当者を定めるなどして，工具の出し入れ，修理，整備，保管管理をすることが必要である。工具の不在が容易にわかるような工具整理法を活用することなども有効である。

（b）**使用中の管理**　平素から作業に応じた適切な工具を選定し，それを正しく使用するための教育訓練をしておくこと。機械や作業台などのそばに整理箱などを設け，これに工具を整然と置き，使用中に乱雑にならないようにすること。機械，作業台などの上に放置しないこと。乱雑な取扱いは，工具を損傷させ，必要なときに間に合わず，やむを得ず代用品を使い災害の誘因となる。また，爆発性ガスや蒸気のあるところで作業をする場合には，防爆用の工具（ノンスパークツール）を使用しなければならない。これはベリリウムなどの非鉄金属で作ったもので，物に当たっても比較的火花の出にくいものであり，ハンマ，スパナなどがJISで規格化されている。

〔2〕電　動　工　具

電動工具に関する危険源の一つは，漏電による感電である。特に作業者が水や汗などで濡れていて感電しやすい状況のときに発生しがちである。そこで感電を防ぐには，機械付属のアースクリップをアース線に結ぶか，あらかじめアース線を含むキャブタイヤケーブルを用い，プラグをソケットに差し込めばそのまま自動的に接地できるようにしておくとよい。ただし，二重絶縁構造の電動工具についてはその必要はない。

また，電動工具の起動スイッチとして，スライドスイッチやトグルスイッチが用いられている場合，作業を始める前にすでにスイッチが「ON」の位置になっていることがあり，電源プラグを差し込んだ瞬間に動き出して事故を起こすことがある。再起動防止機能を備えたものを用いる。

さらに，電動工具は，使用時に振動や騒音を発生することが多いので，防振・防音対策が施されたものを用いるほか，必要に応じ，防振手袋や防音イヤマフをしたり，作業時間を制限する。

（a）**電気ドリル**　ドリルに巻き込まれないために，作業時には手袋（特に軍手）の使用を避けること。大形の電気ドリルを使用する場合には，マグネット式などによる専用の支持具を使用すること。小物や長物などに対しては，ジグを用い加工物の固定を確実にする。

（b）**電気丸のこ**　電気丸のこの歯の接触予防装置については，「木材加工用丸のこ盤並びにその反ぱつ予防装置及び歯の接触予防装置の構造規格（1972年9月30日労働省告示第86号）」で規定されているように，固定の覆いのほかに自由に動いて作業上必要な歯の部分だけを露出するような可動式の移動覆い（図4.4.29参照）を用いることが必要である。

（c）**電気グラインダ**　研削盤等構造規格に適合したものを使用すること。また，砥石の防護覆いの取

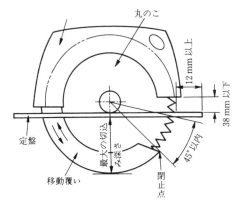

図 4.4.29　携帯用丸のこ盤接触予防装置の例

付け状態や，オーバスピードにならない適正な最高使用周速度の砥石であることの確認をすること。砥石の回転が停止していない状態で，電気グラインダを床上に置く場合には，グラインダ用の置き台を使用すること。電源の周波数により回転数が変化するタイプのものがあるので，使用する電源周波数との適合に注意すること。

〔3〕空　気　工　具

圧縮空気を使用する機械工具は，比較的軽いため，よく使用される。また，電源が得られない作業場所での駆動源として利用されることも多い。空気工具では，起動バルブが急に作動して運搬移動中に不意の起動が起こらない構造のもので，かつバルブは手を離すと自動的に閉じるものがよい。ホースは使用する空気圧に対して十分強く，特に継手部は確実でなければならない。また，空気圧の変動（動力源からの距離や機械の使用台数によっても変動する）に応じて，回転速度や出力などの性能の変動が起こりやすい。

（a）　空気グラインダ　　空気グラインダは使用中ガバナなどの故障により，回転数が増加してオーバスピードによる砥石の破壊を起こすことがある。したがって，使用者はガバナや回転数の点検を定期的（少なくとも月に1回）に入念に行うことが必要である。

（b）　空気打撃工具　　リベッティングハンマや空気たがねなどで，往復動するピストンにより駆動される機械では，先端取付工具が飛び出して人を傷付けることがあるので，ばねなどによる工具の飛出し防止のつかみ装置が必要である。

また，発生する騒音や振動に対しては保護具の使用や作業時間の管理など労働衛生面の対策も必要である。

（c）　ナットランナおよびスクリュードライバ　　ナットの締付け・取外しや，ねじの締付け・取外しに使われるこれらの工具は，回転部分に接触して負傷することが多い。したがって，回転部分を防護する可動式のカバーを設けたり，回転部分に触れにくい構造のものを選択することが必要である。

4.4.4　付　帯　設　備
■　床・通路・階段

工場の内外における機械装置に関連する作業を能率良く実施するためには，作業を行う場所における状態が大きな影響を与えるばかりではなく，作業者の災害防止のためにも大きな影響を与える。この作業を行う場所の状態としては，床や通路あるいは上下方向の移動手段となるはしごや階段などの状態がこの種の災害の発生に影響するところが大きい。また，安全な作業をするために十分な明るさを得ることのできる照明設備を設けることも重要である。

（a）　床　　作業動作を安全に能率良く行うためには，作業の内容に適した広さの作業床が必要である。作業床の広さは，図 4.4.30 に示されるようにいろいろな作業姿勢および作業動作を予測し，それに必要量の加工物や用具の置き場面積を加算して決定する。床は，上に載せる機械，材料や車両などの重量に

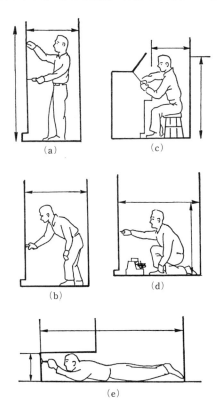

図 4.4.30　いろいろな作業姿勢の例

対し，十分強くなければならない。特に2階以上の床強度にはよく注意し，あらかじめ強度を検討した上，制限荷重を定め，表示しておかなければならない。

床の材料は，接触する物質や物体に対し，適切なものを選ぶことが必要である。工場などで使用されるおもな床材料としては，つぎのようなものがある。

① アスファルトペーストで固めた砂　ふつうの重量の車には適当であり，防湿材料としても適している。

② アスファルトモルタル　最もふつうに使われ，防湿性が良く，スチールタイヤにも耐える。アルカリ，酸，溶剤や油に対し耐久性が少ない。

③ 樹脂系材料　主としてエポキシ樹脂が使われ，耐摩耗性に優れ，また，水，油や化学薬品に耐久性がある。カーボランダムを混ぜて防滑性を持たせることができる。

④ ゴム液混合のモルタル　水，清浄剤や薄いアルカリには耐久性があり，かつ電気的には不導体である。ただし，化学工場の床材としては，一般に不適当である。

床は，いかなるときでも滑りやすくないことが必要であり，乾いた状態の床では滑りにくくても水や油にぬれると一段と滑りやすくなる。それゆえ，床に水や油がこぼれたならばすぐ拭き取るとか，床に滑り止め剤を散布したり，塗布したりすることが必要である。

(b) 通　路　作業者通路は，いわば人間の動脈のようなものであり，これが確保されないと，高能率の運搬機械を用いたり，作業の機械化を図っても，十分な成果は得られず，災害発生の要因となる場合もある。労働安全衛生規則では，通路面から高さ1.8 m以内に障害物を置かないことや，機械間または機械と他の設備との間に設ける作業者用の通路については幅を80 cm以上にすることなどが規定されている。通路面も床面と同様に，つまずき，滑り，踏抜きなどの危険のない状態に保持することが必要である。

勾配が15°を超える架設通路には，踏み桟その他の滑り止めを設けることが必要である。

また，機械に設ける昇降設備，プラットフォーム，通路等については，JIS B 9713の規定に適合するようにする。

(c) 階　段　機械設備は，点検などのために階段が設けられることが少なくないが，階段からの墜落は，重篤となることが多いから，ISO 14122-3 (JIS B 9713-3)「機械類への常設接近手段—第3部：階段，段ばしご及び防護さく」に，踏み面の奥行，蹴上げ高さなどの安全要求事項が規定された。おもな規定は図4.4.31のとおりである。

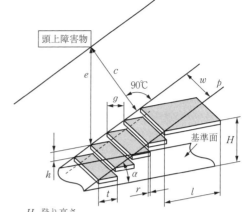

H　登り高さ
g　水平移動距離
e　頭上空間
h　け上げ高さ　　　　　$600 \leq g+2h \leq 660$
l　上がり場の長さ　　　$10 \leq r$
r　踏み板の重なり　　　$2300 \leq e$
α　傾斜角度　　　　　　$1900 \leq c$
w　階段幅　　　　　　　$H \leq 3000$
p　傾斜線
t　踏み板の奥行長さ　　（単位：mm）
c　間隔

図4.4.31　階段に関する規定（JIS B 9713-3）

（粂川壯一，芳司俊郎）

4.4.5　運　搬　機　械

〔1〕 連続運搬機械（主としてコンベヤ）

(a) 連続運搬機械の種類と用途　連続運搬機械はコンベヤに代表され，コンベヤを内蔵するスタッカや連続式アンローダなどの複合機械を含む。

コンベヤの種類はJIS B 0140「コンベヤ用語—種類」にもあるように，ベルトコンベヤ，チェーンコンベヤ，ローラコンベヤ，スクリューコンベヤ，振動コンベヤおよびその他エレベーティングコンベヤなどに大別される。

コンベヤの用途は自動車の組立ライン，運輸業や百貨店の荷の仕分けライン，石炭発電所の石炭や灰の貯蔵運搬設備や人工島の造成などの大規模土砂運搬，飲食品製造工場での製品の運搬など多岐にわたる。

(b) 構造上の特徴　細長く，基本的に物を乗せる位置と取り出す位置が離れている。複数個のコンベヤを接続して，遠距離にものを運搬できる。図4.4.32にコンベヤの代表として，ベルトコンベヤの概念図を示す。

(c) 安全装置・安全対策　ベルトコンベヤを中心に安全装置・対策について述べる。

1) 蛇行検出　ベルトコンベヤはチェーンコンベ

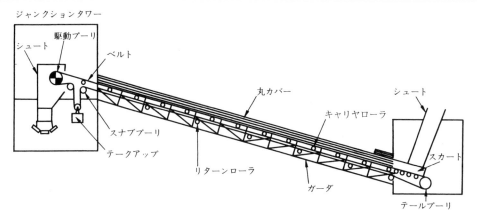

図 4.4.32　ベルトコンベヤ概念図

ヤやローラコンベヤと異なり，ベルトが横に寄る蛇行現象が起きやすい。蛇行はベルト端部を損傷し，荷のこぼれを起こすので，適切なプーリやキャリヤを設置・調整し，ベルトを正しく接続し，場合によっては調整ローラやガイドローラを取り付け，調整やベルトへの荷の供給方法の工夫を行って，防止されなければならない。またプーリへの輸送物の付着も蛇行の原因となるので，適切なクリーニング装置を取り付ける。過度の蛇行による事故を防ぐために，蛇行検出スイッチを設置する。通常は警報と極限スイッチより成り，極限スイッチが働いたとき，コンベヤを停止させる。

2）**ベルトの切断検出**　ベルトの切断には横方向の切断と縦方向の切断がある。いずれも輸送物が落下し，被害を及ぼす。横方向の切断はベルトの張力を検出して判断できる。しかし縦方向の切断は難しく，検出に各種の工夫があるが，一般的ではない。ベルトの切断の原因は輸送物にあり，危険な輸送物の除去が必要である。ベルトへの荷の載せ方の工夫や金属探知・除去装置の設置が行われる。

3）**速度検出**　駆動部と駆動プーリ間の連結故障によるベルト停止および下りコンベヤのベルトの加速などに対して，速度検出を行い，必要によりコンベヤを停止させる。また逆に上りコンベヤなどでは過負荷により速度が異常低下したときも検出する。ベルトの状態を監視するために速度検出を行うこともある。

4）**逆転防止**　上りコンベヤでは，駆動装置の故障により，コンベヤが逆転し，輸送物が逆送され，下方の施設に過大な損害を及ぼす危険がある。これを防止するために，ラチェットホイル式あるいはフリーホイル式の逆転防止装置やブレーキを設置する。

5）**騒音・発じん（塵）防止**　環境問題が安全性の観点から考慮されなければならない。

発じんしやすい輸送物を取り扱うとき，発じん箇所を密閉するか，小屋の中に収容し，さらに必要により集じん設備を設ける。中間も密閉する必要があるが，その方法として丸カバーを使用することが多い。散水の使用が可能な輸送物は入口での散水が発じん防止に効果的である。

騒音は輸送物をベルト上に供給するとき，あるいは排出時の輸送物どうしの衝突音が大きい。また駆動装置の騒音も大きい。これらに対する対策は騒音の発生源を密閉することである。

6）**暴風時対策**　暴風時に風にあおられて，ベルトが反転し，大きな損害を受けることが多い。丸カバーを使用しているときは問題がないが，丸カバーがないときは 20〜30 m おきに反転防止用のチェーンを設ける。

7）**シュート詰まり防止**　排出シュートに流動性の悪い輸送物が投入されるとシュート詰まりを起こしやすいので，詰まりを検出し，コンベヤを早期に停止しないと輸送物があふれ，大事故に至る。原因としてシュートに輸送物が付着して，通路が狭くなっていることが多い。詰まりの検出にシュート詰まりスイッチを設置する。

8）**火災防止**　可燃性の輸送物，例えば石炭は貯蔵中に加熱され発火することがあり，コンベヤで輸送中にベルトに点火して，火災を起こすことが少なくない。また修理などで溶接の火花がベルトに入り，火災を起こすことがある。重要なコンベヤは難燃性にするか，火災検出装置と消化設備を設置することがある。

9）**非常停止ボタン，プルコードスイッチ**　万一の事故の際に，人がコンベヤ設備を停止するために，非常停止ボタンとプルコードスイッチを設ける。非常停止ボタンはコンベヤの頭部や尾部の操作のしやすい

場所に設ける。コンベヤは長く，コンベヤの中間部で点検中に非常停止を行いたいときに，プルコードスイッチを引くことにより，コンベヤを停止させる。

10) **警報装置**　コンベヤの起動時は警報を発して，作業者の注意を喚起する。

11) **保護カバー・柵**　作業者は動いているコンベヤ部品（ベルト，アイドラ，プーリなど）に触れてはならない。丸カバーはベルトの保護とともに作業者の保護にもなっている。駆動部周りに保護柵を設けることが大切である。また回転体（ローラ，プーリ）とベルトとの間に手などを挟み込まないような対策を施すことが大切である。

12) **歩道・階段**　コンベヤの点検・保守のために歩道階段を設けるが，できるだけ段差がないようにする。長いコンベヤには，反対側に移動できるように，コンベヤの中間にわたり歩道を設けることが必要である。

13) **順序起動・順序停止**　複数のコンベヤラインより成る長距離コンベヤ設備では，コンベヤは荷を載せた状態で起動停止しても，シュート詰まりが起きないように，総括制御システムにより，順序起動・順序停止を行う。順序起動では起動時間をタイマで調整するか，前方のコンベヤが一定速度に達したとき起動する。停止のときはその逆を行う。また順序起動により，モータに過大な起動電流が発生することが避けられる。

14) **遠隔監視**　コンベヤ設備は無人運転を行い，点検員が巡回することがあるが，常時人による監視ができない。大規模なコンベヤ設備では重要な箇所にITVを設けて，中央管理室から監視することがある。

15) **漏電防止**　漏電を防止するために，接地することが必要である。

（d）**保守管理上の配慮事項**　コンベヤ設備は広い場所に広がるが，稼働中につぎの事項に重点を置き，日常点検をする。定期的にローラの交換，清掃，ベルトの伸びの調整をする。

① 蛇行状態　特に投入口
② 異音および回転してないローラの検出
③ 投入口および最も低い位置の落粉状態
④ シュートの輸送物の付着状態
⑤ クリーニング状態，特にヘッドプーリ部
⑥ テークアップの作動状態，起動・停止時
⑦ ベルトの損傷状態
⑧ スカートの状態
⑨ 駆動部の異音および発熱

参考としてISOの連続運搬機械の一般的な安全基準を文献に挙げる。　　　　　　　　　　（丸山繁久）

引用・参考文献

1) ISO 1819 Continuous mechanical handling equipment-Safety code-General rules
2) ISO 7149 Continuous handling equipment-Safety code-Special rules

〔2〕**流　体　機　械**

ここで取り上げる流体機械は，ある搬送用流体との混相状態で粉体あるいは粉粒体を輸送する機械装置をいう。粉粒体の輸送装置は，搬送用流体として空気を用いる空気輸送装置，水を用いてスラリ状で輸送する水力輸送（スラリ輸送）装置および粉粒体をカプセルに収めて空気または水により輸送するカプセル輸送装置があるが，ここでは空気輸送装置について述べる。

（a）**機種と用途**　空気輸送装置は，ブロア，ロータリフィーダ，輸送管，分離器（サイクロン，バグフィルタ）などの機器で構成される。その方式は，粉粒体の流動状態により，高濃度輸送（高濃度低速輸送，高圧輸送，高圧圧送ともいう）および低濃度輸送（低濃度高速輸送，中低圧輸送ともいう）に分類されるが，一般に固気比（粉粒体と輸送気体の質量流量比）が20～30を境としてそれより大きい場合を高濃度，小さい場合を低濃度と呼んでいる。低濃度輸送方式はさらに吸引式，圧送式および双方の特徴を併せ持つ吸引・圧送式に分類される（図4.4.33（a）～（c）参照）。それぞれの方式の特徴および用途は以下のとおりである。

1) **高濃度輸送**　この方式は，空気源にコンプレッサを使用し，おおむね100 kPaG以上の圧力をかけスラグ流またはプラグ流により圧送する方式であり，高濃度・低速を特徴とする。このため比較的細い輸送管で大容量の輸送ができる。空気源の圧力が高いので輸送条件の変動の影響を受けにくい，粒子の破砕や輸送管の摩耗が少ない，輸送空気量が少ないため分離捕集器も小形のものでよいなどの利点を持つ。

用途としては，セメントやアルミナなどの長距離または大容量の輸送，微粉炭や触媒の高圧容器への供給輸送，結晶粒など破砕しやすい粒子の輸送，約2 mm以下の粒子径の粉粒体の輸送などに適している。

2) **吸引式低濃度輸送**　低濃度輸送方式は，一定の流速の気体が流れる輸送管に粉粒体を供給し，気流中に分散・浮遊させて輸送する方式であり，低濃度・高速を特徴とする。

このうち吸引式は，ブロアを装置の最末端に配置して系内に真空状態を作り出し，吸引輸送するものであ

おそれがあるほか，ブロアの前段に粉じん捕集器を必要とする。穀類やアルミナなどの荷揚げ，気流乾燥などに用いられる。

　3）　**圧送式低濃度輸送**　この方式は，逆にブロアを装置の最先端に配置しておおむね 90 kPaG 以下の圧力で圧送するもので，1 箇所から複数箇所への分配輸送に適している。系統が正圧となるので隙間や摩耗孔が生じても外気の漏れ込みはないが，粉粒体が外部に漏れる可能性があり，供給口で粉粒体を吹き上げやすいため適切な供給機の選定を必要とする。石油化学工業で特に N_2，CO_2 ガスによる輸送に用いられる。

　4）　**吸引圧送式低濃度輸送**　この方式は，ブロアを供給部の下流に配置することにより吸引式と圧送式双方のメリットを持たせた方式であり，供給口での粉粒体の吹上げがなく，輸送は圧送によるので長距離輸送が可能となる。

（**b**）　**空気輸送装置の安全対策**　空気輸送装置の安全対策としては，系内における異常圧力上昇または減圧の防止対策および粉じん爆発対策が重要である。

　異常圧力防止対策としては，圧送方式の場合ブロアの吐出し側に安全弁および逆止め弁を設け，吸引方式の場合はブロアの吸入側にバキュームブレーカおよび逆止め弁を設ける。

　空気輸送装置は輸送経路，特にサイクロンやバグフィルタにおける静電気の発生は避けられない。このため粉粒体が可燃性物質の場合は静電気を着火源とする粉じん爆発に対し，以下のような対策を十分考慮する必要がある。

　①　機器類の接地およびフランジ部のボンディング
　②　バグフィルタに帯電防止沪布の採用
　③　機器に爆発ベントの設置

　このほか，当然のことながら電気機器は防爆防じん構造としなければならない。

（**c**）　**運転，保守管理上の配慮事項**　空気輸送装置の運転においては，以下の日常的な運転および保守面の管理が必要である。

　①　サクションフィルタ，ラインフィルタなどの圧力損失の増大（点検清掃およびエレメントの交換）
　②　バグフィルタの圧力損失の異常低下（沪布の破損）および増大（目詰まり，沪布の交換，清掃）
　③　ブロアの異常音，発熱（インペラとケーシングの接触，異物のかみ込み）
　④　軸受の異常音，発熱，振動
　⑤　輸送管の異常圧力上昇または減圧（粉粒体の付着閉そく）

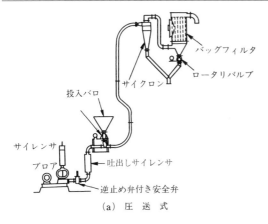

（a）　圧　送　式

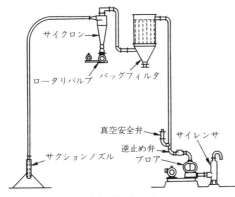

（b）　吸　引　式

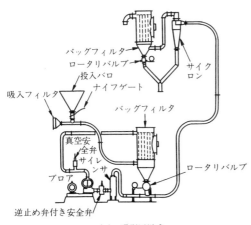

（c）　吸引圧送式

図 4.4.33　空気輸送装置の方式（日本アルミニウム工業株式会社パンフレット「空気輸送装置」）

る。この方式は，複数箇所から 1 箇所への集中輸送に適しており，輸送管への輸送物の供給が容易で発じんがない，粉粒体ブロアの潤滑油で汚れないなどの利点を持つ。一方，系統が負圧になるため隙間や摩耗孔から粉粒体が外部に漏れることはないが外気が漏れ込む

⑥ 輸送管の摩耗　　　　　　　　（松岡俊介）

〔3〕**運搬車両**

運搬車両は，動力の有無から自動車と非自動車に分けられる．また，使用場所から路上走行車と路上外走行車に分けられる．本項においては，〔4〕項のタンク貨車に示される鉄道車両および4.4.7項の建設機械に示される建設車両を除く運搬車両について述べる．

(a) **路上走行車**　道路交通取締法によると，自動車は大型自動車，普通自動車，大型特殊自動車，自動二輪車，小型特殊自動車，原動機付き自転車の6種類に分類している．この中で，大型自動車および大型特殊自動車は重量・外形の大きさ，頑丈な構造，運転者の視界の悪さなどの安全上の欠点が多く，特に安全上の配慮が必要な車両である．また，道路運送車両法では，特殊自動車として，以下のものを定めている．すなわち，キャタピラを有する自動車，ロードローラ，タイヤローラ，ロードスタビライザ，モータグレーダ，モータスクレーパ，ショベルローダ，ダンパ，モータスイーパ，フォークリフト，ホイールクレーン，トラッククレーン，クレーン用台車，ポールトレーラ，農耕作業用けん引車および土木作業用けん引自動車で，軽自動車以外のものならびに国土交通大臣の指定するもの（新機種についてはそのつど指定される）．

一方，日本産業規格自動車用語（その1 自動車の種類）JIS D 0101-1982 においては図4.4.34のように分類されている．

路上走行車については，道路運送車両法の構造基準および車両検査制度により，道路を共通使用する立場から，種々の安全装置が織り込まれている．したがって，運転者は運転マニュアルをよく理解し，万が一の場合，それらを活用して，事故の防止に努めることが肝要である．そこで路上走行車では安全運転のための方法について述べる．

1) **自動車の交通安全**　道路交通環境の全般的な悪化により，最近の交通状況はたいへん深刻であり，交通事故による年間死亡者数は最悪だった昭和期では1万人を超えていた．これらを防止するには，道路交通環境のさらなる整備充実を図るとともに，車両については，運転者の視界の確保，警報装置の充実，ブレーキ性能，ステアリング性能，操作性および居住性の向上，運転者については，運転技術の向上と注意力の向上が必要である．また，最近はより大きな意味での安全性として，環境への配慮が重要となってきている．そのため，排気ガスの清浄化と排出削減，騒音・振動の低減，排出オイル，廃棄タイヤ，廃棄車両などの適正処置が求められている．

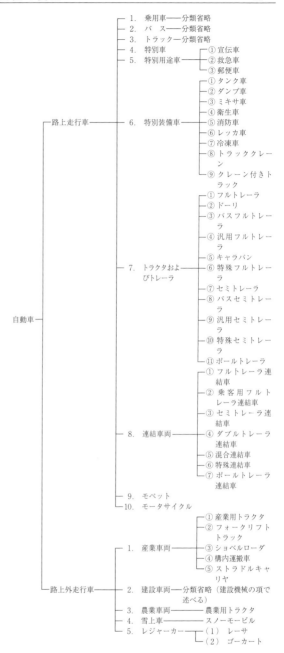

図 4.4.34　JIS D 0101-1982 による自動車の分類（抜粋）

2) **自動車の機能維持**　自動車の安全運転には車両の機能維持も重要である．そのために，定められた点検表に基づく日常の車両点検と整備および深い車両構造の理解による異常の発見・修理が重要である．もし，どうしても運転者自身がこれらを行えない場合は，専門の業者に代行してもらう必要がある．また，正しい運転で故障防止に努め，万が一運転中に不具合

な点に気付いた場合は必ず停止して，安全な場所での点検・修理を実施しなければならない。けっして，故障を無視して強行運転し，不幸な重大事故に遭うことのないよう，自重してほしい。

3) **安全運転の仕方**

ⅰ) 身を守る安全運転の心構え
① 人命の尊さを知ろう。
② 交通のルールを守ろう。
③ 思いやりと譲り合いの気持を持とう。
④ 自分の能力を正しく知ろう。
⑤ 心身の状態はいつも良好にしよう。——交通事故の原因の中には，運転者の心や身体の状態が影響しているものが少なくない。心理的に悪い状態としては，「怒り」，「あせり」，「おごり」などが代表的なものである。生理的なものとしては，「疲れ」のほかに発熱，頭痛，腹痛などがある。例えば，病気で気分がすぐれないとき，睡眠不足，過労などで体調を崩しているとき，あるいは心配事があるときなどは，気持ちに平静さを失っているために注意力が散漫となり，安全運転に必要な認知・判断・動作が遅れて，思いがけない事故を起こすことがある。運転者および運転者の管理者は，このような状態にならないよう平素から健康に留意して体調を整え，良好な心身の状態を保つようにしよう。
⑥ 「かもしれない運転」を心掛けよう。——「車がいつも来ないから，一時停止しなくても大丈夫だろう」，「自分の運転技術で，少々の危険は避けられるだろう」，「自分に優先権があるから，相手の車は止まってくれるだろう」，「このくらいのスピードなら，事故にはならないだろう」，このように自分に都合のよい予測をするのが「だろう運転」である。このような「だろう運転」は交通事故の原因になる。つねに危険を考えた「ひょっとしたら…かもしれない運転」をすることが大切である。

ⅱ) 安全運転のポイント
① 安全運転5則を守ろう
② 安全速度を必ず守る
③ カーブの手前でスピードを落とす
④ 一時停止で横断歩行者を守る
⑤ 交差点では必ず安全を確かめる
⑥ 飲酒運転は絶対にしない

ⅲ) 危険予測と安全運転
① 「かもしれない」は危険の予測
② 見えないことは存在しないことではない
③ 危険予測のテクニック

・情報の的確なキャッチ（前の車の前の車…）
・存在の察知（バスの陰の人…）
・相手の動きの予測（歩道の幼児の飛出し…）
④ 危険予測の事例学習
・交差点での左折（歩行者の飛出し…）
・交差点での右折（対抗右折車の陰から人…）
・見通しの悪い交差点（自転車の飛出し…）
・黄信号（前車の急停止…）
・追越し（対向車の接近…）
・側方通過（歩行者の飛出し…）
・横断歩道（子供の飛出し…）
・急カーブ（対向車のセンタラインオーバ…）
・雨の日（ブレーキ時スリップ…）
・夜間（歩行者の見落とし…）
・全日本交通安全協会〔頭脳的運転法（pp.1～31）〕

(**b**) **路上外走行車** 路上外走行車には自動車と原動機の付いていない小型運搬車がある。自動車は機動的運用のため，道路を走行する場合があるので，車両検査基準に合格させ，道路を走行することができる。この場合，小型特殊自動車あるいは大型特殊自動車として，道路交通法および道路運送車両法の適用を受ける。

1) **産業用トラクタ** 空港では航空機の移動，コンテナの運搬などに用いられている。また，製鉄所構内ではトレーラに載せられた重量物の運搬に使われている。いつも，1台から10台程度のトレーラを連結して引っ張ったり，飛行機を引いたり，押したりするので，トラクタとトレーラの動きについてよく理解し，予想どおり正確に動かせるよう訓練することが安全管理上重要である。

2) **フォークリフトトラック** フォークリフトトラックは荷役運搬機械として最も普及している機械である。また，その構造・性能はJIS D 6001に標準化され，統一が図られている。一般には1 t，1.5 t，2 tクラスのものが多く使用されているが，コンテナ運搬用，製鉄所構内運搬用として10～30 tクラスのものも使用されている。フォークリフトの原動機は小型のものはガソリンエンジン，大型のものはディーゼルエンジンが使われているが，建屋内の運搬用としてはススの出ないLPGエンジンや排出ガスの出ないバッテリを動力としたものが多く使われている。バッテリ式は運転が容易でクリーンで騒音が少ないことから，今後も構内運搬用の主力となるであろう。ただし，バッテリの充電のやりやすさの改善と充電頻度の低減は重要な課題である。

フォークリフトは重量物を高く持ち上げることか

ら，安定性が大事であり，ブレーキやステアリングのがたつき，マスト部の故障，タイヤの損傷は重大事故につながるおそれがあるので，綿密で計画的な保守・点検・修理が必要である．したがって，メーカの提示する点検・整備基準を厳守することが安全につながる．また，点検・整備基準のレベルアップのため，産業車両協会では安全規格の制定への協力・普及や点検・整備基準の制定と普及に努めている．

さらに，運転時の注意事項として，路上走行車に示した安全運転の指針に加えて，荷物を限度以上に積んだり，積荷姿勢が悪かったり，高く荷を持ち上げて，急加速・急ブレーキ・急ハンドルは，荷崩れ，転倒による人身事故につながるおそれがあるので，運転マニュアルをよく読み，厳守することが重要である．

3） **ショベルローダ** 構内のばら積み状態の材料の積上げ，積降ろしに使われるが，バケットに荷を入れて高く上げ，しかもステアリングを切った状態はかなり安定性が悪い．また，ストックパイルに乗り上げたときもかなり安定性が悪いので，転倒による人身事故の危険がある．したがって，運転マニュアルにある正しい運転が必要である．また，積荷時と空荷時ではブレーキ性能の差が大きいので，積荷時はスピードの出しすぎに注意が必要である．

4） **構内運搬車** 自動車で運ばざるを得ない重量物，数量の多いもの以外の運搬は人力運搬に頼る傾向が強い．特に中小企業においては運搬のかなりの部分を人力に依存している場合がある．しかし，人身の安全と運搬物の保護の面から考えると，人力運搬は融通性の面で優るが，数量が多くなってくると，疲労のため，つい油断を生じ，事故につながることが多い．このため近年，さまざまな種類の構内運搬車が考案されているので，いくつか実例を述べてみたい．

ⅰ） 大重量物の運搬 フォークリフトでは，安全な運搬が困難な場合，専用の運搬車が作られる．特に，製鉄所構内での例が多く，ノロ運搬，コイル運搬などに使われている．いずれも，かなりの重量があり，危険を伴うので，正しい荷姿と適正積載量の厳守が重要である．

ⅱ） 組立時の運搬 ビルディングの建設などで，内装および，外壁の工事の際，窓枠，ガラス，壁面などの水平，垂直運搬がかなり増加している．この要求に応え，10 kgから1 t程度の部材を任意の位置に移動し，組み付けるためのハンドリング機械がつぎからつぎへと開発されている．安全作業の面から好ましいことであるが，落下の危険があるので，取扱いおよびメンテナンスについて十分な注意が必要である．

ⅲ） 高所への運搬 近年，ビルディング建設の増加，電設工事の合理化に応えて，高所作業車の普及が著しい．作業者と部材を同時に高所に送り込んでくれるので，部材をかついで足場を移動することに比べれば，圧倒的に疲労が軽減し，安全性も向上した．さらなる活用に工夫が必要であろう．

ⅳ） 無人運搬 合理化・省人化のため，無人運搬が必要な場合，無人搬送台車の採用が活発化している．無人搬送台車はベルトコンベヤやエレベータより汎用性が高く，無人倉庫，無人加工機械・ロボットなどと組み合わせて，省人化効果を上げている例が多い．この場合，走路の明示による立入り制限や衝突防止用の障害物検知装置（非接触・接触の両方）が安全に重要な役割を果たしている．

5） **ストラドルキャリヤ** コンテナの海上輸送の普及に伴い，港湾におけるコンテナの運搬が著増し，ストラドルキャリヤが増加している．非常に大型で，特殊な外観をしているが，コンテナ保持の信頼性向上と衝突防止機能が重要である．

6） **農業用トラクタ** 乗用タイプと非搭乗タイプの2種類がある．日本では耕地面積が狭いため，小型乗用タイプと非搭乗タイプが普及している．また泥ねい地で強いクローラ式と機動性のあるタイヤ式に分かれる．農業用トラクタは田から農道への移動時や水没した凹凸の多い田の中の作業時などの足場が悪いときに転倒の危険があることを十分に理解した運転が必要である．転倒すると，下敷きになって外傷を受けるだけでなく，ガソリンの漏れと引火による火傷も考えられるので，安定性が良く，火災防止機構の十分な車両を購入したい．また，道路上を走行するときは低速走行しかできないことと，急にハンドルが切れる特性をよく理解し，周りに危険が及ばないように運転することが必要である．

7） **スノーモービル** 土よりもさらに軟らかい雪の上を走るため，転倒に対する注意が必要である．さらにスキー場のゲレンデなど人混みの中を走るときはキャタピラに人を巻き込まないよう，周りに十分気を付けてほしい．視界の悪い方向に対してはぜひテレビカメラなどの監視装置を作る配慮がほしい．

8） **レーザ，ゴーカート** レーザ，ゴーカートはかなりのスピードが出る構造となっている．また，軽量に作られており，安全装置も少ない．したがって，専用の安全装置の完備した競技場で，管理者の十分な安全管理の下で，使用されるべきである．

9） **小型運搬車両** 動力の付いていない小型運搬車両の概要について記す．

ⅰ） 小型運搬車両の種類 産業車両のうち動力を用いない方式のものを一般に小型運搬車と見てよ

い．主として人力により構内，屋内で荷物を運搬するもので，その分類は
① 手車　　ねこ車（でっち車），パケット車，フレーム車，油圧リフト付き手車
② 手押し車　　片そで3輪手押車，両そで4輪手押車
③ ハンドリフトトラック
④ ハンドパレットトラック
⑤ レールトロッコ　　木製トロッコ，鉄製トロツコ

ⅱ）小型運搬車両の走行抵抗　　レール用トロッコは0.01，走行時は0.004～0.007ぐらいであるが，レールによらない地上運搬車では
① 滑らかなコンクリートまたは木製床面　　0.015～0.025
② 固い砕石で固めた床　　0.015～0.025
③ 石畳みまたはれんが敷き　　0.025～0.035
④ じゃり道　　0.03～0.04
⑤ 粘土層または砂地　　0.1～0.15

ⅲ）小型運搬車両の使い方
① 車体の型式は荷物の大きさなどによって，手押し可能な走行抵抗が決まり，最も適切なものを選ぶ．
② 車輪の種類は床面仕上げにより，また騒音の発生を考慮して，ゴム付き，鉄輪，合成樹脂などを選ぶ．
③ 運搬車への積付高さは，1200 mmを中心に±500 mmの間にする．
④ 運搬車を押すときの姿勢は地上750～850 mmぐらいの高さがよい．
⑤ 作業上の状況への対応
　ア）通路は舗装されて，すれ違い，Uターンができる幅を必要とする．
　イ）出入口の大きさは運搬車の出入れに対し余裕があること．
　ウ）扉の下部シール，通路のこう配も考慮に入れる．

以上，小型運搬車両について概略を述べたが，構内運搬用としては自在性・経済性の面で問題がある場合でも，すでに4)の構内運搬車のところで述べた理由で人力運搬は極力避けるべきである．　　（加藤好明）

〔4〕タンク貨車

タンク貨車は，石油，化成品などの貨物（液体，粉体物質）を輸送するためのタンク体を有する貨車で，JR貨物で輸送しているものは約1300両あり，そのすべてが私有貨車である（※1　工場内の線路のみで使用する貨車，いわゆる産業車両等は含まない）．

私有貨車とは，所有者（JR貨物以外の商社，製造会社等）が自社の製品を輸送するためにその性質や形状に適合した貨車を保有（所有権は所有者）し，JR貨物の車籍に編入した貨物である．鉄道輸送する際の運転上の取扱い，貨物の保守管理などはJR貨物保有貨車と同等に取り扱うもので，その歴史は明治時代の石油輸送まで遡ることができる（※2　私有貨車には，タンク貨車の他に，ホッパ貨車（穀物やセメント等の粉粒体貨物用），大物貨車（変圧器等の特大貨物用），無がい貨車（レール積み）等が約200両ある）．

タンク貨車に対する関係法令は，大別すると車両の構造に関するものと，積載する貨物の種類により適用されるものとに分けられる．

車両の構造に関しては鉄道営業法および鉄道事業法に基づく国土交通省令の「鉄道に関する技術上の基準を定める省令」により，鉄道車両として満たすべき安全性や，車両の大きさ，重量などが規定されている．また，JR貨物では「車両構造実施基準」，「車両構造等設計標準（規程）」を制定して細部の構造の基準としている．

一方，積載する貨物の種類により適用される法令はつぎのとおりである．
・高圧ガス　　「高圧ガス保安法」
・火薬類　　「火薬類取締法」
・放射性物質　　「放射性物質関連法令」

なお，タンク貨車には「消防法」，「毒物及び劇物取締法」は適用されないが，鉄道・道路・船舶の複合輸送に供されるタンクコンテナは，「高圧ガス保安法」も含めすべての法令が適用される（船舶輸送に供されるものは，船舶安全法も適用される）．

危険物の分類に関しては，法令等による分類が種々なされているが，JR貨物においては，国連による危険物の分類法に準拠した**表4.4.1**に示す分類により，車両・コンテナの構造や保安対策を講じるとともに，異常時に対応するため，これらの分類に応じてマニュアルを作成している．

JR貨物による貨物輸送には，タンク貨車などによる車扱い輸送の他にコンテナを専用の貨車で輸送するコンテナ輸送が行われている．コンテナ輸送では戸口から戸口までの輸送が可能になるので，車扱い輸送に比べ機動性に優れており，今は，鉄道貨物輸送の主力となっている．

これらの状況の中でタンクコンテナによるコンテナ輸送も拡大しており，現在では約1900個のタンクコンテナが鉄道輸送されている（**図4.4.35**参照）．タンクコンテナはタンク貨車と同様に私有コンテナであり，安全性などについてはタンク貨車に準じているが，駅頭からはトラック輸送や船舶輸送となるため，道路運送，船舶運送の諸法令にも合致させている．

　　　　　　　（田村　叡，松岡俊浩，西田宏太郎）

4. 機械と装置の安全

表 4.4.1　タンク車用途別種類

種類	用途	用途例
1種	主として可燃性の液体および揮発性の低い液体（引火点70℃以上沸点80℃以上）に用いる。	石油類（ガソリンを除く）ほか
2種	主として引火性が強く揮発性の高い液体（引火点70℃未満）に用いる。	ガソリン，アルコールほか
3種	主として酸類，アルカリ類ならびに腐食性の強い液体に用いる。	塩酸，硫酸ほか
4種	主として爆発性有毒性の大きい液体に用いる。	メタノールほか
5種	1～4種以外の液体（最高使用圧力 0.2 MPa を超えるものおよび特殊な液体）に用いる。	白土液など
6種	高圧ガス保安法の適用を受けるものに用いる。	液化塩素ほか
7種	液体以外の粉末その他に用いる。	アルミナ，セメントほか

（a）12 ft タンクコンテナ

（b）20 ft タンクコンテナ

図 4.4.35　タンクコンテナ

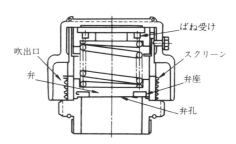

図 4.4.36　単動式タンクローリ

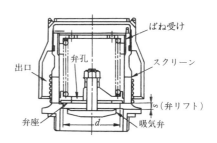

図 4.4.37　複動式タンクローリ

〔5〕**タンクローリ**

危険物を移送するタンクローリ（法的な名称は移動タンク貯蔵所）に関する安全装置は，移動貯蔵タンクの内部の圧力が上昇した場合にタンクに過度な圧力がかからないようにする目的で，空気安全弁の取付けが「自治省令第15条第1項第4号」に定められている。この主要諸元については「移動タンク貯蔵所の位置，構造及び設備の技術上の基準に関する指針等」の第6安全装置の項にその具体的な例として構造，作動圧力，有効吹出面積，引火防止装置について規定されている。

（**a**）**構　　造**　単動式（図 4.4.36 参照）と複動式（図 4.4.37 参照）のものがある。単動式のものは，排気弁が設けられ，複動式のものには排気弁に加え，吸気弁が設けられている。

（**b**）**安全装置の作動圧力**　常用圧力が 0.02 MPa 以下のタンクに関わるものにあっては，0.02 MPa を超え 0.024 MPa 以下。常用圧力が 0.02 MPa を超えるタンクに関わるものにあっては，常用圧力の 1.1 倍以下の圧力で作動するものとされている。

（**c**）**有効吹出し面積**　容量が 2 kL 以下の室（間仕切りにより仕切られたタンク部分をいう）に関わるものにあっては，15 cm² 以上，容量が 2 kL を超えるタンク室に関わるものにあっては，25 cm² 以上であることとされている。

（**d**）**引火防止装置**　この安全装置の蒸気吹出し口には，引火防止装置を設けることとされており，当該装置を金網とする場合は，40メッシュのものとすることになっている。

なおこの安全装置は，規格適合検査および定期点検の対象装置として点検の義務がある。　（青野忠一）

〔6〕船　　　　舶

船舶には，軍艦，漁船，プレジャボートなども含まれるが，運搬機械としての観点からここでは旅客または貨物を運送する船舶（旅客船および貨物船）のみを対象にする。

船舶の健全性は，旅客，乗組員および貨物の安全性に影響を与えるのみならず，荷役などの作業においては港湾作業に従事する人々の安全性にも影響を与える。また，例えば，タンカーに重大事故が発生すると，漏洩した油による海洋汚染によって環境に深刻な影響を与える。

さらに，船内における機関の整備など種々の作業に伴い，機関室にはビルジ（機関の整備，掃除などによって生じる油と海水の混合物）が生じる。また，乗組員の生活に伴い，し尿などが生じる。これらをそのまま海洋に投棄することは環境破壊につながるため船内で適当に処理した後，焼却，投棄あるいは貯蔵する。

船舶が安全にその使用目的を果たし，かつ，不測の事態が発生した場合にも，旅客，乗組員および貨物の安全ならびに海洋環境などを守るためには，つぎに示すような各設備が安全に機能を果たす必要がある。

① 船体および操舵，係船などの艤装設備
② 機関，電気設備
③ 消火，防火，脱出設備
④ 危険物その他の特殊貨物の積付設備
⑤ 焼却設備（ビルジの処理）
⑥ 荷役設備
⑦ 救命設備（救命艇など）
⑧ 居住設備
⑨ 航海設備（レーダ，ジャイロコンパスなど）
⑩ 無線設備
⑪ その他の必要な設備

また，船舶は荒天時においても十分な復原性[†1]が必要であり，かつ，船体の一部が損傷により破損し，そこから海水が浸入した場合の復原性についても，船舶の種類，大きさなどに応じて最低要件が要求されている。このほか，タンカーでは，損傷による海洋汚染の見地から，貨物タンクの配置および大きさが制限されるなど，船舶の種類，大きさ，航行する海域などによってさまざまな規制がある。これらに関し，わが国の場合，船舶安全法などに規定されている。また，これらは船舶が登録される国（船籍国）の法律あるいは船籍国政府に代わって検査を行う船級協会[†2]の規則によって若干異なることがある。

このように関係する人々の安全および環境などを守るため，船舶にはいろいろな法律，規則（以下，規則）が適用される。国際航海に従事する船舶では，この規則に各種の国際条約が含まれる。これらの規則は，科学技術の進歩あるいは発生した事故の教訓により，船籍国政府，船級協会あるいは国際機関（例えば，IMO[†3]）によって必要な改正が行われる。構造または設備などに関し，改正が行われた場合，新しい規則は，新たに建造される船舶にのみ適用される場合が多いが，就航している船舶にも適用され，改造などが要求される場合もある。

ところで，旅客船と貨物船を比較した場合，貨物船に従事する人々は，火災あるいは事故時の退船などといった緊急時に対し，日頃から法律により訓練を受けているが，旅客船には訓練を受けていない一般の人々も乗船している。したがって，旅客船はいろいろな面で，同じ航行区域に従事する貨物船に比べ，より安全であるように規則で要求されている。

船舶が就航するためには，建造中において，船舶が先に述べた設備および性能に対する要求を満たすことが確認されなければならない。このため，完成した設備についての検査のほか，設備によっては，設計図面の調査，使用される材料の検査あるいはその製造に携わる溶接士の技量といった検査も実施している。また，製造所の設備および品質管理についても検査が行われる場合がある。この検査は，船籍国政府が実施する場合もあるが，船籍国によってはその一部もしくはすべてを政府が認める船級協会に委託することがある。検査に合格すると船舶の種類に応じて必要な各種証書など（以下，証書）が，船籍国政府もしくは船籍国に代わって船級協会から発給される。

---

†1　船舶が風，波などの外力を受けて傾斜した場合に，元に戻る性質。過度の復原性は船体運動の周期を短くし，かつ，傾斜を大きくすることがある。このため，乗り心地が悪くなるとともに船体，貨物に損傷を与えるおそれがある。したがって，適当な復原性を与えるように設計され，かつ，適切な積付けにより運航されることが重要である。

†2　船舶の安全性に関し，政府の規制が実施される以前から，船舶および貨物に対する海上保険のため保険会社に代わって船舶の検査を実施してきた技術団体。現在では，当初の目的のほか，船籍国政府に代わり，人命の安全，海洋環境の保護などの目的のため，船舶の構造，設備全般に関する検査を実施している。船籍国政府の規則が船級協会のそれより厳しい場合は，船籍国政府の規則が適用される。

†3　国際連合の下部機構の一部。International Maritime Organization（国際海事機関）。

また，国際航海に従事する船舶では各種国際条約に定められた証書が同様に発給される．これらの証書には有効期限があるものが多く，さらに途中で定期的な検査を要求しているものもあり，就航後も船舶は検査を受ける．また，就航後，検査を受けた設備を変更する場合または衝突などにより損傷を受け，修理する場合にも検査を受ける．このように船舶の安全性は，政府またはそれに代わって船級協会によって確認されるが，確認後，その安全性が引き続き維持されるためには，当然船主および乗組員による日常および定期的な保守が必要になる．

船舶が所持する証書は港において関係者に船舶の安全性を証明するものとして提示される．このような証書の中には荷役設備に関するものもある．コンテナ船など船舶自体に荷役設備を持たず，港湾施設を使用して荷役を行う船舶を除いて，一般には，船舶の設備を用いて荷役が行われる．したがって，必要な検査を受け，有効な荷役設備の証書を保持することは，港湾労働者の安全に関わる．

有効な証書を所持している場合でも，港において，関係者が船舶の検査を実施することがある．安全性に影響を与える欠陥が発見された場合には，それが改善されるまで，荷役の停止あるいは出港の禁止などの処置がとられる．

船舶はすでに述べたように検査および保守を受けているが，就航中，衝突，座礁，沈没，火災，爆発，漂流などといった海難事故を被ることがある．海難の発生原因の多くは，人為的なミスによって発生している．したがって，海難防止には，決められた手順，法規を遵守した運航および運航に応じた乗組員の教育が重要である．また，人為的なミスも機器の改良，監視警報装置の設置などにより防ぐことができる場合もあり，必要な改善が上記の関係者によって行われる．海難には種々の原因があり，すべてについて触れることはできないが，おもなものについて若干の説明を行う．

① 衝　突　法規を無視した操船または自船の性能に対する不適切な操船および機関，航海機器の整備不良などによる故障により発生．
② 座　礁　衝突と同様な原因により発生するが，最新の海図の不備によっても発生．
③ 沈　没　復原性を無視した積付け，不適切な荒天回避による船体損傷からの浸水または荷崩れによる復原性の喪失などにより発生．
④ 火　災　保守不良の機関（例えば，燃料油管）などから漏れた油が高温の部分（例えば，排気管）に触れ出火，電気設備（例えば，主配電盤）から出火，あるいは貨物火災により発生．
⑤ 爆　発　機関，ボイラの整備不良による機関室内爆発あるいは貨物タンク内の可燃性ガスが何らかの原因による爆発より発生．
⑥ 漂　流　機関，操舵装置の故障により発生．

つぎに，海難事故のうち，最も深刻な海難事故について述べる．重大海難が発生し，船長が他船などの救助が必要と判断した場合，遭難信号が発信される．遭難救助は国際的な協力が必要であることから IMO により国際条約（SAR 条約）[†1]が定められ，船舶の船籍が自国か否かにかかわらず救助活動が開始される．

遭難信号には決められた周波数が使用され，この周波数を他の目的で使用することは禁止されている．遭難信号は公的機関（例えば，わが国の場合，海上保安庁など）あるいは海上にいる船舶に受信され，救助活動が開始される．IMO による国際条約（SOLAS 条約[†2]）は，海上にある船舶に対し，常時，遭難信号の監視を義務付けており，この信号を受け，遭難船から救助を要請された船舶は，遭難船舶の救助に赴く義務が生じる．このような船舶の相互救助により，公的機関による迅速な救助が困難な海域においても救助活動が実施される．

遭難時に，救助が間に合わず，乗組員が退船する場合，乗組員は救命艇，救命筏を利用する．これらの中には漂流中の食料，医療品などのほか，救助者に合図するための備品（例えば，落下傘付き信号，発煙浮き信号）が積み込まれている．このほか，退船する場合には，持運び式無線装置，EPIRB（emergency position-indicating radio beacon：非常用位置指示無線標識）を救命艇などに積み込み，遭難信号を引き続き発射する．EPIRB は通常，船橋に取り付けられており，救命艇などに運び込む時間がなく船舶が沈没した場合，海面上に浮かび，自動的に遭難信号を発射する．EPIRB から発射された信号は人工衛星を介して地上受信局に受信され，遭難船舶の識別，位置などが，その海域を担当する国に連絡され，救助活動が開始される．

（池田　均）

〔7〕航　空　機

航空機は運搬機械の用途として乗客輸送と貨物輸送に大別される．法規上はいずれの輸送も民間機と軍用

[†1] International Convention on Maritime Search and Rescue, 1979（1979 年の海上における捜索および救助に関する国際条約）．

[†2] International Convention for the Safety of Life at Sea, 1974〔1974 年の海上における人命の安全のための国際条約（最初の SOLAS 条約は，1912 年処女航海で氷山との衝突により沈没し，1 490 人の犠牲者を出した豪華旅客船「タイタニック号」の惨劇により締結された）〕．

機に適用が分かれているが、航空機に携わる人員への安全思想については基本的に同一である。ここでは航空機の安全構造そのものの解説ではなく、乗客、整備員に対し、航空機の安全に関する法規と設計上の観点から安全装置・安全対策について、最近のアプローチ方式を中心に記述する。

(a) 関連法規

1) 民間機　航空機は国際的な輸送機関であるため、その飛行や構造上および装備上の安全性については国際的な ICAO (International Civil Aviation Organization) においてその基準が定められ、各国ともこれに基づいて法律を定めている。日本には国土交通省が制定した「耐空性審査要領」があり、米国では、米国連邦航空局の安全設計基準 FAR (Federal Aviation Regulations) がある。なお、欧州域内の基準として「CS」(Certification Specifications) で統一する動きもある。機体に搭載する装備品も細かく規定され、日本ではサーキュラー集[1] などで規制準拠されたものが搭載を許可されることになっている。

2) 軍用機　軍用機には米軍規格があり、航空機の安全性に対する体系的な規定に基づいて設計開発するようになってきている。その代表的なものに、MIL-STD-882 E がある。航空機の企画、設計、製造、運用、整備、廃棄までのライフサイクルの間、一貫した安全性の事前評価と検証による安全の確保を義務付けている。特に電子機器の安全性に対する一般的要求事項は MIL-STD-454 N に、また人間工学的配慮については MIL-STD-1472 F に細かく規定されている。

(b) 安全装置・安全対策の法規上の考え方

1) 民間機　1950年代、英国航空局と設計者の間で、自動着陸システムを設計する際、1フライト当りどのくらいの故障発生確率を考えればよいか、あるいは環境条件により一つの、または複合するシステムの性能の変化や故障をどう扱うかという問題が起きて、従来の伝統的な方法では設計の妥当性や評価ができないことがわかった。当時、英国航空局は何とかこの問題を克服するためターゲットセーフティレベルを設け、耐空証明への足掛かりとした。コンコルドの開発で、その複雑なシステムや新技術/新要求に対し、英国、フランス両国でこのターゲットセーフティレベルをさらに発展させたのである。その後欧州も米国も安全の要求基準として、故障発生確率とその結果が及ぼす危険の度合い（尺度）の間に逆乗法を用いるべき、という一般的な法則を採用するようになってきたのである。その代表的なものに FAR 25.1309 の要求がある。

安全の尺度の捉え方として、そのベースは経験上重大な事故が $1\times10^{-6}\,h^{-1}$ の発生確率となっていることに基準を置いている。われわれの日常生活における事故の発生確率と同等レベルと考えてよい。過去の記録から航空機の全システムに帰因する事故は 10% すなわち $1\times10^{-7}\,h^{-1}$ のレベルであり、これは各システム（動力、操縦、アビオなど）に分布内在していることになる。したがって、機体全体のシステムで $1\times10^{-7}\,h^{-1}$ 以下にすべて指針となるが、システムまたはシステム間の故障まで決めるのは困難で扱いにくいことから、機体は明らかに重大な事故を引き起こす100個の故障発生状態が随所気ままに存在するという仮定を設定し、$1\times10^{-7}\,h^{-1}$ を各システムに等しく配分して、いずれのシステムにも $1\times10^{-9}\,h^{-1}$ のリスクの割当てを受けるようにした。こうして各システムに対し致命的な故障に対する許容上限のリスク尺度を1時間飛行当り 1×10^{-9} と決定し、あまり重大でない結果をもたらす故障状態は逆乗法を用いて総括できるよう**表 4.4.2** の形で規定している[2]。

2) 軍用機　ここでは安全装置・安全対策に対し MIL-STD-882 E の安全性設計要求基準を例にとる。本基準には安全性設計の要求事項が挙げられ、これらに対し起こり得るハザード（危険性）を解消するため、安全手段に優先順位を付けて、「ハザードの厳しさ」と「ハザードの発生確率」を加味して許容レベル以下にリスクを押さえ込むという設計手順が示されている。

まず安全性設計要求事項では、設計初期から起こり得るハザードの除去、リスクの最小化、危険からの隔離、危険への接近配慮、ヒューマンエラーによるリスクの最小化などを考慮させている。除去できないハザードに対しては、インタロック、冗長化、フェールセーフ設計、システムプロテクション、ファイアサプレッション、防護服、防護装置、防護手段などを設けている。さらにハザードが除去できない場合は組立て、操作、整備および修理の各手順書に「警告」および「注意」を施すよう義務付けている。

また、安全性の優先順位としてシステム安全要求を満足し、識別されたハザードを解消するためにとる手段の優先順位としては、まず設計でリスクを最小化し、許容レベルに下げる。設計でハザードを排除できない場合は安全装置を組み込む。これらによってもハザードが排除できない場合は警報装置を設けさせている。さらに設計や各装置によってもハザードが排除できない場合は操作手段を設定し、訓練を行うという考え方をとっている。リスク評価は、問題にしているハザードを「厳しさのカテゴリー」（**表 4.4.3** 参照）と「発生確率のレベル」（**表 4.4.4** 参照）に関して特性付

4. 機械と装置の安全

表 4.4.2 故障状態の発生確率と厳しさの間の関係

機体および乗客に影響する故障状態	AC 25.1309-1 の定義	機体の能力や乗員の操作にはっきりした劣化を来さない。	機体の能力の低下または乗員の操作が限定される。		機体は安全な飛行継続や着陸ができない。
	CS 25.1309 の定義	安全余裕が若干下がる。ワークロードは若干増えるが，飛行計画では決まりきった変更であるかまたは身体的影響があっても乗客には損傷を与えない。	安全余裕は明らかに低減する。乗員の修正操作は限定されるかまたは乗客が負傷する。	安全余裕が大きく低減する。乗員は身体的に極度の疲労や正確なタスク遂行ができないかまたは乗客に重傷を与え一部は死亡。	機体の喪失または乗員・乗客の死亡。
CS 25.1309 の影響カテゴリー		minor (軽微)	major (重大)	hazardous (危険)	catastrophic (破局的)
RTCA DO-178 および AC 25.1309-1 のシステム機能に対する致命度カテゴリー		non essential (必須でない)	essential (必須)		critical (致命的)
FAR の定性的な発生確率の表現		probable (起こり得る)	improbable (起こる可能性が少ない)		extremely improbable (起こる可能性はきわめて少ない)
CS の定性的な発生確率の表現		frequent (しばしば起きる)	reasonably probable (起きるべくして起きる)	remote (まれに起きる)	extremely remote (きわめてまれに起きる)	extremely improbable (起こる可能性はきわめて少ない)
FAR および CS の定量的発生確率の範囲		10^{-3}	10^{-5}	10^{-7}	10^{-9}
		故障状態の発生確率（1 飛行時間当り）			

表 4.4.3 ハザードの厳しさ

記述	カテゴリー	災害の定義
catastrophic (破局的)	I	死亡またはシステムの喪失
critical (致命的)	II	重傷，重度の職業病，または重度のシステム損傷
marginal (限界的)	III	軽傷，軽度の職業病，または軽度のシステム損傷
negligible (無視)	IV	軽度の負傷・職業病・システム損傷に至らないもの

表 4.4.4 ハザードの発生確率

記述	レベル	各アイテム・レベルで	部隊または登録レベルで
frequent	A	しばしば起きる	連続して経験する
probable	B	一生のうちに数回起きる	しばしば起きる
occasional	C	一生のうちにいつかは起きる	数回起きる
remote	D	一生のうちに起きそうにないが，起きる可能性はある	まれに起きることが予想される
improbable	E	このハザードは起きないと考えてもよい	起きそうにないが，起きる可能性はある

けて評価するようになっている。設計によってハザードを排除することを第一優先とすべきことから，初期設計段階では定性的ではあるが「ハザードの厳しさ」のみを考慮したリスク評価で十分といえる。この段階でハザードを解消できなければ「ハザードの発生確率」をも考慮してリスク評価を行う必要がある。

（c）安全性に対する動向 事後処理の原理 (after the fact) として「事故が起きてから同様な事故を再び繰り返さないために，何をすべきか」という方式から，（b）項で述べたとおり，システム安全性の導入により事前解析による同定，解析，制御という考え方が主流になり，「事前にシステムのライフサイクルで，起こり得るハザードを予測し，解析してあらかじめ制御策を立て，これによって危険の度合いを意図するレベル以下に押さえる」という方式で今日の航空機は設計されている。

また，ソフトウェアに代表される複雑システムの開発保証が近年重要性を増しており，ガイドラインである SAE ARP 4754 A および RTCA DO-178 B/DO-254 に従った開発工程の管理が求められる。開発保証活動に求められる詳細さ/厳密さは，表 4.4.2 にて識別された CS 25.1309 の影響カテゴリーに応じて設定される。Catastrophic/Hazardous のような死傷者を伴う故障状態を引き起こすおそれのあるソフトウェア開発には，作業計画書の準備，仕様設定やコーディング方法に関する規定の整備，検証方法/結果の記録など厳密な活動が必要となる。これによりライフサイクル全般にわたる品質が厳しく管理され，ソフトウェア不良に起因する重大事故の発生を防ぐ開発プロセスとなっている。

〔篠田和英，山口恭弘，岡野 稔〕

引用・参考文献

1) サーキュラー集，航空機検査業務サーキュラー集，日本航空技術協会発行
2) Gilles, D. L., The Effect of Regulation 25. 1309 on Air Craft Design and Maintenance, SAE Aerospace Congress & Exposition, Long Beach, California（3〜6, Oct., 1983）

4.4.6 揚重機械
〔1〕 ワイヤロープ

ワイヤロープ（以下ロープと呼ぶ）は高強度の鋼線を組み合わせた構造を有し，一体物の要素と違って
① 単位断面積当りの引張強さが高い。
② 柔軟性に富み，取扱いが容易である。
③ 耐衝撃性に優れている。
④ 長尺物が製造できる。

などの長所を有し，製造，運輸，土木，建築，鉱山，レジャーなどの産業のあらゆる分野で，非常に厳しい負荷を受ける主要強度部材として使用されている。この種の部材は，きわめて高い安全性が要求されることが多いため，ワイヤロープの使用にあたっては，用途に適した構造寸法の選定，適正な取扱いおよび保守，管理が重要である。

したがって本項では，クレーンなどに使用されるロープを中心に，その安全な使用に関する重要事項の概略を述べる。詳しくは『ワイヤーロープ便覧』[1]およびメーカのマニュアルなどを参照されたい。

（**a**） **ワイヤロープの選択** ワイヤロープには構成，より方，寸法，心の種類などの違いによりいろいろな種類がある。**表4.4.5**にクレーン関係で最近よく使用されているロープの断面，構成を示す（最近JISが改正されているので要注意）。これらの中から，用途・使用条件に適したロープを選ぶにあたっては，まず関連法規に適合することはもちろんであるが，一般的には ① 強度（ロープ径と種別），② 柔軟性，③ 耐疲労性，④ 耐摩耗性，⑤ 形崩れに対する抵抗性，⑥ 自転性，⑦ 耐食性，⑧ 伸びと弾性係数，⑨ 長さ，⑩ コストなどを考慮する必要がある。

（**b**） **ワイヤロープ取扱い上の注意** ワイヤロープは冒頭述べたような長所を有する半面，使用方法の不適切さにより損傷を生じて強度が低下しやすい欠点もあるので，例えば以下のような点に注意し損傷の生じないように注意して使用する必要がある。

1） **ロープの引出し方** ロープにキンクが生じないように必ず巻き解きとし，適当にブレーキを効かせて解けすぎないように注意が必要である。

2） **ドラムへの巻き方** ワイヤロープに張力によってよりが戻る方向に自転する性質があるので，溝なしドラムに巻くときは**図4.4.38**のような方向にし，

表4.4.5 クレーン関係でよく使われるワイヤロープ

呼称	フィラー形29本線6より	フィラー形29本線6よりロープ心入り	ウォーリントンシール形31本線6より	ウォーリントンシール形31本線6よりロープ心入り	ウォーリントンシール形36本線6より
構成記号	6×Fi（29）	IWRC 6×Fi（29）	6×WS（31）	IWRC 6×WS（31）	6×WS（36）
断面					

呼称	ウォーリントンシール形36本線6よりロープ心入り	ヘルクレス形7本線18より	ナフレックス形7本線34より	異形線ウォーリントンシール形36本線6より	非自転性フラットウォーリントンシール形40本線4より
構成記号	IWRC 6×WS（36）	18×7	34×7	6×P・WS（36）	4×F（40）
断面					

〔注〕 4×F（40）を除き，JIS G 3525 および JIS G 3546：2013 より引用。

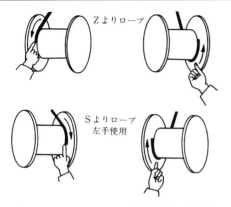

図4.4.38 ドラムにロープを取り付ける方向[1]

乱巻きにならないように注意する。地巻きについては「クレーン等構造規格」[2]では2巻き以上となっているが3～5巻き以上が望ましい。地巻きの端末の止め方は確実なものでなければならない。

（c）**ドラムおよびシーブの径** シーブおよびドラムの径（正しくは巻かれるワイヤロープの中心が描くピッチ円の直径）Dとワイヤロープの径dとの比D/dは，例えば「クレーン等構造規格」では**表4.4.6**のように定められている。ワイヤロープの寿命はこのD/d値によって変わるので，できる限り大きい値を採用するのが望ましい。

（d）**安 全 率** 安全率は作業の安全確保のためばかりではなくロープの寿命にも大きな影響を有するので，できるだけ大きく選ぶことが必要である。「クレーン等構造規格」ではこれを**表4.4.7**のように定めている。

（e）**運転および保守** ワイヤロープを新しく取り付けた後は「ならし運転」により安全や正常な状態を確認するとともに，運転中は過負荷やショック荷重を与えることを厳に慎まなければならない。

また，使用中は断線，摩耗，形崩れ，腐食の程度などに関して定期的に検査を行い，つねにロープの状態を把握しておかなければならない。さらに，使用中はロープ油の適切な補給を怠らないことが必要である。

ところで，ワイヤロープのそれぞれの損傷に対する廃棄基準は「クレーン等構造規格」に定められているわけであるが，その適切な運用にあたって特に以下の状況に配慮していただきたい。というのは，1987年から1991年にかけてワイヤロープの破断によるクレーン災害がかなりの件数発生し，その原因調査のための実験的研究の結果から，移動式クレーンを中心に多用されているIWRC（鋼心入り）形のロープでは，許容された$D/d=16$，定格荷重程度の使用条件下で，断線を中心とした内部損傷が外部に先行して生じやすいことが確認され[3]，しかもそのような損傷状態は現在主流となっている外観検査では把握が非常に困難という状況が判明したからである。いまのところこの問題についての簡易で信頼性の高い解決策は定められていないようであるが，内部の損傷をチェックする方法の採用，断線についての廃棄基準を厳しくする，D/dを例えば20以上とする，さらには使用期間を短くするなどの対応が緊要と思われる。

なお，損傷状態の検査においては，端末固定部，頻繁にシーブを通る部分，さらには厳しい環境にさらされる部分など，局部的な弱点となりやすい箇所については特に念入りな検査が必要である。　　（田中正清）

引用・参考文献

1）ワイヤーロープ便覧編集委員会，ワイヤーロープ便

表4.4.6　クレーン等構造規格によるD/dの値

クレーン	移動式クレーン	デリック	エレベータ	簡易リフト	建設用リフト
吊上げ装置などの六つの等級およびロープの構成による区分3グループによって細かく規定（第20条）	ワイヤロープの用途3区分および構成による区分3グループによって細かく規定（第20条）	≧20（イコライザ）≧10	≧40	≧20（イコライザ）≧10	≧20

表4.4.7　クレーン等構造規格によるワイヤロープの安全率

クレーン	移動式クレーン	デリック	エレベータ	簡易リフト	建設用リフト	玉掛け
ワイヤロープの用途4区分および吊上げ装置などの六つの等級によって細かく規定（第54条）	巻上げ用≧4.5　ジブ起伏用　ジブ伸縮用≧3.55　ジブ支持用≧3.75	巻上げ用　起伏用　}≧6　旋回用　ブーム　支持用　ガイロープ　}≧4	巻上げ用≧10　ガイロープ≧4	巻上げ用≧6	巻上げ用≧6　ガイロープ≧4	≧6

〔注〕　ただし，上記安全係数はジブ抵抗ならびに揚程50m以下の場合のロープ自重を除く。

覧，白亜書房（1967）
2）労働省安全衛生部，安衛法便覧 平成3年度版（1994）
3）田中正清，ワイヤロープの内部損傷と問題点，セイフティエンジニアリング，17-4, p.6 (1991)

〔2〕 ホイスト

ホイストはだれでも容易に操作できる軽便な荷役機械であるが，取扱いが悪いと故障することもあり，重量物を扱うため危険を伴いやすく，また高所（天井）に取り付けられることが多く，ねじ1本の脱落が災害事故につながる可能性を有している。しかしこのような故障や事故は，ほとんどが簡単な取扱い上の注意や，事前の定期点検により予防できるものである。定期点検は，「クレーン等安全規則」で規定されており，企業自体で専門的保守要員を置いたり，メーカと保守契約を結ぶことにより行われている。

最近はインバータ制御など特殊性能を持ったホイストが普及してきており，より安全性を重視した扱いやすいホイストを求める声が高い。そのほか，特殊用途用として防爆ホイストなどがある。

(a) ホイストの概要　ホイストは大別して，1本桁を走行するモノレール形と，2本桁を走行するダブルレール形があり，さらにモノレール形は普通形と天井が低く巻上げ有効距離（リフト）をできるだけ大きくとりたい場合に好適なローヘッド形とに分類される。代表的な普通形の巻上げ部分の構造を図4.4.39に示す。右側部分はブレーキ付きモートルであり，中央部分はワイヤロープ巻胴，左側部分は減速歯車および補助ブレーキである。

トロリ部分の構造について図4.4.40に示す。右側部分はブレーキ付きモートル，中央部分は減速歯車，左側部分はホイルである。その他，図にはないが押しボタンスイッチおよびフックブロック（フック）がある。

安全装置としては主ブレーキのほかに補助ブレーキ，巻きすぎ防止のためのリミットスイッチが付き，また最近では巻下げすぎ防止のためのリミットスイッチを付加する場合がある。そのほか過荷重防止装置が付けられることもある。

(b) 微速付きホイスト　従来ホイストの速度は1速（定格速度）のみであったが，用途により特に機器組立作業用として，低速度が出る（1/10速，1/4速，1/2速など）微速付きホイストが重宝がられてい

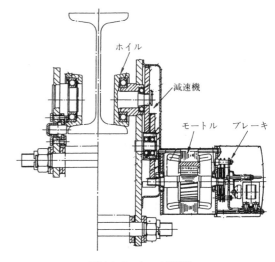

図4.4.40　トロリ部構造

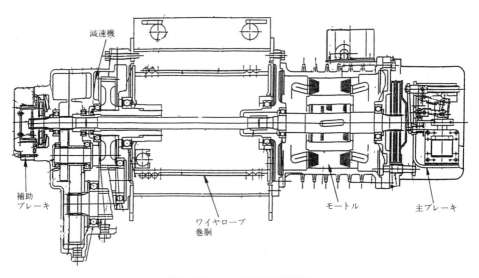

図4.4.39　ホイスト巻上げ部構造

る。機器組立時の作業のやりやすさ，安全性が一段と向上したホイストである。これは親子モートルを採用し，切り替えて使用するものである（図4.4.41参照）。

図4.4.41　微速付きホイスト

（c）**インバータホイスト**　インバータ制御を採用した画期的なホイストである。普通形は1速，微速付きは2速しか出ないが，これは1/10速まで無段階に任意の速度が得られるものである。また加減速がスムーズに行うことができ，始動時，停止時の衝撃が緩和され，より安全性が高められた（図4.4.42参照）。

（d）**特殊ホイスト**　化学工場など爆発性ガス

図4.4.42　インバータホイスト

のある場所でも安全に使用できる防爆形ホイストがある（図4.4.43参照）。スイッチやブレーキ，モートルなど電気部分が防爆構造となっている。たまに機械部分で互いが摺動する部分に，火花の出ない材料を使うこともある。防爆構造として耐圧防爆形，および安全増防爆形があるが，主流は耐圧防爆で対象ガスは爆発等級d_2，発火度G_4である。

図4.4.43　防爆形ホイスト

（e）**ホイストの取扱い法**　揚重機械によって発生した災害のうちで最も多いのは，吊り上げられた物と他の物に挟まれる事故で，これは玉掛けする者が一番注意しなければならない。さらにフック部分に関するもので，これは十分な点検により事故防止は可能である。そのほか，正しい玉掛け作業を行い，運転時，走行の際の急起動，急停止によってショックを与えないようにすることが必要である。このように災害の多くは取扱い不良によって発生していることは注意すべきことである。

以下ホイスト（クレーンも含む）について，安全上のおもな注意事項を挙げるとつぎのとおりである。

① 定格以上の荷重をかけない。
② 玉掛けを正しく行い，荷を上げる際は一度ワイヤロープを張ってから巻き上げる。
③ 荷の重心の真上にホイストを移動させてから荷を吊り上げる。
④ ホイストの真下および走行進路内では操作しない。
⑤ 走行は静かに起動し，急停止は避ける。
⑥ 荷に人は乗らない。
⑦ 荷を吊ったまま放置しない。

⑧ 使用の済んだ押しボタンはホイストの真下に戻したところで離す．

（f）保守点検　保守点検には，① 作業前の点検（クレーン等安全規則第36条），② 月例点検（同第35条），③ 年次点検（同第34条）がある．

作業前の点検では試運転により正常な動作をするかどうかを確かめ，分解しないで確認できる範囲で点検するものであり，操作どおり正しく動くかどうか，リミットスイッチ，ブレーキの具合，異音がないかを確認し，さらにフック玉掛け具を外観で点検する．

月例の点検では毎月1回，スイッチ，ブレーキ，フック，ワイヤロープなどカバー類を外して消耗部分の点検を行う．

年次の点検ではホイストをIビームから降ろし，月例点検で行うことのできなかったマシンパーツ，ドラム部分，モートル，スイッチ類など全体を分解し，各部の摩耗損傷の有無を点検し補修交換する．そのほかIビーム，トロリ線についても点検する．点検内容についての詳細は，「天井クレーン点検基準」（クレーン協会発行）を参考にすればよい．

〔3〕クレーン

（a）クレーンの用途と種類　クレーンは各種原料や製品を間欠的に運搬する機械装置であり，直接生産手段すなわち材料の形状や性質を変える作業の中間工程や前後工程に広く用いられている．また，製鋼工場における特殊クレーンのように，生産プロセスの設備要素の形をとる場合もある．

クレーンは原則として荷を三次元的に移動させる機能を有している．荷の垂直移動に対しては巻上げ装置，水平移動に対しては横行，走行，旋回，俯仰などの装置を備えている．これらの機械装置を搭載し，これらに所定の関係位置を与え，荷役範囲をカバーし，荷重および自重を支え，かつそれらを基礎に伝達するために，トロリ，フレーム，ガーダ，ブーム，脚などの構造部分を有している．また，各駆動装置に動力を与え，かつこれを制御するための電気部分を備えている．

クレーンは，その用途や設置場所に応じて多種多様の形式をとっている．クレーン全般については日本機械学会「クレーンの名称およびその解説」を参照願うこととし，ここでは，この中のごく一般的なもの二，三を挙げるにとどめる．

1）天井クレーン　工場，倉庫，発電所，ポンプ場などの天井あるいは屋外の材料，製品取扱場や組立工場などに設置した走行レール上を走行するクレーンである．これらのうち最も代表的なフック付き一般天井クレーンについて，JIS B 8801で標準機能すなわち各運動速度，電動機出力，主要寸法，走行桁の設計に必要な車輪荷重，試験の基準などが制定されている（図4.4.44～図4.4.50参照）．

2）ジブクレーン　旋回あるいは俯仰する腕（ジブまたはブーム）に荷物を吊り荷役するクレーンで，固定式のものと走行式のものとがある．ジブクレーンは港湾の埠頭荷役作業，工場の屋外における運搬，組立，土木工事などにおける土砂搬出などに使用される．工場内で壁際の小物関係の取扱いに使用される壁

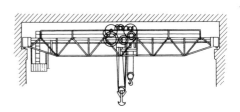

図4.4.44　天井クレーン

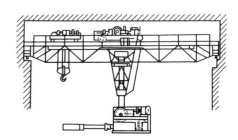

図4.4.45　装入クレーン

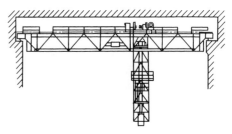

図4.4.46　鋼塊クレーン

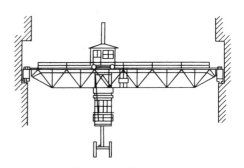

図4.4.47　原料クレーン

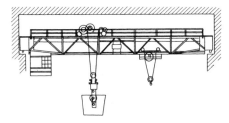

図4.4.48 鋳鍋クレーン

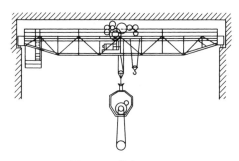

図4.4.49 鍛造クレーン

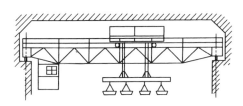

図4.4.50 マグネットクレーン

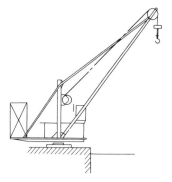

図4.4.52 ポスト形ジブクレーン

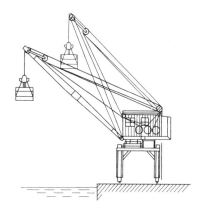

図4.4.53 高脚ジブクレーン

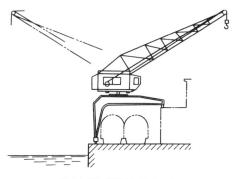

図4.4.54 片脚ジブクレーン

クレーンもジブクレーンに含まれる。水平引込みクレーンは，作業半径を増減する場合に荷を上下させることなく移動できるようにして高能率化を図ったクレーンである（図4.4.51～図4.4.58参照）。

3) **橋形クレーン** 地上に敷設したレール上を走行し，その橋桁上にトロリを乗せて荷役するクレーンである。フック付きは屋外における重量物の運搬，機械装置の組立て，埠頭における材料や製品の積込みあるいは陸揚げなどに使用され，グラブバケット付きは

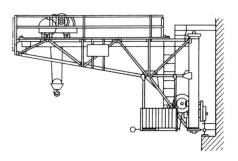

図4.4.51 壁クレーン〔クラブトロリ式（走行）〕

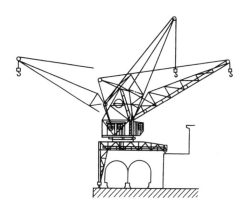

図4.4.55 ロコクレーン

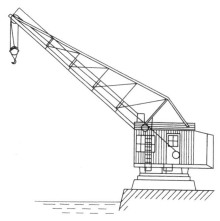

図4.4.56 コロパス付きジブクレーン（固定）

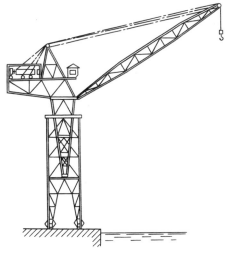

図4.4.57 塔形ジブクレーン

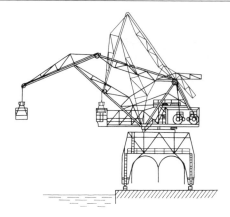

図4.4.58 引込みクレーン（ダブルリンク形）

おもに石炭・鉱石など原料の貯蔵場の荷役に使用される（**図4.4.59～図4.4.63参照**）。

4） アンローダ　石炭，鉱石などの各種原料の陸揚げ専用の高能率なクレーンで，製鉄所，火力発電所，ガス会社などにおける大規模な原料受入れ埠頭に設けられる（**図4.4.64，図4.4.65参照**）。

（b） 各部の機能および構造

1） **巻上げ装置（フック付き）**　図4.4.66はフック付きクラブトロリの巻上げ装置を示したものであ

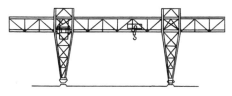

図4.4.59 クラブトロリ式橋形クレーン

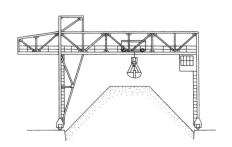

図4.4.60 橋形クレーン（バケット付き）

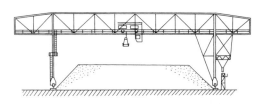

図4.4.61 マントロリ式橋形クレーン

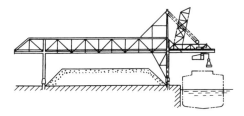

図4.4.62　旋回マントロリ式橋形クレーン

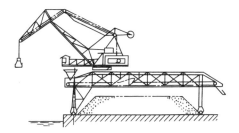

図4.4.63　引込みクレーン付き橋形クレーン

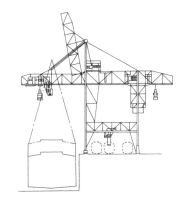

図4.4.64　マントロリ式アンローダ

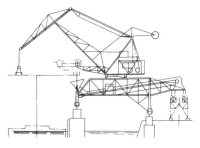

図4.4.65　引込みクレーン付きアンローダ

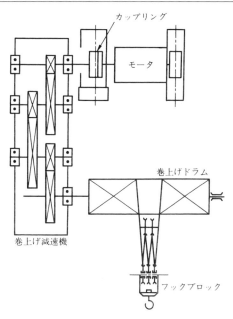

図4.4.66　巻上げ装置

る。電動機により減速ギヤを経て巻上げドラムを回転し，荷の上げ下げを行う。フックブロックはシーブ，ハンガプレート，スラスト転がり軸受，トラニオン，フックにより構成され，荷を吊った状態でも回転できるようになっている。フックは鍛鋼製で一般に容量50 t 以下は片鍵形，60 t 以上は両鍵形としている。

ワイヤロープは，従来は JIS G 3525，37本線6よりが使われていたが，最近は寿命的に優れているフィラー形29本線6よりを使うことが多くなった。ロープの掛け数は荷重が大きくなるに従い増える。すなわち10 t 以下では4本掛け，100 t 以上の大容量になると12～16本掛けとなる。ロープの安全率は法規で決められており，ロープ破断力に対し5以上とる必要があるが，クレーンの負荷条件に応じ6あるいは7以上とる場合もある。

ドラムのロープ溝は中央より左右対称に右ねじ，左ねじとし，フックが規定リフトの最低位置にあるときでもなお最小2巻，作業条件によっては3巻以上の余裕巻がとれる溝が切られている。

フックが最高位置まで巻き上げられた際，自動的に電動機が停止するよう巻きすぎ防止装置を必ず設ける。すなわち巻きすぎ防止用のリミットスイッチを備え，フックを最高位置まで巻き上げた末端で作動し電源を自動的に遮断し，巻上げブレーキ（電磁ブレーキまたは速度制御ブレーキ）が作用して電動機を停止させる。最近は巻下げ極限にもリミットスイッチを働かせ同様の作用を行わせることが多くなってきた。

2）　巻上げ装置（グラブバケット付き）　グラブバケットは支持用および開閉用ロープを持つダブルロープ式，開閉を油圧駆動で行う油圧式が主流を占める。これに応じて巻上げ装置は，ロープ式の場合，支持用（巻上げ用）および開閉用の二つのドラムを備えることとなる。巻上げ装置の方式としては単電動機

式，等容量2電動機式（セパレートウインチ），差動2電動機式（ボックスウインチ）の三つがある．等容量2電動機式構造の例を図4.4.67に示す．バケットのつかみまたは開きの動作は開閉用電動機のみを回転させ，昇降は開閉，支持両方の電動機を回す．なお，つかみの際は支持用ブレーキは緩め，バケットが荷に食い込むようにする．ワイヤロープは支持，開閉それぞれ2本を用いるともにZより，Sより各1本ずつを組み合わせて使用することにより，グラブバケットの自転を防止している．操作はハンドル操作のユニバーサル制御器で行われる．油圧式グラブバケットの場合の巻上げ装置はフック付きと同一構造である．開閉はグラブバケット内に装備している油圧装置で行われる．

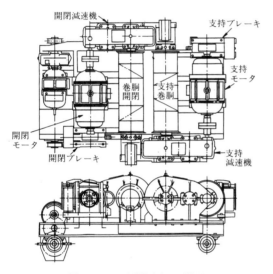

図4.4.67 2電動機式巻上げ装置

3) **横行装置** 図4.4.68のクラブトロリ式は，トロリフレーム上に設けた電動機より歯車減速装置を経て車輪（ホイル）を駆動する．車輪は両つば付き鍛鋼製または一般構造用炭素鋼，鋳鋼製である．ブレーキは電磁ブレーキまたは押上機ブレーキを用いる．

ロープトロリ式は電動機，減速装置およびドラムを

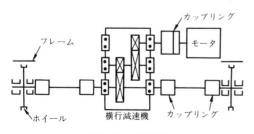

図4.4.68 横行装置

クレーンの桁上に設置し，吊り具（フックまたはグラブバケット）および巻上げ用シーブを備えたトロリをロープによって索引する．巻上げのみロープトロリ式とし，横行駆動装置をトロリに設けたものもある．

マントロリ式はトロリ自体に運転室を設け，吊り荷とともに運転手も移動する．駆動方式はクラブトロリ式と同様である．ブレーキは運転室内ペダルにより作用させる足踏み式油圧ブレーキまたは電磁ブレーキ，押上機ブレーキを付ける．

4) **走行装置** 図4.4.69のように，桁に設けた電動機より歯車減速装置を経て車輪を駆動する．車輪数はクレーン容量および機体重量に応じて，4輪，8輪，12輪，16輪または32輪などとする．走行装置は1台の電動機，1台の減速機で長軸を経て桁端部の車輪を駆動する1モータ式と，桁端部に単独に電動機と歯車減速装置を備えた2モータ式（図4.4.70参照）とがあり，最近は2モータ式が一般的である．ブレーキは足踏み式油圧ブレーキや電磁ブレーキ，押上機ブレーキが使用される．車輪は両つば付き鍛鋼製（JIS B 8811）が多く使われており，車輪径によっては（小径の場合）一般構造用炭素鋼を使う場合もある．

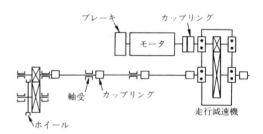

図4.4.69 1モータ式走行装置

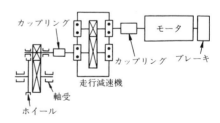

図4.4.70 2モータ式走行装置

5) **旋回装置** 旋回装置にはジブクレーンのジブ旋回を行う場合，トロリ式クレーンのトロリの巻上げ装置部を旋回させる場合，および吊り具部分を旋回させる場合などがある．いずれも旋回フレーム上の電動機により歯車減速機を介して，固定側フレームの旋回輪（旋回軸受）を回転させるか，ローラパスに取り付けた大径ギヤとかみ合うピニオン（小歯車）を回転さ

せることにより行われる。ブレーキは電磁ブレーキまたは押上機ブレーキが多く用いられるが，足踏み式油圧ブレーキを使用することもある（**図 4.4.71** 参照）。

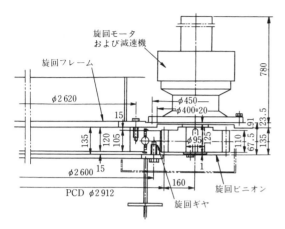

図 4.4.71　旋回装置

6）鉄構部分　ガーダ，サドル，脚，ブームなどの鉄構部分には，一般構造用または溶接構造用圧延鋼材を使うことが「クレーン構造規格」第1条に示されている。最近は，ボックスガーダのように，鋼板溶接構造のものが多い。ガーダ，サドル，脚などの相互の結合にはリーマボルトまたは摩擦接合高力ボルトを使う。これら材料の許容応力のとり方などについて「クレーン構造規格」第1条～第7条に詳しく述べられているので参照されたい。

7）荷重ブレーキ　フック付きのクレーンの巻上げ装置では，荷が巻下げ中に加速するのを防止し，かつわずかの巻下げ（インチング）を行いやすくするため，往時はいわゆるメカニカルブレーキを用いてきたが，構造の複雑さによる保守調整が難しく採用されなくなり，後述する電気的速度制御用ブレーキあるいは電気的制御でモータをコントロールする方式の採用がすべてとなった。

8）電気部分

ⅰ）電源　クレーン用電源としては一般に200 V 級または 400 V 級が使用されている。大容量電気設備（3 000 V 級など）のみの場合は，機内に受電変圧設備を設けて 400 V 級で運転される場合もある。また操作回路は 200 V 級とするのが一般的であるが，たまに 100 V 級のこともある。さらに直流 110 V を使用する場合もある。

ⅱ）電動機（モータ）（**図 4.4.72** 参照）　クレーン用電動機は頻繁に正転，逆転，停止を繰り返すので，これに耐えるよう設計されたものを必要とする。

図 4.4.72　巻線形電動機

JEM 1202 号クレーン用全閉巻線形三相誘導電動機は効率，力率ともに高く起動回転力も大きく，クレーン用として広く用いられている。定格は 40％ ED または 25％ ED が一般的であるが，高頻度クレーンには負荷条件に応じて 60％ ED，あるいは 100％ ED のものを使用することがある。なおメーカによっては，小容量のものにはかご形を使う場合もある。

最近インバータ制御がクレーンにも応用され始めたので，電動機にはかご形電動機（**図 4.4.73** 参照）が採用されるようになった。巻線形に比べ保守・点検の面で簡単で価格も安いなどのメリットがある。

図 4.4.73　かご形電動機

ⅲ）抵抗器　巻線形電動機において起動電流を制限して円滑な起動を行うために，二次抵抗器が必要である。二次抵抗器は鋼板製のグリッド式が使用される（**図 4.4.74** 参照）。

図 4.4.74　スチール製二次抵抗器

iv) 制御器（コントローラ）（**図 4.4.75** 参照）

制御器は電動機の正転，逆転，停止および速度のコントロールを行うものであるが，制御方式には電動機の一次，二次回路を直接制御，操作回路を開閉し，制御盤の電磁接触器により電動機主回路を開閉する間接制御および一次側のみに電磁接触器を用いた半間接制御がある。普通用途のクレーンでは，一般的には 30～40 kW 以下の電動機に対しては直接制御とし，ドラム形可逆式制御器を使用する。大容量の電動機は間接制御とし，カムコンタクタ式の主幹制御器を使用する。

（a） ユニバーサルハンドル形

（b） 押しボタン形

図 4.4.76 無線送信器

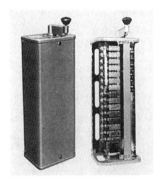

図 4.4.75 カム形可逆制御器

また最近は無線操作式のクレーンが多くなってきたが，これには無線送信器を用い，クレーンと離れた場所から操作することができる（**図 4.4.76** 参照）。なお，小容量天井クレーンで床上操作を行うものもあるが，これにはペンダント押しボタンスイッチを用いる。

v) ブレーキ（**図 4.4.77** 参照）　直流電磁ブレーキ，交流電磁ブレーキ，押上げ機ブレーキがあり，形式はポスト形が多いがディスク形もある。

電磁ブレーキは電磁石の吸引力を利用してブレーキを緩め，電流を断ったとき，ばねまたは重力により制動する構造である。

押上げ機ブレーキは電動油圧押上げ機（スラスタあるいはサーボリフタと呼ばれている）を使用したブレーキで電磁ブレーキと比較してその動作が緩慢でショックが少ない。

直流電磁ブレーキは運転頻度の高いプロセスクレーンによく使用されるが，最近は交流電磁ブレーキで，操作を直流に変換して使用するブレーキが市販されており，もともとの直流電磁ブレーキを使用するケースは少なくなった。

vi) 速度制御用ブレーキ　交流電動機の速度制御（主として巻下げ）には各種の方式が実用化されて

図 4.4.77 交流規格電磁ブレーキ

いるが，最も一般的なものとして，押上げ機ブレーキ（**図 4.4.78** 参照），渦流ブレーキ，発電ブレーキ，そしてインバータ制御がある。

図 4.4.78 押上げ機ブレーキ

押上げ機ブレーキは，電動機の二次電圧，周波数の変化を利用して，押上げ機の押上げ力を変化させて制動トルクを加減し，その制動トルクと電動機のトルクとを組み合わせて低速運転を行うものである。渦流ブレーキは固定子または回転子の一方を直流励磁し，電動機と直結した回転子と固定子との間の電磁力により制動力を出し速度制御を行うものであり，機械的摩耗部分がない。励磁電流を変化させてブレーキトルクを加減する。発電ブレーキは電動機の一次側を直流励磁し発電機として働かせ，そのブレーキ力を利用して速度制御を行うものであり，渦流ブレーキと同様純電気的であるから高頻度のクレーンに適する。インバータ制御は前述のように，特別にブレーキ装置が設置されておらず，電動機が変化する周波数に応じ回転数を変え速度制御するものである（図 4.4.79 参照）。交流電源をコンバータ部で一度直流に変換し，さらにインバータ部で任意の周波数の交流に再変換して電動機に与え，周波数に比例した速度制御をする。この方式の最大の特徴は，起動，停止がスムーズなこと，また始動時，低い周波数として微速でスタートし，制御器のスイッチを進めていくと順次無段階に周波数が上昇し，任意の速度が得られることである。またクレーンの頻度に関係なく採用できる特徴もある。さらに制御盤は半導体素子を使用しているので，無接点方式であり保守面でのメリットが多い。

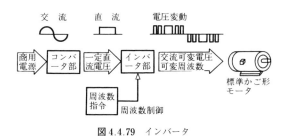

図 4.4.79　インバータ

クレーンの速度制御はクレーンの性能上重要な役割を占めるので，用途に応じて適切な方式を選択する必要がある。速度制御方式の比較を表 4.4.8 に示す。

vii）　集電装置　　トロリ線より電力を導入するのに集電装置を必要とするが，トロリ線の架線方式にはパンタグラフ形，トロリポール形，固定形がある。

トロリ線の接触部分は，裸銅線の場合には砲金製ころ（コレクタホイール）あるいは電流の多い場合にはシューを用いる。絶縁トロリ線の場合はシューが多い。特に重要な回路の集電には集電装置を 2 組使用し，万一，片方が接触不良を起こし通電しなくなっても安全なよう考慮している。旋回する部分に給電する場合は集電環（スリップリング）が使われる。

セメント工場などの塵埃の多い場所や爆発性ガスのあるところでは，トロリ線の代わりにキャブタイヤケーブルが使われる。キャブタイヤケーブルはトロリ線に比較して安全性，保守性の点で優れているので，クラブトロリへの給電用に広く使用されている。

viii）　機内配線　　600 V ビニル線を金属管またはダクト工事にて施工するのが一般的である。高頻度クレーンあるいは周囲温度の高いクレーンではブチルゴム絶縁クロロプレンシース（BN）電線などが多く用いられる。3 000 V 級の場合は高圧用キャブタイヤケーブルとする。

9）　**安全装置**

i）　リミットスイッチ（図 4.4.80 ～図 4.4.85 参照）　　巻上げ装置における巻上げすぎによるロープの切断や，フックブロックその他の部分の破損を防止するために，ねじ式，カム式またはおもりレバー式のリミットスイッチを用いる。

ねじ式およびカム式は巻上げドラムの回転数を検出し，巻上げ極限においてスイッチを働かせて電動機への通電を遮断する機構になっている。おもりレバー式は吊り具で直接動作させるので信頼性が高い。横行，走行などの極限での衝突防止の目的でレバー式リミットスイッチを用いる場合もある。

ii）　レールクランプおよびアンカー　　屋外用クレーンの逸走防止にレールクランプやアンカーを設ける。レールクランプはレールとクランプアームとの間の摩擦により突風・風圧に耐え得るようにしたものである。アンカーは走行路の特定場所に基礎金具を設け，それに短冊状のロッドをクレーンから落とし込み，クレーンを係留する構造のものが多く，暴風時の安全を考慮して設計されている。屋外用の天井クレーンではアンカーのみ，大形の橋形クレーンやアンローダではアンカーおよびレールクランプ（電動式または手動式）を設けるのがふつうである。なお，これらを働かせている間は走行電動機が起動できないようインタロック機能を施すことが多い。

（c）　**自動クレーン**　　物流が自動化される昨今，天井クレーンについても自動化が実用化されつつある。都市じん介，焼却灰，セメント，製鋼所，自動車など適用が拡大されている。悪臭，塵埃，高温など悪環境下での作業については作業環境の改善が求められ，また，クレーンオペレータの高齢化，および人件費の高騰による人員縮小などの面からも自動化要求が増大している。

1）　**自動運転の種類**　　自動運転といっても完全な自動，作業サイクル中一部だけを自動化する場合など

表4.4.8 速度制御方式の比較（巻上げ）

	押上げ機ブレーキ制御	DY制御	（サイリスター次電圧制御）VC制御	DC制御	インバータ制御
制御方法	ブレーキによるブレーキドラム制動で巻下げ方向の低速制御をする	巻線形モータに直流電流を流して，巻下げ方向の制動トルクを発生させ低速制御	サイリスタにより一次電圧制御を行い，巻上げ・巻下げ方向の速度制御をする	DCMをサイリスタにより主回路と界磁を制御し，巻上げ・巻下げ方向の速度制御をする	IMをインバータにより電圧と周波数を変え速度制御をする
トルク特性	（グラフ）	（グラフ）	（グラフ）	（グラフ）	（グラフ）
モータ形式	巻線形モータ	巻線形モータ	巻線形モータ	直流モータ	かご形モータ
速度制御範囲（定格速度比）	巻下げ 30% 50%	巻下げ 30% 50%	巻上げ・巻下げ 10〜100%	巻上げ・巻下げ 10〜100%	巻上げ・巻下げ 10〜100%
低速運転制限	連続15s以内	連続30s以内	連続150s以内	1分	連続3分以内
制動	機械的ブレーキドラム制動	電気的発電制動	電気的プラッキング制動	電気的発電制動	電気的電圧，周波数制御
操作性　コントローラ　低速制御　速度変動率	巻下げ1〜2ノッチのみ制御 定格速度の約30% 約20%	巻下げ1〜4ノッチのみ制御 定格速度の約15% かなり大きい	巻上げ・巻下げとも全ノッチ制御 定格速度の約10% 約5%以下	巻上げ・巻下げとも全ノッチ制御 定格速度の約10% 約1%以下	定格速度の約10% 約3.3%以下
安全性	高頻度，連続運転不可	4，5ノッチ間の多用は失速の危険あり低速域の制御性悪い	良い	良い	良い
保守性	ブレーキライニング，ドラムの管理	電磁接触器の接点管理	良い	良い	良い

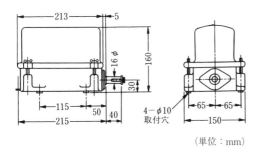

図4.4.80 ギヤ式リミットスイッチ

図4.4.81 回転式リミットスイッチ

がある。これは作業の内容により選定される。

ⅰ） 半自動運転　取扱物をつかみ地切りするまでで手動で運転し，その後自動スタートし，所定の位置まで取扱物を移載する。その後所定位置（クレーン停止位置）に戻るまで自動で運転するもの。

ⅱ） 1サイクル自動運転　つかみ点と移載点を指定し，決められた1サイクルを自動運転するもの。

ⅲ） 全自動運転　つかみ点および移載点をあらかじめプログラミングしておき，関連設備との信号の受授を自動的に行い，すべて自動運転をするもの（通常，人の介在はない）。

2） システム機器構成　前述の自動化レベルや使用環境により機器構成はますます多様化しているが，現状で一般的に使われている機器を紹介する。

自動制御機器

a） プログラマブルコントローラ　単純なシステム構築で，比較的搬送パターンが少なく，またエリア

図4.4.82 垂直式リミットスイッチ

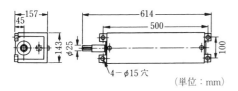

図4.4.83 スクリュー式リミットスイッチ

図4.4.84 ローラレバー式リミットスイッチ

図4.4.85 Vレバー式リミットスイッチ

の狭い場合に使われる。

b) **マイクロコンピュータ** 自動化レベルの高いものに使われる。早い制御応答，種々の通信機能，特殊なセンサ，高レベルの監視システムなどには，拡張性の高いマイクロコンピュータは不可欠である。

c) **信号電送方式** クレーンと地上との通信方式には，光空間伝送，カーテンケーブル，誘導無線などがあるが，信頼性，信号容量，保守性，耐久性，経済性が選定基準となる。最近は，それらいずれにおいても優れている光空間電送方式が広く採用されている。

d) **モータ制御** 自動運転には安定した任意の速度による運転が要求される。低速側の速度制御は従来の方式〔発電制御，サイリスタ制御，通流制御（表4.4.8参照）〕でも自動運転機能を満足するが，保守性を含めた総合的評価はインバータ制御が優位にあり，最近はあらゆる制御に広く用いられている。特に巻上げ・巻下げ時の軽負荷自動高速制御付きの場合は，タイムサイクルの短縮につながり，経済効果が高い。

e) **振れ止め制御** 実用性から電気式になり，プログラム制御方式とフィードバック制御方式がある。前者は，あらかじめ決めた速度パターンどおり運転を行うもので，制御誤差や外乱があると振れが残る。後者は，振れ角センサと応答性の高い制御装置が必要である。いずれにしても各社しのぎを削って開発に余念がない。

f) **位置検出方式** 巻上げ・巻下げには巻上げドラムなどの回転を基準とした，パルスカウント方式が一般的に広く使用されている。横行，走行には駆動装置と連動するエンコーダによるパルスカウントと，定位置検出用近接スイッチの組合せが一般的に広く使用されている。このほか，ラックピニオンとパルスカウントの組合せ，信号電送と兼用可能な誘導無線による位置検出方式がある。

g) **荷重検出方式** 自動クレーンは荷重管理機能を必要とすることが多く，この場合ロードセルが装備される。このロードセル信号を検出し，搬送量管理，データ異常チェック，在荷，空荷などの制御を行う。

3） 安全対策 全自動クレーンは無人で運転されるため，安全には十分配慮が必要であり，つぎのような装置を設ける。

ⅰ) **絶対番地検出** 自動運転用の位置検出（パルスカウントなど）とは別に，必要な箇所にセンサを設けパルスカウントのミスおよびずれを修正させる。

ⅱ) **非常停止装置** 地上側の見やすい位置に非常停止ボタンを設け非常時にすぐ停止できるようにする。また，クレーンシステムのどこかに異常が発生す

れば自動的に非常停止させる。

iii) 運転範囲制限　ごみ処理場などの場合，クレーン操作室の窓や投入扉など建屋設備との衝突のおそれのある部分は，リミットスイッチなどで動作範囲を制限する。

iv) クレーン接近防止　ほかのクレーンが接近した場合，衝突防止装置が動作し，自動停止させる。

v) 過荷重　荷重計のひずみ量により過荷重を検出する。

vi) 地上安全柵　自動運転中，クレーンの可動範囲内に人が入らないように柵，または注意信号を設け安全対策を図らなければならない。

（d）**安 全 管 理**　クレーンの安全管理に関する法規には，クレーン等安全規則[1]およびクレーン構造規格[2]などがある。これらはクレーンの人的傷害事故の防止を目的として制定されたもので，前者は製造および使用上に関する安全管理の基本的条項を示し，後者はクレーン自体の構造を規定したものである。これらの内容は省略するが，官報あるいは関係図書[3]（労働省労働基準局安全衛生部安全課編「クレーン等安全規則の解説およびクレーン構造規格の解説」）を参照されたい。

一方，クレーンにおける災害を大別すると，①クレーン自体の故障あるいは破損によるもの，②クレーン作業における人為的動作に伴うものに二分される。

①は設計，製作あるいは材料の欠陥，または保守，取扱いの不完全に起因し，物の損害にとどまらず人的災害に至る場合のものである。②は玉掛け作業中の災害または機体との接触や通電部分への接触によるものなどで，作業者の不注意に起因し，直接人的災害につながるものである。

クレーンの故障や機体の破損に関連し，まずクレーンの設計製作の際どの程度の安全度あるいは耐用度（疲労強度）が考慮されているかをつぎに述べる。

1）鋼構造部分　鋼構造部分については，JIS B 8821「クレーン鋼構造部分の計算基準」[4]が一般に適用され，また労働省法令「クレーン構造規格」で材料，荷重の種類，組合せ，許容応力が規定され，これに適合しないものは使用できないことになっている。これによる設計計算の概要をつぎに示す。

i) クレーンの分類　クレーンは，その作業条件に応じて，Ⅰ，Ⅱ，ⅢおよびⅣ群に分類する。この分類は，作業時間率と荷重率の二つの因子の組合せによるもので，その概念を**表 4.4.9**に示す。

ii) 荷重の割増し

a) 衝撃係数（Ψ）　巻上げ作業に際して生じる衝撃は，巻上げ速度，桁のたわみおよびロープ長さなどによって異なり，実測によって求められるが，一般には，巻上げ荷重に**表 4.4.10**の衝撃係数を乗じて求める。

表 4.4.9

(a) クレーンの分類

荷重率	作業時間率／荷物を受ける回数	小　長い休止時間を伴った不規則的使用　10^5 未満	中　間欠的頻度の規則的使用　$10^5 \sim 6 \times 10^5$	大　激しい頻度の規則的使用　$6 \times 10^5 \sim 2 \times 10^5$	超大　激しい頻度の連続的使用　2×10^5 以上
軽	まれに定格荷重を，通常は定格の 1/3 程度以下の荷重を吊る	Ⅰ	Ⅰ	Ⅱ	Ⅲ
中	たびたび定格荷重を，通常は定格の 1/3〜2/3 程度以下の荷重を吊る	Ⅰ	Ⅱ	Ⅲ	Ⅳ
重	定格荷重をつねに吊る	Ⅱ	Ⅲ	Ⅳ	Ⅳ

(b) クレーンの分類例

クレーン形式	用　途	群	備　考
	手動クレーン，発電所用クレーン，分解点検用クレーン	Ⅰ	
	倉庫用，材料置き場用，機械および組立工場用クレーン，一般産業用クレーン	ⅡまたはⅢ	
天井クレーン	製鉄所用天井クレーン	ⅡまたはⅢ	サービス用
		ⅢまたはⅣ	プロセス用
	バケット付き，マグネット付きクレーン	ⅢまたはⅣ	
	クロー付きクレーン	ⅢまたはⅣ	
	レードルクレーン	Ⅳ	$\Psi^* = 1.25$

4. 機械と装置の安全

表 4.4.9 (b) (つづき)

クレーン形式	用途	群	備考
天井クレーン	ストリッパクレーン，ソーキングピットクレーン	IV	
	装入クレーン	IIIまたはIV	
	鍛造クレーン	IV	
橋形クレーン	発電所用，分解点検用クレーン	I	
	組立ヤード，材料ヤード用クレーン	IIまたはIII	
	製品積込用，コンテナ用クレーン	III	
	バケット付き，マグネット付きクレーン	IIIまたはIV	
	アンローダ	IV	
ジブクレーン	分解点検用クレーン	I	
	組立ヤード，材料ヤード用クレーン	IIたはIII	
	ふ頭用（フック付き）クレーン	IIまたはIII	
	バケット付き，マグネット付きクレーン	IIIまたはIV	
	アンローダ	IV	
	建築用クレーン	II	
	大荷重用クレーン	I	
ケーブルクレーン	重量品運搬用クレーン	II	
	ダム建設用クレーン	IV	$\Psi=1.4$
デリック	大荷重用デリック	I	
	一般土木建築用デリック	II	
その他	フック付き浮きクレーン	II	
	バケット付き浮きクレーン	IIIまたはIV	
	レッキングクレーン	I	

〔注〕 ＊ 衝撃係数

表 4.4.10 衝撃係数 Ψ

クレーン群	I	II	III	IV
Ψ	1.1	1.25	1.4	1.6

b) 作業係数（M） クレーンの作業条件およびクレーンの重要性を考慮して，主要な荷重は**表 4.4.11** の作業係数により割増しを行う。

表 4.4.11 作業係数 M

クレーン群	I	II	III	IV
M	1.0	1.05	1.1	1.2

c) 荷重の組合せ 応力の算定にあたっては，**表 4.4.12** の荷重の組合せのうち最も不利なものをとる。

iii) 許容応力

a) 基本許容応力 基本許容応力 σ_a は（ii）の c) に示すそれぞれの負荷状態に対し，材料の降伏点（または 0.2％耐力）と引張強さを**表 4.4.13** の安全率で割った値のうち，いずれか小さい方の値とする。

b) 構造部材および溶接部分 構造部材および溶接部分の応力は，**表 4.4.14** の値を超えてはならない。

c) ボルトおよびピン リベット，ボルトおよびピンなどの許容応力を**表 4.4.15** に示す。

表 4.4.12 荷重の組合せ

負荷状態	荷重の組合せ
A	$M\{\Psi(巻上げ荷重)+(自重)+(水平荷重)\}+(熱による荷重)$
B	$M\{\Psi(巻上げ荷重)+(自重)+(水平荷重)\}+(作業時風荷重)+(熱による荷重)$
C	(巻上げ荷重)+(自重)+(地震荷重または衝突荷重)+(熱による荷重)または(自重)+(休止時風荷重)+(熱による荷重)

表 4.4.13 安全率

負荷状態	安全率	
	降伏点に対するもの	引張強さに対するもの
A	1.5	1.8
B	1.3	1.6
C	1.15	1.4

表 4.4.14 構造部材および溶接部分の許容応力

	応力の種類	許容応力	計算に使う断面
構造部材	引張り	σ_a	純断面
	圧縮	$\sigma_a/1.15$	総断面
	曲げ	9.および10.による	総断面および純断面
	せん断	$\sigma_a/\sqrt{3}$	総断面
	座屈	8.および12.による	総断面
	支圧	$1.4\sigma_a$	
溶接部分	突合せ 引張り	σ_a	
	突合せ 圧縮	σ_a	
	突合せ せん断	$\sigma_a/\sqrt{2}$	
	すみ肉 ビード方向の引張り・圧縮	σ_a	
	すみ肉 せん断	$\sigma_a/\sqrt{2}$	のど厚

〔注〕1. 純断面は，リベット穴，ボルト穴を除いた最小断面の位置とする。
2. 溶接部は，JIS Z 3104「鋼溶接部の放射線透過試験方法および透過写真の等級分類方法」の試験法において，つぎの条件を満足するものとする。
 (a) 第3種の欠陥がないこと。
 (b) 第1種または第2種の欠陥がある場合は，2級の許容値以下，第1種および第2種の欠陥がある場合は，それぞれ2級の許容値の1/2以下であること。

iv) 応力の計算

a) 引張材の計算　引張応力は，ボルト穴を除いた純断面積で次式により計算する。

$$\sigma_t = \frac{N}{A_n} \leqq \sigma_{ta}$$

ここに，N：軸方向引張力〔kgf (N)〕
　　　　A_n：純断面積〔cm^2 または mm^2〕
　　　　σ_t：引張応力〔kgf/cm^2 (N/mm^2)〕
　　　　σ_{ta}：引張許容応力〔kgf/cm^2 (N/mm^2)〕
である。

b) 圧縮材の計算　圧縮応力は，ボルトまたはリベット穴を除かない純断面積で次式により計算する。

$$\sigma_c = \frac{\omega N}{A} \leqq \sigma_{ca}$$

ここに，N：軸方向圧縮力〔kgf (N)〕
　　　　A：総断面積〔cm^2 または mm^2〕
　　　　σ_c：圧縮応力〔kgf/cm^2 (N/mm^2)〕
　　　　ω：座屈係数
　　　　σ_{ca}：圧縮許容応力〔kgf/cm^2 (N/mm^2)〕
である。

c) 曲げとねじりを受ける箱形桁（ボックスガーダ）の計算　曲げとねじりを受ける箱形桁は，曲げとねじりに対してそれぞれつぎにより計算する。

ア) 曲げ

$$\sigma_t = \frac{M}{I}\frac{A}{A_n}e \leqq \sigma_{ta}$$

$$\sigma_c = \frac{M}{I}e \leqq \sigma_{ca}$$

表 4.4.15 リベット，ボルトおよびピンの許容応力

	材質	応力の種類		許容応力	備考：計算に使う径等
リベット	SS 400 SM 400 SM 490 SM 520 SM 570 STK 400 STK 490 STKR 400 S 20 C F 8 T F 10 T	工場	せん断	$\sigma_a/\sqrt{3}$	リベット穴径
		工場	支圧	$1.4\sigma_a$	
		現場	せん断	上記の80%	
		現場	支圧		
高力ボルト		見掛けせん断		$0.21\sigma_a$	ボルト幹径
高力グリップボルト		見掛けせん断		$0.24\sigma_a$	ボルト幹径
リーマボルト		せん断		$\sigma_a\sqrt{3}$	ボルト幹径
		支圧		$1.4\sigma_a$	
ピン結合		せん断		$\sigma_a\sqrt{3}$	ピン径 ピンが微動する場合は，支圧許容応力のみ左記の50%とする
		支圧		$1.4\sigma_a$	
		曲げ		σ_a	
基礎ボルト	SS 41 S 20 C	引張り		$0.6\sigma_a$	ねじ底径
		せん断		$0.35\sigma_a$	

〔注〕1. 見掛けせん断とは，摩擦接合で伝達される荷重をボルトのせん断に置き換えたものとする。
2. 高力ボルトは，ねじ底径における応力が，材料の耐力の75%，また高力グリップボルトの場合は85%で締め付けられているものとする。
3. 高力ボルトまたは高力グリップボルトを用いた継手にあっては，構造部材の摩擦面は，油，塗料などがなく清浄であり，かつ黒皮はサンドプラストなどにより除去された状態にあるものとする。
4. 高力ボルトおよび高力グリップボルトとも基本許容応力算出にあたっては，降伏点の代わりに耐力を基準としてよい。
5. 許容支圧応力については，結合部材，支持部材の σ_a のうち小さい方を基準とする。

4. 機械と装置の安全

$$\tau = \frac{F}{A_n'} \leq \tau_a$$

ここに，σ_t：引張へり応力〔kgf/cm²（N/mm²）〕
　　　　σ_c：圧縮へり応力〔kgf/cm²（N/mm²）〕
　　　　τ：せん断応力〔kgf/cm²（N/mm²）〕
　　　　M：曲げモーメント〔kgf/cm²（N/mm²）〕
　　　　I：断面二次モーメント〔cm⁴または mm⁴〕
　　　　A：引張フランジの総断面積〔cm²または mm²〕
　　　　A_n：引張フランジの純断面積〔cm²または mm²〕
　　　　e：中立軸から引張へりまた圧縮へりまでの距離〔cm または mm〕
　　　　F：せん断力〔kgf（N）〕
　　　　A_n'：せん断を受ける腹板の純断面積〔cm²または mm²〕
　　　　τ_a：せん断許容応力〔kgf/cm²（N/mm²）〕

である。

イ）ねじり

$$\tau_t = \frac{M_t}{2At} \leq \tau_a$$

ここに，τ_t：ねじりモーメントによるせん断応力〔kgf/cm²（N/mm²）〕
　　　　M_t：せん断中心回りのねじりモーメント〔kgf/cm²（N/mm²）〕
　　　　A：腹板およびフランジの中心線で囲まれた面積〔cm²または mm²〕
　　　　t：腹板またはフランジの厚さ〔cm または mm〕

である。

ウ）軸方向に曲げを伴う部材の計算　軸方向に曲げを伴う部材の計算は下の簡易式による。ただし，必要に応じ変形を考慮した精密な座屈計算を行う。

$$\sigma_t = \frac{N}{A_n} + \frac{M}{I}\frac{A}{A_n}e \leq \sigma_{ta}$$

$$\sigma_c = \frac{N}{A}\omega + 0.9\frac{M}{I}e \leq \sigma_{ca}$$

ここに，N：軸方向力〔kgf（N）〕
　　　　M：曲げモーメント〔kgf·cm（N·mm）〕
　　　　I：断面二次モーメント〔cm⁴または mm⁴〕
　　　　A：部材の総断面積〔cm²または mm²〕
　　　　A_n：部材の純断面積〔cm²または mm²〕
　　　　e：中立軸から断面のへりまでの距離〔cm または mm〕

である。

また，I 形部材または箱桁でも穴あきがある，いわゆる開放断面の部材では横倒れ座屈を検討すること。

v）前記 iii）に示される許容応力の値は設計計算，製作ならびに材料の unknown factors を考慮したものであって，単なるゆとりではない。ゆえに過荷重の繰返しや設計条件を超えての高頻度の使用は，クレーンの寿命を縮めるものであり，安全上からも避けなければならない。また，部材における応力集中は疲れ強さを著しく低下させるので，設計製作上はいうまでもないが，使用中においても，構造物に手を加える場合には，慎重に検討しなければならない。

2）機械部分　機械部分の強度計算は，一般にその作業条件に応じて負荷係数（応力割増係数）をとり，これを運転中に生じる公称静応力（巻上げ荷重，自重による応力，機械を駆動するために生じる応力，またはこれらの組み合わされた応力）に乗じた割増応力を基にして計算し，これを使用材料の許容応力以下にとっている（**表 4.4.16** 参照）。許容応力は材料の寸法効果，切欠き効果，荷重作用条件などを考慮した疲労限度から決めている（以前は，経験的あるいは余裕的な数値である安全率を考慮していたが，最近はより極限的な設計が要求され，疲労限度をベースとすることが多くなった）。したがって，例えば同じ軸であっ

表 4.4.16　平均有効荷重係数 $\Psi(\varepsilon)$（参考）

	クレーン群		巻上げ		横行	走行	引込み	旋回
			主	補				
天井クレーン	I		1.12		1.0	1.12		
	II		1.25		1.25	1.4		
	III		1.4					
	IV	バケット付き	1.6		1.25	1.4		
旋回クレーン	III	フック付き	1.4		1.25		1.25	1.25
	IV	バケット付き	1.6		1.25		1.25	1.25
橋形クレーン	II	中　形	1.25		1.25	1.25		
	III	成品積込み	1.4		1.25	1.25		

ても、シーブ軸のように片振り曲げを受け、しかも断面変化のない平滑の形状のものと、ギヤ軸のように回転曲げおよびねじりを受け、しかも断面変化があるものとでは許容応力が異なる。

3) **ワイヤロープ（巻上げ用）** ロープの安全率は法規（クレーン構造規格第51条）で5以上と決められている。ただし安全率の計算は次式による。

$$\nu = \frac{nP}{Q}\eta$$

ここに、ν：安全率
Q：吊上げ荷重（定格荷重＋吊り具自重）
n：ロープ掛数
P：ロープの破断力
η：機械効率

である。

また、シーブあるいはドラム径（D）とロープ径（d）との比はロープの寿命に著しい影響を与える。法規（クレーン構造規格第18条）ではD/dはクレーン群により、またワイヤロープの種類により表4.4.17に示す値以上とするよう定めている。またロープの掛け方によってもD/dは変えるべきで、次式により決めるよう定めている。

$$\frac{D}{d} = \left[\left\{\left(\frac{D}{d}\right)_s - 9\right\}\frac{\sigma_B/\nu + 4}{\sigma_B/5 + 4} + 9\right]\frac{1}{H}$$

ここに、D/d：許容されるドラムまたはシーブとワイヤロープとの直径比
$(D/d)_s$：ドラムまたはシーブとワイヤロープとの標準直径比
σ_B：ロープの素線引張強さ
ν：ロープの安全率
H：ロープの掛け方による補正係数

である。

表4.4.17　$(D/d)_s$の値

適用群＼ロープの種類	6×19	6×24	6×37	6×F_i(25)	6×F_i(29)
0 m	25	20	16	20	16
I m	31.5	25	20	25	20
II m	40	31.5	25	31.5	25
III m		40	31.5	40	31.5
IV m			40		40

4) **電気部分**

i) 電動機　クレーン用電動機にはJEM 1202号クレーン用巻線形三相誘導電動機が一般に用いられているが、この電動機は停動トルクが定格トルクの250％以上で、電圧の変動±10％（規定周波数において）、周波数の変動±5％（規定電圧において）あるいは両者の絶対値の和±10％の条件で実用上全負荷運転にさしつかえない。最近広く使われるようになったかご形三相誘導電動機も同じである。

定格出力の決定は、一般クレーンでは荷重×速度から所要出力を計算し、それを満足するよう電動機の出力を選定する。高頻度の場合は作業サイクルを想定して、1サイクルでの負荷変動状況から等価発熱量を2乗平均の平方根法で求め、この等価発熱量が連続何kWの負荷に相当するかにより電動機出力を決める。

電動機の絶縁はA、E、B、F、Hなどの等級があり、これらの絶縁等級に応じて温度上昇限度が定められている。

ii) ブレーキ　巻上げブレーキの制動力は電動機定格出力の150％以上とするよう法規（クレーン構造規格第16条）に定められている。横行、走行、旋回などのブレーキは特に規定はないが、50～100％程度がふつうである。

5) **摩耗部分の耐用期間**　クレーンの種類、頻度、保守状態に左右され、一概に決められないが、大体の目安参考値を表4.4.18に示す。

つぎにクレーン使用上の安全保守管理は前記のクレーン等安全規則を基にして行うことになるが、まずそれには、つぎの点に留意されたい。

i) 使いやすいものを選ぶこと　クレーンの設備計画に際し、クレーンの荷役条件、立地条件を検討し、それを満足させる機種を選定することが必要である。使いやすいということは能率が良く、安全性が高いことにもつながる。

これらの参考として日本機械学会で制定した「クレーン製作指針」[5]がある。これは前述の法規とは別にクレーンの製作程度の水準を引き上げることを目的とし、クレーン注文者に対しては注文仕様書の補助、クレーン製作者に対しては製作の標準として用いることにより、注文者が細部にわたって要求しない場合でも保証ある製品が供給できるように定めたものである。

その内容は、鋼構造部分、機械室、運転室、はしご、手すり、歩道、踊り場、車輪、ドラム、シーブ、歯車、軸、キー、軸受、ブレーキ、レールクランプ、アンカ、リベット打ち（現在はほとんどない）、アーク溶接、塗装、電気部分についての具体的な構造諸元が定められている。

ii) 主要機能を理解し、運転、点検、保守の管理法を確立すること　クレーンを設備した場合、その機能のポイントをつかみ、前述の法規および製作者側から提示された仕様書、取扱説明書類を参考とし、管理条項を確立することが必要である。これには日本ク

4. 機械と装置の安全

表 4.4.18 摩耗部品の耐用期間

部 品 名	耐用期間		
	$24H/D$ とした場合	$16H/D$ とした場合	$8H/D$ とした場合
機械部品			
・歯車	3 年	5 年	8 年
・転がり軸受	3 年	5 年	8 年
・車輪	3 年	4 年	5 年
・ブレーキドラム	2.5 年	3.5 年	5 年
・フレキシカップリングボルト	6 箇月	1 年	1.5 年
・支持ロープ	6 箇月	1 年	1.5 年
・開閉ロープ	3 箇月	6 箇月	8 箇月
・パッキン, O-リング	8 箇月	1 年	1.5 年
電気品			
・ブレーキライニング	3 箇月	6 箇月	9 箇月 (INV 制御以外)
	1.5 年	3 年	4.5 年 (INV 制御の場合)
・カーボンブラシ	1 年	2 年	3 年
・コンタクタ	2 年	3.5 年	5 年
・コンタクタチップ	3 箇月	6 箇月	9 箇月
・コントローラ	3 年	4 年	5 年
・制御盤用ファン	3 年	4 年	5 年
・ヒューズ	5 年	5 年	5 年
検出器類			
・パルスエンコーダ	5 年	7 年	10 年
・パリリミット	4 年	7 年	10 年
・リミットスイッチ	4 年	7 年	10 年
インバータ関係			
・ボード	5 年	6 年	8 年
・トランジスタ	10 年	10 年	10 年
・コンデンサ	5 年	5 年	5 年
自動制御装置			
・電源装置 (AVR 含む)	4 年	6 年	8 年
・各種ボード (D0, D1, PI, メモリ, SBC)	5 年	6 年	8 年
・CRT (画面)	4 年	7 年	10 年
・通信装置 (モデム)	4 年	7 年	10 年
・光通信装置	4 年	7 年	10 年

レーン協会で制定した「天井クレーン点検基準」[6]を参照するのがよい。この内容はクレーンのうちで最も普及しているフック付き天井クレーンを例にとり，法規の主旨に従い，点検部分，使用限度，整備要項などを具体的に記述したものである。

〔4〕 **移動式クレーン**

（a） **用途と種類** 移動式クレーンは，軌道なしでどこにでもみずから移動して作業でき，つぎの 4 種類に分類される。

1) **トラッククレーン**（図 4.4.86 参照） トラッ

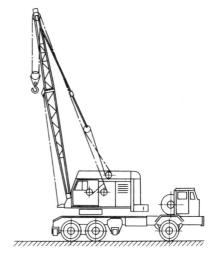

図 4.4.86 トラッククレーン

クのシャーシ上にクレーン本体を載せたもので，走行力を有し，自走して作業場を容易に変えられるので，機動性を必要とする現場で広く使用される。原動機はトラック走行用とクレーン用との 2 個の内燃機関を装備しているものがほとんどである。ブームの長さは通常 7～15 m 程度，巻上げ荷重は 20～30 t 程度であるが，近年工事の巨大化に伴いクレーンも大形化し，ブーム長さ 120 m，巻上げ荷重 180 t というようなものも現れてきた。ふつうフックおよびバケットあるいはリフティングマグネット作業に使用でき，また万能機としてドラグライン，パイルドライバなどの作業にも使用できるものもある。

2) **ホイールクレーン**（図 4.4.87 参照） 強固な鉄製台車（エアタイヤ装備）の上部に運転室とクレーン装置を架装したもので，原動機として 1 個の内燃機関を持ったクレーンである。全旋回式と半旋回式のも

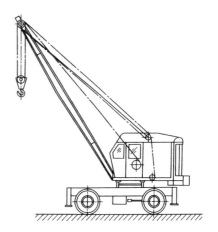

図 4.4.87 ホイールクレーン

のがあるが作業性の良さからいって全旋回式が多い。これもトラッククレーンと同様機動性を必要とする現場で使用されるが，走行速度が遅い（クレーンの原動力である）ためトラッククレーンほど有効性は少ない。巻上げ能力は大体 2～10 t までが多く，重量物用として 20 t 以上のものもある。普通フックおよびバケット作業に使用されるのが一般的である。

3) **クローラクレーン**（図 4.4.88 参照）　クローラベルトを装備し，これによって走行を行うクレーンで，走行速度は 1～2 km/h 程度で非常に遅く，遠くに移動するときにはトレーラに載せて運ぶ。接地面積が広いので土木現場のような不整地での作業に適し広く使用されている。トラッククレーンまたはホイールクレーンの上部をそのまま利用したものと，パワーショベル，ドラグショベルなどのいわゆる万能掘削機のアタッチメントをクレーン用のものに取り換えて使用したものと 2 種類ある。巻上げ荷重は 2～80 t 程度，ブーム長さは 20 m 前後がふつうであるが，これもトラッククレーンと同様，工事の巨大化に伴い大形化し，巻上げ荷重 400 t 級，ブーム長さ 100 m を超えるものも現れてきた。

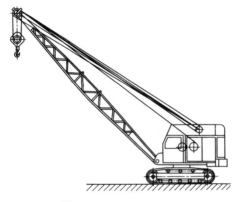

図 4.4.88　クローラクレーン

動力は 1 個の内燃機関を備えすべての駆動を行っている。走行は旋回中心を通る軸により駆動される。

4) **浮きクレーン**（図 4.4.89 参照）　フローティングクレーンと通常呼ばれており歴史は古い。能力的には 200～300 t 程度のものが戦前から戦後にかけては多かったが，最近は 5 000 t 級が出てきた。構造的には台船にトラッククレーン，ホイールクレーンまたはクローラクレーンの上部を載せたタイプのものであり，もう一つは 2 又デリックの形式のものである。

浮きクレーンは図 4.4.89 からわかるように，水上に浮いたクレーンであり，橋梁の架設，石油などの掘

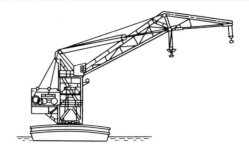

図 4.4.89　浮きクレーン

削設備基地の建設などに使用されるものである。

(**b**)　**安全管理**　移動式クレーンの安全管理に関する法規に，クレーン等安全規則および移動式クレーン構造規格があり，クレーン同様に安全管理に関する基本的条項が定められている。その内容はクレーンとほぼ同じと考えてよい。

災害の内容もほぼクレーンと同じ傾向を示しているが，ただ一つクレーンと異なるのは，ブームがあり旋回することであり，そのためのブーム倒壊，クレーン転倒またブーム旋回中に作業者に当たるという事故が起こることである。これに関しては，過負荷防止装置の取付け（移動式クレーン構造規格第 27 条），および安定度の検討が厳しく義務付けられた（移動式クレーン構造規格第 13～16 条）。さらにブーム旋回範囲内には立ち入らないように処置を講じる必要がある。

トラッククレーンの場合はアウトリガーを使用して安全性を増し巻上げ能力を増加させるのが一般的であるが，フロークレーンの場合はそれができない。近年のハイテク技術の目覚ましい進歩が当移動式クレーンにも及び，安全面に寄与するところが多くなってきた。と同時に制御機構がますます進化していき，やがてはクレーン分野でのこれからの方向としての自動化同様，移動式クレーンにも自動化の波が押し寄せてくるようになりそうである。

〔5〕**デリック**

(**a**)　**用途と種類**　デリックは設備費の低廉なこと，据付けが容易であること，取扱いが簡単であることから，主として土木建築工事，あるいは構造物の組立用の仮設備として用いられる。

その基本的構造および機能は，主柱（ポストまたはマスト）の根本からブームを突き出し，主柱を控えによって支え，多胴巻上げ機によりブーム先端に吊り下げられた吊り具（フックまたはグラブバケット）の巻上げ，ブームの俯仰および旋回を行わせ，荷役作業を行うものである。したがって，広い意味からいえばジブクレーンの一種である。

この種類には，一般的なものとして，主柱を2本の支柱（剛脚）によって支持するスチフレッグデリック（図4.4.90参照），主柱を5～6本のガイロープで支えるガイデリック（図4.4.91参照）がある。そのほか鳥居形デリック（図4.4.92参照），ジンポールデリック（図4.4.93参照）がある。

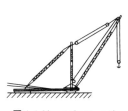
図4.4.90　スチフレッグデリック

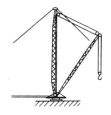
図4.4.91　ガイデリック

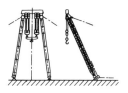
図4.4.92　鳥居形デリック

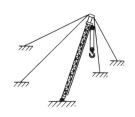
図4.4.93　ジンポールデリック

ガイデリックはブームが主柱より短く，ガイロープに干渉しないので全周旋回が可能である。

これらデリックの巻上げ能力は5～20t程度がふつうであるが，100tを超える大容量のものもある。

（b）**安全管理**　デリックの安全管理に関する法規にクレーン等安全規則およびデリック構造規格があり，クレーン同様に安全管理に関する基本的条項が定められている。その内容はクレーンとほぼ同じと考えて差し支えない。

デリックにおける災害はクレーンとは少々趣を異にしており，機体部分の破損，倒壊による事故が割合に多い。これは据付けが現場合せで行われることが多く，基礎，控えなどの構造，取付けが不適当であることに起因している。デリックを設計製作する際の安全度あるいは耐用度の考え方は，基本的にはクレーンと変わるところがないが，現場合せ作業が多いことと仮設備的な要素があるので，据付けならびに使用上の安全管理を特に必要とする。これらに関連した事項を述べる。

1）　スチフレッグデリック
ⅰ）　構造上の注意
a）　主柱および支柱は，ブームの旋回角度によって圧縮および引張りを交互に受けるので，基礎部分は圧縮に対する支圧に耐え，また引張りに対しては持ち上がらないよう十分考慮しなければならない。

引張力に耐えるため基礎にくいまたは鉄筋を地盤に打ち込み，繰返し荷重により緩みが生じないよう特に考慮を払う必要がある。また，くず鉄，石材などで重量をつけるときは，クレーンの操業中に崩れないよう縛りつけるか，あるいは箱に入れて柱に固定することが必要である。

b）　ブームおよびマストの接合ボルトはリーマボルトまたは高力ボルトにすることが望ましい。
ⅱ）　運転上の注意
a）　ブームの俯仰角度によって吊上げ荷重が制約されるため，所定荷重を超えないようにすることが絶対必要である。

b）　旋回はブルホイールをロープで回転させて行うことが多いが，ロープのたるみ，あるいは旋回の慣性力で吊り荷がうまく止まらずに支柱に衝突し破損することがあるため，旋回速度はでき得る限り遅いものが望ましい。

ⅲ）　ウインチ　ウインチはロープの引張力により横方向に引っ張られるが，引張力に抗するよう重量物にしばり付けるか，または頑丈な基礎ぐいを打って固定することが必要である。

ウインチはクレーンに付属している巻上げ装置，俯仰装置などに比べれば一般に安全装置が不完全である。したがって運転士の熟練度がより以上要求される。

2）　ガイデリック
①　ガイロープの張りは広く張る方がロープにかかる引張力も少なくて済むから，できるだけ広くすることが望ましい。

②　ガイロープを地面に張り付けるときはロープにかかる静的最大引張力の1.5倍の引張力に対して引留め部および基礎強度を定めれば安全である。

建築現場では付近の構造物に縛り付けたり，大きな基礎構造を作ったりするが，一番安全な方法は重量によって動かないだけのものを取り付けることである。既設の構造物に取り付ける場合は，その強度を十分チェックすることが必要である。

③　マストの先端のガイロープ取付部のクリップ，シャックルなどは一度取り付ければほとんど点検不可能であるから，最初に強固に取り付けておかなければならない。

（c）**その他**
前述以外はクレーンおよび移動式クレーンと共通性があるので，〔3〕項「クレーン」および〔4〕項

「移動式クレーン」を参照されたい。　　（山本茂夫）

引用・参考文献

1) 日本クレーン協会，クレーン等安全規則（1991）
2) 日本クレーン協会，クレーン構造規格（1996）
3) 労働省労働基準局安全衛生部安全課編，クレーン等安全規則の解説およびクレーン構造規格の解説（1991, 1996）
4) JIS B 8821 : 1976　クレーン鋼構造部分の計算基準（日本規格協会）
5) 日本機械学会，クレーン製作指針（1962）
6) 日本クレーン協会，天井クレーン点検基準（1988）

〔6〕　エ　レ　ベ　ー　タ†

（a）　概　　要　　近年，建築物の高層化と大規模化に伴って，エレベータは目覚ましい普及と発展を遂げており，身の回りにも多数あるように，至る所で多く使われている。

他方，コンピュータの発達に伴う最新技術を導入するなど，技術的にもすばらしい進歩を遂げてきており，また，高齢化社会に対応したホームエレベータ，機械室レスをもくろんだリニアモータエレベータの開発など，時代と技術を先取りした特筆すべき製品も実用化の段階に入っている。

（b）　エレベータの分類　　エレベータは，その用途，速度，駆動方式，制御方式，操作方式などによって分類されるが，おもなものはつぎのとおりである。

1）　用途による分類　　エレベータは輸送すべき対象物に応じて，建築基準法上はつぎのように分類されている。

① 乗用エレベータ
② 人荷共用エレベータ
③ 荷物用エレベータ
④ 寝台用エレベータ
⑤ 自動車用エレベータ

このほか，火災時に消防隊が消防活動に使用するエレベータとして，非常用エレベータがある。これは高さが31 mを超える建築物に設置が義務付けられているエレベータで，平常時はふつうの乗用または人荷共用のエレベータとして使用される。

建築基準法上の分類のほかに，建築物の用途やエレベータの構造などによって，つぎのような類別もある。

⑥ 住宅用エレベータ
⑦ 車いす兼用エレベータ
⑧ 展望用エレベータ
⑨ 斜行エレベータ
⑩ ホームエレベータ

2）　駆動方式による分類と構造の概要　　エレベータの駆動方式は，大別するとロープ式と油圧式に分けられる。

ⅰ）　ロープ式エレベータ（図4.4.94参照）　　ロープ式エレベータの代表的な構造は，かごと釣合いおもりをロープで連結して，つるべ式に駆動綱車にかけ，ロープと綱車との間の摩擦力を利用して駆動する方式である。

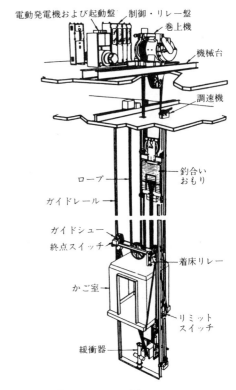

図4.4.94　ロープ式エレベータ

ⅱ）　油圧式エレベータ（図4.4.95，図4.4.96参照）　　油圧式エレベータは，油圧パワーユニットで発生した「圧力油」を油圧ジャッキのシリンダに送り，プランジャを押し上げてかごを上昇させ，シリンダ内の油をタンクに戻すことにより下降させる方式である。

（c）　エレベータに関する法令など

1）　建築基準法関連　　エレベータは建築基準法では，建築設備の一つとして位置付けられ，安全性確保

---

† 「建築基準法」ほか法令等では，「エレベーター」という表記が使用されているが，本便覧では「エレベータ」で統一した。

のための構造と技術基準の規定を始めとして，設置のための申請および確認（認可）と検査，日常の維持保全，定期検査および報告の義務などについて定められている．これらのおもな条文はつぎのとおりである．

　ⅰ）建築基準法
・法第2条第3号　エレベータ（昇降機）は建築設備であると規定
・法第8条　常時適法な状態に維持すべき規定
・法第12条第2項　資格者による定期検査および報告を義務付ける規定
・法第34条第1項　昇降機の一般構造の規定
・法第34条第2項　非常用昇降機の設置規定
・法第36条　昇降機の構造に関する技術基準は政令で定める規定
・法第87条　設置申請と確認ならびに完成検査に関する規定（法第6条，法第7条の準用）

　ⅱ）建築基準法施行令
・令第129条の4　エレベータの主索，綱車，巻胴，支持ばりおよびレールの構造
・令第129条の5　エレベータのかごの構造
・令第129条の6　エレベータの昇降路の構造
・令第129条の7　エレベータの原動機，制御器および巻上機
・令第129条の8　エレベータの機械室
・令第129条の9　エレベータの安全装置
・令第129条の13　エレベータの構造計算
・令第129条の13の2　非常用昇降機の設置を要しない建築物
・令第129条の13の3　非常用昇降機の設置および構造

　ⅲ）省令，告示，通達等　法律，政令で定められた事項の細則として建築基準法施行規則があり，また時代の変化と要請に対して，法令を補完するものとして，建設省告示と通達が発行され，エレベータの安全に関する具体的な諸事項が定められている．

2）労働基準法関連　物の製造，加工，運送などの事業に使用するエレベータは労働基準法関連の規定によることが義務付けられている．

　ⅰ）労働基準法
・法第8条　適用事業の範囲

　ⅱ）労働安全衛生法
・法第37条　特定機械等の製造許可
・法第38条　特定機械等の検査
・法第41条　特定機械等の性能検査
・法第42条　特定機械以外の機械に関する基準
・法第45条　定期自主検査

　ⅲ）労働安全衛生法施行令

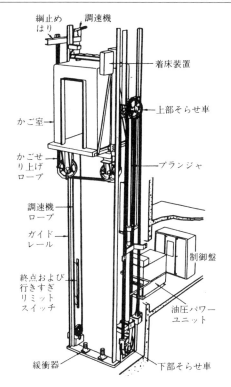

図4.4.95　油圧間接式エレベータ

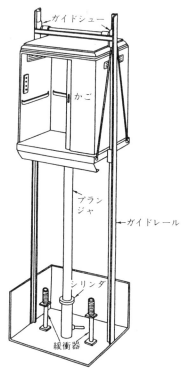

図4.4.96　油圧直接式エレベータ

・令第12条　特定機械の範囲（積載荷重1t以上のエレベータ）
・令第13条　労働大臣が定める規格または安全装置を具備すべき機械等（積載荷重0.25t以上1t未満のエレベータ）

ⅳ）省令，告示等　法令などで定められた事項の細則としてクレーンなど安全規則，労働安全衛生規則ならびに労働省告示によって定められた規定，規格，基準などがある。

3）　その他の関連法令　上述のほか，エレベータの請負契約にあたっては，建設業（機械器具設置業）の許可，建設工事の請負契約などについて規定した建設業法ならびに同施行令の定めるところによる必要がある。油圧エレベータは作動油の関係から消防法関係の規制を受け，自動車用エレベータは駐車場法による型式認定が必要な場合がある。また，各地方自治体の定める安全条例によって種々の安全に対し義務付けられている事項もある。

4）　関連規格・標準など
ⅰ）日本産業規格（JIS）　昇降機に関する日本産業規格（JIS）には，つぎのものがあり，それぞれ告示などにより指定されている。
・JIS A 4301　エレベータのかごおよび昇降路の寸法
・JIS A 4302　昇降機の検査標準
・JIS C 3408　エレベータ用ケーブル
・JIS G 3525　ワイヤロープ

ⅱ）日本エレベータ協会標準（JEAS）　日本エレベータ協会標準（JEAS）は，昇降機がその機能を十分に発揮し，安全な運行を確保するために業界としての普遍的な標準を定め，法令などの正しい適用と方式の統一を図ることを目的としている。内容はつぎのとおりである。
・エレベータ共通事項
・運転制御関係
・共同住宅用エレベータ関係
・身体障害者用エレベータ関係
・非常用エレベータ関係
・油圧エレベータ関係
・工事保守関係

（d）　エレベータの設備計画　建築物において，エレベータは唯一の縦の交通機関であり，必要不可欠なものであることはいうまでもない。したがってその設備計画の良否が，その建築物の価値を大きく左右することになる。

エレベータの設備計画の手法は，その建築物の用途，種類などによって多少の違いはあるが，基本的な事項としては，建物内の交通需要を十分に満たすだけの輸送能力を確保し，適切な運転間隔が得られるように計画することである。エレベータ設置台数の算出などの計画手順は，一般に図4.4.97のとおりである。

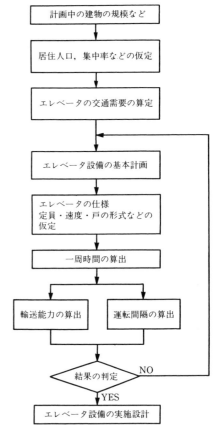

図4.4.97　エレベータの設備計画の手順

エレベータの実施設計にあたっては，建築基準法ならびに同法施行令，労働安全衛生法および同法施行令等の規定に準拠しなければならないことはもちろんであるが，さらに安全を補完するために発行されている省令，告示，通達などの内容を遵守するとともに，関連する規格，標準を尊重して実施する必要がある。

（e）　エレベータの設置認可と施工管理　エレベータを設置しようとする場合，建築主はその計画を建築主事に提出して，建築法令に適合しているかどうかを確認してもらった後でなければ据付け工事に着手できないことになっている（建築基準法第6条，第87条の2第1項）。ここにいう建築法令とは，建築基準法はもちろん，他の法令でも建築に関する技術的基準を定めたものは対象になる（例えば消防法など）。

この確認を行う建築主事は，所轄の地方公共団体の

長が任命するもので，その指揮監督の下に独立機関として権限を行使する特色を持っている．

据付け工事現場においては，現場代理人の選任，主任技術者の設置など，建設業法に基づいた施工管理体制を整備することが第一であるが，エレベータの据付け工事はとび職に類する高所作業を伴うので，労働災害を防止するための細心の注意を払う必要がある．

(f) エレベータの完成検査と検査済証　つぎに計画が適法であっても実際の現場で施工された結果が問題である．建築基準法（第7条，第87条）では工事が完了した場合，建築主事に文書をもって届出を行い，届出に関わる工事が確認内容に適合しているかどうか建築主事による完成検査を受けることを建築主に義務付けている．そして建築主事は当該工事が確認内容に適合していることを認めたときは，建築主に対して検査済証を交付することになっており，また，その検査済証の交付を受けた後でなければ使用してはならないことになっている．

無届けで違法な建築行為をしているような場合，特定行政庁または建築監視員は，緊急に施工停止，使用禁止，使用制限を命令することができる．

さらに適法な状態に是正させるため，必要な措置をとることを命じることができる．なお建築主などがこの命令に服さないときは，義務者に代わって自らこれを行うことができる．

エレベータの設置工事を行う場合の確認，検査などの手続きを図示すると**図4.4.98**のとおりとなる．

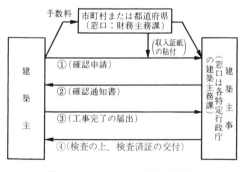

図4.4.98　エレベータ工事の手続き

① 建築主は建築主事に確認申請書を提出する．
② 確認申請書が受理されると確認通知書が出される．
③ 工事が完了すると，建築主は4日以内に到達するように建築主事にその旨届け出る．
④ 建築主事は，工事の完了検査を行い関係法令などに適合している場合に検査済証を交付する．

(g) エレベータの維持保全と定期検査　建築物（エレベータ）の安全は，適正な維持保全がなされて初めて可能であり，それが十分に行われないと竣工時の性能を維持できないことになる．適法に造られた建築設備（エレベータ）といえども適正に使われていなければ，その性能発揮は期待できないし安全性も確保されない．

このため，建築基準法においては法第8条の維持保全に関する規定が整備され，建築物の所有者または管理者は維持保全のための具体的な措置をとるよう定められている．したがって，エレベータに期待され要求されている諸性能はつねに確保していかなければならないものであり，その責任が所有者・管理者にあることはいうまでもない．ただ一般にエレベータの所有者または管理者は専門家でないことが多いので，専門技術者の助力を求める必要があり，その安全確保のために行政庁が関与しなければならない面がある．

このような観点から建築基準法では，法第12条において，定期検査報告制度を設けている．同条第2項はエレベータなどの検査，報告などの規定であり，万一の場合，人命の安全に直接関係するため建設大臣が認定する昇降機検査資格者による定期検査を行わせ，その結果を特定行政庁に報告することを所有者または管理者に義務付けている．報告を受けた行政庁は，安全上問題ありと判断した場合は，所有者に是正を勧告，また重大な不備に対しては使用禁止命令が発令される．逆に問題ない場合には「定期検査報告済証」が発行され，エレベータ内に掲示される．

(h) エレベータの安全装置　エレベータには各構造のそれぞれの部分に数多くの安全装置が取り付けられている．建築基準法施行令によって取付けが義務付けられているものとして，電磁ブレーキ，調速機，非常止め装置，ファイナルリミットスイッチ，緩衝器，ドアロックスイッチ，非常通報装置，停電灯，過負荷検出装置，各階強制停止運転装置などがある．

これらのほかに，つぎのような災害時に備えた安全装置が開発され，一般に普及が図られている．

1) 地震時管制運転装置　所定の震度以上の地震を感知器で感知した場合，エレベータを自動的に最も近い階に停止させてドアを開き，乗客を外部に誘導し，閉じ込められることのないようにして二次災害を防止するための装置である．

2) 火災時管制運転装置　火災時には電源が切られて，閉じ込めになるおそれがある上に，パニックによる二次災害も懸念されるので，非常用エレベータ以外のエレベータはすべて休止させるのが鉄則である．この装置はボタン一つで多数のエレベータをいっせい

に避難階に直行させてドアを開き,乗客を外部に誘導したあと運転を休止させるところまで的確に自動的に行わせることができる。

3) **停電時自動着床装置** エレベータは停電になるとその場所で停止し,中に乗客がいれば閉じ込められるので,大規模のビルでは自家発電源が設備されていて,必要最小限の運行を行い閉じ込めにならないようになっているが,自家発電源を持たない小規模のビルでは閉じ込めを防ぐためにこの装置を装備する。これは常用電源が停電になると,自動充電されている電池に自動的に切り換わってエレベータを最寄り階まで運転してドアを開き,その後運転を休止させる装置である。

4) **非常時通報装置** 万一,エレベータに閉じ込められたときは,慌てることなく落ち着いてインタホンなどの非常時通報装置によって外部へ連絡をとり,外部からの指示に従って慎重に行動することが重要である。勝手に自力で脱出しようとすることは非常に危険である。エレベータのかごは気密にはなっていないので窒息のおそれはないから,エレベータ内にじっとして外部からの救出を待つことが二次的災害を回避できる安全な方策である。

最近では遠隔監視付き保守契約をした場合,保守会社の監視センタにて遠隔的にエレベータ内における異常を自動的にキャッチし,監視センタの指示によって専門技術者が出動して迅速な処置を行うので,万一管理者が不在のときも安全が確保できる。

(ⅰ) **エレベータの保守** エレベータには事故や故障が発生しないよう点検・調整・整備を行い,予防処置を講じる適切な保守が必要なことは,今日ではビルの所有者または管理者の常識となっている。保守契約には所有者・管理者の意向によって選択が可能な2種類がある。

1) **FM(フルメンテナンス)契約** FM契約は点検・調整から修理工事までのすべてを保守契約料金に含めて実施する方式であり,保守会社の経験豊富な専門技術陣がつねに先手先手に保守サービスを行うので,確実な安心が得られる。

2) **POG(点検)契約** POG契約は保守サービスのうち点検と調整を行うとともに,ランプやヒューズなどの小額消耗部品の取換えおよび潤滑剤の補給などを実施する方式であり,その他の契約に含まれない部品の供給と修理工事については別途料金となる。

3) **保守と製品寿命の関係** 適正な保守を行った場合と,行わなかった場合では性能の経年劣化の差が大きい。FM契約の場合は定期的な点検を行い,不良となる可能性のある部品の取換えや機器の修理を事前に実施するので,経年劣化が少なく,寿命を大幅に延長できる。POG契約の場合は,性能の減衰は比較的緩慢であるが,機器の修理や部品の交換を行うつど経費がかかるので,一般的には予算上の理由で修理時期が遅れ,予防的な修理が施せない場合がある。保守契約をしていない場合は,適切な点検,給油,部品交換が行われないので性能が急激に低下し,7～10年程度で危険な状態となる。

4) **遠隔監視・診断システム** いま,エレベータの保守は制御へのマイコンの導入により,エレベータ遠隔監視・診断システムが主流となりつつある。マイコン制御エレベータの中枢である運行管理プログラムの内容を監視センタでチェックし,わずかな異常も見逃すことなくエレベータの各種情報を監視センタのコンピュータが監視・診断して,故障を未然に防ぐとともに,すべてのデータを定期作業に反映し,より適切な保守が行えるシステムである。

〔和田忠之〕

引用・参考文献

1) 日本エレベータ協会,昇降機技術基準の解説(1994)
2) 日本エレベータ協会,昇降機計画指針(1999)
3) 日本エレベータ協会,日本エレベータ協会標準集(1996)
4) 日本昇降機安全センター,昇降機・遊戯施設 設計・施工上の指導指針(1994)
5) 日本昇降機安全センター,昇降機・遊戯施設 定期検査業務基準指導書(1994)
6) 日本昇降機安全センター,昇降機の維持及び運行の管理に関する指針及び同解説(1994)
7) 日本建築設備・昇降機センター,昇降機検査資格者講習テキスト(1998)

〔7〕 **索　　　道**

索道は架空した索条(ロープ)に搬器を吊るして旅客または旅客および貨物を運送する施設である。わが国では国土交通省鉄道事業法・索道省令にその技術上の基準が制定されている。この省令では「索道による旅客または旅客および貨物の運送を行う事業」を「索道事業」と称し,一般的には観光用やスキー場用の「ロープウェイ」や「リフト」として知られている。索道事業を経営しようとするものは,国土交通大臣の許可を受けなければならない。

(a) **索道の種類と方式** 現在実用に供される索道の種類および方式は,おおよそつぎのとおりである。

「普通索道」とは,一般にロープウェイや,ゴンド

ラリフトのような旅客索道であり,「特殊索道」とは一般にリフトと称しているものであって,その中に観光用リフトと冬期のスキー場でスキーヤを運送するリフトならびに滑走式リフトがある。そのほかに貨物(石灰石,工事用資材)などを運搬する貨物索道もある(**表 4.4.19～表 4.4.21** 参照)。

表 4.4.19 普通索道の種類

普通索道	交走式	単線交走式	1支えい索で運送するもの
		複式単線交走式	2支えい索で運送するもの
		複線交走式	1～2支索とえい索で運送するもの
	循環式	単線固定循環式	1支えい索で客車を固定したもの
		単線自動循環式	1支えい索で客車を循環させるもの
		複式単線自動循環式	2支えい索で客車を循環させるもの
		複線自動循環式	1～2支索とえい索で客車を循環させるもの

表 4.4.20 特殊索道の種類

特殊索道	単線固定循環式	一般的なスキー用や観光用リフト
	単線自動循環式	高速リフト
	複式単線自動循環式	支えい索2条でチェアを運行
	単線滑走式	スキーを履いて滑走するもの

表 4.4.21 貨物索道の種類

貨物索道	単送式複線式	1支索1えい索	ケーブルクレーン式
	交走式単線式	1支索(えい索を兼ねる)	
	複線式	1支索1えい索	
	循環式単線式	1支索(えい索を兼ねる)	
	複線式	1支索1えい索	

〔注〕貨物索道は国土交通省の許可の対象外である。

1) 交走式 搬器の荷重を受けるレールに相当する支索とえい行する「えい索」および「平衡索」を有し,俗に「つるべ」方式といわれる。客車,懸垂部および走行装置をえい索および平衡索に接続して交互に往復させる方法で,旅客用の場合は搬器(客車)に乗せる乗員数により3～4線式を選択する。交走式の輸送量は機長,搬器の積載量,走行速度にて決定する。旅客用では15人乗りぐらいから166人乗りのものがある(**図 4.4.99** 参照)。

2) 循環式 循環式はえい索を一定速度にて運行させ,一定の間隔をおいて連続的に搬器を出発させ,えい索を自動的に握索して走行し反対の停留場へ入る

図 4.4.99 交走式

と,えい索から自動的に放索して停留場内のレール上に乗り乗降(貨物の場合は荷積荷卸)するものと,固定リフトのように一定間隔に搬器を固定して走行するものがある。循環式の輸送力は交走式と違い機長,速度に直接関係せず,搬器への積載量と出発間隔で決定され,時間当り1 200～3 200人輸送できる(**図 4.4.100** 参照)。

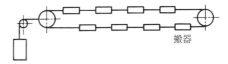

図 4.4.100 循環式

(b) 索道の設備

1) 索道の仕組み 索道のレールに相当する支索は一端(山頂が多い)を引き留め,一端(山麓が多い)をおもりまたは油圧で緊張する場合が多い。これは線路中間に荷重が入った場合,その「たるみ」分のみ緊張おもりが上昇するよう,緊張装置を設け終端の張力を一定に保つ装置であり,えい索についても同様のことが行われている。支索については近年山頂,山麓とも両端固定するものもある(**図 4.4.101** 参照)。

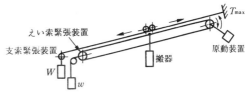

T:張力　　W:支索おもり　　w:えい索おもり

図 4.4.101 索道の仕組み

2) 索条(ロープ)強度の概要

ⅰ) 支索の張力 T は,$T=T_0+gmH$ である。ここに,T:支索の張力,T_0:支索緊張おもりの重量,gm:支索にかかる単位荷重(搬器荷重,支索,風圧各所摩擦などを含む),H:線路高低差である。

上記から最大張力を知り引張応力 σ_t [N/mm²] と曲げ応力 σ_b [N/mm²] を計算し,旅客用に対しては安全率について下記のように決めている。

$$\frac{\sigma}{\sigma_t+\sigma_{b1}}>3 \quad \text{この場合} \quad 5.0>\frac{\sigma}{\sigma_t}>3.5$$

ここに，σ：素線の平均引張強さ〔N/mm^2〕
σ_{b1}：支索にかかる垂直荷重による曲げ応力〔N/mm^2〕

である。

貨物については特に基準はないが，$6.0>\sigma/\sigma_t>3.5$ とし，他は同じとしている。

ⅱ）えい索の強度　集中荷重となる交走式と，分布荷重となる循環式とは計算方式が異なるが，循環式にて山頂原動の場合の例を示すと

$$T_t=\frac{T_0}{2}+W_LH+W_LL\mu$$

$$T_S=\frac{T_0}{2}+W_EH-W_EL\mu$$

種々のファクタを考慮し T_{max} を出し，安全率としては図4.4.102と下記のように決定されている。

$$\frac{\sigma}{\sigma_t+\sigma_{b2}}>4.0 \quad \text{この場合} \quad \frac{\sigma}{\sigma_t}>5.0$$

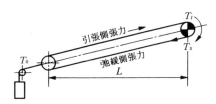

図4.4.102　えい索の強度

ここに，L：線路水平距離
σ_{b2}：滑車に巻き付くことによる曲げ応力
T_t：原動滑車引張側張力
T_S：原動滑車弛緩側張力
T_0：緊張おもり
W_L：荷重側単位荷重
W_E：空荷重側単位荷重
H：線路高低差
μ：運転摩擦抵抗

である。

3）　索条（ワイヤロープ）
支　索：ロックドコイル　おおむね40～64mmを使用する。
えい索：フィラー形，ウォリントンシール形などを使用する。
支えい索：ウォリントン形などを使用する。

4）　停留場設備　レール代わりの支索を有する索道では，片側の停留場で支索を引き留めし，他の片方の停留場に緊張装置を設ける。えい索の原動装置，同緊張装置はすべての索道が有し，握索装置が自動の循環式にあっては，搬器の押送設備，加減速装置，握放索装置を設ける。

ⅰ）原動装置（巻上げ装置）　原動装置は，えい索を駆動する原動滑車があり，これに減速装置を介し原動機に連結される。原動滑車でのえい索を駆動する摩擦力を保持するための条件はつぎのとおりとする。

$$\frac{T_t}{T_S}\geqq e^{\mu\theta}$$

ここに，T_t：引張側の張力
T_S：弛緩側の張力
θ：えい索の滑車への接触角度
μ：滑車のゴムライナとえい索間の摩擦係数

である。

上記を満足させるために原動滑車のみで接触角が不足する場合は，遊動滑車を設け，巻付け数を多くし条件を満足させる。この原動装置には高速軸に常用ブレーキを設け，低速側の原動滑車に作用する非常用ブレーキを設ける。

ⅱ）えい索緊張装置　前記の図のようにすべての索道に，えい索緊張装置を設ける。線路設計にて「えい索」の運転中の「たるみ」の変化，自然伸び，温度伸びなどにより「ストローク」を計算して設置する。緊張装置としてはおもりを設ける場合と油圧シリンダにて緊張する場合がある。片側の停留場を原動停留場にし，別の片側の停留場を緊張停留場にする場合と，原動緊張を片側の停留場に設置する場合がある。

ⅲ）電気設備　索道には，一般に受電設備と原動機として電動機ならびに同制御装置を有する。交走式のように単荷重の大きいものを移動させる場合は，負荷変動が大きくなり，安全な運行をさせるため，自動速度制御が必要なので「直流サイリスタ制御」や「交流サイリスタ制御」，「インバータ制御」が使用され，循環式にあっては「二次抵抗制御」，「整流子制御」，「直流サイリスタ制御」，「インバータ制御」が使用される。

交走式ロープウェイなどは，運転スケジュールのプログラムを組むことができる。保安装置は，索条の状況，荷重状況，走行状況をチェックするものが設けられている。

ⅳ）線路関係　線路には，索条を架張するため，距離のあるものは中間に支柱を設ける。レール代わりの支索を有するものは，支柱上に支索を受ける支索サドルと支索の接触面には，ナイロンなどのシューを使用して摩耗に対応している。えい索は受索輪で受け，輪荷重や負担角度を考慮して取付数を設定する。単線式の場合は，ロープの荷重や角度によってバランスす

るバランスビームに受索輪を取り付け，2輪，4輪，6輪，12輪などの受索装置がある。

支柱は用途，運搬などを考え，トラス支柱，円筒柱，角柱などを使用し，基礎は鉄筋コンクリートとする。支柱の建柱については，地形が傾斜している場合，その角度に合わせた合力方向に傾斜して建てるなどにより水平力を低減させるケースも多い。支柱での脱索には万全の注意を払い「受けるべきはしっかり受け」，「押さえるべきは，しっかり押さえる」設計を行う。

（森川和昭，臼井健一，川上博之）

〔8〕 手動揚重機
（a） チェーンブロック
1) 種類・構造・用途　手鎖を操作することにより，重量物の巻上げ・巻下げを行うものである。その構造は図4.4.103に示すように，フレーム，歯車機構，メカニカルブレーキ，ロードチェーン，フック，手鎖などにより構成されている。

表4.4.22　チェーンブロックの主要諸元（例）

定格荷重〔t〕	標準揚程〔m〕	巻上げ手引力〔N〕	製品の質量〔kg〕
0.5	2.5	250	11
1	2.5	300	12
2	3	350	21
3.2	3	350	26
5	3	350	45
10	3.5	400	90
20	3.5	400	240
50	3.5	500×2	800

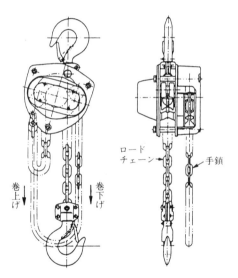

図4.4.103　チェーンブロック

近年のものは，小形・軽量になっている。最近の日本製のものは，世界最高ランクのV級・破断応力1 000 MPaのロードチェーンを用いたものが普及している。チェーンブロックは，JIS B 8802に規定されており，安全率は4である。

定格荷重は0.5 tから50 t，標準揚程は2.5 mから3.5 m，巻上げ手引力は250 Nから500 Nである。諸元の一部を表4.4.22に示す。

巻き上げた重量物の横移動は，I形鋼をレールとしたトロリにチェーンブロックを結合したもので行う。

2) 使用基準と点検基準　チェーンブロックは，特に安全について気を付けて作業しなければならない。そのためには製品の取扱説明書およびJISに記載されている，使用基準および点検基準を守らなければならない。

（b） チェーンレバーホイスト
1) 種類・構造・用途　レバーを操作することにより，重量物の巻上げ・巻下げおよび牽引，トラックの荷物の荷締め，建築物の鉄骨のひずみ直しなど，チェーンブロックより用途は広く，運輸・橋梁・建築・土木・造船・炭鉱・林業などあらゆる作業の現場で使用されている。

構造は図4.4.104に示すように，フレーム，歯車機構，メカニカルブレーキ，ロードチェーン，フック，レバーなどにより構成されており，チェーンブロックと類似である。チェーンブロックより可搬性が要求されるため，より小形・軽量である。また作業性を良くするため，無負荷のときロードチェーンの長さを必要とする位置に，迅速に移動できる遊転装置が設けられている。最近の日本製のものは，V級・破断応力1 000 MPaのロードチェーンを用いたものが普及している。

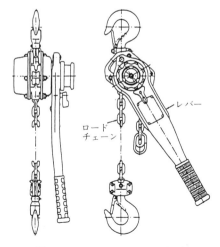

図4.4.104　チェーンレバーホイスト

チェーンレバーホイストは，JIS B 8819 に規定されており，安全率は4である。定格荷重は，0.5 t から 9 t，標準揚程 1.5 m，手にかかる力は 300 N から 400 N である。諸元の一部を表 4.4.23 に示す。

表 4.4.23 チェーンレバーホイストの主要諸元（例）

定格荷重 〔t〕	手にかかる力 〔N〕	製品の質量 〔kg〕
0.75	290	7
1.5	300	10
3	350	16
6	360	27
9	370	42

2）使用基準と点検基準 チェーンレバーホイストは，特に安全について気を付けて作業しなければならない。そのためには製品の取扱説明書およびJISに記載されている，使用基準および点検基準を守らなければならない。

（小島康弘）

4.4.7 建設機械
〔1〕 ブルドーザ

（a）機種と用途 トラクタに土砂や岩石などの掘削・運搬・整地作業を行うドーザ装置を取り付けたものを国内ではブルドーザと呼ぶ。

ブルドーザの大きさは，その基本性能というべき牽引力が自重との走行路面により決まることが多いため，自重で分類される。一般に10 t 以下の小形，10〜30 t を中形，30 t 以上を大形としている。

また，ブルドーザの主要な仕様値に接地圧があり，広い接地面積と三角断面の履帯（シュー）により軟弱地走行性を高めた湿地車がある。国内の中・小形の車両では，80〜90％を占めている。

1）大形ブルドーザ 大規模土木工事，鉱山，採石山での，リッピング，ドージングや表土剝ぎに多く使用され，後部にリッパ装置を持つ車が多い。また，被牽引式スクレーパの牽引などに使用されることもある。

2）中形ブルドーザ 用途は用地造成，道路建設工事での敷ならし，埋戻し，法面成形，転圧，農業開発での圃場整備と多岐にわたり，林業での林道開設，集材や，産業廃棄物処理での廃棄物運搬・転圧，船内の荷役作業，山砂採取などにも使われている。

3）小形ブルドーザ 用途は土木工事での宅地近傍，小規模工事，道路工事の敷ならし，仕上げ整地，グラウンド，テニスコート，ゴルフ場のグリーンの仕上げ整地，配管工事の埋戻し，船内での荷役作業，林業での集材など幅広い。

圃場整備などでは，通常の湿地車以上の低接地圧を持つ超湿地車も使用される。

（b）構造上の特徴

1）外観 ブルドーザの外観は，車両本体のトラクタと付属する作業装置から構成される。

トラクタは，無限軌道を持つクローラ式と，ゴムタイヤを持つホイール方式があるが，国内で稼働している車両のほとんどは，クローラ式の車両である。

作業装置は，車両前部に土や岩石を掘削・運搬する排土装置，車両後部に岩石を破砕・掘起するリッパ装置や，材木を牽引するウインチなどを装備する。

2）作業装置 排土装置は，取扱い材料，用途により多くの種類があり，中・大形の標準車両では，掘削性能と大量運搬を目的としたセミユニバーサルドーザが一般的である。

20 t 以上の中形湿地車には重掘削に優れるストレートドーザ，20 t 以下の車両では，油圧により排土板のチルト，アングル角の操作が可能なパワーアングルチルトドーザが一般的である。

後方の作業装置で一般的なのはリッパであり，最も一般的な非発破工法として，利用されている。

大形の車両では，リッパチップの掘削角度の調整が可能な構造を持ち，破砕性能を高めている。

3）パワートレイン ブルドーザによる主要作業は，連続的で，変動の激しい重負荷が加わる繰返し作業となり，車体構造，パワートレイン双方の高い強度と耐久性が必要となる。

動力にはディーゼルエンジンを使用し，作業特性からトルクを重視した設定となっている。

エンジンで発生した動力の伝達には，おもな方法として，つぎのような方式がある。

ⅰ）主クラッチおよび変速機（ダイレクトドライブ） 機械的に動力を変速機に伝達し，変速時など，必要に応じクラッチによりエンジンと変速機の連結を解除する。高い伝達効率が特長であるが，操作に熟練を要するため，近年では需要が低下している。

ⅱ）トルクコンバータおよびパワーシフト変速機 操作が容易であり，変速操作が素早く行えることから，中形以上の車両で現在主流となっている。

主クラッチの代わりに，トルクコンバータを使用し油圧操作式トランスミッションと組み合わせている。

ダイレクトドライブに比べ伝達効率が低いなどの点はあるが，大形車を中心にダイレクトドライブの特性を併せ持たせる方法が採用されている。

ⅲ）ダンパおよびパワーシフト変速機 トルクコンバータの代わりにラバーカップリングを使用し，急激なトルク変動が生じた際に負荷を吸収させること

で，トルクコンバータに近い容易な操作性とダイレクトドライブの伝達効率を両立するが，その構造上，緩衝効果はトルクコンバータに比べ少なく大出力の大形車に採用することは困難である。

ⅳ）ハイドロスタティックドライブ　エンジンの出力を油圧ポンプによりすべて油圧力に変換し，油圧モータにより駆動力を発生させる。

油圧ポンプと油圧モータ間は，高圧ホースで連結されるため構成部品の配置に高い自由度がある。

4）操向装置　ブルドーザの操向（ステアリング）は，左右の履帯に速度差を作ることによって旋回を行う。その方式には，つぎのような特徴がある。

ⅰ）クラッチとブレーキ　ブルドーザに最も一般的な操向方式で，履帯の片側に制動をかけ，左右の履帯に速度差を生じさせ，旋回を行う。操向操作はブレーキは車両制動用ブレーキと同じシステムを使用している。湿式多板ブレーキを使用する車両は，スプリングにより常時ブレーキディスクを押さえ，車両走行時には油圧力でスプリングを緩める方式を採用している。これは，不意のエンジン停止により油圧力の供給が停止した場合，自動的にブレーキが作動し，事故の可能性を減少させるためである。

ⅱ）差動式　操向クラッチの代わりに，プラネタリ式差動機構を使用し，油圧モータにより左右のアクスルに速度差を生じさせる。旋回中に片側の履帯を停止させずに旋回する信地旋回などが可能となる。また，降坂時の走行中に生じる逆ステアリング現象が起きず，安全性が高い。

ⅲ）ハイドロスタティック式　ハイドロスタティックドライブの車両では，左右の走行モータに送る油量を調整することにより，左右の履帯に速度差を生じさせる。左右の履帯への駆動力の分配比率を変化させるため差動式と同様に駆動力を無駄なく活用でき，旋回中の牽引力の低下が生じにくい。

5）足回り装置　ブルドーザの足回り装置は，ローラフレーム，アイドラ，履帯などから構成され，車両の牽引力を発生させる部分である。中形以上の車両では，車両と足回り装置全体が揺動する構造になり，不整地での接地性と乗り心地の向上を図っている。また，大形車両ではトラックローラなどが上下に揺動し，走路の凹凸に合わせて履帯を接地するボギー方式を採用している。

（ｃ）関連法規

1）労働安全衛生法（抜粋）　第42条の規定に基づき，車両系建設機械構造規格をつぎのように定め，1973（昭和48）年4月1日から適用する。

（強度等）
第1条　労働安全衛生法施行令第13条第21号に掲げる建設機械の原動機，動力伝達装置，走行装置，作業装置は，つぎに定めるところに適合するものでなければならない。以下省略。

第2条（略文）　ブルドーザは，原動機および当該建設機械の目的とする用途に必要な設備，装置等を取り付けた状態において，水平かつ堅固な面の上で，35度（最高走行速度20キロメートル毎時未満の建設機械または機械重量に対する機械総重量の割合が1.2以下の建設機械にあっては，30度）まで傾けても転倒しない左右の安定度を有するものでなければならない。

（走行用ブレーキ等）
第5条（略文）　車両系建設機械は，走行を制動し，および停止の状態を保持するためのブレーキを備えているものでなければならない。以下省略。

3.（略文）　第1項のブレーキのうち停止の状態を保持するためのブレーキは，無負荷状態の車両系建設機械を5分の1のこう配の床面で当該車両系建設機械を停止の状態に保持することができる性能を有するものでなければならない（**表4.4.24**参照）。

表4.4.24　ブレーキ性能に対する要求（車両系建設機械構造規格より抜粋）

最高走行距離〔km/h〕	制動初速度〔km/h〕	停止距離〔m〕 機械総重量	
		20t以下	20t以上
35以上	35	14	20
20以上35未満	20	5	8
20未満	その最高速度	5	8

（操向装置等の操作部分）
第7条　車両系建設機械の操向装置，作業装置およびブレーキの操作部分は，運転のために必要な視界が妨げられず，かつ，運転者が容易に操作できる位置に設けられているものでなければならない。

第8条　車両系建設機械は，その操向装置，作業装置およびブレーキの操作部分について，運転者が見やすい箇所に，当該操作部分の機能，操作の方法等その操作に関し必要な事項が表示されているものでなければならない。ただし，運転者が誤って操作するおそれのない部分については，この限りでない。

（運転に必要な視界等）
第9条　車両系建設機械は，運転者が安全な運転を行うことができる視界を有するものでなければな

らない。以下省略。
（昇降設備）
第10条　運転者席の床面が高さ1.5メートルをこえる位置にある車両系建設機械は，運転者が安全に昇降する設備を備えているものでなければならない。ただし，運転者が安全に昇降できる構造となっているものについては，この限りではない。

2)　**海外の規格**　運転者の身体や生命を，発生した事故や機械の故障から守るため，つぎのような構造が採用されている。
・転倒時運転者保護構造（ROPS）
（Roll Over Protective Structure）
［SAE J1040, ISO 3471, JIS A 8910］
機械の転落時，運転者を守る構造であり，勾配が30度の硬い地盤の上を，トラクタが時速16 km（最高速度が時速16 km以下のものはその最高速度）で走行中に，傾斜面を離れることなくトラクタの縦軸周りに1回転して転落した場合において，シートベルトを装備した運転者が圧死することを防止する構造と定められている。米国では，この規格に合格したROPSの装着が義務付けられている。
・落下物運転者保護構造（FOPS）
［Falling Object Protective Structure］
［SAE J231, ISO 3449, JIS A 8920］
トラクタ系機械の運転席への落下物から運転者を守る構造物である。
・ヘッドガード
機械の運転席への落下物から運転者を守る構造物であり，岩石など落下のおそれのある場所では，労働安全衛生法第153条で装着が義務付けられている。
・シートベルト
［SAE J386 JUNE 85 and ISO 6683 JIS A 8911］
ROPSの規格で，シートベルト装着が義務付けられているが，墜落・転落・横転や横滑り，激突時に運転者が運転席から放り出されることを防止する。

(d)　**安全装置・安全対策（主として技術的な）**
ブルドーザによる災害の特徴は，機械が墜落，転落および横転し運転者が死傷する場合と，暴走した機械に，運転者や周囲の作業員がひかれて死傷することにある。さらに，大きい特徴として，災害の90％以上は運転者が被災していることにある。

事故発生を未然に防ぐ安全装置・対策　運転者の不注意や誤った操作などに起因する事故・災害の防止のため，つぎの構造が採用しである。
ⅰ）エンジンの始動　エンジンの始動操作と機械の発進を同時に発生させないため，エンジンニュートラルスタート機構を採用している。これは，エンジンの始動時にトランスミッションが中立の状態でなければセルモータが回転しない構造になっており，不意の発進が起こらないようになっている。また，中形以上の車両では，パーキングブレーキが作動していないとエンジンが始動できない機構を備えた車両も多くなっている。
ⅱ）ブレーキシステム　作業用ブレーキとパーキングブレーキを確実に作動させるため，スプリング作動，油圧開放式のブレーキシステムを採用している。これは，湿式多板ディスクブレーキをスプリングによりつねにブレーキ制動を行う構造になっており，走行時には油圧ポンプから供給される作動油によりブレーキピストンを押し戻し開放する。このため，ブレーキを踏み込んだときには，ブレーキピストンを開放していた油圧力が減じ，制動力が生じる。

また，エンジンの不意の停止やブレーキ用油圧系統の油圧が低下した場合，自動的にブレーキが作動し，緊急ブレーキとして作動する。パーキングブレーキも同様のシステムとなっており，確実な制動力を得ることができる。

(e)　**保守・管理上の配慮事項**　建設機械メーカが機械の販売時に添付する取扱説明書などにすべての事項が記載されている。通常，この説明書の内容は，運転操作，給油整備の事項ならびに安全上の基本的注意事項にわたって具体的に解説してある。ここでは，安全上の基本的注意事項の概略について解説する。

1)　**危険防止プレートおよびステッカ**　機械の，特に安全を要する箇所には，国際規格に基づく危険防止のプレート類が取り付けてある。この内容を理解した上で機械の使用にあたることが重要である。このプレートが破損した場合，必ず機械メーカの特約販売店から入手し，同じものであることを確かめた上で取り付けること。

これらのプレート類は，油圧の高圧箇所，オイルや冷却水の高温箇所，ならびに電気装置に取り付けてある。また，部品が飛出し事故が起きるおそれがある箇所に取り付けてある。

2)　**機械の駐車**　平坦で，見通しの良い場所で駐車する。
・パーキングブレーキをかける。
・エンジンを停止する。
・トランスミッションを中立にする。
・トランスミッションの操作をロックする安全装置をかける。
・スタートスイッチキーを取り外す。

3)　**機械の誤作動・誤操作の防止**　スタートス

イッチならびにコントロールレバー類には，運転禁止の注意札をかけておく．

4) **安全保護具** ヘルメット，安全眼鏡などを着用する．

5) **エンジン関係の保守** 高温のオイルや部品により火傷をすることがある．温度が低下してから触ること．エンジンが運転温度のままだと，冷却水も高温，高圧になっている．冷却水の点検は必ずエンジンを停止し，ラジエータ給水キャップが手で触れるくらいに温度が低下してから行う．給水キャップはゆっくり緩め，内圧を徐々に逃がしながら行う．

冷却水に混入している不凍液の水溶液は，強アルカリ性なので目や皮膚への付着を防ぐこと．

ラジエータなどを圧縮空気により清掃する場合は，ヘルメット，安全眼鏡のほかに防じんマスクなどの保護具を着用する．圧縮空気の圧力は，205 kPa (2 kgf/cm^2) 以下にする．

6) **作業装置用油圧系統** 高温のオイルで火傷をすることがある．温度が低下してから触ること．

エンジンが運転温度のままでは，油圧タンクは高温，高圧になっている．作動油の点検は，必ずエンジンを停止し，給油キャップが手で触れるくらいに温度が低下してから行う．給油キャップはゆっくり緩め，内圧を徐々に逃がしながら行う．また，オイルが高温のままで給油キャップを取り除くと空気が油圧系統に混入し，油圧ポンプを破損するおそれがある．

7) **燃料タンク** 燃料が漏れた場合，高温の装置や電装品にかかり火災のおそれがある．

8) **バッテリ** バッテリの液面を点検するときは，可燃性のガスを発生しているので，タバコなどの火気や電気のショートによる火花の発生に注意する．電解液は強酸性なので目や皮膚への付着を防ぐこと．また，充電時には，必ずバッテリの固有電圧（通常12 V もしくは 24 V）と同じ電圧に充電器を設定し，また，電流値の設定は約 5 A（充電初期電流値）で充電時間は通常 12 時間ぐらいと長時間で行う．作業時には，安全眼鏡を着用する． （清水一郎）

〔2〕 **ホイールローダ**

(a) **概 説** ホイールローダは砂利，砂，土の掘削・積込みの設備機械として幅広く使用され，その構造・機能も定形化している．安全に関わる機能・装置は下記のとおりであり，**図 4.4.105** に代表的な外観を示す．

　　作業機：土砂積込み（バケットなど），資材運搬（フォークなど）
　　操　舵：車体屈折式，後輪操舵式
　　駆　動：全輪駆動式，2 輪駆動式

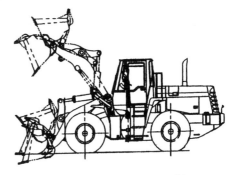

図 4.4.105 ホイールローダの外観

　　制　動：湿式密閉式，ドライディスク式，ドラム式

(b) **ローダ災害の特徴** ローダ（ホイール式およびクローラ式）の災害は車両の構造および操舵（おもに上記構造部分の）による場合と点検・整備，作業現場の管理などによる場合がある．災害のうち，特に死亡災害についてこの 5 年間（1988 〜 1993 年）を見ると，建設機械による死亡災害全体の約 40% を占めており，逐次増加の傾向にある．

このような状況下，ローダの死亡災害を現象別に見ると**表 4.4.25** となる．

(c) **ホイールローダの安全に関する規制・規格**
ホイールローダの災害を極力防ぐため，車両の構造・機能について安全に関する規制・規格が制定されている．**表 4.4.26** に機能・装置別に代表的規制・規格を示す．そのほか国別や各鉱山などが独自に設定した規制・規格もあるが一般的でないので示していない．

(d) **ホイールローダの安全装置** ホイールローダ災害の現象と要因となった構造・機能とその関連を**表 4.4.27** に示す．構造，機能において，具体的な安全配慮の例と，災害発生の現象の中で死亡災害発生率の高い「墜落・転落」，「激突，転倒」の主要因となっている「制動（ブレーキ）装置」，「操舵（ステアリング）装置」の代表例を紹介する．

1) **制動（ブレーキ）装置** ブレーキには，通常使用するサービスブレーキ（主ブレーキ）と，駐車ブレーキ兼用の（補助ブレーキ）がある．これらのブレーキには，制動・停止機能を維持するための安全処置として，つぎの機能を備えている．

ⅰ) **運転者への警報** ブレーキ配管の破損および機器の機能不良によりブレーキ液漏れや，空気圧力が低下したとき，運転者に知らせるための警報装置を設置し，事故の未然防止を図っている．

ⅱ) **サービスブレーキ（主ブレーキ）への安全処**

表4.4.25 ローダによる死亡災害発生状況と推定原因（1988～1993年）（安全衛生年鑑より集計）

順位	現象別	発生状況〔人〕	おもな推定原因
1	挟まれ・巻き込まれ	120人 29.3%	・運転，合図，監視不良 ・立入禁止措置不良 ・視界性不良
2	墜落・転落	104人 25.4%	・地盤など養生不良（路肩崩れなど） ・運転未熟，ミス（トレーラへの積卸し時など） ・点検，整備不良（ブレーキ，ステアリングなど）
3	激突され	69人 16.9%	・点検，整備不良（ブレーキ表示灯など） ・相手の運転未熟，ミス ・相手の点検，整備不良
4	転倒	51人 12.5%	・地盤など養生不良（路肩崩れなど） ・安定性不良（過負荷などによる） ・運転未熟，ミス（急ステア，急ブレーキなど）
5	崩壊・倒壊	31人 7.6%	・運転未熟，ミス（地山崩壊） ・合図，監視不良
6	飛来・落下	30人 7.3%	・用途外作業（荷吊上げ落下） ・合図，監視不良
7	その他 （交通事故・火災）	4人 1.0%	
	合計	発生状況〔%〕	

置　前後輪いずれか一方のブレーキラインが，配管の破損，機器の機能の不良などにより空気漏れまたは，油漏れが起きたとき，正常な他方のブレーキラインで制動できるよう"前後輪別系統"方式を採用している（図4.4.106と図4.4.107はオイル漏れ，図4.4.108は空気圧漏れの例）。

　ⅲ）エマージェンシブレーキ（補助ブレーキ）
　運転中，エンジン停止など何らかのトラブルで，サービスブレーキ（主ブレーキ）の制動力が低下もしくは不能となった場合，別に設置したブレーキ装置（補助ブレーキ：駐車ブレーキと兼用）で制動させるもので，つぎの方式がある。
　① 中・大形の車両では，主ブレーキ制動倍力機構の空気圧もしくは，油圧が低下した場合，スプリング力あるいは油圧力でブレーキ（駐車ブレーキ兼用）が自動的に作動する構造になっている（図4.4.109は空圧開放駐車ブレーキ，図4.4.110は油圧式駐車ブレーキ）。
　② 小形の車両では，手動式ハンドブレーキで制動し，一般的には駐車ブレーキと兼用している（図4.4.111）。
　主ブレーキおよび補助ブレーキに関連する法規は，表4.4.26 安全関連規格のNo.10 "ブレーキ"がある。なお，参考までにエマージェンシブレーキに関連する規格として，ISO 3450に示された制動能力を示す（表4.4.28参照）。

　2）ステアリング装置　ホイールローダの代表的なステアリングシステムを図4.4.112，図4.4.113に示す。一般的に図4.4.112は大形車両に，図4.4.113は中・小形車両に採用されている。

4. 機械と装置の安全

表 4.4.26 ホイールローダの安全関連の規制・規格

	装置・機能	ISO (TC 127 中心)	SAE	OSHA (29 CFR)	EC建機包括安全規制 (89/392/EEC)	労働安全衛生規則 (車両系建設機械)	車両系建設 機械構造規格
1	安全一般	3411-1993 5998-1986 6750-1984 7130-1981	* J 98-MAY 86 * J 153-MAY 87 * J 154-JUN 92 * J 920-SEP 85 * J 1083-JUL 85		EN 292 89/392/EEC prEN 474-1 4.2.1 prEN 474-1 4.5 prEN 474-1 4.11.4 prEN 474-1 4.14.2 prEN 474-3 4.6		
2	火災・爆発対策	3795-1989	J 369-JUN 89		prEN 474-1 4.16 prEN 474-1 4.14.1		
3	電装・配線	9247-1990 10264-1990	J 821-MAY 85 * J 1283-MAR 86		prEN 474-1 4.4.4 prEN 474-1 4.13		
4	灯火	DIS/12509	J 1029-MAR 86	1926-600(a)(1) 1926-601(b)(2)	prEN 474-1 4.2.2.8 prEN 474-1 4.7.2	152条	
5	ROPS, FOPS ヘッドガード	3164-1979 3471/1-1986 3499-1992	* J 231-JAN 81 * J 397-APR 88 * J 1040-APR 88 J 1164-JAN 91	1926-1000 1926-1001	prEN 474-1 4.2.4 prEN 474-1 4.2.5 prEN 474-3 4.4	153条	
6	移送	10570-1992	* J 276-MAY 86		prEN 474-1 4.11.3 prEN 474-1 4.12.2	161条	
7	自主検査・整備	2860-1992 8152-1984	J 925-DEC 87 J 1707-NOV 91		prEN 474-1 4.17 prEN 474-1 7	167～170条	
8	昇降設備	2867-1989	J 185-JUN 88		prEN 474-1 4.1		10条
9	安定性 重心 安定	5005-1977 6016-1982 8313-1989	* J 874-OCT 85 * J 897-OCT 85 * J 1950-OCT 85		prEN 474-1 4.9 prEN 474-3 4.6		4条
10	ブレーキ	3450-1985	* J 1152-APR 80 * J 1473-OCT 90 * J 1703-JUN 91	1926-602(a)(4)	prEN 474-1 4.6		5条
11	操縦装置・計器	6011-1987	* J 209-JUN 87		prEN 474-1 4.4.2 prEN 474-1 4.4.3		7条
12	操作上配置	6682-1986 DIS/10968	J 297-JUN 85 * J 898-OCT 87	1926-601(b)(11)	prEN 474-1 4.4.1 prEN 474-1 4.4.3.1		8条
13	視界	5006-1993	* J 941-JUN 92		prEN 474-1 4.7.1		9条
14	座席・シートベルト	6683-1981 7096-1982	J 386-JUN 85 * J 899-DEC 88 * J 1384-MAY 83 * J 1385 JUN 83	1926-602(a)(2)	prEN 474-1 4.3 prEN 474-3 4.3		
15	安全ガラス		* J 673-NOV 83	1926-600(a)(5)	prEN 474-1 4.2.2.7 prEN 474-3 4.2.3		
16	防護 (ガード，シールド)	3457-1986	* J 321 b J 1308-SEP 85	1926-602(a)(5)	prEN 474-1 4.2.2.3 prEN 474-1 4.11.1 prEN 474-1 4.11.2		11条
17	警報・方向指示器	9533-1989	* J 1446-MAY 89	1926-602(a)(9)	prEN 474-1 4.8		12・13条
18	安全弁						14条
19	デカール・タグ・ シンボル	6405-1991	* J 115-JAN 87 * J 223-APR 80 J 284-JAN 91 * J 1362-JUN 92	1910-145	prEN 474-1 4.4.3.2 prEN 474-1 6 prEN 474-3 4.7.2 prEN 474-3 4.8.1		15条
20	ステアリング	5010-1984	J 53-OCT 84		prEN 474-1 4.5		
21	圧力容器		* J 10-OCT 90		prEN 474-1 4.15.3		
22	騒音			1926-52	prEN 474-1 4.10		

表 4.4.26 (つづき)

	装置・機能	ISO (TC 127 中心)	SAE	OSHA (29 CFR)	EC建機包括安全規制 (89/392/EEC)	労働安全衛生規則 (車両系建設機械)	車両系建設 機械構造規格
23	キャビン	DIS/10263	＊J 1503-JUL 86	1926-601(b)(5)	prEN 474-1 4.2.2		
24	作業機	10533-1993	＊J 38-AUG 91	1926-602(a)(10)	prEN 474-3 4.5	166 条	

〔備考〕 1. SAE 規格の番号の前に＊印のあるものは，ANSI で承認されたものである。
〔注〕 OSHA：Occupational Safety and Health Administration，米国労働安全衛生機構規格
　　　 SAE：Society of Automotive Engineer，米国自動車技術会規格
　　　 ISO：International Organization for Standardization，国際標準化機構規格
　　　 ANSI：American National Standard Institute，米国規格協会規格

表 4.4.27 災害発生時の現象と車両への配慮

災害発生状況 ＼ 災害の現象	挟まれ 巻き込まれ	墜落 転落	激突され	転倒	崩壊 倒壊	飛来 落下	その他 (交通事故 火災)
運転時の災害		○	○	○	○	○	
整備時の災害	○						
昇降時の災害	○						
火災時の災害							○

関連装置および項目								安全配慮の例
1. 安定性				○				
2. ブレーキ装置		○	○				○	・前後輪別系統サービスブレーキ ・エマージェンシブレーキ
3. ステアリング装置		○	○		○		○	・パワーステアリング ・エマージェンシステアリング
4. セイフティロック装置	○							・作業機操作レバーロック ・変速操作レバーロック ・ニュートラルエンジンスタート
5. 運転室	○			○	○			・運転室の保護 　　(ROPS, FORS, ヘッドガード)
6. 灯火装置		○	○					
7. 火災防止							○	・配線・配管ライン・バッテリなど 　　　　　　　　火災防止
8. 操縦装置		○			○	○	○	
9. 点検・整備	○						○	・点検・整備箇所の安全性向上 　(ファンガード・フェンダ・ 　ラダー・手すり・ステップなど)
10. ガード，シールド類	○						○	・コンパートメント位置 ・バッテリシールド・ 　　ホースシールド
11. 視界	○	○		○	○	○		・運転者の視界向上
12. その他サービス資料	○	○	○	○	○	○		・安全の啓蒙

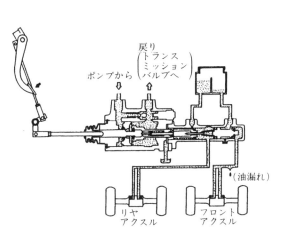

図4.4.106 ブレーキオイル漏れの例

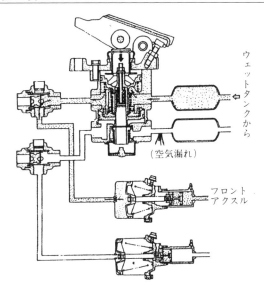

図4.4.108 空気圧漏れの例

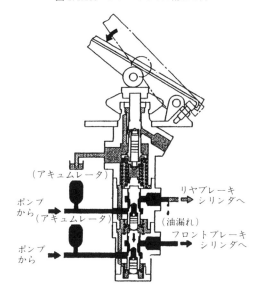

図4.4.107 ブレーキオイル漏れの例

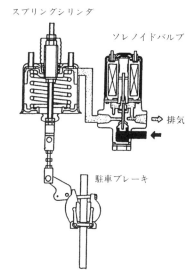

図4.4.109 空圧開放駐車ブレーキ

エマージェンシステアリング　ステアリングシステムの安全性に対する処置として，エマージェンシステアリング装置が装着，あるいは準備されている。この装置は運転中何らかのトラブルによりエンジン急停止，あるいはステアリング配管の破損，機器の機能不良などでステアリングバルブへの油圧が低下，もしくは油の供給停止により操向が不能となった場合，別に設置したステアリングポンプを駆動させ，操向するものである。このエマージェンシポンプには，「グランドドリブンポンプ」，「電気式ポンプ」などが一般的に使用されている（図4.4.114はグランドドリブンポンプの例）。このシステムは，ステアリングポンプの圧力が低下，あるいは停止したとき，その圧力をデバータバルブが検知し，エマージェンシポンプからの油圧が切り換わり，ステアリングバルブへ流れ操向が可能となる。エマージェンシステアリングに関連する法規は，表4.4.28安全関連法規のNo.20"ステアリング"がある。なお，参考までに，エマージェンシステアリングに関連する規格としてISO 5010-1984に示された操向性能を示す（表4.4.29参照）。　（久保田靖彦）

〔3〕油圧ショベル
（a）油圧ショベルの種類と用途　　油圧ショベ

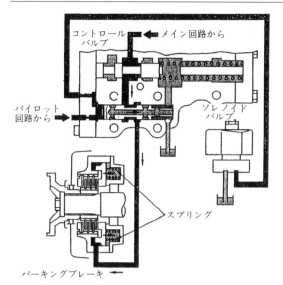

図4.4.110 油圧式駐車ブレーキ

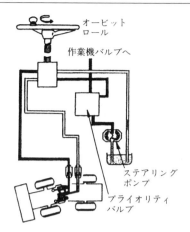

図4.4.112 オービットロール式ステアリング

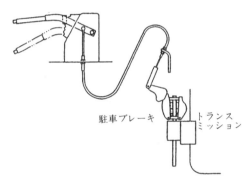

図4.4.111 ハンドブレーキ

表4.4.28 ISO 3450による制動能力

制動距離	
車両重量〔t〕	制動距離〔m〕
16.3未満	26
16.3～32	34
32～64	41
64～127	48
127以上	59

〔注〕 初速24 km/h 空車状態

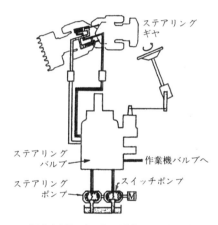

図4.4.113 リンケージ式ステアリング

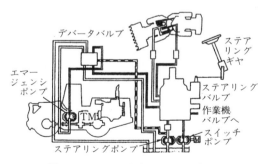

図4.4.114 グランドドリブンポンプの例

表4.4.29 ISO 5010-1984による操向性能

操作力	35.7 kg以下
車速	10 km/h
条件	・規定テストコース走行可能 ・積荷状態

ルは，土砂などの掘削積込み作業を主たる目的とする機械であるが，その機能の多様さを利用し，さまざまな応用形が開発され，多種多様な作業に使用されている。表4.4.30におもな形式，作業装置と用途との関係を示す。

　油圧ショベルやミニショベルの定義については，JIS A 8404「油圧ショベルの仕様書様式」を参照されたい。超小旋回形油圧ショベルの定義については，日

4. 機械と装置の安全   485

表 4.4.30 油圧ショベルの分類と用途

大きさ，構造	足回り形式	作業装置	用途
油圧ショベル ミニショベル 超小旋回形	ホイール式 クローラ式 トラック式	バックホウ フェースショベル ローディングショベル クラムシェル ブレード ブレーカ 圧砕機 グラップル オーガ 油圧バイブロ その他	一般土工 道路工事 河川改修工事 管理設工事 建築根切り 採石 浚渫，床さらえ 解体作業 くい打ち抜き作業 ブロック積み その他

本建設機械化協会の案を参考までに以下に示す。

［超小旋回形油圧ショベル］

狭あいな現場でも作業できるよう，通常クローラ全幅とほぼ同等（＋20％以下）の幅以内で旋回できる後端旋回半径と，フロント最小旋回半径を持つように設計された油圧ショベルである。

（b）**油圧ショベルの構造** 最も普遍的なクローラ式を中心に述べる。図 4.4.115 に通常の油圧ショベルを，図 4.4.116 にミニショベルを，図 4.4.117 に超小旋回形油圧ショベル（以下"超小旋回形"という）をそれぞれ示す。油圧ショベルの構造は，動力源と操縦装置を備えた本体と，それに装着された作業装置とから成り，本体はさらに上部旋回体と下部走行体に分かれる。

1）**上部旋回体** 旋回フレームの上に，エンジン，油圧装置（油圧ポンプ，コントロールバルブ，油圧モータ，油圧タンク，配管などから成る），旋回装置，操縦装置，カウンタウェイトなどが搭載されている。通常の油圧ショベルでは，キャブが標準装備されているが，ミニショベルではキャノピー付きが多い。

図 4.4.116 ミニショベル

図 4.4.115 油圧ショベル

図 4.4.117 超小旋回形油圧ショベル

超小旋回形では，その目的上旋回フレームの形状や各機器の配置，さらにはキャブ，キャノピーの形状に至るまで，特別な配慮がなされている。

2) **下部走行体** 旋回ベアリングを介して上部旋回体とつながり，トラックフレーム，サイドフレーム，クローラベルト，走行装置（油圧モータを含む）などから成る。下部走行体は，単に走行するためだけでなく，作業時の負荷を含めた偏荷重を支える重要な役目がある。近年，ミニショベルに引き続き6t級の油圧ショベルにも，その下部走行体にブレード装置を取り付けて，掘削土の埋戻しや，時として作業時のアウトリガ代わりに用いるものも多く開発されている。

3) **作業装置** 上部旋回体（一部のものは下部走行体）に装架され，本体から供給される油圧動力によって，本体の旋回動作や走行動作と相まって，土砂などに直接作用する装置およびその支持構造から成り，多種多様のものが開発されている（表4.4.30参照）。表4.4.30にはないが，用途に応じて作業範囲をより遠く，より高く，より深くするためのスーパロングフロント，ハイリフトフロント，伸縮アームなどがあり，逆に限られた狭い空間で作業するためのショートリーチフロントなどがある。また，機体中心の外側を掘削するためのオフセットブームやスイングブームも開発されている（図4.4.116，**図4.4.118**～**図4.4.121**参照）。

(c) **油圧ショベルの安全対策，保護装置など**

油圧ショベルを用いた作業の安全を確保するためには，用途に応じた適切な仕様の機械を選択することと，必要な安全・保護装置を装備することが必須条件である。ここでは，通常のクローラ式油圧ショベルを中心に，そのおもな安全対策について述べる。

1) **キャブ関係**

① 右側にバックミラーを備え，死角となる右後方の視界を確保している。

② 通常の油圧ショベルや超小旋回形では，キャブの右窓をはめ殺しか横桟を設けて，頭や手が出せないようにし，ブームに挟まれるのを予防してい

図4.4.119　ハイリフト解体機

図4.4.120　テレスコクラムシェル

図4.4.118　スーパロング

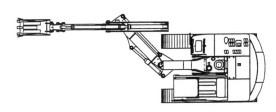

図4.4.121　オフセットブーム

る。
③ 通常出入口とは別に，非常脱出口を設け，あるいは斧などで窓ガラスを割って脱出する備えをした機械が増えてきた。

2) 操縦関係
① 従来各種の操作パターンが混在したが，1993年4月1日以降に国土交通省の直轄工事に使用する機械は，安全のため標準操作方式機械を使うよう義務付けられており，現在民間にも普及してきている。
② 燃料レバーを除き標準仕様機のすべての操作レバーやペダルは，手や足を離すと中立に戻るように設計されており，エンジン始動時にエンジン以外いかなる部分も動かないようになっている。
③ エンジン運転中に運転席へ乗り降りする際，誤ってレバーに触れても機械が動き出さないよう，作業機レバーをロックするロックレバーが装備されている。
④ 走行は，上部旋回体と下部走行体の向きによって走行レバーの操作方向と逆の動きをすることがあるので，走行動作を起こす前に必ず下部走行体の向きを，走行装置などにより確認することが必要である。

3) 安定性と転倒時保護構造
① バックホウなど通常仕様の油圧ショベルでは，傾斜地でも作業することがあるので，その前方安定度および後方安定度は十分な余裕をもって設計されている（JIS A 8404および車両系建設機械構造規格第4条参照）。
② スーパロングフロントやテレスコクラムシェルあるいはハイリフト解体機などでは，最も不利な状態においても一定の安定度を保てるようバケット容量などを制限し，または最大作業半径を安定度から制限しているので，製造業者の指示する容量や重量以下の作業装置を使うこと，ならびに作業範囲を守ることが安全上何より重要である。
③ 超小旋回形は，その目的上作業装置を通常のものより高く上げ手前まで締められるようにしているため，後方安定度がやや劣るので，傾斜地などを走行するときは作業機の姿勢に注意を要する。
④ 最近のキャブ付き機械では，地盤崩壊や無理な作業，または運転ミスなどにより，不幸にして機械が転倒・転落した場合でも，オペレータを保持するようシートベルトを標準装備するものが多くなってきた。

4) 駐車時，輸送時の安全対策
① 傾斜地に長時間駐車しても，走行モータの内部リークにより機械が動かないよう，走行停止と同時に作動する機械式の駐車ブレーキを標準装備している。ただし，ミニショベルでは，従来その使われ方から不要とされてきたが，最近用途の拡大につれ標準装備するものも開発されてきた。
② 同様の理由および輸送時に上部旋回体がずれ回るのを防ぐため，旋回駐車ブレーキを標準装備している。ただし，ミニショベルでは，バーを落とし込んで旋回体と下部走行体をロックする旋回ロックを装備するものが多い。

5) 周囲労働者への安全対策　作業形態によって油圧ショベルのすぐ傍らで労働者が作業する場合や，稼働中の機械の傍らを第三者が通り抜ける場合など，油圧ショベルと労働者，第三者との接触の可能性が割合多い。特にある大きさ以上の機械になるとバックミラーを付けても運転席から機械の後方や右側は死角になる。これらの潜在的な危険に対し，つぎのような安全対策をオプションで用意している。
① 走行警報ブザーまたはランプ（オプション）走行レバーを操作すると，前進後進のいかんにかかわらず作動する。
② 旋回警報ブザーまたはランプ（オプション）旋回操作レバーを操作すると作動する。ただし，運転席から全周を見渡せるミニショベルでは，オプション設定されていない。

6) 吊り荷作業時の安全対策　労働安全衛生規則（以下"安衛則"という）第164条では，作業の性質上やむを得ないとき，または安全な作業の遂行上必要なときは，条件付きで吊り荷作業を認めているが，機械側ではつぎの安全対策を施している。
① バケットフックは，安全係数5以上の強度を有し，外れ止め装置付きのものを使用している。
② バケットへのフックの溶接は，有資格者が行い，極端な偏荷重がかからない場所に取り付けている。
③ 吊り荷の最大荷重は，バケット平積容量×1.8に相当する重量〔t〕の荷重，かつ，1 t以下としている。
④ 吊り荷の最大荷重を含む注意銘板を見やすいところに貼り付けている。
⑤ 吊り荷作業の場合，特に旋回動作を始め，急激な動作は禁物だが，それには多くの油圧ショベルが標準装備している微速モードが活用できる。

7) 採石，解体，森林作業での安全対策　これらの作業では，上方または前方からの落下物，飛来物に対する防護策が必要であり，下記のものが実用に供されている。

① 上方からの落下物に対するヘッドガード（安衛則第153条），またはトップガード。
② 前方からの飛来物に対するフロントガード。
③ キャブ前面に強化ガラスを標準装備している。
④ 最近ハイリフト解体機には，作業半径を検出するためのブーム，アームに角度計を備え，かつ，特に大形機では万一に備えてブーム降下制御バルブを備えるものも開発されてきている。

8) 環境への配慮
① 市街地工事に使われる油圧ショベル，ミニショベルでは，低騒音形機械が開発されており，中でも普及率の高い20 t級以下の油圧ショベルには超低騒音形も開発されている（**表4.4.31**参照）。
② 建設省の直轄工事に使用する機械の排出ガス規制（トンネル工事では1996年4月1日，明かりの工事では1997年4月1日から）（**表4.4.32**参照）に対応して，現在各メーカでは順次適合機種を開発しつつある。

9) 保守，整備上の他の安全対策
① 機械への昇降に必要な手すりやステップは，国際規格（ISO 2867参照）に準じており，滑り止めのためパンチ状の網板やノンスリップテープが多用されている。
② エンジン周り点検整備時の安全のために，ファンガードや高温部遮蔽板を標準装備している。
③ 油圧系統の点検整備時，回路の残圧を抜く装置を装備している。
④ 機械の状態を自動的にチェックする始動点検モニタが装備されている。
⑤ 作動油などによる火災の発生を防御するため，エンジンと油圧系統を分離する防火壁を設けたり，オペレータの手の届く範囲に消火器を備えられるようにした機械が多くなってきた。

（d）**使用上，保守・管理上の注意事項** 作業の安全には，使用者側の注意も重要である。安衛則に定められた使用者側の義務（**表4.4.33**参照）を守るのはもちろんのこと，メーカの取扱説明書の内容を熟読し，注意，警告事項を厳守することが大切である。そして，機械に何らかの異常を感じたときは，できるだけすみやかにメーカのサービス部門または取扱いサービスディーラに連絡し，適切な措置を講じることが重要である。

（渡辺　正）

引用・参考文献

1) 労働安全衛生規則（1996改）
2) 車両系建設機械構造規格（1990改）
3) JIS A 8404：1994改　油圧ショベルの仕様書様式（日本規格協会）
4) 建設省，標準操作方式建設機械指定要領（1993改）

表4.4.31 建設省低騒音形油圧ショベルの指定基準

エンジン出力 P 〔PS〕	騒音レベル/7 m〔dB〕
$P<75$	70
$75≦P<140$	73
$140≦P<210$	76
$210≦P$	79

〔注〕1. 機体外側から前後左右7 m地点における値のエネルギー平均値。
2. 上記レベルより6 dB以上低く，かつ，65 dB以下のものを超低騒音形という。

表4.4.32 建設省排出ガス対策形油圧ショベルの指定基準

エンジン出力 P〔kW〕	HC	NO_x	CO	黒煙
$7.5≦P<15$	2.5	13.0	6.0	
$15≦P<30$	2.0	11.0	6.0	50
$30≦P<260$	1.5	9.5	6.0	

〔注〕1. HC, NO_x, COの単位はg/kW·hで，平均規制値。
2. 黒煙の単位は％で，最大規制値。

表4.4.33 労働安全衛生規則に定めるおもな使用者の義務

項目	内容	条項
1. ヘッドガード	〔岩石の落下などの危険がある場所で装備〕	第153条
2. 転落などの防止	・運行経路の路肩崩壊防止，地盤の不同沈下防止，必要な幅員の保持 ・路肩，傾斜地などでの作業で，転倒，転落を防止するため誘導員の配置	第157条
3. 接触の防止	〔危険領域に労働者の立入禁止〕	第158条
4. オペレータの離席時の措置	・作業装置を地上に降ろすこと ・エンジン停止，走行ブレーキ施錠など暴走防止	第160条
5. 移送	〔積降し時の注意〕	第161条
6. 使用の制限	〔定められた安定度，最大使用荷重などの厳守〕	第163条
7. 主たる用途以外の使用制限	・バックホウ，ショベルによる荷の吊上げ，クラムシェルによる労働者の昇降などの禁止 ・やむを得ないとき，または安全上必要なときは，条件付きで荷の吊上げを認める	第164条
8. 定期自主検査	・年次点検 ・月次点検	第167条 第168条

5) 建設省，低騒音型・低振動型建設機械指定要領（1997改）
6) 建設省，排出ガス対策型建設機械指定要領（1997改）
7) ISO 2867 Access system（1994改）

〔4〕ロ ー ラ

（a）締固めとは 鉄道，建物，ダムなどを構築する際，基礎となる土やアスファルト合材などは，外力や気象の影響を受けて変形しないよう十分な強度がなければならない。

道路などを造る材料は，いろいろなサイズの固体粒子とそれら粒子間にある空隙で構成されている。空隙は水と空気でできており，空気が多く含まれている材料は，外力を受けると変形しやすく，また，雨水が浸透しやすい。このような材料は不安定で交通などの外力を支えることができない。締固めとは，このような道路などを構成する材料の空隙を少なくすることで密度を大きくし，支持力を高めることであり，下記のように4通りの方法がある（**図4.4.122**参照）。

図4.4.123 タイヤローラ

図4.4.124 マカダムローラ

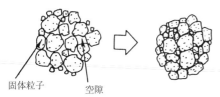

図4.4.122 締固め

① 静荷重（重力）を利用する。
② こね返し作用を利用する。
③ 振動を利用する。
④ 衝撃を利用する。

（b）ローラの種類 ロードローラは道路やダム，建物の基礎，空港，駐車場そのほか多くの締固め作業に使用されている。機能上から，マカダムローラ，タンデムローラ（どちらも平滑ロールを装備した鉄輪ローラ），タイヤローラ，振動ローラ，タンピングローラ（ロール表面にパットフートを持つ鉄輪ローラ）などに大別される。一般的なタイヤローラ，マカダムローラを**図4.4.123**，**図4.4.124**に示す。

（c）ローラの特徴 締固めを効率良く，効果的に行うために，それぞれの用途に最適なローラが使用され，どのローラもその機種に適した重量を持っている。

必要な重量に到達するには，それなりの体積が必要となる結果，車体は大形化していく。重量級のロードローラは，車体が大きく死角となる範囲が広くなり，視界は他の車両に比べて狭い。

一方，締固め作業時，前後進をほぼ同回数行い，前後進を頻繁に繰り返す。さらに，ローラの大きな特徴である車輪は，鉄輪，タイヤとも平滑な表面を持っている（ごく一部には表面に突起が出ている車輪もある）。平滑な車輪であるため滑りやすいということがわかる。

つぎに締固め作業現場を考えると，使用されるのは転落，転倒，埋没などを起こしやすい不整地や沈下の激しい危険な場所が多く，交通量が多い付近での作業や交通渋滞を避けるための夜間作業が比較的多い。

（d）ローラによる災害 建設機械は一般に過酷な条件の下で使用されることが多く，建設機械の一種であるロードローラによる災害件数も多くなっている。

実際にどのような災害が発生しているのか，その発生原因を考えてみると

① 視界が悪い（死角が大）ことによる作業員の巻込み
② 不安定な場所，危険な場所からの転落，転倒
③ スリップによる転落，転倒
④ 車両故障による事故
⑤ 運転未熟なオペレータによる事故

などが考えられる．

（e） ローラの安全対策
1） 概要 システムの一部が故障（フェール）しても，その影響を他の部分に及ぼさず安全（セーフ）を確保する思想をフェールセーフ思想という．このように，故障しても大事に至らせないような設計思想がフェールセーフ思想である．

他方，使用者の操作ミスによる事故を防止する設計思想はフールプルーフ思想と呼ばれる．

ロードローラなどの建設機械では，機械（ローラ）と人間（オペレータ）は運命共同体であり，両者が一体化したとき初めて機械は最高の能力を発揮する．機械の欠点をオペレータが補い，機械の故障をオペレータが発見，機械は安全設計でオペレータを助け，相互補完するシステムはマンマシンシステムと呼ばれる．故障の原因には，機械の欠陥によるもの，整備不良，使用者の操作ミスなどいろいろある．

今後の傾向として，ロードローラの大形化，高性能化，非熟練オペレータの採用が進むものとすれば，機械の設計上どこに保安上の重点を置くべきかがわかる．

大形化に対しては制動装置などの保安部品に対する信頼性の向上，エレクトロニクスなど新技術の採用による使用者の不慣れに対する対策，非熟練オペレータの採用に対しては，操作ミスへの対応などである．

これらの視点に基づいて，マンマシンシステムを機能させるため実施している機械対策の実例を，フェールセーフ，フールプルーフ，そして一般の安全対策を含め，以下に示す．

2） 安全対策の例
ⅰ） 安全監視装置　ローラの前後にいる作業者や歩行者がひかれる事故が発生する．これを防止する装置に超音波式安全監視装置がある．この装置は車両の前後部に超音波発信受信装置を取り付け，ローラの前後至近距離に人あるいは障害物が入ると反射波を受信し警報が作動し，オペレータやその車両の周囲に危険を知らせる．

検知できる範囲は，車両の前後5m程度，高さ1.5mの範囲に存在する物体に反応する（図4.4.125参照）．

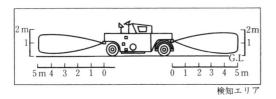

図4.4.125　超音波式安全監視装置

ⅱ） 安全バンパ　これは車体前後に取り付け，人や障害物が安全バンパに接触するとブザーが鳴りオペレータに危険を知らせる装置である（図4.4.126参照）．

（a）

（b）

図4.4.126　安全バンパ

ⅲ） リモートコントロール装置　おもに振動ローラによる転圧作業時，オペレータに対する作業環境の改善，安全性の確保を目的とした点では重要な装置と考えられる．

電波を利用したリモートコントロール装置は，50〜60m離れた地点からローラを操作できる．

もしオペレータがローラから離れすぎたり，または妨害電波にあったときはローラが自動的に停止，制御不能に陥るのを防止する（図4.4.127参照）．

ⅳ） ネガティブブレーキ　制動装置の故障は重大な事故につながる危険がある．ロードローラの駆動方式はHST（ハイドロスタティックトランスミッション）方式が主流となっており，その中でネガティブブレーキを使用している機種が多い．

当装置は，圧縮ばねの力で制動力を作用させ，油圧を作用させて制動を開放する．万一，装置を構成する油圧配管などの破損やその他の原因による油圧の異常低下の際は，自動的に制動力が作用し安全が確保され

4. 機械と装置の安全

図 4.4.127　リモートコントロール装置

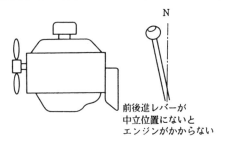

図 4.4.130　インタロック機構

る。また，坂道などでエンジンが停止しても自動的にブレーキが作用するので安全である（**図 4.4.128** 参照）。

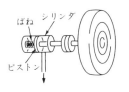
（a）ばねの力でブレーキが作用

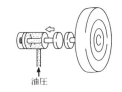
（b）油圧の力でブレーキ解放

図 4.4.128　ネガティブブレーキ

v）オーバライド弁　登坂時，過負荷によりローラのエンジンが停止した場合，ほんのわずかでも逆進するとエンジンが逆転し，ローラが坂下に向かって暴走する危険がある。これを防止するため，油圧駆動式（HST）ローラにオーバライド弁を装着する。油圧がある値に達すると自動的に駆動ポンプの斜板が中立になり，ローラにブレーキが作用するがエンジンは運転し続け，安全が保たれる（**図 4.4.129** 参照）。

図 4.4.129　オーバライド弁付きのローラ

vi）インタロック機構　前後進レバーが中立位置でないとき，そのままエンジンを始動すると不意に機体が動いて危険である。
これを防止するためインタロック機構を採用し，エンジンキーを「スタート」位置に回してもエンジンの

始動しない機構にする（**図 4.4.130** 参照）。

vii）前後進レバー中立固定装置　点検などのために，やむを得ず運転位置からオペレータが離れる場合に，誤動作によってレバーに接触しても，あるいは駐車中に衣服がレバーなどに絡んでも前後進レバーが動かないことを目的とした装置である（**図 4.4.131** 参照）。

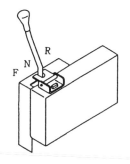

図 4.4.131　前後進レバー中立固定装置

viii）緊急停止装置　これは HST 駆動車両にかなり採用されており，緊急停止用ボタンを操作することによりブレーキをかける装置で，電磁弁を介して油圧回路を制御してブレーキを作動させる装置である。

ix）安全ハンドル　ハンドガイド式ローラで後進時，後方への注意を怠り，障害物とローラ間にオペレータが挟まれる事故が発生することがある。このようなとき，オペレータを保護するのが安全ハンドルで，通称「デッドマンハンドル」と呼ばれ，ハンドルがオペレータを押すと前後進レバーが中立に戻り，ローラが自動停止する（**図 4.4.132** 参照）。

x）ROPS　これは車両転覆に，オペレータを保護する大きな枠の構造物である。欧州や米国では本装置を義務付けている。人命の尊重という点からは，必要な装置と考える。

以上，安全対策の例を紹介したが，機械に対する対策，正しいメンテナンス，安全に関する認識を持った

図4.4.132 安全ハンドル

オペレータによる運転などの要因が一体化して初めて高い成果が期待できるのである。　　　（吉田敏郎）

〔5〕く い 打 ち 機

（a）くい打ち機の種類と用途　基礎構造物を造る，あるいは地盤を補強強化する基礎工法は，日本の地質・環境に合ったものが数多く考えられ，そのとき使用される機械も技術の進歩とともに多くの種類のものが開発されている。一般に，これらの施工用機械は基礎工事用機械として取り扱われている。基礎工法と基礎工事用機械の分類については日本建設機械施工協会「日本建設機械要覧」の基礎工事用機械の章を参照願うこととし，ここでは，この中でも施工機械として比較的多く使用されているパイルドライバをくい打ち機と呼ぶこととし，以下このくい打ち機を中心に述べることにする。

くい打ち機は一般に走行装置とくいやハンマなどの作業装置を吊り上げる巻上げ装置を備えた上部旋回体を持ち，くいを所定の角度で正確に打ち込めるように打込み方向を規制するガイドを有するやぐら（リーダ）を具備したものである。くい打ち機を大別すると3点式くい打ち機と懸垂式くい打ち機に分けられる。作業装置としては，くいを打ち込む油圧ハンマや掘削するアースオーガなどが代表として挙げられる。アースオーガは電動式が多いが，くい打ち機の油圧源が利用でき，速度制御が容易な油圧式も使用されている。岩盤掘削用，連続壁施工用の多軸式（2～6軸），既製コンクリートぐいや鋼矢板の圧入工法用などがある。

（b）くい打ち機の構造

1）3点式くい打ち機　3点式くい打ち機は，一般にはリーダの上部を2本のバックステーで，リーダの下部をリーダブラケットでベースマシンと結合された3点支持の形状を持ち，強固な構造となっている。ベースマシンは，最近のものはほとんど全油圧駆動になっており，ウインチドラム，アウトリガやフロントアタッチメント操作用の油圧装置，安定度を良くするためのカウンタウェイトを装備し，一般のクローラクレーンより走行駆動力を始め各部強度を増強しており，くい打ち機専用に造られたものになっている。

また，リーダの代わりにクレーンブームを取り付け，クローラクレーンとして使用できるものもある。リーダの前後左右の傾斜角度の調整は2本のバックステーにおのおの装備された油圧シリンダを伸縮することにより容易に行え，既製ぐいの後傾斜くい打ちもできる構造となっている。くいの芯合せもリーダブラケットに取り付けられた油圧シリンダを伸縮することと，ベースマシン上部の旋回により容易に行える。作業能力は，安定度，走行駆動力，強度などにより制限され，小型から大型まで多種多様なくい打ち機が生産されている（図4.4.133，図4.4.134参照）。

リーダは基本リーダと継ぎリーダがあり，施工条件とくい打ち機作業能力に合った長さにすることができる。ハンマやアースオーガがリーダと平行に昇降するためのガイドパイプがリーダ外側の1面または2面に取り付けられている。図4.4.135にガイドパイプが2面に取り付けられたリーダ断面を示す。現在の3点式くい打ち機の多くは，リーダそのものが90度回転できる2面形リーダが一般的で，ハンマおよびアースオーガ，またはアースオーガ2台を装着することがで

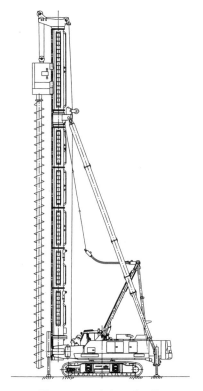

図4.4.133　3点式くい打機

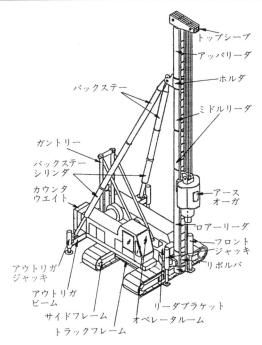

図 4.4.134 3点式くい打ち機の各部名称

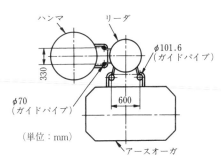

図 4.4.135 リーダ断面（例）

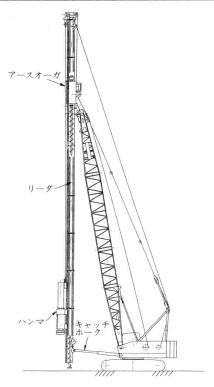

図 4.4.136 懸垂式くい打ち機

きる。最近の3点式くい打ち機はその大きさを作業装置を含めた走行可能全装備質量の値で表したものが多くなっている。

2) 懸垂式くい打ち機 クレーンブームの先端にリーダを取り付け，リーダ下部とクレーン本体とをキャッチホークで連結したもので，リーダの前後傾斜角度調整はキャッチホークの長さを変えることにより行える。作業能力はクレーンの吊上げ能力により制限され，比較的小規模なくい打ち工事に使用されるが，現場での組立てと分解は比較的容易である（**図 4.4.136** 参照）。

（c） 安全対策・安全装置など くい打ち機は数多くの工法に使用されるため，それぞれに対応した改造がなされている。また，装着される作業装置も施工条件に合ったものに変更される。近年，建造物の大形化に伴いくい基礎も大形化，長尺化が進んできているので，機械自体も大形のものが多く利用されている。しかし，転倒というような事故が発生すると，より大きな被害が予想されるため，それを予防，防止する対策を行わなければならない。くい打ち作業に関して，基本的にチェック，遵守すべき項目とその関連の法規とマニュアルなどを**表 4.4.34** に示す。

1) 最近のくい打ち機における安全対策

ⅰ） 操作および視界について　おもなものとしては

・正面の操作レバーの減少化による視界の向上
・1ドラム，1レバー化による操作性の向上
・ワイヤレスオーガによる操作性・安全性の向上
（チェーンやラックを介してオーガの昇降を行うので1本のレバーで巻上げと圧入の作業ができる）

などが図られているものもある。

ⅱ） 安定度　厚生労働省告示の車両系建設機械構造規格で「くい打ち機は作業時における安定に関し最も不利となる状態において，水平かつ堅固な面の上で前後および左右の安定度を5度以上有するものでなければならない」と定められている。また，走行時は

表 4.4.34　くい打ち作業に関する遵守項目

項　目	関連法規，マニュアルなど
くい打ち機関係法規などの遵守	・労働安全衛生法施行令 ・労働安全衛生規則 ・車両系建設機械構造規格 ・日本産業規格 JIS A8509-1 　基礎工事機械—安全— 　第1部：くい打機の要求事項
輸送方法のチェック	・道路法 ・道路交通法 ・道路運送車両法 ・大型建設機械の分解輸送マニュアル（日本建設機械施工協会） ・メーカの取扱説明書
組立て・分解時の安全確認	・メーカの取扱説明書，マニュアルなど
地盤養生のチェック（水平堅土が条件）	・移動式クレーン・杭打機等の支持地盤養生マニュアル（日本建設機械施工協会）
くい打ち機の安全な取扱いと操作	・メーカの取扱説明書 ・車両系建設機械　運転教本（基礎工事用）（全国基礎工事業団体連合会） ・車両系建設機械（基礎工事用）運転業務の安全（建設業労働災害防止協会）
くい打ち機の仕様（構造上定められた能力）のチェック	・メーカの取扱説明書および能力表
定期自主検査	・労働安全衛生規則 ・特定自主検査マニュアル（建設荷役車両安全技術協会） ・メーカの取扱説明書

起動・停止時のショック，路面変化による不安定要素が考えられるので，走行安定度は7～9度以上とられている。くい打ち機能力表では不明な作業状態の安定度計算と接地圧計算は事前にメーカに依頼し，作業の可否の確認をとる必要がある。ただし，装着する作業装置の正確な質量，重心位置を連絡することが不可決である。

iii）角度計　作業の安全，ならびに施工ぐい精度確保のために「リーダ角度計」と「本体角度計」を使用し，リーダ角度の調整と地盤の水平度の確認を行う。

iv）リーダの許容引抜き荷重　くい打ち機は，各リーダ形式，各リーダ長さにより許容引抜荷重が決められているので，オーガ引抜き荷重が大きいと考えられる作業についてはフロントジャッキや荷重計を使用することが必要である。

v）オーガ過巻き防止装置　アースオーガの巻過ぎはワイヤロープやシーブが破損し，事故につながる危険性があるため当装置を取り付ける機械が多くなっている。

vi）リーダの許容オーガトルク　各リーダには許容トルクが設定されているので，電動オーガのカタログなどで掘削トルクを確認することが必要である。

vii）全装備質量の確認　くい打ち機の全装備質量には許容値（走行限界）が決められているので作業装置などの質量チェックが必要である。特に規定以上のカウンタウェイトの積みすぎは前方安定は良くなっても過負荷になりやすいため強度上問題が生じ，また全装備質量も許容値を超えることが多くなり，走行牽引力不足，足回りの寿命低下につながることになる。

viii）ステーシリンダについて　安全対策としては，ステーシリンダに直接ダブルオペレートチェックバルブを取り付け，油圧ホースが万一外れたり，切断してもシリンダの伸縮は起こらないようにしている。

2)　施工管理　現在，くい打ち機による場所打ちぐい工法，地盤改良工法そして連続壁工法が普及しており，それに伴い現場での施工管理が認識されるようになってきた。その中でも，土砂とセメントミルクを混練する地盤改良工法や連続壁工法ではアースオーガの昇降速度制御が重要である。ウインチの微速制御や，最近ではアースオーガの昇降速度を制御しながら深度，昇降速度，掘削トルク（オーガ電流またはオーガ油圧）などの表示および記録ができる施工管理装置が開発されている。これらの装置を使用することにより，くいの品質向上，省力化，施工安全が図られるようになった。

（d）保守・管理上の配慮事項　くい打ち機が十分にその能力を発揮し，安全に作業が行われるためには定期的に保守・点検整備を行う必要がある。定期自主検査には作業前，月例，特定自主（年次）検査があり，それぞれの点検箇所が決められているので，各点検項目をチェックし異常があれば，給油，調整，補修を実施しなければいけない。なお，各検査の内容は取扱説明書で確認されたい。その中で，重大事故を未然に防ぐために，特にメーカより重要点検・検査項目が指定されている場合は，法定点検を補足・充実させるために必ず実施することが必要である。使用者側で特に配慮すべきものの一つに各重要ボルト，ナットの緩み点検と増し締めの励行があり，目視だけの判断は危険であるので十分に注意したい。

（e）使用上の注意事項　くい打ち工事を進める上で事故の発生を防止するために安全管理と安全作業に役立つ資料として，建設業労働災害防止協会編『車両系建設機械（基礎工事用）運転業務の安全』を参照されたい。　　　　　　　（冨田庸公，今枝勇一）

引用・参考文献

1) 日本建設機械施工協会, 日本建設機械要覧 (2011)
2) 今枝勇一, パイルドライバの安全対策, 建設機械 '93.5 (1993)
3) 全国基礎工事業団体連合会, 基礎工事用機械運転者教本 (1993)
4) コンクリートパイル建設技術協会, コンクリートパイル施工に関する安全の手引 (1994)
5) 日本建築センター, 建設機械を用いた施工中の危害防止等の検討報告書 (1991)

〔6〕 運転員保護構造

(a) 概　要

土工機械および油圧ショベルの運転員(オペレータ)保護構造は, 岩石などの落下物, または機械本体の転倒などの事故からオペレータを保護するためのもので, ①ROPS, ②FOPS, ③OPG, ④TOPS, ⑤ヘッドガード, ⑥シートベルトがある[1]。

(b) ROPS　ROPSとは roll-over protective structures の略で, 土工機械の転倒時保護構造である。関連規格には JIS A 8910[2] および ISO 3471 がある。

土工機械には, ブルドーザ, グレーダ, ホイールローダ, スキッドステアローダ, ローラ, トレンチャ, スクレーパ, 重ダンプトラックおよび不整地運搬車が含まれる。機械質量 700 kg 以上の土工機械が速度 16.0 km/h 以下で走行中, 傾斜角 30°以下の硬い粘土地盤の斜面上を, 機械の前後方向軸を中心に 360°回転する条件としている。

したがって, ROPS は転倒時の衝撃に耐えることのできる十分な強度が必要であるとともに, 負荷エネルギーを吸収するために, 垂直, 側方および前後方向の荷重に対して弾性または塑性変形する性能が要求される。変形した各部材は, DLV(たわみ限界領域, deflection limiting volume)[3] に侵入してはならない(**図 4.4.137** 参照)。

DLV は, 通常の服装でヘルメットを装着した着席男子大柄運転員の姿勢を近似する形状であり, 箱形形状で近似する (a) 箱形 DLV (orthogonal DLV) と, 頭, 肩などの曲面を近似するため, 角部に丸みを付けた (b) 丸み付け DLV (rounded DLV) がある。

ROPS の構造は**図 4.4.138** に示すような梁と柱で構成され, 一般に溶接ラーメン構造のものが多く, 要求される荷重に耐え, または負荷エネルギーを吸収するように設計された鋼構造である。

なお, 油圧ショベルについては, 運転質量 1 t 以上

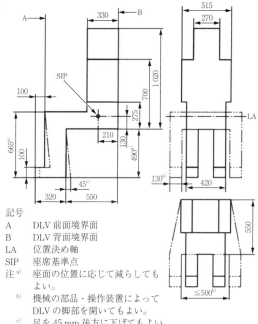

記号
A　DLV 前面境界面
B　DLV 背面境界面
LA　位置決め軸
SIP　座席基準点
注 a) 座面の位置に応じて減らしてもよい。
　 b) 機械の部品・操作装置によって DLV の脚部を開いてもよい。
　 c) 足を 45 mm 後方に下げてもよい。

出典: JIS A 8909:2017 (ISO 3164:2013)
(単位: mm)

(a) 箱形 DLV

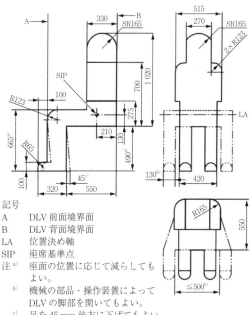

記号
A　DLV 前面境界面
B　DLV 背面境界面
LA　位置決め軸
SIP　座席基準点
注 a) 座面の位置に応じて減らしてもよい。
　 b) 機械の部品・操作装置によって DLV の脚部を開いてもよい。
　 c) 足を 45 mm 後方に下げてもよい。

出典: JIS A 8909:2017 (ISO 3164:2013)
(単位: mm)

(b) 丸み付け DLV

図 4.4.137 たわみ限界領域 DLV

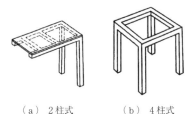

（a）2柱式　　（b）4柱式

図4.4.138　ROPSの構造例

6t以下のミニショベルを対象に，JIS A 8921[4]およびISO 12117のミニショベル横転時保護構造（TOPS, tip-over protection structure）があり，運転質量が6tを超え50t未満は，JIS A 8921-2[5]およびISO 12117-2において同様なROPSの規格および試験が規定されている。

ここで，油圧ショベルの姿勢は作業装置を最大掘削半径位置とすることが規定されている（**図4.4.139**参照）。

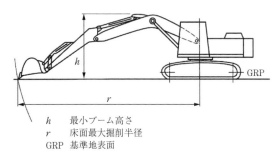

h　最小ブーム高さ
r　床面最大掘削半径
GRP　基準地表面

出典：JIS A 8921-2：2011（ISO 12117-2：2008）

図4.4.139　油圧ショベルの基準姿勢

性能試験は代表的供試品を用いた実物試験にて行われ，土工機械と油圧ショベルの試験項目は**表4.4.35**に示すとおり規定されている。

表4.4.35　ROPS試験項目

	土工機械	油圧ショベル
1	側方荷重 F 〔N〕	側方エネルギー U 〔J〕
2	側方負荷エネルギー U 〔J〕	側方荷重 F 〔N〕
3	垂直荷重 F 〔N〕	前後方向エネルギー U 〔J〕
4	前後方向荷重 F 〔N〕	垂直負荷 F 〔N〕

（**c**）**FOPS**　FOPSとはfalling-object protective structuresの略で，土工機械に取り付ける落下物保護構造である。関連規格にはJIS A 8920[6]およびISO 3449がある。

落下物に対する保護を目的としており，要求性能は試験重錘の落下試験により，その衝撃はレベルⅠおよびレベルⅡの許容基準が規定されている。

レベルⅠはレンガや小さいコンクリートブロック，手工具などを対象に，中実の鋼製または鋳鉄製の円筒で，典型的には質量45kgで直径200～250mmの球状の接触面を持つものである。レベルⅡは倒木や岩石などを対象に，中実の鋼製または鋳鉄製の円筒で，典型的には質量227kgのものとしている（**図4.4.140**参照）。

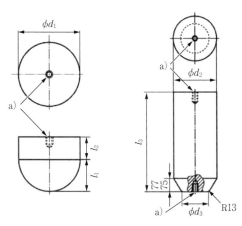

（a）レベルⅠ：質量45kg　　（b）レベルⅡ：質量227kg

記号
d_1　　204 mm　　　　　　　$l_1 ≒ 102$ mm
d_2　　255 mm～260 mm　　$l_2 ≒ 109$ mm
d_3　　203 mm～204 mm　　$l_3 ≒ 584$ mm

注記1　実寸は例として示す。
注記2　規定のエネルギーを与える持上げ高さに見合う試験重錘の質量によって，寸法は変更してもよい。試験重錘の寸法は，質量および要求するエネルギーを与える持上げ高さに関係する。
注[a]　吊上げアイボルト用ねじ穴を開けてもよい。

出典：JIS A 8920：2009（ISO 3449：2005）
（単位：mm）

図4.4.140　試験重錘の例

試験重錘による衝撃エネルギーは，質量と高さから，レベルⅠは1365J，レベルⅡは11600Jに規定されており，試験の衝撃位置は，主要構造部材で囲われるFOPSの図心およびDLVの垂直投影面積により決められる（**図4.4.141**参照）。

（**d**）**OPG**　OPGとは，operator protective guardsの略で，油圧ショベルに取り付ける運転員保護ガードである。関連規格にはJIS A 8922[7]およびISO 10262がある。

運転席の上方からの落下や前方から飛来する物体（岩石や破片）を対象としており，頭上からの落下物を保護するトップガードと，前方からの飛来物を保護するフロントガードに区分される。特に解体仕様の油

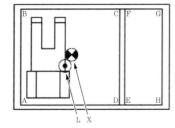

〔注〕主要構造部材で囲われるFOPSの図心が，範囲ABCD内にある場合

（a）ケース1

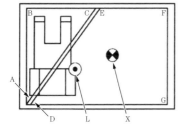

〔注〕FOPSの面積ABCは面積DEFGよりも小さく，DLVの垂直投影面積がABCで決まる部分よりも大きい場合

（b）ケース2

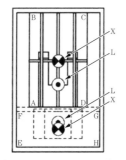

〔注〕衝撃位置の一つはFOPSの面積ABCD内，もう一つは面積EFGH内にある場合

（c）ケース3

記号
X　FOPSの図心
L　衝撃位置

出典：JIS A 8920：2009（ISO 3449：2005）

図4.4.141　試験の衝撃位置

圧ショベルでは標準装備されている。

　トップガードの要求性能はFOPSと同様のレベルⅠとレベルⅡの基準であるが，フロントガードはレベルⅠを700 J，レベルⅡは5 800 Jと規定されている。

　なお，運転質量6 t以下のミニショベルは，レベルⅡの基準は適用していない。

（e）**TOPS**　TOPSとは，運転質量1 t以上～6 t以下のミニショベル横転時保護構造であり，tip-over protection structureの略号である。シートベルトを着用した運転員が機械と地面の間で押しつぶされる可能性を防ぐことを目的としている。関連規格にはJIS A 8921[4]およびISO 12117がある。

　前述のROPSと同様，側方荷重と前後方向荷重の静載荷試験により，負荷エネルギーとDLVへの影響を確認している。

（f）**ヘッドガード**　ヘッドガードとは，労働安全衛生規則第153条に示される土工機械の支柱式ヘッドガードおよびヘッドガードキャブに適用されるもので，岩石の落下などに耐えられる堅固な構造が要求されている。

　FOPSと同様な目的であるが，試験基準としては直径30 cm以下，質量38.2 kg以上の鋼製試験体を高さ5 mから自然落下させることとなっている。このとき，天井保護材上面に破断または50 mm以上のたわみが生じてはならない。

（g）**シートベルト**　関連規格にはJIS A 8911[8]およびISO 6683があり，ROPSおよびTOPSと併用する土工機械のシートベルトは，運転中および転倒状態で運転員の腰部を保持するためにその周りを固定するベルトである。

　ベルトの幅は最小46 mmで，少なくとも10秒間15 kNの力に耐え，ベルト長さは20％以上伸びてはならない。

（太田正志）

引用・参考文献

1) 建設機械施工ハンドブック（改訂4版），4.1.4 建設機械の安全に関する規格，pp.209-212，日本建設機械化協会（2011）
2) JIS A 8910：2012（ISO 3471：2008）　土工機械—転倒時保護構造—台上試験及び性能要求事項（日本規格協会）
3) JIS A 8909：2017（ISO 3164：2013）　土工機械—保護構造の室内評価試験—たわみ限界領域の仕様（日本規格協会）
4) JIS A 8921：2001（ISO 12117：1997）　土工機械—ミニショベル横転時保護構造（TOPS）—試験方法及び性能要求事項（日本規格協会）
5) JIS A 8921-2：2011（ISO 12117-2：2008）　土工機械—ショベル系掘削機保護構造の台上試験及び性能要求事項—第2部：6トンを超える油圧ショベルの転倒時保護構造（ROPS）（日本規格協会）
6) JIS A 8920：2009（ISO 3449：2005）　土工機械—落下物保護構造—台上試験及び性能要求事項（日本規格協会）
7) JIS A 8922：2001（ISO 10262：1998）　土工機械—

油圧ショベル―運転員保護ガードの試験及び性能要求事項（日本規格協会）
8) JIS A 8911 : 2007（ISO 6683 : 2005） 土工機械―シートベルト及びその取付部―性能要求事項及び試験方法（日本規格協会）

4.4.8 高 圧 装 置
〔1〕 圧 縮 機

圧縮機はピストンの往復運動またはロータの回転運動によって気体を昇圧し輸送するものである。高圧を生み出す機構上，往復動機ではピストンの摺動部およびシリンダ弁の耐久寿命や脈動の問題があり，ターボ形機においては，高速回転ロータの軸受，軸封，振動や小風量域でのサージングの問題などがある。設計から製造，運転そして保全を行うに際して，これらの点に対する安全上の配慮が必要とされる。

（a） 往復動圧縮機

1） 形式と構造　往復動圧縮機には，シリンダ内とピストンロッド摺動部に潤滑油を注入する給油式と注油をしない無給油式（オイルフリー式とも呼ぶ）がある。シリンダの配置形式は横形と立て形とがあり，シリンダ数，圧縮段数は使用条件と設計限界から決まる。大形の横形圧縮機では，対向釣合い形を用いることが多い。その構造を図4.4.142に示す。

圧縮室であるシリンダは吸込み圧力と吐出し圧力を交互に受け，シリンダの吸込み弁および吐出し弁は，ピストンの動きに伴う内外の圧力差によって開閉を繰り返す。そのため，衝撃荷重を受ける弁板や伸縮を繰り返す弁ばねに耐用寿命がある。ピストンリングはピストンにおける圧縮ガスの漏洩量を最少にするためのもので，シリンダ（またはシリンダライナ）と接触摺動している。横形シリンダの場合にピストン下面に装着されるライダリングは，ピストンの自重を受けつつシリンダと摺動する。ピストンロッドパッキンは，シリンダ内と大気の差圧に抗してガスの大気への漏洩を最小にするためのシール機構でピストンロッドとの間で摺動する。

往復動圧縮機は，多くの複雑な部品に繰返し荷重を受けるので，応力集中や疲労破壊に対して十分な配慮と強度上の余裕が必要とされる。クランク軸，コネクティングロッドおよびクロスヘッドなどの潤滑は，外部油と呼ばれ，オイルポンプ，オイル冷却器とオイルフィルタを通じて供給される。シリンダおよびロッドパッキンへの潤滑油は内部油と呼ばれているが，これはピストンの動きと同期させたタイミングで注入される。酸素圧縮機では，立て形のラビリンスピストン式を用いたり，立て形または横形のテフロン製ピストンリングの無給油（または水潤滑）方式を用いている。シリンダのジャケットは，温度などの条件の厳しさに応じた方法で冷却される。

ガス系統設備は図4.4.143（ただし本図は遠心圧縮機用）でもわかるように主として吸込みドレン分離器，中間冷却器／ドレン分離器から成るが往復動機の場合，ドレンのシリンダ内への吸込みはリキッドコンプレッション（リキッドハンマリングともいう）を招

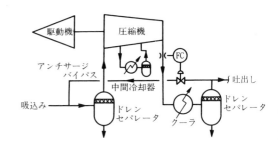

図4.4.143 遠心圧縮機のガス系統図

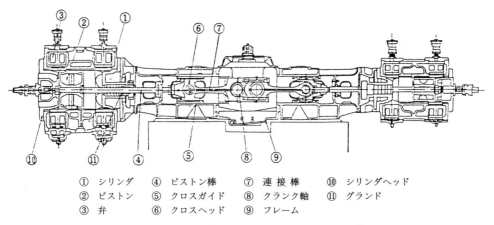

① シリンダ　④ ピストン棒　⑦ 連 接 棒　⑩ シリンダヘッド
② ピストン　⑤ クロスガイド　⑧ クランク軸　⑪ グランド
③ 弁　　　　⑥ クロスヘッド　⑨ フレーム

図4.4.142 横形対向釣合い圧縮横断面図（日立製作所）[1]

くのでドレン分離の機能は特に重要である。

シリンダとクランクケースの中間にあるディスタンスピースは，ガス側への外部油の汚染を防いだり，ロッドパッキンの漏洩ガスの処理という意味で安全上重要である。

2) **脈動**　往復動形圧縮機では，ガスの流れの脈動により吐出し配管内の圧力が脈動し配管系の振動問題を招くことがあるので，シリンダ前後のスナッバの容量または性能に注意を払う。比較的厳しい条件下では，コンピュータ計算による圧縮機回り配管の脈動解析を設計段階で実施して問題を防ぐ。API（米国石油学会）規格で機械を設計する場合は，当規格の中で脈圧許容値が与えられている。一方，負荷トルクも脈動を受けるので電動機およびフライホイールの慣性質量付加によって電動機の電流脈動率を制限値以下に抑える。電動機との連結は，バックラッシュのある減速機の使用をなるべく避け直結方式を用いる。

3) **運転制御**　容量制御の方法は，吸込み側シリンダ弁の弁板を開放状態に固定して圧縮作用を止めるアンローダを用いる場合が最も多い。ピストン上死点におけるシリンダのクリアランス容積を一定量付加するクリアランスポケットも用いられる。広い範囲の制御のためと起動時に無負荷バイパス運転で起動できるようにバイパスラインも設ける。

4) **安全と保安計装**　一般に，下記の項目の運転異常に対して警報や緊急停止あるいは運転員の監視で圧縮機を保護する。
① 各段の圧力異常高（安全弁で保護）
② 吐出し温度異常高
③ シリンダジャケット冷却水の断水
④ 潤滑油圧力異常低
⑤ 軸受温度または排油温度異常高
⑥ ドレン分離器液面レベル異常高
⑦ 圧縮機本体および配管振動異常大（定期的な現場巡回チェック）

(b)　**スクリュー圧縮機**

1) **形式と構造**　スクリュー圧縮機は，回転形の圧縮機の代表的な機種である。ケーシングに吸い込まれたガスは雄ロータと雌ロータとケーシング壁によって閉じ込められ，ロータの回転とともに吐出し口へ移動していく。ケーシング内に油を入れないドライタイプでは，図4.4.144のように，二つのロータは，同期歯車によって互いに隙間を保って接触することなく回転する。軸受と軸シールはそれぞれのロータに必要である。ケーシングに潤滑兼冷却用の油を入れる注油式の場合は，同期歯車を持たず，従ロータは主ロータに接触追従して回転する。ドライタイプのガス用スク

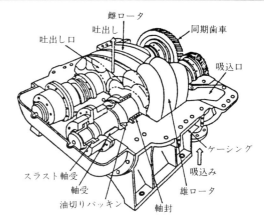

図4.4.144　スクリューコンプレッサ

リューコンプレッサは，高精度のクリアランス管理がされており，吐出し温度の異常上昇は熱膨張によるロータ接触事故に結び付くので温度の監視が重要である。軸受は，強制潤滑で，軸シールは多くの場合カーボンリングやオイルフィルムシールを用いる。

2) **運転制御**　注油式の場合，吸込みスライド弁による有効工程容積の加減で広範囲の容量制御が可能である。蒸気タービン駆動では，回転数変化により容量を制御する。いずれの場合でも，起動時のバイパス無負荷運転のためにバイパスは必要である。

3) **安全と保安計装**　この形式特有の注意事項としては，吐出し温度異常高に対する監視，接触やかみ込みによる異音の有無などで，全般的には他の形式の圧縮機に準じる。

(c)　**遠心式圧縮機**

1) **形式と構造**　遠心式圧縮機は，遠心式羽根車の高速回転運動によって流体の圧力を生み出すもので，性能特性や構造が容積形と基本的に異なる。中低圧の用途に適用される水平分割形ケーシングの圧縮機は，上部ケーシングの撤去で内部メンテナンスが可能であるが，バレル形（図4.4.145参照）では，高圧に対する気密性が優れている半面，分解時にまず内部ケーシングとロータ全体を軸方向水平に抜き出す手順がいる。軸受は，振動特性の安定したティルティングパッド形軸受を用いることが多い。軸方向の推力に対しては，支持可能なレベルに抑えるため，羽根車軸推力と逆方向の推力を生む軸推力バランス機構を備えたり，羽根車どうしで推力を相殺させたりする。残留軸推力は，高負荷能力を有する推力軸受で受ける。

内部の各段と段の間は，ラビリンスリングでシールし内部循環ロスを最小にする。外部への漏洩を防ぐ軸端のシールは，ラビリンスシール，メカニカルコンタ

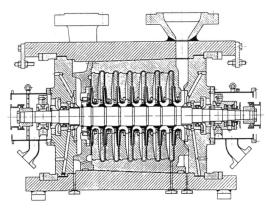

図 4.4.145 遠心圧縮機断面図（バレル形）

クトシール，オイルフィルムシール，ドライガスシールなどの方式の中からそれぞれの使用条件に適した方式を選ぶ．

ロータの運転速度は，一次危険速度を上回る数千 rpm から 1 万数千 rpm を超える場合も多く，危険速度から十分離したり，ロータの振動に関する動的な安定性を確保することが重要である．

2) **振動** 遠心圧縮機の運転の健全性を判断する最大の指標は，ロータの軸振動の大きさにある．渦電流の原理を利用した非接触形の振動計を装備することも多く，API 規格 617 では，出荷前の無負荷試運転における振動許容値を以下のように規定している．

$$両振幅軸振動値 = \sqrt{N/12\,000}\ 〔μm〕$$

ここに，N：最高連続回転数〔rpm〕である．

フィールドでの実運転のときは，これよりもさらに大きな値を許容するが，公の規格としては ISO 10816-3 で運転継続可否の判断基準が与えられている．

3) **運転制御** 蒸気タービンやガスタービンで駆動する場合は，流量制御はタービンのスピードガバナを介して回転数の調節で行う．定速の電動機駆動の場合，吸込み弁絞り調節で流量制御するのが一般的で，入口可変案内翼が効果的な場合もある．いずれの場合においても，ターボ形の圧縮機は部分負荷流量（実際には，結果的に定格流量の 60～80% 程度）で危険なサージング現象を必ず起こすので，循環機用途以外では，アンチサージバイパスを設け，流量低下時に速い応答でバイパス弁を自動的に開ける．大流量側では，チョーク（またはストンウォール）現象と呼んで，それ以上吸い込めず圧力も出せなくなるが，それ自体に機械的な危険性はない．蒸気タービン駆動の圧縮機を起動するときは，まず起動前に十分配管とタービンを暖機した後，低速での暖機運転を行い，危険速度をジャンプさせつつ，調速機の最低制御回転数まで段階的に昇速する．ふつうは，この間圧縮機の吐出し圧力は上げず，常用回転数近くにしてから圧縮機の負荷を上げていく．

4) **安全と保安計装** 遠心圧縮機の保安計装項目は非常に多く，軸シールの形式によって変わるが，主要なものを一例として挙げると以下のとおりである．
① 流量異常低（アンチサージバイパスを開，警報，緊急停止）
② 潤滑油圧異常低
③ シールオイル供給差圧異常低
④ 軸受温度異常高
⑤ 軸振動異常高（場合によって装備）
⑥ 軸移動異常（場合によって装備）

また，遠心形でもスクリュー形でもオイルフィルム式の軸シールを用いた場合（**図 4.4.146** 参照），圧縮機内の圧力が残っている間にシール油の供給が切れるとシール油膜が切れてガスが噴出する危険があるので，シール油供給の維持または系内ガスの放出・脱圧が重要である．

(**d**) **圧縮機の試運転**

1) **工場出荷前テスト** 往復動圧縮機は中形，大形になるとシリンダとクランクケース，ピストンなどを分割状態で出荷する．そのため，組立て状態での試運転はふつう行わず現地で組み立ててから初めて運転に入る．スクリュー形のプロセスガス圧縮機では，出荷前に試運転を行い，機械的状態，性能および昇温テスト（吐出し温度を許容限界まで上げて，内部の接触有無をチェックする）を行う．遠心圧縮機では，メカニカルランニングテストとして，無負荷状態で最大連続スピードまで上げて機械的な状態をチェックする．また，設計点と流体力学的に相似な状態を作り出して性能テストを実施する場合もある．

2) **現地テスト** 現地においては，問題発生をより早期に見つけるとともに二次的な問題を最小にするために，工事完了後まず駆動機単独の無負荷試運転を行う．その後，構造上・設備上可能であれば，圧縮機を駆動機と連結して空気または窒素で機械的な試運転を行う．

（横井　正）

引用・参考文献

1) 内田秀雄，冷凍機械工学ハンドブック，p.244，朝倉書店（1965）

〔2〕**高　圧　装　置**

この項では，本章の他節に含まれない高圧装置，主として高圧筒について記述する．

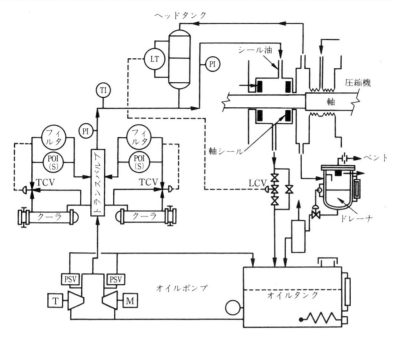

図 4.4.146　軸シール系統図

（a）**材料の選定**　常温高圧装置の材料の選定は比較的容易であるが，高温高圧装置となると耐食，耐圧，耐熱の3条件を同時に考慮しなければならない。そのため装置の構造を工夫して，これら条件が一つの材料にかからないようにするのが賢明である。例えば，腐食性流体を納める耐圧筒の内面を耐食材料で内張りするとか，高温反応筒の内面を断熱材で保護するなどである。

最近の材料の進歩の例としては，通常の鋼よりも高い強度を有する鋼材，すなわち高張力鋼の発展，また新しい耐熱材料の開発などが挙げられるが，いずれも2章に記載があるのでここでは省略する。

高温高圧装置の材料選定に際して考慮しなければならないものに，高温高圧ガスによる材料の腐食あるいは劣化の問題がある。① 水素による鋼の劣化，② 窒素またはアンモニアによる窒化，③ 一酸化炭素による金属のカルボニル化作用，④ 硫化，⑤ 酸化など多種類の腐食あるいは劣化が挙げられるが，ここでは特に重要と思われる高温高圧水素による鋼材の劣化を取り上げる。その他の腐食あるいは劣化については，文献を参照されたい。

水素による鋼材の劣化の現象は，つぎの二つに分けられる。一つは通常水素脆化と呼ばれるもので，鋼中に水素が多量に残留していると，常温での伸びと絞りが著しく低下する現象である。装置の安全性を確認するために常温で耐圧試験を実施する場合に，この現象により，割れを起こすことがある。

ほかの一つは，いわゆる水素侵食といわれているもので，高温高圧下で鋼中に侵入拡散した水素が，不安定な炭化物と反応してメタンを生成し，そのため脱炭と粒界割れを起こし，ある潜伏期間後に強度と靱性が著しく低下する現象である。

水素脆化が加熱その他の方法で，再び延性を回復できる可逆的脆化なのに対して，水素侵食は不可逆的脆化の現象であり，一度侵食を受けた鋼材は，再び特性を回復させることができない。水素侵食による材質劣化はもし破壊があれば，脆性破壊の様相を呈するからきわめて大きな事故となる。したがって，鋼材選定に際しては，その使用条件で水素侵食が起こるかどうかを必ずチェックしなければならない。

水素アタックに対する鋼材選定の指針として，ネルソンが多数の損傷事例を集約し，おもな鋼材に対する使用限界を線図化したいわゆるネルソンカーブがある（図 4.4.147 参照）。

これによると，高圧水素下においては，溶接後熱処理を行えば温度約 230℃ までは炭素鋼が使用可能であり，それ以上の温度に対しては，低 Cr-Mo 鋼を使用しなければならない。

（b）**設　　計**　まず設計に際しては，高圧装置の構成要素，すなわち耐圧円筒，蓋板，フランジ

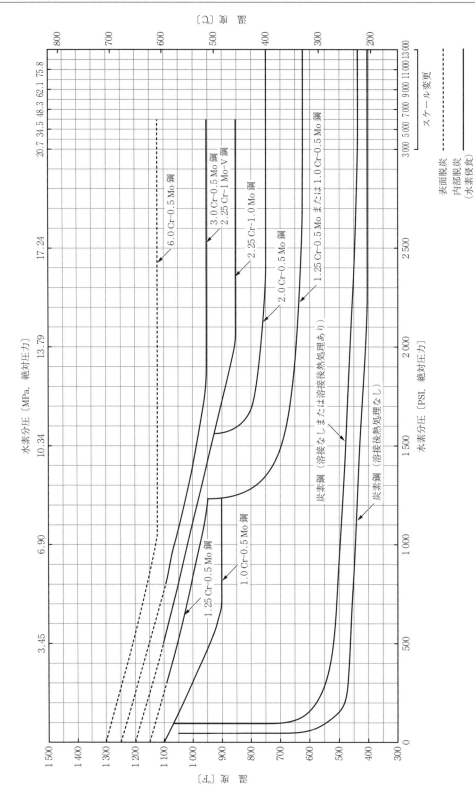

図 4.4.147　高温高圧水素中における鋼の使用限界

などの強度計算の理論および破壊の理論について，よく理解することが肝要である．

高圧装置は，安全上の立場から法規または規格に従って設計されなければならない．わが国においては，高圧装置を規定する法規として，経済産業省高圧ガス保安法特定設備検査規則，厚生労働省労働安全衛生法ボイラーおよび圧力容器構造規格などがある．また，規格としては JIS B 8265 圧力容器の構造--一般事項，JIS B 8267 圧力容器の設計，および個別規格などがある．海外各国にもそれぞれ高圧装置を規定する法規および規格があるが，中でも米国の ASME Codes は有名である．

したがって，高圧装置の設計に際しては，それがどの法規あるいは規格により規定されるかをよく確認し，適用法規あるいは規格が定まったら，それに基づいて設計を行い，材料，構造，製作，検査にわたりすべての法規あるいは規格の項目を満足していることを確認しなければならない．

そのほか，高圧装置の設計に際し検討しなければならない項目として，① 熱応力，② 加工，溶接，熱処理による材質の変化と残留応力，③ エロージョン，④ 組立て時の応力，⑤ 付属物，自重，内部流体，積雪などによる荷重，⑥ 風圧力，地震力，⑦ 内部流体の脈動その他の圧力の変動などが挙げられる．

（c）**構　造**　高圧装置の主要構成要素と耐圧円筒，蓋板継手を取り上げ説明する．

1）耐圧円筒　耐圧円筒は，単肉円筒と多層円筒に分類できる．

単肉円筒は，厚板をプレスで円筒形に曲げ，長手継手を溶接して作るものと，鋼塊より鍛造で一体物として製作するものがある．前者はあまり板厚が厚いときは製作困難である．後者は肉厚の制限はないが径があまり大きくなるとプレスの制限から製作不可能となる．

多層円筒は，芯金となる単層円筒の外周に薄い鋼板を重ねて，厚肉円筒としたものであり，これは，製作寸法に制限の少ないこと，安価な薄板を重ねて作るので鍛造品に比較して経済的であること，また芯金円筒がたとえ破壊しても円筒が一挙に破壊することが少なく，芯金円筒の外周に重ねる多層板に検知孔を設けておけば，事前に検知孔を通って内部流体が漏れ出て警告を与えるので，操業上安全であることなどの利点を持っている．

しかしながら溶接部の多いことから，溶接施工の管理が特に重要といえること，また溶接部の非破壊検査の評価が難しいのが欠点といえる．多層円筒に関する文献も参照されたい．

高温用の場合，耐圧筒設計をホットウォール（温壁）方式とするか，コールドウォール（冷壁）方式とするかも構造上重要な点となる．ホットウォールとは，筒内の高温流体が直接壁に接する形式をいい，他方コールドウォールとは，断熱材あるいは他の方法により高温流体が直接円筒壁に接しないようにし，円筒壁を比較的低温に保つ形式をいう．一般的に，使用温度が 350℃ 以下のものについてはホットウォールを用いるが，それ以上の温度に対してはコールドウォールを検討するとよい．

ホットウォールは，構造が簡単で構造的な信頼性は高いが，耐圧筒が直接高温流体にさらされるため材料の使用条件は厳しく，材質の劣化などを考慮し慎重に材質の選定を行わなければならない．一方，コールドウォールの場合には，材料の使用条件は緩和され適切な設計と施工がされればその信頼性は高いが，高温流体と低温の円筒壁を遮る断熱部分に欠陥を生じると，高温流体が直接円筒壁に接することになり，局部過熱から変形，破壊に至ることがある．このためコールドウォールにおいては，断熱方法，断熱材の設計施工に特に注意するとともに，耐圧壁の温度をつねに監視しておかなければならない．

図 4.4.148 に，多層円筒の一例としてアンモニア合成塔を示す．筒内には別に円筒を設置し，耐圧筒壁と内筒の隙間に冷ガスを流して，耐圧筒の壁温が上がらないように工夫されている．すなわちコールドウォール形の一種である．**図 4.4.149** に単肉円筒の一例として石油化学用高圧リアクタを示す．これは内面を断熱したコールドウォール形である．上下の蓋板を半球形とし，重量の削減を図り，開口はできるだけ小さく開閉を容易かつ安全にしている．

2）蓋板継手　高温装置の蓋板継手は，取外しの有無によって，永久継手と一時継手に分けられる．一時継手には，フランジ式，ねじ込み式，自緊式がある．

永久継手は，開閉の必要のないときに使用され，最も簡単でしかも安全である．**図 4.4.150** に永久継手の各形式を示す．

フランジ継手では，通常ガスケットを使用するが，接合面が小さくかつきわめて滑らかな場合には，ガスケットを省いた直継手が使用される．**図 4.4.151** にフランジ継子の形式を示す．

フランジ継手用ボルトのねじ部は，入念に製作し中央部にくびれを持たせる場合は応力集中を避けるよう，段付き部に丸みをもたせる．

ねじ込み継手の形式を**図 4.4.152** に示す．この継手は，高圧用に特に適しているが，ねじの加工，保全が

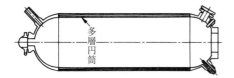

図4.4.148 多層円筒（アンモニア合成塔）

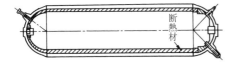

図4.4.149 単肉円筒（H-オイル反応塔）

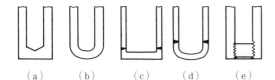

(a) くり抜き無垢形　(b) 鍛造無垢形
(c) 平板溶接形　(d) 成形キャップ溶接形
(e) プラグねじ込み溶接形

図4.4.150 永久ふた板継手

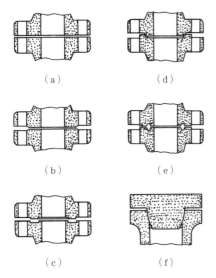

(a)〜(e)：ガスケット継手，(f)：直継手

図4.4.151 フランジ蓋板継手

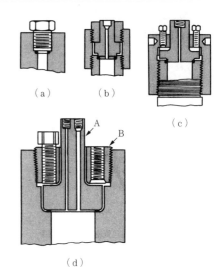

(a) ねじ込みプラグ式（ガスケット使用）
(b) ねじ込みスリーブプラグ式
(c) コンプレッションヘッド式
(d) テーパ付きキャップリング式

図4.4.152 ねじ込み蓋板継手

リング，ダブルコーン，レンズリング，メタルOリング（開孔付き）継手などがある。それらを図4.4.153に示す。

軸方向に自己気密となる方式にはブリッジマン形があり，これは図4.4.154に示すとおりである。

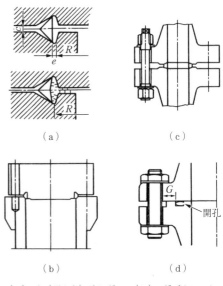

(a) Δ（デルタ）リング　(b) ダブルコーン
(c) レンズリング　(d) メタルOリング

図4.4.153 半径方向自己気密形蓋板継手

難しく，一度ねじが焼き付くと補修に手間がかかる。

自緊式継手は，内圧によりシール面圧が得られるようにしたシール材を用いた継手で，適切な設計がなされれば締付けが容易でしかも確実に気密を保てるもので，大形高圧の蓋板継手に盛んに使われる。

半径方向に自己気密となる方式として，Δ（デルタ）

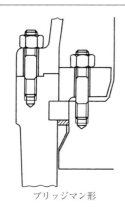

図 4.4.154 軸方向自己気密形蓋板継手

（d）検　査　　高圧装置の検査項目としては，①材料検査（成分，機械的性質），②溶接検査（溶接棒成分，溶接継手機械的性質），③寸法ならびに外観検査，④耐圧気密試験，ヘリウム洩れ検査，⑤非破壊検査（放射線検査，超音波探傷検査，磁気探傷検査，浸透探傷検査），⑥熱処理検査，⑦ライニング検査などがある。

検査項目，内容，判定基準については法規，規格に基づかなければならない。なお完成検査では通常，耐圧気密試験，肉厚測定，安全弁作動試験を行う。完成検査は装置を現地で組み立てて据え付けた後行うのが原則であるが，大形装置のように現地試験が困難なものについては，製作工場内で完成前検査を行うことで完成検査に代えることができる。

（e）安全設備
① 高圧設備は防護壁で囲み，関係者以外立ち入れないようにする必要がある。
② 流体の漏洩は，着火や爆発，中毒の危険を招く場合が多いので，換気を良くし消火設備（噴霧水装置）を置く。窒素ガスなど，不活性ガスやスチームなどを準備することが多い。
③ 安全弁の必要性はいうまでもないが，誤操作ということも考えて，安全弁を要所に，しかも十分な容量のものを取り付ける。
④ 要所に圧力計，温度計を設置する。異常の場合，運転者に知らせるように警報装置を設けるのが有効である。なお，高温高圧のコールドウォール設計の部分においては，構造材料の温度を測る温度計を設けたり温度が上がると色の変わる塗料を塗ったりして耐圧筒の温度を監視する。

（f）高圧装置の取扱い　　高圧ガス保安法により，高圧装置の取扱いに関し，高圧ガス製造保安責任者の義務と権限の規定がある。

法令にも，高圧装置の取扱いについて述べられているが，ここに高圧装置全般に共通な注意事項について簡単に記す。
① 運転者に作業指針を熟知させ，また安全に対する心構えを徹底させる。周囲の換気や可燃物を近くに置かないよう注意する。
② 可燃ガス中の酸素などの危険成分の分析を励行し，装置の圧力，温度などの状態を把握して運転すること。
③ 定期的に材料の腐食や劣化の有無，耐圧気密試験，肉厚測定，安全弁の試験などの精密な点検を行う。法に，定期的な（通常年1回）保安検査の規定がある。また，圧力計，温度計などの計器類の定期検査も必ず行わなければならない。

表 4.4.36 に高圧円筒の耐圧強度計算公式を，表 4.4.37 に円筒形圧力容器の設計基準式を示す。

（酒井健二）

〔3〕ボイラ

ボイラとは，容器内の水または熱媒を燃料の燃焼またはその他の高温ガス，電熱などによって加熱し，大気圧を超える蒸気，温水，高温熱媒を発生する装置である。ボイラは，燃料を扱うため，燃料の漏洩による火炉やボイラ周辺での爆発の危険がある。また，加熱管での，水質管理不足などによる伝熱の阻害や急激な過熱による高い応力は事故につながる危険がある。ボイラの安全や構造に関して，種々の法令や規格があるのはこのためである。

（a）ボイラの分類　　ボイラは用途により工場用などの産業用，発電用ボイラ，舶用ボイラなどに分類される。また，使用する燃料の種類から石炭ボイラ，廃熱ボイラなどに分類される。また，構造によりつぎの3種類に分類される。

1）丸ボイラ　　直径の大きな胴体中に炉筒，火室，煙管などを配置したボイラである。縦ボイラ，炉筒ボイラ，煙管ボイラ，炉筒煙管ボイラがある。これらは低圧，小容量のボイラに使用される。

2）水管ボイラ　　火炉または煙道内に水管群を配し，水管を蒸気ドラム，水ドラム，管寄せに接続したボイラである。水は水管中を循環しながら，加熱，蒸発される。

また水管ボイラは，ボイラ水の流動方式から，加熱で発生した蒸気により生じる汽水の混合物と加熱されないボイラ水間の比重差を利用した自然循環ボイラと，ポンプを使った強制循環ボイラに分類される。図 4.4.155 に自然循環式の水管ボイラの例を示す[1]。

3）貫流ボイラ　　ドラムがなく加熱管中で水をしだいに加熱し，蒸気を発生させるボイラである。低圧

表4.4.36 高圧円筒の耐圧強度計算公式

	名　　称	P_y/σ_y		P_B/σ_B	
弾性理論式および修正式	内　径　公　式	$K-1$		$K-1$	(a)
	平　均　径　公　式	$2\dfrac{K-1}{K+1}$		$2\dfrac{K-1}{K+1}$	(b)
	外　径　公　式（Barlowの公式）	$\dfrac{K-1}{K}$		$\dfrac{K-1}{K}$	(c)
	Laméの式（最大主応力説）	$\dfrac{K^2-1}{K^2+1}$		$\dfrac{K^2-1}{K^2+1}$	(d)
	Lamé 修 正 式	$\dfrac{K-1}{0.6K+0.4}$		$\dfrac{K-1}{0.6K+0.4}$	(e)
	Birnieの式（最大主ひずみ説）	$\dfrac{K^2-1}{1.3K^2+0.7}$	(f)		
	Clavarinoの式（同上）	$\dfrac{K^2-1}{1.3K^2+0.4}$	(g)		
	Mises-Henckyの式（せん断ひずみエネルギー説）	$0.577\dfrac{K^2-1}{K^2}$	(h)		
	Cook-Robertsonの式	$0.6\dfrac{K^2-1}{K^2}$	(i)		
	Guestの式（最大せん断応力説）	$0.5\dfrac{K^2-1}{K^2}$	(j)		
塑性理論式および修正式	Turnerの式	$\dfrac{P_f}{\sigma_y}=\ln K$			(k)
	Nadaiの式（完全塑性理論）	$\dfrac{P_f}{\sigma_y}=1.15\ln K$			(l)
	Manningの式	$P_B=2\displaystyle\int_{r_i+u_i}^{r_o+u_0}\dfrac{T}{(r+u)}d(r+u)$			(m)
	MacGregorの式	$P_B=2\displaystyle\int_{r_i+u_i}^{r_o+u_0}\dfrac{\sigma_0}{(r+u)}d(r+u)$			(n)
	Faupelの式	$P_B=\dfrac{2}{\sqrt{3}}\sigma_B r(2-r)\ln K$			(o)
	Siebelの式	$\dfrac{P_y}{\sigma_y}=0.575\left(1+\ln\dfrac{\varepsilon^*}{\varepsilon_y}\right)-\left(\dfrac{\varepsilon^*/\varepsilon_y}{K^2}\right)$			(p)
	Jorgensenの式	$P_B=\dfrac{1}{\sqrt{3}}(\sigma_B+\sigma_{t0})\ln K'$			(q)
実験式	Narduzzi-Welter	$K^{7/8}-1$	(r)	$1.1K^{5/8}-1\fallingdotseq\ln K$	(s)
	和智の式	$\ln K$	(t)	$0.97\ln K$	(u)

〔注〕 P_y：降伏開始圧力，P_B：破壊圧力，P_f：全域降伏圧力，σ_y：材質の降伏点，σ_B：材質の引張強さ，r_i：容器の内半径，r_o：容器の外半径，ε：ひずみ，$K=r_o/r_i$：外径と内径の比，T：せん断力

表4.4.37 円筒形圧力容器の設計基準式

基準名称	適用式			
ASME Sec. VIII Div.1	$P\leq 0.385\,SE$　Lamé 修正式　（e）		$P>0.385\,SE$　Turner式　（k）	
JIS B 8265　JIB 8267	$P\leq 0.385\,\sigma_{a\eta}$　Lamé 修正式　（e）		$P>0.385\,\sigma_{a\eta}$　Lamé 式　（d）	
ASME Sec. VIII Div.2	Turner式　（k）			
JIS B 8226	$P\leq 0.4\,Sm$　平均径公式　（b）		$P>0.4\,Sm$　Turner式　（k）	
ドイツ AD-Merkblätter	$K\leq 1.2$　平均径公式		$1.2<K\leq 1.5$　$2.3\dfrac{K-1}{3K-1}$	

ボイラ，小容量にも使われるが，おもに発電用の亜臨界圧，超臨界圧ボイラ用に使用されている。

（b）法令，規格　ボイラ本体の使用材料，構造，付属品についてはつぎのような法令，規格により規制が行われている。

1）一般産業用

① ボイラおよび圧力容器安全規則
② ボイラ構造規格

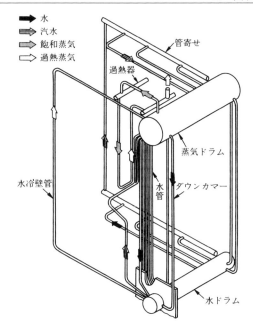

図 4.4.155　自然循環ボイラの循環フロー図

③　JIS B 8201「陸用鋼製蒸気ボイラの構造」
2)　発電用　　電気事業法
3)　船舶用　　海事協会規程

(c)　燃焼装置，火炉
　燃焼装置は，燃料の種類や燃焼方法により異なる。バーナ，点火装置と燃料供給装置で構成される。火炉は，燃焼装置から送られた燃料と燃焼用空気を混合して燃焼させ熱エネルギーを発生させる所である。熱を外部に逃がさないように耐火れんがや水冷壁管などで構成された炉壁で覆われる。詳細は文献2）参照。
　火炉内での燃焼の漏洩による爆発防止のため点火前のプレパージ操作や火炎検知器の設置などの保安対策が必要である。また，ボイラ周辺での燃料の漏洩による爆発の危険防止のために，ガスリーク検知器の設置，換気装置，消化設備や電気品防爆対策などの保安対策も必要である。

(d)　おもな付属品　　ボイラ付属品については，ボイラ構造規格に詳細が規定されており，主要項目は以下のとおりである[3]。
　1)　安全弁　　最高使用圧力以下で噴き始め，最高使用圧力以上その6％を超えずに全蒸発量を噴出し得るような安全弁を設けるとともに，過熱器出口にも1個以上の安全弁を設けなければならない。
　2)　圧力計　　蒸気部，水柱管または連絡管には径100 mm 以上の圧力計を設置しなければならない。
　3)　水面計　　2個以上のガラス水面計を本体または水柱管に設けなければならない。
　4)　給水装置　　蒸気ボイラは2個以上の給水装置を備えなければならない。
　5)　蒸気止め弁および吹出し装置　　蒸気止め弁は，最高使用圧力ならびに最高使用温度に耐えるものを使用しなければならない。吹出し装置は水室の下部に設置しなければならない。
　6)　手動ダンパなど　　手動ダンパの操作位置は，取扱いが容易な位置に設置しなければならない。微粉炭燃焼装置には，爆発戸を設けなければならない。また，ボイラの燃焼室には，掃除および検査用の人の入れる穴を設けなければならない。

(e)　制御装置
　ボイラの制御装置として代表的なものにつぎのものがある。
　1)　給水制御装置
　　ⅰ）1要素式　　ドラム水位によってドラム液面が一定になるように給水量を調節するもの。
　　ⅱ）2要素式　　ドラム水位に蒸気流量も検出して，ドラム液面が一定になるように給水量を制御するもの。
　　ⅲ）3要素式　　ドラム水位，蒸気流量，さらに給水流量を検出し，ドラム液面が一定になるように給水量を制御するもの。
　2)　自動燃焼装置（ACC）　　蒸気圧力を一定にするため，負荷変動に応じて燃料供給量を変えるとともに，燃料／空気比を一定にするよう空気量を変える制御方法である。

(f)　安全装置　　ボイラには安全のための各種インタロック装置や安全遮断装置および警報装置が設置される。代表的なものとしては，火炎の監視を行い失火した場合燃料系の遮断を自動的に行うものや，ドラムの水位，火炉の圧力，蒸気の圧力，燃料の圧力などの異常でボイラの緊急停止を自動的に行うものがある。

(g)　ボイラ水による障害と処理　　ボイラ水に起因する障害と処理には，以下のものがある。
　1)　障　害
　　ⅰ）スケール　　スケールには，カルシウムやマグネシウムなどの硬度成分と酸化鉄や銅などによるスケールがある。スケールが付着すると伝熱性が悪くなり，局部加熱による加熱管の膨出，破裂事故が起こることがある。
　　ⅱ）腐　食　　腐食には種々の原因があるが，溶存酸素や二酸化炭素によるものや，低pHによって起こるものがある。
　　ⅲ）キャリオーバ　　キャリオーバには，シリカ

が蒸気中に蒸気と同伴されるものや，ボイラ水中に泡立ちが起こるもの，ボイラ水が水滴状態で蒸気側に移るものがある。いずれも蒸気純度を下げる弊害がある。

　2）　ボイラ水処理　　ボイラ水処理は，上記の障害を防止するため行われる。ボイラでは，使用圧力に従って要求される水質を得るためのボイラ外での水処理や，ボイラ水の吹出しによる缶水中の各成分の濃度調節が行われる。また，ボイラ水に対して，つぎの薬品処理が行われる。

　低圧のボイラに対しては，ボイラ水のpHを水酸化ナトリウムで調整するアルカリ処理法が用いられる。ただし，このアルカリ処理法はボイラの圧力や温度が高くなるとアルカリ腐食が起こるので，中・高圧のボイラに対しては，リン酸塩濃度とpHの関係を適切に維持するリン酸ソーダ塩処理法が用いられる。また，高圧ボイラに対しては，ヒドラジンやアミン系の薬品を使用した揮発性物質処理法が用いられる。日本産業規格には詳しく規定がある[4]。

　(h)　ボイラの取扱い　　ボイラの取扱いは有資格者に限られ，法に定められている[5]。ボイラの取扱いの要点に関し，以下に簡単に述べる。

　(1)　運転開始時には，安全のために以下の確認をするとともに，定期的にも確認する必要がある。

　①　安全弁が正常に作動すること。
　②　水位を正常に維持できるように，水面計および給水制御の機能が正常であること。
　③　圧力計が正常に指示できること。
　④　弁類などが所定の開閉位置にあること。
　⑤　ボイラの制御装置，安全装置が正常に作動すること。

　(2)　燃料の着火前に，炉内や煙道内に万一可燃性ガスが漏洩していても，これを完全に排気できるように，十分空気で置換を行うこと。また，着火に失敗した場合も同様に空気で置換を行うこと。

　(3)　急激な負荷の変動を与えないこと。

　(4)　蒸気系統で，配管が十分暖まっていないと蒸気が急冷されハンマリングを起こすため，配管の暖管を十分行うこと。

　(5)　適正な吹出しを行い，ボイラ水の濃縮維持を行い，スラッジ堆積，スケール付着および腐食による障害を防ぐこと。

　(6)　伝熱面のスートブロー，バーナーの正しい調節により局部加熱を防ぐこと。

　(7)　給水水質およびボイラ水の水質の監視を確実に行い，薬液注入量の調節などを正しく行うこと。

(真田良一)

引用・参考文献

1) 三菱重工カタログ（1980）
2) 日本ボイラ協会編，ボイラ技術講座（1976）
3) ボイラ構造規格，167～197条（1996）
4) JIS B 8223：1989　ボイラの給水及びボイラ水質（日本規格協会）
5) ボイラ及び圧力容器安全規則，23条（1970, 1998）

〔4〕　オートクレーブ

　オートクレーブの定義は必ずしも明確でないが，ここでは加圧下で液相反応を起こさせる反応器を指す。本項ではオートクレーブに特有の事項のみを述べるので，一般事項は〔2〕項を参照されたい。

　オートクレーブの特色は，液相が存在するために起こる腐食に対して考慮する必要があること，および液をかくはんする種々の方式が取り入れられているので，かくはん装置に特に考慮を要することである。

　(a)　材料の選定と設計
　1)　材料の選定[1),2)]　　材料実験室用のオートクレーブでは，広範囲の液体を扱うのでステンレス鋼が多く用いられるが，高温，高圧で起こる腐食に対処するため，高級ステンレス鋼やチタンなどのライニングを施すことも多い。また鉛とか，ガラス，ゴム，ほうろう，高分子樹脂など非金属のライニングも用いられる。

　液に触れる部分の材質の選定は重要で，腐食に関するデータに基づき慎重になされなければならない。なお，圧力と温度によって腐食の程度が著しく異なったり，特に溶接部でいわゆる応力腐食割れ（応力の存在するときに急激に腐食割れが進行する）などの腐食が起こったりすることに留意する必要がある。

　2)　設計　　オートクレーブのような高圧容器の設計においては，法規および規格に従うべきことについては〔2〕項で述べた。ここでは，ライニング，コーティングについて少し述べる。

　ライニングまたはコーティングをする場合は，熱膨張の差によって亀裂が生じないよう材料選定と設計を行う。また，本体に外部配管を接続するためのノズルを付けるとき，本体のライニングとノズルとの接続部分やフランジの合せ面の設計には注意を要する。

　金属ライニングの技術は近年急速に進歩している。ライニングの代わりにクラッド鋼や盛金（デポジット）が便利なこともあり，これらの使い分けが重要である。ライニングを用いるときは，ライニングからの漏洩を早期に発見するため知らせ孔を設けることが必

要である。

（b）**本体構造**[3),4)]　オートクレーブは，かくはんの方法によりつぎのように分類される。

1）**かくはん形**　縦形かくはん式と横形かくはん式がある。この形式のものは，ほかの形式のものに比べ，気体をたえず流通させて運転を行えることのほか，かくはん効果が概して大きいこと，縦形のものではオートクレーブの内部にガラス容器などを入れて反応させることができ，この場合は，構成材料に特別のものを使用しなくてもすむこと，などの利点を有するが，かくはん軸の貫通する部分からのガス漏れの可能性が大きく，内部圧力や回転速度に制限がある。通常は圧力 10 MPa 以下，回転数 150 rpm 以下である。
小形のものでは，かくはん機用電動機を内蔵させ軸シールをなくしたものもある。図 4.4.156 は縦形かくはん式を示す。

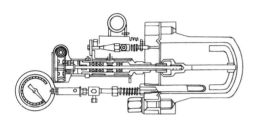

図 4.4.156　モータかくはん式オートクレーブ
（外部駆動式）

加熱は，小形のものではガスによる直火や電熱を用い，大形のものはジャケットを設け，スチーム，ダウサムなどの熱媒を用いる。また，冷却水，ブラインなどをジャケットに通して冷却を行うこともある。

2）**振とう形**　横形のオートクレーブ全体の水平往復運動によって内容物をかき混ぜるもので，実験用として最もふつうの形のものである。軸シールの問題がないので高圧力に使用できるが，外部との連絡配管は高圧のものでは困難である（図 4.4.157 参照）。
電気炉に納められた横形オートクレーブが，中心部で支持され上下に首振り運動をするロッカ形も振とう形の一種である。水平往復形に比べてかくはん効果は悪いが往々用いられる。

3）**回転形**　横形オートクレーブを軸を中心として回転させるもので，特に，内部にボールを入れて固体の粉砕とか液の乳化を同時に行うような場合に適する。電気炉などで加熱しつつ運転するのに便利である。外部と配管でつなぐのが困難であるのは振とう形と同様である。

4）**ガスかくはん形**　ガスをオートクレーブの下から上に通して放出するとか，オートクレーブの気相

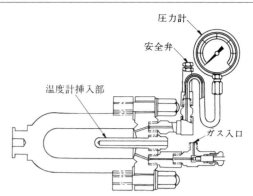

図 4.4.157　振とう式オートクレーブ（水平方向に前後運動させてかくはんする形式）

部から反応ガスを取り出し液相の中に循環送入する方式や，液を循環送入してかくはんを行うものなどがある。

（c）**付属品**

1）**シール**　かくはん機の軸のメカニカルシールは概して難しいので，外部に漏れては危険なガスを扱う際は注意を要する。

2）**安全装置**　安全弁，ラプチャーディスクのほか，オートクレーブ内の液をすみやかに排出するためには，ノックアウトドラム，緊急放出自動弁などを設ける。これらの安全装置と本体との間は，なるべく太くて短い配管でつなぎ，安全装置からの放出は可能な限り抵抗を少なくして安全な位置に導く。オートクレーブへの配管には逆止め弁を付ける。可燃性ガスの場合は，逆火防止装置も必要である。

3）**計装**　オートクレーブの圧力計は，腐食されず詰まりの起こらない形が要求される。温度計は，壁の厚さによる測定誤差が生じないようにする。サンプル口は必要個数付ける必要がある。

（d）**検査**　高圧装置としての検査は〔2〕項で述べた。ここではライニングやコーティングの検査について述べる。

一般的な方法としては，知らせ孔から外圧をかけて内面への漏洩をチェックした後，容器にいったん所定の内圧（気圧あるいは気体圧）をかけ，知らせ孔にマノメータを取り付け約24時間以上放置して圧力の変化を見る。鉛ホモゲンの場合は，容器内に海水または塩酸などの酸性物質の 0.04% 溶液を充満させた後，これを排出し 3～7 日ぐらい放置して，わずかににじみ出てくるさびによって，ピンホールの有無をチェックする。
ライニング材およびコーティング材が電気の不良導体の場合には，高周波放電試験と電気抵抗によるネオン式テスタにより比較的精密に欠陥の有無を確認する

ことができる．ライニングの検査については文献を参照されたい．

（e）**オートクレーブの取扱い**　高圧装置としての注意は〔2〕項で述べた．オートクレーブでは，反応を安全に行うためには，装置の保守面だけでなく，反応物質が過剰にならないようにしたり，実験装置などでは反応に未知の部分があることが多いので，安全装置を十分にして，圧力や温度の急激な変動を避けるよう，運転操作に十分な注意を要する．圧力計など計器の整備，較正は，反応条件によっては頻繁に行わなければならない．腐食状況の把握，ライニングやコーティングの点検も重要である．　　　（酒井健二）

引用・参考文献

1) 末沢慶忠ほか，高圧技術ハンドブック，p.84, 朝倉書店（1965）
2) Steel for Hydrogen Service at Elevated Temperatures and Pressures in Petroleum Refineries and Petrochemical Plants API Recommended Practice 941 Eighth Edition（Feb. 2016）
3) Tongue, H., The Design and Construction of High Pressure Chemical Plant, 53, Chapman & Hill（1959）
4) Coming, E.W., High Pressure Technology'93, Mc Graw-Hill（1956）
5) 寺西博，安全工学，5-2, p.101（1966）

〔5〕冷凍装置

冷凍装置は一般に冷媒として液化ガスを用いているので，一定の設備能力を超える場合，高圧ガス取締法の適用を受ける．

（a）**冷凍サイクルおよび冷媒**

1）**冷凍サイクル**　図4.4.158は圧縮式冷凍サイクルを示す．冷媒ガスは断熱圧縮で温度上昇したあと冷却水に保有熱を逃がし，減圧膨張させて蒸発器で冷熱を得る．これに対して，吸収式冷凍サイクルの図4.4.159では，再生器（または発生器）で吸収液の希釈溶液を加熱して，生じた水蒸気は凝縮器で冷却水へ保有熱を捨てて水になる．この水が真空下の蒸発器で蒸発し冷水を得る．蒸発した水蒸気は吸収液に吸収され，再生器へ戻される．

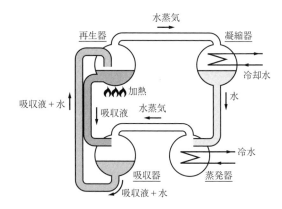

図4.4.159　吸収式冷凍サイクル

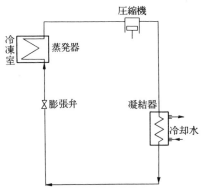

図4.4.158　圧縮式冷凍サイクル

2）**冷媒**　冷凍装置の代表的な冷媒はフロンとアンモニアであるが，従来からフロンが圧倒的に多く用いられてきた．そのうち，R（またはCFC）-11, 12, 13はCFC（クロロフルオロカーボン）でオゾン層の破壊と地球温暖化に強い悪影響があるため特定フロンと定められ，わが国では1995年末をもって生産と消費が全廃された．

HCFC（ハイドロクロロフルオロカーボン）は塩素を含んでいるが水素があるため大気中での寿命が短く，オゾン層破壊の可能性が小さいので代替フロンとして用いられる．HCFCには，HCFC-22, 123, 142bがあるが，これらも1996年から量的な削減規制が開始され，2020年までには全廃される予定である．

HFC（ハイドロフルオロカーボン）は，温室効果は大きいがオゾン破壊のない新代替フロンで，HFC-23, 32, 125, 134 a, 143 a, 152 aなどが考えられている．非フロン系としては，アンモニア，プロパン，ペンタンなどがある．

代替冷媒の候補としては，CFC-11用にHCFC-123, CFC-12用にHFC-134 a, CFC-13用にHFC-23, HCFC-22にはHFC-32, HFC-125, HFC-134 aまたはそれらを中心とした混合冷媒やアンモニア，プロパンなどが挙げられる．

（b）**圧縮式冷凍機の圧縮機**

1）**往復動冷凍機**　冷凍機用の往復動形圧縮機（図4.4.160参照）は多くは縦形が用いられ，ハウジ

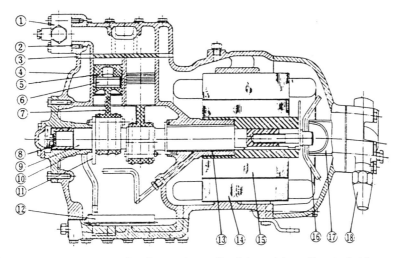

① 吐出しサービスバルブ	⑥ ピストンピン	⑪ 釣合いおもり	⑯ ガス均圧管
② シリンダヘッド	⑦ 連接棒	⑫ 油沪過器	⑰ 吸入沪過器
③ 弁 板	⑧ 油ポンプ	⑬ 軸受金	⑱ 吸入サービスバルブ
④ クランク室	⑨ クランク軸	⑭ ステータ	
⑤ ピストン	⑩ 軸受金	⑮ ロータ	

図 4.4.160 半密閉圧縮機断面図（東洋キャリア）

ングの構造に開放形と密閉形とがある。密閉形は圧縮機と電動機が一体化され，圧縮機と電動機の内部点検は不要という考え方で，小形，軽量，大量生産向きとしたものである。またこの場合，巻線など電動機の内部も冷媒ガスで直接冷却される。

開放形の場合，圧縮機と駆動機はそれぞれ別個にあり駆動軸が外部に露出し軸継手で連結される。クランクケースは運転中吸込み圧力が内圧として作用し，停止中は高低圧のガス圧力がバランスし，運転時よりも高い圧力に十分耐えられる強度で設計される。

2) **スクリュー冷凍機**　スクリュー冷凍機では，吸入されたガスはケーシングと雄ロータ，雌ロータに囲まれて形成される空間がロータの回転とともに狭くなっていき，吐出し側へ押し出される。ケーシング内には潤滑油が噴射され，摺動部の潤滑と圧縮熱の冷却および密閉シールの三つの働きが行われる。部品の寿命は十分長く，高い信頼性を得やすい。ガスに混入した油は吐出し後分離器で分離されて再利用され，長期の運転の中で油の清浄度の維持が大切である。圧縮機の流量は，油圧シリンダで作動するスライド弁によって有効行程体積を変えることにより 10～100％の範囲で自由に調節可能である。

3) **ターボ冷凍機**　ターボ冷凍機は単段または多段の遠心羽根車でガスを圧縮する。ターボ冷凍機では往復動形の場合のように密閉形と開放形がある。密閉形の場合，過冷却された冷媒液が電動機のコイルエンドに導かれて噴霧されコイルを冷却する。蒸発器は通常大気圧以下となり空気が漏入するので，漏入空気を機器外に排出する抽気冷媒回収装置が必要になる。容量の制御は圧縮機入口案内羽根の開閉による。

(c) **圧縮式冷凍装置の付帯機器**　圧縮機から出た吐出しガスは，往復動形とスクリュー形ではまず油分離器でガスと油に分離される。分離された油は冷却器で冷却されてから循環再使用される。一方，油が除去された高温高圧の冷媒ガスは凝縮器で，水冷または空冷によって冷却され液化する。液化した冷媒液は膨張弁を通して減圧膨張し，一部蒸発した気液混合体となって蒸発器に入る。蒸発器は乾式と満液式とがある。乾式は膨張弁で減圧された冷媒が蒸発器を通過する過程で蒸発が行われる。満液式は膨張弁と蒸発管の間にアキュムレータを設け，気液を分離し液のみを蒸発管に送る方式である。満液式の方が熱伝達が良い。また，蒸発器において，水やブラインの二次冷媒を介して冷熱を取り出す間接冷却冷凍と冷媒が伝熱面を介して直接被冷却物を冷却する直接膨張式冷凍の二つの方式がある。

(d) **吸収式冷凍機**　蒸発器で蒸発した冷媒を吸収した吸収剤はポンプで発生器に送られ（図 4.4.161 参照），加熱されて冷媒を分離される。分離した冷媒蒸気は凝縮器に入り冷却水で冷却され凝縮する。凝縮した冷媒液は蒸発器に戻り，冷媒分離後の吸収剤は吸収器に戻る。冷媒と吸収剤の組合せで，商業

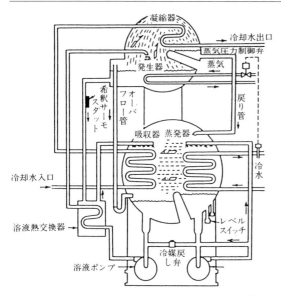

図 4.4.161 単効用吸収冷凍機（双胴形）の構造説明図[1]

的に実用化されているものは，NH_3＋水，LiBr（リチウムブロマイド）＋水の二つである．中でもわが国では冷水用として後者が用いられる場合が大部分である．LiBr 水溶液は腐食性があるため，クロム酸リチウムなどの腐食抑制剤と吸収能力を増進させる高級アルコールが添加される．

発生器の加熱熱源の温度レベルが 120～150℃（蒸気の圧力としては 100 kPa 前後）の場合は単効用の吸収冷凍機が用いられ，加熱熱源の温度レベルが 190℃程度（蒸気の圧力としては 800 kPa 前後）ある場合は能力の高い二重効用の吸収冷凍機を用いることができる．二重効用式も単効用がベースになっているが，二重効用式では発生器を二つに分け，第 1 発生器は蒸気で加熱し，そこで発生した冷媒蒸気を第 2 発生器の加熱源として用いる．

（e）冷凍装置の取扱い　冷凍装置は，取扱い上注意すべき点が多々あり代表的な項目のいくつかを例として挙げる．なお，この取扱いの責任者は有資格者でなければならない．

（1）ごみや異物が冷媒と一緒に系内を循環すると軸受やシール部，シリンダなどの摺動部を傷めるので系内の清浄性は特に重要である．水分はさびの発生，潤滑油の乳化などを助長したり，低温部での凍結に発展するので水分の浸入防止も重要である．

（2）配管工事終了後，凝縮器に水を通す前に装置の高圧部と低圧部の気密試験をする．試験圧力は，高圧ガス取締法で冷媒の種類ごとに定められている．フロンガスの漏洩検知はハライドトーチ式ガス検知器やさらに微量の検知に電気式ハロゲン漏洩検知器などを用いる．

（3）膨張弁や圧縮機吸入弁を急に開くと圧縮機が液相の冷媒を吸うリキッドハンマリングを起こす危険があるので，運転操作は状態が落ち着くのを待って小刻みに行わなければならない．

（4）停止中の圧力・温度の監視も重要で，停止後冷媒液が閉じ込められて温度が上がり耐圧を超えるということのないように，弁の操作には気を付けなければならない．

（5）運転において，凝縮器またはその後流の受液器に冷媒液液面が不十分でリキッドシールが壊れると，リキッドライン中にガスが混入し膨張弁の能力が低下する．

（6）潤滑油の油面が運転中において適切なレベルにあることも重要である．油のオーバチャージはオイルコンプレッションを招く．

（f）安全と保安計装　冷凍装置の保安計装の一般的な項目を例として挙げると，以下のとおりである．
① 圧縮機吸込み圧力異常低
② 圧縮機吐出し圧力異常高
③ ブライン出口温度異常低
④ 潤滑油供給圧力異常低
⑤ 潤滑油供給温度異常高

初期運転開始時には特に以下の点も注意する．
① オイルフィルタの汚れ点検
② オイルセパレータの油面の適正レベル維持
③ 圧縮機の異音，振動

また，冷媒液の混じった湿り圧縮を起こしていないか，吸込みと吐出しの温度状態を観察しておくことも異常の早期発見に有効である．　　　（横井　正）

引用・参考文献

1) 日本機械学会編，機械工学便覧，pp.B8-63，丸善（1990）

〔6〕深冷分離装置

深冷分離装置は低温を利用して，混合ガス中の特定成分を液化分離するもので，装置の構造，材料が低温に適していることが要求される．高圧のガスを低温下で，しかも，可燃性ガス，支燃性ガスを扱うので，安全上十分な配慮が必要である．

（a）プロセスの概要　深冷分離装置には種々の用途，形式のものがある．混合ガスの分離のため，圧縮，冷却，吸着，熱交換，精留などの操作が行われ

る。

装置の主要な原理は，低温下で沸点の違いを利用して各成分の分離を行うことにある。この低温を得るため，寒冷の発生が必要である。寒冷発生のために，原料ガスを圧縮し，弁などで自由膨張させることによって発生するジュール・トムソン効果を利用するもの，圧縮ガスを膨張タービンで断熱膨張させ低温を得るもの，外部より低温の液化ガスを導入するものなどがある。

深冷分離の応用例を以下に示す。

1) **空気分離装置**　空気を圧縮し，断熱膨張させることにより寒冷を発生させ，空気を液化させ酸素と窒素，必要に応じて希ガスを分離する装置である。

装置は，圧縮機，空気中に含まれる CO_2 や H_2O を除去する前処理，熱交換器や精留塔を収納した保冷箱から構成される。H_2O と CO_2 は低温で氷結固化するため，前処理で除去される。圧縮空気は，冷却器または水洗塔で冷却され，水分が除去される。さらに，モレキュラシーブなどを使用した吸着塔で，残りの水分と CO_2 が除去される。

保冷箱では，膨張タービンで発生した寒冷を利用して，空気は，精留され，酸素と窒素に分離される。

2) **窒素洗浄装置**　原料水素ガス中に含まれる不純物を液体窒素によって冷却，洗浄し除去する装置である。原料ガスは，前処理で吸着剤によって CO_2，メタノールなどが除去され，保冷箱中の洗浄塔で液体窒素で洗浄され，CO やメタンなどが除去される。

水素がアンモニア合成の原料に使われる場合は，水素と窒素のモル比が，3:1になるように操作される。

(b) **構成および構造**

1) **圧縮機**　容量によって，往復式，遠心式などが使用される。詳細は〔1〕項参照。

2) **吸着塔**　圧力容器内にモレキュラシーブやアルミナなどの吸着剤を充塡したもので，吸着剤は一定量の不純物を吸着すると飽和するため，加熱したガスで不純物の脱着（再生）を定期的に行う。運転と再生が交互に行われるため2塔一組のものが使われる。

モレキュラシーブは，アセチレンやその他の炭化水素も吸着するが，塩素ガスなどで劣化するので，設置場所での大気成分の調査，決定が重要である。

3) **保冷箱**　精留塔，熱交換器などの低温の流体を扱う機器。配管は，鋼鉄製の円筒ないし直方体の保冷箱に断熱のため収納される。保冷箱中の隙間にはパーライトのような多孔質か，岩綿のような繊維質の断熱材が隙間なく充塡される。保冷箱は断熱材が吸湿しないように，窒素で置換される。ガスが漏れて保冷箱の圧力が上昇しないように保冷箱には安全弁，爆発扉などが設置されている。また，膨張タービンや弁類は外から操作，保守ができるように別の小形の箱に収納されている。

精留塔には，トレイ式やバブルキャップ式のものが使用される。酸素と窒素を同時に分離する場合は，低圧と高圧の運転圧力の異なる2塔式の複精留塔が使用される。

熱交換器では，運転条件の異なる数種類の流体が同時に熱交換される。機種としては，アルミニウム製のプレートフィン式のものが多く使用される。

膨張タービンは，高速でかつ，低温で運転されるため，軸受に空気ベアリングを使うなど特殊な設計を行っている。また，タービンで発生した動力は，大型のタービンでは，圧縮機や発電機で回収されることもある。

4) **低温用液体貯槽，蒸発器**　内側の液体を貯蔵する容器はステンレスや9%ニッケルを使用し，外側の容器は炭素鋼を使用，その間はパーライトを充塡して真空とした，真空二重殻タンクが使用される。

蒸発器には，空気の顕熱を利用したアルミフィン製の空温式や蒸気を熱源に使った水槽形の蒸気式が使用される。

(c) **材料**　保冷箱中の蒸留塔や熱交換器は，-170℃以下の低温で運転されるので，材料の低温脆性，熱膨張，熱伝熱率などを考慮して，材料が選定される。おもにアルミニウム，ステンレス，9%ニッケル鋼などが使われる。

(d) **実例**　図4.4.162は酸素，窒素，アルゴンを生産する空気分離装置の例を示す[1]。この装置は複式精留塔，膨張タービン，各種熱交換器および吸着塔から成っている。圧縮空気は冷却器で水分を除去され，さらに吸着塔で水分の残りと CO_2 が除去され，保冷箱中の熱交換器で冷却され，複精製塔の高圧塔に供給される。ここで，空気は液化して，精留され，窒素は液体で塔上部より取り出され，低圧塔の上部に送られて還流液となる。製品窒素は低圧塔の上部から取り出される。また，高圧塔の下部からは酸素を多く含んだ液化空気が取り出され，低圧塔の中間段と粗アルゴン塔に送られる。この液体が精留され，低圧塔の下部からは，製品酸素が取り出される。また，アルゴンは粗アルゴン塔，精器，高純アルゴン塔を経て製品として取り出される。

この複精製塔は，1本の塔で，下部が高圧塔，上部が低圧塔となっており，その中間に熱交換器がある構造となっている。高圧塔の運転圧力は 5～6 bar で，窒素はこの高圧塔上部から取り出される。この窒素の沸点は約 -176℃ である。一方，低圧塔の運転圧力は

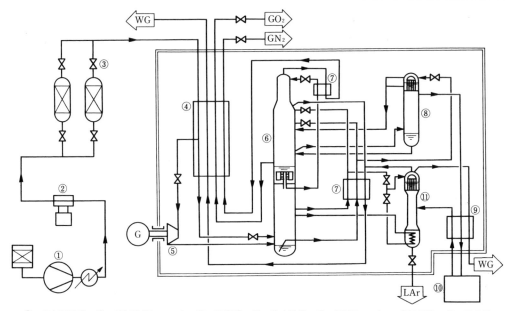

① 空気圧縮機　② 空気冷却ユニット　③ 吸着器　④ 熱交換器　⑤ 膨張タービン　⑥ 精留塔　⑦ 過冷器
⑧ 粗アルゴン塔　⑨ アルゴン熱交換器　⑩ アルゴン精製設備　⑪ 高純アルゴン塔

図 4.4.162　空気分離装置の例

0.3〜0.6 bar で，この低圧塔の下部からは酸素が取り出される。この酸素の沸点は約 -180 ℃と窒素より低い。この温度差を利用して，前述の熱交換器で窒素と酸素の熱交換を行い，窒素は冷却，液化され，酸素は加熱，気化される。したがって，この熱交換器は凝縮器と再沸器を兼用した機能となっている。

(e)　深冷分離装置の取扱い　装置は低温で運転され，可燃性や支燃性のガスも扱っているので，その取扱いには注意が必要である。

以下に特に注意すべき点を述べる。

(1)　運転に先立ち，装置の検査および試験を完全に行うこと。特に装置の耐圧，気密および安全装置の作動を確認しなければならない。水分は系内の腐食や固化を起こすので注意が必要である。

運転で酸素濃度の高くなる機器配管は，油脂があると酸素と反応するため，脱脂処理を行い，弁類は禁油処置のものを使用しなければならない。

系内はアルミニウム製の傷が付きやすい機器や高速の膨張タービンがあり，さびや建設時の取り残した異物があると事故，損傷に結び付く。したがって，フラッシングなどを十分に行い異物を完全に除去する必要がある。

(2)　運転開始時，装置を低温にする際，急冷して機器や配管に大きな応力を与えないように，十分な時間をかけて冷却する必要がある。

(3)　液化ガスが装置内に貯蔵されているため，外部から入熱があると液体が気化し急激に内部の圧力が上昇してきわめて危険である。したがって，安全弁はつねに作動できるように監視する必要がある。

(4)　空気分離装置では，液酸中のアセチレンは 1 mg/L 以下，そのほか炭化水素類の量は 100 mg/L 以下に保つように法規で制限されている。したがって，つねにこれらを分析し，安全限界内で運転する必要がある[2]。

また，長時間停止する場合は，液体空気や液体酸素が気化し，アセチレンなどの濃度が上昇するので，液を排出する必要がある。

(5)　吸着剤の性能が低下していないか，吸着塔出口の CO_2 や H_2O の濃度を定期的に監視すること。

(6)　長時間使用すると氷結で性能が低下するので，定期的に加熱氷解を行うこと。

(7)　保冷箱内のガスの分析は定期的に行い，内部での漏洩の発見に努めること。また，外部へのガス漏れに対する検知，監視も必要である。

(8)　装置の運転停止を行った場合は，湿気を含んだ空気が系内に入り，氷結することがあるので，乾燥窒素で，空気が入らないようにするなどの対策が必要である。

〔真田良一〕

引用・参考文献

1) 日本酸素カタログ（1984）
2) 高圧ガス取締法施行規則，13条7，8

4.4.9 反応・処理装置
〔1〕総　論

一般に，化学プラントあるいはプロセス装置という場合，本項で取り扱う反応・処理装置のそれぞれを指すのではなく，それらに加え，4.4.8項で取り扱われた高圧装置，炉，貯蔵槽，配管，高圧容器などを，一つの目的の下に機能的に結合した一連の装置集合体を指す。この化学プラントの安全確保については，相互補完的に適切に組み合わせたハードおよびソフト両面の安全対策を，計画，設計，製作，調達，建設，試運転といった誕生過程から生産運転，保全，改造，廃棄に至るプラントの全生涯を通じて継続的かつ段階的に考慮する必要がある。

プラントの安全対策は，流出，火災，爆発といった事故を未然に防止するための予防対策と，万一事故が発生した場合，その拡大を防止するための防災対策とに大別されるが，いうまでもなく前者がより本質的な安全対策である。予防対策は，事故が発生するまでの過程に対応させて，段階的に ①異常防止対策，②異常時対策，③緊急時対策，および ④着火防止対策のように分類することができる。

また，防災対策は，事故・災害の形態に対応した，⑤流出対策，⑥爆発対策，および ⑦火災対策に加え，これらの事故に共通する防災対策として，⑧共通防災対策に分けられる。これらは，基本的には装置や機器に外部から付与される安全対策であり，高圧ガス保安法，消防法，労働安全衛生法などに規定された，プラントに関する種々の安全基準・規則もおおむねこれらのカテゴリーに分類・整理することができる。一方，外部の安全対策を採用する前に考慮すべきものとして，⑨本質安全化対策がある。

上記に従って化学プラント一般に考慮される予防および防災対策を以下にまとめる。なお，これらの詳細は他の章で述べられている。〔2〕項以降では，反応装置および各種の処理装置に対し個別に考慮される，主として設計および運転面の予防対策について述べる。

（a）**異常防止対策**　機器・配管の適切な設計・施工，プロセスの制御・監視，回転機械やユーティリティの信頼性確保，誤操作防止，適切な点検・保守などは，プラントの運転状態を所定の範囲に維持し，その性能を要求どおりに発揮させるための，本来，生産目的に沿った対策であるが，同時に事故の引き金となる異常の発生防止をも担っており，最も基礎的な予防対策といえる。したがって，これらを計画・設計・実施する際には，プラントの安全対策としての認識を持つことが重要である。

（b）**異常時対策**　上記の対策が破綻すれば，プラントの運転状態は正常範囲を逸脱する。このため，ただちに異常を検知してオペレータに知らせ，必要な運転調整や機器の切換えなど正常運転への復帰処置を行わせるための対策として，プロセス異常検知警報装置，機器故障診断システムなどを設ける。さらにエキスパートシステムを応用したオペレータ支援用の異常検知・診断システムを採用する場合もある。

（c）**緊急時対策**　プロセスの状態が異常の段階を超えて機器の使用限界に達した場合や，停電，地震，重要機器の突発故障，隣接プラントにおける漏洩・流出，火災・爆発などの非常事態が発生した場合にただちにその緊急状態を解消するか，あるいは機器やプラントをできる限り安全な状態に移行させるための対策をいう。安全弁や破裂板などの圧力放出装置，緊急脱圧弁，緊急液放出弁，放出物移送・処理設備，反応抑制装置，緊急冷却設備などは前者に，また緊急運転停止システムは後者に属する。緊急停止システムの作動方式は，一般に緊急度や機器の重要度が高い場合は自動とすることが多いが，プラントの一斉停止システムについては，手動と自動の二つの考え方がある。

（d）**着火防止対策**　たとえ可燃性のガスまたは液体が流出しても，着火が起きなければ被害はゼロか大幅に減小するので，着火防止は予防対策の一つと考えてよい。プラントにおける着火源は，電気機器のスパーク，加熱炉などの火気使用設備，溶接工事による火花，機器・配管や人体に帯電した静電気のスパーク，流出に伴う静電気スパークなど多岐にわたる。これらに対して，危険場所区分に基づく電気機器の防爆構造の選定，計器室・電気室の加圧シール構造，レイアウト，設備間距離，ウォータカーテン，工事中の火気管理，接地・ボンディング，管内流速制限，静電棒の設置などを適切に考慮する必要がある。

（e）**流出対策**　可燃性または毒性の流体を取り扱う機器やタンクの損傷，あるいはドレン弁の誤開放などによる漏洩・流出を想定して，まずただちに流出を止めるために漏洩検知警報装置および緊急遮断弁を適切な場所に設置する。緊急時対策として緊急停止システム，緊急脱圧弁，緊急液放出弁などが設置されている場合，これらも漏洩・流出の抑制に活用でき

る。つぎに流出した流体の処理のため，空気より重いガスの漏洩に対しては希釈用のスチームカーテンまたはウォータカーテンを設け，液体の流出に対しては防液（油）堤を機器やタンクの周囲に設けるとともに，河川や海への流出を考慮してオイルフェンスや油回収船などを配備しておく必要がある。

（f）**爆発対策** 可燃性ガスあるいは粉じん爆発時に発生する爆風圧から人体や機器・建物を保護するための最も基本的な対策は，潜在的な爆発危険設備の隔離または十分な設備間距離である。このほか，防爆壁・障壁または土堤，機器や建物の耐爆設計，放爆構造または放爆装置，危険物の分散配置，危険場所への立入り制限なども併せて考慮する。また，通常，爆発は火災を伴うことが多いので，つぎに述べる火災対策にも十分な配慮が必要である。

（g）**火災対策** 火災発生時に対する基本的な対応は，早期発見，消火および防火（延焼拡大防止）であり，各種の防消火設備が法規に定められている。このうち，防火対策を機能の面から分類すると，耐火性能の付与（耐火構造），火勢の遮断（防火壁，防火シャッタ），輻射熱の低減（安全距離，ウォータカーテン，散水冷却設備，断熱被覆）などに分かれる。

（h）**共通防災対策** 上記の防災対策に加え，流出，火災，爆発時に共通する対策として，プラントのレイアウト，緊急通報設備，避難・救助設備，非常用照明設備，自衛消防組織などがある。このうち，プラントの全体配置やプロセスエリア内の機器・設備の配置にあたっては，運転・保全面の考慮とともに，安全の面からも火気使用設備，毒性・有害物質取扱設備などの位置，緊急時や事故時の接近の容易さ，必要な空地などについて総合的に検討する必要がある。

（i）**本質安全化対策** 外部から防護する上記の安全対策は，一般に装置やプラントを複雑かつ大規模にし，莫大なコストを必要とする。もし，装置や機器それ自体を本質的に安全にする方策があれば，これらは不要もしくは必要最小限でよい。この本質安全化対策としては，プロセスの操作条件や取扱い物質の安全化やシステムの単純化により漏洩・流出，火災・爆発，中毒の発生可能性を低減するとともに，機器サイズの小形化や分割により可能流出量を低減したり，危険な機器は他から隔離したり地下設置とし被害を局限するなどが考えられる。ただ，プロセスの特性や機器，装置の種類によっては相いれない場合もあるので，採用にあたっては事前に十分な検討が必要である。

〔2〕**反応装置**

（a）**化学反応の危険性** 反応装置は化学プラントの心臓部ともいえ，安全の面からもきわめて重要な部分である。反応装置の安全は，反応物質あるいは生成物の組成，反応圧力，反応温度などを所定の範囲内に維持しつつ化学反応を進行させることに尽きる。もし何らかの原因でこれらの諸条件が変化し，制御不能になれば，最悪の場合，装置が破壊し重大な災害を引き起こすことになる。

発熱反応は，化学反応の危険性の代表的なものである。発熱反応プロセスの場合，冷却することにより発生熱を除去する。この除熱量は，反応温度が上昇した場合直線的にしか増大しないのに対し，発生熱量の方は指数関数的に増大するため，除熱が追いつかず反応が暴走してしまうことがある。

化学反応は，危険な副反応や状態変化を伴う場合もある。例えば，爆発性物質や有毒物質を副生したり，副反応生成物が，冷却伝熱面の急速な汚れや反応器内の閉そくを引き起こす場合，あるいはガスや揮発性物質の生成により反応器圧力が上昇する場合などがこれにあたる。したがって，あらかじめ反応の特性，考えられる副反応や状態変化などを十分に把握しておく必要がある。

（b）**装置および操作の危険性** 装置の不具合や操作条件の変動が化学反応に影響を及ぼして危険な状態になることも十分に考慮しておかなければならない。例えば，反応器の内部構造物や触媒床の異常あるいはかくはん機の停止により反応物質の混合・分散が不均一となる，冷却設備が停止して反応熱の除去ができなくなる，固形物の沈積により装置を閉そくする，制御システムの不調により反応物質の供給量や混合比が所定の範囲を超えたり，生成物の分離槽の液面が上昇するなどである。これらは局部的な異常反応や温度・圧力の異常上昇などを引き起こし装置の損傷・破壊をもたらす可能性がある。

（c）**反応装置の安全対策** 反応装置の安全対策は，上に述べた化学反応および起こり得る副反応，装置および操作上の危険性などについての十分な理解と把握に基づき，最も適切な方法をとる必要がある。

通常の反応装置では，反応開始条件を満たしていない場合に反応物質の供給を禁止する計装インタロック，温度や圧力あるいは組成が制御範囲を超えた場合に備えた警報装置および緊急運転停止システム，装置を緊急状態から解放するため反応停止剤，希釈剤，不活性剤，急冷用冷媒等の注入設備などの設置や，起こり得る最も危険な条件を考慮した機器の耐圧性能や緊急放出系統の設計が必要に応じて考慮される。

さらには制御が困難で爆発性物質や爆発混合物を生成または形成するおそれがある場合には，〔1〕項に述べた爆発に備えた防災対策を十分に検討しておく必要がある。

また，反応装置に対する本質安全化対策として，液相反応から気相反応への転換（流出量の低減），槽型反応器から管型反応器への転換（滞留量の低減），操作圧力，温度の低下（漏洩，着火可能性の低減），反応物質の揮発性溶媒による希釈（潜熱による反応熱の除去）などについて，適用の可能性を検討することも重要である。

〔3〕 蒸留装置

蒸留装置は，気液平衡を利用して熱的操作により分離精製を行う装置であり，数多くの種類と形式があるが，ここでは最も代表的な連続多段蒸留装置を中心に安全対策の概要を述べる。

（a） 蒸留装置の危険性　蒸留装置は，蒸留塔，リボイラ，凝縮器，還流槽，およびポンプで構成される比較的簡単な構造であるが，その危険性は，操作条件，取り扱う流体，熱源などにより大きく左右される。特に，高圧液化操作，真空操作，引火点または着火温度より高い温度での操作，低沸点流体，腐食性や毒性が強い流体，分解または重合しやすい流体，加熱炉などの直火式リボイラ，可燃性冷媒を用いた冷凍式の凝縮器や冷却器，大型の蒸留塔，反応や抽出を伴う蒸留などの場合は，設計や運転に際して材質，過圧対策，緊急時対策，漏洩対策など十分な安全上の配慮が必要となる。

（b） 蒸留装置の安全対策　腐食の問題は蒸留装置に限ったことではないが，特にストリッピングスチームを用いる場合は，塔頂部や凝縮器など水の凝縮する部分で酸による腐食が問題となることが多く，適切な材質の選定とともに中和剤や腐食抑制剤の使用を考慮しなければならない。過圧対策としては，通常塔頂部や還流槽の出口ラインに安全弁を設けるが，その能力は停電，冷却水の停止，還流液の停止，制御システムの不調など起こり得るすべての変動要因を考慮して決める。制御弁の動力源（計装用空気，電気など）が停止した場合の弁の作動方向（全開，全閉，開度保持）は，例えば熱源に対しては全閉，冷却水に対しては全開のように，フェールセーフとなるように決める必要がある。取り扱う流体が可燃性または毒性・有害性で，蒸留塔内に滞留する量が相当な量になる場合，不測の流出事故を想定して塔底の液抜出しラインに緊急遮断弁を設けることがある。

塔底の液抜出しの計装方式は，図 4.4.163（a）に示すように液レベルを一定に保ちながら抜き出す方式

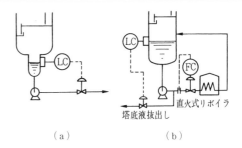

図 4.4.163　蒸留塔塔底液抜出し計装方式

が多く，保持時間は設定液レベル基準で 5 分程度である。なお，この図のように塔底部を絞り容量を小さくする方式は，分解や重合の面からできるだけ滞留時間を短くしたい場合や塔径の大きな蒸留塔の場合に液面の制御に必要な高さを確保するために用いられる。

一方，図（b）は直火式リボイラを持つ例で，この場合の保持時間は，加熱炉の空だきを防ぐため抜出し量とリボイラ循環量を合計した流量で 5 分以上とするのが一般的である。なお，リボイラ循環液の供給に対しては流量異常低／低低アラームおよび燃料供給を停止するインタロックシステムを設ける。

還流槽の液抜出しの制御は，図 4.4.164 のように還流液は一定流量で送り，塔頂液の抜出しは液レベルを一定に保ちながら行うのが一般的である。なお塔底部，還流槽ともに液レベルの異常な変動を検知するため液面計にアラームを設ける。一般には制御範囲（保持時間約 3 分）の位置に液面異常高／低アラームを設けるが，さらにその上下 1 〜 2 分の位置に液面異常高高／低低アラームを設け，緊急停止システムと連動させる場合もある。

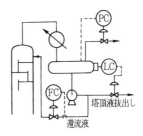

図 4.4.164　蒸留塔還流槽液抜出し計装方式

〔4〕 ガス発生装置

ガス発生装置には多くの種類があるが，ここでは水素ガスや各種合成ガスの製造法として工業的に広く採用されているスチームリフォーミング法を，アンモニア合成ガス製造用に適用したプロセスを例としてその安全対策を述べる。

(a) スチームリフォーミングプロセスの概要

図4.4.165において，原料炭化水素は気相で脱硫器に入り硫黄化合物を除去された後，スチームとともに余熱され一次リフォーマに入る。20〜40気圧の下で加熱された炭化水素はリフォーミング反応を起こし，H_2, CO, CO_2に分解され750〜800℃で二次リフォーマへ送られる。ここで空気と混合し，その燃焼熱により残留メタンをリフォーミングするとともに，アンモニアの合成に必要なN_2を補給する。950〜1000℃の分解ガスは熱回収された後，ガス精製部へ送られる。

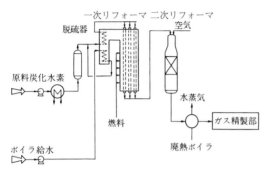

図4.4.165 スチームリフォーミング法プロセスフロー（アンモニア合成ガス用）

スチームリフォーミング装置の安全については，設備自体の安全を考慮した構造，材料と，安全操業のための運転，保守の方法について考える。

(b) 装置の構造と材料

一次リフォーマは，多数の触媒管と，これを加熱する多数のバーナーから成る。炉内は1200℃以上に達し触媒管の表面温度は900℃付近になる。触媒管の材料は，HP-Nb-TiやIN519の遠心鋳造管が使用されており，その寿命は温度と圧力の関数であるクリープ速度に支配され，上記のような高温，高圧の運転条件下では，50℃ほどの温度差でもその寿命に著しく影響する。また，触媒管の支持方法や高温による熱膨張の逃げ方，リフォーマ出入口の接続配管の材質，構造，施工法などに十分な留意が必要である。

二次リフォーマは，耐火断熱物で内張りされた反応器で触媒が充填され，頂部には反応ガスと空気を均一に混合し燃焼させるための特殊なバーナーが設けられている。シェル板の過熱防止のために内張りにはれんがやキャスタブルが使用されるが，乾燥中あるいは運転中の熱膨張の差などで生じるクラックや隙間の発生に対しては，キャスタブルの施工方法，ペーパストップの取付け，膨張逃げしろ（代）など十分考慮する必要がある。プロセスによっては，れんがやキャスタブルの厚みを減らすために，シェル板の外側に水ジャケットを設ける方法も採用されている。

(c) 安全操業のための運転，保守

運転，保守の面では，以下の安全上の配慮が重要となる。

(1) 装置各部，特に高温高圧部の運転条件を定められた範囲内に保ち，許容値を超えないこと。

(2) 運転中，停止中にかかわらず各部の熱膨張，変形などによる偏位を十分点検し，異常の早期発見に努めること。

(3) 二次リフォーマへの過剰な空気の送入は，急激な温度上昇や爆発の原因となるので，特にスタート時には注意を要する。

(4) 高温部からのガス，特に水素が漏洩すると無色炎となるので昼間は気付きにくく，かつ高温のため危険であるので早期発見と処置の方法をあらかじめ考えておくこと。

(5) 高温のガスおよびバーナの冷却用の水またはスチームの供給が止まることのないよう，切換え用のポンプ，配管などはつねに整備しておくこと。

〔5〕乾燥装置

(a) 乾燥装置とその危険性

一般に乾燥装置は，乾燥器本体，乾燥材料供給・排出機，給排気ダクトおよび送風機類，集じん装置，加熱装置などで構成されており，それぞれ種々の形式がある。乾燥装置の危険性は，それらの形式，操作条件，乾燥材料および除去対象物質の種類と形態によって大きな差がある。

1) 乾燥材料による危険性　乾燥材料が過熱されて発火し，火災・爆発事故を起こす場合がある。その原因は，操作上では乾燥材料の供給が停止したのに熱風の供給や乾燥器内のスチームコイル，電熱器などの運転が続行されたり，乾燥材料の堆積，閉そくなどにより熱風の偏流が起こっている場合などであり，機械的にはかくはん機，排風機などの翼と器壁との間で乾燥材料の摩擦があるときや，軸受など摺動部分が過熱したときが考えられる。また，乾燥材料の種類によっては，装置内壁に付着したものが長時間の間に変質し発火することもあり，特に排気ダクトなどではその危険性が高い。

一方，装置内部に着火源が発生し，それが原因となって乾燥材料の爆発・火災を起こす場合がある。噴霧乾燥，気流乾燥，通気乾燥などにおける粉じん爆発がその例である。着火源としては，静電気火花，ヒータの断線や電気系統の漏電による電気火花，回転機器の破損や鉄片などのかみ込みによる火花発生，直火式乾燥器の燃焼ガス発生炉からの火の粉などが考えられる。

2) 溶媒ベーパによる危険性　乾燥操作によって可燃性溶媒を除去する場合には，熱風中の溶媒濃度が

異常に上昇して上記の着火源により爆発事故を起こす可能性がある．溶媒濃度の上昇は，操作ミスなどにより乾燥材料中の溶媒含有率が上昇したり，熱風の流量が低下した場合に起こり得るが，直火式乾燥器において燃焼ガス中の酸素濃度が上昇して溶媒濃度が爆発範囲に入ることも考えられる．

3) 熱源による危険性 直火式の乾燥装置では，火が消えた場合燃料が空気とともに乾燥器内に導入され，高温器壁その他の着火源により着火して火災・爆発を引き起こすことがあり，これはさらに二次的に乾燥材料や溶媒ベーパの火災・爆発に発展する危険性が高い．スチーム加熱の場合には，加熱器の腐食さく孔や減圧弁の故障などが原因となって，漏洩したスチームによる過圧で装置が破裂するおそれがある．

(b) 乾燥装置の安全対策

1) 装置の構造 装置の構造は，粉じんを発生する場合はダストタイトとし，可燃性，毒性の溶媒を取り扱うときには機密構造とする．高温ガスと接触する部分の材料は，不燃性材料を使用する．装置内では，なるべく乾燥材料あるいはその粉じんが滞留する死角や水平面を少なくし，付着堆積しない構造とする．また，堆積物のかき落とし装置や掃除口などを設け，掃除が容易に行える構造とする．複数の乾燥器を並列に設置する場合には，給排気ダクト，集じん装置，燃焼ガス発生炉などは共通設備とせず，乾燥器ごとに付属させることにより事故発生時の局所化を図る．

2) 着火源に対する配慮 可燃性の粉じんや溶媒が存在する場所で，裸火や内燃機関などを使用してはならない．直火式乾燥装置では，燃焼ガス発生炉は乾燥器から隔離するとともに，燃焼ガスダクトには金網などを張り，火の粉が乾燥器内に進入するのを防止する．各装置やダクトは接地するとともに相互に接続し，静電気火花の発生を防止する．ベルト駆動は，スリップして発熱しやすいので，なるべく使用しない．かくはん機や給排気ファンなどの回転翼が器壁やケーシングに接触しないよう点検，保守には気を付ける．また，鉄片などの異物のかみ込みを防ぐため，フィルタの設置も必要である．

3) 緊急時対策および安全装置 乾燥材料の供給あるいは装置内の流動の停止，給排気の停止，異常な温度上昇，直火式バーナーの失火，回転機器の過負荷などの発生時には，警報するとともに自動的に装置の運転を停止するようにインタロックする．バーナーの失火については，火炎検知器と燃焼ガス分析器による二重検出によって信頼性を確保する必要がある．

緊急時には，系内への不活性ガスの導入や装置内滞留物の安全な場所への放出などが事故の防止および火災時の消火に効果的である．消火に水やスチームを使用できる場合には，遠隔操作式のスプレーノズルやスチームノズルを乾燥器内に設置する．また，爆発に備え乾燥器本体，集じん機，給排気ダクトの要所に爆発ベント，爆発ハッチなどを設ける必要がある．

4) 不活性ガスの使用 火災・爆発の危険性が高い物質を取り扱う乾燥装置では，加熱空気の代わりに窒素ガスのような不活性ガスか，酸素濃度の低い燃焼ガスを使用すれば，本質安全化対策として事故予防上きわめて有効である．

5) 屋内の粉じんの管理 乾燥装置は屋内に設置されることも多いので，粉じんの床上への堆積，空気中の粉じん濃度の上昇などによる粉じん爆発の危険性もある．十分な能力を持つ換気・集じん装置を設置するとともに，つねに清掃を心掛ける必要がある．

〔6〕 **粉砕・分級装置**

(a) 機種と用途 粉砕装置は，一般に粗粉砕機および中粉砕機と呼ばれ圧縮力により粉砕するジョークラッシャ，ジャイレトリクラッシャ，コーンクラッシャ，ロールクラッシャおよび反発，衝撃力によるインパクトクラッシャ（図4.4.166参照），ハンマクラッシャと，微粉砕機と呼ばれ打撃力により粉砕する回転式または振動式のロッドミルおよびボールミル，せん断力およびすりつぶし力によるロールミル，反ぱつ力によるインパクトハンマミルなどがある．

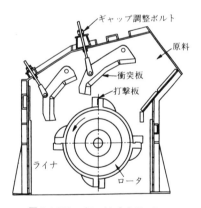

図4.4.166 インパクトクラッシャ
〔最新粉粒体プロセス技術集成，株式会社産業技術センター（1974）〕

一方，分級装置の形式は，ふるい機と風力分級機に分類されるが，ふるい機は振動力を用いる振動モータ式，クランク式および電磁式のものと，機械回転式のものがあり，風力分級機は重力と慣性力によるルーバー式のものと，さらに遠心力を加えたエアセパレータ，ミクロンセパレータおよびミクロプレックスなど

がある。

取り扱われる物質は多種多様であるが，その中で穀類，でんぷん，石炭，炭素製品，硫黄，合成樹脂，産業廃棄物，廃プラスチックなどの可燃性物質，酸化されやすいアルミニウム粉，鉄粉，微粉炭などの粉末，カーバイドやマグネシウム粉のような禁水性物質，さらには過塩素酸塩や重クロム酸塩などの酸化剤は粉じん爆発や火災を起こしやすいので注意を要する。

(b) **事故の原因** 粉じん爆発などの事故の原因としては，一般に粉砕操作による過熱，フィーダ，コンベヤなどの接触摩擦，軸受の不具合による過熱，機械的な衝撃や異物のかみ込みによる火花の発生，電気火花，静電気火花などが考えられる。このほか，酸化剤を粉砕する場合は，潤滑油の漏洩やグリースの機器内部への漏れ込みが原因となるし，禁水性物質の粉砕の場合は，漏水や空気中の湿度の上昇が事故原因となる。さらに，乾燥装置の場合と同じく，装置周辺での粉じんの堆積や空気中の粉じん濃度の上昇がしばしば事故を引き起こしている。

(c) **安全装置および対策** 粉砕機の場合，比較的低速の粗粉砕機では粉じん爆発や火災の危険性は小さく，中粉砕機や微粉砕機は高速回転し，微粉の発生が増加するので危険性は高まる。また，分級機の場合，振動ふるいや湿式分級機に比べ粉じんの発生が多い風力分級機は粉じん爆発の危険性が高い。

以上の危険性を排除する安全対策として，火花発生の原因となる鉄片や石塊を除去するため，マグネットセパレータ，金属探知機ふるいなどを上流側に設置する。装置全体をできるだけ密閉構造とし，機器の材料は不燃性かつ導電性のものを使用し，電気的に互いに結合するとともに接地する。また，粉じん爆発の危険性が高い場合には，窒素ガスや二酸化炭素などの不活性ガスあるいは酸素濃度を下げ冷却した燃焼ガスを封入し，系内を外気から遮断するのが有効である。

禁水性物質の粉砕・分級操作では，乾燥した不活性ガスあるいは空気を使用する必要がある。装置周辺の湿度が高い場合は空調を行う。カーバイドの粉砕・分級の場合，装置内外のアセチレン濃度を監視する必要がある。また，酸化剤の粉砕・分級装置では，シリコーン油のような不燃性の潤滑油を使用することが望まれる。

運転・保守管理上の配慮として，粉じんが系内に堆積しないよう定期的に清掃する。装置の周辺も粉じんで汚れることが多いので，集じん装置を設置するとともに，床上に粉じんがたまらないようにつねに清掃する必要がある。また，機器間を結合しているボンディング線や接地線の断線や外れがないか，定期的にチェックすることも重要である。

〔7〕 **真 空 装 置**

(a) **構造と用途** 真空装置は，蒸発，蒸留，乾燥，沪過，晶析，脱気など広範囲の処理装置における真空操作に使用される。その形式は作動上の特徴から，高速の流れにより排気を行う噴射ポンプ（代表例：スチームエジェクタ）と，回転・往復動により排気を行う機械的真空ポンプ（代表例：水封式真空ポンプ）とに大別されるが，実際には種々のタイプのものが，単一であるいは組み合わせて用いられる。それらの一例を**図4.4.167**（a），（b）に示す。

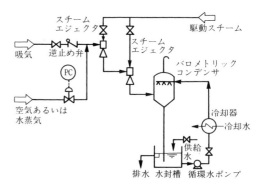

(a) スチームエジェクタ方式

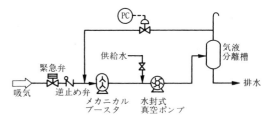

(b) メカニカルブースタ＋水封式真空ポンプ方式

図4.4.167 真空装置の形式

(b) **真空操作の危険性** 可燃性物質を取り扱う処理装置における真空操作の危険性は，接合部の緩みなどにより空気が装置内に流入し爆発を起こすことに代表される。加圧操作の場合は，逆に可燃性ガス，ベーパが大気に漏洩して爆発範囲の雰囲気を形成する可能性があるが，通常は遅れ着火により蒸気雲爆発となるよりも，比較的早く着火してガス火災となることの方が多い。これに対して真空操作の場合は，空気が流入すれば容易に爆発範囲の雰囲気が形成され，しかも密閉されているため着火すれば爆発となる可能性が高く，被害の規模も大きくなる。

また，真空装置が故障などにより緊急停止した場合には，排気側から空気が逆流して爆発事故につながる

可能性があるので，運転時とともに停止時の安全対策も講じておく必要がある。

（c）**真空装置の安全対策**　当然のことながら，空気を流入させないため，プロセス側の気密性を保持するとともに，真空装置が緊急停止しないよう冷却水量，封液温度，油の劣化などの管理を十分行うことがまず必要である。このほか，以下の対策を講じる。

（1）真空装置が停止した場合の逆流を防止するため，逆止弁を吸気側または排気側に設ける。この逆止弁は確実な作動と小さな流動抵抗が要求され，特に真空度が高い吸気側に設置する場合は選定に注意する。

（2）プロセス流体が空気と接触すると安全上問題な場合は吸気側に緊急遮断弁を設ける。また，大気圧に戻す場合は窒素ガスを使用する。

（3）多段の真空装置の始動は後段，すなわち大気側から行い，所定の真空度に達したら順次前段を始動する。停止する場合は，後段から停止すると空気が逆流するおそれがあるので逆に前段側から行う。

〔8〕**熱　交　換　器**

熱交換器の形式は，その構造により多管円筒式，空冷式，二重管式，コイル式，カスケード式，プレート式など各種があり，機能の面からは熱交換器（二つの流体がともにプロセス流体の場合），加熱器，蒸発器，再沸器，冷却器，凝縮器などに分類される。ここでは，主として多管円筒式および空冷式を対象として，設計および運転上の安全対策について述べる。

（a）**熱交換器の危険性**　熱交換器の設計や運転において考慮すべき危険性および問題は，その形式や機能に特有のものから運転条件および取り扱うプロセス流体や冷・熱媒の物性に基づく腐食，汚れ，閉そく，外部に漏洩した場合の火災・爆発，中毒および内部漏洩による混合危険，過圧，固化など種々のものがある。このため，設計温度，設計圧力，材質，腐食しろ，流速，内部構造，過圧対策，振動対策，漏洩対策などについて十分な配慮が必要である。

（b）**設計温度および圧力**　設計温度および設計圧力は，管側，円筒（胴）側それぞれに考えられる最高または最低の使用温度，圧力とする。最高（最低）使用温度は，与えられた最高（最低）の運転温度をベースとして，上・下流の運転変動による影響，運転開始，運転停止，触媒再生など非定常時の到達温度および伝熱面の汚れの影響などを加味して決定する。

最高使用圧力としては，熱交換器がポンプまたは圧縮機の吐出し側にあり，かつ熱交換器の下流側が弁などにより締切状態になるおそれがある場合，ポンプまたは圧縮機の締切圧力を考える。下流に弁がなく熱交換器が締切状態にならない場合は，与えられた運転圧力（下流の容器の運転圧力に熱交換器までの圧力損失を加えた値）に余裕分を加えたものを最高使用圧力とし，これを設計圧力とする。締切圧力を設計圧力とすると非常に高価となり現実的でない場合には安全弁を設け，設計圧力は締切状態を考えないときの最高使用圧力とする考え方もある。

（c）**その他の設計上の配慮**　多管円筒式の場合，清掃，交換などの保守面を考慮して，腐食性が高く，汚れやすく，固化・閉そくのおそれがある流体を管側に通すのが一般的である。高圧側（一般に管側）の設計圧力が低圧側（一般に胴側）の水圧テスト圧力（温度補正値）を越える場合は，1本の管の破断を想定した能力を持つ安全弁を低圧側のプロセスラインに設ける。また，低温流体側が締切状態になるおそれがある場合は，熱膨張を考慮してリリーフ弁を設ける。循環冷却水を使用する冷却器および凝縮器で，プロセス流体が可燃性ガスまたは揮発性液体で圧力が冷却水側より高い場合，管や管板からのリークを考慮して冷却塔に可燃性ガス検知器を設け，ファンモータは防爆形とする。

粘度や流動点の高い流体の冷却に空冷式熱交換器を用いる場合は，寒冷期の固化，閉そくの防止対策が必要である。例えば，空気温度を一定にするため一部の空気を循環するか空気加熱用コイルを設ける，間接冷却方式を採用する（この場合，空冷式熱交換器は循環冷却流体の冷却に用いる）などである。

（d）**運転上の配慮**　運転開始に際しては，必ず低温側の流体を先に流す．冷液または熱液循環を行う場合，ベントは系内が完全に液で満たされたことを確認してから閉じる．系の温度上昇に伴い適宜ボルトの増し締めを行うなどの配慮が必要である。また運転停止に際しては，必ず高温流体を先に止め，凍結や腐食のおそれがあるときは液抜きを行いドレンをよく切る。

〔9〕**沪　過　装　置**

（a）**沪過装置とその危険性**　沪過装置には多くの種類があるが，通常比較的温和な条件で操作されることが多く，加熱源なども必要としないので，他の装置類に比べ特に危険度が高いということはない。

沪過装置において一般に考えられる危険性としては，取り扱われる沪過原液が可燃性液体である場合の火災・爆発の危険性，バッチ式の沪過装置で沪滓の除去を開放して行う場合の溶媒蒸気による中毒の危険性，あるいは遠心沪過装置における振動による危険性などがある。

（b）**沪過装置の安全対策**　母液が可燃性液体の場合，その蒸気が空気中に放散したり，真空沪過機

の吸引空気と混合して爆発混合物となって着火爆発する危険性があるので,装置を密閉式にして燃焼ガス,窒素ガスなどの不活性ガスでシールすることが望ましい。その場合,連続真空沪過機では空気の漏れ込みによる不活性ガス中の酸素濃度の上昇を防ぐため,シールガスのブリードと補給を行う。バッチ式沪過機でも液の抜き出しによって生じる機内の空間部は不活性ガスで置換し,沪滓の通気脱液を行う場合にも不活性ガスを使用する。一方,遠心沪過機の場合は機密構造とし通常は低圧の不活性ガスでシールする。

沪過装置本体の設計に際しては,開放しての点検,掃除の頻度を最小にする配慮が必要である。例えば,のぞき窓の設置,のぞき窓の洗浄および機内の掃除を開放せずに行うためのシャワーの設置,掃除しやすい装置形状の工夫などである。また,フィルタプレスその他のバッチ式沪過機で開放して沪滓の剥離を行う形式のものを,可燃性,揮発性,毒性などを有する原液の処理に使用する場合は,設置場所,作業環境などについて十分配慮する必要があり,沪過機室の換気,防護器具・衣服の着用,作業時間の限定,装置の接地,防爆形電気機器の使用,裸火の禁止など中毒,火災・爆発の防止対策を行う。

遠心沪過機では,運転中に沪滓の不均一な付着によるアンバランスや,他の沪過機の振動の影響などから異常振動を起こして軸受の損耗や回転部分の破損を生じ,これが可燃性物質の漏洩,引火,火災につながる危険性がある。このため,基礎は振動が減衰しにくい鉄骨構造を避けてコンクリート構造とする,なるべく1階に設置するとともに付近に振動の激しい機械類を配置しない,振動計を設け異常振動が発生した場合インタロック機構により装置を自動停止させるなどの配慮が必要である。

このほか,運転上の配慮として,供給原液はつねに流速,濃度,温度を適切にコントロールし,沪滓の洗浄,かき取りを円滑に行い,ボウルやバスケット内でのアンバランスによる振動の発生を防止する。沪滓の局部的な目詰まりやスクレーパの摩耗なども振動の原因となるので,日常点検が必要である。(松岡俊介)

4.4.10 炉
〔1〕 炉の種類と構成

一般工業に使用されている炉の種類は非常に多く,分類方法も用途別,加熱方法別,燃料別,炉形式別,通風方式別などがある。

ここでは,一般産業で広く利用されている工業用燃焼炉について「安全工学」上の議論を進めていきたい。ここで述べる炉とは,液体および気体燃料を用いる産業用に供する一般の炉であって,その一例として石油精製や化学工業において広く用いられている管式加熱炉(**図 4.4.168** 参照),金属関係で多数用いられている圧延加熱炉(**図 4.4.169** 参照),鍛造加熱炉,熱処理炉などがある。

図 4.4.168,図 4.4.169 に示すものは炉本体だけの参考図であるが,これらの炉の周囲には被加熱物の供給装置のほかに燃料の供給装置,燃料のコントロール・安全装置,送風機などがある。そしてコントロー

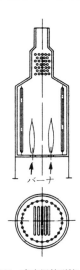

図 4.4.168 直立円筒形管式加熱炉

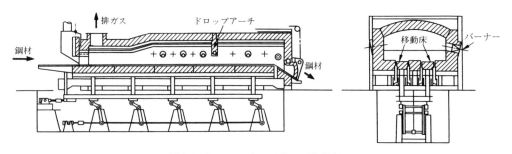

図 4.4.169 ウォーキングビーム式加熱炉

ルされた燃料と空気はバーナーに至り，バーナーを通して炉内で燃料が燃焼発熱し，炉内で被加熱物に熱を伝えた後は空気予熱器，排ガス処理装置（脱硫・脱硝・脱じんなど），排風機を通して煙突よりクリーンになった排ガスが大気に放出される。これらを簡略化して示したのが図4.4.170である。

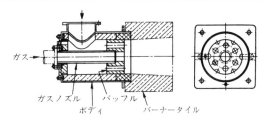

図 4.4.172 バッフルバーナー（鉄鋼加熱炉用）

4.4.171は石油加熱炉の低NO_xバーナーの一例で，燃料噴流の運動量で燃焼ガスをバーナータイル内に逆流して，排ガス循環と2段燃焼をしている。図4.4.172は鉄鋼加熱炉用によく使用されているバーナーで，中心の燃料ノズル周囲に4〜8個の空気孔を持ったバッフルを設け，この空気速度を変えることによって火炎の長さを変えたり，NO_xを低減させることができる。

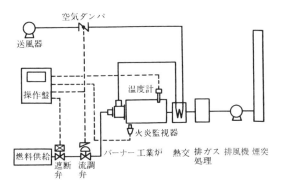

図 4.4.170 工業炉の概略構成システム例

このように炉は周辺機器を含めて構成されているのである。燃料供給および排ガス処理は他の章に譲り，ここでは燃料コントロールとバーナーを含めた炉を中心として安全の問題を述べる。

工業炉用にバーナーは各種存在するが，その加熱炉の伝熱パターンに適した火炎が作れることと，保炎がしっかりしていることが安全上からも重要である。また燃焼によって発生するNO_x，CO，ばいじんなどの公害物質をできるだけ低減するためのバーナーでなければならない。

図4.4.171，図4.4.172にバーナーの例を示す。図

〔2〕 炉における事故とその原因

工業炉における事故のおもなものは，炉内爆発事故と燃料配管途中における燃料漏れによる炉外での爆発または火災である。後者の事故は人間が注意をしていれば比較的容易に発見・防止ができる。しかし，前者の炉内爆発事故防止については十分な設計上の考慮・日常点検・操作上の注意が必要である。

(a) 燃焼と爆発　燃焼と爆発は基本的に同じであり，前者は定常燃焼（反応）であり，後者は非定常燃焼（反応）である。2章に種々の物質の爆発限界（燃焼限界）が示されており，その限界も温度・圧力・乱流の強さなどにより異なる。そして炉内爆発を考える場合，これら爆発限界の考えをきちんと身に付けると同時に火炎伝播速度の概念も重要になる。ここでは2章とは別の視点により，爆発（燃焼）限界を考えてみたい。

ある燃料を完全に燃焼させるために必要な空気量を理論空気量という。そして実際の燃焼に使用される空気量との比をとって空気比と呼び，その逆数を当量比という。

$$空気比 = \frac{1}{当量比} = \frac{実際空気量}{理論空気量} \quad (4.4.1)$$

表4.4.38は2章の爆発限界のデータを基に空気比，当量比を計算し直したものである。つまり空気比，当

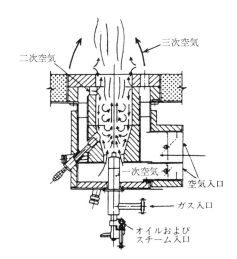

図 4.4.171 低NO_xバーナーの一例
（石油加熱炉用）

表 4.4.38 爆発限界の空気比および当量比による表示

	空気比表示		当量比表示	
	下限界	上限界	下限界	上限界
メタン	1.87	0.64	0.54	1.56
プロパン	1.86	0.40	0.54	2.50
n-ブタン	1.66	0.35	0.60	2.86
水　素	10.04	0.14	0.10	7.14

量比1.0を中心にある範囲で爆発限界が存在していることがわかる。

(b) **炉内爆発のメカニズム** 日本工業炉協会による調査によると炉内爆発は炉の起動時に57%,運転中に33%,停止時に10%発生している。

1) **起動時の爆発** バーナー点火と同時に炉内爆発を起こすケースが一番多い。これは点火前に図4.4.170に示す安全遮断弁がシーケンスのミスで開いていたり,閉まっているのだが何らかの原因でリークして炉内に燃料がバーナーの点火前に存在していて,点火とともにそれが爆発するケースである。ガス燃料の場合,少々リークしていた程度であれば空気による炉内のプレパージによって爆発に至らないケースがあるが,灯油などの軽質油の場合はリークした油が炉底にたまり,パージしてもすぐ炉内で揮発して爆発限界を作り危険である。

2) **運転中の爆発** 燃焼中は爆発は起こりにくいとされているが,この事故例は33%もあり比較的多い。これは図4.4.173に示す火炎の吹飛びが原因である。

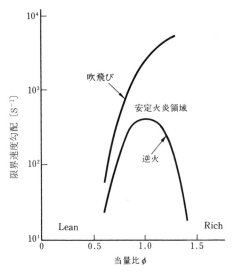

図4.4.173 円管中における逆火と吹飛びの限界速度勾配

この図はLewisとVonelbeによってメタン-空気ブンゼンバーナーを使用して求められたものである。実際の工業炉用バーナーにおいても,適正な空気比(当量比),例えば1.1〜1.3 (0.91〜0.77)で運転されていたものが燃料ガス圧が急に低下するような何らかの理由で燃料流量が下がると,フューエルリーン(fuel lean)の状態になり,これによって火炎の吹飛び限界は急に下がり,火炎は不安定になりブローオフという現象を起こす。この状態から火炎がバーナー元に復帰したとき,それまでに燃焼せずに噴出した燃料が爆発混合気を作り爆発するのである。

このような現象が起きる場合は,常時パイロットバーナーを点火しておくことが安全である。しかし,炉内温度が約760℃以上つねにある炉においては,このような現象があっても爆発は起こらない。炉内のどこかでブローオフしたまま燃焼を継続するからである。

3) **停止時の爆発** 停止時には燃料をまず停止させるため,爆発事故を起こしにくい。しかし運転中に正常空気比が崩れ,フューエルリッチ(fuel rich)になっていたとする。ここで停止のために燃料を止めると,バーナー近傍では火炎が消火しても,炉尻あるいは煙導でリッチの状態から爆発限界内に濃度が移行し,そこで爆発が起こるケースがある。

(c) **炉内爆発を誘引する原因** 先に述べたようにいかに爆発限界内の混合気を炉内で作り出さないかが爆発を防止することになる。そのための設計上の十分な考慮・日常の点検,さらには操作マニュアルが作られているが,そこに人為的なミスが介在して爆発を起こす場合が多いので,この人為的なミスを取り除くことが,設計上なされているか,オペレータの教育・環境保全がなされているかにかかっている。

〔3〕 **爆発事故を防止するための設計・日常点検・操作上の注意**

(a) **設計・操作上の対策**

1) **燃料を炉内へリークさせない対策**

(1) 遮断弁は信頼性の高いものを選定。

(2) 遮断弁のバイパス弁を設けないこと(誤操作による事故防止)。

(3) 遮断弁は通常閉型とする。駆動源として電気や空気が供給されなければ開かないようにし,断線,接触不良,絶縁不良,短絡,ノイズなどの電気回路の異常に対してつねに安全側(弁閉)に作動するようなフェールセーフ(fail safe)の設計を取り入れる。

(4) ガス燃料の場合,弁のリークチェック弁を設ける。図4.4.174に示すように,運転前に遮断弁のリークをチェックするような配管ラインとする。

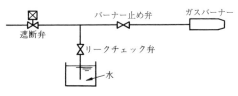

図4.4.174 リークチェックの例

（5） 灯・軽油燃料ではパイロットバーナーが点火するまで灯・軽油ポンプを作動させず，運転停止時は消火と同時にポンプを停止させるシーケンスを組むこと。

（6） ガス燃料，揮発性の高い灯・軽油燃料などは遮断弁を2台直列に設置することが望ましい（パイロットバーナーラインも同じく2台直列とする）。二重遮断弁は，弁のスティックや異物のかみ込みなどが2台同時に起きる可能性が2乗で減少する確率に立脚している。

（7） 自動点火式や大容量バーナーでガスや灯・軽油を使用する場合，二重遮断弁の間にベント弁を設ける3弁方式を採用することが望まれる（図4.4.175参照）。この場合，停止中にベント弁から排出される少量の燃料の処理にも十分考慮が必要である。

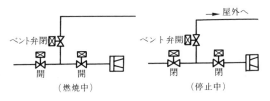

図4.4.175 ベント弁の開閉動作例

2） 炉内パージの励行
通常炉内パージは空気で行うが，石油加熱炉などの自然通風（空気送風機なしで，煙突のドラフトで空気を送る）方式の炉では，水蒸気を送り炉内をパージする。この炉内パージの空気量または蒸気量が十分である必要がある。

（1） プレパージは，原則として炉内容積の4倍以上の空気量で行うこと。

（2） プレパージの空気量は，最大燃焼時の50％以上とすることが望ましい。

（3） パージ後は炉内へガス検知器を挿入し，未燃ガスがないことを確認することが望まれる。特に自然通風方式の炉で蒸気パージした後，炉内ガス検知をして，未燃ガスがないことを確かめてからバーナーの点火を行う。

3） 安全監視
（1） 各種インタロックを設ける。

① 燃焼空気圧あるいは燃料圧力が適正範囲にあるときに炉の運転が行われるように，圧力の高・低スイッチを付け，インタロックに組み入れる。

② パージが終了するまでは点火できないシーケンスにする。また，一度着火に失敗したら必ずプレパージをしてからでないと着火に入れないようにする。着火に失敗したらその原因を確かめてから再試行すること。

③ 定格燃焼量より少ない燃焼量で着火に入ること。その位置（弁開度など）を信号で表示またはインタロックに入れる。

④ C重油などの重質油の場合は，油の温度が噴霧に適するまでスタートできないようにする。

⑤ そのほか，各バーナーおよび炉に必要なインタロックを設ける。

（2） 遮断弁などが「開いた」，「閉じた」を，弁からの信号を受け，開閉のフィードバックをして動作を確認しながらシーケンスが進むようにする。

（3） 火炎の存在を監視する火炎検出装置を設置する。火炎の確実な監視はかなり重要な部分である。現在よく利用されているのはつぎの二つの方法である。

① 火炎から放射される光を検出する方法

ⅰ） 光電管　通常の光電管（フォトセル）は可視光線によって動作するので，火炎だけでなく赤熱した炉壁を見て，誤った検出をする場合がある。一方，紫外線光電管は紫外線領域の1950〜2600Åの波長領域だけを検出するので，赤熱した炉壁の影響をまったく受けずに火炎の有無を確実に検出するため，現在かなり広く利用されている（図4.4.176参照）。しかし，重質油火炎や微粉炭火炎のバーナー基部のブラックスカートといわれるところからは，ごくわずかの紫外線しか出ておらず，この方式では検出不可能な場合もあるので注意を要する。

ⅱ） 光導電素子　CdS（硫化カドミウム）やPbS（硫化鉛）などの，光によって抵抗値が変化する

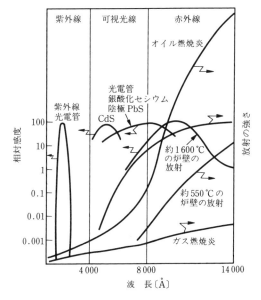

図4.4.176 炎検出器の応答波長領域

半導体を利用したものである。ことに PbS は炎のちらつき（フリッカ）によって抵抗が変化するという電気的な特性を利用したもので，太陽光や赤熱れんがの光には作動しないことを利用したものである。しかし，PbS と赤熱れんがとの間に空気の流れ（かげろう）があると作動することがあり，信頼性の上で不安であった。しかし，火炎の"ちらつき"を研究し，火炎のちらつき（変動）を他と区別する特定の周波数を選択することにより，重質油や微粉炭だきバーナーの火炎検出に利用できるようになっている。

② 火炎の導電性を利用する方法　火炎中には陽イオンと自由電子が存在しており，電気的には一種の導体とみなすことができる。この性質を利用して，火炎の中に電極を挿入しバーナー側を接地して交流電圧を加えて電極とバーナーの間に流れる電流を信号として火炎検知するもので，フレームロッドと呼ばれている。この方法はかなり確実な火炎検知方法であるが，小形のバーナーあるいはパイロットバーナーに利用が限定されている。

以上の火炎監視装置は，バーナーの火炎が何らかの原因で消えたか，リフト（バーナーから火炎が離れること）して火炎監視の視野からなくなって 4 秒以内に燃料の供給を完全に遮断するためのもので，設置位置が重要になる。

③ パイロットバーナーによる安全監視　パイロットバーナーをメインバーナー燃焼中につねに点火してメインバーナーの安定性を保持させるか，メインバーナー着火後すぐ消してしまうかは種々のケースがあり，炉の種類によって異なるが，傾向として**表 4.4.39**のようである。

④ 爆発扉の設置　万が一炉内爆発が起こってもその爆発エネルギーを弱めて，被害を最小にするため

表 4.4.39　火炎監視装置の設置とパイロットバーナーの点火状況

	火炎監視装置	常時パイロット点火
小形ボイラ	○	△
パッケージボイラ	○	×
発電用ボイラ	○	×
鉄鋼加熱炉	×	×
石油加熱炉	×	○
鍛造炉・アルミ溶解炉	△	△

〔注〕○：あり，×：なし，△：場合による

のものである。爆発扉の設置場所は安全上の注意を要する。

（b）保守および日常点検　安全運転を常時保つには，日常の保守・点検に細心の注意を払わなければならない。表 4.4.40 に点検項目について示す。

なお，そのほかに各種の炉によって付属した装置・機器について付け加える必要がある。

〔4〕安全基準

20 世紀初頭，ストーカ式石炭焚きボイラから重油だきボイラに変わり始めるとともに燃焼装置の故障，誤操作による燃焼爆発や火災事故が多発し始め，燃焼安全装置の必要性が認識されるようになった。

燃焼安全の研究は，石油の豊富な米国で，ついで欧州各国で進められ，わが国が 1950 年代に豊富な石油を入手できるようになったときには，すでにその考え方の体系が確立されていた。日本の安全基準を確立する上で大きな役割を果たしたのはつぎのようなものである。

（a）FM Global　1835 年に設立され，保険業務，工場物件防災調査，料率算定，防災技術研究，消火設備機器の認定を行っており，特に火災防止一般の基本的な研究と消火設備および出火源となる器具類の検査に重点を置いている。火災防止，火災損害防止に

表 4.4.40　安全運転のための点検項目

区　分	点　検　項　目
炉	（1）炉かく，炉床，炉壁，天井などの構造物の変形・損傷・脱落・摩耗の有無 （2）扉（爆発扉含む）および開閉装置の耐火物の損傷，脱落の有無，開閉作動による不具合の有無 （3）排気煙導および煙導ダンパの損傷，作動の不良，異物の付着，堆積の有無
燃焼装置	（1）パイロットバーナー・主バーナーの損傷，カーボンの付着，正常なスパークの有無 （2）送風機・排風機の異常音，振動，異常な温度上昇，過電流の有無。フィルタ目詰まりの有無。所属ダンパの開閉状態
燃焼安全装置	（1）安全遮断弁の作動異常の有無，内外への漏れの有無 （2）燃焼監視装置の機能異常の有無，可動部損耗・汚れの有無 （3）各種インタロックの作動状態確認
燃料配管ほか	（1）燃料タンク（油燃料に関して）の液面指示・圧力・温度が正常状態にあるか （2）燃料配管およびバルブに関して，供給圧力の異常，腐食・漏れの有無，温度異常の有無，沪過器詰まりの有無など
その他	（1）制御盤内の汚れと異常温度上昇の有無 （2）熱交換器の損傷・漏れの有無，異物堆積の有無

関する広範な試験,研究を基にしてFM規格を制定している。

(b) FIA (Factory Insurance Association)

1890年に設立され,FM,UL (Underwrites Laboratories, Inc.) と共同で防災研究を行い,NFPA (National Fire Protection Association:全米防火協会)のメンバーとしても活動している。技術,検査部では定期的に工場の防災調査を行っており,調査時の調査員の指針としてFIA規格を設けている。一方,日本においても工業用の燃焼設備における取扱い上で遵守すべき安全対策を決めたものとして,設備ごとにつぎの規格および技術上の指針が公示されている。

1) 日本規格協会 JIS B 8415「工業用燃焼炉の安全通則」(1982年3月) 液体および気体燃料を用いる金属圧延加熱炉,鍛造加熱炉,金属用熱処理炉,乾燥炉などの工業用燃焼炉の構造,機能および操作取扱いならびに安全対策に関する一般事項の技術的指針について規定したものである。

2) 労働省労働基準局長通達基発第384号「ガス焚きボイラーの燃焼安全基準」(1973年6月) 労働省の諮問を受けて,日本ボイラー協会が中心となってガスだきボイラの安全に関する技術基準を定める委員会を構成し,審議の結果得られた結論を基に作成した技術基準である。

3) 労働省技術上の指針公示第11号「油焚きボイラー及びガス焚きボイラーの燃焼設備の構造及び管理に関する技術上の指針」(1977年12月) 労働安全衛生法に基づく技術上の指針で,重油・軽油・灯油などの燃料油を使用する油焚きボイラおよび都市ガス・天然ガス・LPガスなどの燃料ガスを使用するガス焚きボイラでの燃焼爆発,火災などの災害を防止するため,燃焼設備の構造および管理に関する留意事項について規定している。

4) 労働省技術上の指針公示第2号「工業用加熱炉の燃焼設備の安全基準に関する技術上の指針」(1974年7月) 労働安全衛生法に基づいて公示された技術上の指針であって,熱処理,鍛造,焼付けなどを行うための工業用加熱炉の燃焼設備における爆発災害を防止するため,燃料配管,バーナー,安全装置などに関する留意事項について規定している。

以上が法に基づいて燃焼設備に関わる安全対策上遵守すべき事項を決めた規格・指針であるが,そのほかに,安全技術上の指標なども出されている。

5) 通産省(当時)重工業局機械安全化・無公害化対策委員会編「工業用燃焼炉の安全に関する技術指標」(1971年) 通産省(当時)重工業局鋳鍛造品課の主管による表記委員会がFIA規格などを参考として,工業炉の燃焼安全に関する技術指標を作成したものである。

〈廣瀬靖夫〉

引用・参考文献

1) JIS B 8415:1982 工業用燃焼炉の安全通則(日本規格協会)
2) 日本工業炉協会,工業炉ハンドブック (1978)
3) 日本工業炉協会,事故事例研究に基づく燃焼安全のガイド (1993)
4) 日本ファーネス工業技術資料 (1981)
5) ベアー,シガー,燃焼の空気力学,日本熱エネルギー技術協会 (1976)
6) 化学工学協会編,化学装置便覧,丸善 (1989)

4.4.11 貯 蔵 槽
〔1〕 概 説

何によらず貯蔵するということは必要不可欠なものである。ものを安全に,品質を変えることなく,必要に応じて長期間,経済的に貯蔵するということから,貯蔵工学という学問が学問として成り立つと思われる。食料,水,石油などはいうに及ばず,最近では情報の貯蔵,はては電気をどうやってためるかなど,社会の発展とともにいろいろな面に貯蔵の必要性が叫ばれ,貯蔵法の研究が進んできている。貯蔵物の品質を劣化させることなく,また目減りさせることなく貯蔵するのがこの工学の使命である。

ものをためる場合にまず考えなくてはならないことは,何のためにどこにためるかということである。何のためにということはプロセス的に見ると比較的簡単に答えることができる。何らかの形の貯蔵タンクが存在しなければ,プロセスの上流と下流の間に不都合が起こる,その調整の役目を受け持っているのが貯蔵タンクであるので,ものがうまく流れているならば,タンクの容量は少なくてよい,そうでなければ,大容量が必要となってくる。

いざというときのための備蓄用の貯蔵タンクがあるが,こういうものは大容量のものでなくてはならない。しかも,その中に貯蔵しているものが,なくなったり,腐ったりしては困るので,貯蔵するものがその品質,数量とも,確実に保存ができるようなものである必要がある。いまどのくらい貯蔵できているか把握できていること,内容物を使う際には確実に取り出すことができるものであることも貯蔵の重要な用件である。

社会の進展,技術の進歩によって,貯蔵の手段は多用化し,先に挙げた情報は,ハードディスク,光ディスクなどにより,また,電気は超電導を応用したエネ

ルギー貯蔵システム，すなわち SMES（superconducting magnetic energy storage）の研究が進んできている。電池，揚水式水力発電用ダムなどは，電気の貯蔵の一つの具体化といえる。ここでは，貯蔵対象物をそんなに広範囲に及ぶものとしてではなく，ガス体，液体または固体の工業用原料，中間製品または最終製品を貯蔵する貯蔵槽に絞って述べることとする。

貯蔵槽は，大きなものから小さなものまであり，設備投資の中でもきわめて大きな部分を占めるものからそうでないものまで，またその貯蔵する内容物の価値も，貯蔵槽の価値よりも低いものから何十倍にも及ぶ高価なものまで，放っておいても安全性に問題のないものから，細心の注意をもってしても追いつかないものまでといったように多岐にわたっているが，特に石油とか化学工業で多用される可燃性液体とかガス体，中毒性物質の貯蔵は，過去の経験からも，火災，爆発，中毒などの重大な社会的災害の危険が多く，その安全性確保は最重要課題の一つである。

一般的に災害の主要要因は，作業ミスによる漏洩，設備上の欠陥による漏洩，静電気防護対策の不良，保安管理の不備，安全措置の欠除などが挙げられる。どこから発災するか予断を許さぬものがあるから，日常から要注意である。

〔2〕 貯蔵槽の種類
（a） 設備場所による貯蔵槽の形態学的分類
ものをためるには「陸」，「海」，「空」のスペースが考えられる。「空」では，設置場所として，何も地球だけを想定する必要はないので，いま盛んに進められている宇宙空間をも近い将来考慮に入れなければならないだろう。

「陸」では，地上貯蔵，地中貯蔵，地下貯蔵の形態学的分類ができる。ここで地上というのは意味が比較的明解であるが，後の二つを定義しておく必要がある。

地中貯蔵のタンクは，英語では in-ground storage tank と呼ばれるもので，地表面にその上部が開口あるいは頭を出しているものをいう。地下貯蔵のタンクは，英語では underground storage tank と呼ばれるもので，地面を掘り込み地下にトンネルをうがち，その中にものを貯蔵するもので，この形式のタンクによる国家石油備蓄基地が，現在，久慈，菊間，串木野で完成している。岩盤備蓄などと呼ばれているが，この形式のタンクの貯蔵原理は，土中の水分による水封機構によるもので，必ずしも岩盤によらなくても，掘削した形が保たれるようなものである限り，貯蔵タンクは建造可能である。

図 4.4.177 に原油備蓄用のイングラウンドタンク，図 4.4.178 に LNG 貯蔵用のイングラウンドタンクの一例を示す。図 4.4.179 にアンダグラウンドタンクの概念図を示す。このほか，地下に例えば小形シリンダ形鋼製のタンクを埋設する地下置タンクとでも呼ぶべき地下貯蔵槽がある。なお，地下貯蔵に関しては（b）項で総合的に述べることとする。

「海」では，海上貯蔵，海中貯蔵がこの範疇に入るものである。上五島，白島の石油国家備蓄墓地，かつて行われた石油のタンカー備蓄などは海上貯蔵の例，ペルシャ湾デュバイの石油出荷基地のタンク，北海のコンディープ（condeep）形貯油タンク，エコヒスク

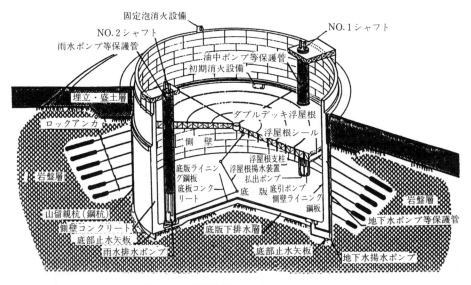

図 4.4.177 原油備蓄用イングラウンドタンク

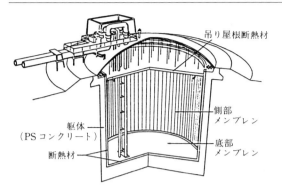

図4.4.178　LNG貯蔵用イングラウンドタンク

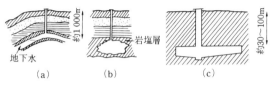

図4.4.179　アンダグラウンドタンク

形貯油タンクなどは海中貯蔵の例である。海面上にあるものを海上，海面下・海底面までの空間に設置するものを海中と定義したわけで，それ以下になると，地下貯蔵の範疇に入ってくる。

ペルシャ湾デュバイの石油出荷基地のタンクはスチール製，北海のコンディープ形貯油タンク，エコヒスク形貯油タンクはコンクリートで製造されている。貯蔵タンクは必要とされる貯蔵条件，環境条件，構造上の条件，製作の難易性，信頼性，安全性などの観点より，材料が選定されるので，構造材料からの分類も可能であるが，ここではこれ以上深く立ち入らないこととする。

図4.4.180に海上石油備蓄基地の貯蔵船構造図，図4.4.181に北海のコンディープ形貯油タンク，図4.4.182にエコヒスク形貯油タンク，図4.4.183にデュバイの海中タンクを示す。

(b)　地上に設置する貯蔵槽の形態学的分類

1)　貯蔵物の形状によるタンクの形態学的分類

i)　固体を貯蔵する貯蔵槽（サイロ）　貯蔵物の形状としては，「気体（ガス体）」，「液体」，「固体」が考えられる。このうち，固体を貯蔵する貯蔵槽はサイロと呼ばれ，穀物，セメント，鉱石類，砂利，家畜の飼料などの貯蔵に広く用いられており，その多くは通常塔形，すなわち縦形円筒形を呈し，上部に貯蔵物の投入口があり，下部に排出口を持つ構造となっている（例えば，石炭などに見られるように野積みでいい固体に関しては少なくとも槽は不要なので除く）。

排出を効果的にするため多くのサイロでは底部が漏

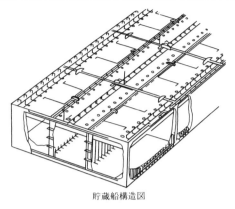

図4.4.180　海上石油備蓄基地の貯蔵船構造図

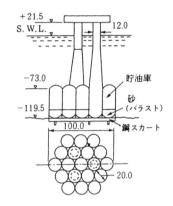

図4.4.181　コンディープ形貯油タンク

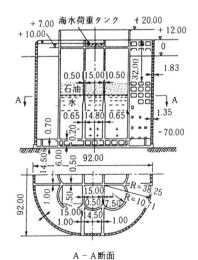

図4.4.182　エコヒスク形貯油タンク

図 4.4.183 ペルシャ湾デュバイの沖合に設置された世界最初の海中貯油設備（写真は曳航中のもの）

斗状となっている。通常鉄筋コンクリート，スチールなどで製作され密封できるようになっていて，外気温，湿度などの影響も少なくするように工夫されている。

穀物などの貯蔵に供するサイロでは，密封式であるから消毒には都合が良いが，殺虫剤ベーパの残存は避けがたく，また，発酵によって二酸化炭素が発生したり，これらの原因による中毒事故の発生も多い。小麦粉などのような通常まったく安全性が問題にされないようなものでも粒状で大量に貯蔵した場合，粉じんの発生に伴って起こる粉じん爆発を起こす例もある。サイロの設計，施工にあたっては，そのようなことも考慮に入れ，十分な防護システムを構築しておくべきである。

ⅱ）気体を貯蔵する貯蔵槽（ガスホルダ）　ガスホルダは気体の貯蔵タンクであり，低圧用，高圧用がある。ガス事業法施行規則では，1 kg/cm²G 未満の圧力のものを低圧，それ以上のものを中高圧として保安上の規制がなされている。またガス事業法の適用外のガスについては，貯蔵するガスの種類により，圧力容器安全規則または高圧ガス保安法が適用される。ガスホルダの分類を図 4.4.184 に示す。

高圧ガス貯蔵用のものは，液化ガス貯蔵槽として多用されているので，液体貯蔵用タンクの項で述べることとし，ここでは低圧ガスホルダについて述べる。

a) 湿式ガスホルダ　低圧ガスの貯槽として最も一般的なもので，かなり古くから用いられている。有柱式（図 4.4.185 参照）と無柱式（図 4.4.186 参照）があるが，地震および強風の多いわが国では，有柱式が多用されている。最近は，この有柱式ガスホルダも，貯蔵効率などの面から，ドライな高圧ガス貯槽

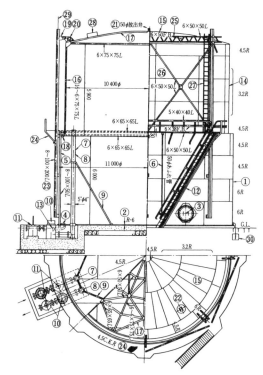

① 水槽胴板　② 水槽底板　③ 水槽人孔　④ 受座　⑤ ローラ案内座　⑥ あふれ管　⑦ ガス入口管　⑧ ガス出口管　⑨ 支持材　⑩ 逆火防止器　⑪ 水除器　⑫ 階段　⑬ ドレン抜き　⑭ ガス槽側板　⑮ ガス槽頂板　⑯ 縦補強材　⑰ 頂管　⑱ 下部ガイドローラ　⑲ 上部ガイドローラ　⑳ ローラ支持架台　㉑ 放出弁　㉒ 頂部人孔　㉓ 基柱　㉔ 歩廊　㉕ 頂部架構　㉖ 筋違　㉗ 縦はしご　㉘ おもり　㉙ 避雷針　㉚ 接地

図 4.4.185　有柱式ガスホルダ

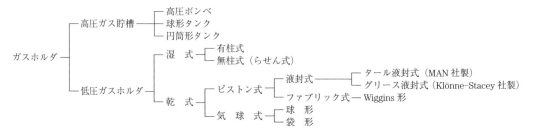

図 4.4.184　ガスホルダの分類

4. 機械と装置の安全

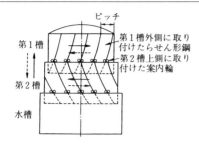

図 4.4.186 無柱式（らせん式）ガスホルダの作動原理

（球形タンク）に席を譲ることも多くなってきている。

湿式ガスホルダの貯蔵原理は，円筒形の水槽にガス槽を椀を伏せたように沈めて，これが貯蔵ガスの容積により上下することにより，その内部にガスを貯蔵するものである。すなわち，水がシールとなっているもので，通常のものならこれでよいが，貯蔵しようとしているガスが水溶性の場合，例えば塩化水素ガスなら水の代わりに重油を用いるなど，このようにガスの性質により適宜選択される。

安全上の措置としてはつぎの事項に留意する必要がある。

ⅰ) シール液の減少はガス漏洩の原因となるのでつねに点検し，必要なら補給すること。

ⅱ) ガス中にシール液の混入は避けられないので，ガス出口には分離のための装置を設ける必要がある。

ⅲ) 外部配管よりガス槽への逆火を防ぐため，逆火防止器（図 4.4.187 参照）を設けること。

ⅳ) 寒冷地では，シール液の凍結に注意すること。

b) 乾式ガスホルダ　貯蔵するガスが水溶性であったり，オペレーション上水分の混入を厳密に嫌うものであったりする場合には乾式ホルダを使用する。乾式ガスホルダの貯蔵原理は，ガス量により上下するピストンを持ち，ピストンと貯蔵側板との間にタールまたはグリースなどの潤滑剤を用いたシール機構を形成するものと，ピストンの代わりに可とう性の膜を用いて機密構造としたものがある。ともに水柱 400 mm 程度の低圧貯蔵に適している。

ピストン方式の代表的なものに MAN 形（図 4.4.188 参照）と Klönne-Stacey 形（図 4.4.189 参照）がある。そのシール機構から，ピストン方式ではガス中に何がしかの油分の混入は避けられないし，またシール油を循環させているポンプに対し，停電時のバックアップを考えておく必要がある。

可とう性の膜を用いる方式ではそのようなことはないので，異物混入のない清浄なガス貯蔵ができる。膜の材料は通常ネオプレン-ブタジエンゴムあるいはネオプレンゴムをナイロン布などで補強したもの（これをファブリックと称する）が多く使われている。図 4.4.190 に示す Wiggins 式のファブリック形ガスホルダは，シールにファブリックを使っているピストン方式のガスホルダである。

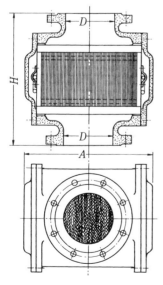

図 4.4.187　逆火防止器

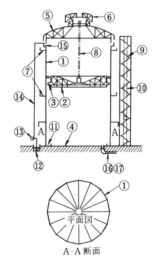

① 胴体　⑩ 昇降機
② ピストン　⑪ 底油だめ
③ 気密機構　⑫ 泊水分離槽
④ 底柱　⑬ 油循環ポンプ
⑤ 屋根　⑭ 油上昇管
⑥ 換気天井　⑮ あふれぜき
⑦ 歩廊　⑯ ガス出口管
⑧ 電動ホイスト　⑰ ガス入口管
⑨ はしご

図 4.4.188　MAN 形ガスホルダ

全面的にファブリックを用いれば，気球式のガスホルダが得られる。気球あるいは袋がスチール製のタンクの中に装備してあるもので，外見によりベーパースフェア（図 4.4.191 参照），ベーパードーム（図 4.4.192 参照）などと呼ばれる。

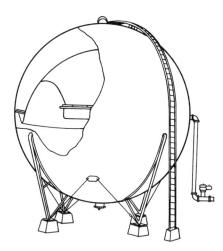

図 4.4.191 ベーパースフェア

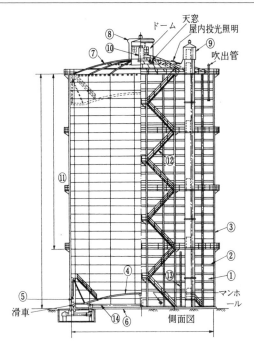

① 胴板 ② 胴スチフナ ③ LBs 基柱
④ ピストン板 ⑤ 下部ローラ ⑥ 底柱
⑦ 屋根柱 ⑧ 通風筒 ⑨ 昇降機 ⑩ 屋内リフト ⑪ ガーダ ⑫ 階段 ⑬ インジケータ ⑭ ガス管

図 4.4.189 Klönne-Stacey 形ガスホルダ

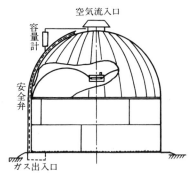

図 4.4.192 ベーパードーム

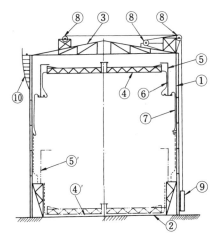

① 胴体 ⑥ ファブリック
② 底 ⑦ ファブリック
③ 屋根 ⑧ 案内車
④ ピストン ⑨ 釣合いおもり
⑤ 伸縮胴 ⑩ 回り階段

図 4.4.190 ファブリック形ガスホルダ機構概略図（Wiggins 式）

可とう性の膜そのもので袋を作ればそれがタンクとして手軽に使用できるのであるが，材料の耐老化性，耐火性が問題視され，わが国では可燃性のものの貯槽としては消防法による許可案件とはならない。

　ⅲ）液体を貯蔵する貯蔵槽（タンク）　貯蔵容量があまり大きくないならば，貯蔵物を変質させるような材料でも用いない限りどんな形のタンクでも貯蔵することが可能である。通常広く用いられている構造材料はやはり鉄鋼である。比較的安価で，強度があるし，使いやすい。腐食するという欠点こそあるが，うまく使うと用途に合わせていろいろな形に加工され効果を発揮する。液体状をしている危険物を貯蔵するタンクとして，鉄鋼が多く使われる所以である。

通常，貯蔵容量がかなり大きくまとまっているために，タンクは形態学的に円筒形をなすことが多い。ほとんどの石油類は無圧かそれに近い状態で液体状で貯蔵されるので，力学的にも円筒形が最適なのである。

図4.4.193に液体貯蔵用タンクの分類を示す。これには外観，形状による分類のほかに内容物が低温度であるものも併せて分類してある。

常温で使用されるタンクのうち，横形のものは，あまり大容量のものはないが，ガソリンスタンドのタンクだとか，タンクローリ，鉄道輸送用のタンク車などに多用されている。比較的小容量であるので，高圧での貯蔵にも用いられる。

縦形，円筒形のタンクは液体貯蔵用タンクとして最も広く用いられているものであり，屋根の形状による形態学的分類が可能である。オイルデポとか，製油所で見られるコーンルーフタンク，浮屋根式タンクなどほぼ大気圧において大量の液体貯蔵に用いられているものである。可燃性液体の貯蔵タンクについては消防法の規制がある。

a) コーンルーフタンク（図4.4.194参照） 屋根の形状が円すい形をしているのでこの名がある。この屋根の支持方式には支柱式とトラス式とがあるが，軟弱地盤上に建設するタンクでは，支柱式だと支柱の下の地盤沈下により屋根部に凹部ができ，雨水がたまって腐食のおそれがあるのでトラス式とされることが多い。

このタンクでは，揮発性の貯蔵液体（ベーパライズしたもの）が呼吸作用（breathing）によりベントから出ていってしまう呼吸損失があり，そのほかに貯蔵液のタンクへの張込み時の張込み損失，払出し時に気相空間に空気を呼び込むことにより一部に爆発性混合気を形成するおそれがあることなどにより，安全上は他の形式のものに比べて，高得点を得られる形式ではない。

安全措置としては〔3〕項に述べるような種々の対策を必要とする。設計標準としてはAPI-Standard

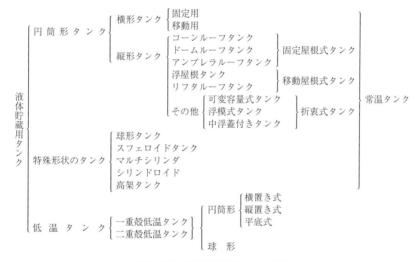

図4.4.193 液体貯蔵用タンクの分類

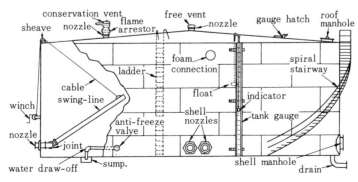

図4.4.194 コーンルーフタンク

650，JIS B 8501「石油貯槽の構造（全溶接鋼製）」がある。

b) ドームルーフタンク　屋根の形状がドーム形をしているのでこの名がある。純粋な球の一部を使った円屋根である。屋根と側板の取付角度がコーンルーフタンクより大きく，構造的に比較的滑らかに接続されることから，コーンルーフタンクよりもやや高圧で使用することができる。この性質を利用して，タンク液面上の気相空間に窒素ガスなどの不活性ガスを封入することにより蒸発性液体の蒸発ロスを防止しようとするような目的のために使用されることも多い。

c) アンブレラルーフタンク　アンブレラルーフタンクは，ドームルーフタンクの一変形ともいうべきもので，英語の意味そのままの傘形屋根を持つものである。すなわち，傘の骨にあたるところは円弧の形，円弧と円弧の間は平面という，こうもり傘そのままの形の屋根を持つものをいい，屋根板をプレスしなくてよい分だけ安価に建造できる理屈なのである。

このタンクは，ドームルーフタンクと同様に無圧状態あるいは無圧状態から少々加圧状態にした方がいいような貯蔵物の貯蔵のときに採用される形式であるが，アンブレラルーフタンク，ドームルーフタンクの場合，この加圧できる圧力の度合いが，前述したようにその幾何学的形状からコーンルーフタンクの場合よりかなり高くとれる。

d) 浮屋根タンク　コーンルーフタンクの呼吸損失をなくす目的で案出された屋根の形式で，直接液面上に屋根を置くことで気相空間をなくしたものである。浮屋根の形式は図 4.4.195 に示すような種々の形式があり，液面とともに上下する。浮屋根とタンク側板のシール機構には図 4.4.196 に示すような種々の形式があり，それぞれシールがタンク側板の形に追随し

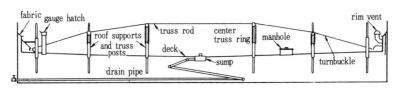

(a) パンタイプ

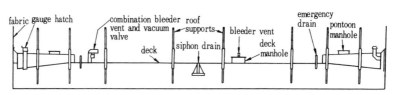

(b) シングルデッキポンツーン形

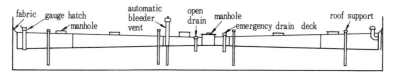

(c) ダブルデッキ形

図 4.4.195　浮屋根の形式

  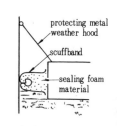

(a) メカニカルシール A　　(b) メカニカルシール B　　(c) チューブシール　　(d) ソフトシール

図 4.4.196　浮屋根式タンクシール構機の代表例

て変形することにより気密を保つ。従来の主流であったメカニカルシール方式は，ベーパーエミッションの点ではチューブシール，ソフトシールより良い性能を持つものであるが，最近は，地震による液面のスロッシングにより側板と激突して火花を発するおそれがあるとされ，あまり採用されていない。

浮屋根の浮力は API Standard 650, JIS B 8501 といった基準により，予想される雨水，雪などの荷重に十分耐えるよう，また，屋根が破壊した場合でも沈むことのないよう設計計算がなされる。気相空間をなくすアイデアでデビューした浮屋根も，実際は気相空間ゼロではない。しかし，あったとしても気相空間はきわめて小さいのでベーパーロスは無視できる。したがって安全性もかなり高く評価され，ガソリンとか原油などの貯蔵にはこの浮屋根タンクが多く用いられている。

激しい降雨，それも側板内側にたたきつけるように降ってくる雨は，シールの間隙から貯蔵液中に混入してしまう。航空機用ジェット燃料などのように極端に水分を嫌うものの貯蔵には，浮屋根プラス防水の機能が要求されるので，**図 4.4.197** に示す傘付き浮屋根のアイデアがある。実際には図 4.4.193 で折衷式タンクの中に分類した中浮蓋付きタンク（**図 4.4.198** 参照）がこれにあたるものである。中浮蓋は，硬質フォームとかアルミハニカムなど，とにかく軽いもので作られるが，あまり大容量のタンクには実績がないようである。大容量のタンクの場合は，浮屋根タンクの場合と同じように，中浮蓋といえどもスチール製の浮屋根が採用されている。

e) リフタルーフタンク　貯蔵物の蒸発による損失を，その蒸発気の存在する気相空間の容積を変化させることによって防止してやろうというアイデアの下に生まれてきたタンクである。このように気相空間を容量可変にしておき，日々の温度変化のサイクルに合わせて膨張収縮を繰り返す気相空間内ベーパを逃がさないのも，蒸発防止のための優れたアイデアである（**図 4.4.199** 参照）。

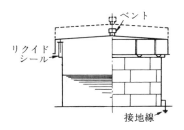

図 4.4.199　リフタルーフタンク

タンク内のガス圧により屋根が上下するところはガスホルダ（ガスタンク）と同じで，シール機構もそっくりである。しかしながら，可変容量に制限があるため，タンクに一気に大容量の石油の張込みを行うような場合の張込み損失は避けることができない。リフタルーフタンクはつぎに述べる可変容量式タンクの一種ではあるが，正式な名前があるので項を設けて説明したものである。

f) 可変容量式タンク　このタンクは**図 4.4.200** に示す見取図に見られるような構造をしている。リフタルーフのアイデアは呼吸損失防止に対し卓抜なものではあるが，風による水平力には弱いのではないかという懸念も持たれている。このタンクはいうなればデザイン的にそのような懸念を取り除いたもので，屋根の上に設けた子屋根部分を固定構造として，その代わ

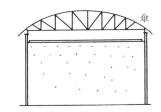

図 4.4.197　傘付き浮屋根タンク

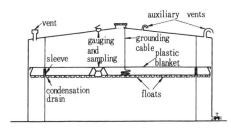

図 4.4.198　中浮蓋付きタンク

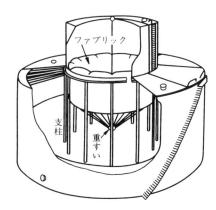

図 4.4.200　可変容量式タンク

りにその内部に耐油性合成ゴム膜（ファブリック）を取り付けて，温度変化サイクルによって起こる貯蔵液の蒸発によるガス成分を含んだ気相空間の容量変化分をゴム膜の上がり下がりによるタンク容量の変化で吸収し，呼吸損失の防止を図ったものである。固定構造としたために風などによる水平力には強くなってはいるが，可変容量にはリフタルーフタンク以上の制限が出てくる。技術的には，石油タンクとガスタンクの技術の折衷型である。

g) 浮膜式タンク　f）の可変容量式タンクのアイデアをそのまま押し進めていけば，タンクの屋根はそのまま固定としておき，タンク側板上部に膜を取り付けてそれを垂れ下がるようにしてやればよいという考えにたどりつくことができる。これが浮膜式タンク（図4.4.201参照）で，可とう性の膜が高価であることも影響してあまり普及はしていないが，実際は蒸発防止用というより，空気と接触することを嫌う液体とか，高圧ボイラ用の純水タンクなどとして使われている。

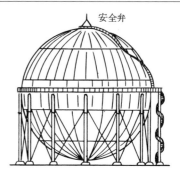

図4.4.202　球形タンク

に適当な量の水滴を乗せてやると，その水滴は自重に起因する圧力と，弾性体よりの反力，さらにそれ自体の表面張力とが釣り合って前後対称な，だ円体に似たややしも膨れの形状をとる。この形を持たせたタンクがスフェロイド（spheroid）である。低圧力貯蔵タンクの代表的なものである（図4.4.203参照）。

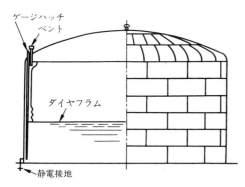

図4.4.201　浮膜式タンク

h) 中浮蓋付きタンク　浮膜を浮蓋に替えれば浮蓋付きタンクができる。中浮蓋付きタンク（図4.4.198参照）は浮屋根タンクの一種とも解することもできる。

iv) 特殊形状のタンク　液体貯蔵用タンクの形態学的分類の範疇ではあるが，改めて項を起こして特殊形状のタンクについて述べる。

a) 球形タンク　球形は構造的に高圧貯蔵に向いている。したがって，大気圧下では貯蔵できないものや，高圧にした方が大容量の貯蔵に有利な場合に用いられる。都市ガスなどを高圧にして貯蔵したり，LPガスを高圧にして液化させるとガスの体積が激減するので効率良く貯蔵ができる利点が出てくる（図4.4.202参照）。

b) スフェロイド　水を吸収しない弾性体の上

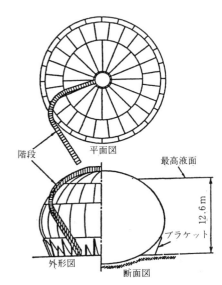

図4.4.203　スフェロイド

c) マルチシリンダ　マルチシリンダは通常の円筒形圧力容器（シリンダ）を複数個横につなぎ合わせた形のもので，あまり適用例があるとはいえないが，注意していると意外なところで適用例にお目にかかれることがある。米国ではマルチスフィアまで作られた記録がある。

d) 高架タンク　高架タンクはそうでなくとも目立つ存在なので，貯蔵工学的，技術的な要請よりも美観的要素が要求される傾向がある。危険物のタンクではないが，高架水槽がその例である。

e) シリンドロイド[4]　タンクを建造するような

土地はふつう四角またはこれを基本とした形のものが多い。したがって，シリンドロイドは，通常円筒形を基本としたタンクを建てるのは土地が有効に使用することにはならないということで考えられたものである。地上に厚い綿の入った大きな座布団でも敷いたような格好をしている（**図 4.4.204** 参照）。シリンダを横にして4周しているのでこのように命名されたのであろう。1963年にモスクワで開催された第6回世界石油会議に米国のメーカが発表した論文にこれがあり，低圧でかなり大容量のものまで製作できるとされているが，実際に建造されたのかどうかはつまびらかではない。

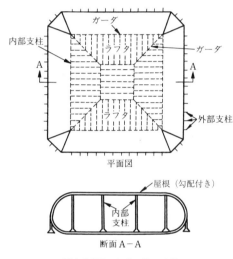

図 4.4.204 シリンドロイド

コンセプチュアルデザインの段階であるかもしれないが，貯蔵に要する内部圧力が $1\,kg/cm^2G$ 以下の液体貯蔵の特殊形状のタンクとしては省けないものであろう。

f) 低温タンク　ガスを効率良く貯蔵するには，その体積を小さくする必要があり，高圧の力を借りて体積を小さくするものが高圧タンクで，球形タンクやシリンダがこれにあたる。LPガスは，高圧にしただけで液化して体積が約1/250となる。天然ガス（主成分はメタン）は高圧にしただけでは液化しない。こういう場合は低温の力を借りて液化する。LPガスも大容量を扱う場合は高圧では限界が出てくるので低温にする。低温にすれば高圧の必要はなく，低圧力レベルで用が足りる。天然ガスは液化して体積が約1/600となるので，相変化を応用することにより大容量貯蔵が容易にできる。このように低温度にして，貯蔵ガス（液化ガス）の沸点における圧力で貯蔵するものを低温タンクという。通常貯蔵圧力は水柱 $1\,000 \sim 1\,500$ mm ぐらいに定められる。この圧力に相当する低温度が貯蔵温度になる。

したがって，タンクを構成する材料は低温材料が選定され，特に脆性破壊を起こさないように注意して構造設計がなされ，応用レベルが計算される。また保冷が必要なので，特殊な考慮が必要となってくる。保冷方式の違いにより低温タンクは一重殻タンクと二重殻タンク（**図 4.4.205**, **図 4.4.206** 参照）がある。最も多く用いられているタイプは，平底式二重殻ドームルーフタンクであり，低温材料で構成された内槽と，保冷の外装を兼ねる外槽とで二重槽とし，内外槽間は保冷材（通常用いられるのは粉末パーライト）が充填され，さらに乾燥窒素ガスなどの不活性ガスを封入して断熱材の吸湿を防止し，保冷効果を高めている。

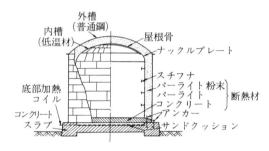

図 4.4.205 平底式二重殻ドームルーフタンク

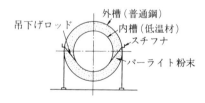

図 4.4.206 二重殻球形タンク

低温タンクに万一破壊が起こっても，貯蔵圧力はほとんど常圧に近いものであるから爆発の危険も少なく，流出液は低温であるために大量流出の場合は周囲から大量の熱を奪わなければ気化しない。防液堤をタンク周囲に設けておくことにより流出範囲は局限でき，また高発泡エアフォームなどの設備をしておけば，このような場合，流出液をカバーし気化を防ぐ。さらに上向きウォータジェットなどの設備を防液堤に備えておけば，気化したガスを防液堤のところで上方に拡散させ危険を防止することができる。低温タンク設備は，安全度がかなり高く評価できる設備である。

〔3〕**タンクの安全設備**

可燃物を貯蔵するタンク設備には，その防火，火災

表 4.4.41 火災安全率（安全指標）

タンク形式	爆発危険	ベントからの引火危険	耐火強度	消火の難易	構造強度	火災安全率（計）
アイデアルタンク	20	20	20	20	20	100
コーンルーフタンク（付帯設備なし）	0	0	0	0	20	20
コーンルーフタンク（標準形）	5	5	5	5	15	35
コーンルーフタンク（不活性ガス封入）	20	10	15	10	5	60
可変容量タンク（不活性ガス封入）	20	10	10	10	10	60
リフタルーフタンク	20	10	10	10	10	60
低圧タンク（2½ psjg）（不活性ガス封入）	20	15	15	10	10	70
スフェロイド	20	15	15	10	10	70
浮屋根タンク（ウェザーシール付き）	15	15	15	15	10	70
浮膜式タンク	15	20	10	10	20	75
浮屋根タンク	20	15	20	20	10	85

防止，爆発防止，タンクの破壊防止のためのいろいろの安全対策，安全設備が必要であり，法規上もいろいろと規制がなされている。

(a) **タンクの安全性概論** 貯蔵しようとする物質の性質，性状を十分に考慮した上で，法規制も参照し安全性の高い種類のタンク形式を選ぶのがタンクの安全確保の第一歩である。タンクの安全性を表す一つの指標として理想的な安全性を備えたタンクを100として，実際のタンクの火災安全率を出して比較した資料[5]（表4.4.41参照）がある。この表でいうタンク形式の概念の一部を図にしたのが図4.4.207である。この報告では，安全性の高い形式としてその採用を推奨しているのはつぎの5形式である。
① 散水設備と断熱被覆のあるコーンルーフタンクで不活性ガスを封入したもの
② 不活性ガスを封入した可変容量タンク
③ 不活性ガスを封入した低圧タンク
④ 浮膜式タンクで貯蔵物のベーパが完全に空気と遮断されているもの
⑤ 浮屋根タンク

(b) **タンクの保有距離など配置からの安全**
不幸にしてタンクに火がついて中の油が燃焼している場合，隣接するタンクはその放射熱により油面からかなりの深さのところまで200℃以上になることがある。着火しているタンクではしばしばそういう状態になる。このときタンク内に多量の水があれば沸騰状態となり，水と油はかくはんされることにより猛烈な勢いで油を吹き上げ周囲に飛散させることになる。このような現象をボイルオーバ（boil over）という。このことを考慮に入れて，タンク間には適当な保有距離をおくことが必要となる。

わが国の消防関係法令によると，油などの引火性液体（これを危険物という）の屋外タンク貯蔵所の位置は，住居から10m，学校，病院，劇場などの施設から30m，高圧ガス設備から20m，特別高圧架空電線（ボルト数で異なるが）から水平距離3～5m以上離さなければならないし，屋外貯蔵タンクはその容量，貯蔵物の引火点によりそれぞれの規制があるが，敷地の境界線からタンクの側板までの距離は，1000kL以上のものに関してはタンク直径の1.0～1.8倍（この数値がタンクの高さの数値より小ならばその高さの数値）または30～50mのうち大きいものに等しい距離以上の距離，それ以外のタンクについてはタンク直径の1.0～1.8倍（この数値がタンクの高さの数値より小ならばその高さの数値）に等しい距離以上の距離を保たなければならない。ただし，不燃材料で造った防火上有効な塀を設けるとか，地形上火災が生じても延焼のおそれが少ないなどの事情があって，市町村長などが安全と認めれば，その距離をもって上記に代えることができる。

タンク間距離は保有空地として容量別に規制されているが，タンクの直径または高さの大きい方の数値で規制されると考えてよい。LPガスなどのタンクの距離に関しては，高圧ガス保安法の一般高圧ガス保安規則，液化石油ガス保安規則など，場合によってはコンビナート等保安規則によって規制される。

4. 機械と装置の安全　　539

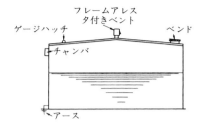

（a）標準コーンルーフタンク

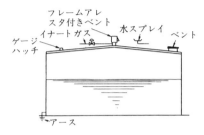

（b）イナートガスシールと散水を併用したコーンルーフタンク

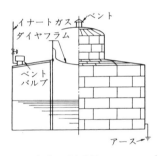

（c）可変容量タンク

図4.4.207　安全指標算出のためのタンク概念図

（c）**防油堤**　タンクの破壊，油の漏洩などに際し，流出した油の堤外への拡散を防止するために設けられた堤防を防油堤（dike, dyke）という。液化ガス関係ではこれを防液堤と呼ぶ。また，石油コンビナート等災害防止法では防止堤という用語を使っている。いずれもダイクであり，総称する場合，防油堤ということにする。防油堤は盛土，鉄筋コンクリート，鉄骨・鉄筋コンクリート，金属またはこれらの組合せの材料を用い，液密でタンクの内容物に侵されず，流出液頭圧に耐え，タンクの保全，防災活動に支障のないよう，また地震に対する特別の配慮をした上で設計される。

1）**液体危険物の屋外貯蔵タンクの防油堤**　消防法，危険物の規制に関する規制では，防油堤は高さを0.5 m以上とし鉄筋コンクリートまたは土で造り，その容量はタンク容量の110％以上（2基以上のタンクを囲む場合には最大容量のタンクの110％以上），防油堤内の面積は80 000 m²以下，群タンクとして防油堤内に納める場合は10基以下，10 000 kL以上のタンクではタンクごとに土で造った，防油堤より0.2 m低い仕切堤を設けること，堤内部の滞水を外部に排水するための水抜き口を設けるとか，タンク直径によるタンクと防油堤の距離といったように，細かい規制がなされている。

2）**可燃性ガスの液化ガスの貯槽の防液堤**　高圧ガス保安法の規則では1 000 t，コンビナート等保安規則による場合には500 tの貯蔵能力がある貯槽には防液堤を設けるように規制されている。その容量は貯蔵能力以上，2基以上の貯槽を堤内に設置した場合は，そのうちの最大容量に他の貯槽の貯蔵能力相当容積の合計の10％を加えた容積，ただし，貯槽ごとに防液堤本堤より10 cm下げた高さの間仕切をもって貯槽を一つずつ囲った場合に限るという条件付きである。防液堤本堤の高さは，堤内の貯槽の保全，防災活動に支障のない範囲で防液堤内にたまる液の表面積ができるだけ小さくなるように定めることになっている。

なお，地中タンクのように，地盤面下に設置された貯槽であって，その内容物である液化ガスが流出してもその液面が地盤面よりつねに低くなるような構造のものは防液堤を設けたものとみなされるし，二重殻構造の低温タンクにおいて，外槽が低温に耐え，内槽と同等以上の耐圧強度を持ち，かつ二重殻間の漏洩ガス検知ができ，緊急遮断弁を内蔵しているものも同様に防液堤があるものとみなすことができる。

3）**石油コンビナートの防止堤**　石油コンビナート等災害防止法により，事業所内に危険物を貯蔵する10 000 kL以上の屋外タンクがある場合には，事業所敷地に流出油等防止堤を設けなければならない。この防止堤はいわゆる第2防油堤であり，容量，構造とも高さが0.3 m以上という規定の違いこそあれ，思想的には危険物屋外貯蔵タンクの防油堤と軌を一にするものである。

（d）**消火設備**　引火性液体の貯蔵タンクに適合するものとしては，危険物の政令別表第5に水蒸気，水噴霧，泡，二酸化炭素，ハロゲン化物，リン酸塩類・炭酸塩類などを使用した粉末，といった消火設備のほか，乾燥砂，膨張真珠岩（パーライト）が挙がっている。このうち，低引火点の危険物を貯蔵する屋外タンクには，水噴霧消火設備また固定式の泡消火設備を設置することになっている（危険物政令第20条，危険物規則第33条第2項1号）。

水噴霧は，火炎の温度を下げることよりも，火炎を

包み込んで空気を遮断して窒息消火に寄与するものではあるが，屋外使用の場合は，風などの自然条件による影響を受けやすく，大規模な火災の場合には風が巻き起こるから，屋外タンクには，例えば球形タンクの防護とか，液面計など計器あるいは重要な弁の保護といったような比較的局部に限った適用以外はあまり使用されていない。似たようなものに水幕（ウォータカーテン）がある。

泡消火設備は，危険物規則第32条の6によるほか「消火設備及び警報設備に係る危険物の規制に関する規則の一部を改正する省令の運用について」と題する通達（1989年3月22日消防危第24号，改正1992年6月19日消防危71号）にある基準によるほか，損害保険料率算定会の規則に従うのが通常である。

一定の泡消火薬剤を送水管内の流水に吸引して，一定比率の泡水溶液を構成させる空気泡混合方式には，つぎの4種類があり，立地条件を考慮して混合方式を選択決定する。

① ラインプロポーショナ方式
② ポンププロポーショナ方式
③ プレッシャプロポーショナ方式
④ プレッシャサイドプロポーショナ方式

泡消火設備の作動方式には，出火の感知から泡放出まで全部自動的に操作・制御する全自動方式のほか，火炎の確認とスイッチオンのみ人手による半自動方式，すべて手動で行う手動方式とがある。

泡は空気を含んだ水なので，比重の軽い液体可燃物の表面に浮かび，液体からの可燃性蒸気の発生を抑え，火炎を窒息消火させる。泡にはふつうに石油タンクの消火設備に用いられる泡（これは低発泡，すなわち膨張比が20以下の泡に属する）のほか，LPG，LNGのタンク（低温タンク）の防液堤に設置される設備に用いられる高発泡のものとがある。

高発泡設備は，防護対象物を大量の高発泡をもっていっせいに冠泡させるもので，立体的防火法ともいわれている。通常LNGの流出（spill）があった場合，つぎに挙げる四つのステップで対処する。すなわち

（1）流出の局限　これは防液堤，サブダイク，トレンチなどをあらかじめ設備しておくことにより対処する。

（2）蒸発抑制・ガス拡散　流出液が低温であるから，周囲からできるだけ熱を供給することのないように，防液堤内面に断熱を施して対処する。また発生するガスは，防液堤部に設ける上向き水ジェットによる空中拡散，水幕によるガス遮断と拡散，高発泡システムによる流出液の冠泡などにより対処する。

（3）火炎コントロール　高発泡システムにて対処する。冠泡による窒息消火作用に加え，泡中の水分が蒸発する際の潜熱による冷却消火作用がある。あくまでもこのような消火作用を発揮しつつ，火炎コントロールを行うのが主目的である。

（4）消火　大量の液化ガス漏洩の場合，火炎コントロールができれば，さらにこれを消火することについては安全上種々議論があり，流出液を消火することなく燃やし尽くすことも必要であるが，消火する必要のある場合はステップ（3）の状態から粉末消火剤などを用いて消火する。

この（2）〜（4）のステップには高発泡システムが不可欠のものである。

低発泡設備は，石油タンクに設備する場合，泡をタンクの上部から供給する方式と，タンクの底部から供給する方式とがある。上部から供給する方式はエアフォームチャンバー方式が最も一般的である。図4.4.208にエアフォームチャンバーを示す。

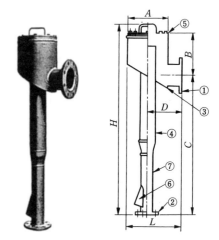

① 吐出し側フランジ　⑤ 蓋
② 流入側フランジ　　⑥ 空気吸入口カバー
③ チャンバー本体　　⑦ フォームメーカ
④ 送液管

図4.4.208　エアフォームチャンバー

タンク底部から泡を油中を通して直接供給する方式には，SSA（sub-surface application）方式とSSS（semi-sub surface）方式とがある。これを図4.4.209に示す。

（e）**散水設備**　散水設備は，外気温によりベーパの発生しやすい液体貯蔵用タンクに設備され，タンク内圧の増加を防ぎ，蒸発ロスを防止するために使われる。すなわち，タンクの温度制御のための安全設備であるが，火災発生時にはその放射熱からタンク温度の上昇を防止することができる。そのためには，タンク表面積1m²当り2〜5L/minの散水量が必要

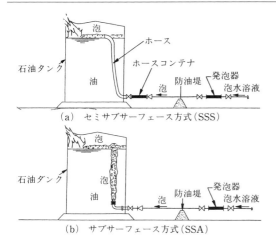

図 4.4.209 泡供給システムの SSA 方式と SSS 方式

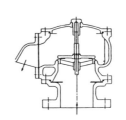 

図 4.4.210 アトモスバルブ

とされている。散水設備はこのようにタンクの温度制御用のもので防火設備の一種と考えることはできるが，水噴霧設備と異なり，消火設備とは考えない方がよい。

（f） タンク構造上の安全設備

1） ベント　タンク内の圧力が過度に上昇したり，負圧になったりしてタンク本体が破壊することを防止するために設けるものである。タンクに過圧や負圧が生じるのは，温度の急激な変化や，貯蔵物の出し入れがあったときであり，そのような状況変化を考慮してベント容量を定め，ベント機構を選定する。

コーンルーフタンクでは，側板と屋根板との接合部分が幾何学的に弱い構造であり，またこの接合部分の溶接のど厚を制御することにより，過圧がかかった場合にはこの部分に破壊を生じて一種のベント装置となるといったように，タンク本体に作り込められた安全設備もある。これによってタンク側板部を破壊することから守るのである。ベント装置により処理されるベーパ量の計算には，米国石油協会の推奨 API RP 2000 Guide for Tank Venting が参考になる。

消防法の危険物規則第 20 条に，圧力タンク以外の屋外貯蔵タンクに設けるべきベント（無弁通気管と大気弁付き通気管との 2 種がある）についての規定がある。これによれば径 30 mm 以上の無弁通気管か水柱 500 mm 以下の圧力差で作動できる大気弁（アトモスバルブとも呼ぶ）付き通気管を使用しなければならない。図 4.4.210 に小口径アトモスバルブの断面図と大口径（200 mm 以上）のアトモスバルブの写真を示す。

圧力タンクのベントは，必要に応じてタンク内の圧力を逃がす安全装置であり，安全弁[5]と貯蔵物により安全弁の作動が困難であるような場合に用いられる破壊板（ラプチュアディスク）とがある。

エレクトロニクス技術の目覚ましい発達により，二重三重に安全網が張り巡らされ，コンピュータ制御による監視体制の整った近代設備においては，安全弁は取り付けても，設備の寿命が尽きるまで一度も作動することがないのではなかろうかと想像されるほどの状況になってきているが，諸種の安全策の網の目をくぐり抜けた何らかの不可抗力による異常，あるいは安全機器類がまったく動作しないような事態に陥った場合でも，安全弁は確実に作動し，その持てる能力を十分に発揮して，圧力機器を，あるいは尊い人命を危険から未然に守らなければならない使命を持つ非常に重要性の高いものである[6]。

安全弁には，安全弁（safety valve），逃し弁（relief valve），安全逃し弁（safety relief valve）という使い分けすべき用語があり，それぞれ API，ANSI/ASME，JIS などの規格に定義されているが，別項に譲って，ここではこれ以上深く立ち入らないこととし，低温液化ガス貯槽に特有な安全弁の一種，パイロット式安全弁であるガスレリーフバルブを挙げるにとどめ，その断面図と写真とを示す（図 4.4.211 参照）。これは貯蔵圧力が比較的低圧であるため，そのままでは主弁の作動が確実性に欠けるために，いわば小口径のパイロット弁を主弁に重ねて，パイロット弁の動作をさせることにより主弁を所定の低圧力で作動するように工夫されたものである。

ラプチュアディスクは今日ほとんど用いられることはなくなってきたが，ラプチュアディスクと安全弁のそれぞれの性能を兼ね備えているラプチュアバルブというものが開発されているので紹介しておく（図 4.4.212 参照）。

2） フレームアレスタ　可燃性液体を貯蔵する屋外タンクの無弁通気管には，細めの銅網などによる引火防止装置を設けること（危険物規則第 20 条）としてフレームアレスタが規定に載っている。多層金網の熱容量による熱の分散効果から，外部からの火気による引火を防ぐ作用がある（図 4.4.213 参照）。

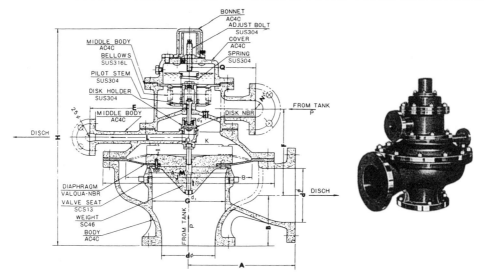

図 4.4.211 低温液化ガス貯槽用ガスレリーフバルブ

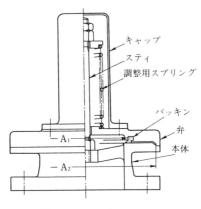

図 4.4.212 ラプチュアバルブ

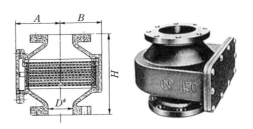

図 4.4.213 フレームアレスタ

通常の使用において，タンク内で発生したベーパが，このフレームアレスタの金網部分で凝縮してガム質を付着させたり，ベーパ内に含まれている水蒸気分が金網に付着して凍結を起こしたりしてベントを閉そくし，その結果タンクに過圧を発生させることがあるので，フレームアレスタは定期的なメンテナンスが不可欠である．定期的メンテナンスによって，ベント管内に小鳥の巣が発見される例もよくある．重要なチェック項目の一つである．

3） 緊急遮断弁 タンクそのものの安全ということではないが，タンクは可燃物を大量に貯蔵しているものであるから，タンク周囲に発災した場合，往々にしてタンクから可燃物を供給して災害を大形化させ，ひいてはタンク自体も危険に瀕するようなことがよく発生する．そこで，タンクの元弁，あるいは元弁に隣接して設けた弁などに自動操作機構を組み込んで，緊急遮断弁として作動するようにするとか，元弁近傍の配管に過流防止弁などを設置すると安全上に裨益することが多い．緊急遮断弁は高圧ガス保安法に規定がある（消防法においては規定があるのは配管だけである）．なお，外国においては，タンクノズルの内側やタンク内部に取り付ける，液中で作動する緊急遮断弁もある．

4） タンクの接地と避雷設備 タンク接地の目的は，タンク内に発生した静電気を側板や浮屋根を通して地中に逃がすことのほか，タンクに落雷があっても火災にならないようその落雷による放電をすみやかに地中に逃がしてやるためであるとされている．接地抵抗は通常 $10\,\Omega$ 以下とされている．

消防法では，政令第11条10項において，静電気による災害発生のおそれのあるガソリン，ベンゼンその他の液体を貯蔵する屋外貯蔵タンクの注入口，すなわち，入口ノズルの近傍に，静電気を有効に除去するための接地電極を設けるように規制してある．確かに静電気はポンプによる油の張込みによって発生しタンク

の中へと運ばれてくるが、油の張込み後相当時間経過しないと帯電電価は減少しない。タンクの接地抵抗が大きければそれだけ静電気災害に対して危険側にくるので、例えばタンク底部に防食のための厚いアスファルト層があるとか、酸類の貯蔵タンクをコンクリート基礎上に設置するような場合には、本格的な接地設備が必要である。

避雷設備については、消防法に、JIS A 4201「建築物等の避雷設備（避雷針）」に適合した避雷設備を設けるべきこと、周囲の状況によって安全上支障がない場合はこの限りでないとの規制がある（政令第11条14項）が、接地された金属製のタンクは、万一落雷を受けても、3.2 mm以上の厚みを持っている金属板はほとんど損傷を受けず、これが避雷導線の役目を果たして安全に大地に電流を流すことになるので、接地抵抗を十分小さくしてあれば、わざわざ避雷針などを取り付ける必要はない。接地極には、従来から銅接地極が最も広く使用されているが、銅のように鉄より電位の異なる接地極をタンクのような金属構造物の近くに埋設すると、接地極と構造物相互間に腐食電流が発生し、タンクの腐食の原因になることがあるので、接地極の選定ならびに施工にあたっては十分な注意を払い、導線の地中に入る部分を絶縁被覆するなど、タンクの腐食を極力避ける方策をとる必要がある。

5） **ゲージ設備** 消防法には屋外貯蔵タンクには危険物の量を自動的に表示する装置を設けるよう規制がある（政令第11条9項）。そのために、一般にいろいろの形式の液面表示計（レベルゲージ）が用いられている。ゲージの精度もかなり良くなってきているが、タンクテーブルを基にした商取引の基になるストックの正確な検量値としては、保税などの関連もあり認められていないので、タンクの屋根部に設けられている開口部から、オペレータが直接テープをおろして検量する方法がとられている。油面の計測自体は、テープにウォータリボンを塗ることにより容易であるが、静電気による火花を発生する危険を伴う。特に引火点の低い（38℃以下）物質の場合は危険の度合いが大きく、タンク内の油の流動中、またはその直後にゲージテープを入れると油に帯電した静電気が金属製テープに放電する危険がある。

この対策として、タンク側板に電気的にボンドされているゲージウェルが利用されている。これは多数の穴を有する金属製のウェルであって、その内部および周辺の油からこのウェルを通ってタンク側板との間に静電気回路ができるから、ゲージウェル周辺の油から静電気を消散させるのに役立つものである。

6） **水抜き管** 貯蔵タンクの底部には貯蔵物との比重差により水が蓄積されてくるから、水抜き管を装備しておくと便利である。消防法では、屋外貯蔵タンクの水抜き管はタンクの側板に設けることと規定されている（政令第11条第1項第11号の2）。ただし、タンクと水抜き管との結合部が地震に対して損傷を受けるおそれのないようになっていれば、タンクの底板から水抜き管を取り出してよい。

APIのstandard 650には、昔はタンクの底板から水を抜く形式の水抜き管が示されていた。現在では、底板部分にサンプを取り付け、そこから側板に設けられたノズルを通して水を抜く形のdrawoff sumpしか示されていない（図4.4.214参照）。

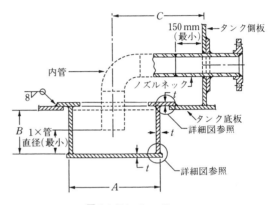

図4.4.214　drawoff sump

水抜き管は寒冷地ではつねに凍結のおそれがあるから、十分凍結防護策を講じておく必要がある。

浮屋根タンクでは、降雨により浮屋根上にたまった雨水の排水設備として、浮屋根の中央部からスイベルジョイントを装備した折畳み式のパイプ（したがって、油量の増減による浮屋根の上下動にスムーズに追随することができる）を油中に通し、側板に設けられたノズルに接続し、タンク外に雨水を排出する水抜き管がある。

7） **腐食対策** 腐食は程度の差こそあれタンクのどの部位にも発生する可能性がある。そのためいろいろな対策がとられる。

タンク外面は適切な塗装をすることにより保護することが一般に行われている。構造的にはタンクはできるだけ水の滞留することのないようにへこみができないよう製作する必要があるが、溶接構造ゆえのひずみは避けることができない。水はけの悪い部分ができると、いくら塗装で防護してあっても潜在的な腐食環境を与えることになる。特に屋根部とかウィンドガーダ部など平板部における腐食に注意する必要がある。しかし、このような部分は、もし腐食しても、内容物の

漏れにはつながることはないから，安全上それほど問題はない。

タンク内面の腐食は，貯蔵物あるいはその中に混入している不純物などが原因で発生するものである。この対策として各種の防さびライニング，コーティングが施される。

タンク底部外面の腐食は，金属面が湿潤環境に常時さらされることから，全面腐食とともに点食（pitting）を起こすことがある。底板と基礎との電位差による局部電池の作用とされる。この対策として，底板外面に塗装を施すとか，基礎のタンクに接する面をオイルサンド，アスファルト層を置く。ただの砂層を置くものに比べればそれなりの防食効果を表しているが，タンクの期待耐用年限から考えれば十分とはいえない。欧米では裏面防食法として電気防食法が法的に義務付けられている。わが国では消防法の危険物規則第21条の2で，底板外面腐食防止策として，アスファルトサンドなど，電気防食，またはこれらと同等以上の腐食防止のための措置を講じるように規定されている。このほか，タンク底板周辺のアニュラ板などにおける腐食は，地震時においてタンクの破損などにつながる要因となる可能性があり，特に重要なことから，タンク底板下への雨水浸入防止措置をとるよう，消防危第169号通達で指針が出されている。雨水浸入防止措置例を**図 4.4.215** に示す。　　　　　　　　（大川　治）

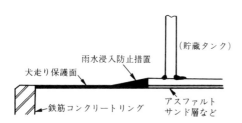

図 4.4.215　タンク底板下への雨水浸入防止措置例

引用・参考文献

1) 大川治，JACE デザインマニュアルシリーズ 貯槽・容器，化学工業社（1986）
2) 大川治，危険物用特殊形状タンクの安全性について，KHK だより 35（1992）
3) 平田寛，大川治，土木工学大成2 特殊構造物（I）3章，タンク，森北出版（1969）
4) Hemenway, H. H. and Parker, R. F., Selection of Methods and Facilities for the Economic Storage, Transport and Handling of Petroleum Gases, 6th WPC (Moscow) Sec. VII Paper 29 PD12（1966）
5) Dugan, J. J., 5 Safer Methods of Chemical Storage, Fire Protection Manual（1966）
6) バルブ講座編集委員会，初歩と実用のバルブ講座，日本工業出版（1991）
7) Welded Steel Tanks for Oil Storage, API Standard 650, 9th ed.（1993）
8) 岡本勝群，国内外における石油タンクの防食技術，日本高圧技術協会（1994）
9) 資料提供社名：初田製作所，ニイクラ，深田工業，福井製作所，本山製作所，北村バルブ製造，キッツ，中北製作所，日本ドライケミカル

4.4.12　配　　　管

〔1〕　概　　　要

配管は，物質の輸送に用いられ，気体，液体，気液二相流体，スラリーなどの輸送から，肥料，セメント，小麦粉など粉体の輸送にも用いられる。また，輸送する内容物は，可燃性，腐食性あるいは毒性などの危険性物質もあり，その輸送条件も低温から高温，また低圧から高圧まで多岐にわたっている。

したがって，配管は，これらの条件に十分耐え得る材料の選定はもとより，熱伸縮，振動，バルブ操作性，保守点検性などを考慮した配置，また，適切な溶接施工および試験，検査などを考慮し，漏洩やそれに起因する火災，爆発など配管の事故が起こらないように，化学的にも機械的にも十分な安全性と強度を有することが要求され，高温，低温，高圧などの過酷な条件に対しては，特別な安全対策が要求される。

石油精製，石油化学，電力，ガスなどおもな装置産業に関する法規，技術基準は数多くあり，法規の規制を受ける配管は，材料選定，設計，施工，試験，検査などについてこれら法規の規定に従い安全性を確認，確保しなければならない。

〔2〕　配管の種類

石油精製，石油化学などの製造装置は，プロセスも複雑で扱う内容物も非常に多岐にわたり，配管は，原料から製品に至るプロセス配管とスチーム，水，空気，燃料などユーティリティ配管に大きく分けられる。また，敷地的には製造設備内の配管をオンサイト配管，原料，中間物あるいは製品を貯蔵するタンクヤード配管や入出荷設備配管をオフサイト配管と呼んでいる。

配管は，輸送する内容物または輸送条件によってその特性を異にするが，可燃性物質，腐食性物質あるいは高温高圧配管に対しては十分な注意が必要である。特に，漏洩した場合に火災，爆発の危険性の高い製造設備内の高温高圧の可燃性配管については，安全性を十分に確認しなければならない。

ここでは，配管を特性により分類し，その要点を述べる。

（a）**高圧配管**　配管の技術基準である ASME B 31.3（process piping）では，呼び圧力がクラス 2500 を超える配管を高圧配管（high pressure piping）としているが，一般には呼び圧力がクラス 900 あるいは 1500 以上の配管を高圧配管と呼ぶことが多い。

高圧配管では，パイプを始めバルブなど高圧用の配管材料・部品を選定することはもちろんであるが，配管の接続方法についても全サイズについて突合せ溶接が要求され，ねじ込み式や差込み溶接式の接続方法は強度の面より使用を避けた方がよい。また，漏洩の原因となるフランジ継手も最小とすることが要求される。

配管の肉厚は，適用される法規あるいは配管設計基準に従って算定するが，高圧配管は厚肉となることから，後述する熱応力に対してかとう（撓）性が不足し，過大な応力の発生源となり，配管の配置計画に大きな影響を与える。

上記の ASME B 31.3 では，疲労解析や溶接部の全線放射性透過試験を要求するなど，一般の圧力配管に比べて全般に厳しい基準となっている。

（b）**高温配管**　高温になると，一定の温度，応力条件下においても時間とともにひずみが進行するクリープなど高温環境に対する材料の特性が要求される。炭素鋼では 350 ～ 380℃，クロムモリブデン鋼では 425 ～ 475℃，オーステナイト系ステンレス鋼では約 550℃以上では，クリープ強さあるいはラプチュア強さが高温強度の基本となってくる。

炭素鋼は約 425℃まで使用されるが，それ以上の温度で長時間使用すると黒鉛化し材料の脆化が問題となる。炭素鋼を高温で使用する場合は，粗粒シリコンキルド鋼が適しており，細粒アルミキルド鋼は高温強度が低い上，黒鉛化が起こりやすいため適さない。

クロムモリブデン鋼は，600℃を超えると強度が低下するので，600 ～ 650℃以上で使用する場合は，オーステナイト系ステンレス鋼を使用する。

炭素鋼の厚肉配管あるいはクロムモリブデン鋼では，溶接部の硬化に起因し，溶接時の低温割れや延性低下，腐食環境での応力腐食割れなどの原因となる。したがって，溶接前の予熱および溶接後の熱処理が要求されてくる。

つぎに考慮すべき特性として材料の脆化および耐食性の低下がある。高温で長時間加熱されたり使用されると金属組織変化に起因した劣化や脆化が問題となる。これに伴い機械的性質や耐食性に変化が生じる。石油精製，石油化学装置などの高温配管では，腐食環境を伴う場合が多く，材料は雰囲気との反応によりいろいろな劣化・損傷現象を起こす。ここでは代表的な劣化および損傷について述べる。

1）脆化　脆化は，材料がある温度域に長時間さらされると靱性あるいは延性が著しく低下する現象であり，クロムモリブデン鋼ではクリープ脆化や焼戻し脆化が，ステンレス鋼では 475℃脆化やシグマ脆化がよく知られている。

2）高温腐食　高温腐食は，材料の金属原子と気体が相互反応し，金属表面に化合物層が成長し順次表面から消耗する現象であり，一般的に高温での金属の酸化腐食は表面に厚く酸化スケールを生成していく。また，高温酸化は，表面にとどまらず酸素の拡散しやすい結晶粒界に沿って酸化物を生じ，粒界酸化を起こすことがある。

高温酸化の防止には，クロムが有効であり，クロムモリブデン鋼が使用される。特に腐食が激しい場合は，オーステナイト系ステンレス鋼，フェライト系ステンレス鋼あるいはニッケルクロム合金鋼が使用される。

3）鋭敏化　オーステナイト系ステンレス鋼は，500 ～ 850℃の間を徐冷されたり長時間保持されると粒界にクロム炭化物が析出し，粒界に沿ってクロムの欠乏層が形成され耐食性が低下する。この現象は鋭敏化として知られており，環境によっては粒界が選択的に腐食されるようになる。また，残留応力などの引張応力下では粒界応力腐食割れを起こすこともある。

4）水素侵食　石油精製，石油化学装置などでは，高温，高圧の水素を扱うプロセスが数多くあり，そのような配管では水素侵食に対する対策が最も重要である。水素侵食は，水素が水素原子となって鋼中に侵入し，鋼中の炭化物と反応してメタンを生成し，脱炭やミクロフィシャを生じ強度および延性を著しく低下させるほか，そのガス圧によってブリスタや割れを生じる現象である。

水素環境に対する材料選定の目安として API 941（ネルソン線図）がある。ネルソン線図は，1949 年に G. A. Nelson が実装置での経験や実験結果を基に，水素侵食に対する各材料の使用限界を温度と水素分圧の関係で表した線図で，その後新たな損傷事故が報告されるに従って再三改訂され，水素を扱うプロセスでの材料選定の基本データとなっている。

5）侵炭　炭化水素や一酸化炭素を扱うプロセスでは，反応や熱分解により炭素が析出することが多く，生成した活性の炭素は鋼中に侵入し金属と反応して（炭化物を形成し）侵炭が進行していく。炭化物が過剰に形成されると，クリープ破壊，脆性破壊あるいはメタルダスティングが起こる。エチレン分解炉管，石炭液化，還元ガス製造装置などでは侵炭が起こりや

すい。

6） 応力腐食割れ　応力腐食割れ（SCC）は，金属が引張応力を受けた状態で特定の腐食環境に置かれ，ある時間を経過した後に起こる現象である。応力腐食割れは，腐食反応と引張応力との相互作用あるいは相乗作用によって起こり，応力は負荷応力，熱応力あるいは残留応力のいずれであっても割れを引き起こし，圧縮応力では割れは生じない。

おもな応力腐食割れとしては，硫化水素環境下での硫化物腐食割れ（SSCC）がある。硫化物応力腐食割れに及ぼす因子としては，鋼の強度または硬さの影響が大きい。硫化物環境に対する材料選定の基準としてNACE MR 0175（Sulfide Stress Cracking Resistant Metallic Materials for Oilfield Equipment）がある。

その他の応力腐食割れとして，カセイソーダ，アミン，塩化物，ポリチオン酸などによるものがある。

ポリチオン酸応力腐食割れに対しては安定化ステンレス鋼（SUS 321，SUS 347）が使用され，塩化物応力腐食割れに対してはニッケルクロム合金鋼（インコロイ，ハステロイ，アロイ20など）が使用されることがある。

（c） 低温配管　材料を低温で使用すると，ある温度を境に靱性が急激に低下する。この温度を遷移温度と呼び，低温配管には，遷移温度が使用温度よりも低い靱性の高い材料を選定する必要がある。また，低温用材料は，シャルピー衝撃試験の実施および衝撃吸収エネルギー値が規定値以上であることが要求される。

低温で使用する材料としては，-46℃まではアルミキルド鋼が使用され，-47～-101℃では3-1/2ニッケル鋼が使用される。-101℃より低い温度ではオーステナイト系ステンレス鋼がおもに使用されるほか，9ニッケル鋼，アルミニウム合金鋼なども使用される。このうち，オーステナイト系ステンレス鋼は，-47℃以下の配管で広く使用されている。

そのほか材料選定の留意点として，低温ひずみがある。オーステナイト系ステンレス鋼を，低温に長時間さらすとオーステナイトの一部にマルテンサイト変態を生じ，徐々にひずみが生じてくる。このひずみによりフランジ継手，バルブのボンネットフランジやシートから漏洩することがある。これを防止するため，オーステナイトからマルテンサイト変態の起こり始める温度（Ms点）が使用温度より低い材料を選定するか，あるいは使用温度以下の温度で深冷処理された材料を選定する。

一般にMs点は，鋼のオーステナイト中に固溶している化学成分によって決まり，ニッケルがMs点を低下させるのに有効である。同じオーステナイト系ステンレス鋼でも，SUS 304よりもSUS 316の方がMs点は低い。

低温配管では，凍結の原因となる水分の存在にも注意を払う必要がある。圧力試験はできるだけ空気圧を使用し，水分を配管中に残さないようにする。

低温配管に使用するバルブは，グランドパッキン部の凍結による作動不良や漏洩を防止するため，ロングボンネット形のバルブを使用する。また，バルブを閉め切ったとき，弁箱内の残存流体の昇温により圧力が異常に上昇し，作動不良となったりあるいは過大な応力がかからないように，弁箱に圧力逃し弁を設けるか，あるいは弁体に圧力逃し穴を設けることが必要である。

低温配管では，高い応力を受けることは脆性破壊の観点から好ましくなく，不連続部はできるだけ滑らかに仕上げ応力集中がないようにし，ノッチやくぼみも避けるようにする。

（d） 特殊配管　高圧，高温，低温配管などは，輸送条件の違いによって分類されたものであるが，そのほか用途あるいは設置条件により特殊性を必要とする配管もある。海水配管，地下埋設配管および長距離配管がその代表的なもので，それぞれ特殊性を持っている。

1） 海水配管　臨海地区の装置では，冷却用水として工業用水（淡水）を使わず海水を用いることが多い。海水の利用は，淡水に比べてコスト上は非常に有利であるが，気温に左右される欠点や，使用する材料によっては海水中に生息する貝・藻類の付着があるほかに，塩分による材料の腐食という重大な問題がある。

海水用材料は，高クロムおよびモリブデンや窒素を添加して耐孔食性を改善した2相ステンレス鋼，キュプロニッケル，ニッケルクロム合金鋼，モネルなどであるが，これらは高級材料で価格が非常に高い。海水配管は，総じて管径が大きく，配管系すべてにわたって高級材料を用いようとすると膨大なコストがかかることになる。したがって，一般には炭素鋼に内面防食ライニングを施した配管が使用され，高級材料の使用は，ライニングが不可能な部品や小口径配管に限られる場合が多い。

海水用の防食ライニングとしては，セメント，エポキシ，ポリエチレン，ゴムなどが適している。この中でセメントライニングが，溶接施工およびライニングの補修が容易でかつ安価なことから最もよく使用される。ただし，耐熱性および耐衝撃性が劣り，貝・藻類が付着しやすい欠点がある。

国内では，非極性で貝・藻類が付着しにくい利点のあるポリエチレンライニングの使用も多く見られるが，ライニング後の溶接は不可能でライニングの補修も難しい。また，配管の接続はフランジ継手となり，埋設配管とする場合は漏洩の可能性が増すことになる。海外では，大口径の海水埋設配管としてコンクリートスチールシリンダ管（BONNA Pipe）の使用例が多い。

2) **埋設配管**　用地の有効利用，保全上の観点などから，上下水道，消火水，海水，ガスなど，あるいは可燃性流体の長距離配管は主として地下埋設される。

埋設配管では，土壌による腐食および電食が大きな問題となる。これらの配管腐食については，後述の安全対策の項で述べる。

埋設配管の深さは，一般の地域では配管の頂部と地表面との距離を0.5m以上とするが，道路あるいは鉄道横断部はさらに深くする必要がある。配管の強度は，地盤力のほか，自動車および列車荷重あるいはそれらによる衝撃，繰返しに対して十分でなければならない。設備敷地内の埋設工事は初期に行われるのが一般的で，工事中の大形建機の通行による埋設配管の破損事故も多い。この場合は，あらかじめ建機の荷重を見込むか，あるいは鉄板やコンクリート板を敷設し，過度の荷重がかからないようにする。

装置内埋設配管では，炭素鋼管が使用されることが多いが，一般の上下水道埋設配管などでは鋳鉄管が広く使用されている。鋳鉄管の接続は，差し口を受け口に差し込むだけのプッシュオンジョイント，あるいは差し口を受け口に差し込み，ボルトで締めるメカニカルジョイントで行うが，漏洩対策として内圧推力のかかる曲がり管部，軟弱地盤や地震などにより大きく変形する可能性の高い箇所では，ロックリング付きの離脱防止形継手とする必要がある。また，内圧推力支持用のアンカーブロックを設けることも必要となる。

3) **長距離配管**　石油コンビナートのように，多数の工場が一群となって原料や中間製品を有効に利用しているシステムでは，工場から他の工場への輸送配管は，装置内あるいは構内配管に比べて長くなる。また，公道や市街地などを通過することも多く，漏洩などの事故による災害は，保安上の困難さもあって大きなものとなるおそれがある。水道管の破裂ですら浸水や道路の陥没を伴い意外な損害をもたらし，さらに，市街地での可燃性ガスの漏洩による火災あるいは爆発は社会に対して大きな危険や損害を与える。

したがって，公道や市街地を通過する長距離配管は，安全上，漏洩の未然防止策，早期発見策，拡大防止策などについて，一般構内配管と異なった立場で特別な配慮が要求される。

高圧ガス保安法の適用を受ける構外配管（導管）は，防食，ガス漏洩検知装置，異常警報装置，緊急遮断装置，絶縁，巡回監視，標識，そのほか数多くの技術上および保安上の措置を要求されている。

（**e**）　**バルブ，継手，配管部品**　配管は，管，継手，フランジ，バルブなど多くの部品によって構成されているが，それぞれ使用条件を満足するものを選定しなければならない。継手，フランジ，バルブなどは，基本的には管材と同じ材質が使用されるが，部品の形状と大きさによって成形材，鍛造材，鋳造材，板材などが使い分けられる。

配管部品のうち，最も重要なものはバルブである。バルブは，その用途から開閉遮断，緊急遮断，流量調整，逆流防止，圧力逃し用などに分類され，バルブ形式として仕切弁，玉形弁，逆止め弁，プラグ弁，ボール弁，バタフライ弁，ダイアフラム弁，安全弁などがある。バルブは，同じ形式であっても汎用，高圧用，高温用，低温用，耐食用など使用条件によりボンネット形式，管との接続方法，弁体形式など構造が異なっており，個々の使用条件に従って適切なものを選択する。

バルブのシート面，ステムなど内部の主要部品をトリムと称し，通常，13％クロムなど耐食性の良い材料が使用される。シート面は，硬度差をつけるか，あるいはステライトなど硬い材料を肉盛り溶接し，かじりや異物のかみ込みによる作動不良や漏洩が起きないようにする。また，ゴム，フッ素樹脂などのソフトシートを持つバタフライ弁，ボール弁，ダイアフラム弁などは，耐熱性および耐圧性が鉄鋼材料に比べて劣ることから，使用範囲が制限される。

バルブからの漏洩はグランド部からのものが多く，漏れやすい高圧，高温あるいは低温流体では，機密性が十分得られるグランドパッキンを選定する。

圧縮機の吐出し配管など振動や脈動のある配管の逆止め弁は，がたつき現象（チャタリング）が起きる場合があるので，バルブ形式の選定には注意を要する。

〔**3**〕　**配管の安全対策**　配管は，その使用条件に応じた材料の選定，配管の配置，溶接施工などを考慮しなければならないが，特に可燃性物質を扱う高圧，高温，低温配管など危険性の高い配管では，異常圧の発生，熱による伸縮，振動あるいは腐食に対しても安全上の措置が要求される。

（**a**）　**防食**　配管は，内容物に対して十分な耐食性のある材料を使用することは前述したが，ここでは埋設管の土壌中の腐食対策について述べる。

埋設管の防食方法としては，外面被覆によるものと電気防食があり，単独または併用される。外面被覆法は，配管の外面を耐食材料で被覆し土壌中の水分などによる腐食を防止するもので，被覆材としてアスファルト，タールエポキシ，塩化ビニル，ポリエチレンなどがある。

電気防食は，電気設備や鉄道などからの漏洩電流や配管の金属部と建屋コンクリート中の鉄筋とが接触して絶縁されない場合の電位差などによって生じる電食を電気化学的に防食するもので，陽極防食と陰極防食がある。土壌中，海水中などの自然環境中の防食では陰極防食が用いられる。陰極防食法としては，被防食体に卑な金属より成るアノードを接続し電流を流す流電陽極法と，不溶性の炭素材，磁性酸化鉄などを補助電極とし直流電源を利用して防食電流を流す外部電源法とがある。

（b）**熱伸縮の吸収**　高温配管や厚肉配管では，熱伸縮による応力や変位，あるいは接続機器への配管外力に対して十分な配慮が必要である。熱伸縮は，一般にはエルボやベントによる曲がり部あるいはループを設けることによって吸収する。また，配管サポート，レストレイントおよびスプリングサポートの適正な配置設計は，配管の応力や反力の低減および過大な配管移動を防止する観点から重要である。

伸縮管継手は，石油精製，石油化学装置などの可燃性物質を扱う配管では，破損した場合の危険性から使用が限られるが，発電設備の蒸気配管では，配管長および溶接数の低減の観点から積極的に使用される。伸縮継手は，繰返しによる疲労強度が問題となることから，設計時には十分な安全性の確認が要求される。

（c）**振動防止**　振動は，振動させる力の特性と振動するものの特性との関係から，強制振動，共振振動および自励振動に分けられる。配管の振動は，往復動圧縮機やポンプ配管，2相流配管，バルブにより急激に減圧あるいは流量を急激に絞った場合などに発生しやすい。配管の振動は，配管や架台が疲労により破壊する原因となり，破壊しない場合でも不安感により運転を停止することも起こり得る。

振動の防止対策として，振動防止用の配管サポートおよびレストレイントの適正な配置あるいは防振器を設けることが挙げられる。

（d）**異常圧による破壊防止**　圧力配管では，故障，誤作動，誤操作などにより所定の運転圧力を超え圧力が上昇することがある。異常圧力が限界に達しそのまま放置すれば，配管や機器などの破損事故が発生し運転継続が不可能になる。そのため，配管や機器などには異常圧力防止装置を設けているのがふつうである。

運転圧力が設定圧力に達すると自動的に圧力を放出する装置を圧力放出装置と呼び，大気圧付近で運転されるもので，正圧時に排出および負圧時に吸気するものを通気装置と呼んでいる。

圧力放出装置には安全弁，逃し弁，破裂板などがある。安全弁は，ばね式が最も一般的で，そのほかパイロット付き安全弁も使用される。破裂板は，上流圧力が設定圧力を超えると破壊するように設計された薄板で，安全弁と併用される場合が多い。通気装置は，大気圧付近で運転される常圧タンクや低温タンクに用いられるのがふつうで，配管に取り付けられることは少ない。

（e）**静電気発生に対する対策**　異なった物質をこすり合わせて離すと，その間に電荷の移動が起こり，一方は正に一方は負に帯電する。石油類など導電率の低い流体が配管の中を移動する際にも，流体と管壁との間で接触，剥離が連続して起こり帯電する。これらが空気と混合し爆発混合気を形成し，帯電した流体から放電が起これば，これが着火点となって爆発する。

静電気の発生は，油中に水分や気泡が存在するとき，流速が速いほどあるいは大口径管ほど大きくなるといわれている。APIでは，石油類の安全流速として1m/s以下を推奨している。

静電気の除去方法としては，アースによる接地が一般的に用いられている。ただし，固有抵抗の高い非導電性のものやガソリンのような流体に対しては，電荷の地中への誘導速度はきわめて遅いことに留意する。

（f）**逆火防止**　可燃性物質を扱う装置では，何らかの原因で発生した火炎が配管や機器を伝播し，プラント全体が火災や爆発の危険にさらされる場合がある。この火災の伝播を阻止し，事故が広がるのを防止する目的で使用される装置を逆火防止装置（フレームアレスタ）と呼んでいる。

逆火防止装置は，通常，金属製のエレメント（消炎素子）によって，燃焼に必要な酸素，可燃物および燃焼温度の3要素のうち，燃焼温度を急激に低下させ燃焼を瞬時に停止させるもので，装置間での火炎伝播の防止あるいは装置内または装置外への火炎伝播の防止を目的に使用される。

（g）**堆積，滞留防止**　最近のプラントでは，薬品や溶剤の処理量がますます増大しており，微量の不純物でも長時間の運転では相当な量となる。配管中に堆積したジエン類が流体ガス中に含まれていた亜硝酸と化合して爆発した例もある。したがって，不純物の堆積が有害あるいは爆発につながる危険性がある

場合は，堆積の起こらない配管の形状配置とするとともに，内部の清掃が十分行えるようにする。

可燃性ガスなどが滞留するおそれのある配管では，運転停止時の保守点検や修理，あるいは運転開始時の安全のためのガスパージが完全にできるようにする。また，ガスおよび液体が滞留するような箇所には必ずベント，ドレンを設ける。

酸素配管中の油脂の付着やアセチレン配管中の微量の鉄粉の存在は，爆発の要因となる。したがって，このような危険物質の混入を極力排除しなければならない。

触媒やコークなどとの混合流体配管では，固着堆積物およびエロージョンによる腐食に注意する。特に，バルブのシート面が損傷を受けやすく，作動不良やシートからの漏洩の原因となることから，バルブ形式の選定に注意するとともに，シートの固着物を除去するためのパージ装置を必ず設ける。

〔4〕 配管施工および運転上の安全
（a） 溶接施工　配管の事故のうち，漏洩に起因するものが多く，特に溶接上の欠陥がその原因となっているものが多い。内容物に対して十分な耐食性および強度を持っている材料の配管でも，その溶接施工が適正でないと，溶接部だけが十分な機能を発揮しないことになる。

配管の溶接作業は，国内工事の場合，最大限について工場内でプレファブリケーションされるが，あとの残りは現場での溶接作業となることから，作業環境が工事に比較して劣り，また，ほとんどが手溶接で行われる。したがって，現場溶接施工管理の中で，溶接条件，溶接環境および溶接工の管理が特に重要である。

溶接施工での溶接欠陥の多くは，溶接方法にもよるが，開先形状の不備や水分，油など不純物の除去不足，強風，雨天下での溶接，ワイヤの乾燥不足，溶接電流の過不足などによるブローホール，割れ，スラグ巻込みなどの欠陥が多い。また，熱処理不良による腐食性流体配管やクロムモリブデン鋼の溶接部の腐食や割れを避けなければならない。

法規や配管基準では，溶接施工法は材料の種類および寸法に適し，施工法試験で確認されたものでなくてはならず，溶接工は検定試験に合格した者でなければならないと規定しており，上記の溶接欠陥を防止するためにも十分な溶接管理が要求される。

配管系の溶接部，フランジ接続部などは，圧力試験によって漏れの検査が行われる。さらに溶接欠陥を事前に発見する方法として，非破壊検査が有効である。通常は，高温，高圧配管など重要配管は溶接部全線について，その他の一般配管は抜取りにより放射線透過試験が行われる。

（b） 配管の保全　配管の漏洩事故の多くはフランジ継手部，バルブのグランド部からのものであるが，管体および溶接部の腐食や割れによるものも少なくない。配管からの漏洩といえども，場合によっては爆発など大事故となり装置全体の運転を停止する事態に至ることもあり，保全は決しておろそかにできない。

法規では，一定期間の運転後には，装置の開放点検検査や性能検査を義務付けている。保全には，日常保全，予防保全，事後保全，改良保全などがあり，運転中に行うオンライン保全と運転を停止して行うオフライン保全がある。

配管の保全は，オンライン保全では，外観，割れ，漏れ，たわみ検査など，超音波による肉厚測定，ボルトのゆるみ，異常音の検査などを中心に行う。オフライン保全では，おもに配管内部の割れ，汚れ，閉そく，腐食の検査を行う。バルブは，それらに加えてシート部の腐食，傷および異物のかみ込み，作動状態，グランドの緩みなどを検査する。

配管の保全，検査は，点検基準を定め計画的かつ継続的に行わなければならず，それが事故を予測し未然に防止することにつながる。　　　　　　（浅利敏夫）

4.4.13 高圧ガス容器
〔1〕 高圧ガス保安法と高圧ガス容器
高圧ガス保安法の容器保安規則が適用される容器とは，「高圧ガスを充填するための入れ物であって，地盤面に対して移動することができるもの」のことをいう。地盤面に対して移動することができるとは，「高圧ガスを充填して運搬することを目的としたもの」または「運搬が目的でなくとも地盤面に対して移動することができるもの」であり，いわゆるボンベタイプのほかタンクローリ等も含まれる。

高圧ガス保安法で規定する高圧ガスには，圧縮ガスと液化ガスの二つの種類がある。

圧縮ガスとは酸素ガスや窒素ガスのように容器に充填されたガスが気体の状態のまま圧力を持っているものをいい，常用の温度において圧力がゲージ圧力（以下本項における圧力はすべてゲージ圧力をいう）で1 MPa以上となる圧縮ガスであって現にその圧力が1 MPaであるものまたは温度35℃において圧力が1 MPa以上の圧力になる圧縮ガスおよび常用の温度において圧力で0.2 MPa以上となる圧縮アセチレンガスであって現にその圧力が0.2 MPa以上であるもの，または温度15℃において圧力が0.2 MPa以上の圧力になる圧縮アセチレンガスのことをいう。

液化ガスとはLPガスや液化フロンのように，容器の中で圧力を持った液体となっているものをいい，常用の温度において圧力が0.2 MPa以上となる液化ガスであって現にその圧力が0.2 MPa以上となるもの，または圧力が0.2 MPa以上になる場合の温度が35℃以下である液化ガスのことをいう。

そのほか，温度35℃において圧力が0 Paを超える液化ガスのうち，液化シアン化水素，液化ブロモメチルおよび液化酸化エチレンも高圧ガスとなる。

なお，密閉されないで用いられる容器（液体窒素等の充塡に用いられる「魔法ビン」）は，つねに大気に開放されており密封する手段を講じることができないものは，ここでいう高圧ガス容器として取り扱われない。

また，内容積1 dL（デシリットル）以下の容器は，容器検査については法の適用を除外されているが，ガスの製造（充塡）およびガスの販売については高圧ガス保安法の規制を受ける。

以前，容器保安規則では，容器の保安のために容器を製造するものに対しては，その使用材料の材質，肉厚などの設計基準，製造設備，製造の方法はもちろんのこと，製作時の試験検査に至るまで詳細に規定し，容器を保有するものに対しては，定期的に容器再検査を受けることを義務付け，また容器に高圧ガスを充塡する者に対しては，各容器の最大充塡量を始め充塡に際して守るべき事項を規定していた。しかし，科学技術の急速な変化に適切に対応するためには，詳細な記述的規格より性能要件のみを規定した規格が望ましいという理由により，1998（平成10）年3月に容器保安規則が改正された。これにより，製造の方法の基準，容器検査の方法および容器検査における容器の規格等の基準が，性能そのものを規定するのではなく，性能を実現するための仕様を規定する，いわゆる，機能性基準化された。

容器に充塡されているガスはその臨界温度により，常温高圧の下で圧縮ガスであるもの，液化ガスであるもの，低温低圧の下で液化ガスであるものなどがあるため，それぞれのガスの性質に適した容器を使用している。容器はその構造上，継目なし容器，溶接容器（ろう付け容器を含む），超低温容器，低温容器，再充塡禁止容器および繊維強化プラスチック複合容器（以下FRP複合容器と呼ぶ）に分類することができる。

〔2〕 高圧ガス容器の種類

容器の構造から以下のように分類できる。

（a） 継目なし容器　継目なし容器の用途は，充塡圧力が高い圧縮ガス用（酸素用が最も多い）に使用されているほか二酸化炭素などの液化ガス用としても使用されている。

継目なし容器に使用される材料は，以前は炭素鋼で作られたものが主であったが，最近はマンガン鋼，クロムモリブデン鋼およびニッケルクロムモリブデン鋼等の低合金鋼を使用したものも多く作られているほか，スクーバ用容器，炭酸飲料用容器等にはアルミニウム合金製容器も使用されている。また，特殊な用途に対してはステンレス鋼製のものも使用されている。

継目なし容器の成形方法には，マンネスマン方式（M式），エルハルト方式（E式）およびカッピング方式の3種類がある。継目なし容器はその成形方法から内容積が90 L以下のものが多いが，長尺容器と称して細長い容器で700 L程度のものもある。

1） **マンネスマン方式**　継目なし鋼管（まれにアルミニウム合金管）を，製造しようとする容器の長さに若干余裕を保った長さに切断し，この管端部を赤熱した後スピニングマシンで底部および頭部を個別に加工，成形して容器を製造するもの。

2） **エルハルト方式**　赤熱した鋼片（ビレット）（または常温のアルミニウム合金塊）を容器の外径に見合う金型に入れ，これを容器の内径に見合う芯金で搾孔，搾伸して底付素管を製作し，つぎに頭部管端を赤熱した後，鍛造等により容器を製造するもの。

3） **カッピング方式**　円形に切り抜いた鋼板をプレスによる絞り加工により底付管とし，頭部管端を赤熱した後，鍛造等により容器を製造するもの。

（b） 溶接容器　溶接容器は比較的低圧用で耐圧試験圧力が5 MPa以下程度の液化石油ガス，液化フロン，アセチレンガス用容器等に多く用いられている。

わが国における溶接容器の歴史は継目なし容器に比較すると新しいが，LPガス用の活発な需要に支えられ，その生産量は継目なし容器を大幅にしのいでいる。

溶接容器の使用材料は炭素鋼がほとんどであるが特殊な用途用としてステンレス鋼製，アルミニウム合金製（主として軽量化のため）のものも作られている。

溶接容器は鋼板（またはアルミニウム合金板）をロールおよびプレス等により胴板または鏡板に加工し，容器に成形し接合部分を溶接して製作される。

小型容器は2個の椀状胴部付鏡板を溶接した溶接線が周継手1箇所のものが多く，48～120 L程度の中型容器は胴板を円筒状に成形・溶接した長手継手1箇所とこれに2個の鏡板とを溶接した周継手2箇所のものが多く製造されている。

アセチレンは圧縮するときわめて不安定で爆発の危険性があるため，溶接容器の内部に隙間のないように

多孔質物（ケイ酸カルシウム等が使用されている）を固く均一に詰め，これにアセトンなどの溶剤を多孔度に応じた規定量だけ浸潤させ，それにアセチレンガスを加圧溶解させている．

溶接容器は内容積が1L程度の小容量のものからタンクローリのような大容量まで製作されている．

（c）超低温容器 圧縮ガスを容器に充塡した場合，高圧の継目なし容器であっても，容器の質量は充塡したガスの質量の数倍に達する．ガスを低温で液化した場合，例えば大気圧において温度-183℃で液化する液体酸素は，1Lの液体が798L（0℃，1atm）のガスに相当するため，低温で液体のまま容器に充塡すれば多量のガスを容易に輸送することができる．超低温容器，低温容器はこのような目的のために開発されたもので，外部からの侵入熱を防ぐため断熱材で被覆されている．

容器保安規則では，温度が-50℃以下の液化ガスを充塡することができるものであって，断熱材で被覆することにより，容器内の温度が常用の温度を超えて上昇しないような措置を講じてあるものを超低温容器という．一般には，液化酸素，液化窒素等臨界温度の低いガスの充塡に使用されている．

この場合「常用の温度を超える」とは，その容器の常用の温度のうち最高のものを超えることをいう．

超低温容器に使用される材料は低温の耐衝撃性能の良いオーステナイト系ステンレス鋼またはアルミニウム合金に限定されている．

（d）低温容器 容器保安規則では，断熱材で被覆した容器または冷凍設備で冷却することにより容器内のガスの温度が常用の温度を超えて上昇しないような措置を講じてある液化ガスを充塡するための容器であって，超低温容器以外のものをいう．

（e）再充塡禁止容器 遠隔地の冷凍装置へのフルオロカーボンの補充等容器の使用形態によっては，ガスを使用した後に容器を廃棄してしまった方が便利な場合がある．このような一度きりしかガスを充塡しない容器のために，充塡回数を制限することにより軽量化した容器が再充塡禁止容器である．再充塡禁止容器の例示基準（容器保安規則例示基準別添5第7条）にはつぎの制限がある．

① 可燃性ガス，毒性ガスおよびヘリウムガスは充塡できない．
② 最高充塡圧力（単位MPa）の数値と内容積（単位L）の数値との積が100以下であること．
③ 最高充塡圧力は，22.5MPa以下であり，かつ，内容積が25L以下であること．
④ 最高充塡圧力が3.5MPa以上の場合は，内容積が5L以下であること．
⑤ 容器の外面には，「再充塡禁止容器」と表示すること．

使用後は，残圧がない状態にし，産業廃棄物として処理すること．

（f）FRP複合容器 軽量化を目的とした，繊維強化複合材料を構造材料として用いた高圧ガス容器である．おもな用途は，空気呼吸器用容器，在宅医療用酸素容器，圧縮天然ガス自動車燃料装置用容器，圧縮水素自動車燃料装置用容器，圧縮水素運送自動車用容器，液化石油ガス用プラスチックライナー製一般複合容器である．

FRP複合容器はライナーと呼ばれる気密性を保つための薄肉の容器の上に樹脂を含浸させた長繊維を巻き付けて強化した容器である．通常，ライナー材料にはアルミニウム合金または熱可塑性プラスチック（一般複合容器以外の複合容器）が使用され，強化材料としてエポキシ樹脂とガラス繊維またはカーボン繊維が使用されている．

FRP複合容器は，フープラップ容器とフルラップ容器の2種類に分けることができる．

1）フープラップ容器 フープラップ容器はライナーの胴部分の周方向のみをフィラメントで強化した容器である．

金属材料のような等方性材料を使用した容器の円筒胴部分の応力分布は，周方向の応力は軸方向の応力に対し2倍の応力を受けている．容器の設計では周方向応力を基準に設計するため，軸方向では2倍の余裕があることになる．フープラップ容器は容器の胴部分を軸方向応力で容器を設計し，周方向で不足する力に対して，フィラメントワインディングによって補強している容器である．このためライナー材料としてアルミニウム合金を使用した場合には，同一圧力，同一容積の鋼製容器の半分程度の質量になっている．

2）フルラップ容器 フルラップ容器はライナーの子午線方向と周方向の両方向をフィラメントで強化した容器である．使用材料等はフープラップ容器と同じであるが，容器の質量はフープラップ容器よりさらに軽量になっている．

（g）自動車燃料装置用容器 自動車燃料装置用容器は，天然ガス自動車の燃料用の専用容器および圧縮水素燃料装置用の専用容器として設計・製作された容器のことであり，最初に搭載された自動車から取り外して他の自動車に載せかえることや一般用途に流用することは禁止されている．また，自動車燃料装置用容器には荷室内専用の容器もある．

また，容器保安規則では以下のように分類されてい

（1）継目なし容器
（2）溶接容器
（3）超低温容器
（4）低温容器
（5）ろう付け容器
（6）再充塡禁止容器
（7）繊維強化プラスチック複合容器
（8）フープラップ容器
（9）フルラップ容器
（10）一般継目なし容器
（11）一般複合容器
（11の2）液化石油ガス用一般複合容器
（12）圧縮天然ガス自動車燃料装置用容器
イ　圧縮天然ガス自動車燃料装置用継目なし容器
ロ　圧縮天然ガス自動車燃料装置用複合容器
（13）圧縮水素自動車燃料装置用容器
（13の2）低充塡サイクル圧縮水素自動車燃料装置用容器
（13の3）国際圧縮水素自動車燃料装置用容器
（13の4）低充塡サイクル国際圧縮水素自動車燃料装置用容器
（14）液化天然ガス自動車燃料装置用容器
（15）液化石油ガス自動車燃料装置用容器
（16）荷室用容器
（17）高圧ガス運送自動車用容器　高圧ガスを運送するための容器であって，タンク自動車または被けん引自動車に固定されたもの
（17の2）圧縮水素運送自動車用容器
（17の3）液化水素運送自動車用容器
（17の4）アルミニウム合金製スクーバ用継目なし容器
（18）PG容器
（19）SG容器
（20）FC1類容器
（21）FC2類容器
（22）FC3類容器
（23）FC容器　FC1類容器，FC2類容器およびFC3類容器
（24）高強度鋼

詳細については最新の容器保安規則を参照のこと。

〔3〕　使用上の注意事項

容器は輸送するという目的のため他の高圧ガス設備と比較し，可能な範囲で安全率を下げ肉厚を薄くして軽量化を図っているので，その取扱いは慎重にしなければならない。

また，高圧ガスは圧縮ガス，液化ガスを問わずわずかな漏れでも多量のガスが発生するので，漏洩の点検は入念にしなければならない。

（**a**）**容器の表示**　容器の所有者は容器の外面につぎの事項を表示することが義務付けられている。

（1）**塗色**　容器には充塡する高圧ガスの種類に応じた塗色が行われている。特に定められた6種類のガスは固有の色，その他のガスはすべてねずみ色が塗られている。塗色は容器の外面（断熱材で被覆してある容器は，その断熱材の外面）の見やすい箇所に，容器の表面積の2分の1以上について行う（**表4.4.42**参照。）

表4.4.42　高圧ガスの種類による容器の塗色

高圧ガスの種類	塗色の区分
酸素ガス	黒色
水素ガス	赤色
液化炭酸ガス	緑色
液化アンモニア	白色
液化塩素	黄色
アセチレンガス	褐色
その他の種類の高圧ガス	ねずみ色

ただし圧縮水素自動車燃料装置用容器，国際圧縮水素自動車燃料装置用容器および着色していないステンレス鋼製容器，アルミニウム製容器，アルミニウム合金製容器，液化石油ガスを充塡するための容器ならびに圧縮天然ガス自動車燃料装置用容器であって，その他の種類の高圧ガスに使用する場合には塗色が不要である。また，ステンレス鋼製容器，アルミニウム製容器，アルミニウム合金製容器は，塗色の代わりに剝がれるおそれのないシールによることも認められている。

（2）充塡すべきガスの名称
（3）可燃性ガスおよび毒性ガスに限りガスの性質を表す文字（「燃」または「毒」）
（4）容器所有者の氏名，住所および電話番号
① 液化石油ガス自動車燃料装置用容器，圧縮天然ガス自動車燃料装置用容器，圧縮水素自動車燃料装置用容器，国際圧縮水素自動車燃料装置用容器および液化天然ガス自動車燃料装置用容器は自動車検査証に記載されている所有者。
② 高圧ガス運送自動車用容器は，自動車検査証に記載されている所有者。
③ 容器所有者登録を行っている場合には所有者を表す登録記号番号。

（**b**）**容器および附属品の刻印**

1）容　器　容器には厚肉の部分で，見えやすい箇所に明瞭に消えないようにつぎの事項が順序正しく

刻印されている。ただし，刻印することが適当でない容器の場合には他の箔板に刻印したものを取れないようにろう付けその他の方法で容器の見やすい箇所に取り付けてある（標章の掲示という）。また，FRP複合容器のうちフルラップ容器は，強化繊維に巻き込まれているものおよびアルミ箔に刻印したものを貼付している（**図4.4.216**参照）。

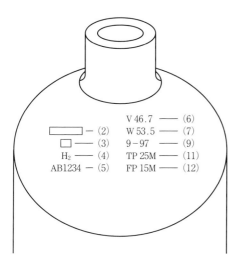

図4.4.216 高圧ガス容器の表示例
（一般継目なし容器）

（1） 容器検査に合格したことを示す記号（1998（平成10）年3月以前に製造された容器のみ）
（2） 検査実施者の名称の符号（登録容器製造業者が製造した容器の場合は，型式承認番号，国際圧縮水素自動車燃料装置用容器は名称）
（3） 容器製造業者（検査を受けた者が容器製造業者と異なる場合は，容器製造業者および検査を受けた者）または登録容器製造業者の名称またはその符号
（4） 充填すべき高圧ガスの種類と区分

PG容器	PG
SG容器	SG
FC1類容器	FC1
FC2類容器	FC2
FC3類容器	FC3

圧縮天然ガス自動車燃料装置用容器　ガスの種類CNG，容器の区分 V1，V2，V3，V4，荷室容器はR
圧縮水素自動車燃料装置用容器　ガスの種類CHG，容器の区分 VH1，VH2，VH3，VH4，荷室容器はR
国際圧縮水素自動車燃料装置用容器　ガスの種類CHG，GVH
低充填サイクル国際圧縮水素自動車燃料装置用容器　ガスの種類 CHG，GLC
圧縮水素運送自動車用容器　ガスの種類 CHG，容器の区分 TH2，TH3
液化天然ガス自動車燃料装置用容器　ガスの種類 LNG，VL
アルミニウム合金製スクーバ用継目なし容器　ガスの種類 SCUBA
　その他の容器　高圧ガスの名称，略称または分子式
（5） 容器の記号および番号
（6） 内容積（記号 V，単位 L）
（7） 液化石油ガス自動車燃料装置用容器，超低温容器，圧縮天然ガス自動車燃料装置用容器，圧縮水素自動車燃料装置用容器，国際圧縮水素自動車燃料装置用容器，液化天然ガス自動車燃料装置用容器および圧縮水素運送自動車用容器を除く容器は，附属品を含まない容器の質量（記号 W，単位 kg（キログラム））
（8） アセチレンガスを充填する容器は，容器の質量にその容器の多孔質物および附属品の質量を加えた質量（記号 TW，単位 kg（キログラム））
（9） 容器検査に合格した年月（内容積が4 000 L以上の容器，高圧ガス運送自動車用容器，圧縮天然ガス自動車燃料装置用容器，圧縮水素自動車燃料装置用容器および液化天然ガス自動車燃料装置用容器は，容器検査に合格した年月日）
（10） 圧縮天然ガス自動車燃料装置用容器，圧縮水素自動車燃料装置用容器，国際圧縮水素自動車燃料装置用容器，液化天然ガス自動車燃料装置用容器および圧縮水素運送自動車用容器は，充填可能期限年月日（国際圧縮水素自動車燃料装置用容器は，充填可能期限年月）
（11） 超低温容器，圧縮天然ガス自動車燃料装置用容器，圧縮水素自動車燃料装置用容器，国際圧縮水素自動車燃料装置用容器，液化天然ガス自動車燃料装置用容器および圧縮水素運送自動車用容器以外の容器は，耐圧試験における圧力（記号 TP，単位 MPa）およびM
（12） 圧縮ガスを充填する容器，超低温容器および液化天然ガス自動車燃料装置用容器は，最高充填圧力（記号 FP，単位 MPa）およびM
（13） 国際圧縮水素自動車燃料装置用容器は，公称使用圧力（記号 NWP，単位 MPa）およびM
（14） 国際圧縮水素自動車燃料装置用容器は，試験のサイクルの回数
（15） 高強度鋼またはアルミニウム合金で製造された容器（繊維強化プラスチック複合容器におけるライナーを含み，圧縮天然ガス自動車燃料装置用容器，圧

縮水素自動車燃料装置用容器，国際圧縮水素自動車燃料装置用容器，液化天然ガス自動車燃料装置用容器および圧縮水素運送自動車用容器を除く）は，つぎに掲げる材料の区分
　　イ　高強度鋼（記号 HT）
　　ロ　アルミニウム合金（記号 AL）
　（16）　内容積が 500 L を超える容器（繊維強化プラスチック複合容器を除く）は，胴部の肉厚（記号 t，単位 mm）
　（17）　繊維強化プラスチック複合容器は，胴部の繊維強化プラスチック部分の許容傷深さ（記号 DC，単位 mm）
　（18）　フルラップ FRP 複合容器は，鏡部分の繊維強化プラスチック部分の許容傷深さ（記号 DD，単位 mm）。なお，刻印をすることが困難なものとして経済産業省令で定める容器もある。
　（19）　内容積が 500 L を超える容器は，胴板の肉厚（記号 t，単位 mm）
　2）　附属品　容器に取り付けられているバルブ等の容器附属品についても，肉厚の部分の見やすい箇所につぎの事項が刻印されている。ただし，刻印することが適当でない附属品の場合には他の箔板に刻印したものを取れないようにろう付けその他の方法で見やすい箇所に取り付けてある。
　（1）　附属品検査に合格した年月日（国際圧縮水素自動車燃料装置用容器に装置される附属品は，年月）
　（2）　検査実施者の名称の符号
　（3）　附属品製造業者（検査を受けた者が容器製造業者と異なる場合は，容器製造業者および検査を受けた者）
　（4）　附属品の記号および番号
　（5）　附属品（液化石油ガス自動車燃料装置用容器（自動車に装置された状態で液化石油ガスを充塡するものに限る），超低温容器，圧縮天然ガス自動車燃料装置用容器，圧縮水素自動車燃料装置用容器，国際圧縮水素自動車燃料装置用容器，液化天然ガス自動車燃料装置用容器および圧縮水素運送自動車用容器に装置されるべき附属品以外の附属品に限る）の質量（記号 W，単位 kg（キログラム））
　（6）　耐圧試験における圧力（記号 TP，単位 MPa）および M
　（7）　つぎに掲げる附属品が装置されるべき容器の種類
　　イ　圧縮アセチレンガスを充塡する容器（記号 AG）
　　ロ　圧縮天然ガス自動車燃料装置用容器（記号 CNGV）
　　ハ　圧縮水素自動車燃料装置用容器（記号 CHGV）
　　ニ　国際圧縮水素自動車燃料装置用容器（記号 CHGGV）
　　ホ　圧縮水素運送自動車用容器（記号 CHGT）
　　ヘ　圧縮ガスを充塡する容器（イからホまでを除く）（記号 PG）
　　ト　液化ガスを充塡する容器（チからヌまでを除く）（記号 LG）
　　チ　液化石油ガスを充塡する容器（リを除く）（記号 LPG）
　　リ　超低温容器および低温容器（記号 LT）
　　ヌ　液化天然ガス自動車燃料装置用容器（記号 LNGV）
　（8）　液化水素運送自動車用容器に装置する安全弁は，前号リに掲げる事項に続けて，つぎに掲げる安全弁の種類
　　イ　液化水素運送自動車用容器に装置する安全弁であって，液封による破裂を防止するためのもの（以下「液化水素運送自動車用低圧安全弁」という）（記号 L）
　　ロ　液化水素運送自動車用容器に装置される安全弁であって，容器の通常の使用範囲を超えた圧力の上昇による容器の破裂を防止するためのもの（記号 H）
　詳細については最新の容器保安規則を参照のこと。
　（c）　充　　塡　　高圧ガスを容器に充塡するときは，その容器および附属品がつぎの条件に適合するものでなければならない。
　容器は容器検査に合格し，刻印または標章の掲示および表示がされ，バルブ等の附属品は，附属品検査に合格し，刻印されていることが必要である。
　容器に充塡できる高圧ガスは，容器に刻印された種類の高圧ガスしか充塡することができない。さらに，圧縮ガスの場合は容器に刻印された最高充塡圧力以下の圧力にしか充塡することができない。また，液化ガスの場合は容器に刻印された内容積に応じて計算された質量以下である必要がある（容器内の液面上に若干の気相部が存在するように充塡しなければならない）。
　なお，容器から容器に直接充塡する場合でも，充塡された側の容器の圧力が〔1〕項に示した圧力を超える場合は，製造行為となる。
　（d）　再　検　査　　容器は製造後一定年数が経過したら，つぎに高圧ガスを充塡する前に再検査を受けなければならない。再検査の期間は容器の種類によって異なっている。再検査の期間はつねにこの期間ごとに再検査を行わなければならないという期間ではなく，高圧ガスを充塡する時点でその容器または附属

表 4.4.43 1989 年 3 月以前に製造された容器

容器の種類	製造後の経過年数	① 内容量 500 L 超	② 500 L 以下 (③〜⑤を除く)	③ LP 専用 (50 L 以上 120 L 未満)	④ LP 専用 (⑤を除く 50 L 未満)	⑤ TP3.0 MPa 以下で 25 L 以下の特別な容器
溶接	15 年未満	5 年	3 年	—	—	—
	15 年以上 20 年未満	3 年	2 年	—	—	—
	20 年以上	1 年	1 年	—	—	—
	8 年未満	—	—	4 年	—	—
	8 年以上 20 年未満	—	—	3 年	—	—
	20 年以上	—	—	1 年	—	—
	10 年未満	—	—	—	—	—
	10 年以上 20 年未満	—	—	—	—	—
	20 年以上	—	—	—	—	—
	20 年未満	—	—	—	—	6 年
	20 年以上	—	—	—	—	1 年
継目なし	経過年数に関係なく	5 年				
一般複合	15 年未満	3 年				

品がこの期間を経過していないことという意味である。したがって，高圧ガスの消費中にこの期間が来た容器は，そのガスを消費した後に，つぎに充填する前に再検査を行えばよいということである。

また，附属品には附属品再検査の制度がある。
容器の再検査期間は**表 4.4.43** のとおりである。

[1989（平成元）年 4 月以降に製造された容器]
容器再検査を受けたことのない容器は，刻印等において示された月の前の月の末日（4 000 L を超える容器，高圧ガス運送自動車用容器，圧縮天然ガス自動車燃料装置用容器，圧縮水素自動車燃料装置用容器および液化天然ガス自動車燃料装置用容器は，刻印等において示された日の前日）。

容器再検査を受けたことがある容器は，前回の容器再検査合格時における刻印または標章において示された月の前月の末日（4 000 L を超える容器，高圧ガス運送自動車用容器，圧縮天然ガス自動車燃料装置用容器，圧縮水素自動車燃料装置用容器および液化天然ガス自動車燃料装置用容器は，刻印等において示された日の前日）。

（1） 溶接容器，超低温容器およびろう付け容器（液化石油ガス自動車燃料装置用容器を除く）
製造した後の経過年数 20 年未満のものは 5 年，経過年数 20 年以上のものは 2 年

（2） 耐圧試験圧力が 3.0 MPa 以下であり，かつ，内容積が 25 L 以下の溶接容器等（シアン化水素，アンモニアまたは塩素を充填するためのものを除く）であって，1955（昭和 30）年 7 月以降において容器検査または放射線検査に合格したものについては，経過年数 20 年未満のものは 6 年，経過年数 20 年以上のものは 2 年

（3） 一般継目なし容器については，5 年

（4） 一般複合容器については，3 年

（5） 圧縮天然ガス自動車燃料装置用容器，圧縮水素自動車燃料装置用容器，液化天然ガス自動車燃料装置用容器および圧縮水素運送自動車用容器については，経過年数 4 年以下のものは 4 年，経過年数 4 年を越えるものは 2 年 2 箇月

（6） 国際圧縮水素自動車燃料装置用容器については，経過年数 4 年 1 箇月以下のものは 4 年 1 箇月，経過年数 4 年 1 箇月を超えるものは 2 年 3 箇月

（7） アルミニウム合金製スクーバ用継目なし容器については，1 年 1 箇月

（8） 自動車に装置された状態で液化石油ガスを充填する液化石油ガス自動車燃料装置用容器（溶接容器に限る）については，経過年数 20 年未満のものは 6 年，経過年数 20 年以上のものは 2 年

詳細については最新の容器保安規則を参照のこと。

（e） **充填する高圧ガスの種類・圧力の変更**
容器には充填できるガスの種類および圧力が規定されている。高圧ガス容器は高い圧力に耐え得ることは当然であるが，そのほかにもガスの性質（例えば，腐食性）を勘案すると同時に，一つの高圧ガスが他の高圧ガスと混合し，爆発するなどのおそれを防止しなければならない。このため一つの容器はもっぱら一つの高圧ガスを充填するために用いられなければならない

と考えられるので，容器の規格は圧力のみならず，高圧ガスの種類別に定められている。ただし，耐圧試験圧力，最高充填圧力，安全弁の方式および安全弁の作動圧力（温度）が同一であって，性状が類似のガスを充填する容器については充填できるガスの種類がグループ化されている。

PG容器：おもに不活性ガス

SG容器：おもに特殊材料ガス

FC1類容器，FC2類容器，FC3類容器：フルオロカーボンで充填圧力により分類

なお，必要があって高圧ガスの種類または最高充填圧力を変更しようとする場合には，その容器の検査を行った，経済産業大臣（内容積500L以下の容器については，都道府県知事），高圧ガス保安協会または指定容器検査機関に申請し，許可を得る必要がある。

（f）く ず 化　再検査等で不合格になった容器または附属品は，不良容器または不良附属品が流通し充填されることを防ぐため，容器または附属品として使用できないようにくず化処分をする必要がある。

（g）そ の 他

（1）容器弁の開閉に使用するハンドルは所定のものを使用し，容器弁はゆっくり開閉する。開閉に際し，ハンマ等で叩いてはならない。

（2）ガスを使用する際，継手部，ホース，配管および機器に洩れがないか調べること。漏洩箇所の検査には，せっけん水等の発泡液による方法が簡単，安全で確実である。

（3）容器弁の出口が凍結したときは，温水で温めること。

（4）容器を電気回路の一部に使用しないこと。特にアーク溶接時のアークストライクを発生させたりして損傷を与えてはならない。

（5）容器は，火炎やスパークから遠ざけ，火の粉等がかからないようにすること。

（6）容器をローラや型代わり等の容器本来の目的意外に使用しないこと。

〔4〕**保守管理上の注意事項**

（a）貯　　蔵　容器を貯蔵するときはつぎの点を注意しなければならない。

（1）可燃性ガスまたは毒性ガスの充填容器等の貯蔵は，通風の良い場所である。

（2）充填容器等は，充填容器および残ガス容器にそれぞれ区別しておく。

（3）可燃性ガス，毒性ガスおよび酸素の充填容器は，それぞれ区分して容器置場に置くこと。

（4）容器置場には計量器等作業に必要なもの以外のものを置かないこと。

（5）容器置場（不活性ガスおよび空気の容器置場を除く）の周囲2m以内には火気，または引火性もしくは発火性のものを置かないこと。

（6）充填容器等は，つねに温度40℃以下に保つこと。

（7）充填容器等（内容積が5L以下のものを除く）には，転落，転倒による衝撃およびバルブの損傷を防止する措置を講じ，かつ，粗暴な取扱いをしないこと。

（8）可燃性ガスの容器置場には，携帯電灯以外の灯火を携えないこと。

（9）容器は，電気配線やアース線の近くに保管してはならない。

（10）シアン化水素を貯蔵するときは，充填容器等について1日に1回以上ガスの漏洩のないことを確認すること。

（11）貯蔵は，船，車両もしくは鉄道車両に固定し，または積載した容器によりしないこと。

（12）貯蔵量が300 m^3（液化ガスの場合は3 000 kg）以上の高圧ガスを貯蔵するときは貯蔵の技術上の基準に従うことに加え，あらかじめ都道府県知事の許可を受けて設置された高圧ガス貯蔵所においてしなければならない。

（b）移　　動　容器を移動するときはつぎの点を注意しなければならない。

（1）容器を転落，転倒させたり衝撃を与えたりバルブを傷付けたりすることのないような措置をとり，ていねいに取り扱わなければならない。

（2）「高圧ガス」と書いた警戒標を掲示する。

（3）容器の温度を40℃以下に保つ（直射日光に当て続けてはいけない）

（4）つぎの容器等は，同一の車両に積載して移動してはいけない。

①　充填容器等と消防法危険物

ただし，LPガス，圧縮天然ガス，不活性ガスの充填容器等（内容積120L未満のものに限る）と第4類の危険物との場合を除く。

②　塩素の充填容器とアセチレン，アンモニア，水素の充填容器等

（5）可燃性ガスおよび酸素の充填容器等を同一車両で移動するときは，これらの充填容器のバルブが相互に向き合わないようにする。

（6）毒性ガスの充填容器等には，木枠またはパッキンを施すこと。

（7）可燃性ガスまたは酸素の充填容器等を車両により移動するときは，消火設備，防災資材，工具等を携行すること。

（8） 毒性ガスの充塡容器を移動するときは，救急用具を携行する。

（9） アルシンまたはセレン化水素を移動するときは除害の措置を講ずること。

（10） 容器の運搬はできるだけ運搬用の手押車を備えること。適当な手押車が利用できないときは，容器を傾け，その底で転がす（引きずったり，すべらせたりしてはいけない）。

（11） 容器を吊り上げる場合，容器を安全に保持できるようなかごなどを用いて行い，容器弁やキャップに玉掛けロープを直接掛けるようなことは行わないこと。また，マグネットクレーンによる吊上げは行わないこと。

（竹花立美）

引用・参考文献

1) 高圧ガス取締保安法，第16次改訂版，高圧ガス保安協会，(2017)
2) 容器保安規則関係例示基準集，第2次改訂版，(2015)

5. システム・プロセス安全

5.1 プロセスの危険性

5.1.1 生産プロセスとリスク

プロセスは[1]，原料に化学的，物理的な操作を加えることで製品に転換するための機能を表し，その機能を実行するための設備がプラントである。化学プラントなどの装置工業の設備はその代表例であるが，その特徴は多数の処理工程が複雑に連結していることであり，連続プロセスでは原料を供給してから最終製品に至るまでの工程は設備によって処理され，ほとんど人間の手を煩わせることがない。最近では，自動化技術の進歩により機械加工や組立工業もプロセス産業化する傾向がより顕著になっている。プロセスはすべて連続一貫システムであるとは限らないが，プロセス化によって，一貫して処理が行われるのは，当然，省力化，安定化，効率化，その他の利点があるからであり，連続プロセス，すなわち流れ生産方式の性格が強い。他方，相互干渉のある多数の異なる処理工程を有機的に運用することが要求される。例えば，化学プラントには連続プロセスが多いが，連続プロセスでは，各装置は配管によって複雑に接続されており，途中にあるパルプPの操作を誤ると，流れた先で異常反応を起こしたり，温度，圧力など運転条件の異常を引き起こし，それが事故の原因となることが少なくない。回分操作でも，いくつかの手順を重ねることによって最終製品が作られるが，その中にある工程で操作を誤ることが後工程での異常の原因になることがある。最近の生産プロセスでは同期化が進んでいるために，誤操作としては時間のずれといった問題も含まれる[2]。

「安全」の概念は一般的には「危険がないこと」や「危害または損傷・損害を受けるおそれがないこと」とされている。一方，われわれが暮らす現代社会では，自然災害，設備災害などさまざまな危険に取り巻かれており，100パーセント危険がない状態は現実にはない。どんなに注意していても怪我をするし，交通事故に遭う可能性はゼロではない。人は，日常不確実な状態で生活しており，「安全」は「危害や損害という不利益を生じる可能性がきわめて少ないと考えた結果としての状態，または状況」として理解している。この「不利益を受ける可能性」が「リスク」である[3]。「リスク（risk）」は危害の発生確率と危害の程度（大きさ）の二つの要素の組合せで表現される。ISO/IEC Guide 51によるとつぎのように定義される[4]。

リスク（risk）：危害の発生確率およびその危害の程度の組合せ

同じく「安全（safety）」の定義はつぎのとおりとなる。

安全（safety）：受容できないリスクがないこと。

ISO/IEC Guide 51は，規格に安全に関する規定を導入するためのガイドラインで，正式名称は"Safety aspects : Guidelines for their inclusion in standards"という。この指針は1990年に発行され日本においても2004年に"JIS Z 8051：2004 安全側面—規格への導入指針"として取り入れられている。このガイドラインは保険や投資などの投機的な分野は対象外とするものの，医療，化学，機械，電気など幅広い分野での安全規格作成に使用されている。国際安全規格においては，安全はリスクを経由して定義され，リスク評価がリスク低減への方法論として要求されている。

一方，日本では，絶対安全という考え方が支配的であった。すなわち，リスクがゼロであることが要求され，潜在危険が存在しても，多くの場合，人の経験と知恵によりそれを回避し，安全の確保に努めてきた。しかし，これまでのこの方法では必ずしも，リスクに対する認識やリスク軽減に対する論理的思考が明確ではなかったといえる。このような問題を解決し，人，設備の安全性を確保するためには，従来の絶対安全の考え方からリスクを基準とする危険評価，リスク低減へと意識を転換する必要がある[5]〜[7]。すなわち安全は，プラントに潜在するリスクを低減することによって達成することができる。産業プラントの安全性向上のために，リスクを論理的，系統的に議論し，リスク情報に基づく危険性解析と安全対策を施すことが重要である[8],[9]。

〔鈴木和彦，中井敦子〕

引用・参考文献

1) 荻野文丸総編集，化学工学ハンドブック，朝倉書店 (2004)
2) 安全工学協会編，新安全工学便覧，コロナ社 (1999)

3) 古田一雄，長崎晋也著，安全学入門，日科技連出版社（2007）
4) 向殿政男，安全設計の基本概念，日本規格協会（2007）
5) 田村昌三編，産業安全論，化学工業日報社（2017）
6) AIChE/CCPS, Guidelines for Hazard Evaluation Procedures (Second Edition) (1992)
7) AIChE/CCPS, Guidelines for Chemical Process Quantitative Risk Analysis (Second Edition) (2000)
8) Frank, P. Lees, Loss Prevention in the Process Industries (Second Edition), Butterworth Heinemann (1996)
9) AIChE/CCPS, Guidelines for Risk Based Process Safety (2007)

5.1.2 生産プロセスの危険要因

プロセスの危険性は大きく分けて，設備の異常に起因する事故とそのプロセスの運用に携わっている人間が危害を被るいわゆる労働災害の2種類があり，この両者は災害の形態においても，発生の要因においても異なるので，分けて議論する必要がある。まず，設備の事故についていうと，危険要因すなわち事故の原因となり得る不具合は，さらに4種類に分けることができる。すなわち，設計の不備，施工の不良，経年劣化そしてヒューマンエラーである。

〔1〕 設 計 不 備

設計が不備で事故に至る例は少なくない。これまでの技術の進歩を通して蓄積された設計のための知見は，工学として体系化され，それが専門教育の基本になっている。各技術分野では，それらの知識は設計のための工学便覧として集大成されており，最近ではいわゆるCADのためのコンピュータ用にプログラム化されている。

しかし，これらの技術体系は，汎用化が重要な目的であるために，問題を構成要素に分解して取り扱っている。したがって，特定のシステムを設計する場合は，一般的に記述されている固有技術を組み合わせる形でプロセスを構築することになる。

もし，そのプロセスに汎用技術が対象としていない特有の条件が潜んでいるとすると，汎用技術だけに頼っている設計者はその特殊条件に気が付かずにプロセスを設計してしまい，いわゆる設計不備が生じることになる。

設計不備にも，計算式の使い方が適当でなかったもの，前提条件が不適当であったもの，構造に対する検討が不十分であったものなど，さまざまな種類があり得る。本質的に不適当な設計であれば，運転を開始して間もなくその欠点が顕在化するので，例えば試運転のときに発見するといった対応が期待できるが，ある条件になると初めて生じるような欠陥は，運転中でもそのような条件に至るまでは顕在化しないという問題がある。操業開始後長時間たった事故であるのに，事故調査の結果，原因が設計不良であると判断されることがあるのは，そうした構造によるものである。

設計不良の問題の難しさは，どこにそれが存在しているかを知ることが不明であるという点にある。設計者自身が設計どおり機能するかどうか確信がないような部分については，あらかじめ実験などで確かめる手続きがとられるのでほとんど問題にならないが，気が付かない設計不良は顕在化するまで改良されず，大きな事故の原因にもなり得る。

すなわち，設計の段階でできる限り網羅的に問題点を抽出して，それに適当な対策がとられているかどうかを確認することが必要となる。設計者の思い込みや検討不足による問題点の見逃しが発生することを補う対策として，デザインレビュー（design review, DR）という方法がとられる。DRとは設計の各段階で確認しなければならない事項を網羅的にチェックリストの形で用意し，落ちがないように確認することを目的としている。

しかし，一般には設計部門と運転部門とは独立であり，多くの場合別な会社であるために，運転中に発見された設計不備の問題が，必ずしも設計部門にフィードバックされないという問題がある。運転部門はそこで手直しをして問題を解決してしまうと，設計者にはその情報が届かず，同じ間違いを繰り返すおそれがいつまでもぬぐわれないことになってしまう。最近では，現場での改良の成果を設計部門に積極的にフィードバックすることが行われるようになり，それをMP（maintenance prevention）情報と呼んでいる。

〔2〕 施 工 不 良

設計どおりの施工が行われないことが事故の原因になる場合がある。製作時の溶接欠陥や材料の取違いといったミスのほかに，補修作業が不適当であることによる事故もこの類である。こうした事故を防ぐのは一般に受入れ検査のような確認の手続きによっているが，工事中の短時間に膨大な点数の検査をしなければならないのでなかなか完璧を期すことは難しい。

相当長期間運転してきた化学プラントの配管について総点検をしたところ，設計図面と異なる材料の配管が使われているのが発見されたという例がある。また，運転開始から10年たった反応器の開放検査を行い，その後の漏洩検査の最中に反応器が破裂し，原因を調べると製作時の溶接欠陥であったという例もある。

このように，施工不良の場合には，明らかな欠陥は検査によって発見されるので，見逃された欠陥が顕在

化するのには比較的長い時間がかかることが多い。したがって，その間に危険度に応じた優先順序に従ってもう一度再検査を行うといった配慮が必要である。

これは，いわば受入れ再検査であり，おそらく2回の検査でも，見逃してしまう施工不良はほとんどないのではないかと思われる。運転中にその検査が可能なものはそれほど多くないとすると，数回に分けて定期修理期間に行うことになるので，そのための工事計画を綿密に立てる必要がある。

しかしながら，一般の検査では発見することができない種類の施工不良については，現実にはほとんど対応することが困難である。例えば，塗装が行われている部品での材料の取違いなどは，よほど積極的に塗料を剥がして検査をするようなことをしない限り発見することができない。

施工不良対策の基本的な考え方は，上で述べたように，起きてしまった施工不良を検査によって検出するという方法は時間と労力を伴いながら，しかも完全を期することが困難であるから，施工不良を発生させないための管理体制を充実させることである。

実際の施工業務に携わる末端の作業者には，作業の仕様書は示されているが，その作業での欠陥が設備全体の安全性にどのような影響があるのかはほとんど知らされていない場合が多い。もちろん，重要ではない作業には手を抜いてよいということではないが，特に安全性に直接関わる箇所の作業には念を入れる配慮は，施工不良を防止する上で重要である。そのためには，作業者はスキルの向上に励むとともに，分担する作業に対する責任を自覚する必要がある。

〔3〕 **経年劣化**

いかなる設備も時間の経過あるいは使用の繰返しによって劣化が起こることはだれもが周知しているところである。こうした問題は，いわゆる保守あるいは保全によって対応している。しかし，それぞれの経年劣化現象がどのような速度で進行するかがわかっている場合はほとんどなく，基本的にはそれが顕在化した段階で補修するという方法がとられてきた。

いわゆる手入れの悪い設備は事故の基であるので，そのために日常の作業として決められた方法に従った保守点検作業で対応するというのが一般的な考え方である。ところが，日常点検にしろ定期点検にしろ点検作業は間欠的であり，その間に故障が起きた場合には点検の効果がないことになってしまう。

点検によって，例えば異常音の発生や異常加熱などによって故障になる前に現れる兆候が発見できれば大事に至らずにすむが，必ずしもすべての異常を点検によって発見できるとは限らない。異常の発見が遅れて対応までに長い時間がたってしまうと取返しのきかない大きな事故にまで発展してしまうことになる。

例えば，石油精製プラントにある高圧水添反応装置のように，高温高圧下で水素を取り扱う設備では，内部流体が漏洩すると，漏洩から爆発までの時間が非常に短く，周辺に設置してあるガス検知器が作動する前に水素に着火してしまう例がある。このような場合には，たとえ点検によって着火前に欠陥が発見されても間に合わないことが多い。

経年劣化の取扱いは，劣化現象として「何が」，「どこで」，「いつ」起きるかをいい当てるという予測の問題である。予測の問題を扱う方法論として提案されている信頼性工学においては，故障の起こる可能性を過去のデータから統計的に評価される確率論的期待値として表現している。

部品の寿命の問題も確率論で定義される故障率によって管理する方法が提案されているが，安全性を議論する立場からすると，確率的評価では事故の起こる可能性がゼロになり得ないという致命的な前提条件があり，その取扱いが難しくなる。

特にメンテナンスの場合は，多数の設備を統計的に評価して管理するのではなく，特定の設備を対象としているので，その設備の余寿命がどのくらいであるのかを具体的に議論する必要があり，確率論は必ずしもなじまない性質の問題であるということができる。

〔4〕 **ヒューマンエラー**

人間の作業には誤操作，誤判断がつきものである。ヒューマンエラーが事故を引き起こす問題は人間工学の分野では古くから取り上げられているが，いまだに根絶することができていない。

フールプルーフ，フェールセーフといった人間の間違いをバックアップする方策も対応の一つの考え方であるが，これを突き詰めると完全無人化を指向することになり，人間の役割を無視したシステムになってしまう。しかも，自動化システムは想定される問題に対処することができても，いわゆる臨機応変の対応をすることができないので，想定外の異常の起こることを完全に否定することができない限りは，それに対する人間のバックアップが必要になるというジレンマが存在する。

ヒューマンエラーを直接問題として取り上げている技術分野は人間工学である。安全人間工学と呼ばれる分野では，エラーを起こさせないための環境条件，人間の生理的，心理的条件などについて工学的な研究を行っているが，特に航空機の分野で発達し，大きな成果を得てきている。

ヒューマンエラーを回避する方策としては，設計の

段階で検討を加え，人間が間違わないような設備の構造にするという考え方がある．例えば，読み間違いや見落としのないようなメータの表示を工夫する，不必要なときに操作しないように施錠をしたりカバーを取り付けるなどの対策はその例である．

一方，人間の弱点である誤認，錯覚，誤操作といったエラーそのものを人間の意識を喚起することによって防止する方策についてもさまざまな工夫がされてきている．例えば，ヒヤリハットの登録，指差し呼称，危険予知訓練などが挙げられる．

ヒヤリハットは，大きな事故の背景には多くの中程度の事故があり，中程度の事故の背景には多くの小規模の事故があるというハインリッヒの指摘に基づいて，日常の活動の中で「ヒヤリ」としたり「ハット」するような経験を報告して，全員の経験として注意を喚起することによって，中規模，さらには大規模の事故への誘発を防ぐことを目的としている．また，各人がそうした事故の芽を摘む努力をすることによって安全に対する意識を高めることも狙っている．

指差し呼称は作業をする前に，行おうとしている作業が間違いないことを確認するために，対象を指で差し，それが正しいことを確認したら「ヨシ」と声を出していることによって誤動作を防止するために励行する習慣である．かなり以前に実験によって指差し呼称の効果が証明され，現在ではほとんどの交通機関や工場で行われている．しかし，実験結果が示すように，エラー率は減ってはいるが，ゼロになっていないのでこれだけで誤動作を皆無にすることは期待できない．

危険予知訓練とは，一般にグループで行われるが，ある作業をしている状況の絵や写真を皆で見て，どこに危険な要素があるのかを指摘し合い，危険に対する感受性を高めるための教育方法である．漫然と作業をするのではなく，些細な危険性も見逃さないような態度を普段から養成することを目的としている．

こうした努力はそれぞれある程度の効果を期待することはできるが，作業の目的は別なところにあるために，本来の作業に注意が集中すると周辺の危険要因への注意力は希薄にならざるを得ない．すなわち，誤動作，誤判断を起こさないように注意することは当然ではあるが，そこに加えて最も重要なのはプロとしての技量である．

何遍繰り返しても同じように作業ができるためには，それをいちいち考えなくても間違いなくできるように自分の技量として身に付いていることが必要である．工場の作業に限らず，スポーツにしても芸能にしてもあるいは職人といわれる作業でも基本的な技量が身に付いていることが前提である．これは作法といわ

れるものであり，一見安全とは無関係な習慣，規則も含めて「自然」で，「無駄がなく」，「理にかなった」，「美しい」動作が実現するような風土を確立することが重要であるように思われる．その結果として安全が実現されるものであり，それがそれぞれの職場のいうならば「安全文化」である．

（大島榮次）

5.1.3 生産プロセスの安全性

日本各地に点在する産業コンビナートは，エネルギー，鉄鋼，石油化学製品，自動車等の日本有数の生産拠点であり，万一，大規模製造設備が事故/トラブルや自然災害により生産機能の低下，緊急停止操作で操業を停止すればその被害額は甚大であり，住民および国内企業へ多大な影響を与える．さらには施設・インフラ構造物の損壊，環境汚染等の影響で事故後の復旧に多大な時間と労力を要する．製造現場では事業所や生産設備の集約化が進んでおり，一つの企業の産業事故による原材料の供給停止が国内外の関連産業に非常に深刻な影響を及ぼす事態が発生する．すなわち，社会機能損失および経済的損失は計りしれず，周辺住民の生活基盤・経済基盤に多大・深刻な影響を与えるおそれがある．

現在の化学プラントは，国際競争力を意識し，低コストでの運転，もしくは製品品質の最適化を目的として，高度制御技術の導入が進められている．しかし，その結果としてオペレータがトラブルや非定常運転を経験する機会が減少し，万一装置で異常が発生した場合に十分な対応操作や変更操作を図れないといった現場の安全力の低下につながっている．さらに，プラント建設時から運転に従事してきた経験豊かな熟練オペレータの定年退職が加速的に進んでおり，トラブルを通じて培ってきた感性にも近い技術・ノウハウの喪失が指摘されている．これらの問題からオペレータの知識・経験不足といった人的要因による産業事故が増加している．

最近の重大事故の要因として，石油コンビナート等における災害防止対策検討関係省庁連絡会議報告書（2014（平成26）年5月，内閣官房，総務省消防庁，厚生労働省，経済産業省）は，① リスクアセスメントの内容・程度が不十分，② 人材育成・技術伝承が不十分，③ 情報共有・伝達の不足や安全への取組みの形骸化を挙げている[1]．また，自然災害に対する産業界の対応については，2014年3月に中央防災会議が「大規模地震防災・減災対策大綱（案）」を示している．その中では，防災教育・防災訓練の充実，総合的な防災力の向上（地域防災力の向上，企業と地域との連携，減災技術開発等）の必要性が述べられてい

る。両報告書にあるとおり人材育成・技術伝承を目的とした安全教育は社会的要請である[2),3)]。

化学プラントなど大規模産業施設が事故・災害を起こさないことが重要である。また，万一事故・災害等により異常事態に陥った場合に備えて，その影響を最小限にとどめ，生産拠点として産業生命を維持するための具体的な対応技術を確立し，安全対策を策定する必要がある。プラントの安全性を確保するためには，まずその危険性を把握することが重要である。対象施設・設備の危険性を把握するために危険源を網羅的に抽出し，リスクアセスメントを実施する。さらにリスクの程度に応じた安全対策を講ずる必要がある[4)～7)]。さらに，緊急時対策技術としては，いかなる異常事態についても，まず安全に停止することが要求される。プラントの安全性確保の手段として，多重防御の考え方がある。AIChE（米国化学工学会）のCCPS（化学プロセス安全センター）により，独立防御層（independent protection layer, IPL）の概念[8)]が提唱されたのをきっかけとして，システマティックな安全設計に関する議論が行われている。化学プラントの火災爆発，毒性物質漏洩などの事故を未然に防ぐために，安全計装システム（safety instrumented system, SIS）など，安全設計エンジニアリングは重要な役割を果たし，機器，安全操作により安全機能を高める要求はますます高くなる。

これまでは，SISなど安全系は慣例化された情報（手続き）に基づいて決定，設置されたものが多く，その健全性やシステム安全に対する効果に及ぼす影響などは系統的に評価されないままとなっていた。このような安全系設計においては，HAZOP手法などによる解析結果に基づく潜在危険の同定に始まり，プロセスの健全性水準を決定するだけでなく，運転段階における操作手順，あるいは定期的テスト，メンテナンスの頻度などの思想とも系統的に関連付けられなくてはならない[9)]。

しかし，福島の原子力発電所での事故から明らかなように，安全に停止しても，その後の運転員・作業員の対応の誤りにより甚大な被害をもたらすおそれがある。化学プラントにおいても設備故障が引き起こした事故がその後の運転員の誤った対応により重大事故へと進展した事例が多数報告されている[10)～12)]。このような非定常・緊急時の対応操作については，常日頃から教育・訓練を実施しておくことが必要である。製造設備，危険物取扱設備における災害・シビアアクシデント時の対応の強化が人・設備の両面から求められている。また産業施設の安全の実現のためには設備・システム側だけでなくそれを運用する「人」についての問題も考慮する必要がある。産業施設では競争力を高めるために，大規模化・統合化に伴い，システムのブラックボックス化が進行している。このため運転員が異常の全体像を把握できず，危険発生時に適切な安全措置がとれないという問題が生じている。特に，プラント異常時の運転では，異常発生時に事故を防ぐためや，被害を少なくするために行う作業のことであり，安全に運転できる状態に回復させるための操作や，時にはシャットダウンを行う。しかし，定常時運転などに比べ異常時においては予測ができないことに対して異常時の総合判断はオペレータの豊富な知識や経験が要求され臨機応変な対応が求められる[13)]。

このような状況の中，レジリエンス工学が着目されている。「レジリエンス」とは，弾性，しなやかさ，回復力といった意味を有する言葉であるが，専門用語としてのレジリエンスは，システムが変化や擾乱を吸収して正常な機能や平静を保つ能力を意味する。特に，日本でレジリエンスという言葉が使われるようになったのは，2011年3月11日に東北地方を襲った東日本大震災とそれに伴う東京電力福島第一原子力発電所の事故を経験して以降である。従来のリスクマネジメントがリスクを許容できるレベル以下に抑えることを目的にするのに対して，レジリエンス工学におけるリスクマネジメントは，変化，擾乱，不確かさの下で機能変動性を吸収するシステムの能力を高めることを目指している。したがって，レジリエンスは通常状態における安定運転，異常状態における事故防止，事故後における損害の最小化，災害発生後の速やかな復旧など，システムのあらゆる運用条件を対象としている[14)]。

近年はIoT，ビッグデータ，AIといった新しい情報通信技術により運転員を支援するための研究・技術開発が行われ，実用化されているものも数多くある。例えば，プラントのスタートアップやシャットダウン，品種切替えなど，オペレータのスキルによって，運転品質にムラが生じる手動操作中心の作業について，熟練オペレータの運転手順を簡単にシステム化し，手順書を作成することができる支援ツールが開発されている。さらに，高度なセンシングによるビッグデータの収集，AIによる分析を通じて，異常・予兆の早期検知，適切なアラームを可能とするシステムが開発されている[15),16)]。

一方，産業の現場ではノンテクニカルスキルが着目されている。ノンテクニカルスキルとは，「テクニカルスキルを補って完全なものとする認知的，社会的，そして個人的なリソースとしてのスキルであり，安全かつ効率的なタスクの遂行に寄与するもの」と定義さ

れている。ノンテクニカルスキルでは，状況認識，意思決定，コミュニケーション，チームワーク，リーダシップ，ストレスマネジメント，疲労への対応が挙げられる。これまでに発生した大規模事故を振り返るとノンテクニカルスキル失敗に起因する物が数多くある。例えば，スリーマイル島原子力発電所事故では，問題解決，チームワーク，状況認識のノンテクニカルスキル失敗と考えられる[17),18)]。

（鈴木和彦，中井敦子）

引用・参考文献

1) 内閣官房，総務省消防庁，厚生労働省，経済産業省，石油コンビナート等における災害防止対策検討関係省庁連絡会議 報告書（2014）
2) 中央防災会議，大規模地震防災・減災対策大綱（案）（2014）
3) 勢登俊明，「現場の声」から見た最近のコンビナート事業所の特徴とこれからの事故防止に求められること，Safety & Tomorrow，No.156（2014）
4) 厚生労働省安全課，化学プラントのセーフティ・アセスメント指針と解説，中央労働災害防止協会
5) AIChE/CCPS, Guidelines for Hazard Evaluation Procedures（Second Edition）（1992）
6) AIChE/CCPS, Guidelines for Chemical Process Quantitative Risk Analysis（Second Edition），（2000）
7) Lees, F. P., Loss Prevention in the Process Industries（Second Edition），Butterworth Heinemann（1996）
8) AIChE/CCPS, Guidelines for Safe Automation of Chemical Processes（1993）
9) AIChE/CCPS, Layer of Protection Analysis（2001）
10) 安全工学協会編，火災爆発事故事例集，コロナ社（2002）
11) 安全工学会編，事故・災害事例とその対策 −再発防止のための処方箋−，養賢堂（2005）
12) AIChE/CCPS，化学工学会SCE・Net安全研究会編著，事例に学ぶ化学プロセス安全（2015）
13) 化学工学会産業部門委員会　安全委員会　無人化設備安全対策WG，化学工学テクニカルレポートNo.38，少人化のための高信頼性プラント（1999）
14) 古田一雄編著，レジリエンス工学入門，日科技連出版社（2017）
15) 電気学会 次世代の原子力運転保守技術調査専門委員会編，次世代のプラント運転支援技術（2007）
16) 新名伸二，小林靖典，福沢充孝，非定常運転支援パッケージ"Exapilot"，横河技報，41-4，pp.115-120（1997）
17) ローナ・フィリン，ポール・オコンナー，マーガレット・クリチトゥン著，小松原明哲，十亀洋，中西美和訳，現場安全の技術，ノンテクニカルスキル・ガイドブック，海文堂出版（2012）
18) 南川忠男著，産業現場のノンテクニカルスキルを学ぶ 事故防止の取り組み，化学工業日報社（2017）

5.2 異常診断・アラームマネジメント

5.2.1 プロセスの異常診断

プラント運転中に異常が発生したとき，オペレータは異常の原因を特定して，プラントを安全な状態に移行させるための操作を行う必要がある。そこで，異常時におけるオペレータの意思決定を支援することを目的として，さまざまな異常診断法が提案されている。

異常診断法は，**表5.2.1**に示すように，大きく二つに分類できる。一つは，対象プラントで過去に発生した異常時のデータ，あるいは，経験を基にして作成した症状→原因の対応関係を用いる方法である。もう一つは，対象プラントのモデルを用いて症状から異常の原因を診断する方法である。前者を経験的診断法，後者を論理的診断法と呼ぶ。

表5.2.1　異常診断法の分類

経験的診断法	① 定性的ルールに基づく経験的診断法 （例）デシジョンテーブル，エキスパートシステム ② 定量的データに基づく経験的診断法 （例）パターン認識，ニューラルネットワーク
論理的診断法	① 定性的モデルに基づく経験的診断法 （例）符号付有向グラフ，ペトリネット，フォールトツリー ② 定量的データに基づく経験的診断法 （例）拡張カルマンフィルタ，適応観測器，多変量解析（主成分分析，独立成分分析など）

経験的診断法の長所は，対象プラントのモデルを必要としないことである。したがって，化学工学的な解析が困難なプラントに対しても適用できる。その半面，過去に経験したことのない異常状態には無力であるという短所がある。

一方，論理的診断法は，対象プラントのモデルを用いるので，過去に経験したことのない異常状態の原因も診断できることが最大の長所である。以前は化学工学的な解析が困難なプラントには適用できないともいわれていたが，近年は化学工学的な解析をしなくても得られるモデルを利用する診断法もある。

〔1〕　経験的診断法

経験的診断法は，さらに，定性的ルールに基づく診断法と定量的データに基づく診断法とに分類できる。定性的ルールに基づく診断法は，デシジョンテーブルを用いる診断法[1)]やエキスパートシステム[2)]に代表される。過去の異常時の定量的データを必要としないので，多くのプラントに適用できるが，一般的には，診断精度が低く，異常の原因を一つに絞り込むことが難しい。しかし，小規模プロセスで診断すべき異常原因

が限定的な場合には有用なこともあり，実用化された報告例もある。定量的データに基づく診断法は，ニューラルネットワーク[3]やパターン認識[4]に代表され，それらに含まれるパラメータを最適値に収束させることができれば，高い診断精度を実現することができる。そのためには，過去の異常時の定量的データを多数必要とするが，過去に多数の異常が発生すれば，当然，対象プラントに何らかの改良が加えられるので，この方法はほとんど実用性がない。

〔2〕 論理的診断法

論理的診断法も，定性的モデルに基づく診断法と定量的モデルに基づく診断法とに分類できる。定性的モデルに基づく診断法は，符号付有向グラフ（signed digraph）[5]，ペトリネット（Petri net）[6]，フォールトツリー（fault tree）[7]を用いる診断法に代表される。定性的モデルは，対象プラントの設計データから自動生成することも可能であり，それを用いた診断に要する計算量が小さいので，大規模な対象プラントに適用することができる。しかし，高い診断精度を実現することは困難である。診断精度の向上を目的として，確率論などと組み合わせる方法[8]も提案されているが実用的ではない。定量的モデルに基づく診断法として，古くは拡張カルマンフィルタ[9]や一般化尤度比検定[10]を利用する診断法が代表的なものであった。正確なモデルが得られれば，高い診断精度を実現できるが，正確な定量的モデルを作るには対象プラントを十分解析する必要があり，大規模な対象プラントに適用することは難しい。しかし，近年の情報技術の進歩に伴い，大量に得られる正常運転データに対して多変量解析の手法を適用して定量的モデルを得ることも可能となり，異常検知・診断に応用されるようになってきている[11]。代表的な手法としては，主成分分析（principal component analysis, PCA）[12],[13]や独立成分分析（independent component analysis, ICA）[14]を利用した診断法がある。また，これらの多変量解析モデルと符号付有向グラフなどの定性モデルを組み合わせた方法[15]も提案されている。

5.2.2 アラームマネジメント
〔1〕 プラントアラームシステム

プラントアラームシステムは，プラントの監視変数が安全，品質や環境などを考慮して定められた管理範囲を逸脱したとき，プラントの正常状態からの逸脱をオペレータに警報により知らせ，プラントを正常状態に戻すための対応操作を求める。プラントアラームシステムは，プラントの安全性，生産性および製品品質を高い水準に維持するためのプラント監視制御システムの重要な構成要素の一つであり，表5.2.2に示す化学プラントの事故発生防止と影響緩和のための仕組みである多重防護層の第2層と第3層「アラームとオペレータ対応」に位置付けられる。第2層と第3層は，オペレータにリアルタイムなプラント状態認識と対応操作を求める人間に依存する層であるという特徴を有する。

表5.2.2 化学プラントの多重防護層

防護層	定 義
8	地域緊急対応
7	プラント緊急対応
6	物理的防護（障壁）
5	物理的防護（安全装置）
4	安全計装システム
3	緊急アラームとオペレータ対応，マニュアル操作
2	プロセス制御，アラームとオペレータ対応
1	プロセス設計

プラント監視制御システムの急速な高性能化は，低コストで大量の監視変数にアラームを設定できる環境を運転現場にもたらした。しかし，個々のアラームの必要性や管理範囲の妥当性が十分精査されないままアラームシステムが設計されている運転現場も多く，単一のプラント異常から複数のアラームが短時間に連鎖的に発生する連鎖アラームやアラームが周期的に発報と復帰を繰り返す繰返しアラームなどの迷惑アラームが運転現場で増加している。これらの迷惑アラームは，オペレータによる重要アラームの見落としを招き，プラント事故の原因となるだけではなく，大きな操業損失を企業にもたらす。

〔2〕 アラームマネジメントの標準化

欧米では，1970～1980年代に不適切なアラームシステムを要因とするプラント事故が多発したことを機に，アラームマネジメントの重要性が強く認識されるようになった[16],[17]。その結果，化学プラントの設計から運転，保全までに至るプラントライフサイクルのすべての段階において，厳密なリスクアセスメントが実施されるようになった。

例えば，米国のOccupational Safety & Health Administrationは，米国連邦法29CFR Part 1910.119 Process Safety Managementの中で，プラントが正常状態から逸脱したときの緊急対応を目的としたプロセス安全情報や作業標準，教育訓練などの14項目についてプロセスハザード解析を求めた。American National Standard Institute/International Society of AutomationのANSI/ISA 18.2-2009[18]は，アラームシステムが本来持つべき機能や目的を明確にし，標準化された設計法や管理法を通じて，オペレータに有意な情

報を何らもたらさないアラームを徹底的に合理化することを求めている。2014年には，ANSI/ISA 18.2-2009をベースにアラームマネジメントの国際標準IEC 62682[19]が制定された。

IEC 62682は，**図5.2.1**に示すようなアラームマネジメントのライフサイクル標準を定めている。ライフサイクル標準中の理念とは，アラームシステムの目的を達成するためのプロセスの文書化であり，新規アラームシステムの設計においてはアラームシステムに対する要求仕様のベースとなる。同定とは，アラーム設定が必要な監視変数候補の選定，適正化とは，理念に沿ったアラームの分類，優先度の決定や見直し，詳細設計とは，アラームシステムの基本設計，ヒューマンマシンインタフェースの設計およびステイトベースドアラームなどの高度アラームの設計である。実装は，アラームの設定・テストならびにオペレータ訓練を意味する。アラームシステムの運用開始後は，アラームシステムの性能を継続的に監視し，設定値変更などの適正化を通じてアラームシステムを良好な状態に維持する。変更管理は，アラームシステム変更の提案と修正の承認を行う。監査は，アラームシステムとアラームマネジメントの理念との整合性を維持するための定期的なレビューである。

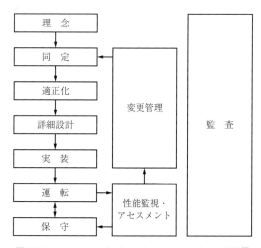

図5.2.1 アラームマネジメントのライフサイクル標準[19]

IEC 62682のアラームマネジメントのライフサイクル標準の中で，アラームマネジメントを開始するポイントには，理念，性能監視・アセスメント，監査の3箇所がある。新規にアラームシステムを設計する場合は理念から開始する。既存のアラームシステムの適正化を検討する場合は，性能監視・アセスメントから，既存のアラームシステムの理念を改訂する場合は監査から開始する。

〔3〕 **アラームシステムの設計**

Engineering Equipment & Materials Users' Association（EEMUA）のPublication No.191[20]は，アラームに求められる特性として，適切性，一意性，適時性，優先度適性，理解可能性，診断性，支援性および注目性の8特性を挙げている。適切性はオペレーションに不要なアラームでないこと，一意性は同じ意味のアラームが複数発報しないこと，適時性はアラームの発報タイミングが対応操作のタイミングに比べて早すぎたり遅すぎたりしないこと，優先度適性はアラームの優先度（重要度）が適切に設定されていること，理解可能性はメッセージの内容が明確で理解しやすいものであること，診断性はアラームによってオペレータが異常原因を同定できること，支援性とはアラームに対する対応操作が示されていること，注目性とは最も重要な問題にオペレータの注意を引くことができることを意味する。アラームシステムは，これらの8特性を考慮して設計しなければならない。

アラームシステムの設計は，アラーム目的の設定，アラームを設定する監視変数の選定，アラームの種類，設定値，優先度，対応操作の決定などから成る。アラームを設定する監視変数の選定は，プロセスハザード解析，Hazard and Operability Study（HAZOP），故障モード影響解析，事故調査報告，安全基準，プラントのP & ID（piping and instrumentation diagram）や作業手順書などに基づき行う。アラームの種類には，絶対値アラーム，偏差アラームや変化速度アラームなどがあり，アラームの目的に従って適切な種類を選択する。アラームの設定値は，異常発生後のプラント状態の変化速度とその異常へのオペレータの対応操作に必要な時間から決定する。アラームの優先度は，アラームに対する対応操作をとらなかった場合のリスクの大きさとその緊急性によって決定する。リスクの大きさは，想定される人的被害，環境影響，経済的損失と発生頻度から評価する。アラームの優先度をLow, Medium, Highの3種類とする場合，それぞれの割合の目安は，Lowアラーム80%，Mediumアラーム15%，Highアラーム5%である。さらに迷惑アラームの発生を抑制する目的で，不感帯やオンディレイ・オフディレイなどをアラームに設定する場合もある。

〔4〕 **アラームシステムの評価**

アラームマネジメントでは，オペレーションデータからアラームシステムのパフォーマンスを継続的に監視し，アラームの廃止や設定値変更などの適正化を通じてアラームシステムを良好な状態に維持する。アラームシステムのパフォーマンスを監視するための評

価指標（key performance indicators, KPIs）には，人間工学的な観点からさまざまな評価指標が提案されている。また，それらの評価指標には目標基準となるベンチマークが与えられている。IEC 62682が推奨するプラント定常運転時のKPIsとそれらのベンチマークを表5.2.3に示す。表5.2.3のステイルアラームは長時間発報状態が継続しているアラームであり，チャタリングアラームとは発報と復帰を短時間に繰り返すアラームである。表5.2.3は定常運転時のKPIsとベンチマークであるが，異常発生時においては，10分間当りに監視画面に表示されるアラーム数は10以下にすべきで，10～20の場合は対応が困難，100以上の場合は発報したアラームに対応できないといわれている。

表5.2.3 定常運転時のアラームシステム KPIs[19]

KPIs	目標値（最大値）
オペレータ1人当りのアラーム発報数	
1日当りの発報数	144以下（288）
1時間当りの平均アラーム数	6以下（12）
10分間当りの平均アラーム数	1以下（2）
10分間当りの最大アラーム発報数	10以下
10分間以上アラームが発報している時間帯の割合	1%以下
10分間当りの最大アラーム発報数	10以下
ステイルアラーム数の割合	5%以下
チャタリングアラーム数	0

国内の化学産業では，現場でのTPM（total productive maintenance）活動を中心にKPIsに基づきプロセス改良，運転方法の見直し，制御系の改善など日々の地道な改善の積み重ねを通じてアラーム発生数の削減が進められてきた。その結果，KPIsのベンチマークをはるかに超える超安定プラントも登場している。しかし，KPIsによるアラームシステムの量的適正化は，いざプラント異常が発生したときに，オペレータがアラームシステムによって異常を早期に検出し，正しく対応できるかというアラームシステムの本質的な評価に基づく適正化になっていないという指摘がある。このような問題に対して，オペレータへのアンケート調査によるアラームシステムの主観的評価法[21]も提案されているが，評価結果がオペレータの経験や知識によって左右されるという問題点がある。

〔5〕 プラント運転データの解析

プラント監視制御システムでは，アラームイベントもしくは操作イベントが発生したとき，イベント名（アラームや操作に対応する監視制御システムの監視変数名）とその発生時刻が，**表5.2.4**のようなプラン

表5.2.4 プラント運転データ

日　時	イベント名	種　類
20xx/01/01 00:08:53	イベント1	アラーム
20xx/01/01 00:09:36	イベント2	操作
20xx/01/01 00:11:42	イベント3	アラーム
20xx/01/01 00:25:52	イベント1	アラーム
20xx/01/01 00:30:34	イベント2	操作
⋮	⋮	⋮

ト運転データとして記録される。

プラント運転データは，さまざまなKPIsを計算するための基礎データとなる。また，プラント運転データから不要なアラームや操作を直接抽出するためのさまざまなデータ解析手法が提案されている。ここでは，プラント運転データのデータ解析手法の一つであるイベント相関解析法[22]について説明する。イベント相関解析法は，エチレンプラントの運転ログデータに適用され，不要アラーム削減に対する有効性が実証されている[23]。

バイナリ変換のタイムウィンドウ幅を Δt とし，イベント $i \in I$ の運転ログデータを，式(5.2.1)を用いてバイナリデータ $s_i(k)$ に変換する。

$$s_i(k) = \begin{cases} 1 \text{ if event } i \text{ occurs between } (k-1)\Delta t \text{ and } k\Delta t \\ 0 \text{ otherwise} \end{cases}$$
$$(1 \leq k \leq T/\Delta t) \quad (5.2.1)$$

ここで，T はプラント運転データの記録時間，I はプラント運転データに含まれるイベントの集合である。

イベント i，j 間の相互相関値 $c_{ij}(m)$ を式(5.2.2)により計算する。

$$c_{ij}(m) = \begin{cases} \sum_{k=1}^{T/\Delta t - m} s_i(k) s_j(k+m) & (0 \leq m \leq K/\Delta t) \\ c_{ji}(-m) & (-K/\Delta t \leq m < 0) \end{cases}$$
$$(5.2.2)$$

ここで，m はタイムラグ，K はタイムラグの上限時間である。相互相関値の最大値 c_{ij}^* と，相互相関値が最大となるときのタイムラグを m_{ij}^* を求め，所与の範囲内のタイムラグ（$-K/\Delta t \leq m \leq K/\Delta t$）において，$c_{ij}(m)$ が c_{ij}^* 以上になる確率 P を，式(5.2.3)より求める。ここで，λ は相互相関値の期待値である。

$$P(c_{ij}(m) \geq c_{ij}^* | -K/\Delta t \leq m \leq K/\Delta t) \cong 1 - \left(\sum_{l=0}^{c_{ij}^*-1} \frac{e^{-\lambda} \lambda^l}{l!}\right)^{2K+1}$$
$$(5.2.3)$$

式(5.2.3)は，独立な二つのイベントの相互相関値が所与の範囲内のタイムラグで c_{ij}^* 以上となる確率である。c_{ij}^* が大きくなればなるほどその確率は小さくなる。式(5.2.3)を二つのイベントの独立性の指標と考えると，1からその確率を引いた値は二つのイベント

の類似度（従属性）を表す指標とみなすことができる。よって，イベントの類似度（従属性）を表す指標 S_{ij} として，式(5.2.4)で定義される指標を用いる。類似度 S_{ij} は $0 \sim 1$ の値をとり，値が大きいほど二つのイベント間の相関関係は強い。

$$S_{ij}=1-P(c_{ij}(m) \geqq c_{ij}{}^*| -K/\Delta t \leqq m \leqq K/\Delta t)$$
(5.2.4)

最後に，個々のイベント間の類似度に基づき，類似度の高いイベントどうしをグルーピングする。グループ化されたイベント群を，以下の方法により解析することで，連鎖アラーム，定型操作，不要アラームおよび不要操作が抽出できる。

連鎖アラーム：同一グループ内に複数のアラームイベントが含まれているとき，それらのアラームイベントは連鎖アラームであると考えられる。連鎖アラームとは，一つの異常原因に対して連鎖して発生するアラーム群であり，ファーストアラーム以外のアラームはオペレータに有用な情報を与えないばかりか，アラーム洪水の原因となる。連鎖アラームは，アラーム設定値を見直すことで削減できる。

定型操作：同一グループに含まれる操作イベント群が定期的に発生するとき，それらの操作イベント群は定型操作であると考えられる。定型操作は，操作の自動化により削減できる。定型操作に付随して発生するアラームイベントは，定型操作時にアラーム設定値を自動変更することで削減できる。

不要アラーム・不要操作：同一グループ内にアラームイベントのみが含まれるとき，対応操作が必要ない不要アラームである可能性が高い。また，操作イベントについても同様である。いずれも削減を検討する。

〔6〕 論理アラーム処理

適正化が進んだアラームシステムであっても，迷惑アラームの発報を完全に防ぐことはできない。迷惑アラームによるヒューマンエラー発生を抑制するために，論理アラーム処理が用いられる場合がある。論理アラーム処理には，アラームの洪水発生時に新規アラーム発報を一時的に抑制するサプレッション，同じ種類のアラームを一つに集約する畳込み，発報したアラームの中で重要度の低いものを一時的にオペレータから隠すシェルビング，アラームを優先度順にソートするソーティングなどがある。論理アラーム処理は手軽な方法であるが，処理の方法やタイミングによっては，オペレータの正しい異常診断を支援するというアラームシステム本来の機能がかえって低下するおそれがあり，注意して用いるべきである。

（柘植義文，野田　賢）

引用・参考文献

1) Berenblut, B.J., et al., Method for monitoring process plant based on a decision table analysis, The Chemical Engineer, March, pp.175-181 (1977)
2) Ramesh, T.S., et al., Knowledge-based diagnostic systems for continuous process operations based upon the task framework, Computers & Chem. Eng., 16, pp.109-127 (1992)
3) Watanabe, K., et al., Incipient fault diagnosis of chemical processes via artificial neural networks, AIChE J., 35, pp.1803-1812 (1989)
4) Kutsuwa, Y., et al., Improved method of fault diagnosis of a batch process using a pattern-recognition technique, International Chem. Eng., 32, pp.114-120 (1992)
5) Shiozaki, J., et al., Fault diagnosis of chemical processes utilizing signed directed graphs-Improvement by using temporal information, IEEE Trans. IE 36, pp.469-474 (1989)
6) Prock, J., A new technique for fault detection using Petri nets, Automatica, 27, pp.239-245 (1991)
7) 鈴木和彦，佐山隼敏，フォールトツリーを用いた異常診断エキスパートシステムの開発，安全工学，31, pp.100-109 (1992)
8) Peng, Di, et al., A multilogic probabilistic signed directed graph fault diagnosis approach based on bayesian inference, Ind. & Eng. Chem. Res., 53, pp.9792-9804 (2014)
9) Yoshimura, T., et al., Sequential failure detection approach and the identification of failure parameters, International Systems Science, 10, pp.827-833 (1979)
10) Tylee, J. L., A generalized likelihood ration approach to detecting and identifying failures in pressurizer instrumentation, Nuclear Technology, 56, pp.484-492 (1981)
11) Kano, M., et al., Data-based process monitoring, process control and quality improvement : Recent developments and applications in steel industry, Computers & Chem. Eng., 32, pp.12-24 (2008)
12) Kano, M., et al., A new multivariate process monitoring method using principal component analysis, Computers & Chem. Eng., 25, pp.1103-1113 (2001)
13) Satoyama, Y., et al., Variable elimination-based contribution for accurate fault identification, IFAC Papers online, 49, pp.383-388 (2016)
14) Kano, M., et al., Monitoring independent components for fault detection, AICHE J., 49, pp.969-976 (2003)
15) He, Bo, et al., Root cause analysis in multivariate statistical process monitoring: Integrating reconstruction-based multivariate contribution analysis with fuzzy-signed directed graphs, Computers & Chem. Eng., 64, pp.167-177 (2014)
16) Ninmo, Ian, Consider Human Factors in Alarm Management, Chemical Engineering Progress, 98-11,

pp.30-38 (2002)
17) Alford, J. S., Kindervater, K., and Stankovich, R., Alarm Management for Regulated Industries, Chemical Engineering Progress, 101-4, pp.25-30 (2005)
18) American National Standard Institute / International Society of Automation International Society of Automation (ANSI/ISA), Management of Alarm Systems for the Process Industries, ANSI/ISA-18.2-2009, ISA, North Carolina (2009)
19) International Electrotechnical Commission (IEC), IEC 62682 Management of Alarm Systems for the Process Industries, IEC, Geneva (2014)
20) Engineering Equipment & Material Users' Association (EEMUA), ALARM SYSTEMS-A Guide to Design, Management and Procurement, EEMUA Publication No.191 3rd Edition, EEMUA, London (2013)
21) Bransby, M. L. and Jenkinson, J., The Management of Alarm Systems, HSE contract research report 166/1998, HSE, London (1998)
22) Nishiguchi, J. and Takai, T., IPL2 and 3 performance improvement method for process safety using event correlation analysis, Computers & Chemical Engineering, 34-12, pp.2007-2013 (2010)
23) 樋口文孝, 野田賢, 西谷紘一, イベント相関解析によるエチレンプラントのアラーム削減, 化学工学論文集, 36-6, pp.576-581 (2010)

5.3 設備診断技術

5.3.1 設備診断技術の概要

〔1〕 設備診断技術の役割

設備はその使用に伴い，運転状態や環境条件によって決まるストレスを受け，各部に劣化を生じ，その結果機能が低下し最終的には故障に至る。しかし，このような設備状態の変化を早期に把握し，劣化状態を回復するための処置を行うことができれば設備故障を未然に防ぐことができると考えられる。これは，状態基準保全あるいは状態監視保全と呼ばれる保全の考え方であり，そのために設備状態を把握する技術が設備診断技術である。

状態基準保全は，一定期間ごとに修復作業を行う時間基準保全または時間計画保全と呼ばれる保全方式と対比される。時間基準保全は，設備の寿命が図5.3.1に示すような故障時間密度関数で表されると仮定したとき，例えば，全体の10％の寿命が尽きる時点 T_M（B10ライフと呼ばれる）で修復作業を行うという方法である。設備寿命の分布にばらつきが少なければ，この方式は妥当性がある。しかし，一般には設備の劣化は運転条件や環境条件などに応じてその進行度合いが変わり，その結果，寿命がばらつく。図5.3.1でいえば，分布の山が広がることにあたり，時間間隔 T_M

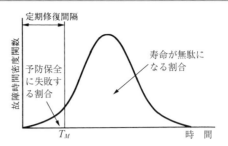

図5.3.1 設備の故障密度関数と定期修復間隔

で時間基準保全を行うと，多くの寿命を残して修復作業を行うことになり，無駄が多い保全になる。

これに対して状態基準保全では，設備の状態に基づいて修復作業を行う。いま，設備の状態の変化を図5.3.2のように表現する。ここでは値が小さいほど状態が悪化しているとする。検出限界は，劣化が進行し始めたことを確認できるレベルを示し，センサの感度などの検出技術によって決まる。機能限界は，これを超えると要求機能を満足できなくなり故障と判断されるレベルを示している。このような設備状態の変化が観測できれば，故障に至る以前の兆候期に処置が可能となる。時間基準保全では，本質的に統計的なばらつきを排除できないので，故障を100％防止することは難しいが，状態基準保全の場合は，診断技術を向上させることによって，より確実に故障を防止できる可能性がある。

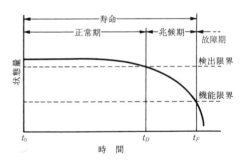

図5.3.2 設備状態の変化

〔2〕 設備診断技術の歴史

設備診断技術は，1960年代の宇宙開発時代に行われた機械故障診断に関する研究が基になっている。その代表は，1964年頃より米国GE社で開始されたMAS（mechanical signature analysis）計画である。ここでは，機械の発生する振動，音響，熱などを観測することによって，機械の異常を検知することが試みられた[1),2)]。

一方，英国では，1970年代に設備の総合管理技術

としてテロテクノロジーが提唱された[3]。この中で，状態基準保全（condition based maintenance）の言葉が使われ，それを支える技術として設備診断技術の研究が開始された。

同時期にわが国においても鉄鋼業を中心として設備診断技術の研究が始められた[4]。1970年代後半には状態基準保全の考え方が広く受け入れられるようになり，1980年代に入るとそのための設備診断技術の実用化が進められた。同時に診断対象も機械装置から電気機械，制御装置などへと拡大し幅広い技術開発が行われるようになった。また，知識工学の普及に伴いエキスパートシステムの診断への適用が盛んに行われた。これらの開発も1980年代後半には一段落した形となり，その後はRCM（reliability centered maintenance）[5]を中心とした保全の最適化の議論の高まりの中で，設備診断技術の活用を図るための利用技術に関心が移った。しかし，2010年代後半からのIoT，ビッグデータ解析，AIなどに対する関心の高まりから，再び注目を集めるようになってきている。

〔3〕 **設備状態の把握**

設備診断技術は，設備状態の把握を目的としているが，一口に設備状態といっても，それは種々の設備特性によって表現されるものである。したがって，どのような特性に着目するかは設備診断において重要な問題である。一般に設備の構造は機能の観点から階層的に捉えることができ，着目する階層に対応して機能とその状態を表す特性値が決まる。また，ある階層での状態の変化は，下位階層の状態変化の結果として生じ，上位階層の状態変化の原因となる。多くの設備異常は，部品または部位レベルで生じる劣化現象が基となり，それが上位階層での機能の低下を引き起こすことにより生じる。一例として工作機械の主軸の精度低下に関する場合を**図5.3.3**に示す。

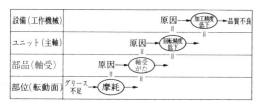

図5.3.3 設備階層と異常（階層的故障分類法[6]を参考にした）

設備診断とは，特定の設備階層における特性値を選び，図5.3.2に示すような変化を観測することにより，設備状態を把握する技術である。この際，設備状態の把握の仕方によって以下のような分類ができる。

① 異常の検知
② 異常原因の同定
・異常部位の同定
・異常を生じたメカニズムの同定
③ 異常の進展予測

異常の検知とは，図5.3.2のt_Dにおいて故障兆候期に入ったことを認識することである。異常原因の同定のうち，異常部位の同定とは，着目している設備階層から下位の階層へ異常を生じている箇所をたどり，最終的には，異常の原因となっている部品または部品間の関係を同定することである。また，異常を生じたメカニズムの同定とは，これらの因果関係を生じさせている機能間の関係を把握し，最終的には異常の基となっている劣化を引き起こした物理・化学的なメカニズムを同定することである。

メカニズムの同定には，疲労，摩耗，腐食といった劣化の種類を同定することとそれを引き起こした要因の同定が含まれる。さらに，異常の進展予測とは，兆候期において，その時点から故障に至るまでの状態の変化を予測することである。

異常の進展を正確には予測できないが，観測間隔の間で急激な進展はないとわかっている場合，兆候期に観測を続けることで異常の進展速度を推定し，機能限界に達する時期を予測しながら運転を続けることが行われる。このような方法を劣化傾向管理と呼ぶ。

設備診断技術の中でも，異常の検知に主眼を置いたものは，異常監視技術とも呼ばれる。また，故障が検知された後，処置方法を決めるために故障原因を同定する技術は故障診断技術と呼ばれることが多い。ただし，設備診断技術の基本は状態基準保全を実現することにあり，そのためには，図5.3.2の兆候期が識別できることが重要である。なお，同図に示した状態の変化パターンは，観測する設備の特性値と，用いている設備診断技術との組合せで決まるもので，異常現象に固有のものではない。異常が突発的に進展するように見えても，より優れた診断技術を用いることで，漸進的に進行する異常として把握できる場合があることに注意する必要がある。

〔4〕 **診 断 の 手 順**

設備診断の手順は大きく検出，処理，判定の3段階に分けられる。検出では，観測したい設備特性をセンサなどを用いて信号に変換する。この際，検出対象特性値，代替特性値，検出のための情報媒体の三つの量が関係する。例えば，ドリルの摩耗の診断を主軸モータ電流値の測定で行う場合は，検出対象特性値がドリルの刃先の摩耗量，代替特性値が加工中の切削トルク，検出情報媒体が主軸電流値となる。それぞれに関

してどのような量を扱うかによって，種々の診断法がありうる。

処理では，観測された信号から，設備の状態に関する特徴量を抽出する。時系列信号の場合は，各種の信号処理技術が用いられる。これらは，大きく時間領域の処理と周波数領域の処理に分類される。一方，検出されるのが摩耗粉のような物質の場合は，各種の化学分析手法が用いられる。

判定では，処理により抽出された特徴量を基に設備の状態を判断する。ここでは，論理的判定法，統計的判定法，パターン認識手法，知識工学的手法などの各種の判別技術が用いられる。この場合，観測された情報からだけでは，異常の判定はできず，判定基準に関する情報が別途必要となることに注意する必要がある。

例えば，振動診断において，得られた振動値が異常かどうかは参照すべき基準値がわからなければ判断できない。このために，設備設置時の初期状態を記録しておく方法がよく用いられる。この方法はベースラインアナリシスと呼ばれる。対象設備が一定の条件で運転されている場合は，基準値も固定でよいが，運転条件が時々刻々変化する場合は，正常値自体も変化する。これに対しては，運転条件によらない無次元化したパラメータを用いる方法と，運転条件に合わせて基準値を変化させる方法がある。後者については，正常状態での観測値の変化を正常パターンとして記録しておき，これをテンプレートにして判断をする方法と，モデルを用いたシミュレーションなどにより運転条件の変化に伴う観測値の変化を予測する，モデル規範と呼ぶ方法がある。

〔5〕 **設備診断技術の分類**

設備診断技術は適応対象や利用方法などの点で非常に幅広い技術であるために，さまざまな視点から分類されている。代表的な分類としては，検出・処理・判定に用いる技術に基づく分類，対象機器・部品に基づく分類，運用上の分類がある。

なお，5.3.2項以降では，一般に用いられている適用技術による分類に従い，各種の設備診断技術を説明する。

（a） **適用技術による分類**　前述のように，設備診断は，検出，処理，判定の3段階で行われるので，各段階で利用される技術によって設備診断技術は分類される。特に，検出対象特性値あるいは代替特性値などの検出パラメータによる分類がよく用いられる。**表5.3.1**（a），（b）に，検出パラメータに基づく設備診断技術の分類を，次項で述べる能動機械と受

表5.3.1

（a） 検出パラメータに基づく設備診断技術の分類（能動機械）[7]

検 出 系	検出技術名（例）	応 用 診 断 技 術 例
振動音響信号系	① 振　　　動　　　法 ② 振　動　モ　ー　ド　法 ③ 音　　　響　　　法	① 振動による回転機械診断技術 ② 振動による軸受診断技術 ③ 振動による歯車診断技術
超音波信号系	① 超　　音　　波　　法 ② 気　中　超　音　波　法 ③ 応力超音波（AE）法	① 超音波による軸受診断技術 ② 気中超音波による漏洩検出技術 ③ AE法による圧力容器診断技術
圧力信号系	① 圧　力　脈　動　法 ② 圧　力　損　失　法 ③ 衝　撃　圧　力　法	① 圧力脈動によるポンプ診断技術 ② 圧力損失による詰まりの診断 ③ 過渡圧力波形による弁，シリンダの診断
熱 的 信 号 系	① サーモグラフィ法 ② 熱　流　計　法 ③ 示　温　素　子	① サーモグラフィによる煙突の診断 ② 熱流計によるれんがの診断
電 気 的 信 号 系	① 波　　　形　　　法 　・電　　　　　圧　　　波 　・電　　　　　流　　　波 　・電　　　　　力　　　波 ② 放電（コロナ）法 ③ 直　　流　　分　　法 ④ 漏　洩　電　流　法	① 電流不平衡による電動機異常の診断 ② 電圧波高周波による整流診断 ③ 電圧波高周波によるチャタ診断 ④ 電力波形による効率診断 ⑤ コロナ法による絶縁劣化診断 ⑥ 直流分法による絶縁劣化診断 ⑦ 漏洩電流法による絶縁劣化診断
磁 気 信 号 系	① 漏　洩　磁　束　法 ② 磁　束　変　動　法	① 漏洩磁束法によるトランスの診断 ② 磁束変動法による電動機異常の診断
化 学 的 信 号 系	① 固　体　分　析　法 ② 液　体　分　析　法 ③ 気　体　分　析　法	① ブラシ粉分析による整流診断 ② 潤滑油分析による機器診断（SOAP法） ③ 絶縁油可燃性ガス分析によるトランス診断

5. システム・プロセス安全

表 5.3.1 （a）（つづき）

検　出　系	検出技術名（例）	応　用　診　断　技　術　例
機　械　信　号　系	① 回　転　速　度　法 ② 変　　　位　　　法 ③ 流　　　量　　　法	① 角加速度による回転機の診断 ② 変位法による低速軸受の診断 ③ 流量法による破損の診断

（b）検出パラメータに基づく設備診断技術の分類（受動機械）[7]

検　出　系	検出技術名（例）	応　用　診　断　技　術　例
振動音響インピーダンス系	① 機械インピーダンス法 ② 音響インピーダンス法 ③ ハンマリング法	① 機械インピーダンス法による欠陥診断 ② ハンマリングによる欠陥診断 ③ 音響インピーダンス法による材質診断
光　　学　　系	① 管　内　検　査　法 ② ホ ロ グ ラ フ ィ 法	① ファイバスコープによる管内検査 ② ホログラフィによる表面欠陥診断
超　音　波　系	① パ ル ス 反 射 法 ② パ ル ス 透 過 法 ③ 共　　振　　法 ④ 超音波ホログラフィ法 ⑤ 超音波インピーダンス法	① パルス法による内部欠陥診断 ② 超音波ホログラフィによる内部欠陥診断 ③ 肉厚診断 ④ 超音波によるベルト接合部の診断 ⑤ 超音波インピーダンスによる材質診断
応　力　計　測　系	① ストレインゲージ法 ② ストレスコート法	① 応力分布による欠陥の診断 ② 応力分布による異常組立の診断
磁　気　ひ　ず　み　系	① 応　力　検　査　法 ② 張　力　検　査　法	① 磁気ひずみによる応力分布診断 ② 磁気ひずみによる材質疲労の診断
圧　力　検　査　系	① 水　圧　検　査　法 ② 真　空　検　査　法	① 水圧検査によるリーク検出 ② 真空検査によるリーク検出
電気パラメータ系	① 電　気　応　答　法 ② 電気パラメータ法 　・ρ 法 　・$\tan\delta$ 法 　・c 法 　・ε 法	① 電気応答法による制御系の診断 ② 電気抵抗法による肉厚診断 ③ 電気抵抗法によるクラックの診断 ④ $\tan\delta$ 法による絶縁劣化の診断 ⑤ ε 法による油中異物の検出
電　磁　特　性　系	① 渦　流　検　査　法 ② 磁　粉　検　査　法 ③ 録　磁　検　査　法 ④ コ イ ル 検 査 法	① 渦流法による表面欠陥の検出 ② 渦流法による材質の診断 ③ 渦流法によるロープ劣化の診断 ④ 渦流法によるチェーン劣化の診断
放　射　線　系	① 透　　　過　　　法 ② R I ト レ ー ス 法 ③ 放　射　化　分　析	① 透過法による内部欠陥診断 ② RIトレース法による摩耗診断 ③ 放射化分析による微量漏洩の診断
表　面　塗　布　系	① 石　け　ん　膜　法 ② 着　色　浸　透　法 ③ 蛍　光　浸　透　法	① 石けん膜法による漏洩診断 ② 着色浸透法による表面欠陥の診断 ③ 蛍光浸透法による表面欠陥の診断

動機械に分けて示す。

（b）対象設備による分類　設備診断技術の適用に際しては，対象の特性に応じた技術の選択が必要である。この意味で，対象設備，機器，部品に基づく分類が行われる。

対象は，大きく，能動機械と受動機械に分類される。前者は，可動部分を持ち，振動や温度変化などの特性値を自ら発するものである。これに対して，受動機械は静止構造物のように外部から刺激を与えないと状態に関する特性値が得られないものである。能動機械の診断技術の代表例は，軸受，歯車などに関する回転機械診断技術である。一方，受動機械の診断には，非破壊検査技術が広く用いられている。

（c）簡易診断と精密診断　設備診断は，運用上，簡易診断と精密診断に分類される。簡易診断は，人間の健康診断に相当し，迅速に多数の設備の状態を判定することを目的としている。例えば，巡回点検中に携帯形の振動計を用いて振動を計測する方法などがこれに相当する。一方，精密診断は，簡易診断で異常が発見されたときに，さらに，詳細な異常原因の同定や修復処置方法の選定などのために行われる。一般に，精密診断はより高度な専門知識を持った技術者が，種々の分析機器を駆使して行う。

5.3.2 振　動　法
〔1〕 設備の異常と振動

設備が動作すると振動が発生する。発生した振動は，設備中を伝播したり，音として外部に放射される。設備の状態が変化すると，発生する振動の特性や，伝播の特性が変化する。この変化を捉えて設備の状態を把握しようというのが振動法である。実際に活用されている設備診断技術の中では，回転機の振動診断が圧倒的な割合を占めており，設備診断技術の代表的存在となっている。

設備が発生する振動は，機械振動と流体振動に大別される。おもな機械振動の発生のメカニズムとしては，回転機械の不釣合いによる遠心力のような周期的な加振力による強制振動，ドアのきしみや切削で発生するびびり振動のような自励振動，衝撃や擦れにより発生する過渡振動などが考えられる。また，流体振動としては，流体機械で発生するサージング，キャビテーションなどがある。

機械的な振動は，加振力，ばね，質量，ダンパによってモデル化できる。設備に異常が発生すると，振動に変化が起きるのは，異常によってこれらの四つの要素のいずれかに変化が生じるからである。例えば不釣合いの増加は加振力の増加を引き起こし，締結部の緩みは，剛性の低下や減衰の増大を引き起こす。振動状態の観測から，これらの変化を同定するのが振動診断の目的である。

〔2〕 振 動 の 検 出

振動は，物体の運動であるから，その変位，速度，あるいは加速度の変化として観測される。角振動数 ω の正弦振動を例にとれば，変位は $x = x_0 \sin\omega t$，速度は $v = x_0 \omega \cos\omega t$，加速度は $a = -x_0 \omega^2 \sin\omega t$ と表される。この関係から，感度の面からは，振動数が低い低周波域では変位，中周波域では速度，高周波域では加速度を観測するのがよいことがわかる。

振動検出器としては表5.3.2に示すような種々のものが用いられる。このうち圧電形の加速計は小形で扱いも容易であるために，簡易診断機器を始めとして広く利用されている。

〔3〕 振動信号の処理と判断

検出された振動は時系列信号として扱われる。種々の信号処理により特徴量が抽出され，それを基に異常の判定，原因の究明などが行われる。

信号処理は，大きく時間領域の処理と周波数領域の処理に分けられる。時間領域の処理では，信号の時間波形を対象にした処理が行われる。これに対して，周波数領域での処理は，信号中に含まれる周波数成分に着目した解析に用いられる。診断に用いられる代表的な信号処理手法を表5.3.3に示す。

表5.3.3　診断に用いられる信号処理手法

時間領域	代表値	RMS値 ピーク値 波高率（クレストファクタ）
	波形解析	移動平均 包絡線処理 同期加算 リサージュ 振幅密度関数
	相関解析	自己相関関数 相互相関関数
周波数領域	代表値	バンドパワー
	フィルタリング	ローパスフィルタ ハイパスフィルタ バンドパスフィルタ バンドエリミネーションフィルタ
	フーリエ解析	パワースペクトル 次数比分析 バイスペクトル ケプストラム 周波数伝達関数

信号処理により振動信号の特徴量が抽出されると，それを基に判断が行われる。ここでは診断一般に用いられる各種の判断手法が利用できる。

信号処理手法や判断手法の選択においては，異常が振動に現れるメカニズムを十分理解しておくことが必要である。例えば，転がり軸受の異常は，転動面の転がり疲労により表面が剥離することによるものが多い（フレーキングと呼ばれる）。このように転動面にきずができるとその上を転動体が通過するときに図5.3.4

表5.3.2　振動診断に用いられるセンサ

測定対象量	検出原理
加速度検出	圧電形 サーボ形 半導体式
速度検出	動電形
変 位 形	渦電流形 容量形 光学式（レーザ） ホール素子形

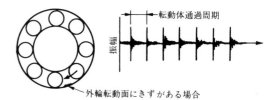

図5.3.4　転がり軸受の転動面のきずにより発生する振動

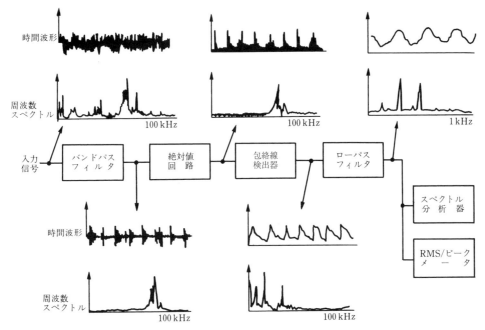

図 5.3.5 転がり軸受の包絡線スペクトル分析の手順[11]

に示すような周期的な衝撃振動が発生する。衝撃振動の周波数は軸受の固有振動数により決まり，その発生周期はきずの位置（外輪・内輪・転導体），回転数，軸受諸元により決まる。したがって，このような異常は衝撃振動の発生とその周期を認識することにより診断できる。このための信号処理手法は種々提案されているが，代表的なのが図 5.3.5 に示す包絡線スペクトル分析である[8]。発生する振動の特徴を捉えて処理をしている良い例である。

上記の例でわかるように，振動診断の基本は異常に伴い発生する振動の特徴周波数に着目することである。軸受のほか，歯車，ロータ系など，回転機械に関するものについては，発生振動と異常原因との関係がよく解析されており[9]，振動法による回転機械の診断が普及している理由の一つとなっている。

5.3.3 音　響　法
〔1〕設備の異常と音響

設備が稼働すれば作動音がする。熟練者がこれを聞くことにより設備の状態を判断することは，古くから行われてきた。音響法は，このような作動音をマイクロホンにより採取し，その信号を処理することにより設備の状態判断をしようというものである。設備の作動音は，稼働に伴って設備各部が振動し，それが空気中の疎密波として放射，伝播されたものである。したがって，音響法は振動法と強い相関を持っているが，

一方，音響の特性から，振動法とは異なる以下の得失がある。

（1）音は空気中を広く伝播するので，一つのセンサ（マイクロホン）で複数の音源からの音を採取することができる。このために，部位ごとにセンサを用意することなく，設備全体さらには，複数の設備を監視・診断するシステムの構築が可能である。

（2）非接触での検出が可能であるために，回転体などの移動部分，あるいは高温部分などのセンサの取付けが困難な箇所の監視・診断に有効である。

（3）一方，観測したい部位以外からの音が背景音として容易に混入するために，診断対象部位からの音を抽出するための処理が必要となり，高い検出精度を実現するのは容易ではない。

〔2〕音響の検出と処理

音響法では，通常音の伝播によって生じる空気圧の変化である音圧を計測する。このためにマイクロホンが用いられる。特定の部位からの音を選択的に採取するためには指向性を持たせたマイクロホンが用いられる。また，複数のマイクロホンを用いたアレイマイクロホンにより，雑音を抑制したり指向性を高めたりする方法も用いられる。

信号処理技術としては，振動法に用いられる種々の技術が音響法にも用いられる。音響法の汎用性を生か

して，音声認識技術の応用により種々の作動音を聞き分け異常検知をする手法も開発されている[10]。また，音響法で大きな問題となる背景音の除去については，適応ノイズ除去技術などの応用が試みられている[11]。

音圧計測のほか，音のエネルギーの流れを表す音響インテンシティを計測し，異常音源の同定などに利用する音響インテンシティ法と呼ばれる技術もある。

5.3.4 AE法

AE (acoustic emission) は，固体中で，変形，割れなどにより，局所的なエネルギーの解放があったとき，発生される弾性波である。これを表面に取り付けた AE センサで捕らえる。通常十数 kHz から 2 MHz 程度の範囲で計測を行う。AE センサは，圧電素子を用いたものが広く用いられている。AE の原波形は鋭いインパルス状のものと考えられるが，材料内部を伝播してセンサで観測されるのは，一般に図 5.3.6 (a) に示すような減衰振動波形である。このような AE

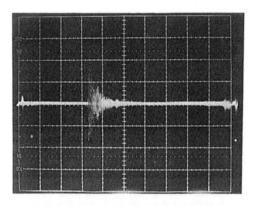

(1 V/div，1.67 ms/div，BPF 100 kHz〜1 MHz)
(a) 突発形 AE 波形

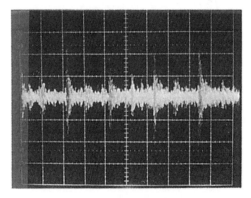

(0.5 V/div，5 ms/div，BPF 10〜30 kHz)
(b) 連続形 AE 波形

図 5.3.6 AE 波形[12]

を突発形と呼ぶ。このほか，塑性変形や摩擦・摩耗などによって突発形 AE が多数重畳して発生し白色雑音に似た形態となった，図 5.3.6 (b) に示すような連続形と呼ばれる AE もある。突発形の AE の特性を表すために，表 5.3.4 に示すような種々のパラメータが用いられる[16]。

表 5.3.4 突発形 AE 波形を特徴付けるパラメータ

特 性	パラメータ
形 状	波 形 振幅分布
信号の強さ	最大振幅 実効値，エネルギー
発生数	イベント計数 リングダウン計数
時 間	立上り時間 持続時間 到達時間差
周波数	周波数スペクトル

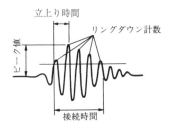

最初に AE を材料研究に用いたのは，1950 年代初期の Kaiser であるといわれているが，静止構造物の診断などに用いられるようになったのは 1960 年頃からである。圧力容器の耐圧試験に適用された。材料内部に亀裂があると，容器に内圧を加えたとき，その近傍で変形を生じたり，亀裂が進展することがある。そのとき AE を発生する。この AE を容器表面に取り付けた AE センサで検出することにより，AE 源の位置の標定や，亀裂の不安定性の評価ができる。

AE は，静止構造物の評価だけでなく，転がり軸受の損傷や，切削工具の欠損や折損などの検知にも適用されている[17),18]。5.3.2 項〔3〕でも述べたように転がり軸受の損傷形態として最も多いのは，転動面の転がり疲労による剥離である。AE は，このような転がり疲労の進展過程で発生するので，損傷予知に有効である。ただし，振動と異なり，AE は実際に剥離が発生したことについての情報は与えてくれない。

また，切削加工における AE 計測の応用としては，加工状態の監視や，工具折損検知が試みられている。

5.3.5 油分析法
[1] 油の劣化と汚染の分析

設備における油の分析は，人間の血液検査に対応しているといわれる。潤滑油や作動油は，つねに設備の動作部分に接しており，そこでの発熱，摩耗などの影響を受けるので，設備の状態に関する情報を多く含んでいると考えられるからである。

潤滑油や作動油に対して行われる油分析においては，油自体の特性の劣化と，汚染物の分析が行われる。前者に関しては，油中の酸性成分やアルカリ成分の量を表す中和価，色相，および粘度などが評価される。また，後者においては，異物，水分，摩耗粒子などの量が評価される。

油の劣化や汚染の分析は，JIS や ASTM で試験法が規定されているが，実用的には簡便な測定器が使われる。これらは，油に光や赤外線を当て，その吸収，散乱，透過，反射などを計測する光学的手法を用いたものが多い[12]。これらの手法は，油の管理を適切に行うことにより設備の維持を図るという趣旨で利用されていることが多い。

一方，設備の劣化部位や進行状態を診断するという観点からは，油中の摩耗粒子の分析が広く行われている。摩耗粒子の分析法として代表的なのは，フェログラフィ法とSOAP法である。前者は，油中に含まれる摩耗粒子の量と形態の分析を目的としたものであり，後者は，油中に含まれる元素を同定することにより摩耗粒子の量と材質を調べることを目的とした手法である。このほか，パーティクルカウンタなどの摩耗粒子の捕獲や計数を目的とした装置も各種開発されている[13]。

[2] フェログラフィ法

一口に摩耗といっても，そのメカニズムには種々のものがあり，それに応じて摩耗粒子の形状も異なる。例えば，切削形のアブレッシブ摩耗では細長い切くず状の摩耗粒子が見られるが，凝着摩耗では球形ないし円板状の摩耗粒子が見られる。したがって，油中の摩耗粒子の形状を分析することで，逆に，設備中で発生している摩耗の特性を推定することができる。また，一般に，摩擦条件が過酷になりシビア摩耗と呼ばれる状態になると，大形の摩耗粒子が多数発生する。そのために，発生する摩耗粒子径より異常な摩耗の進行が検知できる。

フェログラフィ法は，このような摩耗粒子の形状，大きさ，量を調べるために用いられる。これは1970年初頭にV. C. Westcott が発案し，W. W. Seifert とともに開発したもので，油中の摩耗粒子を磁力によって分離し，大きさの順に配列させる方法である[14]。フェログラフィアナライザと呼ばれる装置の基本的な構造を図5.3.7に示す。スライドガラスが強力な磁石の上に置かれており，その上端から溶剤で希釈した試料油をポンプで流す。スライドガラスは磁石に対してわずかに傾けられているために，磁界は上流側が弱く下流側が強くなる。このため，図5.3.8に示すように，油中の摩耗粒子のうち大形の物が上流に沈着し，下流に行くに従い小形の粒子が沈着する。このような，摩耗粒子を沈着したスライドガラスをフェログラムと呼ぶ。

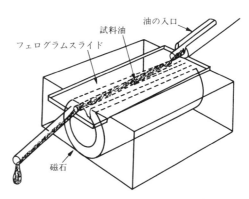

図5.3.7 フェログラフィアナライザ[14]

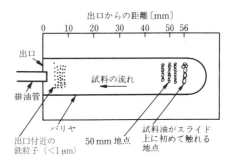

図5.3.8 フェログラム[14]

フェログラフィアナライザは磁力を利用しているので，原理的には摩耗粒子は磁性体である必要がある。しかし，摩耗部分が非磁性体であっても，摺動面の一方は鉄系材料であることが多く，その場合摩耗粒子は両者の材料の混合物となるので，磁界による捕獲が可能である。

フェログラムの平均濃度から摩耗粒子の総量が，濃度差から粒度分布が推定できる。摩耗粒子の観察には，2色顕微鏡と呼ばれるフェログラフィ用に開発された光学顕微鏡が用いられる。これは，透過光と反射光の両方を同時にフェログラムに当てることのできるもので，両光の色の組合せで，摩耗粒子の形状だけで

なく,材質もある程度判定できる。種々の摩耗粒子の写真をまとめたものが作られており,それと観察結果を照合することにより,摩耗粒子の種類を識別できるようになっている。また,沈着した摩耗粒子の密度を光電検出器を用いて測定する定量フェログラフィと呼ばれる方法もある。

〔3〕 **SOAP法**

SOAP (spectrometric oil analysis program) 法は,油中に含まれる種々の金属量を計測する化学分析手法である。最初は,1942年に米国の鉄道で機関車のディーゼルエンジンの故障予知に使われた。その後,1960年代には航空機のジェットエンジンに適用され,現在では,種々の分野で活用されるようになっている。

SOAP法は分光分析法であり,原子吸光分析法と原子発光分析法に大別される[15]。原子吸光分析法では,溶剤で希釈した油を,高温炎の中で燃焼,気化させ,金属元素を基底状態の原子にする。これに,検出したい元素の励起エネルギーに対応する波長の光を照射し,そこで吸収される光の量を計測すれば,元素の濃度が測定できる。原子吸光分析法は,測定精度が高いが,元素ごとに照射光を変えなければならないので,分析時間がかかる。

原子発光分析法では,アーク放電,スパーク放電などにより油中の元素を励起させ,安定状態に戻るときに放射する元素特有の波長の光を図5.3.9に示すような装置で測定する。一度に多元素の分析ができ,分析時間が短い。近年,試料の励起に高周波結合プラズマ (inductively coupled plasma, ICP) を用い,より高速で正確な分析が可能なICP発光分析法が普及してきて,発光分析の主流になっている。

SOAP法で分析の対象とする油中の元素は対象設備の摩耗部分の材料に依存するが,通常,Fe, Pb, Cu, Al, Ag, Cr, Ni, Sn, Ti, Mg, Si, Sbなどである。なお,濃度測定であることから,油の補給を行った場合などはその分の補正を行う必要がある。

5.3.6 赤外線放射法

軸受温度の監視に代表されるように,設備各部の温度を計測して異常監視や診断を行うことが広く行われている。温度計測には熱電対やサーミスタのような接触式のセンサに加え,赤外線放射量の計測により非接触で対象物の温度を検知する装置が,設備診断において広く用いられる。

一般に,赤外線計測により特定部位の温度を計測する装置を赤外線放射温度計,二次元の温度分布を計測する装置を赤外線カメラまたは赤外線サーモグラフィと呼ぶ。これらは,非接触で温度計測が可能であり,測定温度範囲も広いという特徴を持っている。ただし,赤外線放射量と温度との関係は,物体の種類と表面状態により変わるので,測定にはそれらを関係付ける放射率の値が必要である。また,測定に際して赤外線の大気による吸収や太陽光の影響などに注意を要する。

設備診断における赤外線カメラの応用は多岐にわたっている。代表的な例としては,電子機器におけるプリント板上の素子不良,電力設備における接触不良,炉などのライニングの剥離,配管などの断熱・保温材の不良,建物の外装材の剥離などがある[12]。

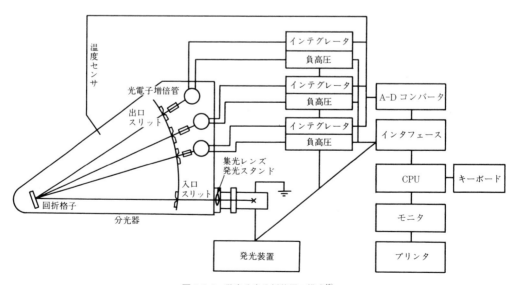

図5.3.9 発光分光分析装置の構成[15]

また，部材に生じる応力変化によりその部位の温度に微小な変化を生じる，熱弾性効果と呼ばれる現象を利用した赤外線応力測定法がある。

5.3.7 非破壊検査技術

非破壊検査技術は，設備の損傷や破壊につながるおそれのある欠陥を，検査対象物をきずつけたり，破壊したりすることなしに検査するための技術である。非破壊検査技術は，設備診断技術とは独立に発展してきた技術である。しかし，設備診断技術を設備管理のための総合的な技術体系として捉えるようになっている現在では，構造物の健全性を診断するための設備診断技術の重要な一分野として位置付けられるようになっている。

非破壊検査技術においても，さまざまな検出原理を用いた方法が用いられている[19]。おもなものとしては，放射線透過試験，超音波探傷試験，渦流探傷試験，磁粉探傷試験，浸透探傷試験が挙げられる。これらは，それぞれ RT，UT，ET，MT，PT などと略称されている。

〔1〕 **放射線透過試験**

放射線透過試験では，図 5.3.10 に示すように，試験対象物に X 線や γ 線などの放射線を照射し，透過放射線をフィルムに撮影する方法である。対象物にきずがあると，そのぶん実質的な透過厚さが少なくなるため，そこを通過した透過放射線が健全部を透過した放射線より強くなり，その差がフィルム上に像として現れる。近年，X 線フィルムを用いる代わりに，放射線量を，ディジタル化した電気信号として取り出し画像化するディジタルラジオグラフィの技術が，特に医療分野で発展しており，工業用としても普及しつつある。

放射線透過試験は，材料内部のきずの検出に適しており，構造物の溶接欠陥の検出などに広く適用されている。また，超音波肉厚計などとは異なり，配管のスケール付着，減肉などの全域的分布が把握できるので，部分的な減肉の見落としが少ない。

〔2〕 **超音波探傷試験**

人間の可聴域を超えた高周波数を持つ超音波は指向性が強く，物体中を直進し，異なった物体もしくは空隙との境界面で反射する性質を持っている。この性質を利用して，対象物内部のきずの位置と大きさを測定する試験を超音波探傷試験と呼ぶ。

図 5.3.11 に超音波探傷試験の原理を示す。試験対

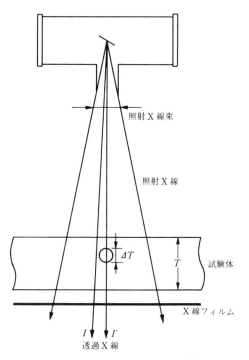

図 5.3.10 放射線透過試験の原理[19]

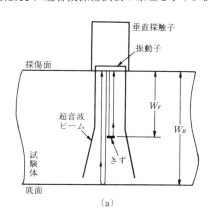

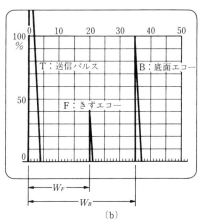

図 5.3.11 超音波探傷試験の原理（垂直探傷）[19]

象物の表面（探傷面と呼ぶ）に超音波探触子を当て超音波を内部に伝播させる。超音波は内部を直進し，対象物の底面に当たってエコーとして戻ってくる。エコーが戻ってくるまでの時間は，経路長によって決まる。内部にきずがあると，そこで超音波が反射され戻るために，底面エコーより早くエコーが戻ってくる。したがって，超音波が送信されてから受信されるまでの時間差からきずの位置が測定できる。また，きずの大きさは，受信エコーの大きさまたは探触子を移動させたときのエコーが観察される範囲から測定できる。

図5.3.11の場合は，探傷面に垂直に超音波を入射させている。このような方法を垂直探傷と呼ぶ。一方，**図5.3.12**のように，探傷面に対して超音波を斜めに入射させる方法を斜角探傷と呼ぶ。この場合は，底面エコーが現れない。垂直探傷には縦波が，斜角探傷には横波が用いられる。また，超音波の周波数としては，1～5 MHzがよく用いられる。

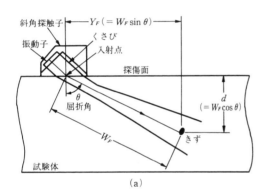

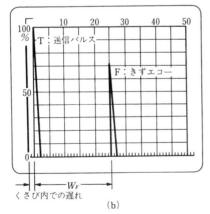

図5.3.12 超音波探傷試験の原理（斜角探傷）[19]

〔3〕 渦流探傷試験

図5.3.13に示すように，コイルに交流を流すと交流磁束が発生する。これを導体に近付けると，電磁誘導による起電力により導体内に渦電流と呼ばれる円形

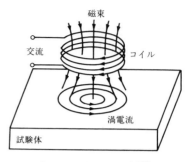

図5.3.13 渦電流の誘導[19]

の電流が誘導される。渦電流が流れると，コイルによる交流磁束を打ち消すような磁束を発生する。このとき導体の表面に**図5.3.14**に示すような割れなどの不連続部分があると渦電流の流れが変わり，それによって発生する磁束も変化する。この変化をコイルに生じる起電力の変化として検出するのが渦流探傷試験の原理である。

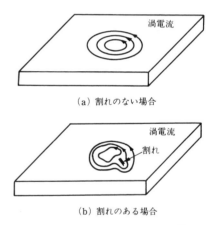

図5.3.14 割れによる渦電流の変化[19]

試験に用いるコイルは，対象物に応じて，**図5.3.15**に示すように貫通コイル，内挿コイル，上置きコイルに大別される。試験は，自己比較方式と標準

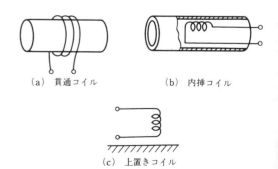

図5.3.15 試験コイルの形式[19]

比較方式に分類される。前者は，検査コイルと比較コイルが対になっており，それらの差が出力されるので，微細な欠陥の検出に向いている。一方，後者は，標準試料と試験試料との差を検出する方法で，全面腐食における平均減肉量の評価などに向いている。

渦流探傷試験は，非接触で高速な検査が可能であり，自動化にも向いている。ただし，試験対象物の形状は単純である必要があり，また，検出できるのは渦電流の流れを妨げる方向の表面きずのみであるという制約がある。

〔4〕 磁粉探傷試験

鉄鋼材料のような強磁性体を磁化すると材料内部に磁束が発生する。このとき磁束の流れる経路に割れなどの欠陥が存在すると，磁束の流れが遮られその付近で磁束が空間に漏洩する。この部分に磁粉を散布すると磁粉は磁化されて，図 5.3.16 に示すようにきず部に凝集，吸着し，磁粉の模様ができる。これよりきずを検出するのが磁粉探傷試験である。磁粉模様の幅は，きずの幅より拡大され，また，磁粉は着色したり蛍光体を塗布してあるので，幅の狭いきずでも検知しやすくなる。

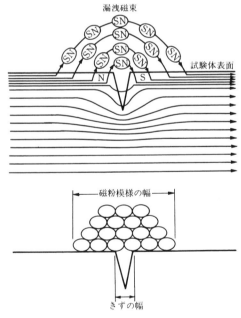

図 5.3.16 磁粉探傷試験におけるきず部の磁束漏洩と磁粉の吸着[19]

磁粉探傷試験は，試験対象物が強磁性体でないと適用できないが，割れが表面に開口していなくても，表面から 2〜3 mm 程度の深さのものであれば検出が可能である。漏洩磁束は，きずの面積が大きいほど多くなるので，磁粉模様の幅からきずの大きさがわかる。ただし，深さ方向の形状，大きさはわからない。また，ピンホールのような点状のきずの検出は困難である。

〔5〕 浸透探傷試験

試験対象物の表面に浸透液を塗布すると，表面に開口しているきずに，毛細管現象により液が浸透する。きずの中に浸透している液は残るようにして，表面に付着している浸透液を洗浄処理により取り除く。その上で，現像処理として，表面に白色微粉末の薄い被膜を形成し，きずに染み込んだ液を表面に吸い出させる。この結果，現れる指示模様によりきずを検出するのが浸透探傷試験である。図 5.3.17 に代表的な浸透探傷試験の手順を示す。

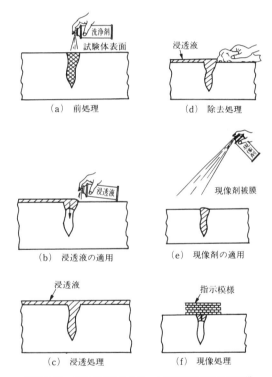

図 5.3.17 速乾式現像材を用いた浸透探傷試験の手順[19]

浸透液には，明るい場所で識別されやすいように着色された染色浸透液と，紫外線を照射すると蛍光を発する蛍光物質を加えた蛍光浸透液がある。

浸透探傷試験は，多孔質材料を除けば金属，非金属にかかわらず適用でき，表面に開口している微細なきずを検出することができる。ただし，手作業が多く，検査の信頼性は作業者の技量によるところが多い。

（髙田祥三）

引用・参考文献

1) Weichbrodt, B., Mechanical Signature Analysis, A New Tool for Product Assurance and Early Fault Detection, Proc. 5th Reliability and Maintenability Conf., pp.569-581 (1966)
2) Lavoie, F. J., Signature Analysis, Product Early-Warning System, Machine Design, 41-2, pp.151-160 (1969)
3) デニス・パークス, テロテクノロジー, プラントエンジニア, 4-5, pp.20-24 (1972)
4) 豊田利夫, 設備診断技術と計測, 計測と制御, 13-5, pp.45-52 (1974)
5) Nowlan, F. S. and Heap, H. F., Reliability Centered Maintenance, Proc. of Annual Reliability and Maintenability Symposium, pp.38-44 (1978)
6) 陳潔, 前川禎臣, 萩原正弥, 階層的故障分類法による故障アセスメント支援システムの開発, 日本設備管理学会誌, 9-4, pp.241-248 (1998)
7) 前川健二, 設備診断技術, 日本プラントメンテナンス協会 (1990)
8) Bannister, R. H., A Review of Rolling Element Bearing Monitoring Techniques, Condition Monitoring of Machinery and Plant, p.11, Mechanical Engineering Publications Ltd. (1985)
9) 豊田利夫, 設備診断の進め方, 日本プラントメンテナンス協会 (1982)
10) Takata, S., Ahn, J. H., Miyao, Y., and Sata, T., A Sound Monitoring System for Fault Detection of Machine and Machining State, Annals of the CIRP, 35-1, pp.289-292 (1986)
11) Chaturvedi, G. K. and Thomas, D. W., Bearing Fault Detection Using Adaptive Noise Cancelling, ASME J. of Mechanical Design, 104-2, pp.280-289 (1982)
12) 牧修市, 最新実用設備診断技術, 総合技術センター (1989)
13) 松本善政, 油中金属摩耗粒子モニタリング, 日本トライボロジー学会トライボロジー・フォーラム'95テキスト, pp.41-59 (1995)
14) Scott, D., Seifert, W. W., and Westcott, V. C., The Particles of Wear, Scientific American, 230-5, pp.88-97 (1974)
15) 細川孝人, 中山英治, 設備異常診断と予知保全―第12節分光分析, pp.571-582, フジテクノシステム (1988)
16) 尾上守夫ほか, アコースティック・エミッションの基礎と応用, コロナ社 (1976)
17) 吉岡武雄, アコースティック・エミッションによる転がり軸受の破損予知に関する基礎研究, 機械技術研究所報告 (1993)
18) 森脇俊道, AE による切削状態認識の現状と将来, 日本機械学会誌, 89-807, pp.145-151 (1986)
19) 日本非破壊検査協会, 非破壊試験概論 (1993)

5.4 設備の保守・保全

5.4.1 設備の保全方式[1),2)]

設備を安全に運用するためには,まず適切な設計が行われていなければならないことは当然である。一般に工学の対象となっている問題は,主として設備の設計に関する体系化であり,長年の知識と経験の蓄積から,かなりの確度で設備を設計できる方法論が工学として確立されているということができる。しかし,建設・製作され,運用に移された設備がどのような劣化の経過をたどることが予想されるかという問題に関しては,設計の段階ではほとんど関心が払われていない。すなわち,新しく建設される設備はいつどのような保守を行えばよいのかについては,設計者から指示はほとんどないのが一般であるが,事故事例を見ると保全の不備に起因するものの割合はかなり大きいという現実からすると,設備保守・保全技術の向上は,安全対策の大きな柱であるということができる。

保守あるいは保全という作業は,基本的には,設備の使用期間中に経年劣化その他の理由から設備に何らかの不具合が生じた場合に,それを復元することを指している。最も直接的な保全は,設備が故障したときに直すという作業であるが,故障が起こることは好ましくないことは当然であるから,設備が故障に至る前に対策を施して故障の顕在化を回避するという考え方がとられるようになる。

設備の保全のやり方としてさまざまな方法が提案されているが,代表的な分類方法は図 5.4.1 に示す。最近の保全方式は保全戦略と位置付け,その分類方法は図 5.4.2 に示す。保全戦略は従来の予防保全を劣化反

図 5.4.1 保全作業の分類

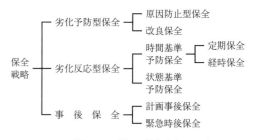

図 5.4.2 新しい保全戦略

応型保全と位置付け，新たに劣化予防型保全の考え方を取り入れた。設計，製作，据付け，整備の各段階で機械劣化の根本的な原因を排除し，劣化させないようにプラントの長寿命化を図る。

事後保全は，文字どおりに故障が発生した後で修復作業を行う保全方式である。この方式は，壊れたら直すという最も単純な原理に基づいており，部品の寿命を使い切るという意味では，経済的な方法である。しかし，その部品が故障すると設備全体が停止してしまうような重要な部品に対しては，事後保全方式を採用することはかえって大きな犠牲を伴うことになる。したがって，そうした部品については，設備の構造を冗長化して故障の影響が伝播するのを防ぐことを考えるか，予防保全によって故障に至る前に保全を行うことを考える必要がある。

緊急事後保全とは，本来予防保全，すなわち壊れる前に予防策を行う対象であった部品が故障してしまった場合を指しており，ある意味では予定外の故障であるから緊急に修理する必要があり，突発的である場合が多く，またそれに対する特別な対策があるわけではないので，事後保全と同じ取扱いとなる。

予防保全は，設備は使用中に機能喪失に至ることを未然に防止し，使用可能な状態を維持するために計画的に行う保全作業を指している。予防保全方式をさらに分けて，時間基準保全と状態基準保全を区別しているが，時間基準保全は比較的古くから採用されている方法である。

設備はある期間使用をし続けるとさまざまな部品に故障や不具合が発生しやすくなるので，適当な間隔をおいて保全作業を行うことによって設備の故障を減らそうという考え方に基づいた方式である。この適当な時間計画には，時計時間に基づいてスケジュールが組まれる場合と，設備の動作が行われている累積時間に基づく場合とが考えられる。前者が定期保全であり，後者は経時保全である。

定期保全は理論的にいえば，設備が稼働していなくても，例えば外部環境による腐食のように経過時間に依存して劣化が進行するような要素が含まれている対象に適用されるのが原則であるが，それほど厳密に劣化の挙動が把握されている場合は少なく，しかもさまざまな劣化現象が対象設備に含まれているので，その中で比較的重要な部品で短い周期で現れる劣化現象に合わせて便宜的に周期が決められることが多い。

いわゆるMTBF（mean time between failures），すなわち平均故障間隔と呼ばれる過去の故障記録から評価される平均的な寿命などを参考にすることが多く，その場合は経過時間で評価されるので，カレンダー上で周期が決められるのが一般的である。定期保全の典型的な方式はオーバホールである。設備の部品には分解しないと点検や整備ができないものも少なくないので，その部品の劣化の進行速度を加味して，適当な周期で定期的に分解整備するのがこの方式である。

修理や交換を必要とする部品の補修は当然であるが，給油や清掃あるいは塗装といった作業も行われ，新品の状態にできるだけ近い状態に戻すのがオーバホールの目的である。しかし，オーバホールを頻繁に行っても，時間，経費，労力がかかるわりには故障率が顕著に下がる成果は得にくいために，最近では，例えば航空機の分野のように別な方式を採用する傾向が見られる。

例えば，航空機のタイヤや，地上と上空との圧力差に依存して疲労するような部材は離着陸の回数が劣化速度に直接関係するので，短距離の運行と国際線のような長距離の運行では条件が異なり，運行時間や経過時間とは別な基準で管理する必要がある。この場合は頻度基準保全で，必ずしも累積稼働時間とは対応してないが，性格としては経時保全と似た考え方に立っている。

状態基準保全方式は，使用中の設備の動作，性能など一次効果モニタリング，振動・音響などの二次効果モニタリング，また製造した製品の合格率などの事象モニタリングを通じて，劣化傾向の把握，故障や欠陥の検出を行い，設備が機能喪失や故障に至る前に予防的に保全を行うことを目的としている。

状態監視の最も直接的な方式は，一般的にコンディションモニタリングといわれている方法である。例えば，**表 5.4.1** に示すような異常の検出法が実用的に使われているが，これらの方法論を総称して設備診断技術と定義している。設備診断技術の特徴は，設備機能的な特性以外に，設備劣化の特徴を反映する属性あるいは状態量をも直接監視の対象としている点である。

状態基準保全の基本的な方法は設備状態の簡易診断と劣化傾向管理である。例えば，材料の腐食のように劣化の速度が十分に緩慢であれば，適当な間隔で間欠的に観測することで状態監視保全を行うことができる。しかし，一部の回転機械のように兆候が現れてから故障に至るまでの時間が短く，突発的に近い劣化現象で，しかも製造プロセスと工場生産全体に重大な影響を与えるような故障は，オンラインで観測する必要がある。その典型的な例は，工場全体に動力を供給している発電機やコンプレッサなどで，軸の振動やスラストをオンラインでモニタリングを行うことが多い。

これ以外にも，保全の前にさまざまな言葉の付いた用語が数多く用いられているが，統一された分類に

表5.4.1 おもな異常検出技術の応用例

検出技術＼設備	回転・往復動機械	静止機器（塔，槽，炉，配管，素材含）	電気・計装設備
振動・音響	・振動法（回転機械，機械要素診断技術） ・音響法	・機械インピーダンス法（欠陥診断） ・音響インピーダンス法（材質診断） ・ハンマリング法（欠陥診断）	
超音波	・AE法（低速軸受診断技術）	・AE法（圧力容器診断技術） ・気中超音波法（リーク検出） ・パルス反射（内部欠陥診断） ・超音波ホログラフィ（内部欠陥診断）	
圧力	・圧力脈動法（ポンプなどの流体回転機械診断）	・圧力損失法（詰まりの診断） ・水圧検査法（リーク検出，耐圧検査） ・気圧検査法（リーク検出）	
熱	・温度測定（軸受の診断） ・サーモグラフィ法（機械要素の診断）	・サーモグラフィ法（炉，煙突の診断） ・熱流計法（熱流計による炉れんがの診断）	
電気	・モータ電流特徴解析法（回転機械，機械要素診断技術）		・モータ電流特徴解析法（モータ機械的，電気的異常診断） ・部分放電法（絶縁劣化診断） ・電気応答法（制御系の診断） ・電気パラメータ法（$\tan\delta$などによる絶縁劣化診断）
電磁気		・渦流法（表面欠陥，材質） ・磁粉探傷試験法	・漏洩磁束法（トランスの診断） ・磁束変動法（モータの診断）
光	・レーザ（アライメント変化診断，振動変位計測）	・管内検査法（ファイバスコープによる管内検査） ・ホログラフィ法（表面欠陥）	
化学	・潤滑油分析法（回転機械摩耗系の診断）		・ガス分析（トランス診断）
放射線		・透過法（内部欠陥）	
応力	・ストレインゲージ法（動的応力解析による低速回転機械診断）	・ストレインゲージ法（欠陥の診断）	
表面塗布		・着色浸透法（表面欠陥） ・蛍光浸透法（表面欠陥）	

よって定義されているわけではない．図5.4.2の改良保全という用語は現場でよく用いられることがある．設備の故障が発生した場合には，その原因が何であるかを徹底して分析することが大切である．その結果，不可避的に起こるものであれば，再び起こることを予想して対処することになるが，その原因を排除できる対策が見つかれば，設備を改良して再発しないようにすることが望ましい．設備の構造や材料などを変更することによって再発防止策を行い，故障頻度の低減，生産性の向上保全費の節約，保全作業の軽減などの合理化を図る考えを改良保全と呼ぶ．

計画保全という考え方も注目されている．保全にかけることのできる費用も工数も限度があるので，それを最も有効に利用するためには保全作業全体を計画的に進めることが必要である．それを実現するために計画保全という考え方が提唱されているが，その中心は保全カレンダーを作ることになる．

しかし，効率の良い保全カレンダーを作るためには，故障がいつ起こるかを予測する必要がある．したがって，計画保全とは寿命予測に基づいた保全作業ということができるが，そのためには，当然のことであるが精度の良い寿命予測技術が必要となる．

5.4.2 設備の寿命予測[1]
〔1〕 寿命の分布

もし設備のそれぞれの部品の寿命がいつくるかを正確に予測することができれば，その予測結果に基づいて，効率的な設備管理を行うことができるのはいうまでもない．しかし，これまでは寿命予測を行うにはデータがない，適当な理論がないということで，それを具体的な設備管理の場面で積極的に取り上げられることが少なかった．

現実には，実用的にも学問的にも，その取組みは未熟ではあるが，ここでは寿命予測の考え方とそれの設

備管理技術における意味について概観することにする。

かりに図5.4.3に示すような故障頻度分布を持った部品があったとして，それをいわゆる時間計画保全方式で管理しようとすると，その部品の交換時期が問題となる。信頼性工学でいう平均故障間隔すなわちMTBFは曲線で描かれる部分の右と左の面積を等しく分けるような時間であるが，もしある決まった時間でその部品を交換するなら，それより左の面積に相当する割合で部品交換が間に合わない，すなわち失敗をすることになる。ところで，右の面積に相当する割合の部品は故障しないが，まだ使える寿命を捨てることになり，それだけ部品の利用率に無駄が生じる。

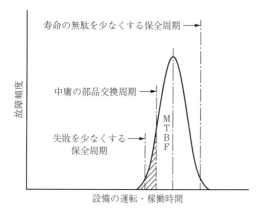

図5.4.3　寿命予測における部品の寿命分布

失敗が許されない場合には，交換時期を頻度がゼロであるようなところまで左に寄せ，一般にいわれる予防保全を指向することになるが，部品寿命の大きな無駄を覚悟しなければならない。一方，寿命を完全に使い切るためには交換時期を右端に持っていき，いわゆる事後保全を行うことになるが，この場合はすべて故障回避という意味では失敗することになる。理想的には失敗も無駄もない設備管理を行うことであるが，そのための最も効果的な対策が寿命予測技術ということになる。

寿命を精度良く予測するというのは，寿命の分布曲線の広がり幅を狭くすることを意味するが，分布を広げている原因としてはつぎの三つの要素が考えられる。

まずは，部品の個体差であり，いわゆる部品製作時の品質管理の程度が悪いとその寿命のばらつきが大きくなる。利用者としては，管理することができない種類の問題であり，それを避けるには信頼のおけるメーカを選定する以外に方法がない。

そのつぎは，一つの部品でも起こり得る故障は1種類とは限らないため，複数の種類の故障モードを区別しないで故障の件数として集計すると分布が広くなる。例えば，ポンプの故障頻度として，メカニカルシールとベアリングの故障を併せて考えると，二つの分布の和であるから，当然幅は広がってしまう。

もう一つの要素は，使用条件の違いの影響である。同じ設備でも使用条件が異なれば，劣化速度は例えば，使用温度，回転速度といったストレスによって影響されるため，異なる条件で使用している部品の寿命を集計するとその分布の幅は広くなる。

特に安全管理に関連して設備管理上重要なことは網羅的に故障を対象にしなければならない点である。

一般に，過去に発生した故障だけを対象とする傾向があるが，短期的にはそれは有効であっても，長い年月の間に徐々に進行するような劣化現象に対しては，それでは無力である。

設備の劣化として，「何が起こるか」，「どこで起こるか」，「いつ起こるか」を知ることができれば，いかに能率の良い設備管理ができるかは想像に難くない。何が起こるかを知る方法として，過去の記録だけに頼るのは万全とはいえず，設備の機能展開から部品展開をすることによって網羅性を確保する方法を研究する必要がある。

ある劣化がどこで起こるか，すなわち設備の条件と劣化の進展状況との関係を知るには，故障物理が必要となる。もちろん，すべての故障について物理的なメカニズムが解明されているとは限らないが，現在までに蓄積された膨大な経験と知見，さらには研究の成果を積極的に利用する努力が重要である。故障物理から得られる最も重要な情報はストレスと劣化現象との関係である。

いつ起こるかを知ることは，まさに寿命予測の問題であり，ここまで情報が整えば現行行われている保全作業の負荷は大幅に削減されることが期待できる。網羅性についても，起こり得る故障モードを数え上げるとおそらくその数は膨大なものになると思われる。

しかし，その一つひとつがどこでいつ起こるかを知っていれば，やみくもにそのすべてに対応する必要はないはずである。起こりそうもないと判断して無視した些細な欠陥から事故につながる例が少なくないことを考えると，予見性を研ぎ澄ます方法論がどうしても必要である。

〔2〕　**寿命予測の方法論**

使用条件下にある設備は，その負荷により，あるいは経年的劣化により，やがて使用に耐えられなくなり寿命に至ると理解されている。しかし，これは直感的

な認識であり，設備の各構成要素は，それぞれの特徴に応じて異なった物理現象によって劣化が進行し，したがって，寿命に至る挙動も異なった様相を示すものと思われる。

また，寿命そのものの定義も必ずしも厳密に行われていない。人間の寿命についても，脳死の判定でいろいろ議論されているが，この場合は寿命の終点を具体的にいかに定義するかという問題である。しかし，設備の場合は，ある構成要素が機能しなくなる時点が，その部品の寿命であると同時に，その劣化現象が設備の機能に及ぼす影響の仕方によって，その部品以外の機能の寿命も規定することになる。

いずれにしろ，こうした複雑な要素を含んではいるが，できるだけ統一的な取扱いによって，寿命を予測する方法論を用意することが好ましい。それに対しては，これまでにいくつかの考え方が提案されているが，その中にはつぎのようなものがある。

（a）**ストレス・強度モデル** このモデルは，材料強度に対して適用することを前提にしたものであるが，劣化現象は，使用条件下での環境すなわちストレスによって進行するとし，設備の持つ強度がストレスによって劣化して，強度がストレスを下回ったときに故障が起こると考えるモデルである。

材料の強度とストレスの双方に分布があるとし，故障に至る確率は，その双方の分布の重なった面積に比例すると考える。強度が併用期間中にしだいに劣化して，ストレスの分布に重なった時点から故障の起こる可能性が出てくることを示したのが図5.4.4である。

態量の関数として表されるとし，その速度定数 K が式 (5.4.1)，(5.4.2) のように絶対温度の逆数の指数関数で表される。

$$\frac{dX}{dt} = -Kf(X) \tag{5.4.1}$$

$$K = A\exp\left(\frac{B}{T}\right) \tag{5.4.2}$$

ここに，A, B はそれぞれ定数である。B はいわゆる活性化エネルギーに相当する定数であるが，劣化反応を起こす分子のエネルギーレベルが，統計力学的には劣化反応を起こすのに超えなければならないエネルギーレベルの山の高さとして導かれる。

両式から，寿命すなわち限界の劣化レベルに至るまでの時間 t_f の温度依存性は式 (5.4.3) で表される。

$$\ln t_f = A' + \frac{B}{T} \tag{5.4.3}$$

この式は，$\ln t_f$ と $1/T$ が直線関係にあることを表しており，図5.4.5のように比較的高温で劣化の加速試験を行った結果から，使用温度領域でも劣化寿命が推定できることを示唆している。また，式 (5.4.3) を

$$T(C + \ln t) = D \tag{5.4.4}$$

のように変形すると，金属クリープ寿命の予測に用いられているラーソン・ミラーの式，すなわち応力と使用温度の関数として図5.4.6のようなプロットからク

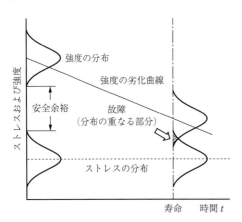

図5.4.4　ストレス・強度モデル

（b）**アルレニウス則モデル** 化学反応で一般的に成り立つといわれているアルレニウス形の速度論を設備の劣化について適用したものである。すなわち，ある劣化を起こす状態量 X の劣化速度がその状

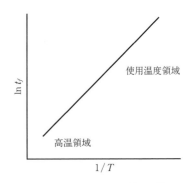

図5.4.5　アルレニウス則の関係

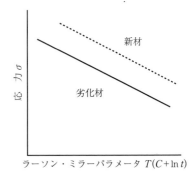

図5.4.6　ラーソン・ミラーの式の関係

(c) **マイナー則モデル** ストレスが変化する場合に，設備の劣化の進行の度合いは，それぞれのストレスに応じた損傷の線形の累積値がある限界に達すると寿命がくると考えたモデルである．特に対象としている劣化現象は，材料の繰返しストレスによる疲労であるが，ある大きさのストレス S_i に対応した繰返し寿命回数を N_i とすると

$$\sum \frac{n_i}{N_i} = 1 \tag{5.4.5}$$

となったときに寿命に達するとしている．この関係を示したのが図5.4.7である．一般の現象では，明らかに寿命消費率は成り立たないので，式 (5.4.5) の関係による寿命予測の精度を上げることは難しく，さまざまな条件に影響される．

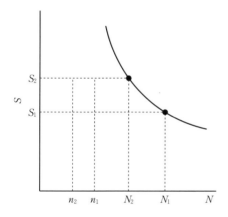

図5.4.7 マイナー則モデルの関係

設備の寿命は，対象としている設備が機能を喪失するまでの時間と考えられるが，予測された寿命は確率論的にいえば，ばらつきがあり，決定論的にいえば誤差が伴う．寿命予測のばらつき，あるいは誤差を設備の特徴，使用条件，劣化モードなどを考慮して，できるだけ小さくすることが寿命予測技術の目的である．

(d) **傾向管理による外挿** 対象とする寿命に関連した劣化現象を反映している属性（パラメータ）を観測し，その変化の傾向から限界値に達する時間を外挿法により予測する方法で，最も直接的な寿命管理法である．ここで，オンラインで劣化の傾向を観測する場合は，予測ではなくモニタリングになってしまう．寿命予測の場合は途中のどの時点で観測すべきかを決めるのがポイントとなる．あまり早すぎて，新品の状態から変化していないときに観測したのは予測の誤差が大きく，あまり遅すぎると故障に間に合わないおそれがある．

(e) **過去のデータに基づく統計的手法** これまでに蓄積された同様な設備に関する寿命のデータを統計的に処理することにより，現在使用中の設備の寿命を予測する方法であり，最も一般的に受け入れられている考え方である．この方法は当然のことであるが，過去に経験した劣化現象のみが対象になり，未経験の現象による寿命については，似ている他の現象のデータから類推する必要があり非常に精度が悪くなる．実用化されている例としては，極値統計解析法を用いた孔食による熱交換器チューブの寿命予測がある．サンプルとして何本かのチューブを抜管して孔食の深さを測定した結果，最大値の分布はGumbel分布に従うことを仮定すると残りのチューブにある孔食の最大値が推定できる．これまでの使用期間から腐食進展速度を求めることにより，残存寿命を予測するものである．

(f) **故障物理に基づく推定** 劣化の進展のメカニズムに関しては，学問的にもかなり研究が進められており，材料の摩耗，疲労や腐食に関しては，速度論的な知見が得られている劣化現象も少なくない．したがって，例えばシミュレーションのような手法を用いて，ある程度の寿命予測を行うことはできるものがある．しかし，すでに指摘したように，劣化現象はさまざまな条件に影響されるので，単純な故障物理では劣化速度を正確に表現することはできない．

しかし，故障物理の持つ特徴は，劣化速度がどのようなストレスに影響されるかをあらかじめ推定することができる点にある．すなわち，故障物理を用いることにより劣化のモデルを書くことが可能であり，それに含まれるいくつかのパラメータの値を対象設備の観測データから決定するという方法をとることにより，予測の精度を高めることが期待できる．

5.4.3 RCM，RBI/RBMの考え方
〔1〕 **RCMの考え方**[1]

RCMは reliability centered maintenance の略であり，信頼性中心保全方式と訳されている．RCMの提案は，1962年に米国の連邦航空局，ユナイテッド航空会社，ボーイング社の3者が共同研究のプロジェクトチームを作り，各部品の信頼性を確保するためにはそれぞれにどのような保全方式を適用したらよいかという問題を，理論的に決定する方法を体系化した結果である．

その目的とするところは，システムの各構成要素に対して，さまざまな保全方式がある中でどの方式を適用すべきかを論理的に決定する方法論を構築することであった．航空機に対しては，RCMの考え方に基づ

いて具体的な保全のガイドラインが体系化されてすでに実用化されている。MSG 2 が B 747 のためのガイドラインであり，B 767 に対しては MSG 3 が作られている。やがて，米国軍の戦闘機や軍艦にも適用されたようであるが，詳細は不明である。

装置作業のプラントにも応用しようとした最初の試みが，米国の電力中央研究所が提唱して，Turkey Point 原子力発電所の 3 号機と 4 号機の補助冷却系を対象に検討した例であり，その後いくつかの原子力プラントでも試験的に実施しており，その頃では，原子力プラントの保全技術に関する研究発表の場でも，RCM に関する研究報告が見られるようになった。

RCM の基本的な考え方は，保全の対象とする機器や部品の信頼性を評価し，その特性に応じた保全方式を論理的な判断基準に基づいて選択する方法論を構築することにあり，ここでいう信頼性は，同種の設備の過去の故障データから評価されるいわゆる確率論的信頼性を指しており，評価の基準には安全性，経済性などの判断が考慮される。

その間，わが国では石油精製や化学プラントなどの一般の製造プロセスについても本格的に RCM を取り入れる工場が現れてきている。しかし，装置産業の設備 RCM の考え方を応用しようとする場合に，航空機の保全方式をそのまま流用しても，必ずしも有効であるとは限らない。

ここでは，装置産業に適用した例として発表されている石油プラントの事例を用いて RCM の手順の内容について説明する。進め方の典型的な手順は図 5.4.8 のとおりである。

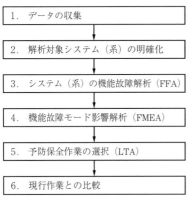

図 5.4.8　RCM の進め方の手順例

（a）**データ収集**　まず始めに，プラントそのものの特徴，起こり得る故障などを知るために，プラントに関する情報，すなわち機器図や配管図などの設備データ，プロセス設計データ，運転データ，点検・検査データ，さらにはこれまでの故障記録などを収集する。特に，故障データは RCM の言葉の基になった信頼性の評価に用いられる。

（b）**対象システムの明確化**　設備の故障を管理する場合には，その故障の原因が対象としているシステムの中にあるのか，外からの影響によるのかを明確にするためにも，対象システムの境界を定義する必要がある。RCM では，故障の影響の範囲によって保全方式の選定を行うことを考えているので，外部との境界を明確にする意味である。

（c）**機能故障解析**　対象とするシステムの中を，さらに部品レベルにまで展開し，それぞれの部品にはどのような機能的な故障があるかを整理することが目的である。具体的には図 5.4.9 のような機能ブロック図や図 5.4.10 のような機能要素展開図（system work breakdown structure, SWBS）などの手法を用いて機能を分解し，各機能について構成部品の故障モードと機能との関係を機能故障解析（functional failure analysis, FFA）を行う。

（d）**故障モード影響解析**　機能故障解析で拾われた故障モードについて，その故障がどのような影響を及ぼすかを調べるために，機能故障モード影響分析（functional failure mode and effects analysis, FMEA）を行う。FMEA は図 5.4.11 のような形式の一般によく知られている手法であるが，影響が大きいと判断された故障については，論理樹解析（logic tree analysis, LTA）によって，その特徴に合った保全方式の選択が行われる。

（e）**論理樹解析**　論理樹解析 LTA は，一連の設問に照らして，対象とする故障はどのような保全を行うのが適当かを論理的に判断する手続きである。そこでは，安全性や技術的対応の可能性などの条件が評価される。LTA の内容は一般的なものはなく，対象とするプラントの特徴も考慮した設問を用意する必要があるが，典型的な航空機の例などを参考にして化学プラントのために用意した例もある。

RCM で最も重要な特徴は，これまで経験的に選ばれていた保全方式を，それぞれの部品の信頼性，故障の特徴，影響度などに応じて論理的に選択する方法論を提案した点にある。

しかし，設備管理では，いつどのような保全作業を行うかを管理することが目的であるのに対して，RCM では必ずしもそれに直接的に答えていない。すなわち，保全周期あるいは点検周期など時間軸上の議論についての方法論が明確に定義されていない点が問題となる。

5. システム・プロセス安全

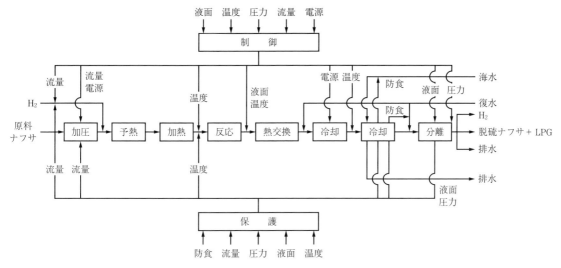

図 5.4.9 設備の機能ブロック図

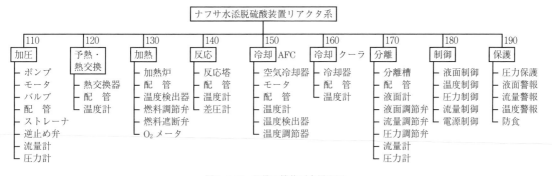

図 5.4.10 設備の機能要素展開図

Sh. N. NH-161-2

SWBS No. 161		ITEM No. NH-E2			Rev. 3 Rev. 2 Rev. 1 作成 '16.8.8		承認	点検	作	成
名称	反応塔二次冷却器						鈴木	田村	田中	加藤

No.	機 能	No.	機 能 故 障	No.	主要故障モード (原因も記載する)	故 障 影 響			LTAの適用 (有/無)
						A. 機器単体	B. 系	C. 装置	
1	冷却能力		冷却能力喪失	1.1.1	プロセス側汚れ (シェル)	温度上昇	系内圧力上昇 H_2 純度低下	チャージダウン	有
				1.1.2	海水側汚れ (チューブ)	温度上昇	系内圧力上昇 H_2 純度低下	チャージダウン	有
2	耐圧性能	2.1	シェル側耐圧性能 喪失	2.1.1	シェル漏洩 (1) 塩酸腐食 (2) HIC	漏洩 (火災の可能性 あり)	停止	停止	有
		2.2	チャネル側耐圧 性能喪失	2.2.2	チャネル漏洩 (1) 海水腐食	漏洩			
		2.3	シェル/チューブ 圧力バッテリー 条件の喪失	2.3.1	チューブ漏洩 (1) NH_2-H_2S腐食 (2) NH_3SCC	漏洩 (火災の可能性 あり)			
				2.3.2	潰食(海水側) チューブシート				

図 5.4.11 機能故障モード影響解析

もう一つの問題は，故障の影響度についてはLTAにおいて，具体的に検討する構造になっているが，故障発生のメカニズム，寿命の予測については，過去のデータに基づいた信頼性の評価にとどまっている点である．故障物理との対応を考慮することが今後は必要となると思われる．

RCMの手法の実用性については，一部の企業の採用にとどまり，装置産業へ普及していなかった．

〔2〕 **RBI/RBMの考え方**[3]

1990年初頭，米国では石油精製，石油化学プラントを中心としたプロセスプラントにおいて重大事故を多発していた．その数は1960年代，1970年代，1980年代の30年間で170件に上った．そのため米国石油学会（API）が中心となり，その170件の事故内容の解析と対応策が検討された．その結果

① それらの事故の原因の40%以上が腐食，応力腐食割れ，疲労損傷，クリープ損傷，各種の材料劣化現象，広く機械的損傷といわれるものであること．

② 発生箇所が内容物を保持している機器，配管から流体が漏洩し，火災，爆発，毒性被害，環境汚染の重大事故となっていること．

③ さらに，その発生頻度と被害額が1960年代，1970年代，1980年代と最近になるほど，増加し，事故1件当りの被害額も大きくなっていること．

がわかった．それに対する対処方法として提案されたのがRBI (risk based inspection)/RBM (risk based maintenance) である．ここで取り扱うリスクとは，破損発生確率PoF (probability of failure) と破損影響度CoF (consequence of failure) の二つの因子により決定されるものである．定量的にはそれら二つの因子の積「Pof×CoF」として定義される．RBI/RBMにおけるリスクはすでに1990年代，米国の原子力産業の設備保全手段として採用されていたものである．

リスクはその定義から確率を含むもので0となることはない．そのため，「あるレベル以下のリスクは受容する．」という前提が必要である．さらに，「リスクレベルには受容できるリスクレベルと受容できないリスクレベルがあり，その中間に条件により受容できるリスクレベルが存在する．」とするアラープ（as reasonably practicable, ALARP）の概念が求められる．アラープの概念（逆三角形）を図5.4.12に示す．

設備の保全にリスクを導入することにより，早急に対処しなければならない箇所が明確になり，対応が遅れ重大事故につながる可能性が少なくなるとともに，受容できるレベル以下の部分に実施されていた保全資源をよりリスクレベルの高い部分に集中することが可

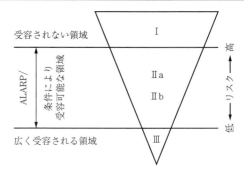

図5.4.12 アラープ（ALARP）の逆三角形

能となり，全体として，事故の発生する可能性が減少するとともに，保全資源の有効利用が図れる．

RBI/RBMはその提案された背景から機械的損傷を原因とする設備の破損の防止に対しより有効であり，設備の中でも圧力容器，熱交換器，貯槽，加熱管，配管などの広く静止機器といわれるものに対し適用される場合が多かった．その場合，破損は「静止機器，配管からの内流体の漏洩」と定義される．しかし，破損の定義を「種々の機械の故障」とすることで，大型クレーン，船舶用エンジンなどの機械類へのRBI/RBMの適用が行われ，また破損の定義を例えば「通信の断絶」と変えることにより通信分野の設備への適用も可能で，試用されている．

〔3〕 **RBI/RBM手法のキーポイント**

RBI/RBMの一般的な手順を図5.4.13に示す．RBI/RBMの手順は大きく三つの段階と「再評価」から構成され，それを1サイクルとして，それらが1回，2回と繰り返されることにより，そのリスクアセスメントの精度が向上するとともに，RBI/RBMの成果が蓄積されていくという特徴を持つ．その三つの段階とは，「1. 事前準備」，「2. リスクアセスメント」，「3. 意思決定と保全計画」である．3段階はそれぞれ，1.1から1.5の五つ，2.1から2.4の四つ，3.1から3.4の四つのステップから成っている．それら各ステップの詳細説明についてはHPIS Z106（第1版，2010年）を参照願いたい．また，具体的な構成材料，内流体環境，外気環境が特定された場合のリスクアセスメント方法についてはHPIS Z 107-TR（第1版，2010年，2011年）が参考となる．

RBI/RBMでのリスクを決定する二つの因子は，破損発生確率（PoF）と破損影響度（CoF）である．ここではPoFの決定法の最近の状況を紹介する．PoFの決定は破損の原因となる損傷の起こりやすさの評価と関連する．損傷の起こりやすさは損傷係数DF（damage factor）という数値で表され，数値が大きい

5. システム・プロセス安全

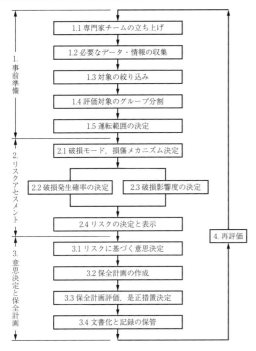

図5.4.13 RBI/RBMの一般的な手順

ほど，損傷は起こりやすいと評価される。主として，この損傷係数DFだけで，あるいは少しの修正を加えた数値を用いて，例えば5段階に分類した数値範囲のどの分類にあるか，ランク付けによってPoFを評価するのが，定性あるいは半定量RBI/RBMにおけるPoFの決定法である。それに対し，定量RBI/RBMのPoFの決定においては発生確率として数値化される。そのとき必要となるのが，定義した破損が評価対象となるもの全数に対し，年間発生の統計データは一般破損頻度gff（general failure frequency）である。式で表現すると，PoF＝gff×DFと示される。さらに，評価対象とされているものが管理されている状態により評価し修正する項：管理係数MF（management factor）が追加される。すなわち，PoF＝gff×DF×MFとなる。RBI/RBM普及当初は半定量RBI/RBMが多く実施され，現在もその傾向は続いているが，最近はより明確にリスクを数値として評価し，所定のリスク以下に管理する傾向が見られ，定量RBI/RBMの採用が増加している。

2016年4月に公刊されたAPI RP 581（第3版）では，より定量化の方向の記述がなされている。特に腐食，摩耗などの減肉による破損発生確率を求める箇所において，改善されている。

第2版までは，ある特別の材料，寸法，強度，検査の信頼性と回数に対する代表的な条件における損傷係数DFが表形式で示されているだけであった。しかし，第3版においては，DFを算出するための手順と数式が示され，使用者は任意の材料，寸法，強度，検査の信頼性と回数に対しDFを求めることが可能となっている。　　　（劉　信芳，大島榮次，庄司　浩）

引用・参考文献

1) 大島榮次監修，設備管理技術辞典，産業技術サービスセンター，pp.29-218（2003）
2) 豊田利夫，予知保全関連技術の最新動向の紹介（上），プラントエンジニア，41-4, pp.52-59, 日本プラントメンテナンス協会（2009）
3) 柴崎敏和，プラントにおけるRBI/RBMの動向，配管技術，58-11, pp.30-36, 日本工業出版（2016）

5.5　リスクアセスメント

プロセスプラントは多様な危険性を有しており，事故が発生したならば社会的に大きなインパクトを与えることになる。ここではプロセスプラントの危険特性を概説し，つぎにリスクアセスメントに活用できる主要な手法を説明する。

5.5.1　プロセスプラントの危険特性[1]

石油，石油化学，化学などのプロセスプラントは機器が配管で連結され，制御システムにより高度にコントロールされている大規模なマンマシンシステムである。また，取り扱う原材料や中間製品，製品は可燃性，反応性，毒性などを有するものが多く，運転条件も高温，低温，高圧，負圧など多様である。プロセスプラントの代表的な危険特性を以下に示す。

〔1〕取扱い物質に起因する危険性

可燃性，反応性，自己分解性，毒性を有する危険性物質を大量に取り扱っており，燃焼・爆発危険，反応暴走危険，人体への毒性危険などの潜在的な危険性を有している。また，取り扱うエネルギーが大きく，事故発生時には事業所内のみならず地域社会にも被害が拡大する危険性がある。

〔2〕操作特性に起因する危険性

昇圧，昇温，反応，分離，凝縮，蒸発など多様な単位操作がなされており，機器故障あるいは誤操作を引き金としてプロセス異常が発生し，事故につながる危険性がある。例えば高温流体を熱交換器で冷却する操作において冷却系の故障により高温流体が冷却されず下流の配管や機器に流れ込むと，機器の設計温度を超えて機器が損傷する，あるいは，急激な熱ひずみの発生によりフランジ継手等から可燃性ガスや毒性ガス

漏洩する危険性がある。

〔3〕 不純物・異物に起因する危険性

意図しない不純物や異物の混入や蓄積などが異常反応の引き金となり，事故につながる危険性がある。例えば，反応工程において原料中に混入していた不純物や活性物質が，あるいは，反応釜に残存していた釜残や容器の鉄さびなどが引き金となり異常反応が発生し，事故につながる危険性がある。

〔4〕 物質の相変化に起因する危険性

気体から液体へ，あるいは液体から気体へといった相変化に伴う危険性が存在する。例えば，高温のスチームで容器内部を洗浄した後に容器通気管のバルブを閉じるなどして容器を密閉状態で放置すると，スチームの凝縮により容器内が負圧となり，破壊する危険性がある。これは気体の凝縮に起因する危険性であるが，液体の気化による体積の膨張や気化熱による温度降下に伴う危険性も存在する。例えば，高温で運転されている装置にユーティリティの冷却水などが漏れ込むと，水の突沸による圧力上昇で装置を破壊する危険性もある。また，液化プロパンや液化プロピレンなどの液化ガスは蒸発時に気化熱を奪うため急激な温度降下を生じ，低温設計がなされていない配管や容器は低温脆性により破壊する危険性がある。

〔5〕 機器故障に起因する危険性

設備，機器が配管で連結され制御システムでコントロールされているため，機器あるいは制御系の故障でプロセス異常が発生すると，異常が配管を伝わって上流ならびに下流へ伝播し，思わぬところで危険性が顕在化する。これらのほか，プロセス異常の発生要因が設備自体の欠陥，機器の故障，制御系の故障，運転員の誤操作などと多岐にわたるため，プロセス異常の原因を迅速に把握することは難しく，事故にまで進展する危険性がある。

〔6〕 ドミノ効果の危険性

プロセスプラントは設備が密集して設置されているため火災や爆発事故発生時の初動対応を誤ると，近隣の設備へ事故が拡大していくというドミノ効果の危険性がある。

以上に示したように，プロセスプラントは多様な危険特性を有しており，過去に設計不良，運転員の誤操作，設備管理の不備などに起因した漏洩事故や火災，爆発事故が多数発生している。プロセスプラントの安全確保にあたってはそれぞれのプラント固有の危険性を把握し，事故の予防とともに事故発生時の被害の拡大防止という視点から安全化の方策を講じることが必要である。

5.5.2 リスクマネジメントとリスクアセスメント[2]

リスクマネジメントとは JIS Q 31000 で「リスクについて，組織を指揮統制するための調整された活動」と定義されており，事故，自然災害，経済事件などの組織に関わるさまざまなリスクが顕在化することで発生する損失と不利益の要因を特定し，評価および対応を通じて，最小のコストでリスクを極小化するという経営管理手法を意味している。リスクマネジメントは図 5.5.1 に示すように，リスクアセスメント，リスク対応，リスクの受容，リスクコミュニケーションという四つのプロセスで構成される。リスクアセスメントはリスクマネジメントの構成プロセスの一つであり，ハザードの特定，リスク算定というリスク解析と，リスク評価から成る一連のプロセスから成り，リスクマネジメントの中核をなすものである。リスク対応は，評価されたリスクレベルに応じて最適な対策を選択するものであり，表 5.5.1 に示すように，リスクの回避，低減，移転，保有の四つの手段がある。

リスクマネジメントの手順は，マネジメント対象のリスクの特定，特定したリスクを分析して，発生頻度

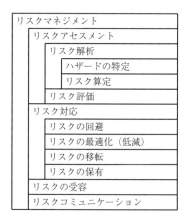

図 5.5.1 リスクマネジメントの構成プロセス

表 5.5.1 リスク対応

手段	リスク対応
回避	リスクが大きい場合には発生確率を下げるか，影響度（被害の程度）を下げるかの対応をとる必要がある。しかし，そのような対策ができずにリスクが大きいまま残存する場合には，業務を中止したり撤退する。
低減	低減策には，リスクの発生を防ぐ抑止策と，発生した場合の影響度を下げる方策がある。
移転	発生する損害の経済的部分を他社に移す。損害保険を掛けることが挙げられる。
保有	特に対策をとらず，損害が発生した場合のみ対応することで，リスクによる損害は自らが負担する。

（発生確率）と影響度（被害の大きさ）を組み合わせてリスクの大きさ（リスクレベル）を評価し，評価されたリスクレベルに応じてリスク低減にあたっての対応を講じる一連のプロセスから成る。プロセスプラントなどの危険施設に対する安全確保にあたっての従来の対応は，保安法規や社会的に認知された技術基準などを準拠するという受動的なものであったが，リスクをベースとしたアプローチは，事故や災害の可能性と事故や災害が発生した場合の影響の大きさを組み合わせることによりリスクとして把握し，積極的に対応をとることによりリスクを低減するという仕組みを作ることであり，このためには論理性を持ったアプローチが要求されるといえる。

5.5.3 リスクアセスメント手順

リスクアセスメントは ISO 31000 で「ハザードの特定，リスク解析及びリスク評価のプロセス全体」と定義されており，リスクマネジメントの構成プロセスの中核である。リスクアセスメントはハザードを特定し，リスク解析により事故に至るシナリオを構築し，事故の起こりやすさと影響度からリスクの大きさ（リスクレベル）を算定し，つぎに，あらかじめ設定したリスク許容基準以下となっているかを評価し，必要に応じてリスク対応の方針を検討するという大きく三つの検討ステップから成る。それぞれのステップの概要を以下に示す。

〔1〕 ハザードの特定

人，環境または設備に危害を引き起こす潜在的危険源であるハザードを洗い出し，事故に至るシナリオを解析する。ハザード特定にあたっての代表的な解析手法として HAZOP，What-if，FTA，ETA，FMEA などがあり，これらの手法を単独または複数を組み合わせて活用する。

〔2〕 リスク解析

特定したハザードから事故の起こりやすさと影響度を解析し，これの組合せによりリスクの大きさ（リスクレベル）を算定する。事故の起こりやすさの解析では，事故の引き金となる事象の発生頻度や事故への進展を阻止するための安全システムや安全設備の不作動確率，人的対応の失敗確率などを基に事故の発生頻度を算出する。事故の影響度の解析では，事故により被る人的被害，機器の被害，清算損失，周囲への被害，環境被害等の大きさを分析する。

〔3〕 リスク評価

リスク解析の結果を基に，あらかじめ設定されたリスク許容基準を超えるか否かを評価する。

なおリスク評価の結果はリスクマネジメントにおけるリスク対応につなげていく。リスクが許容基準以下の大きさである場合には受容されるが，リスクの大きさが許容基準を超える場合には，リスク対応の方針を検討する。

5.5.4 PHA（予備的危険解析）[3],[4]

PHA（preliminary hazard analysis）は，米国陸軍規格システム安全プログラム（US Military Standard System Safety Program）から派生した手法の一種であり，プラント内の危険性物質および主要なプロセスエリアに着目して，プロセス開発の初期や設備計画，概念設計や基本設計の初期段階で危険性を洗い出す予備的な解析である。その主たる目的は，完成後のプラントに想定される潜在的な危険性を設備計画や設計の初期の段階で洗い出し，洗い出された潜在危険に対する安全対策を早い段階で検討することにより，その後の設備設計に反映させようとするものである。初期段階で実施することにより以下の利点がある。

- 時間的な余裕を持って対応することができる。
- 潜在危険を初期の段階で同定でき，最小限のコストで対策を講じられる。
- プロセスの生涯を通して使用可能な運転にあたってのガイドライン作成の支援となる。

なお，解析にあたっては，解析対象とするプラントあるいはシステムに関する以下の資料，情報を用意しておく。

- ブロックフローダイアグラムあるいは簡易なプロセスフローダイアグラム
- プロセス特性と主要なプロセスパラメータ
- 設備容量に関する資料
- 取り扱う物質の危険特性
- 主要機器・容器の性状
- プラント立地場所の自然環境条件，社会的立地条件や輸送条件

PHA は，一人または複数の危険性解析者から成るチームで実施するのが一般的であり，以下の項目につきどのような危険性が想定されるか検討を行う。

- 原材料，中間製品，触媒，廃棄物，製品の危険特性
- プラントを構成する機器
- 機器要素間のインタフェース
- 操業上の環境
- 運転手順
- 設備のレイアウト
- 防消火設備や安全設備

潜在的な危険性が同定されたら，その原因ならびに影響を分析し，それぞれ特定された危険性の大きさに

表5.5.2 PHAのワークシート例

危険性	原因	影響	ランク	勧告事項
毒性ガスの流出	H_2S貯蔵ボンベの破損	大量流出により多数の死者の可能性	I	1.検知システム設置 2.緊急時対応計画の作成

応じてランク付けをし,安全性の改善,強化にあたっての改善勧告の優先付けに用いる。予備的危険解析の解析結果を記録するワークシートの例を表5.5.2に示す。

5.5.5 厚生労働省方式のセーフティ・アセスメント

旧労働省方式のセーフティ・アセスメントは1976(昭和51)年12月24日付け基発第905号で,「化学プラントにかかるセーフティ・アセスメントに関する指針」として出されたが,その後,2000年3月21日の基発第149号として改訂がなされた。本方式は,化学物質の製造や貯蔵する設備などの化学プラントを対象目的としており,これら設備の新設や変更などを行う場合には,以下の5段階の評価を行うこととされている。

〔1〕 **第1段階:関係資料の収集・作成**

安全性の事前評価のために必要な資料の整備検討を行う。資料としては,立地条件,物性,工程系統図,各種設備対策のほか,運転要領,要員配置計画,安全教育計画なども含まれる。このうち,工程系統図,プロセス機器リスト,安全設備の種類とその設置場所等の資料の作成に際しては,誤作動防止対策や異常に際して確実に安全側に作動する方式等の基本的な安全設計が,組み込まれるように配慮する。

〔2〕 **第2段階:定性的評価**

設計関係および運転関係について,あらかじめ定められた評価項目について定性的なチェックを行う。評価項目としては,設計関係として立地条件,工場内配置,建造物,消防用設備などが,運転関係として原材料・中間体・製品など,プロセス,輸送・貯蔵,プロセス機器などが定められている。定性的評価の結果,プラントの安全性を確保するため改善すべき事項があれば,設計変更等を行う。

〔3〕 **第3段階:定量的評価**

プラントを複数個のブロックに分割し,ブロック内のエレメントの危険度を定量化し,その最大値をブロックの危険度とする。エレメントの危険度は,物質,容量,温度,圧力および操作の5項目について危険度の高い順にA=10点,B=5点,C=2点,D=0点の点数を付け,各点数の和で,つぎの三つのランクのいずれかにランク付けをする。

16点以上　　:ランクI……危険度が高い。
11～15点　　:ランクII……周囲の状況,他の設備との関連で評価。
10点以下　　:ランクIII……危険度が低い。

〔4〕 **第4段階:プロセス安全性評価**

第3段階の危険度ランクIのプラントについては,プロセス固有の特性等を考慮し,FTA,HAZOP,FMEA手法等により,また,危険度ランクがIIのプラントについてはWhat-if手法等を用いて,潜在危険の洗い出しを行い,妥当な安全対策を決定する。危険度ランクがIIIに該当するプラントについては,第2段階での定性的評価で基本的対策がなされていることを確認し,さらに,プロセスの特性を考慮した簡便な方法で安全対策を再確認する。

〔5〕 **第5段階:安全対策の確認等**

第4段階における評価に基づき,設備的対策を確認するとともに管理的対策についても検討した後,これまでの評価結果について以下の対策につき最終的なチェックを行う。

(a) **設備的対策**　第4段階における評価の結果,明らかとなった暴走反応,圧力上昇等プロセスの潜在危険に対して,プラント全体として安全対策がとられていることを整理・確認するとともに,不測の事態により災害が発生した場合の拡大防止対策について検討する。

(b) **管理的対策**

1) **適正な人員配置**　化学プラントの人員配置は,緊急時に必要な措置が十分とれるものとし,また,関係法令に基づく必要な資格者の配置については,それらの者の職務の遂行が可能な組織とする。また,修理のための要員等の配置についても配慮する。

2) **教育訓練**　化学プラントの安全を確保するためには,オペレータ等関係者に対する知識,技能の向上を図ることが必要である。このため,プラントに関する知識教育,運転操作実技訓練,化学物質に関する教育等を繰り返し計画的に実施し,定期的にそれらの修得状況を把握するとともに,これらの知識,技能の伝承を確実に行う等関係者全員のレベルアップを図る。

3) **非定常作業**　非定常作業における対応マニュアルをあらかじめ策定し,関係者に周知徹底する。

4) **最終チェック**　以上の評価を終了した段階で,これまでの評価結果を総合的に検討し,さらに改

善すべき箇所が発見されれば，設計内容，管理方法等に所要の修正を加える。

5.5.6 ダウケミカル社の危険度評価[5]

ダウケミカル社の危険度評価（以下，ダウ方式という）は，1964年に初版が出され，1966年に第2版が公表されたのち改訂が重ねられ，1994年に第7版が発表された。ダウ方式は，プラントを構成するプロセスユニットについて，取り扱う物質，温度，圧力といったプロセス条件，反応特性（発熱反応，吸熱反応），危険性物質の保有量などに対しあらかじめ決められている評価点を付け，これを加算し，さらに，一定の換算式を用いて計算することにより機器としての危険係数を算出する。この危険係数の大小によりプラントを構成する機器の危険性を相対的に評価しようとする手法である。この方式は，個々のユニットの火災爆発指数（fire and explosion index, F & EI）を算出するまでの前段部分と，算出された火災爆発指数を基に事故時の被災範囲を算出し，それを基に設備の想定損害額，設備の休止による事業機会損失額を算出する後段部分から成っている。ダウ方式の評価手順を図5.5.2に示し，前段部分である火災・爆発指数算出までの手順を下に示す。

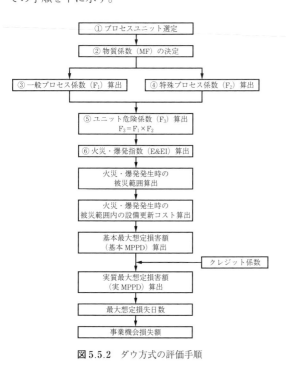

図5.5.2 ダウ方式の評価手順

〔1〕 **プロセスユニットの選定**

ここでいうプロセスユニットとは，反応器，蒸留塔，加熱炉，ポンプ，圧力容器，貯槽などのプラントを構成する機器のうち主要なものであり，火災・爆発指数の算出は上記のプロセスユニットを対象として行われる。

〔2〕 **物質係数（MF）の決定**

ユニットごとに物質係数（MF）を決定する。物質係数は，火災や爆発が発生した際に放出される潜在エネルギーの量を計る尺度であり，燃焼係数と反応係数の二つの係数から得られ，危険性に応じて1〜40の値をとる。なお，燃焼係数は物質の引火点および沸点などから決定され，反応係数は発熱が始まる最低温度差およびデトネーションの起こりやすさなどから決定される。

〔3〕 **一般プロセス危険係数（F_1）の算出**

一般プロセス危険係数（F_1）は，事故や災害が発生した際の規模を決定するファクタであり，基礎点1.0に発熱反応（0.30〜1.25），吸熱反応（0.20〜0.40），物質の取扱いと輸送（0.25〜1.05）など6項目につき，付加点を加えた値として算出する。

〔4〕 **特殊プロセス危険係数（F_2）の算出**

特殊プロセス危険係数（F_2）は，事故や災害の起こりやすさを決定するファクタであり，基礎点1.0に毒性物質の取扱いの有無（0.20〜0.80），燃焼範囲以内での運転操作（0.30〜0.80），粉じん爆発の危険性（0.25〜2.0），可燃性物質や不安定物質の取扱量（0.25〜0.90）など12項目につき，付加点を加えた値として算出する。

〔5〕 **ユニット危険係数（F_3）の算出**

ユニット危険係数（F_3）は，一般プロセス危険係数（F_1）と特殊プロセス危険係数（F_2）との積として算出される。通常1〜8の値をとるが，8を越える場合には最大8とする。

〔6〕 **火災・爆発指数（F & EI）の算出**

火災・爆発指数（F & EI）は，ユニット危険係数（F_3）と物質係数（MF）との積として算出される。求められたF & EIの大小によって相対的な危険性が評価でき，これをプラント全体のユニットについて比較することで潜在的危険度の相対比較ができる。

前段部分のF & EIが算出されたら，これを用いて最大想定損害額（基本MPPD）を算出し，次いで，プロセスコントロール，物質の隔離状況，防消火対策の状況などからクレジット係数を算出し，実質最大想定損害額（実MPPD）を算出する。最後に，与えられたグラフより実MPPDを基に損失日数を求め，最大見込損失日数（MPDO）を求め，最大機会損失額（BI）を算出する。この後段部分は，機会損失額を算出することにより安全設備への投資にあたっての支援ツール

として使えるといえる。

このダウ方式の長所は，ユニットごとの危険係数算出にあたっての点数付けが比較的容易であり，プラントを構成する機器の火災・爆発危険に対する相対的な危険度評価が可能となる点である。一方，危険係数算出にあたり，取り扱う物質，プロセス条件ごとにあらかじめ定められた評価点を使用するため，ユニット固有のプロセス上の潜在危険は評価できないこと，また，危険係数はユニットごとに独立して算出するため，ユニットのつながりであるシステムとしての弱点や潜在危険を洗い出すことはできないという短所を有している。

5.5.7 What-if アナリシス[3),6)]

What-if アナリシスは，「もし…であるならば」，「もし…したならば」という，誤操作や機器の故障などといった正常状態と異なった事象が発生したことを想定した質問を繰り返すことにより，解析対象とする設備や運転・操作上の問題点や潜在危険を洗い出し，リスク低減のための対策を検討する手法である。解析にあたっては，プロセス技術者，制御技術者，運転スペシャリストなど専門分野の異なる複数のメンバーから成るチームを編成して行う。プロセスプラントを対象とした危険性解析における What-if アナリシスの基本手順を**図5.5.3**に示し，各ステップの概要を以下に示す。

〔1〕 解析チームの編成と解析対象設備の選定

解析対象とするプラントを選定し，解析の目的，解析にあたっての前提条件を明確にし，解析チームメンバーに周知徹底する。

〔2〕 関連資料の整備

解析対象，範囲，目的に合わせ必要となる関連資料を収集，整備しておく。プロセスプラントの危険性解析においては，原材料・中間製品・製品の危険特性に関するデータ，プロセス，制御システム，回転機械などの設計資料のほか，プラントレイアウト，防消火設備等に関する情報や運転関連情報を準備しておく。

〔3〕 質問リストの準備

What-if アナリシスは解析チームのメンバーそれぞれが気になる点，気が付いた事項につきブレインストーミングで議論していく。このため，解析対象，目的に合わせて解析実施前に質問リストを用意しておくと効率がよい。過去に類似のプラントに対して What-if アナリシスを実施している場合には，その質問項目を基に新たな項目を追加するなどして活用する。また，新設のプラントや初めて同手法を適用する場合には，プラント特性を理解しているものが主要な項目について事前に用意しておく。

〔4〕 解析の実施

解析にあたっては，まず，プロセスエンジニアや解析対象プラントの全体像を把握しているものがプロセスならびにプラントに関する基本的な説明を行った後に解析作業を開始する。解析は，チームメンバーそれぞれが気付いた疑問点，留意点などを「もし…ならば」という質問を発することにより，想定される危険性を洗い出し，その危険性に対して講じられている安全対策の妥当性につき検討していく。講じられている安全対策が不十分と考えられる場合には，改善策や勧告事項を提言する。また，解析メンバーは一つの質問項目をヒントとし，発想を豊かにして新たな問題点を洗い出していくことも必要である。

〔5〕 解析結果の記録

解析結果は**表5.5.3**に示すようなワークシートに記録する。ワークシートの記入事項としては，What-if の質問内容，それが発生したときのハザード，結果，

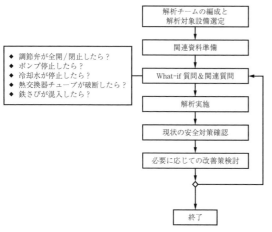

図5.5.3 What-if 解析の基本手順

表5.5.3 What-if アナリシスのワークシート例

What-if	ハザード	結　果	現状の安全対策	勧告事項
バルブA誤操作で開放	アンモニアを吸引	アンモニアがタンクへ流入し，ベントより大気中へ放出	運転マニュアル 物質の取扱い手順書	1. バルブAは通常使用しないバルブなので施錠閉とする 2. タンク周りにアンモニアガス検知器を設置のこと

講じられている安全対策，勧告事項危険事象が発生したときのプロセスまたはプラントへの影響やリスクを低減するための勧告事項を記入する．

5.5.8 HAZOP[3),7)〜9)]

HAZOP（hazard and operability study）はプロセス危険性解析手法の一つであり，1960年代に有機化学プロセスの危険性評価のために英国で開発された手法である．化学プラントは設計意図どおりの設計ならびに運転がなされれば安全であり，危険事象は設計意図からの逸脱により発生するという考えに立ち，設計意図からの逸脱，いわゆる，"ずれ"を想定し，ずれの原因の特定，ずれ発生によるシステムへの影響分析，ずれの発生防止ならびに事故予防にあたって講じられている安全対策の確認，必要に応じての改善策の提言という手順で検討を行う．なお，ここでいうずれとは，主として機器の故障や誤操作などによるプロセス状態の正常運転範囲からの逸脱，すなわちプロセス異常をいうが，制御系や使用材料などの不備に関しても設計者の意図からのずれとして検討対象とすることがある．

HAZOPは連続系HAZOPとバッチ系HAZOPに分類できる．連続系HAZOPは連続プロセスの定常運転状態を分析対象としたものであり，バッチ系HAZOPはバッチ反応プロセスに代表されるように，運転操作がバッチレシピに従って進行し，また，自動制御での運転と必要に応じてのオペレータの操作も加わり，時間とともに運転状態や操作内容が変化するプロセスを分析対象としたものである．

連続プロセスに対するHAZOPはP & ID（piping & instrument diagram）に記されている1本のラインならびに一つの機器に着目し，「流量がなくなる」，「流量が増加」，「圧力が上昇」，「温度が上昇」，「液面が低下」などといったプロセスパラメータの正常状態からのずれをまず想定し，つぎに，ずれの原因の洗い出し，ずれの原因となる事象が生じた際のシステムへの影響解析，講じられている安全対策の確認と妥当性の評価という作業手順をとる．連続プロセスHAZOPの実施手順を**図5.5.4**に示し，その概要を説明する．

〔1〕 解析対象スタディノードの選定

P & IDに示されている主要なラインをプロセス条件ならびに機器の連結状況などを考慮してスタディノードに分割する．分割したスタディノードの一つを解析対象として選定する．スタディノードはずれを想定する解析対象範囲といえる．連続プロセスの場合，プラントの上流のスタディノードから解析を進めていくのが一般的である．

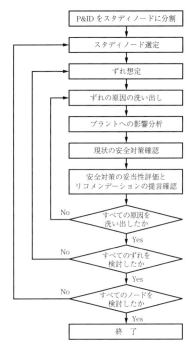

図5.5.4 HAZOPの実施手順

〔2〕 ずれの想定

解析対象のスタディノードに正常運転状態からのずれを想定する．ずれの想定にあたっては**表5.5.4**に示すガイドワードと「流量（flow）」，「温度（temperature）」，「圧力（pressure）」，「液レベル（level）」，「組

表5.5.4 HAZOPガイドワード

ガイドワード	定　義	内　容
noまたはnot	設計意図の否定	設計で意図したことがまったく起こらない． 例：流れなし
more	量的増加	設計で意図した最大値を超える． 例：流量増，温度高，圧力高
less	量的減少	設計で意図した最小値を下回る． 例：流量減，温度低，圧力低
reverse	設計意図の逆行	設計意図に逆行する． 例：逆流，逆反応
as well as	質的増加	設計で意図したことは達成されるが，その他の余分なことが起きる． 例：余分な成分，不純物の混入
part of	質的減少	設計で意図したことは達成されるが，一部が達成されない． 例：一部の成分が不足
other than	設計意図以外の事象	設計意図はまったく達成されず，まったく異なる事象が起きる．上記のガイドワードで表されない事象に適用．

成（composition）」といったプロセスパラメータと組み合わせる。これにより表5.5.5に示すような，「流れなし」，「流量増」，「逆流」，「圧力高」，「圧力低」などの正常運転範囲からの逸脱，すなわち"ずれ"を想定できる。なお，流量や圧力などのプロセスパラメータに加え，管理すべき重要なパラメータがあるならば，それについてもガイドワードと組み合わせてずれを想定する。

表5.5.5 HAZOPにおけるずれの例

パラメータ	ずれ
流量	流れなし 流量減 流量増 逆流
温度	温度高 温度低
圧力	圧力高 圧力低
液レベル	液レベル高 液レベル低
組成	組成変化 不純物・異物混入

〔3〕 ずれの原因の洗い出し

ずれの発生原因を洗い出す。ずれの発生原因としては，機器故障，ヒューマンエラーなどの事象が含まれる。なお，ずれの原因を特定する範囲はスタディノード内に絞り込むことを基本とするとよい。

〔4〕 プラントへの影響解析

ずれの原因となる機器故障や誤操作が発生した際のプラントへの影響を解析する。影響の解析範囲は解析対象のノード内に限らず，プラント全体を見据えて大きな影響がどこに出るのかを特定する。なお，プラントには安全弁やプロセス安全インタロックなどの安全設備が設置されているが，影響解析にあたっては，講じられている安全設備がないものとして検討を進める。影響解析において，安全設備の有効性を考慮して「緊急遮断のインタロックがあるからその危険事象は起こり得ない」として検討を終了すると，多くは何の問題もなしということになり，プラントにどのような潜在危険が存在するのかが明らかにならない。ずれの原因となる機器故障などを引き金として安全設備がない場合にどのような危険事象に進展するかを明らかにすることが重要である。

〔5〕 現状の安全対策の確認

ずれの発生防止あるいはプラントへの影響軽減にあたって講じられている安全対策を確認する。

〔6〕 安全対策の妥当性評価と改善策の提言

影響の大きさと起こりやすさを考慮に入れ，現状の安全対策の妥当性を評価する。不十分と考えられたら改善策を低減する。安全対策の妥当性の判断にあたっては，設計思想，設計基準（安全，運転，保全），設計図書，計算書などに基づいて判断する。

以上の作業を繰り返し行うのが連続プロセスを対象としたHAZOPの基本手順であり，検討結果はHAZOPワークシートに記録する。HAZOPワークシートの例を表5.5.6に示す。

なお，HAZOPはWhat-ifアナリシスと同様に専門分野の異なる複数のメンバーから成るチームで解析を行うのが基本である。HAZOPチームは，HAZOPリーダ，解析結果を記録する書記，解析対象のプロセスに精通したプロセス技術者，運転担当者，電気・計装担当者を基本構成とし，回転機械や特殊機器の専門家などが必要に応じて参加する。HAZOPを成功裏に終わらせるにはHAZOPリーダの力量が重要であり，プロセス危険解析やプロセス安全の専門家がリーダを行うとよい。

以上は連続プロセスを対象としたHAZOPの概要である。バッチ反応プロセスを解析対象とした場合，バッチ系HAZOPが使用される。バッチ系HAZOPの基本は連続プロセスと同じであるが若干異なる。バッチ反応プロセスは連続プロセスと異なり，運転モードがシーケンスコントロールあるいはマニュアル操作によりつぎつぎと進んでいく。また，一つの機器，ラインが異なった運転モードで何回も使用され，温度，圧力といった運転条件も時間とともに変化していく。さらに，連続プロセスにはない運転員の操作アクションや時間，タイミングというパラメータを考慮することも必要となる。このため，バッチ反応プロセスにおいては，連続プロセスにおける流量，温度，圧力，液レベルなどのプロセスパラメータに加えて，操作のタイミングや経過時間が重要なパラメータとなり，これらのずれを想定する必要があり，表5.5.7に示すガイドワードを使用する。

5.5.9 FMEA[1),3)]

FMEA（failure modes and effects analysis）は故障モード影響解析と呼ばれ，1950年代から電気・電子産業，機械産業，航空宇宙産業など広範な産業分野において信頼性解析や安全性解析に使用されている手法である。FMEAは，解析対象とするシステムの構成機器ごとに固有の故障モードを同定し，それらの故障モードが発生したときのシステムに及ぼす影響を分析し，講じている安全対策の妥当性を評価するものであ

5. システム・プロセス安全

表5.5.6 HAZOPワークシートの例

ずれ	原因	影響・結果	現状の対策	Rec.	追加・検討事項
流れなし	ポンプP-1故障停止	分離ドラム（D-1）液面上昇、フレアラインに液侵入の可能性。運転トラブル	・LIC-01 液レベル高アラーム ・FIC-02 流量低アラーム ・P-1吐出側の圧力スイッチ（PS-2）LLで予備ポンプの自動起動のインタロック		
		D-1の液満により上流のポンプ締切圧を受けてD-1破壊の可能性	・LAH-01 液レベル高アラーム ・FAL-02 流量低アラーム ・P-1吐出側の圧力スイッチ（PS-2）LLで予備ポンプの自動起動のインタロック ・安全弁PSV-1設置	R1-1	D-1の設計圧が上流側ポンプの締切運転圧力異常であるか、もしくは、PSV-1の噴出し容量が十分であるか確認のこと。 以上が満足できない場合は、D-1の液面異常高でD-1上流側ポンプ停止のインタロック検討のこと。
		下流よりポンプミニフローラインを通して水素を含んだ軽質油がD-1へ逆流。運転不調	・LAH-201 液レベル高アラーム ・FAL-201 流量低アラーム		
		反応器加熱炉（F-1）への原料油供給停止により加熱炉チューブが異常過熱により損傷し、炉内火災の可能性	・加熱炉チューブに温度検知センサ多数設置。温度高アラーム ・P-1吐出側の圧力スイッチ（PS-2）LLで予備ポンプの自動起動のインタロック		

表5.5.7 バッチHAZOPにおけるガイドワード

ガイドワード	定義	説明
sooner than	時間的早まり（早い）	意図した時期、タイミングより早い
later than	時間的遅れ（遅い）	意図した時期、タイミングより遅い
longer than	長時間（長すぎ）	意図した時間よりも長時間かかる
shorter than	短時間（短すぎ）	意図した時間よりも短時間で終える

る。

以下にFMEAの一般的な実施手順を示す。

〔1〕 解析資料の準備

解析範囲と目的に合わせて解析資料を準備する。プロセスプラントを解析対象のシステムとした場合、プロセスに関わるP & ID、PFD、マテリアルバランス、機器配置図等である。また、構成機器の故障モードおよび原因を明確にするために、必要に応じて詳細な機器図を準備する。なお、解析に先立って、解析対象のシステムにある要素機器を同種のタイプの機器に分類し、同種の機器ごとに故障モードリストを準備しておく。プロセスプラントにおける代表的な機器の故障モードと原因例を表5.5.8に示す。

〔2〕 要素の洗い出しと各要素の故障モードの同定

解析対象のシステムにおいて故障を想定する機器を選定し、表5.5.8で示した故障モードが生じたことを想定する。

〔3〕 対象機器の選定とシステムへの影響解析

故障モードの発生原因を同定し、システムへの影響を解析する。その際、現在ある安全設備や安全システム（例えば、プロセス安全インタロック、安全弁等）はないものとして、影響を解析する。影響解析の範囲は故障の発生した要素から、その上位のサブシステム、さらに上位のシステムに拡大する。

〔4〕 現状の対策の評価と追加対策の検討

システムへの影響を解析した後、講じられている対策を確認し、妥当性を評価する。妥当性の判断にあたってはHAZOPと同様であり、講じられている対策が不十分であると判断される場合、現状の対策の改善策あるいは新たな対策を追加する提案を行う。

〔5〕 解析結果の記録

解析結果を整理し、ワークシートに記録する。FMEAのワークシートの例を表5.5.9に示す。

FMEAの応用として、システムに及ぼす影響の過酷度をランキングによって評価するFMECA（failure modes, effects and criticality analysis）という手法もあり、FMECAでは致命度指数（criticality number）を定義し、知名度を評価することも行われる。

5.5.10 イベントツリーアナリシス（ETA）[1),3)]

イベントツリーアナリシス（event tree analysis）は、ある事象の発生を初期事象として設定し、その初期事象がいろいろな経路をたどり、最終的にどのような事象にまで進展するのかを明らかにし、つぎに、そ

表5.5.8 機器の故障モードと原因例

要素機器	故障モード	故障原因例
バルブ	閉じる／開く	・誤作動 ・誤信号 ・弁棒折損による弁体落下（閉じる故障のみ）
	閉じない／開かない	・異物のかみ込みなどによる固着 ・駆動装置（モータ，アクチュエータ）の故障 ・動力源（空気，電力）の喪失
	制御不能	・駆動装置（アクチュエータなど）の故障 ・制御システムの故障
	内部漏洩	・弁体，弁座の変形，損傷 ・弁体・弁座接触面での異物のかみ込み
	外部漏洩	・シール部の損傷
	詰まり	・異物の混入
ポンプ（電動）	起動せず	・モータの故障 ・電力喪失 ・異物のかみ込みによる固着
	運転停止	・電力喪失 ・異物のかみ込みによる固着 ・長期運転に伴う損傷
	外部漏洩	・シールの劣化，損傷
熱交換器	チューブの破損・漏洩	・流体振動，長期使用による疲労などによる破損 ・腐食・外力等による破損
	外部漏洩	・シェルフランジ部シール部材の損傷 ・締付力の劣化
	チューブの詰まり	・異物の混入
	シェル破損	・長期使用による疲労などに伴う破損 ・腐食・外力等による破損
指示計	指示しない	・断線・ショートなど ・構成部品の劣化，損傷など ・振動などによる校正の狂いなど ・構成部品の損傷，劣化など
	誤指示	・構成部品の劣化，損傷など ・振動などによる校正の狂いなど ・構成部品の損傷，劣化など

表5.5.9 FMEAのワークシート例

No	機器	故障モード	原因	影響	安全対策	提言
1.1	液面制御弁 LV-101	閉じる（全閉）	制御器不調（液面計低誤指示）	V-101液面上昇し，液満となりV-101設計圧力を超える可能性がある。	LI-101 圧力高アラーム 安全弁設置（RV-101）	RV-101の吹出し容量がこの吹出しに対応できることを確認する。
1.2		開く（全開）	制御器不調（液面計高誤指示）	V-101液面喪失し，ガスが吹き抜けて，V-102の設計圧力を超える可能性がある。異常昇圧による機器破損に伴って可燃性・毒性物質が大気に放出されることによる火災・爆発，および毒性影響。	液面低アラーム	V-101にレベルスイッチを新設し，液面異常低により緊急遮断するインタロックを追加する。

れぞれの最終事象の起こりやすさを定量的に解析する手法である．ETAは，事故進展過程における事故拡大の状況と，この拡大を阻止するために設置されている安全防災設備や人間の防災活動との関係を解析するのに有用な手段である．

プロセスプラントを対象としてETAで解析を行う場合，初期事象としては機器ノズルの破損等に伴う可燃性液体など，危険性物質の流出などを設定することが多い．イベントツリー作成にあたっては，初期事象を左端に置き，初期事象が発生した際に，その進展を

阻止するための安全防災対策の成功・失敗に応じて，事象の進展を右に向かって展開し，事故の進展状況をツリー形式で表現する。ツリーの展開は一般的に安全防災設備あるいは防災活動の成功あるいは失敗という二元事象として扱い，成功・失敗（Success-Failure），あるいは Yes-No 等の二分岐とする。

可燃性液体の流出を初期事象とした解析では，流出箇所近傍に着火源がある場合や，流出した可燃性ベーパが拡散して掲載された蒸気雲が着火源に遭遇した場合の災害現象の形態は異なることが多いので，"着火の時期"や"着火の有無"の分岐を加える。また，着火は流出直後の即時着火，および流出してから一定時間経過後に着火源に遭遇することによる遅れ着火の2種類を考慮するのが一般的である。

イベントツリーが作成されたならば，初期事象の発生頻度（1/年）ならびに事象の進展を阻止するためのツリーの分岐となる安全防災対策の成功・失敗確率を入力することにより，最終的な災害事象それぞれの出現頻度を定量的に算出することが可能となる。

液化 LPG タンクの配管等の破損による LPG の流出を初期事象とし，安全防災対策の成功・失敗，着火の有無などを考慮したイベントツリー（ET）の例を図 5.5.5 に示す。 ETA による解析結果から，安全防災対策の十分でない箇所が明らかになり，災害予防にあたっての効果的な防災対策を検討するのに有効である。

5.5.11 フォールトツリーアナリシス（FTA）[1),3),6)]

フォールトツリーアナリシス（fault tree analysis）は，1961 年に米国のベルテレホン研究所にてミニットマンミサイルの制御システムの安全性解析のために開発された安全性・信頼性解析手法である。この手法は電気・電子産業，機械産業，航空宇宙産業，原子力産業などの分野で広く使われてきた。

FTA においては，解析対象として設定する事象を「望ましくない事象（undesirable event）」と称し，この事象が発生するために必要な条件や要因を論理的に考察し，頂上事象の発生に必要な条件と要因の因果関係を明らかにし，それをツリー状に展開して表現することから始まる。この因果関係を表したツリーがフォールトツリー（FT）である。

FT は主として AND ゲート（論理積）と OR ゲート（論理和）を使って表現される。AND ゲート，OR ゲートは論理構造を表現しており，論理式で表現できるため論理演算則を使って種々の検討が可能となる。さらに，分析された要因や条件の生起確率が得られるならば，論理式を利用して頂上事象の生起確率を算出することができる。FTA を実施することにより以下の成果が得られる。

・望ましくない事象の発生に至る要因となる事象の連鎖，あるいは因果関係をツリーを使ってわかりやすく表現できる。
・解析対象とするシステムの特性や脆弱性を明らかにできる。

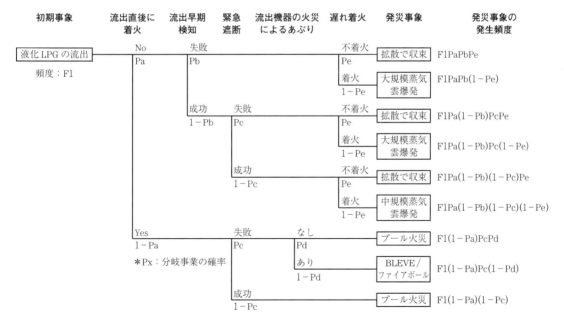

図 5.5.5　イベントツリーの例

・頂上事象生起にあたっての寄与率の高い原因となる事象の組合せを明らかにできる。
・頂上事象の発生防止にあたっての予防対策の検討が可能となる。

なお，FTA においては原因・結果の因果関係が論理的に矛盾なくツリー状に表現する必要がある。このため，大規模なシステムを解析する場合には，FTA に熟知した専門家と解析対象のシステムに精通したエンジニア，制御・計装エンジニアなどから成る解析チームを組織して実施する。また，大規模なシステムを解析対象とした場合，多大な解析時間がかかること，また，ツリーの構造が複雑になり論理的な整合性を検証するにあたっての困難さを伴うが，上に記したように設定した頂上事象の生起確率を定量的に算出できること，また，頂上事象発生にあたっての原因となる事象の組合せを同定することにより定性的な解析も可能である。FTA の解析手順を図 5.5.6 に示し，FT の作成，ミニマルカットセットについて以下に示す。

表 5.5.10 FTA の記号とその意味

記号名称	記号	意味
AND ゲート		論理積。フォールトツリー上では，ゲートの下方に存在する事象がすべて成立したとき，ゲートの上位事象が成立する。
OR ゲート		論理和。フォールトツリー上では，ゲートの下方事象のうち，いずれか一つが成立するとゲートの上位事象が成立する。
頂上事象ないし中間事象		頂上事象ないし中間事象。枠内に事象の説明を記述する。
条件事象（ハウスゲート）		システムの状態を示す。枠内に状態の説明を記述する。
抑制ゲート		条件記号の一種で，下方に記された事象が，楕円中に示された条件に一致する場合，上位事象が成立する。
基本事象		これ以上分解しない基本事象。
省略記号		分析を意図的に中断した場合に用いる。
転移記号		三角形内に，数字ないし記号を記し，接続する枝の連結状態を表す。

頂上事象の下段に記述する。これを中間事象という。つぎに，その中間事象の原因となる事象を洗い出し，再び AND ゲートもしくは OR ゲートで結ぶ。これらの作業を繰り返し，それ以上原因を掘り下げることができないところまで展開してツリーの作成は終了する。反応暴走を頂上事象としたときの FT の例を図 5.5.7 に示す。

〔2〕 ミニマルカットセット

FTA においては，どの基本事象の組合せが頂上事象の生起につながるかを明らかにすることが重要である。頂上事象の発生につながる基本事象の組合せを同定することにより，頂上事象発生を防止する対策の検討が可能となる。なお，頂上事象を引き起こす基本事象の最小限の組合せをミニマルカットセット (minimal cut set) という。ミニマルカットセットとは，その中に含まれる基本事象のすべてが発生したとき初めて頂上事象が発生する必要かつ十分な集合である。FT からミニマルカットセットを求めるには，ブール代数が用いられる。ブール代数は，イギリスの数学者 Boole によって創案された論理演算式で論理積と論理和を示す '・' と '+' で表現される。ブール代数の主要な関係式を表 5.5.11 に示す。

頂上事象，ミニマルカット，ミニマルカットを構成する基本事象の関係を論理式で表すと式 (5.5.1)，(5.5.2) のように示される。

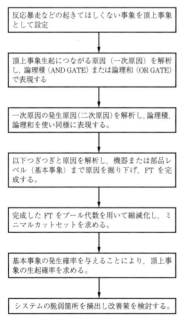

図 5.5.6 FTA の解析手順

〔1〕 FT の作成

FT の作成にあたっては，まず，起こってほしくないあるいは解析しようとする事故などの事象を設定し頂上に記述する。つぎに，その事象の直接の原因となる機器の故障や不良状態，人間の誤操作など頂上事象の発生原因となる事象を洗い出し，表 5.5.10 に示す AND ゲートあるいは OR ゲートなどの記号を用いて

5. システム・プロセス安全

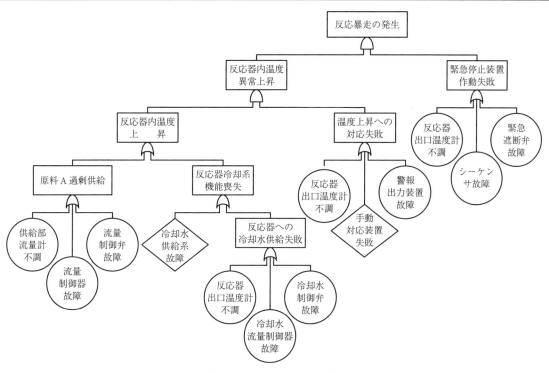

図 5.5.7 フォールトツリーの例

表 5.5.11 ブール代数の主要関係式

$A \cdot 1 = A$	$A + B = B + A$
$A \cdot 0 = 0$	$A \cdot (B \cdot C) = (A \cdot B) \cdot C$
$A + 0 = A$	$A + (B + C) = (A + B) + C$
$A + 1 = 1$	$A \cdot (B + C) = A \cdot B + A \cdot C$
$A \cdot A = A$	$A \cdot (A + B) = A$
$A + A = A$	$A + (A \cdot B) = A$
$A \cdot B = B \cdot A$	

〔注〕 1：一つの集合，A, B, C：その部分集合，0：空集合

$$T = M_1 + M_2 + M_3 + \cdots\cdots + M_i \quad (5.5.1)$$
$$M_i = X_1 \cdot X_2 \cdot X_3 \cdot \cdots \cdot X_j \quad (5.5.2)$$

ここで，T：頂上事象
　　　　M_i：ミニマルカットセット
　　　　X_j：ミニマルカットセットを構成する基本事象
　　　　・：論理積（AND GATE）
　　　　＋：論理和（OR GATE）

である。

FT の AND ゲートと OR ゲートは，ブール代数における論理積と論理和に相当することから，ブール代数によりツリーの縮減が可能となる。例えば，図 5.5.8 (a) に示す FT をブール代数により縮減したものが図 5.5.8 (b) であり，この二つのツリーは等価な FT である。図 5.5.8 (b) における基本事象の組合せである (1,3), (1,5), (3,4), (2,4,5) がミニマルカット

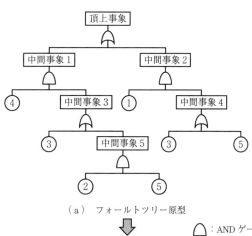

(a) フォールトツリー原型

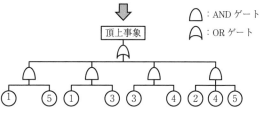

(b) 縮減化したフォールトツリー

図 5.5.8 縮減化したフォールトツリー

〔3〕 FTAでの定量評価

FTAの有用性は，ツリーを構成する基本事象の生起確率がわかれば，頂上事象の生起確率が推算できるという点である。基本事象1，2，3が同時に生起したとき頂上事象が生じるFTにおいては，基本事象の生起確率をそれぞれ P_1，P_2，P_3 とすると，頂上事象の生起確率 P_{TOP} は式 (5.5.3) となる。

$$P_{\text{TOP}} = P_1 \cdot P_2 \cdot P_3 \quad (5.5.3)$$

また，1，2，3という基本事象のいずれかが生起したとき頂上事象が生起するFTにおいては，頂上事象の生起確率は式 (5.5.4) となる。

$$P_{\text{TOP}} = P_1 + P_2 + P_3 \quad (\text{ただし}, P_i \ll 1) \quad (5.5.4)$$

図 5.5.8 (b) において，基本事象の生起確率を $P_1 = 0.01$，$P_2 = 0.02$，$P_3 = 0.03$，$P_4 = 0.04$，$P_5 = 0.05$ とすると，ミニマルカットおよび頂上事象の生起確率は式 (5.5.5) のようになる。

$$\begin{aligned}
P_{\text{TOP}} &= P_1 \cdot P_3 + P_1 \cdot P_5 + P_3 \cdot P_4 + P_2 \cdot P_4 \cdot P_5 \\
&= 0.01 \times 0.03 + 0.01 \times 0.05 + 0.03 \times 0.04 \\
&\quad + 0.02 \times 0.04 \times 0.05 \\
&= 2.04 \times 10^{-3} \quad (5.5.5)
\end{aligned}$$

5.5.12 非定常リスクアセスメント[10),11)]

プロセスプラントは大きく連続プロセスとバッチプロセスに分類できる。連続プロセスにおいては，スタートアップによりプラントを立ち上げた後は，DCSなどを始めとするコンピュータ制御によりプロセス状態が定常に維持されて生産運転がなされる。定常状態での生産運転が一定期間継続されたのちに，装置や機器のメンテナンスなどのためにプラントはシャットダウン操作がなされ停止状態に入る。このスタートアップ，定常運転，シャットダウンというプラント運転のサイクルにおいて，スタートアップ操作，シャットダウン操作は運転状態や運転員の操作内容が時間とともに変化する非定常な操作といえる。プロセスプラントの事故は，定常運転状態のみならずスタートアップやシャットダウン操作において，また，異常発生時の対応などといった定常運転状態とは異なる非定常な操作においても多数発生しており，リスクアセスメントにより非定常時のハザードを特定し，事故として顕在化させない方策を検討することが必要である。

リスクアセスメントのガイドラインとして，高圧ガス保安協会からリスクアセスメント・ガイドライン (Ver.2) が出されており，同ガイドラインにおいて，非定常リスクアセスメントにおける"非定常"とは，「プロセスの状態量及び操作（または作業）の内容が時間とともに変化する状態をいい，計画的な移行状態および意図的ではない遷移状態を含む」と定義している。

プラントの計画されたスタートアップやシャットダウン操作，加熱炉の点火操作，運転中の予備機への切替え操作などはあらかじめ計画された操作や作業であり，運転現場においてはルーティーンの定常業務という認識であるが，プロセス状態量や操作内容が時間とともに変化していくため，リスクアセスメントにおいては非定常という位置付けとしている。非定常リスクアセスメントの適用対象となるのは，上に記したようにプラントのスタートアップならびにシャットダウン操作，緊急シャットダウン，グレード切替え操作，機器性能や能力解析などを行うために運転条件を意図的に運転範囲から外したり通常使用しない機器を使用したりする現場テスト，定常操作にはない装置開放作業等が伴う非定常保全作業などが挙げられる。また，プロセス異常発生時の対応操作も非定常な操作といえる。

これらの操作は，時間とともに運転状態が変化していくこと，現場手動弁の開閉操作やポンプ起動・停止など，運転員による現場操作が多いことなどが定常操作と比較して大きな違いとなる。この時間経過に伴う運転状態の変化と多くの現場操作，また，その多様性を考慮した固有のハザードを洗い出すことが重要であり，これが非定常リスクアセスメントの特徴であり，基本である。

非定常リスクアセスメント実施にあたって活用できる手法としては非定常HAZOP，What-if手法が挙げられ，以下に概要を示す。

〔1〕 非定常HAZOP

非定常HAZOPは，プロセスプラントのスタートアップ操作，シャットダウン操作，加熱炉の点火操作，サンプリング操作のほかに，バッチ反応プロセス，緊急シャットダウン操作など，プロセス状態量および操作内容が時間とともに変化する非定常時の運転状態を対象とする手法である。これらの操作は連続プロセスの定常運転時と異なり，ボードからの操作に加えて運転員の現場での操作が多いため，運転員による操作の時期とタイミング，現場でのバルブを開閉操作，開閉速度なども管理すべき重要なパラメータである。このため，5.5.8項において説明した連続プロセスを解析対象としたHAZOPにおける流量，温度，圧力，液レベル，組成というプロセスパラメータのずれに加えて，運転員が操作やアクションを実施する時期やタイミングなど操作時間のずれを考慮して解析を行

5. システム・プロセス安全

う必要があり，連続プロセス HAZOP における NO，LESS，MORE，REVERSE などのガイドワードに加えて，表5.5.7に示したバッチ系 HAZOP のガイドワードを使用する。

高圧ガス保安協会のリスクアセスメント・ガイドライン（Ver.2）においては，非定常 HAZOP として，手順 HAZOP，緊急シャットダウン HAZOP およびバッチ反応 HAZOP に分類しているが，ここでは手順 HAZOP につき説明する。

手順 HAZOP は，プロセスプラントのスタートアップ操作，シャットダウン操作，加熱炉の点火操作，運転中の予備ポンプへの切替え操作，サンプリング操作などのように，操作手順書（または操作要領書）に従って運転員が行うバルブの開閉操作，ポンプの起動停止操作などにおいて，操作手順書に示された正常な操作からの逸脱，すなわち運転員の操作のずれを想定して検討する手法である。手順 HAZOP の基本手順を図5.5.9に示すが，操作手順書に示されている運転員が実施すべき操作やアクションにおいて，「（所定の）操作やアクションがなされない」，「不十分な操作やアクション」，「過剰な操作やアクション」，「（手順が）逆の操作やアクション」などといったずれを想定して検討を行う。手順 HAZOP において想定するずれの例を表5.5.12に示す。なお，手順 HAZOP は，プロセス異常発生時の運転員の対応操作の過誤に起因するハザードの特定においても活用できる。

表5.5.12 手順 HAZOP で想定するずれの例

操作などのパラメータ	ガイドワード	ずれの例
バルブ操作 ポンプ操作 配管接続操作	(no) なし	・バルブ開操作/閉止操作せず ・ポンプ起動操作せず/停止操作せず ・配管縁切りせず ・配管/ホースを接続せず
	(less) 不十分/過少	・バルブ開度や閉め方不十分 ・マンホールの閉止不十分 ・配管/ホースの接続の仕方が不十分
	(more) 過大/過剰	・バルブ開度あけ過ぎ ・ボルトなど締付け過ぎ
	(reverse) 逆転	・A→B と操作するべきところを B→A と操作 ・配管やホースを逆に接続
	(other than) その他/別	・所定とは異なった別のバルブを操作する ・所定以外の配管/ホースを接続 ・仮設ホースを別の場所に接続する
タイミング	(sooner than) 早い/早すぎ	・操作のタイミングが早すぎ
	(later than) 遅い/遅すぎ	・操作のタイミングが遅すぎ
速度	(sooner than) 速い/速すぎ	・バルブ開放/閉止スピードが速すぎ ・クールダウン操作が速すぎ ・昇温速度速すぎ
	(later than) 遅い/遅すぎ	・バルブ開放/閉止スピードが遅すぎ ・昇温速度遅すぎ
時間	(longer than) 長い/長すぎ	・静置（放置）時間が長すぎ ・加熱時間が長すぎ
	(shorter than) 短い/短すぎ	・静置（放置）時間が短すぎ ・加熱時間が短すぎ

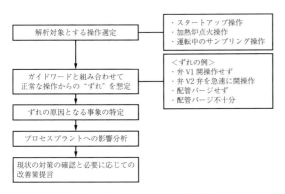

図5.5.9 手順 HAZOP の基本手順

[2] What-if 手法による非定常リスクアセスメント

基本は5.5.7項の What-if アナリシス手法を用いるものである。分析対象とするプラントのスタートアップやシャットダウン操作，運転中のポンプ切替え操作などの操作を対象とし，時間とともに刻々と変化していく運転状態ならびに運転員の操作において，「もしバルブを開け忘れたら」，「装置のパージが不十分だっ たら」，「配管の縁切りを忘れたら」などといった，正常と異なる操作を行ったことを想定し，その結果どのような影響が生じるかを分析するものである。手順 HAZOP はガイドワードを用いるなどのルールがあるが，What-if では気が付いた任意の質問を基点として分析を進める簡易手法であるが，プロセス危険解析に精通したメンバーから成るチームで実施すると短時間での成果も期待できる。　　　　　　　　（高木伸夫）

引用・参考文献

1) 安全工学会監修，実践・安全工学シリーズ2，プロセス安全の基礎，化学工学日報社（2012）
2) 日本高圧力技術協会，設備などのリスクマネジメン

ト技術者講習テキスト（2104）
3) AICHE, CCPS, Third Edition Guidelines for Hazard Evaluati0n Procedures, Third edition（2008）
4) 高木伸夫，プロセスプラントの安全設計基礎講座6，安全工学，39-2，pp.200-202（1999）
5) Dow's Fire & Explosion Index Hazard Classification Guide, Seventh Edition, AIChE（1994）
6) 高木伸夫，プロセスプラントの安全設計基礎講座8，安全工学，39-4 pp.264-265（2000）
7) 高木伸夫，化学プラントの安全性評価—プラント設計におけるHAZOP手法の活用—，化学工学，56-10，pp.735-741（1992）
8) 高木伸夫，プロセス安全性評価におけるHAZOPの効率的運用，安全工学，44-1，pp.31-36（2005）
9) 高木伸夫，プロセスプラントの安全設計基礎講座7，安全工学，39-3，pp.202-206（1999）
10) 高圧ガス保安協会，リスクアセスメント・ガイドラインVer.2（2016）
11) 高木伸夫，非定常HAZOPの基本手順と進め方，安全工学，53-4，pp.244-251（2014）

5.6 安全計装システム

近年，市場からの要求に応えるため，大量生産による安価な製品を供給することが，製造業には求められるようになった。化学プラントを代表とするプロセス産業も同様であり，技術の巨大化と効率化が推し進められていった。これを支えたのは，マイクロプロセッサやメモリといったディジタル技術の進歩である。

初期には人に委ねられていたプラントの制御機能は，プラントの巨大化と複雑化に伴い，マイクロプロセッサをベースとした電子システムへと移っていった。これらの電子システムでは，これまで人間の思考と判断に頼っていた部分を，プログラムとして設計し，プロセッサの理解できる形式にして，あらかじめメモリ上に実装している。プロセッサは，そのプログラムに従って動作している。その信頼性，安全性を追求するには，ハードウェアだけでなく，ソフトウェアも含めたシステム全体で考える必要が出てきた。

電子システムの導入により，プラントの安全性を確保するためには，人とシステムとの連携を意識し，プラント全体に対する十分なリスクアセスメントを行う必要がある。そして個々の危険状態に対して複数のシステムや人（オペレータ）がどのように連携してリスクを軽減させるのかをあらかじめ設計しておくことが重要となる。リスクアセスメントが不足していては，想定外の危険状態が発生するし，リスク軽減策があらかじめ構築されていないと人がすべての対応を行うことになる。巨大化，複雑化したプラントにおいて危険状態が発生したとき，人が複数のシステムの動作を瞬時に理解し判断して，安全を確保することは至難の技といえる。

このことを証明するかのように，1970年代，プラントの重大事故が多発し，多くの人命と財産が失われた。これらの事故を教訓に，プラントの安全性を考える上で，リスクを完全に0にすることは不可能であるということを前提にした機能安全の考え方が整理されていった。すなわち，100％故障しない機械はない，100％判断・操作を間違えない人はいないという前提の安全の考え方である。機能安全では，リスクを統計学的，確率的に定義し，リスクアセスメントとリスク軽減策を講じて，その発生確率を許容可能なレベルまで軽減させる必要性が説かれている。

機能安全が国際規格として制定されるまでの歴史的な経緯を振り返ってみる（図5.6.1参照）[4,5]。

1976年7月10日，イタリアのセベソで発生した農薬工場の事故では，有害物質であるダイオキシン30～130 kgが住宅地区を含む1 800 haに飛散し，史上最大規模のダイオキシン類の曝露事故となった。この事故を教訓・きっかけとして，当時の欧州委員会（EC：European Commission，現欧州連合EU：European Union）は，化学工場の安全規制としてセベソ指令（EC指令）を1982年に発令した。この指令の中で，危険物質を扱う産業活動に対してリスク解析を加盟各国に求めた。その後1996年にセベソ指令Ⅱとして改定され，安全管理の実施と事故時の緊急計画をあらかじめ策定することが加えられ，1999年には域内での強制となった。英国，ドイツ，米国などでは，独自に安全関連の法規制や規格が制定されていたが，1999年には国際規格として機能安全規格IEC 61508[2]（Functional safety of electrical／electronic／programmable electronic safety-related systems）が，2003年にはプロセス産業の分野規格IEC 61511[1]（Functional safety-Safety instrumented systems for the process industry sector-）が制定された。わが国でも2000年にIEC 61508の翻訳規格であるJIS C 0508（電気・電子・プログラマブル電子安全関連系の機能安全）が，また2008年にIEC 61511の翻訳規格であるJIS C 0511（機能安全—プロセス産業分野の安全計装システム—）が発行され，機能安全に関する国際規格へ追従している。

IEC 61508は機能安全に関して最上位に位置する基本安全規格（basic safety publication）である。IEC 61508に従って，具体的な製品に対して機能安全要求事項を定めた規格を（機能安全の）製品規格といい，具体的なアプリケーションの分野に対して定めた規格を（機能安全の）分野規格という。IEC 61508の下に

5. システム・プロセス安全

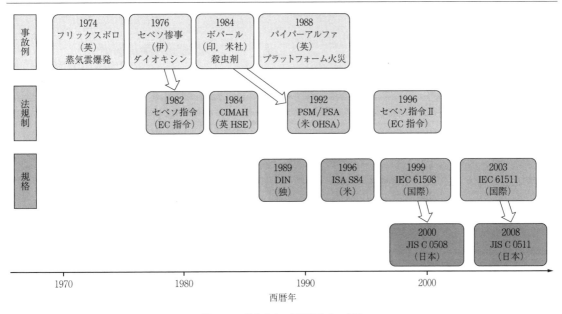

図 5.6.1 機能安全の国際規格化の経緯

は図 5.6.2 に示すように，産業機械，鉄道，自動車，その他の分野の規格への適用（製品規格，分野規格を含む）が広がっている。

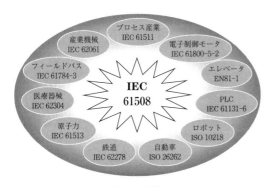

図 5.6.2 基本安全規格 IEC 61508

IEC 61511 はプロセス産業における（機能安全の）分野規格である。IEC 61508 と IEC 61511 との関係を示したものが図 5.6.3 である。安全を確保するために使用される機器の製造者，供給者に対しては IEC 61508 が適用されるが，これらの機器を使用してプロセスプラント全体の安全の確保する事業者やユーザに対しても IEC 61511 が適用され，設計，導入から維持，管理，廃棄に至るまでの管理が要求される。

IEC 61508 およびプロセス産業向けの IEC 61511 に規定された機能安全規格における安全確保の考え方は，階層的にリスクを軽減させることを基本としている。プロセスの本質的リスクを同定し，許容リスク以内に収まるようにリスクを軽減するための機器や施設を導入する。安全計装システムは，安全弁や外的緩和施設と並び，リスク軽減の手段の一つである。

本項では，プロセスの制御を担う基本プロセス制御システム BPCS（basic process control system）と，安全を担う安全計装システム SIS（safety instrumented system）の違い，IEC 61508, IEC 61511 における機能安全の考え方と，安全確保の手段である安全計装システムの有効性について説明を述べる。

5.6.1 基本プロセス制御システムと安全計装システム

プロセスの制御の基本はフィードバックループ系である。すなわち，出力や状態といった結果を観測し，その情報を基に原因となる入力を調整することである。初期のプロセスプラントでは，人がその役割を担っていたが，次第にループごとに制御を行う調節計と呼ばれるような単純な装置にとって代わられていった。プラントの規模が大きく，複雑になっていくに

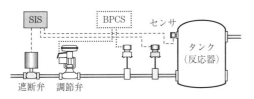

図 5.6.3 IEC 61508 と IEC 61511 の関係

従って，複数のループを同時に制御できる基本プロセス制御システム BPCS が登場した（**図5.6.4** 参照）。

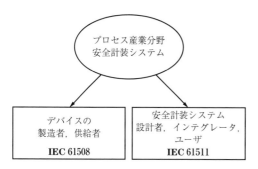

図5.6.4 基本プロセス制御システムと安全計装システム

一方，安全計装システムは，要求される機能安全を達成するために必要な安全計装機能（safety instrumented function, SIF）を実行するシステムである。出力や状態といった結果を観測し，ある閾値を超えると，入力を遮断するのが一般的な動作である。安全性を評価するには，検出端（センサ），論理処理部（ロジックソルバ），操作端（遮断弁），から構成される SIF ループで考える必要がある。それぞれの機器の安全性やその構成に基づいて，ループとしての安全性が決定される（**図5.6.5** 参照）。

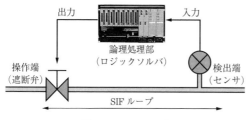

図5.6.5 SIF ループ

同じフィードバックループ系なので，基本プロセス制御システムに安全計装も兼ねてしまうという考えも出てくるが，事故に直結する重要な要因へのシステマティックな対応は不可欠であり，基本プロセス制御システムと安全計装システムは分けて使用すべきという結論に至る。それは，基本プロセス制御システムと安全計装システムは根本的に求められる資質に違いがあるからである。

基本プロセス制御システムでは，下記のような点に重点を置いて設計される。

・プラントを安定的に運転する
・機器故障が発生しても，できるだけ継続運転が行える構成とする
・高品質な製品を生み出すように制御する
・PID のように連続的に制御する

それに対して安全計装システムでは，下記のような点に重点を置いて設計される。

・作動要求があった場合に動作する
・異常を検知した場合に確実に動作する
・機器故障が起きてもプロセスを安全側に遷移させる

基本プロセス制御システムでは信頼性がその指標になるのに対して，安全計装システムでは安全性がその指標となる。信頼性は，構成する部品の故障率から求めることができる。安全性は，故障の種類を安全側と危険側に分類し，危険側故障率に着目している点が信頼性と異なる。すなわち，安全計装システムでは，故障しても安全側に遷移させることによって危険側故障を最小にし，安全性を追求している。

また，システムの故障検出の考え方についても異なる点がある。基本プロセス制御システムでは，つねに変動する値を対象に動作している。一方，安全計装システムでは通常は作動要求がないので動作する必要はない。しかし一度，異常を検知したら，確実に動作することが求められる。そのため，作動要求はなくとも，入力や出力を意図的に変化させるなどの自己診断機能を使って，つねにシステムの健全性を確認する必要がある。健全性は，検出端，操作端とロジックソルバを接続する信号配線にも求められる。検出端とロジックソルバ間の信号配線に断線や短絡などの異常があるとプロセスの異常状態を感知できないし，操作端とロジックソルバ間の信号配線に異常があると作動要求があっても緊急遮断を実行できず大きな事故につながるからである。

5.6.2 国際規格 IEC 61511 と IEC 61508

IEC 61511 は，IEC 61508 のプロセス産業向け機能安全規格である。ここでは，IEC 61511 で規定している，機能安全を構築するために必要な，安全計装システムの仕様決定，設計，設置，運転，メンテナンスから廃棄までの考え方および要求事項について記載する。

〔1〕 リスクの軽減

ISO/IEC Guide 51[3)] では，安全は「受容できないリスクから免れていること」と定義しており，許容リスクを「現状の社会的価値観にもとづいて受容されるリスク」と定義している。さらに具体的には，ある潜在危険に対するリスクは，当該の潜在危険の発生する頻度と危害の大きさとの組合せで決定する。これは**図5.6.6** のように表すことができる。

ここで，横軸は当該の潜在危険の発生頻度，縦軸は

5. システム・プロセス安全

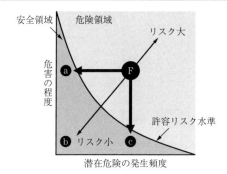

図 5.6.6　リスク軽減の概念図

危害の程度であり，原点に近付くほどリスクは小さく，原点から遠ざかるほどリスクが大きくなることを意味している．図中の曲線を許容リスク水準と仮定すれば，上記の安全の定義から，曲線より左下（原点側）を安全領域，外側を危険領域として捉えることができる．図中において，潜在危険の発生頻度と危害の程度がFの点に位置していることは危険となるので，各種の安全方策

① 危害の程度を一定のまま発生頻度を下げる（F→a）
② 発生頻度を一定のまま危害の程度を下げる（F→c）
③ 危害の程度と発生頻度を下げる（F→b）

などによりリスクを安全領域まで軽減することになる．例えば，①の例が安全計装システム，②の例が防油堤などである．

許容リスクを決定するにあたって，図 5.6.7 に示すような ALARP（as low as reasonably practicable）という概念を用いて説明されることがある．

ALARP モデルとは，許容リスクを特定する際に用いられるモデルの一つで，三つのレベルがあり，「①当該リスクは大きすぎて許容できない領域，②当該

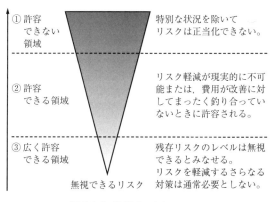

図 5.6.7　許容リスクと ALARP

リスクは小さく広く許容できる領域，③①と②の間で，そのリスク水準を受け入れることによる便益およびさらに軽減する費用を考慮して，現実的に実行可能な最低限の水準（as low as reasonably practicable）まで軽減されているかで判断される領域」の三つに分類される．この③の領域を「ALARP または許容領域」と呼んでいる．③の領域では，つぎの場合に限ってリスクは許容されることになる．

・これ以上のリスクの軽減が現実的に不可能であるか，または，リスクの軽減にかかる費用が得られる改善に対してまったく釣り合っていないとき．
・関連するリスクを考慮して，活動に伴う便益が社会から期待できる場合．

この ALARP モデルは，IEC 61508，IEC 61511 の双方で紹介されている．

また，図 5.6.8 にリスク軽減の一般的な概念を示す．プロセスリスクを開始点とした，目標とされる許容リスクを達成するための必要なリスク軽減モデルである．

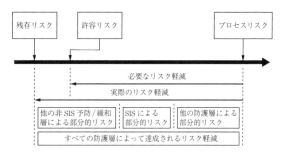

図 5.6.8　リスク軽減の一般的な概念

（a）**プロセスリスク**　プロセスの特定された危険事象，基本プロセス制御システム（BPCS）および関連する人的要因問題に存在するリスク．

（b）**許容リスク**　現状の社会的価値観に基づいて許容できるリスク．

（c）**残存リスク**　防護層が追加された後に危険事象が起こるリスク．

必要なリスク軽減は，許容リスクを満たすために達成されなければならないリスク軽減の最低水準である．それは，リスク軽減手法の一つまたはその組合せで達成することが可能である．

〔2〕**独 立 防 護 層**

防護層（protection layer）とは，制御，予防または緩和によってリスクを軽減する任意の独立した機構で，具体的には，危険な化学物質を貯蔵する容器の大きさを制限するなどのプロセス工学的仕組み，安全弁などのような機械工学的仕組み，安全計装システムま

たは緊急避難手順などの行政手段なども防護層の一つとして考えられる。これらの対処手段は，自動化されても，または人間によって開始されてもよい。防護層間での独立性，防護層の多様性，異なる防護層間での物理的な分離などが求められる。**図5.6.9**に，プロセスプラントにおける一般的な階層的防護を示す。

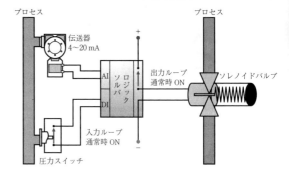

図5.6.10 緊急遮断システムの構成例

図5.6.9 プロセスプラントにおける一般的な階層的防護

① プロセス（process）
② 制御および監視（contorol and monitoring）
③ 予防（prevention）
④ 緩和（mitigation）
⑤ プラント緊急対応（plant emergency response）
⑥ 地域緊急対応（community emergency response）

ここで，安全計装システムは，予防（prevention）の層と緩和（mitigation）の層とでそれぞれ役割を持っている。制御対象であるプロセス（process）とそれを制御する制御および監視装置（control and monitoring）が何らかの異常を来たしたときに，安全計装システムは危険事象の発生を防ぐ役割（予防）を果たす。また，安全計装システムは，出火や毒性のガスの突出の事態に対して，その影響を緩和するためにも適用される。各階層でそれぞれの安全機能が発揮されて初めて，全体の安全が実現できるという考え方である。この予防における代表的なシステムが，緊急遮断システム（emergency shut down system, ESD）である。**図5.6.10**に緊急遮断システムの構成例を示す。

緊急遮断システムは，事象の発生確率を軽減する，つまり，事故を未然に防ぐことが目的である。通常時は通電（ON）状態（normally energized）であり緊急時にOFFする（de-energized to trip）ことが原則である。出力がOFFすることでソレノイドバルブが閉じることになる。一方，緩和層における代表的なシステムが，防消火システム（fire and gas protection system, F&G）である。**図5.6.11**に，防消火システム

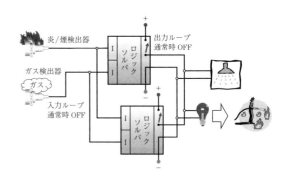

図5.6.11 防消火システムの構成例

の構成例を示す。

防消火システムは，事象発生後の影響を軽減する，つまり，被害の拡大を防ぐことが目的である。通常時は非通電（OFF）状態（normally de-energized）であり緊急時にONする（energized to trip）場合が多い。スプリンクラーを起動したり，警告灯などのアラームでオペレータに知らせたりする仕組みである。

〔3〕 **SIL**

安全計装システムは危害の発生する頻度を軽減する役目を担うことは前にも述べたが，IEC 61511 では，安全度要求の表現方法として，安全度水準 SIL（safety integrity level）を導入している。安全度水準 SIL は，**表5.6.1**に示されるように，4等級（SIL 1 〜 SIL 4）にクラス分けされており，安全関連システムが担

表5.6.1 安全度水準（SIL）

安全度水準（SIL）	作動要求モードでの運用	
	作動要求時の平均機能失敗確率の目標	リスク軽減の目標
4	10^{-5} 以上 10^{-4} 未満	10 000 を超えて 100 000 以下
3	10^{-4} 以上 10^{-3} 未満	1 000 を超えて 10 000 以下
2	10^{-3} 以上 10^{-2} 未満	100 を超えて 1 000 以下
1	10^{-2} 以上 10^{-1} 未満	10 を超えて 100 以下

うべきリスク軽減の度合いを表している。SIL 4 が安全度の最高水準, SIL 1 が最低水準となる。各レベルに対して機能失敗確率が割り当てられている（低頻度作動要求モードの場合）。

安全関連系に対する作動要求の頻度から，低頻度作動要求モードと高頻度作動要求モード，連続モードに分けて安全度水準を扱っているが，プラントに設置される安全計装システムは，低頻度作動要求モードに分類される場合が多い。ここで，低頻度作動要求モード（low demand mode）とは，「プロセスを規定の安全状態に移行させるために，安全機能が作動要求だけによって動作し，作動要求の頻度が 1 年当り 1 回より大きくない場合」のことを，高頻度作動要求モード（high demand mode）とは，「プロセスを規定の安全状態に移行させるために，安全機能が作動要求だけによって動作し，作動要求の頻度が 1 年当り 1 回より大きい場合」のことを，連続モード（continuous mode）とは，「SIF が通常運転の一環としてプロセスを安全状態に保持する場合」を，それぞれ意味する。

低頻度作動要求モードにおける安全度水準の尺度は，PFD（probability of failure on demand）である。この PFD は，作動要求時に安全計装システムが故障などにより働かない確率のことであり，この確率が小さいほど安全度水準が高くなる。安全度要求の観点でこの安全度水準を見てみると，例えば，導入する安全計装システムに対して安全度要求として SIL 3 を定めることは，SIL 3 の PFD は 10^{-4} 以上 10^{-3} 未満であるので，導入前の危険な状態が発生する頻度を 1/1000 以下に軽減することを安全計装システムに求めていることを意味する。つまり，導入前のプラントでは危険な事象が発生する頻度が 10 年に 1 回であったとすると，SIL 3 の安全計装システム導入によって，1 万年に 1 回以下の頻度への改善が実現できることになる。

〔4〕 安全ライフサイクル

図 5.6.12 に安全ライフサイクルの構成を示す。この安全ライフサイクルでは，潜在危険およびリスク評価のフェーズ 1 を始まりとして使用終了のフェーズ 8 までの安全ライフサイクルの業務を示す。1 から 8 までの各フェーズに共通的な事項についてはフェーズ 9, 10, 11 で示す。また，フェーズの遷移時に段階 1 から段階 5 までの機能安全評価を実施するのが望ましい。

（a）潜在危険およびリスク評価　プロセスおよび関連機器の潜在危険および危険事象，潜在危険につながる事象連鎖，危険事象に関連するプロセスリスク，リスク軽減の要求および必要なリスク軽減を実現するのに必要な安全機能を決定する。

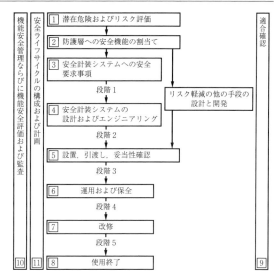

図 5.6.12　安全ライフサイクルの構成

（b）防護層への安全機能の割当て　防護層への安全機能とそれぞれの SIF および関連する安全度水準を割り当てる。

（c）安全計装システムへの安全要求事項　必要とする機能安全の要求を満たすために，必要な SIF およびそれらの安全度水準という観点で，それぞれの SIS の必要要求を規定する。

（d）安全計装システムの設計およびエンジニアリング　SIF および安全度の要求を満たした SIS を設計する。

（e）設置，引渡し，妥当性確認　SIS の設置，引渡しを行い，SIS が必要な SIF および安全度に関しての安全要求を満たしているという妥当性確認を行う。

（f）運用および保全　SIS の機能安全が運用，保全中でも保持されていることを確認する。

（g）改修　必要な安全度に達し，かつ，保持できているかを確認しつつ，SIS の修正，拡張または適応をしていく。

（h）使用終了　稼働中の SIS の廃棄に先立って，適切な検討を行い，必要な認可を取得すること。安全計装機能が，廃棄作業中も適切な安全度を確保していること。

（i）適合確認　与えられたフェーズの引渡し事項を確認，評価し，そのフェーズの引継事項として与えられた製品および規格としての正しさおよび一貫性を確認する。

（j）機能安全管理ならびに機能安全評価および監査　機能安全の要求事項が全ライフサイクルにおい

て確実に計画・実行されることを管理する。機能安全管理により機能安全の目的が満たされていることを保証する。

（k） 安全ライフサイクルの構成および計画

安全ライフサイクルのフェーズを定める。SISが安全要求事項を満たしていることを明確にする適切な計画を策定する。

- 段階1：潜在危険およびリスク評価を実行した後，必要な防護層が特定され，かつ，安全要求仕様が作成されたとき。
- 段階2：安全計装システムが設計された後。
- 段階3：設置後，安全計装システムの引渡し前，かつ，最終妥当性確認が完了し，さらに運用および保全手順が作成されたとき。
- 段階4：運用および保全の実績を得た後。
- 段階5：安全計装システムの部分改修後および使用終了前。

〔5〕 **独立した人員と組織**

IEC 61511では，組織や人員の独立性が求められる。

（a） 独立した部局（independent department）

機能安全評価または妥当性確認の対象となる安全ライフサイクルのあるフェーズにおいて行われる業務に責務を持つ部局から分離し区別された部局。

（b） 独立した組織（independent organization）

機能安全評価または妥当性確認の対象となる安全ライフサイクルのあるフェーズにおいて行われる業務に責務を持つ組織から，経営およびその他の資源によって，分離し区別された組織。

（c） 独立した人員（independent person） 機能安全評価または妥当性確認の対象となる安全ライフサイクルのあるフェーズにおいて行われる業務から分離し区別され，かつ，その業務に直接的な責務を持たない人員。

5.6.3 安全計装システムの設計

安全計装システムの設計にあたっては，SIFおよびその安全度水準SILに関連する要求事項を必要十分に記述した安全要求仕様（safety requirement specification, SRS）を定めなければならない。SRSは安全計装システムのハードウェア設計，ソフトウェア設計の基礎である。

〔1〕 **安全計装システムへの安全要求事項**

SRSに盛り込まなければならない要求事項として，IEC 61511-1ではつぎの29項目を挙げている。

- 要求される機能安全を達成するのに必要なすべてのSIF
- それぞれのSIFに関する入出力機器のリスト
- 共通原因故障を特定し考慮するための要求事項
- それぞれのSIFに対するプロセスの安全状態の定義
- 同時に発生した場合に別の潜在危険を生成する，個々に安全なプロセス状態すべての定義（例えば，非常用貯蔵装置への過流入および余剰ガス燃焼システムへの同時多重排出）
- SIFに対して想定される作動要求源および作動要求率
- プルーフテスト間隔に関する要求事項
- プルーフテスト履行に関する要求事項
- 安全計装システムがこのプロセスを安全な状態に導くための応答時間
- 各SIFに対する安全度水準および運用モード（作動要求・連続）
- 安全計装システムのプロセス測定法およびそれらのトリップ点
- 安全計装システムのプロセス出力動作および成功動作の基準
- プロセスの入力および出力の機能上の関係
- 手動による緊急停止に関する要求事項
- 励磁トリップまたは非励磁トリップに関する要求事項
- 緊急停止後に安全計装システムをリセットするための要求事項
- 許容可能な最大限の擬似トリップ発生率
- 故障モードおよびこの安全計装システムの望ましい応答（例えば，アラームおよび自動緊急停止）
- 安全計装システムの起動および再起動に関わる手順
- 安全計装システムおよび他のすべてのシステム間のすべてのインタフェース（基本プロセス制御システムおよびオペレータを含む）
- プラント運用モードおよびそれぞれのモードにおいて動作するのに必要なSIF
- アプリケーションプログラム安全要求事項（（d）項を参照）
- 解除方法を含めた，オーバライド・禁止・バイパス方法
- 安全計装システムでフォールトが検出された場合に，安全な状態を達成または維持するのに必要なすべての動作の仕様書
- 移動時間，場所，部品保有，サービス契約および環境的制約を考慮した，安全計装システムに実現可能な平均修理時間
- 回避する必要のある安全計装システムの出力状態の危険な組合せ

- 安全計装システムが遭遇するだろうすべての環境状態の極端な状態が同定されなければならない。このためにつぎの事項を検討する必要があることがある。気温，湿度，汚染物，地絡，電磁妨害・無線周波妨害（EMI・RFI），衝撃・振動，静電気放電，電気地域区分，浸水，雷およびその他の関連した要因
- プラント全体（例えば，プラント起動）および個々のプラントの運用手順（例えば，機器の保全，検出端の校正および／または修理）の両者に対する正常および異常モードの同定
- 例えば，火災時に弁に対して要求される動作可能時間のように，重大事故の場合にも必要とされる安全計装機能に対する要求

〔2〕 故障の分類

IEC 61508 および IEC 61511 では，「ランダムハードウェア故障」と「決定論的原因故障」の対策を達成すべき SIL に応じた深さや範囲で求めている。

（a） **ランダムハードウェア故障**（random hardware failure）　　断線，短絡，さらに複雑な故障モードなどハードウェアの劣化の結果，ランダムに発生するハードウェアに起因する故障のこと。ハードウェア故障によるシステムの故障率は定量化できるが，発生する時刻は予測不可能である。安全計装システムの設計では，定量化した故障率を基に目標 SIL に応じてランダムハードウェア故障への対策を行う。すなわち達成すべき SIL が大きい SIF ほど，許容される機能失敗確率は小さくなり，ハードウェアフォールトトレランス（hardware fault tolerance, HFT）と呼ばれる最小限備えなければならない冗長性は大きくなる。

（b） **決定論的原因故障**（systematic failure）

システムの設計，製造過程，運用手順，文書または，その他の関係した要因に起因して発生する故障である。それら要因の変更なしでは解決できない。決定論的原因故障には，安全要求仕様の漏れやハードウェア，ソフトウェアの設計，製造，設置，運用の際の人的過誤も含まれる。決定論的原因故障は予測が困難であり，これによるシステム故障を統計的に定量化することができない。前述のランダムハードウェア故障から定量化したシステムの故障率は，この決定論的原因故障の影響により，その不確かさを増大させてしまう。目標 SIL が大きいほど，この不確かさは小さくなければならず，より厳しいルールにのっとって設計を行う必要がある。さらに，決定論的原因故障はエンジニアリングや運用の手順の改良によっても防止できる。安全計装システムを構成する機器を開発する製造者だけではなく，エンドユーザ，エンジニアリング会社など安全ライフサイクルに関わる者それぞれが対策に当たるべきものである。図 5.6.13 に示す，英国の Health and Safety Executive（HSE）の解析によれば，事故に至った原因のうち仕様に関するものが最も多くの割合を占めた。〔1〕項にて前述したが，安全計装システムの設計に入る前に SRS を定めなければならず，また規格では 29 項目もの要求事項が規定されている。これは，仕様の漏れや判断ミスを防止する，決定論的原因故障の対策の一つである。

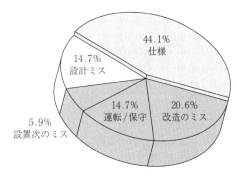

図 5.6.13　事故の原因フェーズの解析（出典：英 HSE）

ランダムハードウェア故障の確率を減少させる対策をとることが，必ずしも決定論的原因故障を軽減させるものではない。同質なハードウェアの冗長化は，ランダムハードウェア故障の抑制に有効だが，決定論的原因故障を軽減させる目的ではほとんど役に立たない。一方で，例えば，二重化された圧力センサに異なる測定方式（圧力スイッチと圧力伝送器）を採用すること，あるいは異なる製造者から機器を採用することは，決定論的原因故障の軽減に有効な対策と考えられる。

〔3〕 ハードウェアの設計

ハードウェアの設計には，ランダムハードウェア故障と決定論的原因故障の一方もしくは両方に対する対策が含まれる。図 5.6.14 にハードウェア設計を構成する要素を示す。

（a）　**機器の選択**　　製造者が供給している SIL 認証品を選択する方法のほか，過去の使用実績に基づいて選択する方法がある。

安全計装システム向けに機器を供給している製造者の多くは，IEC 61508 に従ってハードウェア，ソフトウェアの設計，開発を行い，第三者認証機関の認証を受けている。これは，認証されている SIL に応じて求められる深さや範囲まで，ランダムハードウェア故障の確率を抑制したハードウェア設計を行っていること，および設計，開発のプロセスを通して決定論的原

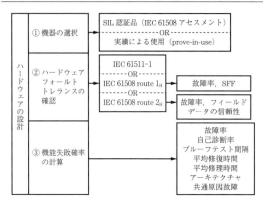

図 5.6.14 ハードウェア設計を構成する要素

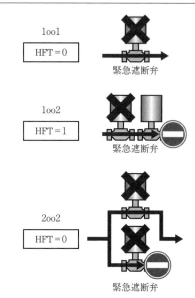

図 5.6.15 "m"out of "n" の構成と HFT

因故障の防止対策をとっていることが，その機器の単位で証明されていることを意味する。まず SIL 認証品を選択することが，以降の安全計装システムの設計作業を容易にすることにつながる。機器の故障率など設計に必要な情報は，通常，製造者から提供される。

IEC 61508 に従って設計，開発されていない機器に対しては，実績の有無や過去に使用した経験に基づいた（proven-in-use）選択ができる。この機器が安全計装システム構成要素としての使用に適合していることの適切な根拠が示されている必要がある。具体的には，製造者の品質，管理および変更管理体制についての検討，適切な同定および仕様，類似の運用形態および物理的環境での性能の実証，および使用実績の程度が含まれる。

（**b**） ハードウェアフォールトトレランスの確認

目標 SIL に応じてハードウェアフォールトトレランス（hardware fault tolerance, HFT）と呼ばれる最小限の冗長性を持つことが要求される。

単独でも SIF を実行することができる "n" 個の独立したチャネルによって構成され，最小限 "m" 個のチャネルによって SIF が実行できるように組み立てられた安全計装システムまたはそのサブシステムのアーキテクチャを "m"out of "n" と呼ぶ。例として，1 out of 1（1oo1），1 out of 2（1oo2），2 out of 2（2oo2）のそれぞれの構成，および HFT を **図 5.6.15** に示す。HFT が N とは，$N+1$ の故障で，システムの安全性能が失われることを意味する。したがって，1 の HFT が要求される場合は，一つのチャネルの故障で安全機能が失われないように，1oo2 のようなアーキテクチャを採用することになる。

HFT は，安全計装システムを構成する機器の故障率における不確かさに加えて，SIF の設計時になされるいくつかの仮定から生じる可能性がある潜在的な欠陥を軽減する対策を目的としたものである。

IEC 61511-1 では，**表 5.6.2** のように SIL に応じた最小の HFT が規定されている。

IEC 61508 における HFT の規定に従ってもよい。Route 1_H では，**表 5.6.3** および **表 5.6.4** のように安全側故障割合（safe failure fraction, SFF）に基づいて，SIL に応じた最小の HFT が規定されている。SFF については，（C）項を参照のこと。

IEC 61508 の Route 2_H では，エンドユーザのフィー

表 5.6.2 最小 HFT

SIL	最小のハードウェアフォールトトレランス（HFT）
1	0
2（低頻度作動要求モード）	0
2（高頻度作動要求または連続モード）	1
3	1
4	2

表 5.6.3 HFT と SFF（低複雑度のサブシステム）

安全側故障割合（SFF）	ハードウェアフォールトトレランス（HFT）		
	0	1	2
60％未満	SIL1	SIL2	SIL3
60％以上 90％未満	SIL2	SIL3	SIL4
90％以上 99％未満	SIL3	SIL4	SIL4
99％以上	SIL3	SIL4	SIL4

表5.6.4 HFTとSFF（複雑なサブシステム）

安全側故障割合 (SFF)	ハードウェアフォールトトレランス (HFT)		
	0	1	2
60%未満	許容しない	SIL1	SIL2
60%以上90%未満	SIL1	SIL2	SIL3
90%以上99%未満	SIL2	SIL3	SIL4
99%以上	SIL3	SIL4	SIL4

ルド実績からの機器の信頼性データに基づいて，SILに応じた最小のHFTが規定されている．適用される最小のHFTは表5.6.2のそれと同じである．

（c）**機能失敗確率の計算** ランダムハードウェア故障に関する安全計装システムの安全度として，機能失敗確率（probability of failure）を計算する．

プロセスが低頻度作動要求モードのとき，作動要求時の機能失敗確率PFDが使われる．

装置の部品解析データから算出されるPFD値は，時間の経過とともに増加する方向で変化する．プルーフテストなどによって変化した値はリセットされるため，実際の安全関連システムの計算では，ある時間までの平均値で評価され，これを作動要求時の機能失敗平均確率（average probability of failure on demand, PFD_{avg}）と呼ぶ．**図5.6.16**を参照のこと．

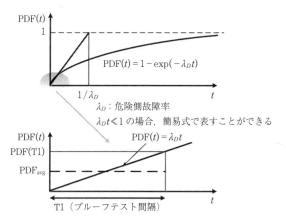

図5.6.16 機能失敗確率（PFD）とその平均値（PFD_{avg}）

なお，プロセスが高頻度作動要求モードと連続モードの場合には，連続的な作動が求められるため，PFD_{avg}の代わりに，時間当りの危険側故障発生確率（probability of dangerous failure per hour, PFH）が適用される．

PFD, PFD_{avg}, PFHの計算式は，IEC 61508-6に詳しく書かれているが，アーキテクチャなどにより異なる．ここでは参考までに，1oo1, 1oo2, 2oo2 および 2oo3のPFD$_{avg}$の計算式を示す．

1oo1の場合：
$$PFD_{avg} = \lambda_{DU} * (T1/2 + MRT) + \lambda_{DD} * MTTR$$

1oo2の場合：
$$PFD_{avg} = 2((1-\beta)*\lambda_{DU} + (1-\beta_D)*\lambda_{DD})^2 * t_{CE} * t_{GE} + \beta*\lambda_{DU}*(T1/2 + MRT) + \beta_D * \lambda_{DD} * MTTR$$

2oo2の場合：
$$PFD_{avg} = 2(\lambda_{DU} * (T1/2 + MRT) + \lambda_{DD} * MTTR)$$

2oo3の場合：
$$PFD_{avg} = 6((1-\beta)*\lambda_{DU} + (1-\beta_D)*\lambda_{DD})^2 * t_{CE} * t_{GE} + \beta*\lambda_{DU}*(T1/2 + MRT) + \beta_D * \lambda_{DD} * MTTR$$

ここで
$$t_{CE} = \lambda_{DU}/\lambda_D * (T1/2 + MRT) + \lambda_{DD}/\lambda_D * MTTR$$
$$t_{GE} = \lambda_{DU}/\lambda_D * (T1/3 + MRT) + \lambda_{DD}/\lambda_D * MTTR$$

プルーフテスト間隔（T1），平均修復時間（MTTR），平均修理時間（MRT），λ_D，λ_{DU}，λ_{DD}，β，β_D（それぞれ後述）である．

機能失敗確率を計算するために，ランダムハードウェア故障をその故障モードによって，安全側故障（safe failure）と危険側故障（dangerous failure）に分類している．安全側故障とは，安全機能の誤作動によりプロセスを安全状態にするような故障を指す．危険側故障とは，安全機能の作動を妨げたり無効にしたりするような故障を指す．さらに，自己診断などによって検出できるかどうかで，検出できる故障（detected failure）と検出できない故障（undetected failure）に分ける．すなわち，全体の故障率をλとすると，以下の式となる．

$$\lambda = \lambda_{SD} + \lambda_{SU} + \lambda_{DD} + \lambda_{DU}$$

ここで，λ_{SD}（検出できる安全側故障率），λ_{SU}（検出できない安全側故障率），λ_{DD}（検出できる危険側故障率），λ_{DU}（検出できない危険側故障率）である．**図5.6.17**を参照のこと．

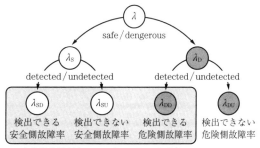

図5.6.17 ランダムハードウェア故障の分類

安全関連システムで最も問題になるのが検出できない危険側故障率（λ_{DU}）である。この故障が発生すると，安全関連システムはまったく異常を示さないのに作動要求時に動作しないということになる。全故障率に対する安全側故障率と検出できる危険側故障率との和の比率をSFFと呼び，以下の式で表される。

$$\text{SFF} = \frac{(\lambda_{SD} + \lambda_{SU} + \lambda_{DD})}{(\lambda_{SD} + \lambda_{SU} + \lambda_{DD} + \lambda_{DU})}$$

$$= \frac{(\lambda_{SD} + \lambda_{SU} + \lambda_{DD})}{\lambda}$$

SFFが大きいほど，万一故障が発生しても，安全関連システムが安全機能を実行できる可能性が高いということを意味する。SIL認証品であれば，SFFやその基になる故障率など安全計装システムの設計に必要な情報は，通常，製造者から提供される。

すべての危険側故障率に対する自己診断機能により検出できる危険側故障率の比を自己診断カバー率（diagnostic coverage, DC）と呼ぶ。自己診断機能が充実した製品はDCが高く信頼性が高いといえる。サブシステムまたは部品の危険側故障のDCは，$DC = \lambda_{DD}/\lambda_D = \lambda_{DD}/(\lambda_{DD} + \lambda_{DU})$と表される。ここで，$\lambda_D$は危険側故障の全故障率を意味する。このとき，$\lambda_{DD}$および$\lambda_{DU}$は以下の式で表される。

$$\lambda_{DD} = DC \times \lambda_D$$
$$\lambda_{DU} = (1 - DC) \times \lambda_D$$

単一の故障によって，複数の機器や装置の同時故障や機能失敗を発生させる故障を共通原因故障（common cause failure）と呼ぶ。安全計装システムが多重チャネルを持つ場合，機能失敗率の計算に反映すべき故障となる。βファクタは検出できない危険側故障のうち共通原因故障となる割合，β_Dファクタは検出できる危険側故障のうち共通原因故障となる割合で，いずれも%で表される。

$\lambda_{DU} = 1\,300$ fit，$\lambda_{DD} = 0$ fit，$T1 = 8\,760$ 時間，$MRT = MTTR = 8$ 時間，$\beta = 4\%$として，1oo1，1oo2，2oo2，および2oo3のPFD$_{avg}$値を前述の式から計算した結果を図5.6.18に示す。同じ機器を使用しても，アーキテクチャにより安全性に100倍近い差が出る場合がある。

一般的に安全性は，1oo1よりも1oo2の方が高く，反対に2oo2では低くなる。一方で，誤作動の確率についても，一般的に，2oo2よりも1oo2の方が高い。安全計装システムがSILで表される安全性への要求を満たすことは当然必要だが，誤作動確率を減らすことも考慮すべき重要な点である。これは，〔1〕項にて前述したとおり，許容可能な最大限の擬似トリップ発

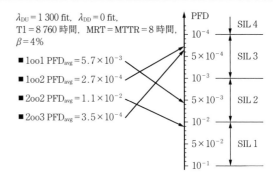

$\lambda_{DU} = 1\,300$ fit，$\lambda_{DD} = 0$ fit，
$T1 = 8\,760$ 時間，$MRT = MTTR = 8$ 時間，
$\beta = 4\%$

- 1oo1 PFD$_{avg}$ = 5.7×10^{-3}
- 1oo2 PFD$_{avg}$ = 2.7×10^{-4}
- 2oo2 PFD$_{avg}$ = 1.1×10^{-2}
- 2oo3 PFD$_{avg}$ = 3.5×10^{-4}

図5.6.18　アーキテクチャによるPFD$_{avg}$への影響

生率としてSRSに記載される。

安全計装システムの機能失敗確率を評価する際は，SIFループとして評価する。SIFを構成する検出端，ロジックソルバ，操作端の機器ごとのPFD$_{avg}$値を加算し，合計値が目標のSILに対して割り当てられるPFD$_{avg}$の範囲に収まっているかチェックする。図5.6.19の例1に示すように，それぞれの製品のPFD$_{avg}$値がSIL2を満たしていても，SIFループとしてのPFD$_{avg}$値はSIL1のレベルになってしまうことがある。

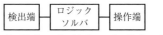

	検出端	ロジックソルバ	操作端		
例1	4×10^{-3} +	5×10^{-4} +	8×10^{-3} =	12.5×10^{-3}	($>10^{-2}$)
例2	2×10^{-3} +	5×10^{-4} +	4×10^{-3} =	6.5×10^{-3}	($<10^{-2}$)

図5.6.19　ループ全体で考えるSIL

PFD$_{avg}$値が目標のSILに対して割り当てられた範囲に収まっていない場合は，製品の再選定，アーキテクチャの変更（例えば，1oo1から1oo2），プルーフテスト間隔の見直しを行う。

〔4〕　アプリケーションプログラムの設計

決定論的原因故障を防止するため，決められた言語を使い，アプリケーションプログラム開発ライフサイクルに従ってアプリケーションプログラムを開発する。

アプリケーションプログラムの開発言語は固定プログラム言語（fixed program language, FPL）と制約可変言語（limited variability language, LVL）および完全可変言語（full variability language, FVL）の3種類に分かれる。FPLあるいはLVLを使用してSIL3までのアプリケーションプログラムの開発および部分改修を行う場合は，IEC 61511-1に従わなければならない。SIL1，SIL2およびSIL3による区別はない。SIL4のアプリケーションプログラムの開発および修正の場合

は，IEC 61508に従わなければならない。一方，FVLを使用してアプリケーションプログラムの開発および修正を行う場合は，目標SILによらず，IEC 61508-3に適合する必要がある。図5.6.20を参照のこと。

図5.6.20 アプリケーションプログラムの開発言語

FPLは限定された範囲内で，ユーザによる機器のパラメータ設定に使われることが多い。例えば，圧力伝送器などのスマートセンサが挙げられる。

LVLは，アプリケーション特有の機能を単位とした事前に定義されたプログラムを組み合わせることで，安全機能の論理設計を可能にする言語である。通常，ラダー図（ladder diagram）や機能ブロック図（function block diagram, FBD）や構造化テキスト（structured text）などの形式で，PLCの製造者からマニュアルとともに提供される。プロセス分野のユーザ向けに必要十分な機能に制限されていることからわかりやすく，アプリケーションプログラムの設計では最も一般的に使用される言語である。

FVLは，コンピュータプログラムに対し，多様な機能およびアプリケーションを実現する能力を提供する言語である。プロセス分野においてのFVLの適用例は，組込み型ソフトウェアに見られるが，アプリケーションプログラムにはほとんど適用されない。FVLの例には，Ada，C，Pascal，Instruction List，アセンブラ言語，C++，Java，SQLがある。

アプリケーションプログラムの開発では，前述の3種類の言語に応じて，IEC 61511-1に規定されているアプリケーションプログラムSIS安全ライフサイクルの要求事項，またはIEC 61508-3に規定されているソフトウェア安全ライフサイクルの要求事項に従う。安全ライフサイクルのそれぞれのフェーズは，その基本的な業務，目的，要求される入力と出力，および適合確認の要求事項によって定義しなければならない。これを表したものが図5.6.21のVモデルだが，安全度およびプロジェクトの複雑度を考慮して，Vモデルのフェーズの階層，数および規模を調整することができる。

使用するアプリケーションプログラム言語の種類およびアプリケーション機能に対するこの言語の緊密性は，Vモデルのフェーズの適用範囲に影響を及ぼす場合がある。例えば，Ladder DiagramやFBDなどLVL

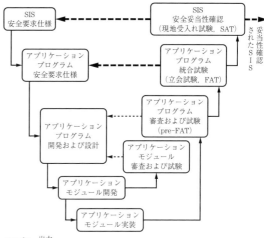

図5.6.21 アプリケーションプログラムVモデル

を使用してアプリケーションプログラムの設計，実装，適合確認，妥当性確認を行う場合，Vモデルの「application module development（アプリケーションモジュール開発）」および「application module testing（アプリケーションモジュール試験）」の2階層だけの適用としてもよい。

アプリケーションプログラム安全要求事項は，この安全計装システムのSRSへのトレーサビリティを持った事項として開発する必要がある。考慮しなければならない要求事項として，IEC 61511-1では，つぎの14項目を挙げている。

・アプリケーションプログラムによって支援されるSIFとそのSIL
・CPU容量，ネットワーク帯域，故障検出時の応答時間特性，すべてのトリップ信号が規定された時間内に受信されること。
・該当する場合，プログラムの順序と遅れ
・機器と運転員とのインタフェース，およびその操作性
・SRSに規定されているプロセスの運用モード
・センサ出力値の正常範囲からの逸脱，断線，短絡の検出などプロセス変数の異常時の対応
・外部機器（例えば，検出端および操作端）のプルーフテストおよび自己診断試験
・アプリケーションプログラムの自己監視（例えば，アプリケーション駆動型のウォッチドッグおよびデータ範囲の妥当性確認）
・安全計装システム内部のその他の機器の監視（例えば，検出端および操作端）

- プロセスが運転状態における SIF の定期的な試験に関する要求事項
- 入力文書への参照(例えば,SIF の仕様,安全計装システムの構成,ハードウェア安全度)
- 通信インタフェースの要求事項。使用を制限するための方策や送受信されるデータやコマンドの妥当性を含む
- アプリケーションプログラムによって生成されるプロセスの危険状態(例えば,二つの隔離ガス弁を同時に閉止することによって引き起こされる圧力変動)を同定し,回避しなければならないこと
- それぞれの SIF において,プロセス変数の妥当性確認基準の定義

（下和田浩一,関野宏美,新井直人）

引用・参考文献

1) IEC 61511 (Functional safety-Safety instrumented systems for the process industry sector-) Edition 2.0 (2016)
2) IEC 61508 (Functional safety of electrical/electronic/programmable electronic safety-related systems) Edition 2.0 (2010)
3) ISO/IEC Guide51 (Safety aspects-Guidelines for their inclusion in standards) 3rd Edition (2014)
4) 日本電気計測器工業会,技術解説「機能安全規格の技術解説」初版 (2013)
5) 日本電気計測器工業会,安全計装の理解のために「JIS C 0511 機能安全―プロセス産業分野の安全計装システム」の解説 (2009)

5.6.4 LOPA

LOPA (layer of protection analysis)[1~3] は半定量的リスク評価手法であり,定量的リスクアセスメントのスクリーニング的機能も果たす。LOPA は,独立防護層 (independent protection layer, IPL) の概念を用いてリスクを評価する手法で,1980 年代後半に,現在の ACC (American Chemistry Council) によって提唱され,その後,安全計装システム (safety instrumented system, SIS) の安全度水準 (safety integrity level, SIL) を決定するための手法として紹介された。

LOPA は,具体的には,発生頻度のみを半定量的に評価する手法であり,被害の大きさはランクで評価する。原理的には,成功・失敗の作動失敗確率を与えたイベントツリー解析 (event tree analysis, ETA) そのものである。しかし,LOPA では,イベントツリーのうち最悪のルートのみを考える。すなわち,一つのシナリオ内では,単独の原因(初期事象)と単独の結果(最悪の発災事象)の組合せのみを考える。したがって,同じ初期事象から異なる発災事象が発現する場合は,別のシナリオを構築すべきである。

以下,LOPA の評価手順に従って解説する。

〔1〕 シナリオとハザードの特定

HAZOP のようなプロセスハザード解析や類似プロセスの事故事例解析によって発災事象を特定する。LOPA を実施する際には,HAZOP の結果を活用できる。

シナリオを構成する要因としてつぎの項目がある。
- 初期事象[3]:一連の事象のきっかけ。初期事象の発生頻度は,/y の単位で表現される。
- 発災事象:一連の事象が阻止されることなく連鎖した場合の結果。
- 発現条件 (enabling conditions)[2]:それ自体は直接シナリオの要因とはならないが,シナリオの要因が発現するために必要な条件(危険性物質やエネルギーの放出の起こりやすさ)を,確率で表したもの。発現条件は,初期事象のような故障ではない。
- 条件修正係数 (conditional modifiers)[2]:何かに対応する応答ではなく,事象の進展経過において,死亡等の被害に影響する条件(特定の状態または特定の時間帯)を,確率で表したもの。
- 防護層[3]:シナリオが進展して望ましくない発災事象が発現するのを防止するための,装置,システム,作業である。防護層の有効性は,作動失敗確率 (probability of failure on demand, PFD) で定量化される。作動失敗確率とは,対象とするシナリオで防護層の作動要求があっても防護層が機能しない確率である。防護層は,発現条件や条件修正係数とは異なり,技術面または管理面での安全対策であり,発災事象の発生頻度を低減するものである。

同じシナリオにおいては,初期事象,発現条件,条件修正係数,および複数の防護層は互いに独立でなければならない。

〔2〕 被害の大きさと許容発生頻度

発災事象に応じて,被害の大きさをランク付けする。LOPA で規定する被害の大きさとは,防護層で低減する前の究極の被害である。企業活動に関係するものとしては,毒性物質への曝露,火災・爆発,環境影響,ビジネスの機会損失等である。通常は,被害ランクに応じて許容発生頻度を決定するが,発生頻度と被害ランクから,リスクマトリックスで評価する方法が一般的である。

〔3〕 初期事象とその発生頻度

初期事象は,装置の故障,システムの故障,外的要

因，ヒューマンエラー等から成る。LOPA シナリオの初期事象となる機器の信頼性は，適切な機器仕様，設計，作業環境，運転条件，および検査・試験・予防保全計画のような多くの要因に依存する。発生頻度の概要と一般的な値をつぎに示す。

（a）**計　　装**　DCS 制御ループの故障，安全制御・警報・インタロックの誤作動等（0.1〜1/y）。

（b）**ヒューマンエラー**　ヒューマンエラーとは，計画した精神的または肉体的行動が，意図した結果を達成するのに失敗するきっかけとなったすべてのエラーである。ヒューマンエラーは，原因ではなく結果である（作業頻度に応じて 0.01〜1/y）。

（c）**機械的構成要素**　機器の故障率の時間的変化は，バスタブ曲線として，初期段階，故障率一定の期間，寿命段階の三つに区分される。LOPA では，平均故障率が低く，ほぼ一定で，かつランダムに故障が発生する故障率一定の期間の値を使用する。また，機器が寿命に達するまでの間，機器の健全性プログラムが有効に維持されると仮定する（0.01〜10/y）。

（d）**漏洩（一般）**　漏洩は，LOPA で最もよく使用されるシナリオである。しかし，漏洩を防止できる防護層はなく，適切な設計，材質の選定，品質保証，有効な検査・試験・予防保全計画で対処する（0.001〜1/y）。

（e）**漏洩（配管・貯槽）**　漏洩や破損は，通常のプロセス条件下でランダムに発生し，その原因は，材質や製作上の欠陥，疲労，腐食・浸食である（10^{-5}〜10^{-4}/y，配管の場合は，10^{-7}〜10^{-5}/[y・m]）。

〔4〕**発 現 条 件**

発現条件の確率は，オーダで与える。なお，発現条件を必ずしも使用する必要はない。

（a）**時間依存型発現条件**　ある一定の時間にのみ条件が成立し，事象が進展して被害が生じる場合をいう。

・季節要因の例　プラント周辺での気温が，液体の凝固点まで低下する確率（例えば，0.02）。
・プロセス要因の例　バッチ反応器にすべての原料を投入し，昇温して反応温度に達した時点で冷却系が故障する確率。

（b）**製造依存型発現条件**　原料（物質，濃度，供給速度，供給量等），触媒，最終製品，運転条件，プロセスの構成（リサイクル操作の有無），輸送容器から直接原料を投入する作業等がバッチごとに変化する場合に，異なったリスクを発現させる手段として使用する。

・プラントの年間稼働要因の例　溶媒回収設備が故障する確率（年間稼働日数/365）。
・プラントが特別な運転状態，または特別な条件を採用する場合にのみ，被害が生じる。

〔5〕**条件修正係数**

条件修正係数も必ずしも使用する必要はない。

（a）**ハザード雰囲気が形成される確率**　機器からの漏洩や誤操作による漏洩を扱う。これらの確率は，時間依存型発現条件や防護層と重複してはならない。

・気温が引火点より高い季節において（年間 6 箇月間），可燃性雰囲気を形成する確率（0.5）。

（b）**着火または暴走反応開始の確率**　可燃性蒸気，可燃性粉じん雲，可燃性ミストの着火，または制御できない反応（暴走的分解等）の開始を扱う。これらの値には，漏洩物質，漏洩状態，環境条件等が大きく影響するため，漏洩する物質の温度と発火温度との比較，漏洩する物質の最小着火エネルギー，漏洩量，漏洩流量，漏洩時間，漏洩圧力，漏洩流速，漏洩位置（地表面か高所か，屋内か屋外か，近くに存在する着火源が連続的か間欠的か等）のような特別なシナリオ条件に応じて，適切な確率が得られるのならそれを使用すべきである。

・漏洩直後の着火確率　ジェット火災（0.15）。
・漏洩直後には着火せず，遅れて着火する確率
　フラッシュ火災，蒸気雲爆発（0.30）。

一方，制御できない反応は，確率論的ではなく決定論的に扱う。例えば，最大安全貯蔵温度を長時間超えた場合，触媒作用をする汚染物質が存在する場合，または不適切な量・種類の重合禁止剤を使用した場合に，モノマー貯槽内で制御できない反応（重合反応）が生じると考える。

（c）**爆発の確率**　容器の過圧が材料の破壊強さを超えることによる容器破壊の確率を扱う。

・上流の高圧流体の圧力が，貯槽の耐圧を超える（0.1）。一方，大気中に形成された可燃性蒸気雲が爆発するためには，漏洩後に遅れて着火する必要がある。さらに，ある程度の閉鎖空間と障害物の存在（拡散雲の乱れ）が必要である。したがって，蒸気雲爆発の確率は，着火前に，蒸気雲が閉鎖空間および障害物が存在する空間を拡散する時間割合となる。

（d）**人が存在する確率**　事象が発生した際に，被害を被るエリア内に人が存在する時間割合を扱う。

・一人が影響エリアに滞在する時間が 17 h/週の場合は，$17/(24 \times 5) \fallingdotseq 0.1$。

（e）**負傷および死亡の確率**　エリア内にいる人が，死亡または重傷を被る確率を扱う。例えば，屋

外での毒性ガス曝露の場合は，人が存在する位置でのガス濃度または曝露量を計算し，閾値と比較する。この場合，着目する方向に向かう風向の出現率を条件修正係数の確率に含めてもよい。

毒性ガスの呼吸による障害の重篤性は，曝露量に基づくが，これは濃度と曝露時間の関数となる。敷地内の人の死亡に対しては，AEGL-3（Acute Exposure Guideline Levels）や ERPG-3（Emergency Response and Planning Guidelines）がある。1 h 曝露で両者を比較すると，ERPG-3 の方が若干安全余裕をみた閾値である。一方，敷地境界外に対しては，AEGL-2 や ERPG-2 を使用できる。

濃度閾値に曝露時間が含まれる場合は，人が毒性雲から避難する時間要因を評価できるため，リスク評価指標として重要である。毒性雲からの避難を評価する際は，曝露時間以外にも，建屋内への避難（屋内濃度の評価），毒性ガス検知器，エリアの警報，個人保護具（避難専用呼吸器）の使用等を考慮すべきである。

火災による放射熱の影響には，曝露時間が重要な要因となる。放射熱による人への影響の閾値は火傷に対しては確立されている。一方，爆発の閾値は複雑である。なぜなら，負傷や死亡の原因となる機構が多種にわたるためである。例えば，直接の爆風圧，飛翔破片，硬い地盤や鋭い角への転倒，高所からの転落，倒壊した建屋の下敷き等がある。したがって，爆発の閾値としては，最大爆風圧のような簡単な値が使用される。

（f）**機器損傷または経済面の影響確率**　資産損失およびビジネスの機会損失等の経済的な被害を扱う。

・液が圧縮機に同伴することで，圧縮機が損傷することによる機会損失を招く確率（0.1）。

（g）**そ の 他**　例えば環境面の影響確率。

LOPA が，新規プラントの最終設計段階で実施された場合，発現条件や条件修正係数の確率は，時間や製造条件の仮定に基づいて算定されている。プラントが完成し，製造に移管された後，実際の製造実績に基づいて，これらの仮定の妥当性を検証し，必要に応じて LOPA のリスク評価結果を修正する必要がある。このためにも，確率の算定根拠となった出典文献や計算式を記録に残しておくことが重要である。

〔6〕**防護層と作動失敗確率**

被害の発生を予防する防護層は予防防護層と呼ばれ，被害の程度を低減する防護層は被害軽減化防護層と呼ばれる。防護層の作動失敗確率は，指定された条件下で，一般に安全側の値をオーダで与える。作動失敗確率は，機器仕様や，企業の機器の健全性プログラムに基づいて決められ，作動失敗確率を維持するために必要な検査・確認試験を実施しなければならない。

（a）**受動的防護層**　リスク低減機能を発揮する際に，何らかの作動を必要としないため，正しく設計，製作，設置，保全されていれば，機能を発揮できる。フレームアレスタ（0.1～0.01），防液堤（0.01），オーバフロー配管（0.001～0.1），機械的なストッパ（0.01），機器の耐火断熱被覆（0.01）等が該当する。

（b）**能動的防護層**　シナリオの発現を防止するために作動を伴うもので，機能安全（監視装置や防護装置等の付加機能によりリスク低減を図るもの）に属する。この作動は，機械単独の場合もあるし，計装，人，機械装置が連携する場合もある。安全計装システム（0.0001～0.1），圧力逃しシステム（0.001～0.1），制限オリフィス，水撃緩衝容器（以上 0.01），過大流量防止弁，ヒューマンアクション（以上 0.01～0.1），DCS 制御ループ，インタロック，逆止弁，機械式減圧弁，ダブルメカニカルシール，緊急換気システム，機械作動式緊急遮断弁，蒸気タービンの機械的過速度トリップ，自動火災消火システム，機器の爆発抑制システム，個人保護具（以上 0.1）等が該当する。

〔7〕**発災事象の発生頻度とリスク判定**

発災事象の発生頻度は，（初期事象の発生頻度）×（発現条件の確率）×Π（防護層の PFD）×（条件修正係数の確率）で計算する。個々のシナリオについての計算が済めば，シナリオごとの被害エリアに応じてそれらの計算結果を加算して，被害ランクに応じた許容発生頻度と比較する。一方，被害ランクと発災事象の発生頻度からリスクマトリックスを用いてリスクを判定する場合は，つぎの長所がある。

・被害の大きな領域の発生頻度を厳しくする等，企業独自のリスク許容基準を適用できる。

・LOPA では，単純かつ安全側の仮定を採用しているため，本法のような数値のオーダで判断する手法が適している。

・一度に一つのシナリオしか扱わないため判断が容易である。すなわち，リスクマトリックス上に複数のシナリオを表示して相対比較できる。

・リスク低減要求（発生頻度および/または被害の低減レベル）が視覚的，数値的に表現される。

許容発生頻度または許容リスクを満足すれば評価を終了する。満足しない場合は，追加の防護層を検討する。例えば，つぎがある。

・被害の軽減化防護層を追加する。

・安全計装システムの安全度水準を向上させる（SIL 1 → SIL 2 または SIL 3，SIL 2 → SIL 3）。

この過程は，リスクの削減と必要な投資との均衡をとりながら繰り返し検討する必要がある。それでも許容発生頻度を満足しない場合は，プロセスを再設計するか，定量的リスクアセスメントを実施する。

LOPAワークシートの記入例を，表5.6.5に示す[4]。

〔8〕 管理システム

機器および人の信頼性は，管理システムに依存する。例えば，初期事象の発生頻度および作動失敗確率は，機器が適切に設計，設置，保全されており，ヒューマンエラーに影響を及ぼす因子は適切に制御できていると仮定している。LOPAを支える管理システムとして，つぎがある。

・監査　管理システムが機能していることの確認。
・検査・試験・予防保全　機器の健全性，計装・制御・その他のプロセス防護層の信頼性の維持。
・リーダーシップ・企業文化　運転者の安全行動の啓蒙，ニアミス報告の奨励，善行表彰等。
・事故調査　管理システムの問題点，すなわち根本原因（root cause）の特定および是正。
・変更の管理　適切な技術的評価およびリスク評価に基づいて，取扱い物質，組成，機器，作業手順，設備，および組織の変更を管理。
・故障時の対処手順　防護層が故障した場合，修理時間を最小化し，すばやくシステムを復帰させる。故障した防護層の機能を代替する手段を実施してもよい。
・ヒューマンファクタ　作業手順書・作業指示書，訓練・知識・技量・経験，健康状態，作業負荷，意思疎通，作業環境，マン・マシンインタ

表5.6.5　LOPAワークシートの記入例[4]

日付		作成者		
シナリオ	反応原料Aの過剰投入に起因する暴走反応によってセミバッチ反応器が爆発（滴下原料Aは毒性，初期仕込み原料Bは可燃性，反応はA+B→Cで，コンピュータでシーケンス制御されている）			
被害	セミバッチ反応器に滴下原料Aが過剰に供給され，かくはんが停止すると未反応原料Aが蓄積し，暴走反応が生じる。温度の異常上昇により反応器が加圧され爆発する。複数の従業員が死亡または負傷する	被害ランク		5（壊滅的）
被害の許容基準	許容できない	許容発生頻度（/y）		$>1.0\times10^{-5}$
	受容できる			$\leq 1.0\times10^{-5}$
初期事象	原料A供給配管の流量調節弁がバッチ制御器の故障，または弁の故障で全開する。初期事象は制御システムの故障とする	初期事象の発生頻度（/y）		1.0×10^{-1}
発現条件	―	発現条件の確率		―
条件修正係数	―	条件修正係数の確率		―
		対策前の発生頻度（/y）		1.0×10^{-1}
対策前のリスク	反応器の爆発により，複数の従業員に死亡または後遺症の残る重篤な障害が生じる	対策前のリスクは許容基準を満足（Y/N）		N
既存の防護層	反応器に安全弁が設置されており，暴走反応を想定してサイジングされている。毎年作動試験を実施。10年間閉塞等の問題なし	防護層のPFD		1.0×10^{-2}
	原料流量の積算流量計および流量指示・警報により運転者が流量調節弁を遠隔で閉止する。しかし，制御系の故障が初期事象のため防護層として考慮できない			
		既存の対策後の発生頻度（/y）		1.0×10^{-3}
被害軽減対策	なし	既存の対策後の被害ランク		5
		既存の対策後のリスクは許容基準を満足（Y/N）		N
追加の防護層	リスクを受容レベルまで下げるために，安全度水準SIL-2（PFD=1.0×10^{-2}）の安全計装システムを設置する。すなわち，原料Aの配管に，直列に2台の流量計を追加し（1 out of 2），流量指示HHHで原料Aを遮断する緊急遮断弁を直列に2台追加する。これらは新設するSIL-2のロジックソルバ（PLC）で制御する	防護層のPFD		1.0×10^{-2}
		追加の対策後の発生頻度（/y）		1.0×10^{-5}
		追加の対策後のリスクは許容基準を満足（Y/N）		Y
コメント	HAZOPで指摘された別のシナリオ「反応液が原料Aの貯槽に逆流する」に対しては，別のLOPAワークシートを作成する			

フェース，作業の複雑度等。

〔9〕 LOPA の範疇外の項目
（a） 初期事象としない項目　健全性の故障（配管の割れ，貯槽壁の損傷等），本質安全設計（リスクを低減する手法ではない），外的要因（落雷，洪水，台風，竜巻，地震，陥没，がけ崩れ，周辺の設備からのドミノ効果，プロセスとは関係のない火災，航空機の墜落等），冷却水の故障（冷却水の故障自体は，さまざまな初期事象の結果として生じる），工場全体の停電，シールレスポンプの故障，埋設配管（多くの要因が影響する），クランプ式配管接合（データがない）．

（b） 時間依存型発現条件を適用できない場合
ハザードが時間に依存しない連続運転，めったに実施しないか短時間の運転操作で発災事象が壊滅的になる場合，段階的な手順に基づく運転の際にヒューマンエラーが関係する場合（発現条件は故障ではないという定義に反する），発災事象の起こりやすさではなく被害に影響する確率を表すために使用する場合（この場合は，条件修正係数とする）．

（c） 防護層としない項目　すべての防護層は安全対策であるが，安全対策は必ずしも防護層の要求を満足しない。なぜなら，データ不足，独立性，および有効性の曖昧さ等から，定量化できないからである。
例えば，二重壁，建屋による囲い込み（建屋内の作業者に対してはリスクが増大する），建屋の耐爆設計，一部が脆弱構造の壁や耐爆壁，熔栓（定量的リスクアセスメントが必要），複雑な被害軽減化防護層（処理設備，侵入禁止措置，緊急措置，消火，避難等），教育・訓練，作業手順書，通常の試験・検査，保全，連絡・通報，標示・標識，各種の安全情報等が該当する。

(菊池武史)

引用・参考文献

1) Layer of Protection Analysis-Simplified Process Risk Assessment, AIChE／CCPS（2001）
2) Guidelines for Enabling Conditions and Conditional Modifiers in Layer of Protection Analysis, AIChE／CCPS（2014）
3) Guidelines for Initiating Events and Independent Protection Layers in Layer of Protection Analysis, AIChE／CCPS（2015）
4) Freeman, R., Using Layer of Protection Analysis to Define Safety Integrity Level Requirements, Proc. Safety Prog., 26-3, pp.185-194（2007）

5.7　原子力施設の安全

原子力施設の安全確保は，原子力の施設とその活動に起因する放射線の有害な影響から人と環境を防護することを目的とする[1),2)]。防護対象とする人には，施設従事者ならびに一般公衆が含まれる。

安全対策の考え方は，施設の離隔と放射性物質の閉込めである。離隔とは，施設と一般公衆の生活地域の間に一定の距離を保つことである。離隔によって，放射性物質が放出される場合にあっても拡散や減衰の効果により被曝を低減させるとともに緊急時の防災計画と対応を行う。放射性物質を閉じ込めるためには多重の障壁を用意し，それぞれを健全に維持する考え方が適用される。

この考え方を一般化すれば，人と環境を放射線の有害な影響から防護するために防止戦略と緩和戦略を適切に組み合わせる深層防護の概念に至る。施設の設計・建設・運転のすべての段階において，物理障壁，制御，運転操作により，放射性物質の放出を防止し，閉込め，影響緩和するための逐次的な防護のレベルを用いる方策である。国際原子力機関は運転状態の分類と関連付けて深層防護のレベルを定めている[3)]。深層防護レベルと関連する安全確保へのアプローチを表5.7.1に示す。

表5.7.1　深層防護のレベルとアプローチ

深層防護レベル		アプローチ
1	正常運転	設計基準想定に対する安全設計と安全評価 （適切な防護が達成されていることを確認する）
2	予想される運転時の異常事象	
3	設計基準事故	
4	設計拡張状態	設計基準を超える事象 （安全強化策。効果があり費用が妥当である場合に適用する）
5	放射性物質放出	緊急時の計画策定と対応

5.7.1　発電用原子炉のリスク評価と安全対策

2011年3月に発生した東京電力株式会社福島第一原子力発電所の事故を契機に，2012年6月，原子力発電所を始めとする原子力施設の安全規制強化の一環として，電気事業法の安全規制（定期検査など）を原子炉等規制法に一元化するなどの法改正が行われた。原子力災害防止の観点から，原子力発電所を始めとする原子力施設に対して国の規制が行われている。発電用原子炉の安全確保の考え方を実践するため，原子力規制庁は規制基準を策定した。

これらの安全確保活動において，原子力利用の「推進」と「規制」を分離し，安全規制行政を一元的に担うため，環境省の外局に国家行政組織法第三条に基づく独立性の高い三条委員会として，原子力規制委員会が2012年9月10日に発足した。

〔1〕 **安全設計と安全評価**

原子力発電所の安全設計では，原子炉停止機能（緊急停止と未臨界の維持），原子炉冷却機能（非常用炉心冷却と非常用電源），放射線閉込め機能（原子炉格納容器）の三機能を具現化する。これらの対策の十分性と妥当性を確認するために安全評価が行われる。

施設と一般公衆の離隔については旧原子力安全委員会が定めた「原子炉立地審査指針及びその運用に関する判断のめやすについて」に基づいて立地評価が行われるが，新しい規制基準の枠組みでも参照される。

安全設計については，設置許可基準の審査として安全解析により定量的に評価が行われる。安全解析の評価対象は，安全評価の目的および範囲に基づいて適切に設定される。運転時の異常な過渡変化，設計基準事故，重大事故について規制基準に対する適合性審査が行われる。発電用原子炉の原子炉施設の位置，構造および設備，発電用原子炉設置者の技術的能力等が適合性審査の項目である。

すべての設計基準事象が生じた場合にそれぞれの判断基準が満たされることを安全解析により評価することにより安全設計の妥当性を示す。設計基準事象は，主として影響緩和系に属する構築物，系統および機器の安全設計の基本方針の妥当性を評価するための代表的な想定事象である。発生頻度と事象の影響度に応じて運転時の異常な過渡変化と事故のそれぞれに対して安全設計評価の目的および評価すべき範囲に基づいて，評価の対象とすべき状態を分類し，結果が最も厳しくなる事象を適切に選定するとともに，機器の単一故障等を仮定して評価する。

設計基準事象は，「運転時の異常な過渡変化」と「設計基準事故」に分類される。前者は，原子炉施設の寿命期間中に発生が予想される機器の単一故障もしくは誤作動または運転員の単一の誤操作，およびこれらと類似の頻度で発生が予想される外乱によって生ずる異常な状態に至る事象である。その場合であっても炉心は損傷に至ることなく，かつ原子炉は通常運転に復帰できる状態で事象が収束されなければならない。後者の設計基準事故は，運転時の異常な過渡変化を超える異常な状態であって，発生する頻度はまれであるが，発生した場合は原子炉施設からの放射性物質の放出の可能性があり，原子炉施設の安全性を評価する観点から想定する必要のある事象で，事象が生じた場合，炉心の溶融あるいは著しい炉心損傷のおそれがなく，かつ，事象の過程において他の異常状態の原因となるような二次的損傷が生じず，放射性物質の拡散に対する障壁の設計が妥当であることを確認しなければならない。

設計基準事象については，国際原子力機関により，事故状態として設計拡張状態を定義し，設計基準事故を超えるシビアアクシデントについても設計基準事象としてみなすことが提案されている。これを表5.7.2に示す[4]。日本の規制基準で規制の対象としたシビアアクシデントは設計拡張状態に相当している。これらの動きを先取りしたものであるといえる。

表5.7.2　運転状態と事故状態の分類

運転状態 (operational states)		事故状態 (accident conditions)	
通常運転	運転時の異常な過渡変化	設計基準事故	設計拡張状態

安全解析は，原子炉あるいは格納容器内の過渡的な振舞いを理解し，燃料被覆管温度など，放射性物質放出にかかる物理障壁の健全性の指標を計算する。解析には，原子炉の核動特性や熱水力特性などをモデル化した解析コードを使用する。原子炉の運転状態や設計条件についてそれらの不確かさを踏まえて保守的な仮定や解析条件に基づいて評価する。

2012年に改正された原子炉等規制法のおもな改正点は，福島第一事故の教訓や国内外の知見を踏まえ，従来は事業者が自主的に行っていたシビアアクシデント（過酷事故）対策を規制の対象とすること，すでに認可を得ている原子力発電所に対しても最新の規制基準への適合を義務付ける「バックフィット制度」を導入すること，また，運転期間の延長認可に関する制度の規定を追加したことなどである。

この原子炉等規制法の改正に基づき，原子力規制委員会によって原子力発電所の新たな規制基準が策定され，2013年7月8日に施行された。

(a)　規制基準の特徴
　　　　　　──シビアアクシデントの防止──

1) 大規模な自然災害への対応　津波対策の大幅な強化が行われた。「基準津波」を策定し，必要に応じて津波防護施設などを設置。地震により津波防護や浸水防止，機能が損なわれないよう，津波防護壁や防潮扉などの津波防護施設は耐震設計上最も高い「Sクラス」とすることとした。

地震による揺れに加え「ずれや変形」に対する基準を明確化した。活断層が動いた場合に建屋が損傷し，

内部の機器などが損傷するおそれがあることから，耐震設計上の重要度Sクラスの建物・構築物などは，活断層が表土に直接，露出していない地盤に設置することとしている。また，活断層の認定基準を明示した。断層などの将来活動する可能性については，後期更新世以降（約12万～13万年前以降）の活動が否定できないものとし，必要な場合は中期更新世以降（約40万年前以降）までさかのぼって活動性を評価する。原子力発電所の敷地の地下構造により地震が増幅される場合があることを踏まえ，敷地の地下構造を三次元的に把握することにより精密な地下構造を把握する。

そのほかの自然現象の想定と対策を強化した。火山・竜巻・森林火災について，想定を大幅に引き上げた上で防護対策を実施する。例えば，原子力発電所の半径160 km圏内の火山を調査し，火砕流や火山灰の到達の可能性，到達した場合の影響を評価し，あらかじめ防護措置を講じることとしている。

2）　火災・内部溢水・停電などへの耐久力向上

自然現象以外の事象による共通要因故障への対策を求めている。火災については，原子炉施設での火災発生防止や消火により安全性を損なうことのない設計とする。内部溢水については，機器や配管の破損や火災発生時の消火活動により発生する溢水に対しても安全性を損なわず，放射性物質を含む水が漏洩しない設計とすることとした。また，停電への対策を抜本的に強化した。従来の非常用発電機が使用できない場合でも，代替電源設備として，可搬型代替電源設備と常設代替電源設備を設置することとした。非常用所内直流電源は，従来の常設蓄電式の容量を24時間に増強し，容量24時間分の可搬型および常設1系統を追加する。

（b）　規制基準の特徴
——シビアアクシデントへの対処——

1）　炉心損傷の防止対策　　共通要因により安全機能がいっせいに失われた場合においても炉心損傷に至らせないため，冷却機能の復旧や代替する設備などを整備する。例えば，沸騰水型軽水炉（BWR）の場合，電源喪失時にも可搬式電源などにより逃がし安全弁を開放し，原子炉を減圧する。また，原子炉の減圧後には，可搬式注水設備により炉心へ注水する。併せて，指揮所などの支援機能の確保を求めている。

2）　格納容器の閉込め機能の維持　　炉心損傷が起きたとしても格納容器を破損させないため，格納容器内の温度・圧力を低下させる設備などの格納容器破損防止対策を整備する。例えば，BWRの場合，格納容器内圧力および温度の低下を図り，放射性物質を低減しつつ排気するフィルタ付きベントを設置する。また，溶融した炉心燃料によって格納容器が破損することを防止するため，溶融炉心を冷却する格納容器下部への注水設備（ポンプ車，ホースなど）を配備している。

3）　放射性物質の拡散抑制　　敷地外への放射性物質の拡散抑制対策として，格納容器が破損したとしても敷地外への放射性物質の拡散を抑制する放水設備や手順などを整備している。

4）　原子炉建屋外施設が破損した場合などへの対応

意図的な航空機衝突などへの対策として，外部からの攻撃等によってプラントが大きく損傷しても，シビアアクシデント対策を機能させるための手順書や体制を整備するとともに，可搬式の資機材を分散させて保管・接続することとした。また，バックアップとして特定重大事故等対処施設を整備している。

〔2〕　確率論的リスク評価とリスク管理

1979年に発生した米国のスリーマイル島原子力発電所2号機の事故[5]ならびに1986年のソ連（当時）のチェルノブイリ原子力発電所の事故によって，シビアアクシデント対策が現実的な課題として認識された。日本では原子力安全委員会がシビアアクシデントマネジメント（SAM）整備を奨励した[6]。これを受けて原子力安全・保安院（当時）は電気事業者に対し，確率論的安全評価を実施して原子炉の安全上の特徴を把握することによりアクシデントマネジメントを整備するよう要請し，2002年までに，すべての発電所についてアクシデントマネジメント策が整備された[7]。原子力安全保安院は，原子炉について確率論的安全評価の実施を要請して，2004年までに内部事象についての炉心損傷発生頻度と格納容器破損頻度が評価された[8]。

確率論的リスク評価[†]　　決定論的かつ保守的になされる安全設計ならびに安全評価に対して，確率論的リスク評価（PRA）では，考え得るすべてのシナリオを対象とし，内的あるいは外的要因による異常や故障等の起因事象の発生頻度，その影響を緩和する安全機能の失敗確率，事象の進展・影響を評価することにより，その事故に関するシナリオ，発生頻度，影響度を定量化する。この三要素をリスクトリプレットといい，リスク評価とはこの本質的な三つの問いかけに答えることである[9]。

①　どのような事象が起こり得るか（What can go wrong?）

[†] 当時は確率論的安全評価（PSA）と呼称していたが，現在は確率論的リスク評価（PRA）としている。詳しくは以下に解説されている。
山口彰，確率論的安全評価（PSA）と確率論的リスク評価（PRA），日本原子力学会誌，54-6, pp.357-359（2012）

5. システム・プロセス安全

② その事象はどれくらい起こりやすいのか（How likely is it?）
③ もし発生すればどのような影響があるのか（What are the consequences?）

PRA は原子炉施設を構成する構造物・系統・機器（structures, systems and components, SSC）の信頼性を分析し，炉心損傷事故の発生頻度を評価するレベル 1 PRA，放射性物質が施設外へ放出される事故の発生頻度とソースターム（放射性物質の種類，性状，放出量，放出時期などを総称していう）を評価するレベル 2 PRA，公衆の被曝や環境の汚染の影響を評価するレベル 3 PRA の 3 段階で実施される。リスク評価の目的に応じて，その範囲を定めるが，福島第一原子力発電所の事故以降，多数基のリスク，サイト全体のリスク評価をレベル 1 からレベル 3 まで評価するフルスコープ PRA 研究が注目されている。

起因事象のうち，原子力発電所の内部で発生するランダム故障や運転員の誤操作などによって生じる過渡事象や事故に対しては内的事象 PRA という。一方，地震や洪水，火災などの外的要因によって生じる過渡事象や事故を扱うのは外的事象 PRA である。さらに，発電所の運転状態によって出力運転時 PRA と停止時・低出力時 PRA に分類される。このようなきめ細かな分類に対してリスクトリプレットを評価し，リスクの様相を示したものをリスクプロファイルという。発生頻度については平均値，不確かさ，確率分布形状などで表現し，シナリオについてはその公衆や環境への影響度に応じて炉心損傷状態や格納機能の状態を分類して表現する。これらのリスク情報を総合的に判断してリスク管理における意思決定に利用される[10]。

（a） 内的事象 PRA

1） レベル 1 PRA[11]　内的事象に起因して炉心損傷に至る事故の進展を分析し，その発生頻度と格納容器健全性や公衆や環境の安全に及ぼす潜在的可能性を明確にする。まず，起因事象の選定とその発生頻度評価を実施する。見落としがないように起因事象を選定することが重要である。事象進展や緩和設備への影響が類似した起因事象を同一のグループに分類し，それらについて運転経験や工学判断に基づいて発生頻度を評価する。続いて，炉心損傷を回避するために必要な安全機能（緩和設備や運転操作など）を同定し，熱流動解析や構造解析などに基づいてそれらの成功基準を定める。

起因事象を起点とし，炉心損傷の回避に必要な安全機能の成功か失敗かの組合せにより，事故シーケンスが表現される。その最終状態は炉心損傷もしくは安全停止である。事故シーケンスを分析するためにイベントツリー法が使われる。イベントツリーのヘディングとなる安全機能（緩和設備）の失敗確率はフォールトツリー法で定量化する。安全機能の失敗を頂上事象とし，それをもたらす要因の組合せを下層に展開する。それ以上展開しない事象（機器の故障や操作失敗など）を基事象と呼ぶ。基事象はその確率がデータなどにより定量化されているレベルである。このような分析により，頂上事象（安全機能の失敗）をもたらす最小限の基事象の組合せを得ることができ，これをミニマルカットセット（MCS）という。

安全機能失敗確率は MCS を構成する機器や操作の失敗確率により評価する。そこで，機器故障率，試験や保守などによる機器の待機除外確率，人間の操作失敗確率を求めるためにパラメータ解析が行われる。パラメータ解析では，すべての故障モードを考慮して，それぞれについて平均値，確率分布，エラーファクタを評価する[12]。特に注意すべき点は，共通要因（原因）故障に対する配慮である。ある要因により，MCS に含まれる複数の機器や運転操作などが同時に故障するような場合，それを適切に考慮しなければ安全機能失敗確率を過小評価することになる。

起因事象の発生頻度，安全機能の失敗確率を用いればそれぞれの事故シーケンスの発生頻度（あるいは炉心損傷頻度）が定量化される。ここで，重要度解析を実施し，それぞれの基事象が炉心損傷頻度に及ぼす影響を評価する。重要度としてはファッセルベズレイ（FV）重要度とリスク増加価値（RAW）がしばしば使われる。前者は，ある基事象の確率を 0 とした場合（必ず成功する）にリスク（この場合は炉心損傷頻度）をどれだけ低減できるかを与え，後者は基事象の確率を 1 とした場合（必ず失敗する）のリスクの倍率を与える。リスク重要度は，適切なリスク管理を行うための判断材料となる。

炉心損傷頻度には，パラメータやモデル化に伴う不確かさが含まれている。起因事象発生頻度や基事象の確率の分布形状に従い，モンテカルロ法などにより全炉心損傷発生頻度の平均値や上下限値を評価する。またモデル化に伴う不確かさについては，異なったモデルや仮定を用いた場合の炉心損傷発生頻度を評価することにより感度を定量化する。

2） レベル 2 PRA[13]　レベル 1 PRA で明らかになった炉心損傷に至る事故シーケンスを格納機能に関する事故影響緩和手段の成否および水蒸気爆発，格納容器直接加熱，水素燃焼/爆発，格納容器雰囲気加温・加圧などのシビアアクシデントに関する現象の発生の有無を組み合わせたイベントツリー（これを格納容器イベントツリーという）を用いて多量の放射性物

質が環境に放出される事故シーケンスを分類する。

格納容器イベントツリーの分岐点の確率を求め，これらと炉心損傷発生頻度を乗じることにより各放射性物質放出シナリオを定量化する。これを事故進展解析という。事故シーケンスごとに，燃料・構造物・雰囲気ガス・冷却水間の熱移行や反応熱による温度上昇，炉心の溶融挙動，溶融物質の移行挙動を解析する。これにより炉心溶融や原子炉圧力容器などの破損等の事象の発生時期を評価する。これを事故影響緩和操作の時間余裕と比較してその成否確率を定量する。水蒸気爆発や格納容器直接加熱，水素爆発等はエナジェティック現象と呼ばれ，これについては格納容器への負荷荷重と格納容器の耐力を比較して格納容器損傷確率を評価する。

発生頻度とともに，環境へ放出される放射性物質の種類，性状，量，放出時期，放出期間，放出エネルギーを分析する。これをソースターム解析という。事故シーケンスごとに燃料からの放射性物質放出，原子炉冷却系内の沈着，格納容器系内の溶融物からの放出や自然沈着，工学的安全設備等による除去効果を解析してソースタームを評価する。環境への放射性物質放出量は，これらの沈着・除去特性に依存する。沈着のメカニズムはエアロゾル状の物質では拡散，熱泳動，拡散泳動，重力沈降，慣性衝突などである。ガス状の物質では構造物表面での凝縮と蒸発，化学吸着，冷却水への溶解等である。また，格納容器スプレイ系や非常用フィルタが放出量低減に効果的であるほか，格納容器フィルタ付きベント，沸騰水型原子炉の圧力抑制プール，加圧水型原子炉の加圧器逃しタンクはフィルタの役目を果たし，環境への放出量低減に効果的である。

3) **レベル 3 PRA**[14]　原子力発電所周辺の人口分布，土地利用状況，交通網，住民の避難経路，土地汚染の解析に必要な情報を分析する。事故シーケンスごとに定量化されたソースタームについて大気拡散を解析し，周辺の放射性雲の空間濃度分布および沈着量分布を求める。これにより公衆の被曝と健康影響を評価する。放射性物質の大気拡散は，風速，風向き，大気安定度に依存する。放射性物質は拡散の過程で沈着するが，その挙動は放射性物質の性状や降雨の有無により異なる。そこで，年間の気象データをサンプリングし，事故シーケンスのソースタームごとの解析を行って，放射性雲と沈着量の時間変化を不確かさとともに評価する。

放射性雲からの放射線による外部被曝および放射性物質の呼吸摂取による内部被曝，沈着物質からの放射線による外部被曝，再浮遊物質の呼吸摂取による内部

被曝による公衆の被曝線量を解析する。建屋内への退避および避難等による被曝低減効果を考慮する。これにより事故シーケンスごとの公衆の健康影響リスクを定量化する。

（**b**）**外的事象 PRA**　地震[15]や津波[16]などの外的事象に対してレベル1 PRA が実施されている。内的事象 PRA と同様の手法と手順を用いるが，起因となる外的事象のハザード曲線を評価すること，ハザード曲線に対応して建物や機器・配管系などの条件付き損傷確率（フラジリティ）を不確かさとともに評価することが特徴である。**図 5.7.1** に示すとおり，地震動強さなどの外的事象の規模の関数としてその発生頻度を表したものをハザード曲線と呼ぶ。ハザードとフラジリティを組み合わせれば，外的事象の規模の関数として炉心損傷の発生頻度が評価される。

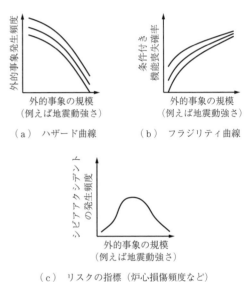

（a）ハザード曲線　　（b）フラジリティ曲線

（c）リスクの指標（炉心損傷頻度など）

図 5.7.1　外的事象リスク評価の基本的な考え方

ハザード曲線の評価では，ロジックツリーが用いられる。地震ハザードを評価するときに必要なモデルやパラメータの不確かさを，モデル選択の組合せとして表現し，それぞれに確からしさを確率として与える。これにより，すべてのモデルの組合せに対してその確からしさを評価することができる。一つのモデルの組合せによりハザード曲線を求めることができるので，すべての組合せを用いれば，ハザード曲線の不確かさを評価できる。

フラジリティの評価は，建物や機器・配管系ごとに損傷モードを定義し，それぞれについて外的負荷が与えられたときの応答と，損傷限界を与える耐力を，そ

れぞれ確率変数として評価する。応答と耐力を比較すれば，条件付き損傷確率を不確かさとともに求めることができる。設計時の安全裕度に基づいて現実的な応答を求める安全係数法と，有限要素法などによる応答解析法のいずれかが用いられる。耐力については，解析や加振試験により損傷限界を評価する。外的事象のリスク評価においては，共通原因に対する配慮，建物や機器の損傷の相関に対して特別の配慮が必要である。

図5.7.2には内的事象と外的事象のリスクを比較した例[17]を示す。耐震設計を適切に行えば外的事象のリスクを低く抑制することはできるが，内的事象に比べ，外的事象の不確かさが大きいことは，ハザードの不確かさが大きいことに起因すると考えられている。

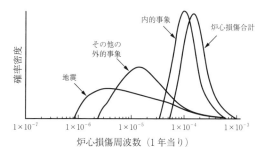

図5.7.2 内的事象と外的事象のリスク比較

5.7.2 核燃料サイクル施設のリスク評価と安全対策

〔1〕 核燃料サイクル施設の安全性

核燃料サイクル施設の概要を図5.7.3に示す。ウラン濃縮，ウラン再転換，燃料加工，中間貯蔵，再処理の施設から構成される[18]。

核燃料サイクル施設は核燃料を核分裂させないが，核分裂の可能性のある核燃料物質および核原料物質を扱うので，一般公衆および従事者等に対する安全を確保するため，これら物質を隔離し閉じ込めることが大切である。このため，平常時の被曝を合理的に達成可能な限り低くするALARA（as low as reasonably achievable）の考え方と深層防護の考え方を基本としている点は原子炉の場合と同一である。しかし，核燃料物質等の形態や取扱方法が異なる。再処理施設の場合，施設全体としては原子炉よりも多くの核燃料が使用済み燃料プールに保管・管理されている。一方，1日に処理される量は燃料集合体5体から10体程度である。ウランやプルトニウムなどのアクチニド核種や核分裂生成物が，固体，液体，気体の状態などのさまざまな物理的様態で存在する。また，再処理施設の各工程に分散して存在することも特徴である。

このように，核燃料サイクル施設は原子炉に比べると異常や事故の影響の規模は限定的であるが，拡散しやすい粉粒体状，液体状，気体状の物質を扱うことから，各工程を通じて臨界管理と放射性物質の閉込めが必要となる。また，放射線照射環境下で硝酸や有機溶媒，フッ化物等の化学的に活性な物質を扱うことから，化学反応や腐食，火災や爆発への注意が必要である[19]。

（a） **ウラン燃料加工施設等**　ウラン濃縮施設，ウラン再転換施設，ウラン燃料加工施設は，未照射の

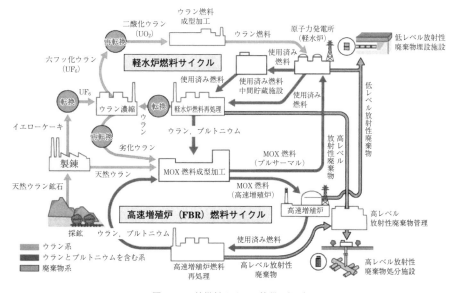

図5.7.3 核燃料サイクル施設の概要

核燃料物質等を扱うため放射線レベルは低い。したがって，公衆の被曝の可能性は小さく，従事者への外部被曝も簡単な遮蔽で対応可能である。一方，核燃料物質等の吸入による内部被曝には注意が必要である。ウラン濃縮施設やウラン再転換施設では，フッ化水素ガスの生成などの化学物質に関する安全も対象となる。

軽水炉用のウラン燃料加工施設では濃縮度が5%以下の低濃縮ウランを扱うため，十分な未臨界性を有している[20]。しかし，2000年に発生したJCO臨界事故のように，高い濃縮度の硝酸ウラニル水溶液を多量に処理する場合など，比較的多量のウランを扱う場合には質量管理や形状管理により臨界防止を図る必要がある。

（b）**MOX燃料加工施設**　原料のプルトニウム・ウラン混合酸化物とウラン酸化物粉末の混合工程が加わることを除けば，成型，焼結，燃料棒加工，燃料集合体組立ての一連の基本工程はウラン燃料加工施設とほぼ同一である。プルトニウムはα線を放出するため，ウランに比べて比放射能で約4桁大きいことから，摂取による内部被曝の防止が安全上重要である。そこで，プルトニウムやプルトニウム・ウラン混合酸化物の閉込めに注意が必要で，製造部プロセスのほとんどが負圧に維持されたグローブボックスの中で行われる。また，プルトニウムおよびその娘核種のアメリシウムはγ線と中性子線を放出するので，装置の遠隔操作や自動化，および製造工程の遮蔽が重要である。MOX燃料の臨界質量は，プルトニウム富化度，プルトニウムの同位体組成，含水率等に依存するが，厳重な臨界管理が必要である。そのほか，崩壊熱の除去，放射線の監視，放射性物質の放出管理，火災・爆発の防止，耐震設計などで，ウラン燃料加工施設に比べて厳しい管理が求められる。

（c）**再処理施設**　ウラン，プルトニウムなどのアクチニド核種から，核分裂生成物まで他種類の放射性物質が固体，液体，気体状で存在する。これらの閉込め，遮蔽が非常に重要であるため，再処理施設の工程は遠隔・自動化され，核燃料物質等を収納する系統，および機器は漏洩し難い構造で，使用する化学薬品等に対して耐腐食性を持たせるとともに，核燃料物質等を内蔵する系統および機器は，常時負圧に維持したセルに収納することが求められている。これらに加えて建屋の遮蔽機能も，公衆の被曝が十分に小さくなるように設計され，排気筒から放射性物質等を環境に放出する場合には，洗浄塔，フィルタにより放射性物質を，安全なレベルまで低減し，常時放出量を管理することが求められている。

再処理施設では，使用済み燃料集合体から，抽出分離後の製品プルトニウムやウランまで，臨界量の異なるさまざまな核燃料物質等を扱うので，それを収納する機器の形状寸法，質量，溶液中の濃度，同位体組成，中性子吸収材の形状寸法および濃度等に適切な制限値を設け，系統および機器の単一故障，または誤動作，運転員の単一の誤操作を仮定しても臨界にならないことが求められる。さらに，溶媒の発熱を伴う急激な分解反応や崩壊熱による引火点以上に達する温度上昇が生じる可能性がある。また，ジルカロイ微粉末，有機溶媒等可燃性の物質が存在することおよび放射線分解による水素ガスの生成もあることから，火災や爆発の発生防止も重要な要素である。そのため，可能な限り，不燃性，難燃性材料を使用し，着火源の排除，温度上昇の防止，可燃性物質の漏洩や混入の防止等の対策を講じることが求められている。加えて，立地地点およびその周辺における地震，異常気象等の自然現象や航空機落下等への対応が求められている。

新しい規制基準[21]が策定され，再処理工場では，緊急安全対策として電源車3台の配置やエンジン付き空気圧縮機の設置，敷地内の貯水槽などから消防車を用いて冷却設備へ注水する仕組みの整備など，冷却機能や水素滞留防止機能を強化する対策を講じている。地震については，最新の知見に基づき活断層や地震の発生状況を調査し，基準地震動の評価を行っている。最も厳しい耐震性が求められている重要な設備には，十分な余裕があることの確認に加え，シビアアクシデント対応のための設備の一部に耐震補強を行っている。なお，六ヶ所村の同施設は，標高が高く海岸から十分な距離のある場所に位置していることから，津波対策は不要であることを確認している。また，竜巻・火災対策として，屋外に設置している冷却設備を防護するための鋼鉄製ネットの設置などを行っている。また，火山活動については，操業中に施設へ影響を及ぼす可能性は低いと評価している。冷却機能を失った場合に備え，高レベル放射性廃液の蒸発乾固を防止するため，高レベル濃縮廃液貯槽へ冷却水を直接注入する消防ポンプや，可搬式の消防ポンプなどを配備している。

（d）**中間貯蔵施設**　中間貯蔵施設では，使用済み燃料集合体を輸送容器や貯蔵容器に収納して扱うため，基本的な安全性はこれら容器で担保される。貯蔵容器の閉込め機能，放射線遮蔽機能，除熱機能，臨界防止機能がおもな安全要件である。

多量の貯蔵容器が長期間保管されるため，貯蔵期間を通して，貯蔵容器内部の核燃料物質等が漏れないように負圧を維持すること，公衆の被曝が十分低くなる

ように建屋を遮蔽すること，使用済み燃料の燃料被覆管の温度を低く保つようにすること，技術的に想定されるすべての場合に臨界防止することが求められる。

〔2〕 核燃料サイクル施設のリスク評価研究

核燃料サイクル施設では，原子炉のようなフルスコープのリスク評価研究は行われていないが，それぞれの施設の特性に応じたリスクの定量化がなされている。

(a) 再処理施設　東海再処理施設では，想定事象の発生頻度と安全機能の重要度評価が行われている[22]。六ヶ所再処理施設では，内蔵放射能の大きい設計基準事象や設計基準外事象について発生頻度評価と重要度評価が行われている。また，安全設計で想定される各種事象に対して，頻度と影響のリスク評価が行われている[23]。これらの研究で評価対象とした事象を表5.7.3に示す。

表5.7.3　再処理施設のリスク評価研究対象事象

溶液の沸騰（崩壊熱除去機能喪失も含む）
水素爆発（水素掃気機能喪失も含む）
溶媒火災（n-ドデカンの引火点を超える事象も含む）
TBP等の錯体の急激な分解
臨界（溶解槽，抽出工程，誤移送等）
外部電源喪失
廃溶媒分解装置での火災
焙焼還元炉における水素爆発
高レベル廃液濃縮缶でのホルマリン硝酸の化学反応
高レベル廃液の漏洩

リスク評価に用いる方法としては，ハザードの摘出にはHAZOP手法やFMEA手法，シナリオの記述と発生頻度の評価にはイベントツリー／フォールトツリー法が使用される。機器故障率データには原子炉施設や化学プラントおよび一般機器の故障率データが，人的過誤率についてはTHERP手法が用いられる。重要度評価にはFV重要度とリスク増加価値を用いる。なお，東海再処理施設の運転経験に基づき，機器故障率データの収集・整備が行われている。

(b) 燃料加工施設　ウラン加工施設については統合的安全解析（integrated safety analysis, ISA）手法を活用したリスク評価研究が実施されている。ISAは，10 CFR Part 70.4に基づいて米国原子力規制委員会が管轄するすべての核燃料サイクル施設に対して性能要求を満足することを確認するために適用する手法で，施設の系統的ハザード解析によりリスクの相対的評価を行い，安全上重要な機器等を明確にすること，事故シーケンスの頻度をインデックス法（起因事象発生頻度や安全機能失敗確率をオーダ評価する方法）により半定量的に評価するなどを特徴としている。MOX燃料加工施設についてもPRA手法整備の研究が実施されている[24]。

(c) 今後の課題とリスク評価手法　核燃料サイクル施設については原子炉と比べればPRAについての研究の歴史は浅い。リスク評価の手法やデータの開発整備ならびにリスク管理と安全向上のための適用研究の拡大が今後求められる。

日本原子力学会は，多様な外部ハザードの特徴に応じて利用可能な原子力発電所のリスク評価手法についての報告書をまとめている[25]。これは，PRA手法以外に効果的なリスク定量化手法は数多く開発されていること，リスク評価対象が多様であり，必ずしも標準的な方法が定着していないことを踏まえ，一般にコストが高いと考えられるPRA以外の方法によりリスクを定量化することを推奨するものである。原子力発電所に対して脅威を与える可能性のある潜在的な外部ハザードを同定し，発生頻度とプラントに対する影響の観点から，それらの外部ハザードに関するリスク評価方法を選定するプロセスを作成し，PRA以外の方法でもリスク管理に役立てることを意図している。

この方法に基づいて実施する定量的リスク評価方法は，一般的な産業施設のリスク評価にも適用されているものを含んでいる。核燃料サイクル施設のリスク評価に対しても適用できる考え方である。（山口　彰）

引用・参考文献

1) IAEA INSAG-10, Defence in Depth in Nuclear Safety, Vienna (1996)
2) 原子力安全の基本的考え方について，第Ⅰ編 原子力安全の目的と基本原則，AESJ-SC-TR-005：2012 (2013)
3) IAEA Safety Standards, Specific Safety Requirements, No.SSR-2/1, Safety of Nuclear Power Plants：Design, Vienna (2012)
4) AESJ-SC-TR005 (ANX)：2013, 原子力安全の基本的考え方について，第Ⅰ編 別冊 深層防護の考え方 (2014)
5) Rogovin, M., et al., Three Mile Island, A Report to the Commissioners and to the Public, Vol.1, Vol.2, Vol.3 (1980)
6) 原子力安全委員会，発電用原子炉施設におけるシビアアクシデント対策としてのアクシデントマネジメントについて (1992)
7) 原子力安全・保安院，軽水型原子力発電所におけるアクシデントマネジメントの整備結果についての報告書 (2002)
8) 原子力安全・保安院，軽水型原子力発電所における

アクシデントマネジメント整備後確率論的安全評価に関する評価報告書（2004）
9) NUREG-2150, A Proposed Risk Management Regulatory Framework（2012）
10) 日本原子力学会 標準委員会，原子力発電所の安全確保活動の変更へのリスク情報活用に関する実施基準：2010（RK002：2010）（2010）
11) 日本原子力学会 標準委員会，原子力発電所の出力運転状態を対象とした確率論的リスク評価に関する実施基準（レベル1PRA編）：2013（AESJ-SC-P008：2013）（2014）
12) 日本原子力学会 標準委員会，原子力発電所の確率論的安全評価用のパラメータ推定に関する実施基準：2010（RK001：2010）（2010）
13) 日本原子力学会 標準委員会，原子力発電所の出力運転状態を対象とした確率論的安全評価に関する実施基準レベル2（P009：2008）（2009）
14) 日本原子力学会 標準委員会，原子力発電所の確率論的安全評価に関する実施基準レベル3（P010：2008）（2009）
15) 日本原子力学会 標準委員会，原子力発電所に対する地震を起因とした確率論的リスク評価に関する実施基準：2015（AESJ-SC-P006：2015）（2015）
16) 日本原子力学会 標準委員会，原子力発電所に対する津波を起因とした確率論的リスク評価に関する実施基準：2011（AESJ-SC-RK004：2011）（2012）
17) Garrick, B. J., Quantifying and Controlling Catastrophic Risks, Elsevier（2008）
18) 原子力総合パンフレット2015，日本原子力文化振興財団（2015）
19) The safety of the nuclear fuel cycle, Third edition, OECD 2005 NEA No.3588（2005）
20) 臨界安全ハンドブック第2版，JAERI 1340（1995）
21) 実用発電用原子炉及び核燃料施設等に係る新規制基準について（概要），原子力規制庁（2016）https://www.nsr.go.jp/data/000070101.pdf（2018年12月現在）
22) 東海再処理施設における確率論的安全評価の適用，JNC TN 8410 2003-017（2003）
23) 再処理施設の確率論的安全評価手法の整備に関する報告書，JNES/SAE 2005-026（2006）
24) MOX燃料加工施設の確率論的安全評価実施手順の開発（Ⅰ），（Ⅱ），（Ⅲ），日本原子力学会2004年秋の大会（2004）
25) 日本原子力学会 標準委員会 技術レポート，外部ハザードに対するリスク評価手法に関する手引き：2015，AESJ-SC-TR010：2015（2016）

5.7.3 放射性物質と環境安全

原子力発電所や再処理工場，核燃料加工施設，ウラン濃縮施設等の核燃料サイクル関連施設では，施設の運転・保守，放射性物質の使用，施設の解体等に伴ってさまざまな種類や形態の放射性廃棄物が発生する。放射性廃棄物は，発生源，放射性物質の種類（放射性核種），ならびに放射能濃度に応じて処分方法が異なる。放射性核種は放射線を放出して他の核種に変化する，または消滅する性質があることから，放射性核種の量や半減期（物質量が半分になるのに要する時間），放射線の種類やエネルギー等を考慮し，一定期間生活圏から隔離することで人体への影響を軽減することができる。これらの解決方法の一つとして，わが国では地中へ埋設処分する方法が採用されている。世界的にもこの方法が採用されており，特に放射能レベルの高い廃棄物に対してさまざまな研究が行われている。以下に，核燃料サイクルとその関連施設から発生する放射性廃棄物の種類，発生源，処分方法，ならびにそれらの安全評価の現状について説明する。

〔1〕 核燃料サイクル

図5.7.4に核燃料サイクルの概要[1]を示す。天然に存在するウラン（U）は，地殻1g中2.4µg程度で，そのうち^{238}UがU全体の99.27%，核分裂性の^{235}Uが0.7204%を占める。原子力発電における軽水炉では，この^{235}Uが3〜5%に濃縮された核燃料が使用される。原子炉で使用後の燃料は使用済み燃料と呼ばれ，約1%の未反応の^{235}Uと新たに生成された約1%の^{239}Pu，3〜5%の核分裂生成物（fission product, FP）と残り90%以上の^{238}Uで構成される。使用済み燃料は，再処理工場で有用なUとPuが分離・回収されて再利用される。一方，UとPuが分離・回収された後の残留液は，多くのFPを含み，放射能がきわめて高いことから，高レベル放射性廃棄物（廃液）と呼ばれる。回収されたUとPuは，それぞれの酸化物（UO_2, PuO_2）が混合された混合酸化物燃料（mixed oxide fuel, MOX燃料）として再利用される。また，UのみがU燃料として再利用される場合もある。MOX燃料の場合，軽水炉では^{239}Puが4〜9%に濃縮された燃料が使用され，高速増殖炉では16〜21%に濃縮された燃料が使用される。このうち，MOX燃料が軽水炉で使用されることをプルサーマルという。このように，使用済み燃料全体として95〜97%が再利用される。これら使用済み燃料からUやPuを再処理工場で分離・回収し，再度燃料として使用するための一連のサイクルを核燃料サイクルという。

〔2〕 放射性廃棄物の種類と発生源

表5.7.4に放射性廃棄物の種類と発生源の概要を示す。わが国の核燃料サイクル関連施設から発生する放射性廃棄物は，高レベル放射性廃棄物と低レベル放射性廃棄物の2種類に区分されている。高レベル放射性廃棄物は，現行の法律では再処理工場から発生する高レベル放射性廃棄物（廃液）のみであるが，世界的には使用済み燃料も該当する。一方，低レベル放射性廃

5. システム・プロセス安全

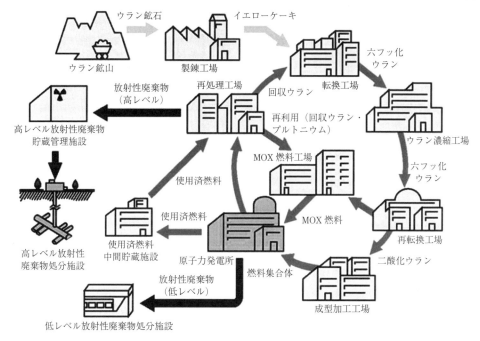

図 5.7.4 核燃料サイクルの概要[1]

表 5.7.4 放射性廃棄物の種類と発生源の概要

廃棄物の種類			廃棄物の例	発生施設
低レベル放射性廃棄物	発電所廃棄物	放射能レベルのきわめて低い廃棄物（L3廃棄物）	コンクリート，金属等	原子力発電所
	低←放射能レベル→高	放射能レベルの比較的低い廃棄物（L2廃棄物）	廃液，フィルタ，廃器材，消耗品等を固形化	
		放射能レベルの比較的高い廃棄物（L1廃棄物）	制御棒，炉内構造物	
	ウラン廃棄物		消耗品，スラッジ，廃器材	ウラン濃縮施設，燃料加工施設
	超ウラン核種を含む放射性廃棄物（TRU廃棄物）		燃料棒の部品，廃液，フィルタ	再処理施設，MOX燃料加工施設
高レベル放射性廃棄物			ガラス固化体	再処理施設
クリアランスレベル以下の廃棄物			原子力発電所解体廃棄物の大部分	上記すべての施設

棄物は，原子力発電所から発生する発電所廃棄物，ウラン濃縮や燃料加工施設から発生するウラン廃棄物，再処理工場やMOX燃料加工施設から発生する超ウラン核種を含む放射性廃棄物（TRU廃棄物：transuranium waste）に区分されている．さらに発電所廃棄物は，放射能レベルのきわめて低い廃棄物（レベル3廃棄物：L3），放射能レベルの比較的低い廃棄物（レベル2廃棄物：L2），放射能レベルの比較的高い廃棄物（レベル1廃棄物：L1）の3種類に区分されている．

〔3〕 **放射性廃棄物の種類と処分方法の概要**

表5.7.5に放射性廃棄物の種類と処分方法の概要，図5.7.5に放射性廃棄物の処分方法と処分深度との関

表 5.7.5 放射性廃棄物の種類と処分方法の概要

廃棄物の種類			廃棄物の例	処分方法
低レベル放射性廃棄物	発電所廃棄物	放射能レベルのきわめて低い廃棄物（L3廃棄物）	コンクリート，金属等	浅地中トレンチ処分
	低←放射能レベル→高	放射能レベルの比較的低い廃棄物（L2廃棄物）	廃液，フィルタ，廃器材，消耗品等を固形化	浅地中ピット処分
		放射能レベルの比較的高い廃棄物（L1廃棄物）	制御棒，炉内構造物	余裕深度処分（中深度処分）
	ウラン廃棄物		消耗品，スラッジ，廃器材	浅地中トレンチ処分，浅地中ピット処分，余裕深度処分，地層処分
	超ウラン核種を含む放射性廃棄物（TRU廃棄物）		燃料棒の部品，廃液，フィルタ	浅地中ピット処分，余裕深度処分，地層処分
高レベル放射性廃棄物			ガラス固化体	地層処分

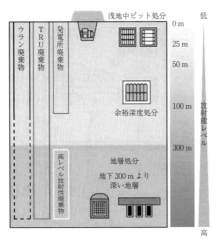

図 5.7.5 放射性廃棄物の処分方法と処分深度との関係[2]

係[2] を示す。放射性廃棄物の処分方法として，放射能レベルが低く地表面からの深度が浅い方から，浅地中トレンチ処分，浅地中ピット処分，余裕深度処分（中深度処分ともいう），ならびに地層処分，の4種類が検討されている。低レベル放射性廃棄物のうち，発電所廃棄物は放射能レベルに応じて，浅地中トレンチ処分（L3廃棄物），浅地中ピット処分（L2廃棄物），ならびに余裕深度処分（L1廃棄物）により，ウラン廃棄物は放射能レベルに応じて4種類の方法により，また，TRU廃棄物は放射能レベルに応じて，浅地中トレンチ処分以外の3種類の方法により処分される。高レベル放射性廃棄物は地層処分による方法のみである。このように，放射性廃棄物は全部で6種類に区分され，それぞれの放射能レベルに応じて4種類の方法で埋設処分される予定である。

処分深度について，浅地中トレンチ処分は地表から数mの深さにトレンチを掘削し，廃棄物を埋設処分する方法で，人工構築物を設けない。浅地中ピット処分は地表から数m～20m程度（50m以浅）の深さにコンクリートピット等の人工構築物を設置し，廃棄物を埋設処分する方法である。余裕深度処分は地表から50～100m程度の深さにコンクリートでトンネル型やサイロ型の構造物（空間）を作り，廃棄物を埋設処分する方法である。地層処分は地表から300m以深の深さまで坑道を掘削し，人工バリアと天然バリアを組み合わせた多重バリアシステムを構築して廃棄物を処分する方法である。

埋設処分後の管理期間も処分方法によって異なる。最も放射能レベルの低い浅地中トレンチ処分では50年程度，次いで浅地中ピット処分では300～400年，余裕深度処分では数百年で，管理する項目や内容，制限事項は段階的に緩和される。一方，高レベル放射性廃棄物やTRU廃棄物に対する地層処分では，数万年以上の超長期にわたる評価が必要なため，詳細な管理方法や管理期間については技術の進展を見極めながら議論が行われているが，あらかじめ生活圏から隔離された条件を長期にわたり維持できる地質環境（処分サイト）の選定や廃棄物の周囲に工学障壁材（人工バリア）を設置し，さまざまなシナリオによって基準に対する安全裕度を評価する安全評価を行うことで，長期にわたる管理を必要としないよう検討されている。このように，地層処分以外の方法は，管理が可能な期間内に放射能の減衰が期待できることから，管理（型）処分と呼ばれる。

〔4〕 **クリアランス制度**

原子力発電所等の原子力関連施設の運転中・解体中に発生する廃棄物の中には，安全上「放射性廃棄物として取り扱う必要のないもの」も含まれており，再利用できるものはリサイクルし，再利用できないものは産業廃棄物として処分される。この制度が「クリアランス制度」であり[3]，クリアランス対象廃棄物を「クリアランス制度対象物」という。クリアランス制度に基づき，放射性廃棄物として取り扱う必要のある放射能レベルを「クリアランスレベル」という。クリアランスレベルは，例えば，廃棄物である金属やコンクリートがどのように再利用または廃棄物として埋め立てられたとしても，人体への影響が無視できると国際的に認められている1年間当り0.01ミリシーベルト（=10 μSv）以下の放射線量である。この値は，自然界からの年間の放射線量（日本の平均2.1 mSv）[4] の200分の1以下である。この基準線量となるように，評価対象核種ごとに濃度が算出されている[5]。わが国では発電用原子炉に対しては，経済産業省令で33核種が，また文部科学省令で，試験研究炉，核燃料使用施設，ならびにウラン取扱施設に対するクリアランスレベルが規定されている。表5.7.6に核種ごとのクリアランスレベルの例[6] を示す。

原子力発電所の廃止措置に伴う解体撤去により発生する廃棄物について，110万kWの原子力発電所を解体した場合，クリアランスレベル以下の廃棄物発生量は，沸騰水型原子炉（boiling water reactor, BWR）で約53万t，加圧水型原子炉（pressurized water reactor, PWR）で約49万tと見積もられている。BWRの場合，このうち，コンクリートが50万t，金属が3万tで，PWRの場合，コンクリートが45万t，金属が4万tで，大部分がコンクリートである。1998年

5. システム・プロセス安全

表 5.7.6 核種ごとのクリアランスレベルの例[6]

核　種	経済産業省令 (発電用原子炉)	文部科学省令		
		研究炉	核燃料施設	ウラン取扱施設
H-3	100	100	1 100	
C-14	1	1	1	
Co-60	0.1	0.1	0.1	
Sr-90	1	1	1	
Tc-99	1	1		
I-129	0.01	0.01		
Cs-134	0.1	0.1	0.1	
Cs-137	0.1	0.1	0.1	
Eu-152	0.1	0.1		
U-232				0.1
U-235				1
U-236				10
U-238				1
Pu-239	0.1	0.1	0.1	
Am-241	0.1	0.1	0.1	

図 5.7.6 浅地中トレンチ処分（廃棄物埋設実地試験）の例[7]

に停止し，2001 年から廃止措置が進んでいる日本原子力発電株式会社の東海発電所（16 万 6 000 kW，炭酸ガス冷却型炉）では，クリアランスレベル以下の廃棄物が 17 万 4 100 t，放射性廃棄物が 1～2 万 t 前後発生し，全廃棄物の約 97％がクリアランスレベル以下と見込まれている。

〔5〕 **放射性廃棄物処分における安全評価の概要**
（a） **浅地中トレンチ処分**　浅地中トレンチ処分は，地表から数 m の深さにトレンチを掘削し，廃棄物を直接処分する方法である。放射能レベルのきわめて低いコンクリートや金属等の安定な廃棄物で，発電所廃棄物（L3 廃棄物）とウラン廃棄物が対象となる。管理期間は 50 年程度で，天然バリアである土壌によって安全性が確保される。浅地中トレンチ処分の安全評価では，埋設処分の操業中のスカイシャイン（廃棄体からの放射線が上空で散乱して地上に降り注ぐ現象）による被曝が公衆の線量限度である 1 mSv/年に対して十分低い線量であることを確認する必要がある。また，管理期間終了後は，処分場敷地の再利用に伴う被曝や処分施設から地下水へ放射性核種が漏洩した際に河川水を利用することによる被曝等が 10 μSv/年以下となることを確認することとなっている。

図 5.7.6 に浅地中トレンチ処分の例を示す。わが国では，日本原子力研究所東海研究所（現 日本原子力研究開発機構原子力科学研究所：茨城県東海村）の動力試験炉 JPDR の解体に伴い発生したきわめて放射能レベルの低いコンクリート等の廃棄物（1 670 t）が同研究所の敷地内で実地試験の一環で埋設されている[7]。

（b） **浅地中ピット処分**　浅地中ピット処分は，廃液，イオン交換樹脂，焼却灰等をセメント，アスファルト，プラスチック等でドラム缶に充填固化したものや，金属類，プラスチック類，保温材，フィルタ類等の固体状廃棄物をセメント系充填材でドラム缶に充填固化したもので，放射能レベルの比較的低い発電所廃棄物（L2 廃棄物），ウラン廃棄物，ならびに TRU 廃棄物が対象となる。図 5.7.7 に浅地中ピット処分の概念を示す[8]。地表から数 m～20 m 程度（50 m 以浅）の深さに鉄筋コンクリート製の構造物（ピット）を設置し，そこに廃棄物を詰めたドラム缶を埋設する。ピット周辺には水を通しにくい土壌等の地質媒体にベントナイト（粘土）を混合させたベントナイト混合土が充填されるほか，ドラム缶の隙間にはセメント系材料が充填される。また，ピットの内側には水を通しやすい多孔質コンクリート（ポーラスコンクリート）が施工されることで，ピット内に水が浸入しにくい構造となっている。浅地中ピット処分では 300～400 年程度にわたり段階的に管理することとなっており，3 段階で管理される。第 1 段階は約 30 年間で，埋設設備によって放射性核種を封じ込めることとしており，排水の監視，地下水中の放射性核種の監視，環境モニタリングを行うとともに，覆土や埋設設備の修復等も行

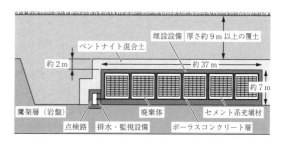

図 5.7.7 浅地中ピット処分の概念[8]

われる。第2段階も30年程度であり、埋設設備とその周辺の土壌等によって放射性核種の移行を抑制する段階と位置付けられている。この段階では、覆土の修復と環境モニタリングが行われる。第3段階は300年間で、周辺の土壌等によって放射性核種の移行を抑制する段階と位置付けられ、覆土の修復、環境モニタリング、掘削等が制限される。

浅地中ピット処分の安全評価について、第1段階では掘削作業時のスカイシャインによる被曝線量を評価している。また、第2、3段階ではスカイシャインに加えて、施設からの排気および排水（第2段階）、処分設備からの漏出（第3段階）による被曝を評価し、いずれも1mSv/年に対して十分低い値であることを確認する必要がある。さらに、管理期間終了後には一般的ケースとして、沢水の利用や処分場敷地内での居住等に対して10μSv/年以下となること、発生頻度が小さいケースとして、埋設施設を繰り返した場合に対しても10μSv/年を著しく超えないことを確認する必要がある。わが国では、日本原燃株式会社の六ヶ所低レベル放射性廃棄物埋設センター（青森県六ヶ所村）において1992年（平成4年）より処分が実施されており、2014年2月現在、約26万本の廃棄物が埋設されている。

（c） **余裕深度処分**　余裕深度処分は、中深度処分とも呼ばれ、軽水炉の炉内構造物や制御棒、使用済み樹脂等、低レベル放射性廃棄物の中でも放射能レベルが比較的高い発電所廃棄物（L1廃棄物）、ウラン廃棄物、ならびにTRU廃棄物が対象となる。地表から50～100m程度の深さにコンクリートでトンネル型やサイロ型の空洞を掘削し、さらに空洞内にコンクリートピットを設置し、放射性廃棄物をその中に収納した後、廃棄物間の隙間はセメント系充填材で充填される。コンクリートピットの外側には低拡散層としてモルタルが、またその外側には低透水層としてベントナイトが充填される。低透水層と空洞内壁の空間はコンクリート等で埋め戻される。これら廃棄体、セメント充填材、コンクリートピット、低拡散層、ならびに低透水層が人工バリアとして、また、その外側の地質媒体が天然バリアとして機能することが期待されている。

余裕深度処分の場合、管理期間は数百年である。管理期間終了後に対して四つの区分のシナリオを想定した安全評価を行い、それぞれのシナリオに対して目安（被曝線量）を満足する必要がある。通常考えられる「基本シナリオ」では、例えば、放射性核種が地下水を介して移行する「基本地下水シナリオ」を想定しても、それによる被曝線量が可能な限り低く抑えられて

いることが要求される。この基準となる線量は10μSv/年程度である。また、気候変動や地質環境の変化等、発生の可能性は低いが安全評価上重要な変動要因を考慮した「変動シナリオ」では300μSv/年が基準目安となる。さらに火山活動や地震等、発生の可能性が著しく低い自然現象を想定した「稀頻度事象シナリオ」では10～100mSv/年が、また、トンネルの掘削等の偶発的な「人為事象シナリオ」では周辺住民で1～10mSv/年、作業者等の特定の接近者個人で10～100mSv/年と設定されている。

余裕深度処分については、日本原燃株式会社が平成13年から青森県六ヶ所村に、地表面から100m程度の地下に調査坑道を掘削し、さらに試験空洞を設け、地質、地盤、地下水に関する調査を行い、地下水の流れは遅く、安定して大規模な空洞を構築できることが確認されている。図5.7.8に余裕深度処分に関する調査坑道と試験空洞の概要[8]を示す。

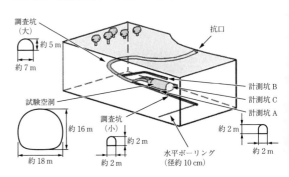

図5.7.8　余裕深度処分に関する調査坑道と試験空洞の概要[8]

（d） **地層処分**　地層処分では、再処理工場において使用済み燃料からUやPuの回収後の残留液である高レベル放射性廃棄物（廃液）、放射能濃度の高い燃料被覆管材料（ハル）や廃銀吸着材、ウラン廃棄物が対象となる。わが国では、すべて使用済み燃料は再処理工場で再処理することでUやPuを回収し再利用することが基本方針であった。しかし、2011年3月の東日本大震災によって発生した東京電力株式会社福島第一原子力発電所事故を契機として、わが国のエネルギーシステムの見直しが行われた。2014年4月に閣議決定された「エネルギー基本計画」（第4次）では、2030年を念頭に、引き続き再処理路線を維持しつつ、放射性廃棄物の減容化・有害度低減のための技術開発等を進める方針が示されている。一方、高レベル放射性廃棄物の最終処分については、幅広い選択肢を確保する観点から、直接処分等の代替処分オプションについても調査・研究を推進することとしており、使用済み燃料のまま処分されるオプション（直接

処分)についてもわが国の地質環境に合わせた研究が行われている。さらに，2018年7月には，「エネルギー基本計画」(第5次)[9]が公表され，2030年の計画の見通しとパリ協定発効を受けた2015年を見据えた長期的計画が策定された。前回の計画と方針に大きな変更はないものの，2030年の長期エネルギー需給見通しの実現(エネルギーミックスの実現)に加えて2050年を見据えたエネルギー選択に関するシナリオ設計についても検討されている。その方針の一つが，原子力については安全を最優先し，再生可能エネルギーの拡大を図る中で，可能な限り原発依存度を低減することである。

再処理工場で発生する高レベル放射性廃液は，ガラス原料とともにメルタ中で溶融され，キャニスタ(ステンレス製容器)中に流下注入されて冷却固化される。これをガラス固化体という。2000年6月に公布された「特定放射性廃棄物の最終処分に関する法律」(略称，最終処分法)では，このガラス固化体のみが高レベル放射性廃棄物と定義されているが，海外では使用済み燃料を高レベル放射性廃棄物として直接処分する国も少なくない(例えば，ベルギー，スイス，米国，ドイツ，フィンランド，スウェーデン)。この法律は2007年6月に改正され，TRU廃棄物が追加された。ちなみに，100万kWの原子力発電所を1年間運転することにより約30tの使用済み燃料が発生し，これをガラス固化体にすると約30本になる。図5.7.9に高レベル放射性廃棄物の地層処分における多重バリアシステムを示す。地層処分では地表から300m以深の深さまで坑道を掘削し，人工バリアと地質媒体である天然バリアを組み合わせた多重バリアシステムにより安全が確保される。ガラス固化体はオーバパック(金属容器)に封入され，さらにその外側にベントナイトとけい砂を混合し圧縮成型した緩衝材が配置される。その外側は地質媒体である。ガラス固化体から緩衝材までは人工バリアと呼ばれる。オーバパックは周辺岩盤からの岩圧からガラス固化体を保護するとともに，地下水との接触を防止する。さらにガラス固化体からの放射線を遮蔽する機能が期待されている。少なくとも1000年間はこれらの機能を保持するよう設計される。緩衝材は地下水と接触すると膨潤(膨れる)して隙間を埋める(自己シール性)とともに，地下水の動きを抑制(止水性)し，拡散場を形成する。また，周辺岩盤からの応力(岩圧)を緩衝(力学的緩衝性)してオーバパックを保護する。さらに，構成鉱物の溶解により地下水のpHや化学組成を一定の範囲に制御する機能(化学的緩衝性)やガラス固化体から溶出した放射性核種を収着させることにより外部への移動を遅延させる機能(核種移行遅延性)が期待されている。このような多重バリアシステムを構築した廃棄体が崩壊熱により温度が過度に上昇しないように所定の間隔を空けて配置される。現状，ベントナイト中で100℃が目安である。

一方，廃棄体の発熱量が低いTRU廃棄物では，廃棄体を集積して埋設できる。図5.7.10にTRU廃棄物処分におけるバリアシステムの例[10]を示す。廃棄物が封入されたキャニスター(金属製容器)を複数本まとめて大型の金属製容器(廃棄体パッケージ)に詰め，さらにこれを処分坑道内に設けた構造躯体に積み上げる方法等が検討されている。この場合，廃棄体パッケージ内のキャニスターの隙間はセメント等で充填されるとともに，処分坑道内壁と構造躯体間の隙間は緩衝材で充填される。このバリアシステムではセメント等の充填材や緩衝材が人工バリアとして機能する。図5.7.10に示す円形処分坑道のほか，幌型処分坑道等も検討されている[10]。

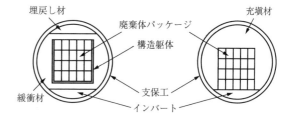

図5.7.10 TRU廃棄物処分におけるバリアシステムの例[10]

地層処分の安全評価は数万年以上の超長期にわたる評価が必要である。その解析のためのシナリオとして「地下水シナリオ」と「接近シナリオ」が検討されている[11]。「地下水シナリオ」は，安全評価の基本となるシナリオで，放射性核種の移動媒体として地下水を想定したものである。これに地下水の移動経路と地下水や岩盤の種類(地質環境変更ケース)，人工バリア

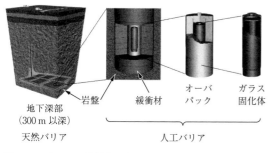

図5.7.9 高レベル放射性廃棄物の地層処分における多重バリアシステム

の設計の多様性(設計変更ケース)を考慮したシナリオの組合せに対して解析モデルと入力データを設定し,安全評価解析を行うことで基準に対する安全裕度を評価することとしている。一方,「接近シナリオ」は,隆起・沈降や侵食,気候変動による海水準変動,地震,火山活動等の自然事象が原因で生活圏との離間距離が短縮される場合を対象としたものであり,これらに対しても段階的なサイト選定調査からのデータに基づいて評価を行うこととしている。これら自然事象に対しては,例えば,火山や活断層等から一定の距離(例えば,火山から15 km以上)をとることや,現地調査からのデータに基づいて地質環境の変動を考慮した安全評価を行う等,サイト選定段階で回避または安全評価において考慮することとしている。

高レベル放射性廃棄物の地層処分の実現性や技術的信頼性については,核燃料サイクル開発機構(現 日本原子力研究開発機構)によってさまざまなシナリオに対して詳細な安全評価が行われ,「第2次取りまとめ」[11]として,またTRU廃棄物については「第2次TRU取りまとめ」[12]として公表されている。また,2007年6月の法律改正により,両廃棄物の併置処分の検討も行われている。

高レベル放射性廃棄物の地層処分に関する海外の動向について,2001年,フィンランドにおいて,エウラヨキ自治体のオルキルオトを処分地に選定することを議会が承認し,世界で初めて処分地が決定した。次いで2009年,スウェーデンで,エストハンマル自治体のフォルスマルクが処分地に決定した。フィンランドでは2004年から地下特性調査施設(ONKALO)の建設が行われ,処分場の設計に反映された。この地下施設も処分場の一部となる計画である。実施主体のポシヴァ社は2012年処分施設建設許可申請を行い,2015年,政府から処分施設建設の承認が出ている。そして翌年の2016年から処分場の建設が開始された。また,スウェーデンは2011年,実施主体のSKB(スウェーデン核燃料・廃棄物管理会社)が施設の立地建設許可申請を行った。両国とも結晶質岩である花崗岩中に処分施設が建設される計画である。そのほか,フランスでは2009年,ビュール地下研究施設近傍のエリアが処分場の候補サイト(粘土層)として承認されるなど,処分地の選定が着実に進展している国がある一方,米国(連邦エネルギー省(DOE)が処分の責任機関)では,2002年,ネバダ州のユッカマウンテンが処分地として選定されたものの,2010年,オバマ政権により廃案となり,バックエンド対策のオプションが検討された。次いで,2017年1月に誕生したトランプ政権はユッカマウンテン計画を継承する方針を示した。また,ドイツ(連邦放射性廃棄物機関(BGE)が処分の責任機関)では,ニーダーザクセン州ゴアレーベンが選定されたものの,政権交代により,2000年から約10年間,ゴアレーベンプロジェクトは凍結された。その後,2013年7月,サイト選定手続きを定める法律が成立し,さらに2017年3月に同法律が改正され,サイト選定基準等が確定したことで,サイト選定をやり直すことになるなど,改めてサイト選定の難しさが浮き彫りとなった。

一方,わが国では,2000年6月に公布された最終処分法(略称)に基づいて,同年10月に実施主体として原子力発電環境整備機構(NUMO)が設立された。2002年12月から全国の市町村を対象に処分地候補の公募を行っており,2019年1月現在,応募がない状況である。

このような状況から,2015年5月,国は最終処分法の基本方針を改正し,国による科学的有望地の提示,可逆性・回収可能性の担保,地域の合意形成に向けた支援等を明記した。これに基づき,国(経済産業省・資源エネルギー庁)は2017年7月,地層処分に関する「科学的特性マップ」[13],[14]を公表し,同年10月からNUMOとともに全国の県庁所在地(福島を除く)において,「科学的特性マップ」に関する意見交換会を開催している。 (佐藤治夫)

引用・参考文献

1) 原子力・エネルギー図面集,2008年度版
http://www.fepc.or.jp/library/publication/pamphlet/nuclear/zumenshu/pdf/all07.pdf (2016年10月現在)
2) 原子力発電環境整備機構ホームページ
http://www.numo.or.jp/ (2018年12月現在)
3) 電気事業連合会ホームページ
http://www.fepc.or.jp/ (2018年12月現在)
4) 放射線医学総合研究所ホームページ
https://www.nirs.qst.go.jp/ (2018年12月現在)
5) 長崎晋也,中山真一,放射性廃棄物の工学,オーム社 (2011)
6) 桐島陽,7-3「廃止措置」,テキスト「核燃料サイクル」(2015)
7) 日本原子力研究開発機構埋設事業推進センターホームページ
http://www.jaea.go.jp/04/maisetsu/index.html (2018年12月現在)
8) 日本原燃株式会社ホームページ
https://www.jnfl.co.jp/ja/ (2018年12月現在)
9) 経済産業省・資源エネルギー庁ホームページ,エネルギー基本計画(平成30年7月)
http://www.enecho.meti.go.jp/category/others/basic_plan/pdf/180703.pdf (2019年1月現在)

10) 原子力発電環境整備機構, 地層処分低レベル放射性廃棄物に関わる処分の技術と安全性「処分場の概要」の説明資料, NUMO-TR-10-03 (2011)
11) 核燃料サイクル開発機構, わが国における高レベル放射性廃棄物地層処分の技術的信頼性―地層処分研究開発第2次取りまとめ―総論レポート, サイクル機構技術報告書, JNC TN1400 99-020 (1999)
12) 電気事業連合会・核燃料サイクル開発機構, TRU廃棄物処分技術検討書―第2次TRU廃棄物処分研究開発取りまとめ, JNC TY1400 2005-013, FEPC TRU-TR2-2005-02 (2005)
13) 経済産業省・資源エネルギー庁ホームページ, 科学的特性マップ公表用サイト
http://www.enecho.meti.go.jp/category/electricity_and_gas/nuclear/rw/kagakutekitokuseimap/ (2017年10月現在)
14) 原子力発電環境整備機構ホームページ, 科学的特性マップ公表用サイト
http://www.numo.or.jp/kagakutekitokusei_map/detail.html (2017年10月現在)

6. 労働安全衛生

6.1 作業環境

6.1.1 工場レイアウトと構内整備

工場のレイアウトについては，ミューサー（R. Muther, 1961）の体系的レイアウト計画技法（systematic layout planning, SLP）がよく知られており，わが国でも『工場レイアウトの技法』（十時晶訳）[1]として紹介されている。現在ではコンピュータを活用した設計技法（コンピュータ支援レイアウト設計）で無駄が少なく，フレキシビリティを持たせたデザインが可能になっている。

そうした技術の進歩の一方で，効率的な生産活動のためだけでなく，安全と防災，そして環境，さらに労働安全衛生と適合した総合的な工場計画が求められるようになっている。特に，ISO 1400シリーズの環境マネジメントシステム（environmental management system）を構築して，地域さらに地球規模での環境面や防災面に対応した管理システムを前提に，工場立地，工場内レイアウト，構内整備をプランニングし，保全を継続することが求められている。けっして個別の工場内のレイアウト技法の問題に限定されたものではない。マニファクチャリングエクセレンス（manufacturing excellence：生産美学）という理念に示されているように，省エネルギー形生産，リサイクル形生産，環境ないし地球に優しい親エコロジー形生産などによって自然や社会と調和した生産を視点に入れることが必要とされる。

〔1〕 工場立地と工場レイアウトとは

工場ないしプラントは設置すべき工場の敷地の選定，すなわち立地計画に始まり，生産設備などのレイアウト（配置）計画・設置，そして保全・整備に至る。保全・整備を念頭に置いた生産設備などのレイアウト計画が必要なことはいうまでもない。

単に立地と記すと，狭義には設備の配置を指すが，ここでいう工場立地は工場の敷地となる地方・地域・用地で，工場敷地全体の建設場所のことである。工場レイアウトは工場敷地内での製造施設・貯蔵施設・入出荷施設などの空間配置であり，生産設備の配置をプラントレイアウト（plant layout）という。ショップレイアウト（shop layout）と呼ばれることもある。

工場立地の計画（工場計画）は，生産に最も合理的な場所を確定することが目的である。

前述のミューサーのSLPは

① 全体から出発して細部に至る
② 理想的に計画してそれから現実へ

である。概略計画から詳細計画に進み，必要な修正を繰り返して最終目標に到達することを原則としており，工場レイアウトだけでなく工場立地についてもつぎのような段階で進める。

① 全般的な地域ないし地方の選定
② 地域社会と用地の選定

現在では国内だけでなく国際的な視野から，地域が外国の場合もある。

工場立地には，広い意味では工場の立地の経済的理論，特に輸送費という費用因子を重視したアルフレド・ウェーバーの理論やエドワード・フーバーに始まる経済の一般理論があるが，安全・防災，環境，労働安全衛生といった側面から工場立地の問題を検討する必要がますます重要になってきている。

〔2〕 品質と環境のマネジメントシステムと工場立地・レイアウト

品質の保証規格であるISO 9000シリーズは，顧客からの要求に基づいた設計と製造工程や検査・試験・統計的手法による適・不適の管理を行い，文書化・記録化して内部監査によって経営トップにフィードバックし，継続的な活動によって品質保証のマネジメントを構築しようとするものである。多くの企業が品質に対する国際的な信用を確保するためにもこの認証登録審査を受けている。

ISO 9001の要求事項の中で，直接的に工場立地・レイアウトに関わる課題は，製品の識別およびトレーサビリティであり，調達した資材や中間製品，最終製品などが混在しないように，置き場所を別になるような品物の区分管理をすることである。また，工程管理や検査・試験，検査，測定および試験装置の管理，検査・試験の状態，不適合品の管理，取扱い，保管，包装，保存および引渡し，なども工場レイアウトに大きく関わってくる。生産の各工程の要所での検査や検査機器の管理，検査済み品と未検査品の区分管理，製造途中での不良品と良品の区分管理，最終製品の品質劣化を防止するための管理など，いずれもレイアウト管

理を必然的に伴うからである。
　一方，環境マネジメントは企業活動による環境影響を明らかにして，環境保全に対する目標・取組みを計画し，環境測定とその管理の体制を整えて，マネジメントシステムを明確に文書化し，継続的な監視・測定を行って内部監査でフィードバックし，環境影響の継続的改善を行うというものである。ISO 9000 シリーズの品質管理システムに続いて，高い関心が寄せられ，企業や地方公共団体が認証取得を始めている。この ISO 14000 シリーズの ISO 14001 では，地球ないし地域の環境に対する経営者の環境方針が問われ，企業活動による環境影響内容の特定，法的，その他の要求事項，目的と目標，など立地環境に関連して，地方自治体や地域との融和を保ち，公害や景観保護に対する全般的な環境方針が求められる。
　環境保全実施計画における環境内容の特定では，定常時，非定常時，緊急事態発生時などのケースを考慮し，大気への排気汚染，水質への放出汚染，廃棄物としての廃棄，土壌汚染，原材料・天然資源の浪費，エネルギー・燃料の浪費，騒音・振動・粉じん・悪臭，電波障害・景観阻害，その他の地域的な環境問題，生態系保存の障害などが含まれる。設備や施設の新設ないし大幅な変更があったときは環境目標に反映される必要がある。こうした環境マネジメントプログラムは，工場立地計画の段階で考慮される必要があるとともに，現在では工場敷地内の建築物や防災施設，緑地などのレイアウト全体にも影響するであろうし，環境保全の意識は，環境・地球に優しいグリーンないしエコ生産（green design）やリサイクル形の生産システムに適合した工場計画へと急速に進展すると考えられる。

〔3〕**工場立地計画**
　工場の地域ないし地方の選定，用地の選定は，製造費および輸送費の差異に影響する。地域分析の主要要素として，Reed (1967) はつぎのような要素を挙げている（松田・山崎訳，1970)[2]。
① 市場　集中度および輸送時間の見地より便利であること
② 原料　現在および将来にわたって入手しやすいこと
③ 輸送　多様性，集中度および費用
④ 動力　現在および将来ともに入手しやすいこととその費用
⑤ 気候　建設費や冷暖房費のほか，労働者にも影響する
⑥ 労働力および賃金
⑦ 税制およびその他の法令

　これらのうち市場，原料，輸送，労働力と賃金の4要素が主要な要素とされているが，それぞれの要素の下位要素についても分析が必要とされる。例えば，動力という主要要素については，発生方法，余力の利用，成長率，供給の信頼性，配送能力，天災への対応力，他の公共施設との関連など，現在時点のみではなく将来にわたる需要とのバランスを検討分析する必要がある。もちろん経済的要素だけでなく工業技術上の要素も勘案されなければならない。
　ただし，今日ではこうした要素に安全や公害面でのさまざまな法規制や地域社会の意識，地方自治体の政策などが，地域選定や地域内での用地選定に大きく関わっているため，一般的な定量評価が困難といえる。

〔4〕**工場レイアウト計画**
　工場レイアウト，特に生産設備のプラントレイアウトの効率的側面での狙いは
① 無駄な空間をなくしてスペース効率を高め
② 原材料や中間製品の運搬や作業者の移動を最短距離にし
③ 最小時間・最小コストでレイアウト変更を可能にして
④ 作業工程・作業空間を機能的に配置するとともに
⑤ 作業者の安全性確保
にある。最適なレイアウトは，工程間の停滞をなくして継続的なワークフローを可能にする。レイアウトの基本パターンには大別してつぎの3種がある。
① 製品別レイアウト　原材料から製品に至る工程をそのプロセスに従って直線的に配置する。いわゆる大量流れ作業形態のライン生産方式である。
② 工程別レイアウト　生産設備の機種別にまとめて配置する方式で，少量生産に適した形態である。
③ セルレイアウト　多種類の部品の中で形状・大きさ・加工方法などが類似のものをグループとしてまとめて生産するもので，多品種少量生産に適した形態である。上の①と②の中間的方式といえる。
　こうしたレイアウト計画の基礎となる要素は五つあり，これに基づいてレイアウト設計がなされる。
① 製品（P）　何を生産するか
② 量（Q）　どれだけの量を生産するか
③ 経路（R）　どうやってそれを生産するか（工程の順序）
④ 補助サービス（S）　何によって生産が支えられるか

⑤ 時間（T）　いつ生産すべきか

これらのうち，PとQが重要であり，物の流れと活動の相互関係を勘案して，レイアウトすべき場所の決定，基本（概略）レイアウトの設計，細部レイアウトの設計を経て実際のレイアウトができあがる。**図6.1.1**はミューサーの体系的レイアウト計画（SLP）の手順を示しているが，物の流れは作業と手順を定める工程の設計でもあるからレイアウト計画の核心となる。

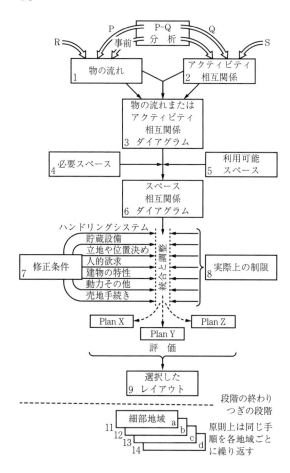

図6.1.1 システマティックレイアウトプランニング（SLP）の手順

しかし，作業によっては，重量物あるいは，爆発物などの危険物や有機溶剤・粉じんなどの有害物を扱ったり，騒音や有害光線が発生したりする場合がある。そうした場合には，危険・有害環境に作業者がさらされないように，隔離するなどの設備が必要になる。さらに事務所や休憩設備などを加えて，補助サービスに関わる事項と物の流れを統合した諸活動の相互関係を分析しなければならない。したがって，活動分析はP，QならびにSに基づいていなければならない。活動分析の眼目は，さまざまな活動が近接して配置されるか，離れて配置されるべきかを相互関係の分析を通して評定することにある。相互関係が強い，すなわち近接性が高い活動はレイアウト上で近接していなければならない。

この相互関係評定に関わる事項は，連絡や事務上の接触，同一設備や道具の使用，共通の記録の使用，監督，物の流れなどのほか，上述のように騒音・粉じんなどの有害環境や作業休憩条件を評価の対象にすることを忘れてはならない。何によって生産が支えられているかという上記のSに関わる要素（補助サービスないし補助活動）は，特に工場スペースに制約がある状況では，レイアウト計画の際に縮小されがちで，生産効率の犠牲となることもある。日常あるいは緊急時における設備の修理・保全とともに，有害環境曝露やその他労働災害からの作業者の保護，作業のしやすさ，疲労回復のための休憩スペースの確保もレイアウト計画で十分考慮されなければならない。

〔5〕　**法規による工場立地・レイアウト規制**

工場の設置場所や敷地利用は経済的側面の観点からだけでなく，安全や防災あるいは環境汚染防止の側面から多くの規制を受けている。また，過密・過疎の解消，低開発地域の開発促進などの観点も必要となっている。

工場立地の適正化を目的にした工場立地法やその他の省令や通達は，工場立地に

① 生産施設
② 環境施設，緑地

などを含めている。さらに，快適職場指針（労働安全衛生法第7章の2「快適な職場環境の形成のための措置」，1992年公表，2002年一部改正）で明示されたように，労働者の疲労回復のための施設・設備も工場敷地の中に含まれる。すなわち，工場立地で考慮すべき敷地とは製造工場の建屋だけでない。現在では，地域の景観破壊の防止，工場で働く労働者の安全と健康，さらに快適な職場環境の形成といった視点まで考慮して，総合的な観点から立地選定を行う必要がある。

工場立地の適正化を目的とした工場立地法による届出の対象工場は，製造業や電気業，ガス業または熱供給製造業などに関わる工場，または事業所の敷地面積が9 000 m² 以上，また建築面積の合計が3 000 m² 以上となる事業所である。工場立地法では工場レイアウトについても，工場周辺地域への防災上あるいは公害の防止のための距離規制を行っている。工場立地については，上記の工場立地法だけでなく**表6.1.1**に示す

6. 労働安全衛生

表 6.1.1 工場立地に関連する法律など

	法律など	目的や関連事項
1	工場立地法	工場の設置場所の適正化，工場の敷地利用の適正化，大規模工場密集地域の汚染の未然防止。敷地面積が9 000 m² 以上，建築面積 3 000 m² 以上では生産施設，緑地，環境施設の面積割合を規制
2	石油コンビナート等災害防止法	石油コンビナートなどの消火，延焼の防止のための施設によるレイアウト規制，特別防災区域に関わる災害からの保護。石油 1 000 kL，高圧ガス 20 万 m³，石油以外の危険物 2 000 kL または 2 000 t，可燃性固体物 1 万 t または可燃性液体類 1 万 m³，高圧ガス以外の可燃性ガス 20 万 m³ などが規制対象
3	消防法	危険物を指定数量以上取り扱うとき，保安距離，空地，技術上の基準などを規制，消火設備の設置
4	高圧ガス取締法	一般高圧ガス，液化石油ガス，コンビナートなどの製造施設の位置，構造および設備，ならびに製造方法などの規制，防消火設備の規制
5	建築基準法	床面積 10 m² 以上の建築物および工作物についての規制
6	大気汚染防止法	ばい煙発生施設の硫黄酸化物，ばいじん，有害物質の規制
7	水質汚濁防止法	排出水の規制
8	騒音規制法	7.5 kW 以上の空気圧縮機および送風機の敷地境界線における規制
9	振動規制法	7.5 kW 以上の圧縮機の敷地境界線における規制
10	悪臭防止法	悪臭物質 12 種類の大気中への排出規制
11	廃棄物の処理及清掃に関する法律	産業廃棄物処理施設を設置するときの届出
12	首都圏の既成市街地における工業等の制限に関する法律	大都市圏への産業および人口の過密集中を防止するため，工場などの新設・増設を原則的に禁止
13	港湾法	港湾区域内や隣港地区内における施設の建設または改良の際の許可。敷地面積 5 000 m² 以上または作業場の床面積 2 500 m² 以上の事業所の新設または増設の届出
14	航空法	60 m 以上の高さの物件は航空障害灯を設置
15	海上汚染および海上災害の防止に関する法律	原油，重油，潤滑油，油性混合物などを 500 kL 以上保管することができる施設，または 150 t 以上の船舶を係留することができる施設における排出油防除資材の配備
16	労働安全衛生法	ボイラ，圧力容器の構造，有機溶剤，特定化学物質の規制。快適な職場環境形成，疲労回復施設・設備などの措置

ように，さまざまな法律が定められており，工場計画の段階からこれらの法律に精通していなければ工場立地は可能ではない。

また，工場敷地の利用ないしレイアウトの在り方についても地域への障害防止や公害防止のためにさまざまな法律で規制されている。これらを見渡すと，工場の施設は下記のように区分する必要がある。工場レイアウトというと製造に直接関わる施設を中心に考えられがちであるが，工場全体のレイアウトとしては通路や緑地などのゾーンも考慮してレイアウト（工場敷地のゾーニング）を計画しなければならない。

① 製造敷地　製造工程に直接関わる施設
② 貯蔵施設　原料や製品などを貯蔵および付属施設
③ 用役施設　製造施設や貯蔵施設などで使用する電気，水，ガスなどの用役を供給する施設
④ 事務管理施設　事務所，試験研究棟などの施設
⑤ 入出荷施設（運搬施設）　船舶や車両により原料や製品などの受入れ・送り出し施設およびその付属施設
⑥ そのほか　防消火などの施設，保安距離確保のための空地など
⑦ 通　路
⑧ 環境施設（緑地などを含む）

（a）工場立地法などによる工場レイアウト

工場立地法では，敷地面積に対する生産施設の面積の割合が業種の区分に応じて，例えば石油精製業では 30% 以下と定められている。また，第 1 種区域（住居や商業等施設と混在）である場合には緑地面積が敷地面積の 20% 以上，環境施設面積が 25% 以上となっている（環境施設の中には緑地が含まれる）。

石油コンビナート等災害防止法では，施設地区を製造施設，貯蔵施設，用役施設，事務管理施設，入出荷

施設，その他の施設の6地区に区分している。危険物や高圧ガス，可燃性ガスなど危険性が高い製造施設のレイアウトでは，面積は8万 m^2 を超えないようにし，7 000 m^2 ごとに4 m 以上の通路で分割し，その外周のすべてが特定通路を設け，おおむね長方形となるようにしなければならない。また，危険物の貯蔵施設やその付属設備の設置についても，面積が9万 m^2 を超えないようにし，製造施設と同様に外周のすべてが特定通路に接していなければならない。

用役施設地区もその2辺が特定通路に接する必要がある。事務管理施設については，公共道路に画する境界線に近接するように配置し，用役施設地区と同様，2辺が特定通路に接する必要がある。入出荷施設地区については，1辺が特定通路に接することとしている。

同法では政令によって「石油コンビナート等特別防災区域」が指定されており，そこでは事業所を第一種事業所（石油と高圧ガスの取扱い量がそれぞれ10万 kL，200万 m^3 と多い場合）とそれ以下の第二種事業所に区分している。第一種事業所は災害が発生した場合，重大な結果に至る危険性が高いため，製造施設地区はその外周から5 m 以内に施設や設備を設置してはいけない。また，その地区の面積（1万 m^2 未満～6万 m^2 以上の5分類）によって，製造施設地区および貯蔵施設地区の特定通路の幅員は6～12 m 以上と規定されている。入出荷・用役，事務管理施設地区の特定通路の幅員は面積に関係なく6 m 以上である。そして敷地内の一般通路は，敷地面積が広い場合（100万 m^2 以上）には敷地を4分割，敷地面積がそれより狭い場合（50万 m^2 以上～100万 m^2 未満）は2分割するようにし，前者は道路の一端が12 m 以上，後者は10 m 以上の幅員で公共道路に接続されていなければならない。そのほか入出荷施設や事務管理施設の位置は，そこへの通路が製造施設や貯蔵施設地区に接しないようにしなければならない。

消防法によっても，延焼の防止や避難保護などの理由から，製造所などの位置は学校，病院，高圧ガス施設などとの間にある一定の保安距離を保持しなければならない。すなわち，保安距離として

① 学校，病院，劇場，そのほか多数の人を収容する施設とは 30 m 以上
② 文化財または重要美術品として認定された建造物とは 50 m 以上
③ 高圧ガスの施設とは 20 m 以上
④ 上記以外の建築物その他の工作物の住居とは 10 m 以上
⑤ 特別高圧架空電線 7 000 超～35 000 V 以下とは，水平距離 3 m 以上
⑥ 特別高圧架空電線 35 000 V 超とは，水平距離 5 m 以上

が求められる。屋外タンク貯蔵所についても，その危険物の引火点（温度）によって保安距離が定められている。

（b）**工場立地・レイアウトの事前評価** こうした法令による規制は，工場計画の第1段階である全般的な地域ないし地方の選定に関わる問題であるため，さまざまな法令に精通しなければ実際の選定は困難となる。したがって，工場の新設や変更の際には，立地条件についての計画立案の段階から事前に安全性評価（セーフティ・アセスメント）を行って，立地選定とともに工場レイアウトデザインを行わなければならない。化学プラントについては，1976年に旧労働省が「化学プラントにかかるセーフティ・アセスメント」（基発第905号）という指針を公表した。その後2000年に厚生労働省は「化学プラントにかかるセーフティ・アセスメントについて」（2000年3月21日，基発149号）という指針を公表し，1976年の指針を廃止した。**表6.1.2**は2000年のセーフティ・アセスメントの5段階の事前評価項目であり，これに基づいて事前評価を行う。

工場立地条件やレイアウトに直接関連するのは，まずは第1段階の関係資料の収集・作成と第2段階の定性的評価である。

〔6〕**工場立地・レイアウトの総合的評価要因**

工場の立地・レイアウトに関する計画は，これまで述べてきたような生産システムの効率，安全，環境，さらに作業者の健康などの各側面から総合的に検討されなければならない。以下は R. Muther（1961）がレイアウト案の評価の際の評価要因についてまとめたものである。大別して20要因に分類されている。すでに述べたように，工場立地法などの法規制を前提に，各要因の評価・検討はレイアウト選択にあたっての基本的事項といえる。

[工場立地・レイアウト計画の評価要因]

① 将来の拡張容易性　立地スペースを将来，容易に拡張できるかどうか。建物や施設の配置計画が将来の拡張を視野に入れたものか，設備の立体的な拡張の可能性も考慮しているか。
② 適用性の多様性　レイアウト計画の修正が容易か，建設後の変更が容易か。さらに，市場の要求に応じて，製品・材料，品質・量，製造設備，作業方法・作業手順，ハンドリングや貯蔵法，動力などさまざまな生産・管理条件の変更に対応できるか。
③ レイアウトの融通性　レイアウトを修正に

6. 労働安全衛生

表 6.1.2 セーフティ・アセスメントの5段階の事前評価項目

段 階	項　　目	内　　容
第1段階	関係資料の収集・作成	化学プラントの安全性の事前評価を行うために，以下の資料の収集・作成を行う。[1] 立地条件，[2] プラント配置図，[3] ストラクチャの平面図および立面図，[4] 計器室および電気室の平面図，[5] 原材料，中間体，製品等の物理的・化学的性質及び人体に及ぼす影響，[6] 起こり得る反応，[7] 製造工程概要，[8] 工程系統図，[9] プロセス機器リスト，[10] 配管・計装系統図，[11] 安全設備の種類と設置場所，[12] 類似装置，類似プロセスの災害事例，[13] 運転要領，[14] 要員配置計画，[15] 緊急時の連絡体制，[16] 安全教育訓練計画，[17] その他の関係資料
第2段階	定性的評価	診断項目により，化学プラントの安全性にかかる定性的評価を行う。この結果，プラントの安全性を確保するため改善すべき事項があれば，設計変更等を行う。必要と考えられる診断項目の一例は以下のとおりである。 [1] 立地条件，[2] 工場内の配置，[3] 建造物，[4] 消防用設備等，[5] 原材料・中間体・製品等，[6] プロセス，[7] 輸送，貯蔵等，[8] プロセス機械，[9] その他
第3段階	定量的評価	物質，エレメントの容量，温度，圧力，操作の5項目について定量的評価を行う。定量化の評価はプラントをいくつかのエレメントに分割し，危険度の程度により4段階に区分し，それぞれに点数（A：10点，B：5点，C：2点，D：0点）を与えて評価する。危険度の区分として，点数の和が16点以上をランクⅠ，11～15点をランクⅡ，10点以下をランクⅢとして評価する。
第4段階	プロセス安全性評価	第3段階の危険度ランクがⅠのプラントについては，プロセス固有の特性等を考慮し，フォールト・ツリー，HAZOP，FMEA手法等により，危険度ランクがⅡのプラントについては，What-if手法等により，潜在危険の洗い出しを行い，妥当な安全対策を決定する。 また，危険度ランクがⅢに該当するプラントについては，第2段階での定性的評価で基本的対策がなされていることを確認し，さらに，プロセスの特性を考慮した簡便な方法で安全対策を再確認する。
第5段階	安全対策の確認等	第4段階でのプロセス安全性評価結果に基づき，設備的対策（少なくとも，消火用水，耐火構造，爆発防止等の計10項目）と管理的対策（適正な人員配置，教育訓練，非定常作業の3項目）について確認等を行うとともに，これまでの評価結果について総合的に検討し，さらに改善すべき点がないかの最終的チェックを行う。

よって物理的に再配置することが容易かどうか。機械や設備の可動性，建屋の固定性，床面の高さ，空間密度，サービスライン・配管・動力の配分，アクセスの度合いなどの点で再配置の容易性が影響される。

④ 流れや移動の能率　作業工程の物流や人の移動の効率性。最短距離，一貫した流れのパターン，物・人・情報の流れの位置関係の効率性などの影響要因がある。

⑤ マテリアルハンドリングの効率　地域の交通網と工場内レイアウトとの物流面での効率性。工場外道路と工場内運搬手段の連続性の容易さ，ハンドリング方式と設備の利便性・融通性，ハンドリング設備の保全の容易さなどがある。

⑥ 貯蔵の効率　材料，部品，製品，サービス用品の所要貯蔵量を保持することの効率。素材から最終製品，さらに工具や廃棄物の貯蔵に至る全貯蔵物のアクセスの容易性，配置関係，貯蔵管理の容易さ，貯蔵スペースの妥当性などがある。

⑦ スペースの利用度　床面積と立体的なスペース利用効率で，季節的な変動をも考慮した配置関係。

⑧ 補助サービスの統合の効率　補助的区域が作業区域に役立つように配置してあること。管理事務施設，生産技術施設，用役施設，救護施設，焼却・塵埃設備などの位置の利便性などがある。

⑨ 安全と建物の保守　従業員や施設ならびに事故や破損についての，また関係のある地区の一般的な清潔さについてのレイアウトやその性質の効果で，通路や作業場の安全性，救急施設，消火施設の利便性，危険物や危険作業の防護や隔離，廃品・塵埃などの処理，衛生管理の容易性などがある。

⑩ 作業条件と従業員の満足　働きやすいレイアウト，利便性への考慮，従業員の仕事意欲・満足などで，従業員の配置関係，ロッカー・休憩室・食事施設などの利便性，作業環境の適正性など作業に適したレイアウトスペースなどの要因がある。

⑪ 監督や管理の容易さ　監督者や管理者の仕事のしやすさで，監督区域の見やすさ，巡回のしやすさ，品質・生産量・仕掛りなどの管理の容易さ，従業員配置管理の容易さなどがある。

⑫ 概観，宣伝価値，公約または地域的関係　立地地域の社会的価値，魅力度などで，工場の建築物が地域と利便性・景観，その他の地域特性の面

での融和，地域への貢献度などがある。
⑬ 製品や材料の品質　製品や材料またはその効用レイアウトが影響する程度。レイアウトが原因となる汚染・腐食・損耗などの損害，品質管理活動の相互関係の利便性などがある。
⑭ 保全問題　レイアウトが建物や機械の修理など，保全作業に対する影響度。
⑮ 会社の組織構造への適合性　管理の容易さ，従業員の配置関係などの組織構造に対するレイアウトの適合性。
⑯ 設備の利用度　操業，サービスを考慮した機械や諸設備の利用度。
⑰ 自然条件，建物，または環境の効用　立地の自然条件，周囲の物理的条件，建物の構造，周囲の地区との適合性。
⑱ 能力や要求に適合する能力　製品の量・質の仕様ニーズ，生産計画との適合性。
⑲ 投資または資本の必要　工場敷地獲得，建設・補修などのコスト。
⑳ 節約，支払い，回収，利益性　特定レイアウト選択による全操業費のメリット，将来的なメリット。

〔7〕 **工場内のレイアウトのチェックリスト**

ここでは工場立地を除外し，工場内レイアウトの評価に有効な人間工学的チェックリストを示す。最近，安全・衛生などの人間工学的視点からのガイドラインや評価基準が重視されている。ここでは工場レイアウトに関連する側面だけをまとめたものであるが，実際の現場での再評価・改善にとっても有効といえる。このチェックリストは下記のものを参考にまとめたものである。なお，詳しくは文献3)〜5)を参照されたい。

[工場内レイアウトのチェックポイント]
（1） 建屋・全体配置
・地震・洪水・暴風雨などに対する備えは十分か。
・床に重量がかかりすぎていないか。
・排気・換気，自然光入射を考慮した建屋構造になっているか。
・機械その他の設備は，材料の供給，修繕，保守などが行いやすいように設置されているか。
・出口・非常口の場所や幅は適切か。また，最大限の安全を考えた適切な位置にあるか。
・避難経路はつねに障害物がない状態に保たれているか。
・洗面所・トイレ・更衣室などの衛生施設は数や位置に十分考慮して配置されているか。
・飲料・食事・休憩のための施設は，衛生施設とは別に数や位置に十分考慮して設置されているか。
・ミーティングや訓練のための施設は，場所やスペース，設備を考慮して設置されているか。
・建屋自体や設備配置は整理・整頓・清掃を簡単に行えるように配慮されているか。

（2） 資材運搬・保管
・運搬用通路には作業場所と区分するためのマークがあるか，通路上に障害物がないか。
・運搬用通路と作業者用通路は，はっきり区別されているか。
・通路や廊下の広さは2方向の運搬ができるのに十分か。
・運搬用通路の床面は平坦になっているか，急な段差がなく，勾配はできるだけ緩やかになっているか。
・資材の運搬や積み降ろし位置には十分なスペースが確保されているか。
・資材の移動距離は最小になるような作業区域レイアウトになっているか。
・手押しカートや手動運搬車，移動式保管ラック，重量物運搬用リフト，多段式保管ラックなどの保管場所は必要な箇所に位置しているか。
・コンベヤやホイストなどの大きさ・高さは適切か。
・資材の上げ下げ動作が最小となるよう，作業面の段差を少なくしているか，あるいは調節できるようになっているか。

（3） 危険・有害環境
・危険作業は，隔離された場所で行えるか。
・非常用操作具は緊急時に識別しやすく，操作しやすい場所にあるか。
・危険区域，危険対象物などの警告標識は識別しやすく，適切な場所にあるか。
・機械の動力電動部やコンベアなどの危険部分は安全カバーやガードなどを設けているか。
・騒音源を隔離したり，カバーしたり，あるいは吸音材で覆ったりしているか。
・振動曝露を低減できるように，振動工具などの置き場所を確保しているか。
・ハンドランプやその他の携帯器具は感電防止などを考慮した適切な場所に置き場所を確保しているか。
・電気配線・接続は安全性を考慮して適切になされているか。
・熱輻射や空気汚染を防止するための発生源遮断設備や排気設備などは，適切な場所に設けているか。
・個人用保護具の適切な保管場所を設けているか。

（4）照明
・自然光は十分利用されているか。
・窓・人工照明の位置は作業中に直接グレアや反射グレアが生じないようになっているか。
・照明が均等になるよう，また全体照明や局所照明光源の位置・高さ，照明の方向性は適切か。
・廊下・階段・スロープなどは十分な照度が確保できるよう照明位置が適切か。

（5）作業場
・作業面は肘（ひじ）の高さあたりになるよう，高さ調節に配慮した配置になっているか。
・作業対象物の大きさに応じて，高さ調節が可能な作業テーブルが利用できるか。
・適切な作業距離が保持できる配置になっているか。
・作業位置が身体を捻（ねん）転するようになっていないか。
・反復的な動作が生じないように工夫されているか。
・作業位置や機械の周辺に十分な余裕空間があるか，通路のスペースも考慮しているか。
・利用頻度に応じた資材・工具などの配置になっているか，所定の保管場所はあるか。
・必要な記録スペースやメンテナンスのためのスペースが確保されているか。
・立位と座位の作業を考慮した作業場構成になっているか，立位と座位が交互にとれるように，いすなどが配置されているか。

〔8〕 構内整備の重要性

「物の置き方，作業場所の欠陥」が5.1％，その内訳は「物の置き場所の不適切」1.7％，「物の積み方，置き方の欠陥」1.4％，「作業箇所の間隔，空間の不足」0.6％，「機械，装置，用具，什器の配置の欠陥」0.2％，「その他」1.3％。これは2013年度の製造業の労働災害について原因要素を分析した結果で，不安全な状態別の死傷者の割合を示している。「物の置き方，作業箇所の欠陥」は「作業方法の欠陥」（不適当な機械・装置の使用，不適当な工具・用具の使用，作業手順の誤り，技術的・肉体的な無理，安全の不確認，その他）50.7％，その他の不安全な状態20.1％，不安全な状態がないもの7.9％のつぎの第4位の比率になっている。

物の置き方や作業箇所の欠陥はレイアウトの問題であり，作業箇所の間隔空間の不足や道路が確保されていないといったレイアウト計画の不適切さのほか，物の積み方や置き方の欠陥，物の置き場所の不適切といった整理・整頓・清掃（3S）の問題でもある。

工場全体のスペース不足によるレイアウト計画の困難さは，通路の狭さや通路の貯蔵庫化という結果に転化されやすい。機械や設備の補修・保全に必要なスペースも不十分なレイアウト計画のしわ寄せを受けやすい。その結果，事故という結末になってしまうこともある。

しかし，最も死傷者率が高い「作業方法の欠陥」について見ても，事故原因をたどれば，無理なレイアウト計画といった原因に行き着くこともある。事故原因では，工場レイアウト計画の不適，そして整備が事故の原因になっていることが少なくないことを念頭に置かなければならない。ただし，無理なレイアウト計画が整備の困難さを生じさせていることも忘れてはいけない。

構内整備は，ゼロ災害を目指して，安全で作業性に優れた職場形成のための基本的活動である。安全を確保するための安全巡視として作業状態の不備・不具合を巡視したり，機械・設備の不安全状態がないかチェックしたり，始業点検，終業点検，月次点検，年次点検，あるいは特別点検の中で行われている。構内整備を整理整頓はもちろんのこと，点検整備活動と位置付けられていることもある。整理整とんは，点検整備，標準作業とともに安全の3原則の一つに挙げられるほど重要視されている。

整理とは，必要なものと不要なものを区別し，不要のものを取り除くことであり，整とんとは，必要なものをあるべき場所に正しく置き，効率良く取り出せるようにすることである。職場をごみやほこり・汚れがなくきれいに維持する清掃を加えて3Sと呼ばれたり，さらに身に着けるものについての清潔を加えて，4Sといわれたりする。これらは安全衛生面だけでなく，製品の品質管理，作業効率の向上にとっても重要な問題である。

〔9〕 整理・整とん・清掃と安全点検

通常，整備や環境条件とともに，整理・整とん・清掃も点検項目として点検表（安全点検表）が作成され，それに基づいて日常的な安全点検が行われる。最低限の点検項目として

① 整 理　工具などの保管場所，消火設備などの周囲におけるものの有無，通路・階段・出入口におけるものの有無，作業場の隅・机の上などにおけるものの有無
② 整 とん　工具を探さなくても取り出せること，ごみの捨て場所の有無と種類別区分，物の置き方の基準化とその順守状況
③ 清 掃　作業場の清掃状況，機械設備・工具の清掃状況

が挙げられる。特に作業場内の通路の安全確保が重要で、作業通路上に物が置いてあれば、事故・災害の原因、作業能率の低下原因となる。建屋内の作業通路や建屋間の通路には、原材料やそのほか障害となるものを置くべきではない。また、通路の床面に油や薬品などがこぼれた場合は、清掃し滑らないようにすべきであろう。通路と作業域との区分線が消えていないかなども日常の点検で、つねに良好な状態を維持する必要がある。

整とんで特に重要なことは、前述の労働災害原因要素の分析結果に表れていたように、「物の積み方、置き方の欠陥」がないかどうかである。製品・治道具・材料などはスペースの狭さから、縦積みされることが少なくない。所定の場所に適切に置かれているか、積まれているか、並べられているか、荷崩れ・落下・転倒などがないように、その床の状態とともに日常の点検が必要である。

安全点検は「いつ」、「何を」、「どのように」点検するかを明確にし、点検方法と点検結果、そして発見された不具合点の是正状況（是正の方法、是正の期日、実施責任者）を必ず明記することが重要である。その際、応急的な処置と抜本的な処置との区別を忘れがちである。抜本的な処置がとれないからといって、それをあいまいにすれば安全性は将来にわたって向上しない。

事後処置でなく、不具合点が発見された箇所と類似の箇所の点検に生かしたり、さらにはレイアウト計画までさかのぼった安全対策を講じたりできるように、安全点検の結果をフィードバックすることが必要である。そのためにも安全衛生管理者や安全スタッフ、および作業現場の作業者に至るまでのそれぞれの役割を明確にした安全管理組織とその活動の記録が必要である。点検記録表の例を**表6.1.3**に示す。ここには、整理・整とん・清掃のみが示されているが、安全衛生点検では、ほかに安全作業、環境、機械器具、運搬具、電気・危険物、保護具など、諸側面での安全点検が加わる。

（板垣晴彦、髙橋　誠）

引用・参考文献

1) Muther, R. 著，十時昌訳，工場レイアウトの技術，日本能率協会 (1975)
2) ラデル・リード, Jr. 著，松田武彦，山崎進訳，工場の立地・レイアウト・保全，東洋経済新報社

表6.1.3　整理・整とん・清掃の点検記録表の例

点検期日　　年　月　日	点検対象部署		点検者		

点検項目
（1）整理

整理・整とん・清掃	問題点の有無	原因	対策	処置
○作業に必要な道具、工具、検査具は所定の場所に保管してあるか				
○消火器、スイッチボックス、救急用具の前に物を置いていないか				
○出入口付近に製品や材料が積み上げられて障害になっていないか				
○非常口や階段に製品や材料が置かれていないか				
○作業場の隅や機械の背後に不要な物が置かれていないか				
○不要な書類を積み上げて置いていないか				

（2）整とん

○通路に物がはみ出していないか				
○材料や工具類など整とんされて探さなくても取り出せるか				
○廃材やごみなどが区分されて捨てられているか				
○清掃用具は所定の場所に保管されているか				
○重い物から軽い物へ、大きい物から小さい物へ積み重ねているか				
○物の立て掛けは、倒れないように固定されているか				

（3）清掃

○通路、床面、棚、工具箱などは適切に清掃されているか				
○作業場の壁面、天井照明器具、窓ガラスなどは適切に清掃されているか				

3) 国際労働事務局（ILO）編集,国際人間工学会（IEA）協力,小木和孝訳,人間工学チェックポイント,労働科学研究所出版部 (1998)
4) 中迫勝,宮尾克共訳,小出勲夫編集協力,米国労働安全衛生管理局（OSHA）人間工学的予防基準（案）,インターグループ (1995)
5) 野田信夫ほか編,経営工学講座2,工場計画,共立出版 (1959)

6.1.2 視 環 境
〔1〕 採光・照明

（a）**快適な視環境の条件** 視環境は,採光,照明,グレア,色彩など人間の視覚機能と関係する物理的要因から総合的に構成される。職場における視環境が備えるべき要件は,そこで働く人々の安全と健康を守り,作業を快適に行うための人間工学的条件を満たした環境を作業者に提供することである。これらの条件は,VDT（visual display terminals）作業に代表されるような視器への著しい負担の増加や就業人口の高年齢化など,産業形態の変化に対応させることが必要であり,それぞれの条件に適合した要件を考えなければならない。以下に,照明や採光に関する視環境要件を,一般作業場とVDT作業場に分けて述べる[1]。

（b）**一般作業場の視環境要件** 作業環境の安全性や作業効率の改善に加え,作業場の快適性を向上させるために質の高い視環境を設計することが,社会的に要請されている。これを実現するために配慮すべきことがらを列挙すると,つぎのようである。

① 採光と人工照明の調和
② 光源の演色性（物体の色の見え方を決めるのが光源の演色性である）
③ 局部照明の利用（仕事内容や個人に適合させる）
④ グレア防止（直接グレアと映り込みによる反射グレアがある）
⑤ 作業に適した照度（明るい環境は視機能を向上させるので,精密作業や中高年齢者には1.5～2倍の照度が必要である）
⑥ 照度の均斉度（最小照度/平均照度）と連続性
⑦ 適切な輝度分布（視野内に過度の輝度比を持つ視対象があると眼の疲労原因となる）
⑧ 中高年齢者の視覚特性の著しい低下

特に注意しなければならないことは,輝度に対する配慮である。従来,作業場の光環境の管理は照度のみを測定し,評価しているのが一般的である。しかし人間の視覚系の反応は,視線の向く方向の単位面積当りの光度,つまり輝度に非常に強く影響される。その意味で,人間の眼は輝度計として働いており,照度とは別に輝度を作業場の環境管理の対象とする必要がある。

表6.1.4は,JIS Z 9110 : 2010に定められた事務所における作業または活動別の照明基準である。この基準は,事務所のほかに,工場や学校,保健医療施設など施設の用途ごとに定められている。

（c）**VDT作業場の視環境** VDT作業では,一般にCRTや液晶などの電子ディスプレイが注視対象となることが多く,従来の伝統的な事務所とは視環境要件が異なる。多くの電子ディスプレイでは表示面が発光体であり,画面に入射する光によってコントラストや視認性が低下し,窓や照明器具の映り込みでグレアを生じやすい。これらディスプレイの持つ特徴は,いずれも視覚疲労の大きな要因となる。VDT作業場の不適切な照明環境は,視器への負担を増すばかりでなく,無理な作業姿勢が強要されることにより,肩や頚部の筋疲労や痛みの原因となる。上述した一般作業場の視環境要件は,VDT作業場でも共通した必要な条件であるが,VDT作業における労働衛生管理のためのガイドライン（厚生労働省,基発0405001号,平成14年4月5日）が策定されている。その中の照明と採光に関する事項を下記に示す。

① ディスプレイを用いる場合は,ディスプレイ画面上の照度を500 lx以下,書類上とキーボード上を300 lx以上とする。また,周辺との明るさの差をなるべく小さくする。
② ディスプレイ画面に太陽光等が入射する場合は,窓にブラインドやカーテン等を設け,適切な明るさとする。
③ グレアなど画面への高輝度像の映り込みを防ぐ。

グレア防止の具体策として,つぎが示されている。

④ VDT機器の配置や向きを調整する。
⑤ 反射防止型のVDT機器を使用する。
⑥ 間接型照明などのグレア防止用の照明器具を用いる。

一方,VDT画面,およびある環境下ではキーボードも反射による減能グレアおよび不快グレアが生じることについて,JIS Z 9110 : 2010では,妨害となる高い輝度の反射を避けるように照明器具を選択し,照明器具を配置し,照明器具の輝度を制御することが必要であるとしている。そしてVDT画面への映り込みを起こす照明器具の平均輝度の限界値を**表6.1.5**のように推奨している。なお,垂直または15度傾いた表示画面を通常の視線方向（水平）で使用するところでは,照明器具の下半球光束による輝度の限界値は,照

表 6.1.4　事務所における作業または活動別の照明基準

	作業または活動の種類	維持照度〔lx〕	グレア制限値	平均演色評価数	注　記
作業	設計，製図	750	16	80	照度均斉度は 0.7 以上
	キーボード操作，計算	500	19	80	照度均斉度は 0.7 以上 VDT 作業は 6.1.2 項〔1〕の（c）参照
執務空間	設計室，製図室	750	16	80	
	事務室	750	19	80	VDT 作業は 6.1.2 項〔1〕の（c）参照
	役員室	750	16	80	
	診察室	500	19	90	
	印刷室	500	19	80	
	電子計算機室	500	19	80	VDT 作業は 6.1.2 項〔1〕の（c）参照
	調理室	500	22	80	
	集中監視室，制御室	500	16	80	制御盤は多くの場合，鉛直調光が望ましい。VDT 作業は 6.1.2 項〔1〕の（c）参照
	守衛室	500	19	80	
	受付	300	22	80	
共用空間	会議室，集会室	500	19	80	照明制御を可能とする
	応接室	500	19	80	
	宿直室	300	19	80	
	食堂	300	—	80	
	喫茶室，オフィスラウンジ，湯沸室	200	—	80	
	休憩室	100	—	80	
	書庫	200	—	80	
	倉庫	100	—	60	常時使用する場合は 200 lx
	更衣室	200	—	80	
	化粧室	300	—	90	
	便所，洗面所	200	—	80	
	電気室，機械室，電気・機械室などの配電盤および計器	200	—	60	
	階段	150	—	40	出入口には移行部を設け，明るさの急激な変化を避けることが望ましい
	屋内非常階段	50	—	40	
	廊下，エレベータ	100	—	40	
	エレベータホール	300	—	60	出入口には移行部を設け，明るさの急激な変化を避ける
	玄関ホール（昼間）	750	—	80	昼間の屋外自然光による数万 lx の照度に目が順応していると，ホール内部が暗く見えるので，照度を高くすることが望ましい
	玄関ホール（夜間），玄関（車寄せ）	100	—	60	

表 6.1.5　VDT を使用する視作業のための照明器具の輝度限界値

画面のクラス（JIS Z 8517 参照）	Ⅰ	Ⅱ	Ⅲ
画面の特性	一般オフィスに適する	すべてではないが，ほとんどのオフィス環境に適する	特別に制御された光環境を必要とする
照明器具の平均輝度の限界値	2 000 cd/m² 以下		200 cd/m² 以下

〔注〕　影響を受けやすい画面および特別な傾斜の画面を用いる場所では，上記の輝度限界値はより小さい角度（例えば，鉛直角 55 度）を適用することが望ましい。

明器具の鉛直角 65 度以上の平均輝度に適用するとしている。

〔2〕　**色彩と色彩調節，色彩設計**

（a）　**色彩の表し方：XYZ 表色系とマンセル表色系**　人間が知覚する色を体系的に記述したものを表色系という。これまでに多くの表色系が提案され，それぞれ実際に用いられている[2),3)]。そのうち代表的な表色法は，色を 3 刺激値から成る色方程式で物理的に表す CIE-XYZ 表色系と，心理的属性から色票（color chips）として配列したマンセル表色系である。

1）　**XYZ 表色系**　人間が知覚するあらゆる色は，3 種類の異なる原刺激の組合せで等色（color matching）することができる。一般に色を物理的に表現するための基準として，1931 年に CIE（国際照明委員会）は RGB 表色系と XYZ 表色系を定め，国際的に勧告した（**図 6.1.2** 参照）。後者の表色系は，使いやすくするために前者を座標変換したものである。実在しない虚色座標を仮定することにより，XYZ 表色系では 3 種類の原刺激すべてを正の値として扱うことが可能である。実際に色を記述するためには，3 刺激値 X，Y，Z から

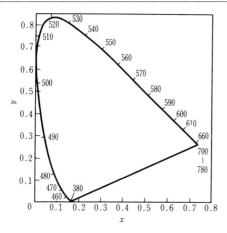

図 6.1.2　CIE 1931 xy 色度図

$$x = \frac{X}{X+Y+Z}$$
$$y = \frac{Y}{X+Y+Z}$$
$$z = 1 - x - y$$

で定義される色度座標（chromaticity coordinates）が用いられる。このようにして色は，色度図と呼ばれる空間内の1点に位置付けることができる。さらにその後 CIE では，任意の2色間の色差を表す色度図として，CIE 1960 UCS 色度図，CIE 1976 UCS 色度図などを勧告している。これらの座標系は，色の感覚的な差に対応した空間内の距離を正しく表現できるように考えられており，均等色空間と呼ばれている。

2）**マンセル表色系**　色の心理的な属性としての色相（hue：赤や緑という色合い），明度（value：色の明るさ），彩度（chroma：色の鮮やかさ）で配列した標準色票を利用し，任意の色を表す方式の代表がマンセル表色系である。マンセル表色系は 1905 年に米国のマンセルにより考案され，その後米国の光学会測色委員会の修正を受け，1943 年に公表されている。

マンセル表色系では，色相については，基本となる 10 色相をさらに 10 分割した色相環を構成する。明度は，理想的に考えた黒から白までを 10 分割する。彩度は，色味のない白や黒などの無彩色を "0" とし，彩度が増すにつれ等歩度的に増加させる。このようにして，すべての物体色を HV/C の記号で表現することができる。

例えば，首都圏の地下鉄路線に使われている車体色の場合は，丸ノ内線の赤は 6R4.5/14，銀座線の橙は 5YR7/14 となる。マンセル表色系は，わが国では日本工業規格（JIS Z 8721「3 属性による色の表示方法」）として採用されている。これに基づいた標準色票が日本規格協会から発行されており，色彩の心理的評価に広く利用されている表色系である。

（**b**）**色彩調節と色彩設計**　色彩調節（color conditioning）[4] とは，色彩の持つ心理・生理的効果を合理的に積極活用し，適切な色彩設計を図ることにより，環境の安全性や職場における快適性の向上を目指すものである。例えば，作業時に最も重要な視対象となる部分の色彩は周囲より明るく見やすくし，周辺の色彩はそれと調和させることなどである。色彩調節はその考え方をさらに発展させ，あらゆる社会的環境において快適空間の実現を目指しており，色彩設計，色彩計画と呼ばれることもある。この場合重要なことは，多くの色彩はそれぞれ特有の種々の心理的効果を持っていることである。

色彩の心理的効果については，ゲーテの「色彩論」に見られるように，色彩の感情への影響などが広く知られている。色彩の示す効果を以下にまとめるが，安全標識や識別表示などに色彩を利用する際は，このような色の心理的特性に特に配慮しなければならない。

1）**温冷感**　色彩は温冷感と密接に関係し，長波長側の赤，橙，黄などは暖かい印象を持ち，暖色と呼ばれる。逆に短波長側の青などは冷たく感じられ，寒色と呼ばれている。

2）**誘目性**　人間の目を引きやすい色は，暖色系で彩度の高い純色である。赤，橙，黄などの色彩が誘目性が高い。標識などの文字や記号の視認性には，背景色と文字や記号の色の明度差が影響する。

3）**大きさや距離感**　また色の違いによって，視対象の主観的な大きさや距離が異なって見えることがある。大きさの違いは膨張色や収縮色といわれ，明るく暖かい色が大きく見える。見かけの距離の違いは進出色や後退色といわれ，赤や橙などの暖色系が青などの寒色系より近くに見える。

われわれが光として見ることができるのは，波長 400〜780 nm の電磁波エネルギーである。この波長範囲内でも，視覚の感度は波長により大きく異なる。横軸を波長，縦軸を最大感度が 1.0 となるよう相対的に表した図を比視感度曲線という。最大感度を示す波長は，明所視で 555 nm，暗所視では 507 nm である。つまり夕暮れどきなど薄暗くなると，われわれの視覚系は青など短波長側へと視感度特性がずれることがプルキンエ現象として知られている。比視感度は，順応条件のほか，視野の大きさや網膜部位によっても大きく影響される。

色覚は絶対的なものではなく，諸条件によって影響されることを配慮しなければならない。また，色覚異常者は男性で 5％，女性で 0.4％ を占めている。情報

提示システムやソフトウェアを設計する場合など，色で情報を符号化するときは，いろいろな色覚を持つ人々がいることに留意したい。

〔3〕 安全色彩と安全標識

上述したように，色彩には多くの心理的・生理的効果がある。危険性や案内情報などを知らせるために多くの標識があるが，色彩の持つ心理・生理的特性を生かした標識設計が人間工学的にも望ましい。また標識設計には，誤解や混乱を避けるためにも，共通の認識を目的とした規格化・標準化が必要である。

国際標準化機構（ISO）では，1984 年に ISO 3864 として「安全色彩と安全標識」について規格化した。安全標識についての国際標準を意図したこの規格では，以下の四つの安全に関する色彩とその色彩が示す意味を規定した。

① 赤：禁止
② 青：指示行為
③ 黄：注意・危険
④ 緑：安全

また，安全標識の種類と形状について，つぎのように規定した。

① 禁止標識：円形
② 指示標識：円形
③ 注意標識：三角形
④ 案内標識：正方形
⑤ 補助標識：長方形

わが国のかつての JIS 規格では，色彩，形状ともに細かな指定をしていて，国際規格と合致していなかったが，国際規格の改正とともに JIS 規格も改正がなされ，現在は国際規格（ISO 3864-1：2002）との整合が図られている。安全標識に用いる色やデザインについての JIS 規格を示すと以下のとおりである。

JIS Z 8102：2001 物体色の色名
JIS Z 8105：2000 色に関する用語
JIS Z 9095：2011 安全標識―避難誘導システム（SWGS）―蓄光式
JIS Z 9096：2012 床面に設置する蓄光式の安全標識及び誘導ライン
JIS Z 9101：2005 安全色及び安全標識―産業環境及び案内用安全標識のデザイン通則
JIS Z 9102：1987 配管系の識別標識
JIS Z 9103：2005 安全色――一般的事項
JIS Z 9104：2005 安全標識――一般的事項
JIS Z 9107：2008 安全標識―性能の分類，性能基準及び試験方法

（板垣晴彦，斉藤　進）

引用・参考文献

1) 外山みどり，斉藤進，職場における快適な視環境の設計，人間工学，29，pp.75-80（1993）
2) 大山正ほか編，新編感覚・知覚心理学ハンドブック，pp.510-550，誠信書房（1994）
3) 野呂影勇ほか編，図説エルゴノミクス，pp.430-434，日本規格協会（1990）
4) 三浦豊彦ほか編，現代労働衛生ハンドブック，pp.351-361，労働科学研究所（1988）

〔4〕 光の生体影響と管理

光は，電磁波の一種である。目に見える波長範囲の電磁波が可視光すなわち普通の光であり，可視光より短い波長の電磁波が紫外放射（紫外線），長い波長の電磁波が赤外放射（赤外線）である。紫外放射と赤外放射は，目には見えないが，可視光と似た性質を持つ。そこで，この三者をまとめて広い意味での光とする。労働衛生の分野では，紫外放射，可視光，赤外放射は，その有害性の観点から有害光線とも呼ばれる。

紫外放射と赤外放射を含む光は，レーザ（レーザーとも表記される）から放射される光とそれ以外の光である通常光に分けられる。レーザ光と通常光では，発生や曝露の状況が異なるため，労働衛生の分野では，別個の有害因子として扱われる。

一般に，赤外放射は，有害性が非常に弱く，特に，通常光の赤外放射は，通常は障害を引き起こすことはないと考えられる。そこで，以下では，通常光の紫外放射と可視光，および，レーザ光について述べる。

（a）紫外放射　波長が 1 nm 程度から 380～400 nm 程度までの電磁波が紫外放射である。波長の上限では，可視光の領域と，下限では，エックス線の領域と接している。エックス線との間に明確な境界はない。真空紫外放射と呼ばれる 190～200 nm 程度以下の波長の紫外放射は，酸素分子に強く吸収され，空気中を透過しない。したがって，通常は，人が曝露されることはなく，考慮する必要はない。紫外放射は，可視光と同じような物理的性質を持つが，目には見えない。

紫外放射の発生源としては，アーク溶接およびプラズマ切断のアーク，殺菌灯などとして用いられる低圧水銀ランプ，化学工業などで使用されるキセノンランプや水銀ランプなどの高圧放電ランプがある。高圧放電ランプのうち，照明用のものは，外殻のガラスが紫外放射を吸収，遮断するため，通常は紫外放射を発生しない。屋外における紫外放射の発生源としては，太陽が重要である。

紫外放射は，急性障害としては，角膜炎と結膜炎，皮膚炎を引き起こす。紫外放射による角膜炎と結膜炎は，溶接作業者などの場合には電気性眼炎，スキーヤーなどの場合には雪目としてよく知られている。通常，「眼の中がごろごろする」，「眼が痛い」，「涙が出て止まらない」，「まぶしい」，「眼が開かない」などの症状が，曝露から数時間後に現れ，1日以内に自然に消失する。一方，紫外放射による皮膚炎は，実体としては，日焼けと同じである。通常，曝露から数時間後に皮膚が赤くなり，痛みやほてりを感じるが，これらの異状は，2，3日で自然に消失する。曝露量が多い場合には，むくみや水ぶくれが生じ，数日後に皮膚の上層が剥がれ落ちる。実際，特にアーク溶接が行われている作業現場では，これらの急性障害が多く発生している。

一方，遅発性障害としては，紫外放射は，白内障，皮膚がん，皮膚の老化などを引き起こす。多くの疫学研究が，太陽の紫外放射への曝露と白内障，皮膚がんの発生の関連を示している。

急性障害に関する紫外放射の有害性の評価方法は，確立されており，許容基準として定められている[1),2)]。一方，遅発性障害に関する有害性の評価方法は，現在のところ確立されていない。

紫外放射による急性障害から作業者を保護するため，ACGIH[1)]および日本産業衛生学会[2)]は，それぞれ，紫外放射に対する許容基準を発表している。この二つの許容基準は，基本的に同等である。以下では，許容基準で定められている紫外放射の評価方法の主要な部分について述べる。

紫外放射の有害性の評価の基礎となる量は，曝露面における放射照度，すなわち，単位時間，単位面積当りのエネルギーである。現実の紫外放射は，一般に，さまざまな波長成分から成るが，各波長成分は，同じ放射照度であっても有害性の強さが異なる。このため，紫外放射の放射照度は，そのままでは有害性の強さを表さない。そこで，紫外放射の有害性の強さを表す量として，放射照度の各波長成分の強さをその波長の有害性の強さで重み付けし，足し合わせた量である実効照度を用いる。実効照度は，式 (6.1.1) で表される。

$$E_{\text{eff}} = \int_{180\,\text{nm}}^{400\,\text{nm}} E(\lambda) \cdot S(\lambda) \cdot d\lambda \tag{6.1.1}$$

ここで，E_{eff} は実効照度，λ は波長，$E(\lambda)$ は紫外放射の分光放射照度（放射照度の波長分布），$S(\lambda)$ は相対分光効果値である。相対分光効果値は，紫外放射の各波長成分の有害性の強さを相対的に表した量である。最も有害性の強い波長 270 nm の値を1としてい

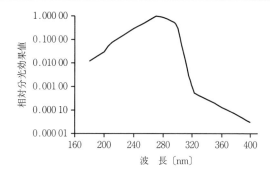

図 6.1.3　紫外放射の相対分光効果値

る。相対分光効果値のグラフを図 6.1.3 に示す。

実効照度は，分光放射照度を測定し，その結果から上の定義式に従って計算することができる。しかし，通常は，相対分光効果値と一致する相対分光感度を持った測定器，例えば ACGIH の許容基準[1)]に準拠した測定器を用いて直接測定する。

許容基準[1),2)]は，曝露される紫外放射の実効照度の1日（8時間）の時間積分値が 3 mJ/cm² を超えてはならない，としている。

特に，曝露される紫外放射の実効照度が一定であり，かつ，$0.1\,\mu\text{W}/\text{cm}^2$ を超える場合には，1日当りの許容曝露時間を計算することができる。この許容曝露時間は，式 (6.1.2) で表される。

$$t_{\max} = \frac{3\,\text{mJ}/\text{cm}^2}{E_{\text{eff}}} \tag{6.1.2}$$

ここで，$t_{\max}$ が1日当りの許容曝露時間である。1日の曝露時間の合計が，この時間を超えないようにしなければならない。

（b）可視光　波長が 360～400 nm 程度から 760～800 nm 程度までの目に見える電磁波が可視光である。波長の上限では，赤外放射の領域と，下限では，紫外放射の領域と接している。約 500 nm 以下の短い波長の可視光は，光化学的な作用が強く，生体に対する有害性が高い。この波長域の可視光は，目に青く見えることから，特にブルーライトと呼ばれる。

非常に強い可視光は，その熱作用によって，やけどを引き起こす可能性がある。ただし，その危険性があるのは，通常は，一部のレーザ光の場合である。

可視光による障害としては，光網膜症（photoretinopathy）が重要である。光網膜症は，主としてブルーライトが引き起こす網膜の光化学的損傷である。図 6.1.4 に示すように，目が光源を見ている場合，角膜と水晶体がレンズとして働き，網膜上に光源の像が形成される。この場合，像の部分には，光源からの可視光が集中する。したがって，像が形成される網膜の

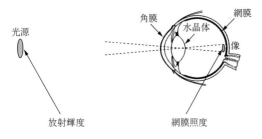

図 6.1.4 目が光源を見ている状態

部分は,非常に高い密度の光へ曝露するため,損傷を受けやすい.

光網膜症では,「目がかすむ」,「視野の一部が見えない」,「はっきりと見えない」などの症状が,曝露後すぐに,または,1 日以内に現れ,長期間続くが,最終的に回復しない場合も多い.したがって,患者は,長期間にわたって不都合を強いられることになる.

一般に,われわれの周囲には,人工照明または自然照明の可視光や各種の表示装置が発生する可視光が存在する.しかし,これらの可視光は,通常は,光網膜症を引き起こすほど強くはない.一般に,光源が非常にまぶしい場合に,光網膜症の危険性がある.そのような光源としては,アーク溶接およびプラズマ切断のアーク,化学工業などで使用されるキセノンランプや水銀ランプなどの高圧放電ランプがある.屋外作業における光源としては,太陽が重要である.実際に,溶接アークまたは太陽を裸眼で熟視した場合に,光網膜症が発生している.

光網膜症から作業者を保護するため,ACGIH[3] は,可視光に対する許容基準を発表している.以下では,許容基準で定められている可視光の評価方法の主要な部分について述べる.

可視光の有害性の評価の基礎となる量は,網膜上における放射照度,すなわち,単位時間,単位面積当りのエネルギーである.図 6.1.4 のように,目が光源を見ている場合には,網膜上における放射照度(網膜照度)は,光源の表面の放射輝度,すなわち,単位面積,単位時間,単位立体角当り放射されるエネルギーに比例する.そこで,可視光の有害性の評価の基礎となる量として,光源の表面の放射輝度を使用する.

現実の可視光は,一般に,さまざまな波長成分から成るが,各波長成分は,同じ放射輝度であっても有害性の強さが異なる.このため,可視光の放射輝度は,そのままでは有害性の強さを表さない.そこで,可視光の有害性の強さを表す量として,放射輝度の各波長成分の強さをその波長の有害性の強さで重み付けし,足し合わせた量である実効輝度を用いる.実効輝度は,式 (6.1.3) で表される.

$$L_B = \int_{305\,\mathrm{nm}}^{700\,\mathrm{nm}} L(\lambda) \cdot B(\lambda) \cdot d\lambda \tag{6.1.3}$$

ここで,L_B は実効輝度,λ は波長,$L(\lambda)$ は可視光の分光放射輝度(放射輝度の波長分布),$B(\lambda)$ はブルーライト障害関数である.ブルーライト障害関数は,可視光の各波長成分の有害性の強さを相対的に表した量である.最も有害性の強い波長 435〜440 nm の値を 1 としている.ブルーライト障害関数のグラフを図 6.1.5 に示す.

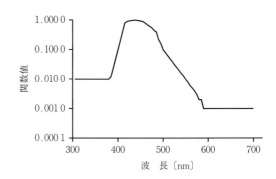

図 6.1.5 ブルーライト障害関数

実効輝度は,基本的には,分光放射輝度計を用いて光源の分光放射輝度を測定し,その結果から上の定義式に従って計算する.

許容基準[3] は,曝露される可視光の実効輝度の 10^4 秒(約 167 分)間の時間積分値が 100 J/cm^2·sr を超えてはならない,としている.

特に,曝露される可視光の実効輝度が一定であり,かつ,10 mJ/cm^2·sr を超える場合には,10^4 秒当りの許容曝露時間を計算することができる.この許容曝露時間は,式 (6.1.4) で表される.

$$t_{\max} = \frac{100\,\mathrm{J/cm^2 \cdot sr}}{L_B} \tag{6.1.4}$$

ここで,$t_{\max}$ が 10^4 秒当りの許容曝露時間である.10^4 秒間の曝露時間の合計が,この時間を超えないようにしなければならない.

(c) レーザ光 レーザとは,光子の誘導放出という現象を利用し,特殊な光を発生させる原理または装置である.この特殊な光をレーザ光と呼ぶ.その中には,可視光ばかりではなく,紫外放射と赤外放射のレーザ光も含まれる.レーザ光の特徴は,そのレーザに固有の単一の波長の光から成り,平行ビームとして放射されること,および,レーザの種類によっては,高いエネルギー密度を持つことである.こうした特徴を生かして,レーザ光は,材料の加工,計測,通信,

情報処理，医療などさまざまな分野で利用されている。

レーザ光は，生体に対し，基本的に同じ波長の通常光（レーザ光以外の光）と同じ障害を引き起こす可能性がある。ただし，エネルギーの密度が高い場合には，特にやけどを引き起こす可能性がある。レーザ光は，平行ビームとして放射され，拡散しないため，その危険性は，距離とともに減衰せず，遠方に及ぶ。

現実の障害としては，可視光または1 400 nm以下の短い波長の赤外放射のレーザ光が，偶然目の中に入り，網膜障害を引き起こした例が，多く報告されている。レーザ光による網膜障害では，「目がかすむ」，「視野の一部が見えない」，「はっきりと見えない」などの症状が，曝露直後に現れ，長期間持続するが，最終的に回復しない場合も多い。したがって，患者は，長期間にわたって不都合を強いられることになる。

日本産業規格「レーザ製品の安全基準」（JIS C 6802：2014[4]）は，レーザ機器の危険度を表すクラスを定めている。そのクラスとしては，目に対する危険度が大きくなる順に，クラス1，クラス1C，クラス1M，クラス2，クラス2M，クラス3R，クラス3B，クラス4の8種類がある。この中で，クラス1Cは，医療，診断，手術，美容の分野において，皮膚または体内組織にレーザ光を直接照射することを意図した特殊なレーザ機器のクラスである。クラス1C以外の各クラスの危険度の説明を**表6.1.6**の真ん中の欄に示す。

個々のレーザ機器は，その製造業者または代理業者によって，クラスが指定されている。クラス1のレーザ機器のうちの本質的に安全な機器を除いて，レーザ機器には，説明ラベルまたは代替ラベルが貼付されている。これを見ることによって，そのレーザ機器のクラスを知ることができる。各クラスの説明ラベルの記述を表6.1.6の右側の欄に示す。

厚生労働省（当時は労働省）は，レーザ光にさらされるおそれのある業務における障害を防止するため，1986（昭和61）年に，「レーザ光線による障害防止対策要綱」を策定し[5]，2005（平成17）年に，その一部を改正している[6]。労働環境内では，この要綱に従い，レーザ機器のクラス分けに基づいた障害防止対策を実施する。

（奥野　勉）

表6.1.6　レーザ機器のクラス分け

クラス	危険度の説明	説明ラベルの記述
1	合理的に予見可能な条件下で安全である。	"クラス1レーザ製品"
1M	使用者が光学器具を用いた場合に危険になることがあるという点を除いて，クラス1に同じ。	"レーザ放射 望遠光学系の使用者を露光しないこと クラス1Mレーザ製品"
2	低パワー。通常，まばたきなどの嫌悪反応によって目は保護され，安全である。	"レーザ放射 ビームをのぞき込まないこと クラス2レーザ製品"
2M	使用者が光学器具を用いた場合に危険になることがあるという点を除いて，クラス2に同じ。	"レーザ放射 ビームをのぞき込まないこと，また，望遠光学系の使用者を露光しないこと クラス2Mレーザ製品"
3R	直接ビーム内観察は危険になることがある。	"レーザ放射 目への直接被曝を避けること クラス3Rレーザ製品" または "レーザ放射 ビームの被曝を避けること クラス3Rレーザ製品"
3B	直接ビーム内観察は通常において危険である。	"警告-レーザ放射 ビームの被曝を避けること クラス3Bレーザ製品"
4	高パワー。拡散反射も危険になることがある。	"危険-レーザ放射 ビームや散乱光の目または皮膚への被曝を避けること クラス4レーザ製品"

引用・参考文献

1) ACGIH, Ultraviolet Radiation, TLVs and BEIs, pp.157-162, ACGIH, Cincinnati（2016）
2) 日本産業衛生学会，紫外放射の許容基準，許容濃度等の勧告（2018年度），産業衛生学雑誌，60-5，p.147（2018）
3) ACGIH, Light and Near-Infrared Radiation, TLVs and BEIs, pp.148-156, ACGIH, Cincinnati（2016）
4) JIS C 6802：2014　レーザ製品の安全基準（日本規格協会）
5) 労働省，レーザ光線による障害の防止対策について，基発第39号，昭和61年1月27日（1986）
6) 厚生労働省，レーザー光線による障害の防止対策について，基発第0325002号，平成17年3月25日（2005）

6.1.3　音環境・振動

〔1〕騒音の影響と測定法

（a）**騒音性難聴**[1]　　作業環境での騒音による影響のうち，最も重要なものは騒音性難聴である。音を知覚するための基本的な組織は内耳の蝸牛内にある有毛細胞であるが，音圧レベルの高い音に曝露されて有毛細胞に損傷が生じると，一時的に聴力が低下（聴覚閾値が上昇）する。これをNITTS（騒音性一過性閾

値移動，noise-induced temporary threshold shift）という。有毛細胞の軽微な損傷は短期間で回復するので，NITTSは数日以内に回復する。ところが，音圧レベルの高い騒音への曝露が長期間継続すると，有毛細胞の損傷が回復不能な程度にまで蓄積し，聴力の低下した状態が常態化してしまう。これがNIPTS（騒音性永久性閾値移動，noise-induced permanent threshold shift）で，一般に騒音性難聴と呼ばれる。初期の騒音性難聴は自分では気付きにくいので，早期発見のためには，定期的な聴力検査による聴力管理が重要となる。

爆発音のようなきわめて高い音圧レベルの音に曝露された場合，瞬時にNIPTSが生じることもある。これは音響性外傷と呼ばれる。

（b）**心理的・生理的影響**[1]　聴力への影響が生じない程度の音圧レベルの騒音でも，不快感やアノイアンス（annoyance）といった心理的影響が生じることがある。アノイアンスとは，（何らかの要因によって）イライラしたり，落ち着かなくなったり，煩わしさを感じたりする感覚のことである。二次的な影響として，集中力の低下や作業能率の低下などが起きることがある。また，生理的影響として，血圧上昇，心拍数の増加などが生じることもある。

これらの心理的・生理的影響は，騒音がストレス源として作用するために生じると考えられるが，影響の現れ方には個人差が大きい。

（c）**騒音の測定法**　騒音の測定には，サウンドレベルメータ（騒音計）を用いる。JIS C 1509-1[2]にはクラス1，クラス2の2種類のサウンドレベルメータが規定されているが，特に指定されている場合を除いて，どちらを使用してもかまわない。基本的な測定量[2]は，周波数重み付け特性Aで周波数補正した音圧レベル（A特性音圧レベルまたは騒音レベルとも呼ぶ。単位はdB）およびそのエネルギー的な時間平均値である等価騒音レベルである。

作業環境での騒音測定法として，作業環境測定基準にA測定，B測定という2種類の方法が規定されている[3]。詳細については適当な解説書[4]を参照してほしいが，概要は以下のとおりである。A測定は，測定対象となる作業場所（単位作業場所）の全体としての騒音環境の把握に役立つ。単位作業場所の床面上に6 m以下の等間隔で引いた縦の線と横の線の交点上を測定点（床からの高さは1.2～1.5 m）とし，各測定点（5点以上を設定）で等価騒音レベルを測定する。これに対してB測定は騒音の個人曝露量測定に相当するもので，対象となる単位作業場所において，作業中で音圧レベルが最も大きくなると思われる時間に，当該作業が行われる位置（作業者の位置）で等価騒音レベルを測定する。B測定はA測定を補完する目的で行うものであり，不要と考えられる場合には行わなくてもよい。

等価騒音レベルの測定に加えて騒音の周波数分析を行っておくと，後述する騒音対策に役立つ。

〔2〕**振動の影響と測定法**
（a）**振動の影響**　人体に長期にわたって連続的あるいは断続的に振動を曝露することにより健康が阻害されることが知られている。作業場において振動を伴う機械構造物あるいはその一部が臀部や背部・足の裏等と接触することにより，同接触部位を介して全身に振動が伝達される現象を全身振動曝露と呼ぶ。これに対して，手持ち振動工具や作業車両のハンドルの把持などによって上肢に局所的に振動が伝達される現象を手腕振動曝露と呼ぶ。

手持ち振動工具等を長期にわたって断続的に使用することによる手腕振動曝露が及ぼす健康影響として，手腕振動障害を発症することが知られている[5]。手腕振動障害のおもな症状は，手指の血液循環の悪化によって起こる血管の収縮による手指の白ろう化，冷感，皮膚温度低下などの抹消循環障害，手指の痺れや疼痛，振動覚・温冷覚・触覚等の感覚鈍麻などの末梢神経障害，手指や上肢関節の可動域制限や筋萎縮などの運動器障害と多岐にわたり，一般にこれらの症状が複合的に表れる。手腕振動障害は一度罹患すると治癒しないことが知られており，したがって治療も症状改善のための対処療法にとどまらざるを得ない。また，手腕振動曝露による振動障害の発症に要する期間は，一般に曝露する手腕振動の大きさおよび曝露時間などの影響を受けるが，それらの影響は個人差も大きく，数年の短期間から30～40年といった長期間の事例も見受けられる。

全身振動曝露が及ぼす健康影響としてまず第一に挙げられるのは腰痛であり，交通機関の運転手や運輸業に従事する運転手，建設車両の運転手等にとって代表的な職業病の一つである。しかし，全身振動曝露とは無縁なオフィスワーカなどにとっても腰痛は職業病の一つであることから，全身振動曝露は腰痛悪化の一要因と考えるべきである。そのほかに全身振動曝露が及ぼす健康影響として，消化器系障害や内臓下垂との関連などが報告されている。

（b）**振動の測定法**[6,7]　手腕振動測定は，手持ち振動工具などの手指に局所的な振動を曝露させる工具・振動機械から発生する振動の加速度値を把握するために行われる。手腕振動測定では，JIS B 7761-1「手腕系振動—第1部：測定装置」に準拠した振動測

定装置または振動計を使用する．わが国ではチェーンソーおよび通達に定める手持ち動力工具において工具製造者等が周波数補正加速度実効値の3軸合成値を提示することになっており，工具の種類と構造に応じてその測定方法が国内規格 JIS B 7762 シリーズ「手持ち可搬形動力工具―第1部～第14部」に規定されている．これらの規定に基づいて測定された3軸合成値は，工具使用者にとって低振動工具を選定する上での指標となる．

また，作業環境管理の一環として実際の手腕振動曝露作業における振動曝露量を評価する場合，JIS B 7761-2「手腕系振動―第2部：作業場における実務的測定法」に従って振動を測定する．

全身振動曝露における振動測定では，JIS B 7760-1「全身振動―第1部：測定装置」に適合した振動測定装置または振動計を使用する．全身振動の測定方法は，JIS B 7760-2「全身振動―第2部：測定方法及び評価に関する基本的要求」に従う．全身振動における人体への振動伝達経路は，足裏や座席面と接触する臀部，座席の背もたれ面と接触する背部などの曲面となる．そのため，一般に加速度センサを円形状パッドの中央に埋入したシート型トランスデューサを振動伝達経路における人体と振動体の界面に挿入することによって振動を測定する．

〔3〕 **騒音の制御**[8]
（a） **対策の進め方** 作業者から苦情が出るなどして騒音対策が必要になった場合，まずは騒音源と伝搬経路の特定を行う．騒音源を特定できれば，発生する騒音の音響特性，騒音源の運転状況，受音点との位置関係を確認する．受音点から騒音源を見通せる場合，大部分は空気伝搬によって直接伝搬していると考えられる．受音点から騒音源を見通せない場合あるいは屋内の場合には，直接伝搬に加えて，反射，回折，固体伝搬などの伝搬経路も考慮する必要がある．

具体的な対策は減音目標値を設定して立案するが，その際には騒音源ごと，伝搬経路ごとに設定する必要がある．騒音源の特性や伝搬経路によって用いる低減方法が異なるためである．後述する3種類の対策（騒音源対策，伝搬経路対策，受音者対策）を適宜組み合わせて立案し，コスト，工期などの面も含めて効果を検討した上で最終的な対策を決定する．

対策の実施後は，必ずその効果の検証を行う．減音量が目標値に達しない場合には，その原因を究明し，不備な点を修正して再対策を行う．

騒音源・伝搬経路の特定から対策の策定・実施，その後の検証と必要に応じた再対策までの一連のサイクルを，苦情の有無にかかわらず定期的・継続的に繰り返すことが，騒音環境の維持・改善には有効である．

（b） **騒音源対策** 騒音源に直接手を加えることで騒音の発生そのものを抑制する対策で，最も本質的な対策である．例として，低騒音型機器の使用，遮音材による機器の密閉，機器の防振支持，固体内の振動を遮断するための弾性材の挿入，振動面への制振材の貼付け，部品交換などによる機器のバランス調整，機器の吸・排気口への消音器や吸音ダクトの設置などが挙げられる．

これらの対策を実施する際には，機器の稼働に必要な吸・排気や排熱への支障がないこと，保守・点検や機器操作への支障がないことなどへの留意が必要である．

（c） **伝搬経路対策** 最も基本的な伝搬経路対策は，騒音の距離減衰を利用するものである．騒音源を点音源とみなせる場合，距離が2倍になれば音圧レベルは6 dB 低下する．騒音源と作業者の間に遮音壁を設けることも，基本的な伝搬経路対策の一つである．騒音源が屋内にある場合には，壁面や天井に吸音材を貼り付けて反射音の低減を図ることも有効である．建物内の別の場所から伝搬してきた振動によって二次的な音が発生する場合には，構造体の防振対策が役立つ．

（d） **受音者対策** 受音者対策は本質的な対策とはいえないが，比較的低コストで実施可能というメリットがある．防音保護具（耳栓，イヤーマフ）の使用が基本的であるが，必要な音も聞こえにくくなってしまうことに注意が必要である．そのほかに，作業者が休憩するための防音室の設置や，複数の作業者グループのシフト体制による1人当りの騒音曝露時間の低減などがある．

〔4〕 **騒音・振動の許容限度**
（a） **騒音の許容限度** 厚生労働省（当時は労働省）による「騒音障害防止のためのガイドライン」[9]では，前述した騒音の作業環境測定結果に基づいて作業環境を三つの管理区分に区分し，おのおのに必要な措置を定めている．単位作業場所ごとのA測定の結果（80 dB 未満のデータを除いた算術平均値）およびB測定の結果の大きい方の値により，85 dB 未満を第Ⅰ管理区分，85 dB 以上 90 dB 未満を第Ⅱ管理区分，90 dB 以上を第Ⅲ管理区分とする．第Ⅰ管理区分であれば，その状態の継続的維持に努めればよい．第Ⅱ管理区分であれば，当該作業場所を標識で明示し，適切な騒音対策を講じて第Ⅰ管理区分になるように努め，必要に応じて作業者に防音保護具を使用させることが要求される．第Ⅲ管理区分の場合には，当該作業場所を標識で明示し，適切な騒音対策を講じて第Ⅰ管理区

分または第Ⅱ管理区分となるようにし（対策実施後の環境評価も行う），作業者には防音保護具を使用させることが要求される．

騒音性難聴のリスクを抑制するための許容限度には，日本産業衛生学会が提案している「騒音の許容基準」[10]もある．騒音の周波数分析結果に基づく評価が基本であるが，等価騒音レベル（JIS Z 8731[11]にのっとって測定）による評価も可能で，その場合に1日8時間の作業が許容される音圧レベルは，85 dB 以下とされている．なお，衝撃性の騒音については，別に「衝撃騒音の許容基準」[12]が提案されている．

現在，音の心理的・生理的影響についての許容限度は確立されていない．これらについては，苦情がなくなる，あるいは少なくなることが対策の目安になる．

（b）振動の許容限度 振動の曝露許容限界を考える上で重要になるのは日振動曝露量 $A(8)$ であり，前述の振動曝露測定によって得られる周波数補正加速度実効値 a_{hv} と1日当りの曝露時間 T 〔h〕を用いて式（6.1.5）により求められる．

$$A(8) = a_{hv}\sqrt{\frac{T}{8}} \qquad (6.1.5)$$

EU 指令[13]では，日振動曝露量 $A(8)$ に対して二つの値，すなわち曝露限界値（ELV）と曝露対策値（EAV）を定め，日振動曝露量 $A(8)$ の値とこれら二つの値の大小関係により，とるべき方策を以下のように定めている．

（ⅰ） ELV≦$A(8)$ のとき：現行の作業計画は曝露の許容限度を超えており，ただちに振動曝露時間の短縮および曝露振動の3軸合成値の低減等の対策を講じる必要がある．

（ⅱ） EAV≦$A(8)$≦ELV のとき：作業計画を注視するとともに今後振動曝露時間の短縮および曝露振動の3軸合成値の低減等の可能性の検討を要する．

（ⅲ） $A(8)$≦EAV のとき：現行の振動曝露状態は特に問題なく，当該振動曝露作業の継続を容認する．

EU 指令では手腕振動の曝露限界値（ELV）として $5.0\,\mathrm{m/s^2}$，曝露対策値（EAV）として $2.5\,\mathrm{m/s^2}$ を定めている．わが国では日振動曝露量 $A(8)$ の考え方を取り入れた振動障害予防対策指針[14]を発出しており，上述の考え方に従って手腕振動曝露評価を行う．$A(8)$ の値が ELV および EAV の値に一致するときの周波数補正加速度実効値の3軸合成値 a_{hv} と1日当りの曝露時間 T の関係を実線および破線で表したものが**図 6.1.6** である．図中において実線より上側が（ⅰ），実線と点線の間が（ⅱ），破線より下側が（ⅲ）に対応するので，曝露する手腕振動の周波数補正加速度実効値の3軸合成値 a_{hv} と1日当りの曝露時間 T をプ

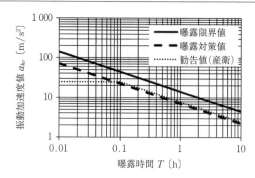

図 6.1.6 手腕振動曝露の許容時間

ロットすることにより，当該手腕振動曝露に対する許容の程度を評価することができる．

また，日本産業衛生学会が手腕振動曝露の許容基準勧告値を提示している（図 6.1.6 中の点線）．これによれば，曝露振動の周波数補正加速度実効値の3軸合成値が $25.0\,\mathrm{m/s^2}$ 以下の場合，曝露対策値に相当する曝露時間よりも許容勧告に基づいた曝露限界時間の方が若干大きいが，周波数補正加速度実効値の3軸合成値が $25.0\,\mathrm{m/s^2}$ 以上の場合，許容勧告に基づいた曝露限界時間は大きく下回る．

全身振動に関して EU 指令では，曝露限界値（ELV）として $1.15\,\mathrm{m/s^2}$，曝露対策値（EAV）として $0.5\,\mathrm{m/s^2}$ を定めている．同様にして全身振動曝露における $A(8)$ の値が ELV および EAV の値に一致するときの周波数補正加速度実効値の合成値 a_{hv} と1日当りの曝露時間 T の関係を太い実線および太い破線で表したものが**図 6.1.7** である．一方，全身振動曝露の評価では評価指標として VDV も広く用いられている．EU 指令では，VDV を評価指標とした場合も ELV および EAV に同様の値を与えており，このときの周波数補正加速度実効値の合成値 a_{VDV} と1日当りの曝露時間

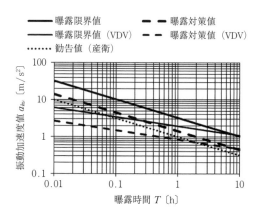

図 6.1.7 全身振動曝露の許容時間

Tの関係を図6.1.7中の中太の実線と中太の破線で表す．曝露時間が2時間以上の場合両者の差は小さいが，曝露時間が1時間未満になると両者の差は大きくなる．また，全身振動についても日本産業衛生学会が許容基準勧告値を提示しており（図6.1.7中の点線），許容勧告に基づく曝露限界時間は，曝露対策値に対応する曝露時間よりも小さな値を示す．

（高橋幸雄，柴田延幸）

引用・参考文献

1) 永野千景，労働環境における騒音障害と難聴の発生機序，騒音制御，42，pp.263-266（2018）
2) JIS C 1509-1：2017 電気音響—サウンドレベルメータ（騒音計）—第1部：仕様（日本規格協会）
3) 厚生労働省，作業環境測定基準，昭和51年4月22日労働省告示第46号，平成30年4月20日改正，厚生労働省告示第213号（2009）
4) 例えば，作業環境測定ガイドブック6 温湿度・騒音・酸欠等関係（第2版），pp.31-75，日本作業環境測定協会（2009）
5) 山田信也，二塚信編著，手腕振動障害—その疫学・病態から予防まで—，pp.105-137，労働科学研究所出版部（2004）
6) JIS B 7761-2：2004 手腕系振動—第2部：作業場における実務的測定法（日本規格協会）
7) JIS B 7760-2：2004 全身振動—第2部：測定方法及び評価に関する基本的要求（日本規格協会）
8) 労働省労働衛生課編，作業環境における騒音の管理（第3版），pp.85-96，中央労働災害防止協会（1997）
9) 労働省，騒音障害防止のためのガイドライン，平成4年10月1日基発第546号（1992）
10) 日本産業衛生学会，騒音の許容基準，産業衛生学雑誌，60，pp.136-137（2018）
11) JIS Z 8731：1999 環境騒音の表示・測定方法（日本規格協会）
12) 日本産業衛生学会，衝撃騒音の許容基準，産業衛生学雑誌，60，pp.137-138（2018）
13) The European Parliament and the Council of the European Union, On the minimum health and safety requirements regarding the exposure of workers to the risks arising from physical agents (vibration). Directive 2002/44/EC. Official J. Euro Comm. pp.13-19 (2002)
14) 厚生労働省，振動障害総合対策の推進について，平成21年7月10日基発0710第5号（2009）

6.1.4 温熱条件・空気調和

〔1〕 温熱環境の影響

人間は体温が約37℃に保たれた恒温動物である．この体温を保つために体温調節が行われている．体温調節は体内で熱を作り出す産熱と，体内の熱を外へ出す放熱によって行われている．

産熱は，主として褐色脂肪，筋肉，肝臓によって行われ，放熱は皮膚や呼吸器を通じて行われる．皮膚が15℃以下の寒さにさらされると，血管運動が働いて皮膚の血管が収縮する．身体の中心部から表層部への血液の流れが減少し，血管を通って運ばれてくる熱が減少することにより，放出される熱が減少する．暑さにさらされると，皮膚の血管拡張が起こり，放出される熱が増加する．そのうえ発汗が起こると，気化熱によって放熱を増大させる．

〔2〕 異常高温・異常低温の影響

（a） 異常高温の影響

上記のような体温の上昇を防ぐ対応がなされても，異常な高温にさらされると体温が上昇することもまれではない．

体表面の血管が拡張し，内臓を通る血液の量が減り，心臓から押し出される血液の量（心拍出量）も減るために，血圧が下がり，脈拍数は増加する．先に述べたように，呼吸は速くなり，発汗が増加するので体内水分の欠乏によって，血液は濃縮されることが多く，血液の粘調度を高めるから，心臓はますます不利な条件の下で働かなければならないようになる．このようにして，高温作業者では心臓が肥大することもある．

このような異常高温の影響として知られているのが熱中症である．暑熱の作用が強く，また作業強度が高い場合，そのために体温調節や循環器の働きが影響を受け，あるいは水分・塩分の平衡が乱され，作業が困難になり，または作業が不能になる．高温の曝露時間の長いことも熱中症発生に影響がある．一方，個人の側では，体力の劣る者，肥満者，循環機能に失調のある者，未熟練者，空腹，睡眠不足，下痢，胃腸障害なども熱中症の誘因になる．

（時澤 健）

（b） 異常低温の影響

寒冷に曝露されると，生体では放熱を防ぎ，産熱を増すような反応が起こる．汗腺の活動は抑制され，体表の皮膚血管は収縮し，皮膚温は低下し，外部環境への放熱を遮るようになる．人体内の主要な熱の発生源は肝臓と筋肉である．肝臓では組織酸化により，また，筋肉では運動により産熱量が増加する．このようにして，寒冷からの影響を防ぐ対応がなされても，異常な低温にさらされるとつぎに示すような種々の影響が現れる．

皮膚表面温度が8℃以下程度になると，低温に順応するため末梢毛細血管が収縮して，手足は不快を感じ，手はぎこちなくなって手作業の能率を低め，誤りを増すようになる．そして5℃程度になると，手指，足趾（そくし），耳たぶ，鼻尖（びせん）などにかな

り強い寒冷感が起こり，さらに，皮膚表面温度が0℃以下になると手指の運動がこわばって，「ちぢかむ」状態になる。

放熱量が産熱量を上回ればやがて体温が下がり始め，直腸温が35℃以下になると低体温症を発症し，呼吸の抑制，心拍数や血圧の低下，意識の低下などが起き，ついには凍死することもある。

寒冷曝露時間が長いと，低体温症を起こさない場合でも，身体末梢部での皮膚温低下が著しければ，凍傷，浸漬足，凍瘡（しもやけ）などの局所的傷害が起きる。特に重度の凍傷（第3度）の場合には患部の切断が余儀なくされる。

〔3〕 温熱条件の測定法

気温，湿度，気流，放射熱（輻射熱）を総合して温熱条件あるいは温熱要素と呼んでいる。

温度の目盛および湿度の定義を表6.1.7および表6.1.8に示す。

表6.1.7 温度の目盛

種　類	記　号	温度目盛の基準
華氏	°F	1気圧のところで，水と雪と塩化アンモニウムの混合物を0°Fとし，沸騰した水を212°Fとした
摂氏	℃	1気圧のところで，水の氷点を0℃とし，沸騰した水を100℃とした
絶対温度	K	1気圧のところで，水の氷点を273.15Kとし，1Kの間隔は℃と同じ

表6.1.8 湿度の定義

種　類	定　義
絶対湿度	1m³の大気中に含まれている水蒸気の量〔g〕をいう
相対湿度	空気が現在含んでいる水蒸気の量を，その温度で含み得る水蒸気の最大値で割り，その値を%で表したもの

(a) 気温および湿度の測定

1) **アウグスト乾湿計**　2本の寒暖計からできている。1本は乾球といって大気の温度を測り，他の1本は湿球といって球部にガーゼあるいは寒冷沙などの薄くて目の粗い布で包み，一方の端を水槽に入れて，常時球部を濡らすようになっている。この乾球温と湿球温との差，およびそのときの気温からアウグスト乾湿計用湿度表を用いて湿度（相対湿度）を求める。

2) **アスマン通風乾湿球湿度計**　アウグスト乾湿計と同様に2本の寒暖計からできているが，寒暖計の球部はニッケルめっきした管の中に入っており，一定の風速を与えるよう設計されている。このため球部に放射熱は直接当たらない。

寒暖計の1本は，球部にガーゼ，あるいは寒冷沙などの薄くて目の粗い布で包んだ湿球で，使用時にはスポイトによって水で濡らすようになっており，ぜんまいあるいは電動式にファンを回転させて，球部に2～5m/sの風速を与えるようになっている。球部に一定の風速を与えるのは，湿球面からの蒸発がそのときの湿度と風速に関係しているからである。測定された乾球および湿球の値はアウグスト乾湿計と同様に，乾球温と湿球温との差および気温から，通風乾湿球湿度計用湿度表を用いて湿度（相対湿度）を求める。

3) **毛髪湿度計**　毛髪は湿度の多少によって伸縮する性質がある。毛髪湿度計はこの伸縮を利用して指針により湿度を示すよう設計された計器である。

4) **サーミスタ温湿度計**　測定の原理は，乾湿球式の通風湿度計と同じで，電子式自動平衡計器とサーミスタを組み合わせ，相対湿度を直読できるようにした湿度計である。

5) **電気抵抗湿度計**　網状鉱物繊維に塩化リチウム溶液を含浸させたものは湿度に対して敏感で，湿度が高くなるに従って，その電気抵抗が減少する性質を持っている。この特性を利用した計器である。

(b) 気流（風速）の測定

1) **熱線風速計**　加熱された細い金属線に風が当たると熱が奪われ，金属線は冷却される。奪われた熱量は風速に関係するので，金属線の熱損失から風速を求めることができる。ふつう，熱損失は金属線の電気抵抗の変化により測定する。

金属線を加熱させる方法には，抵抗線自体が発熱する直熱形とヒータを別に持つ傍熱形とがある。周囲温度ならびに電流電圧変化に応じて各種の補償回路が自動的に働き，熱放射のあるところでも使用できるものもある。測定の範囲も数段の切替えによって，0～40m/sと広範囲のものもある。

2) **カタ寒暖計（カタ計）**　比較的大きな球部を有する一種のアルコール寒暖計で，普通カタ計と高温カタ計の2種類がある。また球部に布をかぶせたものを湿カタと呼び，かぶせないものを乾カタと呼んで区別している。一般的には普通カタ計が使用されている。測定方法は，球部を暖めてアルコールを管部上部に上昇させ，管に付けたA線（38℃）からB線（35℃）の目盛の間を，冷却によってアルコールの降下に要する時間をストップウォッチで測定する。この時間〔s〕で寒暖計に付記されているカタ計数を割った商は，この寒暖計の球部の1cm²当りの放熱量（mcal）を示し，これをカタ冷却力という。この値は歴史的には，環境の温熱指数として使用することが考えられたのであるが，現在では風速を求めることに使用されてい

3) **風車風速計** 軽快な風車の回転速度から風速を測る計器で，種々の形式のものがある。一定時間の指針の働きから，風速を知ることができる。

(c) **放射熱（輻射熱）の測定**

1) **黒球寒暖計** 厚さ0.5 mmの銅板で，直径6インチ（約15 cm）または3インチ（約7.5 cm）の中空の球体を作り，その中心に棒状水銀温度計の球部がくるように挿入したもので，その中空の球体の表面を黒塗りし，かつ，つや消ししたものである。

この黒球寒暖計の示度と放射熱を遮断して同じ位置で測定した乾球温との差を実効輻射（放射）温度と呼んでいる。

2) **熱電錐（すい）式輻射（放射）計** 熱電対を順次接合したものを熱電錐という。この熱電錐の個々の接合部を一つおきに一直線あるいは一平面に配列し，一方を放射熱を吸収するように加工し，他の一方を放射熱に当たらないよう遮蔽する。このように作られた受感部へ放射熱が当たれば，両接合部の間に温度差ができ，起電力を生じる。この起電力から放射熱を求めることができる。

〔4〕 **温熱環境の制御，空気調和**

適切な温熱環境とは，暑くもなく，寒くもない，温熱条件をいうのである。また，温熱条件を適切に管理するためには，平均的な温度ばかりではなく，全身のどの部分も，暖かすぎたり，冷えすぎたりしないことが必要である。そのためには，通風，床の温度，温湿度の時間・空間的な分布，特に温度の垂直分布，放射熱などの条件，着衣の状況などにも十分な配慮が必要であろう。

また，適切な温度条件は，年代，季節，性別，作業の強度，着衣の状況などとも深い関係があるのを理解しておく必要がある。

生産現場などにおいては，工場全体を冷暖房することが望ましいとも考えられるが，工場全体を冷暖房することが技術的に難しく，また，省エネルギーの立場から不合理な場合には，局所冷暖房（労働者の位置に冷風あるいは温風を送る方法）により温熱条件を調整するのも合理的であろう。また，諸条件を勘案して，運転室・休憩室などを冷暖房すること，労働時間の制限や休憩時間の適正化なども有効な措置であろう。

オフィスビルなどにおける冷暖房は，中央制御方式の空気調和設備あるいは各室に設置するパッケージ形空調設備によって行い，温熱条件を適正に調節するのが一般的である。

〔5〕 **高温，低温の許容基準**

(a) **高温の許容基準** 日本産業衛生学会から勧告された高温の許容基準を**表6.1.9**に示す。この表に示すように，作業の強さ別に基準を設定し，WBGT（wetbulb globe temperature index，湿球黒球温度指標）を温熱条件の指標として用いている。

表6.1.9 高温の許容基準

作業の強さ	許容温度条件 WBGT〔℃〕
RMR～1（極軽作業）	32.5
RMR～2（軽作業）	30.5
RMR～3（中等度作業）	29.0
RMR～4（中等度作業）	27.5
RMR～5（重作業）	26.5

WBGTの算出は
① 室内もしくは室外で日光直射のない場合
　WBGT＝0.7 NWB＋0.3 GT
② 室外で日光直射のある場合
　WBGT＝0.7 NWB＋0.2 GT＋0.1 DB

ここに，NWB（natural wet-bulb temperature：自然気流に曝露されたままで測定された湿球温），GT（glove thermometer temperature：直径6インチの黒球温度計示度），DB（dry-bulb temperature：放射熱源からの直接の影響を防ぎ，自然の気流は損なわないように，球部を囲ったもので測定させた乾球温）である。

(b) **寒冷の許容基準** 日本産業衛生学会から勧告された寒冷の許容基準を**表6.1.10**に示す。この表は，作業場の気温および作業強度別に一連続作業時間の限度を示したものである。ここでの基準条件は4時間シフト作業でほとんど無風の環境であり，作業強度によって防寒衣服は適切に調節されているものとし，一連続作業の後，少なくとも30分間程度の休憩をとることを前提としている。

表6.1.10 寒冷の許容基準（4時間シフト作業における一連続作業時間の限度）

気温〔℃〕	作業強度	一連続作業時間〔分〕
−10～−25	軽作業（RMR～2） 中等度作業（RMR～3）	～50 ～60
−16～−40	軽作業（RMR～2） 中等度作業（RMR～3）	～30 ～45
−41～−55	軽作業（RMR～2） 中等度作業（RMR～3）	～20 ～30

〔注〕 風速は0.5 m/s以下のほぼ無風とする。
一連続作業時間の作業の後には，少なくとも30分間程度の十分な休憩時間を採暖室でとる必要がある。例えば，一連続作業時間20分，採暖・休憩30分の場合には，4時間中に作業5回，休憩5回（作業20分—休憩30分—作業20分…）である。

寒冷環境においては，気温のみならず風速が大きな因子である。例えば-20℃の場合，等価冷却温度は，風速が8 m/sでは-41℃，15 m/sでは-49℃に低下する。また，防寒衣服の保温力が作業強度に比べて高いと発汗が起こるので，汗を蒸発させるために衣服の開口部を開いたり，休憩時間に湿気を帯びた着衣を乾いたものに着替えたりする必要がある。

(板垣晴彦，木村菊二)

6.1.5 空気環境

作業場の環境空気中には使用する原材料，生産の過程で生じる中間生成物などから発生し，健康にとって好ましくない物質がガス状，あるいは粒子状で浮遊していることが多い。このような環境空気中の有害物質への曝露により，体内に摂取され，体内への侵入量が一定の限度を超えると，それぞれの物質に特有な生体影響が認められるようになり，侵入量がさらに多くなると健康障害を引き起こすようになる。曝露の経路は大部分は呼吸器を介するが，物質によっては一部は皮膚を通して，またときには経口的に体内に取り入れられる。

〔1〕 作業環境管理

図6.1.8は生産工程における有害物質の使用から健康影響の発現に至るまで経路を矢印で示し，それぞれの段階での対策の内容とその目的とを記入したものである。労働者の曝露を低減して健康影響を防止するために，作業場の有害物質濃度が一定の限界以下にあるように管理することを目的とするのが作業環境管理であり，この結果，作業環境が平均としては好ましい状態に管理されているとしても，特別な場所や時間帯における作業，あるいは個人的な作業行動上の癖や作業の仕方などによる有害物質への過大な曝露を抑制するために作業管理が行われる。さらに，労働者個々人の当該有害物質への感受性の相違までをも含めて労働者の健康状態を調べ，必要に応じて健康障害を防止するための措置が講じられることになる。この段階が一般には健康管理と呼ばれている。これら3種類の管理，「作業環境管理」，「作業管理」および「健康管理」の全体を労働衛生管理と呼んでいる。したがって，作業環境管理は労働衛生管理の出発点であると同時に直接個々の労働者の健康を守るための最終段階である健康管理を，より有効なものとする基盤を準備する役割を持っていると考えることができる。

作業環境管理は他のさまざまな「管理」，例えば品質管理，在庫管理などとまったく同様に，まず管理の対象に関する情報の収集が行われ，つぎに収集された情報を手がかりに対象がどのような状態にあるかを判断し，その結果，必要に応じてとるべき対策を実施する，という3段階の作業を定期的に繰り返す方法によって進められる。

作業環境管理において情報の収集に対応するのは，労働安全衛生法第65条の規定により，作業環境測定基準に従って行われる作業環境測定であり，作業環境空気中の有害物質の平均的な濃度と想定される最大濃度について，種々の要因による濃度の変動の大きさなどを数量化された情報として把握する。数量化された環境の状態に関する情報は作業環境評価基準（労働安全衛生法第65条の2）に示されている手順により処理され，測定時の環境の状態を評価する。評価の結果，作業環境の状態が健康にとって好ましくないと判断されたときは，作業環境を改善するために何らかの対策を実施することになる。このように作業環境管理は以下に述べる作業環境測定，作業環境評価，および〔5〕項で簡単に触れる環境改善までを包括した一連

	使用から影響までの経路	対策の内容	対策の目的
作業環境管理	有害物質使用量 ↓	代替 使用形態，条件 生産工程の変更 設備，装置の負荷軽減	発生の抑制
	発生量 ↓	遠隔操作 自動化 密閉	隔離
	気中濃度 ↓	局所排気 全体換気 建物の構造	除去
労働衛生管理 / 作業管理	曝露濃度 ↓	作業場所 作業方法 作業姿勢 曝露時間 呼吸保護具 労働衛生教育	侵入の抑制
	体内侵入量 ↓		
健康管理	反応の程度 ↓	生活指導 休養 治療 配置転換	障害の予防
	健康影響		

図6.1.8 有害物質の使用から健康影響発現までの経路

の業務の総称であるといえる。

〔2〕 **作業環境測定**

作業環境測定は，すでに前項で述べたように作業環境管理を進めるために，対象となる作業環境が適切な管理の下にあるか，あるいは管理が不適切であって環境改善を必要とする状態にあるか否かを決定することを目的とした空気中の有害物質の濃度の測定である。

労働安全衛生法はその第65条において作業環境管理を前提として10種類の作業場について作業環境測定を行うことを規定している（同法施行令第21条）。このほか同法第22条を根拠とした種々の規制を確認するため，作業場において空気汚染の状態などを測定する必要が生じることがあるが，労働安全衛生法第65条による測定のみが作業環境測定と呼ばれる。労働安全衛生法が規定している10種類の作業場のうち，土石，岩石，鉱物，金属または炭素の粉じん；電離放射線；特定化学物質，特定有機溶剤と石綿；鉛とその化合物；有機溶剤に関連する5種類の作業場における作業環境測定は，国家資格を持った作業環境測定士が行わなければならない。

作業環境測定の技術的手法は作業環境測定基準に規定されている。指定作業場（電離放射線を除く）に関わる作業環境測定の概要を図 6.1.9 に示す。

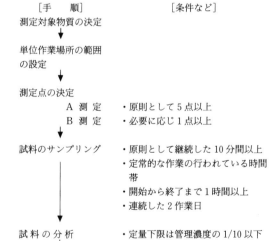

図 6.1.9 指定作業場に関わる作業環境測定の概要

作業環境測定は，測定対象物質を決めることから始まる。この段階では，作業場で使用している原材料などのうち作業環境測定の対象とすべきものを決定する。つぎの段階では，対象物質ごとに当該物質の空気中濃度を管理する必要のある作業場の範囲を決定する。この範囲を単位作業場所と呼ぶ。

作業環境測定にはA測定およびB測定と呼ばれる2種類の測定がある。A測定は単位作業場所の空気中の有害物質の濃度が平均的にどのような状態にあるかを知るための測定であり，作業環境測定基準に従って単位作業場所の範囲の中に無作為に決められた複数の測定点で測定を行うことになっている。B測定は，A測定だけでは見逃すことがあるかもしれない有害物質の発生源の高濃度環境を可能な限り見つけるために行われる測定であり，B測定の測定点は作業環境測定士が当該作業場の作業工程や作業者の作業行動などを十分に理解した上で，作業者の曝露が最も高くなると考えられる位置で当該作業が行われる時間帯における10分間の平均濃度を求めようとするものである。ただし，B測定は作業者の曝露濃度を測定しようとするものではない。

以上のようにして決定された測定点のすべてについて，測定対象物質の空気中濃度を求めるために試料のサンプリングを行う。サンプリングの方法は対象物質ごとに作業環境測定基準に定められている。すべての対象物質に共通した主要な約束は図 6.1.9 に記されているように，定常的な作業が行われている時間帯にそれぞれの測定点で継続して10分間のサンプリングを行うことになっており，この際，最初の測定点でのサンプリングの開始から最後の測定点でのサンプリングの終了までに1時間以上をかけることとされている。また，基準の中に規定されてはいないが同一の単位作業場における濃度の日間変動を求めるために，連続した2作業日にわたっての測定が推奨されている。

サンプリングされた試料の分析方法も対象物質ごとに，定量下限が管理濃度の1/10以下の方法が規定されている。分析手法としては個々の物質についてのサンプリング分析に関するさらに詳しい内容については『作業環境測定ガイドブック』[1] を参照されたい。

〔3〕 **作業環境評価**

作業環境測定によって得られた空気中有害物質の濃度を基に作業環境評価基準に従って行われる作業環境の評価は，作業環境管理を進める過程で，当該単位作業場所の環境条件が改善を必要とする状態にあるかどうかを判断するためのものであり，〔2〕項で説明したデザインに従って作業場の空気中有害物質の濃度を測定した結果を用いる。評価の結果，管理が良好であるとされた作業場では管理濃度を超えるような曝露はほとんど起こらないように工夫されている。

（a） **評価の基本的な考え方**　作業場の環境空気中の有害物質の濃度は，作業場所や時刻，日，季節

などによる変動のほか，作業工程，設備の稼働率などにも関係し，さらに原材料のわずかな相違や作業者の作業行動，外気の状況などの影響も関係する。

一方，法的な作業環境測定の義務付けは，多くの場合6箇月を超えない期間ごとに1回であり，頻繁に測定が行われるわけではない。現象の持つ大きな変動と測定の頻度の少ないことを前提とした上で，評価の安定性を確保するため，すでに品質管理などで広く利用されているのと同様な考え方が評価の手法として取り入れられている。この方法は作業環境測定の結果を基に環境の状態を二つの水準によって三つに区分する方法である。二つの水準はそれぞれ第1管理水準，第2管理水準と呼ばれて，A測定とB測定のそれぞれに設定されており，つぎのようにして作業環境測定の結果から当該単位作業場所の管理区分が決定される。

（1） A測定，B測定の結果がともに第1管理水準を満足している単位作業場所は第1管理区分とし，作業環境の管理は適切であると判断する。

（2） A測定，B測定の結果のうちいずれかが第2管理水準を超えている単位作業場所は第3管理区分であるとされ，早急に環境の改善が強く要請される。

（3） 第1管理区分にも第3管理区分にも該当しない単位作業場所は，第2管理区分であるとされる。有害物質の気中濃度の示す変動などのために，1回の測定からは環境の状態の適否を決定してしまうことは適当ではないが，環境の状態に関してはなお改善の余地があるものと判断される。

管理水準と管理区分の関係を概念的に示すと図6.1.10のようになる。

（b） **A測定の管理水準と評価値** A測定の第1管理水準は，作業環境測定の結果がこの水準で示される状態より良好であれば，当該単位作業場所の環境の状態は平均としては適切な管理の下にあると判断してよいとする水準であって，当該単位作業場所において考え得る，すべての測定点における空気中濃度の95％が管理濃度（（d）項参照）を下回っていると期待できるように決められている。

また，A測定の第2管理水準は，当該単位作業場所における気中濃度の総平均が管理濃度と等しい状態とされ，この水準を超えると当該単位作業場所では管理濃度を超える環境での有害物質への曝露の危険があることから，環境管理は不適切であり早急に濃度低減のための対応が強く求められる。

A測定の管理水準は，作業環境測定の結果と対比できるように上述の考え方を数式化したものである。A測定の結果は少なくとも5以上の測定値として示されており，さらに有害物質の濃度は対数正規分布に近い分布に従っていることが経験的に知られている。したがって，測定値の統計処理に正規分布の理論を利用するためにほとんどの計算に濃度の対数が用いられる。正規分布の平均値Zや標準偏差の推定値uに関して成り立つ関係は，対数正規分布をする変量の幾何平均（GM）および幾何標準偏差（GSD）の対数に対しても成り立つ。

正規分布の上側5％に相当する変数の値は1.645σであるから，上述の第1管理水準を表す関係式は

$$\log E = \log(\mathrm{GM}) + 1.645 \log(\mathrm{GSD}) \qquad (6.1.6)$$

となる。ここで，Eは物質ごとに決められている管理濃度である。

A測定の第2管理水準に対応する関係式は気中有害物質の総平均濃度Cが管理濃度と等しい状態，すなわち$E=C$であること，したがって濃度Cが対数正規分布に従うときのCの対数$\ln C$が

$$\ln C = \ln(\mathrm{GM}) + 1/2 \ln^2(\mathrm{GSD})$$

第3管理区分
　早急に作業環境を改善し，作業場の気中有害物質の濃度を減少させる必要がある。
　　　　　　　　　　　　　　　　　　　　　　▶ 第2管理水準
第2管理区分
　作業環境管理の適否をただちに判断することはできないが，第1管理区分に移行するよう努める必要がある。
　　　　　　　　　　　　　　　　　　　　　　　単位作業場所全体の平均濃度が管理濃度と等しい。
　　　　　　　　　　　　　　　　　　　　　　　B測定の結果が管理濃度の1.5倍と等しい。
　　　　　　　　　　　　　　　　　　　　　　▶ 第1管理水準
第1管理区分
　作業環境の管理は適切であると判断され，引き続き良好な状態を維持するよう努める。この状態が持続されれば，一部の規制を緩和してよいと考えられる。
　　　　　　　　　　　　　　　　　　　　　　　単位作業場所の95％が管理濃度より低い濃度である。
　　　　　　　　　　　　　　　　　　　　　　　B測定の結果が管理濃度と等しい。

図6.1.10　管理水準と管理区分の関係

であることから
$$\log C = \log(GM) + 1.151 \log^2(GSD)$$
したがって
$$\log E = \log(GM) + 1.151 \log^2(GSD) \quad (6.1.7)$$
となる.

すでに〔2〕項で述べたように,気中濃度の日間変動までを測定結果に反映させるために連続2作業日の測定が推奨されている.しかし,連続2作業日の測定が必ずしも現実的でない場合もあり得るので,作業環境測定基準では2日間測定の義務付けはしていない.しかし,2日間測定が行われている場合と1日測定の場合とでは(GSD)の計算の仕方が変わるのは当然である.

2日測定が行われている場合は,式 (6.1.6) または式 (6.1.7) の (GM),(GSD) はそれぞれ式 (6.1.8),(6.1.9) のようになる.

$$\log(GM) = \frac{1}{2}\{\log(GM)_1 + \log(GM)_2\} \quad (6.1.8)$$

$$\log(GSD) = \sqrt{\frac{1}{2}\{\log^2(GSD)_1 + \log^2(GSD)_2\} + \frac{1}{2}\{\log(GM)_1 - \log(GM)_2\}^2} \quad (6.1.9)$$

ここに,$(GM)_1$, $(GSD)_1$ は1日目の,また,$(GM)_2$, $(GSD)_2$ は2日目の幾何平均および幾何標準偏差である.1日測定の場合には $(GM)_2$, $(GSD)_2$ に相当する統計量はないので,式 (6.1.8),(6.1.9) の代わりに

$$\log(GM) = \log(GM)_1 \quad (6.1.10)$$
$$\log(GSD) = \sqrt{\log^2(GSD)_1 + 0.084} \quad (6.1.11)$$

を用いることになっている.ここに,定数 0.084 は日間変動に相当するもので,過去に得られた資料から日間の幾何標準偏差の上側90%の推定値から求めた値である.

A 測定値の結果から環境の状態を評価するには式 (6.1.6),(6.1.7) の E を E_{A1}, E_{A2} とし,測定値から求められた (GM) および (GSD) を用いて E_{A1}, E_{A2} を計算し管理濃度と比較すればよい.E_{A1}, E_{A2} は第1評価値および第2評価値と呼ばれている.

（c） **B 測定の管理水準と評価値** B 測定の結果は B 測定値 (C_B) の値一つであるから評価の方法は A 測定に比べるとはるかに簡単である.B 測定の第1管理水準は管理濃度の値であり,第2管理水準は管理濃度の1.5倍とされている.B 測定の考え方から,B 測定値が第1管理水準を下回っていれば,おそらく当該単位作業場所で働く作業者の曝露が管理濃度を超えることはきわめてまれであろうと考えられよう.

（d） **曝露限界値** 労働衛生には作業場の空気中の有害物質濃度に関して曝露限界の概念がある.曝露限界は労働者の呼吸している空気中の有害物質の濃度,すなわち,個人曝露濃度について超過曝露の有無を判断するのに用いられる.多くの有害物質に対して日本産業衛生学会の許容濃度[2]、ACGIH（American Conference of Governmental Industrial Hygienists,米国産業衛生専門家会議）の TLV（threshold limit value）などとして,各国で政府や研究機関などで曝露限界値を設定している.曝露限界値は,過去の災害事例や毒性に関する論文情報などから総合的に判断して設定されるため,各機関の曝露限界値は同一ではない.

一方,労働安全衛生法第65条の作業環境測定は作業環境管理を目的としていることから測定の対象は作業場の環境空気中,つまり,"作業の場"における有害物質濃度であるから,基準となる数値として曝露限界の概念をそのまま使用することはできない.このため環境管理に関し,行政的な規制のための基本となる数値として,曝露限界とは別に環境濃度の概念として,管理濃度が行政的規制のために導入されている.

（輿 重治,小野真理子）

〔4〕 **リスクアセスメント**

市場にある化学物質は数万種に及ぶといわれており,その中には人に対する有害性を示すものが多く存在すると考えられている.しかしながら,管理濃度が定められている物質は100種あまり,曝露限界値が設定されている物質でも800種程度である.そのため,規制のない化学物質を使用することによる災害の発生が懸念される.そのため,厚生労働省は労働安全衛生法改正により化学物質のリスクアセスメントの実施の義務化を2016（平成28）年6月1日から施行し,多くの事業場での自主的な化学物質管理の取組みが進められている.義務化の対象物質は,譲渡時にセイフティデータシート（SDS）の添付義務のある700物質弱に及ぶ.SDS は GHS（Globally Harmonized System of Classification and Labelling of Chemicals）分類に基づいた有害性や,取扱い方法・規制等に関する情報を記述した文書である.内容を理解するためには専門的な知識が必要であるが,有害性が簡単に数値化されて示されている.しかしながら,専門の担当者がいない組織ではリスクアセスメントの実施は難しい.

厚生労働省はホームページ上の「職場のあんぜんサイト」[3] の化学物質のリスクアセスメントの実施支援において,定性的な化学物質のリスクアセスメント実施支援ツールとして,コントロールバンディングを公開している.コントロールバンディングは,英国にお

いて中小企業を対象として開発されたもので，作業場における危険・有害な化学物質に対する防護対策の概要を示すものである。曝露管理や専門的なアセスメントを始める前のスクリーニングのような位置付けの簡便な方法である。化学物質のリスクアセスメント実施支援ツールで，①作業の選択，②有害性，発散のしやすさ，使用量の選択，をすると，労働者の曝露の程度（バンドと呼ぶ）とそれに対応した対策が出力される。きわめて単純な方法であるため，求められる対策が安全側になるため，厳しくなる傾向がある。ほかに数値的なモデルを使用して曝露を評価する方法[3]も公開されている。

より高度に定量的なリスクアセスメントを実施するためには，作業者の個人曝露を測定して曝露限界値を測定する方法[4]がある。この場合には，コストが掛かり，曝露限界値が設定されていない物質について対応するには高度に専門的な知識が必要であり，解決すべき課題も多い。

リスクアセスメントで重要なことは，事業主から作業者までが化学物質の危険・有害性に関する情報を共有して，安心・安全に事業を進めていくことである。作業環境測定では環境空気中の有害物質に注目することになるが，リスクアセスメントは皮膚からの吸収が多いものに対して保護手袋や保護衣を着用するような作業管理の実施に役立つことも多い。（小野真理子）

〔5〕 環　境　改　善

作業環境評価の結果，環境の状態が第3管理区分となったり，リスクアセスメントにより対策が必要になったりした場合には，環境空気中の有害物質の濃度を低減させるための改善を開始することになる。改善には種々の方法が考えられるが，環境の状況に適合した最も効果的かつ経済的な手法の採用が重要である。環境評価は環境の状態を三つの管理区分に区分するのみでなく，環境改善のための重要な多くの情報を含んでいる。

管理区分はA測定およびB測定のそれぞれの三つの区分の組合せによって決まるが，第3管理区分はA測定，B測定のいずれかの区分が3となった場合であるから，同じ第3管理区分といっても環境は同じではない。A測定のうちの一点が他と比べ異常に高かったり低かったりして幾何標準偏差が著しく大きくなり，A測定の区分が悪くなることがしばしば見られる。このような場合には異常な値の理由を考察することにより，効果的な改善のための有用な情報が得られることが多い。また平均的な状態は良好であるにもかかわらず，B測定の結果のみが好ましくない場合は，B測定点を決めるとき予想された高濃度の状態が起こっていることを示すもので，環境改善を必要とする場所や工程を認識しやすい。このように作業環境測定の結果には環境改善を実施する際に役立つ多くの情報が含まれているので，リスクアセスメントにおいても作業環境測定に準ずる方法を実施することで，発生源対策が容易になることもある。また，一般的な個人曝露測定はシフトの平均値であるから個人の曝露対策には有効であるが，発生源対策のためには特定の短時間作業の個人曝露測定データが有効なことがある。

なお，工学的対策の技術的内容については文献5)を参照されたい。　　　　　（輿　重治，小野真理子）

引用・参考文献

1) 日本作業環境測定協会編，作業環境測定ガイドブック1，3〜5，日本作業環境測定協会（2013）
2) 日本作業衛生学会，許容濃度等の勧告（2018年度），産業医学雑誌，60，p.116-148（2018）
http://www.sanei.or.jp/（2018年12月現在）
3) 厚生労働省，職場のあんぜんサイト
http://anzeninfo.mhlw.go.jp（2018年12月現在）
4) 日本産業衛生学会　産業衛生技術部会　個人ばく露測定に関する委員会，化学物質の個人ばく露測定のガイドライン，産業衛生学雑誌，57，p.A13-A60（2015）
http://joh.sanei.or.jp/pdf/j57/J57_2_09.pdf（2018年12月現在）
5) 沼野雄志，新 やさしい局排設計教室―作業環境改善技術と換気の知識，中央労働災害防止協会（2012）

6.1.6　換　　　気

一般に，換気とは「屋内や坑内の汚れた空気を屋外に出し，新しい空気を取り入れること」である。ここではおもに作業環境（工場や事務室，建設・工事現場など）で施される換気について述べる。

〔1〕 換 気 の 目 的

作業環境では，生産活動等に伴って種々の有害物質が発生・拡散し，それらに労働者が曝露して健康に悪影響を及ぼす場合がある。曝露のリスクを完全に断つには，有害物質の使用自体を止めるか，発生源の隔離もしくは作業工程の無人化を行わなければならないが，それらが実行困難な場合は，換気によって有害物質を屋外に排出して曝露のリスクを低減させることができる。換気はこのような有害物質の排除による作業環境の空気質改善をおもな目的とするが，高温高湿空気の排除による温熱環境の改善や，新鮮空気の導入による酸欠の防止に利用されることもある。

〔2〕 換 気 の 方 法

換気の方法を動力源の違いによって分類すれば，機械設備によって行う機械換気法（もしくは強制換気

法）と，室内外の温度差で生じる浮力や風のような自然力を利用する自然換気法とに大別される。機械換気法はさらに，① 第一種換気方式：給気（押込み）と排気（吸出し）を併用する方法，② 第二種換気方式：給気のみを行う方法，③ 第三種換気方式：排気のみを行う方法に分類され，自然換気法には，① 温度差を利用する方法（温度差換気），② 自然の風力を利用する方法，③ 気体の拡散性を利用する方法がある。

換気の方法を換気する空間の違いによって分類すれば，作業空間全体の空気を入れ替える全体換気と，有害物質の発生源近傍から局所的に汚染空気を排出する局所排気に大別される。なお，後述するプッシュプル換気（緩やかな吹出し気流と吸込み気流とを組み合わせた換気方法）は，限定的な空間から汚染空気の排出を行う点で局所排気の一種とみなせるが，労働安全衛生法の関連規則では独立した換気方法として扱われている。また，作業者に向けて新鮮空気の局所的な送気を行って曝露や暑熱負荷の低減を図る換気方法もあるが，送気された新鮮空気が有害物質等を伴って周囲の空気と混合しながら屋外に排出されることを鑑みれば，全体換気の一種と考えるのが妥当である。

それぞれの換気の方法によって，排出可能な有害物質，曝露の低減効果，導入コスト，直接および間接の運転コスト，適用可能な場所や作業，法的な位置付けや遵守義務などが異なるので，それらを勘案して各現場に最適な換気法を選択する必要がある。

〔3〕 温度差換気

温度差によって生じる空気の浮力を利用した換気法で，重力換気とも呼ばれる。前項の分類に従えば，自然換気もしくは全体換気の一種に分類される。

屋内に大きな熱源が存在し，それが同時に有害物質の発生源でもある場合（電気炉，溶鉱炉等），熱源付近の空気の熱膨張から生じる上昇気流は，有害物質とともに屋外から流入する新鮮空気を取り込んで上方に向かい，建屋の上部に設けた排気口から排出することができる（図6.1.11参照）。

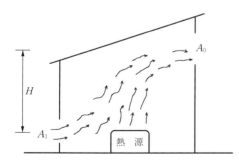

図6.1.11　温度差を利用した自然換気（全体換気）

作業環境における温度差換気の換気量を示す式としては，以下に示す実験式がよく知られている[1]。

冬季の場合（外気温＝0℃）

$$Q = 623 \cdot A_0 \cdot \sqrt{\frac{H \cdot \Delta T}{(A_0/A_1)^2 + 1}} \quad (6.1.12)$$

夏季の場合（外気温＝27℃）

$$Q = 590 \cdot A_0 \cdot \sqrt{\frac{H \cdot \Delta T}{(A_0/A_1)^2 + 1}} \quad (6.1.13)$$

ただし，Q：換気量〔m^3/h〕
　　　　A_0：建屋上部の排気口の開口面積〔m^2〕
　　　　A_1：建屋下部の給気口の開口面積〔m^2〕
　　　　H：上下開口部間の高低差〔m〕
　　　　ΔT：建屋の上部と下部との温度差〔℃〕

である。

〔4〕 機械換気の方法

前述のとおり，機械換気の方法は第一種から第三種の方式に分類することができる[2]。

第一種換気方式は，強制的な給気と排気を併用するので，通常，最も確実な効果が期待できる反面，設備と稼働のコストが最もかかる機械換気法でもある。排気した空気から有害物質を取り除き，給気に回して循環させる場合もある。

第二種換気方式は，送風機を利用して給気のみを行うため，換気中の屋内は正圧に保たれる。屋内に新鮮空気の供給が必要な場合に用いられる。

第三種換気方式は，排気用送風機によって排気のみを行うため，換気中の屋内は負圧に保たれる。有害物質や臭気などの漏出を防ぐ必要がある際に利用される。

〔5〕 全体換気と局所排気

一般に，全体換気と局所排気とを比較した場合，作業性に及ぼす影響は前者において少なく，曝露抑制効果では後者が優る。全体換気は，屋外から取り入れた新鮮空気と屋内で発生した有害物質を含む汚染空気とを混合して屋外へ排出する換気法なので，有害物質曝露を完全に防ぐことができず，作業者は新鮮空気で希釈された有害物質に対して，ある程度の曝露を受けることになる。このため，全体換気は通常，毒性や有害性の強い物質に対しては不向きな換気法とみなされ，米国労働衛生専門家会議（American Conference of Governmental Industrial Hygienists，ACGIH）のマニュアル[3]によれば，TLVが100 ppm以上の有機溶剤に対して適用するのが一般的であるとしている。一方，有効に機能している局所排気装置は，発生した有害物質が周囲に拡散する前に捕捉・吸引するので，作業者が曝露する危険は比較的少ない。

両換気法に係る経費に着目すると,装置自体の費用と直接的な運転コスト(排気装置の動力・保守費など)の面では全体換気が,間接的な運転コスト(排気に伴う空調の負担増による出費など)の面では,換気量が比較的少なくて済む局所排気の方が有利である。

全体換気装置に必要な排気能力は,有害物質の発生量,作業場の構造,機械設備の配置等により異なるため一律に規定できないが,局所排気装置については,労働安全衛生法の関連規則(有機溶剤中毒予防規則や粉じん障害防止規則等)において,その構造および性能に関する要件が具体的に定められている(〔10〕制御風速および〔11〕局所排気フードの必要排風量に後述)。

〔6〕 **全体換気の換気量と濃度の関係**[3),4)]

図6.1.12のように,有害物質が発生している屋内作業場で全体換気を行う場合,屋外から導入する空気中に有害物質が含まれなければ,屋内に存在する有害物質の総量の変化は,屋内で発生する有害物質の量から屋外へ排出される有害物質の量を差し引いた分に等しい。この関係(物質収支)を式で表せば

$$VdC = Gdt - Q'Cdt \quad (6.1.14)$$

ただし,V:屋内作業場の気積
G:有害物質の発生量(単位時間当り)
Q':換気量(単位時間当り)
C:有害物質の気中濃度
t:時間

である。

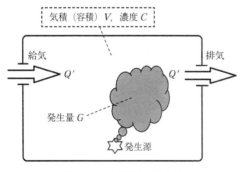

図6.1.12 全体換気の模式図

もし,一定の時間を経て有害物質の発生と排出が平衡に達し,作業場内の濃度が定常になった状態であれば,$dC=0$になるので,この場合の式(6.1.14)は以下のように書き換えられる。

$$Q' = \frac{G}{C} \quad (6.1.15)$$

つまり,定常完全混合の状態であれば「換気量は発生量を濃度で除した値に等しい」という関係が成り立つ。

なお,有害物質が不均一に拡散し,屋内の濃度分布に不均一を生じている場合には,不均一の程度を示す係数kが与えられ,このkを上記の換気量(Q')に乗じたものが,濃度不均一な場合に必要な換気量(Q)になる。

$$kQ' = Q \quad (6.1.16)$$

不均一の程度に応じて,通常,kには$1 \sim 10$の値が与えられる。すなわち$k=1$は理想的な混合・拡散状態(有害物質が発生と同時に作業場内に均一に拡散する状態)を,$k=10$は著しい濃度の不均一が生じている状態を表す。

いま,理想的な状態($k=1$)を仮定し,式(6.1.14)を積分すると,以下のようになる。

$$\ln\left(\frac{G - Q'C_2}{G - Q'C_1}\right) = -\frac{Q'(t_2 - t_1)}{V} \quad (6.1.17)$$

ただし,C_1:初期状態における有害物質濃度
C_2:任意時間経過後の有害物質濃度
t_1:初期の時間
t_2:任意時間を経過した後の時間

である。

ここで,初期状態では作業場内に有害物質が存在しない($C_1=0$)と仮定し,その状態から有害物質の発生と換気を同時に開始した場合,任意時間を経過した後の有害物質の濃度は,式(6.1.17)をC_2について解いて以下のようになる。

$$C_2 = \frac{G\left\{1 - e^{\left(-\frac{Q'\Delta t}{V}\right)}\right\}}{Q'} \quad (6.1.18)$$

ただし,Δt:経過時間($=t_2-t_1$)である。

式(6.1.18)より,気積Vの屋内作業場において,全体換気と有害物質の発生を同時に開始してから任意時間を経過した後の有害物質濃度を求めることができる。もしΔtが十分に大きければ,式(6.1.18)は

$$C_2 = \frac{G}{Q'} \quad (6.1.19)$$

となり,発生と排出が平衡した状態で成り立つ式(6.1.15)と一致する。

〔7〕 **局所排気装置**

一般的な局所排気装置の構造を図6.1.13に示す。有機溶剤中毒予防規則や粉じん障害防止規則等では,局所排気装置の構造要件として以下を定めている。

① フードは,発生源ごとに設けられていること。
② 外付け式フードは,発生源にできるだけ近い位置に設けられていること。
③ ダクトは,長さができるだけ短く,ベント(曲がり)の数ができるだけ少ないこと。

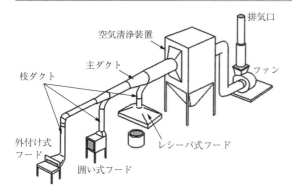

図 6.1.13 局所排気装置の構造

④ ファンは，空気清浄装置の下流位置に設けられていること。ただし，爆発やファンの腐食・摩耗等のおそれがないときは，この限りではない。
⑤ 原則として，排気口は屋外に設けられていること。

[8] 局所排気装置の設計手順

局所排気装置の一般的な設計手順を以下に示す。

① フードの設置場所と形式（形状）の決定：作業内容や取り扱う有害物質等に応じて，最適な形式の排気フードを選ぶ（後述）。
② 制御風速の決定：取り扱う有害物質やフードの形式・設置位置等に応じて規則で定められた制御風速（後述）を確認する。
③ 必要排風量の計算：フードが囲い式の場合，開口面積，制御風速および吸引風速の不均一性に対する補正係数から排風量を算出する。フードが外付け式もしくはレシーバ式の場合，制御風速，捕捉点までの距離，開口面の直径や辺長等を排風量の計算式に代入して求める（表 6.1.15 各フードの例図と排風量計算式に後述）。
④ 搬送速度の決定：有害物質がダクト内を確実に流れる流速（搬送速度）を確認する。
⑤ ダクトの配置場所と径等の決定：排風量と搬送速度からダクトの径や材質を決定する。
⑥ ダクト系の圧力損失の計算：各部位で生じる圧力損失を求める。
⑦ 空気清浄装置の選定：必要に応じてプレダスタ（前置き除じん装置）を設ける。
⑧ ファンの必要静圧の算出：圧力損失から算出する。
⑨ ファンの決定：必要排風量と必要静圧からファンの機種を選定し，動作点を決定する。

[9] 局所排気フードの種類

局所排気を適用する作業の形態や排気すべき有害物質の性状などに応じてさまざまな形式の排気フードが利用されており，図 6.1.14 に示す分類が可能である。

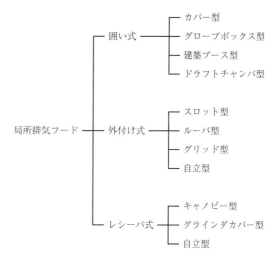

図 6.1.14 局所排気フードの分類

構造上，レシーバ式フードの多くは外付け式フードと同じ物だが，有害物質が大きな移動速度を伴って一定方向に飛散するような場合，その動きを利用して有効に吸引捕集するフードは「レシーバ式」に分類される。一般的な囲い式，外付け式およびレシーバ式フードの実例を図 6.1.15 ～ 図 6.1.17 に示す。

図 6.1.15 囲い式フード

[10] 制 御 風 速

本来，制御風速は「有害物質を排気フードへ吸引するために必要でかつ最小の風速」と定義される。ただし，わが国の労働安全衛生法の関連規則における制御風速は局所排気装置の法的な性能要件にあたり，フードの形式に応じてつぎのように定義されている。

図6.1.16 外付け式フード

図6.1.17 レシーバ式フード

・囲い式の場合:フード開口面上の最小吸引風速
・外付け式もしくはレシーバ式の場合:フードの開口面から最も離れた作業位置(捕捉点)での吸引風速

また,現行の同関連規則では遵守すべき制御風速の値として以下(**表6.1.11〜表6.1.14参照**)を定めている。

表6.1.11 有機溶剤中毒予防規則が定める制御風速

フードの形式		制御風速〔m/s〕
囲い式		0.4
外付け式 (レシーバ式)	側方吸引	0.5
	下方吸引	0.5
	上方吸引	1.0

表6.1.12 粉じん障害防止規則が定める制御風速(1)

フードの形式		制御風速〔m/s〕
囲い式		0.7
外付け式 (レシーバ式)	側方吸引	1.0 (1.3)*
	下方吸引	1.0 (1.3)*
	上方吸引	1.2

〔注〕 *砂型を壊し,または砂落しする箇所でのみ1.3m/s

表6.1.13 粉じん障害防止規則が定める制御風速(2)*

フードの設置方法	制御風速〔m/s〕
回転体を有する機械全体を囲う方法	0.5
回転体の回転により生じる粉じんの飛散方向をフードの開口面で覆う方法	5.0
回転体のみを囲う方法	5.0

〔注〕 *研削盤,ドラムサンダ等の回転体を有する機械に設ける局所排気装置に適用される。

表6.1.14 特定化学物質障害予防規則が定める制御風速

有害物質の状態	制御風速〔m/s〕*
ガス状	0.5
粒子状	1.0

〔注〕 *フード形式によらず,物質の状態で規定される。

制御風速を満たさない状態で使用される局所排気装置は,一部の例外を除き,法的には「局所排気装置以外の発散防止抑制措置」と位置付けられる。

なお,局所排気装置を石綿,鉛もしくは一部の特定化学物質を取り扱う作業に適用する際の性能要件は,制御風速ではなく,抑制濃度(フードの外側において満たすべき有害物質の基準濃度)によって規定される。

〔11〕 **局所排気フードの必要排風量**

局所排気フードが囲い式の場合,制御風速を確保するために必要な排風量は式(6.1.20)によって求める。

$$Q = 60 \cdot V_0 \cdot A = 60 \cdot k \cdot V_c \cdot A \quad (6.1.20)$$

ただし,Q:排風量〔m³/min〕
V_0:開口面上の平均風速〔m/s〕
A:フードの開口面積〔m²〕
k:吸引風速の不均一性に対する補正係数
V_c:制御風速〔m/s〕

である。

囲い式の場合,制御風速(V_c)は「開口面上の最小吸引風速」と定義されるので,開口面上の風速分布が均一でない限り,$V_0 > V_c$である。フードの形状や構造等にもよるが,おおむね不均一の補正係数kの値は1.1〜1.8程度になる。

局所排気フードが外付け式もしくはレシーバ式の場合,必要排風量を算出する方法はいくつかあるが,ここでは厚生労働省が通達で指導している「制御風速法(捕捉速度法)」を紹介する[5]。これは,実験に基づいて幾何学的形状を推定したフード開口面周辺の等速度面の面積に吸引風速を乗じて排風量を求める方法で,**表6.1.15**の中から該当する計算式を選び,そこへ制

表 6.1.15　各フードの例図と排風量計算式

$Q = 60 \cdot V_c \cdot (10X^2 + A)$
Q：排風量〔m³/min〕
V_c：制御風速〔m/s〕
X：開口面から捕捉点までの距離〔m〕
A：開口面の面積〔m²〕

（※開口縦横比＞0.2）

（a）自由空間に置かれた円形または矩形開口フード

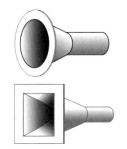

$Q = 60 \cdot 0.75 \cdot V_c \cdot (10X^2 + A)$

（b）自由空間に置かれたフランジ付きの円形または矩形開口フード

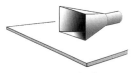

$Q = 60 \cdot V_c \cdot (5X^2 + A)$

（c）床やテーブル等の上に置かれた矩形開口フード

$Q = 60 \cdot 0.5 \cdot V_c \cdot (10X^2 + A)$

（d）床やテーブル等の上に置かれたフランジ付きの矩形開口フード

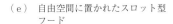

（※開口縦横比 0.2）

$Q = 60 \cdot 5.0 \cdot L \cdot X \cdot V_c$

（e）自由空間に置かれたスロット型フード

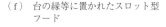

$Q = 60 \cdot 4.1 \cdot L \cdot X \cdot V_c$

（f）台の縁等に置かれたスロット型フード

$Q = 60 \cdot 2.8 \cdot L \cdot X \cdot V_c$

（g）床やテーブル等の上に置かれたスロット型フード

$Q = 60 \cdot 1.6 \cdot L \cdot X \cdot V_c$

（h）床，テーブルの上や開放槽の縁に置かれたバッフル付きのスロット型フード

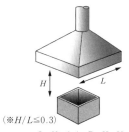

（※$H/L \leq 0.3$）

$Q = 60 \cdot 1.4 \cdot P \cdot H \cdot V_c$
P：開口面の周囲長〔m〕

（i）矩形または円形開口のレシーバ式キャノピー型フード

$Q = 60 \cdot 14.5 \cdot H^{1.8} \cdot W^{0.2} \cdot V_c$

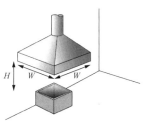

$Q = 60 \cdot 8.5 \cdot H^{1.8} \cdot W^{0.2} \cdot V_c$

（j）正方形または円形開口のレシーバ式キャノピー型フード（全側面開放の場合）

（k）正方形または円形開口のレシーバ式キャノピー型フード（三側面開放の場合）

御風速（V_c）と各寸法を代入して排風量（Q）を算出する。

〔12〕プッシュプル型換気装置

プッシュプル型換気装置とは，プッシュフード（吹出しフード）とプルフード（吸込みフード）の間に形成させた一様な気流によって有害物質を捕捉し排気する換気装置で，局所排気装置と比べて換気区域が広く排風量も少ないところが利点である。局所排気装置と同様，プッシュプル型換気装置に対しても労働安全衛生法の関連規則で性能要件が規定されており，捕捉面（吸込みフードから最も離れた位置の有害物質発散源を通り，かつ気流方向に垂直な平面）における平均風速が 0.2 m/s 以上，捕捉面における気流のばらつきが ±50% 以内と定められている。図 6.1.18 に開放式水平流型のプッシュプル型換気装置を示す。

図 6.1.18　開放式水平流型のプッシュプル型換気装置

〔13〕その他（特殊な環境の換気）

換気は，有害物質を作業環境から排出することによって作業者の曝露抑制を図るだけでなく，外気を導入して作業環境中に新鮮空気を供給する役割も併せ持つ。マンホール，ピット，井戸，タンク，サイロの内部のような通気の悪い場所では，バクテリアの呼吸や土中鉄分の酸化等によって酸素が消費され酸素欠乏を生じやすいため，作業者が立ち入る際には，継続的な換気によって新鮮空気を送ることが必要である。酸素欠乏症等防止規則では，作業の性質上換気が著しく困難な場合（爆発のおそれがあるような場合）を除き，酸欠危険場所の酸素濃度を18%以上に保つよう定めており，そのために必要な換気量の目安は以下のとおりとされている[6]。

・井戸，基礎杭等の非圧気工法の作業場：作業員1人当り 10 m³/min 以上の継続した送気
・暗渠：暗渠の平均断面において 0.8 m/s 以上の風速で送気する。
・ピット：ピット内を均一に換気し，その際の換気回数が 20 回/h 以上となるように送気する。

上記の換気を行う際には，可搬型換気装置として図 6.1.19 に示したフレキシブルダクト（風管）付きの軸流式ファンがよく利用される。　　　　（小嶋　純）

図 6.1.19　フレキシブルダクト付き軸流式ファン

引用・参考文献

1) 沼野雄二，新 やさしい局排設計教室，pp.41-43，中央労働災害防止協会（2005）
2) 空気調和・衛生工学会編，空気調和設備計画設計の実務の知識 改訂2版，pp.53-64，オーム社（2002）
3) American Conference of Governmental Industrial Hygienists, Industrial Ventilation A Manual of Recommended Practice for Design 28th Edition, pp.4-2-4-22, ACGIH, Cincinnati (2013)
4) 小嶋純，小型内燃機関による一酸化炭素中毒の防止と全体換気，労働安全衛生研究，2-1，pp.57-60（2009）
5) 中央労働防止協会編，局所排気・プッシュプル型換気装置及び空気清浄装置の標準設計と保守管理，pp.34-67，中央労働災害防止協会（2012）
6) 中央労働災害防止協会編，酸素欠乏症等の防止―特別教育用テキスト―，pp.92-98，中央労働災害防止協会（2015）

6.1.7　電離放射線

〔1〕電離放射線とその人体への影響

（a）**電離放射線**　電離放射線とは，原子や分子を電離（イオン化）する能力を持つ放射線のことである。電離放射線には直接電離放射線と間接電離放射線があり，直接電離放射線は α 線や β 線などの電荷を持つ粒子線で，それ自体が原子や分子を直接電離する。一方，間接電離放射線は電磁波（X線や γ 線など）および中性子線などの電荷を持たない放射線で，

原子核あるいは軌道電子との相互作用により二次的に発生した荷電粒子線が電離作用を示す。これらのうち，β線はそれを放出する核種によって決まる最大エネルギー（数十 keV～数 MeV）を持った連続エネルギースペクトルを示し，X線は4～8 MeV程度の線エネルギースペクトルを示す。中性子線はそのエネルギーによって高速中性子（約 0.5 MeV 以上），中速中性子（0.1～500 keV），遅い中性子（0.1 keV 以下），熱中性子（約 0.025 keV）に分けて扱われることが多い。放射線の発生源としては，天然および人工の各種放射性同位元素（RI），研究用・医療用・工業用の各種加速器，および原子炉などがある。

（b） 放射線の人体への影響 放射線防護の観点から，人体への放射線影響は確定的影響と確率的影響に大別される。確定的影響は，一定線量（閾値）の被曝がなければ現れない影響で，閾値が存在する。発がんと遺伝的影響を除くすべての人体影響が確定的影響である。一方，確率的影響は線量が低くても被曝線量の増加に伴い人体影響の発生確率が増加すると考えられている影響であり，閾値が存在しない。発がんおよび遺伝的影響が確率的影響である。

1）確定的影響 確定的影響には閾値が存在し，閾値を超えなければ障害は発生しないと考える影響である。おもな障害の閾値を**表 6.1.16**に示す。吸収線量（単位：グレイ，Gy）は医療分野における医療被曝の線量を表す場合におもに用いられるが，放射線防護の観点からは，等価線量（単位：シーベルト，Sv）が用いられる。等価線量＝吸収線量×放射線荷重係数である。これは，障害の起こりやすさが放射線の種類によって異なることから，放射線の種類に応じた係数（放射線荷重係数）を掛け合わせることで放射線種の補正を行っている。X線，γ線，β線は1，陽子は2，α線，核分裂片，重い原子核は20，そして中性子線は2.5～22である。

2）確率的影響 確率的影響には閾値が存在せず，どんなに少ない被曝量でも発がん（あるいは遺伝的影響）が引き起こされる可能性がある。確率的影響が生じる確率は，等価線量が同じでも，照射される組織・臓器によって変わる。そこで被曝臓器への係数（組織荷重係数）が考えられている。例えば赤色骨髄，結腸，肺，胃，乳房は 0.12，生殖腺は 0.08，肝臓，食道，甲状腺，膀胱は 0.04，皮膚，脳，唾液腺，骨表面は 0.01，そして残りの臓器は 0.12 である。したがって，確率的影響（発がんと遺伝的影響）は，放射線の強さ，放射線の種類，組織感受性の3種の要因から算出され，実効線量（単位：Sv）として示される。実効線量（Sv）＝吸収線量（Gy）×放射線荷重係数×組織荷重係数である。

〔2〕電離放射線の測定

放射線防護の立場からの放射線測定には，① 場所の測定と，② 被曝線量の測定の2種類がある。前者は放射線障害のおそれのある場所について，放射線の量と放射性核種による汚染の状況を測定するものであり，後者は個人の被曝の量の測定である。

（a） 放射線に関する主要な測定量と単位

1）放射能 放射性同位元素が自発的に崩壊（壊変）して別の元素に変化する性質，または壊変の割合（壊変率）を表す。つまり放射線を放出する能力を表し，単位時間（1秒間）に壊変する原子の個数で示される。国際単位系（SI）単位ではベクレル（Bq）が用いられる。1 Bq＝1 dps（disintegration per second）である。

2）吸収線量 放射線が単位質量の物質中に付与するエネルギーである。その単位は〔J/kg〕であるが，SI単位ではグレイ〔Gy〕が用いられる。

3）線量当量 線量当量は放射線防護の目的に限って用いられる量である。実効線量は算出値であり直接測定することはできない。しかし被曝管理のため

表 6.1.16 確定的影響によるおもな障害の閾値

影響	閾値 （吸収線量 Gy）	閾値（例：X線） （等価線量 Sv）	閾値（例：α線） （等価線量 Sv）
白血球（リンパ球）減少	0.25	0.25	5
悪心，吐き気，嘔吐	1	1	20
一時的不妊　男性	0.1	0.1	2
女性	0.65～1.5	0.65～1.5	13～30
永久不妊　男性	3.5～6	3.5～6	70～120
女性	2.5～6	2.5～6	50～120
脱毛	3	3	60
皮膚の紅斑	3	3	60
白内障	2	2	40

には実際に測定する必要があるため，実効線量に代わる実用線量として線量当量が用いられる。サーベイメータを用いた環境モニタリングにおける空間線量測定には周辺線量当量が，個人モニタリングでは個人線量計を用いて個人線量当量が測定される。線量当量は，人体の組織を模したICRU球（直径30 cm，密度$1 g/cm^3$の組織等価な球）の表面から1 cmの深さにおける線量（1 cm線量当量）で表される。臓器の多くは人体の表面から1 cmよりも深い場所にあるため，線量当量は実効線量よりもつねに高い値，すなわち安全側に見積もられることになる。1 cm線量当量は実効線量，3 mm線量当量は目の水晶体の等価線量，70 μm線量当量は皮膚の等価線量に相当する。

4) **等価線量と実効線量** 確定的影響に対する制御（限度）は等価線量で，確率的影響に対する限度は実効線量で定められている。等価線量は吸収線量に放射線荷重係数を掛け合わせ，実効線量は等価線量に組織荷重係数を掛け合わせて算出する。SI単位はシーベルト（Sv）である。

（b） **放射能の測定** 放射能の測定では，基本的に① 試料から放出される放射線の個数を測定し，② その放射性核種を同定することが主題であり，放射線の種類，エネルギー，試料の形態などに応じて，それぞれに適した放射線検出器や測定法が用いられる。放射線の個数のみの測定には，α線，β線，γ線に対して，それぞれ全α，全β，全γ放射能測定法が用いられる。核種の同定と放射線の個数の測定を同時に行う場合には，α線スペクトル分析法，β線スペクトル分析法，γ線スペクトル分析法が用いられる。**表6.1.17**に各測定法・分析法に適した代表的な放射線検出器の種類を示す。

一般に，放射線測定器は検出器に接続する高電圧回路，増幅回路，計数回路や波高分析回路などの電子回路を含んでおり，測定システム全体の性能は検出器とこれらの電子回路の性能に大きく依存している。なお，放射能測定では，測定器の係数効率の校正やスペクトル分析のためのエネルギー校正を行う必要があり，そのための適当な標準放射能線源が不可欠である。

（c） **放射線の量の測定** 放射線障害のおそれのある場所における放射線の量の測定は，一般に1 cm線量当量について行われる。この目的には，方法論の上では，着目する空間における放射線のエネルギースペクトルを測定することが理想的であるが，この方法では高度な技術が必要であるため必ずしも一般的ではない。実用例として，球形 NaI（Tl）シンチレーション検出器を用いたγ線場のエネルギースペクトル測定

表6.1.17 放射能測定に用いられるおもな放射線検出器（適当なものを○で示す）

検出器	全α放射能	全β放射能	全γ放射能	α線スペクトル分析	β線スペクトル分析	γ線スペクトル分析
GM計数管		○				
比例計数管	○	○				
プラスチックシンチレーション検出器		○			○	
液体シンチレーション検出器	○	○			○	
ZnS(Ag)シンチレーション検出器	○					
CsI(Tl)シンチレーション検出器					○	
NaI(Tl)シンチレーション検出器			○			○
Si半導体検出器	○			○		
Ge半導体検出器						○
ガス捕集用電離箱	○	○				
グリッド付き電離箱				○		

や，ボナー球スペクトロメータによる中性子場のエネルギースペクトル測定が挙げられる。一般には，電離箱式線量当量率計，半導体式線量当量率計，GM計数管式線量当量率計，シンチレーション式線量当量率計による簡易測定が行われることが多い。

（d） **被曝線量の測定** 個人の被曝線量を測定するものであり，放射線の種類に応じて，β線用，γ線用，および中性子線用の熱ルミネッセンス線量計，フィルムバッジ，蛍光ガラス線量計のほか，中性子線用の固体飛跡検出器などが使用される。

〔3〕 **電離放射線に対する防御**

放射線による健康障害を防止するための放射線管理は，放射線障害防止法に定められている基準に従って実施される。本法は，放射性同位元素や放射線発生装置の使用や，放射性同位元素の廃棄などを規制することで，放射線障害を防止し安全を確保することを目的に制定された法律であり，原子力規制委員会が管轄する。

放射線レベルが法令に定められた値を超えるおそれのある区域は，管理区域として設定され，放射線業務従事者以外の者がみだりに立ち入らないような措置が講じられる。放射線業務従事者の放射線被曝を制限するために実効線量当量および組織線量当量が法令で定められているが，放射線被曝は可能な限り低くすることが原則であり，その目標に沿って放射線・放射性物質の管理や被曝評価を行うために種々の方策がとられる。

（a） **放射線モニタリング** 被曝の評価や管理

を目的とする測定は放射線モニタリングと呼ばれる。これは，① 施設の管理区域とその境界，および排水口や排気口などからの放射性廃棄物を管理する作業環境モニタリングと，② 管理区域内に立ち入る個人を管理する個人モニタリングに大別される。①では空間の線量当量率，空気中放射能濃度，水中放射能濃度（排水系），表面汚染密度などが測定対象となり，②では個人の体外被曝の測定や体内被曝の測定（バイオアッセイなど）が行われる。

（b） **体外被曝防護の3原則** 体外被曝の低減化を図るために，時間，遮蔽，距離の3原則がある。すなわち，① 十分な準備と練習により作業時間を短縮する，② 線源と人体との間に遮蔽物を置いて放射線量を低減させる，③ 点状線源からの距離の逆2乗則で線量率が低減する，ことを踏まえて，線源からできる限り離れて作業をすることである。

（c） **体内被曝に対する防護** 非密封線源の取扱いに際して，経気道摂取，経口摂取，経皮膚摂取により体内に放射性物質が入るおそれがある。防護対策として，放射線施設内での飲食禁止はもちろん，汚染の防止，環境管理（迅速な汚染の発見と汚染除去），作業の習熟が重要である。

〔4〕 **電離放射線に対する被曝線量の規制**
（a） **規制の原則** 確率的影響に対しては，閾線量が存在しないと考えられている。この考えの下では，どんなに少ない被曝でもそれなりの健康リスクが存在するが，リスクを上回る便益を受けることが確実な行為に対しては，ある程度のリスクは容認せざるを得ない。そこで，放射線の有益な利用を不当に制限することなく人間の安全を確保するため，法令により被曝線量限度が定められている。現行の関係法令は，ICRP 2007年勧告[1]に沿ったものである。

このICRP勧告は，国際放射線防護委員会（International Commission on Radiological Protection）が放射線防護基準を提案するもので強制力はないが，各国はこの勧告に従ってそれぞれの国内の防護基準を定めている。前勧告（ICRP 1990，Publication 60）から8年間の検討を経て改訂され，2007年に新勧告（ICRP 2007，Publication 103）が公表された。

（b） **実効線量限度および等価線量限度** 放射線業務従事者が，ある一定期間内で受ける線量の限度は，表6.1.18に示すとおりである。

（c） **その他の規制** 放射線施設内でのRIの空気中濃度限度，排気中および排水中濃度限度は，各核種ごとに定められている。表面汚染密度限度は，α線を放出する核種では$4\,\mathrm{Bq/cm^2}$，α線を放出しない核種では$40\,\mathrm{Bq/cm^2}$である。　　　（三浦伸彦，山下幹雄）

引用・参考文献

1) ICRP Publication 103（2007）

6.1.8 酸 素 欠 乏
〔1〕 **酸素欠乏の定義**

海面上の大気圧の酸素分圧は約160 mmHg，酸素濃度は約21％で，人間はこの空気を呼吸し生命を維持している。しかし，富士山頂（3 776 m）の酸素分圧は約100 mmHgで，海面上換算酸素濃度の約13％に相当するが，安全に登山できる。人間はこのように酸素分圧が変化しても表6.1.19に示すように活動可能で，医学的にも約100 mmHg以上の酸素分圧の必要性は明らかにされている。

したがって，ヒマラヤ登山や高空航行中の旅客機内急激減圧事故などで，高山病や航空病を生じる主原因

表6.1.19　高度と酸素欠乏危険

高度〔m〕	海面換算酸素濃度〔％〕	酸素分圧〔mmHg〕	危険性
0	20.9	159	
985	18.4	140	（酸欠症予防18％）
1 970	16.4	125	許容限界（与圧旅客機内）
2 950	14.5	109	
3 190	13.0	106	
3 940	12.7	97	危険限界

表6.1.18　放射線業務従事者の実効線量限度および等価線量限度

区　分	実効線量限度	等価線量限度
下記以外のもの	100 mSv／5年間 50 mSv／年	眼の水晶体：150 mSv／年 皮膚：500 mSv／年
女子（妊娠不能，妊娠の意思がないものを除く）	5 mSv／3箇月間	
妊婦	1 mSv（申出から出産までの間）	左記の期間，腹部表面で2 mSv
緊急作業（妊娠中の女子を除く）	100 mSv	眼の水晶体：300 mSv／年 皮膚：1 000 mSv／年

は酸素欠乏である。これらの酸素欠乏による疾病は海面近くの低地における酸素欠乏とは症状や治療などが異なるので除外する。しかし，二酸化炭素やフロンのような許容濃度がパーセントに近い弱毒性ガスによる酸素欠乏は，これらのガスの毒性と複合した症状であるが，酸素欠乏に含めた。ただし，一酸化炭素や硫化水素のような許容濃度が数十 ppm 以下の猛毒性ガスと酸素欠乏が複合した場合はガス中毒とし，酸素欠乏から除外する。

結論として図 6.1.20 に示す表 6.1.20 の単純窒息性ガスや弱毒性ガスなどの存在により，酸素濃度が低下した大気圧ガスの呼吸により発生した事故を酸素欠乏とした。おもな発生場所とガスを表 6.1.21 に示す。

〔2〕 酸素欠乏の生成原因

酸素欠乏の生成原因は地下などからの自然発生ガスと工業生産活動に伴うガスの利用，微生物による発酵ガスおよび鉄の酸化による酸素の消費に大別できる。

（a） 自然発生ガス　火山では硫化水素，二酸化硫黄，二酸化炭素などのガスを噴出する。1997 年八甲田山麓（ろく）で二酸化炭素により 3 人が死亡したが，1986 年にはアフリカ・カメルーン火山帯のニオス湖では 1 700 人以上が死亡した。

古くから炭鉱などの坑内ではブラックダンプと呼ば

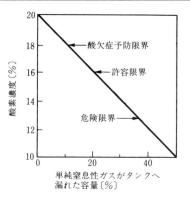

図 6.1.20　単純窒息性ガスがタンクへ漏れ，空気と完全に混合したと推定したときの酸素欠乏危険

れ，危険なガスとして知られていた。同じようにファイアダンプと呼ばれていたメタンも，採炭の発破などで大量突出したり低気圧時に湧（ゆう）出し，酸素欠乏事故を起こしてきた。

（b） 工業用ガス　20 世紀に入り各種ガスの生産が盛んとなった。同時に工業用ガスの漏れなどにより，爆発，火災，破裂，中毒などの事故が多発した。しかし，単純窒息性や弱毒性のガスの利用が盛んにな

表 6.1.20　ガスの生理作用による分類

生理作用	ガス名
単純窒息性	窒素（N_2），ヘリウム（He），アルゴン（Ar），亜酸化窒素（N_2O）*，水素（H_2），メタン（CH_4），エチレン（C_2H_4）*，LP ガス*
弱毒性	二酸化炭素（CO_2），フロン
猛毒性	硫化水素（H_2S），一酸化炭素（CO），アンモニア（NH_3），塩素（Cl_2）

〔注〕　*麻酔性

表 6.1.21　酸素欠乏ガスと場所など

分類	場所	ガス	用途，原因
自然発生	炭鉱，金属鉱山，火山地帯のトンネル，くぼ地，地熱発電設備	メタン，二酸化炭素	突出，湧出 低気圧，発破
工業用ガス	工場，研究所，冷凍機室	窒素 二酸化炭素 アルゴン	爆発，酸化防止 爆発，酸化防止，消火剤，保冷剤
	船舶，地下駐車場，化学プラント	フロン	酸化防止 消火剤
微生物発酵	酒類醸造工場，下水処理場，マンホール，各種農産物用サイロ，船舶	二酸化炭素，メタン（場所により H_2S や NO_x も同時発生）	
鉄の消費	船舶，作業台船，鋼製タンク，圧気，深井戸工事，金属鉱山		さび発生
その他	酸素の溶解		酸素の溶解していない水と空洞の存在
	屋外 リンゴ貯蔵所 呼吸保護具	ヘリウム 二酸化炭素 窒素，燃料ガス	人の侵入 誤接続

るとともに，酸素欠乏事故が生じ始めた．

窒素は爆発や酸化防止を始め，液化窒素の低温利用などに最も多量に消費されている．二酸化炭素は飲料水，溶接，ガス消火剤や，取扱いの便利なドライアイスが保冷剤などに広く利用されている．アルゴンも酸化防止のため溶接，金属精製などで消費されている．フロンの使用は禁止されたが，それまで不燃性，弱毒性ガスという安全な性質から，冷媒，消火などに用いられ，酸素欠乏事故を起こしてきた．燃料のメタンやLPガスも爆発性であるが，炭坑内のメタン突出と同じような事故を起こしている．

圧縮空気も動力や助燃用に使用されるが，一部は呼吸保護に利用される．空気を含めガス配管は規格の弁や配管を用い，まとめて設置されるため，数種の弁が並んでしまう．このためエアラインマスク使用時に，弁の接続を窒素などと間違える事故が報告されている．

病院の手術室では，かつて酸素と亜酸化窒素の誤接続，あるいは，誤操作によるガス麻酔時の窒息事故は珍しくなかったが，今日では誤接続不能な接続器の採用などの安全装置が完備し，事故はなくなった．

このほか珍しい例では，地上にシートで覆ったヘリウム入りアドバルーン繋(けい)留地点やリンゴのCA貯蔵所(二酸化炭素が主成分)に入った児童の事故死があった．

（c）**微生物による発酵ガス**　日本酒，ブドウ酒，しょう油，一部の薬品などは微生物を利用して生産するが，同時に二酸化炭素も副生する．穀物や果物，牧草などのサイロ内や木材運搬船内を始め，汚水処理施設や汚水の流入する各種マンホールでも，微生物によって空気中の酸素は二酸化炭素に変化し，酸素欠乏となる．

（d）**鉄の酸化消費**　鋼鉄製の船舶が実用化されるとともに，海水により鉄がさびる際に酸素が消費されるため，船底などで酸素欠乏が生じた．今日でも作業用台船などのさびた鉄構造物内での事故が報告されている．

地層内の鉄も潜函やシールド工事に用いられる圧縮空気中の酸素と化合して，窒素を主成分とした酸素欠乏空気が生成し，ガスの逃げにくい粘土層下などに滞留する．低気圧や作業工程などによりこれが噴出したり逆流したりし，工事関係者が死亡した事故がある．同じように，鉄を含む地層や地下水に酸素が十分溶けていない地下の空洞などでも，酸素欠乏となるおそれがある．

〔3〕**事故防止対策**
（a）**安全教育**　事故を分析すると，空気はどこにも確実に存在するという過信と，見えないガスに対する安全常識の不足，および呼吸保護の失敗が主因と思われる．すなわち酸素欠乏はガスが空気より軽くタンク内でも自然に換気されているとの思い込みや，呼吸保護具を装着しないで救助しようとしたり，息をこらえてタンクに入ったりする．呼吸保護具を装着しても正しい操作を誤ったり，空気ホースを他のガス配管に誤接続する，換気に手間取る，などである．

ガスの安全常識としてはメタンなど一部のガスを除き，ガスは空気より重いことを理解する．見えないガスの教育は困難だが，コップに入れたドライアイスとろうそくの炎を用いる消炎を見せると理解しやすい．またガス用弁（バルブ）は長年使うと漏れるので，窒素・アルゴンなどのタンク内作業時には，逆流弁を二重としたり，遮蔽板を配管フランジ部に入れて漏れを確実に防ぐ．水道の蛇口の水漏れでは，水滴とその落下音で気付くことができるが，ガスでは見えず，無音，無臭なので，漏れたガスの蓄積により酸素欠乏ばかりか，爆発・火災・中毒・破裂の原因ともなっている．

（b）**呼吸保護具**　酸素欠乏事故の発生を知っても，すぐ救助作業に入ってはいけない．空気呼吸器など供給式呼吸保護具を装着して入ること（換気とガスの検知を同時に行うが，これらは6.4.2項〔7〕を参照すること）．

事故現場に酸素ボンベがあるときには，被災者の口元に酸素を送気する．土木建設現場では酸素があったため，これを送って数例救出に成功している．ただし酸素濃度が高まるので，衣服などが発火しやすくなる．このため火気に注意するとともに，消火水なども用意する．可能なら被災者の作業衣に水をかけると，万一の発火も防ぐことができる．酸素ボンベ以外にも空気ボンベや空気圧縮機，掃除機などがあれば換気に活用する．なお，エアラインマスクのホース誤接続防止は〔2〕項（b）で述べた．

（c）**その他**　汚水処理槽，硫黄を含む温泉の貯湯槽，硫化ナトリウムを用いる皮革や製紙工場の排水系などの点検やスラッジ清掃作業には，内部のガスを検知し酸素18%以上，硫化水素10 ppm以下を確認しても，安全でないことがある．これらのスラッジは土砂，水，水溶性ガスの混合物で，清掃などでかくはんされると水溶性の硫化水素が発生することがあり，ガス警報器の持込み，換気の継続，供給式呼吸保護具の準備などが必要である．

〈板垣晴彦，駒宮功額〉

6.2 安全工学のための設計

6.2.1 事故防止アプローチと安全心理的要因

〔1〕 事故要因と安全アプローチ

現在の大規模・複雑化しているシステムでは,事故や災害のほとんどは何らかの形で人間のミス,すなわちヒューマンエラーが介在して起こっている。ヒューマンエラーの発生に関しては,図6.2.1に示すように,①人間要因,②作業・環境要因,③組織・管理要因,および④システム要因などとの関連がよく知られている[2]。

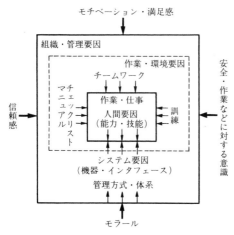

図6.2.1 システム安全に対するヒューマンエラー要因

このようなヒューマンエラーは,人間がどんなに注意しても,あるいはどんなに管理を徹底しても,少なくなることはあっても,けっしてゼロになることはない。また,1回の単独のヒューマンエラーが即事故に結び付くことはほとんどなく,いくつかのヒューマンエラーが連鎖して事故が発生するのが通常である。このように,いくつか連続的に発生したミスのうち,どこか一つでも正しい処置をすれば,ほとんどの場合事故を防ぐことは可能である。

このような事故発生のプロセスから見ると,事故防止の対策にはエラー率の低減,およびヒューマンエラーを補償するシステムの冗長設計と,大きく二つのアプローチに分けて考えることができる。これらのアプローチは車の車輪のようなものである。どちらか一方だけを指向したのでは十分な効果が期待できない。

本項においては,まず代表的な事故防止施策について簡単に説明する。このような施策から,特にヒューマンエラーを補償する代表的な安全対策であるフールプルーフについて,これを実現するための原理を紹介する。さらに,ヒューマンエラーの人間要因のうち,仕事に対するモラール,モチベーション,同僚・上司との人間関係,作業安全に対する意識などの影響[1]を踏まえ,本項の最後においてこのような作業者のメンタルな部分と作業安全との関連性について簡単に論じる。

〔2〕 安全・事故防止対策

作業・環境要因に対するヒューマンエラー防止施策は,作業方法,作業に用いる設備,および環境条件の改善・改良を通して,そこで働く作業者をサポートし,安定した作業環境を提供することである。人間要因に対する対策としては,効果的な要員配置と教育・訓練,そしてヘルスケアがよくとられている。このような組織・管理要因に対する安全施策は,事故防止・安全に対する風土・体制を組織的に作り上げていくことである。そして,それを円滑に運ぶための仕組みや,ルール,規則,サポート手段などを構築していくことにある。

このような諸施策とともに,本項の最後で述べるように,作業者のモラール,モチベーションをいかに向上させていくかが重要である。

代表的な事故防止施策について簡単に説明する。

(a) 情報の提示・フィードバック システムの状況がひと目でわかるように,オペレータに適切な情報をフィードバックすることはきわめて重要である。しかし,不要な情報を数多く与えてしまうと,人間はかえって混乱してしまう。そのため,マンマシンインタフェースにおいて何を提示するかについては十分注意する必要がある。

(b) 警報・警告 上記の情報フィードバックの一つの形式になるが,警報や警告は特に重要である。これにより,オペレータがシステムの異常を素早く検知することができる。しかし,これも情報提示と同じように,意味のない,あるいはそれほど緊急を要しない警告を発すると,かえってオペレータを混乱に陥れることになる。また,警報・警告は,できればオペレータに単に異常を知らせるだけでなく,どこが悪いのか,そしてそのためどのような行動をとらなければならないのかを示唆するものが望ましい。

(c) 効果的なマンマシンインタフェース 人間工学的に見て,効果的なマンマシンインタフェースをシステムに備えることは重要な要素である。上記の情報の提示や警報もインタフェースの一部であるが,インタフェースが悪かったばっかりにヒューマンエラーを導いてしまうことがよくある。これについては,対象とするタスクでどのような機能が必要か,そして人

間はどのように行動するのかをタスク分析により十分明らかにする必要がある。

（d）**要員の効果的配置**　人間はだれにでも得手不得手がある。ある業務が向いていなくても，うまくできる別の仕事はある。ヒューマンエラーだけでなく，人間要因に対する基本は「適材適所」である。これについては，現状での能力，技能レベル，あるいは知識だけで判断してはならない。それぞれの人の潜在能力，さらに教育・訓練の効果なども考慮に入れ，考えていかなければならない。

（e）**教育・訓練**　事故防止・安全活動に対して，教育・訓練は非常に重要である。人間要因である技能レベル，知識，能力などは，業務の経験とともに教育・訓練により培われていく。そのような技能・知識の影響だけでなく，教育・訓練によりモラールやモチベーションといった精神的・心理的効果が生じる場合も少なくない。

ヒューマンエラー防止を主目的としたものとして，業務に最初に従事するときに行われる「導入教育」，業務に就くために最低限必要な知識・技能を習得させる「業務訓練」，業務における安全面を特に強調して行われる「安全教育」，定期的に繰り返し技能レベルを維持・チェックしていく「フォローアップ教育」，その結果によりライセンスの更新，取消しなどが行われる場合がある。さらにさまざまな能力を伸ばそうと意図した「能力開発」などがある。

（f）**ヘルスケア**　自分の持っている能力，実力をいつも適切に発揮するためには，健康な肉体と精神が必要である。それをつねに正しくコントロールし，心身の健康を保つために，ヘルスケア，あるいは健康管理が必要である。特に，現在のストレス社会においては，肉体面のケアだけでなく，精神面，心理面のコントロールの重要性が指摘されている。このような目的で，メンタルヘルスケアを重要視している組織も少なくない。

（g）**勤務体系の整備**　勤務体系はシステムの安全上きわめて重要な要因である。夜勤や長時間の連続運転など，不規則・悪条件下，そして人間の生体リズムに反する状況で作業せざるを得ないところでは，勤務体系の設定に対して特に注意を要する。

（h）**作業条件の整備・ルール化**　作業条件についても，作業方法，利用設備，作業環境など，作業の効率面からだけでなく，安全面からも十分配慮しなければならない。そして，特に安全上クリティカルな作業，行動，環境については，規準や規則として明文化し，組織内で徹底する必要がある。これについては，現実的な順守が可能な規則・規準・標準を設定しなければならない。努力しても守ることが困難な規則を作っても何の役にも立たない。

（i）**チェックリスト，マニュアル化**　人間はどうしても物忘れをする。また，作業に慣れるに従って，行動や処理が自動化し，意識しないでタスクを行うようになる。そうすると，必要な処理を省略してしまうケースも出てくる。このようなときに，必要な処理を意識にのぼらせ，省略エラーの防止に効果的なのがチェックリストである。それとともに，緊急な状況，ストレス化，あるいは「パニック」状況においては，人間は通常の能力を発揮するのは困難である。このようなときに，マニュアルは非常に有効である。また，マニュアルは，技能レベルがまだそれほど高くない初級のオペレータや，教育・訓練時にもなくてはならないものである。

〔3〕**フールプルーフ実現の方法**

本項の冒頭で述べたように，どんなに注意しても，人間は必ずヒューマンエラーを起こす。そこで，人間が誤りや誤操作を起こすことができないような仕組みが必要となってくる。このような工夫された作業設計をフールプルーフという。生産現場などでは，俗に「ポカ避け」あるいは「バカ避け」などと呼ばれているものである。これについては，生産現場だけでなく，原子力プラント，航空機・列車などといった交通システムなど，さまざまなところでこの考え方は利用されている。

一方，システムの一部に故障が起きても，システム全体の運転に影響が出ないようなシステム設計をフェールセーフという。例えば，航空機では1台のエンジンが故障しても，連続して問題なく飛行が可能になっている。有名な新幹線のATC（automatic train control）は，その制御情報である信号については，三重系のバックアップシステムになっている。すなわち，一つの装置が故障していても，他の装置の出力を利用するようになっている。また，検出不能な誤信号のチェックとして，少なくとも二つの装置が同一出力でなければ，システムの故障と判断し，列車はただちに止まるようになっている。

フールプルーフをそれぞれの作業やシステムにどのように取り込んでいくかについて，中条[3]は"排除"，"代替化"，"容易化"，"異常検出"，および"影響緩和"の五つの方法によるフールプルーフ化の原理を構築している。また，圓川ら[4]は，これら五つに加え，"不可能化"をフールプルーフ化の方法に加えている。

これらの六つのフールプルーフ化の方法は，つぎに示すとおりである。

（a）排　　除　作業を必要とする要因，あるいは作業の禁止事項を生じさせる要因を取り除き，作業に必要な記憶，知覚，判断，動作などの諸機能を不要にする。

　　（例）　自動改札を導入することにより，駅員が切符を見る必要がなくなる。

（b）代　替　化　作業者に要求される記憶，知覚，判断，動作などの諸機能を，より確実な方法に代替する。

　　（例）　操作マニュアルなどで記憶の代替化をする。

（c）容　易　化　作業に必要な記憶，知覚，判断，動作などの諸機能を，作業者の行いやすいものにして，ミスを減らす。

　　（例）　部品の見分けがつくように色分けをする。

（d）不可能化　作業条件との対応で，あらかじめ登録してある作業以外はできないようにして，ミスの発生を防ぐ。

　　（例）　動いている最中は開かない仕組みの洗濯機のフタ。

（e）異常検出　作業ミスが発生しても，引き続く作業系列の中で，それに起因する標準状態からのずれが検出され，是正されるようにする。

　　（例）　自動車のメータ，パネル内の警告灯類。

（f）影響緩和　作業ミスの影響をその波及過程で緩和，吸収することを目的とし，作業の並列化，あるいは緩衝物や保護を設ける。

　　（例）　消し忘れのスイッチが自動で消える。

〔4〕　モラール，モチベーションと作業安全

モラール，モチベーションがヒューマンエラーや安全に大きく関わっていることは前述のとおりである。これに関連して，鉄道の保線作業用車両の運転員に対する調査結果があるので，これを基にモラール，モチベーションなどの安全心理要因と業務安全との関係について論じる。

この調査では，図6.2.1に示したヒューマンエラーの発生要因のそれぞれに対する満足度，信頼感など，そしてモラール，モチベーションについて，5段階（1～5）評価の質問項目により，保線車両の運転員を対象に調査を行っている。ヒューマンエラー要因については，この作業の特徴を考慮し，各要因を代表するものとして，以下の項目を選び出している。これらの各項目について，それぞれを複数の質問によりその満足感，信頼感，ならびに安全・作業に対する意識水準などを調査している。

① 人間要因　　能力・技能
② 作業・環境要因　　訓練，チームワーク，マニュアル，チェックリスト
③ 組織・管理要因　　評価・管理制度

この調査では，保線車両の運転員を所属する支店ごとに上記項目のそれぞれについて集計している。モチベーション，モラール，そして訓練，チェックリスト，マニュアル，評価・管理制度のそれぞれに対する満足度，チームワークと評価・管理制度に関する信頼感，および能力・技能，チームワーク，評価・管理制度に関する意識について調査結果をまとめたものが表6.2.1である。この表で，上段は各項目に対する「同意度」（あるいは「満足度」）を集計したもので，該当する質問項目に対する「強く同意できる」と「ある程度同意できる」の合計の比率を足したものである。下段は，逆に「まったく同意できない」と「あまり同意できない」の合計で計算できる「反対度」（あるいは「不満度」）を示している。

一方，これらの運転員が所属する各支店において最近8年間に発生した異常事態の統計が表6.2.2である。この表では，異常事態を損害の大きさから，「阻害大」，「阻害小」，および「阻害なし」の三つのクラスに分類している。ここで，「阻害大」は50万円以上の損害，あるいは電車の営業運転に10分以上の遅れを出したもの，「阻害小」はそれ以下の損害，または電車の遅れを出した作業中の異常である。また，「阻害なし」とは保線車両の故障など，損害や営業運転への遅れは出していないが，再発防止の観点から十分注意が必要な異常事象をいう。

表6.2.1を見てわかるように，モチベーション，モラール，満足度，信頼度，そして意識に関する認識に関して，支店間に統計的に有意な差異が認められている。また，モラール，モチベーションの大きさと，訓練，チェックリスト，管理制度などに対する満足度，そしてこれらに対する意識などとの間に相関があることがわかる。すなわち，形式的には同一の管理・運営を行っている同一社内において，管理制度，訓練などに対する満足度，信頼度に支店間で差が出ている。これは，文章などには現れてこない，細部の運用面での違い，インフォーマルな管理方法の違いなどが支店間に存在し，これが運転員のモチベーションやモラールに影響を与えることが示唆される。

一方，異常事態統計の表6.2.2から，ここで特に重視すべき「阻害大」と「阻害小」の事象を多く起こしているのは，他と比べて際立ってモラール，モチベーションが低かった支店Dである。そして，つぎにこれらの異常事態の発生が多いのも，モラール，モチベーションが支店Dに次いで2番目に低い支店Cである。これら二つの支店で，全阻害件数の2/3を占

表6.2.1 各安全心理要因に対する支店ごとの同意度・反対度

安全心理要因		支店A	支店B	支店C	支店D	支店E	合計
モチベーション	同意度： 反対度：	67.1% 12.3%	65.5% 5.2%	61.5% 9.0%	43.6% 26.6%	60.0% 6.7%	58.6% 12.5%
モラール		71.0% 10.9%	69.2% 12.3%	65.5% 13.9%	61.5% 12.4%	70.7% 12.2%	67.5% 12.4%
〈満足度〉							
訓練		37.6% 16.5%	41.3% 13.0%	45.3% 18.4%	25.7% 25.7%	33.2% 20.9%	35.7% 19.6%
チェックリスト マニュアル		58.7% 11.9%	60.2% 7.2%	56.5% 13.0%	43.2% 13.7%	50.7% 10.3%	52.9% 11.5%
評価・管理制度		30.0% 24.2%	31.0% 21.8%	34.1% 26.0%	19.0% 46.3%	27.3% 27.3%	27.7% 30.1%
〈信頼感〉							
チームワーク		45.0% 24.8%	35.6% 16.7%	51.7% 28.4%	42.9% 30.0%	50.3% 21.9%	45.7% 24.8%
評価・管理制度		53.5% 18.8%	52.5% 20.0%	52.3% 21.6%	46.9% 23.1%	47.9% 19.2%	50.2% 20.6%
〈意識〉							
能力・技能		47.2% 20.1%	64.8% 8.3%	50.6% 21.8%	53.4% 11.9%	57.8% 17.2%	54.4% 16.2%
チームワーク		76.2% 8.9%	78.5% 5.5%	82.5% 7.4%	77.1% 5.6%	83.7% 7.6%	79.9% 6.9%
評価・管理制度		69.1% 12.7%	70.9% 8.4%	66.2% 16.9%	62.2% 16.4%	66.4% 14.9%	66.5% 14.3%

〔注〕 上段：同意度（5：「強く同意できる」と4：「ある程度同意できる」の合計）
下段：反対度（1：「まったく同意できない」と2：「あまり同意できない」の合計）

表6.2.2 保線車両異常発生比率〔％〕

損害の 大きさ	A 支店	B 支店	C 支店	D 支店	E 支店	合計
阻害大	0	0	50.0	37.5	12.5	100
阻害小	10.5	21.0	15.7	42.1	10.5	100
阻害なし	15.9	28.1	11.7	18.0	26.0	100

〔注〕 限害大：50万円以上の損害または10分以上の電車の遅れ
阻害小：50万円未満の損害または10分未満の電車の遅れ
阻害なし：損害または電車の遅れはないが，注意が必要な異常事態

めている．

以上のような異常事象の件数とモラール，モチベーションの関係から，作業者のモラール，モチベーションが作業安全に大きく影響していることがわかる．

（中村隆宏，伊藤謙治）

引用・参考文献

1) Helmreich, R. L., Cockpit Management Attitudes, Human Factors, 26, pp.63-72（1984）
2) 伊藤謙治，高度成熟社会の人間工学，日科技連出版社（1997）
3) 中条武志，久米均，作業のフールプルーフ化に関する研究―フールプルーフ化の原理―，品質，14-2, pp.20-27（1984）
4) 圓川隆夫，伊藤謙治ほか，自律統合型生産システム用の経営支援に関する研究成果報告書，IMS国際共同研究プログラム国内先行研究開発企画Ⅱ-4，国際ロボット・エフ・エー技術センター（1993）
5) Reason, J., Human Error, Cambridge University Press, London（1990）

6.2.2 人間に関する諸問題

〔1〕 は じ め に

わが国は戦後50年の歩みの中で目覚ましい経済復興を成し遂げ，世界有数の工業先進国として成長した．産業界における技術革新は生産，流通そして消費の拡大とともに高度情報化社会を生み出し，海外との活発な交流による国際化が進展したが，これに伴い人間を取り巻く社会環境も大きく変化した．

工場や倉庫などの作業場には数々の先端技術を応用した自動化工程，いわゆるファクトリーオートメーション（FA化）が導入され，事務職場でコピー機やワープロ，パソコン，ファクシミリ，携帯電話などの

情報端末機器によるオフィスオートメーション（OA化）が展開されてきた。これらの機械化，省力化の流れは職場における労働態様を動的作業から静的作業へ，筋肉的労働から精神的労働へと変貌させた。

さらに，市場経済の競争激化に伴う産業構造の質的変換が迫られる一方で，高齢社会を背景とした中高年者の就労問題や退職後の生活福祉をめぐる問題，週休2日制の導入による労働時間の短縮，女子の雇用促進などが新たな課題となり，展開される対人関係もいっそう複雑かつ多様化していく傾向が認められる。

このような社会環境の変化は，職場ばかりでなく家庭や学校を含む社会生活の広い範囲で認められ，人間の行動様式や価値観にもさまざまな影響を及ぼした。その結果，人間には社会環境の急激な変化に応じた行動が要求されるが，従来から備わった生活様式や適応様式では対応が困難なため，いわゆるストレス状態となる可能性が高く，これによる心身への健康影響が健康管理上の重要な問題となっている[1]。

〔2〕 **生体の環境適応と汎適応症候群**

クロード・ベルナール（Claud Bernard）は，生存環境を外部環境と内部環境に分け，外部環境の大きな変化に対して生体が内部環境の安定性を図ろうとする現象を観察した。その後，生理学者のキャノン（W. B. Cannon）[2]は物理学分野で用いられていたストレス概念を医学分野に導入し，ストレスとは外部から加えられた力に対する生体のひずみ，もしくはゆがみであるとした。そして，このような外部からの刺激に対する生体の内部環境調節もしくは適応能力をホメオスタシス（homeostasis），すなわち恒常性の概念で捉えた。homeo とは似たような，stasis とは一定の状態という意味である。

血液中のブドウ糖，水分，ナトリウムやカリウムなどの電解質，水素イオン濃度，酸素，浸透圧，温度，ホルモンなどで構成される生体の内部環境は，外部環境が変化しても一定レベルに保たれるように調節されている。その調節にはある不均衡状態に対して負のフィードバックが働き，物質や機能が補完し合うシステムが存在する。疾病発現過程を考える上でも生体の恒常性という概念はきわめて重要である。

また，キャノンは激しいストレッサにさらされた場合の生体反応を緊急反応と呼び，生理機能の動的平衡を維持するために働く種々の調節系の存在を説明しようとした。恐怖感が引き起こされた場合には，瞳孔の開大や皮膚の汗腺の拡大，立毛筋の収縮，胃腸のぜん動運動の抑制，唾液や消化液の分泌抑制，消化管の血管収縮，心拍数や心拍出量の増加，筋肉収縮の増強ならびに血管の拡張，呼吸代謝の促進，気管支の拡張，血糖値の上昇や赤血球の増加などの反応が見られる。これらは恐怖感に伴う一連の情動性自律反応であり，現実的な行動選択，すなわち闘争もしくは逃走のために必要な運動機能とそれを支える内部環境の合目的で相互に関連した反応変化である。

セリエ（H. Selye）[3]は外部から加えられた物理的，化学的あるいは精神的に有害な刺激（ストレッサ）により起こる生体の損傷と防衛反応（ゆがみ）の総和を生物学的ストレスとした。ストレッサとは生物学的ストレスを生じさせる刺激であり，その結果生じる生体反応がストレスである。そして，ストレッサにさらされた生体はストレッサの種類にかかわらず非特異的に共通した反応を示すことから，これらの臨床像を汎適応症候群（general adaptation syndorome）として，生体が同じストレスに持続的にさらされたときの4段階の経時的変化を示した。

まず，① 警告反応期ショック相：血圧，血糖，そして体温の低下，筋肉の緊張低下，血液の濃縮など活動性は全般的に抑制されるが，これに耐えられない場合はショック死も起こる。そして，② 警告反応期反ショック相：副腎皮質肥大，血圧，血糖，体温が上昇し，筋肉の緊張増加など神経系の活動性も高まりストレッサに対処しようとする。ここではすでに直接の契機となったストレッサに対して抵抗性が高まるだけでなく，他のストレッサに対する抵抗性も増加し，交差耐性と呼ばれる現象が認められる。つぎに，③ 抵抗期：直接の契機をもたらしたストレッサに対しての抵抗力が安定し，内部環境は対処機能を発揮するが，他のストレッサに対しては抵抗力が弱まる。④ 疲はい（憊）期：ストレッサによる外部刺激が持続すると生体の抵抗力は限界に達し破綻を来す。

汎適応症候群という生体反応モデルにより，ストレス反応が反対の一部に限局されずに広範な部位に生じること，外部環境からの攻撃に対する適応過程に防御，抵抗機能が発揮され，しかも段階的な様相を呈すること，個々の反応が独立しているのではなく相互に関連していること，などが説明された。ストレッサの種類は多種多様であり，その反応もけっして一様ではないが，ストレス反応の基本モデルとして重要な概念である。

現代ではこれに根差した適応概念が広く世界的に受け入れられ，1950年にWHO（世界保健機構）とILO（国際労働機構）が採択した宣言文には，「（労働衛生の目的は）人間に対し仕事を適応させること，各人をして各自の仕事に対し適応させるようにすること」が明記されている。

〔3〕 ストレス反応の中枢機構

キャノンは，激しいストレスにさらされた場合の緊急反応における内部環境の調節にアドレナリンが中心的な役割を果たしていると推測したが，セリエはストレッサによる神経感覚系の刺激が下垂体-副腎皮質系の内分泌反応を誘起させ，ACTH の分泌活動に関連することを明らかにした。

現在では，ストレス反応の中枢機構においては，視床下部室傍核ニューロンで産生される ACTH 放出因子（CRF）の役割が大きいことが知られている[3]。CRF が正中隆起へ放出されると下垂体門脈系を介して下垂体前葉の ACTH 産生細胞を刺激し，ACTH の分泌が亢進する。その結果，血中の副腎皮質ホルモン濃度の上昇を始めとして，糖質コルチコイドによる糖の新生，血中ブドウ糖濃度の上昇のほか，心拍数および呼吸数の増加，血圧上昇，消化液分泌抑制など，前述の防御反応が起こる。

免疫系に対する抑制的な効果もあり，血中リンパ球や好酸球の減少，胸腺の萎縮や副腎皮質の肥大などの現象がみられる。βエンドルフィン（麻薬様物質の一種で鎮痛，抗不安作用がある）の放出も起こる。また，成長ホルモン，性腺刺激ホルモン，バゾプレッシン，オキシトシンなどの分泌抑制，ソマトスタチン（GHIF）の分泌亢進が起こる。行動面では摂食や性行動の抑制などの受動的なストレス対処行動が引き起こされるほか，覚醒レベルの上昇も認められる。

また，強いストレスが生じたときは，感染症や腫瘍の発生などの易罹患傾向が見られることや，心理的ストレスによるマウスの T リンパ球の幼若化能力の低下や ACTH による脾臓の B リンパ球抑制作用，甲状腺刺激ホルモンによる T リンパ球増強作用などが報告されている[4]。さらに，T リンパ球から B リンパ球への情報伝達に関与するインターロイキンは，下垂体の体温調節中枢に作用し体温上昇をもたらすことから，細菌感染による免疫系の賦活化と体温上昇との間にインターロイキンが関与すると考えられている。また，インターロイキンは睡眠誘発効果や鎮痛物質の放出促進，摂食行動の抑制に作用を有し，ストレス反応における免疫系の果たす役割が最近注目されている[5,6]。

ストレス反応の中枢機構の解明はまだ断片的ではあるが，大脳皮質，視床下部そして下垂体前葉を介したホルモン系と，脳幹，脊髄，平滑筋や副腎髄質を介した自律神経系とを合わせた神経内分泌系，汗腺，胃液および胆汁などの外分泌系，そして免疫系などが相互に関連し，内部環境の恒常性の維持に深く関わっていることが徐々に明らかにされてきた[7,8]。

〔4〕 ストレッサとストレス対処

現代社会におけるストレス問題はさまざまな環境要因と密接な関連を有し，図 6.2.2 に示すように，（1）ストレッサとして心理社会的要因（① 職場，② 家庭，③ その他の社会環境）および物理・化学・生物学的要因，（2）ストレス対処過程，すなわちストレス反応（① 身体面，② 精神面，③ 生活行動面の変化），疾病化段階（① 身体疾患もしくは心身症，② 精神疾患，③ 行動面における問題点），回復段階，（3）ストレス対処過程に影響を及ぼす修飾要因に要約される[9]。

（a） ストレッサ

1） 心理社会的要因　職場におけるストレッサとしては，役割の内容，責任の範囲，作業自由度，労働時間・労働密度・経営状態などの職務関連要因，賃金・配置転換・異動・出向・転勤・単身赴任などの組織関連要因，上司や同僚との関係・渉外などにおける対人関係関連要因，そして定年後の問題，通勤などがある。

家庭におけるストレッサとしては，住まいの維持や購入を始め，配偶者・親・子供の病気，事故，教育問題，家族構成員の役割変化，自分の健康や自己実現，経済的な問題，共稼ぎ，失業などに関連した要因がある。そのほか，近隣者や町内会などの地域社会における問題，高度情報化社会を背景として氾濫する情報，異文化との交流，急激な環境変化，騒音，悪臭などの生活環境に関連した要因などがある。

2） 物理・化学・生物学的要因　人間を取り巻く温熱環境，空気環境，視環境，音環境，作業空間に含まれる高温・寒冷・異常気圧・騒音・振動などの物理的因子，粉じん・金属・有害ガス・有害溶剤・発がん物質などの化学的因子，そして，病原微生物・昆虫などの生物的因子がストレッサとして問題となる。

（b） ストレス対処過程　ストレス反応として，精神面には不安感，緊張感，落ち込み，いらいら感などの情緒不安定傾向，身体面には動悸，血圧上昇，食欲不振，消化不良，便秘，腹痛，頭痛，発汗，腰痛，肩こりなど自律神経系，循環器系，消化器系，筋骨格系，免疫系などに多彩な変化が起こる。さらに，行動面では喫煙や飲酒の量が増え，食生活の乱れ，睡眠不足など不健康な生活行動への傾向が強まる。これらは心身両面に出現するが，すべてが自覚されるわけではなく，検査によって初めて見い出される変化も少なくない。

ストレス反応に続いて疾病化への過程が起こると考えられる。ストレスが疾病発症の誘因もしくは危険因子とされる代表的な疾患群として心身症がある。心身

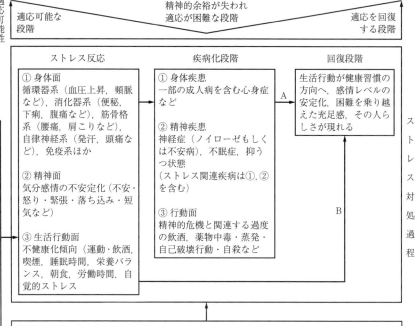

図6.2.2 ストレスの構造（ストレッサとストレス対処に関わる諸要因）

症は「身体疾患の中で，その発症や経過に心理社会的要因が密接に関与している状態」で，「神経症やうつ病による身体症状を除外する」とされている。

最近では，このほかに「テクノストレス症候群」，「昇進うつ病」，「出社恐怖症」など，ストレッサの特徴と医学的診断名を組み合わせた疾病もしくは症候群が報告されている。それらの多くは職場を中心とした生活場面で不適応状態に陥り，無断欠勤や早退などの短絡的，衝動的な問題行動や注意集中困難によるミスの多発が見られ，自信喪失による引きこもりや抑うつ状態となるが，症状出現は状況依存性が高く，環境調整が有効な治療手段である。また，行動面の問題としては，極度の精神的危機すなわち問題解決の見通しが立たず，追い詰められ万策尽きた状態で，過度の飲酒，薬物中毒，蒸発，自己破壊行動，自殺などがある。

回復段階では感情が安定化し，食事，睡眠などの基本的な生活行動が健康習慣の方向へ向かい，困難を乗り越えたという充実感，充足感が自覚される。

（c） ストレス対処過程に影響を与える修飾要因

同じストレッサにさらされても，すべての人が同じようにストレス反応を起こし，ストレス性の病気を患うことはなく，（タイプA）ストレス反応から疾病化を経て回復する場合や（タイプB）ストレス反応から順調に回復する場合があり，その疾病の種類も多様である。このような差異が生まれる背景要因として，ストレス対処過程に影響を与える修飾要因を理解する必要がある。

修飾要因は，個人属性要因と個人を取り巻く支援要因に大きく分けられる。個人属性要因には，性，年齢のほか，職業・生活・婚姻もしくは恋愛・友人関係・教育・宗教・病気・不幸な出来事などの人生経験，価

値観・人生観・生活規範・几帳面・融通性・責任感・社交性・タイプA・執着性格などの生き方や性格，そして感情コントロール・状況判断力・気分転換・社交性・自己表現力・自己観察力・体力・健康習慣などの自己解決能力が含まれる。

このうち，攻撃的行動や旺盛な競争心，野心的行動などが特徴のタイプA傾向は，虚血性心疾患の発症の危険性を高めることが知られている。神経症的傾向は周囲の環境変化に敏感で自己防衛的行動に傾斜しやすく，不適応状態に陥りやすい。一方，失感情症的傾向は現実志向性が強いために過剰適応傾向に陥り身体面の疲労症状が出現しやすく，執着性格はうつ病との関連が強いなど，性格や行動面の特徴とストレス対処，そして疾病化との関連がしだいに明らかにされてきた。

また，自己解決能力はストレスの克服に関わる要因で，例えば，悩みを抱えた状況で他人に率直に打ち明け，感情を吐き出す行動はカタルシス効果（浄化）となり積極的な葛藤処理に結び付く可能性が高いが，これは社交性や自己表現力によるところが大きい。

個人を取り巻く支援要因として，職場では上司，同僚間の信頼関係，役割，責任，勤務条件などの職務負担の軽減や賃金補償下の休養，代理行為の承認，職場全体としての快適さなどがある。

家庭では，家族らによるいたわり・役割の代理・休養環境の確保などがある。その他に友人，知人らとの個人的付き合いの確保，ゆとりの回復を目指すモラトリアム状態への理解などが重要で，これらが乏しければ休養の効果も現れにくい。

そして，要求される課題の質が自分の技量や自分の裁量の範囲を超える場合はストレス反応が強まり挫折感を生じやすいが，周囲の協力や支援が豊かな場合はストレス感を和らげ，ストレスを克服しようとする前向きな努力を生み出す効果も期待される。

また，物理・化学・生物学的要因の場合，例えば実験的に70 dB(A)以上の騒音レベルに生体を曝露すると，末梢血管の収縮，血圧上昇，胃ぜん動運動や胃液分泌の抑制など交感神経系の刺激興奮作用が出現する。心理反応としては不快感，いらいら感，作業能率の低下などが起こる。実際，産業職場では慢性的な騒音曝露による騒音性難聴の発生が見られ，生活場面では道路騒音を始めとする各種騒音への苦情が多く見られる。

しかし，注意水準の低下を招きやすい繰返し単調作業，モニタの監視作業，高速道路における長時間運転動作では，音刺激による脳幹網様体の賦活作用が注意の喚起（arousal reaction）をもたらし，危険回避行動への契機ともなる。

したがって，カラオケ騒音の例にも見られるように，音の物理的特性が同じでも個人の嗜好や状況との組合せによりストレス感や騒音のうるささは大きく異なり，音環境の良否にこれらの修飾要因が果たす役割はとても大きい。

〔5〕 ヒューマンエラーと精神的負担

このように最近の作業環境では，身体的負荷から精神的負荷へと負担内容に変化が認められるが，人間に起因するヒューマンエラーの起きやすい人間側の条件[10]，すなわち，①錯誤（同じ形状のものを見間違う，右と左を間違うなど），②うっかり・せっかち（数え間違い，取違え，取落とし，つまずきによる転倒など），③省略行為（手順を省略してしまう。石油ストーブの燃料補給における消火や手袋の着用など），④憶測判断（「たぶん大丈夫，たぶん右に曲がる，たぶん停車…だろう」運転など），⑤不注意（確認すべきものに注意をまったくしない，あるいは不十分にしか向けず，見逃す），⑥感情的行為・近道反応（短絡的に考え配慮不足となる。終業間際に早く帰宅しようとしていい加減に済ますなど），との関連性を十分把握した上で安全確保を図る必要がある。

精神的負荷に関する人間工学的原則ISO（国際標準化機構）/TC159（人間工学）のSC1（基本原理）のISO 10075のpart 2（設計の原則）の原案には，「作業」と「人間」との関わりにおける基本的な問題点を集約し，疲労やストレスなどの精神作業関連用語について定義が整理されていることから注目すべき点が多い。

まず，ISO 17005のpart 2には作業システム設計の一般的な原則として，"作業システムをユーザに合わせる"ことがうたわれており，ユーザの能力，技能，経験，期待など，設計の最初の段階から人間の特性を考慮するべきであるとしている。また，設計の原則の関与する3段階として，①組織の段階，②課題および/または職務の段階，③環境の段階，があり，作業者の能力や期待はつねに変化することから，作業システムの設計ではこのような変化に対応できるようにすべきだとしている。

作業システムの設計の目的として

① 作業者の安全，健康，well-beingが優先されること
② 作業によって生じる健康障害（negative health）を防ぐ
③ より積極的な健康への良い影響（positive health）を促進すること

が目標として示された。

また，最適な作業条件として

④ 作業の要求水準を人間の能力に合わせて下げる
⑤ 作業の中で人間の能力を向上させることによって，要求の相対的水準を下げるようにすべきである

との考えも盛り込まれた。

用語の定義は，① 作業負荷（work stress，外的負荷）：作業システムにおいて人の生理的・心理的状態を乱すように作用する外的条件や要求の総量，② 作業負担（work strain，内的反応）：作業負荷が個人の特性や能力と関連して与える影響，③ 作業疲労：局部的あるいは全身的であるが病的ではない作業負担の現れで，休息によって完全に取り除くことができるもの，とした。

さらに，ISO 10075 は"精神的"という言葉を人間の認知，情報処理，感情の働きすべてを含むものとし，① 精神的負荷とは，"外部から人間に対して及ぼし，かつ精神的に作用する評価可能な影響の全体"，② 精神的負担とは，"精神的負荷によって個人の内部にただちに起こる影響（長期にわたる影響ではない）であって，各人の対処様式を含み，個人の習慣およびそのときの条件（precondition）に依存するもの"，③ 精神的負担の影響として，促進的効果と減退的効果，その他の効果に分け，減退的効果のうち，回復のために休養などの時間のかかるものを疲労，作業者の置かれている状況が変化すればすぐに消失するものを疲労様状態と定義した。この疲労様状態には単調感，注意力低下，心的飽和が定義されている。

なお，本指針には精神的負担の減退的効果に関する具体的項目も盛り込まれている。

〔6〕 お わ り に

人間は意識清明な状態で知覚，認知そして記憶機能に基づいた思考，判断を繰り返しながらみずからの目的に向かって行動する。行動の決定や遂行に際しては，情動，気分，情操などの感情状態，意欲などの役割はとても大きい。感情のポジティブな効果はあらゆる意味での生産性の促進をもたらすが，ネガティブな効果は生体維持に不合理もしくはマイナスな行動に導く契機にもなる。

また，負荷状態もしくはストレス状態では，身体的負担と精神的負担が含まれた複合的な負担影響が存在すると考えられるが，たとえ強い身体的負荷を伴う場合であっても，作業条件を取り巻く対人的環境が快適でなければ，物理負担と精神的負担による加重影響が起こり得る。あるいは働きがいという自己存在感の充足，自己実現の達成に対しても影響が及ぶ可能性がある。

したがって，安全確保を徹底するには，作業システムと人間を取り巻く作業環境，生活環境を含んだ包括的な対策を確立することが重要である。

（中村隆宏，神山昭男）

引用・参考文献

1) 斎藤和雄，産業ストレスとメンタルヘルス，公衆衛生，55，pp.407-411（1991）
2) Cannon, W. B., The wisdom of the body, Kegan Paul（1932）
3) Selye, H., The general adaptation syndrome and the diseases of adaptation, J. Clin. Endoclinol., 6, p.177（1946）
4) Tache, Y., Morley, J. E., and Brown, M. R., Neuro peptides and stress, Springer, Berlin（1989）
5) 今堀和友，老化とは何か，岩波書店（1991）
6) 堀哲朗，脳と情動—感情のメカニズム，共立出版（1991）
7) 手嶋秀毅，堀哲朗ほか，特集 ストレスと免疫，ストレス科学，7，pp.1-29（1993）
8) 斎藤和雄，労働の生理的負担，新版産業保健，pp.305-316，篠原出版（1985）
9) 神山昭男，職場における精神的危機とその対応，日本災害医学会会誌，42-5，pp.328-333（1994）
10) 長町三生，安全の人間工学，中央労働災害防止協会（1992）

6.2.3 物理的諸条件に関連する諸問題

〔1〕 作業域・作業空間と姿勢

（a） 作 業 域　われわれが作業を行う場合，手足が届く範囲が最大作業域となるが，実際に作業を行う場合には作業精度，効率の良い作業速度，作業者の生体負担が軽い，などの要件が満たされた作業域（機能的作業域）が求められる。

上肢の体前面の最大作業域は，おおよそ肩を中心とした球の半径として求められ，次式を用いて身長から推定することができる[1]。すなわち，身長 170 cm の人の上肢の最大作業域は半径 68.7 cm の半球となる。

$R =$ 身長〔mm〕 $\times 0.494 - 153$

ここに，R：肩（肩峰点から体幹中心方向へ 32 mm，前方へ 45 mm，下方へ 12 mm の位置）を球の中心とした半径である。

機能的に上肢作業を行うためには，作業を行うための機材や操作機器を作業者が容易に届く範囲以内に配置しなくてはならないが，体の前屈や側屈を伴わず，肘を大きく伸ばさずに作業できる範囲は非常に狭い範囲に限られる。

一定の作業の中で，高頻度に使用される器具機材の配置は腰から肩にかけての位置で前方 40 cm までの範囲が適正とされている。実際に作業を行う面の高さ

は，立位にしろ座位にしろ肘の高さが基準となり，通常の作業周期の中では，肩より高い位置や腰より低い位置での作業はなるべく避けるべきである。

上肢を肩より20°高い位置で保持する場合，肩の高さで保持するのに比べて筋負担は倍増し[2]，肩や上肢の疲労が増大する。また，腰より低い位置での作業は体の前屈や膝の屈伸が伴い腰や背筋の負担が増大する。至適作業面高は肘の高さを基準として作業の特性に合わせて決定すべきであろう（**図6.2.3**参照）。

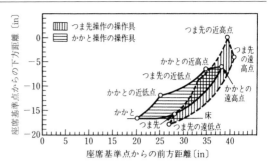

(a) 最適ペダル領域の垂直断面

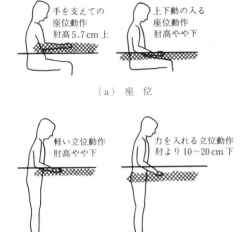

図6.2.3 作業の種別に見た作業位置の高さと肘高との関係[3]

下肢を使う操作器具はなるべく避ける方がよいが，必要があるときには，体幹部の姿勢を変えることなく容易に操作できる作業域を設定すべきである。下肢作業の中心となるペダル作業の至適作業領域を**図6.2.4**に示す。

(**b**) **作業空間** 作業を遂行するにあたって，無駄のない的確な作業動作を行うためには適正な作業域を設定するとともに，作業者が無理なく姿勢を保持することができる作業空間が求められる。さらに，同じ姿勢が長い間持続される場合に作業者が自由に姿勢の転換が行えるようなゆとりのある作業空間を確保する必要がある。

通常の作業現場における基本的作業姿勢である立位および椅座位における作業空間のとり方を**図6.2.5**に示す。

〔2〕 **色彩・照明の利用と作業環境改善**

作業現場における照明・採光は，作業効率と安全性を確保するために重要な要件であり，視作業に必要な

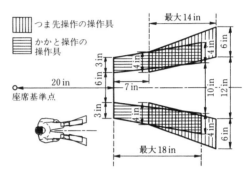

(b) 最適ペダル領域の水平断面

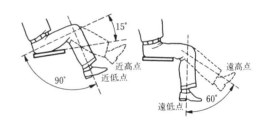

(c) 最適ペダル領域の足

図6.2.4 ペダル作業の至適作業領域[4]

照度基準を確保することはもとより，質の高い照明によって快適な視環境を作る必要がある。また，VDT作業を行う環境においては，一般の作業環境と異なった配慮が必要となる。

(**a**) **作業と照明**

1) 作業面照度 物を視認するときの見やすさは，① 対象物の大きさ，② 明るさ（順応輝度），③ 輝度比によって異なってくる（**表6.2.3**参照）。作業部面においては，視認する対象物の状態（大きさや輝度比）および作業内容（求められる作業精度や作業密度）に見合った一定レベル以上の照度が確保されなければ，視認度は低下し，作業効率や作業精度の低下を来すとともに作業者の負担を増大させる。

作業面が明るいほど視認度は改善されるために，一般に精密で細かい作業ほど高い照度が要求される。し

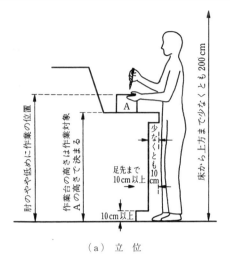

（a）立位

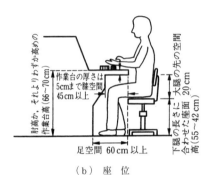

（b）座位

図 6.2.5 作業空間のとり方[3]

表 6.2.3 照明の諸条件[5]

照明要件	適切な視環境の条件
明るさとその分布 　作業面 　作業面と周囲 　作業室内	全般照明・局部照明による所要照度の確保 作業面，隣接領域，周囲の照度，輝度分布の適正化 作業室の天井，壁・床の反射率と照度・輝度分布の適正化 人工照明と昼光照明の利用
グレア	照明器具や窓による直接グレアの防止 視対象物および近接領域の光沢面からの反射グレア（光幕反射）の防止
陰影，モデリング	光の方向性・拡散性の利用
光源の色特性	光源の色温度・演色性の適正化

かし一方で，過度の照明は作業者の不快感を誘発することが知られており[6]，作業効率に影響しない照度を確保しつつ作業者の快適性を守るための適正照度は 1 500 ～ 3 000 lx が限度となる。

2) 輝度分布（均斉度）と陰影（照明の方向）

視野中心部と周辺部の輝度比によって物の見え方は著しく異なってくる。視野の中心部と周辺部の明るさが同一か周辺部が暗いとき，視認度は高くなるが，周辺部が明るいときの視力は低下する。作業面やその周囲の床や天井における輝度分布（照度分布で表現する場合もある）に著しい不均一が存在すると，見にくさを生じ，眼精疲労を増大させる。輝度分布は均斉度（最小照度/平均照度）によって表すことができ，作業面と周辺部の好まれる輝度の差は，作業面の明るさに依存するが 0.3 ～ 0.8 が推奨されている[7]。

斉一性のある照明を得るためには照明器具の種類や配置が重要となる。手暗がりなどの陰影を生じさせないためには，指向性の高い光源の使用を避け，光を拡散させたり局所照明を併用するなど工夫が求められる。しかし，事務室や会議室の快適な視環境を作るためには，陰影をうまく利用した雰囲気づくりも重要であり，目的に合わせた照明の工夫が必要となる。

3) グレア（まぶしさ）

順応しているレベルより高い輝度の光が視野内に存在し，視認性が損なわれる現象をグレアという。グレアにはまぶしさによる不快感が生じるが，対象物の視認には影響されない不快グレアと高輝度の光が眼球内で散乱して視認性が損なわれる減能グレアに分類される。

光源が直接目に入射して生じるグレア（直接グレア）は光源の輝度が強いほど，また，光源の面積が大きいほど強く感じられ，グレア源の位置が中心視野に近いほど強烈となる。したがってグレアを防ぐためには，i) 光源の輝度を下げる，ii) ルーバ，および乳白パネルやプリズムパネルで光源を覆う，iii) 大きな窓はブラインドや衝立で遮光する，iv) 光源の位置を作業者の視野から外すような角度にする（**図 6.2.6** 参照）などの方法がある。

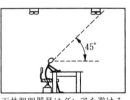
天井照明器具はグレアを避けるため目の水平面より 45°以上離れた位置とする

図 6.2.6 補助照明によるグレアを避けるため，器具の位置は 1 の位置より下か，2 の位置より上に設置する[8]

グレア光源が視対象である紙面や VDT 画面などに反射して起きるグレア（反射グレア）は，照明の方向と入射角を作業者の視線から外すか，間接照明を採用することによって防ぐことができる。VDT 作業にお

いては，反射グレアのほかに，ディスプレイの後方にある照明や窓の光が作業者の視野内に入る直接グレア，あるいは天井の照明や窓の映り込みが生じる場合が多い。ディスプレイと照明器具の位置関係を十分考慮する必要がある。

4) **光源の色特性** 光源の色特性は視認性にはほとんど影響しないが，色彩の見え方に大きな影響を与える。色の識別が大事な作業場や展示場などの照明には，演色性（自然色に近く見える度合い）の良い光源を選択する必要がある。また，光源の色温度は照明によって作られる雰囲気に違いを生じる。白熱光のような色温度が低い光源（2 800 K）では暖かい（暑苦しい）雰囲気を与えるが，水銀ランプのような色温度が高い光源（6 000 K）では涼しい（冷たい）雰囲気を与える。

以上の項目の基準については，照度基準（JIS Z 9110：2010）に事務所，工場，学校，病院などの事業施設ごとに細かく定められている。そのうちの工場における照明基準を表6.2.4に示す。なお，オフィスにおける照明基準は表6.2.5に示されている。

（b）色　彩 建築の内外装設計に色彩の持つ生理的・心理的効果を積極的に取り入れている手法を色彩調節という。一般的色彩調節として推奨される色彩や，設計の統一，迅速簡易化，施工管理の便利性などの観点から定められた標準色が日本建築学会から提唱されている[10]。

色の持つ特性や，色に対するイメージを応用して，色による安全（防災）や案内のための情報伝達が行われている。この場合，誘目性，視認性，識別性が高い色の組合せを選択することが重要となる。また，伝達する情報と色のイメージと結び付け，連想性を持たせた色の使い方が要求される。表6.2.6はよく見える配

表6.2.4 工場における作業または活動別の照明基準

	作業または活動の種類	維持照度〔lx〕	グレア制限値	平均演色評価数	注　記
作業	精密機械，電子部品の製造，印刷工場でのきわめて細かい視作業，例えば，組立a，検査a，試験a，選別a	1 500	16	80	色が重要な場合は平均演色評価数を90以上。超精密な視作業の場合は2 000 lxとする。照度均斉度は0.7以上。
	繊維工場での選別，検査，印刷工場での植字，校正，化学工場での分析など細かい視作業，例えば，組立b，検査b，試験b，選別b	750	19	80	色が重要な場合は平均演色評価数を90以上。超精密な視作業の場合は1 000 lxとする。照度均斉度は0.7以上。
	一般の製造工程などでのふつうの視作業，例えば，組立c，検査c，試験c，選別c，包装a	500	—	60	色が重要な場合は平均演色評価数を90以上とする。照度均斉度は0.7以上。
	粗い視作業で限定された作業，例えば，包装b，荷造a	200	—	60	
	ごく粗い視作業で限定された作業，例えば，包装c，荷造b，c	100	—	60	
	設計，製図	750	16	80	照度均斉度は0.7以上
	制御室などの計器盤および制御盤などの監視	500	16	80	制御盤は多くの場合，鉛直調光が望ましい。VDT作業は6.1.2項〔1〕の（c）参照。照度均斉度は0.7以上
	倉庫内の事務	300	19	80	
	荷積み，荷降ろし，荷の移動など	150	—	40	
執務空間	設計室，製図室	750	16	80	
	制御室	200	22	60	
共用空間	作業を伴う倉庫	200	—	60	
	倉庫	100	—	60	常時使用する場合は200 lx
	電気室，空調機械室	200	19	60	
	便所，洗面所	200	—	80	
	階段	150	—	40	
	屋内非常階段	50	—	40	
	廊下，通路	100	—	40	
	出入口	100	—	60	出入口には移行部を設け，明るさの急激な変化を避けることが望ましい

〔注〕 同種作業名について見る対象物および作業の性質に応じつぎの三つに分ける。
　a）表中のaは細かいもの，暗色のもの，対比の弱いもの，特に高価なもの，衛生に関係ある場合，精度の高いことを要求される場合，作業時間の長い場合などを表す。
　b）表中のbはa）とc）との中間のものを表す。
　c）表中のcは粗いもの，明色のもの，対比の強いもの，頑丈なもの，さほど高価でないものを表す。

表6.2.5　照明学会によるオフィス照明の推奨基準[9]

区　分	室 の 種 類	水平面照度〔lx〕以上	鉛直面照度〔lx〕	照明器具のグレア規制	平均演色評価数 (R_a) 以上
執務エリア	事務室（a）	1 500	150以上	V2, V3 (G0, G1)	80
	事務室（b）	750	150以上	V2, V3 (G0, G1)	80
	設計室，製図室	1 500	150以上	V2, V3 (G0, G1)	80
	VDT専用室，CAD室	750	100〜500	V1, V2 (G0, G1)	80
	研修室，資料室	750	—	G1, G2	80
	集中監視室，制御室	750	100〜500	V1, V2 (G1)	80
	診察室	750	200以上	V3 (G1, G2)	80
	調理室	750	—	G1, G2	80
	守衛室	500	—	G2	80
役員エリア	役員室，役員会議室	750	150以上	V2, V3 (G0, G1)	80
	役員応接室	500	150以上	G0, G1	80
	役員食堂	500	—	G0, G1	80
	役員階廊下	200	—	G1	80
コミュニケーションエリア	応接室	500	150以上	G0, G1, G2	80
	会議室，打合せコーナー	750	150以上	G1, G2	80
	TV会議室	750	750以上	V1, V2, V3 (G0, G1)	80
	プレゼンテーションルーム	500	200以上	V1, V2, V3 (G1)	80
	大会議室，講堂	750	300以上	G0, G1, G2	60
	受付ロビー	750	200以上	G1	60
	ラウンジ	500	—	G1, G2	80
	玄関ホール（昼）	1 500	150以上	G1, G2	60
	玄関ホール（夜）	500	150以上	G1, G2	60
リフレッシュエリア	食堂，カフェテリア	500	—	G1	80
	喫茶室，休憩コーナー	150	—	G1	80
	リフレッシュルーム	500	—	G0, G1	80
	アスレチックルーム	500	—	G1, G2	80
	アトリウム	500	—	G1	60
ユーティリティエリア	化粧室	500	150以上	G0, G1	80
	書庫	500	150以上	G1, G2	80
	便所，洗面所	300	150以上	G1, G2	80
	エレベータ，階段，廊下	300	—	G1, G2	80
	エレベータホール	500	—	G1	80
	電気室，機械室	300	—	G1, G2	60
	湯沸室，オフィスラウンジ	300	—	G1, G2	60
	更衣室	200	—	G2	60
	倉庫	200	—	G2, G3	60
	宿直室	300	—	G1, G2	60
	玄関（車寄せ）	150	—	G1, G2	60
	屋内非常階段，車庫	75	—	G2, G3	60

〔注〕① 本表は主として蛍光灯器具による全般照明に適用する。ただし，事務室，製図室の水平面照度は，局部照明の併用によって得てもよい。
② 水平面照度は，作業区画内の作業面の平均値を示し，40歳代前半以下の人を対象とした基準値である。
③ 鉛直面照度は，顔の表情の見えの重要性を考慮して推奨値を示す。VDT作業やTV会議室では，目の順応とTV撮影のことを考慮している。大会議室，講堂，プレゼンテーションルームおよび受付ロビーでは特に顔の見えが重要なので，高い値になっている。
④ 照明器具のグレア規制はVDT作業が行われる室の場合は，G分類よりもV分類の使用を優先する。
⑤ 事務室は細かい視作業を伴う場合，および昼光の影響により窓外が明るく室内が暗く感じる場合は（a）を選ぶ。

表6.2.6　よく見える配色と見えにくい配色[11]

よく見える配色		見えにくい配色	
順位	地の色　図の色	順位	地の色　図の色
1	黒　　　黄	1	黄　　　白
2	黄　　　黒	2	白　　　黄
3	黒　　　白	2	赤　　　緑
4	紫　　　黄	4	赤　　　青
4	紫　　　白	4	黒　　　紫

色と見えにくい配色を示したものである。一般的にいえばよく目立つ色は鮮やかな黄色，赤，燈などであり，背景との明度差が大きいほど視認性は高くなる。

この色の特性の安全標識や配管識別への利用についてJIS規格が6.1.2項〔3〕に示されている。

〔3〕　気圧と作業安全

（a）　高圧作業と安全対策　　高圧作業には圧気

潜函作業，圧気シールド内作業，潜水作業，トンネル内における高気圧作業などがあり（**図6.2.7**参照），潜水には素潜りと潜水器具を使用する方法がある。水深と圧力との関係は，厳密にいうと海水と真水で異なるが，ほぼ水深10 mで1気圧〔kg/cm²〕とみなしてさしつかえない。また圧力は常圧（1気圧）を0の基準として測るゲージ圧力または絶対真空を0とする絶対圧力で表される。

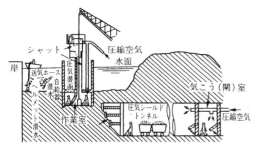

図6.2.7 高気圧作業と潜水作業[12]

潜水作業時では，10 m潜水するごとに1気圧ずつ圧力が上昇する。すなわち，水深20 mの海・水中で作業すると大気圧1気圧のほかに水圧2気圧が加わり，合計3気圧が体にかかってくる。

高圧作業で問題になるおもな障害はスクイーズ（締付け障害），窒素酔い，酸素中毒，二酸化炭素中毒などである。**表6.2.7**はこれらの高気圧障害をまとめたものである。高圧による影響は加圧過程での影響も重大で，スクイーズは不均等な加圧によって生じる障害であり，窒素酔い・二酸化炭素中毒・酸素中毒などは気体成分の分圧の上昇によって引き起こされる。また，高圧環境から常圧環境または常圧環境から低圧環境へ移る減圧の際に発生しやすい障害に減圧症がある。減圧症は海・水中作業や航空機などで体内に溶解した空気中の窒素（N_2）が減圧に伴ってガス化し，血管に詰まったり，組織を圧迫したりする症状を呈するものである。この症状は一般に減圧の度合いが速いほど著しい。減圧症の症状をまとめると**表6.2.8**のようになる。

これらの高気圧障害の予防には，適切な作業時間，作業条件の厳守，特殊健康診断が重要であり，万一の場合に備えて再圧室を常設することも必要である。

（b）低圧作業と安全対策 低圧作業では航空機業務のほか，高地での作業や登山などが問題になる。高度と大気圧との関係は，海抜0 mでは1気圧であるが，海抜5 000 mでおよそ0.5気圧になる。そのため，高度が高くなると沸点が下がり，極端な低圧環境にさらされると体液の沸騰も起こり得る。特に航空機の急上昇による低圧環境曝露によって，海・水中作業などで起こる減圧症と似た症状を示すことがあり，航空減圧症と呼ばれている。

民間航空機の室内圧は，巡航状態において高度1 200〜1 800 mでの気圧に保たれているが，小型機ではこのような調節がなされていないため，10 000フィート（3 048 m）以上を飛行するときには酸素装置の設置が義務付けられている。また，国際宇宙ステーション内では1気圧の空気であるが，船外活動（EVA）のために着用する宇宙服では0.27気圧100%酸素（1気圧の空気と同程度の酸素分圧）となっている。

低圧による傷害は，酸素欠乏の影響と圧力の減少ないし変化による影響に分けられる。大気圧の低下に伴う酸素欠乏の影響として，肺胞内酸素分圧の低下により，酸素が肺から血液中に移行しにくくなるため，血中の酸素飽和度が小さくなり，低酸素症（hypoxia）を起こす。症状としては**表6.2.9**に示すような自覚症状を呈する。また，高所高山などでは急性期には低酸素状態に対する呼吸・循環系の反応が発来し，血尿傾

表6.2.7 高気圧障害の一覧表

一般的事項	より詳しい事項
スクイーズ（締付け感，耳，鼻，歯に多い） 酸素中毒（痙攣，失神，肺炎） 窒素酔い（麻酔作用） 二酸化炭素中毒（過呼吸，失神） 肺症状：肺気腫，気胸，肺炎	1.0 kg/cm²（水深10 mに相当）を超えると発生の可能性がある

表6.2.8 減圧症（潜函病）の症状

急性症状	ベンズ（関節，筋肉などの痛み） チョークス（顔面蒼白，チアノーゼ） 皮膚症状（発疹，かゆみ） 中枢神経症状（メニエール様症状，運動麻痺，知覚障害）
慢性症状	骨の破壊，壊死，運動痛，運動障害

表6.2.9 高度の自覚症状[13]

高度〔ft〕	動脈血の飽和度〔%〕	症状
海面	95〜98	正常。長いと疲労。
10 000	88〜90	頭痛
14 000	80〜81	眠気，頭痛，だるさ，目の疲れ，性格の変化（楽観的または喧嘩好き），判断がにぶる，筋肉の協応が悪くなる，脈拍数・呼吸数の増加，チアノーゼ
18 000	74〜75	以上の症状がすべてひどくなる
22 000	67〜68	痙攣，虚脱，昏睡
25 000	55〜60	約5分以内に虚脱，昏睡

向や，ときには脳浮腫を来すこともあるが，長時間滞在によってしだいに造血機能が亢進し，いわゆる順化が起こってくる。圧力の低下によって起こる症状として，航空中耳炎が典型であり，そのほかに呼吸器系のベンズ（bends），チョークス（chokes）などがある。また，航空機などの瞬間破壊時には瞬間減圧によって臓器内圧の上昇や血圧低下を起こす。

〔4〕 **粉じんと作業安全**

粉じんは空気中に浮遊している粒子状物質を総称して呼ばれているが，厳密には空気中に浮遊している粒子状物質には，粉じんのほかにヒューム，煙，ミスト・霧，灰などがあり，それぞれが定義付けられている。粉じんは地上の物体が小さな粒子に粉砕されてできた粒子をいい，超顕微鏡的な粒子から肉眼的な粒子まで含まれる。粉じん濃度の表し方には粒子数法と重量法の二つの方法があるが，粉じんの種類によって粒径や比重の違いで両者の測定結果は必ずしも一致しない。

じん肺法では「粉じん作業は当該作業に従事する労働者がじん肺にかかるおそれのあると認められる作業」と規定し，その範囲をじん肺法施行規則に24項目にわたって定めている。粉じん作業場の粉じん濃度は発じんが間欠的か連続的かなどの発じん状況，あるいは気流や飛散の状況によって流動的に分布しており，同じ作業場で働いていても，人によって曝露強度が異なってくる。したがって，作業場内の粉じん濃度を監視するとともに，個人サンプラーを用いた作業者個人の曝露量をモニタする必要がある。

気道に吸引された微細な粒状物質の沈着部位は粒径によって異なってくる。粒径が10 μm以上のものは鼻咽頭部で捉えられて気管以下の領域に侵入することはないが，10 μm以下の微粉じんは肺の奥まで侵入して沈着する。気道への沈着率は呼吸回数あるいは1回換気量が増えるに従って増加する。したがって，粉じん作業の作業強度が高いほど，じん肺になる危険度が増大することになる。

粉じんによる生体影響は粉じんの吸引による呼吸器系の障害が中心となる。近年，大気汚染で問題となっているディーゼル排気粒子を始めとした大気中粒子状物質はNO_xやSO_xとの共存で閉息性呼吸器疾患を増悪させることがよく知られているが，作業場における粉じんの障害ではじん肺の発症が最も重要となる。

じん肺の様態は吸引粉じんの種類，曝露濃度，曝露期間に加えて作業者の年齢，性，感受性などの生体側の要因によって大きく異なってくる。吸引粉じんの種類によるじん肺の分類は**表6.2.10**に示すとおりである。一般に，じん肺の進展は遅くX線撮影で両肺野

表6.2.10 粉じんの種類による各種じん肺

粉じんの種類	各種じん肺
ケイ酸	典型的けい肺，非典型的けい肺
ケイ酸化合物	石綿肺，滑石肺，けいそう土じん肺
アルミニウム化合物	アルミニウム肺，アルミナ肺，ろう石肺
鉄化合物	酸化鉄肺，溶接工肺，硫化焼鉱肺，硫化鉄肺
炭素	黒鉛肺，活性炭肺，炭素肺，炭鉱夫肺
金属，その他	チタン，スズ，バリウム，ジルコニウム，アンチモン，セメント，い草染土，その他によるじん肺

に粒状影が少し認められる（第1型）までに20年近くの曝露を受けているのがふつうである。しかし，曝露開始から数年でじん肺が発症し，急速に重症化する急進性じん肺と呼ばれるものもある。

粉じんの予防と対策としてつぎの項目が挙げられる。

① 発じんの防止と抑制
・作業工程の自動化（無人化）作業工程の変更
・吸引などによる発じん工程での除じん
② 飛散の抑制
・発生した粉じんはできる限り密閉・包囲し，局所排気によって飛散を防ぐ。
③ 呼吸用保護具の装着
・防じんマスクや送気マスク
④ 作業管理
・作業時間の短縮
・作業強度の軽減
⑤ 作業者の健康管理
・作業場の粉じん濃度の監視
・個人サンプラーによる曝露量のモニタ
・定期的検診による不適格者の配置転換とじん肺の早期発見

なお，いくつかの物理的諸条件を述べてきたが，照明と色彩は6.1.2項に，音環境・振動は6.1.3項に，高温環境・低温環境は6.1.4項に，酸素欠乏は6.1.6項に，防音や防じん用などの個人用保護具は6.4.2項にも記載があるので併せて参照していただきたい。

（板垣晴彦，谷島一嘉）

引用・参考文献

1) 大箸純也，上肢作業域の球による近似，九州工学，9，p.5（1988）
2) 佐渡山亜兵，小木和孝，操作にたいする上肢上方作業域について，人間工学，6-1，pp.45-50（1970）
3) 三浦豊彦編，現代労働衛生ハンドブック，p.1197（小木和孝），労働科学研究所（1988）

4) 近藤武ほか訳,人間工学データブック,p.242,コロナ社(1972)
5) 池田紘一,野田貢次,山口昌一郎,ランドルト環指標の輝度対比および順応輝度と視力との関係,照明学会誌,67,pp.527-533(1983)
6) 印東太郎,河合悟,適正照度に関する心理学的実験,照明学会誌,49,pp.52-63(1965)
7) Illuminating Engineering Society, IES Code for Interior Lighting, IES, London (1977)
8) 三浦豊彦編,現代労働衛生ハンドブック,p.341,労働科学研究所(1988)
9) 照明学会編,オフィス照明基準,照明学会・技術基準 JIEC-001,p.31,照明学会(1992)
10) 日本建築学会編,建築設計資料集成Ⅰ,環境,pp.1-470,丸善(1978)
11) 塚田敢,色彩の美学,pp.115-116,紀伊國屋書店(1978)
12) 三浦豊彦編,現代労働衛生ハンドブック,p.476(梨本一郎),労働科学研究所(1988)
13) 三浦豊彦編,新労働衛生ハンドブック(増補版),p.320,労働科学研究所(1982)

6.2.4 適性配置と適性検査
〔1〕 適性検査を必要とする職務

警視庁高速道路交通警察隊が,「てんかん」の持病がある運転手(22歳)にトラックを運転させたとして輸送会社「Sトラック」と同社営業所長を道路交通法違反(過労運転等の下命)の疑いで東京地検に書類送検した(1991年11月)。病気の従業員に運転させたとして会社が責任を問われたのは,警視庁でも初めてであった。また,この運転手も同法違反(過労運転等の禁止)と業務上過失致傷の疑いで書類送検された。

調べによると,同運転手は首都高速環状線で発作を起こして意識を失い,渋滞で止まっていた乗用車に追突し,会社員ら4人に重軽傷を負わせた疑い。同運転手は中学時代からてんかんの持病があり,医者からも運転を禁じられていたが,病気を申告せずに免許証を取得し,運転手として働いていたという。この運転手は入社直後から,事務所などで何度か発作を起こして倒れており,所長も病気を知っていたが"人手不足なのでそのまま運転させた"と話している[2]。

運輸省(当時)統計による「自動車運転者の健康状態に起因する事故」(自動車事故対策センター,1992年)によれば,1981〜1991年末までに118件の発生が見られ,そのうち68人が死亡している。118件のうち,脳疾患(脳内出血,クモ膜下出血など)が47.5%(死亡率51.8%),心疾患(心不全,心筋梗塞など)が34.7%(死亡率95.1%),その他(失神,心神喪失など)が17.8%(死亡率0.0%)であり,運転中の発生頻度においては脳疾患系の疾病が最も高いが,死亡率から見ると心疾患系の疾病の方が高いという結果が示されている(**表6.2.11**参照)[4]。

表6.2.11 健康状態に起因する事故などの運転者の病名別構成(1981〜1991年末)〔単位:人〕

疾患部位	病名	運転者数	死亡運転者数	死亡率〔%〕
脳	脳内出血	22	10	45.5
	脳出血	11	6	54.6
	クモ膜下出血	13	9	69.2
	脳貧血	2	0	0
	脳溢血	2	2	100.0
	脳梗塞	2	0	0
	その他 脳卒中	2	2	100.0
	脳血栓	1	0	0
	脳動脈瘤破裂	1	0	0
	小計	56	29	51.8
心臓	心不全	21	21	100.0
	心筋梗塞	12	11	91.7
	心臓発作	2	2	100.0
	その他 心臓破裂	1	1	100.0
	心臓麻痺	1	1	100.0
	虚血性心疾患	1	1	100.0
	冠状動脈瘤血栓	1	1	100.0
	高血圧性心臓病	1	0	0
	狭心症	1	1	100.0
	小計	41	39	95.1
その他	失神	15	0	0
	心神喪失	3	0	0
	せき込み	1	0	0
	貧血	1	0	0
	下痢	1	0	0
	合計	118	68	57.6

〔注〕 死亡運転者数は,24時間以内に死亡した者をいう

航空機関係でも,東京・羽田沖で日航機が墜落し,死者24人,負傷者149人を出した事故が耳新しい。この事故は精神分裂病者であった機長が妄想と幻聴で自殺を企てた異常行動によるものであった[3]。

運輸業における最大の使命は,旅客の安全,正確かつ迅速な輸送にあることはいうまでもない。その業務に携わる人間が肉体的にも精神的にも健康であることが要求される。鉄道運転士における動力車操縦免許に関する省令,バス運転士における道路交通法施行規則,船舶操縦士についての船舶職員法施行規則,航空機の操縦者に関しての航空法施行規則などがあり,これらに沿って運転適性,医学適性検査が実施されるのは,いずれもこうした側面を重要視して生まれたものである。

こうした運輸業以外に適性が問題にされる業種は,林業,鉱業,建設業,製造業などにおいて危険・有害要因が大きく作用する職務においてである。特に労働

強度が大きい作業に従事する場合には，身体的条件が問題となる。同じ作業に従事していても個人によって負荷量や疲労の度合いが異なってくるからである。

この点で留意しなければならないことは，性差のことである。男女別で見ると同一労働でも，エネルギーの消耗の度合いが違ってくる。例えば，同じ重量物を運搬するにしても女性の方がエネルギー代謝率が大きくなる。このことは筋力的に女性が男性より低位にあるからである。このような作業で特に女性にとって問題となるのは，重量物の負荷で腹内圧が高まり，子宮が下垂することである。こうしたことがあるために，女性の重量物制限が法規で決められている。例えば，18歳以上の女性では断続作業30 kg，継続作業20 kg，特に許可を受けた場合には，それぞれ40 kg，30 kgという制限がこれである。しかしながら，労働科学研究所の斎藤一らによると，女性の重量物取扱いと子宮下垂の関係を実験的に調べ，適正限界重量は法規とは別に，15～20 kgに抑えるべきであると主張されている。母体保護の点から見て，理にかなった説といえよう[3]。

このほか，適性配置で考慮しなければならないことは，高年齢労働者の問題である。わが国は急速に高齢化社会に移行しつつあり，労働力人口に占める高年齢労働者の割合が急増している。そしてまた，高年齢労働者の労働災害の全体に占める割合が年々高くなっており，高年齢労働者は若年労働者に比べ，被災した場合の重篤度が高いという特色を持っている。それゆえ，高年齢者の労働災害の防止を図ることが，最も重要な課題の一つとなっている。このためには，加齢に伴う心身機能の変化を考慮して，作業環境，機械設備，作業方法の改善などの諸対策を講じていくことが必要になる。表6.2.12は高年齢労働者の災害を防止するために，特に配慮を必要とする作業と問題点を示したものである。

〔2〕 職業適性検査

(a) 適性概念　適性観にはつぎの五つの側面がある。① 仕事の習熟度：平均以上のレベルに達するまでの時間が速いこと。② 潜在的可能性：現在示されている能力が高くなくても，教育や訓練を行うことにより高い水準に達する場合。③ 情緒的安定：仕事や職場，対人環境に不満を示さず，快適状態で日常生活を送っている場合。④ 協調性：チームワークや人間関係の和が保たれるような協調性を持っていること。⑤ 背景条件：学歴，職歴を含めた個人の履歴，年齢や経験，家庭の条件，以前または現在の監督者による勤務評定結果など，個人の背景にまつわるさまざまな要因が職務とうまくマッチしていること。

表6.2.12　高年齢労働者のために改善を必要とする作業と問題点

①	墜落・転落のおそれのある高所での作業（はしご，脚立などの作業を含む）
②	転倒のおそれのある作業 ・床面に凹凸，段差，滑りやすさがある ・周辺がちらかっている
③	重量物の運搬 ・体力以上の荷を持ち上げる
④	急激な動作を必要とする作業 ・急に力を入れる ・体の重心を素早く移動する ・姿勢を変化（ひねりなど）させる
⑤	不自由な作業姿勢（中腰作業，上向き作業など）を長時間必要とする作業 ・不安定な作業場所 ・持続的な無理な姿勢
⑥	低い照度下で知覚を要求される作業
⑦	複雑な作業 ・複雑な操作 ・作業に関する情報が複雑
⑧	特に動作の速さと正確さが要求される作業
⑨	微細なものの識別能力が必要とされる作業 ・微細な見極めを必要とする作業 ・細かい指先の作業
⑩	時間に追われる作業（ベルトコンベヤの流れ作業など） ・急がされているとき

(b) 適性の把握　適性を把握する方法としては，観察法と検査法がある。

1) 行動観察　観察項目として最低限必要と思われるものは，知識，能力，習熟の過程，適応力，積極性，性格的な長所・短所などである。こうした項目について，ベテランの観察者数人の意見が一致した場合，その観察内容はかなり信頼性の高いものとなる。そのほか観察内容に付加すべきものとして，緊急時・異常時のときの行動特性を調べておく必要がある。なぜなら，正常時・普通時の状態では行動の欠陥を示さない人でも，思いがけない突発的な事態や条件が出現すると，うろたえたり，問題行動を示すことがあるからである。そのためには，人事考課法の中の「指導記録法」などを利用するとよい。このやり方は，評定者である管理者が部下の長所・短所を見てどのように指導したか，また指導の結果，部下はどのように変わったかなどを報告させるので，具体的行動特徴を綿密に把握することができる。さらにまた，監督者の職務を予告せず臨時に代行させたり，能力以上の仕事を課したときの仕事ぶりの記録を累加していく方法も効果的である。

2) 適性検査の活用　標準化された検査（統計的に検査結果を判定する基準が明らかにされ，信頼性，妥当性を持つ検査法）を用いて個人の特徴を探ることも可能である。表6.2.13はおもな適性検査を一覧にしたものである。職業適性検査は紙筆検査のものと器

表6.2.13 おもな適性検査

測定内容	名称	発行所
職業適性	職業適性検査（略称GATB）	雇用問題研究会
事務適性	田研式事務的職業適性検査	日本文化科学社
機械適性	田研式機械的職業適性検査	日本文化科学社
知的能力	知的能力診断検査（DII）	ダイヤモンド社
性格・適応	職場適応性検査（DPI）	ダイヤモンド社
目標の立て方	目標決定力診断検査（PDC）	ダイヤモンド社
創造性	創造性検査	東京心理株式会社
職業興味	職業レディネス・テスト	雇用問題研究会
能力・性格	新総合検査（New SPI）	人事測定研究所
管理者適性	管理者適性検査（MAT）	人事測定研究所

具検査のものがあるが，労働省（当時）編の「職業適性検査（GATB）」は両方から構成されており，精度の高いものである．この検査は米国で450人の職務分析の専門家を動員し，約20 000の工場に対し75 000の職種について職務分析を行い，類似職種群20にまとめ，これらの職群から最終的に10種の性能（知能，言語能力，算数能力，空間判断力，形態知覚，書記的知覚，目と手の共応度，運動速度，指先の器用さ，手先の器用さ）に絞り込み，これらの性能を見るのに必要な検査を作り上げたものである．これをわが国の労働省（当時）が米国の許可を得て翻案，改訂して作成された．紙質検査は集団検査の形態がとりやすく，一度に大量の人数を検査できるが，器具検査は個別検査方式によらなければならないので時間がかかる．

いずれの職業適性検査も被調査者がどのような職業活動に，より適応するかを予測しようとするものである．したがって，この種の検査の活用は職種別に適正な配置をしようとするときや，自己の進む職務方向について漠然とした知識しか持っていない者の進路指導に有効な情報を提供することができる．あるいはまた，現在ある職種についている人が，その職務において十分な能力を発揮しえないとき，あるいはまた，監督者からみて問題を感じるときなども，上記の検査は有力な手掛かりを与えてくれることがある．いずれにせよ，検査を施行するときは，軽率な使用を絶対にしてはならない．実施，結果の分析，診断などは専門家の指導や助言をあおいでから行うべきである．

〔3〕 安全と適性検査

前記の職業適性検査「GATB (general aptitude test battery)」が有効性を発揮しえたのは，10年もかけて綿密な職務分析を行い，その資料に基づいて検査を作成したことにある．

職務分析（job analysis）は，観察と調査によってある特定職務の性質に関する適切な情報を決定し，報告する手続きである．すなわち，ある職務を構成している仕事，その職務を完遂するために作業者に要求される熟練，知識，能力，責任などを明確にしてそれを決定することにある．作業者は精神的努力や身体的努力の消費で何を（What），どのような理由で（Why），どのようなやり方で（How），どこで（Where），いつ（When）行うのかが調べられる．またその作業を遂行し得るためには，作業者は精神的，身体的にどのような資格を備えている必要があるか，使用される機械や設備についての知識をどの程度必要とするか，仕事の遂行にあたって他人への安全や材料・製品に対する責任がどの程度伴うのかなどの諸点が明らかにされる．このようにして，あらゆる職務についてその職務内容とその仕事を遂行する作業者の所要特質が明確化されていれば，この資料は人事管理や安全管理の諸分野に活用できる．

例えば，人と職務の適応を図らなければならない採用・配置管理にあっては，個人の所要特質と職務の要求する条件が合致している必要があるが（〔1〕項で取り上げたトラック運転手は不一致の事例），こうした面に職務分析と適性検査のデータは大きな効力を発揮し，それによって職務の集合体である組織とその実体的担い手である個人とが結び付けられる．安全管理の側面でも職務の危険性，作業の強度などが明らかにされ，不安全行動を引き起こさないような最適の人が配置される必要がある．そのためにも，個人の特質を把握する医学的適性検査（脳波，視力，聴力検査など）や心理的適性検査（性格，興味，知的能力検査など）の実施が有効となる．

しかしながら，ここで留意しなければならないことがある．それは身体的資格要件や心理的要件の基準があまりにも厳格になりすぎたり，職場の環境条件の悪さや機械の改善をそのまま放置しておいて，人間の側にのみ厳しい採用条件を求めることは問題がある．例えば，大熊篤二の色覚異常者の採用状況に関する調査によると，色覚異常者の採用制限が厳しいのは，繊維工業，運輸業，百貨店，金融保険業などであったが，採用制限の理由を調べてみると，回答を寄せた827社のうち，色覚異常者が仕事に支障を来した実例があったからと答えたものは74社（9％）にすぎず，はっきりした根拠はないが，制限していると答えた73社とほぼ同数であったという．その他の大部分は，実例はないが支障を来すことが予想されるのでという理由だけで，採用を制限しているのである．

偏見による強固な社会的制約がいかに強く流布され，根付いているかがわかる．人間と職務とのバランスを図る適性配置の考えは大切であるが，科学的理由なき迷信と盲信も困る．

かつて，サリドマイド（睡眠薬の一種．これを飲む

と奇形児が生まれるということから,製剤・使用が禁止された)服用による障害者は自動車運転には不適性ということで運転免許証は交付されなかった。しかし,この人たちの強い要望でメーカが彼,彼女らにも運転できるよう人間工学的改良を図り,道路交通法の改正が行われたことがある。このように,人間の弱点を科学技術の面でカバーすることにより,適性の概念が変化する[1]。　　　　　　　　　　（正田　亘）

引用・参考文献

1) 正田亘,増補新版 人間工学,恒星社厚生閣（1997）
2) 正田亘,ヒューマン・エラー,エイデル研究所（1988）
3) 正田亘,産業・組織心理学,恒星社厚生閣（1992）
4) 厚生労働省編,安全の指標（平成22年度）（2010）

6.2.5 安全教育訓練システム

〔1〕 時代の流れと教育訓練システム

科学技術の進歩によって社会環境のシステム化が進み,さらに社会生活や生産生活上の規制が厳しくなりつつある。これは社会生活全体の制度化,システム化が進みつつある表れともいえよう。あらゆる行為を営むために必要なルールや標準的手順が示され,それに反しないよう規制が実施される時代である。この傾向は製品の均等な品質保証,また安全度の保証という社会の要請をも反映している。

過去半世紀ほどの間に,わが国の生産システムは非常に合理化されてきた。すなわち生産機械系は総合化・自動化され,生産効率が追求されてきた。さらに効率追求の一環として,作業者や管理者を含めた生産組織管理が一般化してきた。しかしこの生産効率の追求は何のためのものであろうか。第二次世界大戦後の荒廃から立ち上がったわが国では,今世紀初頭から米国で普及してきた大量生産・大量消費,さらには大量廃棄による循環を根付かせ,それによって価格の低減を試みてきた。一方,情報化に伴った社会の複雑化のもたらしたニーズの多様化にも応え,また,過剰なまでに精密で高い信頼性を持つ生産物を提供することに成功してきたといえる。果たしてそれはどんな意味があったのかが現在問われているのだが,利用者はこのような生産物を当然のものとして受け止めている。

この過程で作業者が行う作業形態は一変した。すなわち肉体労働から精神労働への転換がそこには見られる。肉体をむしばむ過酷な労働は確かに減少したが,高度な知識を必要とする監視作業や判断作業はむしろ増加しつつある。それに伴って,教育訓練システムも高度な知的スキルや操作スキルを獲得するため目標を転換せざるを得なくなった。その表れは資格制度の重視に見られる。いわゆる専門職の重視である。これは社会的には権威を持ち,責任を伴うものとされている。古くからあったこのような技能職の資格は医師,看護師,臨床検査技師などから,航空機のパイロットに至るまで,人がそのための教育・訓練課程を終了した後も,その職に一生を捧げるようなものであった。

最近では,生産過程での一役割に至るまでじつに多様な有資格専門職が存在している。この役割細分化と個々の知的・操作スキルを育成する教育・訓練システムをすべて述べることはここでの目的ではない。しかし,個々の専門職役割の総計が全体の生産管理システムにつながるのかという疑問が必然的に現れる。また社会の進歩に伴って必然的に複雑化してしまった役割システム自体については,現状,問題なしとはしない。

この疑問はわが国の教育システム,雇用システム,さらには働く者の将来の幸せや充足感のみならず,企業組織の効率にも影響する。いずれの時代でも教育訓練システムの固定化は避け,融通無碍（むげ）なシステムを工夫しなくてはならない。なぜかといえば,それは科学技術の進歩が急で,社会理念もまた要求される知識技能も急速に変わるからである。

〔2〕 安　　　　　　全

ある辞書によると,「安全」とは,環境が安らかで危険のないことを意味する。しかし,現実環境はけっしてそのようなものではない。だからこそ「安全」は人によって創られなければならない。その理由は,あらゆる社会システムは人為的に作られているからである。いつの時代でも,事故でけがをして平気でいられる者はいない。人は,何にもましてその身の安全を求めるはずである。だが実際にはそのように行動しているようには見えない。このような安全意識だけではことは解決しないわけである。この意識段階でとどまると,安全教育は観念的な啓蒙運動と化してしまう。

「安全」は創られなければならないということは,まず目的理念を明確にし,それを完全に理解する。営む操作が,結果としてその目的理念と矛盾することなく達成されるように個々人が慎重に行動することである。これで一連の行動は無事終了する。ここまではたいていの人にもできることである。ところが同じような事態を繰り返すたびに,この行動を成功させなければならない。いつ失敗するかは運命次第というのでは安全は達成されたとはいえない。そのために専門家の指導がある。その指導を受けて何回行動しても,ほぼ完全に目的を達成し得るまでの「技」を身に付けなけ

ればならない。その結果，しだいに自分の知識と技能に自信が持てるようになる。「知」と「技」を習得させることが安全教育であり，また訓練なのである。

〔3〕 **安全についての前提条件と予見の可能性**

多くのシステムの存在には前提条件がある。それは人間にとっての地球といったもので，日常ではわれわれの意識にも上らない。しかも生存の前提条件となるものである。人間の振舞いは，そのような前提条件のわずかな変動にも左右されることが多い。危険の発生はこのわずかな変動と関係することが多い。例えば，安定している（じつは人間が勝手にそう思い込んでいるのだが）大地が突然動きだし，地上の人工構造物を破壊する。これが地震である。大地は不動のものという前提に立ってわれわれは生活を営んでいるのだが，その思い込みは見事に裏切られたわけである。このようにシステムの危機は一般に上位系の振舞いからくることが多い。

また，その逆もあり得る。すなわち，ちょっと気掛かりなことを思い出したばかりに運転操作を誤り，修正しようとして再び間違うといったことはよくある例である。このような些細（ささい）なことから全システムの破壊に至ることも多い。このように考えると，だれでも人間である以上，安全に指向しているはずだと考えること自体，どうやら危険な前提なのである。このように何がいつ発生するのかはなかなか予見することは難しい。例えば，地震がいつ，どこで，どのくらいの震度で起きるのかを予測することは現在の科学でもほとんど不可能とされている。このような突発する災害に対応し，生命維持を図るのが安全対策なのである。

このように考えてみると，いまの社会では物事のすじはすでにきちんと決まっていて，すなわち，前提に立った対策が先行していて，危険はこのようにすれば回避できる，災害の防止のためには防災訓練さえすればよい，備えあれば憂いなし，だから備えろ，備えろということになってしまう。だが本当の「有事」が予見できると思うのも誤解らしい。予見できると思うばかりではなく，あるいはそれさえやっておけば責任を問われることはないと思い込んでいるのではないか。工学的，あるいは社会的対策を考える前に，このような「人間」の癖について考えておかなければならないことは多い。

〔4〕 **ヒューマンエラーと組織のエラー，洞察力の必要性**

上記のような批判はよく聞かされるのだが，それでも何か「安全システム」を考えなければならないとはだれでも感じている。そこで「安全教育訓練システム」を計画するには，ということを考えてみたい。

まずシステムの内外には一体どのような危険があるのか，第二には危険発生から対処不能に至る因果関係の連鎖はどのようなものか，第三にはその因果関係の連鎖はどの時点で，どのようにすれば断ち切れるのか，第四にもし連鎖が断ち切れない場合，トータルシステムの機能維持のためにはどうしたらよいのか，といったことを洗い出してみる。業種によってこれらはすべて異なるので，ここでは一般論として述べる。このようなことは，組織内の機械，情報，作業などを熟知した経験豊かな人によってのみできることである。普遍的な理論どおりに運営すれば危険は予知できるといったものではない。

大切なことは，人間や一般の組織の上位系にあたる国内社会，国際社会などの動きを広く理解することである。それらは自分の組織にどのような危険をもたらす可能性があるかも考えなければならない。もちろんそれ以外に，地球生態系や地球物理系の振舞いについても同様である。例えば，気候の変化や天変地異なども知っていて悪くはない。

また，地震を予知することは現在の科学水準では難しい。しかし対策を忘ればあるとき突然人身は損なわれ，組織は壊滅する。また，他国の経済状況は自分とは関係ないものとして対策を忘れば，ふと気付いたときには自分の組織が立ち行かなくなっている。結果，人々は路頭に迷うこととなる。これも危険の一種である。

交通事故のような人為災害でも予知することは難しい。霧が発生すれば前方が見えにくくなる。車の制御の許容範囲が狭められる。したがって速度を落とす。これは予測制御系としての人間機能が働いている場合である。それに対して高速道路を走っているとき，突然ハンドルをとられた。それは冬の早朝のことであった。しかも場所は橋梁の上で路面は凍結していた。この場合には予測制御系は働いていない。予測の手掛かりは冬の早朝，温度，路面凍結の可能性のみである。一見無関係なことからありうべき事態を予測することが大切なのである。

このように，人間が予測制御系として働くためには，まだまだ現状では知っておくことは多い。それは物理学的な，また心理学的な常識の問題であるとともに，人間社会のメカニズムについても洞察が必要なことを示している。

災害予防が安全をもたらすことは，社会でもまた人間でもいえることである。それは「防災」という言葉の意味するところである。人工的に作られたすべての施設や製品などは事故や災害が起きにくいように作られ，それは使用手順に至るまで詳細に記載されている

のだが，それでも事故や人為的な災害は発生している。人間が操作し，使用する段階で，意図的-無意図的にそれが発生する。これがいわゆるヒューマンエラーなのである。

意図せずに，無意識のうちに誤りを犯して，結果大災害となった場合，その原因はヒューマンエラーによる事故といわれるが，わが国の場合，事故の責任者は法律に基づいて罰せられる。しかし事故はなくならない。これだけ事故や災害があったのに，「なぜその人が誤りを犯したのか」についての分析研究が足りないことが第一であるが，第二には，その研究結果が知識として定着していないことにもよる。第三には，人々が「なるほどこういう論理で事故が起きるのだ」ということを十分納得していないことにもよる。本当に必要な考え方は，二度と同じような事故を起こさせないためには，一体どうすればよいのかということである。

なぜかといえば，人間社会も環境もじつは安全なものではなく，危険に満ちているという現実認識が欠けているからである。人間社会にはこれだけ人工物や人工的な施設が充満している。人々はそれからの利便を享受している。だからそれからのリスクに対しては目を閉ざしている。じつは人工物は両刃の剣であって使い方次第というのが本当であろう。だから安全教育とわざわざうたわなくても，人間や環境の論理を知ることこそ，安全につながることなのである。

〔5〕 **災害・事故対策での人と人とのコーディネーション**

不幸にして事故や災害が発生したとき，安全教育や訓練はどのくらい二次災害の防止に有効かということも考えなければならない。

例えば，つぎのような事例を考えてみる。地震（それは天災である），構造物の倒壊（人が中にいる，助け出すにはまず障害物を除去しなければならない），火災の発生（ただちに消火しなくては，人が焼け死んでしまう），けが人の救出（病院へ搬送し，治療しなくてはならない）。

もちろん地震は天災であっていかんともしがたい。しかし家屋の倒壊は規定に反してその強度が足りなかったというよりは，その家屋の構造に対して震度が強すぎたともいえる。しかし理屈はともあれ倒壊してしまった。その下で救いを求める声がする。ただちに近所の無事だった人々が駆けつける。そこで一人ひとりの役割が自発的に決められる。火災の気配が見えればグループは二つに分かれ，一方は防火にもう一方のグループは救出のために懸命に努力する。安全教育や訓練の反映するところは，障害物除去と消火と搬送・治療であるが，ほとんどすべての市民は倒れた家屋の下に閉じ込められている人の救出経験はない。下手に梁（はり）を動かすと屋根が崩れ落ちてくる。手順を間違うと，とんでもないことになり事態は悪化する。といったことは，よほどのことがない限り経験した人はいない。

消火の場合でも，水をかければ火は消えるというところまではだれでもわかる。ところが水はいつも都合よく近くにあるわけではない。バケツもないことが多い。遠くからバケツを見つけ，みんなが1列になってくんだ水を順送りに送る。バケツリレーである。以下は省略するが，一つ明らかなことは，人の集団が必要なことである。と同時に役割分担が必要なことと一致協力が必要なことがわかる。いわゆるコーディネーションである。あたかもオーケストラの演奏のようなもので，指揮者のタクトの動きに合わせてバイオリンもフルートもコントラバスも適切なタイミングで指示どおりに演奏しなければならない。これを達成するのが「練習」である。航空機の運航もまったく同じで，2人あるいは3人の運航乗務員に割り当てられた役割のコーディネーションによってのみ安全な運航が達成できる。これも訓練の賜物である。手順を知っているだけでは駄目で，行為は適切なタイミングが守られなければならないことがわかる。

安全教育とは，危険要因の変化の論理を教えることといえる。それは物理的法則を教えることに近い。そして安全訓練とは，まず明確な目標に指向した複数の人の協調的な行動パターンを形成することであり，それに習熟することといってもよい。習得した手順のとおり，タイミングを逃さず実行することが必要である。その段階に到達すると，変化する全体の危機状態を適切に把握し，臨機応変に行動を切り替える柔軟性を身につけることができる。航空機などのシミュレータ訓練がその良い例である。

〔6〕 **安全教育プログラムと模擬経験としてのシミュレーション**

事故や故障，災害が発生したときに，その危険を最小化するための基礎的知識を与える必要がある。原因が単純な危機状態ならば，対策も比較的単純である。火災ならば水，それをどのようにうまく散布し一刻も早く消火するかが争われる。しかし複雑な要因が絡み合った事態では時間経過とともに対策も複雑になる。当然，このような場合には，多くの役割分担者の適切な関与と役割間のコーディネーションが危険事態の進行を左右する。

安全教育について多く述べてきたが，第二次世界大戦後の教育ではともすればカリキュラムとか，プログ

ラムとかいう知識を体系化したシステムを与えることが教育につながると考えられてきた。このように体系化された固定的な知識内容は，じつは日々変化していることを知らなければならない。また本当はそうではないのだが，安全に関する知識体系は非常に特殊なものという誤解がある。それはいわば人間の生き方に関わるものなので，一般的な知識体系と考えた方がよい。人間は前提にこだわり，その呪縛からか前提を当然のことと誤解しがちである。この誤解の上に立つと人間は変化する社会にはついていけない。新しい環境に追従できなくなる。新しい危険はますます増えてしまう。

本当に非日常的な事態は確かにこの社会の中に存在する。航空機の運航，スペースシャトル，潜水艦，原子力発電所などでの操作は，日常的なものではない。いったんシステムに不具合が発生すると急速に事態が悪化しやすい。いわば時間との闘いである。常識的な意味での能力の限界を超えた世界である。それだけに安全の追求は当然のことである。しかし，これらを操作できるような人物を育成するにはどうしたらよいのだろうか。

専門家であると同時に教養人でなければならないのは，どの世界でも同じである。シュミレータ訓練は専門家としての技能を高める上で，その教養は広い視座から自己の立場を知るために必要であるが，じつはその両者が必要とされる。

航空機，列車，船舶の運行に携わる人々は例外なく，仕事の前の構えを見ると，「前提」からくる「甘え」がない。心理的には安定している。このような人の訓練に使われるシミュレータは，人工現実感によってあらゆる運行事態が再現でき，まったく現実のものと変わりはない。現実にはほとんど発生しないような事態を想定しての訓練もできる。さらに複数の乗務員に対しコーディネーションの訓練もできる。

この技術が最も進んでいるのが，フライトシミュレータである。よく危険な事態に対する対処には，言語や文化的背景，生活習慣の差が反映するといわれているが，世界中を飛んでいる航空機パイロットは国籍，民族，背景文化，行動様式，意識内容などみんな違うのに，危険への対処はいくつかの選択肢の一つを採用するのみで，基本的には変わらない。そして多くの場合，無事に目的地に到達している。彼らの受けている教育，訓練の斉一性の効果もさることながら，基本的態度，知識，技量などがそれほどまでに変化するのが「訓練」なのである。

〔7〕 お わ り に
科学技術の急速な進歩に伴い，社会は急速に変化しつつある。そこで意思決定や情報処理に要する時間が短縮され，一見して便利な社会となったと思われている。しかし，人間は意思決定においても，また情報処理においても，さらに物事の操作においてもエラーを犯しやすい。したがって，「絶対」ということのできないのが人間である。また社会も組織も情報化によってますます複雑化しつつある。何が原因で結果がこうなったのかすらわからないことが多い。「安全」は追求目標であって現実のものではない。しかし，放っておくと現実の危険に踏みつぶされてしまう。そうなっては生命すらおぼつかない。だから危険とはどんなことかを教えなければならない。それが安全教育・訓練である。

(高木伸夫，杉山貞夫)

6.2.6 救急医療システムと医療安全（リスクマネジメント）

〔1〕 救急医療の成り立ち

(a) 戦前の救急医療　　明治維新以来，関東大震災における日本赤十字社による救護活動や済生会による巡回診療など災害時の救急医療は存在した。またお産（産婆さん）と小児の急病についてはすでに民間レベルでの救急患者受入れがある程度確保されていた。当時の救急医療の一端をうかがい知ることのできる 1926（大正15）年当時の東京帝国大学附属病院の急病者用の看板を掲示する（図 6.2.8 参照）。急性腹症でよくお目に掛かる診断名や，鈍的外傷での血胸や腹腔内出血など，現在でも通ずる記載に妙に納得させられる。

(b) 戦後の救急医療の歴史　　国レベルでの包括的・体系的な救急医療システムは，太平洋戦争終結後まもない 1948（昭和23）年に救急隊による搬送業務が導入されたことがその始まりといえる。その後昭和30年代の高度経済成長に伴う第一次交通戦争で交通事故が多発し，大量の死亡／傷病者が発生したのがきっかけとなって，1961年救急搬送業務の法制化，1964年救急医療機関告示制度，1965年休日夜間在宅当番医制度が導入された。その甲斐もあって，1970年の交通事故による死者数 16 765 人，傷病者数 997 861 人をピークに減少に転じた[1]。それまで外科，内科，脳外科，整形外科など既存の科の中で多発外傷や重症の救急疾患，中毒，熱傷などに興味と熱意を持って診療に従事してきた医師らによって，科別（縦割り）の救急病態ではなく緊急を要するあらゆる外因／内因の救急症例を扱う専門医集団として，日本救急医学会が 1973 年に産声を上げたのである。そして 1975 年以降，再び交通事故による死亡／傷病者が増加（第二次交通戦争）し，救急医療の量的充足を図るこ

救急隊員の応急処置基準制定など，いわゆる"たらい回し"の解消と病院前救護体制の充実が図られた。1989年には救急医療体制検討会が設置され，量的充足から救急医療の質向上に重点が置かれることとなり，1991年に救急救命士制度が発足，医師以外では初めて業として医療行為を病院前救護の一環として行う画期的な制度ができた。具体的には，特定行為として，心肺停止症例への静脈路確保，器具（食道閉鎖式エアウェイまたはラリンゲアルマスク）を用いた気道確保，半自動式除細動器による除細動が可能となった。もちろん，これらの医療行為が救急救命士単独の判断で可能というわけではなく，つねに無線（携帯電話）による医師の直接指導の下で医療行為を行う体制がとられている。これをメディカルコントロール（MC）といい，救急救命士を含む救急隊員が行う応急処置の質を向上させ，救急救命士の処置拡大などさらなる高度化を図る目的で，医師による指示・指導・助言（無線や携帯電話で直接つながっているため on-line MC と呼ぶ），教育，そして救急活動の事後検証，再教育など（こちらは off-line MC）を行う。1995年に救命救急センターの中で，重症熱傷，重症中毒，四肢轢断の再接合を24時間行える高度救命救急センターが初めて認可され，その数は救命救急センター288施設中38施設まで増加している（2017年4月現在）。

その後も MC 体制の充実に伴い，2004年には心肺停止例だけでなく異物による窒息例に気管挿管が，2006年に8歳以上の心肺停止患者に薬剤（アドレナリン）投与が，2009年にはアナフィラキシー患者へのエピペンの使用と，血管内容量低下性ショックとクラッシュ症候群への静脈路確保と輸液が，2014年には低血糖が疑われる傷病者の血糖測定とブドウ糖投与が医師の具体的指示の下で可能となっている。

日本救急医学会では，救急専門医，指導医制度や施設認定のシステムが，そして日本集中治療医学会，日本外傷学会でも専門医制度や症例登録システムがあり，日本中毒学会，日本熱傷学会，日本集団災害学会では専門的な教育コースが提供されている。また医師だけでなく，看護師，薬剤師，救急隊などを会員としてチーム医療の観点から日本臨床救急医学会が設立され，多職種が連携して対処する実臨床に即した多くの教育コース（脳卒中，精神疾患，急変母体など）が全国で開催されている。このほか，初期〜二次の傷病者をおもに診療するプライマリーケア連合学会でも専門医制度ができた。2004年から始まった初期臨床研修医制度では卒後2年間（初期研修医）のうち3箇月以上は必ず救急部門をローテーションすることが義務付

(a)

(b)

図 6.2.8　東京帝国大学附属医院急病者受付所の看板（図（a））と掲示板（図（b））

とを目的に，1977年初期/二次/三次救急医療体制の発足（**図 6.2.9** 参照），三次救急患者を24時間365日受け入れる救命救急センターの設置，翌1978年には

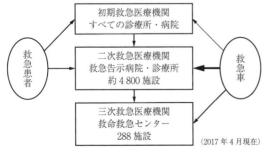

図 6.2.9　日本の救急医療体制

けられている。

〔2〕 救急医療の実際とそれを支える救急医療システム

(a) **救急医療に参画する人々**　前述のとおり，救急医療は医療機関だけでは成り立たない。その前に，外傷や事故，急病が発症する現場があり，そこでの的確な応急処置と重症度/緊急度の評価，重症度/緊急度に応じた搬送すべき医療機関の選定，迅速かつ安全な搬送手段とそれらを一貫性を持ってスムーズにコントロールするシステムが必要となる。そこには救急隊員，救急救命士だけでなく，指令センターのスタッフ，家族を含む一般市民やボランティアなども介在する。倒れている，または目の前で倒れた傷病者を見かけた場合は誰でも，声掛けに反応がなく正常な呼吸をしていないことを確認したときには，すぐに人を呼び，胸骨圧迫を開始し，AEDを持ってきてもらう必要がある。AEDが到着すればこれを起動・装着し正しく作動させることが求められる。そのためには，常日頃から学校，職場，地域で定期的な訓練を計画的に実施する必要があり，これらにも消防関係者やボランティアが一役買っているのである。

(b) **傷病者のトリアージ**　急病や外傷患者が発生すると，まずは現場に居合わせた家族や一般市民が救急システムを起動する必要がある。軽症で時間的余裕があればインターネットで（図6.2.10参照），インターネットに不案内ならば電話相談（#7119：図6.2.11，プロトコール：図6.2.12参照）[2]，さらに緊急ならば119番で重症度や緊急度，搬送先の相談ができる。そして救急隊員が現場に駆けつけて直接傷病者を観察後に定められた搬送基準にのっとり搬送先を選定[3]，医療機関に到着後はJTAS（Japan Triage Accuitus System）と呼ばれる救急外来の看護師によるトリアージ（バイタルサインから重症度/緊急度を判断し，選別の上，診察順位を決定すること）が施行され，最も適切な医療を受けるようになっている（図6.2.13参照）[4]。これらには，症状や所見に応じた確

図6.2.10　東京版救急受診ガイド

図6.2.11　東京消防庁救急相談センター

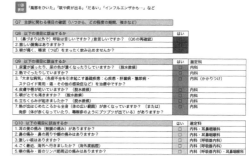

図6.2.12　電話救急医療相談プロトコールの一例：感冒

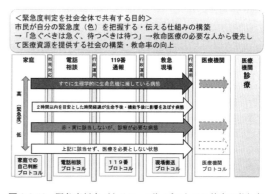

図6.2.13　緊急度判定（トリアージ）プロトコール策定の考え方

実なトリアージ手順（アルゴリズム）が定められており，実症例のフィードバックから定期的にブラッシュアップされている。現場から搬送先医療機関に至る各段階でのトリアージによって，限りある救急医療という医療資源を効率良く効果的に活用することができる。受入れ搬送先医療機関は，重症度や緊急手術，集中治療や専門的な治療の必要性に応じて3段階に分けられており（図6.2.9参照），初期救急医療機関では外来診療で対処できる軽症患者を取り扱い，二次救急医療機関では，必要に応じて手術や入院加療まで可能

な中等症例までを取り扱う．そこで対応ができない複数の診療科にまたがる重症例や，高度で専門的な医療を総合的に提供できるのが三次医療機関（救命救急センター）である．

（c）**医療機関における受入れ情報**　東京消防庁などでは，救急症例を受け入れる医療機関に対し，ベッドの空床状況，各科の診療状況と緊急手術が可能か否か，などをリアルタイムに入力でき，それを救急車に乗っている救急隊員が必要時に同じ画面で確認できる端末（図6.2.14参照）を配布し，スムーズな受入れが可能となるよう図っている．

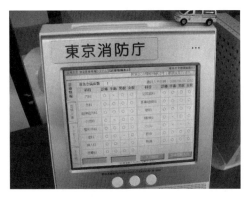

図6.2.14　医療機関の救急医療情報システムを表示している端末

（d）**医師の現場投入**　最近では，特に広範囲で過疎化の進む地方においてドクターカー，ドクターヘリなど現場に医師を含む医療チームが出動することで，救命救急センターが近隣にない地域でも早期から医師による救急医療が展開でき，そのまま救命救急センターへ搬入するようなシステムも確立されつつあり，阪神淡路大震災を教訓に大規模災害や多数傷病者発生事故の際には，災害医療の訓練を受けた専門の医療チーム（医師＋看護師＋サポートスタッフ）が即時に現場に派遣され，そこで72時間程度の急性期医療を担うDMAT（Disaster Medical Assistance Team）も整備されている．

〔3〕**救急医療における医療安全（リスクマネジメント）**[5]

（a）**具体的なリスク**　救急医療においてはさまざまなリスクが存在する．少ない事前情報，傷病者がすでに持っている結核その他の感染症の可能性，患者やその家族との関係構築に十分な時間がないこと，緊急検査やスタッフの制限などから，医療事故を含む患者の急変・死亡や感染症のアウトブレイクなどの危険性がつねに存在する．残念ながらその発生を0にはできないが，できるだけ低く抑える努力（備え）を日頃から行っていく積み重ねが医療安全上必要である．

（b）**病院前における対処**　救急隊では，定期的な訓練と再教育，スタンダードプリコーションの徹底，最新の医学的知見に基づいたプロトコールの改訂や新たなプロトコールの追加などを行う．また，つねにメディカルコントロール（MC）下での活動を心掛けるようにする．

（c）**医療機関における対処**　医療機関では，急変時の対応手順，一次心肺蘇生の方法，災害発生時の参集方法などを記した院内ポケットマニュアルの携帯や，院内での定期的な一次心肺蘇生法の訓練，医療安全講習会の開催と出席義務，全職員の定期的な健康診断やインフルエンザワクチン接種の励行，実際に急変症例に対処するための院内Rapid Response Team（RRT）の結成，急変前の異常を察知し集中治療室での早めの監視と予防的治療を開始するためのMedical Emergency Team（MET）の活用などが広まりつつある．

（d）**その他の対処法**　産科では出産時のトラブルによる母体や新生児の死亡や後遺症の発生に対し，医療過誤の有無とは無関係にそれを保障する医療保障制度が設立されている．また，すでに職に就いている医療者が学ぶシミュレータを使った模擬診療を主体の半日程度の標準化教育コースが充実している（図6.2.15参照）[6]．日常業務に忙しい中，その必要性を感じ時間を作って受講料を自ら支弁して，新しくできた診療手順やガイドライン，最新技術を改めて学ぶことは，医療安全の面からも個人としてのみならず組織にとってもきわめて重要である．

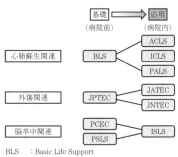

BLS　：Basic Life Support
ACLS　：Advanced Cardiovascular Life Support
ICLS　：Immediate Cardiovascular Life Support
PALS　：Pediatric Advanced Life Support
JPTEC　：Japan Prehospital Trauma Evaluation & Care
JATEC　：Japan Advanced Trauma Evaluation & Care
JNTEC　：Japan Nursery Trauma Evaluation & Care
PCEC　：Prehospital Coma Evaluation & Care
PSLS　：Prehospital Stroke Life Support
ISLS　：Immediate Stroke Life Support

図6.2.15　各領域における標準化コースの例

[4] 救急医療の展望：問題点の抽出と解決への糸口

(a) 今後の高齢者の急増と救急車搬送, 入院, 院内死亡数の推移

人口は将来的に減少に転じることが予想されるが, 今後も救急搬送患者の急増が見込まれ, 救急車出動件数, 救急症例の医療機関受入れ数の増加に備える必要がある (図6.2.16, 図6.2.17参照)[7),8)]。その理由として, 特に団塊の世代を含む高齢者の増加が有病率の増加と重症化を招き, 孤立化と貧困化により平日の通常業務時間内での医療機関受診が遅れ, 状態が悪化した後に, 自ら医療機関を受診する方法もなく救急車が呼ばれることになる。いままでは入院加療の対象であった高齢者慢性期症例の在宅医療の推進も, 急変や重症化した場合の救急車による救急医療機関 (かかりつけ医療機関ではなく) への搬送も日常化するであろう。世界的な天候の変化による熱中症の急増, 台風, 爆弾低気圧などの風水害による災害の発生などによる災害弱者としての高齢者被災者と災害関連死の増加も見込まれる。

現在, 終末期を迎えた高齢者の在宅での看取りが地域包括ケアの充実とともに推進され, 現状120万人の年間死亡者数が150万人に増加すると予想されている。現状80%以上が医療機関で死亡を迎えているが, 増加の見込まれる30万人をどこで看取るのか。在宅

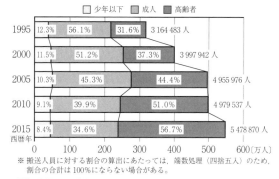

図6.2.17 年齢区分別の搬送人員数と構成比の5年ごとの推移

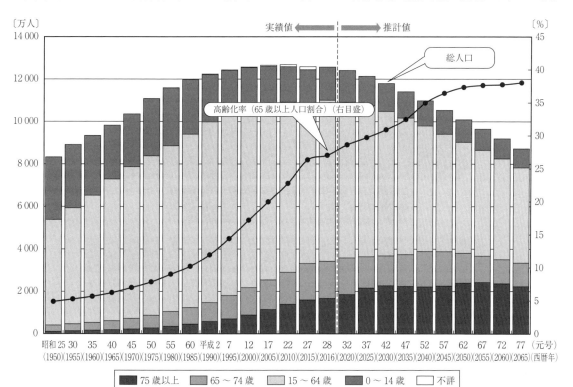

図6.2.16 総人口の推移とそこに占める高齢者 (65歳以上) の割合

での看取りを計画していても，病状の急変が看取りの対象なのか治療可能なのかを家人が見極めることは容易ではない．結果として，救急車による搬送と，医療機関での検査と鑑別診断，場合によっては医療機関で最後を迎える可能性もあり得る．搬送先は救急医療機関であり，自宅退院のできない状態（移動ができないほど重症）のまま病院のベッドで死を迎えるケースが増える．本人，家人とかかりつけ医のあいだで時間を掛けた事前ケアプランの作成，搬送先の救急医療機関において短時間で確実にその内容を把握できる方法などを考えていく必要がある．

（b）**管轄官庁**　病院前救急は総務省消防庁の管轄，救急医療機関は厚生労働省の管轄であるが，救急救命士の国家資格は厚生労働省の管轄となっている．管轄官庁の違いを超えて協力しながら現状に見合った救急医療体制の推進が望まれる．

（c）**効果的な標準化教育コースと医療行為の拡充**
医療スタッフに対する標準化教育コースを学生コースに前倒しすることや，医療機関や公的助成によるコース受講へのサポート体制作りとインセンティブの付与とともに，救急救命士だけでなく看護師，薬剤師，放射線技師，救急隊員へも医療行為をMCの指導下に推進し，より安全な医療の提供を身近なものにするとともに医師の業務負担軽減につなげていく必要もある．

（d）**2020年オリパラ東京大会に向けての対応**
2020年オリパラに向けては，組織委員会，国，東京都などの行政組織だけでなく，医学系学術団体が連合体（コンソーシアム）を結成し[9]，それぞれの団体がその学術的特長を生かして，テロ（爆傷，銃創，毒物，熱傷など）や熱中症への対策を綿密に練り上げておく必要がある．コンソーシアムの組織図を図6.2.18に示す．同様のコンソーシアムは，これまでも国内で行われる国際的なサミットや大規模スポーツイベントでも実績があり，これらを生かして，今後の大規模災害，マスギャザリングイベント，外国人観光客，身体障害者への対策にもその成果を応用できると考えられる．

〔三宅康史〕

引用・参考文献

1) 平成29年度警察白書 第1節 交通事故の現状
https://www.npa.go.jp/hakusyo/h29/gaiyouban/gaiyouban.pdf（2018年12月現在）
2) 電話救急医療相談プロトコール．日本救急医学会ほか 監修，へるす出版（2015）
3) 平成25年度緊急度判定体系に関する検討会報告書
http://www.fdma.go.jp/neuter/about/shingi_kento/h25/kinkyudohantei_kensyo/03/houkokusyo.pdf

図6.2.18　2020年オリパラに向けての医学系学術団体による連合体（コンソーシアム）の組織図

4) 緊急度判定支援システムJTAS2017ガイドブック. 日本救急医学会ほか監修, へるす出版 (2017)
5) 医療安全管理実務者標準テキスト. 日本臨床リスクマネージメント学会監修, へるす出版 (2016)
6) 母体救命アドバンスガイドブック. 日本母体救命システム普及協議会 (J-CIMELS) 総監修, へるす出版 (2107)
7) 平成28年度版高齢社会白書, 第1章第1節1. 高齢化の現状と将来像. 内閣府 (2017)
http://www8.cao.go.jp/kourei/whitepaper/w-2016/zenbun/pdf/1s1s_1.pdf (2018年12月現在)
8) 報道資料, 平成28年版 救急・救助の現状-総務省消防庁
http://www.fdma.go.jp/neuter/topics/houdou/h28/12/281220_houdou_2.pdf (2018年12月現在)
9) 2020年東京オリンピック・パラリンピックに係る救急・災害医療体制を検討する学術連合体
http://2020ac.com/ (2018年12月現在)

6.3 労働安全衛生マネジメントシステム†

6.3.1 OSHMSが誕生した背景

働く人の安全と健康の確保を目的にした世界最初の法令は1802年に英国で制定された. それは, 産業革命によって工業労働の需要が高まり, 劣悪な作業環境, 作業条件による健康被害への対応策の一環として制定された,「綿紡績工場等の作業員の健康及びモラルの保護に関する法律」である. その後, 英国では安全衛生上の問題が発生するつど, 解決するための法令をつぎつぎと制定するという伝統的・経験的アプローチを用い, 1970年までに500を超える法令が制定された.

このような方法は成果を生み出しはしたが問題もはらんでいた. それは,「産業構造や技術の急速な変化の時代, 社会の態度や期待の急速な変化の時代にあっては, 伝統的・経験的アプローチはその変化に歩調を合わせることはできない」[1]ということである. 英国政府から規制の在り方について調査の依頼を受けたローベンス卿は, 当時のアプローチを見直すための調査報告 (ローベンス報告) において, これからの新しい法令の形態として, 従来の「法規準拠型」のアプローチを脱却した,「自主対応型の法律」を制定すべきだとの提案を行った. その基本的な考えとして,「労働災害などへの第一義的な責任は, その危険をつくり出している人たちやその危険とともに働く人たちに存する. この分野では, 規制法規の果たすべき役割, 政府のとる方策が果たすべき役割がある. しかし, これらの役割としては, 数え切れない詳細な規定に関心を持つべきではなく, 産業界自身による, より良い安全健康組織と活動に対する態度に影響を与え, そのための枠組みをつくることに主として関心を持つべきである」[1]と報告している. OSHMSは自主的対応型のモデルを例示したものであり, ローベンス報告がOSHMSの出発点といわれる理由はここにある.

欧州では, 域内での貿易障壁となっている多くの項目の撤廃, 改善を実施し, 共同市場を目指す「単一欧州議定書」が1987年に発効された. 加盟国は, 労働環境, とりわけ労働者の健康と安全に関する労働環境の改善に特別の注意を払い, すでに達成された改善を維持しつつ, この分野における諸条件の調和化をその目的とすることと, 労働者の安全衛生にかかる提案については全会一致ではなく特定多数決で採決できることになった. これにより, EUにおける労働安全衛生が飛躍的に進展する条件が整った.

1989年には, 職場における労働者の安全衛生の改善を促進する措置を導入することを目的にした「職場における労働者の安全と健康の改善を促進する措置の導入に関する理事会指令」(89/391/EEC:枠組み指令) が採択された. この指令には, ローベンス報告で示された自主対応型の考え方が反映されており, 1996年までに, 加盟国は国内法に採用することが義務付けられた.

英国は, 1991年に「成功する安全衛生管理の指針」を公表し, 1992年には労働安全衛生管理規則を制定することで国内法に指令を採用した.「成功する安全衛生管理の指針」はOSHMSの構成の基本を初めて示したものといえる.

6.3.2 OSHMSの開発

OSHMSの世界標準は, 2016年11月現在ILO (国際労働機関) のOSHMSガイドライン (2001年公表) のみだが, 2013年から開発を開始したISO 45001が2018年3月12日に発行された.

以下, 各国政府, 国際機関, 日本の産業界等のこれまでの取組みについて概略を紹介する.

〔1〕 政府レベル

前述のとおり, 政府レベルで最初にOSHMSを開発したのは英国の「成功する労働安全衛生管理の指針」(1991年) である. また, 1996年には, すでに公表されていた環境マネジメントシステムの国際規格であるISO 14001の構成を参考にして, OSHMSの英国規格BS 8800 (1996年) を発行した.

---

† OSHMS:Occupational Safety and Health Management System,「労働安全衛生 (OSH)」と「労働衛生安全 (OHS)」の意味は同じである.

ノルウェー，スウェーデンでは，それぞれ 1994 年，1996 年に，インターナルコントロールという名称で，国内の企業に OSHMS の実施を義務付けた。ドイツでは 1992 年 2 月に，日本は同年 4 月に OSHMS のガイドラインや指針という形で公表した。

〔2〕 **国家規格団体レベル**

OSHMS の国家規格は，英国，オランダ，米国，オーストラリア，スペイン，中国，韓国，台湾，タイ，マレーシアなど多くの国で公表されている。

〔3〕 **世界標準の開発**

(a) **ILO–OSH2001 の公表** ILO は，「Decent Work（ディーセントワーク）：男女が，自由で，公平で，安全で，人間の尊厳を保つ条件の下に，良質で生産的な仕事に就く機会を増進する」に関するプログラム推進のための具体的な技術会合として，「労働安全衛生マネジメントシステムと安全文化に関する専門家会合」を開催し，2001 年に OSHMS の国際的なガイドラインである ILO-OSH 2001 を公表した。

(b) **ISO 開発の動向** ISO/TC 207 の第 2 回総会（1994 年）において，カナダから OSHMS 規格開発の提案があった。この提案は，化学物質等の管理は，工場外においては環境分野として，工場内では労働安全衛生分野として別々に対応するのではなく，総合的に対応した方がよいという理由に端を発している。しかし，ISO の場では，しばらく開発のゴーサインが出ず，1999 年以降，国際規格の提案が 3 度行われ否決されてきた。しかし，2013 年 8 月に，労働災害がいまだ多く発生していること（毎年 230 万人が労働災害で死亡），民間の OHSAS 18001（次項で紹介）による認証が 9 万件を超えたこと，各国の OSHMS が多数あり，流通において懸念されることなどの理由により，ILO と ISO が合意し，OSHMS の開発が進められることになった。

2017 年に公表する計画で検討が進んでおり，わが国では，日本規格協会が事務局となって国内審議委員会（委員長：向殿政男氏）を設置し，対応している。また，ISO 規格の JIS 化が必要になることから，中央労働災害防止協会（中災防）が事務局となり厚生労働大臣主管の JIS が並行して審議されている。

(c) **民間組織による OHSAS18001 規格の活用**

OHSAS（Occupational Health and Safety Assessment Series）18001 は，1998 年に開発が開始され，1999 年に公表された。関係機関は事務局を務めた BSI（英国規格協会）のほかに 12 の国内規格団体，審査登録機関，コンサルタント機関で，認証用規格を求めている機関のみ集まってコンソーシアムを組んで短期間で開発した。その理由は，ISO の通常の規格開発手順では時間がかかり過ぎることを踏まえてのことである。国際的に活躍している審査登録機関のほとんどが参加しており，OSHMS のデファクトスタンダードづくりをねらっている。

OHSAS 18001 の内容は BS 8800 に，構成は ISO 14001 にならっている。OHSAS 18001 の解説版である OHSAS 18002 の開発には，日本からも中災防を始め 4 機関が参加した。

〔4〕 **日本における開発動向**

(a) **厚生労働省の「労働安全衛生マネジメントシステムに関する指針」** 厚生労働省は，1998 年に公表した「第 9 次労働災害防止計画」において「新しい安全衛生管理手法の導入」を基本方針の一つとして掲げ，初めて OSHMS の導入を言及した。同計画を根拠に「労働安全衛生管理システム検討会」を中災防に設置し，わが国での OSHMS の在り方の検討を進め，導入にあたっての基本的考え方や「労働安全衛生管理システムに関する基準」を取りまとめた。厚生労働省は，その基準を踏まえて，1999 年に「労働安全衛生マネジメントシステムに関する指針」（OSHMS 指針）を公表した。なお，この指針を公表する根拠として，「事業者が一連の過程を定めて行う自主的活動を促進するための指針の公表」することを内容とする，労働安全衛生規則の改正を行った（同規則第 24 条の 2）。

(b) **中災防の JISHA 方式適格 OSHMS 基準**

中災防は，1993 年に OSHMS の開発に着手し，1997 年に「JISHA 安全衛生マネジメントシステム評価基準」（「JISHA 評価基準」）を公表し，事業化した。厚生労働省の OSHMS 指針が公表されたことから，JISHA 評価基準の経験を生かし，2003 年に「JISHA 方式適格 OSHMS 基準」（JISHA 方式適格基準）を公表した。

(c) **建設業労働災害防止協会（建災防）の建設業労働安全衛生マネジメントシステムガイドライン**

建災防は，1999 年に，OSHMS 指針を踏まえた建設業に合った基準として，「建設業労働安全衛生マネジメントシステムガイドライン」を公表した。

そのほかに，災害防止団体である陸上貨物運送事業労働災害防止協会，林業労働災害防止協会も業種の実態を踏まえて基準を公表している。

(d) **産業界の OSHMS 基準** 自動車産業経営者連盟，日本化学工業協会，日本鉄鋼連盟，日本造船工業会，日本鉱業協会などの業界団体は，業種に合った OSHMS 基準を公表している。

OSHMS の開発にあたってのおもな出来事を表 6.3.1 にまとめた。

表6.3.1 OSHMSの開発にあたってのおもな出来事

1972年	英国	英国において，ローベンス報告が出される
1989年	EU	EU理事会が，「職場における労働者の安全と健康の改善を促進する措置の導入に関する理事会指令」(89/391/EEC)，いわゆる「枠組み指令」を採択
1991年	英国	英国安全衛生庁が，「成功する安全衛生管理の指針」(HS(G)65)を公表
1994年5月	ISO	国際標準化機構(ISO)，ISO/TC207(環境マネジメントシステム技術委員会)総会で，カナダからOSHMSの国際標準化への提案
1996年5月	英国	英国規格協会がOSHMSに関する規格BS8800を公表
1996年6月	日本	中央労働災害防止協会が，安全衛生マネジメントシステム評価基準を策定
1997年1月	ISO	ISO技術管理評議会が，「現時点でこれ以上作業を行わない」ことを決定
1999年4月	BSIほか	BSIを中心としたグループで検討された，OSHMSの仕様規格OHSAS18001発行
1999年4月	日本	厚生労働省「労働安全衛生マネジメントシステムに関する指針」(厚生労働省告示第53号)を公表
1999年11月	日本	建設業労働災害防止協会が，建設業労働安全衛生マネジメントシステムガイドライン(COHSMS)を作成
2000年4月	ISO	OSHMSに関する専門委員会(TC)設置提案に対する各国のISOメンバーボディの投票の結果，提案は否決
2001年12月	ILO	国際労働機関(ILO)が，OSHMSガイドラインを出版
2002年5月	日本	陸上貨物運送事業労働災害防止協会が，陸上貨物運送事業におけるOSHMS(RIKMS)を作成
2003年3月	日本	厚生労働省より第10次の労働災害防止計画「リスクを低減させる安全衛生管理手法の展開等」を盛り込み公示
2003年3月	日本	中央労働災害防止協会が，JISHA方式適格OSHMS認定事業を開始
2005年9月	米国	米国規格協会がOSHMS規格であるANSI/AIHA Z10発行
2005年10月	日本	労働安全衛生法が改正される。リスクアセスメントの実施(危険性又は有害性等の調査等)が事業者の努力義務となる(2006年4月施行)
2006年3月	日本	厚生労働省「労働安全衛生マネジメントシステムに関する指針」(厚生労働省告示第53号)を改正
2006年3月	日本	厚生労働省「危険性又は有害性等の調査等に関する指針」(厚生労働省危険性又は有害性等の調査等に関する指針公示第1号)を公表
2007年5月	ILO	ILO理事会の決定により，ISO事務総長に対して労働安全衛生分野におけるマネジメントシステムの国際規格の開発を差し控えるよう要請
2010年11月	ISO	ISO26000「社会的責任に関する国際規格」を発行(自主的な取組みを目指すガイドライン規格であり，第三者認証のためのマネジメントシステム規格としない。)
2013年8月	ILO/ISO	ILOとISOがOSHMSのISO規格化について合意書を締結
2013年10月	ISO	OSHMSのISO規格の開発を開始，2017年10月にISO45001として発行

6.3.3 OSHMSの必要性

〔1〕 **EUにおけるOSHMS開発の必要性**

EUのOSHMSガイドラインには，「労働安全衛生は，たゆまなく継続し，透明性がありシステム化された取組みを必要とする複雑なもので，しかも，技術革新や作業方法の変化により，取り巻く環境はますます複雑になっており，新規の包括的な労働安全衛生への取組みが求められる。その中核は，労働安全衛生マネジメント業務である」と，必要性を紹介している。

〔2〕 **日本におけるOSHMSの必要性**[2]

(a) **潜在的な危険性や有害性の存在**

厚生労働省の労働安全衛生基本調査では，労働災害には至らなかったがヒヤリハットを体験した人は多く，製造業では調査した労働者の半数以上となっている。また，その中には技術革新等に伴って，いままでは見られない状況で生じている内容のものもある。事業場においては，これらが何年かに1回の割合で大きな労働災害，悪くすると死亡災害の発生につながっている。

(b) **安全衛生ノウハウの継承困難** 労働災害が多発していた時代を経験した労働者，安全衛生担当者が定年等により職場を離れる時期を迎えていることから，これらの労働者，担当者の有する貴重なノウハウを組織的に引き継いでいくための取組みが急務となっている。

(c) **経営との一体化した安全衛生への指向** 厳しい経営環境の下，企業は組織のスリム化を推し進め，限られた人員で生産やサービス活動を展開している。生産やサービス活動の中から労働災害が発生することからも，労働災害の問題は経営の重要なテーマの

一つであり，経営と一体となった効率的かつ有効な安全衛生の管理・活動が求められている。

（d）**労働安全衛生行政の新たな方策としての対応**　国（厚生労働省）の「第10次労働災害防止計画」では，OSHMSの活用促進とともにリスクアセスメントの普及促進が盛り込まれた。これを受け，2005年に労働安全衛生法を改正し，リスクアセスメントの実施を努力義務化するとともに，OSHMSの内容である安全衛生に関する方針の表明，安全衛生に関する計画の作成，実施，評価および改善に関する事項等が総括安全衛生管理者の職務等に盛り込まれた。

また，OSHMSを適切に運用しているなど一定の条件を満たしている事業者に対しては，労働基準監督署署長の認定により労働安全衛生法に基づく計画届が免除される規定も盛り込まれている。

6.3.4　OSHMSとはどういうものか
〔1〕**OSHMSの基本的な考え方**

厚生労働省は，1998年に「労働安全衛生管理システム検討会」を設置し，その基本的な考えを8項目にまとめている。ここでは，日本的な特徴を踏まえて紹介する。

① 労働災害の防止を目的とし，安全衛生水準の向上を図るために導入するものであって，具体的な安全衛生対策をより効果的かつ効率的に実施するためのものとする。

② 危険予知活動，ヒヤリハット報告活動等，従来からの現場の安全衛生活動の積重ねを尊重する考え方を盛り込んだものとする。

③ 労使の協議と協力による全員参加の理念を基本とし，その趣旨に反してまで導入されるものではない。このため，OSHMSの導入にあたっては，労働者の代表の意見を聞くものとする。

これらを踏まえて「労働安全衛生マネジメントシステムに関する指針」（1999年）が制定された。

〔2〕**OSHMSの特徴**[2]

OSHMSは，以下の四つの特徴を持っている。
① PDCAサイクルの自律的システム
② 手順化，明文化および記録化
③ 危険性または有害性等の調査およびその結果に基づく措置
④ 全社的推進体制

（a）**PDCAサイクルの自律的システム**　OSHMSは，計画―実施―評価―改善（PDCA）といった連続的な安全衛生管理を継続的に実施する仕組みに基づき，安全衛生計画の適切な実施，運用がなされることが基本となっている。これに加えて従来の安全衛生管理ではなじみが薄いシステム監査によるチェック機能が働くことによってOSHMSが効果的に運用されれば，安全衛生目標の達成を通じ，事業場の安全衛生水準がスパイラル状に向上することが期待される（**図6.3.1**参照）。

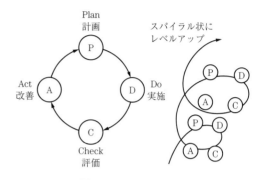

図6.3.1　PDCAサイクル

（b）**手順化，明文化および記録化**　OSHMSを適正に運用していくためには，事業場において関係者の役割，責任および権限を明確にする必要があり，これらについては文書で定めることになっている。

（c）**危険性または有害性等の調査およびその結果に基づく措置**　OSHMS指針第10条においては「労働安全衛生法第28条の2第2項に基づく指針に従って危険性又は有害性等を調査する手順を定め，この手順に基づき調査を行うこと，調査の結果に基づき労働者の危険又は健康障害を防止するために必要な措置を行う手順を定め，この手順に従い実施する措置を決定する」こととされている。これはリスクアセスメントの実施とその結果に基づく必要な措置の実施を求めているものである。

（d）**全社的な推進体制**　OSHMSでは，職場ごとにOSHMSを担当する者と，その役割，責任および権限が定められ，労働安全衛生マネジメントシステムを適正に運用する体制が整備され，安全衛生を経営と一体化して推進する仕組みが組み込まれ，トップの指揮の下に全社的に安全衛生が推進されるものとなっている（**図6.3.2**参照）。

6.3.5　おもなOSHMSの箇条と比較

おもなOSHMSとしては，①OSHMS指針，②ILO-OSH 2001，③ISO 45001がある。箇条の構成には大きな違いがないので，厚生労働省指針の概要を図6.3.3に示す。図6.3.3から見てとれるように，事業者による方針の表明とシステムの見直しを除いた箇条は，「PDCAサイクル」に関わるものと，「基本要素」

6. 労働安全衛生

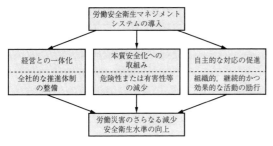

図6.3.2 OSHMSの導入の意義

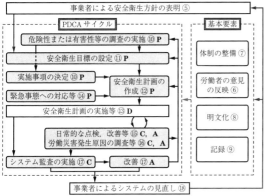

〔注〕 ○数字：指針の条を示す

図6.3.3 厚生労働省指針の概要（流れ図）

を構成するものの二つに分かれる。「PDCAサイクル」は，目標・計画を作成（P）し，その計画を実施（D）し，実施した結果を評価し，問題があれば改善するという，日常的な点検・改善（C, A），つまり，管理（マネジメント）のサイクルで構成されている。また，目標・計画で取り上げられるリスクアセスメント（危険性，有害性等の調査の実施）はPで，組織のOSHMSが適正かを評価するシステム監査はC, Aとなっている。「基本要素」である体制の整備，労働者の意見の反映，明文化，記録化は，良き管理（PDCA）を継続的に，有効に行うためのシステム化に欠かせない要素である。

つぎに，おもなOSHMSの比較を表にして紹介する（**表6.3.2**参照）。OSHMS指針を基本に作成した。指針の箇条と比較対照すると，ILOガイドラインやISO 45001の箇条はほぼ指針と合致している。つまり，OSHMSを構成する内容は，名称が多少違っても意味するところはあまり変わらない。特に，マネジメントシステムで取り上げている具体的な実施事項であるリスクアセスメント，システム監査（内部監査），緊急時の対応，労働災害調査はいずれのOSHMSにも定められている。

それでは，どこで違いや独自性が出てくるかというと，目標・計画で取り上げる内容や推進する体制の有様で差異が生じることになる。

6.3.4項〔1〕②の危険予知活動など，日本的な日常活動を目標・計画に定めることにしてあるOSHMS指針は，ILOガイドラインやISO 45001にはないボトムアップの取組みであり，6.3.6項〔2〕③で紹介する効果が出ている要因はこのことの影響が大きいといえる。

6.3.6 OSHMSの効果
〔1〕 **OSHMS導入の効果**

厚生労働省は，大企業が連続して大きな事故・災害を発生させたことから，全国の労働者数500人以上の規模の事業場を対象とした自主点検（調査）を要請し，その結果を集計して結果を2004年に公表した。調査の中では，OSHMSと災害の発生状況について明らかにしている。このような大規模の調査は世界にも類がなく非常に貴重なものとなっている。

結果は，総括安全衛生管理者の見解（自由記入欄）において，労働安全衛生マネジメントシステムを運用，構築中，あるいは，設備・産業のリスク評価を実施している事業場は，これらの取組みを実施していない事業場に比べて，災害発生率（年千人率）が3割以上低いというものであり（**図6.3.4**参照），このことからOSHMS活用の有効性が明らかになった。

〔2〕 **第三者評価による効果**

企業が社内で実施しているOSHMSについて第三者評価を受けるには，少なからぬ労力と費用がかかるが，その効果としてはつぎのことが挙げられる。

① 規格や基準が定める要件を満たすための改善を通じたシステムの質の向上と取り組んでいる安全衛生活動のレベルアップ
② 社会的通用性のある第三者評価の取得による対外的訴求力および社員の安全意識の強化
③ 第三者評価機関による審査を受ける過程での専門的知識・ノウハウの獲得

品質，環境，情報セキュリティなどISOの第三者評価による定量的な効果は紹介されていない。ここでは，中災防からJISHA方式適格基準に基づく第三者評価の有効性が示されているので紹介する。

図6.3.5の縦軸は休業年千人率（1000人の事業場で1人休業すると値は1）で，日本の製造業の平均は休業4日以上で2.7である。一方，JISHA方式の事業場のデータは，休業1日以上と，より厳しい条件の指標であるにもかかわらず，認定を受ける前の3箇年平均が1.1，認定後または3年ごとの更新後の3年間の

表6.3.2 厚生労働省指針とILO-OSHMSガイドラインとISO/DIS45001の対照

厚生労働省指針	ILO-OSHMS ガイドライン	ISO/DIS 45001[*]
第1条, 第2条 目的	3.4 責任と説明責任	
第3条 定義		3 用語及び定義
第4条 適用		1 適用範囲
第5条 安全衛生方針の表明	3.1 安全衛生方針	4 組織の状況 5 リーダーシップ及び労働者等の参加
第6条 労働者の意見の反映	3.2 労働者の参加	5 リーダーシップ及び労働者等の参加
第7条 体制の整備	3.5 能力及び教育・訓練	5 リーダーシップ及び労働者等の参加 7 支援
第8条 明文化	3.6 マネジメントシステム文書類	7 支援
第9条 記録	3.6 マネジメントシステム文書類	7 支援
第10条 危険性又は有害性等の調査及び実施事項の決定	3.7 初期調査 3.10 危険有害要因の除去	6 計画
第11条 安全衛生目標の設定	3.9 安全衛生目標	4 組織の状況 6 計画
第12条 安全衛生計画の作成	3.8 安全衛生計画の作成とその実施	6 計画
第13条 安全衛生計画の実施等	3.2 労働者の参加 3.8 安全衛生計画の作成とその実施 3.10 危険有害要因の除去	8 運用
第14条 緊急事態への対応	3.10 危険有害要因の除去	8 運用
第15条 日常的な点検, 改善等	3.11 実施状況の調査及び測定 3.15 防止及び是正措置	9 パフォーマンス評価
第16条 労働災害発生原因の調査等	3.12 負傷, 疾病等の調査	10 改善
第17条 システム監査	3.13 監査 3.15 防止及び是正措置	9 パフォーマンス評価 10 改善
第18条 労働安全衛生マネジメントシステムの見直し	3.14 マネジメントレビュー 3.15 防止及び是正措置 3.16 継続的な改善	9 パフォーマンス評価 10 改善

〔注〕 [*] ISO 45001については, 2015年12月に各国に提示されたDIS案による.

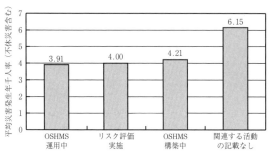

〔出典〕 厚生労働省「大規模製造業事業場における安全管理に係る自主点検結果について(H16.2.17)」より

図6.3.4 OSHMSに関連する活動の有無による災害発生率の比較

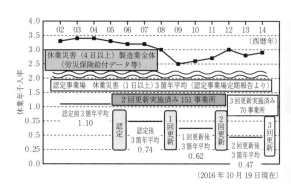

図6.3.5 JISHA方式適格OSHMS認定 2003 ～ 2010年認定151事業場平均休業年千人率の推移(2回目更新後の結果は70事業場の集計)

平均は, 0.74 → 0.62 → 0.47 と順調に減少しており, 第三者評価の有効性がここから見てとれる[3]．

(白崎彰久)

引用・参考文献

1) 小木和孝, 藤野昭宏, 加地浩訳, 労働における安全と保健 英国の産業安全保健制度改革委員会報告 1970-1972年 委員長 ローベンス卿, 労働科学研

究所出版部（1997）
2) 中央労働災害防止協会編，労働安全衛生マネジメントシステム システム担当者の実務，中央労働災害防止協会（2000）
3) 白崎彰久，JISHA方式 OHSMS 認定の現状と適用の効果，安全工学，154-1, pp.17-22（2015）

6.4　安全対策（保護具）

6.4.1　作業服装
〔1〕　衣服の役割

私たちは，衣服を身に着けて毎日生活しているが，人が「衣服を身に着ける」ことには意味・目的がある。このことを考える手立てとして，日々身に着けている衣服を選ぶとき，あるいは作業服を選ぶときに考慮するおもなことがらを思い出してみたい。

① 気候（温熱環境），あるいはさまざまな危険・有害要因（例えば，火，ほこり，雨など）から身を守るのに適しているか。
② 身体を清潔に保つために適しているか。
③ デザイン，色，柄などが満足するものであり，自ら着てみたいと感じるものか。
④ 人に接するときに儀礼上，習慣上，社交上などの点から失礼とならず，その場に適したものか。
⑤ 職業，地位，所属などの識別を必要とする場合に，他人から識別できるものか。

このほかにも，着やすさ，動きやすさ，耐久性などを考慮に入れて衣服を選んでいる。①～⑤までを眺めると，衣服を身に着ける意味・目的，言い換えれば衣服の役割というものがおぼろげながら見えてくる。すなわち衣服には，着ている本人を「被う」という役割と，他人に対して「装う」という二つの役割があるということがわかる。

本項では，この二つの役割のうち，おもに「被う」という観点から，安全衛生上関係する事柄について解説していくこととする。

〔2〕　衣服による身体の保温

身体を覆うという役割の中でとりわけ重要なのは，気候（温熱環境）に適した衣服かどうかという点である。低温環境下では，外気によって体温が低下するのを防ぐ必要があり，反対に高温環境下にあっては，体表面からの放熱を妨げない配慮が必要となる。

衣服の保温性は，米国の Gagge が提案したクロー値（clo値）で表すことが多い。クロー値は，皮膚表面から衣服外面までの熱抵抗の度合いを表しており，1 clo が $0.155℃\cdot m^2/W$（熱抵抗値）に相当する。1 clo とは，人間が衣服を着てイスに座って安静にし，室温21℃，相対湿度50％，気流 0.1 m/s の快適と感じる環境条件の下で，暑くもなく寒くもないと感じるときに着ている衣服の保温性と定義されている。衣服のクロー値は，発熱量をコントロールできるサーマルマネキンと呼ばれる人形を用いて実測することが可能である。

衣服の保温性能は，素材の物理的性能（熱伝導性，通気性など），およびデザインによって左右される。一見デザインは，「装う」ことだけに関係することと思われがちだが，身体と衣服の間の隙間，衣服の形状，被覆面積，大きさなどによって保温性能に差が生じてくる。

〔3〕　保温以外の衣服が身体に与える要素

保温以外にも素材の選択，デザインの決定，あるいは管理をする上で考慮すべき身体に影響を与える要素がいくつかある。以下におもな要素を示す。

(a)　衣服圧　衣服素材の伸びに関係し，圧力がある一定の水準を超えると不快感を与えたり，健康障害を引き起こすことがある。影響を受ける部位は，おもに肘，膝，背中などである。また肩・背中は，衣服の重さを原因とする圧力によっても影響を受ける。重い服を着ると肩が凝る。

(b)　汚れ　さまざまな汚れの中には，皮膚の清潔保持の上から望ましくないものがある。素材の透過性，防汚性（汚れがつきにくく，かつ洗濯で汚れが落ちやすい），あるいは洗濯の頻度などの管理上の不適切が原因となって，皮膚に影響を与える状態が発生する。

(c)　素材の化学的性質など　合成繊維の中には，接触性皮膚炎を起こすものもある。これは，化学的性質と，皮膚面との摩擦などの物理的な現象が関係しているといわれている。このほかにも，素材の燃焼性，静電気の帯電など，身体に危険を及ぼす要素が存在するが，これらについては〔7〕項を参照していただきたい。

〔4〕　衣服の素材と特性

現在衣服の素材には，天然繊維，ならびに従来から広く用いられている代表的な合成繊維以外にも，さまざまな素材が幅広く用いられている。新たに開発されたさまざまな合成繊維，あるいは混紡品と呼ばれるさまざまな複合繊維，さらにそれらにさまざまな改質加工を施した素材など，多種多様である。したがって，すべての素材の特性を紹介することは困難であるが，ここでは特性を考えるときの基本となる，天然繊維と合成繊維の一般的な特性を眺めていただきたい。

天然繊維と合成繊維の一般的な特性を，**表6.4.1**[1] に示す。

表6.4.1 天然繊維と合成繊維の一般的な特性[2]

特 性	天 然 繊 維	合 成 繊 維
吸湿性	高い（しわになりやすい）	低い（乾きやすく，しわになりにくいが，静電気が発生しやすい）
風合い（接触感）	柔らかい	冷たい感触
伸縮性	単一繊維としては弱いが，織り方によっては強くなる	強 い 伸度は用途によってかなりの範囲で調節可能
耐熱性	概して強い代わりに，アイロンのセット性が劣る	熱セット性が良く，アイロンがよくきく半面，高温では溶融する
耐薬品性	動物繊維はアルカリに弱く，酸に強い 植物繊維はアルカリに強く，酸に弱い	概してアルカリや酸に強いが，特定の有機溶剤などにより溶解したり膨潤したりする
耐微生物性	微生物（カビ）や虫に侵され，栄養源とされやすい	ほとんど影響を受けない
染色性	一般に低温でも染まりやすいが，色感はソフトになる	高温でないと染まらないが，明るい鋭利な色感を出せる
収縮性	高 い	低 い

作業服の素材として多く用いられているのは，天然繊維では綿，合成繊維ではポリエステルである。もちろん市販されている多くの作業服の生地は，素材そのままではなく，さまざまな改質加工を施した上で製品化されている。おもな素材の改質加工を**表6.4.2**[1]に示す。

表6.4.2 おもな素材の改質加工[2]

種 類	加工の内容
防汚加工（ダストップ加工）	汚れが付きにくく，万一汚れが付いても洗濯で落ちやすく，汚れによる再汚染を防ぐ加工
帯電防止加工	静電気の帯電を防ぐための加工
防縮加工	織物が洗濯などによって縮むのを防ぐ加工
撥水加工	織物組織の気孔をふさがずに水分をはじく加工
形態安定加工（ウォッシュアンドウェア加工）	洗ってアイロンなしでそのまま着られる加工
抗菌・防臭加工	汗のにおいの基になる雑菌の繁殖を抑制し，汗のにおいを消すための加工
防炎加工	布地を防燃剤で処理し，燃焼のときに不燃性ガスが発生して防炎効果が得られるようにするための加工

また，地球環境の保全，ならびに持続可能な社会の形成という観点から，石油から作られるテレフタル酸と，サトウキビなどを原料とする植物由来のエチレングリコールを重合・溶融紡糸したポリエステル繊維で作られた作業服なども市販されている。

〔5〕 衣服のデザイン

（a） 身体の動きと衣服のゆとり 人が身体を動かすと，必ず手や足などの関節が動く。そして，手や足などの関節が動いたときに身体と衣服が接触し，場合によっては体が拘束されて無理な姿勢になったり，身体の動きが妨げられたりすることがある。長時間着用する作業服の場合には，スポーツウェアのように，著しく伸縮性に富む素材を全体に使って運動機能性を持たせることは少なく，一部分のみに伸縮性に富んだ素材を利用する，あるいは寸法的にゆとりを持たせる，またタック，ノーフォークなどデザインの工夫によって運動機能性を持たせている。しゃがんだ姿勢などで作業をすることが多い土木，建築作業の現場では，以前からニッカボッカ（正しくは，ニッカボッカーズというデザインの名称）という名で呼ばれる，寸法にゆとりを持たせたズボンをはく習慣があるが，これは運動機能性を確保しているズボンの一例である。

図6.4.1～**図6.4.3**は，運動機能性を持たせるとともに，膝への衣服圧の軽減を図った作業用ズボンの例である。上着においても，基本姿勢をベースに，前方上挙，肘曲げ，上挙，それぞれの体表の変化を三次元

図6.4.1 開脚時の引きつれをなくすために，股下部分にマチを入れた作業用ズボン

6. 労働安全衛生

図 6.4.2 前後斜めの屈曲時の引きつれをなくすために，後腰部に伸縮メッシュを入れた作業用ズボン

図 6.4.3 腰から内股にかけての部位に，伸縮素材を使った作業用ズボン

で計測し，いずれの動きに対しても引きつれ部位をなくす工夫を施して運動機能性を高めるとともに，肘への衣服圧の軽減を図った服が市販されている。

(b) 色調とスタイル

以前は，作業服の色はグレーがスタンダードであったが，現在は鮮やかな色調が広く用いられている。作業服の色調，スタイル（ジャンパー，ブルゾンといった形）などのデザインの決定にあたっては，コーポレートアイデンティティ（企業の活性化戦略，略称CI）の取組みの中で検討されることが多い。社員の労働意欲を高め，連帯感を持った職場にするための一つの道具として，作業服が深く関わっていることが理解できる。労働意欲が高く，連帯感を感じる職場にすることは，職場の安全衛生管理のレベルを高めることにも寄与する。

〔6〕 暑さ対策のための衣服への配慮

地球温暖化の影響もあり，熱中症を予防する対策は産業現場のみならず，社会全体の関心事となってきている。ここでは，熱中症予防対策の通達[2]の中で取り上げられている性能を参考に，暑さ対策のための衣服への配慮を解説する。

(a) 熱の吸収　黒色系は光の反射率が低く，熱エネルギーの多くを吸収する。一方で，白色系は光の反射率が高く，多くを反射し，わずかな熱エネルギーを吸収するに過ぎない。したがって，暑さを回避するためには，多くの方が理解しているとおり，できるだけ薄い色合いの服がよい。

(b) 熱の発散

1) 生地　生地の糸の密度を考えると，打込み本数（2.54インチ角の中に織り込まれているタテ糸とヨコ糸の本数）が少ない，すなわち糸の密度が低い生地ほど通気性は良くなる。生地の厚さを考えると，概して平織（タテ糸とヨコ糸を交互に浮き沈みさせて織る，最も単純な織物組織）の方が，複雑な構造の綾織（本来綾織は，タテ糸がヨコ糸の上を3本，ヨコ糸の下を1本交差させて織られる織物組織をいうが，昨今ではさらに複雑化したさまざまな織物組織がある）よりも生地が薄く，通気性が良いといえる。

現実には，これらの基本をベースに，さまざまな工夫を施して生地が作られている。図 6.4.4 は，スダレ織りと呼ばれる生地である。太さが異なる糸を数本使い，複雑な綾織で繊維組織を構成することで糸と糸の空間を広くするとともに，立体感のある生地表面によって生地と肌の接触面積を少なくして通気性を高めた生地の一例である。

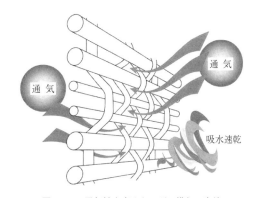

図 6.4.4 通気性を高めたスダレ織りの生地

2) デザイン　当然のことながら，服の開口部（えり，そで，すそ，フロント）の面積が広いほど，通気性は良くなる。フロントについていえば，ブルゾンやジャンパーなどファスナーを使っているものより，ボタン止めが良い。また，暖かい空気は上昇するので，襟を開けると効果的に換気が行える。昨今は，通気を良くするために，スリットを設けた作業服が市販されている。図 6.4.5 は，上着にこもった熱を，身体の動きとともに背中から排出させるスリットを設け

図6.4.5 背中にスリットを設けた作業服

てある。

（c）**吸湿性，ならびに透湿性**　汗を服の外に排出できないと，汗が蒸発しないため，汗の蒸発によって熱を放散させることができない。したがって，湿気を吸い取り（吸湿性），排出しやすい（透湿性）素材の服が求められる。このような性質は，概して天然繊維の方が，合成繊維よりも優れているといえる。昨今は，さまざまな工夫を施した生地の服が市販されている。例えば，毛細管現象を利用し，速やかに汗を吸い取って外に排出させる生地で作られているシャツなどがある。

〔7〕 **特　殊　機　能　服**

ここでは，特殊な環境条件の下で使用したり，特別な機能を施した作業服，保護衣のおもなものを紹介する。特殊な作業条件の下では，ときに「着やすさ」，「動きやすさ」といった配慮を捨て，「特殊な配慮」のみに力点を置かなければならないこともある。

（a）**防　寒　服**　寒冷地，および冬場の屋外での作業，あるいは冷凍冷蔵庫内の作業には，防寒服の着用が欠かせない。保温性については，毛皮，羽毛，羊毛，絨毛といった天然繊維を用いた服が優れている。しかしながら，衣服の重さ，価格なども考慮すると，合成繊維素材を用いた防寒服が現実的といえよう。

（b）**冷却ベスト，耐熱服**　高温環境下での作業における熱中症予防，高熱物体との接触による火傷の予防，ならびに衣服への着火・燃焼の危険，以上3点に対する防護を以下にまとめて紹介する。

1）**高温環境下での作業**　熱中症予防対策が示されている通達[2]では，密閉度の高い服（例えば，不浸透性の素材で作られた保護衣など）を着用した場合には，WBGT値を補正することが求められている。このような保護衣を着用せざるを得ない作業においては，身体を本格的に冷やすことが必要になる。このような作業で使用する，いわゆる熱中症予防対策のための保護具として着用する場合に，保護具としての有効性を評価するためにはつぎの三つの条件を満たす必要がある[3]といわれている。

① 熱物理的・伝熱工学的評価
② 模擬作業実験による労働生理学的評価
③ 現場での着用効果

特に，②に関わる深部体温を下げる効果は，大切な性能といえる。しかしながら，現状においては，これらの評価をすべての用品類で行うまでには至っていない。また，市販されている製品の多くは，皮膚温を下げることによって暑さ感覚，疲労感を軽減するにとどまっている。したがって，熱中症予防対策として保護具を導入するにあたっては，あくまでも暑さ対策の一つであると捉え，過剰に保護具に期待することなく，作業時間管理，あるいはプレクーリング（作業を始める前にあらかじめ体温を下げておく）などの対策も同時に行い，総合的に熱中症対策を進めていくことが大切である。図6.4.6は，ベストの中に水を入れ，熱伝導，ならびに蒸発熱を利用し，暑さや疲労感を低減させる冷却ベストの一例である。

図6.4.6　冷却ベスト

また，服にファンを取り付けて汗を蒸発させ，暑さ感覚を低減させる方法も広く現場で導入されている。このほかに従来から市販されている製品としては，ボルテックスチューブと呼ばれる渦巻管の中に圧縮空気を送り込み，ジュール・トムソン効果によって管の中心に集まった冷風を取り出し，その取り出した冷風で作業服内を冷やす構造の服，また冷却材を入れられるポケットの付いた冷却ベストなどがある。

2）**輻射熱のみに著しく曝露する作業**　素材にアルミ蒸着を施した耐熱服を用いる。輻射熱の曝露のみであれば，生地の厚さはさほど気にする必要はなく，むしろ作業性の良い軽量のものが良い。

3）**輻射熱とともに，高熱物（溶融金属など）が飛来してくる可能性がある作業**　基本的には前述した耐熱服を着用することになるが，生地の厚さを考慮するとともに，素材の燃焼性を見極めて選択する必要がある。図6.4.7は，難燃性（防炎性）の生地に，アル

図6.4.7 耐熱服

図6.4.8 気密服

図6.4.9 密閉服

ミ蒸着が施された耐熱服である。　　（田中通洋）

（c）**化学防護服**　酸，アルカリ，有機薬品，その他の気体および液体ならびに粒子状の化学物質を取り扱う作業に従事するときに着用し，化学物質の透過および/または浸透の防止を目的として使用する防護服を化学防護服と呼ぶ。

化学防護服は，石綿やダイオキシンなどのさまざまな有害物質取扱い時や，薬品大量漏洩時の緊急対策備品の一つとしても使用されている。これについては，JIS[4]が定められているが，1998年6月25日付で大幅な改正が行われた後，適宜改正されている。改正にあたってはISOなどの規格との整合性が図られている。

化学物質が防護服素材を通過する分子レベルでの拡散現象である「透過」の概念は，特に有機化学物質を中心とする経皮吸収される化学物質を取り扱う際には注意を払う必要があり，化学防護服の選択は，メーカが独自に，あるいはJISやISO，ASTMなどの規格に沿って行っている耐薬品性に関する透過試験，あるいは浸透試験などのデータをよく参照することが大切である。もし対象となる薬品データがない場合には，生地片を用いて透過，浸透，劣化などに関する試験を実施し，その上で選択/使用する必要がある。

構造の上からは，大きくつぎの4種類に分類される。

1）**気密服**　手，足および頭部を含め全身を防護する服で，服内部を気密に保つ構造の全身化学防護服である。図6.4.8に一例を示す。

2）**陽圧服**　手，足および頭部を含め全身を防護する服で，外部から服内部を陽圧に保つ呼吸用空気を取り入れる構造の非気密形全身化学防護服である。

3）**密閉服**　全身，または身体の大部分を防護する全身化学防護服で，袖，裾，顔部などに開口部を持つが，ゴムによる絞りなどで化学物質が服内に侵入しにくい密閉構造になっている。

スプレー状の液体や浮遊固体粉じんといった有害物質への曝露形態によってタイプ分類と要求される試験が異なる。図6.4.9に一例を示すが，これは軽くて強い不織布の素材に，特殊なフィルムをラミネートした積層体の生地を用いており，広範な化学薬品に対応できる性能を持たせている。この使い切りタイプの製品は，幅広く産業現場で使用されている。

4）**部分化学防護服**　エプロンや靴カバーといった身体の一部分を防護する化学防護服である。有害物質に曝露する身体部位が特定可能な場合や追加の防護装備が必要な際などに使用できる。

化学物質の付着した防護服の除染は，除染の方法，排水処理の方法など，さまざまな場面で環境に対して十分な配慮を必要とする。また，化学物質によっては法令に沿った廃棄が必要になる。

さらに，再使用するためには，除染の確実性，性能劣化の有無について確認が必要となるため，再使用および廃棄を考慮すると，再使用タイプより，使い切りタイプの方が取り扱いやすい場合もある。

（磯田　実，田中通洋）

（d）**静電気帯電防止作業服，防じん服**　半導体素子の製造，あるいはコンピュータ制御機器の製造などの職場で用いる作業服には，静電気の帯電防止，ならびに衣服からの発じんの抑制を十分考慮する必要がある。衣服からの発じんは，静電気の帯電とも深く関わっているため，例えば発じんのみを問題とするバイオ関連のハイテク産業，食品製造などの職場で用いる作業服にも，この二つの配慮が必要となることがある。

衣服への静電気の帯電による影響として，つぎのようなことが考えられる。

①　静電気が帯電すると，衣服にほこりがまつわり付くようになる。また，あるとき突然，静電気の

極性が変わり，今度は反対にほこりをまき散らすようになる。このほこりが，製品の品質低下，あるいは機器の誤動作の原因となる。

② 衣服そのものが身体にまつわり付き，不快感を伴う。

③ 衣服の着脱時に放電が起こり，電撃によって不快感を伴ったり，ときには皮膚障害を起こすこともある。また，引火性化学物質の蒸気，粉体などが漂っている雰囲気下で放電が起こると，爆発・火災を引き起こす危険が生じる。さらにはほこり同様，品質の低下，機器の誤動作をも引き起こす。

このようなことから，素材にはさまざまなことが要求される。おもなことがらとして，生地そのものからの発じんがないこと，衣服内で発生した発じんが生地を通して外に出ていかないこと，静電気帯電防止性能があること，品質管理の上から頻繁に洗濯を行うため，洗濯に対する耐久性が良いこと，また通気性も適度に保つことなどが要求される。

静電気帯電防止作業服は，その性能についてJIS[5]で規定されている。おもな要求事項をつぎに示す。

（a） 導電性繊維の入った生地を使用していること。

（b） やむを得ず裏地に通常の生地を使う場合は，衣服表面積の20％以内にとどめること。

（c） やむを得ず金属付属品を用いるときは，着用時に表面に出ないようにすること。

（d） 規定の試験の結果，帯電電荷量が0.6μC以下であること。

製品化にあたっては，静電気帯電防止性能をベースに，さらにその職場ごとに要求される機能をそれぞれ施して最終製品となる。したがって，一概に静電気帯電防止服，防じん服といってもさまざまな形，機能を備えたものがある。図6.4.10は，静電気帯電防止性能，難燃性能に特に力点を置いて作られた，石油コンビナート等の可燃性，引火性化学物質を取り扱う職場などで用いられる服である。図6.4.11は，静電気帯電防止性能と発じん抑制の高度要求に応えた服で，半導体素子製造のクラス100～1000程度のクリーンルームで用いられるものである。

（e） **高視認性安全服** 道路上での作業において，作業者が自動車と接触する事故は後を絶たない。このような事故を防ぐための一つの手立てとして，作業者が反射材やLEDを用いた安全チョッキを着用し，自身の存在を目立たせる習慣が従来からある。しかしながら，国内で従来から使われているこのような安全用品類は，EU諸国で使われている作業者を目立たせ

図6.4.10 静電気帯電防止作業服

図6.4.11 防じん服

る服と比べると視認性が劣る。

EUにおいては，1994年に着用者の存在について視覚的に認知度を高める服（高視認性安全服）の規格EN471（high visibility clothing-test methods and requirements：高視認性衣服-試験方法及び要求事項）が発行された。したがって，EU諸国において使われている視認性の良い服は，本邦で従来から使われている安全用品類と異なり，高いレベルの技術的要求事項を満たした服といえる。

日本国内においては，使用上の利便性を考慮するために，2013年12月にISO 20471の技術的内容を修正したJIS規格策定作業が始まり，2015年10月にJIS T 8127 高視認性安全服[6]が発行された。したがって，今後国内においても，高いレベルの技術的要求事項を満たした「高視認性安全服」が主流となっていくことが予想される。

JIS T 8127は，高リスクレベル（職業として作業に従事している者を対象にしたレベル）のみを対象としており，中リスクレベル，低リスクレベル（一般の歩行者，自転車運転者など）は対象にしていない。そして，高リスクのレベル対応の服をクラス1，クラス2，クラス3と，三つのクラスに分類している。クラスは，それぞれの材料の目に見える最小面積（いくつかサイズ分けがされている製品の場合には，最もサイズの小さい製品で判定する）で決められている（**表6.4.3参照**）。また，JIS T 8127は，デザインに関する要求事項（例えば，蛍光生地は胴部を一周し，幅50 mm以上とするなど），ならびにそれぞれの材料（蛍光生地，再帰性反射材，複合機能材料）について，色，染色硬ろう度，寸法変化，再帰性反射性能などの要求事項を細かく規定している。また，付属書A（参考）に「リスクレベルに関連する要因ならびに道路な

表 6.4.3　目に見える材料の最小必要面積[6]

材　料	クラス 3	クラス 2	クラス 1
蛍光生地[a]	0.80	0.50	0.14
再帰性反射材[b, c]	0.20	0.13	0.10
複合機能材料[d]	—	—	0.20

クラスは，目に見える材料の最小面積で決定する。

（単位：m^2）

〔注〕 a) 蛍光生地：蛍光性能を持つ生地。おもに日中の周辺の景色との明度差によって識別性を発生させるもの。
b) 再帰反射：広い照射角にわたって入射光の光路にほぼ沿う方向に選択的に反射光が戻るような反射。
c) 再帰性反射材：再帰反射性能を持つ材料。おもに薄暮れ時から夜間にかけて，自動車などのヘッドライトの光が再帰反射して識別性を発生させるもの。
d) 複合機能材料：蛍光および再帰反射の両方の性質を持つ材料。例えば，蛍光色の再帰性反射材のこと。

ど使用者の状況・環境および目安となる想定着用者」を紹介している。表6.4.4は，原文の表から高リスクレベルに関する想定着用者の部分を抜粋したものである。最も視認性の高いクラス3の服が求められるのは，高速道路上の作業者，鉄道の線路上の作業者，また震災などの緊急事態発生時のさまざまな作業に携わる作業者などである。

図6.4.12は，JIS T 8127に適合したクラス3（上衣のみはクラス3，下衣のみはクラス1，上下の組合せはクラス3）の胴部・腕部・脚部を覆う高視認性安全服である。蛍光生地の褪色，再帰性反射材の劣化などについては，使用する環境，着用する回数，洗濯の方法・回数，手入れの度合い，保管状態など，さまざまな要因に左右される。したがって，取扱説明書に沿った適切な使用，管理を励行するとともに，使用者が定期的に視認性効果を確認することが大切である。

（田中通洋）

図6.4.12　高視認性安全服（クラス3）

引用・参考文献

1) ミドリ安全株式会社，技術資料
2) 平成21年6月19日基発第0619001号：行政通達「職場における熱中症の予防について」
3) 澤田晋一，職場の熱中症対策徒然考（その3），安衛研ニュース，No.63（2013）
4) JIS T 8115：2015　化学防護服（日本規格協会）
5) JIS T 8118：1998　静電気帯電防止作業服（日本規格協会）
6) JIS T 8127：2015　高視認性安全服（日本規格協会）

6.4.2　個人用保護具

〔1〕　個人用保護具の定義

本項では，産業現場で労働災害を防止するために身体に装着する器具を，「個人用保護具」と表記する。国内では，「安全衛生保護具」と表現されることが多いが，英語ではpersonal protective equipment（略してPPEと表記されることが多い）と称しているため，保護具の先進国である欧米の原語を尊重し，直訳した

表 6.4.4　高リスクレベルに関する要因と目安となる想定着用者[6]

リスクレベル		リスクレベルに関連する要因		目安となる想定着用者の例
		移動体[a]の速度	道路使用者[b]のタイプ	
高リスク[c]	JIS T 8127 クラス3	時速60 km 超え	作業活動中の受動的な者[b]	高速道路上の作業者，公共事業作業者，線路上作業者，緊急事態活動職員，空港路上作業者
	JIS T 8127 クラス2	時速60 km 以下	作業活動中の受動的な者	一般道路上の作業者，公共事業作業者，配送作業者，各種調査，検針作業者，交通整備／整理従事者
	JIS T 8127 クラス1	時速30 km 以下	作業活動中の受動的な者	駐車場・サービスエリア・倉庫内・工場内などの環境下での作業者

〔注〕 a) 移動体：自動車，鉄道車両，航空機など。
b) 受動的道路使用者：交通以外のものに注意を集中する必要があり，移動体外にて活動する，移動以外の目的で道路などを使用する者。具体的には，道路上で作業に従事している者。これに対して，能動的道路使用者とは，つねに交通に注意を払いながら通行する，移動を目的として道路などを使用する者。例えば，自動車運転者，歩行者など。
c) JIS T 8127は，高レベルリスクのみの規定であるが，付属書A（参考）では，低リスク，中リスクレベルに関する要因，ならびに目安となる想定着用者の例なども紹介している。

言葉を用いた。

〔2〕 個人用保護具の役割

労働災害をなくすための抜本的な対策は，設備や工程に改善を加える，あるいは作業環境を整備することなどによって，働く人が危険・有害な要因に遭遇しないような職場にしてしまうことだという考え方に，疑いを持つ人はいない。仮にこの対策が完全に行き届いたとすれば，個人用保護具はいらなくなるはずである。それでは，現実にはどうなのだろうか。ここで，少しだけ安全衛生対策の変遷をたどりながら，その動きとともに変化してきた個人用保護具の位置付けについて考えてみよう。

労働基準法，ならびに労働安全衛生規則が施行された戦後の混乱期にあっては，安全衛生面から設備や作業環境の改善を行う事業者は少なかったものと察せられる。それは，社会全体が貧困な状態であり，人々が安全衛生の大切さを十分認識する余裕がなかったことを背景としている。例えば，安全管理（ケガの防止）は，働く人の注意力に頼る精神論的な取組みが主流をなし，衛生管理（疾病の予防）は，すでに病気にかかっている人を探し出し，その治療に重きを置く，後追いの取組みが主流をなす状況だった。

このような対応が主流であった時代において，個人用保護具を導入する行為は，かなり意識レベルの高い管理手法であり，かつ恒久的な対策と捉えていた事業者が数多くいたことと察せられる。

その後，高度経済成長期に突入し，消費エネルギー，ならびに生産量の増大と比例して，労働災害も激増していった。一方，公害問題を契機として，生産現場の危険・有害性が，一般大衆の意識の中にも顕在化してきた。このような中，人々の意識の高まりと連動して，多くの技術者が安全衛生管理の仕事に携わることとなり，大手の事業場を中心として抜本的な対策（設備・工程の改善，作業環境の整備）が繰り広げられるようになった。

この時代に入ると，かつて恒久的な対策と捉えられていた個人用保護具の位置付けも変わる。すなわち，個人用保護具は，設備対策が施されるまでの間，暫定的に導入する，あるいは特定の場面でのみスポット的に使用するものと位置付けられることとなる。それではいま，個人用保護具がまったくいらない時代となったのだろうか。

昨今多くの職場でリスクアセスメントに積極的に取り組む機運が高まってきている。そして，多くの職場でリスクアセスメントが導入され，個々の作業において危険・有害要因を深く観察する習慣が増えてくる中，改めて「この作業は設備対策を施すことが困難なので保護具に頼らざるを得ない」，「準備，後片付け，あるいは現場の状況が日々刻々と変化していく建築現場，またさまざまなお客様の現場を訪問する設備のメンテナンス作業，物流などの移動作業にあっては，現実に保護具以外に対策がない」といった声が，より多く聞かれるようになってきた。リスクアセスメントを丹念に行うことによって，個人用保護具の必要な作業が数多く残されている現実が，改めて顕在化してきたといえよう。安全管理でいえば本質安全化，また衛生管理でいえば作業環境の整備が一定の成果を上げる一方で，これらの対策だけでは十分ではない，あるいはこれらの対策を現実にとることができない作業はいったいどうすればよいのかということに対し改めて真剣に考えなければならないと，多くの人が実感しているのが，個人用保護具を取り巻く現実である。また，危険・有害要因にさらされる作業が，経済的基盤が弱く，かつ社会の目から目立ちにくい中小零細な事業場に集約されてきている現実も，見逃すことができない。

このように考えると，個人用保護具を用いる個人防護の手法は，より充実を図っていかなければならない安全衛生対策上の大きなテーマであるといえよう。

〔3〕 個人用保護具に求められること

個人用保護具に求められることは，つぎの三点に集約できる。

（a） 防 護 性 能　　災害防止を目的として使用する個人用保護具にとって，必要不可欠なことがらである。どんなに使いやすく，ファッション性に優れた製品であっても，防護性能を十分に満たしていないものは保護具とはいえない。

現在，防護性能を一定の水準に保つために，さまざまな保護具の規格が示されている。JIS規格で取り上げられているおもなものを，表6.4.5に示す。また，特定の保護具については，厚生労働省の構造規格を満たした製品でなければ譲渡，貸与，設置（保護具の場合は使用）を行ってはならない[1]こととなっている。譲渡などの制限を受けている保護具には，絶縁用保護具[2]，保護帽（ヘルメット）[3]，安全帯[4]，防じんマスク[5]，防毒マスク[6]（吸収缶については有機ガス用ほか6種類の用途のみ），電動ファン付き呼吸用保護具[7]がある。安全帯を除く4品目については，型式検定も義務付けられており[8]，使用者側は，購入時に型式検定合格標章が貼られているか，もしくは刻印されているかを確認する必要がある。

これらの規格類によって，粗悪な製品が市場に出回ることは少なくなった。

（b） 使 い 心 地　　どんなに防護性能が良くて

表6.4.5　おもな個人用保護具のJIS規格一覧

規格番号	制定・改正年	名　称
JIS M 7601	2001	圧縮酸素形循環式呼吸器
JIS M 7611	1996	一酸化炭素用自己救命器（COマスク）
JIS M 7651	1996	閉鎖循環式酸素自己救命器
JIS T 8165	2012	安全帯および柱上安全帯
JIS T 8010	2017	絶縁用保護具・防具類の耐電圧試験方法
JIS T 8101	2006	安全靴
JIS T 8103	2010	静電気帯電防止靴
JIS T 8112	2014	電気絶縁用手袋
JIS T 8113	1976	溶接用かわ製保護手袋
JIS T 8114	2007	防振手袋
JIS T 8115	2015	化学防護服
JIS T 8116	2005	化学防護手袋
JIS T 8117	2005	化学防護長靴
JIS T 8118	2001	静電気帯電防止作業服
JIS T 8131	2015	産業用ヘルメット
JIS T 8133	2015	乗車用ヘルメット
JIS T 8134	2007	自転車用ヘルメット
JIS T 8141	2016	遮光用保護具
JIS T 8142	2003	溶接用保護面
JIS T 8143	1994	レーザー保護フィルタおよびレーザー保護めがね
JIS T 8147	2016	保護めがね
JIS T 8151	2005	防じんマスク
JIS T 8152	2012	防毒マスク
JIS T 8153	2002	送気マスク
JIS T 8155	2014	空気呼吸器
JIS T 8156	1988	酸素発生形循環式呼吸器
JIS T 8157	2009	電動ファン付呼吸用保護具
JIS T 8161	1983	防音保護具

も，使い勝手が悪いものは，着用を必要としている人たちから拒まれてしまう。また，長時間保護具を着用せざるを得ない作業においては，着用による疲労感をできるだけ抑える必要がある。

　人間の身体に直接装着するものであるので，軽量感，着脱のしやすさ，疲労感の軽減といった人間工学的な配慮も，防護性能と並んで重要な性能の一つといえる。

　（c）デザインファッション性　働く人たちに受け入れてもらう要素として，使い心地と同様にきわめて重要である。「働く人たちが納得して受け入れた対策案でなければ，職場になじんでいかない」という論理は，事業場で安全衛生対策を担う多くの人たちが感じていることだと思う。

　この意味から，魅力的な色調，形状などを施し，働く人たちが進んで使用するような保護具にしていくことは，教育・指導などを徹底させることよりも，災害防止という目的を達成させるための近道といえる。

　また，労働力の確保の観点から，若い人が違和感なく着用できる保護具を職場に導入するという配慮も，重要な意味を持ってきた。　　　　　　（田中通洋）

引用・参考文献

1) 労働安全衛生法：第42条（譲渡等の制限）
2) 昭和50年3月29日労働省告示第33号：絶縁用保護具等の規格
3) 平成12年12月25日労働省告示第120号：保護帽の規格
4) 平成14年2月25日厚生労働省告示第38号：安全帯の規格
5) 平成15年12月19日厚生労働省告示第394号：防じんマスクの規格
6) 平成13年9月18日厚生労働省告示第299号：防毒マスクの規格
7) 平成26年11月28日厚生労働省告示第455号：電動ファン付き呼吸用保護具の規格
8) 労働安全衛生法：第44条の2（型式検定）

〔4〕頭の保護具

■保護帽　産業用のヘルメットは，厚生労働省の構造規格「保護帽の規格」を満たした製品を用いることが原則である。厚生労働省の構造規格における保護帽の種類としては，「飛来・落下物用」と「墜落時保護用」がある。保護帽に求められるおもな性能としては，耐貫通性，衝撃吸収性，耐腐食性，耐熱性，耐水性などがある。

　保護帽は，帽体，ハンモック，衝撃吸収ライナー，顎紐などで構成される。現在広く用いられている帽体の材質には，熱可塑性樹脂であるABS，PC，ならびに熱硬化性樹脂であるFRPなどがある。

　帽体の材質の一般的な性質を表6.4.6に示すので，作業環境に適した保護帽を選択してほしい。ハンモックは，帽体と人体頭部との間に隙間を設け，人体頭部への直接打撃を防止し，その衝撃荷重の局部集中を防止する役割を果たす重要な構成要素である。ハンモックと帽体を連結させるハンモックハンガーの特性によ

表6.4.6　帽体の材質の一般的な特性

材質	耐熱性	耐候性	耐電性	耐薬品性	備考
ABS	△	○	◎	△	マーキング加工特性，ならびに電気絶縁性が良い。耐熱性はやや劣り，高熱作業環境には不適
PC	○	○	◎	×	特に電気絶縁性に優れており，光沢に富んでいる
FRP	◎	◎	×	○	耐熱性，耐候性に優れるが，電気用には使えない

〔注〕◎優れている　○普通　△劣る　×不可

り，帽体の安全性能も変化するため，使用時には帽体表面のみならず，ハンモックやハンモックハンガーの損傷等の有無なども確認すべきである。墜落時保護用の保護帽には，衝撃を吸収するための衝撃吸収ライナーが取り付けられている。これには，発泡スチロールが広く用いられている。

基本性能は構造規格で定められているが，それ以外の機能として，つぎのような配慮を施したものも，製品化されている。

① 軽量化　炭素繊維などを用いて，軽量化を図っている。
② むれ防止　頭頂部などに通気孔を設け，帽体内部の空気の流通を積極的に促す配慮を施している。
③ 後頭部保護　転倒時には，後頭部を打撲することが多いため，後頭部を保護するための形状を施している。
④ 脱げ防止　いざというときに脱げてしまっては，保護帽としての役目は果たせない。脱げづらくするための構造的配慮として，ヘッドバンドの長さを容易に調整できる機能が施してある。

図6.4.13は，飛来・落下物，墜落時保護に対応できるだけでなく，近年問題となっている熱中症対策として，頭部と保護帽との間の通気性を高めたものである。この保護帽の特徴は，衝撃吸収ライナーとして一般的に用いられていた発泡スチロールの代わりに，ハニカム形状の衝撃吸収体を帽体各所に配置したことである。これにより，発泡スチロールで覆われていた箇所が空気の通り道として機能し，通気性が向上した。また，これら衝撃吸収体が帽体各所に配置されたことにより，衝撃吸収能力が，帽体頂点付近のみならず帽体側面の全周にわたって期待できるものになっている。

保護帽の使用にあたり，管理面で注意すべきことは，一度でも大きな衝撃を受けたら，外観に異常がなくても使用してはならないということである。近年流通している保護帽の多くは，大きな衝撃を受けても，わずかなきずが残るだけで，元の形状に戻るものが多いため，その区別をする上でも適切な管理を要すると考えられる。大きな衝撃を受けた保護帽は外見上に差異がなくとも，その保護性能は大きく低下して可能性があるためである。また保護帽には使用期限が設定されている。これは，野外での作業等における"太陽光による紫外線の影響"，すなわち長期間使用した場合には，紫外線等の影響により，帽体の保護性能が低下することを踏まえたものである。具体的な使用期限については，取扱説明書またはメーカに問い合わせて確認するとともに，使用開始時の年月日を保護帽等に記載しておくことも必要と考えられる。　（日野泰道）

〔5〕 目・顔面の保護具

（a）　保護めがね　浮遊粉じん，薬液の飛まつ，飛来物などから目を保護するために用いる保護具として，保護めがねがある。保護めがねについては，工業標準化法によって指定商品に指定されているJIS規格[1]があり，規格を満たした製品にはJISマークが表示されている。求められる品質として，外観，光学的性能，衝撃強度，表面摩耗抵抗，耐熱性，金属部分の耐食性，難燃性などについて一定の基準が示されている。めがねは，だれもが使い心地について敏感である。したがって，違和感なく，身体の一部として装着できるような配慮が，他の保護具にもまして要求されている。また，目というきわめて繊細な器官を保護するため，器具そのものの安全性についても，十分な配慮が必要なことはいうまでもない。最近の保護めがねを図6.4.14，図6.4.15，および図6.4.16に示す。

労働省（当時）が発表した目の災害に関する資料[2]から，職場では，金属片などの飛来物による目の損傷が最も多く発生していることが読み取れる。またこの報告では，めがねを掛けていたにもかかわらず被災した例も多いことが述べられている。使用状況から読み取れることは，選択時にサイドシールドなどの付いためがねを選ぶといった形状に対する配慮が不足してい

図6.4.13　通気性，多方向からの衝撃吸収性が向上した保護帽の例

図6.4.14　保護めがね（スペクタクル形1眼式）

図6.4.15 保護めがね（スペクタクル形2眼式）

図6.4.16 保護めがね（ゴーグル形1眼式）

（a） CR 39 レンズの破砕パターン

（b） 熱処理強化ガラス破砕パターン

（c） ポリカーボネートの破砕パターン

（d） 右：このテストに使用した落下ボルト（780 g）
左：JIS/DINテストに規定されている鋼球（約43 g）

図6.4.17 保護めがね用レンズの破砕パターン[3]

表6.4.7 保護めがね用レンズの種類と一般的な特性[3]

種類	特性
強化ガラス	・ふつうのガラスに比べ，はるかに破損しにくい ・表面硬度は非常に高く，傷が付きにくい ・熱および薬品に対して強い
CR 39 （熱硬化性樹脂）	・硬度が優れているので，傷が付きにくい ・耐薬品性に優れている
ポリカーボネート （熱可塑性樹脂）	・衝撃に対して非常に強い ・紫外線遮断性能が優れている

図6.4.18 遮光保護具（スペクタクル形）

た，あるいは使用方法について正しい知識が不足していた，ならびにメンテナンスが不足していた，さらにレンズが割れるなど製品そのものの性能の問題，などである。

金属片などの飛来物からの防護を目的にめがねを選択するときの注意事項を，2点だけ述べる。まず，事情が許す限りサイドシールド付きのものを選ぶことを推奨する。また，レンズの衝撃強度もぜひ考慮に入れていただきたい。衝撃に耐えられないレンズでは，割れたレンズの破片による目の損傷も懸念される。このことは，JISマークの入ったレンズを選択すれば間違いは生じない。ちなみに，現在市販されているレンズの中で最も耐衝撃強度が強いのは，ポリカーボネートをベースにしたプラスチックレンズである。同じ条件の下での破砕パターン例を図6.4.17に示す。これは，JIS，あるいはCENなどの衝撃強度試験時の負荷をはるかに上回る負荷を与えたときの破砕パターン例である。また，代表的な保護めがね用レンズの一般的な特性を，表6.4.7に示す。曇りに対しては，防曇加工の技術が進んできており，比較的効果が長続きするものも製品化されてきている。

（b） 遮光保護具

紫外線，赤外線および強い可視光線から目を守るために用いる。遮光保護具についてはJIS規格があり[4]，規格を満たした製品にはJISマークが表示されている。また，溶接用保護面[5]に用いるフィルタプレートも，JIS指定商品[4]になっている。

市販されている遮光保護具の例を，図6.4.18に示す。街中で販売されているサングラスには，見た目には産業用の遮光保護具と変わらない色相，濃さのものもあるが，その性能（有害光線の透過率）は著しく異なる。紫外線，赤外線は目には見えない。したがって，まぶしさ（可視光線による影響）を回避できるということのみで判断することは，きわめて危険である。

レンズ，あるいは保護面のプレートの遮光度選択に

ついては，電流値（アーク溶接・溶断の場合），または消費するガス量（ガス溶接・溶断の場合）などによって，適切なものが選べるようにJIS[4]で使用標準が定められている。

溶接作業においては，あらかじめ遮光保護具を付けていると溶接点が見えないため，点火した後に遮光保護具を顔面にもってくる習慣がある。このため，わずかの時間に強い有害光線に暴露する危険が生じる。したがって，大きい遮光度を必要とする作業では，常時遮光度の小さいめがねを掛け，点火後は，遮光度の大きい保護面を併用することが望ましい。最近では，液晶溶接面という製品が市販されている（図6.4.19参照）。これは，アークの発光までは遮光プレートが明るいので，面をかぶったままで溶接点が確認できる。アークがスタートした後は，自動的に遮光プレートが所定の濃さに変化する。

図6.4.19 液晶溶接面

また，複数の人間の同時作業下にあっては，通常の保護めがね同様サイドシールド付きのものを使用することが望ましい。溶接作業時の遮光保護具の使用状況については，沼野[6]の報告が詳しい。

（c） レーザ保護めがね レーザ光線からの保護が必要な場合には，前記した遮光保護具ではなく，「レーザ保護めがね」を使用する必要がある。レーザ保護めがねには，すべてのレーザに対応できるような製品はない。レーザの種類ごとに，対象となる波長だけを吸収し，それ以外の波長はできるだけ透過させ，作業性を考慮したレンズに設計されている。したがって，選択にあたってはレーザの種類，波長を確認した上で，それぞれ適切なものを選ぶこととなる。

レーザ保護めがねの例を，図6.4.20に示す。レーザ保護のためのレンズは吸収率が高いため，まったくレーザ光が見えない。このため，レーザ機器の調整・照準などの整備時には，作業性を損なうこともある。このような場合に使用するものとして，通常の「完全

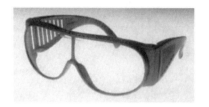

図6.4.20 レーザ保護めがね

吸収タイプ（レーザ光が見えない）」以外に「レーザ光一部透過タイプ（レーザ光が少し見える）」が市販されている。このタイプを用いるときには，使用時間の制限などを十分留意する必要がある。また，散乱光からの防護を目的とした保護具なので，レーザを直接のぞくことは絶対に避けなければならない。レーザ光線による災害事例[7]から読み取れることは，研究業務での発生が顕著であるという点である。

（d） 保護面 溶接用保護面については，遮光保護具の項で述べたので省略する。それ以外には，下記の2種類がある。

1） 防熱面 輻射熱を遮るために用いる。材質として，金網，アルミの多孔板などを用いたものが広く用いられている。アルミの多孔板のものについては，金網のように面を通して前を見ることができないため，眼の部分だけはポリカーボネートおよびアクリル板を取り付けるようになっている。図6.4.21に，アルミ多孔板を用いた防熱面の例を示す。

図6.4.21 防熱面

2） 防災面 おもに飛来物，薬品の飛沫から顔面を守るために用いる。おもな材質として，ポリカーボネート，およびアクリルが挙げられる。耐衝撃性能についてはポリカーボネートが，また耐薬品についてはアクリルがそれぞれ優れている。図6.4.22は，防じんマスクなどを着用したときにも使用できる防災面である。

図6.4.22 防災面

(田中通洋,加島静男)

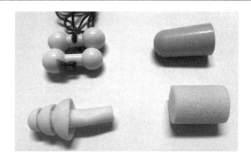

(a) 形成タイプ　　(b) 発泡タイプ

図6.4.23 耳栓の種類

引用・参考文献

1) JIS T 8147：2018　保護めがね（日本規格協会）
2) 労働省労働基準局，眼の災害性疾病の発生状況について，労働衛生，37，p.8（1996）
3) ミドリ安全株式会社，技術資料（1998）
4) JIS T 8141：2018　しゃ光保護具（日本規格協会）
5) JIS T 8142：1989　溶接用保護面（日本規格協会）
6) 沼野雄志，溶接アークによる眼障害に関する調査結果，労働衛生工学，25，p.9（1986）
7) 昭和61年1月27日労働省基発第39号，行政通達「レーザー光線による障害の防止対策について」
8) JIS T 8143：1994　レーザ保護フィルタ及びレーザ保護めがね（日本規格協会）

〔6〕 **耳の保護具（聴覚保護具，防音保護具）**

騒音職場等の強大な騒音から聴覚を保護するために用いる保護具を，聴覚保護具（防音保護具）という。

（a）保護具の種類とその正しい着用法

1) 耳栓（形成タイプ）　素材はPVC（ポリ塩化ビニル），ゴム，ABS樹脂等である。洗って再利用可能であるため，変形しない限り長期間使用できる。外耳道壁に対して，広く密着しないため，中程度の遮音値である。多くの騒音環境下で使用可能である。着用法は，反対側の手で耳介を後方あるいは上方に引っ張り，外耳道がまっすぐになるようにし，耳栓を挿入する（図6.4.23（a）参照）。

2) 耳栓（発泡タイプ）　PVC（ポリ塩化ビニル），PUR（ポリウレタン）などによって作られている。安価であるために広く使用されている。外耳道壁に密着する面積が大きいので，正しく着用すれば，大きな遮音性能が得られる。構造上，発泡による空洞が多数あり，水分，油，汚れ，粉じん等を保持しやすく，使い捨ての使用が衛生的である。丸めるときに粉じん等が付着していると素材が削れ，変形を起こし，遮音性能が低下する場合がある。着用法は，反対側の手で耳介を後方あるいは上方に引っ張り，外耳道がまっすぐになるようにし，耳栓を挿入するが，挿入の前に，耳栓を指または手のひらで，しわができないように，できるだけ細く丸める必要がある。細い状態で素早く外耳道に挿入し，軽く指で押さえて，膨らむのを待つ。最大の遮音性能を発揮するには，着用にコツが必要であるため，後述の着用のための訓練機器の利用も有効である。簡単に着用できるようにプラスチックの柄が付いた製品もあり，この場合，丸める必要がなく，外耳道に密着する部分を手で触らなくてよいため，衛生的でもある（図6.4.23（b）参照）。

3) 耳覆い（イヤーマフ）　スピーカがないヘッドホンの構造に似ている。騒音によって，本体が共鳴・振動しにくい材料で作られている。専用ヘルメットに取り付け可能なイヤーマフも市販されている。ヘッドバンドがあるため，一般的なヘルメットと一緒には着用困難である。脱着が簡単であるので，間欠的な騒音が発生する場所，あるいは，騒音源のある場所に短時間近付く場合などに有効である。また，耳栓と一緒に着用すれば，より大きな遮音性能が得られる。着用時には毛髪，眼鏡，イヤリング，防護服による影響があるため，耳をイヤーカップが包み込むように着用する必要がある（図6.4.24（a）参照）。

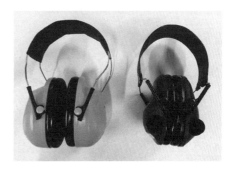

(a) 耳覆い（イヤーマフ）　(b) レベル依存タイプ

図6.4.24 イヤーマフの種類

4) レベル依存タイプ 騒音のレベルに応じて遮音性能が変化するイヤーマフのこと。前述のイヤーマフにスピーカ，マイクロホン，電子回路が組み込まれたイヤーマフで，外部の音声などをマイクロホンで拾い，イヤーマフ内のスピーカで再生できる装置である。間欠的に衝撃性の音が発生する環境で効果的である。騒音がない場合は，着用したままで周囲の音声などを聞くことが可能で，騒音が発生したときは，マイクロホンからの音の増幅度を，騒音の大きさに応じて下げる。無線機器と接続可能にしたものもある。補聴器のように小型化された製品もある（図6.4.24（b）参照）。

5) アクティブノイズキャンセリングタイプ イヤーマフにスピーカ，内外にマイクロホン，電子回路が組み込まれた装置である。イヤーマフのカップ内に伝わった騒音を電子回路で発生させた逆位相の音波で打ち消す装置である。特に定常的な低周波騒音に効果的である。

（b）遮音性能表示について 遮音性能の測定法に関しては，JIS T 8161[1]で規定されており，耳栓1種（低音から高音までを遮音するもの），耳栓2種（主として高音を遮音するもので，会話域程度の低音を比較的通すもの），ならびに耳覆い（耳全体を覆うことにより遮音するもの）の3種類に分類している。環境のサウンドレベル（騒音レベル）に対して適切な聴覚保護具を選択するには，JISの分類以外に，ISO[2]で規定されたSNRの値，米国のANSI[3]で規定されたNRRの値を用いることが多い。これらの値は製品パッケージに表示されている（**図6.4.25**参照）。

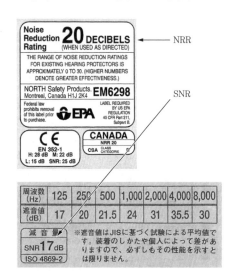

図6.4.25 製品パッケージの遮音性能表示例

（c）適切な遮音性能の聴覚保護具の選び方 環境のサウンドレベルに対してどの程度の遮音性能の保護具が適切かを考えて保護具を選択する必要がある。騒音に対して過大な遮音値の保護具を使用すると，周囲の大切な音情報（音声・警報音）を得にくくなる。多くの聴覚保護具はSNRやNRRで25～35の製品が多い。

環境のサウンドレベルに適した聴覚保護具のSNR，NRRの値は，着用の仕方で大きく変わり，おおよその目安を**表6.4.8**に示す。一方で，遮音値だけでなく，着用者の外耳道形状に適し，長時間の使用に負担がない，着用感の良い聴覚保護具を選択する必要がある。これには複数の製品を試して決定することが大切である。

表6.4.8 サウンドレベルに対するSNR，NRRの目安

サウンドレベル〔dB〕	SNR，NRR
85～90	25以下
90～95	20～30
95～100	25～35
100～105	30以上

（d）正しい着用のための訓練機器と指導について 正しい着用を教育・訓練するための簡便な機器がある（図6.4.26参照）。チューブが付いている耳栓をマイクロホンに接続し，労働者が着用し，耳栓内外の音圧差（すなわち遮音値に相当する値）を周波数別に測定し，着用の良し悪しを判定できる機種[4]と，実際に使用する耳栓を着用し，オージオメータに似た原理で着用前後の音圧差（すなわち遮音値に相当する値）を求める装置[5]がある。

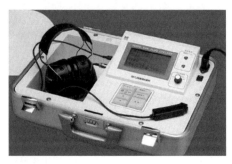

図6.4.26 正しい着用を教育・訓練するための機器[5]

一般に発泡タイプの耳栓は，正しく着用しないと遮音性能を発揮しない。人間の外耳道形状は，個人差が大きく，細く曲がっているために，効率的に外耳道をふさぐには，できるだけ細く耳栓を丸め，素早く外耳道に挿入することで，どのような人にも効果的に簡単

に，外耳道を隙間なく奥までふさぐことができる。細く丸めることができなかった場合は，無理に外耳道入り口に押し込むことになり，外耳道をふさぐ部分の体積が小さかったり，隙間ができたりする。わずかの隙間でも低周波域の遮音性能は悪化する。

着用指導に関しては，外耳道形状の個人差が大きいことから，個別指導を行うことが最も効果があるといわれている。　　　　　　　　　　　　　（井上仁郎）

引用・参考文献

1) JIS T 8161：1983　防音保護具（日本規格協会）
2) ISO 4869-2, Acoustics--Hearing protectors--Part 2： Estimation of effective A-weighted sound pressure levels when hearing protectors are worn（1994）
3) ANSI S3.19, American National Standard for the Measurement of Real-Ear Hearing Protectors and Physical Attenuation of Earmuffs（1974）
4) 3M, 3M™ E-A-Rfit™ Dual-Ear Validation System http://www.3m.com（2018年12月現在）
5) ミドリ安全株式会社，ベルデ・イヤー・プラグ・チェッカー http://vepc.midori-sh.jp/（2018年12月現在）

〔7〕 呼吸用保護具

酸素含有率の低い空気，空気中に浮遊する粒子状物質，有毒なガスや蒸気を吸入することによって人体に健康影響が生ずる可能性のある場所で，安全に呼吸して作業をするために呼吸用保護具を装着する。呼吸用保護具の系統図を**表6.4.9**に示す。表6.4.9（a）は酸素濃度が18％未満の酸素欠乏環境で使用可能なもの，表6.4.9（b）は酸素が18％以上の環境で使用するものを示している。

表6.4.9　呼吸用保護具の系統図
（a）　酸素18％未満

給気式	送気マスク	ホースマスク
		エアラインマスク
	自給式呼吸器	空気呼吸器
		循環式酸素呼吸器

（b）　酸素18％以上でのみ使用可能

沪過式	防じんマスク	使い捨て式
		取替え式
	電動ファン付き呼吸用保護具：PAPR	
	防毒マスク*	隔離式
		直結式
		直結式小型

〔注〕 ＊防じん機能付きと防じん機能なしの2種がある。

酸素欠乏の環境では，有害物質がなくても酸素を補うために呼吸保護具が必要である。「給気式」の呼吸用保護具は，着用者が周囲の酸素欠乏空気ではなく，別の環境の空気または容器に充填された空気を吸入するものである。酸素欠乏の環境下で，有害物質から人体を防護する防じんマスク，防毒マスクといった「沪過式」の呼吸用保護具を使用することは，酸素欠乏症を引き起こす。「沪過式」は環境空気中の有害物質を吸収缶または沪過材によって除去する型式のものであり，有害物質は除去されるが，酸素を追加供給することはできないため，酸素欠乏環境下では使用できない。

表6.4.9（b）には通常の，酸素欠乏ではない空気環境の労働現場で広く用いられる代表的な呼吸用保護具を示す。なお，これらの呼吸用保護具について，構造と性能，その選択等について日本産業規格（JIS）が定められている。また，防じんマスクと防毒マスクについては2004（平成16）年度に厚生労働省から通達[1),2)]が発出されている。防じんマスクと一部の防毒マスク（ハロゲンガス用，有機ガス用，一酸化炭素用，アンモニア用，亜硫酸ガス用のもの）および電動ファン付き呼吸用保護具（PAPR）については登録型式検定機関が実施する型式検定合格標章が付けられたものを使用しなくてはならない。つぎに表6.4.9に示した呼吸用保護具について，その特徴と選定の仕方を紹介する。

（a）**送気マスク（JIS T 8153）**　送気マスクは，作業している場所とは別の場所の呼吸に適する清浄な空気を，ホースを通して着用者に供給するため，酸素が欠乏した環境で使用可能である。大別すると，ホースマスクとエアラインマスクがある。ホースマスクでは，着用者の肺の吸引力や，手動あるいは電動の送風機で外部の空気を供給する。吸引する空気が清浄で，酸素濃度が18％以上であることを確認する必要がある。エアラインマスクは，コンプレッサや高圧空気容器などから圧縮空気を着用者にホースを通して供給する。一定量の空気を連続して送り込む一定流量形，着用者が給気する際にのみ空気が供給されるデマンド形，面体（顔面と密着して外部の空気を遮断する部分）内をつねに陽圧に保ちながら着用者が吸気する際にのみ空気が供給されるプレッシャデマンド形がある。プレッシャデマンド形では面体内がつねに陽圧であり，外部の空気が漏れ込むリスクが低いため，酸素欠乏環境で有害物質が高濃度の場合でも使用可能である。デマンド形では，面体と顔面の密着性がより要求される。

送気マスクではホースを使用するため作業者の行動

範囲に制限があり，ホースの折れ曲がりやつぶれがないように注意が必要である。原則として2名以上の専任の監視者を選任し，作業者から空気の供給源までを監視する必要がある。面体，連結管，ホース，送風機等について日常管理しなくてはならない．

（b） **自給式呼吸器**（**JIS T 8155, T 8156**）　着用者が空気ボンベや高圧酸素容器を携帯，または，酸素を供給する酸素発生剤を用いて酸素や空気を供給するものが自給式呼吸器であり，酸素欠乏環境で使用が可能である．送気マスクと異なり行動範囲に制限はないが，高圧容器の容積と充塡圧力に依存するため，使用時間には制限がある．作業強度が高くなると呼吸量が増えるため，使用時間が短くなる．

大きく分けて空気呼吸器と循環式酸素呼吸器の2種類がある．空気呼吸器は作業者が空気ボンベを携帯し，充塡された空気が供給される．エアラインマスクと同様にデマンド形とプレッシャデマンド形がある．圧縮酸素形では作業者の呼気中の二酸化炭素をソーダライムなどで除去したのち，酸素ボンベから酸素を添加して空気を循環使用する．酸素発生形では，塩素酸ナトリウムを固形化したキャンドル形のものを継続的に反応させて酸素を発生させるものと，超酸化カリウムを充塡した酸素発生缶に呼気の水分が接触して酸素を発生させるものがある．循環式酸素呼吸器は高気圧環境では酸素中毒になる可能性があるので使用できない．フィットネスとメンテナンスが重要であることは，送気マスクと同様である．

（c） **防じんマスク**（**JIS T 8151**）　粉じん（ダスト），金属蒸気が昇華したヒューム，ミストなどの粒子物質をフィルタ（濾過材）によって除去するものである．厚生労働省は防じん機能について規格[3]を定め，型式検定に合格した製品を使用することを法令で義務付けている．現在は高機能をうたう多種類の花粉対策用のマスクが市販されているが，それらの一般的なマスクは防護に大きく寄与する密着性を確保しておらず，作業者を有害粉じんから防護する性能は保証されないので，作業環境では使用できない．市販されている防じんマスクの種類には「取替え式」（**図6.4.27**参照）と「使い捨て式」（**図6.4.28**参照）がある．取替え式防じんマスクでは，フィルタの入ったカセットを交換して使用する．代表的なフィルタには，静電気を帯電させて静電気の力で捕集する不織布などの「静電フィルタ」と衝突などの慣性力によって捕集する「メカニカルフィルタ」がある．粒子捕集効率により3段階に分類し，捕集効率の高いものから区分3，2，1とし，試験粒子と「使い捨て式」・「取替え式」の違いで性能が表されている（**表6.4.10**参照）．なお，区

図6.4.27　取替え式防じんマスク

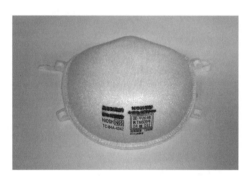

図6.4.28　使い捨て式防じんマスク

表6.4.10　防じんマスクの性能区分

	試験粒子		区分：粒子捕集効率
	固体 (NaCl)	液体 (DOP)	
使い捨て式	DS 1	DL 1	区分1：80.0％以上
	DS 2	DL 2	区分2：95.0％以上
	DS 3	DL 3	区分3：99.9％以上
取替え式	RS 1	RL 1	区分1：80.0％以上
	RS 2	RL 2	区分2：95.0％以上
	RS 3	RS 3	区分3：99.9％以上

分2の粒子捕集効率は95％であり，米国国立労働安全衛生研究所における検定で付与されるN95マスクと同等である．粒子捕集効率試験を固体粒子である塩化ナトリウム（NaCl）で行うか，液体粒子であるフタル酸ジオクチル（DOP）で行うかにより分類されており，ミストが共存する環境ではDOPによる検定に

合格したものを選定する。

また，粉じんによっては通達で使用すべき防じんマスクの区分が定められており，廃棄物の焼却施設に係るダイオキシン類への曝露のおそれがある場合（安衛則第592条の5）や放射性物質がこぼれたときなどによる汚染のおそれがある区域内の作業または緊急作業（電離則第38条）では区分3の取替え式防じんマスクを，金属のヒューム（溶接ヒュームを含む）を発散する場所における作業（鉛則第58条，特化則第43条および粉じん則第27条）では区分2以上の防じんマスクを，それ以外の作業においては，ミストの有無に留意して，いずれかの区分の防じんマスクを着用する。

粒子捕集効率はあくまでも沪過材の性能を示し，漏れなく装着した場合に得られる数値であり，面体と顔面との密着性がきわめて重要である。実際の使用時には，環境濃度に応じた適切な防護係数または指定防護係数のものを選定する。防護係数とは呼吸用保護具の防護性能を表す数値であり，つぎの式で表すことができる。

$$PF = \frac{C_o}{C_i}$$

ここで，PF：防護係数，C_o：面体等の外側の粉じん濃度，C_i：面体等の内側の粉じん濃度である。

すなわち，防護係数が高いほど，マスク内への粉じんの漏れ込みが少なく，防護の程度が高い呼吸用保護具といえる。作業現場において防護係数が算定できない場合は，各機関から公表されている指定防護係数を利用する。指定防護係数は，実験結果から算定された多数の防護係数値の代表値である。訓練された着用者が，正常に機能する呼吸用保護具を正しく着用した場合に，少なくとも得られるであろうと期待される防護係数を示している。JIS で公表されている指定防護係数を**表6.4.11**に示す。

面体内の濃度が許容濃度以下に低減できる防護係数を有するマスクを使用する。環境中の有害物質の濃度が著しく高い場合には，沪過式のマスクは使用できない。

粉じん則や石綿則では特定の作業について電動ファン付き呼吸用保護具（PAPR）（JIS T 8157）の使用を義務付けている。PAPR についても型式検定が実施されており，粉じんマスクと同様に性能基準が示されている。さらに，電動ファンが停止することを想定して，警報装置が取り付けられている。PAPR は呼吸に応じて電動ファンからフィルタで浄化された空気が供給されるため呼吸しやすく，面体内が陽圧に保たれるためマスク外部の有害物質を含む空気が流入しにく

表6.4.11 呼吸用保護具の指定防護係数（JIS T 8152 より）

マスクの種類			指定防護係数
防じんマスク（動力なし）	使い捨て式		3～10
	取替え式（半面形）		
	取替え式（全面形）		4～50
電動ファン付き呼吸用保護具	半面形		4～50
	全面形		4～100
	フード形		4～25
	フェイスシールド形		
送気マスク	デマンド形	半面形	10
		全面形	50
	一定流量形	半面形	50
		全面形	100
		フード形	25
		フェイスシールド形	25
	プレッシャデマンド形	半面形	50
		全面形	1 000
送気・空気呼吸器複合式プレッシャデマンド形全面形マスク			1 000
空気呼吸器	デマンド形	半面形	10
		全面形	50
	プレッシャデマンド形	全面形	5 000

く，安全性が高い。酸素を添加することはできないため，作業環境中の酸素濃度が18％以上の場合に使用する。防毒マスクについてはつぎに述べるが，有害物質のガス・蒸気用の市販の PAPR では，人の呼吸よりも大容量の空気環境が吸着材を通過するために有害物質を除去できる時間が短縮されることから，使用時には別途注意が必要である。

（**d**）　**防毒マスク（JIS T 8152）**　防毒マスクは，環境空気中の有害物質のガス・蒸気を吸収缶に充填された吸収剤によって除去して，浄化した空気を吸入するために使用するものである。マスクの種類には隔離式，直結式，直結式小型の3種類があり，吸収缶に充填されている吸収剤の量はこの順で少なくなり，使用が可能な有害物質の濃度の上限もこの順で低くなる。隔離式では面体と吸収缶はホースでつながれているが，直結式では吸収缶は面体に直接取り付けられる。また，面体の型式には，顔全体を覆う全面形と，鼻と口のあたりを覆う半面形がある。全面形では眼への刺激性がある物質から，眼の防護ができる。厚生労働省の構造規格[4]は5種類の有害物質について定められており，この5種類の有害物質については型式検定合格標章が付された防毒マスクを使用しなければならな

い。粒子状物質を同時に捕集するための防じん機能付きの吸収缶についても防じんマスクと同様に，ミストのありなしについて粒子捕集効率が80％，95％，99.9％のものについて，L1～L3とS1～S3の六つの等級記号が付されている。厚生労働省の通達によれば，構造規格のある防毒マスクについて有害物質の環境濃度が3％未満（アンモニアでは2％未満）の場合に使用可能である。JIS T 8152に示されている吸収缶の種類を，**表6.4.12**に示す。

表6.4.12 吸収缶の種類

	隔離式	直結式	直結式小型
ハロゲンガス用*	○	○	○
酸性ガス用	○	○	○
有機ガス用*	○	○	○
一酸化炭素用*	○	○	―
一酸化炭素および有機ガス	○	―	―
アンモニア用*	○	○	○
亜硫酸ガス*	○	○	○
シアン化水素用	○	○	―
硫化水素用	○	○	○
臭化メチル用	○	○	○
水銀用	―	○	○
ホルムアルデヒド用	―	○	○
リン化水素用	○	○	○
エチレンオキシド用	○	―	○
メタノール用	―	○	○

〔注〕 *は厚生労働省の構造規格があるもの
○はJIS T 8152で規定しているもの

吸収缶には，それぞれの有害物質に適した吸収剤（例えば，有機ガス用では活性炭）が充塡されている。有害物質は物理吸着や化学吸着によって吸収剤上に吸着されて除去（除毒）されるが，除毒能力には限界がある。作業環境中の有毒物質の種類や濃度に適合した吸収缶を選択する。除毒能力の高低の判断には，製品に添付される破過曲線図を利用する。破過曲線図には，一定濃度の有害物質を含む空気が吸収缶を通過した際に，除毒能力が失われる時間（破過時間）が示されている。一般に，温度や湿度が上昇すると破過時間が短くなり，作業強度が上がると呼吸量が増え，吸収缶を通過する空気量も増加するため，破過時間は短くなる。有機ガス用では，破過曲線図としてシクロヘキサン蒸気で試験したデータが添付されているが，メタノール，アセトン，ジクロロメタンなど[2]ではシクロヘキサンより破過時間が短いため，注意が必要である。また，破過時間の短い有害物質は，活性炭に吸着除去されても使用後の保管中に時間とともに一部が蒸気に戻るため，保管後の再使用時にはすぐに漏れが始まることがある。防毒マスクの再使用は行わないことが望ましい。

沪過式の呼吸用保護具を装着しているときに，環境空気中の有害物質がマスク内に侵入してくるルートは，①フィルタからの漏れ，②排気弁，弁座部およびその他各部の隙間からの漏れ，③着用者の顔面とマスクの隙間からの漏れ，の三つである。このうち，①は規格で性能が保証されているが，②については定期的なメンテナンスを行って消耗品の交換をし，③については正しい装着方法を励行し，漏れチェックをすることが必要になる。まず，作業者個々人の顔面に合った大きさの面体を用意する。数種類のマスクを試して，顔面に密着するものを選定する。ひげがあると漏れが生じ，暑い季節に汗をとる目的で使用するメリヤスやタオルなどの顔当ても漏れを生じさせる。また，全面形のマスクを使用する際には，眼鏡のツルが面体の密着度を下げるので，漏れを低下させるためのアタッチメントを付けて顔面と面体の密着度を上げたり，半面型のマスクや送気マスクに切り替えたりする必要がある。リアルタイムで漏れを確認できるフィットテスタを用いてフィットテストを行うことができる。常時フィットテスタを使用することは難しいが，装着教育の際に使用することは有効である。簡易的なフィットテストの方法があるので，マスクを装着した後，作業前にフィットテストを行うことは必須である。使用後には面体内部を清掃し，使用前には締めひもや弁，面体の顔面に密着する部分など，各部品の状態や内部が清浄であることを確認してから装着する。

作業現場で使用する呼吸用保護具はJISにより性能が確保されているが，実際の使用方法が適切でなければその性能は発揮されない。作業者に対して有害物質についての情報を適切に教育し，作業現場では保護具着用管理責任者を定めて，適切な保護具の選定とフィルタや吸収缶，消耗品の交換，密着性の確保，清浄な面体の維持などに努めなくてはならない。

〈小野真理子〉

引用・参考文献

1) 厚生労働省，防じんマスクの選択，使用等について，基発0207006号（2005）
2) 厚生労働省，防毒マスクの選択，使用等について，基発0207007号（2005）
3) 労働省，防じんマスクの規格，労働省告示第19号（1988）
4) 労働省，防毒マスクの規格，労働省告示第68号

(1988)

〔8〕　手 の 保 護 具

手あるいは手首上部までの保護には作業用手袋（アームガードを含む）の着用が有効である。ただし，固定式の回転工具の使用時には巻き込まれのおそれがあるため手袋の使用は禁忌である。一般に作業用といっても幅広い用途に応じた多種が存在するため，一般作業用手袋と防護手袋に分けて名称およびその特徴を解説する。

（a）　一般作業用手袋　　手袋専用編み機で編み立てられる手袋はゲージと呼ばれる編み目の細かさによって出来栄えが変化する。ゲージ数が小さい場合は粗く厚みのある手袋に，反対に大きい場合は細かく薄手の手袋となる。また，掌側に滑り止め加工を施したものが多くあり，ボツ付きと呼ばれるビニル製の突起をドット状に配置したもの，ゴムを張り合わせたゴム張り，ゴムなどの液体をコーティングしたものがあるが，表面仕上げは滑らかなものや微小な凹凸によってざらついた手触りにした梨地などがある。

1）　綿・繊維手袋　　一般的に軍手タイプと縫製手袋タイプに大別される。幅広く使用されている軍手タイプは，前述の手袋専用の編み機によって編み立てられ，素材には綿100％の純綿，複数の繊維を混在させた混紡，ナイロンやポリエステルなどの合成繊維が使われている。一方，接客や自動車運転，品質管理などで使用される縫製手袋タイプは生地を縫い合わせた構造のため軍手タイプとは見た目が大きく異なる。生地はおもにスムス，天竺あるいはナイロントリコットが使われている。

2）　革手袋　　牛，豚などの天然皮革や人工皮革，合成皮革によって製造され，耐摩耗性や耐熱性に優れているのが特徴である。皮革の種類や仕上げに影響を受けるが，基本的には革靴と同じように使い込むうちに馴染んでくる。洗濯ができないことが短所であり，濡れた場合も縮みや劣化防止のために陰干しとし，天日干しや乾燥機の使用は控えるべきである。

3）　ゴム製・プラスチック製手袋　　ゴム製手袋は全般的に弾力性に優れ，手にフィットしやすく水場での作業に適している。天然ゴム（ラテックス）製は耐油性や耐溶剤性に劣るものの，柔軟性や耐摩耗性に優れ汎用性が高い。ただしラテックスアレルギーによるかゆみ，かぶれ，発疹等があった場合はただちに使用を中止し，医療機関の受診が必須である。クロロプレン（ネオプレン）ゴム製は耐油性や耐酸・アルカリ性に優れているが，温度の低下に伴い天然ゴムよりも硬くなる点で劣る。ニトリルゴム製はとりわけ耐油性に優れている。そのほか，ポリウレタンゴム製やフッ素ゴム製，シリコーンゴム製などがある。

プラスチック製手袋も水場の作業に適しているが，ゴム製に比べて弾力性に劣っている。ポリ塩化ビニル製は耐油性に優れ，ポリエチレン製は耐溶剤性や耐薬品性に優れているのが特徴である。プラスチック製手袋に共通する短所は耐引裂き性に劣ることである。

ゴム製・プラスチック製手袋には使い捨て（ディスポーザブル）のタイプも多くあり，おもに食品加工や医療の現場等で使用されている。食品取扱いの際には食品衛生法に適合したものを使用するのはもちろんだが，手袋破損による食品への混入対策として透明ではなく着色された手袋（図6.4.29参照）を使用するのが望ましい。また，医療用に関してはゴム製とビニル製のJIS規格が存在し，手術用（JIS T 9107：2005），歯科用（JIS T 9113：2000 および JIS T 9114：2000），検査・検診用（JIS T 9115：2000 および JIS T 9116：2000）の5種類から構成されている。

図6.4.29　ニトリルゴム製ディスポーザブル手袋
（ミドリ安全株式会社提供）

（b）　防護手袋　　一般作業用手袋の形状や製法を基本とし，作業の特殊性に応じた防護性能を有する手袋である。手の防護の原則は危険源に近付けないための機械設備や作業環境等への改善措置が優先されるべきである。防護手袋はこれら措置の代替手段として使用するのではなく，措置によっても取り除くことができなかったリスクへの対応として使用することが望ましい。

1）　耐切創手袋　　耐切創手袋とは刃物の使用等による切れ災害防止用の手袋である。パラ系アラミド繊維製（ケブラー，テクノーラ），超高分子量（超高強度）ポリエチレン繊維製（スペクトラ，ダイニーマ）などがあり，これら繊維に金属糸を含めた高機能複合繊維製（図6.4.30参照）もある。耐切創手袋の大半はEN規格（EN 388：2016）で規定された5段階の耐切創レベルによって評価されており，数字が大きいほど耐切創性能が優れていることを意味する。これらの

図6.4.30　ケブラー糸・金属糸複合繊維手袋
(アトム株式会社提供)

手袋は見た目や使用感ともに一般の作業用手袋と遜色ないが，使用に伴い耐切創性能は低下するので定期的な交換が必要である。そのほかにも手首から腕までを保護するためのアームガードや食肉加工等で用いられる金属製の鎖手袋（**図6.4.31**参照）などがある。

図6.4.31　ステンレス製鎖手袋
(ミドリ安全株式会社提供)

2) 防振手袋　防振手袋とはJIS規格（JIS T 8114:2007）で規定された手袋であり，グラインダ等の手持ち振動工具による手腕への振動曝露によって発症する振動障害を予防するための保護具である。ISO規格（ISO 10819:2013）も存在するが現行JIS規格とは一致しない部分があるので注意されたい。防振手袋の特徴は掌側に振動を軽減する構造が施されていることで，発泡させたゴムをブロック状に配置したタイプ（**図6.4.32**参照）などが市販されている。なお，振動の吸収性能は手袋のサイズや振動工具の握り方によって変化することを念頭に使用することが重要である。また，使用に伴う性能低下があるため定期的な交換が不可欠である。

3) 電気絶縁用手袋
旧来は電気用ゴム手袋と呼ばれていた電気絶縁用手袋は，感電の危険から作業者を保護するための絶縁材料（加硫ゴムまたは熱可塑性エラストマー）製であ

図6.4.32　発泡ゴムタイプ防振手袋
(アトム株式会社提供)

り，JIS規格（JIS T 8112:2014）において規定されている（〔11〕項（a）参照）。JIS規格では最大使用電圧に応じた4種類が示されており，交流・直流ともに300～7 000 Vが対応する範囲である。日常の手入れにおける留意点として，使用前には手袋の亀裂などの損傷の有無および乾燥状態を確認し，使用後はよく乾燥させてから低湿状態で保管する必要がある。また，6箇月に1回以上の頻度で目視による検査および耐電圧試験による絶縁性能の検査を実施し，記録を3年間保管しなければならない。自社で検査ができるのはまれであるためメーカや委託機関に依頼するとよい。

4) 耐熱手袋　耐熱手袋は炉やボイラを使用する作業において必要な耐熱性に加え，遮熱性や難燃性を備える保護手袋である。おもにメタ系アラミド繊維（コーネックス，ノーメックス）が用いられ，手袋表面をアルミでコーティングしたものもある。耐熱温度は瞬間または常温性能で大幅に異なるが，おおよそ200～1 000℃の範囲である。

5) 防火手袋　消火活動に必要な性能を持つ保護手袋であり，消防隊員用個人装備・手袋編のISO規格（ISO 11999-4:2015）が存在し，耐炎性と耐熱性の各カテゴリーの性能基準ごとにタイプ1（EN規格ベース）およびタイプ2（米国防火協会規格ベース）に分類されている。そのほか，機械的強度性能，耐水性等，手先の器用さと把持性などの人間工学的性能に関しても性能基準が示されている。国内では防火手袋に特化したJIS規格はないが，2017年に総務省消防庁が前述のISO規格に準じた個人防火装備のガイドライン（改定版）を策定しており，本ガイドラインに準じた製品が市販されている（**図6.4.33**参照）。

6) 溶接用かわ製保護手袋　溶接用かわ製保護手

図 6.4.33 改定版ガイドライン対応防火手袋
（株式会社トンボ提供）

袋は JIS 規格（JIS T 8113：1976）で定められた溶接あるいは溶断作業による火花や溶融金属（スパッタ），輻射熱などから手を保護するための手袋である。JIS 規格では掌部および手甲部は牛革製，そで部は牛床革製，手袋の構造や寸法，かわの厚さ等が規定されており，形状に関しても 2 本指タイプ，3 本指タイプ（図 6.4.34 参照），5 本指タイプ（図 6.4.35 参照）の 3 種類が規定されている。

図 6.4.34 3 本指タイプ
（シモン株式会社提供）

図 6.4.35 5 本指タイプ
（シモン株式会社提供）

7） 手甲部緩衝手袋 手指部と手の甲部に配置したブロック状の発泡ゴムにより衝撃吸収機能を付加し

図 6.4.36 ロールボックスパレット作業用手袋
（アトム株式会社提供）

た保護手袋である（図 6.4.36 参照）。一般作業用手袋と遜色ない使い勝手を持ちながらロールボックスパレット（カゴ車）を使用する際の手の負傷リスクを低減させるものであり，物流業だけでなく，建設業や製造業など幅広く使用されている。2016 年の防護手袋に関する EN 規格（EN 388：2016）の改定により衝撃吸収性能が追加されたが，国内には同様の性能基準が存在しないことから将来的な規格化が求められる。

8） 化学防護手袋 有害な化学物質の皮膚への直接接触による皮膚障害や体内への経皮吸収によって生じる健康障害を防止するための防護手袋であり，耐薬品性に優れるゴム製あるいはプラスチック製が存在する。化学防護手袋には JIS 規格（JIS T 8116：2005）が存在し，三つの性能が規定されている。耐透過性と呼ばれる化学物質の気体としての通り抜けにくさに関しては平均標準破過点検出時間に応じた 6 クラスがある。耐浸透性と呼ばれる手袋の縫い目などの構造上の問題による化学物質の液体としての通り抜にくさについては放射性汚染防護用ゴム手袋の JIS 規格（JIS Z 4810：2005）のピンホール試験（水密性試験）を実施し，品質許容水準（AQL）に応じた 4 クラスで評価する。なお，手袋の素材によって浸透試験で使用可とされても透過時間が短いものがあることから，メーカが提供している各種データを十分に確認しなければならない。化学物質との接触等による劣化のレベルを表したものが耐劣化性であり，こちらは 4 クラスに分けられている。ただしこれら性能を確実に保証するのかは化学物質によって異なると考えるべきであり，個別に平均標準破過点検出時間および物理的強度を確認する必要がある。化学防護手袋はつねに化学物質にさらされて性能低下が生じやすいことを理解し，平均標準破

過点検出時間を経過したら交換しなければならない。

（大西明宏）

〔9〕 足の保護具

足部災害，あるいは歩行に起因する災害にはさまざまなものがある。その中でも，とりわけ重量物の落下による爪先部の損傷災害は，かつて非常に高い割合で発生[2]していた。このため，まず「爪先部保護」を重点課題として，足の保護具の開発が行われてきた歴史がある。ここでは，このような背景の下で開発が進められ，いまではほかの保護具類と比較にならないほど深く産業現場に浸透している「安全靴」を中心に，足の保護具を紹介していくこととする。

（a） **安 全 靴**　性能についてはJISが定められている。また，保護めがねなどと同様に指定商品になっているため，規格の内容を満たした製品にはJISマークが表示されている。従来から求められているおもな性能として，耐衝撃性，耐圧迫性，表底の剝離抵抗，耐踏抜き性がある。安全靴のJISは，1997年11月20日付で大幅な改正が行われた。新たなJISは，従来四つに分類していたもの（革製安全靴，総ゴム製安全靴，足甲安全靴，発泡ポリウレタン表底安全靴）を一つに統合している。また，時代のニーズに即した基準を新たに追加している。性能については，従来なかった漏れ防止性，ならびにかかと（踵）部の衝撃エネルギー吸収性が追加されている。材料などについても幅が広がり，先芯は材料指定がなくなっている。このため，樹脂製，あるいは軽合金製の先芯であっても，性能を満たしたものであればJISマークの表示が可能となった。また，一般構造の記述として，滑り止め効果のある形状，あるいは軽量化，むれ防止といった表現が追加されている点も注目していただきたい。また詳細については，原文[3]を参照してほしい。

足の爪先部保護を目的として普及してきた安全靴であるが，時代のニーズとしてそれ以外の要素も求められてきていることが，JISの改正内容から読み取れる。最近特に注目されている性能として，下記の3点が挙げられる。

① 滑りによる転倒事故が多く発生していることから，耐滑性が要求されている。
② 床と接触する際の衝撃による足の捻挫，あるいはかかと部を痛めることを防ぐために，耐衝撃吸収性が要求されている。
③ 腰痛，内臓疾患などの発病に，履いている靴の形状が関わっているため，健康面からの構造的配慮，軽量化が求められている。

これらのことがらについては，1997年の改正JISで一部基準が明らかにされたが，すべては網羅されていなかった。しかし，2006年にさらなるJISの改正が行われ，耐滑性についても基準が明らかにされた。JIS T 8101「安全靴」のおもな改正ポイントを**表6.4.13**に示す。

詳細な参考資料として，「安全靴・作業靴技術指針」[4]がある。これは，使用者が安全靴の選択にあたって参考にしてもらうことを目的に作られたものであり，JISにはない基準も示されている。メーカサイドでは，この基準も参考にして製品化を図っている。

最近の安全靴の例を**図6.4.37**，および**図6.4.38**に示す。図6.4.37は，発泡ポリウレタンを用いた2層底構造により，耐衝撃吸収性，耐滑性，耐摩耗性を強化し，軽合金の先芯で軽量化を図り，さらに足の疲れを低減させる機能を施した高機能安全靴である。このような，健康管理面をも考慮した安全靴の着用により，従業員の疾病件数，疾病日数の顕著な減少が見られたという事例報告[5]がある。また，2013年に公表されている「職場の腰痛予防対策指針」[6]の中には，作業用の履物に対する健康管理面からの構造的配慮，についての記述がある。図6.4.38は，特に歩行の機敏性を考慮した，セーフティスニーカと呼ばれるものである。外観上は，通常のスニーカと変わりはないが，必要な防護性能をきちんと兼ね備えている。**図6.4.39**に，最近の安全靴の構造例を示す。

なお，靴の製法は，甲部と底部を接合する「底付け」の方法で分類されている。現在広く行われている製法と，それぞれの製法の特徴を**表6.4.14**に示す。また，表底の材質と一般的な性能を**表6.4.15**に示す。

（b） **特殊機能靴**　特殊な機能を施した保護靴の代表的なものを，**表6.4.16**に示す。残念ながら，どのような作業場面にも対応できる万能の靴は，現状においては存在しない。したがって，特殊な場面では，作業服と同様に一つの性能のみに力点を置かなければならないこともある。

図6.4.40は，どのような態勢でも違和感を感じないように甲部に柔軟な材質を用い，足との密着性，さらに足裏の感覚を保つことができるように配慮を施した高所作業用安全靴である。**図6.4.41**は，低層住宅の滑りやすい屋根からの転落災害を防止するために開発され，外食産業でも活用されるようになった超耐滑靴である。このような靴はグリップ性が強いために，通常の作業などで使用するとつまづきの原因となることもある。繰り返し述べるように，特殊な用途の靴は，特殊な場面だけに使用するものであるということを，使用前によく確認しておくことが必要となる。

表 6.4.13 JIS T 8101「安全靴」のおもな改正ポイント[1]

	新 JIS	備 考
呼称	JIS T 8101 安全靴 〜 Protective footwear 〜	
性能	① 爪先保護の耐圧迫・耐衝撃性能 　サイズごとに最低すき間を測定 　　サイズ〔足長〕　すき間〔mm〕 　　23.0 以下　　　12.5 以上 　　23.5〜24.5　　13.0 〃 　　25.0〜25.5　　13.5 〃 　　26.0〜27.0　　14.0 〃 　　27.5〜28.5　　14.5 〃 　　29.0 以上　　　15.0 〃 ② 表底の剥離抵抗 　重作業用（H種）・普通作業用（S種）……300 N 以上 　軽作業用（L種）……250 N 以上 ③ 耐踏抜き性能………1 100 N 　＊オプション性能 ④ かかと部の衝撃エネルギー吸収性………20 J 　＊オプション性能 ⑤ 耐滑性能………動摩擦係数 0.2 以上 　＊オプション性能 ⑥ 足甲プロテクタの耐衝撃性能………25 mm 以上 　＊オプション性能	・圧迫試験条件 　記号　圧迫力〔kN〕 　H　　15±0.1 　S　　10±0.1 　L　　4.5±0.04 　＊圧迫速度………5±2 mm/min ・衝撃試験条件 　記号　衝撃エネルギー〔J〕　落下高さ〔cm〕　ストライカ重量〔kg〕 　H　　100±2　　51　　　 　S　　70±1.4　　36　　20±0.2 　L　　30±0.6　　15
安全靴の種類	（1）甲被による種類 　種類　　　甲被 　革製　　　革 　総ゴム製　耐油性ゴム 　　　　　　非耐油性ゴム （2）作業区分による種類 　作業区分　　記号 　重作業用　　H 　普通作業用　S 　軽作業用　　L （3）付加的性能による種類 　付加性能　　　　　　　　　　　　記号 　耐踏抜き性能　　　　　　　　　　P 　かかと部の衝撃エネルギー吸収　　E 　耐滑性能　　　　　　　　　　　　F 　足甲プロテクタの耐衝撃性能　　　M	・4 種類の付加的性能は記号により運用する。 　ただし、オプション性能となる。 　　P：Penetrating（ペナトレイティング：突き刺す、踏抜くの意） 　　E：Energy（エナジー：エネルギーの意） 　　F：Friction（フリクション：摩擦の意） 　　M：Metatarsal（メタターサル：足の甲の意）
先芯材料	・材料の指定がない	
一般構造	・表底は、滑り止め効果のある形状であること。 ・軽量化、むれ防止、履き心地などに配慮し、作業しやすいものであること。	・転倒防止・健康構造・軽量化・履き心地などについて明確に表現化された。

図 6.4.37　高機能安全靴

図 6.4.38　スニーカー調安全靴

図 6.4.39　安全靴の構造例[1]

表 6.4.14　おもな靴の製法と特徴[1]

	製　法		特　徴
VP (直接加硫圧着式)		未加硫ゴムを挿入し，加熱加圧によって底ゴムを加硫成形すると同時にアッパに圧着させる	底材の合成ゴムを甲革の網様層（繊維）に接合させるため，接着力が強い
CP (セメント式)		成形した底材（ゴムまたはウレタン）に接着剤を塗布して圧着させる	・簡単で生産性が高く，底材の使用範囲も広い ・この製法は，安全靴以外に紳士靴，カジュアル靴などでも，幅広く採用されている
PUD (ウレタンダイレクト式)		ウレタン底材を金型に注入し，発泡成形と同時にアッパへ接着させる	ウレタンの1層底の製品に多く採用されており，表底の接着力が強い
IP (ウレタン射出成形式)		射出成形機を用いて，ウレタンの注入から成形までを自動制御し，表底を2層（ミッドソール，アウトソール）に発泡成形，同時にアッパへ接着させる	・高密度の強固な層と，低密度のクッション性に優れた層を持った2層底の靴を作ることができる ・1層と2層を色分けする，あるいはアウトソールをゴム，ミッドソールをウレタンといった靴も作ることができる

表 6.4.15 代表的な表底の材質と一般的な特性

項 目	合成ゴム	発泡ポリウレタン	項 目	合成ゴム	発泡ポリウレタン
重さ	重い	軽い	耐油性	良い	良い
物理的強度	高い	低い	耐薬品性	優れている	酸, アルカリで分解劣化することがある
衝撃吸収性（クッション性）	ない	優れている	耐摩耗性	良い	優れている
加水分解性	ない	ある	ノンマーキング性*	黒底…劣る 白底…よい	優れている
耐熱性	優れている	70～80℃で変形, 120℃くらいの高熱物に直接触れると溶ける			

〔注〕 *素材に含まれるカーボンなどによって, 床汚れなどを引き起こさない性能

表 6.4.16 特殊な機能を施した保護靴

種 類	機 能	備 考
足甲プロテクタ付き安全靴	足甲部にかかる衝撃エネルギーを, 足甲プロテクタを経由して先芯部分で受けることによって, 足甲部の負傷を軽くする靴	
耐熱安全靴	熱職場で, 周囲の熱を靴の内部に伝えにくくすることにより, 少しでも長い時間作業が続けられるような構造・材料で設計した靴	
高所作業用安全靴	どのような態勢でも違和感を感じないように甲部に柔軟な材質を用い, 足との密着性, さらに足裏の感覚を保つことのできるように配慮を施した高所作業用の靴	
導電靴	高圧動電気による高電界内作業時に, 人体にたまった電気を靴底より床面に漏洩させる靴（電気抵抗 $1.0\times10^5\,\Omega\geq R$）	ISO/TC 94 に, 性能基準が示されている
静電気帯電防止用安全・作業靴	人体にたまった静電気を靴底より床面に漏洩させる靴（電気抵抗 $1.0\times10^5\,\Omega<R<1.0\times10^8\,\Omega$）	JIS T 8103 に, 性能基準が示されている
絶縁ゴム底靴（耐電靴）	ゴム底のみが絶縁性能を持ち, 交流 300 V 以下, 直流 750 V 以下の回路に触れた場合の感電防止を目的とした靴	規格はないが, 電気抵抗は $1.0\times10^9\,\Omega\leq R$ で, 交流 3 000 V による 1 分間の耐電圧試験が行われている
電気用ゴム長靴（絶縁用保護具）	交流で 300 V を超える場合, あるいは直流で 750 V を超える回路に触れた場合の感電防止を目的とした靴	・労働省（当時）の構造規格「絶縁用保護具等の規格」で, 性能が定められている ・6 箇月ごとの「定期自主検査」の実施が義務付けられている ・6.4.2項〔11〕参照のこと
化学防護長靴	有害化学物質を取り扱う作業時に着用し, 化学物質の透過および浸透の防止を目的とした靴	・JIS T 8117 に, 性能基準が示されている ・革の網様層にウレタン樹脂を密着させた特殊な甲革（NT 革）を用いた, 耐油耐薬品（酸, アルカリ）用の保護靴がある
耐滑靴	低層住宅の屋根からの転落災害を防止するもの, あるいは寒冷地の凍った路面での転倒災害を防止するものなど, 耐滑性を重視した靴	
無じん靴	クリーンな作業環境の下で使用するもので, 靴からの発じん防止を考慮した靴	

図 6.4.40　高所作業用安全靴

図 6.4.41　超耐滑靴

（粂　孝臣，田中通洋）

引用・参考文献

1) ミドリ安全株式会社，技術資料（1998）
2) 安藤正，安全保護具ハンドブック，中央労働災害防止協会（1971）
3) JIS T 8101：2006　安全靴（日本規格協会）
4) 労働安全衛生総合研究所，安全靴・作業靴技術指針（TR-No.41）（2006）
5) 武内由記男，我が社が取り組んでいる足からの健康管理について，平成元年全国産業安全衛生大会研究発表集（1989）
6) 平成25年6月18日基発0618第1号：職場における腰痛予防対策の推進について

〔10〕墜落防止のための保護具（安全帯）

墜落災害の防止のための保護具として，安全帯がある。安全帯の性能基準については，厚生労働省の構造規格（安全帯の規格）やJIS規格，旧労働省産業安全研究所（現 労働者健康安全機構）が公表している構造指針・使用指針などがある。詳細については，各原文を参照してもらいたい。数種類の規格の内容については大きく異なるものではないが，使用されている言葉に違いがあるため，**表6.4.17**に言葉の対比をまとめた。通常，カタログなどでは研究所構造指針・使用指針の分類がよく表現として用いられているようである。

墜落災害防止の基本となる対策は，安全な作業が可能となる作業空間の広さがあり，かつ当該作業場の踏み抜き等の危険のない強度を有する"作業床"と，その端部に転落防止のための"手すり（囲い等）"を備えることである。安全帯は，このような対策が困難な場合で使用される個人用保護具である。

安全帯の使用方法としては，大きく分けて2種類に大別できる。一つは墜落危険箇所への接近を防止する目的で使用する方法，もう一つは作業床等の作業箇所から墜落開始後に，地面等への衝突を阻止する目的で使用する方法である（**図6.4.42**参照）。前者の対策を諸外国では「レストレイントシステム：restraint systems」，後者を「フォールアレストシステム：fall arrest systems」と呼び，両者の違いを作業者等に教育し，区別して利用している。日本ではこのような区別がない状態で安全帯が利用される傾向にあるが，作業者の墜落自体を防止する方が，災害発生リスクが低いと考えられることから，安全帯を使用する場合におい

表 6.4.17　安全帯の種類と各規格での表現

旧労働省産業安全研究所		JIS 規格「T 8165」	厚生労働省告示 第三十八号「安全帯の規格」
構造指針	使用指針		
2種安全帯（フルハーネス）		A種	ハーネス型安全帯（第2条の2）
3種安全帯A（垂直面用ハーネス）	1本つり専用	B種	胴ベルト型安全帯（第2条）
3種安全帯B（傾斜面用ハーネス）			
1種安全帯（胴ベルト）	U字つり専用	C種	
	1本つり/U字つり専用	D種	
		E種（常時接続可能型）	

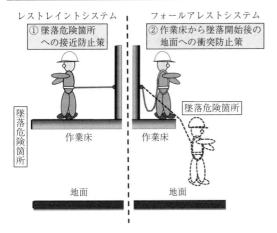

図6.4.42 安全帯の二つの使用方法

ても，前者を目的とした対策を講じることが優先されるべきである点を正しく認識する必要がある。

安全帯の種類としては，大きく分けて胴ベルト型安全帯（図6.4.43参照）とハーネス型安全帯（図6.4.44参照）に大別される。

図6.4.43 A種安全帯

（a）正面　（b）背面

図6.4.44 ハーネス型安全帯

胴ベルト型安全帯は，現在日本において最も普及している安全帯であるが，諸外国ではほとんどみられず，ハーネス型安全帯が普及している状況である。胴ベルト型安全帯は，身体の腰の部分にベルトを巻き付けたもので，図6.4.42に示す墜落危険箇所への接近防止の目的として有効な器具の一つと考えられる。一方，作業床から墜落を開始した場合，胴ベルト等により地面への衝突を防ぐことは可能かもしれないが，墜落阻止時の身体への衝撃により，内蔵損傷等の傷害発生リスクが指摘されており，この理由から諸外国ではハーネス型安全帯が主流となっている。なお，EU指令Directive 89/686/EEC AnnexⅡでは，高所からの墜落災害の防止のためには，「墜落の危険がある箇所への接近を防止する」または「身体の強い箇所へ衝撃荷重を導く，あるいはショックアブソーバの利用により，傷害リスクを低減しなければならない」と規定している。そのため諸外国では，ハーネス型安全帯を使用する際には，そのようは設計がなされたものを選定するとともに，衝撃吸収性能を有するショックアブソーバ付きのランヤード（図6.4.45参照）を使用することが前提となっている。またこれを踏まえ，厚生労働省でもハーネス型安全帯の普及・促進を進めている状況である。

図6.4.45 ショックアブソーバ付きのランヤード

このほかの安全帯の分類としては「1本つり」と「U字つり」がある（表6.4.17参照）。「1本つり」とは，上記の墜落開始後に身体が地面等の下方の障害物等へ激突することを防止する目的で利用されるものである。一方「U字つり」とは，柱上作業などの作業床が確保できない作業空間において，作業を容易にするための身体拘束を目的として利用されるものである。諸外国では「ワークポジショニングシステム：work positioning system」と呼ばれ，このような作業を行う場合には，身体拘束用のロープのほかに墜落阻止用のロープ（ライフライン：lifelineと呼ばれている）が必要，つまりフォールアレストシステムの併用が必要とされている。安全帯やランヤード，ショックアブソーバについては，さまざまな種類のものが開発されている状況であり，用途などに応じて適切な安全帯を

選定し，使用する必要がある。

労働安全衛生法施行令，厚生労働省告示および労働安全衛生規則の改正により，2019年2月より安全帯の法令上の名称は，「墜落制止用器具」に変更された。JIS T 8165は，墜落制止用器具の規格に適合させる形で改定予定である。　　　　　（日野泰道，田中通洋）

〔11〕 **特殊な用途に用いる保護具**

ここでは，特殊な用途に用いる保護具の中で，代表的なものを二つ紹介することとする。

（a） **絶縁用保護具**　7000V以下の高圧・低圧電気回路の活線作業，および活線近接作業において，感電災害防止のために用いる保護具類を総称して絶縁用保護具と呼んでいる。また，狭義には，厚生労働省の構造規格で性能が規定されているもの（使用電圧が，交流で300Vを超え7000V以下のもの，あるいは直流で750Vを超え7000V以下のもの）だけを指すこともある。具体的な保護具として，電気用安全帽，電気用ゴム手袋，絶縁衣，絶縁ズボン，電気用ゴム長靴などがある。

絶縁用保護具については，厚生労働省の構造規格[2]がある。また，型式検定も行われているため，製品には「型式検定合格標章」が刻印されている。ただし，使用電圧が交流300V以下，および直流750V以下の絶縁のための保護具類は上記の適用を受けない。表6.4.18に，規格で定められている絶縁用保護具の種類と，耐電圧試験の試験電圧を示す。規格では，それぞれの電圧に対して1分間耐える性能を求めている。図6.4.46に，絶縁用保護具の着用例を示す。

絶縁用保護具は，個人用保護具の中で唯一法令上の定期自主検査の対象[9]となっている。したがって，6箇月に1回検査を行い，検査内容を記録して3年間保存しておく必要がある。また，目視などによる日常点検（ピンホールの有無の確認など）も，日々実施することが必要である。

（b） **腰部保護ベルト**　厚生労働省が毎年集計

図6.4.46　絶縁用保護具の着用例

している休業4日以上の業務上疾病のうち，腰痛が占める割合は依然として高い。2016（平成28）年においては，業務上の負傷に起因する疾病が5598人で，業務疾病全体の7割を超えており，この中でも災害性腰痛が4722人で，業務上の負傷に起因する疾病のうち8割以上を占めている。この課題を具体的に職場で進めるにあたって，「職場における腰痛予防対策指針」[10]を公表し，腰痛予防対策に力を注いでいる。

重い物を持ち上げる作業，また長時間の立作業，座り作業を行うときには，腰部保護ベルトの着用によって腰への負担が軽減できる場合がある。図6.4.47は，「腹圧を上げる効果（外力を分散させて脊椎の特定点に力を集中させない効果が得られる）」，「骨盤補強効果（腰椎の捻挫（ぎっくり腰））を予防する効果が得られる」，ならびに「運動性と快適性（筋肉を固定せず，筋肉の自然な動きを許しながら腰部をサポートする）」を持たせた腰部保護ベルトである。図6.4.48は，特に介護・看護作業に従事する女性が使用することを想定した，作業服の下に装着するタイプのベルトである。図6.4.49は，あらかじめ腰部保護ベルトが取り付けてあるズボンである。

表6.4.18　絶縁用保護具の種類と耐電圧試験の試験電圧

種　　類	試験電圧〔V〕		備　　考
	型式検定時	定期自主検査時	
交流の電圧が300Vを超え600V以下である電路について用いるもの	交流3000	交流1500以上	低圧用と呼ばれることもある
交流の電圧が600Vを超え3500V以下である電路または直流の電圧が750Vを超え3500V以下である電路について用いるもの	交流12000	交流6000	高圧用と呼ばれることもある
電圧が3500Vを超え7000V以下である電路について用いるもの	交流20000	交流10000以上	

6. 労働安全衛生

指針の解釈例規で説明されているとおり，腰部保護ベルトを導入する場合に作業者全員に一律に支給し，着用を促すことなく，まずは作業者に腰部保護ベルトの効果や限界を正しく理解させるための教育を行うとともに，産業医（または整形外科医，産婦人科医）の助言を受けながら，個々の場面で導入を検討していくことが必要である。　　　　　　　　　　（田中通洋）

図 6.4.47　腰部保護ベルト

図 6.4.48　服の下に装着するタイプの腰部保護ベルト

図 6.4.49　あらかじめ腰部保護ベルトが取り付けられているズボン

引用・参考文献

1) 労働安全衛生法：第 42 条（譲渡等の制限）
2) 昭和 50 年 3 月 29 日労働省告示第 33 号：絶縁用保護具等の規格
3) 平成 12 年 12 月 25 日労働省告示第 120 号：保護帽の規格
4) 平成 14 年 2 月 25 日厚生労働省告示第 38 号：安全帯の規格
5) 平成 15 年 12 月 19 日厚生労働省告示第 394 号：防じんマスクの規格
6) 平成 13 年 9 月 18 日厚生労働省告示第 299 号：防毒マスクの規格
7) 平成 26 年 11 月 28 日厚生労働省告示第 455 号：電動ファン付き呼吸用保護具の規格
8) 労働安全衛生法：第 44 条の 2（型式検定）
9) 労働安全衛生法：第 45 条（定期自主検査）
10) 平成 25 年 6 月 18 日基発 0618 第 1 号：職場における腰痛予防対策の推進について

7. ヒューマンファクタ

7.1 安全人間工学

7.1.1 人と安全

産業システムにおいて，安全上，人（ヒューマンファクタ）に関して考えるべきことは，つぎの二つとなる。
- 作業者が心身の健康を損ねることのないようにすること（労働災害の防止）
- 装置の誤操作や，業務におけるヒューマンエラーを防ぐこと（システムの安全・安定操業の実現）

人間の能力には限界があり，また認知，判断，意欲などの諸側面には特有の特性がある。それら限界や特性を理解した上で，適切な業務諸条件（ワークシステム）をデザインしなくては，作業者に危害を与え労災を招くことになり，また，機器の誤操作やヒューマンエラーから，不良品製造等の事故を招くことにもなってしまう。したがって，ワークシステム設計を行う場合には，それに従事する人間を基準にシステム設計を行う必要がある。

人間工学（ergonomics，human factors）は，このように人間を基準にシステム設計を行う技術である。

人間工学を表す英語には，ergonomics と human factors の二つがある[1]。

〔1〕 ergonomics

ergonomics という言葉は 1857 年にポーランドの学者 Wojciech Jastrzębowski 氏の著書において初めて使われたもので，ギリシャ語の ergon（仕事や労働）と nomos（自然法則）から成る造語である。産業革命により工業社会化し，労働者の効果的な使役や健康保持が課題として浮かび上がってきた時代背景があるものと思われる（図7.1.1 参照）

ergonomics は欧州において労働科学や産業医学を起源に発達してきた領域であり，現代の労働基準法，労働安全衛生法へとつながっているものである。人間の心身の健康を守る立場からのワークシステムデザインに重きが置かれる。具体的にはつぎの三つの事項を，この順で管理することである。これを労働衛生（産業保健）の3管理という。ergonomics は特に作業環境管理・作業管理に大きな役割を果たしている。

「作業環境管理」　労働者の身体に悪影響を及ぼさ

図7.1.1　18世紀のイギリスの炭鉱児童労働の実態[2]

ないよう，作業環境を整える。

「作業管理」　作業量，作業時間，休憩，作業姿勢等の作業実施条件を適正化する。これらが不適切であると疲労が蓄積し，疾病を招き，ヒューマンエラーの増加，作業パフォーマンスの低下にもつながる。

「健康管理」　作業環境管理，作業管理を行っても，何らかのストレスは作業者に課せられているので，その作業者の特性等によっては，疾病につながる可能性もある。そこで健康を阻害している予兆，状況はないかなどを，健康測定（健康診断）を通じて把握し，必要な健康管理の介入を行う。さらに，労働者らの健康や安全に関する意識高揚，正しい知識の獲得も重要であり，これを行うために産業保健教育（労働衛生教育）を実施する。

〔2〕 human factors

20世紀に入り米国を中心にした機械の時代になると，機械の使用誤りによる事故が課題となってきた。例えば，操縦士が高度計を見誤り，山岳に激突してしまう事故や，前方視界が悪い2機の航空機が空中衝突するといった事故である（図7.1.2 参照）。

前方に広がる三角エリアは，それぞれの航空機の前方視界の状況である。同一針路での飛行において，互いの存在に気付けず，気が付いたときには回避困難であり空中衝突したものと推察されている。

機械性能がいかに良くとも，それを操縦する人間に適合しないインタフェース設計であれば，期待される機械性能が発揮されないだけではなく，事故を招く。

図7.1.2 前方視界が悪い2機の航空機の空中衝突（1956年6月30日 米国）[3]

そこで人間に適合したインタフェース設計を行うべきである。こうした考えに立つシステム設計技術が，human factors（当初はhuman engineeringと呼ばれていた）である。なお，「ヒューマンファクタ」と単数形はシステムを構成する要素としての人間を意味し，「ヒューマンファクターズ」と複数形で表現すると，人間が扱うシステム（人工物）設計の技術を意味する。

〔3〕 人間とシステムとの適合

ergonomicsもhuman factorsも，根底にある考え方は同じである。すなわち，人間に適合するように人工物を設計するということである（図7.1.3参照）。

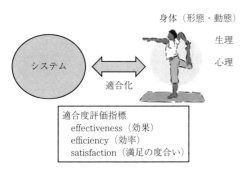

図7.1.3 人間とシステムとの適合

人間には無限の能力があるわけではなく，さまざまな能力の限界や特性がある。
・形態・動態特性：身体寸法や関節可動角，筋力，動作速度等
・生理的特性：恒常性維持，すなわち生命維持に係る特性。例えば温熱，低酸素，放射線環境等の許容限界等
・心理的特性：知覚・認知，記憶など，情報処理に関わる特性や，モチベーション，感動などの人間性に関わる特性。

それらの特性とシステムとが適合しなかったり，あるいは，システムの要求水準が能力の限界を超えると，特につぎの三つの項目に問題が生じる。

「効果性（effectiveness）」の低下：ヒューマンエラーの増加，作業の出来栄え（品質）の低下など

「効率性（efficiency）」の低下：作用時間の遅延，単位時間当りの作業量の減少など

「満足の度合い（satisfaction）」の低下：不満の増加，モチベーションの低下，健康状態の悪化など。

これらは，ISO 9241-11：1988（Ergonomic requirements for office work with visual display terminals（VDTs）-- Part 11：Guidance on usability：JIS Z 8521：1999 人間工学—視覚表示装置を用いるオフィス作業—使用性についての手引）[4]において示されるVDT（visual display terminal）を用いた対話型システムのユーザビリティの定義であるが，広く，人間工学の観点からのワークシステム設計の尺度といえる。人間工学の目標は，これら3指標の評価値を最大化することにある。

〔4〕 作業能力の個人差

（a） 個人差とその対応　前述した形態・動態，生理，心理の諸能力には，個人差がある。集団としてみた場合，そのばらつきは，一般に正規分布に従う。多数者に向けての安全を考えた場合，この個人差に対する配慮が必要となる。

例）
・脱出口のハッチの直径は，体格が大きい人に合わせるべきである。そうすればそれより体格の小さい人は難なく脱出できる。仮に，平均体格の人に合わせて設計すると，平均より大きな体格の人（人口の50％）は身体がつかえて脱出できなくなってしまう。
・緊急時に使用する装置は，訓練を受けたベテランを前提としたり，冷静な状態でのみ使えるものであってはならない。不慣れな人がパニックになっていても確実に使えるように簡便なものとすべきである。

一般に，身体寸法などが関わる安全設計では，最低限，使用者の分布の5パーセンタイルから95パーセンタイルに属する使用者に対しての使用性を保証すべきといわれている。

（b） 加齢配慮・性差配慮　一般に，加齢とともに，動態，生理特性等の生物学的な意味での作業能力は緩やかに低下する。例として年齢と筋力（握力）の変化を図7.1.4に示す。休憩時間，重量物取扱い等の作業計画，照度，設備什器等の作業環境が若年者を前提に設計されていると，高齢者に過度な負担を課すことになり，結果，ヒューマンエラーの多発などにつ

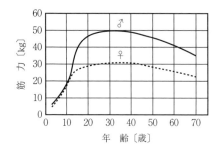

図7.1.4 加齢と筋力（握力）の変化[5]

ながるおそれがある。ただし，経験を積むことでの柔軟な対応力，無謀な行動は控えることなどは，一般に若年者に比べると良好な状態にあるから，あらゆる場面，状況で高齢者が安全上不利になるということではない。

また，図7.1.4からもわかるように，女性は，筋力などの生物学的な特性は，一般に男性に比べて低く，体格も小ぶりであり骨盤形状等にも違いがある。このため，設備設計等においては性差配慮が求められる場合がある。

（c）　障　害　者　　障害者基本法第二条では，障害者を以下のように定義している。

「身体障害，知的障害，精神障害（発達障害を含む。）その他の心身の機能の障害（以下「障害」と総称する。）がある者であつて，障害及び社会的障壁により継続的に日常生活又は社会生活に相当な制限を受ける状態にあるものをいう。」

また同法第三条において「全て障害者は，社会を構成する一員として社会，経済，文化その他あらゆる分野の活動に参加する機会が確保されること」と示されている。このことは当然であるが，心身機能に障害がある以上，障害の内容（種類）と程度に応じて，それを補う配慮がなされなくては実現できない。具体的には，作業，作業環境への配慮のほか，補装具，自助具への配慮，周囲の手助けなどの体制上の配慮が求められる。

（d）　バリアフリーとユニバーサルデザイン

健康な男性若年者を前提に設計されている作業，作業環境，家庭内外の生活環境に，高齢者，女性，障害者が従事，参画しようとすると，生物学的な作業能力の低さにより，負担が大きく，場合によると，従事，参加すらできなくなる場合もある。そうしたことは従事，参画を妨げる障壁（バリア）であるから，それを取り除くことが求められる。これをバリアフリー（barrier free）という。さらには，設備機器などさまざまな物，建築物，社会制度等を設計するときに，身体，性，使用言語，文化等さまざまな人の存在を設計の当初から考えに入れ，多様な人が満足できる設計をすべきである。こうした考えをユニバーサルデザイン（universal design，欧州では inclusive design）という。なお，ユニバーサルデザインという言葉は，米ノースカロライナ州立大学デザイン学部 ロナルド・メイス教授によるものであり，彼は設計配慮事項としてユニバーサルデザインの7原則を示している[6]。

1. どのような人にも公平に使えること
   equitable use
2. 使う上での柔軟性があること
   flexibility in use
3. 使い方が簡単，自明であること
   simple and intuitive
4. 必要な情報がすぐに得られること
   perceptible information
5. ささいなミスが許容されること
   tolerance for error
6. 身体負担を要さないこと
   low physical effort
7. アプローチや利用のための十分な広さの空間が確保されていること
   size and space for approach and use

7.1.2　作業者の健康

〔1〕　ストレスと恒常性の維持

生命が維持され，生体が機能するためには，生体内部はある一定の内的状態を維持しなくてはならない。これを恒常性（ホメオスタシス，homeostasis）の維持という。例えば体温は37度を中心に維持されなくてはならず，42度以上になると代謝に関わる酵素活動が阻害され細胞がダメージを受けるといわれる。このため温熱環境にさらされると，体温上昇を防ぐために発汗し，休憩を求めるようになる。

一般に，恒常性を乱す要素をストレッサ（負荷）といい，それに対する生体側の受ける影響をストレス（負担）という。

産業におけるストレッサとしては，温熱，騒音などの物理的ストレッサ，病原菌，栄養，作業量などの生物的ストレッサ，薬物，化学物質などの化学的ストレッサ，人間関係や仕事への不満などの精神的ストレッサが存在する。これらのうち，精神的ストレッサについては恒常性を直接的に乱すものではないが，健康な職場作りにおいては重大な問題であり，メンタルヘルスにおいて扱われる。

同じ量，質のストレッサを受けても，それに対するストレスには個人差がある。民族差もあり，例えばペ

ルーの高地は，富士山の標高と同じ4 000メートル級であるが，そこに居住する人々は低酸素に苦しむことはない。

ストレッサに対する限界はあり，その許容限界を超えるストレスを受けると，生体は機能できなくなる。また許容限界内であっても長期にわたりさらされ続けるとその影響が蓄積し，生体にダメージを与えることもある。そうならないよう，ストレッサコントロールが求められる。また特に精神的ストレッサに対しては個人差が大きく，同じ仕事をしていても，苦痛に思う人もいるし，やりがいを感じる人もいることは日常的にみられることである。そこで，健康管理を通じての一人ひとりに対する介入（保健指導）も必要となる。

〔2〕疲　　労

作業を継続的に行うことにより生じる「疲れた」という作業継続の困難を訴える感情状態が疲労であり，作業量や作業の質の低下をもたらす。疲労を押して作業を継続すると，疾病に至る。裏返せば疲労感は，生体の防御反応ということができる。

疲労は休憩しなくては解消されない。労働基準法では，休憩等に関してつぎを定めている[7]。

・使用者は，原則として，1日に8時間，1週間に40時間を超えて労働させてはならない（32条　労働時間）。
・使用者は，労働時間が6時間を超える場合は45分以上，8時間を超える場合は1時間以上の休憩を与えなければならない（34条　休憩）。
・使用者は，少なくとも毎週1日の休日か，4週間を通じて4日以上の休日を与えなければならない（35条　休日）。
・使用者は，労働者が（1）6箇月間継続勤務し，（2）その6箇月間の全労働日の8割以上を出勤した場合は，10日（継続または分割）の有給休暇を与えなければならない。6箇月の継続勤務以降は，継続勤務1年ごとに1日ずつ，継続勤務3年6箇月以降は2日ずつを増加した日数（最高20日）を与えなければならない（39条　年次有給休暇）。

疲労は，作業特質により生じる箇所や状態は異なる。筋的・肉体的差作業であれば，筋肉が疲労する。精神的な作業であれば，精神的に疲れるであろう。そこで休憩の質についても，身体を休める，リフレッシュするなど，効果的な取り方をする必要がある（7.2節参照）。

〔3〕単　　調

人間は低刺激状態であると，大脳が賦活されず眠気を催す。低刺激であるということが，一種のストレッサであるともいえる。このため，身体動作や作業内容の変化に乏しい業務では，眠気から作業パフォーマンスが低下する。対応すべき事態の発生が乏しい監視作業や，混雑していない高速道路の長距離自動車運転が典型例であり，疲れているのではなく，単調から居眠り事故を起こしてしまうことがある。これを避けるためには，高刺激にすればよい。自動車運転であれば，音楽を聴く，歌を歌う，ガムをかむなどである。

〔4〕メンタルヘルス

現代産業は，製造設備の自動化，ロボット化により肉体的負担は軽減され，さらにICT（information communication technology）システムの利用などにより，少人数での業務遂行が可能となった。その反面，業務管理が厳格になることや，少人数での業務により人間関係の幅が狭くなること，業務自体が精神作業化することなどにより，精神的ストレスが大きくなり，メンタルヘルスを阻害し欠勤につながることなどもある。また，会社の待遇，処遇の不満なども重なり，業務妨害行為等，産業安全上の重大な問題をもたらす例もある。業務妨害行為とは，例えば食品工場であればわざと異物を混入するような行為であり，多くの場合，混入が発覚するようになされ，発覚されないと発覚されるまで繰り返される。

メンタルヘルスが阻害されると，その状態は，頭痛，動悸，下痢等といった身体面，意欲減退，抑鬱といった精神心理面，過度の飲酒，危険・粗暴行動などの行動面に表れ，本人も周囲も苦痛であるし，安全な作業遂行が妨げられてしまうことにもなる。

〔5〕生 活 習 慣 病

食生活の乱れ，運動不足，過度の飲酒，喫煙等の生活習慣により生じる疾患を，生活習慣病という。高血圧，脂質異常症（高脂血症），糖尿病などがあり，脳梗塞や心筋梗塞，がんなどの原因にもなる。

現代産業においては，身体的には作業負荷は軽くなり運動不足になりがちなことや，メンタルヘルスが原因での喫煙，暴飲暴食などもあり，生活習慣病，あるいはその予備軍者数は増加傾向にある。当然のことながら健康が損なわれるため，安全な作業遂行も脅かされる。一人ひとりの生活習慣に立ち入っての生活改善，健康保持，健康作りが求められる。

厚生労働省では，労働者の健康の保持増進を目的に，1988（昭和63）年から労働安全衛生法第70条の2第1項の規定に基づく健康保持増進のための指針（THP，トータルヘルスプロモーションプラン）の展開，推進を事業主に求めている。

THPでは，個人の健康測定に基づき，一人ひとりに適した運動指導，保健指導，メンタルヘルスケア，

栄養指導など生活習慣に対する指導を行い，継続的で計画的な健康づくりのサイクルを回すことを目標にしている。

7.1.3 使いやすい設備機器
〔1〕 マンマシンシステム

機械（道具，設備や，携帯電話やパソコンなどのIT機器を含む）と，その使用者（ユーザ）とは，**図7.1.5**の模式関係にある。このモデルをマンマシンシステムという。

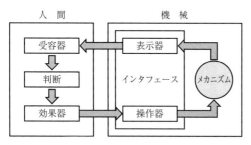

図7.1.5 マンマシンシステム

表示器（display）とは，機械の状態を示す部分のことであり，メータやランプなどの視覚表示，アラーム，ボイスメッセージなどの聴覚表示，点字などの触覚表示がある。また都市ガスの臭いや，小児用小物玩具の苦味（口に入れると吐き出す）といった，嗅覚表示，味覚表示もある。これらは明示的な表示器であるが，暗黙的なものもあり，道具であれば柄の部分が，「握る」という行為を促す視覚表示に相当する。

人間はこうした表示から提示される情報を受容器（5感：視覚，聴覚，皮膚感覚（俗にいう触覚），嗅覚，味覚）を通じて看取し，どのように扱えばよいかを判断し，その判断に基づき，効果器（手や足，声帯などの筋肉）を使って操作器（controller）を操作する。すると機械のメカニズムが働き，機器が作動する。その作動結果は再び表示器を通じて人間に伝達される。

人間と機械とはこのように，一種の情報システムを形成している。その界面にある表示・表示器や操作器をインタフェース（マンマシンインタフェース，ヒューマンインタフェース，ユーザインタフェース）という。

人間と機械との間の情報授受が円滑になされれば問題のない機器使用が可能となるが，それが妨げられると，機器の誤操作になり，安全が脅かされることになる。例えば，アクセルとブレーキを踏み間違って自動車が暴走し事故になるというようなことである。したがって，人間の能力の限界と特性を踏まえたインタフェース設計がなされる必要がある。具体的にはつぎが挙げられる。

- 情報取得の容易性：表示の見やすさ，アラーム音の聞きやすさなど
- 取得された情報の理解容易性：表示内容の意味の理解のしやすさ，覚えやすさなど
- 操作器の操作性：ボタンの押しやすさ，ハンドルの持ちやすさなど
- 表示器や操作器の配置位置：操作姿勢において，視野内の表示があること，作業域内に操作器があること
- フィードバックと応答（作動）時間：機器を操作したあとの反応（フィードバック）の形態，それが得られるまでの時間。例えば自動販売機でボタンを押してから商品が出てくる（フィードバック）の時間が長いと，不安感から再操作をしてしまう。

これらの状態が良好である機械は，ユーザビリティ（使用性）が良いといわれる。なお，ユーザビリティとは「特定の利用状況において，特定のユーザによって，ある製品が，指定された目標を達成するために用いられる際の，有効さ，効率，ユーザの満足度の度合いと定義される[4]。

〔2〕 人間中心設計過程

機械の仕様（スペック）を定めていくときには，利用状況の把握と定義が必要となる。端的にいえば，「誰が」，「いつ」，「どこで」，「何のために」，「どのように」その機械を使用するか，ということである。例えば，飲み物のカップを設計するときであれば，「大人が使うのか，それとも子供か」，「自宅で使うのか，喫茶店で使うのか」，「熱い飲料か，冷たい飲料か」，「手洗いするのか，食器洗浄機で洗うのか」などといったことが決まらないと具体的な仕様は決められない。この定義に失敗すると，先々，致命的な使いにくさを招くことになる。

こうしたことを踏まえ，人間工学の設計プロセスを示したものが，ISO 9241-210 Ergonomics of human-system interaction -Part 210：Human-centred design for interactive systems[8]に示される人間中心設計過程（human centred design process，人間中心設計活動の相互依存性）である（**図7.1.6**参照）。規格は対話型システムを前提としているが，広く人間工学におけるシステム設計全体に共通した考え方である。ポイントはつぎの四つのステップを確実に踏むことである。

- Understand and specify the context of use：設計対象機械の利用状況を把握，明確化する

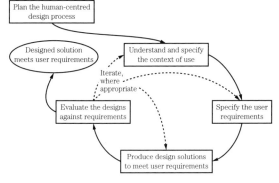

図7.1.6 人間中心設計過程[8]

- Specify the user requirements：ユーザの要求事項を明確にする
- Produce design solutions to meet user requirements：要求事項に適合する解決案（設計案）を作成する
- Evaluate the designs against requirements：設計案が要求事項に適合するかを，試作品の試用などのテストを通じて評価する。もし良好な評価結果が得られないのであれば，それは，つぎの三つが考えられるので，それぞれ問題の発生ステップに立ち返って再検討を行う。
- 利用状況の把握，定義に漏れや誤りがあった（例：若年者が使用すると見込んでいたが，実際にはかなりのご高齢の方も使用した）
- 要求事項の把握に漏れや誤りがあった（例：ご高齢の方が使用することは見込んでいたが，老眼鏡をかけなくとも表示を確認できるようにすべきとの要求事項を見過ごしていた）
- 設計案の作成において誤りがあった（例：ご高齢の方の身長に適合する操作盤面高さの算定を誤った）

7.1.4 安全とヒューマンファクタ

〔1〕 ヒューマンエラーの新たな考え方と取組み

安全に関わるヒューマンファクタを考えた場合，最も影響が大きいものは，ヒューマンエラーであり，端的にいえば，定められたことや期待されたことが果たされなかった事態のことである。ヒューマンエラーを表すモデルにつぎがある。

- 4Mモデル：man（人），machine（道具や機器），media（環境），management（教育訓練や勤務時間などの使役管理）。これにそもそもすべきこと（定められたこと）に無理があることもあることから，missionを加えて5Mとされることもある。

ヒューマンエラーを避けるためには，これらの各要素を良好化する必要がある。
- SHELモデル：航空機の運航乗務員のヒューマンエラーを説明するものとして，Hawkins, F. H.（1984年）が提案したたいへん有名なモデル（図7.1.7参照）。中心のL（liveware）は作業者本人を表す。作業者は，S（software，手順やマニュアルなどの情報），H（hardware，道具や器材），E（environment，環境），L（liveware，チームメンバー等，本人以外の人）との関係において業務を遂行する。その関係に齟齬が生じる（隙間が開く）ことがエラーであると説明する。したがってエラーをなくすためには，各要素の関係性を良好化する必要がある。なお，このモデルにおいて各要素の囲みが波打っているのは，状態がつねに変動していることを表している。

図7.1.7 SHELLモデル（Hawkins, F.H.）[9]

〔2〕 安　全　防　護

ヒューマンエラーが生じても，その後の防護（ブロック）がなされることで，事故を防ぐことができる。防護としてはつぎがある。

- 人による防護：例）第三者によるエラーの気付きと指摘
- 技術による防護：例）フールプルーフ，保護具，自動車の追突防止装置などの自動装置
- 仕組み（制度）による防護：例）ダブルチェック

〔3〕 現　場　力

安全のためにヒューマンエラーを防ぐことは重要であるが，一方で，変化する条件下においての業務では，臨機応変，機転，といったことで安全が確保されることもある。いわば現場力ともいえる。野球についても，選手の臨機応変があれば，難しい打球も捕球されるといえ，それが及ばなかった事態がヒューマンエラーといわれるといういい方もできる。

こうした臨機応変をレジリエンス（resilience）といい，レジリエンスの立場から安全を求めるヒューマンファクターズの技術をレジリエンスエンジニアリングといい，そのアプローチをSafety-Ⅱという。一方，技術システムの取扱いなど，定められた手順に忠実に従うことで達成される安全のアプローチをSafety-Ⅰという。

レジリエンスにより安全を求めるには，当事者の高い能力が求められる。すなわち安全は能力といえ，Hollnagel, E. はつぎのように定義をしている[10]。

「システムが想定された条件や想定外の条件の下で要求された動作を継続できるために，自分自身の機能を，条件変化や外乱の発生前，発生中，あるいは発生後において調整できる本質的な能力のこと」

この能力のモデルとして，Hollnagel, E. は，図7.1.8の模式図を示している[10]。すなわち，状況に応じた対応（responding）が鍵であるが，そのためには，知識と経験を積んでいること（learning），そしてどのような変動が生じ得るのかを予見し（anticipating），変動の出現を注意深く監視していること（monitoring）が必要である。これら4要素が備わって，初めて的確なレジリエンスが達成される。

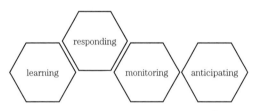

図7.1.8　レジリエンスを構成する4要素[10]

〔4〕資　質

Safety-ⅠにおいてもSafety-Ⅱにおいても，それを遂行する立場の人には，要求されるタスクに見合った資質が必要となる。その素質としては，一般に図7.1.9から構成される[11]。

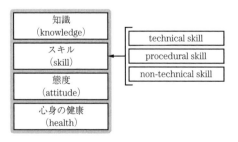

図7.1.9　タスク遂行に求められる個人資質[11]

・知識：規程それ自体や，背景にある原理原則等の知識
・スキル：技術的なスキル（technical skill），機器を正しい手順で使用するスキル（procedural skill），状況認識やコミュニケーション等のスキル（non-technical skill）
・態度：責任感を持って業務を遂行するなどの態度
・心身の健康：業務を十分に遂行できる体力，健康状態

なお non-technical skill（ノンテクニカルスキル）とは，「テクニカルスキルを補って完全なものとする認知的，社会的，そして個人的なリソースのスキルであり，安全かつ効率的なタスクの遂行に寄与するもの」と定義される[12]。具体的なプログラムとして，航空におけるCRM（crew resource management）が代表的である。一般にCRMは，表7.1.1に示すスキルから構成されている。
　　　　　　　　　　　　　　　　　（小松原明哲）

表7.1.1　CRMスキルの構成（航空宇宙技術研究所）[13]

コミュニケーション communication	2way communication	情報の伝達と確認
	briefing	ブリーフィング
	assertion	安全への主張
意思決定 decision making	decision	解決策の選択
	action	決定の適用
	critique	決定・行動のレビュー
チームの形成・維持 (team building & maintenance)	leadership	業務の主体的遂行
	climate	チーム活動に適した雰囲気・環境作り
	conflict resolution	意思の相違の解決
ワークロード・マネジメント (workload management)	planning	プラニング
	prioritizing	優先順位付け
	distribution	タスクの配分
状況認識マネジメント (situational awareness management)	monitor	状況の把握・認識の共有
	vigilance	警戒
	anticipation	予測
	analysis	問題点の分析

引用・参考文献

1) 日本人間工学会ホームページ
   https://www.ergonomics.jp/outline/ergono-history.html （2018年12月現在）
2) Children working in mines., Children's Employment Commission. First Report of the Commissioners. Mines. Parliamentary Papers. Session 1842. Shelfmark：B.S.Ref.18 volume 17, 65

http://www.bl.uk/learning/images/victorian/technology/large107007.html（2018 年 12 月現在）
3) Chapanis, A., Man-Machine Engineering, Wadsworth Pub.Co. (1965)
4) ISO 9241-11：1988（Ergonomic requirements for office work with visual display terminals (VDTs) -- Part 11：Guidance on usability：JIS Z 8521：1999　人間工学―視覚表示装置を用いるオフィス作業―使用性についての手引（日本規格協会））
5) 首都大学東京体力標準値研究会編，新・日本人の体力標準値Ⅱ，不昧堂出版（2007）
6) The Center for Universal Design（CUD）ホームページ
https：//www.ncsu.edu/ncsu/design/cud/about_ud/udprinciplestext.htm（2018 年 12 月現在）
7) 労働基準法，第四章　労働時間，休憩，休日及び年次有給休暇（第 32 条労働時間，第 34 条休憩，第 35 条休日，第 39 条年次有給休暇）
8) ISO 9241-210 Ergonomics of human-system interaction —Part 210：Human-centred design for interactive systems
9) Frank, H. Hawkins, Human Factors in Flight, second edition, ASHGATE, (1987)
10) Hollnagel, E., et al., 北村正晴・小松原明哲監訳，実践レジリエンスエンジニアリング―社会・技術システムおよび重安全システムへの実装の手引き―日科技連出版社（2014）
11) 小松原明哲，安全人間工学の理論と技術　ヒューマンエラー防止と現場力の向上，丸善出版（2016）
12) Flin, R., et al., 小松原明哲，十亀洋，中西美和訳，現場安全の技術―ノンテクニカルスキル・ガイドブック，海文堂（2012）
13) 飯島朋子，野田文夫，須藤桂司，村岡浩治，船引浩平，CRM スキルの構成，航空宇宙技術研究所 Technical Report，航空宇宙技術研究所（2003）

7.2　不安全性と人的要因

7.2.1　ヒューマンエラーのメカニズムとその要因
〔1〕　ヒューマンエラーとは

ヒューマンエラーは，人為ミス，人的過誤，錯誤という呼び方もされる。しかし，間違っていない状態が規定されなくてはエラーかどうかが判別できない。

社会的にヒューマンエラーが注目されるのは，安全に関わる事故が生じた場合である。このときヒューマンエラーは発生したトラブルを引き起こした誘因として扱われる。しかしながらこの考え方でエラーを捉えると，トラブルが起こらなければどんな行為もヒューマンエラーとはいえない，という考え方も生じてしまう。また，マニュアルの記載が不十分だった場合，マニュアルに記載されていない行為を実行することが適切な結果を導く可能性は高い。その場合のマニュアルに記載のない行為はエラーと呼べるのだろうかという疑問が生じてくる。

ヒューマンエラーが規定された許容範囲を逸脱した行為であるという考え方が基本である。しかしながら，ここでいう許容範囲は，人や組織によって，もっと正確にいえば，価値観によって変化する。その価値観は，各人，各組織の経験や知識，さらにはその時代の社会の考え方に影響される。ヒューマンエラーはだれもが知っているため，その意味を深く考えることなく，みなが同じ理解をしている言葉と思い込んでいる。しかし，何がヒューマンエラーであるかということに共通認識はない（例えば，制限速度 60 km/h の道路で，時速何 km/h で運転するとエラーかという判断は人によって異なる。61 km/h でエラーと判断する人もいれば，事故を起こさない限り 80 km/h でもエラーでないと考える人もいる）。このようにエラー行為を同定することは当事者，責任事業者，さらには社会の価値観の整合がなされなくてはならず，その同意は非常に難しい。例えば"不安全行動がヒューマンエラーとなるか"といった問題は研究者の中でもいまだに意見の一致はみない。

ヒューマンエラーを検討する目的は安全性の向上である。したがって，エラーの同定にかかわらず，不安全に関わる人間の行為全般を対象とし，そのような行為が不安全な状態を引き起こす可能性を下げる努力を図ることが重要である。言い換えれば，仕事，作業における人間の行為の信頼性（human reliability）を向上させるように作業改善を図ることが，ヒューマンエラーの問題解決のプロセスと考えるのが適切である。

〔2〕　ヒューマンエラーのメカニズム

ヒューマンエラーは種々の要因が多様的に絡み合った結果として表れる。同じ状況であっても，エラーが起こる場合もあれば，起こらない場合もある。したがって，ヒューマンエラーのメカニズムとは，ヒューマンエラーが起こりやすくなる状態・状況を明確にすることと考えるのがよい。ヒューマンエラーという，人間の行動に影響を与える要因を Swain は行動形成要因（performance shaping factors，PSF）と呼んだ。PSF に関する研究を含め，ヒューマンエラーの要因に関する研究は現在まで幅広く行われてきている。そこにおける基本的な考え方は，PSF の影響を排除あるいは緩和させることが，ヒューマンエラーの発生のしやすさを抑制させる，すなわち人的信頼性を向上させるというものである。したがって，ヒューマンエラーの要因を適切に管理できれば，エラーの発生件数が減り，そのシステムの安全性を高めることができる（図 7.2.1 参照）。

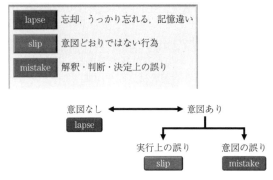

図7.2.1 エラーの代表的な分類（lapse, slip, mistake）

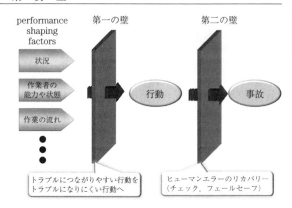

図7.2.2 ヒューマンエラー対策の考え方

ヒューマンエラーを分析する際に重要なのは，ヒューマンエラーに至る人間の思考の流れである。このことを，代表的なヒューマンエラーの分類で説明してみる。第一は，"スリップ（slip）"と呼ばれるもので，正しい操作を意図していながら，操作は異なったことをしてしまったエラーである。例えば，アクセルを踏むつもりだったのに，足が滑ってブレーキを踏んでしまったというパターンである。第二は，"ミステイク（mistake）"と呼ばれるモノで，これは意図，判断自体が間違っていた場合である。ブレーキを操作してしまったという行為自体は"スリップ"と同じであっても，"ミステイク"では人間の判断自体が「ブレーキを操作する」と判断が間違っている（"スリップ"では「アクセルを操作する」と正しい判断を下している）。第三は，"ラプス（lapse）"と呼ばれ，これは行為自体が行われなかった場合である。

ヒューマンエラーを検討するとき，目に見えた行為がどうしても注目され，その際の人間の心理は単にうっかりとか不注意といった次元で片付けられてしまいがちである。しかし，その行為に至ったプロセス（人間の情報処理の過程）を詳細に分析しないと，導出されるヒューマンエラー対策が不適切になってしまう。例えば，"どうしてうっかりしてしまったのか，注意が足りなくなったのか"という背景を改善しないかぎり，チェックリストに代表される確認行為や個人の意識に頼る対策が中心になってしまい，結果，現場の負担が増大しやすくなる。どんな対策でも現場の負担を増加させることにはなってしまうが，その負担が必要以上に大きくなりすぎると，逆に新たな対策の実施が別のエラーの誘因になってしまう。心理面を含め，PSFを多角的に分析し，対策を導くとともに，対策の実施後もPSFの状態を評価し，新たな対策が現場作業と調和しているかを評価していくことが必要である。さらに，エラーの発生に至る流れを詳細に分析することが重要である（図7.2.2参照）。

ヒューマンエラーの対応には，"再発防止"と"未然防止"という二つの戦略がある。

再発防止とは，起こってしまった事故，エラーが二度と起こらないようにしようというものであり，事故を詳細に分析し，その事故の発生原因を明確にし，その原因を取り除くような方策を立てることになる。ヒューマンエラーの再発防止をするためには，エラーが発生した過程や背景を明確にすることが重要である。どんな些細なことであれ，エラーに関わる情報を収集できるかが，エラーの姿を浮き彫りにすることにつながり，結果として有効なエラー対策につながる。

未然防止は，ヒヤリハット情報などトラブル未満事象を対象に，さまざまな要因，PSFを抽出し，分析・評価することによって，作業改善，環境改善さらには職場風土の改善などを行うことを指す。特に現在では，作業者の意識，組織風土・安全文化などを日常的に評価し，持続的に改善を図っていくことが，組織の安全性の向上に対して高い効果があることが確認されており，未然防止活動の大きな柱となってきている。

〔3〕 **ヒューマンエラーの要因**

ヒューマンエラーの要因となるものは，① 人間（作業者）に関する要因，② 作業環境に関する要因，③ 組織に関わる要因である。人間に関わる要因は，さらに人間の内的要因（つまり心理要因），他者による要因，インタフェース（ソフトウェアやハードウェア）に関わる要因などに分けられる。人間の情報処理過程とその過程に関わる要因の例を図7.2.3に示すが，このように非常に多様な要因が関わっている。

さらに，ヒューマンエラーの要因は，要因自体が総合に影響している。ヒューマンエラーの直接原因となるものもあれば，間接的に影響するものもある。その下層には，潜在的にエラーを誘発する可能性を持つ要

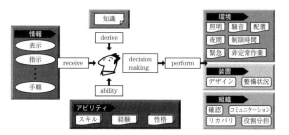

図7.2.3 人間の情報処理過程とその過程に関わる要因の例

図7.2.5 PSFの分析からエラー対策へ

因もある．**図7.2.4**からわかるように，直接要因はそのエラー発生時に生じたものであるが，潜在要因は日常的に存在しているものが多い．整備状態が悪い，照明が不十分，といったものが潜在要因の一例だが，これらがあるからといって必ずエラーが生じるわけでもちろんない．しかしながら，これらの要因を改善することで，うっかり別の装置を使ってしまった，急いでいて見落とした，といったことになる可能性が減る．

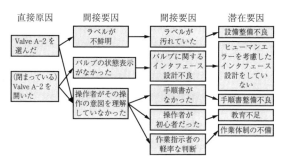

図7.2.4 PSFの構造分析の一例

図7.2.6 ヒューマンエラー対応活動における現場的課題

ヒューマンエラーの要因，特に潜在要因を抽出することはエラー対策を講じる上で非常に重要なことがらではあるが，要因抽出は容易ではない．的確に，多様な要因を数多く抽出させるためには，分析者の知識，経験，能力がある程度以上必要である．ヒューマンエラーの分析スキルに関する研究もされており，分析能力を高める訓練は種々の事業者で実践されているが，まだ十分な訓練効果・教育効果が得られる方法は確立されていない．ヒューマンエラーマネジメントを実践できる人材の育成，そのような人材を活用した適切な安全管理，品質管理，サービス管理の実践への支援は今後の大きな課題といえる（**図7.2.5**，**図7.2.6**参照）．

その解決のヒントとしては

（1）トラブル事象を，お客様の安全・安心に関する情報という位置付けにし，従業員のネガティブな意識の緩和に取り組む．

（2）現場作業員と本社とのコミュニケーション体制の見直しを図るとともに，安全部門による部署横断的な情報連携体制を強める．

（3）従業員の働きやすさ，満足，誇りを高めるための活動が，ヒューマンエラーに関わる安全管理活動の本質であるとの啓蒙活動を広く行う．

（4）顧客満足評価と連動させ，安全管理活動の実践が，顧客満足を高めることが見えるようにする．

（5）現場中心的な安全管理活動の実践体制を確立させ，安全管理活動が安全管理部門だけが行うものではないという意識を持ってもらうとともに，各部門の現場の力を統合させ，企業全体の安全性向上につなげる仕組みへの移行を計画する．

といったことが挙げられる．

最終的に実施される安全対策は，現場主導・現場中心型の提案になることが望ましい．実施者のモチベーションが低い対策は，どんなに効果が期待される対策でも機能しない．実施者の理解とそれに伴う対策へのモチベーションを備えた対策を計画者は調整していくことが必要である．例えば，整理整頓を自然に各人が実践しているような部署は問題事象も重篤な問題も起こりにくい傾向があり，"自然な気付き"によって，ヒヤリハット事象を個人ベースで改善していたりもする．言い換えれば，ヒューマンエラーの要因やヒューマンエラーに至るプロセスも含めて，現場に広く周知させ，対策に対する理解・納得を深めてもらうことが

重要である。諸活動に対する理解を与えるように教育を施し，情報提供を行い，すべての従業員の安全活動に対する理解・意識を高めていくことが，安全性の基盤を固めることになる。

人的要因に関する安全管理活動は，その成果が簡単に現れない。しかしながら，地道に継続していくことが，従業員満足さらには顧客満足も高め，そして結果として安全に対する風土・文化の醸成へとつながる。社内におけるさまざまな活動とリンクさせ，安全であるという矜持を自然に持てるような組織を目指すことが，頑強な安全性を確立することになる。さらに，そのようなマネジメント活動の実践が，利用者・顧客，社会からの信頼，安心，レピュテーションの向上につながっていくと考える（図7.2.7参照）。

（岡田有策）

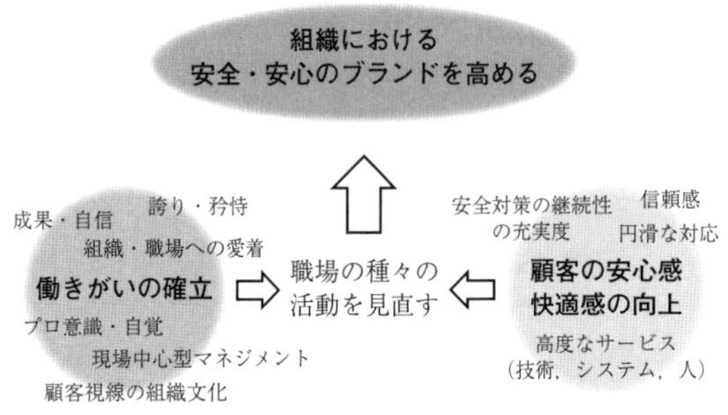

図7.2.7 ヒューマンエラー・マネジメントの理想型

引用・参考文献

1) Rasmussen, J., Analysis of Human Errors in Industrial Incidents and Accidents for Improvement of Work Safety, New Technology and Human Error, Edited by Rasmussen, J., et. al., John Wiley & Sons（1987）
2) Reason, J., Human error, New York, Cambridge University Press（1990）
3) 小松原明哲，ヒューマンエラー，丸善（2003）
4) 行待武生編，ヒューマンエラー防止のヒューマンファクターズ，テクノシステム（2004）
5) 岡田有策，ヒューマンファクターズ概論，慶應義塾大学出版会（2005）

7.2.2 姿勢・動作とこれに起因する事故

人間工学，ヒューマンファクタの進展とともに，人間が使いやすい設計が考慮されるようになってきている。これによって，その機械や作業に熟練する時間が短縮され，さまざまな疲労も軽減されている。このことがヒューマンエラーの発生可能性の減少や，システムの安全性の確保に貢献することになっている。

作業姿勢の基本的なものには，立位，椅坐位，坐位，臥位の四つがある。これを細分すると，立位は直立，中腰，爪立ち，寄り掛かり，うずくまり。椅坐位では椅坐と半椅坐。坐位はあぐら，ひざまずき。臥位では仰臥位，伏臥位，側臥位となる。筋の活動は立＞椅坐＞坐＞臥の順に少なく，活動的な姿勢から休息的な姿勢に移行をする。作業姿勢は動作の安定性，すなわち疲労や安全の重要な要素であるから，疲労の少ない，安定性の良い能率的な姿勢が考慮されることが必要である。例えば，注視する点は作業者の目の高さ近くにするとか，手の作業点は，血液の循環を妨げないように長時間，胸より高いところに置かないとか，頭部が胸より低い前屈やうずくまり姿勢は極力短時間にするなどである。また，手先作業は手持ちが自由に動けるような姿勢を，シャベルやつるはし作業では下股が踏ん張りやすい，上肢全体が運動できやすい姿勢をとるようにするなどの考慮が大切である。

作業時に運動を自由に行うためには，その運動に使う部分の中心点を見つけることが大切である。手先作業では肘関節が，上股の運動では肩関節が，下股の運動では股関節が，膝関節が，上半身の運動では股関節が中心点となる。この中心点に着目して，この部分を安定させた姿勢を基本にすることが必要である。また，体の重心の位置の移動も作業姿勢を決める重要な要素となる。重量物を持つときや台車を押したり引いたりする場合には，重心の置き方で作業姿勢が変化し，その優劣が作業に大きく影響する。荷物の持ち運びや機械設備の取扱いを長時間行わなければならない作業については，各種の助力装置や運搬機の導入によって改善をしなければならないが，これとともに機械などの形状を操作しやすいように改善したり，取扱物の形や大きさなどについて，荷重ができるだけ体の近くになるようにしたり，取扱物が把持しやすいようにすることが大切である。

注視点，作業台，椅子・計器盤，手動機械などを設計する場合の作業姿勢の計測，評価法としては，形態や運動を測定するものとしてマルチン式人体測定器や投影法，映写法，クロノサイクルグラフ法，ストロボ法などがよく用いられたが，ビデオカメラとパソコン利用によって，被写体の任意の点の座標値や軌跡を自動的に測定させたり，X線を利用したりする方法も用いられる。動作の中心となるのは筋骨格系の働きである筋が，収縮によって外にする仕事は収縮高 H，荷重 G，筋の自重 m のとき，$HG \times (1/2)mH$ で表される。したがって，適当な荷重のとき最大の仕事ができることになる。また，仕事率（P）は筋力（f）と速度（v）で表すことができ，$P = fv = mau$ などとなる。

手足による筋力は姿勢と力の方向に大きく左右され，図7.2.8は体重を100とした場合の上肢の引き，押しの最大筋力を示すものである。筋線維に直角な断面の単位面積当りの力を比筋力といい，人間の場合で0.5〜1.1 MPaである。筋力は個人差が大きいものであるが，成人男子の例を挙げると押す力は約40 kg，前後方向では押す力の方が引く力より強く，体を曲げる力の方が伸ばす力よりも強い。膝を直角に曲げておいて，さらに屈曲する力は約15 kgに対して，伸展力は約60 kgもあり，起立について足首を曲げる力は約80 kg，指の開き，握る力は1〜3 kgである。動作の種類としては大脳の関与なしに皮質下核によって起きる反射動作（reflex act），大脳辺縁系や間脳が関与して起こる情動動作（emotional act），情動動作に似ているが意志の表現のある衝動動作（impulsive act），大脳皮質運動領からの制御を受けて起こる随意動作（voluntary act）がある。ひとの動作は筋肉の収縮方式の違いにより変わってくるが，筋長が一定のまま筋収縮をする等尺性収縮（isometric contraction）と筋長が伸縮することによって変わる等張性収縮（isotonic contraction）によって行われる。

動作にはそれぞれ特有のパターンがある。一つの動作は多くの単純な要素動作の集合であり，多くの筋群の働きの合成である。一つの動作パターンにも個人差があるが，同一の人が同じ動作を繰り返してもまったく一致することは少ない。複雑な動作ほどばらつきが大きく，練習によってばらつきが少なくなり，パターンも定常化をする。訓練とか鍛練は，このパターンの定常化を目指すものであり，熟練者のパターンは定常性を持っている場合がほとんどである。動作の定常性が進むと，動作を一つひとつ意識して行うのではなく反射動作として行う部分が多くなる。この域を広げるために訓練が行われる。動作時に要求されるエネルギーで運動や作業の強さを表現する方法の一つとして，エネルギー代謝率（relative metabolic rate，RMR）という尺度が用いられる。このエネルギー代謝は，動作時には安静時に比較して10倍，20倍になる場合もある。表7.2.1は動作部位別に見たRMRの値と被験者の訴えの特徴であるが，0〜1で極軽動作，1.0〜2.0で軽，2.0〜4.0で中，4.0〜7.0で重，7.0以上

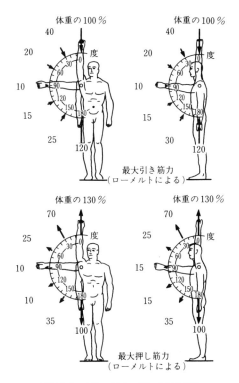

図7.2.8 上肢の引き・押しの最大筋力

表7.2.1 動作部位別に見たエネルギー代謝率（RMR）と被験者の訴えの特徴

動作部位	動かし方	被験者の訴え	RMR
手　　先	機械的に動かす 意識的に動かす	手首が疲れる程度 長時間では手先が疲れる	0〜0.5 0.5〜1.0
手先が上肢まで及ぶ	手先の動きが前腕まで 手先の動きが上腕まで	疲れない，仕事としては軽い ときどきちょっと休みたくなる	1.0〜2.0 2.0〜3.0
上　　肢	ふつうの動かし方 比較的大きく力も入れる	慣れないうちは苦しい 局所に疲労を感じる	3.0〜4.0 4.0〜5.5
全　　身 抱き上げる，回す，引く，押す，投げる，寄せる	ふつうの動かし方 大きく力を平均に入れる 瞬間的に全身に力を集中する	30〜40分で一休憩 20分続けると胸苦しくなる 5〜6分この仕事をやるとその後はどんな作業でもやれない	5.5〜6.5 6.5〜8.0 8.0〜9.5
全　　身 重筋労働，土木・建築労働など	激しい作業だが心にいくらかゆとりがある 全身に力を集中し1分以内しか耐えられない	ときどき話をしながら仕事をやるが5分とは続けられない ゆとりはまったくなく夢中で仕事をする	10.0〜12.0 12.0〜

で激動作となる。RMR値が極端に小さくても,大きくなっても(7.0 か 10 以上)心身への負担が大きくなり不安全の方向へと傾くので機械化や作業条件や作業方向の改善などを考える必要がある。

同一の作業量の仕事を最小のエネルギー消費で行う際の作業速度を作業の経済速度という。例えば 100 m 歩くのに最も少ないエネルギー消費は 60〜70 m/min であり,やすり作業は 70 回/min,スコップ作業は 17 回/min 前後といわれる。これらに関係が深い作業に対する身体的適性を一般に体力(physical force)という。形態学的諸測定値と機能的諸能力を含んだものである(**表 7.2.2** 参照)。

表 7.2.2 体 力

(1) 体　　形:身長,体重,胸囲,坐高,上腕囲,皮脂厚など,これらの組合せから導かれる比体重,比胸囲,ベルベック,指数(体重+胸囲÷身長),カウプ指数(体重÷身長^2)
　　　　　　ローレル指数(体重÷身長^3)は体格,体型,栄養,発育などの判定指標に使われる
(2) 筋　　力:握力,背筋力と各運動に対応する瞬間に発する最大筋力,また持久筋力など
(3) 心 肺 機 能:全身的な出力,持久力に関係し,肺活量,最大換気量,最大酸素摂取量,心臓機能など
(4) 運 動 能 力:跳躍力,走力,投てきなど,また動作の協応性,敏しょう性,関節の可動度,筋の柔軟性など
(5) 感覚的機能:視力,色神,聴力,平衡機能,皮膚触覚など

体力の有無は性差や年齢差が影響している。例えば背筋力,握力などは女性が男性の70%程度であるといわれているが,身体平衡能力や関節の柔軟性,動作の協調性,精巧な手先作業,反復作業の持続性などでは逆に女性が優れているといわれている。また,年齢による身体的機能の変化は発育期における形態,機能の発達完成と高齢期の機能の衰退が特徴である。体形上の発育は18〜20歳で完成し,機能面の発達は20〜25歳でほぼ頂点に達するといわれるが,鍛練によって水準が向上し,30歳代で最高能力を発揮する人も少なくない。老化の根本には基礎代謝量の低下で見られるように,細胞の活力,代謝機能の衰え,結合組織の硬化などによる筋力,神経感覚機能,関節の柔軟度,肺活量などの低下,減少を惹起し,運動能力や作業能の低下が出現するため不安全側へと移行しやすい。これを1992年度の災害統計(警察庁,労働省(当時))を基に類型別不安全行動別に事故による死傷者数について若齢者(29歳以下),高齢者(60歳以上)について見ると,若齢者(**表 7.2.3**,**表 7.2.4** 参照)については類型別では「取扱い中の物体に」が第3位のほかは,取扱い中の物体に挟まれ(第7位),

表 7.2.3 若齢者の事故の類型別死傷者数(29歳以下,休業4日以上)(1992年)

事故の類型	事故件数〔%〕	順位
挟まれて	1 918 (9.5)	8
作業中の物に	1 283 (9.2)	10
*切れ,こすれ,すりむき	730 (8.8)	11
取扱い中の物体に(挟まれる)	517 (10.6)	7
取扱い中の物体に	356 (17.2)	3
激しい動作(不自然な動作)	356 (8.7)	12
異常温度との接触	281 (18.7)	2
交通事故(自動車)	178 (23.6)	1
無理な姿勢	127 (12.4)	6
有害物との接触など	52 (16.8)	4
爆発破裂	16 (9.3)	9
感　電	8 (15.1)	5

表 7.2.4 若齢者の不安全行動別死傷者数(29歳以下,休業4日以上,8%以上)(1992年)

不安全な行動	事故件数〔%〕	順位
*誤った動作	1 292 (8.2)	17
*その他の危険場所への接近	927 (8.1)	18
不安全行為	795 (8.7)	14
運転中の機器・装置の掃除,注油,修理,点検無視	534 (9.4)	10
動いている機械・装置などに接近,または触れる	481 (8.9)	13
確認しないでつぎの動作をする	397 (9.6)	9
*物の支え方の誤り	354 (9.2)	11
その他不安全行動	354 (8.6)	15
機械・装置の指定外使用	241 (19.6)	3
荷物の持ちすぎ	190 (8.7)	14
*不安全な放置	185 (9.8)	8
*道具の代わりに手などを用いる	184 (25.5)	1
*運転の失敗(乗り物)	169 (20.2)	2
*欠陥のある機械・装置・工具・用具を用いる	76 (12.6)	5
*危険場所に入る	52 (10.0)	7
*機械装置・工具・用異などの選択を誤る	44 (8.3)	16
不必要に走る	41 (10.3)	6
*保護具の選択・使用方法の誤り	23 (9.0)	12
*荷の中抜き・下抜きをする	17 (14.7)	4

激しい動作(不自然な動作)(第12位),無理な姿勢(第6位),不安全行動別では誤った動作(第17位),物の支え方の誤り(第11位),荷物の持ちすぎ(第14位),不必要に走る(第6位)などが挙げられ,高齢者(**表 7.2.5**,**表 7.2.6** 参照)については,類型別では「転倒J(第3位),墜落・転落(第10位),つまずき(第1位),滑って(第5位),自分の動作の反

表7.2.5 高齢者の事故の類型別死傷者数（60歳以上，休業4日以上）（1992年）

事故の類型	事故件数〔%〕	順位
飛来，落下物に当たる	933 (10.3)	7
転倒	742 (11.8)	3
＊切れ，こすれ，すりむき	677 (8.2)	11
墜落，転落	556 (8.7)	10
激突，当てられ	498 (10.0)	9
つまずき	399 (10.4)	1
滑って	396 (8.1)	5
当てられ，打たれ	232 (10.1)	8
静止している物に	198 (10.5)	6
自分の動作の反動	132 (8.2)	2
踏み抜き	13 (11.4)	4
道路交通事故（自動車以外）	4 (50.0)	12

表7.2.6 高齢者の不安全行動別死傷者数（60歳以上，休業4日以上，8%以上）（1992年）

不安全な行動	事故件数〔%〕	順位
＊誤った動作	1 338 (8.5)	20
＊その他の危険な場所への接近	970 (8.5)	20
＊物の支え方の誤り	347 (9.1)	15
安全措置の不履行	227 (8.6)	19
防護・安全処置を無効にする	225 (12.5)	6
＊不安全な放置	210 (11.2)	9
不安全な場所に乗る	198 (8.8)	17
保護具・服装の欠陥	189 (9.3)	14
工具・用具・材料などを不安全な場所に置く	146 (13.0)	5
危険な状態を作る	114 (10.8)	10
フリ荷に触れる，または近付く	109 (8.7)	18
安全装置を外す・無効にする	89 (9.6)	11
確認せずに崩れやすいものに乗るまたは触れる	85 (11.5)	7
＊運転の失敗（乗り物）	74 (8.8)	17
不安全な服装をする	72 (11.3)	8
＊道具の代わりに手などを用いる	65 (9.0)	16
＊機械装置・工具・用具などの選択を誤る	60 (11.3)	8
安全装置の調整を誤る	57 (13.8)	4
＊欠陥のある機械・装置・工具・用具を用いる	49 (8.1)	21
＊危険場所に入る	44 (8.5)	20
＊保護具の選択・使用方法の誤り	41 (16.1)	1
合図なしに物を動かす，または放す	41 (9.5)	12
その他	36 (9.4)	13
＊荷の中抜き，下抜きをする	16 (13.8)	3
手渡しの代わりに投げる	4 (14.8)	2

動（第2位）となり，不安全行動別では，誤った動作（第20位），物の支え方の誤り（第15位），不安全な場所に乗る（第17位），工具・用具・材料などを不安全な場所に置く（第5位），確認せずに崩れやすいものに乗るまたは触れる（第7位），手渡しの代わりに投げる（第2位）などが挙げられる。

以上から見ても作業姿勢や動作が機器システムや作業環境や空間との関係において最適化されることが，いかに安全に寄与するかが明らかである。したがって，例えば人間が取り扱う機器との関係でいえば，性別，年齢，習慣などを基にした形態や寸法を十分知り，その適合範囲を明らかにすることや，作業特性や環境特性について十分理解し，これらが作業遂行時に及ぼす人間の運動範囲や筋力への影響はもとより生理的・心理的効果についてもできるだけ明らかにしておくことが望ましい。

7.2.3 疲労と心身状態
〔1〕 生理的リズム

生理的リズムとは，およそ24時間の周期で生物体内に作られている機能変化のリズムを指す。このリズムで繰り返される生理的変化はミネソタ大学のHarbergによってcircadian rhythm（サーカディアンリズム）と名付けられている。生体の示すこのサーカディアンリズムが外界の周期的変動によって起こる外因性のリズムか，それとも生体の内部にある時計のような特有な調節機能によって起こされ，外界の周期的変動に同調している内因性のリズムかについては，多くの研究者によりさまざまな実験研究がされている。生物にはマイペースの生活で初めて明らかにすることのできる自由継続周期（free running period）があり，しかもこれが環境のサイクルである24時間からは少しずれていることが1950年代後半になって昆虫，鳥，コウモリ，ムササビなどで発見され，1965年には人間についても立証された。

生態の日周リズムの典型的なものとして，脈拍，体温，血圧，呼吸を始め，血液性状（水分，塩分量など）や尿性状（pH，各種塩類排泄量など）が挙げられるが，ほかにも反応時間や精神活動などがある。Aschoffは，これに関連して種々の研究を行っており，昼夜の睡眠と覚醒のリズムの平均周期は25.9時間で尿排泄のピークの平均周期26.2時間とほぼ一致したこと，毎日数時間ずつ起こる時刻のずれは，地球の自転と一致した周期で変化をする照度とか温度などの環境因子を同調因子として利用することによって，正しい時刻に修正するので結果としては正確な時間リズムを繰り返すことができることなどを明らかにしてい

る。このリズムの位相を踏まえて12時間明暗周期をずらした場合の身体諸機能の逆転について，Sharpは身体諸機能が逆転するまでに要する時間には個人差が見られ，すぐに順応できる人は，どのリズムも早く逆転し，そうでない人はゆっくり逆転するので，このリズムは多かれ少なかれすべて体内で共通に制御されており，排泄リズムは逆転完了までに2～9日かかるとしている。前述のAschoffは夜勤などによって生活の型が逆になっても体温のリズムはすぐには逆転しないで，その位相が逆転初期の段階には，6時間から10時間移動するだけで逆転はふつう9日から10日たって完成するといい，生体は一つの親時計によって支配されているとする単一変動系説では説明できない種々の事実を基に多変動系説も提唱している。昼と夜とにおける睡眠と覚醒，休息と活動の繰返しによって，多くの生体機能が24時間を周期として睡眠および休憩時には低下状態，覚醒および活動時には亢進状態を示すというリズミカルな変動を示す。しかし夜勤などによって昼夜転倒生活を余儀なくさせられるような場合には，この規則的な変動が攪乱されて作業者の活動率を低下させたり，疲労の蓄積を起こしやすくさせたりする。そのため，夜の作業では，日中の作業に比して不安全状態に陥りやすい。この傾向は，例えばサーカディアンリズムと居眠り運転事故や信号違反事故との関係の分析結果などからも示唆されている。

図7.2.9は昼夜間の守衛業務における若齢作業者4人の1週間の1桁数字の加算作業，タッピング数，選択反応回数の遂時変動である。これを見ると明らかなように，夜勤者における加算作業量に顕著な低下が認められる。公共的な要請や近代市民生活維持のため，製造業などにおける生産工程の技術的要請など種々の理由により交代制が広く採用されている現在，昼夜転倒の生活様式を強制的に遅らせることはさまざまな影響を考慮する必要がある。睡眠不足などによる疲労の蓄積は代表的な問題である。就寝時刻を遅らせると，就寝するまで疲労が徐々に蓄積されてしまう。睡眠をとることで一応回復したように感じられるが，作業後の回復力も遅く疲労しやすいことが指摘されている。また徹夜疲労は時差睡眠だけでは回復されないといわれている。

〔2〕 **疲労の種類・原因・評価法とその軽減**

疲労現象は日常だれもがきわめて常識的に知り，かつ感じている事柄であるが，正確に理解することが難しい現象であり，疲労を本当に理解することは生命現象そのものを解明することでもあるといわれている。人体は機械と異なり，活動と休息を律動的，周期的に繰り返していく。疲労はこの周期性のペースメーカになっているといえる。したがって，人間の活動が行われている場合にはつねに疲労現象が発生する。身体的症状としては，頭重感，倦怠感，脱力感などがあり，

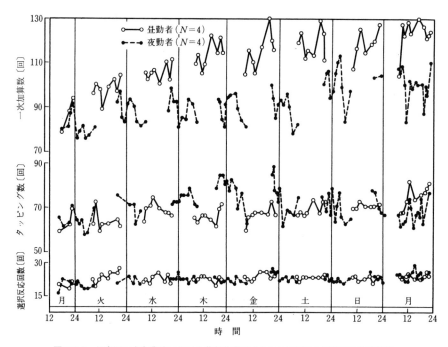

図7.2.9 昼夜間の守衛業務における若齢作業者4人の1週間の1桁数字の加算作業，タッピング数，選択反応回数の遂時変動

心的症状としては，頭がぼんやりする，いらいらする，眠くなるなどがある。また神経感覚的症状としては，眼の疲れ，めまい，手足のふるえなどがある。これらの起こり方も多様である。激しい労働や精神作業の後の一時的な"へばり"や1日の仕事の後の全身的な疲れ，長時間にわたる作業の後の大きな疲労や困憊などはそれぞれ同じ疲労でも，その内容や回復の難易が異なる。このように疲労は，非常に多様な現れ方をするが，一般的に肉体的・筋肉的疲労（physical fatigue），身体的ではあるがむしろ神経感覚的疲労（neurosensory fatigue），精神的疲労（psychological or mental fatigue）の3種類に大別される。肉体的の労働の多い仕事や身体の活動が主となるスポーツなどの後に起こる疲労は主として肉体的・筋肉的疲労である。肉体的・筋的疲労では筋的作業能力の減退や，心肺機能の低下とともに体内の物質代謝に異常が生じてくる場合が多く，生理的諸機能が自覚的にも他覚的にも急速に減じてしまう。特に静的な筋作業に無理な作業姿勢を続けたような場合に起こる，いわゆる静的筋作業による疲労は神経感覚的症状を伴う場合が多い。

しかし，システムの自動化が進むにつれて作業の性質が筋肉的なものから，より神経感覚的・精神的なものに傾いてきているため，疲労の現れ方も精神的疲労，または神経感覚的疲労と精神的疲労が合体したようなものが多くなってきている。これらの現象はいずれも不安全行動を引き起こす大きな要因となり得る。

疲労は生体に負担が与えられたときに起こるが，その外からの仕事量と疲労の程度が必ずしも比例する訳ではない。環境条件，温度，湿度，騒音などにも影響され，仕事のペース，不自然な姿勢，感覚の緊張度合いなども疲労の程度に影響し，さらに身体的条件，心的態度によってその程度は大きく異なってくる。作業条件，環境条件が同じでも，さらに身体条件が似ていても上司・同僚との対人関係，仕事への適性，労働意欲，団体への帰属意識の強弱などの差により疲労の程度が大きく異なる。特に精神疲労の原因として特徴のあるものを挙げると，外的要因としては作業の心理的な重み，理想の重み，人間関係の重み，経済条件などがあり，内的要因としては経験や熟練度，生活条件，適性条件，作業への興味，作業目的の明確度などが挙げられる。

疲労は主観的にも測定可能であるが，主観的な疲労感と心身に実際に起こっている疲労の程度とは必ずしも一致しない。疲労を客観的かつ定量的に評価することは容易ではないが，肉体的疲労は負荷を直接測る方法として，消費カロリー，脈拍数の変化，体重変化などがある。作業負荷全体的な量やその出力やミスを測る方法としては作業実働率，心拍数，作業の出来高，作業の精度などが挙げられる。生理的・心理的機能変動を測る方法としては筋力，筋電図，腱反射などの筋機能変化，呼吸数や呼吸量，血圧，脈拍，ガス代謝などに代表される呼吸循環機能変化，視力，近点距離，フリッカ値などに代表される感覚機能変化，血液水分量，循環血液量，尿中特殊代謝物，電解質変動，血中ホルモン，ビタミン変動などの体内物質代謝の変動を評価する方法などが挙げられる。

精神疲労の測定法としては，作業強度に対する心理的緊張の生理現象を媒介する方法として瞬時心拍数，皮膚電気反射などの心的作業負荷量の測定，反応時間値，時間知覚，空間位置再生などの心理的技能測定，自覚疲労症状調査，人間工学チェックリストによるなどの自覚症状調査法などが挙げられる。

図7.2.10は，上半身裸体で人工気候室の気候条件，温度20℃，30℃，40℃，湿度65％で時速5kmの肉体的負荷を与えた際の被験者6人の心拍数の変化を示している。環境温度が上昇するに従って心拍数が比例的に増加していることが明らかである。図7.2.11と図7.2.12および図7.2.13は，運転シミュレータによってトラッキング作業（神経感覚的作業）を午前70分，午後70分課した場合の脳波4帯域成分増減率と，フリッカ値の変化率とエラー率を測定した結果である。脳波では午前（AM）作業では8Hz，10Hz帯域の成分増加，午後（PM）作業では8Hz帯域に最も顕著な増加が認められる。フリッカ値は午前作業では変化率，実数値とも作業初期より低下が著しく，特に作業開始後20分時点までに急激な低下が見られ，以後は低いレベルのままである。午後作業においてもこの傾向は同様である。この際のトラッキングエラーを最初の10分間の値を基準として見ると，午前では心身機能の低下と比例的にエラーの増加が認められるが，増加率は最大40～50分時点での16％である。午後では時間経過に従って顕著なエラーの増加が認められる。30～40分間が最大となり35％増と不安全行動が増していることが明らかである。疲労を軽減する方法として一般的に考えられるのは

① 同一作業量をなるべく少ないエネルギーで遂行すること。すなわち至適速度，作業合理化，機器の利用などが挙げられる。熟練とは，そのような合理化が経験により自然に形成されることを意味することが多い，

② 静的筋作業を少なくすること。

③ 精神的・神経的緊張の緩和を図り，危険に対する警戒のためのエネルギー消費をできるだけ少なくすること。

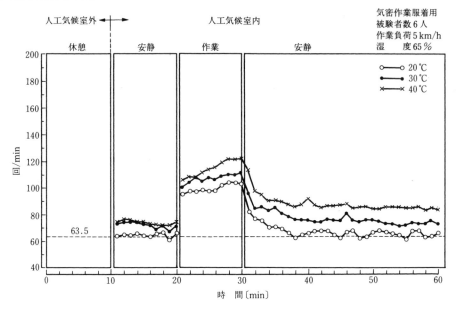

図7.2.10 環境温度の違いによる筋的作業時および作業後の心拍変動（$N=6$，男子，平均年齢22.6歳）

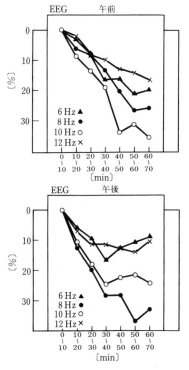

図7.2.11 トラッキング作業時における脳波4帯域（6, 8, 10, 12 Hz）の変化（$N=6$）

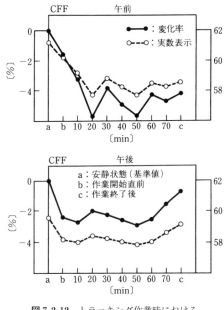

図7.2.12 トラッキング作業時におけるフリッカ値の変化（$N=6$）

④ 作業速度，作業確度が過重にならないようにすること。
⑤ 作業環境の整備，環境の至適条件の維持を図ること。
⑥ 作業持続時間と休憩配分の合理化をすること。
⑦ 労働条件の適正化を図り，休日を適当に配分すること。

などである。

疲労は生理的な生命現象の一部と考えられているが，これが十分に回復されないままにしだいに蓄積さ

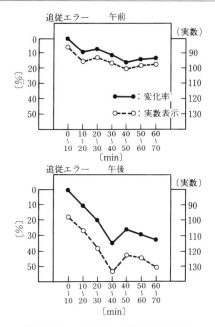

図 7.2.13 トラッキング作業時における
エラー率の変化（$N=6$）

れてくると身体的，精神的に大きな負荷となり体力の消耗，老化の促進，病気，ノイローゼなどの諸症状が出現する．したがって疲労はそのつど，適切な回復を図らなければならない．

疲労を回復するために重要なのは基本的には睡眠と栄養であるが，日常生活においては休養やレクリエーションも大切である．休養とは単に活動の停止だけでなく，例えば，ある身体部位に負荷された作業による疲労が他の部位を積極的に動かすことにより，より効果的に回復されることもあり，精神的疲労の場合には，これが特に顕著に効果が現れるともいわれている．これは大脳生理学的立場からも説明できる．レクリエーションの基本的な考え方もここにあるが，その強度や時間があまり大きくなると全体的には負荷として疲労を助長させ，不安全につながることは休日の夕方の自動車事故が多いことからも明らかである．

〔3〕 **緊張レベルと情報処理能力**

人間には体内外の情報（刺激）を受け取って，感知する能力がある．すなわち，感覚（sense），知覚（perception）である．感覚，知覚を司るために特殊な器官と系統が発達し感覚器，神経，脳の中枢を構成している．外界の情報は受容器である感覚器（目，耳，鼻，口（舌），皮膚など）を通して捉え，求心性神経によって中枢神経系に伝えられる．脳の内部で複雑かつ適切な処理により決定された行動を遠心性神経により筋骨格系に命令して筋運動を起こすとともに，自律神経系を通じて脈拍，呼吸，血圧などを増減させ生体側の要求に対応させるといった，人間の行動や調節に際しての重要な役目を果たしている（**図 7.2.14** 参照）．

中枢神経系の中で主要な働きをするのは大脳皮質であり，体のすべての場所から導かれる情報を統合，認識，記憶，思考，判断し指令を出す．部位別に特別な機能と結び付いているが，これらは互いに関係し，連合野という他の皮質どうしを統合している．各感覚器は構造上その器官に適した適当刺激とそうでない不適当刺激がある．例えば，光→目→視覚，音→耳→聴覚，ガス→鼻→嗅覚，液→舌→味覚，振動→皮膚→触覚，冷・温→皮膚→温度感覚，傾き→目，耳，皮膚→位置感覚などは適当刺激であり重要な働きをする．特に視覚は他の感覚に比較して，識別できる情報の質的種類が最も多く 12 〜 15 種類（例えば色，明るさ，形，大きさ，距離，ちらつきなど）の情報で識別できる感覚で人間工学的に実用価値が最も高く，監視的指向追跡的であり，情報の識別・判断・行動の決定など

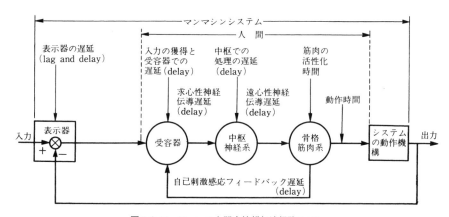

図 7.2.14 Wargo の人間内情報伝達経路モデル

安全にとって重要な感覚系である。

外部情報を人間が正しく感知するためには，その情報が一定の持続時間続き，一定の面積に与えられ，一定以上の大きさであり，一定の分量，時間的・空間的変化の勾配，一定の相等性があることが必要となる。また，情報の強さが変化しないまま続くと効果は減退する。すなわち，その刺激に対する感受性がしだいに変化し，その状況に適した水準の感受性になる。これを順応（慣れ）という。受容器の感度が減じるので，同じ程度の感覚を起こさせるには情報の強さを増やさなければならない。

また，同じ種類の感覚では一つの感覚が他の強い感覚で覆い隠されてしまう。これを隠蔽，相殺という。強い音に弱い音が覆われて聞こえにくくなったり，強い光の側の弱い光が見えにくくなったりといった例が典型である。さらに情報の空間的，時間的，物理的事実と一致しない感覚を錯覚という。これら感覚特性はヒューマンエラーの重要な要因である。

人間の情報処理能力を情報伝達量で表した研究では，Oestreicher が神経細胞単位における情報伝達量は入力過程で 109 bps，処理過程で 102 bps（長期記憶 1 020 bps），出力過程で 107 bps であるといった特徴を明らかにしている。人間の注意，思考，意思といった情報処理は単一チャネル構造であるので，50 bps が限界といわれている。

かな文字綴りの文章ではいかに速く読んでも毎秒当り 6 ～ 7 文字が限界である。人間には話し言葉による意思疎通をする情報のために大きなチャネル容量があるが，日常生活で入ってくる情報は中枢神経系のチャネル容量をはるかに超えるため相当数の削減処理が行われている。例えば，この処理の結果を各部位における情報量で表すと，感覚器官へは 109 bps，神経接合部は 3 000 bps，意識的な気付きは 16 bps，印象保持は 0.7 bps となる。したがって，必要なものだけを選び出すには注意力が正確かつ活発に働かなくてはならない。

外界の情報が変化すると［注意—思考—意思］といった機能が関与して，情報の選び出しと動作の切替え，さらに前頭葉の働きを代表する予測位，創造性，主体性といった心理機能が働き，人間の持つ能力をフルに発揮させる。身体を動かしたりしてその働きを脳にフィードバックする場合，心が緊張したり，意欲が高い場合に，大脳は覚醒し，活性化するといわれている。このような場合には，沪過処理がうまくいき，安全側へ向かうが，その逆になると危険側へと傾いてしまう。

〔4〕 反応時間

外からの情報（刺激）を受け取って筋が運動を始めるまでには，若干の時間遅れがある。この信号の刺激から応答までの時間間隔を反応時間といい，人間工学では精神作業に遂行能力の評価などに用いる。Wargo によると，反応時間は感覚器官の神経インパルスへの変換時間から筋肉反応の潜時までの合計で約 100 ～ 500 ms といっている。反応時間には単純型（信号一つで応答一つの場合の反応）と選択型（いくつかの複数信号に対して，各異なった反応の仕方をする場合の反応）がある。単純型は平均 0.15 ～ 0.20 s といわれ，選択型の場合には応答すべき選択肢の数によって変わる。この遅速がヒューマンエラーに影響する。同一種類の情報では，強い情報量に対する反応時間が短くなりやすいが限度がある。個人差，年齢差があり，精神緊張で短くなり，疲労現象で長くなる。なお訓練で短縮可能である。

〔5〕 働きにくさの生理的・心理的条件

快適職場とはいかなる条件を備えた職場をいうのかを定義すれば安全かつ至適ストレス下で作業が遂行できる職場ということになる。これら安全性や快適性に影響を与える要因としては

① 作業条件（作業時間，作業時刻および時間帯，作業空間，作業面の高さや広さ，作業装備，作業強度，作業速度，作業姿勢）
② 作業環境（高温，寒冷条件，構造，材質，色彩，作業場の換気，照明，汚染有害物，騒音，振動，施設，設備器具，レイアウト，作業手順，作業方法，作業服）
③ 作業者の健康状態（自覚症状，健康診断，労働と休養のバランス，栄養状態）
④ 操作機器（機器の選択，レイアウト，保守）
⑤ 作業組織（安全対策，作業編成，規則，休憩，休日，交替制，人間関係）
⑥ 福利，厚生（休憩室，休憩方法，レクリエーション）
⑦ 労務管理（教育，訓練，人事考課）
⑧ 社会的条件（所得，立地条件）
⑨ 暮らし面（衣生活，食生活，住居環境，家庭運営，健康生活意識）

などが挙げられる。

職場での働きにくさの特徴として

1) 作業の自動化，ロボット化に伴う作業負担の質的・量的な変化。作業が監視作業を中心となっているために，作業者の機能水準が作業開始直後より急速に低下する，精神的負担が増加する，など多くの人間工学的問題が指摘されている

2) 高齢作業者の増加。視力，聴力，皮膚感覚，目の薄明順応，平衡機能，脚力，肩関節の柔軟度，速度に関連する運動機能などの低下は，直接，間接に働きにくさの原因となり，協応動作や記憶力や学習能力に代表される精神機能の退行もこれを助長する。したがって，これら諸機能を頻繁に使うような作業は排除するか，機器システムによりサポートするのが望ましい。

これまでも，作業環境，作業機器（特にインタフェース）に関して，人間工学的見地から分析検討し，改善が図られた例は数多い。しかしながら，技術が進化すれば，人間もそれに呼応するように変化していく。生まれたときから，PCや携帯，スマホがある環境で育った人間は，これまでにない特性を有している一方で，昭和世代が有する特性のいくつかを失っている。つまり，作業環境もインタフェースも最適といえる設計はない。会社・工場の特徴，働く人たちの個性，組織の価値観など多様な視点から，働きやすいを具象化し，その目的にあわせて地道な改善を継続的に実施していくことが，快適職場を実現することになる。

〔岡田有策・大久保堯夫〕

引用・参考文献

1) 橋本邦衛，遠藤敏夫，生体機能の見方，人間工学への応用，人間と技術社（1978）
2) 三浦豊彦ほか編，現代労働衛生ハンドブック，労働科学研究所出版部（1988）
3) 小沼十寸穂，作業における意識伏態の労働精神医学的考察，労働科学 62-11, pp.535-548（1986）
4) Grant, J. S., Methodology in human Fatigue assessment, Taylor & Francis Ltd.（1981）
5) 労働省労働基準局安全衛生部監修，快適職場，労働基準調査会（1984）
6) 浅居喜代治編著，現代人間工学概論，オーム社（1985）
7) 大島正光，ヒトその未知へのアプローチ，同文書院（1982）
8) 大島正光，大久保堯夫編著，人間工学，朝倉書店（1989）
9) 大島正光，疲労の研究，同文書院（1960）
10) 小不和孝，現代人と疲労，紀伊國屋書店（1994）
11) 大西徳明，中高年者の能力と機能・中高齢者の身体的特性と労働，労働の科学，39-2（1984）
12) 斉藤一，年齢と機能，労働科学研究所（1986）
13) 斉藤一，遠藤幸男，高齢者の労働能力，労働科学研究所（1980）
14) 小原二郎ほか，人体を測る，pp.52-55, 日本出版サービス（1986）
15) Rasmussen, J., Skills, rules and knowledge, Signals, Signs and Symbols and other distinctions in human performance models. IEEE, Transactions on systems, man and cybernetics, SMC-B, 257（1983）
16) 正田亘，人間工学，厚生閣（1981）
17) 長津有恒，人間の疲労度について，自動車技術，44-10, pp.86-93（1990）
18) 狩野広之，不注意とミスのはなし，労働科学研究所，pp.107-112（1972）
19) 永田晟，筋と筋力の科学，不昧堂出版（1984）
20) 万木良平，環境適応の生理衛生学，朝倉書店（1987）
21) 小不和孝，注意リズムについて，労働の科学，26-3, pp.13-17（1971）
22) 小不和孝訳，人間工学の指針―技術者のためのマニュアル，pp.19-20, 日本出版サービス（1980）
23) エティエンヌ・グランジャン著，中迫勝ほか訳，産業人間工学，啓学出版（1992）
24) 岡田有策，ヒューマンファクターズ概論，慶應義塾大学出版会（2005）

7.3 事故と人的要因

7.3.1 事故に絡む4大要因と事故の進展過程

多くの事故では，その発生過程に人間がさまざまな形で関わっている。しかし，事故の原因を追及する際，最後にトリガーを引いた，あるいは決定的なミス・エラーを起こした個人のみに注目してしまい，事故に至る過程への理解が深まらない傾向にある。

事故が発生する過程を理解するためには，「望ましくない事象」が発生する前と後に分けて考える必要がある。「望ましくない事象」とは，起きてはならないものが起きてしまう，あるいは起こらなければならないことが起こらないことを指している。図7.3.1は一般的な事故の進展を示したモデル図である。

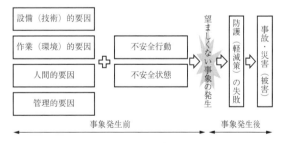

図7.3.1 一般的な事故の進展

事故が発生した場合，その原因が単一の要因に帰結することは少なく，いくつかの要因が絡み合っていることが通常である。一般的に，事故が発生する場合，四つのMと呼ばれる「設備（技術）的要因（Machine）」，「作業（環境）的要因（Media）」，「人間的要因（Man）」，「管理的要因（Management）」それぞれが関連している[1),2)]。

「設備（技術）的要因」とは，機械や設備，道具などの使いにくさや不具合，不足などを指す。設備の設計，不適切な道具の選択，安全装置等に起因する事故が含まれる。

「作業（環境）的要因」は，作業マニュアルなどの情報や作業方法，職場の環境条件，すなわち温度，照明や騒音等を指す。情報伝達に着目する場合は，職場内のコミュニケーションや人間関係を含む場合もある（これらは後述の「人間的要因」に分類する場合もある）。不十分，不完全な作業マニュアル，狭隘・不快な作業環境等に起因する事故が含まれる。

「人間的要因」は，おもに作業者本人の状態に関わることであり，「生理的状態（疲労，体調不良，薬物の影響等）」，「心理的状態（ストレス，焦り，注意散漫等）」，「身体的状態（身体能力の高低，体格，手先の器用さ等）」を指す。前掲の人間関係等は，心理的状態への影響に着目する場合はこちらに含めて分析を行う。体力不足および疲労，焦り・時間プレッシャーによる抜け・漏れ等に起因する事故が含まれる。

「管理的要因」は，「設備（技術）的要因」，「作業（環境）的要因」に関する管理面，具体的には各種法令への遵守，規程・規則類の整備，安全管理に関わる組織・経営資源の配分，教育訓練，指示とモニタリング等を指す。規程類の不備，経営資源の不足，不明確な指示，不十分な教育訓練等に起因する事故が含まれる。

さらに，近年ではこの四つのMに加え，仕事・作業の目的自体に問題があるために発生する事故を「管理的要因」と分離して考慮に入れるために，Mission（目的）を五つ目のMとして加える場合もある。

これらの要因に対し，不安全な状態，あるいは不安全な行動が結合すると，「望ましくない事象」が発生する。

ただし，現代の職場においては，「望ましくない事象」が発生したとしても，図7.3.1に示したとおりそれが事故・災害（具体的な被害の発生）に直結しないことも多い。それは，一般的に職場においては，望ましくない事象が発生したとしても被害を防止，あるいは軽減するための防護策（軽減策）が設けられていることが多いためである。よって，防護策が失敗，あるいは十分に機能しなかった場合に事故・災害へとつながる。

したがって，事故を予防するためには，1）事故発生に寄与した要因を撲滅すること，2）不安全行動，不安全状態を撲滅すること，3）四つの要因と不安全行動，不安全状態が結合しないようにすること，4）防護（軽減策）の失敗確率を下げることの四つの対策のいずれか，あるいは組合せを行うことが必要となる。

また，現代の職場においては，防護（軽減策）の質が向上しており，ハインリッヒの法則では，1件の重大事故の背後に29件の軽微な事故があり，その背後に300件のニアミスがあるといわれているが，軽微な事故やニアミスに関しては，防護（軽減策）によって自動的，あるいは不安全行動や省略・違反行為をした本人も気付かないうちに防がれ，事故やニアミスとして顕在化することはまれとなっている。よって，不安全行動や違反・省略行為が別の目標（利益向上，業務効率化，品質向上，負荷低減など）によって正当化される場合には，無意識のうちに望ましくない事象が発生しやすい環境を作り出し，また防護（軽減策）を無効化してしまう行動をとっている場合がある。そのため，作業手順や装置の設計，安全規則および各種防護が計画された際の前提条件に立ち戻り，計画時に意図したとおりに機能しているか，あるいは各種対策が形骸化していないかをモニタリングすることが重要である。

7.3.2 安全対策と事故の推移

厚生労働省による統計[3)]によると日本における労働災害による死者数は，**図7.3.2**に示すとおり2011年が東日本大震災の影響により多いものの，全体としてはゆるやかな減少傾向となっている。特に2015年は戦後初めて全産業の死者数が1000人を下回っている。しかし，2017年は過去最低であった2016年と比較して死者数の総数が前年よりも増加している。また，業種別で見た場合は一貫して減少しているわけではなく，製造業の死者が2015年に160人であったものが2016年177人に，建設業の死者が2016年の294

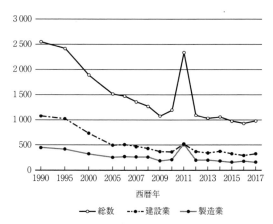

図7.3.2 労働災害による死亡者数の推移（1990～2017年）

人から2017年に323人へとなっているように，増減を繰り返している業種も存在している。

休業4日以上の死傷災害についても，死者数同様長期的には減少傾向にあるものの，図7.3.3に示すとおり2015年以降総数が増加傾向にあり，製造業においても増加傾向に転じている。

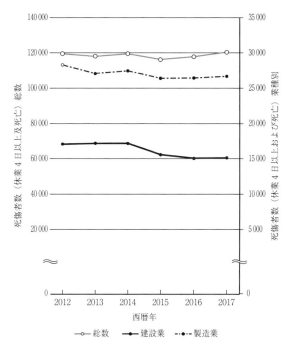

図7.3.3 労働災害による死傷者数（休業4日以上および死亡災害）の推移

特に製造業に着目して事故の類型別に分析を行うと，死亡災害においては「挟まれ・巻き込まれ」，「墜落・転落」が全体の半数弱を占める。また，死傷災害の場合は上記の類型に加え「転倒」，「切れ・こすれ」，「動作の反動・無理な動作」などが主要な事故の類型として挙げられている。近年では，労働力の高年齢化に伴い，死亡災害にはつながりにくい事故類型ではあるものの，死傷災害においては「転倒」や腰痛などの「動作の反動・無理な動作」が占める割合が増加傾向にある[4]。

また，第三次産業（サービス業など）へ従事する労働者が増加するにつれて，特に小売業，社会福祉施設，飲食店での休業4日以上の死傷災害も増加傾向にある。いずれの業種においても，事故の類型としては「転倒」が占める割合が多く3分の1程度となっているが，社会福祉施設では製造業同様，施設利用者の介助中などでの腰痛など「動作の反動，無理な動作」が最も多く，増加傾向が続いている[4]。これらの産業では，製造業・建設業等と比較し，歴史的に死亡災害等重篤な災害が少なかったことから複数の店舗・事業所を展開する企業であっても店舗・事業所に安全衛生担当者がいないなど安全管理の体制が脆弱であるが，他産業の重篤災害が減少するにつれて，これら第三次産業における死傷災害が労働災害全体の中で目立つようになってきている。よって，これまでは労働者の安全が相対的に重要視されていなかった業界においても，体系的な安全管理を導入することが求められている。

製造業においては，リスクアセスメントへの取組みが普及・定着するにつれて，重篤な危険要因への対応が進んでいること，建設業においては2014年の改正労働安全衛生規則での足場からの墜落防止措置の強化による取組みが実を結んだことが，死亡災害および死傷災害の減少に寄与しているといわれている[5]。しかし，災害の減少幅が徐々に小さくなり，2017年前後から死亡災害・死傷災害が増加傾向にあることから，高年齢者や非正規労働，外国人労働者の増加など就業構造の変化への配慮，産業用ロボットと人の協調作業など技術革新への対応等といった新たな視点を取り入れることが強く求められている。

7.3.3 リスクアセスメントに基づく事故防止

適切な安全対策を行い，事故を防止するためには，まずリスクアセスメントを通じて事故の原因となるものの特性を理解することが重要である。リスクアセスメントの結果に基づいて，リスク減を除去する，あるいは望ましくない事象が被害につながらないよう適切な防護策（ハード対策，ソフト対策）を講じることが求められている。リスクアセスメントは，リスクマネジメントに関する国際規格であるJIS Q 31000：2010（ISO 31000：2009）の定義[6]では，図7.3.4に示したとおり，リスク特定，リスク分析，リスク評価を網羅

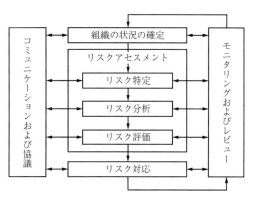

図7.3.4 リスクアセスメント（マネジメント）のプロセス（JIS Q 31000：2010）[6]

するプロセス全体を指しており，それぞれの段階で行うべきことはつぎのとおりである。

リスク特定：リスクを発見・認識した上で，その特徴を表現（記述）すること。職場においては，そのリスクが管理可能かどうかとは関係なく，影響を及ぼす可能性のあるリスクを可能な限り挙げることが求められている。

リスク分析：リスク特定で認識したリスクの特性を理解すること。そのために，リスクの原因およびリスク源，そのリスクがもたらす結果（好ましいものも好ましくないものも），そのリスクがどの程度起こりやすいか等について考慮を行う。同時に結果や起こりやすさに対して影響を与え得る要素についても特定を行うことが望ましい。

リスク評価：リスク分析の成果に基づき，どのリスクに対応する必要があるか，また対応の優先順位を判断すること。一般的に，起こりやすさと結果の重大さに基づき判断を行うが，各種ステークホルダへの影響や社会からの要請・要求事項（法令遵守含む）などを含めて判断を行うことが望ましい。また，リスク評価の結果さらなるリスク分析が必要になる場合もある。

リスクアセスメントを行う場合，多くの職場においては「すでにわかっていること」，「自分たちが得意なこと」，「軽微だが目立つ事故」に分析が偏り，重大なリスクが発見されない場合がある。よって，リスク特定においては，他社・他事業所・他業界の事故事例，業界で提供されているガイドライン・チェックリスト，各種リスクアセスメントの事例などを参照し，網羅性を高めていく必要がある。また，リスク分析を行う際にも，技術的なメカニズムだけではなく，人間的要因，作業的要因，管理的要因など人間や環境，組織に関わる視点を含めるように留意し，原因への理解をさらに深めることが求められている。

また，改善および安全管理に使用可能な経営資源（人材・予算・時間等）は限られており，リスク評価および評価結果に基づいて行うリスク対応においては五月雨式に対策を立てるのではなく，リスク評価の結果重大なリスク，あるいは対応すべきリスクとして挙げられたもの全体を把握した上で，可能な限り少ない対応策，あるいはリスク要因の除去などリスク対応を維持するための負担が少ない手法を活用することがポイントとなる。多くの職場においてリスク対応として「注意喚起」，「チェックの追加（ダブルチェックなど）」を行うことが多くあるが，注意喚起の対象やチェックを行わなければならない場面が増加した場合，人間の特性としてすべてに注意を払うことは困難であるため，結果としてこれらの対応が有名無実化してしまう。したがって，ハード的な対策の施行を原則としながらも，リスク対応の中で人間がある程度の貢献を行わなければならないことから，使える資源（人材，予算，時間等）に合わせて要求される負荷を調整することが必要である。

事故防止の対策の一環として，安全に関するトレーニングを行うことも推奨される。リスクアセスメントの結果として，危険認識の欠如や適切な手順・危険の特性に関する不十分な理解が挙げられる場合は，体験型の教育を通じて事故予防につながる技術・経験を身につけることが必要となる。特に近年は職場での事故の減少に伴い，事故を実際に体験し，実感をもって語り部となる人材が減っているため，挟まれ・巻き込まれ，静電気，墜落・落下，安全装置のメカニズムなど知らないと重篤な災害につながる事象について，体験用の装置やさまざまなモデルを用いながら教育を行うことが効果的である。安全に関する教育訓練を行う場合は，正しい手順や know-how を教えることも重要であるが，それ以上にメカニズムや原理原則，know-why を教えること，あるいは実際に実感してもらうことを通じて，応用可能な知識として定着させることを目指すことが望ましい。

7.3.4 高齢化と安全対策
〔1〕 高齢化が身体的・精神的機能に与える影響

定年年齢が 65 歳へと引き上げられたこと，労働力不足・生産年齢人口（15～64歳）の減少に伴う高齢者活用の動きなどから職場に高年齢層の労働者が増加している。また，労働災害についても，労働災害（休業4日以上）そのものの件数は 1989 年の 216 118 件と比較して 2015 年には 116 311 件と半減しているにもかかわらず，60 歳以上の件数は減少しておらず，全体に占める割合も 1989 年の 11％から 23％へと増加している。また，労働災害の発生率においても，一般的に経験年数が増えるに従って減少する傾向にあるものの，50 代以上では大幅に増加する傾向にある[7]。

高年齢者の労働災害の原因としては，加齢に伴う各種身体機能の低下の影響が大きいと考えられる。労働科学研究所が行った身体的・精神的機能が最高期と比較して 55～59 歳でどの程度低下しているかについての調査によると，特に視力，薄明順応，聴力，平衡機能，皮膚振動覚，夜勤後体重回復，記憶力，運動調節能等の項目において機能低下が大きい。その反面，筋力や単純な反応時間はそれほど大きな低下が見られないとされている。また，加齢による身体的・精神的機能への影響は若年層と比較して高年齢者では個人差がより大きくなることから，個人に着目して行うことも

〔2〕 高年齢者の事故予防のための安全対策

高年齢者の事故を予防するためには，担当業務の選定，職場の作業環境の整備，健康管理などの面において高年齢化に伴う身体的・精神的機能への影響を考慮した上で改善を行うことが望ましい。

具体的な対策としては以下のようなものが挙げられる[1],[7]。

- ・新たな業務はわかりやすく，時間をかけて導入を行う
- ・作業指示は明確に，文書や掲示板などを活用して行う
- ・注意集中を要する作業を短時間とする
- ・重量物の取扱い時には適切な補助機器を使う
- ・作業時に無理な姿勢をとらない
- ・墜落・転落予防のため，高所作業を減らす・梯子ではなく階段・スロープ等への変更を行う，手すりや柵を設置する
- ・適切な照明，見やすくわかりやすい表示・掲示，見通しの確保，滑りやすい場所を減らすなど作業環境の整備
- ・表示や掲示物の色彩や文字サイズを識別しやすいものとする
- ・聴覚機能の低下に配慮し，騒音を減らす・聴覚だけではなく視覚での伝達も行う，アラームを聴き取りやすいものにするなどの工夫を行う
- ・各自の健康状態（持病など）に配慮した業務内容，作業負荷とする

これらの対策は高年齢者の事故予防のみならず，若年層の事故予防にも有効な対策であり，注意喚起で対応するのではなく，より安全のために望ましい行動を自然ととれるよう環境面の改善を通して促していくことが，若年層・高年齢層双方の事故を予防するためには重要である。

なお，社会・技術・価値観の変化が速い現代においては，現在の高年齢者が知識・技術を身につけた時代の常識が，現代においてはリスク要因になり得ることに留意する必要がある。例として，過去は技術者や作業者としての技量（本来は技倆と表記）を向上するために，軽微な事故や怪我を経験することが容認されていた時代もあったが，現在の価値観においてはこのようなアプローチは容認されない。また，報告および通報を要する事故・怪我についても，過去と比較して現代においては軽微なものも含めて報告を行うことが求められる職場が増えている。よって，高年齢者が職場で長く安全に活躍できる環境を整えるためには，最新の安全管理および作業管理，人間関係等に関する教育訓練を行い，本人の中で常識となってしまっている知識のアップデートを行う必要があるといえよう。また，職場においても，若年層，壮年層，高年齢層それぞれの身体能力や認知能力，知識・経験に合わせ適切な業務を割り振り，協働できる環境を作り出すことが管理者の責務として求められている。　　（東瀬　朗）

引用・参考文献

1) 大関親，新しい時代の安全管理のすべて，第6版，中央労働災害防止協会（2014）
2) 小松原明哲，安全人間工学の理論と実践，丸善出版（2016）
3) 厚生労働省，職場のあんぜんサイト，労働災害統計 http://anzeninfo.mhlw.go.jp/user/anzen/tok/toukei_index.html （2018年12月現在）
4) 厚生労働省，平成29年労働災害発生状況の分析等 http://www.mhlw.go.jp/stf/houdou/0000209118.html （2018年12月現在）
5) 厚生労働省，平成27年労働災害発生状況の分析等 http://www.mhlw.go.jp/stf/houdou/0000124353.html （2018年12月現在）
6) JIS Q 31000：2010（ISO 31000：2009）リスクマネジメント―原則及び指針（日本規格協会）
7) 中央労働災害防止協会，高年齢労働者の活躍促進のための安全衛生対策―先進企業の取組事例集―，http://www.jisha.or.jp/research/report/201703_01.html （2018年12月現在）

7.4　システムの人間工学的評価

7.4.1　システムの安全性評価技術法

システムの安全性評価は，システム内に存在する各種の危険要因である一連の事象[5]を事前に発見し，必要な措置を講じるために行われる。

いくつかの技法が提唱されているが，おもな方法について以下に記す。

〔1〕予備危険解析

予備危険解析（preliminary hazard analysis, PHA）は，すべての設計段階の初期の段階に行われるべきものである。システムの固有の危険状態を識別し，予想される災害の危険水準を決定する。

方法は，① チェックリストによる方法，経験，技術的判断により危険な要素がどの部分に存在するか調べる。② システムまたはサブシステムの成分を取り出し，危険な状態となる要因を識別する（**表7.4.1**参照）。潜在的災害に移行する必要条件の検討，さらに予想される災害の危険水準の決定も行う。

〔2〕故障モード効果解析

故障モード効果解析（failure modes and effects anal-

表 7.4.1 PHA の書式の例（ボーイング社）[6]

1. サブシステムまたは機能要素	2. 様式	3. 危険な要素	4. 危険な要素の引き金となる事象	5. 危険な状態	6. 危険な状態の引き金となる事象	7. 潜在的災害	8. 影響	9. 危険等級	10. 災害予防手段			11. 確認
									10A1 設備	10A2 手順	10A3 人員	

〔注〕
1. 解析される機械設備、または機能要素
2. 適用できるシステムの段階、または運用形式
3. 解析される機械設備、または機能の中の本質的に危険な要素
4. 危険な要素を、同定された危険状態にさせるおそれのある好ましくない事象、または欠陥
5. システムとシステム内の各危険要素との相互作用によって生じるおそれのある危険状態
6. 危険な状態を、潜在的災害に移行させるおそれのある好ましくない事象、または欠陥
7. 同定された危険状態から、生じる可能性のある何らかの潜在的災害
8. 潜在的災害が、もし起こったとしたときの可能な影響
9. それぞれの、同定された危険状態の持つ潜在的影響に対する、つぎの基準に基づく、重要度の定性的尺度
   クラス1……安全
   クラス2……限界
   クラス3……危険
   クラス4……破局
10. 同定された危険状態または潜在的災害を、消滅または制御するための推奨される予防手段。推奨される予防手段とは、機械設備の設計上の必要事項、安全装置の組込み、機械設備の設計変更、特別の手順、人員上の必要事項などとする
11. 確認された予防手段を記録し、予防手段の取り残されている状態を明らかにする。推奨された解決方法が組み込まれたか、それが効果的かを検討する

ysis, FMEA）は、システムの信頼性、安全性を解析する手段として長年にわたって応用されてきた手法である。機器を構成する部品について、システムの下位レベルより上位レベルへ、すなわち小さな部分から全体システムへと解析を進め、各故障がシステムに及ぼす影響を明らかにし、安全性に致命的となる故障箇所を特定し、故障影響の致命度と発生確率により、各故障についての危険度を予測する方法である。順位を付けることも可能となる。FMEA は、帰納的な解析手法の一つであり、"what-if"（もし、ある異常が発生するとすれば、どうなるか）という課題に解答を与えることができる。

〔3〕 イベントツリー分析

イベントツリー分析（event tree analysis, ETA）は、システムの各構成要素の機能を正常か故障か、排反的に最初の事象（原因）から最後の事象（事故）までの過程を、枝分かれ理論によってたどっていく方法である。分析にあたっては、event tree（ET）と呼ばれるグラフ表示を用いる。

まず例を**図7.4.1**に示す。自動調節系の故障を想定したものである[4]。最初に故障を想定する機能（initiating event）を最も左側に位置させ、順次関連するシステムの諸要素を右方へ並べる。

各節点で、機能が正常（ないしは成功）の場合は節の上方へ、故障（ないしは失敗）の場合は下方へ記入

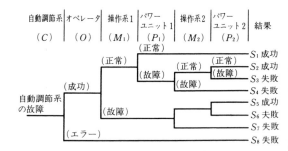

図 7.4.1 自動調節系の故障を初期事象とした場合のET[4]

する。

以下、同様の枝分かれをいちばん右端の機能に至るまで行う。この場合、形式上の組合せはグラフ上から省く、実質的な縮小型ETと呼ばれるものもある[4]。

イベントツリーの過程の中で、各成功事象の予想発生確率から、それぞれの事故の場合の発生確率が推定される。この理由は、ETを作る過程で各機能に関する事象を正常か異常か（あるいは成功か失敗か）の排反に分けており、結果はすべて関係する機能の同時事象として示されるので、初期事象から一つの結果に至るまでの枝の確率を全部掛け、分類されたグループ内で加え合わせればよいことになる（**図7.4.2**参照）。

〔4〕 フォールトツリー分析

いままで述べてきた方法は、それによって何が起こるか、という帰納的方法であった。このフォールトツ

7. ヒューマンファクタ

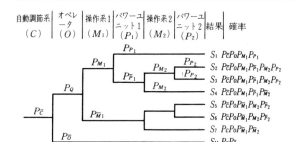

自動調節系が故障して，かつ一定期間の制御ができる確率
$$= P_{S_1} + P_{S_2} + P_{S_3}$$
$$= P_{\bar{c}} P_n (P_{M_1} P_{P_1} + P_{M_1} P_{\bar{P}_1} P_{M_2} P_{P_2} + P_{\bar{M}_1} P_{M_2} P_{P_2})$$

図7.4.2 ET上での確率計算[4]

リー分析 (fault tree analysis, FTA) の方法は，それが起こるためには何が必要かを追求し，防止に必要なことがらを決めていく演繹的方法である。イベントツリー同様，発生確率をもって，事故に至る過程を量的に分析していく方法である。

FTと呼ばれるグラフができ上がるが，**表7.4.2**に示す記号を用いて表示する。記号は，① 事象記号，② ゲート記号，③ 修正ゲート，④ その他の記号に分かれる。

まず，FTを作成するには，解析しようとする災害を書く（これを頂上事象または top event という）。これを事象として決定するためには，システムの工程，および作業内容を十分把握しておくことが必須で

ある。その下の段にその災害の直接原因となる機械・設備不良状態や，オペレータのエラーなど（fault event：欠陥事象）を並べて書き，頂上事象との間をゲートで結ぶ。つぎに第2段目のおのおのの欠陥事象の直接原因となる欠陥事象をそれぞれ第3段目に書き，第2段目の間をゲートで結ぶ。

このようにして，順番に下の方へ樹木を逆さにしたような末広がりの形で細かく原因となる事象を書き連ねる。この図形からツリーという名称が付いた。下の段と，上の段との事象を結ぶゲートは，基本的にはAND ゲート，および OR ゲートから構成される。AND ゲートとは，下の段からの入力 B_1 と B_2 の両方が起これば，すなわち，「B_1 でしかも B_2」ならば，上の段の出力 A が生じるということで，論理積の関係を表している。OR ゲートは，下の段からの入力 B_1 と B_2 のいずれか一方が起これば，すなわち「B_1 または B_2」ならば上の段の出力 A が生じるということで，論理和の関係を表している。通常の OR ゲートでは，B_1 と B_2 の両方が起こったときも A は生起する。下の段の事象が3個以上の場合も同様である（**図7.4.3**参照）。

FT作成事例をFTA安全工学[6]から引用する（7.4.4項参照）。FTは，つぎの段階としてブール代数（Boolean algebra）と確率事象の計算式を用いて，FTの頂上事象である災害の発生確率を計算する。

そのほか，インタフェース解析（interface analysis），MORT解析（management oversight and risk tree anal-

表7.4.2 FTに用いる各種記号[1]

記 号	意 味
$\underset{B_1 \quad B_2}{\overset{A}{\bigcap}}$	⌒ は AND ゲートを示す記号で，A が発生するためには必ず B_1, B_2 が起こらなければならないことを表す。
$\underset{B_1 \quad B_2}{\overset{A}{\bigcap}}$	⌒ は OR ゲートを示す記号で，A が発生するためには B_1, B_2 のどちらかが起こるだけでもよいことを表す。
▭	この下段に書かれた機械の欠陥または作業者の誤動作の組合せにより生じた結果をまとめたものを表す。
○	これ以上先へ伸ばす必要のない基本的な機械の欠陥または作業者の誤動作を表す。
⌂	これは通常の作業や機械の状態に災害の発生原因となる要素があるものを表す。
◇	与えられた欠陥樹において，基本的と考えられる機械の欠陥，または作業者の誤動作を表す。要素との因果関係が十分にわからないか，あるいは，そのための必要な情報が得られないため，この段階で細分化をやめ，以下省略するときに用いる。
△ △	ツリーを1枚の紙に書ききれない場合に転送することを示す記号として用いる。
⌂	抑制ゲートといわれるもので，経過のための条件や制限が付加できる。入力とその条件は出力を得るために満足させなければならない。
⌐⌐	条件または論理修正を示す記号として用いる。

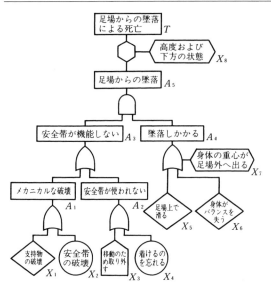

図 7.4.3 造船足場からの墜落災害の FT 例[6]

ysis），エネルギー伝達解析（energy transfer analysis），破局解析（catastrophe analysis），保全ハザード解析（maintenance hazard analysis），輸送ハザード解析（transportation hazard alalysis）[1] などが目的に応じて使われる。

7.4.2 心身状態測定

作業中の安全状態を阻害する心身反応として，疲労，睡眠不足，経験不足，加齢化，作業負荷，作業の難易度，時間的切迫など種々の要因が列挙できる。心身状態は，多様な生理指標によっても評価可能であり，多種多様な生理指標を用いて心身状態を評価することができる[15]。

心身状態は，**表 7.4.3** に示す多様な生理指標を活用することが可能であり，測定方法も格段に進歩し，無侵襲性（体に傷を付けない），無拘束性（自由に行動できる），連続監視性（リアルタイムでデータを測定できる），遠隔監視性（非接触で測定できる）などの計測条件を満たすものがある。また，それらの生理指標の測定により，多種多様な心身状態を評価することができる（**表 7.4.4** 参照）

以下に一般的に理解しやすい疲労を取り上げて，その測定・評価法を述べる。

表 7.4.3 各種生理指標の計測条件：無侵襲性，無拘束性，連続監視性および遠隔監視性

系	生理指標	無侵襲性	無拘束性	連続監視性	遠隔監視性
循環系	心音図（PCG）	A	B	A	C
	心拍出量（CO）	C	C	A	C
	血流量（BS）	B	B	A	C
	心電図（ECG）	A	A	A	C
	血圧（BP）	A	B	B	C
	脈圧（PP）	A	B	B	C
呼吸系	呼吸量（RV）	A	A	A	C
	呼吸数（RR）	A	A	A	C
	酸素消費量	A	A	A	C
	呼気中酸素濃度	A	A	A	C
	呼気中二酸化炭素濃度	A	C	A	C
	呼気中水分量	A	B	A	C
	血中酸素濃度	C	C	B	C
	血中二酸化炭素濃度	C	C	B	C
脳神経系	脳波（EEG）	A	B	A	C
	誘発脳電位（CEP）	A	B	C	C
	神経伝達速度	A	B	C	C
身体運動系	筋電図（EMG）	A	A	A	C
	誘発筋電位	A	A	C	C
	身体挙動	A	A	A	A
生理代謝系	皮膚電気活動（EDA）	A	A	A	C
	フリッカ値（CFF）	A	C	B	C
	体温	A	A	A	A
	発汗量	A	B	B	C
	唾液量	A	C	B	C
視覚系	眼振図（EOG）	A	A	A	C
	まばたき	A	A	A	B

〔注〕 A：満足，B：可能，C：困難

7. ヒューマンファクタ

表 7.4.4 主要な生理指標の解釈および評価手法の代表例

生理指標	主要な生理指標の解釈および評価手法
心電図	・覚醒度低下に伴い，心拍数は低下し，作業パフォーマンスも低下する。 ・精神作業負荷の上昇に伴い，RR 間隔のばらつき，変動係数等が低下する。 ・RR 間隔時系列データの FFT 解析においては，安静時には $1/f$ 分布であるが，緊張あるいは作業負荷により $1/f^2$ に近付く。
血　圧	・肉体および精神作業負荷により，血圧値は短期的に上昇する。 ・最高・最低血圧の概日，概週リズムには $24±3$ 時間および $12±2$ 時間の周期が観測される。
呼　吸	・肉体作業負荷により，酸素消費量が増加する。 ・過度の緊張により呼吸数は減少する。 ・肉体的・精神的負荷により呼吸数が増加する。
脳　波	・覚醒度が低下すると，低周波成分が増える。 ・眼球運動などと組み合わせて睡眠段階の判定を行う。
誘発脳電位	・刺激後の陰性波と陽性波の電位差が注意力の関数となる。 ・刺激の 300 ms 後の波高が，精神作業負荷の増加により，減少する。
身体挙動	・作業者の「飽き，嫌気」などの感情により，作業と直説関係ない副次行動が増える。
体　温	・直腸温により快適あるいは局部温性，ヒートストレスの判定を行うことができる。 ・顔面の平均皮膚温は快適感覚醒度と関連性が深い。
眼球運動	・覚醒度が低下すると急速眼球成分（REMs）が減少する。
まばたき	・覚醒度が低下するとまばたきの波形がゆっくりしたものになる。 ・覚醒度が著しく低下する直前に群発性（速い周期の）のまばたきが増える。
フリッカ （CFF）	・生体リズムに近い 24 時間周期のカーブを描く。 ・精神・神経疲労時および覚醒度低下時に弁別周波数が低下する。
皮膚電気活動	・覚醒度が低下すると皮膚電位（抵抗）水準が上昇する。 ・作業の複雑さ，注意の集中，作業負荷により，皮膚電位（抵抗）反射の発生頻度や振幅が変化する。

■ 疲労の測定

働けば疲労することは当然であり，日常会話においてもしばしば登場する。現在でも過酷な労働環境は存在するが，かつてのような過酷な労働条件による肉体的疲労は影を潜め，むしろ精神作業によって引き起こされる精神疲労が昨今の課題であり，特に蓄積的精神疲労が問題視される[10]。

疲労感は，きわめて心理的影響を受けることが大であり，高いモチベーション，旺盛なチャレンジ精神はプラスの方向へ，一方，やる気がない場合とか，職場をやめたいと考えている場合には強い疲労感となって表出することが知られている。それだけに測定も難しい。一般的には，(a) 主観的評価法，(b) 客観的評価法に分類される[11]。

(a) 主観的評価法　疲労感を測定する方法である。よく使用されているのは，日本産業衛生学会撰，労働科学研究所版の自覚疲労症状調査表である（**表 7.4.5 参照**）[14]。全体の訴え率，各カテゴリー別の訴え率を下記の式により算出する。また，30 項目のおのおのについての訴え率も下記の式で求める。

$$\frac{\text{その項目についての，その対象者}}{\text{対象者グループの延べ人数}} \times 100 \ [\%]$$

ここに，延べ人数は，調査人員×調査日数である。
つぎに各症状群 I～III の訴え率を算出する。これを職種別，男女別，調査時点別などについて算出する。

以上が一般的な算出法であるが，同一集団内においては，作業開始前と作業開始後にそれぞれ算出し，週間の変動を見るなどの応用法がある。また，使用目的に応じ個人単位で訴え率を見ることも必要になり，訴え内容ごとのパーセントを求めることも意味がある。

では，どの程度訴えがあれば多いといえるのかが問題になる。経験的には 25% 以上は，つまり 4 人に 1 人以上訴えがあることになり，かなり多いと考えてもよいとされている。個人ごとの訴えでは作業後の I～III の合計訴え率が 15.0% を超えるのは望ましくないという報告もある[13]。一概に何パーセント以上は駄目だとは決めにくく，他の客観的方法も併用しながら慎重に決めることが肝要である。

(b) 客観的評価法　客観的方法には，大きく 1) 電気生理的方法と 2) 機能検査法，3) 生化学的方法とがある。

1) 電気生理的方法

ⅰ) フリッカ値　点滅している光点が融合するとき，または点滅し始めたときの周波数をちらつき値の閾値（しきい値）またはフリッカ値（critical flicker

表7.4.5 自覚疲労症状調査表[14]

自 覚 症 状 し ら べ

No.＿＿＿＿＿＿＿
なまえ＿＿＿＿＿＿＿

　　年　月　日　午前/午后　時　分記入　今日の勤務

いまのあなたの状態について，おききします。
つぎのようなことが｛あったら　○／ない場合には×｝のいずれかを，□のなかにつけて下さい。

I		II		III	
1	頭がおもい	11	考えがまとまらない	21	頭がいたい
2	全身がだるい	12	話をするのがいやになる	22	肩がこる
3	足がだるい	13	いらいらする	23	腰がいたい
4	あくびがでる	14	気がちる	24	いき苦しい
5	頭がぼんやりする	15	物事に熱心になれない	25	口がかわく
6	ねむい	16	ちょっとしたことが思い出せない	26	声がかすれる
7	目がつかれる	17	することに間違いが多くなる	27	めまいがする
8	動作がぎこちなくなる	18	物事が気にかかる	28	まぶたや筋がピクピクする
9	足もとがたよりない	19	きちんとしていられない	29	手足がふるえる
10	横になりたい	20	根気がなくなる	30	気分がわるい

fusion frequency, CFF) という。作業終了後低下することが知られている。また，日中に高く，漸次低下し，明け方に最低値となるリズムを有することが知られている[2]。しかし，生活様式が多様化により，夜型の生活をする人の場合，このリズムも夜型に変化している。

フリッカ値の測定にあたっては，融合の始まりまたは点滅の開始を決める基準が変動しないことが必要で測定に先立って十分練習することが必要である。

一般に，精神作業では作業後の低下率が-5％程度が望ましく，-10％以上はきわめてクリティカルであるといわれている（**表7.4.6**参照）。

ⅱ）心拍数（拍/分）　作業の難易度，緊張レベルの高低に比較的直接的に反応する。負荷の高い作業であれば作業中顕著に上昇し，作業負担指標として知られている。一方，長時間運転などの場合，運転の後半に疲労の結果として低下することが知られている。

2）機能検査法
① 注意配分テスト
② 触2点間距離の測定
③ 反応時間
④ 計算などの作業量
⑤ できばえ，作業ミスなど

3）生化学的方法　作業後の排尿に含まれるホルモン物質の変化から測定する。尿中カテコールアミン（Ad：アドレナリン，NA：ノルアドレナリン），両者の比（NA/Ad），17OHCS，尿素，カリウムなどが測定されてきたが，尿中カテコールアミンが比較的よく用いられている。一般に，アドレナリンは，精神作業負荷によく反応することが知られている。値は，作業後上昇するが，NA/Adの比は疲労すると逆に低下する（**図7.4.4**参照）。尿中物質は，比較的長時間の負荷に対する評価として用いるのが適している。

測定法は，一つに頼らず総合的に判定を下すのが望ましいとされている（7.2.3項参照）。

7.4.3　人の安全性評価

人の安全性が高い状態とは，信頼性が高い状態とも

表7.4.6 CFF低下率の判定基準[2]

労働の種類	第1就業日の日間低下率		就業前値の週間低下率	
	好ましい限界	可能限界	好ましい限界	可能限界
肉体労働の場合	-10%	-20%	-3%	-13%
中間労働の場合	-7%	-13%	-3%	-13%
精神労働の場合	-5%	-10%	-3%	-13%

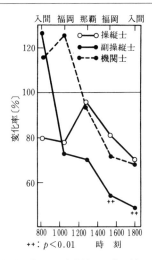

〔注〕 経験の少ない副操縦士が顕著に低下している

図7.4.4 機長,副操縦士別1日のフライトとNA/Adの比[7]

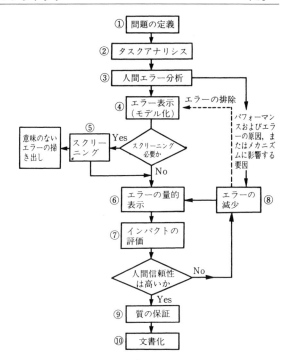

図7.4.5 人間信頼性評価アプローチの10のステップ〔Kirwan (1988)〕

いえる。したがって安全性評価はまた信頼性評価でもある。

まず,人間信頼性評価法の枠組みとしては,以下に示す三つのゴールが中核となり,さらに10のアプローチステップから構成される(Kirwan, 1988)[9]。

［三つのゴール］
① ヒューマンエラーの識別
② ヒューマンエラーの数量的表示
③ ヒューマンエラーの防止

従来は,比較的②にウェイトが置かれてきたが,リスク評価に使える方法を開発する意味では,①にウェイトを置くことが今後求められる。また事故防止の面では,人間工学の領域に多くの期待が寄せられている。10のステップを表示すると**図7.4.5**のようになる。

これらのステップのうち,人間エラーとそれによって生じ得る危険性評価という面では下記の⑥が最も関係が深い。人間信頼性評価技法としては,最近の研究のレビューからつぎの8種が挙げられている。

① APJ (absolute probability judgment)
　　　　　　　　　(Seaver and Stillwell, 1983)
② PC (paried comparision)
　　　　　　　　　(Hunns and Daniels, 1980)
③ TESEO　　　(Bello and Columbari, 1980)
④ THERP (technique for human error rate prediction)　　　(Swain and Guttman, 1983)
⑤ HEART (human error assessment and reduction technique)　(Williams, 1986)
⑥ IDA (influence diagrams approach)
　　　　　　　　　(Phillips, et al., 1983)
⑦ SLIM (success likelihood index method)
　　　　　　　　　(Embrey, et al., 1984)
⑧ HCR (human cognitive reliability model)
　　　　　　　　　(Spurgin, et al., 1987)

これらのうち SLIM, THERP について概説する。

〔1〕 **SLIM**

HEP(人間エラー確率)を求める場合,何人かのエキスパートによる集団評価を用いる。つぎに手順を示す。

（a） **PSFの識別**　エキスパート何人かにより,始めにパフォーマンスにプラスまたはマイナスに影響する個人,環境,タスクなどの PSF (performance shaping factor) を洗い出す。事故発生シナリオの中で最も重要と考えられる要因をノミネートする。

例として,オペレータのホース連結作業の忘れを考えてみる。ここでは,トレーニング,手順,フィードバック法,時間知覚などが PSF として挙げられる。

（b） **PSF評価**　評価は9段階で,各要因がどの程度そのタスクにとって最適か否かを評価する(最も適している場合がスコア9である)(**表7.4.7**参照)。

（c） **重み付け**　重みを全部等しくしておけば,スケールを単純に加算するだけで評価が得られる。例えばこの例では,アラームのセットミスが最も

表7.4.7　PSF評価の例

エラー	PSF要因				
	トレーニング	手順	フィードバック	危険知覚	時間
V204開	6	5	2	9	6
アラームセットミス	5	3	2	7	4
アラーム無視	4	5	7	7	2

表7.4.8　SLI計算

重み付け	PSF	V204開	アラームセットミス	アラーム無視
0.30	フィードバック	0.6 (0.3×2)	0.6	2.1
0.30	危険知覚	2.7	2.1	2.1
0.15	トレーニング	0.9	0.75	0.6
0.15	手順	0.75	0.45	0.75
0.15	時間	0.60	0.40	0.2
	SLIM合計	5.55	4.30	5.75

評価点が低く起こり得るエラーとなる。しかしエキスパートは危険知覚とフィードバックを最も重要と考えており，重みは他の2倍と評価している。重み付けを行った得点は表7.4.8に示すとおりである。SLIをHEPS（人間信頼性確率）に直すためには次式を用いる。

$$\log_{10}(\text{HEP}) = a\text{SLI} + b$$

〔2〕THERP

THERPの目的は[12]，人間エラーの確率を予測し，人間エラーのみによって引き起こされるか，あるいは機器の機能，操作的手順および練習と結び付くか，あるいは，システムの行動に影響する他のシステムや，人間の特性によって発生するマン-マシン系の中の減衰を評価することである（Swain & Guttman, 1983）。

基本的な考え方は，オペレータのアクションをシステム装置のアイテムと同じレベルで評価できるということである。

〔手順〕

① 人間エラーによって影響を受けるシステム機能を洗い出す。システムに親しみシステムを分析する。
② 関連する人間側の操作をリストアップし分析する（例えば，詳細なタスクアナリシスを実施する）。
③ エキスパートの判断と関連データを使用し関連エラー確率を評価する（量的評価）。
④ ヒューマンエラーがシステムの不成功イベント（リスク評価を伴う人間信頼性評価を含んでいる）に及ぼす影響を評価する。

THERPを進める上では，基本的にはオペレータのアクションイベントツリーを使用する。イベントツリーがイベントのシーケンスを示し，ツリーの各節で不成功・失敗（omission error, commission errorなど）の可能性を考える。これらのエラーは量的表示が可能であり，エラーリカバリーパスがツリーに加えられていくことが特徴である。作業のステップやアクションが多いと，きわめて複雑な多岐にわたるグラフとなりフォローしにくいという難点を有する。

人間信頼性評価法の評価結果を示すと，表7.4.9となる[8]。

7.4.4　システムの安全度とその表示法

そのシステムが安全であるということは，リスクが少なく，事故が発生しないこと，そこで働く人々が高い意欲で仕事に臨める快適な環境が存在している状況といえよう。システムとして，安全性が低く，人間の信頼性が低くなった場合，そのシステムの安全度はきわめて低くリスクが高いことになる。

〔1〕リスク表示

一般に，システムのリスクは，事故の頻度×事故の大きさで表される。すなわち

$$\text{リスク}\left(\frac{\text{結果の大きさ}}{\text{単位時間}}\right)$$

表7.4.9　人間信頼性評価法の評価結果

評価法 項目	APJ	PC	TECEO	THERP	HEART	IDA	SLIM	HCR
正確度	中	中	低	中	中	低	中	低
妥当性	中/高	中	低	中	中	中	中	低
有用性	中/高	低/中	中/高	中	高	中/高	高	低/中
リソース活用度	中	低/中	高	低/中	高	低/中	低/中	中
受容度	中	中/高	低	中	高	中	中/高	低/中
成熟度	高	中	低	高	低/中	低/中	中/高	低

〔注〕表中の表現は，評価の基準を示す。中は中程度，高は高い，低は低いの意。評価は，Kirwanら専門家による評定結果である（Kirwan, et al. (1988)）。

7. ヒューマンファクタ

$$= 頻度\left(\frac{件\,\,数}{単位時間}\right) \times 大きさ\left(\frac{結果の大きさ}{件\,\,数}\right) \quad (7.4.1)$$

どの程度の発生確率であれば許容できるのか，別のいい方をすれば安全目標をどこに設定するかということが課題になる。原子力発電をともに最も厳しく安全基準を設定している航空機の場合を例にとれば**表7.4.10**のようになる。

航空機の破壊，多数の死亡者が出る破局的事象の発生事象は，10^9 飛行時間当り 1 回以下に目標を，またパイロットへの作業負荷が急増し対処が困難，さらに旅客の一部の負傷または死亡が発生する危険領域は $10^7 \sim 10^9$ 飛行時間当り 1 回以下に目標を置いている。10^{-7} 回/時間は 33 年に 1 回以下（100 機の同一機種を保有する会社があると仮定し，1 機の年間飛行時間を 3 000 時間とすると，破局事象は 3 300 年に 1 回，危険事象は 33 年に 1 回発生となる。ほぼこの程度のリスクであれば 33 年に 1 回発生）となる。この程度のリスクであれば一般に受け入れられることになる。

このほかに，FAFR（fatality accident frequency rate）(Kletz, 1971) という，10^8 時間当りの死者数によって，各職業別にリスクの対比を行っている例もある。ちなみに 10^8 時間は，1 000 人の事業所の 50 年間の全労働時間に相当する（10^8 時間 = 1 000 人 × 50 年 × 2 000 時間；2 000 時間 = 1 日 8 時間労働 × 1 年 250 と計算した場合）。

〔2〕災　害　率

職場のリスクを知る手掛かりとして，災害率が算出される。比較的容易に算出できることから，システムのリスクの推定に用いることができる。

［算定方法］[1),3)]

（1）**災害千人率**（R）　1 年間労働者 1 000 人当りに何件の災害発生数が出たかを示す。

$$R = \frac{災害発生数}{延べ労働者数} \times 1\,000 \quad (7.4.2)$$

（2）**災害度数率**（F）　延べ 100 万（10^6）労働時間当りの災害発生数。災害の発生頻度を示す。

$$F = \frac{一定期間の災害数}{同一時間の延べ労働時間} \times 10^6 \quad (7.4.3)$$

（3）**災害強度率**（S）　延べ 1 000 労働時間当りの労働損失日数。災害の重さの目安とする。

$$S = \frac{延べ労働損失日数}{同一期間内の延べ労働時間} \times 10^3 \quad (7.4.4)$$

傷害を残した災害については，つぎの換算日数を用い計算する（**表7.4.11** 参照）。これらの基準は 1947 年第 6 回 ILO 国際労働統計学会議において国際間の共

表7.4.10 FAR および JAR による故障の重大度と許容発生確率[8)]

重大度のカテゴリー		軽微 (minor)		重大 (major)	危険 (hazardous)	破局 (catastrophe)
航空機と搭乗者への影響	・なし	・運転に軽微な障害	・運航上の制約 ・緊急操作	・安全余裕の相当低下 ・悪条件下で乗員が対応困難 ・乗客負傷	・安全余裕の大幅低下 ・ワークロードや周囲の状況に対応するため乗員が全力傾注 ・一部搭乗者が重傷あるいは死亡	・航空機の破壊 ・多数の死亡者
FAR 25 発生確率	← probable →			← improbable →		← extremely improbable →
JAR25 発生確率	← probable →			← improbable →		← extremely improbable →
	frequent		reasonable probable	remote	extremely remote	
故障の許容 発生確率〔回/h〕	10^0　10^{-1}　10^{-2}　10^{-3}　10^{-4}　10^{-5}　10^{-6}　10^{-7}　10^{-8}　10^{-9}					

〔FAA AC 25. 1309-1 および JAR 25. 1309 ACJ No.1（Lloyd & Tye：SYSTEMATIC SAFETY より）〕

表7.4.11 死亡廃疾災害の換算日数

身体障害等級	死亡 1〜3	4	5	6	7	8	9	10	11	12	13	14
労働損失日数	7 500	5 500	4 000	3 000	2 200	1 500	1 000	600	400	200	100	50

通の基準として勧告されたものである。

労働災害の等級区分は，保険制度と絡み，きわめて複雑である。

（4）度数強度値　度数強度値（frequency-severity indicator，FSI）は，次式によって計算される。職場のリスクの比較手段としては，（1）〜（4）の中では最も論理的といえる。

$$FSI = F \cdot S \qquad (7.4.5)$$

（5）災害損失係数（cost factor）　1000労働時間当りの補償費と医療費の合計

$$災害損失係数 = \frac{災害損失}{延べ労働時間} \times 10^3 \qquad (7.4.6)$$

（6）生産量または走行距離当りの災害発生率

生産量100 t 当りの災害発生率

$$= \frac{災害件数}{生産トン数} \times 100 \qquad (7.4.7)$$

走行距離 10^4 km 当りの災害発生率

$$= \frac{事故件数}{走行距離} \times 10^4 \qquad (7.4.8)$$

航空事故では10万飛行時間当りの発生件数，1億人km当り死亡旅客数，100万離陸当り発生件数などから事故率を表す。

（7）職場以外での災害率

職場以外での災害率

$$= \frac{災害者数}{職場以外の生活時間 \times 労働者数} \times 10^6$$
$$(7.4.9)$$

〔3〕そ　の　他

ほかに，被害度の格付けからシステムに内在するリスクを評価する。一つは人身障害度（表7.4.12参照）であり，もう一つは財産被害度からである。

（高野研一，垣本由紀子）

表7.4.12　人身傷害による格付け[1]

ランク	人身傷害の程度
I	微傷
II	軽傷
III	重傷または2人以上の軽傷
IV	死亡または3人以上の重傷

引用・参考文献

1) 安全工学協会編，安全工学講座5，人身災害，pp.18-19，p.95，pp.99-105，海文堂（1982）
2) 橋本邦衛，遠藤敏夫，生体機能の見方—人間工学への応用，p.114，p.150，日本出版サービス（1983）
3) 花安繁郎，労働災害の確率・統計分析と評価，第13回材料・構造信頼性シンポジウム（1994）
4) 林喜男編，人間工学，p.192，pp.242-253，日本規格協会（1981）
5) Heinrich, H. W., Industrial Accident Prevention, pp.13-20, McGraw-Hill（1959）
6) 井上威恭監修，総合安全工学研究所編：FTA 安全工学，pp.19-24，pp.29-39，日刊工業新聞社（1979）
7) 垣本由紀子，ジェット輸送機による長時間飛行が搭乗員に及ぼす影響について，航空医学実験隊報告，26-3，pp.131-155（1985）
8) 黒田勲，航空におけるリスク管理，IATSS Review, 18, 4（1992）
9) Kirwan, B., Human Reliability Assessment, from Evaluation of Human Work edited by John Wilson and E Nigel Corlett, Taylor and Francis, pp.706-753（1991）
10) 越河六郎，身心違和感のチェックと精神健康管理—CFSI の意義と方法，ワークサイエンスリポート，労働科学研究所（1996）
11) 本明寛監修，評価・診断心理学辞典，実務教育出版（1989）
12) Reason, J., Human Error, Cambridge University Press, pp.221-224（1990）
13) 酒井嘉子，狩野広之，自覚症状調査における訴え率の基準について，労働科学，41-8，pp.390-397（1965）
14) 吉竹博，産業疲労—自覚症状からのアプローチ，労働科学叢書33，労働科学研究所（1975）
15) 高野研一ほか，生体情報を利用した作業者の心身状態評価法の現状と動向，産業医学，34-2，pp.95-115（1992）

7.5　人間要素を中心とした種々のシステム安全とその事例

7.5.1　自動制御システム

〔1〕　自動制御機器と人間工学的諸問題

1960年代から発展してきた電子技術はあらゆる技術や機械，あるいはシステムの自動化を飛躍的に発展させた。その結果，多くの産業分野で機械化や自動化が浸透し，生産力の増大や生産効率の向上，システムの安全性の向上など，産業界に大きなメリットをもたらした。

自動制御機器が急速に発展した背景の一つとしてつぎのような説明がなされている。機械加工部品の組立てによって製品が生産されていた時代の組立作業には人間の判断力が重要視された。しかしながら組立作業それ自体は単調な繰返し作業であり，その中で多発するようになった作業エラーに対する検査工程が必要になり，コスト的にもメリットはなかった。このため人間は信頼できない不完全なものと考えられるようになり，単調な組立作業は人間にやらせるのではなく，自動装置に置き換えようという考え方が生まれ，工業製品の品質を一段と向上させるために，最新技術を導入した自動化，無人化，省力化が推し進められた。この

ような人間の役割の機械への代替，すなわち人間排除の動きは自動化初期の時代にはごく自然なものであり，人間が機器などに直接手で触れ，目でその状態を確認するような作業から遠ざけられていったのである。

自動化システムに新たな問題が発生したときには，それを解決するための自動化技術を開発すれば済むという技術優先の考え方がなされてきた。その結果，自動制御機器およびシステムの故障に対する防護技術の開発が増加した。このように技術中心主義においては起こり得ることが想定されるさまざまな問題に対処するためのシステムを自動化システムに組み込んだために，自動化システムはよりいっそう複雑化，大規模化および不透明化するようになった。

確かに技術中心の下に発展してきた自動化，無人化は，工業製品の品質の向上および人間の作業ミスの除去と従来型の人身事故の減少をもたらした。しかしながら，複雑化，大規模化，不透明化した自動化システムおよびその構成機器と人間との不整合が最近指摘され始め，人間を主体とした人間中心の自動化への転換の必要性が，安全性および信頼性の面で最近，最も注目を集めている。すなわち人間と機械の共生を目指すために，人間と自動化システムの調和のとれた関係をいかに実現するかが問題になっているのであり，誰のための自動化であるか，そして人間と機械，システムとの役割分担および主従関係はいかにあるべきかの論議が盛んに行われている。この問題解決には，ヒューマンファクタとマンマシンインタフェース（MMI）を考慮することが重要であると指摘されている。

産業界において技術中心の自動化がもたらした人間工学的な問題点を述べることにする。まず前述した自動制御機器が組み込まれた自動化システムにおける人間の役割分担の重さの問題である。自動制御システムの設計に際して，起こり得る問題のすべてを想定することは不可能であり，また自動化できないタスクもある。これらに対しては，システムの設計段階において予測できなかった状況の発生やシステムの不備に対しては人間が対処するものとし，自動化できなかったタスクに対しては人間に任せられているのである。

自動化によって新たに人間に与えられた役割はシステムの故障および異常が起こっていない状況においては，順調に作動しているかどうかをセンサ装置や計測装置を介して監視する単調作業である。しかしながら，異常が発見されたり想定外の故障が起こったりした場合には，どのような内容の故障が起こったか，および処置や対処のために必要な情報は何であるかを，通常と異なった心理状態および制御系，安全防護系が目に見えない不透明な状態の中で，理解し判断しなければならないという限界に近いワークロードを強いられるようになった。

二番目の問題点として，安全に対する人間の無関心化と意欲の低下の問題である。複雑な制御操作の自動制御化による単調な監視作業の継続においては注意力の持続は難しく，機器の運転操作に直接に関わっているという感覚も低下する。その結果，状況認識力，システム認識力および士気が喪失し，外界の状況の把握がおろそかになるとともに，安全に運転するという目標への関心が減少するおそれが出ている。

システムによる検知が進むと人間のシステムに対する依存度が高まり，人間が判断すべきときに機械任せになり，異常状況に対する反応が遅れることが想定され，安全面から見ても重要な問題である。また，おもしろみがあってやりがいのあるタスクが自動化されることが多いために，仕事に対する意欲が低下するおそれも指摘されている。

著者らは1980年ごろ，土間において人手で行われていた鋳物工場における造型作業を機械化したことがある。この機械化に対する考え方は以下のようであった。「造型作業において熟練技術を必要とし，人間にとって好ましい造型本来の作業は人間の機能として残し，人間には好ましくない深いしゃがみ姿勢，および重筋力発揮を伴う反転作業を機械化することによって改善することにした。すなわち，生産システムから人間を排除することなく人間と機械が協力して作業できるような機械化を目指したのである。筋力のときどきの使用により単調防止も考慮された」。この考え方は自動制御技術の設計・開発においても初期から取り入れられるべき必要があったのではないだろうか。

三番目はエラーの誘発性の問題である。制御すべきプロセスと制御する人間との間に高度に自動化された機器が介在し，通常運転状態の維持機能，安全上重要な機能および緊急を要する機能が自動化されたことにより，自動制御システムの機能は情報の種類の増加を伴いながらさらに集積化・複雑化し，不透明化した。その結果，人間が機器およびシステムの全体を監視し，全体を制御することは人間の能力から見て不可能であることから，エラー発生の可能性の問題が浮上し，種々の情報の集約，加工，提供方法などの情報処理技術をどうすべきか，すなわち人間に適合したMMIはどうあるべきかが重要視されるようになった。その際，2000年前後にITS（インテリジェントトランスポートシステム）が話題になり，ITSを実現するための乗用車の開発が進められた。すでに，自動車メーカの技術者は追突防止技術や車線逸脱防止技術な

どを可能にしている。おそらく全自動タイプの乗用車が将来誕生する可能性が高く，これが完成することにより，設計時の想定範囲であれば，運転中のヒューマンエラーは概念上存在しなくなり，居眠り運転時の追突防止やスピードの制御が可能になり，多くの人命を救うことにつながるようなる。

〔2〕 ヒューマンエラーと事故

人間はエラーを起こさないように注意し，行動する。それでも人間はさまざまな状況の下でさまざまなエラーを起こす。ヒューマンエラーはなぜ起こるのかに関する研究は，1970年代中頃から理論的，方法論的に発展した。エラーという言葉は意図的な行動にだけ適用できる。ヒューマンエラーのタイプは一般的に2種類の失敗，すなわちスリップとミステイクに分類される。スリップとはほとんど定型化された行動をあまり意識せずに行ううちに，当初の意図とは異なったことをしてしまうエラーをいう。ミステイクとは，意図したとおりに行為は実行されるが，意図が間違っていたために起こるエラーである。

スリップにはモードエラーと乗っ取り型エラーがある。モードエラーの事故例としては，1992年に起きたエアバスA320機がストラスブール空港16km手前の山に墜落した事故がある。事故後の調査ではパイロットが空港への進入角度を指示する「降下角度」と1分間の降下高度を指示する「降下率」を間違って入力したのではないかという疑いが持たれている。A320機では，降下角度と降下率は操作モードをボタンで切り替えて同じ装置から入力する設計になっているために，降下率モードになっていることに気付かず，パイロットは降下角度のつもりで「3.3（度）」と入力したのではないかというものである。このような異なる操作モードを一つのボタンに持たせることは，自動化技術が発展すればするほどあり得ることで，ヒューマンエラーが起こりやすい設計である。

乗っ取り型エラーを自動車運転の例で示す。勤務先に近く，信号のない交差点を運転者はいつも左折していたが，ある日，仕事上の都合で右折する必要があった。その交差点直前の道路はカーブの急なS字型になっており，走行車線どおりに運転するにはかなり速度を落とす必要があるところであった。交差点まで運転し曲がるためにハンドルを回そうとしたとき，運転者は自分が運転している車がウインカおよび車体ともに右折ではなく左折する体勢になっていることに気付いた。交差点の手前の急なS字型道路と対向車の有無に気をとられたために「右折行為に対する意識が薄れ，つい日頃行っている左折方向への運転をしていたのであった。

ミステイクの事故例としては，1979年に起きたスリーマイル島原子力発電所の事故がある。水位計などが異常状況を示したとき，オペレータはパネル上の表示ランプが「閉」を示しているのを見た。この「閉」表示は「弁を閉じるための信号が送られた」ことを示すものであり，「弁が閉じられている」ことを示す内容ではなかった。オペレータはこのことを知っていたが「弁は閉じている」と判断してしまい，異常状況に対する措置を行った。しかし弁は「閉」ではなく「開」のままであったのである。緊張した状況におけるこの判断が事故につながる誤った措置をとらせたのである。原因は視覚表示インタフェースの不備にあるといえる。

提示情報に対する誤判断エラーは家庭用電気製品にもある。例えば，新しく購入した電気ポットの操作部にある小さなランプの下に「沸騰」と表示されていた。使用者はランプが点灯しているのを見て沸騰しているものと思い，急須に「熱い湯」を注いだ。しかしながら急須に注がれたのは「熱い湯」ではなく，まだお茶には適しないぬるい湯であった。この事例における沸騰の表示は「沸騰中」の意味であったのである。その後も何人かが同様のエラーをし，不快な思いをさせられた。この場合，火傷とかの事故は起こらなかったが，快適で安全な生活にとって，生活用機器における視覚情報の提示方法がいかに重要であるかを示している。

〔3〕 安 全 対 策

自動化システムが技術中心から人間中心へと転換しつつあるけれども，その転換はこれまで述べてきたように安全と関係深く，安全対策および人に優しい人間-機械系の要件として提唱および指摘されていることがらはいくつかある。表7.5.1は技術中心の自動化がもたらした人間工学的諸問題（前述）と，技術中心から人間中心の自動化へ転換するために必要な検討課題をまとめたものである。以下は表7.5.1を解説したものである。

まず，メンタルモデルと表示情報が人間工学的に整合したものでなければならない。メンタルモデルとは，対象システムがどのように動くかについて人間が頭の中に持っている対象のモデルである。メンタルモデルは漠然としたものであるが，人間はこのモデルに基づいて機器やシステムの信号を知覚し内部状態を解釈し，どのように操作するかを決定しているのである。それゆえ機器やシステムの状態の情報を容易に理解できるように人間の認知特性に整合した方法で表示し，表現もメンタルモデルと一致させ，機器などの状態をできるだけ透明化し（トランスペアレント化），

表7.5.1 技術中心の自動化から人間中心の自動化への検討課題

技術中心の自動化	人間中心の自動化	
人間工学的諸問題	解決すべき課題	必要な支援技術・設計概念
人間の役割分担の重さ	メンタルモデルとインタフェースの整合性 システムの透明性	知的支援技術 生態学的インタフェース設計
状況認識力および意欲の低下	状態情報のプライオリティの選択とフィードバック表現法	情報の集約・処理技術 情報の表現技術
エラーの誘発性	人間の認知・行動特性の理解	フールプルーフ設計 タンパプルーフ設計 フェールセーフ設計

情報表示機器のカラー化を含めて適切にフィードバックすることが必要である。

表示情報と認知特性との整合化および内部状態の透明化はMMIを設計するための不可欠な要因であり、これらを実現するための設計概念を生態学的インタフェースという。表示情報の判断には視覚を使うことが多い。しかしながら過度に視覚に依存するのではなく、聴覚や触覚も利用した方がよい。また、一つのボタンに対する運転モードの種類および数の考慮も必要である。すなわちエラーアフォーダンス（エラーの誘発性）を最小にする設計でなくてはならないのである。

前述したトランスペアレント化のほかに、操作手順エラーを防止したり、緊急時の分析や手順示唆を提供できる知的支援システムも今後必要であろう。このほか、実行すべき作業およびつぎにくるべき作業を同定して、人間と機械の役割を分掌し支援の方法を選択するシステム概念も提案されている。

自動化機器の安全性も高めるには、本質的な安全設計の実施およびインタロック機構などの安全装置の付加は当然といえる。このほかに、フールプルーフ、タンパプルーフ、フェールセーフおよびフェールソフトなどの設計手法も効果的である。

フールプルーフとは、機器およびシステムと人間の接点において、人間の不適切な行為や過失などが起きても部品、機器およびシステムの人間に対しての安全性が確保される設計である。フールプルーフは、人間の行動も研究対象としている人間工学に基づいた設計である。例えば、機器の危険なところへ手を置いたまま作業すると手指切断などの事故が起きることがあらかじめわかっている場合には、光線式安全装置が取り付けられている。この設計が手を危険なところに入れたまま作業しようとしても光線が手を検知してストップ機能が働き、人身事故を未然に防止しているのである。

タンパプルーフ設計とは、機器などの安全性確保のために、勝手に手を加えられないようにすることをいう。上記の例でいうならば、光線が機能しないように手を加えることができないようにすることである。

フェールセーフ設計とは、故障を検知すると、ただちに回路を安全側にロックしてしまう方法であり、機器などに故障が生じても安全性が確保される設計である。典型的なフェールセーフの例は鉄道信号制御にある。信号系を含めて障害の発生時には、赤信号に固定して列車の運行を止め、致命的な障害の拡大を防いでいる。

フェールソフト設計とは、障害が発生、検出された場合、システムを完全に停止させないで、検出された障害が除去されるまでの間、処理能力を低下させながら運転を続行する設計をいう。フェールソフトはエレベータ制御に使用されており、もし障害が発生すると運転中のエレベータは最寄りの階に停止して、中の乗客を降ろす機構になっており安全性を高めている。

〔谷井克則〕

引用・参考文献

1) 堀野定雄, 谷井克則, 岡田守彦, 作業姿勢を考慮した造型用ポジショナーの開発, 日本人間工学会第20回大会論文集, p.322 (1979)
2) 飯山雄次, 八田一利, 安全における人間と機械の役割配分を考える, 安全工学, 33-2, p.66 (1994)
3) 大久保堯夫, 人間工学からみた安全諸問題, 安全工学, 33-3, p.138 (1994)
4) 楠神健, 鉄道における運転の自動化と安全, 安全工学, 33-6, p.400 (1994)
5) 増井隆雄, 原子力発電所における運転の自動化と安全, 安全工学, 33-6, p.408 (1994)
6) 稲垣敏之, 誰のための自動化?, 計測と制御, 32-3, p.181 (1993)
7) 田辺文也, 原子力発電プラントにおける人間中心のマンマシンシステムの構築へ向けて, 計測と制御, 32-3, p.193 (1993)
8) 岡村哲也, 産業機械システムにおけるヒューマンイ

ンタフェース,計測と制御,32-3, p.205 (1993)
9) 増田俊壽, PSのための信頼性・安全性はどんな点に留意して設計したらよいのですか, 電子技術, 37-5, p.25 (1995)

7.5.2 化学プロセスプラント

化学プロセスプラントにおける人間工学の対象は,作業における誤操作や誤判断などが主流であったが,プラントの運転作業の自動化が進み,制御システムの信頼性が向上するにつれ,運転のミスやシステム自体の欠陥による事故はしだいに減少しつつある。一方,物質の安全性の確認や設備の安全,検査などの自動化の進みにくい分野では,人手に頼る部分が残っており,プロセスプラント全体としての事故の減少に比べると,この分野のヒューマンエラーが目立つようになってきている。このことは,化学プラント以外でも,高度に日常運転の自動化が進んだ他の業種に共通するものがあるのではないかと思われる。

人件費が周辺諸国に比べて高い日本では,プラントの自動化による省力化だけでなく,より付加価値の高い製品への事業の転換が,化学工業でも進みつつある。これは新規製品の開発による生産,先端産業からの委託生産,少量多品種の高付加価値製品の多目的プラントによる生産,顧客のニーズに直結した製品の生産など,軽薄短小型の製造業の増加につながっている。重厚長大型産業が周辺諸国で成長するに従い,大量連続生産方式による素材産業に取って代わる可能性もある。このような時代の潮流に合わせて,化学プロセスプラントのヒューマンファクタを考察する必要がある。

ヒューマンファクタに起因する安全の問題を,現場の肉体的労働から,製品の研究・開発,工業化の企画,委託生産の検討,物質やプロセスの安全性の評価,プロセスプラントの設計,建設・変更工事,設備の検査・点検,運転のプログラムや基準の作成,教育や訓練,自動化された運転の監視,そしてそれらを総合した管理や経営といった精神的労働にまで拡大して考えることがますます重要になる。つまり "safety is everybody's business" の観点からすれば,研究者も,プランナも,分析者も,設計者も,工事や保全をする人も,検査や教育をする人も,そして管理者も経営者も,また規制者もヒューマンファクタの研究対象になり得る問題を抱えていると考えるべきであろう。

事故発生の引き金となる直接の行為者が現場の作業員であったとしても,その背景には教育の欠落,基準の不備,検査の見落とし,工事の誤り,設計の不良,管理の不都合などが考えられる。さらにはその遠因となる経営の方針に問題がなかったかを反省する必要もあろう。それぞれの人間のミスを掘り下げて対策を施さない限り,ヒューマンエラーによる事故を根絶することはできないであろう。

ここでは,〔1〕項で化学プロセスプラントにおいて生じやすいヒューマンエラーを例示し,〔2〕項でそれらを管理するために構築されてきたプロセス安全管理システムについて述べ,〔3〕項でそのシステムを下支えする安全文化について述べる。

〔1〕 ヒューマンエラーの例示

化学プロセスプラントにおける安全の要素は以下の四つに大別できる。
・物質:原料や製品となる化学物質
・設備:物質が通る設備(反応,精製,貯蔵,移送など)
・作業:物質や設備を扱う作業
・管理:物質,設備,作業のすべてを統括する管理

要素ごとに,過去の事例の分析結果などから見てヒューマンエラーが生じやすいポイントを例示する。

(a) 物 質

・原料,副原料,触媒,製品,副製品などの使用条件(温度,圧力,濃度,混合状態など)の下での危険性に気付かない,調査または試験を行わない。
・物質の危険性の評価,試験方法の誤り。試験,分析作業のミス。
・小規模な試験結果の過信(試験と実装置の伝熱条件などの違いを考慮していないことなど)。スケールアップの検討不十分。
・物質安全データシート(MSDS)を作成していないか,供給者から受領していない(健康影響や環境影響も含む)。
・生産委託品について,企業秘密を理由に,物質の危険性や取扱い上の注意についての技術情報を得ていない。情報の要求もしていない。
・物質の危険性や取扱い上の注意事項が,生産標準書などに記載されていないか,記載されたものが周知徹底されていない。
・物質の危険性の分類表示や標識が,誤って記されている。違う分類の表示がされた容器に一時的に収納されている。
・物質の危険性に関する研究開発段階で得られた知見が,関係者(設計者や操業部門)に伝えられていない。
・類似物質の事故事例の研究がなされていない。
・物質の安全性も含めた工業化の安全性について組織的な検討がなされていない(委員会やチェック

- システム)。
- 不純物や副生物の長期間の蓄積による危険性の検討がされていない。
- 触媒や潤滑油などの長期間使用による変質の危険性に気づかない。

(b) 設 備
- プロセスの安全性についての評価がなされていない。
- プロセスの非定常過程における安全性の解析がなされていない(起動,停止,切換え,異常発生時など)。
- 危険物の保有量を最小量にする検討や配慮がなされていない。
- 工場や設備の配置について,事故時の防災活動や周辺への影響についての検討と配慮がなされていない。
- 地盤,地形,地震を含めた気象条件,用役,排水などへの配慮が不十分。
- 廃棄物の安全な処理方法についての検討がなされていない。
- 原料,製品などの安全な貯蔵・輸送方法について検討がなされていない。
- 設備・装置の配置図,フローシート,配管・配線図の不備(変更後の修正がされていない。現物と図面が合致していない。)
- 着火源など,危険な設備の防護対策の不備(安全距離,防油堤など)。
- 装置材料の(耐食性など)選択の誤り(配管や付属品も含む)。
- 装置・配管の閉塞,振動,疲労などへの対策の不備。
- 設備検査の見落とし,判定などの誤り。検査後の組立ミス,チェックミス。
- 警報装置の欠陥,警報システム設計のミス。人間工学的配慮の不足。
- マンマシンインタフェースに対する人間工学的配慮の不足。
- 電源,計器用流体(油圧,空気圧など)のバックアップの不足。
- 騒音,振動,換気,歩廊など,作業者に対する配慮の不足。
- 装置などの構造や配置が,保全点検しやすいようになっていない。
- 装置・部品などの検修責任が明確に定められていない。
- 仮設のもの(仮配管や足場)に対する手抜きや安易な妥協。

(c) 作 業
- 作業基準の不備(作成,改廃がなされていない。現物に適合しない)。
- 作業指示の誤り(基準と異なる指示,臨時作業指示の際の検討不十分)。
- 基準書の教育不十分(教育効果や習熟程度の評価・確認が不十分など)。
- 基礎知識教育不十分(Know Why の理解不足。応用動作が利かない)。
- 業務引継ぎの不備(重要部分の欠落。引継ぎ内容の理解確認が不足)。
- 工具,保護具,備品などの保管・整備ができていない。
- 修理・変更の内容が作業者に伝えられていない。
- 他のプラントとの相互の関係(用役,製品などのつながりと影響など)についての理解が不足している。あるいは関係部門との情報交換が不足。
- 巡視・点検を怠り,異常の早期発見ができない。
- 教育・訓練の計画的実施がされていない(ムリ,むら,無駄が多い)。
- 下請作業員の教育と技能のチェックがなされていない。
- 作業員の行動を制限し警告を与えるような標示などが不十分,不明確。
- 点検・修理のための装置内の脱圧,冷却,置換,洗浄,遮断が不十分。
- 誰かがやってくれているはずだというもたれ合い。二重チェックの過信。
- 性格,能力,経験,対人関係などの個別把握による人の配置をしていない。
- 職場内の人間関係や協調が円滑になっていない。
- 指差し呼称などの確認の習慣が身についていない。
- 整理・整頓や危険予知などの小集団活動が定着していない。

(d) 管 理
- 経営者の安全に関する基本的な方針や施策が周知徹底されていない。
- ボトムアップによる改善提案や問題提起と,トップダウンによる施策の徹底とがちぐはぐで,両者の間の連携がない。
- 提案や問題提起に対して迅速な対応や説明がない。
- 安全に関する監査や査察が形がい化し,その結果が活用されていない。
- 安全活動への参画意識に基づいたすべての部門のコンセンサスがない。

・企業内外の事故事例や安全技術の情報の交換とその活用がされていない。
・安全確保に必要な人員や予算が極度に削られる。
・営業上の理由から，安全上必要な検討や対策が進まないまま，生産の開始を急がされる。
・法令上の要件や自主的な基準との整合性についてチェックシステムがない（設備の新設や変更の際の手続き，責任分担など）。
・緊急時の通報連絡体制，救急・防災体制などが整っていない。
・緊急時に備えた机上作戦や災害想定訓練がなされていない。
・管理者・監督者に対する業務管理や安全管理の教育がなされていない。
・管理者が部下の業務や休暇，要員配置などについて十分把握していない。
・待遇や職場の雰囲気が悪いため従業員が定着せず，熟練者が少ない。
・ミスや失敗を率直に報告し話し合える雰囲気が醸し出されていない。

〔2〕 プロセス安全管理システム

1970年代から1980年代にかけて，世界各地で化学プロセスプラントの大規模な事故が発生し，その原因究明が進められたが，個別のヒューマンエラーにとどまらず，その背景にあるプラント管理の問題が認識され，各種の法規制につながっていった。英国では，1974年に起きたFlixboroughの事故が契機となって，Control of Industrial Major Accident Hazards（CIMAH）規制が発効された。欧州では，1976年にイタリアのSevesoで起きた事故が契機となって，Seveso Directiveが発効されている。米国では，1984年にインドのBhopalで起きた事故で，その親会社が米国の会社であったことが契機となってOccupational Safety and Health Administration（OHSA）の規制が発効されている。

これらの規制は化学プロセスプラントを保有する企業が実施しなければならない管理項目を国が定めたものであるが，一方で米国では，Bhopalの事故直後に化学企業の経営者が主体となってAmerican Institution of Chemical Engineers（AIChE）に働きかけCenter for Chemical Process Safety（CCPS）を発足させ，単に規制を遵守することにとどまらず，経験から学んでより高いプロセス安全管理の実現に努力している。その中核となるのが効果的なプロセス安全管理システムの構築であり，発足以来改定を重ねてきたが，2007年に『Risk Based Process Safety（RBPS）』[1]を出版し現在に至っている。RBPSでは，企業はリスクを適切に評価し，先行指標や遅行指標を駆使して現状を把握しながら，つねに自社の弱点を特定してタイムリーにその対策を講じるという考え方がとられている。RBPSは以下の四つの大項目に分類される20の要素から成る。

（a）**Commit to Process Safety**（プロセス安全への積極関与）
・Process safety culture（プロセス安全文化）
・Compliance with standards（基準・規定の遵守）
・Process safety competence（プロセス安全コンピタンス）
・Workforce involvement（現場第一線の巻込み）
・Stakeholder outreach（ステークホルダへの関与）

（b）**Understand Hazards and Risk**（危険とリスクの認識）
・Process knowledge management（プロセス情報の管理）
・Hazard identification and risk analysis（危険の同定とリスク分析）

（c）**Manage risk**（リスクの管理）
・Operating procedures（運転要領）
・Safe work practices（工事安全管理）
・Asset integrity and reliability（設備保全と信頼性確保）
・Contractor management（協力会社管理）
・Training and performance assurance（教育訓練と確認）
・Management of change（変更管理）
・Operational readiness（運転準備）
・Conduct of operations（運転態度）
・Emergency management（緊急時対応）

（d）**Learn from experience**（経験からの学習）
・Incident investigation（事故調査）
・Measurement and metrics（評価と指標）
・Auditing（監査）
・Management review and continuous improvement（マネジメントレビューと継続改善）

これらの要素のおのおのにつき定義，原理と特徴，活動方法，改善事例，進捗の評価指標，マネジメントレビューの方法がガイドラインとして示されている。

〔3〕 安 全 文 化

プロセス安全管理システムが普及してきたと考えられる2005年に，米国のTexas Cityで大規模な事故が起き，その原因究明の中で，特に企業の安全文化の問題が認識されてきた。化学品に関する重大事故の調査を目的とする米国の独立行政機関であるU.S. Chemical Safety and Hazard Investigation Board（CSB）はこ

の事故に対する調査の過程で，独立レビューパネルを組織して安全文化につき調査するよう緊急勧告を行い，その報告書[2]（通称 Baker Report）において経営者が率先して健全な企業安全文化を構築することが提言された。〔2〕項で述べた RBPS において，プロセス安全管理システムとしては初めてプロセス安全文化を 20 の要素の一つとして取り上げ，一番目に位置付けているのは，この報告書が背景にあると考えられる。

わが国においても，2006 年から安全工学会を中心に保安力の概念が検討されてきた[3]。保安力とは，化学プロセスプラントの操業の安定，安全を確保し，保安防災レベルを向上させる力であり，プロセス安全管理システムに相当する安全基盤を，組織，システムを活性化させる安全文化が支えるというものである。2013 年から安全工学会・保安力向上センターで推進されてきている保安力評価では，以下の安全基盤 10 項目と安全文化 8 項目の視点から実力を評価している。

（a） **安全基盤**
・プロセス安全管理
・プラント安全基盤情報
・安全設計
・運転
・保全
・工事
・災害・事故の想定と対応
・プロセスリスクアセスメント
・変更管理
・教育

（b） **安全文化**
・組織統率（ガバナンス）
・積極関与（コミットメント）
・資源管理（リソースマネジメント）
・動機付け（モチベーション）
・学習伝承（ラーニング）
・危険認識（アウェアネス）
・相互理解（コミュニケーション）
・作業管理（ワークマネジメント）

残念ながら近年でも化学プロセスプラントの事故はなくなっていないが，それらの事故調査報告書を見るとヒューマンエラーを含む直接原因となった事象の検討にとどまらず，プロセス安全管理システム上の問題点やさらに遡って組織の安全文化の問題も検討対象として取り上げており，対策の一部に定期的な安全文化の評価を提言しているものも見られる[4]。

（宇野研一）

引用・参考文献

1) CCPS, Guidelines for Risk Based Process Safety, John Wiley & Sons, Inc., N.J.（2007）
2) Baker, J. A., et al., The Report of the BP U.S. Refineries Independent Safety Review Panel（2007）
3) 若倉正英，安全工学，51-6, pp.350-360（2012）
4) http://www.csb.gov/chevron-refinery-fire/（2018 年 12 月現在）

7.5.3 原子力発電所

〔1〕 **ヒューマンファクタ研究の経緯**[1]

原子力においてヒューマンファクタ（HF）の重要性が認識される契機となったのは，1979 年に起きた TMI 事故であるが，原子力における HF 研究はそれ以前から始められていた。例えば，原子力プラントを対象に初めて行われた本格的な確率論的リスク評価（PRA）である WASH-1400 において，炉心損傷に至る事象シーケンスに運転員のヒューマンエラーがどう影響するかを評価するために THERP と呼ばれる人間信頼性解析手法が用いられた。この手法は，人間行動に機械装置に対する信頼性工学の枠組みをほぼそのまま適用したものであるが，心理ストレスや診断に要する時間余裕などの状況要因がエラー確率に与える影響が考慮されている。このため THERP ハンドブックの形に体系化され今日でも広く使われている[2]。

わが国で行われた PRA の結果によると，加圧水型原子炉 PWR プラントの炉心損傷頻度に関与するヒューマンエラーの割合は，プラント特性に依存するが 31％ から 67％ までとかなりの割合を占める。エラーの内容としては補助給水隔離失敗，破損 SG 隔離失敗，再循環切替失敗などである。沸騰水型原子炉 BWR プラントでの炉心損傷頻度に対するヒューマンエラー寄与率は，77％ から 82％ までとやはりかなり高率である。エラーの内容としては水位・圧力センサの誤校正，原子炉手動減圧失敗，水位制御失敗などである[3]。このように，理論的な評価を行ってみると炉心損傷に至るような事象に対するヒューマンエラーの寄与はかなり大きく，人間行動の信頼性が原子力安全の重要なファクタであることがわかる。

しかし，HF が大きく関心を集めるようになったのはやはり TMI 事故の経験が大きい。TMI 事故は，冷却材喪失によって炉心の中央部分が損傷し，放射能が環境に放出されるという原子力発電史上に残る重大事故であった。この事故の特徴は，運転員が補助給水系出口弁の閉止状態や加圧器逃し弁の開固着状態に長時間気付かず，さらに炉内状態の同定を誤って自動的に

起動した緊急炉心冷却装置を手動で停止したことなど，設計時には想定されていなかった運転員の多様なエラーの重畳により緊急事態を招いてしまった。さらにこれらのエラーの背景には，100を超える警報がいっせいに点灯して何が起きたのか判断できなくなる警報雪崩という現象，制御盤上でのスイッチやレコーダの配置が一貫しておらず重要な表示が盤の裏面にあるなどの不適切な配置設計，加圧器逃し弁の開閉表示が弁の実際の状態を表示していないことなど，HFを考慮しないインタフェース設計が事故の背景にあることが判明した。この事故を契機として，それまで工学的安全系やハードウェアの安全設計にあった専門家の関心が，運転員のエラーやインタフェース設計といったHFの分野に向かうことになった。わが国ではこの事故の教訓を生かすべく，「我が国の安全確保対策に反映させる事項」52項目が国により整理され，官民協力の下に対応が行われた[4]。52項目の中には制御室レイアウト，人間信頼性向上，誤操作防止対策などのHFに直結する事項や，計装制御系の信頼性，PRA研究などのHFと関連する事項が多数含まれており，これらの解決のためにHF研究も活性化した。

さらに，1986年のチェルノブイリ事故によってHFの重要性が再認識されることになる。この事故は当初，運転員が規則違反を犯して安全上問題の多い試験を強行したために起きた惨事とされた。しかし，後に事故原因は，安全性維持の上で重要な「設備」，「人（チーム）」，「組織管理」，「社会」の観点のうち，多くは「人（チーム）」やその上流に位置する「組織管理」の要因に帰着することが明らかとなった。例えば，運転員が規則に違反して，臨界安全の制限値である反応度操作余裕値を低下させた主因として，運転員がその値の重要性を理解していなかったことが挙げられる。この背景には教育不足，訓練用シミュレータが設置されていないなど，社会情勢に起因する欠陥が影響している。こうして，技術的側面に影響を与える社会・組織に対する研究の重要性が認識されるようになり，事故調査を中心的に進めた国際原子力機関（IAEA）は，INSAG-4報告において組織における「安全文化」の重要性を提唱するに至った[5]。わが国でもチェルノブイリ事故を契機に，HF研究を専門とする組織が日本原子力研究所，原子力発電技術機構，電力中央研究所，電力会社などに相次いで設立され精力的に研究が進められてきた。

わが国ではその後，「もんじゅ」のナトリウム漏洩，動燃東海アスファルト固化施設の爆発，原電工事のキャスクデータ改ざん，JCO臨界事故などの事故あるいは不祥事が相次いで起った。これらは，公衆への健康被害という点では重大でないにしても，社会的なインパクトはきわめて大きく，原子力に対する信用を大きく損う結果となった。これらの事故・不祥事の背景には，やはりインタフェース，作業手順，組織管理，コミュニケーション，教育訓練など，人間・組織活動に関わる不備が散見される。

2011年3月11日には，大規模天災が引き金とはいいながら，安全文化の劣化により事故の想定を誤り大規模な事故に至った福島第一原子力発電所事故は，日本の原子力の安全神話を根底から崩してしまった。今回の事故では，当事者である一企業が責任追及されているが，個人や組織のエラーというよりは，業界全体の判断誤り，さらには大規模災害が起因であることを鑑みれば国の政策の誤りと考えるべきであろう。国家政策と営利企業の活動との狭間の「国策民営化」の概念の共通認識の誤りというべきかもしれない。

この事故では，緊急時における組織の上層部における判断誤りとその対極としての現場における臨機応変の対応など，さまざまな成功事例や失敗事例が見られた[6]。この事故以前から検討が進められていたレジリエンスエンジニアリングの研究が加速された[7]。

〔2〕 事故とHFの内容の変遷[6]

図7.5.1に示すように，プラントシステムが現代ほど複雑でなかった時代には，技術の欠陥が問題の発生源であり，技術的対応によって事故を防止できると考えられていた。システムがより複雑になるにつれて，それを操作する人間の能力限界に突き当たるようになり，ヒューマンエラーによる事故が起こるようになった。このため，エラーを犯す個人が問題の発生源と考えられ，要員の適切な選抜と訓練によって要員の能力を向上させることが，またインタフェース設計を適切に行うことが，エラー防止に有効と考えられた。つぎに問題となったのは社会と技術の相互作用であり，技術，人間，社会，管理，組織などの要素の複雑な相互関係による事故が発生するようになった。さらには，

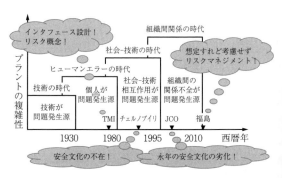

図7.5.1 安全問題のスコープの広がり

プラントや企業の内部だけでなく，外部の関係者や組織との関係不全が問題の発生源であるような事故が目立つようになり，組織間関係も含めた包括的問題解決の枠組みが必要になってきた[8]。TMI，チェルノブイリ，JCO，福島の事故の時間推移も入れてあるが，その時代の特徴を表した典型的な事故といえる。

これに伴い，事故やエラーの形態や社会的な受け止め方またその分析方法も，**表7.5.2**に示すように時代とともに変化している。当初はドミノ事故モデルとヒューマンエラー，次いでスイスチーズ事故モデルとシステムエラー，そして最近の捉え方は組織事故と安全文化の劣化，である。事故の原因の要素が設計から運用に変わってきていることや，分析手法も対策方針も時代とともに複雑で困難なものになってきていることがわかる。当然のことであるが，一つの事故の中にはこの3種類のモデルの特徴を少なからず含んでいる。

表7.5.2 事故・エラーのモデルと分析方法・対策の関係

事故の モデル	エラーの モデル	探索原理， 分析方法	解析の目標， 対策	
ドミノ (故郷の連鎖)	機器故障と ヒューマン エラー	原因・結果 因果関係	原因と連鎖 の排除	設計 ↑ ↓ 運用
スイス チーズ (多様性 の喪失)	システム エラーと 認知エラー (共通原因 故障)	リスク分析 リスク評価	防護と バリア の維持	
組織事故 (深層防護 の誤謬)	安全文化の 劣化	行動科学 安全文化 チェック リスト	組織文化 のモニタ と制御 (組織学習)	

認知科学や認知システム工学の分野では，人間は必ず情報制約と時間制約がある中で，また文脈（コンテキスト）に沿って考え，そして合理的に判断している，と考えている。これを，「文脈の中での限定合理性」と呼んでいる。しかしそれを外部から後付（情報と時間の制約がない）で見ると，エラーであると判断されることがある。

組織の不条理な行動は，これまでは人間の持つ非合理性が原因であると説明されることが多かったが，最近は人間の持つ合理性こそがその原因であると考えるアプローチが出てきた。組織（行動）経済学では，**表7.5.3**に示す取引コスト理論，エージェンシー理論，および所有権理論の三つの理論に基づいて人間行動を説明している。その共通の仮定は，「限定合理性と効用極大化」である[9]。

したがって，これからの人間を対象とする工学で

表7.5.3 組織（行動）経済学の三つのアプローチ——共通の仮定：限定合理性と効用極大化——

	取引コスト理論 （めんどくさがり）	エージェンシー理論 （情報格差）	所有権理論 （わがまま）
分析 対象	取引関係	エージェンシー関係（プリンシパルとエージェンシー）	所有関係
非効 率性	・機会主義的行動 ・埋没コスト	・モラルハザード ・アドバースセレクション（レモン市場）	外部性
制度 解決	取引コスト節約制度（仲間-集権型-分権型組織）	エージェンシーコスト削減（情報の対象化）制度	外部性の内部化（所有権配分）制度
事例	・ガダルカナル白兵突撃 ・ワンマン経営-社外監視 ・硫黄島・沖縄戦（良好事例）	・インパール作戦 ・ワークシェアリング	・ジャワ軍政 ・仲間意識と組織的隠蔽

は，エラーの起こしやすい社会の文脈を見つけていく必要がある。つまり，エラーとは何かを分析するのではなく，エラーを起こす社会の文脈を分析する方向に考え方が変わってきている。この方向は，エラーの内容を基本的に扱う従来の人間工学の範囲を超えているから難しいのは事実である。しかし現在は，安全と人間を取り巻く環境要素との関連性の視点でエラーを分析しなければ対策に結び付かない時代になってきていると認識すべきであろう。

〔3〕 人間-機械系の人的要因

原子力においては，原子力発電の安全達成のために，ヒューマンファクタが重要な役割を果たすことへの一般の認識が深まったのは，特にTMIの炉心損傷事故以降である。従来は，安全達成のために，ハードウェアの信頼性向上に重点が置かれ，研究開発・適用が図られてきた。計装関係ではもっぱら制御器やリレー等の信頼性向上が至上の課題であった。確かに異常状態になれば，自動系が作動して原子炉を緊急停止させ，そして冷却材不足を検知して緊急炉心冷却装置を作動させるのは自動系である。しかし，安定した状態にプラントを制御するのは主として人間の役割である。

原子力発電所の中央制御室は，人間と機械を構成要素とする「ヒューマンマシンシステム」系でもあり，人間と機械・システムが互いの役割を分担する「共存空間」とも捉えられる。そこにあっては，〔1〕項で述べたように，人間と機械の間での情報のやりとりのための接点であるインタフェースが重要な要素となる。ヒューマンマシンシステムやインタフェースの設計では，人間，機械のそれぞれのタスク分担が重要で

ある。したがって，おのおののタスクの分析が重要な要件で，中央制御室にとどまらず，原子力発電所の全体設計の基礎となる。また，人間と機械とでは情報処理プロセスが異なるので，インタフェースでの情報表示の在り方が問題となり，特にTMI事故以降に事故時の情報提示に関するさまざまな提案がされている。

昨今の高度情報技術の発展は目覚ましく，計算機が「知能化」してきた結果，「人間-機械・システム」系におけるタスク割当て（タスク配分設計）も大きく変化してきている。人間と機械・システムそれぞれを単独要素と捉えて単独なタスク配分を考えるのではなく，むしろ，共通の目標を達成する人間と機械の結合系として捉えて，協調作業としてのタスク配分を考える方向に発展している。人間による状況認識を維持し，自動化を図った後でも人間のスキルレベルを低下させることなしに，機械が人間を支援するようにタスクを割り当てるのである。すなわち，人間と機械の結合系がプロセス制御という共通の目標を維持することを可能とする「人間中心の自動化」を指向している。

原子力発電所ではタービン出力を一定に制御する自動化は従来から採用されてきた。この自動化は各サブシステムの出力制御目標値を統合して出力制御目標値を決めるというように総合化したもので，自動化レベル1～10のうちのレベル6に近いものである[10]。また，最近では，起動・停止をプログラム制御によって自動で行うというプラントもある。これは自動化レベル4に近いものである。廃棄物処理や水処理の補機関連の自動化も同様である。

一方，事故時の運転については，原子力発電所は独特の設計思想を採用している。いわゆる「止める」，「冷やす」という機能的なタスクについて，基本的には人間のタスクの介入を「事故後一定の時間（日本では10分，ドイツでは30分）は期待しない」自動化設計としていることである。解釈によっては，自動化レベル8の高度な自動化が行われていると考えることができる。ただし「期待しない」ということは，「人間によるタスク介入」を禁止しているわけではない。しかし，TMI事故では，「冷やす」機能を持った緊急炉心冷却装置の正しい自動動作に対して，運転員が状況の理解を誤り，自動系に介入してそれを止めた結果，破局的な事故に至った。その後，日本では，機械による自動的な「止める」，「冷やす」の機能的なタスクに人間が介入することをかなり制限している。基本的には事故時には，人間も混乱しているであろうから，その間にタスクを行うことを期待しないという姿勢である。

〔4〕 個人や組織が持つ能力の分析手法

事故の分析から安全を議論する方向に対し，新たな動向として，さまざまな事象の良好事例に着目して分析するレジリエンスエンジニアリング[7]，高信頼性組織[11]，リスクリテラシー[12]などの研究手法も盛んとなりつつある。この研究では，さまざまな個人や組織の能力の分類が提言され，福島第一原子力発電所事故の分析[13]など，原子力分野においてその活用が検討されている。システムの安全性を維持向上させるには，また緊急時の適切な対応を期待するには，安全意識の高い人間に頼らざるを得ないとの仮説に基づき，組織として必要となる個人や組織の能力を分析する試みである。

① レジリエンス（柔軟で強靭）とは，組織が本来的に持っている能力であり，環境変化や外乱に応じて組織機能を事前にその最中にまたは事後において調整する能力である。これにより組織は想定内または想定外の変動条件下で日常の業務を失敗することなく遂行できる。この調整自体は通常行われるものであり，この調整がうまくいかなかったときに失敗が発生する。

人間は行動を最適化しようとしたときに，効率性と完全性の間の許容できるバランス，すなわちトレードオフを達成しようとする。レジリエンスな組織とは，この調整する能力が組織の全階層で実行でき，バランスのとれた効率性-完全性のトレードオフができる組織である。

レジリエンスな組織となるための能力は，学習力（factual），予測力（potential），監視力（critical），即応力（actual）の四つであり，この能力を組織の安全文化として醸成することにより，安全の向上と管理能力の向上を同時に実現でき，予測・計画・生産の力量を強化することができる。

② 高信頼性組織の研究分野でも，組織の能力を研究している。平時には，些細な兆候も報告する「正直さ」，念には念を入れる「慎重さ」，操作に関する鋭い感覚である「鋭敏さ」を，有事には，問題解決のために全力で対応する「機敏さ」，最も適した人に権限を委ねる「柔軟さ」を，挙げている。またこれらを統合する中核として，「マインド」を持つ人とプロセスを開発し，彼らを支える組織マネジメント，組織文化を作ることを提案している。

高信頼性組織は，レジリエンスエンジニアリングでは事故やトラブルにおける良好事例から教訓を得るという立場とは対照的に，緊急時組織（例えば原子力空母）の現場観察から良好事例を見い出すという立場であるが，事故やトラブルを少なくするという目標では共通しており方向性は一致している。安全文化も組織

の安全に関する能力を議論していると考えれば，やはり方向性は同じであると考えられ，実態として安全文化と同時に議論する人は多い。

③ これらの方法論とは目的は異なるが，組織のリスクマネジメントとして要員はリスク対処能力やリスクリテラシーを持つべき，と林は考えている。これは，1. 解析力（収集力，理解力，予測力），2. 伝達力（ネットワーク力，コミュニケーション力），3. 実践力（対応力，応用力）の3種類七つの能力から構成されると考えられている。　　　　　　　（氏田博士）

引用・参考文献

1) 氏田博士，ヒューマンエラーと機械・システム設計，5.5節「原子力プラント」，講談社（2012）
2) USNRC, Handbook of Human Reliability Analysis with Emphasis on Nuclear Power Plant Applications, NUREG/CR-1278（1983）
3) 福田譲，菅原政治郎，PSAにおけるHRAの取り扱いについて，ヒューマンマシンシステム研究夏季セミナーテキスト，11-21（1999）
4) 原子力安全委員会，「我が国の安全確保対策に反映させる事項」52項目（1979.9）
5) IAEA, SAFETY SERIES No.75-INSAG-4. SAFETY CULTURE（1991）
6) 氏田博士，事故とヒューマンエラーのモデルの在り方，ヒューマンインタフェースシンポジウム（2014）
7) Hollnagel, E., Woods, D.D., Leveson, N. (edt.), Resilience Engineering Concept and Precepts, Prentice Hall（2006）
8) Reason, J., Managing the Risks of Organizational Accidents, Ashgate, Aldershot, UK（1997）
9) 菊澤研宗，組織の不条理，ダイヤモンド社（2000）
10) Sheridan, T. B., Telerobotics, Automation and Human Supervisory Control, MIT Press（1992）
11) 中西晶，高信頼性組織の条件，生産性出版（2007）
12) 林志行，事例で学ぶリスクリテラシー入門，日経BP社（2005）
13) Ujita, H., Accident Analysis by Using Methodology of Resilience Engineering, High Reliability Organization, and Risk Literacy, HCI International（2015）, Los Angeles, CA, USA, 2-7（Aug. 2015）

7.5.4　航　　　空

航空の分野は幅広く，航空機の構造・推力・用途などによって特徴が大きく異なる。また航空機の運航は空港，航行援助施設，航空交通管制，航空情報提供など国際的に標準化されたインフラに支えられている。そのすべてで人間要素がシステム安全に関係しているが，ここでは民間ジェット輸送機の運航を中心に事例を述べる。

〔1〕航空事故の発生状況

航空機の運航に関係して死傷者（軽症は除く）が出るか，他の物件を壊すか，航空機が大修理を要する損傷を受けたか修理不能なほどに損傷した場合を航空事故と呼ぶ。犯罪や軍事攻撃の結果は含まれない。航空事故のうちデータ収集がほぼ確実に行われているのが，死者が生じる事故（死亡事故という），航空機が大破して修理できないほどの事故（機体全損事故という）や，これらが重なったもの（重大事故という）であり，事故統計ではこれらの発生率を指標にすることが多い。航空輸送は仕組みがほぼ世界共通であることと，自国の経験だけでは安全の教訓が十分でないことから，世界の安全状況に関心を持つ。2011年から2015年までの5年間では，全世界の民間ジェット輸送機で1億2700万回の飛行が行われ，その中で153回の事故（乱気流による負傷事故を除く）が発生した。うち機体全損事故は61回，重大事故は25回，死亡事故は20回であり，1015名の搭乗者が死亡した。図7.5.2に示すのは機体全損事故発生率の年別推移である。

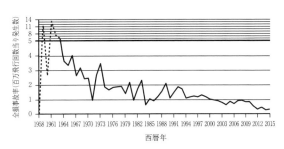

図7.5.2　民間ジェット輸送機の機体全損事故発生率（10年移動平均。エアバス社資料[1]）による）

〔2〕事故と人的要素との関わり

事故調査機関が事故調査の結果として認定した主原因分類の年代比較を図7.5.3に示す。このデータから航空事故の70～80パーセントは個人に責任があると解釈するのは早計に過ぎる。事故の多くにヒューマンエラーが関係していて，調査すべき重要な要素であることは確かだが，事故には組織要因，環境要因，人とシステムのインタフェースなど多数の要因が影響している。最終結果に最も近かった行動だけを切り出しても予防策につながらないからである。また2006年以降ボーイング社はこのような分類データの公表を止めており，その理由として「多くの国の事故調査機関が"主原因"の認定を止めている。"主原因"を決めることは航空システムの複雑さを単純化しすぎることにつながり，誤解を生じさせる。」ことを挙げている。図

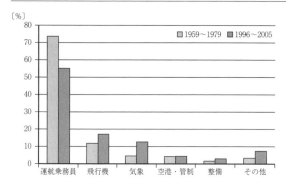

図7.5.3 民間ジェット輸送機全損事故の主原因分類と構成比（ボーイング社資料[2]による）

7.5.2に示した期間の直前から現在まで，人的要素の考慮が個人からチームへ，また組織へと拡大されてきた中で代表的なトピックを以下に述べる。

〔3〕 **人間工学の発展と標準化**

他の大規模システムと同じく，航空の安全基準は過去の教訓を生かして成り立っている。第二次世界大戦のあと米国陸軍は「パイロットエラー」事故とされていた大戦中の事故数百件を洗い直し，事故の裏には設計上の問題が関係していたことを明らかにした[3],[4]。それらの要因を**表7.5.4**，**表7.5.5**に示す。表7.5.4の第1項目には，推力レバーの種類を間違える，フラップを上げるべきところで脚上げ操作をする，意図と異なるエンジンを操作する等が含まれる。

表7.5.5の第1項は，二針式・三針式計器やドラム表示計器の高度を1 000 ftまたは10 000 ftずれて読ん

表7.5.4 制御・操作に関する事例460件に認められた要因の内訳

要因	比率
1. 制御装置の取り違え	50%
2. 調整エラー	18%
3. 実行忘れ	18%
4. 必要な方向と逆に操作	6%
5. 意図せぬ操作・気付かず操作	6%
6. 操作器に手足が届かない	3%

表7.5.5 航空計器の読取りと解釈に関する事例

要因	比率
1. 計器表示値の読み誤り	18%
2. 表示を逆に解釈	17%
3. 信号の解釈違い	14%
4. 見にくい表示の読み誤り	14%
5. 取り違え（別の計器と誤認）	13%
6. その他4区分計	24%

だり，また回転計を1 000 rpm読み誤ったりすることである。第4項も似た標題だが，汚れ，照明不良，視界外，角度，障害物，結霜等による読取りエラーを意味する。

制御装置の混同対策の例は，視覚や触感から操作対象をイメージできる「操作・制御装置の形態」であり，米国および欧州の耐空性基準にそれぞれ定められている（**図7.5.4**参照）。

 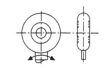

（a） フラップ操作装置つまみ　（b） 着陸装置操作装置つまみ

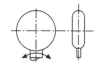

（c） 出力または推力つまみ　（d） プロペラ操作装置つまみ

図7.5.4 耐空性基準に定められた操作つまみ形状の例（FAR 25.781／EASA CS 25.781）

計器表示の読み誤りについては，根本原因として計器配置が航空機の型式ごとに異なることはもちろん，同じ型式の中でさえ相違があることや，ジャイロ計器表示方式がメーカごとに異なることがあった。この問題は，最重要な四つのアナログ計器だけについては配置が標準化（Basic T配置という。**図7.5.5**参照）されていったことで解消され，現代の電子式統合計器に

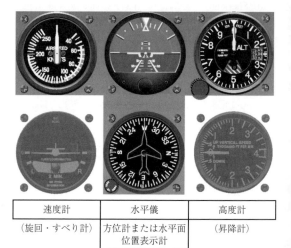

図7.5.5 Basic T配置（FAA-AMT Airframe Handbook H-8083-31より）

もこの配置が継承されている。

〔4〕 ヒューマンエラーへの取組み

1960年代には飛行記録装置（FDR），次いで操縦室音声記録装置（CVR）の開発と装備義務化が進み，事故調査の精度が上がった。初期の飛行記録装置は，時刻・高度・速度・垂直加速度・方位・交信の有無だけをアナログ的に記録するものだったが，年代とともに多数のパラメータをディジタル記録できるようになり，人的要因の関わりを詳しく調査できるようになって，ヒューマンエラー防止への取組みが本格化した。

欧米の一部航空会社では自社事故の経験等からヒューマンファクターズの知識教育やクルーコンセプトに基づく訓練を開始していたが，いくつかの事故とNASAの調査をきっかけにクルーリソースマネジメント（CRM）訓練へと発展した。

CRMとは利用可能なあらゆるソースを活用してヒューマンエラーを管理することと定義されている。米国航空会社が開発した初期のCRM訓練は，操縦室内の人的リソースを最大限に利用することを目指したコクピットリソースマネジメントであり，権威勾配を適正化して高圧的な機長や自己主張できない副操縦士の行動スタイルを是正することが強調された。航空事故にはパイロットの操縦技量よりもクルーの意思疎通や協調の破綻が大きく影響しているとの理解が進みCRM訓練が普及するにつれ，1980年代末には操縦室内のグループダイナミクスに力点が移り，チーム形成，ブリーフィング方針，状況認識，ストレスマネジメントの概念が導入された。また操縦室にいる運航乗務員だけでなく客室乗務員や整備士もリソースに加えて，CRMのCは「コクピット」から「クルー」を意味するようになるとともに，CRM訓練とライン運航に則した非常事態飛行訓練（line-oriented flight training/LOFT）が表裏一体の組合せとなった。日本の大手航空会社はこの時期までに調査や試行を経てCRM訓練を開始した。

1990年代以降，CRM訓練は整備士，運航管理者，客室乗務員にも対象が広げられるとともに，元来の目的だったエラー防止に再び力点を移したスレットアンドエラーマネジメント（TEM）が特色となっている。スレット（脅威）とは，安全を危うくする要因だが，悪天候，故障，タイムプレッシャなどクルーの手でコントロールできないところから発生しているので，うまく対応せざるを得ないものである。スレットがあると運航環境が複雑になってエラーが生じやすくなる。スレットを予測し，早期に把握し，対応方策や優先度を決めたりタスク配分を見直したりしてクルーで対処することでエラーを防止し，もしエラーが起き

ても早期に発見して通常状態に復帰するスキルを訓練と日常運航を通じて養うのである。CRM訓練の技法，中でも特にノンテクニカルスキルの訓練は医療など他の産業にも広がりつつある[5]。

〔5〕 人間と環境のインタフェース

昼夜や気象条件にかかわらず「全天候運航（all weather operation）」をする操縦室には計器飛行のための計器や航法装置が装備され自動装置も利用できるが，いつも前方が明るく見えているのと同じ状況認識が楽に得られるわけではない。「前方がよく見える」ようにする技術で状況把握を助けるシステムの開発も進んでいる。目では見えないところまで見せてくれる気象レーダ，空中衝突防止装置（traffic alert and collision avoidance system, TCAS）や予測型ウィンドシア警報装置などが実績を重ね，それぞれインテリジェント化も進んでいるが，ほかにも重要なものがある。

図7.5.2に見るとおり，ジェット輸送機の就航から事故率は着実に減少してきたが，1980年頃からペースが鈍った。航空事業の規制緩和が世界各国で進み航空需要が伸びる中で，航空輸送が社会に受け入れられ続けるためには安全性の向上が不可欠となった。重点目標となったのは，多くの人命や航空機が失われてきた事故である。航空事故の形態分類と死者数を図7.5.6に示す。各区分の左棒は1987～2005年の累計人数である。

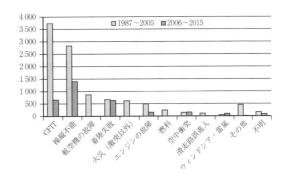

図7.5.6 航空事故の形態分類と死者数（搭乗者のみ）
（ボーイング社資料から作成）

搭乗者の多くが助からない事故の代表が，機能が正常な飛行機が山や地表面・水面に激突するcontrolled flight into terrain（CFIT）事故と，飛行中に操縦不能に陥る（loss of control in flight, LOC-I）事故である。これと比べて着陸事故はオーバラン，滑走路との異常接触，滑走路逸脱などであり，搭乗者の生存率はかなり高いため，機体全損事故の数は最大だが，死者数では3番目となる。

（a） **CFIT 防止** 1960 年代末に実用化された対地接近警報装置（ground proximity warning system, GPWS）にはいくつかの作動モードを持つが，中心となるモードの機能は，電波高度計で測定した対地高度とその接近率から「terrain, terrain」という警報を出し，さらに状態が悪化すると"oops, oops, pull up"と引き起こしを指示することである。1970 年代から 1980 年代にかけて各国で装備が義務化され，CFIT の発生率は低下した。GPWS が対地間隔の信号源として利用する電波高度計は真下を測定するだけなので，地形によっては過敏に反応してオオカミ少年効果を生じたり，逆に急峻な地形では警報が出たときは手遅れとなったりする限界があった。1990 年代に入ると全世界の地形データベースと GPS の位置情報を利用して GPWS に「前方が見える」能力が備わった「機能強化型対地接近警報装置（Enhanced GPWS, EGPWS）」が登場した。EGPWS は従来型の機能に加えて，地形情報と航空機の軌道から衝突を予測し，計器板の電子地図上に危険地域を表示するとともに音声警報を出す（図 7.5.7 参照）。EGPWS の装備が進み 2013 年にはジェット輸送機の 95％に達したことから，図 7.5.6 の右棒（2006～2015 年の合計）で示されるとおり近年 CFIT は最大の死亡事故形態ではなくなった（図 7.5.6 参照）。

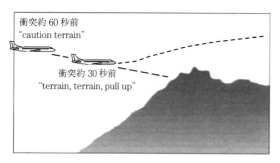

図 7.5.7 EGPWS の衝突警報

（b） **LOC-I の防止** 操縦不能に至る要因には乱気流や着氷などの自然条件，先行機の後方乱気流，航空機やエンジン故障や設計不良がある。これに加えて，不適切な操作手順，空間識失調，注意が逸れる，訓練不能など人的要因の比率も高い[6]。国内では無意識のうちに進入復航モードに入った自動操縦装置と手動操縦が干渉した結果，失速して墜落した事故が 1984 年に発生した。

LOC-I の予防策はシステム化と手動操縦技量強化の両面で行われている。システム化は，航空機が失速したり過度のバンクに達したり過度の荷重倍数に達したりしないような飛行制御則を組み込むことである。A320 や B777 以降のフライバイワイヤ機には航空機の運動を飛行包囲線の中に保つような envelope protection と呼ばれる保護機能が備わっている。

在来型制御則の航空機が操縦不能に陥る前には，自動操縦装置が切れるとともに飛行姿勢は定期便パイロットが日常経験しないようなピッチ角・バンク角に達しており，計器も見慣れない姿になっている。そこから手動操縦で回復させる技量を持ち続けるために異常姿勢からの回復訓練が多くの国で行われてきた。引き続きさらに広範囲の実践的なマニュアル操縦訓練と審査を求めるとともに，その訓練をシミュレータで可能にするための動きが航空先進国で進められている。

（c） **着陸失敗事故の防止** 全損事故の中で最も多く発生しているのがこの着陸失敗事故である。時代と目的によって離陸失敗事故を加えて「滑走路逸脱事故」と分類したり，進入中事故を加えて「進入着陸事故」とされたり，あるいは滑走路誤進入と滑走路誤認を加えて"runway safety"と区分されて取り組まれたりしてきた。

既存の対策として定着しているものとして，スタビライズドアプローチ，高速からの離陸中止を抑制，雪氷滑走路の性能基準と運用方法などがある。着陸失敗事故防止策として目新しいものはないが，国際民間航空機関（ICAO）と国際航空運送協会（IATA）を始めとして航空業界が一致して息長く推進している。

エアバス社は機上システムによる意思決定支援機能として runway overrun prevention system（ROPS）を実用化した。2015 年現在で，A320 から A380 までの全機種で EASA の承認を取得している。このシステムは進入中に着陸後の停止可能位置を予測して，安全に停止できない場合は"runway too short"と警報してゴーアラウンドを促す runway overrun warning（ROW）機能と，着陸後には必要に応じて"max braking"，"set max reverse"と警告メッセージを送る ROP 機能を持つ。

〔6〕 **安全マネジメントシステム**

国内の航空分野では航空従事者訓練，航空運送，整備，設計・製造，管制，などの事業領域で安全マネジメントの実施が求められている。安全マネジメントで行うことの中心はリスクアセスメントである。経営者の方針の下に各階層の責任と権限を定めてトップダウンで安全データを収集してリスク評価を行い，許容可能になるまで低減策を実行して結果を確認するというサイクルは，他のマネジメントシステムと共通している。

安全マネジメントには二つの流れがある。一つは

2005年に起きた尼崎事故など陸海空それぞれの事故とインシデント多発をきっかけに，防止対策として法令改正により発足した「運輸安全マネジメント」制度であり，2006年10月から一定規模以上の運送事業者に義務化された。もう一つはICAOが同じく2006年から標準（＝義務）としたシステムである。ICAOは安全マネジメントシステムの前身ともいえる「事故防止・飛行安全プログラム」を航空運送事業者が実施するよう1990年から求めていたが，国際海運など他の産業での動向や，折しも欧州の空港と空域で発生した大事故の影響を受けて安全マネジメントシステムに発展させるとともに，管制など航空交通業務と空港運営事業にも適用を拡大した。以降，対象となる事業分野が順次追加されている。安全マネジメントシステムはヒューマンエラーの適切な管理や安全報告を重視するものであり，この充実によって人的要素は個人，グループ，組織の各段階でシステム安全との関係が整えられるものと期待される。　　　　　　　（十亀　洋）

引用・参考文献

1) Anon., A., A Statistical Analysis of Commercial Aviation Accidents 1958-2015, Airbus S.A.S., Blagnac (2016)
2) Anon., A., Statistical Summary of Commercial Jet Airplane Accidents 1959-1979 および 1999-2015 各年版，Boeing Commercial Airplanes, Seattle (1980, 2000-2016 各年)
3) Fitts, P. A. and Jones, R. E., Analysis of Factors Contributing to 460 "Pilot-Error" Experiences in Operating Aircraft Controls, Aero Medical Laboratory, Dayton (1947)
4) Fitts, P. A. and Jones, R. E., Psychological Aspects of Instrument Display. I：Analysis of 270 "Pilot-Error" Experiences in Reading and Interpreting Aircraft Instruments, Aero Medical Laboratory, Dayton (1947)
5) Kanki, B., Helmreich, R., and Anka, J. Eds., Crew Resource Management-Second Edition, Academic Press, San Diego (2010)
6) Belcastro, C. and Foster, J., Aircraft Loss-of-Control Accident Analysis, NASA Lagley Research Center, Hampton, VA (2010)

7.5.5　宇　　　宙
〔1〕　宇宙開発における安全性

もともと人工衛星に代表される宇宙システムは，宇宙空間では人が周辺にいないため軌道上（宇宙空間）における安全性（軌道上安全と呼ばれる）を考慮する必要はない。一方で，ロケットの射場においては，打上げ準備で周辺に人がいるため，安全性を考慮する必要がある（射場安全と呼ばれる）。しかしながら，スペースシャトルを代表とする有人宇宙システムができてからは，宇宙空間における人的な安全性を考慮する必要が出てきた。ところが，スペースシャトルは，空間的に限られた狭い範囲のシステムであったため，最終的には宇宙飛行士が対処することが可能であった。一方で，宇宙ステーションの大きさのシステムでは，多数の機器が存在するために，すべてを宇宙飛行士が対応することができなくなってきた。このためにコンピュータを使って自動で安全を確保するような対処を実施する必要が出てきた。この結果として，NASAは宇宙ステーションプログラムにおいてコンピュータによるハザードの制御のための要求を導入した。これが，コンピュータ制御システム安全要求（computer based control system safety requirements，以下 CBCS 安全要求）である。

〔2〕　安全性確保のアプローチ

宇宙開発では古くから安全品質の確保のために FTA が活用されている。このため，最新の宇宙ステーションの安全性設計においても，FTA により安全性分析をすることが求められている。ハザードの除去ができない場合には，FTA により要因（cause）を分析し，要因ごとにどのように制御するかを設計で決めていく。宇宙ステーションプログラムでは，ハザードごとに要因，制御法の設計結果，制御法の検証結果をハザードレポートという形でまとめ，NASA 専門家による安全審査を受けて，認められなければ開発を進めることができない。「システムが安全であること」を示すには，どのようにリスクを捉え，その原因を考え，それをどのように制御するかを説明する必要があるため，トップダウンでなければ説明ができない。このため，FTA を使って安全分析を実施する。

一方で，FTA の分析に抜け漏れがないことを確認するために，設計が進んでくると FMEA を実施する。各部品の故障を分析することで，どのような状況が引き起こされるかをボトムアップで分析し，FTA でトップダウンで分析したものと比較することで，抜け漏れがないことを確認する。

宇宙ステーションプログラムでは，宇宙飛行士の重傷や死亡などの致命的な危険（catastrophic hazard）と，宇宙飛行士の怪我などの重大な危険（critical hazard）の2段階のハザードレベルに分けて考える。致命的な危険に対しては2 fail safe が要求される。これは，「二つの故障，二つの操作ミス，あるいは一つの故障と一つの操作ミスがあっても致命的な危険を引き起こさない」設計でなければならないという要求である。一方で，重大な危険に対しては1 fail safe が要

求される。これは，「一つの故障，あるいは一つの操作ミスがあっても重大な危険を引き起こさない」設計でなければならないという要求である。

これらに対して，冗長系を持つことが可能な電気系などの設計については，冗長化が求められる。一方で，機械構体のように冗長系を持つことが困難なものについては，リスク最小化設計（design for minimum risk）として，十分な設計余裕を持つことを要求される。

ここで冗長系などを持つ場合に，コンピュータで制御する場合には，上述したCBCS安全要求が課せられる。

〔3〕 CBCS安全要求

CBCS安全要求は，大きく三つの要求から構成されている。一般要求，作動機能要求（must work function（MWF）要求），および非作動機（must not work function（MNWF）要求）である。コンピュータおよびソフトウェアがハザード制御を一つだけ行う場合には，一般要求だけが適用される。一方で，二つ以上の制御を担う場合には，MWF要求かMNWF要求のいずれかが必ず適用される。以下に簡単に説明する。

（a）一般要求　ハザード制御に使われるコンピュータおよびソフトウェアに対して必ず適用される要求である。つまり，コンピュータシステムがハザードの制御を1系統でも実施している場合に，そのコンピュータシステムには一般要求が要求される。一般要求の中では，宇宙システムのコンピュータに特徴的に見られる放射線に対する対応や通信エラーに対する対応に関する要求などが含まれている。

（b）作動機能（MWF）要求　機能が不用意に停止してしまった場合にハザードが発生してしまう場合，その機能を作動機能と呼び，この機能に対してMWFが要求される。この場合は，機能が停止してしまっても，他の機能が残るようにするために，複数の同様な機能を持つことで実現される。例えば，湯沸かしポットを考えると，温度を測ることで沸騰したことを認識し，沸騰を止めている。これが止まらないと火傷を起こしてしまう。このとき，「温度を測る」機能はMWFとなるので，MWF要求が課せられる。よって，「温度を測る」機能の冗長系を持つことが必要となる。具体的には，温度センサを複数持つことにより対応が可能である。

（c）非作動機能（MNWF）要求　機能が不用意に動作してしまった場合にハザードが発生してしまう場合，その機能を非作動機能と呼び，この機能に対してMNWFが要求される。この場合は，機能が動作してほしくないタイミングで動作することを防ぐために，インヒビットを複数入れることで実現される。ここでいうインヒビットはハードウェアで構成されるものであり，インヒビットが一つでもセットしてある状態では，機能は動作することができない。例えば，電気ポットでお湯を出す機能が間違ったタイミングで動作してしまうと，火傷をする可能性がある。このとき，「お湯を出す」機能はMNWFとなるので，MNWF要求が課せられる。よって，「お湯を出す」機能にロック機構などのインヒビットをつけることが必要となる。

〔4〕 自律的対処法

前述したMWFでは機能を冗長化することが求められるが，冗長化した機能をつねに動作させるのではなく，現在利用している機能に異常があった場合に，冗長機能に自動的に切り替える設計とする場合が多い。こういった設計に対処するため，宇宙開発で古くから行われているFDIR（fault detection, isolation and recovery）という考え方がある[1]。これは，宇宙システムが，オペレータが常に見ていられない（むしろ，見えてる時間の方が短い）状態で，何か故障が発生しても宇宙システムが使えなくならないようにするために，自動で故障を検知し，故障部分を分離し，そして冗長機能を動作させるために再構成をするための技術である。

〔5〕 こうのとりでの例

宇宙ステーション補給機「こうのとり」（H-II Transfer Vehicle, HTV）は，国際宇宙ステーションに物資を運ぶための無人の輸送機として開発され，2009年9月11日に種子島宇宙センターからH-IIBロケットによって初号機が打ち上げられた。打上げ後は順調に宇宙ステーションへの接近を行い，9月18日に宇宙ステーションに搭載されたロボットアームによりキャプチャされ，同日宇宙ステーションに結合された（**図7.5.8**参照）。その後，10月31日に宇宙ステーションから切り離され，離脱を行ったのち，11月2日に再突入を行い，ミッションを終了した[2]。「こうのとり」2号機も2011年1月22日に種子島宇宙センターから打ち上げられ，60日間の軌道上滞在後，2011年3月30日に再突入を行い，計画どおりすべてのミッションを完了した[3]。

「こうのとり」は，米国のスペースシャトル，ロシアのプログレス，ソユーズ，欧州宇宙機関（Europe Space Agency, ESA）のATV（Automated Transfer Vehicle）とともに，宇宙ステーションへの物資補給手段の一角を担う無人の自動ランデブー宇宙機として開発された。「こうのとり」は，日本としては初めての有人システムへの無人・自動ランデブーを行う宇宙

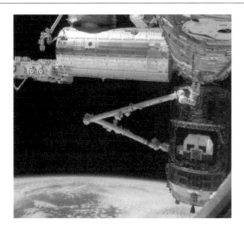

図 7.5.8 ISS に結合された HTV（NASA 提供）

機となった。これにより軌道上に大型物資を輸送する自律的な輸送手段を確立でき，日本独自の宇宙輸送システム開発技術の実証・実用化が行われたといえる[4]。

「こうのとり」は有人宇宙システムである宇宙ステーションへの接近，係留を行うため，対有人宇宙機システムとして高い安全要求が課せられている。「こうのとり」開発を通じて習得された有人宇宙システム技術は，将来における日本独自の有人輸送機開発の実現に必要不可欠な技術である。ランデブーミッションという特性上タイムクリティカル性が高い上に，確実な安全性を実現するためには，数々の設計上の工夫を必要とした[5]。

前述のとおり，宇宙ステーションプログラムでは，ハザードを二つに分類している。「こうのとり」が宇宙ステーションに衝突して宇宙ステーションならびにクルーを損失してしまうことが最大の危険（ハザード）と認識されており，この「衝突ハザード」に対する 2 fail safe 要求が航法誘導制御系に課せられた最も大きな要求の一つである。さらに，1 故障があってもミッションが達成できるように 1 fail operative 要求が課せられている。

クリティカルハザードの場合では 1 fail safe になるためには二つの制御が必要となる。また，カタストロフィックハザードの場合では 2 fail safe となるためには三つの制御が必要となる。このため，これらのハザードの制御にソフトウェアおよびコンピュータシステムを使う場合には，前述した CBCS 安全要求が適用される。

「こうのとり」では，故障の木解析（fault tree analysis, FTA）をベースとしたハザード解析を実施したのちに，FTA 結果に対して，作動機能要求なのか，あるいは非作動機能要求なのかを識別し，作動機能要求の場合には自律的な対処法としての FDIR 設計を，非作動機能要求の場合にはインヒビットの配置およびその削除のための機能の設計を行った。ただし，カタストロフィックハザードでは，FDIR 機能自体の故障も考慮の必要があるため，FTA を基に階層的に設計を行っている[6]。ここでは，最も重大なハザードである「衝突」についてより詳細を説明する。

FTA による分析結果によると，「衝突」ハザードは，「衝突軌道に入ってしまうこと」が基本的な原因となる。つまり，物理的に考えて，衝突軌道に入らない限り，衝突は発生しない。

衝突軌道に入るのは，計画軌道からずれた場合である。計画軌道は，計画どおりの噴射と軌道の維持により実現されているため，計画と異なる噴射（噴射計画点における噴射過大と噴射過小）か，軌道が維持できないこと（噴射計画点以外での噴射の発生）により発生する。つまり，「推進装置の噴射時に予定より大きな噴射量を発生する」，「推進装置の噴射時に予定より小さな噴射量を発生する」および「推進装置の噴射が予定されていないときに噴射を実施する」場合である。噴射量およびタイミングは，センサにより現状を認識し，これを基につぎの目的位置・軌道を計算した上で決定される。そして，タイミングがきたときに噴射が実施される。つまり，センサの故障，コンピュータの故障，アクチュエータの故障がさらなる原因として考えられる。（図 7.5.9 参照）

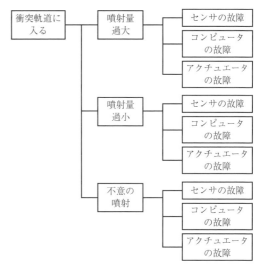

図 7.5.9 「衝突」の FTA 例

上記原因識別結果に基づき，コンピュータシステムで複数のコントロールを行う場合は，MWF であるか，MNWF であるかの識別を実施した。具体的には，現

在制御に使っている推進系について，推進装置の噴射自体を禁止できないため，噴射量あるいは加速度量をモニタしながら，異常があった場合には推進系を切り替えることで対応する方針をとった。これは動作機能要求であり。切替えを実施するためFDIRが必要となる。

同様に，センサも2系統あるいは3系統用意し，故障した場合にはこれらを切り替えることにより対応している。これも同様に動作機能要求でFDIRを必要とするものである。計算機の故障に対応するため，コンピュータは3重多数決とした。

また，現在制御に使っていない推進系については，インヒビットを三つ以上用意することで，たとえ2故障があっても間違ってスラスタを噴かないように制御する方針をとった。これは非動作機能要求にあたる。具体的には，推進装置のバルブを駆動するための駆動回路内に電気的なスイッチを複数個用意することによって対応を実施した。

「こうのとり」航法誘導制御系では，FDIRの設計に対して，前述のとおり階層化FDIRというコンセプトを適用した。

図7.5.10に示したFTAと階層化FDIRの関係で考えると，異常に対して素早く対処するためにFTAの右側のより下位の原因に対してFDIRを行う必要がある。しかしながら，カバーできる故障原因が限られることになる。一方で，左側のより上位の原因に対してFDIRを用意すれば，より広い範囲の故障原因をカバー可能となるが，異常の発見が遅くなってしまう。「こうのとり」では，ミッションの継続性のためには素早い対応を求める一方で，確実な安全性のためには，より広い範囲の異常に対応することを目指し，さらに2重故障への対応も含めて階層的に対応をすることを目指した。

「こうのとり」では，個々の機器においてすでに存在がわかっている故障モードについては，FTAの右側をカバーする形で「単体FDIR」を実装した。単体FDIRとは，「機器単体の情報により行うFDIR」ということを意味している。例えば，機器のアウトプットがあり得ないほど大きな出力となったり，急激に変化したり，あるいは絶対に一定にならないようなときに一定値となってしまうような故障モードは古くから知られており，こういった故障モードをカバーするために用意されたFDIRである。このFDIRは図7.5.10においては最も右側のcauseをカバーするためのFDIRである。これまでの宇宙機では，この単体FDIRのみを実装していた。「こうのとり」では，各機器の未知の故障モードについては機器間の「比較FDIR」によってカバーした。この比較FDIRは，複数の機器の情報を比較して行うFDIRである。通常，複数の機器の情報を比較できるようにするために，何らかの処理を行ったのちに，その処理結果を比較する。さらに，姿勢の異常や加速度の異常など，状態として異常とみなせる事象については，「状況に基づくFDIR」として実装した。この比較FDIRと状況に基づくFDIRは，図7.5.10においては真ん中のcauseをカバーするためのFDIRである。また，例えば，推進系の微小なリークなどについては，即座に加速が出ているとは確認できないため，増速の過不足を即座に判断することが困難である。こういった状況をカバーするために，最終的には軌道自体をチェックして衝突軌道に入っていないことを確認する最終のFDIR（safety net FDIR）を用意した。このFDIRは図7.5.10においては最も左側のcauseをカバーするためのFDIRである。結果的に，このsafety net FDIRを用意したことで，どのような異常事象であれ，safety net FDIRで使用しているデータが正常であれば検知が可能な頑健性の高いFDIRを実装することができた。

「こうのとり」技術実証機は，前述のとおり2009年にミッションを終了した。このミッション期間中，何度かFDIRが動作する機会があったが，いずれも安全性およびミッション継続性を損なうことなく適切に動作している。例えば，引用・参考文献4）にも示されているとおり，再突入前に異常事象が発生したが，単体FDIRおよび比較FDIRが設計どおりに動作することで「こうのとり」の制御を失うことなく，その後の復帰を行うことができた。軌道上においてはSafety Net FDIRにかかるような異常は発生しなかった。

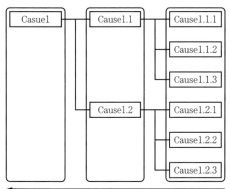

図7.5.10 FTAと階層化FDIRの関係

（白坂成功）

引用・参考文献

1) As'ad Michael Salkham, Fault Detection, Isolation and Recovery (FDIR) in On-Board Software, Master's Thesis Charlmers University of Technology (2005)
2) 宇宙ステーション補給機 (HTV) 技術実証機の国際宇宙ステーション (ISS) 離脱および再突入結果について, 宇宙航空研究開発機構 (2009)
3) 「こうのとり」2号機の国際宇宙ステーション (ISS) 離脱および再突入結果について, 宇宙航空研究開発機構 (2011年4月6日)
4) 宇宙ステーション補給機技術実証機 (HTV1) プロジェクトに係る事後評価について, 宇宙航空研究開発機構 (2010年9月21日)
5) 白坂成功, 植松洋彦, 堀田成紀, 蒲原信治, こうのとり (H-IITransferVehicle: HTV) におけるコンピュータシステム安全設計, 第29回安全工学シンポジウム (2011)
6) 白坂成功, 堀田成紀, 蒲原信治, 階層化 FDIR による高安全性航法誘導制御系の提案と宇宙ステーション補給機「こうのとり」での実現, 計測自動制御学会産業論文集, 10-11, pp.91-99 (2011)

7.5.6 鉄　　　道

本項では, 鉄道の安全についてヒューマンファクタ面から概観する. 具体的には, まず鉄道の安全や事故の現状をヒューマンエラーに着目しながら概観する.

つぎに, 特に事故件数の多い踏切障害事故および人身障害事故に対する対策について述べる. また, 鉄道従事員のヒューマンエラーに起因する事故の例として, 運転士と地上設備の保守従事員によるものを取り上げ, その防止システムとして信号保安装置と保守作業管理システム等について述べる. 最後に, 鉄道の安全性向上に向けた人や組織のレベルアップの取組みについて, 従事者が自立的に考える力を持つこと, 仕事の本質を理解することなどをキーワードに述べる. なお, 具体的な内容・取組みについては, 東日本旅客鉄道株式会社 (以下, JR東日本) またはその発足以前については日本国有鉄道 (以下, 国鉄) を例に述べる.

〔1〕鉄道の安全とヒューマンエラーに起因する事故の現状

図 7.5.11 は, 国土交通省が公表している「列車走行百万キロ当りの運転事故件数の推移」である[1]. 数値は減少しており, 鉄道の安全性は徐々に向上していることがわかる. 同様に国土交通省のデータに基づき 2015 年度の運転事故の件数を種類別にみると (かっこ内は路面電車を除いた件数), 列車衝突事故 2 (0) 件, 列車脱線事故 7 (3) 件, 列車火災事故 1 (1) 件, 踏切障害事故 236 (230) 件, 道路障害事故 63 (4) 件, 人身障害事故 416 (412) 件, 鉄道物損事故 2 (2) 件であった[1] (各事故の定義の詳細は鉄道事故等報告

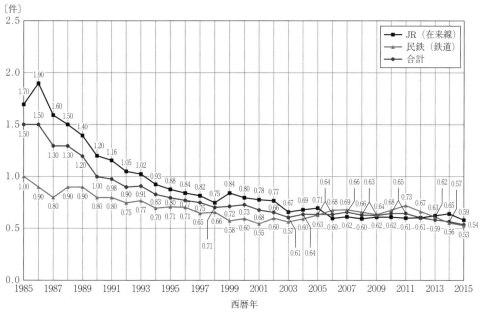

〔注〕 グラフ中の「合計」は JR (在来線と新幹線) と私鉄 (鉄道と軌道) の合計

図 7.5.11 列車走行百万キロ当りの運転事故件数の推移

規則を参照されたい)。路面電車を除くと事故の大部分が，人身障害事故および踏切障害事故である (98.5%)。前者はホーム・線路沿線等で旅客や一般公衆等が列車にぶつかった事例，後者はいわゆる踏切事故である（なお，これらの中には旅客・一般公衆の自殺は含まれない）。

2015年度のデータで原因をみると，人身障害事故では，公衆等が無断で線路内に立ち入る等して列車等と接触したものが207件 (49.8%)，旅客等がプラットホームから転落したことにより列車等と接触あるいはプラットホーム上で列車等と接触したものが198件 (47.6%)，乗降口の扉に手荷物等を挟んだまま列車が出発して旅客が負傷したものなど鉄道従業員の取扱い等によるものが11件 (2.6%) であった[1]。大部分の原因が旅客または一般公衆のヒューマンエラー等といえる。一方，踏切障害事故についてみると，直前横断が133件 (56.4%)，落輪・エンスト・停滞[†1]が62件 (26.3%)，側面衝撃・限界支障[†2]が26件 (11.0%)，その他が15件 (6.4%) であった[1]。こちらも踏切通行者のヒューマンエラー等が原因の大部分を占める。

一方，件数は少ないが，重大な影響をもたらすことの多い列車事故（列車衝突・列車脱線・列車火災の各事故）については，踏切障害事故の結果として脱線に至ったケースや土砂や雪に乗り上げるなど自然災害に起因するケースもあるが，鉄道従業員のヒューマンエラーに起因する事故も含まれる。これについては，〔2〕項で運転士と地上設備の保守従業員の例を述べる。

〔2〕 代表的な事故とおもなハード対策
(a) 踏切障害事故および人身障害事故に対する対策　踏切障害事故および人身障害事故の対策については，各鉄道事業者がさまざまな対策に取り組んでいる。また，ホーム安全や踏切障害事故防止に関する旅客あるいは踏切通行者に対する啓発活動については，複数の鉄道事業者であるいは警察等と連携しながら実施されることも多い。

まず，踏切障害事故から述べる。対策としては，踏切の廃止・統合あるいは立体交差化が最も抜本的な対策といえるが，地元通行者の存続要望あるいはコスト等の関係から，徐々に進んでいるというのが現状である。つぎの対策は，第4種踏切（警報機・遮断機ともなし）や第3種踏切（警報機のみで遮断機なし）を第1種踏切（警報機・遮断機ともあり）に変更する対策である。警報機・遮断機の設置により，踏切あるいは警報の見落としの防止や列車接近中の無理な踏切通行の抑止などに効果があるとされている。また，第1種化された踏切については，障害物検知装置（赤外線やレーザ等で踏切内の自動車を検知し，列車に対し停止信号を現示するための装置）が有効であり，JRや大手私鉄を中心に導入が進んでいる。一方，障害物検知装置は，踏切の遮断完了前から前方の交通渋滞や落輪，エンストなどで踏切に停滞し脱出できない自動車に対しては非常に有効であるが，遮断完了後に無謀に進入する自動車に対しては効果に限界がある（列車が停止するまでには一定程度のブレーキ距離が必要なため，停止できない場合がある）。このような事故に対しては，踏切や警報機の視認性向上対策（例えば踏切ありの道路標識の設置，警報機のオーバハング化，遮断桿の大口径化，どの方角からでも警報の点滅が視認できる警報機の設置など）が進んでいる。今後は，自動車への設置が進む衝突被害軽減ブレーキや自動ブレーキを利用し，遮断桿が降りている場合には，自動車が自動的に停止する仕組みの活用が有効と考えられる。また，歩行者や自転車など，自動車以外の通行者に対する検知機能の開発なども一部で研究に着手されている。

つぎに人身障害事故対策についてホーム対策を中心に述べる。各鉄道事業者で，列車接近を知らせる放送，人の転落を検知し列車を停止させる（あるいは起動を防止する）転落検知マット，視覚障害者にホーム端への接近を知らせる点字ブロック（最近ではホーム端の方向を知らせる内方線付き点状ブロックの導入が進んでいる），飲酒者のホーム上での行動パターンを踏まえた旅客用ベンチの設置方向の変更などが行われている。一方，乗降人員10万人以上の駅に設置が求められているホームドア（フルスクリーンタイプ）や可動式ホーム柵（腰高タイプ）は，事故防止効果が大きく，視覚障害者からのニーズも高いため，今後，設置が進むものと考えられる。一方，啓発対策としては，複数の鉄道事業者等が協力して，ホームでの歩行しながらのスマートフォン利用（歩きスマホ）の自粛や飲酒に伴うホーム上での危険を訴える取組みなども定期的に行われている。

つぎに鉄道従業員のヒューマンエラーに起因する事故と対策について，運転士と地上設備の保守従業員を取り上げ，典型的な事故とおもにハード対策について述べる。教育等のソフト対策については，つぎの〔3〕

[†1] 停滞・落輪・エンスト：自動車等が落輪，エンスト，交通渋滞，自動車の運転操作の誤り等により，踏切道から進退が不可能となったため列車等と衝突したもの[1]

[†2] 側面衝撃・限界支障：自動車等が通過中の列車等の側面に衝突したものおよび自動車等が列車等と接触する限界を誤って支障し停止していたため，列車等が接触したもの[1]

項で事故を限定しない形でより包括的に述べる。

（b）**運転士のヒューマンエラーとそれに対する対策**　列車の運転においては，運転士が信号と速度をしっかり守って作業できれば，鉄道はかなり安全な乗り物である。逆に，それらを守ることができなかった場合には重大な事故につながり得る。例えば信号を見落としたり制限速度を超過したりすると，列車どうしの衝突や列車の脱線が生じ得る。したがって，運転士には当然ながら信号と速度の遵守が求められ，運転士もその重要性を十分認識している。しかし，ヒューマンエラーはゼロにすることができず，またその結果が甚大であることから，鉄道事業者は，この種のエラーに関しては，エラーを減らす対策に加え，エラーが発生しても事故にならない対策に力を入れてきた。これが信号保安装置である。

　国鉄において信号保安装置が本格的に導入される契機となったのは，1962年に発生した三河島事故である。これは，機関士の停止信号の見落としがきっかけで列車の二重衝突事故が発生し，160名が死亡した事故である。これを契機にATS（automatic train stop，自動列車停止装置）が，国鉄全線区に導入されることが決定され，1966年に整備が完了した。しかし，このシステムには，ヒューマンファクタ面について弱点があった。具体的には，ATSは前方に停止現示の信号機があると警報を発するが，運転士が停止現示であることを確認（確認扱いという）した後は，システムの防護（停止信号機の手前に列車を自動停止させる機能）が解除される。そのため，この弱点をついてその後も事故が発生した。つまり，大部分の場合，運転士は確認扱いをした後，信号機の手前で停止したが，中には確認扱いをした後でも，停止信号が上位の現示に変化すると憶測して運転を継続し，その内に停止信号であること自体を忘れ，信号機を冒進する（停止現示の信号機の内側に進入する）ことが発生したのである[2]。また，停止現示であることは列車の運行上，異常ではないのに，そのたびに警報が鳴動するシステムデザインも運転士の警報に対する警戒感を低下させた可能性がある[2]。このため，国鉄およびその後のJR各社は，この弱点を解消したATS-P（最後のPはPatternの略。確認扱いが不要で停止現示のたびに警報を発することはなく，またシステムの防護が解除されることもない。名称が一部異なる鉄道事業者もある）を開発し[2]，導入が進んでいる。ATS-Pでの信号冒進による事故は発生していない。また，ATS-Pにより分岐器・曲線部等の制限速度超過や列車の最高速度超過の防止も可能になったため，速度超過防止にも有効に機能している。なお，新幹線および在来線でも運行密度の高い山手線や京浜東北線等には，信号や速度制限に従った減速制御をシステム側が行うATC（automatic train control，自動列車制御装置）も導入されている。

　このように，大きな影響を及ぼす運転士の信号および速度に関わるヒューマンエラーに対しては，エラーが発生しても事故に至るのを防ぐ信号保安装置の導入が鉄道の安全に大きな役割を果たしている。

（c）**保守作業に起因するヒューマンエラーとその対策**　鉄道の安全といえば，運転操縦の安全がイメージされがちだが，地上設備や車両の保守作業の果たす役割も大きい。また，保守作業が鉄道の安全に及ぼす影響を考える場合，軌道，電力，信号通信，車両関係の設備の点検作業や保守作業の施工不良に加え，地上設備の保守作業を列車運行と適切に分離して行うための安全手続きも鉄道の安全にとって非常に重要な作業である。例えば，レールも摩耗するため，定期的な交換が必要だが，万一，レールの交換を行っている箇所に列車が進入すれば大事故になってしまう（実際，そのような事故も発生したことがある）。また，保守従事員が設備を点検・修繕中に列車が進入してきた場合には，係員が列車にひかれる重大な労働災害（鉄道においては触車事故という）が発生するおそれがある。いずれも適切な手続きやシステムにより安全が確保される必要がある。

　ここでは，JR東日本を例に安全の仕組みやそれを支援するシステムについて概観する。まず，線路上で点検や保守作業を行う際には，列車見張員の注意力のみに依存した作業等を原則として禁止し，線路閉鎖等により作業区間に列車等を入れない措置をとることになっている。線路閉鎖とは，例えば，列車からみた作業区間への入口側の信号機を停止現示にすることにより，当該区間に列車が進入できないようにする手続きであり，これらの手続きが行われて初めて保守作業側が作業に着手できるルールになっている。国鉄時代は，この手続きを駅や輸送指令と当該保守作業の責任者の間で電話等により行っていたが，コミュニケーションエラーの発生等により，線路閉鎖区間に列車が進入するなどの事象が多く発生した。このため，現在は，首都圏エリアを中心にATOS（autonomous decentralized transport operation control system，東京圏輸送管理システム）が導入され，その保守作業管理機能の一環として，保守作業側があらかじめ入力した計画に沿って，駅や指令との電話連絡等を介さずに保守作業側のみで専用の携帯端末（ハンディターミナルという）を介して線路閉鎖の着手・解除ができるようになっている。また，一部機能についてはシステム的

なエラーチェックも行われている（例えば線路閉鎖閉合直前の列車が通過していない場合には線路閉鎖の着手ができない）。また，地方線区においても手続きのシステム化が進んでいる。

一方，列車見張員により列車の運行を監視しながら線路を移動あるいは簡易な作業を行う場合にも，見張員の列車の見落としにより，触車事故が発生し得る。これに対しては，携帯型の列車接近警報装置が開発され，列車が一定程度接近すると，システム的に列車を検知し，各人の警報装置に警報を発することにより触車事故を防止する設備が大部分の線区に導入されている。

〔3〕 人や組織のレベルアップ

つぎに，ヒューマンファクタの中でも，特に人や組織のレベルアップに関する取組みについて述べる。

（a） 人や組織のレベルアップに向けた取組み

各鉄道事業者においては安全確保のためにさまざまな取組みが行われている。例えば，JR東日本では，「守る安全」から「チャレンジする安全」を目指し，JR発足以降，5年ごとに安全計画を策定し，実行してきた。2009年からの第四次安全5箇年計画では，安全文化の創造および安全マネジメント体制の再構築などに取り組んでいる。前者の安全文化に関していえば，「正しく報告する文化」，「気付きの文化」，「ぶつかり合って議論する文化」，「学習する文化」，「行動する文化」の五つを掲げている。具体的には，事故・事象を正しく速やかに報告し，事故の予兆に敏感になり，それを未然防止に生かし，原因究明の際には事なかれ主義に陥ることなくお互いしっかり議論し，他山の石や過去の事例からもしっかり教訓を抽出・共有化し，それらを自らのそしてチームの安全行動に生かしていく風土の構築に取り組んでいる[3),4)]。

教育訓練では，研修センタ等で職種・職位ごとの教育訓練や異常時対応の習得を目的とした実設・シミュレータ訓練などが実施されるとともに，現場では，各現場の実状により密着した教育訓練やOJT（on-the-job training）などが行われている。一方，現場での自主的な安全活動としては，「自ら考え，議論し，行動する」を基本理念とし，「① 発意がある，② 議論がある，③ 職場全体で共有される」の3点をポイントとするチャレンジ・セイフティ運動（CS運動）が1988年より継続的に実施されている。

また，鉄道の運営は，多様な職種・組織が連携して初めて可能になるため，それらの間に溝や壁が生じないようにすることが重要である。したがって，現場間，現場・支社・本社間，あるいはJR東日本とグループ・パートナー・協力会社間で，意見・情報交換の場や問題の共有・解決の場が多くのチャネルで設けられている。

これらの取組みの背景に流れる基本的な考え方は，自ら考え自ら行動できる社員の育成の重要さである。鉄道の運行においては，歴史的にルールの遵守を厳しく求める風土があるが，一方で，社員が単に指示されたことのみを漠然と実施している作業の在り方では，安全を維持・向上させていくためには不十分であり，やはり社員自身が自らの仕事や鉄道の安全について自律的な問題意識を持って考え続けていることが重要である。具体的には，過去の事故，他山の石，ルールの背景，事故の怖さ，自職場の弱点，未然防止策などについて自ら考え自ら行動し，それらの結果を社員間で議論し共有していく取組みを継続・強化することである。また，その推進のためにマネジメントサイドは，場の設定，取組みの慫慂（しょうよう），目標設定に関する助言，障害克服に向けての支援，必要なフィードバックと適切な評価など，"手間のかかる"支援を熱意を持って実施し続けることが重要といえる[5)]。

（b） 環境の変化が人や組織に及ぼす影響 一方，鉄道を含め，産業界の安全を取り巻く環境が変化していることも確かである。例えば以下の変化などが今後の安全のヒューマンファクタを考える上で重要と考えられる。

1） マニュアル化 マニュアルは，当該システム（ハードウェアや仕組み）の内容・背景を最もよく知っている人が，そこまで知らない人でもすぐに作業ができるように作成することが多い。このため，マニュアル化した段階でその内容は薄くなり，記述も"How"が主体となる。作業する側も"How"がわかれば作業ができるため，"Why"を考える必要性が低くなる。この結果，作業者のシステムに対する理解がなかなか深まらず，最も注意すべき「トラブル発生時」や「変化点」で定められた手順が軽視されたり，適切な判断が行えないケースが生じ得る。

2） システム化 システム化が進むと，人とシステムの役割分担が生じる。このため，作業者の「仕事全体を見渡す視点や能力」が低下する。「システムによる担当領域の拡大」や「ブラックボックス化」がこれに拍車をかける。その結果，従前以上に異常時対応能力が低下しがちになる（全体状況の把握が難しくなるため）。また，社員が「自分は仕事の1パーツにすぎない」と考えるようになると，"仕事全体"を良くしていこうという"意欲"やそうするための"知恵"が出にくくなると考えられる。

3） 経験不足 人間（特に職業人）は経験を通して学ぶため，これまでに何を経験してきたかにより，

形成される能力やそのレベルに違いが生じる。したがって，第一線の実作業を経験してきた人と，そうでない人との認識や能力を同じにすることは一般に困難である（アウトソーシングや分業の問題）。また，実際の事故を経験してきた人と，そうでない人との認識や能力を同じにすることも困難といえる（いまの安全な環境で育ってきた人が昔の人と同じ感性を持つことには難しさがある）。これらは，「動作や感情を含んだ記憶」と「きれいに整理された知識の記憶」との違いといえる。

　鉄道も含め，産業界の安全性は，事故の経験等を通した対策の充実により向上していると考えられるが，人の力は逆に安全性の向上や技術の進歩により低下しやすい環境になっているとも考えられる。JR東日本でも2014年の川崎駅列車脱線事故や2015年の神田・秋葉原駅間での電化柱倒壊トラブルなどの原因として，従業員の技術力やリスク感受性などに課題があるとされ，安全教育の再構築に取り組み始めている。その際のキーワードは以下の3点である。

・机上の教育や現場でのOJT等の基礎教育では，手順だけでなく，仕事の趣旨・目的，根拠，経緯，構造，動作原理の理解など，社員が考えながら「本質」を学ぶ教育を重視する。
・対応力向上等を目的とした訓練では，実際にものに触れ試してみる，現実場面にできるだけ近い状況を再現し体験できる，失敗を経験するなど，実践的かつ体験を重視した訓練を盛り込む。
・事故の恐ろしさを体感する，最悪の場面を想定する等の取組みを進めるとともに，心に安全の大切さを刻む取組みを深度化する。

（c）**今後に向けて**── Safety-IIとノンテクニカルスキル ──　近年，Hollnagelは，従来からの安全の取組みをSafety-Iとした上で，新たにSafety-IIの概念を提唱している[6]。Safety-Iとは，事故などの望ましくない事象をできるだけ少なくすることを通じて達成される安全のことで，鉄道における安全性向上のための典型的なアプローチである。一方，Safety-IIは，成功事象をできるだけ多くすることを通じて達成される安全としている。まれな事故を分析するよりも，日々多く生まれている成功事象から学ぶことこそが安全であるための条件を学ぶことだとしている。それに対してわれわれは，「成功から学ぶ」といわれてもそのための条件は単に「ルールを守ることでは？」と考えがちである。ここでの考えるべきポイントは，人は単にルールに沿って機械的に行動しているだけかということである。Hollnagelは，人はミッションを達成するために，つねにパフォーマンス調整を行っており，変化する状況に対して臨機応変に対応できることこそが人の強みであり，完璧ではないシステムの安全を確保するために不可欠な要素と考えた[6]。この主張をベースに改めて考えてみると，今後の鉄道における安全マネジメントの在り方に対していくつかのヒントが得られるように思われる。

・鉄道においてはヒューマンエラーにより事故が発生すると，エラーの起こりにくい手順等をルール化した上でそれを徹底することが一つの典型的な事故防止のアプローチになっている。しかしこれは人のパフォーマンス調整，つまり人の持っていた柔軟な対応力を弱める可能性もある。ルール化はもちろん必要かつ有効な場合があるが（Hollnagelもこの Safety-I のアプローチを否定しているわけではない），ルール化を検討する際には，人の能力維持との両立をつねに頭の中に入れておいておく必要があろう。
・人がどう作業をしているか（つまりどうパフォーマンス調整を行っているか）をよく分析して，従事員の持っている力やそれがチームとなって発揮される現場力をもっと見える化し，そういった「暗黙知的な技術」を継承していく工夫も必要である。これが日々の成功から学ぶことにもなろう。
・近年，ノンテクニカルスキル（以下，NTS）が注目されている。Flinらによれば，①状況認識，②意思決定，③コミュニケーション，④チーム作業，⑤リーダーシップ，⑥ストレスマネジメント，⑦疲労への対処がNTSの典型とされる[7]。HollnagelはNTSには直接言及していないが，人のパフォーマンス調整を支えているスキルの一つと考えられる。また，鉄道において実際に発生しているヒューマンエラーをみると，その多くがすでに一通りの知識や技術を持った従事員によって発生している。今後，従事員の作業遂行能力を高めていくためには，NTSのレベルアップが一つのキーワードになると考えられる。例えば英国においてはすでにネットワークレールやロンドン地下鉄などにおいてNTSの訓練が行われている。また，JR東日本においてもNTS向上を意識した異常時シミュレータ訓練[8]や社員がイントラネットで閲覧できる安全ポータルサイトにおいてさまざまな訓練ツール（ヒューマンエラーの体験を基にエラーの誘発要因を理解するツールや，発生したエラーの特徴を基に他山の石を自職場へ置き換えることを支援するツールなど）が現場に提供されている[5]。

今後は，Safety-Ⅰの一本足ではなく，Safety-Ⅱの考え方からも学びながら，鉄道システムに合った安全マネジメントの在り方を検討していくことが重要であり，それが前述した環境の変化，さらには今後進展が予想されるIoT/AI化等へ的確に対応していくことにつながると考えられる。　　　　　　　（楠神　健）

引用・参考文献

1) 国土交通省，鉄軌道輸送の安全にかかわる情報（平成27年度）の公表について
   http://www.mlit.go.jp/tetudo/tetudo_fr8_000022.html（2018年12月現在）
2) 楠神健，事故事例と対策―鉄道，柚原直弘，稲垣敏之，古川修編，ヒューマンエラーと機械・システム設計―事例で学ぶ事故防止策，pp.147-161，講談社（2012）
3) 宮下直人，安全ビジョン2013，JR EAST Technical Review, 29, pp.5-8（2009）
4) 渡利千春，第6次安全5ヵ年計画「グループ安全計画2018」の概要，JR EAST Technical Review, 49, pp.5-8（2014）
5) 楠神健，ヒューマンファクター概念の組織への浸透・実践に関する考察，安全工学，54-2, pp.92-100（2015）
6) Hollnagel, E., Safety-Ⅰ and Safety-Ⅱ, The past and future of safety management, London, Ashgate（2014）（ホルナゲル，E., 北村正晴，小松原明哲監訳，Safety-Ⅰ & Safety-Ⅱ―安全マネジメントの過去と未来，海文堂（2015））
7) Flin, R., O'Connor, P., and Crichton, M., Safety at the sharp end : A guide to non-technical skills, London, Ashgate（2008）（フィリン，R., オコンナー，P., クリチトゥン，M., 小松原明哲，十亀洋，中西美和訳，現場安全の技術―ノンテクニカルスキル・ガイドブック，海文堂（2012））
8) Ikeno, M., Yamakawa, T., Amakusa, M., Kuratani, M., Takeda, Y., and Kusukami, K., Development of a human factors education program for train drivers combined with simulator training, Proceedings of the 5th International Rail Human Factors Conference, pp.77-85（2015）

7.5.7　ヒューマンファクタから見た交通安全

〔1〕　は じ め に

国内の交通事故による死者数は減少から下げ止まり傾向に変化している。2000年に9 000人余りであった死者数は，その後，着実に減少を続けたが，2009年に5 000人以下となると，それ以降は減少幅を鈍化させ，ついに，2015年には15年ぶりに減少から増加となった。また，この年の交通事故死者数は4 117人であった[1]。

また，国内交通を取り巻く社会環境も変化している。かつての高度成長期とは異なり，総人口はすでに減少基調となり，2016年の国内人口は1億2 700万人を割り，2010年から比べると100万人以上が減少した[2]。また，運転免許人口では，2015年の統計では8 200万人余りであり，いまだ前年比で減少には至っていない。ただ，前年比では8万人弱の増加にとどまり，それ以前の5年平均では20万人前後であった増加幅を大幅に下回る状況である[3]。さらに，車両登録台数では，2015年の統計では8 060万台余りであり，これもいまだ減少には前年比で減少には至っていない。ただ，前年比では40万台余りの増加にとどまり，それ以前の3年平均では50万台を超えていた増加幅を下回る状況である。

さらに，社会全体の高齢化も顕著である。国連の定義では，総人口に対して65歳以上の高齢者人口が占める割合を高齢化率と定義しているが，その高齢化率が7％を超えた社会を「高齢化社会」，14％を超えた社会を「高齢社会」，21％を超えた社会を「超高齢社会」としている。日本はすでに2010年に，高齢化率が23％を超え，世界に類を見ないペースで高齢化が進んでいる。また，運転免許人口の高齢化率では，全体で約21％弱であるが，男性だけでみるとすでに24％を超えており，女性の16％余りを大きく上回っている。

このように，交通事故全体は減少から下げ止まりに入り，社会全体は成長から低成長となり，その中で，社会全体では高齢化が進む状況にある。交通事故対策においても，これまでの対策を見直し，交通インフラの整備や規制の強化から，交通事故による死者が多い高齢者などの顕在化したリスクへの安全対策が求められる時代となった。交通安全対策は，インフラや規制作りなどのハード面の整備から，人が持つリスクへの対応を中心としたソフト面の充実に転換しなければならない局面にあるといえる。

そこで，本項では，まず，これまでの交通事故と対策の推移について死亡事故を中心に俯瞰し，そのリスクの変化と対策すべき課題を示し，さらにそれぞれの課題への対応についてヒューマンファクタからのアプローチを試み，対策から展望までをまとめることとする。

〔2〕　交通事故と対策の推移

本項では，1964（昭和39）年の東京オリンピック直後から始まったといわれるモータリゼーション時代から今日までを俯瞰する[4],[5]。まずは，図7.5.12にこの期間を含む1951年から2015年までの交通事故発生件数，交通事故死者数および負傷者数を示す。また，

7. ヒューマンファクタ

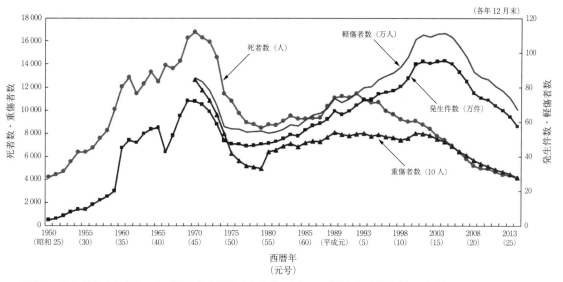

〔注〕1　1959（昭和 34）年までは，軽微な被害事故（8 日未満の負傷，2 万円以下の物的損害）は含まない．
　　　2　1965（昭和 40）年までの件数は，物損事故を含む．
　　　3　1971（昭和 46）年までは，沖縄県を含まない．

図 7.5.12　道路交通事故による交通事故発生件数，死者数および負傷者数（警察庁）（2014 年）

本項では，この期間を三つに分けて考察する．具体的には，まず戦後から 1979 年までを普及期として，つぎに，1980 年から 2000 年までを拡大期として，2001 年以降を成熟期とする区分とした．以下はそれぞれの期間について述べる．また，普及期，拡大期，成熟期という期間の定義は車社会の規模から分けたものとした．

（a）**普及期**　1964（昭和 39）年の東京オリンピック以降から，急速なモータリゼーションが始まった．まさに車社会の本格到来であり，車が国民レベルで普及した．これは，道路特定財源制度等を使った高速道路の拡張や舗装道路の増加等による道路整備がなされ，一般庶民にも購入可能な価格の大衆車が販売され，オイルショック後の自動車燃料となる石油の低価格化といったインフラ，車，燃料の 3 要素が国民レベルで利用できる環境となったことが要因といえる．

このように道路は整備されても，普及期の前半は事故防止のための標識，信号機などの交通安全施設は不十分な状態にあり，併せて国民の交通ルールの理解や安全意識なども醸成されていない状態であった．このため交通死亡事故は，1960 年代半ばごろまでは右肩上がりの著しい増加傾向となり，1970 年には 16 765 人と過去最高の交通事故死者数となった．

この時期は，車社会の急速な進展に対して，道路整備，信号機，道路標識等の交通安全施設が不足していたことなどが事故の増大した要因と考えられ，交通安全対策においても施設を中心とするハード面の対策が先行して行われた．さらに，こうした交通社会の変化に合わせた法整備，国民への意識付けも併せて行われるようになった．

その後，交通安全対策基本法により，1971 年度に第一次交通安全基本計画（1971 年度〜1975 年度まで）が策定され，上記のような課題への対応が行われるようになると，1979 年には交通事故死者数 8 456 人まで減少し，過去最悪となった 16 765 人の半数近くまで抑えることができた．

（b）**拡大期**　一般に高度経済成長時代とは年平均の経済成長率が 10 ％を超えた 1955（昭和 30）年から 1973 年までを指す．この期間は車社会でいうと，前項の普及期にあたる．高度経済成長が車の普及とともに進んだことがうかがい知れるものだ．ここで指す安定成長期（1980 年から 2000 年まで）は，高度成長を踏まえ，安定成長を続けながら国民生活も多様化し，かつ豊かになった時代といえる．この期間の総人口は 1 000 万人程度の伸びであるが，車両登録台数は 1980 年の 3 700 万台余りから 7 400 万台余りのほぼ 2 倍に増え，さらに，免許人口も 1980 年では 4 300 万人程度であったものが，2000 年では 7 500 万人近くまで増加している．この期間は，普及期に生まれた人々が成人し，車を運転することができるようになり，車だけではなくバイクなど多様な形で車社会に

参画するようになり,さらに,経済成長により,マイカーを持つ人々が大幅に増えたことなどにより車社会は大きく拡大した。また,企業活動,商業活動においても車は大いに活用され,車社会の拡大に貢献した。ただし,経済状況は,この期間の後半にバブル崩壊を経験し,大幅な失速を余儀なくされることとなった。

交通事故死者数は,前年の1979年度の8 466人が結果的には底となり,この期間の死亡者数は増加基調となり,1988年には10 344人までになり,再び10 000人を超える状況となった。その後は減少に向かうも,死者数で9 000人を下回ることはできなかった。また,この期間の交通死亡事故は若年層によるものが多く,対策も交通安全教育から規制や暴走行為などへの取締りなど幅広く行われたが,結果的には交通事故死者数の削減の成果として大きく示すことはできなかった。

（ c ）　成　熟　期　　この期間は2000（平成12）年から今日までを指す。経済環境では,一進一退を続けることとなった。例えば,IT事業を中心とした好況期があったが,2001年にはITバブルがはじけ不況になった。さらに,その後好況期もあったが,2008年にはリーマンショックを経験し大不況となった。これらの大きな経済的なショックにより,企業活動は縮小する場面が増え,交通に関係する物量なども伸び悩むことになる。

この期間の総人口は,2000年で1億2 690万人余りであったものは,2010年には1億2 805万人余りまで増加するが,その後は減少を続け2016年には1億2 693万人程度となり,ほぼ横ばいの状況といえる。また,運転免許人口では,2000年に7 468万人余りであったものが,2015年度の統計では8 215万人余りにとどまり,小幅な増加にとどまった。さらに,車両登録台数においても,2000年に7 458万人余りであったものは,2015年度の統計では,8 067万台程度であり,かろうじて8 000万台を超える水準となった。

一方,社会を取り巻く環境においては,特筆すべきことは高齢化の進行である[6]。高齢化率は,2000年時点では17.4％であったものが,2015年には26.8％に大幅に進行している。このことは交通事故死者数にも大きく影響し,2015年の交通事故死者数のうち,65歳以上の高齢者が占める割合は,この期間の初期では全体の40％を下回っていたが,2015年には53.3％まで増加した。

また,交通事故による死者数は,2000年に9 073人であったが,ここから15年連続で減少を続け,2015年には微増したものの4 117人まで減少した。この期間の交通事故と対策の詳細については次項のリスクの変化と今日的な課題の中でまとめる。

（ d ）　リスクの変化と今日的な課題
1 ）　危険運転致死傷罪の新設　　1999（平成11）年11月,東名高速の世田谷付近の上り車線において,飲酒運転のトラックが乗用車に追突し,乗用車に乗っていた幼児2人が焼死するという大惨事が起きた。さらに,2000年4月,神奈川県座間市において,飲酒運転・無免許運転で検問から猛スピードで逃亡中の乗用車が歩道に乗り上げて,歩行中の大学生2人に衝突し死亡させるという大事故が起きた。

これらを受け,交通事故の犠牲者の遺族が,街頭における署名運動を行った。また,マスコミは,これらの事故の惨状,悪質なドライバの実態,被害者の苦しみを長期間にわたり大きく取り上げ,これに世論も呼応し,危険,悪質な運転への厳罰化に対するコンセンサスが出来上がるようになった。

その後,2001年には,悪質,危険運転への厳罰化を盛り込んだ危険運転致死傷罪が国会で可決し,同年の12月に施行された。

危険運転致死傷罪は,具体的には以下のような内容を盛り込むものだ。
【対象】
自動車と原付を含む自動二輪車による,つぎのような運転行為によって死傷事故を起こした場合に適用される。

【おもな運転行為】
・アルコールまたは薬物の影響により正常な運転が困難な状況での走行をした場合。
・進行を制御することが困難な高速度での走行をした場合。
・進行を制御する技能を有しないでの走行をした場合。
・人または車の通行を妨害する目的で,走行中の自動車の直前に進入し,その他通行中の人または車に著しく接近し,かつ,重大な交通の危険を生じさせる速度で運転した場合。
・赤信号をことさらに無視し,かつ,重大な交通の危険を生じさせる速度で運転した場合。

【罰則】
・人を負傷させた場合　15年以下の懲役
・人を死亡させた場合　1年以上20年以下の懲役

以上のような内容だが,これまで交通事故に対応する法律は業務上過失致傷罪によるものが主で,負傷時,死亡時ともに比較的軽い罰則にとどまっていたため,この法律改正は,車を運転するものへ大きなインパクトを与えた。

さらに,単なる厳罰化にとどまらず,マスコミによ

る悪質ドライバの実態や事故の被害者の遺族の苦しみを国民へダイレクトに伝え続けたことで，危険や悪質運転に対して厳しく対応すべきとする国民意識ができ上がり，社会全体も危険や悪質な運転に対して厳しい目を向けるようになった．このような社会的な変化が，その後15年にわたる交通事故死者数の減少の大きな要因といえるだろう．

2) **高齢化と交通事故リスクの変容**　2000年から15年にわたり交通事故死者数を減少させ続けた一方で，その後半になると減少幅を徐々に縮小させるようになった．2000年から2009年までは，その期間の交通事故死者数は9073人から4914人まで大幅な減少を果たし，初めて5000人を下回ることができた．一方で，2010年から2014年までは減少を続けるも，その減少幅は縮小し，2015年には15年ぶりに増加し，4117人となった．2000年から2009年までの5000人を下回るまでのペースと，2010年から現状までのペースを比べると，明らかに後半で鈍化していることがわかる．この鈍化の大きな要因が高齢化である．

この期間の高齢化は大幅な進行をしているが，交通事故死者の割合でも大きく上昇していた．現状では全体の50％を超える状況であり，本格的な対策が必要である．また，交通死亡事故において，年齢層と事故時の状態別を見ると，特に，65歳以上の高齢者の歩行中（特に横断中），次いで自動車乗用中の交通死亡事故の比率が高く，対策の優先度をいっそう引き上げなければならない．一方で，拡大期に多かった若年層の原付を含むバイク事故などは継続して減少傾向にある[7]．

ここで重要なことは，リスクの変化が起きていることである．この期間の前半では，危険運転致死傷罪の新設を契機として，国民レベルでの安全運転のためのモラルを引き上げることで大幅に交通事故死者数は減少した．これは，特に，それまで事故の多かった若年層を中心に訴求した．ところが，高齢化が進行するようになると，いわゆる危険や悪質運転者を中心とした厳罰化を中心とする交通安全対策には陰りが見え始める．

65歳以上の高齢ドライバの多くは，言い換えればベテラン運転者である．分別も付き，常識的な運転をする人の割合が他年齢層に比べても多い層である．さらに，高齢歩行者については，ドライバとは異なり，車の免許制度のようなものはなく，規制強化や厳罰化という対策が効きにくいといえる．このことから，高齢化率が進行するにつれ，危険や悪質運転への厳罰化を中心とした交通安全対策は，徐々に効き目が薄れて

くるようになったといえる．

このようなリスクの変化が起こる中で，さらに交通事故死者数を減少させようとすることは，交通安全対策を転換させる必要があることを示唆している．規制強化や厳罰化により人々のモラルや安全意識を引き上げるだけではなく，リスクの中核となりつつある高齢者のドライバ，歩行車双方の特性を洗い出し，それぞれの特性に合った交通安全教育や社会のサポートを中心に据え，警察中心の取締りに加え，地域レベルでの交通安全の社会活動化も重要となるものと思われる．まさに，ヒューマンファクタからの交通事故分析や運転や歩行行動を分析し，それらを対策に本格的に生かすことが求められているのである．

〔3〕**交通事故削減の課題と対応**

（a）**交通事故の主たる原因**　内閣府は，2016（平成28）年度から2020年度の5箇年に係る第10次交通安全基本計画案を掲げている．この中にある道路交通の安全では，交通事故死者数（24時間以内の死者数）を2500人以下とすることを目標としている．これは，現状よりも1500人以上の死者を減らすことであり，直近の状況である成熟期後半の死者数の減少幅を考えると，かなり思い切った目標といえる．

ここで，交通事故の主たる原因は何かについて述べる．これまでは死者数の推移や死者の属性を中心に述べたが，今後の対策を検討する上で，交通事故の原因を俯瞰することは不可欠である．図7.5.13に警察庁

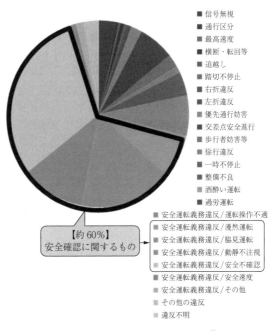

図7.5.13　交通事故の原因（警察庁）[8]

による交通事故の原因を示す[8]。さらに，**図7.5.14**では，損害保険会社の交通事故に基づく交通事故の原因を示す。これは，損害保険会社による自動車保険支払い事故に基づき，その中からさまざまな業種を含む13社の企業内事故に絞り分析を試みたものである[9]。

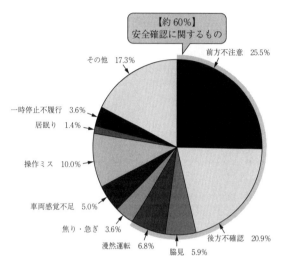

図7.5.14 損害保険会社の交通事故に基づく交通事故の原因（損保系リスクコンサルティング会社調べ）[9]

これらを見ると，警察庁のデータからは，事故原因の中でも安全運転義務違反に該当する事故原因が多く，中でも漫然運転，脇見運転，動静不注視，安全不確認が多くを占め，全体の交通事故の60％を占めることがわかる。さらに，損害保険会社のデータからは，安全確認に関する項目で前方不注意，後方不確認，脇見，漫然運転が多くを占め，全体の交通事故の60％を占めることがわかる。このことから，交通事故原因の中で，直接的な原因として安全確認に関するものが過半を占めるということである。これを踏まえれば，ドライバや歩行者の交通安全モラルは前提となるが，安全確認を確実に行うことができれば，交通事故の半分以上を減らすことができるのである。

（b）ヒューマンファクタからの交通安全対策の考え方

1） 安全確認の重要性 これまでの交通安全対策では，普及期は道路交通インフラの整備や交通ルールの徹底が中心となり，拡大期では安全意識を高めるための交通安全教育や暴走行為などへの取締りが行われた。さらに，成熟期の前半では，危険や悪質な運転に対する厳罰化により，国民レベルでの安全意識の高揚につながった。一方で，交通安全対策は安全意識やモラル向上に集中する傾向もあり，実際の事故原因の多くを占める安全確認に関する強化を教育により対策を行うなどは中心となりにくかった。今後は，リスクの変化を踏まえると，特に高齢者の安全確認の強化などが課題となる。安全確認は，人が交通環境に安定した注意を払うことで可能なことである。ここでは，人の注意を中心とした情報処理モデルの概念を述べ，交通事故削減のために，どのように安全確認を強化すべきかの考え方をまとめる。

2） 人の情報モデルと事故防止の考え方 図7.5.15に人の情報処理モデルについて示す[10]。図7.5.15では情報処理過程を知覚・認知・行為としている。車の運転を例にとれば，まず，外部環境から視覚により人を発見し，さらに，その人が自車の直前を横断しようとする歩行者であると知覚する。さらに，これまでの学習や記憶などを用いて，心的処理を経て，この場合であれば減速するという判断を行う。このように知覚をしてから適切な判断を行うまでを認知としている。さらに，認知を経て実際に減速を行うという行為に至る。図では，情報処理のための注意資源があり，これは人により注意全体の容量も異なり，この資源を基に知覚，認知，行為それぞれに分割的注意を行い，注意の配分を行っていることも示している。また，車の運転では，情報処理や運転操作のプロセスを，認知，判断，操作の3段階で示されることが多い。これは，行動選択のための判断を重視したものであり，判断に必要なレベルに感覚情報を処理するところまでを認知機能とみなしたものであることと，実際の運転操作を加えたものといえる[11]。

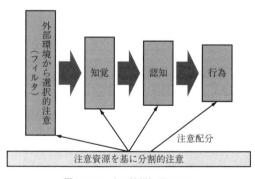

図7.5.15 人の情報処理モデル

また，情報処理には知覚，認知，行為だけではなく，それ以前に重要な工程がある。図7.5.15で示しているフィルタ（選択的注意）といわれるものである。人はさまざまな環境からフィルタを通じて，取得する情報を選択しているということである。選択にあたっては，予測・価値判断から自身の努力などにより

決まる．つまり，車の運転であれ，歩行者の横断行動であれ，知覚，認知，行為の情報処理の下で行われているが，それぞれの人が持つフィルタにより，注意するものは異なるということである．言い換えれば，交通安全を考える上で，人それぞれが持つフィルタこそが安全行動に大きな影響を及ぼすということである．

さらに，交通事故の直接的原因の多くが安全確認であることを踏まえると，ドライバ，歩行者それぞれの立場における注意のフィルタをいかに安全に維持するかが重要であることがわかる．現状の交通事故対策では，高齢化の進行に伴い，高齢者の交通安全をいかに実現させるかが大きな課題となっている．また，高齢者層は，従来型の飲酒，危険運転への厳罰化などの規制強化は効きにくく，事故原因に合った対策が望まれる．以降は，今後の交通事故対策課題の中心となる高齢者への対策を，高齢ドライバの安全運転を主眼として，ヒューマンファクタから見た安全確認の特性やそれを踏まえた対応策を示す．

〔4〕 **ヒューマンファクタからアプローチした高齢ドライバ対策**

(a) **交通事故の特徴**　図7.5.16では65歳以上の高齢度ドライバの事故の特徴を他の年齢層と比較したものを示す．これは損害保険会社における2010年度の自動車保険支払いデータを対象としたもので，交通環境情報が特定できた48万件あまりを対象としている．これを見ると，加齢に伴い一般道・直進時の事故が減少し，信号無交差点・右折時，駐車場・構内・バック時，信号無交差点・直進時の事故が増加傾向にあることがわかる[12]．これは一般道での追突事故が加齢に伴い少しずつ減少し，交差点の出会い頭事故，右折事故，駐車場・構内のバック事故の割合が増加していることを示している．ただ，全年齢において，最も多い割合は一般道・直進時の追突事故である．

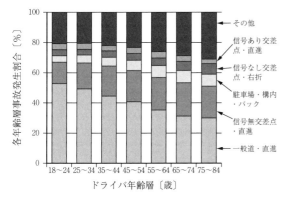

図7.5.16　年齢層別事故類型別発生割合

(b) **リスクの実態**

1) **事故の特徴からのリスク**　前項の高齢ドライバの交通事故の特徴から，高齢ドライバは交通事故率，死亡事故率ともに高まり，事故の特徴では，一般道の直進時の追突事故が最も大きい比率ではあるが，加齢に伴い交差点の右折事故，出会い頭事故，駐車場・構内のバック事故の比率が増えることがわかった．

これらから，特に事故の特徴において大事なことは，一般道直進時のような単調な交通環境だけではなく，交差点進入時，右折時，駐車場構内のバック時のような複数の安全確認を連続的に行う必要がある箇所での事故割合が増えていることである．これは加齢に伴い，高齢ドライバは連続して複数の安全確認を要する交通環境においてミスやエラーが起きやすくなっていることを示唆するものと考えられる．

2) **リスクの検証**　連続して複数の安全確認を要する交通環境におけるミスやエラーは，おもに安全確認の省略と安全確認前の操作の先行である[13]．安全確認の省略は，交通環境において複数の安全確認を行う必要がある際，そのうちのどれか一つあるいは複数の安全確認をしなかった，あるいはできなかったという状態である．つぎに，安全確認前の操作の先行は，安全確認を要する交通環境において，安全確認そのものは行っているが，そのタイミングが遅く，つぎの運転操作が先行している状態である．例えば，交差点右折時，対向車しか確認せず右折することは，対向車の後方など，その他に必要な安全確認を省略した状態である．また，交差点左折時，左後方の巻込み確認を行うが，そのタイミングが交差点進入前ではなく，交差点進入後の曲がる直前で行い，すでにハンドル操作が先行しているなどは，安全確認前に操作が先行した状態といえる．

ここで，施設コース内において，著者らが行った高齢ドライバの事故多発環境の一つである右折時の安全確認行動を検証した実験を紹介する．図7.5.17は交差点の右折時における望ましい安全確認項目を示したものである．被験者は65歳以上の高齢者10名と20～30歳代の非高齢者10名として，図のような右折環境において右折をさせ，必要な安全確認項目に対する安全確認状況を測定した．実験結果を図7.5.18に示す．この結果からは，高齢者の方が非高齢者よりも安全確認を実施した項目が少なく，さらに，操作前に安全確認を行っている項目数は少なかった[14]．限られた実験ではあるが，高齢ドライバは，連続して複数の安全確認を要する右折時のような環境では，事故原因に多い安全確認を省略することや，確認よりも操作が先

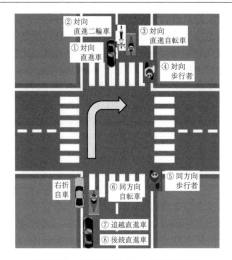

図 7.5.17 右折時の望ましい安全確認項目

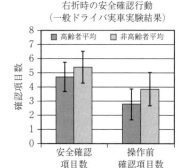

図 7.5.18 右折時の安全確認行動（一般ドライバ実車実験結果）

行するような安全確認が不十分な状況が，非高齢者に比べ多い可能性がある。

（ c ） **対策の視点**　高齢ドライバは事故率が相対的に高く，右折など連続して複数の安全確認を要する交通環境下での事故の比率が上がる。また，事故原因に多い安全確認も非高齢者に比べ省略や先行が多い可能性がある。また，これらに対して，その事故原因を高齢ドライバの身体的機能低下によるものと考えることが少なくない。確かに運転をする上で必要な身体的機能は多くあり，これらが加齢に伴い低下し，運転に影響している可能性は否定できない。運転に必要な身体的機能は視覚（視力，動体視力，明暗順応，視野，深視力），聴覚，筋力，持久力，脳の働きなどが挙げられる[15]。高齢ドライバの安全運転を維持するためには，これらの身体的機能が一定以上に維持されているかを客観的かつ定期的にチェックする必要がある。

また，身体的機能低下だけではなく，高齢ドライバの安全運転レベルそのものをチェックする必要がある。これは身体的機能低下にかかわらず，これまでに蓄積された運転方法が必ずしも一定以上の安全運転レベルに到達していないことがある。例えば，自車が非優先の交差点進入時，停止をする必要があるが，長く同じような交通環境を走行する中で，停止をしなくても危険に遭わなかったという経験を積むことにより，自車非優先の交差点進入時には，ほとんど停止をしなくなるということが考えられる。このように高齢ドライバの安全運転では，経験により安全行動をとらなくなることも踏まえ対策を講じる必要があるだろう。本項では，これをリスクテイク行動と定義する。

（ d ） **対策に必要な内容**　これまで述べたように，高齢ドライバのリスクは，事故原因で多い安全確認が，連続して複数の安全確認を要する交通環境で不完全になりやすい可能性があることである。また，この原因が，身体的機能低下からリスクテイク行動までさまざまに考えられる。また，さらに大事なことは，これらのリスクの度合いや原因が，高齢ドライバにより個人差があるということである。身体的機能低下が平均に比べ少ないが，リスクテイクによる不安全行動が多い場合や，逆にリスクテイクによる不安全行動が少ないものの，身体的機能低下が著しい場合などさまざまとなる。したがって，高齢ドライバへの安全運転対策では，それぞれの高齢ドライバの特性に合わせた対策や教育が必要となる。

小竹[16]らは，事故原因に多い安全不確認に注目し，高齢ドライバの認知特性の分類を試みている。小竹らの研究では，認知行動を危険や異常を発見するハザード知覚と，ハザード知覚に基づき，そのリスクに基づいて行動するリスク知覚に分け，高齢ドライバを分類した。これによれば，ハザード，リスク知覚ともに良好なタイプ，ハザード知覚特性のみ劣るタイプ，リスク知覚特性のみ劣るタイプ，ハザード，リスク知覚ともに劣るタイプの四つに分類できることを示している。

これまでの交通対策では，社会インフラ整備から悪質運転への厳罰化などまで，統一的かつ重点的な対策が多くとられてきた。また，交通安全教育においても，法令遵守や安全意識の高揚を目的としたものが多く，ドライバの特性に応じた交通安全教育は必ずしも中心的な役割とはならなかった。今後は高齢化がいっそう進行し，高齢ドライバのリスクはいっそう高まることを想定すると，これまで述べたように，高齢ドライバのヒューマンファクタからの特性を十分に理解し，ある程度のタイプ分けなどを行い，その位相に合わせた交通安全対策や教育が望まれるだろう。

〔5〕 ヒューマンファクタからアプローチしたモビリティの変化への対応—今後の課題として—

(a) **交通社会の変化の可能性** これまで，交通事故や交通安全対策の推移について，ヒューマンファクタの観点を中心として課題や対応をまとめてきた。本項では，今後の交通社会について，現状で想定される変化を踏まえ，やはりヒューマンファクタの観点から課題や対応について検討する。

今後，想定される最も大きな交通社会の変化は，自動運転社会の到来であろう。一言で自動運転というが，そのレベルや内容はさまざまである。例えば，NHTSA（米国運輸省道路交通安全局）では，すでに2013年5月に自動運転に関する分類を以下のように行っている[17]。

＜車両の自動化の分類＞

レベル0（自動化なし） no-automation：常時，ドライバが，運転の制御（操舵，制動，加速）を行う。

レベル1（特定機能の自動化） function-specific automation：操舵，制動または加速の支援を行うが操舵・制動・加速のすべてを支援しない。

レベル2（複合機能の自動化） combined function automation：ドライバは安全運行の責任を持つが，操舵・制動・加速すべての運転支援を行う。

レベル3（半自動運転） limited self-driving automation：機能限界になった場合のみ，運転者が自ら運転操作を行う。

レベル4（完全自動運転） full self-driving automation：運転操作，周辺監視をすべてシステムに委ねるシステム

ここで示されているように，NHTSAでは，最終段階の完全自動運転を除くそれぞれの段階では，自動運転システムだけでは安全運転を完遂することはできず，事故や危険を回避するために，何らかの形でドライバが介入することを求めている。

また，内閣府は，国内の自動走行システムの開発・実用化の推進に向けた方針を「官民ITS構想・ロードマップ2016」に示している[18]。この中で，2020年をめどに，高速道路での自動走行および限定地域での無人自動走行移動サービスの実現を目指す方針を打ち出している。ここでいう高速道路での自動走行は完全自動走行ではなく，前出のNHTSAの分類では，レベル2から3の準自動運転走行であり，一方，限定地域での無人自動走行は完全自動走行と考えられる。このように，今後の交通社会では，自動化レベルの差は幅を持って考える必要があるが，自動運転の実用化は現実のものとして考えなければならないであろう。

(b) **自動運転車の安全** 西村[19]は文献の中で，自動運転車の安全性を確保するためには，それを取り巻く交通システム全体で安全性を確保する必要があると述べている。さらに，安全性要求を検討し，そこではシステムモデルを用いたアーキテクチャの記述を行い，交通システムを構成する自動運転車，交通インフラ，歩行者，自転車，自動車，ドライバ，情報システムなどに関する相互作用を検討し，その関係性の中での安全性要求の明確化の必要性も述べている。まずは，自動運転車の安全を考える上では，自動運転車そのもののシステムの安全性だけではなく，従来以上に周辺の交通システム全体を含めた安全性が必要であると考えなければならない。

また，ヒューマンファクタの観点からの自動運転車の安全では，前出の自動運転の分類の中にある完全自動運転以外のモードでは，程度の差はあれ，ドライバが安全確認行動をとり，走行する交通環境の危険や異常に注意を払う必要があることを前提としなければならない。大事なことは，完全自動運転ではない限り，準自動走行下では，自動運転車が単独で安全性を確保することはできず，少なくともドライバとの相互作用により安全性が確保されるか，あるいは高まるということである。

(c) **ヒューマンファクタから見た自動運転車のリスク実態** 前述のように，準自動走行下では自動運転車といえども，ドライバの安全確認行動が何らかの形で求められる。ここで著者らが行った[20]，施設コース内において自動運転車を用いた走行実験で，ドライバの安全確認行動を調査した内容を紹介する。

実験では，施設内コースを設定し，自動運転車を用いて被験者5名により走行してもらった。データは，おもにドライバの安全確認行動を取得するために，車両情報，前方，ハンドル操作，ドライバ（顔），さらにドライバ視線情報を収集した。被験者には，自動運転車を用いて，いずれの場合も，横断歩道1箇所，交差点3箇所，カーブ6箇所，道路標識7箇所が設定された施設コース内を手動運転と自動運転のそれぞれで走行してもらった。また，コース内には，走行道路わきに歩行者が出現するシーンを入れた。

データ評価はドライバの手動運転時の安全確認行動と手動運転時と自動運転時のドライバの安全確認度について行った。具体的には，コース中で安全確認を要する走行環境を特定し，その中で発進時確認，停止時確認，コーナ進入時およびコーナ中確認，速度確認，歩行車への注意の5項目を設定し，ドライバの安全確認度を評価し，比較した。**図7.5.19**はその結果である。また，併せて被験者ごとの手動時と自動運転時の

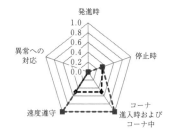
（a）被験者A（MD＝1.3, AD＝2.3）

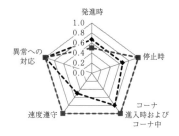
（b）被験者B（MD＝3.6, AD＝4.5）

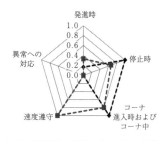
（c）被験者C（MD＝2.2, AD＝2.8）

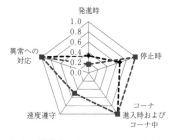
（d）被験者D（MD＝3.5, AD＝3.7）

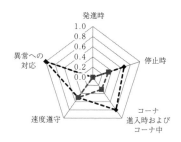
（e）被験者E（MD＝3.0, AD＝1.1）

図7.5.19　手動時と自動運転時の安全確認度の比較

安全確認行動の相関もとった。

実験の結果では，手動運転時の安全確認行動の評価が高い被験者は，自動運転時の安全確認度も高く，一方，手動運転時の安全確認度が低い被験者は，自動運転時も低かった。さらに，被験者ごとの手動運転時と自動運転時の安全確認度の相関では5名中4名が高かった。このことから，準自動走行下ではドライバは手動運転時の安全確認度を自動運転時にも引き継ぐ傾向が強い可能性が高いことがいえる。また，手動も自動も評価の高い被験者は，手動運転時も自動運転時も歩行者への注意は十分に行われていたことが特徴としていえた。

（d）これからの交通安全社会の在り方　そもそも自動運転技術の導入の目的は，交通事故削減を主目的としてきた。現状では，政府を始め自動車メーカや周辺産業，大学などの研究機関が一体となって自動運転の実現の準備を進めている[21]。また，民間企業の事業レベルにおいても，慢性的な人手不足に悩む公共交通の担い手として自動運転技術の導入による事業化などが検討されている。

これらの動きは，自動運転技術に信頼性があることを前提として進められている。したがって，実用化のための技術開発や準備は，自動運転技術の信頼性を引き上げるためのものに注目が集まりやすい。

一方で本項では，自動運転車であっても，その安全性を確保するためには，自動運転車だけの安全性では十分ではないことを述べてきた。

まず，完全自動運転車の導入では，無人走行によるもので，安全運転におけるドライバの役割はない。しかし，前述のように自動運転車は周辺のさまざまな交通システムの一部ということを考えれば，やはり，自動運転車単独での安全性だけでは十分ではないといえる。また，完全自動運転車は限定区域での実用化が想定されており，交通社会における中心的な役割となることは中長期的にみても難しいと考えなければならないだろう。また，準自動走行下での安全運転の確保のためには，前出の実験のように，手動時の安全確認行動を自動運転時にも引き継ぐ可能性が高いため，手動から自動運転への移行にあたっては，自動運転車のみならずドライバ自身の手動運転時の安全確認行動の実態を把握した上で，自動運転への対応を検討する必要がある。

これからの交通安全社会を構築するために大事なことは，自動化に向けた技術開発を着実に進めることと，新たな運転モードにおけるドライバの理解や役割発揮についても同時に同レベルで強化されなければならないということである。技術とドライバの相互作用により自動運転車の安全性は引き上がり，確保されるものという国民的な理解をなるべく早い段階で得ることが不可欠である。

〔6〕ま　と　め

本項では，交通事故とその対策の推移をヒューマン

ファクタの観点を中心に概観した。その上で，今後の交通社会の変化と交通安全に必要な考え方を述べた。

交通事故と対策の推移では，普及期，拡大期，成熟期に分けて俯瞰した。普及期では，爆発的なモータリゼーションと道路施設を中心とした安全環境の整備が折り合わず，リスクが増大し事故が急増した。これに対応し，交通安全のためのインフラ整備や国家レベルでの交通安全計画が作られるようになった。また，拡大期では，安定的な経済成長により，マイカーやバイク保有者が増え，車社会は拡大する。一方で事故は増加基調となり，若年層事故，暴走行為などが社会問題化した。この時期からドライバへの交通安全教育や規制，取締りなどが強化されるようになった。対策はインフラからドライバ（人）への対策が主となるようになるが，大きな事故削減効果が出なかった。さらに，成熟期では，不安定な経済状況から車社会の拡大傾向は停滞した。一方で，高齢化の進行により高齢歩行者，高齢ドライバの事故が増加するようになった。また，危険運転致死傷罪の新設に象徴されるように，悪質な運転行為に対して，社会全体が厳しい目を向けるようになり，こうした気運の高まりにより，交通事故は減少基調となった。対策はドライバ（人）への悪質な運転に対する厳しい制裁などが功を奏するが，高齢化の進行に伴うリスクへの対応については，まだ課題が残る状況といえる。これは，ドライバ（人）への対策が規制や取締り強化を主とするものだけでは十分ではなく，例えば高齢者の特性などドライバ（人）のヒューマンファクタをさらに分析し，全体一律の対策から特性に合わせた，ある程度の個別対策が必要になっていることを示唆するものである。

また，今後の交通社会の変化では，自動化を中心とした技術革新がエポックメーキングとなることは確実であるが，これまで述べたように，完全自動運転とならない限り，自動運転車の安全性の確保では，自動運転車だけではなくドライバの安全確認を始めとする安全運転が必要になる。この点からも，ドライバ（人）の特性を十分に踏まえた自動化技術の開発が求められるものと思われる。

このように，現状の交通社会で抱える高齢化の進展に伴うリスクや今後に期待される自動化に向けての技術開発の双方で，全員一律の施策や技術をはめ込むのではなく，ドライバを始めとする交通参加者の特性を十分に踏まえた，まさにヒューマンファクタからアプローチした交通安全対策が求められることになるだろう。同時に，ヒューマンファクタからアプローチしたさまざまな交通リスクに関する基礎研究や実証も，より重要になることを述べて結びとする。（北村憲康）

引用・参考文献

1) 平成27年度　交通事故統計，警察庁（2016）
2) 平成27年度　国勢調査，人口集計結果，要約，総務省（2016）
3) 平成27年度　運転免許統計，警察庁（2016）
4) 平成27年度　交通安全白書，道路交通事故の長期的推移，警察庁（2016）
5) 交通安全基本計画（第1次～第10次），内閣府（2016）
6) 平成27年版　高齢社会白書，内閣府（2016）
7) 平成27年中の交通死亡事故の発生状況及び道路交通法違反取締り状況について
8) 平成22年中の交通事故の発生状況，警察庁（2011）
9) すぐできる本質的な交通安全教育と実践マニュアル，東京海上日動火災保険株式会社（2011）
10) 北大路書房編，現代の認知心理学4，注意とヒューマンエラー，周囲と安全，pp.186-208（篠原一光，原田悦子）（2011）
11) 自動車技術会編，自動車技術ハンドブック3，人間工学編，pp.544-545（2016）
12) 粂田佳奈，高齢ドライバの頻出事故分析手法の検討，自動車技術，69-1, pp.90-95（2015）
13) 北村憲康，事故多発環境における高齢ドライバの運転適性と安全確認行動の関係について，自動車技術会論文集，44-4, pp.1067-1072（2013）
14) 自動車安全運転センター助成研究報告，事故多発道路交通環境下における高齢ドライバの安全確認行動の特徴把握. pp.26-28（2013）
15) 北村憲康，安全運転寿命，pp.25-27，企業開発センター（2009）
16) 小竹元基，高齢運転者の認知特性と実環境における不安全行動の関連性の検討，日本機械学会C編，78-794, pp.3362-3373（2012）
17) 第6回オートパイロットシステムに関する検討会，検討課題の整理資料，国土交通省（2013）
18) 官民ITS構想・ロードマップ2016～2020年案での高速道路での自動走行及び限定地域での無人走行移動サービスの実現に向けて，pp.26～35，高度情報通信ネットワーク社会推進戦略本部（2016）
19) 西村秀和，自動車の安全を考える，安全工学，54-3, pp.153-157（2015）
20) 西村秀和，北村憲康，ユンソンギル，木下聡子，2014年度ソフトウェア工学分野の先導的研究支援事業「システムモデルと繰り返し型モデル検査による次世代自動運転車を取り巻くSystem of Systemsのアーキテクチャ設計」成果報告書 http://www.ipa.go.jp/sec/reports/20160531.htm（2018年12月現在）
21) 戦略的イノベーション創造プログラム（SIP）自動走行システム，研究開発計画，内閣府（2016）

7.5.8 船舶運航
〔1〕 船舶の運航と海難

船舶には貨物船，タンカー，旅客船，プレジャーボート，遊漁船，漁船などいろいろあるが，ここでは人命・貨物を輸送するための移動を交通行動の第一義的目的とする商船について取り上げることとする。

船舶運航における事故には衝突，乗揚げ，火災，転覆，沈没などがあり，総括して海難と呼ばれる。船舶の運航は気象・海象などの自然条件の影響を大きく受けるため，海難に関わる要因は多様である。これらの海難は乗組員の生命や積み荷を危険にさらすだけではなく，場合によっては環境にも災害をもたらすこともあり，時には広い海域の海洋汚染をももたらし生態系へも悪影響を与える場合があるという特徴を持っている。

そもそも船舶航行に関する安全問題が国際的に取り組むべき課題となったのは1912年に起きたタイタニック号の海難であった。これを契機に海上における人命の安全のために必要な安全設備などの技術的要件に関する国際条約が締結されたのは1914年である。その後改正を重ね，現在ではSOLAS条約あるいは海上人命安全条約と呼ばれる条約になって，詳細な技術的要件が規定されている[1]。

〔2〕 国際条約の締結の契機となった海難

SOLAS条約以外にも海上交通の安全に関わる国際条約はいろいろあるが，その締結や改正は以下にその例をみるように実際に発生した海難が契機となっているものが多い。

（a） **船体構造など技術的要素に関して** 船体構造など技術的要素に関する条約等を大きく変更する契機となった海難として以下の2例を記す。

1） **トリー・キャニオン（Torrey Canyon）号**
（1967年） リベリア籍の大型タンカーである同号（118 285重量トン）は原油を満載してクウェートのアハマディを1967年2月19日に出港して航海を続け，目的港である英国のミルフォードヘイブンが近くなった3月18日に，英国南西部のプリマスに近いランズエンドの浅瀬に座礁した。

貨物油はただちに壊れたタンクから流れ出した。離礁作業が難航し，3月26日に船体は二つに折損した。油の流出が続き，船内に残った4万トンの原油を燃焼させるためには同号を航空機から爆撃しなければならなかった。爆撃は沈没した3月30日まで続けられた。119 000トンと推定される流出した油は，英国の南西部とフランスの北部沿岸部および遠くスペインの海岸にまで深刻な被害を及ぼした。

原因の一つとしてこの地域の海図が支給されていなかったことに加えて，乗組員の技能が十分ではなかったことが後に明らかとなった[2]。

この事故を契機として，現在の国際海事機関（IMO）の前身である政府間海事協議機構（IMCO）において，タンカー事故時の油流出量の抑制策が検討され，1973年に海洋汚染防止条約（MARPOL）が締結されるとともに，後述する乗組員の技能など人的要素に関する条約が締結されることとなった[3]。

2） **エクソン・バルディス（Exxon Valdez）号**
（1989年） 1989年3月24日未明，同号（214 861重量トン）は原油約20万トンを満載し，アラスカ州バルディス石油基地からロサンゼルスに向け航行中，アラスカのプリンス・ウィリアム湾の暗礁に座礁した。11槽ある貨物油タンクのうち8槽が損傷し，船底破口部から原油約4万トンが流出した。座礁した場所がヘリコプターと船以外の交通手段がないような人里を離れていたために，対応がきわめて困難だったこともあり，この油流出により2 400 kmにわたる広範囲の海洋汚染を引き起こした。海洋生態系もきわめて大きく破壊され，推定25万羽の海鳥，3 000匹のカワウソ，300匹のアザラシ，250羽の白頭ワシおよび22匹のシャチが犠牲になったとされている[4]。

事故後1年半たった1990年9月11日にタンカーの所有会社であるエクソン社は，原油の除去作業のためにピーク時には1 000隻の船舶，70機の航空機，1日1万人を超す作業員が動員され，除去費用として25億ドルを支出したと地元住民に報告した。

この事故を契機として，国際海事機関において事故の再発防止対策が検討され，大規模な油流出事故への国際協力の枠組みを定めた「油による汚染に係る準備，対応及び協力に関する国際条約（OPRC条約）」が1990年に締結された[5]。さらに1992年には海洋汚染防止条約が改正され，タンカーの二重船殻構造が強制化された。

また，米国の環境保護団体「環境に責任を持つ経済のための連合（CERES）」という会員数が100万人を超える市民団体は，企業とその株主は環境に対して直接的な責任を有し，企業の利潤追求は地球の健康状態と保全をそこなわない限度において行われるべきであることを求めたバルディスの原則を1989年9月に公表した[6]。これには，生態系の保護，資源の有効利用などとともに，安全な商品の提供，環境破壊の賠償責任などが盛り込まれている。

（b） **乗組員の技能など人的要素に関して** 船員の訓練および資格証明ならびに当直の基準に関する国際条約として International Convention on Standards of Training, Certification and Watch Keeping for Seafarers，通称 STCW 条約がある．

これは船員の船舶運航技術の未熟さに起因する海難事故を防止するため，船員の技能や知識水準を国際的に設定すべく，前出の政府間海事協議機構（IMCO）を中心に作業が進められ，伝統のある先進海運国だけではなく，工業的発展途上国，社会主義国，便宜置籍国など海運に関係のある 72 箇国が参加して，1978 年に国際条約として採択されたものである[7]．

現在に至るまで幾度かの改正が行われ，中でも 1995 年には頻発する海難事故に対応するため包括的な見直しが行われた．この条約も前出のトリー・キャニオン（Torrey Canyon）号（1967 年）の海難が契機となっている．

〔3〕 操船を行う作業組織の特徴

海難の防止や海難による被害の低減のために国際的な取組みはいろいろとなされているが，実際の操船場面には海難を引き起こす引き金となる可能性があるさまざま要因が現在も存在する．それを概観する．

船舶の入出港時，狭水道航行時，そのほか船舶に危険のおそれがあるときは，船長が直接船舶を指揮しなくてはならないことが法律により国際的に定められている．この指揮という表現は海上交通の特徴を反映している．すなわち，船長は自分自身で操船に必要な舵や主機関などの機器の操作はしない．そうした操作は航海士，操舵手など別に配置された要員が船長の命令に従って実行される．船長は操船に必要な情報を他の要員に収集させ報告・説明させるとともに自らも情報収集を行って，それらを総合的に判断して意思決定を下し，必要な操作を命令して実行させるのである．

これが古くからの伝統的かつ一般的なやり方である．船長は情報処理に専念し，操船に必要なさまざまな操船諸元の指揮をしているわけで，この点は自動車・列車・航空機など他の交通機関の操縦作業とは異なる特徴といえよう[8]．

港湾や特定水域ではその海域に精通している水先案内人が乗船して操船する場合もあるが，その場合でも水先案内人は情報処理に専念する．すなわち操船を行う作業組織は，複数の要員によって構成され，その頂点に立つ船長や水先案内人は，機器を直接操作することはしないで，情報処理に専念するという特徴的な性質を持っている．一方，① 厳しい時間制限の下に適切な行動をとることが要請されており，試行錯誤が不可能である，② 対象が多様に変化し，作業内容が非定型的である，③ 作業上の誤謬は，重大な社会的影響を及ぼすことが多い[8] という点において，他の交通機関の操縦作業やプロセスオートメーションの保守・操作作業との類似的性質も持っている．

操船技能の特徴としては，① 情報の記号化と解読技能，② 意識的プログラムの構成に関する技能，③ 推量の作用の三つが指摘されている[9]．

〔4〕 安全な操船を困難にしているおもな要因

（a） 困難な他船の動静把握　多くの船舶が錯綜する狭い海域で船を進めるときには，自船と他船や航路標識などとの位置の複雑な相対関係が刻々と変化する．安全に航行するためには，この関係を把握するために必要な情報が確実にしかもタイミングよく入手できなくてはならない．しかし現実には，これらの情報をそのように得ることは容易なことではなく，むしろ入手できない場合の方が多い．特に他船との関係において必要な自船の行動は，把握した現在の相対関係に基づいて近い将来を推量して，その推量に基づいて決定している．航行している他船との相対関係把握は，ほとんどこの推量に頼っているといえる．さらに夜間の航行となると，いっそうこの作用は重要となり，他船との衝突を避けるために変針するとか速力を調節するといった重要な意思決定に至る情報処理過程のさまざまな段階で，この推量が大きな役割を果たしている．夜間になるとその量は昼間の 3 倍にもなっている[10]．

このように，他船との相対関係把握がほとんどこの推量の作用によってなされているのは，船舶が互いに位置・方向・速力など，現在および近い将来の関係把握に必要な情報を入手する手段を持っていないためである．それゆえに推量せざるを得ないし，その推量が結果的に妥当でなかった場合に，衝突や座礁などの海難につながっていくのである．これが安全航行を困難にしている．

（b） 操縦性能と操縦対象とのアンバランスおよび死角　船舶の操縦性能も安全運航を困難にしている．例えば時速約 30 km で航行している 21 万排水トンの船舶は，急停止の操作を行っても停止するまでに約 27 分を要し，その間に少なくとも約 7 km は航走する．これでは常識的な意味における急停止はできないものと考えなければならない．

また，旋回能力も問題である．すなわち旋回半径は数百 m という単位であるため，相手船を避けるのは容易ではない．

さらにこうした操縦性能は気象・海象あるいは積荷の影響を受けた喫水の状態などによって変化する．したがって，船の操縦性能は操縦する対象との関係がアンバランスであるばかりではなく，不安定なものである．それゆえに操船者は，推量の作用によって把握した状況や対象との関係に対応するために必要な意思決定をかなり早い時点で実行しなければならないことに

なる。この事実が安全な運航を困難にし，操船中の操船者の1分間当りの心拍数を110, 120, ときには140近くにも上昇させるほどの精神的緊張を強いる原因となっている[1]。

また，船橋からの前方視野における死角が大きいことも問題である。船橋から船の先端までの長さによるものと，その部分によって隠されることによる死角距離を，実際に就航している1万重量トン以上の船舶52隻について調べてみると，400m前後が多く，中にはそれが700mにも及んでいる船も珍しくはない[11]。この死角距離の大きさも安全な運航を困難にしている大きな要因である。

〔5〕 航行支援の現状

海上交通において，灯台・航路ブイなどの航路標識による航行支援は古くから行われてきた。しかし，気象・海象などに関する情報提供，あるいは入出港や狭水道通過に関する時間規制などを含む航行支援が導入されたのは比較的最近のことである。

日本で初めての海上交通センターが東京湾に設置されたのは1977年のことで，ここでは，浦賀水道を含む東京湾を航行する船舶に対して，気象警報・注意報や航路標識の異変に関する情報，航路の航行制限や大規模な海難状況に関する情報のほか，その海域における船舶の航行状況をレーダで看視し，船舶の動静や漁船の操業状況に関する情報を提供している。

その後，機能が拡充されて，衝突や座礁などが予測される場合は，当該船舶に対して注意喚起を行うとともに，海上交通法で定める巨大船や危険物搭載船などに対しては，管制水路を設け，信号により入出域管理あるいは入出港時間調整などの航行管制を行っている。こうした施設は，その後，備讃瀬戸，関門海峡，大阪湾，名古屋湾，来島海峡に設置された。

また1988年の浦賀水道における潜水艦「なだしお」と「第一富士丸」との衝突事件を契機に，海上交通センターのレーダ情報システムの能力を高め，センターへの位置通報義務を小型船にも広げた。その結果，衝突のおそれがある場合はセンターから当該船舶に通報できるようになった。しかし位置情報義務を持たない船も多く，したがって，位置通報のない船舶は船名がわからないために，レーダ上で危険な状態を捉えても，それを情報として対象船舶に即時に提供し難いという制約がある。

このような航行支援設備の整備は進められているが，航空管制に見るような言語によるコミュニケーションを用いて，具体的にリアルタイムで針路などを指示して，ある海域全体の交通を管制して危険水準を低くする積極的な管制はまだ十分に整備されてはいない。

したがって，航行の支援システムの改善は進められてはいるが，操船者が置かれている状況，すなわちわからない，見えない，止まれない，曲がれないという状況は基本的に継続している。

〔6〕 今後の課題

衝突，座礁などの海難を減少させるためには，船体構造や操縦性能など操船に関係する技術的環境と，操船者の置かれている状況そのものを根本的に改革し，安全運航のために必要な操船情報処理が迅速・確実・容易に遂行できるようなシステムを作り上げる必要がある。具体的には，① 現に操船者がどのような技能をどのように発揮しているか，どのような困難を抱えているかという人間の行動に関する正しい理解を蓄積する，② 船型，船種によって航行する海域または時間を分ける，③ すべての船舶相互間の会話を可能にする簡便な通信システムを開発する，④ この通信システムを活用して，操船者の操船を支援する航空管制官のような別の技能集団による交通管制を確立する，⑤ 緊急時にも危険を回避する必要な操船が実際に可能であるように，船舶の停止や旋回などの操縦性能を改善し，その最低基準を厳しく定める，⑥ 航空機におけるボイスレコーダやフライトレコーダに類するものを開発し，これの装備と使用を義務付ける，⑦ 他の国々，地域へ働きかけて国際的協力を求める，などについて相互に関連性を持たせた運航システムを構築することである。

近年は操船に関わる作業組織が大きく変化している。すなわち船橋に配置される乗組員数も減少して，1人で操船する船も多数出現している。すなわち，航海士や見張りの助けを得ながら情報処理に専念するという長い間の伝統的な作業組織が崩壊し，1人で情報処理をし，それに基づいて機器を操作するというケースが増えているのである[12]。これらの船舶では，操船者は指揮者ではなく独奏者となった。さらに混乗と呼ばれる組織すなわち母語のみならず文化を異にする乗組員によって作業組織が編成されるケースが非常に増えていて，これも操船者の情報処理をいっそう困難にしている一因となっている[13]。

すなわち船橋に複数の要員が配置され，集団として操船作業を遂行してきたのは，集団によるコミュニケーションを通して，不確かな情報を少しでも確かなものに加工して，危険水準を低下させるためであった。その集団による情報加工作業が困難になったのである。

したがって，人命，積み荷に危険をもたらし，自然環境をも破壊するおそれのある海難を防ぐためには，

1人操船や混乗操船という形態での操船が増えたことへの対応も含めて，危険要因のより少ない船舶運航のシステムを構築するための努力を急がなければならない[14]。
　　　　　　　　　　　　　　　　　　　（大橋信夫）

引用・参考文献

1) Amendments to the Annex to the international convention for the safety of life at Sea (SOLAS) (1974) http://www.admiraltylawguide.com/conven/amendsolas2002.pdf#search=solas（2019年2月現在）
2) Zuckerman, S., The Torrey Canyon. Report of the Committee of Scientists on the Scientific and Technological Aspects of the Torrey Canyon Disaster. Department of State and Official Bodies. Cabinet Office, London, UK (1967)
3) International Convention for the Prevention of Pollution from Ships (1973) http://www.imo.org/en/About/conventions/listofconventions/pages/international-convention-for-the-prevention-of-pollution-from-ships-(marpol).aspx（2019年2月現在）
4) Shanta Barley, Exxon Valdez laid to rest, Nature News, Aug. 13 (2012) など
5) 油濁事故対策協力（OPRC）条約（1990）https://www.env.go.jp/nature/choju/effort/oiled-wb/04_txt/oprc/index_2.html（2019年2月現在）
6) Rajib N. Sanyal, Joao s. Neves, The Valdez Principles : Implications for Corporate Social Responsibility, Journal of Businsess Ethics 10 : 883-890, Kluwer Academic Publishers (1991) など
7) International Convention on Standards of Training, Certification and Watchkeeping for Seafarers (1978) http://www.admiraltylawguide.com/conven/stcw1978.html（2019年2月現在）
8) Ohashi, N. and Sugihara, Y., Mental Strain of Ship Manoeuvrer, Prcd. of 16th International Congress of Occupational Health, pp.419-420 (1969)
9) 森清善行，システムとしての意志決定過程，神戸大学文学部紀要，第5号，pp.41-67 (1976)
10) Ohashi, N. and Morikiyo, Y., Difficulties in shipmanoeuvring work and strain experienced by ship handlers, Human Factors in The Design and Operations of Ships, Anderson, D., et al. ed., pp.417-449 (1977)
11) 山岡靖治，千原義男，見張り作業からみた船橋位置条件の解析，操船技術構造に関する研究，第5報，pp.78-88, 日本海難防止協会 (1968)
12) 大橋信夫，西ドイツのコンテナー船における乗組員とその労働と生活について，海上労働科学研究会報，第101号，pp.1-10 (1979)
13) 大橋信夫，服部昭，混乗船A号について，pp.1-32，海上労働科学研究所 (1980)
14) 大橋信夫，海上交通事故と操船情報処理上の問題点，安全工学，32-2, pp.103-112 (1993)

7.5.9　産業機械作業
〔1〕　労働安全衛生のための人間工学

　産業労働の場において，働く人々が「安全だな」と感じる背景には表7.5.6のような事象が潜んでいる。すなわち，職場の安全を確保するためには，これらの事象の一つひとつが体系的かつバランス良く機能している状態を作り上げなければならない。これらの事象は働く人々を主体として彼らを取り巻くすべての条件に対して，人間の持つ心身の特性に適合するように設計された環境において成立する。人間の持つ心身の特性とは，おおむねつぎの三つの側面に分類することができる。
① 　心理的特性
② 　生理的特性
③ 　形態上の特性

表7.5.6　安全確保を目標とした人間の特性への適合を表現する日常用語

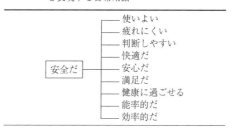

　このような「人間の特性への適合」を求めて，学際的かつ実践的に対処する学問が人間工学である。人間工学の源流を探ると，人間工学は過去に二つの流れを持っていた。一つは1918年に米国で生まれたhuman engineering思想に端を発したhuman factorsである。他の一つは1947年に英国で誕生したergonomicsである。一方，英国で誕生したergonomicsに影響を与えることはなかったと伝えられているが，ergonomicsという語はポーランドのヴォイチェフ・ヤルゼルスキによって1857年に創られていた。彼の思想はergonomics＝労働科学であった。ergonomicsはギリシャ語のergon（筋力，作業，仕事）とnomos（正常化，法則，習慣）との合成語である。それゆえに，ergonomics（人間工学）の本来の主旨は仕事の適正管理といえる。この視点から人間工学を論じれば，人間工学の主たる課題は労働安全衛生対策と考えられる。

　図7.5.20は，ergonomics（人間工学）の視点から介入した労働安全衛生対策を示すものである。労働安全対策の要は，労働によって人間が受ける負担，それによって生じるストレスや疲労，さらには人間と労働，人間と労働環境，人間と人間との間において生じ

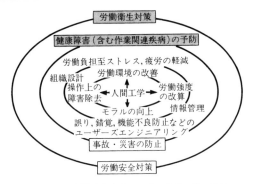

図 7.5.20 労働安全衛生における人間工学の役割

るさまざまな不具合性を可能な限り少ない状態に改善もしくは再設計することである。労働安全の確保に関するアプローチは，必然的に労働衛生対策へのアプローチを伴うとともに，労働衛生対策は労働安全対策にもつながる。すなわち，労働安全と労働衛生とはその対策において分離することのできないものである。

事故・災害防止を主眼とした場合の人間工学の役割，すなわち，労働安全衛生対策の一端を概観すると，そこには人間工学で叫ばれているところの「職務再設計」が一翼を担う。職務再設計とは，人間が仕事に与える影響と仕事が人間に与える影響とをそれぞれ検討した上で，両者の融合化を図った仕事の在り方を設計することにある（**図 7.5.21** 参照）。真に安全問題に対処するためには，働く人々の「状態」と「行為」を環境要因，物的要因および人的要因の視点から観察・分析し，その上で彼らの使用する機械，設備，道具，労働環境，作業条件などの改善を企て，包括的に「仕事の在り方」を設計していかなければならない。

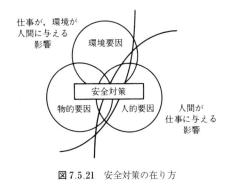

図 7.5.21 安全対策の在り方

〔2〕 職 場 の 安 全

労働災害発生の背後要因を探ると，人間の意識下あるいは無意識下にかかわらず生起される不安全行動（人的要因 = man），機械・設備などのハードウェアの欠陥・故障などの不安全状態（これを物理的，技術的要因と総称する = manchine），そして，職場内・職場間さらには組織全体の管理能力の不足（management）と不正確・不徹底な情報のやり取り（media）といった人と物とを取り囲むソフトウェア〈環境条件〉が列挙される。いわゆる，労働災害の発生に関わる「4Mの原則」といわれているものである。

労働災害はこれらの四つの M の中の一つの M が不適切な場合に発生するが，それぞれの M の相互的な関わり合いで発生することも多い。したがって，職場の安全管理を進めるにあたっては，これらの四つのM の個別対策，次いで，四つの M 間のバランスを図りながら体系的に対策を講じなければならない。

（a） **人的要因** 前述の 4M の原則の中で人的要因（man），すなわち，人間の不安全行動の防止対策が最も困難な課題といえる。通俗的な表現でこの理由を記すと，「人間は過ちを犯す動物」であることに端を発する。しかも，これがすべての人的要因に依存する労働災害発生の真因である。それゆえに，人間の不安全行動の防止対策は一朝一夕に進めることは不可能であり，その対策への知識として，人間工学で叫ばれている人間の特性を深く理解することが重要となる。そこで，対策への基本的な考え方を述べる。まず対策の第一歩は，作業者一人ひとりについての個人的な特性の把握から出発しなければならない。個々の作業者間に差異が認められる代表的な因子にはつぎの二つが考えられる。

① 素　　質　知能，知覚-運動系機能，性格，健康度，性差，身体的欠陥など
② 経　　歴　知識，技能，年齢（高齢者としての長短の特性を含む）など

知識・技能といった側面は経歴によってある程度規定される。そこで，某機械工場のある製造部門における過去 5 年間の災害事例について職務経験年数から分析すると興味深い結果が得られる（**図 7.5.22** 参照）。すなわち，全災害の約 60％ が職務経験 1 年未満の者によって引き起こされている。そして，経験年数を増

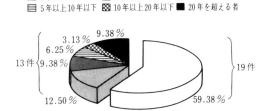

図 7.5.22 製造部門における被災者の経験年数分布（5 年間の総災害件数：32 件）

すごとに災害を引き起こす人の数は減少するが，20年以上の超ベテランになると再び災害の発生が増加している。災害の原因別分析では，経験1年未満の者が安全装置の不使用，機械・装置の指定外使用などの規則を無視する行動をとった結果として引き起こされていた。一方，経験が豊富な者は未確認，判断ミス，動作ミスといった仕事の慣れからくる不注意に起因する災害であった。

以上の二つの因子は比較的長期のタイムスパンによって規定されるものである。これに反して，短期的，そのときどきの状態で変動する因子がおおむね二つある。

① 意　　欲　　　職制，課題への関心度，待遇，気分など
② 日常生活上の不備　　睡眠，飲酒，過労，疾病，心配事など
③ 人 間 関 係　　職場，家庭，近所付き合いなど

一方，作業者の中には，繰り返し災害を引き起こす人がいる。このようなタイプの作業者を災害頻発者あるいは災害傾性者と呼ぶ。この種の人間は神経質症，情緒不安定，反射神経がにぶいなどの精神的あるいは身体的に何らかの問題を有するケースが多いので，カウンセリングを含む特別な指導，および個別に対応する外的条件の整備さらには配置転換などが必要である。

(b) **ヒューマンエラーの発生原因**　　作業者がつねに安全を心掛けた行動を遂行していても，つぎのような精神生理状態に陥ると人間の判断機能は乱れ，ヒューマンエラーを犯す確率が高くなる。人間の判断機能を混乱させる要因の中で，職場で多く見受けられる状況を列挙すると，つぎの四つが考えられる。

1) あせり　　急迫事態下においては，系統的，体系的な判断ができなく，思い付きによる直情径行に走る。したがって，対象の見誤り，思い違いなどが発生。

2) 怒　り　　感情的になると，情緒不安定になり，認知-応答の過程に乱れが起きる。

これらのあせり，怒りの状態によって引き起こされるエラーは間違った動作・行動を行ってしまうことでcommission error（コミッションエラー）と呼ばれるエラーの形態に属する。

3) おごり　　得意な仕事に対して，人間は自己中心的行動をとったり，自信過剰になったり，自己顕示欲を示したりする。これらの一つひとつの事象が過度に現れたとき，ヒューマンエラーを引き起こす。また，仕事に精通すると，ときとして，誤った効率性の追求に走り，最小エネルギー消費によって最大効果を上げようとする。この短絡行動が作業手順を省略化させ，ヒューマンエラーを引き起こすことがある。いわゆる，ommission error（オミッションエラー）といわれるタイプのエラー形態を引き起こす。

4) 疲　労　　疲労状態に陥ると，動作が緩慢になり，動作的なミスを引き起こす。また，中枢神経系のある適度な緊張状態が維持できなくなり，不注意現象を引き起こす。

〔3〕**作 業 標 準**

安全確保の一助として不安全状態の除去が挙げられる。すなわち，安全な方法で作業を遂行できるようにするための環境整備であり，それに不可欠な手法として作業標準の作成がある。不安定状態の発生要因を前述の4Mの原則の視点から分析すると，machine自体の欠陥・故障，machineとmanagement，machineとmediaとの不備によって生じることが多い。これらの対策としては，ボルト，ナットの部品の類から，機械・装置に至るまで，さらには，保護具などをも包括したハードウェア（4Mの中のmachine）の標準化はいうに及ばず，machine-management，machine-mediaに関するソフトウェアの標準化を図ることである。ソフトウェアの標準化に関する基本的活動が作業標準の作成である。

標準化の水準は大きく分けて4種類ある。それらは国際水準，（ある特定の地域の）地域水準，国家水準そして会社水準である。これらの4種の水準の中で，職場の安全推進活動に直結する最も基本的かつ重要な水準は会社水準（＝社内水準化）であり，その骨格をなすのが一つひとつの作業の標準化である。

作業標準は作業方法の標準化であり，その究極の目的は，ある一つのまとまった作業の構成要素に組み込まれている不必要な複雑性を見つけ出して，それを排除してより単純化することにある。この結果として，標準作業方法を設定することができる。標準作業方法とは標準の作業条件の下における最良の作業方法と定義できる。実務的には作業遂行上必要とされる動作，次いで，要素作業，単位当りの作業の標準化と単位当りの作業ごとの標準時間の設定である。

前者は「だれがやっても同じ方法」を維持できるように作業方法が統一化される。すなわち，一つのまとまり作業（単位作業）を動作単位の段階にまで分解して，無理，無駄，むらのない動作を設定し，次いで動作系列に関する一定の手順を定めるという経緯を経て，安全な作業方法を作り上げる（図7.5.23参照）。

後者は管理者あるいは監督者が作業者個々人に対して標準の作業量を指示することができる。これらは作業者にむらのない，あるいは偏りのない負荷を課する

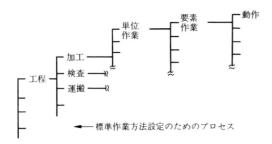

図7.5.23 作業標準設定のための作業分析

ことになり,不安全行為の出現を抑制することになる。

このようにして定められた標準作業方法を指示する場合,口頭による指示と文章による指示との2通りがある。誤判断,誤操作をなくすためには文章による指示で周知徹底させなければならない。文章による指示として作業標準書が用いられる。作業標準書の作成に際しては,だれのための作業標準書であるかが明確に分離されていなければならない。すなわち,作業標準には大きく分けて,監督者用と作業者用との2種類がある。前者は技術標準の要求条件,作業の管理,方法,異常時の処置などを明記した作業指導書としての存在価値がある。後者は動作標準,作業要領を明記し,作業上の注意,異常発生時における監督者への報告方法が盛り込まれていなければならない。いずれの作業標準書の様式においても最低限,つぎの要件を具備しなければならない。

① 一つの単位作業ごとに1枚ずつ作成する。
② 作業標準書に記載すべき情報は要素作業名,作業条件,注意などの指示事項であり,指示事項は簡略かつ,異体的な表現で箇条書きとする。さらに,製作対象物の概略図ならびにレイアウト図を付記する。
③ 要素作業名は作業手順の流れに沿って記入する。
④ 作業の実情を反映したものであること。

作業標準を上手に活用するために,標準作業方法を作業標準の必要条件と定めるならば,作業標準チェックリストは十分条件に位置する。作業標準チェックリストは現行の作業標準を診断して,問題点を洗い出し,作業標準の再設計に役立つものである。チェック項目としては,前述の標準作業方法のみならず,作業強度,作業姿勢,視線(視野,視角度,視距離),作業空間,作業域,作業環境条件,さらには当該作業に関する知識の度合い,技術水準,そして作業によって影響される人間側の心身の状態など(例えば,負担意識)を取り入れた包括的な人間工学アクションチェックリストを作成することが望ましい。　(神代雅晴)

7.5.10　農林水産業と不安全
〔1〕　**農林漁業における事故**
（a）**概　　要**　農林水産業の安全は,自然を相手にしているために,工場などの安全とは大きく異なる状況となっている。

第一に,労働環境が安定しないことが挙げられる。農地は,たとえ同じ作物であっても,場所や気象条件に左右され(雨,氷など),季節や時間によって,大きく異なる。圃場やアプローチでのトラクタの転倒や,巻き込まれなどが発生する。林業においては,作業場所ごとに土壌,傾斜などが大きく異なる。漁業でも,海象などによって,大きく異なり,陸上では問題にならない歩行などの動作であっても,船の動揺などにより転倒することもある。

第二に,獲得する対象物が自然物のために大きさ,形状,状態が大きく異なる。そのために,掘り起こしや,伐採,釣り揚網などの作業においても,収穫物の状況を瞬時に判断して,変化させる必要がある。収穫物の変化による,衝突,巻き込まれ,飛来・落下などの労働災害が発生しやすい。

第三に,農林水産業に携わる多くが中小零細または個人事業主であり,安全のための積極的な設備投資が難しい。特に高齢化が進んでいるために,安全対策の立案や遂行は難しい状況であり,小規模な事業者であり,かつ,高齢者でも実施できるような安全対策の普及が望まれる。

（b）**農業の労働災害の現状**　農作業死亡事故の発生件数は,年間約350件前後と依然高止まっている。2015(平成27)年に発生した農作業死亡事故(**表7.5.7**参照)では,農作業死亡事故件数は338件であり,前年より12件減少した。事故区分別にみると,農業機械作業に係る事故は205件(60.7%),農業用施設作業に係る事故は14件(4.1%),農業機械・施設以外の作業に係る事故は119件(35.2%)であった。それぞれの割合は,例年と同じ傾向となっている。年齢階層別にみると,65歳以上の高齢者の事故は284件であり,事故全体に占める割合は84.0%であった。また,80歳以上は158件であり,46.7%を占めるとともに,昨年調査件数よりも13件増加した。男女別にみると,男性が285件(84.3%),女性が53件(15.7%)である。農業機械作業の死亡事故発生状況を機種別にみると(**表7.5.8**参照),「乗用型トラクタ」による事故が最も多く,101件(農作業死亡事故全体の29.9%),次いで「農用運搬車(動力運搬車,農業用トラック等)」が25件(7.4%),「歩行型トラ

表7.5.7 農作業中の死亡事故発生状況

西暦年		2006	2007	2008	2009	2010	2011	2012	2013	2014	2015
事故発生件数		391	397	374	408	398	366	350	350	350	338
農業機械作業に係る事故		242 (61.9)	259 (65.2)	260 (69.5)	270 (66.2)	278 (69.8)	247 (67.5)	256 (73.1)	228 (65.1)	232 (66.3)	205 (60.7)
	乗用型トラクタ	115 (29.4)	115 (29.0)	129 (34.5)	122 (29.9)	114 (28.6)	123 (33.6)	106 (30.3)	111 (31.7)	95 (27.1)	101 (29.9)
	歩行型トラクタ	26 (6.6)	35 (8.8)	35 (9.4)	36 (8.8)	50 (12.6)	40 (10.9)	40 (11.4)	21 (6.0)	30 (8.6)	21 (6.2)
	農用運搬車	53 (13.6)	45 (11.3)	35 (9.4)	30 (7.4)	46 (11.6)	31 (8.5)	40 (11.4)	33 (9.4)	32 (9.1)	25 (7.4)
	自脱型コンバイン	6 (1.5)	10 (2.5)	9 (2.4)	17 (4.2)	15 (3.8)	9 (2.5)	17 (4.9)	11 (3.1)	10 (2.9)	8 (2.4)
	動力防除機	3 (0.8)	4 (1.0)	5 (1.3)	9 (2.2)	8 (2.0)	4 (1.1)	7 (2.0)	10 (2.9)	12 (3.4)	10 (3.0)
	動力刈払機	1 (0.3)	6 (1.5)	3 (0.8)	11 (2.7)	7 (1.8)	5 (1.4)	8 (2.3)	5 (1.4)	8 (2.3)	7 (2.1)
	その他	38 (9.7)	44 (11.1)	44 (11.8)	45 (11.0)	38 (9.5)	35 (9.6)	38 (10.9)	37 (10.6)	45 (12.9)	33 (9.8)
農業用施設作業に係る事故		26 (6.6)	21 (5.3)	17 (4.5)	18 (4.4)	14 (3.5)	20 (5.5)	19 (5.4)	12 (3.4)	24 (6.9)	14 (4.1)
機械・施設以外の作業に係る事故		123 (31.5)	117 (29.5)	97 (25.9)	120 (29.4)	106 (26.6)	99 (27.0)	75 (21.4)	110 (31.4)	94 (26.9)	119 (35.2)
性別	男	330 (84.4)	333 (83.9)	325 (86.9)	337 (82.6)	334 (83.9)	304 (83.1)	302 (86.3)	303 (86.6)	305 (87.1)	285 (84.3)
	女	61 (15.6)	64 (16.1)	49 (13.1)	71 (17.4)	64 (16.1)	62 (16.9)	48 (13.7)	47 (13.4)	45 (12.9)	53 (15.7)
うち65歳以上層に係る事故		305 (78.0)	286 (72.0)	296 (79.1)	324 (79.4)	321 (80.7)	281 (76.8)	278 (79.4)	272 (77.7)	295 (84.3)	284 (84.0)

〔注〕 1．（ ）内は，事故発生件数に対する割合である。 (単位：件（％））
2．2013年の年齢については，不明が1名いる。

クタ」が21件（6.2％）であった。これらの3機種で農作業死亡事故全体の43.5％を占めている。原因別事故発生状況乗用型トラクタでは，「機械の転落・転倒」が72件（当該機種による事故の71.3％）と最も多い。歩行型トラクタでは，「挟まれ」が11件（52.4％）と最も多く，次いで「回転部等への巻き込まれ」が7件（33.3％）となっている。農用運搬車では，「機械の転落・転倒」が10件（40.0％）と最も多い。自脱型コンバインでは，「機械の転落・転倒」が6件（75.0％）と最も多い。施設事故では，作業舎の屋根等，高所からの「墜落，転落」が8件（施設に係る事故の57.1％）と最も多くなっている。それ以外の事故では，「圃場，道路からの転落」が28件（農業機械・施設作業以外の事故の23.5％）と最も多く，次いで「熱中症」が27件（22.7％）となっている[1]。

（c） **林業の労働災害の現状** 「林業」の労働災害を産業別職業上休業4日以上の災害発生率（2015（平成27）年値）は千人当り27.0人であり，「全産業」の2.2人の12.3倍となっており，他産業に比べて著しく高い状況が続いている（表7.5.9参照）。これらの労働災害の発生原因を見てみると，本来遵守するべき安全確保のための基本的な作業手順を励行していないことに起因する労働災害が多発しており，依然として同種作業，類似災害の発生を繰り返すなどの傾向も顕著である。林業における年齢別死亡災害発生状況（2011年度）は，50歳以上が28人で68％を占めており，作業種別の死亡災害では，伐木作業中の災害が26人で63％を占めている。林業作業では，倒木や機械の挟まれなどのほかに，蜂刺とマダニに刺されることもある。特に，スズメバチは攻撃性も強く，刺された場合，危険な状態に陥る可能性もある。一般の人々も含めて全国で毎年20人強の方が蜂に刺されて亡くなっている。ダニ媒介性疾患「重症熱性血小板減少症候群（severe fever with thrombocytopenia syndrome, SFTS）」の症例が国内でも確認されており，森林や草地等の屋外に生息するマダニに咬まれることにより感

表7.5.8 農業機械作業に係る死亡事故の機種別・原因別件数

事故発生原因	事故区分	農業機械作業に係る事故 乗用型トラクタ	歩行型トラクタ	農用運搬車	自脱型コンバイン	動力防除機	動力刈払機	その他	合計
機械の転落・転倒		72 (71.3)	1 (4.8)	10 (40.0)	6 (75.0)	5 (50.0)	2 (28.6)	13 (39.4)	109 {53.2}
	圃場等	44 (43.6)	1 (4.8)	4 (16.0)	6 (75.0)	4 (40.0)	2 (28.6)	7 (21.2)	68 {33.2}
	道路から	28 (27.7)	0 (0.0)	6 (24.0)	0 (0.0)	1 (10.0)	0 (0.0)	6 (18.2)	41 {20.0}
道路上での自動車との衝突		8 (7.9)	0 (0.0)	2 (8.0)	0 (0.0)	0 (0.0)	0 (0.0)	1 (3.0)	11 {5.4}
挟まれ		6 (5.9)	11 (52.4)	5 (20.0)	1 (12.5)	5 (50.0)	1 (14.3)	6 (18.2)	35 {17.1}
ひかれ		3 (3.0)	0 (0.0)	3 (12.0)	0 (0.0)	0 (0.0)	0 (0.0)	4 (12.1)	10 {4.9}
回転部等への巻き込まれ		1 (1.0)	7 (33.3)	0 (0.0)	0 (0.0)	0 (0.0)	0 (0.0)	5 (15.2)	13 {6.3}
機械からの転落		4 (4.0)	0 (0.0)	0 (0.0)	0 (0.0)	0 (0.0)	1 (14.3)	0 (0.0)	5 {2.4}
その他		7 (6.9)	2 (9.5)	5 (20.0)	1 (12.5)	0 (0.0)	3 (42.9)	4 (12.1)	22 {10.7}
合計		101 {49.3}	21 {10.2}	25 {12.2}	8 {3.9}	10 {4.9}	7 {3.4}	33 {16.1}	205 {100.0}

〔注〕1. ( ) 内は，事故区分の合計に対する割合を示す。 （単位：件 (%)）
2. { } 内は，農業機械作業に係る死亡事故数の合計に対する割合を示す。
3. 事故区分の「その他」は，左記以外の機械（田植機等）のほか，機種不明の場合を含む。

表7.5.9 船員と陸上労働者の災害発生率の比較

	年度別 死傷別 業種別	2014（平成26）年（度） 職務上休業4日以上	職務上死亡	2015（平成27）年（度） 職務上休業4日以上	職務上死亡
船員	全船種	9.7	0.3	8.7	0.2
	一般船舶	7.3	0.2	7.0	0.1
	漁船	13.5	0.5	11.9	0.3
	その他	7.3	0.2	6.2	0.1
陸上労働者	全産業	2.3	0.0	2.2	0.0
	鉱業	8.1	0.4	7.0	0.3
	建設業	5.0	0.1	4.6	0.1
	運輸業	6.4	0.1	6.3	0.1
	陸上貨物運輸事業	8.4	0.1	8.2	0.1
	林業	26.9	0.7	27.0	0.6

（単位：千人率）

〔注〕1. 船員の災害発生率（年度）は，船員災害疾病発生状況報告書（船員法第111条）による。
2. 陸上労働者の災害発生率（暦年）は，厚生労働省の「職場のあんぜんサイト」で公表されている統計値から算出。

染することもある。

（d）**漁業の労働災害の現状** 2015（平成27）年度における船員と陸上労働者の災害発生率の比較は**表7.5.9**のとおりである。災害・疾病により4日以上休業した船員の数は，延べ1 190人（以下，人数はすべて延べ人数），船員千人当りの発生率（以下「発生率」という）は18.2であり，前年度に比べて人数で48人，発生率で0.9‰減少した。これを災害と疾病に区分すると，災害は606人，発生率で9.3‰となっており，前年度に比べて人数で60人，発生率で1.0‰減少した。疾病は584人，発生率で8.9‰となっており，前年度に比べて人数で12人，発生率で0.1‰増

加した。

災害の作業別態様別発生状況は，「転倒」127人（21.0％），「挟まれ」106人（17.5％），「動作の反動無理な動作」82人（13.5％），「転落・墜落」76人（12.5％），「巻き込まれ」48人（7.9％），「飛来・落下」45人（7.4％）の順となっている。これを作業別にみると，『出入港作業』では「転倒」23人，「挟まれ」19人，「動作の反動無理な動作」17人，『荷役作業』では「転落・墜落」17人，「動作の反動無理な動作」14人，「転倒」および「挟まれ」がそれぞれ12人，『運航・運転作業』では「転倒」および「海難」がそれぞれ6人，「挟まれ」4人，『整備・管理作業』では「転倒」40人，「転落・墜落」31人，「挟まれ」27人，『調理作業』では「高温低温の物との接触」6人，「切れこすれ」4人，「転倒」3人，『漁ろう作業』では「挟まれ」38人，「巻き込まれ」30人，「転倒」27人，『漁具・漁網取扱作業』では，「転落・墜落」3人，「挟まれ」，「巻き込まれ」および「動作の反動無理な動作」がそれぞれ2人，『漁獲物取扱作業』では，「動作の反動無理な動作」6人，「転倒」5人，「転落・墜落」3人となっている。

〔2〕 **農林水産業の安全対策について**
（a） **農業の安全対策**　2016（平成28）年度からは労働者健康安全機構労働安全衛生総合研究所，交通事故総合分析センター，日本労働安全衛生コンサルタント会，中央労働災害防止協会，農研機構農村工学研究部門の各専門家を交えた「農作業事故調査・分析アドバイザー会議」を設置し，事故調査結果の分析等を行っている。それらの安全確保に向けた現場改善活動の結果以下のことが明らかになった。事故は人的要因（不注意，ミス，高齢等）のほか，① 機械・施設・用具，② 環境，③ 作業方法・作業管理に関わる要因が複合していることが明らかになった。運転操作ミスだけではなく，① 機械や道具に安全装置が付いてない，② 道路や圃場の環境が劣る（狭い，急傾斜，雑草が繁茂等），③ 作業方法や管理方法が正しくない（不安全な手順，不適切な服装，整理・整頓不足）等といったことにも原因が見られ，これらが重なることで事故が発生している。事故低減には人的要因への対策だけではなく，上記の①，②，③ の要因に関する本質的・工学的対策が効果的である。事故防止を図るためには，事故発生の危険性の自覚とともに，生産現場における機械や環境，作業方法等の具体的な改善活動が非常に重要であり，「個人の注意（気をつけよう！）」から「地域・集団の仕組み・取組み」へと広げていく必要がある[2]。

事故の多い農業機械の安全装備・改良については，機械別に述べる。

① 乗用型トラクタについては，圃場内で作業するとき以外ではブレーキを連結していなければならないが，路上に出てから連結操作を行っている可能性がある。対策として，農業機械等緊急開発事業で開発された「片ブレーキ防止装置」を装備したトラクタでは，特別な操作をしない限り左右のブレーキペダルはつねに連結状態になっており，圃場の出入り時等，作業者が連結操作を忘れがちな状況においての効果が考えられる。つぎに，自動車などに乗用型トラクタが追突される事故が路上事故における死亡事故および全事故件数の2割強を占める。低速車マークの装備等，追突防止手段の普及，拡大が重要である。

さらに，安全キャブフレーム（ROPS）を装備したトラクタであっても，負傷事故は発生しており，特に，シートベルトを着用していなかったことが原因の一つである。シートベルト締め忘れの警告を始め，着用をいっそう促進させる。

② 歩行型トラクタ事故の約半数において，事故機に現行の安全鑑定基準で示された安全装置が装備されていない。基準に適合した機械の普及，拡大は，急務である。さらに，およそ3件に1件で，装備された安全装置の機能が不十分，あるいは意図的に解除したことによる事故であった。安全装置の設計・開発時の想定と，使用実態との間にミスマッチがあったと考えられる。安全装備の有効性を検証し，結果を設計・開発にしっかりと反映させていく必要がある[2]。

（b） **林業の安全対策**　林業は，多様な自然環境の中で危険な作業を行う業種である。その上，安全についての専門的なスタッフを配置することが困難な小規模零細な林業事業体が多く，安全対策は不十分である。このため，林野庁では，労働行政や都道府県等と連携を図りながら，各種林業労働安全衛生対策を推進している。

「緑の雇用」現場技能者育成推進事業として，林業作業士（FW）研修，現場管理責任者（FL）研修，統括現場管理責任者（FM）研修などの，新規就業者の確保・育成・キャリアアップ対策各研修を通じて安全教育，安全指導を実施している。林業労働安全推進対策として，林業事業体の自主的な安全活動を促進するため，養成した林業事業体の指導等を担える労働安全の専門家を活用する。その活動を通じて事業体の意識改革や地域の安全指導能力の向上を図るとともに，業界全体に安全意識の啓発を行う。林業労働安全指導者による安全活動の促進として，林業事業体への安全診断を標本的に実施することによって経営層の安全に対する意識改革を促すとともに，地域の実情を踏まえた

安全指導の方針の作成をする。地域の安全指導能力の向上を図るため，既存の安全指導体制への教育訓練等を実施する。

林業労働災害撲滅に向けた取組みとして，業界全体の安全に対する意識の高揚を図るため，ポスター等による普及活動を行う。労働災害撲滅に向けたキャンペーン活動として，意見交換会等を開催する。

林業の重点対策としては，以下の施策が挙げられる。

① 安全衛生管理体制の構築として，労働災害の防止対策を進める上で，安全衛生推進業務を担うべき責任者を明確にする観点から，事業場規模別に安全衛生管理体制の構築を図る。併せて，振動工具管理責任者を選任し，作業者の健康確保のため，低振動工具の使用，作業管理および健康管理の徹底を図る。

② 伐木造材作業の安全な作業方法の徹底として，林業の労働災害の中でも特に発生率が高い伐木造材作業については，安全な作業方法と正しい作業手順のいっそうの徹底を図る。

③ 死亡災害が多発しているかかり木処理作業については，事業者および作業者に対して「かかり木の処理の作業における労働災害防止のためのガイドライン」の啓発活動を行い，安全な作業方法の普及徹底を図る。

④ 車両系林業機械の運転業務は，高度な知識と安全な作業方法の習得が必要であるため，運転業務従事者等に対する確実な安全教育の実施を図るなどである。

（c） **漁業の安全対策** 船上で波浪により船体が揺れ，甲板も濡れている中で作業をしている。特に漁船では，揺れる中で網を上げたり，釣り上げたりするため労働災害が多くなっている。漁船の労働災害の要因で多いのが，巻き込まれ，挟まれ，転倒である。

船舶は，船種，大きさ，海域により仕様，船内設備が大きく異なり，個々の船舶ごとに自主的に船内を改善することが必要である。その解決方法の一つとして，船内向け自主改善活動（work improvement on board，以下WIBと略す）がある。ILO（国際労働機関）が作成したWISE（中小企業自主改善活動）を船内向けに改善したものである。働く人全員が参加して，良好な事例を参考に，低コストで，無理せずに，改善活動ができるよう簡便なアクション型チェックリストによる，リスクアセスメントとカイゼン提案を行える活動である[5],[6]。

自主改善活動の基本的な考え方は，自分の職場は自分自身が一番わかっていると考えて，働く人が一人ひとり自らの安全対策を作り，労働災害の未然防止を図ることである。WIBの特徴の一つに，特別な知識を勉強する必要もなく，手軽に学習でき，また短時間でリスクアセスメントを実施して，改善まで結び付けられる。水産庁は2013（平成25）年度より5箇年計画の補助事業で「安全な漁業労働環境確保事業」を開始した。漁業者に安全に関する知識のほかに，自主改善活動の手法を学び，現場で安全を進める「安全推進員」を育成する事業で，5年間に2500人を育成する計画である[7],[9]。

また，国土交通省では2013年度から始めた第10次船員災害防止基本計画において，主として中小船舶所有者を対象としたWIBの普及啓発を行っている。船内向け自主改善活動WIBの成果として，「安全な漁業労働環境確保事業」では，2013～2017年度に北は北海道稚内市から，南は沖縄まで全国約120箇所で講習会を行い，約5000人が安全推進員となった。安全推進員の講習会について，参加者の無記名によるアンケート調査を行い，「わかりやすさ」，「有効性」は高い値を示し，否定的な意見はわずかであった。岩手県では所管の労働基準監督署の指導の下，「操業計画」などが提出され，着実に効果が表れている。青森県陸奥湾のホタテ漁船の改善例では，船上の照明をLEDに変えることによって，足元が明るく作業しやすくなったとともに，燃費も良くなりコスト削減につながった[8]。

WIB（船内向け自主改善活動）方式船内労働安全衛生システムは，現場の漁業者，事務担当者の負担が少なくなるように，本質的な項目だけを精査してフォーマットを作っている。各地域や，漁業種類の実情に合わせて，作業者自らが，できることから，無理なく継続的に改善活動を行い，成果が上がっている。

WIB方式の導入のメリット

・労働安全衛生活動の記録を組織的に残し，会社の管理責任を明らかにする。

・社内外に対して，労働安全衛生マネジメントシステムの取組みをアピールできる。

・自主改善活動協会によるサポート，認証制度がある。

・中小の事業者でも無理なく，効率的にシステムが運用できる。

・働く人の意識が高まり，労働災害の減少・疾病の減少が図れる。

島根県の漁業会社が2015年3月から取組みを始めており，計画を作り，WIB方式自主改善方式のリスクアセスメントを行い，毎月ミーティングを行っている。船員に周知，徹底させるために，WIB方式船内向け自主改善活動マネジメントシステム計画書を事務

所ばかりでなく，船員が利用する船内のトイレにも貼り付けて意識の高揚を図った．ハザードマップの作製や，滑り止めの取付けなど精力的に活動して，一年間で事故による休業回数を3割減らすことができた．WIBは専門的な知識も必要なく，短時間で，簡単にできるので，今後は農業，林業など活動を広げて，労働災害防止に役立てる．　　　　　　　　（久宗周二）

引用・参考文献

1) 農林水産省，平成27年に発生した農作業死亡事故の概要
http://www.maff.go.jp/j/seisan/sien/sizai/s_kikaika/anzen/attach/pdf/index-18.pdf（2018年12月現在）
2) 農研機構 農業技術革新工学研究センター
http://www.naro.affrc.go.jp/org/brain/anzenweb/index.html（2018年12月現在）
3) 林野庁，林業労働安全衛生対策の推進
http://www.rinya.maff.go.jp/j/routai/anzen/nii.html（2018年12月現在）
4) 国土交通省，船員災害発生状況集計書（平成27年度）
http://www.mlit.go.jp/common/001181648.pdf（2018年12月現在）
5) 久宗周二，自主改善運動のすすめ，創成社（2015）
6) ILO, Osh management system a tool for continual improvement
http://www.ilo.org/wcmsp5/groups/public/@ed_protect/@protrav/@safework/documents/publication/wcms_153930.pdf（2018年12月現在）
7) 水産庁，平成25年の水産の動向
http://www.jfa.maff.go.jp/j/kikaku/wpaper/h25_h/trend/1/t1_2_3_1_04.html（2018年12月現在）
8) 国土交通省，平成27年度海事レポート
http://www.mlit.go.jp/common/001011538.pdf（2018年12月現在）
9) 内閣府，交通安全白書
http://www8.cao.go.jp/koutu/taisaku/h26kou_haku/zenbun/genkyo/h2/h2s2_5.html（2018年12月現在）

7.5.11　住まい・家庭での安全
〔1〕　住まい・家庭での安全の必要性

人間が基本的な生活行為を行う住まいは，最も安心してくつろぐことのできる場所でもある．また，住まいは物理的な建物空間というだけでなく，生活を共にする家族が集住する場として「家庭」と表現する場合もある．近年，単身者の割合が増え，血縁のない家族での生活も見られるようになり，多様な家族の形態が見られるが，住まい・家庭ではさまざまな年代，心身の状態の者が安らぎを求めて生活をしていることは間違いない．ゆえに，住まい・家庭が，安全・安心であることは必須の条件である．

しかも，乳幼児や高齢者など事故にあう危険性が高い生活弱者が家庭で長時間生活していることを考えると，彼らが安全・安心に過ごせるように配慮することは非常に重要である．さらに，われわれはさまざまな設備や機器などの生活手段を用いて，食事や入浴などさまざまな生活行為を行いつつ生活を営んでいるので，生活手段や生活行為それぞれに対応した安全対策が必要となる．これらの2点を把握した上で，住まい・家庭の安全対策としては，ⅰ）建物性能としての空間の安全，ⅱ）設備に対する安全，ⅲ）家庭内機器に対する安全が求められる．居住者視点で考えると，まず，住まい・家庭での事故リスクや安全性を脅かしている原因を認知し，つぎに，生活空間および設備など生活手段となる機器の安全が達成され，さらに住まい方の安全を図る生活者自身の安全対策の実施が求められる．

〔2〕　家庭内事故の現状
（a）　家庭内事故の件数の年次推移　　1995～2008（平成7～20）年の人口動態統計に基づいた不慮の事故の種類別死亡数[1]のうち上位4位の年次推移および交通事故以外の不慮の事故の傷害の発生場所別推移[2]を図7.5.24に示す．交通事故死は1995年に15 147人から2008年に7 499人と半減しているのに対し，そのほかの窒息，転倒・転落，溺死を原因とした死亡数は，徐々に上昇している．これらの交通事故以外の不慮の事故発生場所は，家庭が最も多く約40％を占めており，1996年に10 500人から2008年には13 240人と増加している．2008年の家庭内での不慮の事故死は，交通事故死の約1.7倍になっており，家庭が必ずしも安全・安心な空間とは言い難い現状が見て取れる．

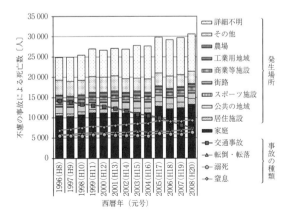

図7.5.24　発生場所別交通事故以外の不慮の事故死亡数[1]および原因別不慮の事故死亡数の年次推移[2]

（b） **年齢による家庭内事故の現状**　家庭内におけるおもな不慮の事故死は，居住者の属性に影響される。**表7.5.10**に示す死亡数[3]の総数では，65歳以上の高齢者が8割近くを占め，その原因は「不慮の溺死および溺水」が最も多く，「その他窒息」，「転倒・転落」と続く。比較として最下段に示している交通事故とほぼ同じ程度の死亡数を占めている。また「転倒・転落」死亡数では，「階段やステップからの転落」より「同一平面状での転倒」が最も多く4倍近くを占めている。これらは，他の年代が「交通事故」が家庭内での不慮の事故総数とほぼ同数であることなどと比較して非常に特徴的である。

なお，「窒息」が多い理由としては，高齢者では，一般的に，唾液分泌量の減少，咀嚼や嚥下運動の低下，咳反射の低下などが挙げられる。このように，安全性に高齢者の心身の特徴が大きな影響を及ぼしている。

（c） **時刻による家庭内事故の現状**　時間別に家庭内での不慮の事故による死亡数[4]によると，他の年齢ではほとんど時刻差が見られないが，高齢者では18時以降の夜間に事故死亡数が多い（**図7.5.25**参照）。さらに原因別に見ると，溺死が入浴時間である18時～23時台に，窒息が食事時間帯である12時～14時台と18時～20時台[5]とに多くなっていることから，生活行為との関連が認められる。

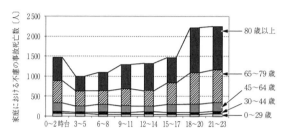

図7.5.25　年齢別の家庭内におけるおもな不慮の事故の時間別死亡数[5]

（d） **季節による事故の現状**　図7.5.26に示す

表7.5.10　家庭内におけるおもな不慮の事故の種類ごとに見た死亡数（2009年）[3]

死　因	0～14歳	15～64歳	65歳以上	総　数
総　数	141	2 481	10 150	12 873
転倒・転落	27	499	2 142	2 676
スリップ，つまづきおよびよろめきによる同一平面上での転倒	—	151	1 226	1 383
階段およびステップからの転落およびその上での転倒	—	97	381	480
建物または建造物からの転落	18	194	188	401
不慮の溺死および溺水	48	438	3 472	3 964
浴槽内での溺死および溺水	38	396	3 187	3 626
浴槽への転落による溺死および溺水	—	—	31	42
その他の不慮の窒息	33	519	3 232	3 856
胃内容物の誤えん	—	117	467	608
気道閉塞を生じた食物の誤えん	—	310	2 361	2 690
気道閉塞を生じたその他の物体の誤えん	—	35	157	195
煙，火および火炎への曝露	27	422	703	1 162
建物または建造物内の管理されていない火への曝露	27	392	602	1 030
夜着，その他の着衣および衣服の発火または溶解への曝露	—	—	54	65
熱および高温物質との接触	—	—	106	121
蛇口からの熱湯との接触	—	—	85	97
有害物質による不慮の中毒および有害物質への曝露	—	413	141	555
その他のガスおよび蒸気による不慮の中毒および曝露	—	90	29	119
農薬による不慮の中毒および曝露	—	—	58	79
交通事故	158	3 363	3 789	7 310

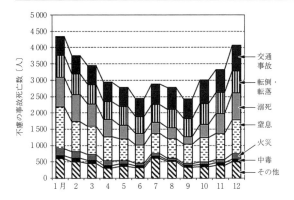

図7.5.26 事故原因別に家庭内におけるおもな不慮の事故の月別に見た死亡数[6]

月別の不慮の事故の種類別死亡数[6]は，総数では死亡数が多いのは1月，少ないのは9月と6月となっている。差が大きいのは，溺死，火災，窒息で，それぞれ冬期に多く夏期に少ない。冬期に事故の発生が多いことは注意すべき点である。窒息は行事食である餅など食物の種類との関係が指摘されているが，溺死については浴室の室内と湯温の温度差が，火災については冬期の暖房期に燃焼型の暖房期による火災事故が多いことが原因だと考えられ，暑さ寒さといった環境要因が事故に影響を及ぼしていることが示唆される。

〔3〕 住まいの空間的な事故と安全対策

（a） 高齢者の転落・転倒事故と安全対策　階段や玄関，敷居など段差でのつまずきが高齢者に多い転落・転倒事故の原因の一つと考えられる。まず，運動機能の低下した高齢者の昇降しやすい階段や段差の形状が求められ，バリアフリーやユニバーサルデザインを重視し，途中に踊り場がある形状や最上段や最下段が突出しないことなど，安全な形状の階段の設計が求められる。さらに，図7.5.27に示すように，足が置ける踏面寸法と昇降できる段差の確保が求められ，高齢者対応の適切な階段の勾配が提案されている[8]。

段差を把握し，安全な行動ができるための視認性に対する配慮が求められる。十分な明るさの確保のための足元灯の設置や，段鼻の色差の重要性も指摘されている。さらに床材の滑りにくさも重要であり，滑り止めの設置も有効な手段である。安全確保の面からは，適切な位置に手すりを設置することも重要である。同一平面状での転倒が多いことから，階段だけでなく床の足元の安全性のためにはすべての床での滑りにくい材質，コードや敷物などの足元の障害物がないことが必要とされる。

（b） 幼児の墜落事故と安全対策　近年住宅の高層化による幼児のバルコニーからの墜落事故が，ベ

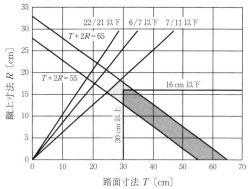

住宅階段
- $55 \leq T+2R \leq 65$　・推奨勾配$\leq 7/11$，基本勾配$\leq 6/7$
やむを得ない場合
- 勾配$\leq 22/21$，$T \geq 19.5$ cm

集合住宅・共用部分の共用階段
- $55 \leq T+2R \leq 65$　・推奨寸法 $T \geq 30$ cm，$R \leq 16$ cm　・基本勾配$\leq 7/11$
やむを得ない場合
- $T \geq 24$ cm

集合住宅・共用部分の屋外階段
- $55 \leq T+2R \leq 65$　・推奨寸法 $T \geq 30$ cm，$R \leq 16$ cm
やむを得ない場合
- $T \geq 24$ cm

図7.5.27 長寿社会対応住宅設計指針による階段寸法[7]

ランダなど住空間に起因する家庭内事故として指摘されている。成人の人体寸法に合わせた手すりの場合，起立姿勢の重心位置より高い110 cm以上[9]が求められるが，幼児の体格の小ささやよじ登りなどによる転落の事故を防ぐためには，図7.5.28に示すようにベランダなどの手すりの高さやよじ登りにくさ，すり抜けのできない11 cm以下の手すり柵の隙間[9]が重要で

（a）よじ登れないように　（b）よじ登っても落ちないように

バルコニー・手すり

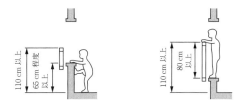

（a）よじ登れないように　（b）よじ登っても落ちないように

窓手すり

図7.5.28 幼児の安全性に配慮した，バルコニー周りの寸法[9]

ある．さらに，バルコニーなどの転落の危険のある空間に登れるような家具や棚類を置かないなどの配慮が必要となる．

（c） 起居や立ち居振舞いによる危険と安全対策

運動機能や体力が低下した高齢者などに対応するためには，立ち居振舞いや着座・起立による体位変化に伴う転倒の危険が認識されている．これには，前述の階段と同様，適切な配置の手すりが重要視され，履床動作が発生する玄関や起居動作のあるトイレ，浴室での対策が求められている[8]．さらに高齢者の介護や幼児の養護などを考えた場合，トイレや浴室などには，十分な余裕がある広さも必要とされている．

以上をまとめると，住まいでの転落・転倒事故防止のための空間的な安全対策として，つぎのような対策が挙げられる．

ⅰ） 適正な形状の種類の階段
ⅱ） 階段や段差での適切な勾配を配慮した踏面と蹴上の寸法
ⅲ） 滑りにくい床材，滑り止めの配置
ⅳ） 夜間の視認性を確保するための，足元灯の設置
ⅴ） 段差の視認性を確保するための段鼻の色彩対比
ⅵ） 段差や起居動作，履床動作の発生する場所での使いやすい手すりを適正な位置に配置
ⅶ） つまずき防止のため，歩行経路の障害物の撤去
ⅷ） バルコニーに，十分な強度で幼児も墜落しないサイズの手すりの設置

〔4〕 住まいの設備に関する事故と安全対策

（a） 生活機器による事故と安全対策　　生活の中には，さまざまな機器類が狭小な空間に設置されている．われわれは多くの機器類を使用しつつ生活行為を行い，便利で豊かな生活を送ることができている．しかし，これらの機器類の使用が原因で事故が起こる場合があり，製品事故として統計がとられている．製品評価技術基盤機構（NITE）の製品事故の2013～2015（平成25～27）年の収集事故7 474件統計によると，多くの人が過ごすリビングやガス機器や電気製品を多用するキッチンやダイニングなどで死亡事故や重大事故が多く発生しており，発生件数も最も多い[10]（図7.5.29参照）．これらのうち，製品に起因する事故が62％であるが，起因しない事故が21％は占めており，誤使用や不注意によるものである[11]．製品の種類としては，ガス器具や電気器具に多くみられる[11]．

生活者の生命・身体に対して特に被害を及ぼすおそれが多い製品については，安全性の確保のため，1973

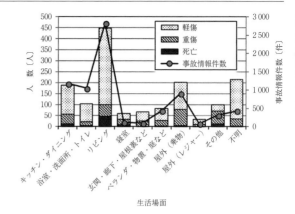

図7.5.29　生活場面別製品事故における人的被害の発生件数と人的被害の発生割合（平成25年～27年にNITEが収集した事故情報7 474件）[11]

年に制定され，2006年に改正された消費生活用製品安全法で，以下の3項目について定められている．

ⅰ） 国による消費生活用製品の安全規則：技術上の基準に適合した製品に，PSCマーク（product safety of consumer products）を表示させ，ない物は販売禁止されている（表7.5.11参照）．

ⅱ） 製品事故情報報告・公表制度：重大製品事故が発生した場合，事故製品の製造・輸入事業者は，国に報告する義務が定められ，販売・修理・設置工事事業者は製品の製造・輸入事業者へ報告する義務がある．また，国は，必要があると認められるときは，製品の名称および型式，事故の内容等を迅速に公表する．

ⅲ） 長期使用製品安全点検・表示制度：製品の経年劣化による事故を未然に防止するため，特定保守製品の製造・輸入事業者は製品に，設計標準使用期間，点検期間，問合せ連絡先等を表示，点検などの保守をすることが求められる．

そのほか同様な制度として，電気用品安全法（PSEマーク，特定電気用品116品目，それ以外の電気用品341品目），液化石油ガスの確保および取引の品目，適正化に関する法律（PSLPGマーク，特定液化石油ガス器具7品目，それ以外の液化石油ガス器具9品目），ガス事業法（PSTGマーク，特定ガス用品4品目，それ以外のガス用品4品目）により，それぞれの機器の安全性の確保が努められている．

これらの製品事故に関わる前述の製品評価技術基盤機構（NITE）は，消費者団体，地方自治体，消費生活センター，製造事業者，流通業者および一般消費者等の協力を得て，製品事故に関する事故情報の収集・蓄積が行われている．さらに，事故原因の解明のため

表7.5.11 PSCマーク (Product Safety of Consumer Products)[21]

特定製品		登山用ロープ	身体確保用のものに限る。
		家庭用の圧力なべおよび圧力がま	内容積が10L以下のものであって，9.8kPa以上のゲージ圧力で使用するように設計したものに限る。
		乗車用ヘルメット	自動二輪車または原動機付き自転車乗車用のものに限る。
		石油給湯機	灯油の消費量が70kW以下のものであって，熱交換器容量が50L以下のものに限る。
		石油ふろがま	灯油の消費量が39kW以下のものに限る。
		石油ストーブ	灯油の消費量が12kW（開放燃焼式のものであって自然通気形のものにあっては，7kW）以下のものに限る。
	特別特定製品	乳幼児用ベッド	主として家庭用において出生後24箇月以内の乳幼児の睡眠または保育に使用することを目的として設計したものに限るものとし，揺動型のものを除く。
		携帯用レーザ応用装置	レーザ光（可視光線に限る）を外部に照射して文字または図形を表示することを目的として設計したものに限る。
		浴槽用温水循環器	主として家庭において使用することを目的として設計したものに限るものとし，水の吸入口と噴出口とが構造上一体となっているものであって，もっぱら加熱のために水を循環させるものおよび循環させることができる水の最大循環流量が10L毎分未満のものを除く。
		ライタ	たばこ以外のものに点火する器具を含み，燃料の容器と構造上一体となっているものであって当該容器の全部または一部にプラスチックを用いた家庭用のものに限る。

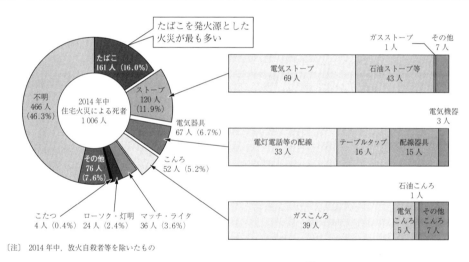

〔注〕 2014年中，放火自殺者等を除いたもの

図7.5.30 住宅火災の着火源別死亡者[13]

テストも実施され，その結果に対して，情報提供し，必要な場合は行政上の指導も行われている。同様に，国民生活センター（NCAC）でも，商品やサービスなど消費生活全般に関する苦情や問合せなど，都道府県・市町村と連携して消費者からの相談を専門の相談員が受け付け，公正な立場で処理を行っている。そのほか，ベターリビングは，国民の住生活水準の向上に寄与することを目的として，国土交通省から認可を受け設立され，優良住宅部品（BL部品）の認定に関する業務を行っている。製品安全協会は，安全基準に適合している商品に対して，SGマークによる品質保障を行ってきた。これらのマーク付き製品の欠陥により人身事故が発生したときは賠償措置も講じられる。

(b) 火災に対する安全対策 2016（平成28）年の住宅火災の件数は総出火件数の3割を占めるが，住宅火災による死者数は総死者数の約7割を占めており，その7割を65歳以上の高齢者が占めている[12]。火災件数は，日中の活動時間帯の方が多いが，火災死亡者数は就寝時間帯の方が多く，その発火源を見ると，たばこが最も多く，つぎにストーブ，電気器具，ガスコンロと続き，燃焼物は寝具類に着火したことによる死者数が最も多い。（**図7.5.30**参照）

火災は発生させないことが第一原則であるが，発火後の対策もされている．2004年からは，戸建て住宅や共同住宅において住宅用防災警報器の設置および維持が義務付けられている．この効果として，設置している場合は，設置していない場合に比べ，出火の発生は約4割減，焼損床面積や損害額も半減していることが報告[13]されている．なお，住宅用火災警報器に『合格の表示（型式適合検定に合格したものである旨の表示）』があり，電池の寿命など維持管理が呼びかけられている（表7.5.12参照）．また，高齢者や目や耳の不自由な方には，音や光による補助警報装置の増設も進められている[14]．家屋での周囲の布製品への燃え移りを防止するため，寝具類，衣類，テント類，シート類などでは防炎物品が発売されている．消防法では，高さ31 mを超えるマンション（おおむね10階建て以上）で使用するカーテンやじゅうたん等は，居住するかどうかに関係なくすべての部屋で防炎対象物品の使用が義務付けられている．

表7.5.12 家庭用の防災のための用品の表示[12]

(a) 住宅用火災報知器検査表		(b) 防炎表示の様式
家庭用火災報知器（NSマーク）平成31年まで経過措置で表示	家庭用火災報知器合格の表示 平成26年4月から	防炎物品のラベル

万一発火した場合は，初期消火には消火器が有用である．一般の住宅については法令による消火器設置の義務や法定点検の義務はないが，軽量で使いやすい家庭用消火器も開発されている．コンパクトで操作しやすい「エアゾール式簡易消化具」など小型の消火器も販売され流通しており，家庭でも備えておくことが勧められるが，その使用法を十分認知することや，設置箇所などの注意も求められている．

消防庁では，以下の三つの習慣と四つの対策を推奨している[13]．

三つの習慣
① 寝たばこの禁止
② ストーブ周囲に燃えやすいものを置かない
③ ガスコンロのそばを離れるときの消火

四つの対策
① 住宅用火災警報器を設置
② 寝具，衣類およびカーテンに，防炎品の使用推奨
③ 初期消火のために住宅用消火器等の設置
④ お年寄りや身体の不自由な人を守るために，隣近所との協力体制をつくる

〔5〕 住まいの環境的な問題と安全対策

（a） 冬期の浴室の危険対策と安全対策　　前述のように，冬期には家庭内事故が増加する傾向があり，このうち家庭内での溺死割合が冬期に増えている．段差があり滑りやすい浴室環境での転倒の危険も指摘されているが，冬期になると入浴回数の少なくなる高齢者の溺死事故が多い説明としては，妥当ではない．冬期の環境での冷えた身体で寒い脱衣室，浴室で着衣を脱ぎ，身体を温めようと高温の浴槽の湯に長時間浸水する入浴行動が原因であると指摘されている[15]．このときの皮膚血管反応による血流量の変化と，それに伴う血圧の変化等による虚血[16]などでの意識の喪失や，入浴中の心疾患，循環器疾患の発症による溺死であると説明されており，温度差によるヒートショックがリスクとなっていると指摘され[17]，浴室や脱衣室の適正な暖房と，40℃程度の低めの湯温での入浴が推奨されている．

冬期の夜間のトイレ空間でも，体温近くまで温められた寝床内から外気に近い室温になってしまう温度差によるヒートショックによる事故も報告されている．このように，体温調節反応の衰えた高齢者にとって，温度変化の大きい生活空間が家庭内事故を助長していることが示唆されている．冬期でもトイレや浴室の室温は，着衣が薄くなることもあり，健康を重視し23℃以上の室温[18]に整備することが求められる．

（b） 夏期の熱中症の危険　　冬期だけでなく，夏期の室内温熱環境もリスクがあることは，抑えておく必要がある．家庭内事故という分類には入らないが，熱中症は住居内が最も多く，高齢者が半数以上を占めて[19]おり，昼間だけでなく夜間でも見られる．健康状態や食事・飲水状態，活動状況により異なるが，高温多湿環境が高齢者にとって熱中症のリスクとなり，熱中症による症状としてふらふらしたり昏倒することもある．冷房などを使用して室温を28℃以下[20]にするように室内環境の整備をする必要であることは認識しておく必要がある．　　　　（久保博子）

引用・参考文献

1) 厚生労働省，平成21年度不慮の事故死亡統計の概況，p.5，人口動態統計平成21年　第2表（2009）
2) 厚生労働省，平成21年度不慮の事故死亡統計の概況，p.7，人口動態統計平成21年　第5表（2009）

3) 厚生労働省，平成21年度不慮の事故死亡統計の概況，p.8, 人口動態統計平成22年　第9表，第18表より作成（2009）
4) 死亡した時間別にみた年齢階級別家庭における不慮の事故死亡数，第13表　図13図，人口動態統計平成22年（2009）
5) 厚生労働省，平成21年度不慮の事故死亡統計の概況，p.7, 図11（2009）
6) 厚生労働省，平成21年度不慮の事故死亡統計の概況，第8表　第8図，人口動態統計平成22年（2009）
7) 日本建築学会編，建築設計資料集成（人間），丸善 p.77（2003）
8) 高齢者住宅財団編，国土交通省住宅局住宅総合整備課監修，高齢者が居住する住宅の設計マニュアル，pp.59-63, 113-122, 176-184, ぎょうせい（2005）
9) 日本建築学会編，建築設計資料集成（人間），丸善 148（2003）
10) 2016年10月17日発行　製品評価技術基盤機構　製品安全センター
11) 製品評価技術基盤機構，製品事故から身を守るために＜見・守りハンドブック2016＞，p.4
12) 総務省消防庁，住宅防災情報
http://www.fdma.go.jp/html/life/juukei.html（2018年12月現在）
13) 総務省消防庁，住宅防災情報，住宅火災の現状
http://www.fdma.go.jp/html/life/yobou_contents/info/zyutakukasai_genzyou/index.html（2018年12月現在）
14) 総務省消防庁，住宅防災情報，住宅用火災報知器の効果
http://www.fdma.go.jp/html/life/yobou_contents/qa/index.html#06（2018年12月現在）
15) 久保博子，「浴室の温熱環境と健康」1. 浴室の温熱環境と入浴の快適性，空気調和衛生工学会　近畿支部，環境工学研究，No.306（2014）
16) 鈴木晃，住宅内の事故，とくに入浴中の事故を中心に「空衛」2011；11：71-78.
17) 高橋龍太郎，高齢者の入浴事故，公衆衛生，(2011) 8：595-599.
18) 日本建築学会編，コンパクト設計資料集成（バリアフリー），p.13（2002）
19) 総務省消防庁，平成29年の熱中症による救急搬送状態
http://www.fdma.go.jp/neuter/topics/houdou/h29/10/291018_houdou_3.pdf　2017.10.18（2018年12月現在）
20) 厚生労働省，熱中症環境保健マニュアル（2017）
http://www.wbgt.env.go.jp/pdf/manual/heatillness_manual_3-2.pdf（2018年12月現在）
21) 経済産業省，消費生活用製品安全法の概要
http://www.meti.go.jp/policy/consumer/seian/shouan/contents/shouan_gaiyo.htm

第Ⅲ編 社会安全

1. 社会安全概論

1.1 安全の仕組み……………………… 823
1.2 社会に影響を与える事象…………… 824
1.2.1 自然災害・環境の悪化による影響…… 824
1.2.2 科学技術を起因とする事故……… 825

2. 環境安全

2.1 環　　境……………………………… 826
2.2 開発と規制…………………………… 827
2.3 環境影響評価の基本………………… 828
　2.3.1 総　　説………………………… 828
　2.3.2 これからの環境影響評価制度
　　　　――改正アセス法――………… 830
　2.3.3 東日本大震災と環境アセスメント… 832
　2.3.4 将来展望………………………… 833
2.4 地球環境……………………………… 836
　2.4.1 地球温暖化……………………… 836
　2.4.2 オゾン層の破壊………………… 839
　2.4.3 熱帯林の減少…………………… 841
　2.4.4 砂漠化…………………………… 843
　2.4.5 酸性雨…………………………… 844
　2.4.6 野生生物種の減少……………… 847
　2.4.7 海洋汚染………………………… 850
　2.4.8 $PM_{2.5}$ および越境移動する有害廃棄物…… 853
　2.4.9 開発途上国の公害問題………… 858
2.5 環境汚染……………………………… 862
　2.5.1 大気（公衆衛生的観点より）… 862
　2.5.2 水　　質………………………… 890
　2.5.3 土　　壌………………………… 909
　2.5.4 悪　　臭………………………… 915
　2.5.5 騒音・振動……………………… 923
2.6 廃　棄　物…………………………… 931
　2.6.1 諸　　言………………………… 931
　2.6.2 廃棄物処理法…………………… 932
　2.6.3 循環型社会の形成に向けた取組み… 933
　2.6.4 欧州における資源効率と循環経済…… 934
　2.6.5 資源循環・バイオマス資源の
　　　　エネルギー活用………………… 936
2.7 地　盤　沈　下……………………… 936
　2.7.1 地盤沈下とは…………………… 936
　2.7.2 地盤沈下の歴史………………… 936
　2.7.3 発生機構のモデル……………… 937
　2.7.4 地盤沈下の影響と危険要素…… 937
　2.7.5 全国およびおもな地盤沈下地域の
　　　　状況……………………………… 938
　2.7.6 地盤沈下の対策………………… 940

3. 防　　災

3.1 災害多発時代の防災・減災・縮災………… 944
　3.1.1 防災・減災・縮災への進化…… 944
　3.1.2 新たな段階に入った災害……… 945
　3.1.3 これからも進む地球温暖化による
　　　　異常気象と未経験な起こり方をする
　　　　地震の発生……………………… 946
　3.1.4 ますます発生が危惧される
　　　　複合災害と複合被災…………… 946
　3.1.5 間尺に合わなくなった従来の防災・
　　　　減災の考え方…………………… 947

- 3.1.6 国土のグランドデザイン2050や国土形成計画（全国計画）で考慮しなければならない新しい災害像 …… 948
- 3.1.7 必要な最悪の被災シナリオと防災・減災・縮災の主流化 …… 949
- 3.1.8 新しく導入しなければならないタイムラインとAAR …… 949
- 3.2 自然防災 …… 950
  - 3.2.1 自然災害 …… 950
  - 3.2.2 避難計画 …… 977
- 3.3 システム防災 …… 981
  - 3.3.1 科学システム防災 …… 981
  - 3.3.2 情報セキュリティ …… 987
  - 3.3.3 社会セキュリティ（テロ） …… 992
- 3.4 社会システム安全 …… 996
  - 3.4.1 医療安全 …… 996
  - 3.4.2 生活安全 …… 1001
  - 3.4.3 超高齢社会における社会安全の在り方 …… 1006

1. 社会安全概論

安全は，社会の重要な価値であり，その達成は社会の重要な要求でもある。しかし，社会安全の実現には，社会・技術の高度化が社会のリスクを大きくしていることに留意する必要がある。

社会には，安全を脅かすさまざまなリスクが存在する。自然災害，施設や交通事故，環境の悪化，疾病，食品・水に関するトラブル，資源不足・エネルギー不足，情報に関するトラブル，不況，金銭的リスクや戦争・テロ等がそれにあたる。

また，高齢化が進むにつれて，災害対応の在り方も変化してきている。本章では，社会を取り巻く安全に関する事項を整理する。

1.1 安全の仕組み

社会の課題は，必ずしも独立ではなく関係がある場合も多く，一つひとつの課題を解決していけば，安全な社会が実現できるとは限らない。多様なリスク社会では個別の災害低減の考え方から市民を守る視点（生命・健康・財産を守る）への変更が必要である。安全を守る制度では，公助，共助，自助の役割分担と連携のシステムの構築も重要である。

社会の高度化により安全を検討すべき対象となるリスクも飛躍的に増加し，その対応も高いレベルが要求されてきているため，多くの専門家の連携が求められる。専門家の連携を強化し，総合力を高めるには，安全を考える構造を俯瞰的に整理し，これから実施すべき安全研究の方向性を考えることが必要だ。

また，日本ではさまざまな社会環境の変化が生まれている。この社会環境の変化が安全に与える影響も多い。その一つに高齢社会の到来がある。高齢社会では，災害弱者への対応が重要となってくる。交通事故も高齢社会の到来により，加害者も被害者も高齢者の占める割合が多くなってきている。世帯の標準も夫婦と子どもの世帯から単独世帯へと変化しており，このような社会の変化とともに安全に関する対応の在り方も変化する。

日本は安全規制を満足することにより安全確保を行うという考え方があるが，行政の対応も**表**1.1.1 に示すように事後対応に回りがちであることに留意する必要がある。日本の法規を満足していれば，危機時に有効な対策を打てるとは限らない。

表 1.1.1　行政の動向

おもな事態		おもな国の動き	
1959	伊勢湾台風	1961	災害対策基本法
⋮		⋮	
1995	阪神・淡路大震災	1995	災害対策基本法改正
1996	O-157 集団感染	1998	感染症法
1998	テポドン1号発射	1999	原子力災害特措法
1999	JCO 臨界事故	2003	食品安全委員会設置
2001	BSE 騒動	2003	有事法制
2005	JR 西日本脱線事故	2006	鉄道事業法改正

リスクの概念を用いて安全を定義したものに「安全＝許容されないリスクから解放された状況」（ISO/IEC ガイド 51）がある。この定義で見ると，安全であることは，リスク基準より大きなリスクがないことを証明すればよいことになる。そして，リスク基準より小さなリスクは，保有していることを認識することによって，そのリスクが顕在化したときに迅速な事故対応や危機管理を発動できるようになる。しかし，この考え方は，リスク基準より小さなリスクは議論する必要がないと捉えられがちであり，そのことがいわゆる想定外事象を生み出しがちである（**図**1.1.1 参照）。このため，大きな災害や事故が発生するたびに，この「想定外」という言い訳が使われる。しかし，その意味は一様ではなく，「想定できなかった」という場合と「想定しなかった」という場合では，その「想定外」の意味が異なる。

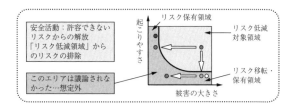

図1.1.1　リスクによる安全の定義

「想定できなかった」ということは，知識がなかったために想定できなかった場合と，分析技術が未熟であったためできなかった場合がある。前者は，リスク論においても，知識を着実に増やしていくしかない。後者は，リスクの分析技術を高度化することで解決できるが，科学技術の難しさは，一つひとつの技術は自

明でもその組合せが複雑になると，未知の領域が生み出されることにある。この未知の領域は，「想定外」の事象となる場合が多く，科学技術が進歩するほどこの未知の領域は多様化する。リスク解明の努力を継続することは，科学技術システムを担当する者の最低限度の義務であろう。

一方，その事象の存在は認識していたが「想定しなかった」という場合では，「設計要件にはしなかった」という意味で使用されることが多い。その原因の多くは，その事象の発生が設計要件にするほどのリスクではないと考えるからであるが，その場合でも，対処の仕方は二通りある。一つは，設計要件にはしないが，保有しているリスクを危機管理の対象とする場合であり，もう一つは，危機管理の対象にもしない場合である。

安全を考える上で特に避けなくてはいけないのは，この最後のケースである。地域防災や科学技術システムの安全対応において，その安全レベルが十分であるということを，担当機関が明言することが重視され，その結果として十分に低減ができていないリスクが見過ごされるという状況は，避けなくてはならない。

安全レベルの向上においては，リスク分析において，多様な専門知識とその知識を総合的に活用する技術とシステムが必要となってきている。個々の専門的視点に加え，多様な視点で安全への課題を認識することができる専門家も育てる必要がある。

また，リスク論の特徴に，リスクやその顕在化シナリオの把握のほかにも，安全対策の効果をリスク減少として評価することによって客観的に評価できるということがある。

事故の未然防止や事故発生時の拡大防止には，この事故対策の効果をきちんと検証することが重要である。

このように経験できないようなごくまれな事故発生シナリオを把握し，その対策の効果を検証するためには，論理的に事故シナリオを洗い出すリスク論を活用する必要がある。

リスク論は，これまでの安全評価に使用されてきた確定論に比べてその評価内容が確率で論示されたり，被害状況もケースによって異なるという特徴があるため，安全分野への適用が難しいという意見もある。しかし，一般的に未来は不確定であり確率過程にあるために，この不確定な状況を確定論のみで対応しようとすると，膨大な投資を要求することになるし，多くの対策の新設による変更管理リスク等の新たなシステム論的課題も発生することへの対応が難しくなる。

1.2 社会に影響を与える事象

1.2.1 自然災害・環境の悪化による影響

自然災害で甚大で広範囲の影響をもたらすものの一つに地震災害がある。地震は，人命，建物や社会インフラへの被害を与えるだけでなく，危険物施設の事故を引き起こす可能性もある。この地震災害に関しては，「レベル2」災害といわれる甚大な災害への対応が重要視されている。

環境の悪化も**表1.2.1**に示すようなさまざまな影響をもたらす可能性がある。

表1.2.1 環境の変化がもたらすさまざまな影響例

気象・災害	気温上昇，降雨量変化，異常気象，台風強大化，洪水・高潮，海面上昇等
水	渇水・干ばつ，融雪等
食料	収量減少，品質低下，栽培適地変化等
生活・健康	猛暑日・熱帯夜，熱中症，感染症の増加等
土地	低地消失等
生態系	森林減少，サンゴ白化，多様性低下等

これらの自然災害に対する安全に関しては，国は東海地震，東南海・南海地震，首都直下地震を対象に減災目標・具体目標を制定して対応を行っており，関係自治体でもより具体的な検討が進められている。減災目標は死者数，経済被害額から成り，具体目標は各種要素ごとに定めているが，総合目標の設定には至っていないという状況である。自治体では，東京都が現実的な目標設定をしていたり，静岡県がたいへんきめ細かい目標設定をしていたりする例が見られるが，企業活動に関しては安全目標の検討は必ずしも十分とはいえない状況である。

減災目標の策定には，単に地震による死者を減らすという定性的な目標設定ではなく，地震による死者の発生の多様なシナリオを分析し，どのシナリオにどのような対策を行えば，どの程度死者を減らすことができるかという具体的なリスク対策の効果を検証することが必要となっている。

大規模風水害，大規模感染症等では，まだ客観的な目標設定が定められておらず，高齢者，科学技術弱者，ハンディキャップを持っている人への対応検討も十分ではないという状況である。

災害発生時の医療においても，トリアージという医療行為の優先順位をその効果・緊急性等により定めるという考え方を採用している。

防災における社会設計や対応計画も，災害の被害を

最小化するという視点だけでは定めることができなくなってきている。現実社会において，防災に対する対応を強化するためには，防災の観点だけでなく，経済活動や生活の利便性という観点も含めないとその実現が難しくなる。経済活動が低下する，日常生活が不便になるというのも社会の重要なリスクである。

1.2.2　科学技術を起因とする事故

科学技術は，社会に豊かさをもたらすと同時に，さまざまな影響をもたらす可能性を持っている。科学技術がもたらす事故において考えるべき安全の対象は，従来から安全の重要項目となっている生命，心身の健康（短期，長期の健康被害・傷害・障害の視点も重要），財産，環境への影響に加え，情報，経済，物理的被害，社会的混乱，日常生活の不便等の多様な事項等が存在する。これらの影響は種類も大きさもさまざまであり，その原因も，機械的要因，化学的要因，システム的要因のほかに自然現象，人的要因等のさまざまな要因が存在する。

科学技術安全の特徴は，規制等によりその在り方に関して統制が効いていることにあるが，工学システムも巨大で高度化してくるとその事故の発生シナリオも把握できるとは限らなくなる。工学システムは進歩するほど，一度の事故により社会に与える影響は，ますます巨大になってくる。事故が起きてからその再発防止策を重ねていく安全手法では，一度はその事故の被害を経験する必要があり，先端技術システムの安全手法としては限界が明らかになっている。

これまでの工学システムの安全へのアプローチは，設計や供給側の視点によるものや安全が事故を発生させる，または防ぐ担当の視点で語られることが多かった。そのため，各業界や学界でも機械安全，化学安全というように，既存の学問体系ごとにそれぞれの安全の在り方を追求してきており，その研究対象もその領域に特徴のある現象を主体として進めることが多かった。

日本の安全活動は，これまでさまざまな対応を実施してきたが，先に記したように，再発防止にとどまりやすいという傾向がある。この傾向は，安全における教育にも見受けられ，安全の考え方や理論の勉強は敬遠され，答えがわかりやすい事故事例調査を重視することが多く見受けられる。安全の基本を学び根本的な改善を行うことより，経験したことからわかりやすい答えを求め，安全向上を効率的に実施したいという姿勢が見受けられるのである。この事故事例も，同じ業界の事故には学んでも，業界が異なる興味を示さない場合も多い。また，事故分析で，直接原因の追究に時間をとられる場合が多く，その状況を生じさせた業務環境・風土や，技術・知識の課題等にまで，分析が及ばない場合が多いということもある。事故事例を自社に対して適用することを水平展開というが，その技術が十分ともいえない状況も散見される。

また，起きてしまった事故の発生シナリオは，深く検討を行うが今回顕在化しなかった事故発生の可能性に関しては，検討しないことがあることも課題である。

工学システムの安全を検討する際に，リスク論を用いた指標が用いられること多くなってきた。工学システムの安全やリスクに関する研究や対応は，主として影響をもたらす工学システムの研究者によってもたらされることが多いが，安全もリスクも影響を与えるものと与えられるものの相互作用であるため，影響を受ける社会や組織等の対象の研究者による分析も重要となってきている。

そして，社会の構成要素である行政・企業・市民においてリスク情報を共有するためのリスクコミュニケーションの重要性も高まってきている。

〔野口和彦〕

2. 環 境 安 全

2.1 環　　　境

環境とは，本来，大気圏，水圏，土壌圏（地殻）のすべてを含む言葉であるが，一般には，人間が活動している高度千メートル程度までの大気域，河川・湖沼，深さ数百メートルまでの海域，深さ数百メートル程度までの土壌域をいうのが普通である。この環境については，地球レベルで考える場合と，ある特定の地域レベルで考える場合とがある。また，生活している近隣空間を狭い意味での環境ということもある。

これらのうち，人間が活動している地球環境についての気温変化（温暖化），成層圏オゾン層の変化，酸性雨，熱帯林の破壊，野生生物種の減少，海洋汚染，および開発途上国の公害問題等については，2.4節で詳しく解説される。

一方，特定地域の大気，河川・湖沼・海，および土壌の汚染状態や汚染原因，測定・評価方法，汚染防止と汚染修復対策，あるいは生活近隣環境の悪臭や騒音・振動の規制や測定・評価方法，および防止対策については，2.5節に詳しく解説される。

そこで，ここでは，環境保全と環境創造の意義と今後の在り方等について述べる。

地球が生まれたのは，約47億年前とされ，その後，大気や山，河川や海ができ，約35億年前に，藻や細菌等の微細な生物が生まれたとされている。また，約170万年前にジャワ原人が誕生し，約25万年前に現代人の祖先のホモサピエンスが誕生したとされている。

このように地球環境は，地球の誕生から大きく変わり，いまの地球環境があり，現代人がいるのである。

いまの地球には，総数でおよそ500万〜3000万種の生物が生息しているとされているが，そのうち，哺乳類は約6000種，鳥類は約9000種，昆虫類は約95万種，維管束植物類は約27万種，その他を含めて合計約175万種の生物だけが確認されている。

しかし，これらの生物種が，**表2.1.1**に示すように，著しい勢いで絶滅してきている。

これは，人類（人口）が爆発的に増えて生活圏を広げ，多くの資源を消費し，他の生物の生息域を犯したり，捕獲していることによる。

国際連合による世界人口の変化は**図2.1.1**のように

表2.1.1 生物の絶滅速度（マイヤース「沈みゆく箱船」より）

恐竜時代	約1000年に1種絶滅
1600〜1900年	約4年に1種絶滅
1900年代前半	約1年に1種絶滅
1975年頃	約9時間に1種絶滅
1975〜2000年	約13分間に1種絶滅

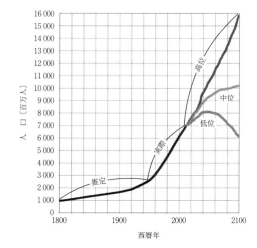

図2.1.1 世界人口の変化（国際連合推計）

推計されている。

これによると，世界人口は，1800年には約10億人弱であったが，2010年には約70億人になり，210年間で約7.0倍に急増した。また，最近の100年間で約3.9倍，50年間で約2.3倍になった。

一方，世界の石炭・石油・天然ガス・原子力・水力等の一次エネルーの消費量は，最近の100年間で約13倍，50年間で約4.0倍に増加している。

これらから，1人当りのエネルギー消費量は，最近の100年間で約3.3倍，最近の50年間で約1.7倍になり，人口の増加以上にエネルギー使用量が急増していることがわかる。

日本でも1958年から1973年までの16年間に，一次エネルギー消費量が約5.9倍にも増加した。その後は増加率が鈍り，福島の原子力発電所の事故以来やや減少傾向になっているが，50年前に比べると約4.2倍にも増加している。

このような一次エネルギー消費量の急増は，他の資

源の消費や熱帯林破壊，生物種の減少とも連動している。例えば，1950 年からの 50 年間で，熱帯林は約 17％減少し，世界の木材生産量は約 4.1 倍に増加し，天然魚の漁獲量は約 5.1 倍に増加している。

特に日本は，1 人当りの木材消費量や魚食量が多いので，これらに対する責任が大きいといえる。

また，一次エネルギー消費量の急増は，石炭や石油等の燃焼に伴う二酸化炭素の排出量の急増や酸性雨の原因となる硫黄酸化物ガスや窒素酸化物ガスの排出量の急増等にも直結している。

特に，開発途上国における人口増加と工業化に伴って，開発途上国の一次エネルギー消費が急増し，工業化地域等の大気汚染，水質汚濁，および土壌汚染が進行してきている。

開発途上国では，規制のための法律は先進国なみに整備されていることが多いが，外資系企業以外の地元企業では，規制が守られなかったり，汚染状態や汚染原因の特定が明確にされなかったり，測定・評価技術の信頼性が低かったり，周辺住民が我慢することなどで，汚染防止や汚染修復の対策が進んでいない場合も少なくない。開発途上国での生活近隣環境の悪臭や騒音・振動についても，規制のための法律は先進国なみに整備されていることが多いが，これらの測定・評価のための機器がない場合や周辺住民が我慢する場合も少なくない。

日本の技術供与も行われているが，開発途上国では，日本のような先進国の技術が使えないことも少なくない。このため，簡易な測定技術や，投資金額が少なくてもできる省エネ技術，省資源技術，節水技術，および騒音・振動の減少率や汚染物質の除去率が 80％程度の対策技術など，日本とは異なった，相手国の事情に即した技術と資金の支援が求められている。

前述のように，現代人の祖先は約 25 万年前に生まれたが，個人は，せいぜい 100 年程度しか生きられず，環境を考慮できるのは，せいぜい 5 世代，およそ 150 年くらいである。

このため，環境の大きな変化に気付かない場合も多く，また，気付いても目先の損得が優先されがちである。

人間以外の生き物は，与えられた環境でしか生きられず，近くの天敵やエサとなる生物以外のことはほとんど考えられない。しかし，人間は，過去や未来の環境，過去や未来の人，他の国の人，強い人と弱い人，恵まれた人と恵まれない人等々について考えたり，感じたりすることができる唯一の生き物である。

すなわち，人間は，環境を利用し，消費して発展してきたが，環境を保全することも，創造することもできる唯一の生き物である。人類は，今後の環境保全や環境創造を実施する責任があり，特に 1 人当りの資源・エネルギー消費量が多い日本人には，これらの環境問題の改善に積極的な貢献が求められている。

2.2 開発と規制

自然公園や自然環境保全地域以外での開発は，都市計画法によって規制されている。この都市計画法では，開発行為とは「主として建築物の建築又は特定工作物の建設の用に供する目的で行う土地の区画形質の変更」を行うこととされている。また，都市計画法では，都市の周辺部における無秩序な市街化を防止するために，都市計画区域を計画的な市街化を促進すべき市街化区域と，原則として市街化を抑制すべき市街化調整区域に区分してそれぞれに制限を設けている。具体的には，公共施設や排水設備等の必要な施設の整備を義務付けて良好な宅地水準を確保するために，都道府県知事等の許可を求めている。

特に市街化調整区域については，特定のものを除いては，原則として開発行為を行わせない用途規制をかけている。また，市街化調整区域においては，建築物に改変を加える行為も許可の対象とされている。ただし，以下の (1) と (2) の開発については，許可が不要とされている。

(1) 都市計画区域・準都市計画区域で許可不要の開発

a) 市街化区域における 500 m² 未満または 1 000 m² 未満，区域区分が定められていない都市計画区域と準都市計画区域における 3 000 m² 未満，都市計画区域外と準都市計画区域外における 10 000 m² 未満の開発。

b) 市街化調整区域内，未線引都市計画区域，および準都市計画区域における畜舎，堆肥舎，サイロなどの農業・林業・漁業用の施設，農林漁業を営む者の住居を建築するための開発。ただし，農水林産物の処理・貯蔵・加工に必要な建築物の建築のための開発は許可が必要。

c) 鉄道施設，図書館，公民館，変電所などの公益上必要な建築物を建築するための開発。ただし，学校，医療施設，社会福祉施設などは，公益目的であっても，原則として許可が必要。

d) 都市計画事業の施行として行う開発。

e) 土地区画整理事業の施行として行う開発。

f) 市街地再開発事業の施行として行う開発。

g) 住宅街区整備事業の施行として行う開発。

h) 防災街区整備事業の施行として行う開発。

i) 公有水面埋立法による免許を受けた埋立地のうち，竣工認可の告示のないものに関する開発。
j) 非常災害のために必要な応急措置として行う開発。
k) 通常の管理行為，軽易な行為その他の行為で，政令で定めるもの（仮設建築物，建築物の増築・改築のうち $10\,m^2$ 以内のものなど）。

(2) 都市計画区域でも準都市計画区域でもない区域で許可不要の開発
a) 1 ha 未満の開発。
b) 農業，林業もしくは漁業用の施設またはこれらの業務を営む者の住居を建築するための開発。
c) (1) の c)，d)，i)，j)，k) に記載の開発。
また，これらの開発の都道府県等への許可には，つぎの事項を記載した申請書を提出しなければならないことになっている。

・開発区域（開発区域を工区に分けたときは，開発区域および工区）の位置，区域および規模
・開発区域内において予定される建築物または特定工作物の用途
・開発行為に関する設計
・工事施行者（開発行為に関する工事の請負人または請負契約によらないで自らその工事を施行する者）
・その他都市計画施行規則で定める事項
・公共施設管理者の同意書

このほかに，自然公園内や自然環境保全地域の開発については，自然公園法や自然環境保全法によって，開発行為を禁止したり，届け出を求めている。

すなわち，自然公園法では，自然公園内を特別地域，海域公園地区，普通地域に分けて，それぞれの地域の開発・利用等の規制を行っている。特別地域では，特別保護地区，利用調整地区の指定を可能とし，木竹の伐採・損傷等々の一定の行為を許可制としている。海域公園地区では，利用調整地区の指定を可能とし，熱帯魚や珊瑚の損傷・採取等々の一定の行為を許可制とし，また，普通地域では，一定の行為を届出制にしている。

また，自然環境保全法では，自然公園以外の自然保護が必要な地域を，特別地区，海域特別地区，普通地区に分けて，それぞれの地域の開発・利用等を規制している。特別地区と海域特別地区では，木竹の伐採・損傷や工作物の新築・改築・増築，鉱物の採取等々の一定の行為を許可制とし，普通地区では，一定の行為を届出制にしている。

なお，この二つの法律は類似していることから，統合すべきとの意見がある。しかし，そのためにはそれぞれの法律の所管官庁である国土交通省と環境省が相互の立場を理解して協力することが不可欠であるが，残念ながらこの相互理解が難しく，実現していない。

（浦野紘平）

2.3 環境影響評価の基本

2.3.1 総　説

1993 年に制定された環境基本法（法律第 91 号）は，その第 20 条に環境影響評価の規定を定めた。この環境影響評価は，持続可能な社会の構築に向けたツールとして，きわめて大きな役割を持っている。しかし，これまでの環境影響評価は，悲惨な公害を経験し，その歴史の繰返しを避ける手段として環境影響評価に期待したという背景もあり，環境汚染防止のための規制手法として理解される傾向があった。

そのため，法制定時や改正時に環境影響評価を理念的に公害規制手法と捉えることに伴う各種論争が繰り返しみられたが，それは一つには，わが国における環境影響評価制度の役割をめぐる論争の主たる関心が当初から環境影響評価制度がもたらす社会的諸効果に向けられてきたことにも由来する。すなわち，この制度の施行によって社会にどのような制度的利点がもたらされ，逆にどの程度の社会的な損失や混乱がもたらされるかについて，各方面からの期待や懸念が表明されてきたことにも現れている。

ここでは，環境影響評価法制定後 20 年の経過を踏まえて，環境影響評価の過去および現在の状況を概観し，未来を展望することにする。

■ これまでの環境影響評価制度

（a）**環境影響評価法制定以前**　わが国における環境影響評価制度の発端は，公害反対の住民運動が全国各地で激化した時期，すなわち，1960 年代に遡ることができる。当時，開発計画に対して公害防止の事前調査を行った事例がいくつか認められる[1]。1964 年からは全国各地で産業公害防止事前調査が行われるようになった。しかし，この調査は，コンビナートや発電所の立地を対象に，大気汚染と水質汚濁の主要物質に限って検討されたものであり，環境全般にわたる検討やその結果の公表および住民関与が明確に位置付けられたものではなかった[2]。わが国の環境影響評価制度を体系付ける大きな契機は，1970 年に米国で施行された国家環境政策法[3]によって与えられた。この法律は，その第 102 条 2 項（c）項で連邦政府の主要な行為に対して，人間環境に及ぼす影響の包括的検討を行い，その結果を公表し，かつ，公衆関与を義務付けるものであり[4]，従来の計画決定手続きを根本的に

修正する法律であった。これを受けて，わが国においても，産業公害防止事前調査からより体系的な手続き制度の確立をめざして，各種の検討が開始された。政府においては，1972年に各種公共事業の実施に際して包括的な環境影響の検討を行う旨の閣議了解がなされ，翌年から環境影響評価制度の策定作業に着手し，1975年からは中央公害対策審議会において本格的な検討が開始された。この結果，1979年には，わが国の環境影響評価制度の基本的な在り方および仕組みについての答申[5]があった。これに基づいて，1981年第94回国会に旧環境影響評価法案[6]が提出された。しかし，自民党内に依然として法案に対して反対が根強く，1982年の通常国会，1983年の通常国会でもほとんど審議されず継続審議になったが，同年9月の臨時国会において衆議院解散に伴い，審議未了の廃案となった。この間，個別法や行政指針に基づき，すでに多数の開発事業に対して，環境影響評価法案に類似した各種の行政手続きが義務付けられた[7]。1984年8月，旧法案のほぼ同一内容で環境影響評価実施を行うという閣議決定[8]がなされ，「環境影響評価実施要綱」に基づく，環境影響評価が行われることになった，その一方，政府の制度化に先がけて，地方公共団体においては，1976年の川崎市の条例[9]を皮切りに，全国各地で環境影響評価制度が制定されていた[10]。

（b）**アセス法制定後** 環境影響評価法（法律第81号。以下，アセス法という）は，1997年に公布され，1999年6月12日から全面的に施行された。この間，第二種事業の判定基準や環境影響評価の項目等の選定指針，環境保全のための措置に関する指針等の基本的事項，アセス法施行規則[11]および主務官庁が定める各種指針，方法書の手続きに係る総理府令・主務省令等の手続きが定まった。アセス法の制度的手続きの対象となる事業計画の各段階，すなわち，① 事業計画の構想，② 事業計画の具体化，③ 事業実施計画の準備，④ 事業実施計画の決定，⑤ 事業の施工・実施，⑥ 事業の供用開始といった側面からみると，② から ③ の段階で，スクリーニング手続きとスコーピング手続き，③ から ④ の段階で環境影響評価の手続き，④ の段階で，横断条項による法の担保があり，⑤，⑥ の段階にフォローアップ手続きを導入した。これは，公有水面埋立法等の個別法アセスが，④ の事業実施計画の決定の段階から制度的手続きを行い，また，閣議アセスが，この ③ から ④ の段階で対象事業や規模，アセス項目を限定して制度的手続きを導入していたことに比較すると，環境配慮が，いわば，アセス手続きの入口と出口で手続き的にきめ細かくなったと評価することができる（**表 2.3.1** 参照）。

表 2.3.1 法に基づく環境影響評価の実施状況

(2007.3.31 現在)

事業種	手続き中	手続き終了	手続き中止	手続き実施数	環境大臣意見*
道路	22(22)	40(19)	9(8)	71(49)	44(23)
河川	3(3)	3(3)	－	6(6)	3(3)
鉄道	1(0)	10(7)	2(2)	13(9)	10(7)
飛行場	1(1)	7(7)	－	8(8)	7(7)
発電所	9(9)	29(17)	3(3)	41(29)	31(19)
処分場	2(2)	3(2)	－	5(4)	－
埋立	3(2)	7(5)	－	10(7)	－
面整備	5(4)	12(5)	3(2)	20(11)	14(6)
合計	45(42)	107(62)	17(15)	169(119)	109(65)

〔注〕括弧内は当初から法に基づく案件で内数。二つの事業が合わせて実施されたものは1件とした。
＊大臣意見数には「特に意見はない」とした事業数を含む
出典：環境省資料

また，アセス法は，① 目標，② 評価基準，③ 評価対象項目，④ 評価方法，⑤ 達成手段等のそれぞれについて，大きな転換を図ったものと評価することができる。

まず，① については，閣議アセスの理念は，環境基準等の環境保全目標を達成することに主眼が置かれ，広範な人々から意見聴取しながら環境影響評価を行うことによって，事業者が環境に適正な配慮をし，国は，免許等の際に環境影響評価の結果が適切に反映されているかをチェックするにとどめるという考え方に立脚していたが，アセス法では，持続的発展の可能な社会の構築という観点から地域環境保全に力点を置きながら，環境負荷の低減に向けて，より良い意思形成（better decision）に寄与するためのツールとしての目標を持つことになった。

つぎに，② について，従前の要綱アセス等は，四大公害訴訟に象徴される悲惨な公害経験からの反省を踏まえて，大規模工業開発等新規の企業立地に伴う開発行為を念頭に置き，事前予防を第一義とした環境基準適合型というべきものであった。それに対して，アセス法は，そのような画一的な環境保全目標との対比・照合による評価ではなく，環境影響を可能な限り回避・低減させ，より良い計画づくりの観点から評価すべきことを求めているといえる。③ の評価項目は，従前のすぐれた自然の保全（動物，植物，地形・地質，景観，野外レクリエーション地）と典型7公害の防止という限定された範囲を拡大し，環境の自然的構成要素の良好な保持，生物の多様性の確保および自然環境の体系的保全，人と自然との豊かな触れ合いの確保，地球環境項目に対する環境負荷の低減を取り上げ

ることとなった。④では，例えば，環境負荷の低減については，従来から対象としている項目のような環境の状態の予測・評価ではなく，可能な限り環境への影響の回避・低減を図るという観点から評価を行うとされた。⑤の達成手段については，環境保全対策型のものから，環境影響緩和措置（ミティゲーション）を含んだ対策によるとされた。

2.3.2 これからの環境影響評価制度
―― 改正アセス法 ――

2011年12月，アセス法が改正され，2013年4月1日から全面施行されている。アセス法の改正をめぐって，① 対象事業，② スコーピング，③ 国の関与，④ 許認可への反映・事後調査・リプレース等について，国の総合研究会において議論がなされてきた[12]。この法改正の背景として，法附則7条に基づき，法の施行後10年の経過をもって，アセスを取り巻く社会状況の変化や法の運用実態から明らかになった課題に対応した必要な措置を講ずることとされていたからである。改正議論とともに新たな改正点や残された戦略的環境アセスメント（strategic environmental assessment, SEA，以下 SEA という）の課題について述べることにしたい[13]。

■ 法改正事項とその論点
（a） 対象事業の見直し
1） 補助金事業の交付金化への対応　　法施行後の状況の変化として，地方の裁量を高めるために補助金を交付金化する取組みが進められている。法では，法的関与要件の一つとして「国の補助金等の交付の対象となる事業」が規定されているが，交付金は当該要件の範囲に含まれていない。そこで，地方の独自性の発揮を目的とする交付金事業を環境影響評価法の対象とすることは，地方分権との関係に留意が必要という意見があるが，法対象事業に係る事業種・規模相当に該当する場合であっても，交付金化した事業については現行法の規定では法対象事業とならないことから，規制行政庁の一定の関与による実効性の確保の観点から補助金事業の交付金化に伴う必要な措置を行う必要があった[14]。改正法は，交付金事業を対象事業に追加した（図2.3.1参照）。

2） 条例等による事業種への対応　　法の定める13事業種以外に条例で対応する事業種がある。例えば，農道，スポーツレクリエーション施設，風力発電所，畜産施設などである。すでに条例等による環境影響評価が実施されている事業種の中では，風力発電施設[15]に関する環境影響評価の取扱いが検討課題にされた。これについて，新エネルギー・産業技術総合開発機構（NEDO）がマニュアル[16]で対応してきたが，条

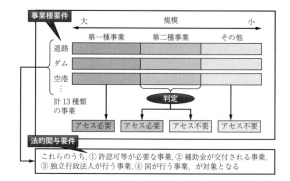

図2.3.1　事業種要件と法的関与要件

例や要綱等に基づく環境影響評価の義務付けが地方公共団体で拡大してきた。その背景には，風力発電事業の大幅な増加とシャトルの風きり音による騒音等への苦情や鳥類への被害が問題となっていたからである。改正法では，風力発電所を政令改正事項として，対象事業に追加することになり，2012年10月から施行された。

3） リプレース等への対応　　老朽化した施設をリプレースする場合等について，環境影響評価手続き期間を短縮する必要があるのではないかということが議論になった。火力発電のリプレースは温室効果ガスの削減にも資することから，アセス法ではベスト追求型の評価の視点が取り入れられ，方法書手続きにおけるスコーピングを通じて効率的でメリハリのある環境影響評価を行うとされてきた[17]。その後の流れを受け，環境省と経済産業省によって設置された「発電所設置の際の環境アセスメントの迅速化等に関する連絡会議」はその中間報告において，アセスの手続きの簡略化などによる，手続き全体の期間短縮の方向性を打ち出している。なお，そこで示された方策は可能な範囲で風力・地熱発電所や将来行われるそのリプレース，新しく建設される火力発電所にも適用されるとされる。また，風力・地熱発電所についてはアセスに際しての調査の効率化のために，いくつかのモデル地区を設定して環境基礎情報の整備・提供を行う事業も開始されている。このように，環境上も大きな必要性が認められる領域についての，簡易なアセスの整備が国によっても模索・制度化が進められている。

また，東日本大震災やその復興事業を巡っても，簡易アセスが制度化されている。そこではまず，緊急設置電源についてアセス法52条2項[18]に基づく措置がとられ，環境省・経済産業省によって「環境影響評価法第52条第2項により適用除外の対象となる発電設備設置等の事業の実施について」と題された文書が

公表されている[19]。そこでは適用除外とはされていても自主的なアセスが求められていることが注目される。2012年8月に環境省・国土交通省によって出された「環境影響評価法第52条第2項により適用除外の対象となる土地区画整理事業における環境への配慮について（技術的助言）」と題された通知においても，同様に対象外の事業であっても自主的なアセスを行うことを検討するよう求めている[20]。また，復興に際しての環境影響評価については復興特区法に基づく特定環境影響評価が適用できるとされ，アセス法に定める第2種以上の規模の鉄道・軌道事業および土地区画整理事業について迅速性への必要からより簡易な手続きが設けられている[21]。

（b） **計画段階配慮書の手続きの新設**　計画段階やプログラムの段階といった個別の事業の実施に枠組みを与える上位計画段階での環境配慮の仕組みは，諸外国では，SEAというが，日本でも改正法においてその制度化が検討された。新たに事業段階での柔軟な環境保全の視点を確保するために，計画段階配慮事項の手続きを新設し，事業の検討前段階における環境影響評価を導入することになった。具体的には，第一種事業実施者が，事業計画の立案段階の実施区域等の決定を行う段階でこの手続きを実施する。これにより，第一種事業実施者は，計画段階配慮事項の検討を行った計画段階環境配慮書を作成し，これを公表して，住民や知事の意見を聴取し，また，主務大臣および環境大臣に配慮書を送付し，付された意見に配意して，対象事業に係る区域等を決定し，事業実施段階での方法書以降の手続きに反映させるという仕組みである（図2.3.2参照）。

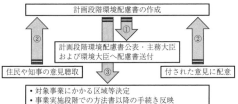

図2.3.2　計画段階配慮書の手続き

（c）　**方法書段階における見直し**
1） **説明会開催の義務付け**　これまで法17条では説明会の開催は準備書段階のみの義務付けとなっていたが，方法書の分量が多く内容も専門的であることや，公共事業におけるPI等の取組み[22]の進展といった状況を踏まえ，方法書段階での説明会を義務化することになった。なお，構想段階で住民等とのコミュニケーションといった所要の取組みを実施しているPI事業においては，方法書段階での説明会を求める必要はないとされる。また，事業実施段階前の手続きにおいても説明会の開催義務は規定されていない。

2） **主務大臣助言への環境大臣意見**　これまで法24条は，環境大臣の関与は，評価書の段階としてきた。それは，環境大臣の関与は，免許等を行う者に第三者審査として環境大臣が主体的に必要に応じて意見をいうことで，当該事業に環境行政の立場を反映させるとの位置付けであった。しかし，その時期が免許等を行う者が評価書に意見を述べる段階で述べることとしており，早期の段階のものではなかったことから，環境影響評価の項目等の選定にあたって事業者が主務大臣に助言を求めることができるとする法11条2項の規定を受けて[23]，この段階で環境大臣にも助言を求めることができるように改正したものである。

（d）　**電子縦覧の義務化**　カナダなど諸外国の制度においても電子縦覧の仕組みがみられるが，わが国においても行政手続きの電子化の進展がみられる。これまでアセス図書に関しては，紙媒体での縦覧であったが，その縦覧は事業実施地域に限定されることが少なくなかった。そこで，電子媒体化して，縦覧することを義務化することで，より多くの住民の意見集約が期待される。ただし，希少種情報や安全保障に係るケースについてはマスキングをする場合はあり得るであろう。

（e）　**政令市の長の意見提出**　これまでは都道府県知事が市町村長意見を踏まえて事業者に意見を提出する仕組みであったが，地方分権推進の要請や条例自治体のタイトな審査日程の中での意見提出が困難な場面もあるため，政令で定める市にあっては，当該事業に係る環境影響が当該政令市にとどまる場合には，直接，事業者に意見の提出ができるように改正した。その場合，都道府県知事においても広域的な観点からの意見提出が可能になるような制度的手当が必要となろう。

（f）　**評価書段階における見直し**
■　**環境大臣の関与のない事業の取扱い**
法の対象事業の中には，公有水面埋立事業のように，地方分権の推進等により事業自体に対する国の許認可がなくなったため，環境影響評価手続きの中で国の関与がなくなったケースがみられる。そこで，許認

可権者である地方公共団体の長が意見を述べる際に，環境大臣に助言を求めるように努めることが規定された。なお，評価書に対して環境大臣が意見を述べる際，特に専門的知見が必要な案件については外部有識者をこれまでも活用してきたが，意見形成過程の透明性を確保する意味で，学識経験者の活用についても措置することとなった。

（g） 環境保全措置等の結果の報告・公表 事後調査を報告・公表する仕組みがなかったので，そのため，事後調査結果について住民や行政が確認できないという課題があったため，環境保全措置等の結果を報告・公表する規定を置くことになった。

2.3.3 東日本大震災と環境アセスメント

〔1〕 復興アセスメント

2011年3月11日に東日本を襲った東日本大震災の復興事業を巡って，簡易なアセスが制度化された[24]。まず，緊急設置電源についてアセス法52条2項[25]に基づく適用除外措置が講じられ，環境省・経済産業省は「環境影響評価法第52条第2項により適用除外の対象となる発電設備設置等の事業の実施について」という通達文書を公表した[26]。しかし，適用除外とされた事業については，自主的なアセスの実施が求められた。また，2012年8月に環境省・国土交通省は「環境影響評価法第52条第2項により適用除外の対象となる土地区画整理事業における環境への配慮について（技術的助言）」という通知文書を発出し，同様に対象外の事業であっても自主的なアセスの実施を検討するよう求めた[27]。また，復興事業に係る環境影響評価については，復興特区法に基づく特定環境影響評価が適用された。これは，アセス法に定める第二種以上の規模の鉄道・軌道事業および土地区画整理事業について，迅速性への必要からより簡易な手続を適用するというものである。

〔2〕 簡易なアセスメント

東日本大震災以降，自主アセスを中心として簡易なアセスの必要性が謳われてきた。先にみた復興アセスもその一例である。以下，おもなものを概観してみる。

（a） 地方自治体における制度化の例 条例においては，法によって定められている範囲よりも幅広い分野でアセスがなされている。これらはいわゆる「上乗せ条例」とされるものであり，広くみられるものである。すなわち，対象となる事業か否かの判断基準について法律で要求されている基準に満たない場合でも対象とされている例が多くみられ，条例ではおおむね法律の基準の2分の1の規模を目安に選定される傾向が指摘されている。法と条例の役割分担を巡っては法が条例の制度の存在を念頭に置いた上で定めていることや，法対象とならない業種や規模のものについては地方公共団体がその地域の実情に合わせて条例で対象とするという役割分担の存在が指摘されており，わが国のアセスメント制度は法律と条例との二層構造にすることで，大枠と各地域の実情に合わせた柔軟性を兼ね備えることを目標としているといえよう。また，簡易手続きについて条例で規定を置いている自治体もみられ，2008年6月現在で都道府県レベルでは宮城県，群馬県，岐阜県，大分県が，政令指定都市では堺市が，簡易手続きについての規定を置いている。

条例において小規模事業へのアセスメントや自主的なアセスメントについて規定している代表的な例としては，川崎市が挙げられる。「川崎市環境影響評価に関する条例」は事業の区分として第一種・第二種・第三種という形で規模に応じて3段階に対象事業を分け，規模の小さいものに対しては手続きを一部簡略化している。また，同条例では72条において「市長は，別表に掲げる事業の種類に該当する2以上の事業が，個別には指定開発行為又は法対象事業のいずれにも該当しないと認められるものの，当該事業を実施する区域及び実施時期が近接していること等，それらの事業の実施による複合的な環境影響が総体として指定開発行為と同等以上になるおそれがあるものとして規則で定める条件に該当する事業（以下「複合開発事業」という）を行う事業者に対し，第三種行為に係る手続に準じて，環境影響評価等を行うよう指導することができる。2 市長は，前項の規定による指導をする場合において，必要があると認めるときは，あらかじめ，川崎市環境影響評価審議会の意見を聴くものとする。」と定め，いわゆる「アセス逃れ」への対応も規定している。自主的なアセスについて，同条例の74条は「指定開発行為，法対象事業又は複合開発事業のいずれにも該当しない事業を実施しようとする者は，当該事業の実施に際し，あらかじめ，この条例に準じた環境影響評価等を行う事を市長に申し出ることができる。この場合において，市長は，情報の提供その他必要な協力を行うものとする」と規定する。このように，同条例は小規模な事業へのアセスに対しては簡略化の規定を置くと同時にアセス逃れへの対策を施しつつ，それらに該当しない事業についても，自主的なアセスを促す規定を置いている。そこでは市長の協力も規定されており，事業者による自主的なアセスを促すとともに，そのバックアップを行政が担うという形態が採られている。一例として，2003年から2004年にかけて，規模要件に該当しない廃棄物処理施設の建設

に際して行政指導によって同条例74条に基づく自主アセスがなされている．

また，要綱などによる環境配慮制度も多くの自治体で設けられている．これらの制度ではアセスメントより簡略な手続きで，事業者の負担も軽微な仕組みとなっていることが多いことや，アセスメントの周辺部分を担うものとしてアセスメントの対象外の小規模な開発事業への簡易なアセスメントないし代替アセスメントとして機能するように採用されていることが指摘されている．一例として福岡県の「開発事業に対する環境保全対策要綱」は条例の対象外の小規模な開発行為を対象とし，開発行為の届出（通知）や許可申請（協議）に際して実施を求め，助言や勧告を行う制度となっている．福岡県では条例アセスメントの対象外の小規模な開発に対しては，条例と異なり，評価結果の公表や住民意見の聴取手続きを念頭に置かないこの制度が簡易なアセスメントとして機能しているとの指摘がある．また，同様の制度としては横浜市の動向が紹介されている．これらの要綱に基づくもの以外にも開発事業について一定の指針を示した上で環境への配慮を求め，インフォーマルな手段ではあるが行政からの働きかけを行うという在り方も存在している．このように，法律よりも幅の広い条例の制定にとどまらないさまざまな手法がとられている．

このように，地方自治体では法律レベルよりも対象を拡大する傾向が広くみられ，小規模事業への配慮が広くなされている．同時に，川崎市の条例の諸規定は自治体による簡易なアセスを推進している代表例ともいえ，自治体の果たし得る役割の大きさをうかがい知ることができる．他の自治体においても，条例にとどまらず要綱や配慮要請といった制度も活用し，フォーマル・インフォーマル双方のチャネルからの働きかけがなされている例もみられる．ここで注目されるのが，必ずしもフォーマルな形での制度化のみではなく，事業者の自主性，ないしインフォーマルな側面が重要な役割を果たしていることである．川崎市の条例ではそのような自主的な動きに協力する制度が設けられていたが，そのような在り方も今後は重要性を増していくのではないだろうか．

国レベルにおいても，先述のように環境省は「サステイナブル都市再開発ガイドライン～都市再開発におけるミニアセス～」と題したガイドラインを作成している．先の法改正時において簡易なアセスを導入することについて当時の環境大臣は法律と条例の役割分担の尊重などから慎重な見解を示していたが，立法化ではなく，事業者の自主的な動きをバックアップする形が採られた例であるといえよう．法的な拘束力を伴うものではないが，このような動きも簡易なアセスを普及させる際に一つの大きな機能を果たし得ると考えられる．

（b）**発電所リプレース**　老朽化した火力発電所を更新し，最新の設備を導入ないし建設する事業である火力発電所リプレース事業を巡り，アセスの簡略化の制度構築に向けた検討が環境省と経済産業省によって進められている．発電所のリプレース等のように大気汚染や温室効果ガスの削減などが見込まれる反面において土地の改変面積も少なく環境への影響が少ない事業については，早期の運用の必要性が指摘されており，そこではアセスの期間の短縮も含め弾力的な運用の必要性が指摘されてきた．その後の流れを受け，環境省と経済産業省によって設置された「発電所設置の際の環境アセスメントの迅速化等に関する連絡会議」はその中間報告において，アセスメントの手続きの簡略化などによる，手続き全体の期間短縮の方向性を打ち出している．なお，そこで示された方策は可能な範囲で風力・地熱発電所や将来行われるそのリプレース，そして新しく建設される火力発電所にも適用されるとされる．また，風力・地熱発電所についてはアセスに際しての調査の効率化のために，いくつかのモデル地区を設定して環境基礎情報の整備・提供を行う事業も開始されている．このように，環境上も大きな必要性が認められる領域についての，簡易なアセスの整備が国によっても模索・制度化が進められている．

2.3.4　将来展望
〔1〕**戦略的環境アセスメント**

諸外国のSEA制度の目的やその位置付けをみると，戦略的環境アセスメントのおもな目標は，政策，計画，プログラムの上位段階において，環境影響およびその他の持続可能な発展要素への配慮を確保することにあるとしている．このように環境配慮と持続可能性の確保を主旨とし，システム的，目標主導的で，科学的知見・根拠に基づいて，積極的な参加性の高い意思決定過程によって，環境管理を改善するものとして位置付けられている．また，それらが期待し得る効果をみると，① 政策決定の早期レベルから，よりシステム的に有効な環境への影響および環境保全措置を考慮することで，政策の決定とその実施がより有効的になること，② 持続可能な発展を支援するツールであり，先行的な行動手段であること，③ 各レベルの政策決定の効率性を高め，事業アセスを推進すると同時に，適切なタイミングで環境保全措置の識別をすることができる．この背景の下で，より早く潜在的な問題を発

見し,対処することが可能になること,④戦略的政策決定段階において,ステークホルダの参加を促し,低コストで知見や情報を得ることができる,などを指摘し得る。

この点,改正法の到達点である事業実施前手続きの導入は,事業の実施段階前の複数案検討に眼目が置かれているとみることができる。また,その手続きは,第20条の枠組みの中で,検討されたために事業実施区域等の決定段階のものにとどまっている。環境基本法第19条に基づく,計画策定段階の上位段階における環境配慮の仕組みを導入するためには,各種計画策定システムの研究が不可欠であり,計画策定システムを統一化していくことが,計画ごとにSEA制度をあてはめるべき段階や組込み段階を明確化できることになると思われる。また,諸外国のSEA制度に見られる環境配慮の側面のみならず,社会・経済的側面を踏まえた持続可能性を向上させるための仕組みを導入するためには,今後の取組みによる蓄積を踏まえ,環境基本法の見直しを含めて,評価軸を環境面・社会面・経済面の統合した評価軸へと再構築を図る必要があると思われる。

以上のことから,日本のアセス制度の進化プロセスを想定した場合,1993年の環境基本法制定から,1997年のアセス法制定による環境影響評価を第1フェーズとすると,2011年改正環境アセス法による事業段階前手続きを導入した環境影響評価は,1.5フェーズに位置付けられよう。

また,国際協力の領域における環境社会配慮を組み込んだ環境影響評価を第2フェーズとすると,上位の戦略的環境影響評価をシステム化した持続可能性を理念とする社会的・経済的要素と環境配慮を統合化させた総合的な環境配慮制度は第3フェーズにあるという仮説を構築することができよう。このような視点に立つと,わが国の現状は,1.5～2フェーズに立っているのではないかと思われる。戦略的段階における環境影響評価については,第4次環境基本計画が現在の位置規模段階よりも上位の政策,計画レベルでの環境影響評価制度の検討を示しており,その意味で,ステップバイステップで制度の階層を第2から第3フェーズへと推し進めていくための体系的な研究の必要性を痛感する。その際の検討視座として,SEAと事業アセスとの相互補完や相互連動を図ることが大切である。今後の制度設計にあたって,政策立案や計画の早期の段階における環境アセスメントを実施する社会的,制度的な道具立てを用意し,意思形成プロセスに環境配慮を第一義的に内部化し,さらに,ステークホルダの参加を促進する条件を整備することにより,そのプロセスの透明化や責任の共有化をいっそう図ることが,重要な課題であると考える（**図2.3.3**参照）。

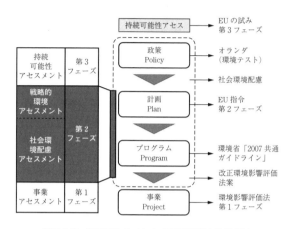

図2.3.3 環境アセスメントの発展段階の位置付け

〔2〕 **持続可能性アセスメント**

経済協力開発機構（OECD）は持続可能性の概念をプロジェクト運営の領域に導入している[28]。持続可能性は,効率性,実効性,影響および関連性に加えられる成果基準であり,その基準によってプロジェクトが評価されなければならない。近年では,持続可能性アセスメントにふさわしい,きわめて多くの影響アセスメントツールの創造が観察される。これらの分析ツールのうち最も興味深いものは持続可能性影響アセスメント（sustainable impact assessment, SIA,以下SIAという）である。SIAは社会影響のみを審査する社会影響アセスメント（social impact assessment（同じくSIAと略される））と混同してはならない。ここでは,OECD（2010）によって説明されるSIAを持続可能性アセスメントツールとしている。また,SIAは,欧州においても欧州委員会で2002年から採用されている「よりよい規制（better regulation）」を目指す政策の下で,2003年に導入されている。すなわち,EUは,持続可能な発展戦略の公表に際して,政策提案の環境的・経済的・社会的な影響を評価するためのツールとして,SIAを導入したが,導入の意図としては,①経済,社会,環境の三つの視点から政策提案の効果を検討すること,②環境規制を単純化し,改善すること,という二つの政治的配慮があるとされている。2002年6月,貿易協定を含む,すべての主要な欧州委員会の政策提案を対象にSIA実施のために,コミュニケーションを公表した[29]。EUは,可能な限り早期の段階で,経済的,社会的な配慮と同等に,環境への配慮がなされることによって,適切な対応策が講じられるこ

とを確保する戦略アセスを計画やプログラムに対して導入してきているが，このSIAは，いわば政策段階のアセスメントであるといえる。欧州委員会は，持続可能性評価の実施状況を検討するために2003年に年次作業プログラムに含まれる580提案のうち，3提案を持続可能性評価の対象としたが，2004年4月時点で完了しているSIAはわずか21件であった。化学物質政策の大規模改革であるReachに対する評価など，一部の評価は公表されなかった。欧州環境政策研究所（IEEP）は，調査対象のSIAについて，均一でなく，不十分なものも見られると述べている。また，持続可能性の社会影響と環境影響に比べ，短期的な経済影響がはるかに重視されているという問題点も指摘された。IEEPによると，欧州委員会はSIA作成ガイドラインを策定したが，一部評価では，重要な要素が評価されていないか，評価方法が不適切であると述べている。このような批判はあるものの，SIAは，欧州委員会の策定する指令や規則に徐々に適用されているのである。先に述べた政策立案や計画の早期の段階における環境アセスメントを実施する社会的，制度的な道具立てを用意し，意思形成プロセスに環境配慮を第一義的に内部化することが重要なことであることは言を俟たない。さらに，NPO等の参加を促進する条件を整備することにより，そのプロセスの透明化や責任の共有化をいっそう図ることなど，これらの仕組みづくりの試みは，事業段階の手続レベルにとどまるわが国にとって，大いに参考になる。ここに触れたSIAは，持続可能性を志向した，いわば，政策段階のアセスメントであるといえる。政策段階においては，経済的，社会的な観点と環境影響とを統合的に評価していくという制度構築の在り方は今後のわが国の方向性を考える上で示唆に富むものであると考える。（柳憲一郎）

引用・参考文献

1) 橋本道夫，私史環境行政，p.68，朝日新聞社（1988）三島・沼津の工業開発計画に対する静岡県の要請により，通産省が主導する形で黒川調査団による大規模な事前調査が行われたが，これが政府による最初の環境アセスメントである。それに続くものとして，「苫小牧東部大規模工業基地開発に係る環境影響事前評価」，「放射36号線道路建設に係る環境影響事前評価」などがある。
2) 池上徹，わが国における環境影響評価（環境アセスメント）への対応，環境アセスメントの法的側面，環境法研究4号，p.11，有斐閣（1975）
3) United States Government (1969), The National Environmental Policy Act of 1969. Public Law 91-190. 91st Congress. S. 1075, 1 (January 1970), Washington DC
4) 綿貫芳源，アメリカの環境法，自治研究，48-9，p.8以下
5) 中央公害対策審議会，環境影響評価制度のあり方について（答申），中公審第171号（1979）
6) 閣法「環境影響評価法案」（第94回通常国会提出）（1981）
7) 環境庁，「環境庁十年史」，各説第1章第3節環境影響評価の推進，ぎょうせい（1982）
8) 「環境影響評価の実施について」閣議決定（昭和59年8月28日）
9) 川崎市，川崎市環境影響評価に関する条例（公布55.10.20.施行56.7.1）（1976）
10) 森田恒幸，地方自治体における環境影響評価制度の比較分析，環境情報科学，11-2，pp.79-86
11) 総理府令第37号，平成10年6月12日
12) 平成21年7月「環境影響評価制度総合研究会報告書」
13) 柳憲一郎，環境アセスメント法に関する総合的研究，清文社（2011）
14) 環境影響評価制度総合研究会，環境影響評価制度総合研究会報告書，p.24（2009）
15) 牛山泉監修，日本自然エネルギー編著，風力発電マニュアル2005，エネルギーフォーラム（2005）
16) NEDO，風力発電のための環境影響評価マニュアル（第2版）（2006）
17) 環境影響評価法に基づく基本的事項（最終改正：平成17年3月30日環境省告示第26号）
18) 同項は，「第二章から第七章までの規定は，災害対策基本法（昭和三十六年法律第二百二十三号）第八十七条の規定による災害復旧の事業又は同法第八十八条第二項に規定する事業，建築基準法（昭和二十五年法律第二百一号）第八十四条の規定が適用される場合における同条第一項の都市計画に定められる事業又は同項に規定する事業及び被災市街地復興特別措置法（平成七年法律第十四号）第五条第一項の被災市街地復興推進地域において行われる同項第三号に規定する事業については，適用しない。」と規定する。
19) 「環境影響評価法第52条第2項により適用除外の対象となる発電設備設置等の事業の実施について」（2011年4月4日）
20) 「環境影響評価法第52条第2項により適用除外の対象となる土地区画整理事業における環境への配慮について（技術的助言）」（2012年8月24日）
21) 「東日本大震災復興特別区域法における特定環境影響評価手続きについて」http://www.env.go.jp/policy/assess/5-5advice/advice_h24_1/mat_1_3-3.pdf（2019年1月現在）
22) 国土交通省，構想段階における市民参画型道路計画プロセスのガイドライン（2003）
23) 環境庁環境影響評価研究会『逐条解説環境影響評価法』，p.109，ぎょうせい（1999）
24) この点につき，詳細は上杉前掲注33，pp.82-83を参照されたい。
25) 同項は，「第二章から第七章までの規定は，災害対

策基本法（昭和三十六年法律第二百二十三号）第八十七条 の規定による災害復旧の事業又は同法第八十八条第二項 に規定する事業，建築基準法（昭和二十五年法律第二百一号）第八十四条 の規定が適用される場合における同条第一項 の都市計画に定められる事業又は同項 に規定する事業及び被災市街地復興特別措置法（平成七年法律第十四号）第五条第一項 の被災市街地復興推進地域において行われる同項第三号に規定する事業については，適用しない。」と規定する。

26）「環境影響評価法第 52 条第 2 項により適用除外の対象となる発電設備設置等の事業の実施について」（2011 年 4 月 4 日）
27）「環境影響評価法第 52 条第 2 項により適用除外の対象となる土地区画整理事業における環境への配慮について（技術的助言）」（2012 年 8 月 24 日）
28）OECD（1991）Principles for evaluation of development assistance. Paris:Development Assistance Committee（DAC），OECD.
29）欧州委員会のコミュニケーション COM, p.276（2002）

2.4 地球環境

2.4.1 地球温暖化

気象庁によると，世界の平均気温は図 2.4.1 のように，1900 年頃から，100 年当り約 0.73℃ずつ高くなり続けているとされている。また，日本でも「観測史上初」の異常気象がいくつも報告され，地球温暖化の影響ではないかといわれている。

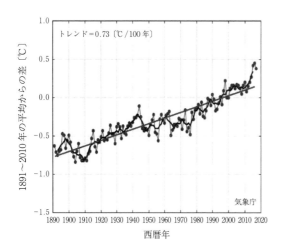

図 2.4.1 世界の年平均気温偏差[1]

地球には，太陽からの光で 1 平方メートル当り平均 343 ワットのエネルギーが届けられている。この太陽光のうち，可視光線より波長が長い赤外線（熱線ともいう）等が地球を暖めるが，夜にはおよそ 3 分の 1 が宇宙に逃げていくので気温が下がる。この際に，地球を取り巻く大気中の二酸化炭素（炭酸ガスともいう）等が，赤外線を吸収して逃げにくくしている。もし，大気がなければ，地球の平均気温は−18℃になるといわれている。また，大気中の二酸化炭素等が増えすぎると，地球の平均気温が高くなる。このような現象を地球温暖化という。

環境省によると，2010 年時点では，二酸化炭素の排出量の増加のほかに，二酸化炭素を吸収する森林の減少や土地利用の変化等，およびメタンや一酸化二窒素（亜酸化窒素ともいう），フロン類等の排出量の増加が，図 2.4.2 のような割合で地球温暖化に影響しているとされている。これらの地球温暖化を起こすガスを温室効果ガスという。

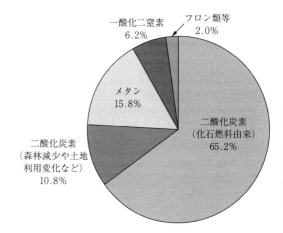

図 2.4.2 人為起源の温室効果ガスの総排出量に占めるガスの種類別の割合 （2010 年の二酸化炭素換算値）[2]

なお，メタンは二酸化炭素の 28 倍，一酸化二窒素は 265 倍，フロン類は 12 〜 15 000 倍も赤外線を吸収する。このため，これらは大気中濃度が低くても地球温暖化への寄与が大きくなる。

また，主要な温室効果ガスである二酸化炭素，メタン，および一酸化二窒素の大気中濃度の西暦 0 年からの変化は図 2.4.3 のようになっているとされている。

これらの温室効果ガスの大気中濃度は，1900 年頃までは増減を繰り返していたが，1900 年頃から急激に増加し続けている。

二酸化炭素は，死んだ動植物が微生物分解されるときのほかに，薪，石炭，石油，天然ガス，ガソリン等が燃やされるときに出るガスで，植物等に利用され，植物等の体をつくる。この植物等は動物の餌となり，この動物や植物は死んだり，燃やされたりして二酸化炭素になる。こうして，二酸化炭素は，生き物等を通

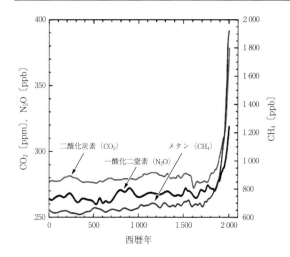

図 2.4.3 紀元 0 年～ 2005 年までの大気中温室効果ガスの濃度[3]

して循環している。

しかし最近は，世界の人口が増え，工業が発展し，自動車等が増加したのに伴って，二酸化炭素の排出量が急増し，植物等による利用量の増加を大幅に上回るようになったため，大気中濃度も急増している。

メタンは，沼や森等から自然に出るほかに，水田，家畜の糞やゲップ，廃棄物埋立地等からも出るガスで，これらも人口増による食料消費や廃棄物の増加，および工業の発展による廃棄物の増加等に伴って排出量が急増し，大気中濃度も急増している。

一酸化二窒素は，土や水底等から自然に出るが，工場の排ガスや排水，車の排ガス等からも出るガスで，人口増加，工業の発展や自動車の増加等によって排出量が急増し，大気中濃度も急増している。

1896 年には，スウェーデンのアレニウスが大気中の二酸化炭素濃度が 2 倍になったときの気温の変化を推算している。また，大気中の二酸化炭素が増えていることについては，1938 年に初めて発表され，1965 年頃には，大気組成が変わって気候が変わってくることが発表されたが，注目されなかった。

1979 年になって，ようやく世界気象機関（略称：WMO）が地球温暖化に取り組み始めた。1985 年には，オーストリアで，初めて地球温暖化問題の国際会議が開かれ，1987 年には，具体的な調査方法等についての国際会議が開かれた。1988 年には，カナダで国際会議が開かれ，世界中で二酸化炭素の排出量を 20％減らすことが提案された。1989 年には，オランダで，主要国の大統領や首相が集まり，地球温暖化問題を議論する機関を作ることや地球温暖化防止のための条約の案を作ること等が決められた。1990 年には，スウェーデンで，国際連合環境計画（略称：UNEP，ユネップ）と世界気象機関とによって，主要国の話し合いが開かれ，今後の世界にとって地球温暖化問題がきわめて重要であることが確認された。

温室効果ガスがこのまま増え続けると，2050 年には，地球の平均気温がいまよりも 1.0 ～ 2.0℃高くなり，2100 年には 1.0 ～ 3.7℃高くなると予測されている。

また，海水の温度も高くなって膨張したり，南極や北極の氷がとけ，2100 年には海面が最大 59 cm 上がると予測されている。海面が上がると，エジプトのナイル川やバングラデシュのガンジス川の河口地域，モルジブのようなサンゴ礁からできている国等では，大きな被害を受けることになる。また，海面より低いところが多いオランダや東京の下町でも大潮や台風等の際に，水害が起こる可能性が高くなる。このため，各地域で堤防の建設や避難計画の策定等が進められている状況である。

また，地球温暖化が進むと，集中豪雨による水害が増え，雨がほとんど降らない干ばつも増えると予測されている。特に，食料を多く作っている地域の干ばつが増え，小麦，大豆，トウモロコシ等の干ばつに弱い作物の収穫量が減ると予測されている。

さらに，地球温暖化によって，さまざまな生き物が絶滅の危機にさらされ，また，熱帯や亜熱帯の病気や害虫，雑草等が日本のような温帯地域にも増えると予測されている。

なお，国立環境研究所では，大気中の二酸化炭素の増加によって，植物の炭酸同化作用（二酸化炭素を吸収して生長する作用）が増加し，農作物の収穫量や樹木の生長が促進されるプラス効果もあるが，マイナス影響の方が大きいと評価している。

エネルギー・経済統計要覧 2016 年版によると，主要な温室効果ガスである二酸化炭素の 2015 年時点での国別排出量は，**図 2.4.4** のようになっているとされている。

二酸化炭素の世界の排出量合計は，約 329 億トンで，中国と米国とインドの 3 箇国で 50％以上を排出しているとされている。特に米国は，1 人当りの二酸化炭素の排出量がずばぬけて多くなっている。これは，車と冷暖房等に大量のエネルギーを使っていること，工業でも省エネルギー技術があまり使われていないこと等による。

日本の二酸化炭素排出量は，世界第 5 位で，3.5％となっている。これは，工業国の中では少ない方であるが，1 人当りの排出量は，世界平均の 2 倍以上になっている。

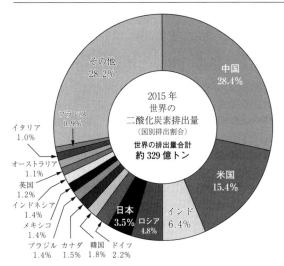

図 2.4.4 2015 年時点での二酸化炭素の国別排出量[4]

地球温暖化は避けられない状況であるが、極端な悪影響がない程度で食い止めるためには、世界で 2050 年までに温室効果ガスの排出量を、2010 年度に比べて 40 ～ 70％に減らし、21 世紀までにほぼゼロにすることが必要とされている。このため、1991 年に米国で第 1 回の気候変動枠組み条約を作る国際会議が開かれ、その後、何回もの会議が開かれている。

日本では、1998 年に「地球温暖化対策推進法」を制定して以来、年度ごとの目標、および国、地方公共団体、事業者、国民の役割等を定めた。

また、2015 年には、国連気候変動枠組み条約第 21 回締約国会議（COP21、パリ会議）が開かれ、二酸化炭素の排出量を、EU は、2030 年までに 1990 年比で 40％減らし、米国は、2025 年までに 2005 年比で 26 ～ 28％減らし、省エネ技術があまり普及していなかったロシアは、2030 年までに 1990 年比で 70 ～ 75％減らし、経済発展が著しい中国は、2030 年までに国内総生産額（GDP）当りの排出量を 2005 年比で 60 ～ 65％減らし、省エネ技術が普及している日本は、2020 年度までに 2005 年度比で 3.8％減らし、2030 年度までに 2005 年度比で 20.5％減らすこと等、多くの国が二酸化炭素を減らす計画を提出した。

例えば、スウェーデンでは、二酸化炭素の発生に税金（炭素税という）をかけるようにした。また、ドイツでは、自家用車の使用を制限して電車やバスの利用を増やす努力等をしている。

さらに、排ガス中の二酸化炭素を除去する方法や深い海に封じ込める方法等も検討されている。

一方、2015 年時点での世界のエネルギー消費は、石油の量に換算すると 1 年間に約 127 億トン分である。そのうちで、約 86.7％が二酸化炭素を発生する石油、石炭、天然ガス等の化石燃料によるもので、水力が 6.7％、原子力が 4.4％、太陽光や風力が 2.2％となっている。

また、日本のエネルギーは、1940 年頃から、石油や原子力に頼ってきたが、2011 年の福島県での原子力発電所の事故以来、原子力発電に対する不安が強くなるとともに原子力発電所の審査が厳しくなり、原子力の割合は小さくなっている。なお、原子力発電所から出される放射性廃棄物の最終的な処分場所もないのが現状である。

このため、国は、水力、風力、波力、地熱等の再生可能エネルギーから造った電気の割合を、2014 年度の 3.2％から、2020 年度には 13.5％、2030 年度には 20％にする方針を示した。この方針に沿って、国や都道府県等が計画をつくり、補助金等のさまざまな支援をしたため、現在は、再生可能エネルギーの割合が目標を上回るようになっている。

輸入化石燃料に頼らずに、日本の広い領海や火山が多い国土等を生かして造る再生可能エネルギーを増やすことは、日本のエネルギーの安全保障にもつながる。

一方、地球温暖化の悪影響を少なくする方法としては、上記のようなエネルギー源を変えることのほかに、エネルギーを上手に使う方法もある。

エネルギーを上手に使う方法の一つとして、熱を逃がしにくくする断熱材をビルや家の壁、工場の加温・加熱装置等に使う方法が利用されている。

また、工場や家庭で発電するとともに、発電に伴って出る排熱も使うコジェネレーションシステムという方法も利用されている。

少ない電気エネルギーによって、空気の圧縮・膨張に伴う熱を使うヒートポンプといわれる方法も、業務用や家庭用のエアコン、冷蔵庫、給湯器等に多く利用され、ビルの冷房からの排熱をそのビル内や周辺ビルで使う方法、工場からの排熱を工場内の他の工程や周辺工場で使う方法、廃棄物焼却場の排ガスで発電したり、排ガスの熱を温室等に供給する方法、下水の熱を使う方法、あるいは地中熱を使う方法等も実用されている。

さらに、多くのエネルギーを排ガス等として放出してしまうガソリンや灯油を燃やして動かす自動車に代わって、エネルギーの利用効率が高い電気だけで動かす電気自動車や電気と燃料を使って動かすハイブリッド車の利用も始まっている。

また、発電に伴う熱の放出を少なくするために、化学エネルギーを電気エネルギーに直接変える燃料電池で発電する方法等も検討されている。例えば、家庭や

ビル等で都市ガス等を使った燃料電池で発電し、そのときに出る排熱を使って冷暖房をする方法の普及が始まり、また、工場の排熱を利用して水から水素を造る方法等の開発も検討されている。

以前は、経済発展に伴ってエネルギー消費量が増えるのは当然と考えられてきたが、2007年以降は、上記のような諸活動によって、日本のエネルギー消費量は減ってきている。ただし、床面積が増えているコンビニ店等や家庭でのエネルギー消費はあまり減っていないので、いっそうの工夫と努力が必要である。

なお、米国のトランプ大統領が地球温暖化の根拠はないといったが、二酸化炭素等の排出量の増加が地球温暖化を進めていること、地球温暖化がさまざまな悪影響を与えてきていることについての科学的な証拠は数多く出されている。

2.4.2 オゾン層の破壊

地球の周りの空気は、地面に近いところでは、風が吹き、海や山の影響で、早く混ざる。ここを対流圏という。この対流圏の高さは、極地では高度8km、赤道付近では高度17kmくらいまでである。その上には、あまり空気が混ざらない成層圏というところがある。この成層圏では、太陽からくる紫外線で空気中の酸素がオゾンに変えられ、オゾンがたまっているオゾン層というところができている。このオゾン層では、太陽からの紫外線が使われ、酸素がオゾンになったり、オゾンが酸素に戻ったりしている。特に、生き物に強い害のある波長の短いC波紫外線の全部とB波紫外線のほとんどがここで使われ、地上には届かなくなっている。すなわち、オゾン層が地上の生き物を守っているのである。

古いフロン類は、食塩に含まれている塩素（クロリン：Cl）と虫歯予防等に使われているフッ素（フロリン：F）と炭素（カーボン：C）からできているため、クロロフルオロカーボン類（略号：CFC類、特定フロン）といわれている。

このCFC類が排出されると、対流圏では分解しにくいので、成層圏のオゾン層まで到達する。このオゾン層で、CFC類に紫外線があたると、非常に活発な塩素（塩素ラジカルという）ができ、この塩素ラジカルは、1個で何万個ものオゾンと連鎖反応を起こし、オゾン層を破壊する。

1974年には、米国のローランド博士（後にノーベル賞を受賞）らが、CFC類はオゾン層のオゾンを減らし、地上にくる生物に有害な紫外線を増やすと警告した。

その後、南極の上空に、ほとんどオゾンがないオゾンホールができ、その原因がCFC類であることがわかってきた。北極でも同じような現象が観測され、南極に近いケープタウンやオーストラリア、北極に近いロシアやアラスカ、北海道でも地上の紫外線量の増加が観測された。

1980年代には、主要な3種類のCFC類が世界中で1年間におよそ100万トン使われていたが、1987年には、米国でヘアスプレー等にCFC類を使うことが禁止され、その後、いくつかの国でスプレーにCFC類を使うことが禁止された。

このように、CFC類の製造や使用が禁止されてきたため、CFC類より対流圏で分解しやすい、水素のついたハイドロクロロフルオロカーボン類（略号：HCFC類、指定フロンといわれている）が使われるようになった。しかし、このHCFC類も、塩素が付いているため、オゾン層を破壊しないわけではない。

一方、国際連合環境計画（UNEP）によると、各国の1989～2000年までのCFC類の使用割合と、1992～2000年までのHCFC類の使用割合は、**図2.4.5**のようになっている。

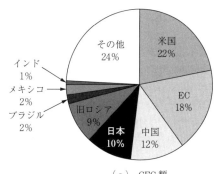

(a) CFC類

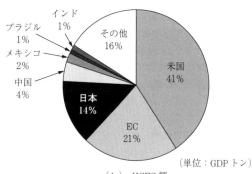

(単位：GDPトン)

(b) HCFC類

図2.4.5 2000年までのCFC類とHCFC類の国別使用割合[5]

CFC類の使用割合は、米国が22%、EC（西ヨーロッパ）が18%、中国が12%、日本が10%であっ

た。また，HCFC類の使用割合は，米国が41％，ECが21％，日本が14％，中国が4％であった。すなわち，日本は，CFC類やHCFC類をかなり多く使っていたので，オゾン層破壊には大きな責任があるといえる。

また，フロン類の塩素が仲間の臭素に置き換わったハロン類もオゾン層を破壊する。

このため，1985年には，オーストリアのウイーンでオゾン層保護条約（略称：ウイーン条約）が認められ，1987年には，カナダでオゾン層破壊物質を減らすモントリオール議定書が採択された。さらに，1990年のロンドン改正，1992年のコペンハーゲン改正，1997年のモントリオール改正，1999年の北京改正，2016年のキガリ改正で段階的に規制強化が行われた。

これらによって，先進国では，ハロン類は1994年までに製造を禁止（全廃といわれているが，使用は続いていた）することになった。また，CFC類，およびCFC類と同じ塩素化合物の四塩化炭素と1,1,1-トリクロロエタンは1996年までに，臭化メチルは2005年までに製造を禁止し，HCFC類も2020年までに製造を禁止することになった。

また，開発途上国では，CFC類，四塩化炭素，1,1,1-トリクロロエタン，ハロン類を2010年までに，臭化メチルは2015年までに，HCFC類は2030年までに製造を禁止することになった。

これらの規制によって，家庭用電気機器メーカ等も，CFC類やHCFC類を回収して，分解・無害化または再利用するシステムを作った。

こういうと，CFC類やHCFC類等がなくなるので安心だと勘違いする人も多いかもしれない。しかし，これらの製造を禁止しても，冷凍倉庫や飲食店等の業務用冷凍庫や冷蔵庫，家庭用の冷凍庫や冷蔵庫の冷媒，およびエアコンの冷媒等としてCFC類やHCFC類等が広く使われ続けている。

さらに，冷凍庫や冷蔵庫等の外側の断熱材，およびビルや家屋の外側の断熱材に使用されているウレタンフォーム等の発泡剤としても，CFC類やHCFC類等が広く使われ続けている。

すなわち，冷媒や断熱材は，10年から100年くらい使われ続けるので，CFC類やHCFC類が長期間，少しずつ環境中に排出され続け，使用後にも，一部が環境中に排出される。

また，これらのCFC類やHCFC類が使われている機器の点検整備から廃棄までに関わる業者や使用者に，規制が徹底されず，かなりの量のCFC類やHCFC類等が大気中に放出されてしまうともいわれている。

そこで，オゾン層を破壊する塩素を含まないフロンとしてハイドロフルオロカーボン（略号：HFC類，代替フロンといわれている）が製造され，エアコンや冷凍庫の冷媒等への使用が急増してきた。

しかし，このHFC類も，大気中の寿命が1.5～222年で，地球温暖化には影響する。

このため，2001年には，CFC類，HCFC類，HFC類等のすべてのフロン類を適正に回収・破壊することを目的とした「フロン回収・破壊法」が制定された。しかし，この法律では，回収・破壊が十分に進まなかった。

そこで2013年6月に，フロン類の回収・破壊に加え，フロン類の製造，フロン類使用機器の点検整備から廃棄までのライフサイクル全体にわたる包括的な対策がとれるように「フロン類の使用の合理化および管理の適正化に関する法律（略称：フロン排出抑制法）」が制定され，2015年4月から施行された。

この法律を基に，日本冷媒・環境保全機構が，冷凍空調機器へのフロン類の充塡から整備，定期点検技術，漏洩予防保全，廃棄時の冷媒回収技術等についての技術者認定制度（第1種と第2種）を設け，漏洩量の報告と公表，回収体制や破壊体制の把握と充実，および回収率（再利用率や破壊率）の向上が図られている。また，日本冷凍空調工業会や日本冷凍空調設備工業会等の関連業界団体とそれらの支部がフロン類の漏洩防止と回収・破壊に協力している。

すなわち，どのフロン類も地球温暖化に影響するので，漏らしたり，捨てたりしないように注意し，使わなくなった装置からは回収して再利用または国が認めた施設での分解・無害化をすることが求められている。

なお，CFC類やHCFC類，あるいはCFC類やHCFC類が使われている機器が輸出入されているとの指摘もあるので，これらの輸出入管理の充実が求められている。

またハロン類は，消火剤として，大きなビルや病院等に大量に貯蔵されている。しかし，火災時以外には大気に出てくることは少ないため，建て替えるとき等に回収して再利用することとされ，消防環境ネットワークがビルや病院等の貯蔵量等をハロンバンクとして登録している。

なお，冷凍庫や冷蔵庫等の冷媒，あるいは家屋，冷凍庫や冷蔵庫等の断熱材等の発泡剤としての特定フロン類や代替フロン類に代わって，炭素と水素の化合物（炭化水素）を使う方法も広まり，水やアンモニア等を使う方法も試験されてきている。

また，ハロン類に代わる新しい消火剤も開発されて一部で使われるようになり，回収したハロン類の分解

処理も行われてきている。

これからは，日本がフロン類等を使わない冷凍・冷蔵技術や断熱技術，およびハロン類を使わない消火技術等の国内での普及だけでなく，国際的な普及に貢献することも求められている。

2.4.3 熱帯林の減少

国際連合環境計画（UNEP）によると，世界の土地劣化の面積と原因は図 2.4.6 のようになっているとされている。

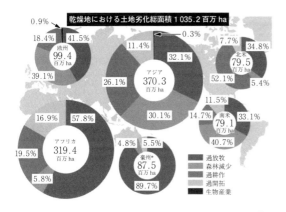

図 2.4.6 世界の乾燥地域における土地劣化の面積と原因[6]

アジアやアフリカの土地劣化面積が大きく，全体的には家畜を多く放牧し過ぎる過放牧による影響が大きいが，南米，欧州，アジアでは，およそ 30 ～ 40％の土地が森林減少によって，栄養に富んだ地表の土壌が水や風で流される（風化する）ために農業や家畜の放牧ができなくなる土地劣化が進行しているとされている。

地球上の森林面積は，約 40 億ヘクタール（1 ヘクタールは 1 万平方メートル）で，地球の陸地面積 130 億ヘクタールの約 31％とされている。そのうち，熱帯地域にある森林の面積は，2015 年現在で 18 億 7 千万ヘクタールである。この熱帯林の中に，地球全体の植物量の 50 ～ 80％があるといわれている。

また，熱帯林は，雨が多く，湿ったところにある熱帯多雨林，季節によって少し乾くところにある熱帯季節林，乾いてまとまった森林ができないところにあるサバンナ林に分けられる。

これらのうちで，熱帯多雨林の面積は，約 9 億ヘクタール，全陸地面積のわずか 5％しかないが，この熱帯多雨林の中に，地球上の生き物の半分以上の種類が生息しているといわれている。熱帯林，特に熱帯多雨林は，生命の宝庫であり，大切な「遺伝子資源」がある場所である。例えば，ボルネオの熱帯多雨林を 1 ヘクタールずつに分けて調べたところ，10 箇所で，およそ 700 種類の木が見つかった。これは，北米全体の 24 億ヘクタールで見つかっている木の種類数と同じといわれている。

また，熱帯多雨林では，多くの植物が育つため，窒素やリン等の栄養分の約 90％が植物の中にある。言い換えると，熱帯多雨林は，土の中には約 10％しか栄養分がない，土がとてもやせた森林である。このため，木を伐採したり，畑にして作物を採取してしまうと，落ち葉等による栄養分の循環がなくなり，土の栄養分がほとんどない荒れた土地になってしまう。このように，一度荒れてしまった森林を元に戻すのは，とても困難である。

このため，1985 年に，国連食料農業機関（略称：FAO）が熱帯林行動計画を決め，熱帯林を守るための五つの方法を示した。62 箇国が，この熱帯林行動計画に沿ったさまざまな努力を行っている。

また，1986 年には，横浜に国際熱帯木材機関（略称：ITTO）ができ，木材が採れる国と木材を使う国とが協力して熱帯木材の貿易と森林を守ることになった。2006 年には，国際熱帯木材協定が採択され，2011 年に発効し，現在，71 箇国と EU が加盟している。この ITTO では，木材を採るだけでない森林の利用方法や林業と農業を組み合わせた土地利用方法，焼き畑をしないですむ暮らし方や薪の上手な使い方等のガイドラインを作成して指導している。これらによって，持続可能な経営ができる熱帯林が，2005 年の 3 638 万ヘクタールから，2010 年には 5 330 万ヘクタールに増えている。

熱帯林の減少面積についても，1981 ～ 1999 年の毎年約 1 100 万ヘクタールが，2000 ～ 2010 年には，毎年約 520 万ヘクタールに改善された。ただし，これでも，1 年間に日本の面積の 14％，1 分間に甲子園球場のグランドの 7.6 倍もの面積の熱帯林がなくなっている。

特に，熱帯林は木材資源の重要な供給源となっている。2014 年時点での熱帯林からの丸太の生産量は，約 2 億 4 320 万立方メートル，製材の生産量は約 5 250 万立方メートル，合板の生産量は約 1 900 万立方メートルであり，ここ数年は大きな減少はない。このような木材生産のための伐採等によって弱っている熱帯林の面積が，熱帯林減少面積の何倍もあり，生態系も激変しているとされている。

一方，世界の熱帯林以外も含めた森林の面積は，伐採と植林のバランスで，地域によって増えたり減ったりしている。

国際連合食糧農業機関（FAO）の世界森林資源評価（FRA）によると，2010～2015年に正味の森林面積が減少している10箇国と，増加している10箇国は，**表2.4.1**のようになっている。減少している国は，ブラジル，インドネシア，ミャンマー，ナイジェリア，タンザニア等であり，逆に増加している国は，中国，オーストラリア，チリ，米国，フィリピン等となっている。

表2.4.1 森林面積の増減（2010～2015年）[7]

(a) 2010～2015年に正味の森林面積が減少している国

順位	国名	年間純減少面積〔千ha〕	2010年の森林面積における割合〔%〕
1	ブラジル	984	0.2
2	インドネシア	684	0.7
3	ミャンマー	546	1.7
4	ナイジェリア	410	4.5
5	タンザニア	372	0.8
6	パラグアイ	325	1.9
7	ジンバブエ	312	2.0
8	コンゴ民主共和国	311	0.2
9	アルゼンチン	297	1.0
10	ボリビア	289	0.5

(b) 2010～2015年に正味の森林面積が増加している国

順位	国名	年間純増加面積〔千ha〕	2010年の森林面積における割合〔%〕
1	中国	1 542	0.8
2	オーストラリア	308	0.2
3	チリ	301	1.8
4	米国	275	0.1
5	フィリピン	240	3.3
6	ガボン	200	0.9
7	ラオス	189	1.0
8	インド	178	0.3
9	ベトナム	129	0.9
10	フランス	113	0.7

また，1990年と2015年を比較した森林面積の正味の増減（単位：千ha/年）は，**図2.4.7**のようになっている。

植林面積についてみると，2014年末で世界合計で約28.2万ヘクタールが植林され，中国やベトナム，インド，米国等では植林によって森林の減少が抑えられている。しかし，植林の多くは，木材として利用できる木を植える産業植林で，いろいろな雑木が生え，実がなり，多様な鳥や動物が生きていける天然の森林のような植林がされることはまれである。

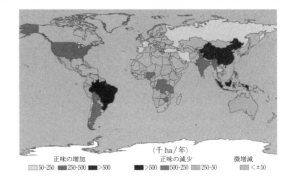

図2.4.7 1990年と2015年を比較した森林面積の正味の増減国[8]

日本についてみると，1975～1986年には，熱帯林等で採れる広葉樹の丸太を主とする産業用丸太の70％以上を輸入していた。その量は，世界の貿易量のおよそ40％以上で，針葉樹も含めた全木材の輸入量も日本が世界一であった。日本が，他の国の森林を最も多く消費していたことになる。

一方，丸太を輸出している国は，いままで多かったマレーシアで森林保護のために木の伐採が規制されたため，2003年にはロシアがずばぬけて多くなり，世界の約31％にもなっている。また，加工したベニア板等の製材を輸出している国は，カナダが最も多く，約31％，次いでスウェーデンが約8.9％，ロシアが約8.5％となっている。このカナダやスウェーデン，ロシアは，平均気温の低い国であるから，木の生育速度が遅く，伐採された森林を復活させるのには長期間が必要な国であることに注意が必要である。

また，これらの木材は，紙の原料としても使われている。木の半分くらいは，セルロースという繊維分で，紙はこの繊維分からつくられている。木の繊維分以外を水に溶けるようにして網の上で洗うと，繊維分（パルプという）だけが網の上に残る。このパルプを水に入れ，粘土の粉等を混ぜ，さらに，網の上に薄くつけて，乾燥すると紙ができる。

すなわち，木の成分のおよそ半分だけが紙になり，残り半分は捨てられるか，燃料にされる。

また，日本人はエビ好きで，米国に並ぶエビ消費大国である。ここ数年は消費量が減少傾向であるが，2016年の1世帯当りのエビ消費量は全国平均で1 550g，すなわち，1年間におよそ19万トンものエビを日本人が消費している。

この日本人が消費しているエビの約92％は輸入エビである。タイ，ベトナム，インド，インドネシア，中国から，それぞれ17.4％，16.3％，14.9％，14.7％，8.2％輸入している。この輸入エビの多くが沿岸で養殖されているが，エビの養殖池を作るために，熱

2. 環境安全

表 2.4.2 乾燥地域に住む人口（単位：千人）と各大陸の総人口に占める割合[9]

	極乾燥地域		乾燥3地域						
			乾燥地域		半乾燥地域		乾燥半湿潤地域		計
アフリカ	58 175	9%	41 366	6%	117 573	18%	109 038	16%	40%
アジア	29 506	1%	161 556	5%	500 695	15%	657 899	19%	39%
オーストラリア※	0	0%	275	1%	1 352	5%	5 318	19%	25%
ヨーロッパ	0	0%	628	<1%	28 811	5%	115 146	21%	26%
南アメリカ	3 877	1%	6 330	2%	46 851	16%	33 777	12%	30%
北アメリカ	508	<1%	12 750	3%	53 900	13%	24 342	6%	22%

〔注〕 ※ニュージーランドおよび近海諸島を含む

帯林が破壊されている例もある。

日本人がエビを安く食べられるのは，東南アジアやインド，中国等で，熱帯林が破壊されて養殖されている分もあることを知る必要がある。

なお，日本で洗剤等に多く使われているやし油を採るためのやし畑，およびコーヒーやココアの原料となるカカオを採るためのカカオ畑を作るためにも，東南アジアや西アフリカ等の森林が破壊されている分があることも知る必要がある。

2.4.4 砂　漠　化

土地の乾燥状態は，「乾燥度指数 AI」という年降水量 mm を年平均気温〔℃〕+10 で割った指数で評価され，この AI が 0.05 未満の土地は極乾燥地域，AI が 0.05 以上で 0.20 未満の土地は乾燥地域，AI が 0.20 以上で 0.50 未満の土地は半乾燥地域，0.50 以上で 0.65 未満は乾燥半湿潤地域とされている。

環境省が示している国際連合開発計画（UNDP）と国連スピリチュアル機関（UNSO）の 1997 年報告によると，乾燥地域に住む人口と各大陸の総人口に占める割合は，**表 2.4.2** のようであるとされている。

また，世界で砂漠化の影響を受けやすい地域は，**図 2.4.8** のようになっているとされている。

森林がどんどん減少する一方で，草木がほとんどない砂漠が，毎年，600 万ヘクタールずつ増え，砂漠に

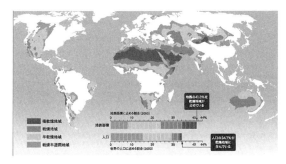

図 2.4.8 砂漠化の影響を受けやすい乾燥地域の分布[10]

近付いているところも毎年，400 万ヘクタールずつ増えている。両方を合わせると，毎年，本州の半分くらいの面積が砂漠になったり，砂漠に近付いている。

欧州，アフリカ，アジア，南米，オーストラリア，北米のそれぞれでは，33％，25％，22％，15％，13％，11％，合計では全陸地面積のおよそ 4 分の 1 の36 億ヘクタールの土地が砂漠化し，世界人口のおよそ 6 分の 1 の 10 億人が，砂漠化のひどいところに住んでいるとされている。また，この 2 倍程度の人が砂漠の影響を受けているとされている。

砂漠が増える原因は，地球の気候が変わって雨がほとんど降らないところが増えてきたことのほかに，人口が増え，たくさんの家畜を放牧しすぎること，薪をとりすぎること，肥料をやらずに農業をして土の中の栄養分をなくしてしまうこと，間違った水管理をすること等によるとされている。

この砂漠化の防止のために，1977 年に，国際連合の砂漠化防止会議が開かれ，砂漠化を防ぐための行動計画が決められた。また，1985 年には，アフリカ諸国の環境大臣会合で，砂漠化対策の計画が決められた。1994 年には，国際連合の砂漠化対処条約が採択され，1996 年に 86 箇国の参加で発効した。その後，194 箇国と EU がこの条約の締約国になり，2015 年までに 12 回の締結国会議が開かれ，長期的な対策が進められている。

日本では，モンゴルで，気候変動による砂漠化に対する遊牧民の能力形成事業を実施するとともに，アフリカで，伝統的知識や在来技術を活用した砂漠化対処技術の移転事業等を行っている。

また，2016〜2017 年期の砂漠化防止の事務局予算は，16 188 082 ユーロ（2017 年 4 月 1 日現在，1 ユーロは約 130 円）で変化していないが，事務局ホスト国のドイツを除いた条約締約国の砂漠化防止のための分担金を 1.8％増の 14 965 498 ユーロにすることが承認され，日本は，前期比で 2.3％増の 1 631 637 ユーロを拠出することになった。

（浦野紘平）

引用・参考文献

1) 気象庁，世界の年平均気温偏差
   http://www.data.jma.go.jp/cpdinfo/temp/an_wld.html （2019年1月現在）
2) 気象庁，人為起源の温室効果ガスの総排出量に占めるガスの種類別の割合
   http://www.data.jma.go.jp/cpdinfo/chishiki_ondanka/pdf/p04.pdf （2019年1月現在）
3) 名古屋地方気象台，0年から2005年までの温室効果ガスの濃度
   http://www.jma-net.go.jp/nagoya/hp/asl/ondanka2014.pdf （2019年1月現在）
4) 日本エネルギー経済研究所計量分析ユニット編，エネルギー・経済統計要覧2016年版，世界の二酸化炭素排出量，省エネルギーセンター
   https://www.eccj.or.jp/book/new77.html （2019年1月現在）
5) 環境省，世界のCFCおよびHCFC消費量に占める日本の割合
   http://www.env.go.jp/council/06earth/y066-04/ref01_3.pdf （2019年1月現在）
6) 環境省，世界の乾燥地域における土地劣化の要因と面積，砂漠化する地球－その現状と日本の役割
   http://www.env.go.jp/nature/shinrin/sabaku/index_1_3.html （2019年1月現在）
7) 国際連合食糧農業機関（FAO），正味の森林面積が減少している10ヶ国と増加している10ヶ国，世界森林資源評価2015
   http://www.rinya.maff.go.jp/j/kaigai/attach/pdf/index-2.pdf （2019年1月現在）
8) 林野庁，1990年と2015年を比較した森林面積の正味の増減（単位1000ha／年）森林・林業分野の国際的取組
   http://www.rinya.maff.go.jp/j/kaigai/index.html#FRA2015 （2019年1月現在）
9) 環境省，乾燥地域に住む人口と総人口に占める割合，砂漠化の原因
   http://www.env.go.jp/nature/shinrin/sabaku/download/p2.pdf （2019年1月現在）
10) 環境省，砂漠化の影響を受けやすい乾燥地域の分布，砂漠化とは
    http://www.env.go.jp/nature/shinrin/sabaku/download/p1.pdf （2019年1月現在）

・浦野紘平，浦野真弥，地球環境問題がよくわかる本，オーム社（2017）
・浦野紘平，浦野真弥，えっ！そうなの？！私たちを包み込む化学物質，コロナ社（2018）

2.4.5 酸性雨

〔1〕 広義の酸性雨問題

狭義の意味での酸性雨とは，化石燃料の燃焼に伴い大気へ放出された硫黄酸化物や窒素酸化物が雲や降水に取り込まれて，硫酸や硝酸に変化し，強い酸性を示す降水となって地上へ降下する現象をいう。このような酸性雨は，湖沼や河川のpHの低下や土壌の酸性化などを引き起こし，生態系へ影響を与える。また，歴史的な建造物に大きな被害を与えている事例もある。一方，これらの影響は，硫酸イオンや硝酸イオンを含む降水によってのみもたらされるものではない。二酸化硫黄や窒素酸化物などの大気中に存在するガス状物質は，降水を介さずとも，直接地表面と接触して付着する。さらには，粒子状物質に含まれる硫酸イオン，硝酸イオンも同様である。酸性物質が，降水を介して地上へ降下する現象を湿性沈着，ガス・粒子状物質として直接地表面へ付着する現象を乾性沈着という。一般的に酸性物質の乾性沈着量は，湿性沈着量に匹敵すると評価されており[1]，生態系や建造物などへの影響を考える際には，湿性沈着だけではなく，乾性沈着も考慮しなければならない。また，これらの物質は気流とともに長距離輸送され，数千km離れた場所へ被害を及ぼすこともある。例えば，欧州では酸性雨の原因となる大気汚染物質が国境を越えて，湿性または乾性沈着し生態系への被害をもたらす深刻な問題となっており，その対策として長距離越境大気汚染条約が締結されている。

このように，酸性雨問題を俯瞰すると，前述した狭義の意味は，問題のごく一部を言い表しているに過ぎないことがわかる。広義の意味では，酸性雨問題とは，酸性物質が発生源から長距離輸送され，地表面へ湿性または乾性沈着し，生態系などに影響を及ぼす問題といえる。東アジア各国が協力して酸性雨問題に取り組んでいるEANET（Acid Deposition Monitoring Network in East Asia）では，その名称にacid rain（酸性雨）ではなく，acid deposition（酸性沈着）が用いられており，湿性沈着だけでなく乾性沈着のモニタリングも実施されている。ただし，日本においては「酸性雨」という名前が広く普及しているため，EANETの日本語名称は，東アジア酸性雨モニタリングネットワークとなっている。また，環境省が実施する日本における酸性雨対策としてのモニタリングは，「越境大気汚染・酸性雨長期モニタリング」という名称が用いられ，越境大気汚染も視野に入れた調査が実施されている。現在では，一般的に普及している「酸性雨」という言葉を使いつつ，実際には，長距離輸送される酸性物質の沈着およびその影響について，調査研究や対策がなされている状況である。

〔2〕 湿性沈着と乾性沈着

大気中の物質が植生，土壌，水面などさまざまな地上の表面に沈着する現象を大気沈着という。大気沈着

のおもなプロセスには，前述したように，物質が雲や降水に取り込まれて地表面に沈着する湿性沈着と，物質が降水を介さずガス状または粒子状の状態のまま地表面に沈着する乾性沈着とがある（図2.4.9参照）。さらに，山岳地域などの雲や霧に覆われることが多い場所においては，湿性・乾性沈着のほかに，雲・霧沈着も重要になる。

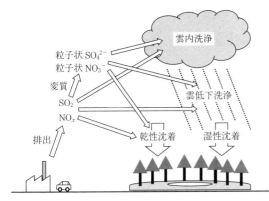

図2.4.9　湿性沈着と乾性沈着のプロセス

（a）**湿性沈着**　湿性沈着は，降水による大気汚染物質の除去という見方もあり，物質が雲に取り込まれて除去されるプロセスを雲内洗浄，落下中の降水に取り込まれて除去されるプロセスを雲低下洗浄という（図2.4.9参照）。両プロセスともに，ガス・粒子状物質は雲粒や雨粒と接触することにより取り込まれる。さらに，雲内洗浄においてのみ，粒子状物質が雲核となって雲粒を形成することにより取り込まれるプロセスもある。湿性沈着量は，一定期間降水を捕集し，捕集された降水中の硫酸イオン，硝酸イオンなどの化学成分の濃度と捕集期間中の降水量との積から求める。EANETなどの国際的なモニタリングネットワークでは，降水捕集器には，非降水時は蓋をして降水時のみ蓋を開けて捕集するウェットオンリーサンプラが用いられている。これは，非降水時の捕集部への乾性沈着の影響を取り除くためである。

降水成分には，硫酸イオン，硝酸イオン，塩化物イオンなどの陰イオンのほか，水素イオン，ナトリウムイオン，カルシウムイオン，カリウムイオン，マグネシウムイオン，アンモニウムイオンなどの陽イオンが含まれる。日本の各地における5年間（2008～2012（平成20～24）年度）の降水の平均pHは4.60～5.21の範囲にあった[1]。場所によっては，硫酸イオンや硝酸イオンがきわめて高濃度で存在しても，同時にカルシウムイオンあるいはアンモニウムイオンが高濃度で存在することによりpHがそれほど低くない降水がみられる場合がある。これは，降水へカルシウムイオンを含む土壌粒子やアンモニアが取り込まれて中和が起こった結果である。また，沿岸地域では，降水成分中に海水の影響が強く見られる。このような場合，ナトリウムイオンをすべて海水由来と仮定し，海水成分比から各成分の海水由来分を算出し，海水由来を除く成分（非海塩由来成分）を推計する方法が用いられる[2]。

（b）**乾性沈着**　乾性沈着は，ガスや粒子状物質が，植生，土壌，水面などさまざまな地上の表面に直接付着して，大気から除去されるプロセスである（図2.4.9参照）。重力により沈着するものは固定発生源近傍の降下ばいじんのように粒径が大きい粒子状物質に限られ，酸性雨の影響が懸念される発生源から遠く離れた地域への乾性沈着への寄与は小さい。このような地域の乾性沈着に大きく寄与しているものは，ガス状物質と重力の影響が小さく大気中に浮遊する粒径10 μm以下の粒子状物質である。これらは，拡散により大気中を鉛直方向に移動し，地表面と接触して，付着，反応，溶解などのプロセスにより取り込まれる。鉛直方向の移動について，上空では乱流拡散，沈着面直近では分子拡散（ガス）やブラウン拡散（粒子）が支配的である。

乾性沈着を直接測定する方法として，大気中の鉛直方向の物質の移動量（フラックス）を測定する方法があり，具体的には，渦相関法，緩和渦集積法，濃度勾配法などがある[2]。これらの測定法では，測定高度における単位面積，単位時間当りにどれだけの物質が鉛直移動したかを乱流の情報とともに測定し，正味の下方移動量を乾性沈着量とする。また，ある表面に付着した物質を抽出して測定することにより乾性沈着量を求める方法として，林内雨・樹幹流法，代理表面法などがある。これらの直接測定法は，乾性沈着メカニズムを解明するために不可欠な手法であるが，それぞれ測定可能な物質や対象表面が限られているため，広域での実態を長期的に評価するモニタリングネットワークでは扱いづらい。EANETや米国のCASTNET（Clean Air Status and Trends Network）などのモニタリングネットワークでは，乾性沈着推定法（Inferential法）[3]という間接的に乾性沈着を測定する方法が用いられている。この方法は，乾性沈着への寄与が大きいガス・粒子成分の濃度を測定し，各濃度とそれぞれの沈着のしやすさを表す沈着速度の積から乾性沈着量を求める。沈着速度は，沈着速度を推測するモデルを利用し，沈着速度へ影響を及ぼす要素（土地利用，風速，相対湿度，日射量など）の情報あるいは測定値を入力して求める。乾性沈着への寄与が大きい成分として，

硫黄酸化物では，二酸化硫黄と粒子状硫酸イオン，窒素酸化物では，硝酸ガスと粒子状硝酸イオンなどが挙げられる。なお，二酸化窒素は沈着速度が小さく，高濃度汚染地域を除けば乾性沈着への寄与は比較的小さい。富栄養化の評価を目的として反応性窒素の沈着を考える際は，上記の窒素酸化物以外に，アンモニアと粒子状アンモニウムイオンの乾性沈着も重要となる。

図 2.4.10 は，日本の遠隔域に位置する EANET 局における窒素酸化物の沈着量分布である（Ban, et al., 2016[4]）を基に作成）。湿性沈着は降水中の硝酸イオン（Wet NO_3^-），乾性沈着は硝酸ガス（Dry HNO_3）と粒子状硝酸イオン（Dry $pm-NO_3^-$）の沈着量を表す。日本の遠隔域において，本州および沖縄の測定局で沈着量が多く，これらの地点では湿性沈着量と乾性沈着量が拮抗していることがわかる。

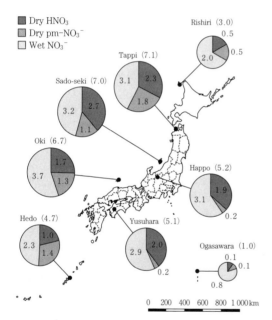

図 2.4.10 EANET 遠隔測定局における 2003 〜 2012 年の期間の窒素酸化物の平均年間沈着量。
数字は沈着量（kg・N・h^{-1}・year^{-1}）を示す。

〔3〕 生態系への影響

硫黄酸化物や窒素酸化物の大気沈着は，湖沼や河川の pH 低下を招き，水中の生態系へ影響を与える。特に北欧では，多くの湖沼で酸性化が進み，魚類の生息に悪影響が出ている。森林被害は，酸性・酸化性物質の樹木への乾性沈着による直接的な影響や土壌の酸性化による間接的な影響のほか，病害虫などさまざまな要因が複合的に作用して起こると考えられており，欧州や北米などにおいて数多くの報告事例がある。さらに，酸によって腐食される大理石や金属などで造られた建造物も被害を受ける。特に，歴史的な遺跡や石像などの被害は顕著である。環境省の調査によると[1]，日本の一部の地点で土壌 pH の低下，湖沼や河川の pH の低下など，大気沈着との関連性が示唆される経年変化が確認されている。特に，測定局が設置され重点的な調査が行われている岐阜県伊自良湖集水域では，土壌の酸性化や窒素飽和の状態が進んでいることが示唆されており，今後の推移が注視されている。

〔4〕 酸性雨問題に対する国際協力

酸性雨問題を広義で捉える場合，その原因物質を削減するのに国内の発生源対策だけでは不十分であり，周辺国の発生源対策も同時に進める必要がある。欧州では，深刻な被害を鑑みて早い段階で長距離越境大気汚染条約が締結されている（1983 年発効）。この条約の下，ヨーロッパ各国が協力して越境大気汚染の監視および評価を行うための議定書が 1984 年に採択され，これに基づいて EMEP（Co-operative Program for Monitoring and Evaluation of the Long-Range Transmissions of Air Pollutants in Europe）が稼働し，その後の排出量を規制するための国際的な対策作りに不可欠な科学的な根拠を与える活動を行ってきた。具体的な対策として，硫黄酸化物，窒素酸化物，揮発性有機化合物などの排出を削減するための議定書を順次作成，発効し，国際的に協力して排出量を削減することに成果を上げてきた[5]。北米においても深刻な被害があったため，米国とカナダの間で，酸性雨被害防止のための二国間協定が 1991 年に調印されている。

近年，東アジアでは，地域全体の酸性物質の排出量の伸びが世界最大であり，将来，生態系への深刻な被害が懸念されている。このような酸性雨問題への政府間の取組みとして，前述した EANET が稼働しており，現在 13 箇国（日本，中国，韓国，モンゴル，ロシア，インドネシア，カンボジア，タイ，フィリピン，ベトナム，マレーシア，ミャンマー，ラオス）が参加している。EANET は，東アジアにおいて酸性雨問題への共通理解を形成し，酸性雨による環境への悪影響を防止するための政策決定に有益な情報を提供し，EANET の参加国間での協力を推進することを目的として 2001 年から本格稼動を開始した。本格稼動後，モニタリングのさらなる整備や精度保証・精度管理の充実化が進められ，モニタリングデータを基にした東アジアの酸性雨の状況に関する定期報告書も発表されている。このような EANET の活動は EMEP と同様に，将来，東アジアにおける国際的な協力による排出量削減を実現させるための科学的根拠を与えるものである。

（松田和秀）

引用・参考文献

1) 環境省，越境大気汚染・酸性雨長期モニタリング報告書（平成20～24年度）
http://www.env.go.jp/air/acidrain/monitoring/rep3.html（2019年1月現在）
2) 藤田慎一，三浦和彦，大河内博，速水洋，松田和秀，櫻井達也，越境大気汚染の物理と化学，改訂増補版，pp181-219，成山堂（2017）
3) EANET, Technical Manual on Dry Deposition Flux Estimation in East Asia,
http://www.eanet.asia/product/manual/techdry.pdf（2019年1月現在）
4) Ban, S., Matsuda, K, Sato, K., and Ohizumi, T., Long-term assessment of nitrogen deposition at remote EANET sites in Japan, Atmos. Environ.
http://dx.doi.org/10.1016/j.atmosenv.2016.04.015（2019年1月現在）
5) 畠山史郎，三浦和彦編著，みんなが知りたいPM2.5の疑問25，pp.119-125，成山堂（2014）

2.4.6　野生生物種の減少

地球上に生存する何千万種もの生物は，種ごとに形態も生活史もさまざまであり，それぞれの種内にも豊富な遺伝的変異が含まれている。このような生物多様性は，いまからおよそ38億年前に地球上に生命が誕生して以来，脈々と続いてきた生物進化と絶滅の歴史の繰返しの中で誕生したものである。

生物は，その進化の歴史の中で多くの種が絶滅しており，特に大絶滅と呼ばれる地球規模での生物種の激減を5回も経験してきた。中でも有名なのは6 500万年前白亜紀後期の恐竜の大絶滅である。これらの大きな破局の原因は，大陸移動などの地殻変動や隕石の衝突などの大異変に伴う気候変化と考えられている。

大絶滅のたびに生物種は大幅に減少したが，それは新しい種の進化の場を与えてくれる重要なイベントでもあった。白亜紀後期の恐竜の絶滅によって，それまで影を潜めていた哺乳類が代わって地上で繁栄し，6 000万年以上もの年月をかけた進化の果てにわれわれ人類が誕生した。

しかし，人類の誕生は，新たな絶滅の歴史の始まりでもあった。人類は先史時代の分布拡大に伴い，地球上の生物たちをつぎつぎに絶滅に追いやってきた。現在の地球上で起こっている生物種の絶滅速度は過去のいかなる絶滅よりも圧倒的に大きいとされる。現在の大絶滅では，熱帯林の奥地から極地の氷上に至るまで，地球上の至る所に人間活動の影響が及び，新しい種を生み出すための遺伝子資源と進化のための時間が急速に奪われている。

〔1〕熱帯林・生息地の破壊

世界規模での生態系破壊の中でも森林破壊は最も深刻な問題である。いまから8千年前の地球上は，50～60億ヘクタールにも及ぶ森林に覆われていた。しかし，人間による土地開発や木材資源の伐採のために，現在では森林の総面積は3分の2の39億9000万ヘクタールにまで縮小し，いまもなお消失を続けている（図2.4.11参照）。森林破壊で最も深刻で危機的状況にあるのが，熱帯林地域である。熱帯林の面積は約16億ヘクタールで地球上の全陸地面積のわずか7％を占めるに過ぎない。このわずかな面積地帯に地球上の全生物種の40％以上が生息しているとされる。すなわち，熱帯林は生物多様性の宝庫ともいうべき重要な地域であり，熱帯林の消失は地球レベルの生物多様性減少に直結する。

■8 000年前の未開拓の森林　■現在の未開拓の森林　■乱開発が進行中の森林

図2.4.11　世界の森林帯の状態（FAO, State of the World's Forests 2016 より作図）

われわれ日本人も，こうした熱帯林の破壊とは無縁ではなく，これまで東南アジアで伐採されている木材の7割は，日本が消費してきた。外材を大量消費する一方で，日本はこれまで天然林からスギ・ヒノキへの植林を進めながら，それら二次林の利用を放棄し，衰退した二次林は生物多様性の低下とともに土砂流出機能を喪失し，近年の土砂災害頻発の引き金となっている。

〔2〕有害物質による汚染

有害化学物質による汚染もまた生物多様性に多大なダメージを与える。人間は，石油化学を駆使して，農薬や化学肥料，プラスチック，医薬品など多くの合成化学物質を生産してきた。しかし，これら化学物質の中には，自然界に流出することで生物多様性に深刻なダメージを与えるものが多数含まれる。自然生態系の中には存在し得なかった合成化学物質に対して，多くの野生生物は防御機構も分解能力も持ち合わせていない。

特に近年，中国を始めとする新興国における経済の急成長に伴う環境汚染は，国境を超えて生態系に深刻な影響を与えている。一方，かつては公害大国であった日本は，公害対策基本法（現在，環境基本法）のもとに徹底した公害対策を行ったおかげで，工業汚染は劇的に改善されたが，一方で国民生活の向上に伴い，消費が増大し，現在日本の河川・沿岸における汚染源の8割はわれわれ個人個人が排出する生活排水とされる。

例えば，日常的に使用する商品の中にも環境リスクが高い物質が含まれる。シャンプーのふけ・かゆみ防止成分として使用される抗菌剤ジンクピリチオンは水生生物に対して高い毒性を示し，わずか5 ppbという低濃度で魚類の胚発育に影響を及ぼし催奇形性を示す（図2.4.12参照）。

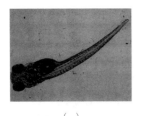 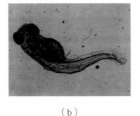

（a）　　　　　　　　（b）

図2.4.12　ゼブラフィッシュの正常な稚魚（図（a））とシャンプーのふけ・かゆみ防止成分の低濃度曝露によって背骨が曲がった状態でふ化した稚魚（図（b））

過剰な農薬使用もまたさまざまな生物種に対して有害な影響を与えてきた。DDTといわれる有機塩素系殺虫剤は，害虫防除にすぐれ，戦後の農業生産やマラリア媒介蚊の撲滅等，人間社会に多くの利益をもたらしたが，一方で環境中での分解が遅く，動物の体内に高濃度で残留するという生態濃縮による野生生物の健康影響が問題となった。

現在ではネオニコチノイドといわれる新しいタイプの殺虫剤による野生ハナバチ類やトンボ類に対する悪影響が国内外で報告されている。

〔3〕　乱　　　獲

多くの野生生物種が有史時代以降，人間によって資源として大量に捕獲され，絶滅に追いやられてきた。かつて北太平洋のベーリング海に生息していた大型の海産哺乳類であるステーラーカイギュウは，人間に発見されてからわずか30年足らずの1768年かそれ以降に捕食され尽くして絶滅したとされる。

タスマニアではフクロオオカミといわれる肉食性の有袋類が，入植したヨーロッパ人の手によって，家畜の有害獣として駆逐された。

マダガスカル沖のモーリシャス島に生息していた地上性鳥類ドードー，ニュージーランドに生息していた巨鳥モア，北米大陸のリョコウバト，そして日本列島のニホンオオカミやトキなども人間の乱獲によって絶滅に追いやられたとされる。

現代に入っても，乱獲は続き，かつて2 000万頭生息していたとされるアフリカゾウは象牙目的の狩猟によって1990年代までに50万頭以下まで減少した。ウミガメのタイマイはその甲羅が鼈甲として重宝され，近年まで乱獲が続き，絶滅危惧状態にまで個体数が減少した。

日本は，生物の乱獲にも大きく加担してきた。1982年時点で象牙世界総取引量の約60％を，タイマイの甲羅を年間30～40トン輸入していた。さらに，モロッコのタコを毎年2万トン以上乱獲し，絶滅の危機に追いやった。その後，アフリカゾウとタイマイは，ワシントン条約により国際取引が禁止され，モロッコのタコは政府により禁漁処置が発動された。

2014年，ニホンウナギが絶滅危惧種に指定されたことが話題になったが，これも日本人が薄利多売で大量に捕獲し，食べ続けてきた結果といっていい。

〔4〕　外　来　生　物

意図的であると非意図的であるとにかかわらず，人の手によって本来の生息地から他の生息地に移動させられ，新たに根付いたものを外来生物という。

外来生物は外国産の生物種というイメージが強いが，国内の特定地域に生息する生物を，国内の別の場所に移送させた場合も，外来生物の定義に当てはまる。例えば沖縄の生物を，北海道に移動させた場合などがそれにあたる。

生物の種や個体群の生息地には地理的区分がある。生物地理境界線という区分境界線を超えることが外来生物の定義であり，人間社会が人為的に定めた国境線は重要ではない。

多くの外来生物は，移送先の環境になじめず，定着できないが，一部に新天地の環境に適応し，本来の生息地よりも繁栄して，在来の生物相や生態系に悪影響を及ぼすものが存在する。こうした外来生物を侵略的外来生物と呼ぶ。現在，世界レベルで，侵略的外来生物による生物多様性の減少が問題とされている。国際自然保護連合（IUCN）は，「レッドリスト2002」において，侵略的外来生物を，「生息地の破壊・悪化」および「乱獲」に並ぶ，野生生物の三大絶滅要因の一つと位置付けている。

例えば日本では，北米原産のオオクチバスは，1925年に食用目的で導入されたものが，戦後，スポーツフィッシングの流行で，日本各地の湖沼に放流され

て，分布が広がり，在来魚類の天敵として猛威をふるっているとされる。東南アジア原産のフィリマングースは1910年沖縄島に，その後，1979年奄美大島にハブ退治目的で導入されたが，昼行性のマングースは夜行性のハブと野外で出会うことはほとんどなく，代わりにヤンバルクイナやアマミノクロウサギ等の希少種を補食していることが問題となっている。アライグマは，1970年代に放映されたアニメーションの影響で，ペットとして大量に輸入されたが，飼いきれなくなった飼い主たちが，野外に逃がしてしまった。現在では全国レベルで野生化が拡大し，各地で深刻な農業被害をもたらすとともに在来種の生息域を奪っている。

意図的に導入されるものだけでなく，輸入資材に付着して侵入してくる「非意図的」外来生物も増え続けている。南米原産のアルゼンチンアリは，1990年代に入ってから，日本各地でも港湾都市を中心に侵入が確認されており，侵入先において，在来アリ類を駆逐するとともに，家屋にまで侵入して大きな問題となっている（図2.4.13参照）。

図2.4.13　アルゼンチンアリ（坂本佳子撮影）

外来生物による影響は，つねに日本の在来生物が被害者というわけではなく，日本の生物も海外では有害な外来生物と化す。例えば日本の雑草クズは，北米に緑化目的で持ち込まれたものが，現在，猛烈な勢いでその分布を広げており，防除困難として問題となっている。

経済開発は，外来生物を受け入れやすい環境も生み出している。農耕地や宅地の拡大などの環境改変は，在来生物の生息地を分断化し，生態系システムを撹乱する。人為的撹乱環境が拡大して，在来生物が衰退する中，生態系の隙間を埋める形で，外来生物が定着して分布を拡大することとなる。日本および世界における環境の人為的画一化が単一優占種としての外来生物の蔓延を促している。

〔5〕　感　染　症

近年，人間社会においてSARSやAIDS，エボラ出血熱など新興感染症の発生と流行が問題になっているがこれらの感染症は，野生生物にとっても大きな脅威となりつつある。

タンザニアのセレンゲティ国立公園では，1991年に野生イヌが絶滅したが，その原因は，人間が持ち込んだ飼育犬が保有するジステンパーウイルスや狂犬病ウイルスとされる。

セイヨウミツバチの感染症であるバロア病をもたらすミツバチヘギイタダニというダニの起源は東アジアで，この地域にヨーロッパ産セイヨウミツバチが持ち込まれたことで，世界各地に感染が拡大した。

近年，世界各地で急速に両生類の絶滅を引き起こしているツボカビ症という新興感染症は，カエルツボカビ菌という両生類の皮膚に特異的に寄生する真菌が病原体であるが，本菌の起源が実は日本にあったとされる。食用およびペット目的での両生類の国際トレードが，日本国内で無害であった病原菌を世界中に移送させ，免疫のない海外の両生類の間で大流行したものと推定される（図2.4.14参照）。

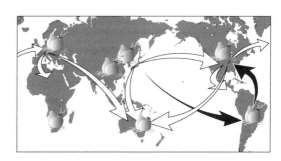

図2.4.14　カエルツボカビ菌の世界的分布拡大推定ルート

〔6〕　地　球　温　暖　化

気候変動に関する政府間パネルIPCCでは，地球温暖化が野生生物種の絶滅をもたらすリスクの予測がされているが，現時点では確固たる事例や証拠は報告されていない。温暖化による生物分布および季節性の変化は，個体レベルから群集レベルに至るさまざまなレベルで生態影響を及ぼすとされ，さらに生態系ネットワークを介して，温暖化影響はさまざまな生物に直接もしくは間接に作用するため，影響の予測および評価は簡単ではない。

〔7〕　人間社会と野生生物

いま，地球上で進行している野生生物減少の根本原因は，人間という生物が爆発的に増加し，地球上のエネルギーの大部分を独占していることにある。本来，

地球上の生物は，生態系というシステムの中で物質循環を行い，その生息数のバランスをとってきた。そうした自然循環システムから逸脱した生活を人間が送るようになったことから，生態系に大きな負荷が加わるようになり，生物の生息環境の悪化を招いている。野生生物の減少は，私たち一人ひとりの生活様式と密接に結び付いた問題といえる。

人間の経済発展を成功させ，維持するための土台は地球環境であり，それを支えているのは，多くの生物種である。人間は自らの幸福と発展のためにも，生物と共生して生きていかなくてはならない。今後，個人レベル，国家レベル，そして地球レベルで，これまでの消費型経済活動から，持続利用型の経済活動へとパラダイムの変換が求められる（図2.4.15参照）。

（五箇公一）

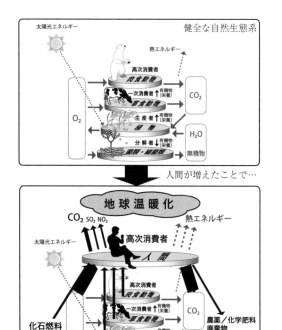

図2.4.15 健全な生態系と人口爆発後の崩壊した生態系

2.4.7 海洋汚染
〔1〕 海洋汚染の対策と特性

海洋の水質・底質・生態系に与える人為的なインパクトには，化学的な汚染と有機汚濁がある。重金属や有機塩素化合物などによる化学的な汚染は，急性あるいは慢性毒性という健康被害をもたらす。一方，有機汚濁は赤潮の発生や貧酸素水塊の発達など，水環境の悪化を通して生態系の劣化や生態系サービスの低下をもたらす。特にデッドゾーンと呼ばれる閉鎖性の強い場ではそれらの影響が顕著に現れていることが，世界的に知られている。

主として人への影響を中心に捉えてきたわが国の環境基準という制度面からは，これらの汚染や汚濁をもたらす物質は健康項目と生活環境項目に区分されるが，水生生物への影響は生活環境項目に分類されている。しかしながら，本項では，特に以上のような区分をせず，海域の環境に重大な影響をもたらす人為的な影響をすべて「海洋汚染」として取り扱う。

また，海洋汚染が有する世界的な対応の必要性という性格のため，単なる科学的な現象解明・対策技術の開発ばかりでなく，汚染が生じ得るさまざまな活動を念頭に置きながら，事前にこれらの影響を予測し影響を最小化するための海洋管理の在り方，法的な規制の在り方についての議論や国際的な法整備が近年急速に進みつつある。本項では，それらの動向についても触れたい。

〔2〕 汚染源と輸送

多くの海洋汚染は，陸域での人間活動に伴って，河川や下水処理場等からの放出を汚染源として生じる。一方で，漁業，（海底を含む）エネルギーや資源開発，海上輸送のように，海域での人間活動を原因として生じる場合もある。海洋汚染は，日常の活動から生じる場合もあれば，油流出のような事故による汚染もある。

水質や生物・生態系への影響を考慮する場合，汚染源の理解ばかりでなく，汚染の空間的範囲や経路，影響を及ぼす期間などを決める要素として，流動や拡散などの物理的輸送過程への理解も欠かせない。特に沿岸域の場合には，海岸線や水深の変化が持つ地形的条件は，湾内外の海水交換のしやすさを規定するため，汚染物質の広がりはそれらに影響を受ける。さまざまな人間活動による地形の改変や構造物の設置は，海域での流動や物質の拡散の形態を変化させるため，汚染の規模や時間的・空間的な規模や変化を考える上でも重要である。

大気起源の汚染物質の広がりや，海域起源であっても揮発性のある物質の場合には，大気を介した広域的な輸送も重要となる。

海域に放出された汚染物質は，物理的な輸送過程を経ながら，一部が海洋生物に取り込まれ，生物間に転送される。また，微生物などの作用によって分解し，消失する場合もある。さらに，一部は堆積物（底質）に移行する。底質に移行した物質の一部は再び水中に移行する場合がある。そのため，海洋汚染を考える場

合には，底質を含めた取扱いが必要となる。

海洋生物・生態系への影響を考える場合には，えら等から直接生物に取り込まれる過程のほかに，食物網を介した汚染の転送や拡大・濃縮を考慮する必要がある。

〔3〕 化学的汚染

化学的な海洋汚染は，自然界に存在する重金属類などの物質のほか，人為的に合成された人工有機化合物に大別できる。

重金属には，水銀，カドミウム，鉛，銅，亜鉛，クロムなどがある。これらの物質は自然の過程で河川流域から海域に運ばれるが，産業活動によって都市域からの放出量も大きい。一般に，重金属類は水中濃度レベルに比較して生物濃縮が大きいことが知られている。亜鉛は水生生物への影響が報告されている濃度とわが国の環境水中で観測される濃度レベルが近く，影響が懸念されたため，水生生物への影響を考慮した環境基準にいち早く指定されている。

人為的な化学物質はしばしば地球規模の輸送を伴い，世界的な広がりをもって生じていることが認識されて久しい。DDT，PCB，クロルデンなどの有機塩素化合物の汚染は極地方の哺乳類にも影響を与えていることが知られている。先進国では使用が禁止されているものの，開発途上国では病原性生物の駆除等のために依然として使用されている物質もある。ダイオキシン類は，燃焼・焼却などの過程や化学物質の合成過程で副産物として，非意図的に生成することが知られている。わが国では過去に農薬の副産物として大量に環境中に放出されたが，現在ではほとんどが燃焼系起源であると推定されている。以上の物質のほとんどは，難分解性で環境残留性が高く，生物・生態系へのリスクが高い。

ダイオキシン類やトリブチルスズ（TBT）などの有機塩素系の化合物，フタル酸エステル，アルキルフェノール類などは，ホルモン類似の構造を持つために，微量であっても生物のホルモン活性に異常な変化を与える懸念があり，内分泌撹乱物質と総称される。現状では環境中での分布や生物影響の実態が不明な点が多いが，魚網や船底塗料に広く使われたTBTは，イボニシ等の海産生物の内分泌系に影響を与えることが実証された，数少ない物質の一つである。有害性が認められたためTBTの使用が禁止された後には，船舶防汚剤にさまざまな代替物質が提案されているが，これらの防汚剤は生物影響を生じさせる可能性を持つものであり，注意が必要である。

近年では，プラスチック粒子による汚染が注目されている。プラスチック片は餌と誤飲することによる海洋哺乳類や海鳥，魚類等への直接的な影響のほか，特に粒径の小さなマイクロプラスチックは疎水性の強い化学物質を吸着しやすいため，これらの輸送担体となり，それを摂取した小型生物体内に取り込まれ，悪影響が及ぶ可能性が指摘されている。例えば，北太平洋には多量のプラスチック粒子を含む大スケールの「ごみベルト」が存在することが知られている[1]。

東日本大震災によって生じた多量のゴミが，太平洋を拡散・輸送され，米国西海岸にも漂着していることが知られている。

〔4〕 有機汚濁

窒素やリンなど，栄養塩類の流入によって，沿岸の植物プランクトンや藻類の増殖・集積が生じる。特に夏季に日射による海水温の上昇，河川水からの流入の増加，安定した海象条件などが重なると，異常な植物プランクトンが集積した赤潮状態になりやすい。植物プランクトンは魚のえらを閉塞させることによる呼吸障害，また死滅分解過程で毒性物質の生成や大量の酸素消費による酸欠状態をもたらし，魚類を死滅させることがある。

増殖した植物プランクトンが死滅し，デトリタス有機物となって水中に溶存する酸素を消費し，貧酸素化をもたらす。このような貧酸素水塊は，特に栄養塩負荷が大きく閉鎖性の強い海域で発達する。貧酸素化が進行すると無酸素となり，生物にきわめて毒性の強い硫化物が生成する。このような硫化物を含む水塊が風による離岸流によって湧昇すると，化学的に硫黄粒子が生成し，青潮となる。青潮の生物影響の機構には不明な点が多いが，青潮水には酸素がほとんど含まれないこと，硫化物を含有する場合もあることにより，顕著な生物被害をもたらす。

富栄養化の進行は，一次生産者の大型藻類から植物プランクトンへの交代，それを通じた生態系構造の変化など，沿岸生態系に大きな影響をもたらす。

このような富栄養化現象，特に貧酸素水塊の発達はデッドゾーンと呼ばれる閉鎖性の強い海域で世界的に共通して見られる現象である。わが国や北米などの沿岸部で恒常的に見られるが，経済成長が著しく対策が遅れがちな開発途上国では今後いっそう深刻な事態になることが予想され，周辺の海域にも広範囲に影響が及ぶ場合がある。特に地球温暖化に伴う水温の上昇は，これらの現象を助長しやすいと懸念されている[2]。

〔5〕 油による汚染

タンカーや海底油田からの事故などによる油流出は，大規模な影響をもたらす。

1989年米国アラスカ州でのエクソン・バルデューズ号原油流出事故では，特に冷水温海域の事故であっ

たために油の分解に時間がかかり，20年後にも残留する油の小片が見つかっている。また，2007年韓国ヘーベイ・スピリット号油流出事故では1万トンの重油が流出したとされ，生物生態系への影響のみならず，沿岸の住民に深刻な経済的影響を与えている。

最近では，2010年メキシコ湾で発生したBP社の掘削施設Deep Horizon事故による大量の油流出は，米国沿岸部に広がり，広範で長期にわたる生態系への影響をもたらした。深海底での事故のために流出を止めるのに時間を要し，約490万バレル（約78万キロリットル）の原油が流出したとされている。NOAAやBP社の推計によれば，少なくとも6100羽の海鳥，600匹以上のウミガメを殺したとされている[3]。さらに周辺漁業・観光業への影響は深刻で，多数の沿岸住民の生活基盤を奪うものとなった。

以上のような事故による大規模流出のほかに，陸域の製油所やパイプライン，油を取り扱う施設や貯留所からの恒常的な漏出も，平常時では大きな寄与があると推定されている。

〔6〕 バラスト水

海上交通の発達によって，船舶バラスト水に含まれる生物が非意図的に排出され，外来種の移入・繁殖によって生態系の悪影響が地球規模で生じていることが知られている。この課題を受け，2004年に「船舶のバラスト水及び沈殿物の規制及び管理のための国際条約」が国際海事機関IMOによって制定され，2017年9月8日に発効した。同条約は，船舶に対してバラスト水の適切な管理を求めるものである。

〔7〕 放射性核種による海洋汚染

2011年，福島第一原子力発電所事故による放射性核種の大量の海域への流出は，人類が経験した最大級の放射性核種による海洋汚染である。事故直後に発電所からの大量の放出があったほか，その後も汚染水の保管タンクの容量を超過したため，低濃度レベルの汚染水を放出した事例もあった。

放射性核種の海洋拡散，生物への蓄積は，事故後の水産庁等の調査によって実態が明らかになりつつある。特に濃度レベルからセシウム-137の影響が注目されており，その生物生態系影響については，食物連鎖による生物濃縮，海底への蓄積と再溶出，海流による太平洋海域への拡散が懸念される。生物への影響については現状では不明な点が多いが，今後も継続的で広範な追跡調査が求められる[4]。

〔8〕 熱汚染

臨海部の発電所では大量の海水が冷却水として使用される。使用後の海水は温排水として海中に放出され，人為的な熱環境を生じさせる。このため，特に海産生物に潜在的な影響を与える可能性があるため，熱汚染と呼ばれる。

温排水の影響を抑制するためには，水温の上昇量を下げるとともに，上昇範囲を抑制することが必要である。そのために，排水口部分に混合しやすいような形状を施したり，排水位置を海洋の深層部に設けて混合希釈による水温低下を期待するなどの工学的対応が検討され，実際に使われている。

〔9〕 エネルギー・資源開発に伴う汚染

メタンハイドレートやさまざまな海底鉱物資源開発に伴い，海底の掘削等による直接的な地形改変，掘削に伴う濁りの拡散影響など，深海生態系への影響が懸念されている。

海底油田や天然ガス田の開発は世界的にすでに実用化されており，環境保全処置や影響評価についても対応が進みつつある。一方で，熱水鉱床，マンガン団塊，コバルトリッチクラストなどの海底鉱物資源については豊富な資源量が推定され，将来的な開発が予想されるが，開発実績に乏しく，これらの資源探査や掘削に伴う環境影響については不明な点が多い。そのため，環境負荷の少ない探査・開発技術の開発とともに，生態系の観測技術や評価手法の開発が望まれる。また，社会経済的な分析，国際的な管理手法の確立に向けた合意も必要となる。

例えば，各国の主権が及ばないクラリオン・クリッパートン団塊地域の海底鉱物資源開発においては，海洋管理計画を策定し，生態学的および生物学的に重要な海域を特定してそれらを海洋保護区として指定するとともに，特定されなかった海域を探査・開発などの候補域とすることが提唱され，国際的に承認されている。このような考え方は区域指定型管理手法（ABMT）とされ，国際的な標準手法として認知されつつある。

このような流れを受け，国連ではBBNJ（国家管轄圏外海域における生物多様性条約）を策定し，法的拘束力のある規約を策定することで合意されている。海洋保護区の設定，海洋空間計画の策定などの考え方は，わが国EEZ内の開発に際しても参考となるものである。

また，地球温暖化対策の一環として，洋上風力発電が注目されている。特に沖合に設置される洋上風力発電施設の建設に伴い，海生生物および海鳥類などに対する環境影響も懸念されているが，影響評価に関する知見が少なく，調査方法を含めた対応が求められている。

〔10〕 CO_2や放射性廃棄物の海洋隔離・投入と海洋汚染の可能性

地球温暖化に伴い，CO_2の海底下地層貯留技術が注

目されている。また，原子力発電施設から生じる放射性廃棄物の処分先の候補として，海洋への投入隔離の議論がある。

一般に，陸上の人間活動によって生じた廃棄物等の海洋投入処分については，国際的にはロンドン条約，特に96年議定書によって，投入処分可能なものが指定される（それ以外は原則禁止）とされ，国内法である海洋汚染防止法もそれに対応して改正された。CO_2の海底下地層貯留技術についても，審査対象として環境影響評価が求められている[5]。

〔11〕そ の 他

東日本大震災による津波災害やその後の福島第一原子力発電所の事故以降，災害や事故によってさまざまな化学物質や廃棄物が流出し，海域を含め重大な環境汚染をもたらす現実が目の当たりになった。社会が高度化し，産業施設が大規模化すればするほど，事故等による影響は広範で深刻になり得る。今後は，想定されているさまざまな災害や事故の予防のみならず，これらが発生した際に影響を最低限に抑制し，迅速に復旧させる対応策の策定に向け，災害環境マネジメント・リスク管理手法を含めた研究開発が望まれる。

（中村由行）

引用・参考文献

1) ミラー・スプールマン，松田裕之監訳，最新環境百科，p.8, 丸善（2006）
2) 白山義久ほか，海洋保全生態学，講談社（2012）
3) 伊原賢，メキシコ湾油流出事故の技術的考察と海洋石油開発へのインパクト，石油・天然ガスレビュー，Vol.44（2010）
4) 中央環境審議会答申，環境研究・環境技術開発の推進戦略について，平成27年8月（2015）
5) 国土交通省ホームページ
http://www.mlit.go.jp/report/press/kaiji07_hh_000055.html.（2019年1月現在）

2.4.8 $PM_{2.5}$および越境移動する有害廃棄物

〔1〕大　　　気

産業革命以後，世界で化石燃料が大量に消費されるようになった。化石燃料の燃焼に伴って，もともと石炭や石油に含まれる微量物質がすすと一緒に大気中に放出されるほか，非意図的に生成される化学物質も大気を通じて越境輸送されると影響が広範に及ぶ。その例に，酸性雨（硫黄酸化物由来），微小粒子状物質（$PM_{2.5}$），水銀などがある。

（a）酸　性　雨　化石燃料の燃焼や火山活動に伴って発生する硫黄酸化物（SO_x，おもにSO_2）や，高温内燃機関や窒素肥料由来の窒素酸化物（NO_x）などが大気中で光化学反応などを受け，硫酸や硝酸となって雨・雪・霧などに溶け込むと，それらは通常より強い酸性を示すようになる。一般に，水素イオン濃度指数（pH）が5.6より低い雨・雪を酸性雨という。このとき，原因となる酸性物質が大気中で国境を越えて長距離輸送されて，離れた地域に酸性雨をもたらすことがある。

産業革命以降，北欧の森林が英国やドイツなどの石炭の大量消費に起因する酸性雨で被害を受け，また欧州東部へ広がる広大な針葉樹林が，当時の東ドイツやチェコスロバキア，ポーランドの石炭の大量消費に起因する酸性雨で瀕死の状態に陥る被害が発生した。一方，世界最大の石炭消費国である中国でも，冬の暖房を使用する華北や北京を始めとする内陸部の工業地帯では大量の硫黄酸化物が放出され続けており，その量は33.5×10^6トン/年（2008年）と試算されている[1]。それが中国国内だけでなく，さらに偏西風に乗って長距離輸送されて，わが国にも酸性雨をもたらしている。1993（平成5）年度から1997（平成9）年度に実施した全国の降水pHの調査では，近くに都市や工業地帯のない日本海側の地点でも比較的低いpHが観察された（2.4.5項もしくは図 2.4.16参照）[2]。わが国では高度成長期に工場から排出される硫黄酸化物によって住民にぜん息などの呼吸器疾患が発生する重篤な公害が起こったが，排煙脱硫装置の発明によって大気中の二酸化硫黄濃度は減少し，いまでは環境基準値（2.5.1項〔2〕もしくは表 2.4.3参照）を超えることはほとんどなくなった[3]。しかし，わが国の大気中硫黄酸化物の49％は中国起源で，国内起源0.77×10^6トン/年（21％）よりはるかに多いと試算されている。地球規模の酸性雨の動向は世界気象機関（WMO）の推進する全球大気監視（GAW）計画の下で監視され，アジア地区では「東アジア酸性雨モニタリングネットワーク（EANET）」でモニタリングを共通手法で行うための取組みが進められている。

（b）微小粒子状物質（$PM_{2.5}$）　大気中には，風で舞い上がった土壌粒子や花粉，燃焼に伴ってできたすす，工場からの粉じんなどさまざまな発生源からの粒子状物質（particulate matter, PM）が存在する。一般の都市大気では，粒子の数の分布は粒子径が$7 \mu m$付近に最大値を持つ粗大粒子と$1 \mu m$以下に最大値を持つ微小粒子の二峰性となる。さらにこれより粒子径が小さな超微小粒子も存在するが，その粒子数は多いが体積は小さい。PMは粒子径が小さいほど，呼吸によって肺の中まで達して肺胞に沈着し，健康影響を及ぼしやすい。このため，世界保健機関（WHO）では

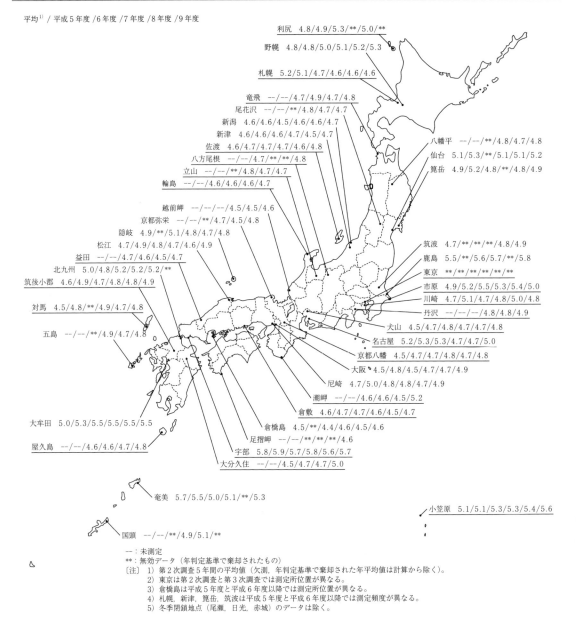

図 2.4.16 日本の各地点における降水の pH（環境庁酸性雨対策第3次調査，平成5年度～9年度）

表 2.4.3 二酸化硫黄の大気汚染に係る環境基準

物　　質	環境上の条件（設定年月日等）
二酸化硫黄（SO_2）	1時間値の1日平均値が0.04 ppm以下であり，かつ，1時間値が0.1 ppm以下であること（48.5.16告示）。

PM_{10}（空気動力学的半径が10 μm の粒子が50％捕集されるフィルタで捕集されたもの）や $PM_{2.5}$（同2.5 μm の粒子が50％捕集されるフィルタで捕集されたもの）を含む大気質指針が定められている。わが国では，大気汚染に係る環境基準に従来から浮遊粒子状物質（suspended particulate matter, SPM）が定められていたが，微細粒子状物質（$PM_{2.5}$）も追加された（2.5.1項〔2〕もしくは**表 2.4.4** 参照）。これは，PM_{10} や SPM よりも $PM_{2.5}$ の方が呼吸器系疾患や循環器系疾患との相関性が高いとの疫学調査結果に基づいてい

2. 環境安全

表 2.4.4 浮遊粒子状物質および微小粒子状物質に係る環境基準

物　質	環境上の条件
浮遊粒子状物質（SPM）	1時間値の1日平均値が $0.10\ \mu g/m^3$ 以下であり，かつ，1時間値が $0.20\ \mu g/m^3$ 以下であること（S48.5.8告示）。
微小粒子状物質（$PM_{2.5}$）	1年平均値が $15\ \mu g/m^3$ 以下であり，かつ，1日平均値が $35\ \mu g/m^3$ 以下であること（H21.9.9告示）。

〔注〕微小粒子状物質とは，大気中に浮遊する粒子状物質であって，粒径が $2.5\ \mu m$ の粒子を50％の割合で分離できる分粒装置を用いて，より粒径の大きい粒子を除去した後に採取される粒子をいう。

表 2.4.5 環境省による微小粒子状物質に係る「注意喚起のための暫定的な指針」

		暫定指針値	行動の目安
微小粒子状物質（$PM_{2.5}$）	レベルⅠ	日平均値 $70\ \mu g/m^3$ 以下（1日のなるべく早い時間帯のうちに左記の値に達することを判定するための値として，1時間値 $85\ \mu g/m^3$ 以下）	特に行動を制約する必要はないが，高感受性者（呼吸器疾患や循環器疾患を持つ人，小児，高齢者など）は健康への影響が見られる可能性があるため，体調の変化に注意する。
	レベルⅡ	日平均値 $70\ \mu g/m^3$ 超過（1日のなるべく早い時間帯のうちに左記の値に達することを判定するための値として，1時間値 $85\ \mu g/m^3$ 超過）	不要不急の外出や屋外での長時間の激しい運動をできるだけ減らす。高感受性者は，体調に応じて，それ以外の人より慎重に行動することが望まれる。

る。環境省は，特に$PM_{2.5}$による健康被害をできるだけ抑えるために「注意喚起のための暫定的な指針」を定めている（2.5.1項〔2〕もしくは**表 2.4.5**参照）[3]。

今日の都市域における$PM_{2.5}$の主要発生源は，石炭暖房施設や工場，火力発電所，自動車などから排出されるすすであり，田園地域では焼き畑などもすすの発生源となる。また，土埃でも特に細かな粒子は$PM_{2.5}$である。さらに，大気中のガス状物質から二次生成する$PM_{2.5}$の存在も指摘されている。これらが混合して輸送される$PM_{2.5}$の中身は国や地域，時期によって異なる。このうち燃焼由来の$PM_{2.5}$には，発がん性や変異原性を有する多環芳香族炭化水素（PAH）とそのニトロ体（NPAH）が含まれている。有機物の燃焼に伴って発生することから，非意図的生成化学物質と呼ばれている。**図 2.4.17**は米国観光保護局（US EPA）が環境汚染の測定対象に指定する16種類のPAHの名称と構造を示す。これらのうち2，3環PAHは常温大気中ではほとんどガス状であり，粒子状として$PM_{2.5}$中に存在するものは4環以上である。また**図 2.4.18**におもなNPAHの名称と構造を示す。これらは大気中では$PM_{2.5}$に含まれて存在するが，その濃度は母核PAHに比較して2桁以上低い。さらに，PAHは大気中で酸化反応を受けて水酸化体やキノン体となるが，これら酸化体の中には内分泌撹乱作用や活性酸素種（reactive oxygen species, ROS）酸性作用を示すものが見つかっており，肺がんやぜん息などの呼吸器疾患だけでなく，心筋梗塞などの循環器系疾患との関連でも注目されている。

世界保健機構（WHO）は，$PM_{2.5}$を含む大気汚染に関連して世界で毎年300万人が肺がんなどの疾病で死

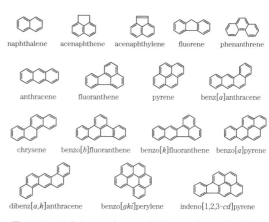

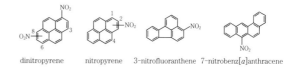

図 2.4.17 おもな PAH（US EPA 指定 16 PAH）の名称と構造

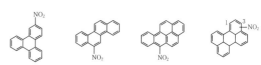

図 2.4.18 おもな NPAH の名称と構造

亡し，特にアジアと中東の低中所得国の汚染が深刻であると報告している。アジアの$PM_{2.5}$の発生量は 24.7×10^6 トン／年（2008年），その59％（14.5×10^6 トン／年，2008年）は中国で発生していると試算されている[1]。中国国内の都市域の大気質が悪いことは世界

によく知られているが，とりわけ冬季に大気汚染が激しい華北の住民の寿命は華南より5.5歳も短く，死亡原因に肺がんなどの呼吸器系疾患が多い。その理由としてPM$_{2.5}$との関連が指摘されている。さらに，粒子径が細かなPM$_{2.5}$は風に乗って長距離に輸送される。わが国の能登半島の大気中PAH濃度は，毎年冬高夏低の季節変化を繰り返しており（**図2.4.19**参照），中国で発生したPAHを含む燃焼由来PM$_{2.5}$が冬の季節風によってわが国まで越境輸送されていることが明らかになった[4]。さらに，中国西域のタクラマカン砂漠などで発生した黄砂も一部はPM$_{2.5}$として，特に3月から5月にわが国まで越境輸送される。したがって，燃焼由来PM$_{2.5}$と黄砂は時期によって混合して越境輸送されることがある。肺がんはわが国のがんの部位別死亡原因のトップであり，その要因として喫煙に加えて大気汚染も挙げられる。また都市域では，ぜん息などの呼吸器系疾患が多いこともよく知られている。しかし，わが国におけるこれらの疾病に越境輸送PM$_{2.5}$がどの程度寄与しているかについては，まだわかっていない。

（c）**水　　銀**　水銀は化学合成における触媒，蛍光管や血圧計，電池などさまざまな用途に使用され，世界の需要量は約3 800トン/年（2010年）と見積もられている。大気中の水銀はもともと地殻に含まれており，これが火山や砂嵐などで飛散する自然発生源と，化石燃料の燃焼や上述の用途に使用されたものの廃棄に伴う人為発生源とに分かれる。大気への水銀の排出量は世界で1 960トン/年，その半分はアジアからで，とりわけ中国からの排出量は世界の1/4を超えると推計されている。その主要発生源は，微量の水銀が含まれている石炭の燃焼であり，中国の都市域の大気中水銀濃度はわが国の都市域の濃度より3～10倍高い。また水銀は，金などの採掘や精錬や微量に混じる肥料の使用でも大気や河川に排出される。水銀は大気中に放出されると分解されないので，長距離輸送されるとその影響は広範に及ぶ。わが国は中国大陸から吹く偏西風の風下に位置し，種々の汚染物質が飛来している。十分な調査結果がそろっているわけではないが，水銀にも同様の越境輸送が懸念されている[5]。

大気中の水銀は粒子状物質に含まれた粒子状（Hg(p)）とガス状とがある。ガス状水銀は，さらに原子状（Hg(0)）とHgCl$_2$やHgBr$_2$などの二価イオン（Hg^{2+}）の様態に分類される。一般の大気中では，水銀の95％以上が原子状として存在している。河川水や底質中では微生物によって変換されたメチル水銀（MeHg）

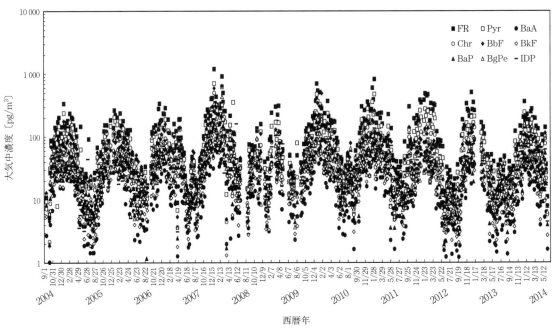

〔注〕　フルオランテン（FR），ピレン（Pyr），ベンゾ[*a*]アントラセン（BaA），クリセン（Chr），ベンゾ[*b*]フルオランテン（BbF），ベンゾ[*k*]フルオランテン（BkF），ベンゾ[*a*]ピレン（BaP），ベンゾ[*ghi*]ペリレン（BgPe），インデノピレン[1,2,3-*cd*]ピレン（IDP）

図2.4.19　能登半島の大気中PAH濃度の季節変化

も存在する。原子状水銀は消化管から吸収されないが，大気中に蒸気として存在する水銀は呼吸によって容易に肺に入る。一方，水銀化合物は単体の水銀よりもはるかに毒性が強い。これらは，中枢神経や内分泌器官・腎臓などに障害をもたらす。かつてわが国では，熊本県の水俣市周辺の海域で，住民が水銀に汚染された魚介類の摂取を続けたために重篤な神経障害が発生した（水俣病）。また，妊娠女性の水銀曝露によって発生障害を持った胎児が生まれた（胎児性水俣病）。

大気や海洋を通じた水銀の汚染に関する世界的な関心が高まり，水銀がヒト健康や環境生態系に与えるリスクを低減するために，水銀の採掘などの供給源から貿易，製品，製造工程，大気への排出，土壌・水への放出，保管，廃棄，汚染場所の管理などに至るまで，水銀を包括的に規制する「水銀に関する水俣条約」が国際的に締結され，近々発効の見込みである[6]。

〔2〕 **海 洋 ・ 河 川**

以前から，欧州のライン川やドナウ川などの長い河川では，重金属や農薬，家庭排水による汚染が流域の複数の国に及ぶことがあった。化学物質が海に流出した後に汚染が広域に及ぶことがあり，北極圏の海も化学物質によって汚染されていることが報告されている。海洋で越境移動する有害廃棄物の例に，残留性有機汚染物質（POPs）とプラスチックゴミ/マイクロプラスチックがある。

（a） **残留性有機汚染物質**　化学物質の中には，環境中で分解を受けにくく長距離を移動して，生物の体内に蓄積し健康や生存に影響を及ぼすものがある。こうような化学物質を総称して，残留性有機汚染物質（persistent organic pollutants, POPs）と呼ぶ。POPsは脂溶性が高いので体内では脂肪に移行しやすく，食物連鎖を通じて野生動物だけでなく高次のヒトにも高濃度に蓄積される。野生動物やヒトが長期間POPsに曝露されることにより，生殖器の異常や奇形の発生，神経系や免疫系への悪影響を引き起こす可能性があることが指摘されている。POPsは大気を移動する間に，降雨などによって地上に降下することを繰り返しながら，河川を通じて最終的に海洋に到達する。こうして，低緯度から中緯度地域で排出されたPOPsも長距離を移動して極地にまで到達して，汚染は地球規模で拡大する。農薬として使用されたリンデン（γ-ヘキサクロロヘキサン，γ-HCH）とその異性体類の太平洋の表層中の残留濃度は，低緯度海域で低いが高緯度海域では中央から北米沿岸ほど高く，異性体の中では特にγ-HCHに高い傾向があることが報告されている[7]。

POPsによる環境問題の発生を防止するために，国際的にこれらの製造および使用の廃絶・制限，排出の削減，これらの物質を含む廃棄物等の適正処理等を規定した「残留性有機汚染物質に関するストックホルム条約（POPs）条約」が結ばれている。現在，POPs条約の対象物質には，製造・使用・輸出入を原則禁止する22種類，特定の目的・用途での製造・使用に制限する2種類，および非意図的生成化合物6種類が定められている（**表 2.4.6** 参照）。

POPs条約の対象物質の多くは，ジクロロジフェニルトリクロロエタン（DDT）やアルドリンなどのような農薬・殺虫剤，あるいはポリ塩化ビフェニル（PCB）やペルフルオロオクタンスルホン酸（PFOS）などの工業化学品として製造されたものであるが，使用後に環境中に残留すると有害廃棄物となる。一方，非意図的に生成するPOPsには，有機物が燃焼するときに発生するか，あるいは農薬等の合成時に不純物として生成するものがある。前者の例にダイオキシン類がある。ダイオキシン類とは，ポリ塩化ジベンゾ-p-ジオキシン（PCDDs），ポリ塩化ジベンゾフラン（PCDFs），およびコプラナーPCBsの総称である（**図 2.4.20** 参照）。後者の例に，ヘキサクロロベンゼン（HCB），ペンタクロロベンゼン（PeCB），ポリ塩化ナフタレン（PCN），およびポリ塩化ビフェニル（PCB）

表 2.4.6　POPs条約の対象化合物

規制内容	化合物
製造・使用・輸入を禁止	ポリ塩化ビフェニル（PCB），アルドリン，エンドリン，ディルドリン，クロルデン，ヘプタクロル，クロルデコン，トキサフェン，マイレックス，ヘキサクロロベンゼン（HCB），ペンタクロロベンゼン（PeCB），β-ヘキサクロロシクロヘキサン（β-HCH），α-ヘキサクロロシクロヘキサン（α-HCH），リンデン，ポリブロモジフェニルエーテル（PBDE）類［テトラBDEおよびペンタBDE，ヘキサBDEおよびヘプタBDE］，ヘキサブロモビフェニル（HBB），エンドスルファン，ヘキサブロモシクロドデカン（HBCD）
特定の目的・用途での製造・使用に制限	DDT，ペルフルオロオクタンスルホン酸（PFOS）とその塩およびPFOSF
できる限り根絶することを目標として削減	PCB，HCB，PeCB，ダイオキシン類［ポリ塩化ジベンゾーパラージオキシン（PCDDs），ポリ塩化ジベンゾフラン（PCDFs）およびコプラナーPCBs］，2016年12月発効予定［ポリ塩化ナフタレン（PCN），ペンタクロロフェノール（PCP），ヘキサクロロブタジエン（HCBD）］

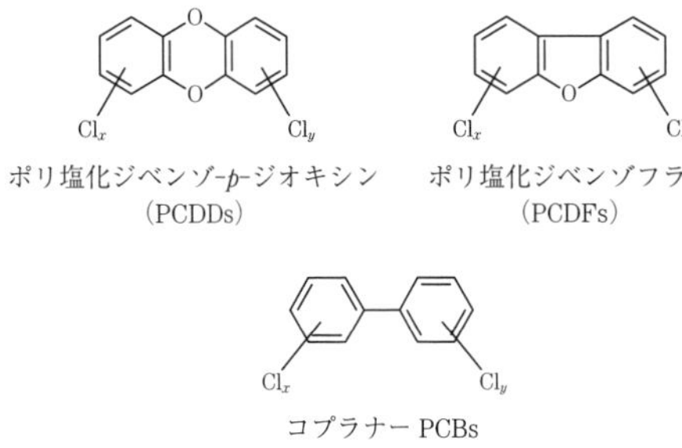

ポリ塩化ジベンゾ-p-ジオキシン
（PCDDs）

ポリ塩化ジベンゾフラン
（PCDFs）

コプラナー PCBs

図 2.4.20　ダイオキシン類の基本構造

があるが，これらの中には過去に農薬や防腐剤などとして合成されたものもある。

（b）　プラスチックゴミおよびマイクロプラスチック（マイクロビーズ）　プラスチック製品として使用されたものやその破片が海に流れ出て，長距離を運ばれるプラスチックゴミは，魚などに絡まったり，摂取で喉や消化管に詰まったりして臓器を損傷することがある。

さらに，工業用研磨材や研削材，洗顔料あるいは化粧品などを含む製品の原料として生産されたマイクロプラスチック（マイクロビーズとも呼ばれる）も海に排出されると，生分解を受けにくいために長期間漂流し，海洋生物に影響を及ぼすことが危惧されている。マイクロプラスチックを摂取すると，まず摂取器官や消化管に物理的閉塞や損傷を誘発することがある。また，プラスチックは親油性であるため，マイクロプラスチック表面には DDT や PCB，ダイオキシンなど多くの POPs を高濃度に吸着している場合がある。したがって，マイクロプラスチックに長期間曝露される間に，プラスチック成分だけでなく，表面に吸着した有害化学物質が浸出して臓器や組織に取り込まれることによって，内分泌攪乱や発がんなどの作用を示すことが危惧されている。

2016 年 5 月に富山で開催された先進 7 箇国環境相会合で，こうしたマイクロプラスチックの海洋汚染が海洋生態系に及ぼす危惧について確認された。しかし，まだ国際的な取組みがなされるには至っていない。

（早川和一）

引用・参考文献

1) Kurokawa, J., et al., Emission of air pollutants and greenhouse gases over Asian regions during 2000-2008：regional Emission inventory in Asia (REAS), Atmos. Chem. Phys., 13, pp.11019-11058 (2013)
2) 環境省ホームページ，報道発表資料　第 3 次酸性雨対策調査の取りまとめについて
http://www.env.go.jp/press/2077.html（2019 年 1 月）
3) 環境省ホームページ，環境基準
http://www.env.go.jp/kijun/taiki.html（2019 年 1 月現在）
4) Tang, N., et al., Atmospheric behaviors of polycyclic aromatic hydrocarbons at a Japanese remote background site, Notopeninsula, from 2004, Atmos. Environ., 120, pp.144-151 (2015)
5) 環境省ホームページ，平成 26 年度大気中水銀バックグラウンド濃度等のモニタリング結果について
http://www.env.go.jp/press/files/jp/27908.pdf（2019 年 1 月現在）
6) 経済産業省ホームページ，水銀に関する水俣条約
http://www.meti.go.jp/policy/chemical_management/int/mercury.html（2019 年 1 月現在）
7) 功刀正行，篤志観測船を用いた残留性有機汚染物質による地球規模海洋汚染の観測―太平洋海域観測―，分析化学，59，pp.976-984（2010）

2.4.9　開発途上国の公害問題

第二次世界大戦後の高度成長期，欧米諸国そして日本は，公害問題という苦い経験を共有することになった。その結果，スウェーデン政府の呼びかけで 1972 年 6 月（5 日～16 日）にストックホルムで開催されたのが，国連人間環境会議である。

114 の国が参加したこの会議で採択された「人間環境宣言」は，前文の 4 で「先進工業国では，環境問題は一般に工業化及び技術開発に関係している」と指摘する一方で，「開発途上国では，環境問題の大部分は低開発から生じている」という認識を示し，「それゆえ開発途上国は，自国の優先順位及び環境の保護と改善の必要性を念頭に置いて，その努力を開発に向けなければならない」と主張している。

史上初めて開催された環境保護を主たるテーマとした国連主催のこの会議は，南北の鋭い対立の場ともなり，結果として，南の「開発の権利（right to develop）」を公に認めるものともなった。とはいえこの会議は，開発途上国においても環境保護政策（特に公害対策）が本格的に展開される，一つの大きな契機となった。例えば小島（1992）は，中国で国家環境保護局長を務めた曲格平のつぎのような言葉を紹介している。「国連の人間環境会議は世界の環境保護の里程標となったのみならず，我国の環境事業の転換となった」。実際 1973 年 8 月には第 1 回全国環境保護会議が開催され，同年 11 月には工業「三廃」排出試行基準が制定されている[1]。

折悪しく文化大革命に伴う混乱のため，中国で環境保護政策が実効を持ち始めるのは 1980 年代に入ってからのことになる（1979 年，中華人民共和国環境保

護法（試行）制定）。しかし，アジアの多くの開発途上国では，1970年代にその足掛かりが築かれている（**表2.4.7**参照）。その代表的事例として，つぎに，シンガポールやマレーシア，特に後者の経験を振り返っておこう。

表2.4.7 アジア諸国における環境関連法の最初の制定

中国	1979年	環境保護法（試行）
韓国	1977年	環境保全法
台湾	1974年 1974年 1974年	水汚染防治法 廃棄物清理法 空気汚染防治法
フィリピン	1976年 1977年 1977年	Presidential Decree 984, Revising Pollution Control Law (RA No.3931) Presidential Decree 1151, Philippine Environmental Policy Presidential Decree 1152, Philippine Environmental Code
タイ	1975年	Improvement and Conservation of National Environmental Quality Act
マレーシア	1974年	Environmental Quality Act
インドネシア	1982年	Environmental Management Act
インド	1974年	The Water (Prevention and Control of Pollution) Act
ベトナム	1993年 1994年	Law on the Protection of the Environment Decree on Protection of the Environment

〔1〕 先進国の過ちから学ぶ
――「後発性の優位」――

まず国連人間環境会議に際し，The Straits Times（当時はマレーシアとシンガポールを代表する新聞（英字紙））がどんな主張を展開していたかを紹介しておこう。会議の開かれた2週間弱の間に実に4度もこの会議を社説で取り上げ，関心の高さを示している。タイトルのみ紹介しておくとつぎのとおりである。

6月5日　"Stockholm Task（ストックホルムの任務）"
同 8日　"Right to Develop（開発の権利）"
同12日　"Doomsday Debate（運命の日の論争）"
同19日　"Half a Triumph（半分の勝利）"[2]。

とりわけ注目されるのは6月8日付の"Right to Develop（開発の権利）"と題した社説である。その冒頭で「マレーシアとシンガポールはストックホルムで環境問題について最初の公式の意見表明を行ったが，両国の関心は他者の行った過ちを避けることに，そして，国際的な規制は，発展途上国の進歩を過度に制限するものであってはならないという心配に，集中した」と，指摘している。

この社説全体としては，会議の結論が「発展途上国の進歩を過度に制限するもの」となることを危惧し，南の一員として「開発の権利」を強く擁護することに力点が置かれている。しかしながら，まず「他者の行った過ちを避けること」に言及していることにご注目いただきたい。この日の紙面では，シンガポール代表の「発展途上国は先進国の過ちから学ぶべきである」という発言も紹介している。

その後の経緯を見れば明らかなとおり，シンガポールもマレーシアも早期に公害対策に取り組み，深刻な汚染問題を経験することなく産業化を成し遂げてきた。例えば窒素酸化物対策に関して，シンガポールは日本を凌ぐ実績を上げてきたと大和田（1993）は指摘している[3]。マレーシアは1974年に環境保護のための基本法，Environmental Quality Act 1974（1974年環境質法）を制定しているが，これは先進国に遅れることわずか数年，発展途上国ではその先頭を切るものであった。両国の事例は，幸いにして，環境問題への取組みにおいても「後発性の優位（advantages of backwardness）」を享受できる可能性が存在することを，明白に示すものといえよう[4]。

発展途上国は，例えば工業化・都市化に伴う弊害に関する「先進国の経験」を十分知り得る立場にある。問題を放置することが長期的にいかなる社会的コストの負担をもたらすかを知ることができる。したがって，問題の認識という段階での政治的不一致による，いたずらな時間の浪費を避けることが可能である。これは認識（あるいは知識の「獲得」）における「後発性の優位」とも呼び得るものである[5]。

〔2〕 パーム油産業とマレーシアの経験

「何人も，許可なしに，法律で規定された許容条件に違反して，汚染物質を環境（大気，水，土壌，等）中に排出してはならない」，これが1974年環境質法における公害規制の基本的枠組みである。とりわけ法制定の当初，規制の主たる対象と想定されたのが，当時のこの国の基幹産業であったパーム油，ゴム，両産業であり，この二つの産業については特別の仕組みも用意している。以下では，パーム油産業について，詳しく見ておこう[6]。

マレーシアのパーム油産業は，1960年代にゴムの国際価格が低迷し政府が農業の多様化に踏み出したことを契機として，特に半島部マレーシアではゴム園をアブラヤシ・プランテーションに転換することで，その発展が始まった。パーム油（ここではcrude palm oil（パーム粗製油））の生産は1965年の20万トンから，1975年には126万トンに，そして1985年には410万トンまで増加する。1980年代にはマレーシアは世界最大のパーム油生産国（世界生産の50%）にして輸

出国（世界輸出の75％）としての地位を確固たるものとしており、パーム油産業は同国第2の外貨稼得産業（1984年に全外貨稼得額の12％）となっていた。

パームの果実中には油脂を加水分解する強力な酵素であるリパーゼが存在する。そこで、この酵素によるパーム油の加水分解ができるだけ少ないうちに処理を行う必要があり、製油工場の多くはアブラヤシ・プランテーションに隣接して設置される。また、製油のプロセスは1トンの果実を処理するのに1トンの水が必要となるという、きわめて水資源集約的なものであり、製油工場は川等の水辺に立地する必要がある。さらに、製油のプロセスは大量の有機性廃液を伴うものである。1トンのパーム油を生産する過程で、実に2.5トンの廃液が生じる。既述のとおり、1965年から1975年にかけてパーム油の生産は6倍になったが、これはそれに比例して、多くの水が使われ、また未処理の廃液が河川等に排出されたことを意味している。こうして、特に当時多くのアブラヤシ・プランテーションが開かれた半島部マレーシアでは、多くの河川が魚も住めぬ死の川と化したという。汚染の原因が溶存酸素（DO）の減少だったからである。人々は貴重な蛋白源であった魚を手に入れることが困難になり、同時に飲料水にも事欠く事態に直面することとなった。

このような状況も踏まえて1974年に制定された環境質法は、環境規制当局（現在のDepartment of Environment）に、①操業をするために「許可」が必要となる特定の施設を指定する権限、②汚染に関連する「許容条件」を付与する権限、を与えている。そして、パーム油の製油工場は1977年に同法に基づき操業許可が必要となる施設として真っ先に指定された（環境質規則（指定施設-パーム粗製油））。同規則によれば、パーム油製油工場は1年更新で操業許可を取得せねばならない。操業許可の取得申請にあたって製油工場は、①定額の事務処理費、および②翌年のBODの想定排出負荷量を申告し、その負荷量に比例する排出関連費、を支払わねばならない。また、同規則により排出基準も設定され、製油工場はこの基準の遵守を求められることになった。排水基準は、例えばBODについては、当初暫定の目安として5 000 mg/Lと設定され、その後1979年に2 000 mg/L、1980年に1 000 mg/L、というように毎年基準が厳しくなり、最終的に1984年以降の基準は100 mg/Lとされた。規制当局は、製油工場が申告した排出負荷量で操業しているか、また排水基準を遵守しているかをモニタするために、四半期ごとの報告を義務付け、さらに抜打ちの立ち入り調査も実施した。そして悪質な違反者に対しては操業許可の取消しという処分が実際に適用された。1981年から1984年にかけて、27の製油工場の操業許可が取り消されている。

さて、この規則の効果である。マレーシアの代表的な環境研究者の一人はつぎのように指摘している。「パーム油…に関する規則は水質の著しい改善をもたらした。パーム油製油工場に対する操業許可から得られた収入（BODの排出負荷量に比例する）は12年間に88％減少した」[7]。図2.4.21に示されているのがこの状況である。

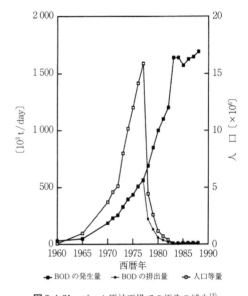

図2.4.21 パーム原油工場での汚染の減少[13]

〔3〕 知識の「普及」と大収斂（great convergence）

制度の経済学そして経済史の分野で大きな功績を残したダグラス・ノースはその主著『制度・制度変化・経済成果』（1990）の中でつぎのように問いかけている。

「人類史の大きな謎は、歴史的変化の経路における大きな相違（the widely divergent paths of historical change）を説明することである。諸社会の相違はどのようにして生じてきたのか。何が諸社会のきわめて不均等な成果特性を説明するのか」。そしてさらに、経済理論の示唆する「諸経済の収斂（convergence）」が生じてこなかったのはなぜか、と問うのである[8]。しかしながら、21世紀の世界が目撃しているのは、まさに「諸経済の収斂（convergence）」への巨大なうねりではあるまいか[9]。

経済成長は、二つの源泉による成長の和と考えられている。一つは、資本や労働・人的資本といった投入の増加、もう一つは、投入単位当りの産出（総要素生

産性）の増加である。つぎの式は，成長会計の基本式といわれるもので，1人当りの所得の成長率（左辺）をどのような要因が説明するかを示している。

$$\frac{1}{y}\cdot\frac{dy}{dt} = \frac{1}{A}\cdot\frac{dA}{dt} + a\cdot\frac{1}{k}\cdot\frac{dk}{dt} + (1-a)\cdot\frac{1}{h}\cdot\frac{dk}{dt}$$

ここで，y は1人当り所得，k は1人当り物的資本，h は1人当り人的資本，A は総要素生産性である。

右辺の第2項，第3項は，それぞれ1人当り物的資本，1人当り人的資本，つまり投入の増加率である。これに対して右辺の第1項が，総要素生産性といわれるものの増加率である。総要素生産性の上昇は，技術進歩あるいはイノベーションを意味すると考えられ，ジョーンズの分析では，1948年から2010年にかけてのアメリカ経済の成長の54％を説明するとされている[10]。

そして近年，発展途上国とりわけ新興国での総要素生産性の上昇は，イノベーションの産物である知識の「普及」によって生じていると考えられている[11]。近年の中国やインドで観察されてきた年率7～10％という成長率も，この知識の「普及」のプロセスで生じていると考えれば，理解しやすいだろう。本項での用語を用いれば，これらの国々は「後発性の優位」を享受し，いわば「馬跳び式（leapfrogging）発展」を遂げている[12]。他人の背中を借りて，大きく飛躍！

「馬跳び式発展」の格好の例が携帯電話である。「中国は携帯電話の契約件数が13億件を超える世界最大のモバイル大国。日本や米国など先進国に比べて固定電話の通信網整備で出遅れたことを逆手に取り，スマートフォン（スマホ）を使った電子決済など金融サービスや配車サービスなどを普及させた。モバイル関連サービスでは世界の最先端に立つ（日本経済新聞2017年1月6日付朝刊）」。固定電話から携帯電話へのパラダイムの転換は，通信の分野で，後発国が先発国に一気にキャッチアップし，さらには追い抜く機会すら提供している。

かつて，シンガポールとマレーシアは，「先進国の過ちから学ぶ」ことで，深刻な公害被害を免れつつ，今日の豊かな社会を築き上げた。中国は2010年以来世界最大の自動車市場であるが，同国の滴滴出行は，世界最大の配車サービス提供者であり，スマート交通のリード役を目指すという。「後発性の優位」が地球社会の未来のためにも生かされることを心から願い，本項の結びとする。　　　　　　　　　（藤崎成昭）

引用・参考文献

1) 小島麗逸「大陸総汚染の危機―中国」，藤崎成昭編『発展途上国の環境問題　豊かさの代償・貧しさの病』，アジア経済研究所（1992）。さらに，同「大陸中国―環境学栄えて環境滅ぶ」，小島・藤崎編『開発と環境　東アジアの経験』，アジア経済研究所（1993）も参照。
2) この期間，日本の主要紙では，朝日，読売両紙がやはり4回この会議を社説で取り上げている。ここでは，読売新聞の社説を，タイトルのみ紹介しておく。
　6月5日「国連環境会議の開幕に際して」
　同8日「大石代表演説と政府の責任」
　同11日「捕鯨禁止の勧告に適切な対応を」
　同19日「国連環境会議と今後の課題」
　19日付社説の結論部分の小見出しは「環境改善の実績が日本の課題」であった。当時の日本は「公害先進国」（決して「公害対策先進国」ではない）を自認し，公害対策の遅れを会議の場で指摘されるのではないか，おそれていた。
3) 大和田滝惠『エコ・ディベロップメント―シンガポール・強い政府の環境実験』，中央公論社（1993）
4) 「後発性の優位」とは，経済史家 A. Gerschenkron が，19世紀から20世紀にかけてのヨーロッパにおける産業化の歴史を観察し指摘した概念である。後発国の産業化は，例えば先発国が作り出した技術を借用することでより急速なものになる，という可能性が示唆されている。アレクサンダー・ガーシェンクロン（絵所秀紀ほか訳）『後発工業国の経済史』，ミネルバ書房（2005）を参照。
5) もちろん，このような形での「後発性の優位」も無条件で享受できるものではない。享受の可・不可あるいは享受の程度も，自然条件や歴史条件の違いに加えて，当該社会の有する公式，非公式のルール，そして広義の社会的能力（教育水準がきわめて重要である）に依存すると考えられるからである。例えば，藤崎「地球環境問題と発展途上国」，森田恒幸・天野明弘編『地球環境問題とグローバル・コミュニティ』，岩波書店（2002）を参照。
6) 岩佐和幸『マレーシアにおける農業開発とアグリビジネス　輸出指向型開発の光と影』，法律文化社（2005），加藤秋男編『パーム油・パーム核油の利用』，幸書房（1990），藤崎，前掲論文（2002），さらに Vinish Kathuria, and Nisar A Khan, "Environmental Compliance versus Growth : Lessons from Malaysia's Regulations on Palm Oil Mills," Economic and Political Weekly, September 28, 2002 を参照。
7) Sham Sani, Environmental Quality Act 1974 Then and Now, Bangi : Institute for Environment and Development, Universiti Kebangsaan Malaysia（1997）
8) ダグラス・C・ノース（竹下公視訳）『制度・制度変化・経済成果』，晃洋書房（1994）
9) 藤崎成昭，地球環境と南北関係――「地球の未来」考，植田和弘ほか著，新しい産業技術と社会システ

ム，日科技連出版社（1996）の226ページにおける指摘．また，その後の展開については，Richard Baldwin, The Great Convergence-Information Technology and the New Globalization, The Belknap Press of Harvard University Press (2016)
10) Charles I. Jones, Dietrich Vollrath, Introduction to Economic Growth (Third Edition), W. W. Norton & Company, Inc. (2013)
11) マイケル・スペンス（土方奈美訳）『マルチスピード化する世界の中で』，早川書房（2011），原題はThe Next Convergence-The Future of Economic Growth in a Multispeed Worldである．
12) Elise S. Brezis, Paul R. Krugman, and Daniel Tsiddon, "Leapfrogging in International Competition : A Theory of Cycles in National Technological Leadership," The American Economic Review, 83-5 (Dec.1993)
13) Jeffrey R. Vincent, Rozail Mohamed Ali et al., Environment and Development in a Resource-Rich Economy: Malaysia under the New Economic Policy, Harvard University Press p.321 (1997)

2.5 環境汚染

2.5.1 大気（公衆衛生的観点より）
〔1〕 わが国の大気汚染の歴史[1]～[3]

わが国における大気汚染問題は明治時代（1868～1912年）の近代産業の導入に端を発し，1890年代から1910年頃にかけて栃木県の足尾銅山，愛媛県の別子銅山，茨城県の日立鉱山等で精錬に伴う硫黄酸化物大気汚染が顕在化して近隣住民の健康や農作物に大きな被害をもたらした．これとともに，各種工場からの局所大気汚染も大都市地域で問題となり，1880年には，「公害」という言葉も使われ始めた．

大気汚染が深刻になったのは，1945年以降の戦後復興期から高度経済成長期においてであり，当初は，おもに石炭燃焼に伴うばいじんや硫黄酸化物が主要な汚染物質であったが，1960年代に全国各地で港湾に隣接する臨海部に石油化学コンビナートを中心とした大規模工業地域が造られ，燃料も石炭から石油に転換した．中近東からの石油は硫黄含有率が高かったため，多量の硫黄酸化物が，これらの大工場群から放出され，海陸風等の局地気象条件下で大気汚染発生源周辺地域に高濃度汚染をもたらした．中でも『四日市ぜんそく』は大きな社会問題となった．これらの公害は産業型大気汚染であり，大気汚染発生源が特定できるので，重油脱硫や排煙脱硫，除じん等の技術の活用により改善が図られてきた．

一方，同時に大都市を中心とした地域で深刻化した都市・生活型大気汚染は，工場・事業所からの大気汚染とともに自動車からの排出ガスに含まれる大気汚染物質が主要原因であり，産業型大気汚染は加害者と被害者が区別できるのに対して，被害者が，同時に加害者であるため対策がなかなか難しい側面を持つ．また，大気汚染物質の種類も多岐にわたり，一酸化炭素，窒素酸化物，揮発性有機化合物などが複合的に影響をもたらす．

1970年夏に東京都と千葉県において光化学大気汚染が，日本でも顕在化した．光化学大気汚染は1940年代にロサンゼルスで初めて認められた二次生成大気汚染である．窒素酸化物と揮発性有機化合物が日射に含まれる紫外線のエネルギーを得て光化学反応を起こすことにより生じるオゾンが主要成分であるが，同時に過酸化物や粒子状物質もでき，視程障害を伴うので，光化学スモッグとも呼ばれる．成層圏オゾンは有害な紫外線を遮蔽する有益なオゾンであるが，対流圏での光化学オゾンは健康や，農作物に悪影響を及ぼす大気汚染物質である．

1970～1975年の梅雨期の霧雨時に目や皮膚の刺激による健康被害が関東地域で報告された．霧水や雨水のpHが3以下であり，硫黄酸化物や窒素酸化物がその主原因とされたが，同時にホルムアルデヒドや過酸化水素，ギ酸や，粒子状物質も刺激の要因と考えられた．それゆえ湿性降下物と乾性降下物を合わせて酸性降下物（雨として降下するものと粒子として降下する酸性物質の総称）と呼ばれている．

光化学大気汚染や酸性降下物はガス状物質が大気中で化学的に変化して生成される二次生成大気汚染であり，気象条件にも左右されるので生成機構が複雑であり，直接的に発生源から放出される一次生成大気汚染物質に比べて対策が，より困難である．

大気汚染物質濃度の経年変化は経済活動と密接な関係があり，1973年からのオイルショック以降，濃度は減少したが，1986年から1992年のバブル期には再び上昇に転じた．特に，大都市圏での自動車からの大気汚染は深刻度を増し，1992年には『自動車NO_x法』，2001年には『自動車NO_x・PM法』が定められ，大都市地域でのディーゼル自動車に対する規制が効果的に行われた．また，2006年から固定発生源に対するVOC規制が実施されている．2009年には$PM_{2.5}$の環境基準が定められ，質量濃度とともに組成濃度の把握も開始された．2007年頃から越境大気汚染が問題となり，特に西日本地域を中心とした春季の光化学大気汚染や冬季の$PM_{2.5}$大気汚染が深刻化した．また，地球温暖化対策と地域の大気汚染対策をともに考えた対策立案が今後の大きな課題となっている．

〔2〕 大気汚染の人体影響と環境基準

人の健康の保護および生活環境の保全の上で維持されることが望ましい基準として，いくつかの大気汚染物質に対して大気環境基準値が定められており，大気環境保全行政上の政策目標となっている。大気汚染に係る環境基準（二酸化硫黄，一酸化炭素，浮遊粒子状物質，二酸化窒素，光化学オキシダント），有害大気汚染物質（ベンゼン，トリクロロエチレン，テトラクロロエチレン，ジクロロメタン）に係る環境基準，ダイオキシン類に係る環境基準，微小粒子状物質に係る環境基準，ならびに大気汚染に係る指針として光化学オキシダントの生成防止のための大気中炭化水素濃度の指針が定められている。これらの大気環境基準は一般公衆が通常生活する空間に対してのものであり，工業専用地域，車道その他一般公衆が通常生活していない地域または場所については，適用しないとされている。

大気汚染物質が人体に及ぼす影響は多様であり，短時間の健康影響（急性影響）が大きな問題となる物質と，低濃度であっても長期に体内に取り込まれることにより影響が発現することが問題となる物質（慢性影響），急性影響と慢性影響がともに問題となる物質がある。このため，環境基準も物質ごとに1時間値，8時間平均値，日平均値，年平均値に関して定められている。以下，それぞれの大気汚染物質について，発生源と影響，環境基準値，測定方法，データの評価方法について記載する。

(a) 大気汚染に係る環境基準——古典的大気汚染物質（伝統5物質ともいわれる）について

1) 二酸化硫黄（SO_2）[4]

 i) 発生源と影響　硫黄分を含む燃料の燃焼により発生する。火山からの排出ガスにも含まれる。呼吸器への悪影響があり，気管支炎，ぜんそく等を引き起こす。四日市ぜんそくなどの原因となったことで知られる。SO_2 が大気中で酸化してできる硫酸ミストはさらに毒性が強く，1952年に発生したロンドンスモッグの主要成分と考えられている。農作物や森林生態系へも影響を及ぼし，酸性雨の主要成分でもある。

 ii) 環境基準値　1時間値の1日平均値が0.04 ppm 以下であり，かつ1時間値が0.1 ppm 以下であること。

 iii) 測定方法　溶液導電率法または紫外線蛍光法

 iv) 評価方法

短期的評価：1時間の1日平均値または各1時間値を環境基準と比較してその評価を行う。

長期的評価：年間にわたる1時間値の1日平均値の高い方から2%の範囲にあるものを除外した値を環境基準と比較して評価を行う。ただし，人の健康の保護を徹底する趣旨から，1日平均値につき環境基準を超える日が2日以上連続した場合は，このような取扱いは行わない。

2) 一酸化炭素（CO）[5]

 i) 発生源と影響　一酸化炭素（CO）は炭素を含む有機物の不完全燃焼により発生する。CO は酸素の200倍以上のヘモグロビン（Hb）との親和性を持つので，呼吸器を通して摂取されると血中の Hb と速やかに結合して COHb となり，体内の酸素輸送能に障害を及ぼす。COHb が2%以上になると各種の障害が起こる。COHb を2%以下に維持するためには，呼気中の CO 濃度を10 ppm 以下にする必要がある。CO の高濃度は，自動車交通の多い交差点周辺地域で多く発生し局所汚染をもたらすとともに，排気ガスの逆流による自動車内での死亡事故や換気の不十分な部屋での燃焼機器の不完全燃焼による事故死の原因物質でもある。

 ii) 環境基準値　1時間値の1日平均値が10 ppm 以下であり，かつ，1時間値の8時間平均値が20 ppm 以下であること。

 iii) 測定方法　非分散型赤外分析計を用いる方法

 iv) 評価方法

短期的評価：1時間値の1日平均値もしくは8時間平均値を環境基準と比較してその評価を行う。

長期的評価：1日平均値の高い方から2%の範囲にあるものを除外した値を環境基準と比較して評価を行う。ただし，人の健康の保護を徹底する趣旨から，1日平均値につき環境基準を超える日が2日以上連続した場合は，このような取扱いは行わない。

3) 浮遊粒子状物質（SPM）[6]

 i) 発生源と影響　工場・事業所からの燃焼排ガス，自動車排出ガス，野焼き，森林火災，黄砂などに含まれる。ガス状物質が大気中で粒子化した二次生成 SPM もあり，大気中に浮遊する粒子状物質であって，その粒径が10 μm 以下のものをいう。大気中に長時間滞留し，肺や気管などに沈着するなどして呼吸器に影響を及ぼす。短期的には病弱者，老人の死亡増加，長期的には慢性気管支炎の有症率の増加，学童の気道抵抗の増加をもたらす。高濃度の場合には視程悪化による景観の悪化や，航空機離着陸の禁止など生活の質や社会・経済活動への悪影響も生じる。

 ii) 影響と環境基準値　1時間値の1日平均値が0.10 mg/m³ 以下であり，かつ，1時間値が0.20 mg/m³ 以下であること（S48.5.8告示）。

 iii) 測定方法　空気動力学径が10 μm 以上の粒

子が100％カットされる粒径の粒子の質量濃度がSPMである。沪過捕集による重量濃度測定方法またはこの方法によって測定された重量濃度と直線的な関係を有する量が得られる光散乱法，圧電天びん法もしくはベータ線吸収法。

　ⅳ）　評価方法

　短期的評価：1時間値の1日平均値または各1時間値を環境基準と比較してその評価を行う。

　長期的評価：年間にわたる1時間値の1日平均値のうち，高い方から2％の範囲にあるものを除外した最高値（1日平均値の年間2％除外値）を環境基準と比較して評価を行う。ただし，人の健康の保護を徹底する趣旨から，1日平均値につき環境基準を超える日が2日以上連続した場合は，このような取扱いは行わない。

　4）　二酸化窒素（NO_2）[7]

　ⅰ）　発生源と影響　　燃焼に伴って一酸化窒素（NO）や二酸化窒素（NO_2）の窒素酸化物が生成される。固定および移動発生源出口では90％以上がNOのことが多く，環境大気中でNO_2に酸化される。NOとNO_2を合わせてNO_xと表現される。NO_xには空気に含まれる窒素が1300℃程度以上の高温状態において酸素と反応して生成されるサーマルNO_xと，燃料中に含まれる窒素化合物が転化されて生成するフューエルNO_xがある。燃焼温度が高く，燃焼時の酸素濃度が高いほど，また燃焼ガスの滞留時間が長いほど，高濃度のNO_xが排出されるため，発生源対策にあたっては，窒素化合物含有率の低い燃料の使用，燃焼域での酸素濃度の低減，火炎温度を下げる，高温域での燃焼ガスの滞留時間を短くする等の技術改善がなされている。一方，燃焼温度の低下は炭素粒子の発生をもたらすので，NO_xと粒子状物質の両方を同時に削減するための技術開発が進められてきた。NO_2はNOよりも強い人体影響があり，呼吸器系の器官に作用し短期的には，急性呼吸器疾患の増加，長期的には慢性呼吸器疾患の増加，持続性せき，たんの増加をもたらす。

　ⅱ）　環境基準値　　1時間値の1日平均値が0.04 ppmから0.06 ppmまでのゾーン内またはそれ以下であること（S53.7.11告示）。

　ⅲ）　測定方法　　ザルツマン試薬を用いる吸光光度法またはオゾンを用いる化学発光法

　ⅳ）　評価方法　　1時間値の1日平均値が0.04 ppmから0.06 ppmまでのゾーン内にある地域にあっては，原則としてこのゾーン内において現状程度の水準を維持し，またはこれを大きく上回ることとならないよう努めるものとする。

　長期的評価：年間にわたる1時間値の1日平均値のうち，低い方から98％目に相当するもの（1日平均値の年間98％値）を環境基準と比較して評価を行う。

　5）　光化学オキシダント　（OX）[8]

　ⅰ）　発生源と影響　　光化学オキシダントは窒素酸化物（NO_x）と揮発性有機化合物（VOCs）が太陽からの紫外線のエネルギーを受けて光化学反応を起こすことにより生成する二次生成大気汚染物質である。そのほとんどはオゾンであるが，パーオキシアセチルナイトレートその他の光化学反応により生成される酸化性物質（中性ヨウ化カリウム溶液からヨウ素を遊離するものに限り，二酸化窒素を除く）も含まれる。光化学オキシダントは，いわゆる光化学スモッグを引き起こし，目等の粘膜への刺激，呼吸器への影響などの人への影響が生じる。また，高濃度時にはアサガオに斑点が発生するので光化学大気汚染の指標となる。葉物の野菜にも被害が発生する。一定以上の濃度に長時間曝露される場合には植物の生育が阻害される。米等の農産物の収量の減少も報告されている。

　ⅱ）　環境基準値　　1時間値が0.06 ppm以下であること（S48.5.8告示）。

　ⅲ）　測定方法　　中性ヨウ化カリウム溶液を用いる吸光光度法もしくは電量法，紫外線吸収法またはエチレンを用いる化学発光法

　ⅳ）　評価方法

　短期的評価：1時間値を環境基準と比較してその評価を行う。

　従来の指標に加えて新たな評価の指針として，「光化学オキシダント濃度8時間値の日最高値の年間99パーセンタイル値の3年平均値」を用いて経年変化を集計することが提案されている。

　（b）　有害大気汚染物質に係る環境基準

　ⅰ）　発生源と影響　　各種生産プロセスや，社会活動から環境大気中に排出される化学物質のうち，特に人の健康に悪影響を及ぼすおそれのあるものの中で「有害大気汚染物質に該当する可能性がある物質」として248物質が，「優先取組物質」として23物質が挙げられている。指定物質はベンゼン，トリクロロエチレン，テトラクロロエチレン，ジクロロメタンの4種類である。それぞれの健康への影響は

　ベンゼン：発がん性（急性骨髄白血病）など

　トリクロロエチレン：神経系への影響など，発がん性も疑われる

　テトラクロロエチレン：神経系への影響，腎障害など。発がん性も疑われる

　ジクロロメタン：中枢神経系に対して麻酔作用

等である。

　有害大気汚染物質は，「継続的に摂取される場合には人の健康を損なうおそれのある物質で大気の汚染の

原因となるもの」との定義が大気汚染防止法でなされており，前述の古典的な大気汚染物質とは違い，年間単位の長期曝露が評価される。長期曝露による発がん性等の健康影響がある物質が対象となる。

ⅱ）環境基準

[1] ベンゼン：1年平均値が $0.003\,\mathrm{mg/m^3}$ 以下であること（H9.2.4告示）。

[2] トリクロロエチレン：1年平均値が $0.2\,\mathrm{mg/m^3}$ 以下であること（H9.2.4告示）。

[3] テトラクロロエチレン：1年平均値が $0.2\,\mathrm{mg/m^3}$ 以下であること（H9.2.4告示）。

[4] ジクロロメタン：1年平均値が $0.15\,\mathrm{mg/m^3}$ 以下であること（H13.4.20告示）。

ⅲ）測定方法　キャニスタまたは捕集管により採取した試料をガスクロマトグラフ質量分析計により測定する方法を標準法とする。また，当該物質に関し，標準法と同等以上の性能を有すると認められる方法。

ⅳ）評価方法　年間平均値

（c）ダイオキシン類に係る環境基準

ⅰ）発生源と影響　ダイオキシン類はおもに焼却施設，金属精錬施設，工業的な加熱工程等から発生するが，塩素漂白工程，農薬製造工程で含まれる不純物などからも発生する。森林火災や野焼き等からの発生もある。動物実験より肝がん等の発がん性，子宮内膜症等の生殖毒性，催奇形性，免疫毒性等が報告されている。人に対する影響については不明な点が多いものの，発がん性があるとの評価がなされているほか，催奇形性や生殖影響等についての報告もある。

ⅱ）環境基準値　1年平均値が $0.6\,\mathrm{pg\text{-}TEQ/m^3}$ 以下であること（H11.12.27告示）。

ⅲ）測定方法　ポリウレタンフォームを装着した採取筒を沪紙後段に取り付けたエアサンプラにより採取した試料を高分解能ガスクロマトグラフ質量分析計により測定する方法。

ⅳ）評価方法　1年平均値

基準値は，2,3,7,8-四塩化ジベンゾ-パラ-ジオキシンの毒性に換算した値とする。

（d）微小粒子状物質（$PM_{2.5}$）に係る環境基準[9)～11)]

ⅰ）発生源と影響　工場・事業所，自動車等からの発生源から粒子として排出される一次粒子とガス状物質として排出された前駆物質が大気中で化学反応を経て粒子となる二次生成粒子が混在している。高温で排出される時点でガス状である物質が，排出後に大気中で冷やされ粒子化する凝縮性粒子もある。

微小粒子は大気中での滞留時間が長いので，広域的，長距離にわたり輸送される。粒子が小さいので，呼吸器系の深部まで達する。これにより，呼吸器系疾患や循環器系疾患，肺がん等の増悪作用をもたらす。

ⅱ）環境基準値　1年平均値が $15\,\mathrm{\mu g/m^3}$ 以下であり，かつ，1日平均値が $35\,\mathrm{\mu g/m^3}$ 以下であること（H21.9.9告示）。

ⅲ）測定方法　微小粒子状物質とは，大気中に浮遊する粒子状物質であって，粒径が $2.5\,\mathrm{\mu m}$ の粒子を50％の割合で分離できる分粒装置を用いて，より粒径の大きい粒子を除去した後に採取される粒子をいう。微小粒子状物質による大気の汚染の状況を的確に把握することができると認められる場所において，沪過捕集による質量濃度測定方法またはこの方法によって測定された質量濃度と等価な値が得られると認められる自動測定機による方法が認められている。

ⅳ）評価方法　長期基準に対応した環境基準達成状況は，長期的評価として測定結果の年平均値について評価を行うものとする。短期基準に対応した環境基準達成状況は，短期基準が健康リスクの上昇や統計学的な安定性を考慮して年間98パーセンタイル値を超える高濃度領域の濃度出現を減少させるために設定されることを踏まえ，長期的評価としての測定結果の年間98パーセンタイル値を日平均値の代表値として選択し，評価を行うものとする。測定局における測定結果（1年平均値および98パーセンタイル値）を踏まえた環境基準達成状況については，長期基準および短期基準の達成もしくは非達成の評価をおのおの行い，その上で両者の基準を達成することによって評価するものとする。

$PM_{2.5}$ への短期曝露による健康影響に関する知見等は限られているが，「心臓・循環器の機能変化，呼吸器症状や呼吸機能の変化，医療機関での受診・入院数，救急外来受診の変化や，呼吸器系・循環器系疾患による死亡など，幅広く健康影響との関連性が検討されてきた。これらのうち，呼吸器系疾患や循環器系疾患による入院・受診等と $PM_{2.5}$ 濃度の日平均値との間に有意な関係が示された複数の疫学研究結果では，高感受性者（呼吸器系や循環器系疾患のある者，小児，高齢者等）を含む集団について，日平均値の98パーセンタイル値が $69\,\mathrm{\mu g/m^3}$ 以下において何らかの健康影響が確認されている」と専門委員会で報告され，日平均値 $70\,\mathrm{\mu g/m^3}$ が注意喚起の目安として用いられている。

$PM_{2.5}$ は他の大気汚染物質の環境基準と異なり，24時間平均値がモニタリングの基本となっているため，日平均値が $70\,\mathrm{\mu g/m^3}$ に達すると考えられる場合には，その日の早い時点で注意喚起が行われる必要がある。午前中の早めの時間での判断については，「日平均 $70\,\mathrm{\mu g/m^3}$ に対応する1時間値は $85\,\mathrm{\mu g/m^3}$ とし

て，複数の測定局を対象とした複数時間の平均値について同一区域内の中央値を求めて判断することが適当」との，午後からの活動に備えた判断については「当日午前5時から12時までの1時間値の平均値が80μg/m³を超えた場合に注意喚起を実施する。」，「同一区域内の測定局データの中央値で判断するだけでなく，最大値を用いて判断することとする。」としている。PM$_{2.5}$の生成機構解明や発生源対策の実施のために，質量濃度のモニタリングとともに成分分析も必要である。

(e) 炭化水素に係る指針[12]~[14]

ⅰ) 発生源と影響　炭化水素の中で，常温常圧で大気中に揮発するものが揮発性有機化合物（VOCs）である。人為起源の炭化水素のほとんどは石油化学工業の生産物から発生する。炭化水素の中でも多くの割合を占めるメタンは都市スケールでは光化学反応性がきわめて低いので，日本では大気中の炭化水素は，メタンとメタンを除外した非メタン炭化水素（NMHC）の両方がモニタリングされている。非メタン炭化水素には環境基準が設定されていないが，光化学スモッグの発生防止対策として指針値が設定されている。

NMHCの発生源は，固定発生源からは塗装溶剤，ガソリンからの蒸発，化学プラント等があり，移動発生源としては，自動車からテールパイプ以外に，走行中に高温状態での車から排出されるもの（running loss, RL），走行後の駐車時に車の熱により排出されるもの（hot soak loss, HSL），駐車中に外気温の変動により排出されるもの（diurnal breathing loss, DBL）がある。HSLやDBLは車に装着されているキャニスタがVOCsの吸着容量を超えて破過することにより発生する。

固定発生源へのVOCsに対する規制が2004年5月26日の改正大気汚染防止法によりなされ，主要な排出施設への規制が行われている。VOCsの一部は有害大気汚染物質であり，また同時に一部は光化学オキシダントや微小粒子の前駆体でもある。アルデヒド等は光化学大気汚染の前駆体であるとともにシックハウス症候群や化学物質過敏症の原因物質でもあり，屋外大気への影響と同時に室内汚染の原因物質としても知られている。人為起源のVOCsとともに植物からも多くのVOCsが発生し，光化学オゾンおよび二次生成粒子の生成に影響をもたらす。

大気汚染原因物質ならびに有害大気汚染物質としてのVOCsの評価にあたっては光化学反応性と有害性が重要である。光化学反応性が高いVOCsは光化学オゾンの生成速度を高めるが，光化学反応性が低くても存在量が多いVOCsは生成オゾン総量の増加をもたらすので，反応性と存在量の両方を把握する必要がある。

ⅱ) 指針値　光化学オキシダントの日最高1時間値0.06 ppmに対応する午前6時から9時までの非メタン炭化水素の3時間平均値は，0.20 ppmCから0.31 ppmCの範囲にある（S51.8.13通知）。

〔3〕 汚染物質の現状[15]

大気汚染対策により一次生成大気汚染物質であるCOやSO$_2$による大気汚染濃度は大きく低減したが，二次生成大気汚染物質である光化学オキシダント（主成分はオゾン）や大気微小粒子（PM$_{2.5}$）は，さらなる対策が必要である。これとともに九州や西日本地域，日本海側の地域で2007年頃から越境大気汚染が顕在化している。

大気汚染のトレンドは大気汚染対策や法的規制，経済活動，社会の動き等と密接に関係しており，大都市地域におけるディーゼルエンジン搭載車両規制，バブル経済，ダイオキシン問題，リーマンショック，VOC規制等が各種大気汚染濃度の変動をもたらしてきた。また，大気汚染物質の多くは，相互に関連し合っているので，総合的な対策が必要である。ここでは，このような観点から現在でも対策すべき課題として残されている光化学大気汚染や微小粒子状物質汚染等の二次生成大気汚染問題の現状を中心にトレンドや現状を明らかにし，今後の課題を展望する。

大気汚染防止法（以下「大防法」という）第22条に基づいて，都道府県および大防法上の政令市での大気汚染の常時監視が行われているが，2014（平成26）年度末現在の測定局数は，全国で1910局であり，内訳は一般環境大気測定局（以下「一般局」という）が1494局（国設局を含む。），自動車排出ガス測定局（以下「自排局」という）が416局（国設局を含む）となっている。

平成28年度におけるおもな大気汚染物質の濃度測定結果の概要が平成30年3月20日に環境省から以下のように公表されている[16]。

『1. 測定局の概要

平成28年度末現在の測定局数は，全国で1872局であり，内訳は一般環境大気測定局（以下「一般局」という。）が1463局（国設局を含む。），自動車排出ガス測定局（以下「自排局」という。）が409局（国設局を含む。）となっています。

2. 主な大気汚染物質の濃度測定結果の概要
(1) 二酸化窒素（NO$_2$）

環境基準達成率は，一般局で100%，自排局で99.7%（平成27年度　一般局：100%，自排局：99.8%）であり，一般局では全ての局で達成し，自排局ではほ

ぼ横ばいでした。

自動車NO_x・PM法の対策地域における環境基準達成率についても、一般局では平成18年以降100%、自排局では99.5%で平成27年度（99.5%）と同水準でした。

また、年平均値の推移については、一般局、自排局で緩やかな低下傾向がみられます。

(2) 浮遊粒子状物質（SPM）

環境基準達成率は、一般局、自排局とも100%（平成27年度　一般局：99.6%、自排局：99.7%）であり、昭和49年以降で初めて全ての測定局で環境基準を達成しました。

自動車NO_x・PM法の対策地域についても同様に、一般局、自排局ともに100%（平成27年度　一般局：100%、自排局：99.5%）の達成率でした。

また、年平均値については、一般局、自排局で緩やかな低下傾向がみられます。

(3) 光化学オキシダント（Ox）

環境基準達成率は、一般局で0.1%、自排局で0%（平成27年度　一般局：0%、自排局：0%）であり、達成状況は依然として極めて低い水準となっています。

また、昼間の日最高1時間値の年平均値については、近年ほぼ横ばいで推移しています。

光化学オキシダント濃度の長期的な改善傾向を評価するための指標※を用いて、注意報発令レベルの超過割合が多い地域である関東地域や阪神地域などの域内最高値の経年変化をみると、近年、域内最高値は横ばい傾向にありましたが、平成26～28年度では関東地域において減少傾向となりました。

※光化学オキシダント濃度8時間値の日最高値の年間99パーセンタイル値の3年平均値

(4) 二酸化硫黄（SO_2）

環境基準達成率は、一般局、自排局とも100%（平成27年度　一般局：99.9%、自排局：100%）であり、近年ほとんど全ての測定局で環境基準を達成しています。

(5) 一酸化炭素（CO）

環境基準達成率は、一般局、自排局とも100%（平成27年度　一般局：100%、自排局：100%）であり、昭和58年以降全ての測定局で環境基準を達成しています。

(6) 微小粒子状物質（$PM_{2.5}$）

環境基準達成率は、一般局で88.7%、自排局で88.3%（平成27年度　一般局：74.5%、自排局：58.4%）であり、一般局、自排局ともに改善しました。一方、北部九州地域や四国地方の瀬戸内海に面する地域においては、依然として環境基準達成率（県別）が一般局で30%から60%程度の低い地域があります。

$PM_{2.5}$については、長期基準（年平均値15 $\mu g/m^3$以下）と短期基準（1日平均値35 $\mu g/m^3$以下）の両者を達成した場合に、環境基準を達成したと評価しています。

長期基準の達成率は、一般局で89.2%、自排局で89.7%（平成27年度　一般局80.7%、自排局：68.5%）であり、平成27年度に比べ改善しました。短期基準の達成率は、一般局で97.2%、自排局で96.0%（平成27年度　一般局：78.3%、自排局：71.2%）であり、平成27年度に比べ改善しました。

全測定局の年平均値は一般局（11.9 $\mu g/m^3$）、自排局（12.6 $\mu g/m^3$）ともに、平成22年度以降で最も低くなっており、平成25年度以降緩やかな改善傾向が続いています。また、一般局、自排局の$PM_{2.5}$濃度の年平均値のヒストグラムを比較すると、自排局の$PM_{2.5}$濃度分布は一般局に比べて高い濃度域にあることが確認できます。

季節別の傾向をみると、平成28年度は夏季と冬季の濃度が低下しており、日平均値が35 $\mu g/m^3$を超過した延べ日数も大幅に減少しました。平成28年の夏季は梅雨や台風の影響による降水量が多く、光化学反応により生成した二次粒子が数日～数週間にわたり広域に蓄積することで濃度が上がり続ける高濃度現象が発生しませんでした。また、冬季は寒気の南下が弱く、全国的な暖冬となり、接地逆転層や弱風等の局地的な気象条件による高濃度現象が発生しにくい気象状況となりました。これらの気象要因により短期基準の超過日が減少し、環境基準達成率が改善した可能性が考えられます。

$PM_{2.5}$の成分分析は、全国190地点で実施されました。このうち、通年（四季）で質量濃度と炭素成分及びイオン成分が測定された地点は167地点であり、その内訳は一般環境116地点、道路沿道32地点、バックグラウンド19地点でした。成分組成については、道路沿道では、元素状炭素の割合が他の地点よりやや高いほか、バックグラウンドでは、硝酸イオン、元素状炭素の割合が低く、硫酸イオンの割合がやや高くなっていました。

3. 今後の対応

環境省においては、引き続き環境基準の達成・維持に向けて、工場・事業場からのばい煙排出対策、自動車排出ガス対策、低公害車の普及等を総合的に推進していきます。

$PM_{2.5}$については、中央環境審議会の微小粒子状物

質等専門委員会の中間取りまとめ（平成27年3月）を踏まえPM$_{2.5}$の原因物質である各種の大気汚染物質について，排出抑制対策の強化を検討・実施するとともに，総合的な対策に取り組む上で基礎となる現象解明，情報整備等に取り組み，その進捗状況に応じて追加的な対策を検討することとしています。

光化学オキシダントについては，「光化学オキシダント調査検討会」が平成29年3月に取りまとめた報告書において，原因物質である窒素酸化物と揮発性有機化合物の排出量比を十分に考慮して両者を削減する必要性が示唆されたことなどの調査結果を踏まえ，対策の更なる推進について具体的に検討する必要があるとされています。これを踏まえ，引き続き，原因物質の排出抑制対策を進めることとしています。

国際的には，平成26年から，中国大気環境改善のための日中都市間連携協力におけるPM$_{2.5}$原因物質の排出削減技術のモデル実証事業及びPM$_{2.5}$発生源解析に関する共同研究，大気汚染に関する日中韓3カ国政策対話及び国連環境計画（UNEP）と連携したアジア太平洋クリーン・エア・パートナーシップの活動における政策等の情報共有，クリーン・エア・アジア（CAA）と連携した大気環境改善のための統合プログラム（IBAQ）における能力向上活動等を進めており，引き続き，アジア各国及び国際機関と連携してこれらの取組を効率的に進めることとしています。』

（a） 二酸化硫黄（SO$_2$），一酸化炭素（CO）のトレンドと現状　大規模固定発生源では硫黄分が低濃度の燃料の導入や，排煙脱硫技術を用いた対策によりSO$_2$排出濃度は大きく低減した。大都市地域や工業地域では1974年から個別の煙源対策とともに重合影響を考慮した『SO$_x$総量規制』が実施された。一方，自動車軽油中の硫黄分規制により移動発生源からの排出削減もなされている。自動車用の軽油中硫黄分はガス処理システムに悪影響を与えるため，ディーゼルエンジン車からの粒子状物質の規制を行うためには燃料中の硫黄分を低減させる必要がある。自動車排出ガス規制の強化に対応して低減がなされ，これによりSO$_2$は大きく低下した。軽油の硫黄分規制により，それまで0.5％であった硫黄分は1992年から，0.2％以下となり，さらに，1997年からは0.05％以下，2004年からは0.005％以下，2007年からは0.001％以下へと段階的に低減され，これに伴って環境中のSO$_2$濃度は大きく低下し改善が図られた。

工業地域や大都市地域における固定発生源や移動発生源に対する厳しい排出規制によって，陸域でのSO$_2$発生量は大きく低減したが，船舶からの排出が課題として残されていた。国際海事機関（IMO）は2020年1月1日から世界全海域での船舶燃料の硫黄含有量の基準を0.5％未満とすること（2012年から2020年までは上限3.5％），また北米，米国カリブ海，北海・バルト海等の指定海域では0.1％未満（2015年までは上限1.0％）とすることを取り決めた。これにより今後さらなるSO$_2$，および船舶起源の粒状物質の環境濃度低減が期待される。

一酸化炭素（CO）も自動車の燃焼改善で大幅に低減した。SO$_2$，COともにほぼすべての測定局で環境基準値以下の値となっている。

（b） **二酸化窒素（NO$_2$），浮遊粒子状物質（SPM）のトレンドと現状**　窒素酸化物に関しても東京，神奈川，大阪の3地域において窒素『NO$_x$総量規制』が1981年から実施された。しかし，1986年頃から1991年頃にかけての，いわゆるバブル景気の期間には生産活動や交通・物流量の増加に伴うNO$_x$発生総量の増加があり，1986年以降，NO$_2$濃度は増加した。1989（平成元）年の消費税の導入と物品税の廃止，輸入自由化の中で排気量の大きい車の購入が増え，排出ガス量の増加が自動車単体の排出ガス濃度の低減効果を上回り，これに伴って，大都市を中心とした自動車からの大気汚染問題が深刻化した。1992年には『自動車NO$_x$法』により東京首都圏と大阪・兵庫圏での対策が図られたが，多くの地点で環境基準は達成されなかった。

これとともに，大都市地域におけるSPMも大きな問題となり，特にディーゼル車から排出される粒子状物質は発がん性のおそれが大きいことから社会問題となった。2001年には，『自動車NO$_x$・PM法』（正式な名称は，『自動車から排出される窒素酸化物および粒子状物質の特定地域における総量の削減等に関する特別措置法』）が制定されNO$_x$とともにSPMの対策も同時に行うこととなり，対象地域も従来の地域に加えて愛知・三重が追加された。この施策による大都市域での環境改善は進行したが，指定地域外からの流入車の影響や，交通・物流量の多い交差点や複雑構造を持つ沿道近くでの生活環境濃度が環境基準を上回る測定局への対策が残された。2003年には大都市地域において『ディーゼル車規制』が開始された。2007年には『自動車NO$_x$・PM法』が改正され，重点対策地域や，事業者への義務が定められた。NO$_2$濃度は，2000年代前半は濃度の低減が緩やかであったが，2000年代後半から大きく改善した。改正『自動車NO$_x$・PM法』では，2015（平成27）年度までにすべての監視測定局における二酸化窒素および浮遊粒子状物質に係る大気環境基準を達成，2020（令和2）年度までに対象地域内で環境基準を確保することを目標としてい

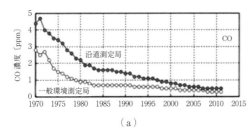
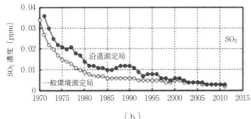
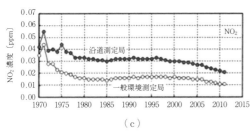

図 2.5.1　大気汚染のトレンドと関連する事例[3]

る。SPM の発生源は自動車以外にもあり，工場・事業者での生産工程や燃焼，一般家庭での燃焼，菜焼き等からも発生する。1999 年にはダイオキシンが大きな問題となり，小型焼却炉の使用の規制がなされたこともあり，SPM の大気環境濃度は改善傾向にある。しかし，九州や西日本地域においてはおもに春季の黄砂の影響で二日連続判定基準値非達成での環境基準を満たさない地点がある。

図 2.5.1 に大気汚染のトレンドと関連する事例を示す。CO，SO_2，NO_2 濃度の経年変化には，大気汚染規制と経済状況が関わっていることがわかる。

（c）光化学オキシダント（OX）および前駆物質のトレンドと現状　光化学オゾンの存在は米国ロサンゼルスにおいて 1940 年代中頃に初めて明らかになったが，それから 30 年後，日本においても 1970 年に東京首都圏地域においても認められ，いまだに，日本を含む世界の多くの都市地域で未解決の大気汚染問題として対策が迫られている。

光化学オキシダントの主要成分はオゾンであり，前駆体は窒素酸化物（NO_x：NO と NO_2）と揮発性有機化合物（VOCs）である。前駆体の発生量と光化学オキシダントの間には比例関係はなく，前駆体の発生量の減少が光化学オキシダントの主要成分であるオゾンの濃度を高める働きをすることもある。また，気象条件も光化学オキシダントの濃度や地域分布に大きな影響を及ぼす。

NO_x と VOC 単体の初期濃度の組合せをいくつか設定し，模擬的に光化学大気汚染を起こさせるスモッグチャンバー実験を行った結果によれば，生成される光化学反応によるオゾンの最大値は，NO_x の初期濃度の平方根に比例し，VOC 単体の初期濃度が大きくなればオゾン生成速度が速まり，小さくなればオゾン生成速度が遅くなることがわかっている[17]。

実際の環境大気では初期濃度に加えて発生源からの継続的な窒素酸化物の揮発性有機化合物の供給があり，気温，日射量，風向・風速，大気安定度等の気象的要因も加わるので，現象はさらに複雑である。

日本においては，大規模工業地域や大都市地域は臨海部に多いため，海陸風の影響が卓越する。臨海地域で発生した一次生成大気汚染物質は内陸地域に輸送されつつ，内陸地域で発生した大気汚染物質も取り込みながら光化学反応を起こし，オゾンや二次生成粒子が生成する。このため，窒素酸化物と揮発性有機化合物の発生量と窒素酸化物と揮発性有機化合物の発生量の

比率によって，光化学オゾン日最高濃度と日最高濃度発生場所が規定される．既述のNO_2の項でも述べたように，1980年代後半（1986～1991年）のバブル経済期には窒素酸化物の発生が増加し，これに伴って東京圏や大阪圏の光化学オゾンの濃度が上昇し，窒素酸化物の増加に比べて揮発性有機化合物の発生増加割合が少なかったことから，光化学オゾンの高濃度発生地域は内陸地域へと移動した[18]．

光化学オゾンの分布は広域的であり，気象条件によっては東京首都圏地域から長野県にまで輸送され夜間に高濃度をもたらすナイトスモッグや[19]，夜間に海上に出た汚染物質が日中に光化学反応を起こしながら内陸に再輸送される現象も観測されている[20]．

光化学オゾンの濃度は上空の方が地上よりも光化学オゾンの濃度が高い．これは，夏季は熱的対流による混合層が3～4kmにわたり形成され，この中で大気汚染物質が混合反応しオゾンが生成すること，大気低層ではNOとオゾンとの反応でオゾンが消費されオゾン濃度が低下すること，上空2～3kmより高高度では安定層が形成されているため上層への拡散が抑制されることによる[21)～26)]．上空の高濃度オゾンは山岳地域における森林生態系に悪影響を及ぼす[27]．

海陸風とともにヒートアイランドもまた，都市域での高濃度をもたらす重要な気象要因である．ヒートアイランドとは，都市域が郊外地域よりも高温になり，気温の等値線が島のようになる現象である．ヒートアイランドが形成されると，海風の内陸への侵入が停滞し，弱風域が形成されるため，大気汚染物質が滞留して光化学オゾンの濃度が高まる．また，ヒートアイランド発生地域では大気汚染物質の発生量も増加する．高濃度の大気汚染は，熱中症とも複合的に人の健康に悪影響を及ぼす．

都市域の光化学大気汚染の特性として従来から週末に光化学オゾンの濃度が都心地域で高くなることが知られており，ウィークエンド効果と呼ばれている．週末には大型車を中心として交通量が減るので，一酸化窒素によるタイトレーション効果が少なくなりオゾンの消失が抑制されることと，揮発性有機化合物に対する窒素酸化物の比率（$VOCs/NO_x$）が週末には大きくなるため光化学オゾンの生成速度が高まることによる．これと似たような効果もあり，バブル崩壊後の1991年から2000年頃にかけて都心地域で再び光化学オゾンの濃度が上昇する現象が発生した．

自動車単体からの揮発性有機化合物と窒素酸化物大気汚染対策は3元触媒の導入等により大きく進展した．固定発生源については規制が行われてこなかったが，2006年から固定発生源からの揮発性有機化合物

の規制が始まり，その後のリーマンショック（2008年）の影響による経済活動の低下もあり揮発性有機化合物とともに窒素酸化物濃度も減少した．このことにより，高濃度の光化学大気汚染の発生は抑制された．

しかし，窒素酸化物の減少率が揮発性有機化合物の減少率を上回ったため，ウィークエンド効果と似た状況が見られる．また，タイトレーション効果も減少したので，オゾンの平均濃度は上昇の傾向が続いている．また，年平均値の上昇には大陸スケールのオゾンの増加も影響を及ぼしており，特に春季には大陸スケールのオゾン増加による影響が大きい[28]．特に九州・中国地方では中国大陸からの越境輸送が2007年頃から顕著に観測されている．

近年は，前駆体は窒素酸化物の揮発性有機化合物の両者ともに低減の傾向にある．それにもかかわらず，光化学オゾンの平均値は上昇の傾向にある．この原因として

① 窒素酸化物濃度の減少によるタイトレーション効果の低下
② 大陸スケールのオゾン濃度の増加と越境の影響
③ 地球温暖化の影響

等が挙げられ，これらの要因が複合的に影響を及ぼしていると考えられる．それぞれの影響の程度は，地域ごとの地理的・気象的条件や発生源特性により異なっている[29]．

図2.5.2に東京都とメキシコ市におけるOX，NO，NO_2，NO_xとNMHC（東京都のみ）の経年変化を示す．メキシコ市におけるオゾン濃度は世界で最も高いといわれていたが近年，減少の傾向にある．一方，東京都の年平均値は前駆物質であるNO_x，とNMHCの減少傾向に対して横ばいである[30]．

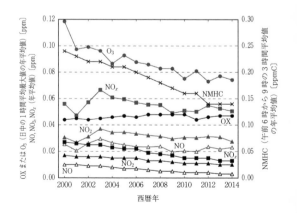

図2.5.2 東京都とメキシコ市におけるOX，NO，NO_2，NO_x，とNMHC（東京都のみ）の経年劣化[30]
(Wakamatsu, et al., JICA研究所ワーキングペーパー No.145 (Mar. 2007))

光化学オキシダントの環境基準値（1時間値60 ppb）はきわめて厳しい値であり，春季には成層圏オゾンの沈降によりしばしば，基準超過が見られる。それゆえ，全国ほぼすべての測定地点で環境基準は達成されていない。人為起源の光化学オキシダントの改善傾向を把握するための指標が必要とされ，最近は『光化学オキシダント濃度8時間値の日最高値の年間99パーセンタイル値の3年平均値』が用いられている。これによれば，高濃度の出現状況には改善が見られ，揮発性有機化合物や窒素酸化物の排出対策効果が認められている[31),32)]。

光化学オゾンは二次生成物質であり，発生源の削減との間に比例関係がないので，生成機構解明と対策には大気汚染数値モデルの活用が必要となる。

（d）　有害大気汚染物質濃度，およびダイオキシンのトレンドと現状

有害大気汚染物質は，一般環境，固定発生源周辺，沿道地域等においてモニタリングが行われており，例えば，ベンゼンは全国400地点以上での測定が実施されている。月1回以上で1年間にわたり測定されたデータが評価に用いられる。

有害大気汚染優先取組23物質のうちダイオキシン類については，ダイオキシン類対策特別措置法に基づき別途モニタリングが行われていること，「六価クロム化合物」および「クロムおよび三価クロム化合物」については，形態別分析方法が確立されていないことから「クロムおよびその化合物」として測定していることを踏まえ，21物質の全国調査結果がとりまとめられている。2016（平成28）年度のモニタリング結果に関しては，2018年3月27日の環境省からの以下の内容の発表がなされている。

『(1)　環境基準が設定されている物質（4物質）

ベンゼンの固定発生源周辺1地点で環境基準を超過しました。この超過地点については，地方公共団体において発生源の調査，排出抑制の指導等の措置が講じられています。その他の3物質は全ての地点で環境基準を達成していました。

(2)　指針値が設定されている物質（9物質）

1,2-ジクロロエタンは固定発生源周辺1地点，ニッケル化合物は固定発生源周辺1地点，ヒ素及びその化合物は固定発生源周辺6地点，マンガン及びその化合物は固定発生源周辺1地点で指針値を超過しました。これらの超過地点については，地方公共団体において発生源の調査，排出抑制の指導等の措置が講じられています。その他の5物質は全ての地点で指針値を達成していました。

(3)　環境基準等が設定されていないその他の有害大気汚染物質（8物質）

調査対象21物質のうち8物質については，環境基準や指針値が設定されていませんが，クロム及びその化合物，酸化エチレンは緩やかな低下傾向，アセトアルデヒド，塩化メチル，トルエン，ベリリウム及びその化合物，ベンゾ[a]ピレン，ホルムアルデヒドはほぼ横ばいでした。』

(https://www.env.go.jp/press/105295.html
https://www.env.go.jp/press/files/jp/108775.pdf)

ダイオキシンに関しては，2016年度には，全国642地点での「全ての測定地点において環境基準が達成されていた」との報告が2018年4月3日に環境省からなされている。

(https://www.env.go.jp/press/files/jp/10888.pdf)

（e）　微小粒子状物質（$PM_{2.5}$）のトレンドと現状

$PM_{2.5}$は24時間採取沪紙の測定が基本となっており，他の大気汚染物質と異なり，環境基準は，24時間平均値と年平均値に対して定められている。これは，米国で行われた疫学調査が，この設定で実施されたことによる。

Dockeryらにより1993年に発表された"ハーバード6都市研究"では喫煙習慣，性別，年齢，その他のリスク要因を考慮に入れた上での大気汚染の死亡率に及ぼす疫学調査結果が報告された。大気汚染由来の健康影響には粒子状物質が大きな役割を持つだろうことは，大気汚染エピソード事例等から経験的には知られてはいたが，長年の地道な調査結果を用いた研究によって初めて慢性的曝露影響が定量的に明らかにされた。調査では，24～74歳の白人約8000人を対象にして，1974～1991年にわたって健康状態，死亡原因の追跡調査（1998年まで拡張研究実施）が行われている。これと同時に統一的な大気のモニタリングが実施された。

米国EPAにおいては，1970年代から大気汚染の健康影響を調査することを目的としてCHAMP（community health air monitoring program）で用いられたシステムが用いて行われており，その装置では，2.5μm付近で粒子を二つに枝分かれさせて粗大粒子と微小粒子に分離し測定した。このことから，微小粒子側に$PM_{2.5}$の名前が付けられたと考えられる。長期曝露の健康影響評価を可能にしたのは，この測定方法が構築されていたことによる。

$PM_{2.5}$が米国の環境基準として採用された理由としては微小粒子状物質に係る疫学的知見の多くが$PM_{2.5}$を対象とした調査であったことが最大の理由である。カットポイントを2.5μmにすることにより，より小

さな粒径をカットポイントとして選定する場合に比べ蓄積モードの粒子をより完全に捕集することが可能であることや，一部の小さな粗大粒子モードの粒子も捕集することが可能であることも，その理由と説明されている。

日本においては，大気微小粒子（$PM_{2.5}$）に関する環境基準の設定（2009年9月9日）を受けて，全国で測定・モニタリングが開始された。微小粒子状物質とは，大気中に浮遊する粒子状物質であって，粒径が2.5 μmの粒子を50％の割合で分離できる分粒装置を用いて，より粒径の大きい粒子を除去した後に採取される粒子と定義されており。測定方法は沪過捕集による質量濃度測定方法（federal reference method, FRM）または，これと等価な値が得られる自動測定機による方法とされている。

$PM_{2.5}$の生成機構は季節によって大きく異なっており，その成分も多様である。春季には日射量が強まり紫外線のエネルギーを受けて光化学反応による二次生成粒子が生成する。また，黄砂の輸送もある。黄砂が大気汚染発生源地域を通過する場合には人為起源の汚染物も追加され複合的に影響を及ぼす場合もある。夏季には光化学反応による粒子生成が卓越する。秋季には野焼きの寄与も大きい。春季，夏季における$PM_{2.5}$の生成には光化学反応が大きく関わっていると考えられる。光化学オゾンは，NO_xとVOCsを前駆体とするが，このとき同時にOH等の各種ラジカルが生成し，ラジカルとの反応により無機，有機のガス状成分は，粒子化して$PM_{2.5}$の濃度を高める。光化学オキシダント高濃度時には同時に視程悪化が伴うのは，この理由による。図2.5.3に都市大気中におけるVOCs, NO_x, SO_2, オゾンおよびPM（SPMや$PM_{2.5}$）の関連性を示す。PM（SPMや$PM_{2.5}$）の削減にあたっては，総合的な対策が必要なことがわかる。

一方，冬季の$PM_{2.5}$高濃度の生成には異なったメカニズムが関与していると考えられる。2013年の冬に北京での$PM_{2.5}$高濃度出現が大きな社会問題として取り上げられ，日本への影響も懸念されたが，このときの気象条件としては，気温が摂氏零度以下，弱風，相対湿度が高いといった条件の下に，深夜に最大値を示すことがモニタリングデータから明らかとなった。主要成分は，硫酸塩，硝酸塩，有機成分である。湿性，液相反応の影響もあると考えられている。

$PM_{2.5}$の対策にあたっては一次発生粒子の内の凝縮性粒子の発生把握や自動車からの粒子対策が課題となっている。自動車からの粒子成分と窒素酸化物の対策は，粒子対策のための燃焼温度の上昇は窒素酸化物排出量の増加ももたらすトレードオフの関係があり，両者を同時に低減させるための技術開発が進められている。例えば，ディーゼルエンジン車におけるNO_x排出削減のためには尿素添加NO_x選択還元触媒（SCR），すすの排出対策としてディーゼル微粒子捕集フィルタ（DPF）がある。また車両のスペースを有効に活用するため，またSCRとDPFを一体化した技術開発もなされている。自動車対策が進み，テールパイプから排出される窒素酸化物濃度は大幅に低減したが，最近の特徴としては，後処理装置の影響により排出されるNO_xに占めるNO_2の割合が増加している。寒冷なときの自動車からの排気ガスの問題があり，今後の大きな検討課題である。

$PM_{2.5}$の環境動態はきわめて多様であり発生源も多岐にわたるので$PM_{2.5}$の健康影響を解明するために，また対策を効果的に進めるために，質量濃度のみならず成分組成の測定が調査・研究とモニタリングの両面で必要である。一般に成分分析項目としては，無機イオン成分（硫酸イオン（サルフェート），硝酸イオン（ナイトレート），塩素イオン等の陰イオン，アンモニウムイオン，カルシウムイオン等の陽イオン），炭素成分（元素状炭素，有機炭素），金属成分の分析がなされる。$PM_{2.5}$の質量濃度の主要成分は，無機イオン成分と炭素成分であるが，金属成分の情報は発生源の特定を行うために有用である。また，炭素成分に関してもさらに詳細な有機化合物の個別成分分析を行うことにより，発生源推計が可能となる

日本における$PM_{2.5}$の成分の特性は，硫酸イオンが最も多く，特に夏季に最大となる。冬季には硝酸イオンの比率が相対的に上昇する。硝酸イオンは夏季にはガス状物質との間の平衡関係によりガス側にシフトするので，気温が低い冬季に高い値となる。また都市域では有機炭素の割合が高い。

$PM_{2.5}$のモニタリングの公定法は，沪紙上に空気を

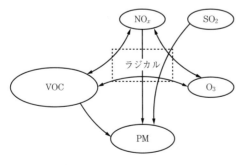

図2.5.3 都市大気中におけるVOCs, NO_x, SO_2, オゾンおよびPM（SPMや$PM_{2.5}$）の関連性[30]
(Wakamatsu, et al., JICA研究所ワーキングペーパー, No.145 (Mar. 2017))

1日間採取し，増加した質量を計測する方法でありFRMと呼ばれている。これは，これは過去の長年にわたる疫学データが，この方法により測定されたデータを基に取りまとめられてきたことによる。しかし最近では1時間単位の自動モニタリングが普及し，質量濃度ばかりではなく1時間ごとの組成値も得られるようになった。実時間での大気モニタリングデータを用いた注意喚起や成分組成を用いた生成機構解明，発生源対策の検討に有効に活用されている。しかし自動分析による1時間の値を24時間にわたり平均した値はFRMと正確には一致しないことが多い。特に気温が高い夏季には，1時間値の24時間平均値はFRMによる値よりも大きくなる。これは，硝酸塩等がFRM法では沪紙上で揮散することによる。

$PM_{2.5}$の健康影響は人種や生活習慣によっても異なるので，今後は1時間値データを用いての日本独自の健康影響の調査研究が必要である。また対策の実施にあたっては，自然起源発生源の影響が少ない$PM_{1.0}$のデータも取得して活用すべきである。

(f) **地域大気汚染と地球規模大気環境問題** 地域スケールの大気汚染は地球温暖化に見られるような地球規模の大気環境問題と密接に関連している。ヒートアイランドや竜巻等の局地気象問題や集中豪雨に見られる極端気象問題は地球温暖化に伴う気圧配置パターンの変化によるものと考えられる。また，過去に酸性雨問題がヨーロッパや北米において国際問題であったように$PM_{2.5}$や光化学オキシダントによる大気汚染は，国を越える大気汚染問題でもあり，国家間の協力課題でもある。

人の健康の保護および生活環境の保全の上で維持されることが望ましい値として環境基準が定められているが，わが国においては，これまではおもに人の健康の保護の観点から対策が進められてきた。しかし，生活環境の保全維持を広義に捉えるなら，景観の確保や利便性の向上も含めた生活の質の改善も大きな課題であり，また森林生態系の保全や農業生産等の食糧問題への影響も考えていく必要がある。図2.5.4に地域大気環境と地球大気環境の関連性を示す。

1) **ヒートアイランドと大気環境** 地球規模の気候システムの改変により起きる夏季の猛暑は大都市地域におけるヒートアイランド現象を加速させている。ヒートアイランドは熱中症等の健康被害をもたらすばかりではなく，地域大気汚染にも大きな影響を及ぼす。気温が上昇すると光化学反応が促進されるとともに，前駆物質であるVOCs（自動車からのVOCsであるRL，HSL，DBLの発生や植物起源のVOCs）発生量の増加やNO_x（自動車冷房の強化によるガソリン消

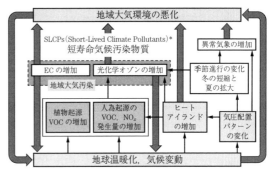

図2.5.4 地域大気環境と地球大気環境の関連性[3]

費の増加など）発生量の増加をもたらす。また，ヒートアイランドは周りより低圧部になるので，周辺からヒートアイランドへの風の流れが起きるため海風の内陸への侵入を妨げ，汚染空気の滞留が生じ，さらに光化学オキシダント濃度が上昇する。このようにヒートアイランドが生成することにより，化学反応，前駆物発生量，汚染物の滞留などが複合し，大気汚染が深刻化する。

大気汚染物質である対流圏におけるオゾンや元素状炭素（EC）は地球温暖化物質でもある。これらは，代表的な地球温暖化ガスである二酸化炭素等と比べて大気中での化学的寿命が数日から数十年程度と比較的短いので，短寿命気候汚染物質（Short-Lived Climate Pollutants, SLCPs）と呼ばれる（Climate and Clean Air Coalition（CCAC）（2012））。地球温暖化が強まれば，さらにヒートアイランドが強まり，ヒートアイランドが強まれば，大気汚染が悪化しSLCPsが増加するので，さらに温暖化が進むといった正のフィードバック効果をもたらす。

2) **森林生態系への影響** 地球温暖化による気温上昇は年間にわたり平均的にではなく特に2月と9月の最低気温の上昇に顕著に現れており，日本における季節進行を変え，冬の季節の縮小と夏の季節の拡大をもたらしている。例えば，神奈川県の丹沢におけるブナ枯れの問題の原因を調査した結果によれば，ブナ枯れの要因として，温暖化影響と地域大気汚染影響の両面があり，温暖化による高高度地域の雪の減少による鹿の行動範囲の拡大に伴う食害の増加，ブナハバチの食害，オゾンによる森林衰退，などの複合的な影響が示唆されている。

3) **越境大気汚染** 2007年頃から春季における越境オゾンの増加や，2013年頃から冬季における$PM_{2.5}$の越境大気汚染が顕在化しており，九州地域や

西日本地域，日本海側地域で問題となっている。越境大気汚染は，地域大気汚染や沿道大気汚染にも影響を及ぼす。$PM_{2.5}$は大気中での滞留時間が長いので面的分布は均一であるが，沿道大気汚染測定局の測定値は一般大気環境測定局より1割程度高い。

〔4〕 今後の課題

わが国における1960年代頃までの激甚な大気汚染は，地方自治体や国の行政機関ならびに事業者，市民の努力により，約半世紀を経て大きく改善されてきたが，局所スケールから地球スケールにわたり，今後，さらに取り組むべき課題も多く残されている。

（a） 局所大気汚染対策へのさらなる取組み

沿道大気汚染問題の改善に向けて，環境省は『2020（令和2）年度までに対策地域において二酸化窒素および浮遊粒子状物質に係る環境基準を確保する』とし，監視測定局が設置されていない地点も含めた，対象地域全域での基準達成を目標として掲げている。そのための高濃度出現地域の把握手法の検討，高濃度が予測される地域における原因究明，ならびに対策提言が課題となっている。環境生成保全機構（ERCA）では公害健康被害予防事業対象地域の千葉県，千葉市，東京都，千代田区，中央区，港区，新宿区，文京区，台東区，墨田区，江東区，品川区，目黒区，大田区，世田谷区，渋谷区，中野区，杉並区，豊島区，北区，荒川区，板橋区，練馬区，足立区，葛飾区，江戸川区，神奈川県，横浜市，川崎市，静岡県，富士市，愛知県，名古屋市，東海市，三重県，四日市市，大阪府，大阪市，堺市，豊中市，吹田市，守口市，八尾市，東大阪市，兵庫県，神戸市，尼崎市，西宮市，芦屋市，岡山県，倉敷市，玉野市，備前市，福岡県，北九州市，大牟田市を対象として局地的な大気汚染地域の大気汚染の改善を図るため自動車NO_x・PM法における総量削減計画の目標達成に向けた調査研究を推進している。また，2009年9月に環境基準が設定された微小粒子状物質（$PM_{2.5}$）については，一般局，自排局ともにいまだ環境基準の達成率が低い状況であり，さらなる対策が必要であるため，公害健康被害予防事業対象地域内における$PM_{2.5}$の高濃度地域の大気環境の改善および健康被害の予防に資することを目的として，公害健康被害予防事業対象地域内において自排局および一般局の成分分析データ等を活用し，その実態把握および対策に資する調査研究も実施している。

沿道大気汚染対策は自動車単体からの大気汚染物質排出削減対策のみならず，効率的な物流，交通システムの構築や都市計画とも密接に関連させて検討されなければならない。特に二次生成大気汚染物質に関しては，沿道においても広域的な大気環境の影響を強く受けるため，総合的な取組みが必要である。

（b） 大気環境モニタリングの新展開　大気汚染常時監視モニタリングデータは，環境基準の状況の把握や高濃度発生時における注意報や警報の発表措置に役立つのみならず，大気汚染発生源対策効果の評価や大気汚染生成機構解明のために不可欠である。今日，大気質の改善に伴って，CO，SO_2等のすでに環境基準を満たしている物質のモニタリングの意味が問われているが，COは，越境移流を把握するための貴重な情報を提供するし，SO_2は$PM_{2.5}$を構成する二次生成粒子の前駆体である。また，光化学OXは$PM_{2.5}$の生成機構解明のためにはVOC成分のモニタリングが必要となる。このような観点から大気汚染常時監視項目や測定網の再検討，再配置が重要な課題と考える。大気汚染の生成には地域における発生源分布や気象条件，化学反応が大きく関わるので，地域の特性を十分に考慮した大気汚染と気象のモニタリングネットワークの検討がなされなければならない。

（c） エミッションインベントリーシステムの構築と活用　日本全域におけるすべての大気汚染発生源に関するナショナルインベントリーの作成と更新・活用に係るエミッションインベントリーシステムの構築が課題である。発生源としては人為起源のみならず，植物起源や火山等の自然起源からの大気汚染物質発生量の把握も重要である。これらの情報は国際的な交渉の場で大きな役割を持つとともに，国内における大気汚染対策シナリオの検討には不可欠のものである。特に，VOC成分の把握と発生源からの凝縮性粒子に関する測定法の検討と実態の把握が，光化学OX対策，$PM_{2.5}$対策の両面から喫緊の課題である。

（d） モデリング手法の開発と観測データの活用

モデリングにはリセプタモデルとフォワードモデルがあり，前者は統計的な手法，後者は数値モデル手法を基本としている。

光化学OXや$PM_{2.5}$に代表される二次生成大気汚染物質は前駆物質発生源の削減と環境濃度の間に比例関係が成り立たないので，発生源と環境濃度の定量的な関連性を解析・評価するためにはフォワードモデルである化学輸送モデル（chemical transport model, CTM）の活用が必要となる。CTMの活用にあたっては，メッシュ化された時刻別発生源情報や気象情報が必要となる。CTMを用いることにより各種の境界条件や気象条件，発生源条件を変えて，将来の対策シナリオの検討を行うことができる。地域気象モデルとしてはWRF（weather research and forecasting model）がCTMとしてはCMAQ（community multiscale air quality）がよく用いられる。モデル計算結果は観測データと比

較評価されることにより検証され，対策シナリオの検討がなされる。

モデルの各モジュールは最新の実験結果や観測結果を基に改良，更新がなされているが，特に粒子生成モデルに関しては今後の進展が望まれる。現状のいくつかのモデルでは共通して炭素成分粒子の過小評価や硝酸塩粒子の過大評価が報告されており，この改善のためには，反応機構の見直しや，植物発生源ならびに凝縮性 $PM_{2.5}$ の正確な把握が課題として挙げられる。

計算機の高度化により CTM は今後，多くの機関において活用されるものと考えられるが，計算の前提条件となるので，境界条件や気象条件の設定にも十分な注意が必要である。また，地球規模の大気環境問題と関連させた，大気汚染物質の地球気候へのフィードバック効果など大気汚染が広域気象に及ぼす影響の評価も今後の課題である。

発生源の定量的な情報が必要のないモデルとしてリセプタモデルがある。リセプタモデルには，各種発生源組成分布情報を用いた重回帰分析の一種である CMB（chemical mass balance）法や，各種発生源組成分布によらず多くの観測データセットを用いる因子分析の一種である PMF（positive matrix factorization）法等があり，CTM との併用により効果的な活用ができる。リセプタモデルにより，発生源の構成や寄与程度を把握することができる。また，CTM により将来推計や対策効果評価ができるので，それぞれの利点を生かした活用が望まれる。

フォワードモデル，リセプタモデルのいずれのモデルも各種の誤差と不確実性を伴う。また，実測結果との比較にあたっては観測データとモデルでの計算結果のサンプリング条件や平均化時間に関する整合性に関する検討も不可欠である。すなわち，計算結果の整合性に関する検討も不可欠である。モデル計算の時間スケールと観測の時間スケールが異なっていれば，例えば，沪紙上における揮散の影響は夏季に大きくなるので，気温影響が両者の違いに大きく寄与する。このような点も含めてのモデルと観測の相互検証が課題となっている。

（e）　**大気汚染の影響評価に関する検討**　大気汚染物質が人の健康に及ぼす影響に関する知見の集積が継続的になされなければならない。特に $PM_{2.5}$ に関しては，わが国独自の疫学調査結果の充実が課題となっており，質量濃度とともに，成分組成と健康影響との関連性把握が課題である。

一般大気環境濃度のみならず生活時間全体での大気汚染物質成分の個人曝露量を把握することによりリスク評価が可能となる。これとともに，大気汚染物質の植物生態系や食糧生産への影響，視程障害や経済的損失などの生活の質（quality of life, QOL）への影響，さらには地球大気環境への影響に関する情報を収集・解析しなければならない。

（f）　**コベネ対策と国際協力**　地域の大気汚染対策と地球規模の温暖化対策の両面を考慮したいわゆるコベネ対策シナリオの検討が具体的になされなければならない。炭素粒子や対流圏オゾンなどの直接的な短寿命気候汚染物質（short-live climate pollutants, SLCPs）と対流圏オゾンの前駆物質である窒素酸化物や VOC 等の間接的な SLCPs の両方に関する評価が必要である。

2015 年 9 月の第 70 回国連総会で採択された "持続可能な開発のための 2030 アジェンダ" SDGs（Sustainable Development Goals）の観点からも地域大気汚染対策の推進が求められている。すなわち，目標 3 に掲げられた課題である『あらゆる年齢のすべての人々の健康的な生活を確保し福祉を促進する』に関して，具体的には 3.9 で『2030 年までに，有害化学物質，ならびに大気，水質および土壌の汚染による死亡および疾病の件数を大幅に減少させる』との目標が記載されており，2030 年に向けた SDGs の実現を目指す取組みが国際的にも重要となっている。都市計画や交通計画を視野に入れた長期的な大気汚染対策が今後の課題である。

（若松伸司）

引用・参考文献

1) 大気環境学会史料整理研究委員会編集，日本の大気汚染の歴史 I, II, III, 公害健康被害補償予防協会（公健協会），p.1085（2000）
2) 土木学会編，環境工学の新世紀，大気環境研究の変遷と今後の展開，7 章，pp.205-234，技報堂出版（2008）
3) 若松伸司，最近の大気環境問題，環境とカウンセラー，茨城県環境カウンセラー協会誌，12-1（2017）
4) 鈴木武夫，石川清文，山本弘，亜硫酸ガス（いおう酸化物）の環境基準設定のための資料と考察，大気汚染研究，5-3，pp.315-357（1971）
5) 公害部会一酸化炭素環境基準専門委員会，一酸化炭素による大気汚染防止のための環境基準設定について，大気汚染研究，7-4，pp.744-761（1972）
6) 生活環境審議会浮遊粉じん環境基準専門委員会，浮遊粒子状物質による大気汚染の環境基準設定のための資料，大気汚染研究，8-1，pp.946-956（1992）
7) 二酸化窒素に係る判定条件等についての中央公害対策審議会専門委員会，二酸化窒素の人の健康影響に係る判定条件等について（答申），大気環境学会誌，13-3，pp.20-25（1978）
8) 窒素酸化物等に係る環境基準専門委員会，光化学オ

キシダントの測定法および人の健康への影響，大気汚染研究，7-3, pp.77-142（1972）
9) 環境省，微小粒子状物質暴露影響調査報告書（2007）
10) 環境省中央環境審議会大気環境部会，微小粒子状物質環境基準専門委員会報告（2009）
11) 環境省，最近の微小粒子状物質（$PM_{2.5}$）による大気汚染への対応：微小粒子状物質（$PM_{2.5}$）に関する専門委員会会合，平成25年2月（2012）
12) 中央公害対策審議会大気部会炭化水素に係る環境基準専門委員会，光化学オキシダント生成防止のための大気中炭化水素濃度の指針に関する報告, p.47 (1976)
13) 国立環境研究所特別研究報告，都市域におけるVOCの動態解明と大気質に及ぼす影響評価に関する研究（特別研究），SR-42, p.56（2001）
14) 環境省，VOC—揮発性有機化合物による都市大気汚染，No.5, p.14（2002）
15) Wakamatsu, S., Morikawa, T., and Ito, A., Air Pollution Trends in Japan between 1970 and 2012 and Impact of Urban Air Pollution Countermeasures, Asian Journal of Atmospheric Environment, 7-4, pp.177-190 (2013)
16) 平成30年3月20日環境省発表資料
https://www.env.go.jp/press/files/jp/108676.pdf
（2019年1月現在）平成28年度　大気汚染の状況［PDF 3.2 MB］
17) 国立環境研究所研究報告，炭化水素—窒素酸化物—硫黄酸化物系光化学反応の研究，R-73 p.162（1985）
18) Wakamatsu, S., Uno, I., Ohara, T., and Kenneth, L. Schere, A study of the relationship between photochemical ozone and its precursor emissions of nitrogen oxides and hydrocarbons in the Tokyo area, Atmospheric Environment, 33, pp.3097-3108 (1999)
19) Kurita, H., Sasaki, K., Muroga, H., Ueda, H., and Wakamatsu, S., Long-range transport of air pollution under light gradient wind conditions, J. Climate and Applied Meteor., 24, pp.425-434 (1985)
20) Wakamatsu, S., High concentrations of photochemical ozone observed over sea and mountainous regions of the Kanto and eastern Chubu districts, J. Jpn. Soc. Atmos. Environ., 32-4, 309-314 (1997)
21) 若松伸司，篠崎光夫，広域大気汚染, p.209, 裳華房（2001）
22) 若松伸司，都市・広域大気汚染の生成機構解明に関する研究，大気環境学会誌，36-3, pp.125-136（2001）
23) 若松伸司，小川靖，村野健太郎，奥田典夫，鶴田治夫，五井邦宏，油本幸夫，東京首都圏地域における光化学スモッグの航空機観測について，大気汚染学会誌，16-4, pp.199-214（1981）
24) Wakamatsu, S., Ogawa, Y., Murano, K., Goi, K., and Aburamoto, Y., Aircraft survey of the secondary photochemical pollutants covering the Tokyo metropolitan area, Atmospheric Environment, 17, pp.827-835 (1983)
25) Uno, I., Wakamatsu, S., Suzuki, M., and Ogawa, Y., Three-dimensional behavior of photochemical pollutant over the Tokyo metropolitan area, Atmospheric Environment, 18, pp.751-761 (1984)
26) Wakamatsu, S., Uno, I., and Suzuki, M., A field study of photochemical smog formation under stagnant meteorological condition, Atmospheric Environment, 24A, pp.1037-1050 (1990)
27) 若松伸司，斎藤正彦，神田勲，岡﨑友紀代，ブナ林の大気環境（ブナ林の衰退～丹沢山地で起きていること～），森林科学，第67号, pp.10-13（2013）
28) Fujihara, M., Wakamatsu, S., Yamaguchi, K., Nakao, M., Tatano, T., and Sagawa, T., Annual and Seasonal Variations in Oxidant Concentration in Matsue, Japan, Atmospheric Environment, 37-20, pp.2725-2733 (2003)
29) 環境省光化学オキシダント調査検討会，光化学オキシダント調査検討会報告書～光化学オキシダントの解析と対策に向けて指標の提言, p.174, 平成26年3月（2014）
30) Wakamatsu, S., Kanda, I., Okazaki, Y., Saito, M., Yamamoto, M., Watanabe, T., Maeda, T., and Mizohata, A., A Comparative Study of Urban Air Quality in Megacities in Mexico and Japan：Based on Japan-Mexico Joint Research Project on Formation mechanism of Ozone and $PM_{2.5}$, and Proposal of Countermeasure Scenario. JICA-RI Working Paper No.145, p.37 (2017), JICA研究所ワーキングペーパー No.145, March, 2017
https://www.jica.go.jp/jica-ri/ja/publication/workingpaper/l75nbg000006fmeh-att/JICA-RI_WP_No.145.pdf（2019年1月現在）
31) Wakamatsu, S., Uno, I., Ueda, H., Uehara, K., and Tateishi, H., Observational study of stratospheric ozone intrusions into the lower troposphere, Atmospheric Environment, 23, pp.1815-1826 (1989)
32) 環境省光化学オキシダント調査検討会，光化学オキシダント調査検討会報告書, p.119, 平成29年3月（2017）

〔5〕　自動車の排出ガス

　自動車の排出ガスは大気汚染の原因の一つであり，主要な汚染物質については排出規制が行われている。わが国の自動車排出ガス規制は1966年に始まり，運輸省の行政指導によって走行時のテールパイプから排出される自動車排出ガス（テールパイプエミッション）の一酸化炭素（CO）濃度がガソリン車について規制された。その後，1968年に制定された「大気汚染防止法」に基づいた規制が開始され，今日まで，改正によって排出ガスの範囲および対象物質の拡大，規制値の引下げなどが続けられている。特に，1990年代以降はより厳しい規制値の引下げが段階的に行われており，規制物質の測定法（公定法）も改定されている。2016年現在，規制対象とされている排出ガスの

範囲は①エンジンからの排気であるテールパイプエミッションと②配管等から湧き出してくる燃料蒸発ガスである。

規制強化への車両側の対応としては、エンジンの燃焼技術、排出ガス後処理装置、燃費などの改善が行われている。また、燃料側の対応としては、ガソリン中のベンゼンや、燃料中の硫黄分を低減する燃料品質の向上が図られてきた。

排出ガス中の規制物質濃度は着実に低減されており、また、排出ガスを取り巻く状況は変化し続けている。本項では、テールパイプエミッションおよび燃料蒸発ガスの規制物質と試験法、規制はされていないが大気汚染に関する規制や法律と関わりがある自動車の排出ガス成分について概説する。また、改正が続けられている排出ガス規制について、海外も含めた将来動向について言及する。

（a）**排出ガスの規制物質と試験法** 自動車の規制物質を測定する試験法は、道路運送車両法に基づく保安基準として定められ、排出ガスは専用の設備で測定されている。ここでは規制対象物質と各排出ガスの試験方法について概説する。

1）**テールパイプエミッション** テールパイプエミッションにおいて規制の対象となっているおもな物質は、CO、窒素酸化物（NO_x）、非メタン炭化水素（non-methane hydrocarbons, NMHC）、粒子状物質（particulate matter, PM）などである。ただし、PM はディーゼル車および吸蔵型 NO_x 還元触媒を装着した希薄燃焼方式の筒内直接噴射（リーン直噴）ガソリンエンジン搭載車が対象である。それぞれの物質について排出規制値が設定されており、新規に登録・販売される自動車は規制値を超えてはならない。

規制物質のうち、CO は最初に規制された物質であるが、血液中のヘモグロビンとの結合力が酸素より約 210 倍強く、人体への有害性が高い。燃料の不完全燃焼によって生成される酸化物であるため、燃焼制御の改善によって生成が抑制され、さらに触媒での浄化によって排出量が低減される。

NO_x は、おもに高温での燃焼時に空気中の N_2 から生成する窒素の酸化物である。大気中では光化学スモッグの発生要因となるため、1973 年、全炭化水素（total hydrocarbons, THC）とともにガソリン車に対する新たな規制物質として加えられた。翌年の 1974 年には、自動車による公害を積極的に防止するため、ディーゼル車も NO_x 規制の対象とされた。ただし、自動車排出ガス規制の NO_x は化学発光分析計で測定された一酸化窒素（nitric oxide, NO）と二酸化窒素（nitric dioxide, NO_2）の合計である。排出ガス中の

NO_x の大部分は NO であるが、ディーゼル車に装着されている酸化触媒では、NO の一部が触媒上で NO_2 に酸化され[1]、排出される。NO_x の低減は、特にディーゼル車に対して求められ、NO_x 吸蔵触媒や尿素 SCR 触媒の装着が進んだ。

NMHC は、大気汚染物質の生成をより的確に低減する目的で、THC に替わって 2005 年から規制対象となった[2]。NMHC は、燃料の未燃分や不完全燃焼によって生成した炭化水素（hydrocarbons, HC）で、反応性が低いメタンを除く、アルカン、アルケン、芳香族 HC などで構成される。大気中での化学反応により、HC は光化学スモッグの主要物質であるオゾンを始め、浮遊粒子状物質や微小粒子状物質（$PM_{2.5}$）の二次生成を増加させる。

PM は、燃料の不完全燃焼によって生成したすすのほか、燃料あるいは潤滑油中の硫黄分から生成した硫酸粒子などで構成されている。PM に関するわが国の排出ガス規制は 1972 年に始まった。ディーゼル普通自動車および小型自動車に対し、排出ガス中の黒煙を沪紙に捕集し、スモークメータで計測する黒煙の規制が行われた。その後、1993 年に排出質量としての PM 規制がディーゼル軽量車および中量車を対象として開始され、1994 年にはディーゼル乗用車および重量車も対象に加えられた。ガソリン車については、ガソリン車の中でも PM 排出量が多い吸蔵型 NO_x 還元触媒を装着したリーン直噴車が 2009 年に対象となった。PM 排出量は燃料やオイル中の硫黄分の上限引下げで低減されたほか、ディーゼル車ではディーゼル粒子除去フィルタ（diesel particulate filter, DPE）の装着によって大幅に低減された[2,3]。

規制物質排出量の測定には公定法が定められており、排気導入管の材質や測定装置の精度管理、試験サイクルを運転する前の暖機運転、実験室温度といった詳細な条件が明記されている。実験室内の試験装置上でエンジンや車両を運転させるが、どちらの試験を適用するかは自動車のカテゴリーによって決められており、車両総重量が 3.5 t を越える重量車はエンジン試験[4]、重量車以外の中・軽量車は車両試験[5]となる。それぞれの試験において、エンジンの場合はエンジンダイナモメータを用い、車両の場合はシャシダイナモメータ（**図 2.5.5** 参照）を用い、実際の自動車の使用実態を反映した試験サイクルを運転して排出ガスを測定する。参考に、中・軽量車の試験サイクルである JC08 と、2018 年から JC08 に代わって採用された世界統一試験サイクルである乗用車等の国際調和燃費・排ガス試験方法（worldwide harmonized light vehicles test procedures, WLTP）の走行パターンを**図 2.5.6** に

図 2.5.5 シャシダイナモメータ設備

示す．JC08 は国内，WLTP は日本を含む世界における典型的な走行状態をそれぞれ代表している．

排出ガスの分析は，排出ガスを清浄空気で希釈してから分析する方法（希釈法）と，直接分析する方法（直接法）がある．自動車の排出ガスは車速やエンジン回転数によってつねに流量が変化するため，希釈法では定流量希釈装置（constant volume sampler, CVS）を用い，排出ガスと希釈空気を混合させて一定流量に希釈する．また，PM を測定する場合は CVS のほかに希釈トンネルも接続する（**図 2.5.7** 参照）．ある試験サイクルでエンジンあるいは車両を運転し，CVS によって希釈された排出ガスの平均濃度と希釈空気の濃度がわかれば，濃度の差分に希釈排出ガスの全流量を乗じることによって，試験の間に排出された測定物質の質量がわかる．さらに，その質量を試験サイクルの出力や走行距離で除せば km 当りまたは kWh 当りの排出量が求められる．公定法では直接法も認められており，試験中の排出ガスを排気管から測定装置に直接導入し，瞬時の排出ガスを連続的に分析する．排出挙動を時系列的に捉えられる利点がある一方，排出ガスが高温で分析機器の耐熱温度を超えていたり，水分が含まれることから排出ガスを捕集する配管に結露が生じて水溶性の成分が捕捉されるなど，測定が難しい場

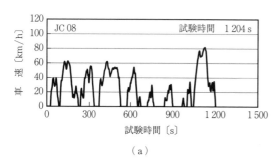
(a)

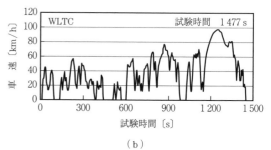
(b)

図 2.5.6 中・軽量車の法定試験サイクルの走行パターン

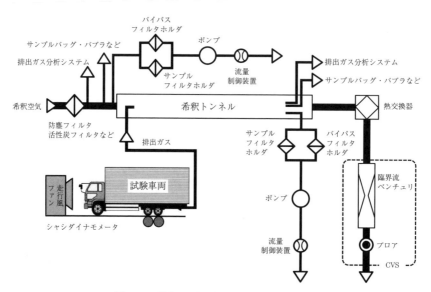

図 2.5.7 希釈トンネルを設置した試験装置の例

合がある。また，直接分析した排出ガス中の濃度を排出量に換算するには排出ガス流量の情報が必要であるが，流量を精度良く測定するには困難な場合もある。

規制物質を低減するための技術が進歩し，自動車には触媒やDPFが装着された。このためには燃料や潤滑油の品質向上が不可欠であった。燃料や潤滑油中には鉛や硫黄が含まれ，出力の向上や酸化および摩耗を防止する添加剤としても使用されていた。しかし，鉛はヒトの健康に対する毒性が強く，鉛中毒が疑われる社会問題も起きたため，1975年からガソリンの無鉛化が開始された。硫黄は硫酸粒子としてPMになるほか，触媒を被毒して浄化性能を低下させ[1]，不具合を起こす。また，触媒の被毒はHCでも発生するが，HCを浄化するために酸化力の強い酸化触媒を使用すると硫黄被毒が強くなる。そこで，日本産業規格（JIS）で決められている燃料中の硫黄分の上限規格が引き下げられ，1976年に軽油の上限が1.2質量%から0.5質量%に改定された。排出ガス規制が厳しくなった1990年代以降はさらなる引下げが段階的に行われ，2016年現在，軽油とガソリンの上限規格は0.0010質量%となっている。潤滑油の硫黄についてはJISがないが，一部の業界団体は自主的な取組みとして0.5質量%としている。

2) 燃料蒸発ガス　　燃料蒸発ガスの規制は，1972年に当時問題となっていた光化学スモッグを抑制する目的で燃料蒸発ガス排出抑制装置の取付けが義務化されたことに始まる。規制の対象は，ガソリンを燃料とする普通自動車，小型自動車，および軽自動車である。試験方法[6]は車両の使用状態に応じて設定されており，走行後の駐車中と長時間の終日駐車中に分けられる。規制はそれぞれの試験中に湧き出す燃料蒸発ガスのHC排出量の合計で行われる。

走行後の駐車中の試験は暖機放置時排出（hot soak loss, HSL）試験と呼ばれる。燃料蒸発ガスは車両および道路からの輻射熱を熱源として発生し，おもに配管類からの透過によって排出される。試験では，始めに試験車両をシャシダイナモメータ上で走行させ，つぎにエンジンを停止した状態にして燃料蒸発ガス測定用密閉装置（sealed housing for evaporative determination, SHED）に設置して密閉する。SHED内のHC濃度を測定し，密閉から60分後までの間に湧き出したHCの質量を算出する。

長時間の終日駐車試験は終日保管時排出（diurnal breathing loss, DBL）試験と呼ばれる。蒸発ガスは，外気温を熱源とする配管類からの透過のほか，駐車中にキャニスタの吸着限界を超えて蒸発ガスが湧き出す破過が含まれる場合がある。キャニスタとは，燃料タンクの内圧力を大気圧に保つ際，蒸発ガスが大気に揮散しないよう，活性炭などの吸着材で回収する装置である。車両運転時は外気がキャニスタに取り入れられ，蒸発ガスが脱離してエンジンで燃焼される。DBL試験は，エンジンを停止した状態でSHED内に設置し，密閉してから24時間後までに湧き出したHC質量を算出する。試験の実施はHSL試験の終了後で，6時間以上36時間以下のソークを行ってから開始する。

ガソリン性状のJIS規格は，テールパイプエミッションのみならず，燃料蒸発ガスを抑制する目的でも改定されてきた。燃料蒸発ガスに影響する性状は蒸気圧で，2005年に夏季ガソリンの上限値が78 kPaから72 kPaに引き下げられ，2005年にはさらに65 kPaに引き下げられた。

(b) 大気汚染に関わる未規制の物質　　自動車の排出ガスには規制物質以外にも，ヒトや環境に対して有害な影響を及ぼす物質が含まれている。都市域における光化学大気汚染においては，原因物質である揮発性有機化合物への寄与も報告され[7]，影響が大きく重要な物質については環境省によって排出量の推計が行われている。また，大気汚染防止法によって環境基準が設けられていたり，汚染物質の発生源解析に利用できることから，排出ガスや沿道大気中の濃度が測定され，経年変化が観測されている物質もある。ここでは，自動車から排出される未規制の大気汚染物質（未規制物質）のうち，化学物質排出移動量届出制度（pollutant release and transfer register, PRTR制度）で集計されている物質や，環境基準が設けられている微小粒子状物質（$PM_{2.5}$）に関わる物質，温室効果ガスインベントリで集計されている物質について述べる。

1) PRTR制度の対象物質　　PRTR制度では，自動車排出ガスをホットスタート，コールドスタート時の増分，燃料蒸発ガス，サブエンジン式機器の4区分にして未規制物質の排出量を推計している。このうち，ホットスタートとコールドスタート時の増分がテールパイプエミッションにあたるが，コールドスタート時はホットスタート時より排出量が多くなるため，二つに区分されている。燃料蒸発ガスは，規制されているガソリン車のHSLとDBLのほか，走行時の燃料蒸発ガス（running loss, RL）も加えられる。サブエンジン式機器は，冷凍冷蔵車や長距離走行用のトラック・バス等の空調用に搭載され，軽油を燃料としているエンジンのことである。なお，タイヤ・ブレーキ等の磨耗粉じんも推計対象物質を含んでいる可能性があるが，推計に必要なデータが得られていないため，排出区分から外されている。

推計の対象とされる物質は各区分によって異なる。

表 2.5.1 PRTR 制度が推計対象とする自動車の排出区分と対象物質

物質番号	対象化学物質	ホットスタート		コールドスタート時の増分		燃料蒸発ガス	サブエンジン式機器
		ガソリン車	ディーゼル車	ガソリン車	ディーゼル車		
10	アクロレイン	○	○	○	○		○
12	アセトアルデヒド	○	○	○	○		○
53	エチルベンゼン	○	○	○	○	○	○
80	キシレン	○	○	○	○	○	○
83	クメン			○			
240	スチレン	○	○	○	○		○
296	1,2,4-トリメチルベンゼン	○	○	○	○	○	○
297	1,2,5-トリメチルベンゼン	○	○	○	○	○	○
300	トルエン	○	○	○	○	○	○
302	ナフタレン			○			
351	1,3-ブタジエン	○	○	○	○		○
392	ノルマル-ヘキサン	○	○	○	○	○	○
399	ベンズアルデヒド	○	○	○	○		○
400	ベンゼン	○	○	○	○	○	○
411	ホルムアルデヒド	○	○	○	○		○

〔注〕 ○印は各排出区分における対象物質

表 2.5.1 に自動車の排出区分と各区分で推計される対象物質を示す。推計方法は THC 排出係数にそれぞれの物質の対 THC 比率を乗じて算出する手法を採っており,各物質の排出量を直接集計するものではない。2014 年度統計においては,他の分野も合算したすべての推計量に対して自動車の寄与が 50% を超える物質は,ベンズアルデヒド (74%),ベンゼン (65%),アセトアルデヒド (65%),アクロレイン (63%),ホルムアルデヒド (55%) であった[8]。

2) $PM_{2.5}$ に関わる物質 $PM_{2.5}$ は,粒径が 2.5 μm 以下の小さな粒子であるため,肺の奥まで入りやすい特徴がある。呼吸器や循環器への影響が懸念され,2009 年に大気環境基準が設定された。$PM_{2.5}$ にはさまざまな発生源があり,物の燃焼によっても生成する。テールパイプエミッションの PM はほぼ $PM_{2.5}$ に相当する[9]。また,ブレーキやタイヤの磨耗粉じんにも $PM_{2.5}$ が含まれる[10〜13]。

環境省は,大気中 $PM_{2.5}$ の原因物質の排出情況を把握したり,大気中の挙動等に関する科学的知見を集積するため,$PM_{2.5}$ の成分分析を実施している[14]。分析の対象となっている物質のうち,自動車の PM に関わるおもな成分は,炭素成分である有機炭素 (organic carbon, OC) および元素状炭素 (elemental carbon, EC),多環芳香族 HC (polycyclic aromatic hydrocarbon, PAH),無機元素,イオン成分である。これらのうち,EC,PAH,無機元素は一次発生にあたり,自動車からの排出は PM 規制によって低減している[3, 15]。大気中の濃度としても,例えば PAH の一つで発がん性のあるベンゾ[a]ピレンは沿道大気において減少傾向が報告されている[16]。

PM の排出が低減されたため,$PM_{2.5}$ に及ぼす影響度が相対的に上がる可能性があるとして,ブレーキやタイヤ粉じんが注目されている。近年急激に増加したわけではないが,どちらからも $PM_{2.5}$ に相当する粒子が排出されており,大気中浮遊粒子に含まれる無機元素において,タイヤおよびブレーキ由来として鉄,銅,ヒ素,アンチモン,モリブデン,ハフニウムなどが報告されている[17]。このうち,アンチモンはバーゼル条約や PRTR 制度の対象物質であるため,ブレーキパッドやブレーキシューへの使用を自粛する動きがある。また,米国では 2025 年からブレーキパッドの銅含有量が制限される予定である。

$PM_{2.5}$ には硫酸アンモニウムや硝酸アンモニウムが含まれ,イオン成分として分析対象にされている。これらは大気中で生成した二次生成物質であると考えられる。テールパイプエミッションに含まれるイオン成分のうち,二次生成の前駆物質として特にアンモニア (NH_3) の影響が懸念される。自動車は NH_3 発生源の一つであり,ガソリン車と尿素 SCR システムを搭載したディーゼル車から排出されている。ガソリン車の場合,NH_3 は還元性ガスが多い燃料過多の条件下において三元触媒上で生成する。ディーゼル車の場合,尿素 SCR システムの尿素から生成し,NO_x を浄化するが,浄化で余剰となった NH_3 が排出される場合があ

る.わが国では規制対象にされていないが,欧州連合(EU)では重量車において排出ガス中の濃度として規制されている.

3) **温室効果ガス** 環境省が集計する温室効果ガスのインベントリにおいて,自動車からの排出量が集計されている物質は,CO_2,メタン,N_2O の 3 物質である.これらについて,米国やカナダでは排出規制が導入されているが,わが国では直接の規制がなく,燃費基準値の導入によって CO_2 の排出を抑制している.

インベントリにおける温室効果ガスには,CO_2 の温室効果を 1 として地球温暖化係数が設定されている.メタンは 25,N_2O は 298 で,自動車排出ガスに関わる 3 物質の中では N_2O の係数が最も大きい.しかし,各物質の排出量に係数を乗じた温室効果ガス排出量に換算しても,自動車からの温室効果ガス排出に最も寄与する物質は CO_2 である[15].自動車,船舶,飛行機,鉄道の運輸部門から排出される CO_2 のうち,自動車による排出は約 90% を占めるが,わが国の総 CO_2 排出量に対しては自動車からの CO_2 排出量は 16% 程度である[18].

(c) **排出ガスの規制動向** 自動車排出ガスを取り巻く状況は変化を続けており,排出ガス規制の国際調和や新たな試験法の導入が検討されている.ここでは,海外を含めた規制の動向について述べる.

1) **国際基準調和の導入** 世界各国で販売され,国際的な商品である自動車は,自動車の安全・環境基準を国際的に統一する,あるいは国家間で相互認証することが推進されている.この活動は国連欧州経済委員会の下に組織された自動車基準調和世界フォーラムで行われている.参加メンバーは欧州連合(EU)と EU 各国,米国,カナダ,中国,インド,韓国などのほか,国際自動車工業会といった非政府機関で構成されており,わが国も 1970 年代から参加している.

わが国においては,国際基準調和を目的とした排出ガス試験法として,2016 年 10 月から,重量車試験法 (worldwide harmonized heavy duty certification procedure, WHDC) および試験サイクル外での運転時における排出ガス対策を目的とした試験法 (off cycle emissions, OCE) がディーゼル重量車に対して導入された.2018 年からは,WLTP が乗用車および軽量車の排出ガス試験に順次導入されている.

2) **PM に関する規制の拡大** ディーゼル自動車への DPF 装着が進んだことにより,PM の排出量は著しく低減された.PM の排出量は希釈排出ガス中の PM をフィルタ上に捕集し,試験前後の秤量差から算出する.排出量の低減によって秤量差が小さくなっており,誤差の影響が大きくなったため,計測の精度を確保することが難しくなっている.また,ヒトの健康に影響を及ぼす微小な PM の排出を抑制する必要から,EU では PM の粒子数(particle number, PN)規制が段階的に導入されている.

自動車からの PM 排出はディーゼル車が主であったが,DPF の装着によって低減されたため,PM 規制はつぎに排出が多い直噴ガソリン車へと拡大されつつある.直噴ガソリン車のエンジンは,ガソリンを気筒内に直接噴霧するため,霧滴が気化しないままであったり,気化したガソリンが不均一に分布するなど,PM が生成する不完全燃焼の状態になりやすい.その一方,直噴ガソリンエンジンはコンパクトで燃費が良い利点から今後の普及が見込まれ,$PM_{2.5}$ への排出寄与が高くなる懸念がある[19].2009 年,EU では直噴ガソリン車の PM 規制が開始された.同年に,わが国でも PM 規制が開始されたが,吸蔵型 NO_x 還元触媒を装着したリーン直噴車に限られた.しかし,規制開始後は,吸蔵型 NO_x 還元触媒やリーン燃焼ではない直噴ガソリンエンジンが普及し始め,PM が排出されていることから[20],2020 年末までにすべての直噴ガソリン車が規制の対象になる[21].

3) **リアルワールドを考慮した規制** 市井の自動車はさまざまな気象条件下で走行しており,走行時の車両や道路の状態も一定ではない.結果として,規制値の測定条件で得られた排出量と,実路上を走行している自動車の排出量には乖離が生じる.そこで,EU では,NO_x に対して実路走行の排出ガス (real driving emission, RDE) 規制を加え,2017 年から導入を開始した.2015 年には米国で,シャシダイナモメータ試験時に排出ガス低減装置を作動させ,実路走行時は作動させない不正ソフトを搭載したディーゼル乗用車が摘発された.これを受け,米国のみならず,わが国でも実路試験による国内実態調査が実施され,RDE 規制の導入が検討された.検討の結果,2022 年からディーゼル乗用車の NO_x 排出量についての路上相走行検査が行われることとなった[21].

4) **燃料蒸発ガス規制の見直しと追加** 燃料蒸発ガスの HC は光化学オキシダントの原因の一つであるため,規制の強化として DBL 試験の見直しと給油時に発生する蒸発ガス規制の追加が検討された[22].

燃料蒸発ガスの規制は HSL 試験と DBL 試験の結果を合算した HC 排出量で行われている.わが国の DBL 試験は駐車の想定時間を 24 時間の 1 day としているが,光化学オキシダントが問題となっている都市域では毎日自動車を使うことが少ないため,1 day では使用実態に合っていない.DBL を 2 day 以上で計測すると,燃料蒸発ガスの発生を抑制するキャニスタが破過し,

光化学反応性の高い HC が湧き出す場合がある[23),24)]。また，DBL 試験が 1 day である EU では 2 day に変更する議論が進行中で，米国では 2 day あるいは 3 day とされている。さらに，国連欧州経済委員会自動車基準調和世界フォーラムにおいて，試験日数等の規制強化が議論されたことから，わが国でも試験時間を段階的に見直すこととなった[21)]。

　自動車への給油時に発生する蒸発ガスは「給油時エバポ」や「給油ロス」と呼ばれる。給油される燃料の蒸発ガスのみではなく，おもに燃料タンクの空隙に滞留していた蒸発ガスが，給油された燃料によって追い出され，給油口から大気に放出される。また，給油ノズルのオートストップ機能が負圧を利用する機構を持つ場合，空気を吸引しながら給油するのでタンクの空隙より多い蒸発ガスが放出される。EU や米国ではすでにガソリンの給油時エバポが規制されているが，わが国では実施されていなかった。給油時エバポの対策には車両側で行う対策と給油側で行う対策があるが，わが国では国際基準調和と費用対効果の合理的観点から給油側での対策が選択された。ただし，法規制の導入は小規模な給油所にとって大きな費用負担となることから，燃料蒸発ガスの抑制対策は燃料小売業界による自主的取組みとして進められることになった[21)]。

（柏倉桐子）

引用・参考文献

1) 岩本正和編，環境触媒ハンドブック，エヌ・ディー・エス（2001）
2) 環境省 中央環境審議会 大気環境部会 自動車排出ガス専門委員会，今後の自動車排出ガス低減対策のあり方について（第五次報告）（2002）
3) 柏倉桐子，佐々木左宇介，中島徹，坂本和彦，ディーゼル重量車からの規制・未規制大気汚染物質排出量と排出傾向，43-1, pp.67-78（2008）
4) 道路運送車両の保安基準の細目を定める告示［2015.07.01］別添 41（重量車排出ガスの測定方法）
5) 道路運送車両の保安基準の細目を定める告示［2012.03.30］ 別添 42（軽・中量車排出ガスの測定方法）
6) 道路運送車両の保安基準の細目を定める告示［2009.07.30］別添 49（燃料蒸発ガスの測定方法）
7) 国立環境研究所特別研究報告 SR-42-2001：都市域における VOC の動態解明と大気質に及ぼす環境評価に関する研究（特別研究）（2001）
8) 経済産業省 製造産業局 化学物質管理課 環境省環境保健部 環境安全課，平成 28 年度 PRTR 届出外排出量の推計方法等の概要
9) Kittelson, D. B., ENGINES AND NANOPARTICLES：A REVIEW, J. Aerosol Sci., 29, 5/6, pp.575-588（1998）
10) Tonegawa, Y., Fujikawa, T., and Sasaki, S., Development of Tire Dust Emission Measurement for Passenger Vehicle, 19th ETH-Conference on Combustion Generated Nanoparticles（2015）http://www.nanoparticles.ch/2015_ETH-NPC-19/Poster/44_Tonegawa.pdf（2019 年 1 月現在）
11) Kwak, J. and Lee, S., On-road and laboratory investigations on non-exhaust ultrafine particles from the interaction between the tire and road pavement under braking conditions, Atmos. Environ., 97, pp.195-205（2014）
12) Sanders, P.G., Xu, N., Dalka, T.M., and Maricq, M.M., Airborne brake wear debris：size distributions, composition, and a comparison of dynamometer and vehicle tests, Environ. Sci. Technol., 37, pp.4060-4069（2003）
13) Hagino, H., Oyama, M., and Sasaki, S., Laboratory testing of airborne brake wear particle emissions using a dynamometer system under urban city driving cycles, Atmos. Environ., 131, pp.269-278（2016）
14) 環境省，大気汚染防止法第 22 条の規定に基づく大気の汚染の状況の常時監視に関する事務の処理基準について（平成 22 年 3 月 31 日改正）
15) 柏倉桐子，佐々木左宇介，坂本和彦，近年のガソリン車における規制・未規制大気汚染物質排出量と排出傾向，大気環境学会誌，44-2, pp.102-116（2009）
16) 猪股弥生，梶野瑞王，佐藤啓市，早川和一，植田洋匡，2000〜2013 年の日本における大気中ベンゾ[a]ピレン濃度の経年変動 ―トレンド解析―，大気環境学会誌，51-2, pp.111-123（2016）
17) 溝畑朗，伊藤憲夫，楠谷義，道路沿道における大気浮遊粒子状物質の物理的・化学的特性，大気環境学会誌，35-2, pp.77-102（2000）
18) 国立環境研究所 温室効果ガスインベントリオフィス（GIO）編，環境省地球環境局総務課低炭素社会推進室監修，日本国温室効果ガスインベントリ報告書 2018 年（2018）
19) 環境省 中央環境審議会大気・騒音振動部会 自動車排出ガス専門委員会，今後の自動車排出ガス低減対策のあり方について（第十二次報告）（2015）
20) Fushimi, A., Kondo, Y., Kobayashi, S., Fujitani, Y., Saitoh, K., Takami, A., and Tanabe, K., Chemical composition and source of fine and nanoparticles from recent direct injection gasoline passenger cars：Effects of fuel and ambient temperature, Atmos. Environ., 124, pp.77-84（2016）
21) 環境省 中央環境審議会 大気・騒音振動部会 自動車排出ガス専門委員会，今後の自動車排出ガス低減対策のあり方について（第十三次答申）（2017）
22) 環境省 排出ガス不正事案を受けたディーゼル乗用車等検査方法見直し検討会，排出ガス不正事案を受けたディーゼル乗用車等検査方法見直し検討会最終とりまとめ（2017）
23) Yamada, H., Inomata, S., and Tanimoto, H., Evaporative emissions in three-day diurnal breathing loss tests on

passenger cars for the Japanese market, Atmos. Environ., 107, pp.166-173（2015）
24）萩野浩之，森川多津子，秋山賢一，佐々木左宇介，低オレフィンガソリン燃料を用いた給油時と終日車両保管時に排出される揮発性有機化合物とオゾン生成能を考慮した大気質評価，大気環境学会誌，50-6, pp.266-291（2015）

〔6〕 室内環境汚染
（a）室内環境汚染の背景　シックハウス症候群および化学物質過敏症といった症状が社会問題化して久しい。シックハウス症候群は国内では1996年に国会で取り上げられて以降，社会的に大きな関心が示されてきた。それ以前は，不完全燃焼による一酸化炭素汚染など以外には，室内空気汚染が社会的に取り上げられることはほとんどなかった。第二次世界大戦後の1950年代から1960年代頃の住まいは和風木造建築が主流であり住宅の断熱性や気密性も乏しかったため，冬の寒さや夏の暑さを緩和するために日照や採光を良くし通風や換気を図っていた。その後，これらの生活様式はアルミサッシの普及，冷暖房機器の多様化，鉄筋コンクリートの集合住宅の増加等により著しく変化してきた。さらに，住宅の洋風化とともに，住宅内装材として合板やビニールクロス，PVCタイル等の新建材が急速に普及した。それとともに新築住宅や改装住宅の居住者に目や喉の痛み，頭痛，アトピー性皮膚炎等の症状を訴える人が見受けられるようになった。

以上，室内の化学物質による汚染が問題となった背景をまとめると
①　新建材，家具，生活用品等室内において有害な化学物質の発生源と発生量が増加したこと
②　建築の面から，住宅の高気密・高断熱化が進行したが，換気が十分に行われなかったこと
③　化学物質に反応しやすい（感受性の高い）人が増えたことなどが挙げられる。

室内空気汚染の原因には，①　床・壁・天井材などの建材，家具・什器など建物の中にある物から化学物質が発生する。表2.5.2に各種材料から発生する化学物質の例を示す。トルエン，キシレンを始め，さまざまな化学物質が発生している。これらは居住者の行動に関わりなく発生する汚染物質である。

さらに，②　調理の際に発生する煙や燃焼で生じる有害化学物質，芳香剤・防虫剤など居住者の生活活動によっても汚染物質が発生する。この中で，調理等で発生する化学物質の中には油酔いの原因物質であるアクロレインや発がん性物質であるニトロピレン等も含まれている。また，燃焼で生じる化学物質はダイオキ

表2.5.2　厚生労働省による13指針値物質の用途および発生源

成分	用途および発生源
ホルムアルデヒド	合板，パーティクルボード，接着剤，合成樹脂の原料 のり等の防腐剤，繊維の縮み防止加工剤 喫煙，石油・ガスの暖房器具
アセトアルデヒド	喫煙，飲酒，接着剤，防腐剤，写真現像用の薬品
トルエン	接着剤・塗料の溶剤，希釈剤 ペンキ，印刷用インク，マニキュアなど
キシレン	接着剤・塗料の溶剤，希釈剤
パラジクロロベンゼン	衣類の防虫剤，トイレの芳香剤
エチルベンゼン	接着剤・塗料の溶剤，希釈剤 燃料油に混和
スチレン	ポリスチレン樹脂，合成ゴム，不飽和ポリエステル樹脂，ABS樹脂，イオン交換樹脂，合成樹脂塗料 （断熱材，浴室ユニット，畳心材，包装材等）
テトラデカン	灯油，塗料の溶剤
クロルピリホス	有機リン系の殺虫剤，防蟻剤
フタル酸ジ-n-ブチル（DBP）	塗料，顔料，接着剤（加工性や可塑化向上）
フタル酸ジ-2-エチルヘキシル（DEHP）	可塑剤，PVC製品，壁紙，床材，各種フィルム，電線被覆等
ダイアジノン	殺虫剤の有効成分
フェノブカルブ	水稲，野菜などの害虫駆除，防蟻剤

シン類や多環芳香族炭化水素（PAHs）類もある。防虫剤としては古くから樟脳やナフタレンが使われたが，以降パラジクロロベンゼンが盛んに使われるようになり，室内で長期間にわたって検出されることも報告された。また，シロアリを駆除するためのクロルピリホス，フェノブカルブ，ネオニコチノイド系農薬等の殺虫剤（防蟻剤）による汚染が問題視された。

③　自動車排気ガスなどで汚れた屋外の空気も換気や人の出入りによって室内に流入する。道路に面した住宅や工場周辺の住宅では大気汚染物質の流入にも注意が必要となる。

このような社会背景を受け，厚生労働省「シックハウス（室内空気汚染）問題に関する検討会」[1]〜[3]により，13物質に対する室内空気中濃度指針値が定められた（表2.5.3参照）。ここで取り上げる室内環境汚染物質は①および②の中で，ニトロピレン等の非意図的に生成される化学物質を除いた揮発性有機化学物質および殺虫剤等の生活の中で使用している化学物質を対象とする。

表2.5.3 シックハウスに関連した厚生労働省室内濃度指針値

物質名	室内濃度指針値	設定日
ホルムアルデヒド	100 μg/m^3 (0.08 ppm)	1997.6.13
アセトアルデヒド	48 μg/m^3 (0.03 ppm)	2002.1.22
トルエン	260 μg/m^3 (0.07 ppm)	2000.6.26
キシレン	870 μg/m^3 (0.20 ppm)	2000.6.26
パラジクロロベンゼン	240 μg/m^3 (0.04 ppm)	2000.6.26
エチルベンゼン	3 800 μg/m^3 (0.88 ppm)	2000.12.15
スチレン	220 μg/m^3 (0.05 ppm)	2000.12.15
テトラデカン	330 μg/m^3 (0.04 ppm)	2001.7.5
クロルピリホス	1 μg/m^3 (0.07 ppb) ただし,小児の場合は 0.1 μg/m^3 (0.007 ppb)	2000.12.15
フタル酸ジ-n-ブチル	220 μg/m^3 (0.02 ppm)	2000.12.15
フタル酸ジ-2-エチルヘキシル	120 μg/m^3 (7.6 ppb)	2001.7.5
ダイアジノン	0.29 μg/m^3 (0.02 ppb)	2001.7.5
フェノブカルブ	33 μg/m^3 (3.8 ppb)	2002.1.22
総揮発性有機化合物量(TVOC)	暫定目標値 400 μg/m^3	2000.12.15

(b) 室内環境汚染の現状

1) **厚生労働省指針物質** 厚生労働省による指針値策定(1997～2002年,表2.5.3参照)と国土交通省による建築基準法の改正(2003年)により,室内空気の化学物質汚染は劇的に減少した。2000年6月に,国土交通省により発足した「室内空気対策研究会」は,室内空気環境に関する全国レベルの実態調査を実施し,2000年には28.7%,13.6%だったホルムアルデヒドとトルエンの指針値超過率が,2003年には5.6%,2.2%,2005年には1.6%,0.3%と低減したと報告している[4)～6)]。

国立医薬品食品衛生研究所と地方衛生研究所25機関で行った全国の住宅調査報告(2002年)[7)]では,ホルムアルデヒドの室内平均濃度は28 μg/m^3 であり,室内平均濃度が10 μg/m^3 を超えた物質は,トルエン,エチルベンゼン,キシレン,デカン,ウンデカン,ピネン,パラジクロロベンゼンであった。特に高濃度を示した化学物質はトルエン95.9 μg/m^3,パラジクロロベンゼン85.8 μg/m^3 であった。

パラジクロロベンゼンについては,使用量や使用時期によって濃度に幅が見られ,例えば築約50年の木造住宅でのパラジクロロベンゼン濃度は,指針値の約16倍の3 800 μg/m^3 が検出された[8)]。押入れおよび洋服ダンス等に使用されていた衣類用防虫剤が発生源であることが確認され,順次ピレスロイド系の防虫剤に変更したところ,約2年後に厚生労働省の指針値以下となったが4年後までも検出されていることから衣類に付着した成分の再放散が原因であろうと報告している。また,発がん性が疑われている防腐剤のクレオソートについて,それらを使用している住宅の室内からその成分(ナフタレン,アセナフテン,フルオレン等)が検出されたとの報告があった[9)]。さらに,シロアリ駆除の目的で使用されている防蟻剤や家庭内で使用されている殺虫剤等の農薬による室内空気汚染も報告されている[10)]。

一方,2012年9月に再開されたシックハウス(室内空気汚染)問題に関する検討会では,国立医薬品食品衛生研究所が2011年度冬季および2012年度夏季に住宅約100件を対象に調査した結果を報告している[11)]。冬季の調査でホルムアルデヒド指針値を超える住宅は0件,VOC(volatile organic compounds,揮発性有機化合物)の中から指針値を超過する物質としては唯一パラジクロロベンゼンが3件存在した。TVOC(Total VOC,総揮発性有機化合物)は寝室とリビングルームでの中央値が250 μg/m^3 と300 μg/m^3 程度,最高は2 330 μg/m^3,4 800 μg/m^3 と対象住宅の47%が暫定目標値400 μg/m^3 を超えていることがわかった。

また,2012年夏季調査では,トルエン,キシレン,エチルベンゼン,スチレンの指針値を超過する住宅は存在しなかったが,ホルムアルデヒド超過の住宅割合が7%,パラジクロロベンゼンも10件ほど指針値を超えている。夏季のTVOC暫定目標値超過率は51%と冬季と同様の結果を示した。

改正建築基準法が施行された翌年の2004年度の実態調査では,ホルムアルデヒドの指針値超過率1.6%,トルエン0.6%であり,当該実態調査のホルムアルデヒド超過率が以前より高くなっており,その原因への関心が再び高まっている。

2) **ベンゼン** ベンゼンは白血病を誘発する発がん性物質であるが,指針値策定当時は室内濃度が高くないことと,開放型燃焼器具以外は室内で放散源がほとんど存在しないことから,室内濃度指針値は策定されていない。再検討会の報告[11)]では夏季に大気環境基準値3 μg/m^3 を超える住宅が6%程度存在し,発生源としては外気由来あるいは室内喫煙が疑われるとしているが,外気濃度が低く喫煙者のいない家庭でも3 μg/m^3 を超えることがあり,室内に他の発生源が存在する可能性を示唆している。加えて検討会では,芳香性のお香と防虫・殺虫用お香からベンゼンが発生するという事例報告があり,これまで検討対象としていなかった生活用品からベンゼンが放散されている可能

性も示唆されている。

3) **代替物質** シックハウス症状を訴える住宅やビルを測定すると指針値13物質はほとんど検出されない，または指針値よりもはるかに低いレベルであるが，指針値制定物質以外の代替物質が検出されることと殺虫剤，防虫剤，可塑剤，難燃剤のようなこれまで考慮されなかった成分が室内に存在する。従来の溶剤として多用されてきたベンゼン環にメチル基（CH_3）が一つないしは二つ結合しているトルエン，キシレン，エチルベンゼンなどの物質が指針値策定物質に指定された後，代替成分であるメチル基三つ，四つのベンゼン系（トリメチルベンゼン，エチルトルエン，ジエチルベンゼン，テトラメチルベンゼン等）に移行している現状がある。

4) **TVOC** 指針値が制定された個別物質の室内濃度は劇的に低くなったが，TVOCの暫定目標値を超える住宅は依然と多い。TVOC自体に有害性を判断できる根拠は乏しく，TVOCを有害性に基づいた一つの指針にするのは難しい。また，どこまで濃度を低くすればよいのかも明確ではないが，暫定目標値が定められている。

ある物質を規制すると代替物質に移行するイタチごっこに対していちいち指針値を制定していくことはきわめて難しく，合理性と実用性を考えなければならない。このような点でTVOCは室内汚染の可能性を知らせる一つの指標として活用できる。つまり，有害性と室内検出量に基づいた個別物質の指針値に加えて，何かはわからないが室内にさまざまな物質が存在していることを知らせる指南役のような概念として，TVOCは全体状況を大まかに知らせてくれる指標になれる。

一方，日本は伝統的に木造住宅が多く，昨今の新築住宅でもスギ，アカマツ，ヒノキなどの天然木材が好んで使われている。天然木材から放散されるVOC成分であるテルペン（terpene）類のピネン（pinene），リモネン（limonene）のような成分は森のさわやかな香りと防虫効果など肯定的な効果も有するが，空気質分析ではTVOC濃度を高める要因となる。しかし，空気中で酸化されやすく刺激性アルデヒド類を生成することやテルペン類そのものも濃度が高くなると粘膜刺激等の症状を引き起こす点に変わりはない。木材の使用量が多い国内住宅では，テルペン類によってTVOC濃度が高く測定されることがあり，その使用には注意が必要である。

5) **可塑剤・難燃剤** 可塑剤・難燃剤成分は床材や壁紙等の内装建材や家電，玩具，化粧品等あらゆる家庭用品に使われ（**表2.5.4**参照），その使用量も膨大であるため室内の重要な汚染物質である。これらの物質は，SVOC（Semi VOC，半揮発性有機化合物）に分類される成分が多く，SVOCは沸点が高く（240～260℃から380～400℃）揮発性が低い特徴を持つが，内分泌撹乱作用，子供の喘息やアレルギー症に関係があるとされるフタル酸エステル類，リン酸エステル類がよく知られ，近年OECDで議題として大きく取り上げられるなど関心が高まっている。

表2.5.4 可塑剤を使ったおもな製品

生活用品	ガーデンホース，ビニル電線，サッシのシーリング，自動車のダッシュボード・内装レザー，冷蔵庫のガスケット，洗濯機，掃除機のフレキシブルホース，食品包装フィルム等
インテリア	ソファーやイスのレザー，ファンシーケース，テーブルクロス，テーブルカバー，アコーディオンカーテン，床材，壁紙，天井材等
ファッション	ベルト，雨傘，バッグ，カバン，レインコート，ショッピングバッグ等
履物	ケミカルシューズ，サンダル，スリッパ，ぞうり等
レジャー	浮き輪，ビーチボール，人形・おもちゃ等
その他	飲食店の料理サンプル等

中でも可塑剤として使われてきたDEHP（diethylhexyl phthalate），DBP（dibutyl phthalate），BBP（benzyl butyl phthalate）のようなフタル酸エステル類は内分泌撹乱作用が疑われる物質であり，スウェーデンの研究ではハウスダスト中のフタル酸エステル類濃度と子供の喘息やアレルギー症に関係性が見られると報告している[12]。さらに，SVOC成分を含む製品の使用拡大，難分解性による長期的汚染は健康影響への懸念を強めている[13]。

EU（欧州連合）では，以前からフタル酸エステル類に関する規制の動きがあり，デンマークはいち早く2011年にDEHP，DBP，DIBP（diisobutyl phthalate），BBPの4物質の室内使用に対して2013年12月から国内規制を始める提案をしていたが，結局は施行直前の2014年に撤回となった。これはECHA（欧州化学物質庁）から健康への複合影響に関する科学的証拠が十分でないため，REACH規則で制限できないとの指摘によるものであった[14]。しかし，その後もスウェーデンやフランスなどがフタル酸類に関する健康影響に懸念を示し，規制の必要性を表明するなど規制の動きは続いており，その後RoHS（有害物質使用制限指令）で規制することが決定された[15]。

一方，可塑剤としてはDEHPからDINP（di-isononyl

phthalate) や DINCH (1,2-cyclohexane dicarboxylic acid diisononyl ester) へ, 難燃剤としては PBDE (polybrominated diphenyl ether) から HBCD (1,2,5,6,9,10-hexabromocyclododecane) へといった代替物質へ替わりつつあり, 国内におけるフタル酸エステル類の生産量や使用量は減少傾向にある（図2.5.8参照）[16]が, 膨大な既存生産分は依然と環境や人体へ脅威となっている. さらに, 中国やインドなど新興国における生産量および使用量は依然膨大であり, 輸入品としての国内流入は防げない状況にある.

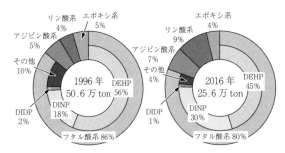

図2.5.8　国内における可塑剤の出荷量とその割合

2013年度厚生労働科学研究[17]では, 20種類の建材からの放散量を測定し, クッションフロア, テーブルクロスからDEHPの放散が多く, カーペットタイルや一部の壁紙からも高放散が見られることから建材の選定には注意が必要であるとしている. DBPは壁紙, EVA樹脂タイル, イグサシートなどから放散されるが, 放散量としてはDEHPより低いレベルであった. DINPは分析対象外であったためデータは示されていない.

また, SVOCは揮発性が低いものが多く, 気中にガス状として存在しにくいとされている. シックハウス検討会[11]で報告された現場実測からもDBP, DEHPの室内空気中濃度は指針値 $220\,\mu g/m^3$, $120\,\mu g/m^3$ に対して, わずか $0.5\,\mu g/m^3$ 以下ときわめて低い濃度であった. 2017年度厚生労働科学研究[18]では, 空気中からDBPおよびDEHPが検出されたが平均 $0.2\sim0.3\,\mu g/m^3$ と低く, ハウスダスト中濃度は9物質のSVOC総量として平均 $2\,000\sim3\,000\,\mu g/g$ 程度であり, その中の成分構成としてはDEHPが8割以上, DINPが1割以上と, DEHPとDINPの2物質がSVOC成分の9割以上を占めていると報告している.

6) **防虫剤・殺虫剤・芳香剤など**　防虫剤成分としては, ナフタレンが検出される場合があるが, ほとんどの家庭用防虫剤はパラジクロロベンゼンやピレスロイド系に置き換えられている. これらの物質は居住者の生活パターンや習慣によって濃度に違いが見られ, クローゼット, 収納のようなところに使用されてたまに高濃度で検出される家庭が存在するが, パラジクロロベンゼンは2000年に指針値が策定されて以降ピレスロイド系製剤が普及し, その濃度も低くなっている[7),8)].

殺虫剤成分として注目されているのはピレスロイド (pyrethroid) 系とネオニコチノイド (neonicotinoid) 系成分である. シロアリの防虫・殺虫剤として多用された有機リン系物質であるクロルピリホス (chlorpyrifos) は指針値制定以降, 室内での使用が禁止され, その使用も急激に減少した.

人体への毒性が強く, 急性中毒の危険性がある有機リン系殺虫剤の住宅での使用は減る一方, 蚊, ハエ, ゴキブリ殺虫剤のような一般家庭用殺虫剤は, 蚊取り線香の原料に代表されるピレスロイド系物質へと急速に移行した. ピレスロイドは植物（除虫菊）から得られる成分で有機リン系に比べて哺乳類に対する毒性は弱いが, 昆虫や爬虫類には強力な神経毒として作用する物質であり, 人体にもその有害性を完全に否定できないことと生活環境で接する機会が増えていることが懸念されている.

7) **環境ホルモン**　室内空気中から内分泌攪乱化学物質を検出した事例[19]については, 一般家庭や車内空気など全31箇所で, ビスフェノールA, ノニルフェノール, オクチルフェノール, ペンタクロロフェノール, テトラブロモビスフェノールAの5物質がほとんどの地点で検出されている. 特に, ビスフェノールAは $0.1\sim5.6\,ng/m^3$, ノニルフェノールは $3.5\sim621\,ng/m^3$, オクチルフェノールは $0.1\sim45\,ng/m^3$ の濃度範囲であった. まだ調査事例が少ないが, 内分泌攪乱化学物質が室内環境中で微量ながら検出されていることから, 今後の推移を監視していく必要がある.

このように室内環境中には数多い化学物質が存在していることは明らかであるが, 厚生労働省が指針値として示している物質はごく一部に過ぎず, 今後は未規制物質のモニタリング, 適切な指導監督と必要に応じた指針値の設定が望まれる.

（c）**室内環境汚染に関する法規制と国の総合対策**
室内環境の化学物質汚染は, 住宅ばかりでなく, 学校, 職場, 公共施設などあらゆる場所で起こる. それぞれの場で対策に取り組むために必要な原因分析, 防止対策, 健康に対する基準値の設定等を示した基準や法律等の整備が求められ, 各省庁で対策を講じてきた.

室内空気質に関する法律・基準としては, 厚生労働省のシックハウスに関連した厚生労働省室内濃度指針

値および国土交通省の改正建築基準法を始め，建築物における衛生的環境の確保に関する法律（建築物衛生法，厚生労働省），学校保健安全法（文部科学省），住宅の品質確保の促進等に関する法律（国土交通省）などが存在する．

厚生労働省では1997年度から2002年度までにホルムアルデヒド，トルエン，キシレン，パラジクロロベンゼン等13物質に対する室内空気中化学物質の室内濃度指針値およびTVOC濃度の暫定目標値を策定した．

改正建築基準法（2003年7月）では，ホルムアルデヒド放散建材の使用面積制限，クロルピリホス使用の全面禁止，必要換気量確保のための換気設備の設置が義務化された．厚生労働省指針値指定の13物質中，法的規制を受けている物質はホルムアルデヒドとクロルピリホス2種のみである．クロルピリホスは防蟻剤として使われた物質で毒性が強く急性中毒を起こすため室内での使用が全面禁止された．そのため，実際に法律による発生量規制を受けているのはホルムアルデヒドのみであり，JISやJASで性能基準が定められておりホルムアルデヒド発生量によってF☆☆☆☆～F☆まで4等級に区分して，室内に使用できる建材面積に規制を掛けている．

さらに，厚生労働省では職域における対策として，2002年3月に職場の室内空気中ホルムアルデヒド濃度低減のためのガイドラインを示している．事業者は職域における室内空気中のホルムアルデヒド濃度を0.08 ppm（0.1 mg/m^3）以下に設定し，この値を超過した場合には，換気装置の設置または増設，継続的な換気の励行，発生源の除去等の措置を講ずることとしている．建築物衛生法では2003年4月の改正で，3 000 m^2 以上の面積の興業場，百貨店，美術館，店舗，事務所等の特定建築物を対象に室内空気中のホルムアルデヒド濃度を0.1 mg/m^3 以下とすることとしている．また，文部科学省では2002年2月と2004年2月に「学校保健法」の学校環境衛生基準の改訂が行われ，ホルムアルデヒド，トルエン，キシレン，パラジクロロベンゼン，スチレン，エチルベンゼンを対象に定期検査を義務付け，その判定基準を定めており，2009年および2019年の改訂でも化学物質に関する内容はそのまま維持されている．

一方，厚生労働省は2012年9月からシックハウス関連指針値の検討会[11]が再開し，指針値の見直しと指針物質の追加など議論が行われている．最後の指針値が制定されてからちょうど10年が過ぎた時点で，その間の室内空気環境の変化実態と対象物質に対する産業界の対応，それに起因する使用物質の変化および可塑剤・難燃剤成分のような今まで考慮されなかった物質による室内汚染に対処する必要が生じたからである．このような室内空気汚染問題への再認識と近年の変化・動向を勘案し，「シックハウス（室内空気汚染）問題に関する検討会」では，つぎの構成意義を挙げている．

① 最後の指針値が設定されてから10年が経過した．
② 指針値が制定された物質以外の代替物質による問題が指摘されている．
③ VOCに加えSVOCの概念が台頭された．
④ 細菌および微生物による化学物質発生が指摘されている．
⑤ WHO（世界保健機関）空気質基準の改訂動向に歩調を合わせる必要がある．

このように，わが国においては厚生労働省を中心としてシックハウス対策関係省庁連絡会議を構成し，各種実態調査から原因分析，室内空気の健康基準値の設定，防止対策，汚染住宅の改修，医療・研究体制の整備等の総合対策を打ち立てている．

しかし，これらの法律や指針には室内空気中の化学物質すべてを網羅できないために，今後も追加措置がとられていくものと考えられる．法規制対象化学物質の数が少ない，複合的な影響が考慮されていない等の課題も残っており，それらを鑑みながら室内の化学物質汚染とシックハウスの総合対策に取り組んでいかなければならない．

（d） 室内環境汚染に関する課題と展望

化学物質による室内環境汚染の改善のための課題は以下のとおりである．
1) 化学物質のサンプリング方法と測定法の確立
2) 未規制の化学物質の汚染実態の把握
3) 簡易な測定方法の開発
4) 室内環境を総合的に調査し，評価するシステムの構築
5) 居住者リテラシーの向上

1) 室内化学物質汚染の実態，汚染防止対策，シックハウス症候群の発症の原因究明等を明らかにするには，化学物質の測定法が確立していなければ成し得ない課題である．

厚生労働省の指針物質に関しては，検討会中間報告書-第6回から7回のまとめ（2001（平成13）年7月）にて改定された「室内空気中化学物質の測定マニュアル」および「室内空気中化学物質の採取方法と測定方法」[20]に総則がまとまっている．しかし，可塑剤，難燃剤などSVOC成分や殺虫・防虫剤，芳香・消臭剤

など同じ測定法では検出が難しい成分も多く存在する。そのため，いまも測定法が十分に確立していないさまざまな化学物質があり，より精度の良い測定法の開発が求められている。併せて，効率良いサンプリング方法の検討と開発も必要である。空気質測定では吸引ポンプを用いるアクティブサンプリング法がおもに用いられているが，大規模実態調査や現場調査にはパッシブ拡散サンプラーを用いたより簡便かつ実用的なサンプリング法も考慮するなど現場環境に配慮した柔軟な対応が必要である。

また，法規の制改定，測定法の確立と整備に伴い，室内空気に関連して23のJIS規格（Japanese Industrial Standards，日本産業規格）が制定されている（**表2.5.5**参照）。室内空気関連のJIS規格はJIS A 1960（室内空気のサンプリング方法通則）からJIS A 1969（室内空気中の揮発性有機化合物（VOC）の吸着捕集／溶媒抽出／キャピラリーガスクロマトグラフィー法によるサンプリング及び分析-パッシブサンプリング）までの10規格が室内空気環境に関する内容であり，JIS A 1460（デシケーター法）およびJIS A 1901（小形チャンバー法）からJIS A 1912（大形チャンバー法）までの13規格が建材等からの放散測定に関する内容である。また，国内法規，国際規格ISOとの齟齬を改善するとともに関連JIS間の統一性を確保するため，この室内空気関連23規格全体を対象にした見直しが行われ，2015年3月に公示された。

2）都会人は1日の約70〜80％以上を室内で過ごしていることから，室内空気は化学物質の重要な曝露要因の一つである。厚生労働省指針物質は早急に対策が必要な物質を取り上げて指針値を決めたものであり，指針物質以外にもさまざまな物質が存在し，また指針物質を避けて新たに使用される代替物質による問題も指摘されている。特に，内分泌攪乱物質は微量濃度で生体に影響を及ぼすこと，また，室内空気中における汚染実態についての詳細な報告がほとんどないために早急な実態調査と測定法の開発が望まれる。

3）高価な機器の使用やサンプリング等の前処理の煩雑を含む現行の分析法では大規模調査など実態把握や発生源の特定など詳細調査には不向きである。また，発生源の究明や処理対策の効果を確認するためにも，ある程度調査を繰り返し，その推移を見なければならない。そのためには，だれでも簡便かつ迅速に結果が得られる簡易な測定法の開発が必要である。

4）室内環境中の化学物質を個別に定性定量することは重要であるが，多くの労力と経費を必要とする上に実質的に測定可能な物質にも限界があり，すべての化学物質を把握することはできない。そこで，有害化学物質をグループ化してそれらを総合して取り扱うことが考えられる。例えば，殺虫剤や難燃剤由来の有機リン系化合物（total organic phosphorus, TOP）や有機塩素系化合物（total organic halogen, TOX）のように総濃度測定による室内汚染状況を把握することができる。また，化学物質の測定値に毒性等を勘案した総合指標を確立すること，特に，化学物質がヒトの健康に及ぼす危険度を多角的にしかも定量的に評価することが重要課題となっている。生体試料の測定結果と臨床データとの照合，疫学的な調査，動物実験等学際的な研究が必須である。後は，室内環境の複合汚染状況を評価し，居住者に簡潔明瞭に説明できる評価方法を確立しなければならない。

5）室内空気質の基本は有害物質の低放散建材を使用することと適切な換気を確保することであり，完工後に行う事後対策は欠陥や瑕疵に対する補完策でしかない。室内空気質改善のために，最も重要な要素は居住者の生活習慣と換気行為など居住者リテラシーである。特に，適切な換気は室内空気汚染だけでなく，新鮮な空気の供給と気流による快適感の増加，温熱環境の改善，湿気や臭気の除去のような生活の質を向上させることができる最もやさしく，その効果も大きい手段である。室内空気質の指針値や基準値など公表された数値を満足させることが問題のない良い空気環境の確保につながるわけではなく，ベースラインにある健康衛生問題を超えた生活の質と快適性を担保できる室内空気環境を創っていかなければならない。

厚生労働省指針値の制定と改正建築基準法が施行されて15年余り，室内空気質には多くの改善が見られた。しかし，物質規制を避けて代替物質へシフトすることで生じる問題は今後も継続的に対処していかなければならない課題であるが，イタチごっこになってしまっては対処が後手に回る一方で莫大な社会コストを強いてしまう。このような副作用を最小限にとどめながら，建材と室内環境の良好な品質を確保し，室内空気質を改善することができる管理システムと制度づくりが必要である。

引用・参考文献

1) 厚生労働省，シックハウス（室内空気汚染）問題に関する検討会中間報告書—第6回〜第7回のまとめについて，報道発表資料
http://www1.mhlw.go.jp/houdou/0107/h0724-1.html，2001年7月24日（2018年6月現在）
2) 厚生労働省，シックハウス（室内空気汚染）問題に関する検討会中間報告書—第8回〜第9回のまとめ

2. 環境安全

表 2.5.5 室内空気関連 JIS 規格

	規格番号	制定年度	規格名	対応国際規格
室内空気環境に関するJIS	JIS A 1960	2005	室内空気のサンプリング方法通則	ISO 16000-1
	JIS A 1961	2005	室内空気中のホルムアルデヒドのサンプリング方法	ISO 16000-2
	JIS A 1962	2005	室内及び試験チャンバー内空気中のホルムアルデヒド及び他のカルボニル化合物の定量-ポンプサンプリング	ISO 16000-3
	JIS A 1963	2005	室内空気中のホルムアルデヒドの定量-パッシブサンプリング	ISO 16000-4
	JIS A 1964	2005	室内空気中の揮発性有機化合物（VOC）のサンプリング方法	ISO 16000-5
	JIS A 1965	2007	室内空気-室内及び放散試験チャンバー内空気中揮発性有機化合物の Tenax TA（R）吸着剤を用いたポンプサンプリング，加熱脱離及び MS 又は MS-FID を用いたガスクロマトグラフィーによる定量	ISO 16000-6
	JIS A 1966	2005	室内空気中の揮発性有機化合物（VOC）の吸着捕集／加熱脱着／キャピラリーガスクロマトグラフィー法によるサンプリング及び分析-ポンプサンプリング	ISO 16017-1
	JIS A 1967	2005	室内空気中の揮発性有機化合物（VOC）の吸着捕集／加熱脱着／キャピラリーガスクロマトグラフィー法によるサンプリング及び分析-パッシブサンプリング	ISO 16017-2
	JIS A 1968	2005	室内空気中の揮発性有機化合物（VOC）の吸着捕集／溶媒抽出／キャピラリーガスクロマトグラフィー法によるサンプリング及び分析-ポンプサンプリング	―
	JIS A 1969	2005	室内空気中の揮発性有機化合物（VOC）の吸着捕集／溶媒抽出／キャピラリーガスクロマトグラフィー法によるサンプリング及び分析-パッシブサンプリング	―
建材等からの放散測定に関するJIS	JIS A 1460	2001	建築用ボード類のホルムアルデヒド放散量の試験方法 -デシケーター法	ISO 12460-4
	JIS A 1901	2003	建築材料の揮発性有機化合物（VOC），ホルムアルデヒド及び他のカルボニル化合物放散測定方法 -小形チャンバー法	ISO 16000-9
	JIS A 1902-1	2006	建築材料　ボード類，壁紙，床材-揮発性有機化合物（VOC）ホルムアルデヒド及び他のカルボニル化合物放散量測定におけるサンプル採取，試験片制作及び試験条件	ISO 16000-11
	JIS A 1902-2	2006	建築材料　接着剤-揮発性有機化合物（VOC）ホルムアルデヒド及び他のカルボニル化合物放散量測定におけるサンプル採取，試験片制作及び試験条件	ISO 16000-11
	JIS A 1902-3	2006	建築材料　塗料-揮発性有機化合物（VOC）ホルムアルデヒド及び他のカルボニル化合物放散量測定におけるサンプル採取，試験片制作及び試験条件	ISO 16000-11
	JIS A 1902-4	2006	建築材料　断熱材-揮発性有機化合物（VOC）ホルムアルデヒド及び他のカルボニル化合物放散量測定におけるサンプル採取，試験片制作及び試験条件	ISO 16000-11
	JIS A 1903	2008	建築材料の揮発性有機化合物（VOC），ホルムアルデヒド及び他のカルボニル化合物のフラックス発生量測定方法-パッシブ法	―
	JIS A 1904	2008	建築材料の準揮発性有機化合物（SVOC）放散測定方法-マイクロチャンバー法	ISO 16000-25
	JIS A 1905-1	2007	小形チャンバー法による室内空気汚染濃度低減材の低減性能試験法　その1-ホルムアルデヒド一定濃度供給法による吸着速度測定試験	ISO 16000-23
	JIS A 1905-2	2007	小形チャンバー法による室内空気汚染濃度低減材の低減性能試験法　その2-ホルムアルデヒド放散建材を用いた吸着速度測定試験	―
	JIS A 1906	2008	小形チャンバー法による室内空気汚染濃度低減材の低減性能試験法-揮発性有機化合物及びホルムアルデヒドを除く他のカルボニル化合物一定濃供給法による吸着速度測定試験	ISO 16000-24
	JIS A 1911	2006	建築材料のホルムアルデヒド放散量測定方法-大型チャンバー法	ISO 16000-9
	JIS A 1912	2008	建築材料の揮発性有機化合物（VOC）及びホルムアルデヒドを除く他のカルボニル化合物放散量測定方法-大型チャンバー法	ISO 16000-9

（金　勲，伏脇裕一）

について
http://www.mhlw.go.jp/houdou/2002/02/h0208-3.html, 2004年2月8日（2018年6月現在）
3) 厚生労働省，シックハウス（室内空気汚染）問題に関する検討会―第10回
http://www.mhlw.go.jp/shingi/2004/03/s0323-3.html, 2004年3月23日（2018年6月現在）
4) 国土交通省住宅建築指導課，シックハウス対策マニュアル編集委員会ほか，建築物のシックハウス対策マニュアル（2003）
5) 国土交通省住宅局住宅生産課，平成17年度室内空気中の化学物質濃度の実態調査の結果について
http://www.mlit.go.jp/kisha/kisha06/07/071130_.html, 平成18年11月30日（2018年6月現在）
6) Osawa, H., Hayashi, M., et al., Status of the indoor air chemical pollution in Japanese houses based on the nationwide field survey from 2000 to 2005, Building and Environment 44-7, pp.1330-1336（Jul. 2009）
7) 安藤正典，厚生科学研究費補助金生活安全総合研究事業「化学物質過敏症等室内空気中化学物質に係わる疾病と総化学物質の存在量の検討と要因解明に関する研究」，平成13年度総括・分担研究報告書（2002）
8) 長谷川一夫，仲野冨美，辻清美，伏脇裕一，木造住宅室内空気中におけるパラジクロロベンゼン濃度の推移，神奈川県衛生研究所研究報告, 36, pp.30-32（2006）
9) 伏脇裕一，森康明，中島大介，後藤純雄，小野寺祐夫：防腐剤クレオソートによる室内空気汚染と毒性評価，環境化学，14-1, pp.135-159（2004）
10) 伏脇裕一，家庭用農薬による室内環境汚染の現状と課題，安全工学，48, pp.222-227（2009）
11) 厚生労働省，シックハウス（室内空気汚染）問題に関する検討会，第11回～第17回議事録
http://www.mhlw.go.jp/stf/shingi（2018年6月現在）
12) Bornehag, C., Sundell, J., and Weschler, C. J., The Association between Asthma and Allergic Symptoms in Children and Phtalates in House Dust, A Nested Case-Control Study, Environmental Health Perspectives, 112-14, pp.1393-1397（2004.10）
13) Plastics that may be harmful to children and reproductive health, EHHI-Environment & Human Health, Inc（2008）
14) INFORMATION FROM EUROPEAN UNION INSTITUTIONS, BODIES, OFFICES AND AGENCIES, EUROPEAN COMMISSION
http://eur-lex.europa.eu/legal-content/EN/TXT/PDF/?uri=CELEX:52014XC0809(01)&from=EN, 2014.09（2016年1月現在）
15) 東賢一，ダスト中の汚染物質による公衆衛生上の問題，空気清浄，52-3, pp.164-169（2014）
16) 塩ビ工業・環境協会
http://www.vec.gr.jp/lib/lib2_6.html#cc（2018年6月現在）
17) 神野透人，金勲ほか，厚生科学研究費補助金化学物質リスク研究事業「室内環境における準揮発性有機化合物の多経路曝露評価に関する研究」，平成25年度総括・分担研究報告書, pp.107-126（2013.3）
18) 欅田尚樹，稲葉洋平，金勲ほか，厚生労働科学研究費補助金健康安全・危機管理対策総合研究事業「半揮発性有機化合物をはじめとした種々の化学物質曝露によるシックハウス症候群への影響に関する検討」，平成28年度～平成29年度総合研究報告書, pp.16-53（2018.3）
19) Inoue, K., et al., Tetrabromobisphenol A and phenolic xeno-estrogens levels indoor air, Organohalogen Compounds, 61, pp.171-174（2003）
20) 厚生労働省，シックハウス（室内空気汚染）問題に関する検討会中間報告書―第6回～第7回のまとめについて（別添3）室内空気中化学物質の測定マニュアル（Ver.2）
http://www.mhlw.go.jp/houdou/0107/h0724-1c.html（2018年6月現在）

2.5.2 水　　　質
〔1〕緒　　　言

　水質とは，文字どおり，水の質であり，温度や透明度（透視度），濁度，色度などの感覚的な項目のほかに，以下のようなさまざまな指標項目で評価・規制されている。これらの測定方法，規制，対策技術等については，以下の項で詳細に解説されるので，ここでは，水質評価の指標項目と水質管理方法を概観する。

　河川，湖沼，海域等の水域の水質汚濁の指標項目には，生活項目と健康項目がある。生活項目は，その地域での水利用の状況に応じて，以下のような項目の環境基準値が定められている。

　河川については，pH, 生物化学的酸素要求量(BOD)，浮遊物質量（SS），溶存酸素量（DO），大腸菌群数，全亜鉛，ノニルフェノール（非イオン界面活性剤の分解生成物等），直鎖アルキルベンゼンスルホン酸およびその塩（陰イオン界面活性剤）の濃度となっている。

　湖沼については，BODの代わりに化学的酸素要求量（COD）が用いられ，全窒素（T-N），全リン（T-P）と底層の溶存酸素の濃度が加えられている。

　海域については，さらに油分等に対応するn-ヘキサン抽出物質量が加えられている。

　健康項目は，全水域一律で，カドミウム，全シアン，鉛，6価クロム，ヒ素，総水銀，アルキル水銀，PCB, ジクロロメタン等の10種類の有機塩素系溶剤，3種類の農薬，ベンゼン，セレン，硝酸性窒素および亜硝酸性窒素，フッ素，ホウ素，1,4-ジオキサン，ダイオキシン類の濃度となっている。なお，健康項目に定められている有害物質の地下への浸透は，項目によって，環境基準の1/10以下の値から同じ値に規制され

また，排水を下水道に放流せずに，水環境に直接放流する場合には，放流水質が規制されている．この排水の水質基準には，生活項目と健康項目に関する基準（一般項目と有害項目ともいわれる）がある．

生活項目は，pH，BOD，COD，SS，鉱物油と動植物油脂それぞれについてのn-ヘキサン抽出物，フェノール，銅，亜鉛，溶解性鉄，溶解性マンガン，クロム，T-N，T-Pの濃度と大腸菌群数とされ，1日の排水量が50 m^{3}以上の工場・事業場等の特定施設について，地域ごとに規制されている．

健康項目は，水環境の健康項目と同じ項目（硝酸性窒素および亜硝酸性窒素には，アンモニア態窒素の0.4倍を加算）のほかに，4種類の有機リン系化合物（農薬）を加えた項目があり，全国一律に規制されている．

ただし，自然由来のヒ素については，温泉旅館は規制されず，ホウ素とフッ素については，海域に放流する場合には，基準が緩くされている．

これらの排水基準については，国が定めた排水基準では環境基準が満たせないと判断される場合には，都道府県等がより厳しい「上乗せ基準」や別の水質項目についての「横出し基準」を定められることになっている．例えば，水の交換がしにくい閉鎖性水域として，東京湾，伊勢湾，瀬戸内海が指定され，これらおよびこれらにつながる河川等に排水する工場や事業場には，CODやT-N，T-Pなどの排出総量が規定量以下になるように，より厳しい水質規制が課せられている．

さらに，以上とは別に，特定の企業と，自治体あるいは放流先の漁民や周辺住民とが排水の水質についての協定を締結している場合もある．

下水道に放流する場合には，生活項目については，排水量が1日平均50 m^{3}以上と50 m^{3}未満の場合について，それぞれ許容濃度が定められているが，健康項目については，排水量によらず，排水基準と同じ値とされている．

一方，工業用水に求められる水質は，利用目的によってさまざまであるが，冷却水に用いられる場合には，水温，スケールの原因になるカルシウムやマグネシウムなどの硬度成分，スライム（微生物膜）等の原因になるBOD，全有機炭素（TOC），T-Pなどが問題とされる．また，冷却水以外に用いられる場合には，濁り（濁度），鉄やマンガンの濃度，全塩分濃度（全蒸発残留物），あるいは特定の有害物質の濃度などが問題にされる．

このため，利用目的に応じて，問題になる物質を除去する装置等が使用される．例えば，硬度成分の除去にはイオン交換樹脂処理，全塩分の除去にはイオン交換樹脂処理や逆浸透膜処理，濁度の除去には凝集沈殿処理，砂沪過処理または多層沪過処理や限外沪過膜処理，鉄・マンガンの除去には塩素酸化後の砂沪過処理または多層沪過処理，重金属の除去にはキレート樹脂処理，BODやTOC，あるいは特定の有害有機物の除去には粒状活性炭沪過処理等が行われている．

さらに，水道水（飲料水）の水質については，これらのほかに，一般細菌，セレン，アルミニウム，陰イオン界面活性剤，非イオン界面活性剤，ジオスミン，2-メチルイソボルネオール，TOC，塩素消毒副生物類等の51の基準項目がある．また，アンチモン，ニッケル等の26項目と118種類の農薬類についての水質管理目標濃度が定められている．このため，通常の凝集沈殿処理と砂沪過，および塩素滅菌処理のほかに，粒状活性炭沪過処理あるいは粉末活性炭投入処理などが行われている地域もある．

（浦野紘平）

〔2〕 水質汚濁と排水処理

（a） 排水処理の目的　公共用水域である河川，湖沼および海域には，人の健康を保護し，生活環境を保全する上で維持することが望ましい水質汚濁に関わる「環境基準」が設定されている[1]．水質環境基準は有害化学物質や重金属など人の健康の保護に関する「健康項目」が全国一律の基準であるのに対して，生活環境の保全に関する「生活環境項目」については，水利用目的や周辺環境の状況に応じた水域類型を設けて，類型ごとの環境基準が設定されている[2]．これらの水質環境基準を達成するために，工場や事業所について水質汚濁防止法の「排水基準」による規制が実施されている．日常生活や産業活動によって汚染された排水を公共用水域に排出するためには，排水基準を満足する水質まで適切な排水処理を行わなければならない．排水処理水のリサイクル推進や水源水質にかかわらず水資源の有効活用を実現するためには，用途に応じた水質を提供するための水処理が必要である．

水処理は地域の水環境保全や水資源の有効活用に不可欠であるが，処理施設の建設や運転に多大な資源・エネルギーを必要とし，温室効果ガスの排出源にもなり，地球環境への負荷増大とのトレードオフの関係にある[3]．これらの問題を併せて解決するためには，生産プロセスや日常生活等から排水への汚濁負荷削減に加えて，水処理における省資源・省エネルギーが不可欠である．

（b） 排水処理方式と処理プロセスの構成　排水処理の目的は，排水中の汚染物質や不純物を効率的に除去し，公共用水域への放流や多様な水利用に適合

する水質を得ることである。排水処理プロセスは，除去の対象ごとに，①夾雑物や砂，土などを除去する一次処理，②BOD成分，窒素，リンなどを除去する二次処理，③通常の生物処理で除去困難な重金属等を含む溶存成分や微量化学物質等を除去する三次処理または高度処理，④病原性の細菌，ウイルス等を殺菌する消毒などに大別される。それぞれの除去対象と除去技術の組合せと，排水処理プロセスの構成を図2.5.9に示した[3]。

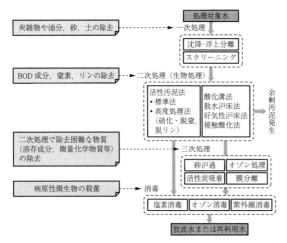

図2.5.9　排水処理の要素技術と処理プロセスの構成

一次処理では，必要により夾雑物をスクリーンで除去してから，油分は浮上により，砂や土などは沈降により，それぞれ比重差を利用して分離・除去が行われる。

二次処理には一般的に生物処理が利用されている。生物分解性を有する溶解性有機汚染物質の総称であるBOD成分は，酸素供給が必要な好気性生物反応によって二酸化炭素に分解され，同時に増殖する微生物群集を排水から分離・除去することで処理が完結する。酸素を供給しない条件下でBOD成分を二酸化炭素とメタンに分解する嫌気性処理はメタン発酵と呼ばれている。

三次処理では，通常の生物処理を用いる二次処理では除去が困難な溶存成分や微量化学物質の除去が行われる。砂やアンスラサイトを沪材として利用した沪過では，懸濁物質の物理的な除去に加えて，沪材表面に付着生育した微生物によって残留している有機汚染物質等の分解除去が進行する。有機汚染物質の極性や分子サイズに基づいて活性炭吸着や膜分離が選択される[3]。残留性有機汚染物質（略称POPs）の除去には強い酸化力を有するオゾンによる処理も利用される。

病原性微生物やウイルスの消毒には塩素，オゾン，紫外線等が利用されている。

（c）　油分・懸濁物質の除去

1）　**凝集沈殿**　水中の微小懸濁物質に対して凝集剤を添加すると表面電荷の低下や懸濁粒子どうしの架橋作用によって凝集が促進し，より大きなフロックを形成する。これによって沈降速度が大きくなり，沈殿による分離が容易になる。おもな無機凝集剤には硫酸アルミニウム（$Al_2(SO_4)_3$）や硫酸第一鉄（$FeSO_4 \cdot 7H_2O$），塩化第二鉄（$FeCl_3 \cdot 6H_2O$）などがある[4]。

有機高分子凝集剤はカチオン性，ノニオン性，アニオン性に分類でき，これらを兼ねた両性凝集剤も開発されている。アニオン性とノニオン性凝集剤は，無機凝集剤や有機凝結剤によって凝集しやすくなった粒子の架橋によるフロックの粗大化に効果があり，カチオン性凝集剤は，荷電中和と架橋による粗大フロック化の作用を併せ持っている[4]。

2）　**浮上分離**　加圧浮上分離法では，微細な懸濁粒子を含む排水に凝集剤を添加し，さらに加圧下で空気を溶解させる。これを大気圧に開放すると過飽和状態の空気は懸濁粒子表面に析出し，粒子の比重低下に加えてより大きなフロックを形成するので，懸濁粒子の浮上分離が促進される。

微細な油滴が分散した排水の処理には，浮上させた油滴をかきよせる油水分離装置が利用される。分離面積当りの水量負荷が分離効率を左右することから，分離槽内に多数の水平板や傾斜板を挿入したPPI方式，多数の波板を設置したCPI方式によって有効な分離面積を増やし，装置のコンパクト化が図られている[4]。

（d）　重金属および溶存無機物の除去

1）　**沈殿分離**　クロム，銅，亜鉛，カドミウムなどの有害重金属の排水処理には，アルカリ沈殿法，共沈法，硫化物法などの凝集沈殿法が利用されている。カセイソーダや消石灰などを利用してpHを上昇すると，ほとんどの重金属は水酸化物を生成し溶解度が低下し沈殿物を生成する。他の金属が水中に共存すると理論値よりも低いpHで水酸化物を生成して沈殿が生じる。これは共沈現象と呼ばれ，塩化第二鉄，ポリ塩化アルミニウム（PAC）などが共沈剤として利用される。

硫化物法では，重金属を硫化水素ナトリウム（NaSH）などと反応させて金属硫化物として沈殿物を生成させる。液体のキレート剤を利用した重金属排水の処理も行われている。

2）　**イオン交換**　陽イオン（カチオン）交換樹脂と陰イオン（アニオン）交換樹脂に大別され，前者ではスルホン基の水素イオン，後者ではアミノ基の水酸

化物イオン等との交換によって，水中でイオン化している汚染物質を交換・除去することができる。使用後のカチオン交換樹脂は酸性水で，アニオン交換樹脂はアルカリ性液で再生することで繰り返し利用される[3]。

3) 電気透析法 電気透析は，電極間に設置された陽イオンを透過する陽イオン交換膜と陰イオンを透過する陰イオン交換膜で構成され，イオン交換膜間の塩を含む水溶液中に含まれるカチオンは陽イオン交換膜を透過して陰極側に，アニオンは陰イオン交換膜を透過して陽極側に移動し，水溶液中の塩濃度は低下する。この原理が海水の淡水化や食塩製造，硬水の軟水化など，イオン性物質の除去や濃縮に利用されている。

(e) 溶解性有機汚濁物質の除去

1) 活性汚泥法 微生物群を反応槽に懸濁した状態で排水処理に利用する活性汚泥法は標準法と高度処理法に大別され，前者では好気性生物反応によるBOD成分の酸化分解による除去がおもに進行する。後者では好気反応槽においてBOD除去と並行してアンモニアの硝酸・亜硝酸への酸化（硝化）が進行し，硝酸・亜硝酸を含む硝化液は無酸素反応槽に返送されBOD成分を電子供与体とした硝酸・亜硝酸の還元（脱窒）による窒素除去とBOD成分の酸化分解が進行する（図2.5.10参照）[3]。嫌気槽では流入したBOD成分が有機酸等の低分子有機物に分解される。

活性汚泥法ではBOD成分は二酸化炭素に分解される一方で余剰汚泥（微生物群集）を生成し，プロセスから引き抜かれた余剰汚泥は濃縮，脱水を経て埋立処分や焼却処理がなされる。乾燥や堆肥化を経て，土壌改良剤として農地への還元にも利用されている。

2) 生物膜法 プラスチックや砕石などの固体表面上に付着生育した微生物を利用して排水を処理する散水濾床法，好気性濾床法，接触酸化法，回転円板法などがある。活性汚泥法による処理水に残留する有機汚濁物質をさらに除去する目的でも利用される。

3) メタン発酵法 高濃度有機物を含む排水を嫌気性微生物で分解し，メタンガスと二酸化炭素に変換することで排水を処理する方法である。発酵後の消化液には高濃度の有機物が残留することから，適切な処理が必要である。メタン生成菌のグラニュール（粒状）化によって容積効率を増大したUASB法などが開発されている。

4) 活性炭吸着法 石炭や石油ピッチなどを原料として製造された活性炭が代表的な吸着材であり，直径$1〜20$nmの細孔により，その内表面積は$1000〜2000$m^2/gに達している。生物処理では除去が困難な極性が低い難分解物質などの除去に利用される。細孔内部での拡散係数や吸着量が低下することから分子量が数千を超える大分子量物質の除去には不向きである。使用済みの活性炭は$800〜1000$℃の高温熱分解と再賦活によって再生・利用される[5]。

5) 化学酸化法・促進酸化法 塩素，オゾン，過酸化水素，紫外線などの酸化力を利用して，難分解な残留有機汚染物質を分解する方法である。過酸化水素とオゾンあるいは紫外線，紫外線とオゾン等の組合せによって酸化力が強いOHラジカルを発生させて，汚染物質を分解除去する促進酸化法も利用されている。

(f) 膜分離による除去

1) 精密濾過（MF膜） 細孔径が$0.1〜1$μm程度の精密濾過膜を利用して，排水中の微小懸濁粒子や細菌類の捕捉・除去に利用される。

2) 限外濾過（UF膜） 分子量レベルで分画可能な限外濾過膜を用いて，排水中の微小懸濁物質や大分子量の溶解性汚染物質を分離除去する。

3) 逆浸透（RO膜） 水は透過するがイオンや塩類など水以外の溶質は透過しない性質を持つ膜を利用し，溶質の浸透圧より大きな圧力で反対側から加圧することで溶質を濃縮分離できる。海水淡水化への利用が最も多く，純水や超純水の製造，果汁や乳製品・化学薬品の濃縮などにも利用されている。RO膜のうち細孔径が$1〜2$nmで1価イオンは透過できるが，多価イオンや色素成分などを阻止できるものをNF膜と呼んでいる。

(g) 滅菌およびその他の処理法 塩素分子（Cl_2）は水と反応して有効遊離塩素と呼ばれる次亜塩素酸（HOCl）と次亜塩素酸イオン（OCl$^-$）を生成す

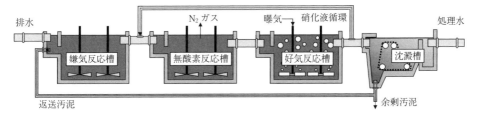

図2.5.10 高度処理活性汚泥プロセスの構成（A$_2$O法）

る。前者は強い殺菌作用を有し低コストであることから，病原性微生物やウイルスの消毒に広く利用されている。塩素ガスは強い毒性を有しており，有機物と反応して環境残留性や生体濃縮性がある有機塩素化合物を生成することが知られており，塩素ガスに替えてオゾンや紫外線を利用した消毒も利用される。

（h）**水質汚濁に係る環境基準と排水基準**　公共用水域の水質汚濁を防止する目的で環境基準が設定されており，全公共用水域における人の健康の保護に関する環境基準は全国一律である。生活環境の保全に関する環境基準については，多様な利水目的や水質汚濁源の立地，周辺環境などを勘案して，河川や湖沼，海など個々の水域ごとに基準値が設定されており，これは水域の類型指定と呼ばれている。

排水基準は環境基準を達成することを目的に，環境基準値に基づいて定められている。健康項目の排水基準は，排水が公共用水域へ排出されると，排水口から合理的距離を経た公共用水域においては，河川水によって10倍程度に希釈されるであろうとの想定によって，環境基準のおおむね10倍のレベルとなっている。

生活環境項目の排水基準は，BOD，COD，窒素，リンなどについては，一般的な家庭排水において処理できるレベルを参考に決定されている。ただし，「環境確保条例」が適用される特定事業場から排出される排水については，条例により，水域区分，業種，規模および設置時期ごとに定められる上乗せ基準が適用される。生活環境項目における銅，鉄，マンガン，クロムなどの排水基準については，健康項目同様，水道水質基準の10倍値となっている[6]。2006（平成18）年には亜鉛の排水基準も設定された。

環境基準の確保を図るために，東京湾，伊勢湾，大阪湾および瀬戸内海の閉鎖性水域に流入する汚濁負荷の総量を，統一的かつ効果的に削減することを目的として，COD，窒素およびリンの含有量について総量規制が適用されている[7), 8)]。水質環境基準，排水基準および総量規制については，環境省および該当する都道府県のホームページ等を参照されたい[2), 7)]。

（i）**浄 水 処 理**　代表的な高度浄水処理プロセスを図2.5.11に示した。水道水の水源とする河川等の汚濁が進行したことから，原水水質にかかわらず上質な水道水を供給するために，必要により浄水場に高度浄水処理プロセスが導入されている。前塩素処理において，原水中の有機汚濁物質との反応で生成したトリハロメタン等の塩素化有機物を分解除去するためにオゾン処理を，さらに残留性難分解物質除去のための活性炭処理を導入することで，原水水質の悪化に対応

図2.5.11　代表的な高度浄水処理プロセス

している。オゾン処理と活性炭処理を除いたのが通常の浄水処理プロセスである。

（j）**水利用プロセスと排水処理**　産業排水の処理に着目し，排水のオンサイト処理と処理水の各工程でのリサイクルを想定した場合の生産プロセスを構成する各工程と排水処理の関係を図2.5.12に示した。工程Aの排水は，そこで発生する限られた汚染物質を除去することで再び用水として循環利用することが可能になる。類似の排水は混合処理を経て同様に用水としての循環利用が可能になる。工程ごとのオンサイト処理によるリサイクルは排水処理を容易にし，供給される用水量の大幅な削減にも貢献できる[9)]。各工程排水を混合処理する処理方式では，厳しい排水基準に対応するために複雑な処理プロセスによる高度処理が求められ，用水量の削減にも貢献できない。オンサイト処理とリサイクルによるプロセスのクローズド化は，生産工程で使用されている原料や副資材の組成に関する情報の秘匿にも有効であると判断される[3)]。

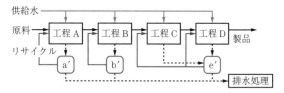

図2.5.12　工程排水のオンサイト処理とリサイクルによるプロセスのクローズド化

（藤江幸一）

引用・参考文献

1) 日本水環境学会編，日本の水環境行政，ぎょうせい（2009）
2) 環境省水環境関係ホームページ　http://www.env.go.jp/water/mizu.html（2019年1月現在）
3) 藤江幸一編著，よくわかる水リサイクル技術，オーム社（2012）
4) 井出哲夫編著，水処理工学―理論と応用―，技報堂出版（1993）
5) 鈴木基之，新版活性炭基礎と応用，講談社（1992）
6) 岡田光正，藤江幸一，環境問題のとらえ方と解決方法，放送大学教育振興会（2017）

7) 環境省，水質総量規制制度の概要
http://www.env.go.jp/council/former2013/11seto/y110-06/mat03-3.pdf（2019年1月現在）
8) 公害防止の技術と法規編集委員会，新・公害防止の技術と法規 2016 水質編，産業環境管理協会（2016）
9) 小宮山宏編著，地球環境のための化学技術入門，オーム社（1992）

〔3〕 有害物質を含む排水規制

　水質汚濁防止法では，生活環境に係る被害を生じるおそれのある物質（COD，BOD，窒素，リンなどで生活環境項目と呼ばれる）と人の健康に係る被害を生ずるおそれのある物質（カドミウム，ヒ素，鉛などで健康項目と呼ばれる）を有害物質として，これらの物質を含む廃液を排出する施設を特定施設（畜産農業を含む水を使用する製造業および工程などが政令で規定されている。各製造業において排水を生じる工程を含む施設，例えば，各種洗浄施設，沪過施設，遠心分離機，脱水施設，湯煮施設などである）として，すなわち，汚染源対策として，届出義務，計画変更命令，改善命令，一時停止命令，排水基準の遵守，排出水の測定義務などにより規制されている。特定施設を設置している工場等を特定事業場といい，2015（平成27）年度末（以下に示す数値は，この数年微減かほぼ一定となっている）の特定事業場数は264 924（瀬戸内海環境保全特別措置法上の特定事業場も含む）で，このうち有害物質使用特定事業場数は18 904であった[1]。この内訳をみると，1日当りの平均排水量が$50\,m^3$以上および$50\,m^3$未満の有害物質使用特定事業場数はそれぞれ3 785および11 001で，公共用水域に排出しない有害物質使用特定事業場数（多くはドラム缶やタンクなどに貯蔵し廃棄物として系外に搬出して処理・処分される）は4 118（このうち，十分な処理をして特定地下浸透水として浸透させる特定事業場数は2）である。なお，2012年の水質汚濁防止法改正に伴い，有害物質貯蔵指定事業場に対しても届出義務が課され，2015年度末では3 663事業場であった。このうち，有害特定貯蔵指定施設のみを設置している事業場数は432であった。

　以上のような特有害物質使用定事業場や有害物質貯蔵指定事業場に対しては，公共用水域に排出水を排水する場合には一律排水基準（**表2.5.6**参照）が，地下浸透させる場合には地下浸透基準（**表2.5.7**には浸透基準のほかに，地下水環境基準，浄化基準も記載）が適用される。有害物質に関する排水基準は，公共用水域における人の健康の保護に関する環境基準の10倍値である。環境基準は人の健康等を維持するための最低限度としてではなく，より積極的に維持されること

表2.5.6　一律排水基準

	有害物質の種類		許容限度
1	カドミウムおよびその化合物		0.03 mg Cd/L
2	シアン化合物		1 mg CN/L
3	有機リン化合物（パラチオン，メチルパラチオン，メチルジメトンおよびEPNに限る）		1 mg/L
4	鉛およびその化合物		0.1 mg pb/L
5	六価クロム化合物		0.5 mg Cr(Ⅵ)/L
6	ヒ素およびその化合物		0.1 mg As/L
7	水銀およびアルキル水銀その他の水銀化合物		0.005 mg Hg/L
8	アルキル水銀化合物		検出されないこと
9	ポリ塩化ビフェニル		0.003 mg/L
10	トリクロロエチレン		0.1 mg/L
11	テトラクロロエチレン		0.1 mg/L
12	ジクロロメタン		0.2 mg/L
13	四塩化炭素		0.02 mg/L
14	1,2-ジクロロエタン		0.04 mg/L
15	1,1-ジクロロエチレン		1 mg/L
16	シス-1,2-ジクロロエチレン		0.4 mg/L
17	1,1,1-トリクロロエタン		3 mg/L
18	1,1,2-トリクロロエタン		0.06 mg/L
19	1,3-ジクロロプロペン		0.02 mg/L
20	チウラム		0.06 mg/L
21	シマジン		0.03 mg/L
22	チオベンカルブ		0.2 mg/L
23	ベンゼン		0.1 mg/L
24	セレンおよびその化合物		0.1 mg Se/L
25	ホウ素およびその化合物	海域以外の公共用水域に排出されるもの：	10 mg B/L
		海域に排出されるもの：	230 mg B/L
26	フッ素およびその化合物	海域以外の公共用水域に排出されるもの：	8 mg F/L
		海域に排出されるもの：	15 mg F/L
27	アンモニア，アンモニウム化合物，亜硝酸化合物および硝酸化合物	アンモニア性窒素に0.4を乗じたもの，亜硝酸性窒素および硝酸性窒素の合計量：	100 mg/L
28	1,4-ジオキサン		0.5 mg/L

が望ましい行政上の政策目標である。すなわち，排水は河川水等により排水口から合理的距離を経た公共用水域においては，少なくとも10倍程度には希釈されることを前提としている。合理的距離は，排水口から環境基準点（常時監視において，環境基準が維持達成されているかどうかを検証する調査地点）までの距離などが考えられる。また地下浸透基準は，有害物質を

表2.5.7 地下水質に係る基準値（環境基準，浄化基準，浸透基準）

	項　目		環境基準 〔mg/L〕	浄化基準 〔mg/L〕	浸透基準 〔mg/L〕
1	カドミウム		0.003	0.003	0.001
2	全シアン		検出されないこと	検出されないこと	0.1
3	有機リン		―	検出されないこと	0.1
4	鉛		0.01	0.01	0.005
5	六価クロム		0.05	0.05	0.04
6	ヒ素		0.01	0.01	0.005
7	総水銀		0.0005	0.0005	0.0005
8	アルキル水銀		検出されないこと	検出されないこと	0.0005
9	PCB		検出されないこと	検出されないこと	0.0005
10	ジクロロメタン		0.02	0.02	0.002
11	四塩化炭素		0.002	0.002	0.0002
12	塩化ビニルモノマー		0.002	0.002	0.0002
13	1,2-ジクロロエタン		0.004	0.004	0.0004
14	1,1-ジクロロエチレン		0.1	0.1	0.002
15	1,2-ジクロロエチレン		0.04	0.04	0.004
16	1,1,1-トリクロロエタン		1	1	0.0005
17	1,1,2-トリクロロエタン		0.006	0.006	0.0006
18	トリクロロエチレン		0.01	0.01	0.002
19	テトラクロロエチレン		0.01	0.01	0.0005
20	1,3-ジクロロプロペン		0.002	0.002	0.0002
21	チウラム		0.006	0.006	0.0006
22	シマジン		0.003	0.003	0.0003
23	チオベンカルブ		0.02	0.02	0.002
24	ベンゼン		0.01	0.01	0.001
25	セレン		0.01	0.01	0.002
26	硝酸性窒素および亜硝酸性窒素	アンモニア性窒素	10	10	0.7
		亜硝酸性窒素			0.2
		硝酸性窒素			0.2
27	フッ素		0.8	0.8	0.2
28	ホウ素		1	1	0.2
29	1,4-ジオキサン		0.05	0.05	0.005

含む排水を地下に浸透させないという考えの下で，有害物質を含むものとしての要件は有害物質が検出されないことであるが，具体的には，表2.5.7中の濃度以上に検出されないこととされる。なお，これらの濃度は，環境基準の1/10か，定量下限の数値となっている。

都道府県知事は，特定事業場から排出水が排水基準や地下浸透基準に適合しないおそれがある場合，特定施設の構造や汚水の処理方法の改善命令，さらには特定施設の使用や排水の一時停止命令をする。2015年度に改善命令が出された件数は5件であった[1]。有害物質に限定すると，水産食料品製造業（カドミウム）

1件，金属製品・機械器具製造業（アンモニウム化合物，亜硝酸および硝酸化合物）1件，酸・アルカリ表面処理施設（鉛，亜鉛，フッ素）2件であった。一時停止命令の発動件数は0件であった。しかし，こうした改善命令や一時停止命令に至らないが，事業場に対して指導や勧告，助言等の行政指導を実施した件数は8243件（有害物質のみならず生活環境項目も含む）であった。さらに，都道府県や政令市職員による特定事業場への立入検査が行われており，その件数は37810件（有害物質のみならず生活環境項目も含む）に上る。

排水基準違反の場合，6箇月以下の懲役または50

万円以下の罰金に処せられる。BODなどの生活環境項目については，排水基準違反が3事業場であったが，有害物質に関してはゼロ件であった[1]。

〔4〕 有害物質に関する排水規制の課題

新規物質が排水基準項目に設定されたり，基準値が強化されたりすると，一部の工場・事業場において，現在の処理技術では表2.5.6に示した排水基準（一般排水基準）に対応できない場合がある。排水濃度の実態や排水処理技術などについて評価し，現実的に対応可能な排水濃度レベル，すなわち，暫定排水基準を業種ごとに定めることになる。

1993（平成5）年に強化された鉛や新規に設定されたセレンは，それぞれ黄鉛顔料製造業，セレン化合物製造業，セレン製造工程を含む銅一次精錬・精製業について暫定排水基準値が設定されたが，鉛は2003年に，またセレンは2006年に一般排水基準に移行された[2]。

ホウ素，フッ素，硝酸性窒素等の暫定排水基準が，工業分野では10業種（粘土瓦製造業，うわ薬製造業，ほうろう鉄器製造業，金属鉱業，電気めっき業，貴金属製造・再生業，酸化コバルト製造業，ジルコニウム化合物製造業，モリブデン化合物製造業，バナジウム化合物製造業）が設定されている[3]。

畜産分野，特に養豚業の排水にも，硝酸性窒素等に関して暫定排水基準が設定されている[3]。事業者数としては多い。また温泉旅館業においてはホウ素およびフッ素の暫定排水基準が設定されている[3]。

2014年9月に基準値が0.1 mg/Lから0.03 mg/Lへ強化されたカドミウムについては，金属鉱業，亜鉛に関する非鉄金属一次および二次精錬・精製業，溶融亜鉛めっき業に暫定排水基準が適用されたが，2017年12月以降では金属工業のみとなる[4]。なお，基準が強化された時点では，水産食料品製造業（ホタテ貝はウロと呼ばれる中腸腺にカドミウムが高濃度に蓄積されるので，加工する際にウロが排水側に含まれると問題となる）に対しても暫定排水基準が検討されたが，中腸腺の除去工程の管理等，関係者の努力で一般排水基準が適用されている。

1,4-ジオキサンについては，2012年に0.5 mg/Lの排水基準が新規に設定された。当初は5業種（感光性樹脂製造業，エチレンオキサイド製造業，エチレングリコール製造業，ポリエチレンテレフタレート製造業，下水道業（感光性樹脂製造業からの排水を受け入れている下水処理場））で暫定排水基準が設定されたが，現時点ではエチレンオキサイド製造業とエチレングリコール製造業に6 mg/Lの暫定排水基準が設定されている[5]。

以上の暫定排水基準の適用に関しては，各事業場等からの排水の排出実態（時間，濃度，流量変動）を把握し，その上で，排水の変動を緩和する貯水槽のみならず，製造原料やプロセスの見直し・変更，新規処理施設の導入，さらには実排水を用いた技術開発の努力などを見極めながら，検証，見直しがされ，順次暫定排水基準の強化や一般排水基準に移行されてきた。しかしながら，暫定排水基準を必要とする事業数が多い，小規模な養豚場や電気めっき業では，コストや敷地の制限などにより暫定排水基準から一般排水基準に移行できない。ただ，一般排水基準を満足している養豚場や電気めっき事業場もあることを踏まえると，公正な競争という観点からも，暫定排水基準から一般排水基準に移行すべきである。このためには，低コストの処理技術の開発が望まれる。

〔5〕 環境基準の達成状況

これまで述べてきた排出源対策としての排水規制が効果的に実施されているかを検証する必要がある。水質汚濁防止法では，都道府県知事に対し，公共用水域および地下水について水質の汚濁の状況を監視（常時監視といわれる）するため，測定計画の策定と調査の実施を求めている。2015（平成27）年度（以下に示す数値は，この数年微減かほぼ一定となっている）の公共用水域の健康項目に関する調査地点数（検体数）は，河川3 896（162 720），湖沼406（16 213），海域1 071（29 489）であった[6]。ほとんどの地点で，原則として年4回の調査が行われるため，検体数は地点数の約4倍になっている。少なくとも年1回以上はすべての健康項目について調査されることになっている。年間の平均値あるいは代表値が環境基準を満足する調査地点数を全体の調査地点数で除すことで環境基準の達成率が評価される。健康項目全体の環境基準達成率は99.1％（ちなみに2014年度も99.1％）であった。環境基準を超過した項目（非達成率）は，ヒ素（0.54％），フッ素（0.48％），カドミウム（0.10％），鉛（0.09％），硝酸性窒素および亜硝酸性窒素（0.05％），ホウ素（0.04％），1,2-ジクロロエタン（0.03％）であり，延べ49地点であった。水域別にみると，河川48地点，湖沼1地点で海域には超過地点がなかった。環境基準を超過した場合，原因解明のための調査などが実施される。その結果，超過地点数が最も多いヒ素については，地層地盤などの自然由来（16地点），休廃止鉱山廃水（6地点），温泉廃水（1地点）であり，フッ素，ホウ素についてはすべて自然由来，カドミウムは休廃止鉱山廃水か自然由来，鉛は休廃止鉱山廃水，1,2-ジクロロエタンのみ，近隣の埋立廃棄物からの溶出とされ，現地浄化試験などが行われる予定であ

る。また硝酸性窒素および亜硝酸性窒素は肥料および家畜排泄物等が原因とされている。こうした傾向は，2011年度以降同様である。

ちなみに健康項目のほかに要監視項目についても，調査地点数は1000地点前後と少ないが，同様な調査が実施されており，超過した項目はアンチモン，エピクロロヒドリン，全マンガン，ウランであった。人為的な原因と予想されるエピクロロヒドリンの超過は河川において544地点中1地点のみで，湖沼や海域ではなかった。

以上のように，有害物質について発生源（有害物質特定事業場の排出水）での排水規制により，公共用水域における環境基準超過は認められない。しかしながら，基準値の強化や新たに基準項目が設定されたことなどにより，全国一律の排水基準（一般排水基準）への対応が困難な業種，業界については，暫定的に緩やかな基準値を時限付きで認められている問題がある。一方，公共用水域における有害物質に関する残された課題は，休廃止鉱山廃水や温泉廃水と肥料・家畜排泄物対策である。前者はもともとの地質や地盤に含まれている自然由来とも考えられるが，過去の鉱山活動や温泉をくみ上げるなどの人為的な行為が関与しているので，排水対策を講じる必要がある。また後者は個々の排出源（肥料の散布箇所や家畜排泄物を肥料として利用する箇所など）と公共用水域における基準超過地点との関係を見い出すことは至難の業である。とはいえ，農業地域における窒素の総量負荷制度（地下水を含めて，単位面積当りの許容窒素負荷量を決定し，これを地域として遵守するような仕組み）を検討していく必要がある。

〔6〕 水 質 事 故

環境基準の達成状況は，年間平均値を基本としているため，どちらかというと慢性的な影響を評価している。これに対し，特定施設，貯油施設，指定施設を設置する工場において施設の破損や人為的なミスなどのトラブルにより，有害物質（健康項目），油，指定物質（2011（平成23）年4月から，人の健康影響のみならず，水道水質への影響，水生生物を含む水環境の保全の観点から，要監視項目，過去の水質事故事例となった物質などが指定物質[7]とされた。ホルムアルデヒドを含む55物質）が漏洩して水域に流入し，魚類が死亡して水面に浮上，異様な臭気・水面の着色などの問題が発生する。こうした問題は水質事故と呼ばれて，国土交通省は一級水系において，取りまとめている。水質事故は毎年1100から1500件程度発生している。このうち，上水道の取水停止を伴った事故は，毎年10から30件程度発生している。

水質汚濁防止法では，特定施設や貯油施設における破損等の原因で流出事故が生じたときには，引き続く排出や浸透の防止の応急措置を事業者が講じなければならない。また速やかに都道府県知事に事故の状況や講じた措置の内容等を届出する義務があり，応急の措置を講じていないと都道府県知事が認めれば，命令を出すことができる。この命令違反に対し，罰則規定がある。

水質事故時の対応が検討されて，新たに指定物質が設定された1年後の2012年5月，利根川の浄水場で水道水質基準を上回るホルムアルデヒドが検出され，1都4県の浄水場において取水が停止され，千葉県内5市において断水または減水が発生し，100万人以上の人々に利水障害をもたらした。その後の原因調査により，高濃度のヘキサメチレンテトラミンを含む廃液の処理を受託した事業者は不十分な中和処理を行い，処理水を排水路に放流したことが強く推定された。このヘキサメチレンテトラミンは下流に流下し，利根川水系の広範囲の浄水場において，浄水過程で注入される塩素と反応し，消毒副生成物としてホルムアルデヒドが生成された。この事件の結果，指定物質にヘキサメチレンテトラミンが追加され，56物質となった[8]。

今後，対象物質による水質事故のみならず，浄水過程で生じる物質についても検討する必要性が示された。

〔7〕 有害物質を含む排水の処理方法[9]

表2.5.6に示した有害物質に関する排水処理法[9]をまとめたのが表2.5.8である。有害物質は，重金属類，揮発性有機化合物（VOC），PCBおよび農薬類，そのほかに大別される。そのほかには，硝酸性窒素等（アンモニア，アンモニア化合物，亜硝酸化合物および硝酸化合物）と1,4-ジオキサンがある。シアン化合物は，水質規制の分野では重金属類として表現されることが多いが，排水処理の観点からいえば，カドミウムや鉛等の重金属と異なる。特にシアン化合物は酸化剤（次亜塩素酸ナトリウムやオゾン）によって窒素および二酸化炭素にまで分解される。また低濃度であれば馴養培養による微生物分解も可能となる。この意味では，VOCも酸化剤（オゾンや過酸化水素）による酸化分解や微生物による分解（脱塩素化も含む）が可能である。しかし，元素として表現される重金属は分解することはできない。したがって，重金属の排水処理法としては水中から分離して除去して埋立処分か，分離抽出（回収）して再資源化・再利用することになる。いずれにしても重金属を含む汚泥が生じる。埋立処分する際には汚泥の脱水や固化・不溶化が重要な技術となる。

2. 環境安全

表 2.5.8 有害物質を含む排水の処理法[9]

項 目	代表的な処理法
カドミウムおよび鉛	・凝集沈殿法（Cd や Pb の水酸化物），または塩化鉄（Ⅲ）添加による共沈法との併用 ・置換法（キレート剤を含む排水に対して，塩化鉄（Ⅲ）と水酸化カルシウムを加えた後，凝集沈殿法） ・硫化物法（Cd に対して，硫化ナトリウム添加による硫化カドミウムとして沈殿分離）
六価クロム	・亜硫酸塩または硫酸鉄（Ⅱ）で還元した後，アルカリ剤で中和後，凝集沈殿法（Cr の水酸化物として沈殿分離） ・イオン交換法や活性炭による吸着
水銀	・硫化物法（硫化ナトリウム添加により硫化水銀として沈殿分離） ・活性炭による吸着 ・水銀専用のキレート樹脂による吸着 ・有機水銀に対しては，次亜塩素酸による酸化分解後，硫化物法
ヒ素	・ヒ素（Ⅴ）に対しては，pH 調整後，塩化鉄（Ⅲ）添加による共沈法 ・ヒ素（Ⅲ）に対しては，塩素などの酸化剤による酸化後，共沈法
セレン	・溶解性セレン（Ⅳ）は，水酸化鉄（Ⅲ）による共沈法，または活性アルミナによる吸着 ・嫌気条件下で，セレン（Ⅵ）を微生物により金属セレン（ゼロ価）に還元して固体として分離回収。さらに微生物によりメチル化して気化させ，スクラバーで捕集。 ・イオン交換法，または逆浸透膜法
ホウ素	・アルミニウム塩と水酸化カルシウムの併用による凝集沈殿処理 ・N-メチルグルカミン基を持つイオン交換樹脂による吸着
フッ素	・カルシウム塩またはアルミニウム塩の添加による凝集沈殿処理。高度処理としては，1 段目に水酸化カルシウム添加による凝集沈殿処理し，2 段目で硫酸バンドを添加した凝集沈殿処理。 ・希土類水酸化物を交換体としたフッ素選択吸着樹脂による吸着
シアン	・アルカリ性で次亜塩素酸ナトリウムを添加して反応後，pH を中性にして次亜塩素酸ナトリウムを添加し，窒素ガスと二酸化炭素に分解するアルカリ塩素法 ・オゾンによる窒素ガスと二酸化炭素に分解するオゾン酸化法 ・高濃度シアン排水には電解酸化法 ・排水中に鉄などが含まれ，鉄シアノ錯体が形成されている場合，硫酸鉄を加え，難溶性の鉄シアン化合物を形成させ，沈殿分離する凝集沈殿法（紺青法） ・活性炭による吸着
アンモニア・亜硝酸・硝酸	・生物学的処理として，好気条件下で硝化した後，嫌気条件下で水素供与体を添加して窒素ガスにする生物学的硝化脱窒法。さらに近年注目されているアンモニアと亜硝酸から窒素ガスに変換する微生物による嫌気性アンモニア酸化法（ANAMMOX） ・物理化学的処理として，アンモニアストリッピング法，不連続点塩素処理法，イオン交換法
有機リン化合物	・生石灰によりアルカリ性で加水分解後，凝集沈殿処理し，沪過したのち，希釈して活性汚泥処理 ・活性炭による吸着
農薬類	・活性炭による吸着
PCB	・活性炭による吸着
VOC	・曝気による揮散と揮散したガスに対しては活性炭吸着 ・オゾン，過酸化水素，過硫酸ナトリウムなどによる酸化分解法（促進酸化法） ・地下水の浄化技術として，塩素化エチレン分解菌（Dehaloccoides など）による還元的脱塩素化分解（おもにバイオステイミュレーション） ・ベンゼンについては，馴養した活性汚泥による生物分解
1,4-ジオキサン	・オゾン，過酸化水素，過硫酸ナトリウムなどによる酸化分解法（促進酸化法） ・逆浸透膜法 ・1,4-ジオキサンを炭素源として資化できる分解菌を用いた生物処理 ・細孔分布としてミクロポア（20Å以下）が主体の繊維状活性炭による吸着

　重金属は，一般的に水酸化物や硫化物は溶解度が小さくなるため，アルカリ剤（水酸化ナトリウム，水酸化カルシウム，水酸化マグネシウム，炭酸カルシウムなど）を加えて凝集沈殿処理や硫化剤を加えた硫化物処理が適用されている。前者は，金属（M）の水酸化物となり，式（2.5.1）のように表現される。pH が重要なパラメータで，溶解度積と pH から処理対象の金属（M）イオン濃度を推定できる。注意点としては，鉛のような両性金属の場合，金属水酸化物が可溶化する場合である。凝集沈殿処理をさらに効率的にするため，あるいは低濃度まで処理しなければならないとき，凝集沈殿処理に加え，共沈剤として塩化鉄（Ⅲ）

を加えることで，溶解度を小さくし，分離除去効率を高める方法もある。

$$M^{n+} + nOH^- \Leftrightarrow M(OH)_n$$
$$[M^{n+}][OH^-]^n = K_{sp} (溶解度積)$$
(2.5.1)

後者の場合，2価の金属イオンは硫化物イオンと反応して，金属硫化物を生成する。この金属硫化物の溶解度積は金属水酸化物の溶解度積と比べてはるかに小さいので，水銀のように低濃度レベルまで処理する必要がある場合に適用される。しかし，実際には硫化ナトリウムのような硫化剤は理論量よりも過剰に添加する必要があるため，硫化物イオンは水素イオンと反応して硫化水素が生成する。その結果，硫化水素の毒性のみならず，臭気や腐食性等の問題が生じる。さらに，硫化剤が過剰になると，硫化水銀の可溶化が起こるので注意が必要である。

酸化剤と鉄（Ⅱ），アルカリ剤を加えて，マグネタイト $MOFe_2O_3$ の磁性鉄化合物（Mは金属元素）を形成して，沈殿分離するフェライト法がある。磁性鉄化合物は多くの重金属から生成され，密度も大きく，沈殿しやすいが汚泥発生量が多くなる。

吸着による分離除去も適用可能である。一般的には活性炭が重金属を吸着する能力があるので適用される。またイオン交換樹脂による吸着除去も可能であるが，多くの排水は処理対象の金属だけでなく，ほかにも金属類が含まれることが多いので，イオン交換の選択性について予備的に検討する必要がある。

金属イオンを選択的に吸着するために開発されたのがキレート樹脂である。排水処理に適用されるのは水銀である。水銀を含む排水処理の最終段階において，ジオカルバミド酸基やチオ尿素基を持つキレート樹脂を通過させることで，0.0005 mg/L 以下まで処理できる。また，ホウ素についても選択的に除去できる N-メチルグルカミン基を持つキレート樹脂も開発されている。

パラチオン，メチルパラチオン，メチルジメトンおよびEPNの有機リン化合物や1,3-ジクロロプロペン，チウラム，シマジン，チオベンカルブの農薬類，さらにPCBは，ともに水に難溶性で疎水性が高いので，活性炭吸着が有効である。

揮発性有機化合物VOCについては，揮発性が高い特性を利用して，曝気（スチームストリッピング，充填塔方式も含む）により揮散させる。揮散したVOCガスは活性炭で吸着除去する。またオゾン，紫外線，過酸化水素，過マンガン酸カリウム，過硫酸ナトリウムなどの酸化法によって，分解される。これらの処理法は，排水処理というより，VOCで汚染された地下水の浄化法として利用されている。VOCの一つであるベンゼンは，曝気による揮散法だけでなく，馴養した活性汚泥で分解されるが，活性炭への吸着量はそのほかのVOCに比べ少ない。

環状エーテル結合を持つ1,4-ジオキサン（$C_4H_8O_2$）は，エチレンオキサイドの二量化反応やエチレングリコールの脱水縮合反応で生産されるが，エチレンオキサイド製造業やエチレングリコール製造業において，非意図的に生成される。またポリエチレンテレフタレート（PET）樹脂製造時や界面活性剤（特にアルキルエーテルサルフェート：AES）においても副生成される[10]。1,4-ジオキサンは，土壌地下水汚染や排水規制としてVOCとして整理されるが，トリクロロエチレンなどの有機塩素系溶剤と異なり，水にも溶媒にもよく溶解する特徴がある。オクタノール/水分配係数 $\log K_{OW}$ が -0.49 から -0.27 と小さな値である。したがって，有機塩素系溶剤のように疎水性物質の排水処理に適用される通常の活性炭は，吸着除去量が非常に小さく排水処理に利用できない。また活性汚泥などの微生物による分解も期待できない（化審法に基づく28日間の好気性分解試験ではBOD分解率が0%であり，難分解性とされる）。しかし，1,4-ジオキサンは有機物であるため，酸化分解は期待される。実際にオゾンと過酸化水素を組み合わせた促進酸化法では，1,4-ジオキサンの分解が一次反応に従うことが示され，その分解速度定数は $0.31\,h^{-1}$（オゾンのみ）から $1.0\,h^{-1}$ と求められた。963 mg/L の1,4-ジオキサンを分解処理目標濃度 0.5 mg/L 以下にすることを確認できた[11]。

また過硫酸ナトリウムによる分解試験では，鉄塩（Ⅱ）を添加しなくても加温すれば，分解速度定数は $0.062\,h^{-1}$（40℃），$0.68\,h^{-1}$（50℃），$2.2\,h^{-1}$（60℃）となり[12]，オゾンと過酸化水素の促進酸化法と同程度の分解速度が期待される。しかしながら，こうした酸化分解法はエネルギー消費が大きく，酸化剤のコストも大きい処理法である。さらに1,4-ジオキサン以外の有機物や還元物質が存在する場合には，処理効率が低下する。

一方，1,4-ジオキサンの分解菌による汚染地下水の浄化の研究が進められてきた。さまざまな分解菌の中で，分解速度が早く，低濃度での分解も期待される *Pseudonocardia dioxanivorans* D17 が注目されている[13), 14)]。またこの分解菌を包括固定化した担体を投入する方法も開発されている[15)]。

通常の活性炭による1,4-ジオキサンの吸着は期待できないとしたが，合成繊維を炭化賦活した繊維状活性炭（細孔が20Å以下のミクロポアが主体）では1,4-ジオキサンを特異的に吸着できることが示され

た。実際にPET製造過程の実排水を処理対象として，二つの繊維状活性炭カラムをそれぞれ吸着と脱着機能を持たせた連続処理装置が開発されている[16]。特筆すべきは，実排水には1000 mg/L程度の1,4-ジオキサンのほかに，エチレングリコール，アセトアルデヒド，酢酸が高濃度に含まれていたが，この処理装置によりほぼ30 mg/Lまで効率良く除去されたことである。

〔8〕 **有害物質による地下水汚染対策**

有害物質に関する地下水汚染と対策の経緯についてみてみる。1980年代後半には，トリクロロエチレンなどの有機塩素系溶剤による地下水汚染が顕在化し，1989（平成元）年に水質汚濁防止法が改正され，有害物質を含む水の地下浸透禁止が盛り込まれた。これに関して，地下浸透水が有害物質を含むものとしての要件として表2.5.7の地下浸透基準が設定された。これは，新たな地下水汚染は生じさせない発生源対策である。

地下水は，河川や湖沼などの誰でも立入りできる公共用水域と異なり，土地所有者からみれば私財であるし，ゆっくりではあるが移動するため，公共財的な特徴も持つ。公共用水域における人の健康の保護に関する環境基準とは別に，1997年に地下水の水質汚濁に係る環境基準が設定され，その後項目が追加等，改定されてきた。基本的には，人の健康の保護に関する環境基準と同一である。しかし，2016年に新たにクロロエチレン（基準値は0.002 mg/L）が設定された。

環境基準が設定されると，目標値が達成されているかどうかを調査するための常時監視が水質汚濁防止法により義務付けられている。このため，都道府県は水質測定計画を策定し，地下水の調査を実施する。地下水の調査には，概況調査，汚染井戸周辺地区調査，継続監視調査がある。

1996年には，水質汚濁防止法の改正に伴い，地下水汚染により人の健康に係る被害が生じているか，生じるおそれがあると認められるとき，都道府県知事が地下水汚染の原因者に対し，浄化措置を命ずることができるようになった。その際の浄化基準は環境基準と同じ値である（表2.5.7参照）。

以上のような，地下水汚染に関する地下浸透禁止，環境基準の設定と環境モニタリング，浄化措置命令から成る地下水汚染規制体系が整備された。しかしながら，その後も引き続き，工場などからのトリクロロエチレン等の有害な物質の漏洩による地下水汚染事例は，地下浸透規制制度等が導入された1989年以降も多少の増減があるものの毎年継続的に数十件程度確認されている。これらは，事業場等における生産設備・貯蔵設備等の老朽化や生産設備等の使用の際の作業ミス等による漏洩が原因の大半である。その中には，事業場等の周辺住民が利用する井戸水から検出された例もあることが判明した。また，地下水は都市用水の約25％を占める貴重な淡水資源である。一方，地下水汚染は，地下における水の移動経路が複雑であるため原因者の特定が難しく，自然の浄化作用による水質の改善が期待できない，さらに地下水の揚水処理等は長時間もしくは浄化コストが甚大であること等から一度汚染すると回復が困難である。こうしたことから，地下水汚染の未然防止のための実効ある取組みの推進を図る必要があるとされた[17]。

有害物質に関する排水基準や地下浸透禁止は，汚染発生源でのend-of-pipe規制であった。しかし，これだけでは地下水汚染事例件数が減少しなかったことから，有害物質による地下水の汚染を未然に防止するという，新たな施策が導入された。すなわち，有害物質を取り扱う施設・設備からの漏洩や作業に伴う漏洩を防止するとともに，漏洩が生じたとしても地下への浸透を防止し，地下水の汚染とならないよう，有害物質を使用，貯蔵等する施設の設置者に対し，地下浸透防止のための構造，設備および使用の方法に関する基準（構造等に関する基準）の遵守義務，定期点検および結果の記録・保存の義務等の規定が新たに設けられた（2012年施行）。この未然防止規制の対象施設は，有害物質使用特定施設と有害物質貯蔵指定施設である。ただ，これらの施設本体のみならず，施設設置場所の床面や周囲，施設本体に付帯する配管等や排水溝等も規制を受ける。

構造等に関する基準は，漏洩防止ではなく，有害物質を含む水の地下への浸透を防止する構造となっているかであり，それに応じて目視で定期的に点検する方法との組合せが未然防止規制の基本的な考えである。例えば，有害物質使用特定施設等が必要な材質や構造を有していて，地下浸透を防止できることが確保されていれば，年1回の目視による定期点検を行う。仮に材質や構造による地下浸透防止が十分確保できない既設の施設であれば，目視による定期点検の回数を増やす。さらに目視による定期点検ができないような既設の施設であれば，早期に漏洩を発見するための検知システムを導入し，適切な頻度で定期点検することで地下浸透を防止する。新規に設置する施設であれば，構造基準を満足するように，設計施工が可能であるが，既設の施設であれば，どのように対応すればよいのか，そうした具体的な内容は，『地下水汚染の未然防止のための構造と点検・管理に関するマニュアル』に詳述されている[18]。『地下水汚染未然防止のための構

造と点検管理に関する事例集及び解説』[19]は，ある施設が有害物質貯蔵指定施設に該当するかどうかの判断方法や，構造等に関する基準に定める同等以上の効果を有する措置について，参考となる具体的な事例を紹介し，解説を加えたものである。さらに，『地下水汚染未然防止のための定期点検に関する事例集』[20]は，既設の施設で目視による点検ができない場合の対応として，参考となる漏洩検知技術等の事例がまとめられている。

（細見正明）

引用・参考文献

1) 環境省 水・大気環境局水環境課（2017）平成27年度 水質汚濁防止法等の施行状況，平成29年2月
http://www.env.go.jp/press/94622.pdf（2019年1月現在）
2) 鉛・セレンに係る暫定排水基準の見直しについて
http://www.env.go.jp/press/files/jp/1364.html（2019年1月現在）
3) 排水基準を定める省令の一部を改正する省令の一部を改正する省令の概要
http://www.env.go.jp/press/files/jp/103163.pdf（2019年1月現在）
4) 排水基準を定める省令等の一部を改正する省令及び水質汚濁防止法施行規則等の一部を改正する省令の一部を改正する省令の公布について
https://www.env.go.jp/council/09water/y0912-16/mat04.pdf（2019年1月現在）
5) 排水基準を定める省令の一部を改正する省令の一部を改正する省令の公布について
http://www.env.go.jp/press/100937.html（2019年1月現在）
6) 環境省 水・大気環境局水環境課（2016）平成27年度公共用水域水質測定結果，平成28年2月
http://www.env.go.jp/water/suiiki/h27/h27-1.pdf（2019年1月現在）
7) 水質汚濁防止法に基づく事故時の措置及びその対象物質について（答申）
https://www.env.go.jp/council/toshin/t09-2208.pdf（2019年1月現在）
8) 水質汚濁防止法施行令の一部を改正する政令の閣議決定について（お知らせ）
http://www.env.go.jp/press/press.php?serial=15713（2019年1月現在）
9) 公害防止の技術と法規編集委員会編，新・公害防止の技術と法規 水質編Ⅱ，産業環境管理協会 Ⅱ-189-270（2011）
10) 細見正明，1,4-ジオキサンの水質規制の動向，用水と廃水，53-7, pp.535-541（2011）
11) 新エネルギー・産業技術総合開発機構，省水型・環境調和型水循環プロジェクト，高効率難分解性物質分解技術の開発
http://www.env.go.jp/council/09water/y0912-04/mat08.pdf（2019年1月現在）
12) Zhao, L., Hou, H., Fujii, A., Hosomi, M., and Li, F., Degradation of 1,4-dioxane in water with heat- and Fe(2+)-activated persulfate oxidation. Environmental Science and Pollution Research. 21, pp.7457-7465（2014）.
13) 山本哲史，斎藤祐二，池道彦，清和成，井上大介，1,4-ジオキサン汚染地下水の生物浄化に関する研究，大成建設技術センター報 第46号，53-1-53-4（2013）
14) Inoue, D., Tsunoda, T., Sawada, K., Yamamoto, N., Saito, Y., Sei, K., and Ike, M., 1,4-Dioxane degradation potential of members of the genera Pseudonocardia and Rhodococcus, 27, pp.277-286（2016）
15) 井坂和一，宇田川万規子，木村裕哉，清和成，1,4-ジオキサン分解菌 Pseudonocardia sp. D17株の包括固定化における菌体濃度および保存が固定化菌体の処理性能に及ぼす影響，日本水処理学会誌，51-4, pp.83-93（2015）
16) 杉浦勉，河野大樹，活性炭素繊維を用いた1,4-ジオキサン含有排水処理，用水と廃水，52-11, pp.16-20（2010）
17) 地下水汚染の効果的な未然防止対策の在り方について（答申），平成23年2月15日，中央環境審議会
http://www.env.go.jp/press/files/jp/16997.pdf（2019年1月現在）
18) 地下水汚染の未然防止のための構造と点検・管理に関するマニュアル（第1.1版）本文
http://www.env.go.jp/water/chikasui/brief2012/manual/main.pdf（2019年1月現在）
19) 地下水汚染未然防止のための構造と点検管理に関する 事例集及び解説，平成25年6月 環境省 水・大気環境局 土壌環境課 地下水・地盤環境室
https://www.env.go.jp/water/chikasui/brief2012/manual/add-kaisetsu.pdf（2019年1月現在）
20) 地下水汚染の未然防止のための構造と点検・管理に関するマニュアル 追加資料 地下水汚染未然防止のための定期点検に関する事例集，平成26年9月 環境省 水・大気環境局 土壌環境課 地下水・地盤環境室
https://www.env.go.jp/water/chikasui/brief2012/manual/add-kenchi.pdf（2019年1月現在）
21) 環境省ホームページ，水・土壌・地盤・海洋環境の保全
https://www.env.go.jp/water/impure/haisui.html（2019年2月現在）

〔9〕 用排水における有害成分の測定方法

工業用水については JIS K 0101[1]，工場排水については JIS K 0102[2] に有害物質の測定方法が示されている。また，農薬については JIS K 0128[3]，揮発性有機化合物（VOC）については JIS K 0125[4] に述べられている。公共用水域に排出される水については，水質汚濁防止法やその関連法令や告示[5], [6]により，有害物質

28群について一律排水基準と測定方法が定められている。その概要を**表2.5.9**に示す。これらのうち，重金属類はカドミウム（Cd），鉛（Pb），ヒ素（As），セレン（Se），六価クロム化合物および総水銀の6物質群，農薬類は有機リン化合物，チウラム，シマジン，チオベンカルブおよび1,3-ジクロロプロペンの5物質群である。トリクロロエチレン，ベンゼン，1,4-ジオキサンなどのVOC類は13物質（1,3-ジクロロプロペンを含む）と最も多い。一律排水基準が示されていない有害物質のうち，地下水の水質汚濁に係る環境基準が設定されている塩化ビニルモノマー（塩化ビニル）[7]と環境基準が設置されているダイオキシン類[8]について表2.5.9に示す。以下に，表2.5.9の30物質群のうち，重金属類，農薬およびVOC類について代表的な測定方法を簡略に紹介する。

（a） 重金属類[2]　重金属類のうち，六価クロム化合物と総水銀については，その物性に応じた測定方法がある（表2.5.9参照）。Cd，Pb，AsおよびSeについては一括して測定できる方法があり，このうち，前処理後，誘導結合プラズマ質量分析計（ICP-MS）で測定する方法は高感度で高精度である。また，銅，マンガン，アルミニウム，ニッケル，コバルト，ビスマス，クロム，バナジウムなども同時に測定できる。共存する有機物，懸濁物，金属錯体などを分解するために前処理を行うが，試料や試験の種類によって適切な方法を選択する。

前処理法として，酸性で煮沸する方法（試料100 mLにつき塩酸または硝酸5 mLを加え，約10分間静かに煮沸）は，有機物や懸濁物がきわめて少ない試料に適用する。塩酸または硝酸による分解法（試料100 mLにつき塩酸または硝酸5 mLを加え，加熱して液量が約15 mLになるまで濃縮）は，有機物が少なく，懸濁物として水酸化物，酸化物，硫化物，リン酸塩などを含む試料に適用する。硝酸と過塩素酸による分解法（試料の適量に硝酸5～10 mLを加え，加熱して約10 mLに濃縮し，放冷後，硝酸5 mLを加え，つぎに過塩素酸10 mLを少量ずつ加えて加熱し，過塩素酸の白煙が発生したら時計皿で容器を覆い，過塩素酸が器壁を流下する状態に保ち有機物を分解）は，酸化されにくい有機物を含む試料に適用する。有機物が残ったときは，さらに硝酸5 mLを加えて上記の加熱分解操作を繰り返す。

硝酸と硫酸による分解法（試料の適量に硝酸5～10 mLを加え，加熱して約10 mLまで濃縮し，硝酸5 mLと硫酸(1+1) 10 mLを加え，硫酸の白煙が発生し，有機物が分解するまで加熱）は，多種類の試料に適用することができる。なお，硫酸(1+1)は，水1容をビーカーにとって冷却し，かき混ぜながら硫酸1容を徐々に加えて作成する。**図2.5.13**に硝酸と硫酸による分解後，ICP-MSで測定する方法のフローチャートを示す。

いずれの方法も，前処理後の試料と標準溶液は，ほぼ同じ濃度の硝酸酸性（0.1～0.5 mol/L）とする。酸の種類や濃度によっては空試験値が無視できないことがあるので，あらかじめその影響を調べておく。いずれの前処理方法を適用するかは，試料に一定量の金属を添加して回収試験を行い，その結果に基づいて判断する。

ICP-MSの測定条件は取扱説明書などに基づいて最適化する。各金属の定量範囲，定量イオンの質量/荷電数（m/z）は，Cd：0.3～500 µg/L，m/z 111, 114，Pb：0.3～500 µg/L，m/z 208, 206, 207，As：0.5～500 µg/L，m/z 75，Se：0.5～500 µg/L，m/z 82, 77, 78である。内標準の定量イオンのm/zは，イットリウム（Y）：89，インジウム（In）：115，ビスマス（Bi）：209である。各金属のm/zにおける指示値（M）と内標準の指示値（I）を読み取り，両者の比（M/I）を求め，同様に内標準を加えた標準溶液を測定して得られた検量線から，試料中の金属濃度を内標準法により求める。

スペクトル干渉が生じた場合，測定m/zの変更，試料の希釈，または適切な前処理を行うことにより妨害を軽減する。干渉のためYなどが使用できない場合は他の金属を内標準とする。非スペクトル干渉（マトリックス干渉）は内標準法によって補正できることが多いが，妨害物質の濃度が高い場合には，試料の希釈や適切な前処理により軽減する。

（b） 農薬類[6]　農薬のうち，有機リン化合物とチウラムについては，その物性に応じた測定方法がある（表2.5.9参照）[3), 6)]。シマジンとチオベンカルブについては，液液抽出または固相抽出後，ガスクロマトグラフ/質量分析（GC/MS）法を用いる多成分同時分析法が適用できる[9]。また，液体クロマトグラフ/質量分析（LC/MS）法も一般的になってきている[9]。**図2.5.14**に代表的な固相抽出-GC/MS法のフローチャートを示す。浮遊物が多い試料については，あらかじめ沪過し，沪液を固相抽出する。浮遊物はアセトンで洗い，洗液を固相カラムの溶出液に合わせる。

妨害物質が共存する場合はフロリジルカラムクロマトグラフ法またはシリカゲルカラムクロマトグラフ法によりクリーンアップする。クリーンアップする場合は，溶出液の濃縮液2 mLにヘキサン約50 mLを加え，濃縮後，2 mLに定容することにより，溶液中のアセトンを除く。この操作をヘキサン転溶という。

表 2.5.9 有害物質の一律排水基準と測定方法

有害物質 ＜許容限度[a] (mg/L)＞	測定方法の概要（JIS の項目または告示の付表）
カドミウムおよびその化合物＜0.03＞	酸分解（5.5, 5.1～5.4[2]）後，つぎのいずれかの方法：フレーム原子吸光法（55.1[2]）；電気加熱原子吸光法（55.2[2]）；ICP 発光分光分析法（55.3[2]）；ICP-MS 法（55.4[2]）
鉛およびその化合物＜0.1＞	酸分解（5, 5 5.1～5.4[2]）後，つぎのいずれかの方法：フレーム原子吸光法（54.1[2]）；電気加熱原子吸光法（54.2[2]）；ICP 発光分光分析法（54.3[2]）；ICP-MS 法（54.4[2]）
ヒ素およびその化合物＜0.1＞	水素化物発生吸光光度法（61.1[2]）；水素化物発生原子吸光法（61.2[2]）；水素化物発生 ICP-発光分光分析法（61.3[2]）；酸分解（5.5, 5.1～5.4)-ICP-MS 法（61.4, 52.5[2]）
セレンおよびその化合物＜0.1＞	錯体生成→吸光光度法（67.1[2]）；水素化物発生原子吸光法（67.2[2]）；水素化物発生 ICP 発光分光分析法（67.3[2]）；酸分解（5.5, 5.1～5.4[2]）-ICP-MS 法（67.4, 52.5[2]）
六価クロム化合物＜0.5＞	吸光光度法（65.2.1[2]）
総水銀＜0.005＞	還元気化原子吸光法（付表 1[6]）；加熱気化原子吸光法（付表 1[6]）
アルキル水銀化合物＜検出されないこと＞	液液抽出-GC（ECD）法（付表 2[6]）；液液抽出-カラムクロマトグラフ-薄層クロマトグラフ法（付表 3[5]）
ホウ素およびその化合物＜海域以外の公共用水域に排出されるもの：10，海域に排出されるもの：230＞	イオン化-吸光光度法（47.1[2]）；錯体化-吸光光度法（47.2[2]）；ICP-発光分光分析法（47.3[2]）；ICP/MS 法（47.4[2]）
フッ素およびその化合物＜海域以外の公共用水域に排出されるもの：8，海域に排出されるもの：15＞	蒸留-吸光光度法（34.1[2]）；蒸留-イオン電極法（34.2[2]）；蒸留-流れ分析法[c]（34.4[2]）；蒸留（34.1 c)[2]）-イオンクロマトグラフ法（付表 6[6]）
窒素（アンモニア，アンモニウム化合物，亜硝酸化合物および硝酸化合物）＜100＞	
アンモニア性窒素（0.4 を乗じ亜硝酸性窒素および硝酸性窒素に加算）	蒸留後，つぎのいずれかの方法：吸光光度法（42.2[2]）；中和滴定法（42.3[2]）；イオンクロマトグラフ法（42.5[2]）；流れ分析法（青吸光光度法）（42.6[2]）
亜硝酸性窒素	沪過後，つぎのいずれかの方法：吸光光度法（43.1[2]）；イオンクロマトグラフ法（43.1[2]）；流れ分析法[c]（吸光光度法）（43.1[2]）
硝酸性窒素	沪過-イオンクロマトグラフ法（43.2.5[2]）；または流れ分析法[c]（43.2.6[2]）
亜硝酸性窒素および硝酸性窒素	還元蒸留-吸光光度法（43.2.1[2]）；ろ過-還元-吸光光度法[c]（43.2.3[2]）
シアン化合物＜1＞	加熱蒸留（38.1.2[2]）-吸光光度法（38.2[2] または 38.3[2]）または流れ分析法（38.5[2]）
有機リン化合物（パラチオン，メチルパラチオン，メチルジメトンおよび EPN）＜1＞	液液抽出後，つぎのいずれかの方法：GC（TID または FPD）法（付表 1[5]）；薄層クロマトグラフ法（付表 1[5]）；カラムクロマトグラフ-吸光光度法（メチルジメトン以外，31.1[2]）；薄層クロマトグラフ法（メチルジメトン，付表 2[6]）
チウラム＜0.06＞	液液抽出または固相抽出-HPLC 法（付表 4[6]）
シマジン＜0.03＞	液液抽出または固相抽出-GC/MS 法（付表 5[6]）
チオベンカルブ＜0.2＞	
ポリ塩化ビフェニル＜0.003＞	液液抽出-アルカリ分解-精製（シリカゲルカラムクロマトグラフー）-GC（ECD）法（JIS K 0093 または付表 3[6]）または GC/MS 法（JIS K 0093）
トリクロロエチレン＜0.1＞	パージ・トラップ GC/MS 法（5.1[4]）；ヘッドスペース GC/MS 法（5.2[4]）；パージ・トラップ GC（FID）法（5.3.2[4]）；ヘッドスペース GC（ECD）法（5.4.1[4]）；液液抽出-GC（ECD）法（5.5[4]）
テトラクロロエチレン＜0.1＞	
四塩化炭素＜0.02＞	
1,1,1-トリクロロエタン＜3＞	
1,1,2-トリクロロエタン＜0.06＞	
ジクロロメタン＜0.2＞	パージ・トラップ GC/MS 法（5.1[4]）；ヘッドスペース GC/MS 法（5.2[4]）；パージ・トラップ GC（FID）法（5.3.2[4]）；ヘッドスペース GC（ECD）法（5.4.1[4]）
1,2-ジクロロエタン＜0.04＞	
1,1-ジクロロエチレン＜1＞	
シス-1,2-ジクロロエチレン＜0.4＞	
1,3-ジクロロプロペン＜0.02＞	
ベンゼン＜0.1＞	パージ・トラップ GC/MS 法（5.1[4]）；ヘッドスペース GC/MS 法（5.2[4]）；パージ・トラップ GC（FID）法（5.3.2[4]）；ヘッドスペース GC（FID）法（5.4.2[4]）
塩化ビニル＜0.002[7]＞	パージ・トラップ GC/MS 法（付表 7[7]）；ヘッドスペース GC/MS 法（付表 7[7]）
1,4-ジオキサン＜0.5＞	活性炭抽出 GC/MS 法（付表 7[6]）；パージ・トラップ GC/MS 法（付表 7[6]）；ヘッドスペース GC/MS 法（付表 7[6]）
ダイオキシン類＜1[b],[8]＞	固相抽出または液液抽出-精製-GC/MS 法（JIS K 0312）

〔注〕 a) 塩化ビニルモノマーとダイオキシン類以外は水質汚濁防止法における一律排水基準
b) pg-TEQ/L（TEQ は 2,3,7,8-四塩化ジベンゾ-パラ-ジオキシンの毒性に換算した値）
c) 流れの中で試料と試薬とを反応させた成分を連続的に検出，定量する分析方法（JIS K 0126:2009）

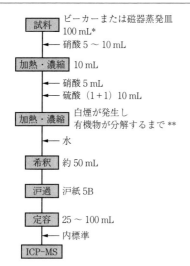

図 2.5.13 酸分解-CP-MS 法のフローチャート[2]

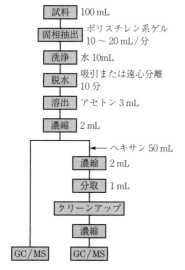

図 2.5.14 固相抽出-GC/MS 法のフローチャート[6]

フロリジルカラムクロマトグラフ法では，フロリジル（粒径 80～150 μm，130℃で 16 時間加熱後，デシケータ中で放冷したもの）8 g をヘキサンでかゆ状にし，内径 10 mm，長さ 300 mm のコック付きガラス管に流入し，これに振動を与えてフロリジルを均一に充填後，上層に無水硫酸ナトリウム 5 g を積層したものを用いる。これに上記のヘキサン転溶液のうち 1 mL を注ぎ流下させ，つぎにヘキサン 100 mL を流下させて溶出液は捨て，つぎに 35 vol%ジエチルエーテル含有ヘキサン 100 mL を約 1 mL/分で流下させ，対象農薬を溶出させる。

後者ではフロリジルの代わりにシリカゲル（粒径 150～250 μm）を用いて同様に操作する。ただし，ヘキサンは 80 mL とし，つぎに 35 vol%ジエチルエーテル含有ヘキサン 100 mL でチオベンカルブを溶出させた後，アセトン 100 mL でシマジンを溶出させる。

両法とも，溶出液はロータリエバポレータまたはクデルナダニッシュ濃縮器を用いて約 40℃の水浴上で約 10 mL まで濃縮し，ヘキサン約 100 mL を加えた後，濃縮器および窒素ガスを用いて濃縮し，1 mL に定容する。得られた溶液の一定量（通常 1 μL）を GC/MS に注入し，対象農薬の保持時間に相当するピークの面積を測定する。GC 分離カラムは内径 0.2～0.7 mm，長さ 10～30 m の溶融シリカガラスの内面にジメチルポリシロキサンを膜厚 0.1～1.0 μm で被覆したものなどを用いる。MS は電子衝撃イオン化（EI）法が可能な四重極型質量分析計などを用い，定量イオンと確認イオンの m/z は，シマジン：m/z 201, 186, 173，チオベンカルブ：m/z 100, 72, 125 である。標準溶液（0.05～2.0 μg/mL）を用いて検量線を作成し，絶対検量線法で定量する。試料に代えて水を用いた空試験を行う[6]。

前処理で得られた溶液と標準溶液に内標準を加え，内標準法で定量する方法もある。内標準として 1,4-ジヨードベンゼン（m/z 330），9-ブロモアントラセン（m/z 256），対象農薬の安定同位体などが用いられる[8]。

（**c**） **VOC 類**[4]　表 2.5.9 の VOC 類のうち，塩化ビニルは常温・常圧で気体であり，その他の物質は液体で揮発性が高い。また，1,4-ジオキサンは水溶性物質である。こうした特性に応じてさまざまな測定方法がある[4]。そのうち，ヘッドスペース-GC/MS 法とパージ・トラップ-GC/MS 法は対象物質を一括して測定できる。図 2.5.15 に両法のフローチャートを示す。

VOC 測定に使用する試薬，標準品，内標準，水などについては測定に影響のないものを用いる。また，試料採取時から測定に至るまで，試料や器具・装置などが汚染を受けないよう十分留意する[4]。

ヘッドスペース法ではバイアル容積の 10～60%の空間が残る量の試料（10～100 mL）を静かにホールピペットで計り取り，泡立てないようにバイアルに入れ，内標準を添加する。塩析を行う場合は試料量の 30%程度の塩化ナトリウムをバイアルにあらかじめ入れる。四フッ化エチレン樹脂フィルムとシリコーンゴム栓（両者を一体化したものでもよい）およびアルミ

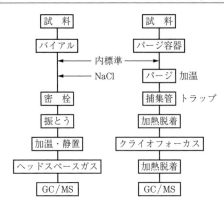

図 2.5.15 ヘッドスペース GC/MS 法およびパージ・トラップ GC/MS 法のフローチャート[4]

ニウムキャップでただちに密栓して振り混ぜ，一定温度（20〜70℃）で一定時間（20〜120分）静置する。ヘッドスペースガスの一定量を採取してGC/MSに導入し，内標準と対象VOCの面積を測定する。

パージ・トラップ法は，装置により操作方法が異なるので，取扱説明書などに従って操作する。パージ容器に試料を直接入れる場合は試料の適量を静かにホールピペットで計り取り，泡立てないようにパージ容器に入れ，内標準溶液を添加する。試料がバイアルからパージ容器に注入される場合は，試料を泡立たないように静かにバイアルに満たし，バイアル内に空気層がないことを確認して装置にセットする。バイアル内の試料の一定量がパージ容器に送られる際に，一定量の内部標準が自動的に添加される[10]。なお，試料に塩化ナトリウムなどを添加するとパージ効率を上げることができるが，装置の経路などに塩分が付着して不具合が生じる場合があるので注意する。パージ容器内の試料に，パージガスを通気してVOCを気相中に移動させてトラップ管に捕集する。つぎにトラップ管を加熱しVOCを脱着して，冷却凝縮装置でクライオフォーカス後，加熱してGC/MSに導入して測定する。

パージ・トラップ法はヘッドスペース法より高感度で測定できるが，汚染を受けやすいためメンテナンスを十分行う必要がある。最適条件は使用する試料量，吸着剤の種類や量などにより異なるため，パージ温度，パージ時間，トラップ用捕集剤の選定，加熱脱離温度・時間などについて，十分な回収結果の得られる条件を求めておく[9]。特に塩化ビニルは揮散しやすく妨害を受けやすいため，塩化ビニル-d_3を内標準として用い，試料の取扱いや測定条件などの設定に留意する[6]。

GC分離カラムは内径0.2〜0.53 mm，長さ25〜60 mの溶融シリカガラスの内面にフェニルメチルポリシロキサンまたはジメチルポリシロキサンを膜厚0.1〜3.0 μmで被覆したものなどを用いる。定量イオンおよび確認イオンのm/zは，トリクロロエチレン：95, 130, テトラクロロエチレン：166, 164, 四塩化炭素：117, 119, 1,1,1-トリクロロエタン：97, 99, 1,1,2-トリクロロエタン：83, 97, ジクロロメタン：84, 86, 1,2-ジクロロエタン：62, 64, 1,1-ジクロロエチレン：61, 96, シス-1,2-ジクロロエチレン：96, 98, 1,3-ジクロロプロペン：75, 110, ベンゼン：78, 77, 塩化ビニル：62, 64, 1,4-ジオキサン：88, 58である。また内標準のイオンはフルオロベンゼン：96, 70, 4-ブロモフルオロベンゼン：174, 176, 塩化ビニル-d_3：65, 67, 1,4-ジオキサン-d_8：96, 64である。

両法とも，水を用いて同様に操作して空試験とする。標準溶液を段階的に添加した水を測定して検量線を作成して内標準法により定量する。定量範囲は装置や測定条件により異なるが，ヘッドスペース法では0.2〜100 μg/L（塩化ビニルは0.1〜50 μg/L），パージ・トラップ法では0.1〜50 μg/L（塩化ビニルは0.05〜5 μg/L），1,4-ジオキサンはいずれも5〜50 μg/L[4]である。

（川田邦明）

引用・参考文献

1) JIS K 0101：1998　工業用水試験方法（日本規格協会）および JIS K 0101：2017　工業用水試験方法〔追補1〕（日本規格協会）
2) JIS K 0102：2016　工場排水試験方法（日本規格協会）
3) JIS K 0128：2000　用水・排水中の農薬試験方法（日本規格協会）
4) JIS K 0125：2016　用水・排水中の揮発性有機化合物試験方法（日本規格協会）
5) 環境庁告示64号，排水基準を定める省令の規定に基づく環境大臣が定める排水基準に係る検定方法（1974：改定2014）
6) 環境庁告示第59号，水質汚濁に係る環境基準について（1971：改定2016）
7) 環境庁告示第10号，地下水の水質汚濁に係る環境基準について（1997：改正2014）
8) 環境庁告示第68号，ダイオキシン類による大気の汚染，水質の汚濁（水底の底質の汚染を含む）及び土壌の汚染に係る環境基準，(1999：改正2009)
9) 角田欣一ほか，日本分析化学会編，環境分析，分析化学実技シリーズ機器分析編6, p.p.89-145, 共立出版 (2012)
10) 平井昭司監修，日本分析化学会編，現場で役立つ水質分析の基礎，—化学物質のモニタリング手法—, p.p.92-97, オーム社 (2012)

〔10〕 内分泌撹乱化学物質（環境ホルモン）
（a） 内分泌撹乱化学物質（環境ホルモン）とは

1962年に出版されたレイチェル・カーソンの著書『Silent Spring（邦題：沈黙の春）』を契機として，1970年代以降，ジクロロジフェニルトリクロロエタン（DDT）などの有機塩素系農薬の使用が制限された。しかし，それから30年以上経っても，世界各地の野生生物において，化学物質が原因と考えられる生殖異常，繁殖異常，免疫不全，成長異常などが報告された。これらの原因について，シーア・コルボーンらは1996年に著書『Our Stolen Future（邦題：奪われし未来）』を出版し，内分泌撹乱作用という新しい概念である内分泌撹乱化学物質（endocrine disrupting chemicals, EDCs）による生体影響を提起した。

そこで，1997年に米国環境保護庁（USEPA）は，内分泌撹乱化学物質の定義を「生物の恒常性，生殖・発生，もしくは行動を司っている生体内の天然ホルモンの合成，分泌，輸送，結合，作用あるいは除去に干渉する外因性物質である」とし，本格的な調査研究を開始した。また，日本の環境省（当時の環境庁）は，1998年に公表した環境ホルモン戦略計画（SPEED'98; Strategic Programs on Environmental Endocrine Disruptors）において，「動物の生体内に取り込まれた場合に，本来，その生体内で営まれている正常なホルモン作用に影響を与える外因性の物質」と定義し，調査研究を開始した。内分泌撹乱作用という新しい概念のため，各国によって定義の違いはあったものの，2002年に世界保健機関・国際化学物質安全性計画（WHO/IPCS）は，「内分泌系の機能に変化を与え，それによって個体やその子孫あるいは集団（一部の亜集団）に有害な影響を引き起こす外因性の化学物質又は混合物」と定義した。

［種類］環境ホルモン戦略計画SPEED'98では，内分泌撹乱作用を有すると疑われる化学物質として67種がリストアップされた。また，2000年にはSPEED'98の改訂がなされ65種となった。これらの物質は，内分泌撹乱作用の有無，強弱，メカニズムなどが必ずしも明らかになっておらず，あくまで優先して調査研究を進めていく必要性の高い物質群であり，今後の調査研究の過程で増減することを前提としてリストアップされた。さらに2005年に環境省は，SPEED'98における取組みにより得られた知見を踏まえ，化学物質の内分泌撹乱作用に関する今後の対応方針について-ExTEND 2005 (Enhanced Tack on Endocrine Disruption)-を公表した。ExTEND2005では，SPEED'98でリストされていた物質は，環境中に存在する濃度でラットなどの哺乳類に対して明瞭な内分泌撹乱作用を示さなかったとして削除された。現在までにこのリストは，単に調査研究の対象物質として使用されている。内分泌撹乱作用を有すると疑われるおもな化学物質を以下に示した。

- 有機ハロゲン系化合物：ダイオキシン類，ポリ塩化ビフェニル（PCB），DDT，ポリ臭化ジフェニルエーテル（PBDE），ペルフルオロオクタンスルホン酸（PFOS）など
- 芳香族工業化学品：ビスフェノールA，アルキルフェノール類（ノニルフェノール，オクチルフェノールなど），フタル酸エステル類など
- 農薬：トリアジン系除草剤，有機リン系殺虫剤，ピレスロイド系殺虫剤，カーバメート系殺虫剤など
- 重金属：有機スズ化合物，水銀，カドミウム，ヒ素など
- 医薬品：ジエチルスチルベストロール（DES），エチニルエストラジオールなど
- ホルモン：エストロゲン，アンドロゲンなど
- 植物エストロゲン：イソフラボン類（ゲニステイン，ダイゼニンなど）など
  - ＊：これらの化学的特性として，比較的低分子化合物（分子量約300）で，残留性有機汚染物質（POPs）と同様に難分解性や生物蓄積性などを示すものもある。

（b） 作用メカニズム 内分泌腺から分泌されるホルモンは，動物の発生過程での組織の分化や成長，生殖機能の発達，エネルギー代謝，恒常性（ホメオスタシス）の維持などに重要な役割を果たしている。ヒトの体内で分泌されるホルモンとして，エストロゲン（女性ホルモン）やアンドロゲン（男性ホルモン）などが知られている。これらが生体内で機能を発揮するためには，まず標的器官に存在するホルモン受容体（レセプタ）と結合する必要があり，その後，遺伝子に働きかけタンパク質を合成する。例えば，エストロゲンはエストロゲン受容体と結合するが，ホルモンの種類によって結合する受容体が決まっている。このことから，ホルモンと受容体の関係は鍵と鍵穴の関係ともいわれる。しかし，内分泌撹乱化学物質は，内因性ホルモンであるエストロゲンやアンドロゲンなどと構造が類似しているため，生体内においてそれらの受容体に誤って結合することで内分泌系を撹乱する。内分泌撹乱化学物質のおもな作用メカニズムを下記に示す。

1）ホルモン受容体結合を介する作用メカニズム
内分泌撹乱化学物質がホルモン受容体に結合して生じる反応によって，本来のホルモンと類似の作用が引き起こされる。おもにエストロゲン受容体の関与が指

摘されており，代表的な内分泌撹乱化学物質として，DES やエチニルエストラジオール（EE2）などの合成女性ホルモン，ビスフェノール A，ノニルフェノール，o,p'-DDE，エンドスルファン，植物エストロゲン，水酸化エストロゲン，水酸化 PCB などがある。

一方，本来のホルモンの作用を阻害する内分泌撹乱化学物質として，p,p'-DDE，ビンクロゾリン，フタル酸エステル類などが知られている。これらはアンドロゲン受容体と結合するものの，ホルモン様作用は示さず，逆にアンドロゲンが受容体に結合することを阻害し，抗アンドロゲン作用を示す。

2） ホルモン受容体結合を介さない作用メカニズム

ホルモン受容体に直接結合するのではなく，細胞内のシグナル伝達経路に影響を及ぼすことによって遺伝子を活性化し機能性タンパク質の産生などをもたらす作用がある。例えば，ダイオキシン類はホルモン受容体には直接結合しないが，アリルハイドロカーボン受容体（AhR）などを介して遺伝子を活性化し間接的にエストロゲン作用に影響を与えるとされている。

テストステロンをエストラジオールに変換する酵素であるアロマターゼを阻害し，エストラジオールの産生が低下することにより，内分泌系に影響を与えるメカニズムも報告されている。

PCB の代謝物である 3,5,3,4-テトラクロロビフェニルの 4-水酸化体は，甲状腺ホルモン（T4）と構造が類似しているため，T4 と甲状腺ホルモン結合タンパク質との結合を阻害し，血中 T4 濃度を低下させると推測されている。

このように内分泌撹乱化学物質によるさまざまな作用メカニズムが報告されているが，発達段階における臨界期（感受性の高い時期）での曝露によって器官形成や内分泌系の正常な機能に不可逆的な悪影響を引き起こす場合がある。例えば，胎仔期から新生児期にかけてのマウスにエストロゲンを投与すると，その作用は生涯を通して不可逆的となる。

ⅰ） 生態系への影響　野生生物に対する影響と内分泌撹乱化学物質との因果関係については，現在においても議論の余地があるが，これまでに報告されている内分泌撹乱化学物質による野生生物への影響の代表例として有機スズ化合物による海産巻貝のインポセックスや有機塩素系農薬による米国フロリダ アポプカ湖のワニの生殖低下等が知られている。一方，生態系への影響評価のためには，実験動物を用いた試験によって内分泌撹乱作用を明らかにする必要がある。SPEED'98 のリストに基づき実施された動物試験では，環境中の濃度を考慮した濃度で，4-ノニルフェノール（分岐型）と 4-t-オクチルフェノールはメダカに対して内分泌撹乱作用を有することが強く推察され，また，ビスフェノール A と o,p'-DDT でもメダカに対して内分泌撹乱作用を有することが推察された。

ⅱ） 疑われるヒトへの影響　これまで内分泌撹乱化学物質によるヒトへの健康影響が疑われている例として，1）子宮内膜症・不妊症の増加，2）子宮がん・卵巣がん・乳がんの増加，3）精子の数と質の低下，精子奇形率の上昇，4）精巣がん・前立腺がんの増加，5）外部生殖器の発育不全，停留睾丸，6）アレルギー・自己免疫疾患の増加，7）性同一性障害，IQ の低下，8）多動症・パーキンソン病の増加などがある。また，生殖内分泌系への影響だけでなく，免疫系や（脳）神経への影響も指摘されている。しかし，これらの健康影響には，化学物質の曝露量以外にも，遺伝的背景や生活習慣などさまざまな要因が関係しているため，内分泌撹乱化学物質との因果関係については明らかになっていない。一方，SPEED'98 のリストに基づき実施された哺乳類（ラット）を用いた試験では，いずれの物質もヒト推定曝露量を考慮した用量で明らかな内分泌撹乱作用は認められていない。

ⅲ） 国内取組み　国内では，1998 年以降，文部科学省，経済産業省，厚生労働省，国土交通省，農林水産省，環境省などによって，内分泌撹乱化学物質に関する総合的な対策の推進が実施されてきた。これら関係省庁の中で環境省は，主として環境保全の観点から対策を講じており，環境ホルモン戦略計画 SPEED'98，ExTEND 2005，EXTEND 2010，さらに 2015 年には，EXTEND 2016 を公表し対策を進めている。EXTEND 2016 では，①作用・影響の評価および試験法の開発，②環境中濃度の実態把握および曝露の評価，③リスク評価およびリスク管理，④化学物質の内分泌撹乱作用に関する知見収集，⑤国際協力および情報発信の推進から構成されており，これらは環境行政の中で化学物質の内分泌撹乱作用に伴う環境リスクを適切に評価し，必要に応じて管理していくことを目標として実施されている。

ⅳ） 国際的取組み　国際的には，経済協力開発機構（OECD）で，化学物質のテストガイドラインプログラムの一環として，1996 年から内分泌撹乱化学物質の試験および評価（EDTA）に関する検討を進めており，加盟国への情報提供と活動間の調整，化学物質の内分泌撹乱作用検出のための新規試験法の開発と既存の試験法の改定，有害性やリスク評価の手法の調和などが実施されている。また，これまでに齧歯類，魚類，両生類および無脊椎動物を用いた試験法の新規開発や改定を実施し，現在も継続して行われている。

USEPA では，内分泌撹乱化学物質スクリーニング

計画(EDSP)の中で，第1段階目のスクリーニング試験法の評価や，第2段階目の確定試験の開発を継続して実施している。

WHOと国際連合環境計画(UNEP)は，2002年に内分泌撹乱化学物質に関する報告書を公表した。その後，10年が経ち，研究がどこまで進展し，どのような問題が残されているかをまとめた報告書を2013年に公表した。

欧州委員会は，1996年から内分泌撹乱化学物質に対する取組みを開始している。また最近では2011年に，REACH(欧州連合における化学物質の登録・評価・認可及び制限に関する規則)において，また2016年には人体などへの有害な影響，(2)内分泌系への作用，(3)内分泌系への作用と有害な影響の因果関係を基に規制を行うことを提案している。

内分泌撹乱化学物質問題については，国際的・国内的にも科学的不確実性が多く指摘されているのが現状である。今後，ヒトの健康や生態系への影響を正確に把握するためにも，科学的な検討評価を積み重ねていく必要がある。　　　　　　　　　　(有薗幸司)

2.5.3　土　　　　　壌
〔1〕緒　　　言

土壌とは，農学分野や地質分野では，地表から深さ30cm程度の所までをいい，それより深いところは地層などといわれているが，環境汚染分野では，有機塩素系溶剤などが侵入する深さ数百メートル程度までを土壌として扱っている。この土壌の汚染と浄化対策については，以下の項で詳細に解説されるので，ここでは，土壌の役割と地下水について簡単に解説し，土壌汚染の原因と対策を概観する。

表層土壌中の無機鉱物は，おもに粘土や砂などの小さな粒子となっており，粘土鉱物には陽イオン交換能があるため，陽イオンとなる重金属等を吸着する。この無機鉱物の組成は地域によって異なるが，日本では火山灰の堆積層が多くあり，表層土壌の粒子は細かく，重金属等が吸着されやすくなっている。例えば，関東平野は富士山の火山灰が堆積した層からできているため，表層土壌の粒子は細かく，陽イオンとなる重金属等を吸着しやすくなっている。

また，表層土壌には，無機鉱物のほかに，植物の根や枯葉などの有機物が含まれ，これらを土壌動物が食べたり，土壌微生物が分解したりしている。この微生物等を含む有機物にはさまざまな有機汚染物質が吸着される。また，有機物は微生物によって徐々に分解され，炭素は二酸化炭素になって大気中に放出され，窒素は，硝酸，亜硝酸，一酸化二窒素などとなって水域中に流出したり，大気中に放出されて，循環する。

なお，畑地の土壌は，適度に肥料成分や水分を保持し，水田の土壌は，水分が抜けにくい粘土質の土壌となっている。また，すべての樹木の根は，深さ1～2m程度にあり，表層土壌中の水分や栄養分を取り込んで育っている。このように，表層土壌は，物質循環を行い，農業を支え，樹木を育てているほかにも，雨水の吸収・貯留によって，気温変化の調節や洪水の防止等の役割も果たしている。

これに対して，やや深いところでは，鉱物が大きな礫や岩などになっていることが多く，有機物含有量が少ないため，汚染物質の吸着能が小さくなり，汚染物質が下部に移動しやすくなっている。

また，ある深さに粘土等の透水性の低い層があり，その上に地下水がたまる帯水層という場所があるのが一般的である。このため，この帯水層まで井戸を掘って地下水をくみ上げることができる。この帯水層は数層あり，第一帯水層，第二帯水層などといわれ，井戸は深さによって浅井戸と深井戸に分けられている。

金属精錬工場付近では，金属の飛散や投棄が少なからずあり，めっき工場も金属やシアンを含むめっき液の漏出等が少なからずあったことから，これらの跡地の土壌汚染や地下水汚染が問題になっている。

また，金属加工業やめっきを含む金属表面処理業では，鉄鋼などのさびを防ぐために塗られている油脂を取ってから加工や処理をする脱脂工程が必要になる。この脱脂には，炭化水素系の溶剤が用いられていたが，火災の危険があったことなどから，燃焼しないフロン類，さらには1,1,1-トリクロロエタンやトリクロロエチレン等の有機塩素系溶剤へと変えられた。

同様に，ドライクリーニングでも，炭化水素系の溶剤が用いられていたが，火災の危険があることなどから，燃焼しないフロン類，さらにはテトラクロロエチレン等の有機塩素系溶剤へと変えられた。

この有機塩素溶剤などの液体が漏洩または排出されると，表層土壌の吸着能力が小さく，かつ比重が大きく，下部に移動しやすいために，地下数メートルから数百メートルの深さに侵入し，場合によっては，地下水層に達して地下水を汚染することになる。

また，第一帯水層の底にたまったのち，隙間から落下して第二帯水層にまで達することもあり，浅井戸だけでなく，深井戸も汚染されることがある。

さらに，地下水の流れによって汚染が広がり，汚染源とはかなり離れた地域の井戸水が汚染されていることが見つかる例も少なくない。

これらの有機塩素系溶剤等によって汚染された土壌は，汚染場所に孔を開けて土壌中のガスを吸引する方

法などで浄化されているが，完全な浄化ができない場合やかなり長期間を要する場合も少なくない。また，これらで汚染した地下水は，くみ上げて通気し，水中の汚染物質を大気中に放出する方法などで浄化されているが，同時に土壌の浄化も必要になる。

一方，陽イオンとなる重金属等は，土壌中に排出または投棄されても，土壌に吸着されて表層部分にとどまっていることが多いので，汚染範囲を特定しやすく，掘削による除去などが行われている。

これに対して，シアンや硝酸・亜硝酸などの陰イオンとなるものが漏洩または排出されると，土壌に吸着されにくいために，地下の深部まで汚染しやすい特徴がある。シアンはめっき工場等の金属関連工場が原因となるが，硝酸・亜硝酸は畜産排水や食料品工場排水，あるいは生活排水にも含まれているため，これらが原因で土壌や地下水が汚染されている場合もある。

（浦野紘平）

〔2〕 土壌汚染

（a） 土壌汚染の特徴　土壌とは，地殻の表層にあって，岩石の崩壊物である礫や砂，それらの成分が水に溶解して生成した粘土鉱物，さらにそこで生育する動植物やその分解生成物が堆積したもの，それらの間隙の水や空気で構成される混合物である。これらの構成成分の大きさや割合などによって，通気性や透水性とともに，化学物質の土壌中での挙動も大きく異なる。

土壌は，大気や水とともに環境中での物質循環の役割を担う重要な媒体の一つでもある。土壌の主要な機能としては，植物の育成，水質の浄化，地下水の涵養，土壌動物の育成，有機物の分解浄化，生態系の維持，温湿度の調節，そのほかにも景観の保全や構造物等の支持，振動緩和，騒音吸収など多様である。土壌が汚染されると，これらの機能のいくつかは失われることとなる。

土壌汚染は，大気や水の汚染と比較して，汚染物質が媒体中で移動しにくく狭い範囲に長期間とどまることが大きな特徴であり，ストック型の汚染といわれる。土壌は，一度汚染されると自然には浄化されにくいことから，汚染状態が長期間持続する。環境基準等が設定される以前の数十年前の汚染が見つかることも多い。また，高濃度の汚染物質が汚染中心に存在して，雨水の浸透や拡散とともに，少しずつ地下水に溶出して地下水の汚染が何十年も続くことも少なくない。

土壌汚染物質のおおよその特性を表2.5.10に示す。土壌汚染物質は，その性状によって，土壌中での残留性や汚染の広がり方などの挙動は大きく異なる。いずれも分解性が低く，物質そのものの揮発性が高くても，土壌粒子に吸着したり，狭い土壌間隙中で拡散も制限されて，土壌中に長期間とどまることとなる。

テトラクロロエチレンやベンゼン等の揮発性有機化合物は，土壌への吸着性は比較的小さい。雨水の浸透とともに少しずつ溶解して浸透し，地下水汚染を引き起こしやすい。また，金属等の無機物については，固体として存在するもの，水に溶解してイオンで存在するものがある。土壌粒子は一般にマイナスに帯電しており，土壌中で陰イオンの存在形態の物質は，土壌に吸着しにくいため地下浸透しやすい。これらのように地下浸透しやすい物質は，地下水汚染が懸念されることとなる。一方で，鉛やカドミウム等の陽イオンの形態で存在する物質は，土壌への吸着性が高く，表層に汚染がとどまりやすい。ダイオキシン類やPCBの場合は土壌有機物への吸着性が非常に高く，一般に有機炭素含有率の高い表層土に吸着して汚染がとどまることが多い。これらの汚染が表層にとどまりやすい物質では，土埃（つちぼこり）などを吸入したり，手に付着した土壌粒子を食品等とともに経口摂取したりすることがおもに懸念される曝露経路となる。

（b） 農用地土壌汚染防止法[1]　国内で初めての土壌汚染に関する法律として，1970年に「農用地の土壌の汚染防止等に関する法律（農用地土壌汚染防止法）」が公布された。この法律では，農畜産物経由の人への健康影響や農作物の生育阻害の防止を目的としている。対象物質は，カドミウムと銅，ヒ素の3物質であり，カドミウムについては人への健康被害の防止のために「玄米1kg当り1mg」，銅およびヒ素については農作物の生育阻害の防止のために農用地土壌中含有量としてそれぞれ「土壌1kg当り125mg」および「土壌1kg当り15mg」と農用地土壌汚染対策地域の指定要件として基準値が設定されている。「基準

表2.5.10　土壌汚染物質の土壌中でのおもな特性

		分解性	土壌吸着性	揮発性	水溶解性	生物濃縮性	人へのおもな曝露経路
揮発性有機化合物		難分解	小〜中	大	中〜大	低	地下水，（室内空気）
金属等	陽イオン	非分解	中〜大	無	小〜中	低〜大	土埃，農作物，地下水
無機物	陰イオン	非分解	小〜中	無	中〜大	低	地下水，土埃
ダイオキシン類，PCB類		極難分解	極大	極小	極小	極大	土埃，魚介類，地下水

値以上のカドミウムを含有した米が生産された地域，または，そのおそれのある地域」と「銅，ヒ素の含有量が基準値以上の地域」は，都道府県知事により農用地土壌汚染対策地域に指定されて，客土等の対策が実施されることとなっている。2016年度末までに指定された農用地土壌汚染対策地域は累計で73地域，これらのうち指定解除された地域は57地域である。対策事業等完了面積は7 055 haであり，基準値を超過またはそのおそれが著しい地域面積の92.9%の対策が完了している。

（c）**土壌環境基準**[2]　土壌環境基準は，1992年に環境基本法に基づいて人の健康保護と生活環境保全のために維持することが望ましい基準として定められ，以降，水質環境基準の改定と合わせて改定されている。また，ダイオキシン類については，ダイオキシン類対策特別措置法により，2000年に大気や水質の基準とともに土壌の環境基準が定められている。現在の土壌環境基準値を**表2.5.11**に示す。

土壌環境基準の基本的な考え方としては，① 水質浄化・地下水涵養機能を保全する観点から，水質環境基準のうち人の健康の保護に関する環境基準の対象となっている項目については，土壌（重量：g）の10倍量（容量：mL）の水で溶出試験を行い，その溶液中の濃度が水質環境基準値以下であることとしている。ただし，土壌に吸着されやすい重金属類や土壌中に元来存在する物質である，カドミウム，鉛，六価クロム，ヒ素，総水銀およびセレン，フッ素およびホウ素については，汚染土壌が地下水面から離れており，かつ，原状において当該地下水が汚染されていない場合には，通常の基準値の3倍値が適用される。また，② 食料を生産する機能を保全する観点から，農用地土壌汚染防止法の特定有害物質については，農用地土壌汚染対策地域の指定要件以下であることとしている。農用地基準は，農用地（ヒ素および銅については，田に限る）の土壌に適用されている。これらの基準は，土壌汚染がもっぱら自然的原因によることが明らかであると認められる場所や，原材料の堆積場，廃棄物の埋立地などのように，対象物質の利用や処分を目的として集積している施設の土壌については適用しないこととしている。

公共用水域の水質汚濁に関する環境基準では，長期間の摂取を想定し，また変動も大きいため1年間の測定値の平均値によりその基準値の達成状況が評価されるが，土壌汚染の場合はストック型の汚染であり，継続的に測定することも困難であることから，1回の測定でも超過すれば環境基準値の超過と評価される。

2009年に水環境基準と地下水環境基準に追加され

表2.5.11　土壌環境基準

項　目	環境基準値
カドミウム	検液1Lにつき0.01 mg以下，農用地においては，米1kgにつき0.4 mg以下
全シアン	検液中に検出されないこと
有機リン（パラチオン，メチルパラチオン，メチルジメトンおよびEPN）	検液中に検出されないこと
鉛	検液1Lにつき0.01 mg以下
六価クロム	検液1Lにつき0.05 mg以下
ヒ素	検液1Lにつき0.01 mg以下，農用地（田に限る）においては，土壌1kgにつき15 mg未満
総水銀	検液1Lにつき0.000 5 mg以下
アルキル水銀	検液中に検出されないこと
PCB	検液中に検出されないこと
銅	農用地（田に限る）において，土壌1kgにつき125 mg未満
ジクロロメタン	検液1Lにつき0.02 mg以下
四塩化炭素	検液1Lにつき0.002 mg以下
クロロエチレン	検液1Lにつき0.002 mg以下
1,2-ジクロロエタン	検液1Lにつき0.004 mg以下
1,1-ジクロロエチレン	検液1Lにつき0.1 mg以下
1,2-ジクロロエチレン	検液1Lにつき0.04 mg以下
1,1,1-トリクロロエタン	検液1Lにつき1 mg以下
1,1,2-トリクロロエタン	検液1Lにつき0.006 mg以下
トリクロロエチレン	検液1Lにつき0.03 mg以下
テトラクロロエチレン	検液1Lにつき0.01 mg以下
1,3-ジクロロプロペン	検液1Lにつき0.002 mg以下
チウラム	検液1Lにつき0.006 mg以下
シマジン	検液1Lにつき0.003 mg以下
チオベンカルブ	検液1Lにつき0.02 mg以下
ベンゼン	検液1Lにつき0.01 mg以下
セレン	検液1Lにつき0.01 mg以下
フッ素	検液1Lにつき0.8 mg以下
ホウ素	検液1Lにつき1 mg以下
1,4-ジオキサン	検液1Lにつき0.05 mg以下
ダイオキシン類	土壌1gにつき1 000 pg-TEQ以下

〔注〕カドミウム，鉛，六価クロム，ヒ素，総水銀，セレン，フッ素およびホウ素に係る環境上の条件のうち検液中濃度に係る値にあっては，汚染土壌が地下水面から離れており，地下水中のこれらの物質の濃度がそれぞれ地下水1Lにつき0.01 mg，0.01 mg，0.05 mg，0.01 mg，0.000 5 mg，0.01 mg，0.8 mgおよび1 mgを超えていない場合には，それぞれ検液1Lにつき0.03 mg，0.03 mg，0.15 mg，0.03 mg，0.001 5 mg，0.03 mg，2.4 mgおよび3 mgとする。

た 1,4-ジオキサンやクロロエチレンについては，2017 年 4 月から新たに土壌環境基準にも追加された。クロロエチレンについては，後述の土壌汚染対策法の特定有害物としても追加されている。また，シス-1,2-ジクロロエチレンは 2019 年 4 月から，トランス-1,2-ジクロロエチレンと合わせて，1,2-ジクロロエチレンとして評価されることとなった。土壌汚染は浄化しない限り汚染物質は長期間土壌中にとどまるため，法規制前の汚染行為であっても，土地の所有者や汚染原因者は責任を負わねばならない。そのため，他の環境媒体の汚染以上に，地下水・土壌汚染については「汚染の未然防止」が重要であり，現在は環境基準が定められていない物質，土壌汚染対策法では未規制の物質であっても，有害性が高く，環境中での分解性の低い化学物質を取り扱う場合には，土壌に漏洩させたり，地下浸透させたりしないよう注意が必要である。

（d）**土壌汚染対策法** 土壌汚染対策法は，土壌汚染による人の健康被害を防止するために，土地の所有者等（土地の所有者，管理者，または占有者）に汚染の調査や対策を義務付け，人の健康被害が生じるおそれがある場合には，都道府県知事は土地所有者等や汚染原因者に汚染の除去等の対策を命じることができる法律であり，2002 年に制定された。

2009 年には，汚染の除去等の措置が必要な区域と措置不要な区域の分類等による措置の内容の明確化や，要措置区域等内の土壌の搬出の規制等について改正され，また 2016 年 12 月には「今後の土壌汚染対策の在り方（第一次答申）」[3]が取りまとめられ，有害物質使用特定施設における土壌汚染状況調査の在り方や，一般の人への健康影響リスクが考えにくい臨海部の工業専用地域の特例措置，自然由来や埋立材由来基準不適合土壌の取扱いなどについて改善が求められている。これを踏まえ，国は「土壌汚染対策法の一部を改正する法律案」を 2017 年 3 月に閣議決定し，土壌汚染に関するリスク管理を適切に推進するために，今後必要な法律改正などが行われる予定である。

土壌汚染対策法の概要を**図 2.5.16** に示した。法では，有害物質使用特定施設の使用の廃止時（操業を続ける場合は猶予）や，3 000 m² 以上となる大規模な土地の形質変更時，人への健康被害が生ずるおそれがある土地などで，土壌汚染状況の調査が行われる。調査の結果，基準に適合せず，かつ，人への摂取経路が存在し，健康被害が生ずるおそれが考えられる土地は，「要措置区域」に指定され，都道府県知事により汚染の除去等の措置が指示される。この区域指定のための基準として，**表 2.5.12** に示す土壌含有量基準と土壌溶出量基準とが定められている。また，基準不適合で

調　査
● 有害物質使用特定施設の使用の廃止時 　（操業を続ける場合は猶予） ● 大規模な土地（3 000 m² 以上）の形質変更時 ● 人への健康被害が生ずるおそれがある土地 ● 土地所有者らの自主的な調査

↓ 汚染あり（基準超過）

区域指定
① 要措置区域 　（土壌汚染の摂取経路があり，健康被害が生ずるおそれがあるため，汚染の除去等の措置が必要な区域） 　→都道府県知事が汚染除去等の措置を指示，土地の形質変更の原則禁止 ② 形質変更時要届出区域 　（土壌汚染の摂取経路がなく，健康被害が生ずるおそれがないため，汚染の除去等の措置が不要な区域） 　→土地形質変更時に，そのつど，届出が必要

汚染土壌の搬出規制
・①，② 区域内の土壌を搬出する際には事前届出 ・区域外への搬出は，汚染土壌処理施設での処理のためであれば可能 ・ただし，法対象から外すための調査（認定調査）により，全特定有害物質の基準適合を都道府県知事が認めた場合はこの限りではない。

図 2.5.16 土壌汚染対策法の概要

はあるが，人への摂取経路が存在しない土地は，都道府県知事により「形質変更時要届出区域」に指定され，土地の形質変更時に届出が必要な土地となる。

土壌汚染対策法では，想定されるリスクとして，汚染土壌の直接摂取（汚染土壌の摂食，接触による皮膚吸収）のリスクと，地下水等経由の摂取リスクとが想定されている。いずれも化学物質のリスクは，当該物質の有害性と曝露量との組合せで決まるため，基準値を超過した土壌であっても，曝露量が少なければ，土壌汚染のリスクは高くならない。そのため，土壌汚染対策法で求められる，リスク低減のための指示措置は，「曝露管理」，「曝露経路の遮断」という健康被害を生じさせない土壌汚染地の管理が基本となっており，摂取経路が遮断されれば，曝露量は大きく低減もしくはなくなるため，必ずしも汚染物質の浄化は必要ない。表 2.5.12 では，揮発性が高く表層に汚染がとどまりにくい第一種特定有害物質に関しては，地下水の汚染を想定して，土壌溶出量基準のみが定められている。また，鉛やカドミウム等の第二種特定有害物質（重金属等）については，表層への汚染の残留により汚染土壌の直接摂食を想定して，土壌含有量基準と土壌溶出量基準の両方が定められている。

表 2.5.12 土壌汚染対策法における特定有害物と指定基準値

(a) 第一種特定有害物質（揮発性有機化合物）

	地下水摂取	直接摂取	土壌含有量基準 〔mg/kg〕	土壌溶出量基準 〔mg/L〕	第二溶出量基準 〔mg/L〕	地下水環境基準（参考）〔mg/L〕
クロロエチレン	○		—	0.002 以下	0.02 以下	0.002 以下
四塩化炭素	○		—	0.002 以下	0.02 以下	0.002 以下
1,2-ジクロロエタン	○		—	0.004 以下	0.04 以下	0.004 以下
1,1-ジクロロエチレン	○		—	0.1 以下	1 以下	0.1 以下
1,2-ジクロロエチレン	○		—	0.04 以下	0.4 以下	0.04 以下
1,3-ジクロロプロペン	○		—	0.002 以下	0.02 以下	0.002 以下
ジクロロメタン	○		—	0.02 以下	0.2 以下	0.02 以下
テトラクロロエチレン	○		—	0.01 以下	0.1 以下	0.01 以下
1,1,1-トリクロロエタン	○		—	1 以下	3 以下	1 以下
1,1,2-トリクロロエタン	○		—	0.006 以下	0.06 以下	0.006 以下
トリクロロエチレン	○		—	0.03 以下	0.3 以下	0.03 以下
ベンゼン	○		—	0.01 以下	0.1 以下	0.01 以下

(b) 第二種特定有害物質（重金属等）

	地下水摂取	直接摂取	土壌含有量基準 〔mg/kg〕	土壌溶出量基準 〔mg/L〕	第二溶出量基準 〔mg/L〕	地下水環境基準（参考）〔mg/L〕
カドミウムおよびその化合物	○	○	150 以下	0.01 以下	0.3 以下	0.01 以下
六価クロム化合物	○	○	250 以下	0.05 以下	1.5 以下	0.05 以下
シアン化合物	○	○	50 以下（遊離シアンとして）	不検出	1 以下	不検出
水銀およびその化合物	○	○	15 以下	水銀が0.0005以下，かつ，アルキル水銀が不検出	水銀が0.005以下，かつ，アルキル水銀が不検出	水銀が0.0005以下，かつ，アルキル水銀が不検出
セレンおよびその化合物	○	○	150 以下	0.01 以下	0.3 以下	0.01 以下
鉛およびその化合物	○	○	150 以下	0.01 以下	0.3 以下	0.01 以下
ヒ素およびその化合物	○	○	150 以下	0.01 以下	0.3 以下	0.01 以下
フッ素およびその化合物	○	○	4 000 以下	0.8 以下	24 以下	0.8 以下
ホウ素およびその化合物	○	○	4 000 以下	1 以下	30 以下	1 以下

(c) 第三種特定有害物質（農薬等／農薬＋PCB）

	地下水摂取	直接摂取	土壌含有量基準 〔mg/kg〕	土壌溶出量基準 〔mg/L〕	第二溶出量基準 〔mg/L〕	地下水環境基準（参考）〔mg/L〕
シマジン	○		—	0.003 以下	0.03 以下	0.003 以下
チオベンカルブ	○		—	0.02 以下	0.2 以下	0.02 以下
チウラム	○		—	0.006 以下	0.06 以下	0.006 以下
ポリ塩化ビフェニル（PCB）	○		—	不検出	0.003 以下	不検出
有機リン化合物（パラチオン，メチルパラチオン，メチルジメトン，EPNに限る）	○		—	不検出	1 以下	不検出

〔3〕 土壌汚染対策

　土壌汚染の対策については，汚染物質の物理化学的特性や土壌中での分解性（加水分解や微生物分解）と，土壌そのものの特性（粒径組成や粒径分布，表面積，有機炭素含有率，CEC，pH，ORPなど）や地下構造，汚染の状況によって，有効な対策が異なる．

　土壌汚染対策法において，基準値を超過して健康被害のおそれがある場合に都道府県知事から求められる指示措置[4]を表 2.5.13 にまとめた．

　土壌中の有害物質は，水中や大気中と比べて移動性が非常に低く，拡散・希釈されにくいため，土壌汚染では汚染土壌から人への有害物質の曝露経路が遮断されれば，リスク低減される特徴がある．

　「地下水の摂取」を想定した指示措置としては，「曝露管理」技術として，まず地下水水質の測定があり，地下水汚染が拡大していないことを確認するための措

表 2.5.13 土壌汚染対策法での摂取経路別の指示措置

基本的な考え方	
・土壌汚染対策法による対策の目的 「土壌汚染物質の摂取経路を遮断して人の健康に係る被害を防止すること」 ・【曝露管理】【曝露経路遮断】という「土壌汚染の管理」が基本 ・【土壌汚染の除去】が指示措置となるのは公園の砂場等，限定的な場合のみ ・下の指示措置と同等以上と認められる措置でも可	

地下水の摂取等	直接摂取
【曝露管理】（地下水の摂取機会の低減） ・地下水の水質の測定 【曝露経路遮断】 ・不溶化 　（原位置不溶化，不溶化埋め戻し） ・封じ込め 　（原位置封じ込め，遮水工封じ込め，遮断工封じ込め） ・地下水汚染拡大防止 　（地下水揚水，透過性地下水浄化壁等） 【土壌汚染の除去】 ・掘削除去 ・原位置浄化 　【抽出】地下水揚水，土壌ガス吸引，土壌洗浄 　【分解】バイオレメディエーション，化学分解　土壌洗浄等	【曝露管理】（土と人の接触機会の低減） ・立入禁止 ・舗装等 【曝露経路遮断】 ・覆土（盛土） ・指定区域内外土壌入換え等 【土壌汚染の除去】 ・掘削除去（砂場や遊園地など）等

置であって，無期限で要措置区域から解除されることはない。「曝露経路遮断」技術としては，薬剤を用いて重金属等を溶出しにくくする不溶化や，封じ込め（原位置封じ込め，遮水工封じ込め，遮断工封じ込め），地下水汚染の拡大防止のために揚水設備の設置や地中に透過性地下水浄化壁（酸化剤や還元剤，吸着剤等の地下水は透過するが，汚染物質と反応して分離，分解する）を設置する。さらに「土壌汚染除去」技術としては，掘削した汚染土壌を要措置区域外に搬出して都道府県知事が許可した汚染土壌処理施設で処理する掘削除去，土壌汚染物質の特性に応じて，抽出処理（地下水揚水後は排水処理，土壌ガス吸引後は排ガス処理）や化学処理（酸化分解，還元分解），熱処理（加熱により揮発分離や分解，溶融固化による不溶化），洗浄処理（洗浄後は排水処理），バイオレメディエーション（微生物を用いた分解）などの原位置浄化技術がある。

　直接摂取を想定した指示措置としては，「曝露管理」技術として，当該区域を立入り禁止にしたり，舗装したりする対策がある。「曝露経路遮断」技術としては，通常は覆土（盛土）が用いられ，盛土が困難な住宅などでは上層と下層の土壌入換えなどをする。このほかに「土壌汚染除去」技術として，乳幼児が日常的に利用する砂場等や，遊園地などのように形質変更が頻繁で盛土などの効果が不十分な場合には掘削除去の指示がなされる。

　前述のように，「曝露管理」，「曝露経路の遮断」が基本的な考え方となっているが，表の指示措置と同等以上と考えられる指示措置を用いることも可能である。現実には，掘削除去が対策件数の約7割も実施されている。掘削除去は，短期間で浄化が完了し，区域指定の解除が可能なため選ばれやすいが，基準値は超過しているものの健康リスクが大きくない場合には，費やされる多大なエネルギーや費用，埋立地の逼迫，二酸化炭素や窒素酸化物などの他の環境負荷等の社会的な負担が問題視されてもいる。他の環境負荷や社会への影響も合わせて，対策技術を選定することが重要である。区域指定解除のために，前述の物理化学的，生物学的な原位置浄化技術が期待されるが，掘削除去と比べると浄化期間が長く，想定外に浄化期間が長くなることもある。高濃度の一部土壌を掘削除去したり，土壌ガス吸引技術等で，高濃度の汚染物質を効率良く取り除いた後は，バイオレメディエーションを組み合わせるなど，浄化技術の特性を考慮して組み合わせることも有用である。

　また，土壌汚染物質の摂取経路がなく，健康リスクが小さく健康被害のおそれがないとみなせる場合に，科学的自然減衰（monitored natural attenuation, MNA）という考え方がある。土地を利用しながら，汚染物質の大気への自然の揮散や，土壌中での拡散・希釈，地下浸透，微生物による分解，溶出しにくい化学形態への変化など，自然の土壌環境中でのゆっくりとした減衰（濃度減少）をモニタリングして，科学的に評価・管理しながら自然の浄化を待つという対策技術である。積極的に浄化するよりも，MNAを選択した方が低コストな場合も多く米国などでは有用な手法と考えられ

2. 環境安全

ている。特に基準値の数倍以内程度で，健康リスクが懸念されない状況であれば，有用な考え方であろう。

近年，米国や英国などでは，図2.5.17に示すサステイナブルレメディエーションと呼ばれる新たな土壌汚染対策の考え方[5]が検討，活用されるようになってきている。グリーンレメディエーションという，対策技術の選定時に，土壌汚染のリスク低減効果だけでなく，対策に伴って生じる多様な環境負荷（① 総エネルギー使用量の最小化と再生可能エネルギー使用の最大化，② 大気汚染物質と温室効果ガス排出量の最小化，③ 水消費量と水資源への影響の最小化，④ 資源と廃棄物の3Rの実施，⑤ 土地および生態系の保護）を評価して，その最小化を目指し，多様な環境に配慮する考え方も米国を中心に検討されてきた。サステイナブルレメディエーションでは，環境負荷だけでなく，さらに社会への影響や経済への影響も合わせた「持続可能性」から土壌汚染対策を評価しようという考え方であり，欧米を中心に検討が進められている。英国のSuRF（Sustainable Remediation Forum）では，サステイナブルレメディエーションの定義を「環境面，経済面，社会面の指標から，土壌汚染対策を行うことによる便益が負荷より大きく，バランスのとれた意思決定プロセスによって最適な改善措置が選択されていることを示す取組み」としている。日本でも，産業技術総合研究所が2016年2月にSustainable Remediationコンソーシアムを設立し，SuRF-JAPANとして海外と連携して活動することとしている。

土壌汚染は，土地の再開発時等に確認されることが多いが，その対策費用が高額な場合には，再開発自体が断念され，浄化も実施されず，長期間利用されない遊休地となること，いわゆる「ブラウンフィールド」の増加も懸念されている。さらに，土壌汚染地に代わって，より安価に開発できる自然豊かな都市外縁部の乱開発の促進（アーバンスプロール現象）につながることも指摘されている。健康への悪影響が顕在化しないよう，土壌汚染による直接のリスクとともに，浄化対策に関連する他の環境負荷や経済，社会へのリスクを管理しながら，適切に土壌汚染対策が進められるよう，市民や関係者とのリスクコミュニケーションも重要である。　　　　　　　　　　　　　　（小林　剛）

引用・参考文献

1) 環境省，平成27年度農用地土壌汚染防止法の施行状況について
http://www.env.go.jp/water/dojo/nouyo/ （2019年1月現在）
2) 環境省，土壌環境基準
http://www.env.go.jp/kijun/dojou.html （2019年1月現在）
3) 環境省，今後の土壌汚染対策の在り方（第一次答申）
http://www.env.go.jp/press/103347.html （2019年1月現在）
4) 日本環境協会，土壌汚染対策法の概要
http://www.jeas.or.jp/dojo/law/outline.html （2019年1月現在）
5) 東京都，土壌汚染対策における環境負荷評価手法検討会報告書
https://www.kankyo.metro.tokyo.jp/chemical/soil/attachement/houkokusyo_H2703.pdf （2017年8月現在）

2.5.4 悪　　　臭

〔1〕 嗅覚の特性[1]

（a） 嗅覚の鋭敏さ　　嗅覚の特性は，においに対してきわめて感度が高く，さまざまなにおいを嗅ぎ分けることができることである。今日，科学技術の進歩によって，においの測定機器も高感度になっているが，一般に，においに対しては嗅覚の方が鋭敏であるといえよう。しかしながら，人間の嗅覚はイヌなどに比べ劣っており，物質によっては100万倍以上の差がある。サケの回帰は，生まれ育った川のにおいによると考えられている。

（b） においの閾値の相違　　においを感知する最小量を嗅覚の閾値という。嗅覚閾値はそれぞれの物質によって相違する。したがって，悪臭の原因を究明する場合には単に物質の濃度を測るだけではなく，嗅覚閾値についても調べることが必要となる。

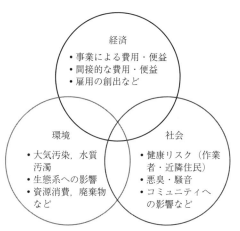

図2.5.17　サステイナブルレメディエーション

すなわち，物質の濃度が同レベルでも閾値が ppm オーダ，ppb オーダと相違する場合には，明らかに ppb オーダの物質が悪臭の原因となるからである。

代表的な臭気物質の閾値は，現在までに数多く報告されているが，永田, Leonaldos, Hellman らのデータが最も信頼性が高い。永田らのデータを表 2.5.14 に紹介する[2]。

(c) 疲労・順応　においを連続的に嗅ぐと，しだいに感じなくなってくる。これは嗅覚が疲労・順応したことによる。しかし，このような場合にも，種類の違うにおいがくると感知することができる。このような現象を選択的順応といっている。嗅覚疲労の大きい物質は，アンモニア，二酸化硫黄などの刺激臭であり，疲労を起こしにくい物質はメチルメルカプタン，トリメチルアミン，低級脂肪酸であるとされている。

(d) 個人差　嗅覚の感度については，個人差が大きい。嗅覚の鋭敏な人にあっても必ずしもすべてのにおいに鋭敏であるとは限らない。また，色盲，色弱があるように，嗅覚についてもある特定のにおいだけを感じなかったり，鈍感であったりする嗅盲が見い出されている。

(e) 刺激量と感覚の強さ　刺激量と感覚の強さとの関係については，式 (2.5.2) のウェーバー・フェヒナーの法則で表すことができる。

$$R = K \log S \quad (2.5.2)$$

ここに，R：感覚の強さ，K：定数，S：刺激量である。

この式から，感覚の強さは刺激量の対数に比例することを示している。この法則は視覚では異論もあるが，聴覚，嗅覚，味覚，皮膚感覚では当てはまるとされている。

また，スチーブンスは対数よりも，むしろ「べき(冪)」の方が当てはまりが良いとし，式 (2.5.3) を提案している。

$$R = K S^N \quad (2.5.3)$$

ここに，N の値は感覚の種類によって相違するとされるが，一般に 0.5 に近い値である。そこで，$R = K S^{0.5}$ と変換でき，本式については感覚の強さは刺激量の平方根に比例することを示している。

(f) においの相乗・相殺効果　悪臭物質を混合した場合，それぞれ単一物質のときより不快感が強くなったり，においを強く感じたりすることがある。これらの現象を相乗効果と呼び，逆の現象を相殺効果といっている。香料の分野では，植物香料（ムスク，シベットなどで原臭は不快な悪臭）を添加することにより，魅力的なにおいになることが知られている。

[2] 臭気の評価尺度

一般に臭気を表す要素としては，強度，広範性，認容性，質などを挙げることができる。以下にそれぞれの要素について概説する。

(a) 強度　臭気を低濃度レベルから高濃度レベルに変化させると，無臭状態から最後には耐えられないほど強いにおいになる。このような臭気強度の変化を分類・数量化した表示法の中で，代表的な表示法として表 2.5.15 に示す 6 段階臭気強度表示法がある。

(b) 広範性　臭気は無臭の空気で徐々に希釈していくと，ついには臭気を感知できなくなる。広範性は臭気を感知できる濃度（閾値）までに要した希釈倍数をもって表される。広範性を測定する方法としては，判定の客観性，安定性の優れている三点比較式臭袋法が一般的に用いられている。

(c) 認容性　認容性は，臭気が快か不快かという尺度で，代表的表示法として表 2.5.16 に示す 9 段階快・不快度表示法がある。

(d) 質　質はにおいを嗅いだとき，花のにおい，焦げたにおい，腐敗臭などの印象を表現するもので，いくつかの分類方法がある。Amoore は基本臭 7 種，混合臭 7 種に分類している。

[3] 悪臭公害の現状

においは，一般的にごく微量で多成分のガス状物質により人間の嗅覚を刺激して知覚され，生活環境を損なうおそれのある不快なにおいを悪臭と称している。

悪臭公害は健康被害や動植物被害を与える大気汚染物質，水質汚濁などの公害現象と相違し，人の公害意識，生活レベル，生活環境，身体的な状況などにより受け止め方に多様性を生じる感覚公害であるので，その評価はきわめて難しいとされている。

悪臭公害は典型 7 公害のうち騒音，大気汚染についで多く，全苦情件数の約 20% に及んでいる[3]。

特定悪臭物質のにおいの特性と主要悪臭発生源を表 2.5.17 に示す[4]。

[4] 悪臭規制の状況[5]

現在，悪臭公害は 1971 年度に制定された悪臭防止法によって規制されている。また，一部の自治体ではさらに官能試験法による条例や指導要綱によって敷地境界線および排出口における基準（臭気濃度，臭気指数）を定め，規制の強化を図っている。

悪臭防止法では「工場その他の事業場」いわゆる固定発生源を規制対象事業場として，事業活動に伴い発生する悪臭の排出を規制するために特定悪臭物質を政令で定め，都道府県知事は住民の生活環境を保全する必要のある地域を規制地域として指定している。

2. 環境安全

表 2.5.14 三点比較式臭袋法による臭気物質の嗅覚閾値一覧 (物質数:223)

No	物　質	閾　値	No	物　質	閾　値
	硫黄化合物		18	n-デシルアルコール	0.00077
1	二酸化硫黄	0.87		**アルデヒド類**	
2	硫化カルボニル	0.055	1	ホルムアルデヒド	0.5
3	硫化水素	0.00041	2	アセトアルデヒド	0.0015
4	硫化メチル	0.003	3	プロピオンアルデヒド	0.001
5	メチルアリルサルファイド	0.00014	4	n-ブチルアルデヒド	0.00067
6	硫化エチル	0.000033	5	イソブチルアルデヒド	0.00035
7	硫化アリル	0.00022	6	n-バレルアルデヒド	0.00041
8	二硫化炭素	0.21	7	イソバレルアルデヒド	0.0001
9	二硫化メチル	0.0022	8	n-ヘキシルアルデヒド	0.00028
10	二硫化エチル	0.002	9	n-ヘプチルアルデヒド	0.00018
11	二硫化アリル	0.00022	10	n-オクチルアルデヒド	0.00001
12	メチルメルカプタン	0.00007	11	n-ノニルアルデヒド	0.00034
13	エチルメルカプタン	0.0000087	12	n-デシルアルデヒド	0.0004
14	n-プロピルメルカプタン	0.000013	13	アクロレイン	0.0036
15	イソプロピルメルカプタン	0.000006	14	メタアクロレイン	0.0085
16	n-ブチルメルカプタン	0.0000028	15	クロトンアルデヒド	0.023
17	イソブチルメルカプタン	0.0000068		**ケトン類**	
18	sec-ブチルメルカプタン	0.00003	1	アセトン	42
19	tert-ブチルメルカプタン	0.000029	2	メチルエチルケトン	0.44
20	n-アミルメルカプタン	0.00000078	3	メチル n-プロピルケトン	0.028
21	イソアミルメルカプタン	0.00000077	4	メチルイソプロピルケトン	0.5
22	n-ヘキシルメルカプタン	0.000015	5	メチル n-ブチルケトン	0.024
23	チオフェン	0.00056	6	メチルイソブチルケトン	0.17
24	テトラヒドロチオフェン	0.00062	7	メチル sec-ブチルケトン	0.024
	アルコール類		8	メチル tert-ブチルケトン	0.043
1	メチルアルコール	33	9	メチル n-アミルケトン	0.0068
2	エチルアルコール	0.52	10	メチルイソアミルケトン	0.0021
3	n-プロピルアルコール	0.094	11	ジアセチル	0.00005
4	イソプロピルアルコール	26		**脂肪酸類**	
5	n-ブチルアルコール	0.038	1	酢酸	0.006
6	イソブチルアルコール	0.011	2	プロピオン酸	0.0057
7	sec-ブチルアルコール	0.22	3	n-酪酸	0.00019
8	tert-ブチルアルコール	4.5	4	イソ酪酸	0.0015
9	n-アミルアルコール	0.1	5	n-吉草酸	0.000037
10	イソアミルアルコール	0.0017	6	イソ吉草酸	0.000078
11	sec-アミルアルコール	0.29	7	n-カプロン酸	0.0006
12	tert-アミルアルコール	0.088	8	イソカプロン酸	0.0004
13	n-ヘキシルアルコール	0.006		**エステル類**	
14	n-ヘプチルアルコール	0.0048	1	ギ酸メチル	130
15	n-オクチルアルコール	0.0027	2	ギ酸エチル	2.7
16	イソオクチルアルコール	0.0093	3	ギ酸 n-プロピル	0.96
17	n-ノニルアルコール	0.0009	4	ギ酸イソプロピル	0.29

〔注〕　単位:ppm

表 2.5.14 (つづき)

No	物質	閾値	No	物質	閾値
5	ギ酸 n-ブチル	0.087		フェノール・クレゾール類	
6	ギ酸イソブチル	0.49	1	フェノール	0.0056
7	酢酸メチル	1.7	2	o-クレゾール	0.00028
8	酢酸エチル	0.87	3	m-クレゾール	0.0001
9	酢酸 n-プロピル	0.24	4	p-クレゾール	0.000054
10	酢酸イソプロピル	0.16		その他の酸素化合物	
11	酢酸 n-ブチル	0.016	1	2-エトキシエタノール	0.58
12	酢酸イソブチル	0.008	2	2-n-ブトキシエタノール	0.043
13	酢酸 sec-ブチル	0.0024	3	1-ブトキシ 2-プロパノール	0.16
14	酢酸 tert-ブチル	0.071	4	2-エトキシエチルアセテート	0.049
15	酢酸 n-ヘキシル	0.0018	5	ジオスミン	0.0000065
16	プロピオン酸メチル	0.098	6	オゾン	0.0032
17	プロピオン酸エチル	0.007	7	フラン	9.9
18	プロピオン酸 n-プロピル	0.058	8	2,5-ジヒドロフラン	0.093
19	プロピオン酸イソプロピル	0.0041		アミン類	
20	プロピオン酸 n-ブチル	0.036	1	メチルアミン	0.035
21	プロピオン酸イソブチル	0.02	2	エチルアミン	0.046
22	n-酪酸メチル	0.0071	3	n-プロピルアミン	0.061
23	イソ酪酸メチル	0.0019	4	イソプロピルアミン	0.025
24	n-酪酸エチル	0.00004	5	n-ブチルアミン	0.17
25	イソ酪酸エチル	0.000022	6	イソブチルアミン	0.0015
26	n-酪酸 n-プロピル	0.011	7	sec-ブチルアミン	0.17
27	n-酪酸イソプロピル	0.0062	8	tert-ブチルアミン	0.17
28	イソ酪酸 n-プロピル	0.002	9	ジメチルアミン	0.033
29	イソ酪酸イソプロピル	0.035	10	ジエチルアミン	0.048
30	n-酪酸 n-ブチル	0.0048	11	トリメチルアミン	0.000032
31	n-酪酸イソブチル	0.0016	12	トリエチルアミン	0.0054
32	イソ酪酸 n-ブチル	0.022		その他の窒素化合物	
33	イソ酪酸イソブチル	0.075	1	二酸化窒素	0.12
34	n-吉草酸メチル	0.0022	2	アンモニア	1.5
35	イソ吉草酸メチル	0.0022	3	アセトニトリル	13
36	n-吉草酸エチル	0.00011	4	アクリロニトリル	8.8
37	イソ吉草酸エチル	0.000013	5	メタアクリロニトリル	3
38	n-吉草酸 n-プロピル	0.0033	6	ピリジン	0.063
39	イソ吉草酸 n-プロピル	0.000056	7	インドール	0.0003
40	イソ吉草酸 n-ブチル	0.012	8	スカトール	0.0000056
41	イソ吉草酸イソブチル	0.0052	9	エチル-o-トルイジン	0.026
42	アクリル酸メチル	0.0035		鎖式飽和炭化水素	
43	アクリル酸エチル	0.00026	1	プロパン	1500
44	アクリル酸 n-ブチル	0.00055	2	n-ブタン	1200
45	アクリル酸イソブチル	0.0009	3	n-ペンタン	1.4
46	メタクリル酸メチル	0.21	4	イソペンタン	1.3
			5	n-ヘキサン	1.5

〔注〕 単位:ppm

表 2.5.14 (つづき)

No	物質	閾値	No	物質	閾値
6	イソヘキサン (2-mpen)	7	2	トルエン	0.33
7	3-メチルペンタン	8.9	3	スチレン	0.035
8	2,2-ジメチルブタン	20	4	エチルベンゼン	0.17
9	2,3-ジメチルブタン	0.42	5	o-キシレン	0.38
10	n-ヘプタン	0.67	6	m-キシレン	0.041
11	イソヘプタン (2-mhex)	0.42	7	p-キシレン	0.058
12	3-メチルヘキサン	0.84	8	n-プロピルベンゼン	0.0038
13	3-エチルペンタン	0.37	9	イソプロピルベンゼン	0.0084
14	2,2-ジメチルペンタン	38	10	1,2,4-トリメチルベンゼン	0.12
15	2,3-ジメチルペンタン	4.5	11	1,3,5-トリメチルベンゼン	0.17
16	2,4-ジメチルペンタン	0.94	12	o-エチルトルエン	0.074
17	n-オクタン	1.7	13	m-エチルトルエン	0.018
18	イソオクタン (2-mhep)	0.11	14	p-エチルトルエン	0.0083
19	3-メチルヘプタン	1.5	15	o-ジエチルベンゼン	0.0094
20	4-メチルヘプタン	1.7	16	m-ジエチルベンゼン	0.07
21	2,2,4-トリメチルペンタン	0.67	17	p-ジエチルベンゼン	0.00039
22	n-ノナン	2.2	18	n-ブチルベンゼン	0.0085
23	2,2,5-トリメチルヘキサン	0.9	19	1,2,3,4-テトラメチルベンゼン	0.011
24	n-デカン	0.87	20	1,2,3,4-テトラヒドロナフタリン	0.0093
25	n-ウンデカン	0.62		**モノテルペン**	
26	n-ドデカン	0.11	1	α-ピネン	0.018
	鎖式不飽和炭化水素		2	β-ピネン	0.033
1	プロピレン	13	3	リモネン	0.038
2	1-ブテン	0.36		**脂環式炭化水素**	
3	イソブテン	10	1	メチルシクロペンタン	1.7
4	1-ペンテン	0.1	2	シクロヘキサン	2.5
5	1-ヘキセン	0.14	3	メチルシクロヘキサン	0.15
6	1-ヘプテン	0.37		**塩素および塩素化合物**	
7	1-オクテン	0.001	1	塩素	0.049
8	1-ノネン	0.00054	2	ジクロロメタン	160
9	1,3-ブタジエン	0.23	3	クロロホルム	3.8
10	イソプレン	0.048	4	トリクロロエチレン	3.9
	芳香族炭化水素		5	四塩化炭素	4.6
1	ベンゼン	2.7	6	テトラクロロエチレン	0.77

〔注〕 単位:ppm

表 2.5.15 6段階臭気強度表示法

臭気強度	においの程度
0	無臭
1	やっと感知できるにおい (検知閾値)
2	何のにおいであるかわかる弱いにおい (認知閾値)
3	楽に感知できるにおい
4	強いにおい
5	強烈なにおい

表 2.5.16 9段階快・不快度表示法

快・不快度	においの質
−4	極端に不快
−3	非常に不快
−2	不快
−1	やや不快
0	快でも不快でもない
1	やや快
2	快
3	非常に快
4	極端に快

表 2.5.17 特定悪臭物質のにおいの特性と主要悪臭発生源

特定悪臭物質	臭気強度別物質濃度 [ppm]							主要悪臭発生源	においの質
	1	2	2.5	3	3.5	4	5		
アンモニア	0.1	0.6	1	2	5	10	40	畜産農業，鶏糞乾燥場，飼・肥料製造業，でん粉製造業，化製場，魚腸骨処理場，ごみ処理場，し尿処理場，下水処理場など	し尿のようなにおい
硫化水素	0.0005	0.006	0.02	0.06	0.2	0.7	8	畜産農場，クラフトパルプ製造業，でん粉製造業，セロファン製造業，ビスコースレーヨン製造業，化製場，魚腸骨処理場，し尿処理場，下水処理場など	腐った卵のようなにおい
メチルメルカプタン	0.0001	0.0007	0.002	0.004	0.01	0.03	0.2	クラフトパルプ製造工場，化製場，魚腸骨処理場，し尿処理場，下水処理場，コーヒー製造業など	腐った玉ねぎのようなにおい
硫化メチル	0.0001	0.002	0.01	0.05	0.2	0.8	20		腐ったキャベツのようなにおい
二硫化メチル	0.0003	0.003	0.009	0.03	0.1	0.3	3		腐ったキャベツのようなにおい
トリメチルアミン	0.0001	0.001	0.005	0.02	0.07	0.2	3	魚腸骨処理場，水産食品製造業，飼・肥料製造業，化製場，畜産農業など	腐った魚のようなにおい
アセトアルデヒド	0.002	0.01	0.05	0.1	0.5	1	10	アセトアルデヒド製造工場，酢酸ビニル製造工場，クロロプレン製造工場，たばこ製造工場，複合肥料製造業，魚腸骨処理場等	刺激的な青ぐさいにおい
プロピオンアルデヒド	0.002	0.02	0.05	0.1	0.5	1	10	塗装工場，金属製品製造工場，自動車修理工場，印刷工場，魚腸骨処理場，化製場，油脂系食品製造業，輸送用機械器具製造業，植物油脂製造業，たばこ製造工場など	刺激的な甘酸っぱい焦げたにおい
ノルマルブチルアルデヒド	0.0003	0.003	0.009	0.03	0.08	0.3	2		刺激的な甘酸っぱい焦げたにおい
イソブチルアルデヒド	0.0009	0.008	0.02	0.07	0.2	0.6	5		刺激的な甘酸っぱい焦げたにおい
ノルマルバレルアルデヒド	0.0007	0.004	0.009	0.02	0.05	0.1	0.6		むせるような甘酸っぱい焦げたにおい
イソバレルアルデヒド	0.0002	0.001	0.003	0.006	0.01	0.03	0.2		むせるような甘酸っぱい焦げたにおい
イソブタノール	0.01	0.2	0.9	4	20	70	1000	塗装工場，金属製品製造工場，自動車修理工場，家具製造業，繊維工場，機械器具製造工場，印刷工場，輸送用機械器具製造工場，鋳物工場など	刺激的な発酵したにおい
酢酸エチル	0.3	1	3	7	20	40	200		刺激的なシンナーのようなにおい
メチルイソブチルケトン	0.2	0.7	1	3	6	10	50		刺激的なシンナーのようなにおい
トルエン	0.9	5	10	30	60	100	700		ガソリンのようなにおい
キシレン	0.1	0.5	1	2	5	10	50		ガソリンのようなにおい
スチレン	0.03	0.2	0.4	0.8	2	4	20	スチレン製造業，ポリスチレン製造業，ポリスチレン加工場，SBR製造業，FRP製品製造業，化粧合板製造業など	都市ガスのようなにおい
プロピオン酸	0.002	0.01	0.03	0.07	0.2	0.4	2	脂肪酸製造業，畜産農業，化製場，魚腸骨処理場，動物油脂製造業，畜産食料品製造工場，でん粉製造工場など	刺激的な酸っぱいにおい
ノルマル酪酸	0.00007	0.0004	0.001	0.002	0.006	0.02	0.09		汗くさいにおい
ノルマル吉草酸	0.0001	0.0005	0.0009	0.002	0.004	0.08	0.4		むれた靴下のようなにおい
イソ吉草酸	0.00005	0.0004	0.001	0.004	0.01	0.03	0.3		むれた靴下のようなにおい

〔注〕 ※1) 都道府県知事あるいは政令指定都市市長は，指定地域内において臭気強度2.5〜3.5の範囲内で地域の実状により特定悪臭物質およびその濃度を設定する。
2) 6段階臭気強度表示法

しかしながら，悪臭は一般に多成分から成る複合臭であるため，個々の特定悪臭物質の規制基準を満足しても悪臭苦情を解決できない場合がある。

そこで，特定悪臭物質の規制基準によって生活環境を保全することが十分でないと認められる区域がある場合には，その規制基準に代えて官能試験で得られた臭気指数で規制基準を定めることができる。

規制基準の種類はつぎのとおりである。

（a） 法第4条第1号（事業場敷地境界線の地表における規制基準） 特定悪臭物質として表2.5.17に示すように22物質を定め，規制地域の住民の大多数が悪臭による不快感を持つことがないよう，臭気強度2.5〜3.5の範囲で規制基準を設定することになっている。臭気指数は10以上21以下となっている。

（b） **法第4条第2号（事業場の気体排出口における規制基準）**　特定悪臭物質の規制方法は第1号の規制基準を基礎として，総理府令の定める方法により，排出口の高さに応じた排出流量を定めている。現在のところ，メチルメルカプタン，硫化メチル，二硫化メチル，アセトアルデヒド，スチレン，低級脂肪酸を除く特定悪臭物質が規制対象物質となっている。また，前号の許容濃度を基礎として，臭気排出強度（臭気指数に排出流量を乗じた値）または臭気指数でも規制基準を定めることができる。

（c） **法第4条第3号（事業場の敷地外における排出水の規制基準）**　特定悪臭物質は硫化水素，メチルメルカプタン，硫化メチル，二硫化メチルを規制対象物質とし，その規制基準は排出水量と地域特性によって定められている。また，第1号の許容濃度を基礎として，排出水の臭気指数でも規制基準を定めることができる。

〔5〕 **臭気の測定方法**

臭気の測定方法は，官能試験法と化学分析法に大別できる。

（a） **官能試験法**　官能試験法は人の嗅覚を利用する測定方法で，臭気を無臭の空気で感じなくなるまで希釈した場合の希釈倍数をもって臭気濃度とする方法と，臭気の感じ方を評価尺度に基づいて直接表示する方法がある。

臭気濃度の測定方法は三点比較式臭袋法[6]，セントメータ法，ASTM注射器法などがある。悪臭防止法では，三点比較式臭袋法によって臭気濃度を測定し，臭気濃度の対数に10を乗じた値を臭気指数としている。

$$Z = 10 \log Y \tag{2.5.4}$$

ここで，Y：臭気濃度，Z：臭気指数である。

直接表示法では，臭気強度を低濃度臭気の判定尺度として利用する方法が有効である。例えば，環境における3人以上の嗅覚パネル（嗅覚を用いた官能試験を行う人）により，10秒ごとに通常5分間，臭気強度を判定し，臭気強度および臭気強度の頻度を求めたり，臭気の汚染範囲を調べたりすることに利用される。

（b） **化学分析法**　臭気物質は，一般にガスクロマトグラフ法（GC法），ガスクロマトグラフ／質量分析法（GC/MS法）などのクロマトグラフ法によって定量される。しかしながら，臭気物質には閾値の低い物質が多いので，試料を低温濃縮法，常温吸着法または反応捕集法などによって濃縮した後，分析に供される。

また，水中の特定悪臭物質はヘッドスペース法で測る。

（c） **においセンサ**[7]　半導体などを用いたセンサにより，においの強さを電気信号に変えて数値化する機器である。悪臭の公定法としては用いられていないが，測定が簡便であることから，悪臭発生現場での自主管理などに適用されている。適用にあたっては，臭気物質とセンサの応答に相違があるので，あらかじめ測定対象ごとに臭気濃度や臭気指数とセンサ値との相関を調べ，応答特性を把握しておく必要がある。

〔6〕 **脱臭対策の方法**

（a） **脱臭対策の手順**[8]　脱臭とは，臭気物質を除去するか分解するかまたは無臭の空気で希釈して人の嗅覚閾値以下にすることである。

そこで，脱臭対策を効率的に行うには，まず，① 悪臭発生施設の悪臭発生実態を正確に調査・把握することにより，② 各発生源別に対策の優先順位をつけ，③ 悪臭の捕集方法，捕集量とそれぞれの脱臭系統を決定し，④ さらに脱臭系統別のガス量，ガス性状を推測し，⑤ 適切な脱臭方法を選定・設置することが必要である。

また，脱臭対策方法が策定された時点で脱臭処理後の処理ガス性状から周辺環境への影響を評価し，問題があれば計画を見直す必要がある。

1）**悪臭発生実態調査**　悪臭発生実態調査は，悪臭発生源の悪臭発生量の把握，悪臭による周辺環境への影響の把握，悪臭原因物質の特定および脱臭装置の選定・設計などを目的として行われる。

このため，実態調査は，① 悪臭発生施設の設備仕様，稼働状況，覆蓋・臭気捕集状況および既存の脱臭対策などの施設状況調査，② 各悪臭発生源における発生ガス性状の測定（臭気濃度，悪臭物質濃度など），③ 各悪臭発生源の発生ガス量の測定または推定，④ 周辺環境への影響調査が必要である。なお，悪臭の発生は季節や施設稼働状況によって大きく変動するので，これらの調査をできる限り悪臭発生量の大きい時期に行うことが肝要である。

2）**各発生源別に対策の優先順位**　悪臭発生実態調査結果より，各発生源別の臭気発生強度（OER＝臭気濃度×排ガス量〔m³/min〕）を求め，対策の優先順位を決定する。なお，有効な脱臭対策の効果を得るには，刺激量と感覚量の関係（〔1〕項（e）参照）から悪臭の発生量を現状よりも少なくとも90％以上削減する必要がある。

3）**悪臭の捕集方法と脱臭系統の決定**　一般に，悪臭発生源は数箇所にわたる場合，各発生源の悪臭の濃度・性状および各発生源間の距離などが相違するケースが多い。

そこで，脱臭対策を有効に行うには，まず悪臭発生源を覆蓋化して，できる限り悪臭を系外に漏れない程

度に臭気を少量，排気し，つぎに悪臭発生源と脱臭設備の位置および濃度を考慮の上，脱臭系統を高濃度系，中濃度系，低濃度系として脱臭することが必要である。

すなわち，脱臭効率は悪臭の濃度が高いほど効果的であるし，捕集風量が少なく，かつダクトワークの距離が短いほど脱臭設備の建設費，維持管理費が低くなるためである。

具体的な覆蓋方法には，① 直接，悪臭発生源に密閉する方法，② 発生源の上部に天蓋などをかける方法，③ 悪臭発生源のある室内全体を排気する方法がある。

一般には，これらの覆蓋方法を組み合わせて発生源を密閉化されるが，できる限り直接発生源を密閉化する方が，高濃度の臭気を少量，捕集できることになるので脱臭対策として効果的である。この場合，悪臭発生源の密閉化には作業性を考慮しなければならない。

また，臭気捕集用のダクトは，臭気の性状によっては腐食する場合もあるので，材質に考慮する必要がある。

4) **脱臭系統別のガス量，ガス性状の推測と適切な脱臭方法の選定・設置**　脱臭系統別の処理風量，ガス性状は，各悪臭発生源の捕集風量，ガス性状を基にして計算・推測される。ついで，悪臭防止法，各自治体における悪臭の規制基準値，周辺環境への影響を考慮して，脱臭目標値を設定し，適用可能な脱臭方法を選択する。

これらの脱臭方法について，建設費・維持管理費，脱臭装置の設置スペース，安全性，維持管理方法などを比較検討し，最も効果的な脱臭方法を選定する。

（b）**脱　臭　技　術**[9]　一般に脱臭方法は，燃焼法，薬液洗浄法，吸着法，微生物脱臭方法およびマスキング法，その他の脱臭法に分類される。

1) **燃焼法**　燃焼脱臭法は悪臭を専用燃焼炉あるいはボイラなどで燃焼・分解させる方法であり，直接燃焼法と触媒酸化法に分類される。

燃焼酸化には分解温度（temperature），滞留時間（time），かくはん（turbulence）の3条件（3T）を必須条件としている。

直接燃焼法の場合，炉内がかくはんされる構造で分解温度 $650 \sim 800℃$，滞留時間を $0.3 \sim 0.5$ 秒の範囲で運転されている。

しかしながら，COを多く含むガスに対しては $800℃$ の分解温度が必要であり，黒煙を含むものは $1000℃$ で $0.7 \sim 1.0$ 秒の条件を必要としている。

また，触媒酸化法は悪臭を触媒と接触させることにより，直接燃焼法より低い分解温度で酸化分解させるもので，通常，温度 $200 \sim 400℃$ で触媒層通過速度（空塔速度）$15\,000 \sim 25\,000\,h^{-1}$ の範囲で運転されている。

触媒には粒子状，リボン状，ハニカム状の白金触媒が用いられるが，特定成分による触媒の劣化を考慮しなければならない。直接燃焼法に比較し，設備費は比較的高いが維持管理費は安価である。この方法は炭化水素などの溶剤系の脱臭に適している。

これらの方法は，他の脱臭法に比べて維持管理費が高いので，処理ガスが高濃度で風量も小さいガスの処理に適している。

2) **薬液洗浄法**　薬液洗浄法は，悪臭を薬液と接触させ，悪臭成分を薬液側に反応固定化したり，酸化反応によって分解させたりすることにより除去する方法である。

代表的な反応除去法としては，酸・アルカリによる中和反応がある。アンモニア，トリメチルアミンなどの塩基成分は塩酸，硫酸などの酸性溶液で硫化水素，メチルメルカプタン，プロピオン酸，酪酸，吉草酸などの酸性成分は水酸化ナトリウムなどのアルカリ溶液で除去される。

また，酸化反応によるものとしては，次亜塩素酸ソーダ，二酸化塩素，過マンガン酸カリウム，過酸化水素溶液などによる洗浄法がある。この中では，次亜塩素酸ソーダ溶液による洗浄方法が最も一般的であり，硫化メチル，二硫化メチルなどの中性成分を酸化除去するのに有効である。これらの方法は，一般に処理ガスが中濃度で風量が大きいガスの処理に適している。

3) **吸着法**　吸着法は，悪臭を吸着剤と接触させ，悪臭成分を物理的・化学的に吸着させたりすることにより除去する方法である。

吸着剤は，物理吸着剤とし活性炭，アルミナ，ゼオライトなど，化学吸着剤としてイオン交換樹脂，スルフォン化炭など，物理・化学吸着剤として酸・アルカリ添着剤が用いられている。これらの吸着剤のうちで，活性炭は分子径の大きいもの，不飽和化合物よりも飽和化合物に対して選択的吸着性が大きく，疎水性でもあることから悪臭，有機溶剤などの除去に最も多く用いられている。活性炭の吸着能力は，吸着保持量で評価される。吸着保持量とは被吸着ガスまたは蒸気で飽和させ活性炭に $20℃$，$760\,mmHg$ で清浄乾燥空気を送った後，なお，吸着されている被吸着物の活性炭に対する重量比で示した値である。この数値は，温度によって変化し，温度が高くなるほど吸着保持量は小さくなる。

これらの方法は，一般に処理ガスが低濃度で風量が多いガスの処理に適用されるが，維持管理費が高いと

いう欠点がある。

4) 微生物脱臭法 微生物脱臭法は，悪臭成分を土壌や繊維状ピート，活性汚泥に生育している微生物および充塡剤に固定化した微生物と接触させて分解除去する方法である。

土壌脱臭法は，悪臭を送風管に通して均一化して土壌に通過させ，土壌による吸着に加え，土壌中の微生物によって分解・酸化する方法である。この方法は，化製場，畜産農業，下水の汚泥処理施設から発生する悪臭発生源に適用されているが，降雨や乾燥によって土壌が固化し，土壌の一部から処理ガスが吹き抜けることがあるので，つねに適当な水分を補給し，土壌を適当な圧密と団粒構造を維持することが肝要である。

活性汚泥を利用する方法は，悪臭処理ガスを活性汚泥の酸素源として用いる方法であり，下水やし尿処理施設などの水処理施設で適用されている。

また，最近では微生物を担体表面などに固定化する方法も開発されている[10]。これらの方法は，維持管理費が他の脱臭法に比べて安価とされているが，処理能力を維持することが難しいとされている。

5) その他の脱臭法 オゾン脱臭法は，オゾンにより悪臭成分を酸化分解する方法である。オゾン単独では脱臭効果はきわめて悪いが，触媒や次亜塩素酸ソーダなどの酸化剤との併用により効果を発揮する。

また，芳香剤や植物精油によってマスキングあるいは中和する方法がある。マスキングとは芳香剤によって原臭の臭気をわかりにくくする方法であり，中和とは植物精油などにより感覚的に不快感や臭気強度を軽減する方法である。これらの方法は，臭気の密閉化が困難な空間や家庭用の脱臭剤として用いられている[11]。

〈石黒智彦〉

引用・参考文献

1) 高木貞敬，嗅覚の話，岩波新書，岩波書店（1981）
2) 永田好男，竹内教文，三点比較式臭袋法による臭気物質の閾値測定結果，日本環境衛生センター所報，No.17, pp.77-89（1990）
3) 公害等調整委員会，平成27年度公害苦情調査結果報告（2017）
4) 厚生省生活衛生局水道整備課，廃棄物処理施設生活環境影響調査指針（1998）
5) 悪臭法令研究会，ハンドブック悪臭防止法，ぎょうせい（1993）
6) 環境庁大気保全局特殊公害課，官能試験法調査報告書（1982）
7) におい・かおり環境協会測定評価部会 臭気簡易評価技術標準化研究会，臭気簡易評価技術の活用に関する報告書
8) 重田芳廣，悪臭防止技術の最近の進歩（その1），公害と対策，15-12, pp.1541-1546（1979）
9) 化学工学協会編，悪臭・炭化水素排出防止技術（2），技術書院（1977）
10) 渡辺寿広，包括固定化担体を用いた脱臭技術，PPM, 3, pp.64-71（1996）
11) 環境庁大気保全局特殊公害課，都市型臭気対策検討調査結果報告書（1993）

2.5.5 騒音・振動

〔1〕騒音（諸言）

騒音とは，「不快なまたは望ましくない音，その他の妨害（JIS Z 8106）」と定義されている。音声あるいは音楽や快い自然音など人の生活には欠かせない音と共存するのが「騒音」であり，人の置かれた環境や個人差などにより大きく評価が分かれることや，リアルタイムに人の聴感に影響を与えることがその特徴である。

その一方で，環境阻害要因としての騒音とその対策という観点に加えて，環境管理という視点からサウンドスケープという概念が創出され，社会活動や生活環境における音環境を積極的に管理し，快適環境を作り出すという考え方も多くなっている。

このため，騒音は環境問題の苦情の中でも大気汚染とともに最も苦情件数が多く，近年再び増加傾向にある。特に，苦情の発生原因としては「工事・建設騒音」が多い。

上記のような音・騒音の特質から，安全工学上の音（騒音）環境問題としては，下記の項目などを始めとする広範な問題について対処しなければならない。

・大きな騒音に起因する聴力損失の防止
・安全・快適な作業環境確保のための音
・音・音声情報の正確な伝達の確保
・社会生活環境における静穏環境の確保
・快適音環境の創出
・騒音の防止対策技術
・騒音の測定技術

〔2〕騒音規制法

「国民の健康を保護するとともに，生活環境を保全する」目的で，1967年8月に制定された公害対策基本法（1993年11月環境基本法の施行に伴い統合の上廃止）において，①大気の汚染，②水質の汚濁，③土壌の汚染，④騒音，⑤振動，⑥地盤の沈下，および⑦悪臭，の七つが公害として規定され，同基本法において騒音と振動は，大気の汚染，水質の汚濁などと併せて法的規制が行われることが明示された。

これに基づいて騒音規制法は1968年5月に成立し，同年，6月交付，同年12月施行の運びとなった。騒音規制法の目的は，「工場及び事業場における事業活

動ならびに建設工事に伴って発生する相当範囲にわたる騒音について必要な規制を行うとともに，自動車騒音に係る許容限度を定めること等により，生活環境を保全し，国民の健康に資する」こととなっている。

（a）**環境基準**　公害対策基本法（現 環境基本法）の規定に基づき，騒音に係る環境上の条件について生活環境を保全し，人の健康の保護に資する上で望ましい基準として，1971年に「騒音に係る環境基準」（1999年4月1日以降，騒音レベルの評価手法として L_{Aeq} が導入されることになり，1998年9月30日に新基準が告示），1973年に「航空機騒音に係る環境基準」および1975年に「新幹線鉄道騒音に係る環境基準」が公示されている。これらの環境基準は人の健康を維持するための最低限度としてではなく，より積極的に維持されることが望ましい目標，つまり環境条件の改善目標であるが，強制力は伴わず，後述の騒音規制法に基づく「規制基準」とは異なる。改善目標であることにより，達成目標期間もそれぞれの周辺条件などを勘案して示されている。

1）**騒音に係る環境基準**（表2.5.18参照）　騒音に係る環境基準は，従来 L_{50} により評価されてきたが，1998年5月の中央環境審議会の答申「騒音の評価法のあり方」に基づき，騒音レベルの評価法として新たに L_{Aeq} が導入されることになり，1998年9月30日に新基準が告示され，1999年4月1日から施行されることとなった。この環境基準は，航空機騒音，鉄道騒音および建設作業騒音には，適用されないとされている。この関係で航空機騒音や新幹線鉄道騒音とは騒音レベルの評価方法が異なることに注意を要する。

2）**航空機騒音に係る環境基準**　1973年12月に告示されたものが，2007年12月に改正され，評価指標については WECPNL から L_{den} となり，基準値は表2.5.19のように定められた。

3）**新幹線鉄道騒音に係る環境基準**　表2.5.20のとおりである。

（b）**騒音の規制基準**　規制は，(a) 工場および事業場における事業活動に伴う騒音，および，(b) 建設工事に伴う騒音について必要な規制を行うとともに，(c) 自動車騒音に係る許容限度を定めることを規制の対象としている。

1）**工場および事業場における事業活動に伴う騒音の規制**　都道府県知事は，表2.5.21に示す特定施設を設置する「特定工場」において発生する騒音のその敷地境界線における騒音の大きさの許容限度をそれぞれの時間帯と地域区分に対して表2.5.22の範囲の中で定めて公示して規制することとなっている。

表2.5.22のうち，時間帯の区分はつぎのとおりで，

表2.5.18　騒音に係る環境基準

(a) 道路に面する地域以外の地域（一般地域）

地域の類型	基準値	
	昼間	夜間
AA	50 dB 以下	40 dB 以下
AおよびB	55 dB 以下	45 dB 以下
C	60 dB 以下	50 dB 以下

〔注〕　昼間：午前6時～午後10時
　　　夜間：午後10時～午前6時
　　　AAの地域：療養施設，社会福祉施設などが集合して設置される地域など特に静穏を要する地域
　　　Aの地域　：もっぱら住居の用に供される地域
　　　Bの地域　：主として住居の用に供される地域
　　　Cの地域　：相当数の住居と併せて商業，工業の用に供される地域

(b) 道路に面する地域

地域の区分	基準値	
	昼間	夜間
A地域のうち2車線以上の車線を有する道路に面する地域	60 dB 以下	55 dB 以下
B地域のうち2車線以上の車線を有する道路に面する地域およびC地域のうち車線を有する道路に面する地域	65 dB 以下	60 dB 以下

(c) 幹線交通を担う道路に近接する空間

基準値	
昼間	夜間
70 dB 以下	65 dB 以下

〔備考〕　個別の住居などにおいて騒音の影響を受けやすい面の窓を主として閉めた生活が営まれていると認められるときは，屋内へ透過する騒音に係る基準（昼間にあっては45 dB 以下，夜間にあっては40 dB 以下）によることができる。

[環境基準の評価方法など]
評価：① 個別の住居などが影響を受ける騒音レベルによることを基本。
　　　② 住居などの用に供される建物の騒音の影響を受けやすい面における騒音レベルによって評価する。
騒音の評価手法：等価騒音レベルによる。
評価の時期：騒音が1年を通じて平均的な状況を呈する日を選定して評価する。
測定方法：JIS Z 8731 による。

都道府県の定めにより，1～2時間の差異がある。
　昼　間：午前7時または8時から午後6時，7時または8時までとする。
　朝・夕：朝とは，午前5時または6時から午前7時または8時までとし，夕とは，午後6時，7時または8時から午後9時，10時または11時までとする。
　夜　間：午後9時，10時または11時から翌日の午

2. 環 境 安 全

表 2.5.19 航空機騒音に係る環境基準

地域の類型	基準値
Ⅰ	57 dB 以下
Ⅱ	62 dB 以下

〔注〕 Ⅰを当てはめる地域はもっぱら住居の用に供される地域とし，Ⅱを当てはめる地域はⅠ以外の地域であって通常の生活を保全する必要がある地域とする。

[環境基準の評価方法など]
測定：当該地域の航空機騒音を代表すると認められる地点を選定し，屋外において原則連続7日間行い，騒音レベルの最大値が暗騒音より10 dB以上大きい航空機騒音について単発騒音暴露レベル（L_{AE}）を計測する。なお，単発騒音暴露レベルの求め方はJIS Z 8731に従う。
測定の時期：航空機の飛行状況および風向等の気象条件を考慮して，測定点における航空機騒音を代表すると認められる時期を選定する。
評価：算式アにより1日（午前0時から午後12時まで）ごとの時間帯補正等価騒音レベル（L_{den}）を算出し，全測定日のL_{den}について，算式イによりパワー平均を算出する。

算式 ア
$$10 \log_{10}\left\{ \frac{T_0}{T}\left(\sum_i 10^{\frac{L_{AE,di}}{10}} + \sum_j 10^{\frac{L_{AE,ej}+5}{10}} + \sum_k 10^{\frac{L_{AE,nk}+10}{10}}\right)\right\}$$

〔注〕 i, j および k とは，各時間帯で観測標本のi番目，j番目およびk番目をいい，$L_{AE,di}$とは，午前7時から午後7時までの時間帯におけるi番目のL_{AE}，$L_{AE,ej}$とは，午後7時から午後10時までの時間帯におけるj番目のL_{AE}，$L_{AE,nk}$とは，午前0時から午前7時までおよび午後10時から午後12時までの時間帯におけるk番目のL_{AE}をいう。また，T_0とは，規準化時間（1秒）をいい，Tとは，観測1日の時間（86 400秒）をいう。

算式 イ
$$10 \log_{10}\left(\frac{1}{N}\sum_i 10^{\frac{L_{den,i}}{10}}\right)$$

〔注〕 Nとは測定日数をいい，$L_{den,i}$とは，測定日のうちi日目の測定日のL_{den}をいう。

表 2.5.20 新幹線鉄道騒音に係る環境基準

地域の類型	基準値
Ⅰ	70 dB 以下
Ⅱ	75 dB 以下

〔注〕Ⅰ：主として住居の用に供される地域
　　Ⅱ：商工業の用に供される地域などⅠ以外の地域であって通常の生活を保全する必要がある地域

[環境基準の評価方法など]
測定：① 新幹線鉄道の上り・下りの列車を合わせて，原則として連続して通過する20本の列車ごとの騒音レベルのSLOW ピーク値（現在では，騒音レベルの時間重み特性Sによる最大値と呼ばれている）を読み取る。
② 屋外で（高さは原則として地上1.2 m），当該地域の新幹線鉄道騒音を代表すると認められる地点のほか，新幹線鉄道騒音が問題となる地点で行う。
測定の時期：特殊な気象条件にある時期および列車速度が通常時より低いと認められる時期を避けて選定する。
評価：測定した騒音レベルのうちレベルの大きさが上位半数のものをエネルギー平均した値とする。

前5時または6時までとする。
表2.5.22の地域区分はそれぞれつぎに掲げられる区域を示す。
第1種区域：良好な住居の環境を保全するため，特に静穏の保持を必要とする区域。
第2種区域：住居の用に供されているため，静穏の保持を必要とする区域。
第3種区域：住居の用に合わせて商業，工業等の用に供されている区域であって，その区域内の住民の生活環境を保全するため，騒音の発生を防止する必要がある区域。
第4種区域：主として工業の用に供されている区域であって，その区域内の住民の生活環境を悪化させないため，著しい騒音の発生を防止する必要のある区域。

2) 建設工事に伴う騒音の規制　表2.5.23に示される特定建設作業に伴って発生する騒音について，つぎのように定められている。
① 特定建設作業場所の敷地の境界線において，85 dBを超えるものでないこと。
② 住居地域だけでなく，商業，工業地域なども含めて住居が密集している地域と学校，病院周辺で指定された地域（第1号区域）では午後7時から翌日の午前7時まで，第1号区域以外の区域（第2号区域）では午後10時から翌日の午前6時まで特定建設作業からの騒音は災害時などの例外を除いて発生させてはならないこととなっている。
③ その他，最大作業時間や最大作業日数，作業禁止日が示されている。

3) 自動車騒音に関わる許容限度　自動車騒音については，各種自動車に対して，表2.5.24のような許容基準が定められている（ただし，これらの基準が施行された1988年時点ですでに供用されているものには例外規定がある）。
表2.5.24の許容基準の測定位置や車両の操作条件などはつぎのとおりである。
定常走行騒音：JIS D 8301に定める路面を原動機の最高出力時の60％の回転数で走行したとき，走行方向に直角に車両中心線から左側へ7.5 m離れた位置で地上1.2 mの高さで測定。
近接排気音：最高出力時の75％の回転数で回転している状況から加速ペダルを急速に放し，または絞り弁を急速に閉じる場合に，排気管軸の外方向45度の方向で排気管口から50 cmの位置で測定。
加速走行音：最高出力時の75％の回転数で走行している状況から20 mの区間を加速ペダルを一

表 2.5.21　特定施設

1. 金属加工機械
   - （イ）圧延機械（原動機の定格出力の合計が 22.5 kW 以上のものに限る）
   - （ロ）製管機械
   - （ハ）ベンディングマシン（ロール式のものであって，原動機の定格出力が 3.75 kW 以上のものに限る）
   - （ニ）液圧プレス（矯正プレスを除く）
   - （ホ）機械プレス（呼び加圧能力が 294 kN 以上のものに限る）
   - （ヘ）せん断機（原動機の定格出力が 3.75 kW 以上のものに限る）
   - （ト）鍛造機
   - （チ）ワイヤフォーミングマシン
   - （リ）ブラスト（タンブラスト以外のものであって，密閉式のものを除く）
   - （ヌ）タンブラ
   - （ル）切断機（といしを用いるものに限る）
2. 空気圧縮機および送風機（原動機の定格出力が 7.5 kW 以上のものに限る）
3. 土石用または鉱物用の破砕機，摩砕機，ふるいおよび分級機（原動機の定格出力が 7.5 kW 以上のものに限る）
4. 織機（原動機を用いるものに限る）
5. 建設用資材製造機
   - （イ）コンクリートプラント（気泡コンクリートプラントを除き，混練機の混練容量が 0.45 m³ 以上のものに限る）
   - （ロ）アスファルトプラント（混練機の混練重量が 200 kg 以上のものに限る）
6. 穀物用製粉機（ロール式のものであって，原動機の定格出力が 7.5 kW 以上のものに限る）
7. 木材加工機械
   - （イ）ドラムバーカ
   - （ロ）チッパ（原動機の定格出力が 2.25 kW 以上のものに限る）
   - （ハ）砕木機
   - （ニ）帯のこ盤（製材用のものにあっては原動機の定格出力が 15 kW 以上のもの，木工用のものにあっては原動機の定格出力が 2.25 kW 以上のものに限る）
   - （ホ）丸のこ盤（製材用のものにあっては原動機の定格出力が 15 kW 以上のもの，木工用のものにあっては原動機の定格出力が 2.25 kW 以上のものに限る）
   - （ヘ）かんな盤（原動機の定格出力が 2.25 kW 以上のものに限る）
8. 抄紙機
9. 印刷機械（原動機を用いるものに限る）
10. 合成樹脂用射出成形機
11. 鋳型造型機（ジョルト式のものに限る）

表 2.5.22　特定工場などにおける騒音の規制基準

時間の区分 区域の区分	昼　間	朝・夕	夜　間
第 1 種区域	45 dB 以上 50 dB 以下	40 dB 以上 45 dB 以下	40 dB 以上 45 dB 以下
第 2 種区域	50 dB 以上 60 dB 以下	45 dB 以上 50 dB 以下	40 dB 以上 50 dB 以下
第 3 種区域	60 dB 以上 65 dB 以下	55 dB 以上 65 dB 以下	50 dB 以上 55 dB 以下
第 4 種区域	65 dB 以上 70 dB 以下	60 dB 以上 70 dB 以下	55 dB 以上 65 dB 以下

杯に踏み込み，または絞り弁を急速に全開にして，車線中央より 7.5 m 左方の 1.2 m の高さの位置で計測。

〔3〕騒音の影響

日常生活上必要な音と不必要な音がほぼ類似したレベルで混在しているのが一般的な音環境であることや，騒音に関しては個人的な評価の差異，その騒音との社会的関わりなどにより多様な反応があり，一律的に評価するのが難しいのが騒音の影響の一側面でもある。これら騒音の影響を大略分類すると，図 2.5.18 のとおりである。

表 2.5.23　特定建設作業

1. くい打ち機（もんけんを除く），くい抜き機またはくい打ちくい抜き機（圧入式くい打ち・くい抜き機を除く）を使用する作業（くい打ち機をアースオーガと併用する作業を除く）
2. びょう打ち機を使用する作業
3. 削岩機を使用する作業（作業地点が連続的に移動する作業にあっては，1 日における当該作業に関わる地点間の最大距離が 50 m を超えない作業に限る）
4. 空気圧縮機（電動機以外の原動機を用いるものであって，その原動機の定格出力が 15 kW 以上のものに限る）を使用する作業（削岩機の動力として使用する作業を除く）
5. コンクリートプラント（混練機の混練容量が 0.45 m³ 以上のものに限る）またはアスファルトプラント（混練機の混練重量が 200 kg 以上のものに限る）を設けて行う作業（モルタルを製造するためにコンクリートプラントを設けて行う作業を除く）
6. バックホウ（一定の限度を超える大きさの騒音を発生しないものとして環境大臣が指定するものを除き，原動機の定格出力が 80 kW 以上のものに限る）を使用する作業
7. トラクタショベル（一定の限度を超える大きさの騒音を発生しないものとして環境大臣が指定するものを除き，原動機の定格出力が 70 kW 以上のものに限る）を使用する作業
8. ブルドーザ（一定の限度を超える大きさの騒音を発生しないものとして環境大臣が指定するものを除き，原動機の定格出力が 40 kW 以上のものに限る）を使用する作業

表 2.5.24 自動車騒音の大きさの許容限度

自動車の種別			自動車騒音の大きさの許容限度		
			定常走行騒音〔dB〕	近接排気騒音〔dB〕	加速走行騒音〔dB〕
普通自動車，小型自動車及び軽自動車（もっぱら乗用の用に供する乗車定員10人以下の自動車及び二輪自動車を除く）	車両総重量が3.5 tを超え，原動機の最高出力が150 kWを超えるもの	すべての車輪に動力を伝達できる構造の動力伝達装置を備えたもの，セミトレーラをけん引するけん引自動車およびクレーン作業用自動車	83	99	82
		すべての車輪に動力を伝達できる構造の動力伝達装置を備えたもの，セミトレーラをけん引するけん引自動車およびクレーン作業用自動車以外のもの	82	99	81
	車両総重量が3.5 tを超え，原動機の最高出力が150 kW以下のもの	すべての車輪に動力を伝達できる構造の動力伝達装置を備えたもの	80	98	81
		すべての車輪に動力を伝達できる構造の動力伝達装置を備えたもの以外のもの	79	98	80
	車両総重量が3.5 t以下のもの		74	97	76
もっぱら乗用の用に供する乗車定員10人以下の普通自動車，小型自動車および軽自動車（二輪自動車を除く）	車両の後部に原動機を有するもの		72	100	
	車両の後部に原動機を有するもの以外のもの		72	96	76
小型自動車（二輪自動車に限る）			72	94	73
軽自動車（二輪自動車に限る）			71	94	73
第一種原動機付自転車（規則第一条第二項に規定する第一種原動機付自転車をいう。以下同じ）			65	84	71
第二種原動機付自転車（規則第一条第二項に規定する第二種原動機付自転車をいう。以下同じ）			68	90	71

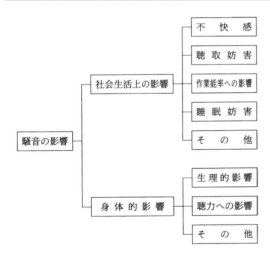

図 2.5.18 騒音の影響

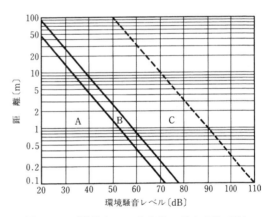

図 2.5.19 環境騒音レベルと会話が可能な距離の関係

図に示されるように騒音は人やその社会生活に多様な影響を及ぼす。安全工学的立場からこれら騒音の影響を考えると，いずれも大切であるが，中でも聴取妨害や聴力の影響はきわめて重要である。

（a）**聴取妨害** 騒音は人の音声による会話に対して影響を及ぼす。ISO では騒音により会話が阻害されるレベルを会話妨害レベル（speech interference level, SIL）として定義し，騒音と会話の関係を評価することとしている。環境騒音レベルと会話が可能な距離の関係を示すと，**図 2.5.19** のとおりである。

図の横軸は話者が置かれた騒音環境を示し，縦軸は満足な会話が可能な話者間の距離を示している。図中領域 A は通常の声で会話が可能な領域を示しており，領域 B は，やや大きな声での会話が可能な範囲を示している。領域 C は，多少の個人差があるものの，人の出せる大声の限界まで音声を発生したときの音声の届く範囲のおおよそを示したものである。

（b）**騒音の聴力への影響** 大きな音を聞くと一般に聴力が一時的に低下する。この現象は一過性閾値変動（あるいは一時性難聴）（termporary threshold shift, TTS）と呼ばれ，静穏な環境で休息をとれば聴力は回復する。しかしながら，この TTS が通常聴力に回

復しないうちにつぎの騒音曝露を受けたり，85～90 dB 程度以上の騒音に 1 日 8 時間程度以上続いて曝露されると聴力の回復力が弱まり，長期間このような状況を継続すると回復不可能な永久性難聴（permanent threshold shift, PTS）に至ってしまう。この騒音に起因する騒音性は 4 000 Hz 付近の周波数の聴力に影響が出るのが特徴で，その例を図 2.5.20 に示す。

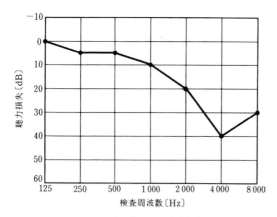

図 2.5.20 騒音に起因する聴力損失の例

図に示されるような騒音性の難聴に至ると回復や治療はきわめて難しい。したがって，つぎのような手段による防止しか対策はない。

① 環境騒音レベルを低減する：1 日 8 時間の作業時間を考慮すると 85 dB 程度以下に騒音レベルを低減させる。
② 騒音曝露（作業時間）の制限：85 dB における 8 時間の作業時間を基準として騒音レベルが 3 dB 増加するごとに作業時間を半減させる。
③ 防音保護具の使用：耳栓，イヤマフなど。

〔4〕 騒音の実態と対策

（a） **騒音の伝搬特性**　伝搬過程の中で騒音の大きさに影響を及ぼすおもな要因として，① 伝搬距離，② 地表面，③ 空気の温度・湿度，④ 風・気温などの気象条件，⑤ 防音壁の有無，⑥ その他（地形，樹木，建物など），などが挙げられるが，受音点での騒音レベルの大きさは，幾何拡散減衰による推定が基本となる。

音源が受音点までとの距離の関係で十分小さいとみなせる場合は図 2.5.21（a）に示すように「点音源」として評価することができる。この場合，受音点における音の強さ $I\,[\mathrm{W/m^2}]$ は，音源の出力 $P\,[\mathrm{W}]$ と受音点までの距離 $d\,[\mathrm{m}]$ を用いて $I=P/(4\pi d^2)$ で得られる。一方，道路交通騒音や鉄道騒音のように音源が線状の場合は図 2.5.21（b）のように「線音源」と

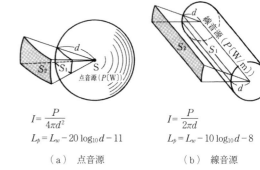

$$I=\frac{P}{4\pi d^2}$$
$$L_p = L_w - 20\log_{10}d - 11$$
（a）点音源

$$I=\frac{P}{2\pi d}$$
$$L_p = L_w - 10\log_{10}d - 8$$
（b）線音源

図 2.5.21 点音源（a）および線音源（b）からの音の伝搬減衰（自由空間）

みなされ，その単位長さ当りの出力を $P\,[\mathrm{W}]$ として，$I=P/(2\pi d)$ で得られる。

点音源からの音の強さは距離の 2 乗に反比例しているので「逆 2 乗則」と呼ばれている。上記の距離と音の強さとの関係式を変形して整理すると，点音源に対して

$$L_p = L_w - 20\log_{10}d - 11\,[\mathrm{dB}]$$

線音源に対して

$$L_p = L_w - 10\log_{10}d - 8\,[\mathrm{dB}]$$

が得られる。ここで L_p と L_w はそれぞれ受音点の音圧レベルと音源のパワーレベルである。これらの式は，図 2.5.22 に示すように，伝搬距離が倍になるごとに点音源に対しては 6 dB，線音源に対しては 3 dB の減衰が得られることを示しており，伝搬減衰計算の基礎になるのがこれらの諸式である。

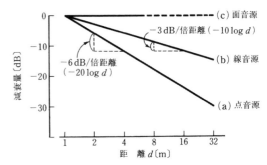

図 2.5.22 点音源（a），線音源（b）および面音源（c）からの音の距離減衰

以上の幾何拡散減衰のほか，大気による吸収減衰により高い周波数帯では伝搬距離 100 m 当り数 dB 超過して減衰したり，周波数帯により地表面による数 dB ～十数 dB の超過減衰が現れたり，さらに気象条件などによりそれ以上の変動が現れたりする。

騒音伝搬予測に関する規格として，伝搬中の空気吸

収による減衰量の計算法と距離減衰，空気吸収，地表面の影響，遮音壁による減衰およびその他の要因（建物，樹林帯，工場施設など）による減衰を個別に予測計算し，伝搬中の全体としての減衰を計算する計算方法が，それぞれ ISO 9613-1（空気吸収減衰）と ISO 9613-2（一般的計算方法）として制定されている。

（b）**騒音防止の基本的考え方** 騒音の防止・低減対策にはいろいろな方法が実用化されている。適正な騒音低減量を達成するためには，正しい基本的な考え方に基づき，最も効果的で経済的な騒音防止法の選択を行う必要がある。騒音防止対策は大別してつぎの3点に分類される。
① 音源対策（発生源対策）
② 伝搬防止対策
③ 受音対策

これらの防止対策のうち，最も効果があり，重要な対策技術は音源対策である。「騒音を発生させないこと」，これが騒音対策上最も大切なことであり，いったん発生して伝搬を始めた騒音を全面的に減衰させることはきわめて難しいことに起因する。したがって，第二の手段である伝搬防止対策もできるだけ音源に近いところで実施するのが効果的である。

音源対策の一例としては，振動を妨げる材料（制振材など）を機材に使用して音響放射を防止することや，消音器を取り付けること，などが挙げられる。

騒音伝搬防止対策の例としては，防音壁などの構築，伝搬系への吸音材の適用などが挙げられる。

受音対策の例としては，飛行場近傍の防音家屋のように，音源の制御が非常に困難な場合，やむを得ずとられる方法などが挙げられる。

騒音防止技術の適用にあたっては騒音源の本来機能を損なわないこと，音源の特性に適合する手法を選択することが必要で，このためには事前の聞き取り調査，騒音測定・周波数分析などを始めとする綿密な調査・診断・解析が必要であることはいうまでもない。

〔5〕**騒音の測定方法**

（a）**音圧レベルと騒音レベル** 音の強弱を示そうとする場合，音圧や音の強さなどを用いて示すことはできる。しかしながらこれらを用いた場合，桁数が広範囲に及び不便なこと，人の感覚との整合性などを考慮して式（2.5.5）のように音圧レベル L_p〔dB〕を定義して音の強弱の物理的な尺度として使用している。

$$\left.\begin{array}{l} L_p = 20 \log_{10} \dfrac{p}{p_0} \text{〔dB〕} \\ L_p = 10 \log_{10} \dfrac{I}{I_0} \text{〔dB〕} \end{array}\right\} \quad (2.5.5)$$

ここに，p〔Pa〕と I〔W/m²〕はそれぞれ評価対象の音圧あるいは音の強さ，p_0〔Pa〕と I_0〔W/m²〕は基準とする音圧あるいは音の強さで，それぞれ，最小可聴値の 2×10^{-5} Pa と 10^{-12} W/m² を用いる。

人の耳は周波数により感度が異なる。このため，先に定義した音圧レベルで音の強弱を測るとすると，周波数によっては人の感覚と異なる場合が生じる。例えば，1 000 Hz の音と 100 Hz の音の間では約 10 dB から 15 dB の感度差があり，音圧レベルで比較すると 1 000 Hz の音に比較して約 10 dB から 15 dB 大きい 100 Hz の音がほぼ同じ大きさに聞こえる特性となっている。

このような感度差を考慮して決められたのが周波数の補正特性で，**表 2.5.25** に示すような周波数レスポンスとなっている（JIS C 1509-1）。

表 2.5.25 周波数重み特性および許容限度値（JIS C 1509-1）

公称周波数〔Hz〕	周波数重み付け特性〔dB〕			許容限度値〔dB〕 クラス	
	A	C	Z	1	2
10	−70.4	−14.3	0.0	+3.0, −∞	+5.0, −∞
12.5	−63.4	−11.2	0.0	+2.5, −∞	+5.0, −∞
16	−56.7	−8.5	0.0	+2.0, −∞	+5.0, −∞
20	−50.5	−6.2	0.0	±2.0	±3.0
25	−44.7	−4.4	0.0	+2.0, −1.5	±3.0
31.5	−39.4	−3.0	0.0	±1.5	±3.0
40	−34.6	−2.0	0.0	±1.0	±2.0
50	−30.2	−1.3	0.0	±1.0	±2.0
63	−26.2	−0.8	0.0	±1.0	±2.0
80	−22.5	−0.5	0.0	±1.0	±2.0
100	−19.1	−0.3	0.0	±1.0	±1.5
125	−16.1	−0.2	0.0	±1.0	±1.5
160	−13.4	−0.1	0.0	±1.0	±1.5
200	−10.9	0.0	0.0	±1.0	±1.5
250	−8.6	0.0	0.0	±1.0	±1.5
315	−6.6	0.0	0.0	±1.0	±1.5
400	−4.8	0.0	0.0	±1.0	±1.5
500	−3.2	0.0	0.0	±1.0	±1.5
630	−1.9	0.0	0.0	±1.0	±1.5
800	−0.8	0.0	0.0	±1.0	±1.5
1 000	0	0.0	0.0	±0.7	±1.0
1 250	+0.6	0.0	0.0	±1.0	±1.5
1 600	+1.0	−0.1	0.0	±1.0	±2.0
2 000	+1.2	−0.2	0.0	±1.0	±2.0
2 500	+1.3	−0.3	0.0	±1.0	±2.5
3 150	+1.2	−0.5	0.0	±1.0	±2.5
4 000	+1.0	−0.8	0.0	±1.0	±3.0
5 000	+0.5	−1.3	0.0	±1.5	±3.5
6 300	−0.1	−2.0	0.0	+1.5, −2.0	±4.5
8 000	−1.1	−3.0	0.0	+1.5, −2.5	±5.0
10 000	−2.5	−4.4	0.0	+2.0, −3.5	+5.0, −∞
12 500	−4.3	−6.2	0.0	+2.0, −5.0	+5.0, −∞
16 000	−6.6	−11.2	0.0	+2.5, −16.0	+5.0, −∞
20 000	−9.3	−11.2	0.0	+3.0, −∞	+5.0, −∞

表 2.5.25 に示される周波数重み特性 A を備えるサウンドレベルメータで，各周波数の音の音圧レベルを重み付けして計測した値を騒音レベル L_A〔dB〕と呼び，この騒音レベルが騒音規制法など法的な規制や一般的な騒音の評価の尺度となっている。

(b) **騒音レベル測定方法** 騒音の測定方法は JIS Z 8731 に定められている。また，騒音の測定には JIS C 1509-1 に定められたクラス 1 あるいはクラス 2 であるサウンドレベルメータが用いられる。騒音の測定はその目的により測定の位置，対象とする計測量（騒音レベル，音圧レベル，周波数ごとのバンド音圧レベルなど），測定時間などが異なる。

騒音の測定に与える環境要因としては，暗騒音（測定対象以外の音），反射面の存在，風など多くある。暗騒音の影響は測定対象の騒音との差が 4 dB 程度以上あれば補正が可能である。建物などの反射物の影響を避けるためにはできるだけそれらの障害物から 3 m 程度以上離すことで影響を避ける。風の影響を避けるためには，マイクロホンに装着する専用のウィンドスクリーンを用いる。また，強風時の測定は中止し，静穏なときに測定を行う。

測定対象の騒音がほぼ一定の音を発生する定常音であれば測定は簡単であるが，間欠騒音や時間変動の大きい騒音，衝撃音などの測定方法は JIS に定められた方法に従って処理を行う。このような変動騒音の評価法として最近は等価騒音レベルが多く用いられる。等価騒音レベルは「騒音レベルが時間とともに変化する場合，測定時間内でこれと等しい平均 2 乗音圧を与える定常音の騒音レベル（JIS Z 8731）」と定義されている（**図 2.5.23** 参照）。この関係を式で表せば式 (2.5.6)，(2.5.7) のとおりである。

$$L_{\text{Aeq},T} = 10 \log_{10}\left[\frac{1}{t_2-t_1}\int_{t_1}^{t_2}\frac{p_A^2(t)}{p_0^2}dt\right] \quad (2.5.6)$$

ここに，$L_{\text{Aeq},T}$：等価騒音レベル〔dB〕
T：測定時間（$T=t_2-t_1$）
$p_A(t)$：瞬時特性音圧〔Pa〕

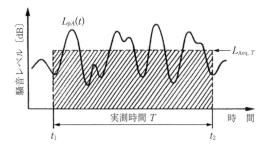

図 2.5.23 変動する騒音レベルと等価騒音レベルの概念図

p_0：基準音圧（$=20\,\mu\text{Pa}$）

である。あるいは，一定間隔ごとに騒音レベルを測定して n 個のサンプルを得る場合

$$L_{\text{Aeq},T} = 10 \log_{10}\left[\frac{1}{n}(10^{L_{A1}/10}+10^{L_{A2}/10}+\cdots \right.$$
$$\left. \cdots +10^{L_{An}/10})\right] \quad (2.5.7)$$

ここに，$L_{\text{Aeq},T}$：等価騒音レベル〔dB (A)〕
n：サンプル数
$L_{A,i}$：i 番目のサンプルの騒音レベル〔dB〕

である。これらの式で明らかなように，等価騒音レベルは，変動する騒音の騒音レベルをエネルギー的な平均値として示すもので，騒音に対する人の生理・心理反応などとの対応が良いとされて国際的に広く用いられている。この等価騒音レベルによる騒音の評価の概念は，1983 年の改正の折に JIS Z 8731 へ導入された。

〔6〕 **振動（緒言）**

振動は，事業活動や交通機関などによって発生した振動が地盤や構造物中を伝搬し，人が直接感じたり，建具などのがたつきにより検知され，不快感や違和感を生じ苦情の対象となる。振動は地盤，岩盤および構造部など弾性体を伝搬媒体とする縦波と横波で構成され，それぞれが媒体内を伝搬する実体波と境界表面上を伝搬する表面波で構成され，空気中を縦波で伝わる音波とは大きく異なる性質を有している。

人の振動に対する感覚も水平振動と垂直振動により異なるとともに，振動を受ける人の姿勢や状態によっても感覚が異なるので，測定方法および評価方法に騒音などと異なった注意が求められることが多い。

振動に関わる苦情の割合は環境問題の苦情全体の約 3% 程度で，苦情件数が多い騒音に比較して割合はかなり少ないものの，近年増加傾向にある。振動に関わる苦情の約 80% は建設作業や工場・事業場がその発生源となっている。

〔7〕 **振動の測定方法**

(a) **振動レベル** 環境振動の評価は，1974 年に定められた「全身振動暴露の評価に関する指針 (ISO 2631)」が国際的に合意されたものとして利用されている。わが国では，ISO 2631 による測定評価法を基礎として，1976 年に施行された振動規制法に基づいて評価される。

われわれが感じている振動を評価するためには上述したような人間の感覚特性を評価値に反映させ，われわれが感じている振動感覚を数値で表現し，客観性を持たせる必要がある。このような評価量として振動規制法では振動レベルを用いることを定めている。

振動レベルはJIS C 1510「振動レベル計」に定義されているように，人間の周波数に対する感覚を基に図2.5.24に示す感覚特性を補正する量（相対レスポンス）を振動の周波数成分に作用させる。図2.5.24に示す鉛直方向と水平方向の振動に対する特性は，ISO 8041（Human response to vibration-Measuring instrumentation）に規定されている特性と等しい。

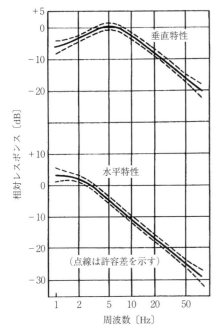

図2.5.24 振動レベルのレスポンス

振動レベルの定義は式 (2.5.8) で表される。

$$L_V = 20 \log_{10} \frac{a}{a_0} \quad [\text{dB}] \qquad (2.5.8)$$

ここに，a_0：基準振動 $[10^{-5}\,\text{m/s}^2]$
$a = [\sum a_n \cdot 10^{C_n/10}]^{1/2}$
a_n：周波数 n [Hz] の成分の振動加速度の実効値
C：周波数 n [Hz] における補正値

である。なお，$C=0$，すなわち補正を行わないで算出された値は振動加速度レベルと呼ばれ，物理量である。

振動規制法では振動レベルを振動レベル計を用いて測定することが規定され，実際に振動レベルは振動レベル計で計測される。振動レベル計が備えておくべき特性はJIS C 1510に規定されている。その中で，人体の振動の周波数に対する感覚特性はフィルタ回路（周波数重み特性とも呼ばれる）に，人体の振動の継続時間に対する感じ方については指針の動き（指数時間重み特性とも呼ばれる）に反映されている。指数時間重み特性は振動レベル計の整流回路の時定数により決定され，0.63秒が用いられる。このレスポンスが図2.5.25の点線であり，人体の振動の継続時間に対する感じ方をよく表しているといえる。

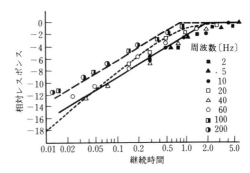

図2.5.25 衝撃正弦波振動の継続時間と人の振動の大きさの感じ方との関係（参考：三輪俊輔ら，日本音響学会誌，27-1 (1971)）

（b） 振動レベルの測定方法 振動レベルの測定方法は，JIS Z 8735に定められており，JIS C 1510で規格されている振動レベル計を用いて測定を行う。振動規制法では鉛直方向のみが測定の対象とされているが，振動レベル計は鉛直方向のほか，水平2方向も計測できる構造となっている。振動の測定にあたっては振動のピックアップの設置条件により誤差が生じることがあるので，十分踏み固められた土，コンクリート，アスファルトなどの硬い表面上に設置して計測するのが望ましい。柔らかい土壌地盤上などで計測する必要がある場合は，十分踏み固めたり，杭付きの振動測定台などを地盤中へ打ち込んでその上にピックアップを設置して計測するのが望ましい。

測定対象の振動の変動により振動レベル計の指示値の表示はつぎのとおりに行う。

① 測定値の指示値が変動しないか，変動が少ないときはその指示値とする。

② 測定器の指示値が周期的あるいは間欠的に変動する場合は，その変動ごとの指示値の最大値の平均値とする。

③ 測定値の指示が不規則かつ大幅に変動する場合は，5秒間隔に100の測定値あるいはこれに準じる間隔と個数の測定値を求め，測定値の80%レンジの上端値を求める。（今泉博之，井清武弘）

2.6　廃　棄　物

2.6.1　諸　言

経済成長と人口増加に伴い，世界における廃棄物の発生量は増大している。2011年に発行された『世界

の廃棄物発生量の推計と将来予測2011年版』(廃棄物工学研究所)によると,2050年には,世界の廃棄物発生量が2010年の2倍以上になると予測している。

わが国における廃棄物総排出量は,2003年以降から減少傾向にあるが,廃棄物の資源化率は20%程度と,韓国やドイツなどに比べてきわめて低い。このため,持続可能な社会の実現に向けて,リサイクル等による資源循環を推進する必要がある。資源の循環利用は,地球温暖化対策としても有効であり,すべての国が温室効果ガス排出削減目標を5年ごとに提出・更新することを義務付けたパリ協定が運用されていることから,長期的な目標を見据えつつ,積極的に取り組んでいくことが求められている[1]。

また,東日本大震災により発生した膨大な瓦礫(がれき)類や東京電力福島第一原子力発電所から放出された大量の放射性物質による環境汚染物質の処理対策は,今後も起こる可能性が高いので,喫緊に取り組むべき重要な課題である[1]。

2.6.2 廃棄物処理法

廃棄物の排出を抑制し,適正な処理(分別,保管,収集,運搬,再生,処分など)方法を定め,生活環境の清潔を保持することによって,生活環境の保全と公衆衛生の向上を図ることを目標として,1970年の公害国会において制定された。正式名称は「廃棄物の処理及び清掃に関する法律」である。廃棄物の分類を図2.6.1に示す。

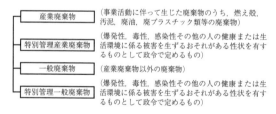

図2.6.1 廃棄物の分類(廃棄物の処理及び清掃に関する法律)

廃棄物処理法は,廃棄物をごみ,粗大ごみ,燃えがら,汚泥,ふん尿,廃油,廃酸,廃アルカリ,動物の死体その他の汚物または不要物であって,固形物または液状のものと定義している。また,事業活動に伴って生じた廃棄物のうち燃え殻や汚泥など20種類を産業廃棄物,これら以外の廃棄物を一般廃棄物と定めている。ただし,事業活動に伴って排出された廃棄物でも,20種類に入らなければ一般廃棄物とみなされる。これを事業系一般廃棄物と呼び,オフィスから出る紙ごみや段ボール,飲食店の残飯など,さまざまな種類がある。さらに,爆発性や毒性,感染性がある廃棄物などは特別管理廃棄物として厳重に管理されている。

一般廃棄物の処理責任は市町村にあり,自区内処理の原則や,排出者が適正処理とリサイクルに関する責任を負うべきとする排出者負担の原則(PPP)の考え方など,廃棄物処理にあたって必要な原理・原則を定めている。その上で,事業者,国・地方自治体,土地占有者などの責務を定めている。

一方,産業廃棄物の処理は,処理基準に従って排出事業者が自ら行うのが原則となっているが,許可を持つ業者に委託して運搬や処理処分を行わせてもよいことになっている。ただし,委託する場合は委託基準に従って書面で契約を交わし,産業廃棄物管理票(マニフェスト)の交付・保管などを行う必要がある。

〔1〕 特別管理廃棄物

人の健康または生活環境に係る被害を生ずるおそれがある性状を有するものを特別管理一般廃棄物または特別管理産業廃棄物として指定している。特別管理廃棄物の種類を表2.6.1に示す

特別管理廃棄物の処理にあたっては,特別管理廃棄物の種類に応じた特別な処理基準を設けることなどにより,適正な処理を確保している。また,その処理を委託する場合は,特別管理廃棄物の処理業の許可を有する業者に委託しなければならない。

〔2〕 ポリ塩化ビフェニル(PCB)廃棄物の処理体制

わが国は,中間貯蔵・環境安全事業株式会社を活用して,高濃度ポリ塩化ビフェニル廃棄物を全国5箇所(北九州,豊田,東京,大阪,北海道(室蘭))のPCB処理事業所において処理する体制を整備し,地元自治体の理解と協力により,その処理を進めている。また環境省は,都道府県と連携して,費用負担能力の小さい中小企業による処理を円滑に進めるための助成等を行う基金「PCB廃棄物処理基金」を造成した。

(a) 微量PCB汚染廃電気機器等の処理　微量PCB汚染廃電気機器等については,その処理体制の整備を推進しており,2016年3月末までに30の事業者が認定され,処理が進められている。また,使用中の微量PCB汚染廃電気機器等について,環境省および経済産業省は,「家電自然循環浄化法」において手順書を策定し,一定の要件を満たすトランスについての関係法上の取扱いを明確化した。

(b) PCB廃棄物処理計画の変更　PCB廃棄物処理の処理状況に遅れが生じていることを踏まえ,2014年6月6日にPCB廃棄物処理基本計画を変更した。これにより,高濃度PCB廃棄物の計画的処理完了期限については,全国5箇所でそれぞれ異なるが,2018年〜2023年末になる。

表2.6.1　特別管理廃棄物

区分	おもな分類		概要
特別管理一般廃棄物	PCB使用部品		廃エアコン・廃テレビ・廃電子レンジに含まれるPCBを使用する部品
	廃水銀		水銀使用製品が一般廃棄物となったものから回収したもの
	ばいじん		ごみ処理施設のうち，焼却施設において発生したもの
	ばいじん，燃え殻，汚泥		ダイオキシン特措法の特定施設である一般廃棄物焼却炉から生じたものでダイオキシン類を含むもの
特別管理産業廃棄物		感染性一般廃棄物	医療機関等から排出される一般廃棄物で，感染性病原体が含まれもしくは付着しているおそれのあるもの
		廃油	揮発油類，灯油類，軽油類（難燃性のタールピッチ類等を除く）
		廃酸	著しい腐食性を有するpH2.0以下の廃酸
		廃アルカリ	著しい腐食性を有するpH12.5以上の廃アルカリ
		感染性産業廃棄物	医療機関等から排出される産業廃棄物で，感染性病原体が含まれもしくは付着しているおそれのあるもの
	特定有害産業廃棄物	廃PCB等	廃PCBおよびPCBを含む廃油
		PCB汚染物	PCBが染み込んだ汚泥，PCBが塗布されもしくは染み込んだ紙くず，PCBが染み込んだ木くずもしくは繊維くず，PCBが付着・封入されたプラスチック類もしくは金属くず，PCBが付着した陶磁器くずもしくはがれき類
		PCB処理物	廃PCB等またはPCB汚染物を処分するために処理したものでPCBを含むもの
		廃水銀等	水銀使用製品の製造の用に供する施設等において生じた廃水銀または水銀化合物，水銀もしくはその化合物が含まれている産業廃棄物または水銀使用製品が産業廃棄物となったものから回収した廃水銀
		指定下水汚泥	下水道法施行令第13条の4の規定により指定された汚泥
		鉱さい	重金属等を一定濃度以上含むもの
		廃石綿等	石綿建材除去事業に係るものまたは大気汚染防止法の特定粉塵（じん）発生施設が設置されている事業場から生じたもので飛散するおそれのあるもの
		燃え殻	重金属等，ダイオキシン類を一定濃度以上含むもの
		ばいじん	重金属等，1,4-ジオキサン，ダイオキシン類を一定濃度以上含むもの
		廃油	有機塩素化合物等を含むもの
		汚泥，廃酸，廃アルカリ	重金属等，PCB，有機塩素化合物，農薬等，ダイオキシン類を一定濃度以上含むもの

出典：「廃棄物の処理及び清掃に関する法律」より環境省作成

〔3〕　ダイオキシン類の排出抑制

ダイオキシン類は，物の燃焼の過程等で生成される副生成物であり，ごみ焼却施設は主要な発生源である。廃棄物処理におけるダイオキシン類問題に対処するため，環境省では2001年3月に策定した「ダイオキシン対策推進基本指針」と「ダイオキシン類対策特別措置法」の二つの枠組みにより，ダイオキシン類対策を進めた。表2.6.2に示した2014年度におけるダイオキシン類の排出総量は，削減目標量を下回っており，すでに目標は達成されている。

2.6.3　循環型社会の形成に向けた取組み

わが国では，環境基本法を基に法体系の整備を進めており，循環型社会形成推進基本法，資源有効利用促進法および個別物品の特性に応じた個別リサイクル法などが策定されている。法体系を図2.6.2に示す。

〔1〕　2Rの取組みがより進む社会経済システムの構築

リサイクルより優先順位の高い，2R（リデュース（発生抑制），リユース（再使用））の取組みがより進む社会経済システムの構築を目指して，2015年度にイベントごみ削減に向けた条例制定や持続可能なフードバンクシステム構築を目指すモデル事業を実施し，システム構築に向けた課題の評価・分析を行った。さらに，食品廃棄物に関して，フードチェーン全体の改善に向けて，2015年8月から5業種について食品リサイクル法に基づく食品廃棄物等の発生抑制の目標値を追加し，併せて食品関連75業種のうち31業種の目標値を設定した。また，国全体の食品ロスの発生量について精緻な推計を実施し，2012年度における国全体の食品ロス発生量の推計値（約642万トン）を2015年6月に公表した。

〔2〕　使用済み製品からの有用金属の回収

小型電子機器等が使用済みとなった場合，大部分がリサイクルされずに埋立て処分されていたため，小型家電リサイクル法が2013年4月から実施された。2014年度にリサイクルされた使用済み小型電子機器等は，約5万トンであった。再資源化された金属を種類別にみると，鉄が約2万トン，アルミは約1500トン，金が約140 kg，銀が約1600 kg，銅が約1100トンとなっている。小型電子機器類にはレアメタルを含むものがあるため，レアメタル回収量の確保やリサイクル効率の向上を図る必要がある。

また，使用済み製品のより広域でのリサイクルを行うため，環境大臣の認可を受けた者については，地方公共団体ごとに要求される廃棄物処理業の許可を不要

表2.6.2 わが国におけるダイオキシン類の事業分野別の推計排出量および削減目標量

事業分野		当面の間における削減目標量〔g-TEQ/年〕	推計排出量		
			平成9年における量〔g-TEQ/年〕	平成15年における量〔g-TEQ/年〕	平成26年における量〔g-TEQ/年〕
1. 廃棄物処理分野		106	7 205～7 658	219～244	68
	(1) 一般廃棄物焼却施設	33	5 000	71	27
	(2) 産業廃棄物焼却施設	35	1 505	75	19
	(3) 小型廃棄物焼却炉等（法規制対象）	22	700～1 153	73～98	13
	(4) 小型廃棄物焼却炉（法規制対象外）	16			9.2
2. 産業分野		70	470	149	51
	(1) 製鋼用電気炉	31.1	229	80.3	22.1
	(2) 鉄鋼業焼結施設	15.2	135	35.7	10.6
	(3) 亜鉛回収施設（焙焼炉，焼結炉，溶鉱炉，溶解炉及び乾燥炉）	3.2	47.4	5.5	2.9
	(4) アルミニウム合金製造施設（焙焼炉，溶解炉及び乾燥炉）	10.9	31.0	17.4	8.2
	(5) その他の施設	9.8	27.3	10.3	6.8
3. その他		0.2	1.2	0.6	0.2
合計		176	7 676～8 129	368～393	119

〔注〕 1. 平成9年および15年の排出量は毒性等価係数としてWHO-TEF（1998）を，平成26年の排出量および削減目標量は可能な範囲でWHO-TEF（2006）を用いた値で表示した．
2. 削減目標量は，排出ガスおよび排水中のダイオキシン類削減措置を講じた後の排出量の値である．
3. 前回計画までは，小型廃棄物焼却炉等については，特別法規制対象および対象外を一括して目標を設定していたが，今回から両者を区分して目標を設定することとした．
4. 「3. その他」は下水道終末処理施設および最終処分場である．前回までの削減計画には火葬場，たばこの煙および自動車排出ガスを含んでいたが，今次計画では目標設定対象から除外した（このため，過去の推計排出量にも算入していない）．

出典：環境省「我が国における事業活動に伴い排出されるダイオキシン類の量を削減するための計画」（平成12年9月制定，平成24年8月変更），「ダイオキシン類の排出量の目録」（平成28年3月）より環境省作成

とする制度（広域認定制度）の運用により，情報処理機器や各種電池等の製造業者等が行う高度な再生処理による有用金属の分別回収を推進する必要がある．

〔3〕 水平リサイクル等の高度なリサイクルの推進

これまで進めてきたリサイクルの量に着目した取組みに加えて，社会的費用を減少させつつ，高度で高付加価値な水平リサイクルを推進する必要がある．このため，循環資源を原材料に用いた製品の需要拡大をめどに，循環資源を供給する産業とそれを活用する産業との連携が促進された．

ペットボトルに関しては，使用済みペットボトルからペットボトルを再生する「ボトルtoボトル」を推進するため，モデル事業等による有効性の検証，社会システム化に伴う環境負荷低減効果，社会的費用の削減効果の試算，事業実施地域以外での普及方策等の検証が行われている．

食品リサイクルに関しては，食品循環資源における廃棄物等の発生抑制・再生利用を促進するとともに，バイオマス活用推進基本計画における食品廃棄物の利用率の目標達成に向けて，地域特性に応じた利活用パターンや導入見込，ロードマップ等を踏まえ，市町村等による廃棄物系バイオマスの利活用を促進する取組みを支援している．さらに，食品関連事業者，再生利用事業者，農林業者，地方自治体のマッチングを強化するため，仙台市，さいたま市，名古屋市，宇部市の4箇所において，「食品リサイクル推進マッチングセミナー」を実施したほか，全国7箇所において，地方自治体の廃棄物部局担当者を対象とした各種リサイクル法に係わる説明会を開催し，食品リサイクル法に基づく食品リサイクルグループ認定事業への積極的な後押しが行われている．

2.6.4 欧州における資源効率と循環経済

欧州連合（EU）では，環境へのインパクトを最小化し，持続可能な形で地球上の限られた資源を利用し，より少ない資源投入で，より大きな価値を生み出すことを意味する「資源効率」をコンセプトに各種政策が進められている．これに関連して，EUでは2011年に策定された「資源効率的なヨーロッパに向けたロードマップ」を，さらに2014年には「循環経済に

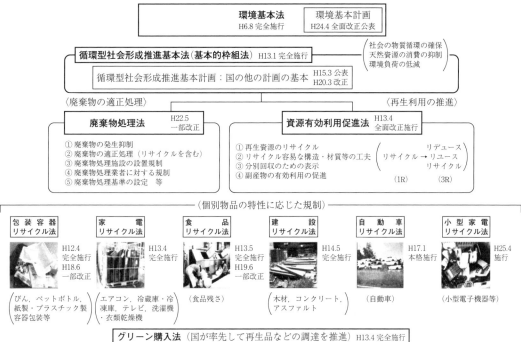

図2.6.2 循環型社会を形成するための法体系

向けて」という政策文書を策定し，これらをEUの資源効率等に関する施策の方針として示している。

循環経済の導入によってEUが目指す社会の特徴として，以下の4点が挙げられている．
1. 製品と資源の価値を可能な限り長く保全・維持し
2. 廃棄物の発生を最小限化することであり
3. 持続可能で低炭素かつ資源効率的で競争力のある経済を開発するためのEUの取組みに不可欠な貢献であり
4. EUの経済を転換させ，欧州の新しい持続可能な競争優位を作り出す．

循環経済は，実現に向けた行動計画と廃棄物法制の改正指令案から構成されている．具体的な取組み分野としては，エコデザインの推進，プラスチックなどの化学物質に関する対策，革新的なプロジェクトへの研究開発資金の投入および目標を持った行動の個別分野（プラスチック，食料，廃棄物，建設廃棄物など）などに加えて，肥料と水の再使用などの分野も含まれている．

〔1〕 廃棄物法制に関する改正指令案

改正指令案の具体的な内容は以下のとおりである．
1. 市町村の廃棄物の再利用を進めて，市町村の廃棄物リサイクル目標を2030年までに65%に増やす
2. 容器包装廃棄物の再使用を進め，リサイクル目標を増強する
3. 市町村の廃棄物埋立て率を2030年までに10%まで徐々に制限する
4. 食品廃棄物の再使用を含む発生抑制を促進するための新たな手段を導入する
5. 拡大生産者責任に関する，最適正の操業条件を導入する
6. リサイクル目標に関する測定順守のための早期警戒システムを導入する
7. 報告義務の単純化・合理化

〔2〕 行動計画

循環経済に向けた行動計画は，以下の八つの大項目で構成されており，バリューチェーンのそれぞれのステップでやるべきことを明確にしている．
1. 生産
2. 消費
3. 廃棄物管理
4. 再資源化
5. 重点分野
6. 研究開発と投資
7. 進捗評価
8. 結論

このうち，廃棄物管理に関しては，埋立ての削減，プラスチックリサイクルの促進，市町村の廃棄物のリ

サイクル強化が中心となっている。これら政策の背景として，①廃棄物対策は循環経済の中心であり，廃棄物階層（ヒエラルキー）が実現されているかどうかを決定付ける重要な取組みである，②リサイクル可能なものが埋立て・焼却となってしまう非効率なシステムは有害な環境影響や重大な経済損失の可能性がある，③物質回収を高いレベルで達成するためには，長期的なシグナルを送ることが不可欠である，などが挙げられる。

2.6.5 資源循環・バイオマス資源のエネルギー活用[2]

東日本大震災以降，分散型資源であり，かつ，安定供給が見込める循環資源や，バイオマス資源の熱回収や燃料化等によるエネルギー供給が果たす役割は，いっそう大きくなっている。そこで，おもに民間の廃棄物処理事業者が行う地球温暖化対策を推し進めるため，2010年度の廃棄物処理法の改正により創設された，廃棄物熱回収設置者認定制度の普及を図るとともに，廃棄物エネルギー導入・低炭素化促進事業を実施している。

バイオ燃料に関しては，バイオエタノールを3％混入したレギュラーガソリン（E3）の普及と併せて，バイオエタノールを10％混合した，より二酸化炭素排出削減効果が高いレギュラーガソリン（E10）の普及促進および供給体制の拡大整備を行っている。

農山漁村において豊富なポテンシャルを有する食品廃棄物や家畜排泄物等に由来するバイオガスを活用し，広く地域で利用する資源循環利用モデルを構築するため，バイオガス製造・供給技術等に関して，二酸化炭素削減効果や事業性等について実証するためのモデル事業を実施した。さらに，未利用間伐材等の木質バイオマスの供給・利用を推進するため，ペレット製造設備や木質ペレットボイラ等の整備を支援している。また，未利用木質バイオマスを利用した発電，熱供給または熱電併給の推進に向けた調査も行っている。

このほかにも，廃食用油の利活用，セルロース系バイオマスからのエタノール製造の技術開発，下水処理場を地域のバイオマス活用の拠点としたエネルギー回収事業についても積極的に支援している。

〔安田憲二〕

引用・参考文献

1) 平成28年度　環境白書
2) 環境省大臣官房廃棄物・リサイクル対策部　企画課循環型社会推進室，日本の廃棄物処理・リサイクル技術—持続可能な社会に向けて—2013年12月改訂版

2.7 地盤沈下

2.7.1 地盤沈下とは

「地盤沈下」という用語は，社会的にはいろいろな意味で認知されている。例えば，東日本大震災を引き起こした2011年の東北地方太平洋沖地震（Mw 9.0）では，地殻変動によって三陸沿岸が大きく沈降し，この現象に対して地盤沈下という語が用いられることもある。このため，本項では環境保全分野に限定した意味での地盤沈下について解説する。

環境保全基本法第二条において，地盤沈下は公害の一つとして取り上げられ，公害自体は「事業活動その他の人の活動に伴って生ずる相当範囲にわたる大気の汚染…（中略）…，地盤の沈下（鉱物の掘採のための土地の掘削によるものを除く。）によって，人の健康又は生活環境に係る被害が生ずることをいう」と定義されている。公害の地盤沈下（以下，地盤沈下）は，より具体的には，事業活動等に伴う，主として過剰な地下水採取によって地下の粘土層などが収縮することで生じる現象とされる。

2.7.2 地盤沈下の歴史

地盤沈下は戦前から知られていた現象である。1923年の関東大地震後に実施された水準測量の結果，東京の江東地区にあった複数の水準点が大きく沈下していたことが判明した。当初は，大地震に伴う地殻変動の一種と考えられたようであるが，その後も著しい沈下は続く。そして，日本各地での繰返し水準測量の結果，1920年代後半（昭和初期）には大阪でも同じような現象が報告されることになる。このような現象と時をほぼ同じくし，日本の近代化の進展により，これらの異常沈下地域では工業用などの地下水の需要が急増していた。

この時期，水準測量によって各地で沈下現象の発見があり，その後も現象はモニタリングされ，また原因究明に向けた調査研究も行われた。そして「地塊運動（地殻変動の一種）」，「建物の重量による地盤の変形」などといった，いくつかの原因説が出された。このような中で，地下水位の状況と沈下量の関係から，この原因が地下水の過剰くみ上げにあると看破したのが和達清夫博士（1902〜1995年）である。

1940年には和達博士は，地盤沈下の速度と地下水圧の関係を定量的に明らかにして，地下水過剰くみ上げ説をいっそう強固なものとした。しかし，速やかに，その説が世の中に受け入れられたわけではなかった。やがて日本は太平洋戦争に突入することになる。戦

争後半には，たび重なる空襲などによって，東京や大阪などの都市部の産業，特に工業は大きな打撃を受ける。それとともに地下水のくみ上げ量も激減した。すると，地盤沈下の進行も収まってきた。つまり，この「壮大な実証実験」の結果，図らずも和達博士の説が検証された形となったのである。

終戦直後には地盤沈下は収まっていたが，戦後の復興期に入ると再び地下水の需要が急増し，地盤沈下が著しくなった。しかし，地盤沈下の原因が明らかになれば，対策は可能である。東京や大阪などでは，1950年代後半から法律による地下水揚水の規制や代替水源の開発が始められ，1970年代後半までには大都市部での地盤沈下は沈静化に向かった。その間，1959年には伊勢湾台風によって，地盤沈下で拡大した濃尾平野のゼロメートル地帯で未曾有の被害を受けるという大災害もあった（**図 2.7.1** 参照）。

看板から，台風時に満潮位をはるかに超えるところまで水位が来ていたことがわかる。

図 2.7.1 伊勢湾台風の水位（濃尾平野）

その後，例えば大都市近郊（関東平野北部など）や農村地域（佐賀平野など），あるいは積雪地域などで著しい地盤沈下が認められるようになった。積雪地域の地盤沈下は，消融雪用の地下水くみ上げによるものである。

最近では，各種の地盤沈下対策が功を奏して，後述のように広域での著しい沈下はほとんど見られていない。

2.7.3 発生機構のモデル

ここでは現在考えられている地盤沈下発生モデルについての概要を説明する。

地盤沈下は，低地などの軟弱な地盤地域における過剰な地下水採取によって地層が収縮して地面が下がる現象である。地下水は，雨水や河川の水が地下にしみ込むことによってまかなわれるが，この供給量以上に地下水をくみ上げると，帯水層中の地下水圧が低下する。そして，この地下水圧の低下が地層を収縮させる原因となる。このとき，地下水圧の低下によって大きく収縮する地層はこの帯水層とは別の層である。

帯水層は一般に砂礫層であり，地下水をある程度抜いてもそれほど大きくは縮まない。その一方で地下には，砂礫層と互層する形で粘土層を挟むことが普通である。やや模式的な見方になるが，これらの層が相互に重なり合って低地などの地盤が形成されている。

地盤沈下で問題となる地層は粘土層の方である。大量の揚水によって砂礫層の地下水圧が大きく低下すれば，粘土層の方も少なからぬ影響を受けることになる。具体的には，砂礫層で不足した水を補うように，粘土層中にある水が砂礫層の方へ排出される。この結果，粘土層は収縮する（**図 2.7.2** 参照）。問題なことに，一度収縮した粘土層は，たとえ砂礫層中の地下水圧が回復してもほとんど膨らまない。

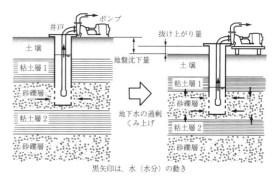

地下水の過剰くみ上げで，粘土層1と粘土層2が収縮して，地盤沈下が生じる。地盤沈下量は，粘土層1と粘土層2の収縮量，井戸の抜け上がり量は，粘土層1の収縮量である。

図 2.7.2 地盤沈下の発生機構

水分を多く含んだ粘土層が厚く堆積した地域（海に面した低地であることが多い）において，地下水を大量にくみ上げれば，地面は大きく沈下していくことになる。そして，一度沈下すれば元に戻ることはない。

2.7.4 地盤沈下の影響と危険要素

広い地域が全体的に沈んでいく地盤沈下は，直接目に見えるものではない。上述の水準測量を実施して，

初めて判明する場合が多い。しかし、地盤沈下が著しく進行すると、その影響は目に見えてくる。

地盤沈下が進み、図2.7.2のように地下で粘土層が収縮すれば、例えば井戸のような構造物は抜け上がってくる。**図2.7.3**は、東京都東部の低地における抜け上がった井戸である。記録によると、これは1938年に掘り抜かれたもので、その後地下60 mの固い地盤まで掘り下げられた。1960年代には、年によっては5 cm以上の沈下があったことが鉄管に記された目盛（白いライン）からわかる。井戸の手押しレバーはすでになくなり鉄管も腐食、損傷が進んでいるが、かつて激しい地盤沈下が進行したことを後世に残すため、この井戸は葛飾区の有形文化財に指定されている。

図2.7.4 濃尾平野の農業用井戸

地盤沈下は、災害の被害を助長、拡大させる危険性も内在している。例えば海岸に面した低地の沈下によって、かなり広大なゼロメートル地帯が形成されることがある（**図2.7.5**参照）。このような土地は高潮や津波災害に対して非常に脆弱なものとなる。この対策には防潮堤の整備など莫大な費用がかかる。

図2.7.3 東京都東部低地の井戸

農村部においては農業用の井戸が抜け上がった。**図2.7.4**は濃尾平野で見られる井戸の抜け上がりである。写真右側の白いパイルの上端にある、さびた鉄板がもともと地面に接していたが、いまでは1 m以上抜け上がっている。

建物の基礎杭も井戸と同様である。基礎杭が地下深く打ち込んであれば、その間の粘土層が収縮することにより、建物が抜け上がってくる。このようになると、建物の美観を損なうだけではなく、建物自体の強度低下も懸念される。ある地盤沈下地域では、激しい沈下のために建物の土台と地面との間に大きな隙間ができてしまい、本来2階建てだった建物を3階建てのように使っていた事例もあった。[1]

ゼロメートル地帯であること示すと同時に
地盤沈下防止を啓発する説明板でもある。

図2.7.5 濃尾平野のゼロメートル地帯

2.7.5 全国およびおもな地盤沈下地域の状況

地盤沈下の状況を監視するために、毎年全国各地で水準測量などが実施され、環境省においてとりまとめられている[2),3)]。

2015年度に水準測量が実施された地域は23都道府県34地域であり、いくつかの地域で年間沈下量として2 cmあまりを記録している（**図2.7.6**参照）。ただ

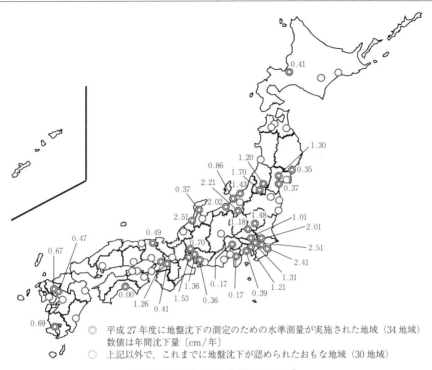

◎ 平成27年度に地盤沈下の測定のための水準測量が実施された地域（34地域）
　数値は年間沈下量〔cm/年〕
○ 上記以外で，これまでに地盤沈下が認められたおもな地域（30地域）

図2.7.6 2015年度の地盤沈下の状況[2]

し，このような水準測量の結果については，地域によって2011年の東北地方太平洋沖地震を起因とした地殻変動の影響があると推測される場合もあり，注意が必要である（水準測量を実施した地方公共団体によれば，1県2地域で「地震による影響がある」，11道県12地域で「影響があるかどうかわからない」とされる）。

代表的な地域の地盤沈下の経年的変化は**図2.7.7**に示すとおりであり，地盤沈下が著しかった1950年代から1960年代と比べて最近は落ち着いている。図2.7.7からは，地盤沈下が太平洋戦争中にほぼ収まっていること，工業用水法などの地下水揚水規制が地盤沈下の防止に役立っていることなども見てとれる。

地盤沈下地域の面積の経年的変化（1978〜2013年）も**図2.7.8**のように集計されている。この図からわかるように，最近では沈下面積はかなり落ち着いている。しかし，1994年度には大渇水で地下水需要が急増し，一時的に地盤沈下が増加した可能性があり，引続きの注意が必要である。なお，最新の集計では，2013年度に年間2cm以上沈下した地域は4地域であり，その面積は0.8 km^{2}とされる。

以下では，全国の地盤沈下地域の中でも各種用途の地下水揚水によって深刻な地盤沈下に見舞われ，地盤沈下防止等対策要綱地域として対策がとられている

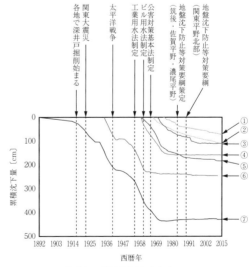

① 南魚沼（新潟県南魚沼市余川）
② 筑後・佐賀平野（佐賀県白石町遠江）
③ 九十九里平野（千葉県茂原市南吉田）
④ 濃尾平野（三重県桑名市長島町白鶏）
⑤ 関東平野（埼玉県越谷市弥栄町）
⑥ 大阪平野（大阪市西淀川区百島）
⑦ 関東平野（東京都江東区亀戸7丁目）

図2.7.7 代表的な地域における地盤沈下の経年的変化[2]

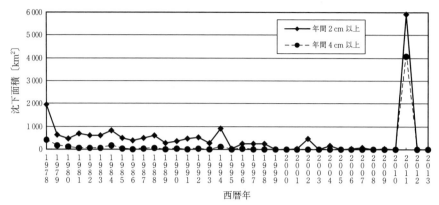

2011年度は東北地方太平洋沖地震による影響があると考えられる地域の沈下面積を含む。

図 2.7.8　地盤沈下した地域の面積の経年的変化[3]

「関東平野北部」,「濃尾平野」,「筑後・佐賀平野」の状況について紹介する。「地盤沈下防止等対策要綱」は，地盤沈下を防止し地下水の保全を図ることを目的に，地域の実情に応じた総合的な対策を推進するため，地盤沈下防止等対策関係閣僚会議において地域ごとに策定されたものである。

〔1〕**関東平野北部**

この地域の地盤沈下は1960年代前半から埼玉県南部で見られるようになり，その後埼玉県北部，茨城県西部，千葉県北西部，群馬県南部や栃木県南部に拡大した（図2.7.9参照）。埼玉県越谷市では1960年代半ば以降の沈下量が約1.8 mに達している。

この地域における2015年度の最大沈下量は，栃木県野木町において記録された1.48 cmである[4]。

関東平野北部地盤沈下防止等対策要綱は1991年に決定され，要綱の対象地域を保全地域と観測地域に分け，保全地域の地下水採取目標量を年間4.8億 m^3 と定めて対策が進められている。

〔2〕**濃尾平野**

この地域の地盤沈下は，1959年の伊勢湾台風による甚大な被害で注目されるようになった。その後も沈下は観測され，1970年代にかけて著しく進行した（図2.7.10参照）。特に三重県桑名市長島町においては，1961年以降の累積沈下量は約1.6 mに達している。

この地域における2015年度の最大沈下量は，三重県桑名市多度町において記録された1.5 cmである[5]。

濃尾平野地盤沈下防止等対策要綱は，1985年の決定後，1995年に一部改正された。同要綱では，対象地域を規制地域と観測地域に分け，規制地域での地下水採取目標量を年間2.7億 m^3 と定めて対策が進められている。

〔3〕**筑後・佐賀平野**

この地域の地盤沈下は，1960年代に確認され，その後も沈下が続き，特に1978年や1994年のような渇水時に大きく沈下した（図2.7.11参照）。佐賀県白石町においては，1970年代中頃以降の累積沈下量は1 m以上に達している。

この地域における2015年度の最大沈下量は，佐賀県佐賀市において記録された約0.7 cmである[6]。

筑後・佐賀平野地盤沈下防止等対策要綱は，1985年の決定後，1994年に一部改正された。同要綱では，対象地域を規制地域と観測地域に分けている。規制地域での地下水採取目標量は，佐賀地区と白石地区でそれぞれ年間600万 m^3 および年間300万 m^3 と定めて対策が進められている。

以上の要綱地域については，2015年2月に開催された「地盤沈下防止等対策要綱に関する関係府省連絡会議」において，これまでの取組みにより地盤沈下も沈静化の傾向に向かっているものの，一部の地域ではいまだ進行が認められること，また渇水時の短期的な地下水位低下による進行のおそれもあり，引続きの取組みが必要とされ，地下水採取目標の継続や関係する調査・研究の推進などが決定された[7]。

2.7.6　地盤沈下の対策

地盤沈下の諸対策を進める上では，地盤沈下量や地下水揚水量などの実態を適時適切に把握すること，つまりこれらの監視が出発点となる。このような監視を行うことによって，地域の地盤沈下が理解でき，またそれを踏まえた地下水の採取規制や各種の対策事業などを実施できることになる。

〔1〕**地盤沈下の監視**

2005年に環境省は，地方公共団体が地盤沈下の監

2. 環 境 安 全

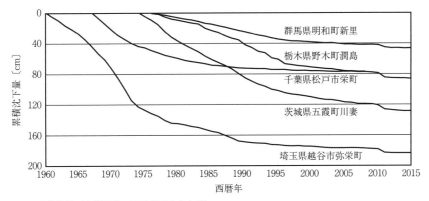

千葉県松戸市栄町は，2009年度より欠測。
2011年度の沈下量については，東北地方太平洋沖地震の影響があるものと考えられる。

図 2.7.9 関東平野北部における地盤沈下の経年的変化[2]

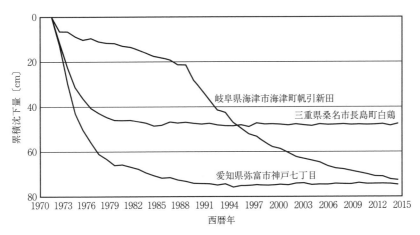

図 2.7.10 濃尾平野における地盤沈下の経年的変化[2]

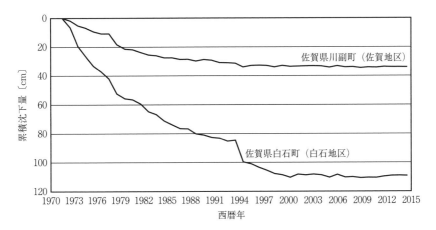

図 2.7.11 筑後・佐賀平野における地盤沈下の経年変化[2]

視を適切に行っていくためのガイドラインを策定して公表した[8]。以下，このガイドラインに従って地盤沈下の監視について概説する。

ガイドラインでは，地盤沈下の監視は，観測項目として，地盤高，地下水位，地盤収縮量，また調査項目として，地質調査，揚水量調査を標準としている。

（a）地盤高の観測 地盤高の観測，つまり標高を測る水準測量は，地盤沈下の状況を直接的に知ることができるものであり，同一地点（水準点）を経時的に観測することが重要である。観測範囲は，地盤沈下の全容がわかるよう，できるだけ広い範囲で観測することが望ましい。

水準測量の実施にあたっては，水準点の配置については対象地域を網羅できるように$1\,km^2$に1点の密度で設けること，観測頻度は年1回，毎年同時期に観測することを標準とする。観測の精度は，国土交通省公共測量作業規程（測量法第33条に基づくもの）で定める一級水準測量の精度が原則である。

（b）地下水位の観測 地盤沈下のおもな原因は，地下水位低下による粘土層の収縮であり，地下水位の状況を把握することは対策を考える上で重要である。地盤沈下が生じている地域，発生するおそれのある地域などが観測対象となる。観測は，観測井の水面の高さを測定する。

観測の実施にあたっては，地下水の変動状況を面的に把握できるように観測井を配置し，地盤沈下の実態と比べられるよう水準点近傍に設置することが望ましい。地下水は複数の帯水層に帯水していることから，各層の変動状況が把握できるように配慮し，少なくとも地下水の利用が行われている層までの状況を把握する。観測は自記記録計により連続的な計測を標準とする。テレメータシステムなどによるリアルタイムでの監視も望ましい。観測精度は，±1.0 cm以内とする。

（c）地盤収縮量の観測 地盤沈下は，おもに粘土層の収縮に起因するものであり，この収縮量を地盤沈下計によって観測することは対策を考える上で重要である。

図2.7.2を使って地盤沈下計による観測の原理を説明する。この図の井戸の抜け上がり量は，井戸が貫く粘土層1の収縮量とほぼ等しいものである。したがって，いろいろな深さの井戸を使うことで，それらの抜け上がり量から，各深度にある粘土層の収縮量がわかることになる。このような抜け上がり現象を利用して地下にあるそれぞれの粘土層の収縮量を測定することが地盤沈下計の原理である。

観測範囲は，地盤沈下の状況を面的に把握できるようにできるだけ広範囲とし，また粘土層の存在位置に留意して，各粘土層別に収縮状況を把握する必要がある。

地盤沈下計を設置する観測井の配置は，既存の資料を調査し，地質構造や帯水層状況から地盤沈下のおそれのある地層（粘土層）を想定して行う。また，地盤沈下量や地下水位との関係を明確にするため，水準点や地下水位の観測井の近傍に設置する。観測の頻度は自記記録計により連続的に計測することを標準とし，観測精度は±1.0 mm以内とする。

（d）地質調査 地盤沈下の原因究明には，地層の状況や性質などを把握することが重要であり，このためには地盤沈下地域などでボーリングや各種の試験などを実施する必要がある。

具体的には，地質踏査による地層の状況の把握，あるいはボーリングやボーリング孔を利用した各種の原位置試験（土粒子の比重，含水比，粒度分析，透水試験，圧密試験など）により行う。調査深度は，地下水揚水により地層が生じる，ないし生じるおそれのあるところまでとする。原位置試験やサンプル試料の土質試験の調査精度は，日本工業規格等により定められているものは，それに準じるものとする。

（e）揚水量調査 地盤沈下は，おもに地下水の過剰くみ上げによる粘土層の収縮に起因するものであり，その対策などには地下水揚水量を把握する調査が必要となる。地下水は，工業，上水道，農業，建築物など多様な用途で利用されているため，用途別に揚水量を把握することが重要である。

調査内容は，揚水施設の数，目的，揚水能力，ストレーナ（井戸で帯水層に置かれた小さな穴が多数あいた部分であり，この穴から井戸の内側に水が入ってくる）の位置などを把握した上で，各施設の揚水量を把握する。各帯水層別の揚水量を集計できることが望ましい。調査の具体的な方法としては，各利用者の水量測定器の結果に基づいたり，アンケート調査方式などがある。調査頻度は月1回程度の，できるだけ即時の情報収集が望ましい。ただし，調査地域の状況を考慮し，過度の負担にならないように注意する必要がある。

以上が地盤沈下の監視に関する標準的な観測項目とその概要である。その一方で，一部の観測については新しい技術の導入も指摘されている。ガイドラインにおいても，GPSなどのGNSSによる電子基準点を用いた測量（測位衛星による測量）を例に挙げて，地盤高の観測について，これまでと同様の精度や成果が得られるのであれば，新しい観測技術の導入ないしは併用を認めている。

地面の動きを面的に把握できる新しい技術として，

人工衛星に搭載された合成開口レーダ（synthtic aperture radar, SAR）が注目されている。二時期に観測されたレーダ画像データを干渉処理することで，その間の地面の動きを捕らえる技術であり，干渉SARと呼ばれる。国土地理院のホームページ（http://www.gsi.go.jp/）において，技術の概要やこれまでに捕らえた地面の動きが紹介されている。このような成果の中には，地盤沈下を捕らえたものもあり，今後，地盤沈下の監視における干渉SARの利用が期待される。なお，環境省では2017年3月に，地方公共団体の地盤沈下監視体制の維持・向上に役立てるため，干渉SARの利用を内容とした「地盤沈下観測等における衛星活用マニュアル」をとりまとめ，ホームページ（https://www.env.go.jp/water/chikasui_jiban.html，2019年2月現在）で公開している。

〔2〕 地下水採取規制

以上のような地盤沈下の監視を踏まえて，地盤沈下防止のために必要な対策がとられる。地盤沈下防止対策の中で，地下水の採取規制は柱の一つとなるものである。わが国では，地盤沈下防止等を図るため「工業用水法」，「建築物用地下水の採取に関する法律」という法律により，地下水の採取が規制されている。

工業用水法は，地下水の採取により地盤沈下が発生し，工業用として地下水の利用が多いなどの地域（工業用水道の整備が前提）から規制地域を指定して，一定規模以上の工業用の井戸について許可制にすることで，その防止を図っているものである。現在までに，東京都，愛知県，大阪府などの10都府県17地域において，その規制地域が指定されている。

建築物用地下水の採取に関する法律は，地下水の採取により地盤沈下が発生し，それに伴って高潮などの災害が起こるおそれがある地域について地域指定して，一定規模以上の建築物用井戸について許可制にすることで，その防止を図っているものである。現在までに，東京都，埼玉県，大阪府などの4府県4地域において，その規制地域が指定されている。

図2.7.7の経年的変化グラフを見ると，工業用水法などが制定されたしばらく後から，東京や大阪での激しい地盤沈下は収束しており，このような規制が有効であることがわかる。

このほか多くの地方公共団体においても，地下水採取に関する条例等を定めて，防止対策を進めている。

〔3〕 地盤沈下対策事業

地盤沈下対策関連の事業としては，地下水から表流水への水源転換のための代替水の確保・供給事業がある。このほか地盤沈下により生じた被害の復旧事業や洪水や高潮などに対処するための防災対策事業もある。国や関係する地方公共団体などは随時これらの事業を実施している。

地盤沈下防止等対策要綱が定められた関東平野北部などにおいては，このような対策事業は，地盤沈下の監視などを含めた総合的な対策の一環として推進されている（2.7.5項も参照のこと）。

〔4〕 地盤沈下防止の意識啓発

関係する国の機関や地方公共団体は，地盤沈下防止の意識啓発を図ることを目的に，地盤沈下の状況や地下水採取規制の情報などをホームページにおいて公表している。また，地方公共団体によっては，図2.7.5のようにゼロメートル地帯において，地盤沈下防止を啓発するための説明板を設置したり，地盤沈下への警鐘として図2.7.3のように抜け上がった井戸を文化財に指定したりしている。

（小白井亮一）

引用・参考文献

1) 地盤沈下防止対策研究会，地盤沈下とその対策，白亜書房（1990）
2) 環境省，平成27年度全国の地盤沈下地域の概況，平成28年12月
   http://www.env.go.jp/water/jiban/gaikyo/gaikyo27_170228.pdf（2019年1月現在）
3) 環境省，平成25年度全国の地盤沈下地域の概況，平成26年12月
   http://www.env.go.jp/water/jiban/gaikyo/gaikyo25.pdf（2019年1月現在）
4) 関東地区地盤沈下調査測量協議会，関東地域地盤沈下等量線図，平成27年1月1日～平成28年1月1日
5) 東海三県地盤沈下調査会，平成27年における濃尾平野の地盤沈下の状況，平成28年8月
6) 環境省，全国地盤環境情報ディレクトリー
7) 国土交通省，地盤沈下防止等対策要綱に関する関係府省連絡会議の結果について，平成27年2月
8) 環境省，地盤沈下監視ガイドライン，平成17年6月
   このほか，国土交通省ホームページの地盤沈下防止等対策要綱のサイト，国土地理院ホームページの干渉SARサイト，栃木県，埼玉県，東京都，葛飾区，新潟県，愛知県，佐賀県などのホームページにおける地盤沈下に関わるサイト

3. 防　　　　災

3.1　災害多発時代の防災・減災・縮災

3.1.1　防災・減災・縮災への進化

　明治以降，わが国における災害対策が歴史的に変わってきたので，その内容を要約して，最初に結論を示しておこう。なお，**表3.1.1**は，災害をきっかけとしてどのような対策が実施されてきたかをまとめたものである。

表3.1.1　明治以降の自然災害の発生状況

時代区分	西暦年	天　変 (A, B)	地　変 (A, B)
明治	1868～1912	0.35, 3	0.09, 2
大正	1912～1926	0.43, 1	0.14, 2
昭和前期	1926～1946	0.65, 3	0.4, 6
昭和中期	1947～1966	1.55, 6	0.1, 1
昭和後期	1967～1986	0.5, 0	0.05, 0
昭和・平成	1987～2013	0, 0	0.11, 2

〔注〕　A：死者100人以上の災害の年間発生割合（分母：発生数）
　　　　B：死者千人以上の巨大災害発生数

〔1〕　**明治以降，太平洋戦争敗戦頃まで（1867～1945年）** ——自然外力の大きさが被害を決めた時代——

　1896年河川法が施行され，連続堤防方式による治水が採用された。川の上流に降った雨は，できるだけ早く海に流すという思想である。内務省からフランスに派遣された留学生が持ち帰ったものである。この考え方は，1977年の総合治水対策の策定まで続く。一方，地震については，1923年関東大震災を経験して，コンクリートやレンガ造の建物を作る場合，建物の重さの0.1倍の荷重が水平方向に働くとして設計する建築基準法が施行された。この時代は，自然外力の大きさ，例えば台風の風雨の強さや地震の揺れの大きさが，被害の大きさを一義的に決めた。社会の防災力がほとんど期待できない時代であった。国際的には，現在，最貧国と呼ばれる途上国がこの状態である。

〔2〕　**戦後から東日本大震災頃まで（1945～2011年）**
　　　——防災が実現できると考えていた時代——

　まず，1945年枕崎台風から1959年伊勢湾台風の約15年継続した災害の特異時代から始まった。そこでは，毎年のように災害による犠牲者が千人を超過する時代であった。一方，関連する科学技術が急速に応用された時代であり，これを駆使すれば被害をゼロにできるという自負心が工学関係の技術者や研究者に芽生えた時代でもある。したがって，災害による被害をゼロにできる（防災）と錯覚した時代でもあった。1962年施行の災害対策基本法でも，第1条で防災を目標とすることが明記されている。

〔3〕　**東日本大震災から国土強靭化基本計画まで（2011～2013年）**
　　　——減災を認識した時代——

　1990年を初年度とする国際防災の10年（International Decade for Natural Disaster Reduction）は，国連でわが国とモロッコが共同提案して全会一致で採択された。この reduction をわが国では防災と翻訳したので，筆者は当時，災害対策を所管する国土庁防災局に対して，「減災」と訳すように助言したが，「わが国の防災は減災を含んでいる」という考えで訂正されなかった。しかし，東日本大震災が起こり，官邸に設けられた東日本大震災復興構想会議で，今後のわが国の災害対策をどのように変えるかという議論で，筆者が主張した「減災」が満場一致で採択された。減災は，災害に強い施設や構造物，建築によるハード防災を主体とするが，それを補う，情報を中心としたソフト防災の援用を加えて，被害軽減や被害抑止を実現することが内容となっている。

〔4〕　**国土強靭化基本計画以降（2014年～）**
　　　——減災から縮災へと発展する時代——

　東日本大震災後，災害対策基本法は2度にわたり改正されたが，そこで第1条が防災から減災に正式に変更された。ただし，東日本大震災後に，この巨大津波が想定外だったことや福島第一原子力発電所の事故が発生したことから，想定外も起こり得ると考えた対策が必要との認識が高まった。そして，2005年に神戸で開催された第2回国連世界防災会議で採択された2015年までの国際公約である Resilient Society の実現に対するわが国の進捗状況が問題となり，その結果，2014年6月に政府は，国土強靭化基本計画を国会で成立させた。国土強靭化とは「National Resilience」の和訳であるが，ここでいう国土とは政府から家庭ま

での私たちのコミュニティを指す言葉である。それを国土と訳したために，国民運動としての展開が困難となっている。筆者は，Disaster Resilience を縮災と訳し，図3.1.1のように，減災プラス回復力を期待するという意味で，図中のグランドピアノの蓋の形状が示す総被害を縮小することを目標とする災害対策を進めることを主張した。すなわち，縮災は，災害前の日常防災による減災と災害後の復旧・復興を早めるというスピード感覚を重視する政策で構成される。

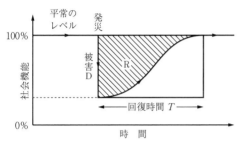

図3.1.1 減災に回復力を考慮した縮災

このように，わが国の自然災害の対策は，対策がなかった，あるいはその効果がなかった時代から，太平洋戦争後，防災，減災，縮災へと進化してきた。

3.1.2 新たな段階に入った災害

ここでは，最近起こった三つの災害を取り上げて，それらがこれまでにない被害の特徴を持っており，縮災対策が必要なことを示そう。それがわからないと，従来の減災対策から新しい縮災対策に変える必要があることが理解できないからだ。

〔1〕 2015年茨城・鬼怒川の氾濫

9月9日，台風18号は日本海中部にあり，温帯低気圧に変化しつつあった。この温帯低気圧と約2 000 km東南東の太平洋上にあった中心気圧975 hPaの台風17号，そして蛇行する偏西風の組合せが南北方向に線状降水帯を形成し，それが鬼怒川水系に豪雨をもたらしたのである。10日早朝には栃木県と茨城県には大雨が降っており，いずれも特別警報が発令される事態となった。結果的には，流域面積約1 700 km^{2}に約6.5億トンの雨が降り，利根川との合流点から約20 km付近の複数箇所の堤防が決壊や越水のために氾濫災害が発生した。常総市の約4千人の住民が浸水家屋に取り残され，そのうち約1 300人がヘリコプターで救出された。

従来の豪雨は，川の上・中流部の中山間地に降り，これをダムや遊水地などの治水施設で制御し，下流の氾濫を食い止める，あるいは軽減するというのが治水対策の基本であった。しかし，アメダスの記録を見る限り，今回は下流から豪雨が降り出しており，市街地の雨水の河川へのポンプ排水も重なって，下流水位が高くなるという現象が発生した。つまり上流からの洪水が流れにくくなるという現象が発生した。一方，上流の四つのダム群は，従来の出水を想定して放流を行い，下流の破堤・越水が生じた頃には，洪水調節能力がまだ約30％の余力があったことがわかっている。つまり，雨の地域的な降り方が従来になかったパターンであり，対処できなかった理由がそこにある。

人的被害は，死者2名，負傷者40名と，氾濫の規模に比べて少なかったが，これは救出のための好条件がそろったからである。これからは地球温暖化の影響の下で，雨の降り方が変わるという認識が必要なことを示唆する水害であった。かつて，1986年に鬼怒川と平行して東側を流れる小貝川が破堤氾濫したことがあった。特に高齢住民の多くはそれを覚えていて，その経験が氾濫を軽く見ることにつながったともいえよう。

〔2〕 2016年熊本地震

熊本県益城町では，4月14日に震度7の揺れを経験し，その28時間後の16日に再び震度7を経験した。また，6箇月後の10月中旬までに，震度1以上の揺れが4 000回以上発生するという異常な経験をした。この震災では，政府は，被災地の要請を待たずに，佐賀県鳥栖市の救援拠点に262万食を届けるというプッシュ型の支援を積極的に行った。しかし，仮に将来，首都直下地震や南海トラフ巨大地震が発生すれば，この10倍以上も被災地に届けなければならず，到底，太刀打ちできないことがわかった。

この震災でわかったことは，活断層が起こす地震の特性が，あまりよく理解されていないということであって，地震学が明らかにした事実は，例えば長周期パルスのようにそのごく一部に過ぎないということである。この事実は，今後起こる地震災害において，私たちが未経験な起こり方をする地震に遭遇することが起こり得るということである。地球温暖化が，温室効果ガスの過剰排出という人為的な原因で起こっているのに対し，地震は，私たちの地震に関する知識が不十分であるがゆえに，その起こり方を初めて経験するという形で，新たなステージに入ったという認識が必要となっている。

〔3〕 2016年岩手・小本川の氾濫

この豪雨をもたらした台風10号は，気象庁が台風に関する統計を取り始めた1951年以降，東北地方の太平洋側から上陸した初めての台風であった。小本川が氾濫した岩泉町では，1時間雨量70.5 mm，3時間雨量138 mmという同地での既往最大を記録した。こ

の台風によって，北海道と東北地方で合わせて22名が犠牲になったが，その内の9名は社団医療法人「フレンドリー岩泉」の高齢者グループホーム「楽ん楽ん」の屋内で犠牲になった。その直接の原因は施設管理者が避難準備情報の意味をよく理解しておらず，避難しなかったことが挙げられる（その後，これは避難準備・高齢者等避難開始と改められた）。しかし，この施設の設置認可した，国，岩手県，岩泉町そして痴ほう症の高齢者を施設に預けている家族それぞれに一定の責任があるという複合被災（compound vulnerability）で起こったという認識が重要である。

これまで，減災では部分最適，全体調和を目指すという目標があったが，"調和"というあいまいな表現の間隙で被害が発生したことを考えると，縮災の"全体最適"を目指す必要があることが示された。

3.1.3 これからも進む地球温暖化による異常気象と未経験な起こり方をする地震の発生

わが国にはおよそ1500年以上前から，災害の歴史が古文書で記載されている。犠牲者が千人程度以上の巨大災害の発生を調べてみると，99回起こっており，約15年に一度の割合で起こってきたことになる。それぞれ20数回発生した地震，津波，洪水，高潮がわが国の主たる巨大災害である。この天変地異が明治以降どうなったかを調べてみた。その結果，表3.1.1に示したように，一つの災害で約千人以上死者が発生した災害は，天変（風水害）と地変（地震，津波，火山噴火）について，いずれも13回である。つまり，約6年に1回は巨大災害が起こってきたことになる。一方，1災害で犠牲者が100人を超える中小災害は減少し，1995年阪神・淡路大震災，2011年東日本大震災および2018年平成30年7月豪雨災害を除いて，1994年以降，25年以上起こっていないことがわかる。つまり，わが国は中小災害に対して防災・減災力が向上したといえる。したがって，地変で被害が経年的に大きくなっているのは，地震や津波のエネルギーが大きくなったのではなく，昔に比べて活断層の近くやプレート境界地震の揺れと津波に襲われる地域の人口が激増したことが最大の理由である。その典型例が，2011年東日本大震災である。天変の場合の被害拡大は，それだけではない。外力となっている大雨の頻度が増え，台風の規模が確実に大きくなっているのである。その主因は，温室効果ガスの増加による地球温暖化である。

難しいのは，このガスの排出規制がいまだ世界各国で合意されていないことだ。そして，このまま放置すれば，風水害は確実に増えるだけでなく，とんでもない超大型台風が発生し，想像を絶する大雨が降りかねない。省エネの社会づくりが急がれているのも，何とか地球温暖化の速度を遅くしなければならないからである。放置すれば，これまで風水害が起こらず，これに対して無防備な地域が危険になり，しかも常襲地帯が拡大しかねない。

2011年台風12号は，総雨量1808.5 mmという日本記録を立てた。しかし，2009年に台湾を襲った台風8号（モラコット）では，2日間累積雨量で2800 mmを観測し，この豪雨で発生した地すべりは一つの村を丸ごと埋め尽くし，約500人いた村民が全員，生き埋めになり死亡したことがわかっている。この雨量の差は，台湾近海と日本近海の表面水温の差によって生ずるとされている。したがって，地球温暖化がこのまま継続すれば，いずれわが国でも，台風来襲時に雨が3000 mm降る時代が来ることを示唆している。

3.1.4 ますます発生が危惧される複合災害と複合被災

複合災害の典型例は，2011年に起こった東日本大震災である。この震災では，地震，津波，原子力災害が立て続けに発生し，被害をますます拡大していった。そして，震災から5年経過し，被災地の復興はやっと本格的になってきた。しかし，8年近くを経過すると進捗状況の地域格差がますます大きくなってきている。このように後から起こる災害の被害が，前に起こった災害による被害より大きい場合，一連の災害を複合災害と呼ぶ。後者の被害が小さければ，二次災害になる。

東日本大震災が起こるまでは，複合災害はあまり注目されていなかった。しかし，災害の歴史を詳しく調べてみると，複合災害はこれまで幾度となく起こっていることが明らかになってきた。中でも時代を変える衝撃となった複合災害が見つかった。それは，江戸時代の安政元年，つまり1854年から1856年にかけて起こった3年連続の大災害である。最初の年に32時間差でいずれも地震マグニチュード8.4の安政東海地震と安政南海地震が起きた。その翌年，安政江戸地震が発生し，つぎの年に大型台風に伴う安政江戸暴風雨が東京湾に来襲した。これだけにとどまらない。これらの前後の時代に全国各地で風水害と震災が多発したこともわかってきた。これらの複合災害は，合計として，死者数万人，住宅被害数十万戸という大被害をもたらした。幕府と被災した各藩は財源が底をつき，復旧に失敗した。その結果，国民の不満がつのり，そこに討幕運動という内圧と開国要求という外圧が働いて，明治維新につながったのである。

ここで紹介した複合災害は3年連続で発生し，しかも現在の東京に大きな被害を与え，それらが全国に広がったのである。これ以外に，初めから国全体に大きな影響を与えた巨大な複合災害の例もある。一つは，864年の富士山の貞観大噴火をきっかけとし，869年の東日本大震災級の貞観地震，そして887年に南海トラフ沿いの地震が西日本を襲うというように，23年間にわたる激動の時代である。また，ほかの一つは，1703年の元禄地震を最初とするものである。これは，江戸を襲ったマグニチュード8クラスの巨大なプレート境界地震で，それに続いて東海・東南海・南海地震の三連動となった1707年宝永地震，そしてその49日後に富士山の宝永噴火が続き，5年間にこれらが集中して発生した。

これら二つの複合災害の例は，外力としては巨大であったが，現在と比べて全国人口も，それぞれ650万人および2600万人程度であって，かつ東京一極集中のような社会ではなかったので，単なる史実として記録されるに過ぎなかった。だから，前述した安政年間の複合災害に比べて，天下を揺るがすような災害とはならなかった。このように，地震や噴火あるいは台風がいくら巨大であっても，そこに人が住んでいなければ，あるいは，そこに大都市がなければ，人的被害は未曾有になることはないのである。

これからわかるように，かつて発生した巨大複合災害による被害は，外力の大きさだけで決まってきた。しかし，1923年関東大震災では，私たちの社会がどのように抵抗できるのか，つまり社会の防災力との関係が重要であることがわかった初めての災害であった。被害は，地震と火災という複合災害であった，後者による被害は，地震の揺れで脆弱な建物とか火気を使っていた昼食時に発生したというように，私たちの社会の側の複数の原因が被害を大きくしている。つまり，複合被災の様相を色濃く反映するようになっていることである。

将来，どのような地震が起こるのか，どのような津波が来襲するのか，どのような台風がやってくるのかについては，私たちが決めることはできない。しかし，必ず起こると考えて，社会の防災力を大きくすることによって被害を少なくすることは可能である。"想定外"という言葉を安易には使ってはいけない。被害の大きさを決めるのは災害の外力（ハザード）だけではなく，私たちの社会の防災・減災・縮災の努力の如何にかかっている。

3.1.5 間尺に合わなくなった従来の防災・減災の考え方

これまでの防災・減災対策は，実施すればするほど安全・安心が向上すると考えられてきた。例えば，第二次世界大戦後に15年間続いた「災害の特異時代」に終止符を打ったのは，一級河川におけるダムと放水路の建設の効果が大きい。しかし，これによる負の効果も顕在化し，自然環境悪化や生態系の保存・連続性確保に重大な影響を与えた。そのために，従来の治水一辺倒だった考え方を見直し，これらを考慮して1997年に河川法が，さらに1999年に海岸法が全面改正され，現在に至っている。

一方，1962年施行された災害対策基本法は，国も個人も貧しい時代の発想であり，「二度と同じ被害を繰り返さない」という考えの下で，災害による被災ごとに，設計基準などが見直され，改定されてきた経緯がある。この法律は「被害が発生しない限り対策は行わない」という考え方であり，唯一の例外は1978年施行の大規模地震対策特別措置法（大震法）であった。これは東海地震が予知できる，すなわち確実に起こることが想定されるので，事前対策を行わなければならないという論理であった。これに従って，静岡県では2兆円を超える震災対策が実施されてきた。このような災害対策基本法の論拠は，1995年阪神・淡路大震災を経験しても改定されることがなく，2011年東日本大震災まで継続したといえる。しかし，東日本大震災以降，プレート境界地震の見直し作業が進む中で，東海地震は予知できないと考えられるようになり，2017年9月以降，大震法は抜本的に見直す作業に入っている。ただし，基本は予知できないとしつつも，現存する観測機器や地震発生の特徴を生かした警戒体制は維持し，気象庁長官の臨時情報の発表とそれに関連する住民や企業の対応を示すガイドラインの整備が進められている。

このように，自然環境も社会環境も加速度的に変化する時代に入ったという認識がある。前者では，雨の降り方，台風の経路，エルニーニョの発達・衰退に伴う気候変動，偏西風の挙動，地震多発と新潟・神戸ひずみ集中帯，東日本大震災でわかった巨大津波発生，火山噴火と土砂災害の頻発など枚挙に暇がない。後者では，東京の過度の一極集中の継続による対策の有効性の減少，基礎自治体の災害対応の未熟さ，海抜ゼロメートル地帯の災害脆弱性の増加，高齢社会の災害対応能力の低下，災害情報の未活用と無視，地域コミュニティの崩壊などが挙げられる。

このような環境の変化，状況の変化に対して，災害対応も変化しなければならないが，これがなかなかの

難題である。過去の対策が間違っていたのではなく，時代が変わって，変えなければいけない時代に入っているという意識が必要だろう。

3.1.6 国土のグランドデザイン2050や国土形成計画（全国計画）で考慮しなければならない新しい災害像

2014年7月に国土交通省から「国土のグランドデザイン2050～対流促進型国土の形成～」が公表され，2015年8月に国土形成計画（全国計画）が発表された。一方，2014年6月3日に，閣議で国土強靱化基本計画を決定した。そこでは，KPI（重要業績指標）の目標値や主要施策等をまとめた「国土強靱化アクションプラン2014」も決定された。今後は，毎年度しっかり進捗管理を行いながら，効率的・効果的に施策を推進していくとともに，地方自治体による地域計画の策定や民間事業者等の主体的な取組みを引き出していくよう，取り組まれることになっている。そして，国土のグランドデザイン2050や国土形成計画の進捗では，強靱化基本計画との整合性も求められることになった。

それらの計画では，二つの大きな危機に直面していることを冒頭に紹介している。それは，急速に進む人口減少と巨大災害の切迫である。前者がなぜ危機かといえば，地方の人口減少は，人々が豊かな生活を享受できず貧しくなるからだ。政府は"貧しくなること"を露わに示していない。東日本大震災の復興が軌道に乗らないおそれが大きいのは，人口減少と年金生活者の減少が，地方財政を逼迫するからであろう。

しかも，表3.1.2のような被害概要にあるように，首都直下地震や南海トラフ巨大地震あるいは東京水没の発生の深刻さを必ずしも反映し，減災対策を最優先するものとはなっていない。それどころか，必ず起こることを前提にした縮災対策の実行環境にはまだまだ至っていない。そのように指摘するのは，災害研究者だけが過敏になっているからではない。起これば，心配していることが現実になるからだ。それを確実に示す結果を2018年6月に土木学会が発表した。阪神・淡路大震災の事例から，復興に20年要するとした場合，南海トラフ地震では1410兆円，首都直下地震では778兆円に達するという結果である。ただし，この被害は道路と港湾そして生活施設の被害だけである。仮に，IoTやAIなどのインターネット環境が長期にわたって不全になるなどの被害を考慮すれば実際の被害は，この数値の3倍近く膨れ上がると考えなければならない。国難として国がつぶれるのである。首都直下地震の発生可能性をこのように過少評価してはいけないからである。例えば，もし，首都直下地震のようなリスクが，欧米先進国の首都にあるとすれば，きっと最優先に減災対策を進めているはずだ。なぜなら，一般に先進国では，そのようなリスクがあれば，それが発生することを前提に国づくりをやるからである。首都圏東京は，世界で唯一，「ひと，もの，情報，資源」が集中し続け，いまも肥大化している。そして，それを規制するどころか，国・東京都も経済界もそれを是とする風潮は，どこかおかしいとしか考えられない。

起こればわが国が衰退するような首都直下地震，東京湾の高潮や荒川，利根川の洪水氾濫が虎視眈々と狙っているのである。首都直下地震の場合，一度被害想定結果が公表されると，おざなりな減災対策が提起され，もう起こらないような雰囲気が全国を席巻している。首都直下地震が起これば，間違いなく首都は壊滅し，わが国も疲弊する。これを直視せずして，わが国の将来の繁栄などあり得ない。人口減少や少子高齢化を心配する前に，迫っている災害が，国を滅ぼしてしまう。この国はあまりにも危機感がなさすぎるのだ。

これは敵である首都直下地震にとって思う壺ではないのか。一極集中が続けば続くほど，一発必中なのである。それなのに東京一極集中がいまも進行する。こんなトレンドは世界中で東京だけである。しかも，2020年東京オリンピックめがけて，加速的に投資・開発が進んでいる。危険極まりない状況を自ら作っているとの認識が欠けている。新しい災害に備えるためには，この首都直下地震対策としての防災省（庁）の創設や首都機能の分散などを最優先して実行しなければならない。これまでのような取扱いでは，必ず後悔する事態が発生する。

表3.1.2　発生が心配な国難災害

- 首都直下地震（M7.3，30年以内の発生確率：70％，震度7，被災地人口（震度6弱以上）：約3 000万人，想定死者数：約2.3万人，震災がれき量：9 800万トン，被害額：95兆円，首都機能の喪失を伴うスーパー都市災害）
- 南海トラフ巨大地震（M9.0，30年以内の発生確率：70％，震度7，被災地人口（震度6弱以上）：約4 073万人，影響人口（津波浸水深：30 cm以上）：6 088万人，震災がれき量：3.1億トン，想定死者数：約13～33万人，被害額：220兆円，災害救助法が707市町村に発令されるスーパー広域災害）
- 東京水没（高潮，洪水，津波による3 m以上の浸水深，被災地人口：約378万人，全半壊棟数：約73万棟，水害がれき量：5 410万トン，想定死者数：15.9万人，被害額91兆円，水域堆積汚染物質の拡散によるスーパー環境汚染災害）

3.1.7 必要な最悪の被災シナリオと防災・減災・縮災の主流化

東日本大震災がわが国の防災・減災対策にもたらしたインパクトは大きかった。それは，震災関連死も含めて，2万2千人以上もの犠牲となり，被害額が20兆円を超える巨大災害となったからである。しかも，それらの被害を凌駕する首都直下地震と南海トラフ巨大地震の発生あるいは東京水没が喫緊の課題となっているからである。そして，この震災では，安全神話となっていた原子力発電所の災害が起こり，しかも国際原子力事象評価尺度による指標が最悪の「レベル7」すなわち，炉心溶融となったことであった。地震，津波，原子力発電所災害という組合せの複合災害を初めて経験したわが国は，有効な対策を講じることができず，現在に至るも盤石の態勢をとっているとは断言できない状況であるといえる。

なぜこのような事態を迎えたかを謙虚に反省すれば，「最悪の被災シナリオ」の発生を事前に考えていなかったということに気付く。「起こってほしくないこと」はいつの間にか「起こらないこと」になってしまっていたのである。福島第一原子力発電所災害も，「この発電所を壊滅するにはどうすればよいのか」ということを発想していれば，その解の一つが全電源喪失と気付くことは難しいことではなかった。

延長190 kmにわたって決壊した防潮堤にしても，津波が越流することもあり得ると発想すれば，いとも簡単に決壊することは防げたはずである。設計を上回る外力が働いても，所要の機能を発揮しなければならないと考えるのであれば，財務当局も決して過剰設計であるとは一方的に断定しなかったはずである。不確かな自然現象を相手にした防災・減災対策の基本の考え方が合意されてこなかったことは致命傷であった。

したがって，東日本大震災後設置された「東北地方太平洋沖地震を教訓とした地震・津波対策に関する専門調査会」が，起こり得る最大規模の地震・津波を躊躇することなく想定しなければならないという方針は，わが国のそれまでの対応を抜本的に改めるものであった。そして，それに続いて設置された防災対策推進検討会議では，「防災の主流化」が冒頭に主張され，あらゆる社会基盤整備事業において，最初の企画・計画の段階において，防災・減災対策を考えなければならないとしたことは画期的なことであった。

この段階では，縮災（disaster resilience）はあまり意識されてこなかった。しかし，2015年3月に第3回国連世界防災会議が仙台で開催されることになり，そのときに，つぎのことが議論され，さらに今後15年の目標（仙台防災枠組，SDR）を合意することが会議開催の目的であった。すなわち，2005年に神戸で開催された同会議においては，兵庫行動枠組（HFA）の目標がResilient societyの実現であり，それを報告しなければならなくなった。レジリエントとは，被災しても速やかに回復し，かつ人間活動によって減災を実現するというものであった。したがって，National Resilienceは政府の訳のように，国土強靭化ではなく，「みんなですすめる縮災」という意味であり，だからこそ国民運動になるのである。ちなみに，2030年までの国連の目標となっているSDGs（持続可能な開発目標）の内容は，1990年から始まった国際防災の10年（IDNDR）や2005年兵庫行動枠組（HFA），2015年仙台防災枠組（SDR）が基本となっていることを忘れてはいけないだろう。

3.1.8 新しく導入しなければならないタイムラインとAAR

組織的に知っておかねばならない新しいツールがある。それは，タイムライン，AARである。

〔1〕 **タイムライン**

米国のニューオーリンズを中心として，2005年ハリケーン・カトリーナ災害は広域災害となり，死者約1 800名，被害額1 250億ドルとなり，同国の歴史上最悪となった。その教訓から生まれたシステムである。**表3.1.3**は，わが国に台風が上陸する時刻をゼロアワーとして，その前後に災害対応として，国土交通省が管理する一級河川の流域で，豪雨のために河川が氾濫することを想定して，自治体や地域コミュニティが何をやらなければならないかを示したタイムラインである（現在，国土交通省のホームページに作成方法が紹介されている）。洪水のように，雨が降り出してから氾濫が起こるまでに，リードタイムがある災害だけでなく，地震のように突然起こる災害についても有効であると考えられている。要は，情報がなくて自治体の長にとって意思決定が難しい場合を想定し，あらかじめ何をやるかを決めておき，関係者間で情報共有することである。これをやらずに，実行すると効果が発揮されない。特に，実際に住民が避難行動する地域コミュニティがどのように受け止めるかは重要である。この関係がうまく進めば，現在，円滑に進んでいない地区防災計画の策定にまで進むことが予想される。

したがって，タイムラインを有効に活用するには，事前に関係機関，関係者でワークショップなどを実施し，十分な準備の下で実行し，利用者にとって長所がわかるようにすることが必須である。わが国では2015年3月末に，国土交通省が一級河川109水系に

表 3.1.3 一級河川を対象としたタイムラインの例

Timeline 基本時間 [h]	Activity 行動 防災計画	予報・警報 気象台	ESF#4 水防・消火活動 国河川管理者	ESF#4 水防・消火活動 県河川管理者	ESF#4 水防・消火活動 地方整備局	ESF#4 水防・消火活動 水防管理団体	ESF#4 水防・消火活動 県河川	ESF#4 水防・消火活動 市町村	ESF#4 水防・消火活動 水防団・消防団	ESF#2 交通輸送 道路管理者	ESF#2 交通輸送 海上保安庁	ESF#2 交通輸送 港湾管理局	ESF#2 交通輸送 警察	ESF#2 交通輸送 鉄道事業者	ESF#2 交通輸送 輸送事業者	ESF#5 危機管理 地方整備局	ESF#5 危機管理 県防災	ESF#5 危機管理 消防本部	ESF#5 危機管理 市町村防災	ESF#3 社会基盤 地方整備局	ESF#3 社会基盤 県建設部門	ESF#3 社会基盤 市町村建設担当	ESF#6 避難・住民支援 市町村防災	ESF#6 避難・住民支援 消防本部	ESF#6 避難・住民支援 自衛隊	ESF#6 避難・住民支援 警察	ESF#6 避難・住民支援 ボランティア
120〜95	台風上陸に備えた準備・調整 避難所の開設準備			○													○			○			○				
72〜48	専門家・技術助言による 連携・支援	○																○									
72〜48	地下鉄運行停止の可能性予告												○														
48	避難所の開設																	○					○				
36	気象警報の発表 水防警報の発表 指定河川洪水注意警報の発表	○			○													○					○				
24〜36	水防団出動　発令 市町村長による避難勧告				○								○						○					○				
24〜12	地下鉄運行停止，地下街閉鎖																										
12	特別警報の発表 市町村長が高所避難を呼びかけ	○			○													○					○				
12	高潮による氾濫発生	○																○					○				
6〜0	水防団，警察，消防の避難勧告				○																						
+3〜12	救助・救護・応急資機材投入				○					○							○			○							
+24	排水作業・応急復旧				○					○							○			○							

台風の上陸前／台風上陸／上陸後

これを導入した．ハザードマップとタイムラインの活用によって，災害時に住民や利用者に適切なサービス提供が可能となることが期待されている．

〔2〕 **AAR（after action review，徹底的な災害検証，ふりかえりと名付けた）**

対応に失敗した場合の対処方法を示している．なぜ，災害対応にしたのかを明らかにし，その教訓をつぎに生かす体制作りに利用することは重要である．ハリケーン・カトリーナ災害で米国連邦政府は対応に失敗したために，どこに原因があったのかを2年かけて検証した．その結果生まれたものの一つがこれである．わが国では，東日本大震災に際して，気象庁が発令した大津波警報の津波高さの過小評価など，多くの反省すべき点があるが，公式にはその反省と教訓がいっさい明らかにされていない．

2016年4月の熊本地震では，政府は種々のプッシュ型支援を行った．それを受けて，同年6月から7月中旬にかけて，それが円滑に実行されたかどうかについて，霞が関の関係省庁の現地派遣職員を対象とした，初めての検証を実施した．それを受けて，中央防災会議専門調査会に「熊本地震を踏まえた応急対策・生活支援策検討ワーキンググループ」が設置され，筆者が主査となった．12月までに7回の委員会を開催し，政府に提言することになっている．

なお，2017年8月に発生したハリケーン・ハーヴィ災害による被害は，それまで最大だった2005年ハリケーン・カトリーナ災害を上回る米国史上最大（多分，世界最大）となる1900億ドルに達した．そこでは，タイムラインとAARの見直しが行われており，早晩，その改良版が提示される予定である．

（河田惠昭）

3.2 自 然 防 災

3.2.1 自 然 災 害

〔1〕 地　　　震

（a）地震とは　　地震は，本質的には地球形成時に核に蓄えられた熱エネルギーと放射性元素の崩壊熱を放出する過程での一つの現象といえる．すなわち，これらの熱エネルギーはマントル内部に対流運動

を引き起こし，熱く軽いマントル物質が上昇して新たなプレートを生むとともにプレート相互の動きを引き起こし，プレートどうしが接する境界での強い相互作用によってひずみが蓄積し，プレート境界あるいは内部の岩石中で急激に破壊が広がり，蓄積されたひずみエネルギーの一部が弾性波および熱として開放される現象が地震である．

（b） **日本周辺に発生する地震と被害の特徴**

1960年代から1970年代にかけて，地震・火山活動，造山運動等の地学現象を年間数cm程度の速さで移動するプレートの相対運動によって説明するプレートテクトニクスという考え方が発展してきた．これによれば，日本付近は四つのプレート（太平洋，フィリピン海，ユーラシア，北米）がぶつかり合う地震活動のきわめて高い地域であり，世界中で発生するマグニチュード（M）6以上の地震の約2割が発生している．

わが国で発生する地震のタイプとしては，プレート境界で発生する地震（1923年関東地震，2011年東北地方太平洋沖地震等），海洋性プレート内で発生するスラブ内地震および陸域の浅い地震（1995年兵庫県南部地震，2016年熊本地震等）に大別される．プレート境界地震はしばしばM8クラスの巨大地震となって津波を伴うとともに，長周期地震動，震源が陸域に近い場合は強い揺れをもたらす．スラブ内地震では震源が浅い場合には津波を伴い（1933年三陸地震），深い場合には短周期地震動が卓越するため強い揺れをもたらすことがある（1993年釧路沖地震等）．また陸域の浅い地震では大きくてM7クラス（ただし，1891年濃尾地震はM8.0）であるが地表近くで発生することから，局地的にきわめて強い地震動をもたらすことが特徴である．

わが国での地震被害はこれら地震の特徴に加え国土の状況を反映している．すなわち四方を海に囲まれていることから津波による被害，山地が国土の約2/3を占めることから斜面災害等，木造密集市街地が多いことから火災，そして沖積層に多くの居住地があること等から強震動による被害を受けてきている．最近100年間（～2016年）で死者を伴った地震は約50回で平均2年に1度発生している．今後発生が懸念されている南海トラフの地震は，フィリピン海プレート／ユーラシアプレート境界を震源とする海溝型巨大地震で，強震動および津波による甚大な被害が想定されている．

（c） **地震発生の多様性** これまで，観測記録，歴史資料や地形・地質学的調査の成果に基づき，同じ領域で同等の規模の地震が繰り返し発生するという考え方（固有地震説）で地震発生の長期評価が地震調査研究推進本部（地震本部）によってなされてきた[1]．これは震源の物理モデルとして詳細に断層面上のひずみ蓄積過程をみると，断層面全体で一様にひずみを蓄積しているのではなく不均質性が認められ，アスペリティと呼ばれる普段強く固着している領域がある一方で，その周りでゆっくりと絶えず動く領域があって，そのためアスペリティに一定速度でひずみが蓄積され一定間隔で地震を発生させるというアスペリティモデルが有効であるとされてきたことによる．

しかし，M9.0の2011年東北地方太平洋沖地震が発生したことから，地震発生モデルの根本的な見直しを余儀なくされた．普段ゆっくり動いているとしていた領域も場合によってはアスペリティの破壊との相互作用によって急激な動きを起こすことがある[1]こと，あるいはM7クラスの地震では開放しきれないひずみが長年プレート境界の広範囲にわたって蓄積されていた[2]とするものなどである．また，南海トラフにおいては，東海沖から南海沖まで一気に破壊する場合と一部だけに終わる場合，時間差をおいて複数領域で発生する場合等があること，津波を大きく発生させる場所があるときには地震動を強く出す領域に変化するといったアスペリティの性質が時間変化する[3]ことも指摘され，地震発生の多様性が強く意識されるようになった．したがって，過去の地震像にとらわれず，多様な地震シナリオを構築し地震対策を講じることが望まれる．

（d） **地震発生の短期予測** 2009年イタリア・ラクイラ地震（Mw 6.3，死者約300名，全半壊20 000棟）を契機に国際地震予測委員会による地震発生の短期予測に関する検討結果を受け，国際地震学および地球内部物理学協会（IASPEI）の総会で「確実性の高い地震発生予測に用いることができる前兆現象は見つかっていないため，前駆すべりに基づき地震の発生時期や場所・規模を狭く特定する決定論的な地震発生予測は一般には困難であるとし，予測には確率が用いられるべきである」という見解が現在の地震学界における国際的な共通認識とすることとされた[4]．

このように，短期的地震発生予測が困難であることから，上述の多様な地震シナリオに対する予防的措置に加え，緊急地震速報や津波警報などのリアルタイム地震・津波情報に基づく応急対応についても日頃から検討しておくことが望ましい．その際，評価された情報には不確実性が伴う，すなわち公表値を上回ることもあり得るとすることが重要である．地震の震源モデルが確定的とされた場合においても，予測される強震動は倍半分程度の精度のばらつきがある．ましてや地震発生の多様性を考慮するとなると事前に地震動・津

波等の外力を確定的に捉えて備えることは困難である。まずは現状のさまざまな耐震基準，予防規程等を遵守するとともに，地震発生時の被害様相をイメージし，予防・応急対策を講じることが肝要である。そのため，過去にどのような被害が生じたのか，改めて整理・確認することが望ましい，という観点から，以下では，おもな地震における産業施設での被害について記載する。

(e)　地震による産業施設等の被害

1) 1964 年新潟地震（M7.5）[5]　　最大震度 5：新潟市，長岡市，仙台市など，津波：4 m 程度，死者：26 名，家屋全半壊：8 600 棟，液状化多数

地震発生直後，S 石油新潟製油所新工場では，原油タンク 5，製品タンク 10 基の浮屋根が長周期地震動により揺動し，特に 30 000 kL 原油タンクでは，浮屋根が 3～4 回大きく揺れはね上がったとき，タンク側板を越えて溢流した原油に着火したとの証言がある[10]。このタンク火災は隣接のタンクを巻き込み約半月間（6 月 29 日 17 時まで）燃え続けた。その間にブロック積み防油堤の破損箇所から流出した原油火災によって，加熱炉，ボイラ，反応塔にも延焼するとともに工場周辺の住家 18 棟を焼損した。これを受けて，側板に接触する部分の非鉄化やソフトシール化を図ってきている。

原油タンクの出火の 5 時間後，S 石油と隣接する M 金属鉱業工場付近から出火し，多くの工場および一般住宅 347 世帯を全焼した。この第 2 火災が拡大延焼した理由としては，防油堤の破損のほかに地盤の液状化により噴出した地下水が工場構内の低地部一帯に深さ 20～30 cm 浸水し，さらに津波が襲来したため，その浸水表面に破損したタンクから流出した油が浮遊して浸水地帯全体に広がり，広範囲にわたって引火危険性が著しく増大し，かつ消火活動を阻害したことが挙げられている。タンクの破損箇所は側板と屋根との継目，側板と送油管との継目部分に見られ，底部の亀裂破損もあった。これは，やや離れた地域の他の製油所，貯油所においても同様である。なお，加熱炉，ボイラ，アスファルト溶融炉および M 金属鉱業構内の焼鈍炉を始め，その他の火気も消火措置がとられており，第 2 火災の出火の原因は明確には判明していない。

2) 1978 年宮城県沖地震（M7.4）[6]　　最大震度 5：仙台市，石巻市，大船渡市，新庄市，福島市，津波：仙台港等で最大 30 cm，死者：28 名，建物全半壊：7 400 棟

この地震によって仙台市内における危険物施設 2 359 対象のうち約 10％が被害を受けた。被害施設としては，給油取扱所の固定給油設備等，埋設配管の変形，破損，防火塀の倒壊，地下貯蔵タンクの配管亀裂等の被害が挙げられるが，特に T 石油仙台製油所での屋外タンク貯蔵所の被害は甚大であった。

T 石油仙台製油所では，地震により 3 基のタンク（固定屋根）が破損し，約 68 000 kL の重油などが防油堤を越え，また防油堤下の地盤を洗掘して流出し，構内道路などを流れて製油所構内に拡散した。幸い各機関の迅速な対応により出火は免れた。流出油は雨水排水溝を経てガードベースンに至り，一部は海上へ流出（約 2 900～5 000 kL）したが，第一次，第二次オイルフェンスまでで止め，外洋への拡散を防止することができた。破損したタンク 3 基は，いずれもタンク側板とアニュラ板との内側隅肉溶接アニュラ板側止端部近傍が溶接線に沿って破断するとともに，屋根および側板上部が座屈した。損傷タンク 3 基のうち，2 基のタンクでは破損タンクと同様に隅角部の一部に貫通割れを生じるとともに，多数の内面割れが認められた。他の 1 基では側板上部に浮き屋根ストッパが衝突し変形が生じた。付属設備に損傷などが生じたタンクは 29 基に及び，浮屋根式タンク 12 基は液面動揺により側板と浮屋根とのシール部から屋根上に危険物が漏出した。タンク以外には，接触改質装置加熱炉の仕切壁，れんがの一部脱落，二次防油堤の一部に多少の段差，小クラックの発生が見られた。

また，T 金属工業では 3 t 天井走行クレーンで操業中のオペレータがクレーンもろとも地上数メートルの高さより落下したのを始め，避難しようとして崩れ落ちた建物のモルタル壁の下敷きとなり，3 人の重傷者と 1 人の軽傷者を出した。建物については十数棟（構造不明）に外壁破損や屋根および間仕切の破損が見られた。生産設備では電気炉内の台車の転倒や加工機械の芯ずれなどが発生した。

3) 1983 年日本海中部地震（M7.7）[7]　　最大震度 5：秋田市，深浦町，むつ市，津波 14 m，秋田県 峰浜村（現・八峰町）死者：104 名（内 100 名は津波による），建物全壊：934 棟（内 10 棟は津波による）

A 火力発電所の原油タンクの浮屋根がスロッシングにより大きく揺れ，タンク上部の泡放出口などに衝突し火花が発生し，原油蒸気に引火した。スロッシングによる溢流および浮屋根の破損が生じなかったことから，火災は浮屋根と側板との間のリング火災にとどまり，原油 1 kL，ウェザーシールドおよびチューブシールを焼損して鎮火した。火災発生と同時にハロゲン化物消火設備が自動作動したが，ウェザーシールドが破損したため鎮火に至らず，また，固定泡消火設備は電気設備点検のため電源が遮断状態にあり，起動不能であった。

4) **1995年兵庫県南部地震（M7.3）**[8),9)]　最大震度7：神戸市，芦屋市，西宮市，宝塚市，北淡町，一宮町，津名町，死者：6 434名，不明：3，住家全壊：104 906棟

この地震により火災（類焼）6件，危険物の流出157件，施設の破損等の被害1 185件が発生した。流出事故の発生原因は，容器の転倒・落下による破損や，配管または配管の接続部の破損によるものがほとんどであった。強震動とそれによる地盤の液状化等地盤変状のため，配管本体・フランジに損傷が発生したことが特徴的である。屋外タンク貯蔵所においても，地盤変状によりタンク本体の不等沈下，防油堤の亀裂等の被害が特に1 000 kL未満の小規模タンクで被害が認められ，側板座屈，傾斜なども生じたことから，新たに容量500 kL以上1 000 kL未満の屋外タンク貯蔵所を「準特定屋外タンク貯蔵所」と規定し，技術上の基準を強化した。一方，新法タンク本体には異常がなく，基礎・地盤，付属設備に若干の被害があった程度で耐震基準の有効性が示された。

高圧ガス設備においては，一部事業所において貯槽の不等沈下，ガス漏れ，防液堤，障壁破損等の被害があった。ガス漏れについては兵庫県内34事業所中12事業所で認められ，中でもM事業所の影響は甚大であった。事業所護岸が大規模な液状化により1〜3 m海側へ張り出した影響で，LPガス平底円筒形貯槽配管の緊急遮断弁支持架台が沈下したことにより，ノズルに無理な力が働きフランジ部より液化ガスが漏洩した。さらに余震等により，LPガスの漏洩量が増加したことを受けて付近住民に避難勧告が出された（1月18日〜22日）。また，他の低温貯槽，球形貯槽，防液堤，岸壁，受変電設備，計器室等全体的に被害を受けた。この地震の後，レベル2地震動および配管類に対する耐震設計基準が追加された。

5) **2003年十勝沖地震（M8.0）**[10)]　最大震度6弱：新冠町，静内町，浦河町など，津波：豊頃町255 cm，死者：1名，不明：1名，住宅全壊：116棟

この地震では，周期数秒から10秒程度の長周期地震動が特に苫小牧市周辺で大きく，消防法の基準の2倍以上の強さとなった。そのため市内I製油所のタンクで大きなスロッシングが発生し，タンク火災2件，浮き屋根・蓋沈没7基などの多大な被害を受けた。1件目の火災は地震発生直後に，容量30 000 kLの原油タンク内容液のスロッシングに起因して起きたリング火災とそのタンク周辺の地盤および配管における火災で，鎮火に約7時間を要した。2件目の火災は，地震発生から2日後に容量約30 000 kLのナフサタンクで起きたもので，スロッシングにより浮き屋根が損傷し，地震の翌日には浮き屋根沈没の事態となり，2日後に出火して全面火災となって，鎮火するまで約44時間にわたって燃え続けた。この火災は，巨大地震によってもたらされる長周期地震動による被害の一端を垣間見せたということで社会的関心を集めた。なお，苫小牧西港と苫小牧東部地域を合わせた地域では1 000 kL以上の特定屋外タンクのうち58%にあたる170基が被害を受けた。

この甚大な被害に鑑み，設計地震動の見直しがなされ，従来の速度応答スペクトル相当で約100 cm/sの最大2倍とする地域別補正係数が消防法技術基準に追加されるとともに，スロッシング一次，二次モードを考慮した浮屋根強度の確保，タンク全面火災対応として既存の防災資機材である3点セット（大型高所放水車・大型化学車・泡原液搬送車）の約10倍（毎分1万L〜）の放水能力を有する大容量泡放射システムの配備等がなされた。なお，上記2件のタンク火災のほかに，亜鉛めっき工場において高温の溶融亜鉛がスロッシングによって槽から流出し，近くにあった雑品や配線を焼損するという火災が2件発生した[11)]。

6) **2007年新潟県中越沖地震（M6.8）**[12),13)]　最大震度6強：柏崎市，長岡市，刈羽村，飯綱町，津波約1 m：柏崎，死者：15名，住家全壊：1 331棟

震源地から約16 km離れたK原子力発電所において，設計時の想定加速度を超える強震動を受けたことに起因し，3号機変圧器付近で火災が発生した。この火災は原子炉の安全性に影響を及ぼすものではなかったものの，自衛消防隊への連絡が遅く，また防火用配管等の損傷により適切な火災対応ができず，公設消防の到着を待つ間，変圧器から黒煙が上がって燃え続ける映像が世界中に報道され，原子力発電所に対する社会の信頼を大きく損なう結果となった。

また，6号機において，上階のプールの水がスロッシングで流出し，配線の隙間穴から階下へ流れ微量の放射能を含んだ水が外部に漏洩した。7号機では，原子炉の自動停止後，排風機の停止操作が遅かったことから，主排気筒から放射性ヨウ素等が漏洩した。さらには6号機原子炉建屋天井クレーン駆動軸の損傷や全号機での原子炉建屋オペレーションフロア（原子炉建屋上部の燃料交換などを行う場所）への溢水，原水タンクの破損・全量流出，2号機建屋内給水ポンプからの油漏洩，センサ類の電気配線の引抜き等が生じた。

7) **2011年東北地方太平洋沖地震（M9.0，わが国観測史上最大規模）**[14)〜17)]　最大震度7：栗原市，津波9.3 m以上：相馬港，最大遡上40.1 m：綾里湾，死者：19 475名，不明：2 587名，住家全壊：121 744棟（余震による被害 および3月11日以降に発生した

余震域外の地震で被害の区別が不可能なものも含む）

この地震による被害状況に関しては，総務省，経済産業省，厚生労働省からそれぞれ危険物施設等，高圧ガス施設等，毒物または劇物の流失事故等についての調査結果がまとめられている[14]〜[17]。以下では，紙数の関係から特に危険物施設を中心に外力別に被害状況を簡単に記す。また，原子力発電所事故についてもその概要に触れることとし，詳細については文献等[18]〜[22]に委ねる。

ⅰ）津波による被害　太平洋岸に位置していた久慈，気仙沼，仙台，広野などの屋外タンク貯蔵所において，石油タンク本体および配管の浮上り，移動に伴う破損，地盤・基礎の洗掘，防油堤の損傷などの被害が認められた。特にJ製油所では，津波によって破損したタンク・配管から危険物が流出・拡散し，何らかの原因で引火，ガソリンタンク，アスファルトタンク等多数の施設が焼損した。

危険物施設においては，屋外タンク施設における浸水深と被害状況の検討から，浸水深3m以上において配管破損とタンク本体の移動等の被害が発生，配管の破損やポンプの水没による不具合は浸水深3m未満でも発生，高圧ガス施設においては，計装設備の不具合は浸水深1m未満より，緊急遮断装置の破損・不具合や津波による容器の流出被害は浸水深1m以上，貯槽の倒壊や流出は浸水深3m以上で発生している。

ⅱ）強震動による被害　約1秒以下の短周期地震動そのものによる石油タンク本体の顕著な被害は認められていない。一方，千葉県内のコンビナートにおいて水張り中のLPG球形タンクが倒壊し，それを機にLPGが漏洩し，その後隣接する多数のタンクで火災・爆発（BLEVE）が発生した。この影響で，負傷者6名（重傷者1名，軽傷者5名），隣接するアスファルトタンクの側板損傷・漏洩，飛散物・爆風等の影響による隣接事業所での火災，一般住宅地区等での爆風による窓ガラス・シャッター・スレート等の破損および保温材等の軽量飛散物による車両の汚損等を生じた。

ⅲ）液状化被害　強震動に伴う液状化などの地盤の変状によるタンク本体の被害，防油堤の被害がいわき地区において認められた。このサイトは河口付近の埋立て地にあり，N値に相当のばらつきがあり，地震時に緩い層から液状化が発生したことを契機に，長時間の震動に伴い発生した過剰間隙水圧が広く伝搬して沖積砂層の動的強度を低下させたものと考えられている。被害としては，基礎地盤の変状によりタンク底板が傘型に変形し（最大不等沈下率1/61），底板溶接部に亀裂が発生し若干の油の滲み出しが認められた[17]。

なお，本震による影響に加え，4月11日，12日の誘発地震による影響も大きく，2016年熊本地震同様，引き続く地震の影響についても注意を要する。

ⅳ）長周期地震動による被害　元々揺れやすいと評価されていた酒田，新潟，東京湾岸などで長周期地震動によるスロッシング被害が認められた。石油タンクのスロッシングによる浮き屋根耐震基準該当（適合済み）タンク（シングルデッキ）での被害は4基に認められたものの，その程度は軽微であった。一方，未適合タンク5基では浮き屋根沈没，ポンツーン溶接部の割れ，油漏洩などの大きな被害が認められた。また，酒田ではアルミ製内部浮き蓋のデッキスキン，フロートチューブの破断が認められた。

ⅴ）強震動と津波の複合災害．F原子力発電所の被害と避難[18]〜[22]　地震時，F発電所では運転中の1号機から3号機は強震動を受けて自動停止した。さらにこの揺れで発電所内の受電設備が損傷し，送電鉄塔の倒壊により全機受電不能になり外部電源喪失状態に至った。非常用交流電源（ディーゼル発電機）が起動するも，高さ10m以上の津波によりこれらが水没し燃料タンクも流失したことから，原子炉は全交流電源を失い冷却機能を失うこととなった。消防車による原子炉への代替注水，注水に必要な原子炉減圧，原子炉格納容器ベントの実施も試みられたが功を得ず，炉心損傷し溶融燃料の一部は原子炉圧力容器を貫通し，原子炉格納容器の底部に落下したと推定されている。

炉心損傷に伴い発生した水素が圧力容器・格納容器から原子炉建屋内に漏れ出し，3月12日に1号機で，14日に3号機で水素爆発が発生し原子炉建屋が損壊した。3号機に隣接する4号機でも3号機から水素が流れ込み，15日に水素爆発が発生し原子炉建屋が損壊した。1号機と3号機の水素爆発で，作業員および自衛隊員計16人が負傷した。なお，国際原子力・放射線事象評価尺度（INES）では，この事故は旧ソ連の1986年チェルノブイリ原発事故以来，2例目のレベル7（深刻な事故）と評価されている。

F発電所から放出された放射性物質は，おもに南西や北西の方角へと広がり，関東地方でも大気中や土壌などから放射性物質が検出され，その影響は食品や水道水などにも及んだ。また，原子炉へ注水した水が高濃度汚染水となって原子炉格納容器から漏れて，原子炉建屋およびタービン建屋の地下にたまり，その一部が海洋に流出する事態となった。また，山側から海に流れ出ている地下水のうち約300t/日が原子炉建屋に流れ込み，新たな汚染水が生じており，これらの対策も大きな課題（浄化処理，遮水壁，貯水タンク）となっている。

地震当日20時50分のF原発から半径2km圏内の住民に対する避難指示からの一連の政府の避難指示によって避難した住民は約11万人に上ったが，事故の進展あるいは避難に役立つ情報は伝えられなかった。着の身着のままの避難，多数回の避難移動，あるいは放射線量の高い地域への移動が続出し，さらには避難所等への移動中の肉体・精神的疲労等によって多くの死者が発生した。

8) **2016年熊本地震（M7.3）**[23), 24)]　最大震度7：益城町，西原村，死者：193名，住家全壊：8414棟

内陸活断層（布田川，比奈久）を震源とするこの地震では，前震，本震で震度7を2回観測するという過去に例のない強震動をもたらし，震源に近い半導体や輸送機械を中心とした産業集積地域の企業が被災した。ほとんどの企業が操業停止を余儀なくされたが，建屋の被害よりも，生産設備や付帯設備，ケーブル・配管へのダメージが致命的であった。操業を停止し，サプライチェーンが分断された結果，顧客は仕事を県外や海外の企業へ転注し，生産復旧しても，元の仕事量に戻っていないなどの影響が報告されている[23)]。

危険物施設では，震源から約100km離れた大分において，石油タンクの浮き屋根ポンツーンが破損し，ポンツーン内に油の滞留が認められたほか，多くのタンクで液面計の故障・不具合が発生した[24)]。

(f) 東北地方太平洋沖地震被害からみた防災対策に係る検証　危険物施設等の地震防災対策は，幾度かの地震被害を受けて強化されてきている。例えば石油タンクのスロッシング対策では，上述のように2003年十勝沖地震でのタンク全面火災を受けて，浮き屋根の浮き機能の強化，長周期地震動の地域特性に基づく液面管理等が導入され，これらに適合したタンクでは今般の地震による油の流出は認められていない[14)]。また，地盤の液状化に関しては，地盤の改良の有無によって，同一事業所，同一敷地内においても液状化の発生状況に明瞭な違いが生じており，液状化対策の有効性が再確認されている[25)]。

LPG球形ガスタンク群の火災・爆発に関しては，本震時の強震動によるブレース破断がきっかけであり，現行の耐震設計基準では交点を溶接したブレースの強度について正確な評価はできないことが判明し，新たに評価方法および補強方法が示された。一方，円筒タンクでは上述のように強震動による被害は認められておらず，その後の検討会でも十分な耐力があるとされた[26)]。

津波に対しては元々対応する技術基準がないことから，対策が講じられていない状況にあったことが明らかになっている。なお，2011年東北地方太平洋沖地震以前に提案されていた津波被害予測手法[27)]に基づく検証で，津波によるタンク滑動・浮き上がり被害の8割程度を説明できたことから，消防庁では津波対策の一環として「津波被害シミュレーションツール」を作成・公開している[28)]。

F原子力発電所事故に対しては，その影響があまりにも大きく，しかも避難住民保護，汚染水処理，廃炉等多くの課題が8年以上経過した現在でも残っている。この事故では，規制された以上の安全対策を行わず，つねにより高い安全を目指す姿勢に欠け，また緊急時に，発電所の事故対応の支援ができない現場軽視の事業者側の危機管理意識・体制が強く問われた。またこの事故の根底には，規制当局が事業者の「虜（とりこ）」となって被規制産業である事業者の利益最大化に傾注するという，いわゆる「規制の虜（regulatory capture）」があるとされ，原子力法規制の目的，法体系を含めた法規制全般について抜本的な見直しが必要[22)]とされ，環境省に原子力規制委員会を設置，原子炉等規制法の改正などがなされた。

（座間信作）

引用・参考文献

1) 金森博雄，巨大地震の科学と防災，朝日新聞出版（2013）
2) 佐竹健治，日本海溝の巨大地震のスーパーサイクル，地震予知連絡会会報 86, pp.112-115（2011）
3) 瀬野徹三，南海トラフ巨大地震―その破壊の様態とシリーズについての新たな考え，地震, 2-64, pp.97-116（2012）
4) 山岡耕春，2009年ラクイラの地震と実用的地震予測に関する国際委員会，日本地震学会ニュースレター, 23-3（2011）
www.zisin.jp/publication/pdf/newsletter/NL23-3.pdf（2019年2月現在）
5) 消防庁，新潟地震地震火災に関する研究，非常火災対策の調査報告書，全国加除法令出版（1965）
6) 消防庁，1978年宮城県沖地震東北石油仙台製油所石油タンク破損原因調査報告書（1979）
7) 消防科学総合センター，昭和58年日本海中部地震調査報告書（1983）
8) 消防庁，過去の震災における危険物施設の被害
http://www.fdma.go.jp/neuter/topics/kikenbutsu/pdf/sanko4.pdf（2019年1月現在）
9) 高圧ガス保安協会，兵庫県南部地震に伴うLPガス貯蔵設備ガス漏洩調査最終報告書（1995）
10) 畑山健，座間信作，西晴樹，山田實，廣川幹浩，井上涼介，2003年十勝沖地震による周期数秒から十数秒の長周期地震動と石油タンクの被害，地震, 2-57, pp.83-103（2004）
11) 鈴木恵子，平成15年（2003年）十勝沖地震の際発生した溶融亜鉛鍍金工場火災について，消防研究所

報告, 98, pp.84-90（2004）
12) 原子力安全・保安院，新潟県中越沖地震を受けた柏崎刈羽原子力発電所に係る原子力安全・保安院の対応（中間報告）（2009）
13) 山田實，西晴樹，座間信作，吉原浩，笠原孝一，藤原正人，柏崎刈羽原子力発電所内における屋外タンク貯蔵所等の地震被害調査，消防研究所報告，104, pp.9-16（2008）
14) 消防庁，東日本大震災を踏まえた危険物施設等の地震・津波対策のあり方に係る検討報告書（2011）
15) 総合資源エネルギー調査会，東日本大震災を踏まえた高圧ガス施設等の地震・津波対策について（2012）
16) 厚生労働省，「東北地方太平洋沖地震に伴う津波による毒物又は劇物の流出事故等に係る対応について」における集計結果について（2011）
17) 消防庁消防研究センター，平成23年（2011年）東北地方太平洋沖地震の被害及び消防活動に関する調査報告書（第1報）（2011）
18) 原子力災害対策本部（2011-06-07），原子力安全に関するIAEA閣僚会議に対する日本国政府の報告書について（Report）
www.meti.go.jp/earthquake/nuclear/backdrop/201060700.html（2019年2月現在）
19) 国会事故調 東京電力福島原子力発電所事故調査委員会 報告書（Report），東京電力福島原子力発電所事故調査委員会（2012-07-05）
http://warp.da.ndl.go.jp/info,ndljp/pid/3856371/naiic.go.jp/blog/reports/main-report/reserved/（2019年1月現在）
http://www.mhmjapan.com/content/files/00001736/naiic_honpen2_0.pdf（2019年1月現在）
20) 東京電力福島原子力発電所事故調査委員会『国会事故調査報告書』徳間書店（2012年9月30日）
21) 東京電力福島原子力発電所における事故調査・検証委員会（2012-07-23），東京電力福島原子力発電所における事故調査・検証委員会最終報告（Report）
http://www.cas.go.jp/jp/seisaku/icanps/SaishyuHon00.pdf（2019年1月現在）
22) 国立国会図書館，福島第一原発事故から5年―現状と課題― 調査と情報-ISSUE BRIEF- No.899
http://dl.ndl.go.jp/view/download/digidepo_9906770_po_0899.pdf?contentNo=1（2019年1月現在）
23) 今村徹，熊本地震後の状況と課題（2016）
www.cas.go.jp/jp/seisaku/resilience/dai28/siryo3_1.pdf（2019年1月現在）
24) 畑山健，西晴樹，德武皓也，座間信作，2016年熊本地震の際に観測された長周期地震動と石油タンクのスロッシング，日本地震工学会年次大会発表論文集（2016）
25) 千葉県，千葉県石油コンビナート防災アセスメント検討部会耐震対策分科会検討結果報告書（2011）
26) 消防庁，屋外タンク貯蔵所の耐震安全性に係る調査検討会第2回資料（2015）
http://www.fdma.go.jp/neuter/about/shingi_kento/h26/okugaitanku_taisin/02/shiryo2-4-1.pdf（2019年1月現在）
27) 消防庁，危険物施設の津波・浸水対策に関する調査検討報告書（2009）
28) 消防庁，屋外貯蔵タンクの津波被害シミュレーションツールの提供について，消防危第184号（2012）

（g）事業所の予防対策 事業所といってもその業種，規模は千差万別だが，特に危険物，高圧ガス，劇毒物などを製造，貯蔵し取り扱う事業所では，設備の損壊，火災，爆発，漏洩発生などにより人的，物的損害が大きくなる危険性がある。地震に備えての予防対策を進めるには，まず建物，設備の構造および用途，使用状況などに起因する危険要因を排除し，その安全を確保するための対策や地震発生時の活動内容を事前に防災計画としてまとめ，関係部署と共有化しておくことと，定期的な訓練を行うことが重要である。具体的にはつぎの事項に留意する。

1） ハザードマップの活用 地震発生時は，揺れの後に地盤の液状化や海岸地域では津波が来襲する。各都道府県のホームページでは，これらのハザードマップが公開されている。これらのマップは，地震による揺れの強さや揺れによって引き起こされる建物倒壊，液状化の危険度および津波による浸水高さ等を地図上に表したもので，事業所の立地位置がどのような危険度を有しているのかを把握する上で重要な情報となる。

例として，南海トラフ巨大地震や首都直下地震による震度分布や津波情報，日本海溝，千島海溝周辺海溝型地震に関する専門調査会の報告書，日本海側における大規模地震に関する調査検討会の報告書等が内閣府のホームページ[1),2)]で確認できる。また防災科学研究所からJ-SHIS地震ハザードステーションも公開されている[3)]。

2） 耐震診断の実施 まず事業所が立地する位置での地表面加速度や液状化度を算出する。公開ハザードの数値はメッシュ間隔が大きすぎて正確さに欠ける欠点があるので事業立地位置でのピンポイントで算出することが推奨される。算出方法としては公開地震動波形と事業所の立地位置のボーリングデータを用い，有限要素法等により基盤地盤から地表面までをモデル化して計算算出する。

算出された地震動や液状化度に対して設備の健全性を確認する方法として，設計図書での確認や現場でウォークダウンと呼ばれる現場目視点検がある。

ウォークダウンとは，過去の地震被害の経験や耐震設計・解析の経験などを基に，地震が来たときにどのように揺れ，どのように変位が生じ，周辺構造物とどのように干渉し合うのかを現場で歩きながら点検して

耐震性の脆弱箇所を明らかにしていくことからこのように呼ばれる。

機器や配管の耐震診断を行う上でのチェックポイント[4),5)]は地震により作用する慣性力（曲げモーメント，揺れの影響，滑動の影響），相対変位，可撓性および地盤変状量であり，つぎの事項に留意する。

① 劣化，腐食状態
・設備に著しい劣化（減肉，割れ，脆化）はないか
・脆性材料（鋳鉄）を使用していないか
② 曲げモーメントの大きさ
・ノズル部，フランジ継手部，ねじ込み継手部に過大な曲げモーメントは作用しないか
③ 揺れの影響
・揺れにより小口径分岐管に過大な相対変位を与えないか
④ 滑動の影響
・滑動して設備の落下や隣接弱小構造物に衝突することはないか
・アンカーボルトの強度は十分か
・ボンベの固定は十分か
⑤ 可撓性の状況
・変位吸収限界を超える相対変位に対して可撓性はあるか
⑥ 構造特異性の有無
・局部的な断面縮小部はないか
・サポート反力受荷部は適切な構造か
⑦ 地盤変状の有無
液状化により地盤沈下し，その影響は受けないか
このように，設計図書やウォークダウンで得られた耐震上の脆弱箇所は計画的に耐震補強を進める。

建物や工作物の耐震診断を行う上でのチェックポイントは増・改築・用途の変更などにより新築当時の設計が耐震上不十分になっている場合や老朽化が進んでいることもある。慣れのため普段は気付かずにいることが多いのでつぎの事項に留意する。

⑧ 建築構造，内装などから見た特殊性
・建物の外壁の落下危険はないか
・瓦，空調機，ダクト，その他建物に取り付けた機器の落下の危険性はないか
・天井のないスレートぶき建物などで，スレート屋根の落下危険はないか
⑨ 火気を使用する設備・器具の特性，延焼拡大の要因性
・整理整頓の励行
・可燃性，引火物質を取り扱う場合，流出，漏洩による火気との接触の危険はないか
⑩ 機械設備，家具，什器などの破損，転倒，落下などによる危険性
・高所に重いものを置いていないか
・機械設備，什器類は転倒しないように固定されているか
・重要な機械設備は地震動に耐える強度で架台，基礎に固定されているか
⑪ 危険物，爆発物，劇毒物などの危険性
・薬品などを取り扱う場所では，転倒，落下防止措置が施工されているか
・タンク，配管などからの漏洩，拡散の危険はないか
⑫ 避難上および避難誘導上の問題点
・避難通路は確保されているか

3) **BCPの策定**　BCPとは事業継続計画の意味で（business continuity plan, BCP），事前に予防対策の実施や緊急時の対応を計画しておくことで，自然災害発生等の緊急時への対応力向上に資するもので，企業経営上のマイナス要因を抑えることができ，経営上のプラスの効果にもつながるものであり，以下の項目の記載が望まれる。

ⅰ）被害想定　被害想定を行う目的は，地震によって起き得る事象を想定することで被害を減じるために事前の備えを明確化することと，発災後の混乱を少なくして被害の拡大を抑え，復旧・復興を早急に行うために必要な想定で，BCPを検討するにあたり前提を明確にすることが重要である。また，地震規模によっては対策の困難性を把握することもできる。

ⅱ）具体的策定値　震度，揺れ（地表面最大加速度），液状化の程度，津波による浸水高さ等の災害想定のほかにインフラの被害（電気・ガス・通信・飲料水・道路・鉄道・航路）と事業の想定復旧期間も各種ケース設定を行い，被災状況をできるだけ明確化しておく。

ⅲ）設備の耐震性　想定地震動で事業所内の重要設備が損傷しないかどうかを確認するとともに，耐震性が不足している場合は，いつまでに補強するのかを明記して課題化しておく。液状化は事業内の液状化MAP，津波も事業所内の浸水MAPを作成して重要設備が被害を受けるかどうかを把握し，被害を受けそうな場合は，いつまでに対策するかも併せて明記し課題化しておく。

ⅳ）防災設備・資機材の確保　地震時に火災や二次災害さらに事業所外への影響を防止するために，防災関連設備の健全性を確保しておくことや電気が止まっても非常用電源を用意して，防災対応ができるようにしておくことが望ましい。その他非常用備品・飲食料の備蓄の規定も重要である。

v) 通信手段の確保　災害時は過去の経験から通信不通になる場合が多いので，衛星電話，災害時優先電話，インターネット回線を引き込む等の手段を確保し，災害情報を迅速，正確に入手，伝達できるようにしておく。地方自治体，警察，消防などからの地域情報はもとより本社や事業所相互の連絡体制に万全を期すためにも通信手段の確保は重要である。

vi) 長納期品　損傷すると長納期の設備や部品を調査してこれらの対応を定めておく。特にオンリーワンの部品は調達方法を定めておくことが過去の地震被害実績から早期事業再開のキーポイントになる場合が多い。

またBCPの記載内容は毎年見直して，現状，何が不足しているのかを明記し内容の充実を行うこと。このようにBCPは将来的にBCM（business continuity management）として継続活用していくことが望まれる。具体的なBCP策定方法については多くの本が発行されているが，中小企業庁からも，入門コースから上級コースの中小企業BCP策定運用指針[6]が発行されている。

4) **事業所の備え**　多くの都道府県条例では，事業所ごとに「防災計画」を作成することが定められている。定める必要がある項目は

災害に備えての事前計画としては
・防災に関する役務分担に関すること
・建物・設備・工作物等の安全確保のための点検および補強に関すること
・家具，什器その他の建物に備え付けられた物品の転倒，落下および移動の防止のための措置に関すること
・危険物，劇毒物，高圧ガス等の貯蔵および取扱い場所の点検ならびに転倒，落下による漏洩および流出防止措置に関すること
・火気を使用する設備・器具等の点検，安全措置に関すること
・消火器等の準備および適性管理に関すること
・建物から安全避難の確保および点検に関すること
・救出，救護等の資材および非常用物品の準備ならびに保管に関すること
・防災教育と防災訓練に関すること
・周辺地域の事業所，住民等との連携および協力体制の確立に関すること
・警戒宣言発令時の対応措置に関すること
・家族との安否確認のための連絡手段の確保に関すること
・従業員の一斉帰宅の抑制に関すること
・その他事業内容から災害予防に必要な措置に関すること

大規模地震発生時は，安全かどうかを点検すべき建物がきわめて多いことから，応急危険度判定士などの建築の専門家がすぐに点検できないケースが想定されるので，建物管理者等により事前に点検確認箇所を明確にし，専門知識を有しない者でも，緊急・応急的に建物の安全確認を行うようにしておくこと[7]。

災害時の活動計画としては
・震災時の役務分担に関すること
・緊急地震速報を活用する場合の対応措置に関すること
・初期消火活動に関すること
・危険物，劇毒物，高圧ガス等の漏洩および流出時の緊急措置に関すること
・被害状況の把握，情報収集，伝達に関すること
・避難場所および避難方法に関すること
・周辺地域の事業所，住民に対する初期消火活動やその他震災対策活動の協力に関すること
・従業員の事業所内における待機および安全な帰宅に関すること
・その他事業内容および周囲の環境等から必要な活動に関すること

地震発生時には「対策本部」を設置して対応することが望まれる。対策本部を設置し応急体制を整えるためには，人員を確保しなければならない。平日と休日，昼間と夜間の別に体制を整備し，行動マニュアルを職場ごとに定めておくこと。

地震発生時の緊急対策の第一の目標は従業員，非従業員を問わず人命の安全確保である。巨大地震でも主要な揺れ時間は数十秒，長くても2分程度であり，建物の倒壊や転倒，落下物による危険が回避できれば，その間の安全は確保できる。つぎに漏洩，流出，発火，爆発などに対する防止措置をとった上で，定められた安全な避難経路を経て安全な場所に避難し待機する。なお，避難経路はわかりやすく標示しておき（停電などにより照明が消えたときの配慮も必要），2箇所以上設けることが望ましい。避難の際はヘルメットや手袋などの防具を着用し余震による倒壊，落下物にも注意を怠ってはならない。

5) **家庭の備え**　地震発生時，家族の大切な命を守るためには，建物の耐震化と室内の安全確保そして適切な行動が重要となる。各都道府県のホームページで防災ガイドブックが公開されている[8]。

最低でもつぎの項目を確認，対応されることが望ましい。

i) 建屋の安全確認
・建物の「耐震診断」を受け必要な場合は「耐震改

修」を行う.
・プロパンガスボンベは上下2本のチェーンで固定しておく.

ii) 部屋の安全確認
・転倒・落下・移動のおそれのある家具や家電製品は固定する.観音開きの食器棚は飛出し防止の止め具を付ける.特に高層階（おおむね10階以上）では,やや長周期地震動により,大きくゆっくりした揺れに対する対応が必要となる.
・出入口はいつも整理整頓しておく.
・飛散物で歩けなくなることも想定し,身近にスリッパ,運動靴,軍手などを用意する.
・ガラスは飛散防止用のフィルム等を貼る.

iii) 安否確認手段 複数の確認手段を決めておく例としてつぎがある.
・伝言ダイヤル117
・SNS（ソーシャルネットワークサービス）
・安否情報まとめて検索（J-anpi）
・電話会社の災害用伝言板[9)~12)]

iv) 日常備蓄 自宅で生活する上での必要備品を備えておく.ライフラインが寸断されるとともに,道路等ががれきで閉塞するなどにより,物流が麻痺して食料品や生活必需品が入手困難となるおそれがある.自宅崩壊が免れた場合,避難所でなく,自宅にとどまって生活する上での最低限の備品の備蓄を推奨する.

v) 非常用持出し品の準備
・最低でも3日分の飲料水,非常用食料,食器（プラスチックか紙製）,薬を服用している人は3日分の薬,避難に介護が必要な方は,介助者や救援者にわかりやすい場所に置いておく.
・携帯ラジオ,懐中電灯,現金,身分証明書（運転免許証・保険証のコピー）,タオルなども用意しておく.

vi) 避難場所の確認
・狭い道は倒壊物などで通行不可となることがあるので,広い道路や複数の避難経路を用意する.
・ブロック塀,橋,階段など危険と思われる箇所を確かめておく.

vii) 消火器などの備え
・出火を防止し,延焼を食い止めるための住宅用消火器や,住宅用火災警報器,漏電遮断器,感電ブレーカ,地震対応型ガス遮断器などの設置を備えておく.
・避難する際は,ガスの元栓を閉め,電気のブレーカを落とすこと.

viii) 緊急連絡カードの作成
・災害発生時の混乱を防止するために,いざというときに必要な事柄（家族の連絡先や電話番号,普段処方されている薬の種類や量,服用方法など）をまとめて作成しておく.
・自宅を離れ避難場所に移動するときは,まだ帰宅していない家族および近所の人へ,マジックインキでメモ用紙などへ必ずメモを残しておくこと.

6) 耐震補強

i) 建物の耐震補強

1981年5月31日以前に着工した建物は,「旧耐震基準」で設計されているので大地震に対する安全性が低いといわれている.コンクリート建物の耐震性の判定には「構造耐震判定指標 I_{so} 値」が用いられる[13),14)].

構造耐震指標 I_s 値が構造耐震判定指標 I_{so} 値より大きい場合（I_s 値 $\geqq I_{so}$ 値）は,現行の建築基準法により設計される建物とほぼ同等の耐震性能を有すると判断される.

構造耐震判定指標 I_{so} 値の算定方法は式 (3.2.1) による.

$$I_{so} = E_s \times Z \times G \times U \qquad (3.2.1)$$

ここで,E_s：耐震判定基本指標（第一次診断＝0.8,第二次,三次診断＝0.6）
Z：地域指標で,その地域の地震活動や想定する地震動の強さによる補正係数
G：地盤指標で,表層地盤の増幅特性,地形効果,地盤と建物の相互作用などによる補正係数
U：用途指標で,建物の用途などによる補正係数

耐震診断結果,耐震強度が不足している場合は,人命に係るので改修計画を早急に立てて改修すること.改修方法は建物の構造,地域,地震動によって異なる.

ii) 設備の耐震補強

設備が該当する法律で定められている計算方法で確認し,強度不足部位を補強する.例として,アンカーボルトの補強,ブレースの補強,支柱の補強等がある.

iii) 液状化対策

ハザードマップやボーリングデータから液状化すると判断された場合は,対象となる敷地の広さ,深さ,用途に応じ経済的観点および効果を検討の上,最適なつぎの工法を選択し,対策を行う.
・締固め工法（サンドコンパクションパイル工法,振動締固め工法）
・固化工法（薬注入工法,混合処理工法）
・置換工法（掘削置換）
・地下水位低下工法（排水溝工法）
・間隙水圧の消散工法（バーチカルドレーン工法）

・せん断変形抑制工法（格子状地盤改良）

　事業所や家庭の地震緊急対策は，技術的には決して困難なことではない。ことに比較的経済的負担の軽いソフト対策によってカバーできる面も多々ある。地震は，いつ起こるかわからない上に，起こらないかもしれない相手だけに，地震災害対策はややもすると先延ばしになる。まさに「いうはやすく行うは難し」であるが，「備えよつねに」は地震災害対策の鉄則である。

（菊池　務）

引用・参考文献

1) 内閣府，防災情報のページ
   http://www.bousai.go.jp/index.html（2019年1月現在）
2) 国土交通省，内閣府，文部科学省，日本海における大規模地震に関する調査報告会（2014）
3) J-SHIS 地震ハザードステーション
   http://www.j-shis.bosai.go.jp/（2019年1月現在）
4) 高圧ガス保安協会，平成26年度 経済産業省委託，石油精製業保安対策事業，高圧ガス設備配管系耐震診断マニュアルの検討（2015）
5) Guidelines for seismic Evaluation and Design of Petrochemical Facilities, Second Edition ,American Society of Civil Engineers（2011）
6) 中小企業 BCP 策定運用指針
   http://www.chusho.meti.go.jp/bcp/（2019年1月現在）
7) 大規模地震発生直後における施設管理者等による建物の緊急点検に係る指針，平成27年2月，内閣府（防災担当）
8) 東京都防災ガイドブック
   http://www.bousai.metro.tokyo.jp（2019年1月現在）
9) NTT ドコモ
   http://dengon.docomo.ne.jp/top.cgi（2017年2月現在）
10) KDDI au
    http://dengon.ezweb.ne.jp（2017年2月現在）
11) ソフトバンク
    http://dengon.softbank.ne.jp/j（2017年2月現在）
12) ワイモバイル
    http://dengon.ymobile.jp/info/（2017年2月現在）
13) 建築物の耐震改修の促進に関する法律（耐震改修促進法）の告示（平成18年度国土交通省告示　第184号と185号）
14) 既存鉄筋コンクリート造建築物の耐震診断基準・同解説（2001年改定版），日本建築防災協会

〔2〕　台　　　風

（a）**台風（熱帯低気圧）とは**　　熱帯や亜熱帯で発生する低気圧を「熱帯低気圧」（tropical cyclone）と呼び，温帯地方の前線帯（高緯度側からの寒気と低緯度側からの暖気が境を接する領域）で発生する「温帯低気圧」（extratropical cyclone）と区別する。日本付近に悪天をもたらす低気圧の大部分は温帯低気圧であるが，年に数回から十数回程度，日本も熱帯低気圧（台風）の影響を受ける。熱帯低気圧と温帯低気圧では発生・発達のメカニズムが異なっている。

　熱帯低気圧のうち，最大風速（10分間平均値を用いる）が17 m/s に達しないものを「熱帯低気圧」（tropical depression）と呼び，最大風速が17 m/s 以上のものを「台風」と呼ぶ。日本語の「熱帯低気圧」は tropical cyclone と tropical depression の二通りの意味で用いられている。北西太平洋（経度180度から西の北太平洋で，南シナ海やタイランド湾などの付属海も含む）で台風が発生すると，気象庁は「台風第何号」のように年初からの通し番号を付ける。

　熱帯低気圧はその存在地域によって固有の呼び名を持っている。北西太平洋にあるものは「台風」，北インド洋では「サイクロン」と呼ばれ，北米の周辺海域では「ハリケーン」と呼んでいるが，気象学的には同じものである。熱帯低気圧の発生域は熱帯や亜熱帯の海上に広く分布しており，地球全体では年間約80個の熱帯低気圧が発生する。発生数が最も多いのが北西太平洋の約26個であり，ついでオーストラリア周辺海域（南太平洋および南東インド洋）の17個，北東太平洋の16個，南西インド洋の13個，北大西洋の12個などとなっている[1]。

　熱帯低気圧のエネルギー源は熱帯地方の海上に豊富に存在する水蒸気である。低気圧中心の地表面近くでは，気圧が周囲より低くなっているために空気が回転しながら中心に向かって吹き込み，中心部に強制的な上昇流を生じさせる。上空ほど気圧が低くなっているために，空気が上昇すると断熱膨張のために温度が下がり，空気中の水蒸気が凝結して雲ができる。このとき凝結の潜熱が大気中に放出され，この熱が低気圧の中心部の温度を上昇させる。この結果，空気の密度が下がって中心気圧がさらに下がり，中心部への大気の流入量が増える。このような連鎖を持続させながら熱帯低気圧は発達する。熱帯低気圧が海面水温の低い中・高緯度や乾燥した大陸上に進むと，水蒸気の補給が減少して衰弱する。

（b）**日本に襲来する台風の特徴**　　北西太平洋における台風の年間発生数，日本（南西諸島や小笠原諸島なども含む）への接近数，上陸数の年々変動の様子を図3.2.1に示す。2, 3年程度の短い周期の変動のほかに20年程度の長周期の変動も見られる。ここでいう「接近」とは台風の中心が300 km 以内に近付くことと定義され，「上陸」とは「本土」（北海道，本州，四国，九州の4島）の海岸線に台風の中心が到達

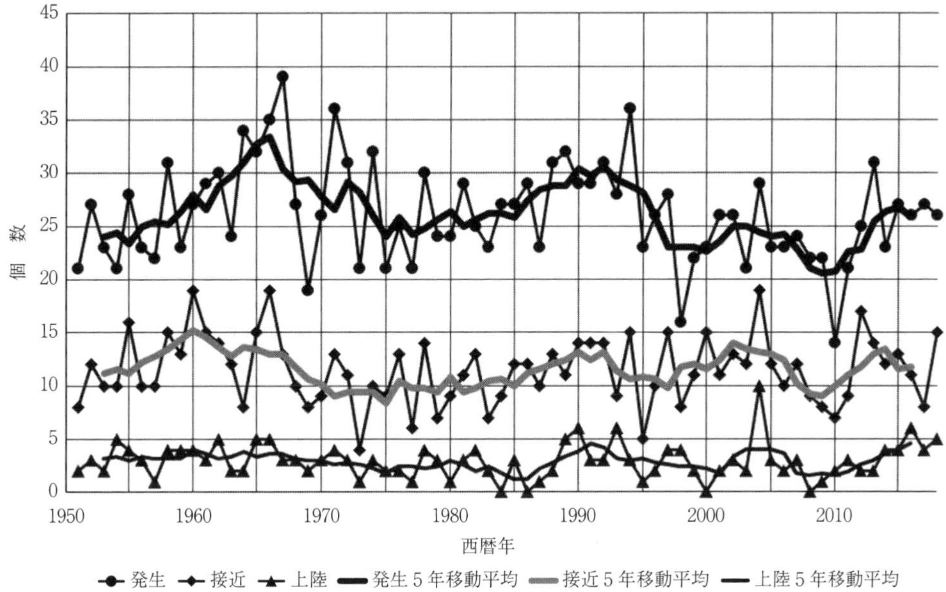

3. 防災

図 3.2.1 台風の発生数，接近数，上陸数の年々変動

表 3.2.1 台風の発生数，接近数，上陸数の月別平年値

	1月	2月	3月	4月	5月	6月	7月	8月	9月	10月	11月	12月	年間
発生	0.3	0.1	0.3	0.6	1.1	1.7	3.6	5.9	4.8	3.6	2.3	1.2	25.6
日本への接近	—	—	—	0.2	0.6	0.8	2.1	3.4	2.9	1.5	0.6	0.1	11.4
本土への接近	—	—	—	0	0.1	0.4	1	1.7	1.7	0.7	0	—	5.5
上陸	—	—	—	—	0	0.2	0.5	0.9	0.8	0.2	—	—	2.7

することを指す。平年値でみると，発生数は 25.6 個，日本への接近数は台風全体の 45% の 11.4 個，本土への接近数は 5.5 個，上陸数は 2.7 個である。**表 3.2.1** にこれらの月別平年値を掲げる。

日本に上陸した台風の中で最も低い気圧が観測されたのは 1934 年の室戸台風で，室戸岬で 911.6 hPa（ヘクトパスカル）を記録した。「台風」の定義として現在と同じものが使われるようになった 1951 年以後の期間に限ると，上陸時の中心気圧が最も低かったのは 1961 年の第 2 室戸台風（925 hPa），第 2 位が 1959 年の伊勢湾台風（929 hPa），第 3 位が 1993 年第 13 号（930 hPa）の順になっている。また，上陸こそしなかったものの，1977 年の沖永良部台風の通過時に沖永良部で観測された 907.3 hPa が日本の平地で観測された気圧の最低値である。

同じ期間で台風による死者・行方不明者が最も多いのは伊勢湾台風（1959 年）の 5 098 人であり，洞爺丸台風（1954 年）の 1 761 人，狩野川台風（1958 年）の 1 296 人，1951 年第 15 号の山口・広島県を中心とする 943 人がこれに次いでいる。1990 年以降では，

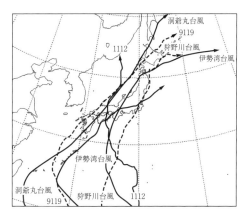

図 3.2.2 犠牲者数が大きい台風の経路

兵庫県や京都府などで大きな被害が出，由良川はん濫でバスの屋根に乗客が避難するなどした 2004 年第 23 号の 98 人，吉野川流域で多数の犠牲者が出た 2011 年第 12 号の 98 人，「リンゴ台風」の異名でも知られる 1991 年第 19 号の 62 人がこれに次いでいる[3]（**図 3.2.2** 参照）。

（c） 台風による災害

1） **強風による災害**　気象庁では台風の「大きさ」と「強さ」のそれぞれを**表 3.2.2** に示す基準に従っていくつかの階級に分類し，国内向け情報などで使用している．

台風の大きさは強風域（風速 15 m/s 以上の領域）の半径で階級分けされる．強風域が大きい台風ほど強風の吹く領域が広い範囲に及んでいて，中心から離れた場所でも警戒が必要である．逆に，強風域が小さい台風は強風域が中心付近に集中しているため，警戒を要する範囲は狭いが，中心が通る近傍の地域では急に強い風が吹き出すために注意を要する．

一方，台風の強さは最大風速によって階級分けされ，最大風速が大きい台風が上陸・通過する場合には特に厳重な警戒が必要である．

気象庁が気象情報の作成などで用いている風速の表現方法と被害の目安についての対照表を**表 3.2.3** に示す．風速が 20 m/s 以上になると取付けの悪い建造物の飛散が始まり，30 m/s 以上になると非常に危険な状態となる．

強風による被害は 10 分間平均した「最大風速」よりも「最大瞬間風速」と良い相関がある．瞬間風速と平均風速の比を「突風率」と呼び，通常，海上で 1.2 程度，陸上で 1.5 程度である．最近の観測によれば，突風率が 2.0 以上に及ぶ例が珍しくない．突風率の増加には，都市化の影響で高い建造物が増えた結果として地表面の粗度が大きくなり，気流の乱れが増加したことも影響していると推測される．

いままでに気象庁の官署で観測された台風による最大風速の記録では，1965 年第 23 号の 69.8 m/s（室戸岬）などがあり，最大瞬間風速では 1966 年の第 2 宮古島台風の 85.3 m/s（宮古島）などがある．

2） **大雨による災害**　台風の眼を取り巻くリング状の「アイウォール（眼の壁雲）」と，中心部から外に向かってらせん状に伸びる幅数十 km の「スパイラルバンド」付近では 1 時間に 30～50 mm 程度の激しい雨が降り，時として 1 時間に 100 mm を超える猛烈な雨を観測することもある．**表 3.2.4** に気象庁が気象情報の作成などで用いている 1 時間降水量の表現方法と被害の目安についての対照表を示す．

台風の影響で降る雨には，上述の台風自体に伴う雨のほかに，台風と地形，台風と前線帯との相互作用で増幅される降雨もある．台風は中心の周りに反時計回りの風系を伴っており，中心の東側では湿潤な南寄り

表 3.2.2　台風の大きさ・強さ

大きさの階級分け		強さの階級分け	
階　級	強風域半径	階　級	最大風速
大　型：大　き　い	500 km 以上，800 km 未満	強　　い	33 m/s（64 ノット）以上，44 m/s（85 ノット）未満
超大型：非常に大きい	800 km 以上	非常に強い	44 m/s（85 ノット）以上，54 m/s（105 ノット）未満
		猛　烈　な	54 m/s（105 ノット）以上

表 3.2.3　風の強さと吹き方（気象庁）を要約

風の強さ	平均風速〔m/s〕	人への影響	屋外・樹木・建造物の様子
やや強い風	10 以上 15 未満	風に向かって歩きにくくなる 傘がさせない	樹木全体が揺れ始める 電線が揺れ始める
強い風	15 以上 20 未満	風に向かって歩けない 転倒する人も出る 高所での作業はきわめて危険	電線が鳴り始める 看板などが外れ始める 屋根瓦がはがれるものがある
非常に強い風	20 以上 30 未満	何かにつかまっていないと立っていられない 飛来物で負傷するおそれがある	屋根瓦が飛散するものがある 固定されていないプレハブ小屋が移動・転倒する ビニールハウスのフィルムが広範囲に破れる
猛烈な風	30 以上 35 未満	屋外での行動はきわめて危険	固定の不十分な金属屋根の葺材がめくれる 養生の不十分な仮設足場が崩落する
	35 以上 40 未満		多くの樹木が倒れる 電柱や街灯で倒れるものがある ブロック塀で倒壊するものがある
	40 以上		住家で倒壊するものがある 鉄骨建造物で変形するものがある

表 3.2.4 雨の強さと降り方(気象庁)を要約

雨の強さ	1時間雨量〔mm〕	人への影響	屋外の様子	災害発生状況
やや強い雨	10以上 20未満	地面からの跳ね返りで足元が濡れる	地面一面に水たまりができる	この程度の雨でも長く続くときは注意が必要
強い雨	20以上 30未満			側溝や下水,小さな川があふれ,小規模の崖崩れが始まる
激しい雨	30以上 50未満	傘をさしていても濡れる	道路が川のようになる	山崩れ・崖崩れが起きやすくなり,危険地帯では避難の準備が必要 都市では下水管から雨水があふれる
非常に激しい雨	50以上 80未満	傘はまったく役に立たなくなる	水しぶきであたり一面が白っぽくなり,視界が悪くなる	都市部では地下室や地下街に雨水が流れ込む場合がある マンホールから水が噴出する 土石流が起こりやすい
猛烈な雨	80以上			多くの災害が発生する

の強風が吹いている。これが山塊にぶつかると強制的な上昇気流を生じ,山の風上側に長時間持続する地形性の降雨をもたらす。紀伊半島の南東部や宮崎県の山沿いの地域などの「南東斜面」で降雨量が多くなるのはこのためである。

7月や9月に台風が日本に接近すると,台風の接近以前から日本付近に停滞していた梅雨前線や秋雨前線に南からの湿潤温暖な空気が流入し,前線に伴う対流活動が活発化して集中豪雨を引き起こす。近年の予測技術の進歩で,このような時間的には数時間～半日程度,空間的には数十 km～百 km とごく限られた範囲に限定して発生する豪雨についても,1日程度前から発生可能性(ポテンシャル)を予測することが可能になりつつあるが,厳密に大雨が発生する時刻と場所,降水量を予測することは非常に難しい。したがって,土砂災害の危険地域では早目の対策,避難が必要である。動きが遅い台風の場合,前線との相互作用や地形的な要因が重なると,降り始めから降り終わりまでの2,3日間で年間の降水量に匹敵する 1 000 mm を超える記録的な大雨になることもある。また,幅が 10 km 程度の線状降雨帯が長時間同じ場所に停滞すると,2014年8月に広島市で発生したように,非常に狭い範囲に集中して大きな災害が発生することも珍しくない。

饒村(1986)[2]によると,1個の台風の影響で降った総降水量の最大記録は,1976年第17号台風のときに観測された 834 億トンが第1位で,1990年第19号の 740 億トンがこれに次いでいる。通例の台風では 200 億トンを超える降水が観測されることは少なく,これを超えると「雨台風」特有の山崩れや崖崩れ,河川の氾濫による浸水被害が大規模に発生する。

3) **高潮による被害** 台風災害で最も大きな被害をもたらすのが高潮である。1959年の伊勢湾台風では 5 000 人を超える死者・行方不明者が出たが,この大部分は高潮によるものである。バングラデシュでは1970年のサイクロンで 50 万人,1991年のサイクロンでも 14 万人の犠牲者が出た。2005年のハリケーン・カトリーナは米国で 1 200 人,2008年のサイクロン・ナルギスはミャンマーで 15 万人以上,2013年台風第30号(ハイヤン)はフィリピンで 2 400 人近い犠牲者を出した。このように,近年でも高潮による大きな被害が続いている。

高潮は台風や発達した温帯低気圧の通過に伴って海面が上昇し,内陸部に海水が侵入する現象で,強風による高波がこれに重なり強力な破壊力を持つ。高潮は海岸沿いの建造物を根こそぎ破壊し,潮が引くに従ってすべてを沖合に押し流す。

月や太陽の潮汐力に起因する海面の変動を「天文潮」と呼ぶが,実際の潮位は天文潮に台風などで励起された「潮位偏差」が加わったものとなる。いままでに記録された潮位偏差では,1969年のハリケーン・カミューのときの 7.4 m,1970年のバングラデシュのサイクロンの 7.2 m,伊勢湾台風の 3.5 m,室戸台風の 3.1 m,1991年第19号の 2.2 m などの記録がある。台風の通過が天文潮の満潮時に重なると非常に潮位が高くなるため,特に厳重な警戒が必要である。

潮位偏差を生じる要因は,気圧低下による「吸上げ効果」,強風によって海水が海岸に吹き寄せられる「吹寄せ効果」,沿岸海流の効果に大別される。地上気圧が 10 hPa 下がると,これに応じて海面の高さが 10 cm 上昇する。日本に襲来する台風の場合,強いものでも 950 hPa 程度の中心気圧であるから,吸上げ効果による海面上昇はたかだか 50 cm 程度であり,高潮の主要な要因は吹寄せ効果によるところが大きい。

吹寄せによる水位上昇は海岸線に直角な方向の風速の2乗に比例し,水深に逆比例する。南向き(北向

き）に開口したV字型の湾では，湾の西側（東側）を台風が通過すると南風（北風）で吹き寄せられた海水が湾奥部で収束するため，高潮の被害を受けやすい。大阪湾，伊勢湾，東京湾，有明海で高潮の被害が多いのはこのためである。

台風の影響で海岸線を右に見る向きの沿岸海流が強まると，「地衡流」の関係で海岸の水位が上昇する。この影響はせいぜい10 cm程度である。

4）その他の災害 台風の強風による間接的な被害の一つに塩害がある。台風の強風により海面に高波が発生し，これが砕波するときに空気中に数μmから300μm程度の海水滴が放出される。この微小な海水滴が，強風に乗って海岸の近傍のみならず海岸から離れた地域にも飛来し，イネなどの農作物や樹木に付着するとともに，塩分が土壌中に染み込んで植物が枯死するなどの被害が出る。また，送電施設のがいしに塩分が付着すると，絶縁不良を起こして送電が不能となる。これが広い範囲に及んで停電が長期間にわたると，電力の安定供給を前提として成り立っている現代社会では，市民生活だけでなく産業活動にも大きな影響が出る。公共性の高い業務などでは，商用電力の途絶に対する対策が必要である。

台風が日本海側の沿岸部を通過すると，強い南風のために脊梁山脈を越えた気流により，山の風下にあたる日本海側の各地で気温が5～10℃上昇すると同時に湿度が下がる「フェーン現象」が発生する。逆に台風が太平洋側のコースをとると，太平洋側でフェーン現象となる。この状況下で火災が発生すると，強風と乾燥した気象状況のために大火になりやすい。1956年第4号による魚津市の大火（1 750戸焼失）や1961年第4号による三陸大火（1 800戸，山林25 000 ha焼失）などがこの例である。

気象庁によると，日本で報告される竜巻は年間25件（2007～2015年，海上竜巻を除く）程度で，このうち数例が台風に関係して発生する。台風に伴う竜巻は台風の進行方向の右前面で発生することが多い。竜巻の経路にあたると，幅100 m程度の限られた狭い範囲で100 m/sを超える瞬間風が吹き，建造物に甚大な被害が生じる。　　　　　　　　　（大西晴夫）

引用・参考文献

1) World Meteorological Organization, Global guide to tropical cyclone forecasting
https://www.wmo.int/cycloneguide（2019年1月現在）
2) 饒村曜，台風物語，pp.83-88，日本気象協会（1986）
3) 大西晴夫，台風の科学，p.190，日本放送出版協会（1992）

〔3〕火　　　山

火山噴火とは，マグマや火山ガスおよび火口周辺を構成する岩石が比較的急激に放出される現象である[1]。火山噴火に伴う現象として，マグマが地表近くに上昇する過程において，地震（火山性地震）を引き起こしたり，局所的な隆起・陥没などの地表の変形を生じることもある。以下では，わが国における過去の噴火災害を概観するとともに，噴火災害の要因となる代表的な噴火現象について紹介し，今後の安全対策を検討する上で参考となると思われる物理学的な特徴や人体に及ぼす影響について，既存の総括論文[2,3]を再整理する形で取りまとめた。

（a）火山噴火の様式 火山噴火は，マグマが保持していた揮発性成分（おもに水蒸気）により活動が駆動されるマグマ噴火と，地下に蓄積されていた熱水・水蒸気の作用により発生する水蒸気噴火に大別される。ただし，地下の熱水の形成に関して，マグマの関与すなわちマグマから分離した揮発性成分や流体が関与している可能性は高く，両者を厳密に区分するのは難しい場合もある。また，マグマ噴火の一種として，高温のマグマが海水・地下水・陸水および湿った堆積物等と接触し，爆発的な相互作用により引き起こされる現象はマグマ水蒸気爆発と呼ばれる。一方，水蒸気噴火は，地下の熱水・水蒸気が周囲の岩石・地層を押し破り，爆発的に噴出する現象であるが，地下の封圧下で岩盤圧によって封じ込められた過剰な高温・高圧下に置かれた熱水によってもたらされるだけでなく，地下の静水圧条件下で安定に存在していた熱水および飽和水蒸気が何らかの作用によって封圧が破られ，安定的な蒸気噴出の後に爆発的な突沸状態に移行するタイプの水蒸気爆発（平衡破綻型水蒸気爆発）[4]もその発生プロセスの一つと考えられている。

噴火の様式は，火口から噴煙が立ち上がり，火山灰や軽石などを勢いよく放出する爆発的な噴火活動と，火口から溶岩流が氾濫する非爆発的な噴火活動に大別される。爆発的な噴火であるプリニー式噴火やストロンボリ式噴火は，溶岩ドームの形成や溶岩溢流に比べると極端に異なる噴火様式のように見える。しかしながら，火道中のマグマ上昇に関して，マグマだまり圧力と噴出率（単位面積当りの流量）との関係がモデル化された結果，マグマからの揮発性成分の分離様式などの条件が連続的に変化することで，爆発的噴火と非爆発的噴火は容易に遷移することが明らかにされている[5]。また，水蒸気噴火－マグマ水蒸気噴火－マグマ

噴火の区分は，地下深部から地表浅所へマグマが貫入・上昇する過程において，マグマと地下水との関係次第で経時的に変化する可能性があり，数年に及ぶ活動期間中に噴火様式が推移した事例も報告されている[6]。図3.2.3には，噴火活動を駆動する揮発性成分の由来，爆発性（噴出物の放出が瞬間的か，定常的か），噴出物の特徴（マグマ物質・固体物質の有無）などの観点で噴火活動を区分し，それらの相互の関連性をとりまとめた。しかしながら，噴火様式は一連の活動の中で固定化されたものではない。また，火山活動は開始から収束までに数年を要することも多く，季節変化に伴う積雪・降雨など，火山を取り巻く環境の変化に伴い，引き起こされる噴火災害も変化する点に注意が必要である。

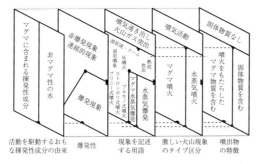

図3.2.3 さまざまな観点で見た火山噴火のタイプ区分[2]

(b) **わが国における噴火災害** 気象庁『日本活火山総覧（第4版）』に基づき，日本列島における規模の大きな火山災害を**表3.2.5**に整理した。比較的明確な記録が残されている江戸時代中期以降の事例に限定しているが，国内最大の火山災害は1792年に雲仙岳（眉山）で起こった大規模山体崩壊（岩屑なだれ）によるものである。

また，小規模な噴火に対しても記録の欠損が少ないと考えられる明治維新以降の火山活動に限って，火山噴火による人的被害を災害要因ごとに整理したものが**表3.2.6**である。これによると発生頻度は低いが甚大な被害を生じ得る火山現象として大規模山体崩壊（岩屑なだれ）が示される。このほか，噴火イベントごとの被害者数は必ずしも多くないが，発生頻度が高い災害要因として噴石や火山ガスが挙げられる。また火砕流（火砕サージ）や火山泥流（土石流）は発生頻度は高くないが，1件当りの犠牲者数が多く，活動が発生した際の危険性が高いことが示されている。一方，降灰（火山灰）と溶岩流は直接的に人的被害を引き起こした事例は確認されていない。しかしながら，降灰は富士山1707年噴火の事例のように，広範囲に及ぶ農耕地被害や洪水災害を長期間にわたって引き起こすことが知られている[6]。また，現在社会においては，航空路の封鎖などの社会インフラに対する影響を広く及ぼすことから，社会システムの維持という点から重要な火山現象である。

表3.2.5 18世紀以降に数十名以上の犠牲者が生じた火山災害[2]

発生年	火山名	犠牲者数〔人〕	おもな被害要因
1741(寛保元)年	渡島大島	1 467	大規模山体崩壊による津波
1779(安永8)年	桜島	約150	海底噴火による津波
1783(天明3)年	浅間山	1 151	岩屑なだれ・関連する土石流
1785(天明5)年	青ヶ島	130～140	爆発的噴火（詳細不明）
1792(寛政4)年	雲仙岳	約15 000	大規模山体崩壊による津波
1822(文政5)年	有珠山	103	火砕流
1888(明治21)年	磐梯山	461	岩屑なだれ・関連する火砕サージ
1900(明治33)年	安達太良山	72	水蒸気噴火による火砕サージ
1902(明治35)年	伊豆鳥島	125	爆発的噴火（詳細不明）
1914(大正3)年	桜島	約58	おもに火山性地震(M7)による犠牲者
1926(大正15)年	十勝岳	約144	融雪型火山泥流
1952(昭和27)年	明神礁	31	マグマ水蒸気噴火（火砕サージ）
1991(平成3)年	雲仙岳	43	火砕流（火砕サージ）
2014(平成26)年	御嶽山	約60	水蒸気噴火による噴石

表3.2.6 明治維新以降の日本における火山災害による要因別犠牲者数[2]

要因	犠牲者総数〔人〕	件数〔件〕	1件当りの犠牲者〔人〕
大規模山体崩壊（岩屑なだれ）	490	2	245
噴石	284	31	9
火山泥流（土石流）	170	8	21
火砕流（火砕サージ）	147	4	37
火山ガス	43	22	2
その他	61	3	

(c) **火山災害の要因**

1) **噴石（火山礫・火山岩塊・火山弾）** 噴石とは爆発的噴火によって投出された火山礫，火山岩塊，火山弾などの総称[1]あるいは俗称で，爆発的な噴火により飛散する比較的緻密なマグマの破片や火口周辺の岩石の破片から成る。火口から弾道飛行したことが明白なものは投出岩塊と呼ばれることもある。桜島や浅間山などでこれまでに観測された噴石の分布範囲から，大規模な噴火による噴石の平均到達距離は4 km，中小規模の噴火による平均到達距離は2 km程度と見積もられている[7]。噴石は落下時の衝撃力により，建築物や人体に多大の損害を与える。終端速度から見積もられた噴石の落下衝撃力と頭蓋骨の衝撃耐性との比

較から粒径5cm以上の噴石は人間頭部に深刻な損傷を及ぼす可能性が高いと考えられている[2]。登山用ヘルメットの安全規格については国際山岳連盟が定めたUIAA106やヨーロッパ規格のEN12492：2012などがあり、国内メーカもこれに適合しているものも多い。EN12492では物体の飛来または落下による危険を防止するための耐貫通性能として、重さ3kgの円錐形ストライカ（高硬度材）を高さ1mから自由落下させた際、先端が人頭模型に接触しないこと、とされている。この衝撃力は1.26kNと計算され、直径6cm程度の噴石が終端速度で落下する際の衝撃力にほぼ等しく、ヘルメットが噴石落下に対してもある程度の保護機能を有するものと考えられる。

内閣府は、2015（平成27）年12月に「活火山における退避壕等の充実に向けた手引き」[8]を公表した。その中で、退避壕等の充実にあたっては、噴火時に多数飛来するおそれのあるこぶし大（10cm）以下の噴石の衝突に耐えることが可能な強度の確保を目指すための対策例として、木造の屋根等を高機能繊維織物（アラミド繊維織物等）による補強や、既製のRC造ボックスカルバート（厚さ約20cm）の活用等を示した。また、火山ごとの特性や利用実態、施設の施工条件等を勘案しながら、必要に応じて時折飛散するおそれのある30cm程度の噴石や、まれに飛散する可能性のある50cm程度の噴石にも耐えられる強度の確保対策として、RC造ボックスカルバートに対する裏面剥離対策や上部緩衝材の敷設等の必要性を示している。

・事例（御嶽山2014年噴火）

御嶽山において2014（平成26）年9月27日午前11時52分頃（気象庁発表）に水蒸気噴火が発生した。秋の観光シーズンの天候の良い土曜日のお昼時であったため、火口に近い剣ヶ峰山頂付近にいた多くの登山者が噴火に巻き込まれた。行方不明者を含め60名を超える登山者が犠牲になったが、その多くが噴石による損傷死と報じられている（図3.2.4参照）。

2）**火山灰（降灰）** 爆発的噴火により、マグマの破片や火口周辺の岩石の破片は火山ガスとともに勢いよく吹き上げられ、周囲の空気を巻き込みながら噴煙として上昇してゆく。上空に達した噴煙は、偏西風や季節風に流されつつ、火山灰を地表に降り積もらせる。また、規模の大きな噴火の場合、噴煙は成層圏にまで到達し、エアロゾルサイズの粒子や火山ガス凝集物が長期間上空にとどまり続け、汎地球的な日照量低下の要因にもなると考えられている。降灰は分布範囲が広いこともあり、社会的に影響の大きな噴火現象である。近年では、気象庁は噴火発生時に、降灰量分布や降灰開始時刻を示した「降灰予報」を発表している。

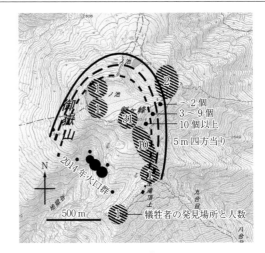

図3.2.4 御嶽山犠牲者の発見場所[9]と噴石インパクトクレータ分布密度[10]、地理院地図を使用

降灰は層厚によって農業、交通など種々の影響を及ぼす（図3.2.5参照）。建物の圧壊や農作物への被害、航空路・道路・鉄道など交通網の遮断・混乱等を引き起こす可能性がある。また、遠方地では、車両や家屋に降り積もった降灰の洗浄のために水道水が供給量を上回って使用されたり、下水への火山灰の流入による処理施設に対する影響など上下水道への影響も危惧されている。このほか、送電線網への降灰による碍子でのショートやガスタービンを用いた火力発電所に代表される発電施設に対する影響なども危惧されている。

・事例（富士山1707年噴火）

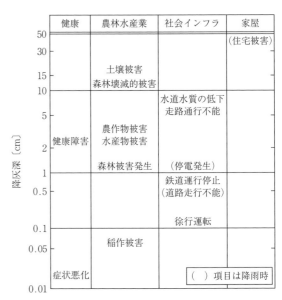

図3.2.5 降灰に被害が発生する閾値[12]

富士山 1707（宝永四）年噴火では，軽石やスコリア等から成る火山灰の層厚が御殿場市付近で 1 m を越え，約 100 km 離れた東京中心部でも数 cm に及んだ。この大量の降灰は，周辺の河川に流れ込み，河床の上昇や流路閉塞による洪水や土砂氾濫の原因となった。特に，神奈川県の酒匂川周辺では降灰の影響による被害が顕著で，下流の足柄平野では噴火後 100 年近くにわたって，土砂洪水氾濫が繰り返し発生した[11]。

3）**火砕流** 火砕流とは，火山灰・火山礫・火山岩塊と火山ガスから成る固気混相流が山体斜面に沿って流れ下る現象である。残された堆積物の特徴から，ブロックアンドアッシュフロー，熱雲，スコリア流，軽石流等に区分して呼ばれることもある。その規模は，溶岩流や溶岩ドームの一部が崩れ落ちることで発生する小規模な火砕流（流下距離は数 km 程度で，噴出体積も $0.01\,km^3$ に満たないもの）からカルデラ形成をもたらす大規模な火砕流（到達距離 100 km 以上，噴出体積 $10\,km^3$ を越えるもの）まで多様である。また，固体密度が乏しい希薄な流れは火砕サージと呼ばれ，マグマ水蒸気噴火によって火口から直接噴出する場合のほか，火砕流が流下するにつれて固体粒子が希薄な流れの上部が本体から分離し，独自に挙動することもある。

火砕流（火砕サージ）の流下速度は，高速で数十〜100 m/s を超えるものもある。また，その温度は，マグマ噴火に伴って発生した場合には数百度以上（雲仙普賢岳において 345℃ の実測値[13]が得られている）の高温のため，流走域では森林や建造物は損壊とともに火災が発生することが多い。火砕流（火砕サージ）による破壊力は，火薬等の爆発物により生ずる爆風が与える過剰圧と建築物被害の経験則を適応することができると考えられている[14]。雲仙普賢岳の火砕流の過剰圧についてブラストメータによる測定がなされ，発生源から約 2.7 km の地点で 28 kPa との結果が得られている[15]。これは，小規模な火砕流であっても，家屋を破壊する衝撃力を持つことを示している。

・事例（雲仙普賢岳 1991〜1995 年噴火）
雲仙普賢岳では 1991 年から 1995 年にかけて，成長を続ける溶岩ドームの先端が崩れ落ちることで高温の火砕流（火砕サージ）が頻繁に発生した。特に，1991（平成 3）年 6 月 3 日夕方に発生した火砕流は，発生源から約 3.2 km に達し，そこから分離した火砕サージはさらに 1 km 弱も流下し，集落に達した。火砕流・火砕サージに巻き込まれた住宅や作業小屋では火災が発生するとともに，53 名が火砕サージに巻き込まれ，内 43 名が亡くなった[16]。被災後に遺体で発見された方はいずれも著しい熱傷（全身 3〜4 度の火傷）を被っていた。また，病院で死亡が確認された方の大半が全身熱傷を被っていたが，特に気管〜末梢部の損傷が予後に大きな影響を与えた。これは，高速で流下する火砕サージの動圧により火山灰が強制的に口腔・呼吸器に押し込まれたことが，肺胞にまで損傷を受けた要因と考えられている[17]。このほか，米国，セントヘレンズ山の事例では，火砕流（火砕サージ）による火山灰が気管閉塞をもたらしたことが死因と考えられている事例も報告されている[18]。

水蒸気噴火によって発生する火砕流（火砕サージ）は，従来あまり認識されていなかったが，御嶽山 2014 年噴火を始めとして，決してまれな現象ではない。また，この種の火砕流は，マグマ噴火に伴う火砕流に比べて，地質学的には"低温"の火砕流と称せられることがある。しかし，皮膚の熱傷発生条件と人体を取り巻く環境の温度・湿度およびその環境内への曝露時間の検討から，水蒸気に飽和する火砕流の場合，50℃ 程度の温度条件であっても，これに 5 分程度巻き込まれることで，人体は熱傷を起こし得ることが指摘されている[3]。また，水蒸気を多く含む火砕流の場合，酸素分圧が低下するので，これに巻き込まれた際には呼吸困難が引き起こされる可能性もある[19]。水蒸気噴火による火砕流はマグマ噴火により発生するものほど高温ではないが，噴火発生の源が地下に賦存する熱水・温泉水であることから，火砕流が湿度の高い状態で流れ下る可能性があり，そのような状態が維持される噴火口近傍域では被害を生ずる可能性について注意が必要である。

・事例（安達太良山 1900 年噴火）
安達太良山沼ノ平において 1900（明治 33）年 7 月 17 日に水蒸気噴火が発生した。当時，噴火口近傍には硫黄採掘工場が操業しており，その作業員および家族が被災した。この噴火では，火口周辺は直径 200 m に及ぶ陥没が生じ，工場施設がこれに巻き込まれた。行方不明者を含む被災者数は 80〜91 名に及ぶ。このうち 41 名は避難中に噴火口から 1 km 未満の区域において高湿度の火砕流（火砕サージ）に巻き込まれ，その大多数が激しい熱傷被害を受け，快復した者は 4（あるいは 6）名に過ぎない[20]。

4）**溶岩流・溶岩ドーム** マグマが地表に噴出し，連続体として流下したものが溶岩流で，流下距離に対して層厚が厚いものは溶岩ドームと呼ばれる。流れ出したマグマの化学組成（特に SiO_2 や揮発性成分の含有量），温度（750〜1100℃ 前後），結晶の存在量によって粘性が大きく（10^3〜10^{10} poise）変化する。日本国内の火山における溶岩流のほとんどは安山岩質の

ため，その流下速度は時速2～3 kmを超えることはまれとされる[21]。ほとんどの溶岩流の表面や底面は岩塊に覆われるが，中心部には高温の溶融部が存在し，それらは一体となって重力に従って，地形低所を流れ下る。溶岩流による災害は道路や耕作地などの埋積であり，流路に建築物がある場合，焼失・埋積・破壊される。このため，流路にある重要な施設を守ろうとする試みが，マウナロア火山（ハワイ島）やエトナ火山（イタリア），ヘイマエイ島（アイスランド）などで試みられてきた。具体的には爆弾や爆薬を用いた溶岩流路の破壊，重機による人工流路や人工堤防の構築，放水による先端部の冷却・固化などにより，溶岩流の流路の遮断や分散により流れの向きを人工的に変更しようとするもので[22]，ある程度の効果が得られたと評価されている事例もある。日本国内では，伊豆大島や三宅島で試みられている。

・事例（三宅島1983年噴火）

1983（昭和58）年10月3日，三宅島雄山の南西山腹から割れ目火口列が開き，溶岩噴泉を伴う溶岩流が流下を始めた。西部に流れた溶岩流は阿古集落に達した。この溶岩流により，353戸の住宅が炎上し，鉄筋コンクリート建築の校舎もほぼ埋積された。また，南方に流れた溶岩は粟辺集落に達し，海岸近くの国道を遮断した。この噴火において，溶岩流の前進を阻止する試みとして，溶岩先端部に海水放出が実施された。これにより溶岩流の前進が阻止されたことを実証する結果は得られていないが，溶岩流の表面冷却の進行により周辺家屋の類焼が抑制されたと考えられている[23]。

5）**大規模山体崩壊（岩屑なだれ）**　山頂部を含む火山体の1/3にも達する部分が一挙に崩れ落ちる現象で，山麓部の広い地域が崩壊・流下した土砂に埋積される。大規模なものでは崩壊物の体積が1 km³を越え，火山から数十 kmに到達することもある。火山泥流（土石流）よりも規模が大きいものが多く，落差に対する流走距離は大規模な地すべりよりも遠方に到達する[24]。成層火山で多く認められるが，溶岩ドームでも発生が認められている[21]。また，同一の火山で繰り返し発生することもあるが，噴火活動により山体が復元・成長することが必要であり，その発生間隔は数千年～数万年と長い傾向がある。山体崩壊の原因としては，火山体内への新たなマグマ貫入等による山体の変形，火山体に変位・震動をもたらす地震・断層活動などが想定されるが，明確ではない。熱水活動により山体内に脆弱な地熱変質部が形成され，もともと重力的に不安定な火山体が種々の理由で一挙に崩壊する場合もあると考えられている。磐梯山1888（明治21）年の事例では，水蒸気噴火が山体崩壊の引き金になった

と考えられている。また，山体浅所にマグマが貫入していた場合，山体崩壊によりマグマへの荷重が一挙に減衰したために爆発的なマグマ噴火が引き起こされ，火砕サージが山麓周辺を襲った事例もある（米国，セントヘレンズ山1980年）。また，崩壊物が海などに突入した場合には津波被害が生ずる場合（雲仙岳1792年，渡島大島（おしまおおしま）1741年）がある。

・事例（雲仙岳1792年）

雲仙岳では，1792（寛政四）年1月に小規模な噴火が始まり，2月には普賢岳北東側から新焼溶岩の流下が始まった。4月の終わり頃から，局地的な地震が頻発し始め，5月21日に雲仙岳の側火山である眉山が大規模な崩壊を起こした。崩壊した岩塊は島原市街地を襲うとともに，島原湾に突入した。この崩壊堆積物により海岸線は長さ4 km，幅1 kmにわたって埋め立てられ，大小無数の小島（九十九島）が形成された。また，崩落物の海岸突入により生じた津波は，約20 km対岸の熊本平野をおそった。これにより，島原半島・熊本平野における死者・行方不明者の総数は約1万5千人[25]に達し，"島原大変肥後迷惑"とも称せられている。これはわが国で明確な資料が残されている火山災害において最大の被害を生じた事例である。

6）**火山泥流（ラハール，もしくは土石流）**　噴火活動によって降灰や火砕流堆積物が山体斜面に堆積したり，植生が破壊されると，表土の保水力が低下し，火山泥流の発生ポテンシャルが増大する。噴火活動に伴うものとしては，1）火口からの熱水・泥流の直接噴出，2）火砕物（特に火砕流）が山体の積雪を融解することで生ずる融雪型火山泥流，3）火口湖の決壊，4）火砕流・岩屑なだれが河川域へ流入することによっても引き起こされるものがある。火口からの直接噴出は，箱根火山大涌谷の2015年活動でも目撃されたほか，御嶽山2014年・1980年噴火，久住山1995年噴火でも確認されている。これらはいずれも地熱地帯で発生した噴火活動に伴うものである。

・事例（十勝岳1926年噴火）

十勝岳では1926（大正15）年4月から小噴火が始まり，5月24日に最盛期を迎えた。この噴火では，山頂火口丘の一部が崩壊し，それに引き続いて熱水が噴出することで融雪型火山泥流が発生した[26]。火山泥流は，美瑛川および富良野川に沿って流れ下り，噴火開始から25分余りで火口から約20 km遠方の上富良野市街を埋積し，さらに10 km程度流下した。これにより，死者・行方不明者144名，損壊建物372棟に加え，学校等の公共施設や鉄道，橋梁，灌漑施設や，山林・耕作地，牧畜に甚大な被害を及ぼした[27]。

7）**火山ガス**　火山ガスはマグマに溶存している

揮発性成分が分離して地表に到達したものである。一般には H_2O が 90% 以上を占めるが，それ以外の成分はマグマからの分離温度に依存し，温度の高い火山ガスは HF, HCl, SO_2, H_2, CO に富み，温度の低いもの H_2S, CO_2, N_2 に富む傾向がある。このうち，特に人体に有毒な成分である HF, HCl, SO_2 は刺激臭が強くその存在が容易に検知される。また，これらの成分を多く含むガスを放出する火山は，活動が活発で火口付近が登山禁止になっていることが多く阿蘇山の例を除けば，死亡事故例は少ない。一方，H_2S は低濃度ではいわゆる腐卵臭がするが，高濃度では臭気が感じなくなる。また低温の噴気ガスに多く含まれているため，山腹の低温噴気孔から噴出し，地形的な窪地等に高濃度で滞留し，そのような地域に登山者が迷い込んだり，温泉入浴中のガス中毒など，多くの事故を引き起こしている[28]。

・事例（三宅島 2000 年噴火）

三宅島において，2000（平成 12）年 6 月 26 日から群発地震と山体膨張が観察され始め，7 月 8 日には小規模な噴火とともに山頂部が直径 1.6 km にわたって陥没を始めた。その後，8 月 18 日および 29 日に比較的激しい爆発的噴火を発生したが，それ以降は沈静化した。一方，8 月下旬頃からは，高濃度の SO_2 を含む大量の火山ガス放出が持続するようになった。気象条件によっては東京都内にまで SO_2 による異臭が漂うほどであり，2000 年 9 月から 12 月の平均 SO_2 放出量は 4.2 万 t/日であり，これは当時の全世界の火山から放出される SO_2 放出量を超える値である[29]。この大量の SO_2 放出のため，三宅島の全島民は 2000 年 9 月 2 日より島外に避難することとなり，避難指示が解除されたのは 2005（平成 17）年 2 月 1 日である。

（伊藤順一）

引用・参考文献

1) 地学団体研究会編，新版地学事典，「噴火」，「噴石」，p.1443（1996）
2) 伊藤順一，火山災害の特徴と我が国における火山防災体制，安全工学，54-5, pp.346-353（2015）
3) 伊藤順一，御嶽山噴火の教訓と噴火予測の現状―過去の火山活動から学ぶ危険予知―，日本旅行医学会誌，13-1, pp.45-51（2018）
4) 小木曽千秋，上原陽一，相平衡破綻型蒸気爆発の実験的研究，安全工学，24-2, pp.192-198（1985）
5) Woods, A. W. and Koyaguchi, T., Transition between exprosive and effusive eruptions on silisic magmas, Nature, 370, pp. 641-644（1994）
6) 渡辺一徳，星住英夫，池在伸一郎，雲仙普賢岳 1990 年 11 月-1991 年 5 月の噴火活動，熊本大学教育学部紀要（自然科学），41, pp. 47-60（1992）
7) 富士山火山防災協議会，噴石可能性マップ，富士山ハザードマップ検討委員会報告書，pp.80-85（2004）http://www.bousai.go.jp/kazan/fujisankyougikai/report/pdf/houkokusyo5-6.pdf（2019 年 1 月現在）
8) 内閣府（防災担当），活火山における退避壕等の充実に向けた手引き，pp. 104（2015）http://www.bousai.go.jp/kazan/shiryo/pdf/201512_hinan_tebiki3.pdf（2019 年 1 月現在）
9) 信濃毎日新聞社，御嶽山噴火の犠牲者発見場所 2015 年 1 月 27 日掲載（特集，18 面）．火山と生きる　検証・御嶽山噴火
10) Kaneko, T., Maeno, F., and Nakada, S., 2014 Mount Ontake eruption: characteristics of the phreatic eruption as inferred from aerial observations, Earth, Planets and Space, 68-1, pp.1-11（2016）
11) 井上公夫，富士山宝永噴火（1707）後の長期間に及んだ土砂災害，荒牧重雄ほか編「富士火山」，pp.427-439，山梨県環境科学研究所（2007）
12) 気象庁，降灰の影響及び対策，降灰予報の高度化に向けた検討会（第 1 回；平成 24 年 7 月 5 日）資料 2 http://www.data.jma.go.jp/svd/vois/data/tokyo/STOCK/kouhai/kentokai/1st/shiryou2.pdf（2019 年 1 月現在）
13) Suzuki-Kamata, K., Sangen, K., Kamata, H., Taniguchi, H., and Nakada, S., Installation of penetrator-type thermometers and blastmeters for detecting pyroclastic surges during eruptions of unzen volcano, Kyushu, Japan, Jour. Natural Disaster Sci., 14-2, pp. 1-8（1992）
14) Valentine, G. A., Damage to structures by pyroclastic flows and surges, inferred from nuclear weapons effects, Jour. Volcanol. Geotherm. Res., 87, pp. 117-140（1998）
15) Taniguchi, H. and Suzuki-Kamata, K., Direct measurement of over pressure of a volcanic blast on the June 1991 eruption at Unzen Volcano, Japan. Geophys. Res. Lett., 20, pp.89-92（1993）
16) 杉本伸一，長井大輔，雲仙普賢岳 1991 年 6 月 3 日の火砕流による人的被害，九大理研報（地球惑星），22-3, pp.9-22（2009）
17) 小林一夫，平野明喜，村上隆一ほか，雲仙普賢岳の火砕流における熱傷患者の治療－気管，気管支，肺損傷を中心とした検討－，熱傷，19-5, pp.226-235（1993）
18) Eisele, J. W., O'Halloran, R. L, Reay, D. T., Lindholm, G. R., Lewman, L. V., and Brady, W. J., Deaths during the May 18, 1980, Eruption of Mount St. Helens, N. Eng. Jour. Medicine, 305-16, pp. 931-936（1981）
19) Baxter, P. L., Medical effects of volcanic eruptions I. Main causes of death and injury, Bull. Volcanol., 52-7, pp. 532-544（1990）
20) 伊藤順一，福島県救助・救済記録に基づく，安達太良山 1900（明治 33）年噴火被害の再検討，日本火山学会 2016 年秋期大会，講演予稿要旨，pp.182（2016）

21) 宇井忠英, 火山噴火と災害, 東京大学出版会, p.219 (1997)
22) 下鶴大輔, 荒牧重雄, 井田喜明編, 火山の辞典, 朝倉書店, p.590 (1995)
23) 荒牧重雄, 中村一明, 注水による溶岩流阻止の試み. 火山, 29 (三宅島噴火特集号), S343-349 (1984)
24) Ui, T., Takarada, S., and Yoshimoto, M., Debris avalanches, Sigurdsson, H. (edit) Encyclopedia of Volcanoes. pp.617-626 (2000)
25) 都司嘉宣, 日野貴之, 寛政四年 (1792) 島原眉山崩壊に伴う有明海津波の熊本県側被害, 東大地震研彙報, 68-2, pp.91-176 (1993)
26) 上澤真平, 北海道十勝岳火山1926年噴火大正泥流堆積物層序の再検討と古地磁気特性, 火山, 53-6, pp.171-191 (2008)
27) 十勝岳爆発罹災救済会編, 十勝岳爆発災害志, 十勝岳爆発罹災救済会, p.521 (1929)
28) 平林順一, 火山ガスと防災, J. Mass Spectorm. Soc. Jpn., 51-1, pp.119-124 (2004)
29) Kazahaya, K., Shinohara, H., Uto, K., Odai, M., Nakahori, Y., Mori, H., Iino, H., Miyashita, M., and Hirabayashi, J., Gigantic SO_2 emission from Miyakejima volcano, Japan, caused by caldera collapse, Geology, 32-5, pp.425-428 (2004)

〔4〕 雷

(a) **はじめに** 雷は, 雲の中に蓄積された電荷により大気中に発生する数km以上にも及ぶ長さの放電現象である. 1回の落雷 (**図3.2.6参照**) で, 数回の放電が発生する. この放電を雷撃(ストローク)といい, 落雷時の最初の放電は特に第1雷撃という. 2回目以降の雷撃は後続雷撃と呼ばれる. 雷の電流の波高値は数kAから数百kA以上までばらついているが, 50%値は第1雷撃では約30kA, 後続雷撃では12kAである[5]. 雷は夏に発生することが多いが, 日本海沿岸部では冬にも雷が発生することが知られている. この雷は冬季雷と呼ばれ, 通常の雷よりもエネルギーが大きいことで知られている[4].

(b) **雷による災害** 雷は人に落ちると死に至る可能性がありきわめて危険であるが, 日本では雷による死者は年間数名程度である.

落雷が工場や事務所のような場所で発生すると, 外部や場内の複数の箇所を結んでいる通信回線での故障が起こりやすい. また, これに関連して火災報知器や監視カメラ等の破損もある. また, コンピュータやサーバの電源, 配電盤の破壊による停電がある. このほか, コンピュータや電子回路の誤動作, 計測制御装置の故障による産業用工作機械やロボット等の機器の暴走により破損が発生する場合がある. さらに, 大きな被害に至る例としては, 国内外で化学工場や石油タンク等に落雷して, 爆発・火災の発生が報告されている.

(c) **災害時の落雷様相** 雷災害が発生するときは直接の落雷である直撃雷以外に誘導雷, 侵入雷などさまざまな形態がある. 落雷により導体や配線内に発生するパルス性の電圧または電流のことを総称して雷サージという. 雷サージの継続時間は短いが, 波高値は高いため, これが機器を損傷する直接の原因となることが多い.

1) 直撃雷 直撃雷は, 雷が建物などに直接落雷することである. このときは, 雷電流の熱によって建物のコンクリートが壊れたり, 可燃性の物に引火して火災が発生したりする. 建物への落雷後は, 建物中の金属部または沿面に雷電流が流れ, 大地へと流れる. このとき, 雷電流が大きいと経路のインピーダンスや接地抵抗により電流経路の電位が上昇する. このため, **図3.2.7**に示すように雷電流の経路と屋内の配線等が近いと絶縁破壊を起こして配線に雷電流が流れ込むことがある. また, 電流経路近傍の接地点と離れた接地点との間に電位差が発生するため, 接地から屋内

図3.2.6 落 雷

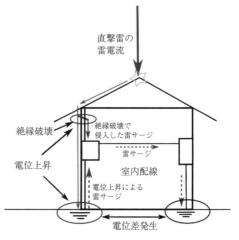

図3.2.7 直 撃 雷

の配線に雷サージが流れることが考えられる。

2) 誘導雷[8]　落雷すると大きな電流が瞬時に流れるため，雷放電の周辺に電磁界が発生する。この電磁界の影響により周囲の配線や導体に雷サージが誘発される。この現象のことを誘導雷と呼ぶ。**図3.2.8**のように建物や線路の近傍に落雷すると，建物の配線等に雷サージ電圧が誘発され機器を破壊することがある。当然，電流経路がより近い直撃雷でもこの現象は発生する。

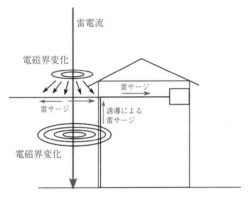

図3.2.8　誘　導　雷

3) 侵入雷　通信線や配電線のような配線が建物外部から引き込まれている場合，雷がその配線に直撃したり，その近傍に落雷が発生したりすると，その配線への直撃雷や誘導雷により雷サージが発生する。この雷サージは配線を通じて建物内に侵入する。これを侵入雷という。これにより配線につながっている機器の破損や配線に発生した電位により他の配線との間で絶縁破壊が起きたりする（**図3.2.9**参照）。

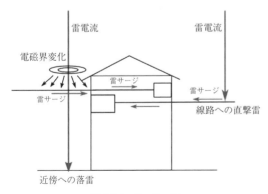

図3.2.9　侵　入　雷

4) 人体への落雷[8]　電流やその熱により死傷するのは人体への直撃の場合が多い。しかし，直撃でなくても，死傷する場合がある。人が樹木の近くにいるとき，その樹木に落雷すると，雷は地面に流れる途中で樹木から人に飛び移ってくる。これは，樹木と比べて人体の方が電気を通しやすいために起きる現象であり，側撃と呼ばれる（**図3.2.10**参照）。

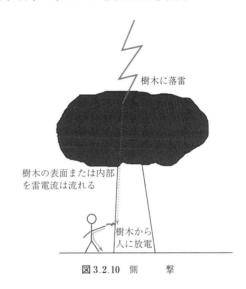

図3.2.10　側　　撃

(d) 災害への対策　雷被害への対策としては，直撃雷に対しての外部雷防護と内部雷防護，さらに誘導雷や侵入雷に対しての雷サージの防護などから成る。

1) 外部雷防護[1),2)]　直撃雷による建物の損壊を防ぐための方法で，受雷部，引下げ導線，接地により構成される。受雷部は雷を落とすための導体部であり，建物に設置した避雷針や導体メッシュ，水平導体等である。引下げ導線は，受雷部で受けた雷の電流を接地に逃がすための導体である。雷の電流が流れる経路であるから，誘導やインピーダンスの影響で被害を及ぼさないように，複数の電流経路を並列に形成することと電流経路の長さを最小に保つことが重要である。接地は，引下げ導線で運ばれた雷電流を危険な過電圧を生じることなく大地へ放流・分散させるためのものである。現在のJIS規格では接地抵抗値よりも接地電極の形状や寸法が重視される。その型はA型，B型があり，A型は棒電極や板電極を垂直や放射状に接地する。一方，B型は環状やメッシュ状に導体を構成するものである。接地にあたっては一つの接地極に統合するのが望ましいとされている。

避雷針や水平導体の保護範囲は回転球体法や保護角法によって評価される。

回転球体法は**図3.2.11**に示されるように受雷部と地面に接する球面の範囲が保護されるというものである。この球の半径rが小さいほど，厳しい評価とな

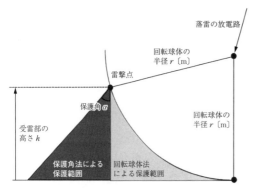

図 3.2.11 保護範囲

る．対象が重要なものの場合は r を小さくする．JIS では，4段階の保護レベルを決めており，それぞれに球の半径が設定されている（**表 3.2.7** 参照）．この保護レベルは被保護物の重要性，立地場所，公共性，危険物の収容などを考慮して選択するものであり，Ⅰ が最も重要度が高い．

表 3.2.7 保護レベルと保護範囲[6]

雷保護レベル			Ⅰ	Ⅱ	Ⅲ	Ⅳ
球体の半径 r 〔m〕			20 m	30 m	45 m	60 m
保護角 $α$ 〔度〕	受雷部高さ h	20 m	25度	35度	45度	55度
		30 m	*	25度	35度	45度
		45 m	*	*	25度	35度
		60 m	*	*	*	25度
		>60 m	*	*	*	*
メッシュの幅〔m〕			5 m	10 m	15 m	20 m

〔注〕回転球体法およびメッシュ法だけを適用する．

保護角法は図 3.2.11 に示すように，避雷針から一定角内は保護されるという考え方である．JIS で決められている保護レベルと保護角 ($α$) の関係を表 3.2.7 に示す．

導体メッシュは建物の屋根や側面部に設置して，広範囲な陸屋根や平坦な勾配屋根を保護する方法である．その保護範囲を定める方法がメッシュ法である．保護レベルに応じてメッシュの幅を狭くすることにより小さい雷でも直撃から防げるようになる．JIS では保護レベルとメッシュ幅の関係を表 3.2.7 のように決めている．

2) 内部雷保護　直撃雷では雷電流により電位上昇が発生し，機器の破損の原因となる．これを防ぐため，雷電流の経路である引下げ導線と配線との間に十分な安全離隔距離の確保をする必要がある．また，引下げ線近傍や接地点の電位が上昇することにより，建物の各部に電位差が生じないように，建物の金属部を導体で結合して電位の均平化を図る．これを等電位ボンディングという．

3) 電気・電子設備の雷サージ防護[7]　建物内部のコンピュータや電子機器などのような機器・設備は雷サージにより故障する．これを防ぐためには，外部雷防護および内部雷防護に加えて，サージ防護デバイス（SPD，**図 3.2.12** 参照）などの対策機器を用いる．

図 3.2.12 サージ防護デバイス
（提供　音羽電機工業株式会社）

サージ防護デバイスは，古くは避雷器やアレスター，サージアブゾーバと呼ばれていたが，現在は JIS により SPD と呼ばれている．SPD は雷サージ過電圧による損傷から被保護機器を保護するものである．このため，SPD にはつぎのような特性が要求される．

① 雷サージがない場合はシステムに有害な影響を与えず，電源や信号の電圧・電流に影響を与えない．
② 雷サージが発生した場合は SPD のインピーダンスを低下させてサージ電流を接地側に流し，雷サージによる過電圧を抑制することにより電圧を設備のインパルス耐電圧以下に制限する．
③ 雷サージ発生後は高インピーダンス状態に復帰して連続使用に耐える必要がある．

SPD にはガス入り放電管（GDT），サージ防護サイリスタ（TSS），金属酸化物バリスタ（MOV），アバランシェダイオード（ABD）などがある．

4) 人的災害の対策[8]　直撃雷から守るには，外部雷防護がなされた建物の中に入るのがよい．なお，建物中にいても導体部分に触れていると，直撃雷がそ

の建物にあると電位上昇の影響で感電することがある。このため，導体や配線部分からは離れている必要がある。また，側撃から身を守るには襲雷に屋外にいた場合，決して樹木等の近くには寄らないことである。一般に襲雷時には樹木やその枝から3m以上は離れる必要がある。

（e）**むすび** これまで，雷災害の典型的な例と，その基本的な対策を述べてきた。雷災害の対策としては避雷針や水平導体等の設置による外的雷防護，安全離隔の確保と等電位ボンディングによる内的雷防護，さらに，必要に応じて雷サージ防護デバイスの設置が必要である。近年，落雷位置標定システムや気象レーダ等の進歩により襲雷の予測がある程度可能になってきた[9]。今後は，このような予測情報を有効に使って事前に対応する対策手法の発展が期待される。

〔三木　恵〕

引用・参考文献

1) 雷保護対策設計ガイド編修委員会，雷害対策設計ガイド，日本雷保護システム工業会（2006）
2) 雷保護システム標準設計編修委員会，日本雷防護システム工業会（2009）
3) 横山茂，松浦進，伊藤秀敏，深山康弘，齋藤宏明，嶋田章，大槻和司，雷害対策製品の原理と正しい使い方，OHM pp.4-33（1999）
4) 清水雅仁，横山茂，松浦進，伊藤秀敏，深山康弘，齋藤宏明，嶋田章，大槻和司，雷の基礎と雷害対策手法，電気と工事（2015）
5) CIGRE WG C4.23 "Lightning parameters for engineering applications" CIGRE TB549
6) JIS Z 9290：2014　雷保護（日本規格協会）
7) 山本和男，酒井志郎，柳川俊一，山田康春，SPD・避雷器と耐雷トランスを用いた雷保護，オーム社（2015）
8) 新藤孝敏，雷をひもとけば，電気学会（2018）
9) JIS C 5381：2014　低圧サージ防護デバイス（日本規格協会）

〔5〕津波

津波はきわめてまれな現象であるが，ひとたび規模の大きな津波が発生すると沿岸部に甚大な被害をもたらす。津波の多くは海域で発生した地震に伴う海底地殻変動によって引き起こされるが，このほかに，火山活動に伴う山体崩壊や岩屑流れの海域への突入，海底地すべり，隕石落下等によっても引き起こされることがある。これら種々の原因により水面に生じた擾乱は津波波源と呼ばれ，この擾乱が重力を復元力とする波動として水平方向に伝播したものが津波である。

（a）**津波の伝播**　津波の伝播速度は重力加速度gと水深hを用いて$\sqrt{gh}$と表される。太平洋の平均的な水深である水深4000mの水域では，津波はおよそ秒速200mで伝播し，浅い海域ほどその伝播速度は低下する。例えば，水深100mでは秒速30m，水深10mでは秒速10mである。なお，津波の伝播速度は，地震波の伝播速度（P波は秒速5～7km，S波は秒速3～4km）に比べて10分の1以下と小さい。そのため，地震に伴って発生する津波は，地震の揺れを感じてからしばらく時間が経って来襲するのが一般的である。したがって，地震の感知を起点とする高台等への避難が有効な人的被害の軽減策となる。

津波の伝播速度は水深に依存し，水深が浅くなると低下する。この性質により，沖に向かって水深が深くなる通常の海底地形においては，沖側から斜めに入射した津波は，伝播速度の差によって，浅い方に曲がりながら進行する。これを「屈折」と呼ぶ。屈折により，遠浅の海底が沖に向かって舌状に突き出している岬の先端部には，津波のエネルギーが集中し，波高が増大する。また，大陸棚や陸棚斜面では，津波が屈折・反射を繰り返しながら岸に沿って伝播し，波のエネルギーが外洋に放射されずに補足される現象が発生する。このように斜面に補足され，沿岸方向に伝播する波は「エッジ波」と呼ばれる。エッジ波が発生すると海面振動が長期化する。多重反射した波が重なることにより，第一波来襲後，長時間経過した後に最大波高を伴う波が発生する可能性があり，注意が必要である。

また，伝播速度が深いところほど大きいという性質により，津波は陸域に近付き水深が浅くなるのに従って，波長は短く，波高は高くなる。これは，波の「浅水変形」と呼ばれる現象である。水深の変化に伴う津波の波高の変化は，式(3.2.2)の関係を利用して求めることができ，これをグリーンの法則と呼ぶ。

$$Hh^{\frac{1}{4}} = \text{const.} \tag{3.2.2}$$

ここで，Hは波高，hは水深である。つまり，津波の高さはおおよそ水深の1/4乗に反比例する。例えば，水深4000mの深海域で波高1mであった津波が，水深10mのところまで伝播すると，波高4.5mにまで増幅する。なお，グリーンの法則は波高の水深に対する比が0.5を超える場合には適用できないことに注意が必要である。この限界を超えると波が砕け，この法則の前提であるエネルギーの保存が成立しなくなるからである。

津波はまた，複数の波が重なることによって高くなることがある。例えば，海嶺，海溝といった大規模地形上を通過する際には，波のエネルギーの一部が反射

され，反射波を生じる。また，海山を通過した場合には，その地形スケールに応じた散乱波が発生する。こうした波が重なると，波源から最短距離を進行する津波第一波よりも高くなる場合がある。反射波や散乱波の励起源と距離が離れている場合には，津波の第一波から何時間も後に最大波が来襲する場合がある。また，こうした効果によって津波が繰り返し沿岸に来襲する場合には，内湾で固有振動が励起される場合がある。固有振動の腹にあたる湾の最奥部などでは，湾口に比べて津波高が4～7倍にも達する場合がある。

(b) 津波の遡上・浸水

高さ3mの波が海岸に到達した場合，風波と津波では沿岸域で生じる現象が大きく異なる。風波はその名のとおり，海面を吹き渡る風によって生じた波で，われわれが通常海岸で目にする周期が1～30秒程度の波である。一方，地震によって引き起こされた津波の周期は5分から1時間程度と非常に長い。この周期の違いが陸域への浸水や遡上に決定的な影響を与える。風波の場合にはいったん海面の高さが3mに達したとしても，数秒後には低下しており，その間に陸上に遡上し，浸水被害を生じる範囲は海岸線のごく近傍に限定される。これに対して，高さ3mの津波に襲われると，水位がすぐには引かず，その間に低平地や河川への遡上が進行し，広い範囲が浸水被害を受ける。津波の周期が長い場合には，高さ3mの津波により，標高3mまでの市街地全体が浸水する可能性があると理解してよい。実際，2011年の東北地方太平洋沖地震津波では，15分以上継続する押し波が仙台平野に押し寄せ，海岸線から4kmの内陸まで津波が侵入し，低平地に大きな浸水被害をもたらした。

津波は川を遡り，海岸線から10km以上の内陸部に達することがある。津波が河川や陸上を遡上する際には，津波の先端が「砕波段波」と呼ばれる激しい崩れ波となることがある。砕波段波が構造物に衝突すると，大きな衝撃波圧が生じ，構造物に大きな被害を及ぼす。

(c) 過去の津波災害

日本列島は，地球を覆っている十数枚のプレートのうち，4枚のプレートの衝突部にあり，世界的にも地震活動が活発な地域に位置している。こうした衝突帯ではプレート境界型の大きな地震や，それに伴う津波が発生している（図3.2.13参照）。また，日本列島周辺以外でもプレート境界型の規模の大きい地震によって津波が発生しており，中には環太平洋の遠方の海域で発生した津波が日本に来襲し，被害が生じた事例もある。

1) 東日本太平洋側の津波　東日本の太平洋側には日本海溝が南北に走り，ここでは太平洋プレートが

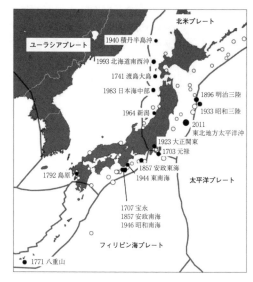

図3.2.13　日本列島周辺のプレートの分布とおもな津波の発生地点[1]。本文で取り上げたものは黒丸で示した。

東日本を載せる陸側の北米プレートの下に年間8cm程度の速度で沈み込んでおり，プレート境界でしばしば大きな地震が発生する。この地震によって引き起こされる津波は，東日本の太平洋沿岸に大きな被害をもたらしてきた。

1896（明治29）年の明治三陸地震では，津波は青森県から宮城県にかけてのリアス式の三陸海岸を襲った。三陸町綾里では標高38mまで津波が打ち上がったと記録され，死者・行方不明者は22 000名に上った。この地震は，地震動の継続時間が長かったものの，現在の震度にして2～3程度の揺れであったと推定されており，地震の規模の割に非常に大きな津波を引き起こす「津波地震」と呼ばれる地震であったといわれている。津波そのものの大きさもさることながら，津波来襲の警告となるはずの地震動が小さかったために，被害が拡大したといわれている。

1933（昭和8）年の昭和三陸津波を引き起こした地震は，プレート境界ではなく，太平洋プレートの内部で発生した正断層型の地震であった。地震の揺れは，明治三陸地震のときより強く感じられ，家屋や石垣の破損に関する記録から現在の震度にして5程度であったと考えられている。地震の30～40分後に三陸海岸と北海道南岸が津波に襲われ，津波による死者・行方不明者は3 064名に上った。多くの人命が奪われたものの，流出家屋数に対する死者・行方不明者数の割合は明治三陸地震津波に比べかなり小さかった。これは，地震の揺れが強く，37年前に起きた明治三陸地震津波の体験者が多く生存していて，地震後の避難行

動が有効に働いた結果であると考えられている。

2011（平成23）年の東北地方太平洋沖地震では，明治三陸津波を上回る津波が北海道から千葉にかけての太平洋岸に来襲し，死者15 894名，行方不明者2 546名に上る甚大な被害が生じた[2]。事前に想定されていたよりもはるかに規模の大きい地震・津波であったため，浸水想定区域を大きく超える浸水が生じた。そのため，避難所に避難したにもかかわらず，そこで被災し，命を落とす事例が多数報告され，想定の在り方が問われた。また，地震後に発令された津波警報・注意報の第一報の予測津波高が過小であったこと，第二報以降，津波の観測に基づき予測が引き上げられたものの，停電のため住民に更新情報が十分に伝わらなかったことが被害の拡大につながった可能性が指摘されている[3]。また，前年のチリ津波で大きな被害が出なかったことが，津波防護施設への過信につながったとの指摘もある。

2) **関東地方の津波** 1923（大正12）年の大正関東地震は，北米プレートにフィリピン海プレートが沈み込む相模トラフで発生した地震であった。三浦半島・鎌倉・熱海などでは6 mを超える津波が海岸を襲った。1703年の元禄地震は，同じ相模トラフで生じたプレート境界型の地震であり，大正関東地震のときとほぼ同じ場所が津波で被災したほか，千葉県の九十九里浜海岸で多くの溺死者を出した。当地には，百人塚・千人塚などと名付けられた津波の死者を供養する石碑が多数建てられている。

3) **西日本の津波** 駿河湾の奥部から，遠州，紀伊半島，四国南岸の沖にかけて南海トラフが走っている。ここでは，南から北上してくるフィリピン海プレートが西日本を載せているユーラシアプレートの下に沈み込んでいる。このプレート境界では，紀伊半島の潮岬より東側では東海地震系列の巨大地震が，西側では南海地震系列の巨大地震がそれぞれ100年ほどの間隔で発生している。この両系列の巨大地震には連動性があり，一方が発生すると，それに引き続いて他方が生じる傾向がある。例えば，1944（昭和19）年に東南海地震が発生すると，その2年後の1946（昭和21）年に昭和南海地震が発生している。1854年に安政東海地震が発生した際には，32時間後に安政南海地震が起きた。さらに，1707年の宝永地震は東海沖の地震と南海沖の地震が同時に起きたものと考えられている。これら東海沖，南海沖の巨大地震にはいずれも大きな津波が伴っている。

4) **日本海の津波** 太平洋側より規模が小さいものの，日本海でも日本海東縁と呼ばれる北米プレートとユーラシアプレートの境界領域で津波を伴う地震が発生している。1940年積丹半島沖地震，1964年新潟地震，1983年秋田沖で発生した日本海中部地震，1993年の北海道南西沖地震などはいずれも津波を伴っており，太平洋側で生じる津波に比べて，同じ地震マグニチュードであっても津波が大きく現れる傾向があることが指摘されている。また，地震津波ではないが，1741年には北海道の渡島大島の噴火活動に伴う地すべりにより津波が発生し，北海道江差・松前地方に約3千人の溺死者を出した。

5) **その他の地方の津波** 琉球列島では，1771（明和8）年に八重山地震が発生し，この地震が引き起こした津波によって打ち上げられたと伝えられる巨石が陸上に多数残存している。その分布から，津波は標高30 m程度まで達したと推定されている。この津波により，当時18 000人いた石垣島の人口は半減した。地震の揺れに関する記録は少なく，海底地すべりによって生じた津波であるとする説がある。有明海では1792年に長崎県島原半島の普賢岳の東方，島原市の背後に位置する眉山の東斜面が，火山性の地震に誘発されて崩落し，大量の土砂が流れ込んで津波が発生した。この津波により，島原半島側で10 139人，肥後（熊本県）側で4 653人，天草諸島で343人の死者を生じた。

6) **世界の津波** 2004年スマトラ島沖地震津波は，インドネシア・スマトラ島沖で発生したマグニチュード9.1の地震によって発生し，史上最悪の被害を及ぼした（**図3.2.14**参照）。インド洋沿岸12箇国での死者・行方不明者は22万人以上に及んだ。1960年チリ地震，1964年アラスカ地震は太平洋で発生した巨大地震で，太平洋全域に被害をもたらした。チリ地震によって発生した津波は地震の23時間後に日本に到達し，北海道から沖縄に至る太平洋沿岸で死者142名という大きな被害をもたらした。

1946年アリューシャン地震は，それによって発生

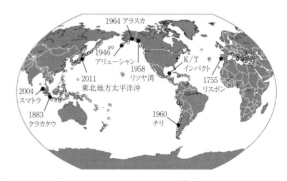

図3.2.14 世界のおもな津波の発生地点[4]。本文で取り上げたものは黒丸で示した。

した津波が地震の規模に比して不相応に高く，典型的な「津波地震」とされている．遠く離れたハワイ諸島で159名の犠牲者を出し，太平洋津波警報センター設立のきっかけとなった．

史上最高の打上げ高は1958年リツヤ湾津波で記録された525 mである．これはアラスカにあるフィヨルド地形の湾で発生した地すべりによるものであり，その影響は非常に局所的であった．

火山噴火による津波としては，1883年のインドネシア・クラカタウ火山の噴火に伴うものが最大規模である．火山が分布するスンダ海峡を挟んだスマトラ島，ジャワ島に高さ30～40 mに達する津波が押し寄せ，噴火期間中に生じた死者36 000名のほとんどが，津波の犠牲者であったとされている．

大西洋で発生した1755年リスボン地震の津波は地震や津波の発生頻度が比較的低いといわれているヨーロッパで甚大な被害を出した．この地震により，ポルトガルのリスボンを中心に62 000名が犠牲になり，その中には津波による死者1万名が含まれている．

地質時代においては，隕石衝突が巨大な津波を発生させたことが推定されている．約6 500万年前に発生したK/Tインパクトと呼ばれる隕石衝突は，気候変化や，恐竜絶滅などを引き起こし，全地球的に大きな影響をもたらした．この衝突によって生じた隕石孔（クレーター）は，メキシコ・ユカタン半島に存在する．衝突した隕石の直径は約10 kmで，メキシコ湾全域に100 mを超える津波が押し寄せたと考えられている．

（d）　津波の被害

津波によって沿岸部ではさまざまな種類の被害が発生している．ここでは，人的被害と，インフラ・ライフライン・産業被害について概観し，さらに火災被害について述べる．

1）　**人的被害**　津波による死者数は人々の行動によって大きく左右される．近地地震による津波の場合，地震の揺れを感じた後に速やかに適切な避難行動をとることができれば，被害を大幅に軽減できる．ただし，地震動が小さい割に，大きな津波を生じる津波地震のような現象があることにも注意を払うべきである．また，迅速な避難を促進するため，津波に対する知識の普及活動や避難訓練などのソフト対策と，避難経路の整備，避難ビルの指定，避難タワーの建設や避難用の築山の造成など，ソフト対策を支援するハード面の対策を合わせて実施することが望ましい．一方，遠地津波の場合には，世界的な津波の観測体制と，観測に基づく警報体制が重要な対策となる．太平洋では1946年のアリューシャン地震による災害を受け，ハワイに太平洋津波警報センターが設立された．一方，2004年のスマトラ沖地震では，残念ながらインド洋沿岸国にはまだこのような警報体制が整備されていなかったため，甚大な被害が生じた．

2）　**インフラ被害**　津波の浸水域ではあらゆる種類の物的被害が発生している．津波の流体力，浮力，漂流物の衝突力等により，家屋・建物の損傷や破壊，流出が生じるほか，防波堤や防潮堤，海岸や河川の堤防や護岸が越流により破壊される．道路や鉄道は，津波の水流による洗掘によって破壊されるほか，津波が運び込む泥濘や瓦礫による閉塞，あるいは湛水等による通行障害が発生する．橋梁は，津波の流体力や浮力により流出したり，漂流物の衝突により損傷したり，変位を生じたりする．鉄道橋の場合にはわずかな変位でも軌道が移動して通行に支障をきたす．橋脚は，基礎の洗掘や漂流物の衝突により倒壊・破損する場合がある．港湾・漁港では，津波の越流や引き波時の洗掘等で防波堤や岸壁が損傷し，波浪の低減機能が失われ，船舶の接岸ができなくなるなど，荷役障害が生じる．また，泊地や航路への埋塞災害も生じる．これは，津波により被害を受けた家屋の残骸や漁具，乗用車などが泊地や航路に埋塞したことによるもので，これらを撤去するまで港の機能は停止してしまう．空港では泥濘や瓦礫の堆積，滑走路灯の損傷などの被害が生じる．

3）　**ライフライン被害**　上水道は，埋設水道管が津波による侵食で露出し，破断する場合があるほか，河川を横断する水道管が，津波の流体力や漂流物の衝突力によって損傷する場合がある．下水道は，上水道と同様の被害が起こり得るほか，津波の侵入経路にもなり得る．津波の侵入により空気が圧縮されてマンホールの蓋が飛び，水が吹き上げる場合がある．電力関連施設では，発電所や配電施設の浸水被害により停電が発生している．また，2011年東北地方太平洋沖地震津波の際には，福島第一原子力発電所で炉心溶融や大気中への放射性物質の放出を伴う事故が発生した．津波の浸水により非常用ディーゼル発電機が故障し，電源喪失により，核燃料の冷却機能が失われたのが原因であった．

4）　**産業被害**　水産業は，漁船や漁具，養殖筏の流出や損傷，港湾施設や漁港機能の低下による出漁機会の喪失等の被害が生じる．また，浅海域では，津波による瓦礫や大量の土砂移動により，漁場の環境が変化して長期にわたり漁業に影響が出る場合がある．商工業では，サプライチェーンの寸断により，津波の直接の被災地以外にも影響が及び，被害が広域に拡大しやすい．農業分野では，耕作地に瓦礫や泥濘が堆積す

5) 火災被害 津波は水害であるが，時として火災を伴う。1993年北海道南西沖地震では，奥尻町青苗地区で火災が発生した。津波で倒壊した家屋に火がつき，各家の戸外にあった灯油タンクからの漏出で延焼が助長された。津波後の残骸や漂流物で道路が使えないため消火活動も困難であった。2011年東北地方太平洋沖地震では，各所で大規模火災が発生したが，その多くが津波に関連する津波火災であったと考えられている。出火原因の多くは車や家屋の電気系統である。倒壊家屋やプロパンガスボンベ，自動車などの可燃物が津波によって山や高台のふもと，あるいは堅牢な建物の周囲に集積し，ここに火がつくと大規模延焼に発展する。山林火災に拡大したり，堅牢な建物に延焼したりして，高台や建物に避難している人が二次避難を余儀なくされる場合もあった。さらに油などの危険物が流出するなどして，海上での大規模火災が継続した例もみられた。この場合には，油が瓦礫等とともに燃焼しながら湾内を漂い，あちこちで延焼が発生し，火災被害が拡大した。 （髙川智博）

引用・参考文献

1) 首藤伸夫，今村文彦，越村俊一，佐竹健治，松冨英夫 編，津波の事典，朝倉書店（2007）
2) 警察庁緊急災害警備本部，平成23年（2011年）東北地方太平洋沖地震の被害状況と警察措置，平成29年9月8日発表（2016）
3) 内閣府，平成24年版 防災白書，日経印刷（2012）
4) Institute of Computational Mathematical Geophysics, Novosibirsk, Russia, Histrical tsunami database for the world ocean http://tsun.sscc.ru/On_line_Cat.htm（2019年1月現在）
5) 宇津徳治，嶋悦三，吉井敏尅，山科健一郎 編，地震の事典（第2版），朝倉書店（2001）
6) 藤井敏嗣・纐纈一起 編，地震・津波と火山の事典，丸善（2009）
7) 廣井悠，津波火災に関する東日本大震災を対象とした質問紙調査の報告と出火件数予測手法の提案，地域安全学会論文集，No.24（2014）

3.2.2 避難計画

地震・津波や風水害などの自然災害に対しては，堤防・防潮堤などのハード対策のみで被害を完全に防止することは困難で，警戒避難などソフト対策と組み合わせた総合的な防災対策が不可欠である。

災害時における避難対策の在り方については，内閣府が策定・公表している「避難勧告等に関するガイドライン」[1),2)]（以下，本項中では「避難ガイドライン」という）において，基本的な考え方が体系的に整理されている。避難ガイドラインは，2004（平成16）年に発生した新潟・福島豪雨（7月13日），福井豪雨（同18日），台風第23号による災害（10月20～21日）などの教訓を受けて，「避難勧告等の判断・伝達マニュアル作成ガイドライン（2005年3月）」として策定され，東日本大震災その他の災害の教訓を踏まえる複数回の改定を経て，2017年1月に新たに名称を変更して公表されたものである。

本項では，この避難ガイドラインに示される内容を中心に，自然災害における避難対策の在り方について紹介する。

〔1〕 **避難行動（安全確保行動）の考え方**

従来，災害時における「避難」とは，小中学校の体育館や地域の公民館などの公共施設へ移動することと捉えられていた。しかし，東日本大震災の教訓を踏まえて行われた2013（平成25）年の災害対策基本法改正により，避難のための立退きがかえって危険をもたらす場合の屋内での待避など，「屋内における避難のための安全確保」（屋内安全確保）についても法律上の位置付けがなされた。

避難行動が必要となる自然災害が発生またはそのおそれがある場合には，後述するように市町村から避難勧告・指示等が出される場合が少なくない。しかし避難ガイドラインでは，これらの情報が一定のまとまりのある地域を対象としており，一人ひとりの個人に対して出されるものではないこと，突発的な災害により避難勧告・指示等が間に合わない場合もあることなどから，避難行動の原則は，個々人が「自らの命は自らが守る」という意識を持って自ら判断する必要があるとしている。また，要配慮者利用施設や地下街等の所有者・管理者（施設管理者等）においては，施設利用者の安全を確保するために，あらかじめ避難計画を策定することなどが求められている。

〔2〕 **避難勧告・指示等**

災害対策基本法では，災害時における避難勧告・指示等の権限を市町村長に与えている（法第60条）。平成25年の同法改正により，その権限をより適切に行使できるよう，市町村長は都道府県や指定地方行政機関（地方気象台等）に助言を求めることができるようになり，また助言を求められた側は必要な助言を行うことが義務付けられた。

(a) **避難情報の種類** 従来，災害対策基本法では，市町村長が避難のための立退きの指示または勧告を行うと定めていたことから，市町村の発する避難情報としては，「避難勧告」および「避難指示」がある

とされていた．加えて，2004（平成16）年に発生した一連の災害を受けて，避難行動に時間を要する高齢者・障害者などに早めの避難を呼び掛けるため，新たに「避難準備情報」が位置付けられた．

しかし，2016年台風第10号による水害では，岩手県岩泉町において，町の出した「避難準備情報」の意味が対象地域内にある高齢者施設に伝わらず，適切な避難行動がとられなかったために多数の犠牲者が出た．この教訓を踏まえて，避難ガイドラインでは新たに避難情報の名称がつぎのように変更されている．

〈変更前〉　　　　　〈変更後〉
避難準備情報　→　避難準備・高齢者等避難開始
避難勧告　　　→　避難勧告
避難指示　　　→　避難指示（緊急）

市町村長が発令する避難勧告等は，法に基づく強制力があるわけではない．しかし，拘束力の程度が異なることから，避難ガイドラインでは「市町村は災害発生のおそれの高まりの程度に応じて，避難準備・高齢者等避難開始，避難勧告，避難指示（緊急）を使い分け」るべき（避難ガイドラインp.4）としている．

また，避難勧告等によって立退き避難が必要な居住者等は，これらの情報が出された場合，表3.2.8のような行動をとることが求められている．

（b）**判断基準**　市町村長が避難勧告等を発する上では，空振りを恐れず，早めの対応をすることが重要である．これを実現するためには，あらかじめ災害種別に応じた具体的でわかりやすい判断基準を定めておくことが求められる．

避難ガイドラインでは，このような考え方に基づき，想定される災害別に，避難勧告等の判断基準設定例を示している．このうち，洪水予報河川における洪水を想定した判断基準例を表3.2.9に示す．

市町村において，このような判断基準に基づいて避難勧告等の発出を判断する上では，各種情報システムによりリアルタイムで提供される防災気象情報（表3.2.10参照）を適切に入手して活用することが必要である．

（c）**警戒区域の設定**　災害対策基本法では，災害が発生し，またはまさに発生しようとしている場合で「人の生命又は身体に対する危険を防止するため特に必要があると認めるとき」には，市町村長が「警戒区域」を設定できるとしている（法第60条）．警戒区域を設定すると，災害応急対策に従事する者を除き，当該区域への立入りを制限・禁止したり，当該区域からの退去を命じたりすることができ，これに反した場合には罰則規定もある．

このように強制力のある措置であることから，災害時に警戒区域を設定する例は少なく，居住者の多い地域への警戒区域設定は，1991（平成3）年雲仙岳噴火災害，東日本大震災に伴う東京電力福島第一原子力発電所事故の2事例のみとなっている．

〔3〕**情報伝達・情報提供**

居住者等に対する避難勧告等の情報伝達に際しては，これらの情報を受け取る立場に立った情報提供が望まれる．このため，平時から居住者等に対して災害リスクに関する情報や，災害時にとるべき行動などに関する情報を周知しておくとともに，災害発生のおそれが生じた場合には，その危険が解消されるまでの

表3.2.8　避難勧告等により立退き避難が必要な居住者等に求められる行動[1]

	立退き避難が必要な居住者等に求める行動
避難準備・高齢者等避難開始	・避難に時間のかかる要配慮者とその支援者は立退き避難する． ・その他の人は立退き避難の準備を整えるとともに，以後の防災気象情報，水位情報等に注意を払い，自発的に避難を開始することが望ましい． ・特に，突発性が高く予測が困難な土砂災害の危険性がある区域や急激な水位上昇のおそれがある河川沿いでは，避難準備が整い次第，当該災害に対応した指定緊急避難場所へ立退き避難することが強く望まれる．
避難勧告	・予想される災害に対応した指定緊急避難場所へ速やかに立退き避難する． ・指定緊急避難場所への立退き避難はかえって命に危険を及ぼしかねないと自ら判断する場合には，「近隣の安全な場所」（※1）への避難や，少しでも命が助かる可能性の高い避難行動として，「屋内安全確保」（※2）を行う．
避難指示（緊急）	・すでに災害が発生していてもおかしくないきわめて危険な状況となっており，いまだ避難していない人は，予想される災害に対応した指定緊急避難場所へ緊急に避難する． ・指定緊急避難場所への立退き避難はかえって命に危険を及ぼしかねないと自ら判断する場合には，「近隣の安全な場所」（※1）への避難や，少しでも命が助かる可能性の高い避難行動として，「屋内安全確保」（※2）を行う．

※1　近隣の安全な場所：指定緊急避難場所ではないが，近隣のより安全な場所・建物等
※2　屋内安全確保：その時点に居る建物内において，より安全な部屋等への移動
〔注〕突発的な災害の場合，市町村長からの避難勧告等の発令が間に合わないこともあるため，身の危険を感じたら躊躇なく自発的に避難する．特に，津波については強い揺れまたは長時間ゆっくりとした揺れを感じた場合，気象庁の津波警報等の発表や市町村長からの避難指示（緊急）の発令を待たずに，居住者等が自発的かつ速やかに立退き避難をすることが必要である．

3. 防　災

表 3.2.9　洪水予報河川における洪水を対象とした避難勧告等の判断基準例[2]

避難準備・高齢者等避難開始	避難勧告	避難指示（緊急）
1. 指定河川洪水予報によりA川のB水位観測所の水位が避難判断水位である○mに到達したと発表され，かつ，水位予測において引き続きの水位上昇が見込まれている場合 2. 指定河川洪水予報の水位予測により，A川のB水位観測所の水位が氾濫危険水位に到達することが予想される場合（急激な水位上昇による氾濫のおそれがある場合） 3. 軽微な漏水・侵食等が発見された場合 4. 避難準備・高齢者等避難開始の発令が必要となるような強い降雨を伴う台風等が，夜間から明け方に接近・通過することが予想される場合	1. 指定河川洪水予報によりA川のB水位観測所の水位が氾濫危険水位である○mに到達したと発表された場合（または当該市町村・区域の危険水位に相当する○mに到達したと確認された場合） 2. 指定河川洪水予報の水位予測により，A川のB水位観測所の水位が堤防天端高（または背後地盤高）を超えることが予想される場合（急激な水位上昇による氾濫のおそれがある場合） 3. 異常な漏水・侵食等が発見された場合 4. 避難勧告の発令が必要となるような強い降雨を伴う台風等が，夜間から明け方に接近・通過することが予想される場合 ※4. については，対象とする地域状況を勘案し，基準とするか判断すること	1. 決壊や越水・溢水が発生した場合 2. A川のB水位観測所の水位が，氾濫危険水位である，または当該市町村・区域の危険水位である○mを超えた状態で，指定河川洪水予報の水位予測により，堤防天端高（または背後地盤高）である○mに到達するおそれが高い場合（越水・溢水のおそれがある場合） 3. 異常な漏水・侵食等の進行や亀裂・すべり等により決壊のおそれが高まった場合 4. 樋門・水門等の施設の機能支障が発見された場合（発令対象区域を限定する）

表 3.2.10　リアルタイムで提供されるおもな防災気象情報

災害種別	判断のための情報
気象に関する情報	・気象情報（台風情報，府県気象情報） ・気象注意報・警報・特別警報
雨量に関する情報	・地点雨量（アメダス，テレメータ雨量・リアルタイム雨量） ・面的な雨量（レーダ雨量，リアルタイムレーダ，解析雨量，高解像度降水ナウキャスト，降水短時間予報） ・流域平均雨量等
洪水等に関する情報	・洪水予報河川における指定川洪水予報（水位予測），水位周知河川における水位到達情報 ・内水氾濫危険情報 ・流域雨量指数の6時間先までの予測値
土砂災害に関する情報	・土砂災害警戒情報 ・土砂災害警戒判定メッシュ情報 ・都道府県が提供する土砂災害危険度をより詳しくした情報
潮位に関する情報	・予報最高潮位 ・潮位観測情報 ・高潮氾濫危険情報
地震に関する情報	・緊急地震速報 ・地震情報（震度速報，震源に関する情報，震源・震度に関する情報，各地の震度に関する情報など） ・地震活動の見通しに関する情報
津波に関する情報	・津波注意報，津波警報，大津波警報 ・津波情報等（津波の到達予想時間，予想される津波の高さ，等）
火山噴火に関する情報	・噴火速報 ・噴火警報・噴火予報 ・火山の状況に関する解説情報（臨時）

〔注〕　文献1）などを基に作成。

間，時々刻々と変化する状況や今後の避難勧告等の発出見込みなどに関する情報を提供することが必要である。また，避難勧告等を発する際には，それが対象者に対して迅速・確実に伝達されなければならない。

（a）**情報の内容**　避難勧告等は，その対象者を明確にした上で，対象者ごとにとるべき避難行動を明示する必要がある。また，過去の災害事例の教訓からは，例えば「津波だ，逃げろ！」などという切迫感の

ある呼びかけも有効とされる。こうした知見を基に，避難ガイドラインでは，一般に避難勧告等を伝達する際に利用されることの多い防災行政無線により口頭で伝達する場合の広報文例を示している（**表 3.2.11** 参照）。市町村は，いざというときに適切な広報を実施できるよう，あらかじめ災害対応マニュアル等の中で，災害種別に応じた伝達文案を決めておくことが必要である。

表 3.2.11　防災行政無線による伝達文例（洪水の場合）[1]

1) 避難準備・高齢者等避難開始の伝達文の例
   - ■ 緊急放送，緊急放送，避難準備・高齢者等避難開始発令。
   - ■ こちらは，○○市です。
   - ■ ○○地区に○○川に関する避難準備・高齢者等避難開始を発令しました。
   - ■ ○○川が氾濫するおそれのある水位に近付いています。
   - ■ つぎに該当する方は，避難を開始してください。
     - ➤ お年寄りの方，体の不自由な方，小さな子供がいらっしゃる方など，避難に時間のかかる方と，その避難を支援する方については，避難を開始してください。
     - ➤ 川沿いにお住まいの方（急激に水位が上昇する等，早めの避難が必要となる地区がある場合に言及）については，避難を開始してください。
   - ■ それ以外の方については，避難の準備を整え，気象情報に注意して，危険だと思ったら早めに避難をしてください。
   - ■ 避難場所への避難が困難な場合は，近くの安全な場所に避難してください。

2) 避難勧告の伝達文の例
   - ■ 緊急放送，緊急放送，避難勧告発令。
   - ■ こちらは，○○市です。
   - ■ ○○地区に○○川に関する避難勧告を発令しました。
   - ■ ○○川が氾濫するおそれのある水位に到達しました。
   - ■ 速やかに避難を開始してください。
   - ■ 避難場所への避難が危険な場合は，近くの安全な場所に避難するか，屋内の高いところに避難してください。

3) 避難指示（緊急）の伝達文の例
   - ■ 緊急放送，緊急放送，避難指示発令。
   - ■ こちらは，○○市です。
   - ■ ○○地区に○○川に関する避難指示を発令しました。
   - ■ ○○川の水位が堤防を越えるおそれがあります。
   - ■ まだ避難していない方は，緊急に避難をしてください。
   - ■ 避難場所への避難が危険な場合は，近くの安全な場所に緊急に避難するか，屋内の高いところに緊急に避難してください。
   - ■ ○○地区で堤防から水があふれだしました。現在，浸水により○○道は通行できない状況です。○○地区を避難中の方は大至急，近くの安全な場所に避難するか，屋内の安全な場所に避難してください。

加えて市町村は，災害のおそれがある場合，居住者等が自らの判断により避難することができるよう，表3.2.10 に示した情報を有効に活用するように促すことも期待されている。

（b）伝達手段　避難勧告等の伝達に際しては，情報の受け手側が能動的に行動せずとも必要な情報が自動的に配信されるプッシュ型の伝達手段を利用すべきである。加えて，より多くの受け手により詳細な情報を伝達するため，市町村ホームページなど，情報の受け手が必要な情報を取りにいくプル型手段も活用することが望まれる。災害時には，通常利用されている情報伝達手段が使えなくなる場合もあることから，確実な情報伝達のためには，伝達手段の多様化・多重化が不可欠なのである。避難勧告等のおもな伝達手段を**表3.2.12**に示す。

さらに，現代社会では，在宅の障害者など要配慮者も多いことから，各要配慮者の特性に応じた情報伝達の手段・方法を活用することも不可欠である。そのための工夫としては，例えば**表3.2.13**のような方法がある。

〔4〕緊急避難場所・避難所

東日本大震災の教訓を踏まえ，2013（平成25）年6月の災害対策基本法改正で，災害時における緊急の避

表 3.2.12　避難勧告等のおもな伝達手段[1]

- ・TV 放送（ケーブルテレビを含む）
- ・ラジオ放送（コミュニティ FM を含む）
- ・市町村防災行政無線（同報系）（屋外拡声器，戸別受信機）
- ・IP 告知システム
- ・緊急速報メール
- ・ツイッター等の SNS（social networking service）
- ・広報車，消防団による広報
- ・電話，FAX，登録制メール
- ・消防団，警察，自主防災組織，近隣の居住者等による直接的な声かけ

表 3.2.13　要配慮者への情報伝達手段[1]

視覚障害者	・FAX による災害情報配信 ・聴覚障害者用情報受信装置 ・戸別受信機（表示板付き）
聴覚障害者	・受信メールを読み上げる携帯電話 ・戸別受信機
肢体不自由者	・フリーハンド用機器を備えた携帯電話
その他	・メーリングリスト等による送信 ・字幕放送・解説放送（副音声など2以上の音声を使用している放送番組：音声多重放送）・手話放送 ・SNS 等のインターネットを通じた情報提供 ・わかりやすい日本語による情報提供 ・多言語による情報提供

難場所と，一定期間滞在して避難生活をする学校，公民館等の避難所とを区別するため，新たに「指定避難所」，「指定緊急避難場所」に関する規定が盛り込まれ，特に指定緊急避難場所については，災害種別に適した建物等を指定することとなった。指定避難所が指定緊急避難場所を兼ねることもあるが，両者の違い（**表 3.2.14** 参照）について居住者等に十分に周知することが必要である。

表 3.2.14　指定緊急避難場所と指定避難所[1]

指定緊急避難場所	切迫した災害の危険から命を守るために避難する場所として，あらかじめ市町村が指定した施設・場所
指定避難所	災害により住宅を失った場合等において，一定期間避難生活をする場所として，あらかじめ市町村が指定した施設

特に，命を守るために避難する場所である緊急避難場所については，災害対策基本法施行令により指定基準が定められており，具体的な考え方などについて内閣府より「指定緊急避難場所の指定に関する手引き」[3]が公表されている。例えば，津波の危険から逃れるための高台の空地や津波避難ビル，地震火災などから逃れるための公園・広場等オープンスペースなどのように，緊急避難場所としては屋外が指定される例も多い。施設内を指定する場合には，行政職員等の到着を待たずに地域の居住者等により開錠できるよう工夫することなどが求められている。

〔5〕避難計画

要配慮者の利用する施設，地下街，火山地域の集客施設等においては，災害時に利用者の避難を確実に実施するために，あらかじめ「避難確保計画」などを策定することが求められている。この実現のため，国の関係省庁からは，**表 3.2.15** のとおり各種手引き，ガイドラインなどが公表されている。

（関谷直也，首藤由紀）

引用・参考文献

1) 内閣府（防災担当），避難勧告等に関するガイドライン①（避難行動・情報伝達編）（平成 29 年 1 月）
2) 内閣府（防災担当），避難勧告等に関するガイドライン②（発令基準・防災体制編）（平成 29 年 1 月）
3) 内閣府（防災担当），指定緊急避難場所の指定に関する手引き（平成 29 年 3 月）

3.3　システム防災

3.3.1　科学システム防災

〔1〕科学システム

世の中にはさまざまな設備がある。近年，人の求めに応じて科学的な作用を駆使して複雑に組み合わせて，目指すものを得ようとさまざまなものが生み出されてきた。産業革命は大きな発展のきっかけであった。蒸気機関に始まり，高速鉄道，エンジン自動車，ディーゼルエンジン駆動船，プロペラ・ジェット航空機，宇宙ロケット，火力発電装置，原子力発電プラント等々，挙げればきりがない。これらの設備は，さまざまな機器，構造で構成されている。それはそれぞれに目的を持ち，それを満たすように構成される。その構成をシステムという。この目的のことをシステムに求められる機能という。システムは科学的な作用の組合せであり，水や電気の流れ，熱や振動，駆動の伝播，動きや状態の把握，化学的，核的反応等々が組み合わせられている。特に最近は，それらはより多様に，複雑に組み合わせられ，動きも容易には想像できないものとなってきている。

システムとはどういうものか，**図 3.3.1** に簡単な例を示す。高い位置に置かれた容器に水を供給して，下部の各位置に水を分配するシステムを示している。求められる目的，要求は分配を確実にするために高い位置の容器につねに一定量の水を満たすことである。こ

表 3.2.15　各種施設における避難計画策定のための手引き等

手引等の名称（根拠法）	対象施設
避難確保・浸水防止計画作成の手引き（水防法）	・地下街等（避難確保・浸水防止） ・要配慮者利用施設（避難確保） ・医療施設等（避難確保） ・大規模工場等（浸水防止）
避難確保計画作成の手引き（津波防災地域づくりに関する法律）	・地下街等 ・要配慮者利用施設 ・医療施設等
土砂災害警戒避難ガイドライン（土砂災害防止法）	・要配慮者利用施設等
集客施設等における噴火時等の避難確保計画作成の手引き（活動火山対策特別措置法）	・集客施設 ・要配慮者利用施設

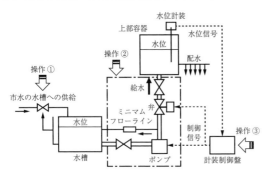

図 3.3.1 システムを構成する例

こで，仕様は機能の細目を示したものである。このシステムは，下部に置かれた水槽と止め弁，給水ポンプ，制御を行う弁，屋上の容器とそれらをつなぐ配管などに，容器の水位を計測しポンプの駆動や弁の開閉を制御する装置などを加えて，システムが構成される。これで水を供給，配水するという機能が満足される。これに水槽への市水の供給システムを加えて，全体の給水システムが完成される。さらに例えば通常の使用と異なる異常事態に対して水をあふれさせないという安全を確保する機能を満たすために，水位が異常に増加した場合に備えてオーバフロー管を付けたり，異常を検知してシステムを緊急停止する装置をつけたりすることもある。先の日常用いる設備部分を常用系といい，緊急時に対応して設備や人の安全を確保するための設備を非常用系もしくは安全系という。

システムとは，役割を持つ一つの設備や単位に例えば作動開始の入力があり，その設備や単位は順次求められる働きをして，つぎの設備や単位に作用の結果を渡す，そのつながりが分岐し，連続し，さらに結合して，それによりシステム全体として目的とする機能を得るものである。その一つひとつの作用が科学的な論理で構成されているのである。すなわち科学的論理の組合せでシステムはできている。最近では，このような機器であるハードの構成のみではなく，人の関わりであるソフトも含めてシステムとする考えもでてきた。すなわち，図に示すように，人の手で操作する要素があり，それがうまくできていないと，このシステムは全体として働かないことになる。ここでは，まず水槽をつねに市水で満たされるようにしておかなければならない（操作①）。つぎにこの給水システムの配管に設置された弁を操作し，また適切な状態になっていることを確認する（操作②）。その上で，計装制御盤を操作して作動を開始する（操作③）。

これらの操作も，システムの一部として考え，求める機能を得る構成，手順などを規定することが必要と

なっている。特に，ここで検討する事故を防ぐ，防災を考えるときには，人との関係は必須である。

〔2〕 **防災の意義**

科学システムが，何らかの要因により事故を起こし，それにより一般公衆に及ぼす被害を防ぐことが，科学システムの防災である。社会が受ける災害を防ぐ，もしくは低減させるのが防災である。防災には，まず災害の認識が必要である。現代では，多くの設備は科学システムといわれる大規模で複雑なものとなっている。その設備の故障や事故による災害の発生や，自然災害が要因となりシステムに損傷や事故が発生し，社会に災害をもたらす場合がある。災害を受けるのは，個人であり，社会全体である。このような災害を受ける可能性をリスクといい，リスクへの対応を適切に行い，被災を防ぎ，低減させることが防災である。すなわち，この社会が受けるリスクを回避するのが，防災である。では，社会が受けるリスクとはどのようなものがあるのであろうか。

表 3.3.1 は，世界銀行が取りまとめた社会的リスクを示している。自然，健康，社会，経済，行政・政治，環境・情報の各分野を対象としており，それぞれの分野でリスクのレベルを及ぼす範囲の大きさで，ミクロ，メゾ，マクロと 3 段階で分類している。表しているのは，リスク要因（原因：火災，医療ミス，テ

表 3.3.1 世界銀行によるリスクの分類

	おもなリスク		
	ミクロ	メゾ	マクロ
自然	火災	降雨，地すべり，噴火	地震，洪水，干ばつ，竜巻
健康	病気，けが，障害，水，室内空気汚染，労災，生活習慣病，精神疾患，医療ミス，遺伝子操作	食中毒，水，環境災害，シック症候群，化学物質，粉じん・アスベスト	パンデミック伝染病
社会	犯罪，家庭内暴力，薬物中毒，パワハラ，セクハラ，いじめ，幼児虐待，薬物中毒	テロ，非行集団，出会い系サイト，援助交際，原発事故	内乱，戦争，社会的激変，核の惨事
経済	失業，自己破産，長時間労働	失業，凶作，再定住，食品表示の偽装	優良企業の倒産，通貨・金融危機，市場取引の衝撃
行政・政治	民族差別，冤罪	民族紛争，暴動，化学・生物兵器による大量殺戮，行政管理に起因する事故と災害	社会プログラムの機能不全，核拡散，クーデター
環境・情報	表示の偽装，ごみ処理，アダルト系サイト，有害情報，個人情報漏洩	公害，酸性雨，森林破壊，土壌と水の塩分濃度上昇	地球温暖化，流言飛語，監視社会

出典：日本学術会議日本の展望委員会安全とリスク分科会，提言「リスクに対応できる社会を目指して」(2010)

ロ，森林破壊，戦争など）だけではなく受ける被害（病気，失業，伝染病など）も表しており，一貫してはいないが，さまざまなことが起きる[1]。この中でも，直接ハザードが個人に及ぼすものもあるが，科学システムといわれる，人が使う設備が重大な影響を及ぼすものもある。自然の分類ではほとんどの事象は，住民とともにシステムが受けるハザード（リスク要因）でもある。このほか社会や行政，環境の中でもシステムが受けるハザードもある。これらのハザードでも，システムが受けると同時に個人も直接ハザードを受け，システムが事故を起こすと二重のハザードが及ぼされることになる。2011年3月11日の東日本大震災では，住民は津波の来襲を受けると同時に，原子力発電所の事故により放射線被曝の被災を受けることになった。防災とは単純なものではないことがわかる。

科学技術の発展は日進月歩であり，ITの進展や医療技術の進展によって，過去にできなかったことが現実のものとなる。ITの進展によって，実態と法規制の整合性が取れないといったこともある。また，化学物質の検出精度の向上によって，非常に微細なレベルでの化学物質が検出できるようになると，その結果が独り歩きをするようになり，一般公衆の過度な反応を招くこともある。

リスクは，単一のものとして存在するものではなく，複数のリスク要因の集合として成り立っているのである。社会が高度化すればするほど，さまざまなリスクが複雑に絡み合いリスクは大きくなり，リスク発生の不確定要素が増える。さらに，科学技術の発展がさらなるリスクを生む要因ともなる。

表3.3.1に示すリスクの分類の中でおもにマクロ，メゾと分類される部分が社会リスクであり，社会が協働して影響を防ぐ，防災の対象となる。

防災とは，社会リスクに対して適切な対策をとることであり，そこで重要なことは，リスクに対してバランスよく対策することである。逆にいえば，リスクの中で最も弱い点に対して対策を行う必要があることに注意しなければならない。ある一つのリスク要因だけ対策しても，それはあまり意味のないことであることを理解しなければならない。社会にはさまざまなリスクがあり，それらが複雑に絡み合って，顕在化する。防災では複雑なリスク要因に対して，丁寧な対応が求められる。

〔3〕 科学的リスク

システムはさまざまな科学的な作用の組合せで構成されることから，さまざまな事象の組合せにより事態が展開して，システムとして求められる機能を失うことを科学的リスクという。リスクは，定義により定量化できるが，その場合には，"被害"といわれる事態に至る過程，シナリオが重要である。このシナリオは科学的に分析され，それにより事態の進展の可能性，すなわち確率が算定される。このようにして評価されるのが，「科学的リスク」である。

例えば，工場での事故であれば，事故の進展により工場で働く従業員，職業人が受ける被害や周辺の住民，公衆の健康被害，死亡が想定される。リスクは，企業の損失，職業人の被害，周辺住民の被害とそれぞれ，立場により異なるものが，リスクとして推定される。それぞれの立場には，それぞれ異なるベネフィット（便益）があり，一律に評価できるものではない。

科学的リスクの大きさを見てみる。被害規模と発生確率の関係を図3.3.2に示すと，図中の長方形の面積がリスクとなる。リスクの低減とは，長方形の面積を小さくすることであり，それには事象の発生確率と被害の大きさである被害規模をできるだけ小さくしなければならない。リスクの低減とは，この下図の関係においてリスク低減対策をとる，被害規模を小さくするか発生確率を小さくする，ことである[2]。

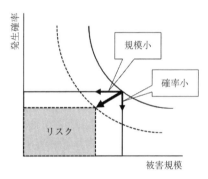

図3.3.2 被害規模と発生確率の関係とリスク

一般的にリスク評価は，科学システムが現状有するリスクとリスク基準（安全目標）と比較することによって，対応策を検討することである。自然災害のように回避できない場合もあるが，それに対して住民にリスクを及ぼす可能性のある科学システムについて，リスクを低減する対応をとるか，またこのリスクのみを保有するか，もしくは他のリスクと合わせて何らかの対応をとる，すなわち共有するかという対策の選択を行うことになる。対策により低減したリスクが許容できない場合は，リスク源を省いてリスクを回避する判断を行う場合もあるが，リスク源の回避は容易ではない。リスクの顕在化のシナリオを分析し，適切な対応をとることが一般的であり，科学的リスクへの対応といえる。

リスク対応として低減という方針を選択した場合は，対策効果を検証し対策後のリスクがリスク基準を満足していることを確認する必要があり，低減効果が十分でない場合は，さらなる対策を実施する必要がある。評価により低減という方針を決定しても，具体的な対策を検討した結果，経済的または技術的に実現が難しいと判断した場合は，対応方針を変更することもある。

リスクは，その根本原因を完全に排除しない限り理論的にはその発生確率をゼロにすることはできない。したがって，リスクマネジメントを活用する際には，リスクの保有という選択肢があることを認識することが重要である。さらに，保有されたリスクのうち，発生確率は小さいが影響の大きいリスクは，危機管理の対象とされる。事故発生時の危機管理（事故拡大防止）をより有効にするためにも，保有しているリスクを認識することが必要である。

また，根本原因を完全排除することによる見える範囲でのリスクゼロを目指す，すなわちリスク回避の判断を行うことは，その工学システムのポジティブな機能も享受しないという選択でもある。

私たちの目指す安全な状態として，社会が求める安全目標は，「安全目標は時代と共に変化するという認識に立ち，人命に加え，社会的リスクの最適化の観点も考慮に入れて対象のシステムの稼働・不稼働がもたらす人・社会・環境にもたらす多様なリスクを勘案して決定すべきものである」としている。安全のレベルは，リスク論を早くから規制に取り入れた英国において，広い分野の産業活動の安全規制の基本概念を構築している。

それがALARP（as low as reasonably practicable）の考え方である。科学システムに求められる具体的なリスク基準は，達成できない場合は許容されない基準値（A）とさらなる改善を必要としない基準値（B）を設定し，基準値（A）と基準値（B）の間は，リスクを総合的に判断して対応を定めることになるとしている。そして，リスクに関わる事業を行うものである事業者もしくはその分野に詳しい専門家は，最新の知識・技術を用いて，現状リスクを把握・報告する責務を持つが，最終的に，そのリスクの許容を決めるのは社会であり，社会としてコンセンサス（合意）を形成することが望ましい[3]（図3.3.3参照）。

評価する場合のリスクの起こりやすさや影響の大きさの取扱いに関しては，その値の持つ意味を考え，算定値の中央値で評価すべきか，分散も考慮して評価すべきかを判断する必要がある。また，対象とするリスクを受容できるか否かは，起こりやすさや影響の種類

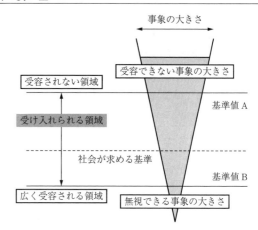

図3.3.3　英国安全衛生庁による「リスクの受容可能性とリスク概念」

や大きさだけでなく，その顕在化の原因によることもある。

リスクへの対応は，リスク評価に基づいて一つまたは複数の選択肢を選び出し，実施するものである。リスク対応においては，その対策の効果を検証しリスク基準を満足する結果となることを確認する必要があり，そのためには，あるリスク対応の分析を実施したのち，その効果を検証し新たなリスク対応を策定する，という循環プロセスも対応策の検討に含まれなくてはならない。また，最適なリスク対応選択肢の選定においては，法規，社会の要求等を尊重しつつ，得られる便益と実施費用・労力との均衡をとることが求められる。一方，対応の意思決定においては，経済的効率性より重要な社会的要求があることを念頭に置いておく必要がある。

対応計画では，気付いた順番に対応を実施するのではなく，対応策全体の中から個々のリスク対応を実施する優先順位を明確に記述しておくことが望ましい。そして，リスク対応は，それ自体が諸々のリスクを派生させることがあることに注意を要する。

リスク対応の実施に際しては，対策の技術の実効性や実現性，必要となる費用や期間，そして対策が生み出す新たなリスク等を踏まえた上で，対策の優先順位を再検討し，必要に応じてはリスク評価の見直しを行わなければならない。

〔4〕　社会リスクと社会受容性

世界では，安全の尺度として「リスク」を用いることがスタンダードとなってきている。それは，巨大複雑系の人工物の安全は，科学技術のみでは扱えない不明確な要素が大きく，トランスサイエンスとして，その評価には人の判断を取り込むことが求められ，その

定量化に適切なリスクを尺度として用いられるのである。それが，考えられるすべての故障や不具合の要因を抽出し，発生するかしないかをデータや多数の専門家など人の判断で定量化する「リスク」の概念，リスクでの定量化である。人の技術利用が巨大化，複雑化していく中で，それらの人工物の安全性を担保するには，"危険対安全"の対極的発想のみの科学技術による確定論的な判断ができなくなってきているのが現実である。このような技術，設備の安全を確保するためには，科学技術の上にそれらの持つ曖昧さを「リスク」として定量化し，どの程度のことがどの程度起こり得ることなのか，確率論的な評価を提示した上で，人々がそれを受け入れるか否かを選択する発想を導入することが必要となってきている。必要なことは，「やる」，「やらない」の情緒的な選択ではなく，どちらの方法，手段を選択するかの判断，どの程度までやるかの判断を客観的に行うことである。

人文・社会系も含めた科学技術とも合わせて，"開いた世界"の中で，リスクという不確定性の大きな，曖昧な問題を議論していくことが重要である。

安全に関する大前提は，"絶対安全"は存在しないということである。許容可能なリスクは，その時代の社会の価値観に基づくさまざまな状況の下，受け入れられるリスクは定義されるため，安全目標には時代や社会が持つ価値観が入っているのが当然である。特に，化学プラントや多くの発電プラントにおいては，リスクは近隣の社会全体に影響する"社会リスク"であり，社会が受ける影響を，社会がどのように受け入れるかを考えなければならない。一般には，事故により受ける被害は，発生した被害の責任を回避する場合には小さめに，発生するであろう責任を逃れようとする場合には大きめに想定してしまう傾向にある。被害の想定をいかに適切にできるかは，重大な課題となっている。そこに適切なリスク評価の技術が求められるのである。

リスクは一般に被害の大きさと，起き得る可能性（頻度，確率）の積として表されるが，可能性が小さくても，甚大な被害をもたらすものへの対応も考えなければならない。それでも，どこかの線で対応策を線引きして，"対応しない"，"対応する必要がない"もしくはこのリスクに"どのようにヘッジするか"の判断する線を引かなければならない。この場合においても，その根拠と残されたリスク——残留リスクを明らかにし，社会のコンセンサス——方向性の合意——を得なければならない。いかに確率が小さくても想定外が起きる確率はゼロではないということを自覚しながら，その判断の線を決めることが必要なのである。

化学工場や原子力発電システムのような大規模な科学システムにおいては，その事故による災害のリスクは，被害者の経済損失，それに事故で避難を余儀なくされている人への生活や精神的な被害など，被害規模の大きさは大きく広範囲となっている。影響は地域社会だけではなく，広く地球規模になるとも推察される。このような場合，ベネフィットを受けているものとリスクを負っているものは，個人や組織は必ずしも明確ではなく，社会がベネフィットを受け取り，リスクを負っているともいえ，具体的な対応が進まないのが現状である。ベネフィットは明確だが，リスクは曖昧であり，この「社会リスク」をどのように考えるべきか，重要な課題となりつつある。

リスクを科学的に分析，評価した上で，社会が決める事象の大きさ——ここでは，「想定する被害規模」を「事象の大きさ」と表している——を関係者間でコンセンサスを得た上でこの基準を設定しなければならない。社会はさまざまなリスクに直面しているが，システムの利用に伴うリスクも，科学的には同じ土俵で扱わなければならない。

社会リスクの課題は，科学的評価のみでは解決できないさまざまなリスクが含まれていることにある。すなわち，風評被害や国際問題，テロなどによる事態の発生への対応など，である。特に，一部のリスクに関してはリスク認識においてバイアスが生じることも多く，そのリスクの理解の相違を生んでいることがコミュニケーションすら疎外している要因ともなっている。リスク評価を基に対話を図ることがリスクコミュニケーションである。特に社会で容認する社会リスクのレベルを確定するには，広く住民との間でリスクコミュニケーションを行いながら，リスクの理解や，対応策などの施策，政策を決めていく，リスクマネジメントの取組みが必要であり，それによりリスクへの対応，安全を確保できるというコンセンサスを形成することができるものと考える。

どのリスクを忌避するかは，各人の価値観によるものであり，個人の価値観が異なる中で，社会として判断をしていくためには，目指す社会像の共有化が重要であり，社会像の共有化ができない場合は，その判断プロセスについて共有化を行い，そのプロセスに沿った判断を尊重するしかない。

リスクを総合的に判断すること

あらゆるシステムには，リスクがある。ただ，そのリスクの種類は異なる。どのリスクを選択するかは，社会が目指す姿によって異なるはずである。リスクの受入れは，その対象となるリスクの影響や大きさによってのみで決まるわけではない。

リスクは，受け入れても受け入れなくても，その状況に変化を与えない限り，リスクの存在状況は変わらない。特定のリスクを受け入れないために，別のリスクを大きくすることもあることを考え合わせると，やはりどのリスクを受容するかは，選択肢のある複数のシステムの正負の影響を総合的に検討する必要がある。

人は，ものごとを判断する場合，現状を前提として考える場合が多い。しかし，未来は現在のゆるやかな延長線上にあるとは限らない。未来の環境は，現状と大きく変わることもある。われわれは，その多様な変化に対応していかなくてはならない。その変化する未来に適切対処するために，リスクという未来の指標を用いた判断が必要になるのである。

〔5〕 システム防災とリスク評価の取組み

科学システムの事故による住民の被災に対する対応がこの防災である。特に，近年の大規模で複雑な設備であるシステムの事故においては，設備と人，さらに住民との関わりの中で事故に進展する。どのような関わりを持って事故に進展するのか，それを捉えて対応策，影響の低減を図る防災に取り組むことを考えるのが「システム防災」である。複雑なシステムは，不具合により事故に進展することも考えられるが，特に近年は異常気象などを含めてさまざまな自然災害が発生している。それによりシステムが設計の基準を超えた想定を越す事態を受け，事態の段階が進展し，事故に至ることが考えられる。このような場合には，事故への進展の段階で，人の関わりで事故への進展を防ぐこともあり，事故にまで進展し近隣の住民に影響を与える事態には，住民と設備との関わりの中で，どのように事態が住民に影響し，それを抑えるか，これらの関わりの中で適切な対応が求められる。すなわち，設備と人の関わりをシステムと捉えて対応することが必要であるということである。

安全確保は，設計から立地，建設，運用，そして防災に至るすべてのフェーズにおいて，人と設備，科学システムの関係の中でリスクをいかに顕在化させないか，すなわちどのようなリスク低減策をとるか，全体として効果的なバランスを考えたリスク低減策としなければならない。このようなトータルとして考えるシステム防災でのリスク低減とリスク評価の考え方は，いまだない。これまでは，専門家が考える設備の取合いの中でのリスク評価とリスク低減策のバランスに専念してきたが，これからは，人を含めた関係の中で，リスクマネジメントを考えることが求められる。防災の領域にも人と設備との関連と合わせて，リスク概念を導入したリスク低減策の検討が必要と考える。それにより，システム安全，システム防災が見える。

新たな安全確保への取組み

最近は，安全にもシステムアプローチの考え方が広まっている。エラーは「個人が犯すもの」でなく，人と機械，設備の連携で構成されるシステムの中でのミスマッチが事故を引き起こすという考えである。いわゆる，ヒューマン マシン インタフェースの中で起きると考えられるようになってきた。ヒューマンエラーは人の能力では対応できない「システムによって定められた許容水準を逸脱する人間のパフォーマンス」の結果，起きるものと定義される。システムとは，人間と機械が共同で働くことで適切なパフォーマンス，能力を得るという仕組みである。これをヒューマン マシン システムという。システムを設計する際には，人間と機械の間に役割分担を決め，要求される人間の側が果たすべき役割，パフォーマンス水準が過度にならないように割り当てられることが肝要である。その上で，人間の側がその任務を果たすことに失敗しても，トータルのシステムとしての機能が阻害されることがないように，適切な関係で役割を分担させなければならない。これによりヒューマンエラーを含む，システムのエラーを撲滅しようとするものである。ヒューマンエラーは，人間と機械と両者の関係を含むシステムの設計や運用に問題がある結果と捉えられるようになってきたのである。ヒューマン マシン システムとしてのエラー発生の要因は，(1) ヒューマンエラーは失敗の原因ではなく，結果として起きることである。(2) ヒューマンエラーの発生には，関係する設備，機械や作業手順のハードだけではなく，連絡方法，作業環境や時間要因など，さまざまなソフト的な要因が関わっていると考えられるようになった。

事故に至る前の事象の事故への進展の段階から，人（ヒューマン）と設備・機械（マシン）との連携が始まり，事故に至った段階においても，すなわち防災の段階でも人だけではなく，さまざまな設備・機械が住民と関わり，被災の低減，防災に寄与する仕組みを事前に構築しておくことが住民の安全確保につながる重要な仕組みとして見直されてきている。

いまや人のミスが重要ではなく，未然に防ぐシステムが構築されつつある。これに基づき「なぜなぜ分析」を進め，不具合の発生の引き金を引いた直接原因であるエラーから上流にさかのぼって，背景にあるさまざまなリスク要因をつきとめ，それらを取り除くことで不適合，事故の再発を防ぐことが，複雑系のシステムの安全におけるマネジメントの重要課題となった。これにより，人がヒヤリハットや「気がかり」の報告に積極的になり，事故が発生する前に対策を打つことが，より論理的に行えるようになってきた。

[6] まとめ——システム防災とリスク評価

設備はすでにシステム化の考えが徹底している。さらに，人と設備・機械が相互補完するヒューマンマシンシステムの考えも進展してきた。自然災害の異常が進んでいる。想定外の事態への対応が重要となってきた。そこで，自然災害による設備の異常や事故に対しての適切な防災が求められる事態となってきた。人（ヒューマン）と設備・機械（マシン）が互いに補完して被災を防ぐ，また被害を低減するシステム防災が重要となりつつある。事態の予測に適切に対応するためのリスク評価の導入と活用が重要である。

リスク評価はなぜ重要なのか

リスク評価は，多くのシナリオを取り込むことで，知らないことを少なくして想定外を少なくすることに役立つものと考える。設計から，運用，そして防災までをリスク評価とすることにより，判断を共通化し，定量的なリスク値を与えることで，重要な判断も客観的に行えるようになる。また人と機械をつなぎ，連携した対応のシステム化により，適切な安全確保策の活用が可能となる。それは防災においても同様であり，リスク評価は社会との対話を可能とし，リスク評価の結果，安全目標の設定，不確実さ，わからないことを捉えること，などができ，判断の位置付けが専門家と社会とで共有される。科学的なリスク評価を共有することで，社会における人と設備の事故対応が連携され，防災に有用な効果を発揮するものと期待される。

システム防災が進み，リスク評価の適用の取組みが始まれば，設計，すなわち物つくりから，運用，防災までの一貫したリスク評価への取組みが形成され，分野間をまたぐ議論や連携がなされる。それによりどこを重点的に取り組むべきか把握でき，効果的で適切な安全確保ができるものと考える（**図 3.3.4** 参照）。

（宮野　廣）

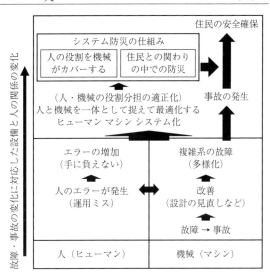

図 3.3.4 機械設備の安全確保と防災の進展
（システム化への進展）

引用・参考文献

1) 日本学術会議日本の展望委員会安全とリスク分科会，提言 リスクに対応できる社会を目指して（2010）
2) 内山洋司ほか，エネルギーシステムの社会リスク，リスク工学シリーズ 7，コロナ社（2010）
3) 日本学術会議，工学システムに対する社会の安全目標（2014）

3.3.2　情報セキュリティ

[1] 序論

インターネットの普及は，人々の生活や産業界に大きなメリットをもたらしたが，同時にサイバー攻撃という新たな脅威の出現を招いた。個人情報の漏洩，Web サイトの改ざん，大規模な業務妨害など，サイバー攻撃の実例は枚挙にいとまがない。また，特定の組織が持つ特定の機密情報を窃取するなど目的を明確に定め，巧妙な手口により執拗に攻撃を繰り返す標的型攻撃が増えている。さらには，社会インフラを構成する組込み機器や制御システムのネットワーク化が進み，サイバー攻撃の対象は，社会経済を支えるインフラシステムにまで拡大している。ひとたび攻撃が成功すれば，大規模かつ深刻な事態を招く可能性が高い。通常，インターネットとの接続を持たない制御用のネットワークであっても，サイバー攻撃の脅威を無視することはできない。なぜなら，遠隔保守やオンサイト保守，USB デバイスによるデータの移行等を行うのであれば，制御用のネットワークも完全な閉域環境とはなり得ないためである。以上のような状況下において，情報セキュリティの確保は，ますます重要な課題となっている[1]。

[2] 情報セキュリティとは

(a) 情報セキュリティの概念と定義　情報セキュリティの対象となる情報システム上の資産を情報資産と呼ぶ。個人情報，機密情報，Web ページといった情報自体のほか，情報を収集・処理・保管するための装置類も情報資産に含まれる。すなわち，各種サーバ，クライアント端末，ルータ，USB メモリのような外付け記憶装置なども情報資産である。

情報セキュリティとは，サイバー攻撃，自然災害，過失等から情報資産を守ることである。加えて，組込み機器や制御システムのネットワーク化により，各種

機器の構成情報，動作を指示する情報（コマンド），および機器が生成・利用するデータを守ることも情報セキュリティの役割である。

情報セキュリティは，情報資産の機密性，完全性，可用性を維持することと定義される。機密性とは，「認可されていない個人，エンティティ（情報システム等）またはプロセスに対して，情報を使用させず，また，開示しない特性」を指す。つまり，無断で情報を使わせない，見せない，ことである。機密性を維持する方法として，アクセス制御や暗号による秘匿がある。

完全性とは，「正確さおよび完全さの特性」を指す。つまり，データが正確であること，勝手な操作によって不正に内容が書き換えられていない，ということである。完全性を維持する方法として，メッセージ認証や本人認証などがある。

可用性とは，「認可された個人，エンティティ（情報システム等）またはプロセスが要求したときに，情報へのアクセスおよび使用が可能である特性」を指す。つまり，情報を使いたいとき，見たいときに，いつでも情報が使えるということである。可用性を維持する方法として，冗長化あるいは負荷分散がある。組込み機器や制御システムにおいては，従来のITシステムと比較して，可用性の維持がより重要となる。

（b）**脅威・脆弱性・リスク** 標準規格JIS Q 27002[2)]の定義に従うと，脅威とは，「システムまたは組織に損害を与える可能性がある，望ましくないインシデントの潜在的な原因」である。脆弱性とは，「一つ以上の脅威によって付け込まれる可能性のある，資産または管理策の弱点」である。リスクとは，「目的に対する不確かさの影響」である。

情報セキュリティにおけるリスクは，対象となる情報の価値が高いほど，大きくなる。リスクを脅威と脆弱性との関係性で捉えると，ある「脅威」が，情報システムやネットワークの弱み（「脆弱性」）につけこんで「情報セキュリティ」に損害を与える可能性＝「リスク」，ということができる。言い換えれば，リスクは，情報システムや組織に内在する「弱み（脆弱性）」と，その脆弱性に対応する「脅威」が要因となり，影響として，情報セキュリティ（機密性，完全性，可用性）の失墜によって損害を与える可能性，ということになる。よって，脅威や脆弱性が増加すると，リスクも増加する。逆に，脅威を顕在化させなければ，リスクは増加しない。脅威の顕在化を阻止するためには，脆弱性を最小化することが重要となる。

情報セキュリティの脅威は，技術的脅威，人的脅威，物理的脅威に大別できる。それぞれの脅威の例とそれによって低下するおもなセキュリティ要素を**表3.3.2**に示す。現在のサイバー攻撃では，これらのうち複数の脅威，すなわち，攻撃手段を意図的に用いる。

表3.3.2 情報セキュリティの脅威の例

	脅威	低下するおもなセキュリティ要素
	なりすまし	完全性
	侵入	機密性
	改ざん	完全性
	盗聴	機密性
	サービス不能攻撃	可用性
	ウイルス感染	機密性，完全性，可用性
人的脅威	金銭的誘惑	機密性
	性的誘惑	機密性
	権威（上司，顧客）からの不当な要求	機密性，完全性
	作業ミス	機密性，完全性，可用性
物理的脅威	建物の破壊	可用性
	建物内部への侵入	機密性
	窃盗・強盗	機密性，完全性
	電源設備故障	可用性

情報セキュリティの脆弱性は，情報通信システム，企業などの組織，あるいは組織に所属する人間が要因となる。それぞれの脆弱性の例とその事例を**表3.3.3**に示す。

〔3〕 **情報セキュリティ対策の概要**

情報セキュリティ対策とは，表3.3.3に示すような脆弱性を軽減し，サイバー攻撃，自然災害，過失等によるリスクを小さくすることである。脅威が大きいほど，また，脅威の対象となる側の脆弱性が大きいほど，リスクも大きくなる。情報セキュリティ対策は，脆弱性を軽減することにより，リスクを減少させる効果を持つ。情報セキュリティ対策は，技術的対策，物理的対策，組織的対策，人的対策によって構成される。

（a）**技術的対策** 技術的セキュリティ対策は，ソフトウェア，データ，ネットワークなどに技術的対策を施すことで，セキュリティ関連被害の発生を防止する。

ソフトウェアへの技術的対策としては，セキュアプログラミングと呼ばれる手法や，対策ライブラリを活用したソフトウェア開発がある。ただし，ソフトウェア開発時における対策は万全でないため，他の技術的な対策を組み合わせた多層防御が重要となる。

データへの技術的対策では，暗号化が中心となる。

表3.3.3 脆弱性の例とその事例

	脆弱性	事例
システムの脆弱性	重要情報が秘匿されていない	暗号化せずにファイルを保管している
	冗長化されていない	インターネットアクセス回線が一つしかない
	ネットワークが監視されていない	無線のアクセスポイントを無断で設置できる
	新規ウイルスを検出できない	ウイルス定義ファイルを自動更新しない
	古いシステムを継続使用している	サポート切れOSを使用している
組織の脆弱性	ISMSが計画どおり実施されない	業務繁忙でPDCAの作業が遅れる
	建物の入退出管理ルールが緩い	顔パスがまかり通っている
	委託先業者の管理不十分	委託先にセキュリティポリシーが伝わっていない
	サイバー攻撃に対応できない	サイバー攻撃対処訓練が実施されていない
人の脆弱性	顧客からの要求を拒否できない	他人の個人情報の提供を断れない
	金銭的誘惑に弱い	儲け話に乗りやすい
	性的誘惑に弱い	秘密事項を話題にしてしまう
	作業ミスを犯す	業務の電子メールの宛先を間違える
	面倒なことはできるだけ避ける	同じパスワードを使いまわす

暗号化により，情報漏洩や，通信を傍受された際に，情報を安易に閲覧されることを防止することが可能となる。暗号化は，機密性を高める有効な手段として，リスクの影響を極小化できる。

ネットワークへの技術的対策としては，ファイアウォール（firewall），IDS（intrusion detection system），IPS（intrusion prevention system）などのセキュリティ監視技術の導入がある。例えば，ファイアウォールでは，個々の通信を監視し，アクセス制御リストを使用して，脅威となる通信を遮断するパケットフィルタリング機能を有する。

（b）**物理的対策** 物理的セキュリティ対策は，大きく分けて2種類ある。一つ目は，社屋や居室への不法侵入や内部犯罪によって引き起こされる，情報資産の物理的な破壊，窃盗，不正操作などに対して，物理面で予防・防止するためのセキュリティ対策である。例えば，IDカードや警備員による入退出管理や情報処理機器の施錠保管などがある。二つ目は，地震，火災，水害などの災害や，回線障害，電源障害などの障害に備えて，事前に対策を検討し，保護することである。

（c）**組織的対策** 組織的セキュリティ対策とは，組織の構成員である一人ひとりを統括するために，セキュリティ管理体制や，組織を円滑に回すための役割，権限の明確化，そして，事件や事故に対して，被害を最小限にするための対策である。特に情報セキュリティ管理体制においては，組織内の情報セキュリティを円滑に運用するため，誰が何を実施し，誰が責任を担うのかを定めることが重要である。そのために，経営者が策定した情報セキュリティ基本方針に基づいて，情報セキュリティ対策全般にわたって必要な，適用範囲や定義，責任と要件，遵守義務などを規定している情報セキュリティ規定類を定める。また，規定されたセキュリティ要求事項に適合して組織が運営されているかの監査（情報セキュリティ監査）の実施も組織的対策に含まれる。

情報セキュリティ管理体制や規定類においては，平常時のみでなく，セキュリティインシデント発生時への対応が重要である。ここでセキュリティインシデントとは，事業運営に影響を与えたり，情報セキュリティを脅かしたりする事件や事故である。セキュリティインシデントが発生した場合に即座に対応ができるように，事前に対応手順として，初動対応（上司やセキュリティ担当者への報告等），調査，法令にのっとった関係機関への報告や届け出等の対応手順を定める必要がある。またインシデント対応の専門チームを組織しておくことが推奨される（〔6〕CSIRT参照）。

（d）**人的対策** 人的セキュリティ対策とは，人による誤り，盗難，不正行為のリスクなどを軽減するために，情報セキュリティポリシー，社内規程を守るための対策である。個人ごとの情報セキュリティのリテラシーを維持するための継続的な教育と，インシデントが発生した際の対処方法等の訓練が重要である。

〔4〕**情報セキュリティマネジメントシステム**

情報セキュリティマネジメントシステム（information security management system，ISMS）[3]とは，個別の問題ごとの技術的対策のほかに，組織のマネジメントとして，自らのリスクアセスメントにより必要なセキュリティレベルを決め，プランを持ち，資源を配分して，システムを運用することである。

情報セキュリティマネジメントは他のマネジメントシステムと同様にPDCAサイクルに沿って実施する。セキュリティ対策は，一度行ったら終わりというものではなく，業務や環境の変化，技術の進歩に合わせて，絶えず見直しと改善が求められる。そこで，PDCAサイクルを繰り返すことにより，組織のセキュ

リティ対策における目標達成レベルを継続的に改善することが必要になる。情報セキュリティマネジメントシステムにおける PDCA の各プロセスでは，それぞれ以下の活動を行う。

Plan（P）は「ISMS の確立」のための計画段階にあたる。企業などの組織では，経営層から現場の担当者までのマネジメントの体制を作ることから始まる。つぎに，自分の組織として守るべき対象となる情報（情報資産）を明らかにする。この情報の見極めが重要となる。続いて重要な情報（情報資産）について，リスクを特定する。ここでは，情報資産が持つ弱点としての脆弱性と，情報資産をないがしろにする脅威からリスクを見極める。重要な情報にリスクがあるとわかったときには，そのリスクを低減したり，共有したりする方針を決める。そのリスクが大きすぎて，例えば予算的に対処できないときには回避する，つまり，そのリスクの元となる活動そのものを取りやめることもある。また，どのような手順で情報を守っていくかについて，しっかりと書き下した文書を整備する。

Do（D）は，「ISMS の導入および運用」である。Plan のプロセスで作った体制で，情報資産に対する「対策」を進めていく。実際のセキュリティ機能として，情報システムに強固な認証機能やログ管理機能を追加したり，必要な運用ルールを作成したりすることが Do の主役である。加えて，組織メンバの教育や訓練も重要となる。

Check（C）は「ISMS の監視（モニタ）および見直し」を行う。Do のプロセスで確立した情報資産を保護するためのシステムや運用ルールが想定している脅威や脆弱性への対策として有効であるか，すなわち，リスク（影響）が低減されたかをチェックする。さらに，ルールなどが意図したように運用されているかについてもチェックする。

Act（A）は改善の実施である。Check のプロセスで，想定していたリスクが変わっていたり，頻度が増えていたりなど，リスク対策が十分でない場合があり得る。Act では，このような改善すべき事柄を含め，ISMS の活動結果を経営者（社長）に報告する。経営者はその報告を受けて，今後，短期的に実施する改善と中長期的に取り組む改善を明確にし，つぎの PDCA につなげる。

情報セキュリティマネジメントの PDCA では，特に Plan において，経営層が，責任ある立場から，重要な情報の特定や，リスクへの対応の判断を主体的にすることが重要となる。一方，Do は現場でしっかりと実施し，それによる対策の効果のチェック（Check）や，経営者への活動結果の報告（Act）は，経営層と現場が協力して実施することが重要となる。つまり，ISMS の PDCA は経営層だけのものではなく，また，現場だけのものではなく，組織全体として取り組むことが重要である。

〔5〕 **脆弱性データベースと共通脆弱性評価システム**

コンピュータやネットワーク機器のオペレーティングシステムやアプリケーションソフトウェアに内在する脆弱性やサイバー攻撃に関する情報がデータベースで提供され，一般に公開されている。

CVE（common vulnerabilities and exposures）[4] は，脆弱性データベースである。ソフトウェアの脆弱性に一意の識別番号を付与し，脆弱性の概要，参考 URL，ステータス情報を提供している。

CWE（common weakness enumeration）[5] は，ソフトウェアの脆弱性の種類に関するデータベースである。SQL インジェクション，クロスサイトスクリプティング，バッファオーバフローなど，脆弱性の種類を脆弱性タイプとして分類して一意の識別子を付与し，それぞれに対して，脆弱性の概要，攻撃の受けやすさ，脆弱性を作り込む具体的なコーディング例と解説，脆弱性の軽減策等の情報を提供している。

CAPEC（common attack pattern enumeration and classification）[6] は，攻撃パターンに関するデータベースである。攻撃パターンの概要，攻撃の前提条件，対策等の情報を提供する。

NVD（national vulnerability database）[7] は，詳細な脆弱性情報を提供する。CVE, CWE, CAPEC の関係や CVSS による危険度の採点が検索できる。

共通脆弱性評価システム CVSS（common vulnerability scoring system）[8] は，ベンダーに依存しない共通の脆弱性評価手法を提供する。脆弱性の深刻度を同一基準で定量的に比較できるのが特徴で，CVE, NVD, CAPEC などで採用されている。

〔6〕 **CSIRT**

CSIRT（computer security incident response team）[9] とは，情報セキュリティを脅かす事象による被害の未然防止，起こってしまった被害の極小化に対応するための「準備されたチーム」である。「事故を "0" にする」ことを主目的とする取組みとは相補的な関係にある。近年，企業や政府機関などにおいて CSIRT が組織され重要な役割を担うようになってきている。CSIRT が対応する脆弱性とインシデントの範囲は，それぞれの CSIRT によって異なる。多くの CSIRT における脆弱性ハンドリングは，セキュリティ運用のノウハウ集積と活用や，システムの脆弱性・サイバー攻撃等に関する情報の収集分析と早期検知である。ま

た，インシデントハンドリングとしては，内外の適材適所への迅速な情報伝達と専門的対応支援を行う．

〔7〕 **情報共有の枠組み**

安全，安心なネットワーク社会を実現する上で，日々増え続けるサイバー攻撃の脅威などに一組織の力で立ち向かうのには限界がある．そのため，CSIRTどうしが「連携」することが相互利益にあるという共通認識が生まれ，現在では連携のためのさまざまなコミュニティが存在する．

CSIRTの国際的連携の枠組みとして，FIRST（Forum of Incident Response and Security Teams）[10]がある．FIRSTは70箇国，321のCSIRTチームが参加し，インシデント情報の共有，研究活動などを行っている．また，年1回，情報共有や研究発表などを行う国際会議を開催している．

複数の組織間での脅威情報やインシデント情報，さらにセキュリティ対策に関するベストプラクティスなどの情報を共有するための組織（またはコミュニティ）はISAC（Information Sharing and Analysis Center）と呼ばれている．事業分野ごとに設けられることが多く，わが国では，ICT業界のICT-ISAC，金融業界における金融ISAC，電力業界の電力ISACなどが組織されている．ISACのおもな役割は，事業分野におけるサイバー攻撃の脅威やシステムの脆弱性に関する情報を分野内で共有することである．

〔8〕 **情報セキュリティ関連の標準**

（a） **国際標準** 情報セキュリティ分野の国際標準は，国際標準化機構（ISO）と国際電気標準会議（IEC）が情報技術（IT）分野の標準化を行うために1987年に設立した第一合同技術委員会（Joint Technical Committee 1）ISO/IEC JTC1が中心的役割を担っている．ほかに，PCI DSS v3.1のように，クレジットカード業界がクレジットカード情報および取引情報を安全に取り扱うことを目的として策定されたグローバルセキュリティ基準もある．ISO/IEC JTC1国際標準規格について，代表的な規格を以下に挙げる．

ISO/IEC 27001：2013は，組織がISMSを確立，実施，維持し，継続的に改善するための要求事項を規定した国際標準規格である．

ISO/IEC 22301：2012は，効果的な事業継続マネジメントシステム（BCMS）を策定し，運用するための要求事項を規定した国際標準規格である．

ISO/IEC 15408は，情報技術に関連した製品およびシステムが，想定される脅威に対して，セキュリティ機能が適切に設計され，その設計が正しく実装されていることを評価するための国際標準規格である．

ISO/IEC 27017：2015はクラウドサービスのための情報セキュリティ管理策を規定した国際標準規格である．ISMS規格であるISO/IEC 27002がベースとなっている．

（b） **国内標準** 国内の代表的な標準化団体は，JISC（Japanese Industrial Standards Committee，日本工業標準調査会）である．国内の標準規格について代表的なものを以下に挙げる．

JIS Q 27001：2014はISMSの要求事項を規定している．これはISO/IEC 27001：2013を日本語に翻訳したものであるが，ポイントは，ISO/IEC 27001：2013との同一性が保証されている日本の標準であるということである．つまり，JISによってISMSが認証されると，その有効性が国際的にも担保されることになる．

JIS X 5070はISO/IEC 15408に対応する国内標準規格である．

JIS Q 15001：2006は個人情報保護マネジメントシステムの要求事項を規定している．これは，ISMSとは異なり，日本の個人情報保護法に適合する日本固有の規程である．

〔9〕 **情報セキュリティ関連の認証制度**

（a） **ISMS適合性評価制度** 組織の情報セキュリティ管理の仕組みである情報セキュリティマネジメントシステムがISMS認証基準に適合していることを，第三者である審査登録機関が審査・認証する制度である．ISMS適合性評価制度は，経済産業省の外郭団体である日本情報経済社会推進協会（JIPDEC）によって運営されている．

ISMS認証を取得するためには，ISMS認証基準が要求する文書化されたISMSを組織の状況に沿って構築し，日々の運用・維持，改善を実施することが求められる．認証を取得した後は，PDCAを年1回まわすことが要請され，年1回認証機関からサーベイランス（調査）を受け，3年ごとに更新することが必要になる．

（b） **プライバシーマーク** プライバシーマーク制度は，日本産業規格「JIS Q 15001 個人情報保護マネジメントシステム―要求事項」[11]に適合して，個人情報について適切な保護措置を講ずる体制を整備している事業者等を認定する．認定された事業者には，その旨を示すプライバシーマークを付与し，事業活動に関してプライバシーマークの使用を認める．なお，プライバシーマークは，個人情報の扱いに関する認証であり，情報セキュリティの認証ではない．

（c） **ITセキュリティ評価および認証制度（JISEC）**

JISEC（Japan Information Technology Security Evaluation and Certification Scheme）[12]は，ISO/IEC 15408に基づいて，IT関連製品のセキュリティ機能の適切性・確実性を，第三者である評価機関が評価し，

その評価結果を認証機関が認証する，日本の制度である。おもに政府調達において活用される。日本は国際相互承認アレンジメントである CCRA（Common Criteria Recognition Arrangement）に加盟しているため，JISEC における認証製品が CCRA 加盟国においても認証製品としてみなされる。　　　　　（後藤厚宏）

引用・参考文献

1) 特集「情報セキュリティ」，安全工学，54-6（2015）
2) JIS Q 27002　情報セキュリティマネジメントの実践のための規範（日本規格協会）
3) JIS Q 27001：2014　情報セキュリティマネジメントシステム－要求事項（日本規格協会）
4) CVE, Common Vulnerabilities and Exposures
   https://cve.mitre.org/（2019 年 1 月現在）
5) CWE, Common Weakness Enumeration
   https://cwe.mitre.org/（2019 年 1 月現在）
6) CAPEC, Common Attack Pattern Enumeration and Classification
   https://capec.mitre.org/index.html（2019 年 1 月現在）
7) NVD, National Vulnerability Database
   https://nvd.nist.gov/home.cfm（2019 年 1 月現在）
8) CVSS, Common Vulnerability Scoring System
   https://www.first.org/cvss（2019 年 1 月現在）
9) CSIRT, Computer Security Incident Response Team
   https://www.nca.gr.jp/（2019 年 1 月現在）
10) FIRST, the global Forum for Incident Response and Security Teams
    https://www.first.org/（2019 年 1 月現在）
11) JIS Q 15001：2006　個人情報保護マネジメントシステム－要求事項（日本規格協会）
12) IT セキュリティ評価及び認証制度（JISEC）
    https://www.ipa.go.jp/security/jisec/（2019 年 1 月現在）

3.3.3　社会セキュリティ（テロ）

米国の 9.11 同時多発テロ以降も，多数の人間を殺傷するテロが世界各地で発生している。IS 国グループやアルカイダグループなどのテロ組織の一部の者が出身国に戻ったり，インターネットを通じて，信奉者となり，テロの情報を得て，テロを実行するなどの広がりを見せており，さまざまなテロが相次いでいる。

テロに関しては，その攻撃に用いられる手段から，CBRNE（シーバーン）と称されることもある。表 3.3.4 に示すように，化学剤（chemical），生物剤（biological），放射性物質（radiological），核物質（nuclear），爆発物（explosive）によるものと分類され，その頭文字を取ったものである。また，CBRNE はテロだけでなく，これらによって発生した災害や事故を併せて称されるよ

表 3.3.4　CBRNE テロ・災害

名　称	概　要	事　例
C：化学剤（Chemical）	劇毒物，毒ガス，工業用毒性化学物質	東京地下鉄サリン事件（1995） マレーシア VX 殺人事件（2017）
B：生物剤（Biological）	細菌，ウイルス，毒素	米国炭疽菌郵送事件（2001）
R：放射性物質（Radiological） N：核物質（Nuclear）	放射性物質，ダーティボム，核兵器	福島原発事故（2011）
E：爆発物（Explosive）	爆発物，爆発事故	マンチェスターのコンサート会場自爆事件（2017） 宇都宮市圧力鍋自爆事件（2016）

うになってきている。これらの爆発，漏洩，拡散は，事故・事件や，テロ，あるいは自然災害の結果としてでも，同様な対処が求められることが少なくない。

テロを防ぐことや，その起こった場合の被害の軽減などについて対策を行うには，正確な情報に基づいてテロを理解する必要があり，そのための技術的な面からの解説書が出ている[1]。爆発物を中心として CBRNE テロの事例やその対策，爆薬，爆薬原料，化学剤，生物剤，放射性物質，核物質などの物性データ，および関連資料についてまとめられている。また，テロ対策に関しては，安全工学誌にテロ対策特集号[2]が組まれている。

〔1〕テロについて

テロの定義としては，米国国務省によると「国家的グループあるいは秘密組織による計画的，政治的に動機付けされた非戦闘員を対象とした暴力行為」とされている。

米国国土安全保障省（DHS）は，毎年 6 月に前年の世界で起こったテロに関する報告書を発表している。報告書[3]によると 2016 年は，11 072 件のテロ事件が 104 箇国で起こり，25 621 人の死者と 33 814 人の負傷者があった。さらに，15 543 人以上が誘拐されたか人質に取られた。なお，この統計は，過去に警察，テロ対策などの政府機関が変遷しながら作成していたが，最近は大学などの外部に委託されて作成されているので，作成機関により統計の値や内容・分類に差異があるので注意する必要がある。

テロの発生件数の多いのは，イラク，アフガニスタン，インド，パキスタン，フィリピン，ナイジェリア，シリア，トルコ，イエメン，ソマリアなどの国である。特定の地域に局在化しており，アフリカ，中近東などとともにアジアも発生件数が多いことに注意する必要がある。

テロ事件の種類別では，爆発物，武器使用，暗殺，施設攻撃，人質，誘拐などに分けられるが，爆発物事件は2016年でも54%であり，毎年総テロ発生件数の半分以上を占めている。

以下，CBRNEテロについて示す。

（a）爆発物（E）　中近東やロシアなどでの爆発物テロは，高性能爆薬であるTNTなどの軍用爆薬が使用されることが多い。

欧米の西側先進国や国内では入手が困難で，使用されることは少ない。過去には多くの国際テロでプラスチック爆薬が使用されたが，探知剤の添加が国際条約で義務付けられ，各国での規制も厳しくなり，最近は，ほとんど使用例がない。

国内では過去にカルト集団が高性能爆薬を合成して爆発物を作ったことが知られているが大量の製造はない。

含水爆薬などの土木工事，採石などに使用される産業爆薬は，国内では火薬類取締法により厳しく管理されているので犯罪に使用された例は少ない。2004年のスペインの列車爆破事件では，火薬庫から多量に盗まれたダイナマイトが使用されたことが判明している。盗難された場合には，テロに使用される可能性が高いので注意する必要がある。なお，国内ではダイナマイトはすでに製造中止しており，流通していない。

欧米の西側先進国では，軍用爆薬，産業爆薬の規制を強めたことから，テロに使用する爆発物としては，手製爆発物（improvised explosive device, IED）として，日用品で容易に手に入るものを原料として，化学的知識や実験機材がなくても合成可能なものが使われるようになってきている。

（b）化学剤（C），生物剤（B）　世界的にみても，戦争状態の国を除いて，CBテロは年間数件程度であり，大きな被害も報告されていない。過去においては，東京の地下鉄で1995年に起こったサリン事件および米国で2001年に起こった炭疽菌入り手紙郵送事件が有名である。

2017年にマレーシアの空港で起こったVXガスによる殺人事件は，国家テロともいえるもので，その凶悪，巧妙な手段は世界を驚かせた。

（c）放射性物質（R），核物質（N）　災害としては，2011年の東北大震災による福島原発事故があるが，RNテロについては，大きな被害を出したとして報告されたものはない。

〔2〕**欧米先進国での最近のテロ**

欧米の先進国では，爆発物の自爆，車の暴走，銃の乱射などのテロが増加しており，多数の死傷者を伴う凶悪なテロが，2015年以降でも，パリ，ブリュッセル，フロリダ，ニース，ベルリン，マンチェスター，バルセロナと多発している。

欧州では大量の難民が流入していることも理由の一つに挙げられている。さらに，IS国グループやアルカイダグループなどのテロ組織は，ホームページで，爆薬の合成や，爆発物の製造方法，その他のテロの実行方法などを詳細に解説しており，欧米の若者をターゲットとして，その国でテロを起こすようにあおっていることもある。

このようなテロを起こすものには共通点がみられ，ローンウルフ（一匹オオカミ）型テロと呼ばれている。

ローンウルフ型テロとは，個人または少人数が，イデオロギーや社会的運動などに賛同するものの，国際テログループからの直接の援助や命令なしにテロを実行するものである。

欧米西側先進国に限ってみると，2006〜2014年の9年間に発生した死者を伴うテロ事件234件のうち，70%の164件はローンウルフ型テロ事件とされている。これらの事件では，物質，資金の援助も受けず，命令もされず，個人や少人数でテロを実行している。しかもIS国グループやアルカイダグループのホームページを見て爆弾づくりなどを実行するが，その動機や行動は必ずしも明確ではない場合が多い。人の集まるところでの，自爆や，自動車の暴走により突っ込むことや，銃を乱射するなど無差別に近い手段もあり，防ぐことも難しく，最も多いテロ事件として問題となっている。

そのテロに共通する特徴としては以下の項目がある。

・表立って過激な活動もみられず，不審者としての情報もなく，周囲の人に気付かれない。普段は引き込もっていたり，一見普通の生活をしているので，テロが起こってから，初めてテロ実行者やその関係者と判明することになる。

・テロの実行方法や爆発物の作り方の情報をネットで入手し，原材料，起爆部品などもネットで購入するなどして，社会と没交渉や，不審に思われないようにしている。

・専門知識がなくても容易に作ることができる花火や有機過酸化物などの手製爆薬を使用する。

国内においても，爆発物製造・所持や，原料購入で明らかになった容疑者にもみられる特徴である。

〔3〕**手製爆発物について**

最近は国内や欧米の西側先進国では，手製爆発物が使用されることが多い。その種類や使用について示す。

（a）硝安油剤爆薬　産業爆薬でもある硝安油剤爆薬は，原料の硝酸アンモニウム（硝安）が肥料でもあるので入手も容易で，製造も可燃物を混ぜるだけ

でできるものである。1995年に米国のオクラホマ連邦政府ビル爆破事件で使用された。ビルが半壊し168名の死者が出た。国内でも，硝安が容易に手に入る状況は同じであり，数百kgの爆薬を製造した例があり，もし爆発したら海外の事例のように大きな被害が生じた可能性が高い。

（b）**有機過酸化物**　漂白剤，洗剤，溶媒などを反応させて容易に合成できる。2005年のロンドンでの多くの死傷者を出した地下鉄，バス爆破事件で使われた。

最近でも，2015年のパリでの襲撃事件では，テロリストは，自爆ベルトとして有機過酸化物を持っていた。また，2016年のブリュッセルの空港，地下鉄での自爆テロ，同年のニューヨークの圧力鍋爆破事件，2017年のマンチェスターのコンサート会場での自爆テロでは有機過酸化物を合成して使用していた。

国内でも1999年以降で20件以上の有機過酸化物による爆発物製造・使用事件があり，中にはロンドンで使用された量に近い大量合成をした例もある。

簡単に合成できる爆薬と紹介されるので，中学生などの未成年者もネット情報により合成する例があるが，合成中の誤爆により失明したり手を吹き飛ばされる悲惨な例も少なくない。

（c）**液体爆薬**　2006年に英国で複数の航空機を爆破しようとしたテロ未遂事件があった。ペットボトルの底に小さい穴をあけて，中身を抜き，代わりに液体爆薬を注入して接着剤で穴をふさいだものであった。

液体爆薬にはいくつかの種類がある。いずれも製造は容易であるが，劇毒物であり，腐食性，自然発火性など危険性も高い。国内でも製造されることが危惧されている。

（d）**塩素酸塩爆薬**　花火の成分でもある。2013年のボストンマラソンでは花火を分解したものを圧力鍋に詰めて爆発させたものであった。多量の花火を購入したことがわかっている。

国内でも，2016年に起こった宇都宮市での圧力鍋自爆事件は，花火を分解したものを詰めて，ねじなどを入れて殺傷能力を高めて，祭りの開催されている公園で自爆したもので，手製爆発物を使用した悪質なテロといえる。

（e）**自動車爆弾**　欧米でビルを壊すような大薬量の爆薬は，自動車で持ち込まれる。時限装置を使用するか，あるいは自爆テロによって爆発する。

中近東などのように，軍隊の組織が乱れた地域では，軍用爆薬や砲弾，地雷などが直接使われる。アジアでは花火の製造があまり規制されていない国では，塩素酸塩爆薬も使用される。

国内や多くの国では硝酸アンモニウムが肥料として多量に手に入るので，硝安油剤爆薬が使用される。国内でも500kg程度を製造し車で運んでいた事例がある。

（f）**自爆テロ**　自動車や，鞄あるいは自分の体に自爆ベルトとして爆薬を取り付けて特定の場所に移動して，自ら起爆・爆発させるものである。人の集まるイベント会場，ビル，駅などをターゲットとする。

2015年の統計では，世界で自爆テロは726件発生して，それによる死者は，6712名となっており，爆発物使用事件としては死者が多く最悪になる。

（g）**検問の通過**　空港では，通常乗客は金属探知機を通過して検査される。これを通り抜けるために，警備職員を買収して検査を潜り抜けたり，靴をくりぬいて爆薬を詰めたり，下着の中に隠して通過した例がある。また，航空貨物内に隠した例もある。いずれにしても検問の方法を理解した上で，さらに検問を通過して爆発させようとしたもので，検査を厳しくしても別の手段を工夫するテロ組織が存在する。

〔4〕**爆 発 物 探 知**

爆発物テロ事件を防ぐには，隠された爆発物を見つける爆発物探知が最も有効である。また，CBRN用の探知装置に関しては書籍に紹介されている[1]。

空港などで使用される爆発物探知装置は，目的から表3.3.5に示すように分類される。それぞれで特徴があり，また爆発物を1種類の方法ですべて探知可能なわけではないので，組み合わせるか，複数でチェックすることになる。

表3.3.5　爆発物探知装置の種類

種　類	対　象	方　法	特　徴
トレース探知	におい 指紋	爆発物探知犬 化学センサー	微量検出 低誤報率
バルク探知	かたまり 容器，起爆装置	透過X線 X線CT	自動検出 高処理速度
液体物検査	液体爆薬	分光法 X線	飲料と区別 容器材質による制限
ボディスキャナ	衣服の下に 隠された爆薬	ミリ波	人への検査 プライバシー問題

空港などで爆発物探知装置は，すでに実用化している。探知装置の性能を評価して，一定以上の性能を有する装置に空港での使用を許可する認証を与えているからである。

欧州では，欧州民間航空会議（ECAC）がECACテストセンターで評価試験を実施している。複数の探知機器について，性能レベルによってランク付け認証を行い，その空港で使用する機種は各国に任されてい

る．認証機種については，ECAC のホームページに製品名とそのランクが公開されている．

米国では，運輸保安庁（TSA）が研究所で評価試験を行い，基準を満たしているかどうか決定している．それぞれの基準に沿って保安システム資格証明製品リスト（qualified product list, QPL）や，航空貨物スクリーニング技術リスト（air cargo screening technology list, ACSTL）に載ることにより，空港で旅客手荷物や航空貨物の検査で使用可能となる．

ECAC や TSA はいずれも認証基準を明らかにしていないことと，空港での使用に必要な性能仕様に基づいて試験を行っており，必ずしも，一般の保安・警備に適した探知基準とはいえない．

そこで，客観的に評価できるように，米国で 2015 年に ASTM 規格「化学的トレース探知装置の性能測定と評価方法」を制定した[4]．トレース探知装置を一般的に使用するための客観的な性能測定と評価を目的としている．

国内においても，爆発物探知が必要な状況での使用を考えた探知機材の必要仕様とその評価試験を行うことが求められている．

〔5〕テロ対策

国民の安全を確保し，健全な政治，経済，社会制度を維持・発展させていくため，テロ対策において何よりも重要なのは，テロを未然に防ぐことである．

（a）欧米でのテロに対応する国内対策　国内においてテロの未然防止に関する諸施策が推進されてきている．2015 年にパリで発生した連続テロ事件を受けて，テロ対策の強化・加速化が国際組織犯罪等・国際テロ対策推進本部から出された[5]．

航空保安対策の強化に向け，空港における先進的な保安検査機器として，衣服の下に爆発物などを隠したものを探知するボディスキャナが空港に導入された．

旅客便に搭載する航空貨物については，出発空港において 100% 爆発物検査を実施することが義務化された．実際には，X 線検査やその他の爆発物検査，開披検査が行われる．ただ，事前に安全管理面の信用が確認されている「特定荷主」の貨物は，「特定の運送事業者」が一定の保安措置を講ずることにより，検査が免除されることとされている．

手製爆発物に使用される爆薬原料の管理強化が図られた．手製爆薬の原料となる化学物質（表 3.3.6 参照）の中には，ホームセンターなどで誰でも容易に入手することができるものも存在する．そのために，それらの薬品などについて保管，流通などにおける盗難防止対策，購入目的に不審な点がある者などへの販売自粛および当該者の不審な動向に関する警察への通報など

表 3.3.6　手製爆薬原料物質

原料化合物	用途・製品	製造可能爆薬
硝酸アンモニウム	肥料，瞬間冷却材	硝安油剤爆薬
過酸化水素	消毒薬，漂白剤	有機過酸化物，液体爆薬
アセトン	溶媒	有機過酸化物
酸化剤	塩素酸塩，過塩素酸塩，硝酸塩	塩素酸塩爆薬
酸	硝酸，硫酸，塩酸	硝酸塩，有機過酸化物
尿素	肥料，化粧品	硝酸尿素
ヘキサミン	固形燃料	有機過酸化物

の対策がとられている．日用品としての安全を確保するために，製造メーカによる対策もとられている．インターネットで購入するものが後を絶たず，そのための対策もとられた．

（b）海外における安全　外務省では，海外でのテロに遭わないための安全についてホームページで公表している[6]．

在外邦人の安全対策や，海外へ進出する日本人・企業のための CBRNE テロ対策について，解説している．海外のテロの特徴と対処方法についても危険情報として，各国，地域別に紹介されている．

（c）社会インフラ対策　米国では，社会インフラへのテロ攻撃に対する防御について取り組んでいる．飛行機や自動車爆弾が原子力発電所や石油化学コンビナートに対する攻撃に使用されることも議論されている．

連続テロを経験した欧州では，若者をテロリスト化させないことや，主要インフラをテロに耐え得る強靭なものにすること，被害を最小化することなどに取り組んでいる．

テロを予測することや，完全に防ぐということは困難であっても，テロに対して備えることはできる．

テロ対策，爆発物探知など，警戒を厳重にするに伴い，新たな脅威の出現もあり，つねに対策を進めていく必要がある．

（中村　順）

引用・参考文献

1) 火薬学会爆発物探知専門部会編，爆発物探知・CBRNE テロ対策ハンドブック，丸善（2016）
2) テロ対策特集号，安全工学，55-6（2016）
3) 米国国務省，Country Reports on Terrorism 2016（2017）https://www.state.gov/documents/organization/272488.pdf（2019 年 1 月現在）
4) ASTM International, ASTM E2520-15（2015）
5) 国際組織犯罪等・国際テロ対策推進本部，パリにおける連続テロ事案等を受けたテロ対策の強化・加速化等について（2015）
http://www.kantei.go.jp/jp/singi/hanzai/dai23/

siryou1-1.pdf（2019 年 1 月現在）
6）外務省海外安全ホームページ
http://www.anzen.mofa.go.jp/index.html（2019 年 1 月現在）

3.4　社会システム安全

3.4.1　医　療　安　全
〔1〕　用語の定義と対象領域

安全工学的アプローチは，おもに製造業を出発点としつつ，現在では社会システム全体をも対象とするに至っている．人間の安全を考える場合，第二次産業では生産に従事する人間が中心となるが，生産と消費が同時であるサービス業においては，どちらの立場の人間も対象となる．すなわち航空分野では操縦士ほかの乗務員と旅客の安全，自動車では運転者と同乗者に加え歩行者の安全も考慮する必要があり，医療分野においては医療者と患者（や家族）が対象となる．

また医療現場では，手術や投薬などの医療行為のみならず，身体抑制などの日常生活制限も医療活動の一部をなし，そして宿泊や食事も提供しているため，いわゆる生活安全の分野も検討対象となる．医療施設が安全管理の責任を問われる事故には，転倒転落・院内自殺・食中毒・個人情報漏洩・集団感染（アウトブレイク）など非常に多岐にわたる．

医療安全 Healthcare Safety は，医療者の安全も包含した用語であるが，世界的には（医療者を含まない）患者安全 Patient Safety が一般的用語である．

〔2〕　患　者　安　全

医療の結果は不確実であり，「望ましくない結果」をいかに管理していくかが患者安全の根幹である．例えば何らかの薬剤を投与した場合，意図した主作用以外にも既知の副作用が発現することもあれば，予期せぬ反応（アレルギーなど）が起こることもあり，さらに医療者のヒューマンエラーにより患者に害を及ぼすこともある．そのため患者安全は，医学・看護学・薬学を基礎として，認知心理学，行動科学，人間工学，組織論，リスクマネジメントなどを統合した学際的領域となり，医療者と患者のパートナーシップも重要になる．医療者は，例えば外科医は手術，看護師はケアと，それぞれの専門技術を軸にして患者に相対するが，こうしたテクニカルスキルのみでは安全性を担保することは難しく，テクニカルスキルを下支えするノンテクニカルスキルが非常に重要であることが近年わかってきた．そこで WHO（World Health Organization：世界保健機関）は，世界中の医療系学生を対象に，患者安全をノンテクニカルスキルの観点から解説した教科書を 2011 年に公にした．本ガイドの特徴を一言でまとめれば，間違うという特性を持った人間が，患者への害を最小限にするために，いかにして組織的な改善活動を行うかに焦点を当てている．

（a）　**WHO 患者安全カリキュラムガイド多職種版**[1]

本ガイドにより，21 世紀の医療における患者安全の考え方が標準化されることになった．本ガイドは教育指導者向けのパート A と各論部分のパート B から成り，卒前教育の教科書であるが，WHO はこの新概念が定着するまでは，すべての医療者の教科書であるとうたっている．以下各論の 11 トピックに基づき解説する．

1）　**医療安全の基本的考え方：総論**　　20 世紀末からの世界的調査により，どの国においても全患者の数〜10％が患者有害事象を体験していることが見い出され，その原因は，医療者の故意や医療者個人の能力が劣っていたためではなく，医療システムの複雑さが原因となることが明らかにされてきた．医療に限らず人間が存在するところではどこでもエラー（間違い）が発生し，その発生パターンには何ら違いはない．こうした論拠から，起こったエラーに対して，誰がそれを起こしたのかと責めるよりも，なぜ医療システム上のエラーが発生したかを検討して対策を立てるべきであるという考え方へ変遷してきた．安全推進のために必要な 6 項目を以下に示す．① 医療者と患者の良好な関係をつくる．② エラーが発生しても誰も非難しないようにする．③ 根拠に基づいた診療（evidence-based medicine, EBM）を実践する．EBM とは，疫学や統計学による診療結果の比較に根拠を求めた，客観的な経験値に基づく医療であり，同時に個別の患者に応じた診療の方針を決定する方法である．④ 患者の医療の連続性を維持する．⑤ セルフケアの重要性を認識する（自らを良い状態にして職場に出る）．⑥ 日頃から倫理的な行動をとる．

2）　**ヒューマンファクターズ（人間工学）の重要性**

人間の脳は，非常に高い処理能力を持ち，情報を素早く選別し理解することができるが，そのために錯覚やエラーも起こしやすい．人間が起こすエラーをコントロールするため，以下の 6 項目が推奨されている．① 記憶に頼らない：アナログ（メモ帳）・ディジタル（タブレット）を問わず記憶補助ツールを使用する．② 情報を視覚化する：いわゆる「みえる化」を行う．③ プロセス（過程）を再検討して単純化する：クリニカルパスなどを使用する．④ 共通するプロセスや手順を標準化する：手術部位のマーキングの方法などを病院全体で統一する．⑤ チェックリストを日常的に使用する：手術安全チェックリストを利用する．⑥

警戒心を過信しない：疲労やストレスの影響を考慮する．

3）システムの複雑さへの理解 医療システム（healthcare system）は，患者が一人ひとり違うことによる業務の多様性から始まり，医療者間の経験や知識による依存関係，専門職の細分化，患者の立場の弱さ，新技術や機器がつぎつぎに導入される現場など，他の産業とは異なる複雑さを有する．こうした複雑なシステムにおいて，事故原因や業務改善を探る場合には，以下に示すような多角的視点が必要とされる．① 患者・医療者要因：人間関係の問題，② 業務要因：作業量の多少・時間的プレッシャー，③ 技術・ツール要因：技術や道具の利用しやすさ，④ チーム要因：役割分担やコミュニケーションの問題，⑤ 環境要因：照明・騒音・温度・物の配置，⑥ 組織要因：構造的あるいは文化的な特徴・規定や監督者の権限など．

これらの知識を踏まえ，危険な条件下でもほとんど失敗なく業務を遂行している高信頼性組織（high reliability organization, HRO）との比較を行い，失敗に対する事前の対策，回復力を高める取組み，安全の組織文化などを医療分野に応用することを提案している．

4）チームの一員としての行動 チームとは，共通の目標に向け，各メンバーが役割を持ち，相互依存的に活動し，活動期限がある集合体である．良い活動をしているチームには，測定可能な共通の目標があり，効果的なコミュニケーションによる良好な結束とメンバー間の敬意が存在する．チーム活動を有効に機能させるため，WHOは「チームワークの原則を適応する方法」を以下のようにまとめている．① チームへの自己紹介を欠かさないようにする，② 指示を復唱し，コミュニケーションのループを完成させる，③ 思い込みを避けるため，明確な言葉で話す（例：ミリはグラムかリットルなのか），④ 不明な点があれば質問や確認をし，はっきりさせる，⑤ 指示を出すときには必ず相手の方をみる（アイコンタクト），⑥ 自身の役割をはっきりさせる，⑦ 主観的な言葉ではなく，客観的な言葉を用いる，⑧ メンバーの名前を覚え，呼びかけるときは名前で呼ぶ，⑨ 必要なときには，はっきりと主張する（後述「CUS」），⑩ わからないことがある場合は，他者の視点から考えてみる，⑪ チーム活動を開始する前にブリーフィングを行い，終了後にはデブリーフィングを行う，⑫ 対立が起きた場合は，「誰が」正しいかではなく，患者にとって「何が」正しいかに集中する．

患者安全上の問題点が生じたと感じられたとき，誰もが疑義を問うことができるルールが提案されている．CUSは，C（I am Concerned. 心配です），U（I am Uncomfortable. 不安です），S（This is Safety issue. これは安全の問題です）という意味で，もし「CUSです」という宣言がなされたら，たとえ声を上げたものがチームに入ったばかりの新人であっても，チームはただちに手を止めてその声に耳を傾けなければならないとされている．

5）エラーからの学習とエラー削減戦略 安全に関する報告制度の必要条件としては，報告者が処罰されないこと（免責性），報告者名がわからないこと（秘匿性），第三者的機関が運用すること（公平性），簡単に報告できること（簡易性），安全の推進に貢献できること（貢献性）が挙げられている．

インシデント報告制度は，航空分野での成功を背景に20世紀末から医療分野でも導入が始まった．日本では濃厚な治療を要した有害事象をアクシデント，未然例や軽微な有害事象をインシデントと慣習的に呼んでいるが，世界的にはアクシデントとインシデントは区別せず，すべてインシデントである．

インシデント報告は，失敗した本人が報告しても，その失敗を発見した人間が報告してもよく，一つのインシデントに対して，複数の報告がなされても問題はない．どのような失敗が発生したかについて，いつ（When），どこで（Where），誰が（Who），何をした／何が起こった（What）の4Wは，正確に記述されなければならない．ただし，患者に濃厚な治療を要する重大な被害が生じた場合，報告は（自発的でなく）義務的に報告するということが一般的となっており，これをオカレンス（Occurrence）報告と呼ぶ．

報告後の分析は，（個人を責めない）システムアプローチで行う必要があり，一法としてロンドン・プロトコルによる医療事故調査が紹介されている．① 調査対象の特定および決定，② 調査チームの人選，③ 事例のデータ収集と組織化，④ 時間軸に基づいた事故の分析，⑤ 医療安全問題（Care Delivery Problems, CDPs）の特定，⑥ 寄与要因の特定，⑦ 勧告の作成と活動計画の策定，という各段階を踏むことにより，調査プロセスは標準化される．

また個人のエラー削減戦略として，I'M SAFE？（私は安全）というチェックリストが挙げられており，I：病気（Illness），M：薬剤（Medication），S：ストレス（Stress），A：飲酒（Alcohol），F：疲労（Fatigue），E：感情（Emotion），という6項目により自己点検を行う．

6）リスクマネジメント概論 普通ではないことが起こったり，起こるかもしれないことをリスク（risk）と呼び，それを管理することをリスクマネジ

メントという。類語にクライシス（crisis, 危機）があり，「リスクが発生してしまった状態」を指す。リスクは可能性も含めた広い概念であるので，すべてのリスクに対して対応することは困難であるが，クライシスは，地震が発生したり，医療事故が起こったなど，何かが起こった状態なので，個別の対応を策定できる。クライシス初期の対応の基本は，① 自分の身の安全を確保し，② 応援を呼んで仲間を複数にする，という二つである。

リスクマネジメントは4段階から成るが，他産業と異なるのは，医療ではただちに患者に被害が及ぶという点が重大である。医療リスクには，誤薬，患者取り違え，手術時の異物遺残などの医療事故にとどまらず，患者の転倒（組織の管理責任），院内暴力，医療費踏み倒し，不正行為，風評被害なども含まれ，下記の4段階の対策方法は他分野と何ら変わることはない。① リスク識別：すべての可能性の洗い出し，② リスク評価：リスクの発生頻度と重大性の評価，③ リスク対応：発生頻度が低く重大でなければ，リスクは保有する（自己負担）。発生頻度が低くても重大であれば，リスクを移転する（保険など）。発生頻度が高く重大でなければ，リスクを最適化する（保有か移転へ）。発生頻度が高く重大であれば，リスクを回避する（撤退する）。ただし医療機関の場合は撤退できないこともある，④ リスク費用算定：リスク管理の費用を全体活動とのバランスから決定する。

7）品質改善手法の導入 チームにおいて互いの意見を尊重し合い，協調的な議論で生まれた決定は，個人や多数決による決定と比較して，一貫して優れたものとなることが知られている。品質改善手法は，日本の製造業では QC（quality control）と呼ばれるグループ活動において，発展してきた。複雑なシステムを改善するには，プロセス全体を見渡しつつ，人間を含めて多くの要素を考えなければならない。進捗状況や結果を可視化してわかりやすくする技術として，グラフ，ヒストグラム，管理図，チェックシート，パレート図（累積度数分布図），散布図，特性要因図（いわゆる魚骨図）などがある。

また品質改善のための分析手法は数多く存在するが，目標を設定し少しずつ変更して改善する「PDSA（plan-do-study-act：計画・実行・検証・対処/行動）サイクル」，起こったことから学ぶ「RCA（root cause analysis，根本原因分析法）」，起こる前に対策立案しておく「失敗モード影響分析法（failure mode effect analysis, FMEA）」などが医療部分野に導入されている。

8）患者や家族との協働 患者の自律性を尊重しつつ，医療の内容を患者に説明をして患者の同意を得るプロセスはインフォームドコンセント（informed consent）と呼ばれるが，医療の結果は必ずしも良いことばかりではない。医療をより良いものにするためには，患者や家族に能動的に医療へ参加してもらわなければならない。本ガイドでは患者が知るべき情報として，診断とおもな問題点とその不確かさの程度，治療または解決策に伴うリスクを挙げており，診療やケアを提供する医療者の氏名・地位・資格・経験も含まれている。

医療事故を始め不幸な医療の結果を伝えるために，世界中で多くの方法が考えられており，オーストラリアのオープンディスクロージャー（open disclosure）や米国ハーバード大学の取組みが紹介されており，いずれも「タイムリーに」，「率直に」，「病院組織としての」対応を行うことが特徴である。

また患者に重大な話を伝える際のコミュニケーションツールとして SPIKES がある。もともとは終末期患者への告知のために開発されたが，より一般化されて，意見が対立したときの対処や社会文化的背景の異なる患者への対応など，幅広い状況に活用できる。SPIKES は，準備（Setting）でプライバシーに配慮し傾聴し，認識（Perception）で患者自身の認識を把握し，情報（Information）で患者の状態に合わせた情報開示を行い，知識（Knowledge）で患者に心の準備をさせ，共感（Empathy）で患者の感情に寄り添い，戦略と要約（Strategy and Summary）で話し合いの要約をする，という六つの段階で構成される。

9）感染制御 日本では，医療安全と感染制御は別々に進歩してきたが，世界的には組織管理の観点から，医療安全上の問題として捉えられている。医療関連感染（health care-associated infection, HCAI）とは「問題の感染症以外の理由で入院した患者が病院内で感染した感染症」を指し，針刺し事故など医療者に発生した職業的感染も含まれる。HCAI は，医療者が原因を作っており，入院を長引かせ患者の苦痛を増大させるのみならず，医療費を増大させる。WHO は，B型肝炎予防接種を含めた医療者自身の体調管理と，感染予防のための標準予防策（standard precaution）の実践を強調している。特に手指衛生は重要であり「五つの瞬間」というモデルとして提示され，① 患者に触れる前，② 清潔/無菌手技を実施する前，③ 体液に曝露するリスクがあった後，④ 患者に触れた後，⑤ 患者の周辺環境に触れた後には必ず手指衛生が必要である。さらに最近の接触感染で注意すべきは電子機器類であり，キーボード，マウス，タッチパネルなどは細菌の巣窟とみなさなければならない。

10）手術や侵襲的処置の安全 WHO は「安全

な手術を実施するための10の基本指針」を提示している。それは，①正しい患者の正しい部位を手術する，②麻酔により患者を疼痛から守る一方で，麻酔薬投与により発生する有害事象を防止する，③気道確保の失敗や呼吸機能の低下による生命の危険を認識し，効果的な準備を整える，④大量出血のリスクを認識し，効果的な準備を整える，⑤手術を受ける患者にとって重大なリスクとなることが判明しているアレルギー反応と薬物有害反応の発生を回避する，⑥手術部位感染のリスクを低減する対策を一貫して適用する，⑦手術創内へのガーゼや器具の置き忘れを防止する，⑧すべての手術検体を確保し，正確に識別する，⑨手術を安全に実施する上できわめて重要となる患者情報を効果的に伝達および交換する，⑩病院および公衆衛生システムが外科的能力，手術量および手術成績を日常的に監視する制度を整備する，という10項目である。このガイドラインを明確に実施するため，さらに「手術安全チェックリスト」も公表され，麻酔導入前・執刀前・退室前の3段階にわたって，最低限の項目チェックが推奨されるに至り，日本でも導入が進められている。

またWHOは，M＆M（morbidity & mortality，病因死因）検討会の重要性も強調している。本検討会については，各施設において中心的な活動とみなされていること，議論の目標が類似事象の再発防止に設定されていること，若手も含め全員が参加するように奨励されていること，討論の要約が文書管理されていることなどが求められている。M＆M検討会は，診療アウトカム検討の一環であるとともに，医療事故の検証にもつながる活動であり，他職種も交えて開催することが望ましいとされる。

11）投薬の安全 WHOは投薬の安全性を高めるために，つぎの10の方法を提案している。①薬剤名は一般名を使用する（厚生労働省の推奨は商品名であるが，どちらも一長一短である）。②患者一人ひとりに合わせて処方する（特にアレルギー，妊娠，併存疾患，他剤処方に注意する）。③薬歴を完全に聴取することを学び実践する。④自身の専門領域の薬剤で，有害事象のリスクが高いものを把握する。⑤自身が処方する（使用する）薬剤を熟知しておく。⑥記憶補助ツールを利用する（販売されている薬剤の種類は，人間が記憶できる量をはるかに超えているためIT製品の使用は必須である）。⑦処方または投与する際には五つのR（＋2R）を確認する。正しい薬剤（right drug），正しい投与経路（right route），正しい投与時間（right time），正しい用量（right dose），正しい患者（right patient）を指すが，さらにWHOは，正しい記録（right documentation）と，患者や他の医療者が投薬指示について質問する権利（right）という二つのRを追加している。⑧明確なコミュニケーションを行う（手書きや口頭指示の方法を標準化する）。⑨チェックの習慣を身に付ける（重要なポイントでダブルチェックを行う）。⑩誤薬があれば報告し，そこから教訓を学ぶ。疑義照会とは，医師の処方内容について薬剤師がチェックする公的な仕組みである。

（b）医療安全のエビデンスと科学的アプローチ

医療の結果（Outcome）への認識が注目されるようになったのは，ナイチンゲール（Nightingale）がクリミア戦争時に傷病者の死亡率を公表したことが最初とされており，20世紀初めにはボストンの外科医Codmanは手術の結果（End Result）に着目した。20世紀末にはBrennanらがニューヨーク州51病院の入院診療録約3万冊を詳細に読み込んで医療事故の発生状況を調査し，入院患者の1 300例弱（3.7％）に医療事故が起きており，そのうちの300例あまりが過誤によるものであると結論付けた。この数字は1999年に公にされたIOM（Institute Of Medicine）の報告書 To Err Is Human（日本語訳：人は誰でも間違える）[2]における医療事故発生頻度の推計値の根拠となった。このIOM報告書を受けて，米国厚生省の下部機関であるAHRQ（Agency for Health Research and Quality，医療の質研究庁）は，2001年に「医療をより安全に（Making Health Care Safer）」[3]というメタアナリシス報告書をまとめた。これは過去の患者安全方策に関する論文を網羅的に渉猟し，EBM手法により評価して論評を加えたもので，薬剤の有害事象，感染管理など従来からの臨床分野だけでなく，情報技術や人間工学などの医学以外の分野も加え，安全に関する79方策を解説した労作であった。本書では，それぞれの方策について，医療事故の発生頻度と重篤度，方策の有効性と効率性の科学的根拠，方策のマイナス面・費用・問題点が，同一フォーマットでまとめられ，これまで常識と考えられていた患者安全の各方策も，実は十分なエビデンスがなかったことが明らかになった。その後十数年のエビデンスをさらに集積し，2013年には945ページに及ぶ第2版[4]が作成されるに至っている。

さて経営学では「計測しない限り管理はできない」という名文句があるが，どのような分野であれ，計測しない限り科学的な検討は不可能である。しかしながら医療上の失敗や有害事象を，他産業のものと同じように定義し比較することはなかなか難しい作業であり，Vincentはつぎのように述べている[5]。

第一に，医療以外の分野では事故と傷害の因果関係を比較的容易に判断できるが，医療の場合患者は通常

疾患を有しているため，医療行為による害と疾患による害を切り離すのが難しい場合が多い。第二に，医療では，放射線療法やがん化学療法のように，患者に「害」を与えるものがある。第三に，医療行為による害はただちには検出されない場合も多い。第四に，患者有害事象が発生しても，必ずしも医療行為に何らかの欠陥があったことを意味するわけではない。さらに分母の問題も重大であり，何を分母とするかによってエラーの発生率と医療水準の解釈がまったく異なってくる。例えば，1日に10種類の薬剤が投与されている患者が10日間入院した場合，入院中には100回の薬剤投与を受けることになるため，過剰投与による有害事象が1件発生したとすると，エラーの発生率は1%となり，入院1日当りで計算すると発生率は10%となる。しかし，入院1回当りの過剰投与の発生率は100%となってしまうだろう。

こうした問題は，前述のWHO患者安全カリキュラムガイドでも触れられているが，医療が非常に複雑なシステムであり，かつ（エラーを起こす）人間が病気を持つ人間を「個別に」お世話するという労働集約的産業であることに起因している。Vincentの指摘どおり医療と他分野の比較は単純ではないものの，航空分野ほかの高信頼性組織で成功しているチェックリストの使用は，医療分野でも有効性が確認されるに至っているので，今後は業務管理という観点など，ポイントを絞れば共通の課題として捉えることができる部分も多いと思われる。

〔3〕 医療者の安全

飛行機の操縦士や自動車の運転者がエラーを起こせば，自らの生命に直接危険が及ぶ可能性があるが，医療者の場合は原則的に患者だけが害を被る。そのため前述のWHO患者安全カリキュラムガイドのトピック6においては，患者に害を及ぼさないための，医療者のエラー削減戦略としてI'M SAFE？チェックリストが紹介されている。

(a) 自己管理による医療者自身の安全確保

医療現場は，世界的にも長時間労働の傾向があり，また夜勤体制など睡眠休養が十分に取れない背景がある。メンタル面においては，精神的トラウマとなるような出来事が多い医療現場では，対人援助職である看護師が患者への共感と思いやりから生じる精神的疲弊に陥りやすく，共感疲労と呼ばれている。身体的には，肉体労働ストレスに対して，外科医のアルコール中毒，麻酔科医の薬物中毒などが知られている。

その一方で，Presenteeism（出勤病）と呼ばれる病態が，経営学的観点から検討されている。これは一般的には「欠勤すれば仕事を失うかもしれないというおそれなどから病気などの理由があっても出勤するような状態」を指すが，医師の場合は，同僚や患者の期待に応えたい，交代要員が確保しにくいなど，他分野の原因とは違った動機であることが知られており，今後は職業的特性も踏まえた分析が必要と思われる。

(b) 自己以外の要因による医療者の安全確保

最も重大かつ緊急な課題は感染制御である。WHOガイドのトピック9においては，まずB型肝炎予防接種をうたっており，そのほかにも結核感染など，医療者は数々の感染リスクにさらされている。医療者が感染すると，本人のみにとどまらず他の患者や同僚にも感染を引き起こす。いまだ治療法のないエボラウイルス病（Ebola virus disease, EVD）によって多くの犠牲者が出たことは記憶に新しい。

地震や火事などの災害時のクライシス管理もリスクマネジメントの一環であるが，弱者である患者を避難させるために医療者が犠牲となってしまう事態が少なくない。医療者が日頃から利他的行動をとっていることの証左でもある。そのため，患者からの暴言暴力・セクシャルハラスメントなどの犯罪行為に対しても対応が遅れがちになってしまう。クライシス対応の基本は，まず自分の身を守ることから始まることを徹底したい。

〔4〕 医療インフラストラクチャの安全ほか

災害時における電気・水道・ガスなどのライフラインの確保や施設管理が対象である。この領域には情報通信が含まれており，電話やインターネットのみならず，医療記録という，患者本人が他人に最も知られたくない機微情報が管理対象となる。金融分野における情報セキュリティは早くから発達し，顧客情報の外部持出しなどはあり得ないことであるが，医療分野では患者情報のデータベース作りが医師個人レベルで始められた経緯があり，診療情報の漏洩事故はなかなかなくならない。

〔5〕 お わ り に

患者安全に関する課題は，先進国であれ発展途上国であれ，非常に幅広い領域にわたっており，ロボット手術や診療情報のクラウド化などの最新技術から，正しい手洗いや有能なチームの一員となるノンテクニカルスキルなども含まれる。患者と家族に敬意を持って真摯に向き合い，手順を確認し，エラーに学び，医療チームの他のメンバーと効果的にコミュニケーションをとることで，それぞれの医療者が患者の安全を改善させることが可能となる。　　　　　（相馬孝博）

引用・参考文献

1) WHO 患者安全カリキュラムガイド多職種版 2011 日本語版
   https://www.who.int/patientsafety/education/mp_curriculum_guide/en/（2019 年 2 月現在）
2) Kohn, L.T., et al., Committee on Quality of Health Care in America, Institute of Medicine: To Err Is Human: Building a Safer Health System National Academy Press（2000）
3) Shojania, K.G., et al., Making Health Care Safer, A Critical Analysis of Patient Safety Practices, Evidence Report/Technology Assessment, No. 43. Agency for Healthcare Research and Quality, Contract No. 290-97-0013.
   http://archive.ahrq.gov/clinic/ptsafety/pdf/ptsafety.pdf（2019 年 1 月現在）
4) Shekelle, P.G., et al., Making Health Care Safer II: An Updated Critical Analysis of the Evidence for Patient Safety Practices, Evidence Report/Technology Assessment Number 211, Agency for Healthcare Research and Quality（2013）
   http://www.ahrq.gov/research/findings/evidence-based-reports/services/quality/ptsafetyII-full.pdf（2019 年 1 月現在）
5) Charles Vincent, Patient Safety 2nd ed. Wiley-Blackwell, BMJ Books（2010）
   日本語訳：相馬孝博，藤澤由和訳，患者安全原書第二版，篠原出版社新社（2015）

3.4.2 生活安全

日常生活にもさまざまなリスクがあり，これらのリスクを消費者にとって許容可能なレベルに低減するための取組みのうち，特に，社会システム的な取組みを含むものをカテゴリに分けて事例紹介し，後半で生活安全のための社会システム的な手段を整理する。ここでは，事例を四つのカテゴリに分けて紹介する。第一は日常生活用品，第二は日常生活設備品，第三は生活サービス，そして第四は消費者間でのサービス（シェアリングエコノミー）である。日常生活用品の事例は身の回りにある消費財であり，基本的にその用品そのものが危険であるわけではない。日常生活場面において，本来想定されている以外のユーザが使用するケースがあり，そこで危険が生じる。ここでは，特に子どもの使用に関する事例を取り上げる。日常生活設備品では，共有物としての大型設備品を取り上げる。消費財のように買い換え，入替えが迅速に進むものではないため，保守や使い方（サービス）による安全管理が重要になる。第三は，事業者によって提供されるサービスそのものに潜む危険性であり，サービスそのものの安全管理が必要となる。第四は，新しいサービス形態で，消費者どうしが対価を得てサービスを提供し合うものである。消費者どうしが安全意識を持つことで，合理的に安全管理をする仕組みが求められる。

〔1〕 日常生活用品

身の回りにある消費財でも，本来想定されていなかった使用者や使用方法である場合に，身体に大きな危害を及ぼす事故が生じることがある。ここでは，特に子どもの使用に伴う事故事例と対策を述べる。

（a） 使い捨てライター（火災）　家庭内にある使い捨てライターで子どもが火遊びをすることで，火災になり，結果的に子ども自身が焼死する事故は，かつて年間 30 件を越えていた。火遊びによる焼死事案の中でも，使い捨てライターが原因であると特定できた件数が最も多かった。使い捨てライターを家庭内で放置せずに管理し，子どもに火の扱い方をしっかり教育することが重要であることはいうまでもないが，その啓蒙だけでは事故件数が減らなかった。そこで，欧米を中心に，チャイルドレジスタンスという設計思想に基づく安全対策が進められた。これは，あえて子どもに使いにくくすることによって，子どもの使用を制限し，安全を確保する設計思想である。使い捨てライターの事例では，火遊びによる焼死事案が多い 5 歳未満の子どもがライターのボタンを押し込む力のデータを収集し，85％の子どもが押せないようなボタン押込み力の閾値を設定した。使い捨てライターのチャイルドレジスタンスは，その性能要件が JIS[1] として標準化され，それを引用するかたちで法規制された。すでに市場に出回るライターはすべてチャイルドレジスタンス対応のものに切り替わっており，家庭内在庫も切替えが進んでいると思われる。法規制の 3 年後の調査では，子どもの火遊びによる焼死事案は激減したことが確認された[2]。

（b） 衣服ひも・ブラインドひも（頸締め）　ライターは，子どもの使用が想定されない製品であったが，子どもが使用する製品であっても事故につながる例がある。子ども服にある「ひも」である。このひもが何かに引っかかり，それに引き込まれることによって重篤な危害につながる（図 3.4.1 参照）。特に首回りのひもは，頸締め，窒息につながる危険がある。海外ではひもがスクールバスに引っかかって引きずられた事例もある。国内でも子ども服のフードが玄関のドアノブに引っかかり，子ども自身の体重で首が締まった事例が報告されている。この案件に関しても消費者と生産者が協議し，子ども服からひもを取り除くことで合意がなされ，JIS[3] として標準化された。子どもが使用する製品ではないが，窓のブラインドのひもが子

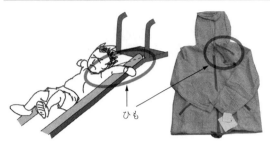

図3.4.1 子ども服の引きひも

どもの首に巻き付いた事故が海外で報告されている。こちらについても，子どもの体重で引きひものジョイント部分が外れるような構造と，ジョイントが外れる閾値の標準化が進められている。いずれも，製品（衣服，ブラインド）そのものが危険であったわけではない。ライフスタイルが変化し，製品が使用される環境が変わったことが新たな危険につながった。もともと，日本ではブラインドはオフィス利用が中心であったが，近年，一般家庭にも普及し，ベッドサイドにも使われるようになっている。ベッドに子どもがよじ登り，ブラインドのひもに子どもの首の高さが届くような環境になったのである。生活安全においては，このような生活環境，使用環境の変化によってもたらされる危険に，社会が適宜対応していく必要がある。

（ c ） 歯ブラシ（転倒）　歯ブラシによる事故も発生している。歯ブラシそのものが危険なわけではない。歯ブラシを使用する生活環境に危険が潜んでいる。洗面所で歯磨きをせずに，歯磨きをしながら部屋の中を歩き回る習慣が事故の遠因となっている。歯磨きをしながら転倒し，その際に歯ブラシが喉の奥に刺さり重篤な傷害につながる事例が報告されている。このような事故を防ぐための対策として，歯ブラシが奥まで届かないようなツバのついたデザイン（図3.4.2（ a ）参照）や，歯ブラシの柄を座屈しやすくするデザイン（図3.4.2（ b ）参照）などが提案され[4]，製品化

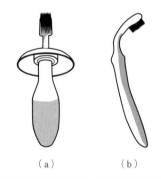

図3.4.2　喉に刺さらない歯ブラシデザイン

されている。いずれも，歯磨きそのものには支障がないデザインとなっている。しかしながら，歯磨きをしながらの転倒で歯ブラシが刺さるという事故シナリオと危険性の認知が進んでいないため，製品の普及は進んでいない。消費者とのリスクコミュニケーションも課題である。

〔2〕　**日常生活設備品**

日常生活で使用する耐久財でも事故が起きている。ここでは，特に高額の耐久財で，生活環境の基盤設備として導入され個人で使用する製品の事故事例と対策について述べる。〔1〕項の消費財との相違は使用者が製品の購入者，管理者ではないという点である。

（ a ）　**機械式立体駐車場**　機械式立体駐車場の中でも，専任の操作者が常駐せず，使用者自身が操作するような設備で多くの事故が起きている。特に，事故の半数はマンション付設の立体駐車場で発生している。本来は人が入り込まないはずの機械エリアに人が立ち入り，移動中のパレットに挟まれる，パレットの隙間に落ちるなどで大きな危害となっている。使用者が子ども連れの場合，車から先に降ろした子どもが機械エリアに立ち入ってしまい，その結果として子どもが危害を被る事案も発生している。対策としては，〔1〕項の消費財と同様に，製品の本質安全設計が第一である。消費者安全調査委員会は，パレットの設計見直しや使用者の視認性確保，子ども連れなどの使用実態に合わせた操作・制御方法の見直し，人感センサの設置などを提言している[5]。ただし，機械式立体駐車場のような耐久財は，製品の入替えに時間がかかるため，製品の本質安全設計だけでは社会システム安全を確保しきれない。既設の機械式立体駐車場に対する安全対策も講じなければならない。そこで，消費者安全調査委員会は，センサ，柵，扉の設置など追加で整備可能な方策を提示するとともに，安全に関する技術基準の標準化や，マンションなどの小面積の駐車場にも駐車場法適用範囲を広げるなどの方策も提言している。

（ b ）　**エレベータ**　エレベータも立体駐車場と同様の特徴を持っている。耐久財であり，多くの場合は企業や団体が導入し，保守管理している。使用者自身が操作している点も立体駐車場と共通する。エレベータの扉が開いたまま上下移動し，その結果，エレベータの開口部に挟まれ命を失う事故が発生している。エレベータにはさまざまな安全対策が講じられているが，消費財ではないため，その機能の保守管理が重要となる。エレベータを導入する企業や団体（マンション管理組合など）ではコスト低減のために保守契約を競争入札にすることが多く，その結果として製造

業者の系列ではない保守業者が落札することもあり得る。この場合，極端に低価格で質の悪い保守業者が落札する危険性がある。そうでない場合でも保守に必要な情報が適切に製造業者から保守業者に伝達されるか，保守業者が適正な保守サービスを履行するかなどのポイントを管理者自身が確認しなければならない。管理者が設備に詳しくない場合もあり（マンション管理組合など），管理者自身での確認が十分に遂行できないこともあり得る。

エレベータの事故にはこのような原因背景があり，保守行為，それを選択する調達行為などサービスに起因する部分が大きい。もちろん，製品そのものを安全化することが最も確実であることはいうまでもない。戸開走行保護装置を導入すれば，事故リスクを大幅に低減できる。新設のエレベータはともかくとして，既設のエレベータにこの装置を導入するには相応のコストがかかり，エレベータ自体も休止させなければならない。大きな保守・改修コストを負担できず，複数基のエレベータを持たない管理者組織で導入が進まない事情がそこにある。現在，国土交通省がエレベータの保守業務のガイドラインを公開しており，管理者組織が入札時の仕様としてこれを使用することで，安全品質を下回る保守業者が低価格で入札することを防止できる。また，消費者安全調査委員会からは，管理者からの指示に基づいて製造業者が保守業者に保守に必要な技術情報を提供することや，保守業者が変わった際にいままでの保守情報を新しい保守業者に提供することなどを指示している[6]。

〔3〕 **生活サービス**

日常生活に関わる事故の多くは，〔1〕，〔2〕項で述べたとおり製品安全設計を適切に行うことで対策できる。一方で，〔2〕項の耐久財のように製品寿命が長いものでは，保守などのサービスが安全管理において重要となる。ここでは，価値提供が製品主体ではなく，サービス主体となっている事故事案を紹介する。近年，社会のサービス化が進展しており，GDP の 7 割をサービス業が占め，家計消費の 6 割以上がサービスに支払われている。生活安全においては，製品に起因する事故だけでなく，サービスに起因する事故も考慮する必要がある。

事例として，保育園でのプール事故を挙げる。水深 20 cm のプールで水遊びをしていた身長 97 cm の 3 歳男児がプール内で浮いている状態で見つかり，心肺停止で死亡（溺死）した事例である。当時，約 30 人の園児と一緒に水遊びをしていて，2 人の教諭が指導と監視を行っていた。監視とともに行っていた片付け作業に教諭の注意が向けられていた点も指摘されており，結果的に，男児の発見が遅れた可能性もある。このことから，消費者安全調査委員会では，専念できる監視者を用意すること，監視者に対して水深の浅いプールでも溺水のリスクがあることの周知と監視スキルの教育を行うことを対策として提示している[7]。消費者においては，保育サービス選定の際に，このような指導・監視体制を考慮することが求められる。

〔4〕 **シェアリングエコノミー**[8]

現在，家庭で受ける生活サービスの大半は，〔3〕項で挙げた事例のように専業の事業者がサービスを提供し，それを消費者が享受する仕組みのものである。近年，これとは異なる形態のサービス提供が始まっている。消費者の持っている資源と，別の消費者が求めるニーズを，IT を用いてマッチングするビジネス形態である。例えば，民泊がその代表例である。消費者（提供者）が持っている宿泊スペースを含む資源と，別の消費者（使用者）の宿泊ニーズをマッチングする。通常の事業者が提供する宿泊業と類似しているが，サービスを提供する側も明確な事業者ではなく，使用者である消費者が価値形成に積極的に貢献する点が大きく異なる。これを共創（co-creation）と呼ぶ。使用者が貢献する分，一般的に低価格になり，自由度も高い。一方で，サービスに起因する安全管理の責任を，提供者，使用者，マッチング業者がどのように分担するのかなどは，必ずしも明確に合意されているわけではない。多くの既存サービス業は，業法という法律に縛られており，それに従って安全管理がなされている場合が多い。一方で，その業法が業界のビジネスモデルを保護し，イノベーションの障壁となっている側面もある。シェアリングエコノミーは，新しいビジネスモデルによるイノベーションであるともいえる。民泊のようなスペース資源のシェアのほかにも，自動車による移動手段のシェア，英語や育児などの能力資源のシェアなどのビジネスが始まっている。現時点では，シェアリングエコノミーによるサービス提供での大きな事故事例は報告されていない。ただし，今後，市場が拡大するに従って，何らかの安全管理が求められることになろう。シェアリングエコノミー協会では，従来の業法で守る安全ではなく，標準と認証で安全品質を管理することを検討している。今後，提供者であり使用者である消費者は，このような標準に準拠し認証されているマッチング事業者を選定するなど，自ら情報を得て，安全行動をとることが求められることになろう。

〔5〕 **社会システムを安全化する手段**

日常生活用品，日常生活設備品，生活サービス，シェアリングエコノミーにおける生活安全について，

具体的な事故事例と対策を挙げた。ここでは，安全管理対策について，四つの観点で整理する。

(a) **安全設計** 生活用品や設備品は申すに及ばず，生活サービスにおいても，その提供において環境や製品の関与は大きい。したがって，生活安全の管理においても，製品の安全設計が最優先である。その多くは，3ステップメソッドの第1ステップ，本質安全設計に帰着する。本質安全設計の考え方や具体事例については他章に譲るとして，ここでは，生活安全において，製品安全設計を再考すべきタイミングを整理する。

第一は，製品やサービスが業務用から民生用に変わった時点である。まったく新しい製品やサービスが一般消費者の生活向けからスタートすることはまれである。多くの場合，それに先行する業務用のビジネスが存在する。家電製品のように生活向けに切り替わってから久しい製品は，民生用製品としてのリスクアセスメントや安全管理が確立しているが，新たに民生用に切り替わったものでは十分な安全管理がなされていないことがある。上に挙げた事例では，例えば，機械式立体駐車場がこれに相当する。業務用では専任の操作者がいて運用していたものを，民生用に転換して，使用者自身が操作するようになった際に，十分なリスクアセスメントと安全設計がなされていなかったといえる。一般使用者は，専任の操作者と異なり十分な教育を受けていない点，また，一般使用者が使用する状況・文脈は業務使用に比べて多様であり（子連れの買い物帰りなど），それが事故の遠因となり得る点に十分に配慮して，新たに安全設計を見直すべきである。例えば，業務用のシュレッダーが，民生用に切り替わったとき，業務用（オフィス使用）では想定できなかった「子どもが手を突っ込む」という状況・文脈が発生する。単に民生用に向けて性能を制限し，コストを下げるだけでなく，多様な使用状況・文脈を想定したリスクアセスメントが必要となる。

第二は，生活習慣の変化である。製品単独では大きな危険性がなかったものが，生活習慣の変化によって他の製品と組み合わせて使用されるようになり，危険が顕在化する場合がある。先に挙げた事例の中では，窓のブラインドが相当する。そもそも，日本の一般家庭の窓にカーテンではなくブラインドが使用されるようになったこと，そのそばにベッドが置かれることになったこと，ベッドもブラインドも単体で危険な製品ではない。しかし，その組合せによって危険が発生し，新たな安全設計が求められることになる。

(b) **業法，規制** 安全設計が徹底されるように強制力（enforcement）を働かせることがある。上に挙げた事例のうちでは，使い捨てライターがこれに相当する。これは規制であり，乱発すべき方策ではない。しかし，危害が重篤で，緊急の対策が必要であり，かつ，経済原理だけでは安全対策が進まないおそれがある場合には，法規制による強制力もやむを得ない。製品・サービス提供者が企業で，その市場の大半が大手企業によって占められている場合，次項のような標準が策定されたり，省庁からガイドラインが公示されたりすれば，企業はそれに準拠し，市場製品の大半が安全設計されたものに切り替わることが期待できる。大手企業は，公的な安全基準に準拠しないことで事故が発生した場合，評判被害が企業価値を大きく損なうことを理解している。したがって，法的な強制力まで用いなくとも，経済原理で安全設計が進展する。一方で，市場の大半が中小の企業で占められていたり，業界団体の組織率が低いような場合には，評判に依存する経済原理が十分に働かない。使い捨てライターにおいて法規制を用いた理由の一つもここにある[9]。

(c) **標準，認証** 強制力はないが，事案に関わるステークホルダ間で合意を形成し，公表するものが標準である。製品の構造や基準値，あるいは，サービスプロセスを安全基準として策定する。〔1〕項の事例に挙げたライター，衣服のひも，ブラインドなどはいずれも製品の構造や安全基準値がJIS化されたものである。(b) 事例のエレベータについても国土交通省がガイドラインを提示しており，標準に準ずるものとして考えることができる。このようにISOやJISなど公的な手続きにのっとって合意形成されるものをデジュール標準と呼ぶ。これに対して，業界団体や企業などの独自の手続きで策定するものがフォーラム標準である。〔4〕項のシェアリングエコノミーでは，シェアリングエコノミー協会が中心となって消費者安全を含めたサービス品質管理に関するガイドラインをフォーラム標準として策定している。このほかにも，例えば，キッズデザイン協議会が，子どもの安全に関する設計プロセスをフォーラム標準として策定している[10]。

先に述べたように，標準を策定し公開すると，その標準に準拠せずに事故が発生した場合の評判リスクが行動原理となり，安全対策が進むという考え方がある。一方で，標準そのものがあまり周知されていない場合，そのような経済原理が働きにくい。特にフォーラム標準は，一般的に認知度が低く，積極的に準拠する動機付けが弱い。そこで，標準に適切に準拠しているかどうかを認証し，その認証結果を提示して差別化することを動機付けにする方策がとられる。先に挙げたシェアリングエコノミー協会，キッズデザイン協議

会ともにフォーラム標準に準拠したかどうかの認証を実施しており，認証を受けた事業者はマークなどでその安全品質を訴求することができるようになっている．消費者が認証マークを信頼し，安全品質の高い製品・サービスを購入するという行動変容につながれば，安全品質の低い製品・サービスが市場原理で淘汰され，生活安全が進むことになる（図 3.4.3 参照）．

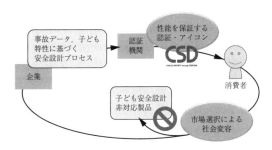

図 3.4.3　子どもの安全に関する標準・認証と市場原理

（d）**リスクコミュニケーション**　社会システムとしての生活安全の実現は，安全設計と規制によってのみなされるものではない．前項で述べたように，社会合意としての標準とその可視化としての認証，それを消費者が選択するという市場の形成という手段を経ることもある．エレベータや保育園の事例で述べたように，この手段では，消費者自身（マンションの管理組合も消費者の集まりである）が安全知識を持ち，多少のコストを負担してでも安全基準に準拠した製品・サービスを選択する行動が基盤となる．

このような消費者行動を生み出す基本が，リスクコミュニケーションである．消費者に正しく危険情報を伝え，認識させる活動である．政府，業界，消費者団体などが，多様なメディアを使ってリスクコミュニケーション活動を行っているが，必ずしも十分な効果を上げているわけではない．第一は情報伝達の障壁，第二は情報受容の障壁である．ポスターや Web など，事故情報や危険情報は社会にあふれているように見える．しかしながら，現代社会では，国民全員がテレビと新聞から情報を得ているわけではない．Web やSNS などのメディアが大きなウェイトを占めている．これらのメディアには，プッシュ型（情報が配信側から一方的に送り込まれる）よりプル型（情報を検索・選択して受け取る）が多い．その結果として，生活安全意識が高い消費者は危険情報を積極的に取得するが，そうでない消費者群には危険情報がなかなか伝達されないことになる．このような消費者群に対して，いかに危険情報を伝達するかの工夫が必要となる．

また，情報が伝達されたとしても，その情報が受容されるかどうかは別の議論となる．日常生活に危険があることは知ったが，それは自分の身の回りには発生しないと認識するケースである．図 3.4.4 は，社会心理学分野で提案されている危険情報受容（オリジナルの文献は健康に関する危険情報受容と行動変容）のモデルである．危険情報の重篤度（severity）が感受性高く（susceptibility）受け止められ，その危険に対処する方法が個人にとって対応可能なレベル（self-efficacy, response efficacy）であった場合，情報は受容され（message acceptance），危険源に対処する行動が生じる．これを Danger Control Process と呼ぶ．これに対して，情報が受容されない場合（message rejection）は，危機感を制御する行動が生じる．すなわち，そのような危険は自分には起こり得ないと考えようとする．これを Fear Control Process と呼ぶ．消費者が危険情報を受容して適切な行動変容が起こるよう，その重篤度と実現可能な対応策を伝達することが肝要である．

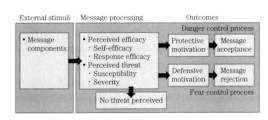

図 3.4.4　危険情報処理と受容のプロセスモデル[11]

（e）**危険情報共有**　社会システムとして生活安全を実現するためには，消費者が危険情報を受容し，安全製品・サービスを選択するという行動変容が有効であることはすでに述べたとおりである．この実現には，生活安全に向けた消費者自身の貢献が必要となる．安全製品・サービスを選択するという貢献のみならず，それらの製品を使用している際に不幸にして発生した事故情報を発信し，共有するという行動も重要となる．ブラインド，歯ブラシの事例で述べたとおり，製品単体が安全であっても，それが使用される状況・文脈，他の製品との組合せによって新しい危険が発生する．そのような新しい危険は，製造業者側で察知することが難しい．ライフスタイルの変化によって新たに発生した危険情報（ヒヤリハットや事故情報）を，関連情報（事故状況，環境，文脈）とともに消費者が発信することが必要となる．行政や社会にも，これらの危険情報収集の窓口を用意することと，その情報の関係性を分析して知識化し，社会に共有する仕組みを構築していく必要がある．　　　　（持丸正明）

引用・参考文献

1) JIS S 4803:2010 たばこライター及び多目的ライター－操作力による幼児対策（チャイルドレジスタンス機能）安全仕様（日本規格協会）
2) 平成21年度東京都商品等安全対策協議会，「子供に対するライターの安全対策」の提言に基づく使い捨てライターの法規制化の効果等について（2014）https://www.shouhiseikatu.metro.tokyo.jp/anzen/kyougikai/h26/documents/documents/kyougikai_3_lighter.pdf（2019年1月現在）
3) JIS L 4129:2015 子ども用衣料の安全性－子ども用衣料に附属するひもの要求事項（日本規格協会）
4) 西田佳史，北村光司，事故を防ぐスマートパワー，日経ものづくり，9，pp.61-67（2016）
5) 消費者安全調査委員会，事故等原因調査報告書 機械式立体駐車場（二段・多段方式，エレベータ方式）で発生した事故（2014）
6) 消費者安全調査委員会，事故等原因調査報告書 平成18年6月3日に東京都内で発生した エレベーター事故（2016）
7) 消費者安全調査委員会，事故等原因調査報告書 平成23年7月11日に神奈川県内の幼稚園で発生したプール事故（2014）
8) シェアリングエコノミー検討会議，内閣官房情報通信技術（IT）総合戦略室，中間報告書－シェアリングエコノミー推進プログラム－（2016）
9) 持丸正明，合意形成によって社会を変える－標準化のアプローチ－，小児内科，47-10，pp.1833-1837（2015）
10) キッズデザイン協議会，CSD（Child Safety through Design）認証（2014）
11) Witte, K., Fear control and danger control: A test of the extended parallel process model（EPPM），Communication Monographs, 61-2, pp.113-134（1994）

3.4.3 超高齢社会における社会安全の在り方

〔1〕 定義・研究目的・研究動向等

「超高齢社会」における「社会安全」とは，わが国の超高齢社会の特質に鑑み，固有の公共の安全，安心，健康，福祉，生活，および生存等のために有用な事物や快適な環境や社会システムの構築を目的とする学問と定義している。

換言すれば，①「超少子・超高齢社会の巨大津波前期」（後述〔4〕項（b））における特有の時代的特性と固有の社会的リスクに対しての社会安全を考えることであり，最終的には，②健康寿命を限りなく生命寿命に近付ける（直角型「生存曲線」（フリーズ）後述するが図3.4.5参照）ことを目的とする社会安全全般に関する学問領域を指す。

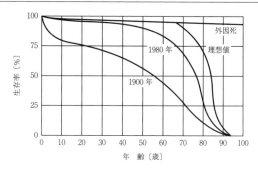

図3.4.5 平均年齢が理想値（85歳）に達したときの生存曲線[23]

〔2〕 「高齢者」をめぐる研究動向

（a） 老年学の「高齢者の知見」の活用　老年学（gerontology，ジェロントロジー）は，老年医学の隣接分野の比較的新しい学問で，1904年，ドイツの免疫学者であるイリヤ・メチニコフ（Metchinikoff）が，gerontology（老年学），thanatology（死生学）の二つの用語を生み出した。「高齢者」を対象とした領域横断的学問で，近年，大幅に寿命が延びたことから，高齢者の健康と福祉，社会参加，生きがい，ライフワーク，衣食住の条件整備，年金，メンタルケアなど，高齢社会のQOLの向上を含め幅広い領域を守備範囲としており，近年，超高齢社会を支える学問領域として注目されている。

（b） 高齢者観の変遷：「老化は劣化」から「高齢者は社会資源」へ

1) ストレーラ4段階論　1960年代，「老化は劣化である」というストレーラによる老化の定義は，普遍性（すべての人に起こる），固有性（出産・成長と同様に人間に固有のもの），進行性（後戻りはしない），有害性（能力も人格も悪くなる）[1]とみなされていた。

1980年代に入り，ポジティブな老化イメージが確立し，高齢者の能力が正当に評価されるにつれ，期待される高齢者像も変わってきた。

2) バルテスの生涯発達理論　喪失，補償，最適化など高齢でないとわからないことがあるとした。

3) フリーズ（1980年）の生存曲線論　図3.4.5に示すようにグラフの形が直角である（直角型）が理想的であるとした。

4) シュロックの高齢者の相対評価の健康度の偏差値モデル　健康度の5段階偏差値モデル（シュロック）によれば[1]，要支援の高齢者は25%であるが，これと同じ割合で恵まれた高齢者が存在（米国調査）し，わが国では柴田らの研究[1]を含め，要支援は15%であった。

したがって，恵まれた高齢者は20%というのが実

態(修正モデル)で,高齢者集団の相互扶助が成り立てば,他の世代に全面的に依存することなく社会的な自立ができる[2]。

〔3〕「高齢者」問題・認知症をめぐる国際的動向

ここでは,グローバル視点とグローカル問題解決について述べる。

(a) 国連等の動向　国連等の動向について表3.4.1に示す。

表3.4.1　国連等の動向

西暦年	出来事
1982年	高齢者問題世界会議(ウィーン)において「国際行動計画」承認。
1991年	国連総会は「高齢者のための国連5原則(自立,参加,介護,自己実現,尊厳)」を採択(12.16決議)。
1998年10月	国際高齢者年の冒頭,コフィー・アナン国連事務総長は,「私たちは人口学を越え,経済的,社会的,文化的,心理学的および精神的に重要な意味合いを持つ静かな革命の只中にいる」と発言。
2002年	国連第2回高齢者問題世界会議(マドリード)では,「高齢者は社会資源」の政治宣言採択。「生涯を通じて得た経験は,あらゆる社会における高齢者に見られる幅広い多様性の源泉となっており,この活力と多様性の組合せにより高齢者の能動的かつ社会的役割を果たすべきだ」とした。

(b) 認知症に対する世界的取組み　G8認知症サミット共同声明(2013年12月ロンドン)は,「介護者は,主として女性の高齢者であり,自身も健康問題を抱えていることがある。われわれは,(中略)より大きな社会的責任とイノベーションによって,介護者の生活の質の向上を図り,費用と経済的負担を軽減しながらケアを向上させることを求める[3]。」とし,「緊急時および危機的な状況下での介護者への支援」,「市民の関与と社会的ネットワーク構築の推進」等を列挙している。

2014年,OECD,WHOは,神経変性疾患に対する遅い対応が「財政的,社会的リスクを悪化させている」とし,世界共通課題である認知症対策について協議し,認知症に対する「新しいケアと予防モデル」(日本担当)など関係国が分野横断的な連携を図り共同して取り組むことを決定した。

これらの動向は,わが国の高齢者問題を考える上でも重要な指針として参考になろう。

〔4〕わが国の「超高齢社会」の特質と固有性

(a) 「超高齢社会」の歴史的位相　「超高齢社会」は,「高齢社会」と「超超高齢社会」の中間に位置し,特有の時代的特性と固有の社会的リスクを内在している。今後,中長期的にリスク増大が見込まれるところから,既存の社会安全システムの再構築が喫緊の課題となっている。

1) 高齢者の定義　WHO(世界保健機構)や国連は,高齢化の定義を3段階とし,高齢化率(総人口に占める65歳以上の高齢者割合)が7%を超えた社会を「高齢化社会」,14%を超えた社会を「高齢社会」,21%を超えた社会を「超高齢社会」という。つぎの28%を超える時代を,便宜的に「超超高齢社会」(筆者の造語)とした。

2) 「高齢者の定義検討ワーキンググループ」の定義　2017年1月5日,日本老年学会・日本老年医学会は,高齢者の定義と区分に関する新定義(65〜74歳(准高齢期(pre-old),75〜89歳(高齢期(old),90歳〜超高齢期(oldest-old, super-old))を提言した[4]。

(b) 人類史上前例がない「高齢化のスピード」への最適対応が喫緊の課題　日本の「高齢化」の特徴はその「スピード」がきわめて早いことにある。「高齢化社会」(1970年7%超)から「高齢社会」(1994年14%超)まで24年で,ドイツの42年,英国の46年,米国の69年と比して異常に早く,2007年には高齢化率が21.5%を超え「超高齢社会」に突入,2030年には28%(3人に1人)の「超超高齢社会」(わずか23年)となり,その変化のスピード[5]が人類史上,前人未踏の社会的脅威になっている。

1) 「『スピード』が脅威」という社会安全論の新課題　高齢化の「変化のスピード」に「社会安全システムが適応」できない場合には,全体としてわが国の安全保障,財政,経済,福祉,医療,社会,地域,および住まい方を含め,国家的・経済的・社会的に大きなダメージが想定され,すでに随所でその現象が顕在化し始めている。

2) フューチャーショック回避に「国家的レジリエンス」総合対策の強力な推進を！　未来学者アルビン・トフラーは,「法律や国の対応は,スピードに対して概して鈍感である。」[6]と指摘しているが,わが国は来るべき「超超高齢社会の巨大津波」の来襲に「個人や集団や社会全体が変化の波にのまれたときに経験する方向感覚の喪失,混乱,意思決定機能の停止」[7]という「最悪事態の回避・緩和・改善」のため,国家的国民的レジリエンス(予防・危機対処・復元力)強化戦略が強力に推進されなければならない。

(c) 既存安全システムの前提条件の大変化

1) 地球規模の大変化　「超高齢社会」は,同時に,グローバルコモンズ(人類が生存していくために

必要とする大気や大地，海洋，水，気候など世界共有の生態系および宇宙やサイバー空間，国連や国連のPKO，国際条約など人類の平和維持に必要な活動等を含む）の地球規模の大変化が起きている．特に，わが国の場合，地殻構造（地震災害等）や地形，気候等自然環境特性から台風や洪水被害のリスクが高く，高齢者の災害被害特性に鑑みた早期の避難が社会安全のテーマとなっている．

【事例 1】 東日本大震災（2011）

東日本大震災では，高齢者の被害が大きかった（2012 年 3 月 11 日現在の身元確認遺体 15 331 体の内，70 歳以上が 46.5％を，65 歳以上の災害被害者は全体の 7 割を占めた[8]）．

過去 6 年を返りみても，これまで経験のない事象が続発しており，既存の社会安全システム（安全設計や安全基準）の変更や「状況に応じた避難等最適対応」が強く求められている．

2） **災害スケールの規模や質の変化，発生頻度の増大**　今後，グローバルコモンズの大環境変化の下，直下巨大地震，気候変動に伴う自然災害，感染症を生活安全をめぐる新たなリスクが想定され，その最大の被害者は高齢層や子供であり，安全基準を含め設計思想の変革が必要である．

【事例 2】 既存の安全設計や基準の見直し

「極端気象」による局地集中型豪雨については，河川の計画水位と堤防の高さ，街中の下水管の太さ，建築物における電源設備の場所等の安全基準の設定が，また，熊本地震では新耐震基準など既存の安全基準では，もはや安全を確保できない事態が発生している．

安全の観点からは，公助・共助・自助すべてのレベルにおいて，社会安全システムそのものの設計思想の再検証と問題の所在を明らかにする必要がある．改善困難な限界問題については，リスクについての前広な説明責任や避難等代替手段の教示が求められている．

3） **国の新方針**「状況に応じた**最適対応**」　「防災・減災の新たなステージ」（国土交通省 2015 年 1 月 20 日）[9]は，「「国土」，「都市」，「人」が脆弱化している一方で，防災施設の整備水準は，例えば河川については，大河川において年超過確率 1/30 〜 1/40 程度，中小河川において年超過確率 1/5 〜 1/10 程度の規模の洪水に対して約 6 割程度の整備率にとどまっている．」とし，自から判断・避難する「命を守るための緊急的避難行動（エバキュエーション）」と「避難所への一定期間の避難」（シェルタリング）の違いを明記し，「人」の脆弱化の例として「高齢化」を挙げている．

4） **横断歩道の信号制御**　平時における生活現場においても，現在の交通信号は健常者 1 秒 1 m の歩速を基準としているが，後期高齢者の多くはこの速さでは道を渡り切れない．交通事故防止のためには，この基準を変更する必要があろう．

（ d ）**「レジリエンス防災」（二次災害被害（関連死等）防止から復興までを視野に！**

1） **深刻な二次災害被害（関連死等）**　1995 年 1 月 17 日阪神淡路大震災（都市直下型）の際には孤独死など住環境の問題が，2011 年 3 月 11 日東日本大震災（海溝型地震―津波―火事）の際には「関連死」，原発の「汚染問題」が，2016 年 4 月熊本地震（直下型―揺れ疲れ，余震）の際には被災者の「不安感」が社会問題となった．

発災時の被害軽減のためには，事前の対策や発災前後の危機管理対応が重要であることはいうまでもないが，「準備―災害直後―72 時間―生活再建―復旧・復興」というプロセス全体を踏まえた対策が重要である．

2） **「レジリエンス防災」概念の普及**　具体的・実践的防災教育，防災計画策定，被災者支援制度の事前啓発，避難経路の実踏，避難生活・避難所運営方法（「良き避難者であるための啓発教育」），罹災証明の手順，仮設住宅や恒久住宅への道筋を含む「レジリエンス防災」概念の普及など，具体的，実践的な現場で真に役立つ減災教育・訓練が求められている．国・自治体・事業者・学校・地域コミュニティにおける BCP（事業継続計画：business continuity plan，2011 年東日本大震災等を受けて内閣府がガイドラインを定めた），マンションにおける MLCP（マンション生活継続計画）を，一人ひとりが身に付けておかなければならない時代環境になったという情勢観が重要である．

〔5〕 **社会構成員の虚弱化（「超高齢社会」特有の社会的リスク1）**

（ a ）**虚弱（フレイル）期の重要性**　高齢比率の急増は，「虚弱（フレイル）から要支援―要介護」層が急増し社会全体の脆弱性を高めることになり，社会全体の大きなリスクになっている．これは既存の安全・安心基盤の脆弱化の進行を意味し，人口動態の構造変化，特に少子化現象がこの社会安全上のリスクをより複雑かつ深刻に加速させている（構造的特質）．例えば，2030 年には，75 歳以上の後期高齢者（人生第 4 期 The Fourth Age）が，2 266 万人（現在より約 1 000 万人増）となり，このうち 1 割が認知症，4 割が一人暮らし（社会的脆弱層）と予測されている．

1） **「虚弱（フレイル）」の予防が重要（2015 年日本老年医学会提唱）**　「虚弱」とは，① 身体問題，② 精神・心理問題，③ 社会的問題 3 分野における衰弱，筋力低下，活動性低下，認知機能低下，および精神活動低下など，「健康障害を起こしやすい脆弱な状態」

（中段階的な段階）を経ることが多く，この段階の高齢者を地域社会の中で早期に発見し，生活機能の維持・向上のための適切な介入を図ることが重要である．

2015年，図3.4.6に示すように日本老年医学会は，高齢者が筋力や活動が低下している状態（虚弱）を「フレイル」と呼ぶことを提唱，医療介護に携わる専門職に「フレイル」の理解と予防に取り組むことを呼びかけた[10]．

図3.4.6 フレイルの特徴（文献24）に筆者が補筆）

2） 要介護状態の原因 厚生労働省国民生活基盤調査では，高齢者が要介護状態になる原因は脳血管疾患，老衰，転倒・骨折，および認知症の順であるとしている．

（b） **WHO推奨の世界基準の安全安心なまちづくり「セーフコミュニティ（以下「SC」と表記）」の高齢者対策** 1989年の第1回世界外傷予防会議を機に国際認証制度が開始された安全向上（safety promotion）と傷害予防（injury prevention）のための国際認証プログラム（七つの指標）．2017年末で，世界約400あまりの都市が，日本では亀岡市，十和田市，厚木市，豊島区，小諸市など15自治体が国際認証を受けており，高齢者の外傷予防では，転倒・骨折・窒息（不慮の事故の1位），自殺（自傷・自死），自転車事故等を優先課題として，特別の対策委員会を設置している．

1） 疫学的手法による世界規模での「健康・安全・地域」の戦略的・統合的取組み ガイドライン（2012年，国際SCネットワーク（ISCN）の七つの指標）により，不慮の事故（外傷）も管理可能として，① コミュニティを主体とした活動，② 分野横断的・協働の安全推進母体の存在，③ データ分析等のエビデンス（根拠）に基づく（介入）対策が特徴．コミュニティの安全の質を向上させる新たな道を拓いた．

2） 転倒・骨折・窒息など生活現場の身近なリスク対応 SCは，コミュニティに内在するさまざまな地域課題を「怪我」というキーワードで抽出し，データに基づき，構成員自らが課題解決のためにどう関わっていくのかの議論や実践を通じて，外傷予防と同時に，地域力と絆の再生の方法論としても注目される．

3） 高齢者の健康障害（＝医療費増大）への対応策 事件・事故であれ自損であれ，高齢者の健康障害（ひいては医療費増大）に直結する「転倒・骨折」対策を始め怪我や事件・事故の「予防安全」は，世界共通の課題である．

SCは，「学び合い精神」を基に，国内外のSC認証コミュニティが交流を図り，相互に啓発を行う仕組みを持っている（七つの指標の7番目）．

4） 全国SC推進自治体ネットワーク会議発足 日本の場合は，全国SC推進自治体ネットワークが組織され，疫学的手法による評価検証や具体的対策の推進動向に関する情報交換を通じた，相互啓発が行われている（発足時2011年11月，9自治体，総人口130万人から2017年末，16自治体，総人口370万人へ）．

（c） **高齢者の「生活機能レジリエンス」**

1） 静岡県「ふじ33プログラム」等取組みが活発化 「ふじ33プログラム」は，ふ（普段の生活），じ（実現可能な），3（運動，食生活，および社会参加），3（3人1組，まず3箇月実践して望ましい生活習慣の獲得を目指すプログラム）の略称で，3点セットやれば何もやらなかった人に比し死亡率が51％減少した[11]．

2） 産業技術総合研究所等の挑戦 高齢者の目線から「リビング・ラボ（Living Lab）：住民（ユーザ）のニーズに敵うよう質の高い成果・解決策を創造するため関係者の"共創"，"協働"を促すための拠点づくり」への取組みが，産業技術総合研究所はじめ東京大学高齢社会共創センター，筑波大学，仙台フィンランド健康福祉センター，経済産業省，企業等によって，全国に拡大しており注目される．また，スウェーデンとの国際連携型リビングラボも創設された．

（d） **地域社会（コミュニティ）の担い手（安全基盤）の地殻変動**

1） 社会生活環境や家族構成環境の変化

ⅰ） **後期高齢者人口が年少人口を上回る** 「平成28年版高齢社会白書」[12]によれば，2015年10月1日現在，総人口は1億2711万人，65歳以上の高齢者は3392万人で，高齢化率（総人口に占める65歳以上人口の割合）は26.7％と過去最高を更新した．特記すべきは「75歳以上人口」（後期高齢者1641万人）で，今回初めて年少人口（0～14歳1611万人）を上回った．このまま推移すれば，2060年には高齢化率が

39.9％に達し，2.5人に1人が65歳以上，後期高齢者75歳以上が総人口の26.9％（4人に1人）になる見通しである。

　ⅱ）　核家族から単独世帯へ：社会生活単位の変化
　地域活動の中核を担っていた「核家族世帯」が1995年以降減少，「単独世帯」が2010年に首位に立ち，2050年には42.5％になるとされる。子供との同居率は1980年69.0％から2014年40.6％と大幅に減少し，まちに出歩く人の数の減少や地区内コミュニケーションの量と質を変化させ，地域の脆弱化を招き，事件・事故の抑止力・防災力の脆弱化を招く。1980年代，英国で防犯環境設計による模範的安全団地が，住人の高齢化で犯罪が増加した事例もあり注意を要する。

　2）　深まる高齢者の社会的孤立化　　「高齢者の生活実態に関する調査」（2008（平成20）年の内閣府）[13]は，60歳以上3 393人の意識調査で，人との会話やメールが2，3日に1回以下が，独居男性41％，独居女性32％。困ったときに頼れる人がいない独居男性20％であった。
　世田谷区在住高齢者全員調査15万人（10万人有効回答）では，1人暮らし18％，高齢者のみ世帯35％で，孤立を感じるかには感じる14％，社会的孤立状態2％（2 734人）で，老老介護5％（5 324人），介護する側の18％が要介護要支援の認定であったという。
　都道府県別人口は，2050年16県で人口がほぼ半減するとされる。現在の限界集落問題の急激な拡大，限界町村の出現である。これらが全体として地域社会の安全安心リスクの増大となっている。
　政府モデルは，2040年ピークシナリオの場合，総人口の増減の推移は，2030年に合計特殊修正率が2.07に回復した場合の試算値[14]である。

〔6〕　虚弱化に伴う社会的諸現象（「超高齢社会」特有の社会的リスク[10]）
　（a）　認知症等と治安事象の関係
　1）　認知症　　①　中核症状と呼ばれる記憶障害や見当識障害と，②　妄想，徘徊，暴力などの周辺症状がある。記憶や知的機能（知能）の持続的障害（知能とは外界の変化を的確に捉え適切に反応する脳の総合的機能（抽象・思考・判断），個々の認知機能（高次の感覚・運動機能・言語・抽象機能・記憶，および学習機能など）に障害が生まれる。
　2）　周辺症状　　近年，「行動心理学的症候（BPSD）」により，①　行動の異常と②　心理学的な症状があり，行動の異常として，攻撃性，大声，不穏，焦燥性興奮，徘徊，不適切な行動，性的脱抑制，収集癖，暴言，およびつきまといなどがあり，「心理学的な症状」

としては，幻覚，妄想，不安，および抑うつなどがある。
　BPSDは著しく介護負担を増大させ，患者と介護者双方の生活の質（QOL）を損なうとされる。

　3）　外形上の行為形態だけでは判断が困難　　2）に示した①，②を機序とする行為，例えば高齢者の暴行行為が急増しているが，認知症者と健常高齢者による暴行は外形上類似している。しかし，認知症は高齢者固有の発症によるものであり，暴行行為の刑法上の責任能力が問えるかは，さらなる調査が必要である。警察現場での取扱いにおいても慎重な配慮が必要であり，警視庁では現場警察官に，認知症講習会や認知症高齢者への声掛け要領マニュアルを配布し啓発を図っている。

　（b）　高齢者の加害リスク・被害実態のデータ収集・分析・科学的データに基づく対策の重要性　　社会安全論の観点から，高齢者問題の深刻さに気付き，福祉行政や障害者の高齢化にも言及するなど，高い立場から関係政策動向や関係データの収集分析を行った。
　関東管区警察局元局長の吉田[15]は，その全体像把握から，警察の役割として，①　認知症対策，②　孤独死対策，③　高齢者虐待防止対策，④　高齢者に係わる各種被害防止対策の四つを提唱したが，この延長線上に現在があるのであえて紹介する。

　1）　2003～2007年の高齢者がらみの事件事故（直接的治安事象の発生状況）　　関東管区警察局内の1997～2007年（10年間で管内高齢者率は14.1％（全国15.7％）から同20.3％（全国21.5％）へ急増した。その発言形態と高齢者対策がどう展開されたのかを分析するとつぎのとおりであった[15]。
　【犯罪関係】
　刑法犯検挙人員　　高齢者は倍増，特に暴力等によって他人に損害を与える犯罪（粗暴犯）全体では34％増であるが，高齢者は3.8倍に急増
　殺人事件2003～2007年（5年）　　全殺人総数は21％減少。しかし高齢被害者は横這いで，加害者の74％が息子等親族，動機は精神障害，介護疲れ（老々介護，認（認知症）々介護）に絡むものが多い。
　「切れる老人」の増加　　高齢になると日常生活において怒りの感情をコントロールできず"キレて"しまうことが多くなる。
　高齢者虐待　　被害高齢者の8割が女性，75歳以上が半数，加害者の半数が息子，その7割が身体的虐待
　オレオレ詐欺被害・還付金詐欺　　被害者の7～8割は高齢者
　【交通事故】

交通事故第1当事者（過失の重たい方，身傷害の軽い方をいう）12.9％，死亡事故15.6％と多くなっている。

【変死体・独居老人等】
・変死体の取扱い　2003〜2007年17％増加
・高齢者変死体は30％増，独居高齢者の孤独死36％増加

【自殺（千葉を除く）】
2007年　8 036人のうち高齢者　2 082人（25.9％）

【自然災害時の高齢者被害】
・山岳遭難　総数590人内高齢者150人25.4％（全国34.3％）
・雪害　総数126人中高齢者55人43.7％（全国41.6％）
・住宅火災　死者2008年　1 123人（うち高齢者710人6割）

2）異常な増加率を示す万引きと暴行　最近の研究では，2014年の全検挙者に占める65歳以上の検挙割合25.88％のうち，万引きが30.07％と異常に高く，1995年を基準とした2014年の年齢層別検挙人員増加率では，暴行が39.31％と他の罪種に比し異常な増加率となっている[16]。

（c）未解決の課題

1）高齢者の交通事故情勢と対策関係

i）高齢者の交通事故情勢　2017年末現在，全交通事故件数が減少傾向にある中で，交通事故における全死者数の54.7％が高齢者であり，年齢層別の死亡事故件数（免許人口10万人当り）では，75歳未満の平均が3.7であるのに対し，75歳以上は7.7であり，75〜79歳（5.7），80〜84歳（9.2），85歳以上14.6であった[17]。

ii）超高齢社会の進展　高齢者人口が15年前に比べて，70歳以上は2倍以上，60代も1.5倍に増加しており，今後とも交通事故の増加が見込まれる。多くは，加齢に伴う認知・判断・操作の遅れやミスによることが背景にあるが，この分野でも認知症が一つの焦点になっている。

2）高齢者の交通行動特性，認知症に関する科学的調査　全年齢層における類型別死亡事故件数（2012〜2016年合計）[18]免許人口10万人当り，高齢者の事故特性（出会い頭衝突（19.0％），工作物衝突（21.1％），路外逸脱（13.8％），正面衝突（10.9％），左右折時事故，歩行者横断中事故であり，超高齢社会における交通事故の実態を示す貴重な資料である。

また，2017年1月21日に，「第一回自動車運転に関する合同研究会〜自動車運転は学際的に取り組もう！」が，自動車運転に関する合同研究会†で行われ，警察庁から，「2015年に免許更新をした高齢運転者163万人に対する大規模調査結果（国内初）」が発表された。

これによれば，認知機能検査の分析では，84歳を境に認知機能に衰えのある人が半数を超える（84歳で50.1％，90歳で63.1％，97歳では87.5％）ことが明らかにされた。なお，調査対象163万人のうち「認知症のおそれ」と判断されたのが5万4千人（3.3％），「認知機能低下のおそれ」と判断されたのが50万2千人（30.8％），「認知機能低下のおそれなし」と判断されたのが107万4千人（65.9％）であり，加齢に伴って認知症や認知機能低下のおそれがあると判定される割合が高くなることが科学的に明らかにされた。

3）高齢運転者対策　2005〜2015年の10年で，80歳以上の事故が1.7倍に増加しているが，2016年，小学生死亡事故等の事故が相次いで発生，政府は，2016年11月「高齢運転者による交通事故防止に関する関係閣僚会議」において総理大臣から，「改正道路交通法」の円滑な施行，高齢者の移動手段の確保等が指示され，2017年3月から実施されている。

改正法では，75歳以上の①免許更新時，および②認知機能低下の場合に行われやすい一定の違反行為者，例えば，信号無視，通行禁止違反など認知機能低下が下人と思慮される交通違反者については，臨時の認知機能検査を行うことができることとなった。

i）AIによる自動運転への期待　こうした交通事故情勢を背景に，運転者よりヒューマンエラーが少ない自動運転（正確には運転支援装置）への期待が高まっている。自動運転には，自動化されている機能により，レベル0〜5の定義がなされている。0は運転手がすべて操作，1は①ステアリング操作，②加減速のどちらかをサポート，2は①，②両方をサポートで，運転支援と呼ばれ，現在は，1，2まで実用化が図られている。保険の新補償対象とする動向も出てきたが，技術の発展，規制緩和，社会受容性，法的責任の整理などが課題である。

ii）自律型自動車運転の実証実験　金沢大学と珠洲市（高齢者比率44％）が，自律型自動車運転の60 kmの公道走行の実験を行い，新たな「市民の足」として全国から注目を浴びている。

iii）高齢歩行者対策　高齢歩行者の事故での死者は，全死者数の72.2％を占め，夜間において多く発生している。特に，横断中歩行者の死者の59％が

---

† 神経系の機能や病態と自動車運転の関わりを主題とする3研究会（運転と認知機能研究会，障害者自動車運転研究，自動車運転再開とリハビリテーションに関する研究会）

歩行者側にも交通違反があり，特に走行車両の直前・直後が多かった（2016年の調査）ことから，反射材の着用運動，運転者側のハイビームの使用，早めのライト点灯などの啓発が重要である。

iv) 最後の切り札「反射材」　WHOは，「世界で一番安くて効果がある」のが反射材だとしている。フィンランドや英国は，すでに法律で反射材着用を子どもを含めて義務化し，大きな成果を上げている。高齢歩行者のみならず生活道路の「歩行者の安全・安心」の観点からは，残された喫緊の課題であろう。

v) 運転免許証返納　免許証の自主返納制度は，高齢者が当事者となる交通事故の増加を受けて1998年4月にスタートした。返納者は，希望すれば身分証として使用できる「運転経歴証明書」が交付される。ただ，65歳以上の返納率（運転免許保有者数における返納者数の割合）は，大都市では高く公共交通機関の少ない地方では極端に少なくなっており環境整備などの課題が多いことがわかる。

（d）暴走老人，介護疲れの殺人，行方不明事案

1）暴走老人，介護疲れの殺人　未然防止のためには，その背景にある社会環境対策の整備が肝要である。そのためにも高齢化特有の事件事故現象，被害状況，および潜在事案（暗数）の把握など特別の調査分析が必要である。

2）認知症原因の行方不明事案　2016年における認知症が原因で発生した行方不明事案の概要は，「家族等から警察に届け出」が，15 432人で，4年連続で増加を続けている。内訳は「所在確認」が，全体の98.8％，「行方不明・未確認」が1.2％，うち「警察発見・保護」が63.7％であった。3.1％（471人）は，死亡した状態で発見された[19]。

（e）加害者が認知症の場合の法的責任論

1）加害者の責任　刑法理論によれば，刑事責任は，①構成要件該当性（法定の外形的法益侵害），②違法性，③責任性の3要件を満たす必要がある。①については，犯罪主体，故意，過失などが認められること，②については，正当行為でないこと，③については，責任能力があることが必要である。認知症者の場合，その症状によっては，これらの要件についての吟味が必要である。当てはまらないことがあり得る。

2）民事上の責任　認知症の人の加害行為による損害をどのように負担するべきか。従来の過失責任主義（民法709条）や，保護者責任（民法714条）だけでは，保護者に実現不能な責任を負わせ，被害者の保護に欠ける結果になる。

こうした新たな社会的課題についての新たな社会安全システムの構築には，刑事，民事のみならず，行政，福祉，医療，保健等セーフティネットの領域を超えた関係の再構築が必要となろう（参考：2016年3月1日，最高裁判決認知症事故訴訟，家族に賠償責任なし）。

3）被害者の救済　高齢被害者の増加は，認知症等による「被害意識や被害申告の能力」の脆弱性が認められることであり，犯罪者のターゲット化が危惧される。既存の刑法，刑訴法，民法，民事訴訟法等の法秩序体系と，現実に起きている事象との間隙を埋める作業が急がれる。

【事例】　日本ライフ協会事件（高齢者からの預託金を不正流用事件　2016年1月，大阪地方裁判所に対し民事再生手続開始申立て）

高齢者施設などに入居する際に，身元保証，身元引受けをする親族などがいない場合，入居身元保証を法人として行ったり，高齢者の見守りサービス，金銭管理，遺言，相続，葬儀葬祭などを行っていたが，高齢者等からの預託金を不正流用等，杜撰な管理により倒産した事件。

なお，2017年（1～12月）の「老人福祉・介護事業」の倒産件数は，115件（前年比1.4％増）で，2000年からの調査を開始以来，最多件数になった。負債総額も147億4100万円（前年比38.7％増，前年度106億2700万円）と前年を大きく上回った（東京商工リサーチ，2018年4月8日）。設立5年以内の倒産が約4割で5人未満の従業員のところが6割となっている。人手不足が深刻さを増し，事業の失敗によるものが増加している。

これらの事業者による「死後の安全管理を含めた包括契約」を指導監督する主管官庁が不在であり，社会安全上の問題を大きくしている。

例えば，「ひとり暮らしの高齢者等に身元保証あるいは日常生活支援，死後の事務処理といったサービスを提供する新しい事業形態が現れており，今後もその需要はますます高まっていくと予想されるが，こうした事業をトータルに捉えて，これを指導監督するという行政機関が必ずしも明確ではない。消費者被害を防止するための対策を早急に講ずる必要がある」と指摘（河上消費者委員会委員長　記者会見　2017年1月）。

（f）法制度や法の不備を悪用した犯罪等への対処

一見バラバラに見える「超高齢社会」諸事象は，さまざまなリスクファクタが，TPOによって有機的に複雑に結合した諸相である。国民が真に望んでいるのは背後の「悲劇の温床」（氷山下のリスクファクタの連鎖）の核心部分への解明が急がれる。

例えば，超高齢社会を食い物にする組織犯罪，福祉・医療制度悪用事案等，高齢者の安全・安心を脅か

す生活侵害事案や犯罪インフラの解明が急務であり，法制度の不備やこれを悪用した新手の事件事案を，社会全体として封じ込めていく必要がある。また，被害防止・救済の法律的制度の改善動向も重要であり，「身元保証等高齢者サポート事業に関する建議について」（消費者庁 2017年1月）[20]が行われたり，「改正後消費者契約法」（2017年6月3日施行）では，事業者の不当な勧誘（不実告知）や消費者の利益を不当に害する契約条項（過大契約）を無効にする規定等が置かれ[21]ている。また，2016年10月からは消費者裁判手続特例法の施行により新しい集団訴訟制度が開始されるなど，徐々に，被害防止・救済の制度的システムの改善がみられる。

〔7〕「超高齢社会」におけるリスクの特徴と「社会安全システム」の構築の提案

(a) 社会安全システムの実現のために　図3.4.7に超高齢社会と社会安全工学の関係について説明する。図の対象範囲は，「フレイル—支援・介護—終末期・看取り・死および死後の安全・安心まで」であり，そのすべてが含まれなければならない。

これは，妊娠から子どもの成長に応じた安全管理と逆相似関係にある。

参考：一般健常者を前提とした社会安全システムとは異なる新たなシステム

1) **フレイル症候群**（身体的，精神的・心理的，社会的の三つの虚弱化）は，支援・介護状態の予備軍とされ，原因は，脳血管疾患，高齢による衰弱，骨折・転倒，認知症（厚生労働省）であり，ハイリスク対象の社会安全対策が急がれる。

2) 「不慮の事故」では，高齢者の第1位は窒息（2006年に交通事故と逆転（人口動態統計）），自然災害（地震等），窒息，溺死，交通事故 転倒骨折，犯罪被害，自殺対策などハイリスクに対する社会安全対策を優先させる必要がある。なお，転倒予防については，転倒予防学会の動向が注目される。

3) **社会経済的環境のリスクへの対応**　地域包括センターの整備の遅れや民生委員不足，貧困問題，孤独（独居高齢者），買い物難民，コミュニティの居場所等のほか，老老介護，認認介護，高齢者の近親者，成人後見人等も，場合によってはリスクファクタとなる事例もあり，リスク実態の把握と適切な社会安全システムの構築が急務である。

4) **リスクファクタ**は，相互に複雑かつ有機的に結合しやすい。

5) **安全対策**としては，これらリスクが有機的に結合しないように社会全体での見守りシステム（ネットワーク）の構築，公助安全活力や共助安全活力の縦横

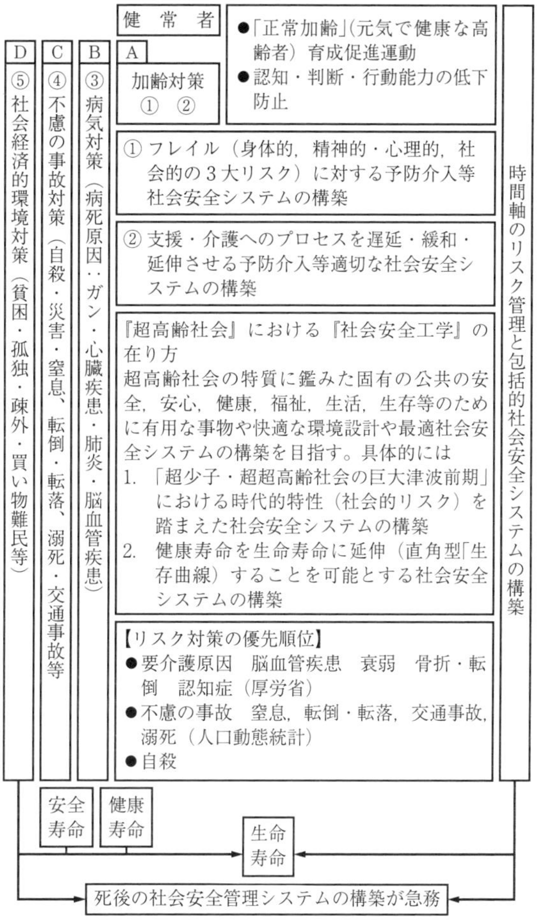

の連携や協働関係，地域社会への浸透が急務である。空き家問題は深刻な社会問題で法整備が行われた。

上記5項目に関しては，これを支援するIT，AI，IoT技術やロボット，自動運転等の技術開発，また，高齢社会の安全・安心のための社会技術の開発，社会実装が強く求められている。

(b) 今後の「超高齢社会」における「社会安全」の進め方提言　最大の問題は，加齢に従って，高齢者本人の「生きる力（自助安全活力）」の衰退・喪失であり，これへの早期の支援・寄り添いの在り方が重要なテーマになっている。

1) フリーズ（1980年）の「**生存曲線**」（図3.4.5参照）　人類の歴史が下るに従い，医療技術や生活の質の向上により，多くの人々の健康寿命が延伸される

図3.4.7 超高齢社会と社会安全工学の関係概念図

〔注〕「超高齢社会」特有の「時間軸リスク管理と社会安全システム設計」のイメージ
A 加齢・B 病気（内因）・C 事件事故（外因）・D 環境等の総合的リスク管理システムの構築

ため，生命寿命（生存曲線）は，徐々に斜線型から直角型（死の直前まで正常老化の高齢者，PPK（ピンピンコロリの略：病気に苦しむことなく元気に長生きし，最期は寝つかずコロリと死のうという標語）型の死）に変わってくる．

2）「社会安全工学」の使命　端的にいえば，この直角型（図3.4.5参照）「生存曲線」の実現を目指し，わが国の超高齢社会の特質に鑑みた固有の公共の安全，安心，健康，福祉，生活，生存等のために有用な事物や快適な環境や社会システムを構築することである．

3）生きることについての「意味や価値」　これまでの安全学とは，「安全」や「健康」そのものを自己目的化してきたのではなかろうか？

ひとは，「安全」や「健康」という環境が整備されただけでは生きていけない．「何のために生きているのか」という原点，換言すれば，「生きることについての『意味や価値』」を自ら紡ぎ続ける自助努力」が必要であるが，これをサポートできるコミュニティづくりが課題である．

4）「死」をめぐる新たな社会文化現象の台頭

「死」（犯罪死や事故死は除く）は忌むべきもので，かつての自殺問題と同じく長らくもっぱら個人的問題であり，社会安全システムの対象ではなかった．

しかし，「死」についての社会的関心が高まり，「死の準備」（身元引受制度，デスカフェ，エンディングノート，遺産，相続，納棺師，葬式など）および「死後の整理」（変死体の急増，遺品整理，空き家問題，所有権の所在確認）等，「死」をめぐる新たな社会・経済・文化現象がめざましい．

これらの新たな社会・経済・文化現象の影に，高齢者を犯罪のターゲットにする事案も散見され，この新領域での社会的リスクに対する安全システムの構築が急がれる．

〔8〕コミュニティの現場における新たな社会安全システムの構築の方向性

【事例】地域力で高齢者を支えている事例（横須賀市某マンションの場合）

地域包括ケアシステム　2015年4月，介護保険制度改正で地域包括ケアシステムが導入された．しかし，地域コミュニティが脆弱化し，おのおのの世帯が孤立化している昨今，「地域の高齢者を支える力」が地域内に残っているかといえば不安といわざるを得ないところが多い．

日頃の「地域力創造努力」が重要　このマンションでは，平成10年代初めの分譲当初から多くの人が「終の棲家」を求めて移り住んできたが，子供が独立し高齢の夫婦だけや配偶者に先立たれて一人暮らしが多い．

ここでは入居当初から防災・防犯活動のほかに，高齢者や子供の見守りと支援に，管理組合と自治会が組織を挙げて取り組んできた．防災上の観点から，災害発生時に周囲の支援を必要とする人が，どの家庭に何人家族で暮らしているか，個々人の健康状態や救急・救命に留意すべき事項などを居住者が自己申告する制度が普及し，災害時要配慮者や単身高齢者，高齢者のみ世帯の情報は自主防災会が100％把握している．このため深夜に急病を発症した単身高齢者が救命されたこともある．

支援体制　マンションには，自治会の附置機関として「子供会」のほかに高齢者サークル「長寿会」があり，自治会が自主的な活動を支援している．また，マンション内に民生委員・児童委員1名と社会福祉推進委員2名が居住しているため，日常的な見守りや困りごと相談，緊急時の支援体制が整っている．

（a）「超超高齢化社会についてのイメージの共有」が重要　いま，人々の生活現場であるコミュニティにおいて，日々発生している高齢者がらみの社会事象の全体像（問題状況やその方向性）を，同時代に生きる者として皆が正しくこれを理解すること，また，これをコミュニティ全体の問題として世代を超えて情報共有していくことは，これからの長寿社会建設において，最も重要なプロセス（道筋）と考える．社会全体として，総合的・包括的な長寿社会づくりを行うためには，「超高齢社会についての基礎的理解」やこの先にある「超超高齢化社会についてのイメージの共有」が重要である．

（b）「高齢者と家族等社会関係」の「意味と価値」の再定義　これまでの超少子化・超高齢社会への急速な変化は，家族関係における祖父母や親と子の関係変化を生んだ．しかし，核家族による家族関係の2極化（親子）と高齢者の存在感の喪失は，子供の発達成育プロセスに必ずしもプラスとはならなかったことが知られている．

高齢者の経験や知見を，地域コミュニティも人的資源として「社会的意味と価値」の問い直し（再定義）が必要なのではないか．「手のかかるやっかい者」ではなく，家族や地域コミュニティ社会の「潤滑資源」，「知恵袋」として，「高齢者」を社会的公共財産にするという発想の転換こそが大切なのではないか．

（c）現場の知恵　近年，高齢者をめぐる諸問題に対し，各分野でさまざまな対策や好実践例（例えば，JST社会技術研究開発センター（著，編集）『高齢社会のアクションリサーチ：新たなコミュニティ創りを

めざして』)²²⁾ が散見されるところである。これらの知見を分野横断的に相互交流し、関係機関団体が関連性を持って相乗効果が上がるよう期待してやまない。

(石附　弘)

引用・参考文献

1) 警察政策学会超超高齢化社会研究会編，超超高齢化社会へ向けての安全・安心の創造に関する研究（下），柴田博「老化概念の変遷」，警察政策学会資料69号, p.24 (2013)
http://asss.jp/report/69.pdf (2019年1月現在)

2) 警察政策学会超超高齢化社会研究会編，超超高齢化社会へ向けての安全・安心の創造に関する研究（下），柴田博「老化概念の変遷」，警察政策学会資料69号, p.23 (2013)
http://asss.jp/report/69.pdf (2019年1月現在)

3) 2013.12　認知症サミット共同宣言
G8認知症サミットコミュニケ23（厚生労働省仮訳）
http://www.mhlw.go.jp/file/04-Houdouhappyou-10501000-Daijinkanboukokusaika-Kokusaika/0000033638.pdf (2019年1月現在)

4) 高齢者の新定義（2017.1.5提言）
高齢者の定義と区分に関する，日本老年学会・日本老年医学会　高齢者に関する定義検討ワーキンググループからの提言（概要）
https://www.jpn-geriat-soc.or.jp/proposal/pdf/definition_01.pdf#search=%27%E8%80%81%E5%B9%B4%E5%AD%A6%E4%BC%9A%E6%96%B0%E5%AE%9A%E7%BE%A9+2017.1.5%27 (2019年1月現在)

5) 警察政策学会超超高齢化社会研究会編，超超高齢化社会へ向けての安全・安心の創造に関する研究（上），石附弘，解題（警察政策学会資料66号, p.3）

6) アルビン・トフラー著，徳岡孝夫翻訳，第3の波，中央公論新社 (1982)

7) アルビン・トフラー著，徳山二郎翻訳，未来の衝撃，中央公論新社 (1982)

8) 警視庁，警察白書 (2012)
https://www.npa.go.jp/hakusyo/h24/index.html (2019年1月現在)

9) 国土交通省，新たなステージに対応した防災・減災のあり方, p.2 (2015年1月20日)
http://www.mlit.go.jp/common/001066501.pdf (2019年1月現在)

10) 日本老年医学会，フレイルに関する日本老年医学会からのステートメント (2015)
https://jpn-geriat-soc.or.jp/info/topics/pdf/20140513_01_01.pdf (2019年1月現在)

11) 県のコホート調査研究の成果
fuji33.shizuoka-kenzou.jp/pr (2019年1月現在)

12) 内閣府，高齢社会白書（平成28年版）
http://www8.cao.go.jp/kourei/whitepaper/index-w.html (2019年1月現在)

13) 「高齢者の生活実態に関する調査」(2008年の内閣府)

14) 国立社会保障・人口問題研究所 (2013年3月：日本の地域別将来推計人口)

15) 警察における高齢社会対策のあり方（上・中・下）吉田英法元関東管区警察局長の論稿（現代警察，啓正社，第128, 129, 130号 (2010)

16) 江崎徹治，提言：高齢者立ち直り支援法，現代警察，啓正社，第151号 (2016年12月6日)

17) 警視庁交通局，平成29年における交通死亡事故の特徴等について (2018年2月15日)

18) 警視庁，高齢運転者に係る交通事故分析 (H29.3.17)

19) 警視庁，平成28年における行方不明者の状況 (2017年6月)

20) 内閣府消費者委員会，身元保証等高齢者サポート事業に関する消費者問題についての建議 (2017)
http://www.cao.go.jp/consumer/iinkaikouhyou/2017/0131_kengi.html (2019年1月現在)

21) 消費者庁，消費者契約法の一部を改正する法律（平成28年法律第61号）制定, H29.6.3施行

22) JST社会技術研究開発センター著，編集，高齢社会のアクションリサーチ：新たなコミュニティ創りをめざして

23) Fries, J. H., N. Engl. J. Med., 303, p.130 (1980)

24) 鈴木隆雄，高齢者のフレイルと死の質（QOD）を考える，日経：新シニアライフデザイン研究会 (2014年12月)

3.4.3項全体の参考文献

・「超超高齢化社会へ向けての安全・安心の創造に関する研究～長寿社会の安全・安心を目指して―行政・警察・コミュニティの役割と実践」上下，超超高齢化社会へ向けての安全・安心の創造に関する研究会編，警察政策学会資料第66号 (2012年6月) 同69号 (2013年3月)．代表石附弘（柴田ら20余名高齢者問題の専門家，各領域における高齢者関係の実務者，有識者による論文集）．警察政策学会HPで公開中．

・「超高齢社会における社会安全のあり方」現代警察，啓正社，第151号　石附弘 (2016年12月6日)

・「平成28年版高齢社会白書」(2016年5月20日　閣議決定)

・「一億総活躍社会の実現に向けて緊急に実施すべき対策　成長と分配の好循環の形成に向けて」(2015年11月26日　第3回一億総活躍国民会議配布資料)

第IV編 安全マネジメント

1. 安全マネジメント概論

1.1 安全の概念 …… 1019
1.2 組織が考慮すべき安全の要素 …… 1019

2. 安全マネジメントの仕組み

2.1 経営と安全 …… 1022
2.2 安全マネジメントシステム …… 1022

3. 安全文化

3.1 背景および全体概要 …… 1023
3.2 安全文化の効果と取組みの基本的哲学 …… 1025
  3.2.1 生産性と安全のトレードオフ …… 1025
  3.2.2 安全文化における重要な概念 …… 1026
  3.2.3 安全文化の安全成績（パフォーマンス）との関連 …… 1026
  3.2.4 安全文化の構成要素 …… 1027
3.3 産業組織の安全文化の診断（化学産業主体） …… 1028
3.4 安全文化の8軸別に見た安全文化の醸成方策の方向性について …… 1030
3.5 おわりに …… 1031

4. 現場の安全活動

4.1 安全管理の基本 …… 1032
  4.1.1 安全管理の理念 …… 1032
  4.1.2 安全管理の基本的考え方 …… 1032
  4.1.3 安全管理の方針 …… 1034
  4.1.4 ライン管理者の責任と役割 …… 1036
  4.1.5 現場の安全活動 …… 1037
4.2 安全管理の組織 …… 1038
  4.2.1 全社安全管理の組織 …… 1038
  4.2.2 事業所（工場）や支社支店の安全管理組織 …… 1039
  4.2.3 安全管理部門の役割 …… 1040
  4.2.4 法定管理者と工場管理組織 …… 1040
  4.2.5 協力会社，グループ会社の安全管理組織 …… 1043
4.3 安全管理の規程 …… 1043
  4.3.1 安全管理規程のポイント …… 1043
  4.3.2 安全管理規程の内容 …… 1045
  4.3.3 安全管理規程の体系と項目 …… 1045
4.4 安全管理の計画 …… 1045
  4.4.1 安全活動に関する計画 …… 1045
  4.4.2 安全管理計画の構成 …… 1046
  4.4.3 安全管理計画の今後の展開 …… 1047

5. 安全マネジメント手法

5.1 予防保全 …… 1050
5.2 リスクマネジメント …… 1051
  5.2.1 安全とリスクマネジメント …… 1051
  5.2.2 アセスメント手法 …… 1054
5.3 事故分析・データベース …… 1055
  5.3.1 労働災害の調査 …… 1055

5.3.2 破壊事故の調査 …………………… 1062	5.5.3 損害保険業界の安全・防災活動 ……… 1096
5.3.3 爆発災害の調査 …………………… 1069	5.6 地域への対応 ……………………………… 1099
5.3.4 環境汚染の調査 …………………… 1073	5.6.1 多様な地域レベルへの対応 ………… 1099
5.3.5 事故分析・データベース ………… 1077	5.6.2 合意形成が求められる背景 ………… 1099
5.4 教育・訓練 …………………………… 1081	5.6.3 合意形成の意味と時宜 ……………… 1100
5.4.1 教育とは ………………………… 1081	5.6.4 リスクコミュニケーション観の転換 … 1101
5.4.2 訓練とは ………………………… 1081	5.6.5 企業と地域社会との関係 …………… 1103
5.4.3 なぜ教育・訓練が必要か ………… 1082	5.7 法規関連（基準・規格等）……………… 1104
5.4.4 教育・訓練の手法 ………………… 1083	5.7.1 法規・規格・基準の概要 …………… 1104
5.4.5 体験型教育の活用 ………………… 1085	5.7.2 法手続き ……………………………… 1106
5.5 保　　　険 …………………………… 1086	5.7.3 規格・基準 …………………………… 1106
5.5.1 損害保険の機能 …………………… 1086	5.7.4 学術文献 ……………………………… 1107
5.5.2 企業向け損害保険の種類とあらまし … 1090	

6. 危機管理

6.1 概　　　要 …………………………… 1158	6.3 危機管理活動のステップ ………………… 1159
6.2 リスクマネジメントと危機管理 ……… 1158	6.4 危機管理活動の要素 ……………………… 1159

7. 安全監査

7.1 わが国における安全監査 …………… 1161	7.3 環　境　監　査 …………………………… 1163
7.2 欧米における安全監査 ……………… 1162	

1. 安全マネジメント概論

組織の安全活動は，安全管理という仕組みで実施されてくることが多かったが，この活動は安全の向上を図ることを目的とした業務という視点で実施されてきたもので，必ずしも経営全般の視点で設計されたとはいいがたいものであった。

これまで安全の確保には安全管理が重要であるといわれてきた。しかし，組織の安全を脅かす多様な事象は必ずしも独立ではなく関係するものも多い。また，安全確保に活用できる人材，投資等のリソースも限られており，個々の事象に個別で対応していくには限界がある。

組織の安全向上には，安全の目標をどのように設定するか，どの程度投資を行うかといった経営の視点が重要になる。また，安全管理という概念には，実施すべき工程を遵守すれば事故は防げるという考え方を前提としており，先端技術の安全等には必ずしもあてはまらない事象も存在する。

したがって，これからの安全活動には，安全マネジメントの考え方を導入することが重要である。

本章の安全マネジメントは，全社経営の視点における安全の仕組みを記述したものである。

1.1 安全の概念

まず，安全を考える際の大前提となる安全の定義を整理する。安全の定義も時代・領域とともに変化し，下記に示すようにさまざまである。

① 狭義の安全の定義：事故等により人的被害を発生させないこと

この定義は，ハインリヒのリスクの定義：潜在危険性が事故となる確率×事故に遭遇する可能性×事故による被害の大きさ（被害の発生する場所に人が存在している確率×事故リスク）からもわかるように，安全には，人身の死傷に焦点をあてて考えていたという経緯がある。そのため，安全の目標自体が，個人の事故による許容安全目標として，10^{-5}／生涯〜10^{-6}／生涯等の数値として設定される場合がある。

② ISO/IEC ガイド 51　ISO 12100

「許容できないリスクから解放された状況」　この定義は，安全をリスクとの関係で議論することが多くなった近年よく使用されている。この定義で安全を考える場合，「許容するのは，だれか」ということが重要である。現象の専門家は，そのリスクの算定に関する第一人者ではあるが，そのリスクを許容するか否かは，必ずしもその専門の視点だけで定まるものではない。

③ 広辞苑：「安らかで危険のないこと，平穏無事」「物事が損傷したり，危害を受けたりするおそれがないこと」

④ 信頼性の観点から：「プロセスが目的どおりに機能すること」

プロセスが機能しなかったときに，プロセスが止まるだけのものは信頼性の問題として規定している。

1.2 組織が考慮すべき安全の要素

安全を考える際の基本的な構造は，ハザードがプロセスやステークホルダに関与して好ましくない影響を与え被害が発生し，その影響を予防・緩和するために，安全対応の仕組みを構築し実践するという枠組みである。そして，個別にそれぞれの要素の関係を見ていくと，ハザード（潜在的危険要因）に基づく事象が対象に干渉して，望ましくない状況が発生し事故やトラブルが発生する構造となっている。この望ましくない状況は，関係するステークホルダと生じる現象との関係で整理される。そして，この組合せは，その規模や種類によって，その対象フィールドとして整理される。

安全マネジメントの要素を以下に示す。

1) ハザード（事故やトラブルを引き起こす潜在的危険要因）

安全対応の構図例を図 1.2.1 に示す。

① 自然現象（地震，台風，火山噴火，洪水，土石流，津波，高潮，落雷，竜巻，動植物，伝染病，異常気象）
② 物質固有のエネルギー
③ 有害性（化学的，生物的）
④ 外力，圧力（衝突，落下・飛来含む）
⑤ 熱
⑥ 放射線，電磁波

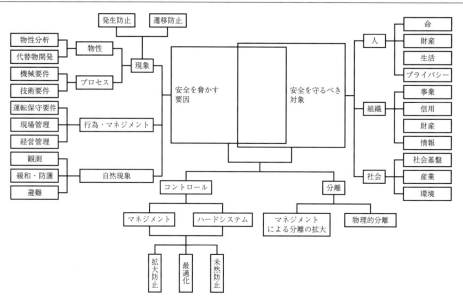

図1.2.1 安全対応の構図（ハザード，守るべきもの，対応策）

⑦ 音源
⑧ 光
⑨ 臭気
⑩ 制御（生産，制御）
⑪ 材料の損傷（腐食等）
⑫ 情報
⑬ 人（ミス，誤った認識，意思を持った行動）
⑭ 病気
⑮ 組織
⑯ 政策
⑰ 技術格差
⑱ 制度
⑲ 風土

2) **守るべき対象**（守るべき対象の構図例　図1.2.1参照）
① 人間の健康，生命　・精神・心・プライド（プライバシー含む）
② 信用　・機会　・情報　・財産
③ 機械　・システム　・機能　・生産　・材質
④ 自然環境（ローカルな汚染，地球環境）・生物種　・資源
⑤ 社会環境　・社会活動　・組織（家庭，企業，行政組織，教育組織，国家等）
⑥ 地域社会

3) **ステークホルダ**　企業を対象とした分類例を以下に示す．
① 消費者・顧客
② 社員およびその家族
③ 経営者
④ 株主
⑤ 投資家
⑥ 関連会社
⑦ 取引先
⑧ 地域社会
⑨ 一般市民
⑩ マスコミ
⑪ NPO／NGO
⑫ 学会
⑬ 行政

4) **生じる影響**
a) **影響の要素**
① 物理的影響：どのような物理現象が発生するか
② 社会・組織に対する影響：社会的活動や組織活動に経済的視点や信頼性低下等の視点でどのような影響が及ぼされるか
③ 発生確率：今後の状況変化も前提としたリスクが顕在化する可能性
④ 発生シナリオ：結果は同じでも，その顕在化シナリオは複数存在することに注意が必要である

b) **現　象**
① 消費者・顧客
② 社員およびその家族
③ 経営者
④ 株主
⑤ 投資家
⑥ 関連会社

⑦ 取引先
⑧ 地域社会
⑨ 一般市民
⑩ マスコミ
⑪ NPO/NGO
⑫ 学会
⑬ 行政

5) 安全対応の手段

a) 安全対応技術分類
① 防止レベル：・未然防止　・拡大防止
　　　　　　　・事後対応（再発防止，広報）
② 対応反応：・失敗対応　・リスク対応
　　　　　　・危機管理
③ 対策技術：・ハード対応（設備，備品）
　　　　　　・ソフト対応
④ 対応・対象集団：・個人　・現場集団　・組織
　　　　　　　　　・外部組織

b) 安全対応技術要素（以下の組合せでさまざまな対応が可能となる）
① 哲学，知識，理論

・人間論，人生論，幸せ論，社会論，豊かさ論，自然論
・認識論（リスク論と確定論）
・技術的視点：経営論，産業論

② 技術
③ 活動
④ 環境
⑤ 人
⑥ 組織
⑦ 資材
⑧ システム
⑨ 情報
⑩ 法規
⑪ 教育・訓練
⑫ 資金
⑬ 責任
⑭ 運（安全学の対象外）

〔野口和彦〕

2. 安全マネジメントの仕組み

2.1 経営と安全

　経営とは，組織の事業・業務活動において発生する好ましい影響と好ましくない影響の最適化を目指す活動である。安全も経営の重要な要素ではあるが，経営は安全のみの視点で判断を行っているわけではない。そのために，経営の中で安全活動を確実に実施するためには，経営における安全の位置付けを明確にする必要がある。このことが，経営における安全マネジメントの特徴である。

　一方，安全管理という概念は，安全のレベルを目標レベルに到達させ維持するために，何を行うべきかという視点で論じられていることが多く，「安全第一」等の安全を優先する視点での業務展開が行われることが基本となっている。安全管理は，経営においても，重要な管理業務であり，その状況は4章を参照されたい。

　経営者には，安全な組織構築のために資源を投資する責任がある。目標を設定するのは経営者であるが，そのことは目標を達成するための環境を整備する責任も経営者が負うということでもある。その環境が用意できない場合は，経営者として経営の目標を下げる必要がある。したがって，経営資源が有限である限り，安全への投資も他の経営価値との相対的な比較の中で実施されることになる。このときに注意すべきことは，事故等が発生していない状況では，安全への投資の必要性が低く見積もられがちになることである。いったん事故が発生した際の影響は直接・間接被害を合わせると非常に大きなものになる可能性があることに留意して安全に取り込むことが重要である。

　さらに，経営者には安全価値の重要性を制度化する役割がある。例えば，重要な制度の一つとして人事考課の中に「安全」に関する評価を織り込むこと等である。経営者の役割としては，予防活動の徹底もその一つである。リスク顕在化の予兆を見極め，安全活動のPDCAを継続していくことが重要である。

　経営の課題の一つに，安全は，現場の問題であると意識が強いことが挙げられる。安全を現場の問題として捉えると，安全のために実施すべきことを厳格化し，その遵守を強化するという管理の考え方に重きを置くことになる。

　経営者は，安全に影響を与える最大の要因の一つに，経営者の価値観があることに留意すべきである。経営者は，その価値観を人事，組織構築，予算編成に示すことが必要である。そして，リスクマネジメントを経営意思徹底の仕組みとして構築することが求められる。

　安全経営では，現在の組織リソースで達成可能な事業戦略を立てることも必要である。

2.2 安全マネジメントシステム

　組織の安全マネジメントシステムの要素は，以下のとおりである。

　① 業務ミッションと経営方針の明確化　組織の経営理念や社会的存在意義からみた安全活動の位置付けや安全目標自体を明確にする。また，安全活動を行うための必要な投資の検討を行う。

　② リスクマネジメントを実施する仕組みの制度化　経営と現場が一体となって安全向上に望む仕組みを構築し，安全に関する優先順位を明確にして，教育・訓練の内容も目標とする安全レベルと連携することが求められる。

　③ 仕組みのチェックと継続改善　経営として安全対策の必要十分性に対して，チェックや改善を行い，安全対策の効果や他の業務に与える影響の検討を行う必要がある。

　個別の安全活動を職場の安全風土の構築に結び付け，状況の変化に伴うリスク変化を監視する仕組みを作る必要がある。また，施工や保守点検等の安全に対する影響も把握する必要がある。

　④ コミュニケーションと協議　設備や事業に対する社会的信頼性を確保し，事業現場で実施すべき検討内容を明確にして，十分な安全対応を行うことにより，社会からの信頼を担保する必要がある。

〔野口和彦〕

3. 安 全 文 化

3.1 背景および全体概要

わが国では，1999年に発生したJCO臨界事故以来，翌年の雪印乳業食中毒事件，三菱自工リコールデータ隠蔽など組織や管理の問題に根差す事故や不祥事が頻発した。その後も列車衝突（鉄道），ニアミス（航空），ロケット打上げ失敗（宇宙），廃棄物発電（RDF）火災，高炉爆発，工場火災，油槽所火災，製油所タンク火災，および配管破損など組織が関与した重大事故が連続して発生している。これらの事故・不祥事は，直接的には，個人の不安全行為，不正行為，ヒューマンエラーなどが引き金とはなっているが，その背景には，組織の管理体制，チェック体制の不備や実効性の欠如，職場の組織風土による緩慢な安全施策の後退が認められ，むしろこれらの組織要因が主因となっていたと解釈せざるを得ない[1), 2)]。そこで，近年発生した組織要因が関与したと思われる事故・事件の背景要因を探ってみると，いくつかの共通要因が認められる。具体的には，「事業環境」，「規則・手順書」，「設備」など当該組織の置かれている状況，組織風土や特徴に関する事項のほか，「タイムプレッシャー」，「確認」，「成功体験」，「自己防衛意識」，「コミュニケーション」など個人や小集団の意識・行動に関する事項が認められる。組織風土や慣行が個人の意識や行動に影響を与え，結果的に不安全行動に結び付き，潜在的に有する大きなリスクへの防護が手薄になっていると大事故に発展するという図式がうかがわれる。

これらの重大事故の背景を分析すると，1986年に発生したチェルノブイリ事故の教訓と重なり合う部分が認められる[3)]。したがって，同事故最大の教訓である「安全文化」について，昨今の重大事故を含め，背景要因への認識を深める必要がある。また，「安全文化」というあいまいな概念を具体化し，これが十分ゆきわたっているかを組織（事業所）内で改めて検証する必要があるものと思われる。しかしながら，組織における安全文化とは具体的にどのようなものを指し，これをよりいっそう高め，維持していくためには，どのような取組みをすべきなのかといったアプローチを明らかとし，企業あるいは各事業所独自の活動として定着させる必要がある。

安全文化研究は「安全性に影響する組織要因の研究」と言い換えることもできるが，この研究に着手されたのは，おもに1990年以降のことであり，安全性，組織文化，組織風土および従業員の意識についていくつかの研究が開始された。Zohar[4)]は，食品加工，科学，繊維の三つの業界を対象にアンケート調査を行い，安全訓練，時間圧（作業スピード），安全担当者の尊重の程度，経営層の取組み姿勢などが重要であるとした。また，Diaz[5)]は航空会社の地上スタッフを対象として，スタッフの安全性確保に対する姿勢と組織風土の関係について大掛かりな調査を実施した。その結果，従業員の姿勢は，安全問題に対する企業としての取組み，生産性よりも安全性を重視する風土や経営層の姿勢に有意な相関があることを見い出した。原子力分野では，Haberら[6)]が組織風土と安全性の関係を見い出すための体系的な手法を開発した。これらは，ウォークスルー，トークスルー，職務観察，作業環境や安全意識を調査するためのアンケート様式から構成され，実際のいくつかの発電所に適用した結果，コミュニケーション，作業の標準化，意思決定と問題解決，経営陣の姿勢，組織文化が重要な因子であることを示した。これらの一連の研究は，安全パフォーマンスと組織要因との間の明確な相関については述べていないものの，重要な知見は，安全文化を広めるための制御可能な組織要因が存在することを示したことである。また，興味深いのは，**表3.1.1**に列挙した重大事故の共通要因とも裏返せば重なり合う部分が少なくないということである。

このような組織風土や管理に深く根ざした組織要因が関与して発生する事故を，英国のリーズンは組織事故と呼び，その発生過程を**図3.1.1**のようにモデル化した[1)]。すなわち，「社会情勢や組織の円熟化などの影響を受けやすい組織要因や職場環境が，通常10年以上の長い年月にわたり，幾重もの防護層にほころびや欠陥を生じさせ，弱体化・無力化した状態で，想定外の不安全行動（あるいは外部事象）を起こすと，それが引き金となって一気に大惨事に至る」という図式である。つまり，システムが複雑化・大規模化すれば，その信頼性・安全性を維持するために前述の深層防護（多重防護）が必要になる。これらの複数の防護層に偶然あるいは意図的な欠陥が生じると，その防護

表 3.1.1 わが国で最近発生した重大事故（組織事故）の背後要因について

共通的な背後要因	① JCO 臨界事故	② 横浜市大事故	③ 雪印毒素混入事故	④ 信楽高原鉄道事故
(1) タイムプレッシャー	・工程を早く進めることに日常的に努力する風土であった ・翌日から新人訓練を最初の工程から実施したかったのでその日に作業終了したかった	・朝の忙しい時期であり，病棟看護師，手術室看護師とも速やかに患者の準備をする必要があった ・1人の病棟看護師が2台のストレッチャーを運ぶことに慣れていた	・日常的な繁忙感から大阪工場では手抜き，逸脱が起こった	・世界陶芸祭開催中で先方の駅では大勢の乗客が待っていた ・赤信号のままで出発が遅れていた
(2) 安全確認	・臨界に達しないことを相談を受けた核燃料主任者は確認しなかった	・手術室看護師・執刀医の誰もが，患者の氏名を確実に確認しなかった	・細菌数による管理が行われていたため，毒素については確認しないシステムであった ・HACCPが正しく運用されているかチェックされていない	・信号が赤のまま変わらない原因を確認しなかった ・退避線に向かいの列車が到着していない原因を確認できなかった
(3) 規則・手順遵守	・現場優先で手順が変更され，それまでも何度か変更され，裏マニュアルが存在した	・規則・手順は存在していたが，業務を遅らせてまで守られていない	・規則で決められている細菌数を見かけ上減らすため，新たな粉乳と混合した ・大阪工場では裏マニュアル，申請外設備が存在した	・手信号による閉塞条件を確認しなかった ・赤信号では列車を出発させないという駅長の制止を課長が振り切った ・列車進行中に信号システムは点検しないという規則が無視された
(4) 設備	・厳しい安全審査をパスし，臨界は起きない設備という過信があった		・HACCPに適合した先進的な設備であると過信していた	・信頼性の高い信号システムに対する過信
(5) 成功体験	・これまでの手順改定が工程短縮につながった	・日常的に看護師に過重な負担がかかる業務体制であったが，顕在化した事故は起こっていなかった	・大樹工場では2年前にも同様な細菌増殖事例があり，この場合の措置は問題なかった	・1箇月前にも信号機故障があったが，手信号による措置が成功した
(6) 会社に損害を与えたくないという意識	・厳しい経営状況の中で工程を短縮しようとしていた		・規定以上の細菌数が検出された乳を廃棄すれば損害になると考えた	・第三セクターの経営は厳しく，この機会に収益を上げようと考えた
(7) コミュニケーション	・職場長，副長との連絡・承認が取られていなかった	・病棟看護師と手術室看護師，患者と看護師・執刀医のコミュニケーションが不足していた	・工場からの対応の問合せに支社から特段の指示はなかった	・信号システムの変更について，両者の連絡がとれていなかった ・両者の無線周波数が合わなかった
(8) 事業環境	・競争激化・リストラ進行	・看護師不足	・6年間にわたるリストラが実施されていた	・経営状況は厳しく，慢性的な人手不足
(9) 過去の経験の反映		・熊本大などでも患者取違えが発生していたが，教訓を反映しなかった	・八雲工場で45年前に同様の中毒事故があったが，教育に反映されていなかった	

3. 安全文化

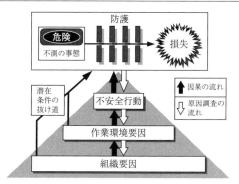

長年の安全性軽視や工程優先などの組織要因が「潜在的抜け道」を通じて徐々に無力化していった防護層を不安全行為が引き金となって突き破り、潜在的リスクが顕在化する[1),3)]。

図 3.1.1 組織事故の発生過程

孔子の説いた「中庸」を教えるもの。壺状の器に水が空のときは傾き、ちょうど良いときはまっすぐに立ち、水を満たすとひっくり返ってこぼれることを体感する[7)]。

図 3.2.1 足利学校にある「宥座（ゆうざ）之器」

層の数が多く、相互作用も複雑になりやすいため、十分な検査や監視が行き届かなくなり、防護層の弱体化、無力化が進み、これが意図的に組織のコンセンサスが得られる形で実行されれば、組織事故が発生する危険性がますます高まる。このような組織事故を防止するには、すべての防護層の健全性を常時監視していくということに尽きる。この監視を支える「しくみ」とそれを可能にする組織、職場、個人の特性が安全文化の本質的な部分と考えることができる。本章では、その「しくみ」と特性について、概観する。

3.2 安全文化の効果と取組みの基本的哲学

3.2.1 生産性と安全のトレードオフ

企業における安全文化の醸成の難しさは、企業経営の多面性・多様性にある。経営者は安全問題、すなわち、事故・トラブルの未然防止だけに取り組んでいればよいわけではない。自らの事業の将来性、直面している国内・国際情勢への対応、ビジネス面での収益性や自社の組織マネジメントなど多岐にわたることはいうまでもない。中間管理職も日々の生産管理、中長期的な生産計画の実施、現場のマネジメントに至るまでやるべきことが山積している。従業員に至っては「や・る・べ・き・こ・と」と「で・き・る・こ・と」の狭間で苦しんでいるというのが実情であろう。このような状況の中で安全文化を前向きに捉え、自律的に事故の未然防止に取り組んでいくため、組織としてのコンセンサスを創り上げることが、企業の「安全文化」を実践していく際の基本になると考えている。

さて、そのコンセンサスとは何か、についてもう少し考えてみたい。安全文化の実践で重要な概念は「中・庸」（図 3.2.1 参照）という考え方ではないかと考え

ている。厳しい企業環境の中でサステイナブルに企業活動を継続するには、「生産性（スケジュール）」を無視するわけにもいかない。むしろ、現場を支配する法則は生産性をいかに高いレベルで維持するかであったといっても過言ではない。ところが、生産性重視の環境は表 3.1.1 に示すとおり、想定外のトラブルや事故を誘発する結果につながることが多い。英国の James Reason はその著書[8)]『The Human Contribution』の中で安全性と生産性のバランスをとることの重要性をゴムひもの結び目を例に挙げてうまく説明している（**図 3.2.2** 参照）。すなわち、安全性圧力と生産性圧力のバランスがとれるようにゴムを引っ張れば、安全ゾーンに結び目がきて、事故が起きにくい組織環境が生成される。通常の組織環境では、常時、生産性やスケジュール遵守の圧力が高いことが多く、結び目は安全ゾーンを外れてしまう。このような場合には前より強く安全性張力を高めて両者のバランスをとり直せば、

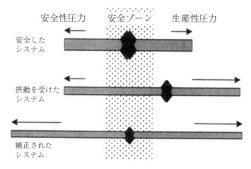

図 3.2.2 安全性と生産性のバランスをとることのゴムひもを使ったアナロジー[8)]

再びバランスする。したがって，生産性の圧力を高めたければ，それに見合うように，安全性の圧力を高めればよいということになる。生産性と安全性をうまくバランスをとることが重要である。

このように，企業の安全文化の醸成を考える場合には，生産性優先の風土であっても，自律的に安全性を高めれば対処できるというコンセンサスを得ることが重要である。このような風土が形成されれば，事故の未然防止に向けたトップとボトムの協調を前提に前向きな組織全体の姿勢が形成され，BPR（business process reengineering）などの組織変革の推進による業務の合理化が進めば，その負担軽減分を安全性強化に振り向けることが可能となる。

3.2.2 安全文化における重要な概念

〔1〕 プロアクティブの薦め

中国には古来，陰陽のほかに天地人から成る三才という思想があった。いわゆる「医の三才」に代表される考え方である[9]。曰く，「上医は未だ病まざるものの病を治し，中医はまさに病まんとするものの病を治し，下医は既に病みたるを治す」という考え方である。これは旅人に例えれば，荒野の一軒家で夕餉の支度であろうか藁葺屋根の煙突から火の粉と煙がもうもうと出ている。旅人はその家の主人に「乾燥しているし，火の粉が引火して危ないですよ」と注意すると，主人は「もう何年もこれで大丈夫さ，余計な御世話だ！」といって追い払われた。つぎの旅人は「いま，火の粉が藁に掛かり，一部が焦げていますよ！」というと，主人は「それは気付かなかった。ありがとう」と簡単に礼を述べたが，それだけだった。つぎの旅人は，藁がぼうぼう燃えていることを知らせ，家のものと一緒に大奮戦し，やっと火を消し止め，旅人は大歓迎を受けた，という話である。安全もこれと同じである。リスクが顕在化する前にそのリスクを「プロアクティブ（事前）」に取り除く上医が求められているのである。図3.2.3に示すように安全文化の目標は組織の力を高めて職場に存在する潜在的リスクを合理的に取り除くことであるともいえる。これはわが国の安全優良企業の共通の取組みでもある。

〔2〕 結果よりもプロセス

いくら安全性を高める努力をしても事故が頻発することがあるし，何も努力していなくても事故がまったく起こらないことがある。この事故が起こらない時期を「揺れない船」という言い方をし，確実に揺れない船の期間は安全担当者を始めとして安全に対する関心や資源の投入量は少なくなる。誰も事故のいやな経験を思い出したくないし，事故がないからうまくいって

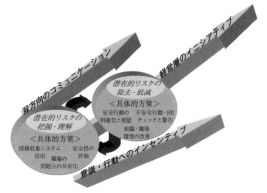

図3.2.3 わが国の安全優良企業の取組みの共通点

安全エンジンとしてコミュニケーション，イニシアティブ，インセンティブを重視し，潜在的リスクの発見・除去を活動の中心に据えている[10]

いると思いがちだからである。しかしながら，揺れない船は長く続かない。これは歴史が証明している。突如事故が多発し，手がつけられないほど安全性が劣化してしまっていることに気付いて愕然とするのである。したがって，「恐れ（事故の記憶）を忘れずに，努力を継続すること[1]」こそ大事である。すなわち，結果（事故率）がどうあろうと地道に安全活動などの取組みの「プロセス」を実行することこそ肝要である。

〔3〕 疑問に思う態度

イノベーションを起こすには，どんなことにも疑問を持ち，「どうすれば良くなるか？」，「どうすれば楽ができるか？」，「これまでのやり方でいいのか？」，「これまでは大丈夫であったが，これからも大丈夫か？」という視点が大切である。安全は同じことの繰返しで愚直に実施することももちろん大事ではあるが，世の中の環境や技術の変化は激しく，人の意識も大きく様変わりしている。これまでどおりのやり方に疑問を持ち，もう一度，再確認することも大事である。そこから安全に対する興味とモチベーションが生まれる。これがなければどんな安全活動も形骸化し，効果どころか，実施による負荷が大きくなって，逆効果となる危険がある。

3.2.3 安全文化の安全成績（パフォーマンス）との関連

安全文化のパフォーマンスへの影響は，さまざまな議論のあるところであるが，これらを整理すると，図3.2.4のような階層構造をなしていると考えられる。すなわち，安全性向上の目的であるセーフティパフォーマンス（安全成績）を目標として，全体を構造

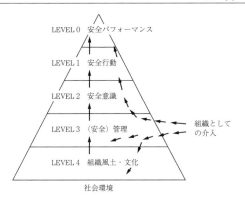

組織として管理に介入することによって，組織風土・文化，安全意識・行動に影響を与え，最終的に安全パフォーマンスを向上することができる

図3.2.4 安全パフォーマンス（事故発生率）を頂点とした組織風土・文化，（安全）管理，安全意識，安全行動の関連構造図

化すると，「LEVEL 0 には安全パフォーマンス（事故発生率）」，「LEVEL 1 には，それを支える職員の安全行動（作業・業務・措置・協力）」，「LEVEL 2 には，行動を支配する安全意識（作業態度・注意・懸念・参画）」，「LEVEL 3 には，安全意識を育てる安全管理（作業標準・安全施策・評価・教育／訓練）」，「LEVEL 4 には，管理を生み出し，実践する組織風土・文化（作業環境・組織構成・暗黙の規則・慣習・体制）」を配置した。さらに外部には社会環境が存在する。もちろん，これらは下から順に上位に影響を及ぼしているわけではなく，場合によってはバイパスや逆の因果もあり得る。ここで重要なのは，組織としてどの階層が最も介入しやすいかである。安全意識や風土文化を直接変化させることは難しいため（これは経営層の刷新によってのみ直接変え得る。日産の例を見れば理解できるであろう），また，安全意識や行動を直接変化させることも具体的な実践例はあるものの一般には難しい。したがって，組織として自然に介入できる部分は組織本来の役割である LEVEL 3 の安全管理である。管理を変えることによって，意識や行動を変え，また，組織風土・文化も徐々に変えてゆくことができる。組織風土・文化を幸いにして変えることができれば，それが碇（いかり）の役割を果たし，多少のことでは揺らがないが，企業環境や経営および構成員の経年的な変化には影響を受ける。特に，事故・トラブルの減少は，安全性向上の意欲に大きく影響するため，劣化しないようにモニタリングすることも重要である。

3.2.4 安全文化の構成要素

これまで，① 過去の研究，② 過去の組織事故の共通要因，③ 各種事業所の安全診断結果，④ 安全優良企業の訪問調査などによる内外の good practice（良好事例），の観点から安全文化の重要要因を抽出してきた。これら既存の研究や実践例を総括しながら，わが国の企業風土や文化背景を加味した安全文化を構成する主要な要因について整理統合した結果，図 3.2.5 に示すとおり，安全文化の構成要素がおおむね以下の 8 軸に集約されることがわかった。すなわち，組織統率（ガバナンス），責任関与（コミットメント），相互理解（コミュニケーション），危険認識（アウェアネス），学習伝承（ラーニング），作業管理（ワークプラクティス），資源管理（リソースマネジメント），動機付け（モチベーション）である。これらは，事故を起こしにくい組織文化を創造するために必要な視点であり，目に見えない暗黙の規範，価値観を含むものである。また，この 8 軸はどのような組織であっても不可欠な要素であり，これらの機能が安全に向けられることによって安全重視の価値観が共有されると考えている。

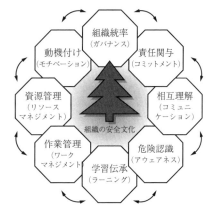

※8軸は隣接する軸どうしの関連が深いが，他の軸とも密接に関わっている。

図3.2.5 過去の優良企業研究，既存事故の根本原因分析，企業の安全診断結果から集約した安全文化の八つの軸

・組織統率（ガバナンス）　組織内で安全優先の価値観を共有し，これを尊重して組織管理を行うこと。コンプライアンス，安全施策における積極的なリーダーシップの発揮を含む。
・責任関与（コミットメント）　組織の経営トップ層および管理職者層から一般職員まで，また規制者，協力会社職員までがおのおのの立場で職務遂行に関わる安全確保に責任を持ち，自主的かつ積極的に関与すること。
・相互理解（コミュニケーション）　組織内および組織間（規制者，同業他社，協力会社）における上下，左右の意思疎通，情報共有，相互理解を

- 危険認識（アウェアネス）　個々人がおのおのの職務と職責における潜在的リスクを意識し，これを発見する努力を継続することにより，危険感知能力を高め，行動に反映すること．
- 学習伝承（ラーニング）　安全重視を実践する組織として必要な知識（失敗経験の知識化等），そして背景情報を理解し実践する能力を獲得し，これを伝承していくために，自発的に適切なマネジメントに基づく組織学習を継続すること．また，そのための教育訓練を含む．
- 作業管理（ワークマネジメント）　文書管理，技術管理，作業標準，安全管理，品質管理など作業を適切に進めるための実効的な施策が整備され，個々人が自主的に尊重すること．
- 資源管理（リソースマネジメント）　安全確保に関する人的，物的，資金的資源の管理と配分が一過性でなく適正マネジメントに基づき行われていること．
- 動機付け（モチベーション）　組織としてふさわしいインセンティブ（やる気）を与えることにより，安全性向上に向けた取組みが促進されるとともに，職場満足度を高めること．

3.3　産業組織の安全文化の診断（化学産業主体）

　安全文化のレベルを見える化し，自らの安全文化レベルを知り，組織としての安全文化醸成への取組みの有効性を評価するためには，図3.2.5で示された組織の安全文化のそれぞれの構成要素について，組織構成員全体の意識調査を行うことが望ましい．ここでは，これらの構成要素の下位尺度（**表3.3.1**参照（組織統率の項目）全体で108項目のアンケート設問）それぞれについて，評価尺度（1. まったくあてはまらない，2. あまり当てはまらない，3. どちらともいえない，4. 少し当てはまる，5. 非常に当てはまる）を用いたアンケートを行い，それに対する回答を分析することにより，当該事業所の安全文化のレベルを診断するための調査を実施した．また，アンケートの分析により得られた指数が事業所の事故発生頻度と相関性があれば安全文化診断として活用できると考え，後述するように，100事業所以上の診断を行うことにより，この仮説が成立することを確認した．アンケート項目は，表3.3.1に示す8軸の下位項目108項目をアンケート様式として使用した．

表3.3.1　安全診断用の1軸：組織統率の下位アンケート項目（例）

8 軸	対象	質問項目
組織統率	個人	安全よりも工程を優先する上長には従いたくない
		仕事上での判断は組織の倫理だけで決めても仕方ない
	職場	仕事上の指揮命令系統や職務分掌が曖昧である
		仕組みや制度の変化を進んで受け入れる雰囲気がある
		規則より習慣が優先される
		プラントで設備操作・工事は直長の許可がなければできない
	組織	安全最優先の理念が経営トップにより示され，社員に周知されている
		安全方針に基づき具体的な安全施策・活動が計画され実施されている
		安全施策・活動の具体化は各部課・係で議論され定められている
		安全パフォーマンス（事故発生数・安全活動時間・安全対策費）などが周知され，次年度に反映されている
		安全上の懸念・問題があれば優先して予算を確保することができる
		安全に関する現場の問題は各部課内で処理され安全管理部門には知らされない
		安全管理部門には優秀な人材が登用されている
		この会社では安全管理の専門家を育てる仕組みがある
		この事業所では重要な業務であっても協力会社に外注する傾向がある
		安全監査は本社の監査部門の社員も加わって基準に従って実施している
		安全監査では現場の実情や安全上の問題点についても聞き取りやアンケートなどで把握されている
		保安関係の法律の解釈について相談できる窓口・担当が用意されている
		安全管理規則，禁止行為などを社員全員に周知させるため携帯できるものを用意している
		業務上の適度な権限が与えられている

3. 安 全 文 化

このアンケート様式を活用し,事業所の安全文化レベルを診断し,それを改善に結び付けることを目的に,**図 3.3.1**に示す「安全診断システム」および「安全提案システム」から成る安全性向上システムを構成した。両者の関係は「安全診断システム」で提供された安全文化レベル全体の評価指数および個々の安全文化構成要素ごとの比較結果により示唆された対象事業所独自の問題点を「安全提案システム」を活用して改善していく仕組みになっている。具体的には,自事業所のアンケート結果から導かれた各 108 の設問項目の平均値を業界平均と比較するため有意差検定を行い,平均値よりも有意に低い項目を抽出することにより,自事業所の「弱み」を知ることができる。また,平均値よりも有意に高い項目は自事業所の「強み」として認識できる。化学産業界(石油精製,石油化学,一般化学などの企業群)のおよそ 100 社の安全診断結果の一例を**図 3.3.2**に示す。縦軸は設問項目(全 108 項目)とし,横軸には診断を行った企業の事業所を配置した。横軸の左側 1/3 程度までは認定事業者を配置した。この結果では,明らかに認定事業者の領域に平均レベルより高い「強み」と診断される項目が多く見られ,非認定事業者領域では全体的に評価が低い項目が多く分布する傾向がわかる。このように診断システムにより,自分たちの安全文化レベルを知り,「強み」,「弱み」を認識し,継続して弱みをカバーするため,PDCA サイクルを回しながら安全文化レベルを高めていくプロセスが「安全性向上システム」である。また,安全文化レベルの相対的,経時的な変化を「見える化」することで,継続した努力が成果を挙げているか認識できる。また,各事業所ごとの各設問項目の平均値データ表に主成分分析を適用すると,第一主成分得点(**図 3.3.3**では横軸)に総合安全文化指数とみなせる軸が現れ(後述するように,事故頻度との相関性から),縦軸には,各事業所がとっている安全性向上方策の傾向を表す軸が現れた(図 3.3.3 参照)。また,

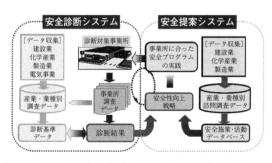

図 3.3.1 安全性向上システム(安全診断システム+安全提案システム)の全体構成——事業所の安全性向上に向けた安全プログラムの実践の流れ——

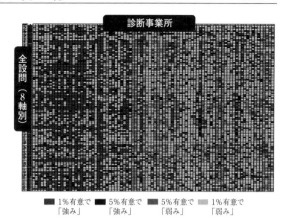

図 3.3.2 化学産業界およそ 100 社(石油精製,石油化学,一般化学,化学品製造など)の安全診断結果(縦軸:108 設問を 8 軸別に配置,横軸:診断対象企業(約 100 社)を認定事業者から順に配置)

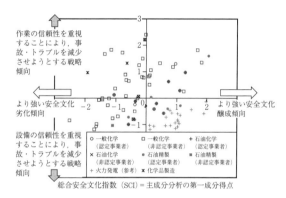

図 3.3.3 主成分分析による総合安全文化指数による診断企業群の安全文化レベルの相対的位置付け(縦軸+方向:人間信頼性の重視傾向,一方向:設備信頼性の重視傾向,横軸は総合安全文化指数)

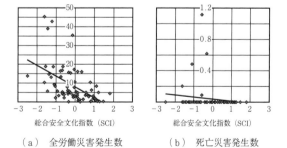

(a) 全労働災害発生数(休業+不休業)　(b) 死亡災害発生数

図 3.3.4 総合安全文化指数と労働災害発生率相関関係(全労働災害(休業+不休業),死亡災害)

図 3.3.4に示すように,各事業所で発生した過去 5 年間の労働災害発生率(休業災害+不休業災害)の平均値と総合安全文化指数には有意な(1%)相関関係が認められたため,この横軸を総合安全文化指数(safety culture index, SCI）と命名した。同図に示すようにこの軸で死亡災害があった事業所をプロットするとSCIが平均より低い（マイナス側）でのみ死亡災害が発生している様子がうかがえる。

3.4 安全文化の8軸別に見た安全文化の醸成方策の方向性について

事業所の安全文化を醸成するための方策について考えてみる。安全文化の目標は先に述べたとおり，事故につながる潜在的な可能性のあるリスク（ハザード）を徹底して抽出し，排除していくことである。このためには安全文化の8軸の観点が重要になると考えている。さらに，具体化して実施するためには，事業所の各セクションで安全を自らの問題と考え，自分たちで考えながら実施する「自律的安全活動」が重要になる。以下に安全文化の8軸ごとに方向性を示す。

〔1〕 組 織 統 率
- 経営トップによる安全理念・方針の明確化
- 安全対策予算の臨機応変な手当て
- 安全管理部門の地位向上と権限強化（現場からの安全上の要望に対処できる予算執行権限，安全部門の地位向上のために複数の安全実務経験者を役員に加える）
- 安全管理プログラムの実施範囲の拡張（協力会社・派遣・臨時職員）
- 安全に関する相談窓口（コンプライアンス窓口との併用も可）設置
- 現場からの潜在リスク情報の多様な抽出方法の整備と素早いフィードバック
- 現場の最小組織単位ごとの安全リーダの設置
- 社内・社外・自部門・他部門の安全監査機能のクロスオーバ
- 社員の安全意識，安全パフォーマンスを把握する担当者（部署）の設置

〔2〕 責 任 関 与
- 安全目標に沿った行動計画の策定とレビュー
- 事業所幹部による全員参加活動など安全活動奨励
- 全員参加の小グループ単位の自律的安全活動（現場主導活動）への進化

〔3〕 相 互 理 解
- 事業所内の部門間交流の活性化（部門横断型・マルチ・ファンクショナルチーム）
- 職場内の交流および人間関係強化
- マイナス情報を申告しやすい制度
- 周辺住民や規制側とのコミュニケーション促進

〔4〕 危 険 認 識
- 発生確率は低いものの巨大な被害に結び付くリスクへの注意喚起と対策
  現場の巡回やパトロールによる危険箇所のピックアップや潜在的リスク（漏れ，床滑り，整理整頓，表示，タグなど）抽出活動の実施
- 設備の運転に関する深い知識やダイナミクスを理解できる教育，および日常的な警報やアラーム時の対処についての問答，警報処理手順の作成
- 作業のリスクアセスメントの実施（作業中のリスクを全員で洗い出す）と実施結果の作業計画への反映
- 事前（作業前）安全評価の実施（KY含む）
- 事故トラブルの経験共有
- 緊急時のシミュレーション訓練
- 作業場所や操作パネルの人間工学的配慮

〔5〕 学 習 伝 承
- マンツーマンのOJT教育（退職したOBの再雇用あるいはエキスパート）
- 過去事例の体験，危険体験など現実的な体験訓練を行う
- 基本動作・基本行動の訓練，認定から応用動作訓練（OJT）のカリキュラム作成
- マニュアル・ルールの再教育，入場者教育

〔6〕 作 業 管 理
- 非定常作業での作業標準の作成
- 作業標準の改定（設備設計者，管理者，作業者，安全担当者グループ）
- 写真や図の多様によるわかりやすい手順書作成
- 不具合情報の反映システム（懸念事項の反映システム）整備

〔7〕 資 源 管 理
- 既存の安全活動の見直し・合理化による自律的活動への進化
- 業務プロセスの見える化，合理化（ビジネスプロセス，リエンジニアリング）
- 連続性を考慮した人員採用
- 退職者の活用
- 安全予算の柔軟な手当て

〔8〕 動 機 付 け
- キャリヤパスの多様化
- 体系的な人材育成
- 新たなポジションへの応募と移動の自由
- エキスパートの優遇と認定制度
- 職務満足度の向上策（不満要因の解消）

3.5 おわりに

安全文化について，経緯や背景について概観し，① 既存の安全文化研究，② 過去の組織事故の共通要因，③ 各種事業所の安全診断結果，④ 安全優良企業の訪問調査などによる内外の good practice（良好事例）の観点からその重要な要因について検討した。その結果，これらの要因を，ガバナンス（組織統率），コミットメント（参画），コミュニケーション（情報共有），アウェアネス（危険認識），ラーニング（学習伝承），ワークプラクティス（作業実施），リソースマネジメント（資源管理）およびモチベーション（動機付け），の八つの軸に分類した。組織における安全文化を醸成するためには，経営層，管理層，従業員層のそれぞれが，安全性向上に向けた努力を継続することが必要であり，そのために管理から介入することで，意識，風土，文化を変え，最終的には，個人の行動を変えていくことが望まれる。具体的には，潜在リスクを発見し，除去する活動を業務の主軸として実施し，組織学習を進めていくことであり，そのための安全文化を八つの視点により，整えていくことである。これを進めるツールとして，リスクアセスメント，安全診断などが有効であると考える。 （高野研一）

引用・参考文献

1) Reason, J., Managing the Risks of Organizational Accident., Ashgate Aldersho., UK. 1997 （邦訳，組織事故，塩見弘監訳，高野研一，佐相邦英訳，日科技連出版社 (1999)
2) 佐相邦英，合田英規，弘津祐子，ウラン加工工場臨界事故に関するヒューマンファクター的分析―臨界事故発生に係わる行為の分析（中間報告）―，電力中央研究所調査報告，S99001 (1999)
3) 高野研一，組織事故としてのJCO臨界事故と再発防止，安全工学，39-4, pp.227-233 (2000)
4) Zohar, D., Safety Climate in Industrial Organizations: Theoretical and Applied Implications, J. Applied Psychology, 65-1, pp.96-102 (1980)
5) Diaz, R.I. and Cabrera, D.D., Safety Climate and Attitude as Evaluation Measures of Organizational Safety, Accid. Anal. and Prev., 29, pp. 643-650 (1997)
6) Haber, S.B., Shurberg, D.A., Barriere, M.T., and Hall, R.E., The Nuclear Organization and Management Analysis Concept Methodology: Four Years Later, IEEE 5th Conf. Human Factors and Power Plants, Monterey, CA, pp.389-393 (1992)
7) http://www.city.ashikaga.tochigi.jp/site/ashikagagakko/yuuzanoki.html (2019年1月現在)
8) 佐相邦英監訳，組織事故とレジリエンス―人間は事故を起こすのか，危機を救うのか，日科技連出版社 (2010)
9) www5f.biglobe.ne.jp/~kuroki/1gnote/touyoiga.doc (2019年1月現在)
10) 佐相邦英，長谷川尚子，廣瀬文子，津下忠史，早瀬賢一，高野研一，意識面・組織面からみた安全診断システムの構築（その3）：技術系企業への適用上の know-how について，電力中央研究所報告，S02001 (2003)

4. 現場の安全活動

4.1 安全管理の基本

4.1.1 安全管理の理念

　安全に関わるすべての人々の目標は事故・災害ゼロの達成，すなわち，事故・災害ゼロの状態を長い年月にわたって継続することである。そのためには一人ひとりが自分の役割と責任を認識して，他の人と協力してこれを遂行していく必要がある。企業の組織としての安全目標は事故・災害ゼロの達成でなければならない。

　事故・災害ゼロは人間尊重の理念および企業の社会的責任に基づいている。企業の従業員は自らの幸福を求めて職場で働いているのであるが，万一，その職場で保安事故や労働災害に遭うとすればきわめて不幸な状況に陥ることになり，従業員の信頼を裏切り，人間尊重の理念に反することになる。また，地域社会と企業との信頼関係において安全はきわめて重要であり，万一，事故による災害を工場・事業所（以下，単に工場と記述）の周辺に及ぼすことがあっては，この信頼関係を破滅させ，工場の存在や事業の継続の可否にもつながりかねない。

　また，近年，安全に関する社会的要求はきわめて厳しくなってきている。軽微な爆発・火災事故であっても社会の批判を受け企業イメージを損なうことがあり得ることを認識する必要がある。

　しかしながら，過去の経験から見て事故・災害ゼロの達成は容易ではない。したがって，それぞれの企業における工夫を凝らした安全管理が重要であるといえる。

　わが国においては 1973 年当時，化学プラントを中心に爆発・火災事故が続発したが，これを契機として化学工場各社は，安全対策の強化にたいへんな努力を積み重ねてきた。まず，最高経営者（社長）から安全最優先の基本方針が全従業員に通知され，工場の管理者を始めとする全従業員の参加による安全・保安活動が展開されてきた。

　時あたかも，1973 年から中央労働災害防止協会の主唱するゼロ災全員参加運動が開始され，「人間尊重の理念の下に全員参加で安全を先取りしよう」という「ゼロ災の理念」と，これを実現するための危険予知訓練や指差し呼称などの「有効な手法」が適切に訓練・普及された。このキャンペーンは事故・災害ゼロという目標を掲げて，職場ごとの全員の参加により，各種の安全活動を実施することによって，職場の問題を自ら解決しながら成長していく「安全小グループ活動」によって実践された。ほぼ 10 年後には，ゼロ災全員参加運動とその手法は全国的に実践されるようになった。このように，ゼロ災運動は，理念・手法・実践の三つを完全に一体のものとして推進されたのである。

　その結果，近年では，全国的には爆発・火災事故が完無ではないものの，多くの化学工場では保安事故はもとより，労働災害についても災害ゼロを長時間にわたって達成できるようになってきた。日本化学工業協会による会員企業の労働安全衛生実態調査では，労働災害の平均休業度数率（100 万時間当り）は，2015 年 0.29 であり，ここ数年の平均休業度数率は 0.3〜0.4 程度を推移しており，以前に比べて平均休業度数率は大きく低下してきたことを示している。このことは年間の休業災害がゼロである工場が半数以上になっていることを示しており，災害ゼロが達成可能となってきたことを証明するものである。

4.1.2 安全管理の基本的考え方

　製造現場の安全の確保・向上のためには，製造プロセスの安全化を図るとともに，製造プロセスの安全化を推進する産業安全環境の醸成に努めることが重要である。

〔1〕 製造プロセスの安全化

　化学物質は，エネルギー危険性，有害危険性あるいは環境汚染性の潜在危険を有するものもあり，化学物質を取り扱う製造プロセスにおいて，その取扱いを誤ると，その潜在危険が顕在化して，爆発・火災災害，健康被害や環境汚染等の種々の社会的問題を引き起こす。

　したがって，製造プロセスの安全化を図るためには，製造プロセスのリスクマネジメントを適切に行うことが重要である[1]。

　リスクマネジメントを行う上で，まず，最初に行うのが製造プロセス環境に存在するハザードシナリオを抽出することである。ハザードシナリオの抽出はブレーンストーミング等により，種々の視点からあらゆるハザードシナリオを漏れなく抽出することが重要である。ハザードシナリオの抽出に漏れがあると，リス

ク評価を行うこともできず，リスクが大きくても安全対策を講じることができない．

ハザードシナリオが抽出されると，各ハザードシナリオに対してリスクを評価することになる．リスク評価は，まず，リスクの一次評価として，専門家のエキスパートジャッジによる定性的あるいは半定量的なリスクのスクリーニング評価を行うのが効果的であろう．その結果，さらに詳細な検討を行う必要があるものについては定量的なリスクアセスメントを行い，発生確率と影響度・被害度からリスクを定量的に評価する．膨大なハザードシナリオのすべてについて定量的リスクアセスメントを行うことは現実的ではない．

リスク評価の結果は，**図 4.1.1** に示すように発生確率と影響度・被害度から成るリスクマトリックス上に表し，リスクが許容できないものであれば，安全対策を講じる等，リスクの程度に応じた戦略的なリスクマネジメントを行うことが重要である．なお，安全対策を講じた場合は必ずリスクの再評価を行い，リスクが許容できる状態になったことを確認する必要がある．

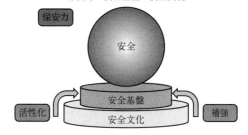

図 4.1.2 保安力の概念

来の機能を十分に発現するために，また，産業環境の変化等にも対応して安全基盤を補強するために安全文化が重要であるというコンセプトである．

ここで，安全基盤とは，**図 4.1.3** に示すように，プラントの安全確保のためのプロセス安全管理の考え方をコアとした人・組織，設備，技術，マネジメントの仕組みの体系ということができる．

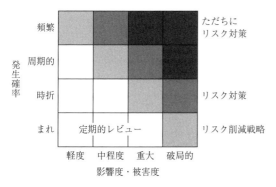

図 4.1.1 リスクマネジメントの優先度

〔2〕 産業安全環境の醸成

産業界は安全確保のため種々の考え方を導入し，リスクの低減に努めてきた．当初は設備・機器の改善や基準等のマニュアルの整備を行い，次いで，リスクマネジメント手法を導入してリスクの低減に努めてきたが，近年のリスク構造の複雑さや人・社会の変化等を考えると，さらなるリスクの低減のためには，従来のものに加えて安全文化の概念を導入する必要が指摘された．そこで，安全文化を考慮した産業安全の在り方が経済産業省の支援を得て安全工学会で検討が行われ，事業所等の安全のレベルを表すものとして，保安力という考え方が提案された[2]．保安力は**図 4.1.2** に示すように安全基盤と安全文化から成る．すなわち，安全は，しっかりした安全基盤の仕組みの下で確保・向上できるものであり，その安全基盤を活性化して本

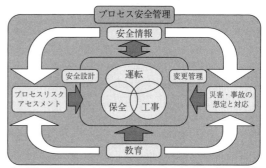

図 4.1.3 安全基盤の概念（評価 10 項目）

すなわち，プラント安全情報を基にした設計，運転，保全，工事の一連の流れの中で部門間の連携の下で各部門の役割が機能し，プロセスリスクアセスメントや変更管理が有効に活用され，災害・事故の想定と対応が明確化され，また，その基本となる適切な教育が行われるようなプロセス安全管理が重要である．

一方，安全文化は，**図 4.1.4** に示すように，プラントの安全確保のための安全基盤を活性化する人間行動，組織活動および事業所環境等ということができる．

すなわち，トップマネジメントは，組織統率としての安全理念・方針の明確化とリーダーシップが重要であり，プラント現場は，トップの安全理念・方針を理解して主体的に安全に取り組むためのモチベーションが重要であり，そのベースとなる危険認識や学習伝承により得た知識や技術も必要となる．そして，現場が主体的な安全活動を行うことができるような適切な資

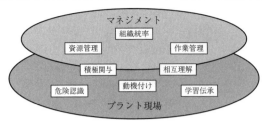

図4.1.4 安全文化の概念（評価8項目）

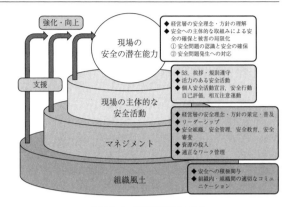

図4.1.5 現場保安力の概念

源管理，業務管理を行うことがマネジメントに求められる。また，トップを始め現場に至る全構成員の安全への積極関与とそのベースとなる組織内における縦や横のコミュニケーションや事業所外とのコミュニケーション等も重要である。

かくて，保安力は，それを構成する安全基盤および安全文化の各項目について事業所等のレベルを評価することにより，その事業所の安全基盤および安全文化のレベルを知るとともに，弱点の強化に努めることができる。

一方，現場保安力は，近年の産業事故等の発生要因として，現場保安力の低下のおそれが指摘されており，その強化のため現場保安力の概念が検討されたもので，前述した保安力の考え方を主として現場に視点を置いたものといえよう[3]。

すなわち，現場保安力とは，プラント現場が経営層の安全理念・方針を理解し，プラントの運転・保守業務において，安全問題に主体的に取り組み，事故の予防のため，プロセスおよび作業の危険性を理解（危険源の予知，リスク評価）し，設備・機器の健全性維持と作業の安全化を図ることができ，また，万一の安全問題発生に対し，異常の予兆を検知し，異常発生時の適切な対処ができ，事故発生時の影響や被害の局限化を図ることができるプラント現場のポテンシャルをいう（図4.1.5参照）。

したがって，現場保安力の強化には，現場の主体的な安全活動に加え，経営層が安全理念・方針を明確に示し，リーダーシップを発揮して，現場の主体的な安全活動の環境づくりとしての資源管理や作業管理等マネジメントに努めることであり，また，経営層から現場まで一体となって安全に積極的に取り組める組織風土が重要である。

かくて，現場保安力は，現場保安力の各構成要素に寄与する強化要素のポテンシャルから評価することができ，また，その結果から，現場保安力の構成要素の弱点の強化に努めることができる。

4.1.3 安全管理の方針

〔1〕 **最高経営責任者（社長）による安全理念・方針**

社長始め経営者の安全に関する公約と姿勢が最も重要であり，経営方針の中に安全に関する理念・方針が明確に示され，これが全従業員に周知されなければならない。この理念・方針は企業内の最高の経営者レベルで合意され，企業の安全理念を反映し，事故・災害ゼロの達成を目標に盛り込んだものでなければならず，保安事故（火災・爆発・漏洩）と労働災害の防止，健康障害の発生防止，環境保全を目的としたものである。この中にはつぎのような安全管理の理念が盛り込まれる。

（a） **安全最優先の表明**　安全は人間尊重の理念に基づき，企業経営の基盤であり，安全の確保なくして生産も企業の存立もあり得ない。
・つねに安全を最優先すべきである。
・安全の確保は企業の社会的責任である。
・安全の確保なくしては地域社会の信頼を得ることはできない。
・安全は企業の事業活動と一体のものである。
・安全な操業は優良企業への道である。

（b） **事故・災害防止の方針**
・すべての事故・災害は防止できるものである。
・安全は全員の参加と努力が不可欠である。
・安全は，すべての段階において，全社員が安全に責任を持ち，その役割を果たすことにより確保される。

（c） **安全目標**　保安（火災・爆発・漏洩）事故，労働災害（休業・不休業）および環境汚染事故すべての発生を防止することを目標とする。

〔2〕 **工場長の安全方針と姿勢**

工場長は自らの安全操業および保安事故・労働災害の防止とそのための安全対策に最大の責任を負う。

すべての従業員は，その職務を安全に遂行し，安全

方針の計画と実施および安全目標の達成に積極的に参加し，寄与する役割と責任を持つ。

工場長の安全方針は全社安全基本方針に基づいて工場の実態に合わせて独自に定められる。

工場長はその工場におけるトップであり，安全に関わる公約と姿勢が中間管理職の意識と態度を決定する。公約は工場（あるいは工場長）の安全方針において明示される。姿勢とは工場の管理の種々の場で安全をつねに最優先することを態度で示すことである。

例えば，重要会議においては必ず安全に関する議題を含めるとか，工場長挨拶の中では必ず安全に関して述べること，製造現場の巡視や査察を熱心に行い，現場の問題点等に耳を傾けること，安全対策に予算を優先的に使うことなどである。

工場の使命は，安全に，良い製品をより安価に安定して生産することであるが，安全は息の長い活動の積み重ねが必要であるのに対し，品質と生産はただちに結果が表れることが多い。したがって，つねに工場長が安全優先の態度を示さないと，安全が後回しにされるおそれが生じるのである。

工場長は構内で働く協力会社と一体となった安全管理を推進する方針を明確にする必要がある。そのためには，協力会社の安全推進組織による活動のみならず協力会社による個々の日常業務において安全管理や安全指導を従業員と同様に実施することが必要である。

〔3〕 安全文化の醸成

安全管理は多岐にわたる膨大なシステムであり，これが工場のすべての部門においてすべての階層の従業員によって，長期にわたって，完全に実行されなければ災害の防止は達成できない。

そのためには，安全は業務の不可欠な要素であり，安全を最優先しようとの考え方が経営トップから全管理者・監督者に定着したトップダウンの積極姿勢と，全従業員による安全活動実施のボトムアップの積極姿勢がよくかみ合った，企業としての安全文化（風土）を醸成しなければならない。

災害防止への道のりは厳しいが，これが達成できる企業こそが従業員の質の向上と管理者のレベルアップによって，強い体質の工場，そして企業を作り上げることに成功しており，また，同時に，品質，生産効率も向上している。すなわち，災害防止を達成できる安全文化を醸成することは優良企業への道なのである。

〔4〕 安全成績の評価

安全成績は安全管理の成果であり，長い間，安全のレベルを示すものとされてきた。しかしながら，安全レベルの向上とともに，工場単位では休業件数と度数率は指標とはなり得なくなった。1000人未満の工場では1年間休業ゼロを達成できたことに満足しているわけにはいかなくなっている。

日本化学工業協会では，安全表彰事業所の選定に，保安事故および労働災害に関してつぎの指標を用いている[4]。

保安事故：
① 爆発，火災または漏洩などによる操業停止（行政命令）または地域住民被害を及ぼす事故が前2年間においてないこと
② その他重大事故の発生が前2年間においてないこと

労働災害：
① 休業災害度数率
　　前5年間の休業災害度数率の平均値が0.3以下であり，かつ，前2年間の休業災害度数率が0であること
② 休業災害強度率
　　前5年間の休業災害強度率の平均値が0.1以下であること
③ 死亡災害，永久労働不能（障害等級3級以上）に相当する障害を伴う災害
　　前5年間において該当者がないこと

これらの安全指標をクリアした事業所が推薦されるが，その中から安全表彰事業所の選定にあたっては，過去5年間の親会社および協力会社の休業災害度数率に加え，親会社および協力会社の不休業災害度数率を評価するとともに，係数（対象人数×無災害年数）および比（無災害記録時間／事業所対象区分の無災害記録時間）も評価指標とし，高い水準の安全成績を収めている事業所，安全成績の向上に努力している事業所が表彰される。

このように無災害記録時間や無災害年数を指標とし，それを長年月継続することを評価の基準とすることを目標とすることが重要である。また，不休業災害も重要視して，これを含めて無災害の評価の基準にする必要がある。

安全成績は過去の成果であるが明日の安全を保証するものではない。経営者，管理者はある期間に保安事故・労働災害が発生していなくても自己満足してはならない。例えば，2年間災害ゼロであったとしても，それに安心したり，慢心したりすれば，それまでの安全レベルを低下させてしまってもそれに気付かずに災害を招いたりする。また，最近の安全レベルでは，人数の少ない組織では，休業，不休業災害とも長い期間起こらないのがふつうであるが，そのことに気付かず，いっそうの向上のための努力を怠ると災害ゼロが長続きしない。小規模の工場の休業度数率の全国統計

値が悪いのはこのためではなかろうか．

安全成績は統計的な数値であるから，分母が十分に大きくないと信頼できない．度数率の分母の労働時間が100万時間となっており，労働者無災害記録時間が数百万時間とされていることから，組織としての安全成績を評価する場合は，つねに，この程度まで労働時間を過去に延長して評価すべきである．また，目標についてもその程度の期間を対象とすべきである．

さらに重要なことは，このようなネガティブな評価よりも，日常の評価として，潜在的な危険事例を指標にすることや，安全活動の実施状況の中から指標を定めて評価するポジティブな評価を開発して活用することである．

4.1.4 ライン管理者の責任と役割
〔1〕 ライン管理者の責任

安全管理はライン管理者の責任である．工場長の安全方針は，ライン管理者によって詳細に具体化され，各部課において実行されなければならない．良好な現場管理と安全活動を活性化することによって，良い品質の製品を安価に安定的に生産すると同時に，工場長の安全目標を達成することがライン管理者の責任なのであり，これを工場安全管理部門や安全専門のスタッフがサポートするのである．

ライン管理者は多くの優先課題の中からつねに安全を優先させることを，部下に対して，態度で明示することが必要である．

ライン管理者は安全に関する従業員の提案や意見に耳を傾け，対応策を提示するか，上級管理者へ報告して対応についての判断を仰がなければならない．

〔2〕 ライン管理者の役割

ライン管理者は強い態度と信念を持ってリーダーシップを発揮し，安全優先の強い体質の職場を作らなければならない．

そのためには，良質の職場管理を行う必要がある．工場長や上級管理者の方針と指示を受け，管理部門や支援部門との連携の下に，部下の職場構成員を指導し，把握し，その信頼を得て，職場の組織を生かしていくことが必要である．構成員がすべての共通の目的意識を持ち，それぞれの役割を果たすようにするとともに，いま，何に重点を置くべきか，忘れられている課題はないか，総合的に判断し，気配りしていくことが重要である．

ライン管理者は安全管理が日常業務の最も重要な部分であることを明確に認識し，安全活動を工夫して計画し，それを部下に徹底して実行させるため，率先して，熱心に実践しなければならない．そのため，部下の一人ひとりを見守り，意見を聞き，きめ細かく気配りをしていくことが重要である．このようなライン管理者のリーダーシップが重要である．

安全の確保のため，安全活動の新しい試みや手法を導入する際などは，その定着化のために，ライン管理者のトップダウンによる強力な推進が必要であり，そしてこれに対応した従業員によるボトムアップの積極的な安全活動が効果的である．すでに述べたような安全活動が効果的といえよう．これらの企画と推進はライン管理者の役割である．

注意すべきことは，各種の活動をあれやこれやと多数やるのではなく，職場の実態に合わせて最も適合した少数の活動を選択し，これに的を絞って徹底して実行することが重要である．安全活動がマンネリ化するおそれもあるが，これはライン管理者に責任があるといわざるを得ない．つねに実態を把握して，率先して推進し，あるいはグループごとに成果を競わせるなど，創意工夫が必要である．

〔3〕 安全管理システム

安全に関わる各種の業務や作業の手順が明示され，関係者の責任と権限が明確化されていることが重要である．そのためには必要な規定，基準，手順書類が適切に文書化され，実施状況は記録として保持され，内部監査や経営者による査察によってチェックされる文書化されたマネジメントシステムを構築する必要がある．

操作手順書，安全作業基準書などを整備し，定期的に見直し，改訂することが必要である．

非定常作業についても，できるだけ標準化し，標準化が困難なものは，種類を定義し，書式を定めて管理者の許可を得るシステムを作ることが大切である．

〔4〕 従業員の教育・訓練

工場の従業員は全員がその業務に応じた適切な教育・訓練を受け，正常時および異常時のいずれにおいてもその職務を遂行できる能力を持つよう，適切なあらゆる措置を講じなければならない．ライン管理者は工場の教育部門の支援を受けて各人の教育に責任を持つ必要がある．

安全教育は，新入社員教育の必須の部分であり，その後，熟練者，監督者となっても，つねに，継続的に行われなければならない．取扱い物質や作業によっては，法規により，法定教育も定められている．また，安全教育・訓練は計画を作成して実施し，その結果は個人別に記録する必要がある．

安全な運転のための知識と技能の教育・訓練は，ノウハウ教育のみならず，ノウホワイ教育も重視し，OffJTとOJTを併用して計画的，組織的に実施し，個人の理解度を的確に把握して，長期的にフォローすべ

きである。

このほかモラルアップ教育，法規教育，新任者教育など，各種の教育が相まって安全に強い職場となる。

防災訓練は，異常な出来事に迅速かつ効果的に対応するために必要な高度な知識と技量を醸成するもので，きわめて重要である。

4.1.5 現場の安全活動
〔1〕 全員参加による主体的な安全活動

安全の確保には従業員一人ひとりが安全意識と安全知識・技能を高め，主体的に安全活動を進める自主性が育たなければならない。このためには，安全小グループ（小集団）活動が効果的である。小グループは通常，職場の作業単位チームによって構成される。

安全小グループ活動を行うことは，グループのチームワークを育て，全員の参加意識を高め，やる気を起こさせるのに効果的である。小グループによる問題解決提案のほか，操作基準の見直しや設備改善への参画によって，小グループ活動は成長し，自主性，問題意識，共通の価値観が育つ。また，個々人の安全意識が高められ，安全知識・技能の能力も高められる。

〔2〕 安全の基本行動と安全意識の醸成
（a）**安全基本行動**　5S，挨拶，規則遵守などの行動は現場の安全確保にあたって基本的な実施項目である。したがって，安全基本行動を定着させる取組みや規則遵守意識を向上させるための取組みを行うことが重要である。

5Sとは，整理・整とん・清掃・清潔・しつけを意味し，安全の基本とされている。5S活動は産業環境の美化，装置の整備および規律正しい人づくりを目標とした活動である。管理者みずから率先垂範し，全員参加で取り組むことにより，基本をしっかり守るという安全な職場の基礎づくりとして重要である。5S活動は安全小グループによる基本的な活動の一つといえる。

5S活動に関係した活動には，5Sエリアの責任者を任命したり，マイエリアを定めることにより，自分の担当する設備は自分で守り，異常の早期発見や安全性の向上を図るとする活動や一斉清掃により一体感醸成を図る場内一斉清掃活動等多数の活動が行われている。

また，安全の基本行動である挨拶の活性化のための活動としては，「挨拶立哨」，「一日挨拶隊長」等が行われている。

規則遵守のための活動としては，規則遵守の実施状況を見るため，管理者等による毎日の安全管理パトロール等も行われている。

（b）**安全意識の醸成と自己評価**
1）**安全基本行動の自己評価**　現場従業員が自身の安全基本行動の日頃の実践具合を振り返り評価した上で行動目標設定などを行い，安全意識向上を図るという取組みが行われている。

これらの安全活動には，安全誓約書活動，個人別安全活動宣言活動，個人の弱点克服宣言活動，基本安全行動自己評価活動，安全力チェック活動等がある。

2）**相互注意活動**　相互注意活動とは，不安全行動や規則の不遵守などを見かけたときに，それが他の部署のものや目上のものであっても注意する活動である。若手はベテランに対して，また，部署が違うと遠慮がちであるが，それらの垣根を超えて注意しやすい職場環境が形成されると部署間や上下間の風通しが良くなり，事故予防にもつながる。

相互注意活動には，相互声かけ運動，作業の交差実査活動，安全モニタ制度活動などが知られている。

〔3〕 活力ある安全活動

安全活動としては危険予知（KY）活動，ヒヤリハット情報収集活動，職場における安全性向上のための改善提案活動等が挙げられる。これらの活動は職場に潜む潜在的な危険性や問題の把握，解決にあたっての重要な基本的なものといえる。しかし，長らく同じ活動をやっているとマンネリ化して形だけのものになりがちである。このため，マンネリ化防止にあたっての工夫をし，事故，災害の防止に努めることが重要である。

（a）**危険予知活動**　作業に際して潜在的な危険への高い感受性を持って正しい判断の下に安全な作業を行う能力を開発するため，危険予知があり，この応用として，日常の作業の場で短時価で実施する危険予知活動（KYK）を定着させることが重要な安全活動として展開されている。

危険予知手法には短時間KY，一人KY，ワンポイントKY，工場PKY（プロセス危険予知）活動など各種のものが開発されており，これらを時と場所に応じて選択して実施する工夫が重要である。特に，指差し呼称は，対象を指で差し，大声で確認する行動によって意識レベルを上げ，集中力を高めるため，誤操作防止にきわめて有効である。

（b）**ヒヤリハット・ニアミス・運転トラブル安全活動**　事故・災害を防止するためには，事故に至らない軽微な出来事や危険な状態を把握してそれらが事故・災害に進展するのを防止するための対策を講じる必要がある。

このための有効な活動として，ヒヤリハットの報告活動やニアミス，運転トラブルの報告活動が重要である。これらの提出を奨励し，小グループによってそれらの事例について討議させることにより，潜在的な危険性への感性を高めることができるばかりではなく，

事故・災害に至るのを防ぐための対策を講じることができる。ヒヤリハットやニアミス，運転トラブルには実際に体験したものだけでなく，予知・予見した想定によるものも含めて提出することが望ましい。

また，設備や作業の潜在危険要因を摘出してこれを検討し，改善していく各種の手法も行われている。

事故，異常，トラブルや労働災害，赤チン災害（軽度のけが），ヒヤリハット等の重大性の順序があるが，小さい事例や潜在的な危険事例をつぶさないと大きな事例はなくならないことを認識する必要がある。「小さい事故でも注目せよ」というのはまさにそのことを意味している。潜在的な危険事例を発掘し尽くし，それらを検討し尽くしてこそ事故・災害の防止につながるのである。これを模式的に表したのが図4.1.6である。

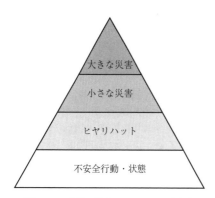

図4.1.6 事故・災害・トラブルの重大性

潜在的な危険事例やその状態は多く存在するが，それが事故・災害に至るケースはそんなに多くはない。多くの潜在危険事例や状態について，それが事故・災害に至らなかった要因は何にあるのかを体系的に解析することにより，事故・災害防止のためには何が必要かに関する貴重な知見を得ることができる。潜在的な危険事例や状態は十分に活用することが重要である。

（c）**事故や災害の見える化** 危険への感性を高めるため，事故や災害情報の見える化を図ることも重要である。過去に発生した事故，災害発生日を記載したカレンダーを作成したり，事故や災害について写真やイラストなどを使用して事故の悲惨さを示したり，事故予防にあたっての教訓や注意点などを示すことにより危険への感性を高め，安全意識の向上につなげる活動も重要である。

〔4〕 **安全活動の評価**

安全活動が全員の参加によって主体的に活発に行われ，各人の安全レベルが高められ，安全な強い体質の職場に育っているかなどについて評価するため，種々の安全活動の目標に対する実施状況を指標にした定量的な評価が有効である。この評価はまず実施者である小グループ自らが行い，次いで，監督者を経て管理者に挙げられることが重要である。目標と成果の掲示方法についてはグループごとに工夫させるのもよい。

工場レベルでは安全管理，安全活動に関する詳細なチェックリストを作成し，管理者が自己評価として記入し，これを工場長査察などにおいて説明して細かく点検を受け評価される制度はきわめて有効である。このような評価は安全レベルのポジティブな評価といえる。

〔5〕 **安全活動の効果**
——「安全よければすべてよし」——

労働災害の防止と保安事故の防止は表裏一体の関係にある。保安，安全，衛生，環境のすべての面において事故・トラブルをゼロにしようとする運動，例えば，トータルゼロ災運動やトータルゼロコントロールなどの考え方が必要である。

安全活動を徹底的に推進した結果，品質や生産効率が向上し，環境も改善された事例が多い。また，品質改善，生産改革，環境改善に徹底的に取り組んだ結果，安全成績も向上した事例もある。

このことは，安全・品質・生産・環境は一体であることを示している。製造現場における人や組織の体質，管理が改善されると安全，品質，生産，環境のいずれも向上する。逆に，けがをするような製造現場における"人や組織"そして"管理"では，保安事故，品質トラブル，生産設備故障，環境問題などを防止できるはずがないからである。安全は強い体質の現場を作るのである。 （田村昌三，西川光一）

引用・参考文献

1) 田村昌三編著，化学プラントの安全化を考える，化学工業日報社（2014）
2) 田村昌三，安全文化を考慮した産業保安のあり方—その1—，安全工学，49-4，p.205（2010）
3) 安全工学会，平成25年度経済産業省受託 現場保安力維持向上基盤強化に関する調査研究報告書（2014）
4) 日本化学工業協会，日化協安全表彰推薦要領改訂5（2014）

4.2 安全管理の組織

4.2.1 全社安全管理の組織

安全に関する組織運営の基本は「ライン管理」である。社長をトップとして直接企業活動に携わる各部門，各組織の長がそれぞれ所管する部署の安全に関し

て責任を持たねばならない。しかし，ラインは生産活動を含め多様な活動に追われている。社長を含めてライン長に対して適切に情報や助言を提供し，各組織がトップの考えの的確な伝達とトップの意思に従って活動することを確認するためのスタッフ部門が組織運営のためには必須である。

すなわち，健全な組織はラインとスタッフから構成され，それぞれの役割に応じて，安全活動に取り組まねばならない。

企業において，社長は企業経営の最高責任者であるが，このことは同時に環境や安全に関しても最高責任者であることを示す。社長の業務は多岐にわたるので，副社長等の上級役員に環境安全に関する業務を委任することもある。社長の指揮の下，各事業部門長や事業所長が安全活動に取り組み，活動目標や結果は取締役等役員が出席する全社の環境安全衛生委員会（化学会社ではレスポンシブル・ケア会議と呼ばれる例もある）等の名称で呼ばれる会議で議論される。

この会議では安全に関する基本理念，全社方針，具体的な施策などを審議決定するとともに前年度の実施状況の評価も行う。また，事業活動や操業に関するリスクの評価とPDCAサイクル運用により対策が進められていることを確認する。ここでの決定事項は全社各部門やグループ会社に伝達され，各事業所やグループ会社はそれに沿って，それぞれの組織に対応した具体的な実施計画を策定，実行する。本社の安全管理部門は社長が任命した安全管理担当の役員のスタッフ部門として，上記の会議の運営を行う。

このスタッフ部門は一般には環境安全本部または環境安全管理部，レスポンシブル・ケア部等と呼ばれることが多く，安全のみならず環境・衛生・化学品安全や万一の事故対応，この分野のリスクコミュニケーションまで所管分野は幅広いのが通常である。

企業の安全管理の柱は安全文化の構築と定着，リスクアセスメントの結果に基づくリスク管理，PDCAサイクル運営による安全のスパイラルアップであり，この部門の重要性は年々大きくなっている。このほか，安全教育や安全監査等もこの部門の中核業務である。近年，安全問題に対しては社会の眼は一段と厳しくなり，安全管理についても社会との対話，広報がより重要になっており，総務広報や研究開発，営業部門との意思疎通も忘れてはならない。加えて，国連で制定されたSDGsが企業理念，企業のCSR活動の中核となりつつあり，安全管理はこの一分野としての配慮も必要である。

4.2.2　事業所（工場）や支社支店の安全管理組織

事業所（工場）や支社支店の安全管理は通常の職制によるライン管理である。

部や課で代表されるように，それぞれの組織のトップに対するスタッフ部門として組織全体の安全管理を推進し，ラインを側面から支援する安全管理部門が設置される。近年，ISOによるマネジメントシステム取得が一般化される中，ISOではラインとスタッフの明確化が求められている。労働安全に関してはISO 45001,およびこれに対応したJISが制定されている。

組織の安全衛生活動を推進するため組織のトップが召集する安全委員会が定期的に開催され，全社方針をそれぞれの事業所でいかに具現化するかに取り組む。委員会は組織の幹部職員やスタッフ部門がメンバーとなっている。この下部組織として，各種の専門的な委員会や専門部会が設置され，技術，設備管理，教育等の検討を行う。

なお，この委員会は労働安全衛生法で定める安全衛生委員会とは異なり，組織の安全戦略に関するものである。

法定の安全管理に関する委員会には種々の規定があるが，ここでは事業所（工場），支社支店の安全管理組織について詳述する。

〔1〕　**事業所の安全衛生委員会**

事業所の安全衛生委員会については労働安全衛生法17条から19条で，規模や取り扱う物質による規定があるので参照願いたい。

事業所では事業所長（総括安全衛生管理者）の下，直接部門の責任者，間接部門の責任者，安全管理部門の責任者，過半数代表者（労働組合代表），産業医などが出席し，毎月1回開催される。

ここでは安全方針，年度重点実施事項と実施計画などを決定し，毎月の安全活動の実施状況や事故や労働災害の報告と再発防止等を審議する。また産業医の巡視，安全査察や巡視の計画と実施結果の報告も行う。

〔2〕　**部，課安全衛生委員会**

ラインの各組織にはそれぞれ，部安全衛生委員会，課安全衛生委員会，職場安全衛生委員会が置かれ，組織の長の方針に始まるトップダウンによる各種の安全管理に関する連絡やあらゆるレベルの従業員からの提案，意見具申，実情報告等のボトムアップからの意思疎通が行われる。

部安全衛生委員会は，部長が主宰し，課長，係長および各職場の代表（安全推進委員）などにより構成され，事業所の安全衛生委員会の決定事項の伝達，部としての安全管理計画の決定と推進に関する協議・決定，部長巡視の実施のほか，事故・労働災害が発生し

た場合の報告と原因究明および再発防止の検討，重大ヒヤリハットやニアミス報告も行われる。

課安全衛生委員会は課長が主宰し，課内の安全活動の計画の決定，実施状況の討議，安全上の改善の検討，重要なヒヤリハットの討議などを現場の実態に即して行うきわめて重要な委員会である。

〔3〕 専門委員会，専門部会

事業所横断的な安全管理施策の立案・協議・検討組織として下記のような委員会・部会を持つ例が多い。
・保安技術
・安全衛生
・環境
・能力開発および教育，人材育成
・交通安全
・設備保全，設備管理
・メンタルヘルス
・その他，レスポンシブル・ケアに関する事項等（CSR や地域住民との対話等）

4.2.3 安全管理部門の役割

現在，大半の企業では ISO またはこれに準ずるマネジメントシステムが導入されている。

これによる管理の考え方は安全管理においても同じであり，「ラインとスタッフの明確化」および「PDCA 運用」によるリスク管理である。社長や事業所長のスタッフとして実質的に安全管理を推進し，ライン部門を支援する安全管理部門の責務は重要である。

これらの部門は一般に保安環境部，環境安全部と呼ばれ，社長や事業所長等の組織のトップに直属して実質的に組織の安全管理を統括する権限と責務を有する。この部門の構成員にはライン管理の経験者や安全管理に関する各分野の専門家が含まれることが望ましい。安全管理面での課題は企業の業態により異なるが，それぞれの業態に対応した安全管理の重点項目の設定が必要である。

事業所（工場）における安全管理の主要業務はつぎのようなものがあり，関連する部門や産業医の協力を得て推進しなければならない。

① トップの方針の具体化，重点実施項目の策定，年間計画の立案とその推進
（安全管理のマネジメントシステムの構築とその運用管理も含まれる）
② 安全衛生委員会，各専門委員会等の運営
③ 安全管理に関する予算の立案，関連業務の実施
④ 安全教育訓練の計画，推進，結果の把握と改善点のまとめ
⑤ 安全活動（危険予知やヒヤリハット活動など）の重点施策推進
⑥ トップの安全巡視の運営や各部門の安全パトロールの支援とこれらの問題点の対策支援
⑦ 設備新増設，新規の研究開発，新製品の開発等の安全性事前評価への参画と審査
⑧ 取扱い物質，プロセスや設備の潜在危険性の発掘や評価を含むリスクアセスメントの実施
⑨ 事故，労働災害，ニアミス，重大ヒヤリハットに関する情報収集，原因究明，再発防止策の立案
⑩ 防災体制の整備・点検と防災訓練の計画・実施
⑪ 万一，事故災害発生の場合は組織トップを補佐して対策本部の中核としての活動
⑫ 環境安全関連の法規制動向の収集と適合性把握，関連部署への周知
⑬ 組織内の環境安全規定や基準類の制定，改訂，周知
⑭ 諸計画の適合性審査および許認可などの申請
⑮ 協力会社，グループ会社の安全管理の組織化と総括的指導，査察
⑯ 社外安全協力組織・地域防災協議会等への参加，これらの主催する活動に協力
⑰ 環境安全報告書作成の作成や安全広報，地域対話への参画
⑱ 環境や安全マネジメントシステムの構築・運用と外部審査受審対応
⑲ 入出門管理や所内警備，初入門者教育，交通安全対策
⑳ 作業環境管理，衛生管理，健康管理，メンタルヘルス管理

安全管理はこのように広範かつ多様な業務であるが，このほかにも推進すべきことは多い。

近年，安全安心に対する社会の関心が高まり，加えて企業活動に対する透明性と情報法公開が強く求められている。安全管理は企業における重大なリスク管理の一分野であることを忘れてはならない。

安全管理項目の事例として**表 4.2.1** に化学工場の安全管理体系（モデル）を例示する。

4.2.4 法定管理者と工場管理組織

保安 4 法，すなわち，労働安全衛生法，高圧ガス保安法，消防法，石油コンビナート等災害防止法では安全管理のための法定責任者を定める必要があり，これらを事業所（工場）の管理組織の中にあてはめて運用する必要がある。このほかにも事業所（工場）の業務内容によって規制される法令に従い法定責任者の任命が必要となる。法規制の要求事項と社内組織を一致させ，社内規定を法律に適合するように制定しておけ

4. 現場の安全活動

表 4.2.1 化学工場の安全管理体系（モデル）

機能管理	管理項目	実施事項
管理体制	1. トップの経営理念・方針	「安全は生産に優先する」，「安全は企業の社会的責任」等の明確化
	2. 安全管理方針	理念や方針に基づく「より具体的な施策，重点施策」を策定，周知
	3. 安全目標	「労災ゼロ」，「事故ゼロ」等の具体的な数値目標を策定
	4. 安全活動推進計画	年間および中期的な重点項目および具体的な推進計画を策定
	5. 安全衛生委員会などの組織的活動	工場，部，課等の各レベルの組織的活動と全従業員の積極的参画・参加
	6. 安全衛生管理マネジメントシステムの構築	リスク把握と PDCA サイクルを運用して安全活動のスパイラルアップ
	7. ライン管理者の責務の明確化	安全管理はライン管理者の責務であり，管理そのものであることの明確化
	8. 安全スタッフの役割，機能	安全に関する技術事項，事故事例の活用を通して管理者を補佐
	9. 内部コミュニケーション，安全大会	トップダウン，ボトムアップを通して安全に対する意識の共通化
	10. 協力会社，サプライチェーンの安全管理	日常の点検保守，定修時等，指導育成と一体的な安全管理活動実施
	11. 活動成果の評価と次年度への反映，公表	査察や巡視，安全データの取りまとめと報告会，社内公表，安全表彰等実施
	12. 規定・指針類の遵守	法定や自主規定の作成，保安技術指針の作成とともに遵守状況を確認
	13. 全員参加と下からの盛り上がり	小グループ活動，安全衛生大会等での発表で全員参加の活動とする
	14. 法定責任者，係員の配置	法定資格者の配置，資格取得の奨励により計画的に有資格者の増加推進
	15. 人材育成，教育，賞罰制度	安全意識の高い人材育成とともに表彰制度等により意識向上に努める
	16. 安全成果の公表，外部優秀事例収集	外部への公表で工場への信頼を高めるとともに，活動のレベルアップ推進
	17. 安全関連の法令適合，法改正動向調査と対応策	法遵守の徹底とともに，法改正や社会動向を先取りしてより安全な工場を目指す
安全	1. 現場の安全管理（5S，3T，安全通路等）	安全の基本であり，担当委員を定めパトロールで実施状況を確認
	2. 安全作業基準書の整備と遵守の徹底	現実の事例を織り込んで，最新版管理とともに遵守の確認実施
	3. 現場作業のリスクアセスメント実施の徹底	作業や機器，化学物質の取扱いのリスクの有無と低減についての確認
	4. 臨時作業・非定常作業の管理	作業の安全指示，臨時作業の基準化，危険予知等で事故の発生を防止
	5. 機械・設備・治工具の安全化対策	本質安全化，安全ロックや防護柵，使用基準を定め，事故防止を図る
	6. 自動化設備，ロボット等への安全対策　緊急停止，二重ロック	ブラックボックスの排除，シークエンスの理解，作業時の誤作動防止等で事故ゼロを目指す
	7. 保護具着用の徹底	保護具の必要性の理解，危険予知，適正な保護具使用で万一の災害防止
	8. 安全表示・標識の整備	危険場所と作業の明確化，誤操作や危険行動の防止，安全意識高揚
	9. 危険予知活動（KY）	作業に伴うリスクの確認，作業指示の明確化，指差し呼称，相互の注意
	10. ヒヤリハット摘出・活用	顕在と想定のヒヤリハット提出，教材としての安全教育と意識向上
	11. 安全提案や改善提案	いろいろな階層からの提案が重要，提案の募集・評価・採用・表彰・掲示
	12. 小グループ活動（安全ほか）	活発なコミュニケーションが重要，KY・HH・現場の改善が主要テーマ
	13. 作業者間での打合せや意識統一（ツールボックスミーティングや作業終了後）	作業目的・作業内容・分担・作業中の連絡と確認・問題発生時の対応確認，個別の作業に関してグループとしてのRAおよびPDCAサイクルの運用
	14. 潜在危険作業の登録・管理・改善	過去の事故事例や潜在危険の確認，危険作業の許可制，開始・終了の確認
	15. 事故災害の事例検討と再発防止対策	災害事例の周知，災害速報，災害の原因分析と発生防止策，幹部査察
	16. 定修や臨修，突発作業時の安全管理	工事協力会社を含めた安全協議会，社員・協力会社との一体活動
	17. 安全人間工学，安全心理学的アプローチ	安全意識の高揚，人間工学的側面から作業・行動の安全確保と振り返り
	18. 安全活動の評価と意欲付け	安全活動の評点化，自己申告評価，表彰制度，安全大会等での発表
	19. 交通事故（通勤時や場内移動中）防止	工場内外での交通事故防止，法令遵守，パトロールや啓発活動
	20. 作業者の健康管理	適切な作業環境，作業内容の把握と危険作業や過重労働の排除
保安	1. 取り扱う物質の安全性，物性の把握，RA	引火性，可燃性，不安定性，爆発性（混合や条件を含む），毒性，劣化　リスクアセスメント（RA）の実施，危険性表示（GHS），SDS の整備と教育
	2. プラント新増設，プロセスや運転条件変更時のセーフティアセスメント	計画担当者や現場管理職・現場スタッフによる検討，チェックリスト活用，社内専門家による確認，各種事前審査実施，アセスメント手法の活用
	3. SOP，運転標準書の整備（最新版管理），改訂	Know-Why に遡っての SOP 教育の徹底，作業標準書の管理規定明確化，定期的な見直し

表 4.2.1 (つづき)

機能管理	管理項目	実施事項
保　安	4. 誤操作防止対策	作業指示の明確化，相互確認，連絡設備，表示と標識，指差し称呼
	5. プロセス危険予知（プロセス，異常時対応）	リスクアセスメント（RA）の実施，異常時対応の訓練，正常と異常の識別教育
	6. 設備保全管理，TPM，寿命予測	定期点検，設備診断，防食，劣化しやすい場所の設備寿命の予測と管理
	7. 日常点検，TPM，異常の早期発見	日々のパトロール，簡易診断（振動・異音・温度），異常の早期発見・対応
	8. 緊急時・異常時の措置	緊急時の措置基準の明確化，訓練，緊急時対応マニュアルの周知・徹底
	9. 既存設備の保安点検	保安診断，保安査察，保安技術検討会，災害想定と対策，事故事例収集
	10. 事故事例の活用と類似事故の防止	社内・社外（含む海外）の事例収集，事故防止のための検討と対策
	11. 緊急防災体制，防災設備と防災活動	初期消火，緊急連絡体制，夜間・休日の防災体制，地域および共同防災
	12. 有害物流出事故の防災（設備，活動）	防液堤や除害設備，警報・通報・避難体制，事故想定と影響事前評価
	13. 事故発生時の被害拡大防止	事故想定，被害拡大防止の各種設備と訓練，緊急要員参集と資材準備
	14. 事故や異常時の通報，広報，社内連絡体制	緊急連絡体制（工場および本社），地域への広報体制，レスポンシブルケア
	15. ユーティリティ異常時の対策	電源（保安・計装），保安用ユーティリティ，バランス管理，緊急停止準備
	16. 地震や台風等自然災害への対策	措置基準の明確化と自動停止，台風の場合は事前準備，BCP 策定
	17. 入出荷する原料・製品事故時の対策	事故内容確認，漏洩や被害拡大防止，緊急連絡体制
	18. IT のトラブル時の対策	緊急停止と漏洩・被害拡大防止，設備異常に対するリスクアセスメント（RA）
	19. テロ対策	従業員その他の入退場管理，保安・警備体制の整備
衛　生	1. 取り扱う化学物質管理	取扱化学物質台帳，リスクアセス実施，SDS 整備と教育，資格取得推進
	2. 作業環境管理	取扱物質に対応した作業環境管理，局所排気，放射線管理，作業環境測定
	3. 作業管理	作業内容把握と作業改善，作業場所の改善，保護具の着用
	4. 健康管理	健康診断，私傷病管理，産業医による職場巡視・健康相談
	5. 喫煙，日常生活における健康	禁煙指導，喫煙場所制定，健康・体力づくり
	6. 適正労働，メンタルヘルス	過重労働，勤務時間管理，メンタルヘルス
	7. 女性労働者	女性労働者・若年労働者・高齢労働者への配慮，化学物質取扱い
	8. 海外派遣，感染症	海外派遣（勤務）労働者の安全衛生管理，感染症予防注射
教育訓練	1. 教育計画，カリキュラム作成	基本計画，年間計画，各部課実施計画，教育資料作成
	2. OJT（職場内教育）	階層別教育，基礎知識教育，職務知識教育，SOP 教育
	3. OFF-JT（階層別集合教育）	専門別職能別教育，技術教育，職務知識教育，保安安全教育，資格取得教育
	4. 法定教育	法定責任者，主任者，特定作業従事者
	5. 安全・保安教育，法規教育	安全心理学，安全人間工学，保安時術，保安法規，ISO 関連
	6. 教育資料の整備	実践的マニュアル，各種ガイドライン，視聴覚教材，各種保安安全資料
	7. 技術教育・技能教育センターの整備・拡充	体験・体感設備，シミュレータによる教育，モデルプラント
	8. 法定資格取得の推進	法定必要資格一覧および取得者リスト，外部研修，社内指導
	9. 新人教育・転入者教育・未熟練者教育	教育計画と教育資料作成，指導員制度
	10. 外国人労働者教育	教育計画と教育資料作成，指導員制度，生活支援
	11. 危険体感訓練，訓練センター	体験・体感設備と技能訓練センター整備，指導員配備，教育計画
	12. 防災訓練，地震等災害発生時の対応訓練	課内防災訓練，総合防災訓練，夜間訓練，呼出訓練，地域合同訓練
	13. 自衛防災隊教育訓練	一般教育，基本応用動作，各種想定訓練
	14. 社外教育，他社教育事例の情報収集	社外教育の情報収集，社外教育へ派遣，社外講師による教育
	15. 教育訓練の成果把握，PDCA	個人別教育訓練記録，習熟度チェック，教育訓練のスパイラルアップ
製品安全ほか	1. 購入原材料の有害性・危険性調査	購入原材料や資材の SDS 入手，有害物質の含有無調査
	2. 自社製品中の有害物質や使用時の危険把握	自社製品中の有害物質含有有無調査，顧客の使用時の問題点確認
	3. 原材料や製品輸送中の事故対応	輸送中の事故に備えて，SDS およびイエローカードの携行確認，輸送関連協力会社への緊急時対応を含む安全教育，緊急時対応体制

4. 現場の安全活動

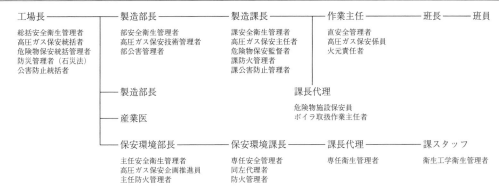

図 4.2.1 工場安全管理組織（一例）

ば，社内規定に沿って業務を遂行することが適法な業務の実行となる。法定責任者として任命された各人は，それぞれの責務をきちんと認識していなければならないのは当然である。

法定責任者となるためには対応した資格取得が必須であり，長期的な視点で従業員に法的資格を取得させるのが好ましく，これは安全教育の一環としても効果的である。

組織への法定責任者のあてはめの一例を図 4.2.1 に示す。現場管理者に求められる資格は多く，中には現場での実務経験が必要なものもある。

ライン管理長の候補者に対しては計画的に資格を取得させることが必要であり，資格の有無が管理組織の構築上，問題となる可能性もあることを忘れてはならない。

4.2.5 協力会社，グループ会社の安全管理組織

近年，企業の業務は多様化し，構内で作業をするグループ会社，協力会社のみならず部品供給等のサプライチェーンを構成する会社や業務の一部を外注する会社等も加えて，安全管理も幅広い視点で行わねばならない。

協力会社の安全管理は，個々の安全問題への対応と同時に，企業グループにおける BCP（業務継続計画）の視点でも重要である。

構内で働くグループ会社，協力会社の安全管理はそれぞれの自主性を尊重しながら，事業所（工場）の安全管理と一体で推進されねばならない。このため構内で働くグループ会社，協力会社の安全管理組織と一体となって安全管理を進めるべく，安全衛生協議会（安全衛生協力会）を組織し，その下に職種別部会を設置し，部会の下には専門委員会を置いて親事業所（工場）の安全管理方針の伝達，企業グループとしての安全衛生に関する活動方針の策定，年間計画の作成や問題点の解決にあたる。この管理組織の業務は多岐にわたるので専任の事務局を設置するのが望ましい。事務局は参加企業と協議しながら，総合的な安全活動の企画・立案，ならびに各部会，委員会，班活動の指導・支援を行うとともに，作業現場の安全パトロールや安全指導を実施する。協議会の活動には親事業所（工場）側も参画し，両者一体となった安全活動を推進しなければならない。

〔小山富士雄〕

4.3 安全管理の規程

4.3.1 安全管理規程のポイント[1]

〔1〕 経営トップの役割

（a） **経営トップのコミットメント**　経営トップは，安全管理体制に主体的かつ積極的に関与し，リーダーシップを発揮する。
- 必要な経営資源（要員，情報，設備等）の確保の指示
- 重大事故等への対応準備
- 安全管理体制全般への見直しの指示

（b） **経営トップの責務**　経営トップが，安全確保を企業経営の最重要事項の一つと位置付けて，安全管理体制が適切・円滑に運営されるように，経営管理部門に対して確実に指示等を行う。また，自らの責任において，関係法令の遵守はもとより，安全確保に向けた実効性のある活動を展開できる仕組みを確立し，確実な実施を図る。

2003 年に起きた重大事故に対して，「産業事故災害防止推進関係省庁連絡会議」は，下記のように指摘している[2]。

経営トップの認識と取組みについて，事故の少ない安全面における優良事業所は，経営トップを中心とした全社的な取組みが功を奏している。その一方で，事故が発生した事業所では経営者の危機管理意識が希薄

である。

設備の省力化や自動化の進展に伴って生産活動に従事する人員数や経費は減少傾向にある。生産性のみを考慮して合理化を進めると，安全管理のレベル低下を招く（**表4.3.1**参照）。

表4.3.1　経営トップの安全に対する責務

1	「安全第一」の徹底
2	トップ自らの率先した安全衛生活動の実践
3	リスクアセスメントの実施 　総括安全衛生管理者の統括管理の基に実施 　安全衛生委員会の調査付議事項
4	「人的資源」，「設備資源」の適切な配分
5	協力会社との安全衛生管理の連携や情報交換

日本では，従来，現場がリスクを管理し経営に報告する形のボトムアップによる安全管理に支えられてきたが，これからは，経営トップがリーダーシップを発揮するトップ主導の安全管理が求められる。

(c)　安全方針

・経営トップ自ら参画して安全方針を作成・周知する。安全方針は，できるだけわかりやすいものとし，必要に応じて適時見直す。方針は会社末端まで周知する。

・安全方針実現のための具体的施策の策定を指示し，部門，組織の階層ごとに安全重点施策の策定を指示する。責任者，手段，日程を明示，数値化等により，進捗状況が把握可能なものとする。

・少なくとも1年に1回は見直す。

(d)　安全統括責任者の的確な選任

(e)　各級管理者，要員への責任・権限の付与

「安全第一」は1906年USスチールのゲーリー社長によって提唱された。経営方針を「安全第一，品質第二，生産第三」に改めたところ，安全だけではなく，品質，生産性も向上したことによって注目された。日本では，「安全第一」として導入されたため，スローガン化したきらいがある。本来は，安全と品質と生産の経営判断における優先順位を示す方針であった。

〔2〕　安全管理規程に係るコミュニケーション

(a)　経営トップ・現場の双方向のコミュニケーションの確保

・経営トップを含む安全管理部門と現場相互間で，安全最優先の原則の徹底，安全情報の共有が可能となる風通しの良い社風を構築するために，双方向コミュニケーションの体制をつくる。

・各部門から成る安全委員会等の設置，現場パトロールにより，現場の潜在的課題を共有する。

(b)　事故・リスク情報の収集・分析・評価・対応（リスクマネジメント）

・不具合情報，安全上の潜在的課題等を明確にし，経営トップまで適時適切に報告する仕組みをつくる。

・経営トップは，安全上の問題点について，優先順位を付け，工学的措置，安全装置の取付け，作業手順の変更等，適切にその対応策を講じる。

・他社の事例も的確に活用する（**表4.3.2**参照）。

表4.3.2　リスク低減措置の優先順位[3]

順　位	項　　目
0	法令に定められた事項の確実な実施
1	本質的対策（危険な作業の廃止・変更，危険性または有害性の低い材料への代替等）
2	工学的対策（ガード，インタロック，局所排気装置の設置等）
3	管理的対策（マニュアルの整備，立入り禁止措置，曝露管理等）
4	個人用保護具の使用

法令に定められていることは確実に実施しなければならない。安易に管理的対策や個人用保護具の使用に頼るのではなく，まず，本質的対策，工学的対策を検討する[3]。

〔3〕　安全管理規程に係るガイドラインのポイント

(a)　重大事故等の対応マニュアルの整備

・通常の事故等の対応措置では対処できない事故が発生した場合に備えて，現場での責任者を定める手順，応急措置および復旧措置を定める手順等を定め，周知する。

(b)　関係法令・社内規程等の遵守の確保

・安全を確保するために，必要な要員，施設等について，関係法令を遵守して事業を実施する。

(c)　必要な教育訓練の実施

・安全管理体制に直接携わる者，内部監査要員に対して，安全管理体制に係る教育・訓練を実施する。

・全要員に対し，プロ意識を高めるための技能向上，体感教育，事故情報の共有等を図る。

〔4〕　安全管理規程の見直し・改善

(a)　内部監査（社内相互チェック）の実施

・安全管理規程の運用状況のチェックを少なくとも1年ごとに実施する。

・独立の内部監査部署を設置し監査の客観性を保つ。

・内部監査員の要件を定める（知識，教育・訓練，業務経験等）。

・経営トップによる内部監査の重要性を周知する。
（b） 安全管理体制のレビュー
・提案，内部監査等に基づき，レビューを1年ごとに実施する。
・経営トップが会議を主催する等，主導的に行うことが必要
・レビューの結果，安全管理体制の中で明らかになった課題について，継続的に是正措置および予防措置を講じる（安全方針，安全重点施策，安全管理規程，その他の規定の変更等）。
・潜在的課題に対しても予防措置を講じ，顕在化された課題と同様に対応する。

労働安全衛生管理システム（OSHMS）は，P（plan, 計画），D（do，実施），C（check，評価），A（action, 改善）のPDCAサイクルを定めて自主的な活動を継続して実施し，システム監査によるチェック機能を働かせることによって，安全衛生管理水準をスパイラル状に向上させていくことが期待される[3]。

（c） 文書（規程類）管理
・安全管理体制に関わる規程類の作成，常時最新版の規程を利用できるように適切に管理する。

（d） 安全管理体制運用状況の記録管理
・情報伝達，教育訓練，内部監査，見直し，改善等について適切に記録する。

OSHMSは，事業場全体で組織的に，システム各級管理者それぞれの役割を定められた責任と権限の下に実施することを求めている。必要な事項，手順については明文化することを，また，措置した場合には必要な事項を記録することを求めている[3]。

4.3.2 安全管理規程の内容

わが国の安全関係法令で定めている安全管理の構成は，表4.3.3のような五つの管理要素で構成されている。

これらの要素ごとに，法令で定める規則があり，それを遵守することにより，安全が確保されるとしているが，法令の基準は，最低限の要件であるので，さらにこれを補完して，社内基準を充足する必要がある。

4.3.3 安全管理規程の体系と項目

ここで，化学品製造工場を例にして，現在ある安全管理規程の体系と項目について表4.3.4に示す。

表 4.3.3 安全管理の構成

管理要素	法令で定めている事項	管理目的
① 管理組織	安全統括者，取扱い責任者の選任	責任者による安全管理
② 作業の管理	i) 取扱い資格者の認定（免許）作業への立合い ii) 作業技術基準の制定	安全な取扱い技術レベル維持
③ 設備の管理	i) 設備，構造の技術基準の制定 ii) 定期検査（保安検査） iii) 検査の記録	設備，構造の安全維持
④ 作業者の安全衛生管理	i) 健康診断 ii) 作業記録 iii) 安全教育	労働者のリスク回避
⑤ 緊急時の処置	i) 通報 ii) 事故報告	社会への影響防止

（中村昌允，馬場良靖）

引用・参考文献

1) 厚生労働省，安全管理規程に関わるガイドラインのポイント
www.mlit.go.jp/unyuanzen/pdf/point_guideline.pdf
（2019年1月現在）
2) 2003年12月25日 産業事故災害防止対策推進関係省庁連絡会議「産業事故災害防止対策の推進について～関係省庁連絡会議中間とりまとめ～」
3) 中央労働災害防止協会「平成29年度安全の指標」

4.4 安全管理の計画

4.4.1 安全活動に関する計画

労働安全衛生マネジメントシステム（occupational safety and health management system, OSHMS）は，事業者が労働者の協力の下に「計画（plan）－実施（do）－評価（check）－改善（act）」のPDCAサイクルを回すことによって，継続的な安全衛生管理を自主的に進め，労働災害の防止と労働者の健康増進，さらに進んで快適な職場環境を形成し，事業場の安全衛生水準の向上を図ることを目的とした安全衛生管理の仕組みである。

OSHMSに関する指針は，ILO（国際労働機関）において指針等が策定されているが，日本でも厚生労働省から「労働安全衛生マネジメントシステムに関する指針」（平成11年労働省告示第53号）（OSHMS指針）が示され，さらに2006（平成18）年3月に改正された。

労働安全衛生マネジメントシステムに関する指針を表4.4.1に示す[1]。

厚生労働省が2004（平成16）年2月に発表した「大規模事業場における安全管理体制等に係る自主点検結果」（都道府県労働局を通じての労働者数300人

表4.3.4 安全管理規程の体系と項目

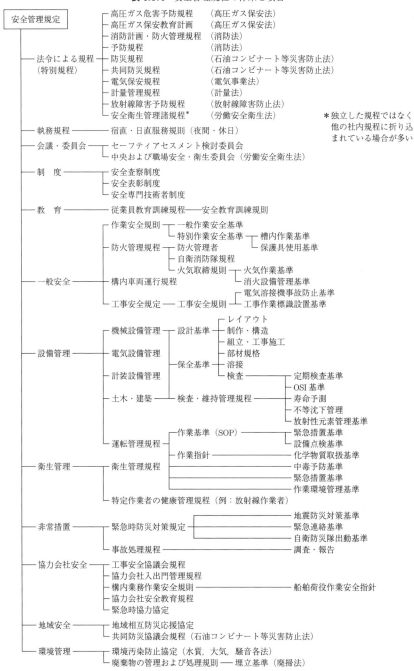

以上の約2000の事業場が対象）によると，総括安全衛生管理者の見解（自由記入欄）において，労働安全衛生マネジメントシステムを運用，構築中，あるいは，設備・作業の危険有害要因のリスク評価を実施している事業場は，これらの取組みを実施していない事業場に比べて，災害発生率（年千人率）が3割以上低いという結果が出ている[2]（図4.4.1参照）。

4.4.2 安全管理計画の構成

事業場でOSHMSを実施する場合には，OSHMS指針に従って仕組みを整備し運用することが必要である。図4.4.2にOSHMS実施事項の概要を示す。

表4.4.1 労働安全衛生マネジメントシステムに関する指針の改正

(1)	全社的な推進体制	① 経営トップによる安全衛生方針の表明，次いでシステム管理を担当する各級管理者の指名とそれらの者の役割，責任および権限を定めてシステムを適正に実施，運用する体制を整備する。 ② 事業者による定期的なシステムの見直しがなされる。
(2)	危険性または有害性の調査およびその結果に基づく措置	① リスクアセスメントの実施とその結果に基づく必要な措置の実施を定めているもので，OSHMSの中核となる。
(3)	PDCAサイクル構造の自律的システム	①「PDCAサイクル」を通じて安全衛生計画に基づく安全衛生管理を自主的・継続的に実施する仕組み。 ② OSHMSが効果的に運用されれば，安全衛生目標の達成を通じて事業場全体の安全衛生水準がスパイラル状に向上することが期待できる自律的システム。
(4)	手順化，明文化および記録化	① システムを適正に運用するために関係者の役割，責任および権限を明確にし，文書化すること。 ② 各種手順等も明文化することとしており，これは安全衛生管理のノウハウが適切に継承されることに役立つ。 ③ OSHMSに従って行った措置の実施について，その記録を保存する。

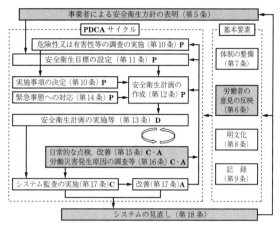

図4.4.2 OSHMSの実施事項の概要

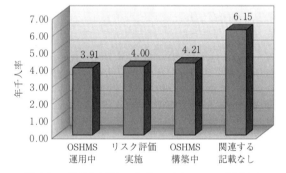

図4.4.1 労働安全衛生マネジメントシステムに関連する活動の有無による災害発生率の比較

なお，厚生労働省指針に示された具体的な手順はつぎのとおりである。

① 事業者が安全衛生方針を表明する（第5条）
② 建設物，設備，原材料，作業方法等の危険性または有害性などを調査し，その結果を踏まえ，労働者の危険または健康障害を防止するために必要な措置を決定する（第10条）
③ 安全衛生方針に基づき安全衛生目標を設定する（第11条）
④ ②の実施事項と③の安全衛生目標等に基づき，安全衛生計画を作成する（第12条）
⑤ 安全衛生計画を適切，かつ，継続的に実施する（第13条）
⑥ 安全衛生計画の実施状況等の日常的な点検および改善を行う（第15条）
⑦ 定期的に労働安全衛生マネジメントシステムについて監査や見直しを行い，点検および改善を行う（第17条）
⑧ ①～⑦を繰り返して，継続的（PDCAサイクル）に実施する（第18条）

4.4.3 安全管理計画の今後の展開

今後の展開として，一つには重大事故防止に，さらに配慮していく必要がある。もう一つは，労働安全マネジメントシステムが国際規格として発行されたことである。

工学システムの安全目標に関して，日本学術会議は基本的な考え方を示している[3]。社会の安全目標を定める対象として重視していることは，各工学システムにおける重大事故の防止である。

安全目標は，技術的合理性，経済的合理性を含めて達成可能なものでなければならない。また，つねに社会状況や技術の進化を反映したものである必要がある。

安全目標には，基準Aと基準Bの二つの基準がある。基準Aは，いかに工学的に有効なシステムであってもそれを超えるリスクは許容されない基準で，事業者と社会との合意によって決められる。基準Bはそこまでリスクを低減すればさらなるリスク低減は必要としない基準で，その領域の関係者の意思・合意によって定められる。基準Aと基準Bとの間の判断はALARPの領域とし，便益，コスト，リスクとの兼ね

合いの中で行われる。

社会に存在するリスクは多様なもので、安全目標の対象は、労働者への影響はもちろんであるが、社会に及ぼす経済的な影響、環境に対する影響、社会生活に及ぼす影響を含めて評価する必要がある。

あるリスクを小さくすれば、別のリスクが大きくなることがある。最終的には、それぞれのリスクを総合的に評価し、トータルリスクをミニマムにする必要がある。

工学システムの事故は重大事故の防止が前提であるが、事象が拡大して被害が甚大になることを防ぐ必要がある。いかに安全対策を強化しても、発生確率をゼロにすることは難しいので、事故・災害発生後の対策を考慮しておくことが重要である。

重大事故の防止について、化学プラントの安全目標を事例に説明する。

化学プラントで起きる事故は、ほとんどが労働災害で爆発火災事故は少ない。しかし、爆発火災事故は社会に与える影響がきわめて大きく、事業の存続にも影響する重大災害である。化学産業における安全の目標が重大事故の防止であるという考え方は、イタリアのセベソ爆発事故とインドのボパール事故という甚大な被害を及ぼした事故を契機に構築されてきた。

セベソ事故は、1976年イタリアのセベソにある農薬工場で起きた事故で、ダイオキシンが1800 haの土地に拡散し、高汚染地区での居住禁止や強制疎開が行われた。死亡者はいなかったが被災者は22万人、鶏、兎などの家畜が大量死した事故であった。この事故を受けて、EC（EU）は、1982年セベソ指令、1996年セベソⅡ指令、2012年セベソⅢ指令を出し、危険物質による大規模災害の予防と人間および環境への影響を最小限にとどめることを共通認識とした。1999年英国のHSE（安全衛生庁）は、Control of Major Accident Hazard Regulation（COMAH規則）を制定した。事業者は、設計段階において重大事故のシナリオを予測し、必要な対策をALARPの原則に基づいて実施していることを記載した「安全報告書」をHSEに提出することが求められた。

ボパール事故は、1984年インドのボパールで起きた化学産業史上最大の事故で、有毒物質メチルイソシアネートが漏洩し、死者3000人、被災者17万人以上といわれる。この会社は米国のUCCの子会社だったことから、化学産業の存続に関わる大きな社会問題となった。1986年カナダ化学工業協会はレスポンシブル・ケア（RC活動）指導原理をまとめた。1988年米国化学品製造者協会は「化学産業が社会から信頼され存続を許されるには、法令遵守は最低限のこととして、さらに良いことを実施しなければならない」と決議し、その後、世界各国にRC活動が広がっていった。

ISO 45001は、労働安全衛生マネジメントシステムの国際規格で、その構成を**表4.4.2**に示す[4]。

表4.4.2　ISO 45001の構成[4]

1. 適用範囲
2. 組織の状況
   ① 組織およびその状況の理解
   ② 労働者およびその他利害関係者のニーズ・期待の把握
   ③ 労働安全衛生マネジメントシステム適用範囲の決定
3. リーダーシップおよび労働者等の参加
   ① リーダーシップおよびコミットメント・安全衛生方針の表明、体制の整備
   ② 労働安全衛生方針
   ③ 組織の役割、責任および権限
   ④ 労働者の協議および参加
4. 計画
   ① リスクおよび機会への取組み
     ・安全衛生目標の設定、安全衛生計画の作成
     ・危険源の特定ならびにリスクおよび機会の評価
     ・法的要求事項およびその他の要求事項の決定
     ・取組みの計画策定
   ② 労働安全衛生目標およびそれを達成するための計画
     ・労働安全衛生目標を達成するための計画策定
5. 支援
   ① 資源
   ② 力量
   ③ 認識
   ④ コミュニケーション
   ⑤ 文書化した情報
6. 運用
   ① 運用の計画および管理
     ・危険源の除去および労働安全リスクの低減
     ・変更の管理
     ・外部委託
     ・調達
     ・請負者
   ② 緊急事態への準備および対応
7. パフォーマンス評価
   ① モニタリング、測定、分析およびパフォーマンス評価
   ② 内部監査
   ③ マネジメントレビュー
8. 改善
   ① インシデント、不適合および是正措置
   ② 継続的改善

ISO 45001は、OHSAS 18001や2001年にILO（国際労働機関）が発行したILO-OGH 2001を基に、ISOで初の労働安全衛生マネジメントシステムの国際規格としてつくられた。当該分野では厚生労働省の「労働安全衛生マネジメントシステムに関する指針」や中央労働災害防止協会、建設業労働災害防止協会などの業界が定めるガイドラインを始め、多くの標準（規格類）がすでに存在している。

ISO 45001はそれら従来の法令や規制と矛盾しない、

かつ，労働者の安全を第一とした規格として，2018年3月12日に発行された。

ISO 45001 は，組織の状況において，組織内部および外部の課題や労働者や利害関係者のニーズおよび期待を把握すること，すなわち現状把握をしっかり行うことにより，自分たちが目指すべきレベルと，現時点での自分たちのレベルとのギャップを認識しながら，マネジメントを実施することが求められる。

PDCA というサイクルを回してスパイラルアップさせるということだけでなく，より高い水準を目指した仕組みになっている。

一方，日本がこれまで行ってきた安全活動である危険予知活動，4S 活動などは規格に盛り込まれていないので，事業場で効果を上げている取組みを追加してシステムを構築し，運用していくことが大切である。

ISO 45001 は，各国の状況に応じて柔軟に適用できるように作られているため，日本独自の追加規格として，日本の安全活動を含めた JIS Q 45100 が，2018 年 9月 28日に発行された[5]。

OHSAS 18001 との大きな違いとしては，ISO 45001 では，ISO マネジメントシステム規格の共通テキスト（ISO/IEC Directives Part 1, Annex SL）が採用されたことにより，ISO 9001 や ISO 14001 など他の ISO マネジメントシステムと規格の構成や用語の定義などを共通化している。これにより，既存のマネジメントシステムに取り組んでいる組織は，労働安全衛生を含む統合マネジメントシステムとして運用することが可能になる。

セーフティグローバル推進機構は，新しい安全の潮流として「Safety 2.0」を提唱している[6]。

Safety 0.0 は，危ない機械を人間が注意して使う（自分の身は自分で守る時代）。

Safety 1.0 は，機械設備を，本質安全，本質的安全，安全装置，制御安全などによって安全化する（機械安全技術の時代）。

Safety 2.0 は，IoT，AI など ICT 技術の進歩によって，これまでできなかったことが可能になり，人とモノと環境が協調して構築される安全の時代になる（協調安全）。

新しいステップは，Safety 0.0，Safety 1.0，Safety 2.0 の併用で現場特性に合わせた最適な安全施策を選択して，安全性と生産性の両立が可能になる。

〔中村昌允〕

引用・参考文献

1) 厚生労働省，職場の安全サイト：労働安全衛生マネジメントシステム
http://anzeninfo.mhlw.go.jp/yougo/yougo02_1.html
（2019 年 1 月現在）

2) 中央労働災害防止協会，OHSMS（労働安全衛生マネジメントシステム），リスクアセスメント，機械安全
http://www.jisha.or.jp/oshms/about03.html（2019 年 1 月現在）

3) 平成 26 年 9 月 26 日　日本学術会議総合工学委員会「工学システムに関する社会の安全目標」

4) 中央労働災害防止協会，ISO 45001（JIS Q 45001）総合サイト
http://www.jisha.or.jp/iso45001/（2019 年 1 月現在）

5) 中央労働災害防止協会
ISO 45001（JIS Q 45001），JIS Q 45100 総合サイト
https://www.jisha.or.jp/iso45001/

6) 向殿政男，協調安全 Safety 2.0 が拓く生産革新，機械設計：特集 総論，pp.8-13（2018）

5. 安全マネジメント手法

5.1 予防保全

複雑で大規模な設備の健全性の維持には保全活動が必須である。わが国の産業界で発生した事故で主として設備要因で発生したものは全体の約2割となっており，近年の設備の老朽化に伴い増加傾向にある[1]。また，電気工作物の事故では過半数を占めていることが示された[2]。米国の原子力発電所で発生した事故について INPO（Institute of Nuclear Power Operations）が調査した結果によれば，半数以上が保守に関係した設備事故であったとされる[3]。

設備の保全活動に起因した事故保全には大きく分けて2種類がある。一つは，何らかの故障や不具合が発生してからそのコンポーネントや部品を交換したり，修理する「事後保全」であり，もう一つは，故障や不具合が発生する前に計画的に実施する「予防保全」である。両者の関係を図5.1.1に示す。損傷を受けたのちの修繕ではより多額の費用がかかるおそれがある機器については比較的早い時期に保全することにより，全体の保全費用を抑えることができる[4]。

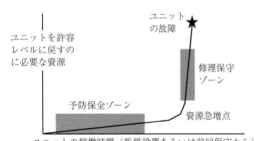

図5.1.1 予防保全ゾーンと事後保全ゾーンでの保全費用の関係

予防保全では，以下のメリットがあるとされる。
① 保全コストを計画的に抑えることができる
② 機器状態を適正に維持できるため，設備の寿命を延ばすことができる
③ 突然の故障（想定外保守負荷）の発生を抑えられる

予防保全には故障するまでの平均時間をベースに決められた時間で定期的に保全を行う「時間基準保全」と機器の状態を把握もしくは連続監視し，保全実施の判断を行う「状態基準保全」に分かれる。状態監視には巡回による目視点検や定期的な点検が用いられることが多いが，最近では，回転体などに振動センサを取り付け連続状態監視により，機器の交換時期を探る設備診断の手法が発達してきた。予防保全の保全費用から見た最適なレベルは事後保全と予防保全の和が最小になる時期を見つけることが大事である[4]。

近年，予防保全の考え方を一歩進めたRBM（risk based maintenance）が提唱されるようになった。これは，設備の劣化損傷や故障のリスクを評価して，その評価結果に基づき保全・検査計画を作成する手法である。設備保全の順序をリスクの高低で優先度を判断するため，保全計画や保全費を最適化できるメリットがある。リスク評価はシステムから順に分解して，設備，コンポーネント，部品レベルまで落としてFMEAに準拠したリスクアセスメントを行い，リスクの評価基準となるマトリックスにより判定し，保全計画を策定する（図5.1.2参照）。

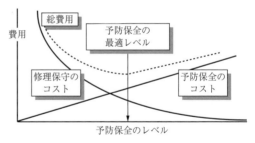

図5.1.2 予防保全と事後保全の費用の経過時間による変化から見た予防保全の最適時間[4]

RBMの全体のプロセスは[5]
① 対象となる設備のバウンダリーを決定する
② 全体の実施期間を定める（短期間が望ましい）
③ 対象設備を階層化してFMEAシートを作成する
④ これまでの経験や機器信頼性DBを用いて階層ごとにリスク評価を行う
⑤ リスクの顕在化による被害を人的，環境，物理的なものに分解して算定する
⑥ リスクマトリックスにより，許容，非許容など対応のレベルの判定を行う

⑦ リスクの大きな設備から順に保全計画に組み入れる

⑧ 保全計画との整合性や設備の場所や運転計画を反映して保全計画を立案する

わが国では,非原子力分野の圧力設備において民間基準が策定され,日本高圧力技術協会(HPI)において 2010(平成 22)年度に,HPIS Z 106：2010「リスクベースメンテナンス」[6]が発行された。2011(平成 23)年にはこれを補強するためのハンドブックとして,HPIS Z 1077-4-1 TR 〜 4 TR[7]が発行された[8]。

(高野研一)

引用・参考文献

1) 経済産業省,産業事故調査結果の中間取りまとめ(2003.12.16)
2) 経済産業省,自家用電気工作物の需要家事故統計,2001 年度 電気保安統計
3) INPO, An analysis of Root Causes in 1983 and 1984 Significant Event Report, INPO 85-027 (1985)
4) ジェームス・リーズン著,塩見弘,高野研一,佐相邦英訳,組織事故,日科技連出版社 (1999)
5) 平岡潤一郎,リスクベースメンテナンス Risk Based maintenance,日揮ジャーナル,4-4, pp.1-10 (2015)
6) HPIS Z 106「リスクベースメンテナンス」日本高圧力技術協会 (2010)
7) HPIS Z 1077-4-1 TR 〜 4 TR「リスクベースメンテナンスハンドブック」日本高圧力技術協会 (2010, 2011)
8) 酒井信介,リスクベースメンテナンスによる保全計画の合理化,オペレーションズ・リサーチ,9 月号,pp.493-499 (2012)

5.2 リスクマネジメント

5.2.1 安全とリスクマネジメント

従来の安全管理では,労働安全衛生に関する取組みや,火災や爆発等の個別被害形態ごとに未然防止対策を検討することが中心であった。しかし近年は,個々の安全対策を実施するだけではなく,組織全体のマネジメントの問題として取り組むことが必要な状況になってきている。リスクマネジメントや危機管理(6.2 節参照)は,そのために体系化されてきたものである。

リスクマネジメントとは,組織やプロジェクトに潜在するリスクを特定し,そのリスクに対して使用可能なリソースを用いて効果的な対処法を検討および実施するための技術体系である。

リスクマネジメントを実施する際は,組織やプロジェクトに関係する多様なリスクの存在を知り,それぞれのリスクに対して最適な分析・評価技術を用いてアセスメントを行い,明確な対応方針に基づいて対策を検討することが必要である。

〔1〕 リスク概念の変遷

リスクをどのように定義するかによって,リスクマネジメントの性格は変化する。まず,リスクマネジメントの中心概念の一つである「リスク」の定義がどのように変化してきたかを整理する。

まず,これまで安全分野で使用されてきたリスクの概念を記す。リスクという概念は,一般的には,以下に示すように「何らかの危険な影響,好ましくない影響が潜在すること」と理解されてきた。

・米国原子力委員会：
「リスク＝発生確率×被害の大きさ」
・MIT：「リスク＝潜在危険性／安全防護対策」
・ハインリッヒの産業災害防止論：
「リスク＝(潜在危険性が事故となる確率)×(事故に遭遇する可能性)×(事故による被害の大きさ)」
・ISO/IEC ガイド 51：
「危害の発生確率およびその危害の重大さの組合せ」

一方,リスクマネジメントの適用分野が広がるにつれて,リスクの概念も変化してきており,最新のリスクマネジメント規格である ISO 31000：2018 では,以下のように定義されている。

・ISO 31000：2018
目的に対する不確かさの影響
注記 1 影響とは,期待されていることから乖離することをいう。影響には,好ましいもの,好ましくないもの,または,その両方の場合があり得る。

〜後略〜

この定義の特徴は,二つある。一つは,リスクの定義に「目的との関係を記したこと」であり,もう一つは,定義の注記で「影響とは,期待されていることから,良い方向および／または悪い方向に逸脱すること」に記されたことである。このことによって,リスクの影響を好ましくないことに限定していないことになる。このリスクの定義により,ISO 31000 では,リスクマネジメントが各分野の好ましくない影響の管理手法というレベルから,組織目標を達成する手法へと進化した。

安全活動自体が経営の好ましくない影響を小さくする活動を分担しているため,ISO 31000 のリスクを直接活用することは難しい場合もあるが,このリスクの

概念は，経営と安全を考える上で重要である。

〔2〕 **安全分野におけるリスクマネジメント**

安全の分野において使用しているリスクの定義も，いくつか存在するが，好ましくない影響のみをリスクとして扱っている場合が多い。以下のリスクマネジメントも好ましくない影響をリスクとして取り扱うものとして説明を行う。

リスクマネジメントのプロセス例を**図5.2.1**に示す。組織やプロジェクトにおいてリスクマネジメントを実施する場合，まず実施しなければならないのはリスク対応方針の策定である。リスク対応方針は，安全活動方針と事故時対応方針に分けられる。人命優先や環境被害の最小化は当然であるが，安全確保に関する基本的な考え方を示し，すべての活動がこの方針に従って実施されていくことをすべての組織構成員に周知・共有することが重要なことである。

つぎに，組織目的，組織の内外状況やハザード等を考慮し，組織に重大な結果をもたらす可能性のあるリスクおよび結果の重大性の判断が困難なリスクを特定しマネジメントの対象とする。

リスクアセスメントの主要な内容は，リスク分析とリスク評価である。リスク分析では，まずシナリオ分析と，システム安全工学等の工学的手法によるリスク算定を行う。リスク算定は発生確率の算定と被害規模の算定の二つを実施する必要がある。また，リスクを評価し対策方針を検討するためには，弱点分析を行い，どの部分に対策を講じることが適切かを把握する。リスクマネジメントサイクルの中で対応が必要と判断させたものに対しては，対応効果を把握するため，リスク分析により算出されたリスクがどの程度減少するかを検討する対応効果算定を行う。リスク評価では，リスク分析によりリスクの大小およびその特性によって，対応方針を決定する。対応方針には，リスク保有，リスク削減，リスク回避，リスク移転（リスク共有）の四つが考えられる。

リスク対応は，得られたリスクの大小や特性により，リスク対応方針に基づいたさまざまな対策可能性の中から最適な対策を選択し実行する行為である。

また，リスクマネジメントを実施するには，リスクがどこまで受け入れられるかというリスク受容性に関する検討を行う必要がある。また，組織内外に対するリスクの伝達や説明責任も重要な内容であり，そのためのリスクコミュニケーションに関してもリスクマネジメントの重要な項目として挙げられる。リスクを完全に管理することは不可能であるため，リスク基準もしくは許容限界を示してその説明責任を果たすことはリスクマネジメントシステムとして不可欠ともいえる。

（a） **リスク特定** マネジメントの対象リスクを特定する方法にはつぎのようなものがある。

組織にとって重大と判断されるリスクの特定方法の例を示す。

① 組織活動・機能の視点から重大となる事象の検討
② 社内外の事例調査
③ 社内におけるブレーンストーミング
④ 社内外へのインタビュー・アンケートの調査
⑤ 外部の活用

具体的な進め方の例を示す。

① 工程や施設の範囲からの特定　ここでの特定とは，リスクマネジメントで重要と考えられるマネジメントの対象を選定することである。重要なことは，ハザードのみに着目するだけでなく，「機能」の観点も踏まえて対象を把握することが必要である。

② 被害の大きさからの特定　組織を運営しようとした場合，マネジメントの対象とすべきリスクと

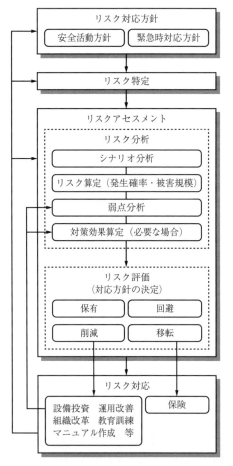

図5.2.1 リスクマネジメントのプロセス例

は，リスクの種類ではなく，組織の運営に大きな影響を及ぼす一定以上の規模の被害をもたらすリスクを指す場合もある。

③ 被害の種類からの特定　リスクマネジメントにおいては，社会や組織の状況により，火災事故とか，漏洩事故といったように，事故の種類を特定する。

④ 事故の原因からの特定　ハザードを最初に特定し，そこから生じるリスクを特定する。

(b)　**リスク分析**　ここでは，リスク分析の主要な項目であるシナリオ分析とリスク算定について述べる。

リスクシナリオの分析方法には，大きく分類して二つの種類がある。まずは，ハザード＝「人的あるいは物的損失を引き起こす事故の潜在力である，物質・システム・プロセス・プラントの物理的/化学的特性」を特定して，事故進展を分析して，リスクが顕在化した場合の被害規模と発生確率を推定する方法である（イベントツリー手法など）。また，ハザードを抽出する代表的な手法の一つであるHAZOP (hazard and operability studies) では，通常状態からのずれ（例えば，流量過大など）を起点として，その原因事象と結果事象ならびに結果事象に至る途中にある防護機能（例えば，流量高警報）を同定していく。これは，事故シナリオを含む潜在危険情報を抽出していると考えられる。この段階では，事故シナリオを含む潜在危険を同定して検討の必要性のあるもの（危険度の高いもの）を選定することになり，ここで選定されなかったものは以後検討されないため，この段階はきわめて重要である。

もう一つの方法は，分析対象とする被害の種類と規模をあらかじめ定め，その原因と事故進展シナリオが分析する手法である（フォールトツリー手法など）。

リスク算定とは，リスク特定の後，対応すべきリスクの優先順位を決める手掛かりとするため，リスクが顕在化する確率およびリスクが顕在化した場合の被害規模を推定することである。

リスクが顕在化する確率およびリスクが顕在化した場合の被害規模を，定量的・定性的に把握することであり，前述のシナリオ分析を含めて定義する場合もある。リスクの定量的把握とは，リスクが顕在化する確率およびリスクが顕在化した場合の被害規模を定量的に把握することをいう。リスクの定性的把握とは，過去にデータがなかったり，データのばらつきが大きすぎて利用不能なため，直感的に推定したり，過去の経験を加味してリスクが顕在化する確率およびリスクが顕在化した場合の影響の大きさを把握することをいう。

被害規模の算定にあたっては，破局的事故，重大事故，事故（あるいは小規模，中規模，大規模）のいずれに当てはまるかなどを定性的に見積もることが少なくない。定量的な規模の算定は精度や初期設定の問題により，最悪ケースシナリオに限定して適用することが多い。

発生確率の算定は，事故情報や事故統計・故障率データベース等を用いて，定性的にあるいは定量的にどの程度の確率になるか見積もることが行われる。

(c)　**リスク評価**　特定したリスクすべてについてリスク評価を行い，組織やプロジェクトとして対策を実施すべきリスクを明らかにするとともに，その優先順位を決めることが必要である。組織やプロジェクトの特性に基づき，特定したリスクすべてについてそれぞれの対策の実施必要性を決定するために必要なだけ，リスク基準を作成することになる。リスク基準との比較に基づきリスク対策を行うべきリスクを決定するとともに，対象とするリスクの対策実施の優先順位を決める。優先順位の決定に際して，リスクが顕在化する発生確率が非常に高く，リスクが顕在化した場合の影響が非常に大きい場合を最優先とし，リスクが顕在化する確率が低く，リスクが顕在化した場合の影響の大きさが高い場合をつぎの優先順位とするなどの方法が考えられる。

ここで，リスク基準とは，リスクの重要さを評価するときに参考となる条件のことであり，関連経費および利益，法律および法令による要求，社会経済および環境側面，関係者の関心ならびにアセスメントに対する優先順位や他の入力要素を含む場合もある。

なお，特定したリスクの中で対策が必要でないと判断した場合には，その理由とそれに対する監視方法を文書化し，記録しておくことが必要である。

リスク基準となるリスクレベルは，リスクの種類，リスクの認知度，自然現象下におけるリスクのレベル，リスクを発生するシステムの便益，リスク低減・抑制に必要なコスト・技術的実現性等に依存し，リスクを発生させる側と受ける側とのコミュニケーションを基に決まってくる場合が多い。

定量的な評価基準を設定する場合は，いままでに発表された基準や文献，自然現象によるリスクレベル等を勘案・吟味し，リスクマトリックス形式で許容する領域と許容しない領域の間の線引きを行うことになる。

定性的（半定量的）なリスク評価をする場合は，リスクの表現方法に合致したリスク許容性の評価基準を設定することになり，リスクマトリックス形式以外のスタイルになることもある。

リスク評価フレームとして，被害規模の大きさと発

生確率の値により，評価対象リスクを四つの領域に分ける例を示す。ここで示したリスク評価フレームは，被害規模の大きさと発生確率ともにいくつかのランクに分割しているが，その分割数は任意である。一般的に分割数は，そのリスクの算定精度と連動するものであるが，ランク分類の考え方においてはあまり細かな分類は必要ない。発生確率は対数の尺度である場合が多い。

また，影響の大きさと発生確率を分割した後の，A～Dのエリアのとり方も任意に定めることができる。この場合，リスク値が参考となるが，リスクはあくまでも参考値であり，実際的には発生確率よりも被害規模の重みを大きくする場合が多く，図5.2.2のように領域を定めることが行われる。

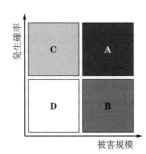

領域	領域内容
A	顕在化した場合の被害規模も大きく，発生確率も大きいリスク 最優先事項として被害影響の削減対策を実施する領域
B	発生確率は小さいが，顕在化した場合の被害規模が大きい領域 発生確率がある値以下では，リスク保有またはリスク移転する領域 組織として，対策の優先順位がCの領域よりも高い場合が多い
C	発生確率は大きいが，被害規模が小さい領域 日常経験することが多い領域 被害規模が一定の値より小さい場合はリスク保有する領域
D	組織としてそのリスクを許容してもよい領域

図5.2.2 リスク評価フレーム例（リスクマトリックス）

5.2.2 アセスメント手法

〔1〕 アセスメント手法の概要

システム安全工学において適用される手法にはさまざまなものがあるが，その代表的なものとしてリスクマネジメント-リスクアセスメント技法 JIS Q 31010：2012 に示されている手法を表5.2.1に示す。

アセスメント手法は，リスクの発生過程を調べるために，どのような危険発生源がシステムに存在し，そ

表5.2.1 代表的なアセスメント手法（JIS Q 31010：2012から抜粋）

ツールおよび技法	リスクアセスメントプロセス				
	リスク特定	リスク分析			リスク評価
		結果	発生確率	リスクレベル	
ブレーンストーミング	SA[1]	NA[2]	NA	NA	NA
構造化または半構造化インタビュー	SA	NA	NA	NA	NA
デルファイ法	SA	NA	NA	NA	NA
チェックリスト	SA	NA	NA	NA	NA
予備的ハザード分析	SA	NA	NA	NA	NA
HAZOP スタディーズ	SA	SA	A[3]	A	SA
ハザード分析および必須管理点 (HACCP)	SA	SA	NA	NA	SA
環境リスクアセスメント	SA	SA	SA	SA	SA
構造化《What if》(SWIFT)	SA	SA	SA	SA	SA
シナリオ分析	SA	SA	A	A	A
事業影響度分析	A	SA	A	A	A
根本原因分析	NA	SA	SA	SA	SA
故障モード・影響解析	SA	SA	SA	SA	SA
FTA	A	NA	A	A	A
ETA	A	SA	A	A	NA
原因・結果分析	A	SA	SA	A	A
原因影響分析	SA	SA	NA	NA	NA
防護層分析 (LOPA)	A	SA	A	A	NA
決定樹	NA	SA	SA	A	A
人間信頼性解析	SA	SA	SA	SA	A
ちょう（蝶）ネクタイ型分析	NA	A	SA	SA	A
信頼性重視保全	SA	SA	SA	SA	SA
スニーク回路解析	A	NA	NA	NA	NA
マルコフ解析	A	SA	NA	NA	NA
モンテカルロシミュレーション	NA	NA	NA	NA	SA
ベイズ統計およびベイズネット	NA	SA	NA	NA	SA
FN曲線	A	SA	SA	A	SA
リスク指標	A	SA	SA	A	SA
リスクマトリックス	SA	SA	SA	SA	A
費用／便益分析	A	SA	A	A	A
多基準意思決定分析	A	SA	SA	SA	A

〔注〕 1) 推奨 2) 適用不可
3) 適用可能（出典 JIS Q 31010：2012）

れがどのように事故や災害に進展するかを解明することが目的である。

〔2〕 リスク評価に使用されるアセスメント手法の解説

（a）**FMEA, HAZOP, HAZID**　対象システムに固有なハザードを同定する手法として代表的なものに，FMEA（failure mode and effects analysis）とHAZOP（hazard and operability studies）がある。

FMEAは，システムの構成要素から出発してシステム全体に与える影響を調べる帰納的解析方法である．システムの設計段階で考えられる故障を過去の事故記録から取り上げ，その故障モードを解析してシステムに及ぼす影響を明らかにし，致命的な故障を与える故障を識別する．

表5.2.2に示すような標準的なフォーマットの帳票を用いて当該プラントを構成する機器（弁等）の故障モードとそれらによる危険事象を解析し，故障モードから危険事象への進展を阻止する防護機能と改善すべき対策を記入する．

表5.2.2 FMEA 帳票例

アイテム （構成機器）	故障モード	危険事象	防護機能	対策

HAZOPは，英国のICI社が開発した手法で，主として化学プラントの設計・運転においてプラントの危険性を明らかにし，必要な対策を講じるための実用的手法である．

表5.2.3の形式の帳票を用いて当該プラントにおけるプロセスパラメータの目的状態からのずれを起点にして，その原因と危険事象を解析し，おのおのの原因から危険事象への進展を阻止する防護機能と改善すべき対策を記入する．基準値からのずれはno（ない），more（より大きく），less（より小さく），as well as（同様に），part of（ある一部に），reverse（反対に），other than（異なる）などのガイド用語を用いて表現する．設計および運転の両方の問題に応用でき，解析結果は基礎資料として保存し情報の蓄積伝達が可能である．

表5.2.3 HAZOP 帳票例

アイテム （構成機器）	ずれ	原因	危険事象	防護機能	対策

HAZID studyは概念設計段階においてチームによるブレーンストーミング形式で重大ハザードを特定する手法の一種である．
① ガイドワードの設定
② レイアウトおよび簡略的運転条件の設定
③ リスク（影響度および発生確率）の設定
④ 安全対策の設定
⑤ 安全対策によるリスク削減方法の設定
⑥ HAZID study シートの作成
⑦ HAZID study の実施
⑧ リスクマトリックスの作成
⑨ 詳細評価が必要なリスクの特定および安全対策の追加検討

（b） **フォールトツリー分析** フォールトツリー分析（fault tree analysis, FTA）は，評価対象とするリスク事象「頂上事象」から原因となる事象とその事象に対する防御手段の検討を階層的に実施しFTを作成する．その際には評価対象となる設備やシステム等に関する特性を把握しておかなければならない．FTが完成したら，FTの構造分析を行い定量化する．結果を踏まえ，どのポイントに着目すべきか，またどのような要因に対策を打つべきかといった重要要因の洗い出しを行うことができる．

（c） **イベントツリー分析** イベントツリー分析（event tree analysis, ETA）は，まず「初期事象」を設定し，初期事象からの事故進展を考慮しながら，進展キーの項目を設定する．そして，各進展キーの成功／失敗を統合することによりシナリオを作成し，最終事象がどのような状況となるかを判断する．その後，定量分析や対策案の抽出といった分析を実施するが，ここではイベントツリーの作成手順を中心に定量評価の基本的な考え方を記述する．

イベントツリーは，初期事象から始まり，各進展キーを質問と考え，それに対して「成功／失敗」「YES／NO」という形で答え，ツリーを2枝に分岐させる．各進展キーに対してつぎつぎに2枝に分岐させると初期事象を頂上とするツリー状の図形ができることから，イベントツリーと呼ばれている．

進展キーにより初期事象からさまざまな事象に波及してゆき，その事象がさらに拡大するような進展キー，あるいはそれを念頭において，それを防止するための手段を進展キーとしてたてていく．これ以上拡大することがないところまで分岐させ，その枝の最終到達事象を記入する．

〔野口和彦〕

引用・参考文献

1) 三菱総合研究所政策工学研究部，リスクマネジメント，日本規格協会（2000）

5.3 事故分析・データベース

5.3.1 労働災害の調査
〔1〕 労働災害調査の目的
労働災害はあってはならないものである．それは，

道徳的にも技術的にもしかりである。その防止努力に反して労働災害が発生すれば，われわれは，災害の発生原因を明確にすることにより，最も適切な災害防止対策を見い出し，同種災害を未然に防止しなければならない。

したがって，労働災害調査は，災害の発生状況と原因を調査し，災害の諸要因の何と何が，事態の進行に関与したか，その要因どうしの関連はどうであったか，何が最も基本的な原因であったかを明らかにし，最も適切かつ効果的な災害防止対策を樹立することを目的とするものである。そのため，労働災害の原因分析は十分科学的に行う必要がある。技術の高度化・精密化，生産システムの稠密化・大形化などの中で起こる災害についても，正しく原因を分析し，科学的な災害防止対策を確立しなければならない。

また，労働災害調査は，災害発生の責任者を探し出し処分することを目的とするものではない。労働災害に責任を伴うことは当然あり得ることではあるが，それは原因調査の結果から判断されるものである。

労働災害調査の目的は，だれが災害の責任者かということよりも，何が原因で災害が発生したか，二度と災害を起こさないための対策は何かを明らかにしようとするものである。

〔2〕 **労働災害の原因要素**

労働災害調査では，被災者や傷害など被災の結果に関連する要素と災害原因に関与する要素の両面について実施しなければならない。被災の結果に関連する要素については事実をそのまま調査すればよいが，災害原因に関する要素は，災害の再発防止対策を導き出すために有効な諸事実を災害発生状況の中から明確に抽出する必要があり，それほど簡単なことではない。

災害の基本的な原因要素としては，一般につぎの事項が重要とされており，技術的にも慎重に調査する必要がある。

（a）**事　故　の　型**　人に傷害の危険を生じさせる出来事を事故といい，事故の結果として物と人の接触現象が起こり人が傷害を受ける出来事を災害というが，この物と人とが組み合わされた接触現象が事故の形である。災害原因要素の重要な分析対象であり，表5.3.1に厚生労働省の分類方式による事故の型を示す。

（b）**起　因　物**　災害を起こす基となった機械，装置もしくはその他の物または環境などを起因物という。なお，人に接触して災害をもたらした直接の物は「加害物」と称し，起因物と加害物は一致しない場合がある。起因物も重要な災害原因要素であり，表5.3.2に厚生労働省の分類方式による起因物を示す。

（c）**不安全な状態と不安全な行動**　災害あるい

表5.3.1　事故の型

墜落・転落	有害物等との接触
転倒	感電
激突	爆発
飛来・落下	破裂
崩壊・倒壊	火災
激突され	交通事故（道路）
はさまれ・巻き込まれ	交通事故（その他）
切れ・こすれ	動作の反動・無理な動作
踏み抜き	その他
おぼれ	分類不能
高温・低温の物との接触	

〔注〕　厚生労働省の分類方式による

表5.3.2　起因物

動力機械	原動機	装置その他の	電気設備
	動力伝導機構		人力機械工具等
	木材加工用機械		用具
	建設用等機械		その他の装置・設備
	一般動力機械		仮設物・建築物・構築物等
物上げ装置，運搬機械	動力クレーン等	物質材料	危険物・有害物等
	動力運搬機		材料
	乗物		荷
その他の装置等	圧力容器	その他	環境等
	化学設備		その他の起因物
	溶接装置		起因物なし
	炉，窯等		分類不能

〔注〕　厚生労働省の分類方式による

は事故を起こしそうな，またはそのような要因を作り出した物理的状態や環境などを物の不安全状態といい，またそのような作業行動を人の不安全行動という。労働災害の直接原因は，この両者が併存し，また有機的に関連し合うのが大部分であり，前者は物的原因，後者は人的原因でもある。表5.3.3に厚生労働省の分類方式による不安全な状態を，表5.3.4に同じく不安全な行動を示す。

労働災害の原因分析で重要なことは，直接原因である物の不安全状態や人の不安全行動がなぜ存在したのかというそもそもの原因まで突き止めることであるが，これについては次項で述べる。

〔3〕 **労働災害の原因分析**

（a）**災害発生要因の連鎖**　労働災害の発生原理としてフランク・バードの災害連鎖（ドミノ）を図5.3.1に示す。傷害（災害）はなぜ起こったか。それは事故に接触・遭遇したからである。事故には必ず直接の原因がある。しかし，その直接の原因の背後には

5. 安全マネジメント手法

表 5.3.3 不安全な状態

1. 物自体の欠陥
   設計不良，構成材料工作の欠陥，老朽，疲労，使用限界，故障末修理，整備不良　その他
2. 防護措置の欠陥
   無防護，防護不十分，接地または絶縁なし・不十分，遮蔽なし・不十分，区画・表示の欠陥　その他
3. 物の置き方，作業場所の欠陥
   通路が確保されていない，作業箇所の空間不足，機械・装置・用具・什器などの配置の欠陥，物の置き方の不適切，物の積み方の欠陥，物の立て掛け方の欠陥　その他
4. 保護具・服装などの欠陥
   履物を指定していない，手袋の使用禁止をしていない，そのほか保護具を指定していない，そのほか服装を指定していない
5. 作業環境の欠陥
   換気の欠陥，そのほか作業環境の欠陥
6. 部外的，自然的，不安全な状態
   物自体の欠陥（部外の），防護措置の欠陥（部外の），物の置き方・作業場所の欠陥（部外の），作業環境の欠陥（部外の），交通の危険，自然の危険
7. 作業方法の欠陥
   不適当な機械・装置の使用，不適当な工具・用具の使用，作業手順の誤り，技術的・肉体的な無理，安全の不確認（以前の）　その他
8. その他および分類不能
   その他の不安全な状態，不安全な状態がないもの
9. 分類不能

〔注〕厚生労働省の分類方式による

表 5.3.4 不安全な行動

11. 安全装置を無効にする
    安全装置を外す，無効にする
    安全装置の調整を誤る
    そのほか防護物をなくする
12. 安全措置の不履行
    不意の危険に対する措置の不履行
    機械・装置を不意に動かす
    合図，確認なしに車を動かす
    合図なしに物を動かしまたは放す　その他
13. 不安全な放置
    機械・装置などを運転したまま離れる
    機械・装置を不安全な状態にして放置する
    工具，用具，材料，くずなどを不安全な場所に置く　その他
14. 危険な状態を作る
    荷などの積みすぎ
    組み合わせては危険なものを混ぜる
    所定のものを不安全なものに取り換える　その他
21. 機械，装置などの指定外の使用
    欠陥のある機械・装置，工具，用具などを用いる
    機械・装置，工具，用具などの選択を誤る
    機械・装置などを指定外の方法で使う
    機械・装置などを不安全な速さで動かす

表 5.3.4（つづき）

22. 運転中の機械，装置等の掃除，注油，修理，点検など
    運転中の機械，装置の
    通電中の電気装置の
    加圧されている容器の
    加熱されているものの
    危険物が入っているものの　その他
23. 保護具，服装の欠陥
    保護具を使わない
    保護具の選択，使用方法の誤り
    不安全な服装をする
24. 危険場所などへの接近
    動いている機械，装置などに接近しまたは触れる
    吊り荷に触れ，下に入りまたは近付く
    危険有害な場所に入る
    確認なしに崩れやすい物にのりまたは触れる
    不安全な場所へのる　その他
25. その他の不安全な行為
    道具の代わりに手などを用いる
    荷の中抜き，下抜きをする
    確認しないでつぎの動作をする
    手渡しの代わりに投げる
    飛び下り，飛び乗り
    不必要に走る
    いたずら，悪ふざけ　その他
31. 運転の失敗（乗物）
    スピードの出しすぎ
    その他の不安全な行動で
41. 誤った動作
    荷などの持ちすぎ
    物の支え方の誤り
    物のつかみ方が確実でない
    物の押し方，引き方の誤り
    上り方，下り方の誤り　その他
91. その他および分類不能
    その他の不安全な行動
    不安全な行動のないもの
92. 分類不能

〔注〕厚生労働省の分類方式による

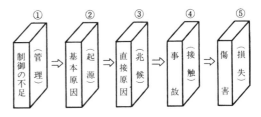

図 5.3.1 フランク・バードの災害連鎖

そもそもの基本的原因がある。それは制御の不足つまり管理の不十分さによったものである。これが災害という最下流から上流にさかのぼっていった分析過程である。

ここでいう直接の原因は，もちろん不安全状態と不安全行動のことであり，歴史的に最も重要な追求事項とされてきたものである。しかし，直接原因は，もっ

と深い根底にある問題の兆候にすぎないもので，兆候を追求するだけで基本となる根底の問題を確認しない場合には，永続的・根本的な災害防止は望めない。これがバードの所論であるが，この考えはまったく正しく，疑問の余地がない。

しかし，問題は直接原因の背後にある基本的問題，基本原因をどのように結論するかは，けっして容易ではない。検討する人の安全技術的知識，人間特性に対する理解，安全意識（安全文化）などにより結果は同じでないことがあり得る。労働災害の原因分析は，安全に対し正しい知識を持つ人があたらなければならない。

（b） 労働災害原因における人的ミスの問題

古くから，災害の大多数は人の不安全行動が原因であるとする考え方が根強くあった。現今でも，労働災害の80％以上は人的原因によるものであり，物的原因によるものは十数％にすぎないという人もいる。しかし，労働災害を人的原因によるものと物的原因によるものに，すべてを二者択一的に分類するのは間違いである。

厚生労働省の「労働災害原因要素の分析」[2]によれば，1992年の製造業における死傷災害（休業4日以上）において，不安全な状態（表5.3.3参照）があって発生したもの81.8％，不安全な行動（表5.3.4参照）があって発生したもの93.6％，これらのうち不安全な状態および行動の両方があって発生したものが77.9％であった。

確かに人間は作業中にミスを犯しやすいが，ちょっとミスをすれば災害が起こるような機械設備や環境もまことに危険であるというべきであり，災害危険の本質は，人間－機械－環境というシステムの各要素の不適正な結合の中にあるのであって，人間だけにあるのではない。

作業中の人間のミスは，安全作業に必要な知識・技能の不足や意識・意欲の欠如によるもの，人間の特性としてのエラーによるものなどさまざまであるが，それらは作業に関わった人自身に原因がある場合もあれば，彼らの周囲における状況の中に原因がある場合もある。このことを知らなければ，労働災害の科学的な原因分析はできない。

（c） 労働災害の基本原因と四つのM 労働災害の原因分析において最も重要な問題は，直接原因の背後にある基本原因を明らかにすることである。

生産システムの中で人間が機械設備と共存しながら安全に労働することができるためには，つぎの四つの要因が挙げられる。

Man　　　　　：人　間
Machine　　　：機械設備（物を含む）
Media　　　　：作業の方法・環境
Management　：管　理

Manは，作業者のみならず，本人以外の人，それに職場の人間関係など職場のモラルに関する要因をも含むものである。

Machineとは，機械設備などの物的条件をいうもので，機械の安全設計や危険防護，作業設備の安全維持などである。

Mediaとは，ManとMachineをつなぐ媒体であり，作業の情報，方法，環境などである。

Managementには，安全の管理組織，規程・基準類，教育・訓練，指導・監督，健康管理などがある。

労働災害の発生においても，この四つの要因に関する欠陥が基本原因となって，不安全状態または不安全行動という直接原因を生じ，事故・災害という結果に至るのである。このシーケンスを図示すれば**図5.3.2**のようになる。

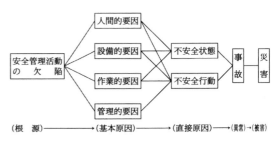

図5.3.2　労働災害発生シーケンスの考え方

図5.3.2でわかるように，四つの要因は不安全状態と不安全行動のどちらに対しても基本原因となり得るもので，不安全状態とMachine要因が，不安全行動とMan要因が特に対応するということではない。

四つのMの主要なものを**表5.3.5**に示す。なお，表5.3.5のManの部分で，よく問題とされる作業者の知識不足・技能未熟を含めていないが，これらは教育・訓練や監督・指導などの管理上の問題と考えるべきものである。

〔4〕　労働災害調査の実施

（a）　調査の原則　労働災害調査を実施する際の原則的な事項をつぎに述べる。

1）　調査者　傷害程度が軽いときは，職場の管理・監督者が中心になった調査でもよいが，重篤な災害の場合は，このほかに安全管理者と関連技術部門の責任者などが参加する。

大規模災害では，事業場トップの直接指揮の下に調査を行うことになる。

2）　調査要領　労働災害が発生した場合の調査要

表5.3.5 労働災害の基本原因[3]

Ⅰ　Man：人間
① 心理的原因；場面行動，忘却，周縁的動作，考えごと（悩みごと），無意識行動，危険感覚，近道反応，省略行為，憶測判断，錯誤など
② 生理的原因；疲労，睡眠不足，身体機能，アルコール，疾病，加齢など
③ 職場的原因；職場の人間関係，リーダーシップ，チームワーク，コミュニケーション　など
Ⅱ　Machine：設備（物）
① 設計上の欠陥
② 危険防護の不良
③ 本質安全化の不足（人間工学的配慮の不足）
④ 標準化の不足
⑤ 点検整備の不足など
Ⅲ　Media：作業
① 作業情報の不適切
② 作業姿勢・動作の欠陥
③ 作業方法の不適切
④ 作業空間の不良
⑤ 作業環境条件の不良　など
Ⅳ　Management：管理
① 管理組織の欠陥
② 規程・マニュアルの不備・不徹底
③ 安全管理計画の不良
④ 教育・訓練の不足
⑤ 部下に対する監督・指導の不足
⑥ 適性配置の不十分
⑦ 健康管理の不良　など

領を平素から定めておく必要があり，調査項目も様式化して決めておくことが最低限必要である。調査の項目は，通常つぎのとおりである。

① 被災者の氏名，生年月日，職種，経験年数および勤続年数
② 傷病名，傷病部位，傷病程度，休業および医療の見込み日数
③ 災害発生時の作業，災害発生場所
④ 災害発生の状況および状況説明図，災害発生原因
⑤ 再発防止対策
⑥ 関係部署の責任者の所見

どの事業場でも，後日労働者死傷病報告書を監督官庁に提出する必要があるので，報告書に記載する程度くらいは調査されるが，災害発生状況，災害発生原因および再発防止対策は，できるだけ詳細に調査・検討をしなければならない。

3）　早期着手　災害現場は変更されやすく，関係者も細かいことは忘れやすいので，被災者の救護と二次災害の防止措置が済めば，ただちに調査に入る必要がある。災害現場は，写真撮影・状況記録が終わるまでそのままに保存させる。

4）　正確性の確保　災害現場は，物的・人的に混乱する場合も少なくないので，調査の順序・方法を効率良く決定し，冷静な判断・行動の下に調査の正確性を期する。

目撃者そのほか関係者の説明には主観的な断定が入ることもあるので，調査者はその点に十分考慮しながら公正な調査を心掛ける。

5）　基本原因の追求　災害の直接原因である物の不安全状態と人の不安全行動の決定は容易な場合が多いが，基本原因である「四つのM」は，前述したように，いつも容易に正しく決定できるとは限らない。不安全状態と不安全行動に関係する諸事実も漏れなく調査しておかないと，この決定が狂ったりすることがある。

人間的要因ばかりが強調され，それ以外の要因が軽視されたり，逆に設備的要因だけが指摘され他の要因が等閑視されるような結論にならないようにする。

基本原因については，漏れなく，合理的に，しかも科学的に解明する態度が特に望まれるのである。

（b）　調査の手順　災害調査を効率良く実施する手順を整理して述べれば，つぎのとおりである。

1）　事実の確認（第1段階）　災害の発生状況を中心に，被災者（可能な場合），目撃者その他の関係者から（a）項2）の事項について調査し，作業開始から災害発生までの経過の中で災害と関係のある事実を明らかにする。災害に関係のある物件を試験・分析する必要があるときは，必要量を採取して迅速に処理する。特に重要な調査事項をつぎに掲げる。

① 人に関する事項として，被災者の作業行動，安全教育の程度・資格・免許，心理的・生理的状況，共同作業者がいればその者についても，同様の事項，職場の問題点の有無など。
② 物・機械設備に関する事項として，取り扱っていた物質・材料・荷，機械設備・治工具・安全装置・危険防護設備・作業用具などの整備状況，不安全状態があった場合の具体的状況など。
③ 作業に関する事項として，災害が発生した作業名・その内容，単独・共同作業の別，作業予定，命令・指示の内容，事前打合せ，人員配置・段取り・準備，作業方法などおよび保護具・服装，作業場所のレイアウト・整理整頓，作業環境条件などの整備状況，不安全状態があった場合の具体的状況など。
④ 管理に関する事項として，作業中および作業前の指導・指揮，平素の教育・訓練，職場点検，日常の職場安全活動など。

これらの諸項目は，主として災害発生現場で調査で

きる項目であるが，事務所の記録や資料で補完しなければならないものもある。

2) **災害発生状況の確認と直接原因の決定（第2段階）**　以上の調査事実について，5W1Hの原則（Who：だれが，When：いつ，Where：どこで，Why：なぜ，How：どのようにして，What：何をしたか，しなかったか，何が起こったか）により，時系列的に整理して，災害発生に至る状況を確認し，記録する。災害発生職場の関係者の1人か2人の説明で筋書きを作ってしまうようなやり方で処理してはならない。

この作業の中で事故の型，起因物などの災害要素が明らかになるが，災害の直接原因を決定することが最も重要である。

災害原因が明確に断定できないときは，考えられる限りの仮説を設け，その中で合理性の乏しいもの，発生の確率のきわめて小さいものなどから消去して，最も合理性があり，発生確率の高いものに絞り込んで推定する。簡単に，原因不明のまま処理してしまってはならない。

不安全状態と不安全行動の両方が存在する労働災害が大部分であることはすでに述べたが，これらが存在した作業の管理状態についても，この段階で検討しておく必要がある。すなわち，監督者および作業者は，諸基準（法規，社内の規程・基準類，作業マニュアル，作業手順など）を守っていたのに，原因となった諸事実がなぜ発生したのか，その理由は。必要な基準がなかったのか，あるいはあったけれども守られなかったのか，その理由は。この検討を踏まえて，つぎの第3段階の分析を行うことになる。

3) **基本原因の決定と根本的問題点の確認（第3段階）**　つぎに，災害の直接原因となった不安全状態および不安全行動のそれぞれについて，基本原因である四つのMを明らかにしなければならない。また，もし四つのMの背後にさらに是正を必要とするような根本的問題点があれば，もちろんそれも明らかにしておかなければならない。

例を挙げてみる。食品工場でパン生地製造用のかくはん機を運転中，作業員がかくはん機内部の羽根に巻き込まれて死亡した。本来，このかくはん機は，上部の蓋を開くとリミットスイッチが働いて運転が停止するようになっていたが，蓋を閉じたまま運転するとパン生地の品質に悪い影響が出るので，リミットスイッチを針金でしばり，蓋の開放状態で運転されていた（不安全状態）。作業員は，生地の水分検査のためサンプリングを，かくはん機の下部に設けられていた生地取出口で行う代わりに，開放されていた蓋から内部に手を突っ込んで行おうとし，羽根に巻き込まれてしまった（不安全行動）。

不安全状態に関する基本原因としては，かくはん機が正規の使用方法では製品の品質上問題がある構造であった，また，リミットスイッチの機能を殺して変則運転を行う場合に対して次善の安全対策として開放部にインタロック式金網のような危険防護をしなかったという設備的要因と，セーフティアセスメントを実施していないという管理的要因があり，不安全行動の基本原因としては，作業者の危険感覚欠如という人間的要因のほかに，変則運転時のサンプリングについて安全な作業手順を定め徹底させていなかったという作業的要因がある。しかし，このような品質上の必要性から危険な運転を余儀なくされるという技術的矛盾の解決について，この工程の責任者は何も考えなかったのか，きわめて問題である。これは企業全組織の安全意識，安全文化の問題と考えられる。前述の根本的問題とは，このようなことをいうのである。

4) **対策の樹立（第4段階）**　第3段階までに明らかになった事実から同種災害の防止対策を検討し，安全委員会の審議を経て決定する。

対策は，災害の基本原因までさかのぼった検討結果に基づく内容を選定するが，事業場トップを含む全組織の安全の取組みに関わるような根本的問題があれば，それに対する改善内容を含めたものでなければならない。

しかし，対策は災害発生部門はもちろん，事業場全体の賛同が得られるものでなければならないから，通常の場合，対策の原案は，まず災害発生部門の責任者が検討・作成したものを安全担当部門に提出させ，正式の対策案に仕上げるのがよい。対策は具体的で実施が容易であり，しかも最善の効果をもたらすものでありたいからである。

安全担当部門として大事なことは，災害の直接原因および基本原因となった事実が事業場の諸基準に定めがなかった場合には，社内諸基準が社内業務の危険防止に適正に対応していなかったことになるので，その整備・改正の必要性を検討することである。規程・基準類を充実させれば対策が必ずうまく進むというわけではないが，できるだけ管理対策のベースに乗せる必要があるからである。

対策内容の策定と同時に，実施計画についても作成することが必要である。実施計画では，対策の内容ごとに，目標，実施部門，実施事項，実施方法，期限などを明らかにし，報告・確認・評価の方法も示しておくのがよい。

安全委員会には，災害発生状況，災害原因とともに

再発防止対策と実施計画案を報告し，承認を得る必要がある．最終的に事業場トップが決裁し，決定する．

〔5〕労働災害防止対策と四つのM

事業場において労働災害の発生を未然に防止し，安全で快適な職場を形成していく諸活動は，庭の手入れとよく似ている．庭は手入れをちょっと怠るとすぐ雑草が生えてくる．安全活動もちょっと息を抜けば，たちまち油が切れてさびついた機械のようにスムーズに回転しにくくなる．

労働災害調査の結果に基づく災害防止対策であろうと，年間管理計画に基づく安全活動であろうと，半年や1年無災害が続いたからといって手を緩めてはならない．科学的な労働災害防止対策のたゆみない継続が望まれるのである．

（a）科学的な労働災害防止対策 労働災害の防止対策が科学的でなければならないことはすでに述べた．新しい原材料・製造加工技術が広範化し，技術全般のソフト化，労働のインテリジェント化などが進めば，安全の対策に科学性が求められるのは当然のことである．以前は，安全対策の3本柱として，Engineering（技術），Education（教育），Enforcement（強制）の3Eが強調されたが，人間は教育と強制でやる気をもって仕事ができるわけではないし，いまは安全対策の柱として挙げられるのは，〔3〕項の（c）で述べた四つのMである．Man（人間），Machine（機械設備-物），Media（作業の方法・環境），Management（管理）の四つのMが，労働災害防止における必要な対策を網羅している．これらは，労働災害の基本原因を構成するものであったが，その基本原因をなくす対策が正しく推進されれば，不安全状態・不安全行動が現れることはない．このことを図示すれば，図5.3.3のようになる．

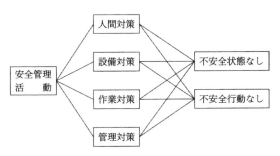

図5.3.3 安全対策と安全成果の関係

また，労働災害の基本原因に対応して労働災害の防止対策の主要なものを表5.3.6に示す．以下に簡単にコメントする．

1）人間対策 ここでいう人間対策は，教育や訓

表5.3.6 労働災害の防止対策

Ⅰ　Man：人間
① やる気の高揚
② しつけの徹底
③ 安全小集団活動の活発化
④ 指差し呼称の実施
⑤ 危険予知（KY）の励行
⑥ 職場の人間関係の良好化，リーダーシップ，チームワーク，コミュニケーションの強化　など

Ⅱ　Machine：設備（物）
① 設計・工作の安全性向上
② 危険防護・安全装置の確実実施
③ 本質安全化の推進
④ 表示・操作装置などの人間工学的配慮の徹底
⑤ 標準化の推進
⑥ 点検整備の徹底
⑦ 警告・表示・取扱説明の安全効果の向上　など

Ⅲ　Media：作業
① 作業情報・連絡の確実化
② 作業前の打合せ・安全確認の励行
③ 作業方法の改善・安全化
④ 作業手順の作成・見直し・実施の推進
⑤ 作業姿勢・動作の改善・安全化
⑥ 作業空間・レイアウトの安全整備
⑦ 作業床・通路の安全整備
⑧ 整理・整頓・清掃・清潔（4S）の徹底
⑨ 作業環境条件の安全化・快適化
⑩ 作業用保護具の点検整備・確実使用　など

Ⅳ　Management：管理
① 安全管理組織の整備・強化
② 安全管理規程・基準・マニュアル類の整備
③ 安全管理計画の充実・実施・評価
④ セーフティアセスメント制度の確立
⑤ 安全教育・訓練の徹底
⑥ 監督・指導の充実
⑦ 適性配置の推進
⑧ 職場点検その他安全日常活動の活発化
⑨ 健康管理対策の強化　など

練，健康といった管理的な問題ではなく，行動科学的な対策，人づくり，職場づくりの対策である．それには，まず安全に対するやる気の高揚と，決めたことは必ず実行するという「しつけ」の徹底が重要である．しかし，やる気だ，しつけだと強調されてもなかなかそうは変身できないのが人間であるが，個人の安全態度は彼が属する集団の力が大きく影響するもので，職場全員で決めた行動目標に一人ひとりがやるぞという決意を持たせる各種の安全小集団活動が効果的である．

最近は，大企業を中心に指差し呼称と危険予知（KY）がたいへん盛んである．また，職場で安全の規律・情報・連絡などの良好化のために，人間関係，リーダーシップ，チームワーク，コミュニケーションなどの職場づくりも人間対策として重要である．

2）設備（物）対策 設備対策は，労働災害防止の最も基本的な対策である．機械設備は，外観・構

造・作業点・信頼性・操作性・保全性などについて，できるだけ危険を生じないように設計・製作されたものでなければならない。特に，作業者が接近・接触する可能性のある危険箇所に対する防護（囲い・カバーなど）や安全装置は確実に実施しておく。さらに，操作ミス，設備故障などによる危険に対する本質安全化（安全装置の内蔵，フールプルーフ機能，フェールセーフ機能）を進めること，そこまでいかなくても表示・操作装置の人間工学的対策，標準化の推進，警告・表示・取扱い説明などの改善も作業中の危険防止上たいへん重要である。

3) 作業対策 まず，作業に関する指示・警報などの情報・各種連絡が確実に行われること，作業前のミーティング・安全に対する確認が必ず行われることが必要であり，作業方法を法令に適合させるほか危険がないように組み立てる，作業手順が定められていない作業，手順があっても守られていない作業に対して作業手順の作成・見直し・励行を図る，個々の作業姿勢・動作にも無理と危険がないように指導する，などのことが大切である。

また，作業場所の安全整備をつねに行うこと，特に整理・整頓など4Sの徹底は安全上最重要な目標である。このほか，照明・色彩・標識・騒音・変温なども行動ミスによる災害を防止する上で重要である。

4) 管理対策 以上の3対策を最も効果的に進めるシステムづくりである管理面の対策を抜きにして安全は成り立たない。ほとんどの労働災害には，この管理対策のどれかが必ず欠落しているといってもよい。安全管理の組織整備，規程・マニュアル類の整備，年間計画の充実・実施，教育・訓練，監督・指導など説明を要しないが，セーフティアセスメント（安全の事前評価）を制度化して，工場の新増設，機械設備の導入のみならず作業方法の変更などに際しても，事前に危険性を予測して安全評価を行うことも非常に重要である。　　　　　　　　　（板垣晴彦，西島茂一）

引用・参考文献

1) ハインリッヒ，H.W.ほか，産業災害防止論，第5版（井上威恭監修），海文堂（1982）
2) 労働省，労働災害原因要素の分析，安全衛生年鑑，平成5年版，中央労働災害防止協会（1993）
3) 西島茂一，これからの安全管理，中央労働災害防止協会（1988）

5.3.2 破壊事故の調査

〔1〕 破壊事故調査の目的

災害は自然災害と技術災害に大別される。技術災害は種々に分類されるが，そのうちの一つに破壊事故がある。機器が破壊すれば，単にその機能が損なわれるだけでなく，人的災害や周辺への二次災害を生じる。これが破壊事故である。安全を確保するためには，材料や機器が破壊しないこと，破壊事故を起こさないことが前提となり，安全と破壊は表裏一体の関係にある。この場合に，機器の使用目的である機能を果たすために，破壊しないという安全性はもちろん，使用中に安全性が高い水準で維持され，機能が損なわれないという信頼性が要求される。しかるに，形あるものは必ず壊れる，物には寿命があることが，また自然界の鉄則である。そのために，機器の設計では破壊に至る寿命を予測し，耐用期間を予測寿命以下に制限する。

予測は自然法則を含めた経験とデータに基づく外挿法の延長にあり，外挿の範囲が広がるほど予測の精度は低下する。機器の寿命の予測が難しいのは，外挿の範囲が広すぎることに尽きる。現状技術での予測は，同種機器の使用経験と，使用する材料の短期間の加速試験のデータに基づいて行われている。しかし，予測の限度と技術の落ち度によって，設定寿命がまっとうされない場合があり，これが実際の破壊事故の大半を占める。

もちろん，破壊事故調査の直接の目的は，原因を究明して，再発防止対策を立てることにある。しかし，それを超えて同種機器・類似機器の破壊事故の経験は，広く予測技術の進歩と技術の落ち度の救済に役立つ。破壊事故は貴重な実条件，実環境での試験結果とみなすべきである。この意味において，破壊事故調査は専門の技術者が組織的に徹底して行い，結果を社会的に公開し，工学・技術の進歩の糧にする必要がある。

〔2〕 破壊の原因

(a) 材料の破壊機構 金属材料の基本的な破壊機構と破壊形態を図5.3.4に示す。破壊機構は，①へき開，②微小空洞の成長と合体，③滑り面分離の三

（a）へき開　　（b）微小空洞の成長と合体　　（c）滑り面分離

図5.3.4 金属材料の破壊機構と破壊形態

つに大別される。

へき開は通常，面心立方格子以外の単純立方格子，体心立方格子，稠密六方格子，ダイヤモンド格子などの材料に生じ，特定の低指数格子面に沿う引張分離の結果であり，塑性変形をほとんど伴わない。破面そのものはファセットという小寸法の面を単位として，まったく平坦で無特徴に観察される。ただし，一つのファセットの内部において，平行な二つのへき開面の境界に沿って段が形成される。段は破壊の進行方向に流れ，落差の小さな段どうしは合流して大きな落差の段となり，川状模様を形成する。川状模様の流れの方向から，破壊の進行方向や破壊の起点が推定できる。

金属材料には固有な欠陥として多くの第2相粒子が介在している（俗に介在物という）。一般に，第2相粒子の介在は滑りを阻止し，塑性変形に対する抵抗を増大させる。しかし，降伏後に塑性変形が継続すれば，第2相粒子と母地の界面が剥離し，その空隙が微小空洞として成長する。微小空洞は，成長に伴いたがいに合体し破面を形成する。破面全体は微小空洞の片われのくぼみ模様で覆われ，このくぼみ模様をディンプルという。くぼみの内部には，第2相粒子の存在が認められる。

高純度金属では核となる第2相粒子が存在しないため，微小空洞は形成されず，滑りの結果として表面積だけが増大していく。表面と破面は区別がつかず，滑り模様で覆われる。これが滑り面分離である。したがって，絞りがほぼ100%に達するような著しい塑性変形の後に，点状破壊，のみの刃先状破壊が生じる。

図5.3.4を参照して，金属組織学的には結晶粒内破壊，結晶粒界破壊のいずれであっても，上述した三つの破壊機構は同様に出現し得る。粒内破壊，粒界破壊は破壊機構に基づく分類ではなく，単に破壊径路に基づく分類にすぎない。

（b）**延性破壊と脆性破壊**　最終破断までに著しい伸びや絞りを伴う破壊を延性破壊，伴わない破壊を脆性破壊という。延性破壊と脆性破壊の区別を**表5.3.7**に示す。

表5.3.7　延性破壊と脆性破壊の区別

	伸び，絞り	破壊機構	破壊形態
延性破壊	○	滑り面分離 微小空洞の成長と合体	点状，のみの刃先状，せん断，カップコーン
脆性破壊	×	へき開	引張り，平坦

金属材料の多くは塑性変形の結果として破壊を生じる。したがって，脆性は必ずしも材料に固有な性質ではなく，温度，力学的拘束，ひずみ速度などの延性を支配する因子の影響を受ける。特に，体心立方格子や稠密六方格子の金属材料は，高温において延性破壊をするにもかかわらず，温度の低下に伴い破壊機構が遷移し，脆性破壊をするようになる。これを延性－脆性遷移，遷移点の温度を遷移温度という。また，力学的拘束の強化あるいはひずみ速度の増加に伴い，温度低下と同様な延性－脆性遷移を生じる。いずれも降伏応力の増大がもたらす結果である。

延性材料の場合，降伏応力（降伏点または耐力）σ_yを超えて負荷すると，塑性変形に伴いひずみ硬化し，変形抵抗が増大する。破壊までの公称応力の最大値を引張強さσ_bという。公称応力が最大値（引張強さ）を示すのは，ひずみ硬化による負荷の増大と断面積の減少による負荷の低下の平衡が成立しなくなる塑性不安定の現象で，破壊の特性ではない。一方，脆性材料は多くの場合，材料欠陥を起点として不安定破壊を生じ，破壊強度は破壊力学で解析できる。

（c）**時間依存形破壊**　延性材料の塑性不安定や脆性材料の不安定破壊は荷重増加に伴いほぼ瞬時のうちに生じるという意味で，非時間依存形破壊という。これに対して，上記の破壊荷重以下の荷重を一定に保持あるいは繰り返した場合に，時間をおいて破壊が生じることがある。これを時間依存形破壊という。時間依存形破壊は ① 疲労破壊，② 応力腐食割れ，③ クリープ破壊の三つに分類できる。

疲労破壊は一定荷重を規則的に繰り返す，あるいは荷重が不規則に変動する場合に生じる。特に，顕著な塑性変形を示す金属材料では，疲労破壊を避けることはできない。降伏応力に達すれば材料全体が塑性変形し，その結果として滑りによって新しい表面が露出し，表面積が増大し，伸びが生じる。降伏応力以下の応力では材料全体は塑性変形しない。しかし，材料表面に位置し，組織中で最も弱く，滑りやすく方位し，かつ寸法が大きい相あるいは結晶粒に局所的な滑りが優先して生じる。この応力を繰り返せば，滑りの結果として表面に幾何学的な形状変化が生じる。

典型的な疲労破壊過程を**図5.3.5**に示す。静的応力の下での滑りが段状であるのに対して，繰返し応力の下での滑りは凹凸状となる。後者は滑りが本質的に非可逆成分を持つことに加えて，表面が接する雰囲気による酸化に起因して，応力繰返しに伴い滑りの非可逆成分がしだいに累積する結果である。いったん凹凸状の表面切欠きが形成されると，応力集中が生じるので，その後の応力繰返しに伴い凹の部分は優先的に，やはり非可逆的滑りによって内部へ向けて深さを増していく。これが疲労亀裂の発生である。もちろん，材

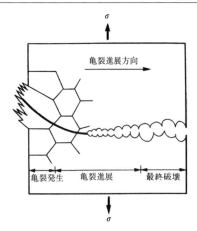

図5.3.5 典型的な疲労破壊過程

料表面に巨視的切欠き，きず，欠陥，介在物などがあれば，そこには応力集中が生じ，また初めから凹凸状の表面切欠きが形成されていることと同じであるから，疲労亀裂の発生は非常に容易となる。いったん発生した疲労亀裂は，やはり塑性変形に起因して進展し，破壊に至る。すなわち，疲労破壊の本質は塑性変形である。ただし，塑性変形は局所的，非可逆的に生じるから，巨視的にはほとんど変形せずに破壊する。したがって，セラミックスのような脆性材料の場合，疲労破壊は基本的に生じない。

腐食は活性環境中で，金属材料の表面を陽極として局所的な電池が形成され，表面が溶解する現象である。一定荷重を保持した場合，特に引張応力との共同作用で陽極溶解が局所的に生じて（局部腐食），亀裂となり，さらに亀裂先端の陽極溶解により亀裂が進展することがある。これを応力腐食割れという。応力腐食割れは特定の環境と材料の組合せの下で生じる。類似の現象に水素誘起割れがある。これは材料内部の水素が亀裂先端近傍に拡散し，亀裂進展を助長する現象であり，遅れ破壊ともいう。陽極溶解によって必ず水素が発生するから，実際の現象に対しては，応力腐食割れ（陽極溶解）と水素誘起割れの両者が関与している場合が多い。現在では，両者を区別せずに応力腐食割れというのが一般的である。金属材料の応力腐食割れは結晶粒界を径路として発生，進展する場合が多い。

絶対温度で表示した金属材料の融点の約50％以上の温度では，熱活性化が著しく，材料内部に多数の原子空孔が形成される。一定荷重を保持した場合，原子空孔の結晶粒界への拡散によって変形が生じる。これをクリープ変形という。原子空孔の拡散は同時にボイド（微小空洞）を生成し，亀裂の発生，進展の原因となり，クリープ破壊を生じる。応力腐食割れと同様に，亀裂は結晶粒界を径路として発生，進展する場合が多い。

以上の疲労破壊，応力腐食割れ，クリープ破壊はいずれも，負荷応力と寿命（破壊繰返し数，破壊時間）の関係として図5.3.6のような特性を示す。すなわち，負荷応力の減少に伴い寿命は増大し，場合によっては寿命が無限大とみなせるような負荷応力が存在する。疲労破壊の場合，図5.3.6を S-N 曲線，S-N 線図，疲労寿命が無限大とみなせる負荷応力を疲労限度という。

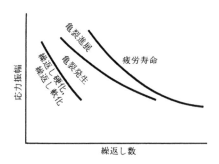

図5.3.6 疲労破壊の S-N 曲線

（d）**破損モードと設計応力の制限** 破壊に過度の変形や腐食を加えて，広義の破壊を破損という。機器の供用中に予想される破損モードを分類すれば，**表5.3.8**のとおりである。通常は耐圧試験（保証試験）の荷重や地震荷重に代表される過荷重を想定して，塑性崩壊（延性破壊）を生じないように設計応力を制限する。しかし，供用中の負荷履歴や環境に起因して，他の破壊や過度の変形を生じる懸念がある。多くの場合，塑性崩壊に対する安全率は，塑性崩壊そのものよりも，むしろ他の破壊や過度の変形を生じないように，経験的に設定される性格が強い。しかし，他の破壊や過度の変形に関与する応力，強度は，塑性崩壊に関与する応力，強度と異なるから，安全率だけで完全にカバーできるわけではない。このために，塑性崩壊に対する設計応力の制限に加えて，他の破壊や過度の

表5.3.8 破損モード

	破損モード	環境
破 壊	塑性崩壊（延性破壊） 脆性破壊 疲労破壊 応力腐食割れ クリープ破壊	低温 腐食 高温
過度の変形	塑性変形 座 屈 クリープ変形 熱ラチェット	 高温 熱サイクル

変形に対する設計上の配慮が必要となる。疲労設計と脆性破壊設計が代表例である。

なお，設計応力の制限は具体的に，部材寸法の設定を意味する場合が多い。供用中に腐食を生じることが懸念される場合には，設定された部材寸法に腐れ代（供用期間中の減肉厚さの予測値）を加算する必要がある。

（e） **破壊の原因** 冒頭に述べたように，予測の限度と技術の落ち度によって，設定寿命がまっとうされない場合があり，これが実際の破壊事故の大半を占める。

寿命の支配因子を図5.3.7に示す。設計時に想定される負荷に対して時間依存形破壊の寿命を予測するが，実際の負荷履歴がこれを上回れば，寿命は減少する。特に，熱応力，振動応力，残留応力は設計時に予測が困難な負荷で，しばしば破壊事故の原因となる。

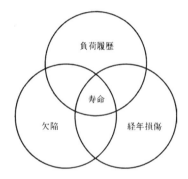

図5.3.7　寿命の支配因子

予測寿命の減少に，欠陥が最も大きく寄与する。工業材料は多少にかかわらず材料欠陥（非金属介在物，偏析など）を内蔵している。加えて，機器の製造時に製造欠陥（鋳造欠陥，溶接欠陥，加工きずなど）の発生は避けられない。また，機器の供用中にも欠陥が発生するし（腐食ピット，フレッチング摩耗，疲労亀裂，応力腐食割れ，クリープボイドなど），材料欠陥や製造欠陥を起点として進展する。これらの欠陥のすべてを把握して設計することは不可能に近いし，また設計どおりに製造，供用される保証もない。そこで，現行の設計では，設計時に欠陥を見込むことを放棄し，欠陥はないことを建前とする。しかし，現実には，ないはずの欠陥を起点として，破壊事故が起こる。その肩代わりが非破壊検査である。しかし，現行の検査では，はねる欠陥の寸法に科学的な根拠がない。また，見逃し欠陥が確率的に生じる。

経年損傷の定義は，必ずしも明確ではない。疲労や応力腐食割れは局所的な破壊現象であり，材料全体が損傷を受けることなく，局所的に亀裂，割れが発生し，それが進展して破壊に至る。これに対して，ある種の材料は高温長時間加熱や焼戻しなどの供用中の温度履歴によって，析出などに起因して材料全体の特性が変化し，特に破壊靱性やシャルピー衝撃エネルギーの遷移温度で判断される脆性を顕著に示す。これが典型的な経年損傷である。温度履歴に直接関連しない経年損傷としては，水素脆化や中性子照射脆化がある。実際に経年損傷が問題となるのは，亀裂，割れと脆化の複合効果である。これを図5.3.8に示す。

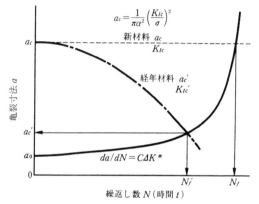

K_{Ic}：新材料の破壊靱性，K_{Ic}'：経年材料の破壊靱性，a_c：新材料の限界亀裂寸法，a_c'：経年材料の限界亀裂寸法，da/dN：疲労亀裂進展速度，ΔK：応力拡大係数範囲，σ：応力，α^2，m，c：定数

図5.3.8　経年損傷による破壊靱性の低下と寿命の減少

欠陥を起点として疲労亀裂が進展する場合，破壊靱性が経年的に低下すれば，不安定破壊を生じる限界欠陥寸法が低下し，疲労亀裂進展寿命は減少する。クリープの場合には，ボイドの発生，成長という材料全体の損傷に加えて，局所に亀裂，割れが発生，進展し，一つの現象で両者の複合効果を示す。このような意味から，経年損傷は狭義には材料全体の脆化として，広義には亀裂，割れを伴う現象を含めて定義されている。前者を経年劣化，後者を経年損傷として，区別する場合もある。

〔3〕 **破壊形態と破面の調査**

（a） **事故災害における破壊の位置付け**　プラントなどの技術災害では，事故全体のプロセスに機器の破壊がどのように関与していたかを見極めることは，最も重要であって，かつ最も難しい。大まかには，機器の破壊が事故全体の原因（引き金）である場合と，破壊が原因ではなく結果である場合に大別できる。事故災害を生じたプラント全体の災害状況を調査し，事故全体のプロセスを把握して機器の破壊の関与

を位置付けることが，破壊事故調査の第一歩である。もちろん，最終的な結論は，以下に述べる破面の詳細調査の結果によって検証する必要がある。また，破壊が原因ではなく結果であっても，例えば圧力容器の内部爆発の場合，破裂圧力の推定に破壊解析は有用であり，破面の詳細調査は欠くことができない。

（b）破壊形態の調査　過荷重や内部爆発のように，機器の破壊が原因ではなく結果である場合には，破壊形態は延性破壊の様相を呈する。機器の破壊が原因である場合には，破壊形態は脆性破壊や時間依存形破壊の様相を呈する。肉眼で両者は識別できる（伸び，絞りの有無）。後者の場合，複数の破壊形態が共存する。例えば，圧力容器の胴部の長手継手に沿って疲労亀裂が進展し，破裂に至る場合，平坦な疲労破面→シヤリップを伴う延性破面→高速で鏡部に突入，分岐した平坦な脆性破面が識別できる。

疲労破面のラジアルマークやビーチマークは肉眼で識別可能で，これをたどることによって破壊起点が推定できる。脆性破面のシェブロンパターンによって，破壊の進行方向が推定できる。これらの情報を総合して，大まかに破壊の種類，起点，進行方向，主破面と副次的な破面の区別を判定する。

なお，破壊形態の調査に際して，主応力方向と破面の関連，破面と構造不連続部，溶接部の位置関係，破面全体の着色と付着物の状況，破面近傍の表面状態（腐食や割れの有無）に注意を払う必要がある。

（c）破面の詳細調査と解析　破面の詳細調査と解析を行う技術を，フラクトグラフィという。最近では，走査型電子顕微鏡を用いる定量的な調査と解析が，一般的である。走査型電子顕微鏡による観察では，試料室の大きさの制限によって，破面の切断が必要となる。事故直後の調査や破面の切断が許されない場合には，破面からレプリカを採取し，透過型電子顕微鏡を用いる手段がとられる。

代表的な破壊の種類ごとに，破面の特徴を**表5.3.9**に示す。破面を詳細調査した結果に基づいて，破壊の種類を判定し，定量解析を行う。この場合に最も重要なのは，破壊起点の推定である。破壊形態，破面の巨視的特徴から大体の目安をつけ，微視的特徴からこれを確認する。破面全体を詳細調査することは不可能だし，無駄である。詳細調査は起点近傍に限定し，他の箇所は起点との比較，破壊進行方向の判定に重点を置いて，定性的な調査にとどめる。

多くの場合，破壊起点は材料表面に位置し，破壊は起点を中心として放射状に進行する。構造不連続，材料欠陥，製造欠陥，供用中に発生した欠陥（腐食ピット，フレッチング摩耗）などが起点となり得る。また，疲労破壊の場合，粗大結晶粒に亀裂が発生するから，起点に比較的大きい粒内ファセットが認められる。

破壊起点を中心として放射状に広がる線（ラジアルマーク）は，局所的な破面の段差であり，破壊進行方向を示す。これに垂直な半楕円形状が時々刻々の亀裂前縁であって，亀裂進展速度の変化に伴う破面着色の濃淡差によって，ビーチマークなどとして識別できる。これらのラジアルマークとビーチマークで特徴付けられる半楕円形状破面の内部で，破壊の種類を判定する。以上が破面の詳細調査と解析の第一歩である。

第二歩は想定した破壊起点からの破壊進行方向の判定である。これには破壊進行に伴う破壊種類の遷移（例えば疲労破壊→脆性破壊），複数の起点が存在する場合の競合と干渉などが含まれる。この結果によって，最初に想定した起点が否定される場合があり得る。

破壊の種類，進行方向の判定に際しては，破面の特徴だけではなく，その定量解析が必要となる。代表的な例を表5.3.9に示す。特に，後述する破壊解析に際して，この情報は有用である。

表5.3.9　破面の特徴と定量解析

破壊形態	亀裂形態	破面の特徴 巨視	破面の特徴 微視	微視的破面特徴に基づく定量解析
延性破壊	伸び，絞り	シヤリップ	ディンプル	破面率→遷移温度 形状→応力の種類
脆性破壊	平坦	シェブロンパターン	へき開ファセット	破面率→遷移温度
			川状模様	→亀裂進展方向
疲労破壊	平坦	ビーチマーク ラジアルマーク	ストライエーション	間隔→亀裂進展速度
			粒界ファセット	破面率→亀裂進展速度
応力腐食割れ	（分岐，合体）	二次割れ	ファセット（粒界，粒内）	破面率→破壊機構
			羽毛状模様	→亀裂進展方向
クリープ破壊	（分岐）	二次割れ	粒界ファセット 粒界ディンプル	破面率→応力，温度 有無→破壊機構

〔4〕 **負荷履歴，環境，材料の調査**
（a） **負荷履歴の調査** 破壊の原因を推定し，破壊解析を行うために，負荷履歴の調査は欠くことができない．特に，設計荷重と供用荷重の相違，過荷重の有無，熱応力，振動応力，残留応力の把握などの調査が重要である．破壊事故以前，破壊事故時に実測されたデータがあれば，これを参照し，データがなければ，類似の機器について供用条件で実測を行う．負荷履歴の調査には，単に外力，圧力，温度などの変動ばかりでなく，それらに基づく応力解析，必要に応じて応力測定も含まれる．

（b） **環境の調査** 材料の経年損傷が破壊事故の原因となる．経年損傷に大きく影響を及ぼすのが，温度履歴と材料が接する環境である．材料と環境の組合せによって，種々の経年損傷が生じる．注意すべき筆頭は，水素脆化，水素誘起割れを生じる水素環境である．

環境は大まかに，機器が接する外部環境と，内部流体などに起因する内部環境に大別できる．外部環境は大気の場合が多く，温度，湿度，塩分，排ガス成分などが問題となる．内部流体はそれ自体が腐食性を持ち，経年損傷を生じる場合が少なくない．さらに，腐食に伴う水素の発生，腐食性流体の局所的な生成，凝縮にも注意する必要がある．

（c） **材料の調査** 指定された材料が使用されていなかったり，指定どおりに製造されていなかったことが，破壊事故の直接，間接の原因となる場合がある．このために，材料の調査は欠くことができない．また，材料の経年損傷が破壊事故の原因と想定される場合，定量的な材料の調査が必要となる．材料の調査は，破壊事故を起こした当該機器を対象とする．しかし，試験片が採取できない場合や，同種機器にも同様な経年損傷が懸念される場合には，同種機器も対象とする．具体的な調査項目は，化学成分，組織（マクロ，顕微鏡），欠陥の有無，硬さ，引張特性（降伏応力，引張強さ，伸び，絞り），衝撃エネルギー，破壊靱性などである．特に，溶接部については，母材との相違，母材から溶接部への特性の変化（定量的分布）に注意する必要がある．

〔5〕 **破壊解析**
破壊解析の手法は，対象とする破壊の種類によって異なる．欠陥起点の破壊の場合，破壊力学の手法による破壊解析には負荷条件，欠陥寸法，破壊抵抗の三つの因子に関する情報が必要である．このうちのどれが未知量であるかによって，破壊解析の手順は異なる．

疲労破壊を想定した場合について，一般的な手順を図5.3.9に示す．もちろん，負荷条件が既知で，荷重

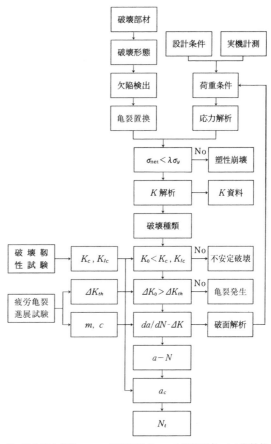

K：応力拡大係数，σ_{net}：実断面応力，σ_y：降状応力，λ：塑性拘束係数，K_c：破壊靱性，K_{Ic}：平面ひずみ破壊靱性，K_0：検出欠陥の応力拡大係数，ΔK：応力拡大係数範囲，ΔK_0：検出欠陥の応力拡大係数範囲，ΔK_{th}：下限界応力拡大係数範囲，m, c：定数，a：亀裂深さ，a_c：限界亀裂深さ，N：繰返し数，N_t：破壊繰返し数

図5.3.9 破壊力学の手法による破壊解析の手順
（疲労破壊を想定した場合）

繰返しのないことが判明しているならば，疲労亀裂の代わりに応力腐食割れ，あるいはクリープ亀裂を評価の対象とすればよい．また，手順の途中で塑性崩壊あるいは不安定破壊であることが判明した場合には，以下の手順をたどる必要はない．ただし，通常は時間依存形破壊で亀裂が進展した後に，非時間依存形破壊を生じ，時間依存形破壊に打切りを与える場合が多い．

まず，破壊した部材について大まかに破壊形態を観察し，破壊の起点，種類に目安をつけると同時に，部材の主応力面と破面が一致しているか否かを確認する．一致しない場合には，亀裂面の変位様式がモードIの取扱いのみでは不十分であり，モードII，モードIIIの取扱いを考慮しなければならない．つぎに，起点となった欠陥を検出する．不明の場合には，起点近傍

の欠陥でもよい。また，それも不可能な場合には，供用期間前あるいは供用期間中の非破壊検査の検出能力を参照して，欠陥寸法を想定してもよい。検出能力以下の寸法の欠陥は存在し得る。保証試験（耐圧試験）を実施している場合には，試験時の応力から，残存欠陥寸法が得られる。検出した立体欠陥は平面亀裂に置き換える。

別に，設計条件あるいは実機計測から，負荷条件を設定する。たとえ負荷条件が不明であっても，適当に設定して以下の解析を行う。負荷条件は荷重レベルばかりでなく，荷重の多軸性，および荷重繰返しの有無とその成分（荷重振幅と平均荷重）を含む。この結果に基づき，対象部材の応力解析を行う。

つぎに，塑性崩壊が生じたか否かを判定する。塑性崩壊が生じた場合には，破壊形態からも容易に確認できる。塑性崩壊と判定されなかった場合，検出欠陥寸法 a_0 に対する応力拡大係数 K_0 の解析を行う。欠陥の大半は，半楕円状の表面欠陥であり，しかもノズルコーナ部のような応力集中箇所に位置している場合が多い。有限要素解析などを行うことが望ましいが，応力拡大係数のハンドブックなどから類似の問題を探し，それを適用してもよい。適用に際して注意すべき点として，上記の半楕円の形状比，切欠きの効果のほかに，境界（幅，厚さ），亀裂方位（荷重方向），拘束，補強，荷重方式などの効果がある。荷重に加えて熱応力や残留応力も原理的には考慮することができる。

安定・不安定破壊が生じたか否かを判定する以前に，破面観察によって破壊の種類（延性引裂き，へき開）を判定することが不可欠である。同時に，安定・不安定破壊に先行して，時間依存形破壊が生じたか否かも判定できる。この判定結果に基づき，破壊部材と同一の材料について，規格の破壊靱性試験を実施する。試験温度，ひずみ速度などは，実機の供用条件に合わせることが原則である。供用温度が不明な場合や，延性-脆性遷移温度に近いことが予想される場合には，破壊の種類が同一となるように，試験温度を変える必要がある。高温高圧容器などでは，供用期間中に材料が劣化し，破壊靱性が大幅に低下することがある。したがって，可能ならば破壊機器から試験片を採取し試験に供することが望ましい。不可能な場合でも，シャルピー衝撃試験のみは実施し，比較すべきである。

破壊靱性試験の試験片寸法が部材寸法と同じ場合には，表面亀裂について破壊靱性 K_c を測定し，検出欠陥寸法 a_0 に対する応力拡大係数 K_0 との大小関係を比較する。部材寸法が著しく大きい場合，あるいは安定破壊が生じたことが明確で，その荷重レベルが推定できる場合には，貫通亀裂について平面ひずみ破壊靱性 K_{Ic} を測定し，K_0 と比較する。最近では，小形試験片を用いて弾塑性破壊靱性 J_{Ic} 試験を実施し，J_{Ic} から K_{Ic} を推定する手法が確立されている。K_{Ic} と J_{Ic} のデータは蓄積されているから，試験を省略し，それらを参照してもよい。

K_0 が K_c，K_{Ic} よりも小で，安定・不安定破壊と判定されなかった場合，K_0 の変動範囲 ΔK_0 が疲労亀裂進展の下限界応力拡大係数範囲 ΔK_{th} 以上であることを確認する。ΔK_0 が ΔK_{th} 以下であれば，欠陥は疲労破壊の起点となり得ない。したがって，破壊力学の手法による破壊解析はここで終了する。この場合にも，上述した破面観察で疲労破壊と判定されることがあるけれども，亀裂発生を含めた解析が必要となる。

欠陥を起点として疲労亀裂が進展する場合の解析は，以下のようにして行う。まず，規格の疲労亀裂進展試験を行い，貫通亀裂に対する Paris 則の m，c および上述した ΔK_{th} を測定する。試験環境は機器の供用環境に合わせることが原則である。疲労亀裂進展抵抗は破壊靱性と異なり，組織不敏感性を示し，材料劣化の影響などは小さい。したがって，蓄積されているデータが参照できる場合には，試験を実施する必要はない。得られた亀裂進展速度 da/dN-応力拡大係数範囲 ΔK 関係を破壊部材における表面亀裂進展の解析に適用する。表面亀裂の応力拡大係数の算出に際して，亀裂進展に伴う亀裂形状の変化が必要となる。破面にビーチマークが残されている場合には，これを参照する。あるいは，検出欠陥形状と相似形状を保ち，進展すると仮定する。以上の場合には，近似的に表面亀裂の最深部のみについて，亀裂進展の解析を行えばよい。表面亀裂の前縁に沿って解析を行えば，形状変化を追うことが可能である。しかし，計算が面倒であり，また必ずしも実験結果と一致しない。複数欠陥からの亀裂進展と合体も，解析が可能である。

da/dN-ΔK 関係の積分によって，機器の亀裂寸法 a-繰返し数 N 曲線を引くことができる。形状変化を伴う場合には数値積分する。また，一定振幅荷重ではなく，変動荷重の場合には，各荷重振幅ごとの線形加算を行う。つぎに，a-N 曲線に $a=a_c$ の打切りを与える。a_c は不安定破壊に対応する限界欠陥寸法である。得られる N が亀裂進展寿命 N_f となる。一方，適当に設定した荷重レベルごとに a-N 曲線を引き，N_f を計算する。機器の寿命 N_t に等しい N_f を与える荷重レベルとして，負荷条件が推定できる。また，破面解析を行い，ストライエーション間隔を実測し，この結果が亀裂進展の解析結果と一致するように荷重レベルを定めれば，やはり負荷条件が推定できる。同一材料につ

いてのデータがある場合には，粒界割れの破面率も同様に利用できる。　　　　　　　　　　（小林英男）

引用・参考文献

1) 小林英男，破壊力学，共立出版（1993）
2) 日本機械学会編，技術資料　機械・構造物の破損事例と解析技術，日本機械学会（1984）

5.3.3　爆発災害の調査
〔1〕　爆発災害の調査の目的

爆発災害は一瞬にして大きな被害が生じるので，従業員や周辺住民に大きな不安を与え，社会的に与える衝撃も大きい。そこで，爆発災害の防止技術を確立して，この災害を撲滅することは安全工学にとって重要な課題である。

産業災害の発生は，技術的要因，管理上の問題あるいは両者の競合に起因する。技術的要因は，設備・機器類・プロセスなどの設計計画の欠陥，設計計画と実プラントのずれ，運転ならびに操作マニュアル，特に異常時の対応のマニュアルの不備などである。また，事故原因として人的ミスがよく問題となるが，この多くは管理上の問題に帰する。人的ミスを少なくするためには，安全管理システムの機能を高めることである。効果的な安全教育の実施，機能的な安全管理組織の構築，マニュアルの整備を中心に組み立て，これらが有機的に相互作用して効果的に機能する安全管理システムを構築するべきである。

爆発事故の原因，事故の経過，被害が生じる過程などを解明することにより，事故発生要因や被害が生じる要因について貴重な知見が得られ，類似の爆発事故の予防対策のための非常に有益な情報が得られる。また，事故防止に必要な多くの技術上ならびに管理面の教訓を引き出すことができる。

事故の調査を，責任の追及や責任者の処罰に必要な裏付けデータを目的として行うと，再発防止に有益な情報が隠蔽され，事故の教訓が生かせなくなることが多い。責任者の処罰だけでは，事故の再発は防止できない。事故調査によって事故防止に必要な教訓や知見を得ることができなければ，事故による犠牲が無駄になる。

爆発事故調査の目的は，爆発災害の発生防止にある。そのため，災害防止に必要な知見や教訓ができるだけ多く引き出せるような手法で事故調査はなされるべきである。

〔2〕　爆発によって発生する現象とこれに伴う被害

爆発災害は産業災害の中でも社会的に大きなインパクトを与える災害であり，爆発事故が起こると新聞，テレビなどで大きく報じられる。爆発事故の影響には直接的影響と間接的影響がある。直接的影響は，直接的な損害を与えることであり，例えば死傷者を出したり，施設・設備あるいは原材料・製品の破壊や焼損，設備を運転不能にしたりすることである。間接的影響は，爆発事故によって誘発される二次災害の発生，原材料・製品の消失などによる損失，施設・設備の再建・復旧費，操業中断などによる利益損失，賠償金などの経済的影響，企業イメージの低下，地域社会への影響，同業種産業への影響などの社会的影響などがある。

爆発による影響を理解するためには，爆発現象を詳細に把握し，これが周辺にどのような効果を及ぼすかを知らなければならない。

爆発は化学反応や相変化などにより高速で気化や気体の温度上昇が起こる現象であり，爆発災害を引き起こす爆発現象にはつぎのようなものがある。

① 高速の化学反応や相変化などにより瞬時の温度上昇やガス化が起こり，気体が高速で膨張する。
② 容器内の圧力が何らかの原因で上昇したり，容器の破損が起こり，容器が大破して高圧の内容物が高速で膨張する。
③ 密閉容器内で高速の化学反応が起こり，容器内圧力が急上昇する。

③については，容器が破損しない限り，音を発する以外は外部には影響を与えないが，内部で急激な化学反応による圧力上昇があるので爆発現象として取り扱われる。

爆発事故による災害の発生経過について述べる。

（a）　容器，構造物，設備，機器などの破壊と破壊物の飛散　　爆発による容器，構造物，設備，機器などの破壊は，圧力上昇あるいは衝撃波によって起こる。

爆発反応により急激な気化や気体の温度上昇があり，気体が拘束されて自由に膨張できないと圧力が上昇する。また，爆轟の場合は反応面が超音速で進行するため，波面付近では密閉状態と同じような拘束条件となり，その上，波面に向かう高速流が波面で圧力に変換されるため，局部的に大きな圧力上昇となる。

プラントの塔槽類・配管内あるいは建物の中など閉囲構造物の中で爆発が起こった場合，これらの構造物の耐圧以上に圧力が上昇すれば構造物は破壊し，また，破片の両側面の圧力差の運動エネルギーへの変換および拘束から開放された高圧ガスの膨張運動によって破砕片が飛散する。そのほか，容器の一部が破壊して，内部の高圧ガスが高速で噴出し，その反作用が推進力となってロケットのように容器が飛散することもある。

爆発反応がなくても，高圧容器内で異常圧力上昇や材料劣化などによる耐圧低下により容器の耐圧以上の圧力となった場合も，上記と同様の現象が起こる。

多くの塔槽類，配管などが複雑に配置されている化学プラントのようなところで漏洩した可燃性蒸気が空気と混合して着火爆発した場合は（蒸気雲爆発），閉囲空間での爆発ではないが施設を破壊し，場合によっては破片が飛散することもある。通常，開放空間での爆燃では自由に膨張できるため，圧力上昇は見られないので，ほとんど破壊力はないが，このような複雑に機器設備が設置されている場所での蒸気雲爆発では燃焼波面が乱され，波面の伝播速度が音速に近いオーダの爆燃となり，圧力上昇が生じるとともに局所的に高速流が発生して施設を破壊する。

液体，固体あるいはスラリー状などの凝体化学物質が爆轟したとき，これを覆っていた容器や配管材料は破壊され，細かい破片となって飛散する。また，砲弾が爆発すると弾薬の入っていた鉄製カプセルは粉々に破壊される。このような破壊は非常に強力な衝撃波の作用によるものである。また，多くの爆発事故事例では，爆源から少し離れた位置でガラス窓が破壊しているが，これも衝撃波による破壊である。衝撃波は，爆薬の爆轟や高圧容器の破裂あるいは容器や建屋内で爆発が起こって内部圧力がある程度上昇した後，急激に容器や建屋が破壊したときに発生する。

以上のように，爆発事故での破壊作用の主要因子は圧力上昇，衝撃波ならびに局所的に生じる非常に強いガスの流れである。また，破片の飛散力はその両側面の圧力差の運動エネルギーへの変換および爆発生成ガスの膨張運動によって得られる。

爆源近傍の爆発ガスの急激な膨張運動と周辺へ伝播していく衝撃波を総称して爆風と呼んでいる。爆風被害はこれらの作用による被害すべてをいう。

（b）**高温物質の生成と噴出，有毒ガスの発生と拡散**　化学反応による爆光は反応熱により高温物質を生成し，また火炎を伴う。さらに，生成した高温物質が爆発により噴出，飛散する。生成して噴出する高温物質のおもなものはガスであるが，高温液体・粉体・破砕片なども噴出，飛散する。特に可燃性粉体，金属粉の高温飛散物は空気中の酸素と反応して燃焼・酸化を持続して高温を維持したまま飛散するので，火災の着火源や火傷の原因になりやすい。

爆発事故は，火薬類の爆発のような制御された爆発ではないので，不完全燃焼となるのが一般的で，爆発生成物には有毒ガスを含んでいる。そのため，閉鎖された空間での爆発では生成した有毒ガスによる中毒も多い。その代表的な例は炭鉱爆発の一酸化炭素中毒である。

（c）**爆発事故の被害**　爆発事故による重大な人身災害の多くは飛散した破片が当たったり，噴出した高温ガス・液体・粉体が降りかかったことによる。特に飛散物は爆源からかなり離れた位置まで飛び，広範囲に被害を及ぼす。また，爆発反応で有毒ガスが生成されて，噴出，拡散すると，さらに人に対する影響範囲は大きくなる。その代表的な例は，イタリアのセベソで起こった猛毒のダイオキシンの生成，噴出，拡散事故で，これは世界的に大きな衝撃を与えた災害である。

爆発事故が起こるというまでもなく爆源近傍の施設，設備，機器類は破壊される。さらに，爆発反応によって生成された高温物質が飛散して近傍の可燃物に着火し，火災となり，被害を拡大する事例も多い。また，爆風すなわち衝撃波が周辺地域に伝播し，建物の窓ガラスを破壊する。

飛散物，爆風（衝撃波）あるいは有毒ガスの拡散は広い範囲に被害を及ぼすので，当該工場の敷地外まで被害が及ぶことも少なくない。そのほか，爆発によって発生する音や振動は直接の被害が生じなくても周辺住民に恐怖感や不安感を与える。この住民の不安感を取り除き，信頼を回復するためには膨大な労力と経費が必要であり，これが間接的な被害となる。

〔3〕**爆発災害の調査項目**

爆発災害の調査では，原因と災害となる経過を明らかにし，再発防止対策を示さなければならない。そのためには，つぎのような項目の調査が必要である。

（a）**爆発地点**　爆発原因を解明するために，まず爆発地点を明確にする必要がある。装置や貯槽内の爆発か外部での爆発か，また前者の場合どの装置で起こったかを明らかにしなければならない。

爆発場所は破壊状況を詳細に検討することにより推定できる。例えば固体や液体が爆轟した場合は爆発地点に漏斗孔が生じることがある。容器や配管内爆発では当該容器・配管の破壊の程度が他の設備の破壊よりはるかに大きいので，爆発地点が容易に推定できる。また，破片の飛散方向や部材の変形状態も爆心推定のための有力な判断資料である。

（b）**爆発原因物質**　爆発は気体膨張や温度上昇が瞬時に起こる現象であるが，この現象を起こす物質を明らかにしなければならない。この物質の状態が気相が主体となっているか固体や液体のような凝相かによって爆発による破壊の様相はかなり異なる。

気相爆発は，ガス爆発，粉じん爆発，ミスト爆発，高圧ガスの破裂などである。この場合，爆発前後はいずれも気体を主としたものであるため，圧力上昇や膨

5. 安全マネジメント手法

張によって周囲になす仕事のエネルギーのおもなものは温度上昇によるものである（爆轟の場合は衝撃波効果も加わる）。一方，凝相爆発は，火薬類，過酸化物などの不安定化合物，酸化剤と還元剤を混合した液体や気体のような爆発性化学物質の爆発や蒸気爆発である。この場合，爆発物質の密度が気相の10^3倍のオーダとなっており，すなわち，解放されるエネルギーの空間密度も気相爆発の1000倍のオーダである。そのため，一般に凝相爆発の方が破壊力が大きい。

容器や建屋内のような閉鎖空間での気相爆発（爆燃）の場合の圧力上昇は，爆発性物質の組成や種類によってかなり差があるが，初気圧の数倍程度となる。そのため，工場建屋内での気相爆発では側壁，天井，窓ガラスなどが大きく破壊するが，コンクリート基礎のようなものはまったく影響を受けない。爆轟した場合はこれよりかなり大きな圧力上昇が見られ，爆轟波面の進行方向に直角な面には初気圧の数十倍以上の圧力が作用する場合もある。

閉囲領域での凝相の爆燃による圧力上昇は，領域内での爆発性物質の占める割合に依存する。空間部分に比べて爆発性物質に占める部分が多くなるほど圧力上昇は大きくなる。容器内に充満している凝相爆発性物質が定容すなわち容器がまったく破壊しないで爆燃したときは初気圧の数千倍オーダの圧力上昇となる。また，爆轟した場合は閉囲空間でも開放空間でも関係なく，爆轟圧は初気圧の数万倍～数十万倍程度となり，コンクリート基礎にもひび割れなどの破壊が生じ，漏斗孔ができる場合もある。

爆轟，高圧容器の破裂，建屋や容器内爆燃で建屋などが大きく破壊したとき，大規模蒸気雲爆発の場合は爆風による衝撃波が周囲に伝播し，周辺に被害が生じる。爆轟による爆風の強さは爆発物の質量と爆轟圧に依存する。高圧容器の破裂による爆風の強さは容器の大きさと容器内圧力に依存する。建屋内などの爆燃による爆風の強さは主として破壊されたときの内部圧力と建屋などの大きさによる。すなわち強度が強い容器内に爆発が生じ，容器が大破したときは破壊時の内部圧力が大きいので，強い爆風が生じるが，弱い建屋内爆発では破壊したときの内部圧力が小さいので，爆風は大きくない。

（c）爆発の引き金となった要因　爆発性物質や高圧容器は爆発の潜在危険性を持っているが，これを顕在化して爆発を起こす引き金となった原因を明らかにする必要がある。

高圧容器の破裂のような場合は，異常圧力上昇や材料劣化による強度低下が原因であるので，これらが生じた原因を明らかにする。

化学的爆発の場合は，爆発反応の引き金となるエネルギー供給すなわち着火源を明らかにする。着火源には，①化学反応による異常温度上昇，②静電気火花，③電気火花，④裸火，⑤高温表面，⑥打撃・衝撃，⑦摩擦，⑧断熱圧縮など，⑨熱線，光線などの放射エネルギー，⑩その他の原因による異常温度上昇，がある。化学反応による異常温度上昇としては，暴走反応，反応熱の蓄積による自然発熱が着火源となることが多い。静電気はどこでも容易に帯電するので，対策が不十分の場合，着火源となる事例が非常に多い。特に湿度が低下した場合，これが着火源となって粉じん爆発などを起こす事例が多い。電気火花は電気機器の接点の開閉時に発生するので，防爆機器を使用していないか，何らかの原因で防爆機能に不備があった場合，着火源となっている。

施設，設備，機器，工程，作業などを調査して，上記の着火源の中で可能性のないものを削除して，残りの項目について詳細に調査し，着火に至ったシナリオを明らかにする。場合によっては再現実験を行い，そのシナリオの妥当性を検証する。

（d）爆発被害　施設，設備および機器の破損状況，飛散物の大きさならびに飛散距離，人身災害など爆発の被害の調査結果は，爆発物の種類，量，爆源の位置を推定するために有効であるのみでなく，爆発事故による被害を最小にするための防護対策を立てる上で貴重な資料となる。

（e）爆発生起の時期，作業の種類　爆発事故が工程のどの時期に発生したかを明確にすることも重要である。これには関係者や目撃者からの証言，計測記録，工程表などを詳細に調べる。事故原因が工程や運転のライフサイクル中の時期や定常作業，非定常作業など作業の種類と深い関係があることが多い。そのため，この調査結果を考察することにより，類似事故がスタートアップ時，シャットダウン時，定常運転時，定修・メンテナンス作業時など，どのような時期に起こりやすいか，あるいはどのような作業のときに発生する可能性が高いかなどの貴重な情報が得られることが多い。

〔4〕**爆発事故の調査事例**

フリックスボロの蒸気雲爆発事故について述べる。

（a）事故概要　1974年6月1日（土）午後4時52分に，英国のフリックスボロ化学工場で反応器に応急的に取り付けられたバイパス管が破壊し，内容物のシクロヘキサンが大量に漏出した後着火し，大規模な蒸気雲爆発が発生し，大きな惨事となった。この事故で工場内で28人が死亡し，36人が負傷した。さらに，工場外では軽傷者も含め数百人が負傷した。

物損としては工場内の施設の大規模な破損に加え，工場外でも1821戸の一般住宅と多数の店舗や工場が被害を受け，被災はナイプロ社の工場から5km離れたスカンソープ地区にも及んだ．

（b）工場の概要 事故は英国中部のフリックスボロにあるナイプロ社の工場で起こった．ここでは硫酸アンモニウム（19万t/年）およびナイロン6の原料であるカプロラクタム（7万t/年）を製造していた．また，事故当時の当直者は70人であった．カプロラクタムの製造はDSM法で行われていた．事故はシクロヘキサンを空気酸化するプラントで起こった．

（c）事故の発生経過 シクロヘキサンの空気酸化プラントは2系列あり，1系列に6基の反応器があり，互いに直列に連結されていた．各反応器間の間隔は約1.2mで，一端にベローズを備えた28Bの直管で結ばれていた．各反応器はカスケード方式であったため，互いに35cmの段差があり，下流に行くほど低くなるように設置されていた．反応後の液体は94%がシクロヘキサンで，6%はシクロヘキサノンとシクロヘキサノールに加えて副生物が含まれている．

事故の前兆は事故の約2箇月前の3月27日に起こっている．この日第5反応器からシクロヘキサンが漏洩していることが発見された．反応器の側板は13mmの軟鋼板に3.2mmのステンレス鋼板が内張りされていた．この側板の軟鋼部に長さ2mのクラックが発見され，クラックの一部からシクロヘキサンが漏洩していた．そこでプラントを停止し，第5反応器を取り外し，第4反応器と第6反応器をバイパスで接続する作業が行われた．バイパス管は反応器間に段差があるため，図5.3.10に示すようにイヌの足のような形に折れ曲がった管とし，本来28Bの管を取り付けるべきところを工場で製作可能な20B管とした．

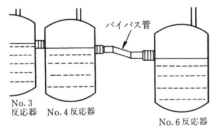

図5.3.10 反応器内のバイパス管

このバイパス管については強度計算も行われておらず，耐圧試験もなされていなかった．また，バイパス管の両側はNo.4とNo.6反応器に付いているベローズに取り付けられた．英国の規格ではベローズが管の軸方向に伸縮するようにガイドを取り付け，ベローズ近くで管を固定しなければならないが，これが行われていなかった．この作業を終了後0.4MPaの窒素で漏れ試験を行ったところ漏れがあったので，漏れ箇所の補修溶接を行い0.9MPaの窒素圧で漏れのないことを確認し，4月1日にプラントの稼働を始めた．イギリスの規格では，漏れ試験は設計圧力の1.3倍以上の圧力で水圧試験を行うことを規定しているが，ここではガス圧試験でかつ設計圧力1.3倍の圧力（1.1MPa）より小さな圧力で漏れ試験を行っており，規格どおりの試験を行っていれば，この時点で破壊して災害は避けられたと事故報告書[1]は述べている．

5月29日に反応器の下部液面計のところで内容物の漏洩が発見された．そこで，プラントを0.15～0.2MPaまで降圧するとともに冷却して漏洩箇所の修理を行った．6月1日早朝に再スタートし，午前4時にシクロヘキサンの循環を開始したが，まもなく漏れが発見されたので再び修理し，午前5時に再スタートしたが，その日の午後4時52分にバイパス管の部分が破壊して大量のシクロヘキサンが漏出して蒸気雲爆発が起こった．着火場所は近くにあった水素プラント付近と推定されている．シクロヘキサンの漏洩量は蒸気で40t，液体で1200t以上といわれている．可燃性蒸気が漏洩した場合，漏洩と同時に着火すれば漏洩箇所で火炎放射のような火災となり，人が吹き出した火炎を浴びることなく，輻射熱による二次的災害を防止すれば大きな災害にはならない．また，漏洩後長時間たてば可燃性ガスは拡散し，爆発下限界以上の領域が狭くなるまでの間に着火しなければ爆発は起こらない．フリックスボロの事故ではシクロヘキサンが漏洩後30～90秒後に着火したと推定されており，爆発にとってきわめて良いタイミングで着火したため大規模な爆発災害となった．

（d）事故の原因 直接の事故原因として2説挙げられたが，検討の結果，一つの説はNo.4反応器とNo.6反応器の間のバイパス管部の破壊である．事故後のバイパス管はジャックナイフのような形で折れ曲がって落下していたことから，ベローズが座屈して大量の内容物が吹き出したものと結論付けられた．このような破壊が生じた原因はバイパス管の取付け工事がずさんで，ベローズのガイドがなく，配管の固定も十分でなかったことである．さらに，工事後の耐圧試験も不十分であり，構造的な欠陥を発見できなかった．

もう一つの説は，分離器と連結しているステンレス鋼の8B管に亜鉛による脆化で割れが生じ，漏れていたシクロヘキサンの中から重合物が断熱材の触媒作用により発火し，8B管が破裂して漏れたシクロヘキサンが燃え上がり，その火炎により20Bのバイパス管

が破壊したというものである。この根拠としては，事故後回収された8Bステンレス鋼管の多くに亜鉛による脆化割れが発見されたことである。

災害発生の引き金となった反応器の割れ発生は，硝酸塩による応力腐食割れであることが専門家の調査によって判明した。これは過去においてシクロヘキサンが少量漏れたとき，これを希釈するために硝酸塩で処理した冷却水をかけていたためである。No.5反応器に割れが発見された時点での他の反応器も総点検し，割れの有無を確認するとともにこの割れの原因を明らかにして対策を講じるべきであったが，なされていなかった。報告書[1]では会社の役員構成や管理組織の問題点も原因として指摘している。

（e）**事故の社会的インパクト** それまでにも米国のレークチャールズにおけるイソブタン蒸気雲爆発，オランダのベルニスの炭化水素蒸気雲爆発などで大規模な蒸気雲爆発が起こっており，日本でもこの前年の1973年に石油化学工場で連続して爆発事故を起こしており，その中のいくつかは蒸気雲爆発であったが，フリックスボロの事故は爆発による爆風被害がきわめて大きかったため，蒸気雲爆発の恐ろしさを改めて知らせることとなり，全世界の化学工業に大きな衝撃を与えた。この事故は「フリックスボロの教訓」という言葉を生み，蒸気雲爆発の発生，これによる爆風の成長過程，被害予測手法などの蒸気雲爆発に関する研究が活発になる引き金となった。また，各国で工場立地に関する法規制の強化が進められた。

（小川輝繁）

引用・参考文献

1) Department of Employment, The Flixborough disaster, Report of the Court of Inquiry（1975）

5.3.4 環境汚染の調査

環境汚染とは，おもに大気汚染，水質汚濁および土壌汚染に分類することができる。それぞれの汚染を未然に防止するために，「大気汚染防止法」，「水質汚濁防止法」および「土壌汚染対策法」などに基づき，汚染物質のモニタリングによる監視体制の整備や，排出抑制・規制が行われている。

汚染調査には，下記のような段階がある。近年，環境汚染の調査・管理において，リスクの概念が取り入れられてきており，ヒト健康リスクや生態系に対する環境リスクを考慮した評価が行われ始めている。

① 排出量調査
② 環境挙動調査
③ 曝露量調査
④ 影響評価（リスク評価）

〔1〕 **大気汚染問題の調査**

大気汚染防止法に基づいて，一部の物質について大気汚染の常時監視が行われている。常時監視とは，「都道府県等において継続的に大気汚染に係る測定を実施することにより，地域における大気汚染状況，発生源の状況および高濃度地域の把握，汚染防止対策の効果の把握等を行うとともに，全国的な汚染動向，汚染に係る経年変化等を把握し，もって国民の健康の保護および生活環境の保全のための大気汚染防止対策の基礎資料とすること」を目的としている（**表5.3.10** 参照）。下記（a）〜（d）の常時監視物質は，インターネット上の大気汚染物質広域監視システム（そらまめ君）において，測定結果が公表されている。

表5.3.10 大気汚染に係る環境基準

項　　目	環境上の条件
二酸化窒素（NO_2）	1時間値の1日平均値が0.04 ppmから0.06 ppmまでのゾーン内またはそれ以下であること
二酸化硫黄（SO_2）	1時間値の1日平均値が0.04 ppm以下であり，かつ，1時間値が0.1 ppm以下であること
浮遊粒子状物質（SPM）	1時間値の1日平均値が0.10 mg/m^{3}以下であり，かつ，1時間値が0.20 mg/m^{3}以下であること
微小粒子状物質（$PM_{2.5}$）	1年平均値が15 μg/m^{3}以下であり，かつ，1日平均値が35 μg/m^{3}以下であること
光化学オキシダント	1時間値が0.06 ppm以下であること
一酸化炭素（CO）	1時間値の1日平均値が10 ppm以下であり，かつ，1時間値の8時間平均値が20 ppm以下であること
ベンゼン	1年平均値が0.003 mg/m^{3}以下であること
トリクロロエチレン	1年平均値が0.2 mg/m^{3}以下であること
テトラクロロエチレン	1年平均値が0.2 mg/m^{3}以下であること
ジクロロメタン	1年平均値が0.15 mg/m^{3}以下であること
ダイオキシン類	1年平均値が0.6 pg-TEQ/m^{3}以下であること

〔注〕 資料：環境省

（a）**窒素酸化物（NO_x）** 一酸化窒素（NO），二酸化窒素（NO_2）などの窒素酸化物（NO_x）は，おもに空気に含まれる窒素と酸素が高温状態で反応することや，窒素が含まれる物質の燃焼の際に酸化されることにより生成する。発生源としては，工場のボイラ

や廃棄物焼却炉などの固定発生源と自動車などの移動発生源がある。発生源からは，大部分が一酸化窒素として排出されるが，大気中で酸化されて二酸化窒素となる。二酸化窒素は，高濃度で呼吸器に影響を及ぼし，酸性雨および光化学オキシダントの原因物質の一つである。

(b) **硫黄酸化物（SO_x）** 硫黄酸化物（SO_x）は，硫黄の酸化物の総称であり，大気中ではおもに二酸化硫黄（SO_2）として存在している。石油や石炭など硫黄分が含まれる化石燃料や硫黄鉱を燃焼した際に生成する。二酸化硫黄は，高濃度で呼吸器に影響を及ぼし，酸性雨の原因物質の一つである。近年は，石炭火力発電所等の排ガスから硫黄酸化物を除去する技術（排煙脱硫技術）が普及し，排出量が大幅に減少している。

(c) **浮遊粒子状物質と微小粒子状物質** 浮遊粒子状物質（suspended particulate matter, SPM）は，大気中に浮遊する粒子状物質のうち，粒径 10 μm（百万分の1メートル）以下のものであり，微小なため大気中に長期間滞留している。浮遊粒子状物質には，工場や焼却炉などから排出されるばいじん，ディーゼル車の排出ガス中に含まれる黒煙など人為的発生源によるものと，土壌の飛散や海水の飛沫など自然発生源によるものがある。また，発生源から直接粒子として大気中に排出される一次粒子と，硫黄酸化物（SO_x），窒素酸化物（NO_x），揮発性有機化合物（VOC）などのガス状大気汚染物質が，主として大気中での光化学反応などにより粒子化した二次粒子に分類できる。

従来，この浮遊粒子状物質のみに環境基準が定められていたが，人為的発生源から排出される浮遊粒子状物質は粒径 1 μm 程度の粒子が多いため，肺胞など肺の奥深くまで入りやすく，呼吸器系への影響に加え，循環器系への影響が懸念されたため，空気力学径が 2.5 μm 以下の微小粒子状物質（$PM_{2.5}$）の環境基準値が設定された（2009年9月設定）。

(d) **光化学オキシダント** 環境基準の告示において，光化学オキシダントとは，「オゾン，パーオキシアセチルナイトレートその他の光化学反応により生成される酸化性物質（中性ヨウ化カリウム溶液からヨウ素を遊離するものに限り，二酸化窒素を除く）」とされ，光化学オキシダントのおもな構成物質はオゾン（O_3）である。工場や自動車の排出ガスなどに含まれる窒素酸化物（NO_x），揮発性有機化合物（VOC）などが，太陽の紫外線により光化学反応を起こし生成する。光化学オキシダントが高濃度となると，目や呼吸器などの粘膜への刺激，呼吸器への影響などがあり，また農作物などの植物の生理機能，成長，収量を低下させるなどの影響もある。

(e) **一酸化炭素** 一酸化炭素（CO）は，おもに自動車や工場などにおいて燃料など炭素化合物の不完全燃焼により生成する。一酸化炭素は，血液中のヘモグロビンと結合して，酸素を運搬する機能を阻害するなどの影響を及ぼすほか，温室効果ガスである大気中のメタンの寿命を長くすることが知られている。

(f) **その他の大気汚染物質** 上記の物質以外では，ベンゼン，トリクロロエチレン，テトラクロロエチレン，ジクロロメタンおよびダイオキシン類に環境基準値が設定されている。そのほかに，大気汚染防止法において，低濃度であっても長期的な摂取により健康影響が生ずるおそれのある物質を「有害大気汚染物質」とし，科学的知見の充実の下に，将来にわたって人の健康に係る被害が未然に防止されるよう施策を講じることとしている。現在，248種類の物質が対象となっている。そのうち，特に優先的に対策に取り組むべき物質（優先取組物質）として23種類の物質がリストアップされている。

この有害大気汚染物質の捕集・測定に関しては，有害大気汚染物質測定方法マニュアル[1]が公開されている。VOCを測定する際には，容器採取法（キャニスター法），固体吸着－加熱脱着法，固体吸着－溶媒抽出法などが提案されており，重金属類については，おもにハイボリウムエアサンプラを用いたフィルタ捕集法が提案されている。また，採取時間は，日内変動を考慮して24時間（または24時間単位でそれ以上）とすることとし，年平均値を算出する場合は，各月の濃度から算出することとしている。ただし，気温，風向，風速，日照量，雨量などの気象条件によって大気安定度が変化し，大気の拡散層が変化することで，大気中濃度が大きく変化することが知られていることから，捕集時の気象条件に留意する必要がある。

また，近年，産業技術総合研究所などの研究機関において大気拡散シミュレーションモデル（METI-LIS, ADMER等）が開発され，無料で公開されている。そのため，「特定化学物質の環境への排出量の把握等及び管理の改善の促進に関する法律」（PRTR法）から得られる有害大気汚染物質の排出量情報と大気拡散シミュレーションモデルを用いて，大気汚染状況の予測が行われ始めている[2]。さらに，モニタリングデータと大気拡散シミュレーションモデルを併用することで，ある数点のデータを面的なデータに変換することができるようになってきており[3]，今後，大気拡散シミュレーションモデルのさらなる活用が期待される。

〔2〕 **水質汚濁問題の調査**

水質汚濁は，工場や事業場から排出される廃水や生

活排水などが公共用水域や地下へ流入することで起こる。水質汚濁に係る環境基準には，人の健康の保護に関する環境基準と生活環境の保全に関する環境基準がある（表5.3.11参照）。人の健康の保護に関する環境基準は，「設定後直ちに達成され，維持されるように努めるもの」となっているが，生活環境の保全に関する環境基準については，「施策の推進とあいまちつつ，可及的速かにその達成維持を図るもの」として設定されている。環境省から報告されている2015（平成27）年度公共用水域水質測定結果によると，人の健康の保護に関する環境基準については，27項目の環境基準達成率が99.1％と，ほぼすべての地点で環境基準を達成しており，水質汚濁防止法による工場や事業場に対する排水規制の強化などの効果が現れている。一方，生活環境の保全に関する環境基準に関しては，河川の生物化学的酸素要求量（BOD）の環境基準達成率が95.8％，湖沼の化学的酸素要求量（COD）の環境基準達成率が58.7％，全窒素および全リンの環境基準達成率が51.2％となっており，湖沼などの閉鎖性水域および首都圏地域の河川の改善が進んでいない状況である。

（a）**人の健康の保護に関する項目** 人の健康の保護に関する環境基準が設定されている物質は，大きく揮発性有機化合物（VOC），重金属等，農薬類・PCB等に分類することができる。おもにカドミウム，鉛，ヒ素，1,2-ジクロロエタン，硝酸性窒素および亜硝酸性窒素，フッ素，ホウ素が環境基準値を超過することが報告されている。この環境基準値超過のおもな原因としては，自然由来が最も多く，ヒ素，フッ素ではこれがおもな原因となっている。また，休廃止鉱山廃水，農業肥料および家畜排泄物が原因となっている場合がある。

揮発性有機化合物の測定は，JIS K 0125「用水・排水中の揮発性有機化合物試験方法」[4]に基づき行われており，おもにパージ＆トラップ－ガスクロマトグラフ質量分析法，ヘッドスペース－ガスクロマトグラフ質量分析法，固相抽出－ガスクロマトグラフ質量分析法が用いられている。おもな重金属や農薬類の測定は，JIS K 0102「工場排水試験方法」[5]などに基づいて行われている。

（b）**生活環境の保全に関する項目** 生活環境の保全に関する環境基準として，河川では，水素イオン濃度（pH），生物化学的酸素要求量（BOD），浮遊物質量（SS），溶存酸素量（DO）大腸菌群類，全亜鉛，ノニルフェノール，直鎖アルキルベンゼンスルホン酸およびその塩の8項目，湖沼では，pH，化学酸素要求量（COD），SS，DO，大腸菌群類，全窒素，全リン，全亜鉛，ノニルフェノール，直鎖アルキルベンゼンスルホン酸およびその塩，底層溶存酸素量の11項目，海域では，pH，COD，DO，大腸菌群類，n-ヘキサン抽出物質（油分等），全窒素，全リン，全亜鉛，ノニルフェノール，直鎖アルキルベンゼンスルホン酸およびその塩，底層溶存酸素量の11項目が設定されている。

（c）**その他の水質汚濁物質** 環境基準が定められている物質以外に，「要監視項目」とその指針値が定められている。要監視項目においても，人の健康の保護に係る項目と水生生物の保全に係る項目があり，人の健康の保護に係る項目については「人の健康の保

表 5.3.11 水質汚濁に係る環境基準
（人の健康の保護に関する環境基準）

項　目	環境上の条件
カドミウム	0.003 mg/L 以下
全シアン	検液中に検出されないこと
鉛	0.01 mg/L 以下
六価クロム	0.05 mg/L 以下
ヒ素	0.01 mg/L 以下
総水銀	0.0005 mg/L 以下
アルキル水銀	検液中に検出されないこと
PCB	検液中に検出されないこと
ジクロロメタン	0.02 mg/L 以下
四塩化炭素	0.002 mg/L 以下
1,2-ジクロロエタン	0.004 mg/L 以下
1,1-ジクロロエチレン	0.1 mg/L 以下
シス-1,2-ジクロロエチレン	0.04 mg/L 以下
1,1,1-トリクロロエタン	1 mg/L 以下
1,1,2-トリクロロエタン	0.006 mg/L 以下
トリクロロエチレン	0.01 mg/L 以下
テトラクロロエチレン	0.01 mg/L 以下
1,3-ジクロロプロペン	0.002 mg/L 以下
チウラム	0.006 mg/L 以下
シマジン	0.003 mg/L 以下
チオベンカルブ	0.02 mg/L 以下
ベンゼン	0.01 mg/L 以下
セレン	0.01 mg/L 以下
硝酸性窒素および亜硝酸性窒素	10 mg/L 以下
フッ素	0.8 mg/L 以下
ホウ素	1 mg/L 以下
1,4-ジオキサン	0.05 mg/L 以下
ダイオキシン類	1 pg-TEQ/L 以下（水質），150 pg-TEQ/g 以下（底質）

〔注〕　資料：環境省

護に関連する物質ではあるが，公共用水域等における検出状況等からみて，直ちに環境基準とはせず，引き続き知見の集積に努めるべきもの」として，26項目が設定されている。また，水生生物の保全に係る項目は6項目が設定されている。そのほかに，「個別物質ごとの「水環境リスク」は比較的大きくない，または不明であるが，環境中での検出状況や複合影響等の観点からみて，「水環境リスク」に関する知見の集積が必要な物質」として「要調査項目」が設定されており，208物質群が選定されている。

〔3〕 土壌汚染問題の調査

土壌汚染は，工場や事業場などで使用した有機溶剤や重金属などが漏出・排出することや廃棄物の埋立てなどにより直接土壌に混入することで起こる。また，ヒ素，鉛，フッ素などは，人為汚染がない自然由来の土壌汚染が知られている。そのほか，大気汚染や水質汚濁を通じて二次的に土壌中に負荷される場合がある。特に，工場の跡地の再開発などに伴い，有機溶剤や重金属による土壌汚染が顕在化する事例が多い。

土壌汚染に係る環境基準は，「人の健康を保護し，及び生活環境を保全する上で維持することが望ましい基準であり，土壌の汚染状態の有無を判断する基準として，また，政府の施策を講ずる際の目標」としており，「水質浄化・地下水かん養機能を保全する観点」および「食料を生産する機能を保全する観点」の二つの観点から設定されている。水質浄化・地下水かん養機能を保全する観点から定めている土壌環境基準については，土壌の10倍量の水でこれらの項目に係る物質を溶出させ，その溶液中の濃度が水質汚濁に係る環境基準の値以下となるように設定されている。また，土壌汚染対策法において，特定有害物質として26種類の物質が指定されている（**表5.3.12**参照）。

（a） **揮発性有機化合物（VOC）** 特定有害物質に指定されている揮発性有機化合物は第一種特定有害物質に分類されており，ベンゼン以外は塩素系の有機溶剤である。これらの物質は，土壌中で分解されにくい物質が多く，ベンゼンとクロロエチレンを除くと比重が水よりも重く，地下に深く浸透することで土壌や地下水中に長期間残留する。また，雨水の浸透や土壌中の拡散により，地下水を汚染してしまうことで汚染が拡散・広域化する場合がある。

揮発性有機化合物の測定は，JIS K 0125「用水・排水中の揮発性有機化合物試験方法」[4]に基づき行われており，おもにパージ&トラップ－ガスクロマトグラフ質量分析法，ヘッドスペース－ガスクロマトグラフ質量分析法，固相抽出－ガスクロマトグラフ質量分析法が用いられている。

表5.3.12 土壌汚染に係る環境基準

項目	環境上の条件
カドミウム	検液1Lにつき0.01 mg以下であり，かつ，農用地においては，米1kgにつき0.4 mg以下であること
全シアン	検液中に検出されないこと
有機リン（リン）	検液中に検出されないこと
鉛	検液1Lにつき0.01 mg以下であること
六価クロム	検液1Lにつき0.05 mg以下であること
ヒ素	検液1Lにつき0.01 mg以下であり，かつ，農用地（田に限る。）においては，土壌1kgにつき15 mg未満であること
総水銀	検液1Lにつき0.0005 mg以下であること
アルキル水銀	検液中に検出されないこと
PCB	検液中に検出されないこと
銅	農用地（田に限る。）において，土壌1kgにつき125 mg未満であること
ジクロロメタン	検液1Lにつき0.02 mg以下であること
四塩化炭素	検液1Lにつき0.002 mg以下であること
クロロエチレン（別名塩化ビニルまたは塩化ビニルモノマー）	検液1Lにつき0.002 mg以下であること
1,2-ジクロロエタン	検液1Lにつき0.004 mg以下であること
1,1-ジクロロエチレン	検液1Lにつき0.1 mg以下であること
シス-1,2-ジクロロエチレン	検液1Lにつき0.04 mg以下であること
1,1,1-トリクロロエタン	検液1Lにつき1 mg以下であること
1,1,2-トリクロロエタン	検液1Lにつき0.006 mg以下であること
トリクロロエチレン	検液1Lにつき0.03 mg以下であること
テトラクロロエチレン	検液1Lにつき0.01 mg以下であること
1,3-ジクロロプロペン	検液1Lにつき0.002 mg以下であること
チウラム	検液1Lにつき0.006 mg以下であること
シマジン	検液1Lにつき0.003 mg以下であること
チオベンカルブ	検液1Lにつき0.02 mg以下であること
ベンゼン	検液1Lにつき0.01 mg以下であること
セレン	検液1Lにつき0.01 mg以下であること
フッ素	検液1Lにつき0.8 mg以下であること
ホウ素	検液1Lにつき1 mg以下であること
1,4-ジオキサン	検液1Lにつき0.05 mg以下であること
ダイオキシン類	1000 pg-TEQ/g以下であること

〔注〕 資料：環境省

（b） **重金属等** 六価クロム，鉛，フッ素などの重金属等は第二種特定有害物質に分類されている。鉛や水銀などは土壌粒子に吸着されやすく，地表近くに保持されることから移動・拡散しにくい。一方，六価クロム，ヒ素，ホウ素，フッ素などの陰イオン性の物質は，比較的土壌および地下水中を移動しやすいことが知られており，地下水汚染の事例が多い。

おもな重金属等の測定は，JIS K 0102「工場排水試験方法」[5]に基づいて行われ，六価クロム以外の重金

属については，おもに誘導結合プラズマ（ICP）発光分光分析法やICP質量分析法が用いられ，六価クロムにはジフェニルカルバジド吸光光度法やイオンクロマトグラフーポストカラム誘導体化法[6]などが用いられている。

（c） **農薬類・PCB等** 　有機リン化合物（パラチオン，メチルパラチオン，メチルジメトン，EPN）やチラウムなどの農薬やPCBは第三種特定有害物質に分類されている。これら農薬類は，水溶解度が低く，土壌粒子に吸着しやすいことから移動・拡散性が低く，また環境中での分解性が高いことから汚染事例の報告は少ない。また，トランスやコンデンサの絶縁油などに使用されていたPCBの土壌汚染は，保管庫からの漏洩や不法投棄によって引き起こされ，ダイオキシン類汚染については焼却灰の不法投棄などによって引き起こされることがある。

農薬類とPCBの測定は，JIS K 0102「工場排水試験方法」[5]や環境庁告示に掲げる方法に基づいて行われている。　　　　　　　　　　　　　　（三宅祐一）

引用・参考文献

1) 環境省，有害大気汚染物質測定方法マニュアル http://www.env.go.jp/air/osen/manual2/index.html （2019年1月現在）
2) 中西準子ら，大気拡散から暴露まで—ADMER・METI-LIS（リスク評価の知恵袋シリーズ），pp.322，丸善（2007）
3) Miyake, Y., et al., Comparison of observed and estimated concentrations of volatile organic compounds using a Gaussian dispersion model in the vicinity of factories: An estimation approach to determine annual average concentrations and human health risks, Journal of Environmental Science and Health, Part A, 45, pp.527-533 (2010)
4) JIS K 0125：2016　用水・排水中の揮発性有機化合物試験方法（日本規格協会）
5) JIS K 0102：2013　工場排水試験方法（日本規格協会）
6) Miyake, Y., et al., Determination of hexavalent chromium concentration in industrial waste incinerator stack gas by using a modified ion chromatography with post-column derivatization method, Journal of Chromatography A, 1502, pp.24-29 (2017)

5.3.5　事故分析・データベース

国内外のインターネットで公開されている事故情報や事故事例データベースを紹介する（各URLは2019年2月現在）。

（a）　**経済産業省関連**

1) **事故・トラブル情報**　2007年以降の経済産業省の産業保安関連の事故情報がWebページで公開されている。産業保安全般が対象であるが，近年は都市ガス保安，LPガス保安の情報が主となっている。
http://www.meti.go.jp/policy/safety_security/industrial_safety/itiran/new_trouble_index.html

2) **事故・防災情報**　電気関係報告規則に基づき電気事業者から提出された電気保安年報を基にまとめられた2000年以降の電気保安統計がPDFファイルで公開されている。また，各産業保安監督部等管内における電気事故の概要のWebページへのリンクがまとめられている。
http://www.meti.go.jp/policy/safety_security/industrial_safety/sangyo/electric/detail/setsubi_jiko.html

3) **全国鉱山災害事例データベース**　2005年以降の鉱山災害ごとの災害概況，危険の概要，原因，対策ほか，さまざまな分析情報がExcelファイルで公開されている。
http://www.meti.go.jp/policy/safety_security/industrial_safety/sangyo/mine/detail/saigaijireito.html

4) **火薬類災害事故年報**　2001年以降の火薬類の製造中，消費中等の事故の概要がPDFファイルで公開されている。2015年以降は「火薬類事故防止対策委託事業報告書」および「事故一覧」に変更されている。
http://www.meti.go.jp/policy/safety_security/industrial_safety/sangyo/gunpowder/detail/detail.html

5) **ガス事故速報（都市ガス・LPガス）**　「製品安全対策に係る総点検結果とりまとめ」（平成18年8月28日　経済産業省）に基づき，ガス消費機器に係る事故報告（速報）の情報が，1986〜2010年はPDFファイル，2011〜2015年はWebページ，2016年以降はPDFファイルで公開されている。
http://www.meti.go.jp/policy/safety_security/industrial_safety/sangyo/citygas/gasjiko/index.html
なお，2007〜2014年の消費段階の事故は別に公開されている。
http://www.meti.go.jp/policy/safety_security/industrial_safety/sangyo/citygas/gasjiko/index.

6) **LPガス保安技術者向けWebサイト／事故事例研究**　LPガス保安業務における点検・調査時や供給・消費設備の管理上で発生した事故等が解説映像と併せて紹介されている。
http://www.lpgpro.go.jp/guest/learning/index2.html

7) **最新の高圧ガス事故集計・高圧ガス保安法事故一覧表**　2006年以降の高圧ガス保安法関連の事故

の集計結果と最近の事故の一覧がPDFファイルで公開されている。
http://www.meti.go.jp/policy/safety_security/industrial_safety/sangyo/hipregas/detail/oshirase.html

8) （高圧ガス）事故事例データベース　経済産業省委託事業として，高圧ガス保安協会が作成した事故事例データベースがExcelファイルで公開されている。高圧ガス保安法事故，海外参考事故，国内参考事故等が登録されている。高圧ガス保安法事故は1965年以降の事故が対象となっている。データベースの項目は，事故の種類によるが，高圧ガス保安法事故では，事故区分（製造事業所，移動，消費等），事故分類（A級，B級，C級），事故名称，発生年月日，発生県，死傷者数，関連物質名，事象（漏洩，火災，爆発，破裂等），漏洩・噴出の概要（量，部位，圧力，分類等），業種，設備区分，取扱状態，事故原因，事故概要，対応措置等である。
http://www.khk.or.jp/public_information/information/incident_investigation/hpg_incident/incident_db.html

9)　高圧ガス事故事例　経済産業省の委託事業として，高圧ガス保安協会に設置された事故調査解析委員会において2003年以降に発生したおもな高圧ガス関連事故の詳細をまとめたものがPDFファイルで公開されている。8)の事故事例データベースの情報に加え，被害状況，事故の概要，事故発生原因，再発防止対策，教訓等が記載されている。
http://www.khk.or.jp/public_information/information/incident_investigation/hpg_incident/recent_hpg_incident.html

10)　製品事故の検索　消費生活用製品安全法（第35条第1項）に基づき事業者から報告のあった事故のうち，プレス発表が行われ製品事故がWeb上で検索可能なデータベースとして公開されている。1992年以降の事故情報が登録されているが，本格的に登録されているのは2007年以降の事故情報である。データベースの項目は，事故発生都道府県，事故発生年月日，被害状況（死傷，火災，中毒等），事業者名，製品名，製品群（消費生活用製品安全法，電気用品安全法，液化石油ガスの保安の確保及び取引の適正化に関する法律，ガス事業法等の別）等である。
http://www.meti.go.jp/product_safety/cgi/search

11)　NITE（製品）事故情報データベース　製品事故のうち，消費生活用製品安全法に基づく報告義務のない重大製品事故以外の製品事故（非重大製品事故）は，製品評価技術基盤機構（NITE）が情報収集し，重大製品事故と併せてWeb上で検索可能なデータベースとして公開されている。1996年度以降の事故情報が登録されている。データベースの項目は，事故発生年月日，年度番号（番号の最初にAが付く事例は重大製品事故），品目，品名，型式，製造輸入販売業者，事故通知内容，被害の種類（出火，火傷，転倒等），事故原因，原因区分（製品起因，誤使用等の区分），再発防止措置等である。
http://www.jiko.nite.go.jp/php/jiko/search/index.php

（b）　厚生労働省関連　厚生労働省「職場のあんぜんサイト」の「労働災害統計」，「災害事例」および「化学物質」のWebサイトで各種の災害情報やデータベースが公開されている。
http://anzeninfo.mhlw.go.jp/index.html

中央労働災害防止協会の安全衛生情報センターの「災害事例」のWebサイトでも産業や事故の類型別の災害事例やヒヤリハット事例が公開されている。
http://www.jaish.gr.jp/anzen/sai/saigaijirei_index.html

1)　労働災害発生速報　厚生労働省が発表した死亡災害発生状況および死傷災害発生状況の速報値が毎月更新され，公開されている。
http://anzeninfo.mhlw.go.jp/information/sokuhou.html

2)　労働災害統計　1988年以降の死亡災害件数，死傷災害件数，度数率，強度率，災害原因要素の分析などの統計表が，年ごとに公開されている。
http://anzeninfo.mhlw.go.jp/user/anzen/tok/anst00.htm

3)　労働災害原因要素の分析　厚生労働省が特定の業種について休業4日以上の死傷者事故全般を一定の抽出率で抽出し，災害原因を中心に分析・集計を実施した結果が年ごとに公開されている。業種は，製造業，建設業，陸上貨物運送業，港湾荷役業および林業の5業種で，それぞれ3年ごとに分析・集計されている。
http://anzeninfo.mhlw.go.jp/user/anzen/tok/bnsk00.html

4)　労働災害動向調査　2007年から2009年の事業所規模100人以上の事業所調査および総合工事業調査の労働災害動向調査の集計結果が公開されている。
http://anzeninfo.mhlw.go.jp/user/anzen/tok/dk00.htm
2006年以前は2)の労働災害統計，1997年以降の概要は厚生労働省のWebページで公開されている。
http://www.mhlw.go.jp/toukei/list/44-23b.html

5)　労働災害事例　死亡災害や重大災害等の発生状況，発生原因，対策が事故を表すイラストとともに登録され，Web上で検索可能なデータベースとして公開されている。検索項目は，業種，事故の型（墜落・転落，転倒，爆発，破裂，火災等），起因物（機械，設備，危険物・有害物等）で，さらに発生要因で

絞り込むことができる。

http://anzeninfo.mhlw.go.jp/anzen_pg/SAI_FND.aspx

6) 死亡災害データベース　1991年以降に発生した死亡災害の個別事例全数について，発生した災害の状況，発生時間，事業場の規模，業種，起因物，事故の型等の情報が登録され，年別にExcelファイルで公開されている。

http://anzeninfo.mhlw.go.jp/anzen_pg/SIB_FND.aspx

7) 労働災害（死亡・休業4日以上）データベース　2006年以降に発生した休業4日以上の労働災害のうち，災害発生年ごとに約1/4を無作為抽出した事例について，労働者死傷病報告に記載された災害の状況，発生時間，事業場の規模，業種，起因物，事故の型等の情報が登録され，月別にExcelファイルで公開されている。

http://anzeninfo.mhlw.go.jp/anzen_pgm/SHISYO_FND.aspx

8) ヒヤリハット事例　事故の型（墜落・転落，転倒，感電・火災，有害物との接触，破裂等）ごとにさまざまな場面で発生するヒヤリハット事例について，業種，作業の種類，ヒヤリハットの状況，原因，対策がイラストとともに登録され，Web上で公開されている。

http://anzeninfo.mhlw.go.jp/hiyari/anrdh00.htm

9) 機械災害データベース　特に災害発生件数の多い機械（丸のこ盤，チェーンソー，建設機械，旋盤，ボール盤，フライス盤，研削盤，バフ盤，プレス機械，混合機，粉砕機，ロール機，食品加工用機械，クレーン，移動式クレーン，エレベータ・リフト，コンベア）について，業種，事故の型，発生状況等の情報が登録され，Excelファイルで公開されている。

http://anzeninfo.mhlw.go.jp/anzen/sai/kikaisaigai.htm

10) 化学物質による災害事例　5)の労働災害事例のうち化学物質に関連する事例が，化学物質ごとにまとめられ，一覧として公開されている。各事例は発生状況，発生原因，対策が事故を表すイラストとともに登録されている。

http://anzeninfo.mhlw.go.jp/user/anzen/kag/saigaijirei.htm

11) 化学物質による災害発生事例について　労働基準局安全衛生部化学物質対策課により，2005年以降の有機溶剤，特定化学物質，一酸化炭素，その他の化学物質による中毒等事故のうち，災害予防の参考となる一部の事例がWeb上で年ごとに一覧で公開されている。一覧の項目は，発生月，業種，被災状況，原因物質，発生状況，発生原因である。

http://www.mhlw.go.jp/bunya/roudoukijun/anzeneisei10/index.html

12) 第三次産業における災害事例・ヒヤリハット　5)の労働災害事例のうち，第三次産業における労働災害防止に焦点を絞り，発生件数の多い「転倒」，「動作の反動・無理な動作」，「切れ・こすれ」，「一酸化炭素中毒」による災害事例を重点として「労働災害事例」10件と「ヒヤリハット事例」26件が選ばれて公開されている。

http://www.jaish.gr.jp/anzen/sai/sanji_saigai.html

13) 機械災害事例・ヒヤリハット　5)の労働災害事例のうち，機械災害防止に焦点を絞り，機械が起因物となった「労働災害事例」22件と「ヒヤリハット事例」5件が選ばれて公開されている。

http://www.jaish.gr.jp/anzen/sai/kikai_saigai.html

14) 墜落・転落災害事例・ヒヤリハット　5)の労働災害事例のうち，墜落・転落災害防止に焦点を絞り，高所からの墜落・転落等「労働災害事例」31件と「ヒヤリハット事例」8件が選ばれて公開されている。

http://www.jaish.gr.jp/anzen/sai/tuiraku_saigai.html

15) 交通災害事例・ヒヤリハット　5)の労働災害事例のうち，交通災害防止に焦点を絞り，乗物や運搬機が起因物となった「労働災害事例」12件と「ヒヤリハット事例」22件が選ばれて公開されている。

http://www.jaish.gr.jp/anzen/sai/kotu_saigai.html

16) 毒物劇物に関する事故情報・統計資料　医薬・生活衛生局化学物質安全対策室により，1999年以降の毒物劇物の盗難・紛失・漏洩等の事故事例がPDFファイルで公開されている。データ項目は，事故発生年月日，事故発生都道府県，毒物劇物の別，毒物劇物の名称，事故概要，原因，被害状況等である。

http://www.nihs.go.jp/mhlw/chemical/doku/dokuindex.html

（c）　総務省消防庁関連

1) （消防庁）災害情報一覧　1995年の阪神・淡路大震災および1999年以降の大規模な火災や自然災害等の情報の一覧がWeb上で公開されている。それぞれの情報の詳細はPDFファイルでダウンロード可能である。

http://www.fdma.go.jp/bn/2016/index.html

2) 危険物総合情報システム　危険物保安技術協会により「危険物施設における事故事例集」，「事故データの集計・分析のための危険物事故分析プログラム」等の情報が有償で公開されている。危険物に係る事故概要，事故事例，危険物施設等に係る統計資料，事故分析資料，事故防止対策に係る資料，文献および技術資料などを提供している。

http://www.khk-syoubou.or.jp/hazardinfo/guide.html

(d) その他の国内のデータベース

1) リレーショナル化学災害データベース
(**RISCAD**) 産業技術総合研究所（産総研）が，経済産業省所管の高圧ガスや火薬類の事故や化学物質が関与する化学プラント等での漏洩，火災，爆発等の事故情報をWeb上で検索可能なデータベースとして公開されている。網羅的ではないが，1949年以降の国内外の事故情報が登録されている。データベースの項目は，発生年月日時刻，事故名称，発生国（日本の場合は発生都道府県），発生業種，最終事象（漏洩，火災，爆発等），人的被害（死傷者数，中毒者数等），事故概要，工程，装置，推定原因（管理要因，人的要因を含む），関連物質，対応，教訓等である。おもな事故事例には，事故の理解を助けるために，産総研で開発された「事故分析手法PFA®」によって分析された「事故進展フロー図」が登録されており，事故に関連する事象を時系列で整理し，事故事象から原因を抽出して，対応策や教訓が導き出されている。
https://riscad.aist-rise.jp

2) 災害情報データベース　災害情報センターによる会員制のデータベースである。災害研究機関や防災機関の各種公表データ，報告書類，学会誌などの論文類，各種書籍類，各種メディアの報道情報，会員やスタッフによる独自の調査情報で，自然災害から各種事故，環境汚染など幅広い分野を網羅している。災害や事故1件につき関連するデータをカルテとして収録しており，その件数は10万件を超える。事故・災害に関する文献リストも入手可能で，必要な文献は災害情報センターに依頼すればPDFファイル等の電子ファイルで入手可能である。
http://www.adic.waseda.ac.jp/rise/

3) 失敗知識データベース　失敗学の畑村洋太郎教授を中心に科学技術振興機構で開発され，畑村創造工学研究所によりWeb上で公開されている。失敗（事故事例）を原因，行動，結果の観点から階層的にまとめた「失敗まんだら」（原因まんだら，行動まんだら，結果まんだら）のキーフレーズを並べた独自の「シナリオ」によって表現している。機械，材料，化学物質・プラント，建設の4分野を中心とした技術分野を扱っており，項目として知識化，背景，後日談，よもやま話等の情報が登録されている。
http://www.shippai.org/fkd/
典型的な失敗事例を教育用に読みやすく記述した「失敗百選」も公開されている。
http://www.sozogaku.com/fkd/lis/hyaku_lis.html

4) 製油所の安全安定運転の支援　石油エネルギー技術センターが，経産省補助事業「石油産業安全基盤整備事業」で収集した国内および海外の事故事例約600件が「事故事例リスト」としてWeb上で公開されている。各事例について，事故発生年月日時刻，発生都道府県，プロセス，事故事象（概要，経過，原因），起因事象・進展事象，装置・系統・機器，被害状況，再発防止と教訓，安全専門家のコメント等の事例詳細と事象進展図が登録されている。利用者登録をすることにより，装置等のキーワードを使用した検索システムが使えるようになる。
http://www.pecj.or.jp/japanese/safer/safer.html

(e) 海外のデータベース

1) **Major Accident Reporting System (eMARS)**
Joint Research Centre/European Commission (JRC/EC：欧州共同体/共同研究センター）内に重大事故の危険管理，被害予防，被害拡大防止のために設立されたMajor Accident Hazards Bureau（MAHB：重大事故危険管理局）により，ECのSeveso III 指令に基づいて，将来の類似の事故を防止するために重大事故の情報や教訓を交換するために構築されたMajor Accident Reporting System（MARS：重大事故報告システム）によって集められた事故情報が，オンライン版の検索可能なデータベース（eMARS）として公開されている。EC以外のOECD加盟国からの自発的な情報提供も行われている。発生年月日，事故の種別（重大事故かニアミスか），業種などで検索可能で，一般向けには，発生年月日，業種，事故の種類，関連物質，直接原因，推定原因，緊急対応，教訓などが収録されたShort Reportが公開されており，情報提供を行うメンバーは，より詳しいFull Reportが入手可能である。
https://emars.jrc.ec.europa.eu

2) **CSB Reports**　U. S. Chemical Safety Board（CSB：米国化学安全委員会）により，化学事故の詳細情報がPDFファイルや映像で公開されている。CSBのWebページのトップページでは，最新の事故調査映像，最近のお知らせ，化学事故ニュース等の情報を掲載するとともに，メディア情報，調査員による情報等が逐次追加，更新されている。また，CSBでは，毎年4～8件の大規模な事故についての詳細な解析を行い，報告書をCompleted Investigationsとして公開するとともに，関係機関等に規制等の制定を勧告する機能を有する。
http://www.csb.gov
http://www.csb.gov/investigations/
CSBでは，実映像やコンピュータグラフィックによる再現映像を用いた事故事例の紹介映像の制作などにも力を入れており，事故事例の理解を助けるための工

夫がなされている．こうした映像の一部は動画サイト YouTube の USCSB チャネルでも公開されている．
http://www.csb.gov/videos/
https://www.youtube.com/user/USCSB

3) ARIA (Analysis, Research and Information on Accidents) Database フランスの BARPI (Bureau for Analysis of Industrial Risks and Pollutions / French Ministry of Ecology, Sustainable Development and Energy) により，フランス国内の産業施設や農業施設を中心に人や環境にダメージを与えた事故事例が検索可能なデータベースとして公開されている．登録件数は 46 000 件を超える．
http://www.aria.developpement-durable.gouv.fr/find-accident/?lang=en

4) Fatality and Catastrophe Investigation Summaries Occupational Safety & Health Administration (OSHA：米国労働安全健康省) により労働災害のデータベースが公開されている．基本的にはキーワード検索で，物質，装置，工程などの分類はされていないが，標準業種分類 (standard industrial classification code, SIC) などが充実しており，特定の業種の事故の検索が容易である．事故概要は数行でまとめられている．
https://www.osha.gov/pls/imis/accidentsearch.html

5) FACTS (Failure and ACcidents Technical Information System) Chemical Accident Database オランダ TNO (The Netherlands Organization for Applied Scientific Research) により収集された過去約 90 年間の危険性物質や物品に関する事故情報が Web 上でデータベースとして公開されている．現在は Unified Industrial and Harbour Fire Department が運用を継続している．
http://www.factsonline.nl　　　　　　（和田有司）

5.4 教 育 ・ 訓 練

工場で起こる事故や災害の防止には，ハードとソフトの両方組み合わせた安全対策が必要である．

ハードとは，機械設備などのことである．機械を扱うのは，人であるため人に優しい機械設備を設計しておくことが重要である．つまり，設計段階から，安全な設備をつくり込んでおくことが基本となる．人が安全に設備を取り扱うことができなければ事故になってしまうからである．

ソフトとは，人に起因するものである．機械設備を設計，製作するのも人であり，設備を動かすのも人であり，人が安全な設備を設計する能力や，設備を取り扱う能力が不足していれば事故になる確率が増えるからである．化学プラントのような化学物質を取り扱う工場では，物質危険性に関する高度な知識も求められる．

すなわち，常日頃から企業として人にしっかりと教育や訓練を行ってこそ安全が保たれるわけである．

この項目では，化学プラントという切り口で教育・訓練について重要なキーワードを紹介していきたい．

まずは，「教育」と「訓練」という言葉の意味から考えていきたい．両方の言葉をひとまとめにして表現することがあるが，別物として捉えておくことが大切である．

5.4.1 教 育 と は

企業における教育とは，企業活動に直結した「知識」や「意識」を身に付けさせることである．

化学プラントであれば，物質危険性，運転操作に関する知識，機械などの設備に関する知識，保護具や保安装置などの安全に関する知識などである．化学プラントを安全かつ安定的に運転できる知識を身に付けさせておくことが必要である．さらに，自分の身を守るために必要な知識もきちんと身に付けさせておくことが求められる．

「意識」も重要な教育項目の一つである．知識はあっても，意識が伴わなければ，企業の一員としては十分とはいえないからである．

法や企業が定めたルールをきちんと守る意識教育は十分に行っておく必要がある．コンプライアンスに関する意識教育も必要である．さらに，安全に対する高い感性を身に付けさせておくことが求められている．

企業での教育は，企業人として求められる「知識」と「意識」を職種や職務段階に応じてきちんと身に付けさせることであるが，入社時から退職するまでの長期にわたって，教育を行うことにその難しさがある．

5.4.2 訓 練 と は

教育は「頭」で何かを覚え，気付きを与えていくことといってもよい．頭が主体となるものが，教育である．

一方，訓練は「頭」と連携して手足などを使って「体」で何かができるようにすることを指す．

人は，いくら事前に多くの情報や知識を持っていても，いざ行動に移そうとするとうまくいかないことがある．つまり，頭ではわかっているのだが，体で覚えていないのでうまく行動に移せないことはけっこうあるものである．人は，頭と体が連携して初めて行動に移すことができる．これを，実現させてくれるのが

「訓練」である。

仕事をしていく上で，知識と同様に技能を身に付けておくことが大切である。化学プラントであれば，運転操作という知識を身に付けておかなければならない。とはいえ，運転マニュアルを覚えたからといって，化学プラントを運転できるかというとそうはいかない。同様に，文字で書いてあるからといって，それを理解して現場にある実際の機械を操作できるかというとそれは難しい。

自動車の免許を取るときに，座学で運転のしかたを教えてもらっても，いざ教習場の車に乗って現場に出るとうまくいかないのと同じである。

訓練には，文字では書き表せない「カン」，「コツ」などの暗黙知も多く含まれている。

時間をかけて，人から人へと確実に体で覚えさせ伝承していくのが「訓練」なのである。

5.4.3 なぜ教育・訓練が必要か[1]

事故や災害を調べていくと，その原因は以下のような理由が多い。
- 「知らなかった」
- 知ってはいたが「きちんと理解して」いなかった
- 知ってはいたが，いざというとき行動できなかった

つまり，企業での教育・訓練不足が事故の引き金になっているという事実がある。

さらに調べてみると，過去に教育は受けていたものの，時間の経過につれて忘れてしまったという原因もある。

「教育・訓練」というものは一度実施したらそれで終わりというものではない。繰返し，繰返し行うことも必要である。個人ごとに求められる必要な知識の「理解度」や技能などの「習熟度」を確実に把握しておくことが不可欠である。

工場では，機械と人がバランス良く役割を分担して動いている。単純な操作は機械が担当し，人は機械のできないことを分担するという役割分担である。

いまから，約半世紀ほど前の1960年代頃に日本では石油化学コンビナートという化学産業形態が出来上がった。巨大な化学装置を，少ない人で運転することにより生産性はめざましく向上した。規模の原理を追求し，生産規模はその後飛躍的に増えていった。その結果，1970年代には，人が設備の大型化，高度化について行けずに事故が多発した。単純なヒューマンエラーや教育・訓練の不足で事故が起こっているとの認識に立ち，企業は徹底的に安全対策を進めていったのがこの時代である。法規制を強化したことも事実であるが，企業そのものが人に投資をしたことがその後の事故の低減に大きく寄与した。

1980年代には，DCSという新たな道具が登場し，運転形態は大きく変化した。従来の，アナログ計器盤を使った運転方式から，コンピュータを使った運転方式に変わったのである。結果として，運転の高度化，自動化が進み，運転に携わる人員も省人化されていき，人はより多くのことを学ばないといけない時代が始まった。とはいえ，省人化により人は減り，周りに人がいなくなってしまった。それまでは，人から人へと技術伝承が自然とできていたものが，人が減ったことによりいろいろな問題が出始めたのがこの時代である。

化学産業では1990年頃から事故は増加傾向を続けている。日本ではバブルが崩壊し，企業が経済的に余裕がなくなってきたことも一つの要因である。教育や訓練にはお金がかかる。お金がなければ，結果として，教育・訓練などに振り向けられなくなる。

さらに，この時代は新たな化学物質も増えた。企業が生き抜いていくためには，付加価値のある新たな化学物質が必要だったからである。また，コンピュータ産業も発達し始めた。半導体を生産するには新たな化学物質も必要となった。結果として，物質危険性など従来以上に取扱いに関する知識が必要となってきたのがこの時代である。

2000年代に入ると，老朽化という問題も出始めた。古いプラントを，寿命管理しながら安全に使っていくことはかなりのエンジニアリング技術を必要とする。運転員のみならず，エンジニアにも従来以上の教育をしていくことが求められてきたのだ。とはいえ，日本の化学企業は海外への進出を始め，日本では化学プラントを作る機会が減少した。

化学プラントを建設するというのは，人の育成に大きく寄与する。化学企業のエンジニア，運転員，エンジニアリング会社，装置の製造会社，工事施行会社などが集まる一大イベントだからである。

互いに人に何かを伝えなければ，仕事は進まない。限られた時間の中で，人に上手に伝える技術がそこで培われる。相手からは，新たな情報を得て人はその業務を通じて自然と知恵を身に付けていく。本来なら，運転員はエンジニアリング分野などに深く触れ合うことがないのに知識を身に付けることもできる。エンジニアも運転者の話を聞くことにより，運転面を考慮した設計能力を身に付けることができるのである。

つまり，化学プラントを建設するという機会は総合学習であり，人が大きく成長するいい機会ではあったのにその機会がなくなり始めたのが2000年代なので

ある。

2000年代半ばを過ぎた2007年には団塊の世代の大量退職という時代を迎えた。事故が多発した，1970年代頃に入社して事故を減らすために多くの仕事をしてきた世代である。事故や貴重なトラブルの経験を持った世代でもある。

この頃，再雇用制度というのが企業では導入され退職期間を5年間延長する制度ができた。つまり，2007年ではなく2012年まで団塊の世代の雇用は延長された。

とはいえ，2010年代に入ると立て続けに大きな化学プラント事故が日本では起きてしまった。団塊の世代と呼ばれる人たちの退職が技術伝承に少なからず影響していることは否めない。

これからも，自動化や技術の高度化は進んでいくはずだ。機械はあらかじめ決められたことは確実に処理はしてくれる。とはいえ，機械は故障することもある。人間が優れているのは，機械が故障してもそれをカバーすることができる優れた能力を持っている。この能力を教育・訓練という機会を通じて，維持向上させていくことが求められているのである。

5.4.4 教育・訓練の手法

企業の中で人を育てるには，OJTとOFF-JTという二つの手法が使われる。その中で，教育・訓練の基本的な手法として使われるのがOJTである。

OJTとは，英語の「On the Job Training」を略した表現であり，現場で仕事を実際に体験させながら人を育てていく手法のことである。いわゆる，仕事の体験を通じて技術や技能を身に付けさせるのである。

人は頭で理解していても，実際に体を動かして覚えていかないと身に付かないという習性がある。化学プラントのような複雑な設備になると，装置を運転するといっても，自動車のように単にアクセルペダルを踏んだらスタートし，ブレーキペダルを踏んだらプラントが停止してくれるわけではない。

多くの機械設備があり，機械の種類もさまざまである。当然，動かし方もさまざまである。誤った操作をすれば，機械を壊したり，事故につながってしまうことがある。体を動かして確実に化学プラントを動かす技能を身に付けさせるにはOJTという手法が適している。

OFF-JTは，英語の「Off the Job Training」を略した表現である。つまり，仕事の現場を離れて学ぶ手法である。これは職場の中で教えられることには限界があるためである。

化学プラントであれば，職場の中に化学プラントの「運転」については多くの知識や技能を持った人たちがいる。「運転」のプロが職場に多く存在するのは事実である。しかし，化学プラントを安全に運転していくには「物質危険性」，「機械」，「計装」，「電気」や「法令」など幅広い知識が必要になる。それらを，学ぶには職場を離れて，分野ごとの専門家に教わる方が効果的なのである。

教育や訓練などを行って人を上手に育てていくには，OJTとOFF-JTの両者を上手に組み合わせるのがポイントである。

〔1〕 OJTによる人材育成

(a) 人は時間がたてば育つわけではない 企業での人材育成は，現場で実習をさせながら時間をかけて育てるのが一般的である。すなわちOJTの上手，下手が人の育ち方に大きく寄与している。

各工場を回ってみると，工場の歴史や文化によって育て方が違う。OJTで学ぶべきことを見える化して，計画的に人を育てている所は成長が早い。

一方，単に先輩を一人つけて仕事を見よう見まねで学ばせるのは，実に効率が悪く，知っておくべきことに抜けが出る。

仕事をさせていれば，それがOJTだと勘違いしては駄目なのである。人は時間がたてば，勝手に育つわけではない。昔のように，多くの化学プラント運転員が計器室に集まり，周りに多くの先輩がいた時代のOJTでは人は時間がたてば育ったのかもしれないが，省人化や多能化が進む現代の企業では，いかに計画的にOJTを進めるかが求められている。

(b) OJTの進捗管理 OJTの進捗度は，チェックリストを活用して見える化しておく必要がある。上司や指導役の担当者のみが進捗度を把握していればいいわけではない。OJTで育てられる側も自分の進捗度や，つぎに学ぶべきものは何かを絶えず気付かせておく必要がある。

新人に，OJTチェックリストの効用を聞いてみると，こんな答えが返ってくる。

(1) 自分が「できること」と「できないこと」がチェックリストではっきりわかる
(2) 不足している技量が明確にわかるので，自分一人だけでも空いた時間に勉強できる
(3) 復習のポイントがわかる
(4) チェックリストで自分の知らないことが確認できて良かった
(5) 未熟な項目がわかるので，早く操作を覚えようとする意欲がわいてくる
(6) 指導役（トレーナー）も弱点を再教育するときに活用できる

(7) チェックリストを介して先輩と話が進んだ
目標や進捗度合いを明確にすることが人の成長を早めるのに効果的だ。

(c) 「やってはいけないこと」を徹底的に伝えているか　製造現場では，少しでも人が早く育ってほしいと思うのが人情である。そうすると，何でも教えたがる。あれもこれもと，現場では一生懸命教えることに熱心になる。先輩が知っていることをこと細かに伝えてくれるのだが，新人はなかなか育たない。知っていることをただ話しても人は育たないという現実を理解せずに教育が行われていることがある。

現場ではやるべきことは山ほどある。覚えるべきことは山ほどあるが，人を育てるときに最初にやるべきことは，「やってはいけないこと」をまず伝えることである。化学プラントの取扱いは，日常生活と異なり危険を伴うこともある。どんなことを教えるにしても，まず最初に「やってはいけないこと」は何かを明確に示す必要がある。

運転マニュアルや作業手順書の中にも「やってはいけないこと」を最初に書く文化をこれからは取り入れていかないとトラブルは減らせない。労働災害や化学災害を少しでも減らしていくためには，「やってはいけないこと」をつねに最初に教える風土や文化が必要なのである。

(d) 相手の目線に立つ　先輩が後輩を教えようとするときの最大の問題点は，なかなか相手の目線で物を考えられないことである。「こんなことはわかるだろう」という考えで教育を進めると後輩は実に戸惑うことになる。例えば，「バルブはゆっくり開けろ」である。化学プラントでは，常識的な言葉であるが，新人にとってはすんなりと頭に入らないことが多い。なぜなのだろうといろいろ調べてみると，こんな考え方のギャップがある。

つまり，会社に入る前の一般常識は，仕事は早いほど良いである。つまり，バルブも早く開けた方が効率的で先輩にも褒められると思っていたという。企業の中では常識であることを教えていくのは難しい。運転マニュアルも，やるべきことだけを書いていくのではなく，「やってはいけないこと」を最初に書き示すことが必要である。さらに，運転マニュアルや作業指示書なども，相手の目線に立ってつねに書いていく工夫も必要である。「こんなことはわかるだろう」という考えが事故や災害を引き起こす原因になるからである。

(e) 専門用語　会社に入り立ての新人には，専門用語が最大の鬼門になる。

教えてくれる先輩によって，言い方が違うからである。例えば，調節弁という用語が挙げられる。ある人はコントロールバルブといったり，CVと説明する。呼び方が三つもあれば，新人はまったく違うものかと思って，一生懸命覚えようとするだろう。最初から化学プラントで使う用語は，いろいろな呼び方があると説明しておけば，あらぬ混乱も起こさず済むのである。

「外国から入ってきた技術だから，用語は漢字で書くとこうだが，英語をカタカナで発音するとこうなる」また，「工場では省略して略号で書き表すことも多いからこうなのだ」と最初から説明しておけば誤解も生じず，無駄に考えさせる時間もいらなくなるものである。

(f) 現場で起こっているヒヤリ（ヒヤリハット）やミスオペ（ミスオペレーション）を把握せよ　現場で起こっているヒヤリやミスオペを，管理者は本当に把握しているだろうか。重大な災害が起こってから「こんなことが現場で起こっていたのか」と気が付くのではないだろうか。ヒヤリやミスオペをしっかり解析してみることが大切である。ヒヤリやミスオペの中には，「やってはいけないこと」のキーワードがたくさん含まれているものである。また，ベテラン運転員の目線では，新人が犯すヒヤリやミスオペは案外気付かないものが多い。

〔2〕 OFF-JTによる人材育成

(a) たくさん教えればいいと思っていないか

人が成長していくには，段階的な成長が不可欠である。人はいきなりいろいろなことが理解できるようになるわけではない。一つひとつの小さな知識を，点のように頭の中にまず入れていく。この点のような知識は，最初はばらばらな知識ではあるが，時間の経過とともにそれぞれが関連を持って結び付いていく。さらに時間が経過すると，知識が面となり立体的になり，総合的な知識として形づくられていく。つまり，一時期にたくさん詰め込んでも駄目なのである。教育というのは，計画を立て，段階的に行っていく必要がある。

(b) 教え方を工夫しているか　新人社員に思いや悩みを聞いてみると，こんな言葉が多く返ってくる。

・先輩はわかりやすく説明してくれない
・専門用語がわからない
・「なぜ」を説明してくれない
・1年経つと，職場では一人前と見始めるので質問をしにくい

新人を教える担当になったら，これらの新人の悩みをぜひ，心にとめておいてほしい。人に物を教えるのは本当に難しい。知っていることを単にしゃべれば何かが伝わると思ったら，大間違いである。何も知らないから，何かを教わるのである。頭の中は真っ白の状態であると考えて，教えていく必要がある。

どうしたら上手に何かを伝えられるかというと，たとえ話をしてあげることである。世の中で，一般的な事柄を例に出して，何かにたとえて専門用語などを説明していくとよい。

（c）「なぜ」を説明する　　一方的に説明しても，人は納得しないと頭の中にすんなりと入っていかない。たとえ，一時的にわかったつもりでも納得しないことはすぐに忘れてしまうのである。

「なぜ」を説明すると，頭の中に効果的に入ってくれるという利点がある。さらに，「なぜ」がわかることによって応用が効く形で頭の中に吸収されていくのである。知識というものは，応用が効いてこそ生きた知識となる。人に何かを教えるときには，「なぜ」を付け足すとその知識が十倍も二十倍も応用の効く形で伝えられるのである。

（d）「理解度」を把握しながら先に進め　　人に何かを教えようとすると，どうしてもたくさん教えたいという気持ちが働いて話し続けてしまうことがある。相手が理解できるレベルの内容であれば，それはそれでいい。

しかし，話しているときに時々「間」をとって，相手が理解しているかを確認することが大切である。人に物を教えるということは，相手が理解してくれなければ教えたということにはならない。時間を単に，無駄に過ごしたと考えるべきである。人は納得しないと頭に入らないのである。

（e）教材の作り方に問題はないか　　ゆとり教育で育った若い人たちに，文字ばかりの教材は適さない。まして，企業に入社したら最初に覚えることは，専門用語ばかりだからである。教える方にしては，専門用語は何も疑問に思わないものだが，学ぶ側にとってはすべてが新しいものなのである。

教材作りで大切なことはイラストや写真を多く使うことである。文字情報は一次元の情報である。図5.4.1のように写真を加えることにより，二次元の情報となる。写真やイラストを見ることにより，人は頭の中にイメージを作り出すことができるので，文字の持つ意味を膨らませて考えることができるのだ。文字だけでは，想像ができなかったものがイメージによって補われ，記憶にとどめやすいという効果が出るからだ。ぜひ，写真やイラストを効果的に使ってほしい。

技術伝承は教育効果を考えることがこれからは必要だ。短い時間で何かを伝えることをチャレンジしていく必要がある。時間をたっぷりかけて人を育てる時代ではない。いかに限られた時間の中で人を育てるかは重要なファクタになってくる。教材作りは，自分の単に知っていることを伝える時代は終わった。いかに効率良く伝えられるかが，企業の強弱を決定する時代になってきたのである。

図5.4.1　文字と写真を組み合わせた教材

（f）社外教育講座の活用　　企業の中で教育や訓練できることは限られている。省人化が進み，教材を作成したり，教育をする講師の時間的余裕も減ってきているのではないだろうか。

昔のように，何でも自前でできる時代ではなくなりつつある。世の中に存在するものを，うまく使っていくことも考えてほしい。

学会団体や業界団体などが，安全教育講座を実施しているのでうまく活用することである。これによって専門家により，体系的な教育を受けることができるという利点がある。

安全工学会であれば，「安全工学セミナー」という教育講座が毎年開催されている。化学系業界団体では，石油化学工業会や日本化学工業会が後援している社外教育講座がある。

倉敷のコンビナート地区を拠点に行っているのは，「山陽人材育成講座」という講座である。関東の京葉コンビナート地区では，「京葉臨海コンビナート人材育成講座」というものがある[2]。

運転（オペレーション），設備（機械，計装など），化学工学，安全（リスクマネジメントや事故防止），安全体験など多くの講座が用意されている。

講座によっては，講師が企業に直接出向いて講義を行ってくれるものもあるのでうまく活用してほしい。

5.4.5　体験型教育の活用

従来 OFF-JT での教育というと，一般的に座学という手法が使われてきた。テキストなどの文字を使って学ぶ手法である。しかし，座って教育を受けていると時間が経てば集中力が落ちてくる。さらに，文字だけではなかなか先生のいっていることのイメージがわい

てこないという問題がある。

人に何かを伝える場合，表5.4.1に示すように座学では1～2箇月もすると習ったことの90％は忘れてしまうという。ところが，習ったことを仲間と話し合わせたり体験をさせたりすると60から80％程度記憶に残るという。

表5.4.1 人への伝え方と記憶の残り方

人への伝え方	記憶の残り方
話を聞くだけ（座学）	90％忘れる
単に見せるだけ	85％忘れる
見せて説明する	80％忘れる
話し合わせる（発表）	60％覚えている
自ら体験する	80％覚えている
自ら気付かせる	一生忘れない

単なる座学では，生徒は講師から一方的に講義を受ける受け身という立場になる。しかし，話し合わせるような形をとると受け身ではなく自ら話すことで能動的な立場に変わることができるためである。

さらに，体験型の手法を導入すると，五感を使って総合的に学ぶ効果が出てくる。

いろいろ体験をさせて，体験の中から「自ら何かに気付く」ことが出てくると人は一生忘れないというデータがある。

つまり，体験型の教育手法を活用することで，座学と比べて記憶に残るものが飛躍的に向上する利点がある。

体験型による教育や訓練手法は，目の前で直接見て自ら体験できることから非常に効果が高い。図5.4.2に示すような工場に潜在する危険を体験装置で体験さ

せることにより危険の感受性など感性を上げることができる。

最近では，このような安全体験を一般の企業向けに行っているものもあるので活用してほしい[2),3)]。

（半田　安）

引用・参考文献

1) 安全工学会監修，新井充ほか編，安全マネジメントの基礎，実践・安全工学シリーズ3，第2章　プラントの安全管理と教育訓練，化学工業日報社（2013）
2) 安全工学会
   山陽人材育成講座
   https://www.sangishin.com/
   京葉臨海コンビナート人材育成講座
   http://www.ccjc-net.or.jp/~ccji-pj/index.html（2019年1月現在）
3) 半田化学プラント安全研究所
   http://handa.jpn.org/1/posts/post188.html（2019年2月現在）

5.5　保　　　　険

5.5.1　損害保険の機能

〔1〕　保　険　付　保

保険とリスクの関係を以下に考察する。

（a）　**保険付保の決定**　　保険付保を行うことが決定された場合には，保険の種目の決定，保険で担保される条件の検討，保険金額，免責金額などの検討を行う必要が生じる。特に保険で担保されるカバー（ペリルや条件）の細心な検討は重要であり，事故が発生した際に最も問題を生じる可能性の高いポイントはここにある。したがって，付保の前にはリスクマネージャはまず企業のどこにどのようなリスクやハザードが存在するか，その特性やリスクの確認を漏洩(ろうえい)なくチェックしておく必要がある。この作業なくしては保険カバーの選択・決定は不十分なものになる可能性があり，予想もしない事故が発生した際に，付保漏れが生じる危険がある。もちろん，保険カバーが存在しない場合や，そのカバーを求めるための保険料が高額となる場合はあえてリスクの積極的保有を選択することもあり得る。

つぎにリスクの評価も必ず行う必要がある。頻度もそうであるがやはり，PML（probable maximum loss：予想最大損害額）を算定しておく必要があるであろう。PMLが判明しなくてはどの金額まで保険金額を必要とするか判然としないからである。PMLでは不十分な場合はMPL（maximum possible loss：最大可能損害額）や時価，または再調達価額で付保すること

図5.4.2　挟まれ・巻き込まれ安全体験

になる。また，免責金額についても頻度や過去の事故分布を見て決定することになろう。もちろんこれらは保険料とも密接に関連してくる。また本件に関しては，付保する側の財務的な体力も関連してくる。企業の大きさ，財務体力により必要とされるまたは適切な保険金額や免責金額は異なり得るからである。

〔予想損害規模評価の考え方〕

（1） PML（予想最大損害額）　最も一般的に使用される損害額予想評価の指標で，ある程度の防災機能が有効に機能して，事故がある程度の大きさに抑えられた場合に予想される最大損害額とされている。

（2） MPL（maximum possible loss：最大可能損害額）　最悪の事故が発生した場合に予想される損害額で，その際にはロスコントロール機能もほとんど機能しないという前提である。

（3） NLE（normal loss expectancy：通常損害予想額）　事故が発生しても，ロスコントロール機能が正常に作動した結果内で収まるであろうとされる予想損害額。

（b）　**リスクの性状と保険付保**　リスクの形態によって当然保険の付保の状況は異なる。**図 5.5.1**のようにリスクは頻度と損害額の関数として考えられ，下記のように大きく4種類に分類される。

（1）　頻度が小さく，損害額も小さい。
（2）　頻度が大きく，損害額は小さい。
（3）　頻度が小さく，損害額は大きい。
（4）　頻度が大きく，損害額も大きい。

	F大，D小 労働災害 自動車事故	F大，D大 米国のPL
損失頻度 (F)	F小，D小 火災（物置）	F小，D大 火　災（工場棟） 地　震 油濁賠償

損失規模 (D) →

図 5.5.1　損失規模と損失頻度の関係

（1）の分野においては，企業の財務体力にもよるが，保有が原則となる。小損害が少ない頻度で発生するのであれば，ほとんど"リスクの保有"で吸収できるとされる。

（2）では，年間に発生する全損害額がほぼ予想可能であれば，ある程度のファンドを用意することにより際立った変動を招くことなくリスク処理をすることが可能になる。もちろん多数の事故を処理する社内のコストも生じる。

（3）は，典型的な保険によるリスク転嫁に適したリスクの形態である。頻度は少なくいつ発生するか予測できないが，発生した際にはその損害額は大きい。予想できない変動に対処するためには保険という外部へのリスク転嫁が最適である。典型的な例として，火災事故のように頻度は少ないが，もし発生すると大きな損害になる可能性のあるものがある。

保険付保時の選択として保険会社によるサービス機能の活用も一つの選択手段と考えられる。保険会社による事故防止・アドバイスサービスももちろんである。また保険金の迅速・適正な支払いもそうである。保険者のセキュリティとともに，保険という商品の性質上事故が発生したときにこそその真価を問われることであり，保険購入時の着目点の一つでもある。

（4）の頻度も大きく損害額も大きいリスクは，免責金額を大きくしても，保険だけでリスク転嫁することは困難である。保険と自己保有を組み合わせる，などの手段を講じることもある。

（c）　**リスクコントロール**　上記（1）～（4）すべてに共通するが，リスク転嫁の前処理として当然すべてのリスクタイプに対してリスクコントロール（制御）を行っておく必要がある。前述のようにリスクコントロールには回避，制御，分散，転嫁などの手法があるが，制御（防止）が事前対策として最も普遍的である。事故の防止はどのリスクタイプに対しても必ず必要であり，それにより頻度・損害額を下げることが可能である。事故の発生を防ぐことは単にその損害額を減らすばかりでなく，事故処理コスト，間接損害や企業のイメージ向上などメリットは非常に大きい。

〔2〕　**リスクの自己保有（自家保険）**

リスク処理の手法として保険はリスク転嫁の代表的な手法であるが，リスクを自己保有する手法もリスク処理の中の一つの重要な財務手法である。

（a）　**自己保有の基本的な考え方**

（1）　リスクを自己保有するに際して，毎年必ず一定の支払いがあるリスクについては

①　恒常的に支払いが予想される部分
②　突発的に生じる大災害（カタストロフィー）

の二つに分けてリスク対策を検討する必要がある。

（2）　カタストロフィーについては，一般に保険を利用することが最善の方法であるが，問題は恒常的支払いの部分の取扱いである。これについては，保険を付保する方法と企業内で保有する方法の二つがある。

賠償金のような支払いは，通常訴訟などの手続きを経た後になされるため長期間にわたる。保険による対応においては，この間の利息は保険料算出時に割り引かれている。上記をまとめたものを**図 5.5.2**に示す。

恒常的支払い部分の保険料
　＝支払い保険金(a)＋保険会社の経費(b)
恒常的支払い部分の企業内保有の経費
　＝支払い賠償金(a)＋企業の経費(b)
カタストロフィーのための保険料(β)

```
┌─────────────────┐      ┌─────────────────┐
│   保険料($\beta$)    │      │   保険料($\beta$)    │
├─────────────────┤      ├─────────────────┤
│ 保険会社の経費(b)│      │  企業の経費(c)  │
├─────────────────┤      ├─────────────────┤
│ 支払い保険金(a) │      │ 支払い賠償金(a) │
└─────────────────┘      └─────────────────┘
     (保険)                    (保有)
```

図5.5.2 保険と保有のコスト

　保有の場合は，図の(a)の額に対するキャッシュフローメリットが生じることとなる．この結果，保有の場合でも基本的な構成として，通常，企業は，毎年の恒常的支払い部分の上にカタストロフィーに対する保険カバーを載せる形で事故に備えることが安全な形態とされる．

(b) 自家保険 (self insured retention, SIR)

　企業内リスク自己保有（自家保険）のことを SIR と一般に称しており，この SIR の設定に関しさまざまな手法が開発されている．

　(1) SIR の手法　SIR の設定にあたり最も重要な点は，最も有利な SIR の手法を選択することである．その手法の概要は大きくつぎの三つに分かれる．

① 高額免責方式 (high deductible plans)　保険契約において一定の免責金額を設定し，その範囲内の額は企業みずからが支払い，それを超える額について保険を用いる．

② 遡及払い方式 (retro plans)　いくつかの方式があるが，事故の発生による保険金と支払う保険料について相互に調整を行う手法である．

③ 自家保険 (captive)　企業みずからがキャプティブ保険会社といわれる保険会社を関連会社として設立し，SIR の運営をそれに委ねる方式である．

　キャプティブの設立には種々の目的があり，次項（〔3〕項(a) 2)) で述べる．

　(2) SIR の問題点　リスク保有の手法は多種多様に発展したが，特に，米国社会における予想をはるかに超えた各種賠償訴訟による責任保険の深刻化や，巨大な自然災害の発生により保険会社の損失は，もはやキャッシュフローによっては回復不可能な額に及び，これはただちに世界の保険マーケットに及んでいる．その影響は

① 保険料の大幅アップ

② 保険引受け拒否

であり，特に二つ目はたいへんな混乱を引き起こしている．特に大災害をカバーするキャパシティが不足している大企業の場合，物保険においても賠償責任保険においても高額な保険金額を必要とする保険のカバーが得られない状況が生じている．

　保険の引受けキャパシティ不足の結果，企業は大幅に企業内保有を増大せざるを得ない状況になった．賠償責任の大きなカバーを得るにはまず100億円の自己保有が必要とされる例もある．企業の財務体力やリスクに応じて設定した SIR の保有額は外部要因により増加せざるを得なくなってしまってきている．

　ちなみに，このようなカタストロフィーの保険不足が生じた理由としてはつぎのようなものがある．

　全世界的に大事故，例えば賠償責任であればアスベスト訴訟，環境汚染賠償，役員賠償，その他の製造物責任，それに加えて米国でのハリケーン，洪水，ヨーロッパでの暴風雨，日本での台風19号 (1991年)，各地の地震，大火災のようなカタストロフィックな損害が多発し，全世界的にリスクを引き受けるキャパシティが不足している．つまり，いままで保険を引き受けていた保険会社が大損害を被り，引受け手がいなくなってきている．したがって，世界の再保険市場では，特にカタストロフィー保険に対するカバーが不足し始め，保険料が上昇しつつある．

〔3〕キャプティブ保険会社

　リスクの自己保有手段としてしばらく以前から登場してきたのが，キャプティブ保険会社という自己の保険会社を企業がみずから設立して，そこに自己のリスクを付保する手段である．

(a) キャプティブの定義と分類

1) 定義　キャプティブの一般的な定義は，ある事業会社または業界団体のリスクを引き受けることを本来的機能とし，完全にその事業会社または団体に支配されている保険専門の子会社とされている．

2) 分類　分類の方法はさまざまであるが，つぎの三つに分類される．

① ピュアキャプティブ (pure captive)　自己ないし子会社・支店などの保険インタレストを元受けないし再保険するためのキャプティブ．

② インダストリアルキャプティブ (industrial captive)　アソシエーションキャプティブ (association captive) ともいう．
　同一事業分野の多数の会社がその事業に固有のリスクを付保するために設立したキャプティブ．

③ 経営多角化によるキャプティブ (broad captive)　親会社が事業の多角化のため保険部門

に進出する形で，親企業のリスクにとどまらず企業グループのビジネスコネクションなどを通じて積極的な経営を行う保険会社。"profit center" captive と呼ばれることもある。

(b) キャプティブの歴史

1) 第1期　1960年代，いわゆるリスクマネジメント理論が盛んとなり，企業においてリスクマネジメントが重要になった頃から保険カバー，キャパシティの不足に対処するため，キャプティブを設立することによって，これらの不満を解消しようという動きが発生した。

いわゆるタックスヘブンの地域に設立されたキャプティブには租税節減効果もあったことから，1970年代に発展した。この時代のキャプティブの形態としては「pure captive」，「industrial captive」が多い。

2) 第2期　キャプティブに対する税制が変更された結果，従来の形のキャプティブでは租税節減効果が薄れることから新しいタイプのキャプティブが生まれた。それはキャッシュフローを重視する手段としてキャプティブを使うことである。このような1980年代半ばにかけて見られる現象はキャプティブの第2期と位置付けられる。この時代に生まれたキャプティブを特徴付けるものとして「broad captive」が挙げられる。

3) 第3期　しかしながら，"broad captive" は，しっかりとしたアンダライティング（リスクを評価して保険引受けを判断すること）のないまま，第三者リスクを取り込んだ結果，その経営が破綻し，1980年前半に相つぎ倒産へ追い込まれた。

その後，企業のキャプティブに対するニーズは，各種賠償責任保険を中心とし，保険会社から保険カバーの得られないリスクを保険化することに向かい，その結果，キャプティブの形態としては "pure captive"，"industrial (association) captive" が一般的となってきている。

(c) キャプティブの現状　第三者リスクの引受けを迫られ，否応なく broad captive へ変質せざるを得なくなったキャプティブであるが，第三者リスクの引受けを行うことは，多くのキャプティブにとって大問題となる。一方，大半のキャプティブは保険引受けの第1条件であるリスクを判断して保険料を決定するアンダライタはおろか，自己のスタッフさえ持っていない。

したがって，キャプティブとしてはアンダライティングを外部に頼らざるを得なかったが，外部に委託することはその手数料分だけ余計にコストがかかる。

一方，外部にアンダライティングを委託すれば安心かというとそうでもなく，彼らが頼みとする保険ブローカーはロスコントロールや事故処理には力を発揮するかもしれないが，アンダライティングは従来から一般の保険会社の独壇場で，ブローカーの業務ではなかった。

しかも保険を付保する契約者の立場で考えると，小さい保険会社（キャプティブ）には付保しにくい。すなわち，キャプティブに回ってくる第三者リスクは概して良くないリスクが多くなる。

あまり良くないリスクをいわば素人が（外部に委託したとしても）アンダライティングを行っているというのが，キャプティブの第三者リスク引受けの実情となってしまった。

以上のようにキャプティブは自家保険の一手段として，またキャッシュフロー，税金などの財務的な目的を持つ手段として発展したが，保険会社として基本的に要求されるリスクのアンダライティング力の不足によるダメージや税法の改正などによりメリットを失いつつある。

したがって，当分は世界の保険会社の引受けキャパシティの不足のまま，リスクの特性に合わせて SIR（一部キャプティブ）と保険を組み合わせるリスクファイナンス手法がリスクを処理する手法として，世界的大企業の中で主流を占めていくと考えられている。

〔4〕 その他の保険

従来型の保険付保以外ではキャプティブ保険が最も普及しているが，ほかにもいくつかの保険が考えられている。いずれも大数の法則にのるものではなく対応リスクも限られオーダメイドタイプであり実施例は多くない。従来型保険が対応できないリスクやそのキャパシティを補うための保険とされている。

(a) ファイナイト保険　ファイナイト保険は企業と保険会社がリスクを限定的に持ち合う形の保険である。おもにリスクの算定が困難なリスクに対応し，企業側もリスクコントロールにコミットすることになる。通常の保険とは異なり複数年付保し時間軸でリスクを平準化する側面もある。事故の有無により，契約終了後の保険料調整はある。また，税務上完全な保険とされるか微妙な点もある。

(b) 保険デリヴァティブ　天候や地震リスクに適用されているが保険者から提供されるキャパシティは限定的なものが多い。保険とは多少異なりリスクのスワップや事故確定支払い等に便宜性があるなどいわゆる金融商品デリヴァティブ的な側面をメリットと見ることもある。

(c) 保険以外のリスクファイナンス手法　CAT ボンド，コンティンジェント エクィティ，コンティンジェント デット等。

いずれも保険とは異なるが巨大災害・事故に備えるリスクファイナンスの範疇として考えられている。

(加藤和彦)

引用・参考文献

1) 石名坂邦昭,リスク・マネジメント,白桃書房 (1980)
2) 石名坂邦昭,リスク・マネジメントの基礎,白桃書房 (1982)
3) 亀井利明,リスクマネジメント理論,中央経済社 (1992)
4) 亀井利明,保険とリスクマネジメントの理論,法律文化社 (1992)
5) 亀井利明,リスクマネジメントの理論と実務,ダイヤモンド社 (1980)
6) 武井勲,リスク・マネジメント総論,中央経済社 (1987)
7) 加藤和彦,企業リスクの態様と対策,経理情報,No.512 (1988)
8) 加藤和彦,リスクの定量評価に対する一考察,JARMS Report, No.6, 日本リスクマネジメント学会 (1990)
9) Warren, D., Practical Risk Management Ros Mcintosh (1991)
10) Woodward, W. J., Robinson, L. G., and Gibson, J. P., Manufacturing Risk Management and Insurance (1988)

5.5.2 企業向け損害保険の種類とあらまし

リスクのあるところに保険ありといわれるとおり,損害保険にはたくさんの種類がある。契約者を対象とした分類として企業向け損害保険と家計向け損害保険とに大別されるが,ここでは企業向け損害保険について解説する。

わが国においては1879 (明治12) 年に海上保険が,1888 (明治21) 年に火災保険が営業を開始して以来,保険の種類・規模を拡大し,現在では損害保険として米国に次いで世界第2位の規模となっている。損害保険の揺籃期であった明治年間 (1868〜1911年) の火災保険・海上保険を対象にしていた時代から,産業・経済の発展に伴うリスクの変化および企業活動の国際化・巨大化に伴うリスクの拡大に対応して各種の損害保険が提供されてきている。

近年の保険業界の動向として,1995年に保険業法が改正され日本国内において自由化・規制緩和が始まった。1998年に金融システム改革法が制定され,保険の自由化・規制緩和が本格化して今日に至っている。損害保険における自由化・規制緩和が始まり,この変化を有効に活用するために,企業は自己のリスク実態を把握・評価し,自己のリスクの実態に即した損害保険の条件を最適にするリスク移転をすることが可能になっている。

損害保険を規律するおもな法律として商法・保険法がある。保険法に規定がない場合には民法の規定が適用される。また保険業を行うものを規制・監督する法律として,保険業法・損害保険料率算出団体に関する法律 (料団法) がある。また一般消費者を保護するための法律として消費者契約法・金融商品販売法があり,保険契約に当たってもこれらの法律の対象となる。

また「リスクなきところに利益なし」といわれるようにリスクをとる活動に対して付加価値が生まれ,それが利益となって企業活動が成り立つ。企業経営をしていく上で発生しているリスクを理解し,企業外に移転するリスクと企業が保有するリスクを明確にして対応していくことが必要である。企業経営の安定を脅かすリスクとして ① 企業の保有する資産 (建物・設備) に対する火災・爆発等による資産の毀損による損害およびそれに伴う企業活動の停止によって発生する収益減少リスク,② 企業が製造する商品の輸出および原材料の輸入等の物流においてもリスクが発生し,物流リスクは企業活動そのもののリスク,③ 企業活動に従事する人材において,傷害・疾病等による企業活動に支障を及ぼすリスクなどがある。

これらの損害の復旧・回復に対するリスクファイナンシングプランとしてのリスク移転方法として損害保険の活用が有効である場合が多い。以下で財物を対象とする損害保険,収益・費用を対象とする損害保険・従業員を対象とする損害保険および第三者に対する賠償責任を対象とする損害保険の切り口から解説する。

(注) 日本に所在する財産・人に対する保険を日本に支店・事務所を設けていない外国保険業者に付保するいわゆる「海外直接付保」は以下の契約を除いて禁止されているので注意が必要である。

① 再保険契約
② 国際海上輸送に使用される船舶およびこれにより国際間で輸送中の貨物ならびにこれらのものから生ずる責任のいずれかまたはすべてを対象とする保険契約
③ 商業航空に使用される航空機およびこれにより国際間で輸送中の貨物ならびにこれらのものから生ずる責任のいずれかまたはすべてを対象とする保険契約
④ 宇宙空間への打上げ,当該打上げに関わる運送貨物 (衛星を含む) および当該貨物を運送する手段ならびにこれらのものから生ずる責任を対象とする保険契約

⑤ 日本に所在する貨物であって国際間で運送中のものを対象とする保険契約
⑥ 海外旅行期間中に海外旅行者が傷害を受けたことおよび疾病にかかったことならびにこれらを直接の原因とする死亡ならびに当該海外旅行者の手荷物のいずれかまたはすべてを対象とする保険契約

上記以外で「海外直接付保」をする場合には事前に内閣総理大臣の許可が必要となる。

〔1〕 **財物を対象とする保険**

企業活動のベースとなる建物・設備等の資産を始めとして，原材料・仕掛品・製品等の財物を対象とする損害保険があり，企業活動を守るための基本的な保険として以下のものがある。① 事業所・工場等の建設時における工事期間中の各種の災害・損害に対するリスク移転としての建設工事保険・組立保険等の工事保険，② 完成後の資産・財物の損害に対する火災保険・機械保険，③ 原材料・製品の輸送中における損害に対する貨物海上保険・運送保険。

（a）**工事に関する保険** 製造施設・事務所建物等を建設する場合に，工事期間中において工事構内で発生する工事の目的物・工事用材料・仮設物・仮設材・仮設建物等に発生する火災・爆発・破損・盗難等による損害の復旧を支払う保険として，工事の種類により日本国内で利用できる建設工事保険・組立保険・土木工事保険がある。工事期間中のリスクとしては受注者が負担する施工危険・災害危険等と発注者にも危険負担が及ぶ天災不可抗力損害があるので発注者としても工事期間中の保険に無関心であってはならない。また近年はプロジェクトファイナンスにより設備を作ることがあり，その場合にはレンダー側の利益を守るために必要なリスク移転において損害保険を利用することが一般的になっている。その場合にレンダーは融資契約上の資金の借手である発注者と保険内容を協議するので，発注者で保険手配する要請が出てくる結果，発注者は損害保険設計の当事者となる。発注者としてリスク移転と損害保険の内容に注意しておく必要が増加している。工事の規模が大きくなる場合には，工事内容・工事期間に対しての損害保険の設計内容によるリスク移転の内容・損害保険料の差が大きくなるのでその点でも注意が必要である。また第三者に対しての損害が発生した場合に，受注者だけでなく発注者も損害賠償義務を負う場合があるので損害保険の内容に注意が必要である。

（注） 企業が利用する融資において，プロジェクト開発にあたって資金が必要となり，企業が金融機関から融資を受ける場合，コーポレイトファイナンスとプロジェクトファイナンスの二つの融資形態がある。

① コーポレイトファイナンスとは企業全体の借入の一部として金融機関が企業向けに貸付を行う。返済ファンドとしては企業活動全体から生み出されるキャッシュフローを利用する。融資機関の審査にあたっては企業活動全体を対象にして審査が行われる。

② プロジェクトファイナンスとはプロジェクト自体またはプロジェクト会社（SPC）に対して金融機関が貸付を行う。返済ファンドとしては当該プロジェクトのキャッシュフローにて行う。融資機関の審査にあたっては，プロジェクトのストラクチャに基づく将来のキャッシュフローを対象に審査が行われる。

（b）**管財物件に対する保険** 企業が保有する不動産・動産の物的損失に備える損害は，対象とするリスクによって火災保険・機械保険・ボイラ保険・動産総合保険・貨物保険等の損害保険が利用される。

1) **火災保険** 企業が所有する管財物件（建物・屋外設備・装置）または動産等について，火災・落雷・爆発・破裂・風災・雹災・雪災によって発生する損害に対する復旧費のほか損害が発生したことにより発生する臨時費用・残存物取り片付け費用（清掃などの後片付け費用）・失火見舞い費用・地震火災費用・修理付帯費用・損害防止費用等の費用を保険金として支払う。

不動産・動産の使用用途によって，保険の分類として普通火災保険と住宅火災保険がある。普通火災の中でも，使用目的によって一般物件用・工場物件用・倉庫物件用とに分類されている。それぞれの種類によってリスクの移転内容および保険料算出方法が異なるので，保険契約時の確認が必要である。一般的な注意事項としては不動産（建物・設備）に火災保険を付けただけでは不動産内の動産は火災保険の対象となっていない。動産は不動産とは別に保険金額を設定して契約する必要がある。建物は1棟ごとに契約金額を定め，造作，商品・製品・原材料等，機械設備装置・器具・工具・什器・備品については収容建物ごとに保険金額を定め，屋外設備装置についてはタンク・野積みの原材料などの項目ごとに契約金額を定めて保険契約をするのが通常である。

契約金額は保険価額（同一程度のものを新たに建設・購入するのに必要な金額から古くなった度合いに応じた減価額を差し引いた残額）一杯に決めることも重要である。万一企業の不動産・動産が罹災した際に支払われる復旧費としての保険金はこの保険価額を基礎に支払われることになるからである。

変動する在庫品などを保険の対象とするときはあらかじめ支払い限度額を決めておき，この制限額を限度として実際の損害を補償する火災保険通知方式という契約方式がある。この方式では在庫高を定期的に報告する実際の在庫高に対して保険料を精算するので実在庫高に見合った合理的な保険料が計算されることになる。

鉄筋コンクリート造りなどの耐火構造の建物やそれに収容されている据付機械・設備・装置は火災などの災害が発生した場合でも全損になることは少ない。実際のリスクに応じた予想最大損害額（PML）を算定し，損害額に見合った支払い限度額を設定し，保険料を合理的に算定することが必要な場合もある。

一定の条件に合致し構内所在の全物件（建物・機械・設備装置・什器・備品など）について1保険証券で契約すると一定の保険料割引が適用されるほか，下記のメリットがある包括契約を検討するとよい。

① 保険期間の中途で新規に取得した物件に対して，少なくとも1箇月の自動担保が適用されるので，付保手続き遅延による付保漏れが防げる。
② 保険の目的の保険価額を協定して契約するので，一部保険・超過保険になることがなく，合理的な保険設計となる。
③ 機械・什器・備品などの保険の目的が同一構内の他の建物に移転した場合には，収容建物ごとに設定した協定保険金額は自動的に調整されるので手続きは不要である。
④ 保険期間の中途での新規取得物件・撤去物件に対しては日割りで保険料を清算するので合理的な保険設計となる。

普通火災保険の一般物件では火災・落雷・爆発・破裂・風災・雹災・雪災による損害のほか，下記の損害に対しても特約により個別に対応することが可能であるので，リスクの適切な評価が必要である。

① スプリンクラー不時放水危険担保特約
　スプリンクラー装置から火災以外の偶然な事故により放水が発生したことによって生じた損害。
② ガラス損害担保特約
　建物の板ガラスの破損事故によって生じた損害。
③ 水災危険担保特約
　台風，暴風雨，豪雨などによる洪水・融雪洪水・高潮・土砂崩れなどの水災による損害。
④ 航空機および車両危険担保特約
　航空機の墜落もしくは接触または航空機からの物体の落下，車両（含積載物）の衝突または接触による損害
⑤ 騒擾および労働争議危険担保特約
　騒擾およびこれに類似の集団行為（群集または多数のものの集団の行動によって数世帯以上，またはこれに準じる規模にわたり平穏が害されるかまたは被害を生じる状態であって暴動に至らないもの），または労働争議に伴う暴力行為もしくは破壊行為による損害。
⑥ 破壊行為危険担保
　上記以外の破壊行為による損害。

2） 貨物保険　不動産などの管財物件と同じく輸出や海外で事業を展開している企業にとって，貨物保険はリスク移転を行う必要がある重要な損害保険である。輸送中の保険の目的（貨物）は，船舶の沈没，衝突や座礁などの海難事故，航空機の墜落，トラックの衝突等の輸送用具の事故による損害および貨物に対する火災，爆発，破損，濡れ損害等さまざまなリスクにさらされている。これらのリスクを移転する方法として損害保険として貨物保険がある。貨物保険は資材・建設機械および部材・モジュールなどの動産，現金・有価証券などの貨物が，保管場所から搬出されたときから通常の輸送過程を経て特定場所に搬入されるまでの間に，沈没・座礁・座州・火災・爆発・衝突などの海上輸送中のリスク，脱線・転覆・墜落・火災・爆発・衝突などの陸上輸送中・航空輸送中のリスクによって生じた損傷・破損などの物的損害に対して保険金を支払うほか，事故に関連して発生する損害防止費用・共同海損分担金・救助料などの費用も保険金として支払う保険である。

保険価額は輸送する貨物の市場価格（出荷する時・場所の価格）に運賃・荷造り費用などを加算して定めた保険金額として契約し，損害が発生した場合にはこの金額を基礎として保険金支払額を決定する。

貨物保険は輸送区間によりつぎの3種類に分類される。

① 運送保険　日本国内相互間の陸上・航空輸送中のリスクに対する損害保険
② 内航貨物海上保険　日本国内相互間の海上輸送中のリスクに対する損害保険
③ 外航貨物海上保険　日本国内と海外または海外の2地点間の海上・航空輸送中のリスクに対する損害保険。契約形態に合わせて，CIF・C&F・FOB等の形態がある（輸出港までの国内リスクを移転する輸出FOB保険も検討する必要がある）。

3） 船舶保険　客船・貨物船・油槽船などの一般商船，浚渫船・作業船，石油・天然ガス等の掘削・生産のための海洋開発物件および海底資源開発物件などこれらの船舶を使用する海運・造船・水産・建設等の企業活動にとって沈没・座礁・座州・火災・衝突など

のリスク移転としての損害保険として船舶保険がある。船舶は前記の事故による物的損害の修理費用だけでなく，船舶が利用できない期間における経済的損失損害および第三者に対する賠償責任損害が発生し，それらの損害額は甚大なものとなる。船舶を企業活動に使用する企業にとって，船舶の使用実態に対応したリスク移転が可能になるよう引受け条件を確認した上で，各種の船舶保険の利用が不可欠である。

4） 動産総合保険　　不動産に対する火災保険，輸送中の貨物に対する貨物保険および船舶に対する船舶保険は，企業活動の始まりとともに保険が利用されてきた。その意味で歴史と伝統のある損害保険種目といえる。その一方で，今日の経済活動における流動性の高い経済活動に対応して，企業の保有する動産に対して適切なリスク移転が可能になる商品として動産総合保険がある。自動車・船舶・航空機を除いて，各種の動産において生ずるいっさいの偶然の事故による損害（火災・爆発・破損・盗難などいわゆるオールリスクの損害に対する損害）に対して，保管中・使用中・輸送中にかかわらず前記の損害によって生じる損害に対して保険金を支払う損害保険である。

プロジェクトに使用される貨物の場合には，輸送後の工事期間における工事リスクに対する損害を対象とすることも可能な場合がある。企業にとって最適なリスク移転を実現するためには，管財物件のリスクの実態を把握して損害保険形態を選択する必要がある。

5） 機械保険　　高度の技術開発により生産設備が効率の向上とともに大きな変化を遂げている。これに伴い機械設備・装置に従来の環境では想像できなかったような大事故が発生することがある。電動機・発電機・蒸気タービン・ディーゼル機関・ポンプなどの動力機械，冷暖房設備・立体駐車場設備・厨房用機械・エレベータなどのビル付帯設備およびコンピュータ・複写機・映写機などの事務用機械がつぎのような予測しない突発的に生ずる各種の事故により被った損害に対し，損害発生直前の運転可能な状態に復旧する費用（修理のために必要な分解費・組立費・運賃・運転調整諸掛りなど）を保険金として支払う損害保険である。

① 従業員の取扱上の不注意による事故
② 設計・製作・材質上の欠陥による事故
③ ショート・スパーク・過電流などの電気的事故
④ 折損・亀裂・分解・飛散などの機械的事故
⑤ 落雷・冷害・氷害による事故
⑥ 物理的原因に基づく破裂・爆発による事故

保険金額は管財設備・機械と同種・同能力の設備・機械を運転可能な状態に設置するために要する新調達費用（購入費・運送費・据付費・運転調整諸掛りなど）である。

契約方式として，機械・設備をそれぞれ別個に契約する方法，ある設備ユニット単位ごとに契約する方法，工場全体を契約する方法あるいは企業全体を包括して契約する方法まで各種の契約形態が可能である。損害保険の自由化・規制緩和を活用して，企業のリスクの実態を調査・評価してリスクの実態に合わせた契約形態を検討することが可能となっている。

6） ボイラ保険　　ボイラは産業安全の立場から厚生労働省または電力の安定供給の立場から経済産業省の官庁検査を定期的に受ける必要がある。損害保険会社の中でS損害保険会社は，厚生労働省所管のボイラ性能検査の登録性能検査機関として性能検査を行っている。ボイラ保険はボイラ・圧力容器・圧力配管などに対して事故が発生した場合のリスクに対して，損害の復旧に必要な修理費を支払う損害保険と，通常の運転時における事故・災害発生防止のための技術提供を一体化している損害保険である。

7） 原子力財産保険　　核燃料・核物質の装荷後の原子炉施設・収容物などについての火災・爆発・破裂・放射能汚染などのリスクに対する損害復旧費用についてはリスクの引受けを日本原子力保険プールに集中し，ここで引き受けている原子力財産保険が総括して保険金を支払う。そのため，一般の損害保険では核リスクは保険金支払いの対象から除外している。

〔2〕 収益・費用を対象とする保険

火災・爆発・破裂・破損・盗難などが発生し，そのために建物・資材などに直接及ぼす損害は前項の火災保険・海上保険・動産総合保険などで保険金が支払われる。一方でこれらの事故が発生したために想定していた収益・営業利益が減少しているにもかかわらず，支出を余儀なくされる経常費などの間接的な損害も決して無視できない。

これらの間接損害に対してリスク移転できる損害保険として，企業費用・利益総合保険，火災利益保険，機械利益保険およびボイラ利益保険がある。欧米の企業においては直接損害だけでなく間接損害も損害保険にリスク移転することが企業経営にとって不可欠なものとなっている。わが国においても企業経営の安定にとってBCP（business continuity program）およびERM（enterprise risk management）の作成が行われ始めている。この中で間接損害をリスク移転する手段として損害保険の検討がなされており，今後普及していくことが想定される。

（a） 火災利益保険　　火災利益保険は，火災・落雷・破裂・爆発により建物・設備が損害を受けた結果，営業活動が休止・減少したために発生する営業利

益・経常費の損失をリスク移転する損害保険である。保険金額は営業利益・経常費・営業外支出ごとにまとめ，付保項目の合計金額または合計金額に約定付保割合を乗じた金額を基準とする。対象となる金額は以下のものである。

（a）　営業利益　　営業収益－営業費用
（b）　経常費　　一般管理費・販売費のうちから任意に選択する費用（例えば以下の項目）
　① 人件費（臨時雇用者を除く）
　② 保険料
　③ 営繕費
　④ 動力光熱費（基本料金のみ）
　⑤ 宣伝広告費
　⑥ 通信費
　⑦ 旅費交通費
　⑧ 租税公課
　⑨ 減価償却
（c）　営業外費用　　支払利息

（b）　企業費用・利益総合保険　　火災利益保険にリスク移転が可能である火災・落雷・破裂・爆発を原因とする損害のほか，企業費用・利益総合保険は風災・雹災・雪災・車両の飛込み・盗難・電気的事故・機械的事故に加えて，構外ユーティリティ設備の機能停止による電気・ガス・熱などの供給中断・阻害などオールリスクで企業の損失利益のリスク移転が可能な損害保険である。事故が発生した場合に平常の営業活動を継続するために要する営業継続費用に関するリスクについてもリスク移転が可能であるので，企業の生産工程・流通工程・分業体制などを勘案して効率的なリスク移転が可能になるように損害保険設計を検討する必要がある。

（c）　買電費用保険　　企業が所有する自家発電装置・設備に不測の事態が発生し，自家発電が不可能になるリスクがある。このリスクに対し，BCMとして電力会社から不足電力を購入して操業を継続し，企業の損失を防止することが多い。この際には通常の買電費用に加えて，通常時の電力を超えて買電するために発生する買電差額費用（割高）が必要となり，このリスクを損害保険に移転するのが買電費用保険である。

保険金額・保険料は，自家発電設備の能力・稼働状況・予備設備の有無により異なるので，個別の調査・評価が必要である。

〔3〕　**従業員を対象とする保険**

企業の従業員は企業にとって大切な財産である。その従業員が安全に働く場と環境を提供することが企業経営の大前提である。従業員の労働災害を防止するために，労働基準法・労働安全衛生法などが定められ，リスクを軽減するために労働災害防止活動が行われている。一方，労働災害事故が発生してしまった場合には従業員に対する補償問題がある。まず政府労災により障害の程度により一定の補償額が定められている。企業活動としては政府労災の補償額に加えて，企業内で災害補償規定を定め，従業員に万一の災害が発生した場合においても，その本人・家族が安定した生活が送れる制度を定めることが必要である。法定外補償保険（上乗せ労災保険）・使用者賠償責任保険・傷害保険により，災害補償規定による補償額と政府労災による補償額との差額について，損害保険にリスク移転することが可能であるので，これらの保険の検討が必要である。

（a）　法定外補償保険　　業務上の災害により従業員に発生した身体傷害（負傷・疾病・後遺障害・死亡）事故を対象として政府労災保険による法定補償額の上積みとして，就業規則・労働協約等において上積み補償を行う旨「災害補償規定」を定めているか，規定としては明文化してはいないが内規・慣行として上積み補償が行われている場合にこの上積み保証金をリスク移転するために損害保険の法定外補償保険が利用できる。災害が業務上か否かは事業所の所轄労働基準監督署の認定により決定し，損害保険契約時に定めた保険金額により一定金額または平均賃金の一定日数分が損害保険金として法定外補償保険によって支払われる。

（b）　使用者賠償責任保険　　事業所において労働災害が発生した際，使用者側に過失があり政府労災保険給付または法定外補償の給付額の合算額を超過する賠償金が課された場合，以下の項目の超過損害額および費用を使用者賠償責任保険にリスク移転損害保険金として支払うことが可能である。

（a）　被災従業員・遺族に支払う損害賠償金
　① 死亡・後遺障害に対する逸失利益
　② 休業補償
　③ 慰謝料
（b）　争訟費用　　訴訟・調停となった場合の費用・弁護士報酬など

（c）　傷害保険　　傷害保険は日常生活におけるほとんどの場合において急激かつ偶然の外来の原因によって受けた傷害に対して保険金を支払う。企業活動に関してのリスクを移転する際には，企業において定めた災害補償規定による身体傷害に伴う給付のほか，企業の役員・従業員の福利厚生策の一環として，傷害保険により偶然・急激・外来の事故に起因する死亡・後遺障害・入院・通院に対する一定金額を支払うリスクを各種の契約方式により損害保険に移転可能であ

る。傷害保険の保険金は健康保険・政府労災保険等の社会保険からの給付及び加害者からの賠償金などとは関係なく，契約上の規定により保険金が支払われる。

〔4〕 第三者に対する法律上の賠償責任を対象とする保険

企業活動を行っていく中で「企業が偶然の事故により第三者に損害を与え，法律上の賠償責任が発生したことに伴う損害」がリスクとしてある。このリスクに対して損害保険は各種の業態に伴うリスクに対して対応を行っているので業務の実態に合わせたリスク移転内容を検討する必要がある。

賠償責任保険を考える上で以下の点を理解しておく必要がある。

① 保険契約の当事者である企業のほかに，被害者である第三者の存在がある。
② 被害者である第三者と企業とに間に，法律上の賠償責任が発生している。
③ 一般的に賠償責任保険は企業（加害者）の過失により発生する損害に対して，リスク移転を行う損害保険である。

（a） 賠償責任保険　　企業の営業活動を遂行していくにあたって発生する代表的なリスクに対応しては賠償責任保険は下記の特約を用意し，効率的な契約ができるようにしている。

1） 施設所有（管理）者賠償責任保険　　企業活動において企業は工場・事務所・広告塔・看板等の各種施設・設備を所有・使用・管理している。施設所有（管理）者賠償責任保険は企業がこれらの施設の内外で行う生産・販売・サービスなどの業務を遂行中に発生するリスクとして，偶然の事故によって発生する法律上の賠償責任に対応する損害保険である。

2） 請負業者賠償責任保険　　ビル建設・プラント建設・土木工事など請負契約に基づいて請負業者が行う業務の遂行中または施設の所有・使用・管理によって生ずる法律上の賠償責任のリスクに対応する損害保険として請負業者賠償責任保険がある。

3） 生産物賠償責任保険　　生産・販売した財物を第三者に引き渡した後発生する損害に対しての法律上の賠償責任または生産・仕事の結果の欠陥により生ずる損害に対しての法律上の賠償責任のリスクに対応する損害保険として生産物賠償責任保険がある（参照：製造物責任と損害保険）。

4） 環境汚染賠償責任保険　　企業活動により環境汚染が発生した場合，法律上の賠償責任に基づく損害賠償リスクおよび法令の規定に基づき企業が支出する汚染浄化費用リスクに対応する損害保険として環境汚染賠償保険がある。保険の引受けに際しては，保険会社がリスク調査を事前に行い，環境汚染防止対策の実態を評価した上でリスクの移転内容を決定するので，損害保険会社との十分な打合せが必要である。

5） 自動車管理者賠償責任保険　　駐車場・自動車整備工場・ガソリンスタンドなどは業務遂行する間に，他人から預かった自動車を管理する。その間に自動車に損害を与える場合があり，それに伴う法律上の賠償責任リスクに対応する損害保険が自動車管理者賠償責任である。

6） 会社役員（D&O）賠償責任保険　　会社役員が業務遂行に伴って過失・過誤・義務違反などのために企業・第三者に損害を与えるリスクがある。その場合に役員個人に対する法律上の賠償責任のリスク移転として損害保険の会社役員（D&O）賠償責任保険がある。企業活動を規定する法律は国により異なるので，企業のグローバル化により，企業の業務地域がさまざまとなっているので注意する必要がある。保険設計時にはこの点への注意も不可欠である。

上記以外のリスクに対しても昇降機（エレベータ・エスカレータ），受託者（保管物・保管者）および油濁などに対する賠償責任保険がある。

（b） 製造物責任と損害保険　　企業の製造物に関連して第三者に引き渡した後に発生する損害に対する法律上の賠償責任リスクがある。消費者と企業との間の法律上の賠償責任の存在の判定について日本，米国，欧州などそれぞれの地域での法令上の扱いが異なっているので注意が必要である。米国内においては損害が発生した場合に，企業側に過失がないことを立証する義務を負わせているため，対米輸出を行う場合には裁判の陪審制度の実態を含めて米国内の法体系の検討・研究が不可欠である。欧州においてはEU域内における製造物責任の体系が整備され，考え方は統一されている。

わが国においては以下の各項目について製造物責任法として施行されている。

① 欠陥概念
② 開発危険の抗弁
③ 対象製品
④ 立証責任
⑤ 法定責任期間
⑥ 対象とする責任
⑦ 製造者（責任主体）
⑧ 過失相殺
⑨ 裁判外紛争解決処理
⑩ 原因究明機関

この結果消費者が被害を受けた場合には，民法上の法律上の賠償責任に加えて，製造物責任法による法律

上の責任として当該製品に欠陥があることおよびその欠陥によって被害を証明すれば被害者はメーカ・販売業者・輸入業者などに法律上の賠償責任を請求でき，メーカの過失を消費者が証明する必要はない。企業活動の実態に合わせた損害予防体制とともに補償体制を整備することが不可欠である。保険会社との情報共有による保険設計が必要である。

製造物責任法に対して企業は
① PLリスクを回避する対策
② PL問題が発生した場合の防御体制
③ PL問題が発生した場合の損害塡補対策（リスク移転対策）

を検討しておく必要がある。PL予防活動（PLP活動）の具体的活動として以下の諸点をまとめておくことをお勧めする。

・経営者のPLP活動への理解・推進
・設計・販売全般のPLP組織・権限
・製品安全教育の実施
・訴訟対策教育の実施
・PLP監査基準
ⅰ) 製造・検査：要求品質との乖離・記録保存
ⅱ) 保管・輸送：関連法規
ⅲ) 販売・広告：販売員の明示の保証・広告使用の文言・図・写真
ⅳ) 組立・施工：マニュアル整備・安全確保
ⅴ) 保守・点検：警告ラベル・部品供給・メンテナンスマニュアルの完備

（c）交通事故と企業の責任（自動車保険） 企業の所有自動車を業務中に社員が使用している間に発生した事故による損害は当然企業の責任となる。業務の途中で私用を兼ねて使用している場合も企業の責任となる。すなわち，従業員が勤務中に私用のために自動車を使用している場合の事故に対しては企業が責任を負い，通勤途上の事故であっても企業が責任を負うことが多い。

社有自動車はもとより，マイカーを含めて事故防止対策を確立し，車検・定期点検・保健管理・事故管理・運転手管理が必要である。企業が所有・使用する自動車が10台以上の場合は保険契約上フリート契約となるので，保険会社と事故防止対策を含めて検討することをお勧めする。

（d）そ の 他 企業活動が多様になり，グローバル化しているので各種法律上の損害賠償責任について，高額損害を包括してリスク移転が可能になる企業賠償責任保険も検討する必要がある。また，企業の本社が定めるリスクファイナンシングプランに基づいて世界各国でリスク移転に際して損害保険が活用できるので，その際にも世界各国の保険状況と企業のリスク処理方法の比較・検討が必要になる場合が増加している。

〔高橋秀雄〕

5.5.3 損害保険業界の安全・防災活動
〔1〕 日本損害保険協会の活動

日本損害保険協会（以下，損保協会という）は，損害保険会社を会員とする事業者団体で，わが国における損害保険業の健全な発展および信頼性の向上を図ることにより，安心かつ安全な社会の形成に寄与することを目的としている。

損保協会では，消費者とのコミュニケーションを通じ，損害保険への理解を深めていただくための活動を始め，損害保険業界全体の業務品質の向上，損害保険業の各種基盤整備に関する活動を行っている。

また，損害保険事業を通じて蓄積してきたノウハウを生かし，防災対策，交通安全対策等に関する取組み等，幅広い活動を行っている。

損保協会が行っている防災対策，交通安全対策のうち，おもなものを以下に紹介する。

（a）防 災 対 策
1) 防災教育の推進 防災に関して身に付けるべき知識や能力は年齢層によって異なるため，各段階に応じ以下の防災教育コンテンツを展開している（括弧内は対象年齢層）。

ⅰ) ぼうさいダック（幼稚園・保育園～小学校低学年） 安全・安心の「最初の一歩」が自然と身に付く幼児向けカードゲーム。子どもたちは，防災や日常の危険から身を守ることだけではなく，挨拶やマナーといった日常の習慣についても学ぶことができる。

ⅱ) ぼうさい探検隊（小学校） 子どもたちが楽しみながら，まちにある防災・防犯・交通安全に関する施設や設備などを見て回り，身の回りの安全・安心を考えながらマップにまとめ発表する，実践的な安全教育プログラム。

文部科学省や内閣府（防災担当），消防庁などの後援の下，2004年度からマップコンクールを実施している。また，大学生や地域ボランティアなどを対象とした「ぼうさい探検隊」リーダー養成講座を全国で実施している。

ⅲ) 防災教育副教材（中学校・高等学校） 「自然災害のリスクに対する気づき」や「適切な対策・備え」を学ぶための生徒用ワークシートと教師用手引きのセットで提供している。

ⅳ) 動画で学ぼう！ハザードマップ（高等学校～社会人） 多くの自治体で地域住民に提供されているハザードマップの活用促進，防災・減災への意識向

上を目的としたeラーニングコンテンツ.

2) **一般市民向け啓発** 自然災害の発生実態や地域特性に基づき,地域において防災・減災に資する一般市民向けの啓発取組みを推進している.具体的には,各地の自治体等と連携して,一般市民(防災リーダー等)向けにセミナーやシンポジウム等を開催し,防災・減災意識の高揚を図っている.

3) **軽消防自動車の寄贈** 地域における消防力の強化・拡充に貢献すること,離島における消防施設の整備の強化を図ることを目的に,全国自治体には1952年から,離島には1982年から毎年,消防自動車等の寄贈を実施している.累計寄贈台数は消防車,小型動力ポンプ等の合計で3 443台となっている(2018年度現在).

4) **全国統一防火標語の募集,防火ポスターの制作**
家庭や職場・地域における防火意識の高揚を図るため,1965年度から総務省消防庁と共催で防火標語の募集を行っている.入選作品は全国統一防火標語として,総務省消防庁後援の防火ポスターに使用され,全国の消防署を始めとする公共機関等に掲示されるほか,全国各地の防火意識の啓発・PR等に使用されている.

(b) **交通安全対策**

1) **高齢者の交通事故防止活動** 高齢ドライバによる交通事故や高齢者の歩行中の交通事故が増加していることから,高齢者が当事者となる交通事故を防ぐために,高齢者向けの注意喚起チラシや映像などを制作し,高齢者への安全運転,歩行中の事故防止の呼びかけを行っている.

2) **全国交通事故多発交差点マップの公開** 危険な交差点の特徴や,事故の原因・予防策等の周知のため,損保協会のホームページ上に「全国交通事故多発交差点マップ」を公開し,毎年秋に更新している.全国47都道府県の人身事故(発生)件数ワースト5交差点を掲載し,企業の交通安全研修等で活用されている.

3) **自転車事故の防止活動** 自転車事故の実態や,安全な乗り方と事故への備えをまとめた小冊子「知っていますか?自転車の事故」と,事故に遭わないための乗り方を学ぶ小冊子「小学生のための自転車安全教室」を作成し,自転車事故防止啓発を行っている.さらに,後者の小冊子を小学校での交通安全教育用副教材にした「教師用学習指導案」を提供している.

4) **飲酒運転防止マニュアルの作成** 企業の経営者,安全運転管理者等が飲酒運転防止の社員教育や研修を行う際の手引きとして,「飲酒運転防止マニュアル」を作成している.飲酒運転事故件数および法規制を反映して改訂し,累計で93.8万部(2016年5月現在)発行している.

5) **自賠責保険運用益拠出事業** 損害保険各社の自賠責保険事業から生じた運用益を自動車事故防止対策,自動車事故被害者支援および救急医療体制の整備等に活用している.具体的には,都道府県交通安全協会への自転車シミュレータの寄贈や地域の消防本部への高規格救急自動車の寄贈(高規格およびその他救急自動車合計で累計1 665台,2018年度現在)などである.
(深澤政博)

〔2〕 **損害保険料率算出機構の活動**

損害保険料率算出機構(以下,損保料率機構という)は,損害保険料率算出団体に関する法律に基づいて設立された団体であり,損害保険業の健全な発達を図るとともに保険契約者等の利益を保護することを目的とした,損害保険会社を会員とする組織である.

2002年7月1日,それ以前の損害保険料率算定会(以下,損算会という.1948年11月1日設立)と自動車保険料率算定会(1964年1月8日設立)の2団体が統合し損保料率機構となり,現在に至っている.

損保料率機構では,業務の一つとして,「保険料率の算出に関する情報の収集,調査および研究ならびにその成果の会員への提供」を行っており,ここでいう「保険料率の算出に関する情報」には「損害およびその防止または軽減に関する情報」を含んでいる.

これに関連し損保料率機構が行っている活動のうち,おもなものを以下に紹介する.

(a) **防災・減災に関係する調査・研究活動** 基礎研究を推進するため,学識経験者をメンバーとする「災害科学研究会」と「地震災害予測研究会」を設置している.これらの研究会は,1947年3月に損保協会に設けられた火災科学研究会(損算会の設立と同時に損算会に引き継がれた)が発展したものである.

1) **災害科学研究会の活動内容** 各種の事故や災害に関する調査・研究のために,つぎの2部会を設けている.

ⅰ) 火災部会 火災・爆発の危険度の評価・測定ならびに損害防止・軽減に関する調査・研究

ⅱ) 風水害部会 風水害(台風,洪水,高潮など)の危険度の評価・測定ならびに損害防止・軽減に関する調査・研究

2) **地震災害予測研究会の活動内容** 地震,噴火,津波による災害の調査・研究を行っている.

(b) **事故防止・損害軽減のための情報発信**

ホームページ上で一般消費者向けに事故防止・損害軽減のための情報発信を行っている.これまで取り上げたテーマにはつぎのものがある.

・地震災害

・住宅への土砂災害
・大雨に関する防災情報
・感染症リスク
・自動車運転者の体調急変による事故

(横山太郎)

〔3〕 損害保険会社の安全防災活動

損害保険会社各社による安全防災活動が本格的に開始されたのは，第二次世界大戦後である．1946年に東京海上社（現 東京海上日動社）が火災部内に技術課を創設したのを手始めに，大手・中堅損保各社が技術課または防災課といった専門担当部門を設け，企業物件を中心に火災・爆発の防止あるいは発生した場合の損害の軽減を目的とした防災活動を始めた．その後，元受損害保険会社のほとんどが何らかの形で防災技術部門を持ち，組織の面では従来の課制を拡充・強化して独立の部または室制に昇格させた．1990年代後半以降には独立した安全防災専門会社を設立した会社もある．この間，対象とするリスクは当初の火災・爆発から，自然災害，交通安全，労働災害，製品安全，環境問題，海外危機管理，事業継続計画（BCP）などが加わり，企業だけでなく個人をも対象として安全防災技術を総合的に提供する時代になっている．

日本の損害保険会社は前述のとおり，長年にわたり安全防災活動に取り組み，時代とともに活動の対象を広げてきたが，その意義は以下のように説明できよう．

損害保険の機能の一つである「災害の危険を負担する」ためには，何よりも不慮の事故・災害による巨額の保険金支払いを減らし，損害率の安定を図って保険会社の経営を健全に維持する必要がある．そのために損害の発生を予防し，あるいは発生した損害をできるだけ軽減することが必要となってくる．

また，安全防災活動により巨額な保険金の支払いが抑制されることになれば，保険料率水準を安定させ，さらにその引下げも可能となる．したがって，多数の契約者が保険料を負担して損害の分散を図るという損害保険のもう一つの機能をも，効果的に果たせることになる．

さらに，損害保険会社が安全防災に力を注ぐことにより，財物の無益な損失を防止できるならば，広い意味で社会・公共への貢献につながるともいえる．

一方，1996年の新保険業法施行に伴い，規制緩和が進展し，損害保険会社間の競争も激しさを増した．この流れの中，保険契約者への付加価値提供の一環として，安全防災サービスが活用される側面も生じている．これは契約者の危険の実態が保険料負担の大小に影響する場合であれば，保険会社からの安全防災提案を契約者が取り入れることで危険実態の改善につながり，ひいては契約者の保険料負担軽減を達成できるためである．

以上の安全防災の意義や役割が，企業や個人のリスクおよび安全に対する関心の高まりとあいまって，今日まで損害保険会社の安全防災技術部門の質・量の充実を促進させてきたといえる．

損害保険会社が行っている安全防災業務のうち，おもなものを以下に紹介する．

（a） **防災調査サービス業務** 防災調査業務とは，おもに安全防災部門の社員が火災保険契約者の工場，倉庫，ビルなどの契約物件の現場を訪問し，損害の予防・軽減の見地から調査を行う．現場調査に基づき，事故・災害の発生および拡大危険箇所の指摘，安全管理体制などの面からの問題指摘などを行い，改善を促すものである．ここで対象とする事故・災害リスクは，火災・爆発リスクが中心ではあるが，ほかにも台風や地震といった自然災害リスクや，利用施設・作業設備などに起因する人的災害リスク，さらには近年の企業活動でますます重要性を増している情報セキュリティリスクなど，現場を踏まえて具体的な改善点を洗い出すという目的に適ったものはすべてその対象となり得る．

（b） **事故再発防止調査業務** 事故発生防止調査業務とは，火災・爆発などの事故発生の後に現場を調査し，損害状況，事故の発生原因，損害の拡大要因などを把握した上で，今後類似の事故が発生しないよう，また万一発生しても損害が拡大しないように，その対策を検討し助言（場合によっては保険会社からの改善申し入れ）を行うものである．

（c） **自動車の運転適性診断サービス** 車を運転する一般の顧客や，社有車運転者・マイカー通勤者などを多く抱える顧客企業に対し，ペーパーテスト・Webテスト・ドライビングシミュレータなどを利用して，運転者個々の安全運転についての資質を診断し，アドバイスを行うものである．

（d） **ドライブレコーダ活用による交通事故低減コンサルティング** おもに社有車運転者への交通事故防止を図りたい顧客企業に対し，ドライブレコーダから得られる画像データなどを活用，当該企業固有の事故傾向を分析して対策を提案したり，画像データを活用した安全教育教材を作成・提供することなどを通じた，事故削減に向けたアドバイスを行うものである．

（e） **リスク対応支援のためのコンサルティング業務** 今日の社会の激しい環境変化の中にあって，企業はつぎつぎと新たなリスクに直面している．損害保険会社は顧客企業に対し，企業を取り巻くリスクに対応するためのリスクマネジメントを支援する，各種

のコンサルティングサービスを行っている．それらの一部を以下に紹介する．

① 環境関連サービス（環境情報の提供，環境マネジメントシステムに対するコンサルティング，土壌汚染などのリスク評価・汚染除去に関するコンサルティングなど）

② PL（Product Liability）関連サービス（製品安全対応体制構築支援，製品別安全対策の提案，PLや製品安全に関するセミナー実施，PL事例・判例などの情報提供など）

③ BCP（Business Continuity Plan；事業継続計画）・BCM関連サービス（BCP策定支援，BCP訓練，BCPセミナー，ISO 22301対応支援コンサルティングなど）

④ リスクマネジメント体制関連サービス（リスク分析・評価（リスクアセスメント）支援，リスクマップ作成支援，リスクマネジメント推進体制構築支援，感染症（新型インフルエンザなど）対策支援など）

⑤ 海外リスク関連サービス（海外リスク管理マニュアル策定支援，海外危機管理シミュレーション訓練，海外危機管理セミナー，海外派遣者向け社員研修など）

（f）安全防災情報，各種リスク情報の提供業務

企業のリスクマネジメントにおいて安全防災の適切な対策を立てるには，最新の安全防災技術，法規改正の動き，事故事例の原因分析と対策，そして企業を取り巻く新たなリスクなどに関する情報が重要な役割を果たす．また，個人においても，現代は多種多様なリスクに取り巻かれて生活を送っている．安全防災に関する各種情報に対するニーズは，保険契約者が損害保険会社に期待するものの一つとして，ますます高まる傾向にある．この期待に応えるために保険会社が行っている対応には以下のようなものがある．

・総合安全防災／リスクマネジメント情報誌の提供
・安全技術資料の提供
・安全防災ビデオ，DVDの貸出し
・事故災害データベースによる事故情報の提供
・セミナー形式による安全防災情報の提供

〈高垣卓哉〉

引用・参考文献

1) 安田火災海上保険株式会社編，火災保険の理論と実務（改訂版），pp.296-298，pp.300-301，海文堂出版（1991）
2) 東京海上火災保険株式会社編，損害保険実務講座 第5巻 火災保険，pp.509-512，有斐閣（1992）

5.6 地域への対応

5.6.1 多様な地域レベルへの対応

大規模プラントや産業施設，清掃工場や最終処分場など，社会的・公共的に必要とされる施設であっても，さまざまな立場から，異なる複数の見解や意見が存在することはつねである．特に，当該施設の立地地域においては，安全への不安や地域の環境への影響に関する懸念等から，事業実施主体側の建設計画や運営に対して，全員一致の同意や合意を想定することは困難といえる．

地域への対応は，多様なレベルに向けて対応を検討する必要がある．地域とは，一般に，事業実施主体がステークホルダ図を描く際には，一括りにされ取り扱われることが多い．しかし実際は多様なレベルから成り，そこで扱われる課題も広範であり，各地域レベルにおいて議論される内容も異なっていることに注意する必要がある．特に，地理的な立地地域に絞ったとしても，大きくはローカルレベル（A），（B），ネイバーフッドレベルの3レベルへの対応が必要とされ，さらに，地域住民・自治体・社団等のそれぞれの立場や帰属集団等の違いにより，なおいっそうの多様なレベルへの対応が必要とされる（**表5.6.1**参照）．

表5.6.1 地域レベル

地域社会レベル	レベルが表す範囲や層など
グローバルレベル	地球社会
リージョナルレベル	複数国家を含む地域経済圏 欧州連合（EU），北米自由貿易協定（NAFTA），東南アジア諸国連合（ASEAN），アジア太平洋経済協力会議（APEC），環太平洋パートナーシップ（TPP）など
ナショナルレベル	国民国家
ローカルレベル（A）	一国内の地域・地方・都市のうち，広域自治体レベル（都道府県域）
ローカルレベル（B）	一国内の地域・地方・都市のうち，基礎自治体レベル（市区町村域），団体自治の最小レベル
ネイバーフッドレベル	地理・時間的な隣近所，町内，近隣，近所

出典：津久井稲緒，CSRとコミュニティ政策，経営哲学，11-1（2004）

5.6.2 合意形成が求められる背景

事業実施主体にとり，地域における合意形成が求められる背景には，以下の点が考えられる．

まず，必要性に迫られる諸施設等の計画実施における公正性担保のための合意形成が挙げられる．嫌悪施

設（原子力発電所や産廃施設，火葬場等）の立地計画については，異なる利害や価値観に基づき，個別に，帰属集団ごとに，異なる主張が行われ，時には対立・住民紛争等に発展することもある。しかし，嫌悪される地域計画であっても，社会的・公共的に必要とされるものについては計画実施が求められ，そこに見られるのは，「その施設による便益は広く多くの人々によって享受されるのに対し，心理的なものを含めた負担は施設近隣の人々に偏る」という，「受益者と負担者の非対称な構造[1])」である。それゆえ，事業実施主体と地域との合意形成については，受益や受苦の分配といった公正性ではなく，対話・討論を通じた，納得と同意に基づく，手続き的公正性に重点が置かれている。「富の場合は，消費財，所得，教育の機会，所有財産などの欠乏を補うなど，肯定的な論理で分配可能だが，リスク（危険）の場合は，排除，回避，否定などの否定的な論理で分配するという，新たな解釈が必要となる[2])」ことが指摘されており，分配結果を決定するための手続き的公正性が求められる。

つぎに，公共に対する問い直しが挙げられる。かつては，「公共事業をしてあげる中央」と「してもらう地方」であったが，現在では「公共事業を押しつける中央」対「それを拒否する地方」という構図に反転しており，「官」の側が公共事業の公共性を挙証する責任を引き受けざるを得なくなっており，「公共事業の公共性が自明でなくなった[3])」ことが指摘されている。1970年代初めの大阪国際空港訴訟では，被害者側が「公共性がない」ことを立証しなければならなかったが，現代の公共事業をめぐる挙証責任の構図は，大きく変化している。事業実施主体には，公共性・社会性を挙証し，地域の合意形成を図っていくことが求められている。

続いて，地方分権改革により進められる地域主権も，合意形成が重要視される背景の一つとして挙げることができる。国の機関委任事務を執行する自治体から，住民との合意形成に基づき，政策・計画を策定する自治体へと，自治の現場には転換が求められている。地域政策の位置付けは，地域間格差の是正という国に主導されてきたものから，地域によって主体的に行われるものへと変化している。これまで以上に，住民の声を政策に反映させること，住民の参画を募ることが求められており，この動きと呼応するように地域住民には市民意識が自覚され，多様な意見が主張されるようになっている。

さらに，「現代社会がよって立つ議会制民主主義の機能不全が問われている[4])」という声も，合意形成が求められる背景といえる。1票の格差解消，投票率の向上，議会改革（議員が個人的に住民の意見を聞くのではなく，議会が機関として住民意見を聞く）などが早急に求められる一方，住民投票などの住民が直接的に参政する制度整備も要請されている[5])。「熟議的政治（Deliberative Politik）[6])」に代表される熟議民主主義は，課題の適正な解決を図るために，公共圏での合意形成を指向する。公共圏は密室談合の反対極にあり，また合意形成は強制的な政治権力の反対極に位置付けられるものと，理解される。事業実施主体と地域との合意形成は，議会制民主主義の機能不全を補完するものとしてみることもできよう。

5.6.3 合意形成の意味と時宜

合意と同意について，「「合意」は政治，行政，政策などの分野で，「同意」は法律や医療の分野で，それぞれ多く使われる傾向にある[7])」。

一般に，合意形成は，英語では consensus building とされ，consensus とは「全員一致の同意」という意味を持つ。しかし現実には，反対が少々あっても大多数が同意すればよいという，多数決が用いられる。国会での重要な案件審議は3分の2以上，マンションの建替えは8割以上など，あらかじめ何らかのルールを決めておいた場合に，多数決は用いられる。だが，問題が深刻になると，あらかじめ決めておいたルールがあっても，決着がつかない状況が生じ得る。それは，「第一に科学的な予測に関する問題，第二に価値判断の対立，第三に感情的な対立[8])」である。熟議が重要であり，熟議のための理想条件としては多くの時間が必要とされる。しかし，十分な合意について，「時間的制約がそれを阻む[9])」。そして地域の合意が十分に形成されないままに進められる事業計画は，反対運動などのように，地域に対立を生じさせる。

現代の合意形成は「社会編集[10])」として理解される。旧来行われていたのは「社会統合」のための合意形成で，全員一致または多数決が合意形成の条件とされてきた。編集とは，「素材や情報を組み合わせ，ある独自の意味を持った世界を形成すること」であり，現代は「可能な限り個性的な違い〈差異〉を認めた上で，それらを編集してまとめる〈社会編集〉が要求される」。そしてこのような時代に必要とされるのは，「差異の受容，違いに耐える精神構造」であり，「異質なものの存在を認めた上で，それらを互いに関連付け，いかに共生可能な状態に編集するかがポイント」となる。

時間的制約，統合ではなく編集，という点を踏まえ，合意形成がなされるということを，「関係者の全員が積極的に賛成しなくても，積極的に反対する人は

いないという状況に至ること」と把握する。

では，合意形成を図る時宜はどの段階か，自治体が進める公共事業では，まちづくり，環境，福祉など多様な政策分野で「政策課題の質的変化[11]」が起きており，市民との対等な協働（パートナーシップ型）が指向されている（**図 5.6.1** 参照）。図 5.6.1 に示すように，事業実施段階ではなく，計画段階から地域の合意形成を図ることが重要である。パートナーシップ型は，組織間に信頼関係を構築し，実施段階でのスピードアップを図り，住民の自立と共助を育む等の効果が見込めることから，今後もますます重要性が増していくとされている。

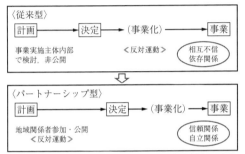

出典：松下啓一，新しい公共と自治体，信山社（2002）を基に一部修正。

図 5.6.1 政策プロセス（従来型・パートナーシップ型）

5.6.4 リスクコミュニケーション観の転換

ここでは，合意形成過程を，「準備」，「リスクコミュニケーション」，「継続的リスクコミュニケーション」の 3 ステップで把握する（**図 5.6.2** 参照）。

```
準備
① 地域状況・課題等の把握に基づく事業実施計画案の策定
② 住民参加レベルの検討
    ↓
リスクコミュニケーション
③ 住民への発議
   計画検討の開始を周知，住民参加の目的，ルール，到達点等の共有
④ 計画の修正
   意見やニーズの収集・集約，課題・目的の共有，計画への反映
⑤ 合意事項と残された課題の確認
    ↓
継続的リスクコミュニケーション
⑥ コミュニケーション継続のための仕組みづくり
```

出典：国土交通省国土技術政策研究所，社会資本整備における住民とのコミュニケーションに関するガイドブック，国総研プロジェクト研究報告第 10 号（2006）を基に筆者作成。

図 5.6.2 合意形成過程

まず，合意形成とリスクコミュニケーションという言葉の関係について整理する。二つの言葉は，ほぼ同義とする見解と，広義の合意形成と環境や科学技術分野などの狭義のリスクコミュニケーションというように，二つの言葉を使い分ける場合とがある。また，リスク評価などを行う前段階と，おもに対人での相互行為の段階をリスクコミュニケーションというように区分し，二つの段階を合わせて合意形成に至る過程という場合がある。図 5.6.2 は，リスクコミュニケーションとは対人での相互行為（住民との話し合いや情報交換など）を指し，準備，リスクコミュニケーション，継続的リスクコミュニケーションの 3 ステップを合わせて合意形成過程としている。

〔1〕 合意形成過程における「準備」

合意形成過程における準備は，地域住民等との実際的なコミュニケーションが行われる前段階であり，主として，① 地域の状況等の把握に基づく事業実施計画案の策定，② 住民参加レベルの検討，を行う。

① 事業実施計画案の策定では，当該地域の状況等を把握するため，地域に関する資料・文献による事前調査の実施，事業に関係する地域の主要なキーパーソンに対する面談や電話インタビュー等を行い，地域の状況や課題を把握する。さらに必要に応じて，利害関係者を抽出した上で，利害関係者に対してインタビュー等の関係者分析調査を行い，利害関係者の内容や構造を把握する。当該地域の状況や課題を把握することで，「利害関係者や事業に対する地域の反応を想定することができ，それらを考慮したコミュニケーションの体制，プロセス，手法を検討することができる[12]」。

② 住民参加レベルとは，「情報提供」，「協議」，「関与」，「協働」，「権限付与」の五つで，「住民参加とは，公共事業において行政が意思決定する際に，その判断材料を市民から得るために行うもの（国土交通省国土技術政策研究所（2006））」である（**表 5.6.2** 参照）。ここでの事業実施主体は行政に限定されるものではないが，表 5.6.2 の住民参加レベルは，事業実施主体が地

表 5.6.2 住民参加レベル

← 弱				強 →
情報提供 inform	協議 consult	関与 involve	協働 collaborate	権限付与 empower
住民に対して事業に関する情報を提供します	住民からの意見を収集し，意思決定の参考とします	一連のプロセスの中で意見を収集し，課題の解決，計画への反映を行います	住民との立場は限りなく対等であり，計画立案から意思決定まで住民が関与します	意思決定までの過程を住民に委ねます

出典：国土交通省国土技術政策研究所，社会資本整備における住民とのコミュニケーションに関するガイドブック，国総研プロジェクト研究報告第 10 号（2006）を基に一部修正。

域への対応をどのレベルで実施しようとしているのかを測る参考になるので紹介する。各地でダム建設や道路建設，原子力発電所等の公共事業の見直しが求められるなど，「公共事業の公共性が自明でなくなった[13]」という社会状況をふまえれば，実務上の選択肢は，「協議」，「関与」，「協働」と，より強いレベルの「権限付与」までを含めて，住民参加レベルを検討し設定する必要があろう。

〔2〕 合意形成過程における「リスクコミュニケーション」

リスクコミュニケーションという言葉は，1975年頃から意識され始め，論文のタイトルとして初めて使われたのは1984（昭和59）年とされる[14]。なぜリスクコミュニケーションという言葉がいわれるようになったのかについて，つぎのような社会的状況がある。

科学技術の利用に伴う危険（原子力発電，遺伝子組換え，化学物質の有害性など），自然災害（台風，地震，津波など）や地球環境問題（温暖化など）に伴う危険など，現代社会はさまざまな危険があふれており，私たちは，これらの被害にあう確率をリスク[15]と呼び，「ゼロリスクはないと仮定して，リスクの大きさを推定[16]」し，対策を講じている。そこで，どこまでのリスクを受容するかという問題について，関係者間の合意形成が不可欠となる。しかし，市民と行政，産業界，専門家等との間には見解の相違があり，合意形成が円滑に進まないという状況がある[17]。

現代的なリスクコミュニケーションの定義で最も一般的なものは，National Research Council（米国）（以下，NRC）が1989（平成1）年に示したもので，「個人・集団・組織間の情報と意見の相互交換プロセス[18]」である。NRCの定義は，リスクコミュニケーション観が従来のものから転換している。「従来リスクコミュニケーションは，専門家から非専門家への一方的な情報伝達と解され，情報発信者の意図がよく受け入れられることをもって成功の証とされてきた。しかしNRCの委員会はリスクコミュニケーションを，個人，集団，組織間の情報と意見の交換プロセスと考え，関係者間の理解と信頼のレベルが向上したことをもって，成功の証と考える。科学的な情報を単に提供すればよいというものでなく，価値観や立場の違いを認めつつ，選択の自発性を尊重する。このような方法によってつねに対立が少なくなったり，リスク管理が円滑にいくとは限らないことを認めつつも，民主社会における情報の流れの重要さを優先する[19]」。

近年，専門家や行政と一般の人々の間にはリスクに対する大きな認識のギャップがあること，そしてこのギャップは説得で埋められるものではないことが，指摘されている。「専門家と一般人とでは，知識や判断基準といった個人の頭の中の枠組み（スキーマ）も，周囲の情報環境も異なっており，違う情報を違うスキーマによって解釈すれば，異なるリスク認知になるのは当然のことといえる。専門家ではない電力社員が原子力専門家と近いリスク認知をするのは，類似の情報を使い，よく似たスキーマで解釈しているためである。一般人が合理的にリスクを認知していないわけでもなく，専門家が認知バイアスや社会環境の影響から自由な状態で正確にリスクを認知しているわけでもない。専門知識を豊富に持ち，訓練と経験を積んだ専門家であっても，一般人と同じように認知バイアスから自由であるとはいえず，またさまざまな社会的要因によってもその判断は影響を受けているのである[20]」。このことがはっきりといわれるようになったことで，リスクコミュニケーション観が，従来の一方通行の情報伝達型から，双方向の関係者間の信頼レベルの向上へと変化した（表5.6.3参照）。

表5.6.3　リスクコミュニケーション観の変化

	新しいリスクコミュニケーション	古いタイプのリスクコミュニケーション
定義	個人・集団・組織間の情報と意見の相互交換プロセス	事業者・行政等から住民等受け手への情報伝達
合意形成の目的	関係者間の信頼レベルの向上	受け手（地域住民等）が情報伝達者の意図を受け入れる
行政・専門家・事業者等の対応	参加・手続き的公正性を確保。一般の人々のリスク判断は，専門家の判断からずれたりゆがんだりしているのではなく，別の要素から構成されている。関係者間の信頼レベルの向上を目指す。重要な決定が行われる前に始めることが重要。	説明・教育・啓蒙。感覚的な判断をする一般の人々を，正しく導く。メッセージの作り方・出し方が重要。
方向性	双方向	一方通行

出典：筆者作成

しかし，NRCの定義が受け止められて30年近く経たいまも，古いタイプのリスクコミュニケーションが見受けられることがある。「2011（平成23）年の東日本大震災の日本の状況を見ていると，リスクアセスメントの結果を伝達し，非専門家（一般市民）のリスク認知を是正することが「リスクコミュニケーション」であると主張されている場合も少なからずあるように見える[21]」と指摘されるように，今日においても，説明・教育・啓蒙により一般の人々を正しく導くこと

が，リスクコミュニケーションとされる場面もある。それは，「個人・集団・組織間の情報と意見の相互交換」を実践するのには，時間や金銭等，多大なコストが必要とされることが，原因の一つと考えられる。合意を得られないことで事業が頓挫し，そのことでさらに追加的なコストが必要とされるという事態を回避しようとするのである。しかしそのことが，関係者間の信頼レベルを低下，あるいは壊している。

〔3〕 合意形成過程における「**継続的リスクコミュニケーション**」

合意形成過程における継続的リスクコミュニケーションとは，地域住民や関係者，事業実施主体との間に築かれた関係を維持しながら円滑に事業を進めるための仕組みづくりのことである。具体的には，情報連絡網の作成，定期・非定期の会合を開催できる仕組みづくり，事業の進捗についてさまざまな情報媒体を使い情報提供する，担当者が異動になった場合の引継ぎ等を指す。

ここでは，合意形成過程で，住民と事業実施主体が「協定」を結ぶケースについて説明する。協定は合意の一つの形であり，締結した協定を遵守することはもちろんのこと，環境変化等に合わせて協定を見直していくことは，合意形成過程における「継続的リスクコミュニケーション」とみなされる。

協定とは，辞書によれば，「1 協議して決定すること。相談して決めること。また，その決めた事柄。「販売―」，2（agreement）条約の一種。狭義の条約と本質上異ならず，効力も変わらない。「行政―」」とされる[22]。

協定の性質については，紳士協定説と契約説の二つの考え方がある。このうち多数説は「契約説」であり，協定の不履行は不法行為と解される。また，協定の破棄は，事業実施主体と地域住民の信頼関係にダメージをきたし，協定は破棄できるという認識を他の協定にも及ぼす。合意形成過程において締結した協定を遵守することはもちろんのこと，環境変化等に合わせて協定を適宜見直していくこと，担当者が異動になった際にはこうした協定の存在をつぎの担当者にしっかりと引継ぎしていくことなど，継続的リスクコミュニケーションとして，協定の管理が求められる。

5.6.5 企業と地域社会との関係

ここでは，事業実施主体を民間企業と想定し，企業と地域社会との関係について経営学の観点から説明する。企業と地域社会との関係が経営学で議論されてきたのは，わが国では，1970年代に企業活動を直接原因とする公害問題が地域社会に深刻な被害を与え結果責任が求められたことや，1980年代に日本企業が米国進出した際に現地コミュニティから企業市民としての振舞いを求められたこと，そして現在の「新しい公共[23]」という考え方の下，地域の公共経営を協働する担い手としての役割が求められていること等が挙げられる。

このように議論が変化し，今日のように，企業に地域社会との協働が求められる背景には，社会経済システムと企業システムにおける「パラダイムの転換[24]」がある（**図5.6.3**参照）。

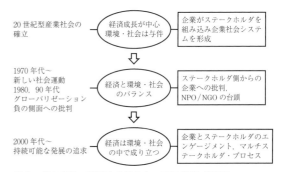

出典：谷本寛治，責任ある競争力，NTT出版（2013）

図5.6.3 パラダイムの転換[24]

経済成長が何よりも重視された20世紀型産業社会においては，地域への対応は，少数の地域代表者と合意を形成していればよかった。そこでは法規制の遵守と合理的な理由の説明が求められていた。しかし，法規制を遵守していても，多数の企業が集積することで発生した公害は，企業に結果責任を突きつけた。そこで1970～1990年代には，企業には経済成長と地域社会との良好な関係を保つ，バランスマネジメントが求められた。例えば，地域のお祭りや盆踊り大会への協賛，企業グラウンドの貸出しなど，おもに表5.6.1のネイバーフッドレベルの地域社会との交流に力が注がれた。そして21世紀，地球環境問題が突きつけられたいま，こうしたパラダイムは大きく転換した。

企業は地域社会があってこそ成り立つという考え方の下，以前に比較してより多様な，広範な地域社会への対応が求められるようになっている。そしてその地域への対応では，事業実施主体の考え方を一方的に地域に受け入れさせようとするのではなく，関係者間の信頼レベルを向上させることが，何よりも求められている。

〈津久井稲緒〉

引用・参考文献

1) 籠義樹，嫌悪施設の立地問題，麗澤大学出版会（2009）
2) Beck, Ulrich, RISKOGESELLSCHAFT Auf dem Weg in eine andere Moderne（1986）（東廉・伊藤美登里訳，危険社会　新しい近代への道，法政大学出版局（1998））
3) 田中重好，地域から生まれる公共性，ミネルヴァ書房（2010）
4) 「議会への代表を選出する選挙が，民意を正確・公正に反映する制度的条件を持っているとはいえない。また議会（国会）運営の状況も，民意の形成と反映の制度的保障機能を果たしているとはいえない。」石坂悦男編著，民意の形成と反映，法政大学現代法研究所（2013）
5) わが国の住民投票は，1996（平成 8）年 8 月に新潟県巻町で，原子力発電所の建設に関して行われたことが始まりとされる。
6) Habermas, Jurgen, Faktizitat und Geltung（1992）（河上倫逸・耳野健二訳，事実性と妥当性，未来社（2002, 2003））
7) 猪原健弘，序章　合意形成学の構築，猪原建弘編著，合意形成学，勁草書房（2011）
8) 原科幸彦，第 3 章　プランニングにおける合意形成，猪原建弘編著，合意形成学，勁草書房（2011）
9) 「討論は不可避的にコミュニケーションの反復進行において生ずる。その結果はといえば，参加者たちには高速度を要求しながら，その過程のだらだらした遅さである。」Habermas, Jürgen, N. Luhmann, Theorie der Gesellschaft oder Sozialtechnologie（1971）（佐藤嘉一，山口節郎，藤澤賢一郎訳，批判理論と社会システム理論：ハバーマス＝ルーマン論争，木鐸社（1987））
10) 今田高俊，第 1 章　社会理論における合意形成の位置づけ—社会統合から社会編集へ，猪原建弘編著，合意形成学，勁草書房（2011）
11) 例えば，まちづくりの分野では，従来の大規模市街地開発型から最近の既成市街地修復型（再開発など）への変化が認められる。前者のパートナーは地権者とデベロッパーに限られており比較的関係者の利害が一致しやすかったのに対し，後者のパートナーは地権者や利害関係者の数が多く，利害がばらばらとという特徴がある。
12) 国土交通省国土技術政策総合研究所，社会資本整備における住民とのコミュニケーションに関するガイドブック，国総研プロジェクト研究報告第 10 号（2006）
13) 田中重好（2010）前掲書．
14) 吉川肇子，第 10 章　リスク・コミュニケーション，中谷内一也編，リスクの社会心理学—人間の理解と信頼の構築に向けて，有斐閣（2012）
15) リスク＝被害の生起確率×被害の重大性．
16) 中谷内一也，ゼロリスク評価の心理学，ナカニシヤ出版（2004）
17) 近代化の過程はその課題と問題に対して，「自己内省的」となる。それは，重要な領域でテクノロジーが危険を生み出す，あるいは生み出す可能性があるが，その危険を政治的・科学的にどのように「処理」するかという問題である。すなわち危険をどのように管理，暴露，包容，回避，隠蔽するかという問題である。Beck（1986）（東・伊藤訳（1998）前掲書．
18) National Research Council, Improving Risk Communication（1989）（林裕造，関沢純監訳，リスクコミュニケーション，化学工業日報社（1997））
19) 「監訳のことば」より．National Research Council（1989）（林，関沢監訳（1997））同上書．
20) 小杉素子，第 6 章　一般人と専門家の溝，中谷内一也編，リスクの社会心理学—人間の理解と信頼の構築に向けて，有斐閣（2012）
21) 「専門家（あるいは行政）が，十分に情報を提供しなかったり，意見表明の機会を与えなかったりするのは，市民の有能さを低く見積もっているからと解釈することが可能である。福島第一原子力発電所事故に関して，SPEEDⅠデータを迅速に公開しなかったのは，「すべて公表すると国民がパニックになることを懸念した」（当時の細野補佐官，朝日新聞，2011（平成 23）年 5 月 3 日付）ためとされている。」吉川肇子，第 10 章　リスク・コミュニケーション，中谷内編（2012）前掲書．
22) 新村出，広辞苑（第三版），岩波書店（1983）
23) 「「新しい公共」とは，「支え合いと活気のある社会」を作るための当事者たちの「協働の場」である。そこでは，「国民，市民団体や地域組織」，「企業やその他の事業体」，「政府」等が，一定のルールとそれぞれの役割をもって当事者として参加し，協働する。」「新しい公共」円卓会議，「新しい公共」宣言，内閣府「新しい公共」（2010）ホームページ http://www5.cao.go.jp/npc/index.html（2019 年 1 月現在）
24) 谷本寛治，責任ある競争力，NTT 出版（2013）

5.7　法規関連（基準・規格等）

5.7.1　法規・規格・基準の概要

〔1〕　法規と規格・基準等

現在，わが国において安全を確保するために，さまざまな法規・規格・基準等が定められている。特に，鉄鋼，化学，自動車工業等の基幹産業においては，工場建設の事前申請から，操業・保全・廃止に至るすべての段階でこれらが詳細に規定されている。

これらの法規・規格・基準等は，頂点に位置する憲法を除けば，以下のように分類される。

（**a**）**法　　律**　　国会両院の決議をもって，法律として制定されており，基本的な事項が定められている。法律は，国務大臣が署名し，内閣総理大臣が連書し，天皇がこれを公布する。労働基準法，労働安

全衛生法，作業環境測定法等はその例である。

（b）**政　　　令**　法律の規定を実施するために，必要な事項を内閣が制定する命令であり，閣議によって決定する。国務大臣が署名し，内閣総理大臣が連書し，天皇が公布する。労働安全衛生法施行令，作業環境測定法施行令等はその例である。

（c）**省　　　令**　国家行政組織法に基づき，法律もしくは政令を施行するため，法律もしくは政令の特別の委任に基づいて発する命令である。各省は，「規則」という名で発することができる。労働安全衛生規則，作業環境測定法施行規則等はその例である。

（d）**告示，指針**　告示は，法・令・規則等を補う目的で示されたものであり，指定・決定などの処分その他の事項を外部に公示する形式をとる。告示の例として，"労働安全衛生法第二十八条第三項の規定に基づき厚生労働大臣が定める化学物質（労働安全衛生法）"がある。

一方，指針は「行政庁が決定した事項の方向性を一般に知らせる行為」であり，例えば指針としては2006（平成18）年3月10日 "危険性又は有害性等の調査等に関する指針"が挙げられる。

（e）**通　　　達**　各省の大臣，局長等がその所管機関に対し出した命令を示し，おもに各省庁への法解釈の意味や内部手続きを示している。行政上の扱いの統一を期すため発行する「行政組織内部における命令」である。これには，基発0307第1号平成30年3月7日 "第13次労働災害防止計画の推進について"などが挙げられる。

（f）**条　　　例**　地方公共団体が，その議会の議決で制定したものであり，法・令に定められているものにさらに，地域的特性・事情を考慮して詳細に規定したものである。例として，都道府県条例では，水質汚濁防止法において，定められた国の基準を上回るような "上乗せ基準"，"総量規制基準" が設定されている。

（g）**規格・基準**　学会・協会または企業が自主的に定めたものであり，法的拘束力はないが法に基づいており，より厳しい基準として定められ各企業でもこれに従っている。また，これらは法整備に先駆けて定められている。例を挙げれば，石油学会の "石油・石油化学工業用装置関係JPI規格"，高圧ガス保安協会の "保安検査基準" 等がある。しかしながら，法規，学協会基準で定められている基準は，いわば，最大公約数的に定められているともいえる。

したがって，安全・安心の観点からこれらの法規・基準の遵守だけでは不十分であり，各業種・企業にあった新たな基準を考慮する必要がある。各企業では，これらの法規・学協会基準以上の独自の自社基準を制定するケースが多い。特に，IoT，AIがけん引する第四次産業革命では，インターネットをそのエンジンとしながら，自動化・コネクティビティが爆発的に進むことになる。その結果，経済成長や国民生活が豊かになる "Society 5.0" を目指す今，安全・安心を現法規のみで規制することは到底不可能であり，必然的に自社基準の確立が必要になってくる。

〔2〕**法規の種類と概要**

各種の保安に関して適用される法規は，おもに設計・製作時，および運転時における安全と環境保全を目的としたものであり，非常に多くの法規が公布されている。その内容は，火災・爆発防止および公害防止，また労働災害防止等の広範囲に及んでいる。

また，関係法令は，① 土地利用に関するもの（〔3〕項参照），② 施設・設備の安全構造などに関するもの（〔4〕項参照），③ 環境保全に関するもの（〔5〕項参照），④ 工事・操業に関するもの（〔6〕項参照）などに分類される。

〔3〕**土地利用に関する法規**

工場の建設・操業において，適正に土地利用を図るために設けられたものである。おもに工場用地の取得に関する法令が多数定められているが，併せて工場の保安関係，環境保全に言及している法令も多い。**表5.7.1**に土地に関する種々の法規とその概要を示す。

〔4〕**施設・設備の安全構造に関する法規**

施設・設備の構造など（構造，付帯設備，配置など）に関する法規では，製造（取扱い）施設の規模，危険性または所在地域に対応して，事務所と施設を区分し，その区分に応じて施設の技術標準を定めている。特に，規模の大きい施設や製造（取扱い）施設の密集するコンビナート地域にある施設などに対しては，より多くの規制を設けて，その安全性を強化している。

大規模工場・化学プラントに適用される製造（取扱い）施設でおもなものは，高圧ガス製造所（貯蔵所，取扱所）と危険物製造所（貯蔵所，取扱所）がある。また，それらの施設で使用される設備（例えば，ボイラ，圧力容器，配管など）についても個々に適用される法規がある。

これらの法規にはすべて規制が示されており，これらの規制を満足することにより初めて製造（取扱い）施設として成り立つことになる。**表5.7.2**に各種の法規名と略称，また，**表5.7.3**に製造施設（または事業所）の区分，**表5.7.4**に製造（取扱い）施設の技術基準，**表5.7.5**に各設備の技術基準を示す。なお，レイアウトの法規については**表5.7.6**に示す。表中に示した法規名の略称表示は，表5.7.2を参照。

〔5〕 環境保全に関する法規

環境保全に関する法規は，基本法である環境基本法（平成5年法律第91号）に基づく基本方針に従って制定されており，時代の流れによって法体系が逐次整備され，現在は，大きく，"公害の防止"，"廃棄物・リサイクル対策"，"地球環境保全"等に分類される。

"公害の防止"に関しては，昭和30〜40（1955〜1965）年代の高度成長時代期に公害問題が発生し，その反省から，大気汚染防止法（大防法：昭和43年法律第97号），水質汚濁防止法（水濁法：昭和45年法律第138号），騒音規制法（昭和43年法律第98号），振動規制法（昭和51年法律第64号）等の法律が制定された。"廃棄物・リサイクル対策"では，容器包装に係る分別収集及び再商品化の促進等に関する法律（容器包装リサイクル法：平成7年法律第112号），特定家庭用機器再商品化法（家電リサイクル法：平成10年法律第97号）などのさまざまなリサイクル法の制定により，循環型社会形成推進基本法（平成12年法律第110号）が公布された。さらに，"地球環境保全"では，海洋汚染等及び海上災害の防止に関する法律（海洋汚染防止法：昭和45年法律第136号）に始まり，エネルギーの使用の合理化等に関する法律（省エネルギー法：昭和54年法律第49号），特定物質の規制等によるオゾン層の保護に関する法律（オゾン層保護法：昭和63年法律第53号），フロン類の使用の合理化及び管理の適正化に関する法律（フロン排出・抑制法：平成13年法律第64号）等の法律の整備がなされてきた。

"公害の防止"に関しては，既述したように，大気・水質・騒音・振動など，それぞれの分野で詳細な規定がなされているが，公害防止の問題は，他の公害法規と比較し特に地域性が高いため，三大都市圏や政令指定都市を始め，多くの地方自治体で上乗せ条例や各企業との個別協定が締結されている。したがって，実際には，各地方自治体への調査が必要となる。

一方，今後公害問題を発生させないため，道路建設，河川事業，鉄道・飛行機，発電所建設，廃棄物最終処分場等の大規模建設により，環境に著しい影響を及ぼすおそれのある事業に関しては，事前に環境影響評価（環境アセスメント）を義務付け，所定の手続きを経なければ事業が実施できないことを定めた環境影響評価法（環境アセスメント法：平成9年法律第81号）が制定されている。

表5.7.7にこれらの公害等に関するおもな法規とその概要を示す。

〔6〕 工事・操業に関する法規

建設工事・操業に関する法規には，内容から区分すると，① 工事・操業に従事する労働者の安全・衛生を確保するためのもの，② 作業の種類に応じて作業者の資格を定めたもの（就業制限）とがある。

表5.7.8は，工事・操業に関する適用法規の概要を示す。

5.7.2 法手続き

工場の建設・操業では，工場設置計画時点から多くの法令が適用され，工場の大きさ・設備の種類・構造・レイアウト・工事の施工・検査等が詳細に規制されている。特に，大規模施設や特定工場に関しては，事前に所轄官庁の承認を受ける必要があり，環境アセスメント，地域住民の了解を必要とするケースもある。これらの手順を経て初めて工事に着手することが可能となる。事前許可を受けない場合，機器の製作または建設工事の開始なども不可能となり，工場建設計画・稼働計画に大きく影響する。過去には，設備の仕様変更または工事中止の判断が出たこともあり，修正費用と工事期間に大きな影響を与えることから，実際の建設工事以上に重要な手続きともいえる。したがって，事前に許可申請，届出などの法の諸手続きを把握し，つねに十分な準備を行うことにより，これらに影響を及ぼさないよう留意しなければならない。また，操業が始まって以降も，操業維持をするためのさまざまな法律の規制がある。表5.7.9は，工場建設時に必要となるおもな法令および諸手続きを各適用法規から抜粋したものである。建設・工事担当者はあらかじめ必要な手続きの種類とスケジュールを作成し，各種の法手続きを円滑に進める必要がある。特に，新工場を建設する場合あるいは大規模な増設工事においては，用地取得・機械設置などの手続き，既設設備との関係から，新たに抵触する法令もあり，さらに十分な検討とそのための期間が必要となる。

また，ボイラ，クレーン，ゴンドラ等の特定機械の製造時・設置時には事前の申請が必要となり，これを実施しない場合は，指導・操業停止の処分を受けることもあるので注意が必要である。

5.7.3 規格・基準

協会，学会の規格・基準は法的な拘束力は持っていない。しかしながら，それぞれの専門分野で規範として準拠することを推奨している。

例えば，米国機械学会（American Society of Mechanical Engineers）はASME規格，ASTM International（旧称 American Society for Testing and Materials：米国試験材料協会）はASTM規格，米国防火協会（National Fire Protection Association）はNFPA

規格，米国石油協会（American Petrolem Institute）は API 規格などを定めており，これらの規格・基準で重要なものは，米国国家規格協会（American National Standards Institute）で承認し，ANSI 規格として自国だけではなく世界に権威のある規格・基準として各国で取り入れられている．

一方，わが国においても協会，学会の規格は少なくなく，保安に関する技術規格・基準も法を補完するものとして詳細に規定されている．例えば，所轄官庁に関連する協会の規格として，高圧ガス保安協会技術基準（KHK 規格）や日本産業規格（Japanese Industrial Standards：JIS）などは法規制上で関連基準として広く採用されており，また，情報社会の現在では，ISO/IEC 20071（情報セキュリティ マネジメント システム：ISMS）もその重要性が増し，多くの企業で規格として活用している．

さらに，各企業においては，CSR や製品安全を確保することにより，安全・安心のための社会的責任を果たすことが広く問われている．このため，規格以上に厳しい自主基準を設けており，特に，鉄鋼・機械・化学・電気・自動車関係等の基幹産業から日用品に至るまでその基準は厳しく，"日本のものづくり" の原点となっている．

表 5.7.10 に，国内外の協会，学会の規格・基準の主要なものを示す．

5.7.4 学 術 文 献

上述の法規・規格・基準のみならず，関連する分野における最新の学術動向を調査・追跡することを推奨する．学術分野における新技術等は，当然法的な拘束力はなく，またそれらが法規・規格・基準として即座に反映されることもまれである．しかし，法規制等に準拠することは当然として，自主的な管理が特に求められる昨今の状況を鑑みて，最先端の安全工学技術を取り込んだ，合理的な管理体制を整備することが企業競争力の根源となる．表 5.7.11 に国内外のおもな学術雑誌を示す．

表 5.7.1 土地利用に関する法規

法規名称	適 用 範 囲	摘　　要
工場立地法	適正な工場立地に関する準則等を公表し，かつ，適地へ工場を誘導できるような方法を示したものであり，つぎのような特定工場を設ける場合は届出の義務があり，かつ，政府側は調査および設置に関する助言，勧告を行えることとなっている (1) 1 団地内における建築面積の合計が 3 000 m² 以上であるもの (2) 敷地面積が 9 000 m² 以上であるもの	生産施設，環境施設（緑地を含む）の面積の敷地面積に対する割合および環境施設などの配置の規制がある (1) 生産施設面積の敷地面積に対する割合は業種によって異なる（石油精製業では 30% 以下） (2) 環境施設面積の敷地面積に対する割合は 25% 以上（緑地面積の敷地面積に対する割合は 20% 以上）
農地法	工場を建設するために農地を転用する場合は，本法の適用を受ける．採草牧草地についても同様 (1) 転用については都道府県知事（4 ha を超える場合は農林水産大臣）の許可が必要である．ただし，市街化区域内にある農地を転用する場合は，農業委員会に届け出れば知事などの許可は必要ない (2) 許可は農地の区分などを考慮して行われる．農地の区分は許可申請のつど行われる	(1) 申請・届出手続きについては，別に「農地法関連事務処理要領」がある (2) 許可の条件については「農地転用許可基準」がある (3) 農林水産大臣の許可分については事前に審査申出が必要．知事の許可分については必ず農業委員会を経由すること
港湾法	港湾区域内または港湾隣接地域内において，つぎの行為をする場合は，港湾管理者の許可が必要である (1) 用排水渠，運河などの建設 (2) 土砂の採取 (3) その他 臨港地区内において用排水渠の建設などを行う場合は，港湾管理者へ届出が必要である	(1) 港湾隣接地域は港湾区域外 100 m 以内で指定される (2) 鉄鋼，石油などの港湾の整備には，「特定港湾施設整備特別措置法」（昭 34 法律 67 号）があるので利用できる
海岸法	防護する必要のある海岸の区域を海岸保全区域として指定，知事，市町村長などを海岸管理者として定めてある 　つぎの場合は海岸管理者の許可が必要である (1) 土石の採取 (2) 海岸保全施設以外の工作物の新設，改築 (3) 土地の掘削，盛土，切土，その他	海岸法で指定される海岸保全区域とは，陸地側は満潮時の水際線より 50 m 以内および水面は干潮時の水際線より 50 m 以内の地域をいう
公有水面埋立法	公有水面とは，公共の用に供するもので，国有となっている水流または水面をいう 公有水面を埋め立てる場合には本法の適用を受け，知事の免許を必要とする	埋立区域が 2 県以上にまたがるときは，関係官庁は共同で免許を行うこととなっている

表 5.7.1 （つづき）

法規名称	適　用　範　囲	摘　　要
漁業法	海面の埋立，干拓または水質汚濁による被害に対する漁業補償の対象となる 漁業権（定置，区画，共同の3種がある），入漁権が補償の対象となる 漁業権は物件とみなされ土地に関する規定が準用される	補償について，実際はその要因となった企業法による規定で，実態に即して行うことが建て前である
漁港漁場整備法	漁場の種類は，利用範囲が地元の漁業を主とするものや全国的なものなどがあり，その区域の規模に応じて，市町村長が定める区域，都道府県知事が定める区域がある	漁港の区域における工作物の建設，水面占用，汚水放流などはこの法で規制される
水産資源保護法	公共の用に供しない水面には別段の規定がある場合を除き，この法律の規定を適用しないが，公共の用に供する水面と連接して一体を成すものにはこの法律を適用する	保護水面における工事については，本法で制限される
砂防法	砂防施設等	指定土地における一定の行為が禁止される
河川法	河川のうち，本法の適用を受ける河川は，国土交通大臣の指定する一級河川，知事の指定する二級河川および市町村長の指定する準用河川である。このほかの河川については，地方公共団体の条例または国有財産法の適用を受ける 本法の適用を受ける河川において，一定の行為を行う場合には河川管理者の許可（届出）が必要である	(1) 河川管理者の許可（届出）が必要な行為には以下のようなものがある ・工作物の建設（許可） ・敷地または流水の占用（許可） ・砂利などの河川生産物の採取（許可） ・汚水の排出（届出） (2) 河川保全区域および河川予定地において一定の行為が制限される
道路法	公道の沿道区域（道路の両側20m以内）における構造物損害行為，交通危険などの防止を図るものである 公道において，つぎの行為を行う場合は道路管理者の許可が必要である (1) 電柱，電線，配管，広告塔などの設置 (2) 鉄道，地下道，上空通路などの設置 工場周辺または連絡する道路の設置について，一定基準内にあるときは，「企業合理化促進法」（昭27法律5号）に基づく国庫補助が受けられる	(1) 道路占用の許可基準には，道路法で定めるもののほか，各地方公共団体の道路占用規則，または道路占用許可基準などがある (2) 鉄道と公道との交差は，1，2級国道の場合，特殊事情を除いて立体交差とする (3) 上空通路については「道路の上空における通路の許可基準」によって処理される
国有財産法	国有財産中の普通財産である土地の払下げを受けるか，貸付けを受ける場合にはこの法で規制される	払下げの場合には用途が指定される
都市計画法	都市の健全な発展と秩序ある整備を図るため都市計画の内容，都市計画の制限，都市計画事業などに関し必要な事項を定めており，つぎのようなことが制限されている (1) 市街化区域および市街化調整区域における開発行為 (2) 用途地域などにおける予定建築物等の用途 (3) 都市計画事業決定地区内での建築物，土地の利用に関する工事または権利	地域地区内の工作物などに関する規制は，風致地区を除いて，都市計画法以外の法律によって行われる。そのほとんどが建築基準法により定められている。そのほかに，港湾法，駐車場法などがある
航空法	公共用飛行場への航空機の離着陸の安全を図るために，航空機の進入，転移または水平表面上に出る高さの構造物などの設置について制限を受ける (1) 飛行場の安全空間を突き破って出てくる構造物の制限 (2) 航行に危険な高い障害物に対する航空障害灯および昼間において視認が困難である物件に対する昼間障害標識の設置義務	(1) 飛行場の安全空間は飛行場によって異なる (2) 航空障害灯の設置物件にはつぎのようなものがある ・地表または水面から高さ60m以上の物件 ・進入表面，転移表面または水平表面に著しく接近した物件 ・航空機の航行の安全を著しく害するおそれのある物件 なお，高さ90m以上の物件，航空機が衝突した場合，特に著しい災害を生じるおそれのある物件（ガスタンクおよび貯油槽等）などには航空障害灯のうち中光度のもの，高さ150m以上の煙突，鉄塔などには航空障害灯のうち高光度のものの設置が必要である (3) 昼間障害標識の設置物件には，つぎのようなものがある 昼間において航空機からの視認が困難と認められる煙突，鉄塔その他の物件で，地表または水面から60m以上の高さのもの
首都圏整備法	首都圏の整備に関する総合的な計画の策定およびその実施を推進することにより首都圏の秩序ある発展を図るものである。工事等制限区域などの区域を指定している	(1) 首都圏とは，東京都，埼玉県，千葉県，神奈川県，茨城県，栃木県，群馬県および山梨県の区域を一体とした広域をいう (2) 各区域などの整備に関する必要事項は，他の法律で定めている
近畿圏整備法	近畿圏の整備に関する総合的な計画の策定およびその実施を推進することにより近畿圏の秩序ある発展を図るものである。工業等制限区域などの区域を指定している	(1) 近畿圏とは，福井県，三重県，滋賀県，京都府，大阪府，兵庫県，奈良県および和歌山県の区域を一体とした広域をいう (2) 各区域などの整備に関する必要事項は，他の法律で定めている

5. 安全マネジメント手法

表 5.7.1 （つづき）

法規名称	適用範囲	摘要
中部圏開発整備法	中部圏の開発および整備に関する総合的な計画の策定およびその実施を推進することにより中部圏の適切な発展を図るものである。都市整備区域などの区域を指定している	(1) 中部圏とは，富山県，石川県，福井県，長野県，静岡県，岐阜県，愛知県，三重県および滋賀県の区域を一体とした広域をいう (2) 各区域などの整備および開発に関する必要事項は，他の法律で定めている
瀬戸内海環境保全特別措置法	瀬戸内海の環境の保全を図ることを目的としている。特定施設の設置には，関係府県の知事の許可が必要である。自然海浜保全地区内での工作物の新築などは，関係府県の条例で規制されている	(1) 関係府県とは，大阪府，兵庫県，和歌山県，岡山県，広島県，山口県，徳島県，香川県，愛媛県，福岡県，大分県，京都府および奈良県をいう (2) 自然海浜保全地区は，関係府県の条例で指定される (3) 特定施設とは，水質汚濁防止法第2条第2項に規定する特定施設をいう
自然公園法	国立・国定・都道府県立自然公園の一部に工場を設ける場合に，本法の適用を受ける。公園の素質と景観を妨げない構造とする	(1) 所管は，環境省および都道府県の公園管理課である (2) 地方公共団体ごとに内規がある
文化財保護法	建築物，絵画，彫刻，工芸品等の有形の文化的所産でわが国にとって歴史上または芸術上価値の高いもの（有形文化財） 演劇，音楽，工芸技術等の歴史上または芸術上価値の高いもの（無形文化財）など	史跡，名勝，天然記念物については，現状の変更などが禁止されている
鉄道事業法	自己の専用に供する専用鉄道を設ける場合は，本法の規制を受ける	専用鉄道を設置しようとする者は，専用鉄道ごとに地方運輸局長に申請する

表 5.7.2 各種の法規名と略称

法規名	略称	法規名	略称
労働基準法 （昭22法律49号）	労基法	石油コンビナート等における特別防災施設等及び防災組織等に関する省令 （昭51自治省令17号）	防災則
労働基準法施行規則 （昭22厚生省令23号）	労基則	高圧ガス保安法 （昭26法律204号）	高圧法
労働安全衛生法 （昭47法律57号）	安衛法	高圧ガス保安法施行令 （平9政令20号）	高圧令
労働安全衛生法施行令 （昭47政令318号）	安衛令	一般高圧ガス保安規則 （昭41通産省令53号）	一般則
労働安全衛生規則 （昭47労働省令32号）	安衛則	液化石油ガス保安規則 （昭41通産省令52号）	液化則
ボイラー及び圧力容器安全規則 （昭47労働省令33号）	ボイラ則	コンビナート等保安規則 （昭61通産省令88号）	コンビ則
機械等検定規則 （昭47労働省令45号）	検定則	冷凍保安規則 （昭41通産省令51号）	冷凍則
ボイラー構造規格 （平元労働省告示65号）	ボイラ格	容器保安規則 （昭41通産省令50号）	容器則
圧力容器構造規格 （平元労働省告示66号）	圧格	特定設備検査規則 （昭51通産省令4号）	特検則
小型ボイラー及び小型圧力容器構造規格 （昭50労働省告示84号）	小ボ圧格	製造施設の位置，構造及び設備並びに製造の方法等に関する技術基準の細目を定める告示 （昭50通産省告示291号）	通産告
クレーン等安全規則 （昭47労働省令34号）	クレン則	高圧ガス設備等耐震設計基準 （昭56通産省告示515号）	耐震告
有機溶剤中毒予防規則 （昭47労働省令36号）	有機則	高圧ガス保安協会省令補完基準	補完基準
特定化学物質等障害予防規則 （昭47労働省令39号）	特化則	建築基準法 （昭25法律201号）	建基法
鉛中毒予防規則 （昭47労働省令37号）	鉛則	建築基準法施行令 （昭25政令338号）	建基令
四アルキル鉛中毒予防規則 （昭47労働省令38号）	四アルキル則	建築基準法施行規則 （昭25建設省令40号）	建基則
高気圧作業安全衛生規則 （昭47労働省令40号）	高気則	建設工事に係る資材の再資源化等に関する法律 （平12法律104号）	建設リサイクル法
電離放射線障害防止規則 （昭47労働省令41号）	電離則	電気事業法 （昭39法律170号）	電事法
酸素欠乏症等防止規則 （昭47労働省令42号）	酸欠則	電気事業法施行令 （昭40政令206号）	電事令
ゴンドラ安全規則 （昭47労働省令35号）	ゴンドラ則	電気事業法施行規則 （平7通産省令77号）	電事則
事務所衛生基準規則 （昭47労働省令43号）	事衛則	ガス事業法 （昭29法律51号）	ガス法
消防法 （昭23法律186号）	消法	ガス事業法施行令 （昭29政令68号）	ガス令
消防法施行令 （昭36政令37号）	消政令	ガス事業法施行規則 （昭45通産省令97号）	ガス則
消防法施行規則 （昭36自治省令6号）	消規則	火薬類取締法 （昭25法律149号）	火薬法
危険物の規制に関する政令 （昭34政令306号）	危政令	毒物及び劇物取締法 （昭25法律303号）	毒劇法
危険物の規制に関する規則 （昭34総理府令55号）	危則	毒物及び劇物取締法施行令 （昭30政令261号）	毒劇令
危険物の規制に関する技術上の基準の細目を定める告示 （昭49自治告示99号）	自治告	毒物及び劇物取締法施行規則 （昭26厚生省令4号）	毒劇則
火災予防条例準則 （昭36自消甲予発73号）	火条例	放射性同位元素などによる放射線障害の防止に関する法律 （昭32法律167号）	放射線障害防止法
石油コンビナート等災害防止法 （昭50法律84号）	石災法	化学物質の審査及び製造等の規制に関する法律 （昭48法律117号）	化審法
石油コンビナート等災害防止法施行令 （昭51政令129号）	石災令	大気汚染防止法 （昭43法律97号）	大気法
石油コンビナート等特別防災区域における新設事業所等の施設地区の配置等に関する省令 （昭51通産・自治省令1号）	レイ則		

表 5.7.2 （つづき）

法 規 名	略 称	法 規 名	略 称
特定物質の規制等によるオゾン層の保護に関する法律　　　　　　　　（昭63法律53号）	オゾン層保護法	廃棄物の処理及び清掃に関する法律　　　　　　　　　　　（昭45法律137号）	清掃法
特定特殊自動車排出ガスの規制等に関する法律　　　　　　　　（平17法律51号）	オフロード法	農用地の土壌の汚染防止等に関する法律　　　　　　　　　　　（昭45法律139号）	土壌法
自動車から排出される窒素酸化物及び粒子状物質の特定地域における総量の削減等に関する特別措置法　　　　（平4法律70号）	自動車NO$_x$・PM法	特定工場における公害防止組織の整備に関する法律　　　　　　　　　　　（昭46法律107号）	組織法
水銀による環境の汚染の防止に関する法律　　　　　　　　（平27法律42号）	水銀環境汚染防止法	瀬戸内海環境保全特別措置法　　　　　　　　　　　（昭48法律110号）	瀬戸内法
		湖沼水質保全特別措置法　（昭59法律61号）	湖沼法
		海洋汚染及び海上災害の防止に関する法律　　　　　　　　　　　（昭45法律136号）	海洋法
水質汚濁防止法　　　　　（昭45法律138号）	水質法	エネルギーの使用の合理化等に関する法律　　　　　　　　　　　（昭54法律49号）	エネルギ法
騒音規制法　　　　　　　（昭43法律98号）	騒音法		
振動規制法　　　　　　　（昭51法律64号）	振動法	エネルギーの使用の合理化等に関する法律施行令　　　　　　　　　（昭54政令267号）	エネルギ令
工業用水法　　　　　　（昭31法律146号）	用水法		
建築物用地下水の採取の規制に関する法律　　　　　　　　（昭37法律100号）	地下水法	エネルギーの使用の合理化等に関する法律施行省規則　　　　　（昭54通産省令74号）	エネルギ則
悪臭防止法　　　　　　　（昭46法律91号）	悪臭法		

〔注〕　なお，表 5.7.3 以降の適用法規欄の法規名略称は（　）で表示する場合がある。
　　　ボイラーはボイラと表記することもある。

表 5.7.3　製造施設（または事業所）の区分

名　称		適　用　範　囲	摘　　要	適用法規
高圧ガス保安法適用施設	高圧ガス製造事業所			
	第1種製造者のもの	・1日100 m³ 以上のガスの容積を圧縮，液化その他の方法で処理し得る設備を使用して高圧ガスを製造する者（冷凍設備を使用するものを除く） ・1日の冷凍能力20 t 以上の設備を使用して冷凍のためガスを圧縮し，または液化して高圧ガスの製造をする者	・処理するとは，具体的には圧縮機，ポンプ，凝縮器，気化器，精留塔などでガスを処理することをいい，処理容量は1日24時間の能力によって判定する ・冷凍のためとは，運用面では製氷，冷蔵，凍結，冷却，冷房またはこれらの設備を使用する暖房に限定する。冷凍能力の判定は冷凍則5条による ・ガスの容積は，0℃，0 Paに換算したもの ・第1種製造者は許可制，第2種製造者は届出制となっている	（高圧法） （高圧令） （一般則） （液化則） （コンビ則） （冷凍則）
	第2種製造者のもの	・高圧ガスの製造の事業を行う者（第1種製造者を除く） ・1日の冷凍能力が3 t 以上の設備を使用して冷凍のためガスを圧縮し，または液化して高圧ガスの製造をする者（第1種製造者を除く）		
	その他製造者のもの	前2号以外の高圧ガスの製造者	—	
	特定製造事業所	第1種製造者の高圧ガス製造事業所であって，つぎのもの	—	（コンビ則）
	コンビナート地域にあるもの	つぎのものを除く第1種製造者 ・貯蔵能力2 000 m³（液化ガスにあっては20 t）未満の貯槽を設置してもっぱら燃料用の高圧ガスを製造するものまたはもっぱら高圧ガスを容器に充填するもの	・コンビナート地域とは，コンビ則別表第1に示す地域をいい，現在10地域が指定されている ・高圧ガスが不活性ガスおよび空気のみの事業所は該当しない ・不活性ガスおよび空気にかかる処理能力については，その1/4をもって左欄の処理能力とする ・保安用不活性ガスは処理能力には算入しなくてよい	
	工業専用地域，工業地域にあるもの	・処理能力が100万 m³ 以上の処理設備を持つ事業所 ・貯槽を設置して高圧ガスの充填のみを行う事業所で，200万 m³ 以上の処理設備を持つもの		
	用途地域にあるもの（前号の地域を除く）	・処理能力が50万 m³ 以上の処理設備を持つ事業所 ・貯槽を設置して高圧ガスの充填のみを行う事業所で，100万 m³ 以上の処理設備を持つもの		
	高圧ガス貯蔵所	容積300 m³（液化ガスでは3 t）以上の高圧ガスを貯蔵するもので，貯蔵の方法により貯槽によるものと容器によるものに区分される	貯蔵設備が2以上ある場合で，以下の場合は合算する。 (1) 配管で接続されている場合 (2) 配管で接続されていない場合で ①容器以外の貯蔵設備と容器以外の貯蔵設備または容器と容器以外の貯蔵設備間が，30 m 以下の場合 ②容器と容器間が，22.5 m 以下の場合。ただし 　・所定の基準を満たす鉄筋コンクリー	（高圧法） （高圧令） （一般則） （液化則）
	第1種貯蔵所	容積1 000 m³（不活性ガスのみの場合は3 000 m³）以上の高圧ガスを貯蔵するもの 貯蔵所の設置には，知事の許可が必要		

表 5.7.3 （つづき）

名称		適用範囲	摘要	適用法規
高圧ガス保安法適用施設	高圧ガス貯蔵所　第2種貯蔵所	容積 300 m³ 以上の高圧ガスを貯蔵するもの（第1種貯蔵所を除く） 貯蔵所を設置するときは，あらかじめ知事への届出が必要	ト製等の有効な障壁を有する場合は 11.25 m 以下。 ・8 m² 以下の容器置場に限定し，かつ所定の基準を満たす鉄筋コンクリート製等の有効な障壁を有する場合は 6.36 m 以下。 つぎのものは適用除外となる ・第1種製造者が行う貯蔵 ・0.15 m³（液化ガスでは1.5 kg）以下の貯蔵	
	特定高圧ガス消費施設	・特定高圧ガスを消費するための施設で，特定高圧ガスの貯蔵設備を持つものと導管により供給を受けて特定高圧ガスを消費するものがある ・特定高圧ガスとはつぎのものをいう 特殊高圧ガス（アルシン，ジジラン，ジボラン，セレン化水素，ホスフィン，モノゲルマン，モノシラン），圧縮水素（300 m³），圧縮天然ガス（300 m³），液化酸素（3 000 kg），液化アンモニア（3 000 kg），液化石油ガス（3 000 kg），液化塩素（1 000 kg）	・特定高圧ガスの消費とは，高圧ガスである特定高圧ガスを燃焼，反応，溶解など一定の目的のために，瞬時に高圧ガスから高圧ガスでない状態に減圧し，使用することをいう ・貯蔵設備を持つものは，特殊高圧ガスを除き，ガスごとに左欄の数量以上の貯蔵能力を持つものが適用を受ける	(高圧法) (高圧令) (一般則) (液化則)
消防法危険物関係法規適用施設	危険物製造所・取扱所　製造所	1日指定数量以上の危険物を製造するもの　　（危政令）	・危険物は消防法別表に，危険物ごとの指定数量は危政令別表第3に定められている	(消法) (危政令)
	一般取扱所	「給油取扱所」，「販売取扱所」，「移送取扱所」，「製造所」以外の取扱所で，指定数量以上の危険物を取り扱うもの　　（危政令）		
	移送取扱所	配管およびポンプならびにこれらに付属する設備によって，指定数量以上の危険物の移送の取扱いを行う取扱所　　（危政令）	・事業所構内で移送するものは，30 m以上の桟橋配管を含む配管系を除き適用除外	
	危険物貯蔵所　屋内貯蔵所	屋内の場所において指定数量以上の危険物を貯蔵し，または取り扱う貯蔵所　　（危政令）	・危険物は消防法別表に，危険物ごとの指定数量は危政令別表第3に定められている	(消法) (危政令)
	屋外タンク貯蔵所	屋外にあるタンクにおいて指定数量以上の危険物を貯蔵し，または取り扱う貯蔵所　　（危政令）		
	屋内タンク貯蔵所	屋内にあるタンクにおいて指定数量以上の危険物を貯蔵し，または取り扱う貯蔵所　　（危政令）		
	地下タンク貯蔵所	地盤面下に埋没されているタンクにおいて指定数量以上の危険物を貯蔵し，または取り扱う貯蔵所　　（危政令）		
	屋外貯蔵所	屋外の場所において第2類の危険物のうち硫黄または硫黄のみを含有するもの，引火点0℃以上の引火性固体または第4類の危険物のうち第2石油類，第3石油類，第4石油類もしくはアルコール類，動植物油類を指定数量以上貯蔵し，または取り扱う貯蔵所　　（危政令）	—	
	移動タンク貯蔵所	車両に固定されたタンクにおいて指定数量以上の危険物を貯蔵し，または取り扱う貯蔵所　　（危政令）	—	
	簡易タンク貯蔵所	簡易タンクにおいて指定数量以上の危険物を貯蔵し，または取り扱う貯蔵所		
	少量危険物取扱所（貯蔵所）	指定数量未満の危険物および指定可燃物その他指定可燃物に類する物品を貯蔵・取扱いは市町村条例で定める	—	(消法) (火条例)
	指定可燃物等取扱所（貯蔵所）	指定可燃物または指定数量未満の第4類危険物のうち動植物油類を貯蔵し，もしくは取り扱うもの	—	(消法) (火条例)
石油コンビナート等災害防止法適用施設	特定事業所	石油コンビナートなど特別防災区域に所在し，石油高圧ガスその他の物質を貯蔵，取扱いまたは処理する事業所でつぎに示すもの ・第1種事業所：石油の貯蔵・取扱い量および高圧ガスの処理量を政令で定める基準量で除して得た数値，またはこれらを合計した数値が1以上となる事業所	・特別防災区域の指定は，第1種事業所を含む2以上の事業所が所在する地域であって，全地域で石油 10万kL，高ガス処理量 2 000万m³以上，もしくは石油の貯蔵・取扱量，高圧ガスの処理量をそれぞれの数値で除して得た数値の合計が1以上となる区域，または一つの事業所で上記数値以上となる事業所の存する区域，およびこれらに該当すると認められる区域について行われる	(石災法) (石災令)

表5.7.3 （つづき）

	名　称	適　用　範　囲	摘　　要	適用法規
石油コンビナート等災害防止法適用施設	特定事業所	・第2種事業所：第1種事業所以外のもので，相当量の石油その他政令で定める物質の取扱い・貯蔵・処理を行い，当該事業所における災害および第1種事業所における災害が相互に重要な影響を及ぼすと認められるものとして都道府県知事が指定する事業所	・指定物質および基準数量はつぎによる。 ・石油1 000 kL・高圧ガス20万m³・石油以外の4類危険物2 000 kL その他の危険物2 000 t・可燃性固体類1万 t・可燃性液体類1万m³・高圧ガス以外の可燃性ガス20万m³・毒物20 t・劇物200 t	
労働安全衛生法適用施設	化学設備設置事業場	安衛令別表第1に掲げる危険物を製造，もしくは取扱い，またはシクロヘキサノール，クレオソート油，アニリンその他の引火点が65℃以上のものをその引火点以上の温度で製造し，もしくは取り扱う設備で移動式以外の化学設備を設置する事業場。化学設備のうち，発熱反応が行われる反応器等異常化学反応，またはこれに類する異常な事態により爆発，火災等を生ずるおそれのあるものを「特殊化学設備」として規制が強化される ・発熱反応が行われる反応器 ・蒸留器であって蒸留される危険物の爆発範囲内で操作するもの，加熱する熱媒などの温度が蒸留する危険物の分解温度または発火温度より高いもの ・前記以外のもので，爆発性物質を生成するおそれがあるもの等爆発火災などの危険性が高いと考えられるもの	・化学設備には，反応器，塔槽類，熱交換器などのほか，貯蔵タンクなども含まれる ・特殊化学設備については，つぎのような対策が必要 ・計測装置の設置 ・自動警報装置の設置 ・緊急遮断装置の設置（製品などの放出装置，不活性ガス供給装置，緊急用冷却水送給装置，反応抑制剤供給装置，他の設備との遮断バルブ等） ・予備動力源などの付置	（安衛法）（安衛令）（安衛則）
	有機溶剤業務の施設	安衛令別表第6の2に掲げる有機溶剤または有機溶剤含有物を用いて有機則に定める有機溶剤業務を行う施設	・有機溶剤などの許容消費量を超えないものは適用除外となる ・局所排気装置，換気装置などが規定されている	（安衛法）（安衛令）（有機則）
	特定化学物質等製造,取扱施設	安衛令別表第3に掲げる第1類物質の取扱い，第2類物質，第3類物質の製造，取扱いを行う施設。特定化学設備のうち発熱反応が行われる反応槽等で，異常化学反応等により第3類物質等が大量に漏洩するおそれのあるものを管理特定化学設備とする	・局所排気装置や排気，廃液の処理方法などが規定されている ・管理特定化学設備は，異常化学反応等の発生を早期に把握するために必要な温度計・流量計・圧力計等の計測装置を設けなければならない	（安衛法）（安衛令）（特化則）
	放射性物質取扱施設	安衛令別表第2に掲げる放射線業務を行う施設	―	（安衛法）（安衛令）（電離則）
	四アルキル鉛業務の施設	安衛令別表第5に掲げる四アルキル鉛等業務を行う施設。四アルキル鉛とは，四メチル鉛，四エチル鉛，一メチル，三エチル鉛，二メチル・二エチル鉛および三メチル・一エチル鉛ならびにこれらを含有するアンチノック剤をいう。		（安衛法）（安衛令）（四アルキル則）
	鉛業務の施設	安衛令別表第4に掲げる鉛業務を行う施設	・遠隔操作によって行う隔離室での業務等は適用除外となる	（安衛法）（安衛令）（鉛則）
エネルギー法適用施設	エネルギー管理指定工場	エネルギー（燃料ならびに熱および電気）の使用の合理化を特に推進する必要がある工場として指定された工場であって，つぎのもの	・各種燃料の原油への換算方式は（エネルギ則）に規定されている	（エネルギ法）（エネルギ令）（エネルギ則）
		第1種エネルギー管理指定工場	エネルギー使用量が原油換算で年に3 000 kL以上であるもの		
		第2種エネルギー管理指定工場	エネルギー使用量が原油換算で年に1 500 kL以上であるもの		
火薬取締法適用施設	火薬類製造所,取扱所	火薬，爆薬，火工品および玩具用煙火の製造所，貯蔵所，消費場所	・火薬その他の分類は（火薬法）2条に定められている	（火薬法）

表5.7.4 製造（取扱い）施設の技術基準

施設の区分		項　目	規　制　の　概　要	適　用　法　規
高圧ガス保安法適用施設	第1種製造者の製造施設	境　界　線	境界線を明示し，警戒標を掲示する	（一般則）（液化則） （コンビ則）（冷凍則） （補完基準「警戒標等標識」）
		標　　識	毒性ガス製造施設の識別措置。漏洩のおそれのある箇所の危険標識	（一般則）（コンビ則） （補完基準「毒性ガスの識別措置・危険標識」）
		配　　置	保安距離，設備間距離などについて規定	表5.7.6「レイアウトの法規」参照
		建　　屋	可燃性ガスまたは特定不活性ガスの製造設備を設置する室は漏洩したガスが滞留しない構造とする	（一般則）（液化則） （コンビ則）（冷凍則） （補完基準「滞留しない構造」）
			可燃性ガスの製造設備に関する計器室機能と構造に関する基準	（コンビ則）（通産告） （補完基準「計器室」）
		基　　礎	高圧ガス設備の基礎は不同沈下によりひずみが生じないものとする	（一般則）（液化則） （コンビ則）（通産告） （補完基準「高圧ガス設備の基礎」）
		設備の構造	ガス設備（高圧ガス設備も含まれる）の構造と材料の規制 ・気密な構造 ・材料の使用制限 ・肉厚の算定基準 ・耐圧試験，気密試験の方法	（一般則） （液化則） （コンビ則）（冷凍則） （通産告） （補完基準「耐圧試験及び気密試験」） （補完基準「肉厚算定に関する基準」）
			特定設備 ・特定設備（特検則3）については特検則で使用できる材料，加工方法，溶接方法，構造基準を規定	（特検則）
			耐震構造 ・貯蔵能力300 m^3 または3 t以上の貯槽 ・正接線間距離5 m以上の縦型塔槽類	（一般則）（液化則） （コンビ則）（冷凍則） （耐震告）
		貯　　槽	可燃性ガス，特定不活性ガスおよび液化石油ガスの貯槽であると，容易に識別可能な措置	（一般則）（液化則） （コンビ則）
			貯槽および支柱の温度上昇防止措置，耐熱構造など	（一般則）（液化則） （コンビ則） （補完基準「貯槽の温度上昇防止措置」） （補完基準「耐熱構造等」）
			液化ガスの貯槽には液面計を設置すること，液面計の破損による漏洩防止措置を講ずること	（一般則）（液化則） （コンビ則）（冷凍則） （通産告） （補完基準「液面計」）
			低温貯槽の負圧防止措置	（一般則）（液化則） （コンビ則） （補完基準「負圧を防止する措置」）
			漏洩した際に流出を防止する措置を講ずること，防液堤の設置	（一般則）（液化則） （コンビ則）（冷凍則） （補完基準「防液堤」）
			防液堤内および防液堤外周辺の機器設置制限	（一般則）（液化則） （コンビ則）（通産告）
			受払い配管のバルブなど	（一般則）（液化則） （コンビ則） （通産告）
			受払い配管の緊急遮断弁	（一般則）（液化則） （コンビ則） （補完基準「緊急遮断装置」）
			貯槽の支柱は同一の基礎に緊結する	（一般則）（液化則） （コンビ則） （補完基準「高圧ガス設備の基礎」）

表5.7.4 （つづき）

施設の区分	項目	規制の概要	適用法規
第1種製造者の製造施設（高圧ガス保安法適用施設）	貯槽	地下埋設貯槽の基準	（液化則） （コンビ則） （補完基準「貯槽室の防水措置」，「貯槽を貯槽室に設置しない場合の埋設基準」，「地盤面下にある部分の腐食を防止する措置」）
	配管 （毒性ガス配管）	毒性ガス設備の配管は溶接接合を原則とする	（一般則）（コンビ則） （補完基準「毒性ガス配管接合基準」）
		必要な箇所は二重管とし，漏洩検知措置を講ずる	（一般則）（コンビ則） （補完基準「毒性ガス配管の二重管」）
	計測装置	高圧ガス設備の温度計	（一般則）（コンビ則） （通産告）
		高圧ガス設備の圧力計	（一般則）（液化則） （コンビ則）（冷凍則） （通産告）
		特殊反応設備の内部反応監視装置	（コンビ則）（通産告） （補完基準「内部反応監視装置」）
	異常制御装置	常用の温度に戻す措置（高圧ガス設備）	（一般則）（コンビ則）
		圧力安全装置（高圧ガス設備）	（一般則）（液化則） （コンビ則）（冷凍則） （通産告）
		圧力安全装置の放出管	（一般則）（液化則） （コンビ則）（冷凍則）
		特殊反応設備の危険事態発生防止措置	（コンビ則）
		緊急遮断設備（特殊反応設備その他の高圧ガス設備で，事故の発生がほかに波及するおそれのあるものに設置）	（コンビ則） （補完基準「緊急遮断装置」）
		緊急移送設備（特殊反応設備その他通産告で定めるものに設置）	（コンビ則） （通産告） （補完基準「緊急移送設備」）
		保安用不活性ガスなどの保有	（コンビ則） （補完基準「保安用不活性ガス等」）
	動力源の予備	保安電力などの保有	（一般則）（液化則） （コンビ則） （通産告） （補完基準「保安電力等」）
	不活性ガスによる置換など	特殊高圧ガスなどの製造設備は不活性ガスによる置換またはその内部を真空にすることができる構造とする	（一般則）（コンビ則） （補完基準「置換の方法」）
	除害措置	漏洩した毒性ガスの除害措置	（一般則）（コンビ則） （冷凍則） （補完基準「除害措置」，「特殊高圧ガス等の除害措置」）
	発火源の管理	静電気除去措置（可燃性高圧ガス設備）	（一般則）（液化則） （コンビ則） （補完基準「静電気の除去」）
		電気設備の防爆性能（可燃性高圧ガス設備）	（一般則）（液化則） （コンビ則）（冷凍則） （補完基準「電気設備の防爆性能」）
	廃棄物処理施設	ベントスタック	（コンビ則） （補完基準「ベントスタック」）
		フレアスタック	（コンビ則） （補完基準「フレアスタック」）

表5.7.4 (つづき)

施設の区分	項目	規制の概要	適用法規
高圧ガス保安法適用施設	第1種製造者の製造施設 — 防消火設備	可燃性ガスの製造施設, 酸素の製造施設 (コンビ則の場合は毒性ガスの製造施設にも必要)	(一般則) (液化則) (コンビ則) (冷凍則) (補完基準「防消火設備」)
		散水設備 (圧縮アセチレンガス充塡場および容器置場) など, 火災による容器破裂防止措置	(一般則) (コンビ則) (補完基準「散水装置 (圧縮アセチレンガス充塡場所等)」)
	誤操作防止措置	バルブなどを適切に操作するための標示など	(一般則) (液化則) (コンビ則) (冷凍則) (補完基準「バルブ等の操作に係る適切」)
		インターロック機構	(コンビ則)
	警報装置	可燃性ガス, 毒性ガスの漏洩検知警報設備	(一般則) (液化則) (コンビ則) (冷凍則) (補完基準「ガス漏洩検知警報設備とその設置場所」)
	通報設備	緊急時に必要な連絡を行うことができる通報設備	(一般則) (液化則) (コンビ則) (補完基準「通報設備」)
	容器置場	・容器置場の明示と警戒標の設置 ・保安距離の確保または障壁の設置 ・建物 (屋根は不燃材または難燃材, ガスの滞留しない構造) ・除害措置 (規定のガスに限る) ・消火設備 (可燃性ガス, 酸素) ・置場内の設置禁止 　作業に必要でないもの, 置場周囲2m以内の火気, 引火物, 発火物 ・充塡容器はガス別に配置, 転倒防止および昇温防止 (40℃以下) 措置を行う	(一般則) (液化則) (コンビ則) (通産告) (補完基準「障壁」)
	導管	コンビナート製造事業所間の導管 ・導管などの材料の規格 ・導管の設置基準 ・地上設置導管の保安距離, 空地 ・導管などの構造 ・運転状態監視装置, 安全制御装置 ・漏洩拡散防止措置, 緊急遮断装置 ・その他	(コンビ則) (通産告) (補完基準「導管等の構造」ほか17項目)
		上記以外の一般導管 ・導管の設置制御場所 ・導管の架設, 埋設など ・常用の温度を超えない措置 ・水分を除去する措置 ・その他	(一般則) (液化則) (コンビ則) (通産告) (補完基準「導管の架設, 埋設等」等4項目) (補完基準「静電気の除去」)
	特則	危険のおそれのない場合の特則	(一般則) (液化則) (コンビ則) (冷凍則)
	第2種製造者の製造施設 — 処理能力が30m³以上である定置式製造設備	第1種製造者の製造施設の基準が適用される	(一般則) (液化則)
	処理能力が30m³未満である定置式製造設備	前述した第1種製造者の製造施設の基準のうち, つぎの項目が適用される 境界線, 配置 (火気との距離), ガス設備の構造, 建屋 (滞留しない構造), 標識, 配管 (毒性ガス), 計測装置 (圧力計), 貯槽 (液面計), 発火源の管理, 異常制御装置 (圧力安全装置, 放出管), 防消火設備, 除害措置, 警報装置	(一般則) (液化則) (冷凍則)

表5.7.4 (つづき)

施設の区分	項目	規制の概要	適用法規
高圧ガス保安法適用施設 / 貯槽による第1種貯蔵所および第2種貯蔵所	境界線	境界線を明示し，警戒標を掲示する	(一般則)(液化則) (補完基準「警戒標等標識」)
	標識	毒性ガス製造施設の識別措置，危険標識の設置	(一般則) (補完基準「毒性ガスの識別措置・危険標識」)
	配置	保安距離，設備間距離などについて規定	表5.7.6「レイアウトの法規」参照
	建屋	可燃性ガスの製造設備を設置する室は漏洩したガスが滞留しない構造とする	(一般則)(液化則) (補完基準「滞留しない構造」)
	基礎	高圧ガス設備の基礎は不同沈下によりひずみが生じないものとする	(一般則)(液化則) (補完基準「高圧ガス設備の基礎」)
	設備の構造	ガス設備（高圧ガス設備も含まれる）の構造と材料の規制 ・材料の使用制限 ・肉厚の算定基準 ・耐圧試験，気密試験の方法	(一般則) (液化則) (通産告) (補完基準「耐圧試験及び気密試験」) (補完基準「肉厚算定に関する基準」)
		特定設備 ・特定設備（特検則3）については特検則で使用できる材料，加工方法，溶接方法，構造基準を規定	(特検則)
		耐震構造 ・貯蔵能力300 m³または3 t以上の貯槽 ・外径45 mm以上の地上配管で一定の要件（耐震告1の2）を満たすもの	(一般則)(液化則) (耐震告)
	貯槽	可燃性ガス，特定不活性ガスおよび液化石油ガスの貯槽であることが容易に識別可能な措置	(一般則)(液化則)
		貯槽および支柱の温度上昇防止措置，耐熱構造など	(一般則)(液化則) (補完基準「貯槽の温度上昇防止措置」) (補完基準「耐熱構造等」)
		液面計の設置，丸形ガラス管液面計の使用禁止と止め弁の使用	(一般則)(液化則) (通産告) (補完基準「液面計」)
		低温貯槽の負圧防止措置	(一般則)(液化則) (補完基準「負圧を防止する措置」)
		防液堤の設置	(一般則)(液化則) (補完基準「防液堤」)
		防液堤内および防液堤外周辺の機器設置制限	(一般則)(液化則) (通産告)
		受払い配管のバルブなど	(一般則)(液化則) (通産告)
		受払い配管の緊急遮断弁	(一般則)(液化則) (補完基準「緊急遮断装置」)
		貯槽の支柱は同一の基礎に緊結する	(一般則)(液化則) (補完基準「高圧ガス設備の基礎」)
		地下埋設貯槽の基準	(液化則) (補完基準「貯槽室の防水措置」，「貯槽を貯槽室に設置しない場合の埋設基準」，「地盤面下にある部分の腐食を防止する措置」)
	配管 (毒性ガス配管)	毒性ガス設備の配管は溶接接合を原則とする	(一般則) (補完基準「毒性ガス配管接合基準」)
		必要な箇所は二重管とし，漏洩検知措置を講ずること	(一般則) (補完基準「毒性ガス配管接合基準」)
	計測装置	高圧ガス設備の温度計	(一般則)(通産告)
		高圧ガス設備の圧力計	(一般則)(液化則)(通産告)

表 5.7.4 （つづき）

施設の区分	項目		規制の概要	適用法規
高圧ガス保安法適用施設	貯槽による第1種貯蔵所および第2種貯蔵所	異常制御装置	常用の温度に戻す措置（高圧ガス設備）	（一般則）
			圧力安全装置（高圧ガス設備）	（一般則）（液化則）（通産告）
			圧力安全装置の放出管	（一般則）（液化則）
		除害措置	漏洩した毒性ガスの除害措置	（一般則）（補完基準「除害措置」，「特殊高圧ガス等の除害措置」）
		発火源の管理	静電気除去措置（可燃性高圧ガス設備）	（一般則）（液化則）（補完基準「静電気の除去」）
		防消火設備	可燃性ガスの製造施設，酸素の製造施設	（一般則）（液化則）（補完基準「防消火設備」）
		誤操作防止措置	バルブなどを適切に操作するための標示など	（一般則）（液化則）（補完基準「バルブ等の操作に係る適切な措置」）
		警報装置	可燃性ガス，毒性ガスの漏洩検知警報設備	（一般則）（液化則）（補完基準「ガス漏洩検知警報設備とその設置場所」）
		通報設備	緊急時に必要な連絡を行うことができる通報設備	（一般則）（液化則）（補完基準「通報設備」）
		特則	危険のおそれのない場合の特則	（一般則）（液化則）
	容器による第1種貯蔵所および第2種貯蔵所	警戒標	容器置場の明示と警戒標の設置	（一般則）（液化則）
		配管により接続されたもの／配置	保安物件に対し設備距離を確保	表5.7.6「レイアウトの法規」参照
		容器置場	・不燃，難燃の軽量な屋根を設ける ・漏洩ガスが滞留しない構造とする	（一般則）（液化則）（通産告）
		設備の構造	・肉厚の算定基準 ・耐圧試験，気密試験の方法	（一般則）（液化則）（補完基準「耐圧試験及び気密試験」）（補完基準「肉厚算定に関する基準」）
		除害措置	規定の毒性ガスのものに限る	（一般則）
		消火設備	可燃性ガス，特定不活性ガス，酸素および三フッ化窒素のものに限る	（一般則）（液化則）
		上記以外／容器置場	警戒標，設備距離，軽量な屋根，滞留しない構造，除害設備，消火設備などの設置	（一般則）（液化則）
		特則	危険のおそれのない場合の特則	（一般則）（液化則）
危険物関係法規適用施設	製造所	標識・掲示板	製造所の標識および防火に関し必要な事項を掲示した掲示板	（危政令）（危則）
		配置	保安距離，保有空地について規定	表5.7.6「レイアウトの法規」参照
		構造	飛散，漏れ防止構造	（危政令）
			直火式加熱装置のない構造	（危政令）
		建家	地階のない構造および不燃または耐火構造	（危政令）（危則）
			窓，出入口は防火戸，網入りガラスとする	（危政令）
			液状危険物を取り扱う床の構造，ためますの設置	（危政令）
			採光，照明，換気	（危政令）
			蒸気，微粉の滞留しない構造	（危政令）
		タンク（20号タンク）	位置，構造，防油堤などを規定 屋外設置は「屋外タンク貯蔵所」を参照〔●印（一部準用を含む）が該当する〕	（危政令）（危則）（自治告）
		配管	・耐圧／強度 ・腐食／劣化	（危政令）（危則）（自治告）

表 5.7.4 （つづき）

施設の区分	項目	規制の概要	適用法規
危険物関係法規適用施設	製造所	配管	・耐熱性 ・漏洩検知（地下配管） ・火災予防	（危政令）（危則） （自治告）
		測定装置	温度計の設置	（危政令）
			圧力計の設置	（危政令）
		異常制御装置	圧力安全装置	（危政令）（危則）
		発火源の管理	電気設備の防爆性能	（危政令）
			静電気除去装置	（危政令）
		漏油処理	屋外の危険物施設について ・高さ 0.15 m 以上のダイクの設置 ・油分離装置（非水溶性第 4 類危険物），ためますの設置	（危政令）
		外因災害防止	避雷設備の設置	（危政令）（危則）
		消火設備	著しく消火困難な施設，消火困難な施設，その他に区分して必要な消火設備を規定	（危政令）（危則）
		警報設備	火災報知器，消防機関への連絡電話，非常ベル，拡声装置，警鐘などの設置	（危政令）（危則）
		特例	高引火点危険物（引火点 100℃ 以上の第 4 類危険物）の製造所	（危政令）（危則）
			アルキルアルミニウム，アルキルリチウムなどの製造所	（危政令）（危則）
			アセトアルデヒド，酸化プロピレンなどの製造所	（危政令）（危則）
			基準の適用除外となる特例	（危政令）
	一般取扱所	特例の一般取扱所	・吹付塗装作業などの一般取扱所 ・洗浄作業などの一般取扱所 ・焼入れ作業などの一般取扱所 ・ボイラなどで危険物を消費する一般取扱所 ・車両に固定したタンクに危険物を注入する一般取扱所 ・容器に危険物を詰め替える一般取扱所 ・油圧装置，潤滑油循環装置を設置する一般取扱所 ・切削装置などを設置する一般取扱所 ・熱媒装置などを設置する一般取扱所 ・蓄電池設置で取り扱う一般取扱所	（危政令）（危則） （危政令）（危則） （危政令）（危則） （危政令）（危則） （危政令）（危則） （危政令）（危則） （危政令）（危則） （危政令）（危則） （危政令）（危則） （危政令）（危則）
			高引火点危険物（引火点 100℃ 以上の第 4 類危険物）の一般取扱所	（危政令）（危則）
			アルキルアルミニウム，アルキルリチウムなどの一般取扱所	（危政令）（危則）
			アセトアルデヒド，酸化プロピレンなどの一般取扱所	（危政令）（危則）
			基準の適用除外となる特例	（危政令）
		上記以外	製造所の基準が準用される	（危政令）
	屋外タンク貯蔵所	標識・掲示板	貯蔵所の標識および防火に関し必要な事項を掲示した掲示板	（危政令）（危則）
		配置	保安距離，保有空地，タンク間距離	表 5.7.6「レイアウトの法規」参照
		タンク本体	●タンクの容量：内容積から空間容積を差し引いた容積	（危政令）（危則） （自治告）
			特定屋外貯蔵タンク（1 000 kL 以上の液体危険物タンク）の基礎および地盤の規定	（危政令）（危則） （自治告）
			●構造：板厚（3.2 mm 以上），水張りテストおよび材料制限がある。特定屋外貯蔵タンクについては，さらに材料，溶接方法などの規定がある	（危政令） （危則） （自治告）
			●耐震・耐風構造：設計水平震度，耐風構造の規定。特定屋外貯蔵タンクではさらに厳しい規定となる	（危政令） （危則） （自治告）

5. 安全マネジメント手法

表 5.7.4 （つづき）

施設の区分	項目	規制の概要	適用法規
危険物関係法規適用施設	屋外タンク貯蔵所	タンク本体	●放爆構造：爆発圧力の上部への放出	（危政令）
			●防食措置：外面塗装と底板外面の防食措置	（危政令）（危則）
		タンク付属品	●通気管：圧力タンク以外に通気管（無弁通気管，大気弁付き通気管）を設ける	（危政令）（危則）
			●安全装置：圧力タンクに設ける	（危政令）（危則）
			●減量表示装置：液体の危険物タンクに設ける	（危政令）
			水抜き管：側板に設けることを原則とする。底板に設ける場合は耐震性を考慮する	（危政令）（危則）
			●タンクの元弁：鋳鋼または同等以上の機械的性質の材料で造る	（危政令）
			●配管：地震時のタンクとの接合部の損傷防止措置を講じるほか，製造所の基準の例による	（危政令）
			避雷設備：JIS A 4201「建築物等の避雷設備（避雷針）」による	（危政令）（危則）
			●防油堤：引火性液体とその他に分けて容量，構造などを規定している	（危政令）（危則）（自治告）
			●注入口：液体危険物に限る	（危政令）（危則）
			緊急遮断弁：容量1万kL以上の液体危険物タンクに設ける	（危政令）（危則）
		電気設備	危険場所に応じて防爆構造機器を採用	（危政令）
		ポンプ設備	設備の位置，ポンプ室の構造の規制	（危政令）（危則）
		消火設備	著しく消化が困難（液表面積が40 m^{2}以上または液面高さが6 m以上の液体危険物貯蔵タンク，地中タンク，海上タンク，指定数量100倍以上の固体危険物貯蔵タンク）か，それ以外かによって消化設備の設置基準が異なる	（危政令）（危則）
		水槽	二硫化炭素のタンクは水槽内に水没させる	（危政令）
		被覆設備	固体の禁水性物品のタンクに設ける	（危政令）
		特例	・高引火点危険物の屋外タンク貯蔵所 ・アルキルアルミニウムなどの屋外タンク貯蔵所 ・アセトアルデヒド，酸化プロピレンなどの屋外タンク貯蔵所 ・岩盤タンクまたは特殊液体危険物タンク貯蔵所 ・地中タンク貯蔵所 ・海上タンク貯蔵所	（危政令）（危則） （危政令）（危則） （危政令）（危則） （危政令）（危則） （危政令）（危則）（自治告） （危政令）（危則）
			基準の適用が除外される特例	（危政令）
	屋内タンク貯蔵所	標識・掲示板	貯蔵所の標識，防火に関し必要な事項を掲示した掲示板	（危政令）（危則）
		平屋建の建築物内に設けるもの	建物	平屋建とし，タンク専用室を設ける	（危政令）
				専用室の壁とタンク，タンク相互間は0.5 m以上	（危政令）
				タンク専用室の構造：使用材料，窓，出入口，床，敷居，採光，照明，換気，蒸気排出設備，電気設備について規制する	（危政令）（危則）
			タンク本体	最大合計容量：指定数量の40倍以下または20 kL以下	（危政令）
				構造：屋外貯蔵タンクと同じ	（危政令）
				タンク外面の防錆塗装	（危政令）
			タンク付属品	通気管：屋外貯蔵タンクと同じ	（危政令）（危則）
				液量表示装置：屋外貯蔵タンクと同じ 安全装置：圧力タンクと同じ	（危政令）
				注入口：屋外貯蔵タンクと同じ	（危政令）
				タンクの元弁：屋外貯蔵タンクと同じ	（危政令）

表 5.7.4 （つづき）

施設の区分	項　目			規制の概要	適用法規
危険物関係法規適用施設	屋内タンク貯蔵所	平屋建の建築物内に設けるもの	タンク付属品	水抜管：屋外貯蔵タンクと同じ	（危政令）
				配管：位置，構造および設備は製造所の配管と同じ。接合部は屋外タンクと同じ	（危政令）
			ポンプ設備	タンク専用室内に設ける場合は敷居の高さ以上の囲いを設けるか，基礎を敷居の高さ以上とする。その他の場合は屋外タンク貯蔵所の基準と同じ	（危政令）（危則）
			消火設備	屋外タンク貯蔵所と同じ	（危政令）（危則）
		平屋建以外の建築物内設置の基準	危険物の制限	貯蔵できる危険物は引火点が40℃以上の第4類危険物に限られる	（危政令）
			設備の基準	上記の屋内タンク貯蔵所の基準にほぼ同じ。おもな相違点は下記のとおり ・液量表示装置の設置（注入口付近） ・ポンプ室，ポンプ設備の構造 ・タンク専用室の構造	（危政令）（危則）
		特　例		・アルキルアルミニウム，アルキルリチウムなどの屋内タンク貯蔵所	（危政令）（危則）
				・アセトアルデヒド，酸化プロピレンなどの屋内タンク貯蔵所	（危政令）（危則）
				基準の適用が除外される特例	（危政令）
	地下タンク貯蔵所	標識・掲示板		貯蔵所の標識，防火に関し必要な事項を掲示した掲示板	（危政令）（危則）
		タンクの設置方法	タンク室を設けたもの	タンク本体：板厚，気密構造，水圧試験 タンク外面は保護する	（危政令）（危則）
				タンクの配置：タンクとタンク室，タンク頂部と地盤面，タンク相互間の距離	（危政令）
				タンク室：材質・構造の規定	（危政令）
			タンク室を設けないもの	タンク本体：板厚，気密構造，水圧試験のほか，二重殻タンク（鋼製，FRP製など）の構造および設備について規制。タンク外面は防護装置を行う	（危政令）（危則）
				タンクの配置：タンク頂部と地盤面，タンク相互間の距離，地下建築物とタンクの離隔距離（第4類危険物のもの）	（危政令）
				蓋の構造	（危政令 13・1-2 イ，ロ）
				タンクの基礎	（危政令 13・1-1 ハ）
		タンク付属品		通気管：圧力タンク以外に設ける 安全装置：圧力タンクに設ける	（危政令）（危則）
				液量表示装置または計量口：液体危険物に限る	（危政令）
				注入口：屋外貯蔵タンクと同じ	（危政令）
				配管：位置，構造および設備は製造所と同じ。配管はタンクの頂部に取り付ける	（危政令）
		漏洩検査管		タンクまたは周囲に危険物の漏れを検知する設備を設ける	（危政令）
		ポンプ設備		注入口に関する規定 タンク内に設ける油中ポンプ設備の規定 タンク外に設ける場合は屋外貯蔵タンクと同じ	（危政令）（危則）
		電気設備		製造所の基準と同じ	（危政令）
		消火設備		著しく消火困難（液体危険物で，液表面積40 m²，または高さが6 m以上のもの，タンク専用室を平屋建以外のもので引火点40℃以上70℃未満のもの）か，それ以外かで消火設備の設置基準が異なる	（危政令）（危則）
		特　例		アセトアルデヒドなどの地下タンク貯蔵所 基準の適用が除外される特例	（危政令） （危則） （危政令）

表 5.7.4 (つづき)

施設の区分	項目	規制の概要	適用法規
危険物関係法規適用施設 / 屋内貯蔵所	標識・掲示板	貯蔵所の標識, 防火に関し必要な事項を掲示した掲示板	(危政令) (危則)
	配置	保安距離, 保有空地について規定	表 5.7.6「レイアウトの法規」参照
	貯蔵倉庫	独立専用平屋建とし, 床面積は 1 000 m^2 を超えないこと。軒高は 6 m 以下 (第 2 類または第 4 類危険物のみの場合は 20 m 以下) とする	(危政令) (危則)
	貯蔵倉庫	壁, 柱, 床, はり, 屋根, 窓, 出入口の構造	(危政令) (危則)
		採光, 照明, 換気, 蒸気排出設備の設置	(危政令)
	架台	貯蔵倉庫に設ける架台の構造と設備	(危政令) (危則)
	電気設備	製造所の基準と同じ	(危政令)
	避雷設備	指定数量の倍数が 10 以上の倉庫に設置	(危政令) (危則)
	通風装置, 冷房装置	第 5 類の危険物のうち, セルロイドなど分解または発火性のものの倉庫に設ける	(危政令)
	消火設備	著しく消火困難 (指定数量の 150 倍以上, もしくは貯蔵面積が延べ 150 m^2 を超えるもの, 軒高 6 m 以上の平屋建など) か, それ以外かで消火設備の設置基準が異なる	(危政令) (危則)
	警報設備	火災報知器, 消防機関への連絡電話, 非常ベル, 拡声装置, 警鐘などを設置する	(危政令) (危則)
	特例	上記の平屋建屋内貯蔵所の規定を基準につぎの形態の屋内貯蔵所が規定されている ・平屋建以外の屋内貯蔵所 ・建築物内に設置される屋内貯蔵所 ・特定屋内貯蔵所 ・高引火点危険物の屋内貯蔵所 ・指定過酸化物の屋内貯蔵所 ・アルキルアルミニウムなどの屋内貯蔵所	(危政令) (危政令) (危政令) (危則) (危政令) (危則) (危政令) (危則) (危政令) (危則)
		基準の適用が除外される特例	(危政令)
屋外貯蔵所	標識・掲示板	貯蔵所の標識, 防火に関し必要な事項を掲示した掲示板	(危政令) (危則)
	位置	湿潤でなく, 排水の良い場所に設置し, 周囲は柵などで明確に区画する	(危政令)
	架台	高さは 6 m 未満とする。不燃材料で作り, 風荷重, 地震などに対し安全なものとする	(危政令) (危則)
	消火設備	著しく消火困難 (塊状の硫黄, 指定数量 100 倍以上) か, それ以外かで消火設備の設置基準が異なる。	(危政令) (危則)
	特例	特殊な形態の屋外貯蔵所としてつぎのものが規定されている ・塊状の硫黄などの屋外貯蔵所 ・高引火点危険物の屋外貯蔵所 ・第 2 類危険物のうち引火性固体 (引火点 21℃ 未満) または第 4 類危険物のうち第 1 石油類もしくはアルコール類	(危政令) (危則) (危政令) (危則)
		基準の適用が除外される特例	(危政令)
移動タンク貯蔵所	標識	規則で定める標識を設ける	(危政令) (危則)
	置場	屋外または耐火構造などの建築物の 1 階に常置する	(危政令)
	移動貯蔵タンクの構造	容量は 30 kL 以下とし, 4 kL 以下ごとに仕切り, 仕切りごとにマンホール, 安全装置, 防波板を設ける	(危政令) (危則)
	付帯設備	側面枠および防護枠, 底弁の手動 (自動) 閉鎖装置, 接地導線, 結合金具, 静電気災害防止装置その他を設ける	(危政令) (危則)
	消火設備	粉末消火器その他の規則で定めるものを 2 個以上設ける	(危政令) (危則)

表5.7.4 （つづき）

施設の区分	項　目	規　制　の　概　要	適　用　法　規
危険物関係法規適用施設	移動タンク貯蔵所	特　例	上記の規定を基準につぎの形態のものが規定されている ・積載式移動タンク貯蔵所の基準 ・空港における給油タンク車の基準 ・アルキルアルミニウム，アルキルリチウムなどの移動タンク貯蔵所 ・アセトアルデヒド，酸化プロピレンなどの移動タンク貯蔵所	（危政令）（危則） （危政令）（危則） （危政令）（危則） （危政令）（危則）
		基準の適用が除外される特例	（危政令）
	移送取扱所	設置場所制限	配管を設置してはならない場所を規定	（危則）
		配管の構造等	つぎの項目などについて規定 ・材料の使用制限，管の最小厚さ，継手効率，荷重，応力度計算方法，耐震・伸縮吸収措置・溶接方法，防食措置，加熱，保温設備，耐圧試験，非破壊試験	（危則） （自治告）
		配管の設置方法	地上設置，地下埋設その他道路横断設置など設置場所に応じた敷設基準を規定	（危則） （自治告）
		各種設備の基準	・ポンプなど，ピグ取扱い装置，切替え弁など，危険物の受入口，払出口の基準	（危則） （自治告）
		移送基地	柵，塀などの設置，危険物流出防止措置などを規定	（危則） （自治告）
		保安装置など	つぎの保安設備などについて規定 ・運転状態監視装置，安全制御装置，圧力安全装置，緊急遮断弁，危険物除去措置，感震装置，通報設備，警報設備，予備動力源など	（危則） （自治告）
		特　例	特定移送取扱所以外の移送取扱所の特例	（危則）（自治告）
			基準の適用が除外される特例	（危政令）
石災法適用施設	特定事業所の製造（取扱）施設	配　置	高圧ガスと危険物（第1石油類から第4石油類までに限る）を取り扱う第1種事業所は事業所をつぎの施設地区に分類し，施設間に特定通路を配置する ・製造施設地区，貯蔵施設地区，入出荷施設地区，用役施設地区，事務管理施設地区，そのほか施設地区	表5.7.6「レイアウトの法規」参照
	特定防災施設等の設置	特定防災施設などとして，流出油など防止堤，消火用屋外給水施設，非常通報設備を設置する	（石災法） （防災則）

表5.7.5 各設備の技術基準

設備名	区　分		内　　容	適用法規
圧力容器	厚生労働省が定める圧力容器	第1種圧力容器	適用範囲	蒸気その他の熱媒を受け入れ，または蒸気を発生させて固体または液体を加熱する容器で，容器内の圧力が大気圧を超えるもの	（ボイラ則） （安衛令）
				容器内における化学反応，原子核反応その他の反応によって蒸気が発生する容器で，容器内の圧力が大気圧を超えるもの	
				容器内の液体の成分を分離するため，当該液体を加熱し，その蒸気を発生させる容器で，容器内の圧力が大気圧を超えるもの	
				以上のほか大気圧における沸点を超える温度の液体を内部に保有する容器	
			適用除外	つぎのものは，第1種圧力容器の適用除外となる (1) ゲージ圧力0.1 MPa以下で使用する容器で，内容積が0.04 m³以下のものまたは胴の内径が200 mm以下で，かつ，その長さが1 000 mm以下のもの (2) 使用最高ゲージ圧力〔MPa〕×内容積〔m³〕の積が0.004以下の容器	
			構造等　材料	主要材料の指定，使用制限，許容引張応力などについて規定されている	（圧格）

5. 安全マネジメント手法

表 5.7.5 (つづき)

設備名	区　分	内　　容			適用法規
圧力容器	厚生労働省が定める圧力容器	第1種圧力容器	構造等	構造	胴, 鏡板, 蓋板, 平板, 管板, ステー, ステーによって支えられる板, 穴およびその補強, 管, 管台, フランジなどの構造について規定されている	(圧格)
				溶接等	工作方法, 溶接方法, 製作公差, 試験方法などについて規定されている	(圧格)
				付属品	安全弁その他の安全装置を備え, 異なる圧力を受ける部分ごとに, 内部の圧力を最高使用圧力以下に保持すること。安全弁の取付方法, 安全弁の構造, 揚程式安全弁および全量式安全弁などについて規定されている	(圧格)
					蓋の急速開閉装置は, 内部の残留圧力が外部の圧力と等しくなければ開けない構造とすること	(圧格)
					圧力計, 温度計を設置すること。取付方法などについて規定されている	(圧格)
		第2種圧力容器	適用範囲		第1種圧力容器を除く, ゲージ圧力 0.2 MPa 以上の気体を内部に保有する容器のうち, つぎの大きさを持つもの (1) 内容積が $0.04\,m^3$ 以上 (2) 胴の内径が 200 mm 以上で, かつ, その長さが 1000 mm 以上	(ボイラ則) (安衛令)
			構造等		第1種圧力容器に準じる (一部の材料の使用制限, 溶接後熱処理, 溶接部の機械試験および非破壊試験を除く)	(圧格)
		小型圧力容器	適用範囲		第1種圧力容器のうち, つぎのようなもの (1) ゲージ圧力 0.1 MPa 以下で使用する容器で, 内容積が $0.2\,m^3$ 以下のもの 　　または胴の内径が 500 mm 以下で, かつ, その長さが 1000 mm 以下のもの (2) 使用最高ゲージ圧力〔MPa〕×内容積〔m^3〕の積が 0.02 以下のもの	(ボイラ則) (安衛令)
			構造等		主要材料, 許容引張応力, 最小板厚, 水圧試験, 安全弁等の附属品の設置などについて規定されている	(小ボ圧格)
	高圧ガスの圧力容器	特定設備	適用範囲		高圧ガスの製造設備で, 高圧ガスの爆発などの災害を防止するために設計検査, 材料の品質の検査, 製造中の検査を行うことが特に必要とされる容器で下記以外のものおよびその支持構造物または貯槽と一体のもの。 (1) 容器保安規則の適用を受ける容器 (2) 公共の安全の維持または災害の発生の防止に支障を及ぼすおそれがないものとして政令で定める設備 (指定設備) で, 指定設備認定機関の認定を受けた容器 (3) 設計圧力〔MPa〕×内容積〔m^3〕の積が 0.004 以下のもの (4) 内容積が $0.001\,m^3$ 以下であって, 設計圧力が 30 MPa 未満の容器 (5) ポンプ, 圧縮機および蓄圧機に関わる容器 (6) ショック・アブソーバその他の緩衝装置に関わる容器 (7) 流量計, 液面計その他の計測機器およびストレーナに関わる容器 (8) 自動車用エアバッグガス発生器に関わる容器 (9) 蓄電池に係る容器	(特検則) (高圧法)
			構造等	材料	耐圧部分に使用する材料の指定, 使用制限, 許容引張応力などについて規定されている	(特検則)
				構造	耐圧部分の気密性, 耐圧試験, 気密試験について規定があるほか, 耐震設計についても規定されている	(特検則)
				溶接等	溶接部の強度, 施工方法, 溶接の種類, 溶接部の形状等, 完全溶込み溶接, 応力除去, 機械試験, 非破壊試験などの規定がある	(特検則)
		容器	適用範囲		高圧ガスを充塡するための容器	(高圧法)
			容器の製造		容器, 製造方法, 検査などについて規定されている	(容器則)

表5.7.5 （つづき）

設備名	区分			内　容	適用法規
ボイラ	ボイラ	適用範囲		蒸気ボイラおよび温水ボイラ	（安衛令）（ボイラ則）
（厚生労働省が定めるボイラ）		適用除外		(1) ゲージ圧力 0.1 MPa 以下で使用する蒸気ボイラで，伝熱面積が 0.5 m² 以下のものまたは胴の内径が 200 mm 以下で，かつ，長さが 40 mm 以下のもの (2) ゲージ圧力 0.3 MPa 以下で使用する蒸気ボイラで，内容積が 0.000 3 m³ 以下のもの (3) 伝熱面積が 2 m² 以下の蒸気ボイラで，大気に開放した内径が 25 mm 以上の蒸気管を取り付けたものまたはゲージ圧力 0.05 MPa 以下で，かつ内径が 25 mm 以上の U 形立管を蒸気部に取り付けたもの (4) ゲージ圧力 0.1 MPa 以下の温水ボイラで，伝熱面積が 4 m² 以下のもの (5) ゲージ圧力 1 MPa 以下で使用する貫流ボイラ（管寄せの内径が百五十ミリメートルを超える多管式のものを除く）で，伝熱面積が 5 m² 以下のもの（気水分離器を有するものにあっては，当該気水分離器の内径が 200 mm 以下で，かつ，その内容積が 0.02 m² 以下のものに限る。） (6) 内容積 0.004 m³ 以下の貫流ボイラ（管寄せおよび気水分離を有しないもの）で，使用最高ゲージ圧力〔MPa〕×内容積〔m³〕の積が 0.02 以下のもの	（安衛令）（ボイラ則）
		構造等	材料	鋼製ボイラの主要材料の指定，使用制限，許容引張応力，ならびに鋳鉄製ボイラに関する特記事項などについて規定されている	（ボイラ格）
			構造	胴およびドーム，鏡板および平板，管板，炉筒および火室，ステーおよびステーによって支えられる板，穴およびその補強，管，管寄せ，管台およびフランジなどの構造について規定されている	（ボイラ格）
			溶接等	工作方法，溶接方法，製作公差，試験方法などについて規定されている	（ボイラ格）
			安全弁	2個以上の安全弁を備え付け，内部の圧力を最高使用圧力以下に保持すること。安全弁の構造，取付方法，過熱器の安全弁，揚程式安全弁および全量式安全弁，温水ボイラの逃がし弁または安全弁などについて規定されている	（ボイラ格）
			圧力計等	蒸気部，水柱管または水柱管に至る蒸気側連絡管に圧力計を設けること。圧力計の取付方法，水高計の取付方法，温度計の取付方法について規定されている	（ボイラ格）
			水面測定装置	ボイラ本体または水柱管に2個以上のガラス水面計などを設けること（貫流ボイラを除く）	（ボイラ格）
			給水装置	最大蒸発量以上の給水能力の給水装置を設けること 給水装置の種類，給水弁の設置などが規定されている	（ボイラ格）
			蒸気止め弁吹出し装置	最高使用圧力および最高蒸気温度に耐える蒸気止め弁を設けること。沈殿物を排出することができる吹出し管であって吹出し弁または吹出しコックの取付け，それらの構造などについて規定されている。管で吹出し弁などを取り付けたものを備え付けること	（ボイラ格）
			手動ダンパ等	手動ダンパ，爆発戸，掃除および検査用マンホール，煙突などについて規定されている	（ボイラ格）
			自動制御装置等	自動給水調整装置，蒸気ボイラにおける低水位燃料遮断装置，貫流ボイラにおける燃料供給遮断装置あるいは代替安全装置，低水位警報装置，燃焼安全装置の設置対象，機能について規定されている	（ボイラ格）
	小型ボイラ	適用範囲		ボイラのうち，つぎのようなもの (1) ゲージ圧力 0.1 MPa 以下で使用する蒸気ボイラで，伝熱面積が 1 m² 以下のものまたは胴の内径が 300 mm 以下で，かつ，長さが 600 mm 以下のもの	（ボイラ格）（安衛令）

表5.7.5 （つづき）

設備名	区分			内容	適用法規
ボイラ	厚生労働省が定めるボイラ	小型ボイラ	適用範囲	(2) 伝熱面積が3.5 m²以下の蒸気ボイラで，大気に開放した内径が25 mm以上の蒸気管を取り付けたものまたはゲージ圧力0.05 MPa以下で，かつ，内径が25 mm以上のU形立管を蒸気部に取り付けたもの (3) ゲージ圧力0.1 MPa以下の温水ボイラで，伝熱面積が8 m²以下のもの (4) ゲージ圧力0.2 MPa以下の温水ボイラで，伝熱面積が2 m²以下のもの (5) ゲージ圧力1 MPa以下で使用する貫流ボイラ（管寄せの内径が150 mmを超える多管式のものを除く）で，伝熱面積が10 m²以下のもの （気水分離器を有するものにあっては，当該気水分離器の内径が300 mm以下で，かつ，その内容積が0.07 m²以下のものに限る。）	（ボイラ格）（安衛令）
			構造等	主要材料（JIS規格），許容引張応力，最小板厚，工作方法，溶接方法，水圧試験，安全弁などの付属品の設置などについて規定されている	（小ボ圧格）
	発電用ボイラ	発電用ボイラ	適用範囲	自家発電用として用いられる蒸気ボイラに適用される	（電事法）
			構造等	詳細は，「発電用火力設備に関する技術基準を定める省令」（平成9年通商産業省令51号），「発電用火力設備に関する技術基準の細目を定める告示」（平成9年通商産業省告示169号），「電気工作物の溶接に関する技術基準を定める省令」（昭和45年通商産業省令81号）に規定されている	
配管	配管	危険物の配管	構造	設置条件，使用状況に照らして十分な強度を有するものとし，使用圧力の1.5倍以上の圧力で行う水圧試験で異常のないこと	（危政令）
				屋外貯蔵タンクの危険物移送用の付属配管は，地震などにより当該配管とタンクとの結合部分に損傷を与えないように設置し，配管とタンクとの結合部分の直近に閉鎖弁を設けること	（危政令）
			配管の地上設置	地盤面に接しないようにするとともに，必要に応じ配管の外面の腐食を防止するための塗装をすること	（危政令）（危則）
				地震，風圧，地盤沈下，温度変化による伸縮などに対し安全な構造の耐火性を有する支持物により支持すること	（危則）
			配管の埋設設置	配管の外面の腐食を防止するための措置（塗覆装，コーティング，電気防食）を講じ，溶接以外の配管接合部からの危険物の漏洩を点検する措置を講じること	（危政令）（自治告）
				上部の地盤面に関わる重量が配管にかからないように保護すること	（危則）
				地下貯蔵タンクの附属配管は，タンク頂部に取り付けること	（危政令）
			加熱または保温設備	配管に加熱または保温のための設備を設ける場合には，火災予防上安全な構造とすること	（危政令）
		高圧ガスの配管	構造等	材料	使用する材料は，ガスの種類，性状，温度および圧力などに応じて適切なものであること．告示で設備ごとの材料制限が規定されている	（一般則）（液化則）（コンビ則）（通産告）
				肉厚	常用の圧力または常用の温度において発生する最大の応力に対し，十分な強度を有すること	（一般則）（液化則）（コンビ則）
				耐圧・気密試験	常用の圧力の1.5倍以上の圧力で行う耐圧試験および常用の圧力以上の圧力で行う気密試験に合格すること．試験方法などの詳細は，例示基準「耐圧試験及び気密試験」に規定されている	（一般則）（液化則）（コンビ則）
		一般の高圧ガス導管	構造等	材料，肉厚，耐圧・気密試験について高圧ガスの配管と同じ規定があるほか，温度および圧力上昇防止措置，通報設備の設置などに関する規定がある．詳細は，例示基準「導管の架設，埋設等」，「境界線・警戒標等標識」，「耐圧試験及び気密試験」，「防食及び応力を吸収するための措置（導管）」，「常用の温度を超えない措置（導管）」，「水分を除去する措置（導管）」に規定されている	（一般則）（液化則）（コンビ則）（通産告）

表5.7.5 (つづき)

設備名	区分		内容		適用法規
配管	コンビナート製造事業所間の高圧ガス導管	適用範囲	コンビナート製造事業所間に設置する導管		(コンビ則)
		材料構造等	材料，構造，配管などの接合，溶接に関する規定がある．詳細は，例示基準「導管等に使用できる材料」，「肉厚算定に関する基準」，「伸縮吸収措置（導管）」，「保安上必要な強度を有するフランジ接合（導管）」，「導管等の溶接方法」，「耐圧試験及び気密試験」，「防食及び応力を吸収するための措置（導管）」に規定されている		(コンビ則) (通産告)
	導管	設置	地下埋設，地下設置そのほか導管の設置に関する規定がある．詳細は，例示基準「導管の架設，埋設等」，「地盤面下埋設の方法等（導管）」，「道路下埋設の方法」，「地盤面上設置の方法等（導管）」，「河川等横断設置の方法等（導管）」，「海底設置の方法等（導管）」に規定されている		(コンビ則) (通産告)
		保安用設備	備え付けるべき保安設備に関する規定がある．詳細は，例示基準「常用の温度を超えない措置（導管）」，「水分を除去する措置（導管）」，「境界線・警戒標等標識」，「漏えい拡散防止措置（導管）」，「運転状態の監視装置・異常事態の警報装置・異常事態の警報装置（導管）」，「安全制御装置（導管）」，「ガス漏えい検知警報設備（導管）」，「内容物除去装除置（導管）」，「絶縁（導管）」，「停電等により設備の機能が失われることのないための措置（保安電力等：導管）」に規定されている		(コンビ則) (通産告)
	移送取扱所の配管	適用範囲	配管およびポンプならびにこれらに付属する設備（危険物を運搬する船舶からの陸上への危険物の移送については，配管およびこれに付属する設備）によって危険物の移送の取扱いを行う取扱所（危険物の移送が，同一構内または一団の土地を形成する事業所の用に供する土地内にあるものを除く）		(危政令)
		材料構造等設置等	コンビナート製造事業所間の高圧ガス導管と同様に，材料，構造など，設置，保安用設備について，規則および告示で規定されている		(危政令) (危則) (自治告)
構造物	一般建物等	建築物等	適用範囲	建築物	土地に定着する工作物のうち，屋根および柱または壁を有するものおよびこれに附属する門または塀のほか，つぎの工作物をいい，建築設備を含む ・観覧のための工作物 ・地下または高架の工作物内に設ける事務所，店舗，興行場，倉庫，その他これらに類する施設	(建基法) (建基令) (建基則)
				工作物	土地に定着する工作物でつぎに該当するもの ・高さが6mを超える煙突 ・高さが15mを超える鉄筋コンクリートの柱，鉄柱など ・高さが4mを超える広告塔など ・高さが8mを超える高架水槽，サイロなど	
				特殊建築物	工場，倉庫，劇場などの特殊な用途に用いられる建築物	
			構造等	規則などで詳細が規定されている		
	消防法による建築物	防火対象物	適用範囲	工場または作業場，倉庫，事務所などの建築物		(消法) (消政令) (消規則)
			消防用設備等	消火設備，警報設備，避難設備，消防用水，排煙設備などに関する規定がある		
		危険物施設の建築物	適用範囲	危険物を取り扱う建築物，危険物貯蔵倉庫，タンク専用およびポンプ室の建築物		
			構造	柱，壁はり，階段	不燃材料の使用，耐火構造などの指定について規定されている	(危政令) (危則) (自治告)
				屋根	不燃材料の使用などについて規定されている	(危政令) (危則) (自治告)
				床	材料，構造，囲いなどについて規定されている	(危政令) (危則) (自治告)

5. 安全マネジメント手法

表 5.7.5 （つづき）

設備名	区分		内容	適用法規
構造物	消防法による建築物	危険物施設の建築物 — 構造 — 窓・出入口	防火戸の設置，網入りガラスの使用，出入口の敷居の高さなどについて規定されている	（危政令）（危則）（自治告）
		採光・照明・換気	危険物を取り扱うために必要な採光，照明，換気のための設備の設置について規定されている。可燃性蒸気または気体の滞留するおそれのある建築物には，排出設備を設ける	（危政令）（危則）（自治告）
		避雷設備	指定数量の10倍以上の危険物を貯蔵し，または取り扱う場合の避雷設備の設置が規定されている	（危政令）
		構造制限	地階を設けないこと，平屋建とすること，建築面積の制限などについて規定されている	（危政令）
		基準の特例	危険物の種類，貯蔵・取扱量，貯蔵・取扱方法などに応じて，上記基準の特例基準が規定されている	（危政令）
	高圧ガス施設の建築物	製造設備等を設置する室 — 適用範囲	可燃性ガスの製造設備または特定高圧ガスの消費設備を設置する室	（一般則）（液化則）（コンビ則）
		構造	ガスの種類に応じて漏洩したガスが滞留しない構造とすること。詳細は，例示基準「滞留しない構造」に規定されている	
		計器室 — 適用範囲	可燃性ガスの製造施設に係る計器室（製造施設における製造を制御するための機器を集中的に設置している室）	（コンビ則）（通産告）（コンビナート等保安規則関係例示基準「計器室」）
		設置位置	特殊反応設備，特殊反応設備と配管で直結する処理設備および全燃焼熱量が50.2 GJ以上の高圧ガス設備から15 m以上離すこと。	
		構造 — 本体	耐火構造とすること	
		内装	不燃性材料で構成すること。床は難燃性材料でよい	
		出入口	2箇所以上設け，1箇所は危険のない箇所に面して設けること。扉は防火戸とし，開放状態にならない措置を講じること	
		窓	網入りガラスまたは強化ガラスを用い，製造設備に面した窓は必要最小限とすること	
		内圧の保持	指定ガス（エチレン，プロパンなど）が外部から侵入するおそれのある場合に計器室内に必要な圧力を保持すること（入口の高さが2.5 m以上のものを除く）。具体的には空気の吸入設備を設置することとされている。扉は，二重扉とすること	
		特殊高圧ガス消費設備の室 — 構造	緊急避難通路または避難口を設け，緊急時に容易に避難できるような構造とすること	（一般則）
電気設備	高圧ガス設備の電気設備		可燃性ガス（アンモニアおよびブロムメチルを除く）の高圧ガス設備に関わる電気設備は，防爆性能を有する構造のものであること。防爆構造は，危険場所および可燃性ガスの種類に応じて適切なものとする	（一般則）（液化則）（コンビ則）
	危険物施設の電気設備		危険物の製造所，屋内貯蔵所，屋外タンク貯蔵所，屋内タンク貯蔵所，地下タンク貯蔵所，移送取扱所および一般取扱所の電気設備は，電気工作物に係る法令の規定によること	（危政令）（危則）
	化学設備などの電気設備		通風，換気，除じんなどの措置を講じても，なお，引火性蒸気または可燃性ガスによる爆発の危険のある箇所において電気機械器具を使用するときは，防爆電気機械器具を使用すること。可燃性粉じんおよび爆燃性粉じんについても同様とされている。防爆構造は，「電気機械器具防爆構造規格」（昭和44年労働省告示16号）に規定されている	（安衛則）
	自家用電気工作物の電気設備		電気事業用電気工作物および一般用電気工作物以外の自家用電気工作物の電気設備に対する技術基準が適用される。詳細は，「電気設備に関する技術基準を定める省令」（通商産業省令52号）に規定されている	（電事法）
計測装置	温度計	高圧ガス設備	温度変化を伴う反応，精製，分離，蒸発，冷却，凝縮，熱交換および加熱のための設備に，温度の異なる部分ごとに温度計を設ける，かつ，当該設備内の温度が常用の温度を超えた場合に，ただちに常用の温度の範囲内に戻すことができるような措置を講ずること。温度計は，JIS規格に適合するものを用いること	（一般則）（コンビ則）（通産告）

表 5.7.5 （つづき）

設備名	区　分		内　　容	適用法規
計測装置	温　度　計	危険物施設	危険物を加熱，冷却する設備または温度の変化が起こる設備に温度測定装置を設けること	（危政令）
		圧力容器	その内部に保有する流体の温度を表示する温度計を備え付けること	（圧格）
		ボイラ	温水ボイラの出口付近の温水の温度を表示する温度計を，水高計と同時に見ることができる位置に取り付けること	（ボイラ格）
	圧　力　計	高圧ガス設備等	高圧ガス設備または貯蔵設備など（減圧設備を除く）には，常用の圧力を異にする区分ごとに JIS B 7505 に適合するブルドン管圧力計またはこれと同等程度以上の性能を有するものを設けること	（一般則）（液化則）（コンビ則）（通産告）
		特殊高圧ガスの消費設備	排気ダクトには，微差圧力計の設置など，異常を早期に発見するための措置を講じること	（一般則）
		危険物施設	危険物を加圧する設備またはその取り扱う危険物の圧力が上昇するおそれのある設備に圧力計を設けること	（危政令）
		圧力容器	圧力計を取り付ける。この場合，近接した2以上の容器が直結され，容器間に弁がないときには，これらの圧力容器は一つの圧力容器とみなされる	（圧格）
		ボイラ	蒸気ボイラの蒸気部，水柱管などには，内径が 6.5 mm 以上のサイホン管などを取り付け，蒸気が直接入られないようにした圧力計を設けること。サイホン管に取り付けたコックの開閉方向，連絡管の最小内径などについて規定されている	（ボイラ格）
			温水ボイラには，ボイラ本体または温水の出口付近に水高計または圧力計を取り付けること	（ボイラ格）
	液　面　計	液化ガス貯槽	液化ガス貯槽には液面計を設けること。酸素および不活性ガスの超低温貯槽以外の液化ガス貯槽への丸形ガラス管液面計の使用は禁止されている。ガラス管ゲージを使用する液面計に対する破損防止措置，止め弁の設置，液面計の形式，使用条件などが，補完基準「液面計等」に規定されている	（一般則）（液化則）（コンビ則）
		危険物貯蔵タンク	液体の危険物貯蔵タンクには，危険物の量を自動的に表示する装置を設けること	（危政令）
		ボイラ	蒸気ボイラには，ボイラ本体または水柱管に JIS B 8211 に適合するガラス水面計を2個以上取り付けること	（ボイラ格）
	内部監視装置	特殊反応設備	特殊反応設備には，設備内の温度，圧力，流量などが正常な反応条件を逸脱し，または逸脱するおそれがあるときに，自動的に警報を発することができる温度監視装置，圧力監視装置，流量監視装置その他の内部反応監視装置のうち，二つ以上を設けること。なお，これらの内部反応監視装置のうち，異常を最も早く検知することができるものについては，自動記録装置付きとすること。検出端部の設置箇所および設置個数，保安電力の確保などについて例示基準「内部反応監視装置」で規定されている	（コンビ則）
		特殊化学設備管理特定化学設備	特殊化学設備または管理特定化学設備には，その内部における異常事態を早期に把握するために必要な温度計，流量計，圧力計，液面計，容量計，pH計，液組成分析計およびガス組成分析計などの計測装置を設けること。設置方法は，異常を計測するのに適した1以上の箇所を選び，各箇所に1以上の計測装置を設けることとし，計測の監視を中央制御室などの特殊化学設備などから離れた場所で行うことが望ましいとされている	（安衛則）（特化則）（昭49基発）（昭50基発）
		移送取扱所	配管系には，ポンプおよび弁の作動状況など当該配管系の運転状態を監視する装置を設けること	（危則）
		高圧ガス導管	導管系には，圧縮機，ポンプおよびバルブの作動状況など当該導管系の運転状態を監視する装置を設けること。設けるべき監視装置については，例示基準「運転状態の監視装置・異常事態の警報装置・異常状態の警報装置（導管）」に規定されている	（コンビ則）

表 5.7.5 （つづき）

設備名	区分		内容	適用法規
計測装置	廃棄物処理設備	ベントスタック	高さおよび位置は，放出するガスの種類，量，性状および周囲の状況に応じて安全なものとし，毒性ガスに対しては除害の措置を講じた後に，可燃性ガスに対しては，着地濃度が爆発限界濃度に達しないようにして放出すること．詳細は，例示基準「ベントスタック」に規定されている	（コンビ則）
		フレアスタック	燃焼能力は緊急移送設備によって移送されるガスを完全に燃焼させることができるものとし，その高さ，位置は直下の地表面における輻射熱が $4.65\,kW/m^2$ 以下になるようにすること．パイロットバーナの取付けなどについて例示基準「フレアスタック」で規定されている	（コンビ則）
		排油設備	屋外に設けた液状の危険物を取り扱う危険物設備の直下の地盤面は，危険物が浸透しない材料（コンクリートなど）で覆い，周囲には高さ $0.15\,m$ 以上の囲みを設け，適当な傾斜および貯留設備を設けること．貯留設備には，油分離装置を設ける（水溶性の危険物を取り扱う場合は，適用除外）	（危政令）（危則）（自治告）
	揚重装置	クレーン	吊上荷重 $0.5\,t$ 以上のクレーンの設置には，届出などが必要 $2\,t$ 以上（スタッカ式クレーンは，$1\,t$ 以上）のものは特定機械などとなり，製造許可を受けたものであること．構造などについては，クレーン構造規格（平成 7 年労働省告示 135 号）に規定されている	（クレン則）（安衛法）（安衛令）
		デリック	吊上げ荷重 $0.5\,t$ 以上のデリックの設置には，届出などが必要 $3\,t$ 以上のものは特定機械などとなり，製造許可を受けたものであること．構造などについては，デリック構造規格（昭和 37 年労働省告示 55 号）に規定されている	
		エレベータ	積載荷重 $0.25\,t$ 以上のエレベータの設置には，届出などが必要．$1\,t$ 以上のものは特定機械などとなり，製造許可を受けたものであること．構造などについては，エレベータ構造規格（平成 5 年労働省告示 91 号）に規定されている	
		簡易リフト	積載荷重 $0.25\,t$ 以上の簡易リフトの設置には，設置報告が必要．構造などについては，簡易リフト構造規格（昭和 37 年労働省告示 57 号）で定められている	
発火源の管理	静電気対策	高圧ガス製造設備等	可燃性ガスおよび特定不活性ガスの製造設備または消費設備には，静電気を除去する措置を講じること．接地方法は，単独接地またはボンディング用接続線による接地とし，接続線には容易に腐食または断線しないものを用い，接地抵抗値は，総合 $100\,\Omega$ 以下とする．詳細は，例示基準「静電気の除去」に規定されている	（一般則）（液化則）（コンビ則）
		危険物施設	危険物を取り扱うにあたって静電気が発生するおそれのある設備には，静電気を有効に除去できる装置を設けること	（危政令）
		化学設備等	静電気による爆発または火災が生じるおそれのあるときは，接地，除電剤の使用，湿気の付与，点火源となるおそれのない除電装置の使用，そのほか静電気を除去するための措置を講じること	（安衛則）
	火気などの管理	可燃物取扱施設	可燃性の粉じん，火薬類，多量の易燃性の物または危険物が存在して爆発または火災が生じるおそれのある場所においては，火花もしくはアークを発し，もしくは高温となって点火源となるおそれのある機械などまたは火気を使用してはならない	（安衛則）
		危険物施設	可燃性の液体，可燃性の蒸気もしくは可燃性のガスが漏れ，もしくは滞留するおそれのある場所または可燃性の微粉が著しく浮遊するおそれのある場所では，電線と電気器具とを完全に接続し，かつ，火花を発する機械器具，工具，履物等を使用しないこと．	（危政令）
		特定高圧ガスの貯蔵設備	貯蔵設備などの周囲 $5\,m$ 以内における火気の使用を禁じ，かつ，引火性または発火性の物を置かないこと	（一般則）（液化則）
異常制御装置	温度制御措置	高圧ガス設備	高圧ガス設備には，その設備内の温度が常用の温度を超えた場合に，ただちに常用の温度の範囲に戻すことができる措置を講じること	（一般則）（コンビ則）
		高圧ガス導管	常用の温度を超えないような措置を講じること．具体的な措置方法については，例示基準「常用の温度を超えない措置（導管）」に規定されている	（一般則）（液化則）（コンビ則）

表5.7.5 （つづき）

設備名	区　分		内　　容	適用法規
異常制御装置	安全弁その他圧力安全装置（逃し弁，破裂板を除く）	高圧ガス設備等	高圧ガス設備または貯蔵設備などには，常用の圧力を相当程度異にする区分ごとに安全弁その他の安全装置を設けること．吹出し量・吹出し面積の算定方法のほか放出管の開口部の位置などが規定されている	（一般則）（液化則）（コンビ則）（通産告）
		厚生労働省が定める圧力容器	圧力容器には，異なる圧力を受ける部分ごとに，内部の圧力を最高使用圧力以下に保持することができる安全弁その他の安全装置を備え付けること．	（圧格）
		厚生労働省が定めるボイラ	蒸気ボイラには，安全弁を2個（伝熱面積が50 m^2 以下は1個）以上備え付け，内部の圧力が最高使用圧力以下にすること	（ボイラ格）
			水の温度が120℃を超える温水ボイラには安全弁を取り付けること．所要吹出し量，吹出し面積の算定方法，必要呼び径などが規定されている	（ボイラ格）
		化学設備等	異常化学反応その他の異常な事態により内部の気体の圧力が大気圧を超える容器には，安全弁またはこれに代わる安全装置を備え付けること．構造，排出ガスの処理について規定されている	（安衛則）
		危険物施設	危険物を加圧する設備もしくはその取り扱う危険物の圧力が上昇するおそれのある設備または危険物貯蔵タンクには，自動的に圧力の上昇を停止させる装置，減圧側に安全弁を取り付けた減圧弁または安全弁を併用した警報設備を備え付けること	（危政令）（危則）
		移送取扱所	配管系には，配管内の圧力が最大常用圧力を超えず，かつ，油撃作用などによって生じる圧力が最大常用圧力の1.1倍を超えないように制御する圧力安全装置を設けること	（危則）
		高圧ガス導管	導管内の圧力が常用の圧力を超えた場合，ただちに常用の圧力以下に戻すことができるような措置を講じること	（一般則）（液化則）（コンビ則）
	逃し弁	高圧ガス設備等	高圧ガス設備または貯蔵設備などのポンプおよび配管における液体圧力の上昇を防止する場合は，安全弁に代えて逃し弁または自動圧力制御装置を設置できる．流出面積の算定方法が規定されている	（一般則）（液化則）（コンビ則）（通産告）
		厚生労働省が定めるボイラ	水温が120℃以下の温水ボイラには，圧力が最高使用圧力に達するとただちに作用し，かつ，内部の圧力を最高使用圧力以下に保持することができる逃し弁を備え付けること	（ボイラ格）
	破裂板	高圧ガス設備等	高圧ガス設備または貯蔵設備などのうち急激な圧力の上昇のおそれのあるものまたは反応生成物の性状などによりばね式安全弁を使用することが不適当なものには，破裂板または自動圧力制御装置を備え付けること．吹出し量決定圧力は，許容圧力の1.1倍以下の圧力とされている．吹出し量・吹出し面積の算定方法のほか放出管の開口部の位置などが規定されている	（一般則）（液化則）（コンビ則）（通産告）
		危険物施設	水柱500 mmを超える圧力を受ける危険物貯蔵タンク，危険物を加圧する設備またはその取り扱う危険物の圧力が上昇するおそれのある設備で，危険物の性質により安全弁の作動が困難であるものには，破裂板を設けること	（危政令）（危則）
	通気管	危険物貯蔵タンク	第4類の危険物貯蔵タンクのうち圧力タンク以外のタンクには，屋外貯蔵タンク，屋内貯蔵タンクおよび地下貯蔵タンクの区分に応じて規定される無弁通気管または大気弁付き通気管を設けること	（危政令）（危則）
	負圧防止措置	可燃性ガス低温貯槽	内部の圧力が外部の圧力より低下することにより当該貯槽が破壊することを防止する措置を講じること．詳細は，例示基準「負圧を防止する措置」に規定されている	（一般則）（液化則）（コンビ則）
	元バルブ等	危険物貯蔵タンク	屋外貯蔵タンクまたは屋内貯蔵タンクの弁は，鋳鋼またはこれと同等以上の機械的性質を有する材料で作り，漏れないこと	（危政令）
		化学設備特定化学設備	化学設備，特定化学設備またはこれらの配管の使用中にしばしば開放し，または取り外すことのあるストレーナなどと当該化学設備などとの間には，バルブまたはコックを二重に設けること	（安衛則）（特化則）

表5.7.5 (つづき)

設備名	区分		内容	適用法規
異常制御装置	元バルブ等	高圧ガス貯槽	可燃性ガス，毒性ガスまたは酸素の貯槽に取り付けた受払い配管には，緊急遮断弁以外に2以上のバルブを設け，その一つは貯槽の直近に設けること	(一般則) (液化則) (コンビ則)
	危険事態発生防止装置	特殊反応設備	異常な事態が発生した場合に原料の供給を遮断し，または内容物を放出するための装置および不活性ガス，冷却用水または反応停止剤などを供給するための装置そのほか危険な状態となることを防止するための装置を設けること。例示規則「特殊反応設備が危険な状態となることを防止するための措置」も参照のこと	(コンビ則)
		特殊化学設備 管理特定化学設備	異常な事態の発生による爆発もしくは火災または大量漏洩を防止するため，原材料の送給を遮断し，または製品などを放出するための装置（脱圧装置を含む），不活性ガスまたは冷却用水（反応制御剤を含む）を送給するための装置などを設けること	(安衛則) (特化則)
		厚生労働省が定めるボイラ	自動給水調整装置を有する蒸気ボイラには，起動時に水位が安全低水面以下である場合または運転時に水位が安全低水面以下になった場合に，自動的に燃料の供給を遮断する低水位燃料遮断装置を設けること。緊急遮断が不可能なもの，運転を緊急停止することが適さないものには，低水位警報装置で代替できる。貫流ボイラには，起動時にボイラ水が不足している場合または運転時にボイラ水が不足した場合に，自動的に燃料の供給を遮断する装置またはこれに代わる安全装置を設けること	(ボイラ格)
			ボイラの燃焼装置には，異常消火または燃焼用空気の異常な供給停止が起こった場合に自動的にこれを検知し，燃料の供給を遮断する燃焼安全装置を設けること。燃焼安全装置の仕様について規定されている	(ボイラ格)
		高圧ガス導管	導管系に保安上異常な事態が発生した場合に災害の発生を防止するため圧縮機，ポンプ，緊急遮断装置などが自動または手動によりすみやかに停止または閉鎖する機能を有する安全制御装置を設けること	(コンビ則)
	緊急遮断装置	高圧ガス設備	可燃性ガス，毒性ガスまたは酸素の高圧ガス設備（貯槽を除く）で事故がただちにほかに波及するおそれのあるものには，緊急遮断装置を設けること。緊急遮断装置の設置方法，操作位置，操作機構，遮断性能などが，例示基準「特殊反応設備等の緊急時に速やかに遮断する措置」で規定されている	(コンビ則)
		液化ガス貯槽等	内容積が5 000 L以上の可燃性ガス，毒性ガスまたは酸素の液化ガス貯槽および特殊高圧ガスの貯蔵設備に取り付ける受払い配管には，緊急遮断装置を設けること。取付け位置，操作機構，遮断性能などが，例示基準「液化ガスが漏洩した際に速やかに遮断する措置（緊急遮断装置等）」あるいは「ガスが漏洩した際に速やかに遮断する措置（緊急遮断装置等）」で規定されている	(一般則) (液化則) (コンビ則)
		特定高圧ガスの消費設備	特殊高圧ガス，液化アンモニアまたは液化塩素の消費設備の減圧設備と当該ガスの反応（燃焼を含む）のための設備との間の配管には，逆流防止装置を設けること。詳細は，例示基準「逆流防止装置」に規定されている	(一般則)
		高圧ガス導管	市街地，主要河川，湖沼などを横断する導管（不活性ガスの導管を除く）に緊急遮断装置またはこれと同等以上の効果のある装置を設けること。設置基準が告示で定められている	(コンビ則) (通産告)
		液体危険物の貯槽	容量が1万kL以上である液体危険物タンクの移送配管には，貯槽との結合部分の直近に遠隔操作によって閉鎖する機能を有する緊急遮断弁を設ける	(危政令) (危則)
		移送取扱所の配管	配管を人口の密集した市街地に設置する場合は約1 kmの間隔で，主要な河川などを横断して設置する場合または告示で定める場合には規定の基準により緊急遮断弁を設けること。操作位置，地震時の遮断性能などについて規定されている	(危則) (自治告)
	緊急移送設備	高圧ガス設備	可燃性ガスまたは毒性ガスの高圧ガス設備のうち，特殊反応設備，燃焼熱量の数値が50.2 GJを超えるもの（貯槽を除く）および緊急遮断装置を設置すべき主要な工程に属する高圧ガス設備のうちいずれか一つのものには，緊急移送設備を設けること。移送能力，移送時間，移送物の処理方法などが例示基準「緊急かつ安全に内容物を設備外に移送・処理するための措置」で規定されている	(コンビ則)

表5.7.5 (つづき)

設備名	区分		内容	適用法規
異常制御装置	内容物(危険物)除去装置	高圧ガス設備等	アルシンなどの製造設備および特殊高圧ガスの消費設備は、内部のガスを不活性ガスで置換できる構造または内部を真空にすることができる構造とするとともに、不活性ガスの供給配管は、反応危険のないガスラインごとに別系統とすること。詳細は、例示基準「特殊高圧ガス等の不活性ガス置換の方法」あるいは「アルシン等の不活性ガス置換の方法」に規定されている	(一般則)(コンビ則)
		高圧ガス導管	相隣接する緊急遮断装置の区間ごとに当該導管内の高圧ガスを移送し、不活性ガスなどにより置換する措置を講じること。詳細は、例示基準「内容物除去装置」で規定されている	(コンビ則)
		移送取扱所の配管	相隣接した二つの緊急遮断弁の区間の危険物を安全に水または不燃性の気体により置換する措置を講じること	(危則)(自治告)
動力源の予備設備	保安電力等(予備動力源)	高圧ガス製造設備等	高圧ガスの製造設備および特殊高圧ガスの消費設備の自動制御装置、緊急遮断装置、防消火設備などには、停電などにより設備の機能が失われることのないように保安電力を保持するなどの措置を講じること。設備ごとに備え付けなければならない保安電力などの種類が例示基準「停電等により設備の機能が失われることのないための措置」で規定されている	(一般則)(液化則)(コンビ則)(通産告)
		特殊化学設備管理特定化学設備	特殊化学設備もしくは管理特定化学設備またはこれらの設備の配管もしくは付属設備に使用する動力源には、動力源の異常による火災爆発、内容物の漏洩を防止するため、ただちに使用できる予備動力源を備えること	(安衛則)(特化則)
		高圧ガス導管	導管系の保安設備には、保安電力を有するなどの措置を講じること。保安設備の種類により設けるべき保安電力などが例示基準「停電等により設備の機能が失われることのないための措置(保安電力等)」に規定されている	(コンビ則)
		移送取扱所	保安のための設備には、常用電力源が故障した場合に自動的に切り替えられるように、十分な容量を有する予備動力源を備え付けること	(危則)(自治告)
誤操作防止設備	インタロック機構	高圧ガス製造設備	可燃性ガスもしくは毒性ガスの製造設備またはこれらの計装回路の保安上重要な箇所にインタロック機構を設けること	(コンビ則)
		高圧ガス導管	ガス漏洩検知警報設備、緊急遮断装置、感震装置その他の保安のための設備などの制御回路が正常であることが確認されなければ圧縮機またはポンプが作動しない機能を有する安全制御装置を設けること	(コンビ則)
	バルブなどの誤操作防止対策	高圧ガス製造設備等	高圧ガスの製造設備および特定高圧ガスの消費設備に設けたバルブ、コックには、作業員が適切に操作することができるようにするため、開閉方向の明示、配管内の流体の流れ方向などの表示、通常使用しないものへの施錠・封印、バルブ操作箇所の照度の確保などを行うこと。詳細は、例示基準「バルブ等の操作に係る適切な措置」に規定されている	(一般則)(液化則)(コンビ則)
		化学設備特定化学設備	化学設備、特定化学設備またはこれらの付属配管に設けるバルブ、コック、スイッチ、押しボタンなどには、誤操作防止のため開閉方向の表示、色分けなどの措置を講じること。また、原材料の種類、送給対象設備、その他の必要な事項を表示すること	(安衛則)(特化則)
外因による損傷防止設備	耐震・耐風対策	危険物貯蔵タンク	屋外貯蔵タンクは、地震および風圧に耐えることができる構造とすること。地震動による慣性力または風荷重による応力が屋外貯蔵タンクの側板または支柱の限られた点に集中しないように当該タンクを堅固な基礎および地盤の上に固定すること。地震動による慣性力および風荷重の算定方法は、告示で規定されている	(危政令)(危則)(自治告)
		高圧ガス設備	塔(反応、分離、精製、蒸留などを行う高圧ガス設備で、最下端接線間の長さが5m以上のもの)、貯蔵能力が300 m^3 または3t以上の貯槽およびこれらのレグなどの支持構造物および基礎ならびに配管(耐震告1の2に該当するもの)は、地震の影響に対して安全な構造であること。設計地震動による耐震設計構造物に生じる応力などの計算方法、耐震設計構造物の部材の耐震設計用許容応力などが、「高圧ガス設備等耐震設計基準」(昭和56年通商産業省告示515号)で規定されている	(一般則)(液化則)(コンビ則)(耐震告)

表 5.7.5 （つづき）

設備名	区分		内容	適用法規
外因による損傷防止設備	耐震・耐風対策	高圧ガス導管	耐震・耐風構造に関する規定がある．導管の支持物についても地震などの影響に対して安全な構造とするとともに，必要な箇所に震動を的確に検知し，かつ，警報するための感震装置を設ける	（コンビ則）
		移送取扱所	配管の風荷重および地震に対する応力度などの計算方法が規定されている．配管の支持物も地震などに対して安全な構造とするとともに，地震動で自動的に作動する緊急遮断弁の設置，感震装置および強震計の設置（配管の経路の 25 km 以内の距離ごとおよび保安上必要な箇所）が規定されている	（危則）（自治告）
		危険物配管の支持物	危険物配管の支持物は，地震，風圧などに対して安全な構造であること	（危則）
	雷対策	危険物施設	移送取扱所ならびに指定数量の 10 倍以上の危険物を取り扱う製造所，一般取扱所，危険物貯蔵倉庫および屋外タンク貯蔵所には，避雷設備を設けること．避雷設備は，JIS A 4201「建築物等の雷保護」に適合すること	（危政令）（危則）
		建築物	高さが 20 m 以上の建築物で付近に有効な避雷設備がないものには，避雷設備を設けること．避雷設備は，JIS A 4201「建築物等の雷保護」に適合すること	（建基法）（建基令）
	衝突防止措置	高圧ガス導管	高圧ガス導管で自動車，船舶などの衝突により導管または導管の支持物が損傷を受けるおそれのある場合は，防護設備を設けること	（コンビ則）
		移送取扱所	自動車，船舶等の衝突により配管または配管支持物が損傷を受けるおそれのある場合は，告示で定める防護設備を設けること	（危則）（自治告）
耐火性建築物等	耐火性建築物	建築物	一般建築物について耐火構造としなければならない部分の規定がある．危険物の貯蔵場，処理場の用途に供する建築物は耐火建築物または準耐火建築物とすること	（建基法）（建基令）
		危険物製造所等の建築物	製造所および一般取扱所の危険物を取り扱う建築物の壁，はり，柱，床および階段は，不燃材料で造るとともに，延焼のおそれのある外壁を耐火構造とすること	（危政令）
		危険物移送用ポンプのポンプ室	危険物貯蔵タンクおよび移送取扱所のポンプ設備のための建築物その他の工作物の壁，柱，床およびはりは不燃材料で造ること	（危政令）（危則）（自治告）
		危険物貯蔵倉庫	壁，柱および床を耐火構造とし，かつ，はりを不燃材料で造ること	（危政令）
		タンク専用室	壁，柱および床を耐火構造とし，かつ，はりを不燃材料で造ること	（危政令）
		化学設備を設ける建築物	壁，柱，床，はり，屋根，階段などで化学設備に近接する部分を不燃材料で造ること	（安衛則）
		危険物貯蔵タンク	屋外貯蔵タンクの支柱は，鉄筋コンクリート造，鉄骨コンクリート造その他これと同等以上の耐火性能を有すること	（危政令）
		高圧ガス貯槽	可燃性ガスまたは毒性ガスの貯槽および可燃性物質を取り扱う設備の周辺にある貯槽ならびにこれらの支柱には，温度の上昇を防止するための措置を講じること．高さ 1 m 以上の支柱は，厚さ 50 mm 以上のコンクリートまたはこれと同等以上の耐火性能を有する不燃性断熱材で被覆すること．詳細は，例示基準「貯槽および支柱の温度上昇防止措置」，「耐熱および冷却上有効な措置」あるいは「温度上昇防止，耐熱および冷却上有効な措置」に規定されている	（一般則）（液化則）（コンビ則）
		危険物配管の支持物	危険物配管の支持物は，火災によって当該支持物が変形するおそれのある場合には，鉄筋コンクリート造またはこれと同等以上の耐火性能を有すること	（危則）
	防火戸	危険物製造所等の建築物	製造所および一般取扱所の危険物を取り扱う建築物の窓および出入口には防火設備を設けること．延焼のおそれのある外壁に設ける出入口には，随時開けることができる自動閉鎖の特定防火設備を設けること	（危政令）

表 5.7.5 (つづき)

設備名	区分		内容	適用法規
耐火性建築物等	防火戸	危険物移送用ポンプのポンプ室	危険物貯蔵タンクおよび移送取扱所のポンプ設備を設ける建築物その他の工作物の窓および出入口には防火設備を設けること	(危政令)(危則)(自治告)
		危険物貯蔵倉庫	窓および出入口には防火設備を設けること。延焼のおそれのある外壁に設ける出入口には，随時開けることができる自動閉鎖の特定防火設備を設けること	(危政令)
		タンク専用室	窓および出入口には防火設備を設けること。延焼のおそれのある外壁に設ける出入口には，随時開けることができる自動閉鎖の特定防火設備を設けること	(危政令)
	障壁	高圧ガスの圧縮機容器置場	圧縮機と圧縮アセチレンガスもしくは圧力 100 MPa 以上の圧縮ガスを容器に充填する場所または当該ガスの充填容器に係る容器置場との間，および当該ガスを容器に充填する場所と当該ガスの充填容器にかかる容器置場との間には，厚さ 12 cm 以上の鉄筋コンクリート造りまたはこれと同等以上の強度を有する構造の障壁を設けること。構造の詳細は，例示基準「障壁」に規定されている	(一般則)(コンビ則)
放爆構造建築物等	防爆構造の建築物等	危険物製造所などの建築物	製造所および一般取扱所の危険物を取り扱う建築物の屋根は，不燃材料で造るとともに，金属板その他の軽量な不燃材料で葺くこと	(危政令)
		危険物貯蔵倉庫	屋根を不燃材料で造るとともに，金属板その他の軽量な不燃材料で葺き，かつ天井を設けないこと	(危政令)
		危険物移送用ポンプのポンプ室	危険物貯蔵タンクまたは移送取扱所のポンプ設備を設置する建築物の屋根は，不燃材料で造るとともに，金属板その他の軽量な不燃材料で葺くこと	(危政令)(危則)(自治告)
		危険物貯蔵タンク	屋外貯蔵タンクは，危険物の爆発などによりタンク内の圧力が異常に上昇した場合に内部のガスまたは蒸気を上部に放出することができる構造とすること	(危政令)
流出拡大防止設備	防油堤	屋外タンク貯蔵所	液体危険物の屋外貯蔵タンクの周囲には防油堤を設けること。防油堤の構造，容量，高さ，堤内面積，構内道路との位置関係などが規定されている	(危政令)(危則)(自治告)
		20 号タンク	製造所または一般取扱所において危険物を取り扱うタンク（20 号タンク）で液体危険物を取り扱うものの周囲には防油堤を設けること。防油堤の容量などが規定されている	(危政令)(危則)(自治告)
	囲い	危険物施設	製造所または一般取扱所の設備で，屋外で液状の危険物を取り扱う設備の直下の地盤面の周囲には，高さ 0.15 m 以上の囲いを設けること	(危政令)
			屋外に設置する危険物移送用ポンプ設備の直下の地盤面の周囲には，高さ 0.15 m 以上の囲いを設けること	(危政令)(危則)(自治告)
			移送取扱所の移送基地の敷地境界部分は，土盛などにより 0.5 m 以上高くすること	(危則)(自治告)
	漏洩拡散防止措置	移送取扱所	市街地，河川上，鉄道上，道路上そのほか告示で定める場所に配管を設置する場合は，防護構造物の中に配管を設置するなど漏洩した危険物の拡散を防止するための措置を講じること	(危則)(自治告)
		高圧ガス導管	市街地，河川上および水路上，隧道（海底にあるものを除く。）上ならびに砂質土等の透水性地盤（海底を除く。）中に導管を設置する場合は，防護構造物の中に導管を設置するなど漏洩した高圧ガスの拡散を防止するための措置を講じること。ガスの種類，設置場所の状況に応じ導管を，二重管とすること。詳細は，例示基準「漏えい拡散防止措置等（導管）」に規定されている	(コンビ則)(通産告)
		高圧ガス製造設備などの配管	毒性ガスのガス設備の配管および特殊高圧ガス，液化アンモニアまたは液化塩素の消費設備の配管は，ガスの種類，設置場所の周囲の状況に応じて，二重管とすること。対象となるガスの種類，配管および外層管の構造などが例示基準「毒性ガス配管の二重管」に規定されている	(一般則)(コンビ則)

表 5.7.5 (つづき)

設備名	区分		内容	適用法規
流出拡大防止設備	流出油等防止堤	特定事業所の屋外貯蔵タンク	第4類の危険物を貯蔵する容量1万kL以上の屋外貯蔵タンクがある場合には，当該屋外貯蔵タンクの防油堤を囲むように流出油などの防止堤を設けること．流出油など防止堤の位置，構造などについて規定されている	(防災則)
	防液堤	液化ガス貯槽	可燃性ガス，毒性ガスまたは酸素の液化ガスの貯槽で貯蔵能力がつぎのものの周囲には防液堤を設けること | 適用保安規則	可燃性ガス	酸素	毒性ガス
---	---	---	---
一般則	1 000 t 以上	1 000 t 以上	5 t 以上
液化則	1 000 t 以上	1 000 t 以上	1 000 t 以上
コンビ則	500 t 以上	1 000 t 以上	5 t 以上 | 防液堤の機能，容量，構造などが例示基準「液化ガスの流出を防止するための措置」あるいは「液化石油ガスの流出を防止するための措置」で規定されている	(一般則) (液化則) (コンビ則)
除害設備	毒性ガスの除害設備		特殊高圧ガスなどの製造設備および特殊高圧ガス，液化アンモニアまたは液化塩素の消費設備には，当該ガスが漏洩したときの除害のための措置を講じること．漏洩ガスの拡散防止措置，除害措置などについて，一般則にあっては例示基準「除害のための措置（特殊高圧ガス，五フッ化ヒ素等を除く．）」および例示基準「特殊高圧ガス，五フッ化ヒ素等の除害のための措置」，コンビ則にあっては「除害のための措置（アルシン等を除く．）」および例示基準「アルシン等の除害措置」に規定されている	(一般則) (コンビ則)
	放出ガスの除害措置		毒性ガスの高圧ガス設備に設ける安全弁および破裂板には放出管を設けること．その開口部の適切な位置については，例示基準「安全弁，破裂板の放出管の開口部の位置」に規定されている．除害のための設備内に設けること	(一般則) (コンビ則)
			特殊高圧ガスの貯蔵設備等に設ける安全弁および破裂板には，放出管を設けること．放出管の開口部の位置は，除害設備内または排気ダクト内とすること	(一般則)
防消火設備（注）防火対象物の防消火設備は省略	消火設備	危険物施設	製造所，屋内貯蔵所，屋外タンク貯蔵所，屋内タンク貯蔵所，給油取扱所，屋外貯蔵所，一般取扱所および移送取扱所には規定の消火設備を設けること．消火設備の設置基準は，危険物施設をその規模，取り扱う危険物の種類および貯蔵取扱量に応じて規定し，それぞれに設ける消火設備の種類，数量，性能などが規定されている	(危政令) (危則) (通達「消火設備及び警報設備に関する運用指針」平元．消防危)
	消火設備	高圧ガス製造施設等	可燃性ガス，酸素および三フッ化窒素の製造施設および特定高圧ガスの消費施設（塩素にかかるものを除く）には，消火設備を設けること．設置対象，能力などの詳細が，例示基準「防消火設備」に規定されている	(一般則) (液化則) (コンビ則)
		建築物，化学設備等設置場所	建築物および化学設備または乾燥設備がある場所，そのほか火災，爆発のおそれのある場所には，適当な箇所に，建築物などの規模，取扱物質の種類に適した消火設備を設けること	(安衛則)
	消火用屋外給水施設	特定事業所	自衛防災組織に石災法で規定する大形化学消防車などを備え付けなければならない場合には，消火用屋外給水施設を設置すること．消火用屋外給水施設の能力，設置位置，構造などについて規定されている	(防災則)
	防災設備	一般事業所の高圧ガス製造施設等	可燃性ガス，酸素および三フッ化窒素の製造施設および特定高圧ガスの消費施設には，防火設備を設けること．詳細については例示基準「防消火設備」に規定されている	(一般則) (液化則)
		特定製造事業所の高圧ガス製造施設	可燃性ガス，毒性ガスまたは酸素の製造施設には防火設備を設けること．詳細については例示基準「防消火設備」に規定されている	(コンビ則)
		高圧ガス貯槽	可燃性ガスまたは毒性ガスの貯槽および可燃性物質を取り扱う設備の周辺にある貯槽ならびにこれらの支柱には，温度の上昇を防止するための措置を講じること．地盤面上に設置する貯槽およびその支柱については，十分な耐熱性を有するための措置または当該貯槽およびその支柱を有効に冷却するための措置を講ずること．詳細は，補完基準「貯槽及び支柱の温度上昇防止措置」，「温度上昇防止，耐熱及び冷	(一般則) (液化則) (コンビ則)

表5.7.5 （つづき）

設備名	区分		内容	適用法規
防災設備	防災設備	高圧ガス貯槽	却上有効な措置」または「耐熱及び冷却上有効な措置」に規定されている	（一般則）（液化則）（コンビ則）
警報・通報設備（注）防火対象物の警報・通報設備は省略	火災報知設備等	危険物施設	指定数量の10倍以上の製造所等には，自動火災報知設備その他の警報設備（消防機関に報知ができる電話，非常ベル装置，拡声装置または警鐘）を設けること。設けるべき警報設備の種類は，危険物の貯蔵・取扱量または床面積によって異なる。警戒区域，感知器の設置方法などについて規定されている	（危政令）（危則）（通達「消火設備及び警報設備に関する運用指針」平元. 消防危）
		移送取扱所	移送基地には非常ベル装置および拡声装置を設け，ポンプ室には，可燃性蒸気警報設備または自動火災報知設備を設けること	（危則）（自治告）
	通報設備	高圧ガス事業所	高圧ガスの製造施設または特殊高圧ガスの消費施設を設置する事業所には，事業所の規模および製造施設または消費施設の態様に応じ事業所内で緊急時に必要な連絡を迅速に行うための措置を講ずること。詳細は例示基準「通報のための措置」で規定されている	（一般則）（液化則）（コンビ則）
		移送取扱所	配管の経路には，緊急通報設備および消防機関に通報する設備を設けること。設置場所などについて規定されている	（危則）（自治告）
	ガス検知警報設備	高圧ガス製造施設等	可燃性ガスまたは毒性ガスの製造施設および特定高圧ガスの消費施設には，漏洩したガスが滞留するおそれのある場所に，当該ガスの漏洩を検知し，かつ，警報するための設備を設けること。詳細は例示基準「ガス漏えい検知警報設備とその設置場所（導管系を除く）」に規定されている	（一般則）（液化則）（コンビ則）
		高圧ガス導管	導管系にはガスの種類および圧力ならびに導管の周囲の状況に応じて必要な箇所にガス漏洩検知警報設備または漏洩検知口を設けること。詳細は，例示基準「ガス漏えい検知警報設備とその設置場所（導管系を除く）」に規定されている	（コンビ則）
		移送取扱所	配管系には，漏洩検知装置を設け，埋設配管に対しては漏洩検知口を設けること	（危則）（自治告）
	異常事態警報装置	移送取扱所	配管系には，配管系の圧力または流量に異常が生じた場合にその旨の警報を発する警報装置を設けること	（危則）（自治告）
		高圧ガス導管	導管系には，圧力または流量の異常な変動などの異常な事態が発生した場合にその旨の警報を発する警報装置を設けること	（コンビ則）

表5.7.6 レイアウトの法規

項目				内容	適用法規
高圧ガス保安法適用施設	保安物件			●学校●病院●劇場，そのほか多数の人を収容する施設など●保護施設，福祉施設など●文化財保護法などに関わるもの●博物館など●百貨店，マーケット，公衆浴場，ホテル，旅館そのほか不特定，かつ，多数の者を収容する床面積の合計が1 000 m² 以上の建築物●1日の乗降者数の平均が2万人以上の駅の母屋およびプラットホーム（以上第1種保安物件と称する）●そのほか住居の用に供する建築物（第2種保安物件と称する）に区分される	（一般則）（液化則）（コンビ則）
	設備距離（製造施設等と保安物件との保安距離）	一般事業所	高圧ガスの製造施設 特定高圧ガスの消費施設	処理設備，減圧設備および貯蔵設備の外面からガスの種類，処理能力または貯蔵能力に応じ，第1種保安物件に対して第1種設備距離以上，第2種保安物件に対して第2種設備距離以上の距離を有すること	（一般則）（液化則）
		特定製造事業所	受払い専用処理設備 処理能力が52 500 N·m³ 以下のポンプ，圧縮機，気化器など	処理能力に応じ，第1種保安物件に対して第1種設備距離以上，第2種保安物件に対して第2種設備距離以上の距離を有すること	（コンビ則）
		可燃性ガスの製造施設	貯蔵設備および処理施設（受払い専用処理設備および処理能力が52 500 N·m³ 以下のポンプ，圧縮機，気化器などを除く）	敷地境界線またはこれに相当する施設の外縁までに50 mまたはつぎの式により得られた値の大きい方の距離以上の距離を有すること $$X = a \cdot \sqrt[3]{K \cdot W}$$ X：有すべき距離の数値〔m〕 K：コンビ則別表第2に規定する数値	（コンビ則）（通産告）

表5.7.6 (つづき)

項目				内容	適用法規
高圧ガス保安法適用施設	設備距離（製造施設等と保安物件との保安距離）	特定製造事業所	可燃性ガスの製造施設	W：貯蔵設備：貯蔵能力〔t〕の平方根の数値（1t以下は貯蔵能力） 処理設備：設備内のガスの質量〔t〕 a：つぎの区分に応じて決められた係数 | 区　分 | aの値 | |---|---| | 防護壁を設けた既設製造施設 | 0.290 | | 防護壁のない既設製造施設 | 0.480 | | 防護壁を設けた新設貯槽 | 0.348 | | LPGの新設地下・半地下貯槽 | 0.240 | | LNGの新設地下・半地下貯槽 | 0.177 | | 上記以外の新設製造施設 | 0.576 |	（コンビ則）（通産告）
			燃焼熱量の数値が14.2 GJ以上の貯蔵設備および処理設備	その外面から他の製造事業所との敷地境界線に対して20m以上の距離を有すること．ただし，隣接事業所と保安管理が一体である場合で，当該隣接事業所の製造設備との間に30m以上の距離を有するときはこの限りでない	（コンビ則）（通産告）
			毒性ガスの製造施設：ガスの除害設備／ガス設備の建屋	敷地境界線またはこれに相当する施設の外縁までに20m以上の距離を有すること	（コンビ則）（通産告）
			配管	導管に直接接続する配管および受払い専用処理設備に関わる配管以外の配管は，敷地境界線またはこれに相当する施設の外縁から20mの範囲内にある部分の総延長を50m未満としなければならない	（コンビ則）（通産告）
			配管以外のガス設備	ガス設備の外面から保安物件（保安のための宿直施設を除く）に対して，ガス設備に係る貯蔵設備の貯蔵能力または処理設備の処理能力に応じた所定の計算値以上の距離を有すること	（コンビ則）（通産告）
				貯蔵設備および処理設備は，その外面から保安のための宿直施設に対して，貯蔵能力または処理能力に応じ，第2種設備距離以上の距離を有すること	（コンビ則）
				製造設備（受払い専用処理設備を除く）は，その外面から他の製造事業所との敷地境界線に対して20m以上の距離を有すること．ただし，隣接事業所と保安管理が一体である場合で，当該隣接事業所の製造設備との間に30m以上の距離を有するときはこの限りでない	（コンビ則）（通産告）
			不活性ガスの製造施設：ヘリウム，ネオン，アルゴン，クリプトン，キセノンおよびラドンの貯蔵設備および処理設備	処理能力または貯蔵能力に応じ，その外面から第1種保安物件に対して第1種設備距離以上の，第2種保安物件に対して第2種設備距離以上の距離を有すること	（コンビ則）（通産告）
			窒素，二酸化炭素，フルオロカーボン（可燃性のものを除く）および空気の処理設備ならびに貯蔵設備で処理能力または貯蔵能力が52 500 kgまたは52 500 N·m³未満のもの		
			保安用不活性ガスの処理設備および貯蔵設備で処理能力または貯蔵能力が21万kgまたは21万N·m³未満のもの		
			上記以外の不活性ガスの製造施設：貯蔵設備および処理設備（受払い専用処理設備を除く）	その外面から保安物件（保安のための宿直施設を除く）に対して50m以上の距離を有すること	（コンビ則）
				その外面から保安のための宿直施設に対して，貯蔵能力または処理能力に応じ，第2種設備距離以上の距離を有すること	（コンビ則）

表 5.7.6 （つづき）

項　目			内　　容	適用法規
高圧ガス保安法適用施設	設備距離（製造施設等と保安物件との保安距離）	その他のガスの製造施設		
		上記以外の不活性ガスの製造施設　受払い専用処理設備	処理能力に応じ，第1種保安物件に対して第1種設備距離以上，第2種保安物件に対して第2種設備距離以上の距離を有すること	（コンビ則）
		貯蔵設備および処理設備（受払い専用処理設備を除く）	貯蔵設備および処理設備は，その外面から保安物件（保安のための宿直施設を除く）に対して50m以上の距離を有すること	（コンビ則）
			貯蔵設備および処理設備は，その外面から保安のための宿直施設に対して，貯蔵能力または処理能力に応じ，第2種設備距離以上の距離を有すること	（コンビ則）
		受払い専用処理設備	処理能力に応じ，第1種保安物件に対して第1種設備距離以上，第2種保安物件に対して第2種設備距離以上の距離を有すること	（コンビ則）
		特定製造事業者間の導管	保安距離：地上設置の導管は，施設の種類および高圧ガスの種類に応じ，それぞれの施設に対して，規定の保安距離を確保する。この場合において，常用の圧力が1MPa未満であるものについては下表の距離から15mを減じた距離とすることができる	（コンビ則）（通産告）

特定製造事業者間の導管（保安距離）：

施設の種類	高圧ガスの種類	
	可燃性ガス	毒性ガス
① 鉄道（貨物輸送専用のものを除く） ② 道路（工業専用地域内にある道路，避難道路を除く）	25m以上	40m以上
③ 学校・幼稚園 ④ 福祉施設・援護施設・保護施設など ⑤ 病院 ⑥ 公共空地・都市公園 ⑦ 劇場・映画館・演芸場・公会堂など ⑧ 百貨店・マーケット・公衆浴場・ホテル・旅館など ⑨ 1日2万人以上が乗降する駅の母屋・プラットホーム	45m以上	72m以上
⑩ 重要文化財・重要有形民俗文化財など	65m以上	100m以上
⑪ 水道施設 ⑫ 避難空地・避難道路	300m以上	300m以上
⑬ 上記以外の住宅または多数の者が出入り，勤務するもの	25m以上	40m以上

項　目			内　　容	適用法規
			空地：地上設置の導管は，常用の圧力に応じて規定の幅（工業専用地域に設置する導管についてはその1/3の幅）の空地を確保する 　（常用の圧力）　　　　　（空地の幅） 　0.2MPa未満　　　　　　5m以上 　0.2MPa以上1MPa未満　　9m以上 　1MPa以上　　　　　　　15m以上	（コンビ則）（通産告）
	置場距離（容器置場と保安物件との保安距離）	一般事業所の容器置場		（一般則）（液化則）
		特定製造事業所の毒性ガス以外のガスの容器置場	その外面から容器置場の面積に応じ，第1種保安物件に対して第1種置場距離以上の，第2種保安物件に対して第2種置場距離以上の距離を有すること	（コンビ則）
		特定製造事業所の毒性ガスの容器置場	その外面から保安物件に対して，容器置場の面積に応じた所定の計算値以上の距離を有すること	（コンビ則）
	可燃性のガス製造設備／消費設備		製造設備はその外面から，消費設備はその貯蔵設備など（LPGおよび特殊高圧ガスのものに限る）の外面から，火気を取り扱う施設（当該設備内のものを除く）に対して8m以上の距離を有すること。ただし，ガス流動防止措置を講じる場合はこの限りでない	（一般則）（液化則）（コンビ則）
			高圧ガス設備は，その外面から他の可燃性ガスの高圧ガス設備に対して5m以上の，酸素の高圧ガス設備に対して10m以上の距離を有すること	（一般則）（コンビ則）（通産告）
			貯槽（貯蔵能力が300m³または3000kg以上のものに限る）は，その外面から他の可燃性ガスまたは酸素の貯槽に対して1mまたは貯槽の最大直径の和の1/4の長さのうち，どちらか大きい距離以上の距離を有すること	（一般則）（液化則）（コンビ則）

5. 安全マネジメント手法

表 5.7.6 （つづき）

項　目		内　　容	適用法規
高圧ガス保安法適用施設		貯槽（燃焼燃量が 50.2 GJ 以上のものに限る）と高圧ガス設備（燃焼熱量が 50.2 GJ 以上のものに限る）または圧縮機（処理能力が 20 万 N·m³ 以上のものに限る）との間は 30 m 以上離すこと	（コンビ則）（通産告）
	防液堤内外の設置制限	毒性ガスまたは可燃性ガスの液化ガス貯槽に設ける防液堤の内側およびその外面から 10 m（貯蔵能力 1000 t 未満の可燃性ガスの液化ガス貯槽に関わるもの 8 m，毒性ガスの液化ガス貯槽に関わるものについてはガスの種類および能力に応じて定める距離（4～10 m）以内には，当該貯槽の附属設備その他の保安上支障のない設備および施設以外のものを設けてはならない	（一般則）（液化則）（コンビ則）（通産告）
	保安区画	特定製造事業所の高圧ガス設備は，通路などで区画された保安区画内に設置すること．一つの保安区画の面積は 2 万 m² 以下とし，保安区画内の高圧ガス設備の燃焼熱量は，2.5 TJ 以下とすること．また，保安区画内の高圧ガス設備と隣接する保安区画内の高圧ガス設備との間は 30 m 以上離すこと	（コンビ則）（通産告）
危険物関係法規適用施設	保安対象物	① 学校，病院，劇場そのほか多数の人を収容する施設または保護施設・福祉施設など ② 文化財保護法などに係るもの ③ 建築物その他の工作物で住居の用に供するもの ④ 高圧ガス製造施設，高圧ガス貯蔵所，液化酸素消費施設，LPG 販売施設 ⑤ 使用電圧が 7 000 V を超え 35 000 V 以下の特別高圧架空電線 ⑥ 使用電圧が 35 000 V を超える特別高圧架空電線 ⑦ 百貨店，マーケット，公衆浴場，ホテル，旅館そのほか不特定，かつ，多数の者を収容する床面積の合計が 1 000 m² 以上の建築物または 1 日の乗降者数の平均が 2 万人以上の駅の母屋およびプラットホーム ⑧ 鉄道または道路 ⑨ 都市計画法に規定する公共空地または都市公園法に規定する都市公園 ⑩ 水道法に規定する水道施設または災害対策基本法による震災時の避難空地もしくは避難道路	（危政令）（危則）（自治告）
	保安距離	製造所　　　　保安対象物　①　に対して　　　　30 m 以上 屋内貯蔵所　　保安対象物　②　に対して　　　　50 m 以上 屋外タンク　　保安対象物　③　に対して　　　　10 m 以上 貯蔵所　　　　保安対象物　④　に対して　　　　20 m 以上 屋外貯蔵所　　保安対象物　⑤　に対して　水平距離　3 m 以上 一般取扱所　　保安対象物　⑥　に対して　水平距離　5 m 以上	（危政令）（危則）
	移送取扱所	地上配管およびポンプ設備は，その外面からつぎの保安対象物に対して，必要とされる保安距離を有すること 保安対象物　①　に対して　　　　45 m 以上 保安対象物　②　に対して　　　　65 m 以上 保安対象物　③　に対して　　　　25 m 以上 保安対象物　④　に対して　　　　35 m 以上 保安対象物　⑦　に対して　　　　45 m 以上 保安対象物　⑧　に対して　　　　25 m 以上 保安対象物　⑨　に対して　　　　45 m 以上 保安対象物　⑩　に対して　　　　300 m 以上	（危則）（自治告）
		地下配管は，その外面から建築物，地下街，隧道および水道法に基づく水道施設に対して，つぎの水平距離を有すること ・建築物（地下街内のものを除く）に対して 1.5 m 以上 ・地下街および隧道に対して 10 m 以上 ・水道施設に対して 300 m 以上	（危則）（自治告）
	地下タンク貯蔵所	第 4 類危険物を貯蔵する地下貯蔵タンクで直接埋設するものは，地下鉄，地下トンネルまたは地下街に対して 10 m 以上の水平距離を有するとともに，地下建築物内に設置してはならない	（危政令）（危則）
	特例	危険物施設の規模，構造，取り扱う危険物の種類および数量，危険物の取扱方法などにより，保安距離の特例が定められている また，防火上有効な塀などを設けることにより市町村長などが安全であると認めたときは，市町村長などが定める距離を保安距離とすることが認められている	（危政令）
	敷地内距離	引火性液体危険物の屋外貯蔵タンクは，屋外貯蔵タンクの区分および貯蔵する危険物の引火点に応じて敷地境界線またはこれに相当する施設の外縁に対して次表に示す距離以上の距離を確保すること．不燃材料で造った防火上有効な塀または防火上有効な水幕設備を設けることにより市町村長などが安全であると認めたときは，市町村長などが定める距離を敷地内距離とすることが認められている	（危政令）（危則）

表 5.7.6 （つづき）

項目	内容			適用法規
敷地内距離	区分	危険物の引火点	距離	D：タンクの直径 [m] H：タンクの高さ [m] L：横形タンクの横の長さ [m]
	特定事業所内にある特定屋外貯蔵タンク	21℃未満	50 m または 1.8 D（H または L）のうち，いずれか大きいもの以上	
		21℃以上 70℃未満	40 m または 1.6 D（H または L）のうち，いずれか大きいもの以上	
		70℃以上	30 m または 1.0 D（H または L）のうち，いずれか大きいもの以上	
	上記以外の屋外貯蔵タンク	21℃未満	1.8 D（H または L）以上	
		21℃以上 70℃未満	1.6 D（H または L）以上	
		70℃以上	1.0 D（H または L）以上	
	移送取扱所の移送基地内で危険物を取り扱う施設は，その外面から敷地境界線に対して当該施設に係る配管の最大常用圧力に応じ，次表に定める距離以上の距離を確保すること．工業専用地域にあるものは，当該距離を 1/3 まで短縮できる			（危則） （自治告）
	最大常用圧力		敷地境界線までの距離	
	0.3 MPa 未満		5 m 以上	
	0.3 MPa 以上 1 MPa 未満		9 m 以上	
	1 MPa 以上		15 m 以上	

危険物関係法規適用施設

項目	内容			適用法規
保有空地（設備間距離）	危険物施設は，他の施設との間に危険物施設ごとに危険物の貯蔵・取扱量に応じて規定する幅の空地を確保すること			
	危険物施設の区分	対象施設	危険物の貯蔵・取扱量（指定数量の倍数） / 空地の幅	
	製造所一般取扱所	他の施設	10 倍以下 → 3 m 以上 10 倍超え → 5 m 以上	（危政令）（自治告）
	屋内貯蔵所の貯蔵倉庫	他の施設（隣接する貯蔵倉庫を除く）	5 倍以下 → 0.5 m 以上 5 倍超え 10 倍以下 → 1.5 m 以上（1 m 以上）* 10 倍超え 20 倍以下 → 3 m 以上（2 m 以上）* 20 倍超え 50 倍以下 → 5 m 以上（3 m 以上）* 50 倍超え 200 倍以下 → 10 m 以上（5 m 以上）* 200 倍超え → 15 m 以上（10 m 以上）*	（危政令）（危則） *（ ）内は耐火構造倉庫に適用
		隣接する貯蔵倉庫	20 倍超え → 上記により幅員が 3 m 以上となるものについて，その幅員の 1/3 以上の幅の空地を確保する．（最低 3 m 以上）	
	屋外貯蔵所の棚等	他の施設	10 倍以下 → 3 m 以上 10 倍超え 20 倍以下 → 6 m 以上 20 倍超え 50 倍以下 → 10 m 以上 50 倍超え 200 倍以下 → 20 m 以上 200 倍超え → 30 m 以上	（危政令）（危則）
	屋外タンク貯蔵所の屋外貯蔵タンク	他の施設（引火点 70℃以上の危険物の屋外貯蔵タンクを除く）	500 倍以下 → 3 m 以上 500 倍超え 1 000 倍以下 → 5 m 以上 1 000 倍超え 2 000 倍以下 → 9 m 以上 2 000 倍超え 3 000 倍以下 → 12 m 以上 3 000 倍超え 4 000 倍以下 → 15 m 以上 4 000 倍超え → 直径または高さのうち大なるものに等しい距離以上（最低 15 m 以上）	（危政令）（危則）
		引火点 70℃以上の危険物の屋外貯蔵タンク	― / 上記の指定数量の倍数に応じて必要とされる幅の 2/3 以上の幅を確保する（最低 3 m 以上）	
	屋外タンク貯蔵所のポンプ設備	当該屋外貯蔵タンク以外の施設	10 倍超え → 3 m 以上	（危政令）（危則）

表5.7.6 (つづき)

項目			内容		適用法規
危険物関係法規適用施設	保有空地（設備間距離）	屋外タンク貯蔵所のポンプ設備	当該屋外貯蔵タンク	10倍超え	上記空地の1/3以上の幅の空地を確保する	
		地下タンク貯蔵所の地下貯蔵タンク	隣接する地下貯蔵タンク	地下貯蔵タンク間には，1m以上の間隔を保つこと。ただし，2以下の地下貯蔵タンクの容量の総和が指定数量の100倍以下のときは0.5m以上離せばよい		(危政令)
		移送取扱所の配管およびポンプなど（ポンプ室を含む）は，他の施設との間に最大常用圧力に応じて規定される幅の空地を確保すること				
		施設の区分	対象施設	最大常用圧力	空地の幅	
		移送取扱所の配管	他の施設	0.3MPa未満 0.3MPa以上1MPa未満 1MPa以上	5m以上 9m以上 15m以上	(危則)
		移送取扱所のポンプなどおよびポンプ室	他の施設	1MPa未満 1MPa以上3MPa未満 3MPa以上	3m以上 5m以上 15m以上	(危則) (自治告)
			耐火構造のポンプ室の場合，上記の1/3でよい			
特定事業所の製造施設（石災法）	配置	屋外貯蔵タンクおよび防油堤と構内道路との配置	防油堤内の屋外貯蔵タンクは，貯蔵する危険物の引火点および容量に応じ，つぎに示す幅員を持つ構内道路に直接面するように設けること。ただし，引火点が200℃以上の危険物の屋外貯蔵タンクは適用除外とされ，防油堤内のすべての屋外貯蔵タンクの容量が200kL以下の場合は，消火活動に支障のない道路または空地に面していればよい		(危則)
			タンク容量〔kL〕	引火点〔℃〕		
				70未満	70以上200未満	
			5千以下 5千超え1万以下 1万超え5万以下 5万超え	6m以上 8m以上 12m以上 16m以上	6m以上 6m以上 8m以上 8m以上	
			防油堤は，周囲が構内道路に接するように設ける			(危則)
		屋外貯蔵タンクと防油堤との間隔	防油堤は，堤内にある屋外貯蔵タンクの外面に対して直径が15m未満のタンクではタンクの高さの1/3以上，直径が15m以上のタンクではタンク高さの1/2以上の距離を離して配置すること。引火点が200℃以上の危険物の屋外貯蔵タンクに対しては，この離隔距離は必要ない			(危則)
		各施設地区の配置	事業所の敷地をその用途に応じ，製造施設地区，貯蔵施設地区，用役施設地区，入出荷施設地区，事務管理施設地区，その他施設地区に区分し，所定の配置および面積とするとともに，周囲に特定通路を設ける			(レイ則)
			面積	・製造施設地区の面積は8万m²を超えないこと ・貯蔵施設地区の面積は9万m²を超えないこと		(レイ則)
			配置	・各施設地区は，各施設地区別に必要とされる間が特定通路に接するように配置すること ・製造施設地区は，その外周から5m（その面積が1000m²以上7000m²未満のときは3m）以内に施設，設備を設置しないこと（保安上支障のないものを除く） ・貯蔵施設地区と火気使用施設とは，防災上適切な位置に配置すること		(レイ則)
			特定通路などの配置	・特定通路は，その周囲に設置する設備地区の種類および面積に応じて規定される幅以上の幅員を有すること ・特定通路は，その両端が他の6m以上の幅を有する通路に接続するように設けること ・事業所の敷地は，面積に応じて幅員10mまたは12m以上の幹線通路で2分割または4分割すること ・特定通路などを架設横断する配管は，地盤面から4m以上の間隔を有して設置すること		(レイ則)

表5.7.6 (つづき)

項目			内容	適用法規
特定事業所の製造施設（石災法）	配置	各施設地区の配置	・特定通路などは，施設地区の角地に辺の長さ2m以上の二等辺三角形の角切りを行うこと	（レイ則）
		事業所間の通路導管および連絡道路 — 連絡導管	連絡導管は，道路に沿い，他の施設または設備（保安上支障のないものを除く）と同一地盤に設置され，または著しく近接することのないように配置すること	（レイ則）
		連絡道路	連絡道路は，隣接特定事業所の敷地内の道路に連絡できるように，境界1kmごとに配置すること	

表5.7.7 公害に関するおもな法規とその概要

適用法規		項目		内容	説明
環境基本法				国レベルにおける環境行政の総合化を目的とした枠組みとして，「環境保全長期計画」（1977（昭和52）年）および「環境保全長期構想」（1986（昭和61）年）に代わり，環境基本法の制定により初めて，政府全体の環境保全に関する施策の基本的方向を示す計画。	環境基本計画には，政府の取組みの方向，および地方公共団体，事業者，国民のあらゆる自主的，積極的取組みを促す役割をも併せ持っている。
大気	大気汚染防止法（大気法）	ばい煙の排出規制	硫黄酸化物発生施設 — 排出基準	工事または事業所に設置される施設のうち，燃料その他の物の燃焼に伴い，大気汚染の原因となる硫黄酸化物を発生するもの。	硫黄酸化物には，一般排出基準に加え ・特別排出基準：大気汚染の深刻な地域において，新設されるより厳しい規制基準 ・総量規制基準：大規模工場に適用される工場ごとの総量に対する規制基準 が定められている。
			ばいじん発生施設 — 排出基準	工場または事業所に設置される施設のうち，燃料その他の物の燃焼または電気の使用に伴い，大気汚染の原因となるばいじんを発生するもの。	ばいじんには，一般排出基準に加え ・特別排出基準：大気汚染の深刻な地域において，新設されるより厳しい規制基準 ・上乗せ排出基準：一般排出基準，特別排出基準では大気汚染防止が不十分な地域において，都道府県が条例によって定めるより厳しい基準 が定められている。
			有害物質発生施設 — 排出基準	工場または事業所に設置される施設のうち，物の燃焼，合成，分解その他の処理に伴い大気汚染の原因となるカドミウムおよびその化合物，塩素，塩化水素，フッ素，フッ化水素およびフッ化ケイ素，鉛およびその化合物，窒素酸化物などの有害物質を発生するもの。	有害物質には，一般排出基準に加え ・上乗せ排出基準：一般排出基準，特別排出基準では大気汚染防止が不十分な地域において，都道府県が条例によって定めるより厳しい基準 ・総量規制基準：大規模工場に適用される工場ごとの総量に対する規制基準（窒素酸化物等） が定められている。
		粉じんの排出規制	一般粉じん発生施設 — 構造・使用・管理基準	工場または事業所に設置される施設のうち，物の破砕や堆積等により発生し，または飛散し，大気汚染の原因となる物質をいう（石綿以外）。	破砕機や堆積場等の一般粉じん発生施設の種類ごとに定められた構造・使用・管理に関する基準が定められている。
			特定粉じん発生施設 — 敷地境界基準	工場または事業所に設置される施設のうち，物の破砕や堆積等により発生し，または飛散し，大気汚染や人の健康に被害を与えるおそれのある石綿をいう。	特定粉じんに係る規制として ・発生施設：工場・事業場の敷地境界における大気中濃度の基準（石綿繊維10本/リットル） ・排出等作業：吹付け石綿等が使用されている建築物その他の工作物を解体・改造・補修する作業における作業基準 が定められている。
		揮発性有機化合物（VOC）の排出規制	揮発性有機化合物排出施設 — 排出基準	「揮発性有機化合物」とは大気中に排出され，または飛散したときに気体となる有機化合物を示す。施設の種類および規模ごとに排出基準を定めている。	乾燥施設や，塗装施設ごとに，細かく規制され，事前に，知事に届出が必要（① 代表者名，② 工場，③ 施設の種類，④ 施設の構造等） また，既存設備がVOC排出施設となった場合，30日以内に届出が必要。 設置届出の受理後，60日以降で工事が可能となる。 濃度測定は，VOC排出者が，1回/年以上，3年間の記録保存を要している。
		水銀等の規制	水銀排出施設 — 排出基準	水俣条約の的確かつ円滑な実施を確保するため，2018（平成30）年4月1日から水銀大気排出規制が開始。 施設の設置や構造等の変更時は，都道府県知事に届出が必要。 届出受理日60日経過後，施設の設置や構造等の変更が可能。 氏名の変更，または施設使用中止時は，30日以内に都道府県知事に届出。	施設の種類および規模ごとに許容限度を定めている。 例：① 石炭火力発電所産業用石炭燃焼ボイラ 　　　新規＝8μg/N·m³，既存＝10μg/N·m³ ② 小型石炭混焼ボイラ 　　　新規＝10μg/N·m³，既存＝15μg/N·m³ ③ 非鉄金属（一次施設：銅または工業金） 　　　新規＝15μg/N·m³，既存＝30μg/N·m³ ④ 非鉄金属（二次施設：銅，鉛または亜鉛） 　　　新規＝100μg/N·m³，既存＝400μg/N·m³ 等

表 5.7.7 （つづき）

	適用法規	項目		内容	説明
大気	大気汚染防止法（大気法）	水銀等の規制	要排出抑制施設 自主的取組み	要排出抑制施設は，規制対象施設以外のうち，わが国において水銀の排出量が相当程度多い施設であって，排出抑制をすることが適当であるものとして定められ，自主的取組みが求められている。	要排出抑制施設として挙げられるのが 1) 製銑用の焼結炉（ペレット焼結炉を含む） 2) 製鋼用の電気炉 があり ア)「自ら遵守すべき基準を作成し，水銀濃度を測定・記録・保存することその他の処置を講ずる」 イ)「措置の実施状況およびその結果を公表する」 としている。
	自動車から排出窒素酸化物及び微粒子状物質の特定地域における総量の削減等に関する特別措置法（自動車 NO_x・PM 法）	指定地域の指定自動車		・車検による規制 ・局地汚染，流入車対策 ・特定事業者の計画作成と届出等	自動車から排出される窒素酸化物（NO_x）および微粒子状物質（PM）による大気汚染を防止するために，国，地方公共団体・事業者・国民の果たすべき責務を明らかにしている。また，汚染が著しい特定の地域については，総量削減の基本方針を策定し，当該地域の排出基準を定めて排出抑制することを目的としている。	1) 規制対象の地域・物質 ① 地域 8都府県（埼玉県，千葉県，東京都，神奈川県，愛知県，三重県，大阪府，兵庫県）の一部地域。 ② 排出規制物質 窒素酸化物（NO_x），粒子状物質（PM） 2) 指定自動車 ① 普通貨物自動車，② 小型貨物自動車，③ 大型バス（定員30人以上），④ マイクロバス（11人以上30人未満），⑤ ディーゼル乗用自動車（11人未満），⑥ 特殊自動車
	特定特殊自動車排出ガスの規制等に関する法律（オフロード法）	基準適合表示義務		特定原動機技術基準準拠	この法律は，特定原動機および特定特殊自動車について技術上の基準を定め，特定特殊自動車の使用について必要な規制を行うこと等により，特定特殊自動車排出ガスの排出を抑制することで，大気の汚染に関し，国民の健康保護と生活環境を保全することを目的としている。	特定特殊自動車は，基準適合表示車のみ使用可能。 特定特殊自動車の種類（例） ① 建設機械：油圧ショベル，ブルドーザ，ロードローラ，クローラクレーン ② 産業機械：フォークリフト，タイヤ・ドーザ ③ 農業機械：普通型コンバイン，一部の農耕トラクタ　　等
水質	水質汚濁防止法（水質法）	有害物質を含む汚水・廃液の規制	特定施設	1) カドミウム，シアン化合物，有機リン化合物等の有害物質を含む排水，2) 生活環境に係る被害を生じる COD 他の汚水水，3) 指定地域指定施設（201人以上500人以下）のし尿浄化槽を対象とした，生活環境に被害を生じるおそれのある程度に汚濁された汚水または廃液を排出する施設	特定施設は，1. 鉱業，水洗炭業，2. 畜産業，3. 水産食品製造業，4. 保存食品製造業，5. みそ醤油等製造業，6. 小麦粉製造業等多岐に及ぶ。 また，有害物質は，1. カドミウムおよびその化合物，2. シアン化合物，3. 有機リン化合物，4. 鉛およびその化合物等，多岐に及ぶ。
			指定施設	カドミウム，シアン化合物，有機リン化合物等の有害物質を貯蔵・使用し，またはホルムアルデヒド，塩化水素，硫酸，水酸化ナトリウム等の指定物質を製造・貯蔵・使用・処理する施設	指定物質は，1. ホルムアルデヒド，2. ヒドラジン，3. ヒドロキシルアミン，4. 過酸化水素水，5. 塩化水素，6. 硫酸，7. 水酸化ナトリウム等，多岐に及ぶ。
			貯油施設等	原油，重油，潤滑油，軽油，灯油，揮発油，動植物油，その他の油を貯蔵し，または油水分離施設	施設の破損その他の事故が発生し，油分を含む水が公共水域に排出され，または地下に浸透した場合にとるべき応急措置と，報告義務について規定されている。
	海洋汚染等及び海上災害の防止に関する法律（海洋法）		海洋施設等	海洋等への油，有害液体物質等，廃棄物，有害水バラスト，船舶の排出ガスの排出や焼却等を規制し，海洋汚染等および海上災害を防止。	何人も，船舶，海洋施設または航空機からの油，有害液体物質等その他の廃棄物の排出による海洋の海域への排出等により海洋汚染等をしないよう規定されている。これらの物質の焼却について規制されており，船長，船舶所有者は，その防除，消火，延焼の防止の措置を講ずるように定められている。
	瀬戸内海環境保全特別措置法		瀬戸内海における特定施設	瀬戸内海における特定施設の設置の規制，富栄養化による被害の発生の防止，自然海浜の保全，環境保全のための事業の促進等に関し，特別の措置を講ずる。	瀬戸内海の指定地域と，関係府県（大阪府，兵庫県，和歌山県，岡山県，広島県，山口県，徳島県，香川県，愛媛県，福岡県，大分県，京都府（政令），奈良県（政令）。
	湖沼水質保全特別措置法		湖沼	環境基準の確保が緊要な湖沼について水質保全計画の策定および汚水，廃液その他の水質の汚濁の原因となる物を排出する施設に係る必要な規制を行う等の特別の措置を講ずる。	環境大臣が指定する，指定湖沼は，八郎潟，釜房ダム，霞ヶ浦，印旛沼，手賀沼，諏訪湖，野尻湖，琵琶湖，中海，宍道湖，児島湖である。
騒音・振動	騒音規制法（騒音法）	指定地域内の特定施設のある工場・事業場・特定建設作業	特定工場等に関する規制	騒音を発生する特定施設を設置する工場または事業場であって，都道府県知事が指定する地域で適用する。 具体的には，騒音の規制基準を，昼夜および地域区分に応じて定められている。 この，特定工場に対し，公害防止管理者の選任が定められているので注意を要する。	特定施設を設置する工場または事業場を「特定工場等」という。特定施設としては (1) 金属加工機械 ① 圧延機械，② 製管機械，③ ベンディングマシン，④ 液圧プレス，⑤ 機械プレス，⑥ せん断機，⑦ 鍛造機等 (2) 空気圧縮機および送風機，(3) 土石用または鉱物用の粉砕機，摩砕機，ふるいおよび分級機，(4) 織機（原動機を使用するもの），(5) 建設用資材製造機械 (6) 穀物用製粉機，(7) 木材加工機，(8) 抄紙機，(9) 印刷機械 (10) 合成樹脂用射出成型機，(11) 鋳型造型機等等多岐に及んでいる。 また，指定区域（第1種区域～第4種区域）と時間ごとに騒音規制基準がある。

表5.7.7 （つづき）

適用法規		項目	内容	説明
騒音・振動	騒音規制法（騒音法）	指定地域内の特定施設のある工場・事業場・特定建設作業	特定建設作業に関する規制	建設工事において著しい騒音を発する作業であって、都道府県知事が指定した地域内で行われるものを適用する。具体的には、騒音の規制基準は、昼夜などの区分、および地域区分に応じて定められている。	特定建設工事に使用する機械には、以下の物がある。(1) くい打ち機、くい抜き機、(2) びょう打ち機、(3) 削岩機、(4) 空気圧縮機、(5) コンクリート、アスファルトプラント、(6) バックホウ、(7) トラクタショベル、(8) ブルドーザ
		自動車騒音	自動車騒音に係る許容限度	環境大臣は、自動車騒音の大きさの許容限度を定め、国土交通大臣は、道路運送車両法に基づく命令で、許容限度が確保されるように考慮しなければならない。また、市町村でも、指定地域内の自動車騒音は、常時監視している。	市町村長は、指定地域内における自動車騒音が環境省令で定める限度を超えていることにより道路の周辺の生活環境が著しく損なわれると認めるときは、都道府県公安委員会に対し、措置をとるべきことを要請することができる。
	振動規制法（振動法）	指定地域内の特定施設のある工場・事業場・特定建設作業	特定工場等に関する規制	振動を発生する特定施設を設置する工場または事業場であって、都道府県知事が指定する地域内で適用する。具体的には、振動の規制基準は、昼夜および地域区分に応じて定められている。この特定工場に対し、公害防止管理者の選任が定められているので注意を要する。	特定施設を設置する工場または事業場を「特定工場等」という。特定施設としては(1) 金属加工機械 ① 液圧プレス、② 機械プレス、③ せん断機、④ 鍛造機、⑤ ワイヤフォーミングマシン、(2) 圧縮機、(3) 土石用、鉱物用の粉砕機、摩砕機、ふるい、分級機、(4) 織機（原動機を使用するもの）、(5) コンクリートブロックマシン、(6) 木材加工機械、(7) 印刷機械、(8) ゴム練用または合成樹脂練用のロール機、(9) 合成樹脂用射出成型機、(11) 鋳型造型機等多岐に及んでいる。また、指定区域（第1種区域〜第2種区域）と時間ごとに規制基準がある。
			特定建設作業に関する規制	建設工事において著しい振動を発する作業であって、都道府県知事が指定する地域内で行われるものを適用する。具体的には、振動の規制基準は、昼夜などの区分、および地域区分に応じて定められている。	特定建設作業に該当する機械を、以下に示す。(1) くい打ち機、くい抜き機、(2) 鋼球使用の破壊作業、(3) 舗装版破砕機使用の作業、(4) ブレーカ使用の作業
	振動規制法（振動法）	道路交通振動	道路交通振動に係る許容限度	道路交通振動に係る要請の措置を定めること等により、生活環境を保全し、国民の健康の保護を目的としている。	市町村長は、指定地域内における道路交通振動が環境省令で定める限度を超えていることにより道路の周辺の生活環境が著しく損なわれると認めるときは、道路管理者に対し、道路交通振動の防止のための舗装、維持または修繕を要請し、または都道府県公安委員会に対し措置をとるべきことを要請することができる。
地盤沈下	工業用水法（用水法）	地下水採取の規制	指定地域、製造業種、揚水機の規制	特定地域において、工業用水の合理的な供給を確保し、地下水水源の保全を図り、地域の工業の健全な発達と地盤の沈下防止を目的としている。	適用対象を、以下に示す。1) 製造業、電気供給業、ガス供給業、熱供給業 2) 指定地域内の井戸により地下水を採取し、工業用利用しようとするもの 3) 動力で地下水を採取する揚水機の吐出口断面積が6cm²を超える場合
	建築用地下水の採取の規制に関する法律（地下水法）			特定の地域において建築用地下水の採取につき規制を設けることにより、地盤沈下の防止を図ることを目的としている。	適用対象を、以下に示す。1) 冷房設備、水洗便所、暖房設備、自動車車庫の洗車設備、公衆浴場（150m²）超のものに利用する地下水。 2) 地下水を動力で採取するものであり、揚水機の吐出口断面積が6cm²を超える場合 3) 指定地域は、埼玉県の一部、千葉県の一部、東京都特別区、大阪府の一部
悪臭	悪臭防止法（悪臭法）	悪臭発生の規制	特定悪臭物質規制または臭気指数規制	事業活動に伴って発生する悪臭を規制し、生活環境の保全を図ることを目的としている。規制地域内にあるすべての事業所に対し、都道府県知事により、特定悪臭物質規制の濃度、または嗅覚の正常者6人以上で決定する臭気指数規制を定めることができる。	特定悪臭物質として、22物質があるが、その代表的なものとして以下の物質がある。(1) アンモニア 1〜5ppm (2) メチルメルカプタン 0.002〜0.01ppm (3) 硫化水素 0.02〜0.2ppm (4) 硫化メチル 0.01〜0.2ppm (5) 二硫化メチル 0.009〜0.1ppm 等
廃棄物	廃棄物の処理及び清掃に関する法律（清掃法）	廃棄物の処理規制	一般廃棄物	一般の生活により発生する廃棄物であり、以下の3種類に区分される。① 家庭廃棄物（一般家庭の日常生活に伴って生じた廃棄物）② 事業系一般廃棄物（事業活動に伴って生じた廃棄物で産業廃棄物以外のもの）③ 特別管理一般廃棄物（廃家電製品に含まれるPCB使用部品、ごみ処理施設の集じん施設で集められたばいじん、感染性一般廃棄物等）	一般廃棄物は、産業廃棄物（20種類）以外のものを示す。この中で、① 家庭廃棄物は、一般家庭の日常生活で発生する紙くず、食べ物くず等を示す。また、② 事業系一般廃棄物は、事業の事務所等で発生する紙くず、食べ物くず等を示し、さらに、③ 特別管理一般廃棄物は、家庭で使用された、廃エアコン、廃テレビ等でPCBを使用する部品、一般廃棄物から回収した廃水銀、ごみ処理施設の集じん施設で生じたばいじん、ダイオキシン特措法の特定施設である廃棄物焼却炉から生じたばいじん・燃え殻・汚泥、医療機関等から排出される一般廃棄物であって感染性病原体が含まれもしくは付着しているおそれのあるものを示す。

表5.7.7 (つづき)

適用法規		項目	内容	説明
廃棄物	廃棄物の処理及び清掃に関する法律(清掃法)	廃棄物の処理規制	産業廃棄物	事業活動に伴って生じた廃棄物であり、以下の2種類に区分される。 ① 産業廃棄物 　(法で規定された20種類の廃棄物) ② 特別管理産業廃棄物 　(特に爆発性、毒性、感染性のある廃棄物) 産業廃棄物の処理は、産業廃棄物管理票(マニフェスト)に従い処理を行うことが定められ、これらを順次記載することによりその処理ルートを明確にしている。また、産業廃棄物処理の事務効率化、データの透明性確保を目的とした、電子マニフェストの導入も進んでいる。	産業廃棄物は、事業活動に伴って生じた廃棄物であり、以下の20種類に分類される。 ① 燃え殻、② 汚泥、③ 廃油、④ 廃酸、⑤ 廃アルカリ、⑥ 廃プラスチック類、⑦ ゴムくず、⑧ 金属くず、⑨ ガラスくず、コンクリートくずおよび陶磁器くず、⑩ 鉱さい、⑪ がれき類、⑫ ばいじん、⑬ 紙くず、⑭ 木くず、⑮ 繊維くず、⑯ 動植物性残さ、⑰ 動物系固形不要物、⑱ 動物のふん尿、⑲ 動物の死体、⑳ ①～⑲以上産業廃棄物を処分するために処理したもので、上記の産業廃棄物に該当しないもの(例えばコンクリート固形化物) 特別管理産業廃棄物には、特に有害性の高い物質(廃PCB、廃石綿、廃水銀等)を含む、特定有害産業廃棄物が規定されている。
土壌汚染	土壌汚染対策法	土壌汚染状況調査	使用が廃止された特定施設	有害物質使用特定施設の使用の廃止時には、土地所有者等が、指定調査機関に分析調査させ、結果を廃止から120日以内に都道府県知事に報告するよう定められている。	◎調査種類 1) 第1種(揮発性有機化合物)---① 溶出量(土壌ガス分析で検出時) 2) 第2種(重金属)---① 含有量、② 溶出量 3) 第3種(農薬)---① 溶出量 ◎調査方法 1) 調査対象は、原則工場の敷地全体 2) 100 m²の区画に1地点(汚染の少ない部分は、900 m²に1地点)
		汚染した土壌の処理規制	土壌汚染のおそれがある土地の形質変更	一定規模(3 000 m²)以上の土地の形質の変更を行う場合、30日前までに都道府県知事に届出。形質変更で土壌汚染のおそれがあるとして基準に該当するときは、土地所有者等に対し、指定調査機関に分析調査させ、結果を報告させる命令ができる。	特定有害物質として、以下のものがある。 1) 第1種特定有害物質(揮発性有機化合物):クロロエチレン、四塩化炭素、ベンゼン 等 2) 第2種特定有害物質(重金属):カドミウムおよびその化合物、六価クロム化合物、シアン化合物 等 3) 第3種特定有害物質(農薬、PCB):シマジン、有機リン化合物、PCB 等
		土壌汚染の調査命令	土壌汚染による健康被害を考慮	土壌汚染により健康被害が生ずるおそれがあると都道府県知事等が認めるとき、土地の所有者等に調査命令ができる。	◎命令基準 1) 特定含有物質の汚染が、環境省令で定める基準に適合しない。 2) 特定含有物質の汚染に起因して、地下水の水質の汚濁が生ずるか、または確実な場合 3) 周辺の地下水の利用状況 4) 当該土地への人の立入状況

表5.7.8 工事・操業に関する適用法規の概要

項目		規制内容	適用法規
安全・衛生	工事全般	労働基準法と相まって、労働災害の防止のための危害防止基準の確立、責任体制の明確化および自主的活動の促進の措置を講じるなどの防止に関する総合的計画的な対策を推進することにより職場における労働者の安全と健康を確保するとともに、快適な職場環境の形成を促進することを目的としている。特に危害のおそれのある分野に関しては特別規則が公布されている	(安衛法) (安衛令) (安衛則)
	騒音発生作業	著しく騒音を発生する特定建設作業について規制される	(騒音法)
	振動発生作業	著しく振動を発生する特定建設作業について規制される	(振動法)
	ドライピット作業	ドライピット作業など建設用の鋲打機を使用する場合に規制の対象となる	銃砲刀剣類所持取締法
工事の制限	建設工事	建設工事の適正な施工を確保するため、建設業者の登録、請負契約の規制、主任技術者などの設置などについての規制がある	建設業法
	建築工事	建築物の設計、工事管理などを行う技術者の資格制度(建築士制度)を定め、工事の万全を期すための規定がある	建築士法
	測量工事	測量の正確さを確保するために測量士制度を設けるとともに、測量業者に対する登録の実施、業務内容の規制などを行うことにより測量業の適切な運営および健全な発展を図っている	測量法
	道路占用工事	石油管、ガス管などを道路に敷設する場合の設置基準の遵守、道路占用許可の取得などについての規制がある	道路法
		道路において工事を行う場合の道路使用許可の取得などについての規制がある	道路交通法
	道路保全作業	道路の構造保全のため車両の乗入れを制限する規定がある	道路法 車両制限令

表 5.7.8 （つづき）

項　目			規　制　内　容	適用法規
	道路保全作業		車両の積載重量または積載容量の限度を超えた重量または容量の貨物を車両で運搬する場合の制限外積載許可の取得などについての規制がある	道路交通法
工事の制限	ボイラ・第1種圧力容器	溶接作業	溶接部の厚さが25 mm以下のものまたは管台，フランジなどの取付部の溶接作業は普通ボイラ溶接士または特別ボイラ溶接士が，これ以外の溶接作業は，特別ボイラ溶接士が行う	（ボイラ則）（安衛令）
		整備作業	一定規模以上のものの整備は，ボイラ整備士が行う	（ボイラ則）（安衛令）
		ボイラ据付作業	一定規模以上のボイラの据付作業にはボイラ据付工事作業主任者技能講習修了者のうちからボイラ据付工事作業主任者を選任する	（ボイラ則）（安衛令）
		ボイラ取扱作業	小規模なボイラの取扱いは，ボイラ取扱技能講習修了者またはボイラ技士が，これ以外のボイラの取扱いは，ボイラ技士が行う	（ボイラ則）（安衛令）
			ボイラの取扱作業には，ボイラの規模に応じて，特級ボイラ技士，一級ボイラ技士，二級ボイラ技士またはボイラ取扱技能講習修了者からボイラ取扱作業主任者を選任する	（ボイラ則）（安衛令）
		小型ボイラ取扱作業	小型ボイラの取扱作業は，安全教育受講者，ボイラ取扱技能教習修了者またはボイラ技士が行う	（ボイラ則）（安衛則）
		第1種圧力容器取扱作業	小規模な第1種圧力容器以外の第1種圧力容器の取扱作業には，第1種圧力容器の区分に応じ，化学設備関係第1種圧力容器取扱作業主任者技能講習修了者，普通第1種圧力容器取扱作業主任者技能講習修了者またはボイラ技士のうちから第1種圧力容器取扱作業主任者を選任する	（ボイラ則）（安衛令）
	揚重装置	クレーンの運転	吊上げ荷重が5 t以上のクレーンの運転は，床上操作式クレーンにあっては，床上操作式クレーン運転技能講習修了者またはクレーン・デリック運転士免許者が，床上操作式クレーン以外のものにあっては，クレーン・デリック運転士免許者が，吊上げ荷重が5 t未満のクレーンの運転は，特別教育受講者またはクレーン・デリック運転士免許者が行う	（クレン則）（安衛令）（安衛則）
		移動式クレーンの運転	吊上げ荷重が5 t以上の移動式クレーンの運転は，移動式クレーン運転士免許者が，吊上げ荷重が1 t以上5 t未満の移動式クレーンの運転は，小型移動式クレーン運転技能講習修了者または移動式クレーン運転士免許者が，吊上げ荷重が1 t未満のクレーンの運転は，特別教育受講者，小型移動式クレーン運転技能講習修了者または移動式クレーン運転士免許者が行う	（クレン則）（安衛令）（安衛則）
		デリックの運転	吊上げ荷重が5 t以上のデリックの運転は，クレーン・デリック運転士免許者が，吊上げ荷重が5 t未満のデリックの運転は，特別教育受講者またはクレーン・デリック運転士免許者が行う	（クレン則）（安衛令）（安衛則）
		建設用リフトの運転	建設用リフトの運転は，特別教育受講者が行う	（クレン則）（安衛則）
		動力によるウインチの運転	動力により駆動される巻上げ機の運転は，特別教育受講者が行う	（安衛則）
		ゴンドラの操作	ゴンドラの操作は，特別教育受講者が行う	（ゴンドラ則）（安衛則）
		玉掛け作業	吊上げ荷重1 t以上のクレーン，移動式クレーンまたはデリックの玉掛けは，玉掛技能講習修了者が，吊上げ荷重が1 t未満のクレーン，移動式クレーンまたはデリックの玉掛けは，特別教育受講者または玉掛技能講習修了者が行う	（クレン則）（安衛令）（安衛則）
	荷役運搬機械	フォークリフトの運転	最大荷重が1 t以上のフォークリフトの運転は，フォークリフト運転技能講習修了者が，最大荷重が1 t未満のフォークリフトの運転は，特別教育受講者またはフォークリフト運転技能講習修了者が行う	（安衛令）（安衛則）
		ショベルローダなどの運転	最大荷重が1 t以上のショベルローダまたはフォークローダの運転は，ショベルローダなど運転技能講習修了者が，最大荷重が1 t未満のショベルローダまたはフォークローダの運転は，特別教育受講者またはショベルローダなど運転技能講習修了者が行う	（安衛令）（安衛則）
		不整地運搬車の運転	最大積載量が1 t以上の不整地運搬車の運転は，不整地運搬車運転技能講習修了者が，最大積載量が1 t未満の不整地運搬車の運転は，特別教育受講者または不整地運搬車運転技能講習修了者が行う	（安衛令）（安衛則）
	建設機械等	車両系建設機械の運転等	整地・運搬・積込用掘削用建設機械の運転　機体重量が3 t以上のものの運転は，車両系建設機械（整地・運搬・積込用および掘削用）運転技能講習修了者が，機体重量が3 t未満のものの運転は，特別教育受講者または車両系建設機械（整地・運搬・積込用および掘削用）運転技能講習修了者が行う	（安衛令）（安衛則）

表5.7.8 (つづき)

項　目			規　制　内　容	適用法規
就業制限	建設機械等	車両系建設機械の運転等／基礎工事用建設機械の運転	機体重量が3t以上のものの運転は，車両系建設機械（基礎工事用）運転技能講習修了者が，機体重量が3t未満のものの運転は，特別教育受講者または車両系建設機械（基礎工事用）運転技能講習修了者が行う	(安衛令)(安衛則)
		解体用建設機械の運転	機体重量が3t以上のものの運転は，車両系建設機械（解体用）運転技能講習修了者が，機体重量が3t未満のものの運転は，特別教育受講者または車両系建設機械（解体用）運転技能講習修了者が行う	(安衛令)(安衛則)
		締固め用建設機械の運転	締固め用建設機械の運転は，特別教育受講者が行う	(安衛則)
		基礎工事用建設機械の作業装置の操作	基礎工事用建設機械の作業装置の操作は，特別教育受講者が行う	(安衛則)
		コンクリート打設用建設機械の作業装置の操作	コンクリート打設用建設機械の作業装置の操作は，特別教育受講者が行う	(安衛則)
		車両系以外の建設機械の運転／基礎工事用建設機械の運転	基礎工事用建設機械の運転は，特別教育受講者が行う	(安衛則)
		高所作業車の運転	作業床の高さが10m以上の高所作業車の運転は，高所作業車運転技能講習修了者が，作業床の高さが10m未満の高所作業車の運転は，特別教育受講者または高所作業車運転技能講習修了者が行う	(安衛令)(安衛則)
		ボーリングマシンの運転	ボーリングマシンの運転は，特別教育受講者が行う	(安衛則)
	一般機械の取扱い	移動式高圧ガス製造設備の運転	移動式高圧ガス製造設備により高圧ガスの充填を行う場合には，高圧ガス製造保安責任者免状の交付を受けた者から高圧ガス製造保安係員を選任する．充填作業には，当該保安係員または当該保安係員があらかじめ指定した知識・経験を有する者が立ち会う	(高圧法)
		研削といしの取替え，試運転	研削といしの取替えまたは取替え時の試運転は，特別教育受講者が行う	(安衛則)
	溶接作業	ガス溶接等	アセチレン溶接装置，ガス集合溶接装置を用いて行う金属の溶接などの作業には，ガス溶接作業主任者免許者のうちからガス溶接作業主任者を選任する	(安衛令)(安衛則)
			可燃性ガスおよび酸素を用いて行う金属の溶接などは，ガス溶接作業主任者免許者またはガス溶接技能講習修了者が行う	(安衛令)
		アーク溶接等	アーク溶接機を用いて行う金属の溶接などは，特別教育受講者が行う	(安衛則)
	その他の作業	足場の組立等	吊足場，張出し足場または高さ5m以上の足場の組立などの作業には，足場の組立等作業主任者技能講習修了者のうちから足場の組立等作業主任者を選任する	(安衛令)(安衛則)
		型枠支保工の組立等	コンクリート用型枠支保工の組立などの作業には，型枠支保工の組立等作業主任者技能講習修了者のうちから型枠支保工の組立等作業主任者を選任する	(安衛令)(安衛則)
		土止め支保工の組立等	土止め支保工の切りばりまたは腹起こしの取付けなどの作業には，土止め支保工作業主任者技能講習修了者のうちから土止め支保工作業主任者を選任する	(安衛令)(安衛則)
		地山の掘削	掘削面の高さが2m以上となる地山の掘削作業には，地山の掘削作業主任者技能講習修了者のうちから地山の掘削作業主任者を選任する	(安衛令)(安衛則)
		コンクリート製工作物の解体作業	高さが5m以上であるコンクリート造の工作物の解体または破壊の作業には，コンクリート造の工作物の解体等作業主任者技能講習修了者のうちからコンクリート造の工作物の解体等作業主任者を選任する	(安衛令)(安衛則)
		建築物の骨組みなどの組立等	建築物の骨組みまたは塔で，高さが5m以上の金属製のものの組立などの作業には，建築物などの鉄骨の組立等作業主任者技能講習修了者のうちから建築物などの鉄骨の組立等作業主任者を選任する	(安衛令)(安衛則)
		高圧室内作業	大気圧を超える気圧下の作業室で行う作業には，高圧ガス作業主任者免許者のうちから高圧室内作業主任者を選任する	(高気則)(安衛令)
			高圧室内作業を行う作業室などへの送気用空気圧縮機の運転および送気・排気用調節バルブなどの操作は，特別教育受講者が行う	(安衛則)
		X線放射作業	エックス線装置を使用する作業およびエックス線管などのガス抜きなどの作業には，エックス線作業主任者免許者のうちからエックス線作業主任者を選任する	(電離則)(安衛令)

表5.7.8 (つづき)

項目			規制内容	適用法規
就業制限	その他の作業	X線放射作業	エックス線装置を用いて行う透過写真の撮影は，特別教育受講者が行う	(電離則)(安衛則)
		ガンマ線放射作業	ガンマ線照射装置を用いて透過写真の撮影を行う作業には，ガンマ線透過写真撮影作業主任者免許者のうちからガンマ線透過写真撮影作業主任者を選任する	(電離則)(安衛令)
			ガンマ線照射装置を用いて行う透過写真の撮影は，特別教育受講者が行う	(電離則)(安衛則)
		酸欠危険場所での作業	タンク，ピット内などの酸素欠乏危険場所での作業には，危険場所の区分に応じて第1種酸素欠乏危険作業主任者技能講習修了者または第2種酸素欠乏危険作業主任者技能講習修了者のうちから酸素欠乏危険作業主任者を選任する	(酸欠則)(安衛令)
			酸素欠乏危険場所での作業は，特別教育受講者が行う	(酸欠則)(安衛則)
		有機溶剤の取扱い	屋内作業場，タンク内部などで有機溶剤を製造し，または取り扱う作業には，有機溶剤作業主任者技能講習修了者のうちから有機溶剤作業主任者を選任する	(有機則)(安衛令)
		特定化学物質等の取扱い	特定化学物質などを製造し，または取り扱う作業には，特定化学物質等作業主任者技能講習修了者のうちから特定化学物質作業主任者を選任する	(特化則)(安衛令)
		特殊化学設備の取扱い等	特殊化学設備の取扱い，整備および修理は，特別教育受講者が行う	(安衛則)
		鉛などの取扱い	鉛を取り扱う作業には，鉛作業主任者技能講習修了者のうちから鉛作業主任者を選任する	(鉛則)(安衛令)
		危険物の取扱い	指定数量以上の危険物の取扱いは，危険物取扱者免状の交付を受けている者（危険物取扱者）が行う。これ以外の者が危険物の取扱いを行うには，甲種危険物取扱者または乙種危険物取扱者の立会いが必要とされる	(消法)
			指定数量以上の危険物を取り扱う場合，危険物の取扱形態に応じて定める量以上の危険物を取り扱うときには，甲種危険物取扱者または乙種危険物取扱者のうちから危険物保安監督者を選任する	(消法)(危政令)
		火薬の取扱い	一定数量の火薬類を消費する場合には，火薬類の消費量に応じ甲種火薬類取扱責任者免許者または乙種火薬類取扱責任者免許者のうちから火薬類取扱保安責任者を選任する	(火薬法)
			発破の場合のせん孔，装塡，結線，点火ならびに不発の装薬または残薬の点検および処理は，発破技士免許者または火薬類取締法に基づく火薬類取扱保安責任者免許者が行う	(安衛令)(安衛則)
			コンクリート破砕器を用いて行うコンクリートの破砕作業には，コンクリート破砕器作業主任者技能講習修了者のうちからコンクリート破砕器作業主任者を選任する	(安衛令)(安衛則)
		電気工事	自家用電気工作物の設置の工事には，電気工作物の種類，規模に応じて第1種電気主任技術者免状，第2種電気主任技術者免状または第3種電気主任技術者免状の交付を受けている者および第1種ボイラ・タービン主任技術者または第2種ボイラ・タービン主任技術者免状の交付を受けている者のうちから主任技術者を選任する	(電事法)
			高圧もしくは特別高圧の充電電路もしくはその支持物の敷設，点検，修理など，低圧の充電電路の敷設もしくは修理または配電盤室，変電室などに設置する低圧電路のうち充電部分が露出している開閉器の操作は，特別教育受講者が行う	(安衛則)
特定機械・建設機械等の定期自主検査	溶接	アセチレン溶接装置およびガス集合溶接装置	アセチレン溶接装置またはガス集合溶接装置（これらの配管のうち，地下に埋設された部分を除く）については，1年以内ごとに1回，定期に，法令で定める事項について自主検査を行わなければならない。ただし，1年を超える期間使用しないアセチレン溶接装置またはガス集合溶接装置の当該使用しない期間においては，この限りでない	(安衛則)
	ボイラ・第1種圧力容器	ボイラ	事業者は，ボイラについて，その使用を開始した後，1箇月以内ごとに1回，定期に，法令で定める事項について自主検査を行わなければならない。ただし，1箇月を超える期間使用しないボイラの当該使用しない期間においては，この限りでない	(ボイラ則)
		第1種圧力容器	第1種圧力容器について，その使用を開始した後，1箇月以内ごとに1回，定期に，法令で定める事項について自主検査を行わなければならない。ただし，1箇月を超える期間使用しない第1種圧力容器の当該使用しない期間においては，この限りでない	(ボイラ則)
	第2種圧力容器・小型ボイラ・小型圧力容器	第2種圧力容器	第2種圧力容器について，その使用を開始した後，1年以内ごとに1回，定期に，法令で定める事項について自主検査を行わなければならない。ただし，1年を超える期間使用しない第2種圧力容器の当該使用しない期間においては，この限りでない	(ボイラ則)

表5.7.8 (つづき)

項目			規制内容	適用法規
特定機械・建設機械等の定期自主検査	第2種圧力容器・小型ボイラ・小型圧力容器	小型ボイラまたは小型圧力容器	小型ボイラまたは小型圧力容器について，その使用を開始した後，1年以内ごとに1回，定期に，法令で定める事項について自主検査を行わなければならない．ただし，1年を超える期間使用しない小型ボイラまたは小型圧力容器の当該使用しない期間においては，この限りでない	(ボイラ則)
	揚重装置	クレーン	クレーンを設置した後，1年以内ごとに1回，定期に，当該クレーンについて自主検査を行わなければならない．ただし，1年を超える期間使用しないクレーンの当該使用しない期間においては，この限りでない．クレーンについて，1箇月以内ごとに1回，定期に，法令で定める事項について自主検査を行わなければならない．ただし，1箇月を超える期間使用しないクレーンの当該使用しない期間においては，この限りでない	(クレン則)
		デリック	デリックを設置した後，1年以内ごとに1回，定期に，当該デリックについて，自主検査を行わなければならない．ただし，1年を超える期間使用しないデリックの当該使用しない期間においては，この限りでない．デリックについては，1箇月以内ごとに1回，定期に，法令で定める事項について自主検査を行わなければならない．ただし，1箇月を超える期間使用しないデリックの当該使用しない期間においては，この限りでない	(クレン則)
		エレベータ	積載荷重が0.25t以上1t未満のエレベータを設置した後，1年以内ごとに1回，定期に，当該エレベータについて，自主検査を行わなければならない．ただし，1年を超える期間使用しない当該エレベータの当該使用しない期間においては，この限りでない	(クレン則)
		建設用リフト	建設用リフトについては，1箇月以内ごとに1回，定期に，法令で定める事項について自主検査を行わなければならない．ただし，1箇月を超える期間使用しない建設用リフトの当該使用しない期間においては，この限りでない	(クレン則)
		簡易リフト	簡易リフトを設置した後，1年以内ごとに1回，定期に，当該簡易リフトについて，自主検査を行わなければならない．ただし，1年を超える期間使用しない簡易リフトの当該使用しない期間においては，この限りでない．簡易リフトについては，1箇月以内ごとに1回，定期に，法令で定める事項について自主検査を行わなければならない．ただし，1箇月を超える期間使用しない簡易リフトの当該使用しない期間においては，この限りでない	(クレン則)
		ゴンドラ	ゴンドラについて，1箇月以内ごとに1回，定期に，法令で定める事項について自主検査を行わなければならない．ただし，1箇月を超える期間使用しないゴンドラの当該使用しない期間においては，この限りでない	(ゴンドラ則)
	荷役運搬機械	フォークリフト	フォークリフトについては，1年を超えない期間ごとに1回，定期に，法令で定める事項について自主検査を行わなければならない．ただし，1年を超える期間使用しないフォークリフトの当該使用しない期間においては，この限りでない	(安衛則)
		不整地運搬車	不整地運搬車については，2年を超えない期間ごとに1回，定期に，法令で定める事項について自主検査を行わなければならない．ただし，2年を超える期間使用しない不整地運搬車の当該使用しない期間においては，この限りでない	(安衛則)
	車両系建設機械等	車両系建設機械	車両系建設機械については，1年以内ごとに1回，定期に，法令で定める事項について自主検査を行わなければならない．ただし，1年を超える期間使用しない車両系建設機械の当該使用しない期間においては，この限りでない	(安衛則)
		高所作業車	高所作業車については，1年以内ごとに1回，定期に，法令で定める事項について自主検査を行わなければならない．ただし，1年を超える期間使用しない高所作業車の当該使用しない期間においては，この限りでない	(安衛則)

表5.7.9 工場建設時に必要となるおもな法令および諸手続き

対応関係	必要な申請または届出		申請・届出のタイミング等	申請・届出先	適用法令
工場開設時	特定工場新設（変更）届	-	工場開始90日前	管轄市町村長	工場立地法
都市の健全な発展と秩序ある整備	開発行為の許可	都市計画区域，準都市計画区域	あらかじめ事前の許可	都道府県知事	都市計画法
	予定区域内の規制市街地開発事業等の許可	土地の形質変更，建築物の建築その他工作物の建設	あらかじめ事前の許可	都道府県知事	
	計画等における規制都市計画施設等の建築許可	地区計画区域での土地の区画形質の変更，建築物の建築等について	あらかじめ事前の許可	都道府県知事	
建築物等の敷地，構造等	建築確認申請	大規模建築物 (1) 木造 ① 3階以上 ② 延べ面積500 m² 超え	35日前（大規模建築物） 7日前（一般建築物）	建築主事または指定確認検査機関	建築基準法（建基法）

表 5.7.9 （つづき）

対応関係	必要な申請または届出		申請・届出のタイミング等	申請・届出先	適用法令
建築物等の敷地，構造等	建築確認申請		(2) 木造以外 ① 2 階以上 ② 延べ面積 200 m² 超え	35 日前（大規模建築物） 7 日前（一般建築物）	建築主事または指定確認検査機関	建築基準法（建基法）
事業開始	適用事業報告		－	遅滞なく	所轄労働基準監督署長	労働基準法施行規則（労基則）
労働条件の設定	就業規則届出		10 人以上の労働者の就労時	遅滞なく	所轄労働基準監督署長	労働基準法（労基法）
労働者の安全確保	総括安全衛生管理者選任報告		屋外的作業：100 人以上 製造工業等：300 人以上 その他：1 000 人以上	14 日以内に	所轄労働基準監督署長	労働安全衛生法（安衛法） 労働安全衛生法施行令（安衛令） 労働安全衛生規則（安衛則）
	安全管理者選任報告		50 人以上	14 日以内に	所轄労働基準監督署長	
	衛生管理者選任報告		50 人以上	14 日以内に	所轄労働基準監督署長	
	産業医選任報告		50 人以上	14 日以内に	所轄労働基準監督署長	
	作業主任者選任		ガス溶接作業，有機溶剤取扱作業等	氏名等を作業場に掲示	－	
	就業制限		クレーン，ボイラ等の取扱いは有資格者	資格取得が必須	－	
一定事業場の建設物設置等の届出	建設物・機械などの設置		電気使用設備の定格容量の合計が，300 kW 以上，製造業，電気業，ガス業，自動車整備業，機械修理業	工事開始 30 日前	所轄労働基準監督署長	
危険・有害機械等設置等の届出	機械で，危険もしくは有害作業の届出 （特定機械，動力プレス，アセチレン溶接装置等）		設置し，もしくは移転し，またはこれらの主要構造部分の変更時	工事開始 30 日前	所轄労働基準監督署長	
	危険な場所において使用するものの届出					
	危険もしくは健康障害を防止するため使用するものの届出					
大規模建設業等の仕事	大規模な建設業の仕事の届出		高さ 300 m 以上の塔，堤高 150 m 以上のダム，最大支間 500 m 以上橋梁建設等	工事開始 30 日前	厚生労働大臣	
一定建設業等の仕事	一定建設業等の仕事の届出		高さ 31 m を超える建築物または工作物の建設，最大支間 50 m 以上の橋梁建設等	工事開始 14 日前	所轄労働基準監督署長	
特定機械の製造・設置	ボイラ		小型ボイラを除く	製造時：あらかじめ，都道府県労働局長の検査 設置時：所轄労働基準監督署長の検査		
	第 1 種圧力容器		小型圧力容器を除く			
	クレーン		吊上げ荷重 3 t 以上			
	スタッカークレーン		吊上げ荷重 1 t 以上			
	移動式クレーン		吊上げ荷重 3 t 以上			
	デリック		吊上げ荷重 2 t 以上			
	エレベータ		積載荷重 1 t 以上			
	建設用リフト		ガードレール高さ 18 m 以上			
	ゴンドラ		－			
	輸入		－	都道府県労働局長または登録製造時等検査機関		
危険物施設の設置	危険物製造所（貯蔵所，取扱所）設置または変更許可申請		－	あらかじめ	市町村長または都道府県知事	消防法（消法） 危険物の規制に関する政令（危政令） 危険物の規則に関する規則（危則） 火災予防条例準則（火条例）
	危険物製造所（貯蔵所，取扱所）完成検査前検査申請		－	あらかじめ	所轄消防署長	
	少量危険物および指定可燃物の貯蔵・取扱所の設置および変更届		－	10 日前まで	所轄消防署長	
	危険物製造所（貯蔵所，取扱所）完成検査申請		－	完成後	所轄消防署長	

5. 安全マネジメント手法

表 5.7.9 （つづき）

対応関係	必要な申請または届出		申請・届出のタイミング等	申請・届出先	適用法令
火災	防火対象物使用開始届出	防火対象物の建設	使用開始 7 日前	所轄消防署長	消防法（消法）消防法施行令（消政令）消防法施行規則（消規則）火災予防条例準則（火条例）
	統括防火・防災管理者選任届出	－	選任後遅滞なく	所轄消防署長	
	防火・防災管理者選任届出	－	選任後遅滞なく	所轄消防署長	
	消防計画作成届出	－	作成後遅滞なく	所轄消防署長	
	自衛消防組織設置届出	－	設置後遅滞なく	所轄消防署長	
	消防用設備等着工届	－	着工 10 日前	所轄消防署長	
	消防用設備等（特殊消防用設備等）設置届出	－	完成後 4 日以内	所轄消防署長	
	火を使用する設備等の設置届出	－	あらかじめ	所轄消防署長	
高圧ガスの製造，取扱い	高圧ガス製造許可申請・製造事業届出	第 1 種製造者	あらかじめ	都道府県知事	高圧ガス保安法（高圧法）
		第 2 種製造者	製造開始 20 日前まで	都道府県知事	
	高圧ガス製造施設等変更許可申請	第 1 種製造者による高圧ガスの製造のための，位置，構造，設備変更工事，ガスの種類，製造方法の変更	あらかじめ	都道府県知事	
	高圧ガス製造施設等変更届出	第 2 種製造者による高圧ガスの製造のための，位置，構造，設備変更工事，ガスの種類，製造方法の変更	あらかじめ	都道府県知事	
	製造施設完成検査申請	－	完成時	都道府県知事	
	高圧ガス製造施設軽微変更届	－	変更後遅滞なく	都道府県知事	
	危害予防規程届出	－	制定後遅滞なく	都道府県知事	
	高圧ガス保安統括者等届出	保安統括者，保安技術管理者，保安係員の選任および届出	選任後遅滞なく	都道府県知事	
	第 1 種貯蔵所設置許可申請	第 1 種貯蔵所の設置	あらかじめ	都道府県知事	
	第 1 種貯蔵所完成検査申請	－	設置時	都道府県知事	
	第 1 種貯蔵所位置等変更許可申請	第 1 種貯蔵所の位置，構造，設備の変更，構造または設備の変更工事	あらかじめ	都道府県知事	
	第 2 種貯蔵所設置届出	第 2 種貯蔵所の設置	あらかじめ	都道府県知事	
	第 2 種貯蔵所位置等変更届出	第 2 種貯蔵所の位置，構造，設備の変更，構造または設備の変更工事	あらかじめ	都道府県知事	
	特定高圧ガス消費届出	特定高圧ガスの消費	消費開始 20 日前	都道府県知事	
	特定高圧ガス消費施設等変更届出	施設の位置，構造，設備の変更，構造または設備の変更工事，ガスの種類・消費方法	あらかじめ	都道府県知事	
	特定高圧ガス取扱主任者届出	特定高圧ガスを一定数量以上貯蔵・消費	選任後遅滞なく	都道府県知事	
	高圧ガス輸入検査申請	高圧ガスの輸入	指定輸入検査機関適合後	都道府県知事	
	特定設備検査申請	特定設備の製造工程ごと	あらかじめ	指定特定設備検査機関	
	輸入特定設備検査申請	－	輸入後遅滞なく	経済産業大臣，高圧ガス保安協会，指定特定設備検査機関	
エネルギーの使用	エネルギー管理統括者選任届	特定事業者，特定連鎖化事業者は準用	選任後の最初の 7 月末日までに	経済産業大臣	エネルギーの使用の合理化等に関する法律（エネルギ法）
	エネルギー管理企画推進者選任届	特定事業者，特定連鎖化事業者は準用	選任後の最初の 7 月末日までに	経済産業大臣	
	エネルギー管理者選任届出	第 1 種エネルギー管理指定工場	選任後の最初の 7 月末日までに	経済産業大臣	
	エネルギー管理員選任届出	第 2 種エネルギー管理指定工場	選任後の最初の 7 月末日までに	経済産業大臣	

表 5.7.9 （つづき）

対応関係	必要な申請または届出	申請・届出のタイミング等	申請・届出先	適用法令
公害防止	ばい煙発生施設設置届出	ばい煙を発生する施設	設置工事開始日の60日前までに	都道府県知事	大気汚染防止法（大気法）
	一般粉じん発生施設設置届出	一般粉じんを発生する施設	工事着手の前に届出	都道府県知事	
	特定粉じん発生施設設置届出	特定粉じんを発生する施設	設置工事開始日の60日前までに	都道府県知事	
	揮発性有機化合物（VOC）発生施設設置届出	揮発性有機化合物（VOC）を発生する施設	設置工事開始日の60日前までに	都道府県知事	
	水銀排出施設設置届出	水銀を排出する施設	設置工事開始日の60日前までに	都道府県知事	
	特定施設設置届出	有害物質，COD他の汚染水，指定地域特定施設の汚水または廃水を排出する施設	設置工事開始日の60日前までに	都道府県知事	水質汚濁防止法（水質法）
	特定施設設置届出	著しい騒音を発生する施設	設置工事開始日の30日前までに	当該市町村長	騒音規制法（騒音法）
	特定施設設置届出	著しい振動を発生する施設	設置工事開始日の30日前までに	当該市町村長	振動規制法（振動法）
	公害防止統括者（代理人）選任届出	以下の，いずれかの施設を設置する工場 (1) ばい煙発生施設 (2) 汚水等排水施設 (3) 騒音発生施設 (4) 特定粉じん発生施設 (5) 一般粉じん発生施設 (6) 振動発生施設 (7) ダイオキシン類発生施設	選任後30日以内	都道府県知事 ただし，ばい煙・粉じん発生施設，および排水施設に関し，特定の市長に委任。また，騒音・振動発生施設のみの場合は，市町村長に委任	特定工場における公害防止組織の整備に関する法律（組織法）
	公害防止主任管理者（代理人）選任届出		選任後30日以内		
	公害防止管理者（代理人）選任届出		選任後30日以内		
廃棄物処理	産業廃棄物収集運搬業	業として行う者	講習会受講，申請・審査を経て許可証発行	管轄する都道府県知事	廃棄物の処理及び清掃に関する法律（清掃法）
	産業廃棄物処分業	業として行う者	講習会受講，事前計画書提出・現地審査の後，申請・審査を経て許可証発行		
	一般廃棄物処理施設の設置申請	設置申請者	(1) 事業計画協議，(2) 事前確認手続，(3) 許可申請の手続きが必要	管轄する都道府県知事	
	特別管理産業廃棄物収集運搬業	業として行う者	講習会受講，申請・審査を経て許可証発行	管轄する都道府県知事	
	特別管理産業廃棄物処分業	業として行う者	講習会受講，事前計画書提出・現地審査の後，申請・審査を経て許可証発行		
ダイオキシン	特定施設設置の届出	製鋼用電気炉，廃棄物焼却炉等のダイオキシンを発生，排出する施設	設置工事開始日の60日前までに	管轄する都道府県知事	ダイオキシン類対策特別措置法
オゾン層破壊	製造数量の許可，届出	オゾン層破壊物質で，政令指定	種類，規制年度ごと	経済産業大臣	特定物質の規制等によるオゾン層の保護に関する法律（オゾン層保護法）
	特定物質の輸出	特定物質は，政令で定めたもの	毎年，前年分を報告	経済産業大臣	
NO_x，PM	特定建物新設の届出	重点対策地区で，特定建物を新設する場合 ＊重点対策地区：現在未指定（知事指定） ＊特定建物：劇場，映画館，演芸場，ホテル，飲食店等，延べ面積が条例以上	新設の8箇月前まで	管轄する都道府県知事	自動車から排出される窒素酸化物及び粒子状物質の特定地域における総量の削減等に関する特別措置法（自動車NO_x・PM法）
土壌汚染	土壌汚染状況調査結果報告書の届出	使用が廃止された特定施設	廃止後120日以内	管轄する都道府県知事	土壌汚染対策法
	一定の規模以上の土地の形質の変更届出書の届出	土壌汚染のおそれがある土地の形質変更	形質変更の30日前まで	管轄する都道府県知事	

5. 安全マネジメント手法

表 5.7.9 （つづき）

対応関係	必要な申請または届出		申請・届出のタイミング等	申請・届出先	適用法令
毒物・劇物	営業の登録, 登録の変更申請		製造業者は製造所ごと, 輸入業者は営業所ごと 販売業者は店舗ごと	あらかじめ	製造業者・輸入業者は, 管轄する都道府県知事を経て厚生労働大臣。販売業者は, 管轄する都道府県知事	毒物及び劇物取締法（毒劇法）
	毒物劇物取扱責任者設置届		製造所, 営業所, または店舗ごとに, 専任を設置	設置後30日以内		
放射性同位元素	放射性同位元素の使用許可申請		所定数量以上の使用（変更時含む）	あらかじめ	原子力規制委員会	放射性同位元素などによる放射線障害の防止に関する法律（放射線障害防止法）
	放射性同位元素の使用届出		上記以外の使用（変更時含む）	あらかじめ		
	放射性同位元素の表示付認証機器使用届		使用者	使用開始30日以内		
工業用化学物質		・新規化学物質の届出	新規化学物質を製造・輸入するとき ただし, 以下の場合を除く (1) 研究試験のため, 製造・輸入したとき等	あらかじめ	厚生労働大臣 経済産業大臣 環境大臣	化学物質の審査及び製造等の規制に関する法律（化審法）
		・第1種特定化学物質の製造・輸入・使用許可申請	製造・輸入許可制, 使用の制限（製造に不可欠で環境汚染のおそれがない用途以外は原則禁止） ただし, 以下の場合を除く (1) 研究試験のため, 製造・輸入したとき等	あらかじめ	経済産業大臣	
		・第2種特定化学物質の届出	製造・輸入（予定）数量, 詳細用途等の届出等 ただし, 以下の場合を除く (1) 研究試験のため, 製造・輸入したとき等	製造または輸入を行う日の1箇月前まで		
水銀	新用途水銀使用製品の製造届（原則製造禁止）		水銀使用製品の種類および用途, 評価の結果, 調査および分析方法, 主務省令で定める事項	あらかじめ	環境大臣	水銀による環境の汚染の防止に関する法律（水銀環境汚染防止法）
資源リサイクル	対象建設工事の届出・変更届出		(1) 解体工事の建築物構造 (2) 新築工事の使用する特定建設資材の種類 (3) 着工時期および工程の概要等	工事着手日の7日前まで	管轄する都道府県知事	建設工事に係る資材の再資源化等に関する法律（建設リサイクル法）

表 5.7.10 内外の規格・基準

高圧ガス	○高圧ガス保安協会（KHK）技術基準 ・圧力容器等に係る設計, 材料, 製造, 試験, 検査等に関連する技術基準 ・容器及び附属品に係る設計, 製造, 検査等に関連する技術基準 ・高圧ガスの製造, 貯蔵, 販売, 移動, 消費等に係る取扱い, これらに係る設備, 施設等の設計, 施工, 維持管理等に関連する技術基準 ・冷凍空調設備の設計, 製造, 試験, 検査, 設置, 運転, 維持管理等に関連する技術基準 ・供給設備, 消費設備, 液化石油ガス器具, 充てん設備, 検査機器等に係る設計, 製造, 施工, 維持管理等に関連する技術基準 ・供用適正評価に関する技術基準 ・高圧ガス設備等の耐震設計に関する技術基準 ○日本工業規格（JIS） 　E 7102　タンク車用タンクの設計方法 　E 7701　高圧ガスタンク車タンク用安全弁 ○米国石油学会（API）基準 　STD 2510 Design and Construction of Liquefied Petroleum Gas (LPG) Installations
危険物	危険物データベース 化学防災指針集成
危険物	化学物質の危険・有害便覧 ○米国防火協会（NFPA）規格 　No.30　Flammable and Combustible Liquids Code 　No.31　Standard for the Installation of Oil-Burning Equipment 　No.36　Standard For Solvent Extraction Plants 　No.37　Standard for the Installation and Use of Stationary Combustion Engines and Gas Turbines 　No.61　Standard for the Prevention of Fires and Dust Explosions in Agricultural and Food Processing Facilities 　No.326　Standard for the Safeguarding of Tanks and Containers for Entry, Cleaning, or Repair 　No.495　Explosive Materials Code 　No.654　Standard for the Prevention of Fire and Dust Explosions from the Manufacturing, Processing, and Handling of Combustible Particulate Solids
放射性物質	○日本産業規格（JIS） 　Z(4000～)：放射性物質関係規格 ○米国防火協会（NFPA）規格 　No.801　Standard for Fire Protection for Facilities Handling Radioactive Materials
ボイラ	○日本産業規格（JIS） 　B 8201　陸用鋼製ボイラ　構造

表5.7.10 （つづき）

分類	規格
ボイラ	B 8203　鋳鉄ボイラ　構造 B 8210　安全弁 B 8211　ボイラ　水面計ガラス B 8213　ボイラ　反射式水面計 B 8215　ボイラ　透視式水面計 B 8216　ボイラ　1 MPa 丸形水面計 B 8222　陸用ボイラ　熱勘定方式 B 8223　ボイラの給水及びボイラ水の水質 B 8224　ボイラの給水及びボイラ水　試験方法 ○米国機械学会（ASME）規格 　ASME Boiler and Pressure Vessel Code 　　Section　I-Rules for Construction of Power Boilers 　　Section　IV-Rules for Construction of Heating Boilers ○米国石油学会（API）基準 　Std 530 Calculation of Heater-tube Thickness in Petroleum Refineries 　Std 560 Fired Heaters for General Refinery Services ○米国防火協会（NFPA）規格 　No.86　Standards for Ovens and Furnaces
圧力容器	○日本産業規格（JIS） 　B 8274　圧力容器の管板 　B 8277　圧力容器の伸縮継手 　B 8278　サドル支持の横置圧力容器 　B 8279　圧力容器のジャケット 　B 8280　非円形胴の圧力容器 　B 8284　圧力容器の急速開閉ふた装置 　B 8285　圧力容器の溶接施工方法の確認試験 ○日本石油学会（JPI）規格 　JPI-7 S-6　塔類保温サポートリング 　JPI-7 S-7　塔頂ダビット 　JPI-7 S-8　塔類プラットホームおよびラダー 　JPI-7 S-13　塔そう類内径基準寸法 　JPI-7 S-27　炭素鋼製ノズル 　JPI-7 S-28　塔そう類温度圧力基準 　JPI-7 S-29　塔そう類腐れ代基準 　JPI-7 S-34　炭素鋼製マンホール 　JPI-7 S-35　スカートを有する塔そう類の強度計算 　JPI-7 S-42　塔，そう，熱交換器検査基準 　JPI-7 S-52　横置容器サドル周り強度計算 　JPI-7 S-53　横置容器サドル 　JPI-7 B-89　塔槽・熱交換器の海外調達時における要求事項 ○日本高圧力技術協会（HPI）基準 　HPIS-B-111　薄肉ステンレスクラッド鋼板及び鋼帯 　HPIS-C-104　圧力容器及びボイラ用材料の許容引張応力表（引張強さに対する安全係数4対応） 　HPIS-C-105　圧力容器及びボイラ用材料の許容引張応力表（引張強さに対する安全率3.5対応） 　HPIS-C-106　高圧容器規格 　HPITR-C-110　圧力容器の疲労設計ガイドブック 　HPIS-D-105　ステンレスクラッド鋼加工の技術指針 　HPIS-D-113　銅及び銅合金クラッド鋼加工の技術指針 　HPIS-D-114　銅及び銅合金クラッド鋼溶接施工方法の確認試験方法 　HPIS-D-115　ニッケル及びニッケル合金クラッド鋼加工の技術指針 　HPITR-D-116　チタンクラッド鋼加工の技術指針 　HPIS-E-101　圧力設備の溶接継手の超音波探傷試験による非破壊検査方法 　HPIS-Z-101-1　圧力機器のき裂状欠陥評価方法-第1段階評価 　HPIS-Z-101-2　圧力機器のき裂状欠陥評価方法-第2段階評価 　HPITR-Z-102　圧力設備のクリープ損傷評価に関する技術報告書 　HPITR-Z-109　信頼性に基づく圧力設備の減肉評価方法 ○米国機械学会（ASME）規格 　ASME Boiler and Pressure Vessel Code. 　　Section VIII Rules for Construction of Pressure Vessels 　　Section III Rules for Construction of Nuclear Facility Components ○米国石油学会（API）基準 　RP 520 Sizing, Selection, and Installation of Pressure-relieving Devices in Refineries 　Std 510 Pressure Vessel Inspection Code：In-service Inspection, Rating, Repair, and Alteration 　Rp 941 Steels for Hydrogen Service at Elevated Temperatures and Pressure in Petroleum Refineries and Petrochemical Plants ○米国防火協会（NFPA）規格 　No.58 Liquefied Petroleum Gas Code 　No.59 Utility LP-Gas Plant Code
貯蔵設備	○日本産業規格（JIS） 　B 8501　鋼製石油貯槽の構造（全溶接製） 　B 8502　アルミニウム製貯槽の構造 ○米国石油学会（API）基準 　Std 620 Design and Construction of Large, Welded, Low-Pressure Storage Tanks 　Std 650 Welded Tanks for Oil Storage 　Std 653 Tank Inspection, Repair, Alteration, and Reconstruction
熱交換器	○日本産業規格（JIS） 　B 8249　多管円筒形熱交換器 ○日本石油学会（JPI）規格 　JPI-7 S-26　熱交換器プラントテスト用腐食試験片及び試験片ホルダー 　JPI-7 S-30　多管式熱交換器チューブ配列本数表 　JPI-7 R-32　熱交換器用黄銅管の使用基準 　JPI-7 S-42　塔，そう，熱交換器検査基準 　JPI-7 S-44　石油工業用熱交換器フランジ 　JPI-7 R-51　空冷式熱交換器の構造 　JPI-7 B-89　塔槽・熱交換器の海外調達時における要求事項 ○米国熱交換器工業会（TEMA）規格 　Standards of the Tubular Exchanger Manufacturers Association（TEMA Standards） ○米国熱交換器協会（HEI）規格 　Heat Exchange Institute Standards ○米国石油学会（API）基準 　Std 660 Shell-and-tube Heat Exchangers 　Std 661 Petroleum, Petrochemical, and Natural Gas Industries-air-cooled Heat Exchangers
配管	○高圧ガス保安協会（KHK）基準 　KHK S 0801　高圧ガスの配管に関する基準 ○日本石油学会（JPI）規格 　JPI-7 S-14　石油工業配管用アーク溶接鋼管 　JPI-7 S-15　石油工業用フランジ 　JPI-7 S-16　配管用非金属ガスケットの寸法 　JPI-7 S-18　配管用モルタルライニング 　JPI-7 S-23　石油工業用リングジョイントガスケットおよび溝 　JPI-7 S-24　バルブの表示方式 　JPI-7 S-36　鋼製小形弁 　JPI-7 S-37　鋳鉄型フランジ形外ねじウェッジ仕切弁

表5.7.10 (つづき)

分類	規格
配管	JPI-7 S-41　配管用うず巻き形ガスケット JPI-7 S-43　石油工業用大口径フランジ JPI-7 S-46　鋳鋼製フランジ形及び突合せ溶接形弁 JPI-7 S-48　鋼製フランジ形ボール弁 JPI-7 S-57　軽量形鋼製小形弁（50 A（2 B）以下）（クラス150～800） JPI-7 S-58　ステンレス鋼鋳鋼製フランジ形軽量耐食弁 ○日本産業規格（JIS） 　G：鋼管の規格 　H：鋼管の規格（特殊合金等） 　B：バルブ及び継手の規格 ○米国国家規格協会（ANSI）規格 　B31.1 Power Piping 　B31.3 Process Piping 　B31.4 Pipeline Transportation Systems for Liquid Hydrocarbons and Other Liquids 　B31.5 Refrigeration Piping and Heat Transfer Components 　B31.8 Gas Transmission and Distribution Piping Systems 　B 31.10M Welded and Seamless Wrought steel Pipe 　B 31.19M Stainless steel Pipe ○米国石油学会（API）基準 　Spec.5B Threading, Gauging, and Inspection of Casing, Tubing, and Line Pipe Threads 　Spec.5L Specification for Line Pipe 　Spec.6A Specification for Wellhead and Christmas Tree Equipment 　Spec.6D Specification for Pipeline and Piping Valves 　Std 594 Check Valves：Flanged, Lug, Wafer, and Butt-welding 　Std 598 Valve Inspection and Testing 　Std 599 Metal Plug Valves-Flanged, Threaded and Welding Ends 　Std 600 Steel Gate Valves-Flanged and Butt-welding Ends, Bolted Bonnets 　Std 602 Gate, Globe, And Check Values for Sizes DN 100 (NPS 4) and Smaller for the Petroleum and Natural Gas Industries 　Std 603 Corrosion-resistant, Bolted Bonnet Gate Valves-Flanged and Butt-welding Ends 　Std 608 Metal Ball Valves-Flanged, Threaded and Welding Ends 　Std 609 Butterfly Valves：Double-flanged, Lug-and Wafer-Type
ポンプ・コンプレッサ	○米国石油学会（API）基準 　Std 610 Centrifugal Pumps for Petroleum, Petrochemical and Natural Gas Industries 　Std 611 General-purpose Steam Turbines for Petroleum, Chemical and Gas Industry Services 　Std 612 Petroleum, Petrochemical and Natural Gas Industries-Steam Turbines-Special-purpose Applications 　Std 616 Gas Turbines for the Petroleum, Chemical and Gas Industry Services 　Std 617 Axial and Centrifugal Compressors and Expander-compressors 　Std 618 Reciprocating Compressors for Petroleum, Chemical, and Gas Industry Services 　Std 619 Rotary-type Positive-displacement Compressors for Petrochemical and Natural Gas Industries
建築物および付帯設備	○日本建築学会規準 　鋼構造設計規準-許容応力度設計法- 　容器構造設計指針 ○日本産業規格（JIS） 　A：土木・建築の規格 ○空気調和衛生工学会 　空気調和衛生工学便覧 ○米国石油学会（API）基準 　STD 2510 Design and Construction of Liquefied Petroleum Gas (LPG) Installations 　Publ 2218 Fireproofing Practices in Petroleum and Petrochemcal Processing Plants ○米国国家規格協会（ANSI）規格 　A10.4 Safety Requirements for Personnel Hoists and Employee Elevators on Construction and Demolition Sites 　A10.5 Safety Requirements for Material Hoists 　A14.3 Ladders-Fixed-Safety Requirements 　A14.4 Safety Requirements for Job-made Wooden Ladders 　Z 4.1 Sanitation-In Places of Employment-Minimum Requiremens 　Z 4.4 Sanitation-In Fields and Temporary Labor Camps-Minimum Requiremens 　Z 9.1 Open Surface Tanks-Ventilation and Operation 　Z 9.2 Fundamentals Governing the Design and Operation of Local Exhaust Ventilation Systems 　ASME A 17.1 Safety Code for Elevators and Escalators 　ASME A 17.2 Guide for Inspection of Elevators, Escalators, and Moving Walks 　UL 727 Standard for Oil-Fired Central Furnaces ○米国防火協会（NFPA）規格 　No.68 Standard on Explosion Protection by Deflagration Venting 　No.701 Standard Methods of Fire Tests for Flame Propagation Textiles and Films 　No.80 Standard for Fire Doors and Opening Protectives 　No.80 A Recommended Practice for Protection of Building from Exterior Fire Exposures 　No.90 A Standard for the Installation of Air-conditioning and Ventilating Systems 　No.90 B Standard for the Installation of Warm Air Heating and Air-conditioning Systems 　No.101 Life Safety Code 　No.204 Standard for Smoke and Heat Venting 　No.211 Standard for Chimneys, Fireplaces, Vents and Solid Fuel-burning Appliances 　No.220 Standard on Types of Building Construction 　No.241 Standard for Safeguarding Construction, Alteration, and Demolition Operations 　No.252 Standard Methods of Fire Tests of Doors Assmblies 　No.703 Standard for Fire-retardant-treated Wood and Fire-retardant-Coatings for Buildings Materials ○米国鋼製建物協会（AISC）規格 ○米国コンクリート協会（ACI）規格 ○米国冷暖房，空気調和工業会（ASHRAE）規格
電気設備	○電気学会電気規格調査会（JEC）規格 ○日本電機工業会規格（JEM） ○日本電線工業会規格（JCS） ○労働安全衛生総合研究所指針 　TR-No.39　工場電気設備防爆指針-ガス蒸気防爆 　TR-46-9　工場電気設備防爆指針-国際整合技術指針（第9編-容器による粉じん防爆構造） 　TR-No.42　静電気安全指針 ○日本産業規格（JIS） 　A 4201　建築物等の雷保護 ○米国石油学会（API）基準 　RP 500 Recommended Practice for Classification of

表5.7.10 （つづき）

分類	規格	分類	規格
電気設備	Location for Electrical Installation at Petroleum Facilities Classified as Class 1, Division 1 and Division 2 RP 540 Electrical Installations in Petroleum Processing Plants RP 2003 Protection Against Ignitions Arising Out of Static, Lightning, and Stray Currents ○米国防火協会（NFPA）規格 No.496 Standard for Purged and Pressurized Enclosures for Electrical Equipment No.497 Recommended Practice for the Classification of Flammable Liquids, Gases, or Vapors and of Hazardous (Classified) Locations for Electrical Installations in Chemical Proccess Areas ○米国国家規格協会（ANSI）規格 C 2 National Electrical Safety Code C 12.1 Electric Meters-code for Electlicity Metering C 12.4 Registers-Mechanical Demand C 12.5 Thermal Demand Meters C 12.6 Phase-Shifting Devices Used In Metering, Marking and Arrangement of Terminals	防消火設備	No.25 Standard for the Inspection, Testing, and Maintenance of Water-Based Fire Protection Systems No.33 Standard for Spray Application Using Flammable or Combustible Materials No.69 Standard on Explosion Prevention Systems No.291 Recommended Practice for Fire Flow Testing and Marking of Hydrants
		計装	○日本産業規格（JIS） C 1602〜C 1910　計装関係規格 ○日本石油学会（JPI）規格 JPI-7 B-49　加熱炉の保安用計装システム設計資料 JPI-7 S-54　アーマード形（鎧装形）ゲージグラス規格 JPI-7 B-55　計装用電源システム設計資料 JPI-7 B-56　計装用空気源システム設計資料 JPI-7 B-60　インターロック及びエマージェンシーシャットダウンシステム計装設計資料 JPI-7 B-64　調節弁の選定と保守　設計資料 JPI-7 R-87　金属管式液面計使用指針 JPI-7 B-92　安全計装システム設計資料 ○米国機械学会（ASME）規格 PTC 19.1 Test Uncertainty PTC 19.2 Pressure Measurement PTC 19.3 Temperature Measurement PTC 19.7 Measurement of Shaft Power PTC 19.10 Flue and Exhaust Gas Analysis PTC 19.11 Steam and Water Sampling, Conditioning, and Analysis in the Power Cycle PTC 19.22 Date Acquisition Systems PTC 19.23 Guidance Manual for Model Testing ○米国石油学会（API）基準 RP 551 Process Measurement
土木工事	○土木学会基準 水理公式集 ○日本道路協会基準 舗装の構造に関する技術基準 舗装設計施工指針 舗装施工便覧 ○日本産業規格（JIS） A：土木建築の規格 ○米国防火協会（NFPA）規格 No.303 Fire Protection Standard for Marinas and Boatyards No.306 Standard for the Control of Gas Hazards on Vessels No.307 Standard for the Construction and Fire Protection of Marine Terminals, Piers and Wharves ○ AWWA 規格 American Water Works Association Publications	保温	○日本産業規格（JIS） A 9501　保温保冷工事施工標準 A 9504　人造鉱物繊維保温材 A 9510　無機多孔質保温材 A 9511　発泡プラスチック保湿材 A 9521　建築用断熱材 A 9523　吹込み用繊維質断熱材 A 9526　建築物断熱用吹付け硬質ウレタンフォーム
防消火設備	○米国防火協会（NFPA）規格 No.10 Standard for Portable Fire Extinguishers No.11 Standard for Low-, Medium-, and High-expansion Foam No.12 Standard on Carbon Dioxide Extinguishing Systems No.13 Standard for the Installation of Sprinkler Systems No.14 Standard for the Installation of Standpipe and Hose Systems No.15 Standard for Water Spray Fixed Systems for Fire Protection No.16 Standard for the Installation of Foam-water Sprinkler and Foam-water Spray Systems No.17 Standard for Dry Chemical Extinguishing Systems No.17A Standard for Wet Chemical Extinguishing Systems No.18 Standard on Wetting Agents No.20 Standard for the Installation of Stationary Pumps for Fire Protection No.22 Standard for Water Tanks for Private Fire Protection No.24 Standard for the Installation of Private Fire Service Mains and Their Appurtenances	溶接	○日本産業規格（JIS） Z（3000番台）：溶接関係の規格 ○日本溶接協会規格（WES） WES 2005　鋼溶接部の非破壊試験施工方法の確認試験方法 WES 3001　溶接用高張力鋼板 WES 3003　低温用圧延鋼板判定基準 WES 3004　圧力設備用金属材料のきずの補修 WES 7101　溶接作業者の資格と標準作業範囲 WES 8102　溶接士技量検定基準（石油工業関係） ○日本非破壊検査協会（NDI）規格 ○日本石油学会（JPI）規格 JPI-7 S-31　溶接士技量検定基準 ○日本高圧力技術協会（HPI）基準 HPIS-D 105　ステンレスクラッド鋼加工の技術指針

表 5.7.11 国内外のおもな学術雑誌

雑誌名	学協会名等	雑誌名	学協会名等
安全工学	安全工学会	低温工学	低温工学・超電導学会
Journal of the Combustion Society of Japan	日本燃焼学会	人間と環境	日本環境学会
日本エネルギー学会誌	日本エネルギー学会	水環境学会誌	日本水環境学会
日本火災学会誌/火災誌	日本火災学会	海上防災	海上防災事業者協会
高圧ガス	高圧ガス保安協会	災害情報	日本災害情報学会
圧力技術	日本高圧力技術協会	LPガスプラント	日本エルピーガスプラント協会
材料	日本材料学会	ATOMO Σ	日本原子力学会
Strength, Fracture and Complexity/日本材料強度学会誌	日本材料強度学会	日本放射線技術学会誌	日本放射線技術学会
熱処理	日本熱処理技術協会	Journal of Air & Waste Management Association	Air & Waste Management Association
溶接学会誌	溶接学会	Journal of Occupational and Environmental Hygiene	American Industrial Hygiene Association
ISIJ International/鉄と鋼	日本鉄鋼協会	Archives of Enviromental Health	American medical Association
安全と健康	中央労働災害防止協会		
労働衛生	同上	Combustion and Flame	Combustion Institute
心とからだのオアシス	同上	Environmental Progress	American Institute of Chemical Engineers
セイフティーダイジェスト	日本保安用品協会		
セイフティエンジニアリング	総合安全工学研究所	Environmental Science and Technology	American Chemical Society
労働科学	労働科学研究所		
労働の科学	同上	Journal of Air Pollution Control Association	Air & Waste Management Association
Journal of Occupational Health	日本産業衛生学会		
環境管理	産業環境管理協会	Journal of American Water Works Association	American Water Works Association
用水と廃水	産業用水調査会		
工業用水	日本工業用水協会	Water Research	International Water Association
水道協会雑誌	日本水道協会		
大気環境学会誌	大気環境学会	Journal of Hazardous Materials	Elsevier
環境コミュニケーション	環境コミュニケーションズ	Journal of Loss Prevention in the Process Industries	Chemical and Process Plant Safety
下水道協会誌	日本下水道協会		
空気清浄	日本空気清浄協会	Process safety progress	Wiley
ボイラ研究	日本ボイラ協会	Combustion Science and Technology	Combustion institute
防錆管理	日本防錆技術協会		
建設の安全	建設業労働災害防止協会	Journal of Risk Research	Taylor and Frances
環境技術	環境技術研究協会	Journal of Risk and Uncertainty	Springer
化学と工業	日本化学会		

〔伊藤正彦, 伊里友一朗, 本間真佐人, 鈴木雄二, 小林英雄〕

6. 危機管理

6.1 概　要

危機管理（crisis management）とは，危機が発生した際に守るべきものの優先順位を考慮し，被害を最小化していく活動である．危機には，さまざまな事象があり，多様な危機に柔軟に対応していくために，危機に対する対策のとり方に共通性を見い出し，それを体系化しておくことが重要である．

危機（crisis）とはさまざまな事態から発生し得るものであり，自然災害と科学技術システム等の事故やテロによる災害とに大きく分けることができる．自然災害は，その原因となる事象自体は，不可避な自然現象である．地震・水害・落雷・土砂災害等が含まれるが，自然災害の被害はその対応によって異なってくるものである．科学技術システム等の事故は，そのシステムがもたらしている社会を豊かにする機能が失われ社会機能に影響を与えたり，大きな物理的・化学的影響による人身被害や物的損害を与えたりする．

また，危機を起こさないために担保すべき安全技術には，設備の故障やヒューマンエラーの防止などのように起きる事故に対する安全工学（safety）と警備活動などが含まれるセキュリティ（security）の二つの技術が必要になる．

危機管理の対象となる不測事態（contingency）とは，人の死傷，物的損傷，財産喪失，組織に打撃を与える潜在的な事態のことを指す．不測事態が発生もしくは差し迫ったときに現れる一つの特定状態が危機である．不測事態には，以下のような種類がある．これらの危機の分類はいくつかの種類があり，それぞれが関連することもある．

① 社会生活に関する危機（経済，インフラ障害等）
② 経営に関する危機（倒産，労働災害，PL等）
③ 産業災害（爆発，火災，危険物質漏洩等）
④ 自然災害（地震，水害，台風等）
⑤ 犯罪（テロ，脅迫，誘拐等）
⑥ その他（国際問題，戦争などの組織だけでは対応できない危機や複合危機）

危機管理の必要性とその対象には，以下の二つの観点がある．

一つは，社会からの視点である．危機管理が失敗して，その組織が影響を受けても社会に対する影響が皆無であれば，社会安全の視点からは危機管理の不備を糾弾されることはない．しかし，その組織の危機管理の失敗が社会的に影響を及ぼす場合は，その組織に対する危機管理の要求が高くなるのは，当然のことである．

危機管理が必要とされる二つ目の視点は，自組織の防衛である．組織の存続に影響を及ぼす事態を防ぐことは，社会的影響の有無を別にしても，組織員としては重要な責務である．

組織の存在に影響を及ぼすのは，経済的損失や物理的被害のみではない．社会的信頼性や存在意義を失っただけでも，その存続を継続していくことが困難になることを認識すべきである．

この新たな危機管理体制を確立する際に重要なことは，組織運営における危機管理や安全活動の位置付けを明確にすることである．危機管理や安全活動は，重要な本務の一部であるということを確認する必要がある．

6.2　リスクマネジメントと危機管理

社会や組織の安全活動では，まずリスクマネジメントにより，リスクに対してリスク基準を満足する状況になるような活動を行うことになる．つぎに，リスク基準を満足した状況で保有しているリスクのうち，発生確率は小さいが影響の小さなリスクを危機管理の対象として対応を検討することとなる．また，リスクマネジメントの対象になっていなかった事象がいきなり顕在化して危機管理の対象となることもある．

図6.2.1にリスクマネジメントと危機管理の一般的関係を示す．なお，このリスクマネジメントを危機管理の体系の中では，危機管理の事前作業段階と整理する考え方もあり，次節にその体系に則して危機管理を記述する．

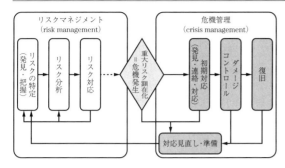

図6.2.1 リスクマネジメントと危機管理の関係

6.3 危機管理活動のステップ

ここでは，危機管理を体制の準備の段階から復旧までのステップを整理する。前節で危機管理のフェーズには，大別して四つの段階がある。それは，準備段階，事前作業段階，緊急事態対応段階，事後復旧段階である。以下では，それぞれの段階で必要な活動を整理する。

〔1〕 **準備段階（体制整備）**

組織において危機管理を行うためには，組織トップが自ら直接実行する強い意思を示す必要がある。

しかし危機管理が経営上の問題だといっても，組織幹部が活動のすべてを直接実行することは難しい。そのために危機管理の作業を実行する組織を設置する必要がある。この組織では，何のためにどのような作業をするのか，組織の方針，社会的要請，組織の責務などについて策定していくことが重要な業務である。

〔2〕 **事前作業段階（リスクマネジメント）**

ここでは，危機を特定し，どのようなことが起きるかを想定する。不測事態のカテゴリーに対して個々の危機を検討する。

危機の特定，危機管理の作業を実行する順序が定まった段階で，情報収集と被害想定を行う。その危機に遭遇したときにそのような災害が発生するか，どのような被害になるかを検討し，また過去の事例も調査する。

被害想定は，後の対策や準備，備蓄などに影響するが，最悪の場合を想定することによって段階的に準備の程度を高くしていくことが可能である。つぎに行わなければならないのは，資機材の備蓄，教育訓練，連絡先や緊急時対策組織の確定などである。組織ごと，危機ごとに資機材の備蓄は異なることになる。教育訓練も実際に被害を減らすためには重要な事項である。

〔3〕 **緊急事態対応段階**

事前準備に基づいて緊急事態対応を行う。発生した危機に対して，意思決定者は迅速な情報処理，適切な緊急意思決定が求められる。つまり，意思決定過程において，正式なルールや手順によって行うことが難しい場合もあり，非公式なプロセスによって迅速化することも許容しなければならない。重要な意思決定をするためには，危機に対する断固とした迅速な対応を図れる能力が重要であり，正式な資格や権限，手順の重要度はそれよりも低くなる。

緊急事態対応で注意しなければならないのは，危機の不確実性，その猛烈な脅威，緊急意思決定の逼迫性といった圧迫下で意思決定を迫られるということである。情報・時間・リソースが不確実かつ不足する状況であることを理解する必要がある。

〔4〕 **事後復旧段階**

緊急事態そのものが終了し，危機が管理下に置かれた段階である。意思決定者は通常業務に復帰するが，危機の被害は顕在したものと潜在するものとがあり，そのどちらにも復旧活動を行う必要がある。危機管理体制をただちに解除することなく，危機管理活動の効果を測定・評価し，計画の有効性，手順の適正を検証する必要がある。問題があれば，修正を行うことにより，つぎの不測事態に備える。

6.4 危機管理活動の要素

危機管理活動において，重要となる要素を以下に示す。

〔1〕 **重大な事態に備える**

危機管理の基礎となるのは，組織のトップがつねに組織に大きな影響を与える可能性がある事態に備えるということである。これは，つねに組織の内外状況を観察し，自組織への影響を検討することである。そのため，計画立案の初期段階で，組織トップ層が緊急事態に対して自らの対応を調整し，管理できる予測手段を集合させることが重要である。

〔2〕 **危険対応への必要な資源の投入**

危機発生中において重要な事柄活動に資源を集中することが必要である。

〔3〕 **危機管理担当の役割**

危機管理担当者は，危機を確認し，分析することが任務である。危機がもたらす損害の形態と範囲を分析・評価し，その性質と程度を詳しく知ることである。その上での最善の技術を選択し，それを実施・統制する役割を担う。

〔4〕 **危機管理環境の整備**

対応を効果的に行うためには，与えられた仕事を担当者が効果的に遂行できる環境を提供する必要があ

る。すなわち，適切な設備・交代勤務の編成等によって支援することである。

〔5〕 **重大な被害の防止**

組織が被る可能性のある重大な被害を防止することである。重大な被害とは，人的・物的・経済的被害とともに社会的信頼性の失墜等も含まれる。

〔6〕 **社会的信頼性へ迅速な対応**

危機管理の特徴は，限定された期間の中で成果を出すことが求められる。

〔7〕 **復　　　旧**

通常業務の再開までのプロセスを考え，実行計画を策定する。危機管理は，タスクフォースであり，危機管理状況を長期にわたり継続するのは望ましくない。

〔8〕 **再 発 防 止**

最後に重要なことは，危機の再発防止に努めることである。そのためには，危機に至った原因を多様な視点から分析し，その対策を体系的に実施することである。経験した緊急事態を分析・評価することによって貴重な教訓を得て，それらを基に計画を再検討および再教育することで，将来の緊急事態の危険性を減少することができる。

〔野口和彦〕

7. 安 全 監 査

　安全監査は，安全管理体制の有効性に関する内部監査のことで，安全管理体制のCheckの取組みの一つである[1]。安全管理体制が，さまざまな状況の変化に対応し実施されているか，安全目標等において計画した成果が得られているかなどについて図に示すようなPDCAサイクルに基づいた取組みが実施されているか等を確認することである。

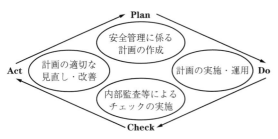

図　PDCAサイクルに基づいた取組み

　内部監査は，「独立性を持った内部監査員が事業者の安全管理体制が適切かつ有効に運用されているかどうかを検証し，経営者が適切な判断，見直しと継続的改善をするために必要な情報を提供する一連の活動である」と定義できる。

　かつて，わが国で実施されていた安全監査は，経営者自らが監査する色彩が濃く，欧米で実施されている監査とは内容的に相違点が見られた。欧米は専門の監査チームが細部までチェックする方法が一般的である。

　わが国では1973年頃，事故が石油コンビナートを始め化学，石油工場で続発したことから，通商産業省（現 経済産業省）が，化学，石油業界に対して，「社長自ら陣頭に立って保安の確保に全社をあげて取り組むこと，これを具体的に実施に移すため社長直属の安全対策本部などを設け，抜本的な保安対策を進めること」とし，「例えば，社長や役員が率先して保安のための工場巡回・視察等を行う」と通達した[2]。

　また，高圧ガス取締法の認定事業所においても，その審査評価項目の一つに，「本社基準の保安管理」の判定基準として，「役付役員を長とする保安対策本部または保安委員会が設置されていること」と，「安全査察などにより各事業所をチェックすること」が挙げられている[3]。

　1997年，規制緩和と国際化等の流れの中で，「高圧ガス取締法」から「高圧ガス保安法」に名称が変わり，法の目的に，民間事業者による「高圧ガスの保安に関する自主的な活動を促進し，公共の安全を確保する」ことが追加され，保安の維持・向上を前提に，事業所の自己責任の下に効率的な規制にすることを目指している[4]。

7.1　わが国における安全監査

　高圧ガス保安協会が，1982～1983年頃全国の石油精製，化学・石油化学，鉄鋼，LPGなどの54事業所について，保安査察実態について調査した[5]。

　約8割の事業所が年1～2回の頻度で保安査察を実施しており，少数のパトロール的要素の強い回答も含めると，1事業所当り年間約3回の査察が行われている。査察チームの長は，本社担当役員による査察が最も多く34％，ついで事業所トップ（工場長，所長，副所長など）による査察20％，経営トップ（会長，経営トップなど）による査察12％と続き，そのほか地方自治体の消防や高圧ガスの担当者，大学教授らの第三者（外部公的機関など）との合同査察，親会社の安全担当者による査察などが挙げられている。

　2007年国土交通省から，安全管理体制に係る内部監査の要求事項が示され[1]，経営トップが選任した内部監査員による監査チームによる内部監査制度に移行してきている。

① 内部監査の実施

　内部監査の目的は，安全管理体制の「適合性」と「有効性」を検証することである。経営トップまたは安全統括管理者によって選任された内部監査員が，内部監査計画に従って監査を実施する。

　安全管理体制構築当初の段階では，「適合性」チェックが中心となるが，ある程度の期間を経過した後は，各部門の「安全重点施策」の達成状況やその事後評価を確認するなど，「有効性チェック」の観点から監査を進めることが重要である。

② 少なくとも年1回実施する。一般的には年に1～2回程度実施する。

③ 必要な内部監査の実施

　重大事故が発生した際や「安全管理体制」の大

幅見直しを行った際には，臨時的な監査を実施し，有効性を確認する。
④ 監査の客観性を確保する。
　内部監査は自社の要員によって実施されるが，監査員は自らの仕事は監査しないなど，独立性と客観性および公平性が確保されなければならない。また，内部監査の評価結果に対する信用および信頼は，監査員の資質に依存するので，監査員は公正・公平な判断ができ，誰からも信頼される者を選任することが必要である。
⑤ 必要な教育・訓練を実施する。
　監査員は，ガイドラインの内容，安全管理規程の記載内容，関係法令について教育・訓練を受けることが必要である。さらに，内部監査の原則（論理的行動，公正な報告，正当な注意，独立性，証拠に基づくアプローチ），手順（目的，範囲，監査基準，監査活動，関連文書，作業分担）および技法（サンプリング，質問，観察，記録）等の内部監査の方法について，教育・訓練を修了したものが望ましい。

内部監査のポイントは，以下の四つである。
① 手順および記録は明確にされ，適切に維持・実行されているか。
② 責任と権限は適切に割り当てられているか。
③ 運用上の問題・課題点は把握されているか。（情報伝達およびコミュニケーションの確保，事故等に関する情報の報告等，関係法令等の遵守の確保，教育・訓練等）
④ 経営トップのコミットメント，経営トップの責務，安全方針，見直しと継続的改善等

これらの実施事項は内部監査手引き書[1]が参考になる。2007年，高圧ガス事業所認定基準が，経済産業省令において下記のように定められている。
① 本社役員を長とする保安対策本部を設置すること
② 認定を受ける事業所において，保安管理部門が独立して設置され，検査結果が設備管理等に有効に活用される体制になっていること
③ 保安検査を自ら実施するための組織（検査組織）および保安検査の実施状況について改善勧告を行う組織（検査管理組織）を設置し，検査管理を適切に行うこと
④ 保安管理は一義的には現場の仕事であるとしても，経営トップ層，事業所トップには，現場がつねに適正な保安管理を行うようなシステムを構築し，機能しているか否かについて検証する責任がある。具体的には，PDCAサイクルを確立し，問題があれば，それを是正し，さらに事業所の管理層がPDCAサイクルの実行に責任を有する体制が構築されていること

PDCAサイクルを確実なものにするためには，問題を発見し，正しく認識するスキルをアップすることが必要になる。また，システムの形骸化を防ぐため，組織の大きさに合わせて内部監査の仕組みを構築することが求められる。

このPDCAサイクルの構築にあたっては，国際的に確立され，多数の事業所が導入しているマネジメント規格に沿ってシステムが構築されることが望ましい。

7.2　欧米における安全監査

OSHA（アメリカ労働安全衛生局）は，1992年2月に危険性の高い化学物質のプロセス安全管理（PSM）について規則を定めた。雇用主はこの基準の下でのプロセス安全管理方法がきちんと制定され，少なくとも3年ごとに安全監査（compliance audit）を実施し，評価・証明しなければならないとしている[6]。

OECD（経済協力開発機構）は，近年，危険性物質に関わる防災基本指針を策定しているが，危険性物質取扱施設を定期的に安全査察および評価すべきとしている。そのために企業および行政機関に対して，定期的に安全活動の実績を見直し，安全改善計画を作成するための役割と責任について記載している[7]。

英国のHSE（Health and Safety Executive：安全衛生庁）は，事故を抑制するための安全対策として，ハードおよびソフト両面での有効性を評価，その一環として監査（audit）の項目が挙げられている[8]。

米国の化学工学協会（AIChE）は，専門組織としてCCPS（Center for Chemical Process Safety：化学プロセス安全センター）を設立して，プロセス安全管理（PSM）プログラムを実証するために，「プロセス安全管理システムの監査に対するガイドライン」を発表し，PSMプログラムの一要素として査察を位置付けた[9]~[11]。その概要はつぎのようなものである。

査察の頻度は，査察プログラムの目的，操業の内容により異なる。一般的には，リスクの度合い，PSMプログラムの成熟度，前回監査の結果，事故履歴，企業のポリシー，政府の規制などのファクタを考慮に入れて決定する必要がある。前回監査の結果が，PSMシステムの施行と重大なギャップがあれば，次回の監査を計画スケジュールより早く実施する必要がある。

また，事業所が事故やニアミスをしばしば経験している場合，監査の頻度を増すのが適当である。管理システムの欠陥を確認するだけでなく，頻繁な監査によ

り事業所のプロセス安全を向上させる効果がある。
　査察者については，さまざまな技術・経験を持つ人物の参加が必要で，範囲の限定された監査では個人でも可能だが，PSMシステム監査はチームで実施する。理想的には，プロセスをよく知っている人，プロセス安全管理の経験がある人ならびに監査テクニックの経験がある人がチームメンバーの構成員として入っていることが好ましい。監査チームのサイズは施設のサイズ，監査の範囲，計画に従事する個人の仕事量（対チーム活動）による。
　査察は三つの活動から成る。すなわち
① 実施前の計画（予備監査）
② 現地におけるデータの収集および報告事項の発見（現地査察）
③ 実施後における欠陥の是正（事後監査）である。

〔1〕予備監査
　予備監査の段階では，インタビューのスケジュール作り，面談者の決定，付属資料の作成，安全関連資料の整備，概略情報の入手，チェックリストおよびデータの評価などを実施する。

〔2〕現地査察
　現地査察の段階では，内容としては，①オペレータ，保全マン，プラントマネージャのようなプラントマンとの面談，②PSMシステムの必要項目や記録・書類のチェック，③該当プラントや装置のフィールド査察などであり，つぎの5段階で進める。
① プラントにおける管理システムの理解
② 長所と短所を評価
③ 査察データの収集
④ 査察で見い出したことの評価
⑤ 現地スタッフと見い出したことの評価検討

〔3〕事後監査
　監査で見い出した事柄を監査報告として書類にすることが重要である。
　監査報告には，場所，日時，監査実施者，監査範囲，監査で見い出した事柄などを記載する。
　報告の仕方には，すべての課題についてコメントするやり方，ある範囲を強くコメントし，他のものは問題点を同定するやり方，結果を点数付けする方法，あるいは見い出した事柄を簡単にリストアップする方法など，種々のやり方があり，監査報告の内容を決定する簡単で正しい方法はない。
　監査そのものに続いて，そのフォローおよび改善行動が重要である。改善行動をタイミングよく実施すればプロセス安全に役立つ。
　監査レポートの発行に続いて行動計画を展開しなければならない。この計画には，フォローアップ行動実施のためのスケジュールならびに指摘事項のおのおのに対する責任者名を明示していなければならない。もし，事業所が指摘事項に対して何も行動する必要がないと決定したら，その旨を記録し，理由を説明しておくべきで，次回の査察者が前回の指摘事項が無視されていると認識することを避けるべきである。
　行動計画は，監査された施設または操作に対して責任ある管理者によって展開されるべきである。この場合，この行動計画を上位の管理者によりチェックし承認するシステムがなければならない。
　行動計画のコピーはこの計画遂行の責任を分担することになった全員，監査チームならびに上位の管理者に配布する必要がある。監査チームはそのコピーにより行動計画を知っておくとともに，次回の確認に役立たせる。行動計画はどの項目が完了し，その他の項目はどうなっているかを最新の内容になるよう，一定期間ごとに更新すべきである。これらは書類として記録に残し，組織内で責任を持ってチェックする必要がある。いくつかの監査プログラムではこれを証明することが　次回監査の一部として含まれている。

7.3　環境監査[12]

　環境監査は企業が自主的に環境管理体制を点検することである。1970年代から欧米企業で実施され内外で注目されるようになった。日本でも急速に普及してきている。組織や事業者が自主的に環境保全に取り組むにあたり，環境に関する方針や目標を自ら設定し，これらの達成に向けて取り組むことを「環境管理」または「環境マネジメント」といい，工場や事業所内の体制・手続き等の仕組みを「環境マネジメントシステム」（environmental management system, EMS）という。こうした自主的な環境管理の取組状況について，客観的な立場からチェックを行うことを「環境監査」という。
　環境マネジメントや環境監査は，事業活動を環境にやさしいものに変えていくために効果的な手法であり，幅広い組織や事業者が積極的に取り組んでいくことが期待される。企業の環境関連法規の遵守状況調査のほか，企業の買収にあたり，被買収企業の財産を引き継ぐことによって環境上の問題まで抱えてしまうことにならないかどうかを調査したりする。また自主的に環境への取組みを進め，企業のイメージアップを図る場合もある。
　環境マネジメントシステムには，環境省が策定したエコアクション21や，国際規格のISO 14001がある。ほかにも地方自治体，NPOや中間法人等が策定した

環境マネジメントシステムがあり，全国規模のものにはエコステージ，KES・環境マネジメントシステム・スタンダードがある。

地球環境問題に対応し，持続可能な発展をしていくためには，経済社会活動のあらゆる局面で環境への負荷を減らしていかなければならない。そのためには，幅広い組織や事業者が，規制に従うだけでなく，その活動全体にわたって，自主的かつ積極的に環境保全の取組みを進めていくことが求めらる。環境マネジメントは，そのための有効なツールである。

組織や事業者の立場から見ても，環境マネジメントにより環境保全の取組みを進めていくことには，つぎのような必要性がある。

（1） 消費者の環境意識は急速に高まっている。企業間の取引においてもグリーン購入の動きが活発化してきている。環境にやさしい商品・サービスを提供し，将来を見通し，より積極的に環境に取り組むことが，ビジネスチャンスにつながる。

（2） 地球環境の容量の限界を考えれば，環境保全に対するさまざまな規制や要請は，今後，ますます強化される。こうした動きに効果的に対応するには，環境マネジメントにより体系的に取り組むことが必要である。

（3） 環境マネジメントに取り組むことは，省資源や省エネルギーを通じて，経費節減につながる。また，組織内部の管理体制の効率化にもつながる。

（中村昌允，八木　昇）

引用・参考文献

1) 厚生労働省，安全管理体制に関わる内部監査の理解を深めるために（2007年1月1日付）
2) 通商産業省次官通達，48年法律第524号，化学工場の保安の確保について（1973年10月31日付）
3) 通商産業省立地公害局保安課監修，今後の高圧ガス保安体制のあり方，高圧ガス保安協会（1987）
4) 経済産業省高圧ガス保安室，高圧ガス保安法の自主保安の高度化を促す精度及び新技術等の出現・普及に円滑に対応する精度に関わる事前評価書（2016）
5) 高圧ガス保安管理懇話会，保安査察に関する報告書，高圧ガス保安協会（1983）
6) Process Safety Management of Highly Hazardous Chemicals, Explosives and Blasting Agents；Final Rule Federal Register, 57-36, Rules and Regulations, pp.6356-6417（1992）
7) OECD, Guiding Principles for Chemical Accident Prevention, Preparedness and Response（1988）；高圧ガス保安協会訳，危険性物質に係る防災基本方針（1988）
8) 英国 HSE（Health and Safety Executive）；Control of Industrial Major Hazards Accident（CIMHA）Regulation（1984）
9) Guidelines for Auditing Process Safety Management Systems, CCPS AIChE（1993）
10) Ozog, H., Auditing Performance Based Process Safety Management Systems, International Process Safety Management Conference and Workshop, Sept.22-24（1993）CCPS AIChE, pp.213-225（1993）Guidelines for Technical Management of Chemical Process Safety, CCPS AIChE（1989）
11) Ozog, H. and Stickles, R. P., What To Do About Process Safety Audits, Chemical Engineering, pp.173-178（1992）
12) 環境省，総合環境政策環境マネジメントシステム

索　　　引

【あ】

アイウォール	962
アウグスト乾湿計	656
悪　臭	915
悪臭規制	916
悪臭公害	916
悪臭発生実態調査	921
アスペリティ	951
アスペリティモデル	951
アスマン通風乾湿球湿度計	656
アセス法	829
アセス法施行規則	829
アセスメント手法	1054
圧延クラッド鋼	320
圧縮機	498
──の試運転	500
圧縮式冷凍機	510
圧送式低濃度輸送	436
圧力重積	191, 205, 209, 210
圧力発生速度	236
圧力放出設備	253
アノイアンス	652
アノーダイジング	403
アーバンスプロル現象	915
油による汚染	851
油分析法	575
アプリケーションプログラム	614
アプリケーションモジュール開発	615
アプリケーションモジュール試験	615
アブレシブ摩耗	301
アボイダンス	287
アラープ	588
アラームシステム	565
アラームマネジメント	564
アルカリ応力腐食割れ	305
アルミニウム合金	296
アルミニウム浸透拡散法	401
アルレニウス則モデル	584
泡消火設備	187
泡消火薬剤	182
安全アプローチ	674
安全運転	438
安全衛生保護具	713
安全化	7
安全確認	796
安全確認型	6
安全確保	823
安全確保行動	977
安全活動	1037
安全側故障	613
安全側故障割合	612
安全監査	1161, 1162
安全管理	1032
──の組織	1038
安全管理システム	1036
安全規制	823
安全基盤	775, 1033
安全基本行動	1037
安全キャブフレーム	811
安全教育	675
安全教育訓練システム	692
安全教育プログラム	694
安全距離	286
安全靴	728
安全計装機能	606
安全計装システム	562, 604, 605, 616
──の設計	610
安全工学	10, 1158
安全向上	1009
安全色彩	648
安全診断システム	1029
安全心理的要因	674
安全性向上システム	1029
安全成績	1035
安全性（の）評価	4, 640
安全設計	1004
安全設計基準	444
安全装置	457
安全帯	732
安全提案システム	1029
安全データシート	28
安全度水準	608
安全な漁業労働環境確保事業	812
安全逃し弁	253, 541
安全人間工学	736
安　全	
──の概念	1019
──の基本命題	8
──の仕組み	823
──の定義	3, 558
──の理念	8
──の論理的構造	6
安全標識	648
安全文化	11, 774, 775, 1023
──の醸成	1035
──の評価	12
安全弁	253, 541
安全防護	286, 419, 741
安全防護物	419
安全マネジメント	1019, 1050
安全マネジメントシステム	1022
安全目標	1034
安全要求仕様	610
安全ライフサイクル	609
安全率	259
安定化処理	296
安定さび層	324
アンローダ	452

【い】

硫黄酸化物	1074
イオン化式スポット型感知器	176
イオン交換	892
意思形成	829
異常監視技術	569
異常診断法	563
板振動型吸音	354
一時性難聴	927
一過性閾値変動	927
一酸化炭素	863, 1074
一般毒性	102
一般廃棄物	932
一般破損頻度	589
遺伝毒性	118
遺伝毒性試験	118
移動式クレーン	465
イベントツリーアナリシス	597
イベントツリー分析	760, 1055
イヤーマフ	719
医療安全	695, 996
医療安全問題	997
医療関連感染	998
威力評価試験	90
引火点	29
インタフェース	740
インタフェース解析	761
インタロック付きガード	428
インデックス法	627
インバータホイスト	449
インフォームドコンセント	998

インフラ被害	976	応力集中	260	化学輸送モデル	874
		応力腐食割れ	260, 289, 384, 391, 546	化学量論混合気体	210
【う】		オカレンス報告	997	拡散クラッド鋼	320
ウィークエンド効果	870	屋内安全確保	977	拡散燃焼	153
ウェットケミカル	181	オーステナイト系ステンレス鋼	314	学習伝承	1027, 1030
ウォークダウン	956	汚染源	850	確定論的安全	6
浮きクレーン	466	オゾン層の破壊	839	核燃料サイクル施設	625
渦消散コンセプト	153	オートクレーブ	508	核分裂生成物	364, 628
宇宙開発における安全性	783	オミッションエラー	807	確率論的安全	6
運搬機械	433	音圧レベル	929	確率論的安全評価	622
運搬車両	437	音響インテンシティ法	574	確率論的リスク評価	622
雲母	347	音響法	573	火工品	236
運輸安全マネジメント	783	温室効果ガス	836, 881	過酷事故	621
		温帯低気圧	960	火災安全	164
【え】				火砕サージ	967
エアゾール式簡易消化具	818	**【か】**		火災時管制運転装置	471
永久性難聴	928	加圧水型原子炉	630	火災のシミュレーション	152
永久ひずみ	375	加圧排煙方式	168	火災爆発	136
鋭敏化	314, 545	海水配管	546	火災・爆発指数	593
鋭敏化現象	396	階層化 FDIR	786	火災防止	434
エキスパートシステム	563	階段	433	火災保険	1091
易生分解性	133	外的事象 PRA	624	火災利益保険	1093
液体絶縁材料	347	ガイデリック	467	火砕流	967
液体爆発	190	階避難安全検証法	165	火山	964
エコ生産	637	外部雷防護	971	火山ガス	968
エッジ波	973	外部電源方式	417	火山災害	965
エネルギー基本計画	632	開放系蒸気雲爆発	191	火山泥流	968
エネルギー代謝率	747	界面活性剤	900	火山灰	966
エネルギー伝達解析	762	海洋汚染	850	火山噴火	964
エバキュレーション	1008	外来生物	848	可視光	649
エボラウイルス病	1000	改良鉄皿試験	94	荷重ブレーキ	455
エミッションインベントリー		会話妨害レベル	927	化審法	24
システム	874	ガウス分布モデル	280	ガスケット	369, 374
エラーアフォーダンス	771	火炎		ガス爆発	190, 198
エラーの誘発性	771	——の特性	136	ガス発生装置	517
エルハルト方式	550	——の長さ	136	ガスホルダ	530
エレベータ	468, 1002	火炎逸走限界	69	ガス漏れ火災警報設備	178
——に関する法令	468	火炎温度	137	化成処理皮膜	402
——の安全装置	471	火炎規模	143	カセイ脆化	305
——の設備計画	470	火炎伝播	209	カタ寒暖計	656
——の分類	468	火炎柱	144	カタ計	656
——の保守	472	化学傷	97	硬さ	301
遠隔監視	435	化学酸化法	893	カタストロフィックハザード	785
塩化物応力腐食割れ	317	科学システム防災	981	カタルシス効果	681
塩基対置換型変異	119	化学的汚染	851	活性汚泥法	893
遠心式圧縮機	499	化学的酸素要求量	890, 1075	活性経路溶解形	391
延性材	377	科学的自然減衰	914	活性酸素種	855
延性材料	379	化学的損傷	97	活性炭吸着法	893
延性-脆性遷移	379	科学的リスク	983	カッピング方式	550
延性破壊	377, 1063	化学熱傷	97	家庭での安全	813
		化学物質排出移動量届出制度	879	家庭内事故	813
【お】		化学プラントの爆発	245	家電自然循環浄化法	932
横行装置	454	化学プロセスプラント	772	ガード	419, 421, 428
往復動圧縮機	498	化学分析法	921	可燃性液体の火災	138
往復動冷凍機	510	化学防護手袋	727	可燃性気体の火災	136
応力拡大係数	261	化学防護服	711	可燃性浮遊物	221

可燃性粉じん	221, 252	
紙断裁機	426	
雷	970	
雷サージ	970	
貨物保険	1092	
火薬	236	
火薬類取締法	24	
ガラス	348	
渦流探傷試験	578	
加齢配慮	737	
カレントインタラプタ法	408	
感覚	753	
換気	662	
環境アセスメント	832	
環境安全	826	
環境影響緩和措置	830	
環境影響評価	828	
環境影響評価法	829	
環境汚染	862, 1073	
環境改善	662	
環境監査	1163	
環境基準	891, 924	
環境基本法	828	
環境創造	826	
環境損傷	260	
環境破壊	383	
環境保全	826	
環境ホルモン	886, 907	
環境マネジメントシステム	636	
換気率	278	
間歇火炎	144	
がん原性	110	
感作	108	
感作性物質	108	
乾式ガスホルダ	531	
監視センサ	169	
監視装置	608	
患者安全	996	
干渉SAR	943	
乾食	100	
乾性沈着	844, 845	
乾性沈着推定法	845	
岩屑なだれ	968	
完全自動運転車	800	
感染症	849	
乾燥装置	518	
乾燥断熱減率	274	
乾燥度指数	843	
管理区分	660	
管理係数	589	
管理権原者	170	
管理水準	660	
管理的要因	755	
貫流ボイラ	505	
緩和層	608	

【き】

気液二相流吹出しの安全弁	256	
輝炎	207	
機械安全	286	
機械換気法	662	
機械災害	419	
――の発生メカニズム	421	
機械排煙方式	167	
機械保険	1093	
気化性防食剤	413	
危機	1158	
危機管理	1158	
企業費用・利益総合保険	1094	
危険運転致死傷罪	794	
危険側故障	613	
危険側故障発生確率	613	
危険検出型	6	
危険情報受容	1005	
危険性相対評価	221	
危険性評価	219	
危険性分類の要約	29	
危険認識	1027, 1030	
危険場所の区分	222	
危険物	23	
危険物質の漏洩と拡散	270	
危険有害性	22, 27	
危険有害性周知基準	28	
危険有害性物質	22, 27	
危険予知	1037	
危険予知活動	1037	
危険領域	421	
希釈消火	179	
規制の虜	955	
気相方法	402	
気体絶縁材料	346	
軌道上安全	783	
輝度分布	684	
機能安全	287, 604	
機能安全規格	606	
機能強化型対地接近警報装置	782	
機能検査	764	
機能故障解析	586	
機能故障モード影響分析	586	
機能失敗確率	613	
機能失敗平均確率	613	
機能要素展開図	586	
起爆感度	237	
揮発性有機化合物	405, 884, 1076	
基本安全規格	604	
基本プロセス制御システム	605	
気密服	711	
逆転層	275	
逆転防止	434	
逆火防止	548	
客観的評価法	763	

キャプティブ保険会社	1088	
吸引圧送式低濃度輸送	436	
吸引式低濃度輸送	435	
吸音材料	353	
吸音性能	353	
救急医療	695	
救急医療システム	695	
吸収式冷凍機	511	
吸着法	922	
脅威	988	
強化液	181	
凝集沈殿	892	
共創	1003	
凝着摩耗	301, 387	
共沈現象	892	
共通原因故障	614	
共通脆弱性評価システム	990	
業務訓練	675	
共鳴器型吸音	353	
漁業	810	
――の安全対策	812	
局所排気	663	
局所排気装置	664	
局部腐食	319, 388	
許容応力	322	
許容閾値	121	
許容曝露時間	650	
切欠き	260	
切欠き感受性	382	
切欠き係数	382	
亀裂進展	300	
亀裂進展曲線	262	
亀裂進展速度	262	
亀裂成長	262	
亀裂阻止曲線	379	
均一腐食	388	
緊急移送処理設備	247	
緊急事後保全	581	
緊急遮断システム	608	
緊急遮断装置	247	
緊急遮断弁	542	
緊急処置	272	
緊急脱圧弁	254	
禁水性	94	
禁水性試験	94	
金属材料	304	
金属酸化物被覆	417	
金属シヤー	426	
金属被覆	400	
均等色空間	647	

【く】

くい打ち機	492	
空気環境	658	
空気グラインダ	432	
空気工具	432	

空気打撃工具	432	健康管理	658, 736	交通事故率	797
空気分離装置	513	健康障害	681	光電式煙感知器	176
空気輸送装置	435	減災	944	行動観察	690
空中衝突防止装置	781	研削盤	423	行動形成要因	743
くず化	556	研削摩耗	387	行動心理学的症候	1010
クラスAフォーム	182	原子力財産保険	1093	構内運搬車	439
グラスウール保温材	341	原子力施設の安全	620	構内整備	636
グラスライニング	403	原子力発電所	775	高濃度輸送	435
クラッド鋼	320	建設機械	476	降灰	966
クラッド板	402	限定合理性	777	降灰予報	966
クリアランス制度	630	原動機	418	降灰量分布	966
クリアランスレベル	630	原動機械	418	後発性の優位	859
繰返し疲労	300	現場保安力	1034	高頻度作動要求モード	609
クリティカルハザード	785	減率	274	降伏応力	375
クリープ	260			降伏点	375
クリープ強度	300	【こ】		降伏ひずみ	375
クリープ脆化	306	コインシデンス効果	356	鉱物性絶縁油	347
グリーンの法則	973	高圧ガス保安法	24	高分子材料	326
グリーンレメディエーション	915	高圧装置	498, 500	高分子耐食材料	327
クルーリソースマネジメント訓練	781	高圧配管	545	高分子耐食ライニング	327
グレア	684	合意形成	1100	効用極大化	777
クレーン	450	高温配管	545	高揚効果	366
クレーン等安全規則	448	高温腐食	101, 545	交流インピーダンス法	397
クレーン等構造規格	447	高温用セラミックス	337	高齢化と安全対策	758
クロスフォスタリング	113	光化学オキシダント	864, 869, 1074	高レベル放射性廃棄物	628
グローバルコモンズ	1007	光化学の損傷	649	小型運搬車両	439
クロムホール	98	工学ひずみ	375	ゴーカート	439
クロメート処理	402	高強度材料	287	呼吸作用	533
クローラクレーン	466	工業用ガス	672	呼吸保護具	673
群衆流動係数	164	工業用水	902	呼吸用保護具	721
燻焼燃焼	147	航空貨物スクリーニング技術		国際連合環境計画	837, 839
グンベル確率紙	383	リスト	995	告示対象物質	27
グンベル分布	384	航空機	443	コジェネレーションシステム	838
軍用機	444	航空機騒音	924	故障時間密度関数	568
		航空事故	779	故障診断技術	569
【け】		抗原	108	故障の木解析	785
警戒区域	978	航行支援	804	故障モード影響解析	565, 596
経験的診断法	563	高サイクル疲労	381	故障モード効果解析	759
けい酸カルシウム保温材	341	高視認性安全服	712	個人用保護具	713
形質変更時要届出区域	912	工場立地計画	637	固体爆発	190
計数的用量-反応関係	102	工場レイアウト	636	黒球寒暖計	657
継続的リスクコミュニケーション	1103	孔食	389	固定ガード	428
形態係数	141	孔食係数	388	コーポレイトファイナンス	1091
経年劣化	560	孔食電位	396	コーポレートアイデンティティ	709
警報設備	173	高信頼性組織	778	コミッションエラー	807
警報装置	435	合成開口レーダ	943	ごみベルト	851
劇物	104	合成界面活性剤泡消火薬剤	183	ゴム絶縁材料	351
ゲージ設備	543	合成ゴム耐食材料	329	コールドウォール	503
欠陥事象	761	合成樹脂	350	根拠に基づいた診療	996
決定論的安全	6	厚生労働省方式	592	混合危険	95
決定論的原因故障	611	後続雷撃	970	混合酸化物燃料	628
煙感知器	176	交通安全	437, 792	コンディションモニタリング	581
煙濃度	150	交通安全社会	800	コンピュータ制御システム安全要求	
煙の制御	167	交通安全対策	796, 1097		783
限界試験	116	交通安全対策基本法	793	コンベヤ	429, 433
限界支障	788	交通事故	792	根本原因分析法	998

【さ】

最悪ケースシナリオ	1053
災害強度率	767
災害傾性者	807
災害事例	265
災害千人率	767
災害損失係数	768
災害度数率	767
災害頻発者	807
災害率	767
災害連鎖	1056
サイクロン	960
採光	645
再充填禁止容器	551
最終のFDIR	786
最小致死濃度	132
最小致死量	132
最小着火エネルギー	209, 213, 216
最小発火エネルギー	65, 200
最大安全隙間	69
最大可能損害額	1086
最大許容濃度	128
最大爆発圧力	218
彩度	647
サイバー攻撃	987
砕波段波	974
再発防止	1160
サウンドレベルメータ	652, 930
サーカディアンリズム	749
作業域	682
作業環境	636
作業環境管理	658, 736
作業環境測定	659
作業環境測定基準	659
作業（環境）的要因	755
作業管理	658, 736, 1027, 1030
作業空間	683
作業標準書	808
作業負担	682
座屈	376
索道	472
サージ防護デバイス	972
サステイナブルレメディエーション	915
殺虫剤	886
作動機能	784
作動機能要求	784
差動式感知器	175
作動失敗確率	616
砂漠化	843
さび安定化処理	326
サーミスタ温湿度計	656
サーメット	339
酸洗い	413
酸化危険性	94
三角図	56
産業安全	17
産業安全環境	1033
産業機械作業	805
産業廃棄物	932
産業保健教育	736
産業用トラクタ	438
産業用ロボット	427
参照電極	395
散水設備	185, 540
酸性雨	844, 853
酸素欠乏	671
酸素処理	411
酸素濃度管理	226
残留性有機汚染物質	134, 857

【し】

シェアリングエコノミー	1001, 1003
自衛消防業務	171
自衛消防組織	173
シェフラー組織図	312
シェルタリング	1008
紫外線式スポット型感知器	177
紫外放射	648
自家保険	1088
時間依存形破壊	1063
時間加重平均値	121
視環境	645
視環境要件	645
磁器	349
色彩	646, 685
色彩設計	646, 647
色彩調節	646, 647
色相	647
色度座標	647
色票	646
自給式呼吸器	722
事業継続計画	957, 1008, 1099
資源管理	1027, 1030
自己加熱分解速度	85
自己亀裂治癒	303
事後処理の原理	445
自己診断カバー率	614
自己反応性物質	78, 234
自己分解性物質	236
事故分析	1055, 1077
事故防止アプローチ	674
事故防止・飛行安全プログラム	783
事後保全	581
事故要因	674
示差走査熱量測定	78
地震	950
地震時管制運転装置	471
指数時間重み特性	931
システマティックレイアウトプランニング	638
システムの安全性評価	759
システム防災	981
自然災害	950
自然排煙方式	167
自然発火	149, 159
自然発火性	93
自然発生ガス	672
自然防災	950
持続可能性アセスメント	834
持続可能性影響アセスメント	834
湿球黒球温度指標	657
シックハウス	883
実効輝度	650
実効線量	670
湿式ガスホルダ	530
湿潤断熱減率	274
湿食	100
湿性沈着	844, 845
室内環境汚染	883
室内空気汚染	883
失敗モード影響分析法	998
質量則	355
質量濃度測定方法	872
指定可燃物	23
指定緊急避難場所	981
指定避難所	981
自動運転	1011
自動運転技術の信頼性	800
自動運転車	799
——の安全性	799
自動火災報知設備	173
自動機械	427
自動クレーン	457
自動車燃料装置用容器	551
自動車の排出ガス	876
自動消火装置	189
自動制御システム	768
自動列車制御装置	789
自動列車停止装置	789
シートベルト	497
シートライニング	331
自発核生成モデル	241
シーバーン	992
地盤収縮量	942
地盤沈下	936
——の対策	940
シビアアクシデント	621
ジブクレーン	450
磁粉探傷試験	264, 579
死亡事故率	797
締固め	489
遮音材料	355
遮音性能	353
社会影響アセスメント	834
社会受容性	984
社会的責任	287

遮光保護具	717	消防計画	172	スクリュー圧縮機	499
射場安全	783	情報セキュリティ	987	スクリュードライバ	432
社内水準化	807	情報セキュリティマネジメント		スクリュー冷凍機	511
シヤリップ	378	システム	989	スタンダードプリコーション	698
周囲空気の巻込み	140	消防法	23	スチフレッグデリック	467
自由継続周期	749	照　明	645	ステップクール	386
終日保管時排出試験	879	蒸留装置	517	ステンレス鋼	311, 389
重症熱性血小板減少症候群	809	初期火災対策	164	——の不動態化	311
重大な危険	783	除去消火	179	ストラドルキャリヤ	439
集電環	457	職業適性検査	691	ストレス	738
周波数重み特性	931	職務再設計	806	ストレス・強度モデル	584
重防食塗装	404	職務分析	691	ストレス対処	679
重要業績指標	948	ショップレイアウト	636	ストレス反応	679
重力換気	663	ショベルローダ	439	ストレッサ	679, 738
主観的評価法	763	所要吹出し量	255	ストレッサコントロール	739
熟議の政治	1100	シール材	369	ストローク	970
縮　災	944, 949	新幹線鉄道騒音	924	スノーモービル	439
手甲部緩衝手袋	727	真空紫外放射	648	スパイラルバンド	962
受信機	174	真空装置	520	スフェロイド	536
主成分分析	564	神経感覚的疲労	751	スプリンクラー設備	185
手動揚重機	475	人身障害事故	788	スリーステップメソッド	7
シュート詰まり防止	434	心身状態	749	スリップ	744, 770
寿命予測	582	心身状態測定	762	スリップリング	457
手腕振動曝露	652	深層防護	620		
順序起動	435	侵　炭	545	【せ】	
順序停止	435	振　動	930	脆　化	545
準不燃材料	162	浸透拡散処理	401	生化学的測定	764
消炎距離	71	振動加速度レベル	931	生活安全	1001
消炎直径	71	浸透探傷試験	579	生活習慣病	739
消　火	179	振動法	572	生活の質	875, 1010
——の原理	179	振動防止	548	盛期火災対策	165
——の方法	179	侵入雷	971	制御圧延	288
傷害保険	1094	真のひずみ	375	制御風速	665
傷害予防	1009	信頼性	743	制御風速法	666
消火器具	188	信頼性中心保全方式	585	性差配慮	737
消火剤	180	侵略的外来生物	848	生産美学	636
消火設備	184, 539	深冷分離装置	512	脆弱性	988
消火栓設備	185			生殖毒性物質	113
蒸気雲爆発	138, 191, 206	【す】		制振材料	357
蒸気爆発	191, 240, 241	吸上げ効果	963	精神的疲労	751
蒸気爆発現象	239, 240	随意動作	747	脆性材	377
小規模降伏条件	261	水管ボイラ	505	脆性材料	379
状況に基づくFDIR	786	水　質	890	脆性破壊	261, 377, 379, 1063
衝撃騒音の許容基準	654	水質汚濁	891	製造機械	424
衝撃波起爆	203	水質汚濁防止法	895	製造禁止物質	104
焼　結	302	水蒸気爆発	190, 241	製造物責任	1095
条件修正係数	616	水蒸気噴火	964	製造物責任法	287
証拠の重み	113	水晶振動微量天秤法	398	生態影響評価	115
使用者賠償責任保険	1094	水素侵食	306, 545	静的破壊強度	299
浄水処理	894	水素脆化	391	静電気	157
状態監視保全	568	水素誘起割れ	392	——の漏洩	157
状態基準保全	568, 569	水溶液腐食	101	静電気帯電防止作業服	711
衝動動作	747	水溶性液体用泡消火薬剤	183	静電気放電	158
情動動作	747	数値流体力学	152	制動放射	363
蒸発器	513	隙間腐食	390	静疲労	300
蒸発爆発	190	スクリーニングツール	114	製品事故情報報告・公表制度	816

生物化学的酸素消費量	120	【そ】		耐震補強	959
生物化学的酸素要求量	890, 1075	騒音	923	堆積粉体	224
生物学的許容値	128	——の影響	926	耐切創手袋	725
生物学的曝露指標	121	——の許容基準	654	対地接近警報装置	782
生物学的モニタリング	128	騒音規制法	923	耐低温材料	309
生物増幅	121	騒音計	652	耐低温用金属材料	310
生物蓄積	121	騒音性一過性閾値移動	651	帯電性物体	158
生物地理境界線	848	騒音性永久性閾値移動	652	体内動態	103
生物濃縮	121	騒音性難聴	652	耐熱金属材料	305
生物濃縮係数	134	騒音伝搬防止対策	929	耐熱鋼	304
生物膜法	893	騒音防止	929	耐熱合金	304
セイフティデータシート	661	騒音レベル	929	耐熱材料	304, 336
生理的リズム	749	総括残留性	114	耐熱衝撃性	301
赤外線カメラ	576	総揮発性有機化合物	884	耐熱手袋	726
赤外線サーモグラフィ	576	送気マスク	721	台風	960
赤外線式スポット型炎感知器	177	総合安全文化指数	1029	耐摩耗性	301
赤外線放射法	576	走行装置	454	タイムライン	949
赤外放射	648	相互理解	1027, 1030	太陽放射強度	275
析出硬化型ステンレス鋼	315	操縦性能	803	大容量泡放水砲用泡消火薬剤	183
責任関与	1027, 1030	相対分光感度	649	体力	748
赤熱燃焼	147	増粘水	182	ダウ方式	593
セキュアプログラミング	988	層流拡散火炎	136	打撃感度	87
石油類火災	168	促進酸化法	893	蛇行検出	433
施工不良	559	側面衝撃	788	多孔質型吸音	353
絶縁抵抗	346	組織統率	1027, 1030	脱臭技術	922
絶縁破壊電圧	346	ソースターム解析	624	脱臭対策	921
絶縁用保護具	734	塑性座屈	376	脱成分腐食	388
絶縁ワニス	352	塑性-破壊遷移	379	建物火災の防火	162
設計係数	259	塑性ひずみ	375	ターフェル直線	395
設計不備	559	損害保険	1095	ターボ冷凍機	511
設備（技術）的要因	755	損傷係数	588	たわみ限界領域	495
設備診断技術	568, 581	ゾーンモデル	154	単位作業場所	659
セーフコミュニティ	1009	【た】		単一火源	143
セーフティ・アセスメント	640			タンク貨車	440
セラミックコーティング	404	耐アーク性	346	タンクコンテナ	440
セラミックス	299	耐圧円筒	503	タンクローリ	441
セラミックス複合材料	308	耐圧防爆構造	69	短時間曝露限界値	121
セラミックファイバー	339	第1雷撃	970	短寿命気候汚染物質	873, 875
セラミックファイバーブランケット	342	第一種指定化学物質	111	弾性座屈	376
繊維質絶縁材料	350	ダイオキシン類	865	弾性設計方式	259
全館避難安全検証法	165	耐火金属	336	弾性-破壊遷移	379
全身振動曝露	652	耐火材料	336	弾性破損	375
浅水変形	973	耐火物	336, 337	弾性ひずみ	375
全体換気	663	大気安定度	274	弾塑性体	375
せん断機	426	大気汚染	862	単体 FDIR	786
全天候運航	781	大気微小粒子	872	断熱材料	341
船内向け自主改善活動	812	大気腐食	101	断熱熱量計	84
船舶	442	大規模山体崩壊	965, 968	ダンパ	360, 362
——の運航と海難	802	耐久限度	382	たん白泡消火薬剤	183
船舶運航技術	803	体系的レイアウト計画技法	636	タンパプループ	771
船舶保険	1092	体験型教育	1085	【ち】	
全ひずみ	375	耐孔食性指数	312, 319		
戦略的環境アセスメント	830, 833	耐候性鋼	324	地域気象観測システム	274
線量当量率	364	耐コロナ性	346	チェックリスト	675
		耐食用ニッケル合金	315	チェーンブロック	475
				チェーンレバーホイスト	475

索引

知覚	753	定期保全	581	等電位ボンディング	972
地下水位	942	低サイクル疲労	381	導入教育	675
地下水汚染対策	901	低酸素症	687	投与限界値	116
地下水採取規制	943	ディーゼル粒子除去フィルタ	877	動力伝達装置	418
地球温暖化	836, 849	停電時自動着床装置	472	特殊機能靴	728
地球環境	836	低頻度作動要求モード	609	特殊毒性	102
蓄積性	120	定流量希釈装置	878	特殊配管	546
地衡流	964	定量的リスク評価	12	特殊ホイスト	449
致死作用	132	低レベル放射性廃棄物	628	ドクターカー	698
地質調査	942	ディンプル	377	ドクターヘリ	698
致死量	132	適性概念	690	特定化学物質	105
チタン合金	291	適性検査	690	毒　物	104
窒息消火	179	手工具	431	毒物及び劇物取締法	24
窒素酸化物	1073	デザインレビュー	559	特別管理廃棄物	932
窒素洗浄装置	513	デシジョンテーブル	563	独立成分分析	564
地表面粗さ	275	手製爆発物	993	独立防御層	562
致命的な危険	783	データベース	1055, 1077	独立防護層	607, 616
致命度指数	597	鉄鋼材料	287	土　壌	909
チャイルドレジスタンス	1001	徹底的な災害検証	950	土壌汚染	910
着火エネルギー	213	鉄道の安全	787	土壌汚染対策	913
着火源の危険性	222	デリック	466	土壌環境基準	911
中小企業自主改善活動	812	テールパイプエミッション	877	土壌腐食	101
中　毒	97	テロ	992	土壌腐食測定法	398
超音波探傷試験	577	テロ対策	995	度数強度値	768
聴覚保護具	719	電位 pH ダイアグラム	395	土石流	968
長期使用製品安全点検・表示制度	816	点音源	928	トータルヘルスプロモーションプラン	739
長期耐久性	327	電荷の緩和	157	突風率	962
長距離移動特性	114	電気化学ノイズ法	397	ドライケミカル	181
長距離配管	547	電気グラインダ	431	ドライめっき	402
超合金	336	電気絶縁材料	345	トラッククレーン	465
超高齢社会	1006	電気絶縁用手袋	726	トランスペアレント化	770
頂上事象	761	電気抵抗湿度計	656	トリアージ	697
超低温容器	551	電気抵抗法	398	ドレンチャー	185
直撃雷	970	電気透析法	893		
直接起爆	203	電気ドリル	431	【な】	
貯蔵槽	527	電気防食基準	415	内的事象 PRA	623
沈殿分離	892	電気防食法	413	内的反応	682
		電気丸のこ	431	内部雷保護	972
【つ】		電気めっき	401	内部熱損傷	142
墜落制止用器具	733	電撃傷	142	内分泌攪乱化学物質	886
通気差電池	388	天井クレーン	450	内分泌撹乱化学物質	907
通常損害予想額	1087	天井値	121	ナットランナ	432
通　路	433	電動工具	431	難燃材料	162, 334
継目なし容器	550	電離放射線	668	難燃性	334
津　波	973			難分解性	120, 133
津波災害	974	【と】			
津波地震	974	等価線量	670	【に】	
津波被害シミュレーションツール	955	等価騒音レベル	654, 930	においセンサ	921
		統括防火管理制度	172	においの相乗・相殺効果	916
【て】		動機付け	1027, 1030	逃し弁	253, 541
定温式感知器	174	冬季雷	970	肉体的・筋肉の疲労	751
低温脆性	309	統合的安全解析	627	肉盛りクラッド鋼	321
低温配管	546	動産総合保険	1093	二酸化硫黄	863
低温腐食	101	等尺性収縮	747	二酸化窒素	864
低温用液体貯槽	513	等　色	646	二相系ステンレス鋼	315
低温容器	551	等張性収縮	747		

乳化剤		182
人間工学		736, 805
人間信頼性確率		766
人間的要因		755
認知機能検査		1011

【ぬ】

濡れ水		181

【ね】

熱安定性		236
熱影響部分		396
熱応力		260
熱汚染		852
熱加工制御法		323
熱可塑性高分子耐食材料		329
熱感知器		174
熱硬化性高分子耐食材料		329
熱交換器		521
熱傷深度		141
熱傷面積		141
熱処理形合金		296
熱線風速計		656
熱損傷		142
熱帯低気圧		960
熱帯林の減少		841
熱弾性効果		577
熱的デトネーションモデル		241
熱電錐式輻射（放射）計		657
熱暴走限界温度		86
ネルソン曲線		385
燃焼危険性		29
燃焼限界		209
燃焼性		335
燃焼速度		71, 138
燃焼熱		72
燃焼範囲		29
燃料蒸発ガス		879
燃料蒸発ガス測定用密閉装置		879

【の】

農業		808
──の安全対策		811
農業用トラクタ		439
農薬類		903
農用地土壌汚染防止法		910
能力開発		675
農林漁業		808
望ましくない事象		599
乗っ取り型エラー		770
ノーハンドインダイ		286
ノーハンドインダイ方式		424
ノンテクニカルスキル		562, 742, 791

【は】

バイオセーフティ		134
バイオハザード		134
バイオフィルム		320
バイオマス活用推進基本計画		934
配管		544
廃棄物		931
廃棄物処理法		932
賠償責任保険		1095
排水基準		891
排水処理		891
排水処理法		898
ハイソリッド化		405
買電費用保険		1094
パイロットエラー		780
破壊安全性		322
破壊解析		1067
破壊形態		1066
破壊事故		1062
破壊靭性値		261, 300
破壊力学		379
破局解析		762
爆轟		190, 192, 202, 209, 234, 238
爆轟特性値		238
爆轟波		202
爆轟誘導距離		203
爆着クラッド鋼		320
爆燃		190, 192, 234
爆燃性粉じん		252
爆発		190
爆発圧力		210
爆発威力		209, 238
爆発エネルギー		192
爆発下限濃度		214
爆発感度		209
爆発危険性		78
爆発強度特性		214
爆発原因物質		1070
爆発限界		29, 198, 209
爆発限界圧力		54
爆発限界酸素濃度		213, 218
爆発現象		190
爆発災害		1069
爆発事故		1070
爆発指数		205, 218, 222, 248
爆発上限濃度		213, 215
爆発性物質		234
爆発地点		1070
爆発特性値		214
爆発（燃焼）下限界		29
爆発（燃焼）上限界		29
爆発発生特性		214
爆発範囲		29, 56
爆発被害		1071
爆発評価試験		90
爆発物探知		994
爆発放散口		247, 249
爆発放散設備		228
爆発抑制装置		229, 257
爆風		193
──による被害		197
爆薬		236
曝露経路遮断		914
曝露限界値		661
曝露限度		121
ハザード		1019, 1052
──の特定		591
ハザード曲線		624
ハザードマップ		956
バージェス・ウィーラーの法則		199
橋形クレーン		451
破損		375
破損影響度		588
破損発生確率		588
破損モード		1064
発煙性		150
発煙率		140
発火エネルギー		200
発火危険性		93
発火源		155
発火点		29
発がん性		110
発がん物質		110
──の管理		111
パッキン		369, 374
バックドラフト		167
バックフィット制度		621
発現条件		616
発酵ガス		673
パッシェンの法則		346
はっ水性パーライト保温材		342
発生毒性物質		113
発熱性		335
発熱分解エネルギー		78
発泡プラスチック保温材		342
ハードウェアフォールトトレランス		611, 612
バラスト水		852
パラダイムの転換		1103
バリアシステム		633
バリアフリー		738
ハリケーン		960
破裂板		253
破裂災害の防止		259
ハロゲン化物消火剤		184
ハロゲン化物消火設備		187
パワートレイン		476
反射動作		747
搬送機械		429
汎適応症候群		678
ハンドインダイ方式		425
反応性化学物質		192, 234
反応装置		516
反応暴走		159

【ひ】

反復投与毒性試験	116
非意図的生成化学物質	855
非海塩由来成分	845
被害想定	273
比較 FDIR	786
光中性子	365
光網膜症	649
非金属材料	299, 307
ピーク濃度	56
被災シナリオ	949
微細粒子状物質	854
比視感度曲線	647
非常警報設備	179
非常事態飛行訓練	781
非常時通報装置	472
非常停止ボタン	434
非常用位置指示無線標識	443
微小粒子状物質	107, 853, 1074
日振動曝露量 A	654
微生物脱臭法	923
微生物腐食	320
微速付きホイスト	448
必要吹出し面積	255
非定常 HAZOP	602
非定常リスクアセスメント	602
非鉄金属材料	291
ヒートアイランド現象	873
避難確保計画	981
避難勧告	977
避難計画	977, 981
避難行動	977
避難指示	977
避難準備情報	978
非熱処理形合金	296
非破壊検査	261
非破壊検査技術	577
ヒヤリハット	8, 561, 986, 1037, 1084
ヒューマンインタフェース	740
ヒューマンエラー	560, 617, 674, 681, 741, 743, 770
ヒューマンファクタ	736, 769, 775, 799
ヒューマン マシン システム	986
病因死因	999
評価指標	565
病原微生物	135
標準予防策	998
非予混合燃焼	153
非理想爆轟	238
疲労	260, 739, 749
——の測定	763
疲労強度	300
疲労強度減少係数	382
疲労亀裂	260
疲労限度	382
疲労破壊	380
疲労摩耗	301, 388

【ふ】

ファイアウォール	989
ファイアボール	206
ファイナイト保険	1089
ファッセルベズレイ重要度	623
不安全行動	1060
不安全状態	1060
不安定物質	192
風車風速計	657
フェライト系ステンレス鋼	315
フェールセーフ	6, 164, 430, 560, 771
フェールソフト	771
フェールソフト設計	771
フェログラフィアナライザ	575
フェログラフィ法	575
フェーン現象	964
フォークリフトトラック	438
フォールトツリー	599
フォールトツリーアナリシス（分析）	599, 760, 1055
フォールトトレラント	287
フォローアップ教育	675
不活性ガス消火剤	184
不活性ガス消火設備	187
負荷履歴	1067
吹消し	179
吹寄せ効果	963
複合被災	946
複数火源	143
浮上分離	892
腐食	100
腐食因子	101
腐食形態	388
腐食性物質	97
腐食測定	394
腐食損傷	388
腐食対策	543
腐食疲労	392
腐食防食法	400
腐食摩耗	387
腐食割れ	388, 391
不測事態	1158
蓋板継手	503
復帰突然変異試験	118
復興アセスメント	832
物質安全データシート	772
プッシュプル型換気装置	668
フッ素たん白泡消火薬剤	183
沸騰水型原子炉	630
不動態化電位	312
不燃材料	162
フープラップ容器	551
部分化学防護服	711
踏切障害事故	788
浮遊粒子状物質	107, 854, 863, 1074
フライス盤	423
プライバシーマーク	991
ブラウンフィールド	915
フラジリティ	624
プラスチックゴミ	858
プラントアラームシステム	564
プラントレイアウト	636
ブリーザバルブ	254
フリッカ値	763
フリックスボロの教訓	1073
プルコードスイッチ	434
ブルドーザ	476
フルード数	137
フールプルーフ	164, 287, 560, 675, 771
プルベダイアグラム	395
ブルーライト	649
ブルーライト障害関数	650
フルラップ容器	551
フレイル	1009
ブレーキ装置	430
フレークライニング	327
プレス	424
プレートテクトニクス	951
プレーナ	422
プレビー	254
フレームアレスタ	541
フレームシフト型変異	119
プロジェクトファイナンス	1091
プロセス安全	558
プロセス安全管理	1033
プロセス安全管理システム	774
プロセスゾーン	302
プロセスゾーンウェイク	302
プロセスハザード解析	565
フローティングクレーン	466
プロトコール	697
プロビット	279
分解爆発	201
分解爆発性ガス	64
分解爆発性ガス-希釈ガス系の爆発限界	64
分極抵抗法	396
粉じん爆発	190, 191, 211
噴石	965
粉末消火剤	183
粉末消火設備	188

【へ】

平均故障間隔	581
平衡破綻型蒸気爆発	240, 242
平衡破綻型水蒸気爆発	964
平板消炎距離	66
平面ひずみ破壊靭性	380
ヘッドガード	497

ベネフィット	8	防振材料	357	マンマシンインタフェース	
ヘルスケア	675	防振手袋	726		674, 740, 769
ベルトの切断検出	434	防じん服	711	マンマシンシステム	740
変異原性	112, 118	防じんマスク	722	【み】	
変異原性試験	112	暴走反応	245	ミクロセル腐食	388
変異原性物質	110, 112	防虫剤	886	ミスオペレーション	1084
変形	375	法定外補償保険	1094	水環境リスク	1076
ベント	541	防毒マスク	723	水成膜泡消火薬剤	183
【ほ】		防熱面	718	ミステイク	744, 770
保安距離	250	防爆型電気機器	224	ミスト爆発	190
保安システム資格証明製品リスト	995	防爆構造	252	水抜き管	543
ホイスト	448	防爆電気機器	252	水噴霧	185
ボイラ	505	防油堤	539	密閉服	711
ボイラ脆化	305	ほうろう	403	ミティゲーション	830
ボイラ脆性	317	保 険	1086	ミニマルカットセット	600, 623
ボイラ保険	1093	保険デリヴァティブ	1089	耳覆い	719
ボイルオーバ	144	保険付保	1086	耳 栓	719
ホイールクレーン	465	歩行速度	164	耳の保護具	719
ホイールローダ	479	保護カバー	435	民間機	444
防炎材料	161	保護具	707	【む】	
防炎製品	161	保護装置	419, 421	無延性遷移温度	379
防炎物品	161	保護帽	715	無機固体絶縁材料	347
防音材料	353	保護方策	419	無機被覆	402
防音保護具	719	保護めがね	716	無人搬送車	430
防 火	161	保護面	718	【め】	
防火管理者	171	保守・保全	580	明 度	647
防火材料	161, 334, 336	保全ハザード解析	762	メタン発酵	892
防火手袋	726	捕捉速度法	666	メタン発酵法	893
法規関連	1104	ホットウォール	503	メディカルコントロール	696, 698
芳香剤	886	炎感知器	177	メンタルヘルス	739
防護層	607, 618	ホメオスタシス	678, 738	メンテナンスフリー	327
防護手袋	725	ポリチオン酸応力腐食割れ	317, 318	【も】	
防 災	944	ボール盤	422	毛髪湿度計	656
防災活動	272	ボンディング	159	網膜照度	650
防災監視システム	169	【ま】		目標志向	114
防災管理者	172	マイクロビーズ	858	持運び式無線装置	443
防災計画	164	マイクロプラスチック	858	モチベーション	676
防災対策	1096	埋設配管	547	木工機械	427
防災面	718	マイナー則モデル	585	モードエラー	770
放散面積	249	巻上げ装置	452	モラール	676
放射化	368	マグマ水蒸気爆発	240, 964	モルタルライニング	403
放射逆転	275	マグマ噴火	964	【や】	
放射強度	141	マクロセル腐食	388	焼入れ-焼戻し	288
放射照度	650	摩擦感度	89	焼付けコーティング	327, 331
放射性核種による海洋汚染	852	マッハ軸	196	焼ならし-焼戻し	288
放射性同位元素	364	マニファクチャリングエクセレンス		焼戻し脆化	306
放射性廃棄物処分	631		636	薬液洗浄法	922
放射線源	364	マニュアル化	675	薬 傷	97
放射線遮蔽材	363	摩 耗	387	野生生物種の減少	847
放射線透過試験	577	マルテンサイト系ステンレス鋼	315	ヤング率	300
放射線モニタリング	670	丸ボイラ	505		
放射熱	137, 160	慢性毒性試験	116		
放射発散度	141	マンセル表色系	647		
防消火システム	608	マンソン・コフィンの式	383		
防 食	547	マンネスマン方式	550		

【ゆ】

油圧ショベル	483
有炎燃焼	147
有害光線	648
有害性物性	102
有害性粒子状物質	106
有機塩素系化合物	888
有機汚濁	851
有機固体絶縁材料	350
有機被膜	404
有機リン系化合物	888
優先取組物質	1074
誘電損	346
誘電損率	346
誘導放電型	65
誘導雷	971
ユーザインタフェース	740
ユーザビリティ	740
輸送志向	114
輸送ハザード解析	762
ユニバーサルデザイン	738
ユネップ	837

【よ】

陽圧服	711
要監視項目	1075
溶岩ドーム	967
溶岩流	967
陽極酸化	403
溶射法	401
揚重機械	446
揚水量調査	942
溶接後熱処理	306
溶接施工	549
溶接肉盛	402
溶接用かわ製保護手袋	726
溶接容器	550
要措置区域	912
要届出物質	23
腰部保護ベルト	734
溶融めっき	400
用量（濃度）-反応関係	102
容量放電型	65
抑制消火	179
余寿命	585
余寿命評価法	261
予想最大損害額	1086
予測無影響濃度	115
四つのM	1061
予備危険解析	759
予備的危険解析	591
予防保全	581, 1050
よりよい規制	834

【ら】

雷撃	970
ライフサイクルコスト	405
ライフライン被害	976
ライン管理	1038
ラーソン・ミラー	
──の式	584
──のパラメータ	387
ラハール	968
ラプス	744
乱獲	848
ランダムハードウェア故障	611
乱流拡散火炎	136

【り】

離散化	276
リスク	3, 558
──の軽減	606
リスクアセスメント	591, 661, 757
リスク移転	1052
リスク解析	591
リスク回避	1052
リスク基準	1053
リスク共有	1052
リスクコミュニケーション	12, 1002, 1005, 1101
リスクコントロール	1087
リスク最小化設計	784
リスク削減	1052
リスク算定	1053
リスク増加価値	623
リスクテイク行動	798
リスク特定	758, 1052
リスク評価	230, 591, 758, 1053
リスク表示	766
リスクファクタ	1012
リスクプロファイル	623
リスク分析	758, 1053
リスク保有	1052
リスクマネジメント	1051, 1158
リスク要因	982
リスクリテラシー	778
リスク論	825
理想爆轟	238
リフト	472
粒界腐食	319, 388, 393
硫化物応力腐食割れ	392
硫化物応力割れ	290
粒子状物質	853, 877
粒子数	881
流体機械	435
流電陽極方式	416
リューデンベルグ式による換算距離	194
臨界亀裂開口変位	261
林業	809
──の安全対策	811
リン酸塩処理皮膜	402

【る】

ル シャトリエの式	200

【れ】

冷却消火	179
冷却水	412
冷凍サイクル	510
冷凍装置	510
冷媒	510
レーザ	439
レーザ光	650
レーザ保護めがね	718
レジリエンス	562, 742, 778
レジリエンスエンジニアリング	742, 778
レジリエンス防災	1008
レジンモルタルライニング	327
劣化傾向管理	569
レッドリスト2002	848
レベル1PRA	623
レベル2PRA	623
レベル3PRA	624
連続火炎	144
連続モード	609

【ろ】

炉	522
労働安全衛生	636
労働安全衛生法	23
労働安全衛生マネジメントシステム	701, 1045
労働衛生管理	658
労働衛生教育	736
労働衛生の3管理	736
労働災害	1055
労働災害防止対策	1061
濾過装置	521
路上外走行車	438
路上走行車	437
ロックウール保温材	341
ロープウェイ	472
ロープスイッチ	429
ローラ	489
ロール	426
論理樹解析	586
論理的診断法	563, 564

【わ】

ワイヤロープ	446, 464
ワークシステム	736

索引

【A】

AAR	950
ACGIH	661
ACH	278
ACM センサ	397
ACSTL	995
ACTH 放出因子	679
ADME	103, 132
AE	574
AED	697
AEGL-3	618
AE 法	574
AI	1011
ALARP	4, 588, 607, 984
AMD	361
AMeDAS	274
ANSI 法	398
AOD	315
APC	391
ARC	82
ATC	675, 789
ATMD	361
ATS	789
ATS-P	789

【B】

BCF	134
BCM	958
BCP	957, 1008, 1093, 1099
BEI	121
BLEVE	190, 191, 206, 254
BOD	120, 890, 1075
BPCS	605
BPR	1026
BPSD	1010
BWR	630

【C】

CAPEC	990
CASTNET	845
CAT	379
CBCS 安全要求	783, 784
CBRNE	992
CDPs	997
CEF	307
CFD	152
CFF	764
CFIT 事故	781
Chapman-Jouguet 条件式	203
CMAQ	874
CMB	875
CMC	308
COD	890, 1075

Cof	588
COMAH 規則	1048
CRF	679
CRM	742, 781
CTD	114
CTM	874
CV	121
CVE	990
CVS	878
CVSS	990
CWE	990
CWT	411

【D】

Danger Control Process	1005
DB	657
DBL	866, 879
DC	614
DDT	203
DF	588
DID	203
DIN 法	398
DLV	495
DMAT	698
DPE	877
DR	559
DSC	78

【E】

EBM	996
EDC	153
EDCs	907
EGPWS	782
EPIRB	443
EPR 法	396
ERM	1093
ERPG-3	618
ER 法	398
ESD	608
ETA	597, 760, 1055
EVD	1000

【F】

FAFR	767
FAR	444
FDIR	784
Fear Control Process	1005
FFA	586
FIA	527
FMEA	586, 596, 760, 998, 1054
FMECA	597
FM Global	526
FOPS	496
FP	364, 628

FRM	872
FRP 複合容器	551
FRP ライニング	327
FSI	768
FT	599
FTA	599, 761, 785, 1055
FTE	379
FTP	379
F & EI	593
F&G	608

【G】

GATB	691
gff	589
GHS	25, 111, 116, 661
GPWS	782
GT	657

【H】

HAZ	396
HAZID	1055
HAZMAT	271
HAZOP	565, 595, 1053, 1054
HCAI	998
HE	391
HFT	611, 612
HIC	392
HSL	866

【I】

IAEA	11
ICA	564
ICP 発光分析法	576
ICT	739
IDS	989
IED	993
IPL	562, 616
IPS	989
ISA	627
ISMS	989
ISMS の確立	990

【J】

J-Factor	307
JTAS	697

【K】

Know Why	773
KPI	948
KPIs	566
KY	1037
KYK	1037

【L】

LC	132
LCC	405
LCLo	132
LD	132
LDLo	132
LES	153
LOC	213
LOC-I 事故	781
LOFT	781
LOPA	616
LRTP	114
LTA	586

【M】

M & M	999
MAS 計画	568
MC	696
MCS	623
MESG	69
MET	698
MF	589
MIE	209, 213, 216
MIR	405
MMI	769
MMO	417
MNA	914
MNWF 要求	784
MORT 解析	761
MOX 燃料	628
MPL	1086
MP 情報	559
MSDS	772
MTBF	581
MWF 要求	784

【N】

NDI	261
NDT	379
NIPTS	652
NITTS	651
NLE	1087
NT	288
NTS	791
NVD	990

【O】

OFF-JT	1083
off-line MC	696
OHSAS 18001 規格	702
OJT	790, 1083
on-line MC	696
OPG	496
OSHMS	701, 1045

【P】

PCA	564
PDCA サイクル	704, 1161
PDSA サイクル	998
PFD	609, 616
PFD_{avg}	613
PFH	613
PHA	591, 759
PL 法	287
PM	853, 877
$PM_{2.5}$	107, 853
PMF	875
PML	1086
PN	881
PoF	588
POPs	134, 857
POV	99
Pov	114
PRA	622
PRE	312, 319
PRTR	111
PRTR 制度	879
PSA	622
PSC マーク	816
PSF	743, 765
PTS	928
PWR	630

【Q】

QCM 法	398
QOL	875, 1010
QPL	995
QT	288

【R】

RBI	588
RBM	588, 1050
RCA	998
RCM	569, 585
RI	364
RL	866, 879
ROPS	495, 782, 811
ROS	855
ROW	782
RRT	698

【S】

SADT	85
Safety-I	742
Safety-II	742
SAICM	111
SAR	943
SC	1009
SCC	260, 384, 391
SCI	1030
SDGs	875
SDS	28, 661
SEA	830
SFF	612
SFTS	809
SGS	153
SHED	879
SHEL モデル	741
SIA	834
SIF	606
SIL	608, 927
SIR	1088
SIS	562, 605
SLCPs	873, 875
SLIM	765
SLP	636, 638
SMES	528
SOAP 法	576
SPD	972
SPF	116
SPM	854, 863, 1074
SRS	610
SSA 方式	540
SSC	290, 392
SSCC	392
SSS 方式	540
STEL	121
SWBS	586

【T】

TCAS	781
TDG 勧告	25
TE	114
THERP	766, 775
THP	739
TLV	121, 661
TMCP	288, 323
TMD	361
TMR	82, 87
TNT 換算率	194
TNT 当量	194
TOP	888
TOPS	497
TOX	888
TPM	566
TRU 廃棄物	629
TTS	927
TVOC	884, 885
TWA	121

【U】

UEC	213
UNEP	837

【V】

V モデル	615

VCE	206	WLTP	877	β 合金	295
VDT	645	WRF	874		

【X】

【数字・記号】

VOC	405, 884, 1076	1 fail safe	785
VOD	315	X-bar	307	2 fail safe	785
		XYZ 表色系	646	4M モデル	741

【W】

5M　741

【ギリシャ文字】

WBGT	657			5S	1037
What-if アナリシス	594	α-β 合金	294	50%影響濃度	115
WIB	812	α 合金	294	9 の法則	141
WISE	812				

安全工学便覧（第4版）
Handbook of Safety Engineering（4th edition）
　　　　　　　　　　　　　Ⓒ 特定非営利活動法人 安全工学会　1973, 1980, 1999, 2019

1973 年 9 月 30 日	初　版第 1 刷発行
1976 年 7 月 20 日	初　版第 3 刷発行
1980 年 11 月 20 日	改訂版第 1 刷発行
1988 年 8 月 10 日	改訂版第 3 刷発行
1999 年 7 月 20 日	新　版第 1 刷発行
2019 年 7 月 30 日	第 4 版第 1 刷発行

検印省略

編　　者　特定非営利活動法人
　　　　　安　全　工　学　会
発　行　者　株式会社　コロナ社
　　　　　代　表　者　牛来真也
印　刷　所　新日本印刷株式会社
製　本　所　牧製本印刷株式会社

112-0011　東京都文京区千石 4-46-10
発行所　株式会社　コロナ社
CORONA PUBLISHING CO., LTD.
Tokyo Japan

振替 00140-8-14844・電話(03)3941-3131(代)
ホームページ　http://www.coronasha.co.jp

ISBN 978-4-339-07821-3　C3058　Printed in Japan　　　　（横尾）

本書のコピー，スキャン，デジタル化等の無断複製・転載は著作権法上での例外を除き禁じられています。
購入者以外の第三者による本書の電子データ化及び電子書籍化は，いかなる場合も認めていません。
落丁・乱丁はお取替えいたします。

技術英語・学術論文書き方関連書籍

理工系の技術文書作成ガイド
白井　宏 著
A5／136頁／本体1,700円／並製

ネイティブスピーカーも納得する技術英語表現
福岡俊道・Matthew Rooks 共著
A5／240頁／本体3,100円／並製

科学英語の書き方とプレゼンテーション(増補)
日本機械学会 編／石田幸男 編著
A5／208頁／本体2,300円／並製

続 科学英語の書き方とプレゼンテーション
－スライド・スピーチ・メールの実際－
日本機械学会 編／石田幸男 編著
A5／176頁／本体2,200円／並製

マスターしておきたい　技術英語の基本
－決定版－
Richard Cowell・佘　錦華 共著
A5／220頁／本体2,500円／並製

いざ国際舞台へ！　理工系英語論文と口頭発表の実際
富山真知子・富山　健 共著
A5／176頁／本体2,200円／並製

科学技術英語論文の徹底添削
－ライティングレベルに対応した添削指導－
絹川麻理・塚本真也 共著
A5／200頁／本体2,400円／並製

技術レポート作成と発表の基礎技法(改訂版)
野中謙一郎・渡邉力夫・島野健仁郎・京相雅樹・白木尚人 共著
A5／166頁／本体2,000円／並製

Wordによる論文・技術文書・レポート作成術
－Word 2013/2010/2007 対応－
神谷幸宏 著
A5／138頁／本体1,800円／並製

知的な科学・技術文章の書き方
－実験リポート作成から学術論文構築まで－
中島利勝・塚本真也 共著
A5／244頁／本体1,900円／並製
日本工学教育協会賞（著作賞）受賞

知的な科学・技術文章の徹底演習
塚本真也 著
A5／206頁／本体1,800円／並製
工学教育賞（日本工学教育協会）受賞

定価は本体価格+税です。
定価は変更されることがありますのでご了承下さい。

図書目録進呈◆

辞典・ハンドブック一覧

日本真空学会編
真空科学ハンドブック B5 590頁 本体20000円

日本シミュレーション学会編
シミュレーション辞典 A5 452頁 本体9000円

編集委員会編
新版電気用語辞典 B6 1100頁 本体6000円

編集委員会編
電気鉄道ハンドブック B5 1002頁 本体30000円

日本音響学会編
新版音響用語辞典 A5 500頁 本体10000円

日本音響学会編
音響キーワードブック ―DVD付― A5 494頁 本体13000円

映像情報メディア学会編
映像情報メディア用語辞典 B6 526頁 本体6400円

電子情報技術産業協会編
新ME機器ハンドブック B5 506頁 本体10000円

編集委員会編
機械用語辞典 B6 1016頁 本体6800円

編集委員会編
モード解析ハンドブック B5 488頁 本体14000円

編集委員会編
制振工学ハンドブック B5 1272頁 本体35000円

日本塑性加工学会編
塑性加工便覧 ―CD-ROM付― B5 1194頁 本体36000円

精密工学会編
新版精密工作便覧 B5 1432頁 本体37000円

日本機械学会編
改訂気液二相流技術ハンドブック A5 604頁 本体10000円

日本ロボット学会編
新版ロボット工学ハンドブック ―CD-ROM付― B5 1154頁 本体32000円

土木学会土木計画学ハンドブック編集委員会編
土木計画学ハンドブック B5 822頁 本体25000円

土木学会監修
土木用語辞典 B6 1446頁 本体8000円

日本エネルギー学会編
エネルギー便覧 ―資源編― B5 334頁 本体9000円

日本エネルギー学会編
エネルギー便覧 ―プロセス編― B5 850頁 本体23000円

日本エネルギー学会編
エネルギー・環境キーワード辞典 B6 518頁 本体8000円

フラーレン・ナノチューブ・グラフェン学会編
カーボンナノチューブ・グラフェンハンドブック B5 368頁 本体10000円

日本生物工学会編
生物工学ハンドブック B5 866頁 本体28000円

定価は本体価格+税です。
定価は変更されることがありますのでご了承下さい。

図書目録進呈◆